U0364279

# 清实录气候影响资料摘编

中国科学院地理科学与资源研究所历史气候资料整编委员会——《清实录》编选组 编

资助项目

国家科技基础性工作专项项目『中国近2000年古气候代用资料整编』（编号：2011FY120300）

中国科学院战略性先导科技专项项目『过去2000年气候变化记录、幅度、速率、周期、突变、原因』（编号：XDA05080000）

国家出版基金项目
NATIONAL PUBLICATION FOUNDATION

气象出版社
China Meteorological Press

**图书在版编目(CIP)数据**

《清实录》气候影响资料摘编 / 中国科学院地理科学与资源研究所历史气候资料整编委员会《清实录》编选组编.-- 北京：气象出版社，2015.12

ISBN 978-7-5029-6276-0

Ⅰ.①清… Ⅱ.①中… Ⅲ.①气候变化-气象资料-汇编-中国-清代 Ⅳ.①P468.2

中国版本图书馆 CIP 数据核字(2015)第 247621 号

Qingshilu Qihou Yingxiang Ziliao Zhaibian

**《清实录》气候影响资料摘编**

出版发行：气象出版社

地　　址：北京市海淀区中关村南大街 46 号　　邮政编码：100081

电　　话：010-68407112(总编室)　010-68406961(发行部)

网　　址：http://www.qxcbs.com　　E-mail：qxcbs@cma.gov.cn

责任编辑：蔺学东　　终　　审：邵俊年

责任校对：王丽梅　　责任技编：赵相宁

封面设计：易普锐创意

印　　刷：北京中科印刷有限公司

开　　本：889 mm×1194 mm　1/16　　印　　张：56

字　　数：1580 千字

版　　次：2016 年 3 月第 1 版　　印　　次：2016 年 3 月第 1 次印刷

定　　价：398.00 元

# 前　言

历史气候变化及其影响，是中国在国际全球变化科学领域独具特色的研究之一。作为与石笋、冰芯、树轮、沉积等自然记录可相互校核的气候代用证据，史料对于开启尘封数千年气候变化及人类适应历史的重要性是易知易晓的。竺可桢等此领域大学问者，莫不从梳爬史料着手，历“衣带渐宽终不悔，为伊消得人憔悴”之艰辛，“众里寻他千百度”，方才于“蓦然回首”时、“灯火阑珊处”，领悟出重要的方法和理论。

然中国存世文献汗牛充栋，其中的气候变化及其影响记述又多隐匿，纵有皓首穷经之勇气，亦不免有“网漏吞舟”之憾，触发穿凿附会或谬误千里的推测和评述。故而对一般人而言，史料整理工作有“望不尽天涯路”之畏，形成相关研究的准入门槛。从学科可持续发展起见，为了减免学人重复翻检史料之苦，使数据分析、数据挖掘等更高层次的研究能够迅速地开展，必须有人勇于担当史料爬罗剔抉之责任。

“实录”是中国封建时代记载皇帝在位期间重要史实的编年体文书档案。因其“据事直书，不加褒贬”，故而名为“实录”。据《隋书·经籍志》可知，南朝周兴嗣和谢昊（吴）所撰的两部《梁皇帝实录》（前者记梁武帝事，后者记梁元帝事）是为国内最早存名的实录。清代的《德宗景皇帝实录》（记光绪帝事）则是最后的一部正式实录。凡1400余年，共计有110多部实录。其间的唐宋时期，实录修纂即形成原始史料的储备、供应制度，之后历代相传。至元朝时，“以事付史馆，及一帝崩，则国史院据所付修‘实录’”成为定制。

“实录”系史官依据百司奏对（时政纪）、柱下见闻（起居注）等原始资料修撰而成，所记载的内容涵盖皇帝在位时的政治、经济、军事、文化以及自然灾害、天象变异等多方面信息；此外，纂修时“发秘府之藏，检诸司之牍”，并有着较严谨的编年体例，因此，实录具有很高的史料价值。单就气候事件的记述而言，在原始档案多已淹没或散佚的情况下，由官方组织编纂的实录，在时间、地点、名称、强度及效果等四个方面提供的气候信息最多。

其中，《清实录》是有关清朝自然和社会环境史的最系统、最全面的一部档案。其上溯16世纪末努尔哈赤之崛起建国，下迄1911年溥仪之黯然逊位，三百余年共十二部实录（含无实录之名而具实录之体的《宣统政纪》），总计4000余卷，约4400万字。其卷帙之巨，在清代有关的史料书籍中首屈一指。其兼容并包，亦为其他资料所不及。从其记述内容看，尽管文字在一定程度上存在改修、粉饰问题，但改动范围有限，主要集中在政治斗争方面。记载的雨、雪、霜、冰等天象、气候，祈谷、祈雨、祈雪、籍田等仪礼，恩诏蠲赋、特旨免征、发粟赈荒等政事，河工、海塘、河渠水利等工程，在内容上较原始档案几乎没有改动，这就为清代气候变化及其影响的研究提供了一系列高信度的基础史料和基本线索。在此基础上查阅其他的正史、方志、日记等资料，并相互印证，可得到更丰富的研究素材，这对于深入认识小冰期及其向现代暖期过渡的气候特征、条件和影响，具有重要的科学价值。

《清实录》史料意义重大，但长期藏于石室金匮，为外人所不能窥见。民国以后，虽公布于众并陆续出版，但毕竟原文卷帙浩繁、信息散布，且辑录之作全为区域经济和少数民族史之类专题。故对于清代气候变化及其影响的研究而言，《清实录》的摘编出版现状，尚不能充分满足需求，更无法给现代气候变化的应对提供有益的借鉴。为了让《清实录》这份丰厚的遗产在当下气候变化的背景下充分发挥作用，节省研究界的“社会时间”，进一步彰显我国史料研究在国际学术界的地位和独特性，实有必要从气候变化影响与适应的视角进行《清实录》的专题性摘编，并加以出版。

专题史料的摘编与出版，要有坚实的专业基础和丰富的摘录经验，也需要充足的经费支持。中国科学院地理科学与资源研究所历史气候变化研究团队，业承竺可桢先生，就历史时期气候变化及其影响发表过多篇论文和专著，先前也出版过《清代奏折汇编—农业·环境》、《清代土地利用史料汇编》等辑录史料。近些年，在国家科技基础性工作专项项目“中国近2000年古气候代用资料整编”、中国科学院战略性先导科技专项项目“过去2000年气候变化记录、幅度、速率、周期、突变、原因”的大力资助下，我们联合学界前辈牟重行先生，勉力对《清实录》中规模宏大的气候变化影响信息进行了耗时、耗力的整理和摘录。力图以为全球变化及人类适应研究提供科学资料为主要目的，对《清实录》中的相关信息进行深度的筛选和加工；因此，在编排史料的同时，还附注了一些重大气候事件的研究进展及对清代温度、旱涝时空变化的认识，这在一定程度上提高了史料的可读性。

本书在资料收集、摘录、编选过程中，得到了国家科技基础性工作专项项目“中国近2000年古气候代用资料整编”专家组郭华东院士、孙九林院士、陈泮勤研究员、郑度院士、林海研究员、黄鼎成研究员、陆日宇研究员、胡超涌教授、刘洪滨研究员的指导；项目组的其他成员也提出了许多有益的建议。在出版过程中，还得到了国家气候中心丁一汇院士，中国科学院地理科学与资源研究所郑度院士、张丕远研究员的指导和推荐；他们对本书的出版价值和社会意义予以很高评价，给了我们极大的鼓励。气象出版社在本书入选2015年度国家出版基金资助项目过程中也提供了大力支持，在此一并致谢。

由于水平所限，书中挂一漏万、亥豕鲁鱼之疵在所难免，敬祈读者谅解和指正。

2015年11月

# 凡　例

一、本书摘编《清实录》中有关气候影响资料，时间跨度328年，从明神宗万历十二年(1584年)至清宣统三年(1911年)；资料连续，其中清代268年无缺年记录。

二、《清实录》版本采用1985年出版的中华书局影印本。包括：满洲实录8卷、太祖实录10卷、太宗实录65卷、世祖实录144卷、圣祖实录300卷、世宗实录159卷、高宗实录1500卷、仁宗实录374卷、宣宗实录476卷、文宗实录356卷、穆宗实录374卷、德宗实录597卷、宣统政纪70卷。此外，满洲部分参酌收录另本《太祖高皇帝实录》、《太祖武皇帝实录》资料。

三、本编摘录内容有：旱涝、冷暖、丰歉、物候、农业病虫害、河海决溢、人畜疫情和环境变化等，包括《地面气象观测规范》所罗列的各种天气现象，如风、霜、冰、雪、雨、雾、雷电、冰雹、尘霾、龙卷和大气光象等，以及与之相关的社会经济状况、蠲免赈恤、饥荒动乱和社会痛苦指数描述等。举凡直接或间接的记录，本编尽量予以收录。并斟酌收录少许天文、地震资料，以备研究者参考。

四、本编文字采用中文简化字。

五、本编资料按原书各卷连续摘录，凡未予摘录的部分，不拘中间略去文字多少，均一律使用【略】字标出。但每卷之最后一条摘录资料，尾略文字不标【略】，以保持版面简洁。

六、原文的有关字误或古通用字，不影响读者理解者，一般不予更改或说明。

七、本编正文中圆括号“( )”内文字，系编者为完整摘录文意或便于读者了解事件而添加。

八、《光绪实录》和《宣统政纪》于每条记录之后，以小字尾注文档来源，如现月、随手、月折、折包、起居注、早事、内记、外记、记注等诸字样，以及来源当时电报报文的“电寄”等。本编亦采用小号字标出，并外加“( )”。

九、《清实录》为抄本影印，内有个别字迹漫漶、难以判读以及脱缺文字，在正文中均以“□”标出。

十、编者对有关名词的解释、文字订正和存疑之处，以及相关事件等说明，均见于相应页次脚注。

十一、《清实录》记载涉及一些王朝境外资料，如国际援助等，凡符合本凡例第三条的，酌量予以收录。

十二、《清实录》篇幅巨大，摘编时文字输入难免鲁鱼豕亥之误，史料取舍和标点断句或许不尽妥帖，读者引征本编资料时最好与原书核对。

# 目　　录

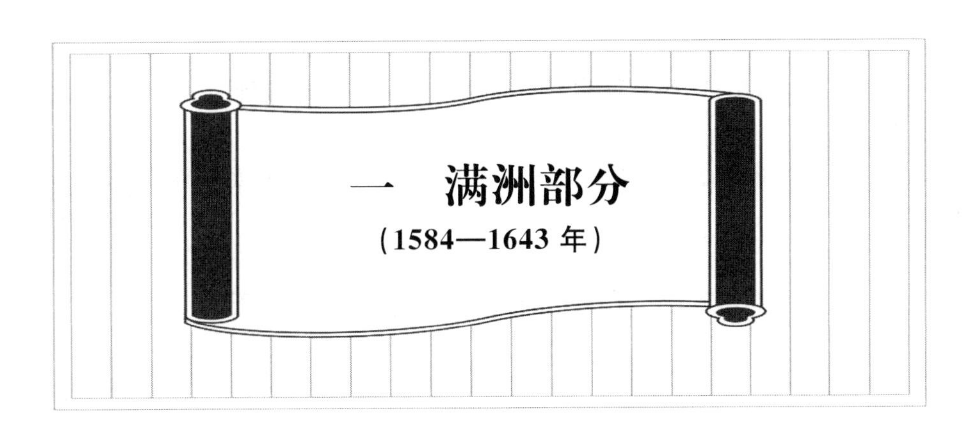




## 1584 年 甲申 明神宗万历十二年

正月，太祖起兵征理岱，时值大雪，至噶哈岭，山险，兵难进。　　《满洲实录》卷一

九月内，太祖率兵五百往攻栋鄂部长阿海，阿海聚兵四百闭城以待，【略】城将陷，会大雪，遂罢攻。　　《满洲实录》卷一

## 1585 年 乙酉 明神宗万历十三年

四月，太祖率马步兵五百征哲陈部，时大水，令众兵回。　　《满洲实录》卷二

## 1586 年 丙戌 明神宗万历十四年

七月内，太祖率兵环攻托漠河城，时暴雷，震死二人，遂罢攻而回。　　《满洲实录》卷二

## 1587 年 丁亥 明神宗万历十五年

八月内，令额亦多巴图鲁[①]领兵取巴尔达城，【略】额亦多承命前进至浑河，时水泛涨，不能渡，遂以绳连军士之颈拽而渡之。　　《满洲实录》卷二

## 1588 年 戊子 明神宗万历十六年

是年，太祖率兵攻王家城，夕过东胜岗，忽天陨一星，其大如斗，光芒彻地，众马皆惊。兵至王家城，克之，杀酋长带肚墨儿根。　　《清太祖武皇帝实录》卷一

---

① 巴图鲁，词出满语，勇士之意。

## 1601年 辛丑 明神宗万历二十九年

哈达国饥，人皆无食，向明之开原城祈粮，不与，各以妻子、奴仆、牲畜易而食之[①]。太祖见此流离，仍复收回。

《满洲实录》卷三

## 1607年 丁未 明神宗万历三十五年

（春正月，满洲兵讨伐乌拉国）是日晴明，霎然阴云大雪，其被伤敌兵冻死甚多。【略】九月六日，夜有气从星出，向东直冲辉发国，七八夜方没。又有气自西方从星出，月余方没[②]。时辉发国拜音达里贝勒部众多投赴叶赫。

《满洲实录》卷三

## 1612年 壬子 明神宗万历四十年

（太祖讨伐乌拉国），克其金州城安营。十月初一日，太祖出城，以太牢告天祭旗，忽见东南有气青白二色，直冲乌拉城北。【略】十二月，有白气起自乌拉国，越太祖宫楼南，直至呼兰山。

《满洲实录》卷三

## 1613年 癸丑 明神宗万历四十一年

九月初六日，领兵四万征叶赫，时有逃者，将声息预闻于叶赫，叶赫遂收璋吉、当阿二处部众，独乌苏城有痘疫，未曾收去。太祖兵至，围乌苏城，【略】遂收乌苏降民三百户而回。【略】九月二十五日，至一旷野处名古呼，卯时日出，两旁如门，青赤二色祥光垂照，随行不已。太祖一见，遂率众拜之，其光乃止。

《满洲实录》卷四

## 1615年 乙卯 明神宗万历四十三年

三月二十八日寅时，天有黄色，人面映之皆黄。太祖升殿，至辰时方明。【略】十月初四日出猎，宿于穆奇。次日卯时，日两旁有青赤色祥光，又对日有青白光三道，绕日以门，随太祖而行。太祖率众拜之，其光遂止。

《满洲实录》卷四

## 1616年 丙辰 明神宗万历四十四年　清太祖天命元年

（太祖命二将率两千兵，征东海萨哈连部）七月十九日，起兵。行至兀尔简河，造船二百只，水陆并进，取沿河南北寨三十有六，至萨哈连江[③]南岸佛多罗衮寨安营。初，萨哈连江每年十一月十

---

① 各以妻子、奴仆、牲畜易而食之。按《太祖高皇帝实录》，作“各鬻妻子奴仆马牛、易粟食之”。

② 有气自西方从星出，月余方没。按《太祖高皇帝实录》记载，为彗星现象。

③ 萨哈连江，据《盛京通志》，即黑龙江。又，据《太祖武皇帝实录》记载萨哈连江九月结冰，是年八月初一兵至其处。未知孰是。

五、二十中间方结冰，松阿里河十一月初十、十五中间方结冰。是年十月初一日，达尔汉辖硕、翁科罗二人兵至其处，见萨哈连江水未结，独对寨之处河宽二里，横结冰桥一道，约六十步。将士皆奇之，忻然相谓曰：此实天助一桥也。领兵渡之，取萨哈连部内寨十一处，及兵复回，其冰已解矣。迤西又如前结冰一道，已渡，冰复解。后至十一月，应时始结。又招服音达珲塔库喇喇、诺垒、实喇忻三处路长四十人，遂回兵，至十一月初七日入城。　　《太祖实录》卷五



## 1618年 戊午 明神宗万历四十六年　清太祖天命三年

正月十六日晨，有青黄二色气直贯月中，此光约宽二尺，月之上约长三丈，月之下约丈余。帝见之，谓诸王大臣曰：汝等勿疑，吾意已决，今岁必征明国。【略】四月【略】二十三日，兵宿于谢哩甸，是晚自西向东有青黑气二道，横亘天上。二十六日还国。　　《太祖实录》卷四

五月[①]【略】二十八日，晨大雾，卯时有青赤白三色气，自天垂于营之两旁，上圆似门，及起营时，气之两头坠于军之前后，相随十五里方散。（太祖率众沿边搜粮，九月丙戌）【略】时秋成，帝命纳邻、音德二人率四百众往嘉木湖[②]收获。【略】至九月初四日，总兵李如遣兵，乘夜直抵收获处，杀七十人，未曙而回，其余三百三十人得脱。【略】九月【略】二十九日寅时，东南有一道白气，自地冲天，形如大刀，约长十五丈，宽丈余[③]。十月十一日[④]五更，时东南更有白气自星出，宽约五尺，直冲大明国，至十四日后不见。其出气之星，每夜向北斗渐移，至二十九日直越北斗柄，自此以后不见。

《太祖实录》卷五

## 1619年 己未 明神宗万历四十七年　清太祖天命四年

六月初十日，帝将兵四万取开原，行三日，时天雨，河水泛涨。【略】令人视开原路河水可济否。来报曰：开原处无雨，道路不泥。　　《太祖实录》卷五

## 1620年 庚申 明神宗万历四十八年　清太祖天命五年

三月【略】初八日申时，【略】天色明朗，忽起片云，惊雷掣电，雨雹齐降，霎时而霁。

《太祖实录》卷六

## 1621年 辛酉 明熹宗天启元年　清太祖天命六年

三月初十日，帝自将【略】大兵取沈阳，将栅木、云梯、战车顺浑河而下。水陆并进，至十一日，夜行见青白二气自西向东，绕月晕之北，至南面而止。　　《太祖实录》卷六

---

① 五月，《太祖武皇帝实录》作“闰四月”。
② 嘉木湖，在浑河与藩河之间。
③ 东南有一道白气……宽丈余。按《太祖高皇帝实录》，记载为彗星现象。
④ 十月十一日，《太祖高皇帝实录》作“十月一日”。

## 1625年 乙丑 明熹宗天启五年　清太祖天命十年

八月乙酉，科尔沁台吉奥巴闻蒙古察哈尔国林丹汗欲兴兵侵之，使人致书于上。其词曰：昔我二国，原欲合为一国，刑马牛以告天地、歃血盟。凡被兵，必以兵来援。今侦知南察哈尔与北阿禄察哈尔林丹汗期会，举兵于次月望，乘河冰未结、草未枯，夹攻我。去年闻其构兵，欲侦实，使人驰告，而皇帝预闻，命易沙穆兼程而至。今兵来果真，助兵多寡惟皇帝命，幸以练习火器者千人助我。至五部落喀尔喀贝勒中，吾不知其他，惟洪巴图鲁贝勒今将田中之禾急为刈获，欲与我合。我所恃者，惟洪巴图鲁贝勒及巴林而已。　　《太祖高皇帝实录》卷九

## 1626年 丙寅 明熹宗天启六年　清太祖天命十一年

正月【略】二十六日，闻明国关外之兵粮草俱屯于觉华岛[1]，遂命【略】往取之，见明国守粮参将姚抚民【略】于冰上安营，凿冰十五里，以战车为卫，我兵从未凿处进击，遂败其兵。

《太祖实录》卷八

## 1627年 丁卯 明熹宗天启七年　清太宗天聪元年

六月【略】戊午，【略】时国中大饥，斗米价银八两，人有相食者。国中银两虽多，无处贸易，是以银贱而诸物腾贵，良马一银三百两，牛一银百两，蟒缎一银百五十两，布匹一银九两。盗贼繁兴，偷窃牛马或行劫杀。于是，诸臣入奏，曰：盗贼若不按律严惩，恐不能止息。　　《太宗实录》卷三

## 1628年 戊辰 明思宗崇祯元年　清太宗天聪二年

正月【略】庚寅，朝鲜国王李倧遣使致书曰：贵国以人民食乏，要我市籴，属在邻邦，不可恝视，但本国兵兴之后，八道骚动，仓库一空，重以上年春雨过多，夏旱太甚，农既愆时，民食甚艰。【略】今仅得米三千石，以副贵国之意。又开中江之市，通两国之货。　　《太宗实录》卷四

## 1631年 辛未 明思宗崇祯四年　清太宗天聪五年

六月【略】辛酉，大贝勒代善第五子巴喇玛以痘疾卒，时年二十四。上与代善暨诸贝勒恐染时气，皆未临丧。上从避痘所欲往慰代善，代善闻之，再三遣人请止。【略】上仍还避痘所。

《太宗实录》卷九

八月【略】丁卯，卯刻，明锦州副将二员、参将游击十员，率兵六千来攻阿济格营。时大雾，人觌面不相识。及敌将至，忽有青气自天冲入敌营，雾中开如门，于是阿济格、硕托列阵以待。顷之雾霁，阿济格等进击之，大败敌兵，追杀至锦州城。　　《太宗实录》卷九

九月【略】乙未，明【略】马步兵四万余来援大凌河，欲解祖大寿围。【略】上命佟养性部众屯于

---

① 觉华岛，辽东湾最大岛屿，时为御边明军屯粮基地，原文称觉华岛“离宁远南十六里”。

敌营东，发大砲[①]、火箭毁其营。时有黑云起，且风从西来，向我军。敌乘风纵火，势甚炽，将逼我阵。天忽雨，反风向敌，被焚者甚众。少顷，雨霁，我追，敌兵悉还。【略】薄暮，上率军还营，时凉风骤起，大雨滂沱。前阵获总兵黑云龙，乘隙单骑而逃。大军抵营，天乃霁。　《太宗实录》卷九

十月【略】己巳，【略】袭取锦州，【略】会天大雾，觌面不相识，军皆失队伍，遂各收兵，及明而还。

《太宗实录》卷一〇

## 1632年 壬申 明思宗崇祯五年　清太宗天聪六年

二月【略】甲戌，【略】上至诸子避疫所，未具仪仗。【略】侍卫和托奏上，曰：上今日将复幸诸子避疫所，昨因未具仪仗，礼部引罚羊例为言，臣闻之不敢不奏。上于是【略】降谕曰：【略】今后凡往避痘处所，免用仪仗。　《太宗实录》卷一一

四月戊辰朔，上率大军往征察哈尔。【略】己巳，大军次辽河，值河水泛涨，【略】皆浮水而过，凡两昼夜始尽。　《太宗实录》卷一一

六月【略】庚戌，【略】上率诸贝勒统大军前行至旧辽阳，复自辽阳起行。时英俄尔岱等自沈阳运粮来迎，奏言：六月十二日大水骤发，各处近水田禾淹没者半，其嘉禾间有为虫食者。昔明辛卯年[②]大水，山为之崩，居民有漂去者。故老之言如此，今年之水较当时犹小，惟沈阳南关外民舍淹没颇多耳。　《太宗实录》卷一二

## 1633年 癸酉 明思宗崇祯六年　清太宗天聪七年

六月【略】甲戌，【略】上以征讨明国及朝鲜、察哈尔三者，用兵何先，命诸贝勒大臣各抒所见陈奏。刑部贝勒济尔哈朗奏言：【略】明乃吾敌国，宜举兵深入其境，焚其庐舍，取其财物，因粮于敌，此制胜之策也。【略】但彼处痘疹可虞，皇上亲往，不可久留，若速回，又恐功亏半途。莫若令贝勒大臣各立军令状，率兵往取。　《太宗实录》卷一四

## 1634年 甲戌 明思宗崇祯七年　清太宗天聪八年

二月【略】戊辰，【略】管兵部事和硕【略】谒上于避痘所。　《太宗实录》卷一七

三月丁亥朔，卯刻，天霁无云，有虹见，色绿。巳刻日食，自西及北，食过半。

《太宗实录》卷一八

五月【略】甲寅，大军次纳里特河立营，绵亘山野。【略】先是，天聪七年八月，有鸟曰“鷃鸠”[③]，群集辽东。辽东素无此鸟，乃西北蒙古所产，其色淡黄，形如鸽，爪如人足而有毛。国人皆曰，蒙古之鸟来至我国，必蒙古有归顺之兆云。　《太宗实录》卷一八

九月【略】戊辰，【略】是日，留守和硕贝勒济尔哈朗等【略】奏至，言：蒙上天庇佑，皇上洪福，比年以来，户庆康宁，岁登大有；天戈远讨，国无灾祲，境宇宁谧。　《太宗实录》卷二〇

---

① 大砲，此指抛石机，系古代军事作战的攻击性机械装备之一。砲，繁体字“礮”。

② 昔明辛卯年，指明万历十九年(1591年)。

③ 鷃鸠，鸟名，《尔雅》郭璞注该鸟“出北方沙漠地”。崇祯六年(1633年)秋冬，该鸟亦群飞至河南、淮泗间，明人呼为沙鸡、杀鸡等。其异常迁徙与某种环境变化有关。

## 1635年 乙亥 明思宗崇祯八年　清太宗天聪九年

二月【略】己亥，新附生员杨名显、杨誉显、杨生辉等奏，言：近见明朝暴官肆虐，污吏贪饕，毒痡百姓，涂炭生灵，以致流贼猖獗，内患蜂起，地裂山崩，旱干水溢，天灾人害，亦已极矣。

《太宗实录》卷二二

五月【略】乙丑，【略】是日，都元帅孔有德输粮一百石，总兵官耿仲明输粮一百五十石，因新附人民众多，输助养赡。上曰：归附人民粮已足用，不必输助。俱令运回。《太宗实录》卷二三

六月【略】壬午，遣布哈塔【略】赍敕，往迎出师【略】。敕曰：皇帝谕出师诸贝勒，朕蒙上帝神明，俯垂眷佑，国内臣民共享宁谧之福，亦无痘疹之患；四境田禾，遣部臣遍视，惟东珠扎克、丹费德里、西沙河东三堡，东沙河等处，于五月内间有虫伤，因雨水调和，不致成灾；禾稼茂盛，雨旸时若，秋成或可望也。

《太宗实录》卷二三

七月【略】甲戌，【略】昂邦章京马光远奏，言：顷刑部奉上旨，传谕管堡各官，【略】各堡逃亡汉人，有二百名者，有一百名者，有八九十名者，虽属天灾疾疫，亦当时各官抚养无方，任其流离死亡之咎，今日圣心轸念生民，逐堡稽察疏慢之罪。《太宗实录》卷二四

## 1637年 丁丑 明思宗崇祯十年　清太宗崇德二年

正月【略】丁未，（太宗讨伐朝鲜），朝鲜全罗、忠清两道巡抚总兵合兵来援，立营于南汉山城。【略】值天雪阴晦，不见敌营，遂纵兵进击，败其山下列阵兵。【略】庚戌，【略】是日，多罗安平贝勒、杜度等护送红衣炮、将军炮、火药、重器等车至。奏言：初六日遣人往视临津江渡口，回报云，冰已尽解，即步行亦难。臣意此非架桥之时，辎重何由得渡，心甚忧之。及将至渡口之前一夜，天气清朗，忽然阴翳，雨雪交作，寒甚，水既泮复凝。正月初七日至临津江，向以徒步不可行者，数万军士坦然径渡矣。上曰：祯祥荐至，皆天意也。《太宗实录》卷三三

二月【略】癸巳，谕户部，曰：朕闻巨家富室有积储者，多期望谷价腾贵，以便乘时射利，此非忧国之善类，实贪吝之匪人也。【略】又谕户部，曰：昨岁春寒，耕种失时，以致乏谷。今岁虽复春寒，然三阳伊始，农时不可失也，宜早勤播种而加耘治焉。夫耕耘及时，则稼无灾伤，可望有秋。若播种后时，耘治无及，或被虫灾，或逢水涝，谷何由登乎。凡播谷必相其土宜，土燥则种黍谷，土湿则种秫稗。各屯堡拨什库无论远近，皆宜勤督耕耘，若不勤加督率，致废农事者，罪之。

《太宗实录》卷三四

三月【略】戊午，【略】是日，天色黄暗，雨土。《太宗实录》卷三四

四月【略】辛卯，【略】宣谕曰：【略】今岁偶值年饥，凡积谷之家宜存任恤之心。遇本牛录[①]内有困乏者，将谷粜卖，可以取值；听人借贷，可以取息。《太宗实录》卷三五

十一月【略】庚午冬至，大祭天于圜丘。【略】朝鲜国王李倧遣陪臣上表，贺冬至，贡方物，又上陈情疏二道，移礼部代题咨文一道，一并赍至。表曰：【略】上年春间，牛疫起于平安、黄海等道，自西而南，以及忠清道，至冬稍息。【略】余存之民，靡不劝趋农事，耕垦虽少，禾稼稍茂。【略】乃自夏秋以后，雨雹为灾，损谷颇多，牛疫再发于庆尚、全罗等道，自南而西，转以东北，遂遍于八道。比上年尤惨，百家之村，无一二牛只，明春农事更无可望。《太宗实录》卷三九

---

① 牛录，清八旗基层军政单位，每300人编为一牛录。

## 1638 年 戊寅 明思宗崇祯十一年　清太宗崇德三年

正月乙丑朔，【略】上御崇政殿，诸王、贝勒、贝子等进表，其文曰：【略】上天仁爱下民，四时顺序，风雨调和，年谷用登，人民乐业，此皆我皇上奉天命以首出，布善政而致和。【略】己巳，先是，冰图王孔果尔有马三十四，往牧于所属卦尔察费克图屯，十二月十三日遇逃人喀木尼汉，杀牧人，【略】遣巴特图【略】入奏，于是日至，奏言：逃人喀木尼汉弃幼子五人，尽杀疲马，仍向原籍逃去，今值大雪，臣等务必穷追。

《太宗实录》卷四〇

四月甲午朔，【略】是夜二鼓，兵部启心郎[1]詹霸【略】等赍留守诸王奏疏及新附总兵官沈志祥奏疏。【略】明国驻守东江总兵官沈志祥率石城岛之众来归。【略】沈志祥疏云：【略】今臣率领副将八员、参将八员、游击十六员、都司二十员、守备三十员、千总四十员，兵丁家属共约四千余名口，于本年二月二十一日自石城岛起行，由黄古岛上岸屯扎。【略】今春雨不绝，屯兵旷野，粮谷皆无，众兵饥饿，伏乞皇上速赐车马粮草。【略】乙未，【略】遣礼部侍郎朱世起赍羊酒行粮诸物往迎新附总兵官沈志祥。

《太宗实录》卷四一

## 1640 年 庚辰 明思宗崇祯十三年　清太宗崇德五年

三月【略】戊戌，朝鲜国王李倧遣陪臣张立忠等奏言：闰正月以前，漂没兵粮坐船七只，溺死将领及水手等六十余人。今据黄海平安、忠清等道地方报言，各道兵粮船三十二只并所载器械什物及军粮九千三百六十七石，将领三员，水手二百五十九人，尽行漂散，不知去向。【略】冬春之交，风或不顺，即有船只漂坏，速行充备，尚可无误，以此不敢渎奏。今飓风之作，前所未有，以致西上兵粮船只一时漂没，出于意虑之所不及，事势窘迫，罔知攸措，臣不胜惶悚之至，谨此奏闻。

《太宗实录》卷五一

七月【略】乙酉，【略】奏报：锦州城西禾稼，两日刈毕。方刈禾时，敌人率马步兵由城西北隅出，枪炮并施。【略】我军方进，敌兵即溃。【略】遵皇上前谕，分为两翼，驻营于近城地方，【略】一则禾稼成熟之时，我兵易于收获，弗为敌人乘间窃刈。

《太宗实录》卷五二

九月【略】癸卯，朝鲜国王李倧奏言：【略】小邦创残之余，公私交困，加以获戾于天，旱既太甚，七月陨霜，八路失稔，虽欲勒调夫马载运粮饷，而计穷力竭，无可奈何。

《太宗实录》卷五二

## 1641 年 辛巳 明思宗崇祯十四年　清太宗崇德六年

正月【略】庚辰，朝鲜国王李倧遣陪臣赍谢恩表及奏疏至。【略】疏曰：【略】往者陆军之征，属当大兵之余，重遭灾旱，难以征发资送，致稽师期，幸蒙恩宥，俾图后效。【略】今岁舟师之役，罄竭国力，仅能办集，不料飓风梗海，连月未已，趁期催进，多致覆溺。

《太宗实录》卷五四

九月【略】乙亥，【略】是日，阴气蔽日，云雾迷天；白虹一道，自巽至乾，其形如云；是晚天霁，众星明朗，浮云尽散；复有黑虹一道，自艮至兑，其形如烟。【略】辛巳黎明，东方有金光，大如斗，内复有金光一道，形如椽，冲天而起，光亦如金。是日，上自松山城西南移至松山城西北十里。

《太宗实录》卷五七

---

[1] 启心郎，清初特有职官，其职略次于侍郎，掌沟通满汉大臣语言隔阂之责。

十一月【略】戊寅，都察院参政祖可法、张存仁，理事官马国柱、雷兴等条奏：【略】今岁禾谷未收，秋霜早陨，迨收获之时，恐米粮未能丰足，价值日渐腾贵，市粜日渐稀少，伏乞皇上预为筹画。【略】疏浚河渠之路，东土以辽沈为肥饶，夹河六屯尤为沃壤，近年每被水涝者，因新开河年久不浚，故河壅而水不流，雨泽偶多，遂至泛溢，沿河一带良田悉委弃矣。夫向所以成沃壤者，由于每岁之修浚；今之所以被潦灾者，由于水道之壅塞。

《太宗实录》卷五八

## 1642年 壬午 明思宗崇祯十五年　清太宗崇德七年

二月【略】甲子，都察院参政祖可法【略】等条奏：【略】去岁遇霜甚早，幸皇上宽仁，上天默佑，米价尚未大贵。

《太宗实录》卷五九

三月【略】戊戌，朝鲜国王李倧移咨到部，咨云：【略】本年二月初十日，该石城军丁贵生告称初三日下午，时有异样船一只，行至扭岛外洋，遭飓风大作，泊于多大浦镇前，【略】系是倭差。【略】又一咨云：照得上年本道凶歉，倍于他处，六镇仓储大米绝少，会计约不过四五十石，其他杂谷亦甚不敷。

《太宗实录》卷五九

十月【略】壬戌，万寿节，自二十二日至二十八日，凡七日，和硕亲王以下，牛录、章京以上俱朝服。时以国中方避痘，停止作乐。

《太宗实录》卷六三

## 1643年 癸未 明思宗崇祯十六年　清太宗崇德八年

七月【略】丁巳，以征明克捷，敕谕朝鲜国王李倧曰：【略】明国三年饥馑，禾稼不登，人皆相食，或食草根树皮，饿死者什之九。兼以流贼纵横，土寇劫掠，百姓皆弃田土而去，榛芜遍野，其城堡乡村居民甚少。初，明总督洪承畴等率各省精兵来援锦州，俱已败亡，锦州、松山、杏山、塔山既下，四城精兵复经歼戮，蒙古察哈尔兵乘乱归明者，杀伤既众，其余复叛彼来归，无复存者，所余仅汉兵已耳。兵势大衰，人心震恐，东西逃窜，我兵所向，力莫能支，明之国势已如此矣。

《太宗实录》卷六五

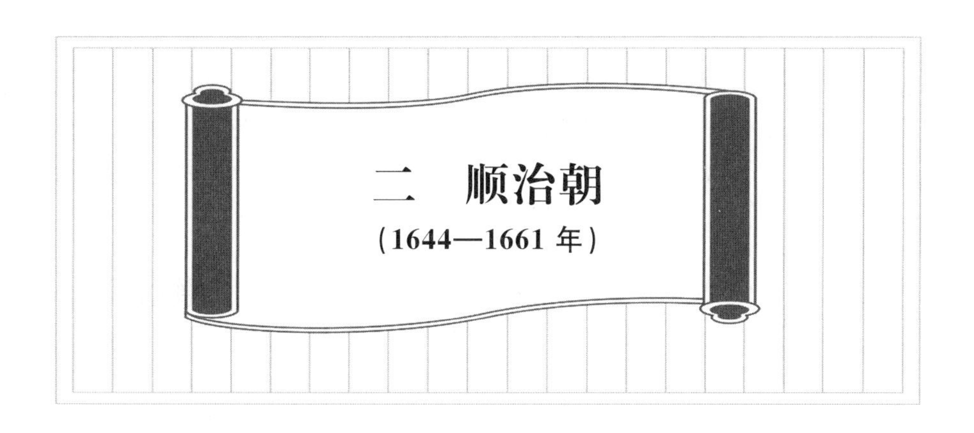




## 1644 年 甲申 明思宗崇祯十七年 清世祖顺治元年

四月【略】己卯,师至山海关,吴三桂率众出迎。【略】时贼首李自成率马步兵二十余万,自北山横亘至海,列阵以待。是日,大风迅作,尘沙蔽天,咫尺莫辨。我军对贼布阵,不能横列,【略】须各努力破此,【略】令军士呼噪者再,风遂止。各对阵奋击,大败贼众。《世祖实录》卷四

六月【略】庚午酉刻,太白见,有白气自西南至东北。《世祖实录》卷五

六月【略】壬午,【略】修政历法西洋人汤若望启言:臣于明崇祯二年来京,曾用西洋新法厘正旧历。【略】乙酉未刻至申刻,日生左右珥,青黄色,良久渐散。《世祖实录》卷五

七月【略】癸丑,酉刻雨雹。《世祖实录》卷六

九月【略】癸巳,【略】日晕,色黄赤鲜明,自辰及巳始散。《世祖实录》卷八

十月乙丑,卯刻,雾色苍白。《世祖实录》卷一〇

十二月【略】戊午,辰刻,日生左珥,赤黄色。【略】戊辰,卯刻,大雾,色青。

《世祖实录》卷一二

## 1645 年 乙酉 清世祖顺治二年

正月【略】庚子,【略】河南孟县渡口村至海子村,河清二日。【略】壬寅,以灾荒免上林苑监额税三之一。《世祖实录》卷一三

二月【略】丙寅,【略】河道总督杨方兴疏言:黄河为害自古有之,去岁遭逆闯蹂躏之余,官窜夫逃,无人防守,伏秋水汛,自黄河北岸小宋、曹家口等处尽皆冲决。济宁以南庐舍田禾大半漂没。若不乘此水势稍涸,鸠工急筑,恐秋水一涨,势必大溃,不惟物力倍费,且恐河北一带尽为泽国矣。章下户工二部,速议。【略】戊辰,【略】巡视南城御史赵开心奏言:近奉敕旨,凡民间出痘者,俱令驱逐城外四十里,所以防传染也。奈所司奉行不善,有身方发热及生疥癣等疮,概行驱逐者。贫苦小民移出城外,无居无食,遂将弱子稚女抛弃道旁,殊非仰体朝廷爱养生息之意,请嗣后凡出痘之家,必俟痘疹已见,方令出城。有男女抛弃者,交该管官司严加责治。其城外四十里东西南北各定一村,令彼聚处,庶不致有露宿流离之苦。疏入,得旨:民间男女果系真痘,自当照例移出,令工部择定村落,俾其聚居得所。至身方发热,未见痘疹者,毋得辄行驱逐。《世祖实录》卷一四

三月甲申朔,【略】陕西道监察御史赵开心奏:【略】故明两掖门外有东西两廊,【略】今为逆贼焚毁,每遇朝参,各官坐立无所,【略】况时值春夏之交,大雨时行之候,群臣断难露处,请令工部【略】

搭造。【略】戊戌，日生晕。【略】丁未，【略】申刻，黄气四塞，日光黯澹。　　《世祖实录》卷一五

五月壬午朔，总督河道杨方兴进济宁州瑞麦，有三四岐者，有八岐十岐者。【略】癸未，户科给事中郝杰奏言：自春入夏，雨泽不时，近者城铺失火，江米巷又火，火与旱相继示警。【略】己亥，【略】直隶巡按卫周允疏言：畿南荒旱，小民饥馑，啖泥食草，面无人形。而有司皇皇，钱粮是问，新旧兼征，解存并亟，民方以蠲赈望之上，上乃以输纳责之下。夫夏田无望，秋成何期，禾麦无收，租赋何出，欲医疮而乏术，欲果腹而无资。民间疾苦，莫甚于斯。　　《世祖实录》卷一六

闰六月【略】癸未，【略】直隶曲阳县大风拔木，雨雹交作，陆地成河，禾黍漂没。【略】己丑，河决王家园。【略】癸卯，【略】定国大将军和硕豫亲王多铎等奏报：【略】迨我兵至杭城，贼分二路迎敌，大败之。是夜贼兵悉渡钱塘江逃窜。我军追至江岸驻营，贼兵见之，以为江潮朝夕有信，我军必致被淹，乃潮水连日不至，阖郡惊为神助。潞王大恐，遂率众开门纳款。【略】丙午，【略】直隶元氏、行唐、定州、广平、曲周、巨鹿、晋州等州县大雨雹。【略】己酉，【略】山西泽州、平顺、襄垣、屯留、潞城等县雨雹。　　《世祖实录》卷一八

八月庚辰朔，【略】户科给事中杜立德奏言：【略】今秦、晋、燕畿水旱风雹，天心示儆，不得以岁祲为常。【略】辛巳，【略】免直隶霸州、顺义、香河、宝坻、新城、永清、东安、固安等县本年水灾额赋。【略】癸巳，免直隶真定、顺德、广平、大名四府本年份水灾额赋。　　《世祖实录》卷二〇

九月【略】庚午，【略】大同府雨雹。　　《世祖实录》卷二〇

十月【略】壬辰午刻，日生左右珥，上生背气一道，色青赤。免山西太原等处灾荒额赋。【略】乙巳晓刻，木生介。　　《世祖实录》卷二一

十一月【略】辛亥，【略】辰刻，日半晕，上有赤黄戴气，至巳刻方散。【略】壬子冬至，祭天于圜丘。【略】以京城出痘者众，免行庆贺礼。　　《世祖实录》卷二一

十二月【略】庚子，【略】钦天监正汤若望奏言：冬至以来，历考在天诸宿，应有雨雪，未验；立春之后未见凝寒凛冽，阴阳消息失调，仰祈皇上虔心修祷。　　《世祖实录》卷二二

## 1646年 丙戌 清世祖顺治三年

正月【略】戊午，【略】是夜，月生晕，色青赤。【略】丙寅，风霾，夜月晕三重，青赤黄色。
　　《世祖实录》卷二三

二月【略】丁亥，【略】是夜，月生晕，青黄色。　　《世祖实录》卷二四

三月【略】丙子未刻，日生晕，色红黄有光。　　《世祖实录》卷二五

四月【略】乙酉，【略】是夜，月生晕，三重，青赤黄色。【略】丁亥，【略】免河南睢州、祥符、陈留、柘城等县水灾本年额赋。　　《世祖实录》卷二五

五月【略】甲寅夏至，【略】陕西庄浪雨雹伤禾。【略】乙丑，京师大雨雹。
　　《世祖实录》卷二六

六月【略】丁酉，征南大将军贝勒傅洛等奏报：大军五月二十日抵杭州，适贼兵营于钱塘江东岸，绵亘二百里，舣舟江上以待，我军未具舟楫，不能渡，忽见江沙暴涨，水浅可涉，遂令固山额真[1]图赖等策马径渡，分兵往击之。　　《世祖实录》卷二六

十月【略】丁酉，【略】免江南望江、宿松、太湖、怀宁四县本年分旱灾额赋。【略】己亥，【略】免陕西延绥、庄浪本年雹蝗灾伤额赋。　　《世祖实录》卷二八

---

① 固山额真，满语，八旗官名，为每旗最高军政长官。

十一月【略】癸丑，免直隶河间县、任丘县，山西大同县本年冰雹水灾额赋。

《世祖实录》卷二九

十二月【略】丙戌，【略】免直隶蓟州丰润、玉田、宝坻、武清等州县本年分水灾额赋。

《世祖实录》卷二九

## 1647年 丁亥 清世祖顺治四年

正月【略】乙巳，日半晕，生左右珥，赤黄色，良久乃散。【略】丁未，【略】山西道监察御史佟凤彩奏言：近畿沿河州县屡年冲决，禾稼被淹，有亏正赋。宜令各州县额设堤夫。

《世祖实录》卷三〇

三月【略】甲辰，日晕，赤黄白色，良久方散。【略】辛酉，未刻，日晕，青赤黄色，至申刻乃散。

《世祖实录》卷三一

五月【略】庚戌，午刻，有白气起西南，至东北。【略】免湖广兴国州、江夏、武昌、崇阳、通城、大冶、通山、蒲圻、咸宁、嘉鱼等县三年分旱灾额赋。 《世祖实录》卷三二

六月【略】壬申，【略】免直隶成安、新乐、元氏、广平、宁晋、邯郸、饶阳三年分水蝗灾伤额赋。【略】甲申，江南宿州蝗雹。【略】戊子，免陕西绥德卫三年分雹灾额赋。 《世祖实录》卷三二

七月【略】己未，【略】陕西蓝田等十九州县蝗食苗殆尽，人有拥死者。巡抚黄尔性以闻。

《世祖实录》卷三三

八月【略】丙子，【略】河南磁、陕、汝三州，武安、涉、新安、灵宝、伊阳、修武、武陟、镇平、太康、项城等县飞蝗为灾，兼冰雹风雨，平地水深丈许，庐舍漂没。【略】癸巳，以江西水旱，发仓米三千余石，减价粜卖，以济饥荒。从巡抚章于天请也。【略】乙未，【略】宣府万全龙门卫雹。

《世祖实录》卷三三

十月【略】壬辰，午刻，日上生五色云，良久始散。【略】丙申，宁夏巡抚胡全才捕蝗有法，境内田禾获全，因以捕法上闻，并请传示各省，永绝蝗灾。章下所司。 《世祖实录》卷三四

十一月【略】辛亥，免山西代、岢岚、保德、永宁等州，静乐、定襄、五台、石楼、沁源、武乡、岚、淳、兴、宁乡等县，宁化、宁武、偏头等所，神池、永兴、老营等堡本年分蝗灾额赋。山东德州、邹平、新城、青城、齐东、长山、济阳、齐河、长清、肥城、历城、新泰、商河、德平、陵等县本年分水灾额赋。

《世祖实录》卷三五

十二月【略】戊辰，【略】免直隶保定、河间、真定、顺德等府本年分蝗灾额赋。【略】己丑，【略】申刻，日生左右珥，赤白色，良久渐散。 《世祖实录》卷三五

## 1648年 戊子 清世祖顺治五年

正月【略】癸丑，【略】免山西太原、平阳、潞安三府，泽、沁、辽三州蝗灾田亩本年额赋。

《世祖实录》卷三六

二月【略】癸未，免山东济南、兖州、青州、莱州四府属州县顺治四年水灾钱粮一年。

《世祖实录》卷三六

四月【略】戊辰，免陕西渭源、金县、兰州卫本年雹灾地亩额赋。 《世祖实录》卷三八

闰四月【略】庚戌，直隶清丰县雨雹伤禾。【略】壬子，巳刻，日生晕，青白色。

《世祖实录》卷三八

五月【略】戊辰，京师雨雹。《世祖实录》卷三八

六月甲午朔，免陕西西安、延安、平凉、临洮、庆阳、汉中等府属州县顺治四年雹灾额赋。

《世祖实录》卷三九

十二月【略】丙申，以直隶平山、隆平蝗灾，清丰雹灾，免本年额赋。【略】癸卯，免大同蝗灾本年分额赋。《世祖实录》卷四一

## 1649 年 己丑 清世祖顺治六年

正月庚申朔，上避痘，免朝贺。【略】壬申，辰刻，日生晕，色白，良久乃散。【略】夜，月生晕。

《世祖实录》卷四二

三月【略】己巳，【略】是日，吏部启心郎宁古里以辅政德豫亲王多铎出痘，往启摄政王，王即日旋师。《世祖实录》卷四三

四月【略】壬子，【略】辰刻雨雹。《世祖实录》卷四三

五月【略】癸亥，摄政王多尔衮以京城水苦，人多疾病，欲于京东神木厂创建新城，移居，因估计浩繁，止之。【略】丙子，【略】免山西太原、平阳、汾州三府，辽、泽二州本年水灾额赋。【略】戊寅，【略】免直隶宝坻、顺义二县五年分水灾额赋。《世祖实录》卷四四

七月【略】丁卯，【略】免河南开封等府水灾额赋有差。【略】辛巳，江南江西河南总督马国柱奏报：江南凤阳、滁州、淮安、扬州、苏州各属州县卫所，及河南磁州罗山县冰雹伤稼，请敕抚按确勘，以行蠲恤。《世祖实录》卷四五

八月【略】甲午，【略】免直隶真、顺、广、大四府所属州县六年分水灾额赋。【略】丁未，【略】巳刻日晕，赤白色，良久渐散。《世祖实录》卷四五

十月【略】己亥，免山东东平、长山、长清、莱芜、肥城、新泰、临邑、陵县、新城、齐河、商河、济阳、禹城、历城、邹平、乐陵、聊城、棠邑等州县五年分水灾额赋。《世祖实录》卷四六

十一月【略】丙寅，【略】免陕西岷州本年分雹灾租税。【略】甲戌，【略】免宣府蝗雹灾伤地亩本年额赋。《世祖实录》卷四六

十二月【略】丁亥，【略】甘州平川等堡蝗，庄浪水，西宁冰雹，伤禾稼。【略】癸巳，【略】陕西三水县虫霜伤稼。《世祖实录》卷四六

## 1650 年 庚寅 清世祖顺治七年

三月【略】己未，卯刻，日色赤如血。《世祖实录》卷四八

七月【略】辛未，【略】免陕西、西宁各堡寨五年分雹灾额赋。《世祖实录》卷四九

十月【略】己亥，【略】免直隶霸州、顺义、怀柔、宝坻、平谷、武清、保定、文安、大城、东安等县六年分水灾额赋。《世祖实录》卷五〇

十一月【略】甲寅，【略】免陕西甘肃等处六年分蝗水雹灾额赋。《世祖实录》卷五一

## 1651 年 辛卯 清世祖顺治八年

二月【略】己丑，【略】免汶上、寿张、宁阳、峄县六年分水灾额赋，金乡县七年分水灾额赋。

《世祖实录》卷五三

闰二月【略】甲寅,【略】免河南封丘、祥符、兰阳、孟、仪封、温等县七年分水灾额赋。【略】乙丑,日生晕。【略】丁丑,日生晕。【略】免宛平县本年分水灾额赋。　　《世祖实录》卷五四

五月【略】庚子,上谕诸王公曰:连年灾祲,粒食维艰,今朕猎回,见禾稼茂盛,足觇有秋。恐尔等仍前放鹰驰猎,以致蹂躏田禾,殊堪轸念,今后必俟收获之后,方许放鹰,勿得玩违。

《世祖实录》卷五七

八月【略】辛亥,【略】刑科给事中赵进美奏言:浙江财富重地,今岁荒涝异常。山东洪水肆虐,民不堪命。查蠲恤旧例,必经勘明灾伤分数,部行之督抚按。下至监司府州县,文移往来,动经时月。请饬抚按,照道里远近,严定限期,蚤报蚤复,违者参究。勘过州县暂停征比,以俟恩命。其各省备赈仓谷及养士学田,当速为赈发,他如通粜、平价、劝施、煮粥之类,苟行之不力,究无实济,请敕抚按择廉能方面官专董其事,巡历查访,不时举报,以为有司考成,则灾黎得以全生矣。得旨:所司查议速行。　　《世祖实录》卷五九

九月【略】戊寅,【略】山东济南、兖州、东昌、青州府属州县及左卫齐河屯水。

《世祖实录》卷六〇

十月【略】辛亥,免宣府属卫所本年分雹灾额赋。　　《世祖实录》卷六一

十一月【略】乙未,免山西平阳、潞安二府,泽、辽、沁三州所属州县七年分雹灾地亩额赋。【略】庚子,免山西阳曲、五台、浮山、榆社七年分蝗灾额赋。　　《世祖实录》卷六一

十二月【略】己未,谕内三院:近日痘疹甚多,朕避处净地,凡满汉蒙古官民有被冤控告者,内而赴各该衙门,外而赴各该地方官告理,此时奏告之人概行禁止。　　《世祖实录》卷六一

## 1652年 壬辰 清世祖顺治九年

正月【略】丙戌,【略】礼部奏:各省人民迭遭盗贼饥荒,暴骨遍野,请照《会典》所载,令天下各有司官收埋枯骨,以广皇仁。从之。　　《世祖实录》卷六二

二月【略】丙辰,大风霾。【略】庚午,巳刻,日生晕。　　《世祖实录》卷六三

四月【略】丁未,户部以钱粮不敷,遵旨会议:山东登莱巡抚宜裁;宣府巡抚宜裁,以总督兼理。

《世祖实录》卷六四

五月【略】壬申,山东峄县、嘉祥县雨雹大如斗,大风拔木坏屋,吹堕人口。

《世祖实录》卷六五

六月【略】己酉,【略】陕西洮州卫大冰雹伤禾。　　《世祖实录》卷六五

七月【略】癸酉,【略】陕西庄浪红城堡冰雹伤禾。【略】丁亥,【略】免河南磁州、祥符、封丘、兰阳、仪封、项城、沈丘、临漳县,怀庆卫八年分河决被灾地亩额赋。　　《世祖实录》卷六六

八月【略】丙辰,江南江西总督马国柱以两省旱灾奏报。得旨:江南江西二省荒旱异常,朕心儆惕,恐致百姓流离,著该督抚按多方救济,地方有乐输义助者,汇造姓名,送部酌奏,救荒事宜著速议施行。【略】戊午,【略】礼科给事中刘余谟奏言:国家钱粮,每岁大半皆措兵饷,今年直省水旱异常,处处请蠲请赈。大兵直取滇黔,远则万里,久必经年,【略】兵饥则叛,民穷则盗。【略】丁卯,【略】户部左侍郎王永吉奏言:臣见直隶、河南、山东、山西皆报大水,江南、江北、湖广、浙江皆称大旱。各镇战守官兵日索本折粮饷,势处两难,事须兼顾。臣谓来年兵马之饷,当预筹于今岁;而饥民冬春之苦,宜急救于秋前。伏望皇上远虑深思。【略】广东雷州府飓风大作,摧城发屋,击死人畜甚众。　　《世祖实录》卷六七

九月【略】壬申,谕:【略】睿王摄政时,往请达赖喇嘛,许于辰年前来,【略】从者三千人。【略】今

年岁收甚歉，喇嘛从者又众，恐于我无益。【略】山东道御史王秉乾奏言：迩来水旱频仍，议赈议蠲，虑或未尽，应仿《周礼》荒政，专申输粟之令，有罪者准与纳粟赎罪，倡义助赈者酌量褒奖，一切山泽之利，暂弛其禁，俾百姓藉以糊口，亦救荒之一策也。下所司议奏。【略】庚辰，谕达赖喇嘛，曰：尔奏边内多疾疫，边外相见为便，今朕至边外代噶地方，俟尔可也。【略】戊戌，大学士洪承畴、陈之遴奏言：【略】今年南方苦旱，北方苦涝，岁饥寇警，处处入告。 《世祖实录》卷六八

十月【略】丙午，免陕西三水、华亭、洋县六年分虫霜冰雹被灾额赋。 《世祖实录》卷六九

十一月【略】壬辰，日生左珥，旋生右珥，色赤黄。【略】乙未，【略】免山西忻州、乐平等州县本年分冰雹水灾额赋有差。 《世祖实录》卷七〇

十二月【略】辛丑，【略】免山西太原府、平阳府、汾州府，辽州、沁州、泽州所属，绛州，太原等四十四州县本年水灾额赋有差。【略】癸卯，河道总督杨方兴疏言：清口为淮、黄交汇之处，伏秋淮弱黄强，黄遂内灌。前人置闸筑坝，原以防浊沙淤澱之患，自闸禁废弛，岁需挑浚，为费不赀。今请于清江、通济二闸适中处，寻福兴闸旧址，先行修复，启一闭二，以时蓄泄，岁可省无限挑浚之费。下所司议奏。【略】戊午，【略】发米九百石，银四百余两，赈京城饥民。【略】甲子，免陕西长武县本年分雹灾额赋。 《世祖实录》卷七〇

## 1653 年 癸巳 清世祖顺治十年

正月【略】庚午，【略】掌河南道监察御史朱鼎延奏言：【略】迩来灾异迭见，水旱频仍，民穷财尽，尤不可不深忧而熟记者。 《世祖实录》卷七一

二月【略】乙巳，【略】巳刻，日半晕，上生抱气，色黄白青赤。【略】丁未，【略】卯刻，日生左右珥，色黄赤鲜明。【略】乙卯，【略】午刻，日生抱气，色青赤，申刻生两珥。 《世祖实录》卷七二

三月【略】己巳，【略】免直隶蓟州、丰润等十一州县九年水灾额赋。【略】癸未，午刻，日生晕，色赤黄。 《世祖实录》卷七三

四月【略】庚子，【略】谕曰：海内黎庶困苦已极，兼以旱涝，益不聊生。【略】壬子，谕内三院：今年三春不雨，入夏亢旱，农民失业，朕甚忧之。【略】谕内外法司各衙门：朕念上年京师畿辅水潦为灾，夏秋俱歉，米价日贵。今三春不雨，入夏犹旱，朕心甚切忧惶，常思雨泽愆期，多由刑狱冤滞。【略】己未，【略】未刻，日生晕，赤黄色。 《世祖实录》卷七四

五月【略】甲戌，【略】免河南祥符、封丘、河内、孟、温、修武、临漳等县九年分水灾额赋。【略】免湖广沔阳州潜江、天门县八年分水灾额赋。【略】乙亥，【略】免山东历城、齐河、齐东、肥城等六十九州县八九两年分水灾额赋。【略】乙酉，【略】免湖广武昌、汉阳、黄州、安陆、德安、荆州、岳州等府九年分旱灾额赋。【略】甲午，日生两珥，色赤黄，旋有晕。【略】免直隶霸州、保定、庆云、东光等三十一州县九年分水灾额赋。 《世祖实录》卷七五

六月【略】丙申，日上下生青赤气，良久乃散。【略】丙午，【略】免浙江鄞、慈溪、奉化、定海、象山等县八年分水灾逋赋。【略】丙辰，雷震先农坛西天门。【略】戊午，日生两珥。

《世祖实录》卷七六

闰六月【略】庚辰，谕内三院：考之《洪范》作肃，为时雨之征，天人感应，理本不爽。朕朝夕乾惕，冀迓时和，乃兹者淫雨匝月，岁事堪忧，都城内外积水成渠，房舍颓坏，薪桂米珠，小民艰于居食，妇子嗷嗷，甚者倾压致死，深可轸念。【略】礼部奏言：淫雨不止，房屋倾塌，田禾淹没，请行顺天府祈晴。【略】戊子，【略】户科给事中周曾发奏言：【略】数月以来，灾祲迭见，前者雷毁先农坛门，警

戒甚大;近又淫雨连绵,没民田禾,坏民庐舍,露处哀号,惨伤满目,此实数十年来未有之变也。

《世祖实录》卷七六

七月【略】丁酉,都察院左都御史屠赖等奏言:臣等捧读雨潦修省上谕,【略】忆太祖、太宗时,上天垂象,甘霖屡沛,以皆合天道而行也。今上天仁爱,微灾以儆正启。【略】去岁南方亢旱,北地水涝,今年六月大雨连绵,房舍倾颓,田禾淹没,民间疾苦,昭然可见。宜暂停乾清宫工,以此项钱粮,给养军民。【略】壬寅,吏科右给事中王祯奏言:迩者淫雨为灾,河水泛滥,沿河一带城郭庐舍漂没殆尽,直隶被水诸处万民流离,扶老携幼,就食山东,但逃人法严,不敢收留,流民啼号转徙,乞敕下该督抚行文各属,【略】可救此数万生灵。下所司速议。《世祖实录》卷七七

八月甲子朔,【略】陕西紫阳县大雨水,蝗。《世祖实录》卷七七

九月【略】己巳,日有抱背气,生左右珥,黄色。《世祖实录》卷七八

十月【略】庚辰,定远大将军和硕敬谨亲王尼堪灵榇自湖南回京,【略】上欲亲临其丧,诸王大臣以彼地出痘,力谏乃止。【略】乙酉,命设粥厂,赈济京城饥民。免直隶通、密、永平、易州、井陉、昌平、霸州所属州县卫所本年分水灾额赋。《世祖实录》卷七八

十一月【略】丁酉,【略】户部奏言:皇太后颁发赈济银两,除给散八旗被灾兵丁以及闲散人等外,余银二万两请即分赈京城穷困汉兵民。报可。【略】辛亥,户部议覆科臣季开生请立限报灾疏,言:夏灾限六月终,秋灾限九月终,先将被灾情形驰奏,随于一月之内,查核轻重分数,题请蠲豁,其逾限一月内者,巡抚及道府州县各罚俸;逾限一月外者,各降一级;如迟缓已甚者,革职。永著为例。报可。【略】丙辰,【略】户部奏言:江南各府属旱灾,除有漕粮州县,已经改折;其无漕粮州县卫所,被灾八分以上者,免十分之三,被灾七分以下者,免十分之二,四分免十分之一。【略】戊午,午刻,日生半晕,左右有珥,东北方生背气。【略】己未,户部议江西省五十四州县旱灾,应照江南例,酌免无漕粮州县钱粮。从之。《世祖实录》卷七九

十二月【略】甲戌,【略】免浙江金华府属八县九年分旱灾额赋有差。【略】甲申,免河南开封、彰德、卫辉、怀庆、汝宁府属州县九十两年分水灾额赋。《世祖实录》卷七九

## 1654 年 甲午 清世祖顺治十一年

正月【略】庚子,【略】巳刻,日生抱气,色黑青赤。辛丑,谕工部:江宁、苏、杭等处地方连年水旱,小民困苦已极,议赈则势难周,屡蠲又恐国用不足,朕用是恻然。【略】申刻,日旁生两珥,上生抱气,色黄。【略】丁巳,免直隶顺德、广平、大名三府属,天津、蓟州二道属州县卫所十年分水灾额赋。

《世祖实录》卷八〇

二月【略】癸酉,【略】工科左给事中魏裔介奏言:连岁水灾频仍,直隶、河北、山东饥民逃亡甚众,请敕督抚严饬有司,凡流民所至,不行收恤者,题参斥革。【略】甲申,谕户部等衙门,朕念比年兵事未息,供亿孔殷,加以水旱频仍,小民艰食,地方官不加抚绥,以致流离载道。【略】己丑,【略】免河南祥符等州县卫所十年分水灾额赋。《世祖实录》卷八一

三月【略】丙申,【略】福建建宁府瓯宁县雨雹大如盏。【略】戊戌,免湖广襄阳、黄州、常德、岳州、永州、荆州、德安七府属州县,及辰、常、襄三卫,江南扬州、凤阳、庐州、淮安等府,滁、徐二州,所属州县十年分水旱灾伤额赋。免山东济南、东昌府属四十九州县十年分水灾额赋。

《世祖实录》卷八二

四月【略】癸酉,【略】免陕西洛南县十年分水灾额赋三分之一。【略】己卯,上幸南苑,銮舆所过,一路农民耕耘不辍,上览之大悦,顾谓侍臣曰:去年旱涝为灾,小民甚苦,今如此辛勤,待秋成

后，自获享有年之乐矣。　　　　　　　　　　　　　　　　　　　　　　　　　　《世祖实录》卷八三

五月【略】甲辰，免陕西平凉卫十年分雹灾额赋。【略】庚戌，免陕西兴安、汉阴、平利等州县十年分水灾额赋。　　　　　　　　　　　　　　　　　　　　　　　　　　《世祖实录》卷八三

六月己未朔，河决大王庙。【略】丙寅，陕西西安、延安、平凉、庆阳、巩昌、汉中府属地震，倾倒城垣、楼垛、堤坝、庐舍，压死兵民三万一千余人，及牛马牲畜无算。【略】酉刻，日生两珥，色黄白。【略】丁丑，【略】湖广安陆、荆州府属，钟祥、京山、天门、潜江、荆门、江陵等州县大水。【略】庚辰，【略】江南苏州、常州、松江、镇江等府飓风海溢，房屋树木半被漂没倾拔，男妇溺死无算。【略】六科给事中朱徽等奏言：【略】展谒陵寝，七月举行，今已届期，臣等窃有虞者，方今湿气盛行，暑雨泛滥，盛京迢远，邮亭供顿多有未备。　　　　　　　　　　　　　　　　　　　　　　　　　　《世祖实录》卷八四

七月【略】壬辰，免陕西秦州朝邑、安定二县本年分水灾额赋。【略】戊申，免陕西镇原、广宁本年分雹灾额赋。　　　　　　　　　　　　　　　　　　　　　　　　　　《世祖实录》卷八五

八月【略】庚申，大学士范文程等奏言：【略】顷者差遣恤刑，【略】今四方水旱灾伤，纷纷见告，恐奉差各官，仍不无烦扰，亦应暂请停止。【略】辛酉，免陕西真宁县十年分雹灾额赋。【略】乙丑，【略】浙闽总督刘清泰疏报：浙属亢旱为灾，河竭井涸，禾稻尽枯。得旨：浙省灾伤深可悯恻，其如何赈济之处，著所司确查速议。　　　　　　　　　　　　　　　　　　　　　　　　　　《世祖实录》卷八五

九月【略】己丑，【略】免陕西西安、平凉、凤翔等府属十年分雹灾额赋。【略】癸巳，未刻，日生半晕，旁生左右珥；申刻，日上生背气一道，赤黄色。免宣府万全右卫所属暖店堡、梁家、渠家、吴家、沙家等庄，盆儿窑、西红庙本年分雹灾额赋。　　　　　　　　　　　　　　　　　　　　　　　　　　《世祖实录》卷八六

十月辛未，【略】免江南庐、凤、淮、扬四府，徐、滁、和三州本年分水旱灾伤额赋。【略】壬午，户部奏言：畿辅水灾，请煮粥拯恤，以广皇仁。报可。　　　　　　　　　　　　　　　　　　　　　　　　　　《世祖实录》卷八六

十一月【略】己亥冬至，祀天于圜丘，上亲诣行礼，以岁歉民饥，停止庆贺。【略】壬寅，上以地震屡闻，水旱迭告，悯念民生，省躬自责。【略】辛亥，日左右有白气，上有戴气。

《世祖实录》卷八七

十二月【略】丁卯，【略】免湖广钟祥、京山、天门、潜江、荆门、江陵等州县本年分水灾额赋。己巳，【略】免河南祥符、磁州、郑州、河内等三十六州县本年分水灾额赋。　　　　　　　　　　　　　　　　　　　　　　　　　　《世祖实录》卷八七

## 1655 年 乙未 清世祖顺治十二年

正月【略】庚寅，【略】免山东齐东、济阳、禹城、长青、肥城、临邑、齐河、阳信、海丰、商河、沾化、东平、平阴、阳谷、寿张、定陶、曹州、馆陶十八州县十一年分水灾额赋。【略】乙未，【略】免直隶八府及河南安阳、汤阴、涉、汲、新乡、辉、获嘉、胙城、淇、河内、修武、武陟、温十三县，卫辉一所，怀庆一卫，十一年分水灾额赋。【略】甲辰，【略】又谕吏部、都察院及科道官员，曰：三年以来，水旱相仍，干戈未息，饥窘人民转徙沟壑，满洲兵士困苦无聊。　　　　　　　　　　　　　　　　　　　　　　　　　　《世祖实录》卷八八

二月【略】癸亥，【略】免直隶成安、东明、长垣、怀柔、大城、文安等县十一年分水灾额赋。【略】乙丑，巳刻，日生晕，青赤黄色。【略】己巳，谕户部，年来水涝频仍，军民失所，殊可悯念，去岁皇太后及朕发帑库银两赈济饥民，但库帑无多，未及八旗。今皇太后发银一万两，朕发银一万两，中宫发银一万两，赈给八旗满洲、蒙古、汉军穷苦兵丁。【略】免陕西平凉、汉阴二县十一年分雹灾额赋。【略】丙子，【略】免山东滨州宁阳二十一州县十一年分水灾额赋。【略】己卯，免江南滁、和二州，来安、全椒、含山等县十一年分水旱灾荒额赋。　　　　　　　　　　　　　　　　　　　　　　　　　　《世祖实录》卷八九

三月【略】戊子，【略】免湖广石门县十一年分蝗灾额赋。【略】庚寅，【略】陕西西安府属陨霜杀

麦。《世祖实录》卷九〇

四月【略】戊午，陕西麟游县大雨雪，连夜陨霜，杀菽麦殆尽。【略】辛酉，陕西三水、麟游二县大风，霜雪伤禾。癸亥，未刻，日晕，有黄白色。【略】乙丑，【略】免河南沈丘县怀庆卫十一年分灾伤田租。【略】壬申，【略】直隶真定、灵寿、藁城、栾城、行唐、隆平、新乐等七县及真定卫雨雹伤麦，击死人畜甚众。【略】辛巳，辰刻，日生两珥，黄白色，上有负气。《世祖实录》卷九一

五月【略】辛丑，山西灵丘县雨雹。【略】戊申，陕西宁远县冰雹伤稼。《世祖实录》卷九一

六月甲寅朔，【略】免浙江杭州、宁波、金华、衢州、台州五府，钱塘等二十一县及海门卫十一年分旱灾额赋。【略】戊辰，免房山县十年分水灾滩地额赋。【略】庚午，申刻，北方有青黑云气变化如龙。直隶各属谷生双穗。辛未，遣大理寺卿吴库礼【略】往视黄河大王庙决口。

《世祖实录》卷九二

八月【略】丙辰，【略】免山西灵丘县府天等村本年分雹灾额赋有差。【略】癸酉，【略】免山东曹州、城武、阳信、东阿、平阴、范、沾化等县，及临清卫齐河屯十一年分水灾额赋。【略】乙亥，秋分夕月于西郊，遣公额尔克戴青行礼。《世祖实录》卷九三

九月癸未，【略】免凤阳府属州县本年分水灾额赋有差。【略】戊申，【略】免陕西巩昌府两当、宁远二县本年分雹灾额赋。《世祖实录》卷九三

十月【略】壬子，免山西阳和府阳高卫等处并蔚州所属本年分蝗灾额赋。【略】戊午，【略】申刻，日生晕，黄白色。【略】己未，【略】免陕西甘州、肃州、凉州、西宁本年分雹灾额赋。【略】癸亥，免河南获嘉、新乡、辉、安阳、汤阴、磁州、武安、涉等州县本年分旱灾额赋。【略】甲子，【略】免直隶隆平县十一年以前荒地逋赋，及山东陵、淄川、青城、齐东、邹平、博兴、临邑、高苑等县本年分蝗灾额赋。【略】丙寅，【略】免山西宣府、大同二镇本年分雹灾额赋。【略】癸酉，【略】辰刻，日生半晕，傍生左右珥，赤黄色。《世祖实录》卷九四

十一月【略】壬午，【略】免山东滨州、堂邑、章丘、济阳、莘、观城、博平、聊城、丘、冠、馆陶、茌平、武城等县本年分蝗灾额赋。【略】戊子，【略】免湖广郧阳、襄阳府属州县逃亡租赋，河南汲、淇、胙城等县本年分旱灾额赋。浙江台州、金华、处州三府属亢旱伤禾。【略】丙午，【略】河南新乡县秋禾无收，该督题请以麦代米，部议不允。上以民穷可悯，准以麦代米。【略】戊申，【略】免河南临漳县旱灾额赋。【略】兵科都给事中许作梅奏言：臣奉命同满汉臣视河，幸河口报塞，谨陈善后恤民四款：【略】近河居民无居无食，自决口至张秋一带，河水经行处所，沮洳难耕，请查抛荒，俟报垦行粮，下所司速议。《世祖实录》卷九五

十二月【略】壬子，【略】是夜，湖广宝庆府雷大震，平明方息。【略】丙辰，免陕西耀州同官、雒南二县本年分雹灾额赋。【略】癸亥，【略】户部奏言：今年虽云小丰，而京师尚有饥民，请照十年例，每日每城发米二石，银一两，自本年十二月至次年三月，煮粥赈饥。【略】免宣府前万全左右、柴沟、怀安、东城、蔚州等卫本年分雹灾额赋。初，河南巡按祖永杰奏言：卫辉、彰德二府旱魃为灾，粒米未收，其本年分漕粮请以麦代输。事下部议。【略】免浙江仁和、钱塘、临安、归安、乌程、长兴、德清、武康、孝丰、安吉等州县本年分水灾额赋。【略】乙丑，免山东临清、濮二州，齐河、邹平、青城、蒲台、朝城、长山、陵、丘等县，东昌卫本年分旱灾屯地额赋。【略】癸酉，户部议覆，广西道监察御史白尚登条奏：京师设厂煮赈，饥民全活甚众，请敕各省地方官照例遵行。【略】免直隶涿、冀、滦三州，庆云、衡水、武邑、栾城、藁城、真定、新乐、隆平、行唐、灵寿、宝坻、元城、大名、玉田、任丘、故城、献、魏、永清、保定、香河、新河、武强、抚宁、迁安、卢龙、巨鹿、平乡、滑、任三十县，永平、山海、真定三卫本年分雹蝗水旱灾额赋。【略】甲戌，【略】免浙江临海、天台、仙居、黄岩、宁海、金华、兰溪、东阳、义乌、永康、武义、浦江、汤溪、丽水、缙云、松阳、龙泉、宣平等县本年分旱灾额赋。【略】免河南南阳、

祥符二县，怀庆、群牧二卫本年分河灾额赋。　　《世祖实录》卷九六

## 1656年 丙申 清世祖顺治十三年

正月庚辰朔，上避痘南苑，免朝贺。【略】丙申，免陕西汉中、凤翔、西安三府属州县卫所十二年分霜雪灾伤额赋。【略】庚子，【略】免江南广德州十二年分旱灾额赋十之一。【略】甲辰，免浙江富阳、西安、龙游、江山、常山、开化等县十二年分水旱灾荒额赋。乙巳，户部议覆，江西巡抚郎廷佐奏言：江省地瘠民疲，频遭水旱，请照直隶八府例，蠲免八、九、十、十一年分钱粮，查江省积逋至一百五十五万八千二百余两，目今需饷甚急，所请应无庸议。得旨：江西水旱频仍，深可轸念，八年拖欠钱粮著蠲免。　　《世祖实录》卷九七

二月【略】辛亥，日生半晕，旁有两珥，色黄白。【略】乙卯，【略】以八旗地亩被水、蝗、雹灾，特给满洲、蒙古每牛录米三百石，汉军每牛录米一百石，俾酌给各披甲人役及穷独者。丙辰，日生晕，旁有两珥，色青白。【略】戊午，【略】免湖广荆州、安陆、常德、武昌、黄州等府属州县十二年分水灾额赋。【略】已未，【略】午刻，河南空中有声不绝，黑气大如斗，光芒如灯，坠于宁陵县，形似石，重五十三两。【略】庚申，免直隶广平府属州县十二年分蝗灾额赋。【略】丙寅，免山西岢岚州、五台县十二年分霜灾额赋。【略】丙子，【略】免山东东平、濮、长山等州县十二年分旱灾额赋。

《世祖实录》卷九八

三月【略】癸未，免湖广天门、松滋、安化、黄梅、广济、汉川、枣阳、宁远、武昌九县十二年分旱灾额赋。【略】丙午，谕礼部，【略】今水旱连年，民生困苦，是朕有负上天作君之心。

《世祖实录》卷九九

四月【略】甲寅，日生左右珥，赤黄色。河南巡按祖永杰疏报：安阳、临漳、磁三州县烈风严霜，毁伤麦菜。章下所司。【略】甲戌，辰刻，日生晕，青赤黄色。　　《世祖实录》卷一〇〇

五月【略】丁酉，【略】陕西靖远卫雨雹伤麦。戊戌，辰刻，日生晕，青黄白色。己亥，【略】免湖广荆门、彝陵、均三州，京山、枝江、远安、襄阳、宜城、光化、谷城、南漳等县，襄阳卫十二年分逃亡灾伤额赋。　　《世祖实录》卷一〇一

闰五月【略】辛亥，甘肃岷州、洮州二卫雨雹。【略】戊午，【略】谕礼部：朕惟民资农事以生，必雨旸时若，始能百谷用成。近来阴雨浃日，恐致淫潦伤禾，使百姓失望，每思及此，不胜兢惕，当竭诚祈晴，尔部即察例举行。　　《世祖实录》卷一〇一

六月【略】甲申，【略】河南卫辉、彰德二府属蝗灾。【略】丁亥，【略】直隶霸州、保定、真定各属蝗。戊子，湖广茶陵州、攸县、宁远卫大水。　　《世祖实录》卷一〇二

七月【略】癸丑，以乾清宫成，颁诏天下。诏曰：【略】直省报荒地方有隐漏田粮，以熟作荒者，许自行出首，尽行免罪。　　《世祖实录》卷一〇二

八月丙子朔，遣官赍敕慰谕科尔沁国和硕、土谢图亲王【略】等，各赐缎疋有差。敕谕曰：【略】朕自亲政以来，六年于兹矣，未得一见，岂朕忘尔等哉，盖因地广事烦，万几少暇，且痘疹流行。【略】戊寅，【略】免江西广信、饶州、吉安三府属县十二年分旱灾额赋。【略】癸未，谕工部：自通州至京道路，系直省输挽通衢，【略】连年为霖雨冲塌，致车骑驰驱备尝困苦。【略】乙酉，【略】陕西清水县大雨雹，伤禾稼。【略】丁亥，谕户部：【略】畿辅近地连年荒歉，今岁自夏徂秋复苦淫雨、飞蝗，民生艰瘁。【略】丁酉，谕户部：顺天府属系京畿根本重地，年来水旱频仍，小民失业，生计萧条，较他处为独苦，今岁复霖雨飞蝗相继为灾。已蒙皇太后发帑赈济。【略】已亥，免陕西靖远、洮、岷等卫本年分雹灾额赋。湖广桂阳、临武、衡山、耒阳四州县淫雨连旬，江河暴涨，漂溺人民甚众，偏沅巡抚袁廓宇以闻。【略】乙巳，【略】免

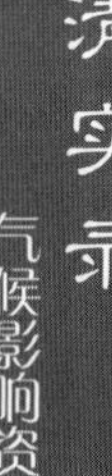

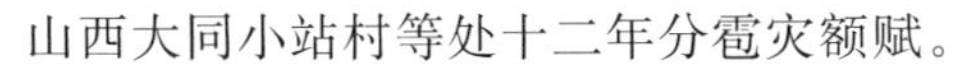

山西大同小站村等处十二年分雹灾额赋。《世祖实录》卷一〇三

九月【略】戊辰，湖广总督祖泽远疏报：衡、郴等州县淫雨为灾，漂溺人畜。下所司知之。

《世祖实录》卷一〇三

十月【略】己卯，【略】免延绥镇神木县本年分雹灾额赋十之三。【略】免宣府西北两路本年分雹灾额赋。【略】甲午，未刻，日生晕，黄白色。【略】壬寅，【略】免山西和顺县本年分蝗灾额赋十之三。

《世祖实录》卷一〇四

十一月【略】丙辰，【略】是夜，江南荻港镇地裂，水涌溢，漂民房百余家，溺男妇数百余口，覆没商船十余艘。【略】辛未，免陕西洛川县本年分雹灾额赋。《世祖实录》卷一〇四



## 1657 年 丁酉 清世祖顺治十四年

二月【略】癸卯，【略】免湖广沔阳州益阳县十三年分水灾额赋。《世祖实录》卷一〇七

四月【略】乙酉，谕礼部：天时亢旱，农事堪忧，顺天府再祷未应，朕将躬诣天坛，虔行祈祷。【略】丁亥，谕刑部：今岁自春徂夏，连月不雨，三农失望，朕夙夜儆惕，揆厥所由，或因刑狱未清，无辜枉抑，以致上干天和，膏泽不降。【略】戊子，陕西岐山县雨雹伤禾。【略】辛卯，【略】上素服【略】祈雨，祭未毕，大雨如注。【略】甲午，谕礼部：顷因今岁自春入夏亢旱不雨，朕不胜兢惕，洁躬祈祷，荷天地鉴此微悃，甘霖即沛，理应遣大臣恭行祭告，仰答神庥，尔部即择期举行。

《世祖实录》卷一〇九

六月【略】辛巳，免河南彰德、卫辉二府属，磁州、安阳等十三州县卫所十三年分蝗灾额赋。壬午，【略】免湖广常德府武陵县十三年分水灾额赋。【略】庚寅，浙江杭、嘉、湖、宁、绍等府属州县，山海龙蜃交发，大风淫雨，坏城郭庐舍，漂溺人畜甚众。【略】壬辰，江南宣城、泾、旌德、南陵、芜湖五县大雨伤禾。《世祖实录》卷一一〇

七月【略】戊申，谕礼部：时方入秋，田禾在野，必雨旸时若，乃望西成。今霖潦未休，伤稼可虑。【略】己酉，【略】偏沅巡抚袁廓宇疏报：衡、永等属共二十四州县卫，及长沙府属之茶陵州亢旱伤禾。【略】庚午，户部右给事中王命岳以闽中亢旱，条奏备荒七事。《世祖实录》卷一一〇

八月【略】壬申，遣工部启心郎雷护督修刘家庄决口。【略】丙戌，【略】直隶巡抚董天机疏报：安、霸、涿、晋、宝坻、武清、新安、蠡、新城、东安、永清、保定、文安、固安、玉田、乐亭、行唐、宁晋、新乐各州县，五六两月淫雨大水，漂溺男妇三十四口，冲坏民舍甚众。下所司知之。

《世祖实录》卷一一一

十月庚午朔，【略】都察院左都御史革职留任魏裔介以地震陈奏，略曰：【略】今闽、粤亢旱，浙东被水，若因小民拖欠钱粮，追呼敲扑不已，是驱之为寇也。【略】壬申，【略】免直隶新乐县十三年分蝗灾额赋。《世祖实录》卷一一二

十一月【略】庚戌，免江西龙泉、泰和、吉水、万安、永丰、崇仁、峡江、新喻等八县本年分旱灾额赋。【略】戊午，免直隶霸、蓟、安、冀、晋、赵、定七州，宝坻、蠡、新安、新城、雄、保定、文安、大城、固安、永清、东安、玉田、丰润、行唐、宁晋、平山、新乐、柏乡、赞皇、任丘、阜城二十一县，保安左右、神武三卫及梁城所本年分雹灾额赋。《世祖实录》卷一一三

十二月【略】癸酉，【略】免江西新建、丰城二县本年分水灾额赋。【略】戊寅，卯刻大雾，霜附草木。《世祖实录》卷一一三

## 1658 年 戊戌 清世祖顺治十五年

二月【略】戊寅，日有抱气，青赤黄色。【略】癸未，【略】免顺天府武清、漷县十四年分水灾额赋。【略】癸亥，日晕，青黄色。 《世祖实录》卷一一五

四月【略】癸未，【略】日生晕，青黄色。免湖广江夏、江陵、石首、益阳、安乡、华容、攸县等十三年分水灾额赋。 《世祖实录》卷一一六

五月【略】甲寅，山西五台县大雨雹。【略】乙丑，【略】广东巡抚李栖凤疏报：南韶、肇庆、德庆、广州、潮州所属各州县水灾。下户部。郧阳抚治张尚疏报：襄阳雷雨大作，山裂蛟起，平地水深丈余，城堤冲决，请急议修筑，以重严疆。下工部议。 《世祖实录》卷一一七

六月【略】乙酉，谕礼部：时已盛夏，雨泽尚愆，岁事堪忧，顺天府祈祷未应。【略】丙戌，【略】刑科左给事中任克溥奏言：江浙财赋半天下，屡年积欠甚多，今特遣专官督理。【略】戊子，湖广巡抚张长庚疏报：荆门、沔阳、当阳、钟祥、潜江、天门、监利、枝江、衡阳、远安、襄阳等州县大水伤禾。下所司知之。【略】辛卯，以久旱祷雨，遣官祭天地社稷【略】之神。 《世祖实录》卷一一八

七月【略】戊戌，以久雨，谕礼部祈晴三日。【略】己未，【略】免湖广衡州府桂阳州衡阳、安仁、临武、嘉禾、常宁、耒阳、酃县，彬州属兴宁县，长沙府茶陵州十四年分旱灾额赋。

《世祖实录》卷一一九

八月【略】壬辰，【略】浙江巡抚陈应泰奏报：八月初九、初十等日，飓风大作，贼船飘散，官军瞭其所向，分兵迎剿，当阵生擒及投诚共九百余名。 《世祖实录》卷一二〇

九月【略】乙巳，【略】操江巡抚蒋国柱以漕运全完，又捐赈宁国、太平水灾贫民，加兵部尚书衔。

《世祖实录》卷一二〇

十月【略】丁卯，【略】湖广总督李荫祖奏报：汉、天、潜、沔一带水势骤涨，田屋尽随波澌，穷黎无告，哀号万状，至采取茨秕为食，臣探取亲尝，万难下咽，虽钱粮自可邀蠲，但目前存活莫保，后日流亡不免。【略】己卯，【略】漕运总督亢得时疏报：凤阳府属泗州、临淮、五河、怀远等州县匝月淫霖，倾坏城垣，漂没田舍。事下所司。【略】壬午，【略】湖广总督李荫祖疏报：荆、襄、安陆等属淫雨连绵，江流涨溢，男妇子女随波漂没者万有余人。疏入，得旨：该督抚按同地方官速图多方拯恤，务令得所。 《世祖实录》卷一二一

十一月【略】辛丑，免河南林县雹灾本年分秋粮十之三。【略】癸卯，【略】户部奏请，照例煮粥赈济京城饥民。从之。 《世祖实录》卷一二一

十二月【略】甲戌，免山西五台县本年分雹灾额赋。【略】乙酉，【略】免浙江山阴、会稽、萧山、诸暨、余姚、上虞、嵊县、定海等县十四年分水灾额赋。 《世祖实录》卷一二二

## 1659 年 己亥 清世祖顺治十六年

二月【略】丙寅，【略】免陕西潼关卫辛庄等屯十五年分雹灾额赋。【略】辛未，免湖广荆门、沔阳二州，潜江、监利、天门、江陵、松滋、远安、钟祥、枝江等县，沔阳、安陆二卫十五年分水灾额赋。

《世祖实录》卷一二三

三月【略】甲辰，以湖广巡抚张长庚捐赈饥民，加兵部尚书衔。【略】丁巳，【略】免湖广襄阳、光化、宜城、谷城、枣阳、南漳等县十五年分水灾额赋。 《世祖实录》卷一二四

闰三月【略】甲申，【略】免湖广钟祥县十五年分水灾额赋。 《世祖实录》卷一二五

四月【略】丁酉，广东信宜、阳春二县水。【略】辛丑，【略】河南汤阴县雨雹伤麦。

《世祖实录》卷一二五

五月【略】己卯，以久雨祈晴，遣官祭圜丘、方泽、社稷、天神地祇。【略】丙戌，免直隶蠡、雄、柏乡、邢台、南和、内丘、任、新河等县十五年分雹灾额赋。《世祖实录》卷一二六

七月【略】甲子，巳刻，日生晕，青黄白色。【略】戊辰，【略】浙江温州、台州及属县卫所飓风大作，坏城楼、砲台、民舍甚众。【略】乙酉，辰刻，日生晕，赤黄色。【略】戊子，【略】福建省城及长乐、连江、罗源等县飓风淫雨，坏城垣庐舍，兵民有压死者。《世祖实录》卷一二七

八月【略】乙巳，【略】浙江总督赵国祚奏报：七月初九日，台、温郡城，黄岩、太平、宁海三县，海门、松门、盘石三卫，前所、新河、楚门、健跳四所同日飓风，损坏城楼、砲台、民房甚多。下所司知之。【略】癸丑，【略】免直隶庆都、唐县本年分雹灾额赋有差。《世祖实录》卷一二七

十月【略】丁酉，【略】午刻，日生晕，旁生左右珥，赤黄色。《世祖实录》卷一二九

十一月【略】壬申，【略】免河南汤阴县本年分雹灾额赋。《世祖实录》卷一三〇

## 1660 年 庚子 清世祖顺治十七年

正月【略】辛巳，【略】免陕西洮州卫十六年分水灾额赋。【略】甲申，【略】免山东莒州、沂州、宁阳、郯城、金乡、单、日照、城武、滕、曲阜、诸城、沂水等县十六年分水灾额赋。《世祖实录》卷一三一

二月【略】壬辰，【略】加湖广巡抚张长庚太子少保，以捐赈武昌、汉阳二府饥民故也。癸巳，【略】免贵州贵阳、安顺、都匀、石阡、镇远、铜仁等府属州县卫所土司十六年分旱灾额赋。【略】壬寅，【略】免江南淮、扬、凤、徐所属州县卫十六年分水灾额赋。【略】庚戌，【略】日生两珥，赤黄色。【略】壬子，【略】免直隶梁城所十六年分水灾额赋。《世祖实录》卷一三二

三月【略】壬午，日生晕。《世祖实录》卷一三三

四月【略】丙戌，【略】免直隶宝坻、丰润、武清十六年分水灾额赋。《世祖实录》卷一三四

五月【略】庚申，免陕西肤施、安塞、保安、延长、绥德五州县十六年分水灾额赋。【略】甲戌，日上下生抱气，赤黄色。【略】免湖广沅州、镇远二卫十六年分旱灾额赋。【略】己卯，谕吏部等衙门：【略】今上天示儆，亢旱疠疫，灾眚迭见，寇盗未宁，民生困瘁，用是痛加刻责。【略】庚辰，祈雨，遣官祭告圜丘、方泽、社稷、天神地祇。《世祖实录》卷一三五

六月【略】戊子，【略】免湖广澧州、巴陵、平江、临湘、华容、安乡、通城等县，岳州卫旱灾；石首、天门、汉川、江陵、监利等县，荆门卫、沔阳卫水灾十六年分额赋有差。【略】壬辰，谕礼部：今夏亢阳日久，农事堪忧，朕念致灾有由，痛自刻责。《世祖实录》卷一三六

六月丙申，上以祷雨，率诸王文武群臣，素服步至南郊，斋宿。是日早，四际无云，顷之阴云密布，甘霖大沛。【略】戊戌，上以祷雨，祀天于圜丘。祝文曰：【略】今岁三春无雨，入夏以来旱干有加，田苗枯槁，饥馑堪虞，臣虔祷甘霖，【略】雨泽未足，用是昼夜忧惧。【略】是日，甘霖大沛。【略】辛丑，【略】礼部奏：亢旱日久，请修举天下名山大川及古帝王圣贤祀典，以昭虔敬。又请暂开准贡一途，令士民捐银赈济，能全活百人以上者，各照出身，量与录用。从之。《世祖实录》卷一三七

七月【略】辛酉，以甘霖应祷，祭天于圜丘，遣都统辅国公穆臣行礼。【略】己巳，【略】免湖广荆门、沔阳、茶陵等州，祁阳、常宁、衡阳、潜江、长沙、宁远、湘阴、益阳、安仁、新田等县，衡州、镇远、永州等卫十六年分水旱灾伤额赋有差。《世祖实录》卷一三八

八月【略】己丑，【略】免广东化州、茂名、信宜、阳春等县，高州所十六年分水灾额赋。【略】免湖广武冈州十六年分旱灾额赋。《世祖实录》卷一三九

九月【略】甲戌，【略】免广东保昌、曲江、乳源、仁化、乐昌、翁源等县，南雄、韶州二所十四年分旱灾额赋。

《世祖实录》卷一四〇

十月【略】辛丑，初，保定巡抚潘朝选奏报：曲阳、庆都、完县淫雨连绵，秋成失望，请赐蠲恤，以苏灾黎。下户部议。至是，部议：春夏亢旱，皇上步祷，甘霖大沛，处处皆称有年，何独该抚复称水患，应无庸议。得旨：该抚疏称庆都等县水势泛溢，禾稼冲淹，庐舍冲塌，男妇溺死等情节，未经察明，遽议不准蠲免，殊属不合，著确查再议具奏。【略】丁未，【略】免河南睢州、商丘、宁陵、尉氏、虞城、夏邑、考城、鄢陵、扶沟、永城、鹿邑、柘城等县，归德、睢阳等卫十六年分水灾额赋有差。

《世祖实录》卷一四一

十一月【略】甲寅，【略】免直隶赵州柏乡县、隆平县、新乐县、真定卫十六年分水灾额赋。【略】乙卯，免江西宁州，上饶、丰城、奉新、武宁、进贤、高安、上高、新昌、靖江、新喻、峡江、新淦、永丰、弋阳、玉山、德兴、宜春、分宜、万载、新建、安义、安福、贵溪、兴安、吉水、永新、都昌、崇仁、余干、东乡、铅山、安仁、靖安、泰和、庐陵、鄱阳、临川、乐安、星子、浮梁、乐平、南昌、永丰、万年等县十六年分旱灾田粮。【略】丁巳，户部遵旨奏言：直隶庆都、完县被灾分数，俟该抚查报，另行议覆。其曲阳县既被水灾，应免十七年分地亩额赋。从之。【略】戊寅，【略】免河南睢州、杞、虞城、柘城、永城、夏邑等县河决淹没地亩额赋。【略】庚辰，【略】免江南五河、安东二县十六年分水灾额赋。

《世祖实录》卷一四二

十二月【略】癸巳，【略】免江南邳州，萧、宿迁、沭阳等县十七年分水灾额赋有差。【略】戊戌，免直隶庆都县十七年分被灾田地额赋。

《世祖实录》卷一四三

## 1661 年 辛丑 清世祖顺治十八年

正月【略】壬申，免湖广蕲州广济县顺治十七年分蝗灾额赋有差。　《圣祖实录》卷一

二月【略】丁酉，【略】免河南磁州、安阳等十三州县顺治十七年分旱灾额赋有差。【略】癸卯，【略】免直隶新安县顺治十七年分水灾额赋十之二。　《圣祖实录》卷一

三月【略】甲寅，【略】免顺天丰润县顺治十七年分水灾额赋十之二。【略】丁巳，谕户部：八旗水淹田地，每田二日给米一斛，近闻食用不敷，殊堪悯念，著每田一日给米一斛。【略】戊辰，谕礼部，次日于大高圆殿祈雨。己巳，免湖南澧州石门县顺治十七年分旱灾额赋十之二。

《圣祖实录》卷二

六月【略】丙午，免直隶霸州、保定等四州县水灾，庆云县蝗灾本年分额赋有差。

《圣祖实录》卷三

七月【略】己酉，【略】免江南宿州、盐城、萧县顺治十七年分旱灾额赋有差。【略】庚申，【略】免陕西同州、临潼、岐山、扶风、郿县本年分雹灾额赋有差。【略】乙丑，免江南睢宁县顺治十七年分旱灾额赋。【略】庚午，【略】免直隶新河县本年分雹灾额赋十之三。【略】丁丑，以偏沅巡抚袁廓宇捐赈饥民，加右副都御史。

《圣祖实录》卷三

九月【略】辛卯，【略】免山东金乡、定陶二县本年分旱灾额赋有差。【略】癸卯，【略】户部议覆，江南总督郎廷佐疏报江南旱灾，应委官履亩踏勘，分别分数。得旨：时已入冬，苗禾俱无，尔部犹云履亩踏勘，殊属无益，著该抚详加分析，取具官民甘结，明白造册报部。　《圣祖实录》卷四

十一月【略】己亥，【略】免直隶新城县本年分水灾额赋。　《圣祖实录》卷五

十二月【略】庚申，【略】免湖广沔阳州本年分水灾额赋。【略】甲子，免浙江钱塘等二十九县本年分旱灾额赋有差。

《圣祖实录》卷五

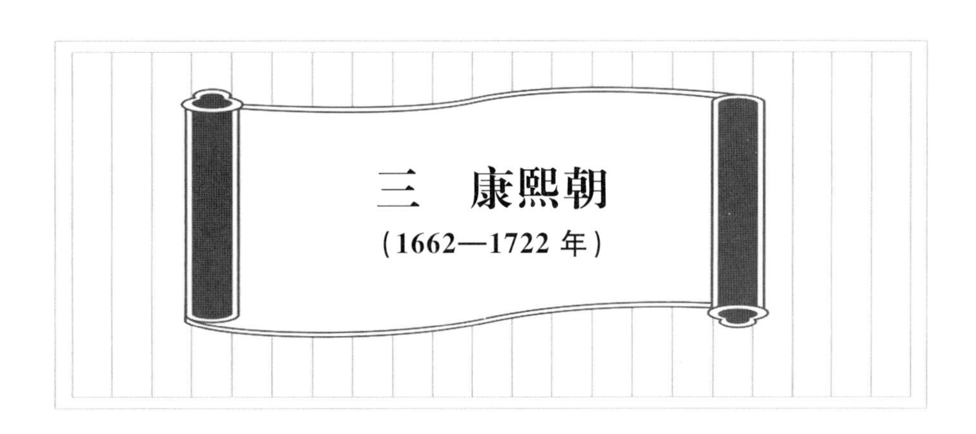




## 1662 年 壬寅 清圣祖康熙元年

二月【略】丁巳，免湖广黄梅、广济二县及沔阳一卫顺治十八年分水灾额赋十之三。

《圣祖实录》卷六

三月【略】丙子，【略】浙江道御史范平疏言：国之大计在农，农之所望惟雨，自去年三冬绝雪，今一春无雨，请敕礼部、顺天府等衙门虔诚祈祷，严饬大小臣工实心供职，共图修省。得旨：天气亢旸不雨，与群工无涉，皆由朕才德凉薄，政理未当天心所致，祈雨事宜，著速议具奏。

《圣祖实录》卷六

十一月【略】戊戌，【略】免直隶南宫等三县本年分水灾额赋有差。己亥，免江南颍上等五县本年分水灾额赋有差。　《圣祖实录》卷七

## 1663 年 癸卯 清圣祖康熙二年

正月【略】乙未，免直隶保定、文安二县康熙元年分水灾额赋十之三。【略】戊戌，免江南太和县康熙元年分水灾额赋十之三。免山西太原等二十州县康熙元年分水灾额赋有差。

《圣祖实录》卷八

二月庚子朔，【略】免河南陈留等十五州县康熙元年分水灾额赋有差。【略】壬戌，免湖广荆门州钟祥、汉川二县康熙元年分水灾额赋有差。　《圣祖实录》卷八

三月【略】壬午，免江南青浦等十二县，江宁前卫等十五卫，顺治十八年分旱灾额赋有差。

《圣祖实录》卷八

四月【略】癸卯，免福建闽县等十二县顺治十八年分水灾额赋有差。【略】丁未，免江西南昌等府六十五州县康熙元年分旱灾额赋有差。戊申，【略】免河南祥符等七县康熙元年分水灾额赋有差。【略】己酉，【略】免山东淄川等四县顺治十七年分蝗灾额赋有差。【略】癸丑，免陕西西、凤、兴安等属康熙元年分水灾额赋有差。【略】乙卯，【略】免工部项下顺治十八年浙省旱灾额赋，已经征解者准抵康熙元年额赋。　《圣祖实录》卷九

五月【略】壬辰，免湖广兴国、黄梅等七州县，沔阳一卫康熙元年分旱灾额赋有差。【略】甲午，【略】免浙江西安、余姚等五县康熙元年分旱灾额赋有差。　《圣祖实录》卷九

六月【略】庚戌，免四川邛州、名山等七州县，黎川一所康熙元年分水灾额赋有差。

《圣祖实录》卷九

七月【略】壬午,【略】免陕西礼县康熙元年分水灾额赋。《圣祖实录》卷九

九月【略】戊辰,免直隶霸州本年分水灾额赋十之三。己巳,免江南风、淮、扬三府所属二十五州县卫本年分旱灾额赋有差。【略】癸酉,【略】免直隶武清县本年分水灾额赋十之三。【略】乙亥,【略】免甘肃庄浪卫、宁夏宁州本年分雹灾额赋有差。戊寅,免直隶雄县等十二州县本年分水灾额赋有差。【略】乙酉,【略】免江西玉山等十二县本年分旱灾额赋有差。【略】丁亥,【略】免江南滁州全椒县、滁州卫本年分旱灾额赋十之二。【略】甲午,免直隶新乐等七州县本年分水灾额赋有差。

《圣祖实录》卷一〇

十月【略】丙午,【略】免直隶庆云县本年分水灾额赋十之一。【略】乙卯,免浙江江山等十四县本年分旱灾额赋有差。【略】戊午,【略】免湖广衡阳、安仁、耒阳三县本年分旱灾额赋有差。【略】庚申,【略】云南道御史梁熙疏言:近畿田地分拨八旗,今岁夏雨连绵,各处堤岸溃决,田禾损坏,收成绝少,河间一带庄屯淹没更甚。请遴差才干官员周行相看。【略】甲子,【略】给八旗水淹地方米二百五十八万石。《圣祖实录》卷一〇

十一月【略】丁卯,【略】免直隶东安、南皮、静海三县本年分水灾额赋有差。【略】甲戌,免江南太和、来安、霍山三县本年分旱灾额赋有差。【略】己卯,免四川建昌等卫顺治十八年分水灾额赋。【略】壬午,免直隶沧州、蓟州、献县本年分水灾额赋有差。《圣祖实录》卷一〇

十二月【略】甲辰,【略】免湖广安乡等十四县卫本年分旱灾额赋有差。免云南昆明县及左右六卫本年分水灾额赋有差。【略】戊申,免江西鄱阳等四县本年分水灾额赋有差。【略】辛亥,【略】免浙江桐乡县本年分水灾额赋有差。【略】辛酉,【略】免贵州都匀等六卫,普市一所,本年分水灾额赋有差。《圣祖实录》卷一〇

## 1664年 甲辰 清圣祖康熙三年

二月甲午朔,免江南寿州等五州县卫康熙二年分水灾额赋有差。免陕西秦州康熙元年分水灾额赋十之三。【略】己酉,【略】免湖广澧州等六州县卫康熙二年分水灾额赋有差。【略】辛亥,【略】免湖广嘉鱼等十四州县卫康熙二年分水灾额赋有差。【略】己未,【略】免湖广沔阳州临湘县康熙二年分旱灾额赋有差。《圣祖实录》卷一一

三月【略】辛未清明节,【略】免湖广黄冈等十三县卫康熙二年分水灾额赋有差。

《圣祖实录》卷一一

四月【略】丙申,免湖广兴国州安陆、应城二县,德安所康熙二年分水灾额赋有差。【略】丁未,免陕西礼县康熙元年分水灾额赋十之三。《圣祖实录》卷一一

五月【略】丁丑,免湖广石首县康熙二年分水灾额赋十之三。《圣祖实录》卷一二

六月【略】庚子,免江西余干、安仁二县康熙二年分水灾额赋。【略】壬子,以京师亢旱,命礼部祈雨,是日甘霖大沛。《圣祖实录》卷一二

闰六月辛酉朔,以福建兴化、泉州、漳州三郡旱灾,命督抚加意赈恤。《圣祖实录》卷一二

七月【略】辛卯,【略】免贵州新添卫康熙二年分水灾额赋。【略】丁巳,福建总督李率泰疏报:福州、兴化、泉州、漳州四府因风雨大作,五日不止,大水泛滥,溪海交涨,浸堕城垣,漂没房屋,老幼男女淹溺无算。下部议。《圣祖实录》卷一二

八月【略】癸未,免直隶霸州、博野、保定、武清四州县本年分水灾额赋有差。

《圣祖实录》卷一三

九月【略】乙未,免山东章丘、新城、青城三县本年分水灾额赋。【略】壬寅,免直隶宝坻、新城、

新乐、曲阳四县本年分水灾额赋。【略】癸丑，遣官查勘八旗被水、旱、蝗灾庄田，赈给米粟共二百一十三万六千余斛。【略】甲寅，免直隶乐亭、大城、献县、文安四县本年分水灾额赋。

《圣祖实录》卷一三

十月【略】庚午，【略】免陕西、西宁卫本年分水灾额赋。辛未，【略】巡视两淮盐政御史赵玉堂疏报：通州所属八月初一起，至初三日，风潮冲倒堤岸，水深丈余，引盐、庐舍、地土、人民淹没无算。章下所司。【略】乙亥，免江南宿州等九州县卫本年分水灾额赋有差。【略】己卯，工部议覆浙江总督赵廷臣疏报，海宁县飓风大作，海水过塘，淹没内地，令动支额编银两，修筑塘工。从之。

《圣祖实录》卷一三

十一月【略】甲午，【略】免江南泗州等十二州县卫本年分水灾额赋有差。【略】丁酉，免陕西河州所属地方本年分水灾额赋有差。【略】庚戌，免湖广沔阳等十一州县本年分水灾额赋有差。

《圣祖实录》卷一三

十二月【略】甲戌，【略】金星生白气，长三丈余。【略】壬午，【略】免福建闽县等七州县卫本年分水灾额赋。

《圣祖实录》卷一三

## 1665 年 乙巳 清圣祖康熙四年

正月【略】庚戌，免江西南昌等四十一州县康熙三年分旱灾额赋有差。《圣祖实录》卷一四

二月【略】丙寅，户部议，准陕西巡抚贾汉复疏言，韩城县自顺治十三年河流东注，淤涨地三百一十八顷三十六亩零，贫民耕种起科，今河又西向，前报之地半为冲决，半为沙碛，百姓无可耕耘，逃亡相继，应请豁免。从之。【略】戊辰，【略】免江南太仓州崇明县、上海县，通州海门县康熙三年分水灾额赋有差。【略】丙子清明节，【略】户部议覆山西巡抚杨熙疏报，康熙三年太原府属代、崞等十二州县，三关镇西等各卫所，及大同府属应、朔等八州县，阳高等七卫所旱灾，俱十分全荒，但三年分钱粮既已征收，不及蠲免，应准其流免四年分钱粮，仍准发仓赈济。上以地方官察报迟延，有失抚恤之道，下旨切责，仍遣户部贤能官往赈。

《圣祖实录》卷一四

三月【略】乙卯，免湖广石首、黄梅、广济三县康熙三年分蝗灾额赋有差。

《圣祖实录》卷一四

四月【略】庚申，【略】命山东总督祖泽溥发常平仓粟，给济南、兖州二府被灾贫民，并谕地方官捐输赈济。【略】辛巳，户部题：山东六府旱灾，请敕巡抚确查分数，照例蠲免，并支动临清仓米麦四万石、德州仓米麦二万石，并见存库银六万两，及常平仓所存谷石赈济。《圣祖实录》卷一五

五月【略】丁酉，【略】发山西布政司库银七万三千余两，忻、崞等七州县仓谷，命郎中孟古尔岱、员外郎索泰，会同督抚赈济云、镇、三关饥民。【略】辛丑，江南总督郎廷佐疏报淮安、凤阳二府属各州县旱灾，直隶巡抚王登联疏报大名府属十一州县旱灾，俱命速发常平仓谷赈之。【略】戊申，免山东乐陵等十一州县康熙三年分旱灾额赋有差。【略】辛亥，户部议覆山东巡抚周有德疏言济南、兖州、东昌、青州四府旱灾，麦田颗粒无收，登州、莱州麦田收十分之二三，秋禾亦间有布种，饥民不至如四府之甚，请将奉旨散赈银六万两，米六万石尽发四府赈济，其登、莱二府止免本年额赋。宜如所请。从之。

《圣祖实录》卷一五

六月【略】丁巳，谕吏部、兵部【略】，近者水旱灾异屡见，兵民困苦，总由文武大小各官止图利其身家，而于书吏衙役之肆行侵渔，并不能严禁所致。【略】庚辰，谕户部：前因山西大同、太原及山东济南等府地方旱灾民饥，特将康熙四年应征钱粮尽行蠲免。

《圣祖实录》卷一五

七月【略】甲辰，【略】免江南徐州等十州县本年分旱灾额赋有差。【略】己酉，吏部题：康熙三年

分山西省额征钱粮一年内全完，请议叙巡抚等官。得旨：先以山西太原等处地方人民饥馑，不预行奏请赈济，将督抚各官从重治罪，时值颁赦，从宽留任，岂可仍以饥馑地方钱粮全完为功。巡抚、布政使俱不准加级，太原等处饥馑地方官员亦不准纪录，未曾饥馑地方官员仍照例纪录。

《圣祖实录》卷一六

八月甲寅朔，【略】免直隶开州等十一州县本年分旱灾额赋有差。《圣祖实录》卷一六

九月甲申朔，免陕西肃州卫所属地方本年分旱灾额赋。【略】丙申，【略】免江南颍州、太和等六州县卫本年分旱灾额赋有差。免陕西庄浪所属黑城子地方本年分雹灾额赋。己亥，免陕西临洮卫地方本年分雹灾额赋。【略】壬寅，免陕西河州梨子里地方本年分水灾额赋。【略】甲辰，免直隶沧州等六州县本年分旱灾额赋有差。【略】壬子，免陕西兰州本年分旱灾额赋有差。

《圣祖实录》卷一六

十月【略】壬戌，免河南安阳、汤阴、林县、淇县本年分水灾额赋有差。【略】癸亥，【略】免陕西狄道县本年分水灾额赋有差。【略】己巳，【略】顾如华又疏言：近见楚省屡报水灾，以地称泽国，向恃长堤以资捍御，今荆襄一带堤防溃决，虽朝廷沛蠲恤之仁，而生灵终遭沉溺之害。请严饬督抚，责成有司查边近江汉旧堤，及时修筑，并入考成例。【略】壬午，免江南江都县本年分水灾额赋十之三。《圣祖实录》卷一七

十一月【略】戊子，免直隶永年等七县本年分水灾额赋，仍命发常平仓粟赈济灾黎。庚寅，【略】免浙江安吉等八州县及湖州一所本年分水灾额赋有差。癸巳，免陕西河州卫本年分水灾额赋有差。【略】戊戌，【略】免河南武安县本年分水灾额赋。【略】庚戌，免江西南昌等四十二州县本年分旱灾额赋有差。《圣祖实录》卷一七

十二月【略】癸亥，免湖南益阳等二十五州县卫本年分旱灾额赋有差。丙寅，【略】免广西临桂等五州县本年分旱灾额赋有差。免陕西镇原等三州县本年分雹灾额赋有差。【略】己卯，免直隶霸州等三十七州县卫本年分水灾额赋有差。《圣祖实录》卷一七

## 1666年 丙午 清圣祖康熙五年

正月【略】庚寅，以广东旱灾，命动支通省见在积谷六万八千二百余石散赈。【略】癸巳，免江南长洲等十一州县康熙四年分水灾额赋有差。【略】河道总督朱之锡奏销康熙三年岁修钱粮。得旨：运河关系国家漕粮，【略】乃于去年旱时，以水浅，船不能行具奏，后又以水溢堤决，船不能行具奏。则前此修理者何处。【略】丙午，免直隶无极县康熙四年分水灾额赋十之三。

《圣祖实录》卷一八

二月【略】癸丑，免河南虞城等三县，湖广沔阳、潜江等六州县，及沔阳一卫康熙四年分水灾额赋有差。【略】辛酉，免湖南零陵等四县康熙四年分旱灾额赋有差。《圣祖实录》卷一八

四月【略】庚午，免浙江仁和等八县康熙四年分旱灾额赋有差。【略】乙亥，【略】免湖广蕲州等八州县卫康熙四年分水灾额赋有差。【略】丙子，【略】免湖南岳州、宁远、常德三卫康熙四年分水灾额赋有差。《圣祖实录》卷一八

五月【略】癸巳，【略】免陕西怀远堡康熙四年分雹灾额赋有差。【略】壬寅，【略】免陕西绥德州康熙四年分霜灾额赋十之一。【略】癸卯，免陕西威武、清平二卫康熙四年分水灾额赋有差。甲辰，【略】直隶巡抚王登联疏河间任丘、献县灾祲之后，又值青黄不接之时，民食维艰，已将存贮仓粮给发赈济。下部知之。《圣祖实录》卷一九

九月【略】己丑，【略】免河南安阳、汤阴、林县、淇县本年分水灾额赋有差。

《圣祖实录》卷二〇

十月【略】庚午，【略】免江南泗州虹县、临淮县本年分水灾额赋有差。《圣祖实录》卷二〇

十一月【略】丙戌，免浙江宁海等五县、湖广江夏等十二县卫本年分水灾额赋有差。【略】癸卯，【略】免江西宁州武宁等三十五州县本年分旱灾额赋有差。《圣祖实录》卷二〇

十二月【略】壬戌，免江南邳州、睢宁等五州县本年分水灾额赋有差。《圣祖实录》卷二〇

## 1667年 丁未 清圣祖康熙六年

正月【略】戊子，【略】免江南五河等四县卫康熙五年分蝗灾额赋有差。《圣祖实录》卷二一

二月【略】己酉，免江南桃源、赣榆二县康熙五年分蝗灾额赋。【略】癸丑，【略】免湖广巴陵等九县卫康熙五年分旱灾额赋。【略】辛酉，免湖广沔阳、黄冈等十二州县卫所康熙五年分旱灾额赋。【略】戊辰，免浙江丽水等九县积荒田赋，令地方官招垦成熟起科。《圣祖实录》卷二一

三月【略】癸卯，免陕西岐山县康熙五年分雹灾额赋十之三。《圣祖实录》卷二一

四月【略】辛未，免陕西镇原县康熙五年分雹灾额赋。《圣祖实录》卷二一

五月【略】丙午，谕吏部等衙门，民为邦本，必使家给人足，安生乐业，方可称太平之治。近闻直隶各省民多失所，疾苦颠连，深可悯念。【略】免陕西会宁等六县本年分雹灾额赋有差。【略】辛亥，以山西临晋县历年荒疫，特免康熙五年分额赋，并著地方官作速招徕，开垦荒地。【略】壬戌，免陕西吴堡县本年分雹灾额赋十之三。《圣祖实录》卷二二

六月【略】庚寅，免山西繁峙等三县卫本年分雹灾额赋有差。【略】癸巳，免陕西淳化县本年分霜灾额赋有差。《圣祖实录》卷二二

七月【略】己巳，【略】河道总督杨茂勋题报：桃源南岸烟墩口决，趋入洪泽湖，堤冲三百余丈，命速行修筑。【略】壬申，免甘肃所属宁州、安化等四州县康熙五年分霜灾额赋有差。

《圣祖实录》卷二三

八月【略】戊戌，山东道御史徐越疏言：漕河以天妃闸为咽喉，而天妃闸口受黄、淮二流，黄水不分，淮水万不能导。考故明万历年间，曾于清河县黄家嘴地方挑开支河，以分黄水之势，由清河县娘子庄五港口入海，淮水遂得顺流入闸。自支河故道废而不讲，运河屡淤，下流屡决。今更有可虑者，清河北岸陡起沙洲，将黄流之正冲逼往，直射清口，使淮水不得东，而黄流直灌闸门，水势高运河丈余。重运过闸，总督亲率人夫千余，牵挽出口，日不过十数船。且黄水沙浊，全入运河，则河身日淤，两岸增高，水行地上，城郭庐舍如在深谷中。建义苏嘴等五大险工，岁费帑金。其山阳之王家营、安东之毛家口、桃源之龙窝口，见在冲决，此皆黄水不分之害也。黄水阻遏淮水，不能东流入海，以致高家堰将倾，而周家桥、翟家坝处处告危，横溢高宝等湖，水势弥漫，致失漕船牵挽之路，此黄水不分，淮水不导，而淮水又为害之甚也。至清江浦，夹于两水之间，漕粮岁经此地，关税盐课均有赖焉。臣察此地形势，自奶奶庙至天妃闸，内为运河，外为黄河，相距不足二三丈。其南岸名为遥湾，即文华寺，内为运河，外为淮河，相距亦仅数里，稍有疏虞，黄淮合一，即不能保有淮郡，自康熙二年至今，或守包家围，或叠三城坝，或救杨家庙，或护文华寺，或防高家堰，或议闭周家桥，或议筑翟家坝，或议复减水坝，此皆补救之方，而非挈领之道也。请敕河漕诸臣，速将黄家嘴地方旧有形势之支河，挑浚成渠，使分黄河之势以下海；更于桃源、宿迁等县而上，多开支河，以分上流之汕

涌;于安东云梯关[1]而下,宣泄下海水道,以接黄流之湍溜;其清河口沙洲,速行挑去;天妃闸内河底,及时挑浚,使淮水刷沙入江;而天妃坝及遥湾增筑石土。自是一劳永逸,有济通漕者也。下部详议。

《圣祖实录》卷二三

九月【略】乙卯,【略】免浙江奉化等十六县,台州一卫,本年分旱蝗额赋有差。【略】壬戌,免浙江象山等六县康熙五年分水灾额赋有差。【略】丁卯,【略】免福建龙溪等五县本年分旱灾额赋。

《圣祖实录》卷二四

十月【略】己亥,工科给事中何甾劾河道总督杨茂勋,初报七月二十六日黄河漫决桃源县烟墩等处堤岸一百五十余丈,无碍运道,续又称延刷三百余丈,粮船暂由李家口出。【略】以臣所闻,黄河两岸冲开诸口,各百十余丈不等,至烟墩一口,开有四百余丈,淹没田地人民不能细数,以致烟墩至七里湾、李家口二十余里黄河反成陆地,似此情形,该督匿不报闻,复又勒令粮船出李家口,历数百里湖面,一遇风涛,船易损坏,其险何可胜言。又借防修为名,恣行私派,乞敕下严查处分。得旨:著杨茂勋明白回奏。

《圣祖实录》卷二四

十一月【略】戊申,【略】以奉天府承德、广宁二县雹灾,命发粮赈济饥民。免直隶开州、元城等十一州县本年分旱灾额赋有差。【略】己未,免直隶静海县本年分水灾额赋十之三。壬戌,免直隶霸州等二十三州县、江西宁州等三十一州县本年分水灾额赋有差。

《圣祖实录》卷二四

十二月【略】丙子,免直隶任丘等三县本年分水灾额赋有差。【略】庚辰,免直隶武清县本年分水灾额赋十之三。【略】甲申,免湖广通城等七州县,陕西平凉、兰州等十二州县卫所本年分旱灾额赋有差。【略】丁亥,免偏沅安乡等六县本年分水灾额赋有差。【略】己丑,【略】免山东齐东县本年分蝗灾额赋十之二。

《圣祖实录》卷二四

## 1668 年 戊申 清圣祖康熙七年

正月【略】戊申,【略】河道总督杨茂勋疏言:烟墩漫决,大溜南徙,正河淤成平陆,计二十里。臣亲赴河干,相度河形,先挖引河,一面接筑进埽,决口渐狭,逼水由引河而下,向之淤为平陆者,已通舟楫。下部知之。

《圣祖实录》卷二五

二月庚午朔,【略】甘肃巡抚刘斗疏言:平、庆、临、巩四府属去岁夏旱秋涝,人民饥馑,请赐赈济。得旨:平凉等四府人民饥馑至极,殊为可悯,著该督抚择贤能官员验赈,务令穷黎得沾实惠。【略】戊寅,【略】免直隶景州等十州县卫康熙六年分水灾额赋有差。【略】庚辰,【略】免奉天府承德、广宁二县康熙六年分雹灾额赋。【略】甲申,【略】免浙江临海县康熙六年分水灾额赋十之三。【略】丙戌,【略】免免陕西宁州、华亭等四州县及庆阳卫康熙六年分雹灾额赋有差。

《圣祖实录》卷二五

三月【略】丁未,【略】免江南邳州、安东等六州县,及高邮等十八卫所康熙六年分水灾额赋有差。【略】甲寅,免陕西邠州、咸宁等七州县康熙六年分旱灾额赋有差。【略】己未,【略】户部议复甘肃巡抚刘斗请赈西宁等处一疏。得旨:西宁等处人民饥馑已极,深为可悯,尔部拟出廉能官二员,作速遣去,【略】务令饥民得所。【略】辛酉,【略】以甘肃宁州、安化等五州县及庆阳卫康熙六年分民遭疾疫,将丁银豁除,并免地亩额赋一年。壬戌,免江南上元、江宁、石城等卫所康熙六年分旱灾额

[1] 云梯关,系古淮河入海口,中国历史上第一个海关,位于今江苏省响水县黄圩镇云梯村境内。自唐代到清代的1000多年间,是历代海防重镇、交通要道、险要河防,有"东南沿海第一关"、"江淮平原第一关"之誉。

赋有差。【略】乙丑，免江南海州、清河等七州县康熙六年分水灾额赋有差。

《圣祖实录》卷二五

五月【略】壬子，谕吏部等大小各衙门，【略】今年自春徂夏雨泽愆期，兹复太白昼见，天象屡示儆戒，朕甚惧焉。【略】乙卯，谕吏部等衙门，近见天气亢旸，祷雨未应，风霾日作，禾苗枯槁，倘仍不雨，秋成无望，民生何赖。【略】丙辰，【略】以天旱，命内大臣公鳌拜，大学士图海、李霨等会同刑部审理重囚，矜疑者减等发落。丁巳，【略】免山东海丰县康熙六年分水灾额赋十之二。庚申，【略】免直隶东光县康熙六年分水灾额赋十之二。 《圣祖实录》卷二六

六月【略】庚辰，【略】甘肃巡抚刘斗疏请，免庄浪等五县旱灾额赋。得旨：庄浪等五县百姓饥馑，已遣官赈救，该抚既称饥民难办额赋，今年钱粮著即蠲免。【略】甲申，【略】免直隶固安等三县本年分水灾额赋有差。 《圣祖实录》卷二六

七月【略】丁未，谕户部，小民资生惟赖田亩，一遇灾祲，禾稼损伤，诚可悯恻，急宜蠲赋，以昭恩恤。嗣后凡有水旱蝗蝻等灾，有司官星夜申报督抚，督抚各照驻扎附近地方，随带人役务极减少。一切执事尽行撤去，勿致累民，将被灾田亩，作速亲勘，定明分数，造册达部，照例蠲免，务令人沾实惠，尔部速饬直隶各省遵行。 《圣祖实录》卷二六

八月【略】戊寅，工部议覆河道总督杨茂勋疏报，河决桃源黄家嘴，坏堤二百余丈，应令该督速行确勘修筑。从之。【略】甲申，【略】陕西合水县休致知县龚荪以欠民粮四分以上，罚追银八百两，产绝，至鬻子以偿，仍未完纳。甘肃巡抚刘斗以闻。得旨：龚荪因未完钱粮，罚追银两，产绝穷迫，以致鬻子，殊为可悯，令该地方官赎还之，其未完银两，悉与豁免。【略】乙未，谕户部：今岁水灾，顺天等府所属地方田禾淹没，庐舍倾圮颇多，除被灾田亩，俟该督抚亲勘轻重分数，具题酌免。

《圣祖实录》卷二六

九月丁酉朔，【略】免湖广黄冈等十三县本年分旱灾额赋有差。【略】直隶山东河南总督白秉真请修坍塌城垣，部议行令地方官设法修理。得旨：今年雨水甚大，各处城垣多有倾圮，与寻常修理不同，若责令地方官设法，恐不能完工，反致累民，该部察明确议，具奏。【略】丁巳，【略】免浙江宁海等七县本年分旱灾额赋有差。 《圣祖实录》卷二七

十月【略】戊子，免江南泗州等八州县本年分水灾额赋有差。户部议覆：直隶巡抚甘文焜，疏报顺天、保定等府属五十州县卫水灾，请照例蠲免钱粮，应如所请。得旨：甘文焜称水灾已甚，请将今年钱粮全蠲，尔部照例具奏固是，但今年水灾比往年不同，于例外另行作何蠲免，著再议。【略】辛卯，【略】工科给事中李宗孔疏言：淮、扬二府连年累遭水灾，以淮水南流，入湖决堤之所致也。

《圣祖实录》卷二七

十一月【略】壬寅，【略】户部遵旨，议覆保定等府属水灾，照例再加一分蠲免。得旨：朕闻保定府、真定府、霸易道所属州县地方被灾特甚，殊为可悯，【略】其被灾十分九分者，著将今年应征钱粮全免；其被灾八分七分者，著再增一分，免四分。【略】江宁巡抚韩世琦疏报，淮扬所属高邮、兴化等十四州县本年分水灾，部议照定例加一分蠲免。上以淮扬州县被灾较甚，著照保定等府一体蠲免。【略】戊申，免直隶邢台等十四县，河南磁州、安阳等四州县本年分水灾额赋有差。其直隶沙河等四县水冲地，照十分灾例免。河南安阳、临漳水冲沙压地，免正赋三年。【略】己酉，【略】免直隶通州等十八州县卫所本年分水灾额赋有差。庚戌，免湖广潜江等七州县卫本年分水灾额赋有差。【略】丙辰，【略】免江南亳州等十二州县卫所、湖广汉阳等五州县卫本年分水灾额赋有差。【略】庚申，免湖南浏阳县本年分旱灾额赋十之三。壬戌，免直隶保安州保安卫、矾山堡康熙六年分雹灾额赋十之三。免浙江山阴等五县卫本年分水灾额赋有差。其临海、天台二县冲没田地，全免额赋。

《圣祖实录》卷二七

## 1669年 己酉 清圣祖康熙八年

正月【略】甲辰,【略】以陕西鄠县山水暴发,民屯田地被淹者,免本年分额赋十之三。其被冲堆压砂石不能耕种者,永为豁除。【略】戊申,【略】免直隶昌平、怀柔等四州县康熙七年分水灾额赋有差。

《圣祖实录》卷二八

四月【略】癸未,【略】先是,真定饥,上命多方赈济,至是期满,巡抚金世德以各属尚有饥民,请再发赈。得旨:览奏,真定府属饥民甚多,深为可悯,可如抚臣所请,动银二万两,速行赈济。【略】辛卯,谕直隶巡抚,获鹿、柏乡二县去年水灾,虽经赈济,饥民尚多,著动支公帑,再赈一月。

《圣祖实录》卷二八

六月【略】丙子,【略】户部议覆,直隶巡抚金世德疏报文安县水灾,请赐蠲免。应敕巡抚亲往踏勘,以凭再议。

《圣祖实录》卷三〇

七月【略】己亥,以京师亢旱,命礼部、顺天府虔诚祈雨。【略】四川巡抚张德地奏进成都府茂州七岐瑞麦[1],命赐赉该抚及地方官、田主。庚子,雨。【略】戊午,【略】免直隶行唐县本年分雹灾额赋十之三。己未,免直隶束鹿县本年分水灾额赋十之三。

《圣祖实录》卷三〇

八月【略】乙酉,免江南盐城所屯田康熙七年分水灾额赋有差。

《圣祖实录》卷三一

十月【略】己巳,以重修芦沟桥告成,御制碑文,其词曰:【略】朕御极之七年,岁在戊申,秋霖泛溢,桥之东北水啮而圮者十有二丈,所司奏闻。

《圣祖实录》卷三一

十一月庚寅朔,免江南江宁等四卫本年分水灾额赋有差。免湖广黄梅县本年分旱灾额赋十之三。【略】癸巳,免直隶无极等六县,山西汾西、寿阳二县本年分雹灾额赋有差。【略】庚子,免河南睢州、陈留等十三州县本年分水灾额赋有差。除陕西南郑县被水冲没地方田粮。【略】癸卯,【略】免江南高邮、兴化等四州县本年分水灾额赋有差。

《圣祖实录》卷三一

十二月【略】壬戌,【略】免湖南平江等七县本年分旱灾额赋十之三。癸亥,免江南萧县、盐城所本年分水灾额赋有差。【略】甲戌,户部题:江南泗州、虹县等五州县从前捏报开垦地亩,及见被水沉地亩,共五千二百九十六顷,此二项钱粮请永行豁免。从之。【略】庚辰,免江南五河县本年分水灾额赋有差。

《圣祖实录》卷三一

## 1670年 庚戌 清圣祖康熙九年

二月【略】癸亥,谕户部:淮安府属海州、安东等九州县,扬州府属高邮、兴化等四州县水患频仍,康熙八年夏秋又罹淫雨,尔部檄行督抚,即发仓粟赈济饥民。【略】丁丑,【略】江宁巡抚马祜疏言:桃源县等处连年水灾,请免带征漕米。【略】乙酉,【略】户部议覆漕运总督帅颜保疏言江南高邮等六州县被灾,康熙六七八年分未完漕米二万八千七百六十九石有奇,改折带征,应如所请。

《圣祖实录》卷三二

闰二月【略】庚寅,【略】免福建龙溪等五县康熙七年分水灾额赋有差。【略】己酉,户部遵旨再议,漕粮例不因灾蠲免,但江南高邮等六州县迭被灾伤,应将康熙六七八年未完漕粮尽行蠲免。从之。

《圣祖实录》卷三二

---

① 七岐瑞麦。一种高节位分蘖成穗的麦株,记载以一茎二三岐居多,凡禾本科植物均偶有出现,史志所称瑞麦、瑞稻、嘉禾、嘉谷以及瑞竹,大凡皆此类现象。

三月【略】甲戌，谕户部：江南寿州卫自顺治六年大水，卫军死徙，田地荒芜，减存月粮银两无从征收，著豁免，仍令漕臣设法招垦。【略】己卯，【略】谕礼部：自闰二月以来，天气亢旸，雨泽稀少，农务方殷，殊切朕怀，著遣尔部堂官，同顺天府各官竭诚祈祷，其应禁屠宰，俱照例行。

《圣祖实录》卷三二

四月【略】丁未，命礼部同顺天府祈雨。戊申，雨。【略】乙卯，【略】户部议覆贵州道御史万泰疏言淮扬等处因归仁堤决，田地被淹，灾民流离，应敕该督抚设法赈济，若赈米不敷，确查邻近州县常平仓所积米谷，酌量运赴淮扬。【略】应如所请。从之。 《圣祖实录》卷三三

七月【略】丁巳，【略】江南江西总督麻勒吉疏言：淮扬二府于五月终旬，淮、黄暴涨，湖水泛溢，百姓田亩庐舍被淹，应亟行赈济，但各属积谷已为上年赈给之用，请暂挪正项钱粮，俟劝输捐纳，补还正项。【略】壬申，免江南丹徒、金坛二县康熙七年分水灾额赋有差。【略】甲申，免直隶博野等二十九州县本年分水灾额赋有差。 《圣祖实录》卷三三

八月【略】丁亥，【略】免河南磁州、安阳等九州县本年分旱灾额赋有差。戊子，【略】免直隶赞皇、元氏二县本年分旱灾额赋有差。【略】壬辰，免江南泰州本年分水灾额赋。【略】癸巳，【略】免江南泗州、临淮等五州县并凤阳等三卫本年分水灾额赋有差。【略】甲辰，【略】免湖广汉阳等六县并沔阳卫本年分旱灾额赋有差。【略】甲寅，【略】免江南睢宁县本年分水灾额赋有差。

《圣祖实录》卷三三

九月【略】庚申，【略】议政王大臣等遵旨议奏：【略】今岁北地苦旱，南方患水，兼之黄、运二河大兴工役。【略】甲子，免直隶行唐县本年分雹灾额赋十之一。保定县本年分水灾额赋十之三。【略】庚午，【略】户部议覆：浙江巡抚范承谟等疏言嘉湖二府水灾，本年漕粮二十二万四千余石，请每石折银一两征解，粮既停运，则耗润米八万九千六百余石，帮贴银十万五千余两，俱可免征，应如所请。从之。【略】丁丑，除陕西雒南县水冲地二百余顷额赋。【略】癸未，免山东潍县本年分雹灾额赋。 《圣祖实录》卷三四

十月【略】丙戌，【略】免山东阳信等八县本年分旱灾额赋有差。【略】戊子，免山东齐东等七州县本年分旱灾额赋有差。【略】辛卯，【略】免山东济阳等十四州县本年分旱灾额赋有差。【略】甲午，谕户部：淮扬所属地方岁比不登，屡廑朕怀，今年又遭水灾，黄淮交涨，堤岸冲决，百姓室庐多被淹没，夏麦未获登场，秋禾播种水渍难施，民生失所。特差部臣速行踏勘。【略】甲辰，户部议覆山东巡抚袁懋功疏言曹县牛市屯决口，冲没金乡、鱼台、单县、城武、曹县、临清卫村庄房屋田土，非寻常水旱灾荒可比，请破格蠲恤。查定例，被灾九分十分者全蠲本年额赋，被灾七分八分者于应蠲外加免二分，并令该抚发常平仓谷赈济。从之。 《圣祖实录》卷三四

十一月【略】戊午，户部议覆江宁巡抚马祜疏报太仓等十二州县水灾，应令该抚委员严查，据实另造分数册题报，以凭再议。得旨：今年江南水灾甚大，比往年不同，该抚身在地方，既称苏松等属低洼地方见今淹没，尔部复议行查，恐致迟延，灾民受困，著将马祜所奏再行详议以闻。【略】庚午，免湖南浏阳等十一州县，衡、常二卫本年分旱灾额赋有差。【略】癸酉，【略】免直隶开州、元城等二十五州县，山东商河等五县，及青州左卫，河南胙城、汲县本年分旱灾额赋有差。【略】甲戌，以淮扬数被水灾，特命高邮、宝应等十五州县应征康熙九年并带征七八年漕粮漕项概行蠲免。【略】丁丑，免山东济宁州本年分水灾额赋十之三。【略】癸未，免江南太仓、娄县、无锡等十二州县本年分水灾额赋有差。 《圣祖实录》卷三四

十二月【略】戊戌，免江南高邮、宝应等十二州县卫本年分水灾额赋有差。【略】丁未，【略】免浙江乌程等五县本年分水灾额赋有差。 《圣祖实录》卷三四

## 1671年 辛亥 清圣祖康熙十年

正月【略】丁卯，以苏尼特及四子部落地方青草不生，又兼雪大，牛羊倒毙殆尽，差户部、理藩院官各一员，动支宣府、归化城仓粟赈济。　　《圣祖实录》卷三五

二月【略】丁亥，【略】免直隶行唐、灵寿、平山三县水冲沙压荒地民欠银三万四千七百余两，永除额赋。　　《圣祖实录》卷三五

三月【略】庚午，谕礼部：今岁三春无雨，风霾日作，耕种愆期，民生何赖。【略】己卯，谕户部，顷因差往江南郎中禅塔海奏事来京，朕面询民生休戚，据奏淮扬等处地方水患未消，人民饥馑流移，前虽行赈济，今无以糊口，困穷至极，闻此情形，深切悯恻。　　《圣祖实录》卷三五

四月【略】丙戌，谕刑部等衙门，迩来天气亢旱不雨，或因刑部淹禁中有冤枉，亦未可知。【略】戊子，谕礼部，今已入夏，亢旸不雨，农事堪忧，【略】祈求雨泽，乃精诚未达，霖雨尚稽，朕心昼夜焦劳。【略】壬辰，上亲诣天坛祷雨。甲午，雨。【略】癸卯，免直隶文安县水冲地额赋。

《圣祖实录》卷三五

六月【略】壬午，谕理藩院：闻苏尼特等八旗人民被灾，牲畜俱死，难以存活，朕心深为恻然。尔部会同礼部、太仆寺，将马场之马与礼部所管之牛羊，酌量派出，赏给被灾之人。

《圣祖实录》卷三六

七月【略】己未，免山东馆陶县本年分雹灾额赋十之三。【略】甲子，【略】免直隶霸州、安肃等二十五州县本年分旱灾额赋有差。【略】丁卯，【略】免山东沂水县本年分旱灾额赋十之二。【略】乙亥，免山东即墨县本年分雹灾额赋十之二。　　《圣祖实录》卷三六

八月【略】戊戌，免直隶丰润县本年分旱灾额赋有差。　　《圣祖实录》卷三六

九月【略】辛未，【略】浙江总督刘兆麒以所属地方迭遭水旱，引咎求罢，不允。免江南定远、临淮二县本年分水灾额赋有差。　　《圣祖实录》卷三六

十月【略】壬午，【略】免湖广蕲州、江夏等十七州县，及偏沅平江等十三县卫本年分旱灾额赋有差。免陕西甘州左右二卫及山丹卫本年分水灾额赋有差。免山东文登县水冲沙压地亩本年分额赋十之二。【略】乙未，【略】以八旗屯地旱荒，给被灾旗人米一百六十四万七百石。【略】戊戌，【略】免山东宁海州水灾，聊城等三县旱灾本年分额赋有差。【略】乙巳，【略】河道总督王光裕疏报，河决桃源县，坏民堤二百五十丈。下部速议。户部议覆，浙江巡抚范承谟疏言临海、太平、平阳、石门、乌程五县，温州一卫，未完康熙元年、二年、三年行月等项银两，积逋年久，迭罹凶荒，请援赦蠲免，查康熙八年恩诏蠲免民欠地丁，并未载有蠲免漕项钱粮，未便援赦。得旨：漕项虽无蠲免之例，但据该抚奏称积逋年久，迭罹凶荒，追此难完，尔部仍议追征，是否相合，著再议。寻部议豁免，从之。

《圣祖实录》卷三七

十一月【略】庚戌，【略】免湖广衡州卫本年分旱灾额赋十之三。壬子，【略】免山东堂邑、冠县二县本年分旱灾额赋十之三。【略】庚申，命发偏沅积谷八万七千余石，米三万二千余石，存库银三千七百两，赈济本省各属饥民。【略】壬申，【略】免河南安阳、陕州等十二州县本年分旱灾额赋有差。甲戌，【略】户部议覆江宁巡抚马祜疏言淮扬二府属被水，蒙恩赈济，所欠康熙元年至六年额赋，请予蠲免，应如所请。从之。【略】丙子，免直隶霸州、文安等二十二州县卫所本年分水灾额赋有差。免江南凤阳等府属三十九州县本年分旱灾额赋有差。　　《圣祖实录》卷三七

十二月【略】己卯，【略】免江南六安、合肥等九州县，庐州等三卫本年分旱蝗额赋有差。辛巳，免浙江杭州等九府属州县卫所本年分旱灾额赋有差。【略】丙戌，免江南上元等一十七县本年分蝗

灾额赋有差。【略】己丑,【略】免江南清河等三县、大河一卫本年分水灾额赋有差。【略】庚寅,免江南海州、赣榆等三十四州县卫所本年分旱蝗额赋有差。【略】乙未,【略】免湖广荆门、武昌等三十三州县卫所本年分旱灾额赋有差。【略】丁酉,免湖南茶陵、浏阳、长沙等一十七州县卫本年分旱灾额赋有差。【略】癸卯,【略】免江南高邮、宝应等十州县,盐城一所康熙九年分水灾额赋。

《圣祖实录》卷三七

## 1672 年 壬子 清圣祖康熙十一年

正月【略】丙寅,免江南上海、青浦二县,湖广茶陵卫康熙十年分旱灾额赋有差。乙亥,免山东临清州康熙十年分虫灾额赋十之二。

《圣祖实录》卷三八

三月【略】丙辰,【略】以江西九江、广信、南康三府旱灾,将康熙九年存留银二万八千两有奇,令该抚速委官赈济。【略】己巳,上驻东山庙,辛未过长安岭,大雨。【略】甲戌过八达岭。【略】以江南兴化县康熙九年水灾,额赋虽经全蠲,而积水未涸,百姓尚难耕种,复谕户部,将康熙十年分额赋一并蠲免。

《圣祖实录》卷三八

四月【略】己卯,【略】谕户部:江南连年水旱相仍,灾伤甚重,若将旧欠钱粮一并追征,民生愈致困苦,朕心不忍。【略】庚寅,【略】免江南淮安、大河二卫康熙十年分水淹田地额赋。

《圣祖实录》卷三八

五月丙午朔,【略】以江南安庆等七府、滁州等三州连岁被水淹、蝗蝻等灾,兼淮安、扬州饥民流离载道,命该督抚将现存捐纳米石,并宁国、太平等府存贮米谷,檄令各府州县,照民数多寡速行赈济。【略】戊申,以山东沂水县康熙八年地震之后,兼被水灾,命将康熙八年起至十一年止,逃亡四千四百余丁,荒地八百七十六顷有奇,一应额赋悉行蠲免。【略】壬戌,以山东兖州府属金乡等六处田地二万八千七百六十八顷有奇,被黄河冲决淹没,将康熙十年分钱粮悉行豁免。【略】丙寅,上幸德胜门外观麦。【略】壬申,以江南淮扬所属高邮、宝应等七州县屡被灾伤,命地方官速支库银赈济。

《圣祖实录》卷三九

六月乙亥朔,江宁巡抚马祜疏言:高邮、兴化等州县历年水灾,蒙皇上屡次蠲赈,保全灾黎,今岁新涸田地,劝民播种,二麦将成,不意又遭清水潭堤岸冲决,田庐仍被淹没。前部覆督臣麻勒吉所请捐赈之事,令于本年四月终停止,今各州县田地复遭冲淹,涸出无期,民生困苦,视昔愈甚,恳请照常赈济,俟水涸可耕停止。下部议行。【略】辛卯,免山东堂邑等三县本年分雹灾额赋有差。【略】戊戌,【略】免陕西宝鸡县本年分旱灾额赋十之三。

《圣祖实录》卷三九

七月【略】壬子,【略】免江南高邮州康熙十年分旱灾湖地租银。癸丑,【略】免顺天府霸州本年分水灾额赋十之三。

《圣祖实录》卷三九

闰七月【略】甲申,免顺天府固安县本年分水灾额赋。直隶内黄、魏县本年分旱灾额赋有差。甲午,以江南沭阳县水灾,将本年分正耗漕米俱令折征,并免漕赠银米。免山东鱼台县本年分虫灾额赋十之三。【略】乙未,免河南汲县、新乡、胙城三县本年分旱灾额赋有差。

《圣祖实录》卷三九

八月癸卯朔,免山西潞城县本年分雹灾额赋十之三。【略】甲辰秋分,【略】命发淮安库银,赈济邳州、宿迁、桃源、清河四州县水灾饥民。丙午,【略】免山东潍县本年分蝗灾额赋。【略】壬子,【略】免江南高邮、宝应等五州县本年分水灾额赋有差。【略】辛未,【略】免山东武城等三县本年分蝗灾额赋有差。

《圣祖实录》卷三九

九月【略】乙亥,【略】免江南沭阳县本年分水灾额赋有差。【略】戊寅,【略】免山东博平等五州县本年分蝗灾额赋有差。【略】辛巳，【略】上谕太学士等曰：江西庐陵、吉水、上高、宁州四州县暨南昌九江卫，频年荒旱灾疫流行，荒芜田地四千五百余顷。命户部蠲其逋赋，仍敕巡抚速行招垦。

《圣祖实录》卷四十

十一月【略】丙子，免直隶清苑县等十九州县本年分旱蝗灾额赋有差。丁丑，【略】免湖广嘉鱼等十四县本年分水灾额赋有差。【略】己卯，【略】以江南桃源县、兴化所、盐城所屡被水灾，将本年起存钱粮漕米漕项及带征康熙十年分漕米漕项尽行蠲免。【略】庚辰，【略】免山西岢岚州本年分霜灾额赋十之三。【略】癸未，免河南安阳等六县本年分水灾额赋有差。【略】丁亥，免江南亳州、怀远等十二州县本年分水灾额赋有差。免湖广监利县本年分水灾额赋有差。庚寅，【略】以浙江杭、嘉、湖、绍四府连年被灾，命发帑银赈济。壬辰，浙江巡抚田逢吉陛辞，谕之曰：【略】浙省年来水旱频仍，百姓困苦，尔膺兹重任，须正己率属，抚绥百姓，以副朕任用之意。【略】丙申，免河南武安县本年分雹灾额赋有差。

《圣祖实录》卷四十

十二月【略】丙午，【略】免湖广江夏等八县卫本年分水灾额赋有差。丁未，【略】免江南长洲等七县本年分蝗灾额赋有差。【略】辛亥，以江南兴化等五县并大河卫连年灾荒，又本年水灾十分，将应征本年分地丁银及漕粮漕项，并带征康熙十年分漕粮漕项一并蠲免。其邳州、沭阳等五州县连年灾荒，较兴化等县卫稍减，将本年分被灾十分九分者，于蠲免定例外，加免二分，作五分蠲免。【略】丁巳，【略】免江南华亭、娄县、青浦三县本年分水灾额赋有差。【略】己未，免浙江杭、嘉、湖、绍四府所属十六县本年分蝗灾额赋有差。

《圣祖实录》卷四十

## 1673年 癸丑 清圣祖康熙十二年

正月【略】庚子，【略】遣郎中苏尔泰往视河工。谕曰：清水潭七里沟决口，关系漕运，今春若不完工，夏间或遇霖雨，将若之何。其传谕总河王光裕知悉。

《圣祖实录》卷四一

二月【略】乙丑，【略】以久旱得雨，遣一等侍卫对秦等，出郊视土膏深浅。

《圣祖实录》卷四一

三月【略】丁丑，上因时雨未足，驾往郊外阅视麦苗。【略】辛巳，谕礼部：民资粒食以生，今当播种之时，亢旸不雨，农事堪忧。【略】己亥，上以数日霖雨大沛，遣一等侍卫对秦等出郊看视田苗。

《圣祖实录》卷四一

四月【略】辛亥，【略】谕户部：江南苏、松、常、镇、淮、扬六府连年灾荒，民生困苦，与他处不同，朕心时切轸念。除今年钱粮，已经派拨兵饷外，其苏松等六府康熙十三年分地丁正项钱粮特行蠲免一半，以昭朕存恤灾黎至意。【略】壬戌，【略】甘肃巡抚花善疏言：巩昌所属西和、礼县，去岁疫疠盛行，牛驴倒毙甚众，若待请旨，始行散赈，恐播种愆期，已于康熙十一年征解银两内发买耕牛，积贮屯粮内散给籽种。

《圣祖实录》卷四二

七月【略】癸酉，免山东青州左卫本年分旱灾额赋有差。

《圣祖实录》卷四二

八月【略】庚申，【略】免直隶青县、盐山、庆云三县本年分旱灾，任县、隆平二县本年分水灾额赋有差。

《圣祖实录》卷四三

九月【略】丁亥，户部题：八旗水淹地亩请每垧给粮二斛。得旨：依议，著将一半折银给与。

《圣祖实录》卷四三

十月【略】癸卯，【略】户部议覆江宁巡抚马祜疏言淮扬地方清水潭石堤复决，黄淮水势弥漫，高宝等一十八州县卫所被灾，请行赈济，请如所请。敕总漕巡抚速动库银四万两买米，委官各处赈济，俟来年三月终止。从之。

《圣祖实录》卷四三

十一月【略】甲戌，发湖广郧阳等府县仓谷，赈江陵等十三州县饥民。【略】乙酉，免直隶霸州、宝坻等十二州县，河间一卫本年分水灾额赋有差。【略】己丑，免江南六安、虹县、灵璧三州县本年分水灾额赋有差。【略】壬辰，【略】免江南赣榆县本年分水灾额赋有差。【略】甲午，免浙江仙居县本年分旱灾额赋有差。

《圣祖实录》卷四四

十二月【略】丁酉，【略】免湖广浏阳等三县本年分旱灾额赋十之三。【略】辛丑，【略】免江南高邮卫本年分水灾额赋十之三。【略】辛亥，命赒恤浙江仁和、钱塘二县被火灾民二千一百余家。【略】戊午，【略】除江南邳州滨河水淹地亩额赋。

《圣祖实录》卷四四

## 1674年 甲寅 清圣祖康熙十三年

正月【略】乙酉，免江南淮安卫康熙十二年分水灾额赋有差。【略】癸巳，免江南清河县康熙十二年分水灾额赋有差。甲午，【略】免河南辉县康熙十二年分水灾额赋有差。

《圣祖实录》卷四五

二月【略】戊戌，【略】发山东济南仓积谷，赈给济南府地方饥民。【略】辛丑，【略】户部议覆江宁布政使慕天颜疏言淮扬被淹地方人民困苦，即田涸可耕，收获无几，力难办赋，请将清河、高邮等八州县自康熙十三年起，如有耕种新涸田地者，俱俟三年后起科，应如所请。从之。

《圣祖实录》卷四六

五月【略】戊寅，【略】谕经略莫洛：朕闻【略】顷者（吴三桂）贼众拥聚岳州，淫雨连绵，大兵不宜直前，俟雨霁风顺，即水陆并进。

《圣祖实录》卷四七

七月【略】乙酉，【略】免山东青城等十一县本年分旱灾额赋有差。【略】辛卯，免直隶霸州本年分水灾额赋十之三。

《圣祖实录》卷四八

八月【略】戊戌，【略】免山东泰安、济阳等十二州县本年分旱灾额赋有差。【略】甲寅，【略】免直隶南皮等十县，山东禹城等二十九县本年分旱灾额赋有差，陕西庄浪卫本年分雹灾额赋十之三。

《圣祖实录》卷四九

十一月【略】丙寅，免江西南昌等十二州县本年分水灾额赋有差。【略】甲戌，【略】免山东栖霞等六州县本年分水灾额赋有差。【略】乙亥，免河南信阳等六州县本年分旱灾额赋有差。

《圣祖实录》卷五〇

十二月【略】壬寅，【略】免江南凤阳府滁州所属十五州县本年分旱灾额赋有差。【略】癸丑，【略】免江南沭阳县本年分旱灾额赋十之一。

《圣祖实录》卷五一

## 1675年 乙卯 清圣祖康熙十四年

二月【略】壬子，免湖广武昌等七府康熙十三年分旱灾额赋有差。并命动支积年存贮谷米银钱赈济。

《圣祖实录》卷五三

五月【略】乙亥，谕刑部：迩者天气炎亢，农事堪忧，虽虔诚祈祷，尚稽雨泽。【略】庚辰，【略】副将军图海疏言：【略】外藩各旗自去岁荒歉以迄今夏，人马皆饥，往来迎送，实为艰难。

《圣祖实录》卷五五

闰五月【略】辛亥，免江南高邮州水淹田地额赋。

《圣祖实录》卷五五

七月【略】乙巳，【略】免江南邳州本年分水灾额赋。

《圣祖实录》卷五六

十月【略】辛未，【略】免江南徐州、邳州本年分水灾额赋有差。【略】丁丑，【略】免江南高邮、江

都、宝应三州县本年分水灾额赋有差。 《圣祖实录》卷五七

十一月【略】丙申,【略】免湖广沔阳、黄梅等四州县本年分水灾额赋十之三。【略】己亥,【略】免江南山阳、宿迁、睢宁三县本年分水灾额赋有差。【略】庚子,【略】免江南泗州、盱眙等四州县本年分水灾额赋有差。【略】丙午,【略】免江南高邮、兴化、盐城三卫所本年分水灾额赋有差。【略】癸丑,免湖广通城、潜江二县本年分旱灾额赋有差。 《圣祖实录》卷五八

十二月【略】乙卯,【略】免河南陕州、灵宝、阌乡三州县本年分旱灾额赋有差。

《圣祖实录》卷五八

## 1676年 丙辰 清圣祖康熙十五年

二月【略】丙寅,【略】免江西南昌、宁州等十七州县卫康熙十四年分旱灾额赋有差。

《圣祖实录》卷五九

三月【略】丁酉,免直隶永清、霸州等五州县卫所康熙十四年分水灾额赋有差。

《圣祖实录》卷六〇

四月【略】甲寅,【略】赈济河南郑州水灾饥民。 《圣祖实录》卷六〇

六月【略】丁卯,漕运总督帅颜保疏报:入夏以来淫雨连绵,自扬至淮两岸石土堤工溃决甚多,而高家堰一堤于五月二十一二等日,狂风巨浪冲决之处,或数丈数十丈不等。

《圣祖实录》卷六一

九月【略】庚子,准江南宿迁县康熙十五年漕粮,改征粟米,以宿邑地不产稻,邻境复有蝗灾,采买为难,从漕臣奏请也。 《圣祖实录》卷六三

十月【略】壬戌,【略】谕吏部,今年淮扬等处堤岸溃决,淹没田地,关系运道民生,甚为重大,其令工部尚书冀如锡、户部侍郎伊桑阿前往省视。 《圣祖实录》卷六三

十一月【略】壬寅,免江南山阳等七州县本年分河决水灾额赋十之三。《圣祖实录》卷六四

十二月【略】庚戌,命江南淮扬所属沿河地方栽植柳树,以备河工需用。【略】戊午,【略】免江西东乡县本年分水灾额赋有差。【略】壬戌,免江南徐州、宿迁、桃源等三州县水灾额赋有差。【略】己巳,免陕西泾州本年分雹灾额赋有差。 《圣祖实录》卷六四

## 1677年 丁巳 清圣祖康熙十六年

正月【略】丁酉,免江南睢宁县,湖广襄阳、宜城、谷城三县康熙十五年分水灾额赋有差。

《圣祖实录》卷六五

三月丁丑朔,免湖广江夏等十州县卫康熙十五年分水灾额赋有差。【略】甲辰,含誉星见,又卿云见。 《圣祖实录》卷六六

五月【略】己丑,【略】免江西宁州、南昌等三十三州县卫康熙十五年分水灾额赋有差。

《圣祖实录》卷六七

六月【略】丁未,谕刑部:迩来农事方殷,天气亢旱,朕念切民依,夙夜忧惕。或刑狱淹天和,亦未可知。 《圣祖实录》卷六七

九月【略】乙酉,【略】免江南泰州本年分水灾额赋十之三。【略】甲午,【略】免江南宿迁县本年分水灾额赋十之三。 《圣祖实录》卷六九

十月【略】乙巳,免江西新建等十三州县本年分旱灾额赋有差。 《圣祖实录》卷六九

十一月【略】辛巳，免江南徐州、山阳等十一州县卫本年分水灾额赋有差。【略】乙未，【略】免江西浮梁、安仁、万年三县本年分旱灾额赋有差。 《圣祖实录》卷七十

十二月【略】丙午，【略】免直隶任县本年分水灾额赋十之三。【略】丙辰，免陕西宁夏卫本年分虫灾额赋十之三。 《圣祖实录》卷七十

## 1678年 戊午 清圣祖康熙十七年

二月【略】辛亥，【略】免江西丰城等九县康熙十六年分水灾额赋。 《圣祖实录》卷七一

五月【略】庚申，免江西万安等三县康熙十六年分水灾额赋有差。 《圣祖实录》卷七三

六月【略】丁亥，上躬诣天坛祈雨，自西天门步行至坛，行礼，甘霖大沛。【略】乙未，【略】免江南徐州、沛县等四州县本年分水灾额赋有差。 《圣祖实录》卷七四

八月【略】辛卯，免江南高邮州康熙十六年分水灾湖地额赋。 《圣祖实录》卷七六

十月【略】己巳，【略】工部议覆安徽巡抚徐国相疏报本年七月二十一日黄水泛涨，将砀山县石将军庙、萧县九里沟二处冲决，查本年二月总河靳辅请银二百五十余万两大修河道，动工已及九月，未知所修工程何如，今又冲决多处，应请遣大臣前往查勘。【略】九月十八日北风大作，飘我君山、扁山船，风稍息，始得收集飘散之船，贼乘乌船五十余乘间突出，前往湘阴。

《圣祖实录》卷七七

十一月【略】己亥，【略】免江南宿州灵璧县本年分水灾额赋十之三。【略】乙巳，【略】免河南上蔡、遂平二县本年分水灾额赋有差。【略】丁巳，【略】免江南寿州、虹县等十八州县，广东南海县本年分水灾额赋。【略】庚申，【略】免江南霍邱县本年分水灾额赋十之一。 《圣祖实录》卷七八

十二月【略】己巳，免直隶任县等九县、河南汝阳等二县本年分旱灾额赋有差。【略】丙子，免河南西平县本年分旱灾额赋十之三。【略】庚辰，【略】免江南颍州本年分水灾额赋有差。【略】辛巳，【略】免江南海州、宿迁等十三州县卫本年分水灾额赋。【略】丙戌，【略】免湖广兴国等八州县本年分水灾额赋有差。【略】戊子，【略】免江南盐城县本年分水灾额赋十之三。【略】庚寅，【略】免江南徐州沛县等四州县本年分水灾额赋。【略】辛卯，免江西宁州、南昌等六州县，南昌、九江二卫本年分旱灾额赋有差。

《圣祖实录》卷七八

## 1679年 己未 清圣祖康熙十八年

正月【略】癸卯，【略】免浙江西安等五县康熙十七年分旱灾额赋有差。【略】甲辰，【略】免江南宿迁、桃源二县康熙十七年分水灾额赋十之三。乙巳，【略】山东巡抚赵祥星疏言：康熙十七年东省雨泽愆期，秋成歉薄，除见在赈济外，请将常平仓谷、赎锾积谷动支接赈。得旨：据奏山东米价腾贵，百姓饥馑，深轸朕怀，该抚速委地方贤能官员，动支仓谷赈济，以救饥民，副朕爱民至意。【略】戊申，谕户部：山东、河南二省被灾，民致饥馑，深轸朕怀。【略】己酉，安徽巡抚徐国相疏言：凤阳旱灾，请设法赈济，并动凤阳仓康熙十六年存谷二万石，就近分给。得旨：据奏凤阳地方被旱，灾黎衣食无资，深轸朕怀。【略】戊午，户部议覆河南道御史孙必振疏言，河南、山东水旱频仍，粟价腾贵，请将两省岁输粟米五十余万石，暂征折色一半，应如所请。【略】壬戌，河南巡抚董国兴疏言：陈留等二十一州县灾疫并行，请发州县存贮米粟赈救。得旨：著先差往汝阳等处赈济官员，会同该抚，速行设法赈济。 《圣祖实录》卷七九

三月【略】己亥，【略】安徽巡抚刘国相疏言：凤阳府属去秋民被旱灾，臣前经题请赈济，已将康

熙十五、十六两年仓粮，并劝助米共二万石，分给灾黎，但户口十五万余，发米二万石，仅供一月，请借正项钱粮三万两，接赈至四月，俟麦熟后，方可停止。下部议行。【略】辛酉，谕礼部：时已入夏，天气亢旱，农务方兴，雨泽未降，恐麦禾不及时长养，朕心深为惓切，尔部可同顺天府官员竭诚祈祷。

《圣祖实录》卷八〇

四月【略】戊辰，谕刑部：今已入夏，亢旸不雨，耕种愆期，民生何赖，或内外问刑衙门，有无知而罹法网，小过而陷重辟，株连无辜，淹禁日久，【略】审拟未当，有干天和。【略】庚午，【略】免江南宿迁县水淹田地，康熙十四年以前未完地丁漕粮。【略】甲戌，谕礼部：民资粒食以生，今时值夏令，雨泽未降，久旱伤麦，秋种未下，农事堪忧。【略】戊寅，征南将军都统穆占疏言：臣自辰州启行，追贼二十日，会大雨泥泞，马毙甚多，致兵士乏骑。得旨：穆占与大将军简亲王进定广西，宜速拨武昌马千匹，送至穆占军前，以给乏马军士。己卯，上诣天坛祈雨，自西天门步行至祭所，读祝甫毕，甘霖随降。【略】壬午，【略】河道总督靳辅疏言：清水潭屡塞屡冲，山阳、高邮等七州县田地被水淹没，十余年来每岁损课数十万两，臣亲率河官六十余员，于康熙十七年九月兴工，筑东西长堤二道，于十八年三月工竣。七州县田亩尽行涸出，运艘民船，永可安澜矣。报闻。 《圣祖实录》卷八〇

六月【略】辛未，【略】谕户部：【略】比以连年丰稔，粒米充盈，小民不知积蓄，恣其狼戾，故去年山东、河南一逢岁歉，即以饥馑流移见告，虽议蠲议赈，加意抚绥，而被灾之民，生计艰遂，良由地方有司各官平日不以民食为重，未行申明劝谕之故。近据四方奏报雨泽沾足，可望有年，恐丰熟之后，百姓仍前不加撙节，妄行耗费，著各该地方大吏，督率有司，晓谕小民，务令力田节用，多积米粮，俾俯仰有资，凶荒可备，以副朕爱养斯民至意。【略】壬午，镇安将军噶尔汉疏言：臣等率领官兵逼临贼境，见山高路狭，草木丛塞，今值六月，时多淫雨，若山水暴下，则鱼贯之兵必至断绝，不能相顾矣。【略】俟木落水涸，更率官兵先灭山寇，续取兴安。【略】丙戌，免河南郑州本年分雹灾额赋有差。

《圣祖实录》卷八一

七月【略】庚子，免山东新泰县本年分雹灾额赋十之三。【略】壬寅，刑部侍郎宜昌阿等疏言：【略】宜令河南总兵官周邦宁还豫镇守。得旨：河南【略】内乡、淅川二县各口俱在深山，今又值旱灾，总兵官周邦宁可统标兵一千五百，即还豫镇守。【略】乙巳，【略】免山东长山、益都等七县本年分旱灾额赋有差。【略】戊午，命山东巡抚赵祥星发漕米五万八百七十石，银二万二千六百余两，赈沂州等十三州县饥民。免山东淄川等五县本年分旱灾额赋有差。 《圣祖实录》卷八二

八月【略】丁丑，【略】免山东莒州、蒙阴等六州县本年分旱灾额赋有差。【略】乙酉，【略】免江南徐州、丰、萧、沛四州县本年分旱灾额赋十之三。【略】己丑，【略】谕议政王大臣等：【略】闻今岁湖南亢旱，所运粮饷，一时不前。

《圣祖实录》卷八三

九月【略】乙未，【略】免江南宿迁县康熙十六年分水灾额赋有差。【略】庚子，【略】上谕议政王大臣等：【略】秦地三边番彝甚众，当此秋高马肥思逞之候，实无兵可调，不若俟来春二三月间，塞外草尚未生，水泉犹涸之时，多调边兵以资固守。【略】癸丑，【略】户部议覆江宁巡抚慕天颜疏言，天时亢旱，各属报灾，请借动库银五六万两，遣官往湖广买米，运至江南平粜，应如所请。从之。

《圣祖实录》卷八四

十月【略】乙丑，【略】户部议覆安徽巡抚徐国相疏言，凤阳、庐州、安庆三府属连年罹灾，请将康熙十八年漕粮正米并行月粮，俱照见折漕米之例，折银解部，所有耗赠米银概予豁免，应如所请。从之。【略】己巳，【略】户部题：凤阳临淮饥民乏食，多致离散，臣部司官詹布礼等察勘情形既确，应敕安徽巡抚徐国相亲往凤阳赈济，以救灾民。【略】乙亥，免山西文水、寿阳二县本年分雹灾额赋有差。【略】己卯，户部议覆河道总督靳辅疏言，江南宿迁、赣榆、沭阳三县漕粮旧征粳米，近年为黄河漫溢，田地皆成沙土，止产粟米，请嗣后漕粮改征粟米，以从民便，应如所请。从之。【略】辛巳，谕

五城御史：流民就食京师甚多，赈济银米皆增一倍。【略】己丑，【略】先是，河道总督靳辅疏请于节省河工钱粮内，动支银十四万余两，另开河道于骆马湖之旁，以便挽运。【略】上曰：【略】今岁雨少水涸，恐未必有济，即目前河工告竣，亦因天旱易修，岂得遽恃为永固耶。【略】辛卯，【略】免山西辽州本年分雹灾额赋有差。《圣祖实录》卷八五

十一月【略】癸巳，【略】命安徽巡抚徐国相亲往盱眙、滁州等五州县赈济饥民。【略】免河南封丘等十五州县本年分旱灾额赋有差。【略】己亥，户部议覆山东巡抚施维翰疏请动支济南府节年存仓米谷散赈饥民，应如所请。得旨：依议速行。【略】丙午，【略】免长芦灶地本年分旱灾额赋有差。【略】丁巳，【略】免山东邹平等十州县本年分旱灾额赋有差。《圣祖实录》卷八六

十二月【略】乙丑，【略】免河南祥符等七州县本年分旱灾额赋有差。【略】丁卯，【略】免直隶顺天等府属五十七州县卫本年分水旱等灾额赋有差，又发仓库银米赈济饥民。【略】辛未，【略】免湖广江夏等四十七州县、武昌等十卫本年分旱灾额赋有差。免山东济宁州单县本年分旱灾额赋有差。【略】甲戌，【略】户部议覆总督河道带管漕务靳辅疏言，江南、山东二省旱蝗为灾，应兑漕米势必远处采买，请不拘米色兑运，以恤灾黎，应如所请。报可。【略】乙亥，以江南苏州、松江、常州、镇江等府属各州县旱灾，停征康熙十七年分未完漕项钱粮。【略】丙子，上问户部尚书伊桑阿等，曰：各省灾荒，共蠲免钱粮几何？伊桑阿奏曰：见今所报江南等省约五十万，尚有数省未经报到。【略】庚辰，【略】免浙江黄岩等六县本年分旱灾额赋有差。户部议覆山东巡抚施维翰疏言，邹平等二十三州县饥民甚众，所留漕米不敷赈济，尚少米三万二千四百九十九石有奇，行令该抚将德州、临清二仓米石照数动支，亲往赈给。【略】辛巳，【略】免江南寿州等八十二州县、庐州等十三卫本年分旱灾额赋有差。《圣祖实录》卷八七

## 1680年 庚申 清圣祖康熙十九年

二月【略】癸亥，【略】免陕西吴堡县康熙十八年分旱灾额赋有差。【略】丁卯，【略】谕户部：前因各省地方多有饥馑，已经遣官赈济，今见京师附近之地，四方饥民流移在道，朕心深为悯恻。【略】甲戌，以湖广武昌等府兵兴后频遭水旱，命该抚动支积谷一万一千余石，速行赈济。乙亥，【略】命五城煮粥，赈济流移饥民，于常例外再展限两月。【略】丙子，【略】免湖广安化等二十六州县康熙十八年分旱灾额赋有差。丁丑，【略】以浙江杭州等府康熙十八年分旱灾，岁收歉薄，恐米价腾贵，命户部檄巡抚李本晟动支库银四万两，往湖广、江西籴米平粜。【略】丙戌，谕户部尚书伊桑阿，朕闻宣府等处岁值大祲，贫民乏食，鬻卖妻子以求自活。《清圣祖实录》卷八八

三月【略】癸卯，【略】户部议覆护理直隶巡抚事守道董秉忠疏言，请发积谷赈济霸州等八十二州县卫饥民，应如所请。【略】甲寅，【略】免江南山阳等十一州县康熙十八年分水灾额赋有差。【略】戊午，【略】免山东淄川等十三州县康熙十八年分旱灾额赋有差。【略】己未，【略】巡视中城御史洪之杰疏言：饥民自去冬流集京师，五城赈粥全活，且复屡宽赈限，至三月终停止，今为期已满，请将五城赈余银米酌给遣回。得旨：今非麦熟之时，【略】再行赈粥两月，俟麦收之时，听其各回乡里。《圣祖实录》卷八九

四月庚申朔，【略】谕大学士等，顷者年复不登，饥民就食，多聚京师，故令增设各厂，煮糜救饥，今四方失业之民因此而来者愈众，反致流离道路，有转徙沟壑之虞。且天气渐向炎热，老幼羸弱聚之蒸为疾疫，转益灾沴，朕甚忧焉。【略】去岁三冬无雪，今春无雨，刑狱淹禁，恐有冤抑，应作何清理。【略】可各抒所见，一并议奏。【略】辛酉，【略】谕刑部：去岁三冬无雪，今春雨泽愆期，天气亢旸，农事可虑，朕念切民瘼，夙夜焦劳，或因刑狱淹禁中有冤枉，致干天和，亦未可知。【略】庚午，谕

礼部,【略】自去冬以来雨雪未降,今时已入夏,甘霖尚稽,久旱伤麦,秋种未布,农事深为可虞,且失业之民,饥馑流移,尤堪悯恻。【略】丙子,【略】上躬诣天坛祷雨。【略】丁丑,雨。【略】庚辰,【略】谕户部:前差尔部侍郎萨穆哈赈济直隶饥民,仅至春麦收成之时停止,今闻春麦已枯,秋成难保,其间灾重地方麦既无望,饥民何以聊生,可悯殊甚。仍著萨穆哈等前往赈济,直接秋收,勿令灾黎有失生理。

《圣祖实录》卷八九

五月【略】庚子,安远靖寇大将军多罗贝勒察尼疏言:臣兵自常德进辰、沅,沿途淫雨泥泞,马匹疲乏者甚多,且粮饷迄今犹未运致。【略】癸卯,谕大学士等,向以亢旸,斋居虔祷,虽雨泽薄降,四野田畴尚未沾足。今兹不雨,为时又久,旱魃为旱,朕甚惧焉。【略】戊申,【略】免江西南昌、宁州等五十六州县并南昌等十卫所康熙十八年分旱灾额赋有差。

《圣祖实录》卷九〇

六月【略】丁丑,先是,上轸念饥民就食京师者众,已命五城粥厂展限两月,至是期满。上念饥民冒暑枵腹,难以回籍,又展限三月,复遣太医院医生三十员,分治五城抱病饥民,以全活之。

《圣祖实录》卷九〇

七月【略】丙申,免山东益都等五县本年分雹灾额赋有差。【略】戊申,免直隶广平县康熙十八年分水灾额赋有差。

《圣祖实录》卷九一

八月【略】己卯,【略】免直隶天津卫本年分旱灾额赋十之三。

《圣祖实录》卷九一

闰八月丁亥朔,九卿议覆河道总督靳辅疏报,山阳、清河等五县河水冲决堤岸[①],请将臣严加处分。应令靳辅将河堤决口即行修筑,俟工竣之日,遣大臣往阅,如修筑不坚固,另行议处。从之。免山东嘉祥县本年分水灾额赋十之二。【略】庚寅,免山东金乡、鱼台、单县本年分水灾额赋有差。【略】己酉,免直隶宣府蔚州卫本年分雹灾额赋有差。

《圣祖实录》卷九一

九月【略】己未,免直隶深井堡本年分雹灾额赋有差。【略】乙丑,【略】免山西大同、太原二府属州县卫所本年分旱灾额赋有差。丙寅,【略】免山东济宁州本年分水灾额赋十之三。戊辰,【略】免山西忻州清源县本年分旱灾额赋有差。【略】庚午,【略】户部议覆,先经直隶巡抚于成龙以武清等十四州县卫被灾分数题报,奉旨差户部郎中额尔赫图差勘。今据回奏,交河、阜城二县被灾分数应如原报,唐山等八县卫应比原报减二分,大城等四县应不准灾。请照所定分数蠲免。得旨:各县地方自去年被灾,民生困苦,俱著照原报分数蠲免。【略】辛巳,【略】免山西辽州等七州县卫本年分雹灾额赋有差。

《圣祖实录》卷九二

十月【略】丁酉,【略】免福建泰宁县康熙十八年分水灾额赋有差。【略】戊申,【略】免江南泰州、清河等二十三州县卫本年分水灾额赋有差。

《圣祖实录》卷九二

十二月【略】己丑,【略】免直隶唐县等十三州县卫本年分旱灾额赋有差。【略】己酉,【略】直隶宣府所属怀安卫、蔚州卫、东城、西城水冲沙压地一千八百顷有奇额赋永行豁免。

《圣祖实录》卷九三

## 1681年 辛酉 清圣祖康熙二十年

二月【略】癸卯,【略】山西巡抚穆尔赛疏言:请发帑银二十万赈济饥民,户部议给其半。上曰:闻太原、大同等处百姓甚饥,朕心深为悯恻,亟宜赈济,俾各得所,著照该抚所请,发银二十万两,遣郎中明额礼等速往分行赈给。

《圣祖实录》卷九四

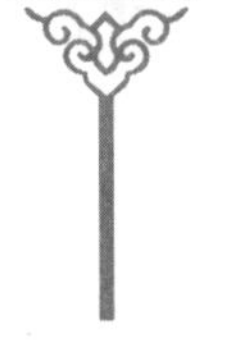



① “山阳、清河等五县河水冲决堤岸”。是年夏秋大雨,淮河暴涨,被灾以泗州最重,州城陷没,水深数丈,惟僧寺塔尖可辨,此后州治遂废。

四月【略】乙巳，【略】以京畿旱，谕礼部及内务府虔诚祈雨。《圣祖实录》卷九五

五月癸丑朔，【略】河道总督靳辅疏言：臣前请大修黄河，限三年水归故道，今限满而水犹未归，一应大工细册尚未清造，请下部议处。得旨：靳辅著革职，令戴罪督修。【略】己未，【略】谕理藩院：苏尼特等旗被灾，今虽赈以银米，止可供一岁之用，又闻别旗亦皆罹灾，甚是饥馑，倘秋草不肥，何以为生？此事重大，应预为久远生全之计，尔等速遣司官前往，相阅情形以闻。【略】壬戌，【略】谕户部：比年以来，宣府、大同迭罹饥馑，而边外蒙古亦复凶荒，故发宣、大二府存贮米石，尽用赈济。【略】癸亥，谕理藩院：今遣官往外藩蒙古地方赈济，务期贫人均沾实惠，毋受豪强嘱托，致有滥冒偏枯，尔等应加严饬，以副朕柔远之意。【略】甲子，谕户部：宣府、太原、大同等处近罹灾伤，人民困苦，所征房号银两，悉著与除免。【略】丁丑，召进贡土默特台吉达赖等，问曰：苏尼特等旗蒙古甚饥，近来如何？台吉巴雅礼奏曰：前者蒙古饥荒殊甚，蒙皇上轸念，运米赈济，皆获更生，目今得雨，青草已长，马畜渐肥，不致流散矣。【略】戊寅，谕大学士等曰：宣府、大同等处今虽得雨，田禾长盛，但三月中大风坏麦，不得收刈，民间甚饥，虽行赈恤，犹未能苏。前抚臣疏称，饥民因得赈济，又得雨泽，不致流离，各图生业。以今观之，殊为不然，著将应征康熙二十年诸项钱粮及历年带征钱粮概行蠲免。《圣祖实录》卷九六

六月【略】丙戌，差往大同赈济户部员外郎穆称额、苏赫等奏请训旨，上谕之曰：前尔等奏饥民因赈济，又得雨泽，不至流离，各安生业。顷朕复遣人往视，人民饥馑流亡如故，雨泽犹然未降，则所云赈济尚未遍及矣。前此姑置不问，尔毋自护前非，朕知之最悉，今往同抚臣赈济，务令饥民得遂其生，及作何设法拯救，著确议奏闻。《圣祖实录》卷九六

七月【略】壬申，【略】谕吏部、兵部：大同地方连年旱荒，百姓困苦，以致流离失所，就食他方，因而田地荒芜，生计不遂，今已屡行赈济，蠲免各项钱粮。又闻雨泽沾足，秋成有望，但饥馑之后，安养生全，须廉能官吏方能加意招徕，留心抚字。《圣祖实录》卷九六

八月【略】甲申，理藩院侍郎明爱等以奉遣往迁苏尼特等被荒蒙古，驻近边八旗蒙古地方，请训旨。上谕之曰：此等蒙古饥馑殊甚，故令迁移，当听其徐来，不可促之，恐毙于道路，见今所给牲畜必当节省，以备来年之用。恐今岁食尽，来年禾稼不登，又致饥馑。尔等前往详视，先所给米谷，今年足用则已，如不足，再行议奏。迁移到日，交与八旗蒙古分驻，善为抚恤，务令得所。【略】丁亥，【略】免直隶保安州本年分旱灾额赋有差。【略】庚子，免山西榆社县本年分雹灾额赋有差。【略】戊申，【略】免顺天府霸州本年分水灾额赋十之三。《圣祖实录》卷九七

九月【略】辛亥，【略】免山西辽州本年分雹灾额赋有差。【略】戊午，【略】召霸州知州吴鉴、保定县知县李文英，问曰：朕巡幸霸州，见地土为水淹没，被灾若何？民生若何？吴鉴奏曰：今年浑河水决，东北三十余里、西南二十余里俱被水淹。上曰：决口在何处？被灾几分？尔将被灾之处申报巡抚几次？吴鉴奏曰：决口在南孟地方，被灾十分，九月曾报巡抚一次。上曰：堤若不修，民生必不得安，著速为修治。问李文英，曰：尔县内报过巡抚被灾几分？李文英奏曰：臣县内南境幸无水患，北境约有四分，已报巡抚。上曰：朕昨过县南境，亲见尚有积水，尔反云未曾被淹，何也？李文英奏曰：境南洼下，向有积水，今年并无被灾之处。【略】己巳，谕户部：顷者朕巡行近畿，至霸州地方，见其田亩洼下多遭水患，小民生计无资，何以供纳正赋？其见在被淹田地应征本年钱粮著察明，酌量蠲免，以示朕勤恤民隐至意。《圣祖实录》卷九七

十月【略】甲申，【略】免山东蒙阴县本年分水灾额赋十之三。【略】丁亥，【略】赈济宁古塔[①]地方雹灾兵丁。【略】丁未，【略】湖广提督徐治都疏言：臣所领在重庆夔州绿旗官兵多患病疫。得旨：徐

① 宁古塔，今黑龙江省牡丹江市一带，清初在此设立牧场和安置流犯。

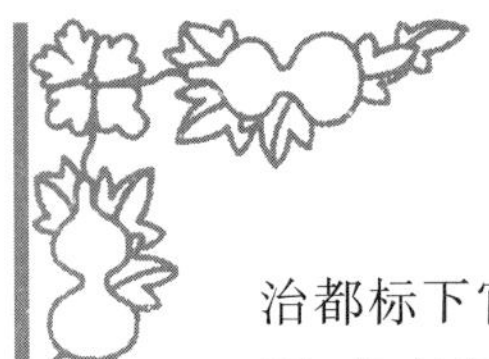

治都标下官兵进剿四川，效力日久，今哈占已经回川，将徐治都所属官兵著令速回湖广。【略】己酉，免直隶保定县本年分水灾额赋十之三。《圣祖实录》卷九八

十一月【略】丙辰，【略】免直隶霸州本年分水灾额赋十之三。【略】辛未，【略】免湖广江陵、监利二县本年分水灾额赋十之三。【略】戊寅，【略】户部议覆，福建总督姚启圣疏言福州等府夏秋亢旱，米价日增，请于广东之潮州、浙江之平阳买米平粜，查海禁未开，恐有不肖之徒借端贩卖，应不准行。得旨：闽省被灾，准其往潮州等处买米接济，如有借端通海者，事觉，将该督抚及押运官一并治罪。《圣祖实录》卷九八

十二月庚辰朔，【略】免江南六合县本年分水灾额赋十之三。辛巳，【略】免直隶文安县本年分水灾额赋十之三。【略】甲申，免江西新建等十四州县卫所本年分水灾额赋十之三。【略】戊戌，【略】免浙江黄岩等一十二县卫本年分水灾额赋有差。《圣祖实录》卷九九

## 1682年 壬戌 清圣祖康熙二十一年

二月【略】庚子，【略】免江南海州、沭阳等三州县康熙二十年分水灾额赋。

《圣祖实录》卷一〇一

四月戊寅朔，【略】(帝)奏太皇太后书曰：【略】乌喇等处地方于(三月)二十六、二十七日又经大雨，道路甚是泥泞，河渠水涨，渡桥尽行冲决，一二人尚可行走，行营人众，跋涉殊属艰难，故臣与诸臣公同商议，少延数日，俟水势稍掣，即当速回。总不越八十日之限也。【略】辛卯，【略】免湖广沔阳、潜江等三州县，沔阳、荆州等四卫康熙二十年分水灾额赋十之三。《圣祖实录》卷一〇二

六月【略】己丑，【略】谕大学士等，日来天时亢旸，犹望雨泽之降，今观亢旱已甚，天行之愆，人事之失也。【略】庚寅，谕刑部，时已季夏，雨泽愆期，迩来亢旱益甚，农事堪忧。【略】丁酉，雨。【略】明珠奏曰：霖雨大沛，田禾沾足，诚为可喜。《圣祖实录》卷一〇三

八月【略】丙申，【略】免直隶元城等十二县本年分旱灾额赋有差。【略】壬寅，免直隶广宗等六县本年分旱灾额赋有差。《圣祖实录》卷一〇四

九月【略】丁未，【略】免江南沭阳、宿迁二县本年分水灾额赋十之三。【略】甲寅，【略】免浙江富阳等十县、严州一所本年分旱灾额赋有差。【略】戊午，免江西宁州、进贤等五州县、袁州卫本年分水灾额赋十之三。【略】己未，【略】免湖广黄梅、广济、蕲州三州县本年分水灾额赋十之三。【略】辛酉，【略】免山东长山、新城二县本年分水灾额赋十之三。《圣祖实录》卷一〇四

十月【略】己卯，免山东邹平县本年分水灾额赋十之二。【略】辛卯，【略】免山西清源县、平定州本年分旱灾额赋有差。【略】壬辰，【略】免江南安东县本年分水灾额赋十之三。

《圣祖实录》卷一〇五

十一月【略】壬子，【略】免山东淄川县本年分旱灾额赋十之三。癸丑，谕理藩院：尚书阿穆瑚琅等曰京城痘疹盛行，今年朝贺元旦，蒙古王、贝勒、贝子、公、台吉、塔布囊等，已出痘者许其来朝，其未出痘者，可俱令停止。各属护卫随从人等，亦如之，速行宣示。【略】辛未，免江南兴化、六合二县本年分水灾额赋有差。《圣祖实录》卷一〇六

十二月【略】乙亥，【略】免直隶唐山等十一县本年分旱灾额赋有差。【略】己卯，【略】免湖广江陵、沔阳等八州县，及沔阳、荆州卫本年分水灾额赋十之三。【略】丁亥，谕礼部：【略】今岁入冬以来，尚未降雪，愆阳日久，时序失宜，田亩暵干，恐妨明年东作，应虔行祈祷，尔部照例作速举行。【略】庚寅，免江西宜春等八县，及赣州卫吉安所本年分旱灾额赋十之三。《圣祖实录》卷一〇六

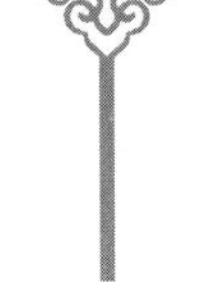

## 1683年 癸亥 清圣祖康熙二十二年

正月【略】癸亥，【略】免广西平乐县、藤县康熙二十一年分水灾额赋十之三。

《圣祖实录》卷一〇七

二月【略】乙亥，免广西河池州康熙二十一年分虫灾额赋十之二。【略】戊戌，【略】上驻跸唐县西，雹，水。《圣祖实录》卷一〇七

四月【略】壬辰，【略】免湖广华容、平江、安乡三县康熙二十一年分水灾额赋十之三。

《圣祖实录》卷一〇九

六月【略】庚子，以天气亢旱，上命建坛祈祷，是日甘霖大沛。《圣祖实录》卷一一〇

七月【略】辛卯，【略】免甘肃靖远卫本年分旱灾额赋有差。《圣祖实录》卷一一一

八月【略】己酉，【略】免甘肃庄浪所本年分雹灾额赋十之三。【略】壬戌，【略】免甘肃庆阳卫、安化县本年分旱灾额赋十之三。《圣祖实录》卷一一一

九月【略】丁丑，【略】萨布素等奏：额苏里今年七月即经霜雪，乌喇、宁古塔兵家口，若令来秋迁移，恐地寒霜早，诸谷不获，难以糊口，应于来春就近移打虎儿兵五百人，先赴额苏里耕种，量其秋收，再迁家口。【略】甲申，【略】免宁夏平罗所水淹沙压田赋。免山东新城县本年分水灾额赋十之三。《圣祖实录》卷一一二

十月【略】乙丑，【略】户部题：黑龙江至乌喇须设十驿，但设驿之地不行相度，【略】俟来年三月雪消，【略】详加丈量。《圣祖实录》卷一一二

## 1684年 甲子 清圣祖康熙二十三年

三月【略】癸未，谕户部：【略】比者巡行近畿，见闾阎生计仅支日用，乃米价渐贵，民食维艰。又闻河南地方年岁荒歉，所在苦饥，小民无以资生，恐致流移失所，朕心深切轸念。【略】河南巡抚王日藻疏请：以常平积谷散赈饥民。得旨：设立常平，原以备荒，著速行赈济。

《圣祖实录》卷一一四

四月【略】丁酉，遣户部郎中吴什巴往河南赈济饥民。【略】癸丑，【略】以天时亢旱，命大学士王熙、尚书伊桑阿、学士阿哈达、王鸿绪，审理刑部重犯。《圣祖实录》卷一一五

七月【略】乙亥，奉差福建、广东展界内阁学士席柱复命。【略】上又问沿途田禾若何？席柱奏曰：福建田禾甚盛，江南、浙江田禾亦好，山东雨水调顺，彼处百姓皆谕丰收之年，但德州至真定雨水不足，田禾稍旱，自此至京师又觉好矣。《圣祖实录》卷一一六

八月【略】丙午，【略】免山西辽州、榆社县康熙二十三年分水灾额赋有差。

《圣祖实录》卷一一六

九月【略】丁丑，免湖广江夏等三县及沔阳卫本年分水灾额赋有差。《圣祖实录》卷一一六

十月【略】癸丑，谕总督王新命曰：朕巡视直隶、山东、江南诸处，惟高邮等地方百姓甚为可悯，今虽水涸，民择高阜栖息，但庐舍田畴仍被水淹，未复生业。【略】甲寅，御舟过高邮湖，见民间田庐多在水中，恻然念之，因登岸，巡行堤畔十余里，召耆老详问致灾之故。《圣祖实录》卷一一七

十一月壬戌朔，上过句容县，问知县陈协浚曰：尔所治县，今岁秋成若何？【略】陈协浚奏：赖皇上洪福，今秋收获甚丰。【略】丁卯，【略】命吏部尚书伊桑阿、工部尚书萨穆哈往视海口。谕曰：朕车驾南巡，省民疾苦，路经高邮、宝应等处，见民间庐舍田畴被水淹没，朕心甚为轸念，询问其故，具

悉梗概。高、宝等处湖水下流原有海口，以年久沙淤，遂至壅塞，今将入海故道浚治疏通，可免水患。【略】尔等体朕至意鶒行。【略】辛未，【略】上至清口，复阅黄河南岸诸险工。谕河道总督靳辅曰：【略】今年黄水倒灌运河，尔须酌一至妥之策，务令永不倒灌。【略】甲戌，【略】免河南磁州、安阳、汤阴三州县本年分雹灾额赋有差。 《圣祖实录》卷一一七

十二月【略】丙午，【略】免江南宿迁县本年分旱灾额赋有差。【略】己酉，【略】免江西分宜等十五县，并袁州、安福二卫所康熙二十二年分旱灾额赋有差。【略】庚戌，【略】工部遵旨议奏：黄河、运河堤岸冲决，河流迁徙者照旧例处分；止于漫决，河流不移者，若在限年之内，令经修官赔修，如过年限，令防守官赔修，永为定例。从之。 《圣祖实录》卷一一八

## 1685年 乙丑 清圣祖康熙二十四年

正月【略】癸未，先是，上因将军萨布素等不能及时进取罗刹田禾，坐失机宜，降旨责之。【略】又发盛京兵五百人，代黑龙江兵守城种地，出征兵还，亦令还盛京。种地事宜，遣户部大臣一员督理。所云早熟之谷，即内地春麦，今我兵亦多种春麦，及大麦、油菜，于陨霜之前，六月皆可收获，则不以出师之故，致旷一年耕作矣。 《圣祖实录》卷一一九

三月【略】辛巳，上谕大学士等，朕南巡时，见闾阎疾苦，深为轸念，所经过地方如此，其他省可知。今国帑充足，朕欲蠲免直隶各省明岁钱粮，以纾民困。尔等会同户部预行酌议，俾天下均沾实惠。其直省顺德等府，正在饥荒，且此地供应甚多，徭役殷繁，今宜即行议蠲，畿辅抚循得所，尤为有益。尔等会同户部议奏。 《圣祖实录》卷一二〇

四月【略】戊戌，【略】上曰：【略】畿辅重地，频年旱灾，尤可悯恤。【略】己亥，【略】免江南徐州康熙二十三年分水灾额赋。免江西宜春、鄱阳、乐平三县并袁州卫康熙二十二年分水灾额赋有差。【略】乙卯，免山东济宁、海丰、沾化三州县本年分水灾额赋有差。 《圣祖实录》卷一二〇

五月【略】壬申，【略】免山东临清等四州县本年分旱灾额赋有差。【略】壬午，免湖广沔阳州本年分水灾额赋有差。【略】丁亥，【略】免湖广黄冈等十一州县康熙二十三年分旱灾额赋有差。戊子，【略】谕大学士等，今岁雨旸时若，二麦已登，他谷亦皆沃茂，秋成可望，黎民不致阻饥，但豪强富室田土既多，收获亦丰，往往用之酿酒，又轻值粜藏，以待重价，贫民田少，收获有限，更不节用，效尤酿酒，亦甚糜费，虽遇丰年，仅免饥馑，倘遭荒岁，何以自赡。朕巡省闾阎，历历亲睹，每一念及，恻然于怀，应作何禁止，使家给人足，尔等可筹良策，以待秋期举行。 《圣祖实录》卷一二一

六月【略】癸巳，【略】诸王大臣等奏：征剿罗刹，众皆难之，我皇上为根本计，独断兴师，今罗刹归诚，雅克萨城收复，悉如睿算，【略】又遣关保等严谕将士，诫以勿杀。【略】上复谕曰：前关保奏云，我兵拟于四月二十八日水陆进发，先期雷雨大作，至二十六日江水泛溢，又风逆，舟不得前，及二十七日天晴水落，二十八日平旦忽转顺风，我兵扬帆溯流直上，三日之程，一朝而至，陆路之兵，虽疾行不及也。又，驻扎黑龙江兵丁，适当肉食匮乏，忽有鹿数万自山趋下，骑者驰射，步者梃击，及驾船筏于江中，截获者计五千有余。朕观此二事，预知可以奏功，因事未就，秘而不发，今既荡平，故传谕尔等知之。【略】甲午，【略】免直隶邢台等二十州县康熙二十三年分旱灾额赋有差。【略】甲寅，【略】礼部题：朝鲜国王李焞奏言，国内牛多疫死，民失耕种，请暂停互市。李焞托言妄奏，不合，应令回奏，到日再议。 《圣祖实录》卷一二一

七月【略】丙寅，【略】蒿齐忒多罗郡王车布登，以伊旗下蒙古饥馑，题请赈济。上谕：【略】彼所居地，距此亦不甚远，可亟遣尔院司官，速察饥民户口以闻。【略】癸酉中元节，【略】理藩院郎中苏巴泰差往蒿齐忒地方稽察蒙古饥民还，尚书阿喇尼引奏曰：蒿齐忒蒙古被灾者约三千人，皆以荒野

草根为食，一闻遣官稽察赈救，皆环跪，举手加额曰：我等残喘，自分旦夕就死，今幸天使至，我属得生矣。上顾阿喇尼曰：【略】今岁畿内秋成大熟，正宜详酌举行，至救荒之道，以速为贵。

《圣祖实录》卷一二一

九月【略】壬戌，【略】免江南邳州本年分水灾额赋有差。【略】甲子，免江西上饶等四县本年分旱灾额赋有差。【略】丙寅，【略】漕运总督徐旭龄疏报：淮扬等处水灾，请行赈济。【略】丁卯，【略】免山西徐沟县本年分水灾额赋有差。【略】癸酉，【略】直隶巡抚崔澄疏报：新安等五州县被灾，请蠲额赋。户部议覆，照例豁免。【略】甲戌，【略】免河南太康等十八州县本年分水灾额赋有差。【略】乙亥，上遵太皇太后谕，往白塔寺进香，适大雨如注，近侍请少霁。【略】遂冒雨行。【略】庚辰，【略】工部议覆，河道总督靳辅疏言，淮扬徐一带，自五月起至八月止，迭遭雨水，将拦马河减水坝伤损，高家堰堤顶之土冲去一半，徐州牛市口冲开堤工二十余丈，桃源曾家嘴坐陷百余丈，山阳南岸韩家庄河溜南徙，新增险工一百六十余丈，俱应修筑，应如所请。得旨：今年雨多水大，河道堤岸宜加防护。【略】辛巳，免江西宜春等五县本年分旱灾额赋有差。【略】丙戌，户部议覆山东巡抚张鹏题报兖州、青州二府属州县被水灾处，应委员踏勘。得旨：朕去岁巡行，经高唐、济宁等处，见小民生业艰难，今又值水灾，恐致流离失所，著速遣才能官员踏勘，俟其到时，详议蠲赈之法奏闻。

《圣祖实录》卷一二二

十月【略】丙午，五色庆云见。【略】甲寅，户部左侍郎苏赫疏言：臣踏勘江南被灾邳州、宿迁、高邮、邵伯、盐城、兴化等六州县卫所黎庶罹灾，有房屋漂荡，见今贫乏，不能糊口者，有仅可度一二月者，应蠲免赈济。查凤阳、徐州、淮安等仓，所有积年支给运丁，余剩米麦应行动用，再于各府产米丰收地方采买及劝输赈济，务使饥民得所，仰副皇上视民如伤至意。下部议。

《圣祖实录》卷一二二

十一月【略】庚申，【略】谕户部：【略】直隶献县、河间县、河间卫，江南宿迁县、兴化县、邳州、高邮州、盐城县，山东郯城县、鱼台县地方，今年重罹水灾，小民艰苦，亦应加恩轸恤，所有康熙二十四年下半年，二十五年上半年地丁各项钱粮俱与豁免。【略】丙子，【略】上曰：朕闻自宋以来，河道不甚为害，明隆庆间诸口故道始至淤塞，近自康熙七年桃源堤溃决，遂为七邑之患。【略】乙酉，上谕大学士等，曰：今月朔日食，十六日月食，且比日积阴无雪，朕思天象稍有愆违，即当儆戒修省。【略】大学士等奉命撰拟蠲免河南、湖北，及直隶、山东被水州县钱粮，谕旨进呈。

《圣祖实录》卷一二三

十二月【略】戊戌，【略】免湖南茶陵、湘乡、邵阳等州县本年分旱灾额赋有差。免山东济宁州本年分水灾额赋有差。

《圣祖实录》卷一二三

## 1686年 丙寅 清圣祖康熙二十五年

二月【略】庚寅，【略】上详问各官条奏事宜，【略】曰：顷浙江按察使佟国佐奏，饥民为盗，请宽减其罪。【略】丙午，【略】赈济山东郯城等五州县饥民。

《圣祖实录》卷一二四

三月【略】丁巳，谕大学士等，各省晴雨，不必缮写黄册，特本具奏，可乘奏事之便，细字折子，附于疏内以闻。戊午，命巡城御史修理五城栖流所，安插就赈流民。

《圣祖实录》卷一二五

闰四月【略】甲戌，礼部尚书管詹事府事汤斌由江宁巡抚升任，至京陛见。【略】奏曰：【略】今年荒歉，（原拨开浚海口经费仅）四分工银，恐不足用。【略】去年兴化城内水深数尺，万一再遇水灾，一城付之巨浸，臣等何所逃罪。【略】丙子，【略】以江南凤阳、徐州岁歉，遣内阁学士麻尔图、户部郎中席特库驰驿往赈。麻尔图等请训旨，谕之曰：尔等乘此行，可看沿途麦实及徐州等处情形，一并

速行奏报。　　《圣祖实录》卷一二六

六月【略】丙辰，【略】谕大学士等，曰：目今天旱有蝗，恐政事或多阙失，民间疾苦有不能上达者，即传集九卿问之，俾各抒所见奏闻。九卿等皆曰：政事以爱民为本，爱民莫大于蠲租，今皇上凡遇直隶各省水旱饥荒，蠲免正赋，虽数百万亦所不惜，小民已沾实惠矣。【略】甲子，奉差江南赈济学士麻尔图回京启奏，上问凤阳、徐州等处饥民情形。【略】麻尔图奏曰：春间饥馑殊甚，臣于闰四月到彼，正遇下雨，百姓既蒙赈济，又值甘霖，可以冀望秋成。上又问曰：彼处及江南一路田苗若何，近京一带飞蝗为虐，果甚否。麻尔图奏曰：沿途一带禾苗俱佳，据百姓云，蝗生不久飞去，尚不为灾。【略】癸酉，赈济江西广信府上饶等八县水灾饥民。　　《圣祖实录》卷一二六

七月【略】乙巳，【略】免江南沛县本年分雹灾额赋有差。　　《圣祖实录》卷一二七

八月【略】庚辰，【略】免湖广兴国、通山二州县，浙江西安等九县，本年分水灾额赋有差。

《圣祖实录》卷一二七

九月【略】庚寅，【略】免直隶武清、文安、保定三县本年分水灾额赋有差。

《圣祖实录》卷一二七

十月【略】丁巳，【略】免顺天府霸州、宝坻县本年分水灾额赋有差。【略】庚午，免甘肃归德所所属保安堡屯地本年分水灾额赋。　　《圣祖实录》卷一二七

十一月【略】己丑，【略】免顺天府玉田、丰润二县本年分水灾额赋十之二。【略】丙申，【略】免江南徐州本年分蝗灾额赋有差。【略】壬寅，【略】免江南六合、沛县、萧县本年分蝗灾额赋有差。

《圣祖实录》卷一二八

十二月辛亥朔，【略】免江南灵璧县本年分蝗灾额赋有差。【略】丙辰，谕大学士等，日者遣部员自吉林乌喇至黑龙江，以蒙古、席北、打虎儿、索伦等人力耕种，田谷大获。夫民食所关至重，来岁仍遣前种田官员，以蒙古、席北、打虎儿、索伦等人力耕种。郎中博奇所监种田地，较处收获为多，足供驿站人役之口粮，又积贮其余谷。博奇效力，视众为优，其令注册。此遣去诸员，可互易其地，监视耕种，博奇又复大获，则加议叙。　　《圣祖实录》卷一二八

## 1687年 丁卯 清圣祖康熙二十六年

三月【略】辛丑，谕大学士等，曰：【略】近来雨泽愆期，政事恐有未合者，尔等同九卿来奏。【略】癸卯，【略】大学士等遵旨议奏：【略】今畿辅地方虽雨泽愆期，而山东、河南、山西等处雨泽应时，有年可望。臣等再三酌议，见今政务实无可更改厘定者。　　《圣祖实录》卷一二九

四月【略】乙卯，【略】又谕大学士等，曰：朕出城踏看田苗，甚为亢旱，著传谕礼部，诚敬祈雨。【略】壬戌，【略】谕刑部，时已入夏，天气亢旸，雨泽尚尔愆期，农事似有可虑，或因刑名案件内，【略】致干天和，亦未可定。【略】壬申，【略】免直隶文安等四县康熙二十五年分水灾额赋有差。

《圣祖实录》卷一三〇

五月【略】庚辰，【略】上因天旱，颁诏天下。诏曰：【略】迩来岁每不登，民食寡乏，今兹仲夏久旱多风，农事堪虑。【略】朕【略】斋居默祷，虽雨泽薄降，尚未沾足，皆因朕之凉德，不能感天心之仁爱。【略】癸巳，【略】谕九卿等，曰：京师为天下根本之地，今当耕种，雨泽愆期，虽秋成尚远，而目前干旱，朕甚忧之。今欲亲行祈祷。【略】丁酉，上素服乘马，躬诣天坛祈雨。【略】是夜，雨。【略】丙午，免直隶丰润县本年分水灾额赋十之二。　　《圣祖实录》卷一三〇

六月丁未朔，【略】江苏巡抚田雯陛辞，请训旨。上曰：向闻江苏富饶，朕亲历其地，见百姓颇多贫困，尔至彼处，当以爱养民生为要务。　　《圣祖实录》卷一三〇

七月【略】丙午,【略】上以巴林淑惠公主所居地方,马牛羊多染疫倒毙,田禾亦不收获,命乾清门侍卫武格往迎公主,并令携带马驼糗粮以济之。　　《圣祖实录》卷一三〇

八月【略】乙亥,【略】免山西沁州本年分雹灾额赋有差。　　《圣祖实录》卷一三一

九月【略】辛巳,【略】直隶巡抚于成龙疏进嘉禾。上曰:今岁三春首夏,雨泽愆期,耕耘几致失望,幸天眷下民,大沛甘霖,秋成有赖,其三穗四穗禾苗不足为瑞,如口外膏腴沃壤,多穗频有,皆视以为常,该部知之。【略】己亥,免山东博兴县本年分水灾额赋有差。　　《圣祖实录》卷一三一

十一月【略】甲辰,【略】免江西万载等七县本年分旱灾额赋有差。　　《圣祖实录》卷一三一

## 1688 年 戊辰 清圣祖康熙二十七年

二月【略】乙丑,【略】户部议覆:江宁巡抚田雯疏言康熙二十六年分苏常等府起运漕粮,因秋禾将熟之时风雨连绵,见在起运米色青白未纯,合先题明。查漕粮关系积贮,应令该抚务将纯色之米拨运。得旨:江南漕粮已经起运,该部仍令易纯色米,朦混具题,殊为不合,抵通日,著照该抚所请,察明交仓。　　《圣祖实录》卷一三三

三月【略】壬午,【略】上问靳辅曰:海口淤塞起于何年?靳辅奏曰:据土人云,从明代隆庆淤塞,至今每海潮来一次,即增一叶厚之沙[①],故渐致壅塞。上曰:尔云海潮每至,即增一叶厚之沙,此言甚属虚妄。凡河内遇海潮来时,水壅逆流,及潮退,则壅积之水其流甚疾,即微有停蓄之物,亦顺流刷去,尚何有沙之存积耶!大抵所开河道久历年所,两岸堤工为雨水倾塌,则河底渐淤,势所必至,即如近水地亩,或以倾塌成河,河内或沙滩成地,岂因海潮灌注而然。据尔言,开浚海口,海水必将倒入,将来海口一开,便有明验。朕记尔今日之言,留为后日之据。　　《圣祖实录》卷一三四

四月【略】庚戌,雨。【略】壬子,雨。【略】庚申,【略】谕之曰:【略】至有言黄河沙底渐高,此断不可信,譬之盆内贮水,遇风尚且溢出,使黄河沙底果高,一有风涛,其有不漫溢横流,决堤溃岸者乎。
　　《圣祖实录》卷一三五

六月【略】庚戌,免江西宜春等三县康熙二十六年分旱灾额赋有差。《圣祖实录》卷一三五

八月【略】乙卯,【略】兵部尚书张玉书、刑部尚书图纳、左都御史马齐等疏言:臣等钦奉上谕,勘阅黄河水势,两岸出水颇高,河身渐次刷深,数年以来虽遇大水,未经出岸,河身淤垫之说,甚属虚妄。　　《圣祖实录》卷一三六

十月【略】庚戌,【略】免贵州黄平州水冲沙压田亩本年额赋。【略】丁卯,【略】赈济江南邳州等五州县水灾饥民。　　《圣祖实录》卷一三七

十一月【略】壬辰,免湖广崇阳等七州县本年分旱灾额赋有差。免江南亳州等三州县本年分水灾额赋有差。【略】己亥,免江南兴化县年分水灾额赋十之二。　　《圣祖实录》卷一三七

十二月【略】壬寅,免江南宜春等十二州县本年分旱灾额赋有差。【略】壬子,【略】免云南开化府本年分旱灾额赋有差。　　《圣祖实录》卷一三八

## 1689 年 己巳 清圣祖康熙二十八年

正月【略】戊子,【略】免浙江宣平县康熙二十七年分旱灾额赋有差。《圣祖实录》卷一三九

---

① "海潮来一次,即增一叶厚之沙"。河督靳辅之说,在治理黄河入海口的问题上,与巡抚于成龙的海口疏浚之说相左。康熙不信泥沙有海积现象,亦不信黄河河床自然淤高,故斥河督靳辅此说虚妄。1699 年康熙使用水平仪,亲自测量苏北黄河,始信河床淤高为水患之由。

闰三月【略】壬寅,【略】赈济江南亳州被水饥民。《圣祖实录》卷一四〇

四月【略】己卯,【略】先是,上以雨泽愆期,【略】传谕曰:自去秋以来,雨雪不能沾足,闻直隶、山西、山东,以至江南、浙江皆旱,心甚忧之。【略】谕大学士等,顷者时已初夏,雨泽虽降,而犹未沾足,其命礼部,照前祈祷之礼,三日禁止杀牲,不理刑名事务,虔恭斋祓,以祈甘雨。【略】甲午,先是,喀尔喀土谢图汗等以米粮将尽,续到二万余人不能赡给,奏请赈济。上【略】谕大学士等曰:朕闻喀尔喀乏食,有至饿死者,深为轸念。【略】若不速发粮以拯之,则死者愈多矣。【略】将张家口仓米星速运到散给,计支一两月间,费扬古等所买牲畜可继之矣,如此则喀尔喀可活也。

《圣祖实录》卷一四〇

五月【略】庚子,【略】谕大学士等,近闻山海关外盛京等处至今无雨,尚未播种,万一不收,转运维艰,朕心深为忧虑。且闻彼处蒸造烧酒,偷采人参之人,将米粮糜费颇多,著【略】严加禁止。壬寅,【略】以天时亢旱,命停止一应修葺工程。【略】丁未,遣官致祭天地、社稷坛祷雨。【略】庚戌,大学士、九卿等奏曰:近闻山东、河南大雨沾足,直隶大名诸府皆有雨,京城昨晚亦已得雨。【略】癸丑,礼部奏:【略】本月十四日,雷电大作,继以甘雨,万口欢腾,皆谓天心默佑,自此沾足有期。【略】得旨:屡经虔祷,雨泽虽降,尚未沾足,朕焦劳犹甚。《圣祖实录》卷一四一

六月【略】甲戌,遣官致祭天坛,祈雨。《圣祖实录》卷一四一

七月【略】庚子,【略】免甘肃泾州本年分雹灾额赋有差。【略】丙辰,【略】谕户部:今岁天气亢旸,雨泽鲜少,畿辅地方虽间已得雨,然或甘澍未敷,或播种已后,收获失望,穷民阅历冬春,难保必无艰食。【略】又谕:朕巡幸江南,【略】朕过邳州,亲见彼处田地多为水淹,耕耘既无所施,赋税于何取办。其见在被淹田亩,应纳地丁及漕项钱粮俱行蠲免,历年逋欠亦尽与豁除。

《圣祖实录》卷一四一

八月【略】丙子,【略】谕扈从诸臣曰:前诸王大臣以朕因岁旱之故,抑郁靡宁,【略】今观口外田亩,亦因旱歉收,故朕于此处贫民悉行补助。【略】丁丑,【略】谕内大臣、大学士等,朕自春至今,缘兹旱灾,无日不殷忧轸念,近出口阅视,更不堪寓目。当此仲秋之时,即以山核桃作粥而食,若时届冬春,何以存活。且闻诸蒙古所在亦然,如此情形,躬亲目击,忧悯不能自止。【略】丁亥,免湖广钟祥等六州县及沔阳卫本年分旱灾额赋有差。《圣祖实录》卷一四一

九月【略】戊戌,【略】理藩院题:喀尔喀信顺额尔克戴青等六台吉奏称,所属牲畜尽毙,饥荒不能度日,祈赐恤养,应遣官清察。得旨:此六台吉饥荒,不速行拯救,则死亡愈多,著速行差官确查。【略】庚子,【略】湖广巡抚杨素蕴疏言:湖北各属亢旱异常,请将湖北本年分应征漕粮分年带征,使百姓得一意办纳南粮,以给兵饷。得旨:近因直属地方亢旱,朕心深切焦劳,已经遣官详察。今据奏湖北地方亢旱,小民饥馑等语,朕心益廑忧虑。著差户部贤能司官,速往会同该督抚详察以闻。【略】庚戌,户部议覆郎中殷特等,会同直隶巡抚于成龙疏言,臣等察勘直属被灾地方,宣府、广平、真定等府所属被灾十分者,共四十四州县卫所,【略】又保定、顺德、大名、顺天、河间等府五十六州县卫所被灾七八九分不等,请照定例,按被灾分数酌免钱粮,应如所请。上谕大学士等曰:【略】直隶被灾地方本年未征钱粮及康熙二十九年上半年钱粮俱应蠲免,著候谕旨行。【略】辛亥,【略】谕户部,【略】今岁畿辅亢旸为虐,播种愆期,年谷不登,小民艰食,旱灾情形朕所亲见。

《圣祖实录》卷一四二

十月【略】己巳,免江南邳州等九州县卫本年分水灾额赋有差。户部题:冬月五城煮粥赈济,应照例行三月。得旨:今岁年谷不登,民人就食者必多,朕深为轸念,煮赈银米著加一倍,展限两月。【略】丙子,以雨,驻跸双九村。丁丑,以雨,仍驻跸双九村。【略】辛巳,户部题:盛京辽阳、兴京屯庄所种田地,顷因亢旱及霜陨,米谷不收,应免其纳租。【略】理藩院议:喀尔喀信顺额尔克戴青等六

台吉所属之人，饥馑难以度日，应遣官将杀虎口[①]仓内所贮之米给发。【略】户部议覆，直隶巡抚于成龙疏言，本年给散浩繁，各属存仓米谷不敷，请将各府州县与被灾地方相近者，搬运米谷接济；其与被灾地方遥远者，照依时值，尽数发卖，赍银分赈，应如所请。得旨：【略】著发户部库银三十万两，解往，速为赈济。谕直隶巡抚于成龙，直隶地方朕屡蠲免钱粮，百姓竟无起色，今年亢旱比往年更甚，朕在深宫，俯念民生困苦，衣食艰难，宵旰焦劳，时欲流涕，业经遣官察赈，复与蠲免正供。【略】湖广巡抚杨素蕴以病乞休。得旨：杨素蕴居官并无善状，被灾处所不亲行察勘，托病求罢，殊为可恶，著革职。

《圣祖实录》卷一四二

十一月【略】甲寅，【略】谕户部，【略】今年湖北亢旱为灾，已遣官会同该督察勘，今据将武昌等府所属二十九州县、八卫所灾伤分数勘明具奏，【略】武昌等四府今年钱粮前已全蠲，其被灾二十州县、四卫所康熙二十九年上半年地丁钱粮，著与蠲免；荆州、安陆二府所属被灾九州县、四卫所本年地丁钱粮，除已征在官外，其未经征收及二十九年上半年钱粮，亦尽行蠲免。

《圣祖实录》卷一四三

十二月【略】丁卯，【略】免江西宁州等二十八州县、袁州等四卫所本年分旱灾额赋有差。【略】丙子，厄鲁特噶尔亶多尔济奏言：蒙圣明轸念鄂齐尔图汗，赐罗卜臧滚卜游牧之地，正将迁移，闻喀尔喀、厄罗特交乱兴戎，因率兵前往，未能全徙。地方远隔，且去年遭遇旱灾，牲畜倒毙，人民困苦，难以迁移，伏乞鉴恤。【略】己卯，谕大学士、九卿、詹事、科道等，今岁京畿遇旱，小民糊口维艰，数经蠲免钱粮，散给赈济，而雨雪尚未及时，朕心未安。【略】乙酉，【略】谕礼部，今岁直隶地方亢旱，小民粒食维艰。【略】但三冬雨雪鲜少，朕心仍切焦劳。【略】戊子，谕大学士等，今岁直隶地方亢旱，谷未收获，民生困极，被灾九分十分之民，钱粮俱经蠲免，又行赈济。惟七分八分被灾者，钱粮虽经蠲免，恐有不能度日，至于穷困者，亦因赈恤，可交与直隶巡抚于成龙，速行察明以闻。【略】辛卯，命山西巡抚叶穆济亲往蔚州、广昌等处被灾地方，动支存库银两并附近存贮米谷，赈给饥民。

《圣祖实录》卷一四三

## 1690年 庚午 清圣祖康熙二十九年

正月【略】癸丑，【略】命发山西大有仓米谷，赈济太原、大同二府属饥民。【略】戊午，【略】户部议覆，直隶巡抚于成龙疏言，直属清苑等州县赈济饥民，若米谷不敷，请动正项钱粮赈济，应如所请。又疏称未报成灾州县，间有饥馑民人，请一体议赈，应无庸议。得旨：未报成灾州县饥民，著照该抚所题赈济，余依议。【略】庚申，喀尔喀土谢图汗以所部六千余人乏食，请赈。部议不准。上命以独石口仓粟，每户给以四斗。【略】又，车臣汗泽卜尊丹巴胡土克图等俱以乏食来告，前后千万计，上皆命按口给之。辛酉，【略】上传谕曰：朕因去年天旱，廑念民生，夙夜焦劳，至今未释。兹值东作方兴，尚无雨雪，朕心倍深忧虑。

《圣祖实录》卷一四四

二月【略】乙丑，【略】谕内阁、九卿、詹事、科道等，昨岁畿辅荒歉，朕虑民食维艰，或至流离失所，既蠲除其田租矣，复特发帑金三十万两，并动支常平等仓粟，令该抚遍行赈贷。【略】至于四方流民，率多就食京师，【略】其五城粥厂再添设五处，各遣贤能司官亲往散给。每日给米二十石、银十两，并前五城原设粥厂，俱令散至六月终止。【略】庚午，【略】先是，直隶地方雨雪未敷，上轸念民生，日夜焦劳，沿途见耕种农民，即遣人访问。是日，自早至夜半，时雨大沛。【略】甲戌，【略】内阁、九卿、詹事、科道等以雨泽沾足，具疏称庆。【略】己卯，【略】命发常平仓谷，赈济江南邳州、睢宁等

① 杀虎口，古称“参合口”、“杀胡口”，位今山西境内晋蒙交界处的右玉县最北向，是历代古长城的雄关要隘。

八州县，并徐州卫被水灾饥民。《圣祖实录》卷一四四

三月【略】乙巳，兵部左侍郎王维珍等疏言：臣等遵旨查阅直隶各府州县卫所地方，其未被灾之处，已皆得雨，收成可望；其已被灾者，自沿途大路以至乡辟山村，遍行查勘，赈过饥民万万，均荷皇恩。兼以圣诚格天，雨雪时降，农事渐遍，可待麦收，并无流散饥羪之人。所至村庄，老幼男妇百十为群，望阙叩谢，感激欢呼，难以言尽。【略】丁巳，直隶巡抚于成龙疏言：前奉部拨赈济银三十万两，尚不敷用，请续拨银两，以备接赈。部议不准行。上命再拨银五万两散赈。

《圣祖实录》卷一四五

四月【略】癸亥，遣官赈济察哈尔及八旗游牧蒙古穷丁。【略】丁丑，谕大学士等，蒙古秉性怠惰，不能深计生业，往岁小旱，即致饥窘，朕初意赈赡乏食之人，所需有限，及观散给米谷之数至多。【略】又谕大学士等，此时亢旱，米价腾贵，八旗官兵秋季应支米石，可预给其半。谕刑部，天时旱干，囹圄重罪，已令清理。今所在祈祷，望雨甚殷，除死犯以外，凡拘禁、枷号、鞭责等罪，咸从宽释之。【略】己丑，先是京师雨泽未敷，上忧之，是日大雨，四野沾足。【略】庚寅，【略】命发甘肃靖远卫仓粮，赈济靖远卫旱灾饥民。《圣祖实录》卷一四五

五月【略】己酉，【略】上谕大学士等曰：河道所关，至为重大，一二年来雨水稀少，管河官视河道为常事，今年雨水似多，可驰谕总河，严饬该管官，昼夜防视，务保河堤无虞。

《圣祖实录》卷一四六

六月【略】丙寅，谕内务府，玉泉山河水所关甚巨，西山一带碧云、香山、卧佛寺等山之水俱归此河。【略】今值淫雨之际，水势漫溢，堤岸冲决数处，尔等速将闸板启放，使河水畅流，一面令工部将冲决之处速行堵筑。【略】壬午，【略】免河南开封、彰德、卫辉、怀庆四府属二十四州县本年分旱灾额赋有差。《圣祖实录》卷一四六

七月【略】癸巳，谕户部，【略】康熙二十七年颇称岁稔，诚使民间经营撙节，早为储偫，何至康熙二十八年偶遇旱灾，室皆悬罄，总因先时无备，遂至糊口维艰。【略】今霖雨时降，黍苗被野，刈获在即，可望有秋，惟恐愚民不知爱惜物力，狼籍耗费，只为目前之计，罔图来岁之需，纵令年获屡丰，亦难渐臻殷阜。应行直隶各省督抚，严饬地方官吏，家谕户晓，务俾及时积贮，度终岁所食常有余储。

《圣祖实录》卷一四七

八月【略】乙亥，【略】免甘肃镇原县本年分雹灾额赋有差。【略】癸未，谕理藩院，今岁塞外歉收，见今张家口外设立饭厂，散赈喀尔喀等，倘有他处蒙古闻信前来者，查果系穷乏之人，俱著一体赈济。《圣祖实录》卷一四八

九月【略】庚寅，谕户部，直隶顺天、保定、河间、真定、顺德、广平、大名所属，并宣府等处，被灾黎民殊为可悯，其康熙二十八年未征地丁二十六万三千五百余两、粮五万七千三百九十余石，康熙二十九年上半年应征银三十一万一千五百余两、粮二万八千七百二十余石，尽行蠲免。户部议覆，河南巡抚阎兴邦疏言，河南本年歉收，漕粮请暂免办运，俟康熙三十年补行征解，应如所请。从之。癸巳，【略】户部议覆，山东巡抚佛伦疏言，本年正赋蠲免，秋成丰收，东省绅衿人民及时乐输，每亩收获一石者，愿捐出三合，以备积贮。合省计之，可得二十五万余石，后遇荒年，小民亦不致乏食，应如所请。从之。甲午，【略】免直隶玉田县梁城所本年分水灾额赋有差。【略】丁酉，免甘肃宁州本年分雹灾额赋有差。【略】甲辰，免甘肃凉州卫古浪所本年分旱灾额赋有差。

《圣祖实录》卷一四八

十月【略】壬戌，【略】户部议覆，漕运总督董讷疏言，庐、凤、淮、扬等各府州属，见被灾祲，米色不一，本年漕运请照豫省之例，惟取干洁之米，红白兼收，永为定例，应如所请。从之。【略】壬午，【略】发浙江宁、绍仓米谷，赈济二府属被水灾饥民。《圣祖实录》卷一四九

十一月【略】壬辰，免云南新兴、河阳二州县本年分水灾额赋有差。【略】壬寅，【略】免直隶武清、蓟州等五州县本年分水灾额赋有差。【略】壬子，【略】免浙江余姚等五县本年分水灾额赋有差。

《圣祖实录》卷一四九

十二月【略】庚申，【略】免江南六合等十五州县卫本年分水灾额赋有差。【略】甲子，【略】免江南江都县、高邮州本年分水灾额赋有差。《圣祖实录》卷一四九

## 1691年 辛未 清圣祖康熙三十年

二月【略】壬戌，【略】户部议覆，直隶巡抚郭世隆疏言，康熙二十八年分宣化府属保安州等被灾地亩，未完钱粮应分两年带征，应如所请。得旨：保安州等处既经被灾，未完钱粮俱著豁免。

《圣祖实录》卷一五〇

八月【略】庚戌，免陕西乾州、咸阳等五州县本年分蝗灾额赋有差。《圣祖实录》卷一五二

九月【略】己未，【略】免山西夏县等七县本年分蝗灾额赋有差。【略】己巳，谕户部，朕顷巡行边外，入喜峰口，见民间田亩多为蝗蝻所伤，又闻榛子镇及丰润县等处地方被蝗灾者亦所在间有。秋成失望，则民食维艰，朕心深切轸念。倘及今不为区画储蓄，恐至来岁不免饥馑之虞。著行该抚亲历直隶被灾各州县，通加察勘，悉心筹画，应作何积贮，该抚详议具奏。其被灾各地方，明岁钱粮若仍照例催科，小民必致苦累，著俟该抚察报分数到日，将康熙三十一年春夏二季应征钱粮缓至秋季征收，用称朕体恤民生休息爱养至意。庚午，【略】谕户部，【略】河南一省连岁秋成未获丰稔，非沛特恩蠲恤，恐致生计艰难，康熙三十一年钱粮著通行蠲免，并漕粮亦著停征。至山西、陕西被灾州县钱粮，除照分数蠲免外，其康熙三十一年春夏二季应征钱粮，俱著缓至秋季征收，用称朕眷爱黎元，抚绥休养至意。【略】辛未，谕大学士等，朕咨访蝗虫始生情状，凡蝗虫未经生子而天气寒冻，则皆冻毙，来岁可复无患。若既经生子，天气始寒，虽蝗已冻毙，而遗种在地，来岁势必更生。今年寒冻稍迟，蝗虫已有遗种。朕心预为来岁深虑，宜及早耕耨田亩，使蝗种为覆土所压，则其势不能复孽。设有萌孽，即时驱捕，亦易为力。可传谕户部，移咨被蝗灾各地方巡抚，责令有司晓示百姓，务于今冬明春及早尽力田亩，悉行耕耨，俾来岁更无蝗患。倘或田亩不能尽耕，来岁蝗虫复起，亦须尽力驱捕，无致为灾。《圣祖实录》卷一五三

十月【略】丁酉，【略】谕大学士等，曰：朕闻陕西西安、凤翔等处年岁不登，民艰粒食，以致流移，今遣学士布喀速往陕西，凡被灾地方亲历查看，其作何赈济之处，会同总督巡抚速议以闻。免河南阳武等二十三州县本年分旱灾额赋有差。甲辰，【略】免山西岳阳等八州县本年分蝗灾额赋有差。【略】戊申，【略】免江南兴化县本年分蝗灾额赋。《圣祖实录》卷一五三

十一月【略】丙辰，免陕西渭南等二十一州县本年分旱灾额赋有差。【略】戊午，【略】免河南荥阳等二十六州县本年分蝗灾额赋有差。【略】甲子，差往陕西勘灾内阁学士布喀回奏：西安府属咸宁等州县卫、凤翔府属郿县等三县米价腾贵，百姓流移。上谕户部，陕西西安、凤翔等处年岁不登，民艰粒食。【略】闻甘肃地方秋收丰稔，米价较平，著该督抚会同详议，作何购买转输，速行赈济，务使比屋得沾实惠，不致仳离失所，以副朕抚恤灾黎至意。【略】命山西省拨银二十万两解赴陕西赈济饥民。【略】乙丑，【略】免陕西宁州镇原县本年分雹灾额赋有差。【略】壬申，【略】免湖广沅州等三州县本年分水灾额赋有差。免云南昆明等十州县本年分水灾额赋有差。【略】癸酉，【略】免直隶霸州等二十四州县本年分旱灾额赋有差。《圣祖实录》卷一五三

十二月【略】壬午，大学士等奏：臣等会同户部确查米数，现今仓内储米七百八十万石有奇，足供三年给放。【略】丁亥，【略】上谕大学士等，曰：【略】朕巡视南方，见彼处稻田丰稔时，一亩可收谷

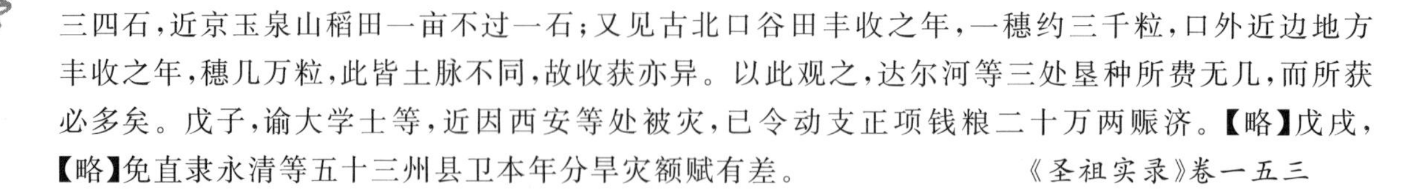

三四石，近京玉泉山稻田一亩不过一石；又见古北口谷田丰收之年，一穗约三千粒，口外近边地方丰收之年，穗几万粒，此皆土脉不同，故收获亦异。以此观之，达尔河等三处垦种所费无几，而所获必多矣。戊子，谕大学士等，近因西安等处被灾，已令动支正项钱粮二十万两赈济。【略】戊戌，【略】免直隶永清等五十三州县卫本年分旱灾额赋有差。　　《圣祖实录》卷一五三

## 1692年 壬申 清圣祖康熙三十一年

正月【略】壬子，【略】谕大学士等，去岁陕西西安等处年谷不收，罔有积贮，以致闾阎困苦至极，已遣官赈济之矣。直隶所辖地方素有积储蓄，或州县稍有不登，即以所储米谷从均赡给，是以民生获济良多。　　《圣祖实录》卷一五四

二月【略】癸未，【略】差往陕西赈济户部侍郎阿山、内阁学士德珠自西安回，入奏。上曰：闻被灾之民有流于襄阳者，今情状何如？阿山奏曰：民未曾流至襄阳，闻有流于河南者。自赈济之后，人民安辑，且因正月两次下雪，不致流散失所。上曰：【略】人民流于襄阳者甚多，尔未知之耳！【略】命山西巡抚叶穆济赈济浮山等十三州县饥民。【略】辛卯，【略】四川、陕西总督葛思泰等疏言：西、凤二府被灾饥民，皇上发银二十万两赈济，又遣部臣阿山等亲行验给，饥民均沾实惠。正月初旬屡降雨雪，麦苗将槁复苏，灾黎俱已得所。【略】免江西永宁县康熙三十年分水灾额赋有差。【略】己酉，直隶巡抚郭世隆疏言：永平所属及丰润、玉田等处去岁薄收，米价腾贵。奉天地方屡登大有，颇称丰盈，请敕山海关监督，许令肩挑畜驮者进关转粜。上谕大学士等，曰：郭世隆所请之处，著速议行。　　《圣祖实录》卷一五四

三月【略】丁丑，先是，上谕直隶巡抚郭世隆，浑河堤岸久未修筑，各处冲决河道渐次北移，永清、霸州、固安、文安等处时被水灾，为民生之忧。可详加勘察。　　《圣祖实录》卷一五四

四月【略】癸巳，命兵部尚书索诺和内阁学士德珠往查山西平阳府以西被灾未报地方，赈济饥民。【略】丁酉，【略】谕大学士等，【略】顷四川巡抚噶尔图来京陛见，【略】称西、凤二府百姓流亡者多，朕闻之不胜恻然。【略】辛丑，上御瀛台，内丰泽园澄怀堂，召尚书库勒纳、马齐等入。上曰：顷尔等进来时，曾见朕所种稻田耶！诸臣奏曰：曾见过稻苗已长尺许矣，此时如此茂盛，实未有也。上曰：朕初种稻时，见有于六月时即成熟者，命取收藏作种，历年播种，亦皆至六月成熟。故此时若此茂盛，若寻常成熟之稻，未有能如此茂盛者。朕巡省南方时，将江南香稻暨菱角带来此处栽种，北方地寒，未能结实，一遇霜降，遂至不收。南方虽有霜雪，然地气温暖，无损于田苗。谚云：清明霜，谷雨雪。言不足为害也。总之，南北地气不同，节候各异，寒暑之迟早，全视太阳之远近。所以，赤道度数最宜详审，欲定南北之向，惟以太阳正午所到之处为准，即指南针亦不能无偏，设有铁器在旁，则针为所引，亦复不准，此是一定之理。今将一片石，以绳悬之，使之旋转，俟其既定，刻记所向南北；复动如前，其所向南北仍复不变，即此可思其理。所以，凡物皆有自然一定之理。库勒纳奏曰：闻黑龙江日长夜短，虽晚日落，不至甚暗，不知何故？上曰：黑龙江极东北之地，日出日入皆近东北方，所以黑龙江夜短，日落亦不甚暗。又命看澄怀堂后院所栽修竹，前院盆内所栽人参，及各种花卉。上指示曰：北方地寒风高，无如此大竹，此系朕亲视栽植，每年培养得法，所以如许长大，由此观之，天下无不可养成之物也。　　《圣祖实录》卷一五五

五月庚戌朔，谕户部尚书马齐、侍郎凯音布，闻山西平阳府等处雨泽沾足，牟麦丰收，其值必贱，可遣贤能官员往彼购买，预为积贮，不惟有益于民，异日倘有需用时，所得资矣。

《圣祖实录》卷一五五

十月【略】己卯，【略】谕户部，陕西西安等处连岁凶荒，继以疾疫，因而闾阎失业，荐致流移。朕

轸恤民艰，焦劳宵旰，自去岁冬月以来，颁发帑金，蠲免正赋。【略】目今秦省虽薄有秋成，但民间匮乏已极，倘非格外加恩，无以使积困尽苏，转徙尽复。陕西巡抚所属府州县卫所康熙三十二年地丁银米著通行免征，从前所有积欠，亦著通行豁免。

《圣祖实录》卷一五七

十二月【略】甲申，免江南盐城、兴化二县本年分旱灾额赋有差。【略】丙申，【略】免江南六合等十州县本年分旱灾额赋有差。【略】辛丑，谕大学士等，闻西安米价仍贵，流民还原籍者稀少。

《圣祖实录》卷一五七

## 1693年 癸酉 清圣祖康熙三十二年

正月【略】丙午，【略】谕大学士等，闻厄鲁特噶尔丹无所得食，困迫已极，仰食于其所属番人，而有来哈密之信。哈密与我边塞相去最近，可发宁夏驻防满兵，令往甘肃提督孙思克处，为之预备。【略】甲子，差阅河工大学士张玉书、刑部尚书图纳还，以河图进呈。上问曰：高家堰水势如何？另筑小堤果有益否？张玉书等奏曰：去岁黄河水大，淮水被逼，故洪泽湖水较高于往年。今欲筑小堤之处，距高家堰甚近，若遇洪泽湖水涨，高家堰大堤冲决，小堤断难保护。前谕旨所云小堤无益，极是。

《圣祖实录》卷一五八

二月【略】丙子，上命内大臣公坡尔盆等诣归化城等三处督耕。谕之曰：种地惟勤为善，北地风寒，宜高其田垅，寻常之谷断不能收，必艺早熟之麦与油麦、大麦、糜黍，方为有益。去岁往彼垦种之人，朕曾以此命之，因违朕旨，多种荞麦，以致田禾失收，尔等须问土人，宜种何谷易得收获。朕曾问老农，皆云：将雪拌种，可以耐旱。尔等试为之。朕前带南方稻谷、菱角种于京师，虽以水泉灌溉，因无南方池塘蓄养之水，且又霜早，难于成熟。以此观之，若将此地谷种带往北地，亦难收成，惟将麦与大麦、油麦、糜黍及早播种，庶可收获。尔等谨识朕言，克勤无怠。【略】己丑，谕大学士等，往年山东旱，曾遣尚书苏赫祷于泰山，今岁陕西郡县雨泽虽布，而往者数罹旱灾矣。夫华山，关中名山也，宜遣大臣祀之。尔等会同礼部议以闻。【略】庚寅，【略】免江南沭阳县康熙三十一年水灾额赋。

《圣祖实录》卷一五八

三月【略】丙午，【略】以秦省旱荒，遣皇子允禔祭华山。御制祭文曰：【略】比年以来，秦省左右亢旱频仍，百姓艰食，流离转徙，未有宁居，田畴荒芜，不能垦辟，朕悯念焦劳。

《圣祖实录》卷一五八

四月【略】丁亥，谕大学士等，昨日皇子允禔奏，往祭华山，每日行一百七八十里；逼近潼关，连雨三日，泥泞难行，一日止行百里。至陕西，见麦田甚好，问总督佛伦，云雨水甚调，麦田颇好，故流民回籍者甚多。将播种银两发与州县百姓，时内有两县百姓云，田已种完，不用库帑，将银缴回。有自甘肃及秦岭来者，问之，皆云雨水均调，麦田甚好。向日西安、凤翔饥民逃窜者众，今虽各回籍，必秋禾有收，方得安业，若秋禾不登，将如之何？朕实忧之。见今畿甸稍旱，著礼部虔诚祈雨。

《圣祖实录》卷一五九

六月【略】乙未，免山西临晋县本年分雹灾额赋有差。【略】庚子，上谕大学士等，曰：朕每见各省往来及请安之人，必问地方情形，雨水沾足与否。前问自浙江来者，俱言今岁甚旱，五月二十日尚未得雨。朕幸江南，深知彼处民生，家无二日之储，所食之粟每日籴买。若五月以后仍不得雨，则米价腾贵，贫民必至困苦，此不可不预筹者。著遣户部才能司官二员，一往江南，一往浙江，详问督抚，观看雨水形势来奏。江浙地方雨水虽大，若不没禾穗，则水消后，禾即复旧。故涝不足虑，旱则所蓄之水尽涸，直无计可施。朕又曾见舟中装满猪毛、鸡毛，问其故，则曰：福建稻田以山泉灌之，泉水寒凉，用此则禾苗茂盛，亦得早熟。朕记此言，将玉泉山泉水所灌稻田，亦照此法，果早熟

丰收。江浙稻田俱池中蓄水灌之，池水不寒，所以不用此也。《圣祖实录》卷一五九

七月【略】癸丑，【略】四川陕西总督佛伦等疏报：秦省西、凤二属雨雪沾足，麦豆丰收，秋禾茂盛，流民回籍者已二十余万。【略】癸亥，【略】免山西荥河县本年分雹灾额赋有差。

《圣祖实录》卷一五九

八月【略】甲戌，【略】兵部议覆，广西提督李林盛疏言，思恩府及所属之西隆州、西林县、镇安府、泗城、土府五城，瘴毒较南、太、庆三府为尤甚，营员不服水土者多，嗣后思恩等五处守备缺出，会同总督将广西省年满候推守备之千总，拣选保题，应如所请。从之。【略】辛卯，【略】免山西清源县本年分水灾额赋有差。【略】甲午，【略】免山西徐沟县本年分水灾额赋有差。【略】丁酉，【略】免山西榆次等三县本年分水灾额赋有差。【略】庚子，【略】免山西忻州、介休等八州县本年分水灾额赋有差。《圣祖实录》卷一六〇

九月【略】甲辰，【略】免山西太原、文水二县本年分水灾额赋有差。【略】丁未，【略】免偏沅湘阴、平江二县本年分旱灾额赋有差。【略】己酉，【略】免山西定襄、崞县本年分水灾额赋有差。【略】壬子，【略】免江西宁州上饶县本年分旱灾额赋有差。【略】丙辰，【略】户部议覆，浙江巡抚张鹏翮疏言浙省今岁旱，后得雨，田虽补种，节气已过，所收之米不堪办供，请将康熙三十三年之蠲免，移免三十二年之额征，应如所请。从之。免湖广蕲州、黄冈等五州县，黄、蕲二卫本年分旱灾额赋有差。【略】丁巳，谕大学士等，江浙二省今年夏旱虽不成灾，秋收谅必有限，【略】除浙江漕粮已经改于今年蠲免外，其江南漕粮今年或三分免一，或免一半。《圣祖实录》卷一六〇

十月【略】己卯，【略】谕大学士等，闻山东今年田收之后，九月中蝗蝻丛生，必已遗种于田矣，而今岁雨水连绵，来春少旱，蝗则复生，未可知也，先事预图，可不为之计欤，乘时竭力，尽耕其田，庶几蝗种瘗于土而糜烂，不复更生矣，若遗种即有未尽，来岁复萌，地方官即各于疆理，区画逐捕，不使滋蔓，其亦大有益也。命户部速檄直隶、山东、河南、山西、陕西巡抚等，示所领郡县，咸令悉知，必于今岁来春皆勉力耕耨田亩，蝗蝻之灾务令消灭。若郡县有不能尽耕其田者，蝗或更生，则必力为捕灭，毋使蝗灾为我民患。【略】庚辰，【略】免江南六合县本年分水灾额赋有差。辛巳，【略】免山西沁州、定襄、武乡三州县本年分雹灾额赋有差。【略】己丑，【略】免直隶顺天、保定、河间、真定四府属三十八州县本年分水灾额赋有差。庚寅，【略】免江南海州等八州县卫本年分水灾额赋有差。【略】乙未，【略】免江南全椒县本年分水灾额赋有差。户部议覆，四川陕西总督佛伦疏言，秦省米值近日递减，请停招商贩粜，应行文直省督抚，停其贩卖米石，将原发库银照数收取。从之。【略】戊戌，【略】免山西蒲州本年分水灾额赋。《圣祖实录》卷一六〇

十一月【略】辛亥，免江南高邮等四州县本年分水灾额赋有差。【略】庚申，【略】谕大学士等，今岁畿辅地方歉收，米价腾贵，通仓每月发米万石，比时价减少粜卖，其粜卖时，止许贫民零籴数斗，富贾不得多籴转贩。【略】甲子，【略】谕户部，【略】顷者展谒山陵，沿途察访民隐，今岁雨水过溢，田禾歉收，米价翔贵，又闻顺天、河间、保定、永平四府所属皆然。【略】戊辰，【略】谕大学士等，西安地方今年大丰，西安分戍兰州兵宜撤回西安。《圣祖实录》卷一六一

十二月庚午朔，【略】免江南清河县本年分水灾额赋有差。【略】丁丑，免湖广兴国、江夏等四州县本年分旱灾额赋有差。【略】乙酉，免江南兴化县本年分水灾额赋。【略】丁亥，【略】免山西河津、荣河二县本年分水灾额赋。【略】庚寅，【略】免浙江余姚等三县本年分水灾额赋有差。免江南泰州本年分水灾额赋。《圣祖实录》卷一六一

## 1694年 甲戌 清圣祖康熙三十三年

正月【略】乙卯，【略】上以盛京年岁歉收，命户部尚书马齐驰驿前往，以仓谷支给兵丁。

《圣祖实录》卷一六二

二月【略】癸酉，【略】直隶郭世隆等疏言：【略】查霸州、文安等州县及天津卫现在贮仓米谷共十万余石，将此米赈济霸州等州县饥民，需用三万石，所余米谷应减价粜卖，其景州等州县将山东漕米截留平粜。得旨：霸州等被水灾地方所有积谷，除散赈外，余著减价发粜；其沿河一带景州等各州县卫所，著将山东漕米每岁截留二千石，亦发粜以平米价。《圣祖实录》卷一六二

三月【略】辛酉，【略】谕户部，山西平阳府泽州、沁州所属地方前因蝗旱灾伤，民生困苦，已经蠲免额赋，并加赈济，而被荒失业之众，犹未尽睹乾宁，其康熙三十年、三十一年未完地丁钱粮及借赈银米，若仍令带征，克期完纳，诚恐闾阎力绌，益致艰难，著将所欠钱粮五十八万一千六百余两、米豆二万八千五百八十余石，通行蠲豁，用纾民力。尔部行文该抚，严饬该府州县官，悉心奉行，务俾人沾实惠。倘有已完在官，捏称民欠，及已奉蠲免仍复重征，官吏作奸，侵渔中饱，一有发觉，定以军法从事，遇赦不宥。《圣祖实录》卷一六二

四月【略】己卯，【略】工部议覆，直隶巡抚郭世隆疏言，霸州等处田被水淹，皆由子牙等河堤岸冲决未修之故，查大城县赵扶村之南堤及龙王庙堤、青县杨村堤起，至东子牙村堤止，雄县蒲淀、五官淀之东堤，俱单薄不堪，应行修筑。黑龙港河及大城县王家口淤塞，俱应开浚，均应如所请。从之。庚辰，【略】谕大学士等，【略】昨岁因雨水过溢，即虑入春微旱，蝗虫遗种必致为害，随命传谕直隶、山东、河南等处地方官，令晓示百姓，即将田亩亟行耕耨，使覆土尽压蝗种，以除后患。今时已入夏，恐蝗有遗种在地，日渐蕃生，已播之谷难免损蚀。或有草野愚民，往往以蝗不可捕，宜听其自去者，此等无知之言尤宜禁止。捕蝗弭灾全在人事，应差户部司官一员，宣谕直隶、山东巡抚，令申饬各州县官员亲履陇亩，如某处有蝗，即率民掩捕，无使为灾。其河南、山西、陕西等处，亦行文该抚，一体晓谕。《圣祖实录》卷一六三

七月【略】壬午，【略】谕户部，盛京等处去岁禾稼不登，粒食艰窘，闻今年收获亦未丰稔，米谷仍贵。【略】辛卯，谕大学士等，密云县田禾失收，今年雨水甚大，著速行文仓场侍郎，将通州仓所贮粟米，以一万石运至密云县，五千石运至顺义县，乘水方盛，速行运到，令其收贮。

《圣祖实录》卷一六四

八月【略】甲辰，【略】免广东南海、三水、高要三县本年分水灾额赋有差。

《圣祖实录》卷一六四

九月【略】戊寅，【略】免山东邱县本年分水灾额赋。《圣祖实录》卷一六五

十一月【略】癸酉，吏部右侍郎安布禄、工部右侍郎常绶等奏：臣等遵旨查直隶安州等十一州县，贫民十万余口，应赈米四万余石。上谕大学士等曰：朕思直隶米价腾贵，小民艰苦，若仅照数给米，仍恐无益，著将此米一半散给百姓，一半照目前米价折银给与贫民。【略】又谕，曰：密云、顺义附近地方，今年米谷未收，除常平仓米谷平价照常粜卖外，并将前转运积贮之米每月发千石，平价粜之。【略】免江南邳州康熙二十四年至二十七年洼地民欠额赋。《圣祖实录》卷一六五

## 1695年 乙亥 清圣祖康熙三十四年

正月【略】乙酉，【略】谕大学士等，去岁于直隶、山东、河南、山西、陕西、江南诸省下诏捕蝗，诸

郡尽皆捕灭，蝗不为灾，农田大获，惟凤阳一郡未能尽捕。去岁雨水连绵，今岁春时若或稍旱，蝗所遗种至复发生，遂成灾沴，以困吾民，未可知也。凡事必预防而备之，斯克有济。其下户部，速行文直隶、山东、河南、山西、陕西、江南诸巡抚，亟宜耕耨田亩，令土瘗蝗种，毋致成患，若或田亩有不能尽耕者，蝗始发生，即力为扑灭，毋使滋蔓为灾。　　《圣祖实录》卷一六六

三月【略】庚午，免山西河津、荣河二县本年分水冲田亩额赋。【略】丙戌，【略】免福建闽清等三县康熙三十三年分水灾额赋有差。　　《圣祖实录》卷一六六

六月【略】庚子，谕大学士伊桑阿、阿兰泰，数日间雨水过多，若连绵不止，民田恐致被损。【略】癸卯，谕大学士等，时值久雨连绵，乍止复雨，将不利于田稼，朕甚悯焉，亟宜祈晴，其传礼部速议以闻。　　《圣祖实录》卷一六七

七月【略】庚午，【略】兵部侍郎朱都纳、内阁学士嵩祝往盛京赈济，回奏。上问曰：盛京田禾及环近各城田苗何如？嵩祝奏曰：上下不等，盛京地方比年失收，今岁虽有收，难支来岁。上曰：盛京所贮之米，尚有几何？若将赈给，可支几月？嵩祝奏曰：臣等差往赈济，计五十日，所用不至二万石，今自天津海口所运，及锦州积贮之米，共十二万石有余，若将赈济，可支六七月。

《圣祖实录》卷一六七

八月【略】癸巳，上驻跸密云县。谕大学士等，去岁朕见此处高粱结实者少，秕者多，米价腾贵，高粱一斗几三百钱。故将通仓米令运一万石至此处，五千石至顺义县，减时价发粜，米价稍平，一斗百钱，民以不困。北地寒冷，米谷多至失收，今河水方盛，著将通仓米运至密云、顺义各一万石，令贮仓备用。【略】戊戌，【略】谕大学士等，巴林、翁牛特地方米谷不登，著学士喇锡往察今年收成几分，米谷足供几月者若干口，全无米谷者若干口。分别详奏。　　《圣祖实录》卷一六八

九月【略】癸未，【略】谕户部，直隶顺天、保定、河间、永平四府所属地方，今岁水涝伤稼，三农歉收，朕巡幸所至，遍加咨访，闻高阜之产尚有秋成，而卑下之田被潦者多，计所收获不能相敌，虽经勘灾颁赈，不致仳离失所，而额办钱粮若仍行征取，则民力匮乏，难以输将，朕心深切不忍，著将四府康熙三十五年地丁银米全与蠲免。【略】乙酉，【略】云南巡抚石文晟疏言：滇省地方明初多系屯田，每亩征粮七斗二升不等，吴三桂在滇，将此屯租即为额赋，以致历年拖欠，追比难完。查通省民田赋额，惟河阳县最重，每亩征粮八升一合八勺三抄，伏恳将屯粮悉照河阳县则起科。

《圣祖实录》卷一六八

十月【略】壬子，谕侍读学士伊道尔，传谕车臣汗等，勿以厄鲁特为惧，京师大兵及各路兵马整备已就，若噶尔丹今冬蠢动，定当剿灭无遗。【略】惟以哨探信息奏闻为要，闻雪甚大，雪之所届远近，及某地可行，某地不可行，蒙古必知，可问之。　　《圣祖实录》卷一六八

十一月【略】庚申，【略】直隶巡抚沈朝聘疏言：宣化府龙门等县霜灾地方，康熙三十四年额赋请分年带征。得旨：宣化府钱粮皆免征，并三十五年额赋亦令蠲免。　　《圣祖实录》卷一六九

十二月【略】庚子，【略】免江西新淦、建昌、南康三县本年分旱灾额赋有差。辛丑，谕大学士、九卿等，【略】比年直隶各省时遇旱潦，又平阳府有地震之灾，朕屡发帑金、仓粟赈济。【略】己酉，【略】免广东保昌、始兴、曲江三县，南雄一所，本年分旱灾额赋有差。　　《圣祖实录》卷一六九

## 1696年 丙子 清圣祖康熙三十五年

三月丁巳朔，上驻跸南口。先是，上遣副都统阿迪等往汛界[1]视水草，回奏冰雪凝冻，未能掘

① 汛界，指边境巡逻之地。

井。上以用兵之道，以速为贵，大兵行期断不可缓，且出师时已当春季，地脉将融，虽冰冻可以疏凿。随遣副都统阿毓玺等往汛界外掘井，至是，大将军伯费扬古奏，阿毓玺等于二月二十四日至巴尔几乌阑河朔哨口掘井数处，去冰尺许，清泉涌出，疏凿甚易，一如圣算。【略】戊辰，上驻跸诺海和朔，【略】薄暮，又传谕曰：天气阴晦，恐即有雨。各将马匹加意盖护，著通行晓谕。

《圣祖实录》卷一七一

四月丙戌朔，【略】谕内大臣等，曰：前因有雪，故御营马匹传令使随水草放牧，今既无雪，马匹俱著放于左翼，如有违令放于右翼者，拿获必加重处。《圣祖实录》卷一七二

五月【略】戊辰，【略】上班师，驻跸克勒河朔地方。是日清晨，五色云见。

《圣祖实录》卷一七三

六月乙酉朔，【略】谕户部、工部，天气炎热，官兵进口时，沿途应备冰水、梅汤、香薷汤，以供众人之饮，尔二部派官员速行料理。【略】己丑，上驻跸独石口。奏皇太后书，曰：【略】初五日进边口，于沿途见蒙古生计，阿霸垓、苏尼特等旗骆驼皆健，马匹较少，牛羊饶裕；察哈尔八旗御牧地方，较前颇觉殷富；我上都马群，因途次经过，臣咸视之，甚觉充盛孳息。今年塞草蕃庑，牲畜肥硕，湩酒乳酪，家家充牣，途中所进献驼马牛羊，不可胜用。从军之马皆壮，故大半遗留于口外马群。每日来迎于道旁者，男妇幼稚约略一二千人。臣旋镳甚速，其追随不及者，且将随至京师，途间趋迎拜舞者无算。口内禾苗畅茂。为此谨具奏闻。谕大学士伊桑阿，朕进独石口，见今年麦禾俱盛，恐大兵陆续归时，或致践踏，或偷盗喂马，【略】如有纵佝，必以军法从事。【略】乙未，【略】谕大学士等，此番出征地方形势，守亦可，战亦可，但得天时甚难，兵早出，则天寒，无草乏水，兵不能行；迟出，则天暑雨水多，倘连日淫雨，则樵采不敷，必致窘乏。此番兵出，遇无水之地而得水，无草之地而草生，寒暑俱调，此特上天眷佑，故灭寇而成大功，并非人力之所能也，其以是传谕九卿。

《圣祖实录》卷一七四

七月【略】癸未，谕议政大臣等，副都统祖良璧报称，臣等运米赴纳喇特地方，不料六月十八夜遭大风雨，牲畜冻毙千余头，于巴罕厄里根地方以候官兵。《圣祖实录》卷一七四

八月【略】庚子，免福建闽县等五县本年分旱灾额赋有差。《圣祖实录》卷一七五

九月甲寅朔，【略】户部议覆，江南江西总督范承勋疏言，淮黄秋涨，邳州等州县卫军民田地淹没，灾民望食，除将见存谷石赈济外，乞将见贮省城米十万石按灾轻重赈给，应如所请。得旨：依议速行。【略】辛酉，【略】先是，以淮黄交涨，遣户部员外郎绰奇阅黄河水势，至是回奏。中河北岸之堤未遭水患，其水已减六尺。【略】庚午，【略】上谕大学士等，曰：格垒沽英乃噶尔丹信任大臣，遣使请降，言噶尔丹穷困已极，糗粮庐帐俱无，四向已无去路，目下掘草根为食，八月初四日大雪深数尺，昔谕蒙古之地不论经由何方，皆可以行，难以寻觅。由今观之，皆有一定行路，一定住处，欲觅噶尔丹亦无所难，草木非人所食，惟厄鲁特乃能延至此时，然亦安能久也。【略】戊寅，【略】免江南山阳县、大河卫本年分水灾额赋十之三。《圣祖实录》卷一七六

十月【略】甲午，上驻喀喇河朔地方。谕大学士阿兰泰、尚书马齐，今岁归化城一带田谷既收，价亦甚贱，俟到归化城，扈从人员应支十日口粮，可折价给发，令彼自买。【略】辛亥，【略】免直隶获鹿等二十七州县本年分水灾额赋有差。以西路出征兵丁苦劳，倒毙马一千二百三十四匹，免其赔偿。《圣祖实录》卷一七七

十一月甲寅朔，免江南泗州等八州县卫本年分水灾额赋有差。【略】己未，上自喀林拖会渡黄河，驻跸东斯垓地方，时天气温暖，自喀林拖会东西数里外河水疾流，独我军济渡之处冰坚盈尺。上命军士等分三路垫土，辎重渡河如履平地。众蒙古等咸惊讶云：从来黄河自北方寒处冻起，如此温暖，河皆不冻，独在中间结成厚冰，不但未见，亦所未闻也。【略】免湖广潜江等九州县卫本年分

水灾额赋有差，并发谷赈济饥民。【略】辛酉，免直隶鸡泽县本年分水灾额赋有差。免江南海州等二十州县卫本年分水灾额赋有差。【略】甲戌，免江南沭阳、邳县、徐州卫本年分水灾额赋有差。【略】丙子，【略】免直隶沧州、清苑等四州县本年分水灾额赋有差。　　《圣祖实录》卷一七八

十二月【略】癸巳，【略】免江南上元等三县本年分水灾额赋有差，并发仓谷赈济。【略】辛丑，上驻跸昌平州城内。谕巡城御史等，隆冬煮粥赈贫，定例自十月朔起，至岁终止。今岁歉收，饥民觅食犹艰，著展限两月。【略】辛亥，【略】谕大学士等，黑龙江、吉林乌喇地方频岁不登，可移交盛京将军，令整缮船只，将盛京仓储米谷以彼地人力，运五千石至莫尔浑阿墩之地积贮之。【略】又谕：去岁霸州等处州县曾运通州之米，与被灾百姓减价平粜，闾阎甚为得济，今年水灾更甚，应如去岁运米于各州县平粜。

《圣祖实录》卷一七八

## 1697年 丁丑 清圣祖康熙三十六年

四月【略】甲子，（康熙率军征剿噶尔丹）御舟泊布古图地方。【略】是日，甘霖大沛。【略】甲戌，【略】谕大学士伊桑阿，前山西巡抚倭伦以去岁山西数州县歉收，今米价甚贵，奏闻。

《圣祖实录》卷一八三

六月【略】庚戌，【略】上谕曰：朕御极四十年，虽自始至终孜孜不倦，而吏治尚未澄清，民生尚未丰裕，士卒尚未休息，风俗尚未淳朴，且旱潦灾异亦复相仍，方今外寇既靖，正宜休息生养。

《圣祖实录》卷一八四

九月【略】乙巳，黑龙江将军萨布素疏言：沿河被水之十八庄，请计其人数，将旧贮米粮散给。

《圣祖实录》卷一八五

十月【略】癸亥，【略】免江南海州等一十八州县、三卫本年分水灾额赋。

《圣祖实录》卷一八五

十一月【略】辛卯，【略】免江南泗州等四州县本年分水灾额赋有差。【略】戊戌，礼部议覆，朝鲜国王李焞疏言，请于中江地方贸易米粮，应不准行。得旨：【略】朕抚驭天下，内外视同一体，并无区别，【略】今闻连岁荒歉，百姓艰食，朕心深为悯恻，彼既请粜，以救凶荒，见今盛京积贮甚多，著照该国王所请，于中江地方令其贸易。　　《圣祖实录》卷一八六

十二月【略】辛亥，免江南山阳、高邮二州县本年分水灾额赋。【略】癸丑，免江西星子等九县本年分水灾额赋有差。【略】癸亥，免直隶霸州等十七州县本年分旱灾额赋。【略】丁卯，免江南盐城等六州县本年分水灾额赋。　　《圣祖实录》卷一八六

## 1698年 戊寅 清圣祖康熙三十七年

二月【略】戊申，【略】免浙江宣平县康熙三十六年分雹灾额赋有差。【略】辛亥，【略】谕户部，据山西巡抚倭伦奏，平定州等十一州县连年歉收，米价腾贵，民间乏食，朕心深为轸念，此十一州县所欠康熙三十六年钱粮，行令该抚查明，到日蠲免，并将各仓所贮米谷即行赈济，毋致流离失所，有妨耕种。【略】庚申，【略】免江南泗州康熙三十六年分水灾额赋。【略】乙丑，【略】户部议覆，广西道御史张泰交疏言，山东济南、兖州、青州三府属，泰安等州县连岁灾荒，巡抚李炜并未奏闻，请敕该抚速行赈恤，应如所请。得旨：此事情，尔部保举贤能司官二员，前往会同该抚赈济。【略】庚午，【略】谕大学士等，山东巡抚李炜居官不善，地方饥馑，百姓乏食，竟不奏闻，及至言官参奏，始行具疏，【略】著革职。又谕大学士等，遣户部曾经保举司官二员，于被水灾沿河之保定、霸州、固安、文安、

大城、永清、开州、新安等州县，截留山东、河南漕粮，每处运致一万石积贮。俟米价腾贵时平价粜卖。又谕大学士等，霸州、新安等处此数年来，水发时，浑河之水与保定府南之河水常有泛涨，旗下及民人庄田皆被淹没，详询其故，盖因保定府南之河水与浑河之水汇流一处，势不能容，以致泛滥。【略】辛未，【略】河南巡抚李国亮疏言：荥泽县城北临黄河，丹、沁二水汇归黄流，逼城甚险，旧荥阳郡基址高阜，请将县城移建此地，以免冲决。从之。

《圣祖实录》卷一八七

三月【略】戊子，谕大学士等，闻湖广、江西、江南、浙江、广东、广西、福建、陕西、山西米价腾贵，是必糜费于无益之事。湖广、江西地方粮米素丰，江南、浙江咸赖此二省之米，今此二省米价腾贵，诚为可虞。酒乃无益之物，耗米甚多，朕巡幸直隶等处，见虽有禁造烧酒之名，地方官不甚加意，未曾少止，著令严禁，以裨民食。【略】辛卯，直隶巡抚于成龙以浑河图形呈览。【略】上曰：朕经行水灾地方，见百姓以水藻为食，朕曾尝之，百姓艰苦，朕时在念，是以命尔于雨水之前，速行浚河筑堤。

《圣祖实录》卷一八七

五月【略】癸未，【略】又谕大学士等，朕巡阅天津沿河堤岸，见山东饥民流移至直隶者尚多，小民遭此荒歉，若仍于秋间征其逋欠，百姓岂能上纳，泰安州等二十七州县本年钱粮著于来秋征收。甲申，户部议覆，仓场总督德珠等疏言，直隶、朝鲜等处米贵，将各省漕粮截留一十五万石赈济。

《圣祖实录》卷一八八

六月【略】乙卯，【略】免江南高邮等六州县康熙三十六年分水灾应征丁银四万五千有奇。

《圣祖实录》卷一八八

七月【略】壬午，【略】吏部右侍郎陶岱等疏言：臣等遵旨赈济朝鲜，于四月十九日进中江，臣等随将赐米一万石，率各司官监视，给该国王分赈。其商人贸易米二万石，交与户部侍郎贝和诺监视贸易。据朝鲜国王李焞奏，皇上创开海道，运米赈救东国，以苏海澨之民，饥者以饱，流者以还，目前二麦熟稔，可以接济八路生灵，全活无算。下所司知之。【略】丙申，【略】免江南盐城县、海州、大河卫本年分水灾额赋有差。

《圣祖实录》卷一八九

八月【略】戊午，【略】免福建同安县本年分水灾额赋有差。【略】戊辰，【略】免江南寿州、凤阳等十二州县本年分水灾额赋有差。

《圣祖实录》卷一八九

九月【略】己卯，上驻跸乌楚滚地方。谕大学士等，曰：时届深秋，雨泽沾足，有益农事，朕甚欣悦。【略】庚寅，【略】工部议覆，浙江巡抚张敏疏言，本年七月十三、十四两日，飓风大作，海潮越堤而入，冲决海宁县塘一千六百余丈、海盐县塘三百余丈，应行该抚作速修筑。从之。

《圣祖实录》卷一九〇

十月【略】辛亥，【略】免直隶丰润县本年分旱灾额赋十之三。【略】戊午，【略】命发常平仓谷赈济海州、盐城等九州县被水灾饥民。【略】丁卯，【略】谕户部，【略】承德等州县今岁田禾未获全登，宜加恩恤，应征米豆概行蠲免。

《圣祖实录》卷一九〇

十一月【略】戊寅，【略】免江南高邮等五州县本年分水灾额赋有差。【略】乙未，【略】谕户部，淮安、扬州、凤阳等处比年水患频仍，浸漫堤岸，田多淹没，耕获无从，百姓艰于粒食，朕特加轸恤，屡赈屡蠲，被灾地方赖以安堵。但久歉之余，恐致资生匮乏，【略】著将海州、山阳、安东、盐城、高邮、泰州、江都、兴化、宝应、寿州、泗州、亳州、凤阳、临淮、怀远、五河、虹县、蒙城、盱眙、灵璧等州县并被灾各卫所，康熙三十八年一切地丁银米等项及漕粮尽行蠲免。【略】丁酉，谕大学士等，今时际隆冬，正当水涸，而董安国乃奏水涨。朕观其所奏诸事，皆于河道水性罔协其宜，殊不称职，著革任。

《圣祖实录》卷一九一

十二月辛丑朔，河道总督于成龙陛辞。上谕之曰：闻淮扬河水泛涨，清江浦百姓所居之地皆已被水。夫洪泽湖实黄河之障，洪水强盛，力可敌黄，则黄水不得灌入运河。今淮水势弱，不能制黄，全注运河，黄水又复灌入，且两河相距甚近，清江浦地处其中，其一带地方受泛溢之水，势所必然。惟淮水三分入运，七分归黄，运道始安。【略】丁未，【略】免浙江归安等四县本年分旱灾额赋有差。【略】癸丑，【略】免湖广钟祥等七州县本年分旱灾额赋有差。　　《圣祖实录》卷一九一

## 1699年 己卯 清圣祖康熙三十八年

正月【略】辛卯，谕吏部、兵部、工部，【略】今边烽永靖，四方无事，独是黄淮为患，冲决时闻，下河地方田庐漂没，朕轸念民艰，曩曾屡遣大臣督修，不惜数百万帑金，务期早绥黎庶，乃历年已久，迄无成功。今水势仍复横溢，浸漫城闾，沉没陇亩，以致民多失业。董其役者未有上策，何以宜民时、廑朕怀。　　《圣祖实录》卷一九二

二月【略】甲寅，【略】免福建台湾、凤山、诸罗三县康熙三十七年分水灾额赋有差。【略】戊午，【略】免陕西南郑等十二州县康熙三十七年分水灾额赋有差。　　《圣祖实录》卷一九二

三月庚午朔，【略】上阅视高家堰、归仁堤等工，谕大学士等，朕留心河务，体访已久。此来沿途坐于船外，审视黄河之水，见河身渐高，登堤用水平测量，见河较高于田，行视清口、高家堰，则洪泽湖水低，黄河水高，以致河水逆流入湖，湖水无从出，泛溢于兴化、盐城等七州县，此灾所由生也。治河上策，惟以深浚河身为要，诸臣并无言及此者。诚能深浚河底，则洪泽湖水直达黄河，七州县无泛滥之患，民间田产自然涸出，不治其源，徒治下流，终无益也。【略】乙亥，【略】谕河道总督于成龙，朕昨驻跸界首，用水平测量河水，比湖水高四尺八寸。【略】丙子，【略】谕河道总督于成龙，朕在清水潭九里地方，用水平测量河水，高湖水二尺三寸九分。【略】庚辰，【略】谕河道总督于成龙，朕自淮南一路详阅河道，测算高邮以上，河水比湖水高四尺八寸，自高邮至邵伯，河水湖水始见平等。【略】辛卯，【略】上驻跸杭州府。谕户部，朕因淮扬地方数被水患，躬临巡省，目击田庐淹没之苦，深加轸恤。【略】其昨岁淮扬两属被灾钱粮，曾经该督抚具题，部议照例减免三分，今念百姓糊口维艰，安能办赋，应破常格，用沛特恩。淮安府属海州、山阳、安东、盐城，扬州府属高邮、泰州、江都、兴化、宝应九州县，并淮安、大河二卫康熙三十七年未完地丁漕项等银一十九万两有奇，米麦十一万石有奇，著全蠲免。　　《圣祖实录》卷一九二

四月【略】辛丑，谕户部、礼部，【略】巡历江浙，咨访民间情形，见淮扬一路既困潦灾，而他所过州县，察其耕获之盈虚，市厘之赢绌，视十年以前，实为不及，此皆由地方有司奉行不善，不能使实惠及民。【略】乙卯，谕户部，朕巡幸江南，遍察地方疾苦，深知民间生计艰难，将通省积欠钱粮尽行蠲免。所过州县有被灾甚重者，俱经赈济，务俾得所。兹闻凤阳府属去岁潦灾甚重，是用破格加恩，以示优恤。康熙三十七年该府属寿州、泗州、亳州、凤阳、临淮、怀远、五河、虹县、蒙城、盱眙、灵璧十一州县，并泗州一卫，未完地丁漕项等银米著一概免征。　　《圣祖实录》卷一九三

五月【略】甲戌，御舟泊李海务。谕户部，朕巡省民生风俗，南至江浙，兹以返跸，行经山东，沿途延见父老，咨询农事，幸今岁雨旸时若，二麦继登，小民可以无忧粒食。但前年被灾泰安等二十七州县，生计尚未丰盈，宜更恩休养。【略】丙戌，谕大学士、九卿、詹事、科道等，朕南巡至浙江，见百姓生计大不如前，年来已将旧欠钱粮尽行豁免，其被灾地方概行赈济，恩泽屡加。在百姓应比往年丰足，今反不及从前者，皆因府州县官私派侵取，馈送上司，或有沽名不受，而因事借端索取更甚者，至微小易结案件，牵连多人，迟延索诈者甚多。【略】甲午，【略】户部议覆，陕西巡抚贝和诺疏言，南郑县龙湾田地八顷三十七亩有奇，因江水泛涨，尽冲成河，无从办课，请将钱粮永远豁除，应如所请。从之。　　《圣祖实录》卷一九三

六月戊戌朔，谕大学士等，当今凡事俱可缓图，惟吏治民生最难刻缓。谚云：湖广熟，天下足。

江浙百姓全赖湖广米粟。朕南巡江浙，询问地方米贵之由，百姓皆谕数年来湖广米不至，以致价值腾贵。然楚省官吏并未奏报水旱，又闻湖南百姓甚苦，皆由兴永朝、王樑、杨凤起三人相继扰害所致。【略】郭琇著补任湖广总督。

《圣祖实录》卷一九三

七月【略】甲申，河道总督于成龙疏报：邵伯更楼、高邮九里等处被水冲决。上谕大学士等，曰：【略】著速行文巡抚宋荦，令亲赴扬州、淮安，收养被水百姓。江西巡抚马如龙前奏江西地方连年大熟，今岁亦有秋，著行文马如龙，令速运米十万石至扬州、淮安，交与宋荦，或煮粥或赈济，相机行事。【略】乙酉，【略】以两淮白驹等十四场灶户[1]屡被水灾，免康熙三十七、三十八两年应征银三万三千六百两有奇。

《圣祖实录》卷一九四

闰七月【略】乙卯，上驻跸遥亭。谕大学士等，朕巡幸至此，见田禾甚好，可谓丰年，但各处皆有蝗蝻，恐地方官民、旗下庄屯因田禾已收，遂至怠忽，今年若不将蝻子捕绝，贻害来年，悔之无及。须于未能翼飞之时，预先灭净。即传谕之。

《圣祖实录》卷一九四

八月【略】戊辰，【略】免江南天长、桃源二县本年分水灾额赋有差。己巳，谕大学士等，朕前轸念蒙古生计，【略】近闻巴林人等饥荒离散，朕甚悯之。【略】甲戌，【略】免浙江龙游、兰溪二县本年分水灾额赋有差。【略】癸未，【略】免江南清河县本年分水灾额赋有差。【略】丁亥，【略】谕吏部，淮安、扬州所属被灾地方甚为紧要，府州县员缺俱著奏闻，选择补授。【略】免江西建昌县本年分水灾额赋十之三。【略】庚寅，【略】免浙江西安等三县本年分水灾额赋有差。辛卯，【略】免湖广华容县本年分水灾额赋有差。

《圣祖实录》卷一九四

九月丙申朔，【略】免湖广安乡县本年分水灾额赋有差。【略】戊午，【略】免直隶安州新安等三州县本年分水灾额赋有差。【略】甲子，免直隶永清县本年分水灾额赋十之三。

《圣祖实录》卷一九五

十月【略】丙寅，【略】免直隶宣化县本年分雹灾额赋有差。【略】庚午，【略】免直隶武清县本年分水灾额赋有差。【略】癸酉，【略】上谕大学士等，曰：江苏巡抚宋荦疏请蠲免高邮等被水州县杂项钱粮，此必前次蠲免时，遗漏未题，著依该抚所请，全行蠲免。朕见他处被灾尚好，惟下河附近之地连年水潦，俱由清口之清水不得出，黄河之浊水逆流入洪泽湖之故。朕悯念民田，昼夜勤思，必使清口之水得出，黄河从别道流去，则民生始获利益也。又谕大学士等，黑龙江地方连岁歉收，著将乌喇收贮米粮，运至墨尔根、齐齐哈尔地方预备，若彼处有引水种田之处，著能耕种之人前去教导，交该部议行。【略】丙子，【略】上至（永定河）郭家务村南大堤，以豹尾枪立表于冰上，亲用仪器测验。谕王新命等曰：测验此处河内淤垫较堤外略高，是以冰冻直至堤边，以此观之，下流出口之处其淤高必甚于此。【略】上驻跸冰窖地方。【略】庚辰，【略】免直隶宝坻县本年分水灾额赋有差。【略】乙酉，免直隶霸州、保定等六州县本年分水灾额赋有差。【略】戊子，【略】免直隶静海县本年分水灾额赋十之三。己丑，【略】免湖广沔阳州本年分水灾额赋有差。辛卯，【略】免江南沭阳县本年分水灾额赋十之三。

《圣祖实录》卷一九五

十一月【略】丁酉，【略】免江南邳州、清河等十州县本年分水灾额赋有差。己亥，【略】谕户部，【略】淮安、扬州所属州县卫历年以来河流浸漫田庐，编氓艰于粒食，【略】乃修防未竣，夏秋又致冲决，田庐尽没水中，特命该抚往驻被灾地方，动支积贮米谷，并将漕粮截留，亲行赈给。今念清口河流未通，民田仍遭淹没，耕获无从，百姓饘粥尚且艰难，今年租赋安能输办。著将被灾海州、山阳、安东、盐城、大河卫、高邮、泰州、江都、兴化、宝应等州县卫康熙三十九年地丁银米等项及漕粮漕项

---

[1] 灶户，即盐户，过去制盐须用柴灶煎熬卤水而成，故有关盐业称谓皆有“灶”字，如盐业税称灶课、盐民称灶丁、盐场称场灶等。

银两尽行蠲免。【略】壬寅,【略】谕户部,【略】湖南地方素称鱼米之乡,比年虽年谷顺成,而民间犹未尽充裕,是用格外加恩,以绥黎庶,所有康熙三十九年湖南所属地丁杂税等项钱粮著一概蠲免。【略】乙巳,谕大学士等,于成龙奏称清江浦西界黄水高于淮水一尺,淮水高于运河之水七尺,运河之水高于平地七尺。合而观之,淮水高于运河西堤外平地共一丈四尺。【略】丙午,【略】免直隶蓟州、玉田等七州县本年分水灾额赋有差。【略】壬子,【略】免江南颍上县本年分水灾额赋有差。

《圣祖实录》卷一九六

十二月【略】甲戌,免浙江鄞县、诸暨、青田三县本年分水灾额赋有差。【略】庚辰,【略】免浙江余姚县本年分水灾额赋有差。

《圣祖实录》卷一九六

## 1700 年 庚辰 清圣祖康熙三十九年

三月【略】庚子,【略】免江南淮安、扬州、凤阳三府被水灾地方康熙三十八年分额赋并漕项钱粮。

《圣祖实录》卷一九八

六月【略】丙寅,户科掌印给事中张睿题:查今岁因邵伯决口,水势汹涌,漕船不能飞挽,今已过五月,未过淮漕船尚有三千八百三十三只,恐抵通既迟,回空必致守冻。《圣祖实录》卷一九九

七月【略】丙申,【略】免江南泗州盱眙县本年分水灾额赋。【略】癸丑,【略】命发运江苏等处仓谷于淮扬二府所属被水灾海州、山阳等十五州县赈济三月。【略】丙辰,【略】谕户部,国家要务,莫如贵粟重农。【略】今闻直隶各省,雨泽以时,秋成大熟,当此丰收之时,正当以饥馑为念,诚恐岁稔谷贱,小民罔知爱惜,粒米狼戾,以致家无储蓄,一遇岁歉,遂致仳离。著该督抚严饬地方有司,劝谕民间,撙节烦费,加意积贮,务使盖藏有余,闾阎充裕。【略】丁巳,上巡幸塞外。【略】是日启行,驻跸三家店。谕领侍卫内大臣等,附近三家店道旁沟壑之水,毋得取饮,误饮即成霍乱,著遍谕文武官员及军人等知之。【略】庚申,【略】直隶巡抚李光地疏报:直隶今岁大有年,并进清苑县、安州等处所产两穗、三穗、五穗嘉禾四十一本。下所司知之。

《圣祖实录》卷二〇〇

九月【略】癸巳,【略】免直隶永清等五县本年分水灾额赋有差。【略】戊申,【略】免江南高邮、泰州、兴化三州县本年分水灾额赋十之三。免浙江西安等四县、衢州所本年分旱灾额赋有差。【略】庚戌,【略】上谕大学士等,曰:【略】盛京有一种蚂札[①],名曰沔虫,更甚于此处蝗虫。此处蝗虫,食苗后尚飞去,盛京田内一有沔虫,必将田禾之穗连根及叶罄食无遗方止,此皆朕所亲见,非得之传闻也。【略】免江南颍州、霍邱等五州县本年分水灾额赋有差。

《圣祖实录》卷二〇一

十月【略】辛酉,【略】免浙江江山县本年分旱灾额赋有差。【略】甲子,【略】免江南清河等八县本年分旱灾额赋有差。

《圣祖实录》卷二〇一

十一月【略】壬戌,【略】免浙江金华等五县本年分水灾额赋有差。免直隶高阳等三县本年分水灾额赋有差。

《圣祖实录》卷二〇二

十二月【略】丁卯,【略】免江南邳州、睢宁等七州县,徐州一卫本年分水灾额赋有差。【略】丁丑,【略】免陕西南郑等五县本年分旱灾额赋有差。戊寅,免江南徐州、桃源等八州县本年分水灾额赋有差。

《圣祖实录》卷二〇二

① 蚂札,即蚂蚱。

## 1701年 辛巳 清圣祖康熙四十年

正月【略】壬子，【略】免江南宿州卫康熙三十九年分水灾额赋有差。《圣祖实录》卷二〇三

二月【略】辛酉，上阅视永定河至清凉寺决口，谕直隶巡抚李光地，曰：此河今岁务必完工，尔等可勉力为之。【略】癸酉，【略】谕直隶巡抚李光地，【略】近见霸州、大城、文安地居洼下，被水最甚，虽遇丰年，民犹艰食，其三州县累年积逋及本年应征地丁正项内应蠲米谷钱粮，尔即察明蠲免。

《圣祖实录》卷二〇三

七月【略】己丑，谕大学士等，【略】巡抚高承爵题报泗州、盱眙水灾，朕敕张鹏翮会同江南总督阿山踏勘情形，将泗州、盱眙泛滥之水设法修治，作何赈济蠲济，令其奏闻。【略】有居住贺兰山后公云木春来朝见，朕问河西雨泽，黄河水势。云木春奏：今岁自正月至六月，滴雨未降，黄河水消二丈有余。【略】辛丑，【略】谕大学士等，顷贺兰山后公云木春奏，西北亢旱，寸草不生，此被灾兰州等处，著总督席尔达亲往，会同巡抚，将被灾百姓钱粮停征，其作何赈救之法，确议具奏。

《圣祖实录》卷二〇五

八月【略】戊寅，【略】谕大学士等，张鹏翮奏称陶庄开浚引河，黄河水向北岸，则距清口甚远，乘此时自挑水坝起，加长增宽，修筑堤岸，令过清口，使黄河清口之水尽向下流，再汇合为一处，则黄河之水可永无倒灌之患。《圣祖实录》卷二〇五

九月【略】癸巳，【略】免陕西陇西等十二州县，临洮等七卫所本年分水灾额赋有差。【略】丙午，【略】免江南桃源县本年分水灾额赋有差。【略】癸丑，【略】免广东南海等七县卫本年分水灾额赋有差。《圣祖实录》卷二〇五

十月【略】丁巳，免江南泗、盱眙、五河三州县，泗州卫本年分水灾额赋及久淹田地历年地丁钱粮。戊午，【略】免河南永城县本年分旱灾额赋。【略】己未，【略】谕户部，【略】甘肃等处地方切近边陲，土田瘠薄，今年雨泽愆期，田禾多有未获，闾阎饥困。朕心深用悯恻，已特敕该督抚等官，将被灾之处亲行蠲赈，令其得所。更念来岁青黄不接，西土小民输纳维艰，著将甘肃巡抚所属州县卫所康熙四十一年分地丁钱粮通行豁免。【略】免广东东安县本年分水灾额赋。【略】辛酉，【略】上谕大学士等，曰：河流难以预料，今岁黄水甚小，所以清水流出甚易，明年黄水仍保其如此乎？大约河工已渐次告成，但须过明年夏秋二汛，便可无虞矣。又谕曰：江南今岁丰收，河南、山西、山东初虽稍旱，其后仍大收获。其各省朕虽不时蠲免钱粮，屡加恩恤，而小民生计终属艰难，今见直隶旗民杂处，先虽稍有荒灾，而百姓尚不至甚困，其北四府毫不私派，今年直隶又十分收成，民间生计甚是丰足。总之，地方大吏居官若好，雨水又得调匀，田禾自必丰收也。【略】戊辰，署四川陕西总督事吏部尚书席尔达疏言：甘肃巡抚喀拜报被灾地方，自西和至陇西等州县，臣等已遵旨赈济，请缓征明年额赋。上谕大学士等，曰：地方被灾，应即题报，预筹救赈之策，甘肃被灾，百姓流散，喀拜竟不题报。朕巡幸边外，贺兰山后公云木春来朝，逐一详询，云木春陈奏，朕方得悉。倘朕不询云木春，即遣人采访，彼亦隐匿不奏矣。喀拜著交九卿严察议处具奏。甘肃所属康熙四十一年地丁钱粮尽行豁免，已有旨了。寻，九卿议覆，喀拜应降三级调用。得旨：喀拜著革职。【略】辛未，【略】免陕西伏羌县本年分旱灾额赋有差。【略】壬午，【略】免陕西陇西县本年分雹灾额赋有差。

《圣祖实录》卷二〇六

十一月【略】庚寅，免陕西兰州、狄道县、临洮卫本年分旱灾额赋十之三。辛卯，免直隶广平县本年分水灾额赋有差。【略】丙申，免陕西灵州、宁夏二所本年分旱灾额赋有差。

《圣祖实录》卷二〇六

## 1702年 壬午 清圣祖康熙四十一年

二月【略】庚申，【略】是日，山西百姓伏行宫前，奏曰：晋省饥馑，蒙恩蠲免钱粮，又动支仓粟，普行赈济，愚民无以报答高厚，愿于菩萨顶建万寿亭一座。【略】乙丑，【略】免陕西安定、会宁二县康熙四十年分旱灾额赋有差。《圣祖实录》卷二〇七

三月【略】丁亥，【略】上谕大学士等，曰：今岁似有旱意，去冬无雪，春雨未降，各省仓廪所贮米粟虽报全足，未知虚实。令行文山东、河南、陕西、山西、江北诸督抚，查今年得雨与未得雨处所，并察核其廪粟，必积贮充盈，庶可无患。去岁盛京乌喇稔收，谷一升仅值制钱数文，闻彼地人民又以谷贱为嫌。直隶亦有秋，而米价未减。况今雨泽稍愆，不可不预为之备。【略】辛卯，谕户部，朕躬理机务年久，深知稼穑之事，念阜民之道期于有备。去冬北地少雪，今春雨泽微降，尚未沾足，诚恐蝗蝻易生，有伤农事，所在官吏亟宜先时预防。【略】庚戌，【略】上谕大学士等，曰：连年稔收，今春无雨，虽知百姓未至艰食，然朕心甚属未安。今雨泽既降，朕心始能释然。

《圣祖实录》卷二〇七

五月【略】壬辰，户部题：江南赈济盱眙等三县水灾饥民米数。上曰：前议加筑高家堰，堵塞唐埂六坝时，朕曾言如此修筑虽有济于下流，其上流州邑必致冲决，今信如朕言。观此散粮之事，盱眙等三县大被灾害。《圣祖实录》卷二〇八

七月【略】庚申，工部议覆，河道总督张鹏翮疏言伏秋水涨，自徐州、邳州、桃源、宿迁、清河、山阳、安东一带至海口，抢修各工多有冲陷危险之势。臣率领河员昼夜修防，未获平稳。惟山安汛臧家沟水口漫溢，东省戴村坝土堤被冲，高家堰及六坝水势积长，石工间被冲卸，桃源烟墩张家庄埽工因黄水积长，一月不消。又值暴风大作，张家庄下颜家庄堤工漫开，见在相机堵筑。查徐州等处河工平稳，均无庸议。其漫开被冲堤工，应令该督速饬河员加谨抢护，堵筑完固，并将疏防各官查明题参。从之。《圣祖实录》卷二〇九

八月【略】戊戌，【略】工部议覆，河道总督张鹏翮疏言，本年伏汛黄水异涨，桃源县颜家庄堤漫开七十余丈，请亟加堵塞，应如所请。其从前承修之官并敕该督查参议处。从之。

《圣祖实录》卷二〇九

九月【略】己巳，【略】免江南沛县本年分水灾额赋十之三。《圣祖实录》卷二〇九

十月【略】庚寅，【略】谕理藩院，今岁京师痘症甚多，蒙古王台吉中有未出痧痘者，元旦著免来朝贺。《圣祖实录》卷二一〇

十一月【略】丙辰，谕户部，今岁山东、河南地方俱报丰稔，惟被灾州县民多匮乏。顷朕巡幸至德州，见有一二灾民流移载涂者，询问疾苦，深为轸念。虽据山东巡抚称，被灾州县已行令地方官发粟散赈，但自冬徂夏青黄不接之际，颁赈不继，无以资生。应行文山东、河南两省巡抚，凡属被灾地方，令有司加意赈济，至明岁麦收时方止。【略】山东莱芜、新泰、东平、沂州、蒙阴、沂水，河南永城、虞城、夏邑被灾州县康熙四十二年地丁钱粮除漕项外，著察明通行蠲免。【略】己巳，免湖广沔阳州卫本年分水灾额赋十之三。《圣祖实录》卷二一〇

十二月丁丑朔，免河南永城、虞城二县本年分水灾额赋有差。免浙江缙云县本年分旱灾额赋有差。【略】庚辰，工部议覆，河道总督张鹏翮疏言，本年伏秋黄水大涨，水落之后，河势变迁，直趋南岸车路口等处险工，请建矶嘴坝工以资捍御，应如所请。从之。【略】甲申，【略】免江南亳州等四州县卫本年分水灾额赋有差。【略】壬辰，【略】户部题，盛京户部所报牛庄等处被灾官田，议驳回，察明具奏。上曰：该部以盛京先报雨水调和，今复奏被灾，因议驳回。岂知晴雨本无一定，初时雨

水调和，其后雨水不调，以致被灾，亦常事耳，可准其奏。《圣祖实录》卷二一〇

## 1703年 癸未 清圣祖康熙四十二年

正月【略】辛未，上驻跸长清县界首铺。壬申，谕大学士马齐，昨夜大风，南村失火，朕遣大臣、侍卫扑灭之。【略】上登泰山，还，驻跸泰安州。谕户部，【略】济南府属之海丰、利津、沾化，兖州府属之宁阳、滋阳、泗水、金乡、单县、曹县、郓城、曲阜、费县十二县去岁农收歉薄，康熙四十一年未完钱粮亦通行免征；其去岁曾被水灾之东平、新泰、蒙阴、沂州、沂水、莱芜六州县，康熙四十一年未完钱粮亦著全免；其泰安、郯城、鱼台、汶上、嘉祥、巨野、济宁七州县虽未成灾，康熙四十一年未完钱粮俱著蠲免。

《圣祖实录》卷二一一

二月丙子朔，【略】谕山东巡抚王国昌，朕自泰安州见新泰、蒙阴、沂州、郯城等处，城郭乡村黎民被灾甚苦，虽将正赋蠲免，而见在乏食，尚属无益，徒有赈济之名，而仓粟谅已尽竭，又观黎民颜面衣服，朕心不胜悯恻。【略】丁酉，召大学士等，谕曰：观近日南方风景，民间生殖较之康熙三十八年南巡时似觉丰裕，大约任地方督抚者安静而不生事，即于民生有益。《圣祖实录》卷二一一

四月【略】戊戌，【略】又谕曰：【略】李光地自任直隶巡抚以来，每年雨水调顺，五谷丰登，官吏兵民无不心服。【略】上命李光地为吏部尚书，仍管理直隶巡抚事。《圣祖实录》卷二一二

六月【略】戊寅，上驻跸(口外)两间房。谕领侍卫内大臣和硕、额驸、尚之隆等，时值雨水连绵，扈从人等俱令于高阜安扎。《圣祖实录》卷二一二

七月【略】戊申，【略】传谕曰：今岁山东雨水连绵，黎民被灾，若不预为赈济，一经逃散，难复安集。【略】丁巳，户部议覆，漕运总督桑额疏言，运船在洪泽湖遭风，漂没漕粮，请免赔补，应不准行。得旨：洪泽湖水势汹涌，较之大江、黄河更甚，此失风漂没漕粮，从宽豁免。【略】己未，【略】免山西蒲州本年分雹灾额赋有差。【略】己巳，上手书谕旨，【略】近有苏州织造李煦人来，询知郯城至泰安田谷稍有可望，由泰安至德州被灾甚重。今岁口外田谷大收，口内各处田禾俱属平常，合共计算，所粜之谷必不能多，今应将漕粮多行截留，于山东沿河州县村镇俱各存贮，以备赈济平粜之用。

《圣祖实录》卷二一二

八月【略】甲申，【略】河南巡抚徐潮疏言：豫省办买漕米，原定每石六钱五分，今岁值荒歉，米价腾贵，购买不敷，且小民正藉米糊口，请将康熙四十二年购买漕米，暂征折价起解。下部议行。【略】丁亥，【略】免河南商丘等五县本年分水灾额赋有差。【略】辛卯，【略】免山东济宁、鱼台等九州县，济宁、临清二卫本年分水灾额赋有差。【略】乙未，【略】免江南邳州沛县本年分水灾额赋有差。【略】壬寅，免湖广沔阳州潜江县及沔阳卫本年分水灾额赋有差。《圣祖实录》卷二一三

九月【略】丁巳，【略】谕大学士、九卿等，【略】山左岁歉，非止今岁为然，地方官历年隐匿不报。今春朕因阅视河工，亲见灾黎情形，始行筹画赈济。今岁田禾虽云失望，尚有薄收之处，巡抚、布政使为伊等素有欠缺，欲巧图完补，故甚其词以奏报。又夤缘科道纷纷急奏，言盗贼蜂起，人民相食，私冀或开事例，或拨银两，因于其中侵蚀，托言赈济而实欲完补亏空，以施鬼蜮之谋也。今京师遣往三路赈济人员，俱掣签派拨州县，并不分成灾与否，一概散赈。【略】至于御史李发甲条奏盗贼蜂起、人民相食，亦当明白询问，【略】如有不实，即为巡抚、布政使急请设法银两而言也。【略】己未，【略】免浙江遂安县本年分水灾额赋十之三。山东巡抚王国昌因御史顾素参其匿灾不报，又复同布政使刘暟欲开事例，补其亏空，具疏请赐罢斥。【略】免湖南攸县等五县本年分旱灾额赋有差。免浙江龙游等八县本年分旱灾额赋有差。【略】丙寅，免直隶永清、宝坻二县本年分水灾额赋有差。免湖广江陵县本年分水灾额赋有差。《圣祖实录》卷二一三

十月【略】丁丑,【略】免湖广耒阳、嘉禾二县本年分旱灾额赋有差。【略】己卯,【略】免直隶武清、蓟州等五州县本年分水灾额赋有差。【略】壬午,谕户部,山东省去岁农收各州县丰歉不一,今春朕南巡过山东时,已分别被灾轻重,蠲免钱粮,并遣效力人员星驰赈济。比值回銮,东省又告潦灾,【略】遣八旗人员分道散赈,仍于三路各遣大臣经理,所在饥民庶得资以全活,不致仳离失所。【略】戊子,【略】免直隶故城等五县本年分水灾额赋有差。【略】戊戌,谕山西巡抚噶礼,【略】今岁山西收成颇佳,尔等仰体朕爱民如子之至意,晓谕民间,若岁用奢,则荒年必致匮乏。【略】今岁东省灾甚,已蠲四十三年地丁钱粮,又免云、贵、广西、四川地丁钱粮。　　《圣祖实录》卷二一三

十一月【略】辛亥,【略】大学士马齐等奏:臣等以赈济山东饥民原旨,并张鹏翮所奏折子启奏,奉旨著臣等问张鹏翮,彼云,皇上曾面问彼,彼已辞穷矣。上曰:朕于众人之前问张鹏翮,尔尝以经义奏对。经义以本心为要,尔河工人员动用常平仓谷赈济,掠取名誉,今令抵偿,则云应令山东官员抵偿。揆之本心,其能忍乎。尔居官清廉,河工效力,告有成绩,是皆尔之善处,朕甚嘉之。至尔之所保举者,十之七八皆徇情面,如索额图家人,尔曾保举,可云无此事乎?时张鹏翮不能对,惟垂涕而已。此动用仓谷,著张鹏翮、王国昌等均摊赔偿。今岁山东无收,令于康熙四十三年、四十四年内赔完。【略】壬子,【略】上至河岸,天气晴朗,风波不兴,【略】不终朝而渡毕,众皆神异之。上至潼关。【略】丁巳,【略】免直隶静海县本年分水灾额赋有差。戊午,谕四川陕西总督觉罗华显,【略】秦省为天下要地,时廑朕怀,曩者连岁荒旱,所司未经奏报,朕访问得实,即多方筹画,运米拯救。【略】自康熙三十二年遣皇长子允禔致祭华山以来,雨旸时若,年谷丰登,闾阎稍有起色。且知今岁有秋地方,文武官吏更能恪勤奉职。【略】免河南杞县、睢州等十四州县本年分水灾额赋有差。【略】戊辰,【略】免直隶南皮、任丘县本年分水灾额赋有差。免山东武定、福山等五州县本年分水灾额赋有差。

《圣祖实录》卷二一四

十二月【略】丁丑,上驻跸卫辉府城内。谕河南巡抚徐潮,朕念西土兵民生计,乘冬令农隙之时,特事西巡。返辔京师,道由豫省。自入潼关,见阌乡以及河南府民生甚艰,而怀庆少裕,至卫辉府则又艰苦,赖薄有秋成,尚能糊口,倘遇歉岁,必致流亡。此皆大小官吏互相容隐,虽有衰老病废、懒惰退诿之员,仍使在任,以致贻误地方。河南百姓质朴愚鲁,输赋从未稽迟,而今岁所欠乃至四十万两,显系州县官闻朕蠲除秦晋积欠钱粮,布冀恩免,于中渔利,见今民欠俱免催征。著将河南通省俸工银两,补足所欠之数,如有不完,停其升转。俟完日开复。特谕。【略】戊寅,【略】免湖广监利县本年分水灾额赋十之三。【略】壬午,【略】免直隶景州、新安等十州县本年分水灾额赋有差。【略】乙酉,【略】免浙江诸暨等五县本年分旱灾额赋有差。山东巡抚王国昌疏言:东省蒙皇上截漕发帑,差官赈济,万姓欢呼,吁请代题谢恩。上曰:【略】闻今山东、直隶、河南谷价腾贵,朕愈加轸念,此所奏已知之。【略】庚寅,【略】上谕大学士等,曰:【略】朕巡幸七省,畿辅、秦、晋民俗丰裕,江浙则较三十八年时更胜;山东近因水旱,大异畴昔,河南百姓生计甚艰,此二省之民深廑朕怀。【略】免江南徐州卫本年分水灾额赋有差。【略】壬辰,【略】免直隶滑县本年分水灾额赋有差。

《圣祖实录》卷二一四

## 1704年 甲申 清圣祖康熙四十三年

正月【略】辛酉,谕大学士等,朕数巡幸,咨访民生利弊,知之甚详。小民力作艰难,每岁耕三十亩者,西成时,除完租外,约余二十石,其终岁衣食丁徭所恃惟此。为民牧者,若能爱养而少取之,则民亦渐臻丰裕,今乃苛索无艺,将终年之力作而竭取之,彼小民何以为生耶?如朕前遣侍卫至铁索桥挂匾,还京回奏,彼处督抚馈六千余两,夫一侍卫而费至此,则凡部院司官笔帖式等差遣往来

者，又不知烦费几何。【略】目今巡抚皆有廉声，而司道以下何尝不受州县馈遗。总之，此时清官或分内不取，而巧取别项，或本地不取而取偿他省。更有督抚所欲扶持之人，每岁暗中助银，教彼掠取清名，不踰二三年随行荐举，似此互相粉饰，钓誉沽名，尤属不肖之极。至于蠲免钱粮，原为加恩小民，然田亩多归缙绅豪富之家，小民所有几何？从前屡颁蠲诏，无田穷民未必均沾惠泽。约计小民有恒业者十之三四耳，余皆赁地出租，所余之粮仅能度日，加之贪吏苛索，盖藏何自而积耶！朕比年巡行七省，惟秦晋两地民稍充裕，畿南四府及河南一路，殊觉生计艰难。山左初次巡幸，民甚饶裕，继而少减，今则大异往昔矣。皆由在外大小官员不能实心体恤民隐，为民除弊，而复设立名色，多方征取，以此民力不支，日就贫困。科道官职司风纪，当一切不避，见之敷陈，今惟挟仇报复者挂之弹章，否则断断不言。或专倚一人，藉声势而听其指使，然后敢言。甚有大言不惭，妄自矜夸者，考其行事与言回别。子曰：先行其言而后从之。夫已之言，已且不能行，徒见之敷陈，何益之有。壬戌，【略】免直隶开州武清县康熙四十二年分水灾额赋有差。　　　《圣祖实录》卷二一五

三月【略】庚戌，谕八旗都统，闻京城附近有山东之民、河间之民，已于五城给食，而施与未均，竟不遍及，著八旗各于本旗城外分三处煮粥饲之。【略】辛酉，【略】谕大学士等，朕因山东及直隶河间府等处饥民流至京城者甚多，特命【略】于数十处立粥厂，日煮粥赈济，务使流移之人得所，酌量赈给数月，但此等饥民弃其家业，聚集京城以糊其口，实非长策。【略】寻，大学士、九卿等议奏：山东饥民在京师者，应选各部贤能司官分送回籍，其直隶、河间等处饥民应令巡抚李光地设法领回。从之。　　　《圣祖实录》卷二一五

四月【略】戊寅，【略】直隶巡抚李光地因河间水灾，饥民流入京师，自陈不职，请解任。

《圣祖实录》卷二一六

五月【略】乙巳，【略】免山东济南等府属九十四州县卫所康熙四十二年水灾额赋，并缓征本年丁粮米麦漕粮。【略】甲寅，奉差山东赈济工部侍郎穆和伦奏：饥民已赈，麦秋成熟，请撤回赈济官员。上谕大学士等，曰：观穆和伦所奏，山东麦秋大稔，秋田播种，往赈官员【略】仍著暂留彼处，此际尚当酌量资补，俟至七月，奏报秋收情形后，再令回京。　　　《圣祖实录》卷二一六

六月【略】戊子，【略】谕大学士等，观山东巡抚所奏，今岁春麦大获，又问自山东省来人，咸云民生大有起色，不似从前被灾景象，此甚非易致也。山东百姓今始获苏，明岁钱粮不可急征，若秋田有收，再当商酌。尔等识之，俟十月、十一月间启奏。　　　《圣祖实录》卷二一六

七月【略】庚子，传谕在京大学士等，近观塞外雨水调和，百谷畅茂。尔等可简善驰贤能中书，分遣直隶、河南、山东各一员，问明雨水多寡，禾苗情形来奏。【略】丙辰，上驻跸热河上营。【略】乙丑，传谕在京大学士等，此时塞外小河水涨如许，不知子牙、永定等河水势若何？【略】塞外田禾甚好，今新谷已可采食，有二三穗者，仍如往年，亦著传谕知之。　　　《圣祖实录》卷二一六

九月【略】甲寅，免江西清江等六县本年分水灾额赋有差。【略】丁卯，先是，上遣侍卫拉锡等探视河源①。谕之曰：黄河之源，虽名古尔班索罗谟，其实发源之处从来无人到过，尔等务须直穷其源，明白察视，其河流至何处入雪山边内？凡经流等处，宜详阅之。至是，拉锡等回奏：臣等遵旨，于四月初四日自京启程，五月十三日至青海，十日至呼呼布拉克，贝勒色卜腾札尔同臣等起程前行。六月初七日至星宿海之东，有泽名鄂陵，周围三百余里。鄂陵之西，札陵之东，相隔三十里。初九日，至星宿海，蒙古名鄂敦塔拉。登山之至高者视之，星宿海之源，小泉万亿，不可胜数。周围群山，蒙古名为库尔滚，即昆仑也。南有山，名古尔班吐尔哈。西南有山，名布胡珠尔黑。西有山，名巴尔布哈。北有山，名阿克塔因七奇。东北有山，名乌兰杜石。古尔班吐尔哈山下诸泉，西藩国

① “遣侍卫拉锡等探视河源”。此为中国18世纪初的黄河源头考察。

名为噶尔马塘。巴尔布哈山下诸泉，名为噶尔马春穆朗。阿克塔因七奇山下诸泉，名为噶尔马沁尼。三山之泉，流出三支河，即古尔班索罗谟也。三河东流，入札陵泽。自札陵泽一支，流入鄂陵泽，自鄂陵流出，乃黄河也。除此，他山之泉与平地之泉，流为小河者，不可胜数，尽归黄河东下。臣等自星宿海，自六月十一日回程，向东南行二日，登哈尔吉山，见黄河东流，至呼呼托罗海山，又南流，绕撒除克山之南，又北流，至巴尔托罗海山之南。次日，至冰山之西，其山最高，云雾蔽之。蒙古言，此山长三百余里，有九高峰，自古至今未见冰消，终日云雾蔽之，常雨雪，一月中三四日晴而已。自此回行，十六日至席拉库特尔之地。又向南行，过僧库里高岭。行百余里，至黄河岸，见黄河自巴尔托罗海山向东北流，于归德堡之北、达喀山之南，从两山峡中流入兰州。自京至星宿海，共七千六百余里。宁夏之西有松山，至星宿海，天气渐低，地势渐高，人气闭塞，故多喘息。谨绘图呈览。报闻。

《圣祖实录》卷二一七

十月【略】甲戌，谕户部，今岁直隶地方雨旸应候，禾稼有秋，各郡民生皆获安恒业。惟是去岁山东被灾之民，自冬月以迄春夏，流离转徙，入顺天、河间境内者甚多，于时设厂煮糜，所在赈救，因而米价至今未减。诚恐近畿一路闾井小民拙于生计，是宜加恩宽恤，用弘休养，顺天、河间二府属康熙四十四年应征地丁银米著通行蠲免。【略】又谕户部，山东比年歉收，民生饥馑，朕焦劳宵旰，【略】今岁幸风雨和调，二麦毕登，秋禾稔获，流移者悉返闾里，复业者咸安耕凿。【略】但念被灾之余，甫离重困，若非大敷恩泽，终不能遽底盈宁，著将康熙四十四年山东省应征地丁银米等项，除漕粮外通行蠲免。【略】又谕户部，朕昨岁南巡至浙江，见其农桑遍野，户口蕃殖，闾阎气象较胜于康熙三十八年巡幸之时，朕心甚慰。【略】拟免康熙四十三年额赋，因山东急赈灾荒，遂尔少缓，兹直隶各省皆获有秋，特申前命，康熙四十四年浙江通省应征地丁银米等项，除漕粮外著俱行蠲免。

《圣祖实录》卷二一七

十一月【略】戊戌，谕大学士等，明岁春间正青黄不接之时，当自正月为始，于京师及通州地方发仓米，照今年例平粜，尔等会同户部议奏。【略】癸卯，【略】免湖南武陵、桃源二县本年分旱灾额赋有差。【略】丙午，免广东南海等六县、肇庆一卫本年分水灾额赋有差。

《圣祖实录》卷二一八

## 1705年 乙酉 清圣祖康熙四十四年

正月【略】癸亥，【略】免湖广京山县康熙四十三年分水灾额赋十之三。

《圣祖实录》卷二一九

四月【略】庚午，上移驻西湖行宫。谕福建浙江总督金世荣、浙江巡抚张泰交、福建巡抚李斯义，曰：朕因亲阅河工，济江而南，至于浙省，见民间生聚殷繁，菜畦麦陇远近弥望，农事可冀丰穰，朕心用以稍慰。

《圣祖实录》卷二二〇

五月【略】丙戌，【略】户部议覆，江苏巡抚宋荦等疏言吴县逼临太湖，波涛冲击，坍没田地一千七十亩有奇，自康熙四十年起应征银米麦豆题请蠲免，应如所请。从之。

《圣祖实录》卷二二一

七月【略】壬申，河道总督张鹏翮疏报：今夏黄淮并涨，水势汹涌，以致古沟、唐埂、清水沟、韩家庄四处堤岸漫缺。

《圣祖实录》卷二二一

九月【略】乙亥，【略】户部议覆，江南江西总督阿山疏言，淮扬地方今天雨连绵，黄淮并涨，因古沟等处冲决，田禾淹没，房屋倾倒等语。应行文该督抚转饬地方官，将被灾人民加意抚绥，无致失所。【略】庚辰，【略】免湖广沔阳、江夏等九州县，武昌等五卫，本年分水灾额赋有差。【略】丙戌，

【略】户部议覆，江苏巡抚宋荦等疏言江宁、淮安、扬州三府属之泰州、六合等十州县，及江都县之邵伯一带，淮安、大河、扬州三卫，今秋被水田地请照例按分数蠲免，应如所请。从之。

《圣祖实录》卷二二二

十月【略】壬辰，免直隶保安州怀来县本年分水灾额赋有差。【略】乙未，【略】免江南寿州、临淮等十州县，凤阳等三卫，本年分水灾额赋有差。免偏沅岳州卫本年分水灾额赋十之三。

《圣祖实录》卷二二二

十一月【略】戊寅，【略】河道总督张鹏翮疏报：臣遵旨阅看堤岸，冲决民舍，田地淹没之处，因五六月内雨水连绵，故致淹没。入七月后天晴水消，漫口堵完，高地涸出，二麦已种，房舍修理安堵。又，丁溪迤下泄水入海甚速，低田皆涸，春耕有望。下所司知之。《圣祖实录》卷二二三

## 1706 年 丙戌 清圣祖康熙四十五年

正月【略】壬午，【略】免江南上元、江浦二县康熙四十四年分水灾额赋有差。

《圣祖实录》卷二二四

二月【略】甲辰，【略】免江西新建等四县康熙四十四年分水灾额赋有差。【略】丁巳，谕大学士等，今岁山东、河南、山西等省雨水调匀，已经奏报。惟近京一带，去岁三冬少雪，今春复无雨泽，顷二十七日地又微震。一切政事，或有当更改处。《圣祖实录》卷二二四

三月己未朔，【略】福建巡抚李斯义疏报：台湾、凤山、诸罗三县旱灾。上谕大学士等，曰：台湾地方洼下，一遇亢旱即至歉收，著将台湾等三县粮米全行蠲免。朕莅政四十余年，留心诸务，无所不悉见，洼下之地旱则不收，水亦鲜获，不若蒙古田土高而且腴，雨雪常调，无荒歉之年，更兼土洁泉甘，诚佳壤也。【略】甲子，【略】奉上谕：【略】自去冬无雪，及今春深尚未得雨，地气熯燥不和，又云色多细缕状。【略】戊辰，上因无雨，斋戒三日，命礼部祷雨。【略】庚午，雨。【略】壬申，雨。【略】乙亥，谕礼部尚书席尔达等，今年因旱祈雨，虽已得雨，尚未沾足，自十八日起斋戒三日，再行祈请。【略】己卯，雨。【略】庚辰，雨。【略】辛巳，【略】免湖南华容、安乡二县康熙四十四年分水灾额赋有差。《圣祖实录》卷二二四

五月【略】戊午朔，【略】上谕大学士等，曰：【略】朕于去岁视南河时，曾于众人前言高家堰堤工不坚，尚宜增筑。张鹏翮对以河工已竣，断然无害。朕谓尔虽言工竣，朕不能信，及后堤工溃决。幸是唐埂六坝上流，若在下流，如何堵御。康熙七年、九年、二十二年，七里沟、清水潭、龙窝等处冲决之时，其水甚大，去年水不甚大，然而冲决者，皆张鹏翮时以为河工已竣，玩忽之所致也。【略】甲戌，【略】谕大学士等，【略】去年福建小有旱灾，金世荣并未举奏。【略】谕户部，【略】直隶、山东地方康熙四十二年偶遇灾沴，【略】今虽屡年收获，民气渐舒，而所有宿逋尚应输纳，朕念黎元方有起色，【略】宜更加宽恤，以弘休养。直隶自康熙四十一年至四十三年各府属未完民欠银八万二千七百两有奇、粮五千九百石有奇，山东省康熙四十二年各府属未完民欠银一百六十九万一千七百两有奇、粮五千九百石有奇，或现在征收，或分年带征，俱著通行蠲免。《圣祖实录》卷二二五

九月【略】戊寅，【略】免江西清江、新淦二县本年分水灾额赋有差。《圣祖实录》卷二二六

十月【略】己酉，【略】免江南淮安等三卫本年分水灾额赋有差。【略】癸丑，【略】免江南海州、砀山等十三州县本年分水灾额赋有差。《圣祖实录》卷二二七

十一月【略】甲子，免江南徐州本年分水灾额赋有差。【略】甲戌，【略】谕户部，今岁汉江水大，南郑等县城垣田舍被水冲没，且米价腾贵，小民艰食，所有本年应征钱粮著豁免，明年以后地丁钱粮亦暂行停征。《圣祖实录》卷二二七

十二月【略】丁亥,【略】免直隶武清县本年分水灾额赋有差。【略】辛卯,【略】免江南颍州并颍州卫本年分水灾额赋有差。【略】乙巳,【略】免直隶东安县本年分水灾额赋有差。

《圣祖实录》卷二二七

## 1707年 丁亥 清圣祖康熙四十六年

三月【略】丁巳,上登陆,驻跸句容县龙潭地方。戊午,谕江南江西总督邵穆布、江苏巡抚于准,曰:今日天雨,道路泥泞,明日朕往江宁,尔等可传谕兵民,不必迎接。《圣祖实录》卷二二九

四月【略】癸巳,谕福建浙江总督梁鼐,【略】朕勉顺群情,涉江而南,巡省风俗,所至郡县,见雨旸应时,麦苗蕃殖,比闾乐业,可冀盈宁。虽山东一路尚未悉睹,而江浙田畴郁葱在望,深惬朕怀。方今二麦垂熟,正将刈获之时,一切扈从人员皆以次舟行,不致蹂踏。《圣祖实录》卷二二九

七月【略】戊寅,【略】浙江巡抚王然疏报仁和等州县亢旱情形。上谕大学士等,曰:浙江巡抚王然报浙省旱灾,而近日江南总督邵穆布亦奏报江南全省俱旱,以此揆之,被旱之处甚广。【略】南方沟洫最多,水之出入固易,然亦只可备寻常小旱而已。若至大旱,河荡尽涸,惟近大河之处犹可薄收,若田高河远之处,水不能到,必至全荒。且小民有田者少,佃户居多,丰年则纳粮之外,与佃户量其所入分之。一遇岁歉,则佃户竟无策可施矣。南方卑湿,民间难以盖藏,故比户而居,有米者少,凡饮食诸物,每日见买。此数年幸遇丰稔,可以无虑,今遇大旱,所关匪细。【略】又谕曰:江浙被旱灾事,王然于六月二十八日具题,邵穆布于七月初十日具题。【略】又谕曰:前年山东饥馑,朕发帑金,遣旗员赈济,民乃安堵如故。今巡行边外,见各处皆有山东人,或行商,或力田,至数十万人之多,而该抚并未尝奏称彼处纳粮人少者,于此,可以知小民生息之繁矣。

《圣祖实录》卷二三〇

十月【略】辛巳,【略】九卿议覆,江苏巡抚于准疏言江宁、苏州等处旱灾米贵,请动支藩库钱粮,至湖广买米,平价粜卖,应如所请。从之。【略】癸未,免浙江钱塘等四县、湖州一所本年分旱灾额赋有差。【略】乙酉,【略】谕户部,江南地方频年雨旸时若,百谷顺成,闾井黎氓咸得遂生乐业。但民间夙鲜盖藏,御荒无术,一遇岁歉,即有匮乏之忧。朕屡次南巡,素所洞悉。今年自夏入秋雨泽愆期,该督抚先后奏至,朕念小民久未被灾,骤罹荒旱,所关甚巨,随命九卿等速同详议应行事宜,业经敕令停征,并发仓谷赈济。【略】己亥,【略】又谕曰:江浙地方今年旱荒,有被灾之处,朕心殊觉恻然,屡颁谕旨,截留漕粮以赈饥,蠲免历年拖欠以济困厄,想被灾人民已各得其所矣。【略】又谕曰:边外地广人稀,自古以来从未开垦,朕数年避暑塞外,令开垦种植,见禾苗有高七尺,穗长一尺五寸者。今年南巡,曾以此语张鹏翮,伊未敢深信。近值边外收获之时,命将刈数本驿送总漕桑额,转示张鹏翮矣。且内地之田虽在丰年,每亩所收止一二石,若边外之田所获更倍之,可见地方不同,然人力亦不可不尽也。辛丑,【略】免山东章丘等七县本年分水灾额赋有差。壬寅,浙江巡抚王然疏言:杭州、嘉兴等处今岁少雨,无收,请截留漕粮五万石,以备驻防兵粮。又奉命赈济,查常平仓积谷无多,请照山东例,于常平仓开例捐纳。上谕大学士等,曰:【略】被灾各州县截留漕粮赈济饥民,何必捐纳。尔等传谕户部。《圣祖实录》卷二三一

十一月己酉朔,谕户部,江浙地方赋役殷繁,倍于他省。【略】顷因两省偶被旱灾,随命按数减征,豁免漕欠,并分截本年漕粮,令该督抚亲往散赈。【略】康熙四十七年江南、浙江通省人丁共额征银六十九万七千七百余两,著悉与蠲免。其今年被灾安徽所属七州县三卫、江苏所属二十五州县三卫,应征康熙四十七年田亩银共二百九十七万五千二百余两、粮三十九万二千余石;浙江二十州县一所,应征康熙四十七年田亩银九十六万一千五百余两、粮九万六千余石,亦俱著免征。【略】

庚戌,【略】免江南太仓、六合等二十一州县卫本年分旱灾额赋有差。免浙江安吉、余杭等一十六州县本年分旱灾额赋有差。【略】甲寅,【略】免江南苏州卫本年分旱灾额赋有差。【略】己未,【略】谕大学士等,曰:福建内地之民住居台湾者甚多,比来荐罹灾祲,米谷不登,在土著之人犹可采捕为生,内地人民在彼者粮食缺少,既难以自存,欲归故土又远隔大洋,诚为可悯。著行文该地方官,察明情愿复归本地者,或遇兵丁换班之船,或遇公务奉差之船,令其附载带回原籍。【略】壬戌,【略】免江南句容等三县本年分旱灾额赋有差。癸亥,【略】免直隶文安等三县本年分水灾额赋有差。【略】壬申,【略】免江南扬州、仪真二卫本年分旱灾额赋有差。【略】乙亥,上御乾清宫,【略】谕曰:朕【略】巡幸各省,于风俗民情无不咨访,即物性土宜皆亲加详考。每至一方,必取一方之土以试验之。今岁南巡江浙,见天气久晴,所经河渠港荡之水比旧较浅,即虑夏间或有亢旸之患。是时,麦秋虽见丰稔,然南方二麦用以为曲蘖者多,不似北方专需面食,南方惟赖稻米,北方则兼种黍稷粱粟。有携北方黍稷及蔬菜之类至南方种植者,多不收获,此水土异宜,不可强也。且江浙地势卑下,不雨则蒸湿,人不能堪,有雨则凉快,人皆爽豁。虽地称水乡,然水溢易泄,涝岁为患尚浅,旱岁为患甚剧。若北方则经月不雨,亦无碍。南方夏秋间,经旬缺雨则田皆坼裂,禾苗渐稿矣。《喜雨亭记》云:十日不雨则无禾。盖谕此也。江浙农功全资灌溉,今见其河渠港荡比旧俱浅者,皆由素无潴蓄所致,雨泽偶愆,滨河低田犹可戽水济用,高燥之地力无所施,往往三农坐困。朕兹为民生再三筹画经久之计,无如兴水利、建闸座、蓄水灌田之为善也。江南省之苏松常镇,及浙江省之杭嘉湖诸郡所属州县,或近太湖,或通潮汐,所有河渠水口,宜酌建闸座,平时闭闸蓄水,遇旱则启闸放水。其支河港荡淤浅者并加疏浚,引水四达。仍酌量建闸,多蓄一二尺水,即可灌高一二尺之田,多蓄四五尺水,即可灌高四五尺之田。准此行之,可俾高下田亩永远无旱涝矣。

《圣祖实录》卷二三一

十二月己卯朔,免浙江新城等八县,衢州、严州二所,本年分旱灾额赋有差。壬午,【略】免江南滁州、定远等七州县,泗州等三卫,本年分旱灾额赋有差。【略】乙酉,免江南靖江等二县本年分旱灾额赋有差。【略】丁亥,【略】免江西新喻等四县本年分旱灾额赋有差。【略】癸巳,免直隶霸州、静海、东安三州县本年分水灾额赋有差。 《圣祖实录》卷二三一

## 1708年 戊子 清圣祖康熙四十七年

正月【略】乙亥,【略】大学士、九卿等遵旨会议:江南米贵,应令漕运总督将湖广、江西起运本年漕米内截留四十万石,分拨江宁、苏州、松江、常州、镇江、扬州六府,交贤能官员减价平粜。从之。

《圣祖实录》卷二三二

二月【略】乙未,免福建台湾、凤山、诸罗三县康熙四十六年分旱灾额赋有差。

《圣祖实录》卷二三二

四月【略】庚申,先是,上以畿辅少雨,命大学士等会同九卿详议政事得失。至是【略】乙丑,雨。

《圣祖实录》卷二三二

六月【略】乙丑,【略】户部议覆,江苏巡抚于准疏言,江宁等府属入夏久雨,米价腾贵,请将前截留分贮各州县米石尽行平粜发卖,至本地户口繁庶,产米不敷,所食全赖外省客米接济,今湖广、江西等省俱严禁贩米出境,以致米商裹足,米价愈增,并请特敕各督抚开禁,听商贩卖,庶江南米价可平。均应如所请。得旨:速依议行。 《圣祖实录》卷二三三

七月【略】己丑,【略】工部议覆,福建浙江总督梁鼐等疏言,臣等遵旨亲勘杭嘉湖三府水道,惟湖州府逼近太湖,有七十二港溇为入湖要道,应建闸六十四座,以为蓄泄之计,其旧有闸座,止须修

理。至嘉兴府去太湖稍远，大流即是运河，支流环绕通连，无可建闸，惟水道淤浅处急宜疏浚。杭州府去太湖益远，虽通钱塘江潮，地高不能引水深入，亦无庸建闸，所有西湖通水诸处，各有旧闸以灌溉民田，并为邻邑借润，亦宜修葺。其三府支河港荡内有淤浅者，责令有司劝谕民间及时开浚，不烦支帑。至三府内应建闸座与应疏通处，共需银四万一千八百余两，俱应如所题。得旨：去岁杭州等处地方被灾，民生疲敝，今动支公帑建闸，其支河港荡内淤浅处若劝民自行开浚，地方官员或藉此私派害民，亦未可定，亦著给发正项钱粮开浚。《圣祖实录》卷二三三

八月【略】壬戌，【略】谕户部，据宁夏民黄品奇等叩阍言，都司何卜昌在任时，开浚唐、汉两渠，连年大获，自伊罢任后，两渠淤塞，每遇旱岁米谷歉收。从前何卜昌如何疏通河渠，有益于民，今应如何措置，俾得永远裨益地方，著行该督抚详察议奏。癸亥，免浙江仁和、武康二县本年分水灾额赋有差。《圣祖实录》卷二三三

九月【略】己丑，【略】免湖北江夏等十三州县卫、湖南巴陵等三县本年分水灾额赋有差。《圣祖实录》卷二三四

十月癸卯朔，【略】户部议覆，浙江巡抚王然疏请赈济杭州、湖州两府属被水灾民，应准行。上谕大学士等，曰：去年已有旨蠲免江浙两省丁银，及被灾州县田地银米，今年江宁、安徽、浙江地方谷不甚收，或有州县又复被灾。江浙乃财赋要区，著查明江宁、安徽、浙江康熙四十八年丁银及被灾州县田地银米，亦应照去年蠲免例，一概蠲免。甲辰，【略】河道总督张鹏翮题报秋汛水势情形一疏。得旨：今年秋汛工程平稳，知道了。【略】癸丑，【略】免湖广益阳、武陵二县，长沙等四卫，本年分水灾额赋有差。【略】丙辰，【略】户部议，江南、浙江所属被灾州县，奉有截留漕粮平粜之谕，江苏应截留十万石，安徽应截留五万石，浙江杭嘉湖三府应截留八万石，俱令减价平粜，价银贮库，于来岁收获后买米还项。又，山东、河南二省奉有年岁薄收，酌量改折之谕，应将本年额征漕米每省各留八万石，余俱令照例折银解部。【略】戊午，谕户部，朕屡次南巡，见闾里殷阜之象，远不逮于旧时，虽不时蠲免额赋，停征积逋，仅可支吾卒岁，绝无余蓄。朕每念及此，未尝不为恻然。去年江南、浙江两省俱被旱荒，多方轸恤，民力稍苏，迨今岁复报潦灾，旋经照例蠲赈，并留漕资济。但岁再不登，生计益匮，欲令办赋，力必难供，康熙四十八年除漕粮外，江南通省地丁银四百七十五万四百两有奇、浙江通省地丁银二百五十七万七千两有奇，著全行蠲免。【略】庚申，免山东济宁、邹平等二十九州县本年分旱灾额赋有差。【略】庚午，以浙江杭州、湖州等处水灾，命内阁学士黄秉中前往会同督抚，动支库帑仓谷速行赈济。《圣祖实录》卷二三五

十一月【略】丁丑，【略】免山东德平等六州县本年分旱灾额赋有差。《圣祖实录》卷二三五

十二月【略】壬戌，【略】以江南苏州、松江、常州、淮安四府并徐州水灾，命动支淮、徐二属积贮谷麦七万五千余石赈济，并免苏松常三府白粮耗米九万七千余石。《圣祖实录》卷二三五

## 1709年 己丑 清圣祖康熙四十八年

正月【略】辛巳，祈谷于上帝，遣领侍卫内大臣公阿灵阿行礼。御制祭文，曰：【略】两年以来，江浙地方遭罹水旱，田禾歉收。又去冬至今，干暵无雪。臣虽抱病，心切靡宁，溯自顺治二年以迄今日，垂七十载，承平日久，生齿既繁，纵当大获之岁，犹虑民食不充，倘或遇旱潦，则臣虽竭力殚思，蠲租散赈，而穷乡僻壤岂能保无转于沟壑之人。在臣忧国忧民之念，即始终不渝，而雨泽应期，实惟上天仁爱，愚氓是赖。《圣祖实录》卷二三六

二月【略】乙卯，上以天雨雪，命直隶巡抚赵弘燮委员勘报。寻赵弘燮率勘雪同知闫毅等奏：京城、天津、景州、定州等处，皆有雪透地四五寸不等，于田禾大有裨益。上曰：朕闻各处有雪，中心甚

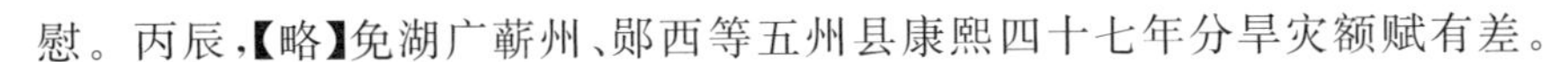

慰。丙辰,【略】免湖广蕲州、郧西等五州县康熙四十七年分旱灾额赋有差。

《圣祖实录》卷二三六

四月【略】戊午,【略】免江南和州、潜山等十七州县卫康熙四十七分水灾额赋有差。

《圣祖实录》卷二三七

五月【略】戊子,【略】江南江西总督邵穆布等疏言:江南四月内霖雨连绵,上江之泗州、临淮,下江之邳州、沭阳、泰州等处雨水停积,麦苗淹没,臣即檄司道宣泄水势,实济斯民,并查明被灾分数申报。得旨:江浙两省连年被灾,【略】著速查明另奏。【略】辛卯,谕领侍卫内大臣等,日来大雨,恐山水骤发,尔等往阅。

《圣祖实录》卷二三八

六月【略】戊辰,【略】直隶巡抚赵弘燮疏言:皇上轸念直隶百姓,每岁敕谕有司留心捕蝗。又臣面奉谕旨,凡有蝗蝻之处,著地方武弁亦率领兵丁会同扑灭。臣查捕蝗不力,文职例有处分,请嗣后武职内有捕蝗不力者,亦照文官一体议处。又,蝗蝻生长时,臣恐地方官不能尽力扑灭,每委员协捕,但恐事非切己,怠忽从事,亦未可定。请敕部,将协捕不力之员一并定例处分。得旨:该部议奏。寻议:捕蝗不力武职应照文职处分,例降三级留任,其协捕不力官弁应罚俸一年,著为令。从之。

《圣祖实录》卷二三八

七月【略】乙亥,谕大学士等,曰:偏沅巡抚赵申乔、湖北巡抚陈诜、江西巡抚郎廷极等奏,湖广、江西稻谷丰收,沿江贩米甚多,而近日江浙米价愈贵。朕为民生计,时切忧劳,展转思之。上江之米不禁,其沿江而下者特欲使江浙米价平耳?今豪富之家广收湖广、江西之米,囤积待价,于中取利,虽米船沿江而下,而粜卖之米愈少,此事关系贫民甚大。尔大学士及九卿诸臣皆国家依赖之人,所以为民生忧虑者,必与朕同,当何如有济于民,著公同详议速奏。【略】戊寅,户部议覆,浙江巡抚黄秉中等疏言,浙省宁波、绍兴二府人稠地窄,连年薄收,米价腾贵。台州、温州上年丰熟,米价颇贱,请给殷实商民印照,将台州、温州之米,从内洋贩运入宁波、绍兴,令沿海防汛官兵验照放行。以浙省之米接济浙省之民,实有裨益,应如所请。从之。【略】甲申,【略】免河南虞城、永城二县本年分水灾额赋有差。【略】庚寅,【略】免河南商丘等四县本年分水灾额赋有差。山东巡抚蒋陈锡疏言,东省雨泽充足,秋成丰稔,瑞谷一茎双穗、一茎三穗者所在多有,更有一茎十穗者,史册亦不多见。此皆我皇上德被万方,至诚感应,实为盛世嘉祥。下所司知之。

《圣祖实录》卷二三八

八月己亥朔,【略】安徽巡抚刘光美疏言:凤阳府所属地方雨多伤稼,臣与督臣邵穆布公议措银二万两,委员采买米石,运至凤阳缺米州县减价平粜。得旨:知道了。督抚为地方大吏,凡水旱灾伤及疾疫之处,即应据实陈奏,屡有明旨。今年上江州县春灾,刘光美隐匿不报,人民疾病者甚多,亦匿不奏闻,殊属不合。著该部察议具奏。【略】甲子,【略】免湖广汉阳、荆门等十五州县卫本年分水灾额赋有差。

《圣祖实录》卷二三八

九月【略】丁亥,【略】免江南高邮、山阳等十一州县本年分水灾额赋有差。【略】乙未,河南巡抚鹿祐陛辞。上谕之曰:【略】河南俗朴民淳,易于为治,比年以来五谷丰收,今年开、归等处虽少被水,已经蠲免钱粮,令地方官赈济矣。【略】谕九卿等,曰:江浙连年水旱,湖广、江西米至安庆,地方官辄遏止之,不令南下。又,江苏等地被灾百姓甚苦,地方官匿不奏报。【略】江浙水旱,朕连免两年钱粮,闻有私征,不行豁免者,科道官并未参劾一人,即有参劾,皆受人指使,并非出自己意。

《圣祖实录》卷二三九

十月【略】丙午,【略】又谕曰:近来科道言事,必有所倚藉,方始上疏,至有关国计民生者,全不念及。如朕因江浙年岁歉收,米价腾贵,令江西、湖广米商报名,不许积囤,沿海一带禁约不许出洋,闻江浙米价皆平矣。科道何不言及耶。【略】壬子,【略】谕大学士、九卿等,江南、浙江连岁灾

荒，地方困苦，今年两省疾疫盛行，人民伤毙者甚众，虽该督抚未经奏闻，而朕访知灾病之状，深用恻然。【略】丙辰，【略】免山东东平等四州县本年分旱灾额赋有差。【略】壬戌，【略】谕户部，今岁入夏以来，朕因南方二麦不登，北地微潦，宵旰轸念，甚切焦劳。继而畿辅稔收，三吴秋熟，兼以四方奏报，咸获有年，朕心始为稍慰。【略】今念江南淮安府、扬州府、徐州三属地卑水积，被灾独重，秋禾未播种者甚多，本年钱粮业经全免。又遣官分赈，而失业之民更宜加格外之恩，以弘爱养。康熙四十九年淮扬徐三属之邳州等二十二州县卫额征地丁银五十九万三千八百两有奇，著通行蠲免。又，河南省归德府属商丘等六县，山东省兖州府属济宁等四州县，或被夏灾，或被秋灾，虽已各依分数例免额赋，并宜更施膏泽，用厚民生。商丘等六县应征地丁银二十万二千四百两有奇，济宁等四州县应征地丁银一十四万六千六百两有奇，俱著通行蠲免。【略】乙丑，【略】免直隶蓟州、武清等十州县卫所本年分水灾额赋有差。

《圣祖实录》卷二三九

十一月【略】庚午，【略】赈济浙江余杭等六县水灾饥民。赈济湖广汉阳等十五州县卫水灾饥民。【略】壬午，【略】免直隶静海、永清二县本年分水灾额赋有差。【略】甲申，【略】大学士、九卿等以遵旨会议，全免天下钱粮事覆奏。【略】又谕曰：【略】今年安庆府、太平府属俱被灾荒，而巡抚刘光美竟不奏闻，其意以为灾荒非盛世所宜言，不知天时水旱之灾乃所恒有，生民关系甚大，匿不以闻，殊为非理矣。【略】庚寅，上谕大学士等，曰：今京城米价甚贵，朕闻小米一石须银一两二钱，麦子一石须银一两八钱，尔等与九卿会议，如何可以平价。江浙前两年无收，今年大熟，米价仍未平者，亦必有故。李光地奏曰：今人口甚多，即如臣故乡福建一省，户口繁息较往年数倍，米价之贵，盖因人民繁庶之故。上曰：生齿虽繁，必令各得其所始善，今河南、山东、直隶之民往边外开垦者多。大多京城之米，自口外来者甚多。口外米价极贵之时，秫米一石不过值银二钱，小米一石不过值银三钱，京师亦常赖之。

《圣祖实录》卷二四〇

## 1710年 庚寅 清圣祖康熙四十九年

五月【略】甲戌，上驻跸喀喇和屯。丙子，【略】谕内阁、兵部、内务府，数年以来，已无蝗虫矣，今复见一二，宜急捕之。朕于去岁秋间，曾谕直隶巡抚赵弘燮、山西巡抚苏克济、河南巡抚鹿祐、山东巡抚蒋陈锡加意捕捉，今应传谕。边外皇庄、八旗之庄，并提督马进良，令各行捕除，若不实心奉行，断不轻恕。

《圣祖实录》卷二四二

八月【略】乙亥，【略】谕户部，福建将军祖良璧奏称福建泉州、漳州等处被旱未收，福建民多田少，不可不急为拯救。【略】著福建督抚提镇，不拘一人，率领福建战船，将运往狼山、乍浦三十万漕米转运至福建，赈济被灾人民。【略】辛卯，福建巡抚许嗣兴疏言：闽省各属本年春夏之交雨水沾足，自六月终至七月初，雨泽稀少，泉州、漳州二府及福宁一州，地方亢旱，米价腾贵，至闰七月十一日以后，渐次得雨，米价稍平。得旨：督抚系封疆大吏，水旱情形理应及时奏报，福建泉、漳等处五六月旱灾，督抚并未据实上闻，至闰七月得雨后，始行具奏，殊属溺职，著严饬行。

《圣祖实录》卷二四三

十一月【略】癸卯，【略】户部议覆，奉差福建户部左侍郎塔进泰等疏言，泉州、漳州二府被灾，奉旨截留江浙漕米三十万石运往赈济，今二府属于秋初得雨，收成可望，臣等酌议运至十五万石，足备赈济之用，其余十五万石漕米，请令江浙督抚停止截留，应如所请。从之。

《圣祖实录》卷二四四

十二月【略】戊辰，【略】免直隶霸州、大城、天津等六州县卫本年分旱灾额赋有差。【略】己巳，【略】免江南舒城县本年分水灾额赋有差。

《圣祖实录》卷二四四

## 1711 年 辛卯 清圣祖康熙五十年

二月【略】甲子,【略】免直隶庆云县康熙四十九年分水灾额赋有差。《圣祖实录》卷二四五

四月【略】丁丑,谕大学士等,曰:去岁冬雪应时,入春以来雨泽沾足,无风。朕即向众谕云,交夏必旱,秋月转恐雨水过多。今观天时果旱,云气方起,即继以风。自古人事有失,必干天和,或政事未尽合宜,或用人未能允当,大小官员有暗结党援,以及残忍之人尚居职位,囹圄中或有无辜,凡若此等,不能保其必无,尔内阁会同九卿科道,一一详问具奏。《圣祖实录》卷二四六

五月【略】癸巳,【略】谕大学士等,曰:朕已发谕旨京师,令自本月初六日起,三日不宰牲,虔敬祈雨。此处俱系一体,即自初六日至初八日不宰牲,相应严禁扈从人员及村落居民,并著于各庙诵经,合意虔敬祈祷。朕三日茹素,传谕膳房知之,打鹿放鹰俱行禁止。【略】丁酉,谕大学士等,曰:朕观比来亢旱渐甚,虽朕躬尚未大安,犹可勉强起行,正值亢旱之际,处此清凉之地,于心不安,朕欲急速回京,著在京诸臣速议具奏。【略】己亥,戌刻雨,至丑刻止。庚子,酉刻雨,至丑刻止。辛丑,【略】在京大学士等,奏报得雨日期。上将前留中二折,硃批发出,曰:雨泽既报沾足,这所奏知道了。【略】庚戌,谕大学士等,曰:比来天时又觉稍旱,可传谕在京大臣,自二十四日起禁止宰牲,照前虔诚祈雨,此处著一体行。【略】壬子,辰刻雨,至酉刻止。癸丑,酉刻雨,至亥刻止。

《圣祖实录》卷二四六

十月丙辰朔,【略】江苏巡抚张伯行疏言:臣属七府一州比来年岁丰登,家给人足,嗣后臣更劝民积储,教民节俭,厚民生以复民性,行见户庆丰盈,人敦礼让,黄童白叟共乐雍熙矣。得旨:【略】前张伯行奏称务期家给人足,仰报君恩,今未及一年,遽云家给人足,毋乃文饰太过乎。闻江浙地方盗贼丛集,乡绅兵民甚属不安。又闻今岁钱粮未清,亏欠甚多。又粮船迟误,米色不堪。昔朕南巡时,米价较前甚贱,且并无灾祲,犹虑小民穷苦,屡颁谕旨。今盗贼滋蔓,该抚反称家给人足者,无非掩饰前言耳,未必于小民实有利益也。嗣后毋得如此虚词矜誉,凡事必速行完结,敦风厚俗,弭盗安民,催趱粮船,清理钱粮,以图报效,该部其严饬之。《圣祖实录》卷二四八

十二月【略】丙辰,【略】免江南六安、寿州等六州县,庐州卫、凤阳右卫本年分旱灾额赋有差。

《圣祖实录》卷二四八

## 1712 年 壬辰 清圣祖康熙五十一年

四月【略】乙亥,【略】上谕大学士等,曰:从来米价腾贵,由于收成歉薄,比来屡岁丰登,米价并未平减。或有谓蒸烧酒,用米太多,故米价腾贵。蒸烧酒多用高粱,则高粱宜贵,其他米谷宜贱。而高粱价值并未增于别种米谷,别种米谷价值亦未减于高粱。或有谓殷实人家多屯米粮谋利,夫年岁不可必,多屯之后,若遇丰年则米价必减,贱卖不能得利,屯粮粜卖之人预筹及此,必不敢多屯也。今地少人稠,各处人民往边外耕种者甚多,比年又皆丰收,附近京师之人俱赖此谷,大有裨益。而米价终未贱者,皆生齿日繁,闲人众多之故耳。《圣祖实录》卷二五〇

五月【略】壬寅,谕大学士等,曰:湖广民往四川垦地者甚多,伊等去时,将原籍房产地亩悉行变卖,往四川垦地。至满五年起征之时,复回湖广,将原卖房产地亩争告者甚多。潘宗洛以此情由,曾缮折启奏。嗣后湖广民人有往四川种地者,该抚将往种地民人年貌、姓名、籍贯查明造册,移送四川巡抚,令其查明。其自四川复回湖广者,四川巡抚亦照此造册,移送湖广巡抚。两相照应查验,则民人不得任意往返,而事亦得清厘,争讼可以止息。大学士等俟潘宗洛具题到日,会同九卿,

确议具奏。又谕曰：山东民人往来口外垦地者，多至十万余，伊等皆朕黎庶，既到口外种田生理，若不容留，令伊等何往？但不互相对阅查明，将来俱为蒙古矣。嗣后山东民人有到口外种田者，该抚查明年貌、姓名、籍贯，造册移送稽察。由口外回山东去者，亦查明造册，移送该抚对阅稽查。则百姓不得任意往返，而事亦得清厘矣。　　《圣祖实录》卷二五〇

六月【略】丙寅，（康熙在热河行宫）谕扈从领侍卫内大臣等，近日颇有患痢之人，或因山水暴来之故，亦未可定。朕思未雨之前，泉水清洁有益于身，而人不觉，既雨之后，泉水污浊，多致泻痢，而人亦不知也。可传谕各处当差人等，并庄头民间，以后勿用河水，况素日所浚之井亦不少，何必用浊水，以致疾病乎！尔等即行晓示，俱令遵旨。特谕。　　《圣祖实录》卷二五〇

八月【略】戊寅，【略】谕领侍卫内大臣等，连日雨雪交下，诸臣必以不得行猎之故，未惬于心。不知此番雨雪，于秋麦大有裨益，直隶各处亦皆如此，则更佳矣。可传谕扈从诸臣知悉。

《圣祖实录》卷二五〇

十月【略】丙寅，【略】直隶巡抚赵弘爕题：真定府属井陉县秋被旱灾，请发仓赈济。得旨：【略】井陉系小县，村落无几，偶遇小灾，便闻人民不得安堵，如果能遵前旨，于丰年预为贮积，何至艰食。【略】戊辰，免山东鱼台等四县本年分水灾额赋有差。【略】甲戌，【略】免江南海州、山阳等十二州县，并淮安、大河等二卫本年分水灾额赋有差。　　《圣祖实录》卷二五一

十一月【略】己丑，【略】免江南邳州本年分水灾额赋有差。免浙江安吉、长兴、诸暨三县本年分水灾额赋有差。【略】癸巳，吏部尚书兼管仓场总督事务富宁安奏：九江、兴武等七处回空漕船至东光阻冻，此皆因量兑装载过闸，以致迟误。【略】上谕大学士等，曰：今年河道平稳，所报黄水、清水势力相当。　　《圣祖实录》卷二五二

十二月【略】癸丑，【略】免直隶真定府井陉县本年分旱灾额赋有差。《圣祖实录》卷二五二

## 1713 年 癸巳 清圣祖康熙五十二年

二月【略】丁丑，【略】谕吏部尚书兼管仓场事务富宁安等，朕闻米价比往年稍昂，缘今岁天下各省人民，（为朕祝六十大寿）来集者甚多，米价故较往年翔贵。今仓内米数充足，先发一万石，照时价减粜，则来集之民可以贱价得米，而京城米又得盈余，于民生大有裨益。若一万石不敷，再发一万石粜卖，尔等将价值定议具奏。　　《圣祖实录》卷二五三

三月【略】庚子，谕大学士、九卿等，朕闻广东米价腾贵，每石卖至一两八九钱至二两不等，将军管源忠亦因米贵俱折奏闻。【略】粤地素号产米之区，从无价高至一两以上及二两者，兹米价骤增，小民必致艰食。【略】壬寅，宴直隶各省汉大臣官员士庶人等，【略】传谕众老人，曰：【略】昨日甘霖大沛，田野沾足，朕心大悦，尔等无误农时，速回本地。特谕。　　《圣祖实录》卷二五四

四月【略】甲寅，大学士等以左都御史赵申乔奏农忙之时，京城地方亦应遵例停讼疏，请旨。上曰：【略】赵申乔谓农忙之时应行停讼，倘四月至七月数月之间，或有光棍诈害良善，则冤向谁诉耶？且自八月以后，正当收获，并非闲时，果如伊言，亦不应准词状。至如南方四月收麦，北方五月收麦；福建、广东十一月种麦，二月收获，五月种稻，十月收获。四季皆农时也，如此等处，岂终岁停讼乎。

《圣祖实录》卷二五四

闰五月【略】辛未，江西巡抚佟国勷疏言：入夏以来米价渐涨，小民吁请发粟，臣已将所贮仓谷，令有司粜卖，俟秋收后买补还仓。上谕大学士等，曰：去年江西省年谷甚熟，或因地方官亏空仓谷，借此抵销，亦未可定。著户部详议具奏。　　《圣祖实录》卷二五五

六月【略】己丑，谕大学士等，昔言壬辰、癸巳年应多雨水，去岁幸而未涝，观（热河）近日雨势连

绵，山水骤发，亦未可定。【略】辛卯，户部题：广东米价腾贵，总督赵弘灿、巡抚满丕隐匿不报，应交吏部议处。上谕大学士等，曰：赵弘灿、满丕居官不善，【略】闻奉差大人至广东时，民人欢忭，焚香迎接。【略】观此可知民情所向矣。广东米价先增至三两一石，今止需一两六钱矣。【略】又谕曰：（热河）连日之雨，朕深恐致涝。大学士等奏曰：皇上殷忧为民，昨下旨祈晴，今即晴明，洵属奇异。上曰：朕记太祖皇帝时壬辰年涝，世祖皇帝癸巳年大涝，京城内房屋倾颓；明成化时癸巳年涝，城内水满，民皆避居长安门前，后水至长安门，复移居端门前。若今淫雨不止，虽无妨居人，而田禾岂不有损耶！今日天气晴霁，朕心藉以稍慰。《圣祖实录》卷二五五

八月【略】戊寅，【略】免福建侯官县本年分水冲田地额赋。《圣祖实录》卷二五六

九月【略】辛酉，【略】免广东三水等五县本年分水灾额赋有差。【略】庚午，【略】免浙江临海等六县并台州卫本年分旱灾额赋有差。【略】辛未，【略】户部题：臣等遵奉谕旨，拨江南、浙江之米各十万石，运至福建、广东备赈，但浙江巡抚王度昭疏称浙江临海等六县及台州卫现报旱灾，请于拨运米十万石内仍留五万石，于本省分贮被灾州县卫，以备赈济之用。应如所请。得旨：浙省今岁歉收，十万石俱留备用；江南十万石内将五万石运至福建，五万石运至广东，米到日即行平粜，勿致浥烂。《圣祖实录》卷二五六

十月【略】丙子，【略】又谕曰：【略】京师近地，民舍市廛日以增多，略无空隙，今岁不特田禾大收，即芝麻、棉花皆得收获，如此丰年，而米粟尚贵，皆由人多地少故耳。《圣祖实录》卷二五六

十一月【略】己酉冬至，【略】谕户部，【略】今岁直隶各处俱获收成，惟广东三水、清远、高要、高明、四会五县，福建侯官县，福州右卫二处，甘肃靖远卫、环县、镇原县、固原州、固原卫、平凉县、平凉卫、崇信县、庆阳卫、灵州所、会宁县、宁夏中卫、宁夏所、古浪所一十四处，今岁夏秋被灾，各督抚已经奏闻。【略】其明年应征广东省三水等五县额银七万七千九百两零、米一万七千六百石零，福建省侯官县等二处额银三万六千六百两零、米六千四百石零，甘肃靖远卫等十四处额银四万七千七百两零、粮八万八千五百石零、草八十四万三百束零，尽与豁免。《圣祖实录》卷二五七

十二月【略】辛卯，【略】免浙江宁海等三县本年分旱灾额赋有差。【略】癸巳，【略】免甘肃会宁等四县卫本年分旱灾额赋有差，并命发粟赈济饥民。《圣祖实录》卷二五七

## 1714年 甲午 清圣祖康熙五十三年

二月【略】丙申，谕大学士、九卿等，去岁九月间雨多，故冬雪少，方春正待雨之时，尔等可交礼部照例祈雨。【略】上曰：朕遣人掘地看视，土虽潮湿，但去冬无大雪，今春复又少雨，可交礼部速行祈雨。《圣祖实录》卷二五八

三月【略】乙巳，【略】户部议覆，四川陕西总督鄂海等疏言，甘肃所属靖远等处被灾穷民，当有青黄不接之时，应大口给粮三合，小口二合，以为养赡。【略】谕户部，甘肃一带地方去年春麦失收，秋田亦歉，经该督抚奏报甚明。其地俱系山田，稍遇天旱易致荒歉。【略】癸丑，差往甘肃工部右侍郎常泰、大理寺少卿陈汝咸请训旨。上谕曰：朕曾至宁夏，其地方有似蒙古，所种惟有青稞，遇岁不收，民即流离。尔等到彼，应与总督鄂海、巡抚乐拜计议，教百姓牧养牛羊。盖甘肃地方不比直隶、山东，与蒙古同，宜畜牛羊，虽遇荒岁，食乳亦可度日。又地产肉苁蓉、天门冬，煮食之，味似山药。又一种沙米，亦可食。被灾诸处，尔等亲身往勘，会同督抚，酌议以闻。《圣祖实录》卷二五八

六月【略】丙子，【略】又谕曰：条奏官员每以垦田积谷为言，伊等俱不识时务，今人民蕃庶，食众田寡，山地尽行耕种，此外更有何应垦之田，为积谷之计耶。【略】癸未，谕领侍卫内大臣等，连日甚热，大臣等早朝毕，即令散去，免其晚朝。【略】似此大热天气，谅无多时，最甚亦不过十日耳。【略】

谕刑部，朕避暑塞外，驻跸山庄，素称清凉之地，尚觉烦热，想京师自然更甚。【略】丙戌，谕领侍卫内大臣等，天气甚热，贸易人等多夜行者，伊等但知为利，不顾其身，朕甚念之。

《圣祖实录》卷二五九

七月【略】辛亥，【略】有前来奏折之人，皆曾问及，咸称江南天旱，江浙米价亦不甚贱。今春山东、河南田麦歉收，交冬米必腾贵。【略】寻议，江宁、淮安、扬州等处，已报雨泽沾足，凤阳府属及淮安府属之桃源等县见报旱灾，浙江所属州县见报水灾。【略】戊午，【略】免河南郑州祥符等二十六州县本年分旱灾额赋有差。【略】工部议覆，河道总督赵世显疏言，睢宁县黄河水势南徙，逼近堤根，须于坍塌之处建挑水坝三座，以保堤工，应如所请。从之。【略】丁卯，户部等衙门遵旨议覆，查豫省漕粮例，每石折征银六钱五分，该抚委官，就近于卫辉府水次采买。今据该抚题报，豫省开封、河南、彰德、怀庆等府属二十州县各被灾六七分不等，卫辉府属六县被灾七八分不等，本年漕粮二十三万三千余石，若仍于被灾卫辉水次采买，恐秋冬之间米价腾贵。臣等议将豫省康熙五十三年分漕粮暂行停买，今其于康熙五十四、五、六等年分买补运。从之。《圣祖实录》卷二五九

八月【略】壬辰，【略】免浙江建德等四县、严州一所本年分水灾额赋有差。

《圣祖实录》卷二六〇

九月【略】庚戌，【略】免浙江山阴县本年分水灾额赋有差。【略】壬子，【略】免江南蒙城县本年分旱灾额赋有差。《圣祖实录》卷二六〇

十月【略】庚午，【略】免甘肃靖宁等八州县卫本年分旱灾额赋有差。【略】壬辰，谕大学士等，【略】迩来浙省地方歉收，民生艰难，每观巡抚王度昭所奏，并无尽心利民之处。再，河南巡抚鹿祐所奏，事宜亦未得当，尔等传问九卿。【略】甘肃巡抚绰奇疏言，甘肃宁夏等处今岁被灾，穷民请计口散赈，至明年夏收时停止。《圣祖实录》卷二六〇

十一月己亥朔，【略】免浙江钱塘等十三县、衢州一所本年分旱灾额赋有差。【略】庚戌，【略】谕户部，【略】前因甘肃靖边卫等处年岁不登，民艰粒食，已多方赈济，本年钱粮或蠲或停。而山地硗瘠，民鲜盖藏，【略】这被灾二十八州县卫所，康熙五十四年额征银九万七千八百七十两零、粮二十三万九千四十石零、草二百五十三万七千八十束零，俱著通行蠲免。《圣祖实录》卷二六一

十二月【略】壬申，【略】免江南镇江、仪征、扬州三卫本年分旱灾额赋有差。【略】辛巳，【略】免湖广沔阳州潜江县及沔阳卫本年分水灾额赋有差。【略】癸未，【略】免湖广嘉鱼等八州县及武昌等二卫本年分旱灾额赋有差。【略】戊子，【略】免江南上元等四十八州县卫所本年分旱灾额赋有差。己丑，【略】免浙江山阴、萧山、宣平三县本年分旱灾额赋有差。【略】庚寅，【略】浙江巡抚徐元梦、云南巡抚施世纶陛辞。上谕：【略】云南年来米价腾贵，地方甚远，倘遇灾荒，难以赈救，尔宜留心料理，至驭下属，务以宽恕为本。《圣祖实录》卷二六一

## 1715年 乙未 清圣祖康熙五十四年

正月【略】甲寅，谕理藩院，今年蒙古地方雪大，先曾听见下雪，不知近日如何。

《圣祖实录》卷二六二

二月【略】辛未，【略】免江南江浦县康熙五十三年分旱灾额赋有差。【略】庚辰，谕直隶巡抚赵弘燮，【略】去岁腊前瑞雪盈尺，时届阳节，细雨连绵，舆情怡悦，早得布种矣。所虑者起发太盛，则收获之际，恐有二疸[1]之虞。尔等遍示民间，耘锄时令苗稍疏，预防风霾。《圣祖实录》卷二六二

[1] 二疸，指麦类赤霉病、黑穗病。疸，亦作丹。

三月【略】己亥，先是上以蒙古地方大雪，命理藩院遣官阅勘牲畜倒毙、缺食穷困人等，至是回奏。得旨：散赈之事，势难速达。吴喇忒等旗居近黄河，【略】可先教其捕鱼为食。【略】壬子，理藩院遵旨议覆，蒙古被雪，损伤牲畜，吴喇忒等十四旗缺食之人，酌量速运附近粮米，散给两月。【略】庚申，谕阿霸垓辅国公德木楚克等，从前四十九旗田禾不收，以致大饥，朕施恩给以米粮，又赏牲畜，嗣因大雪，牲畜殆尽，朕复施恩如前。尔等三年内已渐致富。又，七旗喀尔喀为噶尔丹所败，牲畜帐房全无，单身来归者，朕恩赐米粮牲畜等物，不令死伤一人，拯救以后，富逾旧日。今尔等十余扎萨克蒙古，纵多不过万余，今尔等富足甚易，但尔等目今穷困，救济宜速，而运米势需时日，故先教以捕鱼资食，以待米至给散。至其后施恩养赡处，朕现在筹画，二三年内可使致富也。尔等遍谕众蒙古知之。 《圣祖实录》卷二六二

五月【略】甲辰，谕理藩院，闻被雪各蒙古，因朕赡济，并未伤损一人，朕甚喜悦。蒙古等已知捕鱼，可将渔船及网给与伊等，令其仍在泽旁捕鱼而食。将所给米粮节省，留以度冬。又所给牲畜不久蕃息，即可渐致富饶矣。【略】壬子，议政大臣等奏：遵旨讯被擒厄鲁特满济，据称【略】去年雪深三尺余，其所居伊里等地方，牲畜尽毙。其子往攻安箭地方之布鲁特，被杀者五百人，回时又多染疾而死。 《圣祖实录》卷二六三

六月【略】庚辰，【略】甘肃巡抚绰奇题报：兰州等十八处旱灾。【略】壬辰，【略】谕刑部，近日天气炎热，颇似去年，罪犯人等著照去年例遵行。户部等衙门遵旨议覆，兰州等十八处被灾饥民，应将甘肃所属州县及附近甘肃之州县所有仓粮散赈，至明年麦秋之后停止。

《圣祖实录》卷二六四

七月【略】丁未，谕议政大臣等，【略】现今（新疆平乱所需）运米一事，朕甚为踌躇，近日直隶、河南巡抚奏称牲口已如数起解，又称因雨水过多，恐泥泞不能即到等语。看来今岁雨水实大，此项牲口到湖滩河朔，定疲瘦不堪。 《圣祖实录》卷二六四

八月【略】壬辰，【略】銮仪卫銮仪使董大成疏报：臣于六月二十二日领兵从肃州出嘉峪关，自嘉峪关至噶斯口三千余里，行至常马尔河，因山水暴发，所有运米牲口及兵丁所乘马匹，多致伤损倒毙，今于八月十二日抵噶斯口。得旨：自边上至噶斯口一千七百里，曾经阿南达奏过，今董大成何以又称有三千余里。 《圣祖实录》卷二六五

九月【略】庚戌，【略】免湖南安乡等四县及岳州卫本年分水灾额赋有差。署理总督仓场事务礼部右侍郎荆山题：泗州卫粮艘在通州张家湾遭风，损坏十二只，沉米五千二百余石。得旨：今岁北河水发，风大溜急，以致船坏米沉，著照大江、黄河漂没之例，免其赔补。《圣祖实录》卷二六五

十月【略】戊辰，銮仪卫銮仪使董大成疏言：臣至噶斯口巡查，并无来往人迹，噶斯地方三面雪山，中有一线水草，皆系芦苇。其大路在得布特里地方，西南走藏；东南走青海西宁、大通河，半月即到永固城；西北走柴旦木、吐鲁番等处。乃策妄阿喇布坦出入咽喉要路。【略】壬辰，【略】谕户部，【略】直隶顺天、保定、河间、永平、宣化五府所属地方，今岁雨水过溢，田亩被淹者甚多，谷耗不登，民艰粒食。【略】著将五府州县康熙五十五年地丁银八十五万五千八百两零、粮米谷豆一十一万五千五百石零、草九万四千九百束零，俱通行蠲免。 《圣祖实录》卷二六五

十一月【略】乙未，赈陕西延安府属龙州堡等九处霜灾穷民米谷有差。【略】辛丑，谕大学士等，张伯行为（江苏）巡抚时，每苛刻富民，如富民家堆积米粟，张伯行必勒行贱卖，否则治罪。此事虽穷民一时感激，要非正道，亦只为米价翔贵，欲自掩饰耳。地方多殷实之家是最好事，彼家资皆从贸易积聚，并非为官贪婪所致，何必克剥之，以取悦穷民乎！况小民无知，贪得无厌，近闻陕西有方耕种，即挟制州县报荒者。此等刁风，亦不可长。又，赈荒一事，苟非地方官实心奉行，往往生事。盖聚饥寒之人于一乡，势必争夺，明时流寇亦以散粮而起，此不可不慎也。 《圣祖实录》卷二六六

十二月【略】丁卯,【略】免江南邳州、华亭等十八州县本年分水灾额赋有差。

《圣祖实录》卷二六六

## 1716年 丙申 清圣祖康熙五十五年

二月【略】乙亥,以陕西兰州等处连岁被灾,命散给饥民口粮外,每亩再给籽粒五升。

《清圣祖实录》卷二六七

三月【略】乙巳,大学士等奏:臣等遵旨问钦天监,春分之日,风候从何处起?据监正明图等云,是日风从西北乾方来。上曰:朕常立小旗占风,并令直隶各省凡起风下雨之时,一一奏报。见有京师于是日内起西北风,而山东于是日内起东南风者。古人云"隔里不同风",此言最确。又尝考验雷声不出百里之外。【略】书中云"北方苦寒之处,冰结十丈,春夏不消。"今果有其地。又《渊鉴类函》[1]有云"鼷鼠有重至万斤者",今亦有之,其身如象,牙亦似象,牙但稍黄耳。此皆与古书相符者也。

《圣祖实录》卷二六七

闰三月【略】壬午,谕大学士等,曰:直隶巡抚赵弘燮因顺天、永平两府所属地方米价腾贵,民多乏食,奏请借帑银。【略】去年顺天、永平、保定、河间、宣化五府因雨水过多,米谷歉收,已将钱粮尽行蠲免,积贮之米减价粜卖,见今闾阎积贮无多。【略】朕闻今年直隶南四府地方麦苗甚好,但麦收时亦止有地之人得食而已,未种麦之人何由而得,朕意此悉赈济,须至九月,民方不致乏食。【略】甲申,【略】都察院题:五城赈济粥厂,或于麦熟时停止,或俟秋收后停止,请旨。得旨:著俟秋收后再行停止。

《圣祖实录》卷二六八

四月【略】癸卯,【略】谕大学士嵩祝,曰:观麦苗谷苗,虽发生畅茂,但天气稍旱,当预期祈雨,著谕礼部。【略】乙巳,【略】谕领侍卫内大臣等,闻热河米价甚贵,每石至一两七钱。【略】戊申,【略】谕大学士嵩祝,曰:近问外省奏折人等,佥云麦苗甚好,但路上未曾遇雨。据此,则暵旱不但京北地方矣。见今麦穗秀齐,若再不雨,岂能生发结实。朕望雨心切,尔将此旨录出,发往京师,令大学士、九卿等再虔行祈祷。户部议覆,直隶巡抚赵弘燮疏言,顺天、永平二府去年被水歉收,【略】臣闻得山海关外米谷颇多,向因奉禁,不敢入关,请暂开两月之禁,俾关外之民以谷易银,益见饶裕,关内之民以银易粟,得赖资生。应如所请。从之。【略】己未,谕大学士嵩祝,曰:今日阅京师奏报及直隶巡抚奏折,俱云各处有雨,尚未沾足。自五月初一日起,仍斋戒祈雨。

《圣祖实录》卷二六八

五月庚申朔,谕大学士嵩祝,曰:自密云县至边北,虽雨水沾足,无烦再祷,但京城左右仍然暵旱,朕心不安。【略】辛酉夏至,【略】谕扈从诸臣,曰:朕因祈雨,屡降谕旨,在京诸臣迟延日久,并不奏闻,今始折奏热河得雨,臣等不胜忻幸之语。止于此处得雨,有何忻幸。【略】壬戌,【略】谕学士等,曰:京畿地方至今雨未沾足,朕心不胜焦劳,自密云至口外,田禾甚佳,及问各处来人,尚有雨水不足之处。【略】甲子,大学士嵩祝折报京师下雨日期。得旨:宋儒有言"求雨得雨,旱岂无因。"此意甚深。今虽下雨,但雨势未必远及,有何可喜之处,求雨断不可止。必处处沾足,方可停止也。乙丑,谕扈从诸臣,曰:今岁米价甚昂,顷曾降旨,将八月所放之米,令即支给。目前雨水之时,应于未雨之先,即将此米给与众人,始为有益。今年四月前甚旱,既雨之后,又恐多雨。【略】戊辰,礼部题:臣等自四月二十二日祈雨起,连日微雨,至五月初三日雨大沛。初七日,据差看雨人员等报称,京城周围初三、初四等日雨水皆足,今于初十日停止祈祷。报闻。己巳,上因得雨,始照常进膳。

[1] 《渊鉴类函》,清代由张英、王士祯、王惔等编纂的类似《艺文类聚》和《太平御览》的一类书。

【略】壬申,【略】谕大学士等,曰:阅今岁督抚等奏折,陕西、山西、河南、山东等省二麦丰收,乃京师麦价未见甚减。京师所赖者,山东、河南之麦,北两省俱通水路,不知一年贩来几何。或沿途富商大贾预行收买,以致京师麦价不减,亦未可知。

《圣祖实录》卷二六八

六月【略】壬辰,谕大学士等,曰:热河地方凉爽,尚未甚热,观京师奏报,内六月初二日甚热,今时渐大暑,应将监禁人犯暂行从宽拘系。【略】辛丑,谕大学士等,曰:热河地方虽日日布云,时有雷电,而雨未大沛。问各处来人,言京城四周亦觉稍旱,此处自十五日起斋戒祈雨,京城亦从十五日起一体祈雨,将此旨速行传谕礼部。【略】壬子,议政大臣等议覆尚书富宁安疏言布隆吉尔等处所种田禾俱可丰收,应造仓廒并收贮农器房屋,请派官预为修理,应如所请。从之。癸丑,议政大臣等议覆尚书富宁安疏言甘肃地方今年田禾茂盛,秋收可期,各处民人俱具呈,欲往口外并哈密地方以及驻兵之处贸易者一百四十余起,请令地方官给与出口印票,以便前往,应如所请。从之。

《圣祖实录》卷二六九

七月【略】壬午,免浙江兰溪等七县、严州一所本年分水灾额赋有差。【略】丁亥,吏部尚书富宁安疏言:臣遵旨于达里图等处耕种,田苗茂盛,丰收可期。但军需莫要于粮米,臣复细访,自嘉峪关至达里图可垦之地尚多,肃州之北口外金塔寺地方亦可耕种。请于八月间,臣亲往通行踏勘,会同巡抚绰奇,招民耕种外,再令甘肃、陕西文武大臣及地方官捐输耕种。无论官民,有愿以己力耕种者,亦令前往耕种,俟收获之后,人民渐集,请设立卫所,于边疆大有裨益。

《圣祖实录》卷二六九

八月【略】壬辰,【略】免湖广安乡等四县本年分水灾额赋有差。【略】丙申,【略】免湖广巴陵等三县、岳州一卫本年分水灾额赋有差。【略】乙巳,免江西宁州武宁等三州县本年分水灾额赋有差。

《圣祖实录》卷二六九

九月丁巳朔,免江南宣城等三县本年分水灾额赋有差。【略】壬戌,【略】免湖广江夏等八县、武昌等六卫本年分水灾额赋有差。【略】癸酉,【略】免山东泰安、商河等六州县本年分水灾额有差。【略】丙子,【略】免湖广黄陂等四县、荆左一卫本年分水灾额赋有差。【略】辛巳,【略】免江南宿松县本年分水灾额赋有差。【略】甲申,【略】谕大学士、九卿、詹事、科道等,曰:【略】闻山西、陕西今岁收获较往年甚丰,但西边见有军务,沿边一带地方钱粮及旧欠钱粮应与蠲免。【略】今岁湖广收成亦好,湖南大熟,湖北微不及,江西虽觉稍旱,究亦无妨。江浙素称丰富,朕前巡幸南方时,米价每石不过六七钱,近闻竟贵至一两二三钱,如此民何以堪,今江浙两省被灾地方钱粮作何蠲免之处,尔等会同详议具奏。前张伯行曾奏江南之米,出海船只带去者甚多,若果如此亦有关系,洋船必由乍浦、松江等口出海,稽查亦易。闻台湾之米尚运至福建粜卖,由此观之,海上无甚用米之处。【略】直隶今年米价稍昂,朕发仓粮二十万石,分遣大臣巡视散赈,米价即平,小民均沾实惠。

《圣祖实录》卷二六九

十月【略】甲午,【略】免直隶隆平等五县本年分水灾额赋有差。【略】丁酉,议政大臣等议覆吏部尚书富宁安疏言,巡抚绰奇前往勘阅肃州迤北地方,可以开垦之处甚多,酌量河水灌溉,金塔寺地方可种二百石籽种,自嘉峪关至西吉木地方可种一百三十石籽种,达里图地方可种一千一百余石籽种,方成子等处地方可种五百余石籽种。臣查今岁西吉木、达里图、布隆吉尔三处耕种共收获一万四千余石。布隆吉尔系沙土之地,明年应停其耕种。至西吉木、达里图及金塔寺等处地方,请动正项钱粮,派官招民耕种,应如所请。从之。【略】甲寅,免直隶浚县本年分水灾额赋有差。

《圣祖实录》卷二七〇

十一月【略】壬戌,【略】免江南邳州、清河等十一州县本年分水灾额赋有差。

《圣祖实录》卷二七〇

十二月【略】壬子，【略】顷者朕巡幸口外，经过三河等州县暨永平府交界地方，见今岁秋成丰稔，米价称平。惟是去年雨水过溢，田亩间被淹没，朕深加轸恤，蠲赋平粜，转漕分赈贫民，使不失所。今者虽复有秋，然仅足支一岁之用。【略】著将顺天、永平两府，大兴、宛平、通州、三河、密云、蓟州、遵化、顺义、怀柔、昌平、宝坻、平谷、丰润、玉田、良乡、涿州、武清、永清、香河、霸州、大城、文安、固安、东安、房山、保定、延庆、梁城、卢龙、迁安、乐亭、滦州、抚宁、昌黎、山海等州县卫所，康熙五十六年地丁银二十六四千三百三十六两零、米豆高粱二万一千六百四十六石零、草九万四千九百五十束零，俱通行蠲免。

《圣祖实录》卷二七〇

## 1717年 丁酉 清圣祖康熙五十六年

二月【略】辛亥，【略】谕九卿等，去年刘荫枢所奏军前之事并无实见，徒饰虚语。【略】去冬之雪止有尺余，天气亦和暖，渠云雪深三四尺，米粮难运，水草缺乏，今粮亦运到，马亦甚肥，此其虚妄之明验矣。

《圣祖实录》卷二七一

四月【略】戊子，谕大学士等，今春地气潮湿，所种春麦甚多，朕顷阅河西务堤岸时，麦苗甚佳，但近来风大，渐有旱意。【略】自初五日起，斋戒三日求雨。【略】乙未，谕大学士、九卿，仓场总督等，曰：迩年以来，通仓积米甚多，著分运直隶各府州县存贮预备，于民甚有裨益。【略】又谕曰：阴晴雨雪，地方地方时候各有不同，如云南、贵州、四川、广西等处从来以旱涝报荒。朕御极以来，每年北地之雪不过三四寸许，从未见有盈尺者。昔年南巡，在浙江曾见有尺许之雪，此外从未之有也。朕每读书，至“风不鸣条，雨不破块”二语，不能无疑，所谓雨旸时若是矣。【略】讲到实际，不能无议也。即如东南西北之风，朕细加体验，俱带偏旁，下雨亦有时候，每月十八、二十、二十二、二十四等日，朕留心占验，往往有雨。惟京师雨泽，每年至四月，或略愆期耳。【略】丁酉，谕大学士、九卿等，曰：近来米价必不能如往年之贱。昔大学士张英曾奏桐城县米价银一两可得三石。现今四川米价亦复如此，云南、广西、贵州米价亦不甚贵。大抵户口稀少，则米价自贱。今太平日久，生齿蕃息，安能比数十年前之米价乎。【略】庚子，雨。【略】又谕曰：日下雨泽愆期，今早虽得小雨，未能沾足，但从来月望时，雨极难得，【略】今岁少雨处甚多。闻江南大麦收有十分，小麦犹望雨。山东巡抚未曾奏报得雨，想亦未沾足。昨河南巡抚有折云，今岁雨泽颇调，洼地有十分收成，朕心差慰。又谕曰：天时地气亦有转移，朕记康熙十年以前，四月初八日已有新麦，前幸江南时，三月十八日亦有新麦面食，今四月中旬麦尚未收。又，黑龙江地方从前冰冻有厚至八尺者，今却和暖，不似从前。又闻福建地方向来无雪，自本朝大兵到彼，然后有雪。云南、贵州、广东、广西旧有瘴气[①]，从前将军赖塔进征云南，留八百人在广西，俱为瘴气所伤。今闻云南惟元江微有瘴气，余俱清和，与内地无异矣。【略】丁未，雨。【略】戊申，上驻跸巴克什营。谕大学士冯齐，曰：二十二日夜间迅雷大雨，著人巡看，雨至白石桥，朕所经过之处如遥亭地方，周围不过微雨，口外雨多数次，所以不旱。四月十六日，又得大雨。未知近京一带若何？问九卿大臣，著礼部请旨。

《圣祖实录》卷二七二

五月【略】丙辰，【略】谕大学士等，曰：四月二十九日热河雷雨，五月初三日申时雷雨复作，檐溜下注。先是，京师虽曾得雨，尚未能沾足，今又数日矣。【略】戊午，谕大学士等，曰：览礼部所奏，据钦天监咨称，自本月初三日亥时微雨，至初四日寅时止。雨之大小，沾足与否，并未声明。【略】丙寅，雨。【略】己卯，雨。

《圣祖实录》卷二七二

① 瘴气，旧指自然生成的某种有毒气体，传说有形如雾，但南方触染瘴气所致的严重疾病，主要为恶性疟疾。有记载称青海、西藏高海拔地区亦有瘴气，然其病症描述大多为高山急性反应症状。

六月【略】丙戌，谕大学士等，曰：今年虽旱，然得雨之后，或阴雨连绵，亦未可定。【略】庚寅，振武将军公传尔丹疏奏：本年种地除从前耕熟之处已经播种外，查有阿尔滚故哲、西巴里鄂希、那马尔济虎、勒克查汉郭尔等处，地土肥厚，见在开渠引水，一体增种。五月内，又遇甘霖沾足，所种青稞、小麦、大麦各极畅茂。报闻。【略】癸巳，谕大学士等，曰：口外原系凉爽地方，六月初十日甚觉炎热，京城自必更甚矣。尔等将此旨传与刑部，所有罪人，照往年宽释例行。【略】己酉，雨。

《圣祖实录》卷二七二

十月【略】癸卯，【略】上谕大学士、九卿等，曰：【略】今年各处皆丰收，河南连年大熟，石米价银五钱。【略】庚戌，【略】今年入夏雨水稍不及时，虑伤稼穑，积闷之极，身体甚是不安。【略】谕大学士、九卿等，曰：朕于各省钱粮分年蠲免，无不周遍，今年各处丰收，亦无可免，止有带征一项，或十三四年，或十五六年，久不清结，通计各省带征亦不过一二百万，尔等会同户部，将项款查明具奏，可免则免之。但蠲免之事，恩出自上则可，前赵申乔欲以己意行之，可乎。

《圣祖实录》卷二七四

十一月【略】癸酉，谕诸皇子及诸大臣等，曰：京师初夏每少雨泽，朕临御五十七年，约有五十年祈雨，每至秋成，悉皆丰稔。昔年曾因暵旱，朕于宫中设坛祈祷，长跪三昼夜，日惟淡食，不御盐酱。至第四日，步诣天坛虔祷，油然忽作，大雨如注，步行回宫，水满两鞋，衣尽沾湿。后各省人至，始知是日雨遍天下。朕自谓精诚所感，可以上邀天鉴。《圣祖实录》卷二七五

## 1718年 戊戌 清圣祖康熙五十七年

二月【略】甲辰，【略】免福建台湾、凤山、诸罗三县康熙五十六年分旱灾额赋有差。

《圣祖实录》卷二七七

三月【略】壬子，【略】又谕曰：朕昔南巡时，曾下船阅视，沛县在运河之西隅，地势洼下，积水甚多，常因运河水浅，穴堤引所积之水泄入运河。今看每年沛县之田皆以被水灾具奏，特以沛县地势洼下，常被水灾，遂视为一定之事，虽不成灾，亦以成灾奏请蠲免钱粮耳。

《圣祖实录》卷二七八

四月【略】庚辰，谕大学士等，京畿一带历年以来，二月内或大雪大雨，故麦苗滋长，田禾尚可耕种。今岁二三月间天时亢旱，麦苗渐黄，且有妨耕种，【略】及今不可不预为准备。【略】户部议覆广东广西总督杨琳疏言，粤东之米资藉粤西，粤西之米又资藉湖南。湖南贩米至粤，必由永州府经过，彼地奸民每借禁粜名色，拦阻勒索，商贩不前。请敕湖南督抚，如有奸民阻截取利者，行令该地方官查拿治罪。应如所请。从之。《圣祖实录》卷二七八

五月己酉朔，上至热河，驻跸行宫。庚戌，谕大学士等，曰：连日望雨，近见西南风起，云生随散，理合祈求雨泽。《圣祖实录》卷二七九

六月【略】甲辰，【略】户部议覆，山东巡抚李树德疏言，山东邱县因漳河迁徙，冲决南北罗村等处，被淹地亩二百三十九顷二十四亩有奇，请将银两麦米准予豁免。应如所请。从之。丁未，【略】工部议覆，河道总督赵世显疏言，徐州黄河南岸黄家庄险工大溜顶冲，遇水暴涨，埽筒蛰陷。宿迁县黄河南岸蔡家集险工河流南徙，直射堤根。请各建挑水坝一座，以保堤工。高家堰山盱一带石工，因上年湖水异涨，以致倒卸张裂，请乘时修筑，以卫民生。应如所请。得旨：依议速行。

《圣祖实录》卷二七九

七月【略】庚戌，【略】工部议覆，河道总督赵世显疏言，【略】沛县历年被水情由，【略】又据询土人云，沛田迭被水淹，总因东省运河南岸之徐家营房一带堤工单薄，每遇山水大涨，下注沛湖。免

江南沛县康熙五十六年分水灾额赋有差。　　《圣祖实录》卷二八〇

八月【略】壬午，黑龙江将军托留等疏报：六月初九日夜，索伦地方山水突发，冲没人口牲畜及房屋地亩，请将仓内米石动支借给。【略】庚子，【略】谕大学士等，闻今年安徽所属地方出蛟发水，甚是伤民，前日曹頫家人来奏晴雨录[①]，询问是实。总督巡抚虽未启奏，朕既闻知，心切轸念，京中有安徽地方官员，著九卿速行问明。　　《圣祖实录》卷二八〇

九月【略】癸未，理藩院题：（蒙古地方）杜尔伯特贝子沙律呈称，本旗地方连年亢旱，米谷不收，牛羊倒毙，兵丁人民逃亡于黑龙江郭尔罗斯等处糊口，或致典身与人度岁者六千有余。理合奏闻。【略】壬辰，免甘肃凉州古浪等五卫所本年分旱灾额赋有差。　　《圣祖实录》卷二八一

十一月【略】癸巳，免湖广钟祥等十二州县、武昌等七卫本年分旱灾额赋有差。

《圣祖实录》卷二八二

## 1719年 己亥 清圣祖康熙五十八年

正月【略】己卯，【略】谕大学士、九卿等，【略】今岁元旦日食，被阴云微雪，未曾得见。【略】壬寅，谕大学士、九卿等，京城通州仓内贮米甚多，各省运至漕粮亦无亏欠，在仓内堆积，恐致红朽。杭州、苏州、镇江、江宁、淮安、安庆等处俱有仓廒，与水路相近，江南、浙江漕船想此时已过完，朕意欲将湖广、江西等未过漕粮截留，存贮此等地方仓内。遇米价腾贵之年，将此存贮米石或减价粜卖，或行散赈，则民人得沾实惠矣。【略】年来丰收，米价虽贱，但岁岁大有岂能期必乎。应将久远裨益之处预行筹画。【略】寻议：应行令总漕，将江西、湖广见今起运米内，苏州截留十万石、镇江截留三万石、江宁截留十五万石、安庆截留十万石，俱交地方官加谨收贮，以备动用。从之。谕九卿，各省钱粮亏空甚多，今总督杨琳因历年积欠钱粮，将伊应得银两照数补完。

《圣祖实录》卷二八三

五月【略】戊寅，谕户部，朕幸热河，见一路麦苗盈野，收获必丰，但麦熟之岁，往往雨水过多。朕留心稼穑，历年最久，深悉其故。尔部即传谕直隶、河南、山东、山西并口外地方，速将已收之麦晾干，入屯收贮，不致潮湿霉烂，则今岁所收足用二年矣。　　《圣祖实录》卷二八四

七月【略】丙戌，【略】山东巡抚李树德疏报：今岁二麦丰收，恭进土产麦面。上谕大学士等，曰：据巡抚李树德奏，山东阖省雨旸时若，二麦丰收，贡献麦面，此端一开，各省必互相效法，贡献各色物件，不惟事烦，仰或不肖有司借端科派，苦累小民，亦未可定，所进麦面著发还。【略】庚子，工部议覆河道总督赵世显疏言，入夏以来，水势相继泛涨，将唐埂等处滚水坝闸次第开放，以资宣泄，各处工程俱修整平稳。惟山盱汛之古沟、茆家园二处漫溢过水，应勒限修堵。但今正值大水之时，宜令暂缓堵闭，留为宣泄骤涨之水，俟水势稍退，即行修筑。应如所请。从之。

《圣祖实录》卷二八五

八月【略】乙巳，命发贵州镇远府常平仓谷，赈济镇远、施秉二县被灾贫民。

《圣祖实录》卷二八五

九月【略】辛巳，【略】免江南无为州本年分水灾额赋有差。【略】己丑，【略】议政大臣等议覆，四川总督年羹尧、护军统领噶尔弼疏言，从前松潘口外驻扎满汉官兵，原议于草枯之后撤回内地，今

① 《晴雨录》，迄今存世的连续性最好的古代逐日逐时记载的天气记录，现存于中国第一历史档案馆。目前可用于气候序列研究的晴雨录资料，主要是北京、江宁（南京）、苏州、杭州四地。

口外雪多草枯，官兵应请撤回。【略】乙未，【略】免江南歙县等五县康熙五十七年分水灾额赋有差。

《圣祖实录》卷二八五

十一月【略】癸巳，【略】免江南高邮州、山阳县本年分水灾额赋有差。

《圣祖实录》卷二八六

十二月【略】己酉，【略】免江南清河、淮安等五县卫本年分水灾额赋有差。【略】庚申，【略】谕户部，今年湖广田禾大收，若将漕粮截留湖广，米价更贱，而江浙米价自然亦贱。尔部将如何截留之处，速议具奏。寻议：于湖广额征漕粮内，截留十万石，交与各府州县官员加谨收贮。从之。

《圣祖实录》卷二八六

## 1720年 庚子 清圣祖康熙五十九年

正月【略】己卯，【略】上谕曰：【略】去岁正月朔日日食，今年七月朔又值日食。海洋飓风飘没官兵船只，山左东三府水发被淹，黎民饥馑，淮黄水大，仅能抢护。　《圣祖实录》卷二八七

四月【略】戊申，【略】免江南高邮、江都等八州县康熙五十八年分水灾额赋有差。【略】辛亥，谕大学士等，曰：去年秋，雨水沾足，冬间大雪，今春田皆种麦。朕出巡时，见麦苗颇佳，但尚需时雨，尔等传谕礼部，虔祈雨泽。【略】癸亥，谕大学士等，曰：昨据报，京师雨已沾溉，而口外地方雨尚未足，尔等传谕礼部，仍虔祈雨泽。　《圣祖实录》卷二八七

五月【略】辛巳，谕大学士等，曰：总兵官金国正奏陕西两年歉收，百姓有流离之状，地方关系紧要，文武贤能之员多调往军前者，此处极应留心，著交九卿详加议奏。【略】又谕曰：今年为祈雨，屡次降旨，虽已得雨，尚未沾足，应虔诚祈祷。【略】谕议政大臣等，今岁稍旱，应速行文与各路将军，或营中亢旱，马匹未肥，或进兵之路甚旱，水草不敷，俱未可定。【略】甲申，礼部题：本月十五日酉时雨，至十六日申时止，甘霖大沛，田禾沾足。报闻。　《圣祖实录》卷二八八

六月【略】癸卯，靖逆将军富宁安【略】等疏报：巴尔库尔、阿尔泰两路驻兵之处，雨水调和，马匹肥壮。又进击策妄阿喇布坦边境，侦探沿途皆有水草。　《圣祖实录》卷二八八

七月【略】癸酉，【略】陕西总督鄂海遵旨回奏：陕西西安等四府一州，连年丰收，百姓并未流离，惟延安府属沿边堡所去秋薄收，甘属凉州等处康熙五十七年歉收，臣俱经题报。【略】壬辰，免浙江钱塘等二十一县康熙五十八年分旱灾额赋有差。　《圣祖实录》卷二八八

八月【略】癸亥，免浙江会稽、上虞二县康熙五十八年分风灾额赋有差。

《圣祖实录》卷二八八

九月【略】壬午，【略】免陕西甘肃所属会宁等一十七州县卫所康熙五十八年分旱灾额赋有差。甲申，谕理藩院，朕巡视土默特喀喇沁等旗分，见今年禾稼著霜微旱，来年恐致米贵，应传谕伊等各旗分，务宜节省米粮，不得耗费。【略】戊子，【略】翁牛特多罗杜楞郡王和硕额驸苍津、喀喇沁多罗郡王和硕额驸伊达木扎卜、土默特多罗达尔汉贝勒和硕额驸阿喇卜坦等奏：臣等所属旗分，因亢旱歉收，人口乏食，请借支仓米赈济，于丰收之日如数交仓。　《圣祖实录》卷二八九

十月【略】壬寅，【略】户部等衙门议覆漕运总督施世纶，【略】得旨：依议。今岁河南歉收，又见往陕西赍送谷石，次年谷价必致腾贵，著于河南省来年运京漕粮内照数截留，补还运往陕西谷石，其余漕粮亦停止运送京师，留河南收贮。【略】戊申，谕大学士等，朕临御以来，【略】从未讳言灾伤，崇尚虚文。今岁江南、浙江、湖广等省大稔，豫省微觉歉收，朕已颁谕旨，将漕粮停止起运，令于彼处收贮。但陕西地方现有军务，又年岁歉收，故朕预颁谕旨，【略】令动支仓谷散赈。【略】戊午，户部等衙门遵旨议覆陕省歉收、速行赈济之事，应将西安、延安、兰州分为三路，差大臣三员，部院满

汉贤能司官十二员，动户部帑银赈济，兰州二十万两、延安十五万两、西安十五万两，由驿递运送，散赈地方。

《圣祖实录》卷二八九

十一月【略】癸酉，免陕西泾州本年分雹灾额赋有差。【略】辛卯，免江南泰州、江都等三州县本年分水灾额赋有差。

《圣祖实录》卷二九〇

十二月【略】甲辰，【略】山陕二年歉收，民有流离者，去岁陕省地震，兵民受伤。今岁沙城地震，即京城地亦微震。正当君臣忧勤求治之时，何喜之有。

《圣祖实录》卷二九〇

## 1721年 辛丑 清圣祖康熙六十年

正月【略】丁亥，【略】上曰：据奏雪大风寒，明日难以起程，原择二月初四日祭孝陵，已不及矣。

《圣祖实录》卷二九一

二月【略】戊戌，【略】免湖广沔阳、汉川等四州县，武昌等四卫康熙五十九年分水灾额赋有差。【略】戊申，免陕西宜川等六县、清平等十一所康熙五十九年分旱灾额赋有差。

《圣祖实录》卷二九一

三月【略】乙丑，【略】谕大学士等，今日出榜，黄雾四塞，霾沙蔽日，如此大风，榜必损坏。或因学问优长、声闻素著之人不得中式，怨气所致。

《圣祖实录》卷二九一

四月【略】庚子，谕大学士、九卿等，【略】今春多风而少雨，恐秋间雨水必多，地方官宜加意堤防。【略】乙巳，免江南高邮、宝应二州县康熙五十九年分水灾额赋有差。【略】己酉，【略】谕大学士等，曰：去冬雪大，所以今春雨泽甚少，大约冬雪多则春雨必少，春雨少则秋霖必多，此不必由占验而后知也。朕六十年来留心农事，较量雨泽，往往不爽。且南方得雪，有益于田。北方虽有大雪，被风飘散，于田土无益。今岁山东得雨，河南、山西、陕西未甚得雨，备荒最为紧要，不可不预为筹画。【略】语云：大兵之后，必有凶年。昔征剿三逆时，丰收足以供给，并无一州一县贻误。及平定以后，间有歉收之年，不可不绸缪于未雨也。迩来稍觉暵旱，或者政事有缺失，应行改正之处，亦未可定。【略】丙辰，【略】谕户部，朕览京畿所报米价甚贵，著侍郎张伯行于京通仓内，量发米石，减价粜卖。【略】戊午，上至热河行宫驻跸。庚申，谕大学士等，曰：今年亢旱，传谕京师诸大臣不可不尽心祈雨。自初二日祈起，三日内得雨则已，如无雨，著祈至初八日止。尔等速缮写此旨，发往京师。

《圣祖实录》卷二九二

五月【略】辛巳，户部议覆，直隶总督赵弘燮疏言春夏少雨、米价腾贵，请发常平仓粟贷给贫民，其新旧钱粮暂行缓征，以纾民力。应如所请。得旨：依议速行。户部议覆，山东巡抚李树德疏言济、兖、东、青四府雨泽愆期，请将本年钱粮缓征，并发常平仓谷赈济穷民，应如所请。得旨：依议速行。户部等衙门议覆，奉差陕西赈济漕运总督施世纶疏言，陕西四月无雨，秋成可虑，查先豫省运至米十万石，督臣已具题借支，驻防兵饷所存无几，请速催豫省将后运米石运到平粜，再发河南、湖广米各十万石，运至陕西，存贮备用，俱应如所请。得旨：依议速行。【略】甲申，谕户部，【略】目今直隶、山东、河南、山西、陕西麦已无收，民多饥馁，屡令大学士、九卿议奏，茫无头绪，似此尚忍而不言，将来不知作何底止也。【略】乙酉，【略】又谕：朕因陕西歉收，虽将钱粮蠲免，动给仓粮，【略】百姓尚未安堵。【略】闻山西、陕西富户积藏米石甚多，若有贤能官员劝谕粜卖，可以多得，著将内库银发五十万两，【略】劝谕富户照时价粜卖米石，庶乎易得。将此旨传谕九卿。【略】庚寅，【略】户部等衙门遵旨议奏：直隶、山东、河南、山西、陕西被旱，除陕西已差大臣赈济外，今查常平仓米谷，直隶一百六十万五千二百七十石零、山东四百七十三万石零、河南一百三十四万七千石零、山西四十八万二百石零，应令四省抚臣遣官分赈，并平价粜卖。

《圣祖实录》卷二九二

六月【略】丁未，户部议覆，直隶总督赵弘燮疏言，今岁直隶亢旱，已奉旨将常平仓米谷散赈平粜，以济穷民。但恐秋收歉薄，请将今岁漕粮就便在直隶所属清河县油坊地方截留二十万石。【略】丁巳，谕大学士等，陕西地方已经得雨，漕运总督施世纶在陕西料理，【略】伊可速回原任。

《圣祖实录》卷二九三

七月【略】丙申，【略】免河南郑州、祥符等四十五州县本年分旱灾额赋有差。

《圣祖实录》卷二九三

八月【略】戊辰，【略】免甘肃静宁州本年分雹灾额赋有差。【略】癸未，【略】免江南沛县本年分旱灾额赋有差。【略】丙戌，【略】直隶总督赵弘燮疏报：长垣县之甄家庄、王家堤两处堤工被水冲决，下流之东明县、滑县、开州俱被水淹。查冲决之故，因上流之河南武陟县等处堤工有决口三处，又兼以沁河之水亦由胙城县入滑，流至长垣、东明。其甄家庄、王家堤两处，堤外水面比堤内地高一丈，有源之水日渐加长，故决口颇难堵筑。若上流之决口一日不堵，则长垣之水一日不退。臣一面题明，一面移咨河南抚臣，饬令道府等将决口相机堵筑，以防后患。下所司知之。

《圣祖实录》卷二九四

九月【略】癸巳，【略】工部议覆，河道总督赵世显疏言，山阳县之上张庄、韩家庄堤工为大溜冲刷，请各添建挑水坝一座；安东县之黄河北岸及时家码头埽工，亦顶冲大溜，请各建矶嘴坝一座，以资抵御。应如所请。从之。甲午，谕大学士等，曰：黄河迁徙无常，每有冲决堤岸、淹没田庐之患。昔黄河会九河，从天津入海，后渐徙而南，约计迁徙之地已千余里矣。【略】朕留心河务，屡行亲阅，动数千万帑金，指示河臣，将高家堰石堤及凡应修筑之处，悉行修筑，奏安澜者几四十年。于运道、民生均有裨益。【略】今据报，黄河冲决，流入沁河，泛溢至直隶长垣县等处。若今冬将决口堵筑坚固，可保无虞，否则自决处以下，势分沙壅，河水陡涨，堤岸之危非一所矣。此事著问九卿具奏。【略】丙申，【略】河南巡抚杨宗义疏言：怀庆府武陟县黄水陡涨，其所属之马营口、詹家店、魏家口等处旧堤俱被冲刷，缺口一二十丈不等。臣查詹家店、魏家口水势稍缓，见在令该地方官开工堵筑，惟马营口之水势汹涌，骤难开工，请俟水势稍平，一体堵筑。下所司知之。【略】壬寅，谕大学士、九卿等，直隶总督赵弘燮奏，河南黄、沁冲决堤岸，水势泛溢至长垣等处。朕即遣郎中傅尔赛查视所决地方，据奏，河南武陟县黄、沁之水冲决堤岸，由长垣流入山东张秋镇。又据山东巡抚李树德奏，河水泛滥，自直隶开州流入山东张秋镇等处，由盐河入海。以致运河堤决，漕船阻滞，其冲决堤岸，见在修筑。朕思此冲决之处，只可略加修防，使漕船无阻，如竟行堵塞，水无归泄之地，他处又必冲决，断乎不可。【略】辛亥，【略】谕近御侍卫等，曰：【略】每年春时，为雨水田禾时刻不忘，留心究问，直至秋成，始稍释念。至于冬日，内地常恐雪少，口外地方又恐雪大。此等苦心，惟身历方能知之。

《圣祖实录》卷二九四

十月戊午朔，【略】河南巡抚杨宗义疏言：马营口民堤冲决约一百余丈，南北两岸皆水，难以动工。【略】甲子，【略】奉差阅视河工原任知府陈鹏年疏言：河臣赵世显委臣勘明河南武陟县钉船帮决口，臣查看黄河老堤冲开八九里，现今大溜直趋决口者约五六分，老河内只存四五分，急应堵筑。【略】丙寅，谕大学士等，福建总督、提督巡抚俱折奏台湾飓风大作，官兵商民损伤甚多，朕心深为不忍。【略】乙亥，【略】议政大臣等议覆，征西将军祁里德疏言，臣于今春三月间，遣官兵在乌兰古木之特里河边耕种籽粒，每麦种一斗，收麦二石有余。乌兰古木地暖土肥，请于来年多行耕种，可望大收。将所收粮石，自特里木地方，以骆驼运至乌巴萨池，再以渡水小船，运过特思河至营。不至劳费，而于兵饷大有裨益。应如所请。从之。【略】丁亥，【略】免福建台湾、凤山、诸罗三县本年分飓灾额赋。

《圣祖实录》卷二九五

十一月【略】己酉，【略】免浙江钱塘等二十三县，衢、严二所本年分旱灾额赋有差。【略】癸丑，

【略】河道总督赵世显等疏言：臣等同钦差副都御史牛钮等，阅看武陟县黄河决口，其钉船帮地方为黄河之上流，两岸地势高于李先锋庄，应从钉船帮堵筑。已于十月二十四日开工，十一月二十日合龙。其下流之马营口，投土可塞。而詹家店堤工矮薄，加帮高厚亦不容缓。臣随令河道各官兼工修筑。下部知之。

《圣祖实录》卷二九五

十二月【略】丁卯，命截留浙江本年分漕米二十万石，分贮杭州各府，以备赈济。戊辰，免浙江安吉、于潜等十一州县本年分旱灾额赋有差。【略】癸未，【略】谕议政大臣等，吐鲁番见驻官兵，其可种之地甚多，总督鄂海、按察使永太在大将军处无甚事务，著前往吐鲁番地方种地效力。

《圣祖实录》卷二九五

## 1722年 壬寅 清圣祖康熙六十一年

二月【略】己未，【略】直隶总督赵弘燮疏报：正月二十三日直隶长垣县常村集堤外，有浊水从西南而来，高二三尺不等。臣随飞饬大名道，带领河官加意防护外，并委员星速前往查看发水源头。报闻。山东巡抚李树德疏报：直隶长垣县常村集堤南水势暴涨，浊流奔注，逼近东省。臣随飞饬兖宁道，带领河官于东昌府等处沿河堤岸加紧防护，其三空桥、五空桥地方凡泄入盐河水道，预为疏浚，以备洪水骤至，易于归海。【略】命副都御史牛钮驰驿速往长垣等处看视水形。【略】癸亥，【略】工部议覆，河南巡抚杨宗义疏言，武陟县所筑钉船帮大坝南岸尾堤，原在新淤滩上，正月初六日被水冲陷。臣随赴工所查勘，即于尾堤抢筑月堤，乃积凌随溜涌激，南岸尾堤塌断二十余丈，漫溢新筑月堤。加以雪消水涨，十七日骤至李先锋庄坝下，由淤滩漫过。十八日，冰凌排山而下，直趋马营口，顷刻水与堤平，致塌十余丈。现在带领河官昼夜补筑等语，应令该抚亲督道府并河官不分昼夜补筑坚固，刻期完工。得旨：依议速行。【略】甲戌，【略】署理河道总督陈鹏年疏言：河南武陟县钉船帮及马营口堤工，俱经副都御史牛钮等修筑告竣，奏报在案。臣在清江浦，饬催南河各处工程，今据河南道呈称，冰消水涨，黄河大溜泛溢，将钉船帮南坝子堤及马营口堤工冲决二十余丈。幸南河桃汛未届，将各处堤工令沿河各官防筑外，臣于二月初十日星赴河南，会同巡抚杨宗义查勘情形，设法堵筑。下部知之。【略】乙酉，【略】谕吏部侍郎张廷玉、内阁学士励廷议，去岁秋冬雨雪颇少，今春已届清明，尚觉微旱。

《圣祖实录》卷二九六

三月【略】壬辰，工部议覆，署理河道总督陈鹏年疏言，武陟县马营口地势低洼，积凌流注钉船帮堤工，冲开二十余里，已成大溜，若将此处堵塞，又恐别处受冲。查广武山之王家沟，原系黄河故道，且与沁水交会，应于此处开浚引河，使水由东南会入荥泽县之正河，则大溜往南，马营决口庶可堵筑。但引河甚长，挑挖宽深，未免多费时日。见今山东巡抚李树德于曹家堤已酌留水门，由盐河宣泄入海。马营口亦见在帮筑，尚未合龙。兹值重运漕船至张秋之期尚远，俟引河挑浚后，水势稍减，然后一齐堵塞，则力不劳而功倍，应如所请。从之。【略】己亥，谕大学士等，天气稍旱，著该部于十六日起，禁止屠宰，诚敬求雨三日。【略】戊申，雨。庚戌，【略】工部议覆，直隶总督赵弘燮疏报，长垣县之王家堤口，因豫省黄水复发，冲开新堤，经臣饬令，速行堵筑。今甄家庄新堤已补筑坚固，惟康家道口一带老堤又经冲开十余丈，流注东明，当下大埽以堵决处，俟上源水势稍定，即与王家堤口一并修筑，应行该督严饬经管道府河官速行办理。从之。【略】甲寅，雨。

《圣祖实录》卷二九七

四月【略】戊午，谕户部，赵弘燮奏，将收贮真定、顺德各州县四万石米平粜，其余各州县有米贵之处，亦将仓米平粜十分之三，俱俟秋收后买补还项等语。【略】议政大臣等议覆，靖逆将军富宁安疏言，嘉峪关外布隆吉尔之西，古所谓瓜州，沙洲敦煌郡之处，而蒙古人呼为库库沙克沙。昔曾建筑城池，屯兵耕种，至今遗址尚存。田土广阔，宜于牧放马畜，兼有河水。若于此处屯田，驻扎绿营兵三四千名，设总兵官一员管辖，则通党色尔腾之路既可控扼，而于诸处遣用，俱属有益。【略】从之。
《圣祖实录》卷二九七

六月【略】己未，谕大学士等，去岁黄河泛溢，流至直隶、山东等处。【略】今值雨水甚大之际，以致修筑将成之坝工，又被冲决，此工程关系紧要，著九卿、詹事、科道会同速议具奏。【略】壬戌，谕大学士等，盛京地方屡岁丰收，米谷价值甚贱，民间或致滥费，著令盛京米粮不必禁粜，听其由海运贩卖，可传谕盛京将军、府尹知之。又谕曰：暹罗国人言其地米甚饶裕，价值亦贱，二三钱银即可买稻米一石。朕谕以尔等米既甚多，可将米三十万石分运至福建、广东、宁波等处贩卖，彼若果能运至，与地方甚有裨益。此三十万石米，系官运，不必收税。【略】乙丑，【略】免江南休宁等十一县、新安一卫康熙六十年分旱灾额赋有差。
《圣祖实录》卷二九八

七月【略】戊子，议政大臣等议覆，靖逆将军富宁安疏言，先经臣将青稞、糜米籽种运送吐鲁番处，分给兵丁播种。今据大定总兵官张弘印呈称，回人之田俱于正月栽种，青稞、糜子已得滋长，我兵种植既已逾期，见今苗禾又复被旱。又据协理将军阿喇衲呈称，籽种到日已迟，未及播种，俱充作官兵口粮支给等语。臣思回人所种之粮【略】须至八月方能收获，未收之前，不可不预为给与吐鲁番所有官兵应给粮米六分、青稞麦子四分。【略】丙申，免陕西固原州、固原卫本年分旱灾额赋有差。
《圣祖实录》卷二九八

八月【略】庚辰，【略】谕大学士等，据署理甘肃巡抚卢询奏称，六七月连次得雨，又复概称甘肃所属地气寒凉，见今夏麦正在收获，有五六分者，有七八九分者，米价尚未能平。朕临御寰区，殷殷以生民为念，凡各省人至，必详询雨泽及收获分数。今年闻甘州、肃州田禾甚嘉，年羹尧折奏，朕已洞悉。且雨泽虽数百里之内尚有不同，况甘州、肃州所属地方辽阔，有数千里乎。卢询并不详察，听信浮言，以奏折断不发出，将阖属地方一概草率具奏。卢询于地方事务漫不经心，奏朕之事不加敬慎，妄行陈奏，甚属狂妄浮躁不堪，殊玷署理之职，著严饬行。如再冒昧陈奏，著拿解交送刑部。
《圣祖实录》卷二九八

九月【略】乙酉，【略】署理河道总督陈鹏年疏言：萧县黄河南岸田家楼险工因河水骤溢，大溜直射埽工，须建筑月堤一道，以资保障。【略】下部议行。
《圣祖实录》卷二九九

十月【略】辛未，【略】征西将军祁里德疏报：据总理种地事务苏永祖呈称，和布多、乌兰古木、特里等处可种地亩，乘时和暖，俱已开垦，其坤都伦河等处可种地亩亦俱开垦。今年所种麦子，得有数倍，明年可以添种地亩，惟是农器恐不敷用，乞早行发给等语。【略】得旨：据所奏在和布多、乌兰古木等处开垦耕种，因土沃水裕，今年所得麦子一倍收有六倍，爰请明年添种千石。及询问赍呈麦面之阿礼等，据云和布多、乌兰古木地方广阔，开垦之处颇多，原系厄鲁特等耕种好地。今应将歉收之毛岱察罕叟尔等处耕种人力，移至和布多、乌兰古木耕种，可以多收。再种地所用犁铆、铧子、铁镢等器，每年给发不少，何以一年之间，即俱损坏。【略】禀报所收粮数一倍得有数倍等语，甚不明晰，应照内地，或一亩一晌收得米石若干，如此禀报，方得明晰。
《圣祖实录》卷二九九

十一月【略】己丑，免山西平、汾二府，泽、沁二州所属州县卫所康熙六十年分旱灾额赋有差。
《圣祖实录》卷二九九

十一月【略】丁酉，【略】又谕：先因京师米价腾贵，皇考宵旰焦劳，特命朕查视各仓，彼时见仓粮充溢，露积不少，因请将应行出仓之米，迅速办理，【略】务令米价渐平。【略】庚戌，【略】河南巡抚杨宗义疏报：邓州、新野等七州县开垦康熙六十年分田地五百六十三顷有奇。下部知之。【略】辛亥，【略】靖逆将军富宁安奏报：巴尔库尔等处地方屯田收获青稞一万五百七十石有奇。下部知之。
《世宗实录》卷一

十二月【略】甲寅，恭移大行皇帝梓宫，安奉寿皇殿。【略】谕曰：【略】天降缟雪，林木皆白，自安奉梓宫，群鸦环绕殿庭，哀鸣七夜。【略】辛酉，【略】振武将军傅尔丹奏报：鄂尔齐图果尔等处地方屯田收获糜子、青稞、麦子共一万二百石有奇。下部知之。免山西黎城县康熙六十年分雹灾额赋。【略】己巳，【略】停征江南海州、武进九州县水灾漕粮，从江宁巡抚吴存礼请也。【略】辛未，【略】河道总督陈鹏年奏：秦家厂等堤工河水漫溢。得旨：此漫溢之处，不于岁前堵筑完竣，来年桃汛水发，愈难办理。

《世宗实录》卷二

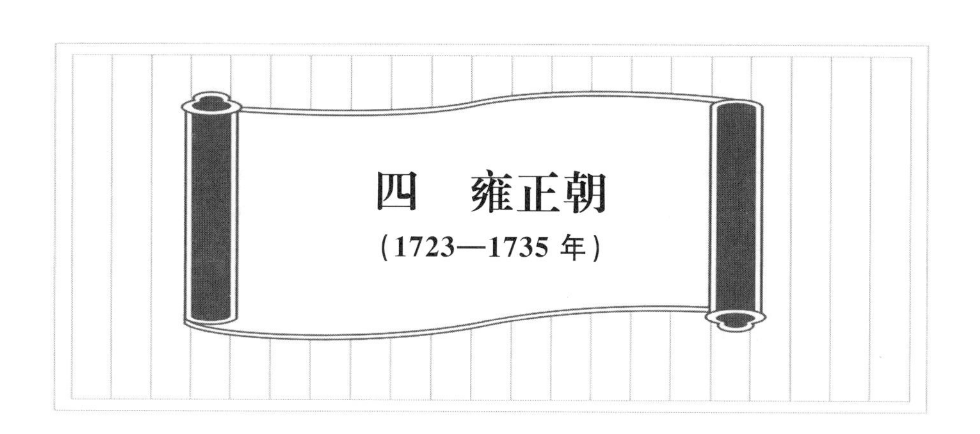




## 1723 年 癸卯 清世宗雍正元年

正月【略】乙未,【略】谕九卿,【略】昨山东巡抚黄炳奏称东、兖二属上年二麦失收,小民未免困苦。直隶、河南邻境之民有携家觅食者,朕即饬谕直隶、河南巡抚,加意抚绥,招集复业,但两省巡抚并未奏闻。【略】又,前岁河南黄水溃决,泛溢于直隶地方,比年以来,两省近水居民耕种无资,衣食匮乏,均应加意抚恤。【略】丙申,【略】总理事务王大臣议覆河南布政使护理巡抚事牟钦元折奏,豫省开封府以南各州县岁获丰收,惟河北之卫辉、彰德、怀庆三府自前岁黄河决口,田被水占,不得耕种,加以堵筑工程,小民输运物料自百里以至数百里,供应颇力。而现在涸出之田,苦无籽种,不免乏食之虞,请动藩库银二万两分行赈给,并将本年分钱粮及历年旧欠暂行缓征。应如所请。从之。【略】癸卯,【略】谕工部,去年黄河漫溢,冲决秦家厂,一时不能堵塞,朕念数省生民暨东南漕运攸关,特遣齐苏勒前往堵修,幸将秦家厂、马营口俱经堵筑完工。但冬日冰冻,所修工程或未必坚固,目今冰解流澌之时,水势定行稍涨,况三月桃花水降,其堵筑堤岸不可不加保固。

《世宗实录》卷三

二月【略】乙卯,【略】以河南武陟等处七县夏被旱灾,入秋又值黄水为害,将康熙六十、六十一年分未完钱粮分作三年带征。从巡抚杨宗义请也。【略】辛酉,【略】免湖广荆门、钟祥等四州县卫康熙六十一年分旱灾额赋有差。【略】癸亥,【略】以山东泗水等十一县连年旱灾,发帑赈给,及邻省就食穷民一体散赈,并缓征康熙六十一年分未完额赋。从巡抚黄炳请也。【略】丙寅,【略】谕户部,【略】直隶、山东、河南连年歉收,特命缓征额赋,遣官赈济。至于京师,每年自十月初一日起,至三月二十日止,五城设立粥厂,令巡视五城御史煮粥赈饥。今尚在青黄不接之时,著展期一月,煮粥散赈,至四月二十日止。但四方穷民就食来京者颇多,著每日各增加银米一倍,务使得沾实惠,以副朕悯念穷黎至意。【略】戊辰,【略】以山东寿张等五州县黄、沁水决,麦豆被淹,缓征康熙六十年分未完漕项银米。

《世宗实录》卷四

三月【略】乙巳,【略】免山东寿张等五州县卫康熙六十一年分水灾额赋有差。【略】己酉,【略】免山东东平、历城等四十六州县,济南等三卫康熙六十年分旱灾额赋有差。

《世宗实录》卷五

四月【略】癸亥,谕总理事务王大臣等,【略】据奏山西平定州、寿阳县、徐沟县、祁县等处雨泽歉少,民间生计维艰。汾州府属地方得雨,亦未沾足。【略】今平定、寿阳等处黎民饥馑,并未奏请赈济缓征,反行催科,小民何以存济。此皆因伊等去年曾奏报得雨,今欲掩饰前言,甚属不合。【略】即命【略】地方官员将平定等四州县饥民速行赈济。【略】丁卯,【略】免山东德州、章丘等四十一州县,临清等三卫康熙六十年分旱灾额赋有差。【略】癸酉,吏部议奏:山西巡抚德音、布政使森图隐

匿地方灾荒，既不奏报，又不停征，应革职。得旨：【略】德音从宽免革职。【略】丙子，【略】免江南海州、桃源等十州县，徐州一卫康熙六十一年分旱灾额赋有差。丁丑，【略】江南安徽巡抚李成龙折奏二麦丰收分数。奉上谕：雨水年岁及吏治民生，总宜据实上达。《世宗实录》卷六

五月【略】庚辰，【略】免江南寿州、合肥等十四州县，庐州等六卫康熙六十一年分旱灾额赋有差。【略】甲申，【略】谕礼部，近日天时颇旱，皇考先年屡降谕旨，云"大丧之后，必有旱年"。太皇太后、世祖章皇帝、皇太后、皇后之事，俱曾经过。【略】三月十二日雨虽沾足，朕曾两三次以儆惕之意晓谕众人，三月以来多风不雨，遂觉旱干。再，直隶、山东、山西、河南地方连年雨水不调，田禾歉收。【略】当此旱时，民必皇皇，朕心甚以为虑。【略】乙未，谕满汉九卿、詹事、科道等，天时亢旱，朕夙夜焦劳，敬慎斋戒，久未得雨，意者用人行政之间尚有缺失，不能感召天和，以致甘霖未沛。【略】戊戌夏至，【略】谕户部，山东连年荒旱，百姓艰食。【略】近闻兖州等处雨未沾足，诚恐小民乏食，无以为生，现今粮艘未入闸河，可乘此时截留漕米，以备赈恤。【略】寻议：将江西省漕粮截留二十万石，交与山东巡抚，分贮府州县地方，以备赈济。从之。【略】己亥，【略】上因天时少雨，减膳虔祷，甘霖立沛，大学士等恭请皇上照常进膳。《世宗实录》卷七

六月【略】己酉，【略】命太仆寺少卿须洲等往山东，发司库银二十三万四千两，散赈济南、兖州、东昌、青州、莱州等府旱灾饥民。【略】丙辰，工部遵旨议覆，河道总督齐苏勒奏称，山东运道济宁一带地居亢陡，全藉泉湖汶泗诸水入河济运，近因连年亢旱，汶、泗二河仅存一线细流，而八闸以至大王庙等处运河，底水原微，又无上源诸水会归，粮艘挽运维艰，急宜浚泉汇湖，导引入河，方克济运。【略】从之。【略】甲子，谕工部，据河南巡抚石文焯奏称，黄河南岸中牟地方河堤冲决，著嵇曾筠前去。【略】乙丑，【略】免直隶东明、长垣二县康熙六十年分水灾额赋有差。【略】己巳，【略】河道总督齐苏勒疏报：六月初七日中牟县黄河南岸河水陡涨，漫开大堤，水由刘家村南入贾鲁河，时当汛水涨发，须急为堵闭。【略】癸酉，【略】河南巡抚石文焯折奏：河南永城等处蝗虫飞集。奉上谕：蝗蝻生发，尽力捕捉，乃不成灾。考古捕蝗，惟有扑灭之法甚善，若怠忽从事，捕不尽力，而委之天灾者，皆误也。【略】丁丑，谕户部，【略】查有漕各省，惟湖广、江西产米最广，近年盛京年岁丰收，米价亦贱，此三处酌量动正项钱粮采买数十万石，雇募民船运送京师，大有裨益。《世宗实录》卷八

七月【略】丙戌，【略】免直隶东明县康熙六十一年分水灾额赋有差。【略】庚子，【略】河道总督齐苏勒疏报：六月二十二日黄、沁二水并涨，从姚其营漫滩而来，渐与堤顶相平，将各处堤工漫坍八处，水由原武、阳武两县流去，至二十五日水势消落，各处坍卸堤工俱已断流，其大溜仍走正河，并未迁徙。【略】辛丑，【略】山东巡抚黄炳折奏：秋禾畅茂，双穗瑞谷，处处挺生，采取恭进。奉上谕：【略】今岁北四省俱报丰收，闾阎自得充裕，朕不胜庆幸。【略】甲辰，【略】免陕西凉州古浪所属大靖地方康熙六十年分雹灾额赋有差。乙巳，【略】免陕西平凉等厅州县卫所康熙六十年分旱灾额赋有差。

《世宗实录》卷九

八月【略】戊午，【略】大学士等奏言：江南、山东所产麦谷皆两岐双穗，蜀黍一杆四穗，内池莲房同茎分蒂，诸瑞迭呈，实皆皇上盛德之所感召，请宣付史馆。下部知之。【略】丁卯，【略】户部议覆，长芦巡盐御史莽鹄立奏言，长芦六十一年盐引因年岁歉收，河水干浅，引盐积多运少，所辖一百八十余州县，销引未完者甚多，请展限一年。【略】己巳，雨。《世宗实录》卷一〇

九月【略】辛卯，【略】免江南海州、上元等十五州县，扬州一卫康熙六十一年分旱灾额赋有差。【略】己亥，【略】工部议覆，河道总督齐苏勒奏言，清口为淮、黄交会之区，八月初五六日秋汛骤至，黄水有倒灌之处，随经动支工料，于清口两岸接筑大坝各一座，中留口门五十丈，束清抵黄，以防泛溢。应如所请。从之。【略】壬寅，【略】免江南宿迁县康熙六十一年分旱灾额赋有差。

《世宗实录》卷一一

十月【略】辛酉,【略】直隶巡抚李维钧折奏:保定郡城天降瑞雪。奉上谕:冬令之雪消蝗润麦,洵称瑞应。【略】壬申,谕户部,【略】今年夏月,朕以北省二麦歉收,差员到南省于秋成后采买米石,以备赈济平粜。【略】况浙江及江南苏、松等府地窄人稠,即丰收之年亦皆仰食于湖广、江西等处,今秋成歉收,若商贩不通,必致米价腾贵,该部速即行文各省总督巡抚,凡有米商出境,任便放行,使湖广、江西、安庆等处米船直抵苏州,苏州米船直抵浙江,毋得阻挠。　　《世宗实录》卷一二

十一月【略】乙酉,【略】免浙江安吉、仁和等五十州县,杭州右卫等三卫,湖州、严州二所本年分旱灾额赋有差。赈浙江富阳等二十九县、台州一卫、严州一所旱灾饥民。【略】丁亥,谕户部,浙省偶值秋旱,被灾地方已经蠲免钱粮。【略】杭嘉湖所属十四州县应征漕米三十二万石,今荒歉之岁,民间纳米为艰,著令征收一半,改折一半。【略】其改折之价,著照康熙九年例,每石折银一两完交。【略】靖逆将军富宁安奏报:吐鲁番等处地方屯田收获麦子、糜子共九千三百三十石有奇。下部知之。【略】庚寅,【略】缓征江苏属武进等七州县本年旱灾一半漕粮,又命溧阳等十三州县红白籼粳各色兼收。从署江苏巡抚何天培请也。辛卯,【略】河道总督齐苏勒等奏报:中牟县十里店决口合龙。

《世宗实录》卷一三

十二月丙午朔,【略】免江南海州、溧阳等二十二州县本年分旱灾额赋有差。【略】己酉,【略】征西将军祁里德奏报:乌兰古木地方屯田收获青稞、糜子四千四百二十石有奇。下部知之。【略】靖逆将军富宁安奏报:巴尔库尔地方屯田收获青稞二万一千六十石有奇。下部知之。【略】辛亥,【略】免直隶开州、永年等二十二州县康熙六十年分旱灾额赋有差。【略】癸丑,【略】免江南太仓、镇海[①]、扬州三卫本年分旱灾额赋有差。【略】己未,【略】免江南淮安、大河二卫本年分旱灾额赋有差。庚申,【略】免河南中牟等十县本年分水灾额赋有差。【略】己巳,【略】河道总督齐苏勒等疏报:中牟县杨桥决口已经堵筑合龙。

《世宗实录》卷一四

## 1724年 甲辰 清世宗雍正二年

正月【略】癸卯,【略】总理事务王大臣等议覆安徽巡抚李成龙疏奏,凤阳府属寿州、定远、凤阳等县,及安庆府属桐城、太湖二县歉收,请于从前截漕米内动支四万石,减价平粜,应如所请。从之。

《世宗实录》卷一五

二月【略】己酉,【略】以河南彰德、卫辉、怀庆三府,及开封府属之阳武、原武、封丘、延津四县麦收歉薄,民食稍艰,发仓谷赈济。从抚臣石文焯请也。【略】甲寅,【略】赈江南靖江、丹阳二县,淮安、大河二卫旱灾饥民。【略】壬申,谕刑部,今届仲春,雨泽愆期,时有大风,朕心深用兢惕。

《世宗实录》卷一六

三月【略】丁丑,【略】是日,甘雨大沛,远近沾足。上制《喜雨诗》,示内庭翰林官,皆敬和进呈。【略】乙酉,清明节,【略】免广东雷州属海康、遂溪二县雍正元年分被淹田亩额赋。【略】甲午,【略】户部议覆,署江苏巡抚何天培奏言,江苏等属去岁秋禾水淹,穷黎乏食,业经题请散赈,民困未苏。请于本年正月起,至二月止,令各州县添设粥厂,广为煮赈,应如所请。从之。【略】免江南镇江府丹徒县滨水坍田银粮有差。　　《世宗实录》卷一七

四月【略】戊申,【略】谕理藩院,据苏尼特、阿霸垓、阿霸哈纳蒙古人等俱称连年灾伤,今又遭大雪,牲饩俱已倒毙等语。若差官查奏,始行加恩,则现今乏食之人,恐至饥馑,著参领多多索里、侍卫纳兰驰驿前往查核,发户部帑银二万两。【略】将此银两酌量散给,均使沾恩。【略】壬子,【略】谕

① 此处"镇海",疑镇江之误。

江南总督查弼纳【略】等，【略】去年因秋冬雨少，河流淤浅，而旗丁人等不顾漕运维艰，任意揽截客货，致船重难行。闻今春丹阳、常州等处地方及沿途遇浅，概拏商船起驳，且借名需索，贪暴公行。

《世宗实录》卷一八

五月【略】甲辰，【略】直隶巡抚李维钧折奏：畿辅地方得雨。奉上谕：京都左近二十八日虽亦得雨，尚未均遍。初一日雨，至初二日早方得十分沾足，朕深为忻庆。 《世宗实录》卷二〇

六月【略】壬午，谕礼部，民间祈求晴雨一事，甚不合理，任意设坛，触犯鬼神。聚集不肖僧道，妄行求雨，殊属非分。只宜各存诚心叩祷，何必种种作法。嗣后除奉旨外，或在寺庙诵经求雨尚可，如私自设坛，借求雨之名妄作法术，即以妖言惑众治罪。【略】甲午，【略】衍圣公孔传铎奏政：阙里圣庙灾，六月初九日申时大雷电，火自鸱吻中出，先师大成殿及两庑俱毁。

《世宗实录》卷二一

七月【略】甲辰，大学士等奏，据松江提督高其位折奏，飞鸦食蝗，秋禾丰茂，请将原折发抄，并宣付史馆，以彰嘉瑞。得旨：若以飞鸦食蝗为瑞，则起蝗之初，得无有由乎。【略】其发抄及宣付史馆俱不必行。【略】癸丑，【略】浙江巡抚黄叔琳疏报：象山等六县开垦雍正元年分田地共一千一百顷有奇。下部知之。 《世宗实录》卷二二

八月【略】壬午，谕刑部，【略】今年直隶河西务堤水略有漫溢，江西一二县水发，江南海啸与浙江起蛟之处俱不成灾，其余直省各州县以及口外用兵地方，俱田禾茂盛，五谷丰收，亿兆乐生遂性，咸受和平之福。【略】癸未，【略】顺天府府尹张令璜恭进藉田瑞谷一茎双穗、三穗、四穗者共十八本，下部知之。甲申，【略】谕江浙督抚等，【略】近者江南奏报上海、崇明诸处海水泛溢，浙江又奏报海宁、海盐、平湖、会稽等处海水冲决堤防，致伤田禾。朕痛切民隐。【略】甲午，谕户部，前因江浙督抚等折奏，七月十八、十九等日骤雨大风，海潮泛溢，冲决堤岸，沿海州县近海村庄居民田庐多被漂没。朕即密谕速行具本奏闻赈恤。【略】己亥，大学士等奏言：丰泽园皇上躬耕田内，收获之稻一茎四穗者五本、一茎三穗四十五本、一茎二穗者二百三本，皆穗长盈尺，珠粒圆坚。

《世宗实录》卷二三

九月【略】甲辰，【略】江苏布政使鄂尔泰折奏：七月十八、十九两日，飓风迅发，海塘冲决，民庐倒坍，溺死者众。海外崇明一县被灾尤甚，已拨存留米一万石，又买米二千石平粜。其余州县并详明督抚，量灾之轻重，发银散给。再查松江府属之海塘土堤冲决三千六百七丈，上海护塘冲决九百一十丈，均应急为抢筑，以防秋潮大汛。【略】壬戌，谕湖广、江西、河南、山东、安徽督抚等，今岁各省秋成大有，惟浙江、江南沿海地方七月十八九等日海潮泛溢，近海田禾不无损坏。【略】湖广、江西地居上流，河南、山东二省接壤江南，今岁俱各丰收；安徽宁、太等府属亦俱收成丰稔。著动湖广藩库银买米十万石，江西藩库银买米六万石，运交浙江巡抚平粜；动河南藩库银买米四万石，山东藩库银买米六万石，安庆藩库银买米五万石，运交苏州巡抚平粜，俱著速即办理，委员运送，毋得怠缓迟误。【略】丙寅，靖逆将军富宁安疏报：哈密塔尔那沁地方屯田收获青稞一千七百四十六石有奇。下部知之。【略】丁卯，【略】工部议浙闽总督觉罗满保疏覆，御史钱廷献条奏请开西湖、东湖，灌溉仁和、钱塘、海宁三县田亩。查三县之田皆赖上下两塘河流灌溉，水源皆自西湖流注，自明季东湖壅塞，而西湖之水不能停蓄，三县之田旱不兼旬，即忧枯槁。湖内旧址，先被民人占为田荡，妨碍水源，其纳官银粮为数无几，而所损于三县民田者甚多。应请豁除粮额，尽行清出，其淤浅沙滩三千一百二十二亩，相应挑浚。城内之河，通西湖之血脉，亦应酌量开浚。城外一带河身，及支港淤塞之处，应责成沿河各县劝谕业主佃户渐次开浚。至东湖，实西湖蓄水之地，上塘戽水之源，自宋以来从未开浚，仅存湖址六百余亩，竟同陆地，工程甚大，非一时可以并举，俟西湖完工，再为确议。运河四十余里皆多淤浅，粮船出入，田亩车戽，最关紧要，急应疏浚，均应如所请。从之。【略】

戊辰，靖逆将军富宁安疏报：巴尔库尔等处屯田收获青稞一万二千二百九十石有奇。下部知之。

《世宗实录》卷二四

十月【略】癸酉，【略】靖逆将军富宁安疏报：吐鲁番等处屯田收获麦、糜五千五百四十石有奇。下部知之。【略】庚寅，【略】谕户部，两淮巡盐御史噶尔泰奏称：七月内海潮冲决范堤，沿海二十九场溺死灶丁男妇四万九千余名口，盐池草荡尽被漂没。朕心悯恻，如同执热，著即动盐课银三万两，委员分路赈恤。【略】辛卯，【略】振武将军傅尔丹疏报：乌兰古木等处屯田收获麦子四千一百七十石有奇。下部知之。【略】癸巳，【略】户部议覆直隶巡抚李维钧疏奏：直隶九郡丰收，惟霸州、东安、大城、武清、玉田、宝坻、梁城所七州县所田禾偶有淹损，本年钱粮请缓至雍正三年带征。应如所请。

《世宗实录》卷二五

十一月【略】己酉，【略】免浙江仁和等十一县本年分水灾额赋有差。【略】壬子，【略】湖南巡抚王朝恩奏报：岳州卫所属地为旱灾，虽据详报，但臣履任伊始，未经确查，事关蠲免钱粮，动支仓谷，请俟勘明分数题请赈济。【略】戊午，【略】免湖南临湘县本年分旱灾额赋有差。己未，【略】免湖北沔阳、江陵等四州县，荆州等三卫本年分水灾额赋有差。【略】乙丑，【略】户部议覆署理江苏巡抚何天培疏言，苏、松、镇、淮、扬五府属，太仓、吴江等十四州县风潮淹损田禾，请将本年漕粮缓征一半，海州被灾尤甚，全请缓征。【略】应如所请。从之。

《世宗实录》卷二六

十二月【略】戊子，【略】免江南太仓、长洲、海州、安东、兴化等二十八州县本年分水灾额赋有差。

《世宗实录》卷二七

## 1725年 乙巳 清世宗雍正三年

二月【略】甲戌，免江南吴江等四县雍正二年分水灾额赋有差。

《世宗实录》卷二九

三月【略】丁未，谕户部，豫省阳武、封丘、中牟三县从前两被水灾，闻其近堤地亩有被水涨漫，流为支河者，有水去沙停变为沙滩者，有地土变为盐碱者，【略】今幸修筑功成，河流顺轨，民获安居。

《世宗实录》卷三〇

四月【略】戊寅，谕大学士等，【略】如今年三月十六日览署山西巡抚伊都立奏折，知平阳地方三春少雨，朕怀甚为忧虑。【略】续据伊都立奏报，于十八、十九、二十等日得雨沾足。三月二十九日览河南巡抚田文镜奏折，知开封一带地方亢旱，朕于四月初一日祷于神明，竭诚致敬，刻不敢懈。昨田文镜奏报，初三日开封四境果得时雨，可见天人感应之理，捷于响应。【略】癸未，【略】谕内务府，今年京城附近地方虽雨水沾足，然山东、河南两省尚未得雨，进膳肴馐，宜为撤减。【略】丙戌，谕漕运总督、河道总督、直隶总督、山东巡抚等，自三月以来，山东雨泽稍缺，恐运河浅涸，粮艘不免阻滞。目今京师雨泽及时，若山东一带亦得雨如此，河水自可畅流。【略】壬辰，免直隶霸州、东安等六州县，梁城一所本年分水灾额赋有差。

《世宗实录》卷三一

五月戊戌朔，直隶总督李维钧折奏各属晴雨，并见遵董仲舒《春秋繁露》祈雨之法。

《世宗实录》卷三二

六月【略】壬申，【略】免河南阳武、封丘、中牟三县本年分水灾额赋有差。【略】丙子，【略】署山西巡抚伊都立折奏：太原、平阳、潞安、汾州、大同五府，泽州等十二州俱经得雨沾足。奉上谕：深慰朕怀，顷闻边外一带粮多价贱，去年曾有谕旨，内地百姓如有情愿用船载粮，从黄河贩运者，任其粜卖毋禁，如此似内外均获利济。今岁不闻有照此行者，尔其确查情形。【略】免浙江兰溪、建德二县雍正二年分水灾额赋有差。

《世宗实录》卷三三

七月【略】丙午，谕大学士等，旧岁直隶总督李维钧奏称畿辅地方每有蝗蝻之害，土人虔祷于刘猛将军之庙，则蝗不为灾，朕念切恫瘝。凡事有益于民生者，皆欲推广行之，且御灾捍患之神，载在祀典。即《大田》之诗，亦云"去其螟螣，及其蟊贼，无害我田稚，田祖有神，秉畀炎火"。是蝗蝻之害，古人亦未当不藉神力驱除也。今两江总督查弼纳奏请江南地方有为刘猛将军立庙之处，则无蝗蝻之害，其未曾立庙之处，则不能无蝗，此乃查弼纳偏狭之见。【略】朕实有见于天人感应之至理，而断不惑于鬼神巫祷之俗习，故不惜反复明晰言之。【略】戊申，河道总督齐苏勒疏言：今岁六月中旬，山东山水陡发骆马湖口，泛涨二百余里，其湖水涌出宿迁县竹络坝口，抵阻黄水不能畅流，致将睢宁县朱家海埽工沉陷，大堤坍卸，漫开水口四十余丈，出口之水，东归洪泽湖。诚恐湖内不能容受，随饬河员开放天然坝以分其势。朱家海漫口，大溜湍急，甚难护防。两边大堤又经刷宽三十余丈，旋于上流斜筑挑水坝一座，水势稍平。相度情形，必于对岸挑浚引河一道，俾大溜归入正河，庶漫口易于堵塞。下部知之。【略】丁巳，【略】谕河道总督齐苏勒等，今岁立夏以来，雨水过多，朕念黄、淮伏秋两汛，必然水势浩瀚，甚以为忧。【略】今据田文镜奏称，仪封县南岸大寨、兰阳县北岸板厂后各两处冲开决口各十余丈。【略】辛酉，谕直隶总督，山东、河南巡抚，今岁夏秋以来，直隶、山东、河南三省雨水过多，小民谋生无术者有之，朕心甚为悯恻。【略】癸亥，【略】谕户部，今岁天津等处地方米价腾贵，著行文奉天将军绰奇、府尹尹泰照去岁之例，将伊等地方粮十万石由海道运至天津新仓，交与该地方官收贮，再若有自海运粮之商人，不必禁止，听其运至天津贸易，不许他往。又谕：归化城土默特地方年来五谷丰登，米价甚贱，查黄河自陕西黄甫川界入口河之两岸，一属山西，一属陕西，应从归化城购买米石，从黄甫川界黄河运至内地，到土拉库处修建仓廒收贮。其归化城大青山黄河岸口亦一仓，买米存贮，以便由黄甫川界运至土拉库处。【略】谕直隶总督李维钧，闻近京各处地方，桥梁道路多被潦水淹没，行旅维艰，诸物腾贵，朕心甚为轸念。

《世宗实录》卷三四

八月丙寅朔，谕户部侍郎蒋廷锡、内务府总管来保，今年六七月间京师雨水较多，闻京城八仓内颇有积水停滞，支领甲米车辆来往甚艰；其城外万安仓附近城垣，城上泻水流下，仓内道路亦复泥泞。【略】丁卯，【略】顺天府府尹张令璜疏报：耤田[①]所产嘉谷，自一茎双穗至八穗、九穗者颇多，实为奇瑞。下部知之。戊辰，【略】谕仓场侍郎，今岁雨多，道路泥泞，民商客货车辆难行，其五闸运河内载货民船，既无碍漕运，不必禁止。【略】辛巳，【略】谕仓场总督，今年米价腾贵，可将廒内旧贮米石减价平粜，并行文直隶总督，凡近水州县可通舟楫者，俱令赴通仓领运，平粜便民。【略】癸未，谕大学士、九卿等，今年夏秋，直隶地方雨水过多，恐秋禾歉收，穷民乏食，已降谕旨，令该地方官详查赈济。【略】甲申，【略】谕山东巡抚陈世倌，据奏历城、聊城等州县秋禾被淹，农民失望，已饬各地方官抚恤等语，该抚务须督率有司，加意经理，毋使穷民失所。

《世宗实录》卷三五

九月【略】壬寅，【略】顺天府尹张令璜疏言：耤田嘉禾一茎九穗，实属盛世奇瑞，阖府绅士耆庶公吁撰文立碑。【略】壬子，【略】靖逆将军富宁安疏报：塔尔那沁等处屯田收获青稞八千九百三十二石有奇。下部知之。【略】丁巳，【略】又谕：【略】直隶保定等府去岁颇称有秋，今春二麦亦熟，乃以夏秋雨水过多，田禾被涝，而民间遂有饥色，若非多方赈恤，穷民必至失所。【略】兹据江南、浙江、江西、湖广、福建、河南、山西、陕西、广东、广西、云南、贵州等省督抚报称，今岁秋成八九十分不等，朕览奏，不胜宽慰。

《世宗实录》卷三六

十月【略】丁丑，免广东海康、遂溪二县雍正二年分水灾额赋有差。【略】庚寅，【略】靖逆将军富宁安疏报：吐鲁番等处屯田收获麦子、糜子六千九十石有奇。下部知之。赈直隶霸州、保定等六十

---

① 耤田，历代皇帝为尊农耕而设置的样板地块名及礼仪制度，示作耕籍、耕耤。清自顺治十一年(1654年)定于每年仲春亥日，皇帝行耕耤礼。

九州县，天津梁城、茂山三厅所水灾饥民。 《世宗实录》卷三七

十一月乙未朔，谕大学士等，今年直隶州县被水，小民乏食，朕轸念殷切，除截留漕米，发给常平仓谷外，又将通仓米六成以上者，著托时、陈守创，亲交余甸、蔡起俊运赴天津，分散赈粜。今朕访得所发之米，朽烂不堪，其高者不过三四成，低者全属灰土。【略】将此无用之米运给，有名无实，小民何所资藉，此已运成色米十(万)石，著赏给各处穷民。再另发六成以上米十万石，【略】运往天津。【略】乙卯，【略】免江南山阳等四县本年分水灾额赋有差。【略】辛酉，【略】免云南南宁、沾益等四州县本年分水灾雹伤额赋有差。 《世宗实录》卷三八

十二月【略】乙亥，【略】免河南西华、荥泽等四县本年分秋灾额赋有差，兼赈祥符、睢州等十九州县饥民。丙子，【略】免云南邓州、建水二州本年分水灾额赋有差。【略】戊寅，谕户部，湖广为产米之乡，谷石最宜多贮，将来运往别省，皆为近便。今查湖广通省存仓之谷只数十万石，为数无多。今岁湖广收成丰稔，著即行文该省督抚，令其动支库银十余万两，遴选贤员采买谷石。【略】江南、浙江今岁俱获丰收，著各该抚就近商酌，若亦可动项采买谷石，著即一面定数奏闻，一面采买。【略】辛巳，【略】免江南太平、盱眙、泗州三州县本年分旱灾额赋有差。壬午，谕巡视五城御史，今年天气寒冷，闻外间无屋居止之穷民，竟有受冻伤损者，朕心深为悯恻。【略】又谕：今年天气甚冷，京城多有穷民，广宁门[①]、安定门外向有养济院，此二处著将变色米赏给一百石，煮粥赈济。传谕仓场侍郎，将米样呈验，然后赏给。【略】戊子，【略】谕内阁，山东历城等四十三州县、德州等五卫所今岁被水，收成歉薄，巡抚陈世倌奏请将被灾之州县卫所，应征漕粮尽行缓征，分作三年带征起运。【略】己丑，谕陕西总督巡抚等，【略】查西安现在所贮米石为数无多，今岁秦省收成丰稔，著总督岳钟琪、巡抚图理琛就近商酌，动用库银采买米石，存贮省仓。【略】谕河道总督齐苏勒，宿迁以下因黄河决口尚未堵成，黄河大溜不能畅直通流，致有淤浅一二处水势急溜，河身复多沙砾。

《世宗实录》卷三九

## 1726年 丙午 清世宗雍正四年

正月【略】丙申，【略】命再发通仓米十万石，运至天津，加赈直隶霸州、保定等七十五州县水灾饥民。【略】己亥，【略】山东巡抚陈世倌折奏：去年山东历城等四十三州县、五卫所偶被水灾，其应纳漕粮业经奉旨缓征，复将存仓米谷借给穷民。臣恐隆冬民食不周，先于省城及德州一带设立粥厂，续于聊城、茌平等十县各设粥厂，如有外省饥民到境，一体赈济，以广仁恩。得旨：【略】去岁各省俱庆丰稔，惟直隶、山东歉收，直隶料理甚妥，谅未必有流移至山东之民，汝但能抚恤本省百姓不至迁离失业，则亦可告无愧矣。【略】壬子，【略】靖逆将军富宁安疏奏：哈密塔尔那沁等处屯田收获青稞二千一百石有奇。下部知之。【略】癸亥，【略】又谕：近日米价渐贵，兵丁米粮支放不必待至三月，著仓场侍郎于二月初十日起，即行支给。赈河南汝州、延津等十八州县水灾饥民。

《世宗实录》卷四〇

二月【略】丁卯，【略】谕八旗大臣等，今年直隶雨水过多，二麦收获与否，尚未可知，因此京师米价腾贵。朕特降旨，将三月应领米粮令其于二月支放。乃闻八旗兵丁冀得善价，将所领之米尽皆粜卖，将来必致乏食，再复倍价籴买，则伊等生计仍觉艰难。尔等将此晓示兵丁，严加禁约，务令存留食米，无得多粜。【略】庚午，【略】谕大学士等，去年近京地方雨水稍多，收成歉薄，穷民乏食，朕心轸念。即令蠲免钱粮，发通仓米四五十万石，遍行赈济。【略】壬申，【略】工部议覆，副总河嵇曾

① 广宁门，今广安门。

筠疏言，豫省卫河水势奔泻，河底俱系浮沙，随挖随淤，刨浅无益，请于汲县、浚县、汤阴、内黄等处筑草坝二十六座，其直隶大名县张儿庄亦建筑草坝一座，首尾接应，以济漕运，应如所请。从之。【略】丁丑，【略】免直隶蓟州、清苑等七十四州县雍正三年分水灾额赋有差。戊寅，谕户部，去秋北方多雨，直隶所属七十四州县被水歉收，朕心甚为轸恤。【略】免湖广沔阳州、沔阳卫雍正三年分水灾额赋有差。

《世宗实录》卷四一

三月【略】癸卯，【略】豁免河南祥符县被水冲决田地额赋九千四百两有奇。从河南巡抚田文镜请也。甲辰，谕大学士等，去岁畿南被水，深轸朕怀。【略】壬子，【略】赈河南汝州、襄城等二十三州县水灾饥民。【略】辛酉，谕议政大臣等，朕从前以直隶雨水过多，田禾歉收，米价腾贵，令盛京及口外地方严禁烧锅，已下谕旨。今闻盛京地方仍开烧锅，盛京口外蒙古交界之处，内地人等出口烧锅者甚多，无故耗费米粮，著严行禁止。

《世宗实录》卷四二

四月【略】辛巳，谕九卿等，【略】昨日原拟今辰理事，乃夜来下雨，朕即传谕诸臣不必前来，而城中官员俱已行至西直门，闻旨始回。【略】壬午，谕内阁，据总河齐苏勒奏报，朱家口水势陡涨，东岸坝台大溜冲陷，现在防守修筑等语。【略】著兵部侍郎阿克敦前往署理。【略】庚寅，【略】免直隶霸州、玉田等四州县雍正三年分水灾额赋有差。

《世宗实录》卷四三

五月【略】甲午，【略】免直隶香河等三县雍正三年分水灾额赋有差。【略】庚子，【略】免山东德州、禹城等十六州县，德州一卫雍正三年分旱灾额赋有差。【略】乙巳，【略】福建巡抚毛文铨折奏：本年雨水过多，米价腾贵，请令江西巡抚裴率度拨谷运济。奉上谕：【略】已敕谕江西巡抚裴率度速运米十五万石，前赴闽界，尔即遵照部文速行办理。【略】庚申，谕都察院，闻京城近日米价腾贵，恐有奸人囤积射利，因天气连阴，借此扰乱。【略】将京仓好米发五万石分给五城，每城领米一万石，照例立厂，委员平粜。

《世宗实录》卷四四

六月壬戌朔，谕大学士、九卿、翰詹、科道等，【略】前岁雨泽偶愆，去岁畿辅被潦，朕在宫中虔祷上天，中夜屡起，瞻望云色，以卜晴雨。【略】今夏二麦登场之时，适值连雨，目前虽晴，尚未开霁，朕为小民深切轸念。【略】癸酉，谕江西巡抚裴率度，闻福建今年春夏以来雨水稍多，天气寒冷，禾苗兴发甚晚，目前米价昂贵，民食颇觉艰难。江西素称产米之乡，况去岁今春皆获丰收，理应通融以济闽省。近闻江西地方官遏籴，不令出境，甚非情理，著将江西存仓之谷碾米十五万石，动用脚价，遴委能员，即速运至闽省交界地方。【略】甲戌，谕户部，江南泗州逼近黄河，地势低洼，因去年黄水冲决之岸，尚未合龙，今年四月间水势漫溢，以致泗州地方禾麦又被淹损，朕心甚为轸念。

《世宗实录》卷四五

七月辛卯朔，【略】谕内阁，【略】今岁杨文乾奏广东米贵，驻防兵丁有不许巡抚减粜之事。宜兆熊、毛文铨又奏福建缺米，有土棍抢米之事。此二省上年俱奏称丰收，并未云荒歉也。且据黄国材称，福建积谷见有一百六十余万石，而毛文铨乃奏请于江西采买米石。朕已降特旨，令江西运米十五万石往福建平粜。然黄国材谓福建有米，而毛文铨则求米于邻省，观此则当日两人之交代，种种不清可知矣。【略】己亥，【略】浙闽总督高其倬疏言：闽省米价腾贵，见拨温、台二府仓谷七万石运往接济，更请于江南淮安等处采买二麦，运闽平粜。【略】丁未，【略】户部议覆，山东巡抚陈世倌疏言，东省仓谷未经买足者，应令各州县乘二麦丰收时，籴麦贮仓，其民欠米谷并准交麦，俟秋收后易谷还仓，应如所请。从之。【略】庚戌，谕湖广总督李成龙，【略】荆州长江两岸堤防关系民生，最为紧要，盖因川、湘二江之水汇归于此，易于泛溢。闻今年雨水连绵，水势甚猛，陆地之水为江水所拒，不能减退，以致低洼之地禾苗淹没。又闻往年黄滩等处堤岸两次冲决，江陵、潜江等州县田苗被淹，甚为民害。

《世宗实录》卷四六

八月【略】癸亥，谕直省督抚等，数十年来各省钱粮亏空甚多，朕曾降谕旨，宽限三年，令督抚催

追完项，至今未见有奏报料理就绪者。【略】去秋畿辅水涝歉收，须用谷石赈济，而仓谷存者甚少。今夏遣官访查，各属亏欠一一显露，仓谷如此，则库帑之亏缺可知矣。【略】赈湖南临湘等四县、岳州一卫水灾饥民。【略】丙寅，【略】赈广东南海等五县水灾饥民。【略】辛未，大学士、九卿等奏：顺天府府尹刘于义恭进耤田所产嘉谷一茎双穗者五本、三穗者四本、四穗者三本、五穗者五本、六穗者三本、七穗者四本、八穗者三本、九穗者三本。又内务府恭进丰泽园皇上亲植稻谷一茎四穗者二本、三穗者二十本、双穗者二百七十本。臣等蒙恩宣示，捧观之下，不胜欢庆。【略】河南巡抚田文镜奏报瑞谷。得旨：据田文镜奏，进豫省所产嘉谷，有多至十三穗者，此实罕见之事。【略】化灾祲而成丰稔。前岁畿辅偶旱，李维钧奏称，欲用法术祈祷，此时朕即降旨止之。【略】赈湖广武昌等四县、武左等三卫水灾饥民。【略】甲申，免江南泗州本年分水灾额赋有差。【略】丙戌，【略】谕内阁，【略】雍正二年、三年耤田特产嘉禾，有至一茎九穗者，朕心亦以为偶然之事。今据府尹刘于义进呈，今岁耤田所产自一茎双穗、三穗，以至八穗、九穗，皆硕大坚好，异于常谷，朕见之心甚慰悦。【略】前岁夏间近畿雨泽稍愆，朕在宫中默祷，【略】不数日而甘霖大沛，禾稼有秋。【略】至去年夏秋之间，时常阴雨，而李维钧并不将畿辅被潦实情具奏，是以朕未曾早为虔祷，殚竭诚心，以挽天意而纾民困。【略】于是截漕发仓，多方赈济，【略】是以地方虽被水灾而小民不致流离失所，今岁二麦丰收，禾黍畅茂，此皆上天俯鉴朕衷，故加惠黎元而锡以盈宁之庆也。　　《世宗实录》卷四七

九月【略】甲辰，【略】谕户部，去年山东济南、兖州、东昌三府偶有水患，朕心轸恤，蠲赈兼施。【略】今年山东雨水调匀，二麦丰登，民生乐业。惟是去秋被水低洼之处，又经今夏之雨，未必能及时播种，以获全收。【略】又闻山东登、莱、青三府连年丰稔，此时商贩之米，自东而西络绎不绝，著山东巡抚酌量动用帑银，委官购买，分贮于济南等属米少之州县。【略】己酉，【略】免山东德州、历城等四十三州县，济南等五卫，东平一所，雍正三年分水灾额赋有差。　　《世宗实录》卷四八

十月【略】甲子，【略】谕户部，从前因泗州逼近黄河，常有水患，今岁又复被水，特命布政使石麟动支库银二万两，亲身带往，散给穷民。【略】戊辰，【略】署湖广总督福敏折奏：湖广沔阳、潜江等十州县被水饥民，逃荒载道，查此十州县皆系水乡，米商易通，目下止需谷六万石，即已足赈济之用。【略】庚午，振武将军宗室公巴赛疏报：鄂尔昆等处屯田收获麦、糜、青稞一百十石。下部知之。【略】丁丑，【略】免湖北沔阳、江夏等十一州县，武昌、武左等六卫本年分水灾额赋有差。【略】甲申，【略】免湖南临湘等三县，岳州一卫本年分水灾额赋有差。　　《世宗实录》卷四九

十一月【略】丁酉，【略】赈福建连江等五县水灾饥民。己亥，【略】广东巡抚杨文乾疏报：归善、博罗等十一县滨海被水，秋收歉薄，请加赈恤。得旨：上年广东、福建二省所属郡县有数处歉收，是以今年夏秋米价昂贵，已谕该督抚等设法接济，抚恤贫民。今年福建雨泽调匀，秋成丰稔。广东早禾大收，惟八月间雨水稍多，恐晚禾收成歉薄，至明年青黄不接之时，小民不无乏食之虞。【略】寻议：除先拨广西梧、桂等六府存仓捐谷三十万石，运至广东收贮备赈外，应请将常平仓捐监事例改为运谷，令邻省江西、湖广、广西愿捐人等买粜谷石，运送广东。【略】庚子，【略】免江南宿松县本年分水灾额赋有差。【略】壬寅，免江南无为、望江二州县本年分水灾额赋有差。【略】乙巳，【略】免江西南昌等七县本年分水灾额赋有差。【略】戊申，免湖南巴陵等四县本年分水灾额赋有差。【略】癸丑，【略】免江南铜陵县本年分水灾额赋有差。【略】丁巳，冬至，祀天于圜丘。上亲诣行礼，毕。谕诸王大臣等，曰：今日未祭之前大雪，及行礼时，微止，行礼毕，雪复大作。此实上天垂佑之象。

《世宗实录》卷五〇

十二月【略】辛酉，【略】署湖广总督福敏折奏：江夏、沔阳等州县被水歉收，遵旨煮赈，但雨雪连绵，老幼颇难赴厂食粥，即丁壮就食亦觉路远。南方地暖，腊月可以佣工种麦，每日往返有妨生业。臣遵煮赈之法，少为变通，行令各州县确查人口数目，老弱丁壮一体给米，俟来春赈毕，造册报部。

【略】壬戌，免湖北澧州本年分水灾额赋有差。【略】甲子，【略】免江南江宁右卫本年分水灾额赋有差。乙丑，【略】谕曰：【略】雍正元年，年羹尧来京陛见时，言山西年岁歉收，宜早为赈恤，朕因降旨与巡抚德音，令其查奏。而德音回奏，称山西去年收成甚好，道途亦无饥民，实无可赈济之处。时适田文镜告祭华山，回京复命，将山西通省荒歉情形激切敷陈，备极周详。【略】因遂令田文镜往山西，任赈济之事。【略】丙寅，【略】免江南宣城等三县本年分水灾额赋有差。丁卯，谕户部，今岁江南秋雨稍多，其江、安所属被水州县，已令该督抚转饬有司确查赈恤，务使小民得所。但闻入冬以后，时有阴雨，积水未消，春麦未能及时耕种，恐交春米价渐昂。【略】查江安粮道有存贮还漕一项，约计二万八千余石；安庆、庐州、凤阳、淮安四府各有分贮留漕之项，共计九万余石。【略】寻议：江南现被水灾，需用米谷倍于他省，应令该督抚动帑委员，赴产米地方采买运送。【略】戊辰，【略】免江南南陵等四县本年分水灾额赋有差。己巳，【略】免江南邳州、宿迁等四州县卫本年分被水及雹灾额赋有差。辛未，免江南睢宁县本年分水灾额赋有差。【略】癸未，【略】河道总督齐苏勒疏报：臣于睢宁工次，忽见黄河之水湛然澄清。随据河营守备朱锦等呈报，自河南虞城县至江南桃源县共六百余里，于本月十六、十七、十八等日河水澄澈，并无浊流，两岸士民纷纷称瑞。洵属千古罕睹之奇征，臣不胜欢跃之至。疏入，报闻。【略】丙戌，【略】河道总督齐苏勒奏报：朱家口决口合龙。

《世宗实录》卷五一

## 1727 年 丁未 清世宗雍正五年

正月【略】丁酉，【略】谕诸王大臣等，朕每逢祭祀，天气必和蔼，去冬至祭天，蒙降瑞雪，今日祭太庙，又有微雪，可为丰稔之兆。【略】甲辰，康亲王崇安等覆奏：先经河道总督齐苏勒奏报黄河澄清，嗣据漕运总督张大有、河南巡抚田文镜、副总河嵇曾筠陆续奏称，黄河之水自河南陕州至江南桃源县，约计二千里水色澄清，略无沙滓。据各处沿河官弁呈报，自雍正四年十二月初九日起，至二十九日河水悉皆澄清。而嵇曾筠于本年正月初四日奏称，亲勘河水澄澈如前。是则河水澄清远跨陕西、河南、江南、山东四省之境，经历二十日之久，诚亘古以来未有之瑞。

《世宗实录》卷五二

二月【略】壬戌，谕内阁，据河道总督齐苏勒等先后二次奏报，黄河之水自上年十二月初九日渐清，至十六、十七、十八等日湛然澄澈，至二十二日止，自河南虞城县至江南桃源县共六百余里。据河南巡抚田文镜奏报，上年十二月初九日，臣自卫辉府兑漕事竣，至祥符县渡河，亲见浮冰开冻之处，微觉清澈。随委员查看，见黄河自陕州以下，东至虞城，一千余里悉皆澄清。又今年正月初二、初三等日，委员亲至河口看视，尚然清澈。又据初六日同知刘永锡禀报，河水犹清。据副总河嵇曾筠奏报，与田文镜大略相同。又据河南巡察给事中张元怀折奏，黄河之水至正月初九日尚见澄澈。又据署山东巡抚塞楞额奏报，十二月初九日曹县地方忽见黄河渐清，至十六七八等日澄清彻底。又据四川学臣任兰枝到京口奏，于正月初九日在潼关渡河，亲见河水清澈，计地在陕州以上二百余里。朕将诸臣所奏合观之，时日多寡不同，道里远近亦不画一。【略】赈江南江宁等十九县，淮安、大河二卫水灾饥民。【略】癸亥，【略】赈江南泗州、桐城等九州县水灾饥民。【略】乙丑，【略】免浙江安吉、仁和等九州县雍正四年分水灾额赋有差。【略】丙寅，谕内阁，浙江杭、嘉、湖三府上年秋冬之间雨水稍多，收成略歉，今年青黄不接之时，已令地方官商酌平粜，以济民食。【略】壬申，【略】免福建连江、罗源二县雍正四年分水灾额赋有差。【略】癸酉，【略】赈江南福泉、阳湖二县水灾饥民。甲戌，【略】赈浙江平湖等三县水灾饥民。【略】壬午，免江西新喻、新淦二县雍正四年分水灾额赋有差。

《世宗实录》卷五三

三月【略】己亥，上亲耕耤田。【略】谕诸王大臣曰：昨日天阴，今日乃如此晴明，四年以来耕耤之日皆如此。礼部原拟二月二十九日行耕耤礼，朕改于今日，不谓二十九日天气风寒，而今日则甚和霁也。

《世宗实录》卷五四

闰三月【略】乙丑，【略】缓征湖广江夏、沔阳等十七州县卫雍正四年分及本年额赋。【略】乙亥，【略】免广东东莞等六县雍正四年分水灾额赋有差。【略】己卯，谕内阁，【略】今年三月间直隶地方雨旸不一，朕念切民依，时时体访。昨闰三月十一日，京师及近畿之地俱得雨泽，而蓟州仅有微雨，不能沾足。【略】乙酉，【略】办理阿尔泰军营粮饷事务巴泰等疏报：察罕叟尔、特里、库尔奇勒、扎克拜达里克四处屯田，收获大麦、小麦、青稞共二千六百一十八石有奇。下部知之。

《世宗实录》卷五五

四月【略】庚子，【略】赈山东邹平等十二县、济南一卫水灾饥民。　　《世宗实录》卷五六

五月【略】庚午，赈广东三水等五县水灾饥民。　　《世宗实录》卷五七

六月丙戌朔，【略】河道总督齐苏勒，会同西安巡抚法敏、山西巡抚德明、署山东巡抚塞楞额、副总河嵇曾筠、河南巡抚田文镜，遵旨查奏黄河澄清各省起止日期，陕西、山西于雍正四年十二月初八、九等日起，至五年正月十二三等日止；河南于十二月初九日起，至五年正月十日止；山东曹县于十二月初九日起，至五年正月初十日止；单县于十二月初九日微清，十六、十七、十八等日澄清彻底，至二十二日以后复旧；江南于十二月十六日起，至二十三日止。此见黄河澄清自上而下也。再查，河清于江南之桃源而止，十二月二十三日桃源以上迄于河南交界，始见浊流，自是接壤之界以渐复旧，最后山西、陕西于正月十二三等日止，此见浊流复旧，自下而上也。计陕西清三十六日，山西清三十五日，河南清三十一日，山东单县清十四日，江南清七日。实为千年之嘉应，圣世之瑞征。疏入，报闻。【略】丁未，谕内阁，据怡亲王奏称，玉田县还乡河堤岸冲决，附近之田禾庐舍被淹伤损，朕心深为轸念。

《世宗实录》卷五八

七月乙卯朔，【略】谕户部，湖北地方今年四五月间雨水稍多，江流泛涨，沿江之地罹于水患，如武昌府属之咸宁、蒲圻、嘉鱼三县，武昌、武左二卫，汉阳府属之汉阳、汉川二县，荆州府属之江陵、荆州卫，黄州府属之黄陂、黄梅二县，田亩被淹，米价渐昂，朕心深为轸念。【略】又闻湖南近江州县亦有数处被水，著总督巡抚确实查明，亦照湖北咸宁、蒲圻等县卫之例，将今岁钱粮蠲免。【略】壬戌，【略】赈陕西固原州水灾饥民。【略】甲子，【略】谕大学士、九卿等，【略】从前雍正二年春，河南地方少雨，田文镜具折奏闻，朕览奏为之心动，竭诚祈祷，乃伊折奏到京之二日，河南即得大雨，自后三年之内，豫省皆获丰收，连岁谷秀十三穗，麦秀三岐。可见至诚感格，无有不应。【略】此乃初一日所降谕旨也。乃数日以来，阴雨连绵，不见晴霁，朕甚忧畏。【略】乙丑，上以阴雨连绵，在圆明园斋戒虔祷，雨中步行数里，诣恩佑寺，祷于圣祖仁皇帝御容前。是日，雨势稍止，夜分而霁，翼日大晴。【略】丙寅，【略】发帑金六万两，遣官赈直隶滨河州县被水穷民。【略】戊辰，署湖南巡抚布兰泰奏报：五月以后，湖南雨水稍多，兼川、襄水发，汇赴洞庭，其近湖低洼之处有湘阴、益阳、巴陵、临湘、华容、澧州、安乡、岳州、武陵、龙阳、沅江等十一州县卫申报被水，已经委员查勘，动支公用银两赈恤。其余长沙等九府州属各报早稻已于六月初收成，约计有八分、九分、十分不等，其中、晚二稻尽皆秀发，八月俱可收获。目今米麦价值俱已平减。【略】庚午，上自圆明园进西直门，诣大高殿祈晴，礼毕，风日晴明。【略】庚辰，【略】署湖广总督福敏折奏：臣查看安陆、荆州各府被水堤塍，今年冬初水退，尚未严寒，正可兴工。仰恳皇恩自十月初一日起，即为赈济，除老幼妇女照常计口给赈外，其余丁壮皆令修筑堤塍，优给赈米，自必踊跃赴工，易于告竣，则饥民不至乏食而堤工可以完固矣。奉上谕：此议甚善，应如是行。赈江南无为、舒城等六州县水灾饥民。辛巳，【略】免江南太仓、丹徒等五州县，苏州、镇海二卫雍正四年分水灾额赋有差。壬午，【略】大学士、九卿等奏：顺天府恭

进耤田所产嘉谷一茎双穗五本、一茎三穗至四穗五穗十二本、一茎六穗至七穗八穗十四本、一茎九穗二本、一茎十穗至十一穗十二穗六本、一茎十三穗二本。又，内务府恭进丰泽园皇上亲植稻谷，双穗者二百七十本，三穗者十五本，四穗者一本。臣等欣逢嘉瑞，请宣付史馆，俾垂永久。报闻。【略】癸未，谕直省总督巡抚等，自雍正二年以来，朕躬耕耤田，而耤田之中每岁必产嘉谷，上年自双穗至于九穗，今岁则自双穗至于十三穗，在廷诸臣及京师耆庶皆惊讶以为奇。【略】仰蒙上天眷佑，叠锡嘉禾，是以特颁谕旨，令各省守土官共举耕耤之礼，为万方百姓祈祷秋成。今见各省督抚奏报，处处风雨均调，春麦秋禾并登丰稔，虽边远荒僻之地亦庆有秋。惟直隶、湖广、安徽数州县近水最低之处常年被潦者，略有浸注，亦不为灾，是今年可称大有年矣。　　《世宗实录》卷五九

八月甲申朔，【略】免江南常熟、昭文二县雍正四年分水灾额赋有差。乙酉，工部议奏：都统卢询等监修昭西陵工程，办理不慎，应分别处分。得旨：据卢询奏称，修工时值雨水连绵，砖块被湿，以致入冬冰冻，将砖块挤出，周围裂璺，石角磕损等语。【略】今卢询等以冬寒冰冻为词，当时未冻之先，何不速行完工，及至冰冻之时，又何不据实奏闻请旨，明系草率怠忽，甚属可恶。【略】丁亥，【略】免山东邹平等十县、济南一卫雍正四年分水灾额赋有差。【略】辛卯，免江南泗州、桐城等十州县雍正四年分水灾额赋有差。【略】丙申，【略】景陵一等侍卫关保恭进陵寝地方所产高粱一茎双穗、四穗、十一穗，及所产嘉谷双穗、三穗不等。报闻。【略】丁酉，【略】免江南吴县等十八县，淮安、大河二卫雍正四年分水灾额赋有差。【略】丁未，【略】免江南福泉、阳湖二县雍正四年分水灾额赋有差。【略】己酉，【略】总理水利营田事怡亲王等疏报：现值秋成，所营京东滦州、丰润、蓟州、平谷、宝坻、玉田等六州县稻田三百三十五顷，京西庆都、唐县、新安、涞水、房山、涿州、安州、安肃等八州县稻田七百六十顷七十二亩，天津、静海、武清等三州县稻田六百二十三顷八十七亩，京南正定、平山、定州、邢台、沙河、南和、平乡、任县、永年、磁州等十州县稻田一千五百六十七顷七十八亩。其民间自营己田，如文安一县三千余顷，安州、新安、任丘等三州县二千余顷。据各处呈报，新营水田俱禾稻茂密，高可四五尺，每亩可收谷五、六、七石不等。至正定府之平山县及直隶天津州，呈送新开水田所产瑞稻，或一茎三穗，或一茎双穗，谨呈御览。下部知之。【略】辛亥，谕湖广督抚等，湖广近江滨湖之州县如咸宁、蒲圻数处，今岁被水，特颁谕旨，将今岁钱粮全行蠲免。沔阳、潜江、监利一州二县及卫所屯田，皆属低洼之地，与咸宁等处相同，照例将今岁钱粮全免。

《世宗实录》卷六〇

九月甲寅朔，赈福建永定县水灾饥民。【略】己未，【略】免江南溧阳、无锡二县雍正四年分水灾额赋有差。【略】癸亥，【略】免江南上元等三县雍正四年分水灾额赋有差。【略】乙丑，【略】谕户部，朕闻江南、浙江近水之地数处被水，轸念穷民，朕怀殷切，著江南总督范时绎动用库银二万两，于上、下两江应用之处散赈；浙江巡抚李卫动用库银一万两于应用之处散赈，令穷民均沾实惠。【略】吏部议奏：甘肃布政使护理巡抚印务钟保，因固原州偶遇骤雨，城墙旧砖剥落，田禾略被冰雹，尚未成灾，乃并不确查，冒昧具奏，殊属不合。经提督路振扬目睹情形，据实呈明，钟保应降三级调用。得旨：【略】钟保著革职，以为人臣负恩溺职者之戒。【略】戊辰，【略】谕户部，【略】昨田文镜奏称，河南固始县东关官河一道，地势洼下，七月间骤雨水涨，东岸长兴集、西岸站马集二处被水浸注，民房倒塌，漂没人口，幸而水退甚速，禾稼无恙，并不成灾，无庸题请蠲免。其被水人民，已将司库存贮耗羡之银动拨，令道员确查散赈，加意抚恤等语。【略】辛未，【略】免江南吴江、安东二县雍正四年分水灾额赋有差。【略】己卯，【略】川陕总督岳钟琪疏奏：湖广、江西、广东、广西等省之民逃荒入川，不下数万户，请开招民事例，给穷民牛具籽种，令其开垦荒地，方为有益。【略】壬午，户部疏奏：请将各省运到霉湿漕米发还旗丁，另行买补。得旨：今年雨水略多，运送米石不无沾湿，若令旗丁尽行赔补，未免苦累穷丁。但将成块不可食之米拣出发回。　　《世宗实录》卷六一

十月【略】己丑，【略】命大学士、九卿等，观浙江巡抚李卫所进瑞谷。【略】戊戌，【略】署直隶总督宜兆熊疏言：霸州、雄县等二十四州县被水穷民，已蒙恩散赈，其各属被水地亩钱粮暂请缓征。【略】己亥，【略】军营效力行走原任大同总兵官马觌伯奏言：鄂尔昆图拉地方为极边初垦之地，近产瑞麦，有一茎至十五穗之多，实属希逢之上瑞，罕见之嘉祥。得旨：今岁各省俱产嘉禾，顷马觌伯复进瑞麦。朕观自古圣帝贤王，皆务实心实政，不以祥瑞为尚，朕深明此理，摈斥虚文，因今岁为通行耤田典礼之初，即获感召天和，是以特为表著，以明天人感应之理捷于响应，期中外诸臣益加诚敬，共相儆勉于将来也。但恐地方有司未必深悉朕心，或竞尚嘉禾之美名，借端粉饰，致有隐匿旱潦而不以上闻者，亦未可定。著将雍正五年以后各省田亩所产嘉禾，俱停其进献。奏闻。

《世宗实录》卷六二

十一月【略】丁巳，【略】谕理藩院，今年口外蒙古地方收获甚丰，科尔沁敖汉等十六处札萨克地方，未能丰收，宜加特恩。【略】庚申，谕内阁，前据怡亲王及大学士朱栻奏称，直隶水田稻谷丰收，民间多不惯食稻米，请发银采买米石，使得卖米价银转买小米、高粱，于百姓甚属有益，此特为民食计，非为仓储计也。近闻州县中，竟有逼勒小民强买稻米者。此等不肖官吏，生事扰民，将朕爱民德政奉行不善，反为扰民之事，较之一切贪劣之员尤为可恶。著该督等查参治罪，徇徇情隐庇，不行查参，将该督等一并严加议处。【略】丁卯，【略】免湖北蕲州、黄冈等四州县，黄州、蕲州二卫本年分水灾额赋有差。【略】辛未，【略】免江南沛县雍正四年分水灾额赋有差。【略】庚辰，【略】免湖北公安、石首二县，荆左、荆右二卫本年分水灾额赋有差。辛巳，【略】免浙江安吉、仁和等十州县，杭州前、右二卫本年分水灾额赋有差。 《世宗实录》卷六三

十二月壬午朔，【略】振武将军宗室公巴赛疏报：鄂尔昆图拉等处屯田收获青稞、麦、糜共二千六百五十石有奇。下部知之。癸未，【略】赈江南泰兴县水灾饥民。【略】甲午，【略】赈江南海州、清河二州县水灾饥民。【略】辛丑，【略】赈江南怀宁等十四县水灾饥民。免直隶雄县等四县本年分水灾额赋有差。【略】乙巳，【略】江苏巡抚陈时夏奏报：松江府华亭县地方于十一月二十四日，天降甘露[①]，树枝、茅屋之上，大如晶珠，自辰至巳凝结不散，父老欢庆奇祥，合行奏闻。【略】陕西西安按察使兼管河东盐政硕色奏报：十月初三日起，至十一月十一日止，池盐献瑞，不需人力，自然滋生，多至七百万余斤，悉皆颗粒盘簇，味甘如饴，迥异常盐。下部知之。 《世宗实录》卷六四

## 1728年 戊申 清世宗雍正六年

二月【略】庚寅，【略】免直隶蓟州、高阳等九州县雍正五年分水灾额赋有差。【略】壬辰，【略】免直隶保定县雍正五年分水灾额赋有差。【略】辛丑，【略】免直隶肃宁县雍正五年分水灾额赋有差。【略】甲辰，谕内阁，上年闻湖广、广东、江西等省之民，因本地歉收米贵，相率而迁移四川者不下数万人，已令四川督抚设法安插，毋使失所。但思上年江西收成颇好，即湖广、广东亦非歉岁不过近水之地略被淹损，何至居民轻去其乡者如此之众也，因时时留心体察。今据各省陆续奏闻，大约因川省旷土本宽，米多价贱，而无知之民平日既怀趋利之见，又有传说者谓川省之米三钱可买一石；又有一种包揽棍徒，极言川省易于度日，一去入籍，便可富饶。愚民被其煽惑，不独贫者堕其术中，即有业者，亦鬻产以图富足。独不思川省食物价贱之故，盖因地广人稀，食用者少，是以如此。若远近之人云集一省，则食之者众，求如从前之贱价，岂可得乎。【略】乙巳，【略】免直隶丰润、博野二

---

① “甘露”，旧谓甘露为上天所降带有甜味的液体或液状凝结物，古人视为天降祥瑞，历代史志多有记载。近代有学者研究指出，多数甘露实际上是蚜虫的分泌物。

县雍正五年分水灾额赋有差。【略】庚戌，【略】免直隶青、静海二县雍正五年分水灾额赋有差。

《世宗实录》卷六六

三月辛亥朔，免直隶东安县雍正五年分水灾额赋有差。壬子，【略】免直隶邯郸县雍正五年分水灾额赋有差。癸丑，谕户部，【略】明洪武时，凡水旱地方，税粮即与蠲免。成化时，凡被灾之地，以十分为率，减免三分。弘治时，全荒者免七分，九分者免六分，以是递减；至被荒四分免一分而止。我朝顺治初年，凡被荒之地，或全免，或免半，或免十分之三，以被灾之轻重，定额数之多寡。顺治十年，议定被灾八九十分者，免十分之三五六，七分者免十分之二，四分者免十分之一。康熙十七年，议定歉收地方除五分以下不成灾外，六分者免十分之一，七八分者免十分之二，九分十分者免十分之三。此例现在遵行，【略】数十年来虽定三分之例，然圣祖仁皇帝深仁厚泽，爱养斯民，或因偶有水旱而全蠲本地之租，亦且并无荒歉而轮免天下之赋，浩荡之恩，不可胜举。而特未曾更改旧例者，盖恐国家经费或有不敷，故仍存成法，而加恩于常格之外耳。朕即位以来，命怡亲王等管理户部事务，清查亏项，剔除弊端，悉心经理，数年之中库帑渐见充裕。以是观之，治赋若得其人，则经费无不敷之事。用沛特恩，将蠲免之例加增分数，以惠烝黎。其被灾十分者著免七分，九分者著免六分，八分者著免四分，七分者著免二分，六分者著免一分，将此通行各省知之。【略】癸酉，【略】免直隶霸州雍正五年分水灾额赋有差。【略】戊寅，【略】免直隶宝坻县雍正五年分水灾额赋有差。

《世宗实录》卷六七

四月【略】癸巳，免直隶永清县、梁城所雍正五年分水灾额赋有差。　《世宗实录》卷六八

五月【略】壬戌，【略】免江南无为、宿松等五州县雍正五年分水灾额赋有差。【略】戊辰，免直隶天津州雍正五年分水灾额赋有差。【略】乙亥，谕内阁，田文镜自到河南以来，忠诚体国，公正廉明，豫省境内吏畏民怀，称为乐土，以此上感天和，从前三年收成丰稔，而今岁八府各州二麦复登大有。又如连年豫省黄河工程，当暑雨时行之际，全无泛溢，此皆天地嘉佑之明验。【略】鄂尔泰公忠勤，诚实心任事，经理咸宜，是以云南地方连岁丰登，今年通省郡县以及苗蛮荒僻之地，规麦俱有十分收成，滇省父老称为罕觏，从来天人感应之理，捷如影响。【略】今思山东民俗官方，宜加整理，河南与山东地界相连，以田文镜之精神力量，办理两省之事绰然有余，著将田文镜授为河东总督，管理两省事务。

《世宗实录》卷六九

七月【略】辛亥，【略】总理营田水利事务怡亲王允祥参奏：效力主簿梁文中在蓟州营治水田，将水泉微细之地捏报堪营，因民间观望，差拘责比，复逼民人将已种豇豆、高粮[①]等项拔去。请将梁文中革职。【略】戊午，江西巡抚布兰泰参奏：清江县知县牛元弼于需雨之时，并不亲身祈祷，屠宰甫禁旋开，张筵唱戏，政务不理。临江府知府吴恩景代为隐饰，请一并革职。【略】庚申，【略】山西巡抚觉罗石麟奏报：荣河县沿河地方黄河水涨，被淹村庄共十有八处，现在设法抚恤。得旨：【略】今荣河县果有河水泛溢，淹及村庄之事。夫黄河之在山西，尚非险要之处，而今岁入夏以来又非多雨之年，乃忽闻水涨为患，岂非封疆大吏政事有阙，故上天垂象以示儆乎。【略】戊寅，【略】赈甘肃兰州雹灾饥民。

《世宗实录》卷七一

八月【略】甲申，【略】免江南高邮、桃源等七州县雍正五年分水灾额赋有差。【略】丁亥，【略】免江南海州、清河二州县雍正五年分水灾额赋有差。【略】乙未，谕内阁，蝗蝻最为田禾之害，迅加扑灭，犹可以人力胜之。昔我圣祖仁皇帝训饬地方各官，谆谆以捕蝗为急务，其不力者加以处分，无非养民防患之至意。乃州县有司往往玩忽从事，不肯实心奉行。而小民性耽安逸，惮于捕灭之劳，且愚昧无知，又恐捕扑多人，以致践伤禾黍，瞻顾迟回，不肯尽力。不知蝻子初生，就地扑灭，易于

① 高粮，即高粱之别写。

驱除，一或稍懈，听其生翅飞扬，则人力难施，且至蔓延他境，为害不可言矣。前两江总督范时绎折奏，邳州地方有蝗蝻萌生，朕即谕令竭力扑灭，无俾遗种，莫被属员朦蔽。近闻彼处蝗虫，该地方官并未用力扑灭，怠玩从事，而督抚付之不闻。著范时绎查明题参。并将该督抚交部严加议处，以儆怠玩。

《世宗实录》卷七二

九月【略】癸丑，【略】免山西荣河县本年分水灾额赋有差。【略】乙卯，谕户部，今岁福建地方有数县雨泽稀少，秋成未必全收，闽省地狭人稠，每年米谷不无借资于邻省，今既有少雨之处，恐明春米价腾贵，不可不预为筹画，【略】著将浙江漕粮截留运送，【略】闽省必须二十万石接济。【略】将浙江漕米截留十万石，江南漕米截留十万石，行令各该督抚速行办理。【略】丁卯，【略】免江南怀宁等十四县、凤阳一卫雍正五年分水灾额赋有差。【略】壬申，免江西上高县雍正五年分旱灾额赋有差。

《世宗实录》卷七三

十月【略】辛卯，【略】谕户部，直隶为首善之地，今岁春麦秋禾俱登丰稔，民人乐业，朕心深慰。【略】已亥，诸王大臣等奏：臣等敬观景陵宝城所生瑞芝五本，光彩辉灿，五色鲜润。【略】赈福建侯官等八县旱灾饥民。【略】辛丑，【略】赈江南宿州、灵璧二州县雹灾饥民。　《世宗实录》卷七四

十一月【略】癸亥，谕户部，今年江西省有数县稍歉雨泽，恐明春米价昂贵，著将本年起运漕粮内截留十万石，存贮本省，以备将来之用。【略】丙子，谕户部，苏州巡抚所属七府五州，自康熙五十一年起，至雍正四年，未完地丁钱粮积至八百一十三万八千余两，其中苏、松、常三府，太仓一州积欠最多，自一百四十余万两至一百八十余万两不等。【略】此未完钱粮，或有产去粮存，而不能完纳者；或有人产已尽，而无可催追者；又或有从前遇歉收之岁，而地方官匿荒未报，小民无力输将，致成拖欠者。累积十余年之久，其数至千百万两。但其中有或本系该地方官亏空，而希图卸脱，捏作民欠者；或粮户已经交纳，而奸胥蠹役侵蚀入己，仍作民欠者。是此项未完，大约官亏空者十之一二，吏侵蚀者十之三四，其实系民欠不过四五而已。　《世宗实录》卷七五

## 1729年 己酉 清世宗雍正七年

正月丙午朔，【略】谕蒙古王等，【略】天下太平无事，数年以来，屡登丰稔，国家钱粮颇为饶裕。【略】辛亥，【略】云贵广西总督鄂尔泰折奏：十月二十九日恭遇万寿令节，滇南省城五色卿云光灿捧日，经辰、巳、午三时。至十一月朔，绚烂倍常，凡呈见两日。随据布政使张允随详称，楚雄府之楚雄、广通两县，姚安府之姚州及大姚、定边两县，又顺宁府知府傅逵等先后呈报皆同，诚属从来未有之嘉瑞。【略】庚申，【略】谕礼部，山川之神，赐福于地方百姓，【略】如向来盛京之地旱潦不时者凡六载，康熙五十九年朕奉皇考命，躬诣祖陵，【略】虔恭致祭。自康熙六十年以至于今，盛京年谷悉登丰稔。又如黄河之神，虔诚祷祀，果见安澜有庆，万姓宁居，皆神祇垂佑。

《世宗实录》卷七七

二月【略】壬辰，【略】豁免江南沛县水沉田地额赋银三千二百七十两有奇，从江苏巡抚尹继善请也。【略】甲午，谕户部，农事为国家首务，【略】现今畿辅之地营种水田以来，收获甚多，行之已有成效，设立巡农御史之事，当先行于直隶。每年特差御史一员，于二月田功初起之时，巡历州县，察农民之勤惰，地亩之修废，以定州县考成。【略】九十月间稼穑纳场之后，回京覆旨。【略】乙未，【略】谕内阁，从来天人感应之理，捷于影响，凡地方水旱灾祲皆由人事乖舛之所致，【略】乃湖南地方连岁屡遭荒歉，朕以彼地之人事推之，如奸民谢禄正等呈凶肆恶，潜蓄邪谋，【略】地方有此等逆天悖理之人，以致旱涝不时，民人困厄。【略】丙申春分，【略】免江西安仁县雍正六年分旱灾额赋有差。【略】庚子，【略】免甘肃武威县、兰州厅雍正六年分雹灾额赋有差。　《世宗实录》卷七八

三月【略】丙午，谕内阁，总督田文镜公忠历练，自莅任豫省以来，【略】吏畏民怀，地方舒畅之气，感召天和，数年之中，年谷悉登丰稔，该督之功实为可嘉。【略】己酉，【略】免福建侯官等九县雍正六年分旱灾额赋有差。【略】丙辰，【略】免甘肃平番县雍正六年分旱灾额赋有差。【略】戊午，谕内阁，【略】上年直隶通省地方收成丰稔，惟宣化、怀来、保安三州县独愆雨泽，朕心即疑地方官员恐有招致之由。秋间，口北道王棠来京，朕令进见，曾经谕及。今据王棠折奏，宣化、怀来、保安等处去年夏秋亢旱，今春他处皆得瑞雪，而此地独少。二月间，臣因公出境，勘得鸡鸣驿、新保安之间有古惠民渠一道，灌田数百余顷，旗民互讼，历三十余年未曾结案。臣详勘渠道，先剖曲直，继将上年所奉上谕再四宣布，劝使回心，一时旗民人等顶颂皇仁，即时感悟，分渠共溉，永息争端。果于三月初一二等日连降瑞雪，平地尺余，春耕有赖，万民称庆等语。王棠此奏不过敷陈其事，而实乃天人感应之至理。

《世宗实录》卷七九

四月【略】己卯，【略】免江南徐州雍正五年分水灾额赋有差。【略】庚寅，【略】免甘肃河州、平凉等三州县雍正六年分雹灾额赋有差。

《世宗实录》卷八〇

五月【略】丙午，谕内阁，【略】因朕有地方丰歉由于吏治得失之谕旨，而欲自彰其善，自护其短，于奏报秋成或有溢美之词，于奏报歉收或有讳灾之意，则事天为不诚，事君为不忠，临民待下为不仁不信。【略】甲寅，【略】上顾谕大学士张廷玉等，曰：伊等操演可称熟练，且喜今日天气晴朗，朕甚慰悦。【略】壬申，【略】豁免湖南武陵县水淹田地额赋银三百二十两有奇。从总督迈柱请也。

《世宗实录》卷八一

六月【略】辛巳，【略】免甘肃安定县雍正六年分雹灾额赋有差。【略】丙戌，谕内阁，浙江逆贼吕留良凶顽梗化，肆为诽谤，极尽悖逆，乃其逆徒严鸿逵【略】《日记》有云，索伦地方正月初三日地裂，横五里，纵三里，初飞起石块，后出火，近三十里内居民悉迁避[①]；又云，热河水大发，淹死满洲人二万余；又云，十六夜月食，其时见众星摇动如欲堕状，又或飞或走，群向东行；又云，旧年七月初四日星变，【略】应在数年内吴越有兵，起于市井之中。凡此荒唐叛逆之语，自康熙五十五年至雍正六年，内所记载者不胜枚举。其中惟索伦地方拥石出火实有之事，盖彼地气脉使然。前此已经屡见其旁远近山顶亦有烈焰者，而严鸿逵以此为讥讪乎。至热河水发一事，因此地山迴峦抱，中惟一道河流，每雨水稍大，众水所汇，或致冲决堤岸。康熙四十八年六月，大雨连昼夜，其时附近行营一带地处高阜，惟隔岸山根之下为水所漫溢。本地久居之民及扈从之官兵，皆知雨止水即减退，安重不迁。惟寄居之匠人等惊惶迷惑，或有愚人编木为筏，谓可乘流而渡，遂有木筏触石而解，沉溺者数人。是时朕以轮班，恭请圣安，随从官员二三百人，驻扎即在水发之地，【略】无一人被水者。乃严鸿逵谓独淹死满人二万余，何其妄诞，至于斯极。【略】甲午，【略】谕户部，据署江西巡抚张坦麟折奏，本年五月内大庾、南康二县因骤雨发水，民居低洼者间被冲淹，朕心深为悯恻。【略】丙申，【略】谕户部，据怡亲王奏，河西务河堤漫开，附近之田禾庐舍，或有被淹伤损之处，朕心深为轸念。【略】壬寅，【略】免甘肃平凉县雍正六年分雹灾额赋有差。

《世宗实录》卷八二

七月【略】丁未，【略】仓场侍郎岳尔岱疏报：通州流水沟等处漕船漂没。得旨：大雨时行之际，河流骤涨，沿河空重粮艘依次停泊，其适当决口之冲，不及防范，被水漂没。【略】壬申，【略】诸王、大学士、九卿等疏言：滇省日丽中天，庆云告瑞，仰见太平有象。

《世宗实录》卷八三

闰七月【略】己卯，【略】赈江西大庾县水灾饥民。庚辰，【略】赈云南南宁县水灾饥民。【略】甲申，【略】免江南靖江县雍正六年分雹灾额赋有差。【略】乙未，免甘肃靖远厅雍正六年分雹灾额赋

---

① “索伦地方正月初三日地裂，横五里，纵三里，初飞起石块，后出火，近三十里内居民悉迁避”。所述为1719—1721年黑龙江省五大连池火山群中两座火山的喷溢情况。

有差。丙申，谕内阁，朕耕耤之初，雍正二年、三年耤田所产嘉禾一茎四五穗者，实系瑞谷。后来府尹等所进十余穗，及今所进二十四穗者，乃本来多穗之谷，名曰龙爪谷。当日播种时，不应将此谷种搀入其中，著该府尹等知之，嗣后不可被小人愚诈。　　《世宗实录》卷八四

八月【略】癸丑，【略】谕内阁，【略】昨署山东巡抚费金吾奏称，今岁东省秋成大稔，父老皆言二十余年以来所仅见，朕思此乃督抚之贤，有以感召天和也。【略】闻今年秦省西安一带夏月甚旱，而地方文武大臣官员罔知修省。【略】又据广东巡抚布按等奏称，今年粤东雨泽均调，百谷顺成，合计通省米价自八钱至五六钱，实粤省从来希有之事，朕闻之甚为慰悦。此皆该省民人等革薄从忠，醇厚良善之心，上天垂佑，而赐以丰穰之所致也。著将山东、广东二省庚戌年地丁钱粮各免四十万两，以奖地方官民之善。【略】山西通省连岁皆获丰收，著免庚戌年地丁粮四十万两。【略】癸亥，【略】谕内阁，据云贵广西总督鄂尔泰奏称，黔属思州及古州之梅得等处，自七月初八日至闰七月十一日，有五色彩云，光华灿烂，叠秀争华，历时经久，一月之内七见嘉征等语。【略】丙寅，谕工部，【略】雍正二年，浙江海塘潮水冲决，朕特发帑金，命大臣勘察修筑。【略】比年以来，塘工完整，灾沴不作，居民安业，盖已默叨神佑矣。今年潮汐盛涨，几至泛溢，官民震恐，幸而水势渐退，堤防无恙。

《世宗实录》卷八五

九月【略】乙亥，【略】赈浙江江山县水灾饥民。【略】辛巳，【略】赈湖南澧州、临湘等七州县，岳州等三卫旱灾饥民。【略】丙戌，谕内阁，上年直隶通省收成丰稔，惟宣化府之宣化、怀来、保安三处交界之地，广约四十里，长约百里，独愆雨泽，颇觉亢旱。今据直隶巡农御史舒善奏称，京畿一百四十州县，筑场纳稼，百谷咸登。各府州县之收成，册报八分、九分、十分不等，老幼得所，共庆有秋。惟宣化府属宣化、西宁、蔚县三处今年六七月间有冰雹之伤，禾稼稍损，朕思天人感应之理，纤毫不爽。连年以来，直隶通省雨泽应时，西成丰稔，而宣化府之数州县地方，两年之内有亢旱、冰雹之灾，此必地方官民政治有缺，风俗不淳，是以上天显示儆戒。【略】辛丑，谕户部，据奉天将军多索礼奏称，今岁奉天秋成大稔，禾稼瓜菜等项俱获丰收，米粮价贱。【略】奉天地方百谷顺成，已八年于兹矣，今岁收成又庆丰稔，谷价之贱，自昔罕闻。　　《世宗实录》卷八六

十月【略】癸卯，【略】免云南南宁县本年分水灾额赋有差。　　《世宗实录》卷八七

十一月【略】癸酉，【略】谕满汉文武大臣，今日冬至，祭天于圜丘，天气晴朗和蔼，迥异平时。【略】甲戌，【略】贵州巡抚张广泗进呈黔省瑞谷。得旨：【略】今据贵州巡抚张广泗奏称，新辟苗疆风雨应时，岁登大有，所产稻谷粟米之属，自一茎两穗至十五六穗不等，稻谷每穗四五百粒至七百粒之多，粟米每穗长至二尺有奇，特将瑞谷呈览，并绘图附进。朕览各种瑞谷，硕大坚好，迥异寻常。又据广西巡抚金鉷折奏，粤西通省丰收，十分者十之九，九分者十之一，谷价每石自二钱以至三钱二三分，乃粤西未有之事。【略】丁亥，谕内阁，前据靖办大将军傅尔丹折奏，统领北路大兵出口，已到阿尔泰驻扎，所过砂碛地方从来无水草之处，今岁青草畅茂，清泉溢涌，士马饱腾。且冬月天气和暖晴朗，众心无不欢忭。【略】辛卯，免浙江江山县本年分水灾额赋有差。【略】乙未，【略】署川陕总督查郎阿疏言：招往安西沙州等处屯垦农户统计共有二千四百零五户，所种小麦、青稞、粟、谷、糜子等项，计下种一斗，收至一石三四斗不等，其余各色种植亦皆丰厚，家给人足，莫不欢忻乐业。

《世宗实录》卷八八

十二月【略】己酉，振武将军顺承郡王锡保奏报：鄂尔昆、集尔麻、泰图拉三处屯田，收获大麦、小麦、糜子共七千五百五十石有奇。下部知之。【略】癸丑，大学士、九卿等奏：据督修孔庙工程通政使留保山东巡抚岳浚等奏报，十一月二十六日午刻，正当孔庙上梁前二日，庆云见于曲阜县，环捧日轮，历午未申三时之久。【略】己巳，谕内阁，昨据山西巡抚石麟奏报，本年十一月初二日保德州庆云呈瑞，今又据报十二月初一日临晋县庆云丽日，历午未申酉四时。【略】朕思晋省民风，由来

醇朴，是以感召天和，屡岁皆登丰稔。 《世宗实录》卷八九

## 1730年 庚戌 清世宗雍正八年

正月【略】辛未，【略】贵州巡抚张广泗疏报：普安州农田收获之后，遗留稻根，重长青苗，渐致茂盛，为从来未有之瑞。得旨：黔省土薄性寒，而普安州乃有稻孙之瑞，皆因地方大吏劝稼重农，而该省民人力田务本，是以感格上天，昭示瑞应。【略】戊寅，谕内阁，【略】今据湖广总督迈柱奏称，今年湖南岳常二府之临湘、武陵等十州县微欠雨泽，臣等预为绸缪，动用公项银一万两，买米备粜。【略】湖南现贮谷六十余万石之多，欲分拨别省以免霉变，则本省府县有需米之处，正可将此奏闻平粜，以济民食，而迈柱乃云正在动用公项银一万两买米备粜，是迈柱之奏又自相矛盾也。【略】今江浙俱获丰收，米价甚贱，湖南既有需米之州县，著该商仍照前议领米，即于湖南需米之处，照时价粜卖，不许地方官抑勒商人。【略】己亥，【略】谕八旗都统等，数年来荷蒙天眷，米价甚贱，尔等八旗米局系将兵丁所关之米发卖，若米价甚贱，不能卖完，则积贮日久，米色易变。

《世宗实录》卷九〇

二月【略】丙午，户部议覆，云南巡抚沈廷玉奏南宁县水灾地亩豁免钱粮，迨水退之后，补种有秋，请仍旧征收，应不准行。得旨：部驳甚是，【略】从前实系水淹，已照例蠲免，后因涸出地土，小民补种禾稼，仍欲征收钱粮，殊属不合，沈廷玉所见卑小。著饬行。【略】丁巳，清明节。【略】赈湖南澧州、临湘等七州县，岳州等三卫旱灾饥民，并免雍正七年分额赋有差。【略】辛酉，免直隶蓟州、武清、玉田三州县雍正七年分水灾额赋有差。【略】甲子，【略】赈江南寿州、合肥二州县，庐州卫旱灾饥民。 《世宗实录》卷九一

三月【略】庚午，免直隶天津、静海二州县雍正七年分水灾额赋有差。【略】丙申，【略】免直隶宝坻县雍正七年分水灾额赋有差。 《世宗实录》卷九二

四月【略】己酉，谕内阁，今年三月京师一带雨泽愆期，朕衷甚为忧虑，斋心默祷至三月二十五日得降时雨，似觉沾足，朕心稍慰。昨据直隶署总督唐执玉奏报各属得雨情形，畿辅雨泽尚未周遍，朕悉心殚思。【略】查免积欠之旨，乃今年二月中旬颁发者，自是以后，京师一带风多雨少，有微旱之象，【略】天象如此，朕心不能无疑。【略】乙卯，上祷雨于大高殿。【略】辛酉，谕内阁，古称蝗蝻生于水泽之中，乃鱼子变化而成者，是以江南淮阳之州县，地接湖滩，往往易受其害。盖蝗之所生，多因低洼之区，秋雨停集，生长小鱼，交春小鱼生子，水存则仍复为鱼。若值水涸日晒，入夏之后，即化为蝻，不待数日便能生翅群飞，即被害之家亦莫知所自。盖以其地寥廓荒凉，人迹罕至，平时忽而不察，及至鼓翼飞扬，则有难于扑灭之势，所当审视体察，防之于早者也。凡直省地方，向有蝗蝻之害者，该督抚大吏应转饬有司，通行晓谕附近居民，于大热久晴之后，周历湖滨洼地及深山穷谷无人之处，见有萌动之机，无分多寡，即行剪除消灭。倘民力或有不敷，即禀报该地方官，督率人工，协同助力。更令文武官弁，派出诚实兵役，会同里长老民等留心察视，不可疏忽怠玩。如此，则人力易施，虫灾可杜，于禾稼大有裨益。但小民愚昧无知，又复苟且慵惰，其晓谕开导，防患于未然者，有司不得辞其责，实心任事之良吏必不肯于此等事膜外视之也。【略】壬戌，【略】赈云南南宁县水灾饥民。【略】癸亥，谕内阁，据直隶地方文武各官报雨奏折，称今年三月及四月初旬两次得雨，今于四月二十四日又得时雨，四野沾足，二麦茂盛，秋谷皆可播种等语。据此，则四月以前，竟有未种之田可知矣。夫农事贵乎及时，二月土膏初动，三月即为播种之期，况已得雨二次，何以迟延观望，直待四月下旬方始播种。 《世宗实录》卷九三

六月【略】甲辰，谕内阁，【略】近见直省各处奏报雨泽，颇觉均调，麦秋亦属丰稔，朕心深慰。但

闻江浙雨水稍多，田禾间有涝溢之患，朕悉心推求其故。【略】南方既已多雨，而朕仍复祈求，或因此一念，以致上天赐雨过多，浙省有涝溢之处乎。【略】乙卯，山西巡抚觉罗石麟奏言：六月初一日，太原等处日食之期，浓云密雨，未见亏蚀，绅民称瑞，理应奏贺。【略】丙辰，【略】河东总督田文镜奏言：豫省绅衿感戴皇仁，恭建“万寿碑亭”。得旨：【略】前以豫省官方整肃，民俗醇良，感召天和，屡丰有庆，是以特加恩赐。【略】著该督抚先期谕止之。丁巳，广东总督郝玉麟奏言：琼州府等处于本年三月十八日祥云朗见，五彩缤纷，自卯达辰，经两时之久。得旨：年来各省奏报庆云者甚多，朕并未以为祥瑞。【略】己未，【略】湖广镇筸总兵官周一德奏报：白沙及明溪等处五月十一日庆云丽天，霞光万道，自辰至酉，万目共睹。得旨：朕不以庆云为祥瑞。【略】丁卯，谕内阁，江宁织造郎中隋赫德具折奏称本年六月初一日，日食之期，江宁地方先期阴雨，至午后天色晴明，万物共见，日光无亏，地方咸以为瑞，特行奏贺等语。　　《世宗实录》卷九五

七月【略】己卯，江南河道总督嵇曾筠疏报：六月二十六七等日，风雨连绵，东省蒙阴、沂州、郯、费、滕、峄各地方山水暴发，直注邳州，溢入黄、运两河，奔腾南注，已饬该道厅等加谨保护，无使漫溢。得旨：今年春夏之交，北方雨泽略少，朕即虑夏秋之间雨水必多，屡谕河臣加意保护工程，以防伏秋之汛，今观湖河涨溢情形，有非人力所能捍御者，朕惟有修省戒惧以凛上天示儆之深恩。更念邳州、宿迁、桃源等处水势骤涨，禾稼室庐必遭淹没，深可悯恻。【略】闻山东发水之处，民间田舍亦被损伤，著巡抚岳浚遴选贤能官员前往查勘，动支库银速行赈济。【略】乙酉，【略】赈江南宣城等十七州县水灾饥民。丙戌，总理营田水利事务大学士朱轼等疏奏：交河县所属堤工水势漫溢，请将在工人员交部议处。得旨：今年雨泽颇调，而北河堤工水势漫溢。【略】丁亥，【略】赈湖南靖州、通道等四州县水灾饥民。【略】壬辰，遣刑部侍郎牧可登、署正蓝旗满洲副都统阿鲁等，分路赈济直隶顺德、广平等府水灾饥民。【略】甲午，河东总督田文镜疏报：山东兖州、曹州等各府州属于六月二十一等日风雨连绵，山水暴发，临河洼下之地田禾室庐多被淹没，被水之民请动用存仓谷石，大口每月给谷三斗，小口每月给谷一斗五升，各给两月口粮。　　《世宗实录》卷九六

八月【略】己亥，谕户部，前闻直隶地方有被水之州县，【略】兹据署督唐执玉奏称，各属被水情形消长不一，有上谕所及之处而水势消落，可免成灾者，亦有上谕未及之处而田庐被灾，急须拯恤者。【略】又据河东总督田文镜奏报，山东被水各州县，朕已降旨，谕令动支银谷，加意赈恤。兹闻莱州府属之昌邑、寿光、潍县，青州府属之益都、沂水、博兴、高苑、临朐，济南府属之邹平等县俱被水患，民舍田禾不无伤损，著该督抚委员查勘。【略】丙午，谕户部，向来蠲免钱粮，额征漕米不在所蠲之内，今年山东地方被水稍重，而直隶、江南、河南三省亦间有被水之州县，夫地方既已歉收，则漕米输将未免竭蹶，著将山东被水之州县漕粮全行蠲免，直隶、江南、河南被水州县之漕粮按其成灾分数蠲免。其山东未被水州县应完漕粮不必运送京师，即留于东省，以充兵饷。【略】己酉，甘肃巡抚许容疏报：本年六月十五日，遵旨于河州口外营建河神庙宇，即有祥云捧日，五色成文。至七月初五日，自积石关至撒喇城、查汉达斯等处百余里，忽见黄河澄清澈底，凡历三昼夜，官民喜跃称庆，以为从来未有之上瑞。得旨：朕从来不言祥瑞，年来各省奏报庆云、醴泉、凤凰、芝草之属，悉皆屏却。【略】甲寅，【略】谕户部，据马尔泰等奏称，邳州、宿迁等十八州县被水人民，已会同地方官查勘赈济，拟给两月口粮，其房屋倒塌者给价安顿等语。凡此穷民，朕心深为轸念，著将所定口粮之数增给一半，并于两月之外加赈一月，务令小民得所。【略】壬戌，谕诸王、大臣等，数年以来，遵化州陵寝附近之地方雨旸时若，年谷顺成，今年春月畿辅微觉亢旱，而遵化等处则雨泽调匀，民人乐业，六月日食之期，陵寝地方则阴雨不见。本月十九日京师地震，朕系念山陵，【略】今据差回人员及守护陵寝之大臣等奏称，十九日地觉微动，较他处更轻。【略】丙寅，谕内阁，【略】今年各直省收成颇好，而其中又各有被水涝溢之处。　　《世宗实录》卷九七

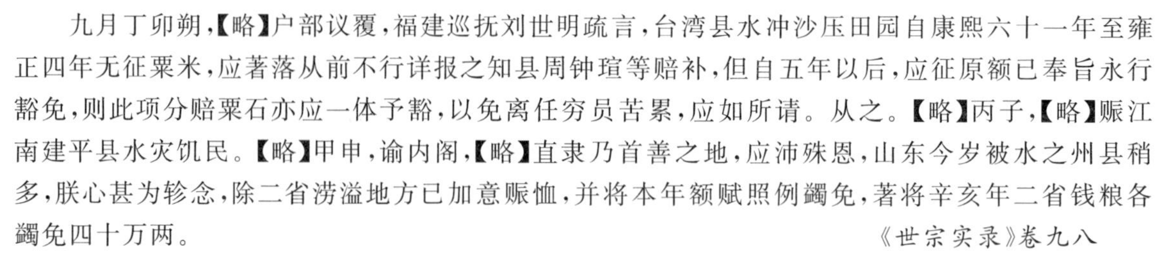

九月丁卯朔,【略】户部议覆,福建巡抚刘世明疏言,台湾县水冲沙压田园自康熙六十一年至雍正四年无征粟米,应著落从前不行详报之知县周钟瑄等赔补,但自五年以后,应征原额已奉旨永行豁免,则此项分赔粟石亦应一体予豁,以免离任穷员苦累,应如所请。从之。【略】丙子,【略】赈江南建平县水灾饥民。【略】甲申,谕内阁,【略】直隶乃首善之地,应沛殊恩,山东今岁被水之州县稍多,朕心甚为轸念,除二省涝溢地方已加意赈恤,并将本年额赋照例蠲免,著将辛亥年二省钱粮各蠲免四十万两。

《世宗实录》卷九八

十月【略】己亥,【略】宁远大将军岳钟琪奏报:巴尔库尔图呼鲁克等处屯田收获青稞共一万一千六百石有奇。下部知之。【略】甲辰,【略】免江南寿州、合肥二州县,庐州一卫雍正七年分旱灾额赋有差。乙巳,【略】宁远大将军岳钟琪奏报:哈密塔尔那沁等处屯田收获青稞、麦子共四千六百石。下部知之。【略】丁巳,谕内阁,山东今年偶被水患,特命大臣会同巡抚查赈,有房屋倾颓者,赐以修葺之资,并大发仓粮,计口授食。又准总督田文镜之请,将青、莱、登三府州县存贮仓谷及通省捐监谷石,照时价平粜,其奉天贩米商船亦准到东贸易,是东省小民今岁三冬粮食有资,可以无虑。

《世宗实录》卷九九

十一月【略】丙子,【略】振武将军顺承郡王锡保奏报:鄂尔昆图拉集尔麻泰等处屯田收获大麦、小麦、糜子共六千六百五十石有奇。下部知之。【略】庚辰,户部议覆,河东总督田文镜疏言,今年豫省被水州县收成虽有不等,实未成灾,且士民踊跃输将,所有奉旨蠲免之漕粮,请仍照额完兑,应如所请。【略】丙戌,赈山西天镇县旱灾饥民,并免本年分额赋有差。

《世宗实录》卷一〇〇

十二月【略】辛丑,湖广提督岳超龙疏报:镇筸镇所属地良坡等处,于万寿节祥云五色,捧绕日轮,光华四射,历午未申三时。下部知之。【略】甲辰,谕户部,今年江南、河东等省间有被水州县,已降旨发粟蠲租,并令该督抚加意抚恤。但至明岁春间青黄不接之时,恐不无借资邻省买米减粜之事。湖南、湖北二省向来积谷甚多,正在预筹出陈易新之法,而今年又复丰收,谷价大减,恐民间出粜维艰,朕特思酌盈剂虚之道。【略】往所属丰收价平之处籴买新谷,暂行收贮,俟邻省需米平粜,即令委员来楚,照楚省原买价值,先尽仓贮之谷,交买运回,以济民食。仍将新谷补仓价银还项。【略】庚戌,谕内阁,今年直隶近河地方,虽有被水一二处,而其余州县俱各十分收获,何以京城及通州米价皆至昂贵,著大学士询问九卿。【略】癸丑,【略】免直隶蔚州、蔚县二州县本年分水灾额赋有差。【略】乙卯,【略】赈江南寿州、凤阳等十州县,凤阳、长淮二卫水灾饥民。丁巳,【略】谕户部,今岁山东被水之州县,朕心轸念殷切,已令地方有司加意抚绥,又特遣大臣等按户查赈。

《世宗实录》卷一〇一

## 1731年 辛亥 清世宗雍正九年

正月【略】丁亥,谕内阁,山东地方上年遭值水患,穷民乏食,【略】又念该省上年禾稼歉收,则今春青黄不接之时,米价必致腾贵,特命截留邻省漕粮三十五万石,拨运奉天米谷二十万石,减价平粜,以惠济闾阎。【略】庚寅,谕内阁,上年江南邳、宿等十八州县遭值水患,穷民乏食,【略】今据该抚等奏报,正月十五日已满散赈之期,朕思江南麦熟在四月之杪,其间青黄不接之时尚应为之筹画。

《世宗实录》卷一〇二

二月【略】乙未,谕内阁,山东济南、兖州、东昌三府从前积谷甚多,因去年水灾之后,朕特命大臣动发仓粮赈济,用谷一百八十余万石,又念今春二三月间青黄不接,小民粒食维艰,再发仓谷二十万石,截留漕米二十万石,重赈两月。【略】查去岁直隶收成颇丰,目今米价亦平,或从直隶采买米石,令回空粮船运至东省。【略】壬寅,【略】免直隶天津、大城等三十四州县雍正八年分水灾额赋

有差。【略】丁未，春分。【略】浙江总督李卫疏言：雍正八年夏秋之交，淮北、山东适有水警，而浙省连岁丰收，请将浙省永济、盐义二仓及附近水次各县存贮米谷内酌拨若干，运往彼处平粜，秋成买补。在淮北需米之处米谷既多，价值自平，而浙省又得出陈易新，彼此均有裨益。从之。【略】戊申，免两淮通、泰、淮三分司所属莞渎等五场雍正七年分水灾折价银两有差。【略】丙辰，【略】山西巡抚觉罗石麟疏报：朔州于二月初四日，马邑县于二月初六日各有庆云呈瑞，光辉灿烂，经久不散。下部知之。戊午，谕大学士等，【略】上年正月间，西路大将军岳钟琪奏报雍正七年十二月二十八日夜，巴尔库尔军营有紫气祥光，绵亘东北，历四时之久，光华绚烂。二月间，又据署总督查郎阿奏报，巩昌府属之靖远卫红嘴子地方乃黄河过渡之所，每年正二月间东风解冻，河冰渐薄，冰桥既难行走，渡船又难撑驾，行李停滞，岁以为常。乃今年正月，官运粮车至此，冰忽开融，舟行无阻，诚从来未有之奇遇等语。【略】西路兵丁去冬出战之时，冒犯冰雪，手足冻伤者多有，则亦大将军未曾留意于平时也。【略】己未，【略】谕内阁，上年秋月山东地方山水为患，即闻河南亦有数县被水，朕以总督田文镜身在地方，自能经理妥贴，冬间见总督迈柱奏折，知豫省被水之民有觅食糊口于湖广者，该省已陆续资送回籍。朕又切谕田文镜督率有司，加意抚恤。且念豫省连岁丰稔，今不过数处歉收，自可支持度日，不致穷困失所，是以未遣专官前往查赈。今闻祥符、封丘等州县乏食穷民沿途求乞，而村镇中更有卖鬻男女，为山陕客商买去者。田文镜欲将说合中保之媒人拘拿惩治，至于乡村有粮之家，多被附近穷民呼群觊觎于昏夜之中，逼勒借贷，有司不能究问，朕闻之，深为骇异。

《世宗实录》卷一〇三

三月【略】丁卯，【略】免直隶故城、清河二县雍正八年分水灾额赋有差。【略】己巳，【略】免直隶交河县雍正八年分水灾额赋有差。【略】辛未，免直隶蔚州、西宁雍正八年分水灾额赋有差。【略】丁丑，免江南建平县雍正八年分水灾额赋有差。戊寅，【略】免直隶霸州、文安等七州县未完民欠粮米二万一千六百石有奇。己卯，免黑龙江墨尔根城等处官庄雍正八年分霜灾额赋有差。

《世宗实录》卷一〇四

四月【略】乙未，谕内阁，朕因直隶州县之被水不过近河村庄，其他高阜之处收成丰稔，彼此可以相资，不致艰于谋食，是以未颁加赈之旨。今闻畿南州县之中有被水轻重之不同，其被水轻者民间可以支持，而被水稍重者即有口食不敷之虑，即如大名府属之长垣、东明、开州等处，皆地势洼下之区，失业之民甚觉艰窘，恐其他州县亦有与之相类者。　《世宗实录》卷一〇五

六月【略】丙申，【略】免江南宣城等四县雍正八年分水灾额赋有差。【略】壬寅，谕内阁，今年仲夏以来，京师雨泽愆期，目前甚觉亢旱，朕于宫中斋心虔祷，尚未仰蒙天降甘霖。【略】乙巳，谕内阁，每年伏暑之时，停讼停征，久有成例，况今年五六月以来，直隶、山东、河南等省雨泽愆期，甚觉亢旱，尤宜宁人息事，感召天和。【略】丁巳，谕内阁，朕因今年五六月间，直隶、河南、山东三省雨泽愆期，宵旰焦劳，【略】今据河南署抚张无怀奏报，河南、南阳、汝宁、归德四府从前陆续沾被甘霖，六月十四、十五两日开封省城大雨滂沛，四野沾足。又据山东巡抚岳浚奏报，东省自六月以来陆续得雨，六府九州膏泽已遍。直隶署督唐执玉亦以所属得雨之州县陆续奏报。【略】己未，【略】是日，甘霖复大沛，京师远近沾足。　《世宗实录》卷一〇七

七月【略】辛未，【略】谕内阁，朕因河南上年有被水之州县，今春小民乏食，特命侍郎王国栋前往赈济，动用仓谷五十余万石，续经该侍郎查有不应赈济而冒领者，议令著落该州县追比。【略】甲申，谕内阁，今岁五六月间，直隶、山东、河南等处雨泽愆期，朕即虑及上年被水低洼之地鱼子存留。今夏烈日蒸晒，或变蝗蝻，为禾苗之患，特令大学士传谕直省督抚，严饬属员留心访察，预为防遏。兹据河东河道总督沈廷正奏报，山东济宁之南乡新店等处，有蝻子萌动，已饬令扑灭。又据署河南巡抚张元怀奏称，光州所属竹园内生有青虫似蝗，今已捕除。从来蝗蝻始生之时，以人力制之尚

易。小民耽逸偷安，惮于用力，又恐践踏禾稼，瞻顾逡巡，及至飞扬之后，远近蔓延，势不可遏。是在实心任事之官员，督率乡民力为捕治，不得姑顺舆情，酿成大患。著直隶、山东、河南、江南等处督抚，通行所属实力奉行。倘视为具文，苟且塞责，将来飞扬之时，朕必察其发生之处，将该地方官从重治罪。直隶、山东、河南三省，钦差大臣科道等著一同留心访察毋忽。【略】乙酉，谕内阁，朕以直隶、山东、河南夏间雨泽愆期，特命截漕查赈，既而三省陆续奏报得雨，朕心稍慰。兹闻直隶、山东，及河北彰德、卫辉二府有穷民因秋成无望，预为渡河而南，以图就食者。

《世宗实录》卷一〇八

八月【略】癸卯，谕内阁，今年五月间直隶、山东、河南三省雨泽愆期，大有亢旱之象，【略】嗣于六月二十八九等日，京师地方天赐甘霖，四野沾足，随据署直隶总督唐执玉、山东巡抚岳濬、署河南巡抚张元怀陆续奏报各该省沾被雨泽，及秋禾秀实情形。兹据巡察御史窦启瑛奏称，顺天、永平、宣化三府收成六七分、八九分者居多。【略】戊午，【略】免江南无为、宁国等十州县，凤阳、长淮二卫雍正八年分水灾额赋有差。

《世宗实录》卷一〇九

十月【略】乙未，【略】赈江南滁州、潜山等七州县水灾饥民。【略】丙午，谕内阁，朕闻今年各扎萨克旗分所种之谷皆已被旱，稍长又复经霜，未曾收获，以致乏食，今特遣侍卫章京前往加恩赐赍。【略】己酉，【略】免江南邳州、山阳等二十三州县，潼安一卫雍正八年分水灾额赋有差。【略】乙卯，【略】赈山东滨州、新城等八州县水灾饥民。

《世宗实录》卷一一一

十一月【略】庚午，【略】浙江总督李卫疏言，嘉兴府属七县并杭属之海宁一县，于九月初旬正当禾苗秀实之时，忽生细虫，以致禾穗黄萎，虽不至成灾，但分数小减，而所获之米，青白不一，且有米粒细小者，仅可食用，难以完漕。请将嘉兴等县今岁应完漕米，改照雍正元年、四年每石折银一两，或照雍正五年一两二钱之例。出自圣恩。得旨：数年以来，杭、嘉、湖三府百姓于额征钱粮急公输纳，并无逋欠，甚属可嘉，今兹数处小有虫灾，米粒稍碎，不能完漕，应令减价折收以示体恤。著照雍正元年、四年之例，每石折银一两，征收解部。【略】戊寅，【略】豁免福建凤山县水冲田地额赋二百八十两有奇。

《世宗实录》卷一一二

十二月【略】壬辰，【略】宁远大将军岳钟琪奏报，巴尔库尔图呼鲁克等处屯田收获青稞三万六百八十石有奇。下部知之。【略】戊戌，【略】靖边大将军顺承亲王锡保奏报，鄂尔昆图拉集尔麻泰等处屯田收获大麦、小麦、糜子共一万六百三十石有奇。下部知之。【略】癸丑，【略】宁远大将军岳钟琪奏报，哈密塔尔那沁等处屯田收获青稞、麦子共五千石。下部知之。

《世宗实录》卷一一三

## 1732年 壬子 清世宗雍正十年

正月【略】乙亥，谕内阁，京师自冬及春未得雨雪，畿辅地方及近京各省虽有奏报得雪者，亦未普通沾足。因思上年十一月十五日月食，钦天监观候，曾引《占书》"燕赵旱，禾麦有伤"之语，朕心深为忧惧。【略】癸未，宁远大将军岳钟琪奏言：臣因入冬以来，积雪甚深，严饬卡伦之弁兵只令登城瞭望，不许分遣远哨。

《世宗实录》卷一一四

二月【略】丙申，谕内阁，冬春以来，京师未得雨雪，朕与诸大臣等戒惧修省，虔诚祈祷，以冀仰格天心。闻畿辅地方及河南、山东雨雪亦少，山西、陕西二省虽有得雪之处，亦未周遍，朕心忧虑，深恐二麦歉收，小民难以糊口，已切谕该督抚等多方筹画，为思患预防之计。【略】乙卯，【略】免直隶邢台等七县雍正九年分雹灾额赋有差。

《世宗实录》卷一一五

三月【略】庚辰，【略】免山东滨州、新城等八州县雍正九年分水灾额赋有差。

《世宗实录》卷一一六

四月【略】壬辰，【略】免直隶赤城县雍正九年分雹灾额赋有差。　　《世宗实录》卷一一七

五月丁巳朔，山东巡抚岳濬疏奏：济、兖、东三府自冬暨春雨泽稀少，今济南虽幸得雨，而兖、东二府尚未均沾，二麦未能畅发，谷豆亦欠滋生，粮价渐昂，民间乏食。请照上年米船免税之例，俾商贩云集，再请照上年截漕之例，将南漕米截留四十万石，以备平粜。【略】辛酉，【略】又谕，春夏以来，京师雨少，朕心甚切忧劳，著传谕刑部，于刑名案件加意慎重。【略】丁卯，谕大学士、九卿等，京师地方冬间少雪，数月以来自近京以至直隶、山东雨泽愆期，而兖州、东昌尤甚，朕心深为焦劳。【略】庚辰，【略】是日，甘霖大沛，四野沾足。　　《世宗实录》卷一一八

闰五月丙戌朔，谕大学士等，朕闻甘省自四月十五以后风多雨少，河西四府一州多系水田，目下望雨尚不甚急，河东四府二州则急待甘霖，朕心甚为廑念。西边正当用兵之际，军需民食全赖甘肃收成。【略】甲午，谕八旗官员人等，【略】去夏今春，京师亢旱，地犹微动未息。【略】丁酉，谕内阁，上年冬间北方雨雪稀少，朕恐今岁夏间蝗蝻萌动，已密谕该督抚留心防范，顷间江南淮安府属之山阳、阜宁二县，海州所属之沭阳县、扬州府属之宝应县，各有一二乡村生发蝻子。虽目前萌动之处不过数里，然恐捕治不力，渐致蔓延为禾田之害，著该督抚有司，督率人役乡民速行扑灭，无俾遗种，倘有怠忽从事者，即行纠参，从重议处。【略】甲寅，【略】甘肃巡抚许容奏言：五月、闰五月间，甘省各属俱陆续得被甘霖，因从前得雨稍迟，豆麦有薄收之处，其临属之兰州，巩属之靖远，凉属之平番得雨最迟，夏禾麦豆俱已枯槁，止可得种晚禾。【略】乙卯，谕内务府，现今天气炎热，著海望会同署步军统领鄂尔奇在各门设立冰场，以解行人烦渴，工部所窖冰块如不敷用，即将崇文门宣课司余银采买办理，永著为例。豁免湖南湘阴县流沙地亩额赋银二百两有奇。

《世宗实录》卷一一九

六月【略】癸未，署陕西总督查郎阿、甘肃巡抚许容奏言：闰五月间，临巩、平凉、西宁所属州县暴雨冰雹伤损田禾，西、碾二县麦、豆生虫，已委员查勘，加意抚绥。　　《世宗实录》卷一二〇

七月【略】丁亥，【略】得旨：山东地方前岁被水，百姓不获宁居，去夏今春雨泽愆期，朕遣官发，赈恤多方，幸未至流离失所。即京师去夏今春晴雨亦不均调，西北两路不得已用兵，征戍将士露处于外，备极劳苦，朕心戒惧修省。【略】丁未，【略】山东巡抚岳濬疏报：曲阜县六月二十五日午时，皎日正中，庆云环捧日轮，五色绚烂，又于日之西南有霞光三道，历午未二时，氤氲不散，正值孔林工竣之时，上瑞叠臻，千秋罕遇。　　《世宗实录》卷一二一

八月【略】丙寅，免江南滁州、宁国等五州县雍正九年分水灾额赋有差。【略】己巳，【略】山东巡抚岳濬疏言，东省自闰五月内甘霖溥降，从前被旱之处次第均沾，谷豆杂粮皆得及时布种，六七两月雨泽均调，秋禾畅茂，现今收获登场，为历年未有之丰稔。【略】乙亥，【略】江南松江提督马世龙疏言：今年七月间海潮泛溢[1]，沿海被水，弁兵衣食未免不敷，臣已咨商督抚，预支一月俸饷，岁内陆续扣还。　　《世宗实录》卷一二二

九月【略】壬辰，【略】谕内阁，今年江浙地方海潮骤涨，沿海居民被水冲溢，朕已敕令该督抚等加意抚绥，毋使穷民失所。近闻江南南汇县下砂头二三场等处灶户盐丁被水者甚众，著将商捐义仓及嘉兴存贮米石动支赈恤，迅速料理，俾获宁居。【略】乙巳，谕办理军机大臣等，据索伦总管博尔本察等奏称，呼伦贝尔等处今岁所种地亩因旱歉收，俟明年多为种植等语，朕思种地一事如交与伊等，则训练兵丁必致贻误。　　《世宗实录》卷一二三

十月【略】辛酉，【略】理藩院奏：杜尔伯特、固山贝子、班珠尔等三旗地亩歉收，请赏给被荒人等

---

① “江南……今年七月间海潮泛溢”。雍正十年七月十六日长江口飓风海溢，沿海纵深40余里平地水深逾丈，官私庐舍扫荡一空，据载常熟黄泗浦溺死万余人。灾后遽发瘟疫，乞食难民在吴县、昆山、太仓等地死亡甚众。

米石，并借给买米银两。《世宗实录》卷一二四

十一月【略】辛卯，【略】盛京户部侍郎和善等奏言：齐齐哈尔地方于九月二十八日、十月十五日大雪两次，草俱淹没，官兵难以行走，因会同将军卓尔海等商酌停止起程。

《世宗实录》卷一二五

十二月【略】癸亥，靖边大将军顺承亲王锡保奏报：鄂尔昆扎克拜达里克等处屯田收获大麦、小麦、糜子共九千四百石有奇。下部知之。【略】戊辰，【略】大学士等议覆，漕运总督性桂奏言，江南苏松等州县潮溢为灾，内有勘不成灾之处，或经风雨虫伤，所产稻米颗粒不齐，易致霉变，请酌留漕粮四十万石，于明年平粜，漕粮既净，民食亦得有资，应如所请。从之。己巳，【略】免山东泰安、滋阳等五十一州县本年分旱灾额赋有差。庚午，【略】署宁远大将军查郎阿奏报：巴尔库尔图呼鲁克等处屯田收获青稞一万二千六百石有奇，鲁谷庆屯田收获糜子、麦子共三千六百石有奇。下部知之。

《世宗实录》卷一二六

## 1733年 癸丑 清世宗雍正十一年

正月【略】丁亥，【略】谕内阁，川省为产米之乡，历来听商贾贩运，从长江至楚，以济邻省之用，雍正九年巡抚宪德以川省米价稍昂，又复碾办军糈，奏请暂禁商贩，此不过一时权宜之计。至雍正十年，川省收成丰稔，米价平减，宪德即当奏请开禁，乃至今照前禁遏，以致米谷不能流通，楚省不得川米之益，甚非大臣公平办事之道。况目今江浙有需米之州县，望济于楚省，而该抚不令川米赴楚，则邻省何所资藉，著即传谕宪德，速弛米禁，毋蹈遏籴之戒。【略】戊子，【略】大学士等遵旨议覆，浙江总督程元章疏言，海宁县今年夏秋潮势自东而西，侵入仁和县界，石草各塘坍卸无常，势甚危险等语。【略】庚寅，谕内阁，上年江南沿海被水地方如常熟等二十二州县，并续报之华亭等六县，该督抚等已遵旨轸恤，定议大赈三次，每次以一月为期，料寒冬初春以来，穷民存养有资，不致失所。朕念二三月间，正青黄不接之时，尚须筹画接济，资其力作，庶可无误春耕，著再加赈四十日。

《世宗实录》卷一二七

二月癸丑朔，【略】赈济杜尔伯特灾荒户口，并赏给耕牛籽种。【略】辛未，【略】免江南徐州、丰县等六州县雍正九年分水灾额赋有差。【略】甲戌，谕内阁，【略】上年京师无雪，今春雨泽又少，朕心惶惧，深恐用人行政之间，错误失当，朝夕修省，莫释于怀。朕观各部院中，惟刑部声名不好。【略】王国栋受朕深恩，膺封疆之重寄，乃伊在湖南、浙江等任，非水即旱，或遇虫灾，历历可数，及回刑部办事，而天时又有亢旱之象，何其前后一辙如此，伊心尚不知儆畏，视为泛常，是汉军污下风气全然未改也，【略】岂有不上干天和之理。【略】丙子，【略】免江西清江等三县雍正十年分水灾额赋有差。

《世宗实录》卷一二八

三月【略】壬寅，【略】免直隶蓟州、蠡县等七州县雍正十年分水灾额赋有差。癸卯，免江南通、泰、淮三分司所属丰利等二十五场雍正十年分水灾额课有差。《世宗实录》卷一二九

五月【略】丁亥，谕户部，山东通省近报甘雨沾足，但从前有得雨稍迟之州县，今年二麦歉收，民力未免拮据，钱粮输纳承办维艰，朕心轸念，尔部即行文该督抚，得雨稍迟之州县卫所，应征新旧钱粮缓至秋成之后，再行开征。【略】辛卯，谕户部，上年江苏等处被水之州县，朕已降旨，多方赈济，今春又复添赈四十日，以加惠贫民。【略】丁未，谕内阁，西路用兵以来，甘肃百姓效力为多，【略】近闻该省雨泽应时，二麦丰稔，此即秦民忠义淳良，荷天福佑之明验。《世宗实录》卷一三一

七月庚辰朔，【略】谕办理军机大臣等，据侍卫达哈苏奏称，科尔沁公喇嘛扎布旗分并无牲畜，其贫苦人等止有六月至八月米粮，今年种谷无多，又经亢旱无收等语。朕思此所种之谷，即使全

收，亦不足养赡数千人口，恐致饥馑流散，不可不预为筹画。【略】寻议：科尔沁公喇嘛扎布旗分贫苦人等共六千六百有奇，今年十月至来年八月，约计口粮共需米七千八百余石，与白都纳相近，除将白都纳存米五千石支给外，余请酌给银两，资其养赡。【略】甲申，营田观察使陈仪奏报，六月二十三四等日大雨如注，山涨骤发，丰润、蓟州一带新旧园田被淹，秋禾水涝，民间房舍亦多倒塌。【略】丙戌，谕内阁，闻上年秋月，江南沿海地方海潮泛溢，苏、松、常州近水居民偶值水患，其本地绅衿士庶中有雇觅船只救济者，有捐输银米煮赈者。今年夏间，时疫偶作，绅衿等复捐施方药，资助米粮，似此拯灾扶困之心，不愧古人任恤之谊。【略】戊戌，谕内阁，据仓场总督兆华疏报，六月二十二三等日雨水连绵，河流骤涨，天津一带粮船多有浸湿飘损等语。今年伏雨稍多，河流骤涨，以致损坏漕船。【略】己亥，谕内阁，去冬今春北地雨雪稀少，朕即恐夏月有蝗蝻之患，曾降谕旨，通行直隶、山东、江南等省督抚大吏，饬令所属官弁先事预防，不得苟且塞责。嗣于五月间，闻江南淮扬所属之山阳、宝应等处，蝻子萌动，朕又降旨，责令加紧捕治，毋得稽缓。随据漕运总督魏廷珍、两江总督高其倬等先后奏报，俱严切批谕。朕之为民先事防维者亦殚竭心力矣。今河东总督王士俊奏称，曹县、鱼台、济宁等处蝻子生发，现经扑灭，邻近之江南丰、沛、砀山等县尚有未尽等语。朕览各督抚先后所奏，是蝗蝻萌动之处，山东、江南二省州县皆有之，只因彼此接壤，不肖官吏遂谓可以卸过于邻封，而巧为推诿，捕治不力情事显然，著传旨速行晓谕，倘余孽未净，将来灾及田禾，将两省地方有司官均加严处，其督抚等一并从重察议。又谕，直隶、山东地方自去冬以及今春雨雪稀少，朕心忧虑，为民虔诚祈祷，幸蒙上天垂鉴，迭沛甘霖，远近沾足，目前秋禾秀实，大有丰稔之象。朕心不胜感庆。兹据直隶河道总督王朝恩奏报，知近水低洼之地因伏雨稍多，河流涨发，禾稼被淹，人口亦有伤损者。朕心深为悯恻。【略】丁未，【略】赈江西大庾等十一县被水饥民。

《世宗实录》卷一三三

八月【略】戊午，【略】甘肃巡抚许容疏言：本年甘属应征地丁银两，奉旨全行蠲免，丰年被泽，阖省欢呼。【略】辛酉，加赈直隶武强、武邑二县被水饥民。【略】丁卯，【略】谕内阁，【略】今夏雨水虽多，旋即晴霁，并非久阴积涝可比，而蓟运还乡等河，及河间、天津之运道，并顺德、广平、大名之百泉、滏阳、漳河等处决口漫溢，伤害田庐；又如沧州砖河、月堤溃决，（总河王朝恩）并不奏闻，希图隐讳。【略】辛未，【略】免江南六安、舒城等七州县，宿州一卫雍正十年分水灾额赋有差。

《世宗实录》卷一三四

十月【略】戊午，谕内阁，闻山东武城县地方夏间被水，至今未消，著该抚速委干员前往确查。【略】谕理藩院，今年科尔沁等扎萨克旗分所种之谷收成甚薄，此等旗分连年歉收，其属下人等或有度日艰难者，尔等查明。【略】壬戌，谕内阁，浙江杭、嘉、湖三府上年偶被水灾，兼以飞蝗伤稼，朕特沛恩施，将应完漕米分年带征，发帑赈恤，黎民不致失所。惟是本地所产米石，不敷食用。现今年岁虽获丰收，而上年借粜仓谷，恐一时未能买补足数，明岁青黄不接时，尚须米石，【略】著将杭、嘉二府属本年额征漕米各截留五万石，存贮备用，湖州府之归安、乌程二县今岁收成稍歉，所产米粮尤应留为本地之用。【略】己巳，【略】赈山东德州、恩县等十州县水灾饥民。【略】辛未，【略】赈浙江新城等四县旱灾饥民。【略】癸酉，【略】办理军机大臣等议覆，署宁远大将军查郎阿奏言，目今时界冬令，雪已深积，请将大军分派驻扎，以慎防守。【略】赈江南宿州、灵璧等四州县水灾饥民。

《世宗实录》卷一三六

十一月【略】辛丑，免江南太仓、华亭等二十八州县，大河等六卫雍正十年分水灾额赋有差。

《世宗实录》卷一三七

十二月【略】庚戌，【略】大学士张廷玉折奏：臣行经直隶州县，知今年丰稔之处居多，惟近河洼地，遭值水患，仰蒙天恩赈济，穷黎得以存养，但被水地方轻重不同，其中有偏重之处，积潦未消，难

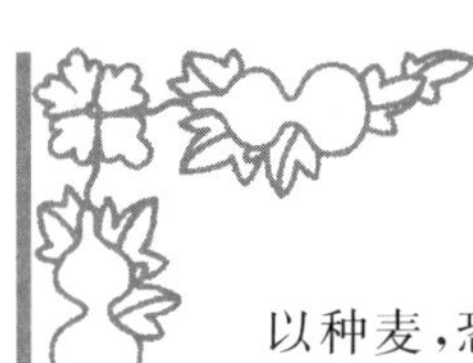

以种麦，恐明岁二三月间青黄不接，民食倍艰，仰请敕令督臣确查。【略】乙卯，【略】免山东高唐、邹平等二十七州县本年分旱灾额赋有差。【略】己未，【略】免江南泰州、常熟、金山等二十六州县卫雍正十年分水灾额赋有差。【略】庚申，【略】署宁远大将军查郎阿奏报：巴尔库尔、塔尔那沁图、呼鲁克等处屯田收获青稞共四万六千一百石有奇，哈密等处屯田收获青稞共四千五百石有奇。下部知之。【略】戊辰，免江西新淦等七县本年分水灾额赋有差。【略】壬申，【略】定边大将军平郡王福彭奏报：鄂尔昆集尔麻泰等处屯田收获大麦、小麦、糜子共八千六百石有奇；扎克拜达里克推河等处屯田收获大麦、小麦共二千一百石有奇。下部知之。 《世宗实录》卷一三八

## 1734年 甲寅 清世宗雍正十二年

正月【略】己卯，谕诸王大臣等，尔诸王大臣以元旦立春，恰逢甲寅年、丙寅月、戊寅日、甲寅时，瑞雪缤纷，竟日盈尺，考之占书，最为嘉祥，丰年可庆。 《世宗实录》卷一三九

二月【略】辛亥，【略】免直隶通州、丰润等六州县雍正十一年分水灾额赋有差。壬子，【略】又谕，闻江南通州滨海地方上年秋收稍歉，现今米价昂贵，盐场灶户谋食维艰，将来青黄不接之时，尤不可不加赈恤。【略】甲寅，免浙江新城、分水二县雍正十一年分旱灾额赋有差。【略】壬戌，【略】大学士等议覆，营田观察使陈时夏奏言，文安、大城两县界内修筑横堤一千五百余丈，本年营田四十八顷俱获丰收，但恐水涸即成旱田，请于大堤东南尚家村开建石闸，堤内挖河，引子牙河之水以资灌溉。【略】乙丑，【略】免江南宿州、灵璧等四州县雍正十一年分水灾额有差。

《世宗实录》卷一四〇

三月【略】壬午，【略】免直隶沧州、兴国等十四州县盐场灶地雍正十一年分水灾额赋有差。【略】丙申，【略】赈济江西新淦等五县水灾饥民。【略】庚子，【略】办理军机大臣等议奏：喀尔喀公葛木丕尔于上年冬月严寒之时，率领官兵，过阿尔泰山岭，开通雪路百余里，深入贼境，直抵察罕胡济尔等处，贼众惊溃。 《世宗实录》卷一四一

四月【略】甲戌，归化城都统丹晋疏奏：吴喇忒镇国公达尔玛机里等属下游牧地方，于去冬雪大风寒，人畜伤损，蒙皇上遣理藩院郎中文保等按户赈济，查明小大共一万五千三百八十五口，赈济六月，共米七千二百四十石一斗，各扎萨克亲身分散，贫穷蒙古共沐皇恩。谨造清册，送部查核。下部知之。 《世宗实录》卷一四二

六月【略】甲寅，【略】免直隶蓟州、文安等十六州县雍正十一年分水灾额赋有差。【略】乙丑，【略】赏恤浙江海洋巡哨遇风淹毙瑞安营都司佥书林逢春及弁兵等银两有差。【略】壬申，【略】户部议覆，内阁学士凌如焕条奏，臣伏查报垦地亩，【略】如山田则泥面而石骨，土气本薄，初种一二年，尚可收获，数年之后虽种籽粒，难以发生，且山形高峻之处，骤雨瀑流，冲去田中浮土，仅存石骨[①]。

《世宗实录》卷一四四

八月【略】戊午，【略】谕内阁，从来天人感应之理，捷如影响。【略】如雍正六年直隶通省地方收成丰稔，惟宣化府所属之宣化、怀来、保安三州县交界之处，广约四十里，长约百里，独愆雨泽，甚觉亢旱，是年冬月，他处皆得瑞雪，而此地独少，此必地方文武大员不能妥协，或无知愚民有干和气之所致。今年六月间，又闻宣化地方苦旱，七月杪又有被冰雹之处，其大有如拳、如鸡子者，田禾多被损伤。朕思冰雹虽北方所时有，而宣化乡村被灾独甚，为近来所罕见，可见上天垂象，屡屡示儆于宣化者显然，【略】晓谕宣属文武官员兵民，著人人各自省疚。 《世宗实录》卷一四六

---

① “山形高峻之处，……，仅存石骨”。可见当时南方山区的大垦殖造成了严重的水土流失。

九月【略】丁酉，谕内阁，陕省今岁秋禾受旱，水田虽可有收，而旱田收成大减，明年青黄不接之时，米粮或致腾贵，不可不预为筹备。【略】己亥，【略】赈济安徽宣城、凤阳等十五州县卫被水灾民。

《世宗实录》卷一四七

十月【略】丁未，谕内阁，数年以来甘肃等处地方办理军需，【略】前据督抚等奏报，今年禾麦收成俱好，朕心甚慰，今闻秋间有雨少之州县，如阶州、靖远、环县数处，收成不足，民食稍艰，或他处有似此者，亦未可定，著刘于义、许容确加访查。【略】壬子，【略】赈济直隶霸州、固安等十七州县被水饥民。癸丑，谕内阁，今年六月间，江苏地方雨水稍多，州县低洼之地有被水淹浸，收成歉薄者，朕心轸念。【略】戊辰，谕内阁，【略】今据湖广镇筸总兵官杨凯奏报，镇筸红苗甫经向化，今年苗民所种之山田水地，黍稷稻粱盈畴遍野，及至秋成，则皆双穗、三穗，四、五、六穗不等，万亩皆然，苗民额手欢呼，以为从来未有之奇瑞等语。又据侍郎蒋洞奏报，高台县属双树墩地方，在镇夷堡口外，自开垦以来人烟日盛，今岁秋成粟谷挺秀，有一本之内枝抽十余穗者，有一穗之上丛生五六穗者，屯农共庆为奇观。【略】己巳，【略】谕曰：【略】自春及秋，直省地方雨旸时若，除直隶、江南近水数县河流有涨溢之处，陕西数县得雨稍迟外，其余则甘霖应候，禾稼丰登，虽不敢遽称大有之年，而各省年谷顺成，大率相类，诚为罕覯。

《世宗实录》卷一四八

十一月【略】甲午，谕内阁，今岁春夏之间，陕西地方禾麦颇好，及至仲秋闻有雨少之州县，如甘肃所属则有阶州、靖远、环县等处，西安所属则有临潼、渭南、高陵、泾阳、三原、醴泉、富平、同州、郃阳、澄城、韩城、朝邑、华州、华阴、蒲城、潼关，以及榆、葭二府州所属等处，朕心深为轸念，特谕该督抚速筹蠲免赈恤。【略】据史贻直、硕色奏称，西安所属州县秋间雨泽愆期，嗣于九月内大沛甘霖，所种之麦滋润畅茂，明岁夏收可望，现在粮价有减无增，约计本地存贮谷石，足以接济明春之用。至本地钱粮，百姓感戴皇仁，且值连年丰稔，已经完纳十之八九，亦无庸加恩蠲免。惟从前借粜之谷粮，应于秋后还仓者，今西安、同、华、榆、葭等府州既有薄收之属，请暂缓征买，统俟明秋还项，则民力可纾等语。

《世宗实录》卷一四九

十二月【略】癸卯，【略】免安徽滁州、宣城等十二州县卫本年水灾额赋有差。【略】丁未，【略】免直隶霸州、永清等十四州县本年分水灾额赋有差。【略】丁巳，【略】署宁远大将军查郎阿奏报，哈密塔尔那沁等处屯田收获青稞共四千五百石有奇，图呼鲁克屯田收获小麦一千四百石有奇。下部知之。己未，谕内阁，【略】今岁河西各属俱获有秋，粮价亦较往年平减，其凉、肃二镇兵丁亦各安静守法，而甘提标兵辄敢数十成群，公然盗劫。【略】庚申，【略】云贵总督尹继善奏报：本年十月二十九日，恭逢万寿之辰，云南楚雄、大理等处，日丽重华，卿云献瑞，五色绚烂，万里缤纷，历辰、巳、午、未四时之久，官民公同瞻仰。下部知之。【略】辛酉，【略】免陕西固原属之平原所下马关，及灵州属之花马池，中卫县属之香山，礼县属之大潭一里，本年分秋禾歉收额赋，并乏食贫民所借口粮，一体赏给。从陕西总督刘于义、甘肃巡抚许容请也。定边大将军平郡王福彭奏报：鄂尔昆集尔麻泰等处屯田收获大麦、小麦、糜子共一万九千七百石有奇。下部知之。壬戌，【略】免直隶宣化、万全二县及二县代征之通州民地本年分雹灾额赋有差。

《世宗实录》卷一五〇

## 1735年 乙卯 清世宗雍正十三年

二月【略】癸亥，谕内阁，据山东巡抚岳浚奏称，雍正十三年元旦，山东省城祥云捧日，历辰、巳二时不散，又正月初五六日各府瑞雪普降，远近均沾。河东总督王士俊奏称，河南地方于元旦得瑞雪一尺五六寸至二三尺不等。朕闻之，不胜喜慰。

《世宗实录》卷一五二

闰四月【略】丁丑，谕办理军机大臣等，闻鄂尔多斯贫乏蒙古有就食口内，典卖妻子人口者，著

交该地方官查明，照原价赏给赎出，加意安插。　　《世宗实录》卷一五五

五月【略】甲辰，谕内阁，【略】兹闻甘省所属地方入夏以来有雨泽愆期之州县，或恐收成稍薄，纳课艰难，著将雍正十三年甘肃通省所属应征地丁钱粮全行蠲免。　　《世宗实录》卷一五六

六月【略】丙戌，谕理藩院，据扎鲁特贝勒阿谛沙报称，今岁春时亢旱，将伊旗分人等移于近河潮湿之地居住，五月初七日大雨竟日，夜间水发，淹没人畜甚多等语。扎鲁特等旗分年来连值旱涝，收成歉薄，今又遭此水患，深可悯恻。【略】壬辰，【略】福建提督王郡折奏：吕宋国以麦收歉薄，今附洋船载谷二千石、银二千两、海参七百斤，来厦卖银籴麦，多则三千石，少则二千石，臣查五谷不许出洋，律有明禁，今吕宋以谷易麦，臣与督臣、抚臣现在商酌，请旨钦定。

《世宗实录》卷一五七

七月【略】甲辰，【略】免江南沛县雍正十二年分水灾额赋有差。乙巳，谕内阁，前闻浙省海塘于本年六月初二日风潮偶作，冲决之处甚多。【略】今朕访闻今岁风潮不过风大水涌，并非昔年海啸可比，且为时不久，未有连日震撼冲汕情形，若平日随时补苴，防护谨密，自不致溃决如此之多。

《世宗实录》卷一五八

八月【略】己巳，【略】免江苏泰州、上元等二十州县雍正十二年分水灾额赋有差。【略】辛巳，谕内阁，据直隶总督李卫奏进遵化州陵寝垣外地亩及保定县耤田所产瑞谷多种，并有一本九穗者。朕览之，不胜欣庆。　　《世宗实录》卷一五九

八月【略】癸巳，【略】谕总理事务王大臣，据署盛京工部侍郎七克新奏称，本年六月十三日山水泛发，漫溢福陵石堤，谨验得石堤坚固，无庸补修，所有石堤前平地被水冲刷，又引河坝西河崖冲开一段，并石堤背后所筑之土亦被水冲刷，应请敬谨修理等语。【略】乙未，谕：今日下雨，所有齐集之王公、大臣、官员、侍卫、执事人等，俱准穿雨衣。【略】丙申，【略】是日，江西巡抚常安奏报，该省因夏雨愆期，在省城及庐山上清宫等处，斋僧祈祷，即降甘霖。【略】得旨批饬，今年五六月间江西少雨，皇考在孜训堂办事，时时谕及，且云常安奏折何久不见到。　　《高宗实录》卷一

九月丁酉朔，【略】又谕，雍和宫工程现在修理，时界初冬，且值阴雨，所有在工夫役，服劳可念，其工价著加一倍赏给。　　《高宗实录》卷二

九月【略】戊午，【略】又谕，本年七月，皇考曾降谕旨，今年黄、运两河水势甚大，南北河道总督及在事官员悉心防护，工程平稳可嘉。【略】是月，【略】广西巡抚金鉷奏：年谷顺成，每米一石价二钱三四分至六七分不等。得旨：各省奏报收成分数，务期确实，勿以粤西路远而稍有粉饰也。广东潮州总兵官范毓裿奏报，嘉应州、潮阳县等处于八月十六日飓风陡作，沿海堤岸冲决，田禾被淹，城垣庐舍船只俱有损坏。　　《高宗实录》卷三

十月【略】癸酉，【略】缓征浙江遂安、宣平二县被旱钱粮，仙居、东阳、永康、永嘉、缙云等五县被水钱粮。【略】己卯，【略】又议覆，安庆巡抚赵国麟疏报，泗州、潜山二州县七月初旬陡发山水，田禾被淹，应令委员会勘。　　《高宗实录》卷四

十月【略】辛卯，【略】户部议覆，苏州巡抚高其倬疏报，阜宁、盐城、兴化、海州、赣榆五州县雨泽稀少，其地处最高，不通河水，以及咸潮灌浸之区，禾豆均已枯槁，酌筹接济，应令委员会勘。【略】乙未，【略】谕总理事务王大臣，【略】近闻湖北早禾收成稍歉，盐未畅销。楚地素为鱼米之乡，湖鱼旺产亦号丰收，商得资其腌切，藉以完课。今年汉水涨发，鱼市稀少。【略】是月，【略】四川总督黄廷桂等具奏：川东一带偶缺雨泽，收成歉薄，酌动仓谷平粜借支，并请缓征。【略】福建布政使张廷枚【略】又奏报粮价，并赈恤台湾被风难民。【略】云贵总督尹继善【略】又奏：滇省连岁秋成丰稔，米价平贱，请遵循成例，仍收秋粮，以裕仓储。　　《高宗实录》卷五

十一月【略】丁未，【略】谕户部，谕四川巴县、江津、长寿、綦江、涪州、庐州、璧山、合江、永川九

姓司九处今年雨水较少，收成稍薄。虽据该督抚奏称，勘不成灾，不在蠲租之例，但岁收既歉，民间纳赋未免艰难，朕心深为轸念。【略】此巴县等九处本年未完钱粮著即全行豁免。

《高宗实录》卷六

十一月【略】丙辰，【略】谕：河南地方自田文镜为巡抚总督以来，苛刻搜求，以严厉相尚，而属员又复承其意指，剥削成风，豫民重受其困，即如前年匿灾不报，百姓至于流离，蒙皇考降旨严饬，遣官赈恤，始得安全，此中外所共知者。乃王士俊接任河东，不能加意惠养，且扰乱纷更。【略】是月，【略】兰州巡抚许容奏，甘省固、环本地无业之民及移就邻封随地安插之民，请发社仓粮石，赈给三个月口粮。得旨：【略】今年又值收成歉薄，更为可悯。【略】福建巡抚卢倬奏：临河被水各属勘不成灾。得旨：被水各属虽不成灾，仍须加意赈恤。《高宗实录》卷七

十二月【略】戊辰，【略】免安庆、泗州、潜山县水灾应蠲银两米麦，缓征现年额赋，兼赈饥民。【略】戊寅，【略】又谕，朕前闻淮分司所属庙湾、新兴、临兴、白驹、刘庄、伍祐等六场今年秋收歉薄，恐灶户煎丁有贫苦乏食者，已曾于高斌奏事折内，谕令加意赈恤。《高宗实录》卷八

十二月【略】壬午，【略】缓征苏州、阜宁、盐城、兴化、海州等四州县本年旱灾额赋，兼赈饥民。【略】丁亥，【略】谕诸王满汉文武大臣，【略】乃当三冬望雪之时，而天恩未降，朕窃疑政治之间有所阙失，用是焦劳只惧，晨夕不宁，今于立春之前一日，上天普赐瑞雪，至于盈尺，始信天意鉴佑。【略】是月，苏州巡抚高其倬奏：查勘阜、盐等五州县分别成灾、不成灾，照例蠲赈。

《高宗实录》卷九

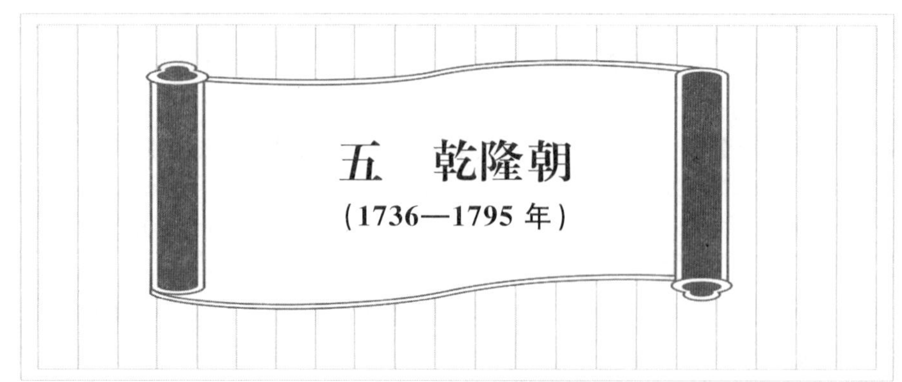

# 五　乾隆朝

（1736—1795 年）

## 1736 年 丙辰 清高宗乾隆元年

正月【略】丁酉，【略】谕甘肃巡抚许容，据刘于义奏，汝赈济固、环等处贫民，大口日给米三合，小口日给米二合，不敷度日，难以充饥，目下穷民尚复逃散四出等语。汝为地方大员，既不能先事预防于前，又不能竭力赈救于后，而且一经奏报，遂谓了事，恐甘省之“灾荒”二字再入朕耳。

《高宗实录》卷一〇

正月【略】癸丑，【略】又谕：甘省百姓连年承办军需，急公踊跃，甚属可嘉。【略】上年闻有缺雨歉收之州县，已谕该督抚加意抚绥。【略】己未，【略】谕总理事务王大臣，闻山西地方粮价昂贵，如平阳、汾州、蒲州等府属米麦价值每石卖至二两之外，太原、潞安、泽州等府属亦一两五钱至一两九钱不等，小民无力者，籴食维艰，朕心深为轸念。【略】查该省常平积谷无多，而社仓之谷尚有二十余万石，除照例出借外，其余应酌减价值，及时发粜，以裕民食。【略】是月，【略】署川陕总督刘于义奏报：固原、环县歉收，有业贫民借给口粮，无业贫民分别给赈。【略】陕西巡抚硕色奏：停晋民籴粮之禁。得旨：此奏甚是。【略】但又闻陕省亦不为大收之年，而且牛疫盛行，汝等何无一言奏及耶。【略】四川巡抚杨馝奏报：忠州、酆都、万县米价昂贵，设厂煮赈。川东上年歉收等处，仍酌量抚恤。并恤甘省就食贫民。

《高宗实录》卷一一

二月【略】己巳，【略】又谕大学士鄂尔泰、张廷玉，上年甘肃所属固原、环县等处收成歉薄，穷民乏食，乃朕所知者，已降旨切谕该省督抚，加意筹画，赈恤抚绥。今又闻得甘州、凉州、巩昌、临洮、平凉、庆阳、宁夏、西安等府雍正十二年、十三年收成俱歉，且有牛疫之厄，米麦之价较昔昂贵，百姓艰窘，此朕得之访闻者。该督抚并未奏闻，尔等可作字询问。【略】直隶总河刘勷、副总河定柱奏：永定河东沽港上年堵筑之处，漫溢二十四丈。【略】丁丑，【略】又谕：仲春以来，农事方兴，雨雪时降，麦秋有望，殊属可喜。【略】己卯，【略】户部议准山西巡抚觉罗石麟疏称，宁乡县原报垦荒余地七百九十顷有奇，勘系巨石沙碛，难以播种，请予豁除。从之。

《高宗实录》卷一二

二月庚辰，【略】谕曰：朕闻江南淮安府属之桃源县，徐州府属之宿迁县、睢宁县滨临黄河，沿河地亩淹涸靡常。雍正五年，因朱家口溃决之水复循故道，其旧淹田地始得涸出，而河臣为地棍所欺，遂以此地为新淤之腴产，睢宁县报升地五千三十九顷，宿迁县报升地四千七十二顷，桃源县报升地三千八百四十二顷，嗣蒙皇考世宗宪皇帝勤求民隐，特颁谕旨，以淤地勘报不实，令河臣会同督臣委员查勘，共豁地七千二百余顷。【略】甲申，【略】谕大学士张廷玉，朕闻山东沂州府属之郯城县、兰山县一带地方，自雍正八年大水淹浸之后，水退沙存，凡低洼地亩沙深数尺，不产五谷，即荑稗青草亦不生长，郯城有一百数十余顷，兰山有三百余顷，其余州县不近大路者尚有十余处。地既

不毛，粮从何办，小民纳赋甚属艰难，此朕得之访闻者。【略】兵部议覆，闽浙总督郝玉麟疏请，恤赏浙江海洋巡哨遭风淹毙额外外委李虎臣、兵丁刘承恩等一十二人，浮水得生兵丁鲁文忠等七人，应恤赏如例。从之。【略】己丑，【略】免追陕西三清湾屯田被淹籽种二百二十石有奇，从署陕西总督刘于义请也。【略】辛卯，谕大学士张廷玉，湖南为产米之乡，向来米价平时每石不过七八钱，近闻湖南省城米价腾贵，自正月二十四五以后，每石贵至一两七八钱不等，民间有艰食之虑。【略】是月，【略】山西巡抚觉罗石麟奏：荣河县沿河被冲地二百三十一顷有奇，难期涸出，请免赔粮。【略】甘肃布政使徐杞奏报冬春雨雪情形。得旨：看此雨雪光景，甘属今年又属不足，言之署督抚等，不可不为未雨绸缪也。

《高宗实录》卷一三

三月【略】乙卯，【略】户部议覆，陕西巡抚硕色疏称，富平县于康熙二十一年河水泛涨，冲压水田十九顷十八亩有奇，维时该县令郭诗以耗银代赔，嗣后俱踵前辙，至耗羡归公，仍为民困。其应征粮一百三十八石零、折色均徭银一百八十七两零，均宜豁除。应如所请。从之。【略】丁巳，【略】总理事务王大臣议覆，延绥镇总兵米国正奏，榆林、神木等处边口越种蒙古余闲套地，约三四千顷，岁得粮十万石，边民获粮，蒙古得租，彼此两便，事属可行，其强种勒索者禁止，应如所请。从之。【略】癸亥，【略】免安徽泗州、安河两岸水淹淤地额征银米。【略】是月，【略】安徽巡抚赵国麟疏报雨水溥遍，惟歙县有小冰雹，麦菜不无受伤之处。得旨：据奏各属雨泽情形，知道了。徽州山内出蛟，何并不奏闻。【略】大学士管浙江总督嵇曾筠奏，各属雨水沾足，惟金、衢、严、处地方，因徽州山内出蛟，间被冰雹，为时无几，为地有限，俟查明有稍重之处，即酌给籽种。【略】又奏报，桃汛水势安澜，塘工平稳。【略】山东巡抚岳濬【略】又奏报各属得雨情形。得旨：据此各处得雨情形，则东省不如直隶远甚，虽未觉旱，但目前青黄不接之时，平粜仓谷最为要紧，其未报得雨之州县更当加意筹画。

《高宗实录》卷一五

四月，【略】是月，【略】河南巡抚富德参奏汝宁府知府徐石麟，瞻徇属员信阳州知州艾淳匿灾不报，兼有贪劣实迹。【略】稽察归化城给事中永泰奏：雨旸时若。

《高宗实录》卷一七

五月【略】丁未，【略】谕总理事务王大臣，朕闻河南永城县地方，于本年四月内黄水忽发，从江南砀邑之毛城铺闸口汹涌南下，将申公堤祝家水口冲坍，并东首古堤亦坍二缺，潘家道口等集一带平地水深三五尺不等，虽未伤损人口，而二麦被淹，房屋亦有倾圮者。

《高宗实录》卷一八

五月【略】甲寅，【略】免四川风雹被灾叙州府属之南溪县，直隶泸州并泸属之纳溪、江安、合江、九姓司，又叙永厅并所属之永宁县乾隆元年分额赋有差。【略】是月，【略】云贵总督尹继善奏两省雨水情形。得旨：滇省豆麦既歉收，恐秋成再复平常，则穷民衣食何赖，所当加意筹画。【略】江西巡抚俞兆岳奏报赣州、建昌等府山水暴涨情形。得旨：如此数处皆被水灾，亦不为不重大矣。

《高宗实录》卷一九

六月【略】戊辰，谕总理事务王大臣，朕闻本年四月间江南徐州府萧县地方因上游祝家水口溃决，黄水漫溢，以致萧邑民田被淹，南北约长四十余里，东西二十余里，二麦未收，秋禾亦被淹浸，穷民失业。朕心深为轸念。【略】辛未，【略】免四川南溪县等处风雹灾本年额赋有差。

《高宗实录》卷二〇

六月【略】戊子，大学士管川陕总督事查郎阿参奏前任甘肃巡抚许容隐匿灾荒，营私树党。得旨：革职，解京治罪。【略】是月，直隶总督李卫奏报雨雹损伤庄村，并督捕蝗蝻情形。得旨：今年直隶三春雨泽，可谓浩荡天恩，入夏以来，虽已得雨，而尚欠沾足，初二之雨，今复隔七八天矣。朕日夜望雨，殊觉忧郁，若十日内不雨，则年成减几分矣，且有蝗蝻之灾，岂吾君臣措施有所剌谬乎。【略】江南总督赵宏恩奏：江南徐州、江西赣州等处被水情形。得旨：被水州县如此之多，淹毙人口亦复不少，此皆我君臣政治失宜，上干天和之所致也。【略】吏部尚书署川陕总督兼甘肃巡抚刘于义奏，田禾被雹情形。得旨：被灾穷民，所当加意赈恤，勿致失所。【略】江西巡抚俞兆岳奏报雨泽调匀。得旨：忻慰览之，但江西亦颇有被水之处，岂可过为夸耀之词。湖南巡抚钟保奏长沙府所属山水涨发情形。得旨：此等赈恤，乃济民间目下之急者。【略】河南巡抚富德奏救荒之策，【略】又奏赈务办竣。【略】河南按察使隋人鹏奏：巡抚富德吏治废弛、操守难信、定例故违、纷更滋弊四款，【略】又奏淮宁、商水等县河水泛溢情形。【略】陕西巡抚硕色奏报武功县被水情形。得旨：览，被灾之民，虽甚小之灾，而抚恤亦不可疏忽。广东巡抚杨永斌奏：增城县、嘉应州雨水涌涨，及潮州坝岸坍卸情形。得旨：被灾难民，加意抚恤，勿致一人失所。　《高宗实录》卷二一

七月【略】乙未，谕：湖南沅州接壤黔省，黔民被苗扰害，就食于沅州者甚多，且该州上年收成稍歉，米价昂贵，除已降旨将雍正十三年应征钱粮及耗羡全行蠲免外，今再沛恩膏，将乾隆元年应征额粮及耗羡银两全行豁免。【略】己亥，【略】又谕：据贵州总督张广泗奏称，镇远、思州、黄平、施秉、余庆、青溪、玉屏等府州县，于本年四月后，或被水灾，或遭冰雹，虽山溪水涨，涸不待时，冰雹所过仅一二里，而此一带之田亩民房多遭伤损，已委员星赴各处查勘。【略】上年被逆苗之扰，今镇远、思州一带又有被水淹没之处，朕心深为轸念。【略】丙午，【略】赈江西安福县水灾饥民。

《高宗实录》卷二二

七月【略】壬子，【略】赈江南宿州、萧、砀等州县卫水灾饥民。【略】丁巳，【略】赈陕甘陇西、伏羌、河州、碾伯、西宁等州县水灾雹灾饥民。戊午，【略】赈湖北汉川、江陵二县，荆州等三卫水灾饥民。【略】是月，直隶总督李卫【略】又奏报夏雨沾足。得旨：京师亦已得沾足天恩矣，朕之忧怀顿释。【略】江南总督赵宏恩奏报：查勘各府州县间被水灾，应照例赈恤情形。得旨：今年江南雨水过多，灾异数见，朕心深为忧虑。【略】户部尚书署湖广总督史贻直【略】又奏，沿江低田被水，两湖仍属丰收情形。【略】河南巡抚富德奏，鄢陵、扶沟等州县雨水稍多，秋禾被淹情形。得旨：似汝此等巡抚，何能慰朕怀耶。河南布政使徐士林奏，鄢陵、淮宁、石梁等州县水灾赈贷情形。【略】吏部尚书署川陕总督兼甘肃巡抚刘于义奏报，宁夏府各属水灾赈贷情形。【略】陕西巡抚硕色奏报雨泽。得旨：七月十八日始得雨，而且不过三寸之深，即谓秋成有望，侈然自足，尚得谓之留心民瘼者哉。且既一月之久，汝何未奏。又奏：府谷、神木等县雹灾情形。【略】两广总督鄂弥达、广东巡抚杨永斌奏：南海、潮阳等州县水灾赈恤情形。　《高宗实录》卷二三

八月壬戌朔，【略】赈浙江兰溪、建德等六县水灾饥民。【略】辛未，【略】除山东冲压地粮。谕：【略】前访闻得山东郯城、兰山等州县自雍正八年大水淹浸之后，水退沙存，冲压地亩，不能树艺五谷，小民纳赋甚属艰难，特降谕旨，令巡抚岳浚将此等地方详悉查勘，奏明请旨。顷据岳浚奏称，雍正八年被水之后，凡滨河傍山地亩如历城等二十八州县，原报冲压地共三千二百四十七顷零，经臣檄饬劝垦，内有曹州、曹县、莒州、沂水四处垦过地九百九十余顷，尚有二千二百五十余顷，屡饬确查。今复遵旨勘明，【略】共计州县二十八处所，有冲压地共一千三百六十二顷九十八亩零，实系积年废弃，人力难施，应共免地丁银五千九十两零、米麦一百五十六石零。　《高宗实录》卷二四

八月【略】己卯，【略】谕：本年四月间，河南永城县潘家道口地方黄河水发，堤岸溃决，民间田禾庐舍被水淹浸，朕心轸念。【略】今据徐士林折奏，永城县被淹田地共一千一百一十三顷六十六亩，春麦秋禾俱未耕获。【略】赈河南南阳、新野等五县水灾饥民，并停征本年分额赋有差。【略】壬午，【略】江西巡抚俞兆岳奏：江右今岁丰收，请再买谷十余万石，分贮各府州县，以备凶荒。得旨：允行。下部知之。【略】乙酉，【略】谕总理事务王大臣，今年伏秋交会之际，南方雨多，水势甚大，朕深为黄、运、海塘等处工程系念。昨据江南河道总督高斌折奏，时过白露，黄、运、湖河各处工程在在保护平稳，且毛城铺北岸于六月间有天开引河一道，不费人力，自然化险为平，人民莫不欢忭等语。【略】谕理藩院，喀喇沁王伊达木札卜等旗所属之人，耕种地亩，今年收成歉薄，应如何施恩散赈之

处，著总理事务王大臣会同该衙门查例议奏。【略】丁亥，谕大学士鄂尔泰、张廷玉，前闻云南地方今春雨泽短少，后据尹继善等奏报渐次得雨，以朕看来仍是不足之象。迄今两月有余，未见尹继善、张允随奏事，滇省雨泽沾足与否，夏田收成如何，朕俱未闻知，甚为系念。【略】赈陕西府谷、神木二县雹灾饥民，并缓征本年分额赋有差。【略】己丑，【略】赈江南江宁、苏、松等属溧水、江浦、长洲、华亭等二十四州县水灾饥民，并缓征本年分额赋有差。庚寅，赈贷湖北潜江、荆门等五州县，沔阳、荆州等四卫水灾饥民。【略】是月，【略】山西巡抚石麟奏得雨情形。得旨：八月初一始得雨，而谓禾苗勃然长发，吾谁欺乎，此可见汝等年成之奏报不足为凭矣。【略】广东提督张溥奏雨水飓风情形。【略】云贵总督尹继善奏两省雨水情形。得旨：知道了。春雨缺少之奏一至，朕南顾之忧，无时或释。

《高宗实录》卷二五

九月【略】癸卯，【略】赈贷浙江湖州府属之安吉、德清等三州县一所水灾饥民。【略】丙午，【略】谕：雍正十三年平凉府所属厅州县，并巩昌府属西固厅、庆阳府属环县，及宁夏府属灵州之花马池、石沟等堡，中卫之香山一带收成稍歉。【略】今据该督抚奏报，各处收成有六七分者，亦有八九分者。【略】免江西安福县本年分水灾额赋。

《高宗实录》卷二六

九月【略】壬子，【略】赈安徽宿州、虹县等二十州县卫水灾饥民。【略】乙卯，【略】加赈江苏萧、砀山二县，徐州一卫水灾饥民。【略】丁巳，【略】赈安徽泗州卫屯田水灾饥民。【略】己未，【略】赈江苏六合等十三州县卫水灾饥民，并缓征本年额赋有差。庚申，【略】赈两淮分司所属板浦、徐渎等场水灾灶户，并停征本年分额赋有差。【略】是月，【略】山东巡抚岳浚奏报各属秋收分数。得旨：通省收成七八分者居多，而至少者亦系六分，且不过十数州县，则东省今年可谓丰岁矣。【略】吏部尚书署川陕总督兼甘肃巡抚刘于义奏报，巩昌、秦州等属雹灾赈恤情形。

《高宗实录》卷二七

十月【略】丁卯，谕总理事务王大臣，曰：今岁江南夏秋之间天雨连绵，淮扬一带各州县低洼地亩有被水淹漫者，朕恐民穷失所，已谕令督抚等加意赈恤。【略】戊辰，【略】谕总理事务王大臣，朕闻今年伏秋之际，浙省雨水连绵，仁和、安吉、德清、武康四州县内低洼田亩，积水未经涸出，不能栽种秋禾，以致西成失望。所有应征地丁钱粮已经该督照例题请蠲免。【略】免江苏阜宁等四州县本年旱灾额赋。

《高宗实录》卷二八

十月【略】甲申，谕总理事务王大臣，朕闻山东各府今岁秋收俱称丰稔，惟武定府属之乐陵县，及济南府属之德平县有低洼被淹之乡村，若就通县地亩而论，均不及十分之一，实未成灾。【略】丁亥，【略】户部议覆，山西巡抚觉罗石麟疏言，蒲州府属之荣河县百祥等十八村庄，及寨子等村临河地亩于雍正六年五月内，因水冲塌二百四十六顷九十六亩有奇，请豁除额赋，应如所请。从之。【略】缓征安徽宿州等十二州县被水灾田额赋，截漕平粜。赈贷浙江德清、武康二县及湖州所被水灾民。【略】戊子，【略】赈贷山西朔州等四州县被雹灾民，缓征额赋。【略】是月，【略】江南总督赵宏恩奏报：江西德化等三县被水偏灾，确查赈贷。【略】四川巡抚杨馝【略】又奏：西藏口外乍丫察木多所属地方被旱歉收，分别赏恤安抚。报闻。

《高宗实录》卷二九

十一月【略】壬辰，【略】赈贷陕西定边县被雹灾民。【略】甲午，【略】户部议覆，江南提督南天祥疏言，高邮等州县被水灾后，米价涌贵，请将附近州县存仓积谷运往协济平粜，应如所请。从之。【略】丙申，【略】又谕：据云贵总督尹继善奏称，云南曲靖、澄江、临安、楚雄、姚安、广西、昭通等府所属州县，内有栽插稍迟之地，禾稻正在扬花，忽遇冷雨，多不结实，止有五六分收成。其中呈贡、昆阳、安宁、恩安、鲁甸数处收成则在四分以下，除委员确勘实在成灾者，即行具题，将应免地丁等项，照例请免。【略】丁酉，【略】赈恤安徽霍邱等三县卫、湖北汉川等十三州县卫被灾军民，缓征额赋。【略】庚子，【略】缓征江南长洲等十二州县卫被水军民额赋，分别赈恤。辛丑，谕总理事务王大臣，据陕西署督刘于义奏称，宁夏府属之宁夏、新渠、宝丰等县，今夏雨水甚多，黄河泛涨，以致冲决堤

岸，淹浸民田，臣已动支社仓公用银粮，加意赈恤。念此被灾民人今冬明春口粮或有缺乏，准布政司详议宁夏县之何忠堡，新渠县之通吉、通义、通昶、清水等堡被灾偏重，酌借六个月口粮；宁夏县之王鋐堡，及宝丰县之红岗、永润等堡被灾较轻，酌借三个月口粮，俟来年收成之后，催征还项等语。

《高宗实录》卷三〇

十一月【略】己未，【略】河南巡抚富德奏请加赈永城县被水灾民两月，并借给社仓谷石。【略】云南昭通镇总兵官徐成贞奏：滇省岁收歉薄，昭通府属自七分至三四分不等，因报明官兵回营，附折奏闻。

《高宗实录》卷三一

十二月【略】辛酉，户部议覆，湖北巡抚钟保疏言，汉阳县滨江被水冲坍屯地五顷六十二亩有奇，应纳更名租饷，【略】请予除豁，应如所请。从之。理藩院奏：据巴林多罗郡王桑里达报称，伊等四旗今岁亢旱，地亩未种，请派员于户部支银五千两，前往赈济。得旨：著派侍卫旺扎尔去，银五千两恐不敷用，著带一万两速去。【略】壬戌，【略】截留湖北潜江等五州县额漕，赈汉川等十一州县卫水灾军民。【略】甲子，缓征江苏娄县水灾额赋，分别赈恤。乙丑，【略】赈江苏溧水等十二州县被水灾民。【略】己巳，【略】免陕西府谷、神木二县雹灾本年额赋有差。【略】辛未，【略】赈山西朔州等四州县被雹灾民，蠲免本年分额赋有差。【略】癸酉，【略】缓征江苏萧县、砀山二县本年分水灾额赋。免两淮莞渎等三场水灾灶户雍正十三年分额征有差。

《高宗实录》卷三二

十二月【略】丁丑，【略】户部议覆，署苏州巡抚赵宏恩疏言，沛县昭阳湖水沉田地二千一百六十八顷七十八亩有奇，请蠲除额征，应如所请。从之。蠲缓安庆泗州卫屯田、长芦庆云县灶地本年分水灾额赋有差。【略】是月，【略】两广总督鄂弥达【略】又奏报，高、雷、廉、琼四府米价渐涨，已将三水县仓谷由海运往。【略】山东巡抚法敏【略】又奏报得雪日期。

《高宗实录》卷三三

## 1737年 丁巳 清高宗乾隆二年

正月乙巳，谕总理事务王大臣，广东高、雷、廉三府素称产米之乡，即海南琼州一府，每年仰食斯地，官民隔海买运为常。闻今岁雨泽愆期，又兼飓风一次，秋成歉薄。【略】以致米价渐昂，向来每一仓石，价银七钱上下者，今则增至一两一钱以外，若至青黄不接之时，势必更加昂贵，小民谋食艰难，朕心深为轸念。【略】是月，【略】河南巡抚富德奏报豫省得雪一二寸，惟光州所属四县尚未据报到。得旨：览。闻光州已有逃饥者，今又复无雪，汝何以料理耶，各属得雪一二寸，即谓上召天和，朕实不敢居。

《高宗实录》卷三五

二月【略】己巳，【略】又谕，朕闻四川地方冬春以来雨泽稀少，且有牛瘟之厄，乃杨馝并未具折奏闻，不知伊如何筹画料理，以惠济穷民。尔等可即寄信询问之。【略】癸酉，【略】缓征江苏高淳县水灾新旧额赋，兼赈饥民。

《高宗实录》卷三六

二月，【略】是月，【略】山东巡抚法敏奏报，各属续经得雪分寸，及安插兰山县贫民缘由。得旨：东省今年春雨甚为短少，汝等著实留心吏治民生之事。【略】署广西巡抚杨超曾【略】又奏报粤西米粮时价，并陈明自上年七月后，雨水稀少，晚禾收成不及十分。

《高宗实录》卷三七

三月【略】己酉，【略】免陕西定边县雹灾额赋。【略】甲寅，谕总理事务王大臣，雨泽愆期，已逾旬日，渐有亢旱之象，朕心深为忧灼。【略】丁巳，谕总理事务王大臣，时值亢旱，雨泽未降，凡所以弭灾之道，俱应筹画。【略】是月，直隶总督李卫奏报，雨泽愆期，年景可虞，乞交部严加议处。【略】署天津镇总兵黄廷桂奏报：二十八日行雨三寸，二麦畅茂，秋禾均可播种。【略】江苏巡抚邵基奏：淮扬徐海等属仓廪空虚，拟动支地丁银两，遴员买运足贮。得旨：此是极应举行者。【略】又奏报，各属春雨沾足。得旨：览。京师此际望雨甚殷，此南北风气所以不同也。【略】管川陕总督查郎阿、

陕西巡抚硕色奏报：陕省雨雪应时，丰穰有兆。【略】云南总督尹继善奏报：赈恤上年歉收各属事竣，及入春，连得雨雪，春收接济有资。得旨：滇省旧年虽有旱灾，而今春雨雪情形，虽大田未准，而麦秋可必矣。

《高宗实录》卷三九

四月【略】辛酉，谕总理事务王大臣，尔来雨泽愆期，民间米价较前稍涨，且因从前仓场条奏，官仓稄米[1]甚多，【略】著户部作速行文仓场，将存仓老米每城拨二千石，照减定价值发粜。【略】癸亥，【略】谕大学士鄂尔泰，前因查郎阿奏到，知陕省雨泽沾足，麦秋可望丰收，曾将陕省麦石可否运济直隶之处，批令预先筹画。朕复思【略】道途遥远，运济不易，【略】不必勉强从事。【略】甲子，【略】又谕：天时亢旱，已逾兼旬，现在虔诚祈祷，尚未得沛甘霖，朕心深为忧惕。【略】戊辰，谕总理事务王大臣，京师雨泽愆期，朕心深为忧虑。闻河南、山东两省与直隶接壤之地，雨亦稀少。【略】庚午，为虔求雨泽，遣官致祭天神坛、地祇坛、太岁坛并四海之神。【略】缓征江苏江宁、常州两府属水灾乾隆元年分额赋，并赈饥民三月。

《高宗实录》卷四〇

四月【略】乙亥，【略】谕总理事务王大臣，据礼部奏称，本月十六日恭奉世宗宪皇帝配享圜丘礼成，辰刻甘霖立沛，【略】自后可望雨泽时行。今禁屠祈祷，将近弥月，【略】辰刻虽经得雨，尚未沾足，且昨晚今早，仍复多风。【略】丙子，谕总理事务王大臣，今年春夏以来，京师及畿辅雨泽稀少，而山东地方亦有缺雨之郡县，【略】今思节近小满，甘霖未降，麦秋料已失望，民心未免惶惧。【略】丁丑，【略】谕总理事务王大臣，朕因直隶、山东雨泽稀少，特降旨平粜，以济民食，又遣侍卫等前往察勘地方情形。据奏称，山东州县虽有发卖官谷之举，不过设厂数处，籴买人众，在本处居民尚有不能按日买者，至路远之民，往返维艰，守候终日，曾不得升斗而归，只得仍向市集籴米糊口，以此价值不得平减。直隶办理，较山东稍为妥协等语。【略】又谕：上年滇省州县有收成歉薄之处，【略】今虽据云南督抚奏报，今春雨旸时若，可望丰收，但朕思滇省百姓既有带征之秋米，又有应纳之正供，昨岁歉收之后，输纳未免艰难。朕心深为轸念。【略】先是，雍正十三年分川东缺雨歉收，巡抚杨馝请借给籽粮，以资民力，至是复以歉收，请宽至二年秋成征收还项，经户部议，应如所请。从之。【略】壬午，【略】户部奏，京师雨泽愆期，五城设立十厂，已经减价平粜，若于京城四乡添设八厂，广行粜卖，民食可无匮乏，如芒种前得沛甘霖，即无庸再行设厂，一切事宜，应预行料理。【略】甲申，【略】免湖北汉川、江陵二县，及武左、荆州、荆左三卫水灾乾隆元年分额赋有差。【略】丁亥，【略】户部议准山西巡抚觉罗石麟疏报，永济县濒河地亩雍正十三年分被水淹没共一百七十三顷八十五亩有奇，又大庆关额外濒河地亩被水淹没二十八顷六十五亩，又永济县诸冯等里荒碱沙地共三十七顷十一亩有奇，均系勘明确实，所有应征银米并请豁免，俟水退减除，再行劝垦升科。从之。【略】免江南徐州府属萧、砀二县并徐州卫水灾乾隆元年分额赋有差。【略】是月，户部奏覆，据山东巡抚法敏遵旨条奏，确查春麦歉收之处，预备事宜。【略】一、民间麦收，多藉为种植秋禾之工本，倘得雨再迟，则秋种无资，应令地方确查实在穷民，量贷籽种工本银两，俟秋收后还项。【略】一、东省民习，每遇歉岁，即挈眷远出，觅食他乡。【略】川陕总督查郎阿遵旨议奏运济事宜。得旨：知道了。于四月二十六日得邀天赐甘霖，虽不十分沾足，然可以播种大田矣。【略】陕西巡抚硕色奏：陕省雨雪屡降，禾苗畅茂，惟汉中府属于三月间忽生似蚕似蛾之青黑虫，啮蚀麦苗，遂致黄萎，幸得雨后，率多化蛾飞去。受伤之麦，略减分数。得旨：知道了，但此等害苗之虫，岂可不似蝗虫之竭力捕灭，而听其飞去耶，将此谕令查郎阿知之。山西巡抚觉罗石麟疏报雨水稀少之情形。得旨：知道了。【略】署理河南布政使温而逊疏报得雨情形。得旨：知道了。据奏连得雨泽，二麦滋长，与朕所闻豫

---

[1] 凡清廷有关漕粮文献，稄米、老米、仓米大抵对应于籼米、粳米和小米，详见张瑞威(2010)《十八世纪江南与华北之间的长程大米贸易》注释。

省望雨之言，何相径庭耶。《高宗实录》卷四一

五月【略】癸巳，谕大学士等，昨据户部奏，京城四乡设立米厂，以资平粜，原议芒种以前得雨，即可无庸设立等语。今虽屡得雨泽，尚欠沾足，况二麦已无望矣，大田虽可布种，而尚待有秋，设立米厂，以资平粜，乃亟应行者，著该部即遵前议，速行办理。免湖北安陆、荆州两府属各州县卫水灾乾隆元年分额赋有差。【略】丙申，【略】河东河道总督白钟山奏：湖势昔险今平，请改修土堤，节帑寓赈。东省鱼台县独山湖、马家三空桥等处，系粮艘纤道，从前修做柴工。雍正八年湖河异涨，冲损九百五十余丈。【略】至乾隆元年，春间雨水稀少，湖水稍落，堤根已露，【略】与抚臣岳浚议改石工之时，形势迥不相同。【略】且今岁濒河一带春雨愆期，二麦歉薄，贫民觅食维艰，时距秋成尚早，此时若举行土工，则附近无业贫民，皆得赴工力作糊口，是修筑土堤，工固费省，兼可接济穷黎。【略】缓征河南省南阳、新野、淮宁、西华、项城、舞阳、汝阳、上蔡、西平、商水、扶沟、沈丘等十二县水灾乾隆元年分额赋，其被灾较重者发帑赈恤，倒坏房屋给资修筑。《高宗实录》卷四二

五月【略】庚戌，又谕，昨据山东巡抚法敏因雨泽愆期，将预为筹画事宜一一陈奏，【略】朕思山东之得雨较直隶为早，直隶之缺雨较山东为甚，今法敏已将备赈事宜预行陈奏，而李卫尚未奏到。【略】辛亥，夏至。【略】谕总理事务王大臣，朕闻得广东琼州府知府袁安煜，不恤民间疾苦，贪黩不堪，声名狼藉。即如上年平粜一事，袁安煜移至海口发卖，民已不便。盖海口逼处海滨之地，其乡民由东、西、南三处而来者，已多十里之路，枵腹奔驰，而出粜又无定期，且衙役又择人而卖，竟有忍饥终日不得升斗者。而地棍奸贩乘机作弊，转得其利。袁安煜又将粜米之钱收入府署，不令民间兑换，以致钱米俱贵，民有怨言，传播道路。十月初三日，散发米票时，民人群相推挤，以致踏毙老幼妇女孩童十二口。袁安煜又将卖米之钱运至海北发卖，以图重利，私入己囊。袁安煜又发本银三百两，给与书办张凤翼，同私贩硝磺人林光美，贩卖谷石，前赴安南发卖，私贩硝磺运回，被营兵拿获。【略】癸丑，户部奏报，各厂粜米自本月初九日起，计至六月初一日，可卖米七八万石，监粜各官，屡称市价较减。而京师现得雨泽，各厂官米似可暂停粜卖。【略】丙辰，【略】又议准安徽巡抚晏斯盛疏报，雍正十三年潜山县属水冲沙压地亩共三顷八十亩有奇，旧征银米，应请豁免。从之。免安徽宿州水灾乾隆元年分额赋有差。【略】是月，【略】直隶总督李卫疏报甘霖连沛、远近沾足情形。得旨：此次实称沾足之泽。【略】然为时已迟，虽云补种秋禾，吾民已受半年亢旱之厄矣。赈恤之策，仍不可忽也。江南河道总督高斌疏报得雨情形。得旨：朕怀良慰。至京师亦蒙上天慈恩，于五月十四日得有沾足之雨，但望以后再得沾足接济，则大田无妨矣。《高宗实录》卷四三

六月【略】壬戌，【略】缓征山东乐陵、德平二县水灾乾隆元年分地丁银并借给谷石，秋后免息还仓。【略】庚午，【略】免浙江仁和、安吉、德清、武康四州县水灾乾隆元年分额赋有差。辛未，禁偷放运河水源。谕总理事务王大臣，今年五月间，山东雨少，运河水浅，以致粮艘不能衔尾而进。沿途挖浅起剥，甚费经营。而临清以北，更多阻滞。朕细加访察，临清以北，全赖卫水合汶济运，而卫水发源于河南卫辉府，至临清五百余里，沿河居民往往私泄以为灌溉之用，每致运河水浅，粮艘难行。经前任河臣靳辅题定，每年于五月初一日尽堵渠口，使卫水尽归运河，以济漕运。此历年遵行之成法也。今因日久法弛，卫水来源，小民不无偷漪之弊，遂至运河水势，涨落不常，重运难以北上。【略】先是，十三日得雨，至是日甘霖大沛，四郊沾足，上心怡悦，朝野欢腾。户部议奏，署陕西巡抚崔纪疏报，商南、山阳、雒南、肤施等县冰雹损伤田禾，应令该署抚饬知各县，将被灾地方逐户查明，借动仓粟，加意抚恤。得旨：依议速行。《高宗实录》卷四四

六月【略】甲戌，【略】谕内阁，连日仰蒙上天降赐甘霖，众心感庆，朕今御门听政，复值澍雨再降，更为优渥。【略】乙亥，【略】谕：本年四五月间，京师及畿辅地方雨泽愆期，朕虔诚私祷，复命王大臣致祭天神、地祇、太岁等坛，及四海之神，仰冀早赐甘霖，绥我兆庶。今于十三、十四、十六、十

七等日，时雨普降，既优既渥，远近均沾，万姓欢呼，朕心感庆，应虔修报谢之礼，仰答神明福佑之恩，著礼部即行定议具奏。【略】辛巳，【略】户部议奏，原任营田观察使陈时夏进有《区田书》三册，【略】又见山东聊城县知县蒋尚思所刊《教民区田法》，并直隶清河同知方鸣夏所刊《区田录要》，细加询问，俱有成效。惟虞冰雹虫灾，不虑水涝亢旱，于北五省更为有益。古称每亩可得谷六十六石，今斗可得二十石，少亦可得十三四石，是收获之广，无有甚于此者。又于区田四面凿井浇灌，是备旱之法，未有善于此者。但每田一亩，约费工本银三两，百姓无此力量，所以不能举行。【略】是月，直隶总督李卫疏报，二麦收成分数。【略】江南河道总督高斌疏报秋禾得雨情形。得旨：以手加额览之，京师亦得沾足甘霖矣，但觉迟时日耳，然晚田尚可补种，朕忧已减半焉。【略】湖南巡抚高其倬疏报地方雨水、田禾、米价情形。得旨：知道了，被水人民所当极力赈恤，而不可稍有掩饰也。山西巡抚觉罗石麟疏报得雨情形。得旨：若有觉旱情形，所当先事绸缪，一得沾足之雨，即当奏报。云南总督尹继善疏报雨水沾足、田禾茂盛情形。得旨：滇省去岁歉收，今年若得丰稔，则可救半矣，览奏曷胜欣慰。福建漳州镇总兵官谭行义疏报早稻收成情形。【略】安徽巡抚赵国麟【略】又报：五月二十六七八日大雨时行，江以南山内数次发蛟，山水骤涨，石埭、太平、歙县、黟县、铜陵、繁昌六县冲损田禾数百亩，并民房三四百间，淹毙男妇七十余口。【略】署理陕西巡抚崔纪条奏：农事以水利为要，陕属地方平原八百余里，农民率皆待泽于天，遇旱即束手无策。臣籍居蒲州，习见凿井灌田之利。【略】至遇旱年，虽井水亦必减少，然小井仍可灌三四亩，大井灌十余亩，在常田或颗粒无收，而此独仍有丰收。前康熙庚子、辛丑，晋省连旱二年，无井州县流离载道，而蒲属五邑独完，即井利之明效大验也。再，陕省富平、蒲城二县井利颇多，庚子、辛丑亦藉此免荒。臣据秦晋成效，思更为推广。

《高宗实录》卷四五

七月丁亥朔，【略】谕总理事务王大臣，春夏以来，畿辅地方雨泽愆期，自六月十三日后迭沛甘霖，已极沾渥。而近日连阴，大雨如注，又有淫潦之虑。【略】又谕：近日雨水连绵，京城旗民中有家计贫乏，房屋倾圮，不能修葺者，著步军统领鄂善查明具奏。【略】戊子，谕总理事务王大臣，近因雨水过多，闻浑河水发，卢沟桥及长新店、良乡一带民房，有被水淹浸坍塌之处，【略】即行赏给安顿，勿使失所。又谕：今年春夏之交，直隶、山东两省雨泽愆期，二麦歉收。【略】今思山东民人多仗二麦度日，今岁麦秋收获既薄，虽屡降谕旨，蠲赈平粜，仍恐闾阎尚有艰食之虞，著巡抚法敏悉心计议，如开渠筑堤、修葺城垣等事，酌量举行，使贫民佣工就食，养赡家口，庶可免于流离失所矣。【略】癸巳，【略】谕总理事务王大臣等，朕览策楞、五十七等奏折，内称沿河西北修家庄、沙窝村等处居民房屋，有被水浸坍者，有全行冲没无存者，并有男妇被水淹没者。【略】甲午，【略】谕总理事务王大臣，朕因畿辅地方山水骤发，被水居民荡析可悯，立遣侍卫官员赍带帑金，分六路前往，【略】不令一人失所。今据河道总督刘勷奏报，永定河水漫过石堤，冲刷背后土堤二百五十余丈，南岸漫溢十八处，北岸漫溢二十二处，附近田禾庐舍悉被冲塌淹潦等语。朕思目今伏汛虽已将过，而节气尚在大雨时行之候，秋汛又复届期，沿河堤岸所当竭力保护。【略】今年春夏之间亢旱，想李卫办理一切赈恤事宜，无暇顾及河工。查二十九日之雨，尚非浸淫霖潦者比，而一经山水骤发，刘勷遂束手无策。【略】乙未，【略】户部议覆署陕西巡抚崔纪疏报，商州、保安、肤施、安塞等州县被雹成灾，动支存仓谷石赈恤，缓输本年额征。【略】丙申，【略】户部议覆山东巡抚法敏疏报，德平、齐河、长清、肥城、济南卫、商河、曲阜、宁阳、邹县、泗水、滕县、峄县、金乡、鱼台、济宁、嘉祥、济宁卫、单县、武城、曹县、定陶、巨野、郓城、范县、观城、朝城、兰山、郯城、费县、聊城、博平、茌平、清平、莘县、武城[1]、东昌卫、临清卫、昌乐等州县卫本年旱灾；又续报阳谷、寿张、朝城、莘县雹灾，动支存仓谷石，

① 此处“武城”一词，在该条中出现两处，其一或疑为“城武”之误。

分别赈恤。【略】侍卫五十七等奏：良乡一带水淹民房，蒙赐带银二千两，散给安顿。查良乡被水村庄，实在穷民之全坍及半坍房屋，共一千一百余间。【略】丁酉，【略】直隶总督李卫奏：前因直隶春夏少雨，请于天津北仓截留南漕三十万石以备赈济，准行在案。嗣又因连日大雨，山水陡发，据宛平、大兴各州县卫陆续报到被水情形，或称堤岸浸溢，或称洼田被淹，业经分委员弁，带司库银两前往查勘，分别赈恤安顿。惟是前项截留漕米恐不敷支给，现在尾帮漕粮尚未抵天津，请再截留二十万石，以备急需。奏入报闻，下部知之。【略】己亥，【略】户部议覆大学士管浙江总督嵇曾筠疏议平粜事宜。一、请各州县于城乡分厂，大县酌设八厂，中县六厂，小县四厂。【略】免江南娄县乾隆元年分水灾应免地粮二千一百三十六两有奇，米八十七石有奇。【略】辛丑，【略】免河南祥符、杞县、洧川、中牟、荥泽、阳武、封丘、兰阳、仪封、鄢陵、泛水、偃师、巩县、孟津、宜阳、嵩县、登封、内黄、新乡、延津、浚县、滑县、孟县、原武、济源、武陟、淮宁、襄城、长葛、禹州、密县、南阳、新野、裕州、叶县、信阳州、汝州、鲁山、郏县、宝丰、伊阳、商城等四十二州县盐碱飞沙地亩粮银九千九百三十四两有奇、漕米三百七石有奇，以乾隆二年始，永行豁除。免江南长洲、常熟、昭文、昆山、新阳、华亭、青浦、福泉、江阴、太仓、镇洋等十一州县乾隆元年分水灾应免地丁银二万八百十三两有奇、米豆三千二百二十四石有奇。赏直隶各营汛被水兵丁银两有差。　　《高宗实录》卷四六

七月壬寅，【略】户部议覆直隶总督李卫疏报，宛平、霸州、保定、文安、大城、房山、永清、昌平、怀柔、延庆、通州、武清、宝坻、清苑、满城、安肃、定兴、唐县、博野、庆都、容城、完县、蠡县、祁州、束鹿、安州、高阳、新安、玉田、河间、献县、阜城、肃宁、任丘、交河、景州、吴桥、东光、故城、天津、沧州、静海、井陉、获鹿、元氏、栾城、赞皇、晋州、广宗、巨鹿、内丘、磁州、邯郸、成安、肥乡、曲周、广平、鸡泽、威县、清河、宣化、蔚州、万全、怀安、西宁、蔚县、怀来、冀州、新河、枣强、武邑、衡水、赵州、深州、武强、安平、曲阳、深泽、易州、涞水、广昌等八十一州县卫二麦歉收，动支存仓谷石，分别赈济。得旨：依议速行。【略】癸卯，【略】训督抚留心水旱事宜。谕：【略】今年夏初少雨，深以暵旱为忧，及连雨数日，尚不甚大，而永定河随有涨溢之患，决口至四十余处，低洼之地多被水淹，虽因山水骤发，【略】是皆平日不能预为筹画所致也。东南地方每有蛟患，考之于古，季夏伐蛟，载在《月令》，今土人留心者，尚能预知有蛟之处，掘地得卵去之，则不为害。且蛟行资水，遇溪涧而其势始大，田畴虽不可移，而庐舍茔厝尚可迁就高阜之地以避之，是亦未尝不可先事预防，惟在实心体察耳。【略】甲辰，【略】又谕：【略】闻四月间，邳州地方暴风骤发，伤损粮艘，其中有未满年限船七只，例应运丁赔造。【略】壬子，【略】又议准湖北巡抚杨永斌疏报，汉阳府属之汉川、黄陂、孝感，黄州府属之黄冈、麻城等五县，本年蛟涨灾民，动支存公银两分别赈恤。【略】是月，【略】两江总督庆复奏：安徽黟县、南陵、太平、铜陵、石埭、怀宁等六县蛟涨，及桐城、潜山、歙县、繁昌、合肥、巢县、舒城、滁州、全椒、和州、含山、六安、英山、霍山等十四州县水灾，酌量抚恤。【略】又奏：下江上元、江宁、句容、溧水、高淳、江浦、常熟、昭文、阳湖、武进、无锡、金匮、江阴、宜兴、荆溪、靖江、丹徒、丹阳、金坛、溧阳、盐城、泰州、兴化等二十三州县田亩被淹，间有一二不能补种者，及各属粮价间有稍昂之处，照例平粜，其仓储无多地方，酌量预为拨备。【略】闽浙总督专管福建事郝玉麟奏：罗源、连江二县溪水骤涨，淹没房屋民人。【略】山西巡抚觉罗石麟奏：万泉、临晋、荣河等三县被旱，榆次、平定、寿阳、盂县、和顺等五州县被雹，凤台县被水，饬属查明赈恤。【略】河东河道总督白钟山奏：豫东黄、沁两河伏汛水势工程平稳。　　《高宗实录》卷四七

八月丁巳朔，【略】赈恤陕西安塞、保安、安定等三县被雹灾民，缓征额赋。【略】庚申，【略】赈恤甘肃平番、兰州、金县、河州等四州县被旱灾民，缓征额赋。【略】壬戌，谕总理事务王大臣，直属地方夏秋之间雨水过多，高阜平原，秋成可望，低洼之处只可补种秋麦，收成之期，须待来春。现今粮价日渐昂贵，民食未免艰难，朕心深为轸念。前于天津北仓截留漕米五十万石，原为备赈之用，若

于此时，即将截留之米酌拨被水州县，减价粜卖，以平时价。【略】总理事务王大臣议覆，署陕西巡抚崔纪奏称，陕省西、同二府，邠、乾二州，所属三十余州县禾苗乏雨，粮价日贵，【略】惟凤翔府属一州七县仓贮尚多，应令由渭河运至省城，以供分厂平粜。【略】丙寅，【略】谕总理事务王大臣，朕闻江南砀山县段家庄大坝以外一带河滩，因黄河水势漫溢，约长四十余里，宽五六里、十里不等，居民庐舍被淹，田禾受伤不能收获。只因该县秋成丰稔，不过一隅被灾，又系堤外河滩，是以地方官未经申报。

《高宗实录》卷四八

八月【略】癸酉，【略】总理事务王大臣等议覆，【略】今奉天府属之锦州、宁远、广宁、义州等四州县，以乾隆元年夏秋雨水愆期，收成歉薄，米价腾贵，每石至六七钱不等，现将各仓所贮米石，减价平粜，请停天津商贩，以备本处旗民之需，应如所请。【略】丁丑，【略】免江苏砀山县被水灾民应征乾隆元年未完额赋十分之七。【略】壬午，【略】免山东济南、泰安、兖州、东昌、青州等五府属二十八州县卫被旱灾民本年额赋。【略】甲申，【略】赈甘肃会宁县被旱灾民。【略】是月，【略】大学士仍管川陕总督查郎阿奏言：陕省今岁被旱，秋禾歉收，粮价日渐昂贵，各属常平社仓粮石，借粜兼行，所储日少，请暂禁邻省告籴及商民贩卖。【略】贵州总督张广泗【略】又奏：黔省自六月后，雨水调匀，早稻现已刈获，晚稻及高粱、莜稗等项亦俱畅茂结实，可望倍收。得旨：黔省兵革之后，得此收成丰稔，实为喜出望外之事也。【略】巡视河东盐政佥都御史定柱奏报：运城地方于六月下旬大沛甘霖，四野沾足，晚田得以播种秋禾。自兹以后，雨泽调匀，不特秋成在望，即于来春二麦大有裨益。得旨：知道了。但闻西省米价颇贵，雨亦未甚沾足，此奏不涉粉饰乎。署理福建陆路提督总兵官苏明良奏：闽省之霞浦、寿宁、建宁、松溪、政和、永定、延平、邵武、侯官、闽、闽清、罗源、连江、莆田等州县，被水淹没民人室庐，业经督臣郝玉麟查勘赈恤，其各州县城垣、烟墩、台寨、塘房、瞭楼等项被水损坏者，亦经移咨督臣，饬该地方官估报兴修，以资保障。

《高宗实录》卷四九

九月【略】戊子，【略】谕总理事务王大臣，据大学士管川陕总督事务查郎阿奏称，陕西西安等府今年夏秋雨泽稀少，米粮价值渐次昂贵，幸于七月二十七八等日得雨沾足，民心慰悦。不意八月初一日以后，昼夜淫雨，河水泛溢，咸宁、长安、临潼等县被水，村庄田庐淹没，人口亦伤数名。现在飞饬西安布政使查明赈恤等语。【略】庚寅，【略】户部议覆，大学士管浙江总督事务嵇曾筠疏报，仁和、钱塘、孝丰、临海、建德、丽水、景宁等七县冲塌田地山荡二百六顷三十亩有奇，应征银米永请豁除。【略】甲午，【略】户部【略】又议覆署陕西巡抚崔纪疏报，朝邑、郃阳、韩城、华阴等四县冲塌田地七百九十三顷四十二亩有奇，【略】请照例开除。从之。【略】乙未，谕总理事务王大臣，今岁直隶、山东有被水之州县，民食艰难，朕已屡降谕旨，多方筹画，务使闾阎不致失所。【略】己亥，【略】谕总理事务王大臣，据福建总督郝玉麟奏，福州地方于八月十五夜，台风[①]忽作，甚为狂烈，省城兵屋民房多被吹倒，亦有压伤人口者，沿河沿海之商民船只亦多撞损飘没，现在饬查，分别赈恤等语。今年六七月间，闽省雨水过多，州县有被水之处，已谕令该督抚加意抚绥，资其困乏。继闻水势消落甚速，贫民已获宁居，其他未淹地方禾稼茂盛，朕怀稍慰。今闻福州一带又有台风之灾，庐舍舟船多有损伤，朕心甚为轸念，著该督抚转饬有司，速行确查，安插赈济，务使被灾兵民各得栖止，不使一夫失所。【略】庚子，【略】赈陕西咸宁、长安、咸阳等三县被水饥民，从署陕西巡抚崔纪请也。免湖北汉川、江陵、潜江、沔阳、荆门、监利等六州县乾隆元年分水灾应免起存银五万六千六百十两有奇。

《高宗实录》卷五〇

九月【略】丁未，【略】户部议覆署陕西巡抚崔纪疏报，府谷、神木二县本年被雹成灾，现经查勘分数，于今冬明春分别借给口粮，应如所请。得旨：依议速行。山西巡抚觉罗石麟疏报，晋省今夏

① 《清实录》中首见“台风”二字，前此皆称“飓风”，此后亦未复见“台风”之说。

雨泽未普，至七月中迭沛甘霖，惟兴县、襄陵等十三州县雨水不足，随经委员查勘，据报襄陵等八县旋得透雨，可望收成。惟兴县、临县、永宁、临晋、荣河等五州县，秋收自二分至五分不等，现在分别赈济。【略】戊申，【略】谕总理事务王大臣，前闻陕西西安等处夏秋雨少，粮价昂贵，七月间虽得雨沾足，又以河水涨溢，民间田庐有淹浸之患，朕心轸念。【略】今闻西安地方草束短少，秋冬之际刍秣尚可支持，明年正二三月，草价更昂，将军标下兵丁额领之银，不敷喂马之用，未免拮据。【略】户部议覆，直隶总督李卫奏筹办买补仓粮、赈济民食。查直属本年低处秋田虽淹，而高阜平原收获丰稔，民间粜买价值平贱，请不拘米谷高粱杂粮，按时价收买，照例搭放赈济。但本地所产米粮有限，若一时购买，恐于民食多妨。应于山东胶、莱、济宁等处采买。又，奉天产米最多，亦请委员购办。【略】免山东济南、泰安、武定、兖州、曹州、沂州、东昌府等属，德平等三十三州县卫本年旱灾额赋银二万五千八十两有奇。免陕西商南、山阳、雒南等三县雹灾额赋有差。【略】辛亥，【略】户部议覆，升任甘肃巡抚宗室德沛疏报，宁夏县属河忠堡张口堰本年河水冲决，淹没田禾，所有被灾男妇，无论大小，每名给与社仓粮三斗，应如所请。【略】癸丑，【略】又谕，滇省安宁等地方上年收成歉薄，朕屡降谕旨，令该督抚悉心筹画。【略】是月，【略】闽浙总督衔专管福建事郝玉麟奏报，闽县、侯官、福清、长乐、罗源、连江等六县被风，松溪、政和、建安、瓯宁等四县被水，请缓征本年钱粮并赈饥各事宜。【略】湖南巡抚高其倬奏：查勘长沙、善化、邵阳、桑植、澧州等五州县被水甚轻，补禾又成，实不为灾，其茶陵州及衡山、新化二县属田禾被水较重，现已先给两月口粮，再于冬春之间给三个月口粮，以资接济。【略】山西巡抚觉罗石麟疏报，晋省于七八两月得有透雨，查勘通省，惟兴县、永宁、临县、临晋、荣河等五州县雨泽未遍，难望收成，所有被灾贫民，现经分别极次，酌定赈济。得旨：晋省得雨较直省为尤迟，且闻米价日贵，此奏不稍涉粉饰乎。【略】两广总督鄂弥达奏报，本年八月初二日，高、雷、琼等属陡被风潮，现在委员赈恤。【略】又疏报，东省雨泽稍稀，米价未能平减。福州将军隆昇奏报，省城陡遇飓风骤雨，庐舍损坏，除民间被灾情形，即当俟总督郝玉麟查办外，所有四旗两营及水师旗营各兵丁，俱有损坏房屋，现在分别旗营借给银两，以为修葺之用。

《高宗实录》卷五一

闰九月【略】甲子，谕内阁，朕因豫省临河州县于春夏之交雨多水溢，有淹没田禾之处，谕令该抚悉心查勘，抚绥安插。今据尹会一折奏，今秋被水各邑，系一隅偏灾，其未淹地亩仍有七八分收成，惟西华、浚县、临颍、郾城四县被水稍宽，已确查贫苦民人，按户赈济三个月，并将本年地丁钱粮照例奏请蠲免。其永城、汲县、淇县、新乡、延津、淮宁、项城、扶沟等八县被淹地亩零星间错，本属无多，勘明具不成灾。

《高宗实录》卷五二

闰九月【略】癸酉，谕总理事务王大臣，浙江今岁收成颇称丰稔，惟温、台二府属有海滨被水之县邑，谷价未免昂贵，已据大学士嵇曾筠等悉心筹画，动拨省城义仓米谷运往二郡分贮，以备将来平粜之用。【略】己卯，【略】户部议覆，署陕西巡抚崔纪疏报，安塞、保安、安定等三县被雹成灾，动支仓谷赈济，并请照例分别缓征。从之。【略】庚辰，【略】户部议覆，湖北巡抚杨永斌疏报，黄陂、黄冈、麻城等三县被水冲压田亩一百三十五顷有奇，额征银米请于乾隆二年为始，永行豁除。从之。【略】壬午，【略】户部议覆，奉天将军博第疏报，小清河驿被水冲塌民房，沙压站丁地亩，请加赈恤。并另行丈给兵丁荒甸，俾资久远耕作。从之。【略】是月，【略】两江总督庆复奏报，砀山、兴化二县被水较重，已给赈一月，请各加赈四个月。又，高淳、句容、金坛、溧阳、盐城、安东、萧县、铜山等八县被水稍重，请普赈三个月。又，上元、江宁、江浦、溧水、阳湖、无锡、宜兴、荆溪、江阴、丹阳、泰州、高邮、宝应、丰县、海州等一十五州县被水稍轻，请普赈两个月。【略】闽浙总督衔专管福建事务郝玉麟疏报，闽省之诏安、漳浦、海澄被旱情形，请备平粜。【略】四川巡抚硕色【略】又奏，川省连岁薄收，粮价不甚平减，请当秋收甫毕时，于各府州县分贮银两内酌动四五万两，令其或在本地，或赴邻

境卖米存贮，以备来春设厂平粜。【略】贵州总督张广泗奏报，安顺府并所辖郎岱厅暨普定、安平二县界内村寨，于九月初六日间被冰雹损伤田谷，现已委员查勘赈恤。并开仓平粜，目下足资接济，应筹明春赈粜之需。湖南地方今岁丰熟，委员动帑，前赴该省采买米二三万石，转运至安顺府，以资备用。

《高宗实录》卷五三

十月【略】丙戌，【略】理藩院奏，据归化城都统根墩等称，今年归化城等处亢旱，收成歉薄，两旗佐领等请借仓谷，于明岁收成时，照数完仓。【略】赈恤山西永济、猗氏、万泉三县秋禾被霜灾民。【略】庚寅，【略】总理事务和硕庄亲王允禄等议准河东河道总督白钟山疏请，山东两次被灾之济阳、禹城、临邑、长清、陵县、德州、平原、德平、高唐、恩县、聊城、清平、莘县、阳谷、寿张、朝城等十六州县照例改征折色，并请缓征豆石。【略】甲午，谕总理事务王大臣，昨据孙国玺、石麟等奏，称晋省被灾五州县请银米兼赈，随经部驳，令其动拨邻县谷石，分别散给。

《高宗实录》卷五四

十月【略】壬寅，【略】户部议覆，大学士管浙江总督嵇曾筠疏报，仁和场、钱塘仓灶地上年八月间被潮冲卸四千七百八十亩零，计缺课税银二百五十二两零，请自乾隆元年为始，停其征收。应如所请。【略】蠲免甘肃会宁县本年旱灾额赋。赈恤长芦续报东光县被水灶户。【略】癸卯，【略】赈恤山东齐河等二十八州县卫被水军民。福建诏安县被旱灾民。【略】乙巳，【略】蠲免江南高淳县本年虫灾额赋。【略】丙午，谕总理事务王大臣，据驻防哈密提督樊廷奏称，本年蔡巴什湖屯种地亩【略】天时人事两收其效，计算收成分数，自十一分以至五十三分不等，均称丰稔等语。【略】丁未，【略】赈贷黑龙江被水灾户口粮。【略】庚戌，【略】户部议覆，山西巡抚觉罗石麟疏报，山西兴县、临县、永宁州、临晋县、荣河县被旱灾地，遵旨分别平粜、缓征、蠲免各事宜。得旨：依议速行。【略】蠲免甘肃平番县本年旱灾应征银粮草束。【略】是月，【略】直隶总督李卫奏报冬雪及时。得旨：览。虽屡得雪，颇觉不足，京师现在望泽甚殷，朕日夕为此惓惓也。

《高宗实录》卷五五

十一月【略】丙辰，谕曰：今年近京地方有被水之处，收成歉薄，以致京师米价日渐昂贵，朕心轸念。【略】户部议覆，山西巡抚觉罗石麟疏称，祁县水冲沙压地十一亩三分，请免本色粮一升零，折色粮二斗一升零，共折色银三钱一分零。闻喜县水冲沙压地一百六十八顷六十一亩一分零，请免折色粮四百七十四石二斗九升，共折色银六百二十二两五钱一分，应如所请，准其豁免。【略】蠲赈安徽寿州、霍邱县被旱灾民。蠲免陕西靖边、定边、安定、葭州、神木、府谷、米脂、吴堡等八州县本年水灾额赋。缓征长安、咸宁、临潼、盩厔[①]、鄠县、渭南、泾阳、耀州、高陵、醴泉、咸阳、三原、兴平、富平、大荔、朝邑、华州、蒲城、华阴、潼关、扶风、岐山、汧阳、郿县、长武、三水、淳化、乾州、武功、永寿等三十州县应完粜借粮石。丁巳，【略】赈恤奉天锦县、宁远州被水灾民，分别缓征额赋。【略】戊午，【略】定边副将军额驸策凌奏报，鄂尔坤等处秋成收粮共五千四百四十五石有奇。下部知之。己未，【略】拨通仓稜米六万石，充近京东北州县冬赈，从直隶总督李卫请也。【略】癸亥，【略】赈恤贵州郎岱厅及普定、安平二县雹伤灾民，缓征本年额赋。【略】甲子，【略】赈贷陕西朝邑县被水灾民，除水冲地亩额征。乙丑，【略】户部议覆，山西巡抚觉罗石麟疏报，绛州所属河津县被水浸坍沙卤地二百八十七顷八十四亩六分零，应免本色谷一十二石一斗零、折色粮八百七十二石六斗一升零、折银并租银共一千五十九两六钱五分零，应如所请，准其豁免。从之。丙寅，【略】蠲赈安徽太平、合肥、舒城、庐江、巢湖、和县、含山、石埭、怀远、六安、新安十一州县卫被水灾民。【略】戊辰，【略】谕总理事务王大臣，据樊廷奏，称本年十月二十五日夜子时，据巡城兵丁禀称，望见北面有红光，随经细看，初起东北，渐移于西，横望北方一面，天色如火，高与南山齐，中含黑气，又竖有白气四道，至三更后，其四道白气变为数十道，而黑气则渐渐退去，至四更后，俱化无存。惟有红光至五

① 盩厔，在中国陕西省，今作周至。

更后，渐觉色淡，直至日出，全消不见等语。《高宗实录》卷五六

十一月【略】乙亥，【略】赈恤甘肃环县、兰州，广东三水、龙门、从化、清远、花县、澄远、潮阳、高要、开平、四会十县被旱灾民，缓征本年额赋。【略】辛巳，【略】免奉天宁远州被水旗地本年额赋，除沙压地亩额征。【略】是月，【略】两江总督那苏图奏报得瑞雪盈寸。得旨：览。近日朕望雪之意甚殷，虽于本月十五日得二寸余雪，然尚欠沾足，至于卿属盈寸之雪，何济事耶。【略】湖南巡抚高其倬奏报收成分数。得旨：语云"湖南熟，天下足"，朕惟有额手称庆耳。【略】两广总督鄂弥达奏报东省收成分数。得旨：览。通省收成虽有七分，而被灾之处自然不同，所当加意抚恤，以豫筹明岁之计。《高宗实录》卷五七

十二月甲申朔，【略】蠲免江南阜宁县乾隆元年分水灾额赋。【略】辛卯，【略】蠲免江南溧水、江浦、清河、桃源、安东、高邮、泰州、江都、甘泉、兴化、宝应、睢宁等十二州县乾隆元年分水灾额赋。【略】壬辰，【略】赈贷陕西府谷、神木、安定三县被雹灾民。《高宗实录》卷五八

十二月【略】己亥，【略】蠲免直隶本年旱灾灶课银三千三百一十一两有奇。缓征长芦所属被水灾地，本年秋冬二季引课银两。续免甘肃宁夏县河忠堡水灾十分丁耗银粮。【略】壬寅，【略】赈恤福建闽县、侯官、长乐、福清、连江、罗源等六县，广东海康、遂溪、徐闻、吴川、合浦、琼山、文昌等七县飓风潮涨灾民。【略】是月，【略】大学士管浙江总督嵇曾筠【略】又奏报平阳、永嘉、乐清、瑞安等四县歉收情形。得旨：平阳等四县虽属歉收，然较之闽省何如，闽省尚不闻有此等事，则卿所料理，亦不无失宜之处矣。【略】山东巡抚法敏奏报，通省得雪情形。得旨：通省所得雨雪，不过五六寸，而未必即谓之数年以来无此冬景，汝谁欺乎。《高宗实录》卷五九

## 1738 年 戊午 清高宗乾隆三年

正月，【略】是月，【略】闽浙总督衔专管福建事郝玉麟【略】又奏，闽省上年被风、被水、被旱各州县，遵旨分别赈恤，节据各委员等禀报，亲查散给，并无一人遗漏，现在二麦已发青葱，兵民乐业，惟省城及漳、泉二属，米价尚未平减。【略】又奏，闽省霞浦县与浙江温郡连界，近有平阳、瑞安二县民人，及漳、泉之寄居温郡者，因彼处歉收，闻霞浦县现在施赈，携眷前来，当即委员查明人数，分别按给口粮。【略】山东布政使黄叔琳奏，东省上年歉收，今岁正二两月已蒙加赈，惟三、四两月尚无接济，请将极贫之户更广贷粟。《高宗实录》卷六一

二月【略】甲午，【略】谕：上年直隶等省有收成歉薄之州县，冬春以来雨雪又觉短少，惟山东奏报得雨，似可足用，其余则尚未沾足，朕心甚为忧虑。《高宗实录》卷六二

二月【略】己酉，【略】免山东齐河、济阳、禹城、临邑、陵县、德州、德平、平原、商河、惠民、阳信、海丰、乐陵、利津、滨州、沾化、阳谷、寿张、济宁、朝城、聊城、堂邑、清平、临清、恩县、夏津、武城、乐安二十八州县，并济南、德州、东昌、临清四卫水灾额赋有差。【略】庚戌，【略】谕：上年畿辅之地收成歉薄，目下雨泽又未均沾，以致米价日渐昂贵，【略】今闻近省商贾米船亦陆续渐至，若贩运日多，则闾阎可无乏食之虞。【略】是月，直隶总督李卫奏报，直隶雨水短少，请先将存仓米谷平粜。【略】又奏报畿南雨泽。得旨：此番雨泽虽属及时，尚欠沾足。【略】大学士总理浙江海塘管理总督事务嵇曾筠奏：温州府属永嘉、乐清、瑞安、平阳四县收成歉薄，动拨省仓谷二万石，由海运赴温，知县许苌臣怠玩民瘼，副将周腾凤纵兵生事，皆臣料理失宜之处。【略】云南巡抚张允随奏报：雨雪沾足，豆麦丰盛。《高宗实录》卷六三

三月癸丑朔，【略】工部遵旨议覆，河东河道总督白钟山疏称，豫省黄河南岸郑州汛十七堡堤工入秋以后，汛水迭涨，全黄奔注，塌去老岸，直逼堤根，危险异常。督率道厅等抢护下埽，共计一百

五十丈，动支银七千九百九十六两有奇。【略】赈贷福建福州府属闽县、侯官、长乐、福清、连江、罗源等六县，福宁府属霞浦、宁德二县飓风灾民。【略】乙卯，【略】谕：陕西凿井灌田一事。【略】去冬得雪沾足，今值麦苗青葱秀发之时，农民及时锄治，转盼播种秋禾，东作方兴，正田功不遑之候，而乃迫令掘井砌井。【略】丁巳，【略】训饬兵民毋囤积浪费。谕曰：近京地方上年被水，今春少雨，民间米价昂贵，朕心甚为忧虑。【略】己未，【略】免江苏沛县、昭阳湖水沉田地额赋。【略】庚申，【略】免江苏六合、江浦、溧水、高淳、武进、阳湖、无锡、金匮、江阴、宜兴、荆溪、靖江等十二州县卫水灾军民乾隆元年额赋。广东三水、龙门、从化、清远、花县、潮阳、澄海、高要、开平、四会等十州县被旱灾民乾隆二年额赋。【略】辛酉，【略】赈恤江苏上元、江宁、句容、溧水、高淳、江浦、阳湖、无锡、江阴、宜兴、荆溪、丹阳、金坛、溧阳、安东、高邮、泰州、兴化、宝应、铜山、丰县、萧县、砀山、海州、徐州卫等二十五州县卫被水灾户，并分别蠲免本年额赋。【略】癸亥，免长芦、永利、富国、永阜、王家冈等四场水灾灶地额赋有差。绥远城建威将军王常奏：去年归化城等处雨水逾期，请将民欠粮草暂行停征。【略】甲子，【略】工部议覆，湖广总督宗室德沛疏称，湖北黄陂县溪河一道，因去年六月内蛟水暴涨，冲决河岸，须及时修筑。估计土方工料银九百九十六两有奇，应如所请。从之。【略】丁卯，【略】又谕：上年因陕甘地方收成歉薄，物价昂贵，曾准各营兵丁等预借银粮，粜卖粮石，以资接济。

《高宗实录》卷六四

三月戊辰，【略】严禁踹曲[①]。谕直隶、山东、河南等省，上年秋成歉薄，谷价昂贵，今春山东、河南得应时雨泽，二麦可望有收，则本省邻省皆可资其接济。无如小民愚昧，往往不知撙节爱惜，而耗费麦石之最甚者，莫如踹曲一事。【略】庚午，【略】谕：畿辅地方三春雨泽愆期，今已立夏，甘霖未降，朕心甚为忧惕。【略】辛未，【略】免甘肃兰州、环县、灵州、中卫县、花马池旱灾额赋有差。贷山东上年两次被灾之齐河、济阳、禹城、临邑、陵县、德州、平原、德平、高唐、恩县、聊城、清平、阳谷、寿张、朝城等十五州县贫民。【略】壬申，谕内阁，京城雨泽愆期，朕心虔诚祈祷。【略】免江苏上元、江宁、江浦、溧水、阳湖、无锡、宜兴、荆溪、江阴、丹阳、泰州、高邮、宝应、丰县、海州、砀山、兴化、高淳、句容、金坛、溧阳、盐城、安东、萧县、铜山等二十五州县卫水灾军民额赋有差。免福建诏安县旱灾额赋有差。癸酉，【略】免安徽太平、石埭、合肥、舒城、庐江、巢县、怀远、六安、和州、含山等十州县，并新安卫水灾额赋有差。【略】戊寅，【略】免广东海康、遂溪、徐闻、吴川、合浦、琼山、文昌等七县被水灾民本年额赋。【略】辛巳，户部议覆，调任陕西巡抚崔纪疏称，陕西咸宁、长安、咸阳、兰田、鄠县等五县上年被水淹没田亩，所有乾隆二年额赋，应请蠲免。其咸宁、咸阳、蓝田、鄠县等四县水冲沙压民屯更地共五十六顷四十七亩有奇，并水碾碾房每年额征，请予豁除。【略】壬午，免陕西靖边、定边、安定、葭州、神木、府谷、米脂、吴堡等八州县水灾额赋有差。蠲缓贵州安顺府郎岱厅暨安平、普定二县雹灾民苗额赋有差，分别赈恤。【略】是月，【略】直隶总督李卫奏报得雨情形。得旨：所奏具悉，知道了。直隶各处悉已沾沐天恩矣，惟近京一带尚未沾足。二十一日大雷不雨，而蓟州以东则透足。【略】贵州总督兼管巡抚张广泗【略】又奏报，黔省秋收以后米价渐增，现在加意抚绥。【略】河南巡抚尹会一奏，河北三府属二麦丰稔，即以二麦抵民欠谷，折算还仓。【略】又奏：西华县民人王玺等以上年郾城被水，淹及西华，遂私筑横堤，以遏下流，该县令刘焜以曲防病邻，责令毁堤，王玺之子王二保等抗官肆横。【略】四川巡抚硕色奏：川省牛疫，请酌借仓谷，为买牛之需。得旨：知道了。牛疫之灾，川省每有，当思何以消弭方好。【略】江苏布政使张渠奏雪。得旨：览奏，朕怀稍慰。【略】天津镇总兵黄廷桂奏报天津得雨情形。得旨：京师亦屡得雨泽，而欠透足。

《高宗实录》卷六五

---

① “严禁踹曲”，即禁止造酒，历代王朝时有禁酒之令，以保护民众的基本口粮需求。“踹曲”繁体字写作“躧麴”。

四月癸未朔,【略】户部奏:京城自设厂平粜以来,市价渐减,请每厂再各添稜米三千石接济,俟八旗米局平粜时停止。【略】甲申,【略】谕大学士、九卿等,尔来雨泽愆期,朕心忧惕。【略】自上年以来,雨旸未能时若,今春各省雨泽俱颇沾足,惟京城附近地方一二百里之内,尚未得雨。【略】丁亥,【略】除陕西兴平、盩厔、咸阳、渭南等县元年河冲地亩额赋。【略】己丑,【略】免安徽被旱之寿州本年应征漕项银粮。【略】壬辰,【略】免长芦被水成灾之芦台、富国、兴国、丰财、越支等场,衡水、南皮、沧州、海丰、庆云、青县、盐山、宁河、东光、静海等州县灶地额赋有差。《高宗实录》卷六六

四月【略】辛丑,谕:前因近京雨泽愆期,米价昂贵,朕令多设官厂,减价出粜,以济民食,遂有奸商潘七等巧为囤积,垄断居奇。【略】今幸甘雨普降,米价渐平。【略】乙巳,【略】免广东三水、清远、龙门、从化、花县、潮阳、澄海、高要、开平、四会十县二年分被旱额赋有差。【略】己酉,申禁踹曲裕食。谕:今岁山东、河南二省雨泽均调,麦秋大稔。朕心甚为喜慰。【略】勿以二麦丰收,遂可弛其禁。【略】是月,【略】山东巡抚法敏疏报:三月下旬连得透雨,惟长山、邹平、新城、章丘、齐东、宁阳、邹县、济宁、泗水、泰安、莱芜、高苑、沂水等州县卫被雹成灾。《高宗实录》卷六七

五月【略】癸丑,【略】赈恤陕西蒲城、长安、鄠县、华州、渭南、邠州、同官、临潼、富平、蓝田十州县属被雹灾民。【略】戊午,谕大学士鄂尔泰等,观博第所奏,奉天所属雨水调匀,各种禾苗皆获丰稔,米豆价甚贱,米一石银四五钱,高粱一石银三钱余,可寄信博第,不可因年丰岁稔,稍不留心,任意滥费。【略】又谕:向来山东、河南、山西、江苏数省地方,多有商贩囤买麦石踹曲,最为耗费,今值二麦丰收之时,允当严行查禁。【略】己未,【略】赈恤山东章丘、邹平、长山、新城、齐东、德州、泰安、莱芜、宁阳、邹、泗水、济宁、沂水、高苑、寿光等州县卫被雹灾民。缓征山西永济、猗氏、万泉等县二年分秋禾被灾额赋。庚申,【略】赈恤陕西雒南、商州、陇州、凤阳、汧阳、宜君、白水、郃阳八州县被雹灾民。辛酉,【略】缓征山西兴、临、永宁、临晋、荣河五州县秋禾被旱额赋。

《高宗实录》卷六八

五月【略】己巳,【略】赈恤福建漳浦、海澄二县二年分秋旱灾民。庚午,【略】谕:朕闻陕西今岁二麦收成丰稔,惟西安府属之咸宁、长安、临潼、蓝田、渭南、富平、鄠县、同官,同州府属之郃阳、蒲城、华州、白水,凤翔府属之凤翔、陇州、汧阳,直隶商州并所属之雒南,直隶邠州暨直隶鄜州属之宜君等共十九州县,于三四月间各有被雹成灾之处。【略】辛未,【略】又谕:永定河大工,目今尚未告竣,朕思今春雨泽缺少,恐夏秋之间复有霖潦之虞。【略】壬申,【略】闽浙总督专管福建事务郝玉麟奏请拨江西省谷二十万石、湖南省十万石运闽,以备积贮而济民食。得旨:【略】闽省上年收成歉薄,朕心深为廑念,江西、湖南素称产米之乡,年来颇称丰稔,今岁雨泽又复调匀,所有旧存仓储,可以通融于邻省。【略】甲戌,【略】谕:今年三春雨泽缺少,有误东作,朕屡次虔诚祈祷,仰蒙上天鉴佑,于四月十二等日得有沾足雨泽,麦秋虽减分数,大田仍可播种,若继此雨旸时若,则秋成可望,朕心方为稍慰。乃夏至以后又复少雨,虽旬日之间即雨一次,而旋下旋止,总不沾足,若再迟数日,秋禾难以播种,且前此雨后播种之苗,亦望泽甚殷,其令该部竭诚设坛祈祷。【略】又谕:近看李卫办事,甚属粗率,不似从前,昨已降旨训谕。今览奏报雨水麦收情形之折,其中错谬之处甚多,如奏称连日忽晴忽雨,现在入土尺许,尚未透足等语。天下岂有得雨尺许,而尚未透足之理。明系雨泽短少,而为此捏饰之奏。观此,则从前所报未必尺许者,竟属全无雨泽矣。又称麦收已毕,市价平减,诚恐麦贱伤农等语。自古谷贱伤农之说,原指屡丰之后而言,然亦非常理。况直隶地方,旧岁既属歉收,今年麦秋长短不一,以此日之情形,而为麦贱伤农之说,岂不背谬乎。又伊所开米价单内,保定府稻米每一仓石价银二两六钱至二两七钱五分,称为价中;大名府稻米每一仓石价银一两七钱五分至二两一钱四分,称为价贱。岂有如此米价而尚得为中、尚得为贱乎。【略】丙子,【略】甘肃巡抚元展成奏:前奏准兰城兴筑,寓赈于工,二月下旬春种将毕,三四月间青黄不接,且甘省麦秋

最迟，乘此农隙时，正可以力易食。【略】又称兰州应赈灾民共十五万余口，其老弱残废不能力作者，止令领赈。【略】辛巳，【略】户部议准，调任陕西巡抚崔纪疏言，陕西吴堡、米脂二县仓谷不敷，请以银代赈。从之。赈陕西延安、榆林、绥德三府州属之靖边、定远、安定、神木、府谷、葭州、吴堡、米脂八州县被旱灾民。是月，【略】山东巡抚法敏疏报，德州等二十州县卫所遗蝻子，俱经扑灭，惟肥城、阳谷、郯城尚未净尽。得旨：知道了，蝗蝻之萌生，实可以人力胜之，若使滋蔓，则为害不可胜言，而汝等不能辞其责矣。　　《高宗实录》卷六九

六月【略】癸未，上以天气亢旱，虔诚斋祷，自是日戌时至日寅时，甘霖大沛，四郊沾足，朝野称庆。【略】辛卯，【略】赈恤山东东平、掖县、莱阳、招远四州县被雹灾民。赈恤陕西陇州、咸宁、山阳、襄城、城固、商南六州县被雹灾民。【略】乙未，【略】免贵州安顺、郎岱、镇宁、普定、安平等府厅州县被雹地亩二年分钱粮十分之一。　　《高宗实录》卷七〇

六月【略】癸卯，【略】赈贷山东邹平、新城、齐东、宁阳、邹县、泗水、济宁、高苑八州县被雹灾民。【略】乙巳，【略】又谕：昨日进京下雨，沿途管道收拾道路之兵丁，俱甚辛苦。【略】己酉，【略】赈恤四川峨眉、夹江、雅安、洪雅四县，及打箭炉地方被水灾民。【略】是月，【略】直隶河道总督朱藻等奏报，石景山水势涨落，工程平稳。【略】又奏报，半截河南岸下七工地方，六月二十八日午时陡涨山水九尺，几有夺溜之势，至亥时，本汛杨家庄水势皆归新挑引河，至二十九日辰时已经水落，现在上紧堵御。【略】得旨：知道了。目今天气渐次开晴，朕心稍慰。【略】两江总督那苏图、巡盐御史三保奏报，泰州分司所属之伍祐、新兴、刘庄、庙湾，以及通州分司所属之丰利、掘港、石港、拼茶等场被旱情形，请动支盐义仓谷加赈。【略】署江苏巡抚许容奏报通省雨旸情形。得旨：【略】观此光景，则雨尚未得十分沾足，殊切朕念也。　　《高宗实录》卷七一

七月【略】壬子，谕：据总河朱藻等奏称，六月二十八日午后，下七工地方陡涨山水九尺，杨家庄水势泛涨，堤顶过水尺余，回溜漫坍水沟六丈，水归新挑引河，二十九日辰时已经水落等语。目今天气虽渐次开晴，一切堵筑疏导，尤当慎之又慎。【略】癸丑，【略】谕：闻得下江地方，五月内天时亢旱，六月内虽经得雨，尚未普遍沾足，望泽甚殷，如此情形，那苏图等何以不行奏报。【略】丙辰，【略】又谕：据四川巡抚硕色奏称，四川地方今岁春夏以来雨水及时，收成可望，惟是低洼之地有因雨猛水泛，致伤人口房舍，冲损城署田地者。【略】丁巳，【略】谕：一月以来畿辅近地雨水过多，前因总河朱藻、顾琮奏称六工、七工等处水势泛涨，朕心虑及民间庐舍田禾。【略】今闻天津地方高阜之处禾稼尚属无虞，而平原低地所种高粱谷豆多被淹没，纵将来晴霁水消，收成亦未免歉薄。【略】免福建诏安县乾隆二年旱灾额赋有差。【略】戊午，【略】绥远城将军兼管右卫兵丁旺昌奏：鄂尔多斯地方饥贫蒙古自七月至八月，应行赈给两月米石，以资接济。【略】壬戌，【略】又谕：闻江苏地方夏月以来雨泽稀少，甚觉亢旱，许容曾具奏二次，那苏图并未一次奏闻。【略】免福建长乐、福清二县乾隆二年风灾额赋十之七，并长乐、闽县冲陷沙堆无征银米全数豁除。　　《高宗实录》卷七二

七月【略】戊辰，【略】户部议准湖广总督宗室德沛奏称，黔省入夏以来，贵阳上下米价昂贵，请将湖南额运黔米二万石碾送清江，听黔省接运平粜。【略】辛未，【略】，谕大学士等，夏秋以来，直隶地方有蝗蝻发生，朕心深为廑念，虽前次李卫奏报年景情形之时亦曾奏及，但朕近日闻得所有蝗蝻之地，尚未扑灭净尽，目下将届禾稼成熟之时，最关紧要，小民无知，习于怠惰，又恐践踏田禾，不肯用力，必须严饬官弁实力捕扑，始可除患。可即寄信与李卫速为料理。【略】免福建海澄县乾隆二年旱灾额赋有差。【略】壬申，【略】又谕，据总督李卫奏称，直隶被水地方已分别轻重赈恤安插，悉心经理。惟沧州漫口二处，淹浸为多，若不速行堵御，则秋田既伤，明春麦又失望。【略】甲戌，【略】缓征山东德州卫本年雹灾新旧钱粮，并乾隆二年被水停征之齐河、临邑等二十三州县，东昌等四卫其本年新粮亦缓至秋后征收。【略】乙亥，免山东长山、宁阳、汶上、曹县、巨野、观城、福山、高密、益

都、临淄、寿光、临朐等十二县雍正八年被水冲决田地无征银一千三百一十三两有奇，并乾隆二年未完银两悉行豁除。【略】丁丑，【略】谕：江南地方今年五月雨泽短少，六月虽经得雨，未能沾足，朕心甚为忧虑。【略】庚辰，【略】赈陕西咸宁、镇安二县本年水灾饥民。【略】是月，直隶总督李卫奏：唐县、固安、雄县、霸州、博野、肃宁、满城、新城、完县、沧州、青县、蓟州、唐山、任县、南和、平乡、河间、蠡县、永平、保定、鸡泽、高阳等二十三州县，因近日绵雨连旬，洼地被涝，其续生蝻子之固安等州县现在设法消除，亦能减少分数。得旨：朕正为雨水过多倍切忧虑，览奏情形俱悉，其被水处所当加意赈恤，至蝗蝻何尚有如许之多，此皆地方有司奉行不力与察查不周之所致耳，卿其加意料理。至近日天气渐次晴霁，朕心稍慰，但须多晴数日方佳也。又奏：直属年景情形，并查办赈恤事。得旨：所奏俱悉，目今天高气爽，无霖雨之忧矣，高地禾稼尚属可望，想差胜于去年也。【略】又奏：八月二十前后，正收秋种麦之时，皇上恭谒泰陵，一路差使往来，恐有伤禾稼，请暂缓二十余日。【略】直隶河道总督朱藻奏：秋汛骤发，曹家务、闫仙岱两处险恶工现在并力抢护。得旨：所奏情形俱悉，漫溢之水有伤民人田庐否？今渐次晴霁，可以不致大害。【略】两江总督那苏图奏：下江之江、苏、常、镇、扬五府所属，及上江之六安等十余州县，因六月内雨泽愆期，各处田禾被旱，现在酌拨帑银三十万两，前往江、广采买米石，以为将来赈粜之用。【略】又奏上、下两江得雨情形，及筹画赈贷事宜。得旨：虽经得雨，为时已迟，且亦不过四五寸，赈恤之事，所当竭力速行料理者也。【略】安徽巡抚孙国玺奏：上江被旱各州县，现在乏食贫民并行开仓赈粜。得旨：上江、下江被旱情形颇广，而督抚等奏报料理颇缓。【略】大学士管川陕总督查郎阿奏陕省各属得雨情形。得旨：览奏，朕怀稍慰，但为时已迟，恐不无歉收之虞耳。

《高宗实录》卷七三

八月【略】壬午，【略】谕：朕闻陕西所属郡县，今年六七月间有缺雨之处，地方有司现在祈祷，未审何时得沛甘霖。朕心深为廑念。【略】癸未，【略】工部议准，直隶河道总督朱藻奏称南运河自全漳入运，水势激湍，河堤被水冲洗，如沧州之"盈"字等号、交河县之"日"字等号、东光县之"宇"字等号、故城县之"地"字等号。【略】甲申，谕：江南下江地方五六月间，雨泽短少，及至得雨，已在立秋之后，且淮安所属蝗蝻为害，田禾亦不免被伤，朕心忧虑，已屡降谕旨，令该督抚悉心区画，预筹民食。【略】闻上江亦有缺雨歉收之处，可酌量照此办理，该部遵谕速行。【略】丙戌，【略】又谕：朕闻本年七月十四、十六、十七等日，有飞蝗从江南海州礼堰集飞入山东郯城县界，约长四五里，宽二三里不等，山东官员督率民夫竭力扑捕，旋即飞去，未曾伤及田禾。朕思飞蝗成阵，至数里之广，既从江南飞来，而总督那苏图并未具折奏闻，则地方官之怠于扑捕可知。可即寄信询问那苏图，令其明白回奏。【略】赈湖南石门县本年水灾饥民。缓征四川射洪、遂宁、三台、中江、蓬溪、铜梁等六县本年水灾额赋有差，兼赈饥民。赈甘肃武威县本年水灾饥民。【略】丁亥，【略】赈甘肃新渠、宝丰二县本年水灾饥民。【略】辛卯，【略】谕：八旗喂养马驼，黑豆在所必需，【略】今年山东、河南两省收成尚好，应于山东采买五万石，河南采买三万石。【略】停征甘肃柳沟卫所属之八九道沟等处本年水灾额赋，兼赈饥民。壬辰，谕：【略】苏松数郡亢旱歉收，十月间正需筹画赈恤抚绥诸务，许容驻扎苏州，便于就近料理。

《高宗实录》卷七四

八月【略】癸卯，【略】谕：二十一日行营沿途兵丁，天雨沾湿衣服，著查明赏赍。【略】乙巳，【略】谕：今年直隶各州县收成丰歉不一，米价未免稍昂，而奉天、山东二处年岁俱获丰收。【略】又谕：据将军旺昌奏称，归化城地方阴雨连绵，黄河泛涨，西尔哈安乐等六村垦种屯田内，今年应征田二十三顷，明年升科之新垦田一千零二十八顷，并民间庐舍尽被冲淹，应查被灾民人，分别等次，散给米石，以度冬月等语。【略】戊申，【略】谕：据安徽巡抚孙国玺奏称，安省地方今岁夏秋亢旱，得雨后期，补种秋粮不能畅达，除望江等十八州县卫已报灾伤外，续据报到凤阳、寿州、舒城、无为、青阳、当涂、繁昌、贵池、南陵、霍邱、虹县、泾县、铜陵、桐城、太平、临淮、巢县、庐江、霍山、含山、合肥、怀

远、东流、太湖、英山等二十五州县,凤阳、凤中、泗州、庐州、建阳等五卫,计共四十八处,咸皆被旱轻重不等等语。【略】是月,两江总督那苏图遵旨覆奏江南各属被旱情形,及预行筹画事宜。【略】又奏:江西年谷丰收,不特本处民食充裕,即邻省亦可资接济。【略】又奏:江南连岁歉收,所有被旱各属元、二两年缓征漕粮,应在本年带征者请酌为区别。【略】闽浙总督衔专管福建事务郝玉麟等奏:闽省入秋以来雨泽稀少,各处晚禾多未布种。【略】山东巡抚法敏奏:东省今年晴雨匀调,秋禾丰稔。得旨:览奏曷胜欣慰,江南今年夏间旱灾颇广,东省既属有秋,【略】务在丰处不致弃谷,而歉处不致乏食,汝等应和衷共济为之。【略】山东布政使黄叔琳奏:东省兰、郯、费三县飞蝗入境,现已竭力扑净,并未伤损田禾。得旨:知道了,山东年成丰稔,自是汝等大员和气致祥所致也。

《高宗实录》卷七五

九月【略】癸丑,谕:天津地方居九河下游,今年河淀诸水稍大,雨水较多,田禾被淹比他处为重,目今现在查赈,闻有司奉行不善,所查者多系有地之家,而无业穷民转致嗷嗷待哺。【略】甲寅,【略】免陕西长安、临潼、鄠县、蓝田、渭南、富平、同官、雒南、郃阳、华州、邠州、凤翔、汧阳、陇州、宜君等十五州县本年雹灾额赋,兼赈饥民。其山阳、商南、城固、褒城、安定、保定、绥德、米脂等八州县雹灾,榆林县水灾饥民,悉行赈济。【略】乙卯,【略】谕:今年江南地方雨泽愆期,田禾被旱,【略】闻得下江地方凡属高阜之处受伤实多,而平土低洼之处收成尚好。【略】丙辰,【略】赈山东招远县本年雹灾饥民。丁巳,【略】谕:今年春月因直隶米价昂贵,朕特颁谕旨,将临清、天津二关,及通州、张家湾、马头等处米税,宽免征收,商贾闻风踊跃,往来贩运,民食无缺,已有成效。嗣因二麦有收,经管理天津关准泰报部,请示行查。【略】戊午,【略】免福建漳浦县乾隆二年旱灾额赋。【略】辛酉,谕:今年山西全省地方二麦丰收,秋禾亦稔,惟永济、保德二州,及河曲一县麦秋稍觉歉薄,今西成之后,民力渐舒。【略】癸亥,谕:畿辅地方今岁歉收,米价昂贵,朕深为廑念。向来口外米谷不令进口,留为彼地民食之需,今年口外收成颇丰,而内地不足,所当酌量变通,以资接济。【略】大学士等议覆,安徽布政使晏斯盛奏称,安省地方被灾广阔,各属仓贮不敷赈粜,请将本省不被灾州县漕米截留分贮备用。【略】免湖北钟祥、云梦、江陵等三县被水冲决田地无征额赋有差。免四川涪州、叙永、蓬溪、犍为、大邑、打箭炉等六厅州县乾隆二年分水冲石压田地,并年久旱地无征额赋有差。【略】甲子,【略】谕:据仓场总督宗室塞尔赫等奏称,本年六月十八日有金衢所运丁池斯莲漕船,在临清州地方因连日大雨,水势汹涌,把总哈凉催促前进,以致撞石沉溺,淹毙副丁水手等五名,片板粒米无存,运丁以船为家,今家破人殒,力难赔补,理合奏闻等语。【略】缓征甘肃口外赤金所本年风灾额赋,兼赈饥民。

《高宗实录》卷七六

九月【略】丙寅,【略】谕:今年畿辅地方收成有歉薄之处,而口外年谷顺成,颇称丰稔,昨已降旨,准商人出口往来贩运,以资接济。【略】丁卯,【略】免陕西咸宁县、商州本年雹灾额赋有差。【略】壬申,【略】户部议准安徽巡抚孙国玺奏称,安省入夏以来雨泽稀少,所有被旱稍重之六安等州县恐成偏灾,其余各属被旱虽轻,收成亦不无歉薄,请给支库银十万两,先赴产米之地采买,运至被旱各州县,为将来赈粜之用。从之。【略】乙亥,【略】谕:浙江海塘工程为杭、嘉、湖、苏、松、常、镇七郡生民之保障,前因潮溜北徙,冲刷堪虞,朕即位之初,特简大臣殚心区画,仰荷神明默佑,沙涂日广,急溜潜移,工作易施,塘根坚固,朕心慰庆,万姓欢呼。理应恭祭海神,以昭灵贶。【略】停征甘肃碾伯县本年虫灾并口外靖逆卫属之大东渠、红柳湾、花海子及头二三沟风灾额赋,兼赈饥民。【略】丁丑,谕:山东、河南二省今岁收成颇丰,目今秋雨沾濡,麦又广种,可为庆幸。【略】免江苏上元、江宁、句容、溧水、高淳、江浦、六合、长洲、吴县、常熟、武进、阳湖、无锡、金匮、江阴、宜兴、荆溪、靖江、丹徒、丹阳、金坛、溧阳、山阳、阜宁、清河、桃源、安东、盐城、高邮州、泰州、江都、甘泉、仪征、兴化、宝应、宿迁、海州、沭阳、赣榆、通州等四十州县,苏州、镇江、淮安、大河、扬州、仪征等六卫本年旱灾，铜山、丰县、沛县、萧县、砀山等五县，徐州卫本年水灾额赋，并缓征雍正十三年、乾隆元二年旧欠钱粮，及元二年缓漕米石，兼赈饥民。缓征甘肃平番县本年虫灾额赋，兼赈饥民。【略】戊寅，【略】直隶总督李卫奏：直隶驻防兵米，定例每石折银一两，上年因直属被水，原价不敷采买，每石请增给银三钱，现在雨水过多，洼地被淹之处米价甚昂，请将各处驻防兵米，照上年之例增给价银。【略】己卯，户部议覆，兵部侍郎吴应棻奏称，上江被旱各属存贮米谷，不敷赈粜之用，查闽省拨运江楚仓谷三十万石，不过为弥补仓储，【略】请于三十万石内，将十万石仍运闽省备用，改拨二十万石截留两江赈济。【略】又议准，江西按察使凌燽奏称，江右今岁丰收，米价平减，自夏秋之间，两江、闽、浙委员采买赈济谷石，会集来江，一时未能应付，米价因之日昂，实觉彼此未便。【略】是月，【略】安徽巡抚孙国玺奏：安省现得透雨，秋麦布种。【略】巡视台湾御史诺穆布等奏：台属被旱成灾，现饬地方官加意赈恤。【略】湖广总督宗室德沛奏：江南今年歉收，采买楚省谷石甚多，兼以闽、浙等省亦陆续来楚采买，以致米价腾贵。【略】又奏：湖南各属丰稔，米价甚平，请动帑采买，以为通省加贮仓谷，如苏省采买人员艰于购买，即可酌量碾兑。【略】山东巡抚法敏【略】又奏，东省米麦时价，现在增减之数。得旨：据奏东省收成颇好，何米价增者多而减者少耶。《高宗实录》卷七七

十月庚辰朔，【略】谕：朕闻陕省各属今年俱属有秋，惟延安府属之安定、保安二县，榆林府属之榆林、绥德、清涧、米脂四州县于七八月间曾被冰雹，有损禾稼。【略】辛巳，【略】谕：朕闻保定、河间两府所属地方，夏月多被水淹，深秋之后地虽涸出，而积水仍未全消。【略】免山东邹平、新城、齐东、宁阳、邹县、泗水、济宁、高苑等八州县本年雹灾额赋有差。【略】壬午，谕：直隶地方上年歉收，今秋又有被水之州县，朕心轸念。【略】又谕：今年上、下两江雨泽愆期，收成歉薄，【略】而上江地方被灾比下江又为较重。【略】户部【略】又议：长芦盐政准泰疏报兴国、富国、丰财、严镇等四场，沧州、衡水、青县、河间等四州县本年水灾灶户，应准与民一体赈济，冲塌房屋者，照上年芦台等场之例，酌动存库余平银加意安顿。【略】贷陕西绥德、米脂、延川三州县本年续被雹灾贫民口粮。癸未，【略】谕军机大臣等，今岁山西地方收成颇稔，且晋省风俗俭约，民家多有储蓄，而直隶收成歉薄，不得不借资于邻省。【略】贷河南信阳、罗山、正阳、光州、光山、固始、息县、商城等八州县本年旱灾贫民口粮籽种，并开仓平粜。【略】辛卯，【略】加赈安徽怀宁、桐城、潜山、太湖、望江、宣城、南陵、泾县、宁国、太平、贵池、青阳、铜陵、东流、当涂、繁昌、无为、合肥、舒城、庐江、巢县、寿州、凤阳、临淮、怀远、定远、虹县、霍邱、六安、英山、霍山、泗州、盱眙、天长、五河、滁州、全椒、来安、和州、含山、广德、建平，并新安、宣州、庐州、凤阳、泗州、长淮、滁州、凤阳中等五十州县卫旱灾贫民。

《高宗实录》卷七八

十月【略】丙申，【略】又谕：今年南河水势甚大，河道总督高斌督率河员防范得宜。【略】额驸策凌奏报，鄂尔昆等处秋成收粮共八千七百五十三石有奇。下部知之。【略】己亥，户部议覆，大学士前总理浙江海塘管总督事嵇曾筠疏报，湖州府属之安吉、乌程、长兴、孝丰等四县及湖州所，金华府属之东阳县山田被旱，所有本年额赋请分别暂于缓征，并酌量被灾轻重，先动库项一体赈恤，应如所请。从之。【略】工部议覆，调任福建巡抚卢焯疏言福、兴、延、建等府属城垣官署等项，水冲坍损，确估共须工料银五万一千三百六十六两有奇。【略】丙午，谕：去年八月十五夜，福建福州等处飓风忽发，闻有水师营"快"字八号桨船一只、烽火营"庆"字十二号双篷艍船一只、海坛镇标左营"永"字十号赶缯船一只，俱遭风击碎。因各船非系出洋遇风，不应动支钱粮补造，应令该管各官赔补。【略】户部【略】又议，大学士仍管川陕总督查郎阿疏言，陕西绥德州仓贮粮石仅存谷七百一十八石有奇，州属地方现被雹灾，秋收歉薄，请拨米六千石，预备抚绥。【略】是月，两江总督那苏图奏，江南今年被旱，刑部郎中王概奏请将山东沿海州县米石，听商贩运接济。部议：【略】查江南旱灾，业已蠲缓折征，分别赈济，山东年虽丰稔，所产多系杂粮，江南民不便食。【略】又奏：江苏各属

本年被旱之州县卫，业经题明蠲缓折征，分别赈济。【略】又奏：上、下两江本年被旱州县，业经先后动支两省藩库银五十万两，委员分往江、广等处采买，并咨明江西巡抚，于该省存仓谷内，碾米十万石，运赴江南，又将上江不被灾州县应征漕粮全行截留，赈济平粜所需。【略】署理苏州巡抚许容【略】又奏，苏城自雍正十一年以来，每逢岁底煮赈一月，今岁长、吴等县被灾，更宜举行，并请加赈一月。【略】闽浙总督郝玉麟等奏报，闽省台、凤二县旱灾情形，并办理赈恤缓征缘由。

《高宗实录》卷七九

十一月己酉朔，【略】户部议覆，署苏州巡抚许容疏言，今岁常、镇各属雨泽稀少，米价必贵，请于京口驻防兵已未年春、夏二季米折银内，酌动三分之二，买米贮仓。【略】壬子，【略】户部议覆，署苏州巡抚许容疏报，华亭、娄县、金山、震泽、如皋等五县并太仓卫坐落常熟县屯田，高阜田禾被旱，准照本年上元等四十六州县卫被灾之例，分别蠲缓折征赈恤。【略】赈湖南石门县义礼等十二区旱灾贫民三月，借给籽种亩五升，并缓征本年钱粮。缓征陕西延川县旱灾贫民本年钱粮，并拨司库地丁银三千两，贮县以备接济。癸丑，【略】户部议准，奉天府府尹吴应枚疏言，复州、宁远、宁海、锦县等四州县虫伤田稼，本年应征钱粮请分别蠲免，贫民赏给口粮，并酌拨仓谷，减价平粜。得旨：依议速行。又议准，大学士前总理浙江海塘管总督事嵇曾筠疏言，归安、乌程二县被雹灾民，现饬道府酌量轻重，动支该县库项按亩资助。【略】又议准，大学士前总理浙江海塘管总督事嵇曾筠疏报，江南南汇县下沙头二三场五团至九团等处，秋间风雨交作，摧折草屋，禾豆均被损伤，请动支道库余平银，先与修葺。【略】又议覆，大学士仍管川陕总督查郎阿疏言，陕西绥德州并所属之清涧、米脂、吴堡秋禾被雹，除将运到之延安府、延长县仓米共六千石，尽数顾济穷民外，请拨司库地丁银二万四千两，每州县分贮六千两以备接济。其得雨稍迟之葭州，亦请拨贮六千两照绥德等州县一体抚恤。【略】又议准，四川巡抚硕色疏报，峨眉、夹江、洪雅、雅安四县水灾，除题明分别赈贷外，所有冲没田共一百六十亩有奇，应征钱粮永行豁免。峨眉、夹江、洪雅三县沙淤田地共三百四十七亩，本年钱粮暂行免征。【略】赈湖北孝感、黄安、钟祥、京山、宜城、襄阳等六县卫旱灾军民。【略】己未，谕：近据河道总督高斌、两江总督那苏图奏报，十月初十以后黄河渐次平退，洪湖清水畅流入运，【略】较常年此时大五尺有余，蓄长充裕，洗刷浮淤，甚为得力。【略】今有人奏称，今年黄水异涨，倒灌运河，将近半载，颇有淤垫。【略】癸亥，【略】蠲缓河南信阳、罗山、正阳、光州、光山、固始、息县、商城等八州县本年旱灾额赋有差，赏给贫民贫生口粮三月。赈湖北应山县，四川忠州、万县、开县本年旱灾饥民。

《高宗实录》卷八十

十一月【略】丁卯，谕：前据奉天将军额尔图等奏称，奉天地方今年山水骤发，河水泛溢，福陵石堤土坝被水冲刷，应请料估兴修等语。【略】戊辰，【略】截河南、山东漕粮十万石，留贮津仓，续赈平粜。免山东招远县本年雹灾额赋。缓征甘肃武威、永昌、平番、镇番、西宁、碾伯、肃州、高台、西固等九州县厅虫灾本年钱粮。【略】壬申，【略】户部【略】又议准，甘肃巡抚元展成疏报，武威县本年夏禾被灾地三千九百三十顷二十九亩有奇。【略】丙子，谕：近年以来直隶地方收成歉薄，民食艰难，从前议开海运，以资接济。【略】丁丑，谕：朕因畿辅一带收成歉薄，已加恩格外将雍正十三年、乾隆元年二年分地方未完之钱粮，及缓征、停征之项将来分年带征者，悉行蠲免。【略】是月，直隶总督孙家淦遵旨覆奏：禁止烧焗。臣前两经奏请弛禁，原称宜于歉岁，不宜于丰年，目今各属歉收，曾经出示禁止，兹步军统领拿获烧焗数起，且皆山西之人。【略】至直隶情形，地多圈占，士农失业，旗民杂处，户口不清，漕运、河工、边兵、水师，头绪纷繁，加以连年水旱，仓储空虚，饥寒所迫，窃匪时有，莅任伊始，又不敢轻为操纵，妄事更张，伏祈稍宽时日，俾得广咨熟筹。【略】安庆巡抚孙国玺奏：凤、庐两府，及邻境之颍、六、滁、泗各府州地方水旱频闻，收成歉薄，虽由地多硗瘠，亦缘河塘湮淤，无从宣泄灌溉所致。【略】又奏：怀宁、潜山、东流等三县续报旱灾，查系捏报，妄希蠲赈。【略】浙江巡抚卢焯【略】又奏，浙江永嘉、乐清、瑞安、平阳、丽水、缙云、松阳、云和、宣平等九县，乾隆二年因行买补谷石，因被水灾，经大学士嵇曾筠题明，缓至乾隆三年买补，今岁各该县内复多歉收，请再展限一年。其通省本年应补谷石，现在杭州、嘉兴、湖州、宁波、绍兴、金华、严州、温州、处州、安吉等九府一州俱各被灾，亦请缓至次年秋成买足。【略】浙江布政使张若震奏：安吉、乌程、归安、长兴、孝丰、东阳、湖州所等七州县所，本年被灾，除将丁地南漕等项按数奏请蠲缓外，复经委员查明被灾分数，借给籽本。【略】署理福建巡抚王士任奏：闽省连岁歉收，所有本年应买还监积谷五十余万石，如未足数，请俟来秋再买。【略】河南巡抚尹会一遵旨覆奏：【略】本年河北彰、卫、怀三府夏秋被水，虽经补种有收，多系杂粮，河北百姓愿以杂粮完官者，准照谷价折交。【略】云南总督庆复【略】又奏，【略】上年因灾动支仓储，今岁收成丰稔，饬令应行买补。　　　　《高宗实录》卷八一

十二月【略】庚辰，【略】户部议覆，四川巡抚硕色疏报，射洪、遂宁、中江、蓬溪、三台、铜梁等六县滨河被水户口，除业经赈恤，并缓征本年钱粮外，所有冲去地亩应征粮银，请予豁除。【略】辛巳，【略】谕：今年上、下两江收成歉薄，米价昂贵，【略】今闻浙省亦有歉收之处，米价较昔加增，且杭、嘉、湖等府户口繁多，需米孔亟，实望外省客米以资接济。【略】浙江巡抚卢焯奏，安吉、乌程、归安、长兴等四州县被灾田亩除按分扣蠲外，所有应征南米漕米请缓至次年麦熟，每石折征银一两，仅有南米之孝丰、东阳二县，虽勘不成灾，究非成熟，一例折征。【略】壬午，【略】赈贷两淮通、泰、淮三分司所属盐场本年被旱灶户。【略】乙酉，【略】户部【略】又议准，安徽巡抚孙国玺疏言，安徽各属钱粮因本年旱灾，一概缓征。【略】丙戌【略】又议准，闽浙总督郝玉麟奏，浙江全省各属多有被灾，现届秋成，米价每石至七八钱不等，来春势必更贵。【略】戊子，【略】又议，甘肃巡抚元展成疏言，【略】肃州嘉峪关等营地方产粮有限，本年豆麦歉收，安西镇地处口外，诸物腾贵，且今岁赤靖、柳沟等处俱已报灾，请仍照旧分别估拨。【略】己丑，免瓜州回民旧借粮银，【略】今闻本年口外收成仍非大稔，回民迁移未久，家鲜盖藏，若责令完公，不无拮据之苦。　　　　《高宗实录》卷八二

十二月甲午，【略】户部议覆，甘肃巡抚元展成疏言，平番县属本年虫伤秋稼，被灾穷民无论极贫、次贫，请先赈口粮一月。【略】被灾水旱地共一千四百九十六顷八十二亩有奇，成灾六分至九分不等，应征正耗粮银地租草束等项请按分数分别蠲免。又新渠、宝丰二县被水灾民，除经赈给口粮外，自本年十一月至次年二月，大口日赈五合，小口三合。【略】是月，【略】直隶总督孙嘉淦【略】又奏报，霸州、文安等六十八州县被灾，现在赈济一切情形并查明银米兼赈之蓟州等二十四州县。【略】两江总督那苏图等奏：徒、阳运河本应今年大挑，前因苏、松、常、镇等府歉收，正资商米接济，未便筑坝阻截，奏明分段捞浚，目下丹阳一带久无雨雪，河水甚浅，舟楫难行，阳湖、横林等处亦有浅涩，应请一并挑挖。【略】山东巡抚法敏【略】又奏：山东实无封贮陈曲器具之事，今年二麦丰收，通省亦无开箱踹曲之家，南北贩麦者舟车相接，或即禁曲之效。【略】两广总督马尔泰等奏：【略】钦州一带地接交趾，年丰谷贱。　　　　《高宗实录》卷八三

## 1739 年 己未 清高宗乾隆四年

正月【略】己酉，【略】御乾清宫，【略】赋柏梁体诗，御制序曰：【略】乃者腊雪盈畴，已兆二麦之稔，光风应律，初回大地之春。【略】壬子，【略】又谕：上年江南地方收成歉薄，民食维艰，朕宵旰焦劳。【略】己未，【略】工部议覆，浙江巡抚卢焯奏，仁和、海宁二县设有草荡岁抢银两，今水势日南，涨沙绵亘，塘在平陆，无藉抢修，应行停止。　　　　《高宗实录》卷八四

正月【略】乙丑，谕：上年直隶地方收成歉薄，民食艰难，【略】幸荷天恩，屡降瑞雪，将来麦秋似有可望，惟是青黄不接之时，若将赈米停止，贫民仍难糊口，应行加恩。【略】戊辰，谕大学士等，朕

览张楷奏报西安各属粮价折内，延安府属大米每仓石二两二钱至二两九钱二分，同州府属大米每仓石一两一钱二分至三两二分，朕思大米之价至于二两九钱、三两，则太觉昂贵，即小米亦有价贵之处，恐民人难以糊口，将来青黄不接之时，其势必逐渐加增。【略】伊所开同州府属米价，自一两一钱二分至三两二分，何以一府之中贵贱相悬如此，或系错写，或别有缘故，著一并查明回奏。【略】是月，直隶总督孙嘉淦奏报瑞雪沾足。得旨：此次瑞雪实是天恩浩荡也，京师亦同。

《高宗实录》卷八五

二月【略】癸未，谕大学士，天津、河间一带上年积水甚深，至今停蓄，未曾疏放，其他地方堤内田中积水处尚多。【略】甲申，【略】免甘肃碾伯县乾隆三年虫灾额赋十分之二。【略】丙戌，【略】免直隶沧州、衡水、青县、河间四州县，兴国、富国、丰财、严镇四场乾隆三年水灾灶地额赋，并缓征旧欠各有差。【略】己丑，【略】免贵州郎岱、普定、镇宁、安平四州厅县乾隆三年雹灾额赋，并缓征旧欠各有差。

《高宗实录》卷八六

二月【略】乙未，【略】免甘肃靖逆卫乾隆三年风灾额赋七分之二。丙申，【略】免陕西咸宁、镇安二县乾隆三年水灾额赋，并豁坍地银粮。免甘肃柳沟卫乾隆三年虫灾额赋六分之一。【略】己亥，【略】谕：据大学士查郎阿、西安巡抚张楷奏报，陕西冬春以来得雪情形，颇不及直隶、山东等省之透足，且有雨雪微细，现在望雨之州县，从来地动之后多遇歉年，朕心早为秦省忧虑。【略】庚子，【略】免湖北钟祥、京山、黄安、宜城、襄阳五县卫乾隆三年旱灾额赋有差。【略】是月，【略】直隶总督孙嘉淦奏报雨雪沾足。得旨：【略】当此水旱之后，惟应劝民耕作，以补不足耳。又奏：天津、沧州、青县、河间、任丘、文安、大城、武清、高阳、庆都、新安十一州县内各村庄积水未消，直隶播种多在小满以前，届期当酌议安插之法。【略】又奏：直属积水之地现据陆续详报，沧州、庆都、新安等处积水全消，已种春麦；青县、任丘、大城、武清、高阳等处水消过半，无误夏禾；天津、文安、河间三县村庄虽经疏浚，而堤内地洼，须三月终旬可望全消。【略】直隶布政使范璨奏，直省上年被灾，蠲赈备至，元气未能全复，宜充裕仓储，【略】两江总督那苏图【略】又奏：安属上年被灾较重，酌其田数多寡，将社仓谷石出借。【略】大学士仍管川陕总督事务查郎阿、陕西巡抚张楷奏：入春以来雨雪微细，未获沾足。

《高宗实录》卷八七

三月【略】辛亥，【略】谕：本日朕祭先农坛，途遭雨泽，深为嘉祥。【略】癸丑，免湖南石门县乾隆三年旱灾额赋十分之七，并缓征旧欠银粮。【略】丙辰，【略】豁四川汉州、彭县、安县、新津、清溪、绵竹、叙永七州厅县水冲地赋。【略】丁巳，【略】谕：江南地方上年被旱，收成歉薄，米价高昂。朕已切谕该督抚多方筹画，以济民食。【略】戊午，谕：据安徽巡抚孙国玺奏称，宿州、凤台、灵璧、石埭等四州县上年虽未被旱，但查有未完雍正十三年、乾隆元年、二年钱粮，均系从前灾缓之项。【略】其成灾之太平、铜陵、寿州、贵池、桐城、泾县、巢县、临淮、怀远、定远、虹县、霍山、和州、无为、望江、青阳、当涂、繁昌、合肥、庐江、凤阳、霍邱、泗州、全椒、含山，并长淮卫等二十六州县卫内勘不成灾之田地，并上年被旱勘不成灾之潜山、宿松、东流等三县，及未经被旱之歙县、休宁、祁门、黟县、绩溪、建德、阜阳、宿州卫等各县卫，均有未完各年钱粮，俱应限年催征。【略】免湖北应山县乾隆三年旱灾额赋。

《高宗实录》卷八八

三月【略】丙子，谕：朕闻得天津、河间、文安一带积水未消，民间难以布种，屡谕总督孙嘉淦，设法疏浚。【略】今据孙嘉淦奏称，天津等处村庄除已经涸出，现种麦禾畅茂者不开外，查天津地方目下虽未涸出，将来可涸不误晚禾者四十七处，其深洼积水难望消涸者四十二处。河间地方目下虽未涸出，将来可涸不误晚禾者五处，其深洼积水难望消涸者三十七处。文安地方目下虽未涸出，将来可涸不误晚禾者二十一处，其深洼积水难望消涸者五十三处。又，静海县之贾口义渡等十七村，大城县之王凡固献等十六村，雄县之孟家齐官等八村，积水尚未全消。凡此六县积水之区，其可望

涸出者止可种植稚禾晚稻，其不能涸出者，将来虽有鱼苇菱蒲之利，亦必待至五六月间方可有望，目前资生无策等语。朕览孙嘉淦所奏，甚为明晰，地方积潦未消，其为害更甚于被旱。【略】是月，【略】浙江巡抚罗焯奏，山阴县近因海潮南徙，江溜折回，由西北正港分流东南，直射丈棚村、寺直河等处，护沙冲刷殆尽，塘身难资捍御。又萧山县西塘，上迎江溜，下捍海潮，洪家庄、丫义塘、淡家浦三段篰石土塘亦甚单薄。至海宁县涨沙渐高，潮溜由南岸入江，折向西北，仁、钱二县江塘俱成顶冲，而三郎庙一处更系险工，惟在先事图维，以期有备无患。【略】陕西巡抚张楷奏报，得雨沾足。【略】又奏，绥德州去年被旱，除有地而乏食者，业已赈恤外，尚有赁种佃户与佣作工人觅食尤难。

《高宗实录》卷八九

四月丁丑朔，【略】免安徽寿州乾隆三年旱灾场地额赋。【略】戊寅，【略】免江南丹阳、山阳、阜宁、盐城、安东、赣榆、沭阳七县乾隆三年旱灾民屯草场芦课河滩田地应征银四万八千七百五十一两有奇，米麦一万九千一百七十六石八斗有奇。【略】庚辰，【略】谕：据闽浙总督郝玉麟、浙江巡抚卢焯奏称，浙省温州府属之永嘉、乐清、瑞安、平阳四县暨温州卫，台州府属之临海、黄岩二县暨台州卫，于乾隆二年曾被水灾，已荷恩施，多方赈恤，闾阎均沾实惠，惟是勘不成灾之处有缓征钱粮，扣至三年岁底尚未完纳者，【略】共银三千八百一十一两，共米二千六百八十五石，【略】一并催令全完，小民未免艰难。【略】壬午，【略】免长芦、兴国、富国、丰财、芦台、越支、石碑、海丰、严镇八场，青县、沧州、盐山、南皮、庆云、东光六州县乾隆二年被灾灶地未完停征银一千四百九十五两有奇。【略】丙戌，谕：今春正二月间雨雪沾足，麦谷以次播种，朕心深为慰藉，乃自三月望以后，弥月不雨，炎风屡作，麦根虽幸无恙，而麦苗已将萎矣，若十日不雨，则无麦。朕甚忧之。【略】戊子，【略】又谕：近来京师微觉亢旱，已降旨，令该衙门虔敬祈祷。【略】九卿、科道等遵旨覆奏，雨泽偶而愆期，圣躬实无阙事。【略】得旨：【略】目下直隶望雨甚殷，闻得江南亦在缺雨，直隶上年亢旱虽不如江南之甚，而收成亦属歉薄，倘今岁更复亢旱，将来两省民食作何区处，此不可不预为筹及者也。

《高宗实录》卷九〇

四月【略】甲午，【略】免四川忠州、万县、开县三州县乾隆三年旱灾额赋十之一。【略】乙未，【略】缓征浙江安吉州、乌程、长兴、孝丰、湖州所乾隆三年虫旱成灾四年分应征银米。丙申，【略】缓征浙江乌程、归安乾隆三年被雹成灾，三年、四年应征银米。【略】已亥，【略】谕：上年直隶米价腾贵，曾降谕旨，准商贾等将奉天米石由海洋贩运，以济畿辅民食，以一年为期，今弛禁之期已满，而京师雨泽未降，恐将来民间不无需米之处，闻奉天今年收成颇稔，著再宽一年之禁。【略】庚子，谕军机大臣等，数月畿辅一带雨泽未降，倘再不得雨，收成歉薄，民食艰难，不可不预为留意。【略】辛丑，【略】免江南通、泰、淮三分司所属丰利等二十四场乾隆三年被灾，应征三年、压征二年折价银二万一千一百七十六两有奇，其余应征银两照例分年带征。【略】癸卯，谕：上年江、安两省岁旱歉收，朕蠲赈兼施，【略】今届麦熟之期，闻各属雨泽尚有未曾沾足之处，且上岁歉收之后，米价一时未能平减，若商贩希少，仍恐民食艰难，著将上、下江各关口米税照旧免征。【略】又谕：闻直隶青县、静海、霸州、武清等县蝻子萌生，甚可忧虑，著地方文武官弁加紧扑灭，毋使滋蔓。江南淮安等近水之处去年被旱，今春雨泽不足，亦恐蝗蝻萌动，为害地苗，其他各省雨少之处均当思患预防毋得疏忽。从来捕蝗之事，原可以人力胜者，倘地方大员董率不力，及州县文武官弁奉行懈弛，经朕访闻，必严加议处，不少宽贷，该部可即通行各省知之。【略】免江南南汇县下沙二三场乾隆三年被潮成灾荡地银七百九十四两有奇，所有三年、四年分应征银两，分别带征。甲辰，【略】谕：今三四月间，畿辅一带雨泽不足，二麦歉收，不知后此雨旸何若。【略】是月，大学士伯鄂尔泰奏沿途察看赈济情形。得旨：所奏俱悉，至京师目下又复望雨，朕甚为焦心，非卿出都时光景矣。直隶总督孙嘉淦奏，保定等属得雨，二麦可望有秋。【略】又奏，各属连日得雨。【略】直隶天津镇总兵官黄廷桂【略】又奏，本

处亢旱，蝗蝻易生，现饬员弁扑捕。得旨：此奏甚是，断不可以系文官之事，遂歧视之。若扑捕竭力，则蝗蝻尚不至为大害，而汝之功为不小矣。两江总督那苏图奏，上、下两江上年被旱，蠲免钱粮向例计田派蠲。【略】又奏：江北淮、徐、凤、滁地方麦苗望雨。得旨：京师亦甚望雨泽，若一得透雨，卿即当奏报，以解朕忧。【略】江苏巡抚张渠奏，上年淮安等处被灾，盐城较重，请酌量加赈一月，以济民食。【略】安徽巡抚孙国玺奏，查勘江北地方需雨庐、凤等处，高阜地亩更难栽插，应预为筹备，现在麦熟丰收，请量为采买。【略】山东布政使黄叔琳奏，济南等十府州县卫被旱地亩，麦收歉薄，请预筹接济。【略】山西巡抚觉罗石麟奏，各属得雨。【略】川陕总督鄂弥达【略】又奏，榆林府逼近边城州县，百姓每岁出口耕种，重贷厚偿，剥耗殊甚，请饬交地方官确查，借给银两，秋收照时价纳粮。【略】西安巡抚张楷奏报，兴平、醴泉、富平、咸阳、凤翔、岐山、汧阳、郿县、扶风、蒲城、乾州、永寿十二州县雨中带雹，勘明成灾地亩无多。【略】甘肃提督瞻岱奏，凉州、西宁等处歉收，会商督抚开仓平粜。

《高宗实录》卷九一

五月【略】辛亥，【略】谕军机大臣等：朕闻得直隶乏食贫民，有散往邻近地方以求糊口者。【略】庄亲王允禄奏，雨泽愆期，臣忝窃要职，乞罢议政大臣。【略】壬子，【略】钦差总办江南水利事务大理寺卿汪漋奏，淮北雨泽愆期，盐城、阜宁二麦歉收。【略】丁巳，【略】又谕：据湖北巡抚崔纪奏称，今岁麦秋丰稔，又豫省河以南麦已大熟，民间当此有余之时，恐以有用之物，造曲耗费，殊为可惜。【略】直隶、江南上年歉收，今岁麦秋雨泽又愆，尔部可行文直督孙嘉淦，会商河南巡抚尹会一，酌量市价民情，委员采买存贮。

《高宗实录》卷九二

五月【略】甲子，【略】工部议覆，陕西巡抚张楷疏称，上年蛟水陡发，咸宁县属之大义峪、镇安县属之旧司道路多被冲决，难以复修，且需费浩繁。【略】丁卯，【略】谕军机大臣等，朕访闻得甘省米粮价值，如粟米一项，西宁则每石三两六钱二分，凉州则二两九钱二分；小麦一项，西宁则每石二两九钱七分，凉州则二两六钱二分，皆以京仓斗计算，虽西宁、凉州粮价历来较他处本昂，而照朕访闻之数，则未免昂贵，小民难以糊口。又闻武威等处乏食穷民，颇不安静，目下开仓平粜，借给口粮，民情稍觉安帖。【略】甲戌，【略】安徽巡抚孙国玺奏，安省早禾被旱，亟应预备，当委员前赴湖广领运备用米石。【略】是月，【略】兵部侍郎班第奏沿途至山东得雨情形。得旨：所奏俱系实在情形，京师已得沾足雨泽矣。【略】直隶总督孙嘉淦奏，顺天、永平、承德所属州县连日得雨，二麦成熟，虽各处蝻子生发甚多，已饬兵民等以蝻易米，百姓无不踊跃。惟是麦收之后，急需透雨，则蝻孽不生，而秋禾皆得布种。得旨：所奏俱系实在情形，知道了。朕盼望膏泽，日夜焦劳。【略】若旬日不雨，则大田亦难保矣，奈何奈何。【略】又奏，屡次得雨。【略】两江总督那苏图奏，安庆各属望雨，及扬、徐等处被雹，借给籽种。【略】又奏，各属得雨耕种情形。【略】江苏巡抚张渠奏：米价高昂，酌买小麦，贮仓接济。【略】安徽巡抚孙国玺奏：各属雨泽歉少，栽插难施，应筹画抚恤。【略】又奏：各属得雨播种情形。【略】闽浙总督郝玉麟奏：各属得雨，禾麦有秋。得旨：所奏俱悉，闽省数年以来仓贮颇虚，值此丰收之年，益当撙节，以期实仓廪，为第一要务也。【略】河南布政使朱定元奏：自黔抵豫，察看二麦有秋情形。得旨：欣慰览之，该省麦有七分之收，亦不为歉，亟需撙节积贮。【略】河东河道总督白钟山奏：黄河水势骤涨，堤工漫溢。【略】川陕总督鄂弥达奏：各属缺雨，并宁夏地复微动，宜预筹民事。

《高宗实录》卷九三

六月【略】庚辰，【略】户部【略】又议覆，山东巡抚法敏疏称，历城、海丰、乐陵、滨州、利津、沾化、蒲台、泗水八州县被旱成灾，应令该抚按照大小户口，量给一月口粮。【略】辛巳，大学士等议覆，安徽布政使晏斯盛奏称，安省上年秋旱，现今采买接济。但江北州县向多游食之人，每遇歉岁，轻去其乡，惟寓赈于工。【略】壬午，【略】谕九卿等，今日据元展成奏报，甘省于五月十三、十四等日得雨沾足等语。现在各省先后奏报，已蒙上天降祐，雨泽普遍。【略】户部议覆，两江总督那苏图、安徽

巡抚孙国玺奏称，各属米歉价昂，捐足州县，如有愿捐之人，仍令收捐。　　《高宗实录》卷九四

六月【略】己亥，【略】谕：据河南巡抚尹会一奏称，豫省于五月内连得透雨，兹于六月十二、十三等日，开封省城大雨如注，昼夜不息；十六日复雨，水势加增，官民房屋多有倾圮，田亩低洼之处俱被水淹，所属陈留、中牟二县受水亦重。当即派委官员查勘，贫民栖身无所者，设法安顿。【略】今年豫省麦收未见丰稔，五月间雨泽沾濡，方幸秋成可望，不料六月雨水太多，开封及所属县邑又有水溢之灾，居民困苦，朕心深为轸念。【略】癸卯，【略】缓征陕西葭州、延川、绥德、米脂、清涧、吴堡六州县乾隆三年被旱成灾应征粮米。免甘肃口外赤金所属地方乾隆三年被灾应征正耗粮草。【略】是月，直隶总督孙嘉淦奏，各属得雨沾足。【略】又奏，各属得雨沾足，并饬捕蝗渐尽。得旨：知道了。竭力捕蝗，莫作纸上空谈，夫能飞之蝗，岂非前此未尽之余孽耶。【略】又奏：长垣县被水，房舍淹塌，请给一月口粮。【略】两江总督那苏图奏，各属得雨播种，并蝗蝻扑灭。得旨：览奏，朕怀诚慰，但豫、东二省皆有飞蝗自南来者，此皆扑捕不力之所致也，卿其知之。江南河道总督高斌奏，河工平稳，曹县漫溢隄工抢护完竣，又淮北连日蝗蝻俱灭。得旨：览奏，朕怀诚慰，所虑者飞起之蝗，恐不能速捕耳，地方官若有奉行不力者，可告之督抚，俟其净尽，作速奏闻。【略】江苏巡抚张渠【略】又奏，淮安、扬州、徐州、海州四属上年被灾独重，民犹拮据，请将缓折漕米五万四千余石，再行缓征。【略】安徽巡抚孙国玺奏，各属得雨，并批饬预期报旱之怀宁等县愚民，及审究哄堂求赈之芜湖县劣衿等。【略】浙江布政使张若震奏，督征各项完纳银米。得旨：览。亦赖上天恩泽，赐以屡丰，故汝得以从容妥办也。【略】河南巡抚尹会一奏，开封府省城被水成灾，请赈恤一月。【略】又奏，豫省甚雨，沁黄交涨，沿河武陟等十县地亩淹浸，查明抚恤停征。【略】又奏，省城暴雨，民无宁居，药局火轰，员弁殒命，咎在臣奉职无状。【略】河东河道总督白钟山奏，曹县漫工，补筑完竣。【略】署山东巡抚黄叔琳奏，沂州、济南、武定、泰安、青州、兖州、东昌七府飞蝗入境，曹县、单县、菏泽、金乡、济宁、临清六州县黄水漫溢，请分别抚恤。得旨：知道了，捕蝗一事，实可以人力胜之，竭力督催扑捕，务使净尽，作速奏闻。川陕总督鄂弥达等奏，秦安[①]、武威、永昌、古浪被水，皋兰、渭源、河州、陇西、会宁、宁远、伏羌、阶州、秦州、西宁、平番被雹，请分别抚恤。

《高宗实录》卷九五

七月乙巳朔，【略】命实力捕蝗。谕军机大臣等，今年五六月间雨泽调匀，禾稼畅茂，可冀有秋，惟是直隶、山东有数州县飞蝗尚未全灭，深廑朕怀。往来之人皆以为蝗由河间蔓延他处，该县不能扑灭净尽，则其殆忽可知。前孙嘉淦奏称，属员内若有捕蝗不力者，即行参奏，今朕所闻如此，伊岂无闻见，可寄信询问之。【略】庚戌，谕：据鄂弥达、元展成奏称，甘省五月以来连得大雨，间有山水冲压，及雨中带雹之处，如秦州所属之秦安县，凉州府属之平番县有被水淹浸之村庄；又，西宁、渭源、河州三州县有被雹灾之村庄；又，阶州、宁远、秦州、陇西、伏羌、会宁、皋兰等处亦被雹伤，约二三分不等；又，武威、古浪、永昌等处有水冲淤压之田亩，现在分别抚恤。【略】户部【略】又议准陕西巡抚张楷题请白水、中都、宜君三县被雹灾民，钱粮暂缓催征。【略】甲寅，【略】谕：上年江南地方被旱歉收，【略】今二麦已收，所有灾缓折漕之项正届催征之候，朕思淮安、扬州、徐州、海州四属上年被灾独重，本年三四月间雨水又稀，麦收未见丰稔，目前青黄不接之时，【略】著将淮、扬、徐、海四属缓征折漕米五万四千余石，再缓数月，俟本年秋收之后照数征收。【略】丙辰，工部等部议覆，浙江巡抚卢焯疏称，金华府属东阳县地方，上年偶遇旱虫灾伤，已蒙蠲赈，惟是该县种麦者少，全赖早、晚二稻，今赈期将竣，收成尚远，必须兴举城工，俾贫民佣工就食。　　《高宗实录》卷九六

七月【略】辛酉，谕曰：河南巡抚尹会一奏称，豫省自六月以后天雨过骤，又因上游之水漫及下

---

① 此处“秦安”，原作“泰安”，疑误。

游，以致被淹处所共计四十余州县，其间田禾房屋多遭水患，现在分别查赈办理等语。朕思豫省今岁麦收未称丰稔，今又罹此水灾，闾阎困苦，深轸朕怀。【略】河南巡抚尹会一奏，祥符等四十七州县被水，办赈乏人，仰恳皇上，敕部于候补候选知县中拣择二十员，迅发来豫，协办赈务。【略】壬戌，【略】长芦盐政安宁题报，山东海丰县归并长芦所属之阜财、海润、富民等场灶地二麦被旱情形。【略】乙丑，谕：今年伏汛水势甚大，甚于常时，高斌董率河员修防保护，悉合机宜，俾一切工程平稳宁谧，海口深通，甚属可嘉。【略】苏州巡抚张渠题报，泰州、镇江卫四月雹灾，睢宁卫四月旱灾，安东、铜山、丰县、沛县、萧县、砀山、邳州、徐州卫、海州、沭阳等十州县卫五六月内水灾，现在遵旨查明极贫之户，先行抚恤一月。【略】湖北巡抚崔纪题报，郧阳府属之房县入夏亢旸，冈陂旱地全未下种，请将该县地丁钱粮暂停催征，先将仓贮给赈。【略】己巳，【略】安徽巡抚孙国玺题报，宿州夏麦被雹情形。【略】庚午，【略】护山东巡抚布政使黄叔琳题报，历城、海丰、乐陵、蒲台、滨州、泗水等州县被灾外，结报迟延之利津、沾化二县二麦被旱，遵旨加恩。【略】辛未，【略】浙江巡抚卢焯题奏，金华府通判张在浚见地方歉收，不惜多金，运米二万三千石，计资八千四十七两零捐输。请照原衔从优议叙。【略】壬申，【略】命各督抚预筹积贮。谕：据河南巡抚尹会一奏称，今岁豫省地方六月以后阴雨连绵，房屋倾圮，粮价较前顿长，请将捐监事例照江南被灾州县减三收捐。向来豫民食用所需全资小麦，今麦价较谷价为贵。【略】豫省上年秋成颇丰，今年麦收亦好，不过以夏月被水偏灾，而民间即匮乏若此，则平日官民之漫无经理可知。【略】户部议覆，河南巡抚尹会一奏报，豫省六月十二、十三、十六等日雷雨交作，昼夜如注，山水骤发，平地水深三四五尺不等，田禾被淹，官署民房在在倒塌。请将开封府之祥符、陈留、杞县、通许、尉氏、洧川、鄢陵、中牟、阳武、封丘、兰阳、仪封、郑州、荥泽，归德府之鹿邑、虞城、睢州、考城、柘城，彰德府之汤阴、内黄，卫辉府之汲县、新乡、辉县、获嘉、淇县、延津、滑县、浚县，怀庆府之原武，南阳府之新野、裕州、叶县，汝宁府之西平，陈州府之淮宁、西华、商水、项城、沈丘、太康、扶沟，许州府之石梁、临颍、襄城、郾城、长葛、新郑等四十七州县，其房屋倒塌者动用公项，极贫一两，次贫五钱，以资修葺；糊口无资者，动常平仓谷，大口三斗，小口一斗五升，先赈一月，并令减价平粜，以资接济。【略】甲戌，【略】户部【略】又议覆，奉天府府尹吴应枚疏称，复州、宁海、锦县、宁远等四州县乾隆三年被灾分数，【略】于乾隆四年为始，将被灾五分、六分、七分者，分作二年带征；被灾八分、九分、十分者，分作三年带征。又称乾隆二年水灾案内，带征元年分民退地银米，缓至乾隆三年为始，分作三年带征在案。今除不被虫之户，照例按数带征外，请将被虫地亩，缓至乾隆四年为始，分作三年带征完报。又称乾隆三年带征乾隆元年民退地银米内，除不被虫地亩仍按三分之一征收外，请将被虫地亩递缓至乾隆四年、五年带征完报。又称乾隆二年水灾案内，蠲剩缓征该年民退地亩银粮，准于乾隆三年带征全完在案。今除不被虫之户照数征收外，请将被虫地亩统俟乾隆四年照数征收完报。又称锦县、宁远州退圈地亩，虽征黑豆，而种谷之处甚多，亦有被虫伤损者，业经题准，按分数蠲免。其蠲剩豆石，并乾隆二年水灾案内缓征豆石，仍应三年征收全完。【略】又称乾隆三年锦县、宁远出借籽种谷石，其未经被虫之户，已于三年秋收之后照数催取还仓，其被虫之户所借籽种谷石，请缓至乾隆四年为始，分作三年带征还仓，均应如所请行。从之。【略】是月，直隶总督孙嘉淦奏，各属久雨，尚无积水，惟开州之白岗庄等十一村，元城县之梅家口等四村，大名县之于家庄等七村，于六月十八、十九等日漳卫水发，俱有漫水经过，又沧州、青县、减河下游亦有漫溢之处，俱已委员确勘，加意抚恤。【略】直隶河道总督顾琮奏：本月十一日山水骤发，石景山汛内巳时涨水五尺，固安十里铺西时涨水三尺。【略】两江总督那苏图续报，下江之海州、邳州、沭阳、安东等州县黄水漫溢，上江之虹县、灵璧雨水过多，一面往赈，一面照例办理。至淮安、海州、凤阳、泗州、滁州等府州县飞蝗过境，现已扑除净尽，惟苇荡营地遗蝻可虑。现咨河臣饬河营将弁作速搜捕。得旨：所奏俱悉，至于蝗蝻实可以人力胜之，加意督催扑捕可也。江南河道总督高斌【略】又奏：伏汛水势盛涨，黄、运、湖、河普庆安澜，各工平稳情形。【略】江苏巡抚张渠奏报：安东、铜山、丰县、沛县、萧县、砀山、邳州、徐州、海州、沭阳十州县卫，阜宁、宝应、宿迁、淮安、大河五县卫于五六月间雨水过多，河湖水涨，田禾被淹；又江北沿海地方，及淮海之山、盐、安、阜、赣、沭等邑遍产蝗蝻，加意分别经理。得旨：所奏俱悉，淮徐之民屡经水旱之灾，尤宜加意抚恤者也。又奏：江以南地方雨少，尚藉车戽，江以北各属从前虽嫌雨多，六月望后渐已晴霁，情形实为丰稔。【略】河南巡抚尹会一奏，豫省歉收，谷价腾贵，生俊畏缩，捐监无人，请照江省之例减三收捐。【略】河南河北镇总兵官柏之蕃奏报，属汛被水情形。【略】护理山东巡抚布政使黄叔琳奏，菏泽等六州县卫被水发赈情形，【略】又奏河渠涨溢及通省秋禾情形。【略】川陕总督鄂弥达【略】又奏，川省田禾畅茂情形，并称睹此丰亨豫大之象，不禁踊跃欢忭。得旨：此即不识大体之一端。【略】云南巡抚张允随奏，各属丰收，惟省城于七月初雨后水发，冲决宝象河堤，田亩被淹，民房坍塌；又黑盐井雨后水发，冲塌石台民房，俱已饬属速办，不致失所。

《高宗实录》卷九七

八月【略】丙子，【略】工部等部议覆，直隶总督孙嘉淦疏称，易州泰宁镇、南北百全、下龙华三处旧营房内，被雨冲坍团瓢门楼墙垣，请动项兴修。【略】辛巳，【略】河南巡抚尹会一续报，商丘、宁陵、永城、夏邑、南阳、邓州、舞阳、汝宁、上蔡、遂平、禹州、伊阳等州县秋禾被水情形。【略】甲申，【略】谕军机大臣等，今年直隶地方收成丰稔，正当留意积蓄之时。【略】工部议覆，河南、山东河道总督白钟山奏，黄河南北两岸堤工为濒河郡县之保障，今岁五月至七月雨水连绵，河水涨发，堤工汕刷残缺，应急为修补。【略】戊子，护理山东巡抚布政使黄叔琳疏报：济南府属之历城、济南卫、章丘、邹平、长山、新城、齐东、齐河、禹城、长清、德州、德平、平原、德州卫等十三州县卫，泰安府属之泰安、肥城、东平、东阿、平阴等五州县，武定府属之惠民、青城、阳信、海丰、商河、滨州、利津、沾化、蒲台等九州县，兖州府属之滋阳、鱼台、济宁、嘉祥、汶上、阳谷、寿张、济宁卫、东平所等九州县卫所，曹州府属之菏泽、曹县、定陶、巨野、单县、城武、郓城、濮州、范县、观城、朝城等十一州县，东昌府属之聊城、堂邑、清平、馆陶、冠县、临清、邱县、高唐、恩县、夏津、博平、茌平、莘县、武城、东昌卫、临清卫等十六县卫，青州府属之博兴、高苑、乐安等三县，统计六十六州县卫所秋禾被水，请将应征新旧钱粮缓至来年麦熟后分年带征。下部议行。

《高宗实录》卷九八

八月【略】壬辰，【略】复命江南、河南大吏合筹蓄泄事宜。谕：今年六月间，豫省地方大雨如注，川泽交盈，分泄不及，以致开封等属被水州县甚多，小民困苦，朕心深为轸念。【略】两江总督那苏图奏江南捐监一案。先经署苏抚许容以江、常、镇、淮、扬五府，海、通二州岁歉谷贵，奏请照原捐款减三收捐，苏、松、常三府被灾甚轻，并未被灾之处仍照原议行，经部覆准。嗣因苏、松、常三府粮价昂贵，报捐无人，布政司孔传焕详请，并准减三。臣一面批司，一面咨部，经户部以事关奏定成案，不便准减。臣复于五月内，于上年未被灾各属米价均未平贱，将来或需动拨，仓贮宜先充裕，奏恳将上、下两江各州县毋论上年被灾与否，均准暂行减三收捐，又经部驳。兹据苏州布政使徐士林详称，自奉批一体减收之后，徐州府属报生俊一百三十八名，计捐谷粟二万一千三百七十一石；苏州府属报生俊四十一名，捐米二千三百六十八石、谷二千三百一十石；松江府属报生俊一名，嗣因部覆不准，即行停止。臣查苏、松、徐三府虽不在原议减三之内，但究属灾区，自咨部后，报捐者已有成数，既未便将入仓米谷复令运回，又未便照原数令其补捐，且徐属现又被水，急需米谷，可否将徐州府属俯准减三收捐，统俟八月底，与江、常各属概行停止。其苏、松二府亦准其填截仓收，汇册季报，既准部覆以后，仍照原议办理。得旨：著照所请，行该部知道。【略】丙申，谕军机大臣等，前因七月间雨水稍多，恐畿辅地方尚须米石，是以谕令孙嘉淦发价收买旗丁余米，以备接济。随据孙嘉淦以旗丁余米所卖甚属无多，具折回奏。朕看今秋直隶各属收成丰稔，不须他处米粮接济，其收买旗丁余米之举，即行停止。【略】护理山东巡抚布政使黄叔琳疏报，单县、菏泽、曹县、金乡、济宁、临清卫等六州县卫黄水漫溢，淹没秋禾，其勘明成灾地一万四百三十顷九十七亩七厘七毫，并冲坍房屋，无力修葺。照例分别赈给，极贫者先赈一月，加赈四月，次贫者加赈三月；查明缺乏籽种，照例按户借给。下部速议。【略】癸卯，【略】禁刁民敛钱告赈、传单胁官恶习。谕曰：【略】外省官员多言，屡赈之后，民情渐骄。即如今年江南地方初夏未雨，即纷纷具呈告赈，是不以赈为拯灾恤困之举，而以赈为博施济众之事矣。更有一种刁民，非农非商，游手坐食，境内少有水旱，辄倡先号召，指称报灾费用，挨户敛钱，乡愚希图领赈蠲赋，听其指挥，是愚民之脂膏已饱奸民之囊橐矣。迨州县踏勘成灾，若辈又复串通乡保胥役，捏造诡名，多开户口，是国家之仓储，又饱刁民之欲壑矣。迨勘不成灾，或成灾而分别应赈、不应赈，若辈不能遂其所欲，则又布贴传单，纠合乡众，拥塞街市，喧嚷公堂，甚且凌辱官长，目无法纪。以致懦弱之有司，隐忍曲从，而长吏之权竟操于刁民之手。刁民既得滥邀，则贫民转至遗漏，是不但无益于国，并大有害于民。言念及此，殊可痛恨。再者，荒岁冬春之际，常有一班奸棍，召呼灾民，择本地饶裕之家，声言借粮，百端迫胁，苟不如愿，辄肆抢夺。迨报官差缉，累月经年，尘案莫结。在刁猾之徒尚可支撑苟活，而被诱之愚民，多至身命不保，是灾民不死于天时之水旱，而死于刁民之煽惑者，又往往然也。今年下江淮北一带，及上江凤、颍等处多被水患，河南水灾转甚，山东、直隶亦有被水之州县，著该省督抚董率有司，将朕谕旨通行诰诫，如有犯者，决不姑贷。【略】是月，【略】河南巡抚尹会一奏，前奉谕旨，令会同湖广督抚酌运楚米济用，豫省常平仓谷尚足敷用，其未被水之五十属，收成颇好，尚可接济。　《高宗实录》卷九九

九月【略】丙午，【略】谕：江南淮安、扬州、徐州、海州等属上年被灾独重，今年又复被水歉收，朕已谕令该督抚加意抚恤。【略】丁未，【略】户部覆议，署福建巡抚布政使王士任疏称，台湾府台、凤二县地处海外，民间少种早禾，亦鲜栽二麦，乾隆三年被旱偏灾，本年钱粮照例缓征外，所有未完雍正十三年、乾隆元年、二年旧欠粟石官庄银两，因时届麦秋，设法劝谕，查无完纳，应一并缓至乾隆四年十月收成后一体带征。与例不符，应毋庸议。特旨，如该督抚所请行。【略】戊申，河南巡抚尹会一汇报，秋禾被水尤重之祥符、陈留、鄢陵、淮宁、西华、扶沟、郾城等七县加赈五个月，其次则杞县、通许、尉氏、洧川、中牟、阳武、封丘、虞城、考城、柘城、汲县、延津、浚县、原武、沈丘、太康、临颍、石梁、长葛、新郑等二十县加赈四个月，又其次则兰阳、仪封、郑州、荥泽、鹿邑、睢州、汤阴、内黄、新乡、辉县、获嘉、滑县、叶县、西平、商水、项城、襄城等十七州县加赈三个月。【略】甲寅，谕：今年伏汛，江南黄河水势盛涨，倍于往时，仰赖河神默佑，堤工巩固，普庆安澜。豫省夏月雨水过多，沿河各工甚属危险，虽东省小有决口，旋即堵筑完竣。具征河神护佑之功。【略】己未，谕：朕此次谒陵，所经由地方见民间收获甚为丰稔，直隶通省大概皆然，朕怀深以为慰。　《高宗实录》卷一〇〇

九月庚申，【略】户部议覆，护理山东巡抚布政使黄叔琳续报，临邑、陵县、滕县、兰山、郯城、日照、金乡等秋禾被水，应如所题，照历城等六十六州县之例，加意抚恤，分别赈济。【略】辛酉，【略】谕：据江苏巡抚张渠奏称，【略】扬州上年被旱，本年甘泉、高邮、宝应三州县沿河低乡田地又被水淹，一切查灾办赈，该府往来督察，拮据不遑。【略】癸亥，【略】谕：江南地方连年水旱，今岁情形虽较胜于去年，而下江之淮安、徐州、海州等属，上江之凤阳、颍州、泗州等属仍因雨水过多，均有积潦为灾之处，朕心深为轸念。【略】户部议覆，甘肃巡抚元展成疏报，张掖县属之东乐堡七月初九日大雨，山水陡发，请将被冲无存房屋每间给银一两，泡坍墙壁房屋给银一钱，被淹田禾每亩给粮一斗赈济。【略】又议覆，河南巡抚尹会一续报商丘等十二州县，并两次被水之新野县秋禾被水情形，应如所题。除勘不成灾之遂平、禹州、伊阳外，将被水较重之商丘、宁陵、永城、夏邑、南阳、新野等六县，准其加赈四个月，被水稍轻之邓州、舞阳、汝阳、上蔡等四州县准其加赈三个月。【略】山西巡抚觉罗石麟题报，榆次县之杨梁等一百一十五村、徐沟县之集义等一十八村、祁县之郑家庄等三十一

村秋禾被旱，请将极贫赈济六个月，次贫赈五个月，又次贫赈三个月。【略】己巳，户部议覆，浙江巡抚卢焯题报，处州府属之丽水，金华府属之金华、永康等三县，被旱、被虫，请按亩给赈。【略】庚午，【略】又谕，甘省之秦安等十五州县俱有被水、被雹之处，朕已格外加恩。【略】又谕：据鄂弥达、元展成奏称，西宁府属之碾伯县，宁夏府属之灵州、中卫县续有被水、被雹之处。又，碾伯、平番、西宁三县，【略】今查各该县夏收，除被灾处所，其余俱有七八分收成，但上年已经被雹、被虫，收成仅在五分以上。【略】朕因秦安等十五州县俱有水雹偏灾，业经降旨，特加优恤，将本年应征银粮草束分别蠲免。今碾伯、灵州、中卫亦有被灾之处，而碾伯上年已属歉收，灵州、中卫又当宁夏灾伤之后，著将此三州县应征银粮草束，与秦安等州县一体加恩，分别宽免。【略】是月，【略】两江总督那苏图奏请特降谕旨，蠲免徐、凤等府州所属内之被水州县本年应征漕粮。【略】又奏：江省入秋以来，各属得雨沾足，除淮、海、徐、凤、颍、泗所属被水成灾外，收成约七八九十分不等，并将现在米粮价值开单进呈。得旨：【略】但秋成之后，而米豆之价反增，其故何耶。江南河道总督高斌奏：九月初五日，黄水已落五尺九寸，湖水已落三尺九寸，查旧年此际，水势方涨，今初界寒露，水落迅速。【略】又奏，江南徐州府属被水歉收，办理秸料可否照河南秸料每束官价九厘，加银五厘之例。【略】闽浙总督郝玉麟【略】又会同署理福建巡抚布政使王士任奏：闽省各属丰收，粮价平减，实为近年罕觏，惟霞浦县下塘、宁德县南埕地方歉收，应加抚恤。至各属上年平粜谷石，现饬上紧买补。【略】湖南巡抚冯光裕奏：楚南各属丰收，而米价不能平者，皆由奸牙囤积之故，现在严行禁止。【略】河南巡抚尹会一奏：新乡县属顾固寨被水本轻，地方失于呈报，未入赈册，该处民人赴府具控，经府批查补赈。该县时正因地方张尧并未查报，责十五板，乃同为地方之张为栋等，捏称张尧被县打死，乘该县赴省，哄诱乡民入城，将城门关闭，声言不许知县入城。经知府、参将星赴，唤开城门，方始逃窜。得旨：此等刁民，正宜严处，以警其余者也。　　　　《高宗实录》卷一〇一

十月【略】庚辰，【略】谕：朕因上年江苏被旱歉收，将乾隆二年江、常、镇、淮、扬、徐、海七府州属被水，题明缓征停征银米等项降旨豁免，今年淮、扬、徐、海等属又复被水歉收，已谕该督抚加意抚恤。【略】近闻海州、安东、萧、砀四州县连年被水，在淮、徐等府内又属被灾独重之区，朕心深为轸念。著将此四州县所有雍正十三年、乾隆元年未完地漕等项悉行蠲免。【略】壬午，【略】户部议准，安徽巡抚孙国玺疏称，潜山、合肥、巢县、凤阳等四县原额应征田粮并报垦升科之后，被水冲没田地共七十顷七亩零，淤没坍塌，均不能再垦复业，未便仍令赔粮，应如所请。【略】癸未，【略】陕西巡抚张楷奏：陕省今岁丰收，谷价甚贱，请动司库银二十万两，乘时采买。【略】乙酉，【略】户部议覆，护理山东巡抚布政使黄叔琳疏称，历城、章丘、邹平、长山、新城、齐东、齐河、禹城、长清、德州、德平、平原、德州卫、泰安、肥城、东平、东阿、平阴、惠民、青城、阳信、海丰、商河、滨州、利津、沾化、蒲台、滋阳、鱼台、济宁、嘉祥、汶上、阳谷、寿张、济宁卫、东平所、菏泽、曹县、定陶、巨野、单县、城武、郓城、濮州、范县、观城、朝城、聊城、堂邑、清平、馆陶、冠县、临清、邱县、高唐、恩县、夏津、博平、茌平、莘县、武城、东昌卫、临清卫、博兴、高苑、乐安六十六州县卫所，秋禾被水成灾，查明冲塌房屋，分别极、次贫户，给银修葺并赈给口粮，借给籽种银两等语，应如所请。得旨：依议速行。【略】丁亥，户部议覆，陕西巡抚张楷疏称，兴平、醴泉、富平、咸阳、乾州、永寿、扶风、郿县、凤翔、岐山、汧阳、蒲城十二州县，又白水、中部、宜君、邠州四州县被雹灾地，应免地丁并粮折等银五千二十九两零，耗银并粮折耗银七百五十二两零，本色粮五百九十八石零，均应如所请豁免。从之。【略】戊子，除奉天赴天津米船海禁。谕：乾隆三年直隶地方歉收，米价昂贵，朕降旨，准商贾等将奉天米石由海洋贩运，畿辅米价得以渐减。今年四月间，以弛禁一年之期将满，而直隶尚在需米之际，天津等处价值未平，又降旨宽限一年，民颇称便。朕思奉天乃根本之地，积贮盖藏固属紧要，若彼地谷米有余，听商贾海运以接济京畿，亦裒多益寡之道，于民食甚有裨益。嗣后，奉天海洋运米赴天津等处之商

船，听其流通，不必禁止。若遇奉天收成平常，米粮不足之年，该将军奏闻请旨，再申禁约。

《高宗实录》卷一〇二

十月【略】辛卯，户部议覆，江苏巡抚张渠疏称，安东、泰州、丰县、沛县、海州、沭阳六州县并徐州卫被水、被雹等灾，应征起存地丁等银五万九千三百九十七两零，请豁免。【略】又议覆，护山东巡抚布政使黄叔琳疏称，历城、海丰、尔陵、蒲台、滨州、利津、沾化、泗水八州县二麦被旱成灾，应免起存地丁银六千七百九十二两零，应所请。从之。【略】丁酉，谕户部，据直隶提督永常奏称，今岁口外收成较之往岁倍为丰稔，八沟等处民间杂粮甚多，艰于出粜，一切纳粮办公，及御冬卒岁之资苦于无措。似应乘此粮多价贱之时，令地方官在八沟等处按市价给发官银，采买杂粮数万石，分贮口外各仓，以备丰歉不时。【略】今岁直隶州县年谷顺成，而口外尤称丰稔，实可庆幸。【略】是月，【略】署广东巡抚山西布政使王謩奏，晚稻丰收，地方宁谧，现在董率有司，劝民加谨盖藏。

《高宗实录》卷一〇三

十一月【略】辛未，【略】又谕，今年江南淮、徐、海等属夏秋被水偏灾，因值连岁歉收，民力艰窘，已谕令该督抚于秋冬之间加意赈济，以济穷困。【略】其被灾重者，如安东、邳州、铜山、沛县、丰县、砀山、萧县、海州、沭阳等九州县，著将极贫之民加赈四个月，次贫之民加赈两个月，又次贫民加赈一个月。其被灾稍轻者，如宿迁、睢宁、桃源、清河、赣榆、阜宁六县，著将极贫之民加赈两个月，次贫之民加赈一个月。【略】壬申，【略】谕：宁夏供支满兵粮草，【略】今闻该地方自上年被灾之后，新、宝二县田地被水淹没，不能耕种，已少产米粮数十万石，目下粮草之价日渐昂贵，所定官价不敷采办。【略】是月，直隶总督孙嘉淦奏：直属捕蝗贫民枵腹可悯，酌以米易蝻，凡捕蝻子一斗者，给米一斗，后因蝻小蝗大，概用米易，难行。量给每夫每日钱十文、八文不等，共用过折银九千五百三十两零，查捕蝗给过钱米，例销正项，但扑捕事急，用夫众多，一经定价，动支正面，恐愚民视为应得，渐至争较，专生延误，请于司库存公银拨给。并晓谕百姓，以此次钱米，系奉特恩，并非成例，庶有司得操鼓舞，小民不致观望，且所费亦不致过多，蝗蝻易于净尽。得旨：办理甚属妥协，知道了。【略】川陕总督鄂弥达等奏：宁夏府属新渠、宝丰二县前因地震水涌，县治沉没，请裁。其可耕之田，将汉渠尾就近展长，以资灌溉。【略】贵州古州镇总兵韩勋奏：军苗田亩早晚稻丰收，向来新疆地方，小麦、高粱、小米、黄豆、脂麻、莜麦等种素不出产，自安设屯军之后，地方文武设法劝种杂粮，今岁俱有收获。乘此农隙，操练技艺之外，山坡荒地督令开挖，并令于堡内及山上空地多栽茶、桐、蜡、桕等树。再，苗疆向无市厘，近令兴立场市，各寨苗民商贩俱按期交易称便。

《高宗实录》卷一〇五

十二月癸酉朔，【略】免山东金乡、济宁、菏泽[1]、单、曹、临清卫六州县卫本年水灾地粮银六千七百三十五两有奇。甲戌，谕：今岁河南被水颇重，江南亦有歉收之州县，闻豫省及上江民人贫苦乏食，转徙道路，有前往九江口，而官吏禁止不许渡涉者。此虽得之传闻，未必不确，著河南、安徽巡抚悉心体察，安辑抚绥，毋使流移失所。【略】丙子，户部议覆，浙江巡抚卢焯疏称，安吉、乌程、长兴、孝丰四州县上年被旱、被虫成灾，应免漕粮并改漕正耗米二千五百五十一石零，又米一百三十三石零，漕项漕截等银一千五百十二两零，又该年带征漕项七百三十七两零，随同地丁题请按分蠲免。【略】免河南罗山县本年旱灾地丁银七百六十三两有奇。【略】庚辰，谕：陕西榆林一带地土寒薄，居民贫乏，【略】朕思今年西安等处虽属有秋，而榆林等十一州县未见丰稔。【略】辛巳，【略】驻防哈密赤靖等处陕西固原提督李绳武奏报：甘、凉、西、肃、西安五镇营官兵在蔡巴什湖等屯种夏秋田一万亩，本年收获小麦三千八百六十石零，糜子一千八百八十三石零，谷三千五百一十石零。报

① 菏泽，原文写作“荷泽”。

闻。【略】癸未,【略】免河南祥符、陈留、杞县、通许、尉氏、洧川、鄢陵、中牟、阳武、封丘、兰阳、仪封、郑州、荥阳、鹿邑、虞城、睢州、考城、柘城、汤阴、内黄、汲县、新乡、辉县、获嘉、延津、滑县、浚县、原武、叶县、西平、淮宁、西华、商水、项城、沈丘、太康、扶沟、石梁、临颍、襄城、郾城、长葛、新郑等四十四州县本年水灾地丁银三十二万九千四百七十三两有奇,漕米三万一千三百八十石有奇,漕项银一万二千九百两有奇。

《高宗实录》卷一〇六

十二月【略】庚寅,【略】免河南商丘、宁陵、永城、夏邑、南阳、邓州、新野、舞阳、汝阳、上蔡等十州县本年水灾地丁银三万四千六百四十四两有奇,米一千五百十八石有奇,漕项银一千四十五两有奇。【略】丁酉,【略】工科给事中朱凤英奏:本年河南之南、汝,江南之凤、泗,山东之济、曹,直隶之河间等处旱涝不齐,收成歉薄,已蒙多方轸恤,咸庆乐生。近闻有等奸匪,混迹游民,偷窃抢夺,村舍骚然。【略】是月,【略】河南布政使朱定元奏:本年豫省水灾,隆冬加赈,现在催督各属。【略】河南按察使沈起元奏:本年拿获新旧盗案七十余起。

《高宗实录》卷一〇七

## 1740年 庚申 清高宗乾隆五年

正月【略】丁未,【略】又谕:上年两江地方均有被灾歉收之州县,其江苏所属如安东、邳州、宿迁、睢宁等处,除秋冬散赈安插外,又分别轻重,加赈四个月、两个月、一个月不等。【略】其安徽所属宿州、灵璧、虹县、泗州、阜阳、颍上、亳州、蒙城等八州县被灾较重,已经护抚印布政使晏斯盛题请,将极贫、次贫二等饥民于正赈之外,加赈三月一个月。【略】朕又闻庐江、凤阳、怀远、临淮、盱眙、五河、太和七县,及凤阳、泗州、长淮三卫,虽被灾稍轻,但值连岁歉收之后,民食未免艰窘,今当青黄不接之时,应将极贫、次贫之民加赈三月一个月,以资其力作。又闻宣城、铜陵、巢县、凤台、含山五县,宣州一卫,虽勘不成灾,而收成亦薄;怀宁、桐城二县均有被旱缺米之村庄,俱在朕心轸念之中。【略】壬子,【略】山西巡抚觉罗石麟遵旨详议,给事中朱凤英条奏山西太原、汾州二府属粮价昂贵,请就陕通商协济。查【略】太、汾二府舟楫难通,陆运多山,每米一石,需脚价银一两二三钱不等。【略】通商之议,似可无庸举行。现在太、汾二府粮价较往年时价所增无几,且上年省北大、朔等府州暨口外地方俱获丰收,客商赴太、汾二府贸易者源源不绝,米粮日见充盈。况太、汾二府属所存仓谷尚多。

《高宗实录》卷一〇八

正月,【略】是月,【略】安徽巡抚陈大受【略】又奏,安省凤阳府属之宿州上年被灾最重,【略】再查上江之安、宁、池、太等处丰歉不同,必须委官平粜接济。其怀宁、桐城之最歉薄者,现令分厂煮粥派员赈散。至已报勘不成灾之宣城、铜陵等处,亦饬令地方官分厂监粜。【略】河南巡抚雅尔图【略】又奏:【略】上年豫省麦收丰稔,至六七月雨水稍多,贫民即有菜色。岂甫隔两月所收之麦,即已食尽无遗,皆由蹦曲耗废之故。

《高宗实录》卷一〇九

二月【略】丙子,谕军机大臣等,朕闻得近来山东一路往来行旅之人,多有被饥民抢窃行囊货物者。【略】壬午,【略】安庆巡抚陈大受奏:各属仓储甚为空乏,查平粜价银,向例秋成即应买补,但粜贱籴贵,州县虑及赔累,每多挨延,竟有平粜数年,尚未买足者。【略】癸未,免山东章丘、邹平、长山、新城、齐东、齐河、德州、德平、平原、德州卫、泰安、东平州、东阿、平阴、惠民、青城、阳信、海丰、商河、滨州、利津、沾化、蒲台、鱼台、济宁、嘉祥、汶上、阳谷、寿张、济宁卫、东平所、菏泽、单县、城武、曹县、定陶、巨野、郓城、濮州、范县、观城、朝城、聊城、堂邑、博平、茌平、清平、莘县、冠县、临清、馆陶、高唐、恩县、夏津、武城、东昌卫、临清卫、博兴、高苑、乐安等六十州县卫乾隆四年分水灾额赋银一十三万九千七百七十三两有奇。

《高宗实录》卷一一〇

二月【略】己丑,【略】免湖北襄阳县卫乾隆四年分水灾额赋有差。【略】壬辰,【略】免安庆、宿州

乾隆四年分雹灾额赋十之七。免山东滕县、金乡、兰山、郯城、日照等五县乾隆四年分水灾额赋有差。【略】辛丑,【略】免湖北汉阳、黄陂、孝感、黄州等四县卫乾隆四年分旱灾额赋有差。是月,直隶总督孙嘉淦奏:直隶通省田中积水,以及河渠堤埝应疏浚修筑者共计五百二十三处。【略】江南提督南天祥奏:江北一带每年捕蝗各兵役,应按照名数,每名每日酌赏饭食银三分,于存公耗羡内支拨。得旨:此事待朕缓酌之。

《高宗实录》卷一一一

三月【略】壬子,【略】免直隶雄县所属龙华等八村庄乾隆三年分水灾额赋有差。

《高宗实录》卷一一二

三月【略】己未,【略】谕:浙江湖州府属之归安、乌程二县于乾隆三年曾被雹灾,朕已加恩,分别蠲免,带征改折,以示优恤。惟有漕粮并改征正耗灰石行月食米共七千九百三石五升零,漕项漕截等银四千一百八十九两六钱零,定例不在蠲免之内。朕思乾隆三年归安、乌程二县被灾颇重,收成歉薄,四年虽称丰稔,而民间元气一时未复,【略】著将此二县乾隆三年分被雹田亩之漕项银米分作五、六、七三年带征。【略】甲子,免山东沾化县并永利、富国、永阜、黄家冈四场乾隆四年分水灾额赋有差。乙丑,【略】免浙江丽水、永康两县乾隆四年分旱灾额赋有差。免山西榆次、祁县、徐沟等三县乾隆四年分旱灾额赋有差。【略】是月,直隶总督孙嘉淦奏报:直属于三月初八、初九等日,臣驻扎地方续得膏雨,连绵彻夜。【略】又奏报:三月十二日,臣驻扎地方又获细雨兼雪,并各属详报得雨得雪自二寸至五六寸不等。【略】署理福建巡抚布政使王士任奏:闽省上年丰收,各属采买入仓谷二十万四千石,连去冬共买补谷五十五万四千石,俱实贮在仓,可以有备无患。【略】河南巡抚雅尔图【略】又奏,蝗蝻之患,惟于淹延卵育之际,搜掘遗种,庶几消弭未然,方为事半功倍,然非众力不能集事。查州县赈务告竣之时,有报出余谷一项,通计不下四五千石,请即将此项余谷,为预搜蝻子之费,每蝻子一升,给谷一升,人心自能踊跃。得旨:此见亦属可行,试好为之。

《高宗实录》卷一一三

四月【略】壬申,【略】户部【略】又议准江苏巡抚张渠疏称,镇江府属丹阳县之下练湖,因乾隆三年天时亢旱,湖水干涸,并无鱼草出息,所有应缴价银并请豁免。【略】壬午,免长芦所属兴国、富国、丰财、严镇等四场,及沧州、庆云、衡水、南皮、青县、海丰等六州县乾隆四年分水灾额赋有差。【略】甲申,谕:乾隆二年秋间,福建所属闽县、侯官等二十一厅县偶被偏灾,除加恩赈恤外,曾借给百姓谷二万六千二百余石,年来陆续交官,尚未完谷九千余石,该地方官现在催追。朕思以三年前未清之项,责令一年完纳,小民未免艰难。著将此项借谷,分年带征。【略】乙酉,谕:据福建署布政使乔学尹奏称,有山东兰山县饥民二起,到闽觅食,又有江南海州饥民到闽觅食,俱已捐给口粮,资助路费,送其回籍等语。【略】免两淮泰州所属庙湾场,淮安所属板浦、中正、莞渎、临兴等四场乾隆四年分水灾额赋有差。

《高宗实录》卷一一四

四月【略】戊子,谕:淮安滨海地方上年遭值水灾,【略】今访闻得淮安分司所属之板浦、中正、莞渎、临兴等场,泰州分司所属之庙湾场,及附近之安东、海州、赣榆、沭阳等州县,去年被灾最重,直至秋间积潦尚未消退,以致春麦不能播种,小民谋生无策,当此青黄不接之际,并无二麦登场,饔飧不给,虽现在将盐义仓米石拨发平粜,而小民无力籴买,仍不免于饥馁,朕心深为轸念。应将各处被灾之民,再照上年散赈之例,给赈一次。【略】己丑,【略】谕:上年豫省所属地方雨水过多,泛溢为害,其被水成灾之祥符等州县,及被水未成灾之淇县等州县,原有乾隆元、二、三、四等年民欠未完常平社仓等谷三十一万七千余石,又加乾隆四年种麦时借给农民籽种银一万二千三百余两,又借给易麦播种常平社谷二万七千四百余石,均应于本年麦熟时征收还项。朕思该省上年秋收歉薄,【略】民力未免艰难,【略】统令分作三年带征。【略】免陕西葭州、怀远二州县乾隆四年分旱灾额赋有差。【略】甲午,【略】谕:今年春间雨泽尚属调匀,自四月以来渐觉愆期,昨虽得微雨,仍未沾足,若再迟至旬日之后，便成旱象。【略】朕御极五年以来，畿辅之地雨旸不能自若，上年秋成稍觉丰稔，今岁春初频得时雨，朕心方为庆慰，不意目下又有旱象。【略】乙未，谕：朕因近日少雨，命礼部虔诚祈祷，今礼部奏称，尚未设坛，即日时雨滂沱，【略】今四野既已沾足，应请停止设坛祈祷。【略】是月，直隶总督孙嘉淦奏缴硃批。得旨：迩来风霾屡作，密云不雨，诚恐又有旱象。【略】又，奏报得雨情形。得旨：朕心正在望泽，蒙上天赐此时雨，二麦实可望矣，但尚欠沾足。【略】巡视天津漕务刑科给事中罗凤彩奏：直隶地方积水为患，请敕督臣、河臣相其缓急轻重，分别先后办理，以期无妨田苗。【略】吏部尚书署江南总督郝玉麟【略】又奏报江苏、安徽、江西三省麦收情形，及苏省上年被水之海州等五州县贫民乏食，或劝绅衿捐输，或动库项开厂煮赈，以资接济。并安省之滁州等四州县，苏省之海州间生蝻子，均经即时扑灭。安省之亳州等处、苏省之溧阳等处，江西南昌等处，间被雨雹，亦经飞饬确勘。得旨：览奏，俱悉。向来捕蝗每多推诿，卿其力行之。【略】河南巡抚雅尔图【略】又奏报，豫省自上年大加赈济后，仓廪空虚，今二麦指日丰收，复经申严曲禁，麦石别无销耗，拨发司库正项银二十余万两，分别采购，以实仓储。《高宗实录》卷一一五

五月【略】癸卯，【略】户部议准直隶总督孙嘉淦疏报，霸州等五十七州县厅上年雹灾，共地七万六百四十六顷五十二亩有奇，按照亩数，应蠲免银四万三千一百十八两有奇、米七百三石有奇、谷一千一百十八石有奇、豆一百三十六石有奇、粮二百四十六石有奇。《高宗实录》卷一一六

五月【略】丙辰，【略】谕刑部，现今雨泽愆期，【略】因思清理刑狱，亦感召天和之一端。【略】丁巳，谕大学士等，入夏以来，近京一带雨泽虽降，尚未沾足，朕心甚切焦劳，现在虔诚祈祷。闻得山东郯城至蒙阴几及千里，俱成赤地，此语虽未必实，若果如此，则是上年被灾之处。【略】寻据硕色奏覆，蒙阴收成分数业经报到，确查二县各乡麦收，七分至九分不等，是两邑麦收现有八九分，而时雨迭降，秋禾遍野。赤地千里之语，毫无确据。至登、莱等处，必俟六月始能成熟，当此将熟未收之时，各属屡报冰雹，近又有蝻子萌动，现饬随时扑灭。得旨：所奏俱悉，稍慰朕怀，至蝗蝻一事，须竭力捕治，毋使滋蔓为害也。【略】戊午，【略】谕军机大臣等，畿辅地方虽陆续奏报得雨，但恐多寡不同，麦收分数不一。河南今年麦收大稔，彼地与畿辅接壤，舟楫可通。【略】户部议准河南巡抚雅尔图奏称，豫省上年被灾州县蠲剩钱粮，今届麦熟，自应各按被灾分数，照例分别两年、三年带征完纳。【略】是月，直隶总督孙嘉淦奏报连日得雨。得旨：京师左近亦有得雨沾足者，亦有不能透润者，朕实焦心劳思。【略】又，奏报各属得雨沾足情形。【略】江苏巡抚张渠【略】又奏：淮、徐、海三府州上年被灾，今岁夏收丰稔，饬属教民勤俭守分，以裨生计。【略】安徽巡抚陈大受奏报雨泽沾足，米价平减。【略】湖南巡抚冯光裕奏报，二麦丰收，秋禾遍插，惟是通省米粮市价因外贩搬运络绎，未能平减。现令各属发仓，照例减粜，以平市价。但近准闽浙督抚以杭、嘉、湖三府需米备粜，委员赴衡、湘一带采买。窃思湖南省现在市价不平，若再加浙省采买，势必愈贵。再三斟酌，查上年奏准采买贮谷五十万石，原议备邻省之用，似可于此项内拨给浙省，则楚民获免贵食之虞，而浙员亦可得谷早回矣。【略】河南巡抚雅尔图【略】又奏报豫省二麦丰收，实有九分情形。【略】山东巡抚硕色奏：闻上年兰山、郯城二县连岁歉收，流移湖广等处贫民甚夥，随即饬令该县各差妥役赴楚招徕，于四月初三至二十等日，共接到流民计大小二千二百八十二名口，除各回旧业无庸接济外，已饬该县借动社谷，酌给口粮，庶无业贫民不致失所。【略】又奏各属呈报被雹情形。【略】署广东巡抚王謩奏：各属呈报山潦涨发，城垣房屋所在塌坏，田禾亦有损伤。《高宗实录》卷一一七

六月【略】癸酉，朕前于五月间闻得山东地方自郯城至蒙阴俱成赤地，【略】随据硕色奏称，【略】现今时雨迭降，秋禾遍野，益证赤地千里之说毫无确据等语。朕览硕色所奏，稍慰廑念之切。今据左都御史陈世倌奏称，山东沂州府一带数百里，上年先旱后水，冬间二麦并未播种，流民散至湖广、江西者将及万人。湖广送回饥民，经过江宁、扬州，竟有抢夺之事。及回到山东，巡抚硕色并不闻

加以赈恤，且因上年开报收成六分，本年尚在征比钱粮等语。陈世倌此奏，与硕色前奏迥然不同，【略】惟有特差大臣等前往查勘。【略】戊寅，【略】谕大学士等，朕闻山东之曹、单二县，安徽亳、颍等州，江苏之萧、砀等处，所生蝻子甚多。查阅三省巡抚奏折，张渠曾奏徐州卫等处蝻子发生，已极力搜捕，务使净尽。至亳、颍等州蝻子萌生之处，陈大受则未曾奏闻。硕色奏称，地方近有蝻子萌动，现在督捕，并未言及何州县，且系五月之奏，不知近日情形如何。可传旨询问陈大受、硕色，令其一面查奏，一面即行料理，毋致怠忽。

《高宗实录》卷一一八

六月【略】癸巳，【略】户部议准，甘肃巡抚元展成疏报，秦州属之罗峪河，及北关菜园并河滩上下地方，于本月二十七日山水陡发，冲毙男妇四十九名口，倒塌房屋六十九间，桥梁五道，淹泡未倒房屋一百二十五间，并有损伤田禾处，应请照例抚恤。【略】是月，直隶总督孙嘉淦奏报连日得雨沾足。【略】江苏巡抚张渠奏：山阳、宿迁有一二区地方，陡遇大风，吹倒房屋，压毙人口多名，并二麦多有损伤，俱已确查，散给银米赈恤。再，邳州境内，山水淹没麦禾，随委员带银飞往抚恤。【略】河南巡抚雅尔图奏报二麦丰收、秋禾长发情形。【略】山西巡抚觉罗石麟奏报：晋省各属得雨普沾，惟太原、汾州二府属未得深透，现在竭诚祈请。【略】署四川巡抚布政使方显【略】又奏：成都米价稍昂，请照存七粜三之例，将仓米发厂，减价粜卖。

《高宗实录》卷一一九

闰六月【略】甲辰，【略】缓征陕西延安府属安定、延川二县乾隆四年分水灾额赋。【略】戊申，户部议覆，查蓬莱等十六州县票课，【略】今春雨泽普被，二麦秋成有望，将来票盐不敷民食，再请余票一万张。【略】己酉，谕大学士等，据石麟奏称，汾州府属五州县从前少雨，今于六月二十六七八等日均得透雨；又称汾州属二麦俱有七分收成，乃所开米价单内，汾州米麦价值较前增贵。夫六月始得透雨，已在麦收之后，何以二麦尚有七分收成，既有七分，何以米麦价值比未收之前更贵。石麟所奏，殊属矛盾，可传旨询问之。

《高宗实录》卷一二〇

闰六月【略】戊辰，户部议覆，甘肃巡抚元展成疏报，凉州府之永昌县属，入夏以来雨水稀少，渠水微细，田禾大半枯槁。又，平番县之松山堡等处坐落口外，地本瘠薄，又值亢旱，被灾六分至九分不等；又巩昌府之会宁县属亦因被旱，收成约计三分有余，实属成灾等语。【略】是月，【略】浙江巡抚卢焯奏报：各属时雨沾足，田禾滋长，惟兰溪县之黄溢地方堤岸坍塌，洼地被淹；诸暨县之茅诸埠暴水冲塌民房，压毙男女七口；又查台州滨海民居，大雨后继以飓风，坍损房屋，压毙老幼九口。当即酌量公项，委员协同地方官确查抚恤。至杭、嘉、湖三府，二蚕收成九分至十分不等，现在米价平减。【略】河南巡抚雅尔图奏，豫省上年被灾，大加赈济。【略】又奏报麦秋丰稔，晚禾畅茂，可得两熟情形。【略】河南南阳总兵官韩应魁奏，二麦丰收，秋禾畅茂，现在归、襄、陈三营报有土蝻生发，兼有飞蝗入境，已飞饬上紧扑灭。得旨：颇有人称蝗虫皆自河南飞起者，汝等宜竭力督捕，务使净尽，不遗余孽，将此旨并令雅尔图知之。署四川巡抚事布政使方显奏报，各属雨水沾足，田禾成熟，惟沿河一带低洼地方，因大雨连绵，冲塌城垣房屋，男妇压毙多人，莜粟亦不无淹没之处，随飞饬委员确查，分别轻重赈恤。【略】署广西巡抚安图奏报，自正月至六月雨雪调匀，麦禾成熟。

《高宗实录》卷一二一

七月【略】辛未，【略】户部议覆，给事中朱凤英奏，现在直隶、河南、山东等省间产蝗蝻，宜乘未生翅翼之时，先事扑灭，应如所请行，令各该督抚查明有蝗地方，严饬文武官弁尽数扑除，有董率不力者，据实题参，严行议处。得旨：依议速行。【略】壬午，【略】调任江苏巡抚张渠奏，捐监纳谷，原期积贮充盈，嗣因江省灾歉频仍，请改以银、米、谷三项兼收，今岁江南通省丰收，谷价渐平，请自七月底将江苏十一府州捐例暂收折色一条，画一停止。

《高宗实录》卷一二二

七月【略】戊子，饬福建讲求积贮。谕：积谷乃养民之要务，今年直隶、山东、河南、江南、湖广等省俱庆有秋，朕已降旨，谕令各督抚于丰收地方，乘时讲求积贮，以备将来缓急之用。今闻福建今岁雨旸应时，年谷顺成，为向来所罕见，朕心深为愉悦。【略】缓征安徽宣城县并宣城卫本年分雹灾额赋，兼赈饥民。己丑，【略】免安徽凤阳、宿州、临淮、怀远、虹县、灵璧、阜阳、颍上、亳州、太和、蒙城、泗州、五河、盱眙、天长等十五州县，凤阳、宿州、长淮、泗州等四卫四年分水灾；无为、合肥、庐江、和州等四州县四年分旱灾额征银三万八千五百一十八两有奇、米一千六百九十七石九斗有奇。【略】辛卯，大学士等遵旨查奏，甘肃巡抚元展成奏报各属旱灾一折。【略】癸巳，谕：今岁夏秋以来雨旸时若，各省奏报有秋者甚多，朕心甚慰。浙省收成亦称丰稔，惟是兰溪、诸暨二县于六月间山水陡发，田禾被淹，乏食贫民该督抚已动存司公用银两按户赈恤。【略】甲午，【略】缓征山西徐沟县本年分水灾额赋，兼赈饥民。【略】丁酉，【略】缓征甘肃武威、古浪二县本年分旱灾额赋，兼赈饥民，并平罗县属东永惠、红岗等堡被水饥民一体赈恤。【略】是月，【略】直隶总督孙嘉淦奏，恭进一尺以上瑞谷百穗，高粱百穗。【略】兵部尚书署两江总督杨超曾奏，闰六月间，下江淮、徐、海三府州，及上江庐、凤、颍、泗四府州俱有蝻子生发，已饬委妥员，督同地方官上紧扑除，现俱净尽，并未损伤禾稼。至江西信丰、上犹、崇义、安仁等县因山水涨发被淹，现分别赈恤，不致失所。【略】安徽巡抚陈大受奏，今年安省各属在在丰收，应采买谷石以实仓储。【略】又奏，安省江北各属蝗蝻萌动，经委员协同地方官昼夜搜捕，已陆续净尽，并未损伤禾稼。得旨：所奏俱悉，晚稼在场，此正吃紧时也。【略】署广东巡抚王謩奏，粤东今年雨水沾足，秋禾畅茂，惟西宁县于闰六月间山水陡发，近山茅屋与蜑户[①]小船不无破损，现已查勘，给银修葺。【略】贵州总督张广泗奏，蒙恩准于八月间进京陛见，俟交代清楚，即兼程北上。黔省现在早稻登场，晚稻禾苗畅茂，可期大有。

《高宗实录》卷一二三

八月【略】己亥朔，【略】免湖北二帮遭风漂没粮米五百八十石六斗有奇。

《高宗实录》卷一二四

八月【略】癸亥，【略】赈恤福建永定县本年分水灾饥民。【略】丙寅，【略】免河南中牟、封丘、郑州、荥泽、商丘、虞城、临漳、获嘉、滑县、武涉、孟县、巩县、郏县、阌乡等十四州县，冲塌积水地无征额赋银三千九百九十一两有奇。【略】是月，直隶总督孙嘉淦奏，查勘河道经过地方收成丰稔情形。【略】安徽巡抚陈大受奏，今年安省收成丰稔，应及时采买，现在饬属妥办。惟江北之凤、颍、泗等府州向来播种粟谷为多，现令该府州属稻谷与粟谷兼收，一应报销。【略】又奏：各属蝗蝻已捕灭净尽，并令地方官寻掘遗种。【略】护湖北巡抚布政使严瑞龙奏：郧阳、襄阳、钟祥、京山、潜江、沔阳、天门等州县卫所田禾被水，现在分别赈恤。【略】川陕总督尹继善奏：陕、甘、川各属秋禾畅茂，可期丰收，惟葭州、神木、秦州、阶州、绵州、龙安等州县间有冰雹及雨水过多之处，俱系零星偏灾，已酌量抚恤。

《高宗实录》卷一二五

九月【略】壬申，【略】免湖北三帮因风漂没漕米一千一百六十一石二斗有奇。【略】丙子，【略】调任兵部尚书署两江总督杨超曾议覆给事中朱凤英奏，安省庐、凤地方于秋麦小米之外，别无所种，原野萧条，百无一有，宜广植树木，以收山泽园林之利，栽桑种棉以资纺织，谷麦之外兼种杂粮等语。应如所奏，令地方官勤加劝导。【略】丁丑，【略】谕：上年山东有被水歉收之州县，朕屡降谕旨，令地方官加意抚绥，幸今岁雨旸应时，收成丰稔。惟是荒歉之后，元气未复，其被水较重之东平、东阿、嘉祥、汶上、寿张、济宁、金乡、菏泽、单县、曹县、濮州、范县、馆陶等十三州县有带征之漕项等米三万三千三百余石、改征之黑豆二万二千四百余石，俱应于今年征收还项者，【略】分作庚申、辛酉两年随同各现年应完之项，带征全完。【略】又谕：今日大学士等拟写山东宽期带征米豆，

① “蜑户”，又称蛋户。明清时散居广东、福建等沿海地带，从事捕鱼、采珠等劳动的水上居民，以船为家，向来视为贱民。明洪武初，始编户，征收渔课，故名“蛋户”。清雍正初削除旧籍，与编氓同列。

以纾民力之谕旨内，有今岁雨旸应时，收成丰稔，万民乐业之语。朕思山东当荒歉之后，今岁虽获有秋，而元气未复，若遽以为万民乐业，则言过其实。【略】辛巳，【略】赈恤福建上杭县本年分被水饥民。【略】癸未，【略】赈恤浙江余杭、临安、安吉、会稽、诸暨、上虞、临海、黄岩、太平、天台、仙居、兰溪、缙云等十三州县，并玉环厅、台州卫、湖州所本年分被水饥民，并予缓征。

《高宗实录》卷一二六

九月【略】乙酉，【略】谕：乾隆四年山东所属邹平等三十九州县秋禾被水，所有应完漕米经抚臣奏准，动拨临、德二仓原存漕谷。【略】己丑，【略】谕：江南徐州府海州所属州县，地滨河海，频遭水旱，数年以来屡加赈恤。【略】闻今年黄、运两河秋汛涨发，又值七月多雨，以致沿河各处低洼地亩多被淹没者。【略】是特降谕旨，将徐州府属铜山、沛县、萧县、砀山、丰县、邳州，并海州所属之赣榆县带征乾隆三年、四年分漕粮共五万一千三百八十石零，今年仍缓输将，俟辛酉年起，分作五年带征。【略】庚寅，【略】户部等部议覆，候补詹事李绂条奏应行事宜：一、捕蝗诸法，惟埋蝗最善，凡蝗生之地，中掘深坑里许，两边用竹梢木枝惊逐。蝗性类聚，一蝗返奔，众蝗随之，并堕坑中，即行掩埋，不能复出等语。应如所请，令各督抚转饬所属，凡有蝗之地，照法办理。【略】癸巳，【略】山东巡抚朱定元奏，上年东省赈恤动用仓谷，急宜买补。但今岁虽属丰收，而谷少豆多，请令地方官将原存谷价谷豆兼买。【略】赈恤陕西葭州、神木、延川等州县本年分雹灾饥民。【略】乙未，【略】谕：江南徐州府、海州所属州县地滨河海，年来频遭水旱，幸今岁收成丰稔，而所属州县内又间有虫灾，独伤粟米一种。【略】丙申，【略】又谕：据御史齐轼奏称，今秋收获较往岁为倍丰，畿辅盈宁，视外省为更盛。惟是商贾云集，嗜利多人，而曲糵一端耗粮最甚。【略】丁酉，【略】缓征湖北钟祥、京山、潜江、沔阳、天门、江陵、郧阳等七州县，并武昌、襄阳二卫本年分水灾额赋，兼赈饥民。【略】是月，【略】安徽巡抚陈大受奏：安省阡陌相连，原无遗利，惟高阜斜坡处所茂草平芜，竟成荒废，春间令民试种旱稻，现在每亩收成竟有至两石者。明岁当令各州县广为树艺，以收地利。【略】山东巡抚朱定元【略】又奏，济宁、鱼台、滕县等处被水，虽勘不成灾，恐贫民不无拮据，现饬借给社谷，接济民食。【略】山西巡抚喀尔吉善【略】又奏，徐沟被水饥民已开仓散赈，其勘不成灾州县有无力贫民，酌借社谷。

《高宗实录》卷一二七

十月戊戌朔，【略】谕：天津地势低洼，年来屡被水灾，今岁虽有七八分收成，而民力尚未充裕，【略】著将天津所属州县带征之项，自本年为始，分作五年征收，以纾民力。【略】癸卯，谕：前因江南徐州府属之铜、沛等州县及海州赣榆县，本年七月内偶被水灾，闾阎拮据，【略】近又闻海州所属之沭阳县今岁虽有七分收成，而三四两年缓征之漕粮，与现年应征之项俱令交纳，【略】其势亦属难支。【略】乙巳，【略】户部议覆，前署四川巡抚方显疏报，安县、绵竹、彰明等三县猝被水灾，冲淹人口房屋田禾，应照例分别赈恤，【略】被水田地难以开耕者共十八顷四十二亩零，原报粮银二十二两六钱，准其开除；其尚可开耕田地十五顷四十九亩零，本年应征钱粮亦准暂行蠲缓。

《高宗实录》卷一二八

十月【略】甲寅，【略】谕：从前宁夏等处地动为灾，民人困苦。【略】疮痍甫起，户鲜盖藏。本年平罗地方又有被水、被旱之处，【略】著格外加恩，将银粮草束概予全免。至未灾之村庄及夏、朔二县从前被灾较重，虽两年以来均属有收，而工役繁兴，人夫云集，米粮物价狡难平减，亦应酌量加恩，与民休息。【略】己未，【略】户部议覆，浙江巡抚兼管盐政卢焯疏报，松江府属下砂场及下砂二三场雍正十年潮冲荡地共三万八千九百八十亩有奇，计缺课银九百十七两，照例题豁，应如所请。从之。又议覆，署福建巡抚王恕疏报，台湾、诸罗二县陡被风雨，除吹坏衙署、营房、仓廒、城栅估计兴修，并浸湿仓谷设法变价易换外，其倒塌民房、淹毙人口现经逐一履勘，动项赈恤，均应如所请。【略】丙寅，【略】赈恤甘肃平罗县本年被水偏灾饥民，并予葺屋银两。【略】是月，直隶总督孙嘉淦奏，通省秋禾收成，合计俱有九分，惟霸州、文安、大城、东安、武清、宝坻、宁河、延庆、万全、怀来等十州县因夏秋雨水稍多，间有淹损，现勘明被灾情形，自五分至十分不等。【略】再，天津、河间二府被水地方，查系四高中洼，比年淹浸，所谓一水一麦之地。【略】今该二府夏麦有收，秋间被水村庄业经涸出，除实在贫民酌借籽种口粮，此外概无庸加赈。《高宗实录》卷一二九

十一月【略】癸酉，【略】缓征江南铜、丰、沛、萧、砀、邳、徐州卫、海州、赣榆等九州县卫水灾，高淳、江阴、靖江、如皋等四县虫灾本年应征钱粮，兼赈饥民，其被水地方并予葺屋银两。缓征江南淮安属临洪、兴庄、板浦、中正、徐渎、莞渎等场本年被旱、被潮成灾额赋，并赈灶户。

《高宗实录》卷一三〇

十一月【略】乙酉，【略】户部【略】又议覆，陕西巡抚张楷疏报，葭州、怀远、绥德、米脂、吴堡、榆林等六州县本年被灾歉收，应准其改谷给银，即行散赈。【略】己丑，【略】定边副将军额驸策凌奏报：鄂尔昆屯田收获麦黍各粮七千九百四石有奇。下部知之。【略】乙未，直隶总督孙嘉淦遵旨议覆，天津镇总兵黄廷桂奏，天津府属被水村庄，本年应纳丁粮输将无力等语。查该府洼地夏麦有收，既不报灾加赈，则蠲缓于例不符。《高宗实录》卷一三一

十二月【略】壬寅，【略】蠲免安庆宣城、宣州二县卫本年雹灾钱粮。癸卯，【略】蠲免托克托城、善岱、清水河等处本年霜雹成灾额赋有差，其仍征银粮等项，照例缓征。【略】乙巳，【略】蠲缓山西徐沟县本年被水偏灾额赋有差。蠲免绥远城浑津承种地亩本年霜雹成灾额米一千六百三十三石有奇，其仍征米石照例缓征。《高宗实录》卷一三二

## 1741年 辛酉 清高宗乾隆六年

正月【略】丙子，谕：乾隆二年八月间，福建闽县、侯官等处遭值风灾，居民困苦，朕已加恩赈恤，务令得所。更借给仓谷二万六千余石、银五千四百余两。令其分年陆续交官，以清公帑。数年以来，除有力之民已经清完外，尚有闽县、侯官、长乐、连江、建安五县未完谷五千七百七十四石零、未完银一千二百八十六两零，实因五县被灾较他邑独重。而乾隆三年、五年该地方又值歉收疫气，民力输纳维艰，【略】著将此项银谷全行豁免。《高宗实录》卷一三四

正月【略】戊子，【略】直隶河道总督顾琮以永定河凌汛水势，各村庄被淹情形奏入。【略】寻覆奏新河自金门闸以下五里，即有漫水至四五十里外，固安、良乡、涿州、新城、雄县、霸州各境内村庄地亩多被水淹。顾琮所奏水势宽深情形属实，各村地基多在高阜，水绕村外，房屋尚无坍圮，上年秋后土干，种麦甚少，现水浸处多未播种。惟霸州、雄县各村洼地秋麦有被淹者，若清明前水退，尚可补种春麦，洼下地亩可种高粱、稗子，但恐一时难涸。【略】甲午，谕：自上冬及新正以来，直隶、山东、河南、山西、陕西五省陆续奏报，均得瑞雪，重降迭见，允称优渥。【略】是月，【略】川陕总督尹继善遵旨查奏，御史胡定川奏川省上年歉收，前抚臣方显不祷雨，接任抚臣硕色不奏报，言皆过当。【略】又会同陕西巡抚张楷奏，陕省沿边之榆林、葭州、怀远、绥德、米脂五州县去岁歉收赈济，计至本年二月后即应停止，边地气寒，收麦尚待六月，且种谷者多，秋成更远，必需接济。

《高宗实录》卷一三五

二月【略】己酉，【略】免金川土司例贡折价。谕：打箭炉迤西瞻对、瓦述各部落番夷，例应每年纳贡马、狐皮折价银八十九两五钱，今朕闻得彼地年来积雪严寒，牛羊受冻，多有伤损，番夷困苦。【略】免甘肃肃州高台县属之三清湾等处碱伤沙压屯田乾隆三年借给籽种四百九十余石。

《高宗实录》卷一三六

二月【略】辛亥，【略】免湖北钟祥、京山、天门三县并武昌卫被灾田亩乾隆五年额赋共银二千七

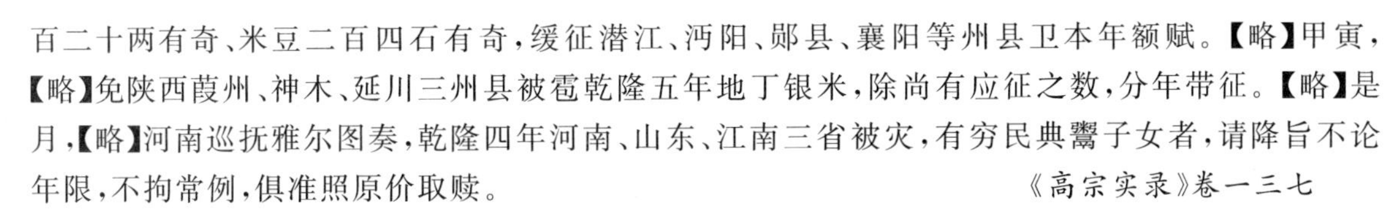

百二十两有奇、米豆二百四石有奇，缓征潜江、沔阳、郧县、襄阳等州县卫本年额赋。【略】甲寅，【略】免陕西葭州、神木、延川三州县被雹乾隆五年地丁银米，除尚有应征之数，分年带征。【略】是月，【略】河南巡抚雅尔图奏，乾隆四年河南、山东、江南三省被灾，有穷民典鬻子女者，请降旨不论年限，不拘常例，俱准照原价取赎。

《高宗实录》卷一三七

三月【略】壬辰，【略】又谕：据署湖广总督那苏图奏称，臣于上年十二月到任后，有山东、江南等省流民禀请赈恤，查乾隆四年山东沂州等处被灾，江南亦有歉收之处，所有流移到楚之穷民，俱已赈恤安顿。至于乾隆五年，山东、江南等省并未被灾，何致有饥民流至楚省者，随谕布政使确查具报。旋据查覆，外省饥民到楚者共计五十余户，内中实系贫苦者不过数户。【略】是月，【略】河南巡抚雅尔图奏进麦穗。得旨：欣慰览之。【略】署贵州布政使陈惪荣奏，黔省入春以来雨泽调匀，二麦畅茂，省城士庶相习饲蚕。

《高宗实录》卷一三九

四月【略】戊戌，【略】蠲免江苏丰县、沛县、萧县、砀山、邳州、徐州、海州、高邮、靖江、如皋等十州县卫，水灾虫灾民屯芦课。【略】甲辰，【略】蠲免直隶霸州、文安、大城、东安、武清、宝坻、宁河、延庆、万全、怀来等十州县，乾隆五年被水灾民额赋有差。【略】戊申，谕：马尔泰现丁母忧，广东广西总督印务著云南总督庆复前往署理，【略】粤省今年有旱歉之处，须卿速往弹压料理。

《高宗实录》卷一四〇

四月【略】甲寅，【略】工部议覆，安徽巡抚陈大受奏称，凤阳府属之临淮县北关浮桥船，经暴风飘沉三十六只，请动公项饬地方官购料赶造。从之。【略】丙辰，【略】工部议准浙江巡抚卢焯奏称，仁和、钱塘、萧山三县江塘，经海沙北障，潮汐南趋，转北而西，多有顶冲坍塌之处，请拆修抢筑柴石各工。从之。【略】癸亥，户部议准奉天将军额尔图题覆刑部侍郎常安奏请禁止海运一折，查奉天米价向属平贱，近年户口滋多，生齿日繁，又加各省贸易人众，本地所产仅足食用，边外蒙古、黑龙江、船厂等处收成偶歉，亦赖接济，若听水陆兼运，则粮价增昂，旗民必致艰食，请禁止海运。从之。是月，大理寺卿汪漋、副都御史德尔敏奏，前因春雨连绵，泰州、徐皋下游闸座未开，以致停工。【略】直隶总督孙嘉淦奏报，通省得雨沾足情形。得旨：此实上天浩荡之恩，即批发折日，京师又复得十分沾足之雨。【略】安徽巡抚陈大受奏报，赴江宁热审、盘查藩库，趱办奏销，并檄行修筑圩岸，省视城垣，搜捕蝗蝻各情形。得旨：诸凡所办具妥，至捕蝗一事，尤应加意者也。【略】又奏，凤、颍、泗三府州被水，查勘灾户情形。【略】刑部尚书署理湖广总督那苏图奏，湖北省自四月初七后雨水过多，安陆府钟祥县之三官庙月堤，天门县之沙沟垸堤，汉阳府汉川县之彭公垸堤，间有漫溃，其附近居民有坍塌房屋者，照例资助，并查被淹户口有无贫乏，借给籽种。【略】广东琼州总兵官武进升奏报，琼南各州县地方雨水情形。得旨：所奏俱悉。其被旱地方，所有地方官赈恤，或不得宜，据实奏闻。

《高宗实录》卷一四一

五月甲子朔，【略】户部议覆，两广总督马尔泰奏称，广州、肇庆、高州、雷州、琼州等五府，查勘各属山田水田，从前本堪耕种，后因水冲，仅存石骨，及前经报垦升科，后又坍塌，统计一百十一顷五十七亩有奇，地丁闰银并本色仓粮米内，有现在已入奏销者，请于乾隆五年奏销册内开除，其未入奏销者，按数豁免。应如所请。从之。【略】乙丑，【略】户部议准，浙江巡抚卢焯奏称，浙省地窄民稠，凡平原沃野已鲜旷土，惟山头地角、溪畔崖旁间有畸零，不成丘段；及从前水冲沙压荒地，人力难施，应请永免升科。其地属膏腴，及地虽瘠薄，已成片段，至三亩以上者，均请照水田六年、旱地十年之例，按则升科，至官河堤路，并故绝坟冢，仍严禁借端侵占平毁。从之。【略】甲戌，饬民间预筹积谷。谕：今岁直隶自春徂夏雨水调匀，麦秋甚为丰稔，乃数年所罕见者。外省督抚亦多以二麦有收奏报，朕心深为慰悦。即江浙闽楚等省春雨稍多，而水耕之乡实于秋田有益，现在各处禾苗秀发，粮价平减，将来秋成亦大有可望。夫积贮之道，必讲求于丰年，而后可以济俭岁之用。【略】

戊寅，【略】又谕：福建台湾地方上年秋间缺雨，收成较常歉薄，闻今春以来米价日渐昂贵，小民谋食艰难而纳课尤为竭蹷。《高宗实录》卷一四二

五月，【略】是月，【略】吏部尚书署两江总督杨超曾奏：凤阳、徐州等属州县沙土瘠薄，民情轻去其乡，麦秋被水歉收，恐致流离失所，虽属夏灾，亦请破格赈恤。得旨：凤阳一带屡年歉收，所当加意赈恤，勿致失所，尤不可以寻常夏灾论也。江苏巡抚徐士林奏报：淮、徐二府暨海州缘大雨浃旬，湖河并涨。现据邳州禀报，泇口社被灾极贫之民势难缓待，已饬司拨银三千两先行抚恤，其铜、沛、萧、宿、睢及海、沭七州县委员确勘灾地极贫之民，并应先行赈恤。【略】江南河道总督高斌、副总河完颜伟奏报：雨水调匀，工程平稳。得旨：所奏俱悉，今年北省春雨为数年以来所无，而南省则未免过多，所谓天地之大，不能无憾也。【略】署江西巡抚包括奏：赣州府属之兴国县太平乡、吉安府属之泰和县沙村被水冲塌房舍，淹毙人口，均动项赈恤。报闻。【略】福州将军署闽浙总督策楞奏报，闽省雨水充足，粮价平减。【略】巡视台湾外转御史舒辂、巡视台湾御史兼理学政张湄奏报四月得雨情形。【略】刑部尚书署湖广总督那苏图奏报，湖南湘乡县被水，勘不成灾。【略】川陕总督尹继善、西安巡抚张楷奏报，西安、凤翔等府属麦收丰稔。【略】署广西巡抚杨锡绂奏报，各属得雨，平乐府属之恭城县、思恩府属之土田州暨梧州府城被水勘不成灾。【略】贵州总督兼管巡抚事务张广泗【略】又奏，遵义府仁怀县所属桃竹坝地方雨水涨积，淹毙人口，冲刷沙压田地五六十亩，又平越府属高坪司地方沿河被水冲决田一百四十七亩有奇，又平越营打铁关顺河一带地方水淹沙壅田三十八亩。《高宗实录》卷一四三

六月甲午朔，【略】户部议覆，绥远城建威将军补熙疏言，今年雨雪调匀，正值种地之际，各庄头办种艰难，请于归化城现采买之谷各借给一百石，应如所请。从之。【略】免陕西葭州、榆林、怀远、绥德、米脂、吴堡等六州县乾隆五年水灾额赋有差。乙未，诫督抚匿灾。【略】庚子，【略】户部议覆，闽浙总督宗室德沛奏称，台属歉收，米价骤涨，前据粤省督抚咨称，潮州府属仓贮充盈，可济邻省，今移咨粤省，檄饬潮属存仓谷内，就近拨给六万石，运台平粜。《高宗实录》卷一四四

六月【略】庚戌，【略】理藩院会同户部议覆，归化城都统玛尼奏，归化城土默特六十二佐领之蒙古等，屡年遭旱歉收，压欠谷一万二千二百石，若并本年一齐交纳，恐蒙古官兵等生计艰难，有误来年耕种等语。【略】赈恤安徽宿州、灵璧、虹县、怀远，江苏铜山、沛县、萧县、邳州、睢宁、宿迁、海州、沭阳十二州县乾隆六年被水灾民。【略】乙卯，【略】又谕：江南淮安府之山阳、清河、桃源、安东、海州及沭阳等处连年遭值水灾，闻今岁又复被潦，朕心深为轸念，著该督加意赈恤。凤阳府之宿州、虹县等处闻亦被水歉收，亦著留心赈恤，无使贫民失所。【略】是月，直隶总督孙嘉淦奏报，雨水调匀，秋禾畅茂。得旨：欣悦览之，今年收成光景实数年以来所无。【略】江苏巡抚徐士林奏，淮、海、徐等府州属四五月间被水，淮民不种秋粮，以麦为天，麦秋被水，一岁生计已绝，即补种杂粮，收成已薄，或水退甚迟，则杂粮亦不及种，更有补种后续报五月遇雨复淹者。【略】江南河道总督高斌、副总河完颜伟奏，本年伏汛，洪泽湖水势平缓，黄河安流，顺轨南北两岸，工程巩固。【略】署江西巡抚包括奏，宁州铜鼓地方河水陡涨，淹坏田亩人口，冲坍城垣、衙署；又，赣州府属之赣县、南安府属之上犹县沿河一带，及崇义县之丰州大夷坑地方均被水冲没房舍，沙淤田亩，勘系一乡一村，原不成灾，但民力拮据，自应分析轻重，酌量抚恤。【略】湖北巡抚范灿奏报，五月间二麦登场，严饬襄阳一带，查禁民间踹曲。【略】署湖南巡抚许容【略】又奏，三伏炎蒸，时需雨泽，长沙、常德、岳州三府属六月得雨，多寡不一，巴陵、华容、平江望雨尤切，率同文武于省城虔敬祈祷，冀得甘霖。【略】河南巡抚雅尔图奏，豫省于乾隆四年赈济案内，动用仓谷七十万石，已买补五十万石，尚应补二十万石，兹当二麦丰收后，秋禾畅茂，江省灾民纷纷就食，恐秋冬间赈济浩繁，有应接济邻省之处，请将应补仓粮悉行运发近水州县收贮，倘将来江省需用，立可拨运。【略】山东巡抚朱定元奏报，济南、

东昌等府望雨情形。【略】川陕总督尹继善奏报，陕西、甘肃、四川三省雨水调匀，收成丰稔。【略】左都御史管广东巡抚事署理两广总督王安国奏报，各属得雨沾足。得旨：览奏，稍慰朕怀，但因前此缺雨，颇有刁民罢市抢粮。【略】广东潮州镇总兵官武绳谟奏报，闽省台湾委员来潮借运仓谷，潮阳县民闭籴罢市，现经文武协同查拿审究。　　　《高宗实录》卷一四五

七月【略】丁卯，【略】户部议准，绥远城建威将军补熙奏称，助马口外庄头周喇嘛等十四人各种地亩秋禾，陨霜被灾八九分不等，请准照例免交差米，其应交米于今岁起征后，分作三年带征。所种夏田已经成熟，应交米请于今岁开征。从之。【略】庚午，【略】又谕军机大臣等，广东潮阳等县今夏米价昂贵，曾经开仓平粜，后因五月初旬遽行停止，愚民因而罢市。知县左兴，公干初回，男妇拥挤县堂，恳求粜米，该县已许开仓，尚有不法之徒拥入典吏衙署，毁碎轿椅等物。保祝所奏如此，该督抚何以竟不奏闻。【略】辛未，【略】又谕军机大臣等，朕闻得广东潮州府属地方今夏收成仅有五六分，米价昂贵，民食未免艰难，可即传谕王安国，或应减价平粜，或应酌量借给，务使贫民不致乏食，令伊速行办理。【略】甲戌，【略】缓征陕西咸宁、长安、渭南、咸阳、兴平、盩厔、鄠县、郿县、华州、武功等十州县乾隆五年水灾额赋。　　　《高宗实录》卷一四六

七月【略】甲申，【略】谕军机大臣等，朕闻江宁地方六月内竟无雨泽，杨超曾并未早将实在情形详奏，今览伊七月十一日奏折，始称一月以来，甘霖未沛，至七月初八日方得大雨五寸有余，似此有关民瘼之事，不当如此迟滞，尔等可传谕知之。【略】丙戌，【略】又谕：理藩院查奏，自康熙二十年至六十一年，赈济蒙古等四十余次；雍正元年至十三年，赈济内地扎萨克旗分人等十五次，喀尔喀等三次；乾隆元年至今年，赈济内地扎萨克、喀尔喀等共十四次。【略】辛卯，【略】抚恤江西武宁、奉新二县水灾贫民。【略】壬辰，【略】山东巡抚朱定元奏报，济南、东昌二府属被旱偏灾，请缓征钱粮，放赈接济。【略】谕曰：朕闻山东禹城、齐河、长清、历城四县自四月十五日得雨以后，至今三月有余，雨泽愆期，境内禾苗干枯，间有并未栽种秋粮之地亩，高粱多长本而无实，粟谷多有穗而无粒，黑豆荞麦有出土仅寸许至数寸者。地方情形如此，何以朱定国并未剀切陈奏。【略】是月，【略】署江西巡抚包括奏报雨水情形。得旨：二三之雨，恐不足以滋培晚禾也。【略】署福州将军策楞【略】又奏报雨水粮价情形。得旨：所奏俱悉。闽省被灾之处，加意抚恤；浙省被灾之处，德沛在彼，伊自有处置也。刑部尚书署湖广总督那苏图【略】又奏报，两湖雨水沾足，晚稻丰收，现饬各属采买仓谷。【略】川陕总督尹继善【略】又奏报三省禾苗雨泽情形。得旨：欣慰览之。其被灾之处，虽属偏灾，彼被灾之人无偏全之分也，所当加意赈恤之。【略】左都御史署两广总督管广东巡抚王安国【略】又奏报永安、归善二县被水赈恤情形。得旨：粤东今岁实属歉收，所有被灾之民加意抚恤之。

《高宗实录》卷一四七

八月【略】乙未，【略】赈安徽宿州、寿州、凤台、凤阳、临淮、怀远、虹县、灵璧、颍上、霍邱、蒙城、泗州、盱眙、五河等十四州县，凤阳、凤阳中、长淮、泗州、宿州等五卫水灾饥民，并缓征新旧额赋。【略】丙申，【略】谕军机大臣等，【略】今岁粤东早稻未获丰收，晚禾甫插，秋成尚需时日。若不预将应粜、应恤之事分别料理，则闾阎何所依赖，势必滋生事端。【略】癸卯，【略】赈江苏山阳、阜宁、清河、桃源、安东、铜山、丰县、沛县、萧县、砀山、邳州、宿迁、睢宁、海州、沭阳等十五州县，及淮安、大河、徐州等卫，莞渎、临洪、兴庄等场水灾饥民。【略】丙午，秋分。【略】工部等部【略】又议准，江南河道总督高斌奏称，江南洪泽一湖为淮流总汇，关系济运御黄，全赖高堰山盱一带石堤保障。缘乾隆五年秋汛内，西风大暴，湖浪汹涌，致将高堰汛内第八堡等处旧堤撞击倒卸十四段，共长八十八丈，请拨项修砌。从之。　　　《高宗实录》卷一四八

八月【略】丙辰，【略】赈福建诏安县旱灾饥民，并缓征本年分田额赋。【略】壬戌，谕军机大臣等，据高斌、完颜伟奏称，七月十九日起，淮扬地方大雨连三昼夜，俱系东北大风，江潮涨至丈余，瓜

镇江工俱漫潮水，埽工间被风潮汕刷，纤路亦有坍卸等语。【略】是月，【略】吏部尚书署两江总督杨超曾奏报两江五十州县卫水灾抚恤情形。【略】署江苏巡抚陈大受奏报溧水、山阳等一十六州县水灾抚恤情形。【略】署安徽巡抚张楷奏报宿州、虹县、灵璧等州县被水抚恤情形。【略】镇海将军王釴奏报镇江风雨情形。【略】江苏布政使安宁奏报上元等二十五州县被水抚恤情形。【略】又奏报溧水、通州等十五州县卫被水抚恤情形。【略】署安徽布政使讬庸奏报，宿州、寿州等三十一州县卫水灾赈恤事宜。【略】山东布政使魏定国奏报雨泽。得旨：若得透雨，即行奏报，以慰朕怀。又奏报历城、齐河等十三县被旱赈恤情形。

《高宗实录》卷一四九

九月【略】甲子，【略】贷甘肃靖远、会宁二县旱灾饥民口粮籽种。【略】己巳，【略】赈广东南海、番禺、顺德、香山、新会、三水、海丰、陆丰、龙川、海阳、丰顺、潮阳、揭阳、饶平、惠来、澄海、高要、四会、高明、鹤山、封川、茂名、电白、崖州、感恩、南澳、同知等二十六州县厅水旱虫灾饥民。赈湖南湘乡、临武二县水灾饥民。【略】甲戌，【略】工部议准，四川巡抚硕色疏称，泸定桥乃西藏往来之要路，本年四月间被风吹折，应如所请，准其拨银七百六两兴修。从之。豁免山东荣城县被风沙压田地额征银四十一两有奇。

《高宗实录》卷一五〇

九月【略】壬午，【略】工部议准，江南河道总督高斌奏称，【略】镇江运河口门临江旧炮台一带埽工，上年九月内被风潮坍卸，江河连接，南岸搜盐厅一带筑做苇柴防风，暂抵风潮，请改建砖工。从之。【略】己丑，【略】缓征江苏六合县本年水灾漕粮、抚米，并抚恤六合、江浦二县次贫饥民。缓征山东历城、齐河、济阳、禹城、长清、章丘、齐东、肥城、平阴、茌平、陵县、邹平、临邑、平原、清平、博平、高唐等一十七州县本年旱灾漕粮黑豆。【略】辛卯，【略】赈福建福清、连江、罗源、莆田、同安、福安、宁德、福鼎等八县，及长福、金门、烽火、云霄、桐山等镇营水灾饥民。是月，【略】直隶总督孙嘉淦【略】又奏通省秋禾收成分数。得旨：览奏曷胜欣慰。其稍被灾之处，亦不可忽视之。【略】吏部尚书署两江总督杨超曾奏报上、下江各属水灾赈恤情形。【略】江苏布政使安宁奏报各属水灾赈恤情形及收成分数。【略】闽浙总督宗室德沛奏报，嵊县、东阳等六县旱灾，仁和、钱塘等十五州县，玉环、杭州等卫，仁和、钱清等场水灾抚恤情形。【略】山东巡抚朱定元奏报得雨情形。得旨：赈恤之事不可因武场而稍缓也。又奏报雨水情形。【略】山东布政使魏定国奏请东省被旱州县钱粮漕米一概缓征，【略】又奏报雨泽。【略】左都御史管广东巡抚王安国【略】又奏，崖州、感恩被灾处所，明岁春间需谷赈粜，而琼属风雨情形亦尚未报到，或有被风歉收处不得不预筹储备。【略】广东提督保祝【略】又奏陈琼属现在乏食情形。【略】广东琼州镇总兵武进升奏琼属雨水田禾情形。得旨：欣慰览之。

《高宗实录》卷一五一

十月【略】丙申，【略】缓征江苏山阳、清河、桃源、安东、铜山、沛县、邳州、海州、沭阳、睢宁、萧县、宿迁、阜宁、丰县、砀山十五州县，及淮安、大河、徐州三卫被水成灾田地本年应征新旧漕粮。【略】丁酉，【略】河南道监察御史李原奏：臣与川陕督臣尹继善查勘甘省各州县饥馑情形，实因地方官匿灾不报，以致查勘时纷纷具诉求赈，并无招告之事。今尹继善谓臣张扬鼓动，多方煽惑，明系诳耸圣听，希图掩饰。得旨：李原张扬鼓动，多方煽惑于前，又复捏辞巧辩，攻讦督臣于后，【略】著该部严察议奏。【略】己亥，【略】蠲免直隶雄县被水灾贫民所借籽种口粮九千四十余石，代赈。庚子，谕：朕闻广东崖州及感恩、陵水二县今夏雨水短少，迨后虽经得雨，而为日已迟，播种不能遍及。抚臣王安国虽饬州县官发谷借粜，以资接济，而彼地连年歉收，其中极贫之民无力借粜者，仍苦不能糊口，深可轸念。【略】又闻琼州、雷州二府属于本年八月十四五日风雨大作，吹揭屋瓦，其田禾室庐有无损伤之处，亦著酌量办理。寻户部议准广东巡抚王安国疏报，琼、雷、广、肇、惠五府属之琼山、澄迈、临高、儋州、万州、崖州、乐会、昌化、文昌、感恩、海康、徐闻、遂溪、番禺、新会、新安、新宁、香山、增城、高明、恩平、开平、鹤山、归善二十四州县被飓风灾民各给赈有差。【略】顺天府府尹蒋炳疏报，耤田收获事竣，内产有一茎双穗谷十四本，又一茎三穗谷一本。下部知之。【略】户部议覆，安徽巡抚陈大受奏称，乾隆元年和州、含山等州县夏秋被灾，抚赈鳏寡孤独贫民如例。至赈恤贫生，加给一月柴薪一项，因士子与齐民不同，一体正赈加赈，似属过优，是以折中酌办，给以一月柴薪等语。

《高宗实录》卷一五二

十月丁未，改减浙江钱塘仓潮淹税荡一万六千七百八十四亩有奇则课。【略】戊申，谕：今年上江凤阳等十六州县夏秋被水，有伤禾稼，且彼地土瘠民贫，连年被潦，朕心深为轸念。【略】至宿州、灵璧、虹县三州县被灾更重，且屡年歉收，民情艰窘，尤当格外施恩。【略】寻户部议准安徽巡抚张楷疏报，宿州、灵璧、虹县、凤阳、临淮、怀远、寿州、凤台、定远、颍上、霍邱、蒙城、亳州、阜阳、太和、五河、盱眙、天长、滁州、来安、全椒、和州、含山、无为州、舒城二十五州县，宿州、凤阳、凤阳中、长淮、泗州、滁州六卫被灾军民加赈有差。宿州、灵璧、虹县成灾地亩本年漕米漕项均与蠲免。【略】怀远、寿州、凤台、定远、颍上、霍邱、蒙城、亳州、阜阳、太和、五河、盱眙、天长、无为州、舒城等处成灾地亩本年漕米漕项缓至来年带征，其勘不成灾地亩改折完漕。缓征山东历城、章丘、齐河、齐东、济阳、禹城、长清、陵县、肥城、平阴、茌平十一县及卫被旱灾田本年漕粮。己酉，【略】缓征福建永定县被水灾田本年钱粮，除冲陷田二十七亩有奇额赋。赈恤甘肃灵州中卫县、盐茶厅被旱灾贫民。【略】辛亥，【略】赈恤浙江嵊县、东阳、义乌、武义、丽水、宣平六县旱灾，安吉州、玉环厅、仁和、钱塘、海宁、余杭、归安、乌程、长兴、德清、武康、萧山、永嘉、乐清、瑞安、平阳十四县，及杭前、右二卫，湖州所，仁和、钱塘、永嘉、下砂二三场被水潮灾贫民。壬子，【略】赈恤湖北汉川、潜江、沔阳、天门四县，沔阳卫被水灾贫民。【略】癸丑，【略】蠲免清水河属被雹灾地本年额赋。【略】乙卯，【略】署江苏巡抚陈大受奏，下江被灾州县米价昂贵，请照例知会应收米税各关，查明客商有载米麦往彼处售卖者，免其输税。得旨：允行。【略】丙午，【略】除浙江三江场甲马、宝盆、童东、朱储四团潮坍草荡六千三百二十七亩有奇，场六千弓有奇额课。赈恤热河四旗厅被水灾贫民。【略】丁巳，谕大学士等，今年广东地方有被灾歉收之处，琼州所属为尤甚，闻得署崖州陈士恭一味粉饰，捏报崖州有八分收成，感恩县有七分半收成。经府道等屡次驳查，而陈士恭押令乡保出具实有六七分收成，不为成灾之甘结，似此匿灾病民之员，若不据实纠参，何以使玩视民瘼者知所儆诫。【略】贷福建诏安县夏禾被灾贫民口粮。【略】辛酉，【略】谕军机大臣等，朕闻浙江地方于立冬前后雨水连绵，昼夜不息，至十月中立冬已久，近省之地晚稻尚未收获，似此情形，今岁收成甚属可虑，德沛身在浙省，并未奏闻，现在如何办理，亦未奏及，其从前所奏者不过七八月间被水情形耳。尔等可寄信询问之。寻闽浙总督署浙江巡抚宗室德沛覆奏：浙省晚稻向来至十月底全行收获，立冬前后虽有雨水，今已晴霁，于田畴并无妨碍。报闻。【略】是月，【略】吏部尚书署两江总督杨超曾【略】又奏：崇明被灾地方多有土棍捏灾为名，结党鼓众，不许还租，刁风实不可长，现在切实严拿。【略】署江苏巡抚陈大受【略】又奏：苏、松、常镇所属今年夏秋之间雨多晴少，民田被水，迄今涨漫不消，盖因支河曲港出口淤塞，近田河圩外高中下所致，宜急为疏浚。【略】又奏：下江本年被灾，常熟、昭文、武进、江阴、荆溪、靖江、仪征、太仓、镇洋、宝山、崇明、泰兴十二州县原报勘不成灾，嗣于八月中旬以后阴雨连绵，田亩积潦，多有不能收割之处。【略】两淮盐政准泰奏：淮南通河商人黄仁德等呈请，捐资煮赈扬州灾民两月。

《高宗实录》卷一五三

十一月【略】甲子，【略】赈两淮通州、泰州、淮安分司所属掘港等二十七场被风潮灾灶户。乙丑，【略】工部议准，前署两江总督杨超曾疏言，南汇营都司衙署雍正十年为海潮涨没，请于旧址重建。从之。【略】丁卯，两江总督那苏图奏：本年上、下两江多有被灾之处，请照例知会应收米税各关，查明客商载米赴被灾地方售卖者，免其输税。得旨：允行。【略】赈甘肃平番、碾伯、宁朔、真宁、皋兰、金县、华亭、镇原、固原、礼县、狄道、宁州、合水、宁夏十四州县被雹灾水灾贫民。戊辰，【略】

工部议准，闽浙总督兼浙江巡抚宗室德沛奏称：杭州府钱塘县小朱桥为潮水冲坍，应就水势湾曲，移建平桥，加筑护塘石工。从之。【略】壬申，谕军机大臣，据佥都御史彭启丰奏称，臣由江南入都，经过凤阳属之宿州，勘得地亩被水全荒，该知州许朝栋素性糊涂，恝视民瘼，于四月间匿灾不报，及至散赈之时，又不实心办理，每按饥民册籍减去口数，又听甲长衙役需索钱文。至于给发之际，又用轻戥，以致百姓聚哄，不能弹压，辄加鞭扑，怨声载道。凤阳知府杨毓健虽身在宿州，不自到厂查看，一切委任佐杂等员，办理亦未妥协等语。【略】壬申，【略】赈恤浙江钱塘、富阳二县水灾，金华县旱灾贫民。

《高宗实录》卷一五四

十一月【略】戊寅，【略】江南河道总督完颜伟奏：【略】查乾隆四年，前河臣高斌遵奉皇上指授方略，将洪泽湖天然坝坚闭不开，续将运河东堤、南关等坝加谨修守，不使泄入下河，缘此泰兴等七州县水患顿除，田禾丰稔，今岁夏秋雨水过多，虽上河近湖地方不无被淹，然滨湖滩地仅属一隅，其下河之获安全者，不啻百倍。【略】蠲免江苏山阳、桃源、安东、清河、铜山、沛县、萧县、邳州、宿迁、睢宁、海州、沭阳十二州县，淮安、大河、徐州三卫水灾屯地，本年地丁屯折河租，缓征新旧漕粮漕折。加赈江苏上元、江宁、句容、溧水、江浦、六合、丹阳、溧阳、山阳、阜宁、清河、桃源、安东、盐城、高邮、泰州、江都、甘泉、宝应、铜山、丰县、萧县、沛县、砀山、宿迁、海州、沭阳、赣榆、通州、如皋三十州县，淮安、大河、扬州、徐州四卫水灾军民贫生。【略】是月，【略】江苏巡抚陈大受【略】又奏，请令民于冬月预挖蝻子，每斗给银二钱。得旨：此亦未雨绸缪之一道也。【略】安徽巡抚张楷奏：上江之凤阳、颍州二府及泗州连被水灾，本地仓贮无多，地瘠民贫，捐监所纳不敷，请将本年截留漕米二十万石，尽留于凤、颍、泗三属存贮。【略】甘肃巡抚黄廷桂【略】又奏，宁夏府属中卫县旧有七星渠灌溉民田千余顷，近因山水冲塌，应量建水闸三座，但士民因上年亢旱，不能修补，请动项暂修，嗣后仍照往例，民间自行修筑。报闻。

《高宗实录》卷一五五

十二月【略】丙申，【略】贷黑龙江坤阿林、拖尔莫、武克蓬里等处被水灾八旗官兵水手拜唐阿各户口粮。【略】戊戌，【略】谕户部，浙江今年截留漕粮十八万石，又该督抚以杭、湖二府被水灾田题请蠲免漕粮，现交部议。【略】蠲免直隶永定河放水被灾地亩，霸州、涿州、固安、永平、雄县未涸地本年应征钱粮，已涸地本年应征钱粮之半。【略】庚子，【略】除江苏沛县昭阳湖水沉田地二千一百六十八顷七十六亩有奇额赋。【略】辛丑，【略】蠲免甘肃武威、古浪二县被水旱灾田乾隆五年应征钱粮。【略】壬寅，【略】谕：江南淮徐等属地方今年被灾歉收，【略】今闻江浦、六合、海州、沭阳、清河、桃源、安东、铜山、沛县、宿迁此十州县民情甚为艰窘，而其中江浦、六合、海州、沭阳为尤甚。【略】甲辰，蠲免湖南湘乡、临武二县被水灾田本年应征钱粮，除水冲失额田二十二亩有奇额赋。【略】乙巳，谕：今岁夏间台湾地方因米价昂贵，曾借拨潮州仓谷六万石，运台接济平粜，俟闽省秋成丰足，买谷还粤。朕闻闽省目今谷价仍昂，【略】著将借拨潮州仓谷六万石，免其买运还粤。【略】蠲免浙江仁和、钱塘、余杭、安吉、归安、乌程、长兴、德清、武康九州县水旱成灾田本年应征漕粮。

《高宗实录》卷一五六

十二月【略】己酉，【略】免山东历城、章丘、邹平、齐东、济阳、禹城、临邑、长清、陵县、平原、肥城、平阴、博平、茌平、清平、高唐十六州县并卫，被旱成灾地本年应征钱粮。【略】庚戌，【略】蠲免甘肃永昌、平番、会宁三县被旱成灾地本年应征钱粮草束。辛亥，【略】赈浙江嵊县、宣平、仁和、钱塘、海宁、余杭、安吉、归安、乌程、长兴、德清、武康、萧山、永嘉、乐清、瑞安、平阳十七州县，及仁和场、钱清场、永嘉场、松江南汇县下砂二三场、杭州前右二卫屯田、湖州所被水旱灾民屯灶户，贷丽水县、玉环厅勘不成灾民灶户籽种灶本，缓征灾地蠲剩新旧钱粮，及勘不成灾之东阳、义乌、武义、丽水四县本年钱粮，减免杭州渔课十分之三。【略】是月，【略】直隶总督高斌奏：直省尚未得雪，不胜忧惕。【略】又奏保定得微雪。【略】又奏各属粮价。得旨：览，目下望雪甚殷，朕忧怀殊未已也。两

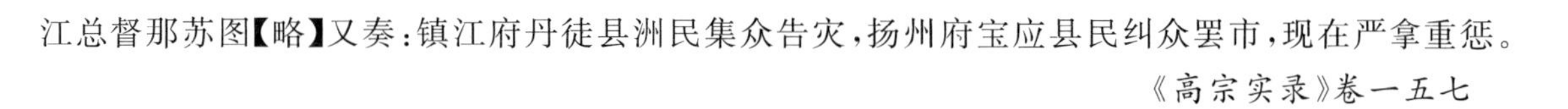

江总督那苏图【略】又奏：镇江府丹徒县洲民集众告灾，扬州府宝应县民纠众罢市，现在严拿重惩。

《高宗实录》卷一五七

## 1742 年 壬戌 清高宗乾隆七年

正月【略】丁卯，【略】闽浙总督兼管浙江巡抚宗室德沛奏：漕粮例应干圆洁净，米色不纯，自干诘参，蒙俯鉴江苏省秋雨连绵，米色定减，特谕有漕地方不必照常较论，地方官酌量可收，即日收兑。浙省收获时亦苦雨多，秋禾碾出间有青腰白脐，与江省事同一体，即饬州县红白兼收，籼粳并纳，俾小民易于输将。

《高宗实录》卷一五八

正月【略】甲申，【略】谕：上江凤、颍等属于上年夏秋连被水灾，【略】将灾重地方加赈两月一月不等，顷闻滁、和二属及无为州，系偶而偏灾，得赈之后，已足支持。惟凤、颍、泗三属连年被潦，民困为甚，今麦秋之期尚在五月，【略】著将凤、颍、泗三属已赈贫民，再借与口粮一个月。【略】又谕：甘省地处边徼，土瘠民贫，朕所加意抚恤。顷闻凉州府属之武威、平番、永昌、古浪四县频岁歉收，上年又被旱灾，民情甚苦，积欠颇多。查自雍正十三年至乾隆四年，武威县未完额粮八万一百余石，草六十四万二千余束；平番县未完额粮一万三千八百余石，草一十九万二千余束；永昌县未完额粮一万五千二百余石，草二十万四千余束；古浪县未完额粮四千三百余石，草九万三百余束。又，西宁府属西宁县自雍正十三年至乾隆三年，未完额粮二万八千九百余石，草二十九万八千余束；碾伯县未完额粮一万一千一百余石，草一十三万七千余束。以上六县，皆西陲苦寒之地，虽上年尚属有收，然积歉之余，元气未复。【略】著将旧欠之项，分作三年带征。【略】是月，直隶总督高斌奏：现值永定河凌汛，必须察看，恳恩仍准迎觐。【略】两江总督那苏图【略】又奏：拿究崇明、靖江、丹徒、宝应捏灾藉赈、赖租冒蠲、罢市抗官之犯，民风已肃，并分别上江莠民、饥民，恩法并施。

《高宗实录》卷一五九

二月【略】甲午，【略】谕：沿途得雪，甚有裨于田功，但道路泥泞，随从之兵丁【略】各赏一月钱粮。【略】庚子，【略】缓征安徽凤阳、颍州、泗州属乾隆六年水灾额赋，兼带征银米。

《高宗实录》卷一六〇

二月丙午，【略】谕：【略】甘肃一省地处西陲，民贫土瘠，前此频岁军兴，嗣后连遭亢旱，虽去年各属内有收成稍稔之州县，而民间元气未能遽复，加意培养，正在此时。查自雍正六年起，至上年春夏止，各属民欠借粮积至一百一十四万余石，【略】著将雍正六年至十三年借欠之项一概蠲免，其乾隆元年以后借欠之项，从壬戌年为始分作六年带征。至凉州、西宁二府所属之武威、平番、永昌、古浪、西宁、碾伯等六县乃甘省最寒苦之区，上年又被旱灾，深可悯恻。【略】又谕：江南庐、凤、宿州、淮、徐等处上年遭值水灾，黎民乏食，【略】近闻百姓糊口无资，仍不免于流离艰苦，盖由该地方屡年迭遭饥馑，督抚等虽照例办理，但不能沦洽普周，【略】用是深为轸念。【略】甲寅，谕：畿辅近地上冬少雪，今春虽有得雪之处，而京师一带未曾沾足，兹当耕种之时，待泽孔殷，而春霖未降，朕心深为忧惕。【略】又谕：上年浙江杭、湖二府属之仁、钱等九州县田禾被水，民力拮据，其成灾田亩所有应征漕粮，朕已降旨，按分蠲免。【略】是月，【略】直隶总督高斌奏：瑞雪普遍。得旨：此似尚未为沾足。【略】两江总督那苏图【略】又奏：遵查淮、徐地方清明节后，种高粱者十居三四，春水涸处，不致荒废，低洼之区无从宣泄，为数无多。【略】江苏巡抚陈大受奏：淮北各属连年荒歉，十室九空，牛损七八，上年秋后即饬属发社仓，借给麦种牛价。【略】又奏：查沛县饥民采食野蒿草根，多致死亡，深堪悯恻。现饬司酌动减存余平银两。【略】其灾重未赈次贫之铜山、宿迁、清河、安东、桃源等处有似此者，一体酌办。【略】安徽巡抚张楷奏：查宿州、灵璧、虹县、泗州、天长、五河等处积水涸出十九，其未消及消而泥泞者一县无几，且半属滩地，无粮者多，至已涸可种者，现查明借与籽种。【略】左都御史管广东巡抚事王安国奏：琼属栽插才十之一二，望雨甚亟，迭经买拨，足资借粜。又，广、肇等府米价各增，饬属平粜接济。得旨：所奏俱悉，粤东连岁歉收，深廑朕念。

《高宗实录》卷一六一

三月庚申朔，清明节，【略】谕：入春以来虽得微雪，而雨泽未沛，朕心甚为忧虑。【略】戊辰，吏部【略】又覆议，山东巡抚朱定元奏称，州县承审案件，如捕蝗勘灾【略】等公出，准于本限内扣除。【略】辛未，【略】吏部议覆，江南总督那苏图查覆，御史王兴吾奏请将乾隆四、五年有蝗州县严行考察，江省上年蝗蝻甫生，即扑灭净尽，间有外省飞来，关查未得确实，本任升故，后人以日久无从指实，且有随风旋入，难定方向者，不力职名，实难开报，应如所请，免其咨送。仍饬督属先事挖子，一有飞蝗，严行查参，不得藉口日久支饰。从之。【略】壬申，谕：去年上、下两江及浙江之州县被水偏灾，收成有歉收之处，朕恐民间米粮不足，降旨截留三省漕粮八十万石，以为备用。

《高宗实录》卷一六二

三月乙亥，谕：数月以来雨泽稀少，朕宵旰靡宁，虔诚祈祷，虽得微雨，未为沾足，从前因天时亢旱，曾降旨清理刑狱。【略】至于直隶、山东、江南三省目下雨旸不均，亦著照此例行。嗣后各省如遇灾眚之年，著该督抚将清理刑狱之处，奏闻请旨。丙子，谕军机大臣等，朕览王安国奏报广东各府米价一折，内开琼州府正月米价上米每石价银一两一钱至一两九钱，中米每石价银一两至一两八钱六分，下米每石价银八钱四分至一两八钱二分。朕思米粮时价固有不同，但一月之内，相隔时日无多，不应贵贱悬殊至此，此奏甚属错谬，可寄信询问之。【略】庚辰，【略】免江苏上元、丹徒、阜宁、淮安等县卫乾隆六年分被水额赋有差。【略】戊子，上诣黑龙潭祈雨，祭昭灵沛泽龙王之神。谕军机大臣等，江南淮、徐、凤、颍等处连年被灾，民人困苦，目今流离载道，至有茹草伤生者，朕屡次降旨，加恩赈济，而所赈之户口人数遗漏甚多，百姓无以自存，此等情形，出之南北往来人之口，俱无异词，并非一二人之言也。顷览周学健所奏徐州光景，亦大概相符。而从前那苏图等俱有讳匿之意，并未据实陈奏。【略】缓征山东历城、章丘、邹平、齐河、齐东、济阳、禹城、临邑、长清、陵县、平原、肥城、平阴、博平、茌平、德平、高唐十七州县被旱灾地方乾隆六年分漕粮漕赋。己丑，【略】免乾隆六年分福建福安县被旱额赋。赈甘肃平番、碾伯、宁朔、真宁、皋兰、金县、华亭、镇原、固原、礼县、狄道、宁州十二州县乾隆六年分被水、被雹灾民。【略】是月，直隶总督高斌奏祈雨。【略】又奏各属米价。得旨：二两以外，尚得谓之中价乎？此意即邻于讳灾，亦不可也。又奏祈雨。得旨：目下若再旬日不雨，则二麦必大减分数矣。【略】又奏，得雨日期。得旨：览奏，稍慰朕怀，然京师一带尚未得有沾足雨泽，殊切廑望也。【略】江苏巡抚陈大受奏：江浦、六合堤埂被水冲决，动借常平仓谷资修。【略】湖南巡抚许容奏：武陵、桃源两县大风雨雹，查明损坏营船房屋，倾压灾民给银殓埋，补种打损秧田。【略】山东布政使署巡抚魏定国【略】又奏雨泽分寸。得旨：闻东省望雨甚急，此奏不无掩饰。【略】又奏，收恤江苏被灾流亡，资送回籍，东省并无流民滋事。得旨：恐亦未必无之。

《高宗实录》卷一六三

四月【略】癸巳，【略】户部议准，河南巡抚雅尔图疏称，永城、鹿邑、夏邑三县乾隆六年水灾，请蠲地丁银一万七千四百二两零，下剩应纳钱粮分别被灾分数，分作两年、三年带征，其勘不成灾者缓至本年麦后征收。得旨：依议速行。【略】乙未，【略】户部议准，臣部尚书陈德华奏称，庐、凤、颍、泗四府州迭被灾祲，饥民流离异地，需动项遣归。【略】又议覆钦差侍郎周学健、调任两江总督那苏图、江苏巡抚陈大受遵旨查奏被灾州县，徐属铜山、沛县、宿迁为最，淮属清河、桃源、安东次之，此六县极贫，现界麦秋尚远，应再加赈一个月。【略】海州、沭阳二州县六年被灾最甚，应将极、次贫再普赈一个月。徐属之萧县、邳州、睢宁，淮属之山阳、阜宁五州县俱未奉加赈，应将极、次贫普赈一个月。【略】丁酉，【略】谕大学士等，据河南巡抚雅尔图奏称，豫省今春雨泽及时，二麦畅茂异常，四月下旬即可刈获，收成十分丰稔等语。朕览之甚为欣慰。因思直隶地方今春雨泽未为普遍，恐二麦未必丰收，不能不资藉于邻省。【略】庚子，【略】户部议准，云南巡抚张允随疏报禄丰、沾益、通海三州县水冲石压地亩，请开除额征银九十两零、米一百九十石零。【略】免江苏阜宁、沛县河租，六合县并卫乾隆六年水灾额征银四千七百九十四两有奇、米一万四百八十九石有奇。

《高宗实录》卷一六四

四月乙巳，【略】免直隶遵化州乾隆六年水灾余绝地亩租银，并蔚州水冲民地额征银两。【略】癸丑，谕：山东上年有歉收之州县，直隶今春二麦亦未见丰稔，恐二省将来有须用米粮接济之事，此时粮船经过山东，【略】截留十万石，酌量于临清、德州二处分贮备用。【略】工部议准，调任江南总督那苏图疏报临淮县乾隆六年夏间被水，勘有鱼要等塘亟须加筑塘埂，并建涵洞砖桥，应请动项兴修。从之。【略】甲寅，【略】户部议准河南巡抚雅尔图疏报，洧川、鄢陵、河内、南阳、新野、临颍、襄城、长葛、新郑、郏县、宝丰等十一县河塌积水沙压等地共一百四十七顷二十四亩零，请将地粮银五百九十四两零照数豁除。从之。免福建福清、连江、罗源、霞浦、福鼎、福安、宁德等七县飓灾地丁银一千七十两有奇。乙卯，【略】又谕军机大臣等，近京一带雨泽稀少，现在二麦情形收成歉薄。蒋炳奏请缓征。【略】寻奏查顺天、保定、永平、正定、河间、天津、顺德、广平等府属，直隶易州、冀州、赵州、深州、定州等州属未得透雨，将来收成必减，请缓征新旧钱粮。【略】是月，【略】江南河道总督完颜伟奏：洪泽湖水盛涨，现折宽蓄清坝口门十余丈，使预由清口宣泄入海，将来三石滚坝不致减水过多，方与高宝一带滩地无碍。【略】署两广总督庆复奏：广、肇、惠、潮、嘉五属已成旱象，琼属积歉之余，雨亦未足，请暂停额征银米。【略】又奏报广、肇、惠、潮、嘉五属得雨。得旨：览奏曷胜欣慰，尤可喜者，近京一带正望膏泽，于昨夜正得滂沛甘霖，朕经春入夏，忧怀倍增，于此可以少释矣。

《高宗实录》卷一六五

五月己未朔，日食。谕：今年春夏以来，畿辅地方除宣化、大名二府，及古北口外热河一带雨泽沾足，二麦可望丰收，至顺天、保定、永平、正定、河间、天津、顺德、广平等府，暨易州、冀州、赵州、深州、定州等州属雨水均未沾足普遍，麦收分数势必减少，此时农事正忙，又值青黄不接之际，若仍照例催科，恐有妨于力作，著将各府州属新旧应完钱粮一概暂停征比。【略】免安徽桐城、泾县、太平、庐州府、舒城、庐江、六安、泗州、盱眙、天长、含山、广德等十二府州县乾隆三年旱灾学田租银。【略】壬戌，【略】户部【略】又议覆，调任两江总督那苏图、江苏巡抚陈大受奏称，淮、徐、海三府州属上年被灾后，粟谷昂贵，报捐寥寥，请将捐监事例减三收捐，于本年岁底为止。【略】甲子，【略】工部议准，调任江南总督那苏图疏报，临淮县山水陡发，冲塌西关桥座及两旁石岸，决口三十余丈，请动项兴修。从之。【略】戊辰，【略】缓山东济阳、长清二县乾隆六年旱灾额征盐课。己巳，【略】谕：江、安二省之凤、颍、淮、徐各属连岁被荒，闾阎积困，【略】著将江省之清河、桃源、安东、铜山、沛县、宿迁、萧县、邳州、睢宁、徐州卫、海州、沭阳，安省之宿州、灵璧、虹县、临淮、怀远、泗州、五河十九州县卫被灾各户，所有乾隆五年以前未完带征银两统行停缓，俟各处年岁屡丰、民间元气渐复之后【略】分年带征。【略】辛未，【略】免两淮泰州属庙湾场，淮安属板徐、中莞、临兴等场乾隆六年分水灾额征银三千六百六两有奇，并带征灶欠银四千三百四十五两有奇。免福建永定县被水冲陷地亩无征银粮。

《高宗实录》卷一六六

五月【略】庚辰，谕：春夏以来，京师雨泽愆期，仰望殷切，十七日夜荷蒙上天降赐甘霖，秋成可冀，朕心为万姓称庆，今年畿辅远近地方得雨多寡不等，有先后沾足者，有未曾普遍者，是以二麦收成分数丰歉不齐。日据高斌奏报，朕时刻留心体察。如磁州、永年、曲周、邯郸、成安、肥乡、广平、鸡泽等八州县，麦收甚为歉薄，计此时去夏田收获尚远，贫乏之民糊口维艰，恐致失所，应加恩于常格之外，著于六月内将穷民给赈一个月，以资接济。【略】癸未，【略】户部议准，广西巡抚杨锡绂疏报，全州乌雅扑地亩被水冲成沙石，垦不成田，请将额征银米自乾隆七年为始，照数开除。从之。【略】是月，【略】湖南巡抚许容奏，五月初江水涨发，常属之武陵、龙阳、沅江三县堤垸间被漫决，现饬料理堵筑，并分别借给籽种。【略】又奏，粤东告籴，请于附近粤省之永州、衡州、长沙等三府，及所属长沙、善化、湘阴、湘潭、衡阳、衡山、零陵、祁阳等八县加贮谷内，酌拨八万石，以供买运。

《高宗实录》卷一六七

六月【略】丙申，【略】又谕军机大臣等，前据魏定国奏报，山东各府于五月初三至二十一等日，得雨一二寸至四五寸不等，其被旱之历城等十九州县现在借给籽种口粮，以资耕种等语。此半月以前山东雨水之情形也，近今半月以来，乃农田紧要之时，雨泽果否透足。【略】寻奏：自五月二十一二等日至六月初四及初十等日，所在续得透雨，秋粮长发，其历城等十九州县被灾贫民，现饬属实心查办，酌量借给。【略】己亥，【略】工部议覆，江南河道总督完颜伟等疏称，据巡漕御史都隆额具奏称，黄河北岸石林、黄村二口黄水减泄过多，近河之沛县、铜山等处多被淹漫。今查勘该二口，原以减泄黄水异涨，归微山湖，以资漕运。乾隆五年秋汛盛涨，二口漫滩之水，汕刷沟漕，以致泄水过多。经前河臣高斌堵塞坚实，【略】是以乾隆六年秋汛盛涨，减水无多。【略】壬寅，谕军机大臣等，御史陈大玠条奏，可发与那苏图阅看。向来台湾地方产米甚多，是以漳、泉等处资其接济，后因流寓人多，米价渐贵，乾隆六年彼地又复歉收，特令禁米出港。今陈大玠此奏，未必即系该地方实在情形，但年岁果属丰稔，而奸商等居奇囤积，亦非便民之道，该督抚等亦当通融办理。

《高宗实录》卷一六八

六月甲辰，【略】户部议准甘肃巡抚黄廷桂疏称宁州、环县、合水、安化四州县接管之庆阳一卫，地界甘省极东，天气视各府差暖，民间种粟者多，是以向征粟米一色，原为便民起见。查该卫地亩多在高山坡坎之间，可种粟者止十之一二，余仅堪树艺麦豆，屯民易米完赋，不无亏折。且甘属河东、河西各卫屯粮均系麦豆杂粮兼收，今应照例将该卫额征粟米自乾隆癸亥年为始，改为米麦豆三色兼收。从之。【略】乙巳，【略】户部议准前署山东巡抚布政使魏定国疏报，东省济、泰、东三府之历城、章丘、邹平、长山、新城、齐东、济阳、临邑、长清、陵县、德州、德平、平原、肥城、东阿、平阴、博平、茌平、清平等十九州县卫麦禾被旱，请将新旧钱粮缓至秋后征收，以纾民力。【略】工部议准原任福建巡抚王恕疏报，永定县东门外大桥等桥，及兴化司巡检衙署被水冲塌，有碍行旅往来，并巡检无所栖止，请动项兴修。从之。【略】是月，【略】两江总督宗室德沛奏：江浦、山阳、阜宁、清河、安东、桃源、兴化、宿迁等县经上年成灾之后，今又被水、被雹，更宜竭力抚恤。【略】安徽巡抚张楷奏：泾县、蒙城、太和、阜阳、颍上、滁州、全椒、来安、和州、含山、天长、宿州、灵璧、虹县、怀远、临淮、凤阳、盱眙、合肥、宿州卫等二十处被水，现经设法宣泄，可望秋成。惟宿、灵、虹三处低洼积涝难消，秋禾尚多未种。【略】浙江巡抚常安奏：老盐仓各塘工正值伏汛潮涌，未免汕刷，现饬工员分段积柴，随时修补。得旨：【略】更闻目今沙复涨而水南旋，何不奏明，以慰朕怀耶。【略】甘肃提督李绳武【略】又奏：奉谕整饬营伍，并所属凉、肃、西、宁雨水沾足，田禾茂发各情形。【略】署贵州布政使陈德荣【略】又奏报：贵阳、独山、毕节等府州县以山水徙发，冲坏城垣民居，淹毙人口，现饬员确勘，分别抚恤，给本修整。

《高宗实录》卷一六九

七月【略】癸亥，谕军机大臣等，广东学政张灏来京复命，朕询问该省雨水年成，据奏自正月起至四月初旬，数月未曾得雨，春收失望等语。【略】后据庆复、王安国奏报，四月初六七并十三四等日甘霖大沛，俱已沾足，田禾已种者俱可有收，未种者俱可补种，与张灏所奏不甚符合。尔等可寄信与庆复、王安国，令其将实在情形及如何料理之处速行具奏。寻据奏覆，前任学臣张灏于四月初二日自粤启程，尔时尚未得雨，夏收原属失望，其所奏悉具实情，嗣后四月初五六七至十二三四等

日，各属连得大雨，四郊沾足，视半月以前气象迥乎不同，为学臣张灏所未及见。臣等屡次奏报，字字据实，毫无粉饰，目下雨水均调，晚禾畅茂，民食无虞。【略】丙寅，【略】谕军机大臣等，本年六月十四日陈大受奏称，江苏地方夏月连阴，秧稻虽已遍插，因雨水未能长发。至阜宁、安东、六合、邳州等处被水、被雹。又据淮安府属之山阳、阜宁、清河、桃源、安东各县禀报，五月间大雨连日，低洼处未刈之麦，俱被阜伤，其所种秋禾亦被水淹黄萎。现委府县查勘，酌量抚恤，并借给籽种，令其速行补种。苏城烟户众多，米价渐觉昂贵，拟饬地方官商酌设厂平粜，以济穷民等语。安宁所奏亦大概相同，但朕闻淮南一带因多雨之后水势泛溢，恐不止山阳、阜宁、邳州数州县，况此等地方皆系上年被水歉收者，小民叠次灾伤，尤堪矜悯。【略】又谕：朕闻河南南阳地方雨水过多，有无伤损禾稼之处，雅尔图未曾奏报。【略】寻奏：南阳府所属多系依山傍水，一遇大雨时行，山涧并涨，每岁有之。今年六月内，新野、叶县、舞阳、唐县等处雨水稍多，下游之湖广襄、汉等水同时涨发，宣泄不及，沿河洼地间段被水，但系积年受水之区多种麦而不计秋，间有受伤之秋禾，零星无几，补种甚易，各该县俱随时妥办，居民安堵。

《高宗实录》卷一七〇

七月癸酉，【略】谕：据德沛奏，扬州府通判刘永钥等禀称，高邮、邵伯一带湖河，水势加涨，已将芒稻闸、董家沟开放，以资利导。乃有湖西乡民数十人赴邵伯工次，求开奉旨永闭之昭关坝，以保田禾。永钥等谕令散去，讵刁民于五鼓持械聚众，擅敢将漕堤挖动。下河乡民抢护，两相争执，各有数人受伤。现批令淮扬道严审治罪，以儆刁顽等语。【略】戊寅，谕：江、安二省之淮、徐、凤、颍各属连年被水歉收，朕心廑念，【略】昨又降旨，将江省之清河、桃源、安东、铜山、沛县、宿迁、萧县、邳州、睢宁、徐州卫、海州、沭阳，安省之宿州、灵璧、虹县、临淮、怀远、泗州、五河十九州县卫，被灾各户所有乾隆五年以前未完带征银两统行停缓。【略】庚辰，【略】又谕军机大臣等，据河南巡抚雅尔图奏称，六月初十等日雨水较大，邻河州县内如开封府属之郑州、中牟、鄢陵，归德府属之永城、鹿邑、夏邑，陈州府属之淮宁、商水、西华、沈丘、项城等州县，间有被水村庄，现在克期查办等语。近又有人奏称，河南地方多有积水未消，而考城一县甚至经冬不涸，于田畴尚无妨碍。【略】可寄信雅尔图，令其留心相度，通盘筹画，次第办理。寻奏：【略】臣于乾隆四年莅任，正值水灾后，到处俱有积水，当即饬属相度，劝导士民分别疏浚，如安阳县修复万金渠，灌田十六万亩；浚县修复西十里铺环堤，卫田三万六千余亩；河内县修复利仁、丰稔等河，灌田七万余亩；又开封府之中牟县，南阳府之南阳等十三州县，河南府之巩县、孟津、新安三县，汝宁府之汝阳县导水灌田，共改种水田一万八千余亩，此三年来办理水道之情事也。【略】再，考城县地势低洼，每年黄水漫流，无路宣泄，现已开沟一道，由商丘县杨家堂归入黄河，无经冬不涸之患。【略】癸未，【略】谕大学士等，江南下江之淮、徐、扬州等处，上江之凤、颍、泗州等处屡被水灾，民人困苦，朕心深为廑念。【略】今闻上、下两江去年受灾之所，六七月间复被淹没田禾，似此饥馑迭告，小民其何以堪，朕已切谕该督抚等急为赈恤，妥协办理。但思两江要地水潦频仍，固因近年雨水过多，亦由地势低洼，宣泄容纳经理无方之所致。【略】乙酉，【略】户部议覆，湖北巡抚范璨疏报，汉阳府属之汉川县，安陆府属之潜江、沔阳、天门、荆门四州县并沔阳卫，德安府属之云梦县，荆州府属之江陵、监利二县并荆州、荆左二卫，襄阳府属之襄阳县，于本年五六月内，或因河水泛涨，或因雨水漫溢，低洼田地禾苗多被淹没，庐舍人口亦有损伤。又，襄阳府属之襄阳、枣阳、谷城三县并襄阳卫，于本年四月内因风雨骤至，内带冰雹，粟谷棉豆均有折伤，应请查明被灾军民，先动库项并仓谷，分别抚恤。【略】丙戌，户部议准江苏巡抚陈大受疏报，江浦、六合、山阳、阜宁、清河、桃源、安东、淮安、大河、兴化、铜山、沛县、萧县、邳州、宿迁、睢宁、海州、沭阳共一十八州县卫雨雹水溢，伤损二麦秧苗。且各州县卫除兴化一县外，皆系上年被水之后，补种秋禾俱属艰难，请于常平项下借给籽种工本口粮；其山、阜、清、桃、安五县被灾更重，极贫之民除饬先行抚恤一月外，应请再加赈两月；【略】淮、大二卫被灾饥军，其旧欠钱粮，暂缓催征，一体分别赈恤。从之。是月，【略】奉天府府尹霍备奏报，各属被涝抚恤情形。【略】直隶总督高斌奏报，永定河工伏汛平稳情形。【略】两江总督宗室德沛、安徽巡抚张楷奏报：临淮、凤阳、怀安、灵璧、虹县、五河、宿州、寿州、凤台、泗州、盱眙、天长、蒙城、太和、霍邱、颍上、亳州等处田禾被淹，已动拨司库银十六万两，分解抚恤。【略】又奏：长淮卫、凤阳卫、霍邱、五河等县卫续报被水，预筹抚恤。【略】德沛又奏亲赴扬州督赈。【略】又奏：古沟湖水冲决，高邮、邵伯、兴化、盐城俱被水患，现在设法宣泄，加意抚恤。【略】江苏巡抚陈大受奏，淮安府属之盐城县被水，勘明抚恤。【略】又奏：徐属连年灾祲，今夏二麦甫收，因水减歉，且自六月以来阴雨连绵，收成有限，其不能导涸者，一望汪洋。有田之民固觉艰窘，无田者颇赖皇仁赈至四月，得延残喘。【略】又奏：古沟东坝漫决，水势奔腾，高邮、邵伯、上下塘俱漫溢，田庐被淹，下河之兴化、泰州、盐城悉罹水患，铜山县、邳州续又被水。臣已询商河臣完颜伟、督臣德沛逐一查办。得旨：今年水势诚异涨也。【略】又奏：亲往高邮等处安抚灾黎，动拨银谷，赈粜并行。【略】江南河道总督完颜伟奏报：洪泽湖水势渐退，高邮、邵伯湖水宣泄情形。【略】又奏报：黄河水势渐消，洪泽国湖水加涨已定，各工抢护平稳情形。【略】两淮盐政准泰奏：淮北各盐场荡地盐池尽被水淹，灶户停埽，一面委员查勘安抚，一面令运司筹拨银米，速饬分司等查明灾灶，先行赈恤。其沿河庐舍多被水浸，现委人员分查失业各户，量动闲款银两，酌加周恤，以免流离。【略】又奏：扬郡米价骤贵，请以盐义仓积谷拨发江都、甘泉两县于城外四厢设厂平粜，比照时价，每石减银二钱。【略】安徽巡抚张楷奏：凤、颍、泗三属被水，已动拨司库银十六万两，分解有灾地方，动用给散。【略】江西巡抚陈宏谋奏，兴国县猝被水灾，已饬动项赈恤，给银葺屋。其联界之赣县、宁都、瑞金，及吉安府属之万安、龙泉，南安府属之大庾俱因雨大水发，间有冲损。【略】又奏：兴国县被水灾民俱已赈恤安顿，至万安、赣县、宁都、龙泉四州县被水较次，亦经动项抚恤；其瑞金、大庾、泰和、雩都、庐陵、德化、湖口等县被灾更轻，悉已酌量抚恤。交秋以来，各属水势渐退，晚禾茂盛，米价亦不昂贵。【略】浙江巡抚常安【略】又奏：浙江麦秋既熟，早禾复稔，晚禾亦属有望，惟淳安县、分水县、安吉州等处山水骤漫，不无冲淹，已饬加意抚恤。至江塘海塘工程，现俱平稳。【略】湖广总督孙嘉淦奏，楚省江、汉经流，湖泽诸汇，百姓多从水中筑垸为田，一有漫溢，遂失生计。【略】惟汉水自襄阳至汉阳，皆走平原，溢为潜沔，旁无冈阜以为畛域，百姓生齿日繁，圩垸日多，凡蓄水之地尽成田庐，只留一线江身，两岸筑土堤束之。当筑堤时，不善相度，紧逼水涯，不留尺寸地以予水，故水与堤日相切摩。而所筑之堤，又未夯硪坚实，皆系浮土堆成，累年岁修因艰于取土，虚应故事，甚至将堤身草皮铲去，以充新工，徒烦民力，无裨实用，是以荆、襄、安、汉诸府无年不有水患。【略】湖南巡抚许容奏：攸县、醴陵、茶陵、酃县、衡山、华容、益阳、沅江等八州县被水，已饬会勘抚恤，给银葺屋。【略】山东巡抚晏斯盛【略】又奏，东省雨泽频仍，峄县、郯城、兰山、沾化、武城、诸城、潍县、昌邑、高密等，及德州卫地均有被水之乡，分别先行抚恤，并给银葺屋。【略】署西安巡抚岱奇奏，秋禾茂盛，粮价平减。【略】甘肃巡抚黄廷桂奏，甘省狄道州、宁远县、西固厅、中卫被水冲漫，田禾被淹，房屋坍倒，已饬各属分别赈恤。【略】甘肃布政使徐杞奏报，河东、河西被雹轻重情形。【略】广东按察使潘思榘奏，雨水调匀，丰收预兆。　　《高宗实录》卷一七一

八月丁亥朔，【略】缓两淮泰州分司所属庙湾场被水灶户新旧额征，并分别赈恤。戊子，【略】谕：今岁六七月间江南淮、徐、扬州一带淮黄交涨，水势漫溢甚于往时。【略】兹据陈大受奏称，扬州目下河水日逐增长，民间自中人之家以及极贫下户，皆流离四散，虽有平粜之官粮，抚恤之公项，亦不能奔走领籴。似此情形，实非寻常被灾可比。【略】己丑，【略】户部议准，湖南巡抚许容疏报，攸县、醴陵、茶陵、酃县、华容、益阳、沅江、衡山八州县，乾州、凤凰、永绥三厅被水、被虫，分别抚恤。得旨：依议速行。【略】庚寅，【略】谕：江南上、下两江今年水涨逾常，该督抚陆续奏报者不下数十州县，【略】念此等被灾之地，夏已无收，秋更失望，小民困苦，其何以堪。况此数十州县，有今年被灾

特甚者，有今年稍轻而连年被灾者，现又水涨未消，亟待赈恤。其流离颠连之状，时在朕心目中。【略】辛卯，【略】户部议准，安徽巡抚张楷疏报，凤阳、怀远、虹县、灵璧、蒙城、五河等六县被水并霉烂二麦，其新旧钱粮暂缓催征，无力贫民借给籽种，至二麦歉收各户借给口粮一月。从之。【略】丁酉，【略】谕：江南上、下两江有迭被水灾之州县，朕心深为轸念。【略】兹据安徽巡抚张楷奏报，连年水潦歉收，今年被灾最重者则有凤阳、临淮、宿州、灵璧、虹县、怀远、寿州、凤台、蒙城、泗州、五河、盱眙、天长十三州县，次重者则有定远、霍邱、太和、颍上、亳州、阜阳六州县。【略】辛丑，谕：今年上下两江水灾甚重，【略】但思此等穷民在本地引领待赈者固多，而挈家四出觅食于邻省邻郡者亦复不少，著江南及河南、山东、江西、湖广等省督抚各严饬地方有司，凡遇江南灾民所到之处，即随地安顿留养。

《高宗实录》卷一七二

八月壬寅，【略】谕：上年山东历城一十七州县卫秋禾被灾，朕特降谕旨，将应征新旧钱粮并漕米黑豆一概缓至今岁及癸亥两年带征，于麦熟后起限。嗣因今岁二麦不登，复缓至秋成后完纳。现在秋收丰稔，自应按款输将，但各州县中有迭被灾伤之历城等十三县，今岁虽获有秋，而民力未苏。【略】著将历城、章丘、齐东、济阳、长清、陵县、邹平、临邑、平原、肥城、平阴、茌平、博平等县，并历城、章丘、济阳、长清、肥城等五县，收并之卫地除现年钱粮及带征六年之米豆照常征收外，其应征四五两年旧欠及带征六年之地丁，并灾案出借之口粮籽种，概缓至乾隆癸亥年麦收后起征。【略】又闻齐河、禹城、清平、高唐等四州县，并齐河县收并之卫地，今夏虽勘不成灾，究属歉收，且去岁被灾亦重，著与历城等县一例办理，使小民糊口有资，输将不致竭蹶，该抚即遵谕行。【略】甲辰，【略】赈恤江西兴国县水灾饥民，并蠲免本年额赋。乙巳，【略】谕军机大臣等，两江总督德沛奏称，高邮、宝应、淮安等处被水地方，现在查赈，在城居民有力之家例不在赈恤之列者，聚众罢市，抬神哄闹公堂衙署，勒要散赈。而高邮则系劣生朱恺士指使，宝应则系刘师恕族人指使，淮安首事数人，亦不尽系百姓，现在查拿，即具疏题参等语。【略】工部议准，浙江巡抚常安疏称，钱塘、余杭二县交界之瓶窑镇溪河，为诸水汇归太湖之尾闾，水去沙停，兼之窑户堆积废料，残沙渐以淤阻，上游无从宣泄，遂致泛溢，塘堤亦多冲刷，亟宜先为挑浚疏通，以利杭、嘉、湖三郡民生，并转饬该地方官晓谕附近窑户，不许仍前堆积，致妨水道。从之。【略】丙午，【略】护理福建巡抚印务布政使张嗣昌疏报，闽省漳州府属诏安县乾隆六年夏月被灾，应免银五千五十六两有奇。【略】甲寅，【略】又谕：据湖广督抚奏报，湖北之荆州、安陆、汉阳、襄阳、德安，湖南之长沙、衡州、岳州、常德、澧州等府州所属之州县，及沔阳、武昌、襄阳三卫，有夏月被水之处，淹没田庐禾稼，民人困苦，现在动支常平仓谷，按名赈济。又据江西巡抚陈宏谋奏报，赣州、吉安、南安三府所属州县有被水较重之处，现在灾民俱已照例赈济安顿，不致流移。【略】丙辰，【略】户部议覆，护理山东巡抚魏定国奏称，登、莱、青三府仓谷过多，霉变堪虞，请分拨府属各州县收管。得旨：依议江南被水地方需米甚多，登州府分拨蓬莱等州县谷六万石，若由海船运送淮安甚为便捷，著山东巡抚知会江南督抚妥协办理。如登莱两府滨海州县之积谷尚有可以运致江南者，著巡抚晏斯盛酌量定议。【略】是月，吏部尚书署直隶总督史贻直奏，直属禾稼丰收，粮价平减，间有粘虫旋长旋消，实于田禾无损。得旨：览奏，曷胜欣慰，但不可因朕祈年之念切，而有所粉饰于其间也。两江总督宗室德沛奏报，今岁江、淮、扬、徐、海五府州所属之江浦、六合、山阳、阜宁、清河、桃源、安东、兴化、铜山、沛县、邳州、宿迁、睢宁、萧县、海州、沭阳，并淮安、大河二卫计十八州县卫，又甘泉、丰县、砀山、盐城、高邮、宝应、徐州卫，并江都、泰州等处被水，兹复以古沟东坝冲开扬州一带，水患尤重。臣与抚臣亲往料理。【略】得旨：即如汝等另折奏，七月十七八尚有异涨，而此番奏折乃八月初二日，于目前情形总无一语道及。【略】又奏：下江五府州被水，现在分别给赈，灾民受赈多有感泣者，间有哄闹之人，大率系不应赈之劣生地棍，臣已饬令查拿。【略】两江总督宗室德沛、江苏巡抚陈大受奏报，今岁湖河盛涨，疏导失宜，以致冲开古沟东坝，上河几成巨浸，幸将高邮州之南关、五里、车逻三坝并昭关一坝开放，水注下河，故上河止灾于庐舍田园，然数日以来水落亦仅三尺。而下河之兴化、泰州一片汪洋，臣等饬令多方赈恤，在下河人民现已安置，自应俟上河之水平减如常，然后再闭各坝为善。【略】江南河道总督完颜伟奏报，秋汛平稳，古沟东坝堵闭完竣情形。【略】江西巡抚陈宏谋奏，南昌、饶州、九江、南康等府或沿大江或绕鄱湖，七月以后川楚水大由长江而下，江水异涨，鄱湖之水不能归江，江水倒漾，以致沿江之德化、湖口、彭泽，沿湖之新建、南昌、进贤、鄱阳、余干、建昌、都昌等县俱被淹没。【略】闽浙总督那苏图、福建巡抚刘于义【略】又奏报，连江、罗源、福清、屏南、福安、宁德、福鼎、莆田等县被水，委勘抚恤。【略】浙江巡抚常安覆奏，江塘海塘为浙省要务，臣屡次亲勘，如逢大潮之期，洵属汹涌，及细为详察，自尖山堵塞以来，潮头不能北向，离塘根尚有数里，势虽大而无碍。惟塘根对过蜀山之北，积有涨沙，潮头直冲此沙，以致迴流激射。【略】至于塘根涨沙，固可藉护一时，而老盐仓去年旧沙渐已塌陷，今春竟刷去二千余丈，近虽云有嫩沙，而又消长不时，实未可恃。【略】又奏：玉环一营，瑞安、平阳二县因陡起飓风，沿海一带被水，已委员加意抚恤。【略】福建巡抚刘于义奏，诏安县陈作聚众为匪，【略】此案起事根由，陈作以本年三四月间诏安缺雨米贵，即欲借此为名，招集匪徒，计图抢夺县城。【略】湖南巡抚许容奏，近日米价增贵，因商贩源源搬运，邻封官买亦有咨会，理无禁遏。窃计湖广虽熟，在湖广且难以言足也。得旨：所奏俱悉，各省采买固非湖广之所愿，而各省嗷嗷待哺之民，尤幸有此也。若只为湖广而行遏籴之政，非朕一视同仁之心也。山东巡抚晏斯盛奏：江省被水流民就食来东，待哺甚急，臣饬令查明，每日计口给米，总期宁滥无遗。【略】河南巡抚雅尔图奏，豫省各属秋禾茂盛，预卜有秋，惟开、归、陈三府前次被水各县不无损伤，又汝宁、许州所属间被淹损，不过偏隅，现为抚绥，务俾得所。【略】又奏，上、下两江今年水灾，多有穷民就食豫省，臣动支存公银两，买米分设粥厂，每日计口散给，俟彼省水涸可耕，即分起资送回籍。【略】甘肃巡抚黄廷桂奏，皋兰、金县、陇西、安定、通渭、平凉、固原州盐茶厅、秦州徽县秋禾被雹，现饬勘查，分别赈免汇题。惟秦州、通渭县二处冲倒房屋，压毙人口，殊堪悯恻，亦经檄令赈给银两。【略】署两广总督庆复奏覆，交地荒歉，饥夷流入内地，良匪莫辨，已饬令查明。病饿者暂与存恤，强壮者酌给口粮，押送出关，并严饬民人不得收留贩卖。【略】又奏两粤雨水调匀，晚禾丰茂情形。【略】又奏粤西思州边境土司偶值雨泽愆期，地涌水泉，灌溉千亩田禾，农田有赖。

《高宗实录》卷一七三

九月丁巳朔，谕大学士等，江南淮、徐、凤、颍等处今年被水甚重，民人困苦。【略】查山东德州、临清两处有截留漕米共十万石，原以备山东、直隶缓急之用者，今两省秋成丰稔，无须米粮接济，【略】著江南督抚知会山东巡抚，将如何运送，公同妥议，速行办理。【略】己未，【略】大学士鄂尔泰议奏：安徽巡抚张楷奏覆凤、颍、泗三属从前虽常被灾歉，然每次不过数州县，且水旱兼有，独迩年合属全被潦灾。内如阜阳县等，未尝不沟洫修治，支河流通，无如淮水一涨，浮于平地数尺，即有沟洫支河无救淹没。臣广为访询，实因淮水下流不能迅趋入海，洪泽湖每年开放之天然坝闭塞不通，滚水坝又复加高，以致壅滞难消，泛滥为害，此其积潦之由，不在安省而在下游，不在支河而在二渎。【略】庚申，【略】谕军机大臣等，朕闻今年河湖为患，皆由淮水下流不能迅趋入海，洪泽湖天然二坝及高邮之南关、五里、车逻等坝永闭不开，水无宣泄之所；又毛城铺分减黄水十三口，虽东而为三，而各未断流，洪泽湖不能容纳，以致泛滥冲决。【略】寻，高斌奏：臣查今年湖河为患之处，一系古沟漫工，一系石林水口。【略】但古沟之漫，实由于洪湖之异涨，而洪湖之异涨，实由于淮河上游雨潦过多，暴水骤至，回与寻常盛涨不同，是以高堰水志涨至一丈五尺六寸，山盱三滚坝过水至七尺之多，其时清口大辟，势若建瓴，直注外河山安海防，畅行入海。【略】臣查下江被灾州县二十有九，皆系夏秋雨潦为灾，惟下河兴、盐等处复受古沟漫水之患；至上江凤、颍、泗被灾之处计十九州

县，亦因天雨过多，山水大发，所致当六七月水发之时，淮河上源之水俱汇注洪湖，以致洪湖异涨，泗州即在洪湖上口，水势直注入湖，其最近之泗州，犹顺流直下，并无倒漾之事，其不能逆流远至数百里之上为害凤、颍，尤显然可见者也。【略】赈恤湖北潜江、沔阳、天门、监利、枣阳、宜城、光化七州县，并沔阳、武昌、襄阳三卫续被水灾军民，并缓征额赋。辛酉，【略】蠲免广东崖州、感恩二州县上年被风灾民额赋。【略】甲子，【略】大学士议准安徽巡抚张楷奏称，凤、颍、泗三府州所属凤阳等十九州县连年灾歉，今岁复被潦灾，民力更困，所有额征漕米漕项请照地丁之例，分别蠲缓；其勘不成灾区图，又不被灾之高阜，应完漕米照例每石折征银一两，俾灾地多留米石，以裕民食。【略】赈恤湖南湘阴、长沙、益阳、巴陵、华容、武陵、龙阳、沅江、安乡等九县续报被水灾民，并缓征本年额赋。【略】庚午，【略】谕大学士等，【略】现在直隶古北口一带地方收成丰稔，著提督塞楞额、兵备道八十委员采买四万石，分运蓟、遵、丰三州县，以备陵寝支放原额。【略】辛未，【略】分别蠲缓江南山阳、阜宁、清河、桃源、盐城、甘泉、兴化、泰州、高邮、宝应、铜山、丰县、沛县、萧县、砀山、邳州、宿迁、睢宁、海州、沭阳、赣榆等二十一州县被水灾民本年漕粮。　　《高宗实录》卷一七四

九月【略】丁丑，【略】户部议准安徽巡抚张楷疏报，凤阳府属之凤阳、临淮、怀远、宿州、灵璧、虹县、凤台、寿州、定远、凤阳卫、凤阳中卫、宿州卫、长淮卫，颍州属之阜阳、颍上、霍邱、亳州、蒙城、太和、泗州，并所属之五河、盱眙、天长、泗州卫，共二十四州县卫夏秋被水各属，查明乏食贫民，先拨解银二十万两，分别赈恤，新旧额赋概行停征。从之。【略】甲申，谕：前据晏斯盛、白钟山奏称，黄河由江南石林、黄村二口浸溢，贯注微山、南阳等湖，所有滕县、鱼台、峄县、金乡、济宁、临清卫等六州县卫村庄田亩庐舍多有淹浸，朕即降旨，令白钟山前往堵筑。又据高斌、完颜伟奏称，八月二十七日黄河汛水陡涨，石林口减水过多，沛县城池被淹，现在竭力运料集夫，无分昼夜，紧赶进埽儧筑。臣等坐守该工，约计十月可以完竣等语。但查上年六月，巡漕御史都隆额即奏称，石林、黄村一带黄河大势北趋，二口泄水之处俱被冲刷深阔，竟与黄河平接，沛县城郭形如釜底，甚为可危。【略】乙酉，【略】谕：据高斌、德沛等奏称，江南被水地方已渐消退，其高阜之地现谕农民赶种秋麦，但低洼处所尚有积水等语。【略】是月，【略】吏部尚书署直隶总督史贻直奏：直省秋禾收成丰稔，间有被水、被雹者，俱属一隅偏灾，且有并不成灾田禾无损者，查明借给籽种，缓征钱粮，分别料理。【略】直隶总督高斌、江南河道总督完颜伟奏：徐州黄河北岸之石林口减泄黄水入微山湖过多，随饬星夜堵筑，近日汛水渐退，石林口漫水河滩现出口门，水面现宽九十余丈，臣等坐守该工，【略】约计十月半后可竣。【略】直隶总督高斌覆奏：臣接到江苏布政使安宁寄字，奉上谕，淮扬一带今岁水患，完颜伟开坝宣泄，未曾先行晓谕，以致居民不及防避，俱被淹浸，百姓俱怨，尔至江南，可查明情由，据实奏来。【略】臣查河工，凡遇开坝，俱系临时酌量，【略】必不能有预先遍行晓谕之情形，但民遭水患，田庐淹浸，艰苦万状，嗟怨之声归咎河臣，此情理所必有。【略】又奏：石林口减泄过多，湖水漫溢，沛县城池被淹，漫水北流，山东之鱼台、滕、峄等处亦被水淹，石林水口急应速堵断流，现在上紧赶办，亦须一月工程。【略】直隶总督高斌、刑部侍郎周学健奏：臣等于八月二十五日至清口，【略】二十八日辰时古沟漫口已经合龙，其高邮以南开放各坝，不日即可堵竣，上下河水渐次消退。臣等会同督抚现饬借给籽种，劝谕赶种秋麦，经过各地方民情安贴，静待赈恤。【略】河东河道总督白钟山奏，秋汛已过，豫、东两省黄河工程平稳情形。得旨：览奏，稍慰朕怀，今年河水至九月犹涨，此实未之前闻也。【略】江苏布政使安宁奏：本年淮扬等属猝被水灾，人心未免惶惶，迨后恩膏大沛，咸沐更生，【略】至需用银两，动支库项，请拨部饷，计已二百九十余万两；应用米谷，拨协采买，截留拨发，计得米二百二十余万石，合计米银已及五百万之数。此番办灾，实从古未有之殊恩。【略】再查，苏、常、镇一带米价少减，江以南地方收成俱极丰稔。得旨：知道了，欣慰览之。【略】安徽巡抚张楷奏：凤阳、泗州二属自七月抚恤起，已报完竣；颍州府属自八月中旬抚恤起，将次完竣；

臣委员查察，不许一名遗漏，实在应征贫民大小口共二百二十余万。【略】江西巡抚陈宏谋奏：江西素称产米之乡，近来积谷未裕，【略】所存谷仅六十二万余石，本年通省收成止七八分，加以楚、粤、江南等省米粮缺少，贩运者多，目下米谷登场，而米价仍然昂贵。【略】山东巡抚晏斯盛奏：黄河水涨，由江南之铜山、沛县溢入东省湖河，以致峄县、鱼台均被水淹。得旨：今年实属异涨，一切善后事宜，与河臣妥协和衷为之。又奏：莱州府属被水歉收，粮价日昂，且地处海滨，不通江广，若任商贩米出海，必致民食维艰，更恐将来匮乏，自应暂时停止，留济本地，俟来岁丰收仍听贩运。得旨：此不过属员为一邑一郡之说，汝等为封疆大吏，不可存此遏籴之心也。若果无米可贩，彼百姓自不贩运矣，何待汝等之禁乎，汝前奏大公之谓何。山西巡抚喀尔吉善奏报，秋收丰稔，粮价平减，口外归、绥一带麦禾尤属丰收，粮价比内地更贱。【略】甘肃巡抚黄廷桂奏，甘省所需粮石比他省实增数倍，仓储之蓄，尤不可不充，采买之法，更不可不讲。今岁收成丰稔，粮价平减，通查各属应共采买粮五十二万一千余石。【略】又奏：甘省地处边陲，降霜略早，皋兰、灵台、平凉等县秋禾被霜，均有损伤，虽轻重不等，但地极苦寒，小民别无生计，偶遇偏灾，艰于度日，臣已饬将钱粮暂行缓征。【略】四川巡抚硕色奏报，通省收成约有九分以上。

《高宗实录》卷一七五

十月【略】己丑，【略】免山东历城、章丘、邹平、长山、新城、齐东、济阳、临邑、长清、陵县、德州、德平、平原、肥城、东阿、平阴、博平、茌平、清平等十九州县旱灾地粮银二万五千一百七十两有奇。【略】壬辰，【略】加赈江南山阳、阜宁、安东、清河、桃源、铜山、沛县、萧县、邳州、宿迁、睢宁、海州、沭阳、甘泉、泰州、兴化、高邮、宝应、盐城、六合、江都、江浦、丰县、砀山、赣榆、淮安、大河、徐州等二十八州县卫水灾饥民。癸巳，【略】钦差刑部侍郎周学健、直隶总督高斌奏：江南铜山、沛县、邳州、宿迁、桃源、清河、安东、海州、沭阳等九州县因九月河湖并涨，续被水灾，请将次贫增赏十月一个月口粮，与极贫一体赈恤。【略】河东河道总督白钟山疏报，今岁黄、沁两河水势甚大，一经设法防护，胥庆安澜。自七月初八日立秋起，至九月二十五日霜降止，秋汛已过，黄河上自孟县、荥泽，下至虞城、单县，陆续涨水一丈二寸至一丈一尺不等；沁河陆续涨水一丈一寸。凡豫、东二省南北两岸一千两百里内，一切埽坝工程俱已修筑完固。【略】乙未，谕：今年江南淮、徐、凤、颍等府被水之后，筹画民食需米甚多，因山东与江南接壤，挽运较易，彼地今岁收成尚好，是以降旨将登州谷石及德州、临清两处所截漕米运往江南，以资接济。续据该抚晏斯盛奏称，登、莱等处现需米谷，难以拨运江省，朕降旨停止。今查东省沿河之济宁、临清二处贮有仓谷一十八万余石，若以八万石留存本地，以十万石碾米载运江南，一水可通，甚为有益。【略】速行妥办，毋得稽迟。【略】户部议准，湖南巡抚许容奏称，前被灾各属内茶陵州已赈给一月口粮，【略】其益阳、沅江二县均应于冬夏之交择极贫者赈三个月，【略】再勘不成灾之乾州、凤凰、永绥三厅仓储，就近各属应酌量通融，拨增平粜。【略】庚子，【略】加赈江南凤阳、临淮、宿州、灵璧、虹县、怀远、寿州、凤台、定远、蒙城、霍邱、太和、颍上、亳州、阜阳、泗州、五河、盱眙、天长等十九州县，暨凤阳、凤中、长淮、宿州、泗州等五卫水灾饥民。

《高宗实录》卷一七六

十月【略】己酉，【略】赈河南永城、鹿邑、夏邑、柘城、上蔡、新蔡、西华、商水、郾城、郑州、新郑、淮宁、沈丘等十三州县水灾饥民，其不成灾之新野、汝阳、西平、遂平、项城、扶沟等六县俱缓征钱粮。【略】壬子，【略】免江南山阳、阜宁、清河、桃源、安东、淮安、大河等七县卫水灾地粮银三万二千七百四十四两有奇。赈直隶蓟州、鸡泽、西宁三州县水灾饥民。赈山东邹县续被水灾饥民。【略】癸丑，【略】户部议准，闽浙总督那苏图奏称，近年台湾米贵，又遇偏灾，从前题定每年拨运金、厦、漳、泉米一十六万余石，递年压欠，积二十余万石。【略】甲寅，【略】工部议准，湖广总督孙嘉淦奏称湖北连年水灾，现在亲行各郡查勘，自武昌一带民堤，多踞高而远水，故工程稳固；【略】其自安陆至武昌堤皆临水，自潜江以下至沔阳、汉川交界，二百里内处处卑薄，必倍加培筑。【略】是月，【略】江苏巡抚陈大受奏，淮、扬、徐、海等属现办正赈，东省协拨漕米十万石已运赴灾邑趱给，所需赈银请先动库项拨解淮、徐两府备用，俟江西、浙江拨项归款。【略】又奏：淮扬上下河积水已退，酌借籽种，并令广种杂粮野菜，以佐艰食。【略】福建布政使张嗣昌奏，福、兴、泉、漳四府上年暨本年平粜，未经买补各谷约共四十六万五千九百余石，现在设法买补，尚缺二十万石有奇。【略】湖北巡抚范璨奏：黄梅、广济一带毗连江省，为流民入境之所，原应照例赈济，但楚省本境亦被偏灾，仓粮不敷拨赈，应将制钱照银折给，俾在本处买食。【略】山东巡抚晏斯盛奏，兖州府属被水灾民今虽得赈，仅资目前糊口，必须先期采买麦种，俟播时借给。至兖、沂等属，本境现有被水灾黎，而时界隆冬，江省饥民复纷纷来集，不惟一邑仓廪有限，且恐滋事，应将被水最重之鱼台、滕县各留养二百名，以次之金乡、济宁、峄县各留养三百名，其余州县俱留养五百名。如留养已足，即令该州县给以口粮，移送接壤之邻邑，邻邑数盈，再移送未盈之邻邑。统俟春融，资送回籍。【略】山西巡抚喀尔吉善奏，晋省舟楫不通，今值丰收，应广为储备，现共添买加买谷一十七万石，于节年耗羡项下动给。【略】护理西安巡抚署布政使帅念祖奏：延安府丰收粮贱，应及时采买。其余各府州所属收成八分以上者，如有旧欠仓粮及应采买粮石，即催买完备。其收成五六分者，均请暂缓，俟来岁麦熟后酌量催征采买。【略】甘肃巡抚黄廷桂奏，甘省市集谷多，已将原派采买数目买足，伏思积贮最要，今既谷多价贱，自当不拘原数广买，俟价昂即停止。【略】又奏：口外地方多藉牧养为生，查安西所属自沙州、赤金、迤南山等处，距镇远城远者二百余里，近或百里数十里，水草甚多；北则各卫所地方广有湖滩，俱可放牧。今安西兵粮需用浩繁，供支不易，已动项采买羊一万只，发五卫所牧养，俟三五年后孳生蕃息，择口齿老者，酌量按季搭放兵粮，便可扣存粮石，以资储备。得旨：甚善之举，妥协为之。【略】四川巡抚硕色奏：口外乍了所属地方番民共一百八十六户，所种青稞俱被雪霜打坏，虽不能同内地编氓一体优赈，然久经向化输诚，亦应就近酌动军需银两分别赏恤。【略】署云南总督印务巡抚张允随【略】又奏，滇省丰收，劝民各崇节俭，以裕盖藏。　　《高宗实录》卷一七七

十一月丙辰朔，【略】停征山东济宁、滕县、峄县、金乡、鱼台、邹县、临清等七州县卫水灾旧欠钱粮，其本年漕粮及改征黑豆俱缓征。加赈湖北汉川、沔阳、天门、荆门、云梦、江陵、监利、襄阳、枣阳、谷城、宜城、光化等十二州县水灾饥民，并酌借籽种。【略】戊午，【略】停征奉天承德、辽阳、海城、锦县、广宁等五州县水灾额赋。停征湖北沔阳、均州、嘉鱼、汉阳、汉川、黄陂、孝感、黄梅、广济、武昌、武左、蕲州等十二州县卫水灾额赋。赈浙江瑞安、平阳二县，及温、台、玉环沿海地方，双穗场荡地水灾饥民，并借给籽种。其瑞安、平阳、双穗场荡地田禾损伤，停征本年地丁场课及南米本折钱粮。加赈湖南湘阴、长沙、益阳、巴陵、华容、武陵、龙阳、沅江、安乡等九州县水灾饥民。【略】壬戌，谕：今年畿辅地方秋成丰稔，米粮饶裕，正当撙节爱养，以备将来之用。【略】加赈山东胶州、平度、兰山、郯城、安化、诸城、昌邑、潍县、高密、德州卫等十州县卫水灾饥民，并借给籽种，缓征旧欠钱粮，其本年应征钱粮各按被灾分数分年带征。【略】癸亥，赈甘肃狄道州、皋兰县、西宁县雹灾饥民，并赈狄道州、通渭县水灾饥民。【略】甲子，【略】命邻省敦拯恤以佐转输。天时有雨旸，地土有高下，而年岁之丰歉因之。以天下之大，疆域之殊，歉于此者或丰于彼，全赖有无相通，缓急共济。在朝廷之采买拨协，固有变通之权宜，断无有于米谷短少之处，而强人以粜卖者。若有收之地，商贾辐辏，聚集既多，价值自减，则穷黎易于得食，此邻省之相周，与国家赈恤之典，相济为用者也。我皇考与朕俱曾屡颁遏籴之禁，惟是地方官民识见未广，偏私未化，虽不敢显行遏籴之事，靡不隐图自便之私，群相禁约，有司又从而偏袒之，遂视邻省为秦越矣。用是再颁谕旨，著各省督抚各行劝导所属官民，毋执畛之见，务敦拯恤之情，俾商贩流通，裒多益寡，以救一时之困厄。将来本地或值歉收，又何尝不是邻省之赖，并将此晓谕官民共知之。【略】乙丑，【略】工部议准，江西巡抚陈宏谋奏称，南昌、新建二县地势低洼，本年七月被水，圩堤冲溢，田禾被淹，亟宜修筑，预为春耕之计。

【略】丁卯,【略】工部议准浙江巡抚常安奏称,玉环山城垣于乾隆六年七月遭飓风坍坏城身、垛口、城楼,该地孤悬海外,非同内地,城垣最关紧要,亟宜修整以资捍卫,请动支玉环经费银兴修。从之。【略】庚午,大学士等议覆,大学士陈世倌奏称,上、下两江被水州县应令及时疏浚,倘今冬水势不消,入春水发冰融,不特春麦失望,即秋田亦不能种,国家发帑赈济已至八百余万,将来赈恤正未有艾。

《高宗实录》卷一七八

十一月【略】癸酉,【略】停征直隶沧州九女河等村庄水灾灶课银一百八十八两有奇,并未完带征银五十七两有奇。又停征严镇场胡家庄等村庄水灾灶课银六十二两有奇。【略】甲戌,【略】工部议准,浙江巡抚常安奏称,山阴、会稽二县交界之宋家溇土塘,地处兜江,潮汐冲刷,以致护沙坍卸,土塘卑薄危险,急须修筑护塘埽工一百四十丈,以卫正塘。从之。【略】丁丑,【略】户部议准,两广总督庆复奏称,先因粤东春末少雨,早禾被旱,预筹于江西拨谷八万四百石。今粤东雨水匀调,晚禾丰收,江西米谷即可停运。而江南扬等府赈务孔殷,江西与淮扬一水可通,请将江西拨运粤东仓谷八万四百石运往淮扬,以备春赈。从之。【略】是月,署直隶总督史贻直【略】又奏报通省得雪日期。得旨:昨晚京师复得雪一寸有余。【略】两江总督宗室德沛【略】又奏:江西南昌、新建二县秋间被水,田亩多淹,现分别成灾者照例赈恤,不成灾者亦量加抚绥。【略】安徽巡抚张楷奏:宿州、怀远、虹县、灵璧、凤台、阜阳、颍上、亳州、蒙城、太和、泗州、五河、天长等十三州县虽勘不成灾,但未淹田亩无几,收获甚微,所有新旧钱粮应概行停征。【略】署川陕总督马尔泰【略】又奏:潼关至西安一路目下粮价颇昂,缘该处俱与晋省接壤,一水可通,共贩运过各色粮三十九万余石,闻所贩多系富商大户,藉以囤积生财,又为踊曲之用。【略】广西巡抚杨锡绂【略】又奏:粤西目下米价较往年固昂,然当晚稻收成之后,又加以此两月内莜麦、黄豆等项颇获丰收,以此时情形而论,尚可毋庸概禁商贩。

《高宗实录》卷一七九

十二月丙戌朔,【略】免江西南昌、新建、进贤、德化等四县水灾地粮银九百一十四两有奇,并停征被水乡村钱粮。其勘不成灾之湖口、彭泽、建昌、都昌、鄱阳、余干等六县俱停征。加赈山东济宁、滕县、峄县、金乡、鱼台、邹县、临清卫等七州县卫水灾饥民。【略】辛卯,【略】豁除江西兴国、庐陵、万安等三县被水坍没田二顷四十七亩有奇。【略】甲午,户部议准,安徽巡抚张楷奏称,宿州、虹县、临淮、灵璧等州县连年被水,钱粮停征,所需驿站银俱于司库借给。今凤阳等府、灵璧等州县七年夏又被水,夫马工料无支,应仍在司库借给。至各属现被秋灾,俱经委员确勘,一切民卫钱粮遵例停征,驿站夫马难以嗷待,应自本年夏季为始,所需工料银粮在司库匣费内暂行借支。【略】钦差侍郎周学健、直隶总督高斌、两江总督宗室德沛、安徽巡抚张楷奏:上江连年拨赈平粜,仓贮空虚,应及时买补,接济来春。但本年江北大荒,而湖广、江西又有失收之处,时价在一两二钱上下,较昂于各属。原粜一两内外之价,实难责其赔垫,恳将今年采买准以一两二钱为率,设价再昂,即停止,后不为例。【略】乙未,谕:江南山阳、阜宁、安东、清河、桃源、淮安、大河等七县卫迭被水祲,黎民困苦。今年赈济夏灾时,每米一斗照例折银一钱,嗣因地方米价昂贵,一钱之价不能买米一斗,朕加恩增至一钱二分。今部中将秋灾案内米价,准其折给一钱二分,而夏灾案内仍照一钱之数,此遵定例办理者。但山阳等七县卫被灾较他处更重,自应格外施恩,著将夏灾所赈米价准与秋灾一例报销,每米一斗准折银一钱二分。【略】大学士等议准,四川巡抚硕色奏称,川省连年丰稔,统计常平捐监社仓现共贮谷二百六十余万石。【略】庚子,【略】免江南泰州属庙湾场被水灾民乾隆六年折价银二千一百五十二两有奇。

《高宗实录》卷一八〇

十二月【略】乙巳,【略】免直隶蓟州、鸡泽、西宁等三州县水灾地粮三十五石有奇。【略】戊申,【略】户部议准,宁古塔将军鄂弥达等奏称,今岁黑龙江齐齐哈尔地方歉收粮贵,吉林乌喇地方各粮俱丰收价贱,其癸亥年应行发卖之仓粮一万一千石毋庸发卖,并于义仓现贮粮二万一百石内,发出九千石，移咨黑龙江将军，俟明年冰融，派该处官兵由水路运至齐齐哈尔等处，照时值减价卖给兵丁。【略】已酉，【略】户部议准，湖北巡抚范璨奏称，被灾各州县卫散赈不敷谷一十余万石，自应动项折赈。【略】庚戌，【略】户部议准，奉天副都统哲库纳奏称，奉天辽阳、牛庄、广宁、宁远等处秋间被水，所有未获收获之旗人，应请于明岁耕种时，酌量在附近旗民仓米内，照时价减等认买。【略】加赈奉天承德、辽阳、海城、锦县、广宁等五州县水灾饥民。免山东胶州、平度、兰山、郯城、安化、诸城、昌邑、潍县、高密、德州卫等十州县卫水灾地粮银七千七百六十两有奇；豁免高密县冲没社谷一百五十五石有奇。【略】甲寅，【略】又谕，江南水灾之后，幸冬间地亩涸出者多，明春耕种刻不容缓。【略】是月，【略】钦差直隶总督高斌、江南河道总督完颜伟奏报：石林水口于十二月初二日合龙工竣。【略】河南巡抚雅尔图奏：开、归、陈、许等属被水村庄凡应蠲应缓，俱已毋滥毋遗，但本境内有原未被水例不应赈之贫民，值此歉收，未免米粮涌贵，谋食维艰，虽不得与灾民一体邀恩，亦当因时调剂。

《高宗实录》卷一八一

## 1743年 癸亥 清高宗乾隆八年[①]

正月【略】丁巳，【略】谕：上年江南淮、徐、凤、颍等府遭值水灾，【略】顷据陆续奏报，被水之地渐次涸出，冬间可以种麦，石林决口亦已堵筑，水势减落，朕心稍慰。【略】甲子，钦差大学士陈世倌【略】等奏：上、下两江连年被淹之故，有因河湖泛涨，淹及下流者；有因下淤上壅，泛滥田野者；有因堤防拦格，水路无消者；有因雨水骤至，淹及田亩者。相其致患之由，以为弥患之策，则分泄水势，【略】近年雨潦过多，山水骤发，凤、泗、淮、徐、扬、海所属州县多地势中洼，四面高仰，积潦停蓄，其分泄之河道水沟，日久渐淤，下流不畅，两岸旧堤堰亦多残缺，不能收束，地亩田庐多被淹浸。

《高宗实录》卷一八二

正月，【略】是月，钦差大学士陈世倌、总督高斌、侍郎周学健奏：江南积潦未消，转盼立春，其支河港汊可以疏通者，应先乘时办理。【略】安徽巡抚喀尔吉善奏：臣奉命调抚安徽，入境查询江南赈务，节经钦差大臣及本省督抚酌定章程，妥协办理。臣于路过赈厂，见饥民感激欢呼，均称得所。被水地亩俱经涸出种植，其宿州、灵璧、虹县、天长四属间有最洼之处，春融尚可布种晚大麦，沿途秋麦亦已滋长，并得腊雪之益。【略】河南巡抚雅尔图奏：去岁上、下两江被水歉收，豫省密迩江南，收养流民约已三千余口，复恐秋末冬初难御严寒，各州县皆捐备棉衣散给，【略】如因青黄不接，仍有续来就食者，一体安插收养。【略】山东巡抚晏斯盛奏，东省收养江南饥民甚众，今资送回籍。

《高宗实录》卷一八三

二月【略】戊戌，蠲缓陕西葭州上年分雹灾，广东潮阳、饶平两县上年分旱灾额赋有差，并分别借贷。

《清高宗实录》卷一八四

二月【略】辛丑，【略】缓江苏续报上年水灾之盐城、高邮、泰州、甘泉、兴化、宝应、赣榆、扬州八州县卫乾隆五、六两年以前旧欠漕项银米。【略】癸卯，【略】豁湖北襄阳、宜城、枣阳、谷城四县冲坍民屯地共三十七顷一十二亩有奇额赋。【略】乙巳，【略】蠲湖北襄阳、枣阳、宜城、武昌、襄阳卫五州县卫上年水灾应征额赋，分别借贷抚恤如例，并缓征汉川、沔阳、天门三州县未完乾隆六年分带征旧欠银两。缓山东金乡、鱼台、济宁、邹县、滕县、峄县六属上年水灾应征漕米黑豆有差。蠲山东西

---

① 乾隆八年夏季，华北极端炎热，高温区域广被北京、天津、河北、山西、山东。有研究指出，1743年为中国最近700年来最严重的炎夏事件，7月北京的日最高气温高达44.4℃，超过了20世纪的极端气候记录。详情可参见张德二等(2004)著《1743年华北夏季极端高温：相对温暖气候背景下的历史炎夏事件研究》一文。

由场上年水灾灶地应征额赋有差。【略】丁未,【略】蠲湖北汉川、潜江、沔阳、天门、荆门、江陵、监利、光化八州县上年水灾田地塘额银七万七千七十两有奇、米九千三百八十一石有奇;沔阳、荆州、荆左三卫上年水灾额银二千三百三十两有奇,并缓征蠲余及勘不成灾额赋有差。【略】己酉,户部议准,湖南巡抚许容疏称上年夏被水勘不成灾各属应备次年平粜,请于沅陵、泸溪二县拨谷三千石,备永绥厅用;辰州府仓拨谷三千石,备乾州厅用;麻阳、黔阳、溆浦三县拨谷四千石,备凤凰厅用。【略】壬子,户部议准浙江巡抚常安题覆,绍兴府属之钱清场西兴各围乾隆六年被潮冲没入海各则田地荡亩共三百七十五顷九十七亩有奇,请自乾隆六年为始,均与豁免。从之。【略】甲寅,【略】缓山东西由场上年分水灾灶地蠲余额赋分年带征。【略】是月,【略】陈世倌、高斌等奏江南赈务,淮安、扬州、徐州、海州各属汰过重冒共一十五万余口,凤阳府属之宿州、灵璧,颍州府属之阜阳、蒙城汰过重冒共二万五千余口,其遗赈及闻赈来归者亦节次添补,现在犹有增删。【略】江苏巡抚陈大受奏:江南未涸地亩,其积水寸余者,现饬督赈各道员谕令赶种最早之稻,即于赈项内买给籽种。至各处饥民间有窃取之事,亦必分别惩治。【略】漕运总督顾琮、巡视南漕御史宗室都隆额奏:上年两江被灾,截漕济赈,被灾军丁均沾赈恤。冬春雪泽过大,柴薪昂贵,今减歇船丁,全赖一半月粮,臣酌令粮道,于被灾卫分内,查明应给之丁,先行给发。【略】两淮盐政准泰奏,今春当雨雪积寒之后,盐花不起,近今甫得煎晒,而粮草又复价昂,灶户乏力。【略】安徽巡抚喀尔吉善奏,安省留养灾民,现宜咨送回籍,当被水逃避时,房屋多被冲圮,应先期关会各原籍,查明给银修盖,并各给一月口粮,俾得资生。【略】护理河南巡抚印务布政使赵城奏:豫省粮价稍昂,无力农民艰于播种,当饬示乡民,每亩许向地方官借银五分,以为籽种资本。【略】陕西巡抚塞楞额奏:陕省上年收成在七分上下,民间盖藏甚少,入春未免拮据,今酌议于去秋收成较好者,准借仓粮十分之一,稍次者准借仓粮十分之二。【略】贵州总督兼管巡抚张广泗奏报,上年米价未甚平减,春间复恐加昂,当饬属减价平粜。【略】至冬雪春膏,均属沾足。

《高宗实录》卷一八五

三月【略】戊午,【略】户部【略】又议覆,山东巡抚晏斯盛疏称,上年被水地亩,惟邹县地已全涸,堪种春麦,其滕县、鱼台、济宁、金乡、峄县、临清六县卫泥淖难耕,别无补种地亩,请于例赈外,自本年三月为始,极贫加赈三个月,次贫加赈两个月。【略】庚申,【略】户部议准,黑龙江将军博第奏称,宁古塔将军鄂弥达先以齐齐哈尔地方上年歉收,奏请将吉林等处官庄并八旗义仓粮石拨运粜济。【略】乙丑,清明节。【略】户部议覆,前任两江总督宗室德沛疏陈,拨江西省仓谷四十万石,碾米二十万石,运送扬州赈济事宜。

《高宗实录》卷一八六

三月【略】壬申,【略】户部议覆,调任安徽巡抚喀尔吉善奏称,凤、颍、泗三属各州县卫因被灾蠲余应征银米,例系分年带征之款,应如所奏,请旨豁免。【略】甲戌,谕:上年淮、徐一带水灾,米价腾贵,【略】今朕闻得彼地被灾之余,粮价不能平减。【略】丁丑,【略】蠲淮安分司所属板浦、徐渎、中正、莞渎、临洪、兴庄,泰州分司所属富安、安丰、东台、何垛、梁垛、丁溪、草堰、小海、刘庄、伍祐、新兴等场上年分水灾灶户应征额赋有差,并缓带征历年未完银两。【略】辛巳,【略】工部议准,江西巡抚陈宏谋奏请兴修丰城、进贤、万载、金溪、宜黄、南丰、广昌、玉山、广丰、鄱阳、余干、建昌、湖口、彭泽、大庾、赣县十六属已坍城工,以代赈上年灾民。从之。【略】是月,钦差大学士陈世倌等续奏:删汰上江冒赈情形,凤阳府属汰大口二万三千九百余口,小口一万三千三百余口;颍州府属汰大口六千四百余口,小口四千三百余口;泗州并所属汰大口一千九百余口,小口四百余口。得旨:知道了。【略】前任两江总督宗室德沛奏报:江西赣州府城于二月三十日猝被狂风雹雨交作,时值学臣按试宁都、石城,两邑童生打伤七十余人,压毙四十余人,经南赣道动关税盈余银,将压毙者每名给棺殓银四两,打伤者每名给医药银二两。得旨:览。【略】两淮盐政准泰奏:淮、泰两属场灶去秋被水,今春又雨雪连绵,不能煎晒。上年成灾者,穷丁给赈已毕,即不成灾者亦资本耗尽,虽官仓平粜,无以

粜食。【略】江西学政金德瑛奏，臣岁试按临赣州，于二月三十日合考宁都、石城二县文童，猝被风灾，吹倒考棚二十余间，非旬日可以修竣。赣郡十二县文武童生共一万七千余人，孤寒贫乏，守候已久，势难令其撤回。查知府官廨尚属宽敞，【略】以为考试阅文之所，臣即権移府署办理。得旨：是应如此者。【略】调任湖北巡抚范璨【略】又奏，上年安陆一带水灾，各属买粜过多，粮价未平。【略】正月后积雪经旬，穷民无可佣趁，今地方有司将社仓谷麦分别借给。【略】广西巡抚杨锡绂奏：各属米谷间有价贵之处，然杂粮可望丰收，民间亦多自设乡禁，不令米谷出外。臣饬属于梧州江口，查有零星小贩，听其流通，多者酌行抽买，以实仓储。　　《高宗实录》卷一八七

四月甲申朔，【略】免安徽寿州、宿州、凤阳、临淮、怀远、定远、虹县、灵璧、凤台、阜阳、颍上、霍邱、亳州、蒙城、太和、泗州、盱眙、天长、五河、怀宁、桐城、宿松、望江、贵池、东流、六安、滁州、来安等二十八州县，凤阳、凤中、长淮、宿州、泗州、安丰六卫本年水灾额赋有差。【略】丁亥，【略】闽浙总督那苏图、福建巡抚刘于义奏：台属常年买谷，每石四钱，从前谷贱，足敷购买。近年谷价、运费约需五六钱不等，请酌增价。【略】赈江南凤阳、淮安、颍、泗、徐、海六府州属乾隆七年水灾饥民。【略】庚寅，【略】免湖北江夏、嘉鱼、汉阳、汉川、黄陂、孝感、黄梅、广济、沔阳等九州县，武昌、武左、蕲州三卫乾隆七年被水灾额赋有差。【略】癸巳，【略】免湖北襄阳、枣阳、宜城三县，并武昌、襄阳二卫乾隆七年水灾额赋有差。【略】丙申，【略】免甘肃会宁县乾隆七年旱灾额赋，并加赈如例。

《高宗实录》卷一八八

四月【略】辛丑，【略】谕军机大臣等，京师正在望雨，近畿之地想亦同然。【略】又谕：京师正在望雨，河南麦收之期早于畿辅，望雨更切。【略】乙巳，【略】免广东潮阳、饶平二县本年旱灾额赋。【略】丙午，谕：【略】念山阳、阜宁、盐城、甘泉、兴化、泰州、高邮、宝应、淮安、大河、扬州等十一州县卫上年被灾亦重，丰县、砀山、赣榆三县灾虽稍轻，而均系连年被水之地，民力甚属拮据，所有十四州县卫乾隆五年以前未完地丁漕项银米，著照清河等十二州县卫一体停缓。【略】丁未，谕：上冬今春仰蒙上天屡赐瑞雪，二月间又曾得雨。方冀二麦有收，以裕民食，不意一月有余，时雨未降，麦苗微旱，待泽孔殷，若再迟迟不雨，二麦将有损伤，朕心甚为忧虑。【略】戊申，谕：河南开、归、陈、汝所属之郑州等十三州县，【略】上年收成歉薄，若于本年麦熟之后，既征应纳之新粮，又完累年之旧欠，则民力维艰，可为轸念。【略】是月，【略】署山东巡抚布政使包括奏，东省各属缺雨，粮价渐增，似宜暂为变通，酌定减价粜卖，以便穷民。　　《高宗实录》卷一八九

闰四月【略】辛酉，【略】免河南郑州、新郑、永城、鹿邑、夏邑、柘城、上蔡、新蔡、淮宁、西华、商水、沈丘、郾城十三州县本年水灾额赋有差。【略】丙寅，【略】谕：朕闻山东今年春夏雨泽愆期，二麦有歉收之处，查历城、章丘、齐东、济阳、长清、陵县、邹平、临邑、平原、肥城、平阴、茌平、博平等十三县，并历城、章丘、济阳、长清、肥城等五县收并之卫地，有未完四、五、六等年旧欠钱粮，并六年灾案出借之口粮籽种，因六年秋禾被灾，七年夏麦不登，经朕降旨，缓至乾隆八年麦收后起征。今届开征之期，而麦收又复歉薄，朕心轸念，著宽至本年秋收后起征，仍照例分别缓带。

《高宗实录》卷一九〇

闰四月【略】庚辰，谕军机大臣等，京师及畿辅地方时雨沾足，山东亦得透雨，已曾奏到。惟是豫省从前望雨最切，近日曾否得雨？【略】是月，【略】安徽巡抚范璨奏：请将凤、颍、泗、滁、和等处灾民乾隆六年、七年分借给麦种，准于甲子、乙丑等年分年带征，以纾民力。【略】福建陆路提督武进升【略】又奏报：福州、延平、建宁、汀州、邵武、福宁等府雨水过多，收成歉薄。【略】署山东巡抚布政使包括奏：东省雨泽愆期，除报齐勘实循例借贷外，有收成六分于例不应成灾，而计其所获与成灾之五分同者，请动常平等谷出借，并予免息还仓。【略】甘肃巡抚黄廷桂【略】又奏：河西甘、凉、肃一带尚未得有透雨。　　《高宗实录》卷一九一

五月【略】己丑，谕军机大臣等，朕闻山东德州以北，河间一带地方，从前雨水不足，民间望泽甚殷，不知近来得雨沾足否。 《高宗实录》卷一九二

五月【略】己亥，谕：下江淮、扬、徐、海四府州属上年被灾甚众，其地漕钱粮，朕已降旨停征。【略】著将山阳、阜宁、安东、清河、桃源、盐城、高邮、泰州、江都、甘泉、兴化、宝应、铜山、丰县、沛县、萧县、砀山、邳州、宿迁、睢宁、海州、沭阳、赣榆等二十三州县应征乾隆七年未完牙行各项杂税概予宽免，以示朕体恤商民至意。【略】辛丑，【略】赈山东历城、章丘、邹平、长山、新城、齐河、齐东、济阳、长清、青城、蒲台、博平、茌平、高苑、济南、肥城、东阿、平阴十八州县卫旱灾饥民。【略】戊申，谕：今年天气炎热，苏禄国使臣等在京，著礼部派官员加意照看，多给冰水及解暑药物，并遣医人不时看视。【略】辛亥，【略】又谕：今岁夏至以后天气炎热，甚于往年，省刑之典，允宜举行。【略】际此炎天，身系囹圄，实堪怜悯，著该部添盖席棚，给与冰汤药饵，无致病暍，该部即遵谕行。【略】是月，【略】闽浙总督那苏图【略】又奏报闽、浙二省田禾雨水情形。得旨：览奏，稍慰朕怀，然必以秋成为准耳。署湖南巡抚蒋溥奏，湖南地方甘霖迭沛，秋成后米价必减，除将本省缺额仓谷先行买补，并移知邻省，有欲行买补者，即赴楚采买。【略】河南巡抚雅尔图【略】又奏，遵旨祈雨。【略】又奏：各属得雨深透。【略】山东巡抚喀尔吉善奏，雨水不能接续，望泽正殷。【略】陕西巡抚塞楞额奏，陕省麦收丰稔，而粮价未减，实缘晋省商贩运买所致，私囤夥贩过多，入秋势必增价。晋省麦收既薄，秋禾缺雨，豫省邻陕各邑亦多歉收。【略】得旨：【略】豫省开封一带至今未得透雨，汝应先措十万石以内，速商之。 《高宗实录》卷一九三

六月壬子朔，谕：近日京师天气炎蒸，虽有雨泽，并未沾足，若再数日不雨，恐禾苗有损，且人民病暍者多，朕深为忧惕，著礼部即速虔诚祈祷。又谕：今年天气炎热甚于往时，九门内外街市人众，恐受暑者多，著赏发内帑银一万两，分给九门，每门各一千两，正阳门二千两，预备冰水药物，以防病暍。【略】癸丑，谕：近来天气炎热，臣工有奏请暂停引见者，朕思寒燠关乎庶征，今岁蒸暑倍常，即是上天垂象示儆，朕当省愆思咎。【略】甲寅，【略】又谕：前据雅尔图奏称，河南通省九府四州所属俱于五月初二日得雨深透，又彰德府属之安阳、武安等县于初七八得有雨泽，惟开封府所属虽于五月十一日得有微雨，未能沾足，若旬日之内大沛甘霖，秋禾尚无妨碍等语。今既旬日矣，曾否得雨沾足，或应祈祷，【略】该部遵谕速行。又谕：前据喀尔吉善奏称，山东各属于闰四月二十二、二十四五、二十七八九，及五月初三四等日各得雨二三寸至六七寸等语。此一月以来，其未经沾足之地曾否得雨，喀尔吉善并未陈奏。【略】丙辰，谕：京师自五月杪以来，天气亢旱，且溽暑炎蒸，甚于往岁，明系上天垂象以示儆，朕夙夜忧惕。【略】丁巳，【略】谕：山东春夏以来，雨泽愆期，二麦有歉收之处，近虽渐次得雨，尚有未曾沾足之州县，若照例征收钱粮，民力未免拮据，朕心轸念。【略】己未，谕：今年既多闰月，又值炎暑，商贩米粮到来较迟，近日虽经得雨，尚未沾足，米价比往年增长，应将官方仓米速行发粜，以平市价。【略】谕：前因河南开封所属雨泽愆期，朕已降旨，今该抚虔诚祈祷，清理刑名。续据雅尔图奏称，近日虽得微雨，未能深透，此不过雅尔图塞责之语。朕闻得彼地竟未得雨，大田多未栽种，此际正须筹画平粜借种等事。【略】丙寅，【略】户部议准，都统兼侍郎今授四川巡抚纪山等奏称，河南去岁被水地方，惟淮宁、西华、鹿邑、永城最重，缘此四县与江南宿州、亳州接境，地势颇下，水浸之后，地多板荒，兼之疫气伤牛，若无开垦之具，请敕抚臣饬府县借给牛种，加意抚绥。 《高宗实录》卷一九四

六月丁卯，谕：今年天气炎热，甚于往年，闻山东、山西、河南、陕西所属地方，民人竟有病暍或有伤损者，该督抚等自必为之经理，此等穷苦之人无所依倚，全在地方官善为抚恤。【略】辛未，谕：河间、天津地方今年雨泽愆期，米价昂贵，不得不速筹接济之道。【略】谕军机大臣等，前尹继善奏淮水为洪湖上游，现在淮水陡涨丈余，倘续涨不消，有必须宣泄之势，自当权其轻重，相机妥办。

【略】壬申,【略】又谕:据贵州总督张广泗奏,黔省自交夏以来米价昂贵,已通饬各属,察查地方情形,将仓谷减价平粜。【略】丙子,【略】谕:今年直隶、山东、河南有缺雨之州县,将来或至成灾亦未可定,其经理之处不容刻缓。【略】饬督抚开导愚民。谕:据山东巡抚喀尔吉善奏,东省雨泽愆期之州县,秋成渐致失望,民人多外出谋生,而邻省贫民亦有转入东省觅食者。【略】岂有尚在六月可望续种之时,即流移至此。喀尔吉善又奏称,在愚氓之意,不过希冀邻省收养,多沾恩泽。细察此辈,非习惯求乞,即游惰愚民。【略】又谕:据山东巡抚喀尔吉善奏称,东省虽屡经得雨,未能一概沾足,恐将来查勘灾赈事务繁多,需员办理,请将候补州县之员拣发数人来以备委用等语。【略】谕军机大臣等,据高斌奏称,天津、河间地方雨泽愆期,秋成失望,百姓流移外出者甚多。【略】丁丑,【略】谕:本年天津、河间等处较旱,闻得两府所属失业流民闻知口外雨水调匀,均各前往就食,出喜峰口、古北口、山海关者颇多,各关口官弁等若仍照向例,阻拦不准出口,伊等既在原籍失业离家,边口又不准放出,恐贫苦小民愈致狼狈,著行文密谕边口官弁等,如有贫民出口者,门上不必拦阻,即时放出。但不可将遵奉谕旨,不禁伊等出口情节令众知之,最宜慎密,倘有声言令众得知,恐贫民成群结伙投往口外者愈致众多矣,著详悉晓谕各边口官弁等知之。【略】戊寅,【略】谕:二十二三及二十五六等日,京师连得透雨,不知天津、河间一带亦得透雨否,如已得雨,尚可补种晚莜否?凡可以补种者,著高斌上紧办理。【略】是月,直隶总督高斌【略】又奏报得雨寸数。得旨:览。前此虽得透雨,然雨后所种晚田又复望雨,虽数日可待,而实切望霖矣。又奏报二麦收成分数。得旨:麦虽半收,大田现望泽孔殷,且京师旱暵特甚,病暍者多,此皆朕不德,小民其何辜耶。【略】署两江总督尹继善、江苏巡抚陈大受奏:赈恤事宜,铜山、沛县极贫之户给赈六七两月,次贫给赈七月一月。海州、沭阳乏食贫民亦赈一月。阜宁情形虽觉稍轻,然秋获尚遥,应接济一月。

《高宗实录》卷一九五

七月【略】癸未,【略】贷安徽宁国、贵池、和州、含山等四州县雹灾饥民,并缓征本年分额赋。【略】丁亥,【略】又谕:朕前降旨,将河南上年未经报灾之州县所有应征钱粮分别停缓,俟秋收后再行征收。闻雅尔图止将郑州等十三州县中勘不成灾之村庄展至秋收后开征,而新野、汝阳、西平、遂平、项城、扶沟等六县同属勘不成灾,未经一例题请。朕思该地方既被水淹,秋收自减,其应纳钱粮亦著加恩停缓。又太康一县,虽未被水,去秋亦属歉收,其上年民欠钱粮并著缓至本年十月后征收,以纾民力。【略】壬辰,【略】贷山东历城、章丘、邹平、长山、新城、齐河、齐东、济阳、长清、肥城、东阿、平阴、青城、蒲台、博兴、高苑等十六州县卫被旱、被雹灾民免本年额赋。【略】癸巳,【略】谕军机大臣等,【略】朕思今年直隶、天津、河间被旱,先后拨米五十万石,以备赈恤。【略】甲午,【略】直隶总督高斌奏,各属得雨,现在动项委员采买麦种,分贮被灾各州县,查明贫户畜有牛具者,按亩五升借给,如欲自买麦种,每亩借给银一钱。

《高宗实录》卷一九六

七月丙申,【略】除福建连江、宁德二县水冲沙压民田额赋四十七两有奇,米十二石有奇;连江县归并福中卫屯田银三两有奇。丁酉,谕:淮、扬、徐、海四府州迭被水旱,朕心轸念,于赈恤之外,复借给籽种牛草银两。此等借给之项,例应秋收后催还,但此四府属六七两年水灾尤重,借给更多,有已借冬种,旋因无收,又借春种者;有春种无收,复借秋种者,数年之积欠,一时恐难全完。【略】又谕:淮北上年被灾各属一应钱粮,朕已降旨,分别蠲缓。惟海州、沭阳、赣榆三州县连年迭被灾祲,今春又因亢旱,二麦歉收,虽五月以后得雨,可望秋成,但积歉之余,小民元气未免究难骤复,地漕两项一时并纳,未免拮据,除地丁银两仍于十月后开征,其本年漕粮二万二千六百石有零并七年分蠲剩缓漕俱著于次年分限带征。【略】辛丑,【略】军机大臣等议,御史王兴吾奏请抚恤京师外来流民一折,查此等流民俱系直隶、河间、天津、深、冀等处,及山东武定、济南、东昌等处民人,因本处秋成无望,或外出佣工,依亲糊口,或本有家业为避荒计,挈家四出谋生,由京出口者甚多,而留住京师之人亦十之二三。半月来日积日众，现经提督府尹查办。【略】乙巳，【略】谕：据沈廷芳条奏三折，【略】又称北五省连岁有荒歉之处，民病正剧，士女仳离流转载道，强者鹿铤，弱者填壑，伊岂不知上年直隶、山、陕俱属丰收，而捏造此无稽之语乎。【略】丁未，谕军机大臣等，向来山西一省民间需用小麦杂粮，本省时有不足，多往关中贩运，近闻该省督抚于关中限数放行，不许照常运载，以致山西粮食缺少，市价日昂。朕思【略】今年陕西二麦丰收，秋成可望，本年米粮既属充裕，自应使商贩流通，以资接济，庶山西民人无艰食之患，尔等可寄信与塞楞额知之。赈贷江南淮安分司所属板、徐、中莞、临兴等场被旱灶户，并缓征七年及本年分折价钱粮。【略】戊申，【略】贷直隶沧州被雹灶户并免本年分额赋。【略】庚戌，【略】赈恤江苏铜山、沛县、海州、沭阳、阜宁五州县，大河、徐州二卫旱灾虫灾饥民。【略】是月，【略】漕运总督顾琮奏，海州旱灾，派委标员前往巡查弹压。【略】江苏巡扶陈大受奏报各属蝻子生发捕扑情形。得旨：蝗蝻原可以人力胜，上紧扑灭可也。又奏各属蝻子已未扑净情形。得旨：捕蝗之法惟应尽人力而不可姑息耳。【略】又奏各属晴雨情形。得旨：览奏，稍慰朕怀。海州虽属偏灾，然积歉之余，不可不加意抚恤。【略】江西巡抚陈宏谋【略】又奏筹画补仓事宜。【略】得旨：捐监之例江西未停，且停止采买原指米贵之处而言，江西今岁有收，原可补足仓额，若照所奏，恐滋纷扰。不必。【略】山东巡抚喀尔吉善奏：济、武、东三府亢旱，济、东二府介在漕运，又有府仓及临、德二仓存谷。【略】应拨登、莱之有余，济武属之不足。【略】山西巡抚刘于义奏，闻喜县得雨稍迟，米价昂贵，现饬开仓平粜。【略】湖广总督阿尔赛【略】又奏报楚省禾稻茂盛，所有偏灾抚恤查办缘由。【略】吏部左侍郎署湖南巡抚蒋溥奏：湖南产米之乡，考之《图经》，佥云“其土广沃，一岁再获”。今再获之说已不复观。臣拟于明春，凡植早禾之地，于近处饬令一二家早种，六月中旬便可收割，即捐资令其继种晚禾，如果有成，小民目击再获之效，便可劝谕，令下年照式踵行。得旨：劝民劝农，为政之本，然亦不可欲速以病民也。【略】广西巡抚杨锡绂【略】又奏：粤西桂林、柳州二府前五月缺雨，米价腾贵，臣是以暂禁梧关之米东下，令赴桂、柳粜卖，兹米价已平减，仍行弛禁。得旨：汝等遏粜之见，朕甚不取也。四川巡抚硕色奏：川省年岁丰稔，粮价平贱。

《高宗实录》卷一九七

八月【略】壬子，【略】赈贷云南南宁县、沾益州水灾饥民并减价平粜，蠲免本年额赋十分之七。【略】癸丑，【略】户部【略】又议覆奉天府府尹霍备奏称旗兵遇歉乏食，应需口粮旗仓不敷，在民仓借给，秋收还仓，实属有益。【略】赈恤湖北兴国、黄冈、麻城等三州县水灾饥民，分别蠲缓本年额赋。贷江苏江宁、江浦二县雹灾饥民，并蠲缓本年额赋。【略】丁巳，【略】谕军机大臣等，前据尹继善奏称，洪泽湖水势浩瀚，全资高堰一堤，束水敌黄济运，昔年建滚水石坝三座，又建天然坝二座，非遇异涨，原不可轻于开放。今年秋汛较之上年尚少三尺，滚水坝宣泄过水数寸，日来业已断流，高堰堤工保护平稳。【略】辛酉，【略】谕：河南永城、鹿邑、夏邑三县，乾隆四年被水成灾，其地丁钱粮，经朕降旨分别缓征、带征，以纾民力。迨六、七两年，该处复遭水患，【略】朕念三邑连年被灾，闾阎未免艰窘，现今即属有秋，而以数年逋赋并征于一年之内，恐有妨于小民仰事俯畜之计。著再加恩，将永城、鹿邑、夏邑三县乾隆四、六、七三年未完带征缓征银一十四万余两就各县原欠数目，自乾隆甲子年为始，再均作三年征收。【略】户部议准，御史周祖荣奏称，直隶、河间、天津所属被旱地方现开赈例，正在详报之时，灾民纷纷转徙，请令该地方官切实开导，毋令迁流。【略】赈恤湖南沅江、龙阳二县水灾饥民。

《高宗实录》卷一九八

八月【略】丁卯，谕：山东今岁夏间雨泽愆期，齐东、陵县、德平、德州、平原、惠民、乐陵、阳信、滨州、利津、商河、恩县、夏津、武城十四州县俱有被灾之处，【略】著将东省被灾州县本年应纳漕粮黑豆及原有带征之处，视被灾之轻重分别年分缓带输纳，以纾民力。【略】乙亥，户部议覆，调任四川巡抚硕色疏报西昌县被水情形，应如所请。遵照定例，分别极、次贫民，加意赈恤，其有城垣、河道、

桥梁急应浚筑者，勘明兴修。【略】又议覆，直隶总督高斌奏称，直属各州县被旱，应行赈恤事宜。应如所请，查明户口，题报办理。【略】赈贷广东始兴、花县、清远、三水、南海、顺德、四会、高明、鹤山、归善、海丰、陆丰、博罗、嘉应、平远、镇平等十六州县被水灾民。【略】是月，【略】户部侍郎三和等奏，京城米价渐平，所有八旗与内务府米局，及五城米厂平粜米应请暂停派拨。【略】署两江总督协办河务尹继善【略】又奏报秋收情形。得旨：览奏，曷胜欣慰。其间被偏灾之处，亦应加意抚恤。【略】江苏巡抚陈大受奏，各属灾区应分别蠲赈，随时斟酌办理。【略】安徽巡抚范璨【略】又奏雨水粮价情形。得旨：虽属偏灾，然安省积歉之后，抚恤为要。

《高宗实录》卷一九九

九月【略】甲申，【略】赈恤陕西商州水灾饥民。【略】壬辰，【略】赈恤四川宁远府属冕宁县、德昌所、盐中左所、靖远营等处被水民夷，并缓征本年额赋。

《高宗实录》卷二〇〇

九月【略】丙申，【略】赈贷河南祥符、阳武、封丘、郑州、荥泽、新郑、辉县、获嘉、河内、济源、修武、武陟、孟县、温县、洛阳、偃师、巩县、孟津、宜阳、永宁、灵宝等二十一州县旱灾饥民，分别蠲缓本年额赋。丁酉，【略】赈贷山东齐东、陵县、德州、德平、平原、德州卫、惠民、阳信、海丰、乐陵、商河、滨州、利津、沾化、恩县、夏津、武城、日照等十八州县卫旱灾饥民，分别蠲缓本年额赋。【略】戊戌，【略】谕：去岁春季京师雨泽稀少，朕虔诚祈祷，曾降旨将轻罪人犯分别减免，因推广于各省。【略】赈贷安徽桐城、宣城、南陵、无为、庐江、凤阳、寿州、凤台、临淮、怀远、建平、盱眙等十二州县水灾饥民。【略】庚子，【略】赈贷奉天中路善岱协理通判所属善岱里安民、召上、李塑、善岱等四村承种官地水灾饥民，分别蠲缓新旧额赋。【略】癸卯，【略】又谕：据河南巡抚硕色奏称，今岁河南被灾，通省共有二十七处查办赈务，需用多人，著该部将候补州县人员即送总理事务王大臣拣选十员，令其速往豫省，以资该抚差委。又谕：河南今夏雨泽不齐，其查勘成灾者，已据该抚题报，照例赈恤。闻开封府属之陈留、荥阳、汜水，彰德府属之汤阴，卫辉府属之淇县、延津，并陕州等七州县虽不成灾，然高阜之处收成究属歉薄。【略】著将此七州县勘不成灾之地亩钱粮缓至明年麦熟后征收。【略】是月，【略】直隶总督高斌【略】又奏：天津、河间、深、冀等属俱于八月内户口查完之日开赈，先普赈一月，银米各半。【略】从前外出流民闻赈纷纷回籍，沿途资送，通计原题二十五州县，续报之天津、大城二县，查明应赈极贫、次贫口数，共约大小口一百八十九万余口，约共折大口一百五十八万余口，合普赈加赈月分、银米兼赈约共需米五十七万五千余石，银八十六万余两，除恩赏通仓米五十万石，俱已领运分派各州县外，又添拨各该处仓谷约十五万石，已足敷用。【略】江苏巡抚陈大受奏，海州、赣榆、沭阳三州县迭遭荒歉，米价颇昂，赈恤口粮，请照上年折赈之案，每斗仍折银一钱二分，其余溧水、高淳等县偏灾，仍照定例，每斗折银一钱。【略】安徽巡抚范璨奏，凤阳、颍州二府民俗食麦者十之二三，食秫秫者十之七八，稻米非所急需，灾祲之余似应稍为变通，现饬各属按本年粜数，籴买秫秫等杂粮补仓。【略】闽浙总督那苏图、署福建巡抚周学健奏：漳、泉、福、宁、台湾各府属厅县六、七等月被风、被水，并赈恤过漳浦县灾户情形。【略】那苏图又奏，台湾被旱，办理赈恤借给各情形。【略】刑部侍郎署福建巡抚周学健奏，台湾四县一厅被旱，现饬查办，分别赈恤。【略】山西巡抚刘于义奏，省北之大同、朔平、宁武三府，及忻、代等州收成丰稔，米价尚平，惟省南之平、蒲、解、绛、隰等府州收成歉薄，米价不能平减，其被有偏灾之闻喜等一十二州县，现委员查勘，另题。【略】甘肃巡抚黄廷桂【略】又奏，甘省地处边徼，丰歉不常，查自乾隆元年至八年止，通省旧欠额征尚有未完粮六十九万余石，此内逋赋过多，及苦寒薄收处所均已蒙恩分年带征，至民欠籽种口粮亦尚有六十余万石。今值丰稔之岁，正小民急公完赋之时，但地方出产不齐，细粮有限，惟青稞、大豆处处兼种，虽色样少逊小麦，实本地食用所需，且堪久贮，自应通融收贮。【略】云南总督兼管巡抚事务张允随奏，昭通、东川两府收成歉薄，米价昂贵，现于铜息项下动银二万两，【略】于川东一带买米一万石，于明春水涨前运回滇省。

《高宗实录》卷二〇一

十月【略】壬子，【略】河南巡抚硕色奏：豫省仓粮匮缺，储备虚悬，通省计存仓粮仅一百五万有奇，本年祥符等县偶被偏灾，各邑仓储即已不敷动赈，现在又需赈恤，若再停买数年，必致积贮全空。今岁彰德、南阳、归、陈、光、许一带均尚有秋，应即酌量采买。【略】丁巳，【略】赈贷河南中牟、河阴、新安、罗山、长葛、伊阳等六县续报被旱灾民。赈恤长芦兴国、富国、丰财、严镇、海丰等五场，及沧州、盐山、庆云、海丰、青县、南皮、衡水、东光等八州县旱灾灶户蠲免额征。【略】己未，【略】分别赈贷山西曲沃、解州、安邑、夏县、平陆、芮城、绛州、绛县、闻喜、稷山、河津、大宁等十二州县被旱灾民，并蠲缓本年额赋有差。缓山东临邑县被霜灾民新旧额征，又蠲长芦永利、富国、涛雒等三场及海丰县民佃灶地被旱灾户本年额征，各加赈恤。【略】辛酉，【略】户部议覆，直隶总督高斌疏称，霸州、丰润二州县营田被旱成灾。

《高宗实录》卷二〇二

十月乙丑，【略】谕：据直隶总督高斌奏称，直隶天津、河间等属今年夏间被旱，业已蒙恩赈恤，第歉收之后，米价尚属昂贵，闻奉天米谷丰收，请弛海禁，俾商民贩运米谷，流通接济天津等处民食等语。奉天一省，今年朕亲临幸，目睹收成丰稔，米价平贱，以之接济直隶，洵属裒多益寡，著照高斌所请。【略】户部等部议准河南巡抚硕色奏陈祥符等二十七州县旱灾加赈事宜。【略】户部议覆，左都御史管广东巡抚王安国疏称，广、南、肇、惠、嘉五府州属本年夏雨连绵，山水陡发，两江齐涨，清远、三水、南海、顺德、四会、高明、鹤山等七县淹毙人口，冲决基围，倒坏房屋，已分别赈恤。其始兴县冲坍民田三顷二十五亩，实难修复，额赋请予豁除。应如所请。从之。【略】赈长芦宁津、交河、河间三县旱灾灶户，蠲免本年额征。【略】庚午，【略】分别缓征江南山阳、阜宁、清河、桃源、甘泉、泰州、高邮、宝应、铜山、丰县、沛县、萧县、砀山、邳州、宿迁、睢宁等十六州县上年被灾民欠。缓安徽太平、寿州、凤台、凤阳、怀远、霍邱、泗州、盱眙、天长等九州县，及新安、凤阳、凤中、泗州、长淮等五卫水灾军民新旧额征，并分别赈贷。分别加赈河南祥符、阳武、封丘、郑州、荥泽、新郑、辉县、获嘉、河内、济源、修武、武陟、孟县、温县、洛阳、偃师、巩县、孟津、宜阳、永宁、灵宝等二十一州县被旱灾民。分别缓征山东平原、乐陵、德平、德州、陵县、惠民、滨州、商县、齐东、阳信、利津、武城、恩县、夏津等十四州县被旱灾民新旧额赋。【略】壬申，【略】户部【略】又议覆，陕西巡抚塞楞额疏称，商州地方本年七月内被水冲淹人畜房屋地亩，前经题请赈恤，并蠲免额征。【略】甲戌，【略】缓山东临邑县被旱灾民新旧额征。加赈河南中牟、河阴、新安、罗山、长葛、伊阳等六县被旱灾民。【略】乙亥，【略】谕：上年将山东截漕贮谷拨济江南，原属移缓就急之计，今岁夏秋之间山东济南、武定、东昌三府属偶被偏灾，曾拨运登、莱谷八万石以资赈济。嗣后各属补种之处及续报之临邑县复被霜侵，收成歉薄，又增赈粮，目下赈给尚可敷用，而来春借粜不可不预为之计。著将山东本年漕粮截留八万石，以预备仓储，为灾属来春借粜之需。【略】是月，总理事务王大臣等奏报京师雨雪情形。得旨：览奏，曷胜欣悦。至得雪三寸，尤切小麦之欢，途次亦屡得瑞雪，远近均沾，总赖天恩浩荡也。【略】安徽巡抚范璨奏，凤阳、泗州一带连年积歉，复被旱灾。桐城、宣城、南陵、铜陵、繁昌、无为、庐江、临淮、建平等九州县又皆被水，现在分别蠲缓赈恤。【略】山西巡抚刘于义奏，山右米价视别省加贵，归化城、托克托城一带连岁丰收，应将口外米运至内地。

《高宗实录》卷二〇三

十一月庚辰朔，【略】又谕：安徽省凤、泗、颍三府州属，寿、宿等二十四州县卫连年被灾歉收，民生艰苦，朕加恩抚恤，蠲赈兼施。【略】加赈两淮板浦、徐渎、中正、临洪、兴庄、莞渎各场续被秋旱民灶，分别蠲缓本年额征。辛巳，【略】分别蠲缓江苏海州、沭阳、赣榆、溧水、高淳、金坛、溧阳、铜山、丰县、沛县、萧县、阜宁、安东、盐城，及徐州、淮安、大河等十七州县卫水灾军民本年额征，并赈恤有差。又贷上元、清河、高邮、甘泉、宝应、兴化等六州县灾民籽种。赈贷安徽无为州被水灾民，蠲免本年额赋。赈贷粤西永安州被旱灾民。【略】壬午，【略】分别赈贷甘肃皋兰、狄道、金县、河州、靖远、宁远、通县、会宁、真宁、合水、平番、清水、秦安、西宁、安定、碾伯、阶州、灵州、中卫、宁夏、花马池、礼县、成县、高台等二十四厅州县水虫风雹灾民暂缓新旧额征。【略】甲申，谕军机大臣等，据杭州将军傅森奏称，四五月间雨水稍多，老盐仓以东一带柴堤略有冲动等语。从前巡抚常安六月内奏报雨水塘工一折，只称海塘工程经上旬霉雨，并无冲溢，臣亲往工所细勘，观音堂汛应下石篓一百余丈，业已安置等语。其老盐仓柴堤冲动之处并未指出，何以所奏与傅森不同，尔等可寄信询问常安，令其回奏。【略】丙戌，冬至。【略】谕：【略】今闻湖南地方本年雨水调匀，中、晚二稻收成丰稔，民食有赖。广西今秋收成稍薄，恐将来不无需米之处，湖南与广西接壤，一水可通，著将截留之漕米酌发四万石运往广西。【略】丁亥，【略】谕：今年上江所属地方有旱潦偏灾之处，如桐城、宣城、南陵、铜陵、繁昌、无为、庐江、建平等八州县所有勘实成灾之地，朕心轸念，其应完漕粮漕项著缓至来岁征收。【略】至寿州、凤台、凤阳、怀远、临淮、泗州、盱眙等七州县虽成灾止有五分，而地土瘠薄，连年荒歉之后，民力均觉艰难，著将此七州县及坐落七州县之卫田应完漕粮漕项概行缓至来岁征收。【略】辛卯，【略】户部议覆，长芦盐政伊拉齐奏称，上年河南偶值偏灾，盐斤不无壅滞，今岁直属天津、河间二府，深、冀二州又复夏秋被旱，车脚挽运盘费倍加，商力未免艰难，请将本年秋、冬二季正课加课等银二十六万八千余两分限四年完纳。【略】又议覆直隶总督高斌疏称祈州、平山二州县乾隆五年分被水沙冲压地共六十顷有奇，额征请予豁除，应如所请。从之。【略】甲午，谕军机大臣等，河间、天津等处来京就食之民日益众多，盖因愚民无知，见京师既设饭厂，又有资送盘费，是以本地虽有赈济，伊等仍轻去其乡，而不顾且有已去而复来者，不但抛荒本业，即京师饭厂聚人太多，春暖恐染时气，亦属未便，尔等可寄信与高斌，令其设法安插，妥协办理。

《高宗实录》卷二〇四

十一月【略】丁酉，户部议覆，署两广总督策楞疏称，广州府香山海矬等场于乾隆三年七月内飓风吹倒寮仓，雨淋潮泛，消化盐斤三万一百九十三包，计帑本银一万二百余两。【略】部议以该省是年并未报灾，仍令勒追完报。查是年被风时，庄稼并未受伤，未经报灾。【略】而万余金帑项实难令灶丁赔补，请全行豁免，应如所请。从之。【略】庚子，谕：近来京师黑豆价昂，【略】今年奉天地方收成丰稔，豆价平减，著户部【略】采买数万石接济京师。【略】辛丑，【略】分别赈恤广东万州、陵水、崖州、文昌、新宁、阳江、茂名、电白、化州、石城、吴川、海康、遂溪、合浦等十四州县风灾兵民。赈贷福建台湾、凤山、诸罗三县被旱灾民，并缓新旧额征。壬寅，户部议覆，前署黑龙江将军布尔沙等奏称，黑龙江地方夏初被旱，禾苗已不能畅茂，七月内又遇霜灾，兵丁水手拜唐阿等地亩惟初犁所种尚有一半成熟，随令上紧刈获，末犁所种则皆未熟被霜，所得粮石以各户口节省计算，除足敷食用一千二百一十三户外，其次年不敷口粮，请借仓谷散给。从之。赈山西曲沃、解州、安邑、夏县、平陆、芮城、绛州、闻喜、绛县、稷山、大宁等十一州县被旱灾民，免额赋有差。加赈直隶天津、大城二县被旱灾民。【略】甲辰，【略】命署直隶清河道王师传谕直隶总督曰，近来京师流民甚多，多是沧州人，景州尤甚，资送盘费每日六分，仅足抵家，嗣后如何过活，【略】须委大员逐一妥协办理，传谕总督知之。【略】丁未，赈贷安徽寿州、凤阳、怀远、凤台、泗州、盱眙等六州县，及凤中、长淮、泗州等三卫被旱军民缓征新旧额赋。【略】是月，直隶总督高斌奏，来京就食灾民，已遵旨饬各州县沿途劝阻。【略】得旨：知道了。有人奏流民多，恐薰蒸成疫，故有此谕。又有人奏，今年流民亦只三四千之数，较之雍正二三年数至盈万者，尚为减少，朕反悔前谕之失斟酌矣。【略】四川巡抚纪山奏，川省松潘地处极边，节气寒冷，不产稻谷，全赖成都、龙安等府接济。【略】云南总督张允随奏报，昭通府永善县濒江一带于本年七月间大雨连绵，山水泛涨，夹杂沙石，冲压田地房屋，现已分别赈恤。

《高宗实录》卷二〇五

十二月庚戌朔，【略】赈广东吴川县被旱灾民，缓征本年额赋。【略】乙卯，【略】谕：山东今岁济、东、武三府偏被旱灾，【略】著于今冬例赈之外，将陵县、德平、平原、德州、德州卫、惠民、乐陵、海丰、滨州、商河、沾化、武城等十二州县卫成灾六七八九分之极贫者加赈两个月，七八九分之次贫者加赈一个月。【略】戊午，【略】又谕：昨岁江苏、安徽两省被灾独重，【略】今年仰蒙天恩，两江薄有收获，民情业已相安。【略】己未，谕：京师米价昂贵，现在平粜，尚恐未能骤减，明年八旗春季甲米，向于二月给放者，著改于正月初十日放起。【略】甲子，【略】工部议覆，河南巡抚硕色疏称，归德府属之永城、鹿邑，及陈州府属之淮宁、西华四县频年被水，总由界连江南，事关两省疏浚之事，格疑难行，今酌疏通之法。

《高宗实录》卷二〇六

十二月【略】丁卯，上御乾清门听政，召大学士等前曰：今年冬至以后天气过暖，京师得雪甚微。【略】谕军机大臣等，昨据陈大受奏报，江南挖除蝻子之法，朕已降旨，将原折抄寄高斌，令其留心照此办理。夫蝗蝻之生，多由卑湿之地，复经水旱所致，直隶河间地势低洼，天津则系滨海，今年既已被灾，入冬又复少雪，恐蝗蝻潜生暗长，有妨明岁田禾，此时切须预为筹办，尔等可再寄信去。【略】辛未，【略】户部议覆，四川巡抚纪山疏称，宁远府西昌县本年五、六两月被水冲坏民田，【略】应征额赋暂请蠲免。【略】甲戌，【略】谕军机大臣等，山东相近直隶诸府今年歉收，冬间又复少雪，倘蝗蝻潜生，明岁必为禾苗之患，前陈大受奏报挖埋蝻种之法，朕已令直隶仿照行之。尔等可寄信与喀尔吉善，令其留心，及此农隙之际，饬谕有司董率民人早为料理，若东作方兴，则农民有事南亩，即恐不及矣。【略】是月，直隶总督高斌奏，本年河间、天津等处被旱灾民入冬以来，祁寒可悯，已会同盐臣伊拉齐及各司道，并劝绅士商民等，公捐棉衣四万三千六百九十一件，查明极贫者，于领赈时当面散给。【略】江苏巡抚陈大受【略】又奏，蝻子入土，设法剪除。查蝗蝻生子，必坚土高亢处所，用尾栽入土中，深不及寸，仍留孔窍，形如蜂窝。一蝗所生十余粒，中止白汁，渐次充实，因而分颗一粒中即有子百余。交冬遇雪，即深入寸许，若积雪尺余，蝻子便难出土。今岁入冬以来，各属俱未得雪，海州等处穷民挖取草根，类多掘得蝻子，累累成团，愚民罔知剪除，仍弃土内，交春遗孽萌动，甚为可虑。臣已飞饬地方官，出示乡民，凡掘得蝻子一斗交官者，立即给银二钱，或只数升者，亦照此例减给。并饬报过生蝻各属，一并遵行。得旨：甚善举也。

《高宗实录》卷二〇七

## 1744 年 甲子 清高宗乾隆九年

正月【略】庚辰，【略】谕大学士等，上年直隶、天津、河间等处收成歉薄，贫民乏食。【略】惟是上秋被旱之后，冬月雨雪又少，麦苗待泽甚殷，东作方兴之时，麦秋收成未卜，穷民尤堪轸念。【略】丁亥，【略】谕大学士等，【略】今据高斌覆奏，天津府属之天津县，河间府属之肃宁、故城、宁津，顺天府属之大城，保定府属之束鹿、深州并所属之饶阳、安平，深州属之衡水，又续报保定府属之新城，共十一州县，原属偏灾，业按分数给赈，民情大势宁谧。但灾重之十六州县地界毗连，青黄不接之际生计仍属艰难。【略】将此十一州县按册再加赈一月，该部即遵谕速行。【略】辛卯，【略】谕：新岁朕奉皇太后驻跸圆明园，【略】本应同沾湛露，酌兹春酒，但三冬雪泽稀少，近日星示灾异，朕心儆惕。【略】癸巳，【略】又谕：近来流民渐多，皆山东、河南、天津被灾穷民，前往口外八沟等处耕种就食，并有出山海关者。山海关向经禁止，但目今流民不比寻常，若稽查过严，若辈恐无生路矣，大学士等可即遵旨，寄字山海关一带各口并奉天将军，令其不必过严，稍为变通以救灾黎，此亦无聊之极思耳。

《高宗实录》卷二〇八

正月【略】丙午，【略】谕：上年上、下两江秋收大概丰稔，间有偏灾地方，朕已加恩蠲缓赈恤，其寿州、凤台、凤阳、怀远、临淮、桐城、泗州、盱眙八州县勘不成灾地亩，【略】应纳新旧钱粮俱缓至本年麦熟后征收。【略】是月，直隶总督高斌奏报得雪情形。得旨：数日以来朕日夜焦思，以待天泽，想卿同此忧也。江苏巡抚陈大受奏：上、下江所属之凤、颍、淮、徐等处连年歉收，蠲赈兼施，抚循安辑，现在春、秋二季均有收获，自当督率地方有司勤加教导。【略】又奏：漕粮征收米色，因上年久晴无雨，稻谷不能圆足，援照乾隆六年谕旨，饬令红白兼收之例，酌量收兑，是以米色不能一律纯洁。得旨：去年岂可比前年灾重之年，此端不可开。

《高宗实录》卷二〇九

二月【略】丙辰，【略】蠲免安徽桐城、宣城、南陵、铜陵、繁昌、无为、庐江、临淮、建平等九州县，并无为州归卫田地上年水灾额赋有差。【略】己未，【略】谕：上年天津、河间、深州等属十六州县被灾较重，【略】今已届仲春，雨泽未降，二麦收成不能期必。【略】著于从前议定之外，再加赈月分，以济民食。【略】庚申，【略】免长芦永利、富国、涛雒等三场并海阳县灶地旱灾额赋有差。免江苏溧水、高淳、金坛、溧阳、铜山、丰县、萧县、阜宁、安东、海州、沭阳、赣榆，并徐州、大河二卫，及盐城所一十五州县卫所水灾额赋有差。加赈湖南龙阳、沅江二县被水贫民三个月口粮。辛酉，【略】吏部左侍郎田懋奏，今春京师、直隶等处雨泽缺少，曾命刑部清理狱犯，至外省未结之案甚多。【略】免长芦兴国、富国、丰财等三场，并沧州、南皮、盐山、庆云、青县、衡水、海丰、交河、东光、乐陵等十州县被旱灶户灾民额赋有差。【略】壬戌，【略】免福建台湾、凤山、诸罗三县旱灾额赋有差，分别赈贷。

《高宗实录》卷二一〇

二月【略】丙寅，【略】又谕：京师及附近府属如天津、河间等处，自冬徂春雨雪稀少，今清明已届，农事方殷，朕心深为忧惕。【略】丁卯，【略】加赈云南沾益州、南宁县被水灾民三个月口粮。【略】壬申，谕户部，山东上年济南、东昌、武定等属三州县被灾歉收，朕已加恩赈济，毋使小民失所。闻该省今春虽已得雨，尚未沾足。【略】又谕：山东齐东等十九州县卫被旱歉收，【略】著将济南府属之齐东、陵县、德州、德平、平原、临邑、德州卫，武定府属之惠民、海丰、乐陵、商河、滨州、沾化、阳信、利津，东昌府属之武城、恩县、夏津，沂州府属之日照县南乡并安东卫等十九州县卫，应征乾隆八年地丁及带征钱粮宽至本年秋成后再行征输。【略】甲戌，【略】户部议覆，云南总督兼管巡抚张允随疏称，昭通、东川二府新辟夷疆产谷无多，上年雨水稍多，收成歉薄，兼因地产银铜，商民辐辏，民食殊艰，请于铜息项下动银二万两，至川东采买米谷，转运平粜，应如所请。【略】丙子，【略】免广东吴川县旱灾额赋有差。【略】是月，尚书公讷亲奏报：查勘灾重之天津府属静海、青县、沧州、南皮、盐山、庆云，河间府属东光、吴桥、交河、景州，并景州以北之阜城、献县、河间、任丘，又冀深二州属之武邑、武强等十六州县，领赈贫民咸无饥色，白叟黄童无不感戴深仁。得旨：览奏，俱悉，卿去后又复两旬矣，尚未得雨，朕忧想已知之。【略】湖北巡抚晏斯盛奏：楚省雨泽频仍，麦苗长发，向后雨旸时若，应书大有。【略】山东巡抚喀尔吉善奏报，东省各属正月得雨一二寸，虽未沾足，如二月望前得透雨，麦苗自可勃发。【略】贵州总督兼管巡抚张广泗奏报，黔省入春以来雨泽时降，至节过清明，民间争布稻种，望雨方殷。【略】福建漳州镇总兵雷泽远奏报，闽省雨泽应时，米价平减。

《高宗实录》卷二一一

三月【略】戊子，【略】免江苏沛县旱灾额赋有差。免河南中牟、河阴、新安、罗山、长葛、伊阳等六县旱灾额赋。【略】庚寅，【略】免江苏盐城县被水灾民额赋。 《高宗实录》卷二一二

三月甲午，谕军机大臣等，直隶地方至今尚未得雨，朕心深为忧虑。上年天津、河间等处被灾最重，是以加意筹办。今思旱象渐形，不特两郡为然，其他处亦应早为计及，若日内得有雨泽，犹可望其有收。【略】乙巳，谕：山东德州、海丰、乐陵、阳信、德州卫五州县卫上年遭值旱灾，闻今春又复少雨，麦收失望，穷民艰于谋食，著该抚酌量各处情形，加赈四月一个月。【略】是月，【略】山东巡抚喀尔吉善【略】又奏报得雨情形。得旨：览奏，稍慰朕怀，直隶一省与夫相近之德州等处望泽甚殷，朕忧曷其有极耶。又奏报：麦苗虽经得雨，但连日大风，日色燥烈，恐日久不雨，分数稍减。得旨：京师亦然。【略】又奏报：风刮日晒，麦苗渐致黄萎。得旨：京师亦复如是。

《高宗实录》卷二一三

四月【略】辛亥,【略】免广东吴川县风旱两灾额赋有差。【略】丙辰,【略】户部议准署黑龙江将军布尔沙疏称,官庄被旱,应补交粗粮四千五百石,细粮二千二十二石,俱请免。从之。【略】丁巳,【略】是日,浙江温州凤凰洋大风,所有截留江苏漕粮运闽十万石,沉失五百五十石,督运之苏松水师总兵官胡贵奏报,愿按数捐赔。得旨:汝冒险成全此事,已可嘉矣。岂有复令捐赔沉失米石之理。【略】庚申,【略】大学士鄂尔泰等议覆,兵部侍郎雅尔图奏称,直隶民食首重高粱粟米,其次则春麦、莜麦,今春雨愆期,已失其一,倘再弥月不雨,则高粱粟米又属难期,莜麦一项实为至急,请于豫、东二省及奉天地方采买备贮,万一大秋不能播种,即借给莜麦,于五、六两月广种,亦可佐数月民食。【略】又议,【略】豫省彰、卫二府水路可通直隶,该处今岁二麦丰收,亦应委员酌量赴买,以凑赈用。【略】今除大名、宣化雨泽已降外,其余各处俱须预筹。【略】据总督阿尔赛奏称,两湖地方米价平减,二麦茂盛。巡抚塞楞额奏称,该省麦苗茂盛,米价亦平,而收成分数尚难预定。【略】谕曰:雅尔图所奏直隶备荒二折,及大学士等所议奏帖二件,可俱发与高斌阅看。【略】寻奏覆,直属除大名一府雨泽沾足,宣化、永平、广平次之,顺德又次之,正定府及赵州雨尚未足。至顺天、保定二府及定州属,二麦歉收。而上年被灾之河间、天津、深、冀等属旱象尤觉可虑,备荒之策,多储为先。今岁河南、河北一带及直隶大名府俱丰收可期。【略】辛酉,【略】除广东广州、肇庆、高州、琼州四府属水冲沙压民屯山田水田三百六顷额赋。

《高宗实录》卷二一四

四月癸亥,【略】又谕军机大臣等,据阿尔赛奏称,楚省今岁雨水调匀,二麦收成丰稔,为数十年所未见,朕心深为欣慰。今春直隶地方雨泽愆期,麦秋失望,恐将来有须外省接济之处,可密寄信与鄂弥达,令其预备米麦或二十万石,或三十万石,若直隶需用之时,信到即速运送。【略】又谕,前据硕色、纪山奏称,河南今岁雨水调匀,二麦可望;川省今年膏雨频施,四野沾足,春收丰稔,可望丰登。朕心深为欣慰。【略】丁卯,【略】予假回籍大学士陈世倌【略】又奏二月十一日抵家,并三春得雨情形。得旨:卿家乡虽幸蒙天佑,而直隶则望雨甚切。【略】己巳,以旱命省刑宽禁。谕:今年各省雨泽尚属应时,惟京师及畿内数府甘霖未降,二麦歉收,目下已届布种大田之时,望恩尤切。【略】庚午,【略】又谕:直隶河间、天津等处上年被灾,今春雨泽愆期,【略】其山东西三府今岁雨泽亦少。【略】辛未,谕户部,前因山东德州、海丰等五州县卫上年被旱,今春又复少雨,已降旨加赈四月一个月,以济贫民。今据喀尔吉善奏称,德平、陵县、平原、商河、滨州、沾化、惠民、利津八州县雨泽未沛,二麦黄萎,小民艰于谋食,请照德州等五处之例,加赈一个月等语。【略】甲戌,直隶总督高斌奏,顺天府属之霸州、大城,保定府属之新城、雄县、束鹿、高阳等县,河间府属之河间、献县、阜城、肃宁、任丘、交河、景州、故城、吴桥、东光、宁津等州县,天津府属之天津、青县、静海、沧州、南皮、盐山、庆云等州县并津军厅,正定府属之栾城县,广平府属之威县、清河,冀州属之武邑、衡水、饶阳、安平等州县,遵化州属之丰润县,共三十三州厅县,上年既歉收,今岁又未得雨,民间钱粮无力完纳。又,顺天府属之文安、保定府属之新安二县上年虽未成灾,但与灾地毗连,今春均未得雨。请将该州县厅【略】新旧钱粮【略】均予缓至秋后征收。【略】是月,【略】安徽巡抚范璨奏,安省仓储原有一百八十五万二千石,连年歉收,粜借兼行,现实贮仅七十余万石。【略】今岁二麦丰收,无藉平粜,惟查囤户。【略】山东巡抚喀尔吉善奏报各属得雨、缺雨情形。【略】又奏:东省曹、沂、兖、泰等府属雨泽调匀,惟济、武所属被旱成灾。【略】又奏:济、东、武三府属缺雨之州县,酌核省刑。【略】陕西巡抚陈宏谋奏报,各郡雨水调匀,可卜丰稔。得旨:既喜陕省之有麦,复忧直隶之无禾。

《高宗实录》卷二一五

五月【略】己卯,【略】谕:一春以来雨泽稀少,二麦黄萎,今逾芒种之期,甘霖犹未普降,切恐秋禾难以布种,民食堪虞。【略】癸未,谕:京师自春徂夏雨泽愆期,风霾时作,朕心忧惕。【略】乙酉,【略】谕曰:夏至致祭于方泽,【略】天气炎热,扈从人多不免有病暍者,今岁炎热胜于旧岁。【略】丁亥，顺天府府尹蒋炳奏：天时亢旱，粮价日昂，请于四路同知驻扎处分设四厂平粜。【略】辛卯，【略】又谕军机大臣等，河间、天津等府连年歉收，今年近京缺雨之处不止此二府，深恐将来民食艰难，不得不资藉于外省。近闻上、下两江二麦丰收，秋成亦大可望，朕心欣慰。《高宗实录》卷二一六

五月【略】甲午，【略】谕：【略】今京师于五月十六日已得透雨，近畿大概相同，看来秋成尚属可望。【略】直隶总督高斌【略】又奏报，五月十六日大雨竟夜，四野沾足，晚谷黍豆俱可播种。【略】丙申，谕军机大臣等，畿辅之地从前少雨，难以布种，河间、天津之民谋食于外者甚多，即保定、顺天亦有之。本身既已他出，其地亩无人耕种，恐致荒弃。旧年高斌曾借麦种，与在籍居民，令其代为耕种，今应仿照此法。【略】是月，【略】川陕总督公庆复奏：陕省州县仓粮例出陈易新，今春民有储蓄，现在麦蚕丰收，是以籴者寥寥。【略】恐久贮不能出易，致有霉变，令减价出粜，臣以现在二麦可望丰收，固应预筹减易之计。【略】又奏：榆林口鄂尔多斯蒙古地方【略】先因旱暵，布种为忧，自四月下旬得雨，已遍种秋苗，贫民与蒙古彼此相安。《高宗实录》卷二一七

六月【略】己酉，谕军机大臣等，朕闻江南昭阳湖去冬水涸，鱼子化为蝻孽，湖内淤泥深皆尺许，难于捕灭，遂尔成蝗，飞至附近各县及山东地方，将为禾稼之害。朕思蝗蝻之患，原可以人力驱除，即淤泥之处，亦当乘其初起，尽力设法捕治，稍有迟缓，便难捕灭矣。可寄信与江南总督，遴委文武官员弁，多派人夫，竭力捕治，务净根株，毋致蔓延滋患。【略】壬子，缓征长芦所属兴国、富国、严镇三场，宁津一县乾隆八年被旱勘不成灾灶课。又兴国、富国、严镇、海丰四场，沧州、南皮、盐山、庆云、青县五州县带征乾隆三、四两年五分之一，并缓征乾隆七年被水勘不成灾旧欠灶课。癸丑，【略】又谕军机大臣等，前经准泰奏请，于四川贮备米石内拨米四万石，运贮扬州盐义仓以实仓储，朕已允行。今思江南麦收甚好，秋成亦大可望，似可勿庸拨运。【略】甲寅，【略】恤山东济南府属之历城、章丘、邹平、齐河、齐东、济阳、禹城、临邑、长清、临县、德州、德平、平原、德州卫，并历城、齐河、济阳、长清四县收并济南卫，泰安府属之肥城、平阴，并肥城县收并济南卫，武定府属之惠民、青城、阳信、海丰、乐陵、商河、滨州、利津、沾化、蒲台，并商河县收并济南卫，东昌府属之博平、高唐州、恩县，青州府属之博兴、高苑、乐安等三十二州县卫被旱灾民；又，沂州府属之兰山、蒙阴、沂水三县，东昌府属之博平、临清、馆陶三州县被雹灾民。《高宗实录》卷二一八

六月壬戌，【略】缓征台湾、凤山、诸罗三县八年分被旱勘不成灾额赋。【略】乙丑，谕：朕前闻江南昭阳湖去冬水涸，鱼子化为蝻孳，遂尔成蝗，飞至山东地方，将为禾稼之害。近又闻河南永城县，有飞蝗从江南萧县飞入境内，夏邑县有飞蝗自江南宿州，由该县之韩家道口集地方飞过。夫蝗蝻之患，原可以人力驱除，总当乘其初起，尽力设法捕治，若稍迟缓，便难捕灭。今江南之蝗，至将贻害邻省，则江南督抚办理此事，不能尽心可知。著饬行，仍令速行查明飞蝗起自何处，将从前捕蝗不力之各该地方官，逐一指参示儆。【略】丙寅，【略】豁免江苏山阳、阜宁、清河、桃源、安东、淮安、大河等七县卫，七年分被灾蠲余银四千二百十两，米麦豆一万五千四百九十石有奇。【略】是月，江苏巡抚陈大受奏报，宝山县六月二十日飓风大作，海潮涌出塘面数尺，塘工有损伤处，现在飞饬苏松道作速勘明抢修。【略】江南河道总督白钟山奏：江南河标四营，【略】乘此二麦丰收，市价平减时，在附近沿河籴买麦石，各处收贮，遇粮贵时借给各营，秋后还仓。【略】浙江布政使潘思榘奏报春收分数及田禾雨水情形，所有八年分地丁各项银粮俱报全完。【略】河东盐政吉庆奏报麦收得雨情形。得旨：欣慰览之。【略】川陕总督公庆复【略】又奏报秋禾得雨情形。得旨：览奏，俱悉，目今虽晴雨应时，而朕之怀必至秋成后方得稍释。【略】甘肃巡抚黄廷桂【略】又奏报甘省五月下旬各属望雨情形。【略】又奏报各属被雹情形。【略】四川巡抚纪山奏报各属得雨栽秧情形。得旨：览奏，曷胜欣慰，川省连年有收，朕所深慰。【略】又奏报，成都府属灌县之都江堰，【略】六月十八日大雨连日，山水陡发，都江堰暴涨，郡城南北两大河不能容纳，以致郡城居民附近河干者多有溺毙，房屋

冲坍，并及贡院墙垣号舍，秋禾亦有被淹之处，现在动项抚恤，开仓平粜。【略】四川提督陈文焕奏报，泰宁协属护理巴底安抚司喇嘛纳旺，住巴旺地方，【略】今年巴旺民多灾疫。

《高宗实录》卷二一九

七月丙子朔，【略】谕：从前直隶河间、天津等属被灾，【略】今幸甘霖迭沛，秋成可望。【略】户部议覆，浙江巡抚常安疏称，乾隆六年仁和、钱塘、海宁、余杭、归安、乌程、长兴、德清等县水旱成灾，业经题请，分别蠲缓额赋外，其不征漕米之萧山、永嘉、乐清、瑞安、平阳等县被灾情形，与仁和等县相同，请于地丁款内一体分别蠲缓，应如所请。从之。【略】豁免云南宜良县被水冲没学田额赋三十八两有奇。【略】戊寅，谕军机大臣等，朕闻德州一带近有发水之处，德州年来收成歉薄。【略】寻奏：查德州境内自五六月间连次得雨，运河水势虽涨，并未满槽，继即消落，实无妨碍田禾之处。即与直隶吴桥、景州、故城接壤之区，亦委员星赴确查，并无水发情形。【略】甲申，【略】长芦盐政伊拉齐疏报，东省旧冬雪少，本年春夏雨泽又复愆期，所属海丰县之永利、富国、永阜等场及王家冈灶地，二麦被旱，请将无业贫灶户口附入各县民籍，一体抚恤。【略】乙酉，【略】直隶总督高斌疏报，据布政使沈起元详称，霸州、保定、固安、苑平、大兴、文安、大城、涿州、房山、良乡、永清、东安、香河、昌平、顺义、怀柔、密云、平谷、延庆卫、蓟州、通州、三河、武清、宝坻、宁河、滦州、卢龙、迁安、抚宁、昌黎、乐亭、临榆、雄县、高阳、新安、清苑、满城、安肃、新城、容城、定兴、唐县、博野、蠡县、庆都、完县、祁州、安州、束鹿、河间、献县、阜城、肃宁、任丘、交河、景州、故城、吴桥、东光、宁津、天津、津军厅、青县、静海、沧州、南皮、盐山、庆云、灵寿、新乐、广宗、巨鹿、平乡、南和、广平、鸡泽、曲周、磁州、成安、威县、清河、广平[①]、开州、赤城、延庆、万全，冀州并所属之新河、南宫、武邑，深州并所属之武强、饶阳、安平，定州并所属之曲阳、深泽，易州并所属之涞水，遵化州并所属之丰润、玉田，热河、八沟、喀拉河屯等一百五州县卫厅，今春雨泽愆期，间被冰雹，二麦歉收。再，东安、迁安、抚宁、唐县、定兴、河间、灵寿、延庆、怀安、西宁、蔚州、怀来等州县四五六等月被雹伤禾，业经借给籽种，俟秋收后确勘分数，另行题明。【略】丙戌，【略】赏恤江南京口左营巡洋遇飓被溺马步兵丁葬祭银两。【略】丁亥，【略】谕：山东济南府属之历城、章丘、邹平、齐河、齐东、济阳、禹城、临邑、长清、陵县、德州、德平、平原、德州卫，武定府属之惠民、青城、阳信、海丰、乐陵、商河、滨州、利津、沾化、青城、蒲台，泰安府属之平阴、肥城，东昌府属之博平、临清、高唐、恩县、馆陶，沂州府属之沂水、蒙阴、兰山，青州府属之博兴、高苑、乐安等三十七州县卫，勘不成灾之地亩应征钱粮例应输纳，但朕思各州县麦收原属歉薄，若因此时勘不成灾，将新旧钱粮一时并征，小民未免拮据，著将乾隆九年应征地丁宽至本年十月后启征，其历年旧欠缓至来岁麦熟后征收，以纾民力。　《高宗实录》卷二二〇

七月【略】壬寅，【略】户部议覆，山东巡抚喀尔吉善奏报，山东二麦被旱之历城、章丘、邹平、齐河、齐东、济阳、禹城、长清、平阴、肥城、青城、蒲台、蒙阴、沂水、博平、临清、恩县、博兴、高苑、乐安、陵县、德州、德州卫、德平、平原、惠民、阳信、海丰、乐陵、商河、滨州、利津、沾化、临邑、高唐三十五州县卫，应请一体借给籽种口粮。得旨：依议速行。【略】癸卯，【略】谕军机大臣等，朕闻七月初三日起至七月初六日止，浙省连雨四日，杭州绕城江塘石条水冲一二层，相近居民房屋倾倒。杭州府、嘉兴府、严州府、绍兴府属钱塘、仁和、海宁等处十数县江海石塘土堤稍有损坏，房田亦被水冲，官船民船伤损，人口亦有淹毙。再，严州府属淳安县、绍兴府属山阴县，此二县被灾又稍重。此事常安并未奏闻，尔等可寄信询问，令其据实具奏。寻奏：七月初三四五等日风潮，杭州江塘眉土冲泼，当即填平，民屋并无倾倒。海盐、海宁石塘亦未损坏，惟老盐仓观音堂等处柴塘间有蹲矬，随昼夜抢修，克期告竣。嘉属所辖乍浦城外天后宫一带曾经进水，旋即消落。绍兴一属被水亦轻。独

---

① 此处赈济直隶一百零五州县卫厅中，出现"广平"两处，疑誊抄之误。

严州一属山水陡发，人民田庐多有淹没，业经缮折具奏。报闻。又谕：常安近来办事颇觉粉饰外观，而不留心民瘼，被水一事已降旨询问。今朕闻浙江西安地方缺雨，六月二十日该县知县董宗孔正赴各乡查勘之际，有乡民多人各将被禾苗弃置县堂，人声嘈杂，近县市店多有闭门，传闻罢市者。此事常安并未奏闻，尔等可寄信询问。【略】寻奏：六月二十日，西安知县董宗孔查勘各处，乡民不知该县他出，遂将旱禾弃于堂上，非不行验看所致；至罢市之说，乃系人众讹传，实无此事。嗣以其中为首之人未经查获惩治，不敢遽行陈奏等语。得旨：汝虽不言，朕岂不知，此等鄙见，改之戒之。【略】甲辰，【略】又谕：据仓场侍郎吴拜等奏称，本月初七日夜间，风雨猛骤，外河水势陡涨丈余，将兴武三帮旗丁郑士元、张映、陈九如、郑子明漕船四只遭风磕坏，淹没人口，亏折米石；又兴武七帮旗丁蒋尧臣、杨俊崇回空船二只，八帮旗丁尹磻逸回空船一只，亦于是夜遭风磕击破损。【略】蠲免福建台湾府属之台湾、诸罗、凤山等县乾隆八年秋旱成灾额赋。【略】是月，直隶总督高斌奏报，直隶久旱之后，喜得甘霖，秋禾十分长发，不嫌雨水过多。惟顺天保定河间、天津各府属，因得雨未甚深透，潮湿之气所蒸致生蝻子，现饬文武员弁极力扑捕，务期尽绝。得旨：好，上紧督催捕灭毋令伤稼也。【略】又覆奏：近日各属得雨，固安迤北州县较多，然时晴时雨，亦未至淋涝过甚，晚禾藉以滋长，蝛虫亦可消除。惟霸州迤南一带得雨尚未沾足。再，永定河石景山于七月初四日涨水六尺余，随即消落，上下南北两岸堤埽俱属平稳。得旨：览奏，稍慰朕怀，卿所奏乃前日之情形，兹复连阴二日，昨晚之雨颇大，不伤农否？然霸州迤南必沾足矣。朕差努三前去看水，可详悉告彼，令其带折回奏。又奏：固安自七月初一至初六日连得雨泽，不嫌过多，霸州迤南近日并已得雨，永定河工亦俱平稳。得旨：今天已开晴，朕怀稍慰矣，努三见庄河有下埽之处，今平稳耶。又奏：【略】再查山东德州一带并无发水之处，惟雄县、新城雨水甚大，洼地晚禾间有淹浸，近亦消退。【略】又奏：上年被水之河间、天津二府，深、冀二州等属，连次得雨，秋禾随亦改观。至雄县以北，河水涨溢之处亦止低洼被淹，旋即消落，高地晚禾现俱畅茂。【略】署两江总督尹继善奏：【略】五月间京师已得透雨，可望秋成。饬令预备之米麦可以少减其数，伏思江省连岁丰稔，收买不厌其多。【略】又奏：下江于七月初三等日大风骤雨，江潮盛涨，沿江沿海州县漫入田庐，飞饬苏州布政使委员确勘上江徽、宁、池、太数郡，亦于七月初旬或因山水骤涨，或因起蛟发水，田舍人口间被冲淹，亦已飞行江宁布政使委员查勘。【略】江苏巡抚陈大受奏报：七月初三等日风潮冲损塘工，业经具折奏闻外，其沿海沿江各州县间有淹没田庐之处，现饬藩司委员履勘。【略】署安徽巡抚准泰奏报：安省庐、凤、颍三府，滁、泗二州所属州县卫，现在飞蝗虽尽，而蝻子萌生。抵任后即饬各处克期捕尽，不敢稍延，现田禾畅茂，可获丰收。惟徽州、宁国、池州、太平、广德四府一州属或因蛟涨，或因山水迅发，俱有冲塌庐舍、淹没田禾之处，当即飞饬藩司，委员确勘。【略】江西巡抚塞楞额奏报：南昌、袁州、建昌、南康等府属州县，高阜田亩早禾被旱，嗣于六月下旬、七月初旬连日透雨，可望收成，其补种晚禾杂粮者，饬地方官确查，无力之家酌给口粮籽种。【略】浙江巡抚常安奏报：杭、嘉、湖、宁、绍、严、台、温、处九府雨水应期，早禾已收，粮价平减。惟金华、衢州二府属自六月以来雨泽稀少，早禾不无伤损，业经委员勘验，量借籽种，俾令乘时补种杂粮。【略】又奏：浙省于七月初三四五等日雨势连绵，东北风潮较大，海宁县老盐仓观音堂等处柴塘间有蹲矬，现饬塘工各员昼夜抢修，将次告竣。又，乍浦城外天后宫一带土塘间有冲塌，石塘幸未损伤，亦饬一律修补。又因江南徽州府山水陡发，严州相距百余里，所属之淳安县溪水骤涨，居民庐舍多被淹没。【略】又奏：浙省严州府属之淳安县被水最重，业经赈恤。他如宁波等属虽因风雨急骤，田庐皆致淹没，其与猝被山水冲漂者不同。【略】湖南巡抚蒋溥奏报，湖南今岁各属丰收，惟茶陵一州六月初旬以后，半月不雨，略被偏旱，尚可补种，勘不成灾，无庸题报。【略】河南巡抚硕色奏报，归德府属一带飞蝗入境，随委员协同各该县扑捕，业经净尽，其余如陈州府属之沈丘、太康，光州属之商城等县现率该县紧捕，但飞蝗停处即有遗下蝻

子，亦偏行搜扑，无致贻害民间。得旨：是严饬督捕，毋涉粉饰也。　　《高宗实录》卷二二一

八月【略】丙午，【略】又谕大学士等，天津、河间二府属本年虽获有秋，究非丰收，景州、沧州尤属不及，庆云则犹有雨水未足之地，小民当积歉之后，朕心倍为廑念。【略】寻奏：景州、沧州禾稼收成尚有七分，惟庆云一邑被旱贫民渐有外出谋食者，其庆云接壤之盐山县情形略同。【略】己酉，谕军机大臣等，据江苏学政开泰奏称，闻得上江徽州、宁国二府七月初五六日大雨出蛟，山水骤发。徽州府城内水深数尺，城外深二丈余；宁国府城内深数尺至一丈许，其各属水势大小不等，人口田庐均有淹损等语。徽、宁二府被水未见该抚奏闻。【略】寻奏：查歙县、休宁、婺源三县山多滩急，大雨连朝，又兼蛟涨，民人遭水颠连，尤堪悯恻。绩溪、宁国、旌德、泾县、太平、建平等县同时被水，庐舍人口伤损无多；宣城、南陵、芜湖、繁昌等县堤圩间有冲决；贵池、东流、广德、青阳等州县或本地水发，或上游蛟涨，经过旋即消落；其安庆、宣州、建阳三卫田禾虽有淹损，而被灾最轻。以上二十州县卫，已饬布政使委员一面抚恤，一面确勘成灾分数，并咨督臣尹继善拨米八千石运往接济外，复动司库银二万两解存徽州府库，以便就近支给。【略】庚戌，【略】户部覆议，江西巡抚塞楞额疏报，江西省自五月以后雨泽愆期，据布政使详称，南昌府属之新建、丰城，临江府属之清江、新喻、新淦、峡江，抚州府属之临川、东乡，建昌府属之南丰，广信府属之玉山，饶州府属之余干，南康府属之安义，九江府属之德安等县早禾被旱情形，酌量抚恤，应如所请。【略】辛亥，户部议准山西巡抚阿里衮疏报，太原府属文水县之永乐等三村秋禾被淹，泽州府属陵川县之桃山头等八村被雹伤禾，请酌借籽种口粮，以资接济。【略】癸丑，【略】赈恤四川成都府属各州县被水灾民，并缓征本年额赋。

《高宗实录》卷二二二

八月【略】甲子，【略】又谕：江南海州、沭阳、赣榆三州县连岁被灾，今年收成较好，然元气未必全复，【略】著将此三州县七八两年未完田地缓漕于本年起分限四年征收，以纾民力。【略】癸亥，【略】赈恤广东广州府属之东莞、增城，惠州府属之永安、博罗、归善，潮州府属之大浦、海阳、澄海，肇庆府属之高要、高明、恩平、开平等十二县被水灾民。【略】丙寅，谕：上年天津、河间等处被旱成灾，朕于常格之处加恩赈恤，不使穷民失所，今春雨泽又复愆期，麦收歉薄，朕心更为忧虑。幸于五月半后天赐甘霖，通省沾渥，禾稼丰稔倍常，朕为万民额手称庆。念从前天津、河间被灾最重之二十六州县，并续报偏灾之霸州等五州县，目下秋田虽复有收，恐元气一时未复，著将所借麦种牛力牧费制钱等项悉行豁免，俾积歉之区民力宽裕。【略】丁卯，【略】谕：江西巡抚塞楞额奏称，江省所属玉山、德兴、乐平、宜黄四县于七月初六七等日山水陡发，居民被淹，已饬布政使遴委官员分头查勘，随带银两抚恤赈济。【略】庚午，【略】工部议覆，两广总督调任闽浙总督马尔泰奏称，潮州府属之海阳县地势低洼，本年入夏后阴雨数日，潦水陡涨，东南北三堤不无冲决，请动生息银两及时抢修坚固，应如所请。【略】是月，直隶总督高斌【略】又奏：直隶本年夏月旱象已成，忽得甘霖大沛，嗣后雨暘时若，秋禾十分长茂，转歉为丰，皆由皇上至诚感通所致。【略】江苏宣谕化导使编修涂逢震、御史徐以升奏：奉旨宣谕化导，业经遍谕淮、徐、扬、海四府州属，并报秋成丰稔情形。【略】江西巡抚塞楞额奏：江省蛟水陡发，广信、饶州、抚州三府属居民被淹，惟德兴一县地处万山中，水涨三丈有余，衙署、城垣、仓廒多有冲塌，居民毙甚多，宜黄、玉山、乐平次之，现查明被灾户口，动仓谷先赈一月口粮。【略】浙江巡抚常安奏：浙省七月以来晴雨调匀，除被水处现在查勘外，其余中晚二禾可望丰稔，海塘大汛将过，亦俱稳固等语。得旨：所奏俱悉，浙省此数年尚属有收，即今被水之处加意抚恤，自不致失所。【略】浙江布政使潘思榘奏：浙省杭、湖、绍、严各府属因七月初旬风雨骤作，田禾人口俱有损伤，惟严属淳安被水更重，已会同抚臣动支库银二万两、仓米一千石查赈；并衢属之常山、开化水灾亦重，动支库银五千两，委员赈恤，饬令亲诣村庄逐一勘给。【略】署湖广总督鄂弥达【略】又奏：湖南北今年雨泽调匀，收成丰稔，米价平减。【略】川陕总督公庆复【略】又奏：川省

于七月十八九等日大雨江涨，被水州县业经会同抚臣查赈。【略】甘肃布政使徐杞奏：甘省临河近山地方间有被雹、被水，损坏房屋人口，照例分别赈恤外。其河东、河西各属连得甘霖，禾苗滋盛，可望丰登。但以七、八两年连获有收，粮价平贱，该省僻处边隅，素鲜外贩，若非官为采买，转有熟荒之患。

《高宗实录》卷二二三

九月【略】戊寅，【略】户部议覆，安徽巡抚准泰疏报，安省六月以内大雨时行，河水陡涨，凤阳府属之怀远、寿州、凤台，颍州府属之阜阳、颍上洼地被淹；又七月初四等日，风雨交作，蛟涨尤甚，徽州府属之歙县、休宁、婺源、绩溪，宁国府属之宣城、南陵、泾县、宁国、旌德、太平，池州府属之贵池、青阳、东流，太平府属之芜湖、繁昌，广德州并所属之建平一十七州县，又安庆、宣州、建阳、凤中四卫，田禾淹没，民房官舍城垣多有坍塌，现飞饬印官确勘，设法宣泄，各属应完新旧钱粮，请暂行停缓。【略】己卯，谕：山东省上年被灾较重之陵县等八州县应征带征米豆，朕已降旨，缓至甲子、乙丑两年各半分征，其被灾较轻之齐东等七县所有米豆，各缓至甲子年秋后完纳。【略】但齐东等州县本年又有夏灾，虽秋田幸获有收，而民鲜盖藏，【略】著将原报灾重之陵县、德州、德平、平原、惠民、乐陵、商河、滨州八州县应征乾隆八年分缓带米豆再予宽限一年。【略】原报灾轻之齐东、临邑、阳信、利津、恩县、夏津、武城七县应征八年分缓带米豆，令其于本年各随新漕完纳一半。【略】壬午，谕：山东济、武、东、青等州府属内，有连被灾伤之州县，【略】今秋成已届，幸获有收，但念连灾之后民鲜盖藏。【略】著将上年秋禾被旱，今岁夏麦又复失收之齐东、陵县、德平、德州、临邑、平原、德州卫、惠民、阳信、海丰、乐陵、商河、滨州、利津、沾化、恩县，并现被偏灾之博兴、乐安等十八州县卫，所有【略】银谷均缓至乙丑年麦后秋后两次征完。及上年夏麦被旱，秋禾俱获有收，今岁夏麦复被旱灾之历城、章丘、邹平、齐河、济阳、长清、青城、蒲台、肥城、平阴、博平、高苑等十二县所有【略】银谷均缓至乙丑麦熟后催还。其上并未被灾，今岁止二麦被旱、被雹，并未深重，兼有勘不成灾之处，如禹城、兰山、沂水、蒙阴、馆陶、高唐、临清等七州县所借银两米谷等，俱于本年秋后催征还项。【略】癸未，【略】户部议覆，浙江巡抚常安疏报，浙省七月初三等日风雨骤作，山溪江水一时陡涨，又海潮泛溢，所有杭属之仁和、钱塘、海宁、富阳、余杭、新城、于潜、昌化，湖属之安吉、归安、乌程、长兴、德清、武康，绍属之山阴、会稽、萧山、诸暨、余姚、上虞，金属之兰溪、汤溪，衢属之西安、龙游、常山、开化，严属之建德、淳安、遂安、桐庐、分水等三十一州县，及杭州前、右二卫，湖、严二所，仁和之曹娥、钱清、鸣鹤、石堰、金山，并江南松江府属南汇县之下砂及下砂二三等八场，浸没田禾花豆，冲塌城垣、堤岸、仓廒、衙署、营房、民舍，人口间有淹毙，仰恳一体赈恤。其淳安、建德、常山、开化等四县被灾更重。【略】丁亥，谕大学士等，今年浙江所属被水之州县颇多，常安具折奏报时，朕恐其不无掩饰，屡次硃批，切切训谕。今闻严、衢所属地方有被水较重之处，而淳安县为尤甚，近城之水竟涨至二三丈，不独田庐禾稼受淹，即民人亦多伤损，且贫民乏食，竟有抢夺铺户食物，并强赊商米等事。常安俱未据实奏闻，止称间有一二愚民强行借贷，其被水之民已委给一月口粮，看来常安之奏报灾伤，显有粉饰，其办理赈务亦觉草率，可即传谕申饬之，令其加意抚绥，毋使小民失所。

《高宗实录》卷二二四

九月【略】乙未，户部议覆，绥远城建威将军补熙疏报，清水河所属村庄于六月二十八日被雹伤禾，所有本年额赋请分别蠲缓。【略】庚子，【略】又谕：上年直隶天津、河间等属被旱歉收，朕临幸奉天，目睹收成丰稔，米价平贱，即降旨高斌，令其前往贩运。【略】辛丑，【略】谕：今年浙江被水之州县颇多，且有受灾甚重之处，朕心深为轸念。【略】顷据署浙闽总督印务周学健奏称，各郡被灾地方除抚臣现在题报之三十一州县、二卫、二所、八场外，尚有先后具报被灾之嘉兴府属海盐、平湖、桐乡三县，宁波府属鄞县、慈溪、镇海、象山、定海五县，金华府属金华、东阳、义乌、浦江四县，严州府属遂昌一县，共一十三县。【略】今年浙省州县水灾情形，非寻常被水可比，小民颠连，深可悯恻。

【略】癸卯,【略】户部议覆,山东巡抚喀尔吉善疏报,青州府属博兴、乐安二县秋禾被旱,业确勘情形,散给一月口粮。【略】是月,【略】署两江总督尹继善、江苏巡抚陈大受、署安徽巡抚准泰等奏:前奉谕旨,以江南昭阳湖水涸,鱼子化蝻成蝗,飞至山东、河南,令将捕蝗不力之地方官查明参奏。伏查,州县官积习,一见蝗蝻生发,即图卸已责,诿之邻封,上、下两江与山东、河南接壤,或因彼此驱除,以致避入邻境。现各属禀报飞蝗自北而南者亦多,臣等俱严加申饬,毋许互相推诿,作速扑灭为要。得旨:此即汝等所云图卸已责、诿之邻封之习也,岂可信之。岂河、东省之属员有此积习,而汝江南省之属员独无此积习乎!不谓汝等徇庇至此。有旨谕部。【略】江西布政使彭家屏奏:江省五六月间雨泽稀少,各县所得先后不齐,七月初旬迭沛甘霖,早禾受旱者亦复抽发,十分畅茂。惟永丰、玉山二县村庄不免偏旱,现已查勘赈恤。得旨:所奏俱悉,闻江西受旱颇重,此奏不无粉饰乎。【略】署闽浙总督福建巡抚周学健【略】又奏:浙省各属被灾后,有绍兴府属上虞县奸民金为章等哄诱贫民,肆行勒借富户谷米,该县遣役拘拿,负固不服。伏思此等奸民,断不容稍纵。【略】又奏:闽省台郡于七月初旬风雨猛骤,鹿耳门外损坏商船,淹毙人口,业经委勘外,其余晚禾秀发,可望丰收。内地漳、泉一带于八月十六七日连得大雨,海潮上涌,城市村庄间有被水之处。近省地方七八两月未得十分透雨,节次遣弁查勘,均不至水旱成灾。【略】又奏:闽省福、兴、泉、漳地窄人稠,民食官储,内地则赖上游延、津、邵三府所余,外地则藉台郡所产,迩年动拨平粜,未经买补甚多,今岁早稻丰收,晚禾亦皆畅茂,正可乘此秋成采买补足。【略】河南巡抚硕色【略】又奏:豫省今岁雨水调匀,收成丰稔,合计实有九分,现粮价平减,士民庆欣。【略】河南南阳镇总兵萧良金奏报:秋禾丰稔,所属各营汛合有九分,米价平减。【略】署广东巡抚广州将军策楞奏:粤东商贩鲜通,产米亦少,【略】今岁幸遇丰收,现督同藩司分别【略】发价酌买,渐次弥补。　　《高宗实录》卷二二五

十月【略】己酉,【略】赈恤山西文水、陵川二县被水灾民。【略】丙辰,谕:前因江南昭阳湖等处蝻子萌生,该地方官不能及时捕治,飞入山东、河南邻近地方,为害禾稼。朕曾降旨,令该督抚将捕蝗不力之各员查参。今据尹继善等奏称,今岁蝗蝻所生甚广,即山东、河南、本地亦多,凡州县官一见飞蝗,即图卸责,诿之邻省,是其积习。节据各属禀报,飞蝗自北而来者不一而足,臣等严加申饬,不许互相推诿,作速扑捕,业已净尽,目下百谷登场,收成丰稔,请免查参等语。尹继善等此奏甚属错谬,从来捕蝗之法全在初生之时,竭力剿除,庶不致蔓延为害。今江南蝗蝻既经飞入邻省,则该地方官捕治不力,罪无可辩,乃反称自北而来,此即图卸已责、诿咎邻封之陋习。且邻境已受飞蝗之害,该省虽云丰稔,与邻省何涉,焉能以此掩饰其咎乎。尹继善等明系徇庇属员,代为支吾,希图开脱。准泰系新任,尚在可恕,著将尹继善、陈大受交部察议具奏。《高宗实录》卷二二六

十月【略】壬申【略】,赈贷直隶保定、大城、通州、蠡县、庆都、定兴、雄县、龙门、广昌、新城、万全、西宁、蓟州、滦州、天津、庆云、静海、延庆等十八州县水旱虫雹等灾民,并分别停缓新旧额征。缓征直隶宁河县旱灾旧欠。恤长芦属庆云县旱灾灶户,分别蠲缓额征。【略】是月,【略】巡视台湾给事中六十七等奏:福、兴、泉、漳四府连岁歉收,经抚臣议拨银五万两来台,籴买谷十万石,运送内地。【略】广东琼州总兵黄有才奏收成分数,民黎安堵情形。　　《高宗实录》卷二二七

十一月【略】乙亥,谕:山东青州府属之博兴、乐安二县今年有秋被旱之乡村,朕已照该抚所请,将灾地新旧钱粮分别蠲缓。今闻二县未被灾之处,即本年夏麦被旱之区,秋禾虽未成灾,而收成仅有六分,未免歉薄。【略】著将【略】钱粮缓至来年麦熟后征收。【略】己卯,【略】赈贷江苏靖江、丹徒、丹阳、清河、桃源、安东、铜山、海州、沭阳、赣榆、泰兴等十一州县及徐州卫本年被潮灾民,并分别蠲缓新旧额征。蠲赈安徽歙县、休宁、婺源、绩溪、宣城、南陵、泾县、宁国、旌德、贵池、东流、芜湖、凤台、凤阳、怀远、广德、建平等十七州县,安庆、宣州、建阳、凤阳等四卫被水灾民,并缓征太平、青阳、繁昌、寿州、阜阳、颍上等六州县新旧钱粮。【略】丁亥,【略】赈山东博兴、乐安二县被旱灾民,

并缓新旧额征。抚恤广东琼山、海丰、陆丰、饶平、惠来、潮阳、大埔、罗定、电白、信宜、茂名、石城、化州、吴川、万州等十五州县被风、被水灾民。赈贷甘肃河州、平凉、平番、岷州、西宁、宁夏、大通、灵台、华亭、狄道、西固、阶州、漳县、西和、隆德、盐茶、固原、靖远、崇信、安化、真宁、合水、环县、宁州、文县、古浪、镇番、灵川、花马池、碾伯、礼县、陇西、平罗、宁朔、中卫等三十五厅州县卫被雹及水风霜虫等灾民，并分别蠲缓新旧额征。

《高宗实录》卷二二八

十一月【略】乙未，【略】工部议覆，河东河道总督完颜伟疏称，河南下北河厅属兰阳县汛北岸耿家寨临河堤工，地处上游，最关紧要，【略】本年五月阴雨连绵，河水涨发，全河直射堤根，势甚危险。【略】辛丑，【略】蠲免甘肃宁肃卫被霜灾地本年额征。【略】是月，【略】署广东巡抚广州将军策楞奏：惠来、茂名、电白、吴川、化州、信宜、石城等七州县虫灾情形，恐有司官泥于题报秋灾不许过九月之例，或因虫伤之处无多，以熟盖荒，牵算分数，以致小民失所，现饬潘司逐一确勘，酌量请蠲钱粮，并分别抚恤及借给籽种。得旨：此见甚是，甚慰朕怀。

《高宗实录》卷二二九

十二月甲辰朔，【略】赈贷广西永宁州被水灾民，并除水冲田六十二亩八分额赋。【略】乙巳，谕：据鄂弥达、晏斯盛奏称，湖北有待拨直隶米二十万石，现在存贮，今年直隶已获丰收，无须接济。楚北年谷全登，亦无需用之处。惟浙江先后被水，恐来岁青黄不接之际，米价易腾，应请将湖北现贮之米酌拨十万石，运赴浙省，以备赈粜之需。【略】丙午，【略】蠲缓山西文水、陵川二县被水灾民本年额赋。【略】丁未，【略】蠲缓浙江仁和、钱塘、海宁、富阳、余杭、新城、于潜、昌化、安吉、乌程、归安、长兴、德清、武康、山阴、会稽、萧山、诸暨、余姚、上虞、兰溪、西安、龙游、常山、开化、建德、淳安、遂安、桐庐、分水等三十州县，及严州所被旱、被水灾民新旧额征。【略】戊申，【略】赈贷浙江仁和、钱塘、海宁、富阳、余杭、新城、于潜、昌化、安吉、归安、乌程、长兴、德清、武康、山阴、会稽、萧山、诸暨、余姚、上虞、兰溪、西安、龙游、常山、开化、建德、淳安、遂安、桐庐、分水等三十州县，杭州前、右二卫，湖州、衢州、严州等所，仁和、钱清、曹娥、金山、石堰等场水旱灾民屯灶；并缓征勘不成灾之金华、汤溪二县，及鸣鹤、下沙头二三场新旧额征。【略】辛亥，【略】赈恤四川成都、华阳、金堂、新都、郫县、汉州、崇庆、崇宁、简州、温江、新津、新繁、彭县、什邡、双流、灌县、绵州、罗江、德阳、眉州、彭山、青神、邛州、乐山、资州、资阳、仁寿、内江、遂宁、蓬溪等三十州县被水灾民。

《高宗实录》卷二三〇

十二月【略】癸亥，【略】蠲免山东历城、章丘、平原、蒙阴、沂水、临清、恩县、邹平、齐河、齐东、济阳、临邑、长清、陵县、德平、肥城、平阴、利津、沾化、高唐、禹城、德州、惠民、青城、阳信、滨州、蒲台、博平、海丰、乐陵、商河、高苑等三十二州县卫旱雹等灾本年额征。【略】乙丑，【略】蠲免直隶保定、大城、蓟州、新城、天津、静海、静军、滦州、延庆、万全、西宁等十一州县厅水旱雹虫等灾地亩本年额赋有差。【略】戊辰，【略】蠲免安徽歙县、休宁、婺源、绩溪、宣城、南陵、泾县、宁国、旌德、贵池、东流、芜湖、凤台、怀远、广德、建平、凤阳等十七州县，并安庆、宣州、建阳、凤中等四卫被水灾民本年额赋有差。【略】辛未，【略】谕：据福建巡抚周学健奏称，闽省自八月以来雨少气亢，所属州县内有数处居民房屋失火，至闽县南台地方则延烧至二百余间，霞浦县则多至七百余间，现在查办抚恤等语。【略】是月，直隶总督高斌奏各属粮价。得旨：今秋如此有收，而米价究未大减，是何也？

《高宗实录》卷二三一

## 1745年 乙丑 清高宗乾隆十年

正月，【略】乙亥，【略】谕：上年冬月天降瑞雪，南北各省被泽之处甚多，麦田普沾滋润，京师于腊月二十六日六出缤纷，积地四五寸许。【略】今思河间、天津等府前岁荒歉，上年晚田幸获有收，

闾阎得以安辑。而庆云、盐山等县尚有偏灾，总督高斌已遵旨料理。　　《高宗实录》卷二三二

正月，【略】是月，【略】江苏巡抚陈大受奏谢，上年不能督捕蝗蝻，部议降级，恩宽留任。得旨：览以后再如此不实心于平时，而且沽虚誉于事后，朕将不汝宽矣。　　《高宗实录》卷二三三

二月【略】己酉，【略】又谕：上年浙江严、衢所属地方被水歉收，【略】但朕闻得淳安、建德、常山、开化四县田庐俱被冲淹，非别处被灾可比。又，绍兴县属之诸暨、山阴县之天乐乡及萧山县湖南一带地方，田内现今存水，不能栽种春花，民情乃属拮据，以上诸处著于三月内再加赈一月，以资接济。　　《高宗实录》卷二三四

二月【略】庚申，春分。【略】免广东海阳、澄海二县乾隆九年水灾额赋。【略】壬戌，【略】免山东王家冈场灶地乾隆九年旱灾额赋十分之一。缓征江西玉山、德兴、乐平、宜黄四县乾隆九年水灾额赋。【略】是月，【略】浙江布政使潘思榘奏：浙属被灾办理多有未周，乃蒙奖训，益加悚惶，至抚臣常安，实缘浙省吏猾民刁，一涉张皇，恐致藉灾滋事，故外示镇静而内切焦劳。自报灾后，督率属员，查勘赈恤，臣所目睹，用敢直陈。得旨：虽为公论，然又有甫闻灾而常安不肯发银赈济，系汝在常安前力争，且担承力任，乃发二万派员查办者，此论果确乎。　　《高宗实录》卷二三五

三月【略】乙亥，【略】赈直隶大城、天津、西宁三县乾隆九年雹灾饥民。丙子，清明节。【略】赈云南白盐井乾隆九年水灾灶户贫民。【略】戊寅，【略】免直隶庆云、盐山二县灶地乾隆九年旱灾额赋有差。【略】癸未，谕军机大臣等，山东、河南麦秋最为紧要，前据该抚等奏有缺雨之州县，至今半月未见再奏。　　《高宗实录》卷二三六

三月【略】癸巳，【略】缓征广东茂名、化州、吴川、罗定四州县乾隆九年虫灾额赋。【略】丁酉，【略】豁直隶蔚州贾家湾乾隆九年水冲地赋。【略】是月，署安徽巡抚准泰奏：安省各属陆续得雨沾足，惟庐州府之无为、合肥、巢县，池州府之铜陵、石埭，六安州并属县霍山，凤阳府之寿、宿、临淮、定远、灵璧、凤台等州县望泽尚殷。　　《高宗实录》卷二三七

四月癸卯朔，【略】钦差协办大学士吏部尚书刘于义、直隶总督高斌奏：【略】迩间得雨虽未沾足，而地气滋润，麦苗可望有收。【略】乙巳，【略】谕：山东武定府属地土素称碱薄，兼以连年被灾之后，元气未复，去秋虽获有收，而冬春雨雪稀少，种麦无多。今闻甘霖虽沛，小民东作方兴，当此青黄不接之时，必无余力以办国课。朕心廑念，著将惠民、阳信、海丰、乐陵、滨州、商河、利津、沾化、蒲台、青城等十州县【略】缓至秋收后开征，以纾民力，该部即遵谕行。【略】长芦盐政伊拉齐奏：海丰、乐陵二县夏麦被旱，秋禾歉收，额征民粮奉旨准蠲其场灶地亩，夏麦被旱，秋禾亦止六分，所有额征灶课请照民粮一体蠲缓。【略】己酉，【略】工部等部议覆，江苏巡抚陈大受奏称，江都县瓜洲城垣因乾隆六年七八月狂风大雨，江潮涨漫，将护城石岸冲损，并致城垣倒卸，勘系江防要地，亟宜修固，估银九百九十二两。【略】癸丑，钦差左都御史刘统勋奏，察看山东通省雨泽情形共一百一十二处，除曹州、定陶、胶州、高密、即黑、福山、文登、荣城、海阳未经得雨，其余所得分数自一二寸至四五寸不等，高下田原半皆布种，民情甚觉安贴。【略】寻奏：东省三四月内雨水情形虽多寡不齐，而先后均获沾溉，德州、平原、禹城、齐河、历城五处自三月二十一日得雨后，田野已觉滋润。泰安以北仅止敷用，迤逦而南如兖、沂各属俱形沾足；菏泽、郓城等处亦渐次溥遍，惟济南、武定迤北尚未深透。至麦根生虫，因春旱所致，为地无多，得雨后即行消化，已无此患。民间景况虽因连岁歉收，而已赈又赈，不拘常例，现在报灾最重之州县，气象亦觉安恬，不独无抢夺羹饭、刮削树皮之事，即常岁鼠窃狗偷辈亦觉稀少。得旨：览奏稍慰。【略】丁巳，谕：京师二月间幸得时雨，自三月以来虽间有微雨，未能沾足，现今麦秋已届，农家待泽甚殷，朕心深为廑念，著礼部照例择日虔诚祈祷。

《高宗实录》卷二三八

四月【略】癸亥，【略】谕：京师三月以来雨泽愆期，今麦秋已届，未沛甘霖，仰望正切。【略】是

月，【略】署安徽巡抚准泰奏：各属望雨甚殷，会同督臣尹继善虔祷雨坛。【略】山西巡抚阿里衮奏报各属麦苗雨泽情形。【略】寻奏：从前未经报雨之州县，惟浑源、应州、灵丘、广灵、定襄、崞县、永和七处复行查询，尚未覆到，其余太原等十七州县并各属申报得雨分寸，虽入土不等，而深透者居多，麦苗亦萌芽吐穗。【略】贵州古州镇总兵崔杰奏报，雨水调匀，粮价平减。

《高宗实录》卷二三九

五月【略】乙亥，【略】户部议覆，长芦盐政伊拉齐奏称，永利、富国、永阜、王家冈四场并海丰县灶地乾隆九年二麦被旱，勘明成灾七八九十分，共一千二百一十一顷有奇，共应蠲免银五百六十九两八钱七分零，会同抚臣喀尔吉善疏请蠲免。嗣接部覆，今查王家冈秋禾被旱，业经准免；永利场、海丰县秋收六分，富国场、永阜场秋收八分，但场灶滨海地瘠，全赖麦收，仍请照民粮一例蠲免，应如所请。从之。【略】丙子，【略】又谕军机大臣等，入夏以来京师雨泽愆期，麦收歉薄，近畿各府虽有得雨之处，然亦未能普遍。闻山东、河南雨水调匀，麦秋丰稔。【略】寻喀尔吉善奏覆，东省入夏以来甘霖迭沛，麦秋尚好，除济、武、青三府收成稍歉，余俱按收获分数，定粜买之多寡，如果麦少价昂，即将该处情形据实报明停买。【略】河南巡抚硕色奏，豫省正、二两月雨泽稀少，至三、四月甘霖迭沛，二麦赖以有收，合计各郡县收成约有七分，并严缉曲贩。【略】戊寅，【略】又谕军机大臣等，四月以来直隶各府中虽有得雨之处，然亦未能普遍，恐麦收歉薄，将来民间或致乏食，不知高斌曾否将平粜接济等事预先计议否。【略】朕又闻山东有蝗蝻萌动之处，该省与直隶接壤，亦著高斌转饬州县有司，加意防范，不可疏忽。著速行。

《高宗实录》卷二四〇

五月【略】辛卯，【略】又谕：【略】李慎修以为隐讳之意一萌，则俗吏之视灾民无所关切。从前如雅尔图之在河南，常安之在浙江，俱不免以灾伤为讳。得非逆揣我皇上之不乐闻，故隐忍而为此乎。【略】李慎修【略】今日之奏，未必非挟夙怨，然彼欲窃忠直敢言之名，而识见卑庸，兼多私意。自为言官以来，其所条陈如请停遣官捕蝗一件，夫"螟螣蟊贼，秉畀炎火"，载在《毛诗》，汉唐以来，奉行一致。我皇祖、皇考严定捕蝗不力之处分，数十年间蝗始不为大患，此其彰明较著，确有成效者。【略】乙未，【略】户部议覆，升任署广东巡抚广州将军策楞疏称，茂名、化州、吴川、罗定等四州县被灾五六七八九十分及水冲河压，不能垦复田税共四百九十三顷九十九亩有奇，应征地丁银四百二十八两八钱零，本色米一百三十二石六斗零，闰银四银九分零，请一并蠲免，应如所请。从之。【略】丁酉，【略】谕军机大臣等，朕闻河间、天津一带雨水不足，不但二麦歉收，即夏田亦不能补种，人言如此，朕心甚为廑念。【略】寻奏覆，直隶真、顺、广、太、赵、冀等属今年得雨稍早，二麦可望有秋，其余各属大势歉薄。但正定以北种麦本稀，终岁之计全在秋禾，四五月间虽得雨数次，尚欠沾足。河间、天津二府积歉之余，尤关紧要，三四五等月两郡所属均得时雨，晚禾荞麦随时播种，不致荒芜，现在民情安帖，米价不昂，全无旱象。至东省采买麦石运直，原在丰收之东昌、泰、兖、沂、曹、登、莱七府，其济、武、青三属收成稍歉，并未籴买。【略】戊戌，【略】户部议覆，直隶总督高斌疏称，乾隆九年天津北仓截留南漕五十万石，原备荒歉之需，今各属丰收，仓廒临水，易致霉变，应早为变通。【略】是月，【略】安徽巡抚魏定国奏，本年生发蝻孳处所，惟青阳、当涂、无为、和州等处尚未报到捕净，其贵池等十数州县，现在陆续据报扑灭无遗。得旨：恐尚有未尽之蝻种，宜亟力督捕，此等处虑汝过于柔懦，行小惠而致大害也。慎之。【略】浙江按察使万国宣【略】又奏，雨水及时，粮价平减，及春花收成分数。【略】河南巡抚硕色【略】又奏，光州、罗山等六州县蝻子萌动，业经扑灭情形。得旨：知道了，更宜留心查察。山西巡抚阿里衮奏：太原、朔平等府所属共二十三州县，入夏以来雨泽愆期，各处设坛祈祷，未蒙感应。【略】贵州总督张广泗等【略】又奏，五月十三四等日大雨连绵，山水骤发，省城地低，溪河宣泄不及，于十五日黎明水决外城而入，冲去北门内外滨河居住兵民六百五十户，淹毙大小男妇一百六十八名。【略】再，普安州于四月十四日山溪骤涨，北门外淹毙民人十一口。所属亦资孔地方于五月初七日水淹兵民住房一百零六户，人口幸无损伤。

《高宗实录》卷二四一

六月【略】癸卯，谕：京师自五月中旬得雨以后，半月有余甘澍未能沾渥，田禾待泽甚殷，著礼部等衙门择日虔诚祈祷。《高宗实录》卷二四二

六月丁巳，谕大学士等，今年外省粮船北上者较往年为多，目下直省地方有雨少之处，恐将来需用米粮接济，著总督高斌将尾帮漕粮酌留二三十万石，于天津仓存贮备用。【略】戊午，谕军机大臣等，京师雨泽未降，目下竟有旱象，朕心甚为忧惕。畿辅之地虽渐次得雨，然亦有雨少之处。【略】谕军机大臣等，直隶宣府所属地方及古北口一带，今年夏月雨水短少，收成歉薄，恐民间不无乏食之虑。【略】庚申，【略】户部议覆，山西巡抚阿里衮疏称，绥远城各通判经征本色米草折银，向照内地考成。查口外风劲气寒，三月冰融，四月播种，霜降甚早，节候与内地迥殊，一岁仅止一种。花户俱非土著，每岁九月开征，仅能完半。一届冬寒，相继回籍，春融出口，东作尚难支持，何能完官补项。【略】是月，直隶总督高斌奏覆，奉到硕色奏折，令臣会商办理，查直省夏麦少雨，甫觉歉收，即蒙皇上先事预筹。【略】现在直省仓储除足额外，尚余四十万石，麦收虽歉而秋禾已种，米价不昂，豫省米谷可省运送。【略】得旨：所奏俱悉，京师目下甚觉望雨，畿辅光景如何，速奏以慰朕怀。寻据奏覆：直属永平、天津、河间、顺德、广平、大名等府，及深、冀、赵、遵化州属行雨俱各沾足，惟宣化、顺天、保定府及定、易州属尚未普遍。【略】又奏：京师至保定一带不过间段缺雨，正定属缺雨稍宽，若伏前得雨，不至成灾。得旨：昨虽得二寸许雨泽，尚欠沾足。【略】江南河道总督白钟山【略】又奏黄、运、湖、河水势涨发，及各处工程修护平稳情形。【略】署湖广总督鄂弥达等奏，据汉川、潜江、天门、监利、沔阳五州县报称汉水骤涨，各堤垸均有冲溃，田禾间亦被淹。枝江、当阳水势较大，被灾略重。【略】河南巡抚硕色奏，邓州、新野秋禾间有淹损，于借给籽种补种外，复按户口大小酌借仓谷接济。【略】山西巡抚阿里衮奏二麦秋禾并各属得雨情形，内称：阳曲、祁县、应州、大同、阳高、繁峙、崞县七处从前缺雨，于五六月俱得雨二三寸不等，均已沾足。【略】甘肃巡抚黄廷桂奏，巩昌府属岷州之林家族于四月二十三日山水陡发，冲坏民房三间，淹毙小孩一口。陇西、宁远、西宁等县俱于五月十七日被雹伤禾，秦州之丰盛川等处亦于是日被水、被雹。

《高宗实录》卷二四三

七月【略】癸酉，谕军机大臣等，直隶地方今年雨泽不匀，有得雨沾足之州县，亦有未能沾足之州县。【略】寻奏：直属文安等一百一十二州县卫厅夏麦被旱、被雹情形，前经奏报在案。至各处秋禾，除顺天府东、西、南三路同知，并永平、保定二府及遵、易、定三州所属各州县俱经得雨透足，可望有秋，毋庸置议外，其宛平、大兴、昌平、通州、景州、故城、阜城、交河、吴桥、东光、宁津、庆云、盐山、沧州、南皮、藁城、栾城、晋州、赞皇、灵寿、元氏、邢台、沙河、南和、广宗、巨鹿、唐山、内丘、任县、平乡、永年、成安、邯郸、肥乡、曲周、广平、鸡泽、威县、清和、磁州、开州、元城、大名、魏县、南乐、清丰、东明、长垣、宣化、延庆、保安、怀安、西宁、蔚州、蔚县、赤城、龙门、怀来、枣强、衡水、南宫、新河、武邑、赵州并所属之柏乡、隆平、高邑、临城、宁晋、武强等七十州县，延庆卫，热河、喀拉河屯、八沟、四旗、张家口等五厅，有六月内未经得雨者，亦有得雨未经透足者，虽经补种晚禾，恐收成不无歉薄。内除景州、故城、阜城、交河、吴桥、东光、庆云、盐山、沧州、南皮、武邑、武强等十二州县俱系乾隆八年被灾最重之区，所有本年应征钱粮业已上年奉旨缓征外，其余六十四州县卫厅当八月开征之期，亦应暂行缓征。【略】惟庆云县旱象已成，急宜预为安顿。壬午，谕军机大臣等，朕闻山东德州以南有数州县缺雨，喀尔吉善未曾奏闻，不知近日得雨否。《高宗实录》卷二四四

七月丙戌，【略】户部议准，升任直隶总督高斌疏称，直属文安【略】等一百一十二州县卫厅因春夏雨泽愆期，二麦被旱歉收，兼有被雹伤损者，俱经酌借籽种口粮，并令及时布种秋禾，其应否加赈

蠲免，俟秋获时勘明分数办理。得旨：依议速行。【略】戊子，【略】又谕：闻齐齐哈尔地方雨泽缺少，近日曾否得雨，如有被旱田亩，作何筹办，【略】著将军傅森详悉酌议具奏。缓征安徽寿州、宿州、凤阳、临淮、怀远、虹县、灵璧、凤台、阜阳、颍上、泗州、五河等十二州县，凤阳、凤中、宿州等三卫水灾，凤台、颍上、蒙城等三县雹灾额赋，赈贷饥民。【略】辛卯，【略】又议准山东巡抚喀尔吉善疏称，济宁、胶州、宁海、平度、邹县、汶上、单县、武城、曹县、郓城、诸城、掖县、潍县、高密、即墨、蓬莱、黄县、福山、栖霞、招远、莱阳、文登等二十二州县，临清卫前因仓储充裕，未经议请捐收监谷，近年陆续借粜，额贮不敷，请酌定额捐谷十二万石，令各处生俊即在本籍投捐。【略】乙未，【略】谕：前岁朕临幸奉天，目睹收成丰稔，米价平减，而直隶适当需米之际，是以降旨该督，令其前往贩运，原以一年为限，后限期将届，又准臣工条奏，展限一年。目下直隶庆云等州县收成歉薄，雨泽尚有未能沾足之处，【略】著将奉天海禁再展限一年，该部即遵谕行。又谕：口外二沟地方现存米一万余石，今年热河一带缺雨，恐米价一时昂贵，著保祝率同恒文等，将二沟存贮米石内酌拨数千石，即速运赴热河。【略】谕军机大臣等，【略】朕此次出口，见古北口外一带雨泽未能沾足，收成不无歉薄，闻八沟尚属有秋，朕意将来收成之后，酌量采买米石，就近运赴口外一带缺雨之处。【略】又谕：【略】今朕出口，路经密云、古北一带，殊觉天时亢旱，恐致成灾，其接济之方，亟应筹画。【略】丙申，【略】谕军机大臣等，本月二十六日，朕至常山峪行宫驻跸，未刻得有雨泽，可寄信询问王大学士等，是日京师曾否得雨，亦著随本奏闻。【略】总理事务王大臣等议奏：查直隶缺雨之州县是否成灾，八月初间始可定局。【略】又议奏：【略】今直属虽节次得雨，而豆田恐有歉收，自应预筹。【略】免湖北荆门州乾隆七年水冲沙压田地额征银三百一十九两有奇，并乾隆八、九年未完银两悉行豁除。【略】己亥，谕军机大臣等，宣化一带未得透雨，朕心轸念。【略】是月，【略】署两江总督协办河务尹继善奏：上江之宿州、寿州、凤阳、临淮、怀远、虹县、灵璧、凤台、颍上、阜阳、泗州、五河，及凤阳、凤中、宿州三卫；下江之安东、桃源、清河、阜宁、沛县、铜山、萧县、睢宁、邳州、宿迁、海州、赣榆、沭阳及大河卫，本年四月间雨多水涨，麦田被旱，业经借给籽种口粮在案。嗣因五月底至六月中旬雨水连绵，复有续报被水者，现饬各州县查明被灾轻重之处，先赈恤一月。【略】又奏：上、下江地方自六月望后至七月被间，大雨时行，有从前被淹涸出之地补种秋禾，复被水淹者；有前未被水，而今秋禾淹损者。查上江之宿州、灵璧、虹县、凤阳、怀远、泗州，下江邳州、睢宁、海州、沭阳、赣榆等处被灾最重，其余州县大势较轻。现将乏食贫民先行抚恤。【略】福建巡抚周学健奏，闽属福州、兴化、泉州、福宁等府自六月后雨泽缺少，现已委员前往各处察勘。【略】又奏：福州等府属旱象已成，臣与督臣马尔泰竭诚祈祷，于七月二十六日大沛甘霖，晚禾可以补种。【略】河南巡抚硕色奏：豫省自乾隆四年至六、七两年连被水旱，贫民乏食，窃劫时闻，所因岁获有秋，兼之严行保甲，盗案渐少。【略】山东巡抚喀尔吉善奏：东省陵县、平原、德州、惠民、阳信、海丰、乐陵、蒲台、利津、滨州、沾化、冠县、临清、邱县、馆陶、恩县、夏津、武城十八州县，及德州卫雨泽愆期，收成难望丰稔，如有应行筹画之处，即酌量办理。【略】又奏：济宁一带运河因雨大水涨，堤埝多被冲漫，现饬河员分头防护。【略】山西巡抚阿里衮奏，晋属大同、阳高、天镇、马邑、忻州、定襄等六州县夏麦被旱伤损，现酌借贫民籽种口粮，并行蠲缓。【略】川陕总督公庆复遵旨【略】又奏：陕省今夏豌豆歉收，查省城八旗九营兵马每岁额支豌豆四万四千三百四十余石，俱于近省之咸宁、长安等州县屯更户下征运，今收豆既少，输纳维艰，请缓七征三，以纾民力。【略】甘肃巡抚黄廷桂奏：甘省阶州、固原、镇番、肃州、灵台、山丹、碾伯、中卫、河州、秦州、清水等州县被雹、被水，夏禾损伤，现在委员确勘。【略】广东提督林君升疏报粤东各属早稻收成分数及秋后雨泽沾足情形。

《高宗实录》卷二四五

八月庚子朔，【略】总理事务王大臣等奏：前月二十六日京师甘霖达旦，现当田禾秀实之时，得此透雨，秋禾既可坚实，晚田亦大有裨益。得旨：览奏，曷胜欣慰，此间亦得四五寸许雨泽，皆云于晚田甚属有益。看此光景，仰赖天恩，虽歉不致尽无收耳。且夜雨朝晴，殊无跋涉之苦，上下和乐，今已至热河。【略】大学士张廷玉、讷亲覆奏：密云、古北一带旱象已成，现奉谕旨【略】酌量借粜赈恤。【略】癸卯，【略】缓征淮安莞渎、临洪、兴庄等三场本年水灾新旧盐课，兼赈饥民。其灾轻之板浦、徐渎、中正等三场未完乾隆八年分借给麦价银，并行缓征。停征湖北汉川、孝感、黄梅、潜江、沔阳、天门、荆州、当阳、云梦、江陵、监利、枝江、宜都等十三州县，沔阳、荆州、荆左、荆右四卫本年水灾，光化、谷城二县雹灾额赋，赈贷饥民。【略】乙巳，【略】谕军机大臣等，朕闻山东武城县今年春夏亢旱，七月内虽经得雨，将来秋成未免歉薄，农人望岁情迫。再，滕县地方夏间雨水过多，近日泗水涨发，而该县被灾尤甚。【略】寻奏：武城县夏间雨泽缺少，续经节次得雨，虽收成不能丰稔，然亦在六分以上，民情甚属安帖。至滕县境内之坤三、坤四、离二、十二等堡前因雨大水涨，旋即消退，但水势经过之处，豆禾不无损伤。臣现已委员查勘，酌量抚恤，民人并无失所。【略】丁未，【略】抚恤江苏邳州、睢宁、海州、沭阳、赣榆等五州县，大河卫本年水灾饥民缓征新旧额赋，其灾轻之阜宁、铜山、沛县、萧县、宿迁、清河、安东、桃源等八县一例缓征，并借给籽种口粮。停征山西大同、阳高、天镇、马邑、忻州、定襄等六州县本年旱灾额赋，并贷饥民。【略】己酉，【略】谕军机大臣等，前曾降旨，将密云、古北、热河一带粮石酌量情形，或赈或平粜，交与提督保祝就近督率办理。今已连次得有透雨，未知该处情形如何？【略】寻奏：【略】连日得雨，晚禾可望薄收，粮价有减无增。

《高宗实录》卷二四六

八月【略】丙辰，【略】兵部侍郎开泰奏，宣化府属被灾各州县，现在督臣委员确勘，陆续散赈。查宣属山僻，且被灾较重。【略】庚申，顺天府府尹蒋炳奏：顺天府属各州县被旱歉收，现今粮价虽属平减，民间杂粮亦宜撙节，查烧焗一项最为耗费，例应严行查禁。【略】壬戌，【略】赈贷湖北宜城、长乐二县并荆州右卫本年续被水灾饥民。【略】癸亥，【略】谕军机大臣等，朕闻江南徐州一带被水歉收，现在贫民多有行至河南之商丘、虞城，山东之曹、单等县地方谋食者。从前尹继善奏下江之淮、徐、海所属各州县低洼地土被淹，现今确查抚恤等语。经朕批谕，被灾之处加意抚恤，毋致小民失所。今该处乏食贫民流移四出，尹继善身任地方，何未据实奏闻。【略】寻奏：徐州一带自七月望后，续因豫、东等省上游水发，黄河骤涨，以致铜山、萧县、砀山等县同时被淹，臣即飞饬府县，将被水贫民先行抚恤安顿。但地方猝遭水灾，民居冲塌，遂有行至附近之商丘、虞城、曹、单等县谋食者，现闻本地加意抚绥，陆续回里。【略】丙寅，【略】赈贷甘肃安定、会宁、靖远等三县本年旱灾饥民。赈广东电白、吴州二县本年旱灾，海丰县虫灾，及南澳厅所辖隆、深二澳风灾饥民。【略】是月，直隶总督那苏图奏，直隶被旱各州县业经节次得雨者，秋禾可望有收。惟宣化、万全、龙门、怀来、西宁、怀安、延庆、保安等八州县及延庆卫已成偏灾，现饬该管道府查办赈恤。【略】又奏：直隶被旱成灾各属，除宣化等八州县、延庆卫外，又有庆云、赞皇、威县、故城、临城、高邑等六县，臣现将赈借事宜预为筹酌。【略】又奏：本年被灾各属除宣化等十四州县及延庆卫外，其昌平、密云、三河、献县、盐山、沧州、巨鹿、蔚州、蔚县、赤城亦续报有成灾村庄，一切赈恤粜借及蠲缓各事宜俱遵照原议。【略】署两江总督协办河务尹继善奏，黄河南岸陈家浦堤工因秋汛漫溢，坐蛰堤身，淹损民居、兵舍、粮田、滩地、芦荡、盐场约数十处，现已查明赈恤。【略】再，下江之淮、徐、海夏秋两被水灾，均经先后具奏。旋于七月半后黄水盛涨，下江之山阳、清河、安东、桃源、海州、沭阳、铜山、萧县、砀山、沛县、邳州、宿迁、睢宁等州县沿河低洼地亩续被水淹；其上江凤、颍等属亦因七月内淮河泛涨，前经被灾之凤阳、怀远、凤台、虹县、宿州、灵璧、临淮、阜阳、颍上、泗州等州县秋田又被淹浸；更有前未被灾之合肥、亳州、霍邱、太和、广德、建平、滁州、全椒、和州、含山等处亦被灾轻重不等。臣与两抚臣委员确勘，分别赈抚。【略】江苏巡抚陈大受奏：下江淮、徐、海三属因六七月间雨大水涨，各州县秋禾被淹，现在抚恤贫民。【略】安徽巡抚魏定国奏：安省凤、颍、泗等属及凤、宿等卫从前被水麦田，秋禾续报被淹，臣照例查明赈恤。其广、泗、和等州属间有淹漫之处，一体查办。【略】福建巡抚周学健奏，闽省福州、兴化、泉州、福宁、延平、建宁等府先经被旱各州县有七月内得雨沾透者，晚田可望有收。惟霞浦、福鼎、福安、宁德、浦城、松溪等六县受旱较久，八月初虽经得雨，将来收成未定。【略】至近省闽县、侯官、长乐、福清、罗源等县境内间有被旱数村，与霞浦等县相似者，应一体办理。再，漳浦县及澎湖地方报有被水成灾之处，亦委员查勘赈恤。【略】巡视台湾给事中六十七等奏：台属秋成丰稔，米价平减，现在闽省内地夏秋缺雨，民间恐致乏食，请饬台郡各属乘时采买谷石，以备仓储，有应运内地者。【略】山东巡抚喀尔吉善【略】又奏：【略】查东省仓贮本不敷额，幸今岁大势丰收，似宜相时采买办。【略】山西巡抚阿里衮奏：晋属曲沃、翼城、猗氏、万泉、虞乡、解州、安邑、夏县、绛州、闻喜、垣曲、绛县等十二州县被水成灾，现将乏食贫民先赈一月口粮，其房屋冲塌、人口淹毙者并酌给修葺殓埋银两。【略】川陕总督公庆复【略】又奏：臣前月自陕赴川，行至宝鸡，大雨竟夜，渭河涨溢，淹损秋田。【略】旋据临河之扶风、岐山、郿县、武功、长武、兴平、富平、盩厔、三原、渭南、长安，并甘省之陇西、永昌、碾伯、漳县、宁远、礼县、山丹、伏羌等州县陆续详报被水情形，俱经札致陕甘抚臣等酌办赈恤事宜。【略】陕西巡抚陈宏谋奏，陕省渭南、麟游、郃阳、延长、延川、宜川、甘泉、中部、洛川、宜君等十县秋禾被雹损伤，现饬先行借给口粮，成灾者另为办理。但被雹尚属一隅，通县田禾畅茂。

《高宗实录》卷二四七

九月庚午朔，【略】总理事务王大臣等奏：前月二十七日京师得雨沾透，晚田可望有收，秋麦亦乘时插种，现在米谷价值渐次平减。【略】辛未，兵部侍郎开泰奏：宣属万全等县复有续被霜雹之处，现经督臣那苏图委员查勘。【略】壬申，【略】又谕：据巡抚喀尔吉善奏，济宁、鱼台、滕县、峄县、郯城、临清卫、海丰七州县卫偶被偏灾，现在查明赈恤。【略】乙亥，【略】谕军机大臣等，据内务府奏，被灾官庄坐落地方永清、新城、固安、霸州、涞水、易州、青县、交河、东安、武清、天津、定兴、怀柔、宛平、大兴等州县俱有被旱、被雹之处，以上各州县从前那苏图两次奏报被灾折内，未经奏及。【略】寻奏：【略】今内务府奏报各州县官庄被旱、被雹之处，内除东安、怀柔二县未经报旱外，其永清等十三州县夏麦被旱歉收，经前督臣题报在案。又，永清、天津二县七月内有被雹村庄，亦据布政使详明酌借籽种在案。至各处秋禾并未被旱，是以臣两次报灾折内，亦未奏及。官庄所报，想系二麦而非秋禾，但东安、怀柔本年麦收约计六七分不等，并无民地官庄题报旱灾之案。【略】赈贷河南永城、鹿邑、夏邑、商丘、柘城等五县水灾饥民。【略】丁丑，【略】免浙江海宁县被潮冲坍钱江地亩无征额赋。【略】庚辰，【略】户部议准，直隶总督那苏图奏称，直属被旱之七十六州县卫厅，现据各属分别详报，内惟故城、庆云、赞皇、临城、高邑、威县、宣化、延庆、保安、怀安、西宁、万全、龙门、怀来等十四州县及延庆卫旱象已成，臣酌办赈恤事宜。

《高宗实录》卷二四八

九月【略】乙酉，【略】又谕：今年宣化府所属夏秋缺雨，【略】今朕回銮经过，见该处被灾颇重，边地多寒，计来岁麦秋尚在五六月内，【略】著该抚留心预为筹画。【略】停征山西曲沃、翼城、猗氏、万泉、虞乡、解州、安邑、夏县、绛州、闻喜、垣曲、绛县等十二州县本年水灾额赋，赈恤饥民。【略】丁亥，【略】停征山东济宁、滕县、峄县、鱼台、郯城等五州县及临清卫水灾，海丰县旱灾额赋，赈贷饥民。【略】辛卯，户部议覆，江苏巡抚陈大受疏称，清河、桃源、安东、邳州、睢宁、海州、沭阳、赣榆等八州县及大河卫夏灾田亩，秋禾续被水淹，现将极贫之民加意抚恤。【略】是月，直隶总督那苏图奏，热河一带歉收，而八沟粮价平减，应遵旨动项采买，运送热河。【略】江南河道总督白钟山奏：铜、沛厅属之冰雹山，对岸旧有沙滩，逼溜南趋，【略】忽于八月二十日西北风大作，溜随风涌，掣进新刷河槽，外唇嫩滩全塌，两岸塌宽一百五十六丈，黄河大溜直走新河，【略】而冰雹山一带险工化为平稳。【略】又奏：本年黄、运、江、湖伏秋二汛连次盛涨，【略】各工幸得保护稳固，其陈家浦漫工处所，现已挂淤献滩。【略】又奏：今岁汛水盛涨，迥异常年，而各处工程抢护镶修，幸赖办料齐全，得以应用无误。【略】浙江巡抚常安奏：浙属定海、象山、太平、黄岩四县沿海地亩间被潮漫，江山、嵊县二县高阜之处亦多缺雨，虽勘报歉收分数，未至成灾，例不蠲赈，然民食未免拮据，请酌借籽种，并蠲缓钱粮。得旨：如所请行。【略】福建巡抚周学健奏：闽省七月得雨后，接续沾溉，所有从前被旱较甚之各县，晚稻收成虽不免减损，尚不至成灾。【略】湖北巡抚晏斯盛【略】又奏：楚省收获惟恃早、中二稻，早稻通省八分以上，中稻八九分以上，晚稻稍薄。【略】河南河北镇总兵官丁山奏：臣属九营分防怀庆、开封、彰德、卫辉、河南、汝州、陕州等处，合计秋收丰稔，民情亦甚宁贴。【略】川陕总督公庆复【略】又奏陕属宝鸡等十二县被水情形。前经奏报在案，续据咸宁、咸阳、临潼、凤翔、华州、华阴、朝邑七州县亦报有被淹村庄，俱经委员确勘。内惟兴平、长安、宝鸡、扶风、郿县、武功等六县被灾较重，分别极、次贫民赈恤。凤翔、咸宁、临潼三县被灾田地无多，止照例请豁钱粮。其余各州县勘不成灾，无庸给赈。【略】贵州古州镇总兵崔杰奏：臣属各协营地方秋禾大势丰收。

《高宗实录》卷二四九

十月【略】庚子，谕军机大臣等，有人奏称本年黄河水势伏秋二汛异常盛涨，较上年涨至二尺有余，徐郡沿河一带工程竭力抢护，幸保无虞。而南岸一带无堤之处多皆泛溢淹浸，至阜宁县陈家浦地方，因堤内多系芦荡灶地，历来未曾下埽，闻于前岁即已溜逼堤根，河员仅于老堤内筑越堤一道，以资保护。上年汛水涨发，老堤又已坍卸，【略】至七月上游埽坝冲去，大溜直射越堤，河臣临工始赶集人夫料物，昼夜攒筑帮戗，然已水深溜急，桩埽不能到底。以致七月间河溜下注，海潮上涌，漫决二十余丈。黄河直由射阳湖、双洋子、八滩三路归海。迨至八月连日大雨，东北风作，潮汐倒灌，不能下泄入海，涨漫横溢，淹浸甚广，陈家浦溃决之口门，竟至二百余丈。惟望秋汛将过，水势渐退，庶可及时堵筑。【略】壬寅，【略】工部等部议准江西巡抚塞楞额奏请修理上年蛟水冲坏之大庾县老、新两城护脚垛口等项。从之。【略】直隶总督那苏图奏：直属被旱之宛平等州县卫厅，内除宛平、大兴、通州、宁津、晋州、灵寿、栾城、邢台、沙河、南和、任县、永年、肥乡、曲周、成安、邯郸、广平、鸡泽、磁州、开州、元城、大名、魏县、南乐、清丰、东明、长垣、枣强、南宫、衡水、新河、赵州、隆平、宁晋，并八沟、四旗等三十六州县厅，秋收六分至九分不等，新旧钱粮均应开征。其节年被灾之景州、故城、阜城、交河、吴桥、东光、庆云、盐山、沧州、南皮、武邑、武强等十二州县额征钱粮统归八、九两年被灾缓征案内分别办理。本年被灾较重之宣化、怀来、保安、延庆、怀安、西宁、赤城、龙门、蔚州、蔚县、万全并延庆卫等十二州县卫新旧钱粮概行停缓。村庄被灾，大势歉收之昌平、巨鹿、威县、临城、高邑、密云等六州县，暨阖境被灾歉收之热河、喀喇河屯、张家口三厅所属地方新旧钱粮亦均请停缓。成灾自数村至数十村不等之赞皇、藁城、元氏、广宗、平乡、唐山、内丘、清河、柏乡、三河等十州县被灾村庄新旧钱粮分别停缓，不被灾村庄仍照例开征。【略】甲辰，【略】蠲缓浑津黑河庄头旱灾租米有差。【略】戊申，【略】加赈河南商丘、鹿邑、夏邑、永城、柘城等五县本年水灾饥民。【略】壬子，【略】工部议准，江苏巡抚陈大受疏称，宝山县属之月浦塘、顾隆浜地方险要，向无坦坡之处，本年夏间俱被风浪冲卸，请增筑石坝坦坡。从之。【略】癸丑，【略】户部议准，江西巡抚塞楞额疏称，上年玉山县夏禾被旱田勘共九十六顷有奇，成灾七八分不等，且系山乡砂土，得雨后虽补种杂粮，收成歉薄，所有应蠲粮银请即照秋灾蠲免。得旨：依议速行。

《高宗实录》卷二五〇

十月【略】丙辰，【略】户部议准，长芦盐政伊拉齐疏报，庆云、盐山、沧州、海丰等四州县，严镇、海丰二场各灶地，并海丰场刘家庄等村净灶地秋禾被旱，除将被灾贫灶与民一体抚恤，净灶户口令场员安顿得所外，仍饬确勘成灾顷亩分数，分别蠲缓。【略】甲子，【略】户部议覆，江苏巡抚陈大受疏称，江浦、溧阳、山阳、阜宁、清河、桃源、安东、盐城、铜山、沛县、萧县、砀山、邳州、宿迁、睢宁、海州、沭阳、赣榆，并淮安、大河、徐州二十一州县卫被水军民，请计灾轻重分别赈恤。【略】至海州、沭阳、赣榆、邳州、睢宁、阜宁、铜山被灾较重，应将漕粮漕项按分蠲免。【略】乙丑，【略】赈湖南湘阴、龙阳、沅江等县旱灾饥民，并停征本年钱粮。丙寅，【略】赈贷湖北汉川、孝感、黄梅、潜江、沔阳、天门、荆门、当阳、云梦、江陵、监利、枝江、宜都、宜城、长乐、光山、谷城、均州、郧阳、荆州、荆左、荆右等州县卫水灾军民，并分别停征本年钱粮。【略】是月，【略】直隶总督那苏图奏，宣化府城西门外连南北两角，飞沙积与城齐，应急刨去。刨平后，于旧沙堆旁挑壕一道，外筑长堤，密种箕柳，沙可刷落，不至复堆城下。且宣化现在有灾，来春动工，于穷民有益。【略】安徽巡抚魏定国【略】又奏报，安徽九月以后得雨，并陈明赈贷被灾州县贫民情形。【略】福建巡抚周学健【略】又奏报晚禾收成分数，惟霞浦、福鼎、惠安三县收成稍歉。【略】甘肃布政使阿思哈奏报各属收成分数，并陈明被灾之靖远、安定、会宁、陇西、华亭、秦州、伏羌、静宁、秦安、庄浪、金县、皋兰、泾州、平凉、西宁、碾伯、宁朔、肃州等州县分别赈贷蠲缓情形。【略】广州将军锡特库奏报粤东秋旱得雨情形，并八旗标兵因飓风急雨坍塌房垣，动支旗营生息余剩银酌借修葺。

《高宗实录》卷二五一

十一月【略】庚午，【略】赈贷直隶香河、三河、昌平、密云、延庆卫、新安、容城、易州、吴桥、交河、景州、献县、故城、天津、庆云、静海、盐山、沧州、正定、元氏、藁城、无极、赞皇、巨鹿、广宗、内丘、唐山、平乡、柏乡、高邑、临城、威县、清河、宣化、万全、怀安、西宁、蔚州、蔚县、延庆州、赤城、龙门、怀来、保安、热河、张家口、独石口、喀喇河屯等四十八州县卫厅旱灾军民。赈贷陕西兴平、长安、宝鸡、扶风、郿县、武功等六县水灾贫民，并缓征本年钱粮及新旧借欠常社仓粮。其未成灾之三原、渭南、盩厔、富平、岐山、长武、华州、华阴、朝邑、咸阳等十州县酌借口粮，一并缓征。【略】辛未，【略】户部议准，署两淮盐政吉庆疏报，板浦、莞渎、徐渎、中正、临洪、兴庄等六场秋复被水，内不产盐之莞渎场夏灾已恤，尚可缓至加赈；半耕半晒之临洪、兴庄二场耕种灶户亦毋庸先赈，其业盐灶户与专事晒盐之板浦、徐渎、中正三场情俱拮据，请无论极、次贫，先行抚恤一月。【略】又议准山东巡抚喀尔吉善等疏称，滕县、峄县、鱼台、济宁、郯城、临清、海丰等七州县卫水灾，业经勘明分数，分别极、次贫题请照例加赈。【略】癸酉，【略】又谕：朕闻今岁浙江收成丰稔，米粮价值与当年甚贱之时相等。【略】户部议覆，两江总督尹继善疏称，近年场灶产盐颇旺，请将淮北加带余盐引二万七千道作为定额。【略】工部议准，浙江巡抚常安疏称，海宁县观音堂、老盐仓二汛柴塘，上年秋雨连绵，塘身间段冲陷，请分别修理。从之。【略】甲戌，【略】谕军机大臣等，江南海州、沭阳一带频年被灾，水患迭见，今年仍复被淹，朕询问巡抚陈大受。据陈大受奏称，海州之水，下苦于盐河之南北横截，使六塘南北潮河之水不得东流；上苦于沭河之水尽由沭阳、海州入海，宣泄不及，以致为灾。【略】加赈两淮庙湾场水灾贫灶。【略】缓征湖南桃源、武陵等县旱灾本年钱粮。【略】丁丑，【略】户部【略】又议准，山西巡抚阿里衮疏称，大同、阳高、天镇、马邑、定襄、应州、浑源、怀仁、山阴、灵丘、广灵、朔州、崞县、太原、榆次、平定、辽州、榆社等十八州县，先后被旱、被霜、被雹，成灾户口查明照例赈恤。【略】戊寅，【略】户部【略】又议准，甘肃巡抚黄廷桂疏称，靖远、安定、会宁等县夏禾被旱，并无秋田者，勘明被灾地亩分数，分别极、次贫民照例赈借。【略】辛巳，【略】赈贷广西思恩、典业等县旱灾贫民，并分别蠲缓本年钱粮。

《高宗实录》卷二五二

十一月【略】乙酉，【略】户部议准，两广总督策楞疏称，粤东南海、番禺、东莞、新安、新宁、清远、花县、增城、归善、高要、恩平等十一县，入秋猝被风雨，损伤沿海田禾。又，化州、阳春、罗定三州县及南澳同知所属之隆澳田亩被旱，所有应征钱粮一并缓征。【略】至南海等十一县风雨碎船坍屋，压没人口，照例分别抚恤，城垣、衙署等项确估兴修。【略】又议准，策楞疏报滨海之海矬、香山、归靖、东莞等四场猝被风雨，寮灶房屋盐斤等项倒坏消化，煎丁间有淹毙，除委员会同各场大使确勘，照例分别赈恤外，其寮房等项请于收盐帑项内酌借灶丁修复。【略】丙戌，谕：山东济南、武定、东昌、青州四府属内，自乾隆四年至十年有被灾之处，【略】今岁该省收成虽颇丰裕，但积歉之余，元气未复，【略】其历年出借口粮籽种，亦著一例分年分案征还，以纾民力。【略】己丑，户部【略】又议覆，安徽巡抚魏定国疏称，宿州、凤阳、临淮、怀远、虹县、灵璧、凤台、阜阳、颍上、霍邱、亳州、蒙城、泗州、盱眙、五河、全椒、和州、含山、建平、合肥、太和等二十一州县，凤阳、凤阳中、宿州、庐州、长淮等五卫秋禾被水成灾，最重之宿州、灵璧、虹县、亳州、蒙城应征漕粮漕项请按分蠲免。【略】又议准，云南总督兼管巡抚事张允随疏称，鹤庆府属之金登、孝廉等沿河村庄被水，除动项遴员责往查赈外，【略】动支常平仓谷接济。【略】癸巳，谕：宣属今岁被旱，歉收地为经朕降旨加赈一月，闾阎尚不致失所。第念天津府属庆云县僻处海滨，频年被旱，【略】著加恩于明年三月内再行普赈一月。【略】是月，直隶总督那苏图奏，各属得雪。【略】闽浙总督马尔泰等奏报，抚恤本年七八两月漳浦、云霄、平和、澎湖等处先后被水、被风情形。【略】湖南布政使长柱奏报，本年收成除湘阴、武陵、桃源等县被灾五六七分不等，通省计算尚在七分以上，入冬又得盈尺瑞雪。【略】云南昭通镇总兵董芳奏报昭通、东川、镇雄各地方收成分数。得旨：收成尚有七分，可无乏食之虞。【略】贵州镇远镇总兵冷文瑞奏报所属地方年岁收成、米粮时价情形。得旨：览奏稍慰。《高宗实录》卷二五三

十二月【略】庚子，【略】户部议准，黑龙江将军傅森等奏称，齐齐哈尔地方被旱，黑龙江地方被水，计禾稼失收户口，齐齐哈尔不敷粮九千五百十九石有奇，请于存公仓粮拨给；黑龙江不敷粮一万二千二十八石有奇，【略】于备存仓粮内动支借给。【略】又议准，山西巡抚阿里衮疏称，曲沃、翼城、猗氏、万泉、虞乡、解州、安邑、夏县、绛州、绛县、闻喜、垣曲等州县本年秋被水，业经题明，分别赈恤。【略】丙午，【略】豁除陕西郃阳县水冲地折色粮及折色均徭银二十七顷九十亩有奇。【略】庚戌，【略】又谕：今年上、下两江有被灾之州县，【略】今闻淮安所属之阜宁县连被水患，因系浑水，所过之地淤高数尺，柴草淹没于泥沙之中，采买艰难，倍于他邑。【略】壬子，【略】户部议覆，甘肃巡抚黄廷桂疏称，陇西、秦州等州县夏被水、旱等地亩成灾五分以上者，按分数分别极、次贫民先赈加赈。【略】勘不成灾之狄道、金县、渭源、陇西、西和、伏羌、通渭、平凉、崇信、华亭、泾州、灵台、固原、镇原、真宁、阶州、山丹、镇番、平番、西宁、碾伯等州县之村堡应借籽种口粮者，酌借接济。

《高宗实录》卷二五四

十二月【略】甲寅，【略】加赈淮北板浦、徐渎、中正、莞渎、临洪、兴庄等场水灾贫灶。【略】丁巳，【略】户部【略】又议准，甘肃巡抚黄廷桂疏称，靖远、会宁、安定等县夏禾被旱，业经题明借贷，今秋禾复被灾，应将极、次贫民分别初赈加赈，额征银草并新旧借粮照例蠲缓。【略】是月，直隶古北口提督马尔拜奏，古北石匣、密云等处自八月平粜迄今，市集米价每仓石价银一两三四分不等，较之未开粜前颇减，应暂停平粜。【略】两江总督尹继善奏，查赈徐、凤、泗等属，并分别资送被灾流民。【略】江苏巡抚陈大受奏，铜山县吕梁庄一带秋间被灾最重，今复因冰凌阻塞，黄水陡涨三四尺，淹及已涸麦地，漂没民房，所领赈粮又成乌有。已查明被凌人户，不分极、次贫民俱补给一月口粮，俟水涸再借给籽种补种。目下天气晴暖，积凌已消，河水渐落，民情宁帖。【略】又奏：淮安府属之阜宁县因陈家浦决口，黄水漫溢，被灾较他邑为重，先经委员查造饥口，正值水势日涨，居民迁避高处，难以按庄问户，遂有刁猾之徒及奸书蠹役乘机捏冒混报，【略】俱经查出，提讯究处，统计删除捏冒大小口三万二千有零，其余饥民皆复核确实，依期散赈，民情帖服。至陈家浦漫溢之地，水已断流，悉经种麦。《高宗实录》卷二五五

## 1746年 丙寅 清高宗乾隆十一年

正月，【略】是月，【略】江苏巡抚陈大受【略】又奏，铜山、邳州、萧县等三州县上年被灾地亩，续被黄河凌水淹浸，现饬各属设法宣泄，贫民酌量抚恤借给。【略】湖北巡抚开泰【略】又奏，潜江、沔阳、天门、荆门、当阳、汉川、江陵、枝江等八州县，荆州、荆左、荆右三卫上年夏秋被水成灾，虽经查

明赈恤，然贫民耕作无资，请动用仓谷借给。《高宗实录》卷二五七

二月【略】戊戌，【略】谕：山西大同等州县去年偶被秋灾，【略】著将大同、怀仁、广灵、应州、浑源、山阴、灵丘、阳高、天镇、朔州、马邑、定襄等十二州县极、次贫民，俱于闰三月再各加赈一月。【略】又谕：河南永城、鹿邑、夏邑三县乾隆四六七三年未完带征缓征银一十四万余两，【略】今该三县上年秋禾复被水灾，应征钱粮现在分别蠲缓带征。【略】丁未，【略】户部议准，广东巡抚准泰疏报，乾隆十年分被水之新宁县田五百六十一顷五十二亩零，被旱之潮州府隆澳田一十六顷三十八亩零，潮阳县田四百二十五顷七十五亩零，阳春县田九十二顷三十一亩零，化州田三百五十一顷四十五亩零，罗定州田三百七十五顷七十三亩零，勘俱成灾，请缓征蠲赋如例。其乏食贫民及被风、被水、倒坏房船、压毙人口，分别赈恤，并动项修造。【略】又议准，云南总督兼管巡抚事张允随疏报，乾隆十年分鹤庆府属金登等二十六村被水民屯田共三十三顷六十亩有奇，应免额征银米十分之七，并赈借如例。【略】己酉，户部议准，署广西巡抚讬庸疏言，乾隆十年分思恩、兴业二县原报秋禾被旱各村，今确勘虽有六七分不等，然核计不过十分之一。其余收成均有六分，晚禾虽仅三分，其本年早稻收成实有八分。所有贫民于每户借给常平仓谷一石，并借银俾购麦种。【略】辛亥，谕：本月十六日月食，三月初一日日食，且自上冬以及今春，雨雪稀少，土膏待泽。

《高宗实录》卷二五八

二月壬子，月食。谕军机大臣等，上年直隶有被旱州县，而宣属为尤甚，朕已令拨运豫、东二省麦粮二十万石，又截留尾帮漕米三十万石，又拨通仓米运往宣化五万石。【略】甲寅，【略】户部议准，两广总督策楞疏称，海晏、矬峒、香山三场于乾隆十年八月内陡被飓风暴雨，潮水涌涨，消化盐二千二百六十九包零，勘明属实，共灶价银八百二十八两有奇，应请豁免。【略】丙辰，【略】户部议准，河南巡抚硕色疏报，永城、鹿邑、夏邑、商丘、柘城等五县乾隆十年分秋禾被水地共一万五千五百三十七顷四十四亩零，额赋应分别蠲豁。勘不成灾额赋，均应缓征。【略】是月，【略】福建巡抚周学健奏，闽省上年七月天时亢旱，虽续经得雨，而被旱稍久之福州、福宁、泉州三府属间有收成歉薄处，现饬各该县亲行巡察。其有实系贫户，即借给仓谷，赶种春花，以资接济。若米价昂贵，再酌减价平粜。至澎湖地方上年八月被风后，业饬道府加意抚绥。【略】熟察通省情形，上游各府米粮尚属充裕，至福、兴、漳、泉一带青黄不接时，必得大加平粜，方与民食有益。

《高宗实录》卷二五九

三月【略】己巳，【略】蠲免直隶盐山、巨鹿、保安、万全、蔚县、西宁、怀来、昌平八州县乾隆十年分水灾额赋有差。【略】辛未，【略】户部议覆，福建巡抚周学健奏称，台湾供粟，自乾隆元年至十年，压欠谷九十九万九千余石，完补无期，另行筹画各事宜。【略】甲戌，【略】赈给云南白盐井地方乾隆九年分灾民，并豁除补给各灶薪本银四百七十八两零。《高宗实录》卷二六〇

三月【略】乙未，【略】又谕：上年宣化一带被旱歉收，朕心深为轸念。【略】该处雨雪仍未沾足，且向不种麦，每年止有一熟，停赈后，去秋成尚远，民食未免艰难，尤宜加意筹画。【略】丙申，蠲缓湖北省汉川、潜江、当阳、江陵、枝江等县乾隆十年分水灾田赋。《高宗实录》卷二六一

闰三月丁酉朔，【略】又谕，京师冬春以来，虽间有雨雪，究未沾足，朕心久为廑念。今谷雨已过，未沛甘霖，农田待泽甚殷，朕忧惕日加。计雩祭之期尚在四月，此时正当肃修祀典，以祈恩膏。【略】谕军机大臣等，今年直隶地方春雨不甚调匀，春麦布种较少，恐将来麦收未必能丰。山东、河南二省冬春雨雪沾足，二麦可望有秋，且彼地麦收较早。著传谕喀尔吉善、硕色，各预备麦十万余石，以为直省将来接济之用。【略】戊戌，【略】谕军机大臣等，今年直隶地方春雨不甚调匀，【略】可传谕那苏图察看各府情形，即行据实具奏。寻奏：各处麦苗，正、顺以南长者五六寸，短才二三寸，保定一带均止长二三寸。盖因节候本迟，现在地尚潮润，若月内再得时雨，二麦均可有收。【略】癸

卯,【略】赈恤甘肃陇西、秦州、伏羌、华亭、静宁、金县、泾州、皋兰、平凉、西宁、碾伯、肃州十二州县水旱霜雹等灾民。【略】乙巳,【略】户部议准,山东巡抚喀尔吉善疏称,荣城县被风沙压各项地亩共一十三顷二十亩有奇,额赋无出,应请豁免。从之。【略】戊申,谕军机大臣等,朕闻直隶今年雨水不敷之处,恐将来麦收未必丰稔。【略】旋据那苏图奏称,直隶各府正、顺以南麦苗甚好,保定一带节候本迟,大约四月中旬方能定局。【略】朕思此时将交夏令,去麦收之期不远,【略】著传谕那苏图早为筹画。【略】庚戌,【略】谕军机大臣等,【略】续据阿里衮折奏,太、朔两府与内地不同,所种春麦须迟至六月终旬方能收获。【略】朕念此十二州县远处边陲,民贫土瘠,今岁雨泽稀少,所种二麦不广,惟恃夏田一次收成,不知现在布种齐全否。

《高宗实录》卷二六二

闰三月【略】乙卯,谕:昌平州为去年被旱之区,【略】今闻该处雨泽稀少,米价渐次增长,所拨米石恐不敷用,著将京通仓每年例拨五城平粜色米内酌量分拨该处,以资平粜。【略】丙辰,谕:顺天所属之延庆卫上年被灾虽属少轻,然彼地只赖秋收一次,百姓此际未免艰难,著照延庆州一体加恩赈济一个月。【略】谕军机大臣等,【略】其通仓动拨米谷如须补足,则八沟、鞍匠屯一带连岁丰收,采买尚易。【略】再查,宣属芒种前得雨,则秋禾播种齐全,霜前可望收获;如芒种后得雨,则节候已迟,惟有补种豆、糜、油麦、荞麦等项。但恐贫民一时不及购种,应每亩借给籽种银四分。【略】是月,直隶总督那苏图奏报各属得雨及麦苗滋长情形。得旨:览奏,俱悉,即如顺天左近虽得雨,尚欠沾足,已命该部祈祷。大凡雨旸为勤民第一要务,不可缓视之,其有望雨处所,一切事宜速为料理,慎之。【略】又奏覆,宣属地方向无麦秋,惟期早种大田,可望霜前收获。贫民常年生计,佣工外,全在刨采煤炭柴薪,家畜一驴,堪任驮载,即可免饥寒。【略】江苏巡抚陈大受奏,阜宁县麦苗受冻,难望有收,现将存仓米谷减价平粜。【略】山东巡抚喀尔吉善奏,现闻京师农田待泽甚殷,上烦圣心忧惕,但时值春暮,一得甘霖犹可播种。【略】得旨:屡年以来,朕为各省雨旸亦亟惫精劳神矣,至于直隶春旱,十年而九,亦知北方春雨甚艰,常以自解。而对此风霾日作,良苗未生,实切忧悚。【略】山西巡抚阿里衮奏,太、朔两府今春雨泽愆期,二麦不甚发生,秋禾亦未播种,现饬地方官借给口粮。【略】得旨:【略】京师向甚望雨,今则四野沾足,朕忧大释。今尚为汝省廑念耳。【略】云南总督兼管巡抚事张允随【略】又奏:滇省昆明、晋宁等州县豆麦被雪,现饬地方官动拨仓谷,减价平粜。

《高宗实录》卷二六三

四月【略】丁卯,谕军机大臣等,据巡抚陈大受奏称,江南阜宁县水涸之后,陆续种麦,今春冻伤,不能畅发等语。【略】壬申,【略】工部议准,山西巡抚阿里衮疏称,大同、朔平二府所属州县乾隆十年雨泽愆期,秋禾复被偏灾,业经题请赈恤。【略】惟是地近塞垣,砂土瘠薄,气候较迟,麦收须俟六七月,秋获则在八九月,值灾歉后谋食艰难,该州县地处边疆,城垣自宜修整,若以工代赈,地方民生均有裨益。【略】己卯,【略】户部议覆,四川巡抚纪山疏请,资州并资阳县猝被水灾,计淹浸仓谷三千八百七十余石,俱霉烂无用,请照例豁免。其水浸色变谷共二万五千四百四十余石,请减价粜卖。

《高宗实录》卷二六四

四月【略】甲申,【略】大学士等议准,巡抚归化城等处郎中伍宁奏称,上年口内歉收,贫民就食归化,无力回籍,请敕下山西巡抚,饬令该道查明酌给口粮,委员护送至朔平,交该州县照例安插,毋致失所。从之。【略】戊子,【略】蠲免湖南湘阴、武陵、桃源、龙阳、沅江等县十年分旱灾额赋银二千九十三两有奇、米二百二十七石有奇,并缓征银一万二千五十八两有奇、米九百八石有奇。【略】己丑,【略】谕:据三陵总理事务贝勒允祁奏称,昭西陵因连日阴雨,宝城后北面坍倒砖墙一进,东西约宽十二丈。【略】谕军机大臣等,四月初七日据硕色奏称,河北之彰德、卫辉、怀庆等府虽经节次得雨,然止有一二寸、三四寸,不能深透。且自闰三月初旬以来,已及一月,甘霖未降,至省城亦未得雨。现在率同属员虔诚祈祷等语。【略】庚寅,【略】蠲免广东新宁、潮阳、阳春、罗定等州县被水

田地额赋银三千八十五两有奇、谷价银二十四两有奇、米八百九石有奇、谷一百二十石有奇。【略】是月，直隶总督那苏图奏报各属得雨，粮价骤为平减。【略】又奏：保定郡城复得透雨，河间、天津向南一带未得透雨之区亦各报得雨一二寸不等。【略】又奏：河间、天津所属各州县均已续报得雨，连次沾濡，均可插种秋禾。惟盐山、庆云二县尚未报到。【略】又奏报：直省各属节次得雨，均已沾足，惟天津府属之庆云、盐山，河间府属之宁津三处得雨仅寸余；又，大名府所属地方得雨甚微，不成分寸；正定府属之藁城县南乡七村庄雨带冰雹，所种棉花嫩苗不无伤损。委员勘明，酌借籽种，劝令乘雨布种谷黍。【略】直隶宣化镇总兵李如柏奏报，各属同日得雨，均已沾足。【略】署漕运总督左都御史刘统勋奏报，经过地方得雨情形。得旨：即京师亦于二十八等日得雨沾足，诚可谓天恩浩荡。【略】江西巡抚塞楞额奏报任丘途次得雨情形。得旨：京师则四野沾足，朕忧大释。【略】河南巡抚硕色奏，查明南阳府属之裕州、叶县，汝州直隶州并所属之鲁山县，二麦被雹，分亩借给籽粮。【略】山东巡抚喀尔吉善奏：四月初七八等日，济南等府所属均报得雨，惟济、武、东三府属少雨之数州县虽各得雨，尚未沾足。【略】又奏：临清、德州一带四月初七八等日得雨二三寸不等，十九日德州、齐河、长山等处复经得雨，虽未能一律深透，当望雨正殷之际，二麦实属有济。其德州以南各州县沿河地亩多种棉花，出土较迟，目下正在吐苗，尚未忧旱。【略】山西巡抚阿里衮【略】又奏：各属均得透雨，禾苗畅茂，尚有屯留等二十五州县四月以来未报得雨。【略】甘肃巡抚黄廷桂奏：河东各州县入夏得雨透足，河西各州县积雪融化入渠，水势盈满，足资灌溉。惟兰州府属之皋兰、金县、靖远、狄道，巩昌府属之会宁，凉州府属之平番一带山田雨未深透，并镇番县风沙屡作，现在望雨。【略】广东巡抚准泰奏：粤省广州、高州等处雨水沾足，田禾茂盛，早稻可望丰收；惟南雄、韶州、潮州一带闰三月河水骤涨，间有被旱田亩，业已涸出，不误农时。其冲损民房已给银修葺，又城垣堤岸亦多冲损倾圮之处，现在估报修理。

《高宗实录》卷二六五

五月丙申朔，谕：畿辅地方自闰三月、四月以来属次获有甘霖，四野沾足，惟是盐山、庆云、宁津三县虽亦各得雨泽，究未深透。【略】戊戌，【略】谕：山东济南、东昌二府所属州县内从前因雨泽未能沾透，二麦歉收，今秋又复望雨，丰收难以预定。【略】辛丑，河南巡抚硕色奏：前因河北各属雨泽稀少，省城望雨尤殷，恭折奏闻。今二十余日尚未得雨，现仍率属虔诚祈祷。【略】壬寅，【略】谕军机大臣等，【略】今据硕色奏称，河南之开封、彰德、卫辉、怀庆等府属雨泽稀少，现在祈祷等语。朕思直隶各属均经得雨，【略】如豫省运直麦石【略】未曾起运者不必起运，其起运而未经抵通者，著仍存留豫省备用。【略】户部议覆，山西巡抚阿里衮疏称，大同、怀仁、广灵、应州、浑源、山阴、灵丘、阳高、天镇、朔州、马邑、定襄、崞县、太原、榆次、辽州、榆社、平定等十八州县，乾隆十年分秋禾被旱，复被霜雹成灾，共应蠲免银一万三千七百一十九两零，米谷共三千五百十三石零，豆麦九百九石零。【略】戊申，【略】免甘肃靖远、安定、会宁三县乾隆十年旱灾雹灾额赋银二千一百四十五两有奇，额粮一千一百六十六石，额草共八百四十四束有奇。己酉，【略】谕军机大臣等，前据那苏图于四月内奏称，盐山、庆云等处四月初十、二十五等日两次得雨，俱未沾足等语，迄今该处曾否续得雨泽，及沾足与否，尔等传谕那苏图，令其据实速奏。寻奏：盐、庆、宁三邑自本月初五至初十日，均先后报得透雨，四野沾足。得旨：欣悦览之。又谕：前据喀尔吉善奏称，武城、清平二邑收成尚有六分，不致成灾。【略】寻奏：四月中旬武城一带原有直、东贫民拾麦，嗣闻直、东已得透雨，均陆续回籍，现在实无流移乞食者。五月初旬，武邑连得透雨沾足，早禾畅茂，晚禾悉已种齐。其麦收歉薄贫民，已蒙借谷接济，时雨普沾，舆情欢戴。至前报收成六分，系经多员查勘出结，不致成灾，似难欺隐。

《高宗实录》卷二六六

五月【略】甲寅，【略】户部议准，盛京户部侍郎宗室蕴著奏称，岫岩城八旗兵丁去年所种地亩雨水过多，收成歉薄，所买粜三米至六七月间已觉乏食，请照乾隆七年之例，于该城旗仓存贮米内借给一千五百石，交城守尉匀借兵丁，秋收后照数还仓。【略】戊午，【略】谕：直隶通省今年地丁钱粮，已全行蠲免。【略】又谕：据尹继善奏称，江南上江之灵璧，下江之铜山、沛县、睢宁、沭阳、萧县于四月初八、十三等日，间有被雹之处，打伤二麦秋禾，已委员确勘。【略】是月，直隶总督那苏图奏：直隶盐、庆、宁三邑已沛甘霖，农民乘雨布种，得借籽粒莜麦，欢声遍野，其各府属已种禾黍等项，值此透长之际，均沾雨泽，尤为得益。粮麦各价平减，臣饬令各属停止平粜，为下半年青黄不接之备。四月中，暑气颇盛，民间多有时疾，谕令各属制舍丹药，及于凉亭多备痧药凉浆，以救暑疾。并劝谕农民，田功稍暇，搜灭蝻种。【略】又奏：蓟州、玉田河水漫溢，设法疏泄堵筑。【略】浙江巡抚常安奏，【略】臣查严、衢一带上年秋冬久晴，溪水浅涸，商贩阻滞，税亏并无别情。【略】湖北巡抚开泰奏：楚北风土卑湿，入夏以后炎威酷烈，各属解审案犯于烈日炎蒸中桎梏趱行，情殊可悯。【略】湖南布政使徐杞奏报长沙等属被水情形，请酌借籽种口粮，分别动项赈恤。【略】山东巡抚喀尔吉善奏，济南、武定等府所属之德州等十州县被旱歉收，又青州府属寿光县被水村庄田禾间有冲坍淹损之处，当即委员查勘。【略】四川布政使李如兰奏，【略】川省本年收成丰稔，捐监民人亦甚踊跃。【略】署广西巡抚鄂昌奏，桂林所属之临桂等县被水灾区，查勘照例赈恤，并分别极、次贫户，酌借口粮，其冲坏民房堰坝，俱酌给公费修治。

《高宗实录》卷二六七

六月【略】乙亥，【略】户部议覆，山东巡抚喀尔吉善疏称，寿光县弥河水决，附近村庄遭水，房屋多坍，应令该抚确查。【略】丙子，【略】湖广总督鄂弥达、湖南巡抚杨锡绂奏报，湖南长沙府属益阳县，岳州府属平江县等处山水涨发，堤垸民房间有被水倒塌，沿河田禾亦有淹浸，飞饬该司委员查办赈恤。再，宝庆府属之新化，永州府属之道州，辰州府属之沅陵，乾州厅等处日内亦报被水，饬司飞查是否成灾，据实详报。【略】丁丑，【略】谕：昨夜戌时，京师地觉微动，朕返躬思之，或因春夏以来雨旸时若，禾稼茂盛，朕心乾惕少疏。【略】戊寅，谕军机大臣等，杨锡绂奏报岳州府平江县等处被水一折，【略】发水在四月二十八日以及五月初旬，而六月中旬始行奏到，是朕视民如殇之意，杨锡绂全不知之。【略】直隶总督那苏图奏，【略】查各属自六月初五日得雨后，将及旬日，土气微觉干燥，今于初九等日各得甘雨，尚可接续均匀，所种黍稷高粱可期次等扬花垂实，省城现亦得雨一寸。

《高宗实录》卷二六八

六月庚辰，谕：朕闻广西桂林等府属于四月二十七八等日雨水过多，江水暴涨，沿江一带之临桂、灵川等县低洼地亩多有被淹之处，兵房民屋间有倒塌者。【略】谕军机大臣等，据那苏图奏称，保定郡城前于初五日得雨不及一寸，今于十三日午刻得雨一寸，高原卑湿所种黍稷高粱尤见肥长稠密。保定以南之天、河、正、大、广、顺等府州，于初五初九各得甘雨，最为接续均匀等语。【略】现在正值中伏，禾稼数日之内即望雨泽沾洒，今看那苏图所奏情形，似未沾足。【略】寻奏：保定以南所属地方自五月十五日至六月十三日连次得有透雨，接续均匀，悉皆沾足，并无望雨之处；保定郡城六月中接连三日得雨，在地庄稼十分得益。【略】丁亥，【略】谓军机大臣等，朕览鄂弥达奏报雨水禾稻情形，折内称现在各属米值稍增稍减不一，照常核计尤属平减，人民亦俱宁贴等语。【略】定边副将军额驸策楞奏，喀尔喀四部落【略】内在戈壁居住之扎萨克等游牧处，因雨水不调，至今青草未发，牲畜未能肥壮。【略】庚寅，【略】谕军机大臣等，朕闻浙江定海一带地方，自仲夏以来雨泽愆期，直至六月初旬甘霖未沛。【略】寻常安奏：查定海县五月间雨水稍缺，至六月初旬后连沛甘霖，田野沾足，早禾约有七分收成。臣前因该县孤悬海外，预拨省米四千石，随于五月内减价平粜，复动仓谷酌借，是以米价照常，民情宁帖。【略】癸巳，【略】谕军机大臣等，据那苏图奏称，通仓运宣粟米因道路泥泞，车马重载，坑堑难行，暂请停运等语。从前原因宣化被灾之后，恐米粮不能接济，是以酌筹拨运，以备仓储。今自闰三月以来，该处连得雨泽，田禾茂盛，可望丰收，将来米粮自不至于缺少，可传谕询问那苏图。【略】寻奏：宣属自闰三月以来雨水调匀，田禾茂盛，口北一带均可有秋。

【略】又谕：据苏昌奏称，奉天所属地方六月初旬大雨连绵，承德等县山水骤发，禾稼被淹，夏麦歉收，现在设法赈恤等语。【略】是月，奉天府府尹苏昌条陈灾赈事宜。【略】直隶总督那苏图【略】又奏报：直隶通省雨泽沾足，禾稼将次登场，民情欢忭。并多伦诺尔地方雨水均调，游牧水草畅茂，蒙古一带边疆禾黍丰盛，贸易安贴各情形。得旨：所奏光景，京师亦同，较汝处有过之无不及也。【略】两江总督尹继善奏：江西南昌、南康、袁州、临江、南安等府各属禀报，四月二十五至五月初一二等日阴雨连绵，山水陡发，溪涧泛涨，沿河民房多坍，城垣、衙署、仓监亦有倒塌，低洼田亩豆苗淹浸损伤，间有淹毙人口。查被水各地方虽系一隅偏灾，而统计数州县穷民受累者已属不少。【略】再，瑞州、吉安、广信、饶州等府各属亦有禀报被水之处，据称水势较小，田禾未甚受伤。【略】江苏巡抚陈大受奏报，淮、徐、海三属自五月下旬至六月初大雨时行，河湖骤涨，所有邳、宿、桃、清、海、沭各州县堤工民埝均有冲决，田亩房屋被淹，飞饬司道委员分勘。查淮、徐、海三属节经水患，现值秋禾遍野，可望收成，不意又被淹浸，情殊可悯。【略】江南苏松水师总兵胡贵奏：督查海洋各处宁谧，并崇邑二麦丰收，雨旸时若。【略】浙江巡抚常安【略】又奏，台州府属之临海县民俗素称强悍，本年六月雨泽偶愆，竟有屠户朱昭奇用锁穿通项内皮肉，藉名为农取水，哄动城市。经该府将朱昭奇押发临海县取供，随有伙党叶阿环、朱应鳌、朱昭林等沿街喊嚷，强令罢市，观看多人拥挤，铺户等惟恐滋事，间有收闭铺面者。该犯等随又拥入府县衙门，挤塌门前照壁，经文武官查拿，始行散去。【略】浙江提督陈伦炯奏，据台州协副将路一鹗详报，台郡雨泽愆期，设坛祈祷，六月初五日突有民人朱昭奇锁喉，沿街拜雨，当经知府拿究，复有地民哄闹关店，拥集府县各署。【略】密访为首棍徒，嗣据报获叶阿环等一十三人，续获逸犯朱昭奇，审供通详。【略】福建巡抚周学健奏，闽省五月苦旱，率属虔诚祈祷，兹于六月初二三日得雨，连日云气四布，雨势极宽，早稻晚禾可期畅茂。【略】山东巡抚喀尔吉善奏，泰安、兖州等属九州县因六月中旬大雨连绵，汶、泗、沂、淄各河水发，冲漫堤埝，濒河地亩不无淹损，民房亦多浸坍。【略】甘肃巡抚黄廷桂奏，平番、河州、安定等属被旱、被雹各村庄可补种者，借给籽种，如有成灾处，饬司委勘详报。又，宁夏县属王洪堡淹地六顷，或应借籽种，或应贷口粮，亦令查明妥办。

《高宗实录》卷二六九

七月乙未朔，【略】谕：据广东巡抚准泰奏报，广州府属之南海、三水、顺德，肇庆府属之四会、鹤山、开平、恩平，南雄府属之始兴，韶州府属之曲江、仁化、英德、乳源等县因大雨水发，有被冲田亩围基房舍之处，民人间有倾压淹毙者。【略】丁酉，【略】谕：据总督尹继善奏称，六月初旬大雨时行，又兼东省上游之水同时汇聚，以致运河宣泄不及，邳州、宿迁、桃源、清河、安东各州县水漫村庄，现在委员确勘。先行抚恤。海州所属赣、沭二县近河村庄亦多漫水。【略】又奏称，上江凤台县淮河水涨，滨河最低之田间被水淹，虽为数无多，受灾亦轻，亦著一体抚恤。【略】又谕，据署河道总督顾琮奏称，今年运河水涨，较雍正八年为大，河工在在危险。【略】又谕：据尹继善奏称，海州一带所属近河村庄被水冲淹等语。【略】戊戌，【略】缓河南永城、鹿邑、夏邑三县被水田亩本年应征并四六七年带征额赋。【略】癸卯，谕军机大臣等，据陈大受奏称，上年淮、徐、海三属夏秋被灾，仓储动用多缺，【略】今年江南丰收之处甚多，何不委员于麦价平减之地酌量购买。【略】寻陈大受奏覆，淮、海、徐三属仓谷，夏秋两灾广为平粜，价银存至十四万，现遵旨委员赍价前赴上江米粮聚集处，择价平者酌买。【略】丁未，【略】贷直隶武清、吴桥、宁津、天津、青县、沧州、南皮、庆云、盐山、固安、永清、昌平、通州、三河、蓟州、宁河、河间、献县、阜城、肃宁、任丘、故城、东光、获鹿、平乡、广宗、巨鹿、内丘、威县、清河、磁州、蔚州、西宁、蔚县、冀州、南宫、新河、武邑、衡水、柏乡、临城、高邑、宁晋、深州、武强、饶阳、安平、易州、涞水、延庆卫、喀喇河屯等五十一州县卫屯被旱灾民，宝坻、蓟州、宁河、滦州、东光、西宁、万全、玉田、丰润、八沟同知等十州县厅被水灾民，井陉、平山、赞皇、藁城、献县、唐山、保安、蔚州、宣化、万全、怀来、西宁、蔚县、赤城、武强、饶阳、易州、广昌、曲阳等十九州县被雹灾

民。赈贷安徽灵璧县被雹灾民，并予缓征。 《高宗实录》卷二七〇

七月【略】辛亥，谕军机大臣等，伊拉齐奏报关税一折，【略】内称赢余比上年短少之故，俱因本年春夏之交天时亢旱，河道水浅等语。【略】京师每年春雨甚迟，今岁直隶地方春夏之交较之往年得雨尚早，伊拉齐此奏不过欲掩饰短少之故，作此脱卸之词耳。【略】又谕：苏尼特等游牧处所，今年雨水短少，水草平常，牲畜多致伤损，恐贫苦蒙古等不无失所。令玉保往查。【略】寻奏，据盟长索诺木拉布坦等称，现在各处水草稍歉，然以贫苦之人与富贵之家通融兼食，尚可不致困乏。【略】癸丑，【略】谕曰：奉天将军达勒当阿等奏称，广宁地方五六月间阴雨连绵，山水骤发，兵丁房舍所贮米粮均被淹没，业与侍郎蕴著会议，一面奏闻，一面将本城仓米借与兵丁等，每人一月口粮。【略】乙卯，谕江南山安、海防两厅属所辖黄河南北两岸堤处滩地，如遇水涨之年，田禾不免被淹。闻今年秋汛之水较往年更大，滩上居住之民房俱被淹浸。幸未淹之前，居民见水势渐涨，陆续搬移堤上，搭盖席棚，以蔽风雨，但田禾无收，将来难以糊口，著该督抚即速委员，将被水穷民确查明白，加意妥协赈恤。【略】贷直隶沧州、盐山、宁津、河间、东光等五州县，并兴国、富国、丰财等三场旱灾灶户。丙辰，谕军机大臣等，据湖广总督鄂弥达等奏报，六月初八日，枣阳县因豫省上游蛟水大发，沿及该处，以致被淹。又据安徽巡抚魏定国奏报，凤、颍、泗所属怀远、阜阳、五河等处因六月初旬至十三四日连降大雨，而上游豫省地方水发，下注湖河，以致漫淹等语。【略】寻奏：查豫省东南一带归德、陈州、汝宁等府，与湖广、江南接壤，并无蛟水大发之事，惟六月中接连大雨，三属秋禾被淹，现将被灾贫户酌借口粮籽种。【略】丁巳，【略】赈贷山东东平、鱼台、济宁、汶上、兰山、郯城、益都、博兴、高苑、乐安、寿光、安丘、诸城、昌邑、潍县、胶州、高密、宁海等十八州县被水灾民，并予缓征。【略】庚申，【略】赈贷山西太原、阳曲二县被水灾民，并予缓征。辛酉，【略】又谕，今年直隶通省雨旸应时，田禾丰稔，惟近日宣化县所属之村庄有被雹之处，轻重亦不等，被雹虽向无赈济之例，朕念彼地上年被旱，百姓度日艰难，今年夏月幸获雨泽，秋成有望，而此被雹之处又复不免向隅，朕心轸念。【略】壬戌，【略】赈贷湖北汉川、潜江、云梦、应城、江陵、襄阳、枣阳七县被水灾民，郧阳被雹灾民，并予缓征。癸亥，谕：据苏州巡抚陈大受奏称，淮、徐、海三属先于六月初旬，因东省沂蒙等处之水并发，以致江南沂、沭、六塘运河一时俱涨；又因本地雨水过大，邳、宿、清、桃、安、海、赣、沭八州县田地被淹，铜、沛、丰、萧、砀、睢六县俱报被水。又因河湖异涨，水趋下游，宝应、阜宁滨水田地复被淹浸，山、盐等处低田亦在所不免等语。江南本属水乡，而此十数州县逼近湖河，常有水患，今年水势较前更大，是连年歉收之地又被灾荒，朕心深用悯恻。【略】是月，奉天府府尹苏昌奏：承德、海城、盖平、广宁四县被水，先经奏闻在案。续据辽阳、复州、宁海、锦县、宁远、义州等六州县报称，六月间阴雨连绵，河水涨发，田禾被淹，庐舍坍塌。查奉属被灾十州县，惟广宁地低灾重。【略】寻奏：据承德、海城、辽阳、复州、盖平、宁海、义州、宁远等州县陆续勘报，系不成灾；惟广宁地势最低，成灾约七八九分不等；而义州、锦县于查报后旋被雹灾，成灾仅止一隅，分数与广宁相仿，现经查明户口，分别赈恤。钦差协办大学士吏部尚书高斌奏报，江南淮、徐、海、邳一带自五月中阴雨连绵，低洼处积水。嗣因六月中旬山东山水陡发，汶河盛涨直下，是以淮属之桃源、安东、清河，徐属之邳州、宿迁，与海州、沭阳等州县被灾最重，山阳、睢宁、赣榆、沛县次之，阜宁、铜山、萧县、丰县、砀山与扬属之高邮、宝应又次之。所幸黄、运、湖、河顺轨安澜，受患不致仓卒，较乾隆七年水患稍轻。【略】又奏：今年黄、运、湖、河于六月中旬后秋汛日增，清江浦黄河南岸与山安海防一带，较乾隆七年之水更涨一丈五尺及数尺不等，其宿、虹厅属黄河北岸之朱家闸，七月十五六等日汛水陡涨，下埽埽工蛰陷一百八十余丈，河臣顾琮率员昼夜抢修。【略】再，海防厅属之戴家马头老堤年久渗水，加以十八九日风雨连绵，捞土帮筑不能坚实，危险非常，幸河臣先期委员驻扎该工，督率兵夫随坍随筑，今亦幸保无虞。再，今年中河自东省汶、泗、沂诸水异涨奔腾，至骆马湖口，是以全湖之水灌

入中河，臣商酌【略】分减骆马湖水，中河亦无添涨之患。至洪泽湖于伏秋二汛，水涨至一丈四尺余，虽将蒋家闸、天然坝俱行开放，而南滚坝过水尚至五尺五寸。幸下游屡经修浚，河道深透通，尚无泛溢。【略】湖南巡抚杨锡绂奏：临武、蓝山二县七月间蛟水陡发，田禾庐舍被淹，委员查勘，动项兴修，分别赈恤。河南巡抚硕色奏，豫省入夏以来甘霖迭沛，可望有收。嗣据开封府属之鄢陵，归德府属之商丘、宁陵、永城、虞城、睢州、考城、柘城，汝宁府属之新蔡，陈州府属之淮宁、扶沟、商水、沈丘，许州属之郾城等州县先后报称，自六月初一至十三四等日大雨，低洼积水，比时节气尚早，尤可补种晚禾莜麦。讵料六月二十至七月初九等日，复经大雨，河流泛溢，难免成灾。【略】甘肃巡抚黄廷桂奏报：合水县之邢家坪，安定县之秤钩堡、磨石沟，漳县之鱼卜池，河州之柴东岭，永昌县之河西坝，平番县之曹家堡、打柴沟，庄浪厅之一眼井，宁夏县之通贵堡等处，夏间先后被雹伤禾。又，中卫县之白马滩暴雨冲决，高台县之柔远堡、四号屯禾苗生虫。臣即委员查勘，赈恤借贷，照例分别办理。

《高宗实录》卷二七一

八月【略】丁卯，【略】又谕：今岁山东兖、沂、曹、泰等府属雨水过多，沿河被水州县一应赈恤诸务，必须大员稽查，方为妥协。【略】赈贷直隶青县、南皮、庆云、衡水、冀州五州县，并严镇、海丰二场旱灾灶户。【略】辛未，【略】赈湖南益阳、道州、江华、平江四州县被水灾民。【略】癸酉，【略】谕：今年下江之淮、徐、海，上江之凤、颍、泗所属州县多被水灾，朕心轸念。

《高宗实录》卷二七二

八月【略】辛巳，【略】又谕：朕此次巡幸五台，【略】今巡幸在迩，而直隶、山西今岁均称丰稔，正当收获之后，粮草充裕。【略】又谕：朕闻山东曹州府属之巨野、菏泽、单县，兖州府属之嘉祥、滕县、峄县俱经节次被水，秋禾亦多淹损；巨野、滕、单等县被灾较重。喀尔吉善从前奏报被水折内，止有嘉祥、菏泽、巨野，称为收成歉薄，勘不成灾，而单、滕、峄三县未经奏及，即巨野亦称并未成灾，与朕所闻巨野灾重之处不符，尔等可传谕询问。【略】寻，喀尔吉善奏覆东省各州县被水情形，先经题报在案，其单、滕二县又于八月十六日续行具题，现在照例查办。至巨野、菏泽、嘉祥虽据各该县具禀勘不成灾，恐尚未实，是以前奏复，请容臣详核，分别办理。至续报未经入奏之峄县，亦已委勘，一体查办。报闻。又谕：据那苏图奏称，宣化各属秋收约计八九分以上，可分买米五万石，每石不过一两或九钱几分；张、独二口外现在丰收，亦可分买五万石，共足十万之数。【略】甲申，谕：【略】今岁京师雨旸应候，百谷蕃昌，畿辅共获有秋，各省亦多收获，天庥滋至。【略】乙酉，【略】赈贷山东金乡、阳谷、城武、定陶、聊城、莘县、临清、福山、栖霞九州县，暨东昌、临清二卫被水灾民，并予缓征。【略】己丑，【略】赈贷广东南海、三水、保昌、始兴、曲江、乐昌、仁化、英德、乳源、四会、恩平、开平、鹤山、茂名等十四县被水灾民，并予缓征。【略】是月，直隶总督那苏图疏报：庆云县之东乡柴林、广亲等村洼地瘠薄，雨水易盈，七月初晚禾被虫，收成少减，现刈获已竣，地气潮润，必须赶种秋麦，以资明春接济，应请借给麦本，照价折领。【略】甘肃巡抚黄廷桂奏覆：甘肃边地气候不齐，被灾之处每岁不免，上年靖远、会宁、安定三属秋禾歉收，本年春夏之际被水旱冰雹之处，所需口粮籽种，臣逐户查实，随时贷给，统计借过粮数二十余万之多，穷民似可无虞缺乏。

《高宗实录》卷二七三

九月【略】乙未，【略】又谕：朕闻住居瀚海喀尔喀等游牧地方，遇旱损伤牲畜者，每就水草多处远徙，亦有无力不能远徙者，其东西二路著派鄂实那齐布与该部才干章京驰驿速往，会同该盟长、副将军等查明。【略】户部议覆，浙江巡抚常安奏称，勘明归安、龙游、建德三县冲压沙积坍卸无征田地所有应征地丁银米，请循例豁免应征漕白二粮，一并开除。应如所请。从之。又议准，广东巡抚准泰奏称，广州、肇庆二府因水冲压，沙石夹杂，难垦田地共三十七顷六十二亩有奇，其编征银米请照数豁除。从之。定边副将军额驸策凌奏，【略】今戈壁地方连年少雨，水草甚乏，该处游牧者俱移居杭爱，地狭人稠，水草愈觉不足，蒙古生计拮据。请将该处游牧地方少加展放，令在安设内卡之扎卜堪等处内游牧，仍饬驻扎乌里雅苏台参赞大臣不时巡查。【略】戊戌，【略】赈贷山东滕县、单

县、平度州三州县被水灾民，并予缓征。赈两淮海、赣二州县属板浦、徐渎、中正、莞渎、临洪、兴庄等六场被水灶户，并蠲缓新旧额赋。己亥，【略】谕：今年山东被水虽不过一乡之内，间有数区，而州县颇多，恐仓储所贮不敷赈粜之用，著将该省本年漕粮内截留十万石，令该抚酌量分派各州县卫以为备用。【略】辛丑，【略】命酌拨截留南漕米石，加赈山东东平、鱼台、济宁、汶上、兰山、郯城、益都、博兴、高苑、乐安、寿光、安丘、诸城等十三州县水灾饥民。赈贷河南郑州、中牟、正阳三州县被水灾民。【略】壬寅，【略】蠲免甘肃陇西、秦州、伏羌、金县、泾州、皋兰、平凉、西宁、碾伯九州县及九家窑屯乾隆十年分水灾额赋，银一千八百零四两、粮八百一十三石。【略】丙午，【略】直隶总督那苏图奏，直隶秋收丰稔，所有节年本年民借口粮籽种等项，【略】一时新旧并追，民力未免拮据。

《高宗实录》卷二七四

九月【略】甲寅，【略】赈江南徐州府属之丰县、萧县、睢宁三县被雹灾民。【略】己未，【略】大学士等议覆，两江总督尹继善等奏称，本年江省黄、运、湖、河伏秋盛涨，上江之凤、颍、泗，下江之淮、扬、徐、海等府州所属地方多被淹没，抚恤加赈。及水利工程需费浩大。【略】辛酉，【略】谕：山东武定府属海丰县上年秋禾被旱，【略】又，乐陵县今夏二麦被旱成灾，照例借给籽种口粮；海丰、沾化、阳信三县麦收歉薄，复加恩一体借贷接济。此项出借籽种，均应于秋收后照数征还，但念此四县今岁秋禾虽属有收，究系积歉之后，【略】一并缓至来岁麦秋后征收还项，以纾民力。再，德州、德州卫、陵县、德平、武城、清平、长清、高唐八州县卫亦曾出借籽种，【略】著新任巡抚塞楞额察看情形，酌量分别缓征。【略】又谕：据浙江巡抚常安奏称，松江府属下沙头场又二三场并青村场荡地所种晚禾，忽生青虫，稻穗多被蚀伤，收成顿减等语。今岁江苏钱粮，朕已全数蠲除，而场课例不在蠲免之内，此项被虫场地，如令其照例输课，灶户未免拮据，著将松江下沙等场本年场课按照被虫地亩，缓至次年开征完纳，以纾灶力。该部即遵谕行。【略】壬戌，【略】又谕，河南鄢陵等二十六州县，今岁夏末秋初雨水过多，洼下之区秋禾被淹，致有偏灾，已据该抚奏明，酌借贫民口粮麦种，【略】此内永城、鹿邑、夏邑、睢州、柘城、淮宁、太康、扶沟八州县，据奏仓谷不敷散赈，准其银谷兼赈。【略】是月，【略】安徽巡抚潘思榘奏，接办凤、颍、泗三属赈务，【略】业据藩司详拨米一十七万余石，同灾属存仓米十三万石，可敷冬月给赈。其折赈银两先经奏请，借动封贮银三十五万两，同司库存贮正项银十六万两，现已陆续拨解应用。得旨：好实力妥协为之。【略】山东巡抚升任闽浙总督喀尔吉善奏，遵旨查明巨野、峄县、曹县、沂水四县洼地被淹情形，虽轻重各有不同，但晚禾既有损伤，自应一律题报，至节次题报三十六州县卫，业经据实妥办，此外委无遗漏之处。《高宗实录》卷二七五

十月【略】甲子，【略】赈恤山西文水、浑源、屯留、襄垣、潞城、壶关、平顺、孝义、应州、怀仁、山阴、广灵、阳高、天镇、朔州、马邑、宁武、定襄、代州、崞县等二十州县本年被水、被雹灾民，并予缓征。赈恤山西阳曲、太原二县本年被水灾民。【略】丙寅，谕：直隶之赞皇、巨鹿、献县、故城四县今春得雨稍迟，该督那苏图酌借口粮籽种米谷，以资接济。【略】无力贫民，秋成虽属丰稔，恐食用尚难充裕，【略】所借米谷【略】一并加恩豁免。【略】丁卯，【略】赈恤湖南临武、蓝山二县本年被水灾民，并予缓征。【略】壬申，【略】谕：据将军傅森奏称，本年五月间，黑龙江地方因山水陡发，附近旗民人等田亩俱被水灾，七月间又降严霜，秋收无获，请借给口粮籽种料豆，以资接济等语。朕思本年黑龙江地方被灾较重，【略】所有此项粮米著加恩即行赏给。【略】癸酉，【略】谕军机大臣等，【略】今岁直属年谷丰收，米价各处平减。【略】目下正值丰收之际，宜饬地方官善为鼓励劝导，以足仓储。盖米谷为民食攸关，乘此丰年，当广为储蓄之计。【略】丙子，【略】赈恤湖北枣阳县本年被水灾民，并予缓征。

《高宗实录》卷二七六

十月【略】壬午，【略】豁免安徽六安州、庐州卫水冲沙压地三顷八十亩有奇无征额赋。癸未，【略】户部议覆，黑龙江将军傅森等奏称，墨尔根、齐齐哈尔、黑龙江三城八旗兵丁水手人等耕种地

亩，现查明先后被水、被霜情形，所获粮石不敷食用，请照例于不敷之月起，分别借拨仓粮等语。应如所奏。【略】又称博西等八站站丁地亩被水，收获无多，请按各站坐落地方远近，分别借粜等语。亦应如所奏办理。【略】丙戌，【略】又谕：河南永城、鹿邑、夏邑三县节年迭被水灾，今秋又复被水，【略】其乾隆十一年未完带征银四万二千四百余两，缓至己巳年开征，俾民力得以展舒。该部即遵谕行。又谕：山西大同、朔平二府上年偶被旱灾，【略】现今大、朔二府秋成各有七八分，【略】输将未免竭蹶，著将上年成灾之大同、怀仁、浑源、应州、山阴、广灵、阳高、灵丘、天镇、朔州、马邑，并未成灾而收成亦歉之右玉、左云、平鲁等十四州县所有上年蠲剩缓征带征及九年旧欠银米等项，俱暂行停征。【略】戊子，【略】户部议覆，安徽巡抚潘思榘等疏称，寿州、宿州、凤阳、临淮、怀远、虹县、灵璧、凤台、阜阳、颍上、霍邱、亳州、蒙城、太和、泗州、盱眙、五河、天长等十八州县，凤阳、凤中、泗州、长淮、宿州等五卫被水成灾地亩，所有应蠲钱粮另行题豁外，其被灾贫民贫生分别极次给赈；冲塌房屋并予修费，被淹城垣动项兴修，五河县漫溢坝埂一体估报抢筑等语。均应如所请。【略】内寿州、虹县、阜阳、霍邱、太和、天长等六州县被灾稍轻，本年漕粮漕项缓至来秋补征。【略】是月，【略】署江苏巡抚安宁奏，本年淮、扬、徐、海被灾各州县卫，业予抚恤口粮及葺屋银两在案，其岁内明春接赈加展银粮约计不下二百二十余万，现已拨运。【略】巡视台湾给事中六十七等奏：抚臣周学健委员赍银八万两来台，会同各厅县采买谷二十万石，查台郡今秋少雨，米价渐增，【略】臣等当一面据实奏闻，一面咨明抚臣，暂停采买。【略】甘肃巡抚黄廷桂奏，今岁洮水涨发，较往年为大，新修堤坝坚固，所有原估帮岸，实可不必再筑。　　《高宗实录》卷二七七

十一月壬辰朔，直隶总督那苏图奏：直省宣化府属本年被雹成灾，及蓟州、宝坻等州县田禾被淹，现委员将被灾贫民分别极次照例赈恤。【略】丙申，【略】谕：今岁山东【略】寿光、乐安、博兴、金乡、鱼台、汶上、济宁、东平八州县被灾较重，岁内支领赈粮尚可糊口，来春去麦收尚远，食用未免艰难，著于例赈之外，极贫再加赈两个月，次贫再加赈一个月，于来岁二三月间按月给发，务使贫民均沾实惠。【略】户部【略】又议覆，调任江苏巡抚陈大受疏称，山阳、阜宁、清河、桃源、安东、高邮、甘泉、兴化、宝应、铜山、丰县、沛县、萧县、砀山、邳州、宿迁、睢宁、海州、沭阳、赣榆等二十州县，镇江、淮安、大河、徐州等四卫被水成灾地亩，所有应蠲钱粮另行题豁外，其被水贫民分别极次赈恤。【略】至所称山阳、阜宁、清河、桃源、安东、高邮、铜山、沛县、邳州、宿迁、睢宁、海州、沭阳、赣榆、淮安、大河、徐州等十七州县卫被灾较重，请将本年应征漕粮漕项按分蠲免；甘泉、兴化、宝应、丰县、萧县、砀山及镇江卫被灾稍轻，应征漕粮漕项暂行缓征；并山阳等州县卫蠲剩银米，缓至次年麦熟后征收。【略】己亥，谕：今岁江南上、下江被水等处现在加赈，需米之处甚多，恐仓储不敷所用。浙江连年丰稔，今秋又获有收，著将永济仓旧存谷石动拨十万石，协济江南。【略】乙巳，【略】户部议准，奉天府府尹苏昌疏称，锦县、广宁二县被水、被雹成灾，本年应征钱粮请查明分数题蠲。【略】至承德、辽阳、海城、盖平、复州、宁海六州县被淹洼地虽勘不成灾，然收成歉薄，所有本年出借口粮籽种，统俟来秋免息征还。【略】丙午，【略】大学士等议，侍卫纳齐布等查看郡王车凌拜多布等六旗被灾人等，办理赈案内，除扎萨克台吉达什丕勒、车布登二旗素为充足，虽遇旱少损牲畜，尚可藉以生理。至扎萨克台吉齐巴克扎布旗分，数年屡被灾疫，伤损牲畜，去岁至今秋，由伊等部落陆续拨给牛、马、羊，足资养赡。除过冬口粮均毋庸赏给外，其郡王车凌拜多布、扎萨克台吉旺布多尔、济逊都布三旗内失业人等大口四千三百四十三名、小口二千六百八十五名，分别赏给，需米二千二百七十余石、茶五千六百八十余斤，俱移咨归化城都统支领。　　《高宗实录》卷二七八

十一月【略】戊申，谕：今年广宁等处因被水灾，所有旗人应交米豆，曾经降旨免交，此内广宁、凤凰城、岫岩、复州四处所收更较他处歉薄，而兵丁差务甚烦，未免拮据。【略】又谕曰：将军达勒当阿奏称，奉天所属锦州府义州境内七家屯等十六村所种米谷秋收在迩，忽被雹灾等语。所有该处

旗人本年应交米豆，著查照从前被水免交之例，宽免追征其有口粮不继者。【略】己酉，【略】又谕：今岁山东被灾州县，朕经迭次加恩赈恤，复念沂州府属之郯城县本年被水成灾亦至八九分，且该县地瘠民贫，来春未免拮据，著照寿光等八州县之例，极贫再加赈两个月，次贫再加赈一个月，俾得均沾实惠。【略】辛亥，【略】缓征广东连州、清远、四会等州县水灾，广宁县虫灾，海丰、新兴、澄海、崖州等州县及南澳厅所属隆澳旱灾额赋，赈恤饥民。抚恤长芦越支场水灾灶民。【略】癸丑，【略】又谕：山西大同、朔平二府上年被灾州县前经降旨，令该抚加意抚绥，随经调任巡抚阿里衮奏请，动拨司库银二万六千七百余两，借给贫民，抚绥老弱，此内借给之项例应于秋收后照数催还，朕思大、朔二府今年虽属有秋，但灾歉之后民力未纾，又现有应还借过米谷十万余石，若再追前项，穷黎未免拮据，著将借给银两通行豁免，该部即遵谕行。【略】是月，两江总督尹继善等奏，遵旨加展赈期，请将被灾之邳州、宿迁、桃源、沭阳、沛县、睢宁、清河、安东、阜宁、海州十州县，其十分九分者，极贫加展三月，次贫加展二月；八分七分者，无分极次加展二月；六分者极贫亦加展一月，至贫生饥军各随坐落地方分别照办。得旨：著照所请行，该部知道。【略】浙江巡抚常安【略】又奏：据杭州、嘉兴、湖州三府禀称，本年七八月间，各村桑树生有小蚕，食叶成茧，用以织绸，较他绸更为坚致。询之土人，佥云此名"天蚕"，又名"桑蚕"，往年不过数枚，惟今年所产最繁，各乡村遍野皆有，民间获此余利，靡不欢欣鼓舞，臣随取茧丝查验无异。得旨：览奏，俱悉，此范成大诗"野蚕可缫"者也，汝特未之知耳。

《高宗实录》卷二七九

十二月【略】甲子，【略】赈湖北潜江、沔阳、天门、荆州、江陵五州县，沔阳、荆左二卫被水灾民。乙丑，【略】户部议准，黑龙江将军傅森疏称，八旗官兵人等垦种地亩，被水歉收，请将十年分借给备存仓粮一万一千二十八石零，与本年借给粮二万七千三百二十二石零，均展至丁卯、戊辰两年补还入仓。从之。【略】丁卯，【略】谕：今岁江南邳州等十属被灾黎民，【略】今思山阳、高邮、宝应、甘泉、铜山、萧县、赣榆七州县被灾虽为次重，而与灾重之邳州等属邑界毗连，其困苦情形应亦不甚悬殊，著将此七州县被灾十分九分者，无分极、次贫民，概行加赈两个月；被灾八分七分者，亦无分极、次贫民，同被灾六分之极贫概行加赈一个月，俾灾黎得资接济。【略】户部议准，黑龙江将军傅森疏称，黑龙江官庄二十四座被水，请将本年收获粮二千四百五十六石零给作籽种牛料，尚有不敷，将本处备存粮借给，免其交纳额粮。从之。戊辰，【略】谕：江南上江之凤、颍、泗所属被灾州县，朕已加恩赈恤，因念该州县皆积歉之地，来年正月赈毕以后，未免度日维艰，著将宿州、灵璧、虹县、亳州、泗州、五河六州县被灾十分九分之极贫加赈三个月，次贫及被灾八分七分之极贫加赈两个月，被灾八分七分之次贫及被灾六分之极贫加赈一个月。至凤阳、怀远、临淮、凤台、颍上、蒙城、太和、盱眙、天长九县被灾虽属次重，但民间家鲜盖藏，亦应一体加恩，著将被灾十分九分之极、次贫民均加赈两个月，被灾八分之下之极、次贫民均加赈一个月。各卫随坐落州县一并加赈，俾小民得资接济。【略】御史孙宗溥奏：【略】今年直隶雨旸时若，俱各有秋，所有从前报灾州县迭蒙殊恩赈济，以及平粜之后，常平仓储不无缺数，今当年谷顺成，请饬各督抚转饬各州县，或分年限积渐买补，或于素常丰收之地买运足仓。【略】己巳，【略】谕：今年上、下两江因水灾备赈，截留漕粮三十万石。【略】壬申，谕：据巡台御史六十七等奏称，抚臣周学健委员赴台买谷二十万石，台郡现在米价较上年秋收后已贵，而采买之数倍于上年，恐米价日增。【略】癸酉，【略】又谕：前因瀚海居住之喀尔喀等被旱，损伤牲畜，特派侍卫官员等前往查勘，兹据侍卫鄂实等奏称，世子成衮扎布详称，垂木丕勒旗下人等被旱，经本盟长额驸策凌等会议，已由富户及喇嘛牲畜内摊派马匹、羊只拨给矣，若复赏赐，是重邀恩等语。【略】免安徽泗州学田水灾额赋。【略】甲戌，户部议准，直隶总督那苏图疏称，静海县秋禾虫灾，请照例赈恤，并分别蠲免本年应纳钱粮。得旨：依议速行。

《高宗实录》卷二八〇

十二月【略】己卯，谕：据两江总督尹继善奏称，上、下两江被灾之地蒙恩加展赈月分，所需赈粮为数既多，应本折兼放等语。查向例，本折兼放，每米一石，折银一两。朕思灾轻州县犹可按例给发，若被灾较重之州县，亦照旧折给，民食自觉艰难。著将上江灾重之宿州、灵璧、虹县、泗州、五河、亳州六州县，下江灾重之邳州、宿迁、睢宁、桃源、清河、安东、阜宁、沛县、海州、沭阳十州县来年加展月分之折价，每米一石，加增二钱，俾灾黎俱沾实惠。【略】户部议准，甘肃巡抚疏称，甘省各属夏、秋二季迭被冰雹，请将安定、狄道、平番、礼县、中卫、灵州、高台、西宁八州县属成灾村堡，先行赈恤。其勘不成灾之会宁、安定、漳县、西固、陇西、隆德、庄浪、皋兰、狄道、河州、真宁、合水、礼县、花马池、中卫、山丹、永昌、高台等十八州县厅卫各村堡酌量借给口粮籽种。【略】免山东金乡、阳谷、城武、聊城、莘、野、临清、东昌、临清卫等八州县卫水灾额赋有差。庚辰，【略】豁广西永福县水冲地赋。【略】己丑，【略】谕：近因内扎萨克之苏尼特、阿巴噶等旗及北路喀尔喀蒙古等游牧被旱，朕俱派侍卫官员前往查明贫丁，加意赈恤赏赉。现在乌兰察布盟长所属六旗五扎萨克等呈报，遵照部文，将伊等属下被灾贫丁俱于该旗妥为养赡。【略】大学士等会议，大学士管川陕总督公庆复议覆，【略】凉州牧马有地，庄浪沙地不毛，所以庄浪满兵十分拮据，而凉州犹为彼善于此，然蕞尔之区，采买过多，粮料草价不能平减，幸而连年丰稔。【略】宁夏富庶甲于秦陇，连岁丰收，府城积谷至三十余万。【略】是月，【略】护理山西巡抚布政使陶正中奏报，晋省得雪日期，并陈汾州、宁武二府，吉、隰、忻、代、保德五州雪泽稍愆。【略】会计天下民谷数：各省通共大小男妇一万七千一百八十九万六千七百七十三名口，各省通共存仓米谷三千五百五万四千八百一十四石三斗八升七合七勺。

《高宗实录》卷二八一

## 1747年 丁卯 清高宗乾隆十二年

正月【略】壬寅，谕：上年直隶秋成丰稔，惟蓟州、宝坻、宁河、丰润、玉田五处低田间有被水淹漫者，【略】去年积水未涸之区，不能及时布种，今东作方兴，正可补种春麦，著该督那苏图确查无力人户，按亩酌借仓谷，俾贫民得以易换麦种，早事耕作，秋成免息还仓。　　《高宗实录》卷二八二

正月【略】己酉，谕：上年山东被水地方，已于例赈之外分别加赈，今朕思莱州府属之平度、昌邑、潍县、高密四州县被灾虽止六七分不等，然当此东作方兴，一经停赈，恐灾黎或致失所，著将平度等四州县无论极、次贫民再加赈一个月，于二月内给发，以资接济。【略】乙卯，谕军机大臣等，去冬陶中正奏报地方雪泽情形一折，据称目今雪泽稍愆，有无妨碍生发之处，现在飞饬确查。【略】戊午，【略】谕军机大臣等，据直隶那苏图奏称，东省贫民于岁暮米粮艰食之际，携眷出境觅食，现在设局留养，如有愿回就赈者，即令资送回籍等语。上年山东、河南二省俱有被水之州县，冬间雪泽又少，难以播种秋麦，此时东作方兴，彼地情形未知若何，朕心轸念。【略】是月，【略】湖北巡抚陈宏谋奏：湖北冬春连得雨雪，夏收可望丰稔，各属米价平减，上年被水等处目下正在加赈，小民不致失所。【略】河南巡抚硕色奏：开、归、陈、汝、许所属上年被水灾黎，迭蒙赈济，现俱得所，惟被灾五六分之户，正月以后向不加赈，口粮拮据。查粜借仓粮，例于二三月间举行，但歉收之地粮价增昂，应请于正月下旬粜借兼行。至归德所属连年被水，尤与偶遇偏灾者不同。《高宗实录》卷二八三

二月辛酉朔，【略】谕：吉林地方上年雨泽缺少，下霜太早，是以秋成歉薄。【略】著施恩将应交谷石概行豁免，以示朕轸恤旗人至意。【略】壬戌，【略】又谕：盐山、庆云二县地瘠民贫，【略】上年秋成虽有六七分，而无地贫民尚或未免拮据，今东作方兴，雨泽未降，或应平粜仓谷以资接济，或应借给籽种以惠耕氓，该督查看情形，酌量奏请。【略】寻奏：盐山、庆云二县现种秋麦之区，得雨二寸，又蒙缓征，已有起色，将来麦秋可望。【略】甲子，【略】户部议覆，福建巡抚陈大受奏称，前抚臣周学

健请于台郡采买米谷二十万石，查台郡晚稻收成只有七分，市价较定价昂贵，且该郡从前丰收之年，采买不过十万石，今收成未为丰稔，请先买十万石，余俟秋成后买贮，应如所请筹办。得旨：依议速行。乙丑，【略】大学士等议覆，山东巡抚直隶布政使方观承奏称，青州府属淜河上年六月内山水暴涨，涌至寿光，将东岸冲开一百五十丈，寿、潍二县村庄民田多被淹没，盐场大道阻隔，请将决口处堵筑坚固，旧河沙埂悉行挑平。咨河臣遴委熟谙厅员，会同地方官员查办，务于桃汛前完竣。至博兴、乐安二县未消积水，应于孙家洼之东开挑引河，引入淄河，业令青州府前赴详加相度。【略】丁卯，【略】谕：山东去岁被灾，【略】今闻彼地穷民北来觅食者甚众，朕心深为轸念，著截留漕米十万石，分贮歉收州县，令巡抚阿里衮加意体察，或应酌量加赈，或应发粟平粜，以裕民食。【略】戊辰，【略】谕军机大臣等，山东流民出口觅食，前已传谕阿里衮等加意抚绥。近据索拜奏称，古北口等处流民四出，近日至二三千人之多。【略】己巳，谕：上年豫省被水州县，曾谕该抚查明被灾分数，按例赈恤。今入春以来，雨雪稀少，穷民应作何接济之处，亟当预为筹画。【略】癸酉，【略】总理事务王大臣等奏报，京师于本月初十日未刻至丑刻，约得雨雪四寸有余，近京二三十里内一体均沾。得旨：此处亦如之，但所奏分寸不觉过实乎。《高宗实录》卷二八四

二月【略】庚辰，【略】谕：东省兰山县去秋被灾虽止五分，而入春以来尚未得雨，小民艰于粒食，【略】实在乏食贫民，加恩赈济一月，俾耕作有资，毋使失所。【略】壬午，【略】豁除河南孟县被水冲塌卫地军地额赋。【略】己丑，【略】免湖北枣阳县十一年分水灾额赋，其云梦、应城、襄阳、郧县等四县并予缓征。缓征广东澄海、潮阳、饶平、惠来、四会、广宁、新兴等七县十一年分水灾额赋，兼赈灾民。【略】是月，协办大学士吏部尚书高斌奏：臣自卢沟桥由永定河南岸查勘工程，今春凌汛安澜。【略】得旨：经由地方似均望雨泽，民情光景如何，速奏以慰朕念。寻奏：臣经由良乡、涿州、固安、霸州、永清、东安、武清、香河、通州、顺义、怀柔、昌平、延庆、怀来十四州县境，俱系上年丰收之处，民情安帖，目前虽未得雨，待泽尚未甚殷。得旨：览奏，俱悉，直隶春间望雨竟成故例矣，然岂可委之天而不责之已乎。【略】直隶总督那苏图【略】寻奏：宣郡上年被灾给赈，且各属丰收，粮价平减，贫民安帖，臣恐被雹六分以上之户不无拮据，前经借给口粮籽种。至庆云、盐山上年均有六七分收成，春麦已种，现亦得雨。【略】又奏，各属雨雪情形。得旨：知道了。土膏脉起之时，而灰尘颇大，究属地燥，不无有碍春耕否？畿辅一带民情光景若何。寻奏：沿河已种春麦之区均得雨泽，保郡得微雪，畿辅一带亦得雪寸许，将来春雨续沾，春耕无误。【略】得旨：所奏俱悉，近京及蓟州一带得雪较保定犹觉略大也。【略】署江苏巡抚安宁奏报，各属得有透雨，徐州、海州二属春来少雨，若数日内同获甘霖，麦秋可望。【略】安徽巡抚潘思榘奏：皖省地方自交二月，甘澍频施，二麦蕃盛，蚕豆菜蔬等类郁葱遍野。凤、颍、泗灾重之区复蒙展赈，益勤东作。【略】湖北巡抚陈宏谋奏报雨水沾足，并整饬吏治。【略】河南巡抚硕色奏：归德府各属因连年被水，赈恤顿施，仓储久匮，市卖米价较昂。查光州、固始现贮谷俱五万余石，臣酌令光、固二州县各动拨仓谷二万石，共碾就熟米二万石，由水路运至亳州，派给永城等县减价出粜。【略】又奏覆，豫省上年被水系开、归、陈、汝、许五府州所属，【略】酌令粜借兼行，民情安帖。至归、陈、汝三府俱得雨雪，麦苗青葱，惟开封府所属雨雪微少，河北三府大概相同，若二月二十内外，得有透雨，二麦仍可丰收。【略】山东巡抚阿里衮奏：臣自京入东省境，沿途麦苗发青，土脉微燥。自平原至历城一带，俱得细雨，麦苗长发，现在粮价尚不昂贵。得旨：览奏，俱悉，东府被灾流民由直隶出口谋食者甚众，已至此，则资送遮回亦非所愿矣，但彼处地方官何为者。且去年所赈，国家所费不资，此必百姓未被实惠耳。《高宗实录》卷二八五

三月【略】甲午，【略】免山东官台、王家冈、西由三场灶地十一年分水灾额赋有差。乙未，【略】免江苏睢宁县十一年分水灾额赋六千七百二十两有奇。丙申，【略】免山西阳曲、太原二县十一年分水灾额赋二千六百八十两有奇。【略】缓征湖北汉川、枣阳二县十一年分水灾额赋。戊戌，【略】

免直隶丰润县越支场灶地十一年分旱灾额赋十之二，并予缓征。【略】丁酉，【略】免江苏山阳县、淮安卫十一年分水灾额赋二千五百两有奇。赈奉天锦县、广宁二县被水灾民。【略】辛丑【略】又谕：山东临清卫上年被水成灾，坐落济宁、鱼台之十三屯因分数较轻，未邀加赈。第念该处连被灾伤，当此青黄不接之际，小民糊口艰难，著照济宁等处之例，极贫加赈两月，次贫加赈一月。【略】壬寅，谕：上年豫省被灾州县，【略】所惟归德府之永城、鹿邑、夏邑、商丘、柘城五县连年歉收，【略】著该抚查明，将此五县被灾六分之极贫及七分以上极、次贫民加恩展赈一月，使食用有资，安心及时耕作。【略】免江苏淮安、扬州、徐州、海州等府州属十一年分水灾额赋一万四千九百两有奇。癸卯，【略】豁除广东曲江县被水冲淹田地九顷三十一亩有奇额赋。豁免江苏山阳县十年分水灾额赋二千七百二十两有奇。

《高宗实录》卷二八六

三月丙午，【略】免安徽寿州、宿州、凤阳、临淮、怀远、虹县、灵璧、凤台、阜阳、颍上、霍邱、亳州、蒙城、太和、泗州、盱眙、天长、五河等十八州县，凤阳、凤中、长淮、宿州、泗州、等五卫，并泗州续报学田乾隆十一年分水灾额征银七万六千五百一十七两有奇、米三百五十七石八斗有奇、麦五十二石九斗有奇。【略】己酉，【略】豁除直隶蔚州三年分水冲沙压地一百十九顷七十三亩，热河道属之拿儿河水冲地一顷九十四亩额赋。【略】壬子，谕：京师入春以来，虽得雨泽，尚未沾足，今谷雨已过，未沛甘霖，农田望泽甚殷，朕心深为轸念。【略】免直隶蓟州、宝坻、宁河、静海、蔚州、宣化、万全、西宁、蔚县、怀来、宝安、丰润、玉田、张家口同知等十四州县厅，十一年分水灾额银二千九百一十八两有奇、粮四千九百三十五有奇。【略】甲寅，【略】又谕：据大学士庆复奏报，陕、甘二省有雨雪已经沾足者，亦有得雨稍迟尚未沾足之处，统望谷雨前后渐得透雨，则农田均属有赖等语。【略】寻陕西巡抚徐杞覆奏：查各属仓粮足资动用，计全省未得透雨者十之一二，已沾足者十之七八，现在实无据报成灾应赈之处。【略】是月，直隶总督那苏图奏京东一带得雨情形。得旨：览奏，时蒙天恩赐以甘雨，自寅至辰，但尚未沾足。【略】又奏保郡续得雨泽情形。【略】闽浙总督喀尔吉善奏自杭抵闽经过地方雨水情形。得旨：览奏，俱悉，若似去年山东所奏则不可信矣，朕何尝以年成之丰歉定督抚之贤否。而尔不解此意，尚有粉饰之为，实应惭应改也。【略】河南巡抚硕色奏通省二麦雨水情形，【略】又奏得雨情形。得旨：览奏稍慰，开封一带尚欠沾足，仍应竭诚致祷。【略】甘肃巡抚黄廷桂奏河东各府属望雨情形，及办理借种减粜各事宜。

《高宗实录》卷二八七

四月【略】甲子，【略】谕：山东东平、聊城、莘县、东昌卫上年被水成灾，【略】著将此四州县卫被灾贫民再行加赈一月，俾得糊口有资。【略】谕军机大臣等，山东、河南二省入春以来，虽据该抚等各奏报俱得有雨泽，而未经沾足之处尚多，近日未见奏到，朕心深为廑念。【略】乙丑，【略】谕军机大臣等，据正定总兵海亮奏称，正定地方三月二十五六等日，各得微雨一寸，四月初一日复得雨二寸，农民俱云高地尚不能栽插，洼地可以播种，将见西成有望等语。所报雨泽与那苏图所报相同。【略】寻奏：查正定属州县于三四月之交陆续得雨，二麦俱各畅茂，可望五六分收成，至井地、洼地棉花高粱及秋禾亦俱种齐；惟高地雨未深透，月内得雨，即可插种，将来尚需借给口粮籽种，随时办理。

《高宗实录》卷二八八

四月【略】己丑，【略】谕：京师自立春以来，谷雨前后虽常得雨泽，但未沾足，今已隔旬余，正禾稼发生之际，而风日炎燥，农功望泽甚殷，朕心深为忧惕，宜申虔祷。【略】是月，直隶总督那苏图奏报大名府属得雨情形。得旨：此奏雨泽颇周之语，殊不可必，近日风燥日烈，又觉望霖，保定一带光景如何。又奏报：保定、天津及赵、冀、深等府州一带得雨已周，惟正、顺、广三府间有未沾足处。【略】山东巡抚阿里衮遵旨覆奏：四月初一日行甘霖四寸，麦苗改观，至初七八得有透雨，秋田大有裨益。【略】河南巡抚硕色遵旨覆奏：豫省被灾处已饬安顿抚绥，四月初七八复得透雨，秋禾遍插，现无失所。至各属二麦，省南可望六七分收成，省北虽稍减，然去年秋稔，今转瞬即得新麦接济，民食有资。【略】又奏报，各属觉旱情形。得旨：此奏略迟，自汝有望雨之奏，朕日夜待之，既称旱象已著，则一切政务更应先事预筹。 《高宗实录》卷二八九

五月【略】辛卯，【略】谕军机大臣等，山东沂州府兰山县上年被灾之后，【略】闻该处虽得雨，而牛具籽种俱力有不能，此际即官为借给，亦已过时，恐秋成无望，朕心深为轸念。【略】寻奏：兰山县现在连得雨泽，麦收实有八分，秋禾亦俱畅茂，间有被雹之处，并无损伤，民情宁怙，无庸再行抚恤。【略】癸巳，谕军机大臣等，山东兖州、济南、泰安一带得雨均未沾足，际此青黄不接之时，闻各该处米麦杂粮价日渐增长。以粟米而论，每仓石市价自一两四五钱至一两七八钱不等，其余麦豆价值可以类推，虽各处减价平粜，价仍昂贵，恐小民买食艰难。况目下未得透雨，将来麦收或致歉薄，皆应预为筹画。【略】寻奏：济、泰、兖等属自本月初八以来均得透雨，济南府属除德州、德州卫二处被旱，余有六分以上收成。泰安府属除泰安县被旱，余约有七分收成。兖州府属除邹县、鱼台、济宁、汶上四处被雹，金乡、济宁、嘉祥三处被旱，余有六分以上收成。早谷、高粱现俱畅茂，而近省地带麦地俱在翻犁播种，晚禾可期丰稔，米豆等价平减，被灾之所已分饬履亩确勘，现在照例筹办。【略】又谕：三月内潘思榘题参署灵璧县知县潘璋藉赈营私。【略】寻奏：臣题参潘璋时，恐弊侵在官，不止灵璧一处，饬道府彻底清查。【略】现在二麦丰稔，民气舒和，地方宁谧。【略】丙申，【略】谕：上年山东被水各府州县卫屡降谕旨，分别赈恤，【略】今据阿里衮奏称，安丘、诸城二县原报被灾五分之各村庄，例不加赈，但今春雨水短少，米价昂贵，小民谋食艰难。其余原未报灾之各村庄，虽稍有收获，历今半载有余，穷乏户口未免拮据，请加赈一个月等语。【略】甲辰，【略】谕军机大臣等，山西布政使朱一蜚奏，前月得有透雨，后兼旬以来风日炎烈，本月初七八日得雨一寸等语。看此则晋省雨泽殊未沾足，已批令将一切政务先事绸缪，加意办理。 《高宗实录》卷二九〇

五月乙巳，谕：京师自入春以来，虽常得雨泽，但未沾足，今麦秋已过，未沛甘霖，所种大田，望恩尤切。已降旨虔敬祈祷。【略】又谕：山东沂州府兰山县上年被灾歉收，民人乏食，【略】又登、莱、青三府亦有被旱歉收之处，前据阿里衮只报安丘、诸城二县，朕闻不止于此，不知近日麦收如何。【略】寻奏：查益都等处接续被灾，其中安丘、诸城二县已蒙赈给一月口粮，现在麦禾失收，仍须赈给。再查诸城县并安东等卫被旱，请一例办理。【略】丁未，【略】又谕：山东地方上年歉收，已先后截漕二十六万石，存贮该省以资接济，今年春夏以来该省虽得雨泽，尚有未经沾足之州县，将来秋收或有歉薄之处，应行预为筹画。【略】戊申，【略】谕军机大臣等，据硕色奏报，归、陈、南、汝四府，及许、汝、陕、光四州所属地方三月初五日得有透雨之后，又得雨数次；开封、彰、卫、怀、河五府属亦于四月初七八日甘霖大沛。兹二麦登场，据各属禀报，惟仪封等十一州县收成稍减，其余九十八州县二麦收成俱有六七八九分，统计七分以上等语。【略】寻奏：各属于三、四两月内陆续得有透雨，秋禾遍插，业经节次奏闻。迨五月以来，通省复得雨泽，大田得资濡润，俱可乘时播种晚秋，实于农事有益。【略】戊午，【略】谕军机大臣等，据海亮奏，正定地方已于五月二十五日得雨四寸，即高地亦可播种等语。看此彼处得雨未为沾足，连日浓云时布，未知二十六七间曾否得有透雨。【略】寻奏：查迤南之大名、顺德、广平、赵、深等属高田五月二十日前有未经遍种者，自五月下旬陆续得雨，俱已播种，尚有大名、元城、东明等县未经报到，现在饬查。【略】是月，奉天将军达勒当阿奏：现在雨泽稀少，觉有旱象，请预筹接济。得旨：览奏，俱悉，若再不得雨泽，夏禾或致成灾，有应筹接济者，【略】但奉天向为产米之乡，迩年收成颇好，何偶一旱歉，便至拮据。【略】钦差大学士高斌奏报：经过直隶、山东、河南、江南一带地方，得有雨泽，麦禾丰稔情形。得旨：卿去时此间雨旸时若，夏仲望雨甚殷，今于五月二十二日甘霖优渥均沾，始谓麦收较胜去年。今则仍不及去年，但愿此后雨旸应时，大田或可希冀如旧岁耳。两江总督尹继善奏报，各属雨水调匀，二麦丰稔，惟徐州府属之铜山、沛县被雹伤麦，现饬查勘。【略】湖南巡抚杨锡绂奏：本年四月内衡州府属耒阳、衡阳、衡山、安

仁暴水冲倒民房二千四百余间，淹毙男妇十二口，田禾亦有损伤，现饬各属确勘，照例动项抚恤。【略】山东巡抚阿里衮奏报各属雨水情形。得旨：看此则仍属望雨也，即如京畿高粱有二三尺高者，尚属望雨，而况一二寸之雨，其何能接济耶。【略】山西布政使朱一蜚奏报各属得雨情形。

《高宗实录》卷二九一

六月【略】丙寅，【略】又谕：前据达勒当阿奏称，五月以来雨未沾足，【略】未知近日曾否得有透雨，秋禾情形若何，可传谕达勒当阿即速具奏。【略】壬申，【略】山东巡抚阿里衮奏：东省雨泽愆期，德州、邹县等三十二州县卫，照例借给籽种口粮外，其青州府属之益都、博兴、高苑、安丘、诸城，莱州府属之平度、昌邑等七州县上年秋禾被水，今岁二麦旱灾，民情益增拮据，照例借给籽种口粮外，再请按户计口赈给一月口粮。

《高宗实录》卷二九二

六月【略】丁丑，谕：江南沛县、铜山二邑，于本年夏初二麦被雹，间有损伤之处，该督抚借给一月口粮，以资补种。朕念铜、沛二邑连岁歉收，【略】加恩将现在借给口粮作为抚恤之资，免其秋后还项。【略】己卯，【略】大学士等【略】又议覆，喀尔吉善等奏称，闽省积储，每岁出陈易新，原属良法，惟是迩年米谷价昂，平粜银不敷采买，虚悬仓额。【略】免广东崖州乾隆十一年分水灾额赋。【略】戊子，【略】军机大臣等奏：据奉天将军达勒当阿奏称，奉天连得透雨，无庸另筹接济，且现存各仓米谷共十八万余石，即稍歉亦可支持等语。【略】是月，【略】直隶总督那苏图奏报各河道水涨平稳情形。得旨：览奏，俱悉。今岁雨水颇大，幸是夜雨朝晴，故田禾无恙，至于一切河工，甚廑轸念。览奏稍慰。两江总督尹继善奏报各属节次得雨，麦收丰稔，惟徽州府属之绩溪、婺源、休宁、歙县等县，宁国府属之太平、宣城二县雨水过多，堤坝冲损，压伤禾苗，并有倒塌房屋，淹毙人口之处。现饬确查。【略】署江苏巡抚安宁奏报各属连朝大雨，河水暴涨，冲塌堤堰，田禾民房俱有损伤，应作何赈济，俟勘明成灾，再行筹办。【略】湖广总督塞楞额奏报雨水田禾情形。得旨：览奏，俱悉，既云望雨日久，何不早奏。【略】河南巡抚硕色奏报各属被水，并有倒塌房屋，淹毙人口之处，现饬确查。【略】山西布政使朱一蜚奏各属雨水调匀，麦禾丰稔。惟太原、大同、潞安、汾州等府属，及口外清水河地方于五六两月雨中带雹，田禾被伤，现饬确查筹办。【略】云贵总督张允随奏，各属缺雨，未能栽插，现饬确勘。【略】又奏：各属陆续得雨，惟云南府属之安宁州，楚雄府属之广通、楚雄二县雨未深透，现饬确查。

《高宗实录》卷二九三

七月己丑朔，【略】谕：据山东巡抚阿里衮奏称，济南府属之历城、章丘，泰安府属之莱芜，沂州府属之兰山、郯城，东昌府属之临清州卫，并济宁州，低洼沿河村舍有被水之处。其东昌府属之聊城、堂邑、莘县、夏津、临清、馆陶、东昌卫，青州府属之益都，兖州府属之阳谷、滕县等处被雹，现已委员会同地方官确勘。【略】东省被水、被雹州县，并前报被水之鱼台、长清共二十州县卫，即使不致成灾，穷黎殊可悯恻，著该抚加意抚恤，务令得所。【略】谕军机大臣等，据大学士高斌、总河周学健奏称，宿迁、桃源、清河、安东之六塘河，及沭阳、海州之沭河，向因山水涨发，地方受淹，嗣经委员发帑兴修，尚未全竣，兹遇上游山水骤发，致子堰冲漫，一面严押堵闭被淹田地，星速察勘明确，应行抚恤之处，照例查核办理。但连年经画，水患未能尽除。【略】庚寅，【略】谕军机大臣等，山东沂州府属之兰山县上年收成只有五分，虽不成灾，而已歉薄可念，今年春又复被旱，近又被水，该县连年灾歉，与他州县不同，所有一应抚恤安辑之处，著阿里衮加意筹画办理。【略】辛卯，【略】谕军机大臣等，据那苏图奏报，天津河水漫溢之处次第消涸，沿河低洼处所设法疏泄，高粱早稻均无妨碍，晚禾被淹，尚可补种莜麦等语。【略】但闻天津因伏旱积水，有至二三尺者，与那苏图所奏不同。【略】寻奏：天津洼地稍为伏雨漫淹，已委员确查。嗣于六月二十六日又降雨四寸，各村积水自六七寸至二三尺不等，现在设法疏消，居民庐舍并无妨碍。至静海、青县、沧州、南皮等州县情形与天津相同。津地虽号低洼，距海甚近，数日晴霁即可渐涸。其中或有偏灾，俟该道府查明后，即行酌办。

再，现据蓟州、玉田、丰润、宝坻、正定、冀州、衡水、河间、任丘、霸州、文安等州县续报河水陡涨，近河低洼处被淹，已委员确勘。【略】己亥，【略】理藩院奏：西林郭勒盟长苏尼忒等六旗蒙古被旱成灾，贫乏人等应行赈恤。【略】辛丑，【略】陕西巡抚徐杞奏，陕省高陵、泾阳、三原、兴平、咸阳、临潼、富平、乾州、武功等九州县，豆收歉薄，其额征豌豆，留为次年支放者，请征三缓七，俟明年夏收后照额征还。【略】癸卯，【略】又谕：前据山东巡抚阿里衮奏称，历城等二十县卫被水、被雹，朕已谕令缓征。今据续报，济南府属之德州、陵县、德州卫，泰安府属之泰安、肥城、东平州、东阿、平阴，武定府属之青城、利津、沾化，兖州府属之滋阳、曲阜、宁阳、邹县、金乡县、济宁卫、嘉祥、汶上、寿张，并东平守御所，曹州府属之菏泽、巨野、郓城、单县、城武，沂州府属之费县，东昌府属之博平、清平、高唐、恩县，青州府属之博兴、高苑、乐安等三十四州县卫所，六月下旬大雨时行，山水涨发，沿山傍水洼下乡村一时宣泄不及，晚谷未免损伤等语。虽属偏灾，而被水穷黎深可悯恻。【略】谕军机大臣等，今岁畿辅地方近京之处，立夏以来雨泽调匀，田畴禾稼大约与去年相同。但从前春夏之交，那苏图曾报大名一属得雨稍迟，近据滹沱河、子牙河等处河水陡涨，其沿河低洼之处不无淹没，朕已批谕，令其查明妥办。【略】寻奏：直隶通省高阜之地居多，惟天津、静海、南皮、河间、任丘、献县、束鹿、冀州等处，因滹沱、子牙河水陡涨，低洼地土被淹，现已委员查办。至蓟州、玉田、丰润、宝坻、正定、霸州、东光等处多系一水一麦之地，今春二麦丰收，晚禾浸损，亦属常有，例不成灾。【略】余俱丰收，计通省高地收成比上年较胜。得旨：欣慰览之。　《高宗实录》卷二九四

七月【略】甲辰，【略】谕军机大臣等，昨据湖广总督塞楞额奏报楚省得雨日期，称望雨日久，今已据报于六月二十八九等日得雨。陈宏谋报雨之折，亦于今日同到，而前此之望雨，何以并未奏闻。【略】而陈宏谋折中屡以田禾丰盛为言，且谓低田向易淹没，今岁可期倍丰，为此满足过量之语，殊非敬畏之道。【略】乙巳，【略】赈恤广西义宁县本年水灾饥民。【略】丙午，【略】赈恤直隶固安、永清、香河、武清、涿州、霸州、大城、蓟州、玉田、新城、容城、蠡县、雄县、祁州、束鹿、安州、高阳、新安、易州、涞水、河间、献县、阜城、肃宁、任丘、宁津、吴桥、故城、东光、天津、南皮、正定、井陉、藁城、冀州、南宫、新河、武邑、衡水、赵州、柏乡、隆平、高邑、临城、深州、武强、饶阳、安平、沙河、南和、平乡、广宗、巨鹿、内丘、永年、曲周、鸡泽、邯郸、成安、威县、清河、磁州、宣化、赤城、万全、怀来、蔚州、蔚县、西宁、怀安、喀喇河屯通判、独石口同知、热河、八沟同知、四旗通判等七十五州县厅被水、被旱、被雹饥民。【略】己酉，【略】谕：今岁浙江被水各州县，朕已降旨，分别抚恤，其淳安、寿昌、遂安等处受灾较重，该省本年钱粮俱已蠲免，而漕项尚应征收，若照例令其完纳，民情未免拮据，著加恩将被水伤重地方应征本年漕粮俱行缓征，以纾民力。至此等灾民，交冬春之际如有衣食更觉艰难之处，并令该抚查明办理，量加赈恤，以资接济。【略】癸丑，【略】直隶总督那苏图奏，今岁热河八沟一带均属丰收，谷价平减，请于司库拨银二万五千两委员陆续采买，运贮蓟州、遵化、丰润三州县仓内，以供陵糈。【略】免湖南临武、兰山二县水冲地亩额赋。【略】甲寅，谕军机大臣等，据那苏图奏称口外热河八沟一带早禾茂盛，次第登场，【略】其八沟之米即存贮本处，以为口外备荒之用，况今岁蒙古地方闻有被旱之处，将来或须赈恤，以此接济，甚为有益。【略】丙辰，【略】赈恤长芦永利、富国、西由等三场旱灾灶户。【略】是月，【略】直隶总督那苏图奏，本年阴雨连绵，滹沱漫溢，冀州属东兴等十五村民埝被冲数丈，束鹿县属曹家庄迤东正河淤浅，大溜改由庄西，经二十余里旁注冀州境，另由焦冈西南之野庄头，归入滏阳河。现今漫口三十余丈，水过之地禾苗被淹，现在委员会勘，量加抚恤。【略】又覆奏：六月间连日大雨，通永道所属工程水冲张湾大石桥木排板桩一处，清河道所属潴龙河瀑河堤工间有塌卸，正定之滹沱河二三四坝工护岸俱有沉蛰，天津道所属南运河水势漫溢，竭力修筑，未至冲决。而沿河低洼之区如天津、静海、沧州、南皮，及蓟州、玉田、正定、冀州、衡水、河间等处晚禾间有被淹，是否成灾，现在委勘查办。报闻。【略】钦差宗人府府丞张师载奏：

永定河伏汛安澜，工程平稳。得旨：览奏稍慰，但数日以来雨势颇大，朕甚轸念。【略】寻覆奏：永定河自六月以来虽连遇霖雨，发水较大，但顺轨畅流，两岸堤工并无漫溢。惟京东一带山水骤发，通永道属之还乡河漫溢二处，蓟运河漫溢五处，今已堵筑完竣，庐舍并无冲坏，洼地秋禾间有被淹，现在地方官查勘办理。报闻。署江苏巡抚安宁奏，淮、徐、海各属自五月以来阴雨连绵，汛水泛溢，洼地多有被淹，现委员妥为抚恤。【略】浙江巡抚常安奏：浙省自六月十三日省城得雨之后，晴已二旬，农民不无望雨，现设坛祈祷。【略】又奏：浙省七月初九、初十两日连获大雨，杭、嘉、湖等府俱已沾足。惟金华府属之东阳、永康，宁波府属之奉化，处州府属之丽水、缙云、宣平、松阳等县雨犹未足，现委员确查。【略】闽浙总督喀尔吉善奏：浙省自五月以后雨泽稀少，六月二十六七八等日温、台二府得雨，杭州于七月初九、初十等日得雨沾足，惟金华府属之东阳等县旱象已成，现在查勘办理。

《高宗实录》卷二九五

八月【略】壬戌，【略】户部议覆，署江苏巡抚安宁疏称，铜山、丰县、沛县等三县，四月间被雹伤麦，庐舍人民间亦伤损，请酌借籽种口粮，灾户应征钱粮缓至秋收后输征等语。【略】甲子，【略】又谕：据安宁奏称，苏、松等属之崇明、宝山、上海、镇洋、常熟、昭文、南汇、江阴各县沿海沿江等处，于七月十四日夜飓风陡作，大雨倾注，海潮泛溢，田禾被淹，人民房屋亦有漂没冲坍，而崇明、宝山为最重，上海、镇洋似觉亦重，现在分别查办。【略】谕军机大臣等，据甘肃提督永常奏称，甘省连岁有收，今岁自春徂夏雨旸时若，市中粮石最为充足，粮价较之昔年甚贱，秋成有收，势必更减，可以乘时采买，以备积贮等语。【略】又谕：朕闻阿里衮粮价一折，甚觉昂贵。但今日又据顾琮奏称，山东沿河一带低洼地亩，现在被水淹浸，阿里衮现在查办，高处仍属有收等语。【略】丙寅，赈恤长芦海丰、宁津二县旱灾灶户。【略】庚午，【略】谕：据河南巡抚硕色奏，开、归、陈、汝等属因今岁雨水过多，以致秋成失望，其鄢陵等二十七州县勘明已成偏灾等语。朕心深为轸念，【略】而归德、陈州连年被水，尤宜加意抚绥。【略】癸酉，【略】谕军机大臣等，朕闻安宁奏报秋禾情形折内称，大江以北，除被水之宿迁等十三州县外，余俱可望丰收；大江以南，惟沿海猝被潮灾，其腹内并各属秋禾俱属畅茂，从此雨旸应时，可卜大有等语。【略】又谕：前据提督永常奏称，甘省连岁有收，米粮充足，价值较之昔年甚贱。【略】今览黄廷桂折奏该省望雨情形，内称河东、河西各厅州县现在缺雨，而皋兰、金县、安定、会宁四处系连岁偏灾，现今又复苦旱，并请将安定、会宁二处城垣动工兴修，以工代赈等语。看此情形，甘省缺雨之处甚多。

《高宗实录》卷二九六

八月【略】丙子，【略】军机大臣等议覆，钦差尚书纳延泰奏称，查勘苏尼忒等六旗蒙古被灾人等，除被灾稍轻者，各本旗通融养赡，毋庸议赈外，实在贫乏蒙古共计三万八百余口，请自本年十月起，至次年三月止，给六个月口粮，每月给米大口一斗，小口五升。【略】壬午，【略】谕：浙江今年被水州县，朕已降旨，令该督抚分别抚绥，其严州府属之寿昌、淳安、遂安被水尤重，将来严冬即届，此等灾黎，嗷嗷待哺，朕深为轸念。【略】谕军机大臣等，从前常安奏称，杭、金、台等处望雨甚殷，续据奏报省城各处得雨，今喀尔吉善又奏称金属之东阳、汤溪、浦江，据详旱象已成等语。【略】乙酉，【略】谕：据直隶总督那苏图奏称，直属被水州县有成灾较重之天津、静海、文安、大城、霸州、永清、武清、津军厅等八州县厅，应请照例先行抚恤一月口粮，其成灾较轻之河间、任丘、南皮、青县、沧州、庆云、宝坻七州县毋庸普赈。【略】工部议覆，安徽巡抚潘思榘疏称，临淮县西土坝埂被水冲没，亟应修筑，请动项兴修。从之。豁除浙江钱清场海潮坍没上则田十四顷十五亩有奇额赋。赈恤湖南耒阳、衡山、零陵、祁阳、东安、永明、城步、绥宁、会同等九县本年分水灾饥民。赈恤陕西朝邑县本年分水灾饥民。赈恤广东顺德、博罗、广宁等三县本年分水灾饥民。《高宗实录》卷二九七

九月戊子朔，【略】谕：朕出口巡幸，睹田禾丰稔，舆舆翼翼，较去年秋成相仿，实为欣慰。【略】又谕：今岁苏松等属沿海地方猝被风潮，【略】今览安宁所奏，坍塌房屋十万余间，淹毙人民一万二

千余口，实非寻常灾祲可比。大抵较雍正十年潮灾相仿，朕心深觉怵惕。【略】赈恤甘肃伏羌、安化、合水、环县、真宁、皋兰、金县、安定、会宁、宁远等十县本年分旱灾饥民，并予缓征。赈恤云南安宁、楚雄、广通等三州县本年分旱灾饥民，并予缓征。【略】癸巳，谕：本年七月十四日苏松等处猝被风潮，而崇明一邑受灾为尤重，【略】今续据安宁查报，崇明一邑坍塌房屋、漂没人民甚多，似此非常之灾，朕览奏，彷徨轸恻，寝食为之不宁。【略】乙未，【略】户部议覆，绥远城将军补熙等疏称，清水河所属时和、丰家、室盈等里田苗间被雹伤，被灾地亩应征银米请分别蠲免带征。【略】豁除浙江严州所冲废田地二十一亩有奇额赋。赈恤安徽歙县、黟县、绩溪、宿州、灵璧、虹县、五河等七州县并宿州一卫本年分水灾饥民。赈恤河南通许、鄢陵、中牟、阳武、封丘、兰阳、郑州、商丘、宁陵、永城、鹿邑、虞城、夏邑、睢州、考城、柘城、上蔡、西平、淮宁、西华、商水、项城、沈丘、太康、扶沟、临颍、郾城等二十七州县本年分水灾饥民。赈恤山东齐河、齐东、济阳、禹城、临邑、长清、陵县、德州、德平、平原、德州卫、泰安、肥城、新泰、莱芜、东平、东阿、平阴、惠民、青城、阳信、海丰、乐陵、商河、滨州、利津、沾化、蒲台、滋阳、曲阜、宁阳、邹县、泗水、滕县、金乡、鱼台、济宁、嘉祥、汶上、阳谷、寿张、济宁卫、东平所、菏泽、定陶、单县、城武、曹县、巨野、郓城、濮州、范县、观城、朝城、兰山、郯城、费县、蒙阴、沂水、聊城、堂邑、博平、茌平、清平、莘县、馆陶、临清、高唐、恩县、夏津、武城、东昌卫、临清卫、益都、博兴、高苑、乐安、寿光、昌乐、临朐、安丘、诸城、掖县、平度、昌邑、胶州、高密等八十七州县卫所，本年分水灾、雹灾饥民并予缓征。【略】己亥，【略】山东巡抚阿里衮奏：今岁东省因六、七两月雨水过多，洼地被水甚众，其抚恤口粮及出借麦本等项，银谷兼资，现在藩库无项可动，请将乾隆十一年地丁银两扣留本省，以资赈务。　　　　《高宗实录》卷二九八

九月【略】乙巳，【略】谕军机大臣等，【略】今据苏昌奏报，奉天各属得雨后，秋收丰稔，米价自应平减，而东省莱州等处被灾较重，正须赈贷之用，可传谕达勒当阿、苏昌，今其就本处情形，或可得十万石，或数万石，由海道运往东省，于灾地甚属有益。【略】寻奏：奉省今秋收成在七分以上，粮价渐减，办米接济山东，于奉省旗民日食不致有亏，现拟办十万石。【略】壬子，【略】谕：江南凤、颍、泗三属频年被灾，所有借给籽种口粮银米，【略】该督抚等务须转饬属员妥协办理。【略】赈贷河南许州本年分水灾饥民。【略】甲寅，【略】赈恤山西襄陵、太平、永济等三县水灾雹灾饥民，并予缓征。乙卯，【略】谕：山东被水之齐河等州县成灾加赈，有因仓粮不敷，银谷兼赈者，定例每谷一石，折银五钱，但思东省连岁歉收，今年被灾亦非寻常可比，【略】加恩于每石五钱之外，增银一钱。【略】赈恤两淮吕四、余东、余西、金沙、西亭、石港、掘港、丰利、角斜、拼茶、伍祐、新兴、刘庄、庙湾、丁溪、草堰、小海、板浦、中正、临洪等二十场本年分水灾灶户，并予缓征。【略】是月，两江总督尹继善奏勘办潮灾情节。得旨：此次灾固异常，而汝等从宜办理，可谓知轻重，足慰朕怀。【略】署江苏巡抚安宁奏：苏松等属猝被风潮，坍损各项工程，应分别缓急，动项兴修。【略】闽浙总督喀尔吉善奏：闽省各属大约雨水调匀，缺雨地方甚少，惟台郡匝月不雨，似有旱象。【略】甘肃巡抚黄廷桂覆奏：甘省河西各郡丰收，应乘时采买。【略】又覆奏，臣前所奏被旱地方系宁夏、凉州一带，已将采买停止。安西、西宁、甘州、肃州等府州夏收既稔，秋收又丰，即提督永常所请采买地方，已拟定于各处采买谷十万石。　　　　《高宗实录》卷二九九

十月【略】辛酉，【略】户部议覆，奉天府府尹苏昌奏称金州地方上年收成歉薄，兵丁食用拮据，本年三月由将军衙门咨借民仓米石。【略】壬戌，谕：江苏所属沿海州县猝被风潮，前已降旨，截留该处漕米二十万石，备赈粜之用。【略】著再于下江漕粮内截留二十万石，以资接济。【略】又谕：江苏苏、松等属沿海被灾之地，【略】今岁潮灾较重，实不比寻常，地方米价昂贵，【略】著将崇明等九州县折赈口粮，每石增给银二钱。【略】癸亥，【略】又谕：据常安奏称，浙省严州府属建德、淳安、寿昌、桐庐四县并严州一所，近时牛疫流行，民力艰窘，请照乾隆五年之例，饬令地方官查明牛疫人户，每

只借银三两，于次年麦熟、秋收后分作两次征完，共需银三千六百余两，于司库公项内借给等语。此奏著交顾琮，令其查明办理。【略】丙寅，【略】谕：河南被灾州县，归、陈二属之商丘等十六州县加赈口粮，银谷兼施赈，每石例给银五钱。【略】庚午，【略】赈恤江苏阜宁、清河、桃源、安东、山阳、盐城、丰县、萧县、砀山、赣榆、铜山、沛县、邳州、宿迁、睢宁、海州、沭阳、淮安、大河、徐州等二十州县卫本年水灾饥民，并蠲缓额赋。

《高宗实录》卷三〇〇

十月【略】丙子，【略】谕：安徽宿、虹等处秋禾被水成灾，业经加恩赈恤。【略】所有宿州、灵璧、虹县、宿州一卫应征漕项银米俱著暂缓征收。【略】丁丑，【略】谕：据将军阿兰泰等奏称，三姓[①]吉林地方今年雨水连绵，所有官员兵丁及官屯义仓、濒河地亩多被淹浸等语。【略】抚恤长芦、兴国、富国、丰财、芦台、严镇、海丰等六场，并沧州、南皮、青县、衡水、庆云、海丰等六州县，及山东永利、富国、永阜、王家冈、西由、石河、信阳、涛雒等八场本年水灾灶户如例。戊寅，【略】赈恤浙江海宁、海盐、平湖、鄞县、慈溪、奉化、镇海、象山、定海、会稽、余姚等十一县风潮等灾，永康、西安、松阳等三县旱灾，石堰、鸣鹤、穿长、龙头、玉泉并江南青村、下沙头二三场等八场潮灾饥民，分别给予籽本并葺屋银两。【略】己卯，【略】谕：甘肃之皋兰、金县、靖远、安定、会宁五县本年均被旱灾，且连岁歉收，旧欠不少，【略】分作五年带征。其狄道、陇西、安化、真宁、宁州、静宁、礼县七州县收成亦各有歉薄，【略】分作四年带征，以纾民力。【略】庚辰，【略】谕：浙江严州府属之寿昌、淳安、遂安三县被水灾黎所有极贫户口已于常赈之外，加赈两月，俾糊口有资，但思其中极贫之民觅食维艰，殊堪轸恻，著加恩添赈一月，以资接济。辛巳，【略】缓山东海丰县并永利、富国、西由三场本年旱灾灶地应征新旧额赋，并借给籽种口粮如例。壬午，户部议覆，大学士高斌等奏称，本年苏松沿海一带潮灾甚重，江、镇、淮、徐各属亦有水旱灾伤，通省米价甚昂，在官无项平粜，惟有折征漕粮，使民间多留米谷，庶于民食有济。【略】赈恤江苏常熟、昭文、上海、南汇、武进、江阴、靖江、泰州、太仓、镇洋、嘉定、宝山、崇明、通州、泰兴等十五州县，苏州、太仓、镇海、金山等四卫潮灾，上元、江宁、句容、江浦、六合、溧阳、丹徒、丹阳、江都、甘泉、仪征、兴化等十二州县，扬州、仪征、镇江等三卫旱灾饥民，并蠲缓额赋。【略】癸未，【略】谕军机大臣等，前因川省气候早寒，恐冰雪严凝，官兵艰于取捷，【略】今据巡抚纪山奏称，党坝等处九月中旬已连降大雪，不但粮运堪虞，我兵亦应筹画万全。【略】是月，钦差大学士高斌等奏：崇明一邑被灾甚重，庐舍坍塌尤多，应照例加给修费，瓦房一间银九钱五分，草房一间银六钱五分。【略】其被灾次于崇明者，镇洋、宝山、上海、南汇四邑修费，请照崇明例加增，此内宝山、镇洋被灾较重。【略】闽浙总督喀尔吉善查奏：本年浙属迭被水旱风潮等灾，先后勘报，多属含糊，如象山一县始而被旱，继被风潮，而印委各官勘覆，尚称有收。又，丽水、缙云、宣平三县虽据勘不成灾，恐未确实，现在密饬查报。至前抚常安办理灾务，实不免有粉饰之意。【略】又奏：台湾府属台湾、凤山二县，凡高阜无水源之村庄田园，晚稻黄萎，通计三千余甲，实属无收，现在照例题报。并知会巡台御史，督率该道府等妥办，其诸罗一县水源灌溉之处居多，高阜田园零星无几，不致成灾。彰化、淡水二处陆续得雨，并无受旱。【略】河南巡抚硕色奏：豫省归、陈二府所属州县迭遭水旱，今岁又被偏灾，仓储屡赈久空。【略】云贵总督张允随奏：古州镇城自夏秋以来，时疾流行，兵民多有传染，当即委员广购药料，配合丸散，拨医分路诊视，臣一面多制丹丸，亲自带往，倘到彼时疾未除，再行多方疗治。

《高宗实录》卷三〇一

十一月【略】癸巳，【略】赈恤浙江寿昌、淳安、遂安等三县饥民，缓征本年漕粮，其地丁钱粮命于明岁补豁。【略】甲午，【略】大学士等议覆，两淮盐政吉庆奏称，两淮盐场猝被潮灾，米价昂贵，请将

---

① “三姓”，清前期满洲重镇之一，故址在今黑龙江省依兰县，地在牡丹江与松花江合流之处。因赫哲族克宜克勒、努雅勒、祜什哈哩三姓民众居此，故称三姓，传写亦作三牲、参牲等。满语“依兰哈喇”。

盐义仓谷减价平粜等语。【略】戊戌,【略】谕:直隶总督那苏图奏称天津、静海二县今岁偏灾较重,现在加恩普赈。

《高宗实录》卷三〇二

十一月【略】庚戌,【略】谕:今岁七月,江南地方猝被潮灾,【略】著将苏、松、太所属被灾最重之崇明极、次贫民再加展三月,次重之镇洋、宝山、太仓、上海,及南汇之浙盐场极、次贫民灶俱加展两月,又次之常熟、昭文极、次贫民俱加展一月。其淮北所属被水成灾,虽较江以南稍次,但系积歉之区,其灾重之海州、沭阳、邳州、宿迁、睢宁、铜山、沛县、安东、桃源九州县内,被灾九十分者极、次贫民俱加展两月,被灾七八分者极、次贫民俱加展一月。其两淮盐场灶户亦著一体加恩,被灾十分之莞渎,九分之板浦、徐渎、中正、临洪、兴庄,七分之伍祐极、次贫民俱加展两月,六分之新兴极贫加展一月,次贫同五分之刘庄、庙湾极、次贫民俱加赈一月。至卫军、贫生,以及寄居场地之民户,各随坐落地方,分别照例办理,俾得有资接济,该部遵谕速行。【略】癸丑,【略】谕:山东省被灾州县,已加恩多方赈恤,第念停赈之后,来春民食未免艰难,著将被灾最重之东平等二十三州县卫,无论极、次贫民,概行加赈两个月,被灾次重之齐河等六十州县卫所极贫加赈两个月,次贫加赈一个月。其邹平、泰安、新泰、莱芜、蒙阴、费县、堂邑成灾原止五分,并各灾属内有被灾五分贫民,及被灾六分次贫,止抚恤一月口粮,例不加赈。【略】是月,【略】广东按察使署布政使吴谦鋕奏报晚禾收成分数,并陈南海等一十三县偏灾。

《高宗实录》卷三〇三

十二月【略】辛酉,【略】加赈安徽歙县、黟县、绩溪、宿州、灵璧、虹县并宿州卫本年水灾饥民,并缓征新旧钱粮,其应蠲额赋命于明岁补蠲。【略】乙丑,谕:今岁直隶偏灾,顺天府之霸州、文安、大城、武清,天津府属之天津、静海为较重,被灾民人业已降旨加恩赈恤。【略】丁卯,【略】缓征山东金乡、鱼台、东平、汶上、济宁、城武、惠民、滨州、利津、商河、郓城、巨野、平原、陵县、泰安、东阿、平阴、滋阳、曲阜、宁阳、寿张、嘉祥、清平、齐河、齐东、济阳、德州、德平、临邑、禹城、长清、莱芜、肥城、阳信、乐陵、蒲台、青城、邹县、泗水、滕县、阳谷、峄县、菏泽、曹县、濮州、范县、观城、朝城、单县、定陶、聊城、堂邑、博平、茌平、莘县、临清、馆陶、恩县、夏津、高唐等六十州县水灾,应完本年米豆并原缓带征及随漕钱粮。【略】己巳,谕军机大臣等,据胡中藻奏称,陕西地方乙丑、丙寅两年收成歉薄,尚可支持,至本年缺雨,渭河以南有二三四分;若渭河以北,有收获不够谷种,并有颗粒不收连藁秸无有者。西安、同州为尤甚,今冬又缺雪,穷口嗷嗷,有挈提妻子出走,甚至有一堡之内并无居人等语。数年以来,陕省屡奏有收,即使徐杞讳灾,庆复、陈宏谋向日亦讳灾乎?且今岁四月间望雨,后亦据报普沾,何至如胡中藻所奏。因将此情形询问大学士庆复,据称此次来京,于陕西地方历经数府,秋收大局,汉中、榆林及近边一带秋成丰稔,惟西安、同州等处间有秋成歉薄州县,现在地方官酌量筹办,至沿途所见,有就食亲戚者,或一二人,或三四人挈伴同行,从未见一堡空虚之事,不至如折中所奏之甚等语。近据徐杞奏报,咸宁、长安等六十九厅州县秋收在八九分以上,已属宁谧,其七分以上者亦不为歉薄,惟耀州等十六州县收成止有六分。看此情形,该处收成虽有歉薄地方,何止如奏中之甚,盖胡中藻本一好名沽直之人,其言灾伤自不无过甚之处。【略】加赈山东齐河等八十五州县本年水灾饥民应征新旧钱粮,分别缓带有差。【略】辛未,【略】缓福建台湾、凤山二县本年旱灾应征新旧钱粮。加赈山东邹平、峄县、莒州、日照、即墨县并卫本年水灾饥民,应征新旧钱粮分别缓带有差。

《高宗实录》卷三〇四

十二月【略】乙亥,【略】赈恤直隶天津、西宁、霸州、固安、河间、永清、等六州县水灾饥民及旗户灶户等,并分别蠲缓钱粮如例。【略】是月,直隶总督那苏图奏:保定郡城于十二月十四日得雪六寸,今冬各属农民种麦颇多,滋培有益。得旨:京师亦得沾被矣,所云六寸未免过实,然三四寸则实有之,而且同云密布,瑞叶纷霏,允足欣慰也。【略】调任安徽巡抚潘思榘奏:查安省之宿州、灵璧、虹县、临淮、怀远、泗州、五河等七州县被灾地方土瘠民贫,生计艰难,即使屡丰,元气未能骤复,新

粮旧赋并输，不免拮据，请将乾隆五年以前未完带征地漕等银五万八千四百一十七两零，并随正耗羡一体蠲免。得旨：所奏是，何不早奏，至今始留去后之思乎。【略】山西巡抚准泰奏：本月十四日太原省城瑞雪盈郊遍野，并据各属陆续禀报得雪，惟永济等十数州县冬月前得雪甚微，今亦止一二寸，尚在望泽，而麦根土膏滋润，民情已为安慰。《高宗实录》卷三〇五

## 1748年 戊辰 清高宗乾隆十三年

正月【略】壬辰，【略】又谕，朕因上年江南被灾，降旨将下江漕粮截留八十万石，以资赈粜之用。《高宗实录》卷三〇六

正月【略】乙巳，【略】军机大臣会同理藩院议覆，土谢图汗雅木丕勒多尔济呈称，前岁九月间大雪，本部落共有十五旗被灾，内雅木丕勒多尔济等十旗或蒙恩赈恤，或别旗助给，尚可资生。其王策凌拜都布等五旗二千一百三十余户实不能养赡等语。【略】是月，【略】河南巡抚硕色【略】又覆奏：胡中藻所奏陕西歉薄情形，查陕省上年秋成，渭河以北不及渭河以南，其西安、同州二府属之耀州等十六州县，秋雨缺少，收成有不及五六分者，又九、十、十一等月均无雨雪，至十二月始得微雪，未能透足，其中有高阜不能种麦者，有已种尚未长发者，民间不无惊惧，或携妻子佣工就食于别府者有之，或投亲乞食于外省者有之，至于一堡走空，尚不如是之甚。前经抚藩减粜常粮，出借仓谷，收养乞丐，缓征尾欠，又于省设厂煮粥，并劝殷实之家出粟惠济，是以去腊得雪后，民已安帖。惟是陕省民食全以麦收为重，而麦生发，尤赖春雨及时，若二月以前得雨，麦苗自可茂盛，万一雨迟，穷民乏食可虞，又当另为筹办，现在清查封仓米谷麦石，以备青黄不接酌济之用。得旨：览奏，俱悉，目下既无可亟待赈恤之事，则是胡中藻所奏过甚而涉虚矣，何未言及，此等观望亦汝旧习，应改者也。暂理陕甘二省事务甘肃巡抚黄廷桂覆奏：安西五卫孳生羊，因乾隆十年冬间陡遭大雪，冻毙过多，难符原议三年十分考核之数。是以再请展限一年。《高宗实录》卷三〇七

二月【略】甲子，【略】又谕：上年直属被水成灾，天津等十五州县厅业已加恩赈济，小民不致乏食，但念天津、静海、文安、大城、霸州、永清、武清、庆云、津军厅等处被灾较重，目下停赈将届，麦秋尚远，恐不足以资接济，其河间、任丘、南皮、青县、沧州、宝坻六州县因被灾较轻，业已停赈，贫民未免拮据，今朕巡幸所及，庆惠宜施，著加恩将此十五州县厅再行加赈一月。【略】又谕：朕此次巡幸，经过地方，目睹麦苗长发，出土青葱，春畴有望。【略】是日，驻跸河间府。【略】丁卯，【略】户部议奏：浙江巡抚顾琮奏请淳安、遂安、寿昌三县查无被灾之田，并予缓征，与例不符，应无庸议。得旨：淳安等三县缓征漕粮之处，照该抚所请行。《高宗实录》卷三〇八

二月庚午，【略】工部议准，江南河道总督周学健题请高堰石工于乾隆十一年秋汛时，湖水异涨，将第十、十一、十二、十三堡内旧石倒卸三段，底桩歪斜胀裂七段，急应补砌。从之。【略】辛未，【略】谕：上年甘省兰州等府属有被旱成灾之处，已加恩赈恤，【略】著将兰州等府属之皋兰、金县、狄道、靖远、安定、会宁、陇西、通渭、西固厅、盐茶厅、平番、中卫、灵州十三处被灾地方所有本年应纳钱粮缓至秋成后再行征收，以纾民力。【略】丙子，【略】山东巡抚阿里衮、漕运总督宗室蕴著议奏：南漕截留之处，查沂州府属七州县均被灾伤，郯、兰二县尤重，请拨二十万石于运河之徐塘口交卸，【略】又兖州府属十六州县卫所俱被灾，济宁、金乡、汶上、鱼台尤重，请拨十二万石，【略】又曹州府属十一州县应拨四万石，【略】济南、东昌、泰安三府所属成灾三十二州县卫，请每府各拨五万石，【略】又武定府属十州县应拨四万石，亦在德州截留。又青州府属十一州县成灾九处，莱州府属七州县成灾五处，应各拨二万五千石。【略】庚辰，【略】谕军机大臣等，上年山东被灾州县今因巡幸经

过，看来情形颇重，目下望雨正殷，将来麦收丰歉尚在未定，一切抚绥救济全赖得人以理。

《高宗实录》卷三〇九

三月【略】丙戌，【略】又谕：上年陕省耀州等处雨泽未敷，虽成灾不及分数，收成究属歉薄，照例借粜仓粮，恐不资以接济，著加恩将耀州、渭南、临潼、泾阳、三原、高陵、富平、咸阳、醴泉、大荔、蒲城、韩城、白水、郃阳、朝邑、澄城等十六州县实在乏食贫民，令该抚查明，赏给一月口粮银两，仍令借粜兼行。【略】庚寅，【略】免浙江海宁、余姚、永康、西安、松阳等五县潮灾[①]田地本年漕粮漕项银米及蠲剩旧欠漕项银。【略】壬辰，【略】谕：上年直属天津、静海、文安、大城、霸州、永清、武清、河间、任丘、南皮、青县、沧州、庆云、宝坻、津军等十五州县厅被水成灾，业已加展赈期。【略】癸巳，【略】总理事务和硕履亲王允祹等奏报京师本月雨雪情形。得旨：览奏，俱悉，前次雨雪，此间颇不及京畿，览奏章之喜信，一则以慰，对齐鲁之望泽，一则以忧。然批封事之时，正自浓云密布，甚有肤寸遍及之望云。【略】蠲安徽歙县、黟县、绩溪、宿州、虹县、灵璧及宿州卫乾隆十二年被水田地，银四千二百两有奇，米六十三石八斗有奇，豆十七石有奇。【略】甲午，命侍卫巴雅尔驰驿来山东祈雨。【略】丙申，【略】蠲浙江淳安、遂安、寿昌三县乾隆十二年被灾田地漕项银二千一百七十四两有奇，月粮米二十九石二斗有奇，又蠲淳安、寿昌二县被水冲坍难垦田地共三十八顷八十九亩额赋。

《高宗实录》卷三一〇

三月【略】癸卯，【略】又谕军机大臣等，据索拜等奏称，因藏有出痘之人，达赖喇嘛坐禅静养，郡王珠尔墨特那木扎勒避往里定地方等语。【略】丙午，【略】谕军机大臣等，山东此番被灾甚重，朕巡幸时目击民艰，时萦宵旰，从前虽屡沛恩施，仍不免于饥困，所望者麦秋之丰稔耳，乃至今未见雨泽沾足之奏，尤觉焦劳，闻麦田此时即令得雨，亦只可有二三分收成，目今赈务尚可延至四月，但秋收为时尚早，若不急为查办，灾黎其何所赖。【略】又谕：东省此次荒歉，非比寻常，邹、滕以南小民之艰苦尤甚，拯救之方刻不容缓。【略】麦田目下望泽甚殷，尚未得报雨之信，巴雅尔在彼求雨，曾否应验，京师连日浓阴，彼处曾否得雨，深为系念。【略】丁未，【略】谕：朕因山东被灾甚重，日夜焦劳，沟壑流离之惨曾经目睹，饥渴之怀切切于心，现今雨泽未降，二麦又已过期，即使得雨，收成亦必歉薄，拯救之方，不可不急为预备。【略】因思就近接济，惟邻封是赖，与东省连界之直隶、河南、安徽、江苏等省今岁雨泽调匀，春花畅茂，麦收均可有望，著各该督抚酌看本省情形，目下二麦虽未登场，而储蓄亦已有备，即将存仓积贮谷麦作速动拨，委员运赴东省，以备赈恤之用。【略】又谕：东省被灾甚重，目今雨泽又复愆期，饥民待哺甚殷，不可不急为拯恤。【略】又谕：东省上年被水成灾，目下又复望雨，朕心轸念。【略】是月，【略】护理安徽巡抚布政使舒辂覆奏：粮贵固由户口繁滋，而连年采买过多，实为切近。【略】江西巡抚开泰覆奏：米贵之故，不尽由囤户商贩采买积贮，大抵由于生齿日繁，地方官奉行未善。各省田亩初值银数两者，今值十数两，即使山角溪旁，遍垦种植，所补殊微。【略】署理湖北巡抚彭树葵覆奏：湖北在康熙年间户口未繁，俗尚俭朴，谷每有余，而上游之四川、湖南人少米多，商贩日至，是以价贱，遂号称产米之乡，迨户口渐增，不独本地余米无几，即川南贩运亦少，谷寡价昂，势所必至。【略】湖南巡抚杨锡绂覆奏，米谷之贵，由于买食者多，买食之多，由于民贫，积渐之势有四：一曰户口繁滋，一曰风俗日奢，一曰田归富户，一曰仓谷采买。【略】康熙年间，稻谷登场时，每石不过二三钱，雍正年间则需四五钱，今则必需五六钱，盖户口多则需谷亦多。【略】地价贵，向日每亩一二两者，今七八两；向日七八两者，今二十余两。【略】云贵总督张允随覆奏：米贵之由，一在生齿日繁，一在积贮失剂，而偏灾商贩囤积诸弊不与焉。天下沃野首称巴

---

① “免浙江海宁、余姚、永康、西安、松阳等五县潮灾”。按永康、西安、松阳三县均处浙江内陆，向无潮灾之患，此处疑为引发潮灾的天气系统移动入境而导致洪涝。

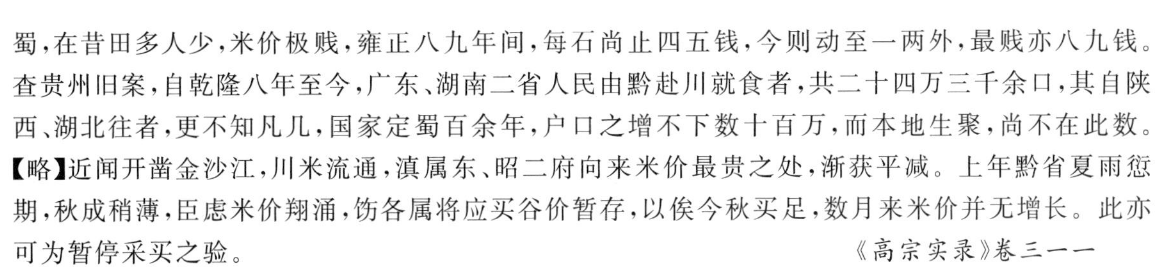



蜀，在昔田多人少，米价极贱，雍正八九年间，每石尚止四五钱，今则动至一两外，最贱亦八九钱。查贵州旧案，自乾隆八年至今，广东、湖南二省人民由黔赴川就食者，共二十四万三千余口，其自陕西、湖北往者，更不知凡几，国家定蜀百余年，户口之增不下数十百万，而本地生聚，尚不在此数。【略】近闻开凿金沙江，川米流通，滇属东、昭二府向来米价最贵之处，渐获平减。上年黔省夏雨愆期，秋成稍薄，臣虑米价翔涌，饬各属将应买谷价暂存，以俟今秋买足，数月来米价并无增长。此亦可为暂停采买之验。

《高宗实录》卷三一一

四月【略】甲子，【略】蠲缓江苏常熟、昭文、上海、南汇、江阴、靖江、太仓、镇洋、嘉定、宝山、崇明、通州、苏州、太仓①、镇海、金山等十六州县卫十二年潮灾，上元、江宁、句容、六合、丹徒、丹阳、泰州、江都、甘泉、仪征、兴化、扬州、镇江等十四州县卫十二年旱灾额赋，及应征新旧钱粮漕粮漕项有差。【略】乙丑，【略】谕军机大臣等，山东灾黎嗷嗷待赈，朕心日夜焦劳。【略】寻奏：山东通省三月二十一日得雨后，四月初三四五等日又普得雨，目前麦苗将收，秋禾遍种，地方大有起色。【略】蠲免江苏山阳、阜宁、清河、桃源、安东、铜山、丰县、沛县、萧县、砀山、邳州、宿迁、睢宁、海州、沭阳、赣榆、大河、徐州等十八州县卫所十二年被灾额赋，并阜宁、桃源、安东、邳州、睢宁、大河等六州县卫漕粮漕项有差。

《高宗实录》卷三一二

四月【略】癸酉，【略】谕：今春京师雨泽颇应时，入夏以来渐觉稀少，目下正值秋禾播种之候，农民望雨甚殷，朕心忧惕。【略】丙子，【略】又谕：贵州按察使介锡周奏称，安顺、大定、南笼三府雨泽尚未优渥，但半月之内若沛甘霖，春种乃属有收，又黔省种秧向在三月下旬，插秧则在五月初旬，此时雨泽稍愆，尚无妨碍等。【略】寻奏：安顺等三府入夏以来甘霖迭沛，在在沾足，种秧未误，麦亦滋长。得旨：览奏欣慰。【略】丁丑，【略】加赈福建台湾、凤山二县十二年分旱灾饥民。【略】是月，【略】升任浙江巡抚顾琮覆奏：浙省米贵，缘由杭、嘉、湖三府树桑之地独多，金、衢、严、宁、绍、台六府山田相半，温、处二府山多田少，向资江、楚转输，近岁江、楚价昂，商贾至者无几，此致贵之由一；地接江、闽二省，商旅络绎，以有限之米谷，供无穷之取携，此致贵之由二；杭、嘉、宁、绍、台、温六府东际海，商渔出入，米谷随之，自外入者无多，自内出者难计，奸徒射利，每有透越，此致贵之由三。【略】闽浙总督喀尔吉善、福建巡抚潘思榘会奏：闽省春雨未足，早禾载插未齐，预筹拨运台谷平粜。【略】钦差大学士高斌【略】奏：此次山东赈务，已屡奉明旨，迭加推广。【略】再，济南、武定迤北地方雨水未报沾足，臣等即由济南等处沿途体察。【略】山东巡抚阿里衮奏：兖州府属勘不成灾，毗连灾地贫民，请将拨运南漕并豫省漕米及时出借。【略】新授山东布政使唐绥祖【略】又奏报东省得雨，田野沾足，民情欢忭一折。

《高宗实录》卷三一三

五月【略】乙酉，【略】谕军机大臣等，江南淮、海一带州县近年屡被灾伤，推原其故，皆由山东沂、郯等处上游雨水盛涨，建瓴而下，河道不能容纳，遂直注骆马湖，冲决六塘河两岸子堰，淹浸民田，以海、沭为归宿，小民荡析离居，甚属可悯。但查从前淮海所属不尽失收，即山东亦非尽无雨水盛涨之事，何以至今为患愈剧，而山东之以旱潦见告者亦迄无宁岁，想来必系该省水道所在梗塞。【略】又谕：据两广总督策楞奏报广东雨水情形折内，称广州府于四月初三等日均得大雨，惟山岗硗瘠之地望雨甚殷，各属大概相等。又称春间雨水常有，而盈尺之雨尚未一例普沾，广、韶等九府米价稍贵，赖广西之米源源而来，无虑再增。又称二麦收成七八分，但种者无多，仅供农人接济等语。词句俱属含糊，不甚直捷明了。【略】又谕：近闻浙省奏报，米价较前增长，访求其故，因上年御史汤聘条陈严禁囤户，通行各省，而常安奉行不善，以致于此。盖浙西一带地方所产之米，不足供本地食米之半，全藉江西、湖广客贩米船，由苏州一路接济。向来米船到浙，行户揭贮栈房，陆续发粜，

① 该处所蠲江苏十六州县卫潮灾，出现“太仓”两处，当分别指太仓州、太仓卫。

乡市藉以转输，即客贩偶稀，而栈贮乘时出售，有恃无恐。是以非遇甚歉之岁，米价不致腾涌，向来情形如此。近因申囤户之禁，地方官并栈贮而禁之，商贩无停贮之所，本地无存积之粮，来船稍阻，入市稍稀，则人情惶惶，米价顿涨数倍。近日为此说者颇众，看此情节，大概市井之事，当听民间自为流通，一经官办，本求有益于民，而奉行未协，转多扞格。【略】蠲免直隶霸州、文安、大城、永清、东安、武清、宝坻、蓟州、宁河、束鹿、河间、献县、任丘、天津、青县、静海、沧州、庆云、南皮、津军厅、清河、开州、东明、南乐、清丰、元城、宣化、万全、赤城、西宁、丰润、玉田等三十二州县厅，十二年分水灾地亩额赋有差。【略】己丑，【略】谕军机大臣等，朕因直省资送流民一事，邻省既多繁费，而于灾民实无裨益，【略】本年山东饥民出口者几至数万，口外并无资送之例，亦未见流离失所，且人人资送，势亦有所难行，不如听其自为觅食谋生。【略】壬辰，【略】又谕：据漕运总督蕴著前后奏报，四月初五日陡遇暴风一事，地方有此风灾，漕运乃其专责，自应留心经理，乃蕴著但称刮损船二百四只，撞沉船五十只。【略】寻奏：江西南昌等三帮损船三十八只，九江等六帮损船一百四只、沉船二十二只，湖南损船六十二只、沉船二十八只，【略】各船淹毙人口共十名。【略】至所属地方刮倒草瓦房八千四百八十余间，压毙男妇六名口，亦照例抚恤。【略】豁除甘肃灵州中卫县八年分水冲田地无征额赋。【略】丁酉，【略】蠲免河南通许、鄢陵、阳武、封丘、中牟、兰阳、郑州、商丘、宁陵、永城、鹿邑、虞城、夏邑、睢州、考城、柘城、上蔡、西平、淮宁、太康、扶沟、西华、商水、项城、沈丘、许州、临颍、郾城等二十八州县，十二年分水灾额赋有差。　　《高宗实录》卷三一四

五月【略】壬寅，【略】又谕：据喀尔吉善奏称，温州府乐清县贡生郑奇斌存有余粟，族众向借不允，郑图南等即硬将谷石挑去，乡愚即有效尤，硬借富户谷石者；又据处州松阳县徐升寄贮租谷不肯出借，佃户孟季祥等即日自行开仓挑去。经该府县严拿枷责究追，仍令究明倡首之人，重治以罪等语。此等强借米谷之案，刁风断不可长。【略】近来米价各处腾贵，而刁民聚集哄闹，所在多有。【略】蠲免安徽旌德、合肥、来安、和州、含山、新安、庐州等七州县卫十二年分旱灾额赋有差。【略】乙巳，【略】谕：河南归德府属之永城、鹿邑、夏邑三县，九年之中六被水灾，虽屡经蠲赈，而钱粮积欠甚多，难以按期完纳。【略】己酉夏至，【略】谕军机大臣等，直隶地方夏间雨泽沾足之处颇多，今据那苏图奏称，天津府属低洼处所已经得雨播种，惟胶泥碱土缺雨未插，并已经收麦之地统计将及四分，尚未布种秋禾，望雨甚亟。又，河间府属以及深、冀二州虽屡经得雨，尚觉未甚沾足等语。【略】寻奏：天津等处雨泽愆期，自应预为经理，查附近州县仓粮，因上年动拨赈济，今岁又协济东省，所存不能有余，惟保定、广宁、大名三府麦收甚广，现价平减，拟发司库银，每府买麦二三万石。【略】又谕：【略】兖、沂、曹、泰等府自前月初间普得透雨之后，二麦收成分数若何？【略】寻奏：查兖、沂、曹、泰等府于四月内得雨，将及普遍，济南等迤北州县五月初一二得雨四五寸者较多，秋稼在在普种，其麦收分数前奏六分以上，盖以丰歉通计而论，若苗穟齐全，颗粒坚实地方不但可以糊口，且多入市粜卖，价亦渐减。其被旱处所，臣阿里衮已查明赈借。【略】蠲免山东永利、富国、永阜、王家冈、西由、石河、信阳、涛雒等八场十二年分水灾灶地额赋有差。【略】壬子，【略】蠲免山西永济、应州、浑源、大同、襄陵、太平、襄垣、高平、陵川、怀仁、天镇、繁峙等十二州县，十二年分水灾、雹灾额赋有差。【略】是月，安徽巡抚纳敏覆奏：米价致贵之由，不在商贩之囤积，而在州县之采买，米谷在官者多，在民者少，宜暂缓采买，以平谷价。【略】浙江巡抚方观承奏：浙省各属自五月初旬晴日稍多，田中无水，顷值梅雨之后，连得甘澍，高下沾足，惟米价大势昂贵，现在酌办牙栈贮米，劝谕富户出粜，并派弁兵严密稽查海口。　　《高宗实录》卷三一五

六月【略】己未，【略】谕：京师自入夏以来，雨泽尚属调匀，此数日内稍觉炎亢，秋禾待泽方殷，著礼部照例虔诚祈祷。庚申，【略】户部议准，署长芦盐政丽柱疏称，山东永利等八场，海丰等三县上年被水灶地，其额赋除按分蠲免外，应征银九百九十三两零，请分年带征。从之。【略】贷江苏元

和、吴江、昭文、昆山、新阳、上海、青浦、江阴、靖江、清河、桃源、大河卫、铜山、沛县、邳州、宿迁、嘉定、宝山、崇明、通州等二十州县卫，本年被雹贫民其应征新旧漕项银米并予缓征。辛酉，【略】户部议覆，大学士高斌奏称，山东登、莱、青三府地无商贩，连年歉薄，米石不敷，请将奉天米石听商民籴买，由海运东售卖等语。【略】壬戌，谕：江苏地方人烟稠密，食指浩繁，目下二麦虽已登场，而收成只在六分上下，米粮价值未能平减，尚须接济以裕民食。今岁江西省麦秋丰稔，仓储现在充裕，所当酌盈济虚，通融拨协，著将江西存仓谷内碾米十万石，运送江苏以备平粜之需。【略】谕军机大臣等，朕闻归化城地方虽于五月十五日得雨，尚未沾足，其附近一带雨泽亦觉稀少，该处收成较他处稍迟，至六月尽方可登场，此时颇有旱象，望雨正殷。【略】除广东清远、龙门、东安等三县十二年分水冲无征田地额赋有差，并补蠲四会县十二年分水灾额赋。癸亥，谕：陕西西安、同州、凤翔、乾州等府州所属低田尚属有收，高阜之地因雨泽未透，收成歉薄，【略】著将耀州、临潼、渭南、泾阳、三原、咸阳、兴平、高陵、富平、醴泉、大荔、朝邑、郃阳、澄城、韩城、蒲城、白水、凤翔、扶风、乾州、永寿、武功等二十二州县夏收五分以下之村庄内乏食穷民，咸予抚恤一月口粮。【略】陕西巡抚陈宏谋覆奏：米价日增，原非一时顿长，实由生齿日繁，补救之方一在开辟地利，各省沃土皆已开垦，山坡水滨旷土尚多，但地气浅薄，种一年须歇一二年，一经勘报升科，每致赔累小民，疑畏不前。

《高宗实录》卷三一六

六月【略】庚午，【略】大学士高斌等【略】寻奏：山东秋禾在在丰茂，但地为千余里，收获不无盈绌。【略】辛未，【略】缓甘肃环县、静宁、庄浪、隆德、镇原、华亭、崇信等七州县十二年分旱灾额赋有差。【略】癸酉，【略】户部议覆，升任浙江巡抚顾琮疏称，浙省上年被灾县场蠲赈事宜：一、海宁、余姚、永康、西安、松阳等五县，石堰、鸣鹤、下砂，并下砂二三等四场，被灾田地应征钱粮按分蠲免，蠲剩南秋米石除余姚县已经全完，其余应分年带征。【略】丙子，【略】谕军机大臣等，据李敏第奏称，晋省四月内各属俱获时雨，五月更觉调匀，太、平、潞、汾、泽、蒲等六府，辽、忻、平、沁、解、绛、吉、隰、代、保等十州，甘霖迭沛，自二三寸至八九寸不等，交六月后，太原等处复得膏雨屡沛等语。又据庆恩奏称，平定州之固关至介休县交界之冷泉关，四五两月雨水调匀，曲沃县入夏以来甘霖迭沛等语。兹据归化城副都统等奏，归化城一带望雨甚殷，曾降旨询问准泰，伊覆称雨泽尚未沾足，现在筹画接济。【略】辛巳，谕：目今京师米价渐昂，【略】著照乾隆八年之例，将京仓官米给发各旗，并五城米局，减价出粜，以平市价，至开仓之日为止。【略】又谕：本年四月初间，湖南、江西运艘于桃源、宿迁遭风沉溺重船五十只，【略】著免其处分。【略】是月，钦差大学士高斌【略】奏：山东通省俱得雨沾足，运河一带河道，现委员详查。【略】得旨：览奏俱悉，但闻东省近又有时气传染之症，果其言实，则东省之民造何衍尤，而累遭灾异耶。【略】云南巡抚图尔炳阿覆奏：米价之贵，总由于生齿日繁，岁岁采买。【略】护理贵州巡抚布政使恒文覆奏：黔省迩年米价虽未平减，亦不甚增，即如乾隆十一、十二、十三年以来，总不过八九钱、一两上下，缘地处山陬，米不出境，贵贱惟视岁收，现贮百四十万石，即遇偏灾，足备赈粜。

《高宗实录》卷三一七

七月【略】丙戌，【略】谕军机大臣等，据总兵李如柏奏称，宣化地方于六月二十二日得雨，尚未普遍沾足，秋禾不能畅发，望雨甚殷，若旬日之内甘霖普沛，秋成尚属有望，现今道府设坛祈祷。【略】寻奏：宣属于六月二十二日得雨，秋禾大为得济，其需翻种荞麦之处，已饬预备借给。惟蔚州、蔚县自六月初一日得雨后，至今未见续沾，若至立秋后，补种无及，现已委员往勘。【略】丁亥，【略】免福建长乐、福清二县乾隆十二年分旱灾额赋有差。【略】己丑，【略】谕军机大臣等，朕前因山东赈济需用米粮，曾降旨拨运安庆、苏州米共二十二万余石，据各该抚奏称，均经委员押运起行，谅已早到水次。【略】壬辰，【略】蠲江苏宿迁县乾隆十二年分秋禾水灾额赋有差。【略】乙未，【略】谕：山西蒲州府属之永济、临晋、虞乡、猗氏四县，绛州所属之垣曲县，因上年冬雪稀少，今春得雨稍迟，麦收未能丰稔，现据该抚奏明，借粜兼施。【略】该县等去岁收成歉薄，今复二麦失收，民食未免艰难，著将此五县麦收五分以下村庄内乏食穷民咸予抚恤一月口粮。　　《高宗实录》卷三一八

七月【略】己亥，【略】谕军机大臣等，京师自初十以后，每日皆得阵雨，至十六日大雨竟日，十七天气晴霁，亦无过多之虑。【略】朕观山东情形，如金乡、鱼台等县已有被水村庄。【略】(阿里衮)寻奏：东省于五、六、七月间甘霖迭沛，不嫌过多，现在高粱、早谷、棉花俱经结穗、结桃，晚谷、黍、稷、晚豆悉皆畅发，丰稔可期。其被水之区，自金乡、鱼台、邹县、济宁、乐安、博兴、曹县、平度、高密、胶州等州县外，又有济阳、寿光、潍县等县洼地间被淹没，现委员查勘抚恤。【略】辛丑，【略】赈恤直隶青县、交河、东光、宁津、天津、沧州、南皮、庆云、盐山、静海、宁河、香河、保定、大城、延庆、沙河、广宗、邯郸、肥乡、广平、蔚州、蔚县、武邑、临城、高邑、深州、武强、饶阳、安平等二十九州县旱灾贫民。【略】癸卯，谕：福建厦门港仔尾地方，因今岁米价昂贵，刁民营兵等欲照平粜官价，向米铺买米，乘机抢掳铺户米豆等物。【略】谕军机大臣等，阿里衮奏东省连年饥馑，穷民艰于口食，共谋抢夺，多系无知误犯。【略】赈恤山东历城、淄川、长山、新城、长清、德州、泰安、乐陵、邹县、汶上、费县、益都、临朐、乐安、昌乐、邹平、青城、商河、泗水、滕县、峄县、单县、曹县、临淄、高苑、掖县、金乡、城武、宁阳等二十九州县被旱、被水、被雹、被虫、被坍贫民。甲辰，【略】贷山西永济、临晋、虞乡、猗氏四县二麦歉收贫民口粮籽种。【略】丙午，【略】贷安徽贵池、青阳、石埭、怀远、阜阳、颍上、霍邱、泗州、盱眙、泗州卫等十州县卫被水、被雹贫民口粮籽种，并缓征新旧钱粮。丁未，【略】抚恤江苏山阳、阜宁、泰州、铜山、丰县、萧县等六州县被雹贫民，并缓征本年地丁钱粮新旧漕项银米。【略】辛亥，【略】又谕：陕西巡抚陈宏谋奏称，该省五、六两月雨水沾足，省城七月亦得透雨，各属报到得雨大小不齐，间有不足之处，现在望泽颇殷等语。【略】寻奏：从前雨水不足者，系咸宁、长安等二十八州县，今均已得雨。报闻。【略】是月，直隶总督那苏图奏：前因天津、河间、深州、冀州等处雨水未足，奏请于保定、广平、大名三府密拨司库银两各采买麦二三万石备拨，今各处甘霖迭沛，秋禾畅茂，可望有秋，前项麦石购买恐妨市价，应请停。报闻。两江总督尹继善覆奏：米粮日贵，由于户口繁滋，偏灾偶被，田亩不尽种谷，仓储争相购买，且造酒蹋曲耗费。【略】湖南巡抚杨锡绂【略】又奏：湖南本年早稻已获丰收，中稻畅茂，秋成可必，向闻江苏未经买补仓储甚多，请于湖南买谷二十万石，拨运江苏。得旨：甚好。河南巡抚硕色奏报雨水情形。得旨：此际且不可为满足之言。【略】山东巡抚阿里衮奏报，邹平、新城等二十九州县续报蝗蝻，现在扑捕。得旨：上紧督捕，毋使稍留余孽，净尽时速行奏闻。【略】陕西布政使武柱奏报雨泽，并西、凤、同、乾等处州县夏禾被灾抚恤情形。【略】甘肃巡抚黄廷桂奏：甘省地亩所产粮色高下不等，今岁河东、河西澍雨频降，丰登有望，正小民清完宿逋之时，请照上界奏准之例，止收小麦莞豆之处，许以四斗之内，以粟米兼纳。【略】云贵总督张允随奏报滇、黔两省秋禾雨水情形。得旨：览奏俱悉，被水州县加意抚绥，毋致失所。

《高宗实录》卷三一九

闰七月【略】丙辰，蠲免直隶霸州、固安二州县被灾屯庄并入官地亩应征银谷。抚恤湖南益阳、沅江、武陵、龙阳、新化、澧州、石门、永定等八州县被水贫民。【略】己未，【略】又谕：据方观承奏称，海盐、平湖二邑海塘俱属平工，自上年七月风潮后，乍浦等处石工多有蹲矬，塘内里土半被冲刷，又于本年伏汛内，风掀潮涌，由石缝搜漱，致成坑窝。七月望前后，风潮俱大，所有冲刷眉土边坡，自数丈至百余丈不等等语。浙江海潮近年正溜已由中小亹，乃向来求之而不可得者，且北岸俱淤沙渐远，工程自应平稳，何以尚须动工修整？【略】寻奏：本年风潮汕刷海塘，在海盐平湖二县境内，自大尖山以东至江南金山交界一带，工长百里，海水近在塘根，外无护沙。因此处潮汛系暗长而非顶冲，故工程较平，但潮时兼遇东南风大，即不免漫溢冲刷，平工亦有时而险，如被刷工段无多，即可随时修整。【略】丁卯，谕大学士等，今岁蒙上天庥佑，直省奏报秋成分数，大概俱获丰登，朕心稍为

慰惬。【略】谕军机大臣等,据湖南巡抚杨锡绂奏称,近奉谕旨,因江苏米价昂贵,令江西拨运接济,苏属本年秋成即获丰稔,平粜买补,为数必多,价值未必轻减。湖南早中二稻可望丰登,请动项买谷二十万石,运赴长沙,移咨苏抚,委员领运等语。朕已批令,照所请办理。【略】今江西早稻收成甚丰,中、晚二稻亦均畅茂,米价渐平。

《高宗实录》卷三二〇

闰七月【略】丁丑,【略】又谕:据云贵总督张允随奏称,滇省六月中旬连日大雨,河水泛溢,昆明县淹没田亩、兵民房舍,并云南府属之昆阳、嵩明、安宁、富民、宜良、呈贡、晋宁、罗次、禄丰,曲靖府属之平彝,澄江府属之河阳、路南,广西府属之弥勒等州县,暨元江府各被淹低田房屋。又,七月初十、十一等日大雨水涨,昆明、安宁、呈贡、晋宁等州县有续被水淹之处,广西元江、曲靖、武定等府所属之五嶆、他郎、陆凉、元谋等厅州县及景东府属,田庐间有被淹,可传谕该督抚,滇南远在边徼,朕所系念,著令速行饬查,赈恤接济。【略】己卯,【略】蠲免江苏元和、昭文、吴江、昆山、新阳、青浦、靖江、沛县、嘉定、崇明等十县本年雹灾额赋,加借崇明县饥民一月口粮。庚辰,【略】又谕:据纪山奏称,有泸州士民周其睿等连名具呈,以伊等荷蒙皇恩,休养生息,连年丰稔,前岁又叨蠲免条粮,无由报(恩),称伊等十乡士民,情愿办米五千石交仓,以资积贮。【略】辛巳,谕:据黄廷桂奏称,哈密蔡湖回屯地亩本年因渠水缺乏,夏田被旱,补种秋禾又复缺雨,并称回民自种田亩亦均被旱伤,虽收成与否尚难预定,将来总属歉薄等语。【略】是月,直隶总督那苏图奏报,查看沿途禾稼情形。得旨:今年西成光景似可略慰朕愁怀耳。【略】钦差左都御史刘统勋【略】奏报高密、平度、胶州三州县偏灾抚恤情形。【略】阿里衮又奏报通省秋约收分数。得旨:览奏稍慰,但尚有被水处所,宜加意抚绥之。

《高宗实录》卷三二一

八月癸未朔,【略】又谕:闽省沿海郡县于七月内被风起蛟各情形,据总督喀尔吉善、巡抚潘思榘同日奏到,地方猝被风灾,民居田禾俱有伤损,虽属偏灾,朕心深为轸念。【略】又谕:据喀尔吉善奏称,浙省各府常平仓谷缺额八十余万石,现在酌量地方情形,分别督买,务于十月买足,盘查报结等语。【略】又谕:台湾府之彰化县七月初二夜半,狂风大雨,初三日水势骤涨,城内水深数尺,倒坏民房三百数十间,附近大肚溪一带村庄,尽行冲淹,因发蛟水势骤涌,堤防不及,受灾甚重。诸罗县笨港等处亦有冲压田亩,倒坏民房之处,较之沿海各邑被风更重。现据该督抚等具折陈奏。乃伊灵阿、白瀛此次所奏早稻收成一折,即系七月初三日所发,而于此等重灾并无一语奏及,可见尹等于地方事务全不留心办理,其所奏事件,不过虚文塞责。【略】甲申,【略】谕军机大臣等,据调任山西巡抚准泰奏称,该省州县内如阳曲县所属之阳家堡、高家港口,蒲州所属之永济、临晋、虞乡、猗氏四县,大同府所属之阳高县及口外善岱一处,均因雨泽未透,被有偏灾。又,凤台、五寨、马邑三县各有雨中带雹,伤损秋禾处所,现在委员查勘办理等语。【略】丁亥,【略】工部议准,原任江南河道总督周学健疏称,修筑邳州沂河两岸民堰,连年积歉,民力拮据,例给半价不敷,请全给之。【略】庚寅,【略】又谕:据纳敏奏报,安省续获雨泽一折内,称凤阳府属各州县俱于闰七月十二三等日得雨,惟凤阳尚未普遍等语。【略】(纳敏)寻奏:各属秋成俱丰,即前缺雨之处,续经得雨,亦获有秋。惟凤阳、怀远、泗州、盱眙、来安五州县并泗州卫得雨较迟,高田稍旱。又,阜阳、颍上、霍邱三县雨多水发,洼地被淹,业饬勘办。

《高宗实录》卷三二二

八月【略】丁未,【略】又谕:陕省西安、同州、凤翔、乾州上年秋收歉薄,今岁又复被旱灾,民食维艰,朕甚悯焉。【略】又谕:河南开、归、陈、汝、许五府州所属之通许等二十八州县有自乾隆七年以后至十二年,民欠未完常漕社谷共二十三万一千余石,例应于本年秋后本息并征,【略】著将本谷于秋后按数征收。【略】戊申,【略】谕军机大臣等,据大学士高斌奏称,八月初六日豫省永城县地方晚禾间有被淹之处;昨硕色又奏称闰七月二十六日起,至八月初二日止,水涨五六尺,堤工平稳,惟临河滩地间被淹浸等语。【略】(高斌)寻奏:八月初六日,黄河秋汛,徐州城外水志涨至九尺二寸,毛城铺过水减入洪沟河，其西岸子堰漫水入三汊河以下，系豫省永城地方，晚豆、荞麦间被淹浸。至硕色所奏临河滩地，例不报灾，今已消退。又查，闰七月以前汛水未发，八月初旬时界秋分，偶然水涨，均于河工无碍。【略】庚戌，【略】谕军机大臣等，据护理山西巡抚布政使李敏第奏报，晋省各属秋成情形，内称蒲州府属之永济、临晋、虞乡、猗氏四县及解州，均于闰七月内得有大雨，田禾籽粒充实，惟永济一邑沿河滩地被淹，秋禾有伤。大同、怀仁、应州、崞县雨中带雹，伤损秋禾，轻重不等。又一折内称，太原、阳曲、凤台、五寨、马邑、阳高被有水旱，灾地无多，解州被旱稍轻，永、临、虞、猗四县上年秋禾与今夏麦收俱属歉薄，现今秋禾又复被旱等语。【略】(李敏第)寻奏：本年六、七、闰七等月，晋省各属被雹者有榆次、乐平、浮山、潞城、凤台、阳城、高平、五寨、马邑、大同、怀仁、应州、崞县；被水者有太原、岳阳、万泉、五台；被旱者有临晋、虞城、猗氏、阳高、解州；其被水兼被雹则有阳曲；被旱兼被水、被雹则有永济。内除被雹之榆次、乐平、浮山、潞城、阳城、高平、岳阳、五台、万泉，并阳曲、永济被雹处所勘不成灾外，其马邑、大同、怀仁、应州、崞县亦被伤甚轻，毋庸赈恤，应将本年额征暂缓，并来春酌借籽种口粮。至凤台、五寨、阳曲、太原、永济、临晋、虞乡、猗氏、阳高、解州等十州县被灾，俟勘明分别赈恤。再，永、临、虞、猗四邑先皆被旱，嗣于闰七月得有大雨，在得雨偏多及原有井水浇灌之地，尚有收获，其余被旱甚者，均属成灾。统计被灾各属，凤台、五寨、阳曲、太原、永济被雹、被水之处均系一隅，惟永济被旱处所及临晋、虞乡、猗氏、阳高、解州被旱地亩较广，内以临晋为最重，猗氏次之，永济、虞乡、解州又次之，阳高为轻。至通省秋禾收成，除灾地外，潞安、朔平、泽州三府，沁、忻二州，约计八分以上；太原、汾州二府，辽、平、代、保、隰五州，并蒲州府属未被旱之万泉、荣河二县，约计七分以上；大同一府，绛、吉二州并解州所属，约计六七分以上；其平阳、宁武二府尚未报齐，就报到属邑而计，亦约有七分以上。【略】是月，【略】闽浙总督喀尔吉善【略】奏报漳、泉被旱情形，及筹办平粜、拨运台谷事宜。【略】山东巡抚阿里衮覆奏：米贵由于生齿日众，逐末遂多，凡布帛丝棉之属靡不加昂，而钱价昂贵，尤与米谷相表里，农民粜米，银少钱多，商铺收粮，以钱价合银计算。康熙年间，每银一两，易钱一千，少亦九百余文，今止易七百余文，是米价已暗加二三钱。

《高宗实录》卷三二三

九月【略】乙卯，【略】蠲缓福建台湾、凤山二县乾隆十二年分旱灾额赋有差，并免征凤山县官庄银。

《高宗实录》卷三二四

九月【略】戊辰，【略】贷云南云南、赵州、宾川、邓川、浪穹等五州县被水贫民。【略】庚午，【略】赈恤福建彰化县被水贫民。【略】甲戌，谕：喀尔吉善、潘思榘奏称，漳、泉二府晚收已成旱象，应预筹接济。朕思【略】今岁各省秋成俱称丰稔，漕粮可尽数起运，著于江南漕粮内截留九万石，浙江截留六万石，共十五万石，由海道运至闽省。【略】是月，【略】巡视台湾陕西道监察御史伊灵阿、白瀛奏报，台湾、凤山、彰化等县秋旱偏灾情形。【略】署湖广总督新柱奏报，汉川、潜江、沔阳、天门、江陵、监利等六县，沔阳、荆州二卫被水情形。【略】河南巡抚硕色奏：彰、卫、怀、河四府属州县今岁收成虽有七八分，但连年粮价昂贵，未能骤减。【略】山西巡抚阿里衮奏报晋省夏灾及通属雨水麦苗粮价情形。

《高宗实录》卷三二五

十月【略】丁亥，【略】军机大臣等【略】又议覆，陕西巡抚陈宏谋奏称，陕省收成歉薄，粮价倍于常年，所有兵丁米豆草价不敷购买。【略】己丑，【略】又谕：据那苏图奏，直属地方今岁收成丰稔，惟是幅员辽阔，如宣化府属之西宁县、蔚州、蔚县三州县内间有雨旸不能应时及偶被微雹之处，俱勘明被灾不及五分，其新旧钱粮例应缓至来年麦熟后征收等语。宣属系积歉之区，且地方寒冷，播种秋麦者甚少，若仅缓至来岁麦熟后征收，输将未免拮据。【略】俱加恩缓至来年秋成后征收。【略】赈恤山东邹平、长山、新城、济阳、滋阳、宁阳、邹县、金乡、鱼台、济宁、汶上、博兴、乐安、寿光、平度、昌邑、潍县、胶州、高密及济宁卫二十州县卫水灾贫民。【略】甲午，【略】赈恤山西阳曲、太原二县水

灾，大同、应州、怀仁、马邑、五寨、凤台、崞县七州县雹灾，阳高、永济、临晋、虞乡、猗氏、解州六州县旱灾贫民。《高宗实录》卷三二六

十月【略】癸卯，【略】缓征安徽贵池、青阳、石埭、怀远、阜阳、颍上、霍邱、泗州、盱眙、太平十州县并泗州卫夏麦水雹成灾地新旧钱粮，贷贫民口粮籽种。【略】乙巳，【略】蠲免江苏泰州及铜山县夏麦被水、雹成灾地本年额征钱粮有差。赈恤陕西耀州、富平、三原、咸阳、高陵、临潼、渭南、兴平、醴泉、泾阳、咸宁、长安、同官、扶风、岐山、大荔、蒲城、白水、韩城、朝邑、澄城、郃阳、华阴、乾州、武功二十五州县旱灾贫民。【略】丁未，【略】赈恤安徽阜阳、颍上、霍邱三县秋禾被水，凤阳、怀远、泗州、盱眙、来安五州县，并凤中、长淮、泗州、滁州四卫秋禾被旱各成灾贫民。【略】戊申，【略】又谕曰：总督新柱【略】又奏称，湖南宝庆府属之城步县，永州府属之道州、江华县，靖州属之通道、绥宁二县，因本年春夏之间阴湿凝滞，至七八月发为疫气，居民传染，颇有伤损，晚禾无人收割，营兵亦多患病等语①。民间染患时疾，虽因寒暑失调之故，但至有所损伤，且误农功，深堪悯恻。【略】是月，【略】闽浙总督喀尔吉善、福建巡抚潘思榘奏：台湾府属之台、凤、彰三县被旱田禾虽止十分之一，第凤、台两县上年已经歉收，今岁又复被旱，彰邑本年七月被水，即继旱灾，民力俱未免拮据，请照例先行抚恤一月口粮，仍分别被灾轻重分数，按月加赈。其泉属之晋江、南安、惠安、同安四县，漳属之龙溪、诏安二县潮旱偏灾，民情实无因灾乏食之状，现已借给籽种，至岁暮尚恐有贫乏灾户，应请于彼时确查，酌借给四口以上谷二石、三口以上一石五斗、二口一石，以资日食。【略】署河南巡抚鄂容安奏，十月十三日雨雪普遍，麦田滋润。据农民云，岁内即无雨雪，麦亦可望丰收。得旨：此语非诚，十三日之雪不过一二寸许耳。《高宗实录》卷三二七

十一月【略】壬子，【略】又谕：山东邹平等二十州县，本年秋禾被水，现在查明赈恤。所有银谷兼赈之处，向例每谷一石折银五钱，【略】著加恩每石增给银一钱，俾灾黎得资糊口。【略】又谕：山东莱州府属之高密、平度、胶州、昌邑、即墨五州县当积歉之后，本年复被水灾，民间牛只不敷犁种，【略】酌量动拨购买牛只赏给，俾小民力作有资。【略】甲寅，【略】赈恤江苏铜山县被水灾民，湖北汉川、潜江、沔阳、天门、江陵、监利六州县，并沔阳、荆州二卫先被夏灾复被水灾民。【略】丙辰，【略】又谕：据傅尔丹、班第等奏报军营情形，内称目下冬寒雪大，不能攻击，卡撒木冈木达沟、申扎、正地等处俱修有碉房，足资固守，饬令深沟高垒、昼夜防范等语。《高宗实录》卷三二八

十一月【略】己巳，【略】赈恤福建晋江、南安、惠安、同安、龙溪、诏安、台湾、凤山、彰化九县，及同安县之金门县丞旱灾，晋江、惠安、同安、龙溪、诏安五县风潮灾饥民。【略】辛未，【略】蠲免直隶文安、永清、武清三县淀泊河滩被水成灾地本年额征租银。【略】乙亥，【略】谕：安徽【略】今秋既获丰登，自应按限催征，但朕念该处连岁歉收，【略】著加恩将凤阳府属之宿州、凤阳、临淮、怀远、虹县、凤台、灵璧，颍州府属之阜阳、颍上、霍邱、亳州、蒙城、太和，泗州并所属之盱眙，及宿州、泗州、凤中、长淮四卫未完乾隆十年以前所借之籽种口粮银米等项共十九万八千余，宽至乾隆己巳年麦熟后起限，仍照原限分作三年带征。又，凤阳府属之宿州、凤阳、临淮、怀远、虹县、凤台、灵璧，颍州府属之霍邱、亳州、蒙城、太和，泗州属之盱眙，泗州、长淮二卫未完乾隆十一年所借之籽种口粮银米共三万七千余，照原降谕旨，递缓一年征还。再，凤阳府属之宿州、怀远、虹县、灵璧、定远，滁州府属之来安并宿州卫未完乾隆十二年所借之籽种口粮，及定远一县未完乾隆四年借项，共一万八千余，宽至己巳年麦熟后起限，分作二年带征。如此则民力既得宽纾，灾区元气渐复，该部即遵谕速行。【略】庚辰，【略】陕西巡抚陈宏谋【略】又奏：耀州等处被灾七分八分者加赈一个月，九分十分

① “本年春夏之间阴湿凝滞，至七八月发为疫气，居民传染，颇有伤损，晚禾无人收割，营兵亦多患病”。参阅湖南地方志记载，似为流行性感冒。

者加赈两个月。【略】贵州布政使恒文奏：贵省提溪司，印江、青溪二县，及古州、都江一带夏间偶被山水，冲淹田舍城垣，业经委员抚恤，补种秋莜，不致成灾。古州、南笼等处秋间多染疟痢，兵民损伤，饬施药救治，业已安定。报闻。 《高宗实录》卷三二九

十二月【略】丙戌，【略】贷宁古塔、伯都讷地方霜冻成灾八旗官庄兵丁口粮，缓征本年额交地粮。【略】庚寅，【略】豁江苏崇明县被风潮灶地，本年地丁项下编征盐课、水脚、随征珠车、灰场税、备荒、杂饷等银四千九百五十七两零。【略】辛卯，【略】四川提督岳钟琪奏：【略】(大小金川之役)臣于十一月十八日派兵一千二百名，攻木耳金冈，【略】不意是日黄昏降雪约深二寸，至二十日尚未晴霁，俟天气一晴，即督兵进取。 《高宗实录》卷三三〇

十二月【略】己巳立春，【略】贷黑龙江齐齐哈尔地方霜冻成灾地八旗水师营兵丁并驿站人等口粮。【略】己亥，【略】工部等部议准，贵州巡抚爱必达奏请修被风坍坏之施秉县分驻胜秉县丞土城。从之。【略】赈恤甘肃渭源、固原州、盐茶厅、宁夏、宁朔、灵州、礼县、秦安等八州县被雹、被水灾地贫民，其不成灾之秦州、庄浪、碾伯、真宁、河州、陇西、漳县、平凉、泾州、灵台、宁州、灵州、皋兰、狄道州、金县、陇西、宁远、安定、漳县、通渭、西和、渭源、静宁、秦安、隆德、镇原、盐茶厅、安化、合水、环县、徽县、成县、武威、平番、宁夏、花马池、中卫、西宁、大通卫、归化所等三十九厅州县借给籽种口粮。【略】甲辰，【略】加赈陕西耀州、富平、三原、咸阳、高陵、临潼、渭南、兴平、醴泉、泾阳、咸宁、长安、同官、扶风、岐山、大荔、蒲城、白水、韩城、朝邑、澄城、郃阳、华阴、乾州、武功二十五州县旱灾贫民有差，缓征本年未完地丁钱粮及带征新旧借欠常社仓粮。 《高宗实录》卷三三一

## 1749 年 己巳 清高宗乾隆十四年

正月庚戌朔，【略】谕军机大臣等，元旦天气清朗，旭日融和，群情欣豫，朕心深为嘉悦。

《高宗实录》卷三三二

二月【略】甲申，【略】谕：山东积歉之后，上年甫庆有秋，民力未能充裕，朕已降旨，【略】十三年应征谷十一万四千五百余石，俱著加恩自今岁秋收起，分作三年带征，以纾民力。【略】豁除广东肇庆、廉州二府水冲沙压难垦田地百五十七顷二十一亩额赋。【略】乙酉，【略】豁除山东栖霞县水冲沙压难垦田地额征银七十九两有奇。 《高宗实录》卷三三四

二月甲午，【略】户部议准，黑龙江将军傅森疏请，默尔根官庄十一所夏旱秋霜成灾田亩，不能满交额粮，免其补交。从之。【略】戊戌，谕：据黄廷桂奏称，上江所属之合肥、寿州、凤台、凤阳、贵池、怀远、灵璧、虹县、滁州、全椒、和州、泗州、五河、临淮、盱眙、凤阳卫、长淮卫十七州县卫俱各被水，其临河洼下之处，秋成未免失望等语。今岁各路丰稔，该处虽属偏灾，但被水贫民不无拮据，所有应完新旧钱粮，著加恩缓至明年麦熟后开征，以纾民力，该部遵谕速行。【略】戊申，浙江巡抚方观承奏称，杭、嘉、宁、绍、台、温六郡襟江环海，田庐专恃堤塘，顺治五年修创两塘，一劳永逸。动发太府金钱何止千百余万，化险工为平土，易巨浸为新畬，非省志所能详谨，与吏民筹议，编纂为《两浙海塘通志》。得旨：知道了。 《高宗实录》卷三三五

三月【略】癸丑，【略】缓征安徽霍邱、颍上二县乾隆十三年被水田亩应征额赋。甲寅，【略】谕：上年陕省西、同、凤、乾、耀州等二十五州县秋禾被旱成灾，业经多方赈恤，小民糊口有资，惟是目前已界停赈，而距麦收之期尚有月余，该处积歉之后，又经大兵过往，【略】查明极贫乏食灾民，加赈一个月口粮，折给银两，俾得接济。【略】乙卯，【略】谕军机大臣等，据山东学政李因培奏称，东省连遭荒歉，今春雨旸应候，二麦滋长，而天恩迭沛，所有积欠，久令分年带征。【略】又谕：准泰奏称，东省上年蝗蝻生发之处，不无遗子入地，现在劝民挖掘，每蝗子一斗，给钱三百文，所有登、莱两属应动



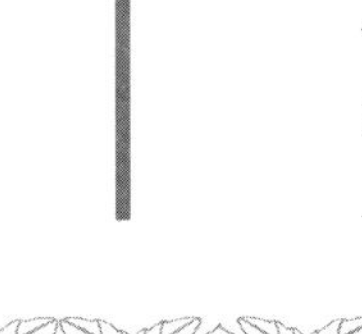

价值，请于本年耗羡项下动支等语。蝗蝻遗子自应剪除，但地方官当于萌蘖将动之时，善为劝道，令农民自顾田畴，预行防范，非概可经官办理者。至于动项收买，虽属向曾举行，亦只可因时斟酌，偶一行之，若定为岁额，非特于经费之中，又添出买蝗一项，且水边江浒、食苇之虫亦有遗子，小民趋利如骛，一见官为收买，必将以伪为真，是以愚民防患之举，转为滋长奸利之图，成何政体。今岁雨旸应候，二麦敷荣，为大吏者，不以五风十雨、百谷顺成为望，而沾沾于收买蝗子，抑何所见，而谓将来之必有蝗灾耶。准泰所见非是，著传旨申饬。　　《高宗实录》卷三三六

三月【略】甲戌，【略】赈湖北汉川、潜江、沔阳、天门、江陵、监利六州县卫乾隆十三年被水灾民。【略】乙亥，【略】蠲免直隶保安、宣化、西宁、蔚县、赤城、万全、怀安、龙门、怀来、张家口十州县厅被灾田亩额征银一千六百二十九两有奇，粮二千九百六十九石有奇。【略】丁丑，【略】又谕：年来因山东赈恤，支拨浩穰，【略】今山东连岁有收。【略】又谕：据福州将军马尔拜奏称，闻得广东省城于本年正月二十二日夜二更时候，雷鸣大雨，西关洪圣庙旗杆被雷击开，上有雷火烧成之字八个，系“人上妙郑辱筐胜夏”字样等语。此事未经硕色奏闻，其虚实尚未可知。　　《高宗实录》卷三三七

四月【略】己丑，【略】谕军机大臣等，据那苏图奏报，四月初八日途次望都遇雨，入土一寸，正定等处得雨一二三寸不等，若旬日之内再得透雨，各处麦秋俱可望其有收。而邱策普亦奏，是日正定得雨入土三寸等语。正定地方前此得雨原未及保定之沾足，今保定得雨一寸，正定得雨三寸，土膏滋润，自可与保定相等。现在京师一带初八日虽未得雨，但自三月下旬得雨以来，二麦茂盛，即以后雨泽稀少，亦可望有七八分收成。未知保阳一带地方此时麦苗情形若何。【略】(那苏图)寻奏：查顺天、永平、宣化、易州、遵化州五属，四月内得雨尚少，赖三月间雨足，二麦情形大约顺属附近京畿收成稍胜，永、宣二府次之，且种麦本少。至保定、正定、深州、定州四属三月内雨本未足，至四月初风势稍烈，幸于初八日先后报得雨者二十三处，旬日虽未得透雨，尚可望六七八分收成。惟保定迤西近山十余州县，四月内未经得雨，然麦收情形，洼地尚有六七分，高地止五六分，如旬日透雨，犹可增分数。再，古北口外四旗地方，自三月初四得雨后，未据报到，现飞檄饬查。至各属晚禾，间有未种，若现在得雨，虽至芒种后尚可赶种，统计全省不过十余州县，现尚缺雨，麦恐减收。其余似较上年为胜。【略】辛卯，【略】贷福建晋江、南安、惠安、同安、龙溪、诏安六县并金门县丞被灾贫民籽种口粮，本年蠲剩额赋并予缓征。免山东邹平、长山、新城、济阳、滋阳、宁阳、邹县、金乡、鱼台、济宁州并卫，汶上、博兴、乐安、寿光、平度、昌邑、潍县、胶州、高密等二十州县卫，乾隆十三年分水灾地亩额征银三万七千七百二十两有奇。豁除山东乐安、博兴二县水冲地亩额赋。免甘肃皋兰、河州、狄道、金县、陇西、安定、秦安、固原州、盐茶厅、平番、西宁、碾伯等十二厅州县乾隆十二年分雹灾地亩额征银七百五十两有奇，粮四百四十石有奇，草三百五十束有奇。

《高宗实录》卷三三八

四月【略】乙未，【略】又谕曰：山东巡抚准泰奏称，因会勘安山湖，经由长清、泰安等州县，目击二麦蕃盛，早秀者已经黄熟，现在收刈；所种秋禾青葱畅遂，高者已至盈尺，农民咸称数年来所仅见等语。【略】戊戌，【略】免云南昆明、晋宁、呈贡三州县乾隆十三年水灾屯田银一千一百八十两有奇、米九百四十石有奇、谷三十九石有奇，并豁除景东府并卫水冲庄屯田三顷一十三亩应征额赋。【略】辛丑，【略】(那苏图)寻奏：查永平一属，续于十八日得雨，麦收尚不止八九分。其宣化属之保安州、蔚州、宣化、怀安，据报可得八九分。龙门、延庆亦于十八日得雨，不致失收。至保定、正定、定州及迤西十余州县均据报二十四日得雨，多入土四五寸，麦收七八分不等。惟深州属止据饶阳一县报二十四日得雨，其余未报。所有深州、武强、饶阳三处麦收仅五分五厘。其四旗地方曾否得雨，俟覆到日另奏。【略】乙巳，【略】赈贷福建台湾、凤山、彰化三县乾隆十三年被灾贫民应输额赋，并予缓征。免湖南新宁县乾隆十三年水灾田亩额赋，并分年带征应纳银粮。【略】丁未，谕户部，嗣

后查报各省收成分数，应以八分以上为丰收，六分以上为平收，五分以下为歉收。【略】是月，钦差户部尚书舒赫德【略】又奏：臣自叙州府至那比渡，数百里间虽山路崎岖，而雨水调匀，即山田亦俱葱茂。又批：今年各省奏报，皆系丰收景象，京师雨旸甚觉应时，麦收七八成，数十年所无也，朕近来甚觉舒畅，而益加敬畏耳。直隶总督那苏图奏：本月十七日，节据清苑、唐县、完县、满城、蠡县、定兴详报，得雨入土一寸、四寸不等，虽未沾足，然风燥已解，土膏滋润，麦禾稍为有益。得旨：京师左近则皆透足，一切麦禾皆可望有收。似保阳一带略成旱象矣，然有沾足者，则可知为地不广，其待雨恐将来致成灾者几州县耶，速行查奏，应行筹办者，即为妥办。【略】是月，【略】甘肃巡抚鄂昌奏：河东之兰、巩、平、庆、秦、阶六府州属，及河西之西宁府属雨水俱足，其甘、凉、肃三府州属及安西等五卫田亩藉渠灌溉，入夏亦各得雨，惟宁夏府属总未得雨。　　《高宗实录》卷三三九

五月【略】乙卯，【略】免甘肃皋兰、狄道、靖远、金县、陇西、安定、会宁、通渭、西固、盐茶厅、平番、灵州中卫等十三厅州县乾隆十二年分旱灾地亩银五千五百二十两有奇、粮五千二百二十石有奇、草四千六百二十束有奇。丙辰，【略】免安徽阜阳、颍上、霍邱、凤阳、怀远、定远、泗州、盱眙、来安，并凤阳中、长淮、泗州、滁州等十三州县卫乾隆十三年分水旱灾田地银一万一百七十两有奇、米一千三十石有奇、豆二十石有奇。　　《高宗实录》卷三四〇

五月【略】甲子，【略】又谕曰：【略】邵武府之光泽县起蛟被水，前已据该抚奏明，今武进升所奏府城及顺昌县城均被淹浸，则各该处村庄水所经由，虽系一隅，与收成大局无碍，但恐贫民或致失所，自宜加意抚循。【略】寻奏：【略】查光泽、邵武二县被水村庄，止沿溪一带，与通县收成无碍，至下游顺昌县地方水涨旋消，实无淹浸。【略】癸酉，【略】又谕：据庆恩奏称，蒲州府属之临晋县四月三十日坡水暴涨丈余，冲入城内，平地水高六七尺，县署两庑耳房倒坏，并浸塌民房百余家，淹毙民人十余口。自水发之处萦绕至城约四十余里，所过村庄被冲四十余处，淹毙民人十余口。北门被水尤重，各村庄所收之麦漂去大半，即有存剩，水浸发芽，灾民或依附亲族，或搭棚暂栖等语。【略】寻奏：随委员查勘临晋被淹田庐人口，并筹办抚恤事宜。至臣原奏被水之临晋、猗氏，及续报太原等县，中以临晋、太原为重，猗氏稍次，即以临、太通县而论，亦系一隅偏灾，其高阜处禾麦可望丰稔，统计通省麦收约在八分以上。【略】乙亥，【略】山东巡抚准泰奏：东省今岁二麦丰登，又增商贩奉粮二十万石，请停运直谷，即贮天津，以备缓急。从之。丙子，【略】署河南巡抚鄂容安【略】又奏：据通省各属禀报，五月连得透雨，秋禾畅茂，早谷已多出穗，近更天气晴明，足资蒸晒。得旨：欣悦览之。京师、各省大约相同，若此后晴雨应时，可冀西成。【略】山东巡抚准泰奏报，益都县仁智乡民田旅生①嘉禾，一茎双穗，长三寸二分，允称上瑞。得旨：欣悦览之。甘肃巡抚鄂昌奏：宁夏府属于四月下旬据报得雨，田禾茂发，其各山堡不通渠道之处，仅可洒润，未能沾足，查彼处多不种夏田，若秋田得雨，仍可望有丰收。　　《高宗实录》卷三四一

六月【略】戊寅，谕军机大臣等，据福州将军马尔拜奏报，闽省光泽县被水，城内外冲塌民房共三百余间，淹毙民人八十余口，田地多有冲坍沙压。邵武县被水，城内外冲塌民房二百四十余间，淹毙民人四十余口，田地冲压，视光泽稍轻，较之该督抚等前次奏报更觉详悉。【略】癸未，【略】谕军机大臣等，据山东巡抚准泰题报，历城等州县被雹情形一本内，称一邑之中，不及十分之一，并有不及百分之一二者等语。【略】庚寅，【略】谕军机大臣等，那苏图具奏，清苑、龙门等县各有被雹村庄，业经委员分头查勘，应听其酌量抚恤，照例办理。【略】又谕曰：总督那苏图奏称，六月初五日，据文安县具报，县境黄甫村，有蝗一阵自东北飞来，现在扑捕等语。直隶接壤山东，飞蝗来自东北，想因山东前年荒旱，遗种在地，今夏遂至生发，州县扑捕不力，以致长翅飞扬，贻患邻封。著传谕准

① 旅生，即野生，指禾稻不种自生。

泰，令其即速严查明确，一面饬属上紧扑灭，毋令蔓延，一面据实奏闻，不得掩饰回护。至山东今岁田禾茂盛，民望有秋，蝗蝻关系禾稼，至为紧要，无论联界地方，不可贻害。即在本省，尤当加意查察，随时照料，若漠不关心，稍致飞蝗为患，有伤禾稼，经朕访闻，必于该抚是问。寻奏：查东省上年有蝗州县，均距直界甚远，臣于去冬今春，严饬搜捕，各属现在秋禾畅茂，并无飞蝗伤损。至文安东南虽可通东省，然必由河间、献县诸境，始达德州；最近亦须经静海、南皮等县，方抵武定，似文安之蝗非由东省所致。现再饬确查，如有飞蝗，务令扑灭净尽。得旨：览，那苏图亦奏非东省来者，此奏是，但恐转入东省耳，应饬各属防之，若有即扑捕，毋令滋蔓也。　《高宗实录》卷三四二

六月【略】丙申，【略】户部议覆，甘肃巡抚鄂昌疏称，渭源、固原、盐茶厅、灵州、宁夏、宁朔、碾伯、平番、西宁等厅州县乾隆十三年夏秋被灾，请分别极、次贫民，照例初赈加赈，并庄浪、真宁、秦州、礼县、秦安、平番、灵州等州县被淹人口、牲畜等项，应如所请，于司库备贮及各属仓贮内动给。其灵州、西宁、皋兰本年被灾之新旧钱粮，应同渭源等州县一体缓征。从之。【略】戊戌，【略】谕军机大臣等，据纳敏奏称，庐州府于五月二十一二等日大雨如注，河水骤涨，城垣民舍多有坍塌，人口亦有淹毙，其近日洼地尚未涸出，恐圩埂冲破之处水难遽退。又太湖、宣城、南陵、贵池、青阳、巢县、临淮、寿州、凤台等州县亦俱各报被水，均经饬司委勘等语。今岁雨泽调匀，各省秋成可望丰穰，安省被水各属，虽不过一隅，但穷黎是否不致拮据，【略】即速详悉查勘。【略】寻奏：各属被报被水处虽多，续因水退，补种晚禾，勘不成灾者大半，于通省收成大局实可无碍。【略】缓征山东王家冈、官台、石河、西由等四场乾隆十三年分水灾蠲剩灶地银两。己亥，【略】谕军机大臣等，顾琮奏报，山东雨水涨发，东昌至东平安山湖，水已盈槽，低洼之区与湖连水，自安山至分水口，南北无堤之处，诸湖与河水相连等语。【略】是月，直隶总督那苏图奏：接据遵化州文安县具报，扑捕蝻孽净尽，并未损伤禾稼。又据遵化联界之丰润、滦州俱报有飞蝗入境等语，现饬标员分头前往督捕，并委员查勘。得旨：览奏俱悉，各属捕蝗，似不实力，应严督饬之。今岁秋成光景，实可望大有，若伤之于蝗，岂不可惜，上紧督催，毋令遗孽为害也。直隶布政使朱一蜚奏：洗马林口外东隶计河一带山水陡发，地亩间有被淹，又怀来县矾石堡水泛，冲损城堡，并永清县地方低乡积潦，稍有淹浸。查今岁雨水较多，然不过沿河近山及一二低洼处所，间遭冲刷，当饬各属设法疏消。至通省各属秋禾畅发，可期丰稔。【略】两江总督黄廷桂奏：据上江所属滁州、合肥、凤台、宣城、和州、寿州、青阳、含山、全椒、巢县、南陵、太湖、贵池、舒城、怀远、凤阳、霍邱、颍上、五河、庐州卫等二十州县卫，下江所属上元、江宁、句容、六合、江浦等五县各报，于五月十七八等日大雨，山水陡发，近溪低田被浸，庐舍亦有坍损。惟江浦、合肥、太湖、贵池四县兼系起蛟，涨漫较甚，人口间有淹毙等语。【略】安徽巡抚卫哲治奏：节据布政使李渭禀开，安、宁、池、庐、凤、颍、六、泗、滁、和等府州所属州县卫三十二处，五六月间被水，内称庐、池、颍等属水势渐退，补种杂粮，将来成灾无多。惟虹县、灵璧、凤台、寿州、临淮等处被水较重等语。现饬藩司委员确勘妥办，仍亲往访勘水势。【略】山东巡抚准泰奏报，益都县先农坛东地内，禾一茎三穗者一颗、一茎双穗者数颗。又西门外宋臣范仲淹祠旁禾三茎七穗者一颗、一茎三穗者二颗、一茎双穗者数颗。又城东安定乡民地内禾一茎三穗者二颗、四茎八穗者一颗、二茎四穗者一颗，骈岐竞秀，符瑞骈臻，实为罕观。报闻。　《高宗实录》卷三四三

七月【略】己酉，【略】谕军机大臣等，据纳敏奏称，安徽省合肥等二十二州县俱报被水等语。【略】寻奏：各属初报被水情形，一系蛟水陡发，间伤人口；一系淮水漫溢，间坍房屋；一系雨水过大，旋即晴明，水渐消涸。所报被水之处虽多，续因水退，补种晚禾，勘不成灾者大半。其泗州、盱眙二州县淮水涨发，洼地间有被淹，以通邑额田计之，不过十分之一二，稍重者亦止三四，其余田地早晚二禾杂粮等项有已获者，其尚未收获处，亦可望丰稔。被水贫民应行抚恤者，现饬妥办。【略】赈恤福建光泽、邵武二县本年被水灾民，并缓征额赋。庚戌，【略】蠲免湖北汉川、潜江、天门、沔阳、江

陵、监利六州县乾隆十三年被水灾地，起存驴脚等银二千四百两有奇，租饷银六百四十两有奇，南米三百二十石有奇。又荆州卫屯饷起存丁粮银一十二两有奇。【略】辛亥，【略】蠲免福建晋江、南安、惠安、同安、龙溪、诏安、台湾、凤山、彰化等九县乾隆十三年分晚禾被旱、被潮田地应征额赋。【略】癸丑，【略】谕：朕此次巡幸木兰，亲睹田禾颖粟，实为大有之象，但目下未经收获。

《高宗实录》卷三四四

七月【略】丙寅，【略】又谕：据黄廷桂奏称，上江所属之合肥、寿州、凤台、凤阳、贵池、怀远、灵璧、虹县、滁州、全椒、和州、泗州、五河、临淮、盱眙、凤阳卫、长淮卫十七州县卫俱各被水，其临河洼下之处，秋成未免失望等语。今岁各路丰稔，该处虽属偏灾，但被水贫民不无拮据，所有应完新旧钱粮，著加恩缓至明年麦熟后开征。【略】又谕：前据顾琮奏报，山东雨水涨发。【略】寻准泰奏：查东省今岁夏麦丰收，秋禾谷豆杂粮无不畅茂，惟六月内雨泽频施，低洼之区以及依山傍湖处所，不无积水淹浸。顾琮前奏，当是此时情形。至六月十七日以后，天气晴霁，积水日涸，小民愿种秋莜者，均各及时赶种，其不愿补种，量留地力以种冬麦者，各听其便。其被水之地，经臣委员查勘，大都古洼及近湖之地，在常年原仅布种夏麦，一熟者居多。今岁雨水调匀，农民以麦丰之力，并此布种秋禾，虽有被淹，亦为数有限。以通省计之，惟邹平等二十余属偶有偏灾，然即一属计之，亦不过一隅中之一隅，现饬道府确查，照例分别办理。统核通省，实系丰稔。【略】乙亥，【略】补蠲山西永济、临晋、猗氏、虞乡、解州、凤台等六州县乾隆十三年分秋禾被灾额赋。【略】是月，署直隶总督陈大受奏，【略】臣由京起程，经良乡等处，沿途禾稼畅茂。得旨：近畿已觉丰收有象，口外更觉倍胜口内，实欣庆之至。【略】又奏报七月以来陆续得雨情形。得旨：欣慰览之。口外亦时得雨泽，更可奇者，在驻营之时居多，无碍行走，实堪畅适也。两江总督黄廷桂奏：据宿州、亳州、太和、定远、宿州卫、凤阳中卫、泗州卫具报，七月初旬大雨不止，田亩被旱。再，阜阳、颍上、霍邱、庐州、滁州五处淮水泛涨，晚禾被淹，现在委员确勘。【略】安徽巡抚卫哲治奏报，凤、泗二府州属上年秋被水灾，今年夏季连得透雨，麦收丰稔，民食不至拮据。署河南巡抚鄂容安奏报卫辉府属之延津，南阳府属之新野，陈州府属之淮宁、西华、商水、项城、沈丘等七县，开封府属之郑州、鄢陵，归德府属之商丘、永城、鹿邑、夏邑、柘城等七州县低洼被水，已成偏灾，委官确勘分数，照例题报。【略】甘肃巡抚鄂昌奏报凉州府属之武威、永昌，甘州府属之张掖、山丹，肃州府属之高台县并金塔寺各堡，间有被旱之处。柳林湖及镇番县屯田，平番县花阿裴地方，禾苗为田鼠所伤。毛目城双树墩屯田亦经被旱，俱已委员会勘，所有应行赈抚事宜，现在随时办理。得旨：是预为绸缪，毋致后时也。

《高宗实录》卷三四五

八月【略】壬午，【略】赈贷湖北罗田、云梦二县被水灾民，并缓征本年额赋。【略】癸未，【略】缓征江苏铜山县、邳州、睢宁、海州、赣榆等六州县卫雹灾新旧额赋。　　《高宗实录》卷三四六

八月【略】癸卯，【略】赈贷河南延津、新野、淮宁、西华、商水、项城、沈丘等七县本年被水灾民。【略】甲辰，【略】赈贷湖北潜江、沔阳、天门、荆门、当阳、江陵、监利、远安、襄阳等九州县，并沔阳、荆州、荆左、荆右四卫被水灾民，并缓征本年额赋。【略】是月，闽浙总督喀尔吉善奏报，闽省延平府属永安县、永春州，并所属德化县，泉州府属晋江、南安二县俱因雨水过多，溪河泛溢，田禾堤岸间有冲损。浙省风潮，杭、嘉、湖、绍各府间有被伤之处，惟宁郡稍重，郡属以定、镇二县较重，现在查勘赈恤。【略】山东巡抚准泰奏：东省各属境内嘉禾吐秀，异亩联歧，济南府历城县有一茎三穗者九科、一茎双穗者甚多。青州府临淄县一茎双穗及一茎三穗，又一本二茎四穗者各一科。莱州府掖县、平度、胶州、潍县、昌邑、高密、即墨等境一茎双穗者甚多。登州府蓬莱县一茎三穗者四科，又蓬莱、黄县一茎双穗者甚多，今当成熟，恭采五十科，分盛绘图呈进。　　《高宗实录》卷三四七

九月【略】辛亥，【略】谕：吴进义所奏七月二十七日海洋夜起飓风一折，据称定镇在洋巡哨水艍

大船一只，遇风打破无存。【略】寻奏：细察一船官兵得以全活者，实因飓风将船打至大榭山，撞礁击碎，官兵各抱板浮篷，被浪打拢山脚，故得上崖，虽受伤，幸各得生。【略】庚申，【略】豁除浙江海宁、松阳二县水冲沙压田地额赋银一千六百两有奇，米一石有奇。　《高宗实录》卷三四八

九月【略】甲子，【略】贷山东长山、新城、齐河、禹城、金乡、菏泽、城武、单县、曹县、巨野、兰山、沂水、临清、昌邑、胶州、高密等十六州县被雹灾民，并缓征本年额赋。【略】丁卯，【略】缓征江南淮安分司所属板浦、徐渎、中正、莞渎，并泰属庙湾等场本年水灾额赋。【略】己巳，【略】除云南邓川州水冲沙压民屯田地额赋米二十二石有奇，银二十五两有奇。【略】是月，署江苏巡抚雅尔哈善奏：宝山、华亭二县猝被风潮，土塘石坝多有坍损，田禾略减分数，尚无大碍。　《高宗实录》卷三四九

十月【略】乙酉，谕：今岁各省大概丰收，惟安徽省之寿州、凤阳、临淮、泗州、凤台、怀远、五河、霍邱八州县，并坐落之凤阳、凤中、长淮、泗州等四卫，原系积歉之区，而本年六七月间大雨迭降，被灾稍重，未免向隅。再，宿州、虹县、灵璧三州县及宿州卫被灾虽轻，民力不无拮据，应加恩将漕米漕项分别蠲缓。

《高宗实录》卷三五〇

十月【略】甲午，【略】赈贷浙江钱塘、余杭、海盐、平湖、安吉、武康、鄞县、慈溪、奉化、镇海、象山、定海、山阴、会稽、诸暨、余姚、上虞、嵊县、东阳、义乌、丽水、玉环等二十二州县厅，及鲍郎、海沙、芦沥、大嵩、清泉、鸣鹤、龙头、穿长、玉泉、曹娥、石堰、金山，并江苏横浦、浦东、袁浦、青村、下砂、下砂二三场等十八场本年水灾民灶。【略】戊戌，【略】蠲缓江苏阜宁、安东、清河、睢宁、海州、沭阳等六州县本年水灾应征漕粮漕项，并上元、江宁、江浦、六合、山阳、桃源、盐城、高邮、甘泉、宝应、铜山、沛县、萧县、邳州、宿迁、淮安、大河等十七州县卫漕项有差。乙亥，【略】蠲缓绥远城助马拒门口外庄头种地本年霜灾额赋。蠲缓直隶蓟州、丰润、天津、青县、静海、盐山、庆云、津军厅、正定、邢台、永年、邯郸、肥城、成安、宣化、怀安、龙门、张家口等十八县厅本年水灾额赋，分别赈恤及旗户、灶户有差。【略】癸卯，【略】缓征山西宁乡、永宁、浑源、应州、广灵、右玉、朔州、马邑、五寨、荣河、万泉、永济、平定、乐平、寿阳、忻州、定襄、代州、五台、绛州、解州、芮城、稷山、蒲城等二十四州县，本年水灾、雹灾、霜灾应还籽种仓谷。　《高宗实录》卷三五一

十一月丙午朔，谕：据甘肃巡抚鄂昌奏称，甘州府属之张掖县暨东乐堡县丞分驻地方，凉州府属之镇番、平番二县，宁夏府属之宁夏、宁朔、中卫三县，直隶朔州并所属之高台县秋收俱仅五分以上，实属歉薄等语。收成五分以上，例不蠲免钱粮，但该省土瘠民贫，偶值歉收，民力不无拮据，宜量加体恤。【略】丁未，【略】豁除江苏滨江各属坍没芦洲田滩课银四千一百二十九两有奇。

《高宗实录》卷三五二

十一月【略】辛未，【略】又谕：川省【略】军兴之后，今年虽幸丰收，民力恐未充裕，若一时并征，难免拮据，著加恩将十三年尾欠，于庚午年带征。【略】是月，【略】安徽巡抚卫哲治奏：今岁凤、颍、泗三府州属屡被偏灾，皆受河水漫溢之害，若兴筑堤岸，不特工大费繁，且土性虚松易坍，应照开挖引河法，于上游挑沟，以分水势。【略】福建巡抚潘思榘奏：台湾共应采买谷十四万二千八百余石，今岁丰收，本应买补，但该郡连年歉薄，户鲜盖藏，市价亦未遽平，而内地九府二州俱丰登，漳、泉等府复蒙截漕备贮，沿海尽有预备，请将在台平粜及领价采买谷三万八千三百余石，于本年先行买补，其应运补内地兵眷谷十万四千三百余石，缓至来岁筹办。报闻。　《高宗实录》卷三五三

十二月乙亥朔，【略】蠲缓直隶永清县仁和铺等村庄本年水灾额赋，并酌借籽种口粮。蠲缓山西清水河等四协厅属时和丰等里，朔州窑等村本年被雹、被旱地亩额赋，并酌借籽种。

《高宗实录》卷三五四

十二月，【略】是月，【略】安徽巡抚卫哲治奏：赈济贵池等二十州县卫，因粮价平减，概给折色，至凤、颍等属向有无业民人，于秋收种麦后，往往挈眷远出谋生，非尽由被灾而然，无庸留养资送，

此外间有老幼残废之流,已饬属邑查明,量予安顿。《高宗实录》卷三五五

## 1750年 庚午 清高宗乾隆十五年

正月【略】壬子,【略】谕:据甘肃巡抚鄂昌奏称,肃州并山丹县地方收成歉薄,从前州县有匿灾未报,查勘不实之弊,已飞饬委署宁夏道杨灏、候补知州许登第逐一查明,借给口粮等语。

《高宗实录》卷三五六

正月,【略】是月,【略】甘肃巡抚鄂昌奏,瓜州回民本年春耕籽种口粮缺乏,兼之去冬严寒,牲畜倒毙过多,无力买补。【略】又覆奏:上年肃州、高台收成均五分以上,例不成灾,山丹县东南两乡秋收止五分有余,该县前报六分以上,额赋例应征纳,故无力之家,皆受拮据。

《高宗实录》卷三五七

二月【略】乙亥,【略】谕:时届春融,正秋麦纽芽之候[①],幸自去冬至今,瑞雪频沾,土膏滋润,渐已青葱入望,所有经过地方,一应扈从王公大臣官员,以及内侍人等,车马仆从,俱著严加诫饬,无得践踏。【略】丁亥,春分日,【略】谕:上年各省俱庆有秋,山右亦登丰稔,惟太原、临晋、蒲县等县间因被水、被雹,偶值偏灾,俱经照例赈恤。其他如猗氏等县,夏间虽有小歉,后亦旋告有秋,俱称勘不成灾。《高宗实录》卷三五八

二月【略】辛卯,【略】缓长芦沧州、盐山、庆云、海丰四州县,兴国、富国、海丰、丰财、严镇五场乾隆十四年分水灾灶丁额赋,并赈恤如例。【略】壬辰,【略】谕:上年直隶各属丰收,间有被水、被雹偏灾,如蓟州、天津、津军厅、青县、静海、盐山、庆云、宣化、怀安九处,俱已照例赈恤。其永清、正定、邢台、永年、邯郸、成安、肥乡、龙门八处均系一隅偏灾,因连岁有秋,粮价平减,无需给赈,亦经照例蠲缓。今朕巡幸五台,经过直隶地方,已蠲免钱粮十分之三。【略】乙未,【略】蠲福建邵武、光泽二县乾隆十四年分水灾民屯额赋十之七。豁山东胶州塔埠海口乾隆十三年六月遭风漂没米一千七百六十石有奇。【略】丁酉,谕:朕巡幸晋省,切念民依,特谕巡抚阿里衮,将该省上年偶被偏灾之太原等县,及勘不成灾之猗氏等县,详悉查明,应有缓征带征,酌拟分数奏闻,请旨办理。【略】己亥,【略】蠲江苏续报江浦县乾隆十四年分水灾学田额赋十之四。《高宗实录》卷三五九

三月【略】戊午,【略】蠲安徽贵池、石埭、合肥、寿州、凤台、宿州、凤阳、临淮、怀远、定远、虹县、灵璧、阜阳、颍上、霍邱、亳州、泗州、盱眙、五河、滁州、全椒、来安、和州等二十三州县,并庐州、凤阳、凤中、长淮、宿州、泗州、滁州等七卫乾隆十四年分水灾田地额赋有差,并缓蠲余带征,及勘不成灾新旧各项地丁银米,赈恤借贷如例。《高宗实录》卷三六〇

三月【略】乙丑,蠲湖北续报潜江、沔阳、天门、监利四州县乾隆十四年分水灾民更屯地银共四千五百九十九两有奇、南米五百二十六石零,并缓蠲余带征,及勘不成灾各项应征额赋。【略】戊辰,【略】加赈山西蒲县乾隆十四年分被雹灾民有差,并缓勘不成灾田地额赋及带征旧欠谷石。【略】己巳,【略】缓河南中牟、郑州、鹿邑、上蔡、西平、遂平、淮宁、西华、商水、项城十州县乾隆十四年秋被水灾民带征地丁额银。庚午,【略】蠲山东邹平、长山、新城、齐河及并卫,齐东、济阳、禹城、临邑、东平、惠民、海丰、商河及并卫,滋阳、宁阳、鱼台、济宁、汶上、寿张、济宁、东平所、巨野、郓城、临清卫、高密及并卫等州县卫所乾隆十四年分水灾额赋有差。【略】是月,直隶总督方观承【略】又奏:自雄县于本月二十三日回署,经过地方,因望后风多气燥,田土觉干。臣亲行斸验,低田二指以下,高田三指以下,即见潮润,询之农民,佥称月内得雨二寸余,即行接湿。二十三四两日,保定省

① "正秋麦纽芽之候"。时乾隆前往五台山参谒,沿途见冬麦返青。

城连得阵雨，各处粮价俱平。得旨：朕正为此愁劳，昨京师得二寸许雨泽，虽略润泽，究欠沾足，此数日间得沛大泽，方于麦收不致减分数也。保阳一带近日光景又复若何，实奏以慰朕怀。又奏：本月二十八日，保定省城由未刻至暮，得沛甘霖，入土七寸。得旨：欣悦览之，京师亦已沾足。【略】前任安徽巡抚卫哲治奏：安省各属仓粮，例于青黄不接之际，减价粜济民食，贵池、石埭、合肥、寿州、凤阳、临淮、怀远、灵璧、虹县、凤台、颍上、霍邱、泗州、盱眙、五河、滁州、全椒、和州等处上年秋禾被水，目下已经赈竣。惟距麦收尚远，贫农籴食维艰，应请每石减价一钱，使灾民得沾实惠。

《高宗实录》卷三六一

四月【略】乙亥，【略】又谕：据杨二酉奏称，今岁运河水势充盛，粮艘遄行。【略】丙子，【略】又谕：据图尔炳阿奏称，云南省城正月二十一日二更时分，雷雨交作，小东门城内存贮火药之五华山局，震击轰毁等语。【略】壬午，【略】豁除直隶张家口被水冲汕地五十四顷四十五亩额赋。

《高宗实录》卷三六二

四月【略】己丑，【略】又谕：据巡抚阿思哈折奏，二月上中二旬各属雨水调匀，菜麦已经秀实，嗣于三月十四、十五、十九等日甘霖普降，早田栽插及时，农民甚为欣庆。又称，各属粮价，南昌等七府所属州县间有稍增数分，一钱一二分，其余各属均与上月相同等语。【略】乙未，【略】豁免安徽贵池、石埭、合肥、寿州、凤台、宿州、凤阳、临淮、怀远、定远、虹县、灵璧、阜阳、颍上、霍邱、亳州、泗州、盱眙、五河、滁州、全椒、来安、和州等二十三州县，并庐州、凤阳、凤中、长淮、宿州、泗州、滁州等七卫，乾隆十四年分水灾银一万七千六百九十七两零，米一千三百八十四石零，麦五十四石零，豆五十二石。【略】己亥，【略】谕军机大臣等，据漕运总督瑚宝奏称，四月中舟过山东之峄县地方，沿河一带麦禾俱经出穗，青葱茂盛，询之居民，称入夏以来未得雨泽，近日光景若何，准泰何以不行具奏。【略】寻奏：峄县沿河一带皆系兖州府属，入夏以来有未得雨之处，然皆土膏润泽，据该府禀报，所属州县本年二麦收成分数约在九分以上。至此外沿河之鱼台、金乡、济宁州卫，及该府所属之滋阳、宁阳、曲阜、泗水、邹县、嘉祥，并登州府属之蓬莱、文登、福山、宁海，莱州府属之掖县、高密、平度、胶州等处，各于四月下半月均得透雨。【略】是月，直隶总督方观承奏：直属雨水未能深透，二麦略减分数，于秋禾无伤。得旨：京师亦然，日日有细微之雨，而总不沛泽沾足。朕实忧之，麦收已定减分数，然较之往年犹属稍胜。【略】又奏直隶二麦并秋田情形，大概收成分数约四五分至八九分不等。再查直属麦价，三倍于谷，而民食又不藉此，是以每亩收石余者为大丰，五六斗以上亦不为歉。至大田虽雨泽未均，然今年播种早，得气全，现在青苗一色完好，即得雨稍迟，不至旱损。【略】河南巡抚鄂容安奏：雨水调匀，二麦长发，现已丰收，粮价甚平。【略】得旨：欣慰览之。京师近觉望雨，春初满望麦可丰收，今则不过仍如常年耳。【略】又奏：豫省开、归、陈三府所属素多水患，现因查勘水灾，筹办挑浚事宜。

《高宗实录》卷三六三

五月【略】丙午，谕：京师二三月间幸得甘霖，入夏以来虽间有微雨，未能沾足，现今麦秋已届，农家待泽甚殷，朕心轸念。【略】庚戌，上诣黑龙潭祈雨。【略】辛亥，【略】又谕：朕闻江西庐陵县地方于三月二十八日因上流赣州府属山水骤发，汇流而下，是夜水涨，几及二丈，势甚汹涌，麦苗间有淹没之处，此事迄今四十余日，该督抚等何以尚无奏闻。【略】寻奏：庐陵、瑞金、会昌、万安、泰和、广昌六县俱经先后禀报，于三月二十八九等日，水发自一丈二三尺及五六尺不等，但俱称二麦已收，早禾方栽，俱不成灾。【略】甲寅，【略】谕军机大臣等，鄂昌奏报三四两月地方得雨情形，折内如阶州及甘、凉、宁、肃所属，自三月下旬至四月中旬得雨，俱未深透。

《高宗实录》卷三六四

五月【略】戊辰，上诣黑龙潭祈雨。【略】己巳，谕：据准泰折奏，现今各属麦收丰稔，请于沿河麦价平减地方采买麦十五万石，分运德州、临清二处抵谷贮仓。【略】现在畿辅甘霖大沛，且连日浓阴，东南一带想可均沾膏泽，所奏采输麦石，【略】如此时大田已经得雨，则秋成可期，自无庸筹办。

《清高宗实录》卷三六五

六月【略】己卯，谕军机大臣等，据蒋炳等奏称，据固安县知县禀报，五月二十九日永定河水骤涨，南岸三工月堤漫开五六丈，六月初七日又报全河之水俱由三工淤沟而出，已宽至十六七丈，月堤刷开四十余丈，直流而下，固安以南洼地俱被水淹等语。【略】癸未，【略】工部议准，陕西巡抚陈宏谋疏称，同州府属潼河，发源商雒，由潼关城南水门出北水门，入黄河，今年水势涌涨，城洞桥座俱被冲塌，城河沙石填塞，应动项挑修。【略】蠲免江苏沛县昭阳湖水沉田地额银四千五百九十六两零、米一千二百十八石、麦二百三十六石，并麻一千八百六十七斤零。《高宗实录》卷三六六

六月丁亥，【略】谕：据直隶总督方观承奏称，新城县属之东双铺头高桥等十九村，雄县属之四柳庄等十一村，俱因清河水涨，淹及民田，目今水已涸出，正可补种莜麦，应查明无力贫户，酌借籽种，以资力作。【略】丙申，谕：据方观承奏称，乐亭县属杨家庄等三十六村，于五月二十九日海潮乘汛漫进，田禾被淹，潮水所过地亩均成卤咸，或沙壅成滩，不但目前不能补种晚禾，将来恐即多成废地等语。【略】是月，【略】河南巡抚鄂容安奏报，雨水沾足，秋禾畅茂，并亲询收割早晚情形。

《高宗实录》卷三六七

七月【略】丙午，谕曰：泰陵承办事务多罗贝勒允祎等奏称，六月二十九日夜大雨如注，山水陡发，自隆恩门以外至大红门红墙闸口一带，及围墙内外，有被水冲刷之处等语。【略】又谕曰：直隶总督方观承奏，六月二十八九等日，易州地方山水陡发，兵房民舍间被冲塌，人口亦有伤损等语。【略】寻奏：臣与藩司恒文筹议，即今前赴易州，将被水穷民照现在固安奏准事宜，查明五口以上者，给米四斗；四口以下者，给米三斗。动仓谷散给兵丁七百余名，已将下季粮米预行借支。冲塌草土房屋共一千九百九十余间，分别修整。【略】又奏：【略】所有被冲兵民瓦草房屋，续查出八百余间，共二千八百余间，内民房一千二百余间。墙圮而瓦木犹存者，照例每间给银一两，土草房每间五钱；瓦木全无者，酌量将瓦房每间给银一两五钱，土草房八钱。又，冲去民一百五十七名口，大口酌赏银二两、小口一两。【略】其绿营兵营房冲塌一千六百余间，【略】八旗绿旗被水各弁兵，情甚拮据。【略】再，查绿旗当差值宿之千总刘度瀛，外委李恒彪、潘世德及兵丁二十二名，水发时不敢擅离汛地，以致被冲。【略】丁未，谕：据河道总督高斌等奏称，六月初旬后，东省山水陡发，运河汛水异涨，漫溢宿迁县南北两岸，桃源、清河北岸等处堤工。其邳州、睢宁、安东、阜宁、海州、沭阳等州县，因伏雨较多，低洼田亩多有淹浸等语。【略】辛亥，【略】又谕军机大臣等，据直隶总督方观承奏称，六月二十八日至七月初一日大雨连绵，唐河、猪龙河均各漫溢，淹及唐、完、满城、保定等处。直属今年被水地方，初意仅止永定河之固安、永清、武清等邑，今据该督续奏，大雨河涨，又有被淹州县。现今入秋气爽，溽暑已过，田禾分数成色俱已可定，村庄田地于积水稍落亦可清查。【略】癸丑，谕：上年各省丰收，所有漕粮，现已全数过津。【略】寻直隶总督方观承奏：查今年被水各处，多系一隅偏灾，各该处仓谷，约计足资拨用，惟固安、永清、霸州、武清等处被水村庄较多，又天津、宝坻、保定三县被灾稍重，此数处皆与天津水路相近，如需米数多，即于北仓拨用。

《高宗实录》卷三六八

七月【略】丁巳，【略】又谕军机大臣等，总督方观承覆奏今岁直属年景一折，据称上年报水四十一州县厅内，成灾者十处，轻灾不赈者十七处，而通省收成仍实有八分。今年被水共有四十八处，虽被水较大，而偏灾情形略与上年相等，大势无碍丰稔等语。【略】壬戌，除台湾府彰化县水冲沙压田园额征粟一百四十石有奇，匀丁银七两有奇。【略】乙丑，谕：据船厂副都统松阿里奏称，今年六七两月船厂地方阴雨连绵，江水涨溢，该处城内城外旗民房舍田亩以及仓粮俱被水淹，人亦有被伤者，朕闻之深为轸念。【略】丙寅，【略】贷江苏铜山、沛县、砀山三县雹灾饥民，并缓征本年额赋。丁

卯,【略】谕:据江南河道总督高斌等奏称,六月二十七日清河县运河北岸豆班集堤工漫溢,当即进埽抢筑,堵塞漫口,计坝工长五十丈,于七月十六日合龙等语。此番伏水异涨,较甚往年。【略】戊辰,【略】赈恤浙江淳安县水灾饥民,分别蠲缓新旧额赋。【略】是月,直隶总督方观承奏津、涿被水查办情形。【略】又奏:六月二十八至七月初一日大雨,保定府河水盛涨,查勘被淹村庄,堵筑堤埝,及城垣营房桥梁闸座分案估修各情形。【略】又奏:臣路经定州之唐河,新乐之沙河,正定之磁河,均于七月初一日发水,沙、磁二河旋即消退,田禾无损。惟上游阜平县之平阳等三社山沟居民,被冲瓦、草房一百六十余间,冲去男妇十二名口,当经量加抚恤。其唐河暴涨,据报唐县之军城庄等九村庄,曲阳县之南店树等七村庄被冲房屋共一千余间、男妇一百九十二名口,已委员前往,会同地方官查勘抚恤。【略】天津镇总兵王进泰奏:六月二十八九等日,雨水过多情形。【略】两江总督黄廷桂奏:六月大雨水涨,六塘河堤工漫决不止一处,而豆班集尤要,虽经高斌等督率抢筑,但漫决既广,沿河居民猝被水灾,未免失所。【略】又奏:安徽歙县、绩溪等县续报被水情形。得旨:今年雨水颇大,朕甚为两江系念,其为灾较之(雍正)七八年究为何如?【略】江南河道总督高斌【略】奏:豆班集漫口三十余丈,水深溜急,难以刻期合龙。【略】寻奏:查雍正八年,因黄河堤工十余处过水,又洪泽湖天然坝启放,故被灾较多。本年黄河堤岸巩固,天然坝坚闭未启,是以水势虽大,而成灾处较雍正八年仅十之二三。【略】江西巡抚阿思哈奏报沿河州县被水情形。【略】福建布政使陶士僙奏:办理水灾赈恤情形。【略】湖广总督永兴奏:两湖丰稔,间有一二被水处,灾轻易辨各情形。【略】山西巡抚阿里衮奏:阳曲、榆次、太原三县被水抚恤情形。《高宗实录》卷三六九

八月【略】辛卯,谕:朕恭谒祖陵,所过京东州县,田中收获之象,较往年似觉歉薄,大抵因夏秋雨水过多,是以不能尽获丰稔。【略】又谕军机大臣等,据陕甘总督尹继善折奏,陕西附近西安一带,七月以后虽节次得沾微雨,终未透足,现在低洼近水地亩,秋禾仍属有秋,高阜之区收成难免歉薄等语。【略】甘属陇西、伏羌二县被淹濒河村庄,该督现饬委员确勘。【略】丁酉,【略】赈恤山东峄县、兰山、郯城、平度、昌邑、胶州、高密等七州县被水灾民,并缓征新旧额赋。【略】是月,【略】两江总督黄廷桂奏江西各县被水情形,并勘办缘由。【略】两广总督陈大受、广东巡抚苏昌等奏:雷州府属风灾,倒屋碎船,淹毙人口,冲激堤岸田地,分别查勘抚恤各情形。《高宗实录》卷三七一

九月【略】甲寅,谕:【略】今岁山东所在丰稔,惟兰山、郯城夏秋被水,其诸借项,著加恩赏给。

《高宗实录》卷三七二

九月乙卯,【略】贷奉天牛庄等处被水旗民,并减价平粜。【略】丁巳,【略】谕:据陕甘总督尹继善等折奏,陕西通省秋禾秀实,现在渐次登场。所有附近西安一带高原旱地,前雨未遍,后雨过时,收成不无歉薄,但细察民情,目前糊口有资,无须滥行报灾。惟是应征钱粮,若仍照旧催征,民力不无拮据等语。著照所请,将西安府属之咸宁、长安、临潼、醴泉、泾阳、咸阳、三原、高陵、兴平、富平、耀州,并乾州、商州、山阳、商南等十五州县被旱村庄歉收地亩,本年应完新旧地丁等粮,及本色折色并各项尾欠,加恩缓至明年麦收后征收。【略】乙丑,赈恤福建闽县、侯官、福清、闽清、南平、将乐、建阳、崇安、宁化等县被水灾民。【略】是月,直隶总督方观承奏报永定堤工于本月十七日合龙,水归正河情形。【略】署浙江巡抚永贵奏温、台各属先后据报风、雨、虫灾,查办缘由。得旨:览奏俱悉,赈恤事宜,妥协为之,均令受实惠可也。《高宗实录》卷三七三

十月【略】壬申,【略】户部议覆,陕甘总督尹继善奏称,哈密现贮小麦一万九千余石,以每年应需粮五千三百余石计算,尚不敷四年之用。其蔡湖回屯每年征收之粮,十年始敷一年之用,应预筹积贮。【略】戊寅,【略】赈恤浙江淳安县本年分水灾饥民。己卯,【略】河南巡抚鄂容安奏:豫省本年收成丰稔,惟河北一带晚禾稍歉。【略】臣遵旨详查,惟汲县、新乡、辉县、获嘉、修武五县晚禾稍歉,请统前蠲十分之五,余可勿庸再办。【略】辛巳,【略】抚恤直隶越支、兴国、富国、丰财、芦台、济民、

石碑、严镇等八场及山东西繇场本年水灾灶户。《高宗实录》卷三七四

十月乙酉,【略】免江苏清河、桃源、安东、邳州、宿迁、睢宁、海州、沭阳、大河等九州县卫本年分水灾漕粮漕项银米,缓江浦、铜山、萧县、赣榆、徐州等五州县卫本年分水灾漕粮。【略】丙戌,【略】又谕:方观承奏称,今岁天津、静海等县被有偏灾,穷民已蒙赈恤,惟是天津素不产米,粮价渐昂,恐来春青黄不接之时,民食无资,请开海运一年,准令商民前往采买。【略】内务府议准,【略】本年打牲乌拉被水较重,现在借给粮石,不必归纳,即行赏给。【略】丁亥,【略】谕:今岁夏秋雨水过多,长芦盐价昂贵,收贮之处又多被水耗损。【略】戊子,【略】抚恤山西太原县、应州本年分水灾饥民,并蠲缓应州、山阴、天镇等三州县本年额赋有差。【略】庚寅,【略】蠲缓浙江淳安县本年分水灾漕项银米有差。【略】壬辰,谕军机大臣等,据吴应枚奏,奉命前往山东祭告曲阜,沿途见新城、雄县等处被淹涸出地亩,种麦尚少,至德州、东平、兖州等处,陇麦亦未全种等语。【略】寻,准泰奏:东省秋麦业种十分之七,余留种棉花、春麦、高粱。缘瘠区布种秋麦,经寒则麦苗拳缩,沙瘠高阜止可种植旱谷,此实随地制宜之理。报闻。鄂容安奏:豫省田地除本系留种秋禾,尚未耕耨外,早麦已见青葱,晚麦现因缺雨,出土稀少。得旨:豫省今冬颇旱,一切应留意。【略】抚恤安徽省寿州、宿州、凤阳、临淮、怀远、定远、虹县、灵璧、凤台、颍上、霍邱、蒙城、泗州、五河、盱眙、滁州、全椒、和州、含山、阜阳、亳州、铜陵等二十二州县,及长淮、凤阳、滁州等三卫本年分水灾饥民。【略】甲午,【略】谕军机大臣等,喀尔吉善折奏,台湾所属各厅县及漳州府属之龙溪、海澄、南靖、诏安等四县于六月八日间猝被风雨,溪水盛涨,田园房屋均有冲塌,人口亦有损伤。金、厦、台、澎等处连起飓风,船只多被漂击等语。【略】蠲缓直隶固安、永清、霸州、保安、文安、大城、东安、武清、宝坻、蓟州、宁河、宛平、涿州、乐亭、清苑、容城、唐县、博野、新城、完县、蠡县、雄县、祁州、安州、高阳、新安、安肃、河间、肃宁、任丘、天津、青县、静海、津军厅、万全、张家口同知、西宁、蔚县、宣化、龙门、怀安、定州、曲阳、易州、丰润、玉田等四十六厅州县水灾、雹灾地亩本年额赋。其固安、永清、霸州、保安、文安、武清、宝坻、新城、雄县、安州、新安、天津、津军厅、静海、大城、肃宁、高阳、玉田等十八厅州县饥民,贷予口粮。保安、文安、大城、东安、武清、宝坻、蓟州、宁河、清苑、新城、完县、蠡县、雄县、祁州、安州、高阳、新安、河间、肃宁、任丘、天津、青县、静海、津军厅、西宁、丰润、玉田、固安、永清、霸州、易州、唐县、曲阳、定州、乐亭等三十五厅州县饥民,并予赈恤有差。【略】戊戌,【略】贷黑龙江呼兰口、七家、雅拉城旗民口粮有差。赈恤江苏溧阳县、通州水灾饥民,并蠲缓新旧漕项钱粮有差。

《高宗实录》卷三七五

十一月【略】壬寅,【略】豁除浙江萧山县西兴永盈围场海潮坍没田地正课银二百七两有奇,从巡抚兼盐政永贵请也。【略】己酉,【略】赈恤甘肃平凉、西宁、肃州等三州县本年雹、旱灾饥民,并免额赋。贷河州、狄道、皋兰、渭源、金县、陇西、岷州、安定、会宁、伏羌、漳县、盐茶厅、泾州、安化、合水、真宁、秦州、秦安、清水、礼县、永昌、镇番、宁朔、中卫、灵州、西宁、碾伯、高台等二十八厅州县籽种口粮,缓甘州、镇番、肃州、高台等四州县及东乐县丞所属田亩额赋。辛亥,【略】抚恤浙江象山、临海、黄岩、太平、定海、天台、仙居、永嘉、乐清、瑞安、平阳、云和等十二县,杜渎、黄岩、永嘉、长林等四场,温州卫、玉环厅本年风水灾饥民灶户,并缓征漕米额赋有差。【略】壬子,【略】谕:山东兰山、郯城二邑今秋被灾稍重,其勘明成灾处所,已照例分别蠲缓。【略】癸丑,【略】贷吉林乌拉、宁古塔、伯都讷、拉林、三姓等处本年分水灾饥民兵丁籽种口粮。加赈山东峄县、兰山、郯城、平度、昌邑、胶州、高密等七州县本年分水灾饥民有差。《高宗实录》卷三七六

十一月乙卯,【略】缓征湖北汉川、黄冈、应山等三县及武昌左卫本年水灾地亩额赋有差。【略】丁巳,【略】又谕,今岁山西大同、朔平所属州县内有歉收之处,虽系六分以上,与缓征之例不符,【略】著加恩将大同府属之大同、怀仁、灵丘、广灵、浑源、应州、山阴、天镇、阳高,及朔平府属之马邑

等州县应征旧欠钱粮米豆，暂缓至明年麦熟后征收一半，其余一半于秋收后征完。【略】户部议准，绥远城将军富昌疏称，朔平府赵家圈佃户承种地二十一顷五十九亩，助马口庄头承种地二百四十五顷五十亩，秋麦雹伤，应征银粮应分别蠲缓。从之。 《高宗实录》卷三七七

十二月庚午朔，【略】赈恤盛京高丽堡、旧边、白骊河、白旗堡、二道京、小黑山等六站本年分水灾饥民有差。【略】戊寅，【略】加赈两淮莞渎、临洪、新庄等三场本年水灾灶户，并蠲缓板浦、徐渎、中正等三场额赋有差。 《高宗实录》卷三七八

十二月【略】戊子，【略】又谕，据将军阿兰泰奏称，副都统哲库讷今年行围回任时，值大雪风沙，伊即弃众先回，冻死车夫二百余人等语。【略】蠲缓盛京、辽阳、广宁、岫岩、开原、铁岭、凤凰等七城本年分水灾旗民额赋，并赈恤有差。己丑，【略】加赈盛京、承德、辽阳、铁岭、开原、锦县、广宁等六州县本年分水灾饥民有差。 《高宗实录》卷三七九

## 1751年 辛未 清高宗乾隆十六年

正月【略】壬寅，谕：据黄廷桂折奏，上、下两江去年被水最重之宿州、灵璧、虹县、五河、宿迁、邳州、睢宁、海州、沭阳等处，次重之凤阳、临淮、怀远、凤台、寿州、霍邱、清河、桃源、安东等处，三冬已普沾存济，而冬末春初赈期已毕，青黄不接，民力犹恐难支等语。著再加恩将被灾最重之州县极贫加赈三个月，次贫加赈两个月。 《高宗实录》卷三八〇

正月【略】己未，谕：朕南巡江浙，道出青齐，该省去腊以来，雪泽沾足，麦秋丰稔有望。【略】癸亥，【略】又谕：上年江南安徽所属之绩溪等州县卫，江苏所属之江浦等州县卫被水、被旱，致有偏灾，一应赈恤事宜，已令该督等照例办理。【略】著加恩将被灾最重之歙县、绩溪、广德、建平、铜山、沛县六州县极、次贫民各加赈两个月；次重之铜陵、寿州、宿州、灵璧、虹县、邳州、萧县、宿迁、睢宁九州县极、次贫民各加赈一个月。【略】甲子，【略】和硕庄亲王允禄等奏报京师得雪情形。得旨：欣悦览之。途间亦得沾足瑞雪，勾萌未动，颇益田功。 《高宗实录》卷三八一

二月【略】辛未，谕：上年东省虽获有秋，而兰山等七州县偶被偏灾，加恩赈恤，民食固不至缺乏。【略】壬申，【略】豁除福建邵武、光泽二县水冲沙压民屯寺田地共二十七顷二十四亩有奇。【略】丙子，【略】加赈长芦西由场水灾灶户。【略】戊寅，【略】谕：上、下两江上年有被灾稍重之处，曾经加恩，【略】朕车驾南巡，所有经过之宿迁、桃源、清河三县，见其民气远逊他处，并将所借籽种、银两全行豁免。【略】辛巳，【略】缓征长芦庆云、青县、衡水、兴国、富国、丰财、芦台、严镇等场水灾灶户额赋，并分别赈恤饥民。免山东峄县、兰山、郯城、平度、昌邑、胶州、高密等七州县水灾额赋有差。【略】癸未，【略】谕：京师米价，较上年渐觉昂贵。【略】（总理事务王大臣）寻奏：京师现在米价，老米每石一两六钱五分，稄米、仓米每石一两五钱五分。 《高宗实录》卷三八二

三月戊戌朔，【略】贷黑龙江呼兰地方、蒙古图七庄屯水灾旗民，并豁免五座官庄壮丁本年额交官粮。缓征宁古塔、吉林水灾额赋有差，并豁除水冲沙压地七千四十三亩。免浙江淳安县水灾地亩漕项，并月粮改折银两。【略】辛亥，【略】免江苏江浦、清河、桃源、安东、铜山、萧县、邳州、宿迁、睢宁、海州、沭阳、赣榆、大河、徐州等州县卫水灾额赋有差，并缓征清河、桃源、安东、邳州、宿迁、睢宁、海州、沭阳、大河等九州县卫节年缓漕。加赈山西太原、应州二州县水灾饥民，并缓征太原勘不成灾村庄钱粮。 《高宗实录》卷三八四

三月【略】甲寅，【略】加赈广东海康、遂溪二县水灾饥民，并蠲缓本年钱粮有差。【略】庚申，谕军机大臣等，京师三月十四日夜雷雨，十五日午间转而为雪。【略】辛酉，【略】免江苏通州水灾额赋有差，并贷贫民口粮。【略】乙丑，【略】蠲缓浙江玉环、永嘉、乐清、瑞安、平阳、临海、温州等厅县卫

水灾本年漕项银米有差。开除江西萍乡县乾隆十年报垦复被水冲民田七亩有奇。【略】丙寅，【略】谕军机大臣等，据黑龙江将军富尔丹奏称，去岁吉林地方雨水过多，河水涨溢，冲损田苗，米价昂贵，每一大石，价至九两之多，如青黄不接时，米价再涨，穷民更觉艰难。请将黑龙江所属呼兰地方仓贮米石，拨仓斛一万石，由水路运至吉林，令彼处旗人照齐齐哈尔所定官价，仓斛三石五斗四升，粜价银一两二钱等语。【略】如一大石与仓斛三石五斗四升之数相等，则吉林地方现已卖银九两，而仓斛三石五斗四升只作价一两二钱，减价过多。【略】丁卯，【略】谕内阁，时界暮春，朕回銮所至，青畴弥望，二麦既已抽芒，新秧亦将出水，朕心深为欣慰。【略】是月，直隶总督方观承奏：直隶上年被水东西两淀、南北运河，并白沟、唐河、蓟运等河先后泛涨，又天津海河倒漾，秋尽始退，各处堤埝多冲刷残缺，须汛前修补。【略】署浙江巡抚永贵奏：杭城风雨过大，菜豆花时间有摇落，麦苗甚为畅茂。兰溪县报有一二村庄偶被小雹，余俱雨旸时若。

《高宗实录》卷三八五

四月【略】辛未，【略】豁免甘肃皋兰、渭源、固原州、盐茶厅、灵州、宁夏、宁朔、西宁、碾伯等九厅州县乾隆十三年分被灾额赋有差。缓征广东海阳、潮阳、揭阳、澄海、饶平、惠来、普宁、丰顺等八县风灾额赋，兼赈海阳饥民。【略】甲戌，【略】户部【略】又议准署浙江巡抚永贵疏称，永嘉、象山、临海、黄岩、太平、宁海、天台、仙居、乐清、瑞安、平阳、云和、玉环、杜渎、黄岩、永嘉、长林、温州等县场卫，共勘成灾田地一千七百八十一顷七十八亩零，户口应加赈恤。从之。【略】赈恤广东龙川、长宁、和平、海阳、饶平、大埔、澄海、丰顺、嘉应、长乐、平远、镇平等十二州县乾隆十五年分被水灾民。【略】己卯，【略】免甘肃狄道、河州、靖远、平凉、镇原、隆德、固原、静宁、灵台、盐茶厅、清水、张掖、永昌、中卫、宁夏、宁朔、西宁、平罗、碾伯、高台等二十厅州县乾隆十四年被水、旱、雹、霜灾民额赋有差。【略】庚辰，【略】又谕：据德文奏称，楚省正二月间雨水过多，米价由一两四五钱增至二两不等。向来楚省民食全赖川省商贩，近因川米稀少，若麦秋有望，即可接至秋成，倘再阴雨连绵，二麦歉收，米价自必倍加昂贵。【略】恤江西赣县、瑞金、雩都、广昌、宜春、万安、泰和、铅山等八州县乾隆十五年分被水灾民。

《高宗实录》卷三八六

四月癸未，【略】豁河南鄢陵、中牟、郑州、鹿邑、延津、新野、汝阳、上蔡、新蔡、西平、遂平、淮宁、西华、商水、项城、沈丘等十六州县乾隆十四年分被水灾民未完带征银两，并缓应征额赋。豁芦属兴国、富国、丰财、芦台、济民五场，石碑、草荡、越支、归兴、丰润县管辖并严镇乾隆十五年分被水灶课，应征银两并予缓征。豁山东运属乾隆十五年西由场被水灶课。【略】癸巳，【略】除山东金乡、济宁、兰山、蒙阴、聊城、茌平、莘县、临清、高唐、乐安、临朐、掖县、平度、昌邑、胶州、高密、福山、莱阳等十八州县水冲沙压地十一顷有奇科赋。【略】是月，江西巡抚舒辂【略】又奏报：上年七月赣江水发，下游之丰城、清江二县土石圩堤多被冲塌，亟须添建石堤。【略】闽浙总督喀尔吉善等奏：浙省温、台二府上年被灾，而温属永嘉、瑞安、乐清、平阳等县被虫尤甚，现当赈务已毕，粮价昂贵，该处僻处海滨，外江商贩不通，惟台、处二府属县可资接济。台属上年歉收，米价亦贵，该二府常平仓谷自应留备急需，难以拨运。惟杭、嘉二府截留备粜漕米十万石，酌拨五万石，由乍浦海口运往温郡接济。【略】又奏：臣由浙赴闽，节据禀报，温属各邑自上年被灾之后，群赴处属购籴，搬运几空，现在处府粮价顿昂，民食拮据，虽续发漕米，由乍运往，然海洋千余里，难以计日而待。臣抵闽后，与抚臣商酌，福宁府与温郡接壤，储积尚多，动拨三万石，由海运往，洋面甚近，殊与瓯民有济。【略】署理浙江巡抚永贵奏覆，三月十五日大风，各属并无被灾之处，目下天气晴和，嘉、湖、宁近省各属不特二麦畅茂，即菜豆已遍结实，米粮时价除温、台、处三郡外，皆与上月相仿。惟浙东节候较早，平阳、永嘉等县雨水过多，小麦间有黄萎，寿昌、兰溪二县乡村被雹，臣俱经飞饬确勘。

《高宗实录》卷三八七

五月【略】甲辰，【略】工部议准，陕西巡抚陈宏谋疏称，郿州石堤乾隆十四年被水冲塌，请于软

沙处下桩，改建月堤。【略】庚戌，【略】谕：据直隶总督方观承奏称，霸州等处上年勘不成灾，及歉收各村庄，所有借给籽种口粮，例应按期催追还仓，但现在各处麦收虽属可期，而米谷无出，民力不无拮据等语。著照所请，将霸州、涿州、宝坻、蓟州、丰润、清苑、雄县、完县、祁州、容城、河间、肃宁、任丘、天津、青县、静海、定州、曲阳、宣化、怀安、万全、蔚县等二十二州县内，从前借给各村庄米谷，无论加息免息，俱缓至本年秋成后照数完交，以纾民力。《高宗实录》卷三八八

五月【略】癸丑，【略】豁除福建闽县、侯官、闽清，并福清、平潭县丞地方，建宁府崇安县乾隆十五年水冲沙压地三十四顷有奇额赋。甲寅，【略】豁除福建建安、瓯宁、松溪三县乾隆十五年水冲坍陷寺田一十六顷有奇额赋。乙卯，【略】谕浙江温台等属米价昂贵，本地存仓米谷不敷平粜之用，民食未免拮据，朕心深为轸念。【略】谕军机大臣等，永贵所奏上年被灾之黄岩、永嘉、太平等县，男妇赴县署请粜各情形。该属被灾，米价昂贵，去冬既未先事绸缪，今春仍不过照常办理，以致民情喧动，迨闻信之后，派员查办，已经迟缓。【略】又谕：永贵所奏温、台二属平粜，亟需米石，现札商闽、江二省通融办理，【略】今据该抚潘思榘奏到，已拨谷二万石，派委员弁运赴浙省，自可稍资接济。【略】丙辰，谕军机大臣等，浙省黄岩、永嘉、太平等县因米价昂贵，民人赴县请粜喧闹情形，虽由地方官办理不善所致，但该处地属黄岩、温州两镇，总兵大员实有弹压地方之责，乃施廷专等仅以具折奏闻了事，不知现在能否悉心弹压。【略】（喀尔吉善）寻奏：【略】（温州镇总兵）施廷专平日原未见所长，惟此番实竭力会同文员筹画，并督弁兵弹压擒拿。【略】（黄岩镇总兵）邱策普，臣初见其老干明白，似在诸镇之上，自到黄岩后，竟不见整顿，三四月间黄岩、太平等县民情喧闹滋事，伊虽禀委弁查拿，而太平县哄闹县署一案，当时并无一人拿获。且知县刘居敬讳匿不报，守备潘有成通同隐讳。经臣与署抚臣永贵访查严参，始终未接邱策普禀报，实属有乖职守。【略】丁巳，【略】蠲免广东海康、遂溪、文昌、海阳、潮阳、揭阳、澄海、饶平、惠来、普宁、丰顺等十一州县乾隆十五年风灾额赋。【略】辛酉，【略】谕军机大臣等，朕今春南巡时，经清江浦一带，雨水似觉过多，天气尚寒，恐于麦秋有碍，时为廑念。【略】寻奏：清江浦一带正二月间雨多天寒，但本年闰月，节候颇迟，自三月中旬后日渐晴融，春花晒曝得力。屡据该府县禀称山阳、桃源、宿迁一带，二麦收成自七分至八分以上，各旱田地稻秧秫豆栽种俱全。又于五月二十七八等日连获大雨，各色青苗滋长，粮价平减，舆情宁谧。【略】壬戌，【略】又谕：今岁自入夏雨泽沾足，目今晴久，渐觉炎亢。【略】寻奏：直隶本年二、三、四月雨水调匀，麦禾畅茂，五月以来，惟宣属报称雨足，余皆雨少。臣留心体访，佥称地土温润，秋苗渐长，此时转宜稍燥，名曰"拿苗"。且二麦将收，有雨恐复恋青，俟麦尽登场，接种晚谷时，亦不为晚，现今各属二麦收成，合算九成，实属丰稔。保定麦价每石已减三钱有余，天津粮石减价三钱，河间、正定、大名等府属渐减一二钱，余处亦未增长。至玉田、丰润秋禾出土未齐，殊有望雨之意。臣查问京东一带，据禀永平、丰润各处秋苗已齐，惟玉田未全，闻系耕种稍迟之故，该处于本月初十日得雨后，虽未续获，亦不至旱。【略】是月，【略】两江总督黄廷桂奏报二麦雨水栽种情形。得旨：正为此廑念，览奏稍慰，又闻淮上一带麦收颇歉，究竟如何？速行据实奏闻。江苏巡抚王师奏报，长洲、靖江、仪征三县本年四月初九日雨中降雹，据勘长洲、仪征二县雹轻无碍，惟靖江之东乡斜桥镇等处二麦受伤，房屋亦多坍倒，当即酌借口粮。江南河道总督高斌奏报，江北各属雨水调匀，麦收有望，惟仪征、睢宁二县被雹，麦苗有受伤之处。署浙江巡抚永贵奏：五月十六日，据永嘉县禀称该县上年被灾，今麦复歉收，贫民咸思仰给官仓，因前赴籴官米，俱给米牌，令其赴厂查认。本月初一日，有妇女数百，赴县索牌，该县赴乡相验，随经该府同营员赴县慰谕，查其中有民人数名唆使，即行责惩，并将妇女各给小票而散。该县旋署，一面添厂开粜，一面补给米牌一万四千余户。【略】又，太平县禀称原拨漕米于三月十八日粜完后，连日扃门考试，适当市集乡民赴县请粜，无知童稚拥挤喧哗，业于二十四日开仓碾粜。【略】至前奏黄岩、瑞安、平阳等县乡民混向富户强借攫取

各案，臣委护嘉湖道塔永宁前往访出为首地棍，严拿重惩，随有自行还赃者，亦有赴县自首者，虽皆无知穷民，要系土棍流丐从中倡始，每县均已拿获数名，分别审究。牙行米铺闻风，每石即减价二三钱不等。并据温州镇札称，漕米均于本月十九、二十等日陆续运到，现在民情欣跃，地方宁谧。【略】浙江提督吴进义奏：拨往温、台漕米五万石，作十帮装载，用海船九十九只，各派弁兵押运，于四月内自乍浦开行。节据营员禀报，拨赴台郡米四万石，于五月中旬到齐，押运弁兵亦俱先后回营，并称二麦收成，民情安帖，米价较前已减。【略】湖广总督阿里衮【略】又奏报湖南各属被水情形。【略】山东巡抚准泰奏报麦收分数。得旨：欣悦览之，但沂州一带颇觉民贫农废，今麦收有不及别府，汝宜加之意。【略】又奏报：掖县、平度、昌邑、寿光、潍县、利津等六州县海潮陡涨，漫溢成灾，应行散给口粮，及倒塌房屋、淹毙人口分别抚恤。《高宗实录》卷三八九

闰五月丙寅朔，【略】除广东东莞、高要二县乾隆六年分水冲沙压田一十五顷有奇科赋。【略】己巳，【略】谕：上年浙省温、台各属内有偶被偏灾之处，业经照例蠲赈，其蠲剩漕项银米，已令缓至本年麦熟后征收。今该处春间雨水稍多，麦收歉薄，现在减粜加赈，以资接济。【略】甲戌，【略】蠲免山西太原、应州、阳曲、榆次、徐沟、文水、祁县、黎城、平遥、天镇、山阴、灵丘、陵川、临晋、永济、五台、保德、河曲、绛县等十九州县乾隆十五年冰雹雨灾额赋有差，并缓蠲剩银两。【略】丁丑，【略】又谕：前经高斌折奏，江北淮扬等属二麦情形，朕虑其中或有雨水过多之处，批令据实具奏。今据奏称，淮北一带二麦收成实有六七分等语；东南麦收在六七分以上，在寻常州县即不为甚歉。【略】今日武进升所奏地方晴雨情形，据称松江五月十三等日得沛时雨，则未雨以前，似不无稍旱，该督抚等应随时入告，以慰朕怀。【略】寻奏：淮北各属麦收较上年略减，民情尚不至拮据。【略】又谕：今年东省麦收丰稔，惟沂州一带【略】情形，南既不及江南一路，北亦不如泰安以上一路，昨据该抚奏报，通省麦收，沂州亦较他府为歉。《高宗实录》卷三九〇

闰五月辛巳，【略】又谕：据署长芦盐政高恒折奏，东省永阜等场今年海潮漫溢，滩盐被淹。【略】谕军机大臣等，总督黄廷桂奏到江省近日情形，据称苏城米价每石增银三四钱，目今二麦甫登，民间犹可支持，将来六、七等月，去秋登甚远，贵食堪虞，正须设措等语。【略】寻高斌等奏：查目下苏城上米、次米每石市价二两一二钱不等，不致渐昂。【略】再闻江西、湖广早稻颇丰，六月望后，商贩踵至，自可日渐平减。【略】乙酉，谕军机大臣等，阿思哈奏平阳府临汾县村庄被水一折，【略】该省于闰五月初一日水发，阿思哈至十三日方具折奏闻，而附近之霍州等州县有无被水，尚未查到，再称东西高河各村倒塌房屋三百余间，而淹压兵民男妇仅六七名口，恐州县有以多报少情弊。【略】昨览鄂容安奏折，该抚闻山西丹、沁两河初一日水涨，于初六日驰至河内、武陟，亲行查勘，如此方是。【略】丁亥，【略】谕：【略】福建总督喀尔吉善、巡抚潘思榘奏，宁化、清流山水骤发，入城深至丈余，亦非常异涨，而委之知府同知以下等官，皆非慎重灾伤，矜恤颠连之意。【略】又谕：闽浙总督喀尔吉善等折奏，福建汀州府属之宁化、清流二县地方，本年五月十二等日大雨水发，冲激入城，深至丈余，房舍俱多坍塌，人口亦有淹毙等语。【略】癸巳，谕：今岁雨旸时若，入夏以来田禾畅茂，西成可望有秋。近据直隶总督方观承奏报，河间县之西里门及程各庄等处，有飞蝗自东而来，虽称地方员弁合力搜捕，已应时扑灭，但所在州县不可不预为防范杜绝。盖蝗蝻最为田禾之害，当其始生，本不难于扑灭，捕蝗之令，亦再四申明。但农家恐其践踏苗稼，往往各怀观望，以致滋生繁衍，势不可遏。虽愚民虑不及远，护惜已之田禾，而不虑贻害他人，然先受向隅之苦，亦人情所必有。朕思计其所损苗稼，官为赏给以偿之，且向有以米易蝗之法，若仿而行之，凡因捕蝗践伤田禾，所在有司查明所损之数，酌量分析给与价值，则农民无所顾惜，尽力搜捕，较之蝗灾已成，始行扑灭者，难易殊矣。该部即速行知各督抚，令其通饬所属州县实力奉行，永除灾害，以承天庥。谕军机大臣等，据直隶总督方观承折奏，本月十九日河间县之西里门，及程各庄等处飞蝗一片，自东而来，当经

该地方官会同营汛员弁合力搜捕，已应时扑灭净尽等语。直隶河间、天津，皆与山东接壤，蝗蝻所起，或由邻境萌生，或致蔓延邻境，均未可定。著传谕准泰，令其即速详查，与直隶毗连各州县，及滨海之区，如有蝗蝻发生，严饬该地方官立时扑灭，务期净尽，仍令据实奏闻，不得稍有掩饰。寻奏：东省各境上年冬雪十分深透，今岁入夏以来又值大雨连沛，蝗蝻实无萌发之机，凡属毗连直隶之处，逐细搜查，并无蝗蝻萌动。报闻。【略】甲午，【略】又谕：山东兰山、郯城一带上年被灾颇重，【略】后经该抚奏报，麦收分数亦稍逊于邻境。【略】是月，两江总督黄廷桂奏：两江近日以来，得雨栽插，米价渐减。【略】江苏巡抚王师【略】又奏报麦收情形。得旨：此时望雨孔迫矣。【略】江南河道总督高斌奏报，黄、运、湖河伏前水涨，各工平稳情形。【略】又奏覆，五月十八日前往徐属勘工，经过之清、桃、宿、邳、睢、灵、铜、萧、砀等州县，目睹麦收四五六七八分数不等，内七八分丰收者固少，而四五分歉收者亦少，计淮北一带收成，实有六七分，均不致成灾。【略】安徽巡抚张师载奏报各属雨水情形。【略】河南河北镇总兵杨凯奏报河南武、阳二县被水情形。【略】山西巡抚阿思哈奏报各属被雹、被水情形。

《高宗实录》卷三九一

六月【略】戊戌，【略】谕军机大臣等，据永贵奏称，浙省五月下旬以来，杭、嘉、湖等府正当栽插晚禾之期，虽经得雨，犹未沾足遍及，待泽颇殷，如数日内大沛甘霖，尚可不致失时，如得雨过迟，有误栽种等语。【略】辛丑，谕军机大臣等，据方观承奏称，目前运河水涨平槽，三岔河一带并有海潮倒漾，大清河东注之势不能迅畅，以致凤河下口亦有屯阻等语。【略】壬寅，谕军机大臣等，据黄廷桂折奏，江省需米浩繁，请令楚、豫二省酌量动拨谷石，分发上、下两江，以备缓急等语。【略】丁未，【略】谕军机大臣等，王师回奏，松江府各属得雨情形，殊未明晰，据称自四月初一等日，得雨入土数分至二寸五分不等等语。【略】寻奏：现在江苏松、常各府州属内，溧水、宜兴等县具报雨少，上元、江宁、高淳等县亦续报雨少。其余各属自闰五月下旬以来，俱得透雨，禾苗秀发。至淮、徐、海三府州县自闰五月下旬以来，或暴雨时降，伏水漫滩，清河、邳州、铜山、沛县等处低田积水，秋禾间浸，所有被水及缺雨之各州县，臣现在飞饬查明。【略】又谕军机大臣等，据永贵奏，浙西杭、嘉、湖三府小暑后仍未得雨，且燥烈亢旱，金、衢、严等八府得雨终未十分沾足，现在确查实在情形。【略】上年温、台等处收成已属歉薄，今附近各府雨泽尚未沾足，尤宜董率属员，加意料理。【略】戊申，【略】谕军机大臣等，近闻江西米价甚昂，其最贵之处，有每石需价三四两者。前据该抚于闰五月十七及本月初八等日折奏，因上年赣州、吉安、临江等府晚禾稍歉，米石不能运省出售，湖广上江米船到省亦少，是以省城粮价稍昂，但亦止称二两二三钱，与所闻殊不相符。【略】寻奏：江西省城四月份粮价每仓石银一两六七钱，至五月中旬涨至二两二三钱，随照常例，开仓出粜。复碾米设厂平粜，旋减至二两及一两九钱不等。余各属总在二两之内。惟广信府属之弋阳、贵溪等县至二两五六，亦不出三两之外，至于四两，实系道路传闻。现在省城谷价因早禾登场，已减至一两五钱一石，其各属亦经渐减。

《高宗实录》卷三九二

六月辛亥，谕：据浙江巡抚永贵奏称，浙省现资粜赈，请于湖广两省中拨谷碾米协济。【略】著照永贵所请，令楚省督抚等酌量拨谷碾米二十万石，即著浙江委员前至汉口接运赴浙，以备粜赈之用。【略】壬子，【略】赈江苏靖江东乡斜桥镇等处本年雹灾饥民。赈广东英德、长宁、连平、信宜等四州县被水灾民。癸丑，谕：山西泽州府属之凤台、高平二县，五月中山水骤发，漂损田庄，该抚阿思哈现经照例抚恤。【略】甲寅，【略】免江苏沛县乾隆十五年分水沉民田额赋。丙辰，【略】免浙江永嘉、乐清、瑞安、平阳、临海等五县，并玉环厅、温州卫乾隆十五年额赋有差。【略】辛酉，【略】免安庆、寿州、凤台、宿州、凤阳、临淮、怀远、定远、虹县、灵璧、阜阳、颍上、霍邱、亳州、蒙城、泗州、盱眙、五河、滁州、全椒、和州、含山、太和、凤阳、长淮、滁州等二十五州县卫乾隆十五年水灾额赋，并缓征漕项银米。壬戌，【略】又谕：据永贵折奏，杭、嘉、湖三府属县均得大雨沾濡，可冀有秋，惟浙东八府自前月下旬至今尚未得透雨，浙东各属商贩罕通，民间日食急需接济，江南、福建二省与温、台、宁、处四府接壤，恳令彼此通商，暂弛海禁等语。【略】是月，江南河道总督高斌奏报，伏汛已过，黄、运、湖、河各工平稳情形。【略】安徽巡抚张师载奏报各属雨水情形，并到工日期。得旨：欣慰览之。【略】江西布政使王兴吾奏：江西去年收成原不十分丰稔，本年五月以后米价渐增，详准拨运丰城等七县之谷，合省城南、新二县仓谷碾米平粜，每日以五百石为度，目下早谷登场，价渐平减，人情安帖。【略】浙江定海镇总兵陈鸣夏奏报出汛，并所属被灾各情形。得旨：览，既成旱灾，则安静地方为要，一切汝宜勉之。闽浙总督喀尔吉善【略】又奏：闽省环山滨海，地窄人稠，本地所产米谷每不敷民间日食，浙省所议通商采买二事，均属难行。第温、台一带积歉之后，又值旱灾，即弛禁招商，一时难望接济。惟有一面于台郡各厅县备贮项下陆续拨运，一面先于厦门厅仓并邻近之兴化、莆田各仓先拨四万石，由厦门雇募商船，委员押运温、台。其所拨台谷，俟收买后，即就近归还厦门并兴化、莆田各仓。得旨：如所议行。【略】山东巡抚准泰奏报秋禾雨水情形。得旨：览奏，被水之处颇多，而汝又视若无事。【略】陕西巡抚陈宏谋奏报各属被水、被雹情形。

《高宗实录》卷三九三

七月【略】丙寅，谕：浙东温、处等郡米价昂贵，降旨加意抚绥，已据该督抚等先后奏准，拨运邻省仓谷，陆续平粜。【略】庚午，【略】豁免船厂所属乌喇、伊尔扪等驿，及伊屯边门、伊尔扪台、西尔哈台等处乾隆十五年被水漂没义仓谷二千一百石有奇。辛未，【略】又谕：前因浙江地方米价昂贵，现资接济，已降旨令湖广、江西、江南、浙江各督抚通盘筹画。今据王师奏，浙省来江借米，已就近于苏、松、常、太仓各府州内拨谷十万石，碾米兑交浙省。【略】户部【略】又议覆，福建巡抚潘思榘疏报，闽省宁化县泉上里蛟水陡发，冲塌学宫、衙署、城垣、道路，淹浸田庐。清流县为宁化下游，同时被灾，又归化、建宁被灾略同，其无力贫民，请照例抚恤。【略】壬申，【略】谕军机大臣等，朕今日经过清河地方，见道旁秋禾有前经被雹损伤，至今残茎零落田间，并未另行补种者。【略】寻方观承奏：本年六月，大、宛、昌平三州县被雹，当即饬地方官酌动仓谷，借给籽种，俾民补种莜麦秋蔬。嗣据该州县覆称，有力之家，无藉补种秋粮，待白露后种麦；至实系贫户，分别轻重按亩借谷，无不踊跃补种，其高粱被损未经犁种者，询之农民，皆云内有抽发新苗，可望秀实，又或佃种旗地，希冀蠲免，遂尔补种不力。【略】癸酉，【略】谕：朕此次巡幸木兰，经过州县地方，目睹秋禾茂盛，彧彧芃芃。【略】丙子，【略】谕军机大臣等，据杨锡绂折奏，湖南备贮谷三十万石，【略】前因浙东天时亢旱，安徽米价亦昂，降旨令楚省酌量拨米十五万石，运至浙江，五万石运至安徽，以资调剂。今湖南各属雨泽多未沾足，将来自有需用之处。【略】丁丑，【略】（方观承）寻奏：清河被雹地方，奉旨蠲免钱粮十分之五，自当督率属员实力妥办。至武清大路积水之处，查今年南运河挟漳、卫之水，奔流浩瀚，在在平漕，自静海独流镇至天津杨柳青，此四十里西岸无堤，往年如遇淀涨，则令东泄入运，运涨，则令东泄入淀。【略】浙江巡抚永贵遵旨覆奏，杭、嘉、湖三府闰五月内望雨甚殷，今于前月下旬得雨，虽觉稍迟，尚无大碍。惟浙东八府被旱颇重，臣于闰五月望前，即令开仓平粜，劝富招商，预行各属尽动常平粜价，前赴外江采买，小暑尚不得雨，秧多生节，已有成灾之象。又于闰五月杪，奏请借拨楚谷，并动帑三十余万，委员分赴江楚采买。迨交六月，尚未得透雨，早禾失收，中禾亦槁，实非偏灾可比。先于浙西拨谷数万，运往接济，暂弛宁波海禁，奏令温、台、宁、处四府与江、闽二省通商。并委员赴苏借米，赴闽告籴。近省各府，臣就近提调。其稍远者，仍于浙西道府中遴委妥员，会同地方官先赈一月，俟各属报齐后，奏请加赈。此臣于浙东大暑前后，未得透雨，斟酌办理之事也。目下已过立秋，严、绍二府现在数县报雨，金、衢等六府虽报得雨，未称沾足，若再不能透足，则晚禾成灾，秋收无望。臣自当亲往查灾，一面发赈，一面奏闻。【略】戊寅，【略】吏部议覆，御史沈廷楷奏称，蝻子萌生，十八日生翼，又十八日然后能飞，方其初生，不难即时扑灭。但地方官虑搜捕未尽，

有干吏议，并不详请公费，止拨民夫，坐致群飞蔽野，乃称来自邻封，希图卸责，不可不申严此弊。现河间县西门里等处飞蝗为害，该督奏称地方员弁合力搜捕，如果即时扑灭，应照例议叙。至云蝗从东来，则从前滋长何地，繁衍几时，该管官何不速行扑灭，亦应查明题参，应如所请。饬直督确实查奏，到日照例议叙处分。从之。【略】己卯，【略】谕：浙东各府雨泽未遍，禾稼歉收，经该抚永贵汇疏题报五十余州县卫，前已降旨，令该抚一切抚绥，无令失所。但该省今年被灾较重，【略】所有应征各项银米亦照定例分别蠲缓，以纾民力。【略】又谕：据河东河道总督顾琮奏称，豫省北河阳武县汛十三堡大堤，因今年漫滩汇聚，浸泡日久，兼之六月二十七八等日大雨如注，河水增涨数尺，堤身蛰裂，遂于二十九日漫溢，并请饬部严加议处。【略】（鄂容安）奏：开、归各属有被水成灾者，有被水未成灾者，现俱分别办理。合全省计之，丰稔者十之八九，被水者十之一二，虽收成较逊往年，然被水之地高粱亦属有收，早禾早豆并未全损。再，臣前奏沁河水涨，系六月十六、二十等日，河内、武陟、济源三县雨后水溢而言，嗣是二十七日丹、沁异涨，河内、武陟又复被水颇重，业将勘明成灾情形具奏。

《高宗实录》卷三九四

七月【略】辛巳，【略】和硕履亲王允祹等奏：本月十三四连日阴雨，京城内外米价日涨。【略】癸未，【略】又谕：据准泰奏折，奏济南、东昌、武定，及兖、曹、青、莱等府所属州县，因本年六月内骤雨频仍，沿河及低洼地亩续有被淹，现在委员确勘，照例抚恤。又称各属黍稷高粱次第登场，甚属丰稔，晚禾亦皆茂盛等语。所奏殊未明晰。【略】寻奏：臣初奏系莘县等八州县沿河洼地被水情形，续奏系长清等二十一州县卫被水情形。至云此外各属甚属丰稔，晚禾亦茂盛者，指未经被水处而言。嗣七月以来大雨频仍，兼之运河缺口漫溢，前之被水较轻者，兹已加重。前之未经被水者，渐次被淹，据报共五十三州县卫所一场，而此内情形，又轻重不一，究系收多歉少。至晚禾分数，此时未定，大约比之连岁以来，今岁秋成殊为不及。报闻。【略】乙酉，【略】户部【略】又议准，绥远城将军富昌疏报，清水河所属和时里、三眼井等村夏秋以来，田禾被雹成灾。【略】豁免甘肃高台县平川、毛目、双树等屯旱灾籽种谷二百二十石有奇。【略】丙戌，【略】谕：据黄廷桂等奏称，朝邑县于六月十四五等日，因河水骤涨，淹及民居，轻重不等，现在查勘，分别赈恤等语。【略】又谕：朕闻舒辂题报江西各属早禾被旱情形本内，仅上饶等七州县。【略】寻奏：前因广信府属之上饶、玉山、广信、弋阳、贵溪等五县，并抚州府属之东乡，饶州府属之鄱阳二县，闰五月雨水愆期，粮价昂贵，且广属与浙江衢州连壤，恐闻彼处情形，民易致衅，是以平粜时委员弹压。嗣得透雨，补种晚禾，民情亦遂安帖。【略】己丑，【略】赈恤山东平度州、掖县，及官台、西由二场被水成灾灶地贫户，并暂豁碱废地亩额征。【略】壬辰，【略】户部议覆，山西巡抚阿思哈疏称，晋省本年夏麦秋禾被水、被雹，其祁县、平遥、阳城、沁水、绛州、保德、临汾等州县被水较轻，无庸议赈外，至凤台、高平、文水、灵丘、马邑、永济、临晋、荣河、稷山等县田禾淹浸，人口伤损，现查明成灾分数。【略】癸巳，谕军机大臣等，浙省今年被灾较重，赈粜诸务，需米孔殷。现在多方筹画，令邻省商贩米船运浙售卖，以资接济。【略】是月，直隶总督方观承奏：直隶自入夏后，雨水虽觉稍多，而随雨随晴，田禾易长，各种杂粮亦皆畅茂结实，虽间有被水、被雹数处，亦不过一州县中之一隅，抚恤易办。合通省计之，较上年秋成可望丰稔有加。【略】寻奏：查上年秋收，合计高阜洼地约有八分，惟久雨之中，田禾虽盛，而谷粟多秕，未若今年秋禾畅茂兼得坚实。询之农民，俱云可加上年十之三四。得旨：览奏俱悉。关外更觉秋成丰稔，日益欣慰也。【略】福建巡抚潘思榘【略】又奏：【略】六月初旬，福州福宁所属飓风大雨，人民间有淹没。【略】河南巡抚鄂容安奏报，豫省各县被水处所，以通邑地亩计之，夏邑约十分之四，商丘约十分之三，鹿邑、虞城、永城约十分之二，例应普赈一月口粮，目下麦熟未几，高粱、早稻俱得收成，民间尚不乏食，请俟十月放赈，以资寒冬接济。至河内、武陟、济源三县，迭经丹、沁水溢成灾，现经亲履查办。其余各属可望有秋。

《高宗实录》卷三九五

八月【略】乙未，【略】赈贷浙江海宁、富阳、余杭、临安、昌化、安吉、乌程、长兴、鄞县、慈溪、奉化、镇海、象山、定海、萧山、诸暨、余姚、上虞、嵊县、临海、黄岩、太平、宁海、天台、仙居、金华、东阳、兰溪、义乌、永康、武义、浦江、汤溪、西安、龙游、江山、常山、开化、建德、淳安、遂安、寿昌、桐庐、分水、永嘉、乐清、平阳、瑞安、丽水、缙云、青田、松阳、遂昌、云和、龙泉、庆元、宣平五十七州县，及玉环一厅，杭、台二卫，湖、严、衢三所，大嵩、清泉等场旱灾民灶，并缓征本年地丁场课、新旧漕粮。赈恤江西上饶、玉山、弋阳、贵溪、广丰、东乡、鄱阳等七县旱灾民户。赈贷湖北天门县被旱贫民口粮籽种，并缓征本年额赋。【略】丙申，【略】又谕：据阿里衮等奏请将湖南碾运浙省米十万石，恳于长、衡、岳、澧四府州岁运漕粮内截留补额等语。湖南上年秋收本不甚丰，此项拨运米石，若俟浙省解还价值之后买补，未免迟缓，著即于长、衡、岳、澧四府州岁运漕粮内截留十万石，以补仓储。【略】己亥，【略】户部议覆，湖南巡抚杨锡绂疏称，湖南长沙、善化、湘阴、益阳、湘潭、宁乡、浏阳等七县，五月雨泽愆期，早禾被旱。嗣于六月中得雨，晚禾可望有收，无庸急赈。【略】辛丑，谕：据高斌、王师折奏，江苏省原贮仓谷频岁动拨，暨本年协济浙省缺额甚多，且现在江、常、镇、徐等属间有水旱被灾，亦需赈借，来岁青黄不接，亦宜预备平粜等语。著于该省额征漕粮内截留三十五万石，分贮各属。【略】又谕：据准泰奏称，山东济南等府二十九州县属自七月以来淋雨频仍，豫省黄河漫溢之水分流东趋，所有禹城等州县前此未经淹及者，多有被淹等语。【略】壬寅，【略】谕：上年天津府属偶被水灾，所有存仓谷石动拨甚多，今岁直隶各属收成丰稔，天津一府虽获有秋，较之他处尚为稍薄。

《高宗实录》卷三九六

八月【略】己酉，【略】谕：今岁浙东被旱成灾，经朕多方筹画，降旨截留该省漕粮五十万石，以备赈粜之用。更念此次被灾较重，【略】著加恩将江苏省应运漕粮再行截留三十万石，运往浙省，交该督抚以为酌量动拨赈粜之用。【略】壬子，【略】谕军机大臣等，前因浙省办灾，该督过于张皇，已屡经传谕训示。【略】又该督抚所奏，续经得雨之后，晚禾杂粮皆已可望有收，目下米价每石二两以外，在被灾地方，亦不为甚昂。【略】己未，【略】赈河南商丘、永城、鹿邑、虞城、夏邑、阳武、封丘、祥符、延津、滑县、河内、武陟、原武、中牟等十四县，河涨被淹成灾贫民。【略】庚申，【略】又谕：据顾琮奏，豫省阳武漫口，现在水深二丈，十六堡大坝水深四丈。【略】癸亥，【略】豁免甘肃平凉、泾州、安化、西宁、肃州五州县，乾隆十五年被雹、被旱成灾地亩额征地丁银四百八十两有奇，起存粮九百七十石有奇，草五千七百束有奇。是月，两江总督尹继善奏报，江南下江之铜山、邳州、宿迁、睢宁、丰县、沛县、萧山、砀山八州县，徐州一卫，或因雨水过多，或因湖河盛涨，田禾被淹。其上元、江宁、六合、江浦、高淳、溧水、金坛、溧阳、宜兴、荆溪等十县，及上江之绩溪、歙县、宣城、南陵、泾县、宁国、旌德、太平、贵池、青阳、铜陵、寿州、广德、建平、当涂、合肥、和州十七州县，并宣州、新安、建阳、凤阳四卫俱被旱灾。宿州、灵璧、虹县并宿州一卫，又被水灾。第伤于涝者，惟极洼积水之区，而高阜并无妨碍；伤于旱者，惟依山傍麓，无水可戽之田。而平原禾稼均系畅茂，其余各属雨旸适均，一律丰稔。【略】湖南巡抚杨锡绂奏报，本省七月中旬连日大雨水涨，长沙府属之茶陵州，衡州府属之酃县，郴州府属之永兴、兴宁二县，及该州之西凤、永丰二乡，间有塌房损禾之处，被灾尚非深重，业经动支公项，赈恤得所。

《高宗实录》卷三九七

九月【略】丙寅，【略】又谕，东省所属州县，前据准泰先后奏报，被水者七十余处，其间成灾不成灾，尚须分别确勘，而为地甚广。看来今岁外省偏灾，浙江最重，其次即系山左，该省积歉之余，上年秋成稍丰，而元气未复，今复被潦，亟宜加意抚绥。【略】戊辰，【略】户部议覆，调任陕西巡抚陈宏谋疏报，大荔县被水冲塌民房，请动项修葺。朝邑县秋水，被淹沿河贫户请赈一月口粮，应如所请。并饬将前报被水之蒲城、澄城、盩厔、兴平、长安、陇州、略阳、宁羌、武功等九州县确勘，是否成灾。【略】再，华阴、泾阳、安塞三县冲损渠堤石湃等工程，亦饬确勘办理。【略】壬申，【略】豁除甘肃宁夏

府属灵州水冲碱废田地额征二千二百九十亩有奇。癸酉,【略】缓征山东邹平、长清、新城、长山、东平、沾化、海丰、乐陵、曲阜、宁阳、济宁、寿张、阳谷、观城、朝城、濮州、范县、聊城、茌平、莘县、冠县、馆陶、临清、东昌二卫、乐安、寿光、博兴、高苑、即墨、禹城、泰安、东阿、平阴、莱芜、肥城、阳信、利津、滨州、青城、滋阳、鱼台、汶上、嘉祥、金乡、菏泽、曹县、定陶、巨野、夏津、清平、高密、济宁等五十二州县卫水灾新旧钱粮,并赈一月口粮。【略】丁丑,谕:据巡抚潘思榘折奏,福州等府属于七月内飓风大雨,沿溪发水,惟福安、寿宁等邑为甚等语。该处猝被风灾,山水骤涨,民居田禾多被淹浸,朕心深为悯恻。【略】又谕:江西协济浙省米三十万石,调任巡抚舒辂已委员督运前往,浙东诸郡所需赈粜,及拨补仓储为数浩繁,邻省运到米石多多益善,但江西秋成虽属丰稔,而一时买补,恐市价因之转昂,著于本年应征漕粮内,截留十五万石,以为拨补之用。　《高宗实录》卷三九八

九月己卯,【略】山东巡抚鄂容安奏,东省今岁被灾颇重,更有造播逆词、盗决堤工等。【略】又奏,东省被灾州县,前任抚臣准泰先后奏报,成灾者四十八处,不成灾者二十五处,统计成灾额地八万余顷,于通省额地九十九万余顷中,止十分之一。【略】辛巳,【略】谕:山东济南等属,今年夏秋被水成灾,该抚现在筹办赈恤,但查东省折赈之例,每谷一石,给银五钱,该省当积歉之后,虽连获丰稔,而民间元气究未大复,今又值此偏灾,【略】著加恩每谷一石,折银六钱。【略】丙戌,【略】豁免山东寿光、掖县、平度、昌邑、潍县等五州县被水成灾,应免起存银四千三百七十两有奇。【略】辛卯,【略】赈贷河南上蔡、浚县、信阳州水灾,罗山县旱灾饥民口粮籽种。【略】癸巳,【略】赈恤福建霞浦、福安、寿宁、福鼎等四县风潮饥民。【略】是月,【略】浙江处州镇总兵李琨,谢调补恩并奏:【略】所过嘉、湖各属,晚稻陆续刈获,询之农民,佥云有七八分收成不等,现米价大减,民情甚属宁谧。

《高宗实录》卷三九九

十月【略】壬寅,【略】赈长芦属富国、兴国、芦台、丰财、济民、严镇、海丰等七场本年水灾灶民。赈山东王家冈、永阜、富国等三场本年水灾灶民。甲辰,谕:江南安徽属绩溪等二十余州县卫、江苏属江浦等十余州县卫偏灾,应赈口粮该督抚等现在分别查办,但定例每米一石折银一两,较之时价稍有不敷,穷黎艰于购食,著将上下江折赈米石加恩,每石加给银二钱,以资买籴。

《高宗实录》卷四〇〇

十月【略】壬子,【略】缓征山西山阴、虞乡二县本年水灾田亩应征钱粮并春借仓谷,赈恤虞乡县贫民。癸丑,山东巡抚鄂容安覆奏:臣前在豫时,因河内等七县漫水灾重,将漕粮漕项一并奏请停缓,及查东省水灾同于豫省,是以照豫拟办,前奉谕旨,止有漕项,臣笼统误看,故未分析陈请。至濮州、范县、菏泽、寿张、东平、东阿、济宁等七州县被灾尤重,积水未涸之地,秋麦不能播种,请于来春分别加赈。【略】甲寅,【略】赈贷安徽歙县、绩溪、宣城、南陵、泾县、宁国、旌德、太平、贵池、青阳、铜陵、寿州、和州、广德、建平等十五州县,宣州、建阳、凤阳,归并原凤中等三卫本年旱灾;宿州、虹县、灵璧等三州县,长淮,归并原宿州卫本年水灾贫民,并缓应征新旧钱粮及借欠籽种口粮。【略】乙卯,【略】赈贷江苏铜山、丰县、沛县、萧县、砀山、邳州、宿迁、睢宁、徐州等九州县卫本年水灾贫民,并缓应征漕粮漕项及十三年以前旧欠十七年钱粮。【略】丁巳,【略】赈山东齐东、德州卫、惠民、蒲台、平度、宁海、文登等七州县卫本年水灾,荣城县雹灾饥民,并缓征新旧钱粮。【略】己未,山西巡抚阿思哈覆奏:今年五六月间雨水稍多,池盐歉收。【略】赈贷直隶武清、宝坻、蓟州、宁河、昌平、大城、东安、永清、宛平、丰润、玉田、滦州、昌黎、乐亭、东光、天津、青县、静海、沧州、南皮、盐山、庆云、任县、长垣、东明、开州等二十六州县本年水、雹成灾饥民,并旗户、灶户。【略】辛酉,【略】贷湖北荆门州本年旱灾贫民,并缓应征钱粮。【略】癸亥,【略】免山东官台、西由二场,平度州、掖县民佃灶地本年潮灾应征钱粮。　《高宗实录》卷四〇一

十一月【略】甲戌,谕:今岁豫省黄、沁等河异涨成灾,业已缓征加赈,民食有资。今据布政富勒

赫奏称，祥符等五县被淹村庄尚积水四五尺及一二尺等语，念兹天寒冰冻，犁锸难施，【略】著将祥符、阳武、封丘、延津、滑县五县被淹村庄，无论极、次贫户于加赈之外，明春再加赈两月，以资接济。【略】乙亥，谕：直隶长垣、东明、开州三州县今岁夏秋之间黄水淹浸地亩，业已加恩赈恤，但现在积潦未退，秋麦已逾播种之期，贫民生计维艰，朕心深为轸念。【略】丙子，【略】户部议准，甘肃巡抚杨应琚疏称，狄道、河州、渭源、靖远、会宁、平凉、静宁、永昌、平番、宁夏、宁朔、灵州、西宁、碾伯等十四州县本年冰雹成灾灾民，已行赈恤。其勘不成灾之皋兰、狄道、渭源、金县、陇西、会宁、安定、岷州、伏羌、通渭、漳县、平凉、静宁、庄浪、华亭、隆德、盐茶厅、宁州、合水、环县、宁夏、灵州、平罗、摆羊戎厅、西宁、碾伯、大通卫、归德所、礼县、階州、成县等三十一厅州县卫所村庄饥民，应贷给籽种口粮。

《高宗实录》卷四〇二

十二月【略】戊戌，【略】河南巡抚陈宏谋疏报，祥符、中牟、阳武、封丘、商丘、永城、鹿邑、虞城、夏邑、延津、滑县、河内、武陟、原武等十四州县本年水灾贫户，应行加赈并贷口粮。至祥符县本年钱粮，已邀蠲免。其中牟等十三州县并勘不成灾之济源、修武、温县等三县本年钱粮并请缓征。【略】贷船厂珲春地方本年水灾旗户。【略】庚子，【略】缓征山西文水、朔州、马邑、永济等四州县本年水、雹灾贫民春借仓谷，并朔州、马邑县旧欠本色米豆，加赈文水县贫民。加赈山东邹平、长山、新城、长清、禹城、泰安、肥城、莱芜、东平、东阿、平阴及收并济南卫，青城、阳信、海丰、乐陵、滨川、利津、沾化、滋阳、曲阜、宁阳、金乡、鱼台、济宁、嘉祥、汶上、阳谷、寿张、济宁卫、东平所、菏泽、曹县、定陶、巨野、濮州、范县、观城、聊城、茌平、莘县、朝城、冠县、馆陶、夏津、东昌卫、临清卫、博兴、高苑、乐安、寿光、高密、即墨及收并大嵩、浮山二卫所等五十五州县卫所本年水灾贫民，并贷麦本牧费。【略】壬寅，谕：浙省今年春旱，成灾本重，巡抚永贵竟至张皇失措，茫无定见，于附近之江南、江西、福建、湖广、山东等省，既四出告籴不已，甚至欲委员远赴奉天采买米粮，且称赈济所需，必得三百万石之数，方足以资接济。从来办理赈务，断无因一省中数府被灾，遂欲竭数省之力以供其用者，故朕降旨训饬，乃近闻永贵在浙竟至有心讳饰，将来于赈粜诸务必欲多所撙节，则是该抚从前并非为民，总属为已。【略】缓浙江海宁、富阳、余姚、临安、昌化、安吉、乌程、长兴等八州县本年旱灾，应征粮银并分别蠲缓漕项米折等银及未完旧欠。【略】癸卯，【略】免陕西大荔、澄城、朝邑、华阴四县水灾地亩，本年应征谷银。【略】加赈大荔、澄城、朝邑等三县贫民，并豁除蒲城、长安、兴平、盩厔、武功等五县水冲陵地租银。

《高宗实录》卷四〇四

十二月【略】己酉，谕：今岁直隶长垣、东明、开州三州县因豫省黄河漫溢，被灾较重，业经降旨，加恩赈恤。现今水渐消退，地多肥泽，若将涸出地亩广种春麦，明年四五月间灾地民食可资。【略】辛亥，【略】缓征安徽寿州、宿州、虹县、灵璧、铜陵、广德、建平、歙县、绩溪等九州县本年水、旱灾应征漕粮漕项银米。【略】赈贷浙江鄞县、慈溪、奉化、镇海、象山、定海、萧山、诸暨、余姚、上虞、嵊县、临海、黄岩、太平、宁海、天台、仙居、金华、兰溪、东阳、义乌、永康、武义、浦江、汤溪、西安、龙游、江山、常山、开化、建德、淳安、遂安、寿昌、桐庐、分水、永嘉、乐清、瑞安、平阳、丽水、缙云、青田、松阳、遂昌、宣平等四十六州县，玉环一厅，台州一卫，衢、严二所，大嵩、青泉、穿长、龙头、玉泉、社渎、黄岩、长亭等八场本年旱、虫灾民灶。【略】乙卯，加赈河南武陟县本年水灾贫民。【略】丁巳，【略】谕：东省今岁偶被偏灾，所有应行赈恤事宜，已加恩分别办理，此内之濮州、东平、东阿、寿张、菏泽、范县、济宁、巨野、金乡、平阴等十州县收成较为歉薄，小民办赋维艰，著将本年应征额赋银三万余两，带征节年旧欠银二万三千余两，一体缓至明年麦熟后完纳，以纾民力。【略】己未，【略】寻奏：（江西）广、饶二府得雨甚迟，收成六分，米价自一两七钱至二两六钱，其余各属收成皆八分以上，米价自一两七钱至二两不等，至浙省并无请籴派累之事。【略】是月，江苏巡抚庄有恭奏：苏城向例岁底煮赈一月，歉则加赈，今岁虽丰稔，因浙省偏灾，转运者多，米价顿昂。

《高宗实录》卷四〇五

## 1752年 壬申 清高宗乾隆十七年

二月【略】己未，赈恤山西山阴、虞乡二县灾民，并分别蠲缓。【略】辛酉，【略】两江总督尹继善奏，春初连得雨雪，麦田可望丰收，现在米价虽较去冬略昂，而市粮并不缺乏。其上年被灾地方商贩罕通，粮价最昂之处，麦收以来必须接济者，随时体察民情，先行减价平粜，近因米贵地方，如江宁通州等处有向富户强借扒抢者。【略】江苏巡抚庄有恭奏：自苏赴江宁监临文闱，经常、镇一带，春雨淋漓，潮汛亦涨，运通漕粮、运浙楚米俱可通行。现在江宁粮价亦昂，与苏相等，民食维艰。

《高宗实录》卷四〇九

三月【略】戊辰，【略】谕：浙东各府上年被灾特重，业经多方筹办，冀无失所。近闻饥民四出觅食，流入省城者甚众，以致杭城居民薄暮即扃户自保，人有戒心，是否果有此情形，或系传闻过甚之词。【略】看来浙省荒旱之余，经冬河道浅阻，米船不至，市价久昂，比复雨雪凝寒，春花冻损，民何以堪。【略】寻奏：上年浙东灾重，蠲赈频施，正二月间阴雨稍多，米价亦昂，贫民往来觅食，势所不免。二月初曾有无赖乞丐数人，向米铺求乞，驱之不去，各给米半升而散，已查拿严禁。自此不敢效尤，并无居民薄暮扃户情事。兼之省城士商捐银二万余两，在城外分厂煮赈，贫民就食者数千人。【略】自三月初晴暖，二麦菜豆畅茂，近普展赈一月，足资接济。　《高宗实录》卷四一〇

三月【略】壬午，【略】又谕：据江西巡抚鄂昌奏称，南康、九江、广信、饶州四府属上年收成既歉，经冬及春雨雪严寒，粮价益贵，无业穷民佣工无地，觅食无方等语。朕心深为轸念。

《高宗实录》卷四一一

四月壬辰朔，【略】蠲免山东齐东、德州卫、惠民、蒲台、平度、宁海、文登、荣成、濮州、范县、聊城、东昌卫乾隆十六年水灾额赋有差。【略】癸卯，【略】蠲免直隶大兴、南乐、热河、四旗、蓟州、东安、永清、万全等八州县厅乾隆十六年分灾赋有差。被灾较重者并分别赈恤。【略】乙巳，谕：据浙江巡抚雅尔哈善奏称，金华、兰溪等州县所属村庄，间有一两处被雹，查明麦菜有被损伤者，即借给口粮籽种。【略】蠲免直隶武清、宝坻、蓟州、宛平、永清、四旗厅、东光、天津、静海、沧州、盐山、庆云、津军厅、长垣、东明、开州、宣化、怀来、万全、怀安、张家口、丰润、玉田等二十三厅州县乾隆十六年分灾赋有差。　《高宗实录》卷四一二

四月【略】庚戌，【略】蠲缓浙江乾隆十六年分原报、续报旱灾之海宁、富阳、余杭、临安、昌化、安吉、乌程、长兴、鄞县、慈溪、奉化、镇海、象山、定海、萧山、诸暨、余姚、上虞、嵊县、临海、黄岩、太平、宁海[①]、天台、仙居、金华、兰溪、东阳、义乌、永康、武义、浦江、汤溪、西安、龙游、江山、常山、开化、建德、淳安、遂安、寿昌、桐庐、分水、永嘉、乐清、瑞安、平阳、丽水、缙云、青田、松阳、遂昌、云和、龙泉、庆元、宣平、仁和、钱塘、海盐、归安、孝丰、山阴、会稽、新昌、泰顺等六十六州县，玉环一厅，杭、嘉、台三卫，湖、衢、严三所，大嵩、龙头、穿长、清泉、玉泉、杜渎、黄岩、长亭、仁和、鲍郎、钱清、永嘉、双穗等场额赋有差。【略】甲寅，【略】豁除福建福安、寿宁二县乾隆十六年水灾额赋有差。【略】丁巳，【略】蠲缓直隶永利、富国、永阜、王家冈四场乾隆十六年水灾额赋有差。蠲缓山西山阴、虞乡二县乾隆十六年水灾额赋有差。【略】己未，豁除广东文昌县乾隆十六年风灾额赋。【略】是月，【略】大学士管江南河道总督高斌奏：下江淮、扬、徐、海等属四月以来天气晴和，又得时雨霡霂，二麦秋实，愈见坚好，大概均得丰收。【略】调任福建陈宏谋奏，臣由豫赴闽，经过安省之宿州、凤阳、临淮、定远、灵璧，江宁之滁州、六合等处，夏麦结实，秋禾亦已播种。惟宿州、灵璧地势极洼，常被水患。现

① “宁海”，原作“海宁”，当系誊抄之误。

疏河道为泄水之计，民情甚为喜慰。其余常、镇、苏、杭、金、衢、严等府二麦俱得丰收。【略】山东巡抚鄂容安【略】又奏：东省自春入夏雨泽频沾，现麦已秀实，就各属所报情形，颇称丰稔。

《高宗实录》卷四一三

五月【略】辛未，谕军机大臣等，据总督方观承奏到各属蝻子萌生一折，已批令竭力督缉，毋留余孽。今据侍郎兼府尹胡宝瑔奏称，亲赴武清所属村镇，见新蝗翅牙已茁，其地甚广，有宽至数十百亩者，草丛中攒族跳跃，在在皆然。顺属已报有四五州县，惟武邑最多最盛，今扑灭已七八分，所余零星，可以渐尽等语。观此则蝗蝻萌动，其势颇炽，若于初萌之时，即上紧扑打，何至长翅生牙，可见初报生发，已属长成，虽称打扑，仍未净尽。从来外官以文移禀报为办事，上司则称立定章程，悬示赏格，下属则称实力奉行，加紧扑灭。按之实际，殊不其然，蝗蝻贻害田亩最烈，所争只在旦夕之间，尤非可以虚文从事，此等奉行不力之员，必当重加处分，以示惩儆。胡宝瑔原折著抄寄方观承阅看，所有奉行不力各州县，著即速查，参议处分。方观承、胡宝瑔俱著传旨申饬。又谕：前据直隶总督方观承奏，各属蝗蝻萌生，内盐山、庆云、沧州与东省接壤，业经东省咨会，并饬各该地方员弁无分疆界，一体加紧捕除等语。现在顺天近属，该府尹亲往查看，尚在攒簇跳跃，势甚广阔。据此，则捕蝗之事不可不亲临查看，非可专委之地方官，以禀报了事而已。前于奏折内已批实应留心，但观直属如此，则东省连接之区，所称随时扑灭者，恐尚未尽实。近日由东省经过之员，亦曾有以此为奏者。此旨到日，著鄂容安即速亲往查明，督率地方员弁上紧扑灭，务令净尽，毋俾遗种萌动。

《高宗实录》卷四一四

五月【略】丙子，【略】直隶总督方观承奏四月底东光、武清等二十九州县蝻孽情形，业经奏闻外，自五月初旬以来，续报者又有通州、固安、新城、安肃、望都、博野、清丰、成安、衡水等九州县，或现在扑捕，或扑尽复生。查武清县知县沈守敬，当蝻子初生时，既不早报，以致长生翅牙，又不紧扑净尽，实属奉行不力、昏愦无能。现与府尹胡宝瑔会参示儆外，并加意察查，不稍徇庇。得旨：似此必俟朕训而后查参，则总督所司何事，究之怨归于朕，而感则在督抚。然督抚用此计而得益者，正不多见也，慎之、戒之，在汝不当出此。又谕军机大臣等，顺天等处捕蝗一事，前经申饬方观承、胡宝瑔等，今据方观承奏称，武清县知县沈守敬奉行不力、昏愦无能等语，意欲以沈守敬一人塞责，仍不免存心姑息，方观承近来此等处，颇不如前。已于折内批示，仍著传旨申饬。【略】蝗虫本属湿生、化生之类，滨河沮洳最易萌生。再，直属大名等处，上年曾遭黄河泛涨，该督前奏内有大名、东明、南乐、长垣等处蝻子当下搜捕等语，该处离京、离省俱属遥远，该督尤当加意严查，不可疏忽，所有各属捕蝗情形，著即速查明，详悉具奏。又谕：近据直隶总督方观承奏到，各属蝗蝻萌动，现经胡宝瑔亲赴武清等处扑捕，而与山东连界之盐、庆等处，均有蝻子。大抵蝗蝻本属湿生化生之物，水滨沮洳，鱼虾微卵入土，即皆变蝗。上年豫省黄河泛溢，濒河州县均被漫浸，深恐水族遗卵变蝗，且毗近豫省之东明、长垣等处，俱称有蝻，而豫省并未奏及。著传询蒋炳，曾否切实详查，伊前在顺天府尹内，曾令亲赴所属扑捕，是所身历者。如州县有心讳饰，而蒋炳但据详报，草率了事，将来或致有损田禾，别经查出，惟蒋炳是问。寻奏：臣抵豫后，接见属员，即嘱留心稽察，一有蝗蝻生发，及早扑除，勿因循讳饰，致干参处。四月中，据卫辉属之汲县，彰德属之浚、滑、内黄等县，报蝻子萌生，随饬员弁即时扑灭。兹于本月据内黄具报，有蝗蝻生发，伏思彰、卫贴近直属，时方盛夏，余孽易萌，即星驰直、豫交界处，不分疆域，亲自督捕，并查从前生蝻各县，果否扑除净尽，如草率了事，即行严参。得旨：大凡离京远一分之省，即多一分粉饰，但汝不应出此，其有捕蝗不力之州县，必应参处，不可姑息取名，何不忍于一二无能为之劣员，而忍于数千万之百姓耶。【略】戊寅，【略】直隶总督方观承覆奏：直属先后详报生蝻者四十三州县，今已报扑净者，通州、武清、香河、宝坻、固安、东安、安肃、新城、博野、望都、蠡县、阜城、交河、宁津、景州、东光、静海、南皮、庆云、成安、衡水等二十一州县；现将捕竣者，永清、祁州、献县、深州、清苑等五州县；扑尽续生者，霸州、宁河、吴桥、天津、盐场、沧州、青县、盐山、定州、元城、大名、南乐、魏县、清丰、东明、开州、长垣等十六州县；甫经生发，现正扑捕者，雄县一县至大名一府八州县俱报生蝻，扑后复萌。实因上年黄水漫及之故，该处地方辽阔，诚如谕旨，离京、离省遥远，查察难周，所委道府丞倅恐有顾此失彼之虑，已于臣标并正定镇标多派员弁，分头协办。报闻。【略】庚辰，谕军机大臣等，前据胡宝瑔奏称，二十前后可以回京，今尚未见来京，想捕蝻事尚未竣，如果尚须加紧捕扑，不妨多留数日，俟完竣妥协，永无后患更佳。其现在情景若何？是否渐次稍减，或较前稍减，及别有萌生之处，速行据实驰奏。寻奏：蝗蝻生发，惟当极力驱除，乡民无知，虽悬赏不肯即报。推求其故，恐派夫蹂躏，徒事烦扰，惟信刘猛将军之神，祈祷可免。愚说实不足凭。前奏由武清回京，及抵永清而蝗颇炽，霸州、文安又复踵报。随委员督办永清，亲赴霸州、文安查看，已将祛净。再回永清，而霸昌道鲁成龙极力围扑，并以钱买之，乡民趋利，每买一次，即得三四斛，现已去其八九。其窜入高粱、豆根者，照方观承晓示，践伤田谷，每亩给米一石。现顺属十一州县，净尽者六处，其宁河、霸州、文安、永清、固安亦将竣事，拟于一二日回京。得旨：所见甚正，然民情亦当顺之，彼祀神固不害我之捕蝗也，若不尽力捕蝗，而惟恃祀神，则不可耳。又谕：前因直隶各属捕蝗不力，谕令方观承查明参处，方观承只就胡宝瑔查出之武清县知县沈守敬题参，意在以此一人塞责，而其余州县中不力者，即可概置不问，殊非据实查办之道。是以传旨申饬，今方观承又奏称沈守敬漏报三处，近复漏报一处，允宜立挂弹章等语，此则误之又误矣。朕初次传谕，本谓通查捕蝗不力之州县，而非查漏报之州县，今方观承覆奏，乃以漏报惟该参员一人陈辩，是因回护以一人塞责之非，而不自觉其词之遁也。朕前旨何尝令查漏报耶？且该督初报折中，合属有蝻州县共三十余处，至今尚有现在扑捕者，有扑后复生者，非奉行不力而何，该督从前尚能不惮驰驱，况捕蝗实可胜以人力。如大名等处，上年黄水经过之地，理应亲历巡查，分别参处，顾以空言辗转回护，此等取巧之术，能行之朕前乎。方观承著传旨申饬，今年幸荷上天慈祐，雨旸时若，倘因蝗蝻稍致侵损，岂不深为可惜。旨到日，著方观承即速亲往大名、东明一路查勘，有无余蝻，督率属员实力扑灭，据实驰奏。其近京一带，仍会同胡宝瑔，将不行实力之州县分别查参，若再姑息取巧，咎有攸归。【略】辛巳，谕：前据总督方观承奏称，直隶各属间有蝗蝻生发之处，现在严饬州县官扑捕等语。捕蝗专事人力，不可稍有怠缓。今岁雨旸时若，二麦告登，秋谷正当长发，设令捕蝻不力，以致蔓延滋害，是怠人事而不克仰承天庥也，念之殊为悚惕。大名一路，上年黄水所经，关系尤为紧要，已谕方观承亲往督率员弁，尽力扑除。其天津、河间濒海各县，蝗蝻亦易滋生，该督不能兼顾，侍郎胡宝瑔现在顺属文安等处捕蝗，天津、河间虽非府尹所属，而胡宝瑔身系侍郎，即以钦差就近前往各该处，督率地方员弁，实力扑除，务期净尽，事竣之日，奏明回京。地方官倘有奉行不力者，许即参处。【略】赈恤河南祥符、中牟、阳武、封丘、商丘、永城、鹿邑、虞城、夏邑、延津、滑县、河内、武陟、原武等十四州县乾隆十六年水灾饥民，并先后蠲缓有差。【略】甲申，【略】蠲缓湖南善化、湘阴、益阳等三县乾隆十六年分水灾额赋有差。【略】戊子，【略】工部议准，调任河南巡抚陈宏谋疏称，豫省武陟、获嘉、新乡、延津、滑县等五县古堤年久残缺，去秋阳武漫口，黄流灌入，致直属被灾，请发帑兴修。从之。【略】己丑，【略】直隶总督方观承奏：前往大名、东明一路查勘蝗蝻，即日兼程前进，并顺道亲查顺德府属之唐山、南和、任县、巨鹿、平乡等县，大约一二日内俱可扑尽。再闻广平现在捕蝗，随纡道驰赴察看，该处蚂蚱与蝗蝻间杂，飞跳不越数丈，其为本地生发，日久长翅，可知乃该县庄纯嘉报自邻境飞来，明系驾词诿卸。再，大名、魏县滨临彰卫，蝻孽易萌，每多潜伏麦内，该县只就可见处扑捕，及刈麦，而蝻已生翅能飞，今限三日务令捕净。而二县奉行不力，其罪难辞，现俱另行参奏。其余元城、开州、东明、长垣、南乐、清丰等处，询之道府，据称多已扑尽。报闻。又批：此系通病，若非朕旨令汝前去，并此亦不查参，属员何以知警耶。赈恤甘肃狄道、渭源、靖远、会宁、平凉、静宁、庄浪、永昌、平番、宁夏、宁朔、灵州、西宁、碾伯等十四州县乾隆十六年水灾饥民。【略】是月【略】大学士管江南河道总督高斌奏：淮、徐、海等属入夏以来，雨旸时若，现二麦俱已刈获，米价渐平。惟宿迁县有被雹伤麦处，已酌借籽种，俾及时补种秋禾。近日闻有蝻子萌生，俱报随时扑灭。得旨：欣慰览之。又批：竭力督捕，毋事具文。江苏巡抚庄有恭【略】又奏：江省上元、江浦、铜山、丰县、砀山、句容、泰州、盐城、桃源、阜宁、萧县、邳州十二州县，据报芦滩洼地间有蝻子萌生，幸初生如蝇、如蚁，未成片段，扑捕犹易，现已净尽。此外，沿江沿河沙洲及滨海场灶，虽未生蝻，亦饬该管道府率属搜查，一有生发，刻期扑灭，毋致伤谷。得旨：捕蝗一事，实可以人力胜，但不可姑息，并不可掩饰。如直隶今年实为罕有丰登之象，而蝻生颇多，故屡饬方观承，令其尽力，江苏泽国而去京稍远，恐汝不肯实力，若蔓延为害，至终不可掩，则汝亦不能辞其责也。山东巡抚鄂容安【略】又奏：二麦收成，据各属禀报，统计八分。惟济、东、泰、武、兖、曹、莱、青、沂各府生发蚂蚱蝻子，业经严饬捕除。并调州县中谙于捕蝗之员，分头协办，即已扑灭者，仍令详细搜捕，无留遗孽。现麦秋幸获中丰，蝻子亦未成害。而防维筹画，未敢稍疏，惟有督责属员，实心办理，勿掩饰而忽视民瘼，勿张皇而致骄民气。得旨：览捕蝗一事，东省颇称不力，汝宜亲往督率捕缉，务尽余孽，毋使滋蔓，若再因循，惟汝是问。又批：若无蝗蝻，则麦收岂止此哉，看来此事皆汝未实力之故，非夙所望，于汝者且恐骄民者，谓本无灾耳，若实有灾而为此谈，民其何告，慎之、戒之。又奏：东省蝗蝻生发，遵旨亲往督办，并饬道员紧捕，间有续生，并加覆勘，务期遗孽净尽，幸未伤及田谷，现麦已全登，秋谷亦具畅茂。得旨：览奏稍慰，竭力勉为。蝗蝻实可以人力胜，听其蔓延为害，遂不可救矣。又奏：亲行督捕蝗蝻之泰、兖、曹、东四府属，俱已扑除净尽。并据各道府禀报，青、莱、武三府亦已告竣。其续报处，藩臬分往督查，亦俱报称事竣回省。伏思虫孽现虽尽绝，而此后秋成均须防范，自当严饬查捕，或有生发，务即扑灭，勿使蔓延。得旨：果如此，实能慰朕怀矣，今年谷稼可望丰收，若令失收于垂成，岂不辜此天恩，所以当尽力也。勉之。【略】署湖南巡抚范时绶奏：本省四月内雨水过多，长沙府属之益阳，常德府属之沅江、桃源，宝庆府属之新化，澧州属之石门、慈利等县滨湖洼地，溪涨漫入堤垸，间有冲没田庐，淹毙人口。委员确勘，俱未成灾。现酌借籽粮，及时补种。得旨：虽云不致成灾，亦应安顿得所。　　《高宗实录》卷四一五

六月【略】庚寅朔，【略】长芦盐政天津总兵吉庆奏：津、河二属蝻孽滋生，侍郎胡宝瑔由静海、沧州一带督捕，始赴河间，津属续有飞蝗四起甚炽。胡宝瑔难于兼顾，臣请亲赴津属州县，督令有司扑捕。得旨：正应如此，所奏尚属迟矣，竭力督捕，以赎前愆，此奏未必非见安泰前往，然后拜发也。辛卯，【略】兵部侍郎兼管顺天府尹事胡宝瑔奏：查勘津河一带蝗孽，现天津、静海等县俱已扑除。查今岁之蝗，沧州最盛，知州朱邃全不尽心办理，因即驰至该州，访之乡人云，数日前蝗蝻满野，知州束手无策，该府熊绎祖亲督人夫，擒扑已尽。而青县又经续报，随赴该邑查办。大抵天津近海洲汊人迹罕到，最易生蝻，无从穷究，惟有俟其下，集力为涤除，今为日已久，各处都已扑灭，虽有遗孽，不至为害。知州朱邃庸劣无能，另折参奏。得旨：似此则蝗蝻尚未捕尽，汝其勉力督扑，究之年成光景如何，禾稼致伤否。壬辰，【略】又谕：蝗虫害稼最烈，皇考曾特降旨，地方官不即时扑灭者，著革职拿问，督抚严加处分，载在令甲。诚以捕蝗必用民力，人力胜，则蝗不成灾。故明示之禁，使知所从事。比者督抚养尊自逸，且畏处分，如方观承、蒋炳者，非朕旨督责，几令捕蝗不力之劣员幸免矣。夫怠人事而损田功，上辜天贶，奈何庇一二不肖劣员，而贻数万户生灵之戚，昔人所谓"一家哭，何如一路哭"者，未之闻耶？牧令或委之业户未报，不思官以知为名，则所治之一州一邑，事无大小，皆所当知，必待受害者呼号始觉，已不称其名而鳏厥官矣。彼即不报，尔何不知察耶。即恐致蹂践，且幸其飞食他境，匿不具报。愚民或有此情，则偿其所损，又有成例，如果明切开道，家喻户晓，民即至愚，岂不计及。蝗蝻初生甚微，扑捕不过躏及沟畎陇隙，无难补种，且所失得偿，亦何

惮而不报耶。平日不讲求御害之方，临时又不身先督率，徒事粉饰徇隐，民饥罪岁，咎孰大焉。特用申明禁令，各该督抚其严饬所属，敢有怠于奉行，徇纵殃民者，必重治其罪。【略】又谕：前侍郎胡宝瑔奏称，天津一带有蝗处所，业经扑除略尽，可以无虞。今日吉庆奏称，钦差过后，忽有飞蝗四起，往来靡定，苟不急为扑灭，将来为害滋甚等语。津属既称扑除略尽，何以又有飞蝗四起，果何所从来耶。胡宝瑔现往河间，于津属已鞭长莫及。著将河属有蝗州县，督率扑捕，务令竭力查搜，以尽根株，勿留余孽。如河间一带扑捕完竣，仍由天津一路详细查勘，必使净尽，再行回京。寻奏：臣赴青县，捕蝗将竣，又见蝗集沧州，正在往来督捕。而河属之河间、交河、任丘、景州一时俱报飞蝗入境，因令知府熊绎祖办理沧州，臣赴交河一带督捕。伏查直、东二省沿海洲汊苇荡莫可穷究，实不解蝗自何来，惟于飞集时，乘其未伤禾稼，实力搜捕，不畏难、不推诿，自不至前功尽弃，致损秋成。现俟河间事竣，覆查天津、顺天各属，务必尽除。得旨：好，竭力为之。【略】又谕：安泰回京奏称，据吉庆称二十九日有飞蝗二起，自西南来，不知落于何处，已派员带领兵役前往搜捕等语。吉庆非他人可比，且系总兵，既目击飞蝗，即应亲身前往扑捕，务尽根株。岂得以曾经派员即可塞责了事。今年直属丰稔，蝗蝻落生，现在钦派大臣，上紧扑灭，吉庆亲见飞蝗情形，何容膜视，著传旨申饬。【略】甲午，【略】蠲缓河南浚县、上蔡、罗山等三县乾隆十六年水灾额赋有差。乙未，长芦盐政天津总兵吉庆奏：六月初二日，天津县西南杨五庄飞蝗丛集，随募民捕蝗，一斗给钱百文，一日捕灭净尽。巡视蝗集处，下子者已十分之三，凡地中有小孔者即是。据土人云，此种遗孽，伏暑时十八日而生，又十八日而长翅；再下之子，天凉或不复出，便成来年之害。伏思按孔挖掘固易，第恐伤田禾，因通饬文武，计日守捕，毋使滋长，现在静海周历巡视，一有虫孽，立即扑除。得旨：是极力督捕，此正宜尽心者，若少不竭力，致遗孽复生，则惟汝是问。【略】丙申，【略】又谕：方观承奏称，直隶开州为上年黄水经由之地，蝻子生发较多，俱已节次扑净，现仍搜捕余孽等语。蝗蝻本由湿化而生，即开州一处观之，则豫省濒河，上年黄流浸漫州县，更不问可知。前经降旨，询问蒋炳，令其切实详查，何以至今尚未覆到，著再传谕该抚，即将黄河南北两岸各州县，有无蝗蝻生发，现在作何督率捕扑，禾稼有无伤损，逐一据实奏闻。今岁雨旸时若，秋禾丰稔可期，若因扑蝗不力，以至有减分数，实为可惜。该抚等其奚所辞咎，戒之、慎之。寻奏：上年河水经过北岸各邑，惟滑县蝻孽萌生，该令郭锦春偷安不职，业经参奏外，其阳武、原武、封丘、祥符等处俱未生蝻；至南岸之延津、仪封、考城间有一二处，当即扑灭。豫省民情，传呼即至。且于蝗蝻初生时，用布墙围挞，法甚便捷，是以不至羁延。至与直省接壤之处，间有飞至，随时捕除，勿使滋蔓。现秋禾畅茂，毫无损伤。得旨：览奏稍慰。蠲免江苏沛县乾隆十六年水灾额赋。【略】戊戌，谕军机大臣等，据侍郎胡宝瑔奏称，河间、任丘、景州等处一时俱报有飞蝗入境，臣即至交河一带督办等语。此所报州县，俱密迩东境，若于蝻子萌生时早为扑灭，何至盘空飞扬。前经传谕鄂容安，令其亲行督率查办，不知近日办理情形若何，何以尚未奏覆。蝗既成群，岂有飞而不食之理，自必有损禾稼。愚民惮于扑捕蹂躏，或以为蚂蚱非蝗，或以为远飞他境，不至成灾，皆无足信，惟有竭力扑除，务归净尽，毋得遗种，并即速据实奏闻。否则今岁天和时若，何以仰副耶。寻奏：河间所属州县多与东省济、东二属接壤，现陵、德、恩、武等处虫孽已于五月内扑净，仍饬道府周流防范。臣身任封疆，无论本境捕蝗是所专责，即邻省亦不敢歧视，凡飞越入境者，既饬属扑捕，复必亲往周查，并令各州县于本境内逐日搜查，五日一报。所拨人夫，即告竣毋许即散。属员颇议为过严，民情亦以为劳苦，然不敢暂博虚誉，致贻后患，现克日净尽，大势可保丰收。得旨：所见是，勉力为之。又批；此皆必有之事，而必不可顾忌姑息者。【略】癸卯，【略】直隶总督方观承奏：据近日所报，唐山、赵州、宁晋、隆平、新河、武邑、枣强等处，蝗蝻扑除将尽。查赵、冀二属南连顺德，北入正定，境壤交错，互有飞越，恐致滋延，臣现驻赵州，分别四出搜捕。其正定属之平山、获鹿、井陉、灵寿、正定、元氏、行唐、新乐等处，或扑除已尽，或既扑后萌，并饬加紧巡查，速就殄灭，再，保定属之清苑、安肃、安州、容城、新安、高阳、完县、蠡县、唐县等处，亦据报将次告竣。细察近日情形，大率皆系草上蚂蚱，虽有翅能飞，然亦不过于数里中乍起乍落，非若飞蝗之漫空远扬，是以一经赶扑，就地立尽，田禾幸皆无损。得旨：今年蝗蝻虽幸不为害，若非朕督责，将不知何底止矣，此时虽云扑除，然向前正宜谨防，慎之。【略】甲辰，谕军机大臣等，今日巡漕给事中朱若东复命召见，奏称天津一带蝗蝻甚多，皆因二三月间蝻子初生时，该州县正印官因派往挑修减河等工，无暇查察，早为扑捕，以致滋长飞扬等语。除蝻于初生之时力省而易尽，地方印官虽兼有河工之责，而蝗蝻害稼最甚，尤当及早搜捕，岂得视为不急之务，听其长成翅翼。在愚民无知，护惜新苗，惟恐蹂践，非地方官为之督率，必致生翅群飞，虽竭力扑捕，一时不能尽净，于禾稼亦不能无损，非所以重民事而保田功也。嗣后，天津所属地本沮洳，易于生蝗，州县于春间即行实力稽查扑捕，无令孽种滋萌，以致贻害田亩。至河道工程，固属紧要，自有专设之道员及丞倅等可以委任，佐杂千把可供差遣，州县官当专理民事，不必派以工程，令其仆仆河干，致地方诸事转有贻误，且得藉口推诿。可将此一并传谕该督方观承知之。　《高宗实录》卷四一六

六月乙巳，【略】谕：天津、河间两郡蝗蝻扑捕已净，侍郎胡宝瑔往来督率，甚著勤劳，从前所有处分之案，著加恩开复。其协力扑捕、实心勇往之员，如天津道董承勋、知府熊绎祖等，著该侍郎会同该督，查明据实奏闻。【略】又谕：蒋炳参奏，滑县知县郭锦春捕蝗不力，已降旨革职；其知府王祖晋身为郡守，职在督率属员，乃于捕蝗紧要之时，因中暑小疾，即回署调治。观此，则非能实心勇往，任事之员可知。著传旨申饬，并谕该抚留心试看，嗣后如仍不黾勉，即行据实查参。【略】长芦盐政天津总兵吉庆奏：静海、青县、沧州等处飞蝗落过之地，早禾间有被伤，虽合计通邑不及百分之一，然此一二处秋成无望，即有一夫失所之虞。询之农民，云立秋前尚可补种。且莜麦一项，所需籽种工本，每亩不过一钱五分，因商之该府，即将买捕蝗蝻银，按户散给。得旨：甚好。即用盐库项下，随正报销。丙午，谕：皇考曾特降谕旨，朕申明禁令，已不啻再三，今岁直隶、河南、山东皆有蝗蝻萌动，经朕严饬，该督抚等督捕，始得净尽。昨据高斌奏称，江南丰、沛交界处所，及铜山、萧、砀等州县亦俱有飞蝗来往。夫捕蝗如捕盗，禁于未发，则用力省而种类不至蕃滋。既至傅翼群飞，则所生之地，未早为实力扑捕可知。此固地方官怠缓从事，而督率不先，董戒不力，则该督抚之过也，著将江南督抚交部议处。直隶蝗蝻，若非朕申谕严切，必且有妨秋稼，不几上负雨旸时若之嘉贶耶。身为司牧，其奚忍坐视以贻民害。著再通行传谕各督抚，严饬所属，实力奉行，如再有怠于扑捕，以至飞往他境者，一经奏闻，必当根究生蝗处所，将该地方官从重治罪。【略】丁未，【略】谕军机大臣等，据侍郎等府尹事胡宝瑔奏称，霸州堂二铺地方于本月初六日未时，永定河浑水涨发，从西北两面漫埝进村，深三四尺，田禾尽淹，房屋浸塌。现于河西之王家场等处搭盖窝铺等语。【略】戊申，【略】直隶总督方观承奏：通计直属正、顺、广、太四府，赵、冀二州，先后生发蝗蝻蚂蚱，共三十七州县，遵旨督同镇道府州分路紧办，俱以次清理。今筹善后事宜，首在搜刨遗子，惟是遗子有先后，生发即有迟早，其早者此时又将萌动，须乘其初生如蝇蚁时，殄除甚易，若稍延数日，又至长大为患。现通饬文武属员，多派兵役，分管村庄，严立赏罚，往复搜寻。即有一二续生之处，皆系草上蚂蚱，扑捕易尽，并不为患。得旨：今岁蝗蝻实多，若非如此竭力捕除，为患可胜言哉，此后仍宜留心。缓征山东、东平、菏泽、范县、平阴、利津、济宁等六州县乾隆十六年水灾额赋有差。【略】辛亥，长芦盐政天津总兵吉庆奏，查捕沧州及迤南之临山、庆云、南皮等处蝗蝻，现时序将秋，遗孽大率已绝，拟回至青县、静海、天津，再加巡视，务期搜捕净尽。得旨：览汝始则膜外视之，经朕督责，颇知勉力，如此能改过，方不负任使，以后更不可懈忽矣。【略】是月，【略】大学士管江南河道总督高斌奏，本年徐州一带雨水调匀，秋禾长发，惟淮安雨泽稀少，属望甚殷，现虔诚祈祷，尚未得降甘霖。得旨：京师亦甚望雨，向以春夏之交，今乃夏秋之际，益增忧懑也。江苏巡抚庄有恭奏：前以直隶蝻

生，奉谕旨，江苏泽国而去京稍远，恐汝不肯实力，蔓延为害。臣蒙简畀八府三州之地，一民一物之病皆无可旁贷。四月下旬，上元、句容、江浦、泰州报有蝻生，早经扑尽。淮安、海州、徐州间复续生，亦旋萌旋捕。【略】至通省雨泽，俱未畅足，率属祈祷，冀沛甘霖。【略】安徽巡抚张师载奏：安省上年冬雪颇少，恐近水洼地或有蝗蝻发生，四五月间，据凤阳属之宿州、灵璧，颍州属之亳州报有蝻子萌动，即飞饬员弁，及早扑除，幸未长翅飞扬，禾稼毫无妨碍，现早禾结实，可望丰收。得旨：外省捕蝗，率多掩饰，不肯尽力，今后勉力改过，尽心督捕，不可自图安逸也。浙江巡抚觉罗雅尔哈善奏：今年春夏雨多，海潮汹涌，海宁县石塘外积沙间被冲卸，将军殿之柴盘头亦有坍矬，幸蜀山一带涨有新沙，塘工无碍。臣查浙江海塘情形，若溜趋南大亹，则绍属山、会、上虞被其患；或溜趋北大，则杭属海宁、仁和受其侵；惟由中小亹出入，则两岸田庐俱受安澜之庆。而中亹山势仅宽六里，潮汐往来，浮沙易淤；且南岸文堂山脚涨有沙嘴百三十余丈，挑溜北趋；北岸河庄山外，亦有沙嘴五十余丈，颇碍中亹大溜。现酌将此两处涨沙，挑切疏通，俾免偏碍阻滞之患。再，将军殿之柴盘头，系顶冲要工，坍矬处速应补葺，以护塘根。得旨：所见颇得领要。【略】陕西巡抚钟音奏：本省延川、榆林、吴堡、邠州等州县，五月初，雨中带雹，微伤麦禾，委员确勘，并未成灾。【略】再，自五月以来，雨泽稀少，民情属望甚殷，幸于六月初旬各属已得甘霖，早禾滋长。陕甘总督黄廷桂奏：五月以来，西、同二府，邠、乾二州，雨泽稀少。六月初旬，据各禀虽已得雨，未能普透，惟西安属之渭南，同州属之蒲城，并乾州与所属武功四州县始终缺雨，秋田不能布种。【略】署四川布政使觉罗齐格奏：川省五月以后各处米价较昂。查上年秋成，原未十分丰稔，本年夏熟亦止八分。又因下游江浙歉收之处商贩倍多，粮价陡涨。

《清高宗实录》卷四一七

七月【略】癸亥，【略】谕军机大臣等，前据胡宝瑔奏称，捕蝗之事将次完竣，现往大城、霸州一带覆勘，俟立秋以后蝗不复生，一无遗患，再行奏明回京等语。今交秋已经数日，尚未见到，想覆勘事犹未竣，抑或别有萌生之处，深廑朕怀。再，盛暑炎蒸，旬余未得雨泽，田禾光景若何？急于望雨否？一并传谕询问，著即速据实奏闻。寻奏：臣由大城、文安等处覆勘，间有蝻子续生，立为扑除，现往宛平县之芦沟桥东南等处搜捕遗孽，一二日内即可竣事回京。至臣沿途经过州县，田禾皆已颖栗，若再得雨，固加润泽，即稍迟亦可无妨。【略】又谕：近日京师天气炎热，半月以来未降雨泽，今已立秋，正当禾稼秀实之时，旬余不雨，恐于禾稼有妨。【略】寻奏：直属于六月后得雨沾透，田禾秀实胜常，近虽逾旬不雨，尚可无妨。如再于本月望前得雨，早晚田禾可期丰收，若雨水短缺，恐高地稍减分数。至伏暑中间有病暍者，止系长途奔走之人，其居民并无因暑生疫之处。再，各属飞蝗扑捕已尽，虽有蝻子续生，亦随起随扑，不至为害。【略】又谕，据吉庆节次奏称，沧州等州县蝗孽已经扑捕净尽，现赴青县、静海、天津一带再行查视，务尽根株等语。数日以来，未据奏报。【略】寻奏：各属蝗孽续生，臣分派盐属官员及镇标将弁，分途扑灭，其静海、天津等县蝻孽最多之处，臣亲往督捕，现在大势渐减，可无贻害。至各处田禾，经前次得雨深透，虽盛暑炎蒸，地中并不燥烈，尚非急于望雨之时。得旨：此语似属粉饰，朕殊不信也。【略】甲子，【略】又谕：从前捕蝗不力之各地方官，已据侍郎胡宝瑔、直督方观承查明，分别参处；其实心勇往之员，前经降旨，令该侍郎等据实查奏。今据奏，天津道董承勋、知府熊绎祖、交河县知县黄元圯、青县知县叶志宽、枣强县县丞沈鸣皋、静海县守备徐云龙等，俱能实力搜捕，著交部议叙。侍郎胡宝瑔周巡亩浍，晨夕督捕，甚属劳勚，虽已加恩，仍应叙录；天津盐政兼总兵官吉庆，初未经心，及朕降旨督饬，即亲率员弁往来扑捕，实心宣力，俱属可嘉。胡宝瑔、吉庆著交部一并议叙。【略】丙寅，谕军机大臣等，年来米价，在在昂贵，深廑畴咨。【略】癸酉，【略】谕军机大臣等，蒋炳奏本年六月间黄水涨发，武陟县班家沟等二十四村庄高粱俱被水泡，晚秋俱已损坏等语。已谕令妥协抚绥，俾沾实惠。

《高宗实录》卷四一八

七月【略】乙亥，又谕：自六月中旬以后，畿辅各属雨泽短少，炎热异常，时得微雨，亦未沾足，朕心深为忧灼。江省亦有望雨之奏，东省雨泽若何，今日李渭奏到秋禾情形，但称雨水调匀，得无少有粉饰乎。【略】寻奏：东省夏秋之交，各属得雨沾足，田禾畅茂。【略】壬午，【略】缓征江苏靖江、沛县、宿迁、沭阳四县水灾、雹灾新旧额赋，并贷饥民。【略】是月，【略】直隶总督方观承奏：臣在防汛工次，据固安、通州、涿州等州县各报得雨四五寸不等。【略】又奏：臣工次续沛甘霖，约计入土八分，秋禾可望有收。得旨：此处分数殊不及迤南，虽云少慰，仍属望泽也。两江总督尹继善【略】又奏：下江之江、苏、常、镇、扬、通，上江之太、宁、池、凤、滁、泗等府州属各被旱，轻重不等，现在委员履勘，并预筹赈抚事宜。【略】江苏巡抚庄有恭奏：铜山、邳县沿河滩地因黄水骤涨，淹损秋禾，冲塌房屋，现在查明抚恤。【略】江南河道总督高斌奏：黄、运、湖河秋汛各工平稳，惟淮、扬一带秋田望雨甚殷，现在虔诚祈祷。【略】寻奏：江北淮、扬、徐、海各属甘霖普降。得旨：欣悦览之，京师亦得沾足，晚田半收，早田仍丰，若关外则仍多稼与与也。安徽巡抚张师载奏：安省各属早稻丰收，中、晚二稻亦俱秀实，惟雨水未能沾足，现在朝夕虔祷。【略】又奏：泗、虹、灵、宿等州县蝗蝻萌生，臣亲往督捕净尽。得旨：此犹恐有未尽之处，即如七月半尚有蝗蝻，此非扑捕不力而何，今岁姑宽汝，明年若仍不先事预防，将罪及汝，汝亦何必为一二劣员取名市惠哉。【略】湖广总督永常奏：楚属秋田缺雨，现在虔诚祈祷。得旨：京师亦然，六七月之间乃望雨，实为希有之事。【略】寻奏：各属虽节经得雨，未能一律沾透，内惟钟祥、京山、荆门、郧县、保康、东湖等六州县旱象已成，现委员查明办理。【略】河南巡抚蒋炳奏：豫省各州县于七月初旬得雨五六寸不等。【略】陕西巡抚钟音奏：陕省西安、凤翔、同州、乾州等府州属秋田望雨甚殷，现在虔敬祈祷。【略】又奏：定边县山水骤发，人口房屋多被淹伤。

《高宗实录》卷四一九

八月【略】壬寅，【略】谕：据闽浙总督喀尔吉善奏称，泉州府属之晋江、南安、安溪、同安等县，厦门一厅，于七月初八、初九等日大雨飓风，水势涌涨，官民房屋俱有冲坍之处，厦门海口商渔战哨各船亦多撞击漂没等语。晋江等处猝被风雨，海水泛溢，看来灾势颇重，朕心深为轸念。【略】又谕：【略】今据蒋炳所奏，约计豫省本岁收成，合计可得八分，而通核常平仓谷，较之原额仅及十分之五，则西成未为丰裕。【略】又谕：据蒋炳奏称，山西河东诸郡旱象已成，又关中苦旱，秋种大半已槁，且闻愈西愈甚，其势广远，两省储备皆虚等语。【略】寻奏：陕属西、同、凤、乾、兴、商六府州属被旱成灾者，通计原有三十余州县，查各属常社仓贮谷尚多，加以延、鄜、秦等属余粮，通融拨济，复用银米兼赈，约算可敷赈粜，无庸豫省接济。报闻。

《高宗实录》卷四二〇

八月【略】壬子，【略】谕军机大臣等，阿思哈奏称蒲州府属之永济等十州县雨泽稀少，现在委员查勘，加意抚恤等语。晋省夏秋缺雨，颇有旱象，朕已早有所闻，正深廑念。今览阿思哈所奏，但称雨泽稀少，不无干旱，及约计大略亦不过十分中之三四，似不免粉饰回护之意。【略】寻奏：蒲、解等属各被灾轻重不等，臣筹备赈粜粮石，即拟于附近之临汾、襄陵、洪洞、浮山、赵城、太平、曲沃、翼城、岳阳、平陆、绛县、河津、稷山、垣曲等十四县拨运协济。【略】乙卯，【略】谕军机大臣等，大学士高斌奏称，外河黄水自六月二十八日盛涨，消退无多，是以湖水尚未能畅行出口，俟黄水略再消退，方畅出会黄等语。【略】又谕曰：阿思哈奏到，蒲、绛等府州被旱成灾，所有委员查勘，筹拨备赈之处，俱应妥协办理。【略】又谕曰：钟音奏到，八月初九、初十日，西安省城已得雨沾足，其雨势似属广普等语。于耕犁春麦甚属有益，稍慰悬注之念。【略】是月，【略】闽浙总督喀尔吉善奏：闽属莆田、仙游、惠安三县，并原报被灾之晋江、南安、同安、安溪四县秋田续被水淹，现饬各属查明抚恤。【略】河南巡抚蒋炳奏：豫省界连秦、晋，本年两省被旱广远，仓储不敷赈粜，查附近山陕之陕州、及所属灵宝、阌乡，并沿河之偃师、孟津等州县原贮漕谷二十万余石，可以拨运。【略】山东巡抚鄂容安奏：东省【略】今秋收丰稔，正宜及时筹补(仓粮)。【略】河东盐政萨哈岱奏：解州、安邑、夏县、芮城等四州县夏秋被旱，高田难望有收，幸八月初旬连次得雨，尚可及时种麦。【略】寻奏：解、安、夏、芮等属饥民，现在抚臣阿思哈加意抚恤，其永济、临晋、猗氏、虞乡、荣河、万泉等县被旱之处，臣细加访察，一并妥协查办。报闻。陕西巡抚钟音奏：陕属咸宁、长安、渭南、临潼、富平、三原、泾阳、醴泉、高陵、耀州、蒲城、澄城、大荔、华阴、岐山、扶风、乾州，并所属之武功、永寿、白河、商南等二十一州县，潼关一厅秋田被旱，臣预筹抚赈粮石，恐各属常社仓贮谷不敷，将延、鄜、秦等属溢额应粜谷十万余石拨运备用，复因临潼等处有商囤粮数万石，并发帑前往收籴，以备平粜。报闻。又奏：陕属被旱各州县得雨沾足，正可及时种麦，民情甚为欣悦。　　《高宗实录》卷四二一

九月【略】戊寅，【略】赈恤河南武陟县水灾饥民。【略】是月，【略】江苏巡抚庄有恭奏：淮、徐、海三府州属入夏以后蝗蝻发生，臣檄饬各州县实力扑捕，秋成尚属丰稔。得旨：岂有近冬而始奏捕蝗事竣之理，非所以重民瘼也，戒之。【略】山东巡抚鄂容安奏：东省各州县先后得雨普遍，麦苗滋长。得旨：欣慰览之。　　《高宗实录》卷四二三

十月【略】辛卯，【略】谕军机大臣等，江苏巡抚庄有恭陈奏捕蝗诸弊，因向无责成地主举报之例，扑捕践踏，虽酌给工本，而农民恐得不偿失，希延至飞跃，即可移祸邻田。又，百姓恃有雇夫扑捕之例，见蝻不肯自捕，及应募受值，又虚应故事，冀日领钱文，因以为利。及设法收买，又见蝻不肯即报，待至长大捕卖，多得钱文。请嗣后民地俱责成地佃巡查扑捕，议定成例等语。从来有一例即有一弊，向因蝗蝻贻害田禾，立法扑捕，自守令以至督抚，责成定例甚严，乃因严于参处。而农民中狡黠之徒，诈伪丛生，奸弊百出。庄有恭所奏种种情形，皆所实有。但此皆有司应行查办之事，如该督抚实心督率，该属员实力奉行，则有蝻孽而田主不报，夫役受值而扑捕不力，岂有不行惩责之理。若必事事著为成例，三尺法其可尽耶，亿万户能尽晓耶。但当蝗蝻举发之时，奸徒叵测，必有谓因捕蝗而责百姓，执成例以煽惑愚民，由此抗官滋事者，该督抚应先期化导晓谕，俾愚民共知其诡谲情状，有司皆所洞悉，则自不敢犯，犯而责之，亦不敢抗，此自在奉行而不在定例，将此传谕各督抚知之。【略】癸巳，【略】谕军机大臣等，萨哈岱奏：本年河东池盐自五六月以来，风日燥烈，过于旱干，以致池水缺少，又难尽力浇晒。迨至八月以后鞠雨连绵，地气寒凉，不能成盐等语。【略】壬寅，【略】户部议准，闽浙总督喀尔吉善疏称，船户配载由浙运闽备粜米石，于浙境瑞安县洋面被风破船，米沉失无存，现取具印甘各结到部，应予豁免。从之。豁除直隶乐亭县潮冲田八十顷九十三亩有奇额赋。　　《高宗实录》卷四二四

十月【略】甲辰，【略】又谕：据高晋奏称，寿州等八州县及凤阳等三卫被旱之处，业据各属报称，以田亩计，一邑之中多者不逾五分，少者不及一分，被灾甚轻，无庸抚恤等语。【略】丙午，【略】赈贷安徽寿州、凤阳、定远、临淮、霍邱、泗州、盱眙、天长等八州县，凤阳、长淮、泗州等三卫本年旱灾饥民。【略】丁巳，【略】赈恤江苏上元、江宁、句容、江浦、六合、泰州、兴化、靖江、丹徒、阜宁、安东、盐城、江都、高邮、宝应、砀山、宝山、赣榆、通州十九州县旱灾饥民，并缓征新旧额赋。赈恤山西永济、临晋、猗氏、虞乡、荣河、万泉、解州、安邑、夏县、芮城、闻喜十一州县旱灾饥民，并缓征新旧额赋。赈贷湖北钟祥、京山、潜江、荆门、当阳、随州、江陵、远安、枝江、襄阳、枣阳、宜城、均州、谷城、郧县、郧西、保康、竹山、竹溪、东湖二十州县，武昌、荆州、荆左、荆右、襄阳五卫本年旱灾饥民，并缓征额赋。是月，署两江总督江苏巡抚庄有恭奏：据山盱厅报称，现在遵旨停修之高涧、龙门、清水潭三处外越埽工，于九月二十八日被风暴汕掣，货船失风，人口俱有淹毙。又，东坝迤南秦家高冈等处于十月十四日亦被风暴掣动新旧砖工，并损塌民庐，又高堰七堡起至十三堡止，倒卸石工二十段，并带动三十余丈，现饬抢护估修。　　《高宗实录》卷四二五

十二月【略】戊子，【略】赈贷甘肃皋兰、河州、金县、狄道、渭原、靖远、通渭、岷州、镇原、灵台、安化、西宁、碾伯、大通、清水、徽县等十六州县卫，及狄道、伏羌、西和、平凉、崇信、隆德、华亭、固原、

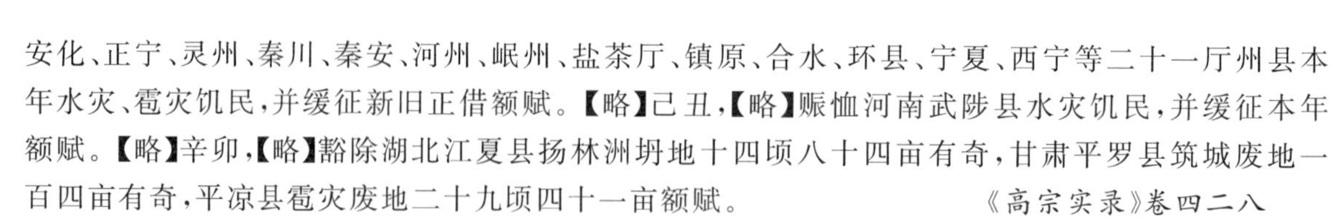

安化、正宁、灵州、秦川、秦安、河州、岷州、盐茶厅、镇原、合水、环县、宁夏、西宁等二十一厅州县本年水灾、雹灾饥民，并缓征新旧正借额赋。【略】己丑，【略】赈恤河南武陟县水灾饥民，并缓征本年额赋。【略】辛卯，【略】豁除湖北江夏县扬林洲坍地十四顷八十四亩有奇，甘肃平罗县筑城废地一百四亩有奇，平凉县雹灾废地二十九顷四十一亩额赋。 《高宗实录》卷四二八

十二月【略】癸卯，谕：今岁直隶长垣、东明、开州三州县因豫省黄河漫溢，被灾较重，业经降旨加意赈恤，现今水渐消退，地方肥泽，若将涸出地亩广种春麦，则明年五月间灾地民食可资接济。【略】甲辰，【略】又谕：庄有恭奏称，苏属今夏稍旱，所交漕米间有大粒之青腰白脐，恳密交仓场存案等语。【略】是月，【略】甘肃巡抚鄂乐舜奏，皋兰等十六州县卫，本年被水、旱、雹灾之处，除照例分别赈恤外，臣因边地苦寒，穷民衣食不充，饬照京城冬月煮粥之例，设厂散给，其衣不蔽体者，亦为备给。得旨：甚好。 《高宗实录》卷四二九

## 1753 年 癸酉 清高宗乾隆十八年

正月【略】戊午，谕：陕省西、同等属之耀州等三十七州县，晋省蒲、解等属之永济等十一州县上年夏、秋被旱，业令该督抚等加意抚恤。【略】丙寅，【略】召大学士及内廷翰林等茶宴，以新正咏雪联句。 《高宗实录》卷四三〇

正月，【略】是月，直隶总督方观承奏报，直属得雪沾渥。得旨：京师亦沾足矣，真新春第一喜事也。【略】福建巡抚陈宏谋奏：闽省入春阴雨过多，盐场不敷民食，现在督率盐道，加给灶户薪水赶煎，一面札浙商借拨余盐。 《高宗实录》卷四三一

二月【略】甲辰，【略】和硕庄亲王允禄等奏报京师得雪、得雨情形。得旨：此间微雪而继之雨，正虑雪大则伤麦，若雨，则实佳耳。【略】丙午，【略】蠲免河南永城、鹿邑、夏邑、商丘、柘城等五县乾隆十六年分被水田赋一万七千六百四两有奇，并缓征本年额赋有差。【略】是月，【略】署山东巡抚杨应琚奏报：东省屡次得雪深厚。【略】又奏：搜掘蝻子诸务皆已办有成局。得旨：此尤第一要务，勉之，莫为空谈。 《高宗实录》卷四三三

三月丁巳朔，【略】谕：豫省今岁雨泽应时，麦秋可望丰稔。【略】戊辰，【略】朕闻江南冬春以来得雪颇大，天气寒冷，于麦苗有无妨碍，又米价稍涨，青黄不接时应否有预为调剂之处，著鄂容安、庄有恭等详悉查明具奏。 《高宗实录》卷四三四

三月【略】癸酉，【略】又谕：据山东巡抚杨应琚奏：武定、登州、曹州等府今年雨雪调匀，麦收可望。【略】甲戌，【略】户部议准，湖广总督永常疏称，襄阳镇标中、前、左、右四营，并襄阳城守、均、房、安陆等七营所辖地方，乾隆十七年被旱歉收，米价昂贵，兵食拮据，各该镇营请预领米折银二千四百四十五两有奇，采买米石接济。从之。【略】丁丑，【略】赈恤安徽寿州、凤阳、临淮、定远、霍邱、泗州、盱眙、天长等八州县，及凤阳、长淮、泗州等三卫乾隆十七年旱灾饥民，并蠲缓额赋。【略】庚辰，【略】蠲免河南武陟县乾隆十七年水灾地亩粮银五百七十四两有奇。【略】辛巳，【略】赈湖北钟祥、京山、荆门、随州、江陵、枝江、枣阳、宜城、均州、谷城、郧县、郧西、竹溪、东湖等十四州县，并武昌、荆州、荆左、荆右、襄阳等五卫乾隆十七年旱灾饥民。【略】是月，【略】署山东巡抚杨应琚奏：据各州县呈报，搜掘蝻子根株已尽，臣仍于春融之次，严饬穷搜。四月后亲往查看。得旨：朕亦不必再谕，若直隶州县有称飞蝗入境者，当问汝耳。【略】署陕甘总督尹继善奏报，西、同等属春雨深透，二麦畅茂，上年灾歉之区米价均已平减。 《高宗实录》卷四三五

四月【略】乙未，【略】蠲缓云南剑川州、鹤庆御乾隆十六七年地震、水灾额赋，并予赈恤及葺屋银两。丙申，【略】豁除江西铅山县水冲田五亩有奇额赋。 《高宗实录》卷四三六

四月【略】乙巳，【略】谕军机大臣等，据吉庆奏称，天津县之李七庄等处已有蝻孽生发，沧州亦报有四五处，现在率同盐属及地方文武官员弁扑打焚烧，务期净尽等语。天津一带地气卑湿，向多蝗蝻生发，乘其蠕动之初，即行扫除，为力尚易，若待其跳跃飞翔，纵使设法扑捕，已不能无损矣。吉庆所奏，颇能留心地方，但伊系武员，其于郡邑各官，恐未必能臂指相应。可传谕总督方观承，令其飞饬所属，一体上紧扑灭，毋致滋生为患。再，此外滨水州县及上年大名等属，曾有蝗蝻之处，恐不无遗孽萌动，此时亦宜预为消弭之计，可令其一并留心，以除民害。并将近日望雨情形、田禾如何之处，作速据实奏闻。寻奏：津、沧等处蝻孽萌生，臣与盐臣吉庆分头查办，沧州现已扑除十之七八，津属虽迭有萌生，俱甫经蠕动之时，经地方官早为掩掘，加以盐臣督率，不致滋延。惟是大名一带滨水州县，蝻子易于生发，查询该道府，据称并无萌动形迹，现仍委员前往察看。得旨：是。迩日密云不雨，益增惕息耳。【略】丙午，谕：京师自三月得雨以后，虽间得微雨，未能沾足，现今麦秋已届，农家待泽甚殷，朕心轸念。【略】是月，【略】直隶总督方观承奏：天津、静海、沧州、盐山等县，近日俱有蝻孽生发，臣亲至津属捕蝗处所查看，并严饬各县上紧焚扑，自可不留余孽。再，生蝻之地，掘土察验，二寸以下即属潮润，麦苗不致受伤，日来得有阵雨，田禾颇受凉润之益。得旨：目下乃最要之时，朕日夜焦思，此奏不无粉饰，至蝻蝗事，更应上紧督率，其一切绸缪，亦应预为留心也。

《高宗实录》卷四三七

五月【略】戊午，【略】直隶总督方观承奏：据各属报雨情形，惟顺天府属并宣化、易州多已沾足，其余均止一二寸不等，天、河、正、顺四府干旸较甚。再查蝻孽，天津、沧州报有四十余处，静海二十一处。现用以米易蝻之法，分路设立厂局，凡捕得蝻子一斗，给米五升，村民现俱踊跃搜捕。此外，如盐山、南皮、庆云，顺天府属之宁河、霸州，遵化州属之丰润等处，虽间有生发，已随时扑打。至易蝻米项，臣饬于本处仓贮暂行动拨，并天津贮有采买奉天米项，亦可拨放，俟事竣奏请拨还。得旨：览奏俱悉，京师虽已沾足，保、阳尚亦望泽。【略】己未，【略】吉庆奏：侍卫拜雅尔来津，并蒙颁到鲊答石[1]三块，令交虔诚祈祷，当即出郊接奉至坛，交拜雅尔恭设诵经，旋阴云密布，于初十日亥时起，至十一日未时止，甘霖大沛。所有鲊答石三块恭缴。报闻。【略】甲子，谕军机大臣等，据吉庆奏，本月初四日静海得雨二三寸，初六日亲历天津各处查勘，得三四寸，虽于大田有益，究未深透沾足，民间望泽仍殷，现在竭诚祈祷等语。前据方观承奏称，直属惟顺天属宣化、易州得雨沾足，其余各处均止一二三寸，天津、河间等四府干暵较甚，麦田俱已减收，朕心深为悬切。今天津、静海虽得雨数寸，均未沾足，而保阳以南一带各府属地方，数日以来未知曾否得有雨泽。【略】丁卯，【略】谕军机大臣等，前据杨应琚先后奏称，东省四月以来久无雨泽，五月初一日省城得雨五寸，济南、曹州、泰安、武定等属各于四月二十六七等日得雨一二寸，现在委员巡查，各属俱无蝗蝻。惟济宁、汶上、鱼台等州县禀报南旺湖中涸出苇草地内生有蝻子，尚系黄白色，俱经扑打尽绝。而果否确实，拟亲往查勘等语。目下秋禾正当生发之际，必得雨泽沾足，方于农田有益。看来各属得雨尚俱未透，不知数日以来亦曾续沛甘霖否？可传谕杨应琚，务令随时速奏，以慰悬念。至济宁等处，近日蝻孽萌生，此惟在地方各官实力搜捕，庶可弭患于未然。若委员巡查，虚应故事，道府委之州县，州县又委之胥役，差役下乡，徒滋扰累，村农未受捕蝗之益，先受捕蝗之害矣。杨应琚现既亲往查勘，务督率属员，上紧搜捕，不致稍留遗孽，其地方胥役并宜不时严加查察，勿徒以奏明亲往，遂为了事也。可一并传谕知之。【略】蠲免广东丰顺、海阳、澄海等三县乾隆十七年水灾额赋。

《高宗实录》卷四三八

---

① 鲊答石，牲畜体内之石，多系牛马肝胆之结石。古代游牧民视为“灵石”，用于祈雨，谓藉此可向“天庭”传达人间意愿。鲊答，蒙古语，亦写作札答、扎达、酢达等。

五月辛未,【略】蠲缓浙江仁和、海宁、山阴、萧山、诸暨、上虞等六县,仁和场乾隆十七年水灾额赋,并予赈恤有差。【略】戊寅,【略】谕军机大臣等,杨应琚奏续得雨泽情形一折,殊未明晰,东省四月以后,农田待泽甚殷,必期深透沾足,方慰悬望。今所奏五月十一二等日,各属或得雨一二寸、或四五寸不等。【略】己卯,【略】豁除甘肃中卫县白马寺滩水冲、沙压、碱亢地一万八千四百九十亩有奇额赋。【略】庚辰,谕军机大臣等,今日马爆奏报访闻武清续生蝻孽一折,殊未明晰,所属果有续生蝗蝻,尚足为灾,即当极力搜捕,以期不留余孽,如已净尽,不致遗患,即当回京,不必久羁郊外逡巡观望也。再,京师自初间得雨之后,今阅半月有余,目下又复望泽。【略】又谕:直隶各属前据方观承奏报,于本月初十、十一两日得雨之后,又将及兼旬,京师天气炎燥,望泽甚殷,不知各属中亦曾续得甘霖否?此时麦收已毕,秋禾光景如何?何不随时奏闻。【略】辛巳,【略】谕军机大臣等,据杨应琚所奏,登、莱、青三府麦收分数均在八分以上,其登州所属之蓬莱等十县于五月十一二日各得雨二寸至六寸等语。已于折内批谕矣。【略】再,各属蝗蝻光景若何?曾已扑灭净尽否?然总不如早晚得有透雨之为快也。可再传谕杨应琚知之。【略】甲申,谕:今岁四五月间虽迭沛甘霖,近日以来又觉炎亢,农功待泽甚殷,著礼部照例虔诚祈祷。【略】再,蝗蝻为害甚大,朕屡饬督抚大员,躬亲督率搜捕,是以提镇亦有协同往扑者,然若携带多人,需索供应,则农民转受其滋扰,捕蝗之害更甚于蝗,此尤其大不可者,一并通行传谕知之。【略】是月,【略】漕运总督顾琮等奏:入夏以来,汶水微弱,现饬疏浚。【略】再查东省沿河一带,春雨沾足,入夏未得透雨。今据济宁州报称,于五月初十日得雨,入土二寸,于秋禾有裨,民情安帖。

《高宗实录》卷四三九

六月【略】丁亥,谕:总督喀尔吉善奏称,浙省各属米粮充裕,温、处二郡价最平贱,遂有奸民贩运出洋,现已拿获数起等语。前岁温、台被旱成灾,米价昂贵,遂至闹赈抢粮,罹重典而不恤,经朕多方筹画,无灾截漕,【略】今幸荷天庥,年谷顺成,附近之江南、江西各省米价亦大势平贱,是元气稍复,方慰朕心。【略】己丑,【略】又谕:李绳武所奏报雨一折,殊属不实,已于折内批示矣。即如登郡正在望雨,于五月二十四日仅得雨四寸,岂遂可谓沾足,而折内乃称秋成丰稔,已兆于斯。【略】庚寅,【略】谕军机大臣等,前闻江南一带米价大势平减,今据庄有恭奏,江苏各属粮价单内仍俱注“价贵”字样。【略】又谕:马爆奏称,香河县于本月初三日酉时,有飞蝗自县东南界飞来,落于李家洼等三处等语。已著李因培驰驿前往扑捕矣。该邑距天津不远,天津一带蝻子,前已据方观承、吉庆奏称扑捕净尽,何以又有生翅飞翔邻邑者耶。著传谕方观承、吉庆,令将津属遗蝗务即速扑除净尽,此次起自何方,据实奏闻,不得稍存回避讳饰。【略】辛卯,【略】又谕:迩日天气亢旱,直隶各属待泽甚殷,虽据报五月十一等日得有雨泽,俱未深透普遍,数日来密云为风所阻,朕心日夜焦劳。【略】癸巳,【略】谕:现在天气亢旱,天津一带河流未免浅涩,重运维艰。【略】丙申,【略】谕:入夏以来,雨泽愆期,天津等近京州县有蝻孽生发,近或以飞蝗入告,外间议论,多称系土蚂蚱,且有见之章奏者。此则不无讳饰之意,朕谓蝗何须讳,但能捕除不致为灾,则虽有若无也。且向来所见蚂蚱不过趁跃于丛草之中,若成群而飞,被亩而集,则与蝗何异。现据兼管府尹李因培所奏,亦有飞集多在高粱丛内,食叶留心之语。既能食叶,又安可谓无损禾稼乎。即其中间有蚂蚱,亦不可以此藉口忽于扑捕。纵使村民杂捕,贪易钱米,所损官帑几何,较蝗害何如耶?其令该地方董率乡民,上紧设法扑捕,务期净尽。但宜轻骑减从,遂亩查勘,若委之胥役地保,科派扰累。以及蹂躏田禾,则农民未受捕蝗之益,先受捕蝗之害,必重治其罪。

《高宗实录》卷四四〇

六月【略】己酉,谕军机大臣等,京师自六月十二日甘霖大沛之后,连次得有雨泽,已极沾足深透。闻天津迤南盐山、南皮一带尚在缺雨,早禾已属无望,朕心深为忧念。【略】癸丑,谕:据李因培奏称,顺天属邑飞蝗皆自滦州、玉田而至等语。顺属飞蝗既来自永平,则永平一带极宜加意扑捕,毋使滋蔓。若仅以驱逐为事,必于禾稼有损。总督方观承现在永定河守汛,李因培既系署侍郎事,即著以钦差驰驿前往该处，督率道府营县等官上紧搜捕，务期净尽，勿致飞扬四出，贻害田禾。其地方官有不实力者，即著参处。【略】又谕：方观承奏称，前报缺雨之顺德府属邢台得雨七寸，唐山得雨一尺，其余州县及盐山、南皮，并广平府属尚未报到等语。　　《高宗实录》卷四四一

七月【略】庚申，谕军机大臣等，前命李因培驰驿前往永平一带督率地方官扑捕飞蝗，今已数日，未见折奏。【略】癸亥，【略】又谕曰：马爔署理顺天府府尹以来，并未见有实心出力之处，今夏顺属蝻孽萌生，且有飞蝗为患，马爔身任地方，不能先事督察防范，及奏请前往督捕之后，又不实心办理，以致滋长日久，延及海子东门内外。经朕察知，特派御前侍卫带领营员前往扑捕，势甚蔓延，此皆马爔从前懈怠玩忽所致，著革职，以中书在军机处效力赎罪。【略】甲子，【略】又谕：据巡视北城给事中常福等奏，六月二十二至二十六等日，北城所属之白家疃、韩家川等村落，有飞蝗、蚂蚱。询问乡老地户，皆称自北飞来。又，七月初七日，白家疃谷子地内蝻子萌生，现在协同该州悉力捕除等语。北城所属村地白家疃以北，俱与昌平毗连，所有飞蝗明系该州查捕不力，以致长翅延飞。霸昌道王检等在彼督率，何以并未实力扑灭，容其滋蔓若此。现在特派御前侍卫富德、五福等前往查察督扑。著传谕方观承，将现在如何办理情形，及曾否净尽、有无遗留蝻孽、作何扑除、不致贻害之处一并据实确查奏闻。【略】乙丑，【略】谕军机大臣等，方观承覆奏，昌平飞蝗捕除完竣，并饬查白家疃是否从前漏捕遗孽等因一折，词语甚属支离。即所称武清、香河二处，据清河道宋宗元禀称，一二日内均可完竣之语，殊不足信。武清、香河等处久已据奏扑捕净尽，何以又云一二日内始可捕完，此其不可凭信益明矣。且南苑地方前报扑捕已竣，近闻该处蝗蝻又复生发，现复遣人前往查捕。岂得如该督所云，各处俱已查报净尽，数日来并无报有复起之处乎。今年直隶各属蝗蝻，若非朕时刻留心，查访督饬，特遣大员经理，又迭派侍卫带领弁兵搜捕，势必禾稼伤损，有减收成分数矣。再，看来飞蝗所过，即复生子，有遗留延绵不绝，可传谕该督方观承，令其即速查明。各属飞蝗经过及落地处所，逐细搜刨，务早绝其根源，勿使稍有遗孽。若今年报捕完竣之处，明岁复有生发，朕将惟该督是问矣。至现在直属蝗蝻未尽，共若干处，如何办理情形，仍遵前旨详查，据实覆奏。寻奏覆：直属蝗蝻，宛平等三十二州、县、卫俱于七月初六以前，先后结报扑净。其续报蝻孽生发，现在扑捕未尽者，滦州已除十之六七，玉田、丰润已除十之七八，现饬员扑捕，以期净尽。报闻。【略】丙寅，钦差署侍郎李因培奏覆：查各路蝗蝻，惟滦州情形最重。据通永道王楷原立三局派捕，村庄共二百二十二处，实在净尽者一百三十五处，未净者八十七处，约捕完十分之六。其未净村庄，皆在团山、土山、州城三大局内，现在多添员役，严限督催，尚须三五日方能廓清。至王楷自六月在滦，只坐驻调度，并不前往查催，以致委员弛惰，蝗蝻日益。得旨：有旨谕部。谕曰：侍郎李因培奏滦州被蝗村庄二百余处，通永道王楷自六月内前往，惟坐驻开平调度，并不亲往查验，立限督催，以致委员弛惰等语。王楷自翰林，不数年间用至监司大员，亦因其少有才，该督称其奔走勤劳耳。今该属蝻孽生发，乃不躬亲督率，上紧扑除，玩视民瘼，莫此为甚，王楷著革职，仍留该处，令其随同委员亲身扑捕，并守至明春，若无蝻孽萌生，该督再行请旨，以为苟安溺职者戒。今年直隶各属自六月中旬以后甘霖迭沛，田禾长发茂盛。但蝻孽萌生，虽云贻害田稼不过百分之一。何若地方官及早查捕，并此百分之一亦不贻害乎。目今南苑东南蔓延者，即永平未经实力扑捕所致。而白家疃之滋孽，又昌平所未净者也，虽经屡派御前侍卫前往督理，而地方官所司何事。且天津所属春末夏初之蝗，何尝不盛，经吉庆亲行督率，竭力搜除，今并不为害。足见本属人力可施，惟在实心办理耳。吉庆著交部议叙。方观承虽屡经督饬，终不实力查办，以致日益滋生，且该督近来办理诸务，又觉蹈上和下睦之故智，王楷系专委督捕之员，而有心姑息，并不查参，显属徇庇。著明白回奏。现在直属未尽蝗蝻共若干处，如何办理情形，该督一并详悉确查，速奏。寻奏覆：查滦州蝻孽蔓延，彼时王楷在武清捕蝗，臣因滦事紧要，而王楷上年在保定府任内办理捕蝗，属员皆畏其过严，

臣因专委查办，谓可倚信。不图王楷并不亲身查催，以致委员弛惰，臣不早觉察，咎实难辞。应请将臣交部严加议处。下部严议。寻议：照徇庇例，降三级调用。得旨：方观承著革职，从宽留任。【略】戊辰，【略】谕：定例，州县等官捕蝗不力，藉口邻封，希图卸罪者，革职拿问。该管上司不速催扑捕者，降级留任。向来督抚往往以该道府前经节次督催，现在揭报情由，于本内声叙，遂得邀免处分。以致道府玩视民瘼，并不留心督察。今岁直隶自春徂秋捕蝗未尽者，即由于此。嗣后州县捕蝗不力，应拿问者，俱应将道府一并题参，交部议处。该督抚等不得有心姑息，于本内滥为声叙，以为宽贷之地。该部通行传谕知之。【略】谕军机大臣等，方观承题参滦州知州孙昌鉴捕蝗不力一本，所办非是，蝗蝻生发，州县不亲身力捕者，例应革职拿问，该管上司亦各有应得处分。今该督乃仅将该员题参革职，并不按例拿问，而该管上司则概置之不问，将来捕蝗州县其何知所惩儆。

《高宗实录》卷四四二

七月【略】己巳，【略】谕军机大臣等，李因培奏报滦州捕蝗已净村庄一折。据称滦州未净蝻孽，莫甚于团山、土山、州城三局，已多派员弁扑捕，定限完竣，约五六日可以竣事，当星驰回京等语。看来永平所属，蝻孽势甚蔓延，尚须实力查捕，以期净尽。且蝗蝻最易滋生，甫经扑灭，遗种旋复萌动，即如海子一带，经派令御前侍卫等前往搜捕略尽，现在又有续生蝻孽，此即其明验。而查办之法，亦惟有尽力搜捕，毋俾遗种，未可以一经扫除，遽保无虞也。李因培应在彼多驻数日，督率地方官上紧扑捕，务尽根株。更宜于净尽后，细查有无蝻种复出，必十分放心，再行回京。伊兼管府尹，科场监临乃八月初间之事，现在不必急于回任，即行传谕知之。又谕：据高斌等奏，六月间，清、黄水势过盛，五坝同时启放，减水下注，淮扬运河西堤以西，自宝应以下临近湖边下地，俱淹浸成灾等语。【略】壬申，【略】又谕：江南歙县、太湖、太平等处地方，于五月二十五六等日山水涨发，田亩淹浸，房屋民人间有损伤，前据鄂容安等奏到，朕已批示。【略】又谕：州县捕蝗不力，既有革职拿问之定例，又有不申报上司者革职之例，一事而多设科条，适足滋弊，即堂司官或知奉法，而吏胥之称引条例，上下其手，被议者或重或轻，纷滋讹议。年来直隶查参捕蝗不力之案，办理多未尽一，即其证也。至州县捕蝗需用兵役民夫，并换易收买蝻子，自有费用。其勤民急公者，或不费而事已济；而锱铢是较，玩视民瘼者，多往往藉口无力捐办。现在各省寻常事件，尚得动公办理，似此要务，何以转不动支公项。朕谓捕蝗不力，必应遵照皇考世宗宪皇帝谕旨，重治其罪，不可姑息。而费用则应准其动公，嗣后州县官遇有蝗蝻不早扑除，以致长翅飞腾，贻害田稼者，均革职拿问，著为令。其有所费无多，自行捐办，而实能去害利稼者，该督抚据实奏请议叙。其已动公项，而仍致滋害伤稼者，奏请著赔。又，今岁江南各属蝻孽萌生，虽经该督抚具奏，乃从未将地方官据实题参，岂非庇下而欺远，著该督抚明白回奏。寻奏覆：查沛县蝗蝻，因新旧令彼此推诿，扑捕不力，挨延之咎，固在前署令邱深造，而面诳饰说，则新令孙循徽更不可信。经臣参奏，部议革职在案。继巡查至安东、海州，据道府禀揭，安东五港司巡检李师悦、海州惠泽司巡检金昊皆查捕不早，至长翅搭鞍，捏报飞蝗，希图卸责，是以将两巡检咨部革职拿问。余印委各员，尚能黾勉办理，不致有伤禾稼。报闻。【略】乙亥，【略】又谕：据李因培奏，查捕滦州蝗蝻情形一折，内称州城、土山二局已经完竣。惟团山一路冈峦连接，北有近边大山，遥远深邃，已委员率领人夫前往根求。即不可登蹑之处，亦令设法搜索等语。蝗蝻遗孽在山，亦必藉土滋长，若崇冈峭壁，有石无土之处，蝻孽亦无从滋蔓。如果人力难施，而塞外又无禾稼，著传谕李因培，所有该处蝗蝻，惟于土多易生之地，设法尽力搜捕，俾无余孽。如所奏石山塞外，不必办理之处，无庸多派兵役过为搜索。至现在查捕事宜，约计办理分数，何时可以报竣，禾稼究竟稍有损伤与否，李因培所奏尚未明晰，著再详悉查明，据实具奏。寻奏覆：查西北团山一路，冈峦连接，蝗蝻所起，不能遽定根株，凡有土之区，难保必无遗种，是以令人前往根求，现在分别办理，设法扑捕。其崇冈峭壁，人力难施之处，遵谕无庸过为搜索，至办理分数、

告竣日期，尚容另折具奏。报闻。【略】丁丑，【略】谕：据河道总督高斌等奏称，本月十二日西风大暴，湖水奔注，高邮城南车逻坝过水四尺八寸，沿河小船多被冲损，西岸人家房屋打坏二百余家等语。【略】谕军机大臣等，给事中朱若东巡漕回京，召见时询问沿途情形，据奏称东省至直隶一带年景尚好，惟河间以北、良乡以南，夏秋雨水多未沾足，田禾未经下种者约十分之一，蝗蝻亦尚未净等语。南路蝗蝻，前据方观承奏称扑除净尽，何及今尚有萌生，应传谕该督，速行派员前往扑灭，务尽根株，勿使稍留遗种。至直隶今岁大田情形，方观承屡次奏报，称通省大局俱好，河间等处既经被旱，何以并未奏明。【略】庚辰，谕曰：御史曹秀先请颁发《御制祭文》，遇有蝗蝻郡县，即行誊黄告祭之处，所见甚为迂谬。蝗蝻害稼，惟当实力扑捕，此人事所可尽。至于祈神报赛，礼亦宜之，若欲假文辞以期感格，如唐韩愈祭鳄鱼事，其鳄鱼之远徙与否？究亦无稽。未必非好事者流，附会其说。朕非有泰山北斗之文笔，似此好名无实之举，深所弗取，所请不必行。余著议奏。寻议：该御史折内称旧时州县捕蝗多系捐办，今奉旨许令动公，该州县意必报多，上司限以报少，驳诘往返，愈烦案牍。请嗣后捕蝗时雇募夫役，并换易蝻子价值，动用钱粮，令同城教职佐杂，一面会同给发，一面签书名押，开报该管上司查核，并严饬不得假手家人书吏，致滋混冒，应如所请。从之。【略】是月，钦差署侍郎李因培奏覆：臣奉命赴永平一带查捕飞蝗，初四至玉田县，该县续报之八里铺等五庄，蝻孳共十一处，又查出姬家庄、张家庄等处蝻孳并集，臣酌留员弁，协同扑捕；初五日至滦州，经通永道王楷并该府州等陆续查出康各等庄一百十八处；又何家寨等四十四庄，暗牛淀等三十八庄，共计二百处。该道分为二十局，多拨人夫扑捕。奈幅员辽阔，迭起循生，臣必须留驻擘画，将现在段落，分员专责，立限催办，俟部署已定，再赴卢龙等处巡查。报闻。【略】安徽巡抚张师载奏：据布政使高晋议称，查太平、歙县、贵池、太湖四县被水穷民，田土已被冲压，庐舍人口又复漂流，现在资生无策，应改作极贫，照例抚恤一月口粮。【略】又，英山、旌德二县，并新安卫被灾既轻，毋庸抚恤，其冲坍房屋、压损田禾，亦一例给发修费，借给工本。　　　　《高宗实录》卷四四三

八月【略】乙酉，【略】谕军机大臣等，前因高、宝等属湖河异涨，民田多有被淹，降旨令策楞、刘统勋就近前往确查具奏。后闻该处于七月十二日猝被风雨，堤坝漫溢。即有人言，该处现在被水，尚不及七年之甚。今庄有恭折报情形，称较乾隆七年被灾更重，闾阎既经被水，自应亟加赈恤。【略】寻奏：大江以南，俱于七月十九、二十一、二十四五六等日甘雨迭沛，积水将至盈尺，十分沾足。且得雨正交处暑，甚属及时，秋禾茂发，将来可望九分收成。得旨：览奏俱悉。【略】戊子，【略】谕军机大臣等，普福奏报，淮北板浦等场被水淹浸一折，殊未明晰。【略】寻奏：查淮属板浦、中正、临兴各场暨泰属庙湾等场，缘六七两月淫雨连绵，湖河并涨，以致盐池淹浸，当即委员分头查勘，并先拨银八千两。【略】己丑，【略】又谕曰：雅尔哈善奏报地方雨水情形一折，看来该（浙江）省夏秋以来天气亢旱，望雨甚殷，朕心深为轸念。【略】浙省自十六年被旱之后，元气尚未全复，若今岁收成歉薄，小民生计必更觉拮据。【略】甲午，【略】又谕曰：图尔禅奏报马兰口禾稼情形一折，内称六月尽，间有蝗虫从东飞来，随即打灭，在田禾长成之后，无伤籽粒等语。该处所落飞蝗，系在六月，彼时即应奏闻，乃迟至此时，始仅以无碍田禾奏报塞责，殊属玩视，著传谕申饬。　《高宗实录》卷四四四

八月【略】癸卯，【略】户部议准，福建巡抚陈宏谋疏称，晋江、南安二县勘实被灾八分，民屯田亩除应免外，尚应征银一百三十两六钱零。【略】乙巳，【略】谕：江南淮扬一带被水成灾，前已降旨截留该省漕粮四十万石，以备赈粜之用。但该处被灾甚广，亟当多方筹画，以资接济。昨据署四川总督黄廷桂奏称，川省今年收成丰稔，米价处处减贱等语。【略】丁未，【略】又谕：据策楞等奏称，淮海被水情形，视七年较轻，与十一年相等。【略】己酉，【略】谕军机大臣等，蒋炳奏，准庄有恭咨拨豫省仓储，协济淮徐各属。【略】此次蒋炳所奏，虽豫省各处收成丰稔，尚可不虑一时昂贵，著再与庄有恭会商，若江省米石已足敷用，仍可无庸动拨。【略】是月，钦差署侍郎李因培奏报：滦州蝗孽原报

二百二十二村，于七月二十五后全行扑竣。又据参革通永道及各州县陆续查报，零星段落共计二百七十七村，俱于七月二十八、九等日，全数扑捕告竣。现即近白露，已属虫孳垂尽之时，即间有一二窜伏，亦可无虑。报闻。【略】署两江总督江西巡抚鄂容安奏：查下江被水州县，就现在所报铜山、宿迁、睢宁、安东、桃源、清河、阜宁、高邮、宝应、甘泉、海州、沭阳等十二州县成灾较重，业经饬司道等，查办乏食贫民，先给一月口粮。【略】至上江所属，除溪涨起蛟，被水之太平、歙县、贵池、太湖等县俱经分别赈恤外，其余凤、颍、泗一带州县因淮河水涨，淹及田庐，经臣查勘。【略】又沿江安庆府属之望江、宿松，池州府属之东流，滁州所属之全椒，虽被灾较轻，俱经分别檄饬查办。【略】署山东巡抚杨应琚奏：查沂州府属之兰山、郯城二县，地势洼下，积水难消，于七月二十一二三四等日淫雨连绵，宣泄不及。前据府县禀报，随委济南府知府驰往查勘，据称兰山高阜地亩秋禾尚无妨碍，洼下之处多被损伤。郯城更当下游洼地，秋禾豆谷等项尽被淹没。一面飞饬设法疏消，一面确查乏食贫民，先行抚恤。

《高宗实录》卷四四五

九月【略】庚申，【略】湖北巡抚恒文奏：续据潜江、天门、沔阳三州县具报，于八月十二、十三、十六等日襄河水涨，风雨交加，水势汹涌，垸堤冲决，该处田地多被淹浸。经臣与署督臣分路委员，协同该州县亲诣查勘被灾军民，加意抚恤。【略】辛酉，【略】豁免陕西邠州、华阴、朝邑三州县乾隆十一二三四等年被水冲决荒地额赋。壬戌，【略】又谕：据河南巡抚蒋炳奏称，豫省黄河秋汛水涨，于八月二十五日原武一带漫滩之水下注阳武，漫过月石堤三坝格堤，将十三堡大堤漫决。【略】丁卯，【略】赈贷山东兰山、郯城二县水灾饥民，并予缓征。

《高宗实录》卷四四六

九月【略】庚午，【略】又谕：江南扬、徐各属被水成灾，屡经降旨，加意抚恤。【略】又谕：据鄂容安奏，九月十一日铜山县张家马路堤工冲决内堤七八十丈，外堤四五十丈，现驻工督办，并请交部严加议处等语。目今秋汛已过，何致冲决河堤，其中显有情弊。【略】壬申，【略】豁免浙江建德县被水冲塌田亩额赋。【略】是月，署两江总督鄂容安、江苏巡抚庄有恭奏报，据徐州府详报，八月二十二三等日，大雨淫注，黄水涨至丈余，铜、萧、沛、邳、宿、睢六州县从前已涸者复淹，现飞饬苏粮道督员相度疏泄，仍清查饥民户口。【略】河东河道总督顾琮、河南巡抚蒋炳奏报：八月二十一二三等日，雨水连绵，沁黄交涨，汇注阳武五堡民埝，洼处俱被漫淹。今五堡民埝三坝，臣蒋炳驰赴抢筑，已于前月三十日断流。本月初二、初三等日复遭淫雨，黄河又长三尺五寸，坝南之曹家庄滩地，又复漫水，直逼新筑堤根。臣等亲率道府各员抢护平稳。其十三堡大堤漫口，臣等公同商酌，于堤外探量水浅处，督员围筑堤工，今于九月十二日堵闭合龙。【略】署山东巡抚杨应琚奏报：武定府之沾化、海丰、利津等县及西繇等场于八月二十三四等日连遭淫雨，又值东北风大作，以致该县场沿海一带潮水漫入民灶，田谷被淹，兼有浸坍民舍，淹毙人口。又，莱州府之昌邑县亦被潮水漫入，民房、人口间有损伤。【略】湖北巡抚恒文奏报：潜江、沔阳、天门三州县被灾田地，经臣委员分路查勘，兹据各员勘报，潜江、天门二县因襄河秋汛涨溢，该处居民共淹毙八口，房屋共倒塌八十余间。【略】沔阳州实未成灾。【略】云南布政使彭家屏奏：【略】今年岁屡丰，米价平贱，前所贮溢额十万石之谷，粜之民间，未见其必需，而储之官府，实堪为蓄备，请将此溢额之谷，仍额外存贮，以备有用。

《高宗实录》卷四四七

十月【略】甲申，【略】谕军机大臣等，庄有恭奏称，扬属上、下两河积水，岁内难望涸复等语，现在徐、淮漫决，水势未平，堤防俱难堵闭，扬属正受水之区，灾黎生计，深系朕怀。【略】寻鄂容安、庄有恭覆奏：淮、扬、徐、海等属被水成灾，已督率所属，分别安办，至灾地情形，有地先涸而麦已种者，有水虽涸而地仍泥泞者，有积水仍深、涸复难定者。【略】庄有恭又奏：前奏米价未增，实因上年扬属丰登，今苏、松、常、镇等属竚看晚稻登场，旧谷既须出粜，而官又不采买，是以粮价不昂。【略】又谕曰：策楞等折奏湖水情形，自九月二十六日后，天宇晴霁，气候收敛，霖潦之象全已消除，可望有减无增等语。朕心稍慰。【略】己丑，谕军机大臣等，据策楞奏称，洪泽湖滚坝水涨至六尺一寸，工程危险堪虞。【略】癸巳，【略】豁除山东寿光、掖县、平度、昌邑、潍县等五州县乾隆十六年分海潮冲塌地亩额赋。【略】乙未，【略】赈恤山东海丰、利津、沾化、掖县、昌邑、潍县等六县本年被潮灾民，并予缓征。蠲缓山西助马口外本年被霜成灾庄头应交粮。 《高宗实录》卷四四八

十月【略】丁酉，【略】豁除云南剑川州乾隆十七年分被水冲塌地亩额赋。戊戌，【略】赈恤山东潍县、沾化二县，永阜、永利、官台、西繇、富国五场潮灾灶户。己亥，【略】又谕：据瑚宝奏称，十月初二日运河口草坝冲损南岸，约有十丈，现经厅汛各员抢修办理。【略】赈恤山东海丰县本年水灾灶户。蠲缓山西浑津、黑河本年旱灾庄头应交粮。庚子，【略】蠲缓山西清水河、托克托城、善岱、归化城等四厅本年被旱灾民额赋。【略】癸卯，【略】户部奏：江苏巡抚庄有恭疏请，本年江南被水灾重之阜宁、清河、桃源、安东、高邮、宝应、甘泉、兴化、铜山、邳州、宿迁、睢宁、海州、沭阳，并镇江、淮安、大河、扬州、徐州等卫共十九州县卫，稍次之山阳、盐城、泰州、沛县、萧县、砀山、赣榆等七州县，本年灾田应征地丁银米应按分蠲免。【略】乙巳，【略】赈恤安徽太湖、宿松、歙县、太平、贵池、东流、寿州、宿州、凤阳、临淮、怀远、虹县、灵璧、凤台、阜阳、颍上、霍邱、亳州、泗州、盱眙、天长、五河、滁州、全椒、和州、来安，并长淮、宿州、泗州、滁州等卫，三十州县卫本年被水灾民。【略】戊申，【略】免浙江钱清场、西兴之永盈围乾隆十七年被潮坍没灶地额赋。己酉，【略】赈恤湖北潜江、沔阳、天门三州县卫本年被水灾民。庚戌，【略】蠲缓浙江钱塘、富阳、临安、新城、于潜、象山、诸暨、新昌、嵊县、临海、宁海、天台、仙居、东阳、永康、西安、江山、桐庐、永嘉、乐清、瑞安、平阳、玉环、杭州、台州、衢州、严州、玉泉二十八州县厅卫所本年被旱灾民额赋，并借给籽种。【略】是月，【略】钦差尚书舒赫德奏：查勘运河淮扬一路，水势甚大，村落均在巨浸，田亩未尽涸出，运河堤岸砖石各工风浪刷击，塌陷残缺者甚多，自高邮州起，迤南数十里湖河相连。将来黄河漫口堵筑后，急须修整。报闻。【略】安徽巡抚卫哲治奏：凤颍等属九月内阴雨连绵，濉、淮并涨，兼以全河之水汇入洪泽湖，滨河州县卫被淹愈甚，现亲身查勘。【略】署山东巡抚杨应琚奏：济宁、鱼台、滕、峄等州县洼地积水，与河湖相接，宣泄无由，冬、春二麦恐难播种。 《高宗实录》卷四四九

十一月【略】己未，【略】谕：今年山东掖县、潍县、昌邑等猝被风潮，间有淹伤处所，【略】著将掖、潍、昌三邑被水各村庄应追旧欠钱粮借谷，俱缓至明年麦熟后征收。【略】辛酉，【略】谕军机大臣等，据鄂容安奏称，淮河水势消落丈余，自宿州至临淮数十里，俱已涸出地面，种麦早者半已出土，田间每日俱尚有耕种者，土地不致抛荒等语。【略】缓征直隶大城、涿州、青县、静海、沧州、延庆、保安、宣化、怀安、怀来、张家口、遵化等十二州县厅本年水、雹灾民额赋。【略】甲子，【略】谕军机大臣等，雅尔哈善覆奏钱塘等处被旱成灾折内称，通省一隅被旱共计钱塘等二十八厅县卫所，轻重不等，请分别酌借谷种，新旧钱粮照例蠲缓等语。【略】豁除福建台湾、凤山、彰化等三县乾隆十五年分冲塌田亩额赋。赈贷甘肃皋兰、狄道、渭源、河州、金县、靖远、环县、安化、镇番、平番、灵州、宁夏、中卫、平罗、西宁、宁朔、陇西、安定、会宁、静宁、崇信、华亭、合水、秦州、清水、徽县、武威、碾伯、大通等二十九州县卫本年水雹灾民，并蠲缓额赋有差。 《高宗实录》卷四五〇

十一月【略】丙子，谕：据温州总兵施廷专奏称，所属早稻收成均有八分，惟玉环山岙非系高坡，即属沙碱，被晒日久，收成仅有二分等语。【略】庚辰，【略】喀尔吉善等奏：玉环被灾虽重，现饬道府查勘，据称近水田亩收成实有六分，惟高坡沙碱成灾自五分至十分不等，并非通岛全荒。查玉环系新开孤岛，丰岁亦资平粜接济。【略】是月，两江总督鄂容安奏：安省凤、泗等属九月雨水连绵，淮涨河溢，成灾加重，饥民先经抚恤后，现已开赈。 《高宗实录》卷四五一

十二月【略】乙酉，【略】谕军机大臣等，据方观承奏称，本月初一、初三等日省城积雪，积地六寸，麦田资润，虫孳可冀潜消等语。李因培亦奏顺属同日得雪，但丰润、玉田得雪较少，向东滦州一

带未知何若。今年京东蝗蝻最为蔓延，至八九月间，其势犹炽，后因秋深消灭。乃时令节气为之，非关人功扑捕之力也。现在彼地雪既稀少，恐明年蝻孳或致复萌，不可不预思消弭之道，可传谕方观承，令其及此冬春之际，先事绸缪，以杜来年之患。【略】豁除山东官台、西繇二场，平度、掖县二州县乾隆十六年分碱废地亩额赋。【略】庚寅，【略】加赈山东兰山、郯城二县本年水灾饥民。【略】癸巳，【略】赈恤福建凤山、台湾二县本年旱灾饥民。【略】乙未，谕曰：刘统勋等奏报，徐州张家马路堤工于十二月十二日辰时合龙，堵闭断流黄河大溜，全复故道等语。今年江南因秋雨过多，河湖异涨，铜山决口夺溜南趋，非寻常漫溢可比。朕夙夜焦劳。　　《高宗实录》卷四五二

十二月【略】丁酉，【略】加赈江南淮安属板浦、徐渎、中正、莞渎、临洪、兴庄，泰州属庙湾等七场本年水灾灶户，并予缓征。【略】戊戌，【略】贷直隶沧州严镇场本年水灾灶户籽种。

《高宗实录》卷四五三

## 1754 年 甲戌 清高宗乾隆十九年

二月【略】甲申，【略】豁除直隶张家口乾隆十七年水冲地一十五顷有奇额赋。

《高宗实录》卷四五六

二月丙申，【略】加赈山东兰山县乾隆十八年水灾贫民，并缓带应征额赋有差。【略】戊戌，【略】缓征山东昌邑、海丰、利津、沾化、掖县、潍县六县乾隆十八年潮灾应征新旧额赋，其昌邑、海丰、利津、沾化等四县，并予加赈有差。【略】壬寅，【略】加赈山东永阜、永利、富国、官台、西繇五场乾隆十八年潮灾贫灶有差。　　《高宗实录》卷四五七

三月辛亥朔，【略】贷浙江钱塘、富阳、临安、新城、于潜、象山、诸暨、宁海、天台、永康、西安、江山、桐庐、永嘉、乐清、瑞安、平阳等十七县，玉环厅，杭州、台州二卫，衢州、严州二所，玉泉场，乾隆十八年旱灾贫民灶户籽本，并分别蠲缓应征额赋有差。【略】丙辰，【略】又谕：黑龙江近年收获歉薄，庄丁等历年借欠谷石，若全行催征，丁力不无拮据。【略】庚申，【略】加赈湖北潜江、沔阳、天门三州县，沔阳卫乾隆十八年水灾饥民，并分别蠲缓应征额赋。【略】癸亥，清明节，【略】蠲直隶大城、涿州、青县、静海、延庆、宣化、怀安、怀来、张家口、理事厅、遵化等十厅州县乾隆十八年水、雹、旱灾应征额赋有差。　　《高宗实录》卷四五八

三月【略】庚午，【略】蠲缓安徽太平、寿州、宿州、凤阳、临淮、怀远、虹县、灵璧、凤台、阜阳、颍上、霍邱、亳州、太和、泗州、盱眙、天长、五河、滁州、全椒等二十州县，新安、凤阳、长淮、泗州、滁州等五卫，乾隆十八年水灾应征额赋，并予加赈，其应征漕项银米除被灾较轻之太平、滁州、全椒三州县，新安、滁州二卫外，分别蠲免缓带有差。【略】戊寅，【略】蠲江苏上元、江宁、江浦、六合、山阳、阜宁、清河、桃源、安东、盐城、高邮、泰州、江都、甘泉、兴化、宝应、铜山、丰县、沛县、萧县、砀山、邳州、宿迁、海州、沭阳、赣榆等二十六州县，镇江、淮安、大河、扬州、徐州等五卫乾隆十八年水灾应征地丁漕项银三十万三千两有奇。【略】是月，【略】长芦盐政普福奏，饬属于向年曾有蝗蝻等处，逐一根寻加意搜捕。得旨：此乃遵朕旨，今汝照吉庆先事预防办理之事，而阅此折，不知乃以目下已有蝗蝻，又似汝始勉力办理之事，真是糊涂，一无可教导也。　　《高宗实录》卷四五九

四月【略】己丑，蠲缓长芦、沧州、严坝场乾隆十八年分旱灾额赋。【略】壬辰，谕：京师二三月间春雨未得沾足，现今麦秋将近，待泽甚殷。朕心深为轸念，宜申虔祷，著礼部即查照定例，敬谨举行。【略】甲午，上诣黑龙潭祈雨。免直隶沧州、保安二州乾隆十八年分水灾额赋有差。

《高宗实录》卷四六〇

四月【略】戊戌，【略】豁除江西铅山县水冲田三亩有奇额赋。【略】庚子，【略】蠲缓山东海丰县

灶户乾隆十八年分水灾额赋。【略】丙午，谕军机大臣等，目今首夏禾苗插莳之时，亟需雨泽沾沛。前方观承奏，保阳一带于本月十七八日已得透雨，而河间、景州等地方闻其得雨，尚未沾足。【略】寻奏：本月十七八日，河间府属各县及景州、阜城、肃宁、东光等州县得雨四寸至一寸不等，保定省城亦于二十八日得阵雨寸许，大势全无旱象。【略】丁未，【略】赈恤甘肃省皋兰、狄道、河州、渭源、金县、靖远、环县、镇番、平番、宁夏、宁朔、灵州、中卫、平罗、西宁等一十五州县乾隆十八年分被旱灾户有差。戊申，【略】豁除陕西扶风县属水冲沙压地一十八亩额赋。己酉，【略】豁除直隶满城、唐县、易州、涞水、宣化、固安六州县水淹屯地共一百二十六顷九亩有奇，河南阳武、原武二县水冲沙压田地共一百六十六顷十亩有奇额赋。

《高宗实录》卷四六一

闰四月【略】乙卯，【略】豁除甘肃各属乾隆元年至十年水冲地亩额赋银一万六千九百两有奇，粮一十五万九千一百七十六石有奇。丙辰，豁除江苏如皋县芦洲水冲田四万七千九百亩有奇额赋。【略】己未，【略】谕军机大臣等，前据方观承奏河间、景州等处得雨俱未深透，现在祈祷。顺德府属亦尚在望雨。本月初八日京师得雨，看来云势浓重颇广。寻奏：保定省城及河间、景州一带于初八日得雨寸许，十一日保定又得雨三寸，河间府所属报到得雨相同，二麦结实饱满，禾苗长发，其余各州县收成并可得七八分。惟沙河、内丘得雨未透，大田未种者十分之二。【略】免湖北潜江、沔阳、天门三州县并沔阳卫乾隆十八年分水灾额赋有差。【略】壬戌，谕军机大臣等，方观承奏顺德府属之沙河、内丘二县积沙之地，雨未透足，大田未种者十分之二等语。节候已界芒种，急需透雨，方可布种大田，是宜设法祈祷，以求上天福佑。蒙古侍卫巴雅尔祈雨有应，已降旨于噶尔锡，令其差员送往保定，可传谕方观承，即派地方官一员，照看伴送，驰往顺德，虔诚祈祷。

《高宗实录》卷四六二

闰四月乙丑，【略】豁除直隶宛平县水冲沙压地九顷额赋。【略】壬申，【略】谕军机大臣等，京师于二十日得雨，自夜及昼，已甚沾足，且阴云密布，雨势颇宽。前方观承奏报河间等属得雨情形，看来尚未透足，其沙河、内丘一带正在望雨，特降旨令巴雅尔前往祈祷。今距京师得雨已阅三日，直隶所属缺雨地方是否亦得透雨。【略】寻奏：查河间府属景州、阜城、交河等处，现得雨一寸；顺德府属沙河、南和、平乡各得雨一二寸不等；内丘尚未得雨。其余霸州、顺义、房山得雨八寸；涿州、良乡、永清、固安、通州、文安、涞水、平谷、武清、香河、易州、昌平、密云、三河、怀柔、东安、广昌得雨七寸至五寸不等；宝坻、延庆、定州，并正定府属之无极、行唐等县得雨二三不等。惟河间以南并顺德、广平一带雨水未足，细加访问，此时正在获麦，迟至十日后，麦已登场，而晚禾适种，亦属应时。报闻。【略】丁丑，【略】寻奏：河间以南一带雨虽未足，大田早已乘潮播种，顺、广二府属雨泽不匀，沙河、内丘尤觉短少，大田未种者十分之二，至二十日沙河县得雨一二寸，未能透匀，现在巴雅尔设坛祈祷。前闻巴雅尔在天津求雨，蒙颁发扎达石，用以祈祷，著有灵应。仰恳将此石赏交巴雅尔，敬谨祈求。得旨：已赏去矣，用毕，即速送来。【略】是月，【略】浙江巡抚雅尔哈善【略】又奏报蚕麦丰稔情形。得旨：闻得浙省春雨过多，蚕麦不无损伤，何称丰裕，岂欲讳饰耶。

《高宗实录》卷四六三

五月己卯朔，【略】谕军机大臣等，瑚宝前奏淮安、山阳地方四月十二日得雨情形，殊不明晰。业经批示询问，今览覆奏，折内称：十六、二十一等日又得雨五分及一寸二分，高阜麦苗现在含苞吐秀，低田二麦倍觉茂盛。又，另折内称，闰四月十一二三及二十二等日连得甘霖，入土二三四寸不等，二麦现在刈获等语。所奏终属糊涂，麦苗既在望雨之际，则此寸许之雨何能沾足。【略】寻奏：入夏以来，各属连得畅雨，麦禾加倍滋长，粮价平减，淮北一带相同。得旨：欣慰览之。【略】辛巳，【略】蠲缓福建台湾、凤山二县乾隆十八年旱灾额赋有差，被灾较重者赈恤一月。【略】己丑，【略】蠲缓安徽属太平、寿州、宿州、凤阳、临淮、怀远、虹县、灵璧、凤台、阜阳、颍上、霍邱、亳州、太和、泗州、盱眙、天长、五河、滁州、全椒，并新安、凤阳、原凤、中右、长淮等二十五州县卫乾隆十八年分水灾额赋。【略】癸巳，【略】蠲缓两浙庙湾场及小海、刘庄、伍佑、新兴、草堰等五场，富安、安丰、梁垛、东台、河垛、丁溪等六场灶户，乾隆十八年分水灾额赋有差，其被灾较重者赈恤两月，房屋倒塌者给修费银。

《高宗实录》卷四六四

五月【略】丁酉，蠲缓长芦属永阜、永利、富国三场灶户乾隆十八年分水灾额赋。【略】是月，在京总理事务和硕庄亲王允禄等奏报，京城现在雨水调匀，米麦价减，民情宁帖情形。

《高宗实录》卷四六五

六月【略】壬子，谕：据新柱、陈宏谋等奏，漳州府属之龙溪、漳浦、海澄、南靖、长泰、平和、诏安等县，泉州府属之同安县及云霄、南胜等处，于闰四月十七八等日大雨，山水骤发，一时宣泄不及，房屋间有坍塌，人口亦有淹毙等语。【略】戊午，【略】又谕：据宋爱奏，现今秧苗出水，夏至前后即可栽插，若得甘霖普沛，雨水充足，更于农事有益等语。【略】寻奏：查贵阳等十三府属，高低田亩于闰四月二十六七等日，暨五月初旬迭沛甘霖，上下两游普遍优渥，即安平一带从前少雨之处亦已沾足，田禾并皆畅茂。报闻。又谕：据鄂乐舜奏，皋兰、金县、会宁、靖远四县得雨未能普遍，业有受旱情形。静宁、通渭、镇番各州县山地亦现在望雨等语。时当盛夏，农田望泽甚殷，所有甘省缺雨州县，如旱象已成，该抚等即当预为筹办接济。【略】寻奏：查会宁、静宁、通渭、镇番四州县自五月二十四五日得有透雨，二麦虽稍减分数，不致成灾，惟皋兰、金县、靖远三县，暨狄道、渭源二州县二麦大半枯槁，现借给籽种，翻种晚麦，其被灾较重处分别赈恤。【略】辛酉，【略】谕军机大臣等，方观承奏本月初七日永定河盛涨，随饬将旧河身内穿堤引河头开放，分流北注，工程均各平稳。

《高宗实录》卷四六六

六月甲子，【略】谕军机大臣等，尹继善等奏五月十七八九等日大雨，运河水势陡涨，二闸柴工间段平蛰，杨粮、江防两属工程多有汕刷，淮扬所属及下河低洼地亩亦被雨水浸淹等语。【略】是月，直隶总督方观承奏：五月以来阴雨连绵，山水骤发，蓟运河水高出堤顶数尺，东西两岸田庐被淹，济宁、临清漂没粮船三只，淹毙男女四名。又，还乡河被水各村庄田禾多有淹没。又，滹沱河连值大雨，藁城县、赵州所属秋禾被淹，现在委员查勘。

《高宗实录》卷四六七

七月【略】辛巳，谕军机大臣等，据程岩奏，蓟运、还乡等河大雨倾注，河水涨发，间有漫溃民埝等处，蓟州、东安、永清、宁河、宝坻、固安等州县地势滨河低洼，恐地方各官不即加紧疏浚，或致有妨禾稼等语。【略】寻奏：今年雨水过多，蓟州之蓟运河，玉田之还乡河，间有漫溢，丰润、宁河二县村庄亦被淹浸，乐亭之滦河，晋州、藁城、束鹿之滹沱河，亦多涨发出岸，淹及田亩，惟蓟州被水最重，现查勘照例抚恤。【略】乙酉，谕：据方观承奏，六月二十九、七月初一二日，昼夜大雨，永定河上游发水，骤涨一丈有余，漫开东老堤一百余丈，西老堤六十余丈。

《高宗实录》卷四六八

七月【略】丁未，【略】谕：据江南总督鄂容安、巡抚庄有恭奏称，淮扬所属之兴化、泰州、高邮、宝应、阜宁、盐城、清河、桃源、安东等处，因雨水过多，积水一时不能消涸，其最洼之地秋成已致失望等语。该处上年被灾甚重，今夏迭被水灾，闾阎糊口无资，朕心深为轸恻。【略】是月，直隶总督方观承覆奏：直隶本年雨水虽多，并未成涝，惟滨河洼下之区间有积水，致成偏灾，通计不及二十州县，除蓟州被水稍重，其余在一州县不及十分之一，在通省不及百分之一。

《高宗实录》卷四六九

八月【略】己未，【略】谕：据清保等奏称，齐齐哈尔、黑龙江、墨尔根等处本年雨水过甚，湿洼之地不能耕种，已种田禾被水淹没等语。【略】庚申，【略】赈恤甘肃皋兰、狄道、金县、渭源、靖远等五州县本年旱灾饥民，并予缓征。

《高宗实录》卷四七〇

九月丁丑朔，【略】谕曰：吉庆奏，通分司所属角斜、拼茶、利丰等场灶地方八月初一日偶被风

潮，草房间有倒塌，人口间有损伤，已照例抚恤。【略】己卯，【略】谕曰：【略】尤念今年奉天所属州县秋雨过多，间被水潦，虽高阜尚属有秋，但朕巡历所经，念兹贫民拮据，益当加意惠鲜。【略】甲申，【略】蠲免甘肃皋兰、狄道、渭源、金县、靖远、环县、镇番、平番、宁夏、宁朔、灵州、中卫、平罗、西宁等十四州县十八年分被灾地一千六百二十七顷有奇额赋，又免西宁县被雹地一千五百九十八段额赋。【略】己丑，【略】豁免长芦永利、富国二场潮冲灶地二十八顷有奇额赋，浙江仁和、富阳二县潮冲田地七十四顷有奇额赋。　　《高宗实录》卷四七二

十月【略】丁未，【略】缓征福建台湾、凤山二县乾隆十八年旱灾额赋。【略】己酉，谕：宛平、昌平二州县及热河一厅乾隆十六年分被雹地亩所有应征未完银七百余两，著加恩蠲免。【略】癸丑，【略】抚恤山东惠民、阳信、海丰、商河、滨州、利津、沾化、蒲台、博兴、高苑、乐安、平度、昌邑、胶州、高密、即墨等十六州县卫，永利、富国、永阜等三场及海丰县民佃灶地本年水灾饥民，并予缓征。【略】乙卯，【略】赈恤安徽寿州、凤阳、临淮、怀远、凤台、霍邱、泗州、盱眙、天长、五河、滁州、全椒、来安、和州、含山等十五州县，长淮、凤阳、泗州、滁州等四卫本年水灾饥民。【略】抚恤山西马邑县本年雹灾饥民，缓征太原、清源、徐沟、太谷、寿阳等县水灾额赋。　　《高宗实录》卷四七四

十月【略】辛酉，【略】抚恤江苏阜宁、清河、桃源、安东、盐城、高邮、泰州、兴化、宝应、山阳、甘泉、海州、沭阳、沛县等十四州县，并淮安、大河二卫本年水灾饥民，并分别赈贷蠲缓其本年应征漕粮漕项，按分蠲免蠲剩银米及旧欠缓漕漕项等项，均予缓带有差。【略】辛未，【略】贷三姓珲春地方本年水灾饥民。　　《高宗实录》卷四七五

十一月【略】丁丑，【略】豁除广西永宁、义宁二州县水冲额田一百四十四亩有奇额赋。戊寅，【略】谕：喀尔吉善等奏，台湾、澎湖等处飓风顿作，沉失渔商船只，坍塌民房，田禾间有刮损。诸罗、彰化二县被灾较重等语。【略】庚辰，赈贷顺天、直隶所属武清、蓟州、霸州、保定、永清、东安、滦州、昌黎、乐亭、高阳、万全、怀安、怀来、丰润、玉田等十五州县，本年被水、被雹饥民，及旗户、灶户人等，其本年应征钱粮及积年旧欠分别蠲缓带征。　　《高宗实录》卷四七六

十一月【略】辛卯，【略】户部议覆，黑龙江将军达勒当阿等覆奏，齐齐哈尔等处本年被水，将八旗水师营驿站官庄口粮不足人等，拨粮接济，查齐齐哈尔城需粮三万一千一百余石，黑龙江城三万三千一百五十余石，墨尔根城二万一千一百九十余石，余均于本处公仓及储备仓粮拨给。再，呼兰收成七分，间有被水官庄，业交该城守尉，于本处备存仓内借给口粮一千四百七十余石。来秋照还。【略】壬辰，谕：今岁夏秋积雨，淮扬下河等处复被水灾，所有灾地户口，现已加恩抚赈。【略】丁酉，【略】又谕：闻得台湾米价甚贵，每石至二两三钱。【略】是月，【略】福建台湾总兵马大用奏：台属早稻丰收，晚稻虽被风稍歉，民情安帖。　　《高宗实录》卷四七七

十二月【略】癸丑，军机大臣等奏，查设窖藏冰，每年通州应运京城冰二千块，道里较远，计块予值。不若即在京取用之便，现在龙王堂、莲花池等处得冰甚多，即以通州应运之数，就近增收。其通州取冰之例应停。再，热河等处乃巡幸驻跸之地，用冰无多，请嗣后热河藏冰定为二千块，喀喇河屯三百块，巴克什营等七处各一百块。报闻。【略】丙辰，谕：本年淮扬所属高、宝等处因雨水过多，被淹成灾，加恩降旨，截留漕粮十万石，以备赈恤。　　《高宗实录》卷四七八

十二月【略】辛酉，【略】抚恤长芦海丰县场本年水灾灶户，蠲缓盐山、庆云二县，丰财、芦台二场额赋。【略】癸亥，谕：上年扬州府属与淮、徐二处俱经被水成灾，所有乾隆十八年分扬属驿站草料，著准照淮徐一体加给。【略】赈恤甘肃河州、狄道、皋兰、金县、会宁、平凉、泾州、静宁、抚彝、平番、灵川、西宁、大通等十三厅州县卫水灾饥民，并予蠲缓。　　《高宗实录》卷四七九

# 1755年 乙亥 清高宗乾隆二十年

正月【略】丙子，谕：江南淮、扬、徐各属近年未获丰收，虽已截漕发粟，多方赈借，现获宁居，恐二三月间青黄不接之时，民力不无拮据，尚应再为调剂。 《高宗实录》卷四八〇

正月【略】壬寅，谕军机大臣等，入春以来，畿辅各处及豫、东二省雪泽殊未沾足，朕心正切焦劳。今仰荷天庥，京师于正月二十六日同云密布，至夜瑞雪溥降，二十七八两日缤纷续沛，积地已有数寸。当春土膏初动，得此雪泽沾足，于农田甚属有益，朕心甚为欣慰。【略】寻据直隶、河南、山东督抚奏，各属均得沾足。俱得旨：欣慰览之。 《高宗实录》卷四八一

二月【略】己未，【略】加赈山东惠民、阳信、海丰、商河、济南卫、滨州、利津、沾化、蒲台、博兴、高苑、乐安、昌邑等州县卫被水贫民口粮。 《高宗实录》卷四八二

二月【略】癸亥，【略】缓征安徽寿州、凤阳、临淮、怀远、凤台、霍邱、泗州、盱眙、天长、五河、滁州、全椒、来安、和州、含山等州县，并凤阳、长淮、泗州、滁州等卫上年被水田地蠲剩银米，分别加赈口粮，借给籽种。【略】己巳，谕军机大臣等，据班第奏，郡王讷默库、贝勒刚多尔济等告称，现在所居塔楚地方，喀尔喀、厄鲁特人等出痘，伊等属下疾病者多，请将游牧移至拜达里克之北，自扎布堪河源、博罗喀布齐勒至鄂尔海西喇乌苏等处，俟大功成后，乃归旧游牧。【略】豁除直隶热河同知所属乾隆十九年水冲沙压地十三顷九十一亩，张家口同知所属被水冲汕成河地七十顷三十六亩额粮，其余成灾各地亩额赋，分别蠲缓带征。加赈江南高邮、宝应、兴化、盐城、阜宁、清河、桃源、安东、泰州、沛县、海州、沭阳等州县及各卫所上年被灾兵民口粮。 《高宗实录》卷四八三

三月甲戌朔，【略】缓征甘肃狄道、靖远、金县、皋兰、渭源五州县乾隆十九年分被旱田地旧借银粮。【略】戊寅，【略】蠲免江苏江浦、六合、靖江、山阳、阜宁、清河、桃源、安东、盐城、高邮、泰州、江都、甘泉、兴化、宝应、沛县、宿迁、睢宁、海州、沭阳、淮安、大河等二十二州县卫十九年分水灾田地额银十四万七千四百五十一两有奇，米麦豆共六万八千四百七十八石有奇，其余分别带征、缓征。

《高宗实录》卷四八四

三月【略】庚子，【略】蠲免直隶霸州、东安、滦州、丰润、万全、张家口等六州县厅灾地银一千一百八十两有奇、粮四十七石五斗有奇、米二石九斗有奇、草十二束五分有奇。

《高宗实录》卷四八五

四月【略】乙丑，【略】免长芦永利、富国、永阜三场，海丰一县水灾灶地额赋有差。【略】丙寅，【略】免山东惠民、阳信、海丰、商河、滨州、利津、沾化、蒲台、博兴、高苑、乐安、平度、昌邑、胶州、高密、即墨等十六州县水灾额赋有差。【略】是月，江南河道总督富勒赫奏：四月内阴雨连绵，河水陡涨，徐家庄三百余丈河滩尽行坍卸。【略】署陕西巡抚台柱奏：今春灵雨时零，土脉滋润，农民佥称得未曾有，翻犁播种，咸得及时，目下大麦已经结实，小麦正在扬花，千顷如云，不烦再雨。

《高宗实录》卷四八七

五月甲戌朔，免安徽寿州、凤阳、临淮、怀远、凤台、霍邱、泗州、盱眙、天长、五河、滁州、全椒、来安、和州、含山，凤阳、长淮、泗州、滁州等十九州县卫水灾额赋有差。【略】丁丑，【略】缓征奉天承德、辽阳、海城、铁岭、开原、锦州、广宁等七州县水灾额赋兼赈饥民。 《高宗实录》卷四八八

五月【略】壬辰，【略】又谕：据尹继善、庄有恭奏，淮、徐、海三府州属四月初七等日连日大雨，上游水发，淮属之清河、桃源、安东，徐属之铜山、丰、沛、萧县、砀山、邳州、宿迁、睢宁、海州、沭阳、赣榆，并江宁府属之江浦一县附近河湖洼地被淹等语。江南淮徐等属连年被水，原系积歉之区，今洼地又复被淹，民力必致拮据，朕心深切轸念。【略】是月，告养协办大学士梁诗正奏：浙江二三月间

雨水较多,收成少减,然综计麦收尚在中上之间。惟四月望前骤热,蚕事损伤过半,新丝较贵。【略】直隶总督方观承奏:直属麦收丰稔。得旨:今年麦收实应额庆,但近日觉有望泽之意,【略】今已蒙上天赐此膏泽大沛,实深庆慰。【略】江苏布政使彭加屏奏:四月雨水稍多,山东上游诸湖下注,滨河之邳州、宿迁,及海州、沭阳麦田被淹。再,沛县、睢宁、砀山、赣榆积洼处间亦淹浸,现饬属逐细查报。【略】幸上年积麦甚广,除被淹外,余仍熟稔,人不乏食。　　《高宗实录》卷四八九

六月【略】乙丑,【略】缓征福建台湾、诸罗、彰化等三县风灾额赋有差。

《高宗实录》卷四九一

七月【略】壬午,谕军机大臣等,据富勒赫奏五月下旬至六月以来,黄、运、湖、河水势涨发,几与十八年盛涨相等,徐家庄等处工程多有蛰塌,现在修防平稳等语。【略】今闻该处自五月至六月阴雨连绵,有无续报被水成灾,尚须抚恤之处,著该督一并查明,即行具奏。【略】丁亥,【略】谕:据富勒赫奏本年六月运河水涨至一丈九尺余寸,较十八年盛涨尚大六寸,将车逻南关、五里三坝次第开放,现在各工竭力抢护平稳等语。　　《高宗实录》卷四九二

八月【略】丙午,【略】赈恤江苏海州、赣榆、沭阳、沛县、邳州、宿迁、睢宁七州县本年被水、被雹贫民。【略】癸丑,【略】缓征江苏江浦、清河、安东、桃源、铜山、萧县、砀山、丰县、徐州卫等九县卫本年被水田地额赋。【略】甲寅,【略】谕军机大臣等,卢见曾奏七月十四五日风雨甚大,海潮溜入,通泰等属场灶地亩多被水淹,而淮属之板浦、中正等处受灾更重等语。【略】又谕:据白钟山奏,七月十五六日风雨连朝,兖、沂、曹等府属晚禾豆苗俱属无害,而高粱、早谷收成不无减少。【略】寻奏:济宁、郯城、兰山三州县被水较重,金乡、鱼台、邹县、滕县、峄县、嘉祥、济宁卫、日照、费县、莒州、蒙阴、沂水、巨野、城武、临清卫、利津、乐安、寿光、临朐、安丘、潍县、蓬莱等二十二州县卫被水较轻,照例分别抚恤。　　《高宗实录》卷四九四

八月【略】甲子,【略】闽浙总督喀尔吉善、浙江巡抚周人骥奏:七月十四五等日大风骤雨,潮势湍急,海盐、山阴、会稽、萧山、上虞等县塘工坍卸抢筑情形。得旨:所奏不甚明晰,速行绘图贴说,详悉奏来。寻奏:南塘山阴县宋家溇一带,当江海交会之冲,七月大潮将旧塘刷去,新筑子塘不足抵御,拟帮宽八尺,加厚二尺,接连各工加筑柴塘;北塘海盐县塘工居秦驻山、独山之中,矬卸石塘六十五丈,须拆底重修;九里寨条石塘五十丈,塘外土埂刷去,潮逼塘脚,应加筑坦水五十丈,塘后土备塘一百丈;官字等号石塘四十九丈八尺,潮刷桩露,应加筑坦水一道。得旨:览奏俱悉。【略】丙寅,【略】豁除热河、张家口乾隆十九年水冲沙压民地共八十四顷二十九亩有奇,银一百二十六两有奇。【略】庚午,【略】蠲免江苏泰州乾隆十九年积淹田地二百一十九顷二十三亩有奇、银一千三百二十二两有奇、米麦一千五百四十六石有奇。豁除浙江仁和、海宁、鄞县等三县乾隆十九年坍没田地二百八顷七十六亩有奇,银一百七十五两有奇,米八石六斗有奇。　《高宗实录》卷四九五

九月【略】癸酉,【略】豁除福建诸罗县乾隆十五年冲陷田园官庄一百二十二甲三分,银一百二十七两有奇,粟三百十七石有奇。蠲免台湾、诸罗、彰化三县乾隆十九年被水田园官庄二万一百六十五甲,银一千六百六十两有奇,粟一万一千七百四十石有奇。【略】癸未,【略】缓征福建台湾、诸罗、彰化等三县乾隆十九年被水田园蠲剩银五千七百七十八两有奇,粟四万四千八百二十九石有奇。豁除甘肃灵州乾隆十八年水冲沙压地九百八十四亩有奇,应征银粮草束。

《高宗实录》卷四九六

九月【略】己丑,【略】抚恤浙江山阴、会稽、诸暨、余姚、嵊县、上虞、乌程、归安、长兴、德清、武康、安吉、仁和、慈溪、萧山等十五州县,东江、曹娥、金山、鸣鹤、下沙等五场,湖州一所,本年被水贫民给予口粮籽种,停征新旧额赋。赈恤湖北江陵、监利、潜江、荆门、沔阳五州县,荆州、荆左、沔阳三卫本年被水贫民。抚恤云南剑川州本年被水贫民。【略】辛卯,谕:今年江苏所属州县,夏间雨水

过多，洼地田禾被淹，秋后又间有虫灾，已屡经降旨，令该督抚加意抚绥赈恤，并截留漕粮，拨运粟麦，以资接济。【略】是月，江南河道总督富勒赫奏：黄、运两河堤工本年伏秋盛涨，风浪冲激，残缺甚多，似此异涨，虽非常有，难保来岁之必无，不得不预先筹备。【略】江苏巡抚庄有恭【略】又奏：昆山县自八月二十以后，虫伤颇重。二十六日，乡众赴县报灾，不知该县许治先已公出，只疑在署不肯受理，拥入暖阁，掀翻书案。嗣知该县实不在署，始一哄而散。臣提各犯研审，将刘二、邬六立予杖毙，余分别枷杖发落。得旨：所办尚属过宽，何以警刁风耶。　　《高宗实录》卷四九七

十月【略】丙午，【略】谕：浙江嘉、湖等属与江苏毗连，今年该处蚕收歉薄，又于七八月内间被雨水。宁、绍等属均有风潮，秋禾不无淹损。前于该督抚等奏报，谕令加意抚恤，著再传谕该督抚，查明灾地钱粮，有应行蠲免及缓征者，体察情形，分别办理，一应抚绥之事，务宜董饬所属，实力为之，毋俾灾民稍有失所。其该省本年应运漕粮，前已有旨截留十万石，著再加恩截留五万石，分拨存贮备用，该部遵谕速行。【略】戊申，【略】谕：浙江杭、湖、绍等府属今秋雨水过多，偶被偏灾，朕屡降旨，令该督抚加意抚绥蠲缓，并截漕备用。现今已届冬令，灾民口食维艰，朕心深为轸念。著将被灾较重之山阴、会稽、余姚、上虞、安吉五州县极贫加赈三个月，次贫加赈两个月，仁和、归安、乌程、德清、长兴、武康、诸暨、萧山八县，曹娥、金山、鸣鹤、下沙四场，湖州守御一所被灾稍轻之处极贫加赈两个月，次贫加赈一个月，并准其银谷兼赈。该处现在粮价未免稍昂，若照例折给，犹恐贫民不敷买食，再著加恩，每谷一石折银七钱，每米一石折银一两四钱。该督抚等分委妥员，实力查办，毋任胥吏乘机侵克，务俾灾黎均沾实惠，该部遵谕速行。【略】辛亥，谕：江苏等各府属今年被水成灾，朕心深为轸念。【略】壬子，【略】赈恤山东邹县、滕县、峄县、金乡、鱼台、济宁、嘉祥、城武、巨野、兰山、郯城、费县、乐安、寿光、潍县、利津、日照、济宁卫、临清卫等十九州县卫，官台、永阜、涛雒、王家冈等四场本年潮灾饥民，并缓征钱粮。【略】甲寅，【略】谕：【略】近闻八九月以来，江苏所属各州县卫卑下之地秋霖致潦，兼有虫伤，亟宜赈恤。【略】赈给黑龙江、齐齐哈尔等城本年田禾被水、霜灾八旗官兵、余丁、官庄、驿站、打牲人等口粮。　　《高宗实录》卷四九八

十月【略】丁巳，【略】赈恤安徽无为、合肥、庐江、巢县、寿州、凤台、宿州、凤阳、怀远、定远、虹县、灵璧、阜阳、颍上、霍邱、亳州、蒙城、太和、泗州、盱眙、天长、五河、滁州、全椒、来安、和州、含山等二十七州县，庐州、凤阳、长淮、泗州、滁州等五卫本年水灾饥民，并缓征新旧钱粮。赈恤山西岢岚州本年霜灾饥民，并缓征新旧钱粮。【略】丁卯，【略】，赈恤江苏阜宁、清河、桃源、安东、盐城、高邮、泰州、兴化、宝应、铜山、沛县、萧县、砀山、邳州、宿迁、睢宁、海州、沭阳、江浦、六合、山阳、甘泉、崇明、赣榆、上元、江宁、句容、长洲、元和、吴县、吴江、震泽、常熟、昭文、昆山、新阳、华亭、奉贤、娄县、金山、上海、南汇、青浦、武进、阳湖、无锡、金匮、江阴、宜兴、荆溪、靖江、丹徒、丹阳、金坛、溧阳、江都、丰县、太仓、镇洋、嘉定、宝山、通州、如皋、泰兴等六十四州县，苏州、太仓、镇海、镇江、淮安、扬州、大河、徐州等八卫本年水灾、虫灾饥民，蠲缓漕粮漕项银米，并给修费有差。【略】是月，护理两淮盐政印务盐运使卢见曾奏：本年淮属各场被潮，池井淹浸，穷灶无力修整，照乾隆十二年例，饬令场员查明涸地，分别借给修整银两，限一年扣缴。【略】浙江布政使同德奏：本年杭、嘉、湖等郡歉收米贵，各属常平仓缺额未补，现饬金、衢、严、温、台等府于所属购买，杭、嘉、湖三府赴江广购买；永济、义盐二仓存米价银十万两，给商分领买米运粜。又，于温、台等府拨仓谷十五万五千石，运贮被灾各府备赈。报闻。【略】河东河道总督兼署山东巡抚白钟山奏：东省水灾，兰山、郯城较重，现存仓谷不敷赈粜，请于汶上县拨谷一万石，济宁州拨谷五千石，麦四千三百石，由运河直达郯城马头集与兰山李家庄，交收接济。【略】河东盐政监察御史西宁奏：本年池盐被水歉收，经长芦盐政议准，长芦额余盐斤通融接济。　　《高宗实录》卷四九九

十一月【略】壬申，谕：今年安徽省凤、泗等属秋禾被水，间有成灾处所，虽已令该督抚等加意抚

绥赈恤，毋使少有失所。但至来春青黄不接，恐粮价少昂，民食未免拮据，尤当预为筹办。【略】癸酉，谕：据白钟山奏，东省邹县等州县秋禾偶被偏灾，照例银谷兼赈。所有济宁等五州县被灾较重等语。此次东省偏灾较重地方，粮价自必渐昂，若照定例，每谷一石折赈银五钱，贫民买食不敷，不无拮据，著加恩将济宁、兰山、郯城、日照、利津五州县于每谷一石折银五钱之外，增给银一钱。【略】辛巳，【略】缓征陕西榆林、怀远、定边、靖边、吴堡等五县本年霜灾地丁钱粮。

《高宗实录》卷五〇〇

十一月【略】己丑，【略】吉林将军傅森疏报，拉林阿勒楚喀秋粮歉收，请将该处千户满洲应缴分年带还仓粮二千石，展限一年完纳；兵丁、匠役、水手、千户满洲本年借给接济仓粮四千六百二十六石展限三年完纳。

《高宗实录》卷五〇一

十二月【略】壬寅，【略】豁除直隶昌黎县水冲沙压地十顷八十九亩额赋。【略】丁未，【略】又谕曰：齐木库尔人等初迁塔密尔地方，闻本年禾稼歉收，游牧人等未免食用不敷，著加恩赏给明年耕种籽种。【略】庚戌，谕军机大臣等，据普福等奏称，下江被灾各属内昆山县有愚民告灾，哄挤宅门之事，泰州、阜宁亦有要挟求赈者，至通属之金沙场有无知妇女因米贵求赈，该大使王弼不即出堂晓谕，以致挤入衙署，经汛兵拿获，始行解散等语。【略】壬子，【略】赈恤甘肃皋兰、河州、渭源、隆德、静宁、宁夏、宁朔、西宁、碾伯、高台等十州县本年被雹水灾饥民，并缓征新旧钱粮。予浙江黄岩镇遭风淹毙兵丁冯殿扬等六名赏恤如例。癸丑，【略】谕：本年陕西延安、榆林二府属间有歉收州县，已准该抚等所请，照例分别缓征。其榆林府属之葭州、神木、府谷三州县地处沿边，夏秋雨泽愆期，收成亦多歉薄，若钱粮仓谷照旧催征，未免拮据，著加恩将该三州县本年未完银粮草束及借欠常社仓谷，一体缓至明年秋后征还，以纾民力。

《高宗实录》卷五〇二

十二月【略】戊午，【略】工部议准，浙江巡抚周人骥奏称，本年七月风潮较大，海盐、平湖、山阴三县土石塘堤间有冲损，应请修葺。从之。【略】己未，【略】赈给索伦、达呼尔本年水灾、霜灾打牲人等口粮有差。赈恤湖北潜江、沔阳、荆门、江陵、监利、荆左等六州县卫本年水灾饥民，并缓征新旧钱粮。加赈两淮徐渎、淮渎、兴庄、临洪、板浦、中正、丁溪、刘庄、伍佑、草堰、小海、新兴等十二场本年水灾灶户有差。加赈山西岢岚州本年霜灾饥民有差。【略】甲子，【略】谕：今年江苏州县偏灾较重，屡经降旨，令该督抚加意抚恤。其各属殷实绅士，乐善好施，捐米煮赈者所在多有，桑梓情殷，克敦任恤之谊，甚属可嘉，著该督抚等查明实数，分别具题，照例议叙嘉奖，以示鼓励。【略】是月，署直隶总督鄂弥达奏报各属得雪。得旨：尚欠沾渥。【略】河南布政使刘慥奏：安徽本年被灾，凤、颍等属差役赴豫买米，豫省产止光州一属，民间盖藏究竟有限。查光属四县现存溢额谷五万九千余石，原议拨给缺额州县买补，今江南既因歉收采买，即请碾米粜给。得旨：嘉奖。署湖广总督硕色、湖北巡抚张若震奏：湖北汉口镇本年米价每石银一两二三钱，近因江南贩运，增至一两八九钱。兹准浙江巡抚周人骥咨称，浙省歉收，选商赴江汉采买等语。臣等思邻封理宜协济，自应听其籴运，但江、浙商人同时购买，价愈昂，楚民亦受食贵累。查乾隆十八年楚北储备案，存常平加贮谷四十万石，请将此项谷分饬各属碾米，运至汉口及田家镇，委官设局，听浙省官商买运。得旨：嘉奖。湖南巡抚陈宏谋奏：湖南省米价因江北贩运，日渐昂。民多呈官禁米，臣以江浙歉收，不应遏籴，惟粜多存少，恐来春缺乏。查楚省常平仓贮谷九十七万八千六百石零原供平粜，第出粜太早，难恐为继。现有社谷四十三万二千石零，分贮各乡，届春应先尽社谷出借，后将常平仓谷碾粜，源源接济。【略】山西巡抚兼管提督恒文奏：接准署陕西抚臣台柱咨称榆林府属歉收，民请往归化城运米等语。查归化城本年秋收止六分，难资邻省买运，现归化所属托克托城，距榆林甚近，存仓谷十三万石零，本处借粜无多，酌拨三四万石，令官商买籴。得旨：如所议行。

《高宗实录》卷五〇三

# 1756年 丙子 清高宗乾隆二十一年

正月【略】戊子,【略】缓征山西交城县乾隆二十年霜灾地丁银二千八百六十两有奇,社义仓借谷二千四百九十石有奇。

《高宗实录》卷五〇五

二月【略】壬寅,谕曰:陕省延安府属之靖边、定边二县,榆林府属之榆林、怀远、葭州、神木、府谷五州县,上年收成歉薄,业经该抚等分别借给口粮银谷,以资接济。第念边地沙瘠之区,当此歉岁,所借银谷若照例于今年秋成后征还,小民生计未免拮据,著加恩将此七州县有业贫民所借常社谷石及粜借银两,均缓至丁丑年征还,以纾民力。【略】丙午,谕:上年浙省杭、湖各属间有被灾之处,业经加恩蠲缓。其余灾地接壤各州县,虽勘不成灾,收成究属歉薄,现既完纳漕粮,而地丁钱粮复按限催征,民力未免拮据。著加恩将杭州府属之钱塘、海宁、余杭、富阳、临安,嘉兴府属之嘉兴、秀水、嘉善、海盐、平湖、桐乡、石门,湖州府属之孝丰等十三州县,并已报灾之仁和等十三州县内例不缓征各户,所有应征乾隆二十年分未完地丁钱粮,一并缓至今岁蚕收麦熟后完纳,以纾民力。【略】癸丑,谕:上年江南歉收,屡经降旨截漕赈恤,并令酌拨江楚等省粟米运往平粜,近闻该省米价尚未平减,且南方全恃秋田收获,麦收亦属有限,其秋成以前,尚须筹画接济。去年豫、东二省收成颇好,麦价平贱。著河南、山东巡抚酌量采买小麦数万石,运江平粜,并各饬属晓谕商民流通贩运,俾灾地民食充裕,以副轸念。

《高宗实录》卷五〇六

二月【略】乙卯,【略】豁免山东海丰、利津、沾化三县潮淹、碱废地亩六十八顷五十八亩有奇额赋。【略】丁巳,谕:江苏上年被灾地方俱已加恩展赈,盐属场灶坐落各州县,情形与地方贫民无异,自应一体加恩,著将淮属被灾十分九分之板浦、徐渎、中正、莞渎、临洪、兴庄六场,泰属被灾八分之庙湾一场,被灾六分之丁溪、小海、草堰、刘庄、伍佑、新兴六场,并未成灾之南五场及通属十场,分别极贫、次贫应展赈者,照例按月展赈,应借给口粮者,俟秋收征还。【略】戊午,【略】两淮盐政普福奏:巡视春运兼查山阳、清河、桃源赈务,去山东近,趋就跸路聆训。得旨:速行回任,汝处食粥贫民至二十万之多,汝不往彼弹压调剂,而以仆仆远来接驾,为务可谓不知轻重矣。【略】辛酉,【略】署两江总督尹继善等奏:江省灾较重,内五六灾次贫,例不给赈,虽借一月口粮,尚觉艰窘,请加一月,秋还免息,贫生兵役如之。得旨:允行。【略】壬戌,谕:上年东省沂州府等属州县,秋禾被灾,业已降旨,照例赈恤,并增给折赈银两,令该加意抚绥。【略】癸亥,【略】加赈浙江仁和、乌程、归安、长兴、德清、武康、安吉、山阴、会稽、萧山、诸暨、余姚、上虞十三州县,金山、曹娥二场被水灾民。

《高宗实录》卷五〇七

三月【略】辛未,【略】户部议覆,浙江巡抚周人骥奏,仁和、乌程、归安、长兴、德清、武康、安吉、山阴、会稽、萧山、诸暨、余姚、上虞十三县被水成灾暨勘不成灾地亩,应完漕米漕项及蠲剩旧欠银米,应如所请,应分别蠲缓。从之。加赈山东邹县、滕县、峄县、济宁、金乡、嘉祥、鱼台、兰山、郯城、费县、城武、巨野、临清、寿光、乐安、潍县十七州县卫秋禾被灾贫民。【略】甲戌,【略】闽浙总督喀尔吉善奏:近年海塘因水势南趋,北塘稳固,而险工在绍兴一带,连被风潮,老塘全塌,子塘新工更不足恃,岁修既费帑金,且恐水势骤至,堤薄沙浮,为害甚大。【略】庚辰,谕:【略】陕甘上年收成歉薄,粮价未免稍昂。【略】又谕:浙江地方灾民无食,有于市肆街衢攘窃食物饼饵之事。【略】总之,赈恤不可不周,而刁顽亦不可不惩。【略】癸未,奉天府尹恩丕奏:锦、义、宁远三州县岁征黑豆,【略】且上年雨多,豆收歉薄,市价日昂,旗民籴买拮据,拟饬将停运豆照时价减粜。从之。

《高宗实录》卷五〇八

三月甲申,谕:据普福奏称:扬州七属、淮安六属、海州三属粥厂所用银米,统计约需银三十万

两，现据各商陆续捐输还款，并据商禀不敢仰邀议叙等语。商人等谊敦桑梓，济急拯灾，好义可嘉，应予加恩议叙，以示优奖。【略】丙戌，【略】蠲免江苏宿迁县乾隆二十年被灾河租银四十四两二钱，湖北潜江、江陵、监利、荆门、沔阳五州县乾隆二十年被灾地丁银六千六百七十九两有奇，米八百八十四石二斗有奇。【略】戊子，【略】户部议奏，原任安徽巡抚鄂乐舜奏，宿州、灵璧、虹县、怀远、凤台、泗州、五河、临淮、寿州、颍上、霍邱、盱眙、天长、阜阳、蒙城、太和、滁州、全椒、来安、和州、含山二十一州县卫被灾及勘不成灾田地应征漕项银米并旧欠，可否准予豁免。得旨：著照所请行。蠲缓江苏阜宁、清河、桃源、安东、盐城、高邮、泰州、兴化、宝应、铜山、沛县、萧县、砀山、邳州、宿迁、睢宁、海州、沭阳、大河、江浦、六合、山阳、甘泉、崇明、赣榆、淮安、徐州、上元、江宁、句容、长洲、元和、吴县、吴江、震泽、常熟、昭文、昆山、新阳、华亭、奉贤、娄县、金山、上海、南汇、青浦、武进、阳湖、无锡、金匮、江阴、宜兴、荆溪、靖江、丹徒、丹阳、金坛、溧阳、江都、丰县、太仓、镇洋、嘉定、宝山、通州、通州、如皋、泰兴、苏州、太仓、镇海、镇江、扬州等七十二州县卫水灾额赋有差。【略】丁酉，【略】缓征江苏石港、西亭、金沙、余西、余东、丰利、掘港、拼茶、角斜、吕泗、富安、安丰、梁垛、东台、河垛、庙湾、丁溪、草堰、小海、刘庄、伍佑、新兴、板浦二十三场水灾灶地，乾隆十九、二十两年应征、带征额赋，并借银两有差。【略】是月，江苏巡抚庄有恭奏：沿海州县地僻，米贩本少，米价昂至三两四五钱。已确访台湾上年丰收，米价平减，请照十六年浙省歉收，奉旨暂弛海禁，准令台湾商贩运江，予出口给印，收口验数，秋收停止。得旨：此事有许多不便处。【略】安徽巡抚高晋奏：虹县西南二门吊桥及南关木桥，于十八年为黄河决口水冲坍，查系往来要道，应支藩库匣费项下银动工，兼资灾民口食。下部知之。

《高宗实录》卷五〇九

四月【略】甲辰，【略】予浙江防洋被飓淹毙之定海标右营兵丁许邦珍、南承敬、沈士贵、虞全等赏恤如例。【略】己酉，【略】免山东王家冈、永阜、涛雒三场乾隆二十年潮灾灶地额赋。【略】辛亥，【略】免山东邹县、滕县、峄县、金乡、鱼台、济宁州并卫、嘉祥、城武、巨野、兰山、郯城、费县、临清卫、寿光、乐安、潍县、利津、日照等十九州县卫乾隆二十年水潮灾地亩银三万三千二百二十两有奇。

《高宗实录》卷五一〇

四月【略】丙辰，【略】谕：上年因浙省各属雨水过多，曾降旨应征漕粮不论红白籼粳准其一体收兑，此项米石既不能如往年一律纯洁，恐交仓收贮难以经久，【略】本年俸禄甲米即先尽此项搭放。【略】缓征江南上元、句容、六合、常熟、武进、无锡、江阴、靖江、丹徒、丹阳、阜宁、江都、太仓、镇洋等十四州县乾隆二十年被灾芦田蠲剩课银及节旧欠，并勘不成灾之句容、常熟、武进、无锡、江阴、靖江、丹徒、江都、通州等九州县芦课均予缓征。【略】壬戌，【略】免山西岢岚州乾隆二十年霜灾地亩额赋。【略】甲子，豁除江西泰和县原报开垦复被水冲地二十七亩额赋。【略】是月，直隶总督方观承奏：保定省城于本月二十七等日得雨沾透，入土共有六寸，麦收分数可望增加，秋田并得全种。得旨：京师左近亦沾足，但尚有一二寸之地，恐麦收不能一律可望也。　《高宗实录》卷五一一

五月【略】乙亥，【略】谕：据喀尔吉善奏，杭、嘉、湖、绍等府四月以来雨多晴少，洼下之处不无积水，麦穗受伤，蚕事亦甚减啬等语。【略】免浙江仁和、安吉、归安、乌程、长兴、德清、武康、山阴、会稽、萧山、诸暨、余姚、上虞等十三州县乾隆二十年被灾田地漕项银米，并缓征蠲剩及旧欠漕白钱粮。【略】己卯，【略】蠲缓浙江仁和、安吉、归安、乌程、长兴、德清、武康、山阴、会稽、萧山、诸暨、余姚、上虞等十三州县，湖州一所，乾隆二十年被灾田地额赋，并上虞县水冲沙涨田一十七顷二十二亩无征银米均予豁除。蠲缓浙江曹娥、金山、下砂、下砂二三等四场乾隆二十年被灾荡塘涂田地额赋。【略】庚辰，上诣黑龙潭祈雨。【略】蠲湖北沔阳州乾隆十二年被灾贫民折借籽种口粮银五百七十六两有奇。

《高宗实录》卷五一二

五月【略】丁亥，【略】赈甘肃皋兰、金县、靖远、平凉、华亭、隆德、固原、盐茶厅、环县、平番、中

卫、河州、渭源、静宁、宁夏、宁朔、西宁、碾伯、高台、镇原等二十厅州县乾隆二十年霜、雹被灾贫民。【略】壬辰，【略】上诣黑龙潭祈雨。【略】是月，直隶布政使清馥奏：直隶地方得雨分寸。【略】浙省按察使台柱奏：自都城行至浙省，大概春花丰熟，民食得济。《高宗实录》卷五一三

六月丁酉朔，工部议准闽浙总督喀尔吉善疏称，山阴县之宋家溇杨树下一带旧土塘三面被水，汕刷殆尽，应于南岸改建石塘四百丈。从之。《高宗实录》卷五一四

六月【略】甲寅，【略】（方观承）奏：查宣郡于十五六日得雨，据该道府禀报时，尚未据各属报到，近据延庆州报称，初十日得雨三四寸，十四日又得雨四寸，各乡未种之地俱补种齐全。其保安、怀来、怀安三州县内得雨不均，尚有未能种齐之处。万全、西宁两处尤觉暵干，如十五六日均得透雨，补种犹可及时。得旨：览奏俱悉。《高宗实录》卷五一五

七月丁卯朔，【略】谕：上年江省成灾地方，业经发帑赈恤。【略】朕思麦收虽属丰稔，民力犹未免拮据，著再加恩将阜宁等二十七州县卫，所有本年麦收应征之新旧地丁漕折各项以及借欠籽种口粮等一概缓至九月秋收后开征。【略】戊辰，免安徽无为、合肥、庐江、巢县、寿州、宿州、凤阳、怀远、定远、虹县、灵璧、凤台、阜阳、颍上、霍邱、亳州、蒙城、太和、泗州、盱眙、天长、五河、滁州、全椒、来安、和州、含山等二十七州县，并庐州、凤阳、长淮、泗州、滁州等五卫乾隆二十年水灾额赋银一十一万三百四两有奇、米五千一百七十三石有奇、麦二百十九石有奇、豆七十五石有奇。【略】壬申，【略】免山东利津、寿光二县二十年分潮淹沙压地一百九十二顷一十五亩应征银九百三十七两有奇，米六十三石。《高宗实录》卷五一六

七月【略】癸巳，【略】缓江苏山阳、清河、桃源、安东、大河、泰州、铜山、沛县、邳州、宿迁、睢宁、海州、沭阳等十三州县卫本年被雹灾民额赋。【略】是月，直隶总督方观承奏：束鹿县贾百户村紧逼滹沱河，因六月河水陡发，浸坍民房晚禾淤壅，现已勘实。【略】江西巡抚胡宝瑔奏：龙泉县地方于六月大雨，蛟水骤发，溪河漫溢，勘不成灾，所有冲损人口，坍塌房屋及低田间有淤壅，各给人抚恤，均已得所。报闻。《高宗实录》卷五一七

八月，【略】是月，【略】安徽巡抚高晋奏：本年雨水调匀，秋禾茂盛，现在早稻收割，中稻、晚禾及一切杂粮皆次第刈获，池州、太平、颍州、六安、广德等府州收成八分以上，安庆、庐州二府收成九分，徽州一府则有十分收成，实为数年来未有之丰稔，粮价日减，民情悦豫。得旨：欣慰览之。山东巡抚爱必达奏：自夏入秋，德州、东平、宁阳、滋阳、金乡、定陶、巨野、乐安、昌邑、高密等十州县洼地秋禾被淹。【略】寻奏：近据德州卫、济宁州、济宁卫、邹县、汶上、峄县、嘉祥、鱼台、单县、城武、曹县、临清卫、寿光、安丘、平度、潍县等十六州县卫续报水淹，合计通省被水之处不及十分之一，现已确勘。【略】大学士管陕甘总督黄廷桂奏：沙克都尔曼济等一千余户大约七八千人因值荒歉，远来就食，自应加恩赏恤。查原办牛二千五百五十余头、羊三万七千余只，八月内可抵军营，米面青稞共一万六千余石，茶五千八百余封，足敷赏给伊等过春之用。【略】署陕西巡抚卢焯奏：长安、醴泉、兴平、鄠县、大荔、朝邑、华州、华阴、蒲城、潼关厅、安定、邠州、长武等十三厅州县被水、被雹，冲坍房屋，淹伤秋禾，均属一隅之灾，应先行抚恤一月口粮。《高宗实录》卷五一九

九月丙寅朔，【略】缓浙江安吉州、仁和县二十年水灾额赋。【略】丙子，谕：据浙省督抚等奏报，本年秋成丰稔，其杭、嘉、湖、绍四府属上年被灾，【略】著将借给籽本一项加恩缓至二十二年麦熟后免息征完，以纾民力。《高宗实录》卷五二〇

九月辛巳，【略】豁除甘肃灵州里仁、张大等二渠十八年分水冲地一千七百六十九亩额赋。豁除长芦王家冈、永阜二场被潮灶地五十三顷一十六亩有奇额赋。【略】乙酉，【略】缓征甘肃皋兰、金县、狄道、河州、张掖、山丹、武威、肃州等八州县本年旱灾额赋。【略】癸巳，谕：晋省岢岚州等处因上年收成歉薄，先后借出常平仓谷三十三万二千余石，今岁秋成丰稔，例应征收还项，【略】著将岢

岚州并岚县等十四州县所有借出常平仓谷分作两年征还,以纾民力。【略】是月,【略】山东巡抚爱必达奏:东省本年入秋后雨水过多,运河泛溢,兖州府属之鱼台、金乡、济宁、峄县、滕县五州县各村庄民房被淹,多有倒塌,现饬查勘抚绥。【略】甘肃巡抚吴达善奏:甘省收成丰稔,惟武威县属被旱五分,平番县观音渠被水成灾,庄浪、满城被雨冲倒衙署、兵房百余间,已分别抚恤修理。

《高宗实录》卷五二一

闰九月【略】戊戌,【略】户部议覆,山东巡抚爱必达疏称金乡、鱼台、济宁、峄县、汶上、邹县、嘉祥、滕县、济宁卫、菏泽、单县、武城、曹县、定陶、巨野、高唐、临清、乐安、寿光、平度、昌邑、潍县、高密、胶州等二十四州县卫,暨王家冈、官台、富国等三场,被水民灶地亩应征新旧钱粮暂行停缓,乏食贫民先行抚恤一月口粮,倒塌房屋给银修葺。【略】庚子,【略】谕:山东金乡等州县本年洼地秋禾被水,其成灾处所,已令该抚酌量抚恤,银谷兼赈。但金乡、鱼台、济宁、峄县、滕县等五州县地临湖河,被灾较重,若照每谷一石,折给五钱之例,价值恐有不敷,著加恩于五钱之外,增给银一钱。【略】庚戌,【略】户部议准,山西巡抚明德疏称,介休、汾阳二县被水偏灾,先行抚恤。从之。又议准,黑龙江将军绰勒多奏称,黑龙江地方田禾被水之七百七十户,共需口粮一万一千七百七十八石八斗零、籽种粮二千八百二十六石零,动支借给。从之。

《高宗实录》卷五二二

闰九月【略】甲寅,【略】户部议准,安徽巡抚高晋疏称,宿州、凤阳、怀远、虹县、灵璧、寿州、凤台、泗州、盱眙、无为、凤阳、长淮等十二州县卫秋禾被水,应征新旧钱粮并民借籽种口粮均请停缓。【略】丁巳,【略】豁免陕西耀州、醴泉、长安、三原、武功等五州县十年、十三、十五等年因灾出借民欠未完谷四千三百八石一斗有奇,麦五百六十六石有奇。【略】辛酉,【略】户部议准,江苏巡抚庄有恭疏称,清河、桃源、铜山、沛县、萧县、邳州、宿迁、睢宁、海州、沭阳、大河、徐州等十二州县卫被灾较重,乏食军民先行抚恤一月,本年应征漕项按分蠲免,蠲剩银米分年带征。其勘不成灾田地,应与灾轻之安东、砀山、丰县等三县本年应征漕项银米,及旧欠漕项银米,借欠籽种口粮并灾缓漕粮,均缓至来年麦熟后征输。

《高宗实录》卷五二三

十月【略】乙亥,【略】御史李绶奏:匿灾扰民之巡抚周人骥革职不久,仍以原官录用,不足示警。得旨:此所奏是,但朕因一时无人,故令周人骥署理,且周人骥不过报灾不实,亦非竟匿灾不报。【略】己卯,【略】赈直隶延庆、蓟州、延庆卫、保安、宣化、万全、西宁、怀来等八州县卫本年水、旱、雹灾饥民,借给籽种。

《高宗实录》卷五二四

十月,【略】是月,【略】湖南按察使夔舒奏:本年楚南丰收,应于存谷外,再加贮五十万石,第因买补者已至九十余万石之多,增买恐致米价腾涌,拟于本省捐监事例内略为变通,俊秀捐监,每名纳谷一百八十石,每谷一石,作银六钱。

《高宗实录》卷五二五

十一月【略】丙申,谕:孙家集漫口,水势泛溢,于运道及徐、沛等州县田亩均有关系,因特差刘统勋会同白钟山办理。今据奏,已于十月二十九日堵闭合龙,河流顺轨,下游田地消涸,不误春耕,办理迅速,甚属可嘉。【略】丁未,【略】赈贷甘肃皋兰、狄道、河州、渭源、靖远、平凉、崇信、镇原、盐茶、抚彝、张掖、平番、中卫、碾伯、高台、岷州、洮州、抚番、庄浪、宁州、正宁、合水、大通、归德、礼县、西固等二十六厅州县本年水雹灾民籽粮有差。

《高宗实录》卷五二六

十一月己酉,【略】又谕:今江苏铜、沛等州县有被水成灾地亩,已令该抚加意赈恤。恐将来仍有应行接济之处,自宜先期筹画,著于附近江省之安徽、浙江、山东、河南酌拨银一百六十万两,于岁内委员运交江苏藩库,收贮备用。

《高宗实录》卷五二七

十二月【略】丁卯,【略】豁除直隶定州子位等村庄水冲沙压地三十四六十亩额赋。【略】庚午,【略】加赈山西介休、汾阳二县本年水灾饥民,并缓征额赋。【略】壬申,【略】加赈山东金乡、鱼台、济宁、峄县、邹县、嘉祥、滕县、济宁卫、菏泽、单县、武城、曹县、定陶、巨野、临清卫、乐安、寿光、平度、昌邑、潍县、高密等二十一州县卫本年水灾饥民，并缓征额赋。癸酉，【略】缓征浙江杭、嘉、湖、绍等四府属本年水灾漕项钱粮。【略】甲戌，豁除陕西盩厔、高陵、鄠县、武功等四府属本年水灾民屯钱粮，并盩厔县马厂余地一半租银。《高宗实录》卷五二八

十二月己卯，【略】缓征安徽宿州、虹县、灵璧、凤阳、凤台、怀远、泗州、盱眙、五河、凤阳卫、长淮等十一州县卫新旧漕粮。【略】辛巳，谕：据杨锡绂奏称，东省之鱼台县土城今秋被水淹浸，地势低洼，现在城内尚有停水，该县逼近微山湖，将来春秋稍有漫涨，即难保其不再被淹，请于高阜处所另建土城，以资保障等语。【略】加赈山东济宁、金乡、鱼台、滕、峄等五州县本年水灾饥民。

《高宗实录》卷五二九

## 1757年 丁丑 清高宗乾隆二十二年

正月【略】乙未，【略】谕：据白钟山等奏，济宁迤南积水未消，请缓开汶河大坝，保护纤道民田。【略】又谕：上年江南淮、徐、海等属被水偏灾，业经加恩赈恤。【略】著再加恩将下江被灾较重之清河、桃源、铜山、萧县、沛县、邳州、宿迁、睢宁、海州、沭阳、徐州、大河等十二州县卫极贫加赈三个月，次贫加赈两个月；被灾较轻之安东、丰县、砀山三县，同上江被灾之宿州、灵璧、虹县、长淮等四县卫极贫加赈两个月，次贫加赈一个月。【略】丙午，【略】谕：直隶天津府属各州县应征钱粮，递年带缓积欠稍多，近因连岁丰稔，百姓争先完纳，现在尚有沧州未完地粮八千余两，【略】著加恩概予豁免。《高宗实录》卷五三〇

正月【略】壬子，谕：山东之济宁、金乡、鱼台、滕、峄等五州县卫上年偶被水灾，已降旨于加恩赈恤之外，加赈两个月，以资接济，【略】著再加赈一个月。《高宗实录》卷五三一

正月【略】辛未，【略】河南巡抚图勒炳阿奏：查夏邑县低洼各村庄因上年七月内雨水过多，致有积水，旋经疏浚消涸，高粱收有九分，惟谷豆减收二三四分不等，八九月间粮价并未昂贵。嗣缘夏邑东连江省之萧、砀，北近山东之曹、单等县均有偏灾，赴夏籴粮者多，致夏邑市价稍增，无力之户未免拮据。【略】丁丑，【略】户部议准，前署陕西巡抚卢焯疏称，咸宁县更名项下水碾碾房因乾隆二十年秋雨连绵，被水冲坍，岁输额课应请豁除。从之。《高宗实录》卷五三二

二月【略】己卯，【略】谕：上江所属之宿、灵、虹三州县及长淮一卫去秋被水灾黎，其成灾在六分以上者，业已多方抚恤。【略】庚辰，【略】谕军机大臣等，每年正、二月间并不闻雷，而钦天监已有头雷占验之奏。今王大臣等报雨折内，称二月初七日雷雨交作，此即头雷也。该监何以反未奏报，可传谕王大臣，即传钦天监堂官询问覆奏。【略】缓山东鱼台、济宁、金乡、滕、峄五州县卫乾隆二十一年分水灾应征漕粮银米。【略】乙酉，【略】谕：江苏徐州府属之铜、沛、邳、丰、萧、砀、睢等七州县上年偶被偏灾，【略】所有七州县熟田应征漕米二万四百余石，著即推留本地，照例粜借，庶于民食更为充裕。【略】戊子，【略】蠲山西汾阳、介休二县乾隆二十一年分水灾额赋一千八百八十两有奇，并蠲缓余银如例。【略】辛卯，【略】蠲江苏续报被水益重之清河、桃源、铜山、沛县、萧县、邳州、宿迁、睢宁、海州、沭阳、大河、徐州等十二州县卫漕项银一十四万八千一百二十五两有奇，米麦豆四万三千六百石有奇，其蠲余勘不成灾并被灾较轻之安东、砀山、丰县灾田漕项银米，分别缓征有差。豁山东齐东、禹城、惠民、青城、阳信、海丰、乐陵、商河、滨州、利津、沾化、蒲台、滋阳、曲阜、滕县、鱼台、济宁、费县、沂水、临清、临淄、博兴、高苑、乐安、寿光、安丘、平度、昌邑、高密、即墨等属，节年无力完纳民商借谷一十四万二千九百三十八石七斗有奇，籽种麦本口粮等银二万六千一百七十四两有奇；缓金乡、鱼台二县乾隆二十一年分续勘被水成灾漕粮，并加赈贫民有差。【略】是月，湖北巡抚卢焯奏：湖北通省储谷九十二万余石，【略】近省各属市价略昂，尚有未买谷二十万三千余石。查

上年川省歉收，川米罕至，湖南米粮转贩运川省，楚北粮石止可供本地民食，未便收买。【略】黄廷桂会同甘肃巡抚吴达善【略】又奏：肃州上年收成稍歉，兼以采办军糈，供支过往食用，粮价日昂。查肃州贮麦尚多，当即酌动小麦二万石，分厂平粜。　　《高宗实录》卷五三三

三月【略】戊戌，【略】谕曰：在京总理王大臣覆奏，询问钦天监头雷占验一折，二月初六日既经闻雷，业于次日具题，自应据实覆奏，乃以头雷以后再遇雷鸣，即不复奏为词。【略】此事经批本处查出，以雨湿未得呈览，故朕以为未奏而致问耳。　　《高宗实录》卷五三四

三月【略】庚戌，【略】豁陕西朝邑县水冲沙压地额赋八百四两有奇。【略】辛亥，谕：浙海之神，自雍正八年海塘告成时，特加褒封，敕于海宁县地方建庙崇祀，迩年以来，海波不扬，塘工巩固，朕省方浙中，亲临踏阅，见大溜直趋中小亹，两岸沙滩自为捍御，滨海诸邑得庆安澜，利及生民，实资神明显佑，应于杭州省城之观潮楼敬建海神之庙，以昭朕崇德答佑至意。【略】谕军机大臣等，据白钟山奏，自三月初旬以来，雨水略多，黄河水势自初十日至十七日计共陡涨三尺八寸，连桃汛共涨水六尺七寸。徐城一带河北卑洼之处间或普面漫滩等语。三月中雨水连绵，以致黄河水势陡涨，为今之计，别无他法，储料自属第一要务。【略】癸丑，【略】工部议覆，甘肃巡抚吴达善疏称，中卫县属白马寺滩之红柳沟、冯城沟于乾隆二十一年七月内因山水陡发，飞槽、环洞均被冲坏，请于红柳沟改筑石槽，至冯城沟旧基洼下，请于旧洞南另筑低塘，其桥洞飞槽作速建造。均应如所请。从之。【略】丙辰，【略】蠲缓陕西潼关、大荔、朝邑、华州、华阴等五厅州县，上年分水雹灾地共二千六百六十一顷一十九亩零额赋有差。是日，御舟驻跸刘家堡。丁巳，【略】谕军机大臣等，南方气候较早，现在麦秀将熟，近日雨水连绵，有无减损分数，并蚕桑菜子有无妨碍，著该抚等查明，据实覆奏。【略】是月，【略】白钟山、高晋奏：蒋家营支河近因大雨连绵，河水增涨，搜刷东岸河崖，通流仍归泄水旧河，急需就坝堵筑。【略】河南布政使刘慥奏：夏邑、商丘、虞城、永城四县上年被水村庄既屡奉恩施，【略】但新旧钱粮若仍行催纳，复恐民力竭蹷，请将旧欠钱粮缓至麦熟。

《高宗实录》卷五三五

四月【略】癸亥，【略】豁除陕西醴泉县水冲地二十七顷十九亩额赋。【略】乙丑，【略】谕：江南淮、徐、海等属受水患有年矣，朕翠华南莅，周览土风，所过桃源、宿迁、邳州、睢宁诸州县，鹑衣鹄面，相望于道，而徐属较甚，朕心为之惄然增戚。【略】戊辰，谕军机大臣等，今日朕发自徐州，有河南夏邑民人张钦遮道奏称，上年夏邑实在被灾，而地方官所办不实，有以多报少之弊等语。【略】蠲免直隶延庆、蓟州、怀来三州县卫乾隆二十一年雹灾、水灾额赋有差。【略】庚午，【略】又谕：朕至邹县途次，有河南民人刘元德告伊本县散赈不实，豫省之夏邑、商丘、永城、虞城四县洼地上年秋后间有积水，该抚以例不成灾未报，朕南巡启銮后，闻知其事，即降旨申饬。　　《高宗实录》卷五三六

四月【略】戊寅，【略】谕：山东之济宁、金乡、鱼台、滕、峄等五州县上年被水地亩，现已涸出补种者，不过十之二三，其余或虽已涸出，而泥淖难以耕种，且积水一二尺至五六尺不等者，在春麦大田虽已失望，然此时若能亟为疏浚，克日消退，晚禾菽豆尚可及时布植。　　《高宗实录》卷五三七

五月【略】戊午，【略】谕军机大臣等，据方观承奏，十六日至二十日行次彰德、卫辉一带，闻归德各属连值大雨，新种低田又复被淹，现筹于水退后补种晚禾等语。【略】庚申，【略】蠲免安徽凤、泗二属乾隆二十一年水灾额赋有差。　　《高宗实录》卷五三九

六月【略】甲子，【略】谕：据图勒炳阿奏报，开封府属之鄢陵、杞县、陈留、通许、尉氏，陈州府属之扶沟、沈丘，归德府属之睢州、宁陵、商丘、虞城、永城、夏邑，许州属之临颍等州县山水骤发，河流漫溢，一时宣泄不及，洼地积水二三尺及四五尺不等。又，汝、归、陈等府属补种秋禾，又有被淹等语。【略】戊辰，谕：河南归德府所属之夏邑、永城等县连被水灾，而该地方官玩视民瘼，有心讳匿，及降旨赈恤，仍不实心经理，一任灾黎流离失所，殊负牧民之任。向所以姑留原任者，以该地有不

法莠民，设法告讦该管官，其风实不可长。今刁顽者既已除去，则良懦者其实可悯，该县官匿灾不恤，有顾仇其民之心，仅于罢斥，不足蔽辜。夏邑县知县孙默，著革职，拿解刑部治罪。永城县知县张铨，亦著革职，交与该抚照例治罪。【略】己巳，【略】（江苏巡抚）寻奏：江苏等府属，于六月初间连得时雨，高下田畴一律透足，惟淮、徐积水，因雨水连绵，兼值豫、东二省上游水发，一时宣泄不及，现在查勘，设法疏消。【略】又谕：近闻黄河上游一带水势甚大，此大溜不能深通，抑亦别有其故也。徐州河底淤沙，前奏已刷深九寸。【略】（白钟山）寻奏：黄河伏汛屡涨，缘天雨过多，幸大溜深通，随涨随消，堤埽工程稳固，沙流汕刷，较前更深。得旨：欣慰览之。【略】壬申，谕：河南夏邑等县被灾，前经迭次降旨，加恩赈恤。今归德府属之夏邑、商丘、虞城、永城，并考城，陈、许两属各县五六月间大雨连绵，以致洼地复有积水，秋禾被淹，已命侍郎裘曰修前往相度疏浚，冀速为消涸。但该省滨河州县与山东之金乡、鱼台，江南之宿、虹、丰、沛等处壤地相错，屡岁被灾，在山东、江南者均邀赈恤，而该省地方官从前并未细心查办，独抱向隅。今涸出补种之秋禾复被漫淹，平地亦多潦浸，朕心深为悯恻。【略】癸酉，谕曰：护理河南巡抚刘慥奏，夏、永等县因大雨迭沛，秋禾多被淹损，势难补种，惟俟八九月内务饬该县等督率彼地民人极力疏涸，勿误种麦之期等语。

《高宗实录》卷五四〇

六月【略】丁丑，【略】谕：河南归德、陈、许等属各县夏雨连绵，秋禾淹浸，前经降旨加恩，抚恤一月口粮，但念该处积水骤难消涸，洼地西成失望，民食艰难，不可不多为储备，以资接济。著将该省二十三年应解漕粮截留十万石，分贮州县，用实仓庾而裕民食。【略】庚辰，谕：据白钟山奏，洪泽湖水势涨发，仁、义、智三坝过水甚多，现将清口束水东坝量行宽展，俾清水畅流，会黄入海等语。【略】谕军机大臣等，河南归德、陈、许等属各县夏雨连绵，秋禾淹浸，现据梦麟查奏，各县水占地亩重者十之三四，轻者亦十之一二，看来该处水患固自地势低洼，亦由水无归宿。故一经阴雨，即成潦浸。【略】癸未，【略】谕曰：方观承奏直隶魏县漳河暴涨，城乡居民房屋俱有倒塌，田禾亦多淹浸，现已查勘赈给口粮等语。【略】甲申，谕曰：方观承奏称元城、大名两县因卫河陡涨，城乡田舍多被淹浸，现饬司道等查勘抚恤等语。【略】丙戌，谕：据爱必达奏称，徐属之沛县于五月中旬水势骤涨，城内积水漫淹，现在亲赴该县查勘防护等语。【略】己丑，谕：据高晋奏，宿州、灵璧、虹县、怀远、霍邱、颍上、泗州、盱眙、五河、寿州、凤阳、阜阳、太和、蒙城、亳州，并凤阳、长淮、泗州三卫，滨临河湖，洼地秋禾被淹，现在查勘抚恤等语。宿州等处，夏麦已被水灾，今秋又复淹浸，深甚轸念。【略】又谕：淮、黄并称二渎，向来黄河水势宁夏一经涨发，即将涨水尺寸，驰报下游之河东、江南等省，预为防范，立法甚善。淮河水报，自应亦照黄河之例，其上江正阳一关，为淮水上下关键，水势尤易查验。大汛时，著白钟山酌委妥员，在彼探报，庶上下呼吸可通，而淮水汇聚之洪泽、高宝诸湖，得以先事预筹，相机调度。著交两江总督、安徽、河南巡抚饬行所属沿河各州县，一体遵照。【略】庚寅，谕：据甘肃巡抚吴达善奏，甘省之碾伯、会宁等三十八州县厅各村庄，今夏或因崖土坍塌，或因雨水带雹，并山水涨发，间有损伤田禾，及冲压房屋，淹毙人口之处，现在饬查抚恤等语。【略】又谕曰：蒋嘉年奏报雨水折内，称甘省各属雨水调匀，秋禾滋长，通省民情欢悦等语。现据吴达善奏，甘省碾伯等三十八州县厅俱被水、雹，偏灾较重，并称甘、凉二属雨水不能深透，渠水亦细，旱地颇觉干燥等语。则蒋嘉年所奏全属牴牾，向来藩臬本无紧要陈奏之事，惟地方雨水收成情形，乃分所当奏。自应详查据实入告，乃虚词粉饰如此，其不实在留心民瘼可知，著传旨严行申饬。【略】又谕：据刘慥奏，卫辉属之汲县、淇县六月中大雨连绵，山水陡发，城垣民房俱有倒塌，并淹毙人口，现饬彰卫怀道永泰督率查办抚恤等语。豫省今岁被水之处颇多，该二县向非洼下，猝被淹浸，情形殊为可悯。【略】至续报被灾之封丘、中牟、阳武、新郑、武陟、原武、辉县、浚县、滑县、新乡、延津、获嘉、许州、长葛等州县，亦著即速详查，照例抚恤。【略】谕军机大臣等，刘慥奏报，河南开封、卫辉、怀庆

等府属俱被水潦，现在查明抚恤等语。该省被水情形甚属紧要，著传谕胡宝瑔，令其速抵新任。

《高宗实录》卷五四一

七月辛卯朔，【略】又谕：据鹤年奏，漳河异涨，骤注卫河，所有馆陶、冠县等县卫猝被水灾，诸水汇集，无从宣泄，以致济宁、鱼台、金乡等处已涸复淹等语。【略】丁酉，【略】又谕曰：方观承查奏漳河漫溢情形一折，前闻魏县、元城、大名等处猝被水灾，当经降旨，照乾隆八年之例，赏给急赈银两。但该处今年被灾甚重，城乡居民室家荡析，甚属可悯。【略】己亥，【略】贷江苏山阳、阜宁、清河、桃源、安东、铜山、丰县、砀山、宿迁、睢宁、海州、沭阳、赣榆等十三州县，淮安、大河、徐州三卫水灾饥民籽粮，并缓征本年额赋。庚子，【略】谕曰：鹤年所奏查勘各州县被水成灾，并续报河流漫溢情形一折。【略】据各属续报，此次被水成灾者，有馆陶、武城、临清州、临清卫、冠县、夏津、朝城、堂邑、邱县、单县、思县、范县、德州卫、濮州、濮州卫、曹县、寿张等十七州县卫，嘉禾遍陇，转瞬秋成猝被水灾，农民失望，室庐荡析，栖息无所，朕心深为轸念。【略】乙巳，【略】赈贷安徽宿州、怀远、虹县、灵璧、凤台、泗州、盱眙、五河等八州县，凤、长二卫水灾、雹灾饥民，并缓征本年额赋。寿州、凤阳、阜阳、颍上、霍邱、蒙城六州县麦收歉薄，一并缓征。

《高宗实录》卷五四二

七月丙午，谕：本年运河水势增长，纤道多有淹没，各帮粮艘未免阻滞，幸而黄水安澜，尚可扬帆遄行。【略】又谕：江南徐州府属之沛县连年积歉，今夏雨水过多，城乡各处又被漫淹，前经有旨，令尹继善亲往查勘，妥协经理被灾穷黎，幸免流离失所。但现今积水未消，麦秋两收全行失望，虽已先行抚恤一月口粮，而循例给赈，当以孟冬为期，何能嗷嗷以待，兹据该督奏请，分别极贫、次贫再行酌借口粮，以资接济等语。【略】又谕曰：鹤年奏报东平等州县续被水灾一折，【略】其续报泰安府属之东平州、东阿，沂州府属之兰山、郯城等州县，即著该抚鹤年遵照前旨，一体查办，并各赏给急赈银两，以资接济。【略】直隶总督方观承覆奏：魏县、虞城、大名等处灾黎屡沐恩施，均无失所，惟粮价日昂，恳将折赈谷价、平粜官米分别增减至魏县。【略】丁未，【略】又谕：据新柱奏，福建之龙岩、南靖等二州县于六月中猝遇水发，冲坏房屋，并有淹毙人口之处等语。【略】己酉，谕：今年豫省之卫厂及直隶之大名等厂骤因水涨，盐斤漂没，已降旨该盐政，饬商照数补数补运，接济民食。【略】谕军机大臣等，山东德州卫第三屯地方运河水漫，淹及景州，此系南北往来大路，亟应将漫口速行堵筑。【略】戊午，谕：东省济宁、金乡、鱼台、邹、峄、滕县等被水州县近因漳水漫溢，已涸已种地亩复被淹没，业降旨先行急赈一月。其未经涸出至今尚淹者，本未种植，向例非禾苗被淹不得报灾，但此等灾地两年颗粒无收，待哺嗷嗷，情尤可悯。著加恩照已种复淹地亩一体赈恤，以苏民困。【略】至济宁卫及滋阳、汶上、菏泽、阳谷等县续经被水之处，亦著该抚查明，照例赈恤。【略】是月，【略】直隶总督方观承奏：漳河漫口业于六月三十日合龙，今全河悉由故道。魏县二十七村地亩计日消涸，可以满种秋麦。【略】河南巡抚胡宝瑔【略】又奏：豫省被水五十余州县，水势各有不同，如河北之水，其来甚猛，泛涨高至一二丈，民情一时惊惶，幸急为抚恤，今大水已退，民心已定。惟各处所坏房屋多者万余间，其次亦数千间，现在随查随给修费。臣所至私访抽查，并令加增粥厂。【略】询之耆老，数十年来无此大水，势猛易消，惟在安插穷黎，设法疏导，先涸者补种杂粮，后涸者赶种秋麦，尚可安。开封一路亦现在上紧查勘抚恤。惟归德之水，五月已成巨浸，兼积年歉收，民力实为凋敝。大抵夏、永为一省下游，漫溢则流于凤、宿，虽目下水已渐消，而从长计算，大费筹画。

《高宗实录》卷五四三

八月【略】辛酉，【略】谕军机大臣等，江省之徐、沛、灵、宿等处被水州县现已屡次降旨赈恤，其黄河以南淮扬一带，地势向系洼下，今岁黄流伏汛幸尚安澜，洪泽诸湖虽曾遇风雨骤涨，而堤工亦未甚伤损，高、宝、兴、泰等处谅无淹漫之虞。【略】壬戌，谕军机大臣等，据开泰奏报，川省今年秋成乃数年以来所仅见，披阅深为欣慰，但谷太贱则伤农，亦不可不为调剂。今岁豫东下江等处皆被灾

浸,【略】朕意乘此丰收,粮价平减之时,官为采买,运至湖广水次,先期知会该省督抚,委员兑收存贮,以备他省拨运,实为两有裨益。【略】乙丑,谕军机大臣等,近年山东频被水患,而今年南运河更属异常泛涨。【略】己巳,【略】赈恤甘肃柳沟、安西、沙洲三卫旱灾饥民。【略】癸酉,谕曰:普福奏两淮盐场于七月初三等日偶被风雨,停场淹渍等语。淮、海二属各场连年被水,今秋又复淹渍,虽现经照例借贷抚恤,不致失所,但被浸停场,车庠需时,有妨煎熬晒,灶丁未免拮据。著加恩将两淮灶户积年因灾借欠口粮籽种等项,未完银两概行豁免。【略】又谕:据白钟山奏称,黄河迭次涨发,睢、邳所属紧要工程,俱保无虞,水势挟沙疾走,刷深实有二尺,暨洪泽湖滚坝,过水止八寸。一切堤埽土石工程,俱各修护稳固等语。

《高宗实录》卷五四四

八月乙亥,【略】恤山西汾阳县水灾饥民。【略】丙子,【略】又谕:据蒋炳奏称,湖南省各州县应买谷约十万石,本年早、中、晚三禾丰稔,买补甚易。

《高宗实录》卷五四五

九月【略】甲午,【略】谕:今岁上下两江淮、扬、徐、海、凤、颍、泗等各属秋禾被水成灾,现经照例先行抚恤一月口粮,银米兼赈,其折赈定例每米一石折银一两,但念该处积歉之后,粮价未免稍昂,【略】著加恩将各属应给正赈折价,每石增给银二钱。【略】甲辰,【略】赈恤山西介休县水灾饥民。

《高宗实录》卷五四六

九月【略】壬子,【略】谕军机大臣等,【略】江南、河南均属一体,固不得各分畛域,且河南一省积年多被水灾,而该抚并未奏闻,今始查出赈恤。江南之下河一带本系连岁被灾,每年食赈之处,且近年又幸丰收。以两省目今情形而论,其先后缓急之间,固当即以宣泄河南之积水为事。【略】甲寅,【略】谕:今年山东济宁各属被水成灾,【略】著加恩将被灾较重之济宁、鱼台、金乡、馆陶、武城本年应征漕粮,缓至戊寅年起分作三年带征;被灾次重之滕县、峄县、邹县、曹县、单县、濮州、范县、临清、恩县、夏津、菏泽、城武、冠县、邱县、汶上本年应征漕粮,缓至戊寅年起分作二年带征;其济宁、鱼台、金乡、滕县、峄县本年带征乾隆二十一年漕粮,一并缓至戊寅年启征,以纾民力。【略】乙卯,【略】谕:昨据开泰奏称,川省收成丰稔,已碾米十五万石,运交楚省,以备灾地拨用。今岁豫省现有江西、湖北之米协济,灾地已为有备。著将川省运楚米石,即由楚运交山东,令该抚酌量分贮。【略】是月,江南河道总督白钟山奏:堰盱高宝临湖砖石工程,七月间被风暴冲击,业奏准修补。【略】山西巡抚塔永宁奏:河东池盐,岁供山、陕、河南三省民食,近来连年缺产,今岁春夏雨多,池盐倍歉,仅产七百余石,尚不敷配补上年未销额引,本年应配盐五千二十余石。【略】大学士管陕甘总督黄廷桂【略】又奏:陕省延、榆一带本年秋禾被灾,一切赈恤借粜需粮甚多。查甘省宁夏仓储有余,距延、榆亦不远,拟于宁夏府属各州县拨米麦五万石。

《高宗实录》卷五四七

十一月【略】庚寅,【略】赈恤江苏清河、桃源、铜山、丰县、沛县、萧县、邳州、宿迁、睢宁、海州、沭阳、赣榆、山阳、安东、高邮、兴化、宝应、砀山、淮安、大河、徐州等二十一州县卫秋禾被灾贫民,蠲缓本年漕粮漕项有差。

《高宗实录》卷五五〇

十一月【略】丙辰,谕:山西交城等四十州县秋成稍觉歉薄,所有民欠未完常平仓谷,虽应征收还仓,【略】著加恩将交城等四十州县未完二十年分民借八万九千余石,缓至明年麦熟后交纳,其本年民借常平仓谷九万九千余石,缓至明岁秋成后交纳,以纾民力。【略】戊午,【略】赈恤甘肃皋兰、狄道、金县、渭源、靖远、平凉、华亭、镇原、庄浪、泾州、灵台、安化、环县、合水、抚彝、张掖、平番、中卫、平罗、碾伯、西宁、高台等二十二厅州县夏秋二禾被霜、雹等灾贫民分别蠲缓有差。

《高宗实录》卷五五一

十二月【略】甲子,【略】赈恤山西介休县被灾贫民。【略】壬申,【略】赈恤福建台湾县旱灾贫民。癸酉,【略】赈恤长芦青县灶地秋禾被灾灶地饥民。

《高宗实录》卷五五二

十二月【略】丁丑,【略】又谕曰:扎鲁特、阿鲁、科尔沁等三旗蒙古被灾,宜加恩赈恤。【略】是

月,【略】钦差侍郎梦麟等奏:淮、扬、徐、海等属大兴水利,各州县已办干支各河而外,尚有宣泄民田积水,通支达干之河渠,并有逼近湖荡支分派别之汊港。【略】砀山、萧县、铜山、宿迁、桃源、山阳、阜宁、沭阳等处共计支河二十余道,或通身淤浅,或间段阻塞,均宜分晰疏浚,期于来年三月以前一律完竣。报闻。

《高宗实录》卷五五三

## 1758年 戊寅 清高宗乾隆二十三年

正月【略】己丑,谕:去岁豫省卫辉等府被灾地方,屡降恩旨,将应征钱粮蠲免,并于普赈一月之外,迭予加赈四次,计费帑金三百余万。【略】癸巳,【略】又谕:陕西米脂、吴堡、清涧、绥德、鄜州、洛川、延川、武功等八州县民欠新旧常平仓粮共八万二千余石,【略】该处去岁收成歉薄,虽勘不成灾,而闾阎究属拮据,所有米脂等八州县应征一半之常平仓粮四万一千余石,著加恩缓至本年秋成后征收,以纾民力。

《高宗实录》卷五五四

二月【略】壬戌,【略】豁除湖南平江县水冲难垦田一顷七十亩有奇额赋。癸亥,谕:陕省榆林府属之葭州、榆林、怀远、神木、府谷,延安府属之靖边、定边,鄜州属之宜君等八州县上年秋禾被灾,业经降旨蠲赈。【略】著加恩将该八州县内被灾八分之极贫与九分之极、次贫民再行加赈两月,仍每石折给银一两二钱,以资买食。【略】乙丑,【略】加赈山东德州、东平、东阿、滋阳、邹县、滕县、峄县、金乡、鱼台、济宁、汶上、阳谷、寿张、菏泽、单县、城武、曹县、濮州、范县、观城、朝城、兰山、郯城、费县、堂邑、冠县、临清、邱县、馆陶、恩县、夏津、武城、德州卫、济宁卫、东昌卫、临清卫、东平所等州县卫所水灾军民。【略】庚午,谕:山西交城等四十州县上年秋成稍歉,【略】小民仍未免拮据,著将该四十州县社义二仓借出乾隆二十一年分谷石,缓至今岁麦熟后征收,二十二年分谷石,缓至今岁秋成后征收,以纾民力。再此四十州县外,尚有阳曲、太原、汾阳、浑源、应州、沁州、代州、崞县等八州县去秋亦属歉收,所有二十一年、二十二年借出社义二仓谷石,亦著照此一体分别缓征。

《高宗实录》卷五五六

二月【略】乙酉,【略】蠲免山西介休县水灾村庄额赋。《高宗实录》卷五五七

三月【略】己丑,【略】户部议准,黑龙江将军绰勒多奏,齐齐哈尔、黑龙江、墨尔根等处仓粮上年因灾动借,现存无几,请将呼兰、吉林两处仓贮分运备用,仍于年丰粮价平贱时酌筹买补。从之。【略】蠲缓长芦属坐落青县水灾灶地额赋。【略】辛丑,【略】又谕:据庄有恭奏,川省运到米船十三只,并湖南漕船四十五只,湾泊武昌城外,于二月初九日陡遇暴风,江宽浪急,并各坏船八只,现在加紧抢救。

《高宗实录》卷五五八

三月壬寅,【略】蠲缓江苏山阳、阜宁、清河、桃源、安东、高邮、甘泉、兴化、宝应、铜山、丰县、沛县、萧县、砀山、邳州、宿迁、睢宁、海州、沭阳、赣榆、淮安、大河、徐州等州县卫水、旱灾民额赋有差,并偏灾之上元、江宁、句容、江浦等四县漕项漕粮。【略】丁未,【略】甘肃巡抚吴达善等奏:前据厄鲁特宰桑摩罗等供,节次盗巴里坤牧马,奉旨交查,查巴里坤马被窃,前俱陈奏,且去岁九月,因雪大草枯,移牧塔勒纳沁。【略】辛亥,【略】又谕:上年山西交城等四十八州县秋收歉薄,【略】其中有太原府属之岢岚州、岚县、保德州及所属之河曲县四处,僻在边隅,商贩罕至,又因连岁灾歉,民间已鲜盖藏,官仓贮积亦属有限,粜借未免不敷,当此青黄不接之际,小民生计维艰,殊堪廑念,著加恩再酌给两月口粮,按照定价折给银两。【略】至大同府属之大同、浑源、山阴、阳高、天镇,朔平府属之左云、右玉、朔州、平鲁九州县,皆系地连边境,承办军需,连岁秋收亦俱歉薄,著一体加恩,将新旧钱粮宽至今年秋成后征收,以纾民力。【略】癸丑,【略】工部议准,浙江巡抚杨廷璋奏,江山县境上年水冲桥道,系浙闽通衢,应修筑。从之。【略】乙卯,【略】工部议准,署江西巡抚阿思哈奏,进贤

县上年水冲罗溪桥堤，全坍难修，系通浙闽驿路，应重建。从之。　　　《高宗实录》卷五五九

四月【略】壬申，【略】免直隶大名、魏县、大名、元城、清丰、南乐、清河、威县、景州、故城、东光、交河、阜城、吴桥、东明、开州、长垣、沧州、青县、宛平、西宁、蔚州、延庆、保安、宣化、万全、怀安、怀来、赤城、四旗等二十九州县厅乾隆二十二年分水灾额赋。【略】甲戌，【略】谕：京师二三月间雨泽应时，入夏以来，虽节次得有微雨，尚未沾足，今麦秋已届，待泽甚殷，朕心甚为轸念。宜申虔祷，期沛甘霖，著礼部即查照定例，敬谨举行。【略】谕军机大臣等，前据塔永宁奏，晋省蒲、解、绛三属得雨较大，其余各属雨泽皆未深透，现在率属虔祷。期于芒种以前得有透雨，以资布种等语。【略】寻奏：省南平、蒲、潞、泽等十府州属于四月初得雨沾足，近省一带暨省北沿边四月十七日得有透雨，各属禀报十七、十八同时得雨者四十九处，道远尚未报到者十一处。得雨四十九州县内，深透可布种者三十一州县厅，未能全种者十八州县厅。臣细询各属气候，近省一带芒种后即不能布种大禾，省北沿边夏至前尚可赶种，其余糜谷莜麦等项即六月中尚可陆续布种。得旨：览奏俱悉。【略】丁丑，【略】免福建台湾县乾隆二十二年分各则田旱灾额赋。【略】壬午，谕：京师三月以前连得雨泽，麦秋可望丰稔，入夏以来虽得有微雨，未能沾透。现据方观承奏，直属亦有未得透雨之处，麦收分数颇减，而大田此时业已播种，待泽方殷，朕心深切轸念。已降旨令该部虔申祈祷，因思清理刑狱亦祈求雨泽之一端，著刑部堂官照乾隆十年、十五年之例，将杖徒以下等罪查明情节，或应释放，或因减等者，即行具奏发落。其寻常案件，亦著速为完结，毋得稽延致累，并行令直隶总督一体办理。又谕：【略】据调任巡抚讬恩多奏称，江宁等三十五州县二十一二等年连获丰收，民力尚纾。【略】乾隆二十年江省被灾，朕多方赈恤，格外加恩，并于勘不成灾例无抚恤之江宁等三十五州县亦令一体借给口粮，以资接济。今此各州县于二十一二等年既连获丰收，又非淮、徐、海等属之连年被灾者可比。吴嗣爵以特恩擢任藩司，乃莅任之初并不告知抚臣，托缓征之名，实卸己之过，且为催征不力各员图免处分，【略】姑从宽发往江南河工，以河务同知补用。【略】乙酉，【略】谕军机大臣等，据阿尔泰奏，曹县黄河滩地有鱼子化为蝻孽，随驰赴该处搜捕，并飞知胡宝瑔一体查办等语。濒河州县经上年被水之后，鱼子化蝻，势所不免，正当先事预防，勿使滋蔓。阿尔泰闻知，即亲赴查办，甚合事机。该处毗连豫省，胡宝瑔务当查察所属，倘有萌生，即行迅速搜捕净尽，方无贻患。其上、下江二省，上年亦有被水处所，该督抚等各当留心。直隶天津一带亦曾有被水者，著方观承预行防范。总之，水退之地蝻孽易生，所当及早绝其根株，毋致临时再筹扑灭，将此传谕各该督抚知之。【略】是月，直隶总督方观承奏：直隶各属被旱及稍有得雨情形。【略】河南巡抚胡宝瑔奏：豫省上年被水，鱼虾遗子，易生蝗蝻，臣于入春时恐其生发，勒限五日一报。兹据睢州禀称，蒋家洼等处蝻子生发，臣即驰赴，率同文武速行扑打。嗣据杞县禀报，睢州连界之黄家桥等处间亦萌动，随令司道分路搜查，俱已扑灭。现在麦已登场，实为丰稔，秋禾长发无损，不致有碍。得旨：最应实力妥办者，汝自然留心，不待朕督责也。【略】四川总督开泰奏：里塘土司安本等禀称，所属番民多赖牲畜为生，上年瘟疫流行，牛羊倒毙，又青稞歉收价昂，通计五千三百余户内，乞食邻封者四百余户，无力耕种者一千九百余户，现在设法安抚等情。查土司所属原无议赈定例，但里塘为进藏要路，该番民积年供应差使，甚为小心，虽称现在安抚，诚恐秋收尚远，遇有差务，未免周章，请照乾隆十二年秋间被霜，奏明每户给赈银五钱例，酌赏银三钱，于本年盐茶耗羡项下归款核销。得旨：如所请赏给。【略】甘肃巡抚吴达善【略】又奏：甘省各属春夏以来民间耕牛染疫，率多倒毙。【略】得旨：甘省常有牛疫之灾，何不讲求医治禳解之方耶。　　　《高宗实录》卷五六一

五月【略】乙巳，【略】免河南祥符、陈留、杞县、通许、尉氏、洧川、鄢陵、中牟、阳武、封丘、兰阳、仪封、郑州、荥泽、商丘、宁陵、永城、鹿邑、虞城、夏邑、睢州、考城、柘城、汤阴、内黄、汲县、新乡、辉县、获嘉、淇县、延津、滑县、浚县、武陟、原武、汝阳、上蔡、新蔡、西平、淮宁、西华、商水、项城、沈丘、

太康、扶沟、许州、临颍、郾城等四十九州县乾隆二十二年分水灾额赋。【略】庚戌，谕军机大臣等，据调任两广总督陈宏谋等陆续奏到，广东米价昂贵，为从前所未有，请概准平粜各折。【略】向来粤东本非产米之乡，一切粮价较之别省原不甚平减，但其地素称沃土，所居多富商大贾，日用相安，由来已久。即去岁该省奏报收成，亦并无灾祸，何止价值翔贵若此。【略】又谕：前据陈宏谋奏粤东米价昂贵，酌筹平粜，并买运谷石接济。今复据钟音会同具奏，内称该省米粮为从前未有之价。而宋邦绥折内亦称二月间米价昂贵，平粜稍减，及三月下旬又复骤涨等语。【略】寻奏：粤东早收渐次登场，五月分粮价递减，六月上旬省城暨各属所报，俱较三月大落，现查照前督臣杨应琚招徕之法，加意妥办。【略】是月，大学士刘统勋奏，奉差经过地方雨水情形。得旨：览奏俱悉。京师今得雨泽，大田无害，为之稍慰，而不敢言善也。【略】河南巡抚胡宝瑔奏：上年豫省被水，预防蝻子发生，嗣报睢、杞连界之处间有发动，即率属亲往扑打。并据山东抚臣阿尔泰、河北镇臣马乾宜、南阳镇臣陈廷桂先后俱至，协力上紧扑除，即日可尽，断不敢推诿隐匿。得旨：朕实信此言，勉力为之可也。【略】署陕西巡抚吴士功奏：延、绥二府州属得雨未透，应照夏灾例，酌借口粮籽种，加意抚绥。又，鄜州所属之宜君县二十八村庄，于五月初一日被雹，中部县四十九村庄亦于是日被雹，应照夏灾例酌借籽种。

《高宗实录》卷五六三

六月【略】庚申，【略】又谕：据吴达善奏称，甘省大势缺雨，其杖徒以下等罪，可否亦照直隶清理刑狱之例，酌减办理等语。已于折内批示，清理刑狱亦只祈求雨泽之一端，今肃、甘、凉、兰等属未得透雨，而泾州、高台数州县又有被灾之处，边省贫民，甚为轸念。

《高宗实录》卷五六四

六月庚午，谕军机大臣等，据宝善覆奏，宿、灵、虹三州县蝻孽萌生，扑灭净尽，折内并有飞蝗过境，自北飞来，间有停落。并非原报萌动之处等语。凤、颍、泗等属地势洼下，入夏雨水稀少，恐有蝻孽萌生，时廑朕念。前因宝善惟奏关务，当经批谕切责，始据奏到。但飞蝗入境，非蝻孽易于扑灭者可比，则尹继善、高晋从前所奏，何以止言扑捕蝻孽，而并不言及飞蝗入境之事耶。著传谕尹继善、高晋速即查明，或被属员欺饰亦未可知，令其据实回奏。宿、灵、虹三州县停落飞蝗，曾否搜捕净绝，并北来飞蝗飞往何处，现在亦曾上紧扑捕否，与民间禾稼有无伤损，一并据实奏闻，以慰悬切。寻奏：上江宿、灵、虹三州县，并下江铜、邳等州县，先后报生蝻孽，臣等就近督捕，随时扑灭。嗣据宿、灵、虹报有飞蝗停落，未据声明起处，旋据报尽行扑灭，田禾无损。此外尚有上江之泗州、凤阳、五河等州县，下江之淮、徐、海各属，亦有数处具报飞蝗停落，俱扑灭净绝，毫无伤损禾稼。是以前奏蝗蝻折内未经声明。得旨：览奏欣慰。又谕：据双庆等奏，坐粮厅呈报，六月初六日起至初十等日，外河水涨，深处八尺一二寸，浅处七尺八九寸，十三日复消退三尺，浅处四尺八九寸不等等语。前因北河水浅，漕艘恐致拥塞，必须多备船只起驳，今数日时雨迭沛，水势增涨，浅处亦现有四尺八九寸，自与上月情形不同。【略】辛未，【略】谕：陕西延、榆所属八州县，地处沿边，土瘠民贫，而积年被灾，粮价昂贵，所有【略】榆林府属之榆林、葭州、怀远、神木、府谷，延安府属之靖边、定边及宜君等八州县，乾隆十八年至二十一年积欠常平仓谷，及二十一年借支牛具折还谷石，共一十八万二千二百余石，俱著加恩豁免。其乾隆二十二三两年借欠，及自十三年以后积欠社谷，并二十一年缓征兵米，二十三年春借牛具折还谷石，共二十七万三千余石，俱缓至明岁秋成起，分作五年带征还仓，以纾民力。至榆林、延安、绥德三府州属雨泽愆期，麦收歉薄，闾阎口食，恐不足以资接济，所有一切抚恤事宜，该督抚等务即速为妥协经理，毋致失所。【略】又谕：据黄廷桂奏，甘省河东、河西各府属间有被旱、被雹地亩，业已酌借籽种口粮，无虞失所。而吴达善奏内则称，除有渠水可资灌溉，及河东之秦州、河西之西宁等属得雨深透，而其余各属均欠沾足，并有未能播种之处等语。吴达善此奏，系五月二十五日拜发，乃各属田地尚有未能播种者，秋成岂不失望耶。【略】辛巳，谕军机大臣等，甘肃连年承办军需，【略】今岁复值得雨较迟，深为轸念。【略】壬午，【略】免甘肃各属乾隆十六年至二十年民欠水冲沙压地亩额赋，停征地丁银两。其甘、凉、肃三府州，安西五卫，皋兰一县，乾隆二十二年分地丁银米并予缓征。【略】甲申，【略】免陕西靖边、定边、榆林、葭州、神木、怀远、府谷、宜君等八州县乾隆二十二年分被灾地银粮有差。是月，直隶总督方观承奏：大名、广平二府上年被水处所，恐经暑湿，蒸生蝻孽，严饬加意防范。兹据大名府禀报，元城县属苑家湾、李家庄等处各生蝻子数块，当经该道府率属扑打净尽。又，广平府属清河县具报莲花池、洪河等处生有蝻子，今已将次扑净。又，河间府属故城县界连东省，亦系上年被水，据报邻近德州卫之高庄生有青头蚂蚱，数十枚中间有一二黄肚者，亦概扑灭。迩日雨水甚勤，天气凉润，计交秋只十余日，自可无虞滋蔓，然防范未敢稍疏，现仍严行搜查。得旨：勉力督催扑灭，毋俾滋蔓。江南河道总督白钟山奏：黄河入伏以来，水势陡涨，臣遵旨坚闭毛城铺坝，约束大溜，悉走中泓，河底刷深，足资容纳。【略】又奏：臣遵旨将淮河水报，照宁夏报水之例，每逢汛期，即预委妥员，赴彼驻扎，不时探量禀报。兹据禀，淮河水势于五月二十一日陡涨九尺五寸，上游水势既涨，则下游洪湖之水必大。今查洪湖水系，自二十一日以来，涨水四尺五寸，随涨随消，总由淮水来源。既设探报之法，预知策应，清口去路又得早展，是以山圩泄水滚坝，尚高出湖水二尺六寸，俱未过水，一切土石埽坝等工俱各平稳。【略】署陕西巡抚吴士功奏报各属雨水秋禾情形。得旨：览奏稍慰，其有得雨不足，已致成灾者毋得隐讳，善为经理。

《高宗实录》卷五六五

七月乙酉朔，【略】豁除福建福州府属闽县鼓山里被水冲陷田地一百八十九亩额征。丙戌，谕：京师米价较上年稍为昂贵，已特派大臣于五城设厂平粜。【略】戊子，【略】豁免甘肃安西厅及安西、沙洲二卫乾隆二十二年分夏禾风灾一千一百三十九顷八十亩有奇额征。己丑，【略】谕军机大臣等，据高晋奏称，六月二十三日，黄河因陡起西北风，涌起数尺，漫入窦家寨外沟槽，将新筑防水土坝打去一段，涨六七丈，水势直注毛城铺，将金门土坝漫开五丈余尺，现在督率兵夫赶紧趱办，连日水消二尺余寸，自可克期堵竣等语。【略】寻奏：近日汛水加涨，窦家寨土坝漫开二十余丈，毛城铺土坝漫开十八丈，坝内沟槽水深至一丈七八尺。查窦家寨民埝袤延三十余里，地势本洼，秋汛踵临，上游顺坝河水又从豫省而来。庚寅，【略】蠲免福建台湾府属台湾县旱灾民田额征米四千四百九十石有奇，匀丁银三十两有奇。【略】戊戌，【略】赈恤山西静乐、文水、平遥、介休、乐平、长子、阳曲、交城、兴县、宁武、沁源、平定、代州、蒲县等州县水、旱、雹灾饥民口粮籽种。

《高宗实录》卷五六六

七月【略】辛丑，【略】江南河道总督白钟山、安徽巡抚高晋【略】又奏：亲至徐城北门外细勘原设水志，共一丈三尺，上年秋汛至岁底，涨水陆续全消，志桩底水无存，本年正月至六月中旬，节次共涨水一丈一尺七寸，自后至七月十四日，水势旋涨旋消，陆续消六尺二寸，现在志桩共存新涨水五尺五寸，各工平稳。【略】己酉，【略】赈恤云南丽江府属白沙、束河、木保、刺缥等四里雹灾户口，并缓征本年民借常平社仓谷。【略】壬子，【略】赈恤陕西延川、肤施、延长、甘泉、保安、宜川、靖远、定边、榆林、葭州、怀远、神木、府谷、绥德、清涧、米脂、吴堡等十七州县旱、雹成灾饥户，并缓征新旧钱粮，民欠仓谷。【略】是月，直隶总督方观承奏：宣化各属仓豆充裕，又值丰收，稻草易办。【略】陕西巡抚钟音奏：现接督臣黄廷桂咨，令附近甘省之西、凤、邠、乾等处，采买米麦二十万石，接济军需，陕省本年麦秋丰稔，市价平减。

《高宗实录》卷五六七

八月【略】庚申，【略】在京总理事务王大臣等奏报：京师附近晚禾急需雨泽，现在设坛祈祷。得旨：此间亦望雨，求而即沾膏泽，已接润而尚欠优渥，京师今得沾沛否？【略】壬戌，【略】陕西巡抚钟音奏：陕省夏秋多雨，渭、洛二水俱于朝邑县三河口汇入黄河，先后据报沿河十八村庄民种滩地被淹一百三十六顷八十亩有奇，冲没九十四顷有奇，民户俱住高原。【略】戊辰，在京总理事务王大臣等奏报：十三日得雨。得旨：欣慰览之。是日清晨（热河）晴和过午，此间亦被甘泽。山东巡抚阿尔

泰奏：济宁、鱼台二州县积淹地亩七月中陆续涸出二十四庄。　　《高宗实录》卷五六八

八月【略】丙子，【略】谕曰：黄廷桂奏，甘省河东、河西州县内有雨泽愆期，不及补种秋禾之处，目前即应照例银粮兼赈，【略】著加恩于部价外，河东每石加银三钱，河西每石加银四钱，俾民间买食宽裕。【略】丁丑，【略】赈贷甘肃皋兰、金县、河州、渭源、狄道、靖远、会宁、环县、山丹、武威、古浪、平番、永昌、镇番、中卫、灵州、平凉、镇原、凉州、甘州、西宁、宁夏等二十二府州县，平凉、镇原二厅旱灾户口籽种口粮。【略】是月，【略】安徽巡抚高晋奏：查濉河过水后，两岸俱刷宽二三十丈，河身虽间沙淤，而水畅达五湖，直趋洪泽，毋庸挑浚。【略】陕西巡抚钟音奏：陕省各属夏秋雨水应时，田禾秀实。惟延安府属之靖远、定边，榆林府属之榆林、葭州、怀远、神木，绥德州属米脂、吴堡等州县七月中旬后雨泽稀少，风高土燥，旱象已成，即日前往亲查，妥协办理。【略】四川总督开泰奏：川省上年丰收，业将节次平粜协济，缺谷补足，现各处成熟，价更平减。　　《高宗实录》卷五六九

九月【略】丁酉，【略】户部议覆，河东盐政西宁奏称，河东盐池夏秋阴雨，不能浇晒，所收新盐不敷山、陕配运。【略】戊戌，【略】又谕：济宁、鱼台二州县已涸地亩虽现获丰收，而未涸之地及涸出未及播种者，据该抚奏报，尚有二千六百余顷。著加恩将本年应征钱粮概行缓至明年麦熟后开征。

《高宗实录》卷五七〇

九月【略】庚子，【略】赈贷浙江仁和、归安、乌程、长兴、德清、武康等六县，湖州一所水灾贫户籽种口粮。【略】癸丑，【略】又谕：两江总督尹继善等以河工告竣，年谷丰收，臣黎望幸情殷，请于庚辰之岁载举南巡。【略】乃者大江南北年谷顺成，民气和乐。【略】又谕：江南、山东、河南等省河道工程全行告竣，节据各督抚奏报，年谷顺成，秋收多在八九分以上。【略】是月，【略】安徽巡抚高晋奏：安省上年凤、颍、泗各灾属赈拨沿江州县仓粮，共缺谷三十五万六千余石，非收捐贡监本色所能补足，现秋收丰稔，正宜捐买并行。　　《高宗实录》卷五七一

十月【略】乙卯，【略】谕：山西今岁收成至七八分以上不等，但夏秋间有雨泽缺少之处，虽不成灾而秋禾歉薄，朕心甚为轸念。【略】丙辰，【略】谕军机大臣等，据钟音奏，榆、延、绥三府州被灾十二州县，除现在抚恤外，应需加赈，借粜粮石，请于附近山西州县碾拨四万石，以应急需等语。【略】丁巳，【略】谕：山东上年被水地方积歉之余，虽遇丰收，元气未能骤复，朕心深为轸念。所有济宁、鱼台二州县上年被淹田亩，已涸已种者应征二十二年缓征各项，著再予展限二年征还。【略】至今岁金乡、兰山、郯城、曹县、单县、馆陶、武城、临清等八州县虽被灾较轻，亦著酌量加恩。【略】癸亥，【略】赈浙江钱塘、海宁、山阴、会稽、萧山、诸暨、余姚、上虞等八县，仁和、曹娥、东江、石堰、金山、青村、下沙二三等八场本年水灾饥民。贷绥远城属浑津、黑河二处本年霜灾饥民，并蠲应征钱粮。赈山西朔平府属拒门、保安二处本年霜灾饥民，并蠲应征钱粮。【略】丙寅，【略】谕：陕省延安、榆林沿边一带米价稍昂，现拨宁夏仓粮以资协济。【略】丁卯，【略】又谕曰：阿尔宾等奏称，归化城地方田禾被霜，收成歉薄等语。去岁该地方被旱成灾经朕加恩，借给仓谷，俾资接济。【略】又谕：归化城都统阿尔宾等奏称，土默特蒙古官兵应交领过整装银，【略】伊等未赴军营，自应缴还，但念伊等居住内扎萨克，赖田亩度日，连年收成歉薄，【略】著加恩展限，分作六年完缴。【略】戊辰，【略】赈贷直隶大城、青城、沧州、蔚州、万全、怀安、怀来、赤城、龙门等九州县本年水雹霜灾，贫士、饥民、旗户、灶户并缓征新旧钱粮。　　《高宗实录》卷五七二

十月【略】甲戌，【略】又谕：浙江杭州府属之仁和，湖州府属之乌程、归安、长兴、德清、武康等六县及毗连相近之处，夏秋雨水稍多，间有成灾，米色颗粒自必稍减，著该抚分晰确查，将所有应行起运漕粮不论红白籼粳，加恩准其一体收兑，以示体恤，该即遵谕行。谕军机大臣等，据杨廷璋奏请将浙省起运漕粮，照乾隆二十年之例，红白兼收、籼粳并纳一折。此殊不知事理之轻重，从前乾隆二十年因该省被灾地方广阔，原非寻常歉收可比，是以格外加恩，准其一体收纳。比年以来，江浙

一带地方屡获丰收，米粮价俱平减，即该抚同日奏到数折内，或称各属秋成俱有七八分，或称连岁年谷顺成，米价平减等语。此与二十年情形岂可相提并论，而遽请将通省漕粮照例收兑，何其自相矛盾耶？【略】赈直隶沧州、盐山、青县、衡水等四州县，严镇、海丰等二场本年水灾饥民。【略】丁丑，【略】又谕：淮、徐、海三府州属频被水涝，虽据该督等奏报今岁大田均有八九分收成，但念该处灾歉既久，甫经丰稔，积困未苏。【略】又谕：甘省调运陕省西安、凤翔、邠州、乾州四府州属采买米麦，以备军储，所有应给脚价，除自泾州交界之内道路平坦，而经过各属秋成丰稔，【略】平凉等属今秋又俱有偏灾，若照例给以脚价，往返食用未免拮据。【略】赈陕西靖远、定边、榆林、葭州、怀远、神木、米脂、吴堡、肤施、保安、绥德、清涧等十二州县本年灾霜灾饥民。【略】己卯，【略】又谕曰：扎拉丰阿等奏称，护送军需马牛羊只至巴里坤，查得【略】牧群所送牛六千三百只，染疫倒毙逾额一千五百九十有奇。【略】癸未，谕：今岁豫省各属秋成俱获丰稔。【略】是月，直隶总督方观承奏：明岁张家口不敷兵米九千六百七十余石，例应在万全县采买，该县本年收成歉薄，恐妨民食，请于怀安县存米一万五千一百余石内，就近拨用。从之。闽浙总督杨应琚【略】等奏：福建漳、泉二府上年收成歉薄，本年又被偏灾，明春民食宜备。查上年奏准拨台湾府属仓谷十五万石，浙省温、台二府属仓谷十万石，令漳、泉二府殷实商民赴仓买籴，民食赖以不缺。今延平、建宁、邵武、福宁等府年丰米贱，各仓多有陈谷，请拨十五万石，令漳、泉二府商民买籴，所得米价，俟来岁秋收后买补还仓。得旨：嘉奖。

《高宗实录》卷五七三

十一月【略】辛卯，赈贷江苏海州、沭阳、赣榆、上海、南汇等五州县本年水旱潮灾贫士饥民，并蠲应征地丁钱粮及漕粮漕项银米有差。【略】乙未，【略】蠲归化城善岱地方本年霜灾地亩应征钱粮，并缓征旧欠米谷。

《高宗实录》卷五七四

十一月【略】庚子，【略】贷吉林三姓地方本年水灾饥民。【略】壬寅，谕曰：福建福州等府属之长乐等八县入秋以来，雨泽未能普遍，间有歉收之处。虽勘不成灾，滨海贫民生计未免拮据，著加恩将福州府属之长乐、福清，泉州府属之晋江、南安、惠安、同安，漳州府属之漳浦、诏安等八县歉收田亩应征钱粮五万二千余两、米四千余石，缓至明年麦熟后征收。【略】癸卯，谕：陕省延、榆、绥三府州属今岁偶被偏灾，其成灾地亩业经照例蠲缓。

《高宗实录》卷五七五

十二月癸丑朔，【略】赈福建台湾、凤山、彰化、诸罗、彰化等四县本年风灾饥民，并缓征新旧钱粮。【略】己未，【略】浙江巡抚杨廷璋奏：本年杭、嘉、湖三属偏灾，臣谬援照二十年恩旨，漕粮红白兼收，实失事理。今遵旨分别办理。【略】加赈浙江仁和、归安、乌程、长兴、德清、武康等六县，湖州一所本年水灾饥民。【略】丁卯，【略】豁除甘肃张掖、抚彝、平番、高县等四厅县水冲地亩额征租银。

《高宗实录》卷五七六

十二月【略】己巳，【略】缓浙江仁和、归安、乌程、长兴、德清、武康等六县，湖州一所本年水灾田亩应征漕粮、漕截、漕项等银米，并旧欠钱粮。【略】壬申，【略】蠲浙江钱塘、山阴、会稽、萧山、诸暨、余姚、上虞等七县本年水灾田亩应征漕项钱粮有差，并缓征漕粮、漕截等银米及旧欠钱粮。【略】丙子，【略】军机大臣等议覆，山东巡抚阿尔泰等奏称，济宁、鱼台等二州县水淹地一千八百余顷，计冬底至明春可消七八百顷，其未能涸出者，浅水种植芦苇，深处听民捕鱼驾船，另谋生计等语。

《高宗实录》卷五七七

## 1759年 己卯 清高宗乾隆二十四年

正月【略】甲辰，【略】谕军机大臣等，副都统什兆来京，询知凉州米价昂贵，每石价至四两以上，盖由甘省现办军需，上年又间有被灾之处，粮价不能骤平，然此尚系冬间，价值如此，其入春后有青

黄不接，时势必有增无减。《高宗实录》卷五七九

二月【略】庚辰，【略】又谕：甘省米价昂贵，春令雪泽缺少，现值东作之时，朕心深为轸念。【略】是月，【略】署四川总督提督岳钟璜奏：川省上年秋收丰稔，米价平减，【略】每石价自三钱三五分至四钱不等。《高宗实录》卷五八一

三月【略】庚寅，谕军机大臣等，京师现在麦价稍昂，民间日食所需宜加调剂，河南产麦素多，上年收成丰稔，积麦之家转有艰于求售者。现在冬春之交，雨雪应时沾足，价值自必平减，著传谕胡宝瑔，于各属内酌量麦多价平之处动项采买。【略】壬辰，【略】谕军机大臣等，前据方观承奏报，保定省城于二月二十三日得有雨泽，入土二寸五分。【略】寻奏：通省各属自二月二十三四得雨后，惟顺天府属之蓟州、密云等处，及广平、大名、天津各属得雨雪一二寸不等，古北口外八沟、塔子沟一带得雪五六寸，余皆不成分寸。保定省城半月来天气常阴，每因风散。核查各府州季报，惟正、顺、广、大四属上年秋麦满种，今春雨雪频沾，麦苗甚旺，目下惟望甘霖普被，不独二麦有收，大田亦可早种。【略】得旨：数日以来，风霾甚盛，恐成旱象，【略】南来之人，皆云直隶觉旱也。

《高宗实录》卷五八二

三月【略】丁酉，谕军机大臣等，据吴达善奏，甘省河西之永昌、古浪等州县相继以牛瘟具报。【略】辛丑，谕：京师自三月以来，雨水稀少，农民望泽甚殷，朕心深为轸念。【略】乙巳，【略】江苏巡抚陈宏谋奏：江南蝗患，淮、徐、海最甚，江宁、扬州次之，奉谕以米易蝗。现将入夏，宜广行搜捕。查飞蝗经过，即便下子，飞蝗虽灭，遗孽犹存，凡有蝻子之土，小穴可识。去冬已委员跟踪搜挖，给钱收买。据各属报收，自七八十石至二百余石不等。或有未尽余孽，再于出土跳跃时分头扑捕，俾附近穷民，各图得钱，争捕务尽。买价每蝻子一升，给钱十文，照例于耗羡项下开销，此时多挖蝻子数石，将来即少飞蝗无算，是亦除患未然之一策也。得旨：嘉奖。又谕军机大臣等，陈宏谋奏搜蝻子情形一折，所办颇为详细，因念近京所属如天津一带，地多洼下，数年以来虽无蝗蝻萌动，但去年雪未沾透，今春雨泽亦稀，凡滨水之地方，恐有鱼虾遗子，潜滋为累者。现在节届夏令，地气上蒸，理宜先期体察，防患未萌。著传谕方观承，令其严饬地方官留心查勘，遇有遗种，即行设法搜捕收买，务使根株净尽，以利农功。所有陈宏谋折，著一并抄寄阅看。《高宗实录》卷五八三

四月【略】庚申，【略】又谕：【略】上年奉天收成丰稔，米谷颇多，现在津属粮价既昂，挹彼注兹，自可通融接济。【略】蠲免浙江钱塘、海宁、山阴、会稽、萧山、诸暨、余姚、上虞八县，曹娥、东江、石堰、金山、青村、下砂、下砂二三八场乾隆二十三年秋禾风灾额赋，并予加赈。辛酉，【略】谕：京师三月以来，雨泽稀少，直属地方亦间有未得透雨之处，此时大田正当播种，待泽方殷，朕心深切轸念。【略】壬戌，蠲缓浙江仁和、归安、乌程、长兴、德清、武康六县，湖州一所乾隆二十三年秋禾水灾额赋，并予加赈。【略】乙丑，【略】赈恤甘肃狄道、河州、靖远、陇西、岷州、安定、会宁、泾州、盐茶厅、环县、正宁、平番、宁朔、宁夏、中卫、平罗、灵州、花马池、摆羊戎、西宁、大通、泰州、清水二十三厅州县卫乾隆二十三年旱灾雹灾饥民，并给葺屋银两。《高宗实录》卷五八四

四月【略】戊辰，谕：据吉庆等奏，五城各厂原拨米石将次粜完，请再拨五万石。【略】但现在雨泽未沛，闾阎正需接济，不必拘定五万石之数。【略】又谕：据吴达善奏报，河东之河州、渭源等十州县夏田俱已种齐，皋兰、金县等六厅州县布种无多，正需雨泽，兹于四月初一二等日甘雨连绵，皋兰县城乡各入土三四寸，金县亦同时得雨。各属虽尚未报齐，而雨势甚广，夏秋均可赶种等语。【略】己巳，谕军机大臣等，【略】顷杨应琚来京陛见，询知浙省海塘渐又有改趋北大亹之势，一切均须预筹妥办。【略】癸酉，【略】蠲缓山西阳曲、平遥、介休、大同、平定五州县乾隆二十三年水灾、雹灾额赋。【略】丁丑，【略】又谕：今春今岁入春以来，雨泽未沛，米价稍昂。【略】谕军机大臣等，【略】近闻江省米价甚属平减，而京师今岁雨泽未沛，五城及通州各处俱发仓分厂平粜，不限米数。【略】传谕

尹继善，现在江省米多价平，所有楚省拨谷自应碾米运京，多多益善。　《高宗实录》卷五八五

五月【略】癸未，【略】谕军机大臣等，近京地方雨泽愆期，粮价尚未平减，闻景州一带更觉昂贵。【略】庚寅，谕军机大臣等，现在畿甸地方尚未得有透雨，蝗孽易于萌生，业据该府尹等督同地方有司分路扑捕，但州县印官或因政务殷繁，未能周行乡曲，难免遗漏。若佐杂等官原系闲曹，及此蝗蝻初萌，尚未蔓延之时，令其分行村落，于附近水草处，董率农民之熟谙田务者，协同悉心搜捕，见有蠕动，即为根寻窟穴，尽数扑灭。日逐巡行，络绎周遍，务期净尽，至雨泽滂沛之后，再行停止。仍令监司大员亲巡各邑，察其勤惰，以别劝惩，庶得弭患未然之道。但州县官各专司地方，不得因分委佐杂，遂自弛其力也。将此传谕刘纶、熊学鹏、方观承知之。【略】辛卯，上诣黑龙潭祈雨。【略】壬辰，【略】谕军机大臣等，刘纶奏报捕蝗一折，内称遵化州属毗连永平地方，亦间有萌生之处，其地虽非顺天所属，事关农田民食，现饬通永道明琦，协同副将胡大猷前往查勘等语。未免存畛域之见，刘纶系钦差督捕大员，凡遇有蝗蝻之处，即宜就近前往，董率员弁，尽力搜捕，庶地方有司不敢怠玩从事。永平地方既有蝻孽萌生，自当早为扑灭，以绝根株。著传谕刘纶，现在蓟州一带既有就绪，即速前赴该处，督同该道府等查勘扑除，务期净尽，以杜他处蔓延，正不得以非顺天所属，遂意分彼此而自弛其担也。【略】癸巳，谕军机大臣等，【略】今据尹继善奏称，江省连年收成丰稔，现在粮价平减，毋庸平粜接济，各属仓粮亦于上冬陆续采买。【略】定边将军兆惠等奏：回人种麦，六月始能收获，须于未收获时进兵，方有裨益。【略】甲午，谕：现在甘霖未沛，京师各处河渠若加修浚深透，水土之气庶可条畅通达。　《高宗实录》卷五八六

五月乙未，【略】谕军机大臣等，京畿雨泽未沛，朕为闾阎生计日夜忧悬，多方筹画。闻景州一带地势潮润，刈麦种禾者尚多，惟雄县、新城暵干为甚。【略】丙申，【略】又谕：本月初七日，据塔永宁奏称，晋省各属未得雨泽普遍，前往五台山祈祷等语。【略】丁酉，谕：陕西西安府属之咸宁、长安、咸阳、临潼、盩厔、鄠县、兴平、高陵、三原、泾阳、醴泉、富平、耀州、同官，同州府属之潼关厅暨大荔、朝邑、华阴、郃阳、韩城、蒲城、白水，商州属之雒南、邠州、长武、三水、淳化、乾州、永寿、武功等三十厅州县，入夏以来虽连得雨泽，未为透足。其沿边一带之延、榆二府，鄜、绥二州所属去岁被灾之各州县，雨水亦未能沾润，该州县等夏麦既已歉收，民力未免拮据，朕心深为轸念。【略】己亥，【略】又谕：京师去岁腊雪未能溥遍，而自春徂夏雨泽愆期，虽屡次设坛祈祷，或雷雨一过，或小雨廉纤，入土不过一二寸，总未得邀沾沛。今芒种已逾，将届夏至，二麦既多失望，秋田尚有未耕。【略】庚子，谕：目今天气炎热，五城平粜米局赴籴者多，恐人众拥挤，感受暑气，果亲王现管药房，著同总管内务府大臣吉庆，于各米局处酌量设立冰水暑汤，俾买米小民各得赴饮，以解暑热。【略】壬寅，【略】谕军机大臣等，据吴达善等奏，甘省河东、河西各属春夏以来均未得有透雨，夏收恐致歉薄，现在率属祈祷，并预为筹画部署等语。甘省积歉之后，全望夏禾有秋，今复雨泽不继，农田已有旱象，尤深忧切。【略】甲辰，谕军机大臣等，据刘纶、熊学鹏奏称，昌平马口池地方生有蝻孽，当即驰赴查勘，督率搜捕等语。恐一时尚未能竣事，刘统勋现在出差，刘纶著即回京，已派御前侍卫安泰前往，会同熊学鹏悉力扑捕。【略】乙巳，【略】陕甘总督杨应琚奏：甘省河东被旱州县甚多，倘夏至前雨不沾足，急宜预筹抚恤。【略】是月，【略】直隶布政使永宁、按察使乔光烈奏：直属自春徂夏雨泽愆期，臣等设坛祈祷，据附近京省之各州县具报得雨五六寸不等，惟宣、遵二属并永平属之迁安县沾足，省城虽未得雨，现在借粜兼施，粮价不至昂贵。【略】总督管理甘肃巡抚吴达善奏：甘省河东一带自四月初旬缺雨，如皋兰、金县等十二厅州县因上年歉收，已于例外加赈，其被灾较轻之环县、河州等处亦应加赈三月。　《高宗实录》卷五八七

六月庚戌朔，【略】谕：御史姚成烈奏，近日雨泽偶愆，正清理刑狱之时，请将寻常处决案件，审明定案之后，牢固监禁，暂缓奏请处决等因一折，已照所请。【略】甲寅，【略】又谕：据阿尔泰奏，东

省沂州府属兰、郯一带本年麦收丰稔，价值渐减，请采买新麦四五万石。【略】丙辰，【略】蠲免陕西朝邑县乾隆二十三年水淹滩地租银一千一百五十两有奇。【略】戊午，谕：前经降旨，采办豫、东两省麦石运京减粜，比来市价日平，颇著成效。又谕：前因陕省榆林、葭州、等处频年被灾，加恩赈济，嗣以麦收尚早而例赈已竣，复经降旨加赈。现在，边地雨泽未能沾足，麦收歉薄，计距秋收之期尚远，民食未免拮据。深堪轸念，著再加恩，将榆、葭等十一州县被灾七八分之极贫与被灾九分之极、次贫民，再行加赈两月。酌量地方情形，银粮兼给，以资糊口。其榆、延等属去秋未经被灾州县，二麦歉收之处，亦准照例酌借籽种口粮，俾编氓尽力南亩，以待秋成。【略】陕西巡抚钟音奏：西、同等属二麦登场，收成不薄，兹已普得时雨，民心甚安。现在五府州所属米麦，除拨协外，尚存粮八十四余石，仓储不为无备。【略】庚申，【略】御制《大雩祝文》，曰：臣承命嗣服今廿四年，无岁不忧旱，今岁甚焉，曩虽失麦，可望大田，兹尚未种，赤地里千，呜呼！其惠雨乎。【略】是日，大雨竟日。

《高宗实录》卷五八八

六月【略】戊辰，【略】又谕：前据塔永宁奏，山西各属有得雨尚未沾足，未能补种齐全者，深为廑念。现在时界小暑，京师自本月十二日以来，仰沐天恩，已连次得有透雨，现可乘时翻种，未知晋省各属亦能普得雨泽否？【略】乙亥，【略】又谕：据阿尔泰奏，江南海州、赣榆及邳州等报称，六月初五等日有飞蝗一阵，自东南飞往西北；又据沂州府及兰山、蒙阴、宁阳各属禀报飞蝗过境，与江省州县所报相同等语。飞蝗为害农田，所关甚重，著侍郎裘曰修、内阁学士海明驰驿前往山东一带，迅速察勘究竟起自何处。江南境内即有生蝗处所，地方官自应尽力蹦扑，务尽根株，乃至滋蔓飞扬，远延邻省。各该州县官即应查明革职拿问。总督尹继善、巡抚陈宏谋既不能董率于前，复不即严参于后，所司何事，亦应交部从重议处。至直隶近畿各属甘霖大霈，大田可冀有秋，司民牧者尤宜一切周防，毋稍疏懈，东省飞蝗已过宁阳，难保无北来之患。著总督方观承前往东省连界地方星速查看，并令盐政官著总兵常福一体协力防范，倘有疏虞，惟伊等是问。　《高宗实录》卷五八九

闰六月【略】辛巳，【略】谕军机大臣等，前据阿尔泰奏，东省兰山等处，现有蝗虫自江南邳州一带飞至，已命裘曰修等驰赴该处查勘飞蝗所自，严行办理矣。该侍郎未到之前，阿尔泰自当督率属员竭力设法扑捕，务绝根株。目下雨泽沾沛，正赖田稚无害，以冀秋成。著传谕该抚，将现在作何扑捕情形及曾否搜灭净尽、不致蔓延滋害之处，一并详细速行奏闻。【略】癸未，谕：甘省附近之连城、红城两土司所属地方，上年被有偏灾，已加恩借给籽种，今岁雨泽未能沾足，夏收歉薄，念边外士民糊口未免拮据，著再加恩借给口粮三个月。【略】丙戌，【略】蠲免福建台湾、凤山、诸罗三县乾隆二十三年晚禾风灾额赋。【略】庚寅，谕：据方观承奏，各属屡次大雨之后，唐河、沙河、白沟、拒马诸水同时并涨，下游悉归淀内，以至大清河尾闾不能宣泄，转由凤河倒漾，阻遏浑流。而宣化上游雨后涨发，溢涌旁溢，南岸四工堤顶漫开数丈，现在驰往确勘等语。入夏以来，直属大雨时行，各河涨发，而山西上游诸路亦均得透雨，山水下注，永定河堤埝致有漫冲。【略】寻奏：永定河南岸四工漫水，系由大孙郭村顺固安东界之道沟四十余里，流向永清县城，绕壕而南，分流散漫，循黄家河旧河身，入霸州所属之津水洼，归胜定淀内之径直河，计长七十余里，水道经由之村庄，多在高阜，总未淹及房屋，田稼间有伤损，水退尚可补种莜麦，旁漫易消，并无横冲为患。

《高宗实录》卷五九〇

闰六月【略】丁酉，谕：据吴达善奏称，甘省所属皋兰等三十六州县卫，五六月间雨泽愆期，被旱情形轻重不一等语。甘省地处边陲，连岁秋成歉薄，去冬雨雪稀少，今夏禾失收，粮价昂贵，闾阎必多拮据，朕心深为轸念。【略】壬寅，【略】谕：晋省太原等属六月间均沐甘霖大沛，农民失时赶种晚禾，秋成可望。惟是各州县内，有初夏麦收既歉，而得雨之后补种，多费工力，农民未免拮据，朕心深为轸念。著加恩将太原、榆次、太谷、祁县、徐沟、清源、交城、文水、汾阳、平遥、介休、孝义、高平、

阳城、陵川、沁水、平定、寿阳、盂县、乐平、代州、繁峙、忻州、定襄、五台等二十五州县，本年应征银米仓谷，缓至秋收后催征，以纾民力。【略】戊申，【略】赈恤浙江江山、丽水二县本年被水灾民。是月，江南河道总督白钟山奏：洪湖自淮水涨发以来，阴雨兼旬，迭次加增，因清口东西二坝拆宽，现俱畅出，会黄归海。其黄河水势，桃汛后颇为盛大。《高宗实录》卷五九一

七月【略】辛亥，【略】吏部议奏：两江总督尹继善、江苏巡抚陈宏谋督捕飞蝗不力，应照例革职。【略】辛酉，【略】停征山西阳曲、岢岚、岚县、兴县、长治、长子、屯留、襄垣、潞城、壶关、平顺、临县、石楼、永宁、宁乡、应州、大同、怀城、山阴、灵丘、广灵、丰镇、朔州、右玉、马邑、左云、平鲁、宁远、五寨、辽州、榆社、和顺、沁州、沁源、武乡、静乐、崞县、保德、河曲等三十九厅州县本年旱灾新旧额赋，兼贷饥民。【略】壬戌，【略】谕曰：双庆等奏：初五日，夜雨甚大，河水涌溢，以致漫开平上闸、北岸老堤等处，请赔修议处一折。《高宗实录》卷五九二

七月甲子，【略】又谕曰：车布登扎布奏称，奉旨堵截逆回逃走要路，询之向导人等，俱云特穆尔图诺尔天气甚寒，七月后即有大雪。【略】辛未，谕：据方观承奏，永定河四工漫口，已经合龙。【略】又谕：据方观承奏，七月初七等日节次大雨，漳、卫河水涨发，大名、顺德所属之邯郸、鸡泽等州县内间有被淹村庄，又南运河之南皮县东岸及吴桥县正对德州卫第六屯，二处堤岸均有漫溢，现在督率查勘办理。直属今年夏被亢旱，旋得透雨，晚田禾稼及时播种，正可望有秋，今忽有此洼下之区，积水自多，殊为可惜。【略】贷直隶南皮、沧州、吴桥、东光等四州县本年水灾饥民籽种。【略】是月，【略】直隶总督方观承奏，直属自七月初旬得雨沾透，禾稼可望丰收，近因蚜蚄发生，如顺天、永平各属，及保定府属之清苑、定兴、新城、安肃、高阳，河间府属之任丘等处，晚谷多被损伤。得旨：可惜，多稼不免有美中不足之叹。【略】总督管江苏巡抚陈宏谋奏：江宁、淮安、扬州、海州、徐州等府州属雨多水涨，田禾间被淹浸，实由湖水正旺，兼上游大雨，汇入洪湖，下游通江之路又值初秋江潮北涌，漫入运河。【略】【略】湖南布政使许松佶奏：湖南十三府州属及苗疆三厅地方辽阔，统计仓谷不过一百四十余万石，未为充裕，本年秋收丰稔，请动用帑银，分作一二年采买谷二三十万石，分贮附近水次各州县备用。【略】山西巡抚塔永宁奏：晋省自忻、代以北至口外各协厅，与省之东南各郡得雨沾足，秋田可望有收，惟近省各属缺雨，恐收成不免歉薄。至直、豫二省飞蝗延入晋境平定、乐平等州县，已饬属扑捕净尽。得旨：览奏俱悉，蝗虽捕净，蝻子何无一语言及。陕甘总督杨应琚奏：甘省被灾各属，虽现经筹办赈抚，但积歉之余，乏食者多，非以工寓赈，未能源源接济。【略】又奏：甘省肃州居民向藉杂木杂草以供炊爨，迩年商贾辐辏，需用尤多，砍伐殆尽，居民远赴北山樵采，往返辄数百里。查肃州东北乡鸳鸯池一带出产石炭，且距城仅七十余里，应请酌借工本，招商开采。

《高宗实录》卷五九三

八月【略】壬午，【略】免浙江海宁县乾隆二十三年潮坍沙地额赋。赈贷甘肃皋兰、金县、靖远、河州、狄道、渭源、陇西、宁远、伏羌、会远、安定、漳县、岷州、平凉、崇信、静宁、泾州、灵台、隆德、镇原、庄浪、固原、安化、宁州、合水、环县、山丹、武威、古浪、平番、永昌、中卫、灵州、西宁、碾伯、大通、庄浪同知、盐同知、东乐县丞、花马池州同(知)等四十厅州县卫本年旱灾饥民。【略】壬辰，【略】谕：甘省连年歉收，仓贮尚未充裕，明岁春耕一切籽种口粮皆须酌借。《高宗实录》卷五九四

八月【略】丁未，【略】免绥远城属浑源、大黑河二处庄头本年旱灾额赋，兼贷饥民。停征浙江仁和场乾隆二十二年坍没灶地额赋。【略】是月，直隶总督方观承奏：漳、卫、滹、滏等河涨溢，以致大名、顺德、广平、冀、深等府州属被水，均已查明赈给。《高宗实录》卷五九五

九月戊申朔，【略】谕：晋省各属今岁夏秋间有偶被偏灾之处，现据该抚照例查勘题报。【略】庚戌，【略】户部议准，浙江巡抚庄有恭疏称，江山、丽水等县秋田被水成灾，除本年应征地漕分别蠲缓外，其蠲剩银米分年带征，冲塌地亩题豁，并先行抚恤借给。【略】抚恤浙江江山、丽水、常山、开化

等四县本年水灾贫民。　　《高宗实录》卷五九六

九月【略】辛未,【略】又谕:据绰勒多奏,本年墨尔根、呼兰二处收成歉薄,民食不敷,现在详查办理等语。又谕:据吴达善奏称,兰、巩等府州各属地亩间有因旱未种秋禾,亦有已种仍被旱伤之处。自七月内,甘属各厅州县透雨沾足,其未被旱伤之各色秋禾咸沐滋培之益等语。【略】乙亥,谕:今岁近京地方夏前得雨稍尽,旋即甘霖迭沛,大田仍获有收,农民得资日用。近闻京城内外米粮价值照常,惟麦面豆草各项未能平减。【略】丁丑,【略】赈贷山东海丰、利津、沾化、乐安、平度、胶州、高密、即墨、冠县、临清、馆陶、夏津、武城、恩县等十四州县,德州、临清二卫,永阜、永利、官台、王家冈等四场本年水灾饥民,并予蠲缓。　　《高宗实录》卷五九七

十月戊寅朔,【略】谕:陕省西安各府属之咸阳等十州县今夏得雨稍迟,收成歉薄,虽于例并不成灾,而民力不无竭蹶,所有怀远、清涧、米脂、吴堡四县本年应征未完地丁钱粮草束及带征旧欠,并常社仓粮籽种等项,俱著加恩缓至明年秋收后征收。其咸阳、醴泉、同官、韩城、商州、雒南六州县新旧民欠钱粮仓谷缓至明年麦熟后征收,以纾民力。至沿边之肤施、靖边、保安、安塞、延长、甘泉、绥德七州县所有上年缓征新旧钱粮仓谷,例应本年征收,但该处连年收成未能丰稔,应加意抚绥。【略】癸未,【略】抚恤山西阳曲、祁县、徐沟、文水、岚县、兴县、临汾、襄陵、洪洞、浮山、赵城、太平、岳阳、曲沃、翼城、汾西、灵石、霍州、汾阳、孝义、临县、石楼、宁县、五寨、临晋、静乐、代州、保德、河曲、解州、安邑、夏县、平陆、芮城、绛州、稷山、河津、闻喜、绛县、应州、怀仁、朔州、右玉、马邑、左云、平鲁、宁武、崞县、岢岚、浑源、大同、山阴、灵丘、广灵、阳高、天镇等五十六州县本年被旱、被雹、被霜贫民,并缓征新旧额赋。【略】甲申,【略】谕军机大臣等,直隶所属景州一带,闻秋深尚有积水未涸之处。【略】再,直隶各州县内,夏前雨泽稍迟,后得雨沾透,而洼地不无淤积,且间有虫孳萌生之地,虽大局均系有秋,而一二偏隅,为数无多,均宜量加调剂。【略】戊子,【略】蠲缓善岱、托克托城、清水河本年旱、霜、雹灾额赋有差。己丑,户部议覆,御史史茂条奏捕蝗事宜,除别种类,广稽查,明赏罚,以及米易蝗子等款。久经通奉遵行外,其按户出夫一款,恐地保卖富役贫,转致扰累,应无庸议。又称,蝗蝻生处,分别多寡,树立旗号,依次扑捕之处,亦在地方官实力董率,按照情形办理,不必拘泥。至所称停犁之地,宜令翻犁,并预备各项器具,又多掘深壕,土掩火焚,并令邻封州县协捕等语,应如该御史所奏。行令各该督抚,饬地方官,如有玩视民瘼,不能早为捕灭,以致长翅飞腾,及邻封有蝗,借端推诿者,即行指名题参。至上司督捕,如有派累民间,纵役索诈者,查出照例治罪。从之。　　《高宗实录》卷五九八

十月【略】甲午,【略】又谕:江苏苏、松、常、镇、太等属今秋有间被风潮虫孳之处,所产米粒,自不能一例精好,【略】许其通融交纳,红白兼收,颗粒不拘一律。【略】乙未,【略】赈盛京城、承德县、铁岭城、铁岭县、开原城、开原县、锦州城、锦县、宁远城、宁远州、广宁城、广宁县、义州城、义州等处本年旱灾旗民,并蠲缓额赋如例。蠲免甘肃狄道、河州、靖远、岷州、安定、会宁、泾州、盐茶、环县、正宁、平番、宁朔、宁夏、中卫、平罗、灵州、花马池、摆羊戎、西宁、大通、秦州、清州等二十二厅州县卫,乾隆二十三年被雹、被水、被旱灾地额赋。丙申,【略】谕军机大臣等,据方世俊奏秋成分数折内称,延安、榆林府属栽种稍迟,间有被霜、被雹之处,怀远县秋禾亦以被霜收歉等语,今秋陕省雨水虽足,而栽插未尽及时,其偶被偏灾处所,刈获不无歉薄。【略】赈恤顺天直隶所属固安、永清、霸州、大名、元城、清丰、南安、清河、威县、永年、邯郸、曲周、鸡泽、沙河、平乡、南和、任县、巨鹿、冀州、南宫、新河、武邑、衡水、隆平、宁晋、深州、武强、沧州、南皮、武清、献县、任丘、交河、天津、青县、盐山、津军、延庆、保安、蔚州、宣化、怀安、万全、西宁、龙门、怀来、张家口等四十七州县厅,本年水、旱、霜、雹、虫、雘偏灾贫民并蠲缓额赋有差。【略】己亥,【略】赈江苏上元、江宁、句容、江浦、六合、长洲、元和、吴县、吴江、震泽、常熟、昭文、昆山、新阳、华亭、奉贤、娄县、金山、上海、南汇、青浦、武

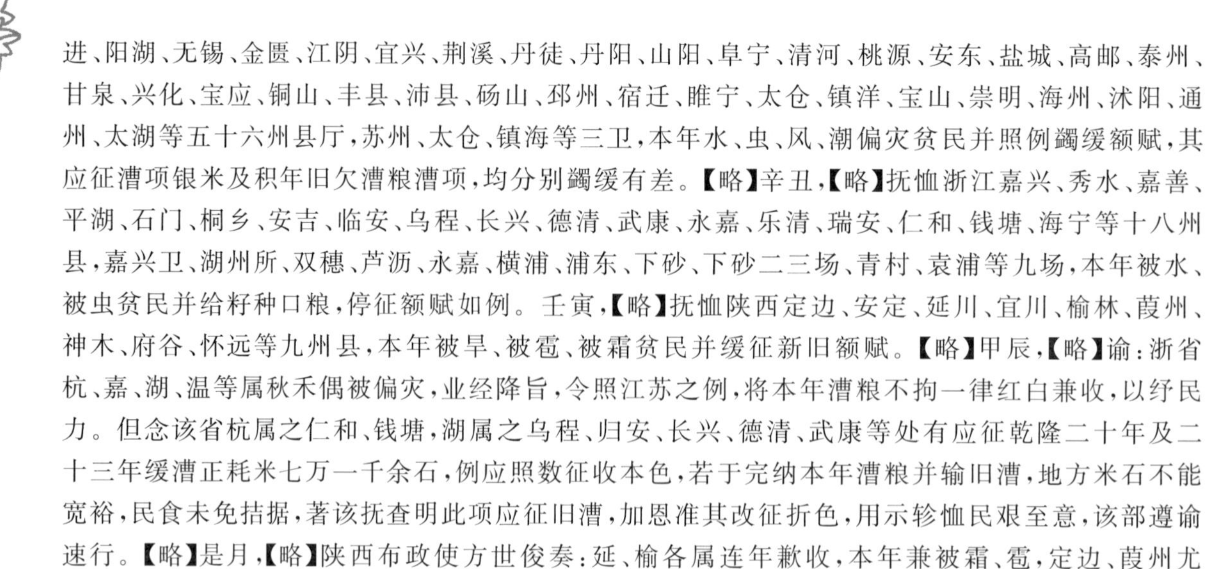

进、阳湖、无锡、金匮、江阴、宜兴、荆溪、丹徒、丹阳、山阳、阜宁、清河、桃源、安东、盐城、高邮、泰州、甘泉、兴化、宝应、铜山、丰县、沛县、砀山、邳州、宿迁、睢宁、太仓、镇洋、宝山、崇明、海州、沭阳、通州、太湖等五十六州县厅，苏州、太仓、镇海等三卫，本年水、虫、风、潮偏灾贫民并照例蠲缓额赋，其应征漕项银米及积年旧欠漕粮漕项，均分别蠲缓有差。【略】辛丑，【略】抚恤浙江嘉兴、秀水、嘉善、平湖、石门、桐乡、安吉、临安、乌程、长兴、德清、武康、永嘉、乐清、瑞安、仁和、钱塘、海宁等十八州县，嘉兴卫、湖州所、双穗、芦沥、永嘉、横浦、浦东、下砂、下砂二三场、青村、袁浦等九场，本年被水、被虫贫民并给籽种口粮，停征额赋如例。壬寅，【略】抚恤陕西定边、安定、延川、宜川、榆林、葭州、神木、府谷、怀远等九州县，本年被旱、被雹、被霜贫民并缓征新旧额赋。【略】甲辰，【略】谕：浙省杭、嘉、湖、温等属秋禾偶被偏灾，业经降旨，令照江苏之例，将本年漕粮不拘一律红白兼收，以纾民力。但念该省杭属之仁和、钱塘，湖属之乌程、归安、长兴、德清、武康等处有应征乾隆二十年及二十三年缓漕正耗米七万一千余石，例应照数征收本色，若于完纳本年漕粮并输旧漕，地方米石不能宽裕，民食未免拮据，著该抚查明此项应征旧漕，加恩准其改征折色，用示轸恤民艰至意，该部遵谕速行。【略】是月，【略】陕西布政使方世俊奏：延、榆各属连年歉收，本年兼被霜、雹，定边、葭州尤重，臣现往勘办赈恤。

《高宗实录》卷五九九

十一月，【略】是月，【略】闽浙总督杨廷璋【略】又奏：杭、嘉、湖偏灾米贵，台米海运可通，北风正发，请先于福、兴、泉、宁四府属近港处仓谷动拨十万石，谕浙商买运粜济，仍饬台属如数派拨，俟南风起运，入内地补仓。得旨：甚好，如所议行。

《高宗实录》卷六〇一

十二月【略】甲申，【略】赈甘肃皋兰、河州、靖远、金县、安定、岷州、盐茶厅、环县、山丹、武威、古浪、平番、庄浪、碾伯等十四厅州县，及东乐县丞属本年旱灾贫民。

《高宗实录》卷六〇二

十二月壬辰，【略】又谕：【略】今年夏间得雨已迟，恐米粮易致翔贵，先经发仓平粜，以裕民食。及甘霖沾沛，大田仍获半收，惟节候已晚，自不能致丰稔，市价未即平减。【略】甲午，【略】加赈山东海丰、利津、沾化、乐安、平度、胶州、高密、即墨、德州卫、冠县、临清、馆陶、夏津、武城、恩县、临清卫等十六州县卫，永阜、永利、王家冈等三场本年被水、被潮贫民。【略】丁酉，【略】蠲免浙江江山、常山、开化等三县本年水灾额赋，并豁除江山、常山水冲沙壅地亩无征漕项银米。【略】是月，【略】直隶总督方观承奏：漳河上游本年盛涨，河流改趋大名府城，查临漳县丽家村旧道，止五里淤塞，应于新冲河口迎溜处挑通，接入旧河，并筑大坝，护以土堤，以断南流。从之。

《高宗实录》卷六〇三

## 1760年 庚辰 清高宗乾隆二十五年

正月【略】戊申，【略】又谕：甘省上年夏田秋禾均被偏灾，其较重之皋兰等十厅州县，及次重之静宁等八州县，已降旨分别加恩展赈。其灾轻之渭源等十七厅县亦经照例蠲缓赈恤，并于春初借粜兼行，以资接济。

《高宗实录》卷六〇四

二月辛卯，【略】蠲免奉天盛京驿、旧边、句丽河、白旗堡、二道京、小黑山、广宁、易路、开原、噶布拉村、法库、东关、宁远、高桥、小凌河、沙河站、十三山、连山关、严千户屯等十九驿乾隆二十四年旱灾额赋，并分别加赈。【略】辛丑，【略】缓征黑龙江齐齐哈尔、墨尔根乾隆二十四年旱灾兵民未完额赋。【略】乙巳，【略】谕：上年因得雨稍迟，粮价易致增长，是以节次酌设五城各厂米豆草束，多方筹画出粜，以平市价。【略】当此冬雪优沾，春膏迭沛，秋苗青葱畅茂，所有现在麦价尤当日就平减，乃据顺天府尹奏报，现今时价较上半月每石加增三钱，此必其中奸商市贩巧为牟利。【略】又谕曰：蒋炳、明德奏甘省近年间被旱灾请暂开甘赈事例一折，所奏非是。

《高宗实录》卷六〇七

三月【略】丁未，【略】蠲缓安徽怀宁、桐城、潜山、太湖、宿松、望江、婺源、虹县、灵璧、泗州、盱眙、天长、五河、滁州、建平等十五州县，并泗州、滁州二卫乾隆二十四年水灾、虫灾额赋，分别赈恤。【略】癸丑，【略】蠲缓山西石楼、应州、怀仁、山阴、丰镇通判、崞县、静乐等七厅州县乾隆二十四年旱灾额赋有差。【略】丁巳，【略】蠲缓浙江仁和、钱塘、海宁、嘉兴、秀水、嘉善、平湖、石门、桐乡、安吉、归安、乌程、长兴、德清、武康、永嘉、乐清、瑞安等十八州县，并嘉兴卫、湖州所，及双穗、芦沥、永嘉、横浦、浦东、下砂、下砂二三、青村、袁浦等九场乾隆二十四年水灾、虫灾田荡额赋，分别赈恤。

《高宗实录》卷六〇八

三月辛酉，【略】赈恤江苏上元、江宁、句容、江浦、六合、长洲、元和、吴县、吴江、震泽、常熟、昭文、昆山、新阳、华亭、奉贤、娄县、金山、上海、南汇、青浦、武进、阳湖、无锡、金匮、江阴、宜兴、荆溪、丹徒、丹阳、山阳、阜宁、清河、桃源、安东、盐城、高邮、泰州、甘泉、兴化、宝应、铜山、沛县、邳州、宿迁、睢宁、太仓、镇洋、宝山、海州、沭阳，并苏州、太仓、镇海、金山等五十五州县卫乾隆二十四年水灾饥民，并蠲缓额赋有差。【略】壬戌，【略】赈恤奉天承德、钱岭、开原、锦县、宁远、广宁、义州等七州县乾隆二十四年旱灾饥民，并蠲缓额赋有差。蠲缓陕西定边、安定、延川、宜川、榆林、葭州、神木、府谷、怀远等九州县乾隆二十四年旱灾额赋有差。【略】甲戌，【略】蠲免山东海丰、利津、沾化、乐安、平度、胶州、高密、即墨、德州卫、冠县、临清、馆陶、夏津、武城、恩县、临清卫等十六州县卫，并永阜、永利、王家冈等三场乾隆二十四年潮灾、水灾额赋有差。　《高宗实录》卷六〇九

四月【略】丁亥，谕军机大臣等，耀海奏漕船失风情形一折，内称本年自春入夏暴风时作，少不留意，即致碰伤船只等语。今岁入春以来，雨泽应时，风飓绝少，较往年情形迥别，虽京师与山东运河未必尽如一辙，然大致不应迥相悬殊若此。【略】戊子，【略】谕军机大臣等，据阿尔泰奏，时届小满，天气渐炎，委员搜掘蝻子，据兰山、蒙阴及新泰、沂水等处，间有生发，现饬上紧歼除，并亲往察看，严加督搜，以杜贻患等语。直隶及山东一带地方，上年冬雪沾足，今春雨泽调匀，似可不致蝗蝻为患，但时值夏炎，上年扑捕后，水草低洼之地不无遗孽。今东省既有踪迹，则直隶地属连界，不可不先事预防，以杜将来潜伏蔓延之渐。著传谕方观承及官著、长福等，速饬所属文武员弁，实力查勘，加意搜掘，毋使稍有疏虞，致贻民害，不得奉行故事，循例文移催饬，一任属员虚词禀覆，遂尔了事也。　《高宗实录》卷六一〇

四月庚寅，【略】直隶总督方观承奏：【略】本月初旬，保定、正定、河间等府，易、冀、深、定等州俱得雨四五六七八寸不等，赵州、顺、广、大名一带亦得雨二三寸，各处麦田青葱遍野，大田亦在普种。得旨：但京师一带尚未得雨，颇觉怅望。【略】己亥，谕：晋省各属内上年间有秋收歉薄州县，【略】著加恩将阳曲、代州、崞县、应州、怀仁、阳高、宁武七州县，除成灾村庄民欠新旧仓粮照例缓征外，其未成灾村庄并勘不成灾之浑源、广灵、天镇、左云、右玉、平鲁、祁县、徐沟、文水等九州县，及秋收歉薄之偏关、神池、忻州、定襄、繁峙、五台、平定、乐平、太原、太谷、交城等十一州县，所有新旧民借仓粮，俱缓至本年秋成后征收还仓，以纾民力。【略】庚子，山西巡抚鄂弼奏：晋省上年秋禾被旱，省南十一府州民借常平义社仓谷，酌予缓征。【略】今平阳等属麦收丰倍常年，但民借必令易谷交仓，【略】现在饬属晓谕，凡借谷一石者，按一谷（石）六（斗）米，交麦六斗还仓。【略】壬寅，【略】管理屯田大臣阿里衮等奏：叶尔羌等处所种粮谷，于三月二十一二等日得雨深透，发生甚旺，此地自来雨泽稀少，仰荷圣主恩威远播，拯救叶尔羌全部回民。【略】癸卯，【略】直隶总督方观承奏：直省各属自春徂夏雨泽频沾，二麦收成合计约有八分，正定以南已次第收割，粮麦市价俱就平减。近于二十六日，保定一带复得雨深透，即日可接种晚禾。得旨：京师亦得沾足雨泽矣。

《高宗实录》卷六一一

五月朔甲辰，日食。【略】谕：序临北至，一阴始生，薄蚀适逢，益切乾惕，【略】弥月不雨，蒿目增

忧，幸即沾膏，麦稔可望。【略】乙卯，谕军机大臣等，据方观承奏，直省并无蝻子生发之处，惟宛平县宋家庄间有数块。据土人云，实是土蚂蚱。现已搜捕全净等语。现在甘雨应时，蝻孽料已稀少，但不可因目前如此，遂不加意防范。即如去岁，该督曾奏捕蝗已尽，而朕驻热河时，闻京师左近仍有飞蝗经过，昨因南海子中蝻孽萌生，遣侍卫等到彼扑灭。此岂非去岁留遗未净之明验乎，且所称土蚂蚱并非蝗蝻，何所取辨。此皆地方有司捏词支饰，当其初生时，则诡称蚂蚱，以诿搜捕之劳，及至羽翼长成，势不可掩，则又称来自他处，并非本地所起。此种陋习，为大吏者断不可为其所愚。著传谕方观承，仍不时留心稽察，倘将来复有萌生处所，畿辅近地，谅难掩饰也。【略】丁巳，【略】豁免安徽怀宁、桐城、潜山、太湖、宿松、望江、婺源、虹县、灵璧、泗州、盱眙、天长、五河、滁州、建平等十五州县，泗州、滁州二卫乾隆二十四年水灾、虫伤额赋。《高宗实录》卷六一二

五月【略】己巳，【略】又谕，方观承奏通属村庄生有蝗蝻，官著、常复就近督捕净尽等语。据该督所奏，则通州一带，蝻孽似已尽除，乃今日闻通州左近有飞蝗经过，甚至径里蔓延，此不特通州本地所生，更有所从至，该督何以并不奏及耶。看来该督近日虽不讳蝗，却以土蚂蚱不食禾稼为支饰之语。试思所谓土蚂蚱者，不过迁跃于草间耳，若其成群而飞，被陇而集，尚得谓之不食禾稼之蚂蚱乎。现在该督赴通查办漕运，正可就近搜捕，运脚一事，尚有吉庆等在彼筹议，而捕蝗则尤该督所独任其责者。现已派御前侍卫及顺天府尹等，前往搜捕。著传谕方观承，一面协同扑灭，期于净尽；一面即根查此蝗究系起于何处，作速奏闻，毋得支饰。今岁雨泽应时，田禾丰茂，秋成实有可望，若令蝗蝻遗害，或致歉收，岂不大可惜耶。【略】辛未，【略】，又谕，昨因通州地方蝻子生发，且有飞蝗来自别处者，已派御前侍卫等前往会同该督，令其搜访扑灭，毋任稍有留遗。今虽据该督奏，蝻子现在力捕，并分遣官弁追缉飞蝗所由。但方观承此番办理，多听地方官饰词，以搜捕所到不免蹂躏伤禾，遂意存姑息，朕甚不取。试思蝗未蔓延，其所集之地多不过数里，少或数十亩，就此一方而论，似觉地亩甚多，而以通省计之，仅万分之一。及时扑灭，即稍有伤损，而根株可以尽绝，其所全者甚多。且即此搜捕之地，早稼不无践踏，而补莳晚种荞麦之类，为时尽属从容，此不待审度而后知者。若恐蹂躏禾稼，遂听其日繁以夥，羽翼长成，东西充斥，此岂地方大吏为民捍灾御患之道乎。若谓人力不务，转听村夫乡妪之言，谓跪拜祠神，可以却禳，此在牧令有司，以之自图诿卸，尚属不可。况身任总督者，而可出此乎。今岁仰荷上天仁爱，雨旸时若，秋成可望，若因捕蝗不净，以妇寺之仁害及岁事民生，责将谁归。上年朕幸热河，近京地方即有飞蝗，该督曾以蚂蚱不食田禾为解，今年之萌动，即系上年因循所致也。惟念该督平日办理诸事，尚能妥协，姑不加深罪，若再执前见，贻累地方，断不能为该督宽矣。试思直隶岂少一方观承作总督耶，朕亦惟视其自取何如耳。方观承著传旨严行申饬，若再徇庇属员，不严行参处，或姑参一二与已不合者了事，则更自贻伊戚矣。

《高宗实录》卷六一三

六月朔，癸酉，谕军机大臣等，通州捕蝗一事，已降旨方观承，令其速行追缉飞蝗所由。一面力捕净尽，一面即行折奏，何以迟至数日尚未奏到。方观承身任总督，地方乃其专辖，何得诿为不知。况今年蝻子萌生，即上年顺义、怀柔、密云等处留遗余种。其地在通属中尤为至近，又安得仅付之员弁询访，坐待迁延。自古螟螣为灾，急畀炎火，如果实力搜捕，早净一处，则一处受福，而邻属不致蔓延。纵使稍有躏践，而于晚禾栽种并无贻误，岂该督久任封疆犹未见及此乎。此时如不严速查办，使根株永杜，不特目前雨水匀调，丰收可望之年必致减损分数，而遗孳在地，亦难保后此不再生发。该督以地方民生为职，自问能任其咎乎。著再传谕方观承，即将督捕追缉情形据实速奏，倘再意存观望，以致滋害他处，则惟该督是问。【略】戊寅，【略】又谕：通州一带飞蝗，据方观承等奏，已经扑捕净尽，其东安等处续有生发，钦差等现会同该督前往查办，日内情形，是否即可搜除，著即查明具奏。再，此时东直门外亦有飞蝗停落，现遣御前侍卫前往扑捕。看来今年飞蝗已经长翅，所

到之处必有遗种，若不及时务尽根株，又将贻异日之害，该督岂能身任其咎，著即实力督率属员，设法广查，速行搜挖，不使稍留孽种，致滋后患。【略】庚辰，谕：方观承奏，通州一带飞蝗起于延庆卫之关沟等处，四月间曾有蝻子生发，该守备褚廷章焚烧未尽，兼有未经查及者，以致五月间飞散，请将褚廷章革职拿问，北路同知朱山暨霸昌道额勒登布交部严加议处等语。此番蝗蝻随起随捕，虽未至为害田禾，然非朕先期体察，特派侍卫大臣前往督同搜捕，且降旨追缉飞蝗所由，则现在体质已成，自后萌生滋蔓，其为民生之蠹，岂可胜言。是在地方大吏及有司官，先时悉心访查，临期尽力捕灭，自不致生者听其长成，成者听其飞散。乃该守备既不详察于前，又不扑除于后，自应革职拿问。而朱山于该卫有专管之责，乃亦聋聩自安，漫无觉察，与该弁情罪，所争只一间耳，该督仅请与道员一体议处，岂足示儆，著将朱山一并革职，送部照例治罪，以为玩误害民者戒。其霸昌道额勒登布，并该督方观承，俱著交部严加议处。【略】乙酉，【略】又谕：据高晋等奏，淮河等处因五月中多雨，以致水涨逾志，幸大小河俱深通，下达甚速等语。【略】今岁淮、徐雨水较上年稍多，幸前此兴修水利时，各河俱已开浚深通，是以河流迅驰，不至漫溢为患。【略】丙戌，【略】又谕：据张师载、高晋、陈宏谋等前后折奏，俱称五月中雨水较多，各河水势迭次加涨，旋即消退，工程俱属平稳等语。今岁各省雨泽应时，较前此数年俱为充裕，山东、河南、江南诸境向有低洼处所，每虑水灾，今幸不致漫溢，即间有被淹之地，亦旋即消落，可以补种晚禾，此皆前年办理河工水利时，经朕特派大臣，会同各该督抚悉心相度，不惜帑项，疏浚得宜，是以河道俱极深通，虽水势骤增，而消退甚速。

《高宗实录》卷六一四

六月戊子，谕军机大臣等，据常复奏，飞蝗虽已捕净，亟宜掘挖蝻子，请饬令前次落蝗州县速行搜挖，并酌给钱米，广行易买等语。前此飞蝗所经，恐有遗蝻为害，跟踪搜挖，乃先事预防之急务。已屡降旨，令方观承严饬所属，实心办理矣。今常复所奏，酌给钱米易买，亦属广为杜患之一法。著传谕方观承，因地制宜，实力详筹妥办，并将现在搜挖蝻子得有若干，是否根株净尽，速即据实奏闻。又谕曰：白钟山奏称，湖南水势渐消，各工平稳。【略】看来今岁雨水频沛，田畴充足，则河水自必加增。【略】寻奏：江南五六月间雨水频仍，黄淮并涨，山、盱五坝滚泄之水汇入高宝诸湖。【略】己丑，【略】户部议覆，长芦盐政官著称，山东永利、永阜、王家冈三场并海丰县灶地，乾隆二十四年勘被潮灾，除题请蠲免外，尚有按照分数余剩应征之课，仍请照例分年带征，应如所请。从之。【略】甲午，谕军机大臣等，据冯钤奏，湖南通省五月中虽节次得雨，总未深透等语。今岁各省雨水均调，秋成俱可望丰稔，湖南本系水乡，缺雨之年颇少，今时际仲夏，甘霖未能沾足，朕心深为廑念。【略】丁酉，【略】直隶总督方观承奏：据通永道报称，通州生有蝻子之田阳、杜市、胡家垡、定兴庄各村落，业已扑除净尽。今蔡各庄、白庙、富河等处又有生发，虽零星不成片段，而散漫牵连，约宽一二里、四五里不等，现在多拨夫役，沟埋火焚，约数日可以捕竣，臣仍前往督办。得旨：知道了，亟宜留心者，今年年成光景，可谓从来未见之佳象，正宜爱惜保护，若伤之于蝗，岂不辜负天恩，汝罪不可当也，勉之，勉之。【略】己亥，【略】谕军机大臣等，白钟山奏，自堰盱前赴高宝等处勘视水势情形一节，内称探量车逻、南关二坝，过水三尺有余，归江各闸坝皆通畅无阻。但近日海潮亦大，不免稍阻流缓等语。【略】壬寅，【略】办理陕甘总督事甘肃巡抚吴达善奏：甘省连年因旱歉收，今岁自春徂夏雨水调匀，禾苗丰茂，市价平减。

《高宗实录》卷六一五

七月癸卯朔，【略】谕军机大臣等，据曹瑛奏，口外宁鲁堡之韩家樑等处起有飞蝗，从边外向东北飞去，并未进边，现在速往扑捕等语。该处虽系口外，然是处皆有庄稼，与口内无异，不得以飞蝗未及进边，遂稍驰搜扑。曹瑛现往查办，应星即广搜速捕，务使净尽，毋任蔓延。再，该处飞蝗既向东北飞去，则古北口以外如热河、塔子沟、八沟等处皆适当其地，恐不免有停落处所。著传谕吴进义、和成，会同热河道良卿，早为查察，倘有飞蝗停落，务当尽力扑灭，不使稍留余孽。即目下并未飞至，亦当留心，早为防范，无稍疏忽。该提督等奉到此旨，作何查办，即行据实速奏。寻奏：遵谕飞札宣化镇和成，并檄行热河道良卿、河屯协副将四十八，分委妥员，各处周视巡查，倘有飞蝗停落，协力扑捕，务尽根株。报闻。【略】甲辰，【略】谕军机大臣等，据鄂弼奏，土默特蒙古苇塘有蝗蝻飞至善岱所属村庄，残食禾苗，即向东南飞去等语。已传谕鄂弼，一面速行搜捕，毋令蔓延。但既向东南飞去，则直隶宣化一带适当其地，恐不免有停落处所。著传谕方观承，令其严饬该处地方官，星即预行查察，毋使阑入，一有飞集，速行搜捕净尽。和成现驻扎该府，昨因曹瑛奏到，已传谕令其与吴进义，会同良卿，于热河、八沟、塔子沟等处实力防范，宣属正其专辖之地，尤当加意体察。可再谕和成，令其与吴进义、曹瑛等彼此知会督办，勿稍因循取咎。再，通州一带现在蝗蝻捕除未净，此即该地方官前此不能尽力刨挖，以致种类辗转萌生，至今不已，此而不行惩处，将来司牧者，谁肯留心民事，该督何以并不严行参处，以为玩忽民生者戒。乙巳，【略】谕军机大臣等，据鄂弼奏，土默特蒙古苇塘有蝗蝻飞至善岱所属村庄，残食禾苗，即向东南飞去，现在亲赴善岱等处，督率扑捕等语。地方一有飞蝗，即应尽力速捕，无留余孽，庶以卫农田而重民食。不得以飞自蒙古苇塘为辞，使不肖有司预为委卸之地。即使其言果确，而飞至内地之时，不行力捕，以致遗种滋害，罪亦难辞。况该省连岁歉收之后，今年雨泽沾足，可望丰收，若有一二处被蝗蝻所伤，岂不可惜。鄂弼既前往查办，务当广搜迅捕，务尽根株，并详察各属，是否有飞蝗停落处所，并当一体防范搜挖，毋得疏忽，将此传谕知之。【略】乙卯，【略】谕军机大臣等，据白钟山奏，伏汛水势盛涨，该处兴、泰二州县高地尚无妨碍，附近过水洼地已被淹浸等语。此次大雨时行，河水涨发，下河如兴、泰等处势最低洼，民田庐舍间被水淹浸，在所不免。【略】又谕曰：杨廷璋等覆奏，闽海关少收税课一折内，有岁收歉薄，船只稀少，以致课项比上届较绌之语。闽省乾隆二十四年岁收丰稔，且将谷石协济邻封，该省督抚等奏报甚明，其并非歉收可知。【略】寻奏：臣委员分往各关口，提集底簿行单，细查详报，臣逐条查阅，将少收盈余数目核对，均与奏报银数相符。其较上届缺少，缘由实因二十三年雨泽愆期，糖蔗、花生收成歉薄，而江浙所产棉花、豆麦等物亦偶值歉收，运贩稀疏，以致税绌。

《高宗实录》卷六一六

七月【略】己未，【略】谕军机大臣等，方观承奏，直属易、蔚等州以次接到晋省宁远通判关文，知六月下旬有飞蝗落于宁远之八墩窑村，旋又飞起，渐近边墙，现在会同总兵和成、萨音图等查办等语。飞蝗所至，一经停落，必有遗种。今岁直属蝗蝻，皆上年搜捕未尽所留余孽。现在既有飞蝗从宁远渐近边墙，自必有飞集之所，若不亟为查出，尽力扑除，并刨挖种子，务使净尽，势必又为明年之患，辗转萌生，将何穷已。方观承既经查办，当以今年为戒，广搜迅捕，毋使留遗，方为永杜后患之计。广昌等州县虽已饬令防范，其紫荆关、长城岭石薄丛积之处，亦宜预行留心。再，鄂弼前奏，善岱地方有蒙古苇塘所出飞蝗来食禾稼，已亲往扑尽，此番宁远所属既有飞蝗，何以尚未奏到。著传谕方观承、鄂弼，务宜彼此关会，于经过之处寻查踪迹，于停落之处搜尽根株，不可互相推诿，以致贻患。其如何办理，并即速行奏闻。寻方观承奏：臣专委涿州营参将带领弁目前往广昌，协同地方文武，于晋省交界察探，如有飞蝗停落，一面拨夫扑捕，仍一面知会鄂弼，一并殄除。报闻。【略】丁卯，谕军机大臣等，前因福建、湖南均有缺水之处，因思广西与湖南接壤，湖南既得雨未透，则该省毗连之处恐亦未能一律沾足，今闻该省果有缺雨处所，何以鄂宝竟未奏及。【略】至黔省亦系接壤之地，五月中曾两次得有透雨。【略】寻鄂宝奏：粤西今岁自春徂夏雨水调匀，惟与湖南接壤之全州、灌阳、兴安、平乐、修仁、柳城等六州县于六月上、中二旬雨泽稍缺，至六月下旬以来各属俱已深透。即全州等六处亦皆沾渥，现在晚禾茂盛，可卜有秋。又，周人骥奏黔省今岁雨旸应时，入秋以来时晴时雨，高下田禾无不畅茂，实系大有之年。报闻。【略】是月，【略】山东巡抚阿尔泰奏：东省本年雨泽普遍，高下俱庆有年，惟兰、郯、济宁三属于夏杪秋初连日风雨大作，积洼田禾不无伤损，

现委员确勘。【略】山西巡抚鄂弼奏，据助马路参将实尔们等禀报，六月二十四五等日有蚂蚱从西北飞入宁远厅属，随即带领兵夫奋力扑捕，禾苗虽有损伤，尚未残毁。臣前往助马口外察看，因取阅所捕飞蝗头翅，虽近蝗虫，然身不甚大，农人皆呼为蚂蚱。但业已高举远扬，即系飞蝗，扑捕尚易，不至于飞腾蔓延。得旨：慎莫为此言所误，方观承去岁即坐此病，总之蝗蝻如草贼，惟有极力剪灭之而已，无别法也，切莫姑息讳饰。

《高宗实录》卷六一七

八月【略】丁丑，【略】谕：晋省连年歉收，屡经降旨加恩缓征。今岁该省各属晴雨均调，夏、秋二禾均获丰稔。

《高宗实录》卷六一八

八月【略】戊子，谕：河东夏间雨水稍多，池盐出产减薄。【略】壬辰，【略】军机大臣等议奏，据副都统瑚尔起奏称，呼伦贝尔地方连年亢旱，牲畜亏损，兵丁生计萧条，游牧处水泉甚多，请于新降之塔里雅沁回人内约派百余名前往指导兵丁，引水灌田等语。【略】甲午，【略】缓浙江安吉、归安、乌程、长兴、德清五州县灾地漕粮银米。【略】戊戌，【略】谕军机大臣等，据吴达善奏，甘省灵州之横城堡河岸冲决，现在详勘修筑。【略】是月，【略】四川总督开泰奏：【略】本年自夏徂秋，据营山、渠县、岳池、广安、广元、苍溪、盐源等七州县陆续具报大雨连绵，山溪骤涨，沿河民居田地间被冲坍，淹毙人口。臣飞饬各地方官，照例分别抚恤。再，清溪县一带桥道及营山、西充、广安等州县城亦间被水冲坏，俱经饬该州县修补。报闻。

《高宗实录》卷六一九

九月【略】戊午，【略】豁免浙江钱塘、仁和、海宁三县坍没荒地一百四十七顷九十五亩额赋。【略】辛酉，【略】缓山东济宁、兰山、郯城三州县被水灾地额赋。【略】己巳，【略】蠲免山东海丰、利津、沾化、阳信、乐陵、冠县等县被水冲压荒地九百八十二顷额赋。【略】辛未，【略】江南河道总督白钟山奏报：秋汛工程平稳。得旨：今岁淮、徐一带雨水过多，湖河水势较盛，前据该督等奏，秋汛已过，堤埽工程俱各平稳。【略】是月，【略】江南河道总督白钟山、安徽巡抚高晋奏：本年五六月间淮、扬、徐、海一带时雨连绵，淮、黄并涨，各处盈堤拍岸，当经办理，抢护工程。继以秋汛踵至，旧水消退，新水复增。臣亲加勘察，督率道厅等相机设法，应修者星速镶修，应守者加谨防护，至白露后，各处水势陆续消退。【略】安徽巡抚高晋奏：臣由邳、睢、宿、虹一带查勘工程，【略】臣就近至泗州、盱眙等处查灾，惟沿海沿湖极洼之地积水消退稍迟，不及补种，而成灾仅止五六七分不等，且二麦俱系丰收。其未被水淹及稍涸即行补种者，收成约有八九分。【略】陕甘总督杨应琚、陕西巡抚钟音奏：延安、榆林、绥德三府州属【略】本年丰稔，例应征收还仓，但沿边一带地气早寒，糜子、莜麦、黑豆等项杂粮收获倍于粟谷，若必收谷还仓，则小民辗转亏折，【略】准其杂粮兼收。

《高宗实录》卷六二一

十月【略】丙戌，【略】抚恤安徽宿州、凤阳、怀远、虹县、灵璧、凤台、泗州、盱眙、天长、五河，及凤阳、长淮、泗州三卫等十三州县卫本年被水灾民，并予蠲缓。

《高宗实录》卷六二二

十月【略】壬辰，【略】蠲缓直隶宣化、万全、怀安、西宁、龙门、冀州、宁晋等七州县本年水、雹灾民额赋有差，并借给籽种。【略】丁酉，【略】湖南巡抚冯钤奏：【略】查衡州、永州、郴州、桂阳等四府州属本年俱被旱歉收，该地自应停买(补仓粮)。长、辰、岳、常、澧五府州属虽俱丰收，应行买补，但均为永、郴、桂水路可通之区，现在商贩络绎转运，若复官买，市价必增，请将长沙府各府属应行采买粮一并停买，统于来岁秋成后买补。【略】己亥，【略】抚恤湖南常德、耒阳、零陵、祁阳、东安、道州、宁远、新田、郴州、永兴、桂阳、临武等十二州县卫被旱灾民。【略】是月，直隶总督方观承奏：本年热河各属及蒙古地方田禾丰收，口外八沟、四旗等处粟米更为充裕。现据该地方官具报，粮价每石银九钱余。

《高宗实录》卷六二三

十一月【略】癸卯，【略】蠲缓江苏山阳、阜宁、清河、桃源、安东、盐城、高邮、泰州、江都、甘泉、兴化、宝应、铜山、丰县、沛县、萧县、砀山、邳州、宿迁、睢宁、海州、沭阳、淮安、大河、徐州等二十五州县卫本年被水灾民额赋有差。【略】丁未，豁除山东永利、永阜二场，并海丰县乾隆二十四年分被潮冲塌灶地五百十二顷二十二亩有奇额赋。《高宗实录》卷六二四

十一月【略】丁巳，【略】豁除福建凤山、连江二县乾隆二十四年分被水冲塌地亩额赋。抚恤甘肃洮州、古浪、灵州、中卫、摆羊戎、西宁、皋兰、金县、河州、渭源、靖远、狄道、陇西、通渭、安定、宁远、盐茶、华亭、静宁、环县、张掖、永昌、平番、平罗、大通、秦安、徽县等二十七厅州县卫本年水灾饥民。《高宗实录》卷六二五

十二月【略】己卯，【略】谕军机大臣等，御史王启绪所奏预严掘蝗之责一折，此亦地方官应行办理之事，但蝗蝻之有无，不尽关冬雪之多寡。即如去年冬雪沾足，而今岁通州各处何尝无蝗，则雪深一尺，蝗入一丈之说，亦未足深信，惟在有司之先事预防而已。目下正届寒冬，冻地恐难掘挖，而开春土膏既动，即当严饬各属，实力奉行。著传谕方观承知之，并将该御史原折抄寄阅看。

《高宗实录》卷六二六

十二月【略】丁亥，【略】豁除浙江海宁县乾隆二十四年分被潮冲塌地七十五顷十四亩有奇额赋。【略】丙申，谕：昨据钦天监奏，明年元日午时，日月合璧，五星联珠，并绘图呈览，请付史馆。【略】今冬京师风日晴暖，正在望雪之际，而六花迭降，四野均沾，直隶、河南、山东、山西等省并陆续奏报得雪，而诸回城新辟耕屯亦有盈尺告丰之奏，此则祥瑞之实而可征者。【略】是月，【略】山西巡抚鄂弼【略】又奏：晋省各属得雪，入冬未能普遍沾足，现在省以南得雪较大，余府州俟详报到日再奏。得旨：京师向亦望雪，今得沾沛天恩矣。《高宗实录》卷六二七

## 1761年 辛巳 清高宗乾隆二十六年

正月【略】壬寅，【略】谕：去岁湖南所属之零陵、新田、祁阳、东安、宁远、耒阳、常宁等七州县因夏间缺雨，偶被偏灾，已据该抚照例散赈，该省累岁丰收，此数州县秋成偶歉。【略】又谕：甘省连岁承办军需，兵民俱为出力，其民间应征钱粮，已节年蠲免。而昨岁雨旸时若，穑事大丰，闾阎谅纾拮据。【略】甲辰，谕：上年淮、扬、徐海等处偶被水灾，【略】而麦收尚远，农民生计恐不无拮据，著再加恩将被灾较重之阜宁、安东、桃源、高邮、泰州、兴化、宝应等七州县无论极、次贫民，俱加赈两个月；其被灾次重之清河、盐城、甘泉、睢宁、海州、沭阳等六州县无论极、次贫民，俱加赈一个月。

《高宗实录》卷六二八

正月【略】庚申，谕军机大臣等，尹继善覆奏，乾隆二十四年芜湖关税赢余短少，折内称是年江、浙两省各有被灾之处，江楚油豆等货过关者少，是以赢余较上届短少等语。江、浙被灾以乾隆二十年为甚，统计两省江、浙灾地共一百十一州县，而是年该关赢余尚有六万七千余两。今乾隆二十四年江、浙灾地仅九十三州县，且被灾分数较轻，而该关赢余何转不及二十年之数，所奏未免仍属故套，著传谕尹继善，令其再行严加查核，据实覆奏。【略】庚午，【略】豁除浙江西路、黄湾二场坍没涨复沙停三千二百三十三丈额赋。《高宗实录》卷六二九

二月【略】丁亥，谕：畿辅各属上年秋收丰稔，应征额赋，踊跃输将，惟宣化一郡节年积欠银粮为数稍多，但念该处山多土瘠，且二十三四两年连值偏灾，元气难以骤复，【略】著加恩将宣化、万全、怀安、怀来、西宁、蔚州、延庆、保安等州县自乾隆八年以后，十八年以前民欠未完改折银六千三百余两，地粮银九千五百余两，屯粮三万三千九百余石，概予蠲免，以纾民力。【略】己亥，清明节。【略】蠲免山东济宁州兰山、郯城二县乾隆二十五年水灾额赋。【略】浙江巡抚庄有恭奏：杭州府属之东西两防塘工，自上年霜降后，江流弱小，不能冲刷南沙，以致逼溜北趋，将北岸涨沙刷卸，现在

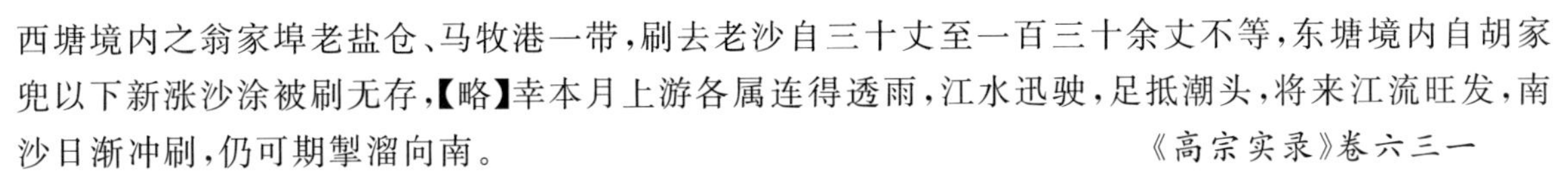

西塘境内之翁家埠老盐仓、马牧港一带，刷去老沙自三十丈至一百三十余丈不等，东塘境内自胡家兜以下新涨沙涂被刷无存，【略】幸本月上游各属连得透雨，江水迅驶，足抵潮头，将来江流旺发，南沙日渐冲刷，仍可期掣溜向南。　　《高宗实录》卷六三一

三月【略】庚戌，【略】赈贷安徽宿州、凤阳、怀远、虹县、灵璧、凤台、泗州、盱眙、天长、五河等十州县，凤阳、长淮、泗州等三卫乾隆二十五年水灾饥民，并缓征额赋。　　《高宗实录》卷六三二

三月乙卯，【略】蠲免直隶宣化、万全二县乾隆二十五年雹灾额赋。【略】戊辰，【略】蠲缓江苏山阳、阜宁、清河、桃源、安东、盐城、高邮、泰州、江都、甘泉、兴化、宝应、铜山、沛县、萧县、砀山、邳州、宿迁、睢宁、海州、沭阳等二十一县，淮安、大河、徐州等三卫乾隆二十五年水灾田地十四万九千七百顷有奇额赋。　　《高宗实录》卷六三三

四月【略】戊子，【略】蠲缓湖南常宁、耒阳、零陵、祁阳、东安、道州、宁远、新田、郴州、永兴、桂阳、临武等十二州县乾隆二十五年旱灾额赋。【略】丙申，【略】豁除陕西朝邑县水冲地八十七顷一十四亩，广西郁林州沙石田一顷八十三亩有奇额赋。　　《高宗实录》卷六三五

五月【略】庚戌，【略】谕军机大臣等，江苏上年收成丰稔，民间食用充裕，所有粮石时价自应平减。今据安宁奏到[①]，上米二两五分，次米一两八钱，麦一两一钱，注明俱属贵价。【略】寻奏：查苏城米价，以每石二两上下为贵，一两五钱上下为中，一两上下为贱。麦每石一两为贵，七八钱为中，五六为贱。上年春季米每石二两五钱以外，今兹二两五分，已不为贵。现在四月分米麦价较春季少涨四五分，然民间尚以为平价。　　《高宗实录》卷六三六

六月【略】戊寅，谕军机大臣等，据乔光烈奏，河南省城于六月初一日得雨寸余，如得普渥之泽，晚禾均可播种齐全等语。看来豫省河北一带正有望雨情形。【略】再，京师自月初得雨后，日来同云时作，亦在待泽之际。【略】寻吴达善奏：查各属禀报，自五六(月)以来连得透雨，早秋畅发，晚秋亦已播种，惟济源、修武、安阳、内黄四县稍高，尚未得有透雨。【略】方观承奏：直隶六月初旬各属俱报得雨三四寸、五六寸不等，田禾无妨。现在保定时作雨势，并无旱象。【略】阿尔泰奏：东省小暑后各处连得雨泽沾足，麦子、高粱畅茂，晚秋亦俱播种。　　《高宗实录》卷六三八

六月【略】癸巳，【略】谕军机大臣等，据察哈尔总管齐哩克特奏称，所属正红旗察哈尔、海拉苏台等处忽有蝗蝻，虽于蒙古地方无害，但恐飞扬内地，有妨民田，现在督捕扑灭等语。所见甚是，蝗蝻既有萌孳，若不及时扑捕，日久必至蔓延。口外地方纵不为害，而附近内地田禾所关甚重，地方官应及早悉心体访，实力防范，务绝根株，方为妥协。著传谕方观承、鄂弼等，令于杀虎口、张家口等处速行饬属体察，其现在有无蝗蝻情形，著即据实查明具奏。寻鄂弼奏：查有蝗蝻处所，现据各路禀报，俱搜捕无余，惟蒙古草地最为辽廓，闻亦有蝗，现在严饬道府文武督兵搜捕。得旨：地方文武之禀报全不可信，汝及藩臬大员中，何无一往者，切不可入外省养高习气，慎之。

《高宗实录》卷六三九

七月【略】乙巳，【略】谕曰：李勋奏，湖南常德府之新口桥、易家堤各岸，因雨水稍多，间有浸塌之处，庐舍田园被淹，督臣已经查勘抚恤等语。今年雨水在在充足，该处得雨过多，沿堤居民田舍猝被淹浸，殊深轸念。【略】又谕：今年各处雨泽沾足，近日同云弥望稠密，其势皆自南一带而来，因思山东之德州、直隶之景州地势素属洼下，别处雨才透足，该地方即不免淹浸。【略】辛亥，【略】谕：据张师载奏报，六月下旬连次大雨，汶水陡涨，东平、宁阳、汶上一带，民堰多被漫刷，现在晴明，水势消退，近河要工俱各保护平稳等语。今年直隶、山东等省雨泽在在透足，惟夏末秋初雨势稍稠，低洼地亩未免有淹浸田禾之虞。【略】谕军机大臣等，据方观承奏，永定河北岸堤工坍蛰，以致河水

① “今据安宁奏到”。安宁此奏为江苏三月粮价。

漫溢一折，已交部察议矣。该督往看情形，虽称并未夺溜，溢水无多，软镶即可断流，但口面已宽至十八丈，亟须加紧抢筑。

《高宗实录》卷六四〇

七月壬子，【略】谕军机大臣等，【略】近日京师雨水稍觉稠密，江南一带情形若何？【略】寻奏：江南夏季内雨水调匀，七月间猝遇风暴，沿海、沿湖低洼地方间有被淹之处，高阜仍属有收，以通省计之，尚无妨碍。报闻。【略】癸丑，【略】谕：【略】今岁自七月以来，直隶各属雨势连绵，高田固资畅茂，低洼田地或不免有被水减收之虞。【略】甲寅，直隶总督方观承奏：永定河漫口十八丈，圈做软镶，应加长七丈，七月十五日已筑成二十二丈，忽大雨，漫口被刷深八尺，须俟雨止，再行加埽合龙。【略】乙卯，直隶总督方观承奏：畿南各河涨发之水多归两淀，大清河宣泄不及，凤河觉有倒漾之病，应行查勘。【略】丙辰，谕军机大臣等，现在天气晴霁，河水渐消，著传谕兆惠，饬地方官赶筑桥梁。【略】己未，【略】直隶总督方观承奏：永定河漫口于七月十七日合龙，被淹地亩，早禾仍属有秋，晚苗不无伤损，俟水势稍退，委员勘办。【略】癸亥，【略】又谕：今年入秋以来，直隶各属雨水稍觉稠密，其与永定河附近地方，村庄地亩未免淹损，【略】著加恩将固安、永清、东安、武清四县被淹地亩，照永定河抚恤之例，查明贫乏之户，计食口多者，每户给米四斗，少者给米三斗，谷则倍之。【略】陕甘总督杨应琚奏：安西气寒，豆非地产，向由内地购运，路远费繁，今春令民试种，悉皆成熟，各处收成八分以上，既可省内地采买挽运之烦，并可将额征之粮改征豌豆。得旨：甚妥甚美之事。甲子，【略】江南河道总督高晋、江苏巡抚陈宏谋奏：七月以来，洪泽湖水势加涨，五坝过水，汇归高宝湖河，高邮南关、车逻等坝封土三尺，仅出水面数寸，如再加涨，即当开坝过水。但下河田畴正值刈获早稻，过水太早，不免被淹，随于封土之上，加高二尺，俾下注之水迟过一日，则下河田亩可得丰收。【略】丙寅，谕：据常钧奏，河南祥符等州县，河水涨发，水与堤平，民舍田庐间有淹损，现在设法堵御等语。看来此番被水较重。【略】谕军机大臣等，据常钧奏，河南黑冈口河水漫溢，渐逼省城，又兰阳各堡缺口甚多，汜水、武陟等县山水、沁、黄并涨，人口田庐难免损伤，现在设法堵御查勘等语。已于折内批示，河南虽值连岁丰收之后，今年秋雨过多，以致黄、沁二河及山水漫溢，朕心深为轸念。【略】又谕曰：常钧奏到祥符等处河水漫溢一折，先有旨令裘曰修驰驿前往，会同查办。兹据张师载折奏，黄河上游异涨，以致各工蛰裂情形，已于折内批示，今年两水盛旺，该省堤工辽阔，被溢之处多系旧日工程，一经诸水汇积，自非人力所能自主。【略】又谕：据常钧、张师载先后奏报，豫省黄河涨漫，水势甚大，已有旨令裘曰修前往会同该督抚相度堵浚矣。【略】又谕曰：高晋等奏，七月十九、二十等日风雨骤猛，高邮、甘泉等六汛堤工石面冲卸，漫溢过水，请交部治罪等语。【略】今年水势究与去年若何，现在连日晴霁，曾否消减之处，并著传谕尹继善、高晋等一并作速查明，据实奏闻。以慰悬念。又谕曰：冯钤奏，湖南武陵、醴州等属各村庄，因河水盛涨，俱有被淹，而于田禾收成尚无妨碍。并据周琬奏，湖北低洼处所亦间有被淹之处。【略】又谕：夏秋以来，雨水过多，因念直隶、山东等省，低洼处所不无积潦，致损田禾，屡经降旨询问，旋据该督抚等先后覆奏，于秋成并无大碍。今据河南巡抚常钧奏报，祥符等县河水漫溢，田庐俱有淹损，【略】但当七月十八等日雨水稠叠时，所有毗连豫省地势低洼之处，恐亦难免淹浸。【略】寻方观承奏：直隶大名、广平二府毗连豫省，七月中旬后漳河迭涨，大名府属之大名县，广平府属之广平县、磁州、成安县境内均有被淹之处，现在确查办理。得旨：此番淫潦，实非寻常水灾可比，一切竭力妥为，毋负朕望。阿尔泰奏：漳、卫异涨，致临清卫大营西堤及馆陶县之漳河北安堤间有漫溢，现在兴工修筑，并委员分赴被水村庄查勘抚恤。报闻。又谕：永定河漫工，虽已据奏合龙，而下游之水无所宣泄，且当此积雨之后，沟渠俱有余潦，现在天气晴爽，时复间有阴雨，所有各处堤工，更宜加意防范。【略】是月，【略】湖广总督爱必达覆奏：臣抵武陵县，正值河涨，会同提臣李勋查勘，令多备舟楫，济渡高阜，人口均无损伤，惟倒塌瓦房二百三十五间，草房二百五十二间，俱给与修费口粮，一面调道府各员前来办理。续据龙

阳、澧州、安乡、湘乡四州县禀报，亦经被水，幸消涸迅速，不致淹损。【略】山东巡抚阿尔泰覆奏：东省自七月初间雨势极大，德州附近各府属洼地俱有积水，是否成灾，查明办理。

《高宗实录》卷六四一

八月【略】庚午，【略】谕军机大臣等，张师载续报漫溢处所及缺口淤闭情形一节，所奏殊未明晰。山东曹县十四堡于七月十九日漫溢，先据阿尔泰奏到，黄流于二十日戌刻冲及城武县北门。而张师载奏称，二十一二两日水势消落，漫口渐见淤闭，则城武之水来源既断，自可不致为害，何以复有冲及县城之事。其豫省贾鲁河夺溜一节，奏内何以并无一语声明？【略】辛未，谕军机大臣等，据方观承奏霸州南崔家房漫口一折，今年秋霖较大，南淀地处洼下，易致积潦浸溢，现在淀河长堤既经漫刷，一切堵筑宣泄及备料、抚恤事宜，正当及时加紧督率妥办。【略】又谕：据安泰奏，乌鲁木齐收获粮石甚多，除足敷兵丁口食外，尽有余积，即减价粜卖，亦属无几，明年请酌留三千兵，分派垦种差操等语。【略】豁除陕西兴平县被水冲坍滩地六顷三十二亩有奇额赋。壬申，【略】谕：今岁直隶各属麦收丰稔，秋禾畅茂，缘七月间雨水过多，滨河及低洼地亩遂被淹浸，已降旨将固安、永清、东安、武清四县照例抚恤。【略】其文安、大城、霸州、保定等属因漫口被淹各村庄，并著照前旨一体查办，至同时被潦之宁河、宝坻、蓟州等属，虽所损不过十之一二，但现在天晴水涸，正可乘时补种晚稼及明年春麦。【略】癸酉，谕：直属被水各州县，节经降旨，加意抚恤。今据该督方观承查奏，永平、广平等府所属州县，雨水亦已消退，不致为灾。惟冀州、衡水、武邑三州县因近滹沱，被水较重，穷民生计未免拮据，著加恩照固、永等县一体抚恤，俾灾黎无致失所，该部遵谕速行。【略】甲戌，【略】谕军机大臣等，前据张师载奏报漫水，以日行六百里由驿驰奏之折，专差外委二人，仅日行一二百里，以致迟误。【略】今传询赍折之人，亦但称由兰阳工次令其起身，该处杨桥漫口情形，亦未确见，惟所过山东曹、单、金乡等县，途间多系坐船，田禾亦有淹浸之处。【略】（张师载）寻奏：贾鲁河漫口以南，淤滩显露，水势已属消退，臣现驻杨桥，督率疏筑。至山东曹、单、金乡一带积水，此时大半涸出，仍当与阿尔泰会商妥办。报闻。又谕：【略】古北口外缘边所属，禾黍弥望丰颖，岁事可望有收，其口内地方现有被水各属。【略】（方观承）寻奏：景州七月中旬后，虽雨水稍积，仍于道路无碍，近日东省漫水流入景州，道路迂阻。又，阜城之刘林桥、交河之富庄驿、献县之臧家桥滹沱泛溢，大道之水直至河间城南五里铺，现挑浚疏消，水过处田禾不免淹浸，但大道多洼，水易停积，田间则平漫无多，不至甚损禾稼。至通省光景，以成灾村庄计之，约十分之二，以收成分数计之，约在七八分之间。今年古北口外秋成大稔，而内地将来赈借需用米谷正多，宜乘时购备。【略】丙子，【略】参赞大臣阿桂等奏：回人及官兵所种二麦，收成得二万余石，实属丰收。得旨：欣慰览之。丁丑，【略】抚恤湖北汉川、京山、潜江、沔阳、天门、云梦、江陵、公安、监利、黄冈，并沔阳卫、武昌左卫、荆州卫等十三州县卫本年水灾饥民。【略】戊寅，【略】又谕：豫省黄河漫口，由尉氏县贾鲁河夺溜南趋，水势甚重，若不及时堵截，则贾鲁河一带与江省颍、寿等属下游淮河相接，甚属可虞，是豫省决口要工，实系全河要害。【略】又谕：据张师载奏：卫河水盛，漾入临清迤北东岸一带。又，曹县漫水，泻入微山湖，现经运河道堵筑宣泄，水势消减等语。【略】庚辰，【略】河东河道总督张师载覆奏：山东曹县十四堡堤工前于七月十九日漫溢，城武县适当下游，地本低洼，相距又只百里，二十日戌刻因冲及该县城北门，至二十一二两日水始渐消。得旨：览奏俱悉。　《高宗实录》卷六四二

八月壬午，【略】钦差侍郎裘日修奏：臣抵豫，由黑冈口前赴杨桥，查得南北两岸漫口二十余处，均已挂淤，易于办理。惟杨桥缺口宽至数百丈，需料过多。【略】癸未，谕：据尹继善等奏，高邮、甘泉二汛漫口六处，酌量水势大小、分别缓急，次第施工。今碾子头、黑鱼塘二口俱已合龙，其挡军楼、南庙、腰铺、荷花塘四处均可克期告竣等语。【略】甲申，【略】谕军机大臣等，据阿尔泰查奏，济、东、曹、兖等府被水各属，内惟曹县、城武成灾较重，其次则济宁、金乡、鱼台等县，勘明就通省核计，

不过十分之二等语。今据崔应阶折奏，内有临清、馆陶等属因漳、卫二河水涨，民埝各有漫溢之处，【略】及核之该抚奏折，即系在济、东等属被水之内，早经阿尔泰奏报，并非两事。然崔应阶之言似灾重，而该抚则称通省尚有七分收成，又似大端无碍。【略】丁亥，【略】谕：直隶毗连豫省之开州、长垣、东明等州县及附近运河之景州、清河二属，因秋雨过多，田禾间有淹浸，所有被水贫民，深堪轸念。【略】谕军机大臣等，热河于本月十九日以来连日阴雨，关内相距不远，朕心时为悬切。顷询之自京来人，京师十九日雨亦甚大，王大臣等并未奏闻。【略】又谕：今岁近京各属雨水过多，前据方观承及钱汝诚等节次奏报，低洼处所虽间有被淹，而高阜禾苗尚无妨碍。今自本月十九日以来，热河连日复有阴雨，京师相距甚近，朕心深为轸念。【略】（王大臣）寻奏：京城于八月十八日戌刻雨势稠密，然逾时即止，十九、二十一两日雨，余俱晴朗。田禾实无妨碍，核之近畿各州县所报，大略相同。大、宛各属收成已报到者，自十分至七八分不等。得旨：览奏欣慰。【略】（方观承）寻奏：崔家房漫口，九月初旬内可以竣工。文安、霸州、固安十九日大雨，天津、涿州、保定十八、十九日连雨，二十一日以后皆已晴朗。至秋收，通计全省约在七分。【略】又谕：东省黄河漫口，该抚奏报已经挂淤，顷据方观承奏称，德州运河现有漫溢之处，计该抚此时自当上紧相机堵筑。【略】（刘统勋）寻奏：豫省八月以来天气俱晴，于工作并无妨碍。【略】户部议准，甘肃巡抚明德疏称，环县、中卫、灵州、摆羊戎、西宁、碾伯等六厅州县上年被雹、水偏灾，应免银粮草束。【略】庚寅，【略】谕军机大臣等，据鄂弼奏，晋省今岁秋收丰稔，各属仓粮亦属充裕，拟于蒲、解等属仓粮内碾米十万石，运豫协济等语。豫省今秋因河水盛涨，被灾较重，然系在二麦收成之后，且该省连岁丰收，民间尚有盖藏，现在水退涸出地亩，亦可补种秋禾及明岁春麦，则将来接济，当不致有缺乏。【略】又谕曰：阿尔泰奏德州迤北草坝运河漫溢，村庄间被淹浸，城垣仓库可保无虞等语。前据方观承奏报，德州运河漫溢，致景州一带大路水深数尺，当已传谕该抚，令其上紧堵御。今览阿尔泰所奏，看其情形稍重。【略】甲午，【略】又谕曰：方观承奏，直隶应需赈米二十万石，请于漕船尾帮截拨。【略】是月，直隶总督方观承奏：崔家房漫口水深二丈有余，难就口门堵筑，今拟出堤外数丈，漫水稍浅处圈筑包越。【略】两江总督尹继善奏：江省黄河秋涨，徐城之韩家山埽工蛰陷，随抢护平稳。旋报邳睢厅属之南岸卫工头地方，水涨漫堤，幸消落迅速，限令补筑，以半月毕工。【略】安徽巡抚托庸奏：黄水由毛城铺漫入睢河，即前往亲勘，至练潭驿，据禀报七月二十三日睢河水势陡消一二尺，各工稳固。又接准两江总督尹继善札，二十二三两日徐州黄水陡落六七尺，不胜忭庆，因回署办事。【略】山东巡抚阿尔泰覆奏：曹县十四堡、二十堡先后漫溢，猝入曹县、城武县。臣亲往筹办。【略】又奏：城武县猝被黄水，以致济宁、菏泽、定陶、巨野、金乡等州县皆被淹浸，现竭力防护。【略】寻奏：近日水势消落，地亩渐次涸出，秋成惟曹、兖二属之曹县、城武被灾较重，其余州县均系漫流入境，或十数里至六七里不等，除被淹外，余俱有收。【略】又奏：范、濮二州县被黄水淹浸，临清州因漳、卫合汶，河流异涨，将老崖汕刷，坍卸民埝，均竭力堵筑。【略】又覆奏：德州运河漫溢，饬属加紧堵筑，八月中旬以来天气晴霁，虽间有微雨，无碍工作。【略】山西巡抚鄂弼奏：汾州、平阳、蒲州、太原四府属，并绛、解二直隶州属，因秋雨河涨，被水凡二十州县，细查被水村庄，一州县内不过一隅，现查办抚恤。再，姚暹渠暴涨，漫开南堤解家湾，直抵盐池，业会同盐臣堵筑平稳。　　《高宗实录》卷六四三

九月丙申朔，【略】谕军机大臣等，成衮扎布等奏称，贝子品级公额尔克沙喇等选牛三千只，前往伊犁，中途因时疫倒毙一百五十八只。【略】丁酉，【略】谕：【略】今秋高、宝数邑，入秋遇有风暴，洼下田禾不无伤损。【略】今据该督抚等奏称，江省今岁秋收大势丰稔，高、宝等处早稻已有收获，被水亦较去年为轻，应赈恤者不过数州县。【略】谕军机大臣等，据尹继善奏，豫省黄河漫水，现入颍郡涡、淝等河一折，已于折内批谕，江南颍、寿等属毗连豫省，今漫水既入涡、淝等河，自将由淮河汇入洪泽湖。【略】寻尹继善奏：高晋已赴豫省，近日洪泽湖水势大落，作清色，黄水漫入湖者无多，

颍属涡、淝等河及下游淮河，水亦渐消，清口东西二坝前已留宽口门，畅泄湖水，此时可无庸再展。【略】又谕：据观音保折奏，景州北界水势汪洋，平地深一二三尺至丈余不等，因即前往东省德州四里屯工所查勘，现在漫口尚有十八九丈未经堵闭等语。景州等属毗连东省，漫水自德州而下，经由三百余里，至天津青县方可泄入运河，如该处漫口一日不闭，则景州之水一日不能消涸。【略】壬寅，【略】豁除安徽贵池县水冲砂压田地一十七顷三十七亩有奇额赋。【略】癸卯，【略】豁除浙江海宁、仁和、钱塘、平湖等四县坍没沙地及营兵义冢田地一百六顷三十四亩有奇额赋。甲辰，【略】驻扎乌鲁木齐副都统安泰等奏：乌鲁木齐五村屯田大小麦收成约四万五千九百石有奇。【略】丙午，【略】又谕：据总兵田金玉奏，怀庆府驻扎衙署，因七月间丹、沁两河水涨，所有存贮各书籍旗牌等项俱有淹损，请照数颁给，并严加议处等语。【略】湖南巡抚冯钤覆奏：查明武陵、龙阳、澧州、安乡等州县，六月内河水被淹地亩均不及十分之一，其抚恤事宜，照例妥办。【略】豁除江苏靖江县乾隆二十五年分水冲坍没地二十顷六十亩有奇额赋。【略】戊申，【略】又谕：昨据河北镇总兵金田玉奉硃批回奏称，丹、沁二河水势暴涨，直入怀庆府城，被冲民房六万九千八百余间，淹毙一千三百余人等语。【略】(刘统勋)寻奏：豫省被灾州县轻重不同，惟怀庆府之河内县为最重，镇臣金田玉所奏，坍塌房屋、淹毙人口合乡城而计，实有此数，臣等俱经详查，【略】此外皆不至如怀庆之甚。惟朱仙镇最重，均经按其轻重加之抚恤。【略】己酉，【略】调任河南巡抚常钧奏：豫省各州县积水设法疏消，卫辉、彰德、怀庆、河南四府属及开封府属之汜水、荥泽大概涸出，惟祥符等处等处及陈州府属因杨桥夺溜，漫水尚未消退，现当种麦之期，地亩先涸出者已播种发生，惟甫涸出之地，不能骤干，难用牛力翻犁。

《高宗实录》卷六四四

九月【略】壬子，【略】又谕：今岁山东滨河各属因雨水过多，秋禾间有被淹之处所，【略】著加恩将被灾较重之曹县、城武二县应征本年漕粮及随漕银米缓至壬午年再分作三年带征，次重之金乡、济宁、鱼台、菏泽、单县、濮州、定陶、巨野、范县、阳谷、寿张、德州、馆陶、夏津、武城、邱县、临清、恩县、汶上、嘉祥等二十州县，除有收之地，仍令照常征输外，所有被灾地亩应征漕粮漕项俱缓至壬午年再分作二年带征，以纾民力。【略】赈贷湖北沔阳、天门、潜江、荆门、江陵、公安、监利、归州、沔阳卫、荆州卫、荆州左卫等十一州县卫续被水灾饥民，并予缓征。【略】乙丑，【略】赈贷山东齐河、济阳、禹城、临邑、长清、德州、平原、德州卫、惠民、阳信、海丰、乐陵、商河、沾化、金乡、鱼台、济宁、嘉祥、阳谷、济宁卫、菏泽、城武、定陶、巨野、聊城、冠县、临清、恩县、夏津、武城、东昌卫、临清卫、东平、汶上、曹县、单县、濮州、范县、寿张、东阿、德平、东平所、陵县、馆陶、邱县等四十五州县卫所本年水灾贫民，并予葺屋银两。赈贷河南祥符、陈留、杞县、通许、尉氏、洧川、鄢陵、中牟、阳武、封丘、兰阳、仪封、郑州、荥泽、河阴、汜水、宁陵、鹿邑、虞城、睢州、考城、柘城、安阳、汤阴、临漳、内黄、汲县、新乡、辉县、获嘉、延津、滑县、浚县、河内、济源、修武、武陟、孟县、温县、原武、洛阳、偃师、巩县、孟津、宜阳、城池、新野、淅川、淮宁、西华、项城、沈丘、太康、扶沟等五十四州县本年水灾贫民，并蠲免漂失仓谷。【略】是月，直隶总督方观承覆奏：北运河东岸漫口三处，马家庄、于家庄水仅数尺，两日即可竣工，孤云寺地稍宽，十日内亦可竣工。【略】湖广总督兼署湖北巡抚爱必达覆奏：湖北省六七月间被水之处，除京山、云梦、公安、黄冈、归州等五州县勘不成灾外，沔阳、天门、潜江成灾稍重，江陵、监利次之，汉川、荆门又次之，其沔阳、武左、荆州三卫屯田被水情形亦与民田相等，均照例分别办理。

《高宗实录》卷六四五

十月【略】戊辰，【略】豁甘肃皋兰等三十二厅州县乾隆二十四年水冲田亩银三千四百两有奇，粮二千九百石有奇，草四千二百束有奇。其山丹、通渭、平罗、安定、碾伯等县拨运被冲粮一百七十石有奇，并予豁。【略】戊寅，【略】又谕：今秋山东滨河州县因堤岸漫溢，田禾不无被淹之处，【略】加恩将德平、陵县、平阴、宁阳、堂邑、博平、茌平、清平、莘县、高唐、高苑等十一州县勘不成灾地亩，及齐河等四十三州县卫所内被灾五分以下地亩，应征本年未完地丁银两，及各年未完银谷籽种等项，一体加恩缓至明年麦收后起征，以示体恤。　　　　　　　　　　　　《高宗实录》卷六四六

十月【略】乙酉，【略】谕军机大臣等，据刘统勋等奏，杨桥漫工因东风倒吹，冲刷无力，漫口溜渐湍急，势需多费工力等语。【略】两江总督尹继善覆奏：本年黄河盛涨，堤工多有汕刷，又七月异常风暴，堰盱高宝临湖砖石等工掣卸甚多。【略】丁亥，【略】赈长芦属沧州、南皮、盐山、青县、衡水、海丰七州县，严镇、海丰、芦台、丰财、富国、兴国、济民等七场被灾贫灶。【略】庚寅，【略】赈浙江仁和、归安、乌程、长兴、德清、武康、会稽、诸暨、余姚、上虞等十县，湖州一所，仁和、曹娥、金山、下砂头二三等五场被灾贫民军灶。【略】壬辰，【略】又谕曰：钟音奏陕省本年岁事有收，盖藏充裕，请于附近渭河州县拨米麦二十万石，运至陕州，以资豫省加赈。【略】癸巳，【略】户部议覆，江苏巡抚陈宏谋疏称，铜山、睢宁二县本年猝被水灾，请先赈贫民一月，其余高邮、甘泉、扬州三州县卫较重，山阳、桃源、清河、安东、宝应、泰州、沛县等七州县次重，及稍轻之盐城、江都、兴化、丰县、萧县、砀山、宿迁、海州、沭阳、淮安、大河、徐州等十八州县卫均无庸赈恤，只须酌借籽种。【略】再，长洲、常熟、昭文、昆山、新阳、华亭、娄县、青浦、太仓并卫、镇洋、苏州、镇海、镇江等十四州县卫灾分较重，上海、南汇、金坛、溧阳、嘉定、宝山、金山帮等七县帮次之，系一隅偏灾，均可无庸赈给，惟应将灾田应征粮项银米按分蠲免。【略】又议覆，安徽巡抚托庸疏称，寿州、凤阳并卫、怀远、灵璧、凤台、阜阳、颍上、亳州、太和、泗州并卫、盱眙、天长、五河、长淮等十六州县卫本年水灾，请将新旧钱粮、节年民借籽种及供支牛草各项暂停征，灵璧县耿工蛰卸猝冲，先赈一月口粮，应如所题。【略】赈湖南武陵、龙阳、安乡三县本年水灾贫民，并分别蠲缓额赋。【略】是月，钦差侍郎裘曰修奏：查勘郑州、荥泽、河阴皆系偏灾，汜水、偃师因汜洛河流灌入县城，房屋多有坍塌，四乡多高山，地亩间段有收，居民避水至邻境者，闻赈来归，均令该县查明，并入赈册。至此等异涨，非因水道阻塞，且两边滩坡已宽，不宜另筑堤埝，致束急生溃。得旨：甚是甚通之见，览奏可嘉之外，别无批谕。

《高宗实录》卷六四七

十一月【略】丙申，【略】加赈直隶固安、永清、东安、武清、文安、大城、霸州、保定、冀州、衡水、武邑、开州、长垣、东明、景州、清河、蠡县、东光、沧州、南宫、新河、隆平、宁晋、深州、武强、天津、宝坻、蓟州、宁河、清苑、新城、博野、望都、祁州、雄县、安州、高阳、新安、河间、献县、朔宁、任丘、交河、青县、静海、南皮、盐山、庆云、平乡、广宗、巨鹿、唐山、任县、永年、邯郸、成安、曲周、广平、鸡泽、威县、磁州、元城、大名、南乐、清丰、蔚州、丰润、玉田、定州等六十九州县被灾贫民屯灶，并缓各属已、未成灾本年应征钱粮及节年旧欠。【略】己亥，【略】据刘统勋、兆惠等奏：杨桥漫工于十一月初一日巳时合龙，是日天气晴朗，风恬浪静，大溜迴旋顺轨，目睹庥征，倍钦神佑。【略】辛丑，【略】钦差侍郎裘曰修、河南巡抚胡宝瑔覆奏：豫省有漕之祥符等四十三州县灾形更重，请将十分九分者全蠲，八分七分者免十之六，六分五分者免十之三，其应征分数作三年带征。【略】壬寅，【略】蠲缓河南封丘县本年水灾官庄地十八顷有奇额赋。癸卯，蠲山西阳曲、岢岚、岚县、临县、石楼、应州、大同、怀仁、山阴、灵丘、阳高、朔州、马邑、平鲁、宁武、五寨、静乐、代州、崞县、保德、河曲、临汾、襄陵、洪洞、太平、曲沃、翼城、汾西、解州、安邑、夏县、平陆、芮城、绛州、稷山、河津、闻喜、绛县等三十八州县，并大同、管粮、丰镇、大同左等十四厅团操乾隆二十四年蠲免随征耗银。　　《高宗实录》卷六四八

十一月【略】辛亥，【略】户部议准，前署两江总督高晋等疏称，山阳、阜宁、清河、桃源、安东、盐城、高邮、泰州、甘泉、兴化、宝应、铜山、沛县、萧县、砀山、邳州、宿迁、睢宁、徐州卫、海州、沭阳等二十一州县卫，勘明水沉地亩终难涸复，请自本年为始，减征民屯学田湖荡草滩四千七百六十顷有奇额赋。【略】癸丑，【略】谕军机大臣等，许松佶奏，该省凤、颍、泗等属因今岁豫省中牟漫口尚未合龙，下游积水至今不能消涸，恐明岁二麦失收等语。【略】是月，【略】浙江巡抚庄有恭奏：海宁柴石

二塘交接处，水已临塘，迤西老沙仍多坍卸，本月朔汛，仅存护沙二十九丈，亟应续镶。得旨：览奏俱悉。

《高宗实录》卷六四九

十二月乙丑朔，谕：今年豫省秋霖过多，所有被灾各属已迭降谕旨，分别蠲赈，但地方谷价较向年增长。【略】戊辰，【略】谕军机大臣等，据讬庸覆奏，凤、颍二属积水已渐消退，无误种麦，其极洼地亩干涸稍迟，然为数无多，现在分别挑挖等语。【略】庚午，【略】山西巡抚鄂弼奏，晋省仓储久悬，请乘本岁丰收买补，第各属谷价止岢岚等二十七州县，每石八钱至一两以内，其太平等四十三州县自一两一钱至一两七钱不等，如照部定一两以内为准，采买无多，应定为一两二钱收买。得旨：允行。【略】辛未，【略】蠲江苏南汇、吴江、长洲、元和、上海、海州等六州县乾隆二十三年水、旱灾地漕盐等银一万三千两有奇，米、麦、豆九千四百石有奇。【略】甲戌，【略】赈贷山西文水、榆次、徐沟、太原、汾阳、孝义、临汾、猗氏、虞乡、解州、安邑、夏县、绛州等十三州县被灾贫民口粮籽种。【略】戊寅，【略】谕军机大臣等，阿桂等奏称，伊犁屯田八千亩，收获大小麦、糜粟、青稞等谷共二万七千一百石有奇，约二十分以上等语。伊犁屯田丰收，皆官兵勤于力作所致。【略】又谕：伊犁屯田回人八百户，收获大小麦约二十分以上，糜粟、青稞约四十分以上，合算每人收谷四十石，应令其各交米二十石，定为成额，则回人益知勤动。嗣后人给籽种一石五斗，以交粮十六石为率，所种四项谷石有丰收不齐，亦可通融抵补等语。

《高宗实录》卷六五〇

十二月【略】甲申，【略】赈湖北汉川县、武昌左卫本年水灾饥民，并缓勘不成灾之黄冈、云梦、京山、公安等四县额征。【略】是月，【略】浙江巡抚庄有恭奏：本月初五日省城得雪，近省杭、嘉、湖、绍各府属同时普沾盈尺。得旨：欣慰览之，京师亦于是日得盈尺之天泽，盖所罕逢也。【略】河东盐政萨哈岱奏：豫省食河东引盐，洛阳等十州县冲没盐一万七千余包，请俟明年新盐赢余补运。

《高宗实录》卷六五一

## 1762年 壬午 清高宗乾隆二十七年

正月【略】戊戌，【略】又谕：上年北省秋雨过多，如直隶之大名、天津，山东之德州、曹州等滨河各属被灾虽不及豫省之重，而秋成分数歉薄。【略】壬寅，【略】山东巡抚阿尔泰奏：东省各属现在谷价每石自八钱至一两二三钱不等，虽未甚昂，但向前青黄不接，应预为调剂。请将平粜谷价每石九钱至一两者，减银五分；一两以上至一两二钱者减银一钱，至一两三四钱者减银二钱，如九钱以下，则价值尚平，无庸减粜。至春耕之时，贷给籽种口粮。【略】戊申，【略】加赈直隶文安、大城、天津、津军、冀州、武邑、衡水、长垣八州县厅，并固安、霸州、保定、安州、开州、东明、清河、新河、南宫、武强、隆平、宁晋、宝坻、武清、高阳、新安、肃宁、交河、东光、沧州、大名、元城、永年、成安、广平、鸡泽、威县、深州二十八州县水灾村庄饥民。

《高宗实录》卷六五二

正月【略】甲寅，谕：去秋山东被水偏灾，各属虽不至如豫省之重，但现在时当青黄不接，【略】今据奏到，被灾较重之曹县、城武、德州、济宁、鱼台等五州县，著加恩无论极贫、次贫俱行加赈一个月；其滨河次重之齐河、金乡、嘉祥、菏泽、单县、定陶、巨野、濮州、范县、临清、邱县、馆陶、恩县、夏津、武城等十五州县成灾在八分以上，所有贫民及卫地贫军亦著加恩展赈一个月，以资接济。【略】戊午，【略】谕：东省去秋被水偏灾，【略】著再加恩将惠民、商河、沾化、金乡、鱼台、济宁州、济宁卫、菏泽、单县、城武、曹县、定陶、范县、馆陶、临清卫等十五州县卫，自乾隆十年至二十四年民欠常平商输等谷三万七千余石。又，金乡、鱼台、济宁等三州县二十二三四等年民欠籽种麦本牛具等银一万四千九百余两，概予豁免。

《高宗实录》卷六五三

二月【略】戊辰，【略】又谕：宿迁一带州县地方滨临大河，岁收率多歉薄，现在巡行省视，见闾阎气象较前似觉稍舒，而生计未能优裕。【略】己巳，【略】又谕：上年江省被灾各州县，【略】著再加恩将高邮、宝应、甘泉、泰州、山阳、安东、桃源、清河、铜山、沛县、睢宁等十一州县无论极、次贫民俱加赈一月，至安徽省之太和、亳州、阜阳、颍上、灵璧等五州县亦著一体加赈一月，以示惠养元元至意。

《高宗实录》卷六五四

二月【略】丙戌，【略】蠲免河南祥符、陈留、杞县、通许、尉氏、中牟、阳武、封丘、兰阳、仪封、郑州、荥泽、汜水、鹿邑、虞城、睢州、考城、柘城、汤阴、临漳、内黄、汲县、新乡、辉县、获嘉、延津、滑县、浚县、河内、济源、修武、武陟、温县、原武、偃师、巩县、孟津、淮宁、西华、项城、沈丘、太康、扶沟等四十三州县乾隆二十六年水灾钱粮有差；并缓征勘不成灾之洧川、鄢陵、河阴、宁陵、安阳、孟县、洛阳、宜阳、渑池、新野、淅川等十一州县本年额赋。《高宗实录》卷六五五

三月甲午朔，【略】直隶总督方观承奏：万全县之张家口上堡圈城东为旧日水洞，【略】上年夏秋雨甚，口外山水奔涌至水洞，夹水激射，不东循山麓而西撼堤根，致旧石堤冲塌八丈三尺，片石堤冲塌四十八丈，应修复旧规。报闻。【略】丁酉，【略】加赈湖北潜江、沔阳、天门、荆门、江陵、监利等六州县，并沔阳卫、荆州卫、荆左卫乾隆二十六年水灾饥民。【略】辛丑，【略】加赈山东齐河、济阳、禹城、临邑、长清、德州、平原、德平、陵县、德州卫、惠民、阳信、海丰、乐陵、商河、沾化、金乡、鱼台、济宁、嘉祥、阳谷、济宁卫、菏泽、城武、定陶、巨野、聊城、冠县、临清、恩县、夏津、武城、东昌卫、临清卫、东平、汶上、曹县、单县、范县、寿张、濮州、东阿、东平所、馆陶、邱县等四十五州县卫所乾隆二十六年水灾饥民，并缓征蠲剩银两。《高宗实录》卷六五六

三月【略】丁巳，【略】又谕：【略】昨府尹罗源汉及各处奏到，近京地方自三月初三、十三等日连次已得雨泽，而王大臣又并不具奏。【略】癸亥，【略】缓征安徽灵璧、阜阳、颍上、亳州、太和、天长等六州县民卫所地亩乾隆二十六年分水灾额粮。《高宗实录》卷六五七

四月【略】戊寅，【略】直隶总督方观承奏称：杨村厅属五家庄前缕堤，经上年汛水异涨，直射堤身，请添建草坝抵御。【略】江南河道总督高晋奏称：桃源厅属黄河北岸陈家庄向无埽工，上年伏秋大汛，黄水异涨，大溜北趋，直射堤根。堤外即系运河，甚关紧要，请添建宽厚埽坝。【略】蠲缓浙江仁和、归安、乌程、长兴、德清、武康、会稽、诸暨、余姚、上虞等十县，湖州一所，仁和、曹娥、金山、下砂、下砂二三等五场乾隆二十六年水灾额赋有差。《高宗实录》卷六五八

四月【略】辛巳，【略】赈恤甘肃安定、平凉、静宁、庄浪、华亭、平番、灵州、西宁、大通、成县等十州县乾隆二十六年雹灾饥民，并予缓征。【略】壬午，【略】蠲免山东齐河、济南、济阳、禹城、临邑、长清、德州、德州卫、平原、东平、东平所、东阿、惠民、阳信、海丰、乐陵、商河、沾化、金乡、鱼台、济宁、嘉祥、汶上、阳谷、寿张、济宁卫、菏泽、单县、城武、曹县、定陶、巨野、濮州、范县、聊城、冠县、临清、邱县、馆陶、恩县、夏津、武城、东昌卫、临清卫等四十四州县卫所乾隆二十六年水灾额赋。

《高宗实录》卷六五九

五月甲午朔，【略】赈恤安徽寿州、凤台、凤阳、怀远、泗州、盱眙、五河七州县，及凤阳、长淮、泗州三卫乾隆二十六年被水灾民，并蠲缓额赋有差。【略】乙未，【略】谕军机大臣等，今日行次涿州，甘霖沾足，雨势甚为溥遍。前过山东泰安一带，土脉微觉干燥，农田尚需雨泽。【略】赈恤长芦属沧州、南皮、盐山、庆云、青县、衡水、海丰等七州县，及严镇、海丰、芦台、丰财、富国、兴国、济民七场乾隆二十六年水灾灶户，并蠲缓额赋有差。【略】辛丑，【略】赈恤湖南武陵、龙阳、澧州、安乡等四州县乾隆二十六年水灾贫民，并蠲免额赋有差。【略】癸卯，【略】豁除安徽虹县、泗州、盱眙、泗州卫四州县卫水占民卫洼地五百十八顷九十四亩额赋，减征虹县、灵璧二县次洼地五百三十九顷七十三亩则赋。《高宗实录》卷六六〇

五月，【略】是月，直隶总督方观承【略】又奏：五月二十七日保定省城得雨五寸，又自二十八日

辰刻至二十九日巳刻，雨势连绵，未免过多，未刈之麦间恐变青，已刈未敛者须防生黰。今得晴霁，犹可无损。得旨：京师亦如此，但望快晴则佳矣。山东巡抚阿尔泰奏：泰安一带土脉微干，奉旨垂问雨泽，查泰安府属四月下旬连得透雨，五月初三日会城又得密雨，均属沾足。得旨：此语恐不实，五福巡至泰安时，云遇雨不过寸余，何得深透耶。又奏：今岁二麦丰收，登场后，小民罔知撙节，恐知狼戾伤农，秋成丰歉难定，民欠常平商社等谷，应乘此设法输将，以清积欠，请以麦六斗，抵谷一石交仓。得旨：欣慰览之，如所议行。　　《高宗实录》卷六六一

闰五月【略】甲子，【略】谕军机大臣等，据方观承奏：直隶连日雨水稍多，今已有晴意等语。京师近日雨势相同，正在望晴之候，但畿南各属未割之麦，虽经雨略多，尚属无妨，惟已割未收者，不免湿蕴霉浥。【略】丁卯，【略】蠲缓湖北潜江、沔阳、天门、荆州、江陵、监利等六州县，并沔阳、荆州、荆左三卫乾隆二十六年水灾额赋有差。【略】庚午，【略】谕军机大臣等，【略】京师现在时霁时雨，望晴甚切，不知近京各属情形是否相同，此时二麦收割尚未全完，值此连阴，不无妨碍。

《高宗实录》卷六六二

闰五月戊寅，【略】又谕曰：方观承查奏本月十四日辰刻，天气晴朗，并雨后察看各处沥水，悉归淀河，不通沟渠者，道旁小苗间有淹浸，秋禾异常畅茂一折。近京一带迩来时霁时阴，雨水不免过多，朕心深切轸念。【略】而夏至前后，二麦尚未全收，遇此连阴，晚获者分数必减。【略】庚辰，谕：今岁直隶各属麦秋，原可望丰稔，近因雨水稍多，致减分数。【略】豫、东二省气候较早，二麦俱报丰收，著该抚等各于麦熟最多之州县，酌量采买五六万石，由水路陆续运京，以备接济。【略】丙戌，【略】谕军机大臣等，今年夏至以来时霁时阴，雨水不免过多，自闰五月十九、二十以后，畅晴不过三四日，今二十三日入夜阴雨复稠，至本日尚未晴霁。【略】是月，直隶总督方观承奏：本月十九日雨止，已获连晴，二十三四等日又复连夜倾注，景州、河间水道疏消有路，尚不至存蓄，惟任丘、雄县、新城一带滨河大道未能减落，而千里长堤无处起土，只可暂行停修。【略】陕西巡抚鄂弼奏：西安二麦扬花结穗时，原有八九分收成，惟四五月间雨水微缺，结实不能饱满，幸遇闰节气稍迟，日内得雨，尚可赶种秋禾。得旨：览奏俱悉，西安望雨，此处则甚望晴矣。　　《高宗实录》卷六六三

六月【略】甲午，谕：京师闰五月以来雨水稍多，近虽晴霁，而道路泥泞，商贩驮运未免迁迟，豆价现在增长。【略】谕军机大臣等，京师近因雨水稍多，豆价增长，【略】奉天、山东二省上年豆石收成丰稔，著传谕该府尹、巡抚等，就本省通融酌办，于粟米改征豆食内尽数筹拨。【略】丁酉，【略】蠲免直隶固安、永清、东安、武清、霸州、保定、文安、大城、宛平、宝坻、蓟州、宁河、滦州、清苑、新城、博野、望都、蠡县、祁州、雄县、安州、高阳、新安、河间、献县、肃宁、任丘、交河、景州、东光、天津、青县、静海、沧州、南皮、盐山、庆云、津军厅、平乡、广宗、巨鹿、唐山、任县、永年、邯郸、成安、曲周、广平、鸡泽、威县、清河、磁州、开州、大名、元城、南乐、清丰、东明、长垣、西宁、蔚州、丰润、玉田、冀州、南宫、新河、武邑、衡水、隆平、宁晋、深州、武强、定州、曲阳等七十四州县厅乾隆二十六年水灾额赋有差。【略】已亥，【略】谕军机大臣等，前因京师豆价昂贵，是以降旨令于奉天各属购买五万石，由海运搭解来京应用。今据侍卫瑚什奏，奉天一带亦因雨水稍多，道路泥泞，现在田禾间有被淹之处等语。【略】庚子，谕军机大臣等，前据方观承奏，月朔以来已得连晴，秋禾旺发，道水渐消等语。近复雨晴相间，未知直属一带情形若何。今日三和自热河回京，见淋沟一带地方有以禾苗饲马者，询问缘由，据称被水田禾不能长发等语。看来低洼地亩，秋禾已有失望之处。

《高宗实录》卷六六四

六月丁未，【略】（户部）又议覆：钦差刑部右侍郎阿永阿等奏称，奉省所属锦、复、熊、盖等处，沿山滨海山多柞树，可以养蚕，织造茧细，现在山东流寓民人，搭盖窝棚，俱以养蚕为业。春夏二季放蚕食叶，分界把持，蚕事毕，则捻线度日，聚众斗殴之事不一而足，此等民人应交该处旗民官查明，

编为保甲，设立棚长牌头管束，倘有生事不法，分别情罪办理。其由山东航海来者，若无票船只，及有票而票内无名之人，一并严查，照例治罪，应如所请。从之。戊申，【略】本年夏至以来，雨水过大，京城一带墙壁多有倒塌，物价昂贵，官兵日用未免拮据。壬子，谕：今夏因雨水过多，恐畿辅一带麦收分数不无减少。是以前经降旨，令河南、山东二省各采买麦石，运京平粜。【略】癸丑，谕曰：杨锡绂等奏，安庆后帮旗丁倪李黄船粮于六月初八日在海河神庙地方陡遇暴风，米石漂没，船身止存底板一片，所有该旗丁应赔粮六百七十三石零，请令于癸未年新运一并运通，船只仍著赔造接运等语。【略】江南河道总督高晋奏称，山安厅属安东汛高家庄一带，因对岸生长大滩，河溜北趋。加以上年伏秋大汛，全黄直射兜湾，滩崖尽塌，直逼堤根，危险堪虞。请建筑埽坝，挑溜护卫。【略】甲寅，【略】谕军机大臣等，旌额理等奏称，内地送到屯田民人四百余户，俱知勉力耕作，因雨泽稍歉，又有野鼠食禾，被灾自一二分至七八分等语。【略】乙卯，【略】谕：前因直隶雨水稍多，低洼地亩不免有积水被灾之处。曾经降旨，于天津以南附近水次州县截留漕粮二十万石以备拨用，但念现在被水各属收成不无歉薄，将来需米之处尚多，前次所截粮石恐不敷用，著再加恩于抵京各帮内，截留十万石，一并存贮北仓备用。【略】丁巳，谕：天津地势低洼，近因雨多积水，柴米价值稍昂，兵丁买食，未免拮据。著加恩将存津左右城守三营、现操马步守各兵，每名借给米一石，俾资接济。是月，【略】河南巡抚胡宝瑔奏：夏间雨水过多，道途间有积水，现严饬疏消，幸秋禾尚属无碍，若此后多晴数日，便得丰收，各工次亦可无骤涨之虞。得旨：今京畿自六月十五晴定，想河南不致过虑矣。【略】山东巡抚阿尔泰奏：六月二十四日卫河水陡涨，又兼风浪震撼，抢卫不及，德州卫民埝冲汕二十余丈，臣随星赴漫溢之处查勘，高粱尚无妨碍，谷豆已被淹浸，现督同运河道，将漫口竭力抢修。

《高宗实录》卷六六五

七月【略】癸亥，【略】蠲免安徽寿州、凤台、凤阳、怀远、灵璧、阜阳、颍上、亳州、太和、泗州、盱眙、天长、五河、凤阳、长淮、泗州等十六州县卫乾隆二十六年被水田地二万五千三百九十六顷有奇额赋。

《高宗实录》卷六六六

八月辛卯朔，【略】贷给浙江江山县本年被水贫民口粮籽种，并修葺银两。【略】甲午，【略】浙江巡抚庄有恭疏报：乾隆二十六年分定海、镇海、临海、黄岩、宁海、丽水、云和等七县，开垦额外田地荡涂、沙涂、水涨沙地、民灶涂田共四百八十顷有奇。豁免浙江海宁县乾隆二十六年被潮坍没民灶沙地并新涨沙涂地共四百一顷有奇额赋。【略】辛丑，【略】谕军机大臣等，庄有恭奏，七月初七日风大潮涌，致将海宁县缓修、抢修石塘内有揭落面石，并间段坍卸之处等语。

《高宗实录》卷六六八

八月【略】壬子，【略】又谕：今年直隶夏雨成涝，滨水洼地田禾不无淹损，所有积年钱粮带征、缓征各属内，今年复被水灾之文安、大城、武清、宝坻、蓟州、天津，及霸州、保定、永清、东安、安州、新安、青县、静海、沧州、宁晋、津军厅十七州县厅民力自属拮据，其应征银八万二千四百两零，谷豆、高粮五千四百石零均予缓免，以示优恤。至与灾重州县毗连，本处复被水灾之宁河、固安、盐山、庆云、衡水五县，所有应征银二万一千五百余两，谷豆高粮一百八十余石，亦著一体蠲免。【略】是月，【略】浙江巡抚庄有恭奏：七月初七日东西两塘猝被风潮，石塘坍卸，盘头泼损。查勘海宁县城东自四里桥至郑家衖一带塘工，外用条石包砌，内填块石，本非坚实，应改建大石塘一百四十三丈七寸，每丈建筑一十八层。

《高宗实录》卷六六九

九月【略】辛酉，【略】谕军机大臣等，达桑阿奏称，玉古尔、库尔勒回人等今岁届升科之期，派员查勘收成分数，据报玉古尔大小麦俱已成熟，共收获八千一百余石；库尔勒所种因蝗蝻伤损，仅收三百余石等语。回人所种地亩，俱资灌溉之利，虽不虞旱涝，而虫鼠为耗，致成偏灾，亦所不免，虽不必尽照内地蠲赈之例办理，而视其被灾分数酌量减免，伊等自感出望外，且实与生计有裨。此次

库尔勒回人等升科伊始既被偏灾，其作何蠲免之处，著速议具奏。将来各城回人所种地亩有成灾者，著各该驻扎大臣，详悉查勘收成分数，定议办理，俾回众咸知朕轸念新附之意，即其中有捏报灾伤希图免赋者，因此履亩确勘，亦得杜其徼幸之端。著传谕永贵等知之。【略】癸亥，【略】豁除陕西盩厔、武功、扶风、朝邑四县乾隆二十六年水冲沙压民屯厂地六十四顷额赋。【略】乙丑，【略】谕军机大臣等，扎拉丰阿奏称，科布多屯田约计大小麦收获在七分以上，惟所种之粟，因气寒霜早，秀而不实等语。杜尔伯特人等在乌兰固木耕种，乌梁海人等在布拉罕察罕托辉耕种，俱获丰收。科布多相距不远，从前扎哈沁等亦曾开垦，收成尚好，看来此次或播种稍迟，或霜雪早降，又或土性不宜种粟。著传谕扎拉丰阿，详询该处旧日居人，酌量办理。其青稞一种既系蒙古地方所宜，来年自当广为播种，毋致失时。【略】丁卯，谕军机大臣等，近日天气晴朗，想畿辅各属情形自亦融和。【略】（方观承）寻奏：淀水畅注，各属秋禾大势有收，永定河水减落，堤埝完固。得旨：览奏稍慰。【略】戊辰，【略】贷给甘肃陇西、靖远、宁远、伏羌、安定、漳县、通渭、安化、武威、平番、永昌、古浪、中卫、花马池等十四厅县，本年被旱贫民口粮籽种，缓征新旧额赋。　　《高宗实录》卷六七〇

九月【略】丁丑，【略】赈恤山东齐河、济阳、禹城、临邑、长清、陵县、德平、平原、德州、德州卫、惠民、阳信、海丰、乐陵、商河、滨河、利津、沾化、蒲台、聊城、堂邑、博平、茌平、清平、莘县、冠县、高唐、恩县、夏津、武城、馆陶、东昌卫、邱县、临清、寿张等三十五州县卫本年被水贫民，蠲缓新旧额赋。【略】是月，【略】山东巡抚阿尔泰奏：东省本年歉收，武定府属之滨海州县来岁青黄不接，有需预筹。【略】山西巡抚明德、河东盐政萨哈岱奏：河东盐池地处低洼，【略】今年闰五月阴雨水涨，上游冲决各工在在危急，当经赶筑堵御，奈终系沙土，旋筑旋冲，大为盐池之患，请将白沙河南北两岸改建石工。得旨：如所议行。　　《高宗实录》卷六七一

十月【略】戊戌，【略】贷绥远城保安、拒门二口本年霜灾庄头口粮。　　《高宗实录》卷六七二

十月【略】庚戌，【略】加赈顺天直隶所属霸州、保定、文安、大城、涿州、良乡、固安、永清、东安、香河、宛平、大兴、昌平、顺义、三河、武清、宝坻、蓟州、宁河、滦州、昌黎、乐亭、清苑、安肃、新城、望都、雄县、安州、高阳、新安、河间、献县、阜城、肃宁、任丘、交河、景州、东光、天津、青县、静海、沧州、南皮、盐山、庆云、津军、成安、广平、大名、元城、宣化、万全、怀安、张家口、丰润、玉田、冀州、南宫、新河、武邑、衡水、隆平、宁晋等六十三州县厅，本年被水、雹、霜灾饥民分别蠲缓应征额赋。【略】辛亥，【略】蠲缓江苏清河、安东、铜山、邳州、宿迁、睢宁、海州、沭阳、昆山、新阳、娄县、南汇、奉贤、青浦、大河、镇海、金山等十七州县卫帮本年水灾新旧额赋有差。【略】甲寅，谕：本年浙省秋初曾被风潮，收成不无歉薄之处，现在收漕在即，各州县交纳米石必须一律干圆洁净，闾阎恐艰于完纳，著加恩将杭、嘉、湖三府属所有应征漕粮，准其籼粳并纳，红白兼收，俾小民易于输将，以示体恤。该部遵谕速行。【略】谕军机大臣等，昨步军统领衙门奏，有通州饥民张二等四十余人哀号求赈，讯供居住小海子村，因歉收难度，向州官求赈，不能办理等语。【略】赈恤浙江仁和、钱塘、海宁、余杭、石门、桐乡、安吉、归安、乌程、长兴、德清、武康、孝丰、山阴、会稽、萧山、诸暨、余姚、上虞、杭州、湖州等二十一州县卫所，仁和、曹娥、钱清、金山、青村、下砂二、下砂三等七场本年水灾饥民灶户，并借给籽种。【略】丙辰，【略】谕军机大臣等，据明山奏，江西连年丰稔，积谷充裕，如浙省应需协济，请即于江省常平谷内动拨二三十万石，运浙以资接济等语。【略】著传谕汤聘，酌量于附近浙省，仓粮最多州县内碾米二十万石，协拨应用。【略】是月，【略】直隶总督方观承【略】又奏：天津商船贩到奉天粟米高粱甚多，足征该处收成丰稔。【略】又奏：查直隶各处积水，附近大城全经涸出，惟低洼处所尚有渟聚，霸州六郎堤等七十三村已涸十分之九，所有千里长堤、营田围埝、代赈各工甫能得土，业已赶办。【略】调任浙江巡抚庄有恭奏：杭、嘉、湖、绍四府本年歉收，现照例抚恤，隆冬尚须接济。查杭、嘉、湖三府地近江省，商贩流通，惟绍兴一府隔越钱江，兼以连年偏灾，仓储多半粜借，拟于附

近之金华、兰溪等州县各仓拨谷十五万石，碾米运交。报闻。　　《高宗实录》卷六七三

十一月【略】辛酉，【略】谕军机大臣等，阿桂奏，本年伊犁屯田绿营官员所种禾苗为田鼠损伤，较去年收成分数稍为歉薄，计一夫所获尚有二十余石等语。屯田稍被灾伤，而收获尚未甚歉薄，所有承办官员颇能劝课，著加恩交部议叙。　　《高宗实录》卷六七四

十一月【略】甲申，【略】赈恤甘肃狄道、皋兰、金县、河州、靖远、渭源、陇西、宁远、会宁、通渭、平凉、镇原、泾州、镇番、武威、永昌、平番、中卫、摆羊戎、西宁等二十厅州县本年冰、雹、霜灾饥民，并借给籽种。乙酉，谕军机大臣等，今岁直隶雨水过多，其偏灾地方现已加恩赈恤，并酌量以工代赈，穷民自可不致失所。【略】又谕：今岁东省各属泰安以南收成尚属丰稔，其泰安以北济南、武定等属未免有被灾处所，民力不无拮据。　　《高宗实录》卷六七五

十二月【略】壬辰，【略】谕军机大臣等，阿尔泰奏覆，东省灾属情形一折，所有被灾极贫之齐河等三十州县卫概予加赈一月之处，俟新正有旨谕部。但岁内赈期已满，【略】著传谕该抚，于腊底春初即按所加之数，一面先行散给，俾小民糊口有资。　　《高宗实录》卷六七六

## 1763 年 癸未 清高宗乾隆二十八年

正月【略】庚申，【略】谕：去岁直隶各属雨水过多，【略】著再加恩将被灾较重之霸州、保定、文安、大城、永清、东安、武清、宝坻、宁河、蓟州、安州、新安、天津、青县、静海、沧州、宁晋等十七州县之极、次贫户口，暨被灾稍轻之大兴、宛平、昌平、顺义、固安、涿州、新城、雄县、香河、丰润、玉田、滦州、昌黎、乐亭、清苑、望都、高阳、河间、任丘、交河、景州、东光、南皮、盐山、庆云、冀州、武邑、衡水等二十八州县之极贫户口，均于停赈之后概予展赈一个月，以资接济。【略】又谕：上年山东济南、武定等属间被偏灾，【略】著加恩将被灾之齐河、济阳、禹城、临邑、长清、陵县、德州、德平、平原、德州卫、惠民、阳信、海丰、乐陵、商河、沾化、寿张、聊城、堂邑、博平、茌平、清平、冠县、临清、邱县、高唐、恩县、夏津、武城、东昌卫等三十州县卫内所有极贫之户，再行加赈一个月，以资接济。【略】辛酉，谕：甘省河西、河东各属去岁间被偏灾，【略】著加恩将甘省河西、河东各属历年借欠口粮籽种牛本等项，均予缓至本年秋收后完纳，俾小民糊口有资。　　《高宗实录》卷六七八

正月【略】乙亥，谕军机大臣等，【略】近闻京南地方去秋岁事亦歉，正定迤南大不如保定以北光景，【略】且开州、长垣、大名等处前岁因豫省河涨，亦经被涝，当此连岁歉收之后，闾阎口食不无拮据。【略】(方观承)寻奏：正定以南登麦较早，未经潦伤，伏秋雨少，收成约八九分。惟漳水溢及之处，村庄间有被旱，成安等县已报偏灾，分别给赈，不便复与霸、固等处，再邀无已之泽。【略】戊寅，【略】直隶总督方观承【略】又奏：现在疏消积水为先务，幸淀水大落，文安、大城积水归淀甚速，涸出处已种麦。其水深二三尺，约四五月始消者，亦不误种秋禾。民间稻种不足，应请借给。或其时不能尽涸，即用戽斗助以人力。【略】是月，直隶总督方观承奏：直省六七分灾地方，上年十一二月已停赈，望泽甚殷，赈米俟冻开，始赴领，现饬各州县先发领到半银，蓟州应拨加赈米八千余石。

《高宗实录》卷六七九

二月己丑朔，【略】谕军机大臣等，据围场总管齐凌扎布奏称，去岁雨水稍多，现今粮价昂贵，兵丁买食维艰，恳将土城子波罗河屯等处仓粮内借给看守围场兵丁，每名各小米十仓石等语。【略】壬辰，谕：去岁雨水过多，南苑海户等生计未免竭蹙，著加恩赏银二千两，按名分给。【略】又谕曰：方观承已有旨令其前往河南，与叶存仁查勘临漳河道，其沿途所过曾经被灾地方，可即留心察勘。【略】寻奏：臣迂道被灾地方，漫水涉冬春已微弱，种麦者十之七八，耕作恬嬉。缘上春堵筑漫口后，春麦普种，至闰五月汛水漫坝时已全获。南府民食面，全倚麦收，秋田虽误，得恩赈即可支持。正、

顺、广、大一带苗长二三寸及四五寸不等，本月十五日细雨尽夜，良苗怀新。得旨：南府或资雨，而迤北惟望不雨，方可耕种。【略】丁酉，江苏巡抚庄有恭、浙江巡抚熊学鹏奏：海潮入尖山，斜趋西北而来，海宁城东至念里亭向有土堰，以抵潮而遏泼塘之水，现勘明接筑篓工，酌加新土；乍塘之独山，东至茆竹寨东向有石塘，岁久水啮，根石外游，塘面内矬，应摘段及时拆筑。从之。【略】己亥，【略】谕：户部议覆，御史顾光旭条奏资送贫民回籍一折。【略】朕因直属两年秋霖过多，加恩蠲赈，不啻再三。又念京师为五方聚处之会，令五城加厂平粜给赈，即费正供巨万，无所靳固，又何有区区资送之一节。《高宗实录》卷六八〇

二月【略】乙巳，兵部议准，浙江巡抚熊学鹏奏称，浙江海盐、平湖二县石塘一线危堤风潮冲激，请将盐、平二汛堡夫改复守饷塘兵，令澉、乍二汛把总督率修填；仁、宁二汛遇要工，仍拨赴帮修。粮于原裁兵米按支。从之。【略】丙午，【略】蠲缓甘肃镇番县乾隆二十七年被旱额赋。丁未，【略】又谕：畿辅一带去年秋霖过多，洼下之区现在设法疏消，以利东作。【略】寻兆惠奏：津属地洼，日久潦存，自沧州、青县、静海而下皆然，运河水以埽，河淀为归宿；其东南视海为涨落，五闸水高于海河五六七八寸不等，大闸、白塘闸旧口宽，贺家口、何家圈、灰堆三闸下注未畅，应浚新开沟六道。【略】新旧沟闸十五处，足资疏消，四月可全涸，津邑麦虽不能全种，秋禾无误，通州、武清均已播种。报闻。【略】甲寅，【略】寻兆惠奏：查静海、青县积水宣消，计日尽涸。霸州水已退，地亩无不种莳。大城、文安水较大，村庄未涸出者甚多，下流现开口引放。【略】御史顾光旭奏：臣同臣兴柱已将文安堤办竣，随分勘，漫水之区涸出种麦者十之六七，香河、宝坻、宁河水全消，丰润、玉田开挖东西岔河，于黑龙河尾挖沟，水深处尚二尺，现办水车戽彻，期于三月全消。《高宗实录》卷六八一

三月【略】壬戌，谕：去秋直隶滨水洼下之区，因秋霖积潦，猝难消涸，恐误闾阎东作，屡谕方观承，令其乘时设法疏导，以重农功。该督被奏，一俟春融再行相度经理，继复以海不受水为词，【略】两年秋雨过多，沮洳之壤未易一蹴施工。【略】因命兆惠驰往相度，将各处沟闸开放宽通，不过数日之间，闸口水落数寸，而内地已涸出二十余里，静海等洼地亦涸出十分之六，是岂海之受水，适当兆惠到彼时耶。可见事在人为，前此该督办理迟误之愆，更无由置喙矣。在直属两年被潦，成灾较重，为大吏者经营补苴，倍当竭蹷。【略】豁免山东齐河、济阳、禹城、临邑、长清、陵县、德州、德平、平原、惠民、阳信、海丰、乐陵、商河、沾化、寿张、聊城、堂邑、博平、茌平、清平、莘县、冠县、临清、邱县、高唐、恩县、夏津、武城、东昌等三十一州县卫水灾额赋。缓征甘肃伏羌、安定、漳县、安化、陇西五县旱灾霜灾新旧未完额赋。【略】癸亥，【略】甘肃巡抚常钧奏：玉门、敦煌二县耕牛因疫多毙，民间无力买补，照例借给银粮。得旨：此盖向来资借便民之事，以云利济闾阎则可，若云因牛瘟而借给，则阖县传染，皆无牛矣。幸而存者，谁肯卖与他人，虽借给银米，牛何由而得。【略】谕军机大臣等，据常钧奏称，安西府属之玉门、敦煌二县于去年得雪稍迟，气候温和，与牛性非宜，腊、正两月新旧招插户民所畜耕牛瘟气流行，每多倒毙。《高宗实录》卷六八二

三月【略】丙子，【略】河南巡抚叶存仁奏：临漳县上年漳水入城，缘漳河临下骤至，县当其冲，护城堤现已加高，无堤处仍忧旁溢而入，应添筑堤五百余丈。得旨：嘉奖。【略】庚辰，【略】缓征浙江仁和、钱塘、海宁、余杭、石门、桐乡、安吉、归安、乌程、长兴、德清、武康、孝丰、山阴、余姚、萧山、诸暨、上虞、杭州、湖州等十八州县卫，并仁和、曹娥、钱清、金山、青村、下砂二三场等七场水灾额赋。辛巳，长芦盐政达色奏：天津积水，自十三处沟闸畅流，共涸出地长十七八里、宽八九里，臣现督县劝农播种。得旨：好，颇为勉力。再，蝗蝻一事更应留心，水涸处尤易生此物也。【略】丙戌，【略】蠲免江苏清河、安东、宿迁、睢宁、海州、沭阳、大河、昆山、新阳、娄县、南汇、青浦、镇海、金山等十四州县卫水灾额赋。《高宗实录》卷六八三

四月【略】壬辰，【略】缓征浙江仁和、长兴、德清、会稽、诸暨、余姚、上虞等七县，湖州所乾隆二

十六年、二十七年分水灾额赋有差。加赈浙江钱塘、仁和、海宁、余杭、乌程、归安、长兴、德清、武康、安吉、萧山、诸暨、余姚、上虞等十四州县，仁和、钱清、金山等三场乾隆二十七年分水灾饥民。【略】乙未，【略】豁除福建南安、建安、凤山等三县水冲田园地三十四亩有奇，淡防厅无征田园三百十九甲有奇额赋。蠲缓长芦属沧州、南皮、庆云、盐山、青县、海丰、衡水等七州县，严镇、海丰、济民、芦台、丰财、兴国、富国等七场灶地灶丁乾隆二十七年分水灾额赋有差，并予赈恤。【略】己亥，【略】谕：京师自三月以来，间得微雨，未能普遍，麦田望泽甚殷，朕心深为轸念，宜申虔祷。【略】谕军机大臣等，上年因直隶近京洼地秋霖过多，一切平粜借种常平仓谷应行采买补额者颇多，现在麦田未得透雨，应多方先事预筹，以资储拨之用。奉天、山东、河南三省收成俱属丰稔，米石必当饶裕，著传谕该将军府尹及该抚等，奉天购办米四十万石，山东、河南每处各购办米二十万石。【略】又谕：现在直属望雨甚殷，一切赈务，均须董率办理。《高宗实录》卷六八四

四月【略】乙巳，【略】谕军机大臣等，京师于四月十七八等日甘霖沾沛，麦禾及时长发，看来同云弥望，被泽甚为溥遍。前明德奏，山西太原、汾州及省北一带正在望雨，直属、晋省地属接壤，不知旬日内该省曾否均沾。【略】(明德)寻奏：太原、汾州、平阳、平定四府州，及省北太、朔、宁三府，归化城各厅于四月十六、十七两日得雨深透，二麦有益，秋田亦得及时播种。【略】己酉，【略】又谕：据巡漕御史朱续经奏，天津等处于本月十七八两日虽经得雨，尚未敷足，嗣后更得滂沱大雨，大田布种可以及时等语。昨总兵丑达、盐政达色亦俱奏称，天津得雨约有二寸。【略】(方观承)寻奏：天津、武清一带得雨二寸，二麦改观，秋禾盛发，未种者俱已补种；保定、静海、香河等处得雨二寸及寸许不等，惟津南未得沾渥。【略】壬子，【略】盛京将军舍图肯、奉天府府尹耀海等奏：承德、辽阳、海城、盖平、铁岭、锦县、宁远、广宁、义州九州县粟米价自八钱至一两四钱不等，高粱价自五钱五分至八钱四分不等，均可采买运直。《高宗实录》卷六八五

五月【略】戊午，【略】谕军机大臣等，据方观承奏，永平府属麦田缺雨，恐减分数；广平、大名、保定一带向接种晚禾，方需雨泽等语。京师连得透雨，膏泽现已沾足，今畿辅各属尚有缺雨待泽之处，看来四月二十二及二十八九等日之雨或系西北多而东南少，未能一律深沾，所有缺雨各属麦秋分数既减，其地是否不致成灾。【略】寻奏：近日各属多报雨足，惟东南一带未透，麦收恐减分数。幸秋禾播种齐全。保定府属早禾旺发，晚谷晚豆俱可接种。永、遵缺雨之区，秋禾亦系全苗，二麦约收五六分，不致成灾，无需筹办。《高宗实录》卷六八六

五月【略】甲戌，【略】谕：上年因直属偶被水潦，是以巡幸木兰时，所有经过地方，向免钱粮十分之三者，俱加恩蠲免十分之五。今岁麦田已获，秋稼虽可望有收，第念究系被灾之后，小民生计尚未免拮据，此次巡幸热河，沿途地方仍著加恩，将本年地丁钱粮蠲免十分之五。

《高宗实录》卷六八七

六月【略】己丑，谕军机大臣等，昨据方观承奏，安州、任丘近淀水洼之内，有鱼虾遗子，蠕动如蝻者；又，青县、沧州、庆云等处俱有零星蝻子，景州、献县亦间有生发。虽据称现在督率搜捕，但目下是否捕除净尽。近闻鄚州一带亦有蝻子，当此积潦初涸，正宜及时查察，不使稍有遗留。著传谕该督，将现在如何办理，作速查明奏闻。【略】庚寅，谕军机大臣等，据舒赫德奏，近畿一带麦收丰稔，且山东、河南麦石亦络绎而至，麦价可日就平减。【略】再，直隶毗连山东之景州、吴桥、东光、南皮、献县，及鄚州、任丘、沧州、青县、静海等处，俱有蝗蝻蠕长，现令该督等分路督率搜捕。并著阿桂、裘曰修于所至之处，协同董办，务期净尽，不留遗孽。今岁直属幸获丰收，若不力为保护，仰承上苍嘉贶，殊属可惜。【略】又谕：直属安州、任丘等处俱有蝻孽蠕长，鄚州一带亦间有萌动之处。昨已降旨，令该督将曾否扑除净尽，详细查奏。兹据达色奏，山东历城、长清等县境内间有飞蝗，现经该督抚率司道等，亲赴各该处上紧扑灭，其经过直隶之吴桥、东光、南皮、沧州、青县、静海境内村

庄,亦均有飞蝗数处等语。看来直隶、山东毗连一带,间段俱有蝗蝻,若不及早搜捕,诚恐渐滋贻害。东省业经阿尔泰等亲率督捕,而直属有蝗各处,该督方观承、布政使观音保亦曾亲赴督率否?抑系止据各该属禀报,仅委之州县等官办理。向来外吏习气,每于壤地相接交错之区,即不无意存畛域,彼此推诿。著传谕方观承,速即督同观音保,分道搜捕,不使稍留遗孽,并将飞蝗现在是否扑除净尽,据实详查奏闻。又谕:据达色奏,山东之历城、齐河、禹城、平原、德州等处村庄俱间有飞蝗,现经阿尔泰率属亲自督捕等语。目下积潦初涸,日气炎蒸,正蝻孽易生之际,若不及早扑除,必致蔓延滋长,贻害地方。著传谕阿尔泰,务在董率属员,上紧扑捕,不留余孽,并将迩来所属境内蝗蝻有无生发,并如何搜捕,俾令净尽之处,详悉奏闻。寻奏:臣赴历城、长清、齐河、禹城、平原、德州、恩县各州县,凡有蚂蚱之处,董率文武员弁,圈围焚压,极力捕除无遗,田禾亦无伤损;司道等分路搜捕,俱报净尽。第恐遗孽复萌,已饬地方官搜刨遗子,给钱收买。碱场荒地,并令翻犁,务除种类,不使续生。报闻。【略】壬辰,【略】赈恤甘肃狄道、渭源、皋兰、河州、金县、靖远、陇西、宁远、会宁、通渭、平凉、泾州、固原、崇信、镇原、灵台、华亭、静宁、庄浪、张掖、武威、永昌、镇番、平番、灵州、花马池、中卫、平罗、摆羊戎、西宁等三十厅州县乾隆二十七年分水、旱、霜、雹灾饥民,并缓应征额赋。癸巳,谕军机大臣等,昨据舒赫德奏,新麦丰收,麦价已日就平减,因降旨阿桂等,将五城各厂平粜,即行停止。【略】丁酉,【略】直隶总督方观承奏:安州、静海、青县、献县、沧州、南皮、故城、东光、宁津蝗蝻现已扑除,惟任丘县属七里庄与鄚州相连,生有蝻子亩余,景州、庆云与东省接壤地方,亦间有生发,布政使观音保即赴各处督捕。雄县报有蝗蝻,臣即亲往查办。得旨:汝直隶之事,往往不如山东、河南,慎之。

《高宗实录》卷六八八

六月【略】乙巳,【略】直隶布政使观音保奏:臣赴天津、河间二府查勘蝗蝻,俱经该道府督同州县扑灭,阜城、景州等处亦经捕除。惟故城与东省接壤之处,蝻孽生发二三亩至十余亩不等,即时督令该县多集人夫,分路扑尽,田禾均无损伤;十三日复得甘雨,禾稼倍加畅茂。除严饬该县等加意防范,臣即于十四日前赴东光、南皮一带,详细查勘,一有萌动,立即扑除,不使渐滋贻害。报闻。【略】己酉,【略】谕上年直隶偶被偏灾,【略】入夏以来,雨泽应时,二麦均已收获,现在禾黍畅茂,大田亦可望有秋,但小民当积歉之余,元气尚未能骤复,若令新旧并征,闾阎仍不免拮据,著再加恩将应征二十七年并节年缓征、带征未完钱粮,缓至来年麦熟后按数征收,以纾民力。【略】庚戌,谕:据观音保奏,交河县境内于四五月间蝗蝻生发,该县并不据实具报,又不上紧捕除,以致蔓延数十里,春麦、早禾俱被伤损等语。地方官遇有蝻孽萌生,即应及时扑捕,殄灭无遗,庶不致蔓延滋害。况该县上年积水之后,秋麦未能遍种,全赖春麦、早禾速为接济。乃该县知县甘怡,先既不能预为防范,嗣又不能上紧扑除,并且匿不详报,实属玩视民瘼,贻害地方,著革职拿问,交部治罪。至该管道府,所司何事,竟漫无觉察乃尔,著方观承查明参奏,一并交部议处。至折称该县被蝗之地,现在翻耕别种,农民无力耘锄,著该督速即查明,酌借籽种口粮,俾得及时赶种晚稼,以冀有收,副朕恫瘝民隐至意,该部遵谕速行。【略】谕军机大臣等,热河一带六月以来屡得阵雨,复于二十一日得雨深透,闻京师十三日得雨后,天气颇觉燥热,未审近日曾得雨否?【略】甲寅,【略】谕军机大臣等,据方世俊奏,西安省城以北至沿边一带春夏之间未得透雨,内定边、榆林、怀远、米脂四县,与近省之咸宁等十一州县夏禾俱成偏灾。又,另折所奏,延安府属之靖边县秋苗间被雹伤等语。延、榆所属被灾州县二麦既已歉收,自宜及早被种秋粮,其被雹处所亦当赶种杂粮莜豆,以冀有秋。【略】寻,方世俊奏:五月二十二三四等日,近省西、同各府州暨省北郡县均获甘霖,六月初八至初十日复得透雨,秋禾长发,未种地亩补种齐全。

《高宗实录》卷六八九

七月【略】丙寅,【略】又谕:据杨锡绂奏,天津一带田禾种植者约计不十分之六七,交秋得雨后,止可补种莜麦,秋成未免歉薄等语。【略】(方观承)寻奏:天津一带洼地水涸后,无不赶种晚禾,最后始种莜麦、绿豆，其已涸不种者，缘滨海地多荒碱，惟产碱草，状如柽柳，红者名黄须草，绿者名盐蓬。红者结子榨油，和面可作饼食；绿者以杆为薪，以枝叶烧灰入水，沥为碱块，亦偶出盐。百姓藉为自然之业，尺寸必争，杨锡绂所见，当是此种碱地，颇类抛荒，故称所种不过十之六七也。臣细询府县，此种荒地，青草生则碱气退，乃可试种。至蝗蝻生发处所，田禾间有损伤，补种莜麦，仍望有收。近日各属得雨，早晚禾稼无不茂硕，天津各属皆有八九十分收成。【略】己巳，【略】谕军机大臣等，据观音保奏，沧州飞蝗甚盛，禾稼多有损伤，查系大城飞来，现在扑捕等语。顷闻安肃县地方亦生蝗孽，间有食及谷穗者。看来今岁直属蝗蝻生发颇多，时届秋令，田禾正当秀实之际，恐不无被伤。现在沧州、静海飞蝗俱称自大城而来，其从前系何人赴该处查办？究竟起自何处？著传谕方观承、阿桂、裘曰修及府尹等，速即据实查明具奏。一面上紧扑捕，凡系水滨苇荡，易于藏匿长发处所，务期搜灭净尽，毋得稍留遗孽，贻害田禾。又谕：今日观音保奏，沧州、静海等处飞蝗颇盛，查系大城飞来，已有旨令方观承及府尹等上紧搜捕。兹据钱汝诚等奏称，大城县属与文安接壤地方已经扑净，未免与观音保所奏互异。著再传谕钱汝诚等，查明该处有无遗蝗实在情形，务使搜除净尽，不得因有此奏稍存迥护之见。【略】庚午，【略】钦差尚书阿桂、侍郎裘曰修会同直隶总督方观承等奏：直属生发蝗蝻处所，臣等分道督捕，因青县续生之处最多，又界于沧州、静海之间，恐其彼此推诿，臣等亲身董办净尽，始赴静海。静海生蝻本盛，分投扑打，已扫除全竣。但连日内又有外来飞蝗停落，据静海县禀报，来自大城。臣方观承亲往查勘，并无蝗蝻生发，间有零星蝻子，搜捕易尽。又据沧州近海一带，亦报有飞蝗来自东北，臣等查明天津一路，西则在两淀苇草丛密之中，东则在沿海沮洳人迹罕到之地。盖苇根泥荡皆有上年鱼虾遗子，水大仍成鱼虾，水小涸露则蒸变为蝻。访问捕捉之法，凡淀中海边之飞至者，于其停落，尽力捕捉，立得净尽。至州县，每见其来自某方，即指为起自某方之邻境，互相推诿。臣等通饬各属，见有飞至停落者，即行捕捉。现在各处搜查防范周密，且田禾渐已结实，不致受伤。其间有损伤者，皆已补种，仍可有收。得旨：大潦之后，蝗蝻固所必有，然不可不尽人力也，览奏，固有地方官推诿之弊，然以朕视之，即尔等亦未免委之无可奈何之意矣，昨已有旨询问，尚应竭力督捕，勉之，慎之。　《高宗实录》卷六九〇

七月【略】乙亥，【略】谕军机大臣等，直属二十八九等日，据报得有透雨，自立秋已来，又将半月有余，未审复得雨泽否？【略】(方观承)寻奏：各属六月二十九日普雨之后，七月初五六等日顺天、保定、永平、河间、天津等府属，遵、易、冀、赵、深、定等州属复得雨三四寸至七八寸不等，初九日保定以南各府州属又报得雨二三寸，而顺属之昌平、通、蓟、霸、保、房山一带更为优渥。此时禾稼成实，高粱、谷黍以次收获，惟晚禾仍需雨泽，其后种之豆莜，向前更望雨勤，乃可一律丰收。至宣属宣化附郭二三十里之内，并万全北乡、张家口外等山地微觉干燥，收成恐减分数。再，文安、霸州、安州、新安积水洼地，所种稻田甚广，俱倍常茂实，足资接济。【略】又谕：热河一带自立秋以来雨泽稀少，现在盼雨，未知京城近日曾得有透雨否？【略】寻奏：京城自立秋后，于本月初九日阵雨滂沱，四野俱沾，现在大田俱结穗成熟，早禾已间有收割者，目下晚稼杂豆莜麦现俱长发，亦尚无盼雨情形。报闻。【略】丁丑，谕军机大臣等，据阿桂等覆奏查办飞蝗一折，称飞蝗在水洼苇荡及淀泊之中，现届白露，是其将尽之候，各处俱已报扑净等语。飞蝗隐匿于淀泊水洼苇荡之中，虽似难以人力胜，但既见有倒挂苇上者，则其留遗蝻种，恐复不少，正当及时设法净除为要。裘曰修前此曾以淀中苇荡虑占水面，议思所以划除；而从前吉庆查办蝗蝻，亦曾有焚烧苇荻之事。但此等苇荡，弥望蔓延，亦近淀居民自然之利，未便因搜捕蝗蝻，尽举而弃之。第留此沮洳之地，徒为蝗孽萌生之薮，其贻患于民生者更大，自当权其轻重，筹酌办理。著传谕阿桂等，会同该督等，或此时亟用火燎，或俟刈割后将根株烧尽，毋使再留遗孽，以绝民害。至称有蝗州县，田禾间被损伤，皆按亩借给籽粒，补种莜麦杂粮一节，目下将交白露，秋麦尚早，若各色杂粮此时赶种已迟，折内所云，系久经

借令补种乎？抑现在办理之事乎？俱著查明速奏。再，观音保折称，前赴南皮、宁津、东光、吴桥一带再为搜查，遇有停落，即亲督扑捕，如无停落，即行回省等语。所奏亦未明晰，飞蝗停落，不在于此即在于彼，即云群飞远扬，究竟作何归宿？抑别有化生消灭之处，勿得谓祛除出境，遂为毕乃事而驰己责也。将此传谕阿桂等，并观音保知之。寻奏：蝗蝻遗种，必须设法净除，以杜来岁之害。现在办理水道，应行开通芦苇者，俱令带根刨挖。其无碍水道之处，原应留为民间织箔之利，应俟刈割之后亟用火燎，或用犁耕翻，总期不能萌发，以净遗种。至观音保所奏搜查飞蝗，传旨询问作何归宿之处？据称沧州、南皮一带，飞蝗见有停落者，已扑灭净尽。其未停落者，差人尾追，似系投入海内。查飞蝗入海，变为鱼虾，臣裘曰修曾在江南亲见。今臣等询之土人，佥称向至白露节近，凡经倒挂者，皆不复遗子；其尚未倒挂者，多系群飞入海，别有化生，似属可信。至田禾被伤地亩，据农民云，京师迤北，过中伏后即不能种；京师迤南，处暑节内仍可补种。今年末伏，距交处暑尚有十日，是以饬令借给补种，以冀有秋。得旨：此补种者，今秀实否？即如热河一带，七月杪颇觉旱，兹于二十九日始得透雨，幸不致灾，晚田可望有收。尔等京南光景何不奏及，此可谓之廑念民生乎？速奏来。【略】己卯，【略】谕军机大臣等，前据观音保奏，沧州、静海飞蝗俱自大城生发。是以降旨，令钦差及该督等上紧扑捕，并询问钱汝诚，令据实查奏。今据钱汝诚覆奏，静海一带飞蝗多来自淀中苇荡之地，并非起自大城。前阿桂等所奏，亦大略相同。是观音保前此并未详细确查，不过得之道路传闻，率尔入告，所奏殊属不实，观音保著传旨申饬。又谕，今日钱汝诚覆奏，静海一带飞蝗并非起于大城，多来自淀中及滨河苇草之地等语。与阿桂等所奏相同，昨经降旨，令其将飞蝗停落之苇荡筹酌办理。看来，淀泊丛苇实为蝗蝻滋长之薮，但遽将苇草烧弃，又恐近淀贫民藉刈割为生计者，未免有碍。蝗蝻遗子大概附土而生，天气愈寒，入土愈深，莫若俟刈割后，将根株用火烧焚，既可以净遗种，而明年之苇荻益加长发，仍于民利有裨。阿桂等可会同该督，酌量实在情形，熟商妥办，再将此传谕知之。【略】是月，两江总督尹继善等奏：六塘【略】上下数州县两岸民田二麦俱已丰收，晚禾现在畅茂。【略】湖广总督李侍尧奏：楚省六月中得雨沾足，惟天门、潜江等州县因上游水发，堤垸溃口，委员查勘，抢筑疏泄。今据报称，被水各垸大半原系低洼，止纳渔课，其较高种稻之处，早禾俱已收获，中晚二禾被淹者无多，现已赶种晚禾杂粮，秋收可望。

《高宗实录》卷六九一

八月【略】甲午，【略】谕：今年直隶各属雨旸时若，秋收颇为丰稔，惟近京各州县中，上年被水之区间有蝗蝻生发，虽经钦差大臣及地方官督率扑捕，于禾稼不致过损，而较他邑收成终恐稍减分数，所有应征额赋若照例征收，民力究未免拮据，著加恩将三河、固安、霸州、文安、大城、清苑、安肃、天津、静海、沧州、青县、交河等十三州县本年应征钱粮俱缓至来年麦熟后征收，俾农民盖藏充裕，以资生计。

《高宗实录》卷六九二

八月庚子，陕甘总督杨应琚奏：巴里坤因上年试种细粮，已有成效，今种麦稞豌豆尤为蕃硕，商民认垦地三千四十余亩，照水田例升科。下部知之。【略】壬寅，谕：今岁直隶各属秋收颇为丰稔，前以近京各州县积歉之后，元气未能骤复，【略】仍未免拮据，著再加恩将霸州等七十七州县，自乾隆二十年至二十七年应征历年借欠未完常社等仓并米麦合谷七十五万余石，于本年十月起分作三年带征，以纾民力。【略】甲寅，【略】河南巡抚叶存仁奏：豫省向多水患，自二十二年大发帑金，将支干各河普加修治，于是节节疏通，数年以来众流顺轨，屡屡丰登。但恐积久渐忘，所当时加策励，以保前功。

《高宗实录》卷六九三

九月【略】丙寅，【略】又谕：据苏昌等奏，广西象州猺山地方七月初旬连日大雨，山水骤发，大樟等村庄庐舍间有被淹，抚臣冯钤已前往查勘抚绥，并称所伤田禾无几，勘不成灾，毋庸再予赈恤等

语。今岁粤西早稻丰收，晚禾亦俱长发，象州一隅被水，【略】仍著查明，加恩赈恤。

《高宗实录》卷六九四

九月【略】甲戌，【略】谕军机大臣等，今岁直属间有蝗蝻生发，随经扑捕净尽，但飞蝗停落处，其种未免遗留，现在石槽附近一带因天气尚暖，即有萌生之处，此时禾稼久登，霜降已届，固无能为累，其别处倘有伏而不发者，与其刨挖于春融，何似预为翻耕，使一经风雪，不剪自除之为愈乎。著传谕该督方观承，凡今年曾有蝗蝻地方，实力饬属速行督办，其苇地遗孽可以乘冬烧燎之处，并遵前降谕旨，悉心设法除治，毋致因循，稍贻农田之害。【略】是月，直隶按察使裴宗锡奏：热河三厅各山场遍长红叶，系菠萝树，土人只砍伐作薪，不谙养蚕，殊为可惜。又，八沟厅属之难儿河与塔子沟属之三座塔、木城等处亦多长此树。请令热河三厅与八沟二厅地方，凡有旷闲山场，俱劝谕百姓广为栽种养蚕，官给印票，填明花户姓名及顷亩数目，三年后果有成效，酌定租息，给还地主。若系官地，照例升科，于地利民生不无裨益。得旨：交方观承实力妥办。 《高宗实录》卷六九五

十月【略】甲午，【略】谕军机大臣等，前经传谕方观承，于直属今年曾有蝗蝻停落地方预为翻耕除治，现在时入初冬，天气尚暖，不知此时曾否尚有陆续萌生之处，如果乘此冬暄蠕动出土，在此时既无可蚀啮而霜雪踵至，旋即冻毙，将来不复遗种，可以净绝根株，于农田岂不甚善。至未经生发处所，则应早事掀犁，预杜閭阎之害。该督连次奏事，并未奏及，著再传谕方观承，将现在情形及曾否实力办理之处，速即据实奏闻。寻奏：九月后并无蝻子萌生，惟查有遗孳形迹，督率村民翻犁，蝻子透风即败。兹又再饬各属，实力遵行。报闻。 《高宗实录》卷六九六

十月【略】辛丑，【略】理藩院奏：鄂尔多斯贝勒因灾请借俸银。得旨：不必借俸，著赏银一千两。【略】丁未，【略】蠲缓江苏铜山、沛县、萧县、砀山、邳州、睢宁、海州、沭阳、徐州等九州县水灾饥民额赋。

《高宗实录》卷六九七

十一月【略】丁卯，【略】理藩院奏：鄂尔多斯之齐旺班珠尔兵借支米石。得旨：【略】现届荒旱，朕甚悯之。著加恩照齐旺班珠尔所请，所有贫乏之大口三千二百二十口、小口五千九百八十口，由榆林所贮米石内，每人支给二斗，十斗折银一两，俟明年秋熟，令将银两交纳该地方官员。

《高宗实录》卷六九八

十二月【略】乙酉，【略】蠲缓直隶延庆、保安、蔚州、万全、宣化、怀安、西宁、易州、怀来、龙门等十州县雹、旱灾饥民额赋，并贷籽种。【略】丁亥，蠲赈甘肃皋兰、抚彝、张掖、山丹、庄浪、武威、永昌、镇番、古浪、中卫、西宁、碾伯等十二厅县旱灾饥民。【略】辛卯，【略】赈贷山东济宁、鱼台、金乡、嘉祥、城武、巨野、济宁卫、临清卫等八县卫水灾饥民。 《高宗实录》卷七〇〇

十二月，【略】是月，四川总督阿尔泰奏：成都等府于每年稻收后，接种豆麦菜子，俗名小春，收后仍可种稻。惟重庆、夔州止知种稻，臣饬各州县，谕农亦于收稻后接种麦豆。

《高宗实录》卷七〇一

## 1764年 甲申 清高宗乾隆二十九年

正月【略】甲寅，【略】谕：上年东省秋成俱属丰稔，惟济宁等七州县卫自六七月间河湖并涨，低洼地亩间有被淹，【略】著再加恩将济宁、鱼台、金乡、城武、巨野、济宁卫、临清卫等七州县卫成灾地方无论极、次贫民，俱各展赈一个月。【略】又谕：甘省皋兰等属上年夏秋俱有偏灾较重之处，【略】著再加恩将夏、秋两次被灾之永昌、西宁、碾伯三县无论极、次贫民，俱各展赈两个月。其夏禾被旱之皋兰县并所属之红水，张掖县并所属之东乐，以及抚彝厅、山丹、庄浪厅、武威、镇番、古浪、平番、中卫，秋禾被灾之狄道、河州、靖远、平凉、华亭、固原、隆德、盐茶厅、摆羊戎厅等十九厅州县，无论

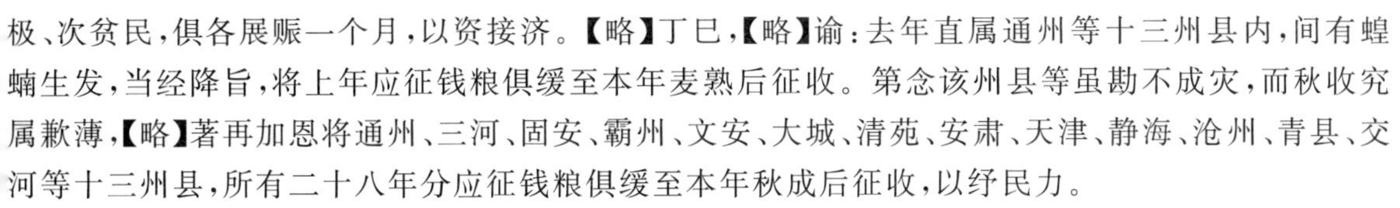

极、次贫民，俱各展赈一个月，以资接济。【略】丁巳，【略】谕：去年直属通州等十三州县内，间有蝗蝻生发，当经降旨，将上年应征钱粮俱缓至本年麦熟后征收。第念该州县等虽勘不成灾，而秋收究属歉薄，【略】著再加恩将通州、三河、固安、霸州、文安、大城、清苑、安肃、天津、静海、沧州、青县、交河等十三州县，所有二十八年分应征钱粮俱缓至本年秋成后征收，以纾民力。

《高宗实录》卷七〇二

二月【略】己酉，【略】蠲直隶乾隆二十八年分蔚州被雹灾地一百八十八顷七十八亩，万全县被旱灾地六百一十四顷四十六亩应征额赋十之一。【略】辛亥，【略】蠲湖北沔阳、天门二州县并沔阳卫乾隆二十八年分被水灾地应征额赋十之一，缓文泉、潜江、荆门、江陵、监利、竹溪、东湖、兴山、利川、来凤十州县并荆州卫勘不成灾地亩额赋如例。【略】是月，【略】河东河道总督叶存仁【略】又奏：卫河遇伏秋雨水盛行，恩县以南至临清、馆陶等州县全赖堤埝捍御。【略】陕甘总督杨应琚奏：甘省连城、红山、古城、渠马庄四土司所属地方，上年夏秋旱、霜成灾，土民向不输纳正赋，例无赈恤，今各该土司援乾隆二十四年特恩，请借籽种及三个月口粮。【略】又覆奏：前任甘肃布政使吴绍诗以上年甘凉等处偏灾，奏请兴修张掖等八州县厅城垣，以工代赈，【略】共需银二十二万八千余两，且各该处被灾较重，均应动项兴修，俾灾民藉资糊口。

《高宗实录》卷七〇五

三月【略】丙辰，【略】蠲山东济宁、鱼台、金乡、城武、巨野，及济宁、临清七州县卫乾隆二十八年分被水灾地应征额赋有差。【略】丁巳，【略】缓甘肃红水、伏羌、会宁、碾伯、高台、河州、盐茶七厅州县乾隆二十八年分被旱灾地应征额赋。【略】己未，谕军机大臣等，前据阿思哈奏，正月下旬以后各属均得时雨等语。距今又阅两旬，京城及直隶、山东等处俱于二月十九等日以后连得透雨，而豫省未见奏到，未知近日曾否又得雨泽？【略】寻奏：二月中旬暨三月上旬，各属均得雨二三四五寸不等，麦苗菜花滋长畅茂。【略】庚申，【略】豁江苏铜山、沛县、萧县、邳州、睢宁、海州、沭阳、徐州八州县卫乾隆二十八年分被水灾地应征额赋十之一，并缓蠲余及勘不成灾地亩各项银米如例。【略】壬戌，【略】豁浙江江山县坍没田地山塘共七十顷一十七亩有奇应征额赋。

《高宗实录》卷七〇六

四月【略】甲午，谕：前以甘肃皋兰等属上年偶被偏灾，业经降旨展赈，【略】近又降旨，令将续报成灾之金县等处一例加赈矣。今据杨应琚奏到，该省冬春雨雪沾足，俱已借籽种口粮，翻犁播种。惟凉州府属之武威县上年被灾较重，山丹县稍次等语。

《高宗实录》卷七〇八

四月【略】丁未，【略】谕军机大臣等，崔应阶自京回任，据奏本月十二三（日）直属得有大雨之后，经过济南、东昌各属，地土滋润，至省城，惟沂州、武定二府属有得雨四五寸及深透者，其余各属得一二三寸不等，倘数日再得透雨，麦收必邀丰稔等语。所奏未甚明晰。【略】寻奏：通省惟兖州、曹州雨泽稀少，民间望雨。省城因连日风燥，土面稍干，麦收可有七八分，早秋青葱，俱无妨碍。现在虔敬祈祷。报闻。【略】戊申，【略】豁除福建龙岩等州县乾隆二十八年冲坍田地一百六十一顷七十六亩额赋。

《高宗实录》卷七〇九

五月【略】丙辰，【略】谕军机大臣等，昨方观承奏，上年生蝻处所恐有遗孽为患，现在分遣标员四出查看等语。近日天气渐炎，低洼湿土蝻孽易于萌动，不得以一经遣员，遂尔少疏防范。方观承立饬属上紧刨挖，稍有滋生形迹，务在乘时搜剔，俾得尽绝根株。现在应会同钦差大臣，勘地查工，尤可就便悉心体察办理，毋得稍有疏懈。至天津一带滨海沮洳，向为蝻孽潜伏之薮，此时高诚已赴山左，并著传谕存泰，督饬所属，尽力加紧歼除，慎勿少有因循，以杜农田贻累。

《高宗实录》卷七一〇

五月【略】辛未，谕军机大臣等，前以东省得雨曾否沾足，及有无望雨情形，降旨询问崔应阶，嗣据三次奏到，自四月十三日起，至五月初一二日，先后得雨，自一二三寸至四五六寸不等，迄今又逾半月，有无续得雨泽，未据奏报。昨京师于本月初八九等日，复得透雨，东省毗连畿辅，似应一体优

渥。近据高斌奏到，经过平原、德州地方，亦于初八九日得雨四寸，该抚何以并未奏闻。【略】寻奏：臣于五月初四日会同督臣尹继善赴韩庄查勘闸坝，五月初八、初九二日该处并无雨泽，回署后检查各州县申报，德州、平原一带得雨四寸及二三寸不等，十四日滨州一带得雨二三寸，通省尚未普遍，兖、曹、泰、沂等府现在需雨，晚禾俱未播种，旬日内得有透雨，尚属及时。得旨：览奏俱悉。【略】是月，【略】陕甘总督杨应琚奏：巴里坤地方驻兵屯种，年来种植小麦豌豆，地气日渐转移，近水易垦之地甚多，现在屯兵遣犯每岁仅能种地一万四五千亩，臣请照办送乌鲁木齐户民之例，招募内地无业贫民，送至彼处垦种立业。

《高宗实录》卷七一一

六月【略】癸未，谕：据李侍尧奏，湖南武冈州高沙市地方山水骤发，冲坏田庐，淹损人口。衡州府属之衡山县溪水陡涨，沿溪民房亦有间被冲淹之处，抚臣乔光烈现在查勘等语。【略】辛卯，盛京将军舍图肯等奏：宁远中前所、中后所两处地方渐起蝗蝻，业经全行扑灭，仍不时派人搜捕。广宁属小黑山界内高子山等处起有蝗蝻，现派员带领兵夫上紧扑捕。又，南路各城一带，所有蝗蝻与田亩尚远，皆在牧场旷野等处，扑捕尚易，现添兵夫二百余名，赶紧扑灭。得旨：好！勉力捕尽，不可稍留余孽。

《高宗实录》卷七一二

六月【略】丁酉，谕曰：苏昌等奏，韶州府等属先后间有被水之处，惟英德县地方两次被淹，情形较重，现在照例抚恤等语。【略】是月，【略】杨应琚又奏：甘省雨泽未遍，预筹调剂事宜，一、甘省连岁歉收，各府存贮无多。倘兰州、巩昌、甘州、平凉、凉州等府属竟至小暑后无雨，则旱象已成，抚恤口粮须预为筹酌。【略】请于宁夏等就近未经被旱处所，于二麦登场后采买，以备河西拨运。

《高宗实录》卷七一三

七月【略】辛酉，【略】又谕：前据杨应琚奏，兰州、巩昌、甘州、平凉、凉州各府所属州县地方自五月以后得雨未能遍透，时将小暑，需雨甚殷等语。嗣后奏到，六月中旬以前兰州等府尚有缺雨之处，距今又将一月，各该处曾否续得沾沛？【略】又谕曰：阿思哈奏，豫省各属自六月中下二旬得雨数次，在田早秋及先种晚秋滋长茂盛。惟河南、怀庆二府所属内间有得雨较少之处等语。【略】甲子，谕曰：常均奏，黄梅、广济、武昌、黄冈、蕲水、蕲州等处因江水涨溢，民田庐舍不无漫浸，其黄梅、广济二县情形较重等语。该处一带因大雨时行，江水暴涨，居民田庐猝被水淹，朕心深为轸念。

《高宗实录》卷七一四

七月丙寅，【略】谕曰：乔光烈奏，湖南湘阴、益阳、巴陵、华容、武陵、龙阳、沅江、澧州、安乡、岳州卫等处因湖水漫溢，居民庐舍地亩各有被淹等语。该处湘阴一带地处滨湖，因湖水盈满，加以长江涨发，淹及居民田舍，朕心深为轸念。【略】甲戌，谕曰：辅德奏，江西德化县与湖北黄梅联界，江水奔注，淹及该县封一、封二、桑落三乡，现在照例抚恤等语。【略】又谕：明德奏，西安、同州二府属六月中得雨，尚未深透等语。距今又及一月，未知该处曾否续得透雨？【略】是月，江南河道总督高晋奏：瓜州城外江防回澜坝塌卸十五丈。【略】又奏：回澜坝埽工复塌陷九十余丈，距城仅十一二丈或三四丈不等，现将崖岸设法抢护，尚未续坍。【略】安徽巡抚托庸奏：当涂、铜陵、无为、和州、含山等沿江各州县被淹之处水势渐退，及先后抚恤情形。【略】湖广总督李侍尧、湖北巡抚常钧奏：武昌地处下游，每夏秋江涨，洼处多被淹浸。今年江水更大，被淹者尤多，乏食贫民已确勘分别抚恤。【略】湖南巡抚乔光烈奏：湘阴等十州县卫沿湖低洼村垸被淹，臣亲往查勘，谕令掘开大堤，疏消积水，大半可以补种。【略】山东巡抚崔应阶奏：济宁、鱼台二州县自荆山桥河道淤塞以来，南阳湖水淹浸地亩三千余顷，农民失业。本年经臣奏准开通荆山河，复加浚伊家河，水势掣消较速，【略】济、鱼地亩已涸出十之七八。【略】河东盐政李质颖奏：河东自大盐池外，又有小池六处，散在解州之西。【略】乾隆二十二年因大池冲决，修复六小池浇晒，数年来收盐甚少，实属无益。而大池连岁丰收，配运有余，应请将六小池照旧封禁。得旨：允行。【略】四川总督阿尔泰奏：川省向有社仓，【略】

臣自上年八月到任，值秋成丰稔，因率同司道，首先捐谷一千余石，立为义仓。

《高宗实录》卷七一五

八月【略】辛巳，【略】谕：甘省巩昌等府属前此雨水未足，时廑朕怀。今据杨应琚奏到，六月中连次得雨，夏禾仍属有收。秋禾亦可及时赶种。惟皋兰等州县厅属不及补种秋禾。应查勘办理等语。【略】著特加恩，将被旱较重之皋兰、金县、渭源、靖远、红水县丞、沙泥州判、陇西、通渭、会宁、盐茶厅、山丹、东乐县丞等十二州县厅，并被旱稍轻之河州、狄道、漳县、安定、平凉、固原、静宁、隆德、庄浪、张掖、武威、镇番、平番、古浪、永昌、西宁、碾伯、花马池州同等十八州县厅，及灵州、中卫县属之被灾旱地，所有本年应征地丁钱粮概予蠲免。

《高宗实录》卷七一六

九月【略】丙辰，【略】豁免浙江仁和、海宁二县坍没民灶沙地六十四顷有奇，又海宁坍没钱江公租地十一顷有奇额赋。【略】庚申，【略】缓征湖北江夏、武昌、咸宁、嘉鱼、蒲圻、兴国、大冶、汉阳、汉川、黄陂、沔阳、文泉、黄冈、蕲水、黄安、蕲州、黄梅、广济、石首、监利，并武左、沔阳、黄州、蕲州二十四州县卫水灾额赋。

《高宗实录》卷七一八

九月，【略】是月，【略】大学士管两江总督尹继善奏：苏、常一带处处丰稔，收成俱有九分、十分不等，为十数年来未有。得旨：览奏欣慰，京畿亦为十数年未见之丰稔，诚堪庆幸，更切惕寅。【略】湖北巡抚奏：黄梅、广济等属本年夏江水溃堤，【略】惟黄梅一邑正当鄱阳湖水横冲阻溜，大小溃口十三处，共长五千余丈，需工甚多。【略】河南巡抚阿思哈奏：祥符、中牟、阳武、荥泽、河阴、汲县、新乡、河内、济源等九县水冲沙压柳占等项地九百五十一顷七十二亩，请豁银三千八百九十两有奇，米价银三百一十两有奇。报闻。

《高宗实录》卷七一九

十月【略】戊戌，【略】抚恤湖北汉阳、汉川、沔阳、文泉、黄梅、广济、监利七州县，武昌、武左、沔阳、蕲州、荆州五卫水灾贫民。己亥，【略】谕军机大臣等，甘省皋兰等被旱州县，前经降旨蠲免正赋。并令该督等督同地方官实力抚绥。【略】寻奏：七月后迭获甘霖，布种秋禾，尚称中稔。其夏禾被旱与夏秋被雹、水灾各属应需赈给粮石。【略】壬寅，【略】赈恤江苏上元、江宁、句容、江浦、六合、海州等六州县被灾贫民，蠲缓本年漕粮漕项各有差。【略】甲辰，【略】赈恤安徽怀宁、桐城、太湖、宿松、望江、贵池、青阳、铜陵、东流、当涂、芜湖、繁昌、无为、庐江、巢县、和州、安庆、庐州、建阳等十九州县卫水灾贫民，蠲缓新旧漕粮漕项各有差。【略】是月，直隶总督方观承奏：直属布种秋麦之地，牧羊在所宜忌，【略】而羊贩则以麦苗肥羊。

《高宗实录》卷七二一

十一月【略】壬子，赈恤甘肃皋兰、金县、渭源、靖远、平凉、固原、盐茶、张掖、山丹、庄浪、武威、永昌、镇番、古浪、平番、中卫、西宁、红水县丞、沙泥州判、东乐县丞等二十厅州县旱灾贫民，缓征新旧额粮有差。【略】丙辰，抚恤江西德化县水灾贫民。豁免湖南武冈、攸县被灾田亩额征银米，并借给籽种。赈恤甘肃河州、渭源、安定、清水、静宁、平凉、灵台、抚彝、张掖、山丹、平番、巴燕戎格、西宁、碾伯、高台等十五厅州县被风、雹、水灾贫民，缓征本年额粮，及各年籽种口粮有差。

《高宗实录》卷七二二

十一月，【略】是月，江南河道总督高晋奏：立冬以来，水势未消，黄河徐城北门外志水桩现存水五尺七寸，高堰志桩存水三尺九寸，老坝口志桩存水九尺八寸。每遇东北风作，黄流倒漾入运。

《高宗实录》卷七二

十二月【略】戊子，【略】又谕：上年顺义等处，蝻子入秋已经生发，复令地方官乘时督率，翻犁除治，是以今岁农功倍稔。现在近京得雪，自四五寸至七寸不等，而保定迤西左近未能深透，将来蝻子萌动，不可不预事防维。适据陈宏谋面奏，江南治蝗之法，俱责成田户，令其一有潜滋，即行据实具报。其言未始不近于理，但其中督饬调度，仍在有司实力查察。无论滋萌之处，田户应报不报，一至飞散之后，其事难以纠摘。且如数家地亩毗连，即一处首有煽动，保无委及众人之弊，是其随

时善为经理，实非徒法可以径行也。从前直隶地方作何设法办理，并可否仿照其意为之，及此时该督如何悉心预筹之处，可即详细奏闻，副朕轸念农民至意。寻奏：直隶各属设立护田夫役，彼此互相钤制，不能私行隐匿，猝有调用，一呼毕至，年来办理颇得其益。明春即饬该州县，简核夫册，申明条约，并责成该管道府及各镇营，分派员弁巡查。报闻。又谕：湖北被水各州县内，黄梅、文泉、监利三县最重。广济稍轻。其武、汉、黄、荆四府属间有被水之处。【略】其湖南省内夏间被水之武冈、衡山暨湘阴等十州县卫，亦经降旨，分别抚恤。【略】应将文泉、监利、黄梅、广济等四县展赈一月。至沔阳、汉川、汉阳、江夏、武昌、咸宁、嘉鱼、蒲圻、兴国、大冶、黄陂、黄冈、蕲水、黄安、蕲州、石首等十六州县，应酌借常社等谷为口粮籽种。其益阳、华容、龙阳、安乡、岳州等五州县卫亦只须拨谷借粜，无庸展赈。报闻。

《高宗实录》卷七二四

十二月【略】丙申，谕军机大臣等，京师附近地方俱于本月初六日得雪，自四五寸至六七寸不等，惟保定一带虽经沾洒，尚未深透。兹据方观承奏到，本月十六日省城已得雪四寸，因思河南所属正与保阳迤南地界毗连，本日已据布政使佛德折奏，南阳、汝宁等属于初五日得雪一二寸，而该抚阿思哈何以尚未奏闻。【略】又谕：【略】前据该抚崔应阶折奏，于十一月二十六日济南、武定、莱州各属得雪一二三寸不等，日来尚未据续行奏闻。【略】戊戌，【略】赈恤江西南昌、新建、进贤等三县被灾贫民。【略】癸卯，【略】参赞大臣绰克托等奏：【略】七月内，乌鲁木齐雨水沾足，禾苗壮盛，招募内地民人开垦之地，收成在十分以上。

《高宗实录》卷七二五

## 1765年 乙酉 清高宗乾隆三十年

正月【略】戊申，【略】又谕：去岁甘省夏、秋偶被偏灾，【略】著加恩将灾重之皋兰、金县、渭源、靖远、红水县丞、沙泥州判、盐茶厅、山丹、东乐县丞、平凉、陇西、通渭、会宁、安定等十四厅县，无论极、次贫民概行展赈两个月。稍重之漳县、固原、张掖、武威、镇番、平番、古浪、永昌、西宁、中卫、静宁、隆德、庄浪、灵州、花马池州同等十五州县，无论极、次贫民概行展赈一个月。【略】己酉，谕：上年湖北黄梅等各州县偶被水灾，已迭降谕旨，加恩赈恤抚绥，嗣据督抚等奏报，被水之区补种收成，均有六七八分不等，民情已为宁帖。【略】著再加恩将被灾较重之文泉、监利、黄梅三县，及毗连之广济一县，无论极、次贫民俱展赈一个月，并酌借籽种，以资耕作。其沔阳、汉川、汉阳三州县，及勘不成灾之江夏、武昌、咸宁、嘉鱼、蒲圻、兴国、大冶、黄陂、黄冈、蕲水、黄安、蕲州、石首等十三州县，收成究属稍歉，亦著该地方官酌借常社等仓谷石接济口粮籽种。

《高宗实录》卷七二六

正月【略】甲子，【略】又谕：直隶连岁收成丰稔，民间盖藏自应充裕，但从前因灾未完积欠，新旧并征，尚恐艰于完纳。【略】庚午，【略】谕：【略】东省连岁丰稔，民气恬熙，朕览辔所睹，深为欣慰。【略】是月，【略】大学士管陕甘总督杨应琚奏：哈密【略】近年屯田收成丰稔。

《高宗实录》卷七二七

二月壬辰，【略】谕：【略】因念江苏为财赋重地，频岁屡获丰稔，维正之供，量无拮据，但所免灾欠一项，苏松各属不及淮徐之多，恩施未能遍逮。

《高宗实录》卷七二九

闰二月【略】辛亥，【略】谕军机大臣等，今日佛德奏豫省得雨沾足一折，循奏事虚名，具文塞责。

《高宗实录》卷七三〇

闰二月【略】甲子，【略】蠲缓江西德化县上年被水灾民额赋有差。【略】庚午，豁除湖南武冈州上年水冲难垦民屯田一顷六十一亩有奇额赋。【略】乙亥，【略】蠲缓江苏上元、江宁、句容、江浦、六合等五县上年水、旱灾民额赋，分别给赈有差。并缓征勘不成灾之海州本年地丁银米及积年旧欠钱粮。

《高宗实录》卷七三一

三月丙子朔,【略】加赈湖北汉阳、汉川、沔阳、黄梅、广济、监利、新裁文泉等七州县乾隆二十九年分水灾饥民,并缓征江夏、武昌、咸宁、嘉鱼、蒲圻、兴国、大冶、黄陂、黄冈、蕲水、黄安、蕲州、石首,暨武昌、黄州、蕲州等十六州县卫钱粮。【略】庚辰,【略】蠲缓安徽桐城、太湖、宿松、望江、贵池、铜陵、东流、当涂、芜湖、繁昌、无为、庐江、巢县、和州、含山,及安庆、建阳、庐州等州县卫,乾隆二十九年分水灾民屯田地额赋有差。并缓征被旱勘不成灾之凤阳县新旧钱粮、旧欠籽种口粮。

《高宗实录》卷七三二

三月【略】己亥,【略】谕军机大臣等,前据熊学鹏奏,三月初一日以后,浙江省城及各属节次得雨四五寸不等。【略】(熊学鹏)寻奏:三月初一日以后,得雨大小四五次,初九以后晴至二十一日,复得细雨一二次,二麦正资畅发,并不过多。杭、嘉、湖三府育蚕之地,三月以来天气温暖,现届三眠,计四月初旬内可上山成茧。至通省麦收分数,绍兴一府最稔,余约七分以上,至八九分不等。【略】辛丑,【略】豁除福建南安县水冲难复民田十八亩有奇额赋。

《高宗实录》卷七三三

四月丙午朔,【略】赈恤甘肃河州、渭源、陇西、会宁、安定、漳县、通渭、平凉、静宁、华亭、隆德、泾州、灵台、镇原、庄浪、固原、张掖、山丹、平番、灵州、花马池州同、巴燕戎格厅、西宁、碾伯、三岔州判、高台等二十六厅州县乾隆二十九年分雹、水、旱、霜灾民,粮一十二万四百八十石,折赈银二十七万六千一百七十两有奇。【略】戊申,【略】免江西南昌、新建、进贤等三县乾隆二十九年分水灾额赋,其蠲剩银米并予带征。【略】庚戌,【略】免湖北汉阳、汉川、沔阳、文泉、黄梅、广济、监利等七州县,并屯坐汉阳、文泉二县之武昌卫,汉川县之武昌左卫,沔阳州之沔阳卫,黄梅县、江南宿松县之蕲州卫,监利县之荆州卫乾隆二十九年分水灾额赋,其蠲剩银米并予带征。【略】癸丑,谕军机大臣等,前以江南春雨稍多,恐妨菜麦,曾命尹继善传谕苏尔德,【略】今距传询之期已逾半月,尚未见驰奏。昨在江南,每望开霁,兹相隔甫八九程,而连朝天气晴暖,又以得雨为佳。【略】寻尹继善等奏:江以北雨旸应时,二麦可期丰稔,江以南得雨三次,余俱晴霁。细询农民,油菜登场甚丰,大麦黄熟无碍,惟小麦不无稍减。现在田水充足,芒种后即可分秧插莳。粮价照常,民情安帖。

《高宗实录》卷七三四

四月【略】甲戌,【略】谕军机大臣等,据方观承奏称,本月二十五日东安地方得雨一二寸不等,尚未深透等语。【略】寻奏:四月二十五六日得雨处,京师及附近之昌平、密云、良乡、房山、涿州、通州为优,保定府属惟定兴、新城、新安得雨三四寸,保定省城与正定等府,深、易等州只一二寸,至河间一带雨甚微小,现在行令各属求雨。连日地气升潮,阴云时见,夏至节届,可望沾沛。报闻。

《高宗实录》卷七三五

五月【略】丁酉,【略】免安徽怀宁、桐城、太湖、宿松、望江、贵池、铜陵、东流、当涂、芜湖、繁昌、无为、庐江、巢县、和州、含山等州县,并建阳、庐州、安庆三卫乾隆二十九年分水灾民田芦洲额赋。【略】是月,漕运总督杨锡绂奏:【略】济宁南旺一带,因天气亢旱,汶河涓细。是以运河水势不能加添。【略】再,五月初一至初三连日大雨,河水增长,从此汶水涨发更可遄行。【略】又会同巡漕御史德成奏:五月初九日据湖南头帮千总报称,旗丁成忠船【略】行至邳州之河成闸,陡遇暴风,折倒大桅,挑开底板,淹毙副丁一名,米石漂散无存。【略】湖北巡抚李因培奏:湖北粮米向仰给湖南、川东。春间川省少雨,湖南去岁歉收。客米稀至,湖北米价渐增。【略】近日客米渐通,市价骤减,俟早米一登,民食愈足。

《高宗实录》卷七三七

六月【略】癸酉,谕军机大臣等,据汤聘奏,陕省于五月三十、六月初一等日,近省州县获有时雨,但入土不深,未为沾足等语。【略】寻奏:六月初二日省城得雨深透,各属亦俱报三四寸至深透不等。惟西、同、凤、邠、乾、鄜六府州属自六月初二日得雨后,迄今尚未得雨。延、榆、绥三府州属内,除保安、怀远、神木陆续得有透雨,其余亦未得雨。臣细查情形,西、同、凤、邠、乾、鄜六府州民间种麦甚广，本年二麦丰收，民食不至拮据。延、榆、绥三府州民间种麦不过十分之二三，倘七月半前仍不得雨，必须早为接济。【略】是月，两江总督管江南河道总督高晋奏：洪泽湖因上游山水骤发，日渐加增，高堰志桩至五月二十七日，连底水涨至八尺，滚坝高出水面五寸及一尺不等。【略】大学士管陕甘总督杨应琚奏：巴里坤地气日渐和燠，每岁布种细粮，俱有成熟。商民认垦接踵而至，除乾隆二十九年以前认垦地一万一千八百九十余亩外，本年春间又认垦地四千余亩。连前拨给安西户民承垦地，共二万五六千亩。皆取三道之水，引渠灌溉。 《高宗实录》卷七三九

七月，【略】是月，【略】陕西巡抚和其衷奏报：西、同等府州本月初七日已沛甘霖，秋谷豆糜得雨苏息，可望秋成。 《高宗实录》卷七四一

八月【略】庚申，赈恤甘肃红水、靖远、会宁、山丹、东乐、武威、永昌、镇番、古浪、平番、中卫等十一县夏旱灾民，并贷皋兰、金县贫户籽种。【略】是月，【略】浙江巡抚熊学鹏奏：仁、宁二县海塘，本年雨旸时若，并无风潮，八月大汛，北岸工程俱获平稳。【略】陕西巡抚和其衷奏报：西、同、凤、邠、乾、鄜六府州七月初得雨后，可望收成。惟延、榆、绥三府州每年春麦甚少，以秋禾为重，虽不成灾，民力不无拮据。 《高宗实录》卷七四三

九月【略】丙子，【略】浙江巡抚熊学鹏奏：绍兴府属上虞县之蒿坝堤、梁湖口堤二道，及会稽县之曹娥镇地势低洼，每当秋汛，山水下注，海潮上溯，田庐易被淹浸，现三处士民协力，将梁湖旧堤四百余丈、蒿坝堤一百八十丈、曹娥镇堤七百六十余丈，次第修筑，并请嗣后民间经理，无须动帑。得旨：嘉奖。丁丑，【略】谕：据恒禄奏，三姓打牲乌拉额木赫索罗旗丁房屋被水冲坍一百六十四间，吉林乌拉、三姓、拉林、官屯地被冲一千四百十六顷。【略】豁免浙江湖、绍二府属乾隆二十六年分水灾民欠缓征米六百四十石有奇。赈恤山东章丘、邹平、齐河、济阳、长清、德平、陵县、临邑、惠民、青城、阳信、海丰、乐陵、商河、滨州、利津、沾化、蒲台、莘县、博兴、高苑等二十一州县水灾贫户，并予缓征。【略】壬午，【略】豁除浙江宁海县坍没沙地六顷七十亩有奇额赋。【略】甲申，【略】蠲缓绥远城所属助马口外雹灾庄地二百十二顷有奇额赋。 《高宗实录》卷七四四

九月，【略】是月，【略】陕西巡抚和其衷【略】又奏：延、榆二府属之肤施、保安、甘泉、安塞、安定、榆林、神木、府谷、怀远、葭州，及鄜州并所属之洛川、中部、宜君等州县，夏秋得雨既迟，今又被霜，收成更歉。 《高宗实录》卷七四五

十月【略】己未，【略】谕军机大臣等，昨据熊学鹏奏，天台、新昌、宁海等三县地亩间被旱灾，现在分别酌给籽本，其应征钱粮，照例蠲缓。【略】又谕：【略】昨据杨应琚奏到，河东、河西各属秋禾偏旱，及间被雹、水、风、霜，系一隅偏灾，与阖属收成尚无关碍，现经照例赈恤等语。该省今岁秋成，通计尚属丰稔。【略】又谕：前据崔应阶奏，济南、武定等属间有被水地亩，或勘不成灾，或分数轻减，现将无力贫民，照例借给麦本等语。【略】辛酉，【略】赈长芦属沧州、庆云、海丰等三场本年水灾灶民。【略】丙寅，【略】谕：据富僧阿奏称，齐齐哈尔、呼兰二处本年田禾被水，请借给旗户谷一万二千七百余石，索伦等银一千七百余两等语。【略】著加恩将请借银谷全行赏给，不必令其偿还。【略】贷直隶蓟州、青县、静海、沧州、南皮、庆云、保安、西宁、丰润、玉田、易州、万全、怀安等十三州县本年水灾饥民，并缓征新旧钱粮。豁除直隶宣化、万全、怀安等三县乾隆二十九年水冲民地十二顷二十一亩额赋。【略】丁卯，贷浙江仁和、钱塘、会稽、萧山、新昌、宁海、天台、桐庐、分水等九县场，并仁和、浦东、横浦三场，台州、杭严二卫所本年旱灾饥民，并缓征漕粮额赋有差。【略】是月，直隶总督方观承奏：今岁丰收倍于常年，凡可贮米之仓，均应买足。【略】均在各处采买，米价自八钱至一两不等。再，八沟厅产米最广，每石不过七钱。 《高宗实录》卷七四七

十一月【略】癸酉，【略】蠲江苏海州、沭阳、丹徒、丹阳、金坛、溧阳等六州县本年水、旱灾田亩应征地丁银米，并缓征新旧漕粮漕项及地丁钱粮有差。 《高宗实录》卷七四八

十一月【略】辛卯，【略】加赈山东章丘、邹平、齐河、济阳、临邑、长清、德平、惠民、青城、阳信、海丰、乐陵、商河、滨州、利津、沾化、蒲台、高苑等十八州县本年水灾饥民，并缓征新旧漕粮。赈甘肃河州、狄道、陇西、泾州、安化、宁州、永昌、平番、中卫、巴燕戎格厅、西宁、碾伯等十二厅州县本年冰雹、霜灾饥民，并蠲应征钱粮。缓征狄道、渭源、金县、岷州、秦州、静宁、正宁、灵州、碾伯、大通等十厅州县本年额赋，及旧欠钱粮。【略】己亥，【略】又谕：据安泰等奏称，雅尔地方今岁丰收，统计兵丁每名各得细粮一十一石有奇。《高宗实录》卷七四九

十二月【略】戊申，【略】赈贷甘肃红水、靖远、会宁、山丹、东乐、武成、永昌、镇番、古浪、平番、中卫等十一县本年旱灾饥民，并蠲应征额赋，缓征蠲剩及旧欠钱粮有差。【略】丙辰，谕：前因山东济南、武定等属间有被水地亩，经该抚题请分别赈济。【略】著加恩将被灾稍重之济南府属齐河、济阳、长青、临邑、德平，武定府属惠民、乐陵、青城、商河、滨州、阳信、利津、沾化、蒲台，青州府属高苑等十五州县极次贫民概予加赈一个月。【略】谕军机大臣等，据四达等奏，查审诸暨县官吏，于奉到蠲免文后，只有判行出示之稿，并不将各粮户姓名欠数张挂告示，及按士民呈词核对串号数目，竟有以大改小、以完作欠之弊等语。《高宗实录》卷七五〇

## 1766 年 丙戌 清高宗乾隆三十一年

正月【略】癸酉，谕：前因甘肃河东、河西各属有秋禾偏旱及间被雹、水、风、霜之处，【略】著加恩将被灾较重之靖远、红水县丞、安定、会宁、通渭、宁远、伏羌、镇原、平凉、安化等县，静宁州、泾州、宁州等十三处，无论极、次贫民，俱展赈两个月。被灾稍重之皋兰、金县、陇西、漳县、华亭、庄浪、固原州、盐茶厅、隆德、灵台、合水、武威、镇番、平番、中卫等十五处，无论极、次贫民，俱展赈一个月。【略】甲戌，【略】谕：前因山东省济南、武定等属偶被偏灾，【略】著加恩将济南府属之陵县，东昌府属之莘县，青州府属之博兴县所有应征钱粮，俱缓至麦熟后征收。【略】又谕：浙江天台、新昌、宁海等三县去秋晚禾间有被旱，【略】著加恩将天台、新昌、宁海等县查明实在贫乏户口，散给一月口粮，以资接济。至仁和、钱塘、会稽、萧山、桐庐、分水等县虽据该抚勘明，系一隅偏灾，【略】著加恩将此数县歉收地亩于春耕时按亩赏给籽本谷三升，免其追缴。【略】又谕：昨岁河东、河西间有偏灾，【略】特沛恩膏，将甘肃省之靖远、红水县丞、会宁、固原、盐茶厅、环县、山丹、东乐县丞、武威、镇番、永昌、古浪、平番、花马池州同一十四厅州县，自乾隆二十三年至二十九年民欠地丁银及折借籽种口粮牛本等项银共三十七万四千余两、民欠地丁粮及籽种口粮牛本等项粮共一百二十四万五千余石；陕省延安、榆林、绥德三府州属自乾隆二十一年至二十五年民欠籽种口粮共四万六千余石、民欠籽种口粮牛具银一万一千余两，普行豁免。《高宗实录》卷七五二

三月【略】甲戌，谕：鄂尔多斯地方牲畜因去冬大雪，多有损伤，著加恩将本年夏季应赔驼只展限一年。【略】戊寅，【略】又谕：据成衮扎布奏，去岁因雪大灾疫，官马驼额外倒毙者甚多。

《高宗实录》卷七五六

三月【略】壬辰，【略】户部议覆，浙江巡抚熊学鹏奏，仁和、钱塘、新昌等县，严州一所被旱，请缓扣蠲。【略】癸巳，【略】谕：据明瑞奏，伊犁去岁索伦官兵染疫患病者多，索伦达呼尔等牧放牲畜亦多倒毙，【略】此等羊只系特交伊等孳生，今倒毙数万，理宜著落赔还，姑念其甫到伊犁，尚未服习，且去岁雪大，人畜俱遭灾疫，若令赔还，伊等生计未免竭蹶，著加恩宽免。

《高宗实录》卷七五七

四月【略】壬寅，【略】又谕：据巴尔品奏，去冬口外雪大，驿站人等牲畜多被损伤等语。【略】丙午，【略】又谕：本日阿思哈奏，河南各属于三月十一二及二十等日节次得雨，已获普沾。昨方观承

亦奏，河间、天津迤南州县俱经得有雨泽，东省地方毗连直隶、河南，曾否一律沾沛，未据该抚奏闻。【略】寻奏：春间雨泽调匀，入夏沾足，若月底再得时雨数寸，则二麦结实更为坚硕。【略】己酉，户部议准，盛京户部侍郎富德奏乾隆三十年各驿地亩被水成灾，照例分别加赈。

《高宗实录》卷七五八

四月【略】丙寅，【略】户部议奏：盛京开原等城并三陵内务府所属地方被水成灾五分至十分不等，应照成灾分数分别赈蠲。从之。《高宗实录》卷七五九

五月【略】壬申，【略】谕：京师自四月以来雨水稍觉稀少，农民望泽甚殷。朕心深为轸念。【略】甲戌，上诣黑龙潭祈雨。【略】乙亥，谕军机大臣等，现今时值炎夏，近京地方雨泽稀少，天津一带滨临河淀，地势低洼，苇丛中向为蝗蝻所聚，诚恐此时遗孽潜滋，不可不预为防范。著传谕高诚、杨克信留心查勘，如有萌动形迹，迅即上紧捕灭，毋使渐至滋蔓，有妨禾稼，并将现在情形若何，即行具折奏闻。寻奏：现在督臣方观承饬州县派定护田夫役，按乡巡查，臣等亦督属分查防范，今得雨透足，禾稼滋长，实无蝗蝻形迹，仍实心查察，不敢懈怠。报闻。【略】壬午，【略】谕军机大臣等，据杨锡绂等奏，四月以来卫河水势微弱，汶水亦不甚充裕。【略】想因春夏以来各该处未得透雨所致。

《高宗实录》卷七六〇

六月【略】壬寅，【略】谕军机大臣等，李宏奏徐、扬两属水势情形一折，所奏不甚明晰。【略】寻奏：高邮、宝应运河东岸各有支河，原以备民田引水灌溉之用，【略】今夏雨多，无须接济，是以督属堵闭。【略】己酉，谕：湖南濒水州县每遇春夏湖湘水发，易致淹浸，本年五月中旬该省雨泽稍多，湖河涨溢，民居虽无伤损，而堤垸禾苗间有被淹之处，益阳、龙阳、武陵等县情形较重。

《高宗实录》卷七六二

六月【略】己未，谕：湖南濒水州县因本年五月雨泽稍多，湖河涨溢，田庐间有被淹，益阳、龙阳、武陵等县情形较重。【略】今据李因培奏，五月十八九等日辰沅山水骤下，武陵城外长堤正当其冲，以致堤口溃漫，该县城乡房屋多有坍倒，人口亦有淹毙等语。【略】癸亥，谕军机大臣等，今日方观承题到，万全县大境门外石坝于五月十八日口外沟水涨发，击碎旧坝根石，并冲坏二十八年新修之石坝及虎皮石埝三处。请将该县庄有昌议处，工段勒限赔修一疏。《高宗实录》卷七六三

七月【略】丙戌，谕军机大臣等，今岁夏初雨泽稍迟，六月以来京城及近畿各处俱连得透雨，惟闻奉天一带雨水稀少，地土恐不免干旱。【略】丁亥，谕军机大臣等，据舍图肯奏，奉天各属自五月以来颇觉亢旱，今七月初四等日虽得透雨，秋收可望，而市集粮价日渐增涨，皆因商贩囤积搬运所致等语。向因奉天粮石充裕，是以直隶、山东毗连省份，许其就近贩运，以资接济。今直隶、山东现俱丰收，民食自属有余。无须更资奉天粮石应用，所有该二省现在运买商贩，著暂行停止。【略】庚寅，【略】谕军机大臣等，据杨应琚奏报，滇省五月份粮价内，云南府属白米、红米每石竟至四两一二钱之多，其余各属亦有贵至三两以外者。【略】另折所称，前数年因夏间得雨较少，是以收成不丰，今自六月望前省城节次获有透雨，远近各属亦屡得甘霖，高低田亩处处沾足，丰稔可期等语。【略】寻奏：【略】六月望后，雨水俱属调匀，禾苗畅发，早稻已结实，约计秋成在八九分以上，红白米价较五月分每石各减银五钱、三四钱不等。【略】丙申，谕：据常钧奏，查办常德府属被水抚恤情形折内，称面询灾民及各地方官，有已经遵例散给抚恤口粮者，亦有拘泥夏月被水，俟秋成确勘，分别办理，不敢即行赈恤者等语，所奏殊堪骇异。此次常德猝被异涨，与寻常被灾者不同。【略】是月，【略】湖南巡抚常钧奏：湖南濒水州县因本年五月雨水过多，湖河涨溢成灾，臣自滇抵任后，亲行履勘，并分委道府各员，查得武陵、桃源、龙阳、沅江、益阳、湘阴、华容、岳州卫、沅陵、泸溪等十县卫被灾较重，有应行抚恤及借给籽种之处。《高宗实录》卷七六五

八月【略】己亥，【略】赈恤湖南湘阴、益阳、华容、武陵、桃源、龙阳、沅江、沅陵、泸溪、辰溪、溆

浦、安乡、岳州等十三县卫本年水灾饥民。庚子,【略】谕军机大臣等,今日召见章绅,询其地方情形,据称起程时,福州、兴化、漳州、泉州四府正在望雨,嗣后有无雨泽,不能深悉等语。前据苏昌奏,该省六月以来下游一带雨泽稀少,现在设坛祈祷。【略】寻奏:七月初一日至初八等日,各属先后连得大雨,未种高田赶紧栽插,尚不失时;二十七日及八月上、中二旬又连次得有透雨,本年晚收可期丰稔。得旨:欣慰览之。【略】壬寅,湖广提督李国柱奏:湖南常德、岳州、沅、辰地方今年被水较重,曾经节次奏明,兹复查得湖北嘉鱼、沔阳、广济、黄梅、石首、监利等州县滨临江河,民间田庐亦有淹浸。【略】癸卯,【略】又谕:据李国柱奏称,武陵县低处村庄,积水未消,将来退出亦难补种,其高处田亩陆续涸出,随即补种晚禾,不意六月初旬因积雨水涨,又被淹浸,其退出处所,仍赶种晚禾,亦有候地干补种杂粮者。【略】寻奏:武陵一县四乡,共辖四十一村,本年五月被水漫淹者计三十村,其十一村地处高阜,原未被淹,至所淹之三十村因地势高低不同,内中稍高之处水退迅速,旋经补种晚禾,至六月初旬积雨水涨,仍复被浸,虽有陆续涸出,补种晚禾杂粮之处,究属收成歉薄,统计武邑成灾田亩不及十分之四。【略】甲辰,【略】谕曰:李清时奏,东昌各州县被水盛涨,消掣不及,以致水漫堤堰。【略】乙巳,谕军机大臣等,据崔应阶奏,聊城、博平运河漫溢,已于二十七日一律堵筑完固,而另折所奏,又有茌平、高唐一带大路水深三四尺、一二尺不等之语。【略】丙午,【略】浙江巡抚熊学鹏奏:台州府属临海、黄岩等处于七月初六日猝被风潮,城垣仓狱及民居田庐俱淹没损坏。臣亲往该处查勘,即将应行抚绥事宜悉心办理。得旨:详悉查办,应抚恤者即行抚恤。【略】辛亥,谕军机大臣等,福建漳州等属夏间雨泽短少,前经苏昌奏明,昨章绅陛见来此,亦奏称该处正在望雨。乃今日任澍所奏,则称漳州等处夏末以来雨水及时,杂粮等项俱皆畅茂,西成可望丰稔。并未将短雨之处据实入告,殊属非是。任澎身任总兵,既奏地方晴雨岁收之事,理应将实在情形奏闻,若徒事揑辞粉饰,又安用此具文塞责耶。任澍著传旨申饬。　　《高宗实录》卷七六六

八月癸丑,【略】赈恤甘肃红水县丞、沙泥州判、盐茶厅本年旱灾饥民,缓皋兰、金县、会宁、固原、盐茶厅、武威、平番、中卫、花马池州同、碾伯等十一厅州县额赋,并贷给籽种。【略】甲寅,谕:据明瑞奏称,伊犁今岁田禾被蝗微伤,不能多积谷石。【略】乙卯,谕军机大臣等,闻内地农民皆祀刘猛将军及八蜡神,伊犁虽系边徼,其耕种亦与内地无异,理宜仿效内地习俗,著传谕明瑞等,令其建祠,设位供奉,亦不必特作一事声张办理。【略】庚申,【略】又谕:据李宏奏,八月初八日以后,黄水骤涨,已开放峰山四闸,宣泄盛涨,所有铜沛厅属之韩家堂地方因溜势汕刷大堤,于十八日漫溢,过水六十余丈。现在集料抢护。【略】癸亥,【略】江西巡抚吴绍诗奏:江西南昌、南康、九江三府所属各县均滨临江湖,易被水灾,本年六七月间雨水过多,山水陡发,星子、德化、德安三县民居田庐多有漂没冲损,南昌、新建、进贤、建昌四县圩堤亦有损坏,臣现督率属员,照例勘办。

《高宗实录》卷七六七

九月【略】辛未,【略】赈恤浙江临海、黄岩、太平三县,杜渎、黄岩二场本年水灾饥民、灶户,并蠲新旧额赋。【略】壬申,【略】豁免甘肃靖远、会宁、山丹、武威、永昌、镇番、古浪、平番、中卫九县,并红水、东乐二县丞乾隆三十年分旱灾额赋。【略】丁丑,谕:【略】今奉天续经普得雨泽,仍可一律丰收,将来粮石自必充足,且现在东省岁收稍歉,直隶又因邻省运贩,粮价亦未免稍增。【略】直隶、山东二省商民贩买奉天米石之处,仍著无庸禁止。【略】戊寅,【略】河南巡抚阿思哈奏:江南徐州韩家堂黄河漫口,急需堵筑。【略】己卯,【略】赈恤山东历城、章丘、邹平、齐河、齐东、济阳、禹城、临邑、长清、陵县、德州、德平、平原、肥城、东平、东阿、平阴、惠民、阳信、海丰、乐陵、商河、滨州、利津、沾化、蒲台、金乡、鱼台、济宁、嘉祥、汶上、阳谷、寿张、菏泽、单县、城武、定陶、巨野、郓城、濮州、范县、观城、朝城、聊城、堂邑、博平、茌平、清平、莘县、冠县、临清、馆陶、高唐、恩县、夏津等五十五州县,东昌、临清、济宁、德州、东平等五卫所本年水灾饥民,并蠲新旧额赋。　　《高宗实录》卷七六八

九月【略】丙申，【略】陕甘总督吴达善奏：【略】查甘省本年夏秋田禾虽间有偏被旱、雹之处，其余收成俱属丰稔。【略】是月，【略】明德又奏：查勘铜、萧二邑被水灾民，现在妥为抚恤。【略】安徽巡抚冯钤奏：宿州、灵璧、虹县三处河水漫涨，臣于八月二十七日由省星赴勘，水已渐退，尚无损伤人口。【略】江西巡抚吴绍诗奏：九江等府所属县偏被水灾，一乡之中，丰歉不等，臣亲往履勘。

《高宗实录》卷七六九

十月丁酉朔，【略】谕：据明瑞等奏，今年锡伯索伦达呼尔等十佐领兵丁，耕种地亩被蝗，所有前借给籽种及接济粮石，刻下不能交纳，请俟丰收时归还。又，回子等所种地，大小麦收成歉薄，小米、黍子尚可丰登，所有应纳麦石，请以小米、黍子准抵，其不敷之数，俟来年补交等语。锡伯索伦等所借籽粮，本当即行归款，但伊等俱系新往兵丁，在彼未能服习，且今年复被蝗灾，生计未免拮据，著加恩将应还籽种及接济粮石，俱著宽免。至回子等田地，小米、黍子虽属丰收，而大小麦歉薄，若以小米、黍子抵纳大小麦，不敷之数，来年即令交纳，尚恐力有不支。著交明瑞等，将回子等今年应抵粮石酌减，展限令其补还。此系朕念伊等生计格外施恩，不可援以为例，明瑞等将此通谕知之。【略】庚子，【略】抚恤长芦沧州、盐山、庆云、海丰等四州县，严镇、海丰等二场本年水灾灶户，分别蠲缓额赋如例。【略】己酉，【略】谕曰：舍图肯、永宁奏盛京礼部工部所属壮丁耕种田地，今夏被旱，入秋被霜，未免收成歉薄，请照盛京旗民地亩一体办理。【略】辛亥，【略】谕曰：高晋等奏报，韩家堂漫工十月十一日合龙，大溜全归正河，核计用过工料银十五万两有奇等语。

《高宗实录》卷七七〇

十月壬子，【略】贷齐齐哈尔、黑龙江、呼兰等三处八旗水师营人等及官庄庄丁本年旱灾口粮，并免官庄额粮有差。抚恤江苏铜山、萧县及徐州卫坐落铜山县屯田本年水灾贫民，并蠲缓新旧额赋有差。抚恤陕西华州、华阴、潼关等三厅州县本年水灾贫民，并停赈新旧钱粮有差。【略】甲寅，【略】又谕：前于黄士俊奏报台州被灾情形折内，询及地方官办赈妥否，兹据奏称，黄岩、太平二县俱即亲历抚绥，惟临海县张端木不能亲身遍历灾地，措置未免迟钝等语。该处此番猝被风潮，临海尤为较甚，该县张端木不即亲历抚恤，经该抚严饬，并委道府等协理，始行查办。熊学鹏何以并未奏闻，著传谕该抚，将该县张端木所办赈务果能奋勉妥协与否，及平日居官若何之处一并查明，即行据实覆奏。寻奏：张端木从前办理灾务，尚无偷安贻误，经臣面饬，颇能奋勉，是以未经奏闻。其平日居官，操守谨饬，听断亦属平允。得旨：知道了。又批：如此策励属员，而又不苛求，甚是。【略】乙卯，【略】蠲免直隶怀安县本年被霜灾民额赋，及被旱、被水、被雹、被霜勘不成灾之献县、阜城、交河、景州、吴桥、东光、宁津、青县、静宁、沧州、盐山、庆云、蔚州、宣化、万全、西宁、怀来等十七州县分别贷缓有差。【略】庚申，谕：今年山东历城等州县偶被偏灾，【略】著将历城等五十九州县卫及勘不成灾之泰安、青城、单县三县凡毗连灾地收成稍歉之处，所有本年应征钱粮及民借银谷等项，并著加恩，一体缓至明岁麦熟后征收，以纾民力。【略】辛酉，【略】缓征安徽安庆、怀宁、桐城、宿松、望江、贵池、铜陵、东流、当涂、芜湖、繁昌、无为、庐江、巢县、灵璧、宿州、虹县、泗州、庆阳、庐州等二十州县卫本年水灾额赋，分别赈贷有差，其应征新旧漕项银两漕粮特予缓征。

《高宗实录》卷七七一

十一月【略】辛巳，【略】赈恤甘肃循化、河州、镇原、环县、戎格、西宁、碾伯、岷州、文县、山丹、中卫、陇西、徽县等十三厅州县本年被雹、被水、被虫偏灾贫民，蠲免额赋如例。豁除中卫县沙压地亩额粮，其勘不成灾之狄道、渭源、安定、会宁、宁远、伏羌、西和、通渭、漳县、三岔州判、礼县、秦安、階州、固原、静宁、华亭、平凉、灵台、隆德、崇信、庄浪、宁州、平番、盐茶等二十四厅州县并予缓征。

《高宗实录》卷七七二

十二月【略】丁未，【略】蠲缓浙江临海、黄岩、太平三县，杜渎、黄岩二场本年水灾额赋，其临海

县应征漕项及蠲剩应征银并蠲免带征如例。赈甘肃盐茶厅、沙泥州判、红水县丞各属村庄本年旱灾贫民，并蠲缓额如例。《高宗实录》卷七七四

十二月【略】甲寅，【略】赈恤江西南昌、新建、进贤、星子、建昌、德化、德安、鄱阳、余干、南昌卫、九江卫等十一县卫本年水灾贫民，蠲缓新旧额赋如例。【略】丙辰，【略】抚恤湖南益阳、武陵、桃源、龙阳、沅江、安乡等六县本年水灾贫民，并予蠲缓如例。《高宗实录》卷七七五

## 1767 年 丁亥 清高宗乾隆三十二年

正月【略】丁卯，【略】谕：昨秋东省武定、济南、东昌、泰安、兖州、曹州等府属濒临运河等处偶被水灾，【略】著加恩将被灾较重之惠民、阳信、海丰、乐陵、商河、滨州、利津、沾化、蒲台、禹城、聊城、堂邑、博平、茌平、莘县、高唐、东昌卫等十七属，及被灾次重之齐河、济阳、临邑、长清、陵县、德州、德平、平原、德州卫、东平、东阿、东平所、金乡、鱼台、济宁、嘉祥、汶上、寿张、济宁卫、武城、定陶、巨野、郓城、濮州、范县、观城、朝城、清平、临清卫等二十九属，无论极、次贫民，再加赈一月。【略】又谕：去岁，上、下江，滨河各州县因徐州黄水漫溢，偶被偏灾，【略】著加恩将下江所属之铜山、萧县、睢宁、宿迁，并铜山县之徐州卫，上江所属之宿州、灵璧、虹县、泗州共九县卫内被灾七八九十分者极贫加赈两个月，次贫加赈一个月。《高宗实录》卷七七六

正月【略】癸未，谕军机大臣等，据乌勒登奏称，哈萨克因避雪，越入卡内游牧，伍岱带兵前往驱逐等语。【略】丙戌，直隶总督方观承奏报得雪沾渥。得旨：京师亦如之，实深庆慰矣。【略】是月，【略】山东巡抚崔应阶奏：东省历城等处上年收成歉薄，【略】请将官仓米麦杂粮照时价减粜。【略】又奏报：东省州县于正月十八日得雪沾渥。得旨：欣悦览之，京师亦于是日得雪，可谓普被天恩矣。

《高宗实录》卷七七七

二月【略】辛亥，【略】蠲江苏铜山、萧县、睢宁、宿迁、沛县、砀山、邳州、清河、桃源、安东、高邮、泰州、兴化、海州、沭阳、上元、江宁、江浦、六合、常熟、昭文、昆山、新阳、阳湖、无锡、金匮、江阴、宜兴、荆溪、金坛、溧阳、太仓、镇洋，并徐州、淮安、大河、太仓、镇海等三十八州县卫乾隆三十一年水灾、地丁、河租、芦课银三万九千三百六十两有奇、米豆一千一百六十六石有奇。【略】癸亥，【略】户部议覆，盛京工部侍郎兼管奉天府府尹雅德条奏赈恤事宜，一、承德、铁岭、开原、广宁四县乾隆三十一年旱灾、水灾饥民，前借给一月口粮，作为初赈，仍按被灾分数，分别极、次贫照例加赈。

《高宗实录》卷七七九

三月乙丑朔，【略】赈恤奉天盛京驿旧边、句丽河、白旗堡、二道井、十三山、广宁、小黑山、开原、法库、严千户屯、噶布喇村、萨尔浒等十三驿乾隆三十一年水灾、旱灾饥民，并蠲应征额赋，缓征蠲剩银米有差。蠲山东永阜场乾隆三十一年水灾灶地额赋，蠲剩银并予缓征。【略】己卯，【略】蠲缓长芦海丰场乾隆三十一年水灾灶地额赋有差，其勘不成灾之沧州、盐山、庆云、严镇等四州县场应征钱粮并予缓征。《高宗实录》卷七八〇

三月【略】辛卯，【略】赈恤安徽怀宁、桐城、宿松、望江、贵池、铜陵、东流、当涂、芜湖、繁昌、无为、庐江、巢县、宿州、虹县、灵璧、泗州等十七州县，及安庆、建阳、庐州三卫乾隆三十一年水灾饥民，并蠲应征额赋，缓征蠲剩银米有差。其勘不成灾之凤阳、怀远、和州三州县应征新旧钱粮并予缓征。【略】是月，【略】直隶总督方观承奏：子牙新河系滹沱河下游，上年伏秋水盛，自大姚铺以下至洼子头十里以内，堤身只高出水面至七八寸。《高宗实录》卷七八一

四月【略】己亥，【略】又谕：据安泰等奏称，喀什噶尔自第七台至第十台，并腰站所养牲只，俱被雪伤，请借给该处领催乌拉齐等一年钱粮，于每年应得项下坐扣等语。【略】丁未，谕：京师自三月

以来雨水稍稀，大田待泽甚殷，朕心深为轸念。【略】谕军机大臣等，今春三月以来，京师雨泽稀少，天津等处曾否得有透雨，亦未据奏报。该处滨海沮洳，苇荡丛生，当此晴煦日久，炎气渐蒸，蝗蝻尤易滋长，现已令方观承留心查勘，再传谕高诚、杨克信，于附近天津各处实力搜寻，毋使稍有萌动。并将迩日地方有无得雨，及是否不误大田各情形，即速据实具奏。又谕：今春畿辅地方雨泽稀少，月初近京各州县虽得有微雨，未能沾足，即宣化古北口等处该提镇报雨亦止二三寸。今立夏已届旬日，是否无误大田，各属曾否得有透雨，未据该督奏报，朕心深为廑念。再，该督前奏青、沧洼地一带，分委弁员申严捕蝗之禁，业于折内批令，严饬搜查，第恐海滨沮洳之地，久晴滋生蝻孽，并著方观承严饬所属地方，先期留心查捕，毋使稍有萌滋，并将有无得雨情形，即速据实奏闻。

《高宗实录》卷七八二

四月己酉，上诣黑龙潭祈雨。【略】辛亥，谕军机大臣等，【略】东省春夏以来雨泽尚觉稀少，现在京师于四月十六日甘霖沾渥，近畿各处亦同日均沾，未知山东曾否得有透雨，麦收大田情形若何，并著即速奏闻。【略】壬子，【略】蠲山东永埠场灶地一十八顷有奇，乾隆三十一年水灾额赋，并缓征蠲余银两有差。【略】己未，【略】蠲江西南昌、新建、进贤、星子、建昌、德化、德安、鄱阳、余干等九县乾隆三十一年水灾额赋，并缓蠲余银两有差。【略】是月，安徽巡抚冯钤奏：安省三、四两月以来，雨水沾足，现在二麦将次熟收，水田即日插秧，粮价平减，沿江一带上年被水歉收之处，已饬各该州县查明无力穷农，照例借给籽种。又，宿、灵、虹、泗四州县被水灾民加赈两月，俱于三月底放竣，刻下麦收足资接济，无庸更筹借粜。报闻。河南巡抚阿思哈奏：豫省于三月二十八九及四月初一等日节次得雨，各属普沾，惟临漳、汤阴、内黄、武安、林县、密县、商水等邑得雨二寸，尚未沾足。得旨：所闻恐不止此数县，一切应留心，不可讳灾也。 《高宗实录》卷七八三

五月【略】戊辰，【略】谕军机大臣等，乔冲杓奏地方雨水一折，并非实在情形，前据该抚阿思哈奏报，豫省各属入夏以来望泽甚殷，设坛祈祷，至三月杪、四月初始经得雨，尚有未能普遍之处。经朕降旨询问，目今得雨及成灾与否，尚未据该抚覆奏。朕心方为廑念，该镇既将地方雨泽情形具奏，自应据实入告。乃称南阳、陈、汝、信阳等处今春雨旸时若，复于四月初一日得雨深透，归德望雨甚殷，亦于是日得雨三四寸至六七寸不等，既与阿思哈所奏各属前此盼雨之处不同，且得雨已迟，二麦岂能畅茂，收获亦未必一律可期，该镇率以虚词粉饰，殊属不合，乔冲杓著传旨申饬。

《高宗实录》卷七八四

五月【略】辛巳，江南河道总督李宏奏：【略】骆马湖下游六塘河一带，两岸滩地民田尚未收割，应俟二麦收竣，(宿迁骆马湖尾闾五坝)再行开放。【略】甲申，蠲江苏丹徒县坍江田一十四顷有奇，乾隆三十年积欠额赋。辛卯，【略】蠲陕西华州、华阴、潼关三厅州县乾隆三十一年水灾额赋有差，并缓征蠲余银两，及勘不成灾之渭南、兴平、大荔、朝邑、保安、安塞、榆林、米脂等八县未完银米。蠲奉天承德、铁岭、开原、复州、广宁五州县乾隆三十一年水灾、霜灾额赋，并缓征蠲余银米。

《高宗实录》卷七八五

六月【略】乙卯，【略】湖广总督定长奏：荆门州地处环山，于五月二十四日大雨之后，夜半发蛟，将北关外桥座冲坍，带损临河民房，并淹毙人口。当饬布政使等前往查勘，半日间水即消退，田禾并未伤损，所坍民房给资修葺，并分别赈恤。是日，往滇第十起官兵，适至该州关外，水发时，各兵所住之房皆在高阜，并无妨碍。【略】是月，江南河道总督李宏奏：洪泽湖水盛旺，节次将清口东西坝展宽五十八丈，兹自四月中旬以来，仍见加长，高堰志桩涨至七尺八寸，山盱五滚坝高出水面七寸及一尺上下不等。 《高宗实录》卷七八七

七月，【略】是月，【略】漕运总督杨锡绂奏报雨水情形。得旨：览奏欣慰，今年各省秋成景象实属天恩优厚，朕惟益深钦承惕息耳。安徽巡抚冯钤奏：续据太平府属之当涂县，庐州府属之无为州

和州属之含山县先后禀报，七月十六七等日烈风骤雨，江水加涨尺余，滨江临河圩围田俱被漫淹，房屋间有坍塌，被水人民迁移高阜搭棚居处，并无淹毙人口。河南巡抚阿思哈奏：灵宝县知县禀报南乡地方七月初七日雨势狂骤，涧水暴涨，漫溢涧东、涧西及蒌下三村，近涧居民仓猝不及趋避，以致被水者四十八户，淹毙男妇大小二十四名口，倒塌草房一百一十九间，其沿滩地亩间亦冲坏。【略】陕甘总督吴达善等奏：【略】近年哈密雨水较勤，恐盈余（粮食）久贮，难免霉湿之虞。【略】又奏：查巴里坤向止播种青稞，而哈密塔勒纳沁惟植麦豆细粮。两处供支原宜以有易无，互相接济，但近年以来，巴里坤地气和暖，屯种小麦连获得丰登，民户垦种亦俱有收，彼地麦价较之哈密转贱。【略】四川总督阿尔泰奏：据奉节县知县详称，于四月十六七八等日密雨连绵，十八夜雷雨交作，城北山水陡发，由关庙沟入城，分趋大缺口、军装沟流出，将沿沟旧城基址悉行冲陷，请将城脚移改另办。

《高宗实录》卷七八九

闰七月壬辰朔，谕：据定长奏湖北黄梅、广济等州县六月间雨水过多，江湖陡涨，堤垸受冲，田庐间有淹浸，现在亲往查勘等语。【略】癸巳，谕：据冯钤奏，安徽宿松等州县临江滨湖，七月以来大雨时行，江水陡涨，以致圩洲田地房屋间被淹浸倒塌，现在饬属查勘，照例抚恤等语。该处沿江州县地势低洼，此次江水盛涨，被灾稍重，朕心深为轸念。【略】又谕：【略】今复据该督奏黄梅一带先后被水情形较重，其罗田、谷城二县亦因蛟水涨发，冲淹民房，现在确查办理等语。【略】癸卯，蠲免甘肃皋兰、金县、河州、陇西、宁远、通渭、安定、漳县、会宁、伏羌、平凉、隆德、固原、泾州、庄浪、崇信、静宁、灵台、镇原、盐茶厅、华亭、安化、宁州、合水、环县、张掖、永昌、平番、宁夏、宁朔、灵州、中卫、花马池州同、巴燕戎格厅、西宁、碾伯等三十六厅州县灾地四万九千六百五十四顷五十八亩有奇额赋。

《高宗实录》卷七九〇

闰七月【略】己酉，谕：前因湖北省黄梅、广济及黄冈、汉阳等州县卫间有被水之处，业经降旨，【略】今据定长续奏，湖南之湘阴、益阳等处亦于六七月间雨后江涨，以致堤垸田庐间被淹损等语。朕心深为轸念。【略】辛亥，【略】谕军机大臣等，昨据裘曰修等奏，京师米价因道途泥泞，较前稍昂，高粱谷豆价值渐次平减。【略】又谕：【略】京师米粮本属充裕，本年秋成又属丰收，何以价值转致昂贵。【略】癸丑，谕：前因安徽怀宁、桐城等州县雨后江涨，间被漫淹，业经降旨，即行抚恤。【略】今复据高晋奏，安徽之当涂、无为、含山，江苏之上元、江宁、江浦，江西之德化、德安、湖口、彭泽、建昌、新建等州县俱有续经被水之处，内有被淹地段稍宽，情形较重，计时已届处暑，即有涸出地亩，难忘补种，已成偏灾等语。朕心深为轸念。【略】又谕曰：阿思哈奏，闰七月初一二日杨桥坝外水势陡涨，将各埽抽刷，间段掀蛰，势颇危险，飞饬按察使何煟即刻赴工，连夜督率抢护，已将蛰陷各埽镶复等语。【略】乙卯，谕军机大臣等，【略】今岁禾稼繁硕，秋成景象较常倍觉丰稔。况登场有即，粮价应平，虽闰七月初雨水稍多，亦系晴雨相间，不似二十六七年之淫霖也，即道路微有泥泞，于秋田本为无碍，何以市粜转致加增，自不无奸商射利居奇之事。【略】丁巳，谕：前据高晋奏，江西之德化、德安、湖口、彭泽、建昌、新建等州县内有被淹稍重之处，业经降旨抚恤，并令确勘妥办。今据吴绍诗奏，南昌、进贤、鄱阳、余干、瑞昌、星子等县，其贴近江湖低田亦续被漫淹，现在尚未涸出，栽种无及等语。南昌等各县上年已间被水淹，兹复被偏灾，闾阎生计未免拮据，朕心深为轸念。【略】是月，直隶总督方观承奏：直隶各属于七月下旬及闰七月初间大雨连绵，低田洼地多有积水，如武清、永清、东安、天津、静海一带晚豆棉花稍觉受伤，而行旅亦多未便。【略】晚禾虽微减分数，而大势可望有秋。【略】调任山东巡抚崔应阶奏：东省自本月十一日后时雨连绵，洼地积水，早谷甫经收割，未获尚多，其登场者未得晒晾，不无稍损。【略】河南巡抚阿思哈奏：署洛阳县知县禀报七月二十六日大雨，近城之北邙山水发，瀍河之水亦一时俱涨，宣泄不及，以致北关东南一带白衣堂、煤土沟等处间被水灾，该县即飞赴确查，居民房屋共冲塌二百六十七间，淹毙大小男妇四十一名口，照例给予修费葬埋银两，分别抚恤。报闻。调任河东河道总督李清时奏：查豫东黄河入秋以来水势渐退，至闰七月初一二三等日，昼夜涨水数尺，低洼河滩间有漫水串至堤根，其临河埽坝亦有卑矮受险之处，臣督员巡查，乘机抢护，初六日水渐消落。【略】陕甘总督吴达善奏：陕省自乾隆二十三年至今，均有民借未完粮石，今岁雨泽及时，夏禾丰稔，秋禾又复滋长，民情乐于输将。

《高宗实录》卷七九一

八月【略】丁卯，【略】工部议覆，调任山东巡抚崔应阶疏称，泰安县城垣因三十一年七月大雨冲塌六十三丈，业经委员勘估，恳请动项兴修，应如所请。从之。　《高宗实录》卷七九二

八月【略】丁丑，【略】浙江巡抚熊学鹏奏：江山县知县禀报闰七月初九等日阴雨连绵，山水并发，沙石冲泻，计南乡二十八都三乡口等处被水冲压田地约有一千九百余亩，【略】其冲塌房屋共三百六十余间，照例给予修费。【略】癸未，【略】豁除奉天承德、辽阳、海城、铁岭、开原等五州县水灾田地九千三百二十三亩有奇额赋。　《高宗实录》卷七九三

九月【略】壬辰，【略】谕军机大臣等，据达桑阿奏称，布古尔、库尔勒回人等所种地亩现届升科之年，派噶尔扎前往查勘伊等所种禾苗。据称，布古尔所种麦莜均属畅茂，共收八千一百石；库尔勒因遇蝗灾，祇收三百十七石等语。回人耕种全赖灌溉，然蝗蝻偏灾，亦为事所不免。【略】庚子，户部议准，湖广总督定长疏报，江夏、武昌、嘉鱼、蒲圻、兴国、大冶、汉阳、汉川、黄陂、沔阳、黄冈、蕲水、蕲州、广济、天门、潜江、安陆、云梦、随州、应山、江陵、石首、监利等二十三州县，武昌、武左、沔阳、黄州、蕲州、荆州、荆左七卫陆续详报本年夏秋之间阴雨连绵，山水、江水一时并涨，低洼田地多被淹浸，业经委员分查勘。【略】蠲免绥远城助马口外、拒门、保安等处雹灾田地七百六十一顷五十五亩有奇额赋。

《高宗实录》卷七九四

九月【略】甲寅，【略】赈山东高苑、博兴、乐安三县被水灾民，并予蠲缓。【略】戊午，【略】谕：山东海丰、沾化、乐陵、商河、阳信、清丰、高唐、恩县、夏津、章丘、邹平、德平等处因本年雨水过多，秋收稍薄，业经借给麦本口粮，俾资播种。【略】著加恩将海丰等十二州县所有本年应带征三十、三十一两年旧欠地丁钱粮及各年民借未完仓谷麦本等银，俱缓至明年麦收后开征。

《高宗实录》卷七九五

十月【略】戊辰，【略】缓江苏上元、江宁、江浦、六合、句容、溧水、高淳、仪征、丹徒、金坛、溧阳、扬州等十二县卫本年被水灾民应征额赋。　《高宗实录》卷七九六

十月【略】戊寅，谕军机大臣等，今年江苏、安徽、江西、湖北、湖南、山东等省被灾州县业经降旨，各督抚照例赈恤，并饬令加意抚绥。【略】寻山东巡抚李清时奏：东省止高苑、博兴、乐安三县偏灾，现俱照例抚恤，秋后粮价亦不甚昂，灾民不致拮据。湖南巡抚方世俊奏：本年华容、沅江、安乡、岳州四县卫本属偏灾，其未经被水地亩，早、中稻实有七八分收成，除照例赈恤外，无须加赈。均报闻。两江总督高晋等奏：上、下江沿江各州县被水颇重，兼连岁歉收，请于明春按照被灾分数分别加赈。得旨：届时有旨。江西巡抚吴绍诗奏：江西被灾州县民情实属拮据，应请加赈。得旨：有旨谕部。湖广总督署湖北巡抚定长奏：湖北被水成灾之黄梅等二十州县卫冬底停赈，灾民难免拮据，请暂缓催征。【略】庚辰，【略】抚恤直隶永清、东安、静宁、庆云、清河、威县、宣化、万全、西宁、怀来、蔚州、龙门、怀安十三州县被冰雹灾民，并予缓征。【略】是月，【略】安徽巡抚冯钤奏：【略】本年颍州府属秋收丰稔，已拨司库银分发各州县采买，查本年安省沿江地方间成偏灾，未经被水各属仍属丰收，现在含山县之运漕、桐城县之棕阳、舒城县之三河各镇米谷聚集，价值平减。

《高宗实录》卷七九七

十一月【略】癸巳，【略】蠲缓安徽桐城、怀宁、潜山、太湖、宿松、望江、南陵、贵池、青阳、铜陵、东流、当涂、芜湖、繁昌、无为、合肥、庐江、巢县、寿州、凤阳、怀远、灵璧、凤台、泗州、盱眙、五河、和州、

含山，并安庆、建阳、庐州、凤阳、长淮、泗州等三十四州县卫本年被水灾民额赋。【略】丁酉，【略】户部议覆，江西巡抚吴绍诗奏称，本年六月间江湖涨溢，被淹成灾之南昌、新建、进贤、鄱阳、余干、星子、建昌、德化、德安、瑞昌、湖口、彭泽、都昌十三县应征地丁钱粮，请将被灾十分者免十分之七，【略】极、次贫户分别加赈。【略】戊戌，谕：《月令》有冬至麋角解之文，钦天监《时宪书》久经沿袭登载，前以鹿与麋皆解角于夏，即疑《礼经》传习不无承讹，尝著《鹿角记》为之辨论，而未究其所由。昨因时值长至，偶忆南苑内向有驯育之麈，俗名长尾鹿者，此时曾否解角，令御前侍卫五福前往验视，则蜕角或双或只，正与节候相叶。并持新蜕之角呈览，自来疑义为心顿释。《说文》有训麈为麋属之语，《名苑》又称鹿大者曰麈。然三者实迥然不同，北人知之，而南人则弗能辨，是以展转滋舛。夫穷理格物，乃稽古所必资，已详为著说以识，并著将此交与钦天监，自后《时宪书》内，即行改麋为麈，俾示信四海，毋仍昔误①。【略】壬寅，【略】抚恤甘肃平凉、灵台、庄浪、合水、环县、西宁、碾伯、大通、河州、泾州、平罗、安化、武威、宁夏、宁朔、灵州、肃州、高台、花马池、漳县、狄道、伏羌、安定、西和、洮州、崇信、静宁、隆德、固原、宁州、抚彝、古浪、中卫、敦煌等三十四州县厅本年旱雹灾民，并蠲缓额赋有差。蠲除甘肃灵州乾隆二十五六七八九等年被水冲塌不能垦复田四十四顷五十八亩有奇额赋。

《高宗实录》卷七九八

十一月丙午，【略】赈恤山东高苑、博兴、乐安三县本年被水灾民，并蠲缓额赋有差。

《高宗实录》卷七九九

## 1768年 戊子 清高宗乾隆三十三年

二月【略】辛巳，【略】蠲免直隶龙门、怀安二县乾隆三十二年水、雹、霜灾应征额赋。

《高宗实录》卷八〇五

三月己丑朔，【略】豁除浙江江山县水冲成河田地三顷十六亩有奇额赋。【略】戊戌，【略】蠲缓湖南华容、沅江、安乡三县，岳州卫乾隆三十二年水灾额赋，并予加赈。 《高宗实录》卷八〇六

三月【略】庚戌，【略】赈甘肃平凉、灵台、庄浪、安化、合水、环县、平罗、西宁、碾伯、大通、肃州、高台等十二州县乾隆三十二年水灾饥民。豁福建台湾外洋遭风漂没兵米一千一百六十石有奇。辛亥，【略】豁福建彰化县水冲园地一百三十甲有奇额赋。【略】癸丑，【略】蠲免江西南昌、新建、进贤、鄱阳、余干、星子、都昌、建昌、德化、德安、瑞昌、湖口、彭泽等十三县乾隆三十二年水灾应征额赋，其蠲剩缓征等项并予分年带征。

《高宗实录》卷八〇七

四月【略】壬戌，【略】蠲缓湖北江夏、武昌、嘉鱼、汉阳、汉川、黄陂、沔阳、黄冈、黄梅、广济、云梦、江陵、监利十三州县，并武昌、武昌左、沔阳、黄州、蕲州、荆州、荆州左等七卫乾隆三十二年水灾额赋有差。【略】庚午，谕军机大臣等，今日彰宝奏到沿途雨水情形一折，据称运河水势较小，昨嵇璜奏勘河工折内，亦有今岁运河水小一语。今春雨水未闻缺少，何以运河水势不能畅足，自系去岁秋冬未能潴蓄得宜所致。【略】蠲免安徽安庆、池州、太平、庐州、凤阳、泗州、和州七府州属乾隆三十二年水灾额赋。

《高宗实录》卷八〇八

五月【略】庚寅，谕军机大臣等，前因彰宝折奏雨水情形，内有运河水势较小之语，【略】随据奏

---

① “自后《时宪书》内，即行改麋为麈，俾示信四海，毋仍昔误。”按，乾隆质疑《月令》所述“冬至麋角解”物候有误，敕改《时宪书》，实则前人不误。当时乾隆所指皇家南苑中称之为“麈”的鹿科动物，正是麋鹿，俗称“四不像”或“长尾巴鹿”；而他说的“麋”，又很可能是另一鹿科动物马鹿，因为马鹿恰在夏至前后脱角。故段玉裁《说文解字注》称：“臣因知今所谓麈，正古所谓麋也。”作巧妙圆场之说。皇家南苑驯养的麋鹿，同治四年（1865年）被法国传教士大卫发现，此后有数十只运往欧洲。但1900年经八国联军焚掠后，麋群散失，麋鹿在中国绝种。1986年经世界野生动物基金会促成，始从英国动物园引种回国。

覆，四月初旬得雨五寸，各帮（漕船）已衔尾遄行。【略】庚子，【略】谕军机大臣等，近据阿思哈、富尼汉先后奏到，本月初旬晚田正在播种，望雨颇殷等语。【略】寻，河南巡抚阿思哈奏：查各属自四月初得有透雨后，四旬以来惟开封所属及归德、河南、南阳、汝宁、陈州、陕州、光州于五月初间得有雨三四寸处，省城及彰、卫、怀、汝州五属均未得雨，嗣于五月初五、七、八等日得雨仅一二三寸，亦未能沾润。通省现在祈雨甚殷。农民或称旬日内外得雨，尚可无碍秋成。山东巡抚富尼汉奏：东省自五月以来各属俱得有雨泽，惟济南、武定、曹州三府属得雨处较少，兹于十四五两日，齐东、高唐、莱芜、青城、济宁等处各得雨三四五寸不等，省城于十五六两日阴云密布，得有小雨，现在未止，俟甘霖大沛，即当驰奏。　　《高宗实录》卷八一〇

六月【略】乙酉，【略】谕军机大臣等，据方观承奏雨水河道情形一节，所称永定河数次发水，全河大溜悉走中泓下口，极为通畅，两堤之外并少停潦，禾稼在在弥望等语。近日得雨深透，且时阴时霁，早禾晚种可望有秋。但该督此次奏折系本月二十七拜发，而京师地面于二十七八两日入夜以后雨势甚稠，恐自此连阴，不无过多之虑。【略】寻奏：查六月二十七日至七月初二日，夜雨甚大，但俱系夜雨朝晴，是以禾稼转茂。至永定河，于每次大雨后涨水不过尺许，并未涨出漫滩，临河滩地可望全收，民庐亦无损伤。又，蓟运河连日山水暴涨，涨至一丈三尺，已饬河员于水落后即行堵塞，不致泛滥。　　《高宗实录》卷八一三

七月【略】乙巳，谕曰：高晋奏上、下两江地方本年五六月间虽间得雨泽，未能一律普遍，近水低田尚可车引，高阜之区难以戽灌，时已立秋，不能赶种杂粮等语。所奏为时太迟，已于折内批饬矣。【略】寻奏：被旱州县只十分中之一二。【略】豁除江苏靖江县乾隆三十二年分被水冲坍田十四顷六十八亩有奇额赋。蠲免安徽潜山、当涂、无为等三州县学田乾隆三十二年分水灾额赋。【略】戊申，【略】又谕曰：永德奏浙省各府属今岁霉雨未甚畅足，河港水浅，地势稍高处所，农民车灌不无多费工本，且山田间有无水可引之处，刻下望雨维殷，现在祈祷等语。所奏太迟，该省既于五六月间雨泽稀少，该抚即应据实及早入告，乃直迟至七月初始行陈奏，已为缓不及事。【略】寻奏：浙省自七月初六以后各属俱连得透雨，田禾畅发，惟于潜、石门、桐乡三县得雨略迟，将来收成较他处稍减，然并不成灾。无庸赈恤，亦无须补种。　　《高宗实录》卷八一五

九月丙戌朔，【略】缓征甘肃皋兰、金县、渭源、靖远、陇西、伏羌、会宁、通渭、镇原、庄浪、固原、盐茶、安化、武威等十四厅州县本年旱灾额赋。【略】壬辰，【略】谕：山东省乐陵、商河、德平三县上年因雨水过多，秋成歉薄，【略】今春该处得雨较迟，夏麦秋禾收成仍不无稍减，【略】著再加恩将【略】应征未完节年旧欠银谷等项缓至明年麦熟后带征，以纾民力。　　《高宗实录》卷八一八

九月【略】壬寅，【略】缓征河南光州、固始、息县、商城、信阳、罗山等七州县本年旱灾额赋，并借给籽种粮。【略】戊申，谕：据高晋等奏，洪泽湖水于九月十四日加涨，分注运河，夜间因东北风大，致将里河南岸王家田头迤上之堤工漫决十五丈。现在抢筑工竣等语。【略】缓征江苏常州、扬州二府属本年水灾漕粮。己酉，【略】停征湖北孝感、京山、安陆、云梦、应城、应山六县，武昌、武左二卫，德安所本年旱灾应征地丁屯饷钱粮。　　《高宗实录》卷八一九

十月【略】丙辰，【略】又谕：今岁山东、河南、两江等省州县间因得雨稍迟，收成不无歉薄，业经节次降旨，分别赈恤缓征。其直隶霸州等处又因秋雨稍多，间被淹浸，亦谕令该督即行勘查。【略】己未，【略】免甘肃平凉、灵台、庄浪、安化、合水、环县、平罗、西宁、碾伯、大通、肃州、高台等十二州县乾隆三十二年冰雹、水、霜灾地银五百两有奇、粮三千五百石有奇、草三万九百束有奇。武威、宁朔二县水冲地二千二百二十亩零额征并予豁。【略】辛酉，【略】户部议覆，安徽巡抚冯钤疏称，合肥、寿州、凤阳、怀远、定远、霍邱、六安、霍山、泗州、盱眙、天长、滁州、全椒、来安、和州、含山，及庐州、凤阳、长淮、泗州、滁州等二十一州县卫所本年被旱，应征新旧钱粮及节年民欠籽种口粮等项，

请暂停缓。【略】抚恤长芦属沧州、盐山、庆云、青县、衡水等五州县，岩镇、海丰、兴国、富国、丰财、芦台等六场本年被水虫灾贫灶。【略】丁卯，【略】户部议准，直隶总督杨廷璋疏称，直属本年被水、雹等灾，请将最重之霸州、保定、安州、静海四州县先给一月口粮，并摘赈文安、大城、永清、东安、正定、晋州、藁城、宁晋等八州县极贫民，其武清、宝坻、宁河、清苑、安肃、新城、博野、望都、蠡县、雄县、束鹿、高阳、新安、献县、肃宁、任丘、天津、青县、沧州、庆云、南和、平乡、任县、成安、曲周、广平、丰润、玉田、冀州、武邑、衡水、隆平、深州、武强等三十四州县，俟十一月起赈，贫士旗灶并一体办理。【略】其河间、盐山二县被灾地亩俟勘明另题。《高宗实录》卷八二〇

十月【略】丙子，【略】免黑龙江中安托尔谟等座官庄本年霜灾额粮一千一百石有奇。【略】戊寅，【略】赈两淮属富安、安丰、梁垛、东台、何垛、丁溪、草堰、小海、刘庄、伍佑、新兴、庙湾等十二场本年旱灾贫灶，并贷勘不成灾之角斜、板浦、中正、临兴等四场灶户口粮。【略】是月，【略】前任广西巡抚钱度奏报，晚稻丰收。得旨：汝甫到任，即沽名市恩，本应重处，仍令汝为布政。

《高宗实录》卷八二一

十一月【略】丙戌，【略】赈直隶河间、盐山二县本年被水、虫灾饥民。【略】癸巳，【略】抚恤云南邓川、浪穹、鹤庆、剑川等四府州县本年水灾贫民。《高宗实录》卷八二二

十一月庚子，【略】赈河南光州、光山、固始、息县、商城、阳信、罗山等七州县本年旱灾饥民。【略】是月，直隶总督杨廷奏：直属本年偶被偏灾，蒙恩赈贷，其有收处所，米粮亦不免昂贵，请暂停劝捐。《高宗实录》卷八二三

十二月【略】壬申，【略】户部议准，调任陕甘总督吴达善疏称，皋兰、金县、会宁、靖远、通渭、固原、安化、盐茶等州县厅所属村庄本年迭被旱、霜等灾，所有极、次贫民，应先行赈恤。其例不成灾之渭源、陇西、伏羌、镇原、庄浪，及靖远县盐滩、通渭县闫家门等处新旧钱粮并予缓征。【略】癸酉，【略】赈贷湖北孝感、安陆、云梦、应城、应山等五县，武昌、武左二卫，德安一所本年旱灾饥民，并缓征额赋。【略】甲戌，【略】户部议准，盛京工部侍郎兼奉天府府尹雅德疏称，承德、辽阳、海城、广宁等四州县本年被水，请先抚恤一月口粮。《高宗实录》卷八二五

## 1769年 己丑 清高宗乾隆三十四年

正月【略】丁亥，【略】谕：江苏各属上年得雨稍迟，收成不无歉薄，【略】著再加恩将盐城、泰州、东台、兴化四州县被灾九十分之极贫各加赈一个月。【略】丁酉，【略】谕：滇省地方上年雨泽沾足，高下田亩一体丰收，惟大理府属之邓川、浪穹二州县，鹤庆府并所属之剑川州因夏间雨水过多，低洼地亩不无涨漫，业经该督抚题明，降旨善为赈恤。《高宗实录》卷八二六

正月庚子，【略】加赈河南光州、光山、固始、息县、商城、阳信、罗山等七州县乾隆三十三年旱灾饥民。《高宗实录》卷八二七

二月【略】乙丑，加赈盛京旬骊河、二道井各驿乾隆三十三年水灾站丁，其红册、征租、各地银米并分别蠲缓。《高宗实录》卷八二八

二月【略】甲戌，【略】江南河道总督李宏【略】又奏：淮安运河日益宽深，东西坝口门现存十丈，今春雨调匀，应将东坝启拆八丈。以资宣泄。【略】庚辰，【略】赈恤盛京承德、辽阳、海城、广宁等四州县乾隆三十三年分水灾饥民，并蠲缓租赋有差。【略】壬午，谕：钦天监每岁奏报初雷观候，仅据《占书》习见语，于惊蛰后照例具奏，并非闻有雷声，故套相沿，甚属无谓，嗣后此例著停止。

《高宗实录》卷八二九

三月【略】乙酉，【略】蠲免直隶霸州、保定、文安、大城、永清、东安、武清、宝坻、蓟州、宁河、清

苑、安肃、新城、博野、望都、蠡县、雄县、束鹿、安州、高阳、新安、河间、献县、肃宁、任丘、天津、青县、静海、沧州、盐山、庆云、正定、晋州、藁城、南和、平乡、任县、成安、曲周、广平、丰润、玉田、冀州、武邑、衡水、赵州、隆平、宁晋、深州、武强等五十州县，并津军、张家口二厅乾隆三十三年分水灾额赋。【略】己丑，【略】两淮盐政尤拔世奏：泰州分司所属十一场，海州分司所属三场，俱因灾后粮价昂贵，请于各场附近之盐城、板浦等盐义仓内拨谷平粜。报闻。河南巡抚阿思哈奏：光州等各属上年收谷无多，现值青黄不接，米价翔涌，应多减价值平粜，请将被灾极重之光山、固始、息县、商城每石在九钱八钱以上者减二钱，七钱以上者减一钱五分；被灾次重之信阳、罗山每石八钱以上者减一钱五分。

《高宗实录》卷八三〇

三月己亥，【略】又谕曰：盛泰由伊犁回京，询及承办城工各事宜。【略】从前因阿桂奏称，伊犁地方被蝗，秋收歉薄，请将西安兵暂停移驻。【略】戊申，【略】赈恤甘肃皋兰、金县、狄道、渭源、靖远、陇西、安定、会宁、通渭、平凉、华亭、灵台、固原、盐茶厅、安化、宁州、合水、张掖、武威、古浪、平番、宁夏、宁朔、灵州、中卫、巴燕戎格厅、西宁、碾伯、肃州等二十九州县厅乾隆三十三年分水、旱、霜、雹灾民。蠲免安徽合肥、寿州、凤阳、怀远、定远、霍邱、六安、霍山、泗州、盱眙、天长、滁州、全椒、来安、和州、含山等十六州县，及庐州、凤阳、长淮、泗州、滁州等五卫乾隆三十三年分旱灾额赋。

《高宗实录》卷八三一

四月【略】丙辰，【略】蠲免湖北孝感、安陆、云梦、应城、应山等五县，武昌、武左二卫，德安所乾隆三十三年旱灾额赋有差。【略】己未，【略】经略大学士傅恒奏：三月二十四日已抵云南，【略】又奏臣入滇境后，早麦登场，晚麦结穗，雨水虽不甚沾足，旬日内得沛甘霖，尚不甚迟。得旨：京师雨泽系从未有之沾足，即今每日作阴，甚有雨意。【略】丁卯，【略】又谕：京师春雨沾足，直隶及山东、河南各省亦同日优沾，今自四月初十以来，京畿复频得透雨，为数年来所未有，麦收大可有望。前据傅恒奏沿途情形，黔省尚觉雨多，惟云南境内望雨。

《高宗实录》卷八三二

四月【略】癸酉，【略】又谕：【略】今岁京畿及山东、河南等省雨泽调匀，麦秋丰稔。【略】是月，江南河道总督李宏奏：前因骤雨后，黄、运水漾入东坝，未便启拆，今湖水加涨，黄水渐消，已饬道府将东坝拆宽，俾资畅泄。

《高宗实录》卷八三三

五月【略】癸巳，【略】经略大学士傅恒奏：滇省春雨应时，丰收可望。【略】甲午，【略】蠲缓奉天承德、辽阳、海城、广宁等四州县乾隆三十三年水灾额赋有差。

《高宗实录》卷八三四

五月，【略】是月，【略】河南巡抚阿思哈奏：豫省二麦收割，正需翻犁播种晚秋，五月初三日臣途次卫辉，遇细雨半日而止，入土虽不深透，田畴已见融洽。【略】山东巡抚富明安奏：本年麦收丰稔，各属民借未还仓谷，请照六斗抵谷一石之例交仓。

《高宗实录》卷八三五

六月【略】癸丑，蠲免安徽定远、六安、泗州、滁州、全椒等五州县乾隆三十三年旱灾学田二十九顷八十三亩有奇额赋。【略】辛酉，【略】又谕曰：崔应阶奏，福建省城一带因五月二十一日昼夜大雨，致有积水，民居田禾间被淹浸，现已天晴水退等语。【略】乙丑，【略】又谕：近有人奏称，直隶景州地方于麦收后稍觉燥旱，曾经祈雨，旋即沾沛等语。今岁近畿各属春夏以来雨泽普遍优渥，最为应时。

《高宗实录》卷八三六

六月【略】甲戌，【略】谕：据揆义奏，湖北自五月以后，雨水过多，江水陡涨，江夏、武昌等州县地亩房屋多被淹浸，现在率领道府等查勘等语。【略】丁丑，【略】谕军机大臣等，据阿思哈奏报，河南省城于本月十一二日间有小雨，尚未沾透，至十七日得雨，入土二寸，实称甘澍等语。豫省五月内已经普得雨泽，其六月望前所得皆系小雨，田禾正在待泽之时，今甫得雨二寸，何以遽称沾透。【略】戊寅，【略】谕军机大臣等，据伊龄阿奏，湖北黄梅之扁担裂江堤迤上于六月初六日夜因大雨水涨，已成溃口，约长六七十丈等语。前据揆义奏到湖北武昌、汉阳等府属被水情形，并称今年水势

与乾隆三十二年相等。【略】庚辰,【略】又谕:据富尼汉奏,安徽省因六月初一日至初六连日大雨,诸水涨溢,沿江滨湖之怀宁、桐城各州县禀报低洼田地被淹,饬属确查,分别酌量等语。【略】是月,江西巡抚吴绍诗奏:九江地处下游,于五月二十八九至六月初七等日,暴风疾雨,湖北连界之黄梅县后湖涨溢,斗母庵横坝溃口二处,湖水漫入;又初五日夜,风雨甚大,兼之上游川水暴注,高于堤面,黄梅潘兴口迤上江堤陡被冲漫,江水涌入,人力难施。以致德化县之封一、封二两乡全被淹没,其附近之桑落等乡亦淹至十之七八,幸先期预备,未伤人口。【略】此外尚有九江府属德安、湖口、彭泽三县,南昌府属南昌、新建、进贤三县,饶州府属鄱阳、余干二县,南康府属建昌县各报一隅被淹。询之土人,据称即日速晴水退,立秋前尚可补种晚禾。《高宗实录》卷八三七

七月【略】癸未,【略】谕军机大臣等,据明山奏,甘肃地方自五月以来雨水较少,现已得雨三寸,是甘省虽曾得雨,未为优渥。已传旨询问。今日扎拉丰阿奉差回京,询以沿途雨泽情形,据奏陕甘一带颇觉望雨。及召见新任山东按察使王亶望,亦称自甘肃起程后,行至蒲州,始得雨泽等语。看来陕省入夏以来不无稍旱,前此何以未据奏闻。【略】寻奏:查前次未得透雨之咸宁、长安、高陵、咸阳、泾阳、三原、盩厔、扶风、岐山、乾州、武功等州县俱于六月三十及七月初三等日得雨深透。其已得透雨之州县,自七月以来,又各得雨透足,禾苗亦俱畅茂。【略】丁亥,【略】谕:据富尼汉奏,安省被水各府属自六月初七以后迄今半月晴明,节次饬属查勘被淹居民。【略】第念该省系积歉之区,民间元气未复,今岁麦秋又复未能丰稔,现在已届立秋,江潮积水,或未能速消。【略】辛卯,【略】谕军机大臣等,据阿思哈奏,由豫入楚,见襄阳、安陆等处秋禾畅茂,惟荆州一带似觉短雨等语。【略】甲午,【略】又谕:据傅恒等参奏,总兵樊经文上年带领四川绿营兵一千名驻扎缅宁,漫无调度,以致病故、病废有四百余名之多,请旨交部严加议处一折。【略】又谕:据傅恒奏,调拨各处分驻之兵,行至乾枝寨,官员兵丁染瘴病故者共五百二十一名,请将领队之玛格、玉麟交部严加议处等语。

《高宗实录》卷八三八

七月【略】甲辰,【略】又谕:据吴绍诗参奏,星子县知县李应龙于乾隆三十一二等年办理被灾地方赈恤蠲缓案内,捏造被灾户口,浮开侵冒,私收入己,请旨革职拿问等语。【略】己酉,【略】闽浙总督崔应阶奏:浙省被水各属俱已消涸,不致成灾。惟仁和、德清、海盐、平湖、缙云、丽水等县,暨玉环厅属成灾之处,照例抚恤。【略】是月,【略】安徽巡抚富尼汉覆奏:安省被水州县怀宁、桐城、宿松、望江、潜山、太湖、贵池、铜陵、东流、当涂、芜湖、繁昌、无为、巢县、和州、含山、宣城、庐江等十八州县被淹较重,南陵、合肥、滁州、全椒、青阳、建平等六州县被淹较轻,俟勘明成灾分数,据实题报。【略】署河东河道总督暂署河南巡抚吴嗣哲覆奏:豫省各属自七月十七日以后得雨深透,可庆丰收。

《高宗实录》卷八三九

八月【略】己巳,【略】谕:江南海州所属盐场地方,本年春夏雨水稍多,稻秫未免歉收,所有该属上年借给口粮一万余石,【略】著加恩缓至明年麦熟后征收。【略】庚午,【略】谕军机大臣等,据吴绍诗奏,江西省城七月下旬无雨,望泽甚殷,今于八月初六、初九等日甘霖大沛,高下田亩俱极深透,雨势甚为浓厚等语。【略】辛未,【略】贷给湖北黄梅、黄冈、蕲水、蕲州、广济、江夏、武昌、咸宁、嘉鱼、蒲圻、兴国、大冶、汉阳、汉川、黄陂、孝感、沔阳、天门、云梦、江陵、公安、石首、监利二十三州县,武昌、武左、沔阳、黄州、蕲州、荆州、荆右七卫本年被水贫民口粮籽种,分别缓征额赋。赈恤甘肃皋兰、河州、渭源、金县、靖远、循化厅、沙泥驿州判、红水县丞、安定、洮州厅、张掖、山丹、东乐县丞、古浪、平番、巴燕戎格厅、西宁、碾伯、大通、肃州、高台二十一厅州县本年被旱贫民,缓征新旧额赋。【略】甲戌,【略】蠲免浙江海宁县乾隆三十三年被潮坍没冲废沙地、公地六十三顷四十亩有奇额赋。【略】是月,直隶总督杨廷璋奏:遵勘滏阳河,缘本年雨水稀少,上游泉源不旺,兼之磁州水利营田,正需蓄水灌溉,无水下注,是以衡水至宁晋河道,仅有水尺余及五六寸不等,上游更多断流成陆之

处。现在情形实系无水干涸，并非淤浅。《高宗实录》卷八四一

九月【略】辛巳，【略】谕军机大臣等，据顺天府尹蒋元益奏报，八月份米粮价值单内所开数目俱较上月稍增，今岁畿辅一带俱属丰稔，目下正值刈获登场，杂粮入市必多，价值理应平减，何以转增于前。【略】丁亥，【略】赈恤山东东平州、东平所二处本年被水贫民。《高宗实录》卷八四二

九月【略】己亥，【略】赈恤江西德化、德安、瑞昌、湖口、彭泽、南昌、新建、进贤、鄱阳、余干、星子、都昌、建昌等十三县本年被潮灾民。赈恤浙江仁和、钱塘、归安、乌程、长兴、德清、武康等七县，杭严、嘉湖二卫本年被水贫民，分别蠲缓额赋。【略】辛丑，【略】赈恤陕西定边县本年被雹灾民，缓征新旧额赋。【略】是月，【略】湖广总督吴达善覆奏：武昌省城及各属于八月二十日以后俱得雨泽，中、晚稻俱已登场。《高宗实录》卷八四三

十月【略】辛亥，【略】谕军机大臣等，今年安徽、湖广、江南等省各有被水州县，西成未免歉薄，其江苏、浙江二省又因雨水连绵，低田间被淹浸；福建、山东、广西亦有山水陡发，一隅偏灾；陕甘一带夏间得雨稍迟，并雨雹之处，节次皆经降旨，分别赈恤缓征。【略】缓征江苏上元、江宁、句容、溧水、高淳、江浦、六合、长洲、元和、吴县、吴江、震泽、常熟、昭文、昆山、新阳、太湖、娄县、青浦、武进、阳湖、无锡、金匮、江阴、宜兴、荆溪、靖江、丹徒、丹阳、金坛、溧阳、山阳、阜宁、清河、安东、盐城、高邮、泰州、东台、江都、仪征、兴化、萧县、邳州、太仓、镇洋、海州、沭阳、泰兴等四十九州县厅，苏州、太仓、镇海、镇江、淮安、大河、扬州、仪征等八卫本年水灾民屯额赋，并旧欠漕粮。【略】戊午，【略】缓征直隶定兴、邢台、沙河、宣化、龙门、怀来、蔚州、西宁、保安、易州、献县、阜城、交河、沧州、盐山、庆云、青县、静海、衡水、景州、冀州、武邑、灵寿、曲周、万全、怀安、四旗等二十七州县厅本年霜、雹、水灾贫民额赋，并借给口粮籽种。《高宗实录》卷八四四

十月【略】乙丑，【略】赈恤长芦沧州、盐山、庆云、青县、衡水等五州县，严镇、海丰等二场本年旱灾灶户。赈恤安徽怀宁、桐城、宿松、望江、贵池、铜陵、东流、当涂、芜湖、繁昌、无为、庐江、巢县、和州、含山、太湖等十六州县，安庆、建阳、庐州等三卫本年水灾贫民，并蠲缓新旧额赋。丙寅，【略】又谕：据方世俊奏，湖南澧州、武陵等七州县本年夏间雨水稍多，下田漫溢，业经借给籽种，补种晚禾，其中澧州、武陵等五州县收成俱称中稔，惟华容、安乡二县种植稍迟，秋收歉薄。【略】戊辰，【略】缓云南邓川州乾隆三十三水灾民屯额赋。【略】甲戌，【略】又谕：据吴绍诗奏，南昌、新建、进贤、鄱阳、余干、都昌、建昌等七县连年被水，所有带征漕粮及本年应征之项，一时力难并纳等语。【略】是月，两江总督兼管江苏巡抚高晋奏：【略】查大江以南，民食专藉米粮，江北一带兼食米麦杂粮，现在麦豆价值每石自九钱至一两三钱，较米价平减，且可就近采买，应令淮、扬、徐、海、通等五府州属不拘麦豆，择其价平者购买。《高宗实录》卷八四五

十一月己卯朔，【略】贷齐齐哈尔、黑龙江二处本年水灾打牲乌拉口粮。庚辰，【略】停征浙江宁海、玉环、永嘉、永清等四县厅本年旱灾饥民额赋，并贷给籽种。【略】己丑，【略】赈恤甘肃渭源、河州、狄道、金县、陇西、宁远、安定、伏羌、通渭、岷州、平凉、静宁、泾州、庄浪、隆德、镇原、泰州、古浪、庄浪厅、宁朔、宁夏、巴燕戎格、西宁、大通等二十四州县厅本年水、旱、霜、雹灾饥民，并蠲缓新旧额赋。【略】壬辰，加赈山东东平州、东平所本年水灾饥民。《高宗实录》卷八四六

十一月【略】丙申，【略】经略大学士公傅恒等奏：臣等进攻老官屯，日夜黾勉，急图成功，现在贼情不过藉木栅为固守计，若分兵前取木梳、猛密等处，贼必接应，再绕后夹攻，自当易克。奈因本年瘴疠过甚，交冬未减，原派各营兵三万名、满兵一千名，现计仅存一万三千余名，加以领队大臣亦多患病，未能分路击取，贼匪得以全力自固。得旨：以此观之，撤兵为是。【略】丁酉，【略】加赈甘肃会宁县本年旱灾贫民，并蠲缓额赋。《高宗实录》卷八四七

十二月己酉朔，【略】赈恤江西德化、德安、南昌、新建、进贤、鄱阳、余干、星子、都昌、建昌、瑞

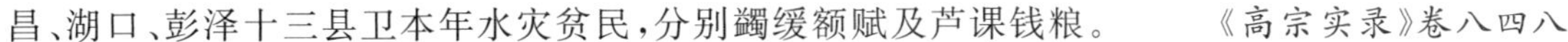

昌、湖口、彭泽十三县卫本年水灾贫民，分别蠲缓额赋及芦课钱粮。　　《高宗实录》卷八四八

十二月【略】戊辰，【略】蠲缓浙江仁和、钱塘、安吉、归安、乌程、长兴、德清、武康等八州县本年水灾贫民漕粮，其旧欠蠲剩银米并缓征。　　《高宗实录》卷八四九

## 1770年 庚寅 清高宗乾隆三十五年

正月【略】辛巳，谕：上年浙省杭州、湖州二府所属近水八州县因夏雨积多，低田间被淹浸，【略】所有仁和、钱塘、安吉、归安、乌程、长兴、德清、武康八州县，并坐落乌程等州县之嘉湖卫，坐落仁和等县之杭严卫，各被灾极贫户口，著再加恩加赈一月。【略】又谕：上年江西滨临江湖各州县田亩间被水灾，【略】著再加恩将南昌、新建、进贤、鄱阳、余干、星子、建昌、都昌、德化、德安、瑞昌、湖口、彭泽十三县被灾九分十分之极贫加赈两个月，次贫加赈一个月。【略】又谕：去年湖北汉阳、黄州府属因夏雨稍多，江水漫溢，沿江各县被有偏灾，【略】所有黄梅、广济、汉阳、汉川四县及坐落四县之武昌、武左、黄州、蕲州四卫，并蕲州卫坐落宿松、德化等处之屯田皆属被灾较重之区，著再加恩将成灾九分之极贫加赈两月，其九分之贫与七分八分之极贫、次贫均加赈一月。【略】壬午，【略】谕：江苏各府属州县内，上年因雨水过多，间有被灾之处，【略】著再加恩将高淳、溧水、江浦、六合、宜兴、荆溪、金坛、溧阳、海州九州县被灾九十分之极贫加赈两月，九十分之次贫、八分之极贫均加赈一月。【略】又谕：安徽各属上年因春夏雨多，或江湖泛涨，滨水之地被有偏灾，【略】著再加恩将怀宁、桐城、宿松、望江、贵池、铜陵、东流、当涂、芜湖、繁昌、无为、巢县、含山、和州十四州县被灾九十分之极贫加赈两月，九十分之次贫、八分之极贫俱加赈一月。其安庆、建阳、庐州各卫均随屯坐州县一体加赈。　　《高宗实录》卷八五〇

二月【略】甲寅，【略】豁除奉天海成县水冲沙压地四百五十二亩有奇，余地十九晌五亩有奇额赋。【略】丁巳，【略】蠲免山东东平州、东平所乾隆三十四年分水灾地亩四千三百三十一顷有奇额赋，并免赔水冲仓谷五千四百四十石有奇。　　《高宗实录》卷八五二

二月【略】甲子，【略】缓征长芦沧州、盐山、庆云、青县、衡水、严镇、海丰等七场乾隆三十四年旱灾灶地三千八百二十五顷七十九亩有奇额赋。赈恤陕西定边县乾隆三十四年雹灾贫民，缓征新旧额赋。【略】辛未，【略】春分，【略】蠲免直隶灵寿、曲周、万全、怀安等四县乾隆三十四年雹灾地九百六十七顷十一亩有奇额赋。　　《高宗实录》卷八五三

三月【略】戊子，【略】福建巡抚温福奏：福建省会人多产薄，上流雨少水涸，客米较少，青黄不接。　　《高宗实录》卷八五四

三月癸巳，【略】又谕：本月十四日驻跸台头地方，戌时以后即有微雨，飘洒竟夕，至十五日辰时雨止。京师道里相距不远，晴雨当约略相同。【略】乙未，【略】谕军机大臣等：巴彦弼等奏请采买粮石，【略】以该处年岁丰稔，粮价平减，请动公项，乘时收买麦谷一万石备用。【略】丙申，【略】又谕：昨据富尼汉奏，南阳府地方三月初六日得雨四寸，于二麦自属有益，但闻河北一带尚未均沾，并闻该处上年收成稍歉，此时望雨尤切。深廑朕怀。【略】丁酉，【略】河南巡抚富尼汉奏：彰德、卫辉、怀庆三府冬雪春雨均少，汤阴、临漳、林县、汲县、淇县、浚县、滑县、辉县、延津、孟县仅得微雨，土脉高燥；获嘉、新乡、修武、济源、武陟、河内地高盼雨更甚，现在设坛祈祷。【略】寻奏：彰德、卫辉、怀庆三府属雨泽尚未沾遍，乾隆三十三四两年秋收本歉，民鲜盖藏，现与藩司筹画安阳等二十二县被旱乏食穷民酌借一月口粮，每亩借给籽种银六分。【略】癸卯，【略】豁除甘肃西宁、大通二县被水冲压地十四顷十一亩有奇额赋。赈抚甘肃狄道、河州、渭源、金县、陇西、宁远、伏羌、安定、会宁、平凉、静宁、泾州、灵台、镇原、隆德、庄浪、盐茶、宁州、环县、正宁、古浪、平番、庄浪、宁夏、宁朔、灵州、中

卫、平罗、巴燕戎格厅、西宁、大通、秦州、通渭、花马池州同等三十四厅州县乾隆三十四年水、旱、霜、雹等灾贫民，缓征额赋。【略】乙巳，谕军机大臣等，昨据杨廷璋面奏，李湖办送兵差在磁州地方，于三月二十日得雨五六寸。【略】今据富尼汉二十二所奏折内称，各府属虽已节次得雨，尚未透足，其河北一带雨泽尤稀，高阜之区麦渐就黄萎，收成难免歉薄等语。是直隶二十日之雨，河北竟未均沾，尤为廑念。【略】丁未，【略】又谕：据富尼汉奏，河南省彰德、卫辉、怀庆三府属入春以来雨泽稀少，二麦未能概望有秋等语。彰德等三府所属地方连年秋收未能丰裕，本年二麦收成又恐歉薄，当此青黄不接之时，小民生计不无拮据，著加恩将安阳、汤阴、临漳、林县、内黄、汲县、新乡、辉县、获嘉、淇县、延津、滑县、浚县、河内、济源、修武、武陟、孟县、原武等十九县所有乾隆三十四年钱粮未完民欠，并安阳、汤阴、汲县、新乡、获嘉、淇县等六县所有乾隆三十四年带征，三十三年缓征未完民欠均缓至本年秋后征收，以纾民力。

《高宗实录》卷八五五

四月【略】辛亥，【略】又谕：据富尼汉奏，彰德等府春雨稍稀，有地贫民业荷借给口粮，其无地力作之民，请于丹、沁两河工程借帑兴修，以资代赈等语。【略】丙辰，【略】谕军机大臣等，吴嗣哲奏，东省沿河州县于三月二十六等日连次得雨，高下地亩均已透足，二麦长发，丰稔可期等语。前经富明安陆续奏报，各属连得透雨，远近均沾，看来东省二麦可望丰收。向来京师需用麦石，多藉豫、东二省商贩转输接济，今年豫省河北一带得雨未能沾足，将来麦收歉薄，未必能复供近京之用。【略】丁巳，蠲缓浙江仁和、钱塘、归安、乌程、长兴、德清、武康、安吉八州县，杭严、嘉湖二卫乾隆三十四年分水灾额赋有差，并予加赈。戊午，【略】蠲缓江西南昌、新建、进贤、鄱阳、余干、星子、都昌、建昌、德化、德安、瑞昌、湖口、彭泽十三县乾隆三十四年分水灾额赋。

《高宗实录》卷八五六

四月【略】丙寅，【略】谕军机大臣等，杨廷璋奏，保定、河间等府州于初七八日得雨一二三四寸不等，十六日保定郡城又得雨一寸，土膏更觉滋润等语。恐尚未尽确实，京师自初二日得雨以后复得微雨二次，沾土不过寸许，高阜尚未能一律耕种，日来盼望优霖，宵旰萦念。看来保定等处情形大略相同，虽雨泽屡沛，究不能十分透足。此时已交夏令，气候渐次炎蒸，恐沮洳濒水之地蝻孽易致潜生，而天津一带为尤甚，不可不先事预防。现在传谕达翎阿就近留心察捕，著传谕杨廷璋悉心体察，即速通饬所属，一体实力勘办，多方收挖蝻子，以绝根株。倘遇间有萌动之处，即行迅速扑灭净尽，毋任少有蔓延，或致遗蝗滋害。日来农田光景及有无续经得雨情形，具折覆奏，以慰廑怀。寻奏：随时刨挖蝻子，现未萌生，各府雨透，麦已滋长，惟保定、顺天二府及热河道属雨泽颇稀，麦未遍种。报闻。又谕：京师自四月初二日得雨以来，尚未续得透雨，朕心盼望甚殷，兹据杨廷璋奏，保定、河间各属得雨情形亦大概相同，农田究尚未能一律沾足。目今时届夏令，晴煦日久，积水之处，蝻孽最易萌生，现已有旨，令杨廷璋饬属通行查勘，务期实力及早防范。其天津一带地本斥卤，又多苇荡沮洳之区，际此炎气渐蒸，尤不可不加意巡查搜剔，以免成蝗滋害。著传谕总兵达翎阿，即行悉心体察，多方收挖蝻子，以净根株。如遇有滋生处所，迅速上紧扑捕净尽，勿任稍有蔓延。倘办理未能周到，或致遗害农田，惟于该镇是问。并著将日来该处有无蝻孽及雨泽是否沾沛情形，即行具折覆奏。寻奏：四月初一、初七、十六等日均得雨数寸，土脉濡润，田禾滋长，现无蝻子萌生。报闻。【略】庚午，上诣黑龙潭祈雨。【略】癸酉，【略】蠲免陕西定远县乾隆三十四年分雹灾额赋有差。

《高宗实录》卷八五七

五月【略】戊寅，【略】谕：京师自四月初二日得雨以后，低田幸已播种，高阜仍未能一律深耕，近日虽间获微雨，尚未优渥，现在节届芒种，农民望泽甚殷，朕心深为廑切。【略】己卯，【略】谕军机大臣等，据明山奏，武威、张掖等厅州县均于三月十九、二十、二十九，并四月初一等日，各得雨自二寸至三四寸及深透不等，皋兰省城亦经复得透雨等语。【略】寻奏：四月十六至二十三等日各属已得透雨，夏禾滋长，惟兰州、平凉二府雨未甚足，地土稍干。报闻。

《高宗实录》卷八五八

五月【略】乙未，谕：京师自入夏以来，虽节次得雨，尚未深透，现在将届夏至，大田正当播种，待泽甚殷，业经降旨，设坛祈祷。【略】戊戌，【略】谕：前因山东雨泽沾足，二麦可望丰收，曾降旨富明安，令酌量情形，采买新麦二三十万石解京备用，今据奏，东省沿河市集因麦收有迩，旧麦价值亦平，现已采买四五万石，即饬员运京。【略】庚子，谕军机大臣等，前据杨廷璋奏，保定府城及附近一带地方，虽间得阵雨，尚未深透，本日阅该督奏到各折，并未提及雨水情形，看来此数日内似尚未得有透雨，深为廑念。【略】辛丑，【略】谕军机大臣等，前因近畿一带雨泽稀少，低洼处所恐有蝗蝻萌动，不可不预为防制，曾降旨杨廷璋等留心体察，今据达翎阿奏称，中塘洼地方微有蝻子蠢动，现在上紧扑捕等语。上年直属天津附近地方，冬雪既少，今年入夏以来，虽节次得有雨泽，入土未能深透，日来时令炎蒸，天津沮洳之地，其势尤易滋长。已传谕达翎阿，令其实力扑捕，无任稍有蔓延。其余直隶所属洼下之区，不可不悉心防范。著传谕杨廷璋，即督饬所属上紧查办，遇有萌生之处及时扑灭，务期根株净尽，不得少留遗孽，亦不得徒为奉行故事，但令焚烧苇荡，遽尔塞责，转致生翅远扬，殆贻害地方也。将此传谕知之。

《高宗实录》卷八五九

闰五月【略】丁未，【略】谕军机大臣等，据永德奏，豫省除归德、南阳、汝宁、陈州所属地方陆续得雨外，其余各属自五月以来均未得雨，现在设坛祈祷等语。看来豫省迤北一带望雨甚殷。前据杨廷璋奏，惟保定、正定未得透雨，其顺德、广平、大名三府属四月间雨泽沾足，大田普遍耕种。今正定以北既未获优霖，河南又急于盼泽，三府适当其中，岂能独为优渥，前此所言，似未足深信。【略】此时惟上紧查捕蝗蝻最为切要，至于循例祈祷、为民请命，自不可不尽心，即现在京师盼雨甚殷，朕实日夜焦劳。【略】又谕曰：永德奏归德、南阳、汝宁、陈州四府及陕、光二州所属地方陆续得雨，其余各属自五月以来均未得有雨泽，省城亦经半月余不雨，现在设坛祈祷等语。已于折内批示矣。【略】至于天气久晴，积水之区，炎蒸易滋蝻孽。现在直隶天津、宝坻低洼处所俱有蝻子萌生，豫省亦多沮洳之地，向易潜滋，著永德及早留心确查，若稍有萌动，即速上紧扑捕，毋使蔓延滋患。其所称延津等四县秋苗被风伤损，自应酌借籽种，俾得乘时赶种晚禾。【略】寻奏：开封、河南两府得雨深透，通省大半沾足，早禾勃发，晚地已耕，现在尚无蝗蝻，倘有萌生，即当扑捕。得旨：欣慰览之。戊申，【略】谕军机大臣等，京师于初三日戌刻获有雨泽，竟夜稠密。现在雨尚未止，且云气浓厚，雨势必宽。【略】各属能否深透，并天津、蓟州各处所有蝗蝻，曾否扑灭净尽，一并查明奏闻。寻奏：保定省城连日得雨，入土盈尺，极为沾渥。正定、天津、河间三府，遵化、深、冀、易、定、赵六州均得雨数寸及尺余不等，禾苗茁发。顺德、广平二府得雨分数稍减，禾亦滋长。各处现有平粜接济，粮价未昂。天津中堂洼并玉田、蓟州、武清等处蝗蝻俱已扑灭。报闻。【略】己酉，谕军机大臣等，前据裘曰修等奏称，于本月初一日自京起程，分道前往蓟州、宝坻一带扑捕蝗蝻，迄今已逾数日。【略】辛亥，【略】又谕：此次天津、蓟州、宝坻等处蝻孽萌生，经该地方文武各官董率属员，克期扑灭净尽，办理甚为妥速。所有天津镇达翎阿、藩司周元理、天津道宋宗元【略】等均著交部议叙，其余在事文武员弁仍著该督查明具奏，一并交部议叙。【略】乙卯，【略】谕：昨降旨，将天津、蓟州、宝坻等处扑捕蝗蝻之在事各官交部议叙，原因该处蝻孽甫经萌动，地方文武即能克日搜捕净尽，不致滋长蔓延，是以特将伊等议叙，以示奖励也。至裘曰修等续奏前往武清马家营等处地方捕蝗一折，据称现在已能跳跃，扑捕较为费力，则是该处地方官不能及早体察防范，以致渐次长成，办理已不得谓之妥速。设令扑除不力，任其长翅飞扬，贻害邻境田禾，方当按例严行治罪，俾人共知惩儆。即使及今促办完竣，亦只功过相抵，无可加之奖励。若不明为区别，令得滥邀优叙，则此等阘茸之员，转以地方生蝻为叙录之阶，此风岂可复长。所有武清扑捕迟延各员，该督等不得概予议叙，其后有类此者，亦照此旨行。【略】己未，【略】又谕曰：裘曰修等奏在永定河、武清、东安连界扑捕蝻孽，忽见飞蝗南来，渐往西北，周元理即带领员役尾追，视其所落之处扑打，自应如此办理。至折内又称，窦光鼐带同都司糜大礼前往迤南一带，照飞来方向寻觅，所办甚属错谬。窦光鼐为人拘钝无能，自顾尚且不暇，焉能彻底根查，得其实情。裘曰修平日尚属晓事，如即亲往查勘，当不至为人蒙蔽，今既目击情形，自应迅速赴蝗起飞处所，查明贻误之地方官，参奏治罪。而留窦光鼐在彼督捕，方合事理，乃竟安坐武清等处，仅听窦光鼐前往一查塞责，全不知实心任事，已属非是。至折内称，将来或于隐僻无人之河淀等处查得一语，尤为取巧，其意不过以隐僻河淀，寻觅难于周到，隐为玩误劣员预留地步。此等伎俩，岂能于朕前尝试耶。裘曰修著交部严加议处，仍著即往迤南一带，切实根究，倘于起蝗处所之讳匿不报州县，复为徇庇开脱，裘曰修能任其咎乎。【略】又谕：【略】向来扑打蝗蝻，曾拣派乾清门侍卫协同办理，此次著派乾清门侍卫巴达色博灵阿、德和布德尔、森保，并著福隆安选派三营勤干将备，一同星速迎往东南，自京至武清、东安一路遇有飞蝗，即会同地方官多雇人夫，加紧扑打，务期迅速捕除净尽，毋令稍留余孽。【略】谕军机大臣等，据裘曰修等奏，十二日在武清、东安连界扑捕蝻孽，忽见飞蝗南来，渐往西北，自酉正至戌初以后，方行过尽等语。【略】此等飞蝗如此蔓延，其致此必非一日，该地方官于此等农田切要之事，一有见闻，当即禀知总督，何以至今未见奏及。著传谕杨廷璋，令其即行前往根查，所有起蝗处所之该地方官，先事既不尽力捕除，临时复不申报，一经查出，立予按例严参治罪。仍一面督饬在事人员，竭力速扑，务期迅速净尽，无任稍留遗孽，其中如尚有任意延玩，不肯实力办理之员，一并飞速查参，毋得稍为姑息，将此速行传谕知之。

《高宗实录》卷八六〇

闰五月辛酉，谕军机大臣等，据杨廷璋奏称，接藩司周元理禀报，武清、东安连界地方见有飞蝗自南而往西北，现在选委干练人员分头确查飞蝗来历，协同扑打，并于十五日轻骑亲往严查督捕一折。此事前据裘曰修等奏至，既派侍卫巴达色等带同三营将备迎往扑捕，饬令裘曰修亲赴迤南一带查明蝗起处所，将贻误之地方官据实参奏。并传谕该督，即行亲往查办。今该督闻报，次日即轻骑前往，严查督捕，自能妥速集事。但杨廷璋年逾八旬，精力亦须自爱，现在天气炎热，若触暑自行督捕，或致稍有烦倦，转于公事无裨，该督但当选派妥干员弁，实力扑打，并不时留心查察，毋使稍存遗孽，贻害田禾，固不在仆仆道途，徒劳筋力也。但蝗虫至于鼓翅飞扬，实由该地方官因循玩误所致，其罪难于轻逭，自应查明蝗起处所，该州县严参重治，以示惩儆。前裘曰修奏内，有幽僻无人之河淀等处一语，明系为劣员等预留开脱地步，有心取巧，已将伊交部严加议处。试思州县各有分界，岂有无人管理之地，即云苇丛河淀，非人迹所常经，而有司当查捕蝻孽时，于此等沮洳处所即应及早留心搜剔，岂得诿为耳目所难周。且普天之下，尺土寸田，孰非司牧者所当隶治，虽万里以外之新疆，尚各有人统辖其地，安有近畿属邑，转得以无人二字，为阘茸之员宽其责任乎。杨廷璋务须切实根究，将飞蝗所起之地方官即速查参，毋得稍存姑息。至京师，昨晚澍雨滂沛，今巳时以后雨复酣畅，且云势甚广，畿内应亦普沾，飞蝗遇此大雨，自必翅湿堕地，难于腾起，实可资为洗灭之助。正当速趁此时竭力扑打，施功较易，断不可惮于泥泞沾濡，旷时自懈，致晴后复有蔓延。将此传谕杨廷璋，饬属上紧搜捕，歼除净尽。仍将现在办理，如何之处，迅速奏闻，并谕令裘曰修、窦光鼐知之。寻杨廷璋奏：武、东连界处所生蝻孽已于十四日捕净，其停落飞蝗，员弁乘雨扑打，亦经除尽。藩司周元理亲赴迤南一带根究飞蝗起处，禀到即将该州县严参。臣精力尚健，现往河工办理堵筑。报闻。【略】癸亥，【略】谕军机大臣等，昨据周元理奏，查觅十二日所过飞蝗，西北通州、香河一带毫无影响，秋禾并未伤损。询之督捕员弁及农民等，俱云是夜飞蝗，并未停落，旋翔回东南，散落于黄华店迤南，武清、东安连界低洼处所等语。今日，又据派往侍卫巴达色等奏，据武清县众民禀称，该县东南黄华店谢口附近现有飞蝗，即前往查看，所占之处约宽二十余里，现在竭力扑打。并经裘曰修面称，他处尚无蝗虫等语。看来此种飞蝗，既经查明西北并无踪迹，而回至迤南即散落黄华店一路，该处仍属武清地面，或即系该处未经捕净之蝗，或县属南境别有长发，未往扑捕，以致

展翅飞扬俱未可定。且小蝗翅力有限，未必竟能及远，其所盘旋谅不出数十里远，而黄华店又在武清、东安连界之南，今既落聚彼处，安知前日飞过者不即从彼而起。至以境地方向而论，如京城在圆明园之南，相隔十余里，不得谓海淀非京师地面也。裘曰修前奏，并未深察飞蝗踪迹，但以为自南而来，已不免意存粉饰，且诿之隐僻无人之河淀，预为属员开脱地步，又并不亲身往查，仅令一愚无能为之窦光鼐前赴勘察，其意尤为取巧。业降旨交部严加议处，并责令自往，切实根究矣。试思府尹自往捕蝗，即督捕未尽，仍然长翅飞起，此亦情理所有，果据实奏闻，朕必谅其力所难为，岂肯加之责备。若以顾虑处分，饰词诿过，又令不能根查之人前往塞责，并冀免其规避形迹，朕岂能受其尝试，正所谓弄巧成拙耳。至杨廷璋年逾八十，原不能以筋力为劳，昨已谕令无庸冒暑自行扑捕，但于蝗起处所，必须派委亲信干员确切根求，查明参处，此则该督专责。倘稍存瞻顾之见，希图含混，调停了事，惟于该督是问。将此详谕杨廷璋，并令裘曰修、窦光鼐将现在曾否扑尽及查明起自何地，迅速据实奏闻。【略】甲子，【略】又谕：据增福奏，凤阳府属宿州境内秦家湖等处偶有蝻孽萌动，现经巡抚胡文伯、藩司范宜宾前后亲往查勘督捕等语。前据胡文伯奏称，宿州境内蝻子萌动，于五月二十六日驰赴该处搜捕，当于折内批令，俟净尽后速行奏闻。迄今已将一月，想该抚早已到彼，而旬日以来，未见将该处扑捕情形奏到，不知现在曾否净尽。著传谕胡文伯，一面率属将所有余孽实力上紧搜捕，毋任稍有留遗；仍一面将现在已、未扑灭情形，即速奏闻。【略】乙丑，【略】又谕：据杨廷璋奏，永定河北岸二工六号决口刷宽，渐致夺溜，现已速驰赴工察看督办等语。【略】本日又据索诺木策凌等折奏，白家滩地方蝗虫业已生翅，查系昌平州宛平县所属，该州县并不派人前往扑打等语。已谕令杨廷璋明白回奏。今年春夏少雨，恐沮洳之地久晴蒸晒，蝻孽易萌，曾谕令该督严饬各属及早搜查，毋任滋长。今白家滩蝗虫竟致长翅飞扬，该地方官于查办蝻子时，何以漫不经心，并不早为捕治，致生翅滋蔓，又不申报上司。及今蝗已长发，尚不亲赴扑捕，实属玩视民瘼，著杨廷璋即速查明参处。【略】丁卯，【略】又谕曰：永德奏，该省永城县境并无蝻孽，但与安徽交界之宿州王家店等处生有蝗蝻，因饬员驰往，查得永城之谢家庄有飞蝗落地，即往扑灭。至该县连界之宿州，蝻子既多，复饬开归道孙廷槐等，再行委员协捕净尽等语。地方州县遇本境蝗蝻生发，辄指称邻省飞来，希图掩饰。今永城县境内飞蝗，安知不即系本地蝻孽萌生，未能早为搜捕，以致长发飞扬，及见势已蔓延，辄思诿罪邻封，妄冀免过。永德一闻禀报，何竟信以为实，不复严饬确查，任其推卸。且如所云，永城境内既有飞蝗，而邻近之宿州地面又多蝗蝻飞跃，扑捕不容稍缓，该抚何仅派一道员前往，遂为塞责，竟尔安坐省城，惮于亲历乎。著传谕永德，即速前往永城察勘情形，董率所在文武员弁，上紧扑打防护，毋使稍留余孽。并确查谢家庄飞蝗实系起自何处，如即系该县玩误捏饰，迅速参究治罪，勿稍姑息。仍通饬各属，一体确查，如有滋生之处，立时设法搜捕，毋任朦混贻患。将此传谕知之。仍将现在有无扑灭之处，迅速由驿奏闻。寻奏：谢家庄飞蝗，系由宿州秦家湖等处飞落，永城实无萌生之处，宿州蝗蝻现亦扑灭。报闻。又谕：前据胡文伯奏称，宿州境内蝻子萌动，于五月二十六日亲往搜捕，当于折内批令，俟净尽后，速行奏闻。昨于本月十九日，以胡文伯、范宜宾俱往宿州一带捕蝗，复经传谕该抚，将现在已、未扑灭情形速奏。今复据永德奏称，闰五月初十日，归德府毗连宿州之永城县谢家庄，有蝗自东南飞落地内；又，相距永城一百三十里之宿州秦家湖，并相距八十里之宿州孚立集，又有蝗蝻飞跃等语。是宿州一带之蝗蝻，不但未能净尽，并已长翅飞跃。胡文伯等在彼督捕为时已久，何以仍致长发蔓延。且该抚等自到宿州以后，并未将该处现在情形据实具奏，殊不可解。著即传谕胡文伯，一面率属实力搜捕，毋令稍有留遗，并将不行出力之员严行查奏，仍一面将已、未扑灭情形迅速由驿奏闻，毋再迟延干咎，将此传谕知之。【略】戊辰，【略】谕军机大臣等，据三全奏，热河地方大雨，山水陡发，已令热河道明山保详查有无冲坏房屋、伤损人口之处，报明直隶总督。狮子沟等处满洲厄鲁特营房院墙间有倒坏，亦令该旗佐领修补等语。【略】辛未，谕军机大臣等，据窦光鼐奏查察蝗蝻一折，总无一清楚语，已于折内批饬矣。此事前经裘曰修折奏，窦光鼐先往查勘踪迹时，已知其不能查办明白，且折内种种取巧，预为地方官开脱地步，于窦光鼐又何足深责。昨裘曰修折到，果以各处并无踪迹为词。而本日窦光鼐所奏，连篇累牍更无一字明晰，又安望伊等之实力根求参处耶。看来就窦光鼐折内所奏各地名，大约飞蝗起落总在文安、大城、武清、东安一带，则自萌动滋长以至长翅飞扬，其潜伏处所当不离此数县地面，果能确切体勘其事，本不难办，何以始终支离缘饰，希冀颟顸了事耶。至杨廷璋身为总督，蝗蝻踪迹皆在直隶本境，虽扑捕之事不以筋力为能，而遴员访查实在蝗起处所，此自当加紧督饬，务令水落石出，参处示儆，毋得稍存徇隐瞻顾之见。将此详悉传谕，仍将现在各处曾否扑灭净尽及飞蝗究竟起自何处情形，即速奏闻。壬申，谕：据杨延璋奏，查究飞蝗起处，即系武清、东安二县地面，果不出朕所料。折内请将玩视民瘼之知县甄克允、郭麟绂革职拿问，该管各员严加议处等语，已交部严察议奏矣。该县等于蝻孽初萌之时，并不搜寻刨捕，以致蔓延飞散，贻害田禾，罪无可逭。该管上司自有应得处分，至霸昌道王锡命，系监司董率大员，乃一味狃于外吏苍滑习气，并不实力督办，殊属有乖职守，王锡命即著革职。所遗霸昌道员缺，著定敏捕授。此次飞蝗初起自武清、东安之间，由南而北，旋即南回，散落黄华店一带，其为即系该县等地面所生，更无可疑。前经裘曰修等初奏时。朕早已洞悉及此，当即传谕，令其确切查究此等踪迹。在窦光鼐诚不足以知之，至裘曰修，岂得亦以不知自诿，乃先将河淀隐僻无人一语，预为地方官开脱地步。昨据覆奏，果以并无踪影为辞，其为心存取巧，又安能自行置喙。若窦光鼐之为人本系拘钝无能，此次查办蝗蝻所奏各折，总无一语清楚，岂能复胜府尹之任。窦光鼐著以四品小京堂用，所遗顺天府府尹员缺，即著裘曰修降补。其不能严督属员实力搜捕，所有应得处分，仍著交部严加议处。【略】癸酉，【略】又谕：据西宁、达翎阿奏，武清县迤北相近蔡村一带，停落飞蝗已经扑捕搜查尽绝；现由蔡村、杨村一路巡查，并将天津地方分头搜查等语。看来武清等处所有蝗蝻现已扑灭，巴达色等自可无须在彼督捕。但此次飞蝗回翔起落已非一日，恐扑除之后或尚有一二搜寻未到之处，潜留滋长，旋致蔓延，不可不务尽根株，以杜后患。著传谕西宁等，仍于天津一带地方悉心查访，现在果否净绝无余，如稍有遗种，即速竭力搜扑。一面奏闻，候朕派员协同督办，不得因已经奏报扑灭完竣，少有疏懈贻误，并意存回护讳饰，重自取戾。将此谕令西宁、达翎阿知之。甲戌，谕：据杨廷璋奏，查白家滩地方系北城与昌平州宛平县连界分管之地，该州县既不预行搜挖蝻子，及长翅成蝗，又不即前往扑捕，罪无可辞。应将昌平州知州庄夔、宛平县知县恽庭森请旨革职拿问，并自请同藩司及该管之同知道员一并交部严加议处一折，已批交部议矣。白家滩蝗蝻长发，州县各官自应严惩示儆，但其地即系北城连界管辖，该巡城御史等即应早为查察，据实奏明，协同督捕，何竟视同隔膜，并不实力查办，岂该御史所司仅以城坊词讼为职掌，而于此等关系民瘼之事，竟可置之不理耶，著交都察院堂官，将该巡城御史等查参，交部议处。【略】豁除江西乐平县乾隆三十五年分水冲沙积地四十亩有奇额赋。

《高宗实录》卷八六一

六月乙亥朔，【略】谕军机大臣等，据德成、杨廷璋奏办理永定河北岸漫口情形一折称，本月二十八日亥时大雨如注，河水陡涨，将新下之埽掀撼漂浮，现在水深二丈五尺，钉桩难以稳固，惟有漫口以北老坎尚属坚实，即于该处斜镶软坝，挑溜入河，仍于坐湾顶冲，更开河引溜归旧等语。【略】又谕：据德和布德尔森保奏，本月二十七日在三河县夏店之东见有飞蝗一阵，尾随五六里，落在齐家屯地方，现在率同同知刘峨及参将闫正祥等扑打等语。三河地方既有飞蝗落处，自应迅速搜捕，毋任蔓延，杨廷璋何以竟无见闻，不早为奏及，周元理亦不知现在何处。著传谕杨廷璋，即速转饬周元理，星往该处，督率地方官上紧扑除净尽，毋稍延缓干咎。【略】丁丑，【略】谕：密云县现有飞蝗生发，著派索诺木策凌驰驿前往扑捕。【略】庚辰，【略】谕军机大臣等，本日据奎林等奏，大兴县之

黄庄、定福庄、太平庄、高井四处现有蝗蝻，该县知县并不上紧办理，所带民夫亦少等语。著交杨廷璋查明参奏。其通州、密云、怀柔、静海等处飞蝗翔集无定，若必根究其所起，既恐查访未确，而该州县转得互相推诿，于现在督捕之事致有懈弛。该督只因就飞蝗停落处所，无论其是否他处飞来，督饬所在地方官尽力剿捕，无得稍有余孽。其有怠缓从事者，即予查参，庶各知所儆畏，蝗孳可尽得扫除。将此传谕杨廷璋知之。又谕：据崔应阶奏，巡查绍兴所属地方，离水远者稍觉干涸，及至杭州省城，于二十五日得雨三四寸等语。寻奏：闰五月二十三四等日，绍兴稍觉干涸，旋于二十五日后与杭州俱得透雨，各属现无报旱处。报闻。【略】癸未，【略】又谕：据窦光鼐奏请，嗣后拨打蝗虫，凡民人佃种旗地之户，令理事同知饬谕各庄头一体拨夫应用一折，阅其所奏近理，已批交该部，照所请速行矣。但思地方遇有捕蝗之事，凡属旗地皆当与民田通力合作，共同佽助。即内务府所属大粮庄头，亦应一体派拨。若自以旗庄，遽欲免差，则如江浙绅衿田亩亦将依恃宦户，规避一切役使可乎。且按地派夫捕蝗，仍以护其田地，岂有听其置身事外，独任民夫代为扑捕之理。【略】丙戌，谕军机大臣等，据永德奏，豫省永城、夏邑等处俱有飞蝗停落，现在扑捕，根寻踪迹，实由江南萧县飞来等语。前经永德折奏，豫省搜捕蝗孽，系与安徽宿州毗近之地，今宿州已报扑除净尽。而永德前赴永城一带亲查，则系与下江萧县连界蔓延所致，该督抚何以前此并未奏及。即本日萨载奏到，但称查勘萧县、砀山一带，所有前报蝻孽生发之处，现已扑尽。此折系在永德具奏之前，如果已经扑净，则永德所遣归德府知府赵瑗，何以亲赴萧县查勘时，尚见蝗蝻出土，飞腾跳跃，且有布囊带回送验之事。是萧县地方官并未加紧实力办理可知，似此玩视民瘼之劣员，不可不查参严处，以示惩儆。著传谕高晋、萨载，即速确实详查，具折参奏。并将现在江苏生蝻处所、曾否设法扑捕、果否净尽情形，迅速覆奏，毋得稍存讳饰之见，自取咎戾。永德原折，并著抄寄阅看。【略】戊子，【略】谕曰：三全等奏称，六月初七日热河地方大雨，广仁岭以内各山沟及狮子沟等处山水涨发，官兵民房被冲数百间，伤损人口颇多等语。据三全所奏，此次水灾较二十四年较重，著派英廉、索诺木策凌驰赴热河，会同三全、永和查明被水房间人口，俱照二十四年加倍赏给，妥为抚恤。【略】己丑，谕军机大臣等，前据窦光鼐奏，各处旗佃应一体出夫捕蝗，已批如所请行。复思扑捕蝗孽，原以保卫田禾，非特旗佃当协力赴公，即大粮庄头亦不应稍存歧视，未知直隶向来作何办理。恐窦光鼐未能深悉原委，因令杨廷璋查明具奏。今索诺木策凌回京，问及此事，则称蝗蝻长发处所，不但旗佃人等尽力争扑，即王公属下旗人无不协同扑打。并曾面询周元理，亦称他处俱系如此办理等语。看来窦光鼐前奏竟属荒唐，乃伊言之凿凿，果何所见而云，然亦当有所指实。著窦光鼐明白回奏，并著传谕杨廷璋，将现在确情彻底查明，据实覆奏，毋得稍有隐饰瞻徇。　　《高宗实录》卷八六二

六月庚寅，谕：据文绶奏，兴安州江水漫溢，灌入旧城，冲损官署民房堤岸，并有淹毙人口等语。【略】辛卯，【略】又谕，据胡文伯参奏，捕蝗懈缓之署宿州知州张梦班等一折，已批交该部严察议奏。至另折所称，前因蝻孽尚未飞腾远去，地方官皆督夫扑捕，未经参奏等语。是诚何言，甚属非是。地方偶有蝻孽萌生，或由先期雨泽稀少，更值天气炎蒸，势难保其必无。朕亦何尝因一经生蝻，遽科有司之罪。司民牧者，平时自当悉心体察，防于未然，及生发之初，即力为设法搜捕，原可不留遗孽，以人力胜之。果其捕除迅速，方当交部优叙，以示奖励。若始事既已玩延，浸至飞扬滋蔓，渐益孳生，其为贻害田禾，将复何所底止。是以捕蝗定例甚严。朕于玩视民瘼之劣员，从不肯少为宽贷，而于捕治蝗蝻之实政，亦不容稍有稽延。即如今年夏，直隶近畿州县多有蝻子间段长发，朕既责令大吏率属克期扑捕，有诿卸贻误者，令该督指名严参治罪。并特派侍卫等前往竭力会办，所至即随时净尽，不致伤损庄稼。可见捕蝗并非人力难施之事，任封疆者，岂可徇州县官诡饰之词，因循姑息，不亟亟为闾阎除大患乎。且蝗蝻自初生以至跳跃，俱有踪迹可寻，纵使长翅飞腾，究不离旁近地面，安能远越百余里外。成群停集，即或疆壤毗连。偶然飞入，地方官亦当上紧集夫扑灭，

保卫农田。若意存畛域，藉口邻封，以致躭延日久，其与本境滋长者何异。况飞蝗所起之处，遗孽必不能尽绝，原难掩人耳目，是办理捕蝗之事，只应就现有蝗蝻处所，视地方官之用力不用力，以定功罪，不必更问起自何方。若置现在而不论，转欲究所从来，则如裘曰修前次查捕武清、东安飞蝗，辄谓其生于河淀无人之地，为怠玩属员预留开脱地步，不复切实根查，岂可为训。今胡文伯所称，尚未远去，冀为该知州宽免处分，其见与裘曰修相去无几。于事理全未体会，徒使黠猾之吏，以蝗不出境，苟幸无事为得计，谁复肯及时力捕，尽心民事乎。是胡文伯失察生蝗之处分尚轻，而为劣员文过之情节较重。胡文伯著交部严加议处。嗣后捕蝗不力之地方官，并就现有飞蝗之处，予以处分，毋庸查究来踪，致生推诿。著为令。并将此通谕各督抚知之。谕军机大臣等，杨廷璋所奏扑捕蝗蝻民人旗佃，向俱一体出夫一折，已批交窦光鼐明白回奏矣。今日复据窦光鼐覆奏，折内称旗庄不能拨夫应用，系询之三河、顺义两县及东路同知，即周元理亦有旗庄不肯借用口袋之语，与该督所奏不符。所有窦光鼐原折，著寄杨廷璋阅看，并著查明具奏。朕办理庶务，必须穷究底里，以定其是非真伪，从不肯颟顸了事，将此并谕杨廷璋知之。【略】壬辰，【略】谕军机大臣等，前以天津、蓟州、宝坻三处扑捕蝻孽，办理尚为妥速，曾经降旨将该处在事各员交部议奖，旋因裘曰修等前往武清等处捕蝗，奏称现在扑捕费力，则是该处前此查办不善，业经渐次长成，复谕该督不得概予议叙，以昭平允。但自查捕蝗蝻以来，各处俱节次生发，蔓延不已，如夏店曾有飞蝗停落，其地正与蓟州毗连，而安光双口等处，即系天津境内，静海县亦天津所属，是各该处前此扑捕亦未必能实在净尽。果尔伊等又当续有应得处分，若不详加确核，遽令滥邀叙录，何以示彰瘅之公。朕于诸臣功罪，事无巨细，从不肯颟顸了事，著传谕杨廷璋，将已交议叙之三属，前后捕蝗实在情形，并有无滋蔓贻患之处，逐一查明。并将各该员何人应叙，何人应处，据实分晰折奏，毋得少有含糊，徇饰致滋冒滥。【略】甲午，【略】又谕：顷三和自热河回京，据奏，古北口地方于本月十六日午后山水涨发，兵民房屋被淹，人口亦间有损伤者。【略】谕军机大臣等，据宫兆麟奏，黔省上年秋收、今年麦收俱未丰稔，现在正需平粜，常平仓米不敷，请于黔省附近之四川省办米六万石，湖南省办米十二万石，广西省办米二万石，于平粜价内按数拨还三省归款等语。【略】丙申，【略】又谕：现在大雨时行之候，京师近日雨水略觉过稠，每望云气多系自西南而来，不知山左一带迩来晴雨是否停匀。【略】丁酉，【略】谕：据杨廷璋奏，北运河张家王甫堤漫工，甫经合龙，因十四五六等日大雨，河水盛涨，以致复有漫溢汕刷等语。【略】寻奏：大城、文安二县外，顺天、保定、天津三府属计被水十五州县，贫民酌借口粮，坍房给予修费，仍设法疏导。【略】庚子，谕军机大臣等，据高晋、萨载覆奏，萧县原报生蝻处所，经该道府扑灭，萨载覆看，实无蝗蝻。与豫省所指之地不符，其续报所生蝻子，经永德委员取回验看，亦属细小等语。地方遇有飞蝗，每以疆界毗连，彼此互相推诿，冀图卸过，最为外吏恶习。昨曾降旨宣谕，嗣后查办捕蝗不力之地方官，只就现有飞蝗之处予以处分，毋庸查究来踪，致生诿卸。今高晋等所奏，竟以豫省飞蝗并非萧县所生，为属员预留地步，尚未亲履其地，何以辄存成见，信其必无。著传谕高晋、萨载，即行据实查明参奏，毋得少有回护瞻徇。《高宗实录》卷八六三

七月【略】丙午，【略】又谕：前以高晋奏称，胡文伯与范宜宾不相洽，共事日久，恐于吏治无益。【略】乃今日范宜宾奏到凤阳等处报有飞蝗一折，据称屡行具禀前往扑捕，该抚未经批发，及面告胡文伯，复以飞蝗无定，难以查看为词，不令前往，范宜宾不敢因循误公，一面通禀，自往查看等语。【略】丁未，【略】蠲免安徽宣城、当涂、芜湖、合肥、无为等五州县学乾隆三十四年水灾学田租银八十两有奇。【略】戊申，【略】又谕：前据杨廷璋节次奏报，直属生蝻处所，俱已扑捕净尽，现在仍加意查察等语。今据提督衙门访查海子迤南采育地方，复有蝗蝻萌动，已派人前往扑捕。今节候虽已届秋令，而天气尚觉炎蒸，蝻孽仍易滋长，采育一处如此，恐他处亦所不免。目下各处村庄，秋田长发茂盛，西成可望，断不可使蝗蝻复发，致滋伤损。著传谕杨廷璋，即速饬属详细搜查，而曾经产蝻之

所，恐遗孽未尽，尤宜加意。如稍有萌生之处，务即迅速扑灭，毋使少有留遗，致妨禾稼。仍将查办情形，即行具折覆奏。寻奏：臣饬属查有蝻处，俱经克日除尽，现在禾稼畅茂，并无妨碍，转瞬即届白露，虫孽不致萌生。报闻。【略】乙卯，谕：据窦光鼐回奏，派拨旗庄人夫一事，请将顺义县知县王述曾、三河县知县周世浤解任，并传东路同知刘峨、北路同知张在赴军机处质问等语。所奏胶执支离，尤属不晓事理。此次直属拨夫捕蝗，毋论地方官原系循照旧规，旗庄民田均匀派用。即如窦光鼐所云，旗庄之夫，或出或否，到场难而较迟，据此已足为均派之明验。【略】至窦光鼐另折所奏护田夫一项，以若辈尽力巡查，且至荒废本业，复为鳃鳃过计，以衣食无由取给为虞，更为迂鄙可笑。护田夫之设，不过令于蝻子萌生时，各随本处田地搜查，或遇蝗孽长发，会力扑捕，并非使之长年株守田畔，于三时农业，概行抛弃也。即如设兵防守汛地，亦第于汛内轮番侦逻稽查。又岂责其终日登高瞭望，方为斥堠。【略】寻议：窦光鼐前后条奏派拨旗庄扑蝗等事，执迷纰缪，请照例革职。【略】又谕：京师数日以来间有阵雨，时作时止。未知古北口一带地方晴雨光景如何。【略】寻伍讷玺、王进泰覆奏：臣等清出城墙地面，现在筑打地基，【略】十二日雨大，多有积水，当即戽淘。【略】丁巳，【略】豁免浙江仁和、余姚二县潮冲坍没坍荒田地地丁银十四两有奇、米十四石有奇。

《高宗实录》卷八六四

七月【略】壬戌，谕曰：范宜宾奏，霍邱等州县遗蝻甚众，该县李世瑛等并不实力扑捕，均属膜视，请旨将李世瑛、钟鼎、杨先仪交部严加议处等语。李世瑛、钟鼎、杨先仪俱著革职拿问，胡文伯、范宜宾及该管道府著一并严加议处。【略】甲子，谕：顺天府属武清、东安、宝坻、宁河、永清、香河等六县因闰五月内雨水稍多，河水泛溢，村庄禾稼不无伤损。【略】丙寅，【略】谕军机大臣等，【略】据西宁奏，【略】六月间连日大雨，河水涨发，低处盐坨间有淹损。【略】丁卯，【略】吏部议奏：两江总督高晋等奏称，萧县知县谢宣境内蝻孽萌生，不能实力扑捕，应请革职拿问。该管淮徐道姚立德、知府边廷抡、该抚萨载、总督高晋均应议处，除该道姚立德已奉旨改为革职留任外，应将知府边廷抡革职，巡抚萨载、总督高晋均照例降三级调用。【略】癸酉，【略】蠲免安徽怀宁、桐城、潜山、太湖、宿松、望江、宣城、南陵、贵池、青阳、铜陵、东流、当涂、芜湖、繁昌、无为、合肥、庐江、巢县、滁州、全椒、来安、和州、含山、建平等二十五州县，及安庆、宣州、建阳、庐州四卫乾隆三十四年分水灾额赋有差。是月，直隶总督杨廷璋奏：查周家庄等处各段漫工，因六月十五六七等日大雨连宵，大清、子牙、南北二运河四水并涨，汇归三岔河口，由堤顶漫过，竟横决于周家庄等八处，以致漫溢堤工十二段，计长三百一十余丈。【略】以致被淹村庄甚多。【略】河南巡抚觉罗永德奏：查勘武陟被水村庄，因山水陡发，水由地面直向南趋，流入黄河，各村内俱有堤埂阻碍，停蓄不流，积至二三四尺不等。房屋田畴尚无损伤，惟低洼处所间有被水淹浸。

《高宗实录》卷八六五

八月甲戌朔，谕：昨已降旨，将被水之顺天府属武清等六县于八月内普赈一月，以资接济。其霸州、固安、蓟州及天津府属之天津、静海等五州县今年被水亦重，穷民待哺，【略】著加恩将此五州县被灾村庄不分极贫、次贫亦均于八月内先行普赈一月。

《高宗实录》卷八六六

八月己丑，【略】谕：前因直隶被水各属赈务需米颇多，业经降旨，将截留漕粮并拨通仓米共四十五万石，交杨廷璋饬属妥办。【略】著再加恩拨通仓米二十万石，俾得宽裕赈给，贫民口食益滋接济。【略】庚寅，军机大臣等议覆，安西提督巴彦弼、乌鲁木齐办事大臣徐绩等奏称，乌鲁木齐所属迪化、宁远、阜康三城【略】近缘年岁丰收，户民将粮入市变价缴官，而粜者甚少，每小麦一石减至价银五钱，尚难售卖，户民不能全行完纳。查本年应征房马价银四千九百余两，除户民能完者听便，其不能纳银之户，每银五钱照市价纳粮一京石，为支发兵粮之用，应如所请。从之。【略】壬辰，谕：今岁古北口被水较重，该处驻防及绿营兵丁等所居房屋，虽已赏银缮葺完整，而衣食之需尚恐未免拮据，著再加恩赏借一季钱粮。【略】乙未，谕：今岁热河被水较重，【略】著加恩将热河驻防及绿营兵丁照古北口之例，赏借一季钱粮。【略】壬寅，【略】谕：据范宜宾奏，泗州卫军屯地内祥家山地方现有飞蝗，该卫守备焦廷遴讳匿不报；又来安县、甘家港等处亦有飞蝗，并无人夫扑捕，实系该县知县韩梦周玩误所致，其署县事县丞尚之璜亦不上紧扑捕，该管知府王二南并不实力督捕，转出具净尽甘结，请交部严加议处等语。焦廷遴、韩梦周、尚之璜、王二南均著交部严加议处。胡文伯前为该省巡抚，范宜宾身为藩司，彼时尚未卸事，所属州县既有飞蝗，并不选派诚实妥干大员分投尽力严查，致各该员得以匿饰数月之久，均难辞咎，胡文伯、范宜宾著一并交部议处。【略】是月，【略】署浙江巡抚熊学鹏【略】又奏：查得安吉、长兴二州县地势低洼，天目诸山之水由该州县溪河而出。七月望后，阴雨连绵，溪河骤涨，以致近溪之田被水淹浸。现在天晴水涸，田间禾稻农民收拾晒扬，尚有三四五分收成。

《高宗实录》卷八六七

九月【略】乙巳，【略】抚恤山东章丘、邹平、新城、齐河、济阳、禹城、临邑、长清、陵县、德州、平原、德州卫、商河、利津、阳谷、寿张、范县、观城、朝城、聊城、堂邑、博平、茌平、清平、莘县、高唐、东昌卫、博兴、高苑、乐安等三十州县卫本年水灾饥民，并缓征新旧钱粮额赋有差。【略】丙午，【略】又谕，据高晋奏，游击吴其雄、把总童升巡洋船只于七月二十三日在小羊山海面遇东北风大作，飘至浙江地方，船身击碎，军械尽皆沉没，淹毙兵丁三名，碰伤兵丁十六名。【略】戊午，【略】谕：豫省河内、武陟二县本年夏间因沁河漫溢，被淹地亩较多，虽现在收成通计尚有七分，而低洼地区不免歉薄，穷民究属拮据。

《高宗实录》卷八六八

九月，【略】是月，【略】两江总督高晋等奏：本年上、下两江丰稔，江苏省积年动缺谷，并应买平粜补额谷，共计六十九万余石，应及时买补。照现在谷价六钱八分，每石量加银八分，以为搬运水脚。现饬司动支库银二十万两，发属买补。得旨：好，如所议行。【略】署浙江巡抚熊学鹏奏：仁和、海宁二县一带海塘，时届九月，水落潮平，查得北岸河势日渐涨宽，南岸蜀山外之沙日渐坍卸，似于中亹有渐开之势，其通塘柴土石各工，悉皆平稳。得旨：好消息，知道了。【略】河南布政使何煟奏：豫省秋收丰稔，播种二麦得雨深透，粮价平减，地方宁谧。

《高宗实录》卷八六九

十月癸酉，【略】谕：今岁江苏省收成丰稔，据该督高晋等查奏，各属俱报十分收成者至四十八州县之多，惟江浦、丹阳、山阳、阜宁、海州等五州县间有一隅被水，收成稍歉之区，以通县而计，尚不及十之二三。【略】丁丑，【略】谕：今岁东省齐河等十七州县卫间有被水村庄，业经谕令该抚查明抚恤，其勘不成灾之章丘等十三州县及齐河等十七州县卫，毗连灾地之处，虽田禾被淹甚轻，民力究未免拮据。【略】丙戌，赈贷浙江萧山县钱清场本年水灾贫民，并缓额征。

《高宗实录》卷八七〇

十月戊子，谕军机大臣等，本年直隶、山东、江苏等省虽通计收成俱稔，而各有被水州县，西成未免歉薄。【略】其浙江省秋间海潮漫溢各属，田庐多有损伤。甘肃所属皋兰等州县夏禾亦间被旱灾，虽勘不成灾者居多，恐秋成亦不免稍歉。【略】庚寅，【略】工部议覆，署浙江巡抚熊学鹏奏称，杭州、嘉兴、绍兴、太湖、象山、宁波等处营房墩台风潮吹塌，应令该总兵、副将等就近查勘开报。【略】壬辰，【略】户部议覆，直隶总督杨廷璋疏称各州县被灾应行赈恤事宜。一、勘明被水、被雹村庄成灾之武清、宝坻、宁河、香河、霸州、保定、文安、大城、固安、永清、东安、宛平、大兴、涿州、顺义、怀柔、密云、清苑、安肃、定兴、新城、高阳、安州、望都、容城、蠡县、雄县、祁县、新安、天津、静海、沧州、青县、津军厅、成安、曲周、广平、大名、南乐、清丰、元城、万全、龙门、定州、丰润、玉田等四十六州县厅，按成灾分数蠲免钱粮，并极、次贫民自十一月起，分别给赈口粮。【略】己亥，【略】又谕：今岁直隶保定、天津等府属州县被水偏灾，业经陆续拨发帑金五十万两，并拨通仓米六十万石，谕令该督于各州县应行普赈、摘赈，及冬春大赈时银米兼放。【略】是月，护理江苏巡抚布政使李湖奏：江浦、丹阳、山阳、阜宁、海州等五州县今年歉收各户，明春青黄不接之时，民食或有拮据，请于正二月间各户计口借给一月口粮。【略】陕甘总督明山奏：甘省土瘠民贫，【略】今核各属收成六分有余者，粮价亦属中平，预行采买，庶仓储得裕，民借有资。报闻。 《高宗实录》卷八七一

十一月【略】甲辰，【略】加赈山东齐河、济阳、禹城、阳谷、寿张、范县、观城、朝城、聊城、堂邑、博平、茌平、清平、莘县、高唐、济南卫、东昌卫十七州县卫本年水灾贫民，缓征旧欠钱粮。并予章丘、邹平、新城、临邑、长清、陵县、德州、平原、商河、利津、高苑、博兴、乐安等十三州县葺屋银两有差。【略】壬子，【略】蠲免甘肃狄道、河州、渭源、金县、陇西、宁远、伏羌、安定、会宁、通渭、平凉、静宁、泾州、灵台、镇原、隆德、庄浪、盐茶厅、宁州、环县、正宁、古浪、庄浪厅、平番、宁夏、宁朔、灵州、中卫、平罗、花马池、巴燕戎格厅、西宁、大通、秦州等三十四厅州县卫乾隆三十四年被雹、水、旱、霜灾额赋。【略】癸丑，【略】抚恤云南浪穹县本年水灾贫民。 《高宗实录》卷八七二

## 1771年 辛卯 清高宗乾隆三十六年

正月【略】甲辰，【略】谕：上年直隶地方因夏间雨水过多，各州县被灾较重，屡经降旨加恩，并先后动拨部库银八十万两，又拨通仓并截留漕米共六十万石，令该督加意抚恤。【略】著再加恩将被灾较重之武清、东安、宝坻、宁河、永清、香河、霸州、固安、蓟州、天津、静海等十一州县，自六分灾极贫至七八九十分极、次贫旗民再行加赈一月。至大兴、宛平、通州、青县、沧州等五处并著一体加赈。【略】丙午，谕：上年浙江滨海州县猝遇风潮，间有被灾处所，【略】著加恩将海宁县之南沙公地，仁和、安吉、长兴三州县，仁和一场查明被灾极贫，除例给籽本外，于本年三月内加赈一月口粮。【略】戊申，谕军机大臣等，京师上年冬间得雪两次，近畿一带亦据该督等奏报节次得雪，惟迤南各处沾被尚未能普遍。豫省各属，昨据该抚奏报惟南阳等属得雪数寸，省城及河北各府尚未普沾。

《高宗实录》卷八七六

正月戊午【略】又谕：据永德奏，河北三府两月以来竟无雨雪，农民望泽甚殷，开封等属于新正得雪二三寸，省中仅有零雨，不成分寸等语。该省河北等处上年春雨缺少，二麦歉收，去冬经该抚折奏，各该府大田均属有秋，市价平减，民气宁谧，即夏间被水之河内、武陟二县亦系一隅偏灾，业已缓征旧欠，借给籽种，无庸再行赈赡，故今春未降恩旨。【略】寻奏：彰德、卫辉、怀庆三府属自上年十月得雪后久无雨泽，至正月二十一日得有时雨，河北各府普沾，麦收不虞减损。

《高宗实录》卷八七七

二月【略】癸未，【略】蠲浙江海宁、安吉、长兴、萧山四州县乾隆三十五年被水灾地应征漕项额赋，并缓蠲余及各项旧欠银米各有差。 《高宗实录》卷八七八

二月【略】庚寅，【略】蠲缓浙江仁和、海宁、安吉、长兴、山阴、会稽、萧山、上虞八州县，仁和、钱清二场，并坐落安吉州之湖州所乾隆三十五年被水灾地应征本年及带征未完民赋各有差，并赈恤借贷如例。 《高宗实录》卷八七九

三月【略】乙巳，【略】蠲长芦属沧州、青县、庆云三州县，严镇、海丰、兴国、富国、丰财、芦台六场乾隆三十五年水灾灶地额赋，并缓蠲余及勘不成灾地亩应征银两有差。【略】丁未，【略】谕军机大臣等，前据留京办事王大臣奏，京城每日过午起风，看来并未得雨，今奏到得雨二寸。【略】壬子，【略】又谕：闻临清州及陵县有经水冲漫沙压盐碱地一千余顷，屡年试种无成，不能垦复农民完赋无资。 《高宗实录》卷八八〇

三月【略】己未，【略】谕军机大臣等，前据明山奏，甘省冬雪未能普遍，时值春融播种，望雨颇殷，现在设坛祈祷等语。【略】兹在行宫召见毕沅，据奏该省河东各属连年迭被偏灾，岁收已属歉薄，去年夏秋复多被旱之处，腊雪又稀，间有得雪处所，亦未能沾足，起程时察看土脉干燥，春麦未

种。幸甘省节候较迟，若三月上旬得雨，尚可赶种夏田等语。【略】又据毕沅奏称，甘省兰州、巩昌、平凉所属积歉州县常平仓谷因屡被偏灾，随时赈借，现在所存无几等语。【略】是月，【略】陕甘总督明山奏：甘省春雨愆期，屡奉垂询，今于三月上中旬近省各属得雨二寸至四寸不等，惟兰州、巩昌、平凉等府属与凉州府属之古浪、平番等县连岁偏灾，粮价颇昂，必须借粜兼行。批：亟应为者。

《高宗实录》卷八八一

四月【略】乙亥，【略】谕军机大臣等，【略】近畿地方去岁麦既歉，今春又未得透雨，现在麦将秀穗，待泽甚殷，此时即遍沃甘膏，尚恐麦收分数略减，不能不藉商贩之接济。而山左于三月初优渥春霖，通省并皆深透，昨巡跸所经，目睹麦田芃茂，又可满望丰收。【略】戊寅，【略】又谕，近畿地方春间缺雨，天气又日渐炎热，恐去岁有蝗处所，蝻孽仍复萌生，不可不及早设法搜捕，以除农田之害。著传谕杨廷璋，严饬所属，实力查办，毋以具文了事，致滋贻误。至天津一带，滨海沮洳为蝗蝻聚匿之薮，现在葺治兴济、捷地两处坝工，并挑浚下游海口，已令该道宋宗元在彼上紧督办。其一带地方皆沮洳生蝻之处，正可乘便翻剔，尤易集事。著西宁、达翎阿前往该处，会同宋宗元，于海滨遗蝻之地实力另雇人夫，加紧搜捕，以绝根株，毋任稍留余患，亦莫误挑河正务。【略】癸未，【略】兵部议覆，两江总督高晋奏称，定例凡有蝗蝻地方，文武官弁有能合力搜捕，应时扑灭者，该督抚确查具奏，准其纪录一次。其缉捕不力，文职有应得处分，而武职独免。请嗣后武职员弁，应照文职作何递减议处，定例遵行。臣等查武职，不及早合力扑捕，以致长翅飞腾者，专汛官照州县官革职拿问交部治罪例，革职酌减，免其拿问。该管上司不速催扑捕者，兼辖官应照道府降三级留任例，酌减降二级留任。统辖官应照布政使降二级留任例，酌减一级留任。提镇应照督抚降一级留任例，酌减罚俸一年。再，地方过蝗蝻，知府、直隶州不行查报者，革职；司道督抚不行查参者，降三级调用；武职兼统提督各官有不行查报及不移会督抚题参者，当与文职一律议处，不得酌减。从之。甲申，谕：京师春霖未渥，入夏以来虽节次得有微雨，总未优沾，现在麦苗秀穗之时，大田亦正值长发，待泽甚殷，朕心深为廑念。

《高宗实录》卷八八二

四月丙戌，上诣黑龙潭祈雨。【略】庚寅，【略】谕军机大臣等，据崔应阶奏，高邮、宝应一带本年春夏以来雨泽稀少，运河底水止三尺余寸，江广帮船行走濡滞等语。【略】丁酉，谕，据吉梦熊奏，现赴京城西南一带查勘有无蝗蝻踪迹，惟庞各流石等村庄荒地内间有蝻子如蝇，零星跳跃，正在督属搜捕。【略】是月，直隶总督杨廷璋奏，臣于四月初九日率同司道祷雨，初十、十一连宵达旦，入土三寸，旋据各府属所报，初三、初六等日得雨一二寸不等，久晴后藉以滋培长养，俟得深透，再行奏闻。【略】山东巡抚周元理奏：山东雨泽滋润，二麦已经成熟，早谷高粱青葱畅茂。【略】陕甘总督明山奏：【略】臣查兰州、巩昌、平凉等府所属，于三月十七八等日节次得有雨泽，夏禾长发，更可乘种秋禾。

《高宗实录》卷八八三

五月【略】癸卯，【略】谕军机大臣等，据明山奏报甘省得雨情形一折，内称惟皋兰、金县、安定、会宁、古浪、平番等县俱系连年积歉之区，今春缺雨，所种夏禾无几。兹皋兰等处虽经得雨，只可补种秋禾，而古浪、平番尚未据报得雨，现饬将拨运仓粮酌量借粜，以资接济等语。【略】寻，文绶奏：春间少雨，所种夏禾无几，四五月得雨后赶种秋禾，现已长发。除各属夏秋田禾可望收者不计外，夏禾被灾如泾州、固原、静宁、盐茶厅、隆德、红水河县丞、循化厅、安定、会宁、金县、皋兰、平凉、平番、古浪、狄道州、沙泥州判、崇信、华亭、环县、抚彝厅、张掖、山丹、东乐县丞、武威、镇番、花马池州同、河州、宁远、漳县、岷县、宁夏、宁朔、平罗、清水三十四州县厅。【略】庚戌，【略】谕军机大臣等，据五福奏，伊带领萨哈勒索丕祈雨，该处自初七日酉时至初八日未时得雨沾足等语。京城一带虽已得雨，仍未沾足，著传谕五福即带领萨哈勒索丕前来，一路虔祈至汤山行宫，祈求雨泽。

《高宗实录》卷八八四

五月【略】己巳，【略】谕军机大臣等，京师自昨日酉刻竟夜雨势甚大，未知北运河水势若何。【略】是月，直隶总督杨廷璋【略】又奏：五月初四、初七等日，各府属报得雨自三四寸至五六七寸不等，兹省城于初十日又得大雨，查各乡实已深透沾足。得旨：欣慰览之。近京一带虽亦屡沾，觉尚未深透，实不能释怀也。

《高宗实录》卷八八五

六月庚午朔，【略】谕军机大臣等，据周元理及藩司海成先后奏报，汶河暴涨，东平、汶上二州县近河村庄有漫溢之处，已量为抚恤安顿，酌借籽本，俾得及时补种等语。【略】辛未，【略】谕军机大臣等，据福隆安奏，五月二十八日夜间大雨，花儿闸运粮河南岸冲开河口一段，涨四丈有余，又一段一丈有余等语。

《高宗实录》卷八八六

七月【略】庚子，【略】谕军机大臣等，京城自初一日巳时起，雨势甚大，竟夜未止。【略】壬寅，【略】谕：今秋雨水较大，京城内外旗民房屋墙垣坍塌不少，必有压毙人口者，著交步军统领衙门查明，酌量加恩。谕军机大臣等，京城自初一日巳时起，至初二日雨势甚大，恐于河务民田均有关碍，已传旨询问杨廷璋。【略】乙巳，【略】又谕：京师七月初一、二等日雨势较大，日来亦间有密雨，每见云气多自东南一带而来，未知山东省近日雨水多少，田禾情形若何。【略】寻奏：山东七月初一、二等日雨甚绵密，兖、沂、曹、东、登、莱六属并无被水，惟济、青、泰、武四属间有淹浸，亦系偏隅。【略】直隶总督杨廷璋奏：省城初一、二日时雨时晴，初三日臣赴定兴，询知北河水发，初四日臣渡河时水已渐退，沿途禾苗并未被淹。惟据良乡、涿州禀报，道上积水，遂飞饬确勘，是初一、二日大雨，惟在定兴以北。【略】丙午，【略】直隶总督杨廷璋奏：据永定河道满保禀称，七月初二日芦沟桥水发，南岸二工漫口七十余丈，北岸二工漫口一百余丈外，尚有水漫断堤一十五处。【略】寻奏：【略】至滨水之区，上年被灾数十余处，今止十七州县，成灾与否，尚未可定，且发水稍迟，田禾已将次成熟，水过后收成未免略减，而子粒仍自饱满，今岁情形实比去年为胜。【略】壬子，【略】直隶总督杨廷璋奏：大兴等十七州县与霸州等十二州县被淹，臣确查分数，大兴、宛平、良乡、固安、永清、东安、霸州、武清等八州县颇重，涿州、密云、怀柔、通州、昌平、雄县、安州、蠡县、新城、文安、保定、香河、宝坻等十三州县次重，三河、高阳、任丘、安肃、南乐、怀来、定州、元城等八州县较轻。【略】又，蔚州、延庆、西宁三属前据禀报，有被雹村庄，亦经饬查。

《高宗实录》卷八八八

七月甲寅，【略】谕：据何煟奏，豫省立秋以来阴雨连绵，沁黄并涨，较二十六年水势尤盛，昼夜修防，工程在在平安等语。【略】是月，直隶总督杨廷璋奏：被灾州县除已奏大兴等四十一处外，又续据禀顺义等二十四州县，内顺义、容城、晋州、南皮、广平、邯郸、鸡泽、曲周、永年、成安、大名、开封、清丰、龙门、延庆、南和、任县、赵州、隆平等十九州县较轻，盐山、青县、沧州、庆云四处次重，宁晋一县较重，共被水六十五州县，现在确勘，分别办理。【略】大学士管两江总督高晋等奏：黄河水势七月内有涨无退，宿迁县支河口堤根蛰陷十余丈，上下河道多有平漫，堤工间有出水数寸者。【略】又奏：前此水涨，沿河不无漫溢，清河、东安二县临河田庐间被淹浸。【略】江西巡抚海明奏：袁州府属之萍乡、宜春二县，吉安府属之莲花、安福二厅县于六月初十、十一等日被水，臣亲勘得田庐人口并有损伤，俱照例给恤。【略】浙江巡抚富勒浑奏：七月初三四等日风雨交作，海潮盛涨，下砂头二三场飘坍煎舍二十余座，其无力灶户酌借谷价以资接济。【略】山东巡抚周元理奏：七月初间各属被水，臣与藩司海成亲勘得东平、汶上、济宁、高苑、博兴、乐安、寿光、利津、沾化、滨州、惠民、青城、商河、乐陵、阳信、蒲台、海丰、邹平、长山、新城、章丘、济阳、齐河、禹城、平原、齐东、临邑、历城、陵县、德平共三十州县皆系一隅，各成灾六七分暨八九分不等。又，据报范县、朝城、聊城、高唐、茌平、莘县、邱县、堂邑被水，现饬道府确勘外，先将被灾乏食贫民抚恤一月口粮，坍塌房舍酌给修费。

《高宗实录》卷八八九

八月【略】癸未，【略】蠲缓绥远城大黑河本年水灾庄地一百三顷四十五亩额赋，并给口粮有差。

《高宗实录》卷八九〇

八月【略】癸巳，【略】赈恤甘肃皋兰、红水县丞、金县、循化、安定、会宁、平凉、泾州、静宁、隆德、固原、盐茶厅、张掖、山丹、东乐县丞、武威、永昌、镇番、古浪、平番等二十厅州县本年旱灾贫民，并予缓征。【略】是月，大学士管两江总督高晋奏：沿河被水清河、安东二处，沿海被潮崇明、靖江、丹徒、丹阳、海门厅五属情形稍重，臣已饬行抚恤。【略】又奏：洪泽湖水自七月下旬后有涨无消，臣将山盱五滚坝内礼字坝开放，分泄湖涨，现已渐消，堤工平稳。【略】署河东河道总督姚立德奏：八月十六日起，黄河水涨自八九尺至一丈一尺五寸不等。如杨桥、黑堽、铜瓦厢、辛集等工间有水上埽面，并平蛰卑洼者。

《高宗实录》卷八九一

九月【略】甲辰，【略】赈恤山东历城、章丘、邹平、长山、新城、齐河、齐东、济阳、禹城、临邑、陵县、德平、平原、东平、东平所、惠民、青城、阳信、海丰、乐陵、商州、滨州、利津、沾化、蒲台、滋阳、邹县、金乡、鱼台、济宁、嘉祥、汶上、阳谷、寿张、济宁卫、范县、朝城、聊城、堂邑、博平、茌平、清平、莘县、冠县、临清、邱县、高唐、夏津、武城、东昌卫、临清卫、博兴、高苑、乐安、王家冈场、寿光、官台场等五十七州县卫所场本年水灾贫民，并予缓征。

《高宗实录》卷八九二

九月【略】庚申，谕：直隶今秋被水各属屡经降旨，据实查勘，分别赈恤，其低洼地亩被淹者，自应早令涸出，俾得赶种秋麦，以资口食。兹询杨廷璋，据称已报涸出者计四十五州县，业经借给麦种，现在麦苗俱已出土青葱，惟宛平、文安、大城、保定、永清、东安、武清、霸州、通州、香河、宝坻、宁河、天津、任丘、丰润十五州县地更低洼者，尚未全涸。【略】是月，安徽巡抚裴宗锡奏：凤阳、泗州、盱眙、五河四州县因湖水骤涨，田庐被灾，照例酌给口粮，并借籽种粮。报闻。两淮盐政李质颖奏：淮北海州所属板浦、中正、临兴三场，淮南通州所属余西、余东二场先后被水，灶力拮据，据各该商等请于盐义仓内借给一月口粮。

《高宗实录》卷八九三

十月【略】庚寅，【略】豁除云南浪穹县水灾地一顷六十亩有奇额赋。《高宗实录》卷八九五

十二月【略】乙亥，【略】蠲免甘肃陇西、宁远、通渭、岷州、会宁、安定、伏羌、漳县、平凉、崇信、静宁、灵台、隆德、镇原、庄浪、固原、盐茶、安化、宁州、正宁、合水、环县、平番、宁夏、宁朔、灵州、中卫、平罗、花马池州同、秦州、秦安、礼县、西固等三十三厅州县乾隆三十五年夏秋雹、水、旱、霜等灾地亩额赋有差，并豁除阶州被水冲坍地三顷二十七亩有奇额赋。

《高宗实录》卷八九八

## 1772年 壬辰 清高宗乾隆三十七年

二月【略】癸酉，【略】缓征甘肃上年被旱勘不成灾之崇信、安化、宁州、正宁、合水等五州县新旧钱粮，并借给贫民口粮籽种。【略】戊寅，谕军机大臣等，十一日顺义、三河一带得有微雨，次日天气稍寒，密雪半日，然亦入土旋融，惟山上略有存积。今据周元理奏，通州一带十一日得雨三寸，十二日早又复飘雪，现在未止。【略】寻奏：十一、十二等日宝坻、良乡、香河、武清、东安、永清、固安并保定省城俱得雪二三寸，河间、任丘、涿州、定兴、新城、雄县得雪一二三寸不等，地土滋润，麦苗青葱，春巡之日，甘泽应时，官民无不欢庆。得旨：此间近山乃大雪，于欣慰之中，终恐凝冻伤麦，将近日情形速奏来。寻又奏：十五六等日，武清、东安、香河、三河、永清、涿州、平谷均雨雪交加，入土三四五寸不等；保定、河间、天津、正定、顺德、广平、大名，并深、定、赵三州属俱得雨四五寸，得雨处沾足，得雪处亦随时融化，于麦有益，并无凝冻伤损。报闻。

《高宗实录》卷九〇二

二月【略】乙未，【略】谕军机大臣等，畿辅于二月十二、十五等日连渥春膏，而山东、河南、山西等省亦同日均沾时雨。今据勒尔谨奏，西安、同州二府属于二月十二三等日各得雨五六寸至深透

不等。十六日省城又得甘霖，势甚宽广等语。【略】寻奏：甘省各属自二月初旬后，均先后得雨、得雪不等，有渠水处已种春麦，山田旱地虽未透足，因上年天寒冻早，今春融化，土膏滋润，俱次第翻犁。【略】是月，【略】山东按察使国泰奏：历城去岁歉收，交春米价渐昂。《高宗实录》卷九〇三

三月【略】丁未，【略】谕军机大臣等，富勒浑奏报海塘沙水情形一节，以新旧两图比较，上月南门外有涨沙一片，此次全行刷去，且相距不过一月，而形势不同若此，可见海潮来往靡定，非人力所能争。【略】朕以浙海向本无塘，自吴越王钱镠因建都临安，始筑钱塘捍卫，其后遂相沿修缮，甃石日增，藉为北岸保障，亦因海潮大势趋北时多，不得不倍加防护耳。至南岸向系土塘，自古及今未闻其时有冲啮，且水势所趋，贵于因势顺导。

《高宗实录》卷九〇四

三月，【略】是月，【略】安徽巡抚裴宗锡奏：凤、泗所属州县及凤阳等卫上年被灾，现米每石价一两四五钱不等，应酌减平粜。

《高宗实录》卷九〇五

四月【略】丁卯，【略】赈恤甘肃河州、沙泥州判、岷州、宁远、漳县、姚州厅、平凉、静宁、华亭、盐茶厅、山丹、东乐县丞、古浪、平番、宁夏、宁朔、中卫、平罗、秦州、秦安、高台等二十一厅州县乾隆三十六年夏秋水灾贫民。【略】己巳，【略】军机大臣等覆奏，查明州县捕蝗不力案内革职人员，有因特恩起用，有经督抚保奏，俱经录用在案。此次赏给降等职衔，内有愿捐原官者，臣等亦于带领引见时，将案由叙入，恭候钦定。至特旨革职人员，例不在查办之内。此次具呈捐复，现有奉旨革职拿问人员，应请旨遵行。得旨：此等捕蝗不力人员，原因其玩视民瘼，是以定例甚严，概行革职拿问，但所犯情节亦有不同。如境内蝗蝻生发，匿不呈报及不力为扑捕，以致蔓延邻境，多害田禾，其情罪较重。若州县遇有蝗蝻，或适当奉差公出，未得即办；或立时禀报上司，随即亲身扑捕，虽一时未能净尽，而所伤禾稼无多；或自他处飞来，未即截捕者，其情自有可原。著交军机大臣，将折内所有各员查明原案，分别核办具奏，再降谕旨。【略】戊寅，【略】谕军机大臣等，据徐绩奏，东省兖、沂、曹三府俱得雨深透，其余各府三月内未得透雨，而近省一带望雨尤殷等语。【略】寻奏：东省缺雨之济、东、泰、武、青、莱、登七府，惟泰安府属之泰安、新泰二县于四月十三日得雨三寸、四寸，青州府属之临朐、临淄、寿光、安丘四县，武定府属之滨州，莱州府属之潍县、平度州、掖县于四月十四日得雨一二三寸不等，均入土未深。臣现在率属竭诚叩祷，一俟得雨，即行具奏。报闻。

《高宗实录》卷九〇六

四月【略】壬午，【略】蠲免长芦属沧州、南皮、盐山、庆云、青县、衡水、海丰等七州县，严镇、海丰、兴国、富国、丰财、芦台等六场乾隆三十六年水灾灶地额赋，其蠲剩银两并予缓征。【略】甲申，【略】免安徽凤阳、定远、灵璧、泗州、盱眙、五河等六州县，凤阳、长淮、泗州三卫乾隆三十六年分水灾额赋。【略】丁亥，【略】又谕：前据徐绩奏，山东近省一带盼雨甚殷，适京城于十三日浓膏深透，【略】今京城复于二十一日晚密雨连绵竟夕，入土甚为优渥，看来此次雨势尤觉广远，东省或可同时获有甘澍，朕心深为廑念。【略】寻奏：济南府属德州等十四州县，东昌府属临清等七州县，并武定府之滨州、海丰等州县，泰安府之各州县俱报于四月二十二日得雨四五寸不等，现在二麦改观，大田长发，民情欢庆，俟各府续沛甘霖，再行具奏。报闻。【略】是月，【略】浙江巡抚富勒浑覆奏：【略】萧山县应修塘工，该处士民等因本年麦禾丰收，又轮应蠲免，情愿合力增改捐修。

《高宗实录》卷九〇七

五月【略】己未，【略】谕军机大臣等，据吉梦熊奏报粮价单，麦价较上月减一钱，面价减一分，而高粱则较上月增一钱，黑豆增一钱五分，所增之数，转浮于所减，此乃奸商居奇垄断，其居心甚为可恶。京畿今夏雨水调匀，麦收丰稔。《高宗实录》卷九〇九

六月庚辰，【略】豁除贵州施秉县冲坍地亩兼赈被水灾民。《高宗实录》卷九一一

七月【略】癸丑，【略】豁免甘肃中卫县属南滩、南河、沿恩河等堡水冲沙压田一千九百九十四亩

额赋。【略】乙卯,【略】又谕:热河自十四日以来,虽连日多阴,时雨时霁,然雨势不大,较上年尚不及十分之一。节据顺天府府尹裘曰修等奏报,京城十四五、十八九等日亦连次得雨。【略】寻奏:本年京城雨水实不及上年十分之一,无虑过多。【略】壬戌,豁免江苏上海县坍没田一顷七十四亩有奇【略】额赋。豁免陕西兴平县水冲民屯及旗标厂外地亩二十三顷五十二亩有奇额赋。【略】是月,直隶总督周元理奏:【略】通省十府六州禀报,自六月下旬以来得雨深透,指日即获丰收。

《高宗实录》卷九一三

八月【略】丁卯,【略】谕:上年直隶秋雨过多,宛平等二十四州县被灾较重。【略】今岁畿辅自春夏以来雨旸时若,麦收既获丰登,秋稼并臻大有,实为数年来所仅见。【略】又谕:据勤尔谨奏,甘省七月中迭沛甘霖,省城及河西、甘、凉、秦、阶秋禾畅茂,可望丰收。惟皋兰等县间有被雹处所,不能补种。又,宁夏府之中卫县因山水冲塌沟洞,以致渠水断流,田禾受旱。【略】戊辰,【略】又谕:据尹嘉铨奏报,兰州省城于六月内得雨优渥,巩昌等各属亦深透不等,秋禾滋长,农民欢忭等语。甘肃今年虽通省雨水不缺,但昨据勤尔谨奏,皋兰等十八州县于五月下旬暨六月二十二等日间被雹伤。又,宁夏府中卫县于六月十七八等日因山水冲塌环洞,渠水断流,白马滩等处地亩现已受旱。【略】己巳,【略】谕军机大臣等,据永德奏报,广西早稻收成八分有余。而另折又奏称,六月以来恐天气亢阳,农人不无待泽,续据各属禀报先后均沾甘霖等语。殊属可笑,盛夏天气亢阳乃属常事,何必为此悬揣恐致之词。【略】辛未,【略】豁免陕西郃阳县崔、罗二庄及保宁堡水冲沙压地五十顷有奇额赋。

《高宗实录》卷九一四

八月戊寅,【略】谕军机大臣等,阿桂奏(大小金川之役)官兵因风雪雨雹、气候寒冷,将已得之甲尔木山梁退回不守。现今七月下旬,即使雨雹交作,何致顿改寒暄,此必系绿营恇怯驾词撤退。【略】是月,【略】山东巡抚徐绩奏:前于乾隆三十五六年因畿辅麦收歉薄,暂开海禁,以通商贩,今闻直省岁丰,可无需海运接济,【略】请将利津、海丰等县海口封禁,以重海防。报闻。又奏:通省常平仓谷,民欠七十万七千余石,当此丰年,应上紧征收。

《高宗实录》卷九一五

九月【略】庚子,谕军机大臣等,【略】今岁川省夏秋两熟俱获丰登,各州县动缺仓粮,乘时采买,自属应办之事。【略】今思湖广、江西、江南各省本年一律丰收,是处米粮充足,不复仰给于蜀米。【略】甲辰,【略】豁免山西助马口外砂礓硗瘠、水冲沙压庄地九十七顷四十亩有奇额赋。

《高宗实录》卷九一六

九月戊申,【略】谕军机大臣等,本日勒尔谨题报,甘肃省本年夏禾收成分数统计六分有余,该省今岁虽间有被雹、被水偏灾州县,不及三分之一;而通省丰稔之处甚多,不应仅得中稔之数。向来统计收成分数,俱系多少相乘,折中定数。今该督疏内所开收成分数,八九分者约居十之六,七分以下至五分者约居十之四,核计自应七分有余。【略】丁巳,【略】谕军机大臣等,据萨载奏,江苏省秋禾收成,俱实有十分,及检阅粮价单,则于徐州府属下注有"价贵"字样,其余各府亦系"价中",殊不可解。【略】寻奏:奉谕转饬确查,据江宁、苏州两藩司覆称,开报粮价系将上、中、糙三色米价折中计算,价在二两外者注"价贵",一两五六钱注"价中",一两二三钱注"价平"。近年各项粮价平减,惟大米价尚在一两五六钱以上,是以江苏等属概注"价中"。至徐州府属,种稻甚少,大米由豫省及扬属贩往,脚价较重,现二两至二两七钱不等,故注"价贵"。其实本处所产杂粮,俱属平减。

《高宗实录》卷九一七

十一月【略】癸卯,【略】赈贷甘肃皋兰、红水县丞、渭源、狄道、靖远、陇西、安定、会宁、平凉、华亭、泾州、隆德、镇原、固原、盐茶厅、安化、环县、正宁、宁夏、灵州、平罗、中卫、大通、肃州、王子庄、高台、金县、静宁、平番、巴燕戎格厅、西宁等三十一厅州县本年水、旱、雹灾饥民。

《高宗实录》卷九二〇

十一月【略】丙辰，谕：【略】现在京师入冬以后三次得雪，通七八寸有余。据各省陆续奏报，当本年夏秋收成大稔之后，又均获此屡丰之兆，实为数年所罕见。　《高宗实录》卷九二一

十二月【略】甲子，谕军机大臣等，【略】今岁各直省俱年谷顺成，秋田普获丰稔，且报收十分者居多，即甘肃省奏报秋成分数，通计亦在七分以上，原可毋庸再沛恩膏，惟是皋兰等三十一厅州县所属村庄，夏、秋二禾间有被雹及旱潦偏灾，现经该督查明成灾分数，自五分至九分不等，题请赈恤。　《高宗实录》卷九二二

## 1773年 癸巳 清高宗乾隆三十八年

三月【略】甲辰，【略】又谕曰：温福奏，现在(金川)军营积雪，高阜尚二三尺，似此冰雪凝寒，自难急于著力。【略】又谕：现在官兵分路进剿金川，虽值大雪，未能克期深入，向后天晴日暖，便易于得手。　《高宗实录》卷九二八

三月【略】丙午，【略】又谕：据实麟查奏，和硕特遭遇天灾，有似出痘患病者七八百人，牲畜亦日有倒毙等语。和硕特瘟灾伤损人畜，自系伊等所住地方不妥，宜即迁移，其生计不免拮据，亦应酌加接济。著传谕舒赫德察看情形，指示实麟，令其妥为办理。【略】壬子，【略】赈恤甘肃皋兰、金县、渭源、狄道州、靖远、陇西、安定、会宁、平凉、静宁州、华亭、泾州、隆德、镇原、固原州、盐茶厅、安化、环县、平番、宁夏、灵州、平罗、中卫、巴燕戎格厅、西宁、大通、肃州、高台乾隆三十七年分被灾贫民口粮有差。　《高宗实录》卷九二九

闰三月【略】辛酉，【略】豁免山西丰镇厅属二道沟等村水冲旗地五百六十顷二十亩额赋。【略】戊辰，谕军机大臣等，李湖奏本年正月分粮价，永昌府属豆价每仓石至四两五钱零，永昌自停办军务以来，已历三载，现在留驻防兵无几，所需豆石谅亦有限，何以豆价仍然昂贵。【略】如云南府属白米自一两三钱至一两九钱五分，普洱府属小麦自九钱七分至一两一钱，相去尚不甚相悬，其余即有加倍者。而大理府属米价竟自七钱五分至三两二钱一分，小麦五钱八分至二两九钱四分，增长四五倍有余。【略】况去岁滇省收成一律丰稔，更不应贵贱悬殊。　《高宗实录》卷九三〇

闰三月【略】乙酉，【略】谕军机大臣等，据吴嗣爵奏，三月下旬以来雨水较多，淮河、洪泽湖水势骤涨，现在大展清口，俾湖水畅达。【略】同日，又据高晋奏，三月下旬阴雨连绵，于二麦、春花尚无妨碍。【略】寻高晋奏：今春雨水过多，苏、松、常、镇、徐、扬并江宁等属俱有支河汊港，足资宣泄，惟淮安六属，海州、沭阳二州县，及上江之凤阳府、泗州所属滨临河湖低洼之处间被淹浸。现饬各属详细确勘，设法疏导。自闰三月二十六日起，天已晴定，积水渐消。【略】萨载奏：江苏省自三月下旬至闰三月二十四日阴雨连绵，正当菜麦成熟之时，恐有伤损，节经通饬确查，惟淮属之山阳、阜宁、清河、安东、桃源等县地势洼下，又因湖水异涨，地亩俱有淹浸。【略】徐、海二属低田间有积水，二麦收成分数不过少减，现已晴霁旬日，大麦渐可登场，粮价照常平减。【略】豁免直隶密云县水冲民地一顷十四亩额赋。【略】是月，河南巡抚何煟奏：豫省开、归等九府，光、陕等四州各属俱报，三月十七至二十一二等日各得雨三四寸至八九寸不等，通省普遍沾足，不特二麦勃发，早谷高粱并资灌润，实为丰亨嘉兆。得旨：欣慰览之，京师亦屡得膏雨，实深庆慰。　《高宗实录》卷九三一

四月己丑朔，【略】又谕曰：【略】又据称，(金川之役)十八日因遇风雪，暂时撤兵。阿桂亦称连日雪雾。彼时尚系闰月中旬，今已交四月，夏令渐深，自当日就暄暖，各路军营当乘时努力为之。再，阿桂奏：讯据革布什咱脱出番人沙克罝布木供称，勒乌围牛马羊猪瘟死，人亦多病，今噶拉依人畜亦俱害瘟，此实群逆罪恶贯盈，自取灭亡之兆。【略】丁酉，【略】谕：户部奏荒地招民佃垦定限起租一折，所办尚无实济，前以荒芜地亩及低洼之处每易滋生蝻孽，曾令裘曰修亲往履勘，并令会同

英廉等，酌量可垦者，令业主佃户垦种成熟。其实系沮洳之区，即为开掘水泡，以杜虫孽而资助蓄，数年以来，尚未办及。现在裘曰修患病未愈，英廉承办事务亦多，虽于兼顾。此事于畿辅农田最有关系，著交周元理专派明干妥员，逐加踏勘，将实可施工、民间乐于认垦者，听从其便。其荒芜低洼之区即酌开水泡，以期日久利赖。并派道府大员督率稽查，该督仍亲往悉心相度，董司其事，务即详细筹画，妥定章程。于朕启銮前，将如何办理之处，即行覆奏。寻奏：现委霸昌、通永、天津、清河四道，各按地段细勘。又，现因阅河之便，由永清、东安、固安、宛平、大兴一带，将官荒旗荒地及流石庄等处察勘，其未经河占堤压，及沙城尚轻，可垦复者甚多。至沮洳积水处，若遍开泡子，水无去处，积久必生鱼虾，涸后遗子多化蝻孽，似不若就低洼荒地开挖沟道，引水入河，较为有济。现札各道照此章程查办，其可垦地若干，何处宜种树果，宜种五谷，疏通旧沟，添设新沟，及其某沟应通某河之处，俱官为经理，恳限两月勘议妥办。得旨：览奏俱悉。【略】辛丑，谕：据高晋等奏，四月初三等日，因洪湖盛涨，会黄下注，又值海潮涌阻，以致黄河北岸安东县十堡汛地方堤工，坐蛰漫水。【略】又谕曰：徐绩自闰三月初七日奏到，东昌、登州等府属于三月下旬续报得雨，各处沾足，迄今又一月有余，【略】并未见有奏报雨泽之折，朕心深为廑念。今据何煟奏，河南通省于闰三月内俱获有膏雨，其麦收分数约在九分以上，数年来最为丰稔等语。【略】寻奏：东省春间雨泽透足，现在登麦，约十分收成，禾苗长发，并无盼雨之处。

《高宗实录》卷九三二

四月【略】戊申，【略】又谕：【略】京城自四月初二日得雨后，今已两旬未有续沾，虽春膏极为透足，现又将届麦收之候，农民虽不急于盼泽，但连日天气稍觉炎燥，若得快雨快晴，似于田禾更为有益。【略】(周元理)寻奏：【略】各属自四月初一二三等日得雨后，晴霁虽久，现在割麦登场，秋稼亦俱长茂，望雨尚不甚急。【略】是月，直隶总督周元理奏：本年春夏直隶晴雨调匀，现在二麦登场，收成丰稔。

《高宗实录》卷九三三

五月【略】辛酉，【略】豁免浙江萧山县钱清场坍没各则灶田地一万四百七十亩有奇额赋。

《高宗实录》卷九三四

六月【略】庚寅，【略】谕军机大臣等，口外自五月二十一二等日雨后，滦河及潮白等河水俱骤涨，连日热河雨觉稍稠，闻滦河水势复大，畿辅一带雨水情形大略相仿，未审永定河今年水势如何？【略】寻奏：各河道于雨后涨水，俱顺轨安流，工程稳固。【略】壬辰，【略】谕军机大臣等，近日口外连阴两日，今晨虽已开霁，未免稍觉过多。闻京城初一日晚大雨竟夕，近畿大略相同，恐于田禾不无稍碍。【略】寻奏：省城(保定)于六月初旬日晴夜雨，询之农民，佥云：不特于禾苗并无妨碍，抑且长发倍常。【略】癸巳，【略】谕军机大臣等，据护陕西巡抚毕沅奏称，五月二十一日朝邑县黄河水势暴涨至二丈五尺，沿河堤岸村庄尽被淹浸等语。黄河在陕西地方似此涨溢之事甚少，向来河南、江南等处每远探甘陕黄河水志，以为修防之候，今上游骤涨如此，恐入龙门以后水势更大。【略】寻高晋奏：五月二十日后，徐城水志涨至一丈一尺七寸，六月初二日复涨至一丈三尺三寸，幸埽坝坚固，俱各平稳，现水势已落。【略】乙未，【略】署四川总督湖广总督富勒浑奏：本月十九至二十一等日大雨，站员禀报山水陡发，该站木桥、索桥及东岸河坎俱被冲坍，现即赶修。【略】丙申，【略】谕：据裴宗锡奏，凤阳府之凤阳、寿州、凤台、怀远、灵璧、虹县等六州县，泗州及所属之盱眙、五河二县，并凤阳、长淮、泗州三卫因本年春夏雨泽较多，湖河盛涨，以致沿河地亩被淹。而凤阳、泗州、盱眙、五河四州县，长淮、泗州二卫较重，现在分别查办。

《高宗实录》卷九三六

七月【略】丙寅，谕军机大臣等，傅玉奏称，齐齐哈尔城南第三台等处生有蝗蝻，伊等带领官兵已经扑灭，俱未进田地等语。东三省从未起蝗，今年骤起蝗蝻，若不极力除灭，其蝻子遗入地中，来年必至复生，于禾稼大有妨碍。著传谕傅玉等，所有齐齐哈尔附近起蝗之处，务须率领官员兵丁尽力扑除，其蝻子亦必搜除净尽，不可稍留余孽。【略】己巳，【略】赈贷江苏清河、桃源、安东等三县，淮安、大河二卫本年水灾贫民，并缓新旧额赋。赈恤绥远城浑津、黑河二处本年水灾庄户，并缓新旧额赋。

《高宗实录》卷九三八

七月【略】辛巳，【略】赈恤安徽凤阳、泗州、盱眙、五河、寿州、怀远、灵璧、凤台等八州县，凤阳、长淮、泗州等三卫本年水灾贫民，并缓征新旧额赋。

《高宗实录》卷九三九

八月丁亥朔，【略】赈恤山西归化城属黑河，萨拉齐属善岱二处本年水灾贫民，并蠲新旧额赋。

《高宗实录》卷九四〇

八月【略】甲辰，【略】又谕：据毕沅奏，七月十八日商南县地方连日大雨，山水骤发，将东关一带并党家店沿河傍沟村庄田庐冲淹，人口亦间有漂散，现委道府大员前往查勘抚恤等语。【略】又谕：据毕沅【略】另折奏，陕西省自七月以后，雨水连绵，道路泥泞等语。【略】寻奏：陕省入秋以后大雨浃旬，其时正当秋禾结实之时，并无妨碍。惟汉、凤一带沿栈居民，俱系极贫烟户，土垣茅舍多有倾颓。【略】己酉，【略】赈恤陕西朝邑县本年水灾贫民，并缓新旧额赋。【略】丙辰，署湖广总督湖北巡抚陈辉祖奏：湖北沔阳州卫并汉川等县卫垸田，五月下旬被水淹漫。【略】该处垸田，现天气晴明，已涸出十之五六，陆续补植晚禾。【略】再，东湖县北乡地方五月中山水骤发，亦有冲塌房屋、淹毙人口之处，已经该县捐银抚恤。【略】是月，【略】江宁布政使闵鹗元奏：查勘安东、清河、桃源、山阳、海州、沭阳等处被水低区自六七分至八九分不等，分别赶造清册，详请抚恤。其盐城地方被灾甚轻，无庸赈济。

《高宗实录》卷九四一

九月【略】戊午，【略】赈恤山西萨拉齐、二厅草厂本年水灾贫民。【略】癸亥，【略】豁免陕西肤施、保安、安定、安塞、甘泉、榆林、葭州、怀远、神木、府谷、邠州、长武、鄜州、洛川、中部、宜君等十六州县乾隆三十年霜灾贫民籽种额粮。【略】丁卯，【略】又谕：据何煟奏，南阳府属之淅川、内乡二县本年七月因上游山水陡发，漫溢两岸，早晚秋禾被冲淹损，收成歉薄，并间有冲塌民房之处，核计通县被灾俱在十分之一等语。本年豫省据报夏秋一律丰稔，惟淅川、内乡境内偶被山水所浸。【略】又据奏：汝宁府属之正阳、确山二县地亩七月下旬稻禾被风黄萎，不免歉收等语。该二县旱田均属丰收，稻田猝被风损，民力亦不无拮据。【略】己巳，【略】谕：据姚立德奏，豫东黄河夏秋间水势迭涨，伊、洛、丹、沁等河所发之水汇入黄河，临河埽坝为大溜冲逼，间有刷卸蛰陷之处，随即抢护无虞。

《高宗实录》卷九四二

九月壬申，【略】陕甘总督勒尔谨奏：甘省皋兰、肃州、王子庄州同、张掖、山丹、东乐县丞、抚彝厅、武威、合水等州县本年八月上、中两旬，附近山坡处所秋禾迭被严霜，成灾六七八(分)不等，已飞饬各该道府，亲行确勘。【略】甲申，【略】赈恤云南浪穹县本年水灾贫民，并蠲新旧额赋。

《高宗实录》卷九四三

十月【略】壬辰，【略】缓征江苏山阳、阜宁、桃源、清河、安东、盐城、沭阳、海州、淮安、大河十州县卫本年水灾漕粮有差。【略】丙申，谕军机大臣等，本年各直省秋成俱属丰稔，惟江苏之安东等八州县卫、安徽之凤阳等十二州县卫，陕西之朝邑、商南二县，河南之淅川、内乡二县夏秋偶被水灾，经各督抚等先后奏报，俱降旨赈恤，并酌借口粮籽种。

《高宗实录》卷九四四

十月【略】戊申，【略】赈恤安徽寿州、凤阳、怀远、虹县、灵璧、凤台、泗州、盱眙、五河、宿州、凤阳、长淮、泗州等十三州县卫本年水灾饥民，并缓征新旧钱粮。【略】是月，直隶总督周元理奏各属续得瑞雪情形。得旨：欣慰览之，但京师尚未得雪，虽非渴望之时，觉有雪方佳。

《高宗实录》卷九四五

十一月【略】乙丑，【略】赈恤陕西商南县本年水灾饥民银米，并蠲缓额赋有差。丙寅，【略】赈恤甘肃皋兰、金县、靖远、泾州、平番、宁夏、平罗、灵州、肃州、王子庄州同十厅州县霜、雹成灾饥民，并缓征隆德、合水、抚彝厅本年地丁钱粮。

《高宗实录》卷九四六

十一月【略】丙子，豁除湖北汉阳县冲塌田地山场五百五十一顷六十六亩有奇额赋。【略】壬午，【略】缓征直隶天津、青县、静海、武清四县本年水淹地亩额赋。【略】是月，【略】署四川总督湖广总督文绶奏各属十月、十一月先后得雪情形。

《高宗实录》卷九四七

## 1774年 甲午 清高宗乾隆三十九年

正月【略】丙辰，【略】谕：上年各直省奏报夏秋二熟并皆丰稔，惟江苏、安徽、陕西、河南四省间有被涝之处，均系一隅偏灾。【略】昨据何煟查奏，被水之淅川、内乡二县逐一亲历确勘，二麦俱已种齐，春收有望。【略】丁巳，【略】谕：上年江苏各属秋收据报丰稔，惟安东等处春夏之间被水，致成一隅偏灾，【略】旋据高晋等奏，安东等八州县卫先被夏灾，秋收又复失望，查明成灾至八九分者，情形均为较重。【略】著加恩将安东、清河、桃源三县，淮安、大河二卫，山阳、阜宁、海州三州县勘实成灾八九分者，无论极、次贫民一体加赈一个月。【略】又谕：上年安省之凤阳、泗州所属十二州县卫因春夏雨水过多，湖河并涨，偶被夏灾，【略】嗣据裴宗锡覆奏，寿、宿二州成灾皆止五七分，以通邑计之，亦熟多灾少，毋庸加赈。其凤阳、怀远、灵璧、虹县、凤台、泗州、盱眙、五河八州县，及凤阳、长淮、泗州三卫夏麦、秋禾两被灾伤，当青黄不接时，民情不无拮据等语。著加恩将凤阳等十一州县卫，勘明八九十分灾之极、次贫户，同七分灾之极贫各加赈一个月。【略】戊午，谕：昨秋陕省之朝邑、商南二县先后猝被水灾，【略】嗣据该抚毕沅奏，朝、商二邑所属成灾十分者村堡无多。【略】该省普获丰登，独朝邑、商南二处被有偏灾，【略】著加恩将朝邑被灾转重之河东、大庆关等处十一村堡，暨商南灾重之东关、韩家山等处十二村庄无论极、次贫民再行展赈一月。【略】又谕：上年据勒尔谨奏，皋兰等十州县等处地方所属村庄夏秋二禾间被霜雹，已成偏灾。【略】兹据该督覆称，甘省夏秋二禾通属收成八分有余，均为丰稔，其间被霜、雹等处仅属一隅，【略】惟河东之皋兰、金县，河西之肃州、平番等四处偏灾情形较重等语。著加恩将皋兰、金县、肃州、平番等属被灾贫民于正赈之外各展赈一个月。再，河州、狄道、渭源、安定、西宁、大通、红水县丞等七处，上年亦被有霜、雹，【略】亦宜加以体恤。

《高宗实录》卷九五〇

三月【略】戊午，谕军机大臣等，据吴虎炳奏雨水粮价折内称，入春以来雨水应时，二麦畅发，惟转届青黄不接，粮价稍增，小民不无仰籴官食之望，已饬各属详请减价平粜等语。

《高宗实录》卷九五四

三月【略】辛巳，【略】谕军机大臣等，昨据福隆安奏，海子南红门外西边磁各庄、东边胡家湾二处生有蝻子，随派福隆安、蒋赐棨驰赴查勘。旋据覆奏，业已扑捕净尽。上年冬雪较少，今春得雨又迟，以致地气郁蒸，生有蝻孽。磁各庄等处虽据报业已捕尽，第恐直隶地方类此者尚多，不可不及早搜捕。再天津一带，如中塘洼等处地势卑下，向为蝻孽滋生之所。著传谕周元理，饬属加意巡查。并谕西宁及天津镇总兵永昌，于苇丛洼泊之处，派妥干员弁实力察勘，如有蝻子萌生，立即设法扑灭，并各将查捕情形即行覆奏。

《高宗实录》卷九五五

四月【略】乙酉，【略】谕军机大臣等，前此海子南红门外磁各庄等处生有蝻子，随经福隆安、蒋赐棨同往查看，业经扑净。嗣闻海子回城门内、三间房两处亦有蝻子萌动，旋经管理南苑之金简等前往查捕，兹据奏，业已搜扑净尽。因询金简，以昨岁近京一带并未闻有生蝻之处，何以今春忽有蝻孽潜滋？金简覆奏，以在海子时，曾询之土人，称系旧年九月收获庄稼后，曾有飞蝗一阵在此经过，歇落片晌，致有遗孽等语。近畿去秋果有飞蝗，何以未据周元理奏及。或收成以后，无伤禾稼，地方官未经禀报。抑或周元理因其时无碍田功，遂未据禀入告。著传谕周元理，将上年九月内何处曾长飞蝗，并因何未奏缘由，即行据实覆奏。再，前因磁各庄蝻子窃发，曾传谕周元理，令于所属

留心查捕。昨据覆奏，业经派委妥员查办。虽二十八日近京业已得雨，虫孽或可渐消，但海子内之蝻仍系雨后所长，未识直隶各属情形是否相同。著周元理再行严饬委员，实力确查妥办，亦即据实覆奏。将此由三百里发往，传谕知之。寻奏：查海子邻近地方上年并无蝻孽，惟九月间见有飞蝗停落，旋即去，彼时因庄稼收获，遂未报官。不料即有遗孽，臣现在严饬各属加意搜查，倘有萌动，立即扑灭净尽。得旨：知道了，既未成蝗飞去，姑宽此次，以后慎查可也。【略】甲午，【略】又谕：闻保定府以北，良乡以南雨水尚少，麦苗亦未畅茂。今年近京一带春雨短缺，虽三月下旬细雨竟日，四月初亦得微雨，究觉未能沾足，迩日又稍炎燥，且正当麦穗成实之时，似又需透雨接济，深为盼望。【略】寻奏：本年自三月初四、五、十五、二十四、二十八，及四月初三、四等日，天津、大名、广平、顺德、永平、宣化、遵化、易州，并顺天所属之南路、东路、北路三厅，及热河、张家口一带地方均得透雨。现据各属报到麦苗约收分数，凡雨足之处分数并不减少，其余各属恐不无歉薄。臣现率同文武员弁设坛祈祷。

《高宗实录》卷九五六

四月【略】甲辰，谕军机大臣等，昨据周元理奏，保定省城于十八日晚仅得雨三寸，于麦候恐尚未能有益。今闻景州至河间一带地土较近京更干，麦穗亦不能滋长饱足，甚为悬念。又闻山东德州、平原一带与景州大略相同。【略】寻周元理奏：十八日保定得雨三寸，同日顺天、天津、广平、永平、宣化、遵化、易州各属得雨自一寸至四寸不等，尚未普通。至河间、景州一路本未沾透，地土更燥，麦穗亦未能滋长，该处约收分数总在七分上下。大概本年春夏雨泽不匀，是以麦苗情形亦未能一律，此时届成实收获尚需十余日，若早晚得有透雨，麦穗可望坚实。【略】徐绩奏：查东省三月间雨泽普被，如德州于三月初三、十六两日均得雨四寸，平原县三月初四日得雨三寸。嗣后虽无透雨，然未成分寸者亦有二次。惟近日南风燥烈，麦穗不能饱满，秋成分数不无稍减。其余各属俱可保丰稔。报闻。【略】辛亥，谕：今岁京师及近畿春膏未经普渥，入夏以后，虽经节次得雨，尚未优沾。现在节交芒种，天气稍炎，农田需泽孔殷，深为廑念。

《高宗实录》卷九五七

五月【略】庚申，【略】谕军机大臣等，据周元理奏，直属自四月下旬以来雨泽稀少，二麦收成不无歉薄，请查明粮价较昂之州县，俱准将仓粮照例减粜。【略】寻奏：查各属二麦实在分数，惟顺天、保定、河间、天津、正定、易州、冀州、深州、赵州等处收成稍歉。【略】丁卯，【略】谕军机大臣等，今岁春夏以来，近畿雨泽未能沾足，麦收分数少减，虽现在麦价并未加增，难保其向后不稍昂贵，自应及早预筹。【略】第近京省分山东亦甚缺雨，二麦收成有限；惟河南麦熟较丰，或可稍为接济。

《高宗实录》卷九五八

五月【略】乙亥，【略】又谕曰：【略】今年东省雨水短少，较畿辅尤甚，【略】现据河臣奏报，济宁上下运河水浅，盼雨尚殷。日内京畿近地渐已沾被甘霖，而热河行在昨日下午更得澍雨深透，于田功大为得济。【略】寻奏：【略】至东省雨泽，统计已有一百零四处，大概沾足，其余惟八州县未报得雨，现在天气连阴，可冀一律普被。而运河则自二十一二等日雨后水势增长，粮船足资浮送。得旨：欣慰览之。【略】戊寅，谕军机大臣等，据弘晌奏，现在广宁城属坡台子、大黑子等处所有蝗蝻，俱由口外飞入，恐口外尚有蝻孽，一面咨行直隶总督及喀喇沁贝子，一体搜捕等语。所办甚是，但俟其咨文到时，始行遣人扑捕，道路窎远，未免迟滞。口外附近地方，俱隶热河道管辖，著派明善保前往塔子沟等处，悉心搜捕，务令净尽。并著谕令贝子扎拉丰阿，即派副台吉理事等官，带领官兵，于附近地方即速扑灭净尽。将此传谕弘晌知之。己卯，【略】谕军机大臣等，今岁四五月间河南屡报得雨，并称麦已丰收，而直隶、山东两省盼雨甚切。朕于本月二十二日驻跸热河，即得澍雨滂沱，十分透足。而京师于二十二、二十四等日并得透雨。今日周元理奏，保定省城亦于二十四日昼间得雨四寸，夜间又得雨五寸，近省各属俱属相同，且云气遍布，雨势绵密，所被必广等语。【略】壬午，【略】定西将军尚书阿桂【略】又奏：（金川）贼众现在多病瘟疫，询之脱出土汉各兵，所见相同，似非捏饰，惟是困兽犹斗。【略】是月，大学士管两江总督高晋奏：江宁省城于五月十七八两日得雨四寸，二十日又得雨五寸，高下田畴均已沾足。连日浓云密布，所及甚远，三省自已一律均沾。得旨：欣慰览之。京畿北省皆获透足雨泽矣。　《高宗实录》卷九五九

六月【略】庚寅，【略】谕军机大臣等，据军机处转奏，热河道明善保至东土默特，据扎萨克贝勒索诺木巴勒珠尔报称，乌塔图、苏巴尔罕、巴巴盖等处俱有蝗蝻，多自盛京辽河等处飞来，已咨行盛京将军，现在率领民人蒙古扑拿等语。前据弘晌奏，广宁城属坡台子等处蝗蝻俱由口外飞来，特派热河道明善保前往搜扑。寻据弘晌奏，坡台子等处蝗蝻俱已扑净，今辽河等处何以复起蝗蝻，或系从前扑除未净，或系他处萌发。著传谕弘晌，即速带弁兵前往搜扑，务其净尽，不可稍存推诿之意。将此一并传谕明善保知之。　《高宗实录》卷九六〇

六月【略】已酉，谕军机大臣等，热河自六月望后，连日天气晴爽，禾苗畅茂，田畴并无需雨之处，但不雨已及旬余，若得更沾膏泽，尤为有益。【略】是月，【略】陕甘总督勒尔谨奏：五月二十三日夜雨势甚大，黄河暴涨，据附近省城各乡农民禀称，夏、秋二禾多被冲损，并有淹没人口、房屋、牲畜之处。　《高宗实录》卷九六一

七月【略】戊午，谕军机大臣等，德勒克前来请安时，询及巴林有无蝗蝻。据称，巴林距扎鲁特较近，现在并无蝗蝻等语。昨据奏称，扎鲁特蝗蝻萌生，即派道员明山保督率搜捕。但巴林距扎鲁特最近，恐蝗蝻越境，飞入巴林，著交巴图等加意防备，倘有蝗蝻飞至，即速扑除，勿使稍留余孽，将此传谕知之。【略】甲子，【略】又谕：据军机大臣将明山保呈报，查捕扎鲁特两旗飞蝗情形原禀进呈，阅禀内有初九日由该处回“热”等语，“热河”地名自应两字连称，岂可截去一字。【略】乙丑，【略】谕：据索诺木策凌奏称，今岁厄鲁特部落耕种地亩内，有被蝗虫伤损者八十余顷，所有从前借给伊等粮石，应于今岁完纳者，请展限二年等语。从前借给厄鲁特等之谷石，虽应按限完交，但伊等耕种地亩，今岁被蝗伤损过半，若将今岁应还之粮石照常令其完纳，则伊等所余之粮无几，生计未免拮据。著加恩照索诺木策凌所奏，将厄鲁特等今岁应完粮石展限，自明年起作为二年完纳。

《高宗实录》卷九六二

七月【略】癸酉，【略】总督衔河南巡抚何煟奏：豫东黄河于七月初五六及九十等日骤涨水九尺五寸，北岸下北河厅属之铜瓦厢工因兜湾顶冲，河溜涌激，致护岸旧埽刷卸七十余丈。

《高宗实录》卷九六三

八月【略】己酉，谕：据高晋等奏，八月十六七等日，黄河水势陡涨，又连日雨大风狂，所有南岸老坝口迤下坝工，于十九日子时漫溢过水，约七十余丈，大溜全注缺口，由山子湖下达马家荡射阳湖归海。附近之板闸、淮安一带俱被水淹，居民房屋人口间有坍损等语。【略】是月，安徽巡抚裴宗锡奏：安省本年春夏雨旸应时，各属早稻丰收，惟泗州、盱眙、凤阳、定远等处夏秋之间雨泽尚未深透，田禾受旱。　《高宗实录》卷九六五

九月壬子，【略】谕军机大臣等，高晋等奏南岸老坝口黄河漫溢情形一节，已降旨谕令将决口上紧堵筑。【略】寻据高晋、吴嗣爵、萨载覆奏：查此次堤工漫溢，水至板闸，该处涨水八九尺不等，将各城门堵筑，因下注之水冲开水关，漫入城内，【略】实贮在仓者计一万九千二百余石，一半淹浸水中，现经设法捞庳。该处因系白日过水，商民知觉者早搬移在城居住，并未损伤，惟老弱妇女间有淹毙，俱已照例抚恤。【略】丁巳，【略】谕军机大臣等，据英廉奏，京城粮价近来渐有加涨，米谷麦豆各涨至一二三钱不等等语，今岁畿辅地方除天津、河间一二属间有零星偏灾，其余收成丰稔，而大、宛两县俱报十分，今当禾稼登场，粮价理应平减，何以各项粮价转有增昂之处，此必有奸商狡猾者，藉以囤积居奇。【略】丁巳，【略】赈甘肃皋兰、沙泥州判、武威、镇番、宁朔、灵州、平罗七州县水旱风灾饥民。　《高宗实录》卷九六六

九月【略】庚午，【略】又谕曰：徐绩奏，据寿光县禀称，该县单家庄等一十七庄于八月二十八九及九月初一等日飓风潮漫，各庄地内豆麦被淹，房屋间有冲坍等语。该县村庄地处海滨，陡遇风潮，田庐俱被淹浸，著传谕该抚，速饬该地方官查明被灾户口，先给一月口粮。【略】是月，【略】两淮盐政李质颖奏：今岁夏秋以来各属晴雨不同，雨泽沾足之处均获丰收。惟泰州通判所属富安等十一场，坐落淮、扬二府被旱之东台、兴化、盐城、阜宁等县境内，各场荡地草薪因受旱日久，长发稀疏，池卤短少，煎办维艰，田禾收成歉薄，已成偏灾。【略】又奏：八月二十二日，据淮北监掣同知张永贵禀称，黄水漫堤，臣驰至淮安，见淮城一带水深四五尺不等，房屋间有倒塌，人口间有损伤。【略】又奏：淮北引盐运行四十三州县，今查淮北堆贮未掣盐四万九千余并引多被淹浸，又已掣装船盐二万五千余并引及由场运淮在途盐八千余并引亦多漂没。　　《高宗实录》卷九六七

十月【略】庚寅，谕军机大臣等，本年各直省秋收均尚属丰稔，惟江苏之淮安一带，八月间因黄水骤涨，漫溢外河老坝口，以致山阳、清河二县及漫水下注之盐城、阜宁二县猝被水灾，业经降旨赈恤。【略】但恐明春正赈已毕，尚届青黄不接之时，民食或有拮据，并先经被旱之东台、泰州、兴化三属亦有偏灾，此外如直隶之天津、静海等十六州县，河南之信阳、光州等五州县，安徽之定远、寿州等十三州县，甘肃之皋兰、武威等七州县，湖北之汉阳、孝感等十五州县卫，或因缺雨被旱，或因水沙冲压，均间被偏灾。又，山东之寿光县沿海村庄偶被风潮，山西之永宁州、临县山水被淹，均经各该抚陆续奏明题报，照例分别赈恤。【略】甲午，【略】抚恤直隶沧州、南皮、盐山、庆云、青县、衡水、东光等七州县，并严镇、海丰、兴国、富国、丰财、芦台等六场本年旱灾灶户。

《高宗实录》卷九六八

十月【略】戊戌，【略】豁除江西新昌、贵溪、安义、大庾、宁都五州县乾隆三十三年分被水冲坍地亩额赋。【略】辛丑，【略】蠲缓安徽合肥、定远、泗州、盱眙、全椒、凤阳、宿州、寿州、天长、滁州、怀远、霍邱、六合、霍山、巢县、五河，并庐州、凤阳，并庐州、凤阳、长淮、泗州等二十州县卫本年水、旱灾民额赋。【略】壬寅，【略】蠲缓江苏句容、江浦、六合、武进、阳湖、江阴、宜兴、荆溪、丹徒、丹阳、金坛、溧阳、山阳、阜宁、清河、盐城、高邮、泰州、东台、甘泉、仪征、兴化、宝应，并淮安、大河、镇江、扬州等二十七州县卫本年水旱灾民额赋。赈贷江苏富安、安丰、梁垛、东台、何垛、丁溪、草堰、刘庄、伍祐、新兴、庙湾等十一场本年旱灾灶户。【略】乙巳，【略】豁除江苏吴江、太仓二州县乾隆三十八年分冲塌民田七顷三十九亩有奇额赋。　　《高宗实录》卷九六九

十一月【略】庚申，【略】赈恤直隶霸州、文安、大城、宁河、献县、交河、东光、天津、青县、静海、沧州、南皮、盐山、庆云、武邑、武强、河间、阜城、肃宁、景州等二十州县本年被旱灾民，并蠲缓额赋有差。辛酉，【略】抚恤甘肃皋兰、狄道、山丹、东乐、古浪、平番、宁夏、肃州、王子庄、高台、金县、安定、会宁、西宁、大通等十五厅州县本年水、雹灾民，并予缓征。　　《高宗实录》卷九七〇

十一月【略】戊辰，【略】谕军机大臣等，据王亶望奏捐监事宜折内，称现在收捐之安西州、肃州及口外各属，扣至九月底止，共捐监一万九千十七名，收各色粮八十二万七千五百余石等语。固属承办认真，其情理多有不可解处，甘肃人民艰窘者多，安得有二万人捐监？【略】寻奏：甘省报捐监生，多系外省商民，【略】近年粮价平减，伊等以买货之银，就近买粮捐监，较赴京实为捷便，是以倍形踊跃。甘省向称地瘠民贫，盖藏原少，连年收成丰稔，殷实之家积粮日多，实系本地富户余粮，供捐生采买，并非运自他处。【略】甲戌，【略】高晋等覆奏：【略】本年洪湖存水，原属无多，嗣因伏秋汛内黄水接续盛涨，倒灌入湖，自八月初间停蓄加增，渐积至一丈四寸，八月十八九日大雨狂风，外河老坝口堤工漫溢，而黄水又复陡涨，口门内外及通湖引河均致淤垫，湖水不能外出，砖石各工间有倒卸。十月十四五日复连遇西北大风，昼夜掀掣，遂致临湖各工更多塌卸。

《高宗实录》卷九七一

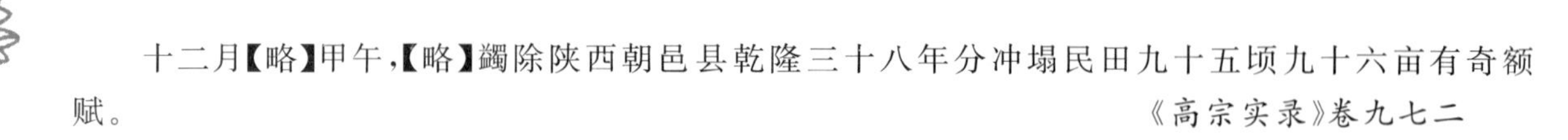

十二月【略】甲午，【略】蠲除陕西朝邑县乾隆三十八年分冲塌民田九十五顷九十六亩有奇额赋。　　《高宗实录》卷九七二

## 1775年 乙未 清高宗乾隆四十年

正月【略】辛亥，【略】又谕：昨岁甘肃夏秋二禾据报通省收成统计八分有余，尚属丰稔，惟皋兰、武威等七州县夏禾被有偏灾，而皋兰、金县等五处秋禾复被霜雹，均经先后分别照例赈恤。【略】又谕：甘肃僻近西陲，民贫土瘠，一遇水旱偏灾，即降旨蠲赈缓带，殆无虚岁，比年各属收成尚称丰稔。【略】癸丑，谕：上年东省秋田尚属有收，惟寿光等县沿海村庄于八九月间偶被风潮，【略】著加恩将寿光、乐安、潍县等三县，并官台、王家冈二场成灾各村庄，无论极、次贫民灶户于二月间再加赈一个月。【略】又，山西之永宁州、临县上年亦偶被山水，田禾幸未受伤。【略】又谕：昨岁豫、楚二省俱获丰收，惟河南之信阳、光州等处，湖北之安陆等州县卫均因夏秋之间偶尔缺雨，间成一隅偏灾。【略】著加恩将河南之信阳、罗山、光州、光山、固始五州县极、次贫民概行加赈一个月。湖北之安陆、京山、随州、孝感、应山、枣阳六州县，及屯田坐落六州县之武昌、武左、德安、襄阳四卫，将成灾七八分极、次贫军民于例赈之外，各加赈一个月；其余五六七分灾之钟祥、荆门、云梦、应城、襄阳、宜城等民屯地亩，并著该督抚酌看情形，分别借给籽种。　　《高宗实录》卷九七四

二月【略】癸未，【略】蠲安徽合肥、定远、泗州、盱眙、全椒、凤阳、宿州、寿州、天长、滁州、怀远、霍邱、六安、霍山等十四州县，庐州、凤阳、长淮、泗州四卫乾隆三十九年水、旱灾地额赋，并缓寿州、泗州、盱眙、凤阳、宿州、怀远六州县，凤阳、长淮、泗州三卫旧欠漕项均予分年带征。豁甘肃宁朔县水冲民地二千三百一十六亩有奇额赋。　　《高宗实录》卷九七六

二月【略】丙申，【略】蠲缓甘肃静宁、镇番二州县乾隆三十九年水、旱、风、雹灾田额赋，并给籽种如例。【略】是月，河东河道总督姚立德奏：东省今春雨雪深透，湖水铺足。【略】湖北巡抚陈辉祖奏：湖北武昌等六卫屯田被旱成灾，新漕长运，无力帮济，请于三十八九年分征解添办漕船大修银两内，拨给银五千九百四十两，以济本年长运，下部议行。　　《高宗实录》卷九七七

三月【略】丁卯，谕军机大臣等，本年三月初九夜至初十日，朕驻跸盘山，春雨应时，颇为沾渥，同日京城及保定、天津、古北口、永平各等处均为沾溉。本日又据李奉尧奏，登州于初九日得有甘霖；又姚立德奏，初十日于中牟工次，喜逢雨泽，是初九、初十等日，雨势广远，各处普沾，且浓云密布。【略】己巳，谕军机大臣等，【略】今日据徐绩奏，豫省各属于初十日各获好雨二三寸至五六寸不等，复于十六、十七两日得雨稠密等语。同日，杨景素亦有奏到。【略】寻奏：东省初九、初十等日得雨不过一二寸，嗣于二十三四两日甘霖普渥，各属均沾，耕作不致后期。报闻。【略】壬申，【略】蠲长芦属沧州、南皮、盐山、庆云、青县、衡水六州县，严镇、海丰、兴国、富国、丰财、芦台六场乾隆三十九年旱灾灶地额赋，并缓勘不成灾地应征银两有差。蠲河南信阳、罗山、光州、光山、固始五州县乾隆三十九年旱灾额赋，并缓征各项旧欠银两有差。【略】癸酉，【略】谕军机大臣等，【略】本日又据毕沅奏报，西安省城于三月初九日澍雨沾洒，至次日卯刻方止，入土四寸有余，是直隶各省渥泽俱已同沾。【略】甲戌，【略】寻奏：晋省入春以来，雨雪并沾，复于三月初九、初十至二十一、二十四等日，大同、太原等府得雨自三四寸至五六寸不等，甘雨应时，足资耕种。　　《高宗实录》卷九七九

四月【略】己卯，蠲安徽合肥、寿州、宿州、凤阳、怀远、定远、霍邱、六安、霍山、泗州、盱眙、天长、滁州、全椒等十四州县，并庐州、凤阳、长淮、泗州四卫乾隆三十九年旱灾额赋，其被灾较重者给赈一月。　　《高宗实录》卷九八〇

四月【略】甲午，【略】定西将军尚书阿桂【略】奏：自三月至四月，宜喜沿河一带大雪，臣等冒雪

攻打，不使（金川）贼人得以体息。【略】丙午，【略】蠲缓甘肃皋兰、金县、狄道、安定、会宁、山丹、东乐、古浪、平番、宁夏、西宁、大通、肃州、王子庄、高台等十五州县旱灾额赋，被灾重者分别赈恤，并借给籽种。

《高宗实录》卷九八一

五月【略】戊申，【略】给陕西宝鸡、凤县、留坝厅、褒城、沔县、宁羌等六厅州县水冲房屋修费银四千九百九十两有奇。【略】庚戌，【略】蠲免直隶霸州、保定、文安、大城、宁河、河间、献县、阜城、肃宁、交河、景州、东光、天津、青县、静海、沧州、南皮、盐山、庆云、天津府同知，冀州、武邑、衡水、武强、安平等二十州厅县乾隆三十九年旱灾额赋。【略】壬子，【略】定边右副将军广州将军明亮奏：本月十六日由斯木斯丹当噶下压东南，因连日大雪，暂停进兵。【略】戊午，【略】谕军机大臣，曰：徐绩奏河南、彰德、卫辉、怀庆、汝州五府州所属雨势稍微，现饬该守令设坛虔诚祈祷。【略】（周元理）寻奏：查通省入夏以来，惟四月二十四日得有透雨，永平、宣化、热河更为优渥，余俱未透，现在各处望雨，麦收大局已定，秋稼亦已种齐，若得甘霖普被，自必畅遂。现在虔祷雨泽，日来云气连阴，伫有甘霖大沛。报闻。【略】己未，【略】谕：今年春雨应时，远近沾被，惟入夏后京畿雨泽稍稀，虽得雨亦未能透足，现在节逾芒种，大田望泽甚殷，自宜虔诚祈祷，以迓甘霖。【略】蠲缓山东王家冈、官台二场灶地乾隆三十九年水灾额赋。

《高宗实录》卷九八二

五月【略】癸亥，谕军机大臣等，五日未时以后，京城得雨五寸有余，今据顺天府奏，昌平、良乡两处分寸相同，而涿州则仅得雨二寸，看来向南之雨似觉略小。昨据周元理奏，安肃于十四日得雨八寸，其附近处所似未普通。【略】寻奏：十四日以来，保定省城连日得雨，外府州县陆续报到，亦俱得有雨泽，田禾长发，现在地气潮蒸，可冀甘霖续沛。报闻。

《高宗实录》卷九八三

六月丁丑朔，蠲免湖北汉阳、孝感、安陆、云梦、应城、应山、随州、京山、钟祥、荆门、天门、黄安、襄阳、宜城、枣阳十五州县，并武昌、武左、荆州、荆左、荆右、襄阳六卫，德安一所乾隆三十九年旱灾额赋。

《高宗实录》卷九八四

六月【略】癸巳，谕军机大臣等，【略】近来甘澍迭沛，远近一律普沾，秋成可望，米价自应日渐减落，何以市值未见渐平。或因近京二麦稍歉，而河南、山东两省据该抚奏报麦收丰稔，【略】或究因上年河间、天津一带歉收转甚。【略】寻周元理奏：自五月十五（日）以来，得雨七八次，二十五六及六月十四（日）之雨更透，秋田畅发，粮价日平。【略】癸卯，大学士伯两广总督李侍尧奏：广州省城东北一带于六月二十三四连日大雨，平地水深数尺，八旗兵丁居住洼下者淹没尤深，所有堆拨住房、租房马厩多被水浸，【略】查兵众住房倒塌者共五百八十九户。

《高宗实录》卷九八五

七月【略】甲寅，【略】又谕：热河自初七日以来，雨水稍多，昨晚至今晨尤觉绵密。【略】丙辰，【略】直隶总督周元理奏：七月初七、初八日雨势甚密，永定河水益涨，各工幸抢护平稳。【略】戊午，【略】大学士舒赫德、刑部尚书英廉覆奏：京城近日雨势虽密，无碍田稼。十一日天已开霁。报闻。【略】己未，【略】谕军机大臣，曰：【略】今据周元理奏，初八日密雨竟夜，初九夜雨更大，北岸三工于初九丑时漫口二十余丈，南岸头工于初十卯时漫口六十余丈。【略】又谕：本月初八日据勒尔谨奏，五月中旬以来省城以西各属得雨未能一律沾足，而皋兰等十四处已有受旱情形，现在设坛祈祷等语。【略】寻王亶望奏：六月二十六七等日，省城及附近地方得雨，而为时较迟，皋兰等处俱成偏灾。七月中旬后各属得雨一二寸至深透不等。图桑阿奏：六月下旬兰州等处始经得雨，各属不免旱灾，七月望后陆续俱已得雨。报闻。

《高宗实录》卷九八六

七月【略】甲子，【略】又谕：本日据留京办事王大臣奏到，京师于十七日辰刻得有大雨一阵，旋复时落时止，至十八日巳刻方息，但天气尚未开霁，现令回子祈晴等语。【略】寻奏：京城天气已开霁，拟于二十一日停止祈晴。【略】己巳，【略】蠲免甘肃皋兰、武威、镇番、宁朔、灵州、平罗等六州县，并沙泥州判乾隆三十九年分水灾、旱灾额赋，并蠲免镇番、平罗二县水冲沙淤地一百六十六顷九十亩有奇额赋。【略】庚午,【略】又谕:今日本报到,据袁守侗等奏,连日天气晴明,积水自可易消等语。热河自十八日以来,俱极晴爽,惟二十五日辰刻微雨时零,至未刻始止,虽势尚悠扬,口外并无关碍。【略】癸酉,【略】大学士舒赫德、顺天府府尹刘纯炜覆奏:京城本月二十五日早间阴雨至晚方止,现在云气尚未尽开,洼地禾稼不无伤损,高阜仍可丰收。报闻。【略】乙亥,【略】又谕:前据周元理奏,永定河南头工漫口,定于本月二十六日合龙,如果依期竣事,自当迅速奏闻。【略】寻奏:永定河南头工漫口因二十五六日雨大水涨,直至二十九日巳刻合龙,不期是日午后复雨,至三十日更大,复冲开原筑口三丈,赶紧接筑。幸天晴水落,一二日内即可筑竣。至各属被水地方,成灾轻重不等,现委员分路确勘,其田禾高阜地亩及上游未被水淹者,俱极丰茂。【略】是月,【略】又奏:直隶通省州县丰收者多,所报水灾不过一隅,亦未及十分之二。　《高宗实录》卷九八七

八月丙子朔,【略】谕军机大臣等,据留京办事王大臣及顺天府尹等奏,七月二十八日酉戌刻,京师仍复下雨,虽不甚大,颇觉绵密,二十九日晚暂停,夜间时雨时止,迄今尚未开霁等语。是京城雨势较热河稍密,为时亦较久,本日此间天气已觉大晴,不知京城本日晴雨情形若何。【略】戊寅,【略】谕军机大臣等,【略】据运河道陆燿禀称,济宁一带于七月初六七八等日连得大雨,汶河报涨水四尺七寸,泗河涨水尺余,府河涨水二尺五寸。【略】又谕:据留京办事王大臣覆奏,京师于八月初二日早天气凉爽,晴象大定,拟于初三日停止祈晴等语。【略】己卯,【略】谕军机大臣等,据顺天府尹奏,自八月初一日起,天气开霁,现在风日高爽,从此晴明旬日,高低田亩结实自当饱满。【略】又谕:昨因周元理奏霸州等三十余州县被潦之处较多,已谕令确查。【略】兹据奏称,霸州等七处被灾较重,约有八九分不等,其大兴等十九州县,及续报之赵州等九州县,又大名、玉田、元城三县已报成灾者大约六七分居多,稍重者不过八分等语。【略】壬午,【略】谕曰:徐绩奏河南武陟县沁河前因骤涨,漫开张村民堰,由班家沟入黄,今漫口已经堵闭。【略】被淹地亩虽仅五百余亩,不过一隅偏灾。【略】照例赏给修房银两,并抚恤一月口粮。　《高宗实录》卷九八八

八月【略】丁酉,【略】赈恤甘肃皋兰、河州、狄道、渭源、金县、靖远、循化厅、红水县丞、沙泥州判、安定、固原、盐茶厅、张掖、抚彝厅、山丹、东乐县丞、武威、平番、古浪、永昌、镇番、庄浪、灵州、中卫、西宁、碾伯、大通、巴燕戎格厅、肃州、高台、安西等三十一厅州县本年旱灾、雹灾饥民,并予蠲缓。【略】辛丑,【略】谕军机大臣等,据伊龄阿奏盐运情形,折内称五六月间雨泽稀少,迄今又将两月,仍多晴明,间有雨泽,未能普遍沾足。又称七八月海潮大汛,并无风雨,通、泰、海三属荡地草薪长发,惟望日内再得甘霖大沛,盐运可以畅达等语。【略】寻高晋奏:两江地方八月后已成旱象,惟低田仍属有收,现委员确勘。【略】萨载奏:江苏自交七月后,苏州、松江、太仓、徐州等属俱先后得雨,其余各属未能普沾。至八月初旬虽经得雨,而气候已迟,不免旱象。《高宗实录》卷九八九

九月【略】辛酉,【略】又谕:前据周元理奏报直属秋成分数,宣化府阖属通计系约收十分。

《高宗实录》卷九九一

十月【略】壬午,【略】谕军机大臣等,据伊龄阿奏,九月间得雨盐运情形折内,称扬州地方本月二十二日辰刻起,昼夜大雨如注,直至二十三日辰刻止,地土深透,约有四寸,四野沾足。又称通、泰各场同日亦得雨三四寸不等各等语。【略】丙戌,【略】谕军机大臣等,户部奏,据湖北巡抚周辉祖造送乾隆三十九年赈济报销到部,内孝感等十九州县卫,被灾六七(分)极、次贫民男妇大小共一百八十七万五千八百余名口,该部【略】将各该处造报民数清册核对,竟多至十数万,据实奏明。【略】己丑,【略】谕:今岁畿南一带因七月间雨水稍多,低洼村庄间被淹浸,现据该督查明题报成灾之保定、文安等四十七州县厅照例抚恤赈济,并将此次被灾较重之霸州、永清、新城、雄县、安州、新安等六州县先于九十两月摘出赈给。【略】谕军机大臣等,据户部议覆,周元理题报霸州等五十二州县厅被灾赈恤一本,已依议速行。【略】加赈直隶衡水、严镇、富国、丰财、芦台等五县场本年水灾贫

户，并蠲缓额赋有差。 《高宗实录》卷九九二

十月【略】庚寅，【略】蠲免甘肃皋兰、狄道、金县、安定、会宁、抚彝、山丹、东乐、古浪、平番、宁夏、中卫、西宁、大通、肃州、河州、高台等十七州县厅乾隆三十九年水、雹、霜灾额赋有差。【略】乙未，【略】加赈江苏句容、江浦、六合、宜兴、荆溪、丹阳、金坛、溧阳、甘泉、东台、上元、江宁、溧水、高淳、武进、阳湖、无锡、金匮、江阴、丹徒、阜宁、盐城、高邮、泰州、江都、仪征、兴化、宝应、长洲、吴县、常熟、昭文、山阳、清河、桃源、安东、萧县、海州、沭阳、如皋、镇江、扬州、仪征、苏州、太仓、淮安、大河等四十七州县卫本年水、旱灾民，并蠲缓额赋有差。加赈安徽定远、泗州、盱眙、天长、五河、滁州、来安、合肥、巢县、凤阳、虹县、全椒、建平、怀宁、桐城、南陵、贵池、东流、当涂、芜湖、繁昌、庐江、寿州、宿州、怀远、灵璧、霍邱、六安、霍山、和州、含山、广德，并安庆、庐州、凤阳、长淮、泗州、滁州、建阳等三十九州县卫本年旱灾贫民，并蠲缓额赋有差。【略】丁酉，【略】谕军机大臣等，据高晋覆奏，【略】所称淮安得雨八寸，自属优沾，其余各属节次所报仅止一二寸至四五寸不等，何得遽称深透。朕念切民瘼，【略】切实体验，大率五寸以下，于田事未能有济，不得谓之沾渥，北省尚然，况江南乎。【略】又谕：本年各省收成丰稔者多。惟畿南一带六七月间偶因雨水稍多，致永定河水涨漫溢，濒河近淀之保定、文安等五十二州县厅均被潦成灾，而霸州等六州县较重。又，甘省五月中旬后雨水未能沾足，皋兰、安定三十一厅州县夏禾偏被旱、雹等灾。又，江苏省夏秋雨泽愆期，句容等四十六州县卫被旱，及萧县境内间有被水偏灾。又，安徽省定远等三十九州县卫秋禾被旱，及宿州、灵璧二处临河地亩被淹。【略】至豫省沁河两次水涨，漫刷武陟县民埝，将附近之张村等三十七村庄河滩地亩被淹。【略】戊戌，【略】加赈两淮石港、金沙、掘港、丰利、栟茶、角斜、富安、安丰、梁垛、东台、河垛、丁溪、草堰、刘庄、伍佑、新兴、庙湾等十七场本年旱灾贫民，蠲缓额赋有差，并蠲缓通州、泰州、海州三场本年旱灾田地额赋。【略】癸卯，【略】署四川总督文绶奏：【略】今岁秋收尚属丰稔，民间亦有余粮。 《高宗实录》卷九九三

闰十月【略】丁未，【略】蠲免云南浪穹、邓川二州县本年水灾田地额赋有差。

《高宗实录》卷九九四

十一月【略】己亥，【略】山东巡抚杨景素奏报东省得雪情形。得旨：欣慰览之，批折时京师复值雪，今岁诚天恩优渥。 《高宗实录》卷九九七

十二月【略】癸丑，缓征浙江长兴县本年旱灾田地额赋。 《高宗实录》卷九九八

## 1776年 丙申 清高宗乾隆四十一年

正月【略】甲戌，【略】又谕：昨岁安徽、江苏地方七八月间偶有雨泽愆期之处，以致上江之庐、凤等属，下江之句容等属高阜田亩间被偏灾，【略】著加恩将安徽被灾八九分不等之定远、泗州、盱眙、天长、五河、滁州、来安等七州县均系积歉之区，无论极、次贫民各加赈一个月。其庐州、凤阳、长淮、泗州、滁州等五卫被灾屯户，各随坐落之州县一体赈给。江苏被旱、较重之句容、江浦、六合、宜兴、荆溪、丹阳、金坛、溧阳、甘泉、东台等十县，及次重之上元、江宁、溧水、高淳、武进、阳湖、无锡、金匮、江阴、丹徒、阜宁、盐城、高邮、泰州、江都、仪征、兴化、宝应、十八州县，并镇江、扬州二卫均勘实成灾七八分之极贫户口，各加赈一个月。【略】又谕：上年甘肃省夏秋二禾统计收成七分有余，惟皋兰等三十一厅州县夏禾间有被旱、被雹之处，【略】内惟皋兰、金县、渭源、平番、中卫、灵州、肃州七州县，并皋兰分驻之红水县丞所属，【略】又续报秋禾偏被霜、雹之陇西等十一州县亦经照例赈恤，内泾州、平凉二处被灾稍重，并著一体展赈一个月，用敷春泽。其余夏秋被灾较轻之河州、陇西等处，今春如有缺乏籽种口粮之户，并著该督随时体察借给。【略】又谕，昨岁畿南一带因夏秋间雨

水稍多，【略】经该督勘明保定、文安等五十二州县厅成灾之处照例抚恤赈济。并降旨将较重之霸州等六州县应行摘赈，提前一月。【略】著加恩将被灾较重之霸州、永清、新城、雄县、安州、新安六处，并次重之文安、保定、武清、大城、清苑、天津、静海、青县八处均各展赈一个月。

《高宗实录》卷一〇〇〇

正月【略】丙申，【略】又谕：闻直隶地方所种春麦比山东较少，【略】昨岁腊雪普遍，近复春雪优沾，土膏渥润，正可耕耩春牟，著周元理迅即饬属，劝民及时赶种。【略】壬寅，【略】谕：据李质颖奏，安庆等府州属上年间被旱灾，所有乾隆四十年分漕粮已蒙缓至四十一年带征。其寿州、宿州、盱眙、怀远四州县自三十八年后连被偏灾，【略】著加恩将寿州等四州县，所有乾隆三十八九两年积欠漕粮一万四千九百余石缓至四十二三两年分带征。 《高宗实录》卷一〇〇一

二月【略】庚戌，【略】蠲免江苏上元、江宁、句容、溧水、高淳、江浦、六合、山阳、阜宁、清河、桃源、安东、盐城、高邮、泰州、东台、江都、甘泉、仪征、兴化、宝应、萧县、海州、沭阳、如皋、长洲、吴县、常熟、武进、阳湖、无锡、金匮、江阴、宜兴、荆溪、丹徒、丹阳、金坛、溧阳等三十九州县，并镇江、淮安、大河、扬州、仪征等五卫乾隆四十年分旱灾额赋。 《高宗实录》卷一〇〇二

三月【略】丙子，【略】蠲免江苏山阳、阜宁、清河、盐城四县，淮安、大河二卫乾隆三十九年分水灾田地项下乾隆四十年新赋。【略】戊寅，【略】谕：上年山东省岁事顺成，二麦秋禾并庆丰稔，万姓恬熙乐业。【略】安徽巡抚李质颖奏：安庆、庐州府被灾各属应预筹减粜，查各属米价每石自一两二钱余至二两不等，请将价在一两七钱以上者，减一钱五分。 《高宗实录》卷一〇〇四

三月【略】辛卯，【略】蠲缓河南武陟县张村等三十七村庄乾隆四十年分水灾额赋。豁除山东寿光、潍县二县潮淹地亩二百六顷有奇乾隆三十九年以后额赋。【略】甲午，【略】谕军机大臣等，本日报到，据总管太监王忠奏，京师于三月十五日子时，小雨随下随止；又十八日申正至亥正，止得雨约一寸余等语。何以未据王大臣等奏及，岂因前次奏报十二十三得雨之后，甫经数日，是以不复具奏耶。【略】乙未，【略】蠲免安徽怀宁、桐城、南陵、贵池、东流、当涂、芜湖、繁昌、合肥、庐江、巢县、寿州、宿州、凤阳、怀远、定远、虹县、灵璧、霍邱、六安、霍山、泗州、盱眙、天长、五河、滁州、全椒、来安、和州、含山、广德、建平等三十二州县，并建阳、安庆、庐州、凤阳、长淮、泗州、滁州等七卫乾隆四十年分水旱偏灾额赋有差。【略】丙申，【略】赈恤甘肃陇西、伏羌、会宁、漳县、平凉、华亭、泾州、灵台、隆德、宁夏、平罗、秦州、玉门十三州县乾隆四十年分雹水霜灾饥民。【略】辛丑，【略】豁除江苏元和、昆山、宝山等县乾隆三十九年后坍没地亩一百三十顷有奇。豁除福建闽县乾隆四十年分被水冲陷田一十三亩有奇。 《高宗实录》卷一〇〇五

四月【略】丙午，谕军机大臣等，昨驻博平县朱官屯水营，密雨竟夜，虽未能十分沾足，当此久盼甘澍之时，于二麦早禾亦颇有益。【略】庚戌，【略】谕：【略】三月朔日天津途次，优渥春膏，夹岸麦陇青葱，深为欣悦，乃自入山东境，至今为之望霖，已经弥月。虽有廉纤微润，而甘澍未得沛沾，麦禾渐觉减色。朕心切实焦劳。【略】癸丑，【略】蠲免直隶霸州、保安、文安、大城、固安、永清、东安、武清、宝坻、蓟州、宁河、香河、大兴、宛平、顺义、清苑、安肃、新城、博野、望都、容城、蠡县、雄县、祁州、安州、高阳、新安、河间、献县、任丘、天津、青县、静海、津军厅、正定、晋州、无极、藁城、新乐、鸡泽、大名、元城、玉田、武邑、衡水、赵州、隆平、宁晋、深州、武强、安平、定州等五十二州县厅乾隆四十年水灾额赋有差。豁除福建建阳县乾隆三十八年水冲地四十三顷八十二亩额赋有奇。

《高宗实录》卷一〇〇六

四月【略】癸亥，【略】豁免江苏山阳县乾隆三十九年被淹存仓米谷九千三百六十石有奇。【略】戊辰，【略】豁除江苏桃源乾隆四十年被水冲没地一百二十三顷十八亩额赋有差。【略】是月，江南河道总督萨载奏：遵旨赴山阳查勘黄河海口淤沙，询之土人，据云从前海口原在王家港，雍正年间

两岸接生淤滩，至今日见淤垫，现长四十余里，南岸遂有新淤尖、尖头洋之名；北岸有二泓、三泓、四泓之名。就目下形势而论，河底既有高仰，河唇又复渐远，此即沙淤明证。但潮汐往来，人力难施。臣查现在口门，出水四五尺不等，势尚湍急。将来黄水加涨，出水亦必加多，虽不能畅流归海，似亦不致阻滞。 《高宗实录》卷一〇〇七

五月【略】甲午，【略】又谕曰：王亶望奏，甘肃兰州、巩昌、平凉、西宁、宁夏等各府州属于四月十一二日得有细雨，尚未沾透，民情望雨甚殷，现在设坛祈祷。 《高宗实录》卷一〇〇九

六月【略】癸卯，谕军机大臣等，昨据富明奏报，五月二十六日正定等处得有透雨；今日又据达齐奏报，五月二十六日宣化等处得有透雨等语。正定、宣化等处此时始据奏报得有透雨，则前此未透可知。【略】丙午，【略】又谕：据毕沅奏，甘省本年入夏以后，雨泽缺少，各属禾苗受旱，业已成灾。除被旱稍轻之处统归秋成勘办，其被旱较重之兰州、巩昌、平凉、凉州、甘州、西宁、肃州、秦州等各府州所属节候已迟，不能补种秋禾，现饬道府亲往查勘等语。甘省盼雨已久，今虽于十二、十四日两次得雨二三寸，于田禾未必有济，看来旱象已成，被灾州县约二十余处。【略】庚戌，谕军机大臣等，据毕沅覆奏，甘肃兰州省城于二十四日续得雨三寸，附近州县亦同日均沾，俱二三寸不等，虽土脉久干不能透足，而受伤未甚之禾苗颇足以资长发，其被灾处所现在确查妥办。【略】壬子，【略】谕军机大臣等，昨据勒尔谨奏，途次接奉谕旨，知甘省各属被旱情形，随即兼程驰回甘肃，率属实力查办。兹复，据王亶望奏，皋兰等二十九州县禾苗被旱，业已成灾。五月二十二三至二十八九等日各处有得雨五六寸至深透者，虽夏禾不及接济，于秋田大有裨益等语。 《高宗实录》卷一〇一〇

六月【略】戊午，【略】谕军机大臣等，据陈辉祖奏到二麦收成及雨水情形一节，内称湖南武陵县于四月十五六日因上游辰河水发，由德山桥口漫入城北各村，低田被淹十一二顷。三四日内水即消退，秧田俱已及时补种，秋禾均属有望等语。前此敦福具报地方雨水一折，仅称四月中旬迭降大雨，溪河涨发，江河水势骤涨，旋即消退，堤岸田禾均无妨碍。【略】庚申，谕军机大臣等，今年京师及热河各处雨水调匀，即各省督抚所奏，晴雨亦均应时，看来秋收可期丰稔。惟甘肃一省前据毕沅等奏，皋兰等二十九州县禾苗受旱。【略】寻奏：甘省夏禾虽已被旱，秋成尚可有收。

《高宗实录》卷一〇一一

七月【略】辛未，谕军机大臣等，据勒尔谨奏甘省续得雨水情形一折，但称六月二十日省城续获甘霖，入土深透，于秋禾大有裨益。【略】癸酉，豁免四川马边厅属乾隆三十九年起科地内不能开垦砂地三百九十八顷八十九亩有奇额赋。 《高宗实录》卷一〇一二

七月【略】庚寅，【略】谕军机大臣，曰：文绶奏，据阜和营游击等禀报，打箭炉一带连日大雨，六月二十六日亥时，明正司地方海子山大水陡发，冲倒南门，城内文武衙署、监狱、兵房冲去数百间，化为石滩，淹毙兵民甚多。又据荣经县详称，六月二十七日山水暴发，沿山沟河多被冲压。【略】又谕：【略】今据勒尔谨奏称，七月初四日省城及巩昌、平凉、凉州、秦州、階州等六府州属，俱陆续禀报得雨二三四五寸至深透不等。确查各属，凡平川洼地稍可薄收者，现在尚敷糊口；其夏禾无济，可以翻种晚秋者，借给籽种等语。所办恐属无益，得雨已届七月初旬，即亟亟补种六十日成熟之晚禾，亦须再迟两月方能收获，计彼时已届九月初旬，边地气寒霜早，岂能结实收成。所云借籽补种，仍属有名无实。【略】乙未，谕军机大臣，曰：陈辉祖奏，据湖南耒阳县禀报，六月二十五日河水涌发数丈，城外及对河民房被淹，东北城墙砖坍数处，水漫入城，民房间有倒塌，常平仓亦被水浸。又，永兴县禀报六月二十四日大雨，山水约高二丈余，由垛口灌入城内，民房被淹，间有倒塌，田禾多没水内。又，据湖北郧西县禀报西乡石滩河山内，骤发蛟水，双掌坪、五掌坪等处冲坏沿河山脚草房十余间，淹毙男妇二十余名口等语。湖南自永兴山水涨发，流注耒阳，水势较大，其被灾情形亦较重。【略】戊戌，【略】蠲免安徽桐城、凤阳、临淮、定远、盱眙、滁州、全椒、广德、建平等九州县乾隆四

十年被水学田九十五顷六十二亩有奇租银。《高宗实录》卷一〇一三

八月【略】癸亥,【略】谕军机大臣等,今岁入秋以来天气晴和,昨于二十一日海喇堪山前行围,密雨沾洒,旋即晴霁。因思京师自初三日得雨之后,迄今二十余日未据留京办事王大臣奏报得雨,现在正届翻犁,播种秋麦之时,得雨方属有益,以此甚为廑念。【略】甲子,【略】赈恤甘肃皋兰、金县、狄道、渭源、靖远、沙泥州判、红水县丞、陇西、安定、会宁、通渭、平凉、隆德、静宁、固原、盐茶厅、抚彝厅、张掖、山丹、武威、永昌、古浪、平番、灵州、西宁、秦州、肃州、高台、河州等二十九厅州县本年水、旱、霜、雹灾民,缓征新旧额赋有差。《高宗实录》卷一〇一五

九月【略】庚辰,【略】蠲免浙江仁和、钱塘、海宁、乌程等四州县乾隆四十年分坍没田地一百三十四顷五十亩有奇额赋。【略】癸未,【略】豁免浙江钱清场,西兴丰、宁、盛三团乾隆四十年坍没沙压田荡一万二千五十亩有奇额征课银。《高宗实录》卷一〇一六

九月【略】癸巳,【略】赈恤湖南耒阳、郴州、永兴、兴宁、宜章等五州县本年被水灾民。【略】是月,【略】署湖广总督湖北巡抚陈辉祖奏:遵查湖南耒阳、永兴、宜章、郴州、兴宁等州县一隅水灾,已分别抚恤。【略】湖北郧西县石滩河地方五月水发,冲塌草房二十一间,淹毙男女三十一口,俱经给资抚恤。《高宗实录》卷一〇一七

十月【略】乙巳,【略】谕军机大臣等,据文绶等奏,打箭炉被水冲失阜和营存贮兵饷等项银一万余两,饬令游击岳瀞等派出弁兵挖出银四千一百三十余两等语。该弁兵等搬运积石,挖至二丈有余,颇为出力,著该督酌量奖赏,以示鼓励。《高宗实录》卷一〇一八

十月【略】丁巳,【略】户部议覆,江苏巡抚杨魁疏称,安东、阜宁、清河、桃源、萧县、海州、沭阳、淮安、大河九州县卫本年被水,分别蠲缓赈恤,应如所题。【略】庚申,谕军机大臣等,本年夏秋雨旸时若,京畿及各直省收成俱属丰稔。唯甘肃皋兰等二十九厅州县夏禾被旱,成灾情形较重。【略】此处如江苏安东等七州县、安徽泗州等七州县秋禾间被水灾。【略】辛酉,【略】户部议覆,安徽巡抚闵鹗元疏称,宿州、凤阳、虹县、灵璧、泗州、盱眙、天长、五河等八州县,并凤阳、长淮、泗州三卫被水成灾,分别蠲缓赈恤,应如所请。【略】丙寅,户部议覆,调任两淮盐政伊龄阿疏称,板浦、中正、临兴各场被水成灾,应征钱粮分别蠲缓,应如所请。《高宗实录》卷一〇一九

十一月【略】己亥,【略】赈恤甘肃皋兰、金县、西和、漳县、泾州、崇信、灵台、镇原、宁州、环县、东乐县丞、镇番、宁夏、宁朔、中卫、平罗、礼县等十七州县,及分防县丞本年水、雹、霜灾贫民,其宁远、伏羌、华亭、安化、正宁、合水、花马池州同、碾伯、大通、秦安、清水、安西、玉门、敦煌等十四州县及分防州同并予缓征。《高宗实录》卷一〇二〇

十一月【略】壬辰,【略】陕甘总督勒尔谨覆奏:遵查皋兰、金县、安定、会宁、盐茶厅、武威、平番、肃州八处本年夏禾被旱成灾,情形较重,现在正赈已毕,青黄不接之时民食拮据,应再恳展赈一月。其余河东等二十一处已蒙赈恤。【略】是月,河南巡抚徐绩奏;安阳、汤阴、临漳、林县、武安等邑均得雪一二寸不等,冬至后瑞雪再得普沾,可卜来牟之庆,目下粮价平减。

《高宗实录》卷一〇二一

十二月【略】丙午,【略】赈恤甘肃皋兰、金县、狄道、河州、渭源、靖远、沙泥州判、红水县丞、陇西、安定、会宁、通渭、平凉、隆德、静宁、固原、盐茶厅、抚彝厅、张掖、山丹、武威、永昌、平番、古浪、灵州、西宁、秦州、肃州、高台等二十九厅州县,分防州判、县丞本年旱灾贫民。【略】辛亥,【略】户部议覆,安徽巡抚闵鹗元疏报,宿松、青阳二县漂失赈米五千五百九十五石,实系山水陡发,人力难施,应如所请豁免。从之。《高宗实录》卷一〇二二

十二月【略】甲寅,【略】蠲免山东德州、平原、禹城、齐河、长清、德州卫、泰安、滋阳、曲阜、宁阳、邹县、泗水、恩县、济宁、东平、东阿、东平所、阳谷、寿张、巨野、聊城、堂邑、博平、清平、东昌卫、嘉

祥、汶上、临清、夏津、武城三十州县卫所乾隆四十一年各地亩额赋银二万三千二百一十八两有奇。

《高宗实录》卷一〇二三

## 1777年 丁酉 清高宗乾隆四十二年

正月【略】己巳,【略】谕:昨岁甘肃省夏秋二禾统计收成七分有余,惟皋兰等二十九厅州县夏禾被旱,又被霜、被雹之处,在通省虽仅一隅,而成灾究觉稍重。【略】著加恩将皋兰、金县、安定、会宁、盐茶厅、武威、平番、肃州八处各展赈一个月。又续报秋禾被灾较重之镇番、中卫二县,并著一体展赈一个月,用敷春泽。其余被灾较轻之河州等二十一处今春如有缺乏籽种口粮之户,并著该督随时体察。【略】辛未,谓:上年夏秋雨旸时若,京畿及各直省俱获丰收,惟安徽泗州等七州县秋禾间有因潦被灾之处,江苏安东等七州县濒水洼地亦略有一隅偏灾。【略】著加恩将被灾八分之泗州、盱眙县及泗州卫无论极、次贫民均各加赈一个月。【略】己卯,河东河道总督姚立德奏:泰、兖一带春雪融化,泉源旺盛,各湖收水敷余,足济运务,麦苗亦旺,可期丰稔。

《高宗实录》卷一〇二四

二月【略】辛亥,【略】蠲缓江苏安东、阜宁、清河、桃源、萧县、海州、沭阳、淮安、大河九州县卫乾隆四十一年成灾五七分及不成灾之兴化、江宁二县额赋有差。　《高宗实录》卷一〇二六

二月【略】甲寅,【略】蠲免安徽宿州、凤阳、虹县、灵璧、泗州、盱眙、天长、五河八州县,凤阳、长河、泗州三卫乾隆四十一年分水灾额赋有差。　《高宗实录》卷一〇二七

三月【略】庚辰,【略】谕军机大臣等,前据黄检奏报,于正月二十五六等日得雪四五寸。嗣巴延三回任后,二月二十二日奏到各折内,并无报雨之折。兹据陕甘总督勒尔谨奏,于二月十九、二十等日得雨七八寸。山西距陕甘不远,何以未见奏到。　《高宗实录》卷一〇二八

三月【略】癸未,【略】谕军机大臣等,【略】今据(山西)该抚奏到,二月十九、二十等日省城得雪,除融化入土二寸外,积地尚厚四寸,其余各属亦各得雨雪三四寸至八九寸不等等语。【略】乃陕甘远省,以十九、二十之雨早经奏到,晋省独迟至今始行奏闻。实属延缓。且二月已届春深,何以晋省尚报得雪,未闻得雨。该处天气本寒,是否与麦苗无碍,折内亦未详悉声明。【略】乙酉,【略】河南巡抚徐绩奏:河南省城二月十九、二十等日得有透雪,续据九府四州所属禀报,均得雨雪,二麦长发,可期大稔。【略】戊子,【略】谕军机大臣等,前因巴延三报雨迟延,是以降旨查询,令其据实覆奏。乃昨三月十七日,始据奏报,二月十九、二十等日得雪,已属太迟。其折内将三月初五、初十日续得雨雪分寸牵混叙入,于后竟似得雪而未得雨。【略】今于二十二日覆奏折内,则止称连得甘霖,通省沾透,亦不分叙府分。【略】辛卯,【略】山西巡抚巴延三覆奏:晋省山多气冷,南北相距二千余里,更寒燠迥殊。本年二月十九、二十、二十七等日通有雨雪,虽暂时存积,旋即融消;至三月初五、初十等日,省南均系得雨,省北多系得雪。查省南各府州,二月内所得之雪,俱随时融化,于麦苗并无妨碍;省北向无冬麦,尤属无妨。再,晋省于十八日夜及十九日,太原府属复得雨四五寸不等,澎泽甚普。【略】甲午,河南巡抚徐绩覆奏:三月内,据开、归等九府,及许、汝、陕、光四州暨所属各州县节次禀报,于初十、十八、二十等日得雨二三寸至五六寸暨深透不等;省城亦于二十三日得雨二寸;河南府、陕州雨势尤大,二麦现已吐穗扬花,俱极畅茂。报闻。　《高宗实录》卷一〇二九

四月【略】庚申,【略】赈恤甘肃循化、皋兰、红水县丞、金县、狄道、沙泥州判、渭源、靖远、河州、盐茶厅、固原、安定、灵州、中卫、巴燕戎格、西宁、碾伯、大通、庄浪、武威、镇番、永昌、古浪、平番、抚彝厅、张掖、山丹、东乐、肃州、高台、安西三十一厅州县乾隆四十年旱、雹灾饥民。辛酉,【略】蠲免安徽宿州、凤阳、虹县、灵璧、泗州、盱眙、天长、五河八州县,凤阳、长淮、泗州三卫乾隆四十一年水

灾额赋。【略】是月,【略】湖北巡抚陈辉祖奏:蒲圻县万寿庄麦秀两歧。报闻。

《高宗实录》卷一〇三一

五月【略】丙寅,【略】谕军机大臣等,据巴延三奏,蒲州、解州等六府州呈报,于本月十九、二十等日各得雨三四寸等语。【略】至畿辅春膏虽渥,而入夏以后尚未得雨,朕心盼望甚殷。【略】庚午,谕军机大臣等,京师自初二日亥刻起,至初三日巳刻止,得雨五六寸,入土沾足。续据周元理等奏报,近畿所属得雨情形约略相同;而王进泰亦奏,古北口一带俱一体沾足。惟西宁奏称,天津地方止得雨三寸等语。似初三日之雨,西北一带俱获普沾,而东南雨势稍小,恐未能一律沾透。【略】赈恤甘肃皋兰、金县、西和、漳县、泾州、崇信、镇原、灵台、宁州、正宁、环县、东乐县丞、镇番、宁夏、宁朔、中卫、平罗、礼县十八厅州县乾隆四十一年雹、水、霜灾饥民,并予缓征。【略】壬申,【略】护山东巡抚布政使国泰覆奏:入夏后得雨者,有八府一州,二麦现已登场,若五六月雨足,秋禾方有收。【略】癸酉,【略】山西巡抚巴延三覆奏:太原、汾州、平阳、大同、朔平、宁武、忻州、代州、平定、辽州十府州并前得雨各属,俱于五月初三日得雨四五寸不等,农田待泽尚无急迫情形。报闻。【略】乙亥,【略】护山东巡抚布政使国泰覆奏:五月初三日省城无雨,登州、莱州、青州三府得雨二寸至五六寸不等,此外雨虽未遍,望泽尚不甚迫。报闻。【略】丙子,【略】河南巡抚徐绩覆奏:四月后,开封、归德、卫辉、南阳、汝宁、许州、光州七府州所属多有得雨州县,惟河北雨少,现在祈祷。【略】己卯,【略】河南巡抚徐绩覆奏:五月初得雨州县十九处,续据卫辉、南阳、汝宁、光州四府州均报初一至初五日得雨一二寸及五六寸不等。省以南麦地渐次犁种,惟河北望雨甚殷。报闻。

《高宗实录》卷一〇三二

五月【略】甲申,【略】谕军机大臣等,据徐绩奏,河南省城于五月十四日密雨连宵,十五日雨势尤大,入土深透等语。又据姚立德奏,十四日大雨如注,十分优渥,入土八寸。并据附近各属均报得雨四五六寸不等。两省雨势大约相等。况十四夜至十五(日)京城得雨极为深透。【略】寻奏:济南、东昌、兖州、泰安、沂州五府属均于五月十四五六等日得雨,省城及未得雨各属现在浓云时合,沛雨后即驰奏。报闻。【略】辛卯,【略】又谕:据徐绩奏,开封、归德、河南、南阳、汝宁、陈州等六府,及许、汝、陕、光四州所属俱于十四五两日,得雨三四寸及五六七寸不等。省城迤南州县大田已获优渥,河北彰、卫、怀三府属同日得雨四五寸,惟查有九处未遍等语。【略】寻奏:前奏未得雨州县系安阳、汤阴、临漳、武安、内黄、汲县、获嘉、淇县、修武九处,今安阳、汤阴、武安、内黄、修武五县已得透雨,余四县现在望泽,高粱等类尚无妨碍。报闻。【略】壬辰,谕军机大臣等,【略】本日国泰亦奏报济南省城于二十四日已沛甘霖,入土深透。惟晋省前据巴延三于本月十八日奏到,五月初二日太原省城及保德等州各得雨三四寸不等,似该省雨泽尚欠沾足。【略】寻奏:五月二十四日(山西)省城续得透雨,今据各属报五月内共获甘霖三次,田畴沾足。报闻。【略】甲午,【略】缓征湖南耒阳、郴州、永兴、兴宁、宜章五州县乾隆四十一年水灾额赋,并予赈恤。【略】是月,【略】护山东巡抚布政使国泰覆奏:四五两月雨泽未透,秋禾杂粮黄萎者五十五州县,如六月望得雨,只须补种,无虑成灾。

《高宗实录》卷一〇三三

六月【略】戊申,【略】又谕曰:勒尔谨奏报甘省雨水禾苗一折,据称巩昌、平凉、庆阳等各府州属于十二、十四等日得有细雨,虽入土未能深透,而甘省气候较迟,背阴卑湿之地所种二麦豌豆可望有收,至高阜向阳之麦豆,干旱已久,恐难结实。查皋兰县等九处,受旱较重,静宁州等八处次之等语。【略】寻奏:皋兰等十七处及续报靖远等十处,夏禾已成偏灾。

《高宗实录》卷一〇三四

六月【略】戊午,谕军机大臣等,昨据周元理覆奏,直属通省雨泽情形,保定以北之雨最优足,而南路如大名、广平、顺德三府稍逊于北路等语。现在京师尚未得雨,保定以北大略相同,亦应不免盼望,至畿南雨泽较少之处,其盼雨自必更甚。【略】又前据奏称该省于十四、十七及二十等日得雨，迄今又阅数日，曾否续获甘膏，深为廑念。至京师迩日炎热异常，间有病暍者。【略】寻奏：二十一日保定又得雨寸许，迤北一带田禾正在结穗，望雨甚殷；畿南大名、广平、顺德三府未报得雨，中旬已雨，不致成灾。六月后炎热殊甚，省城设局施药，并令各属照办。报闻。【略】己未，上诣黑龙潭祈雨。【略】壬戌，【略】谕军机大臣等，京师于二十七日夜间得雨二寸，稍解烦歊，尚未沾足。【略】又闻直隶境内景州已得透雨，阜城亦已均沾，惟献县颇有旱意。【略】寻奏：二十一日景州得雨三寸，献县、阜城、交河等县得雨二寸，虽未透足，尚不致成旱灾。得旨：京师亦得雨矣。【略】是月，直隶总督周元理奏：五月得雨四次，六月初五六七等日间段得雨，细察通省情形，保定以北最为优足。得旨：炎热异常，恐致旱象，昨晚得雨，不成分寸，迤南光景若何，速奏来。寻奏：南路大名、广平、顺德三府前已得雨，早禾畅发，望雨尚不甚急，连日溽暑热蒸，必沛甘霖。报闻。

《高宗实录》卷一〇三五

七月甲子朔，【略】谕军机大臣等，前据勒尔谨于六月内奏称甘省短少雨泽，【略】兹复据勒尔谨奏甘肃省城于五月二十八日得有微雨，不成分寸，秦州及所属于二十八九两日得雨三寸，其余各府属有得雨不成分寸者，有并未得雨者，高阜之地夏禾率多黄萎。靖远等十州县已成偏灾。【略】己巳，【略】又谕：京城自初五日未时起，雨甚绵密，竟夜未止。【略】（周元理）寻奏：永定河水于初四日已经消落，初五日固安地方又得密雨，至初六日止，入土五寸，天已晴霁，水亦消落。【略】近畿一带初一、初三等日得雨仅三四寸，今又得雨一次，田禾正资滋长。其保定以南各处亦俱报于月内月初先后得雨，更于禾稼有益。【略】丙子，【略】又谕：王亶望奏，兰州于五月二十八日得有微雨，秦州所属于二十八九等日得雨二三寸，其余各处或间被细雨，不成分寸。现据皋兰、金县二十七处具报秋禾被旱，俱成偏灾等语。【略】寻奏：查甘省于六月底、七月初等日各属得雨深透，于秋禾大有裨益，夏禾间被偏灾，较昨岁稍轻。【略】蠲免甘肃皋兰、金县、狄道、河州、渭源、靖远、沙泥州判、红水县丞、陇西、安定、会宁、通渭、平凉、隆德、静宁、固原、盐茶厅、抚彝厅、张掖、山丹、武威、永昌、平番、古浪、灵州、西宁、秦州、肃州、高台等二十九厅州县乾隆四十一年夏旱灾地亩额赋。

《高宗实录》卷一〇三六

七月己卯，【略】谕军机大臣等，据李侍尧奏，云南省城自六月初四至初六日昼夜大雨，山水汇注盘龙江，宣泄不及，城厢内外水深三四尺，居民房屋致多倒塌，人口田禾均无伤损等语。【略】壬午，谕军机大臣，曰：勒尔谨奏，各属禀报六月二十八日暨七月初二、初四等日，得雨自四五寸至深透不等。又省城于七月初四日得雨彻夜，入土深透，秋禾晚莜一切杂粮大有裨益等语。【略】甲申，谕军机大臣，曰：嵇承谦奏，陕省麦秋后得雨几次，未能溥沾，正在望雨之际，于六月二十八日、七月初一二日连得时雨，秋禾可卜丰收等语。似陕省已经得雨，秋成可望。昨福宁镇总兵常泰来京，询其沿途田禾情形，据称七月初一日陕西省城得雨一次，未能透足，微觉亢旱，是该省六月间雨水较少，农田望泽情殷，何以该抚未经奏及。【略】又据常泰称，山西地方亦觉地土干燥，未知近日雨泽若何。【略】寻，巴延三奏：太原等九府十州归绥道属各厅均于七月得雨二三次，入土三四寸以至盈尺，四境透足，田禾杂粮悉皆结穗。【略】又谕：据周元理奏，通省各厅州县陆续所报田禾情形，有雨，固足滋培；无雨，亦惟晚种之庄稼少减分数，与秋收大局无碍等语。【略】现在京师连日得雨，甚为沾足，畿辅各州县是否普遍优沾。【略】寻奏：自十八至二十一日阴雨连绵，附近各属无不均沾深透，早禾益藉滋溉，晚稼可望一律丰收，通省统计实收九分，较上年不相上下。【略】丙戌，谕军机大臣等，据勒尔谨覆奏，甘肃被灾情形一折内称，附近省城地方受旱与去岁相仿，其余各处俱比上年稍轻，虽上年夏灾二十九处，今岁被旱三十二处。皆因今春雨雪优沾，广种麦豆，凡低洼近水之地，总有薄收，此与去岁情形稍有不同等语。

《高宗实录》卷一〇三七

八月甲午朔，【略】豁除直隶喀喇河屯厅乾隆四十年水冲沙压旗民地一百九十五顷六亩有奇额赋。乙未，【略】蠲免安徽凤阳县临淮乡乾隆四十一年水灾学田一十一顷三十五亩额赋。【略】丙申，【略】谕军机大臣等，据毕沅奏，陕西自七月初一二得雨之后，惟汉中、凤翔、兴安、商州四府州属并附近南山之各州县续报有节次得雨之处。其西安、同州、邠州、乾州等处立秋以后两旬有余竟未得雨，日来地土渐觉干燥，秋阳甚烈，田禾待泽孔殷，现在虔诚祈祷。【略】关右民食以麦为重，今春麦收在八分以上。【略】寻奏：西安省城于八月初八至十二日雨势渐密，通省普沾，西安等府属二十九厅州县情形相同，正可及时广种二麦。【略】己亥，【略】（甘肃巡抚勒尔谨）寻奏：甘省地气寒冷，民间种冬麦者不及十分之一，夏禾七月成熟，秋禾九月成熟，岁止一收。其地亩多者，种夏禾十之六七，余则续种秋禾；地亩少者，及气候早寒，或地处背阴，止种夏禾，此秋禾有兼种不兼种也。再如四月缺雨，五月得雨，尚可拔去枯苗，翻种莜麦。今岁至秋初方得雨，是以止种夏禾者，不能翻种秋禾。幸今春雨雪优沾，广种麦豆，凡背阴下湿之地，总有薄收，故夏灾较去岁为轻。

《高宗实录》卷一〇三八

八月庚戌，【略】赈恤甘肃皋兰、河州、渭源、金县、靖远、红水县丞、安定、会宁、平凉、静宁、固原、隆德、华亭、张掖、山丹、武威、永昌、镇番、平番、西宁、碾伯、大通、巴燕戎格、泾州、肃州、安西、玉门、陇西、漳县、灵州、中卫、狄道三十二厅州县卫本年旱灾贫民，并予缓征。【略】辛亥，【略】河南巡抚徐绩奏：卫辉府属汲、淇二县入秋雨少，地亩薄收，各民户本年未完钱粮及春借仓谷，请缓至来年麦熟后征收。再，彰德府临漳县地方间有雨水，未能均齐，丰歉不无互异，请照汲、淇二县一体办理。【略】庚申，【略】谕军机大臣等，据国泰奏，省城一带于八月初七八九等日甘雨连绵，十二日又继以密雨等语。山东与直隶境壤毗连，晴雨大略相仿，畿辅七月间稍觉缺雨，直至八月初八日始得渥沾。【略】是月，【略】又，高晋奏：海州、沭阳二州县低田已经涸出补种，惟安东、阜宁二县被淹之区骤难消涸，勘实成灾七分，现在照例办理。其余各属晴雨调匀，早稻杂粮俱已刈获，晚禾茂盛，亦可丰收。

《高宗实录》卷一〇三九

九月癸亥朔，【略】豁免浙江乾隆四十一年仁和县坍没沙地一十九顷三十九亩、潮冲沙压地三十六顷七十八亩、海宁州坍没沙地六顷七亩有奇、瑞安县坍没田地沙涂三十五顷四十一亩有奇额赋。【略】丙寅，【略】直隶总督周元理奏：永年、磁州、广、曲周、肥乡、成安、大名、元城等八州县夏秋得雨未均，晚禾间有歉收，所有本年应征新旧钱粮及春借仓谷，请缓至来年麦熟后征收。【略】壬申，【略】谕军机大臣等，京师自八月初八日得有透雨以后，直至九月初六日始得微雨寸许，深以田功为念。今日启銮，见沿途秋麦青葱，较往年九月杪所见尤胜。因召见周元理，询知今岁畿辅及各属夏秋雨泽沾濡，地土极为滋润，所种秋麦颇多。惟大名一带入秋以来缺雨，间有歉收之处。至初六之雨，保定省城较北为优，迤南或更沾足，亦未可定等语。【略】寻奏：豫省地方较直隶天时稍暖，若十月半前得有透雨，尚可赶种宿麦。现在率同司道虔诚步祷。

《高宗实录》卷一〇四〇

九月【略】戊寅，【略】又谕：据徐绩奏报地方情形折内，称豫省各属八月分共得雨者五十一处，其余五十七处未据报得雨泽，现在饬查等语。【略】乙酉，谕军机大臣等，据国泰奏，济、武、兖、东等属雨泽缺少，二麦未能全种，粮价不无少增，请将歉收之历城等十九州县民间春借社谷一律缓至来岁征收。【略】随复接据国泰奏报，省城已于九月十九日夜起至二十日辰刻，澍雨未止，入土已五寸有余。现在云阴广阔，得雨之处必多，民间得此时雨，即可补种二麦。【略】丁亥，【略】又谕：前因豫省秋间未报得雨，【略】今日始据徐绩奏，河南省城于二十日子时至次日辰时，密雨连绵，入土四寸，可以赶种宿麦，朕心稍慰。【略】辛卯，【略】又谕：据毕沅奏，陕省自七月下旬以后，仅据凤翔、汉中及附近南山各县禀报于八月二十七等日得雨二三寸，其余仅获微雨，晴霁日久，土脉渐干，日内再望甘霖续沛，庶麦根得以稳固，而未种之地正可及时赶种等语。【略】寻奏：九月十九日甘霖大沛，各属均沾，其早经出土之麦，得以盘根深固，已种未出土者亦一律萌芽，新苗透发。【略】复于九月二十七日西安等属续得透雨，二麦播种齐全。得旨：览奏俱悉。【略】是月，【略】陕西巡抚毕沅奏请，将咸宁等二十九厅州县收成四五分各地户【略】应征本年未完钱粮，一并缓至来年麦熟后征收。

《高宗实录》卷一〇四一

十月【略】辛亥，谕军机大臣等，本年夏秋雨旸时若，京畿及各直省收成俱属丰稔，惟甘肃皋兰等三十二厅州县夏秋被旱成灾。【略】再，江苏安东等三县卫洼地被水。【略】丁巳，赈恤江苏阜宁、安东、大河三县卫本年水灾贫民，并予缓征。《高宗实录》卷一〇四三

十一月癸亥朔，【略】豁免浙江仁和场坍没灶地课银五百七十三两有奇。

《高宗实录》卷一〇四四

十一月【略】己丑，【略】又谕曰：德保奏，十一月初间，双金闸及邳宿一带天寒冰冻，回空漕船稽阻南下，当饬文武员弁上紧敲打，一律开通等语。【略】寻奏：各帮船于十一月二十七日全数渡黄，虽较往年稍迟，实因冰冻，尚无稽延情事。《高宗实录》卷一〇四五

十二月【略】丙午，谕军机大臣等，据国泰奏，登、莱、青三府各属于十一月初间，得雪自一二三寸至六寸八寸不等等语。今岁该省东三府已屡渥时霙，而兖、曹各郡及济南所属虽曾得雪一次，未能周遍深透，河南雪泽情形亦大略相同。看来豫、东二省今岁之雪不及往岁，该二省秋间得雨既迟，若冬雪复不能沾足，于麦田大有关系。《高宗实录》卷一〇四六

十二月【略】癸丑，【略】赈恤甘肃皋兰、金县、狄道、河州、渭源、靖远、红水县丞、陇西、安定、会宁、漳县、平凉、静宁、隆德、固原、华亭、张掖、山丹、武威、永昌、镇番、平番、灵州、中卫、巴燕戎格、西宁、碾伯、大通、泾州、肃州、安西、玉门等三十二厅州县卫本年被旱灾民。【略】己未，【略】谕军机大臣等，【略】今日据西宁奏，天津一带地方于腊月二十四日自申至亥得雪三寸，四野沾足等语。前此京城之雪，迤北较大，而近南渐小，是以豫、东二省未得普沾，今天津地在京城东南，既经得雪，则迤南自当遍及。【略】是月，【略】山东巡抚国泰奏：遵谕设坛祈雪，于二十四五日济南、东昌、泰安、武定、青州等府及临清州所属共二十七州县卫据报得雪，自一二三寸至五寸不等，丰收有兆。

《高宗实录》卷一〇四七

## 1778年 戊戌 清高宗乾隆四十三年

正月【略】甲子，【略】又谕，昨岁山东七八月间雨泽稀少，以致历城、章丘、济阳、邹平、齐东、临邑、堂邑、馆陶、莘县、冠县、青城、商河、蒲台、阳谷、寿张、朝城、观城、临清、邱县等十九州县秋禾歉少，嗣于九月底得有雨泽，二麦半已补种。【略】著加恩将此十九州县应征钱粮缓至麦熟后再行征收。【略】又谕：上年河南省秋雨未能一律普沾，而汲县、淇县、临漳三处秋收尤为歉薄，【略】著加恩将【略】三县缓征地丁银四万四千余两，蠲免十分之四。【略】谕军机大臣等，【略】今(山东)所奏之雪惟登、莱各属尚有八九寸，其济南各府属仅得二三寸不等，而东昌、临清止有一寸。

《高宗实录》卷一〇四八

正月【略】戊寅，【略】又谕：据王廷赞奏，甘肃安西、凉州、巩昌、平凉、庆阳各府属于十一月初八、二十八，及十二月十一等日得雪一二三寸等语。【略】现在京畿及山东、河南、山西等省均于正月初十、十一得雪优渥。【略】庚辰，谕军机大臣等，本日荣柱奏，开封、归德等府，许、汝等州均于初十、十一两日普沾雨雪，自六寸至一尺不等，处处优渥，农民欢忭异常等语。【略】是月，【略】护理河南巡抚布政使荣柱奏：豫省上年雨雪缺少，二麦未能普种，前奉旨将常平仓谷蓟粮粜借兼施，今查开封、彰德、卫辉、怀庆、河南五府情形尤属拮据，应例外大加粜借。《高宗实录》卷一〇四九

二月【略】乙未，【略】陕甘总督勒尔谨奏：上年十一月、十二月间，各属报得雪一二三寸不等，嗣

据通省报正月上中旬复得雪一二三寸不等，因未深透，率属祈祷。【略】寻奏：兰州及附近地方先于二月初旬得雪，嗣据巩昌、平凉、凉州、西宁四府，及泾、秦、阶三州俱同时得雪一二三寸不等，甘州及肃州各属于二月中旬得雪自二寸至五寸不等，省城又于下旬得雪，入土二寸，均各有资播种。报闻。

《高宗实录》卷一〇五〇

二月【略】庚戌，【略】贷湖北监利县乾隆四十二年被水灾民籽种口粮如例。【略】乙卯，【略】谕军机大臣等，【略】今日侍周煌自川省差竣回京，召见询以沿途雨水，据称经过河南地方，亦觉雨泽稍稀，农望颇切。是豫省雨雪自昨冬至今春终觉较少。本月望日，京师仅得微雨。嗣据周元理奏，保定一带十五日得雨寸许，顺德、广平二属得雨二三寸不等。【略】昨国泰奏报，济南一带于十五日自朝至夜膏雨连绵，得雨已为深透，而河南尚未据奏到。昨二十二日，京师得雪连融化及积地，约计五寸。今日据周元理奏，二十二、二十三两日省城得雪六寸。

《高宗实录》卷一〇五一

三月【略】壬戌，【略】广西巡抚吴虎炳奏：南宁府属之宣化、隆安、横州、永淳、新宁，太平府属之崇善、左州、永康、宁明，柳州府属之马平、来宾，思恩府属之迁江共十二州县【略】上年收成歉薄，即以该州县仓谷粜借。【略】甲子，【略】谕：直隶广平、大名二府属与河南接壤，上年秋间雨泽短少，所种秋麦无多，冬雪春膏亦未深透，不能赶种春麦，农民只可尽力大田。【略】谕军机大臣等，【略】昨据郑大进覆奏，日内惟彰德府所属安阳、临漳、武安、涉、林各县二月中下二旬各得雨雪二三寸至五寸不等，其开封、卫辉二府属均未得有雨雪，现在设坛祈祷等语。【略】今日启銮，驻跸黄新庄，得雪甚大，现在势尚未止。且云气浓厚，所被自应广远。【略】壬申，谕：上年河南省雨雪短少，开封、彰德、卫辉、怀庆、河南五府属收成较薄，业经降旨，加恩缓征。入春以来，【略】据报得雨分寸，尚未一律深透，春麦既未及期播种，现在节过清明，麦苗难望透实，农民只可尽力大田。【略】又谕曰：郑大经奏，三月初五六日据开封等处报称，各得雨三四五寸，虽卫辉府属未据报到，而天悭已破，种秋无虑失时等语。

《高宗实录》卷一〇五二

三月【略】庚辰，【略】又谕：本日顺天府奏报，十七日京师得有微雨，不成分寸，良乡、房山二县得雨二寸等语。【略】寻奏：顺天、保定、正定、河间、定州、深州、顺德、广平、大名、宣化、冀州、赵州所属州县俱于十七日得雨一二三寸不等，麦田已资沾润，惟尚未透足。【略】是月，【略】河南巡抚郑大经奏：三月初五六日，通省具报得雨有二寸至五寸者，有至八九寸者，惟卫辉、彰德、开封，及怀庆属之修武、原武、武陟各县尚未并沾渥泽。

《高宗实录》卷一〇五三

四月【略】壬辰，谕军机大臣等，今日福建漳州镇总兵孙猛到京陛见，【略】据称经过兖州各属至德州一带途次，目击麦苗待泽尚殷，大田亦未经播种等语。看来东省雨泽究未沾足，国泰节次奏报得雨，不无粉饰。【略】癸巳，【略】又谕：【略】盛京各府属本年雨水调匀，麦收自必丰稔，且彼处粮价本视他省较贱，著传谕弘晌等酌量情形，采买二三十万石，即由海道运至天津，届期接运至京，以供平粜。【略】甲午，【略】又谕：【略】昨据毕沅奏称，（陕西）自二月至三月屡得透雨，远近普沾。是该处麦收自必丰稔，【略】若令陕西采买麦石，运赴河南以济民食，则市即可充裕。【略】陕甘总督勒尔谨奏，甘省附近庄浪之连城、红山二土司上年夏禾被旱，晚秋被霜，请照往年成例，借给籽种口粮。【略】庚子，谕京师及畿辅春膏未渥，昨虽有微雨，不成分寸，现在已交夏令，高下田亩待泽维殷。【略】壬寅，谕豫省自去秋至今，雨泽稀少，现在已交夏令，即甘霖早晚沾沛，止可赶种秋稼，二麦已难有望。【略】谕军机大臣，曰：德保奏，三月二十四日起连日东北暴风，水势兜阻，致彭家码头清黄交汇处所长有嫩淤一道，斜亘河中，帮船浅阻。【略】又谕：本日据国泰奏，山东于初八日省城得有透雨；又古北口提督长清亦报得雨深透。昨郑大进奏，初九日行至柏乡，遇雨，势颇沾足。【略】乙巳，上诣黑龙潭祈雨。谕军机大臣等，京师于本月十三日酉刻，得有阵雨，约计二寸，虽未优沛，但此时云势颇浓。

《高宗实录》卷一〇五四

四月丙午，【略】又谕曰：郑大进奏：彰德、卫辉、怀庆三府得雨最渥，现俱赶种棉花、高粱，其卫辉、怀庆二属洼地亦十种二三，其未能沾足可知。【略】又谕：据国泰续奏，四月初八初九两日济、东、泰、武、兖、沂、曹、青等府属，济宁、临清两州属共六十三州县，又据续报七州县，各得雨自二寸至八寸不等。【略】己酉，【略】谕：京师春膏未渥，入夏以来虽曾得雨，尚未沾沛，现在农田待泽甚殷。【略】辛亥，【略】又谕：据郑大进奏，此次雨泽通省已有数十州县同日并被，过此当邀甘霖之沛等语。现在盼雨正殷，而豫省为尤甚，朕宵旰焦劳，日甚一日。【略】现又因该抚奏报陈州府属之西华等四县并许、汝二州均未得有透雨，已明降谕旨，将河南全省军流以下人犯一体分别减等。【略】壬子，谕：山东省历城、章丘等十九州县因上年雨泽稀少，秋收歉薄，【略】又范县、夏津二县现在尚未得有透雨，著加恩将历城等十九州县及范县、夏津二县所有应征新旧钱粮俱缓至本年秋后启征，以纾民力。【略】是月，直隶总督周元理奏：大名、广平二府二麦歉收，现又未续雨泽，秋成尚远，贫民糊口维艰。【略】自五月起，借给两个月口粮。

《高宗实录》卷一〇五五

五月庚申朔，谕：本年山东济、东、武、曹、临清、济宁等六府州，及泰、兖二府属北境，春间种麦较少，前已降旨，令督抚加意抚恤。【略】著再加恩将山东乾隆四十五年轮免钱粮，即于本年普行蠲免。【略】辛酉，谕：豫省自春夏以来雨泽稀少，二麦难忘有收，业经传谕该督，将开封等五府加意抚绥，【略】但念归德、陈州二府，许、汝二州待泽情形略与开封等府相同，自宜一体抚恤，以纾民力。【略】癸亥，谕：据德保奏，四月二十一日未时，淮安地方陡起暴风，雷雨交作，势甚猛烈，所有渡黄漕船，安庆前、安庆后、镇海后、扬州头、泗州后、太仓前、江淮头、苏州白粮、兴武五、太仓后、杭严二、杭严四、湖州白粮、海宁所等十四帮内，共沉溺船三十四只，沉溺剥船[①]二十六只，碰损风艄天篷等项，折损头桅大桅船二百十一只，淹毙男妇八名口等语。【略】己巳，【略】谕军机大臣等，昨据郑大进奏，河南通省得雨者已有数十州县，惟开封府属及河北三郡尚未一律普沾。又，山东省自四月二十日据国泰奏报，济南等属得有雨泽，迄今已阅两旬，未据续报，似亦不免稍干。【略】辛未，【略】又谕曰：勒尔谨奏，甘省巩昌、平凉等府属，于四月初八日得雨寸余，其余各属俱未见有报雨之处，现在率属祈祷等语。【略】壬申，【略】谕军机大臣等，据喀宁阿奏，经过茌平、恩县、高唐等处，以至东阿一路，虽所见麦苗甚少，而秋禾则播种齐全。询之土人，据称三月十七日得雨多寡不等，已间有播种之处，至四月初八日各得雨五六寸，民间上紧赶种，是以并无旷土等语。所奏颇为详悉，看来山东大田情形远胜于豫省，即直隶各属秋禾亦恐未能赶种齐全。现在盼雨甚殷，朕深为廑念。【略】又谕：昨据郑大进奏，豫省麦收除被旱州县外，通计六分有余，现在实属歉薄，因交户部。查豫省自乾隆三十九年至四十二年二麦收成俱系九分有余，是该省连岁丰稔，民间岂竟全无盖藏，何至一遇歉收，辄尔待哺孔亟，该抚等甚至欲截南漕，以资接济。

《高宗实录》卷一〇五六

五月【略】丙子，谕军机大臣等，京师于十四日得雨二寸；续据周元理奏到，近畿一带得雨分寸亦同；至十五日申时起，亥时止，京师复得澍雨五寸余，入土深透，且云势颇浓，所被自应广远。【略】再，本日国泰奏，于十三日抵临清，于是日亥刻至十四日巳刻天气浓阴，已降细雨。郑大进亦奏，于五月初一二等日，内乡等县各得雨三四寸不等。看来该二省尚未得沾渥泽，盼望甚殷。【略】庚辰，谕军机大臣等，本月十五日京城得有透雨，近京东北一带亦俱沾足，随即谕询周元理。据奏保定省城是日并未得雨，昨十九日夜此间又得雨四寸，而周元理今日尚未奏到，其未能均沾可知。本日郑大进奏，豫省东北各属尚未普沾渥泽。且传谕问其赍奏之人，据称自十六日在开封起身，一路到京，并未遇雨。是豫省及直隶西南各属盼泽尤为亟切，朕心益深廑念。

《高宗实录》卷一〇五七

① 剥船，即驳船。《清实录》中凡船只过驳、驳货，驳皆作剥字。又，泊岸亦作剥岸。

六月【略】壬辰,【略】又谕:【略】兹据勒尔谨奏称,甘省春夏虽未得透雨,但近河下湿俱堪播种,即高阜山田频得微雨,亦无碍种植。惟因屡被偏灾,小民缺乏籽种口粮者十居五六,随饬酌动官粮借给,俱已播种齐全。又,通查各属内,有被虫、被雹之正宁、崇信、泾州、镇原、灵台、永昌六州县,又皋兰等二十二州县得雨较少,麦禾受伤已成旱象。【略】乙未,【略】又谕:前因京师及近畿一带雨泽久愆,曾派德保、胡季堂前往密云县之石匣龙神庙虔心祈祷。即经获有甘霖。【略】又谕:荣柱奏,于六月初一日至嵩山告祭,薰坛虔祷,即于六月初二日甘霖大沛,入土深透,四野均沾等语。览奏欣慰。

《高宗实录》卷一〇五八

六月【略】丙午,谕军机大臣等,昨据鄂宝等奏,高家码头一带河水仅有尺许,江广重船阻滞,不能渡黄,及现在祈祷大雨等因一折。【略】兹据陶易奏,海州及所属沭阳、赣榆二县雨泽稀少,高阜二麦黄萎,已成一隅偏灾。现在核实,照例查办。其余各属麦收后,即渐翻犁栽种,六月初二、初六两次得雨尚未沾足,日内再得透雨,高下田畴方可插莳齐全等语。【略】辛亥,【略】又谕:【略】今据高晋奏,六月初六、初九等日江宁大雨滂沛,然为时未久,土性本干,得此仅能滋润,而连日阴云四合,远处似亦均沾。【略】乙卯,谕军机大臣等,【略】今据奏到,兰州省城已于六月十七、十八日得雨六七寸及深透不等,看来阴云密布,势甚宽广等语。【略】丙辰,谕军机大臣等,据高晋奏,五月至今各属未尝无雨,而多寡不等,未能一律普遍。江宁、镇江、扬州、通州、海州等属山乡田地因雨水不足,尚未种齐,各州县均在祈雨。【略】丁巳,谕军机大臣,曰:杨魁奏江宁、苏州一带自六月上旬得雨后,半月以来连日晴霁,高阜田地待雨栽插,农民望泽甚殷。并据常州、镇江、扬州、淮安各属亦禀报缺雨,现在设坛祈祷等语。【略】同日,据巡漕御史西平奏,济宁等处于六月二十二日自申至亥雷雨大作,入土深厚,阴云浓密,势甚广远。【略】是月,【略】河南巡抚郑大进奏,豫省望雨各属均于五月下旬及本月初一二、初五六等日得雨,普遍深透。【略】甘肃布政使王廷赞奏,通省惟宁夏等五属夏禾有收,其得雨较迟,各府州已成偏灾。

《高宗实录》卷一〇五九

闰六月【略】辛酉,【略】又谕曰:杨魁奏江宁、扬州、通州三属,并淮属之山阳、盐城种秧地亩久晴缺雨,高阜之区未能插莳,旱象已成。又,苏州、常州、镇江、太仓各属近水之处均已种植,山乡高地未得赶种,其已种之田亦望泽甚殷,俱各设坛祈祷。【略】又谕:据姚立德奏,自济宁前赴河南,沿途经过东省之金乡、单县、曹县,豫省之商、虞、仪、考等属,于六月二十二至二十七等日连遇大雨等语。豫省今年五六月以前缺雨日久,【略】今自前月十九、二十四等日,奏报通省普得透雨。【略】壬戌,谕军机大臣,曰:署藩司塔琦奏湖南岳州、常德、澧州等府州五月得雨较少,长沙省城自五月二十一日以后,天气屡晴,沿山田亩地处高阜,土脉易燥,现在随同抚臣虔祷。【略】乙丑,谕军机大臣,曰:郑大进奏豫省自六月初旬普得透雨之后,所种晚禾耘锄甫毕,兹自二十一、二十二至二十七八等日各属得雨一二次或三四次,并极透足,田禾更易透发等语。【略】山东今岁麦收亦歉,并当秋间酌借籽种。【略】戊辰,谕军机大臣等,据勒尔谨奏,甘省入夏以来节次得雨,未能深透普遍。所有皋兰等三十六厅州县高阜地方间被旱灾,虽现在得有雨泽,于秋禾足资长发,而于夏禾已属无济等语。【略】再,该督折内称,兰州、巩昌、泾州各府州属具报于十七八、二十三四等日各得雨二三四寸及深透不等。【略】己巳,【略】又谕:【略】今岁江南地方自五月下旬至六月缺雨之处较多,高晋、杨魁并未先行奏及。直至朕披阅鄂宝等奏报粮船阻滞折内,有淮安盼得大雨,现在虔诚祈报之语,传旨询问,始据高晋、杨魁将江苏各属缺雨情形具奏,可见伊等平日并不以民事为重。【略】又谕:【略】再,该督另折奏称,江夏、武昌等十二州县六月内兼旬不雨,现皆设坛祈祷。前此湖南省两司所奏,亦有盼泽之处,今该督亦复奏及,是该二省俱各盼望甘霖。【略】庚午,【略】谕军机大臣等,据高晋奏,江宁地方于初七日自申至戌,始则雷雨滂沛,继则密雨优渥,入土约五六寸,又自亥时起,密雨竟夜,至初八日辰时未止。现已深透。【略】辛未,【略】谕军机大臣等,今日萨载、鄂宝等由驿驰奏折至，朕先披阅其会奏高家码头水势及漕船渡黄情形一折，据称淮、扬一带各得雨三四寸，但久晴之后，尚未深透，清水亦未见增流等语。【略】及阅萨载专奏之折，据称闰六月初九日申刻，河口一带得雨六七寸，势颇广远，粮船又渡黄一十七艘等语，朕心始为稍慰。【略】壬申，谕军机大臣，曰：闵鹗元奏安徽雨水情形一折，据称安、徽二府雨泽最渥，颍州等五府州雨泽亦优，禾苗俱全栽插。惟凤阳、太平、广德、泗州、和州、滁州等属雨水未能一律普透。自六月初十以后兼旬未雨，农民望泽甚殷，现在率属祈祷等语。是安徽省亦有盼雨之处，与江苏相仿。【略】寻奏：臣率属祷雨，本月初三至十四日各属已报得雨，惟凤阳、太平二府，及泗、和、滁三州即有得雨之处，不过二三寸，高阜地亩未能深透，现已遴员查办。【略】癸酉，谕军机大臣等，京师本月十三四日连日阴雨，势甚滂沛，具云气甚浓，又恐有过多之患，幸昨日傍晚时已得晴霁。【略】又谕曰：杨魁覆奏各属得雨情形，自二三寸至五六寸不等，且有未据报齐之处等语，【略】是江苏得雨尚未能一律普遍。【略】寻奏：江苏、安徽两省均续得雨泽，低田可冀有收，其高田旱歉者饬属确勘核题。

《高宗实录》卷一〇六〇

闰六月【略】戊寅，谕军机大臣等，据陶易奏称，闰六月初七八两日共得雨五寸，入土深透，其各属内如有膏泽未遍，补种失时，已成偏灾者，照例详办等语。江省望雨情形，该司前此虽经奏及，但尚系隐跃其词。【略】己卯，【略】谕军机大臣，曰：高晋奏，江宁自闰六月初八日得雨后，又连晴数日，兹于十三四日复得雨一二寸，未种之田，现可补种杂粮，但节以立秋，如有不及补种，已成偏灾之处，当率属实力妥办。【略】江南上年秋成丰稔，今夏二麦有收，民情或尚不至窘迫。【略】庚辰，【略】谕军机大臣等，今日据高晋奏覆，闰六月初七八日各属雨水已未沾足情形，并高家码头一带水势渐深，漕船现在源源挽渡等语。【略】江苏各属大田夏间雨泽稀少，此时节过立秋，通省所被尚未深透，且即使续沛甘霖，亦断不能一律补种，看来该省偏灾在所不免。【略】壬午，【略】谕军机大臣等，据李湖奏，闰六月初七日长沙省城得沛甘霖，其长沙、衡州、宝庆、永州、郴、桂等府州亦于闰六月初旬得雨甚渥；辰、沅、永、靖等府州亦有泉源引注。惟长沙府属之湘阴县暨岳、常、澧所属之十余州县雨水未透。但南方气暖，若月内得沾透雨，秋莜杂粮俱可补种，而湖地肥腴，尚可长发稻孙，其是否成灾，或仅歉收，已派委妥员逐一查勘核办等语。【略】甲申，谕：豫省昨岁秋成歉薄，今年夏麦亦复缺收，【略】幸各属于六月中普得透雨，大田俱已赶种，可望秋成。【略】是月，江苏巡抚杨魁奏，本月初四至初五日省城得雨三寸，四郊均沾。

《高宗实录》卷一〇六一

七月【略】己丑，谕：前因豫省今年麦收歉薄，降旨将江西尾后数帮之米截留十万石于临清水次，令豫省接运以裕民食。因念山东济南、东昌各属，及直隶大名、广平、顺德等各府均有缺雨之处，二麦大半歉收，市粮未能充裕，虽不至如豫省之甚，民食究不免拮据，著再将江西尾后数帮之米于山东、直隶各截留五万石，以资接济。【略】谕军机大臣等，今日李湖奏，湖南各属于闰六月十三四日均得透雨，惟湘阴、澧州、安乡、永定、安福等五州县雨尚未透，现饬劝种莜麦粟粮，并查有无被旱成灾，分析办理等语。看来湖南今岁被旱不过数处，其偏灾亦止一隅中之一隅。【略】庚寅，谕军机大臣，曰：杨魁奏，江宁、苏州、松江、常州、镇江、淮安、杨州、太仓等府州属于闰六月二十及二十一等日得雨三四五六寸至八寸不等，远近均沾。其徐州、海州所属之丰、沛、沭、赣等县，亦于闰六月十三四五六等日得雨三四五寸至七寸不等。苏州省城复于二十五日自申至亥雷雨滂沱，入土九寸，势甚广远，低田已种之禾，无不长发畅茂，其山乡高阜业已补种杂粮者，均足以资培养等语。【略】至所称原报被旱之处，苏州藩司所属共十一县，江宁藩司所属共二十五州县，节次得雨。【略】江苏前岁昨岁俱极丰稔，今夏二麦亦复有收，民间盖藏自裕。【略】癸巳，【略】又谕：据姚立德、郑大进奏，河水骤涨，仪封汛漫水六处，考城汛漫水三处，其仪封之十六堡一处尤属紧要。【略】谕军机大臣等，据姚立德等奏，闰六月内，黄河及沁、洛诸河同时涨发，二十七八两日连宵大雨，风势狂烈。

仪封汛内漫水六处，考城汛内漫水三处，每处约宽三十余丈至六七十丈不等，内惟仪封十六堡一处逼近大河，掣溜湍急，已刷宽七十余丈，尚未塌定，是该处竟系开口夺溜，甚关紧要。【略】乙未，【略】谕军机大臣等，【略】京城初六、初七两夜雨势绵密，现尚未止，恐不免有过多之患。【略】寻奏：保定省城初七八两日得雨，旋霁。惟天津、静海、武清三属洼地间有积水，现设法疏消，于秋成大局无碍。永定河于初四日涨水一尺八九寸，亦即消退，堤工稳固。【略】戊戌，【略】谕军机大臣，曰：姚立德等奏河工漫口情形一折，据称仪封十六堡漫工口门已刷宽至一百五十余丈，溜势渐平。【略】又谕：据三宝等覆奏，湖北省自六月十二三日得雨后，晴霁几及一月，嗣于闰六月初六七及十三、二十一等日陆续得雨，一切晚禾杂粮颇资润泽，但现立秋已过，【略】所有武昌等府属之四十六州县现在分委妥员，逐一履勘，分别办理等语。【略】至湖南省，前据李湖奏称，各属均得透雨，惟湘阴等五州县雨尚未透，已谕令确查酌办。今据三宝奏，岳、常、澧三府州属雨亦未足，田禾均有就槁之势。现在委员查勘。【略】己亥，【略】谕军机大臣，曰：勒尔谨奏甘省雨水情形一折，览奏已悉。甘省皋兰等州县被旱成有偏灾，业据该督勘办题报。今宁夏所属三县又因河水泛涨被淹，而秦州、秦安县亦因山水暴发，田禾间有冲淤之处，自应饬属实力勘查。【略】至黄河未入龙门以前，向无泛溢，何以前岁陕西之朝邑县，及今岁甘肃之宁夏等县，俱有黄河泛涨为灾之事，其故安在？并著该督查明具奏。寻奏：本年兰州等府秋雨过多，山水汇入黄流，宣泄不及，致宁夏等县濒河地亩间被淹浸。其前岁朝邑县因黄河由龙门径行朝邑，直注潼关，兼因彼时渭、洛二河同时并涨，汇入黄河，淹及民田，非尽由黄河泛涨。报闻。

《高宗实录》卷一〇六二

七月【略】乙巳，【略】赈恤甘肃皋兰、红水县丞、金县、渭源、循化、陇西、宁远、安定、会宁、通渭、漳县、平凉、静宁、隆德、固原、合水、武威、镇番、平番、灵州、花马池州同、泾州、镇原、灵台、清水、肃州、高台、安西、玉门、敦煌、狄道、河州、靖远、沙泥州判、岷州、洮州、中卫等三十七厅州县本年旱灾饥民。【略】戊申，谕军机大臣，曰：三宝等奏湖北【略】通省气候迟早不一，树艺亦先后不齐，前此缺雨各州县，近皆溥渥甘霖，早禾已经收割者，不过十分中之一。至高阪平陆被旱之后，未能秀实，且已届处暑，其土性冷薄处所，播种无益者难冀秋成。惟低洼近水之地，中禾、杂粮、晚禾俱渐转青葱芃勃，而被旱高阜之处，又可乘时翻犁，补种荞麦杂粮等语。【略】己酉，【略】谕军机大臣，曰：郑大进奏，豫省现在早禾收获，晚禾秀实，除开、归属被水州县外，其余各属收成俱好。现届白露，仰蒙筹给麦种，普雨之余，地土正润，均可及时播种等语。览奏稍慰。豫省去秋收成歉薄，今夏麦又缺收，民食实多拮据，幸而六月中普得透雨，均已赶种秋禾，且近来雨水调匀，西成可期大稔，若再能广种秋麦，以待丰收，元气自当渐复。【略】壬子，谕军机大臣等，据袁守侗奏，豫省自十二日至二十日阴雨不绝，秋禾尚未收竣，(堵口)工次亟须运料，望晴甚切等语。【略】是月，直隶总督周元理奏，直属本年麦收歉薄，请将拨运供粜京麦三万石，留为秋间借给麦种之用。得旨嘉奖。【略】湖广总督三宝等奏：楚北被旱江夏等四十六州县于闰六月内及本月初三、四、九等日，节据报得雨二三寸及四五寸不等，虽景象较前稍胜，但现届白露，缺雨之区早稻刈获不过十之一二，中稻未能充实，晚禾得雨复苏者均难再熟，俟委员履勘成灾分数。【略】湖南巡抚李湖奏：【略】湘阴等十六州县卫早禾被旱，【略】勘报沅江、石门、慈利三县屡得透雨，并不成灾，其余十三州县卫中即有偏灾，亦止一隅中之一隅。俟委员覆勘，分别筹办。报闻。

《高宗实录》卷一〇六三

八月【略】壬戌，【略】谕：豫省仪封、考城一带黄河漫口夺溜，被灾较重，朕心深为轸恻。已命大学士高晋选带谙习河工将备弁兵星驰赴工，速筹堵筑。复降旨截留漕粮二十万石，并留豫省新漕十万石，又先后拨运两淮盐课银一百万两。并命尚书袁守侗前往查办，董饬有司，实心抚恤，俾灾民不致失所。现在要工需用物料甚急，【略】念该省昨秋今夏俱系歉收，幸六月得雨后补种秋禾，而七月内阴雨连绵，收成又不免稍减，【略】著加恩将所办物料【略】每百斤加价银五分。【略】谕军机

大臣，曰：高晋等奏，仪封漫口，兴工进埽，分路运料，【略】据称二十五、二十九等日雨复连宵达旦，且时当秋汛，上游水势迭涨，黄河两次涨水一丈，沁河亦涨水丈余，漫口东坝复有蛰陷，计宽二百二十七丈，水深二丈至三丈五尺等语。深为廑念，然亦惟有加紧堵筑，此外别无良策，今节气秋分已过，水势自可不至再涨。【略】丙寅，【略】谕：前据三宝、陈祖辉奏，今夏湖北得雨稍迟，米价渐涨，遇有川米过境，催截运售等语。此非遏籴而何？朕以该督等为楚省民食计则得矣。不知江南向每仰给川楚之米，今岁亦间有偏灾，更不能不待上游之接济。且楚米既不能贩运出境，若复将川米截住，不令估舶运载，顺流而下，则江南何所取资。【略】又据文绶因楚省有买川米之咨，奏称川西、川南虽获丰收，恐商贾纷集争籴，或致米价腾踊，拟将水次州县各仓内拨谷二三十万石碾米运楚应用，【略】随即饬令不必将仓谷碾米运楚，听商贩源源籴运，夔关验放，不得稍有留难。

《高宗实录》卷一〇六四

八月癸酉，【略】又谕曰：萨载奏，八月初间据亳州、蒙城二州县续报连日风雨，平地水深二三四尺，以致城脚淹浸，间有损坏，亳州城墙并有鼓裂塌卸之处。被水灾民现在拨船济渡高阜处所安插。又寿州、凤台二州县高田已被旱灾，因豫省黄水漫溢，淮流骤涨，致湾地秋粮被淹。又，盱眙、五河二县亦系先被旱灾，近因淮流下注，河水陡涨，低田复被水淹。现在分别安置，平粜煮赈，照例抚恤等语。安徽之凤阳、颍州等属适当豫省漫口下流，被灾较重。【略】丁丑，谕曰：闵鹗元奏，查勘得亳州因豫省黄水漫衍直注，该州将城门堵筑，水未入城，其城外坊厢民房半多倒塌，该州被水地方居十分之九。又，蒙城居亳州下游，因水势漫涨不能容纳，以致四乡田庐淹浸居十分之八。至下游之怀远、宿州、凤阳、灵璧、五河等州县濒河洼地亦被淹及，现在饬委各员查勘等语。亳州等州县【略】被灾较重，前据萨载奏到，已传谕该督抚，令将川省水次仓谷二三十万石碾运之米酌拨安省被灾地方，以备赈粜之用。【略】乙酉，【略】贷湖南湘阴、巴陵、临湘、华容、平江、武陵、桃源、龙阳、沅江、澧州、安乡、慈利、石门、安福、永定等十五州县，并岳州卫本年旱灾饥民口粮。

《高宗实录》卷一〇六五

九月【略】辛卯，谕军机大臣等，据勒尔谨奏，河西一带秋禾滋长茂盛，地气较寒之处尚在青葱，其较暖地方将次成熟。至附近河流之田，渠水灌溉，更可必其丰稔等语。所奏殊未明晰，甘省五六月间节次得雨，未能深透普遍，前经该督奏报皋兰等三十六厅州县高阜地方间被旱灾，虽得雨亦属无济，【略】今勒尔谨第奏称河西一带秋禾丰稔，而于河东地方情形【略】并未提及。【略】寻奏：前奏秋禾情形，仅就河西一带而言，现饬藩司确查另题。报闻。【略】是月，【略】又谕：据陆耀奏，东省自闰六月、七月以来，各属俱得透雨，秋禾普种，现在百谷登场，合计通省收成确有九分有余。【略】甲午，【略】寻，国泰奏：东省各府属于八月十一、十九等日得雨，本月初三日又雨，麦土既润，翻犁播种，倍见青葱。得旨：欣慰览之。郑大进奏：八月十一、二十一等日得有微雨，早麦出土二三寸，稍迟者亦已破土，至归德各属被水之区，地气稍暖，尚可于十月中补种。得旨：览奏稍慰。又谕：京师自八月初五日奏报得雨以后，迄今已及月余，未见续报得雨，现在正当播种秋麦之际，是否尚需雨泽滋培，抑或地土本湿，【略】即查明实在情形具折覆奏。

《高宗实录》卷一〇六六

九月【略】己酉，【略】抚恤陕西商州、山阳二州县本年水灾贫民，并缓征历年积欠并本年应征常社等粮石有差。【略】癸丑，【略】又谕曰：高晋等奏，九月初十日东北风暴，已将时和驿漫口刷深，亦须下埽，乃十八日夜西北风暴，更狂且久，全河大溜直注口门，抢护不及，将已做埽工全行塌去，口门约宽一百余丈。风定后，察看溜势，已有六七分入于漫口，尚有三四分由正河下注。【略】豫省今岁先被旱灾，继被水灾。【略】时和驿河堤六月中曾经平漫，濒河附近田庐业已被淹，此次掣溜之水下注，【略】著郑大进等实力速查。【略】至仪封漫口，已施工十之七八，此月底可望合龙，今时和驿又复掣溜，仪封合龙之期不免稍稽。但时和驿居仪封上游，必须先就该处堵筑速竣，然后将仪封漫口合龙，方为稳固。高晋现赴时和驿督办。【略】甲寅，【略】户部议覆，江苏巡抚杨魁奏，淮扬等属猝被旱灾，应需赈银，藩库不敷筹支，请拨苏松粮道库银八十万两，移解江宁藩库收贮听用。得旨：依议速行。【略】是月，直隶总督周元理奏，天津、青县、静海、沧州、元城、大名六州县村庄间有被淹。又，宣化、万全、赤城、西宁、龙门、怀安六县因节气较早，亦有被霜之处。请将出借仓谷【略】缓至明年麦后征还。报闻。【略】河南巡抚郑大进奏报开封等七府州得雪一二寸不等，足为丰登预兆。得旨：豫省屡被灾伤，穷黎疾苦，正我君臣抱愧之日，况此微雪，何足为慰，而汝似有喜耶。

《高宗实录》卷一〇六七

十月【略】甲子，【略】赈恤湖南湘阴、长沙、善化、浏阳、巴陵、临湘、华容、平江、武陵、桃源、龙阳、澧州、安乡、安福等十四州县，并岳州、武昌、黄州三卫本年旱灾贫民。【略】戊辰，【略】谕军机大臣，曰：吴虎炳奏，桂林府属兴安、灵川、永福、全州，暨柳州府属马平、雒容、来宾、象州等八州县，八月初旬以后因雨稀少，凡不近水源之处禾苗渐槁，现在亲赴各乡查看等语。【略】己巳，【略】又谕：据伊龄阿奏，九月十八日午刻，海州所属三场地方风暴陡作，竟夜不息，潮水盛涨，漫入灶地，低处全被淹浸，惟较高处所池井仅留十之五六，各场灶户房屋间有倒塌，人口并无伤损，一应盐廪筑埂抵御，尚无疏失等语。板浦等三场夏间被旱，业经勘实成灾七分，今又猝被风潮，近海灶户恒业顿失，殊为可悯。

《高宗实录》卷一〇六八

十月壬申，【略】赈恤河南仪封、考城、宁陵、商丘、睢州、祥符、陈留、杞县、柘城、鹿邑、永城、淮宁、太康等十三州县本年水灾贫民，并予缓征。【略】癸酉，赈恤湖北汉川、沔阳、潜江、荆门、江陵、监利等六州县，并沔阳、荆州、荆左、荆右等四卫水灾贫民，并予缓征。【略】乙亥，【略】缓征江苏上元、江宁、句容、江浦、六合、吴县、武进、阳湖、无锡、金匮、宜兴、荆溪、丹徒、丹阳、金坛、溧阳、山阳、阜宁、清河、桃源、安东、盐城、高邮、宝应、江都、甘泉、仪征、兴化、泰州、东台、萧县、宿迁、海州、沭阳等三十四州县，并镇江、淮安、大河、扬州、徐州、仪征等六卫本年水、旱灾田地新旧漕项银米。丙子，【略】蠲免甘肃皋兰、金县、狄道、河州、渭源、靖远、红水县丞、陇西、安定、会宁、漳县、平凉、静宁、隆德、固原、华亭、张掖、山丹、武威、永昌、镇番、平番、灵州、中卫、巴燕戎格、西宁、碾伯、大通、泾州、肃州、安西、玉门等三十二厅州县乾隆四十二年旱灾地亩额赋有差。【略】庚辰，【略】赈恤安徽亳州、蒙城、阜阳、宿州、凤阳、寿州、灵璧、怀远、凤台、泗州、盱眙、天长、五河、定远、和州、全椒、来安、当涂、芜湖、繁昌、合肥、巢县、庐江、霍邱、滁州、六安、含山等二十七州县本年水灾贫民，并缓征漕项银米有差。辛巳，【略】赈恤湖北江夏、武昌、咸宁、嘉鱼、蒲圻、崇阳、通城、兴国、大冶、通山、汉阳、汉川、黄陂、孝感、沔阳、黄冈、蕲水、麻城、黄安、罗田、蕲州、黄梅、广济、钟祥、京山、潜江、天门、荆门、当阳、安陆、云梦、应城、随州、应山、江陵、公安、石首、监利、松滋、枝江、宜都、远安、襄阳、枣阳、宜城、南漳、谷城、长阳等四十八州县卫本年水、旱灾贫民，并予缓征。【略】甲申，【略】谕军机大臣等，【略】吴炳虎札称，柳城县知县谭应麒前报收成八分，嗣又禀改七分，委员密访，据详被旱成灾者八百余村，前后不符等语。【略】今岁江西仍属丰收，(粤东米粮)可就近籴运，以济民食。【略】乙酉，【略】赈贷两淮丰利、掘港、石港、金沙、余西、余东、吕四、兴庄、栟茶、角斜、富安、安丰、梁垛、东台、何垛、丁溪、草堰、刘庄、伍佑、新兴、庙湾、板浦、徐渎、中正、莞渎、临洪、临兴等二十七场本年旱灾灶民，并予缓征。

《高宗实录》卷一〇六九

十一月丁亥朔，谕：豫省开封、彰德、卫辉、怀庆、河南、归德、陈州七府，并许、汝二州本年雨泽稀少，春麦未得及时播种，【略】久旱之后，复被水灾，穷黎实为可悯。虽此七府二州所属州县秋收亦有在八分以上者，但二麦既已歉收，元气未能骤复，【略】著再加恩将开封等七府属，并许、汝二州秋收尚有八分之洧川、鄢陵、中牟、阳武、封丘、兰阳、郑州、荥泽、荥阳、汜水、密县、新郑、夏邑、虞城、新乡、辉县、淇县、延津、滑县、浚县、修武、武陟、孟县、温县、偃师、巩县、宜阳、登封、永宁、渑池、

嵩县三十一州县，所有出借仓谷二十二万六千三百二十一石零，减半征还，余俟来年秋后征收还项。其秋收仅有七分之通许、尉氏、禹州、安阳、汤阴、林县、武安、涉县、内黄、获嘉、河内、济源、原武、洛阳、孟津、新安、扶沟、汝州十八州县所有出借仓谷二十万五千一百六十五石零，同秋收仅有六分之许州，并襄城、长葛二县，及毗连灾地一隅被水之淮宁、太康二县，出借仓谷七万八千九百五十一石零，均俟来年秋后征还。至上年先已被灾，而秋收仅有七分之汲县、临漳二县，本年出借籽种口粮银四万六千余两，并出借仓谷一万一千七百三石零，均俟来年麦熟后分别征还。再，汝阳、上蔡、正阳、新蔡、信阳、罗山、商水、西华、临颍、鲁山、郏县、宝丰、伊阳、光州、光山、固始、息县、商城十八州县，出借仓谷二十万四千五百八十石零，先征十分之六，余俟明年秋后征还，俾民力更纾。【略】壬辰，【略】赈恤广西兴安、灵川、永福、全州、马平、雒容、柳城、来宾、象州等九州县本年旱灾贫民，并予缓征。【略】丙申，谕：据吴虎炳奏，署柳城县事梧州府经历谭应麒先报该县收成八分，及批司确查，即禀改实止七分，又忽报被旱八百余村。臣因该县不过八百余村，如全县被灾，因何不早具禀。即饬委该道府等，亲往各乡确勘，所属田禾均已全行收割，并无歉收之象，出具勘不成灾印结。该署县亦自行禀请销案。似此游移反覆，办事不实之员，请旨革职等语。【略】丁酉，谕：本年湖北汉阳等各府属先被旱灾，又因汉江盛涨被淹，灾分较重，【略】著加恩将成灾有漕之江夏、武昌、嘉鱼、汉阳、黄陂、孝感、黄冈、潜江、天门、荆门、安陆、云梦、应城、应山、江陵、公安、石首、监利、松滋、咸宁、蒲圻、大冶等二十二州县本年应完漕粮正耗米石、水脚及随漕银两，均缓作两年带征。【略】庚子，【略】蠲免甘肃宁夏、宁朔、盐茶、安化、合水、环县、古浪等七厅州县乾隆四十二年雹、水、霜灾地亩额赋有差。

《高宗实录》卷一〇七〇

十一月【略】癸卯，【略】缓征浙江归安、乌程、长兴、德清、仁和等五县本年霜灾地亩额赋。【略】是月，【略】闽浙总督杨景素等奏：浙西杭、嘉、湖三府米价稍昂，应酌拨闽省台湾仓谷，招商运粜，现值北风盛发，台谷难运，请先于福州、兴化、泉州、福宁等府属拨谷十万石，令浙商籴运，仍于台湾府仓内拨谷还补。得旨：嘉奖。

《高宗实录》卷一〇七一

十二月【略】庚申，【略】谕军机大臣等，据高晋等奏，时和驿八堡已于二十九日合龙，仅封新工复有蛰陷。【略】辛酉，【略】赈恤甘肃宁夏、宁朔、平罗、秦州、秦安、庄浪、安化、正宁、环县、抚彝、张掖、古浪、西宁、盐茶厅、礼县、山丹、永昌等十七厅州县本年水、旱、雹、霜灾贫民，并蠲缓额赋有差。【略】辛未，【略】赈恤两淮板浦，并归并之徐渎，中正，并归并之莞渎，临洪，并归并之兴庄等六场潮灾贫民，并予缓征。

《高宗实录》卷一〇七二

十二月【略】甲戌，赈恤安徽当涂、芜湖、繁昌、安肥、庐江、巢湖、寿州、宿州、凤阳、怀远、定远、灵璧、凤台、阜阳、霍邱、亳州、蒙城、六安、霍山、泗州、盱眙、天长、五河、滁州、全椒、来安、和州、含山、建阳、庐州、凤阳、长淮、泗州、滁州等三十四州县卫本年水旱灾贫民。赈恤湖南湘阴、巴陵、临湘、华容、平江、武陵、桃源、龙阳、澧州、安乡、安福、长沙、善化、浏阳、岳州等十五州县卫本年旱灾贫民并缓征额赋有差。赈恤甘肃皋兰、红水县丞、金县、渭源、循化、狄道、河州、靖远、沙泥州判、陇西、宁远、安定、会宁、通渭、漳县、岷州、洮州、平凉、静宁、隆德、固原、合水、武威、镇番、平番、灵州、花马池州同、中卫、泾州、镇原、灵台、清水、肃州、高台、安西、玉门、敦煌等三十七厅州县本年雹、虫、旱灾贫民，并蠲缓额赋有差。【略】乙亥，【略】又谕：据李承邺奏，山西省城于十二月十一日得雪三寸有余，并据太原、汾州等属具报，于初六初七等日各得雪自三四寸至六寸八寸不等等语，览奏欣慰。【略】（巴延三）寻奏：得雪实在优渥，因各属报到后，省城十五日适又大雪，故臣于十六日一并具奏，致在李承邺拜折之后。报闻。山东巡抚国泰奏，东省麦收歉薄，现在谷价每石七钱至一两不等，明春青黄不接，恐市价渐昂，应行减粜。【略】是月，【略】陕西巡抚毕沅奏报得雪。得旨：欣慰览之。【略】又称，榆林、绥德一带秋禾被霜，现饬该处于岁内预行借粜。又批：更好。

《高宗实录》卷一〇七三

## 1779 年 己亥 清高宗乾隆四十四年

正月【略】丁亥，谕：上年安徽亳州、蒙城等处因上游黄水涨溢，田庐淹浸，被灾亦重。而怀远、宿州等十州县有先被旱而复被水者，【略】著再加恩将灾重之亳州、蒙城二州县九十分灾贫民，无论极、次俱各加赈两个月，其八分灾贫民及阜阳、怀远、宿州、凤阳、灵璧、寿州、凤台、泗州、盱眙、五河、天长等十一州县，凤阳、长淮、泗州三卫七分灾以上贫民，无论极、次俱各加赈一个月。【略】又谕：上年湖北汉阳、安陆、荆州各府属夏禾被旱，入秋汉江盛涨，又被淹浸，灾分较重，【略】著再加恩将江夏、汉阳、汉川、黄陂、孝感、钟祥、京山、潜江、天门、荊门、云梦、应城、江陵、公安、石首、监利、襄城、宜城十八州县，及屯田坐落各州县之武昌、武左、沔阳、黄州、德安、荆州、荆左、荆右、襄阳等九卫成灾七八九十分极、次贫军民俱各加赈一个月。【略】又谕：上年仪封、考城一带黄河漫口，被灾较重。【略】著再加恩将被灾较重之仪封、考城、祥符、陈留、杞县、商丘、宁陵、睢州、鹿邑、柘城十州县十分灾之极贫加赈两个月。【略】己丑，【略】又谕：上年江苏上元等州县卫夏间雨泽愆期，高阜地亩被旱成灾，而高、宝一带因湖河水势盛涨，开坝宣泄，下河低田被淹，致成偏灾。【略】著再加恩将江浦、六合、清河、高邮、甘泉、东台、泰州、海州、沭阳、上元、江宁、句容、丹阳、金坛、山阳、阜宁、桃源、安东、盐城、江都、兴化、宝应、萧县、宿迁、吴县、溧阳等二十六州县，又镇江、淮安、大河、扬州、徐州五卫八九分灾之极、次贫及七分灾之极贫各加赈一个月，俾资接济。【略】又谕：昨岁甘肃皋兰等三十六厅州县因夏间雨泽愆期，以致田亩被旱成灾，【略】第念皋兰、河州、静宁、固原、平番、安定、泾州等七州县被旱情形较重，【略】著再加恩各展赈一个月。【略】谕军机大臣等，去冬河南、山东、山西等省俱屡经得雪。顷据巴延三奏，山西省城于腊月二十八九等日得雪八寸有余，其势甚宽，沾被必广。惟京城自十月初微雪以后，至今未沾雪泽。【略】寻奏：保定省城去年十二月二十九日得雨不及一寸，天津、河间、广平、大名、宣化、承德、易州等府州属均于十二月二十七八九等日先后得雪一二三寸不等，余未报得雪。各属因去秋雨透土润，无碍麦苗。现在粮价亦平。

《高宗实录》卷一〇七四

正月【略】庚戌，湖南巡抚李湖奏，长沙、岳州、常德、澧州四府州属因上年旱灾，米价昂贵。【略】是月，【略】两广总督桂林奏：广西桂林、柳州二府属上年间被旱灾，现届东作，恐青黄不接时，灾地及毗连各属谷价稍昂，【略】广东上年岁稔，米价亦平，请将贮备广东平粜谷，交广西巡抚，于需用时酌拨。

《高宗实录》卷一〇七五

二月丙辰朔，【略】又谕曰：闵鹗元奏地方情形折内，称桐城、怀宁向来稻田两熟，种麦较少，现在雨水透足，池塘充满，即可蓄水养秧等语。

《高宗实录》卷一〇七六

二月【略】乙亥，【略】户部议准，陕甘总督勒尔谨等奏称，甘肃宜禾县乾隆三十三四五等年民垦地亩因咸潮俱成废地，请豁除。以新垦地三千九百七十亩应征粮草抵补。从之。【略】戊寅，谕：直隶大名、广平、顺德三府属因上年夏麦歉收，节经加恩缓征，并赏给贫民五六两月口粮。

《高宗实录》卷一〇七七

三月【略】己酉，赈湖北江夏、武昌、咸宁、嘉鱼、蒲圻、大冶、汉阳、汉川、黄陂、孝感、黄冈、麻城、黄安、钟祥、京山、潜江、天门、荆门、安陆、云梦、应城、应山、江陵、公安、石首、监利、枝江、襄阳、枣阳、宜城，并武昌、武左、黄州、沔阳、荆州、荆左、荆右、襄阳、德安等三十九州县卫上年旱灾极、次贫军民。并缓征勘不成灾之崇阳、通城、兴国、通山、沔阳、蕲水、罗田、蕲州、黄梅、广济、当阳、随州、

宜都、远安、南漳、谷城、长阳，并武昌、武左、沔阳、黄州、蕲州、荆州、荆左、荆右、襄阳、德安二十七州县卫民屯田四十三年钱粮，及成灾之江夏、江陵、监利并黄州等县卫旧欠钱粮。

《高宗实录》卷一〇七九

四月【略】辛酉，【略】协办大学士署直隶总督英廉奏，陕省拨麦五万石，由河南转运赴京，原因初春以后京师雨少，麦贵。【略】丙寅，【略】谕军机大臣等，据阿桂等奏，（豫省黄河堵口之工，因）四月初七日未刻，水势汹涌，北坝上首边埽塌去七丈，酉刻以后风暴大作，全河之水狂涌口门，又将旧做各埽连软镶一并塌走，计共冲去二十丈有余等语。此亦无可如何之事。【略】丁卯，【略】豁除甘肃灵州属河水冲坍废田十五顷三十四亩有奇额赋。

《高宗实录》卷一〇八〇

四月庚午，谕军机大臣等，据陈辉祖次奏，（河南）大麦渐成熟，小麦扬花结实，丰收之象已成等语。览之稍为欣慰。【略】壬申，【略】赈甘肃庄浪县丞、盐茶厅、安化、正宁、环县、抚彝厅、张掖、山丹、永昌、古浪、宁夏、宁朔、平罗、西宁、秦州、秦安、礼县等十七州县厅本年雹水霜灾饥民。【略】戊寅，【略】谕军机大臣等，据阿桂等奏，（仪封河工）十七八两日连遇大风，北坝渐有臌裂，至十九日午刻所做新旧软镶，复冲去八丈，其临水软镶工段，尚有九丈余均已裂缝，恐亦未能站住等语。【略】壬午，【略】谕军机大臣等，【略】豫、东两省今春雨泽渥沾，麦秋可望丰稔。昨据国泰奏，山东通省三月中连得透雨，四月初八九以后，各属雨皆优渥，麦收约计九分以上。【略】（陈辉祖）寻奏：四月以来，陈留、通许、荥泽、新乡、济源、武陟、南阳、桐柏、新野、汝阳、确山、正阳、罗山、项城、临颍、郾城、固始、息县、商城等县各得雨一次，余俱晴霁。二麦现已登场，查通省一百八县，麦收八分以上至九分十分者九十八处，余陈留十州县均七八分不等。报闻。

《高宗实录》卷一〇八一

五月甲申朔，【略】缓征浙江乌程、归安、长兴、德清、仁和等五县乾隆四十三年霜灾额赋。【略】乙酉，【略】豁除江苏江都县被水冲没废田六顷二十亩有奇额赋。

《高宗实录》卷一〇八二

五月【略】甲辰，【略】缓征湖南湘阴、巴陵、临湘、华容、平江、武陵、桃源、龙阳、澧州、安乡、安福、长沙、善化、浏阳、岳州等十五州县卫乾隆四十三年旱灾额赋。【略】戊申，【略】缓征湖北江夏、武昌、咸宁、嘉鱼、蒲圻、大冶、汉阳、汉川、黄陂、孝感、黄冈、麻城、黄安、钟祥、京山、潜江、天门、荆门、安陆、云梦、应城、应山、江陵、公安、石首、监利、松滋、枝江、襄阳、枣阳、宜城等三十一州县，暨屯坐各该州县之武昌、武左、沔阳、黄州、荆州、荆左、荆右、襄阳、德安等九卫乾隆四十三年水旱成灾额赋。【略】是月，【略】署陕甘总督陕西巡抚毕沅奏：甘省各属春夏之交雨水调匀，今忽被黄疸虫伤，分别勘办。

《高宗实录》卷一〇八三

六月【略】己未，【略】又谕：五月十一及二十三四等日，京城及热河连日俱得透雨，甚为优渥。昨据国泰奏到，东省亦于五月中旬、下旬得雨深透，通省均沾等语。是东省得雨与畿辅大略相同。豫、东境壤毗连，晴雨情形自应仿佛，乃该抚自奏五月初六得雨之后，其中下二旬曾否普渥甘霖，未据奏及。昨阿桂等会奏引河工竣折内，虽有自二十五日以后连遇风雨数次之语，但未知是否深透，及各属单否均沾，甚为廑念。【略】乙丑，署江南河道总督李奉翰奏：五月中旬大雨时行，宿迁骆马湖内水势盛涨。【略】丙寅，谕军机大臣等，热河自五月下旬得雨后，晴霁约及旬余，今自十二日以来连日有雨，虽不似前月之滂沱，且时雨时晴，于田禾自为有益。即各山河间有发水之处，亦无妨碍。【略】寻奏：直隶得雨，各处深透，河水旺盛，消退亦速。

《高宗实录》卷一〇八四

六月【略】甲戌，谕军机大臣等，据杨景素奏，五月下旬连日大雨，漳河涨发，于临漳县冲开坝口，大溜改趋坝后，滏河、沙河亦同时涨发，均有民堤漫口，淹及民田之处。【略】丙子，【略】又谕：据李奉翰奏，五月下旬及六月初间，洪湖因上游黄、淮并涨，加以沁河发水汇注，来源过盛，清口宣泄不及，现将信坝启放。【略】庚辰，谕军机大臣等，据荆州将军兴兆等奏，六月十四日江水骤涨，漫过堤身，随即登城查看，水势甚大，向城东南直流，将月牙堤冲破，至护城堤不能抵御，水至城根，将城外居民住屋冲坏，居民并无损伤。即用土囊将城门堵御，漫水幸未进城。十六、十七两日水势更大，至十九日水势稍退等语。荆州为楚省冲途，居民稠密，其地甚关紧要，现据兴兆等所奏江水涨发情形，比往年较大。【略】是月，安徽巡抚闵鹗元奏，上年凤、颍两属水旱交乘，动拨常平仓米八万余石，裕备仓麦十七万余石，仓储空乏，应及时购买。【略】河东河道总督袁守侗奏，沁河北岸漫口，归入卫河，卫河涨水共深一丈七尺余，运河水势不能抵御，以致卫水倒漾入运，现将下河之哨马营、四女寺及上河之魏湾、滚水坝闸全行开放。

《高宗实录》卷一〇八五

七月【略】壬辰，【略】赈恤山西绥远城浑津庄头雹灾户口，并蠲免本年额赋。

《高宗实录》卷一〇八六

七月【略】辛丑，谕曰：萨载、闵鹗元奏查勘灾地情形一折，据称亳州涡河以北，逼近武家河之宋家集等处三十堡，直接豫省，受水既早，夏麦悉被淹浸，秋禾亦难望补插；其蒙城迤北之淝河两岸，板桥等集二十六堡亦同时受水，夏麦秋禾均无获，请再行酌借一月口粮。【略】戊申，【略】谕军机大臣等，【略】永定河即桑干河，发源山西，今岁伏秋大汛，仅止涨水三尺有余，自系上游雨水短少所致。前据富纲奏称，陕西各属六月下旬盼泽甚殷，该省与陕西境壤毗连，巴延三自七月初奏报雨泽以来，未据续奏。【略】寻奏：山西通省入秋以来甘澍应时，并无需雨之处，秋禾杂粮不日可获。至朔平府系桑干河发源，臣前赴该处阅兵，亦见雨水沾足。得旨：欣慰览之。户部议覆，山东巡抚国泰奏称，博兴县上年二麦失收，市谷每石价一两六钱二分，民苦食贵。【略】己酉，谕军机大臣等，据阿桂等奏：本月二十日得雨，至二十二日早方晴，河水渐有增长之势，(仪封河工)宜再停一二日，即可开放引河等语。【略】是月，【略】河南巡抚陈辉祖奏，豫省卫辉府属之汲县、淇县、新乡、浚县因卫河涨漫，秋禾被淹，已成偏灾。其鄢陵、孟津、南阳、淅川、新野、长葛，并陈州府属之西华、扶沟、沈丘等县，或河水陡涨，或急雨骤来，晚禾间被淹浸。统俟详勘后，与归德府浸堤被水，怀庆府沁堤决口被淹村庄，分别具奏。【略】署陕甘总督陕西巡抚毕沅奏：甘省兰州、西宁、凉州、宁夏等府属六七月间多雨，低洼被淹，高阜西成可望，惟皋兰、狄道等州县夏禾受黄疸虫伤，兼被水、雹，不能翻种，民情未免拮据，现委员确勘，结报后奏明办理。得旨：妥为之，俾受实惠。

《高宗实录》卷一〇八七

八月【略】甲寅，【略】谕军机大臣等，【略】今岁豫省汛水不大，由陕西夏间雨少之故。本日据富纲奏，西安省城于七月二十日甘霖大沛，极为透足，现犹阴云密布，细雨连绵，远近谅必均沾等语。【略】乙卯，【略】谕军机大臣等，【略】豫省黄河漫已经年，滔滔不止，长此安穷，总之漫口一日不堵，民患即一日不息，朕心亦一日不宁。今年漫水下游各州县幸河流不甚泛滥，田庐未致大受灾伤，实赖上天嘉佑，然岂能保其长久如是。【略】壬戌，【略】赈恤湖北钟祥、京山、潜江、天门、荆门、江陵、监利、石首、沔阳等州县，及荆州、荆左、沔阳三卫被水灾民，并缓征新旧额赋。

《高宗实录》卷一〇八八

八月【略】辛未，【略】赈恤甘肃皋兰、河州、狄道、金县、靖远、红水县丞、陇西、安定、会宁、通渭、岷州、平凉、静宁、隆德、固原、盐茶厅、张掖、山丹、武威、永昌、古浪、平番、西宁、碾伯、泾州、秦州、清水、肃州、安西、玉门、渭源、中卫、环县、洮州、东乐等三十五厅州县虫、雹、水灾贫户，并蠲缓本年额赋有差。【略】是月，【略】河南巡抚陈辉祖奏，豫省入秋以来普沾透雨，合计九府四州所属收成约八分有余，其刈获稍迟，新粮尚未入市者不过三四处，价稍增长，余皆平减。【略】山东巡抚国泰奏，东省六月间因直隶河南漳、卫二河水涨，倒漾入运，并本省洸、泗、汶各河骤涨，以致临清、济宁、德州、馆陶、邱县、夏津、武城等七州县被淹，蒙恩截留江西漕米五万石，分贮沿河州县备用。

《高宗实录》卷一〇八九

九月【略】乙未，【略】谕军机大臣等，据勒尔谨奏称，甘省兰州、巩昌、平凉等各府州属于七月十

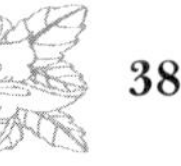

九至二十九等日各得雨二三寸、四五寸及深透不等，甘省节候较迟，得此应时雨泽，秋禾可渐次结实等语。第就该省现在雨泽而言，昨日奎林自甘省差竣，来行在复命，朕询以沿途地方所见情形，据奏，伊经过甘肃地方，似觉雨水过多，询之土人，佥称向年觉旱之处，今岁俱得有收，其低洼处所雨水不免过大，且有生长黄疸者，虽非通省皆然，而歉收之处约有少半等语。甘省每年夏秋往往缺雨，今岁因何转得过多。【略】寻奏：甘省入秋以来，据抚彝等十九厅州县具报，有因阴雨连绵生长黄疸者，有田禾甫经结穗旋被雹、霜者，业饬道府确勘。《高宗实录》卷一〇九〇

九月丁酉，【略】豁免河南考城县乾隆四十三年分被水冲失常社仓谷三万一千六百石有奇。【略】甲辰，【略】赈恤长芦所属青县被水成灾灶户。【略】是月，【略】安徽布政使农起奏，安省因河南仪封漫口尚未合龙，黄水下注亳州、蒙城、怀远、凤阳、灵璧、凤台、寿州、宿州、泗州、五河、盱眙等州县，及凤阳、长淮、泗州三卫被淹，蒙恩赏结川米一万二千石，又八月分一月口粮，民情均极宁贴。

《高宗实录》卷一〇九一

十月【略】甲寅，【略】工部议驳，河东河道总督袁守侗奏，原任总河姚立德疏报，乾隆四十三年豫省黄河南北岸抢修、岁修，共用银二十三万三千九百二十六两有奇，经部驳，以为数太多，不准销。奏请饬臣据实删减，经臣行查各厅，并无浮冒。请销到部。【略】甲子，【略】豁除广东番禺县水冲沙田二顷九十七亩有奇额赋。《高宗实录》卷一〇九二

十月丙寅，【略】谕军机大臣等，本年各直省雨旸时若，秋成俱属丰稔。惟豫省仪封、考城等各州县因堵筑漫口尚未蒇工，濒水田禾不能耕获；安徽之亳州、蒙城等处，为黄水下注之区，地亩亦未涸出，贫民口食维艰；【略】又，甘肃本属积歉之区，本年皋兰等四十一厅州县所种夏禾，亦间有被雹、被水及黄疸虫伤者。【略】至湖北省于六月中旬荆江水涨，沿江之钟祥、京山等九州县堤垸漫溃，田禾被淹。及直隶大城、武清等九县，江苏之阜宁、清河等九县卫低洼地亩，亦间有被水者。【略】己巳，【略】赈恤河南仪封、杞县、商丘、宁陵、永城、鹿邑、睢州、考城、柘城、汲县、淇县、新乡、浚县、延津、辉县、汤阴、河内、武陟、修武十九州县本年被水灾民，并予缓征。【略】庚午，【略】缓征江苏阜宁、清河、桃源、安东、盐城、宿迁、海州、沭阳、大河九州县卫本年水灾田亩新旧额赋。

《高宗实录》卷一〇九三

十一月【略】甲申，【略】蠲缓安徽亳州、蒙城、怀远、五河、宿州、凤台、凤阳、灵璧、泗州、盱眙、寿州等十一州县，并凤阳、长淮、泗州三卫本年水灾地亩应征、带征额赋。

《高宗实录》卷一〇九四

十一月【略】己亥，谕：安徽省所属之亳州、蒙城，暨下游凤阳、泗州各处低洼地亩，本年秋间被水，【略】该省颍川、凤阳、泗州三属，及六安、霍山二州县今岁俱多丰熟，与各灾地相距最近，著该抚即于各处应征漕米内，加恩截留三万五千石，预备明春减价平粜，以济民食。【略】癸卯，【略】赈恤甘肃皋兰、漳县、华亭、安化、宁州、正宁、抚彝厅、平番、灵州、崇信、镇原、高台十二厅州县灾民，并蠲本年秋禾被雹、水、霜灾地亩额赋。缓征金县、循化、伏羌、隆德、合水、镇番、宁夏、宁朔、平罗、大通、秦安、灵台、肃州等十三厅州县乾隆三十八年以后未完额赋，暨各年民欠籽种口粮。【略】己酉，【略】赈直隶青县本年被水灶地灾民，并蠲缓额赋有差。【略】是月，直隶总督杨景素奏，广平、大名、冀州各府州属于十月十三日得雪，蓟州、密云、三河、宝坻、遵化、玉田、天津各州县于十八、二十等日得雪，均有二三寸至四五寸不等。得旨：惟近京至保定尚未得雪。【略】贵州巡抚舒常奏：丹江营所属之鸡沟汛，【略】分驻雷公地，今试垦三年，所种苦莜多秀而不实，该地阴翳森寒，四时难逢晴日，四月方断雪凌，八月即降霜霰，气候迥殊，难以开荒成熟，请将原拨之千总一、兵五十撤回。其雷公地即责成鸡沟守备千把，就近每月带兵进山巡查一次，并令丹江营参将每季亲临菁内查察。

《高宗实录》卷一〇九五

十二月【略】己未，【略】谕军机大臣等，据陈辉祖奏，豫省本年除仪、考十九州县被水成灾之外，其余收成均在八分以上，但民间元气初复，户少盖藏。《高宗实录》卷一〇九六

## 1780年 庚子 清高宗乾隆四十五年

正月【略】辛巳，谕：上年豫省仪封、考城一带因漫工堵筑未竣，濒水田禾被灾较重，【略】著再加恩将被灾较重之仪封、杞县、商丘、宁陵、永城、鹿邑、睢州、考城、柘城、汲县、淇县、浚县、延津等十三州县，十分灾之极贫加赈两个月。【略】癸未，【略】谕：上年江苏阜宁、清河等处因夏雨稍多，洪湖水涨，兼之上游沂蒙诸水下注，致成一隅偏灾，【略】著再加恩将灾重之阜宁、清河、桃源、安东、盐城、宿迁、海州、沭阳、大河等九州县卫七分灾以上极、次贫民俱加赈一个月。【略】又谕：上年安徽亳州、凤阳等处因上游黄水涨溢，尚未断流，以致复有偏灾，【略】著再加恩将灾重之亳州、蒙城、凤阳、怀远、灵璧、宿州、泗州、盱眙、五河九州县，及凤阳、长淮、泗州等三卫成灾八九十分之极、次贫民概行加赈一个月。【略】又谕：上年甘肃皋兰等厅州县夏禾间被偏灾，【略】著加恩将皋兰、狄道、平番、武威、肃州、安定、会宁、固原、泾州等九州县，灾重贫民加赈一个月。【略】壬辰，【略】谕：【略】直省昨岁丰稔，民气恬熙，朕心深为欣慰。【略】甲午，【略】谕军机大臣等，前据阿桂等奏，【略】（仪封河工）现在系开冻土松，挑挖较易等语。计阿桂拜发此折已及一旬，未据续有奏报。朕因南巡，经过雄县一带，途次积雪未消，于行程虽觉和美，而天气甚寒，东北风亦大。因念豫省距此不远，气候风色或大略相同，该处是否不致冰冻，挑挖施工尚不费力否？朕心深为廑念。堵筑漫口已阅一载有余，此次引河工程务于二月内告蒇，俾大溜归槽，漫口合龙，方为妥协。

《高宗实录》卷一〇九八

正月【略】丙午，【略】又谕：据阿桂等奏，（仪封河工）自正月二十日以后，天气晴明，日出后化冻，挑挖即可施工，通计引河工程已有八分。【略】查此间距开封数百里，昨二十五日西南风甚大，方幸可以放溜，今二十六日所发之折，何以并未提及近日风信，深为廑念。

《高宗实录》卷一〇九九

二月【略】丙辰，【略】谕军机大臣，曰：永贵等奏称，今春气候较寒，南苑积雪未化，年小阿哥们演围驰逐，恐有未便。【略】乃以寒雪未融，奏请暂停阿哥们前往。《高宗实录》卷一一〇〇

二月【略】丁卯，【略】谕军机大臣等，本日据阿桂等奏，自初八日后，引河日见畅达，又连值顺风，大溜掣至八分以上，【略】至十一日午刻，两坝即先自拢合，随上紧填压，未逾数刻，金门立见断流，虽尚有一二处腰漏，而正坝屹立如故，现在尽力加倍镶压。【略】仪封此次漫口，堵塞一年有余，至今始得断流。【略】乙亥，【略】又谕：本日据陈辉祖奏，山东济宁一带于初五日得雨，自未至戌，入土四寸等语。【略】据袁守侗奏，于初五六等日得雨雪二三寸不等。【略】寻奏：东省自新正以来，雨雪沾渥，二月初一日兖、沂一带得雨三四寸，初五日济宁沿河各属亦得雨泽，初十、十一、十二等日济南省城又得雨三次，十七日复得雨一次。登、莱所属州县亦于十八日得雨三寸。二十八日子初起，至丑未至，济南省城又得雨二寸。【略】丁丑，【略】又谕：本日户部议，将特成额原咨川省各属平粜仓粮，因何逾额。【略】寻奏：查上年平粜，实因四十三年川东等处歉收，且下游贩运过多，市价昂贵，是以不拘成例，至有粜至八九分，至有全数出粜者。现俱买补，并无情弊。【略】是月，【略】巡视济宁漕务给事中索兴阿奏：自济宁历兖、沂、泰、济四府州属，查勘泉源，【略】缘冬春雨雪频沾，地脉滋润，泉源较往年加旺，于漕运有益。报闻。《高宗实录》卷一一〇一

四月【略】辛酉，【略】谕军机大臣等，【略】国泰奏报四月初三日东省已刻微雨，至晚渐大，淋漓尽夜，初四日辰刻未止，入土深透。复据留京王大臣奏，四月初三四等日京师得雨，约入土二寸各

等语。【略】寻奏:顺天、天津、大名、宣化、承德等府属得雨止一二寸,永平、遵化二府州属得雨稍多,又非望雨之区,现惟定兴县于三日内共报得雨七寸,较为优渥。余俟各属报齐汇奏。

《高宗实录》卷一一〇四

四月【略】丙子,谕:据鄂宝等奏,三月二十五日未时,江西鄱湖星子县渚溪地方陡起狂风巨浪,江西九江前帮内粮船行至湖心,人力难施,将旗丁余十四等粮船十四只立时打碎,寸板粒米漂没无存。又旗丁刘时盛等十五船亦同时遭风磕碰渗漏,或米被潮湿,或刮断大桅,打去柁杆锚缆等件。淹毙大小男妇三十四名口,空运千总张耀武随带部札钤记,及收贮回空身工银两,并旗丁何希贤监照二纸,俱随船漂失等语。【略】是月,两江总督萨载奏报,江省各属麦收丰稔,农民待雨插莳秋禾。【略】山东巡抚国泰奏报,德州地方已得透雨。

《高宗实录》卷一一〇五

五月己卯朔,【略】谕军机大臣等,朕自江南旋跸以来,沿途经过山东直隶地方,田土俱觉干燥,已令各该地方官虔诚祷雨矣。今日据萨载奏称,本月十九日高邮、丹徒等处得雨一二寸,此外各属有无得雨尚未报到,若于麦收后再得时雨,于田禾更为有益等语。【略】庚辰,【略】又谕:据国泰奏,德州地方于三十日巳刻得有大雨,至未刻尚未止歇。【略】昨跸途经过景州一带,仅得微雨;本日行次河间,见地有积水,询之袁守侗,据称此间于四月三十日得有透雨,至思贤村一带未获同时被泽。看来夏间阵雨本属间断,不能一律普沾。【略】辛巳,【略】又谕:【略】本日据闵鹗元奏,时届小满,安省现在大雨时行,池塘充满,其向不种麦,及种麦已获之地俱各翻犁布种,秧针遍插,一望青葱等语。【略】庚寅,【略】谕军机大臣等,【略】本年江北一带自春徂夏雨泽稍觉稀少,洪湖清水力弱,不能畅刷,致(漕船所过之)杨庄口门淤浅,势所必然。【略】再,昨据吴坛奏称,江省现在旸雨应时,收成丰稔等语。看来江南各属尚不致缺雨,而江北淮安、宿迁一带究觉雨水短少。【略】壬辰,【略】谕军机大臣等,今年入夏以来雨泽稍稀,盼望甚切,昨日未刻起,京城得雨,入夜更为优渥,入土约有五六寸,且西南一带云势甚广,想亦同沾渥泽。

《高宗实录》卷一一〇六

五月【略】丙午,【略】豁除陕西抚标、提标被水冲塌马厂余地二十六亩额赋。

《高宗实录》卷一一〇七

六月戊申朔,【略】豁除河南孟津县河北镇官庄河水冲塌地亩一百一十九顷九十六亩有奇额赋。【略】甲寅,蠲免湖北沔阳、潜江、荆门、江陵、监利等五州县本年水灾额赋有差。【略】乙卯,谕军机大臣等,昨据留京王大臣奏报,京城于初三日得雨五寸;今日又据刚塔奏报,天津一带于初三日得雨六寸等语。【略】寻奏:(直隶)通省各属近日得雨无不渥被。

《高宗实录》卷一一〇八

六月【略】甲子,谕军机大臣等,连日热河雨水甚多,昨据袁守侗奏报,口内各属俱得大雨。【略】庚午,【略】谕军机大臣等,据陈辉祖奏,邳睢厅属黄河因上游水发,于六月十五六七等日水势加涨,志桩上涨至一丈三尺七寸,邳睢南岸大堤溜往南趋,更兼东北大风,河浪撞击,水高堤顶,随抢随塌,人力难施,于十七日丑时,睢宁县地方郭家渡堤工漫塌二十余丈,水由沈家河入五湖,归洪泽湖等语。

《高宗实录》卷一一〇九

七月【略】辛巳,谕:【略】睢宁县郭家渡堤工漫溢二十余丈,自陈辉祖奏闻后,至今十余日,朕日夜望信,兹萨载等奏称,该处漫口现已塌定,约计口门宽九十余丈,并掣动大溜十之七八等语。【略】谕军机大臣等,据萨载等查奏,睢宁县郭家渡漫口现已塌定,测量口门宽九十七丈,水深一丈八九尺至二丈一二尺,掣动大溜十之七八,其漫溢之水,三股分流下注,统归洪泽湖。【略】戊子,谕军机大臣等,现在热河夜雨连日,虽势不甚大,于禾稼亦无妨碍,而西南一带云气浓厚,恐保定等处宣化一带雨水较大。【略】寻奏:(直隶)本月十一、十二等日连得大雨,(永定)河水骤涨一尺,旋即消落。【略】又谕曰:萨载等奏,督办睢宁县郭家渡漫口情形一折,据称该工自漫溢之后,上游连报涨水,又兼七月初二日大雨如注,水势盛涨,溜亦湍急,徐城志桩涨水至一丈四尺余寸,徐州两厅属

工程处处危险，已将毛城铺、苏家山及峰山各闸，并上游之天然闸，俱全行启放，以冀水落工平，民心安帖等语。

《高宗实录》卷一一一〇

七月癸巳，【略】谕军机大臣，曰：勒尔谨奏到甘省得雨情形一折，殊未明晰。【略】寻奏：臣前奏被有偏灾之皋兰等十三厅州县，内皋兰、金县、狄道、河州、平番、泾州六处，自四月初旬至五月中旬雨泽稀少，虽于五月二十（日）后得雨三四寸，而夏禾黄萎者不能复望结实，是以仍须履亩覆勘。至会宁等十八处，除伏羌、宁远、镇番、泰安、徽县、礼县、两当、成县、高台、安西、玉门、敦煌十二处陆续得雨，可冀有收外，其会宁、安定、洮州厅、华亭、武威、肃州六处，续据道府勘明成灾。查甘属共七十三厅州县，本年奏报成灾者，皋兰、金县、狄道、河州、平番、泾州、会宁、安定、洮州厅、华亭、武威、肃州、陇西、靖远、山丹、西宁、文县、漳县共十八厅州县，以通省州县计之，不过十分之二；其各州县境中，又止一隅，以通省户口地亩计之，尚不及十分之一。应行抚恤事宜，已饬地方官妥协办理。报闻。【略】丙申，谕军机大臣等，【略】热河于十七八九等日雨水颇多，遥望云气，似从西北而来，恐长安城上游雨势较大，未知近日永定河水是否不致盛涨？【略】戊戌，谕：据袁守侗奏，永定河自本月十七八九等日，上游各处大雨，河水涨发，几与堤平。随同道厅等分头抢护，讵水势益涨，卢沟桥西岸漫溢出槽，北头工水过堤顶，汹涌异常，人力难施，冲宽七十余丈，由良乡县属前官营散溢求贤村减河，仍归黄花店凤河等语。【略】己亥，【略】又奏：永定河一带于二十四日得阵雨一次，未久即止，河水仅涨三寸，并无妨碍。得旨：览。【略】辛丑，【略】谕军机大臣等，热河一带自夏秋来雨水沾足，秋收田禾可望丰稔，而南望云气，颇觉浓厚广远，恐口内各地方得雨较大，低洼地亩或有成灾处所，朕心深为轸念。【略】寻奏：直隶一百九十一州县厅，今禀报被水者三十一处，计有十分之二，已委员分勘。【略】又谕：据李奉翰奏，豫东黄河交秋以后，节据上游各处禀报发水，本月十八日曹县安陵汛地方因连日昼夜大雨，涨水益盛，蔡家庄一带堤工漫溢二处，各二十余丈。又，考城县五堡地方同日亦平漫四十余丈，均离大河尚远，未致掣动大溜等语。【略】壬寅，【略】又谕曰：国泰奏，东省汶河因今年雨水过多，水势陡涨，七月十七日又值大雨，东平州戴家坝民埝被水冲漫，流入大清河，民田庐舍均无妨碍。【略】乙巳，【略】谕军机大臣等，本日李国梁奏，沅州熟坪汛及武冈州汛会龙九团等处地方，于五月十九等日大雨，山水陡发，冲塌汛房田亩并民居共二百余间，淹毙男妇九十名口，并淹浸淤田三百余亩等语。

《高宗实录》卷一一一一

八月【略】庚戌，谕军机大臣，曰：杨魁奏，查勘考城漫水被淹地方情形一节，据称漫口下注之水，由沙河、涡河下达亳州，经过宁陵、商丘、鹿邑、永城各县境，被淹村庄、淹损秋禾之处考城较重，商丘次之，宁陵、仪封较轻，鹿邑、永城系平铺之水，一漫而过，旋即消退等语。【略】又谕，据杨魁奏，查办漫水经过地方情形折内，称七月二十一日，江南砀山县三岔河口冲开，水由永城南下，经过田禾亦有淹浸，现在确查抚恤等语。前据萨载等奏，丰砀等厅禀报该处于七月十八日涨水起，至二十二日，徐城志桩涨至一丈四尺八寸，各工危险，旋即抢护平稳。【略】庚申，谕：本年直隶雨水颇多，各州县间有淹浸之处，现虽渐次涸出，而被水地亩收成不无歉薄，朕心深为轸念。

《高宗实录》卷一一一二

八月【略】戊辰，【略】户部议覆，陕甘总督勒尔谨奏称，甘省皋兰、金县、狄道、靖远、河州、华亭、安定、会宁、漳县、洮州厅、文县、西宁、武威、平番、山丹、泾州、肃州等厅州县夏田被旱成灾，陇西县被雹成灾，应分别赈恤缓征新旧正借钱粮。其循化厅、红水县丞、盐茶厅、固原、静宁、隆德、张掖、永昌等厅州县虽勘不成灾，收成未免歉薄，亦一体缓征，应如所请。得旨：依议速行。【略】是月，【略】浙江巡抚李质颖奏，诸暨县山水骤发，淹损民田庐舍，现饬府县查明，先给一月口粮，并予葺屋银两，其应行赈济及本年钱粮分别缓免之处，另行查办。又，萧山、嵊县、新昌、东阳、浦江、义乌六

县虽被水较轻，亦逐一查明酌办。得旨：应赈恤者，妥协料理，俾受实惠。

《高宗实录》卷一一一三

九月【略】戊寅，谕：今夏雨水较多，京城房屋间有坍损，八旗兵丁生计不无拮据，著加恩普赏给一月钱粮，以示优赉，该部知道。【略】己卯，【略】谕军机大臣，曰：李奉翰等奏(考城)芝麻庄坝工合龙一折，览奏欣慰。【略】又，另折奏，张家油房新刷沟槽，其西首一道，系两股进逼大河，二十四日夜北风甚大，河势由西北坐湾，斜向东南，将嫩滩塌去，致回流兜入沟内，水归顺堤河，仍由考城五堡下注，现在酌筹赶筑挑水坝，挑卸回溜，以免掣溜之虞。【略】旋于初一、二两日西北大风，将西首嫩滩又刷塌十余丈，以致不能筑坝挑水，现已掣动大溜，水势汹涌，大约俟霜降后水性方能渐绵。【略】庚辰，【略】(舒常)寻奏：荆州关税全赖川省木箄络绎到关，收税始能充足，近因四十三四两年川省岁歉粮贵，兼以汛水甚大，船载艰于往来，以致商贩到关者少，亏短盈余，该监督尚无征多报少情弊。报闻。

《高宗实录》卷一一一四

九月辛卯，【略】谕曰：陈辉祖奏，睢宁县郭家渡漫口，于本月十三日督率道将等奋力趱办，于是日黎明赶合龙口，水势全归正河，顺流下注等语。【略】庚子，【略】谕军机大臣等，据福川奏，亳州、蒙城等处续报于八月二十二三等日因豫省考城漫口，黄水下注，田庐被淹，现已星驰前往，亲加履勘等语。亳州、蒙城等处前经被水淹浸，今因张家油房漫口未能合龙，黄水下注，田庐复有损伤，殊堪悯恻。【略】又据福川奏称，寿州、凤台各属禀报七八月间雨水过大，加以上游水发下注，淮、涡等河泛涨，洪湖不能容消等语。【略】壬寅，【略】缓征两淮栟茶场乾隆四十三年分水灾未完折价银两。【略】乙巳，赈长芦属沧州、青县二州县，严镇、兴国、富国、丰财、芦台五场水灾灶民。赈吉林珲春地方水灾饥民，并予葺屋银两。【略】是月，【略】新授安徽巡抚农起奏：安省凤、泗一带因下江之睢宁漫滩，以致淹浸，而豫省考城下注之水，直达安省亳、蒙，现在张家油房又复漫溢，水势较大。

《高宗实录》卷一一一五

十月【略】庚戌，【略】谕军机大臣等，本年各直省被有偏灾地方，如直隶夏秋雨水较多，武清、房山等州县及各盐场低洼地亩田禾被淹，江苏之睢宁等处因郭家渡漫口，各村庄猝遇水灾，殊堪悯恻。豫省因张家油房漫口，考城、商丘等处成灾较重，下游一带均有被淹处所。安徽之亳州、蒙城等处现因黄水汇注，田庐禾稼致受损伤。又，甘肃皋兰、陇西、靖远等厅州县，夏禾受旱兼有被雹，暨黄萎不及改种者。【略】至山东省因黄河北岸冲溢，曹县、定陶、城武三处被淹，已赏给麦本银两。【略】湖南武冈、邵阳、黔阳三州县因溪水泛涨，损及民居。【略】癸丑，【略】缓征浙江萧山、诸暨、新昌、嵊县、东阳、义乌、浦江七县本年水灾地亩额赋，并赈恤诸暨县饥民。

《高宗实录》卷一一一六

十月辛酉，蠲免河南仪封、商丘、宁陵、永城、鹿邑、考城六县本年被水田地额赋。【略】壬戌，【略】蠲免直隶霸州、保定、文安、大城、涿州、房山、良乡、固安、永清、东安、香河、宛平、大兴、昌平、顺义、怀柔、密云、平谷、通州、三河、武清、宝坻、蓟州、宁河、迁安、清苑、安肃、定兴、新城、望都、蠡县、雄县、安州、高阳、新安、河间、献县、肃宁、任丘、交河、天津、青县、静海、沧州、津军厅、南和、任县、永年、邯郸、成安、曲周、广平、鸡泽、磁州、延庆、保安、蔚州、怀来、独石口厅、丰润、玉田、易州、武强六十三州县本年被水灾田额赋。蠲免江苏清河、桃源、萧县、砀山、海州、沭阳、大河、徐州八州县卫本年水、旱灾地额赋。蠲免甘肃皋兰、河州、狄道、渭源、金县、靖远、红水县丞、陇西、安定、会宁、岷州、通渭、洮州厅、平凉、静宁、隆德、固原、盐茶厅、环县、张掖、山丹、东乐县丞、武威、永昌、古浪、平番、中卫、西宁、碾伯、秦州、清水、泾州、肃州、安西、玉门三十五厅州县，并灵州属下之马关营，乾隆四十四年水灾地亩额赋。【略】戊辰，【略】又谕：京师于十八日得雪三分，二麦正藉滋培。近畿一带得雪分寸约略相同，而古北口等处于十八九等日两次共得雪六寸，较为优渥。【略】此次雪势东北较大，而西南稍微。【略】寻奏：保定连日微阴，未经成雪，其京东、京北州县业已得雪。报闻。【略】辛未，【略】豁除直隶平谷县水冲沙压地四顷三十六亩有奇额赋。

《高宗实录》卷一一一七

十一月【略】甲申，【略】谕军机大臣等，据李奉翰等奏，现在考城坝工，口门止剩四丈，大河水势蓄高七尺五寸，异常涌激，【略】初三日风雨竟夜，至初四辰刻尚未止息，西坝下首随镶随蛰，至巳刻坝头陡蛰入水，在坝员弁兵夫抢护不住，塌去埽长十四丈。【略】丙戌，【略】缓征安徽泗州、宿州、灵璧、凤阳、五河、寿州、凤台、盱眙、亳州等九州县，并泗州、凤阳、长淮三卫本年水灾地亩额赋。【略】丁亥，【略】谕军机大臣等，据刘墉奏覆，湖南武冈、邵阳、黔阳三州县于本年夏间猝被水灾，业经照例抚恤，旋值秋成，仍获稔收，堪资接济。《高宗实录》卷一一一八

十一月【略】甲午，谕：本年直隶夏秋雨水稍多，武清、房山等四十一州县田禾被淹，业经降旨，截漕三十万石以备赈济之用，【略】著再加恩赏拨通仓米三十万石，部库银三十万两以资应用。【略】庚子，【略】谕：据李奉翰等奏，张家油房工程于本月二十一日挂缆合龙，漫口立见断流，水势全归正河下注，势甚畅达等语。《高宗实录》卷一一一九

十二月【略】丙辰，【略】豁除甘肃平番、碾伯二县水冲地三十三顷有奇额赋。赈恤甘肃皋兰、河州、狄道、金县、靖远、会宁、陇西、安定、漳县、洮州厅、华亭、山丹、武威、平番、西宁、文县、泾州、肃州等十八厅州县本年水灾饥民。《高宗实录》卷一一二〇

## 1781年 辛丑 清高宗乾隆四十六年

正月【略】乙亥，谕：上年直隶地方雨水稍多，低洼地亩田禾被淹，【略】著加恩将霸州、保定、文安、大城、固安、永清、东安、宛平、良乡、涿州、武清、宝坻、宁河、天津、静海、新城、雄县、清苑、安州、新安等二十州县于今春正赈后再加赈一个月。【略】又谕：上年豫省考城、商丘等处因芝麻庄张家油房漫口，黄水漫注，秋禾被淹，【略】著加恩将考城、商丘、商丘、宁陵、永城、仪封等县十分灾之极、次贫民与九分灾之极贫于正赈外概行加赈两个月。【略】丁丑，谕：昨岁甘肃皋兰等一十八厅州县因夏间雨泽愆期，以致田亩被旱成灾，【略】第念皋兰、河州、金县、会宁、安定、武威、平番、泾州、肃州等九州县夏禾被灾较重，【略】著加恩各展赈一个月。【略】又谕：上年江苏淮安、徐州等处因郭家渡黄水漫溢，且雨水稍多，下游处所田禾被淹，【略】著再加恩将睢宁、邳州、宿迁、萧县、桃源、清河六州县及徐州、大河二卫九分十分灾之极、次贫民概行加赈一个月。【略】又谕：上年安徽亳州等处因夏秋雨水稍多，兼之黄淮交涨，下游各州县未免有被淹处所，【略】著再加恩将灾重之泗州、宿州、灵璧、亳州并泗州卫成灾七八九分之极、次贫军民，于正赈后概行加赈一个月。

《高宗实录》卷一一二二

二月【略】丙辰，【略】蠲缓浙江诸暨县乾隆四十五年水灾漕项钱粮，其勘不成灾之萧山、新昌、嵊县、东阳、义乌、浦江六州县漕粮均予缓征。《高宗实录》卷一一二四

二月，【略】是月，【略】湖南巡抚刘墉奏：湖南社仓本息谷共存五十九万一千一百余石，自乾隆二十二年以后未经捐增，上年通省丰收，当令长沙、善化等二十州县循例劝输，随经各属报捐至十六万石，现已另立仓房社长，分别收贮。《高宗实录》卷一一二五

三月【略】乙亥，【略】蠲安徽亳州、泗州、宿州、灵璧、凤阳、五河、寿州、凤台、盱眙等九州县，及凤阳、长淮、泗州等三卫乾隆四十五年水灾额赋有差。【略】丙子，【略】蠲江苏清河、桃源、萧县、邳州、宿迁、睢宁、大河、徐州等八州县卫乾隆四十五年水灾额赋有差。其蠲剩银并勘不成灾之盐城、砀山、海州、沭阳四州县新旧地丁屯项均予缓征。【略】辛巳，【略】又谕：据闵鹗元奏减价平粜一折，

虽据循例具奏,【略】今江苏省上年均属丰收,何以遽议及此。【略】寻奏:苏扬各属现在无庸平粜,惟海州一处因上年歉收,尚需减粜接济。《高宗实录》卷一一二六

三月己丑,蠲甘肃皋兰、静宁、固原、盐茶厅、张掖、古浪、宁夏、宁朔、灵州、中卫、平罗、崇信、碾伯、秦安、礼县等十五厅州县乾隆四十五年水、雹等灾额赋有差,蠲剩银并予缓征。

《高宗实录》卷一一二七

四月【略】辛酉,【略】蠲免直隶霸州、保定、文安、大城、涿州、房山、良乡、固安、永清、东安、香河、宛平、大兴、昌平、顺义、怀柔、密云、平谷、通州、三河、武清、宝坻、蓟州、宁河、清苑、新城、雄县、蠡县、安州、高阳、新安、河间、献县、任丘、交河、天津、青县、静海、沧州、津军厅、南和、任县、永年、邯郸、曲周、鸡泽、磁州、蔚州、丰润、玉田五十厅州县乾隆四十五年水灾民地官地额银十五万六千二百一十七两有奇,粮一千五百二十石有奇,并豁除积欠仓粮一十六万五千七百二十七石有奇。【略】丙寅,【略】蠲免河南仪封、商丘、宁陵、永城、考城五县乾隆四十五年水灾地丁银一万八千九百二十八两有奇。【略】辛未,【略】蠲免安徽寿州、宿州、凤阳、灵璧、凤台、亳州、泗州、盱眙、五河九州县,凤阳、长淮、泗州三卫乾隆四十五年水灾额赋有差。【略】是月,直隶总督袁守侗奏:上年直省被水各属内,武清、天津二县虽尚有未涸村庄,但或系地处上游,或系附近海河消退尚易;文安、霸州、大城、宝坻四州县半月以来,天气晴霁,渐次可涸者又有十之六七;宁河、静海、保定、新安、安州五州县未消积水,自十余村至三四十村不等,现饬上紧设法疏消,随宜播种。

《高宗实录》卷一一二九

闰五月癸卯朔,谕军机大臣,京师于五月二十五日雨势颇大,正值麦收之际,深为廑念。连日以来,幸即晴霁。今据袁守侗奏,五月二十五六等日,省城得雨三寸,并据保定等府州县均报连次得雨,自三四寸至七八寸不等。宣化府全属禀报二十二日得雨透足等语。【略】寻奏:保定省城于二十五六日得雨后,旋即晴霁,二麦业经晒晾干燥,余亦陆续收割登场,现在大田均已播种长发,无需雨泽。天津、永平、承德三府所属续报二十二日后得雨二三寸至五六寸不等。惟大名一属仅据清丰县报雨一寸,然该府于五月望前已经得雨沾足,稍迟尚无妨碍。报闻。

《高宗实录》卷一一三二

闰五月,【略】是月,【略】河东河道总督韩鑅奏:月来阴雨频仍,运河水势加涨,彭口、山河二处挟沙较多,停淤三十丈,当即饬令上紧挑浚。《高宗实录》卷一一三三

六月壬申朔,谕军机大臣,本日热河雨势又甚绵密,现未停止。【略】癸酉,谕军机大臣,前据萨载奏,交闰五月以来,安徽、江苏各府州属高阜山乡田地尚需雨泽接济,正拟设坛祈祷,即于初八九日甘霖大沛,颇极优渥等语。又,据闵鹗元奏,江苏各府州属于闰五月初二三日各得雨泽等语。【略】又谕:甘肃省向来俱以被旱须赈为言,几于年年如此。昨和珅一入甘境,即遇阴雨,今阿桂折内又称二十二日得有密雨四时。可见该省亦并非竟少雨泽,人言俱未足信。著传谕阿桂、李侍尧确切访察向年雨水情形,据实覆奏。【略】庚辰,谕军机大臣,昨初七日夜间,热河又复阴雨,至今尚未停止,且云自东南而起,其势甚浓,恐京师雨水亦大。【略】辛巳,谕军机大臣,连日阴雨绵延,浓云密布,看来雨势颇广,未识保定一带雨水若何?【略】寻奏:臣一面饬查各属,一于防汛途次察看早禾高粱,俱已吐穗畅茂,洼地偶见积水,现已晴霁,即日可期消涸。至永定河水势间有消涨,并无盛涨。【略】癸未,谕军机大臣,本日据留京办事王大臣奏,京师初七日戌刻阴雨起,断续相间至初九日雨意渐停,而云气浓厚,尚未开霁,因派员带领回子,敬谨祈晴等语。是京师雨势与此间相同,昨初十日午后,热河即经开霁,今日已得大晴。未审京师是否同时晴朗。【略】乙酉,谕军机大臣,据留京办事王大臣及顺天府尹奏称,京师雨势于初十日未刻渐已停止,十一日益见晴明,积水随时消落,禾稼并无损碍等语。【略】寻奏:本年入夏以来雨水虽多,与旧岁情形不同,民人房屋坍塌甚

少。报闻。丙戌，谕军机大臣，据韩鑅奏，赴预防汛，经过洼地已多积水，闰五月二十四五六等日，东省又复大雨，汶河续涨水三尺余寸，泗河涨水五尺余寸，府河涨水四尺余寸，现将独山等湖斗门闸坝俱行启放。至东省之济宁、金乡、单县，及河南之虞城、商丘地方洼地间有积水，六月初一日天气晴爽，亦易消退等语。【略】寻山东巡抚国泰奏：查得东昌府临清州各属被水地亩多在滨临运、卫两河洼下之处。【略】河南巡抚富勒浑奏：豫省归德、陈州二府之商丘、夏邑、沈丘、项城等州县近河洼地因夏雨过骤，宣泄不及，田间不无积水，业已饬司委勘，疏消补种。续据开封府属之尉氏、仪封、兰阳，归德府属之睢州、考城，陈州府属之淮宁、西华、商水、太华、扶沟等州县报称本月初旬连降大雨，洼地多有积水。现在督率农民，设法疏消。臣于查工途次察看河堤两岸，田禾繁茂，高粱、小米亦皆秀穗结实。得旨：览奏稍慰。 《高宗实录》卷一一三四

六月戊子，【略】魏家庄堤工漫溢，本日又据萨载续奏，塌宽至一百十六丈，其越堤亦被冲塌。【略】再，陶庄引河自开放以来，每年俱有堤工漫溢之事，朕心实不能无疑。【略】又谕：【略】甘省近日雨水甚多，致逆贼得以接济，固无可如何。【略】至甘省如此多雨，而历来俱谎称被旱，上下一气，冒赈舞弊，若此安得不受天罚。现命提讯勒尔谨、王廷赞，令其据实供吐。阿桂、李侍尧务将此案彻底严查，不可稍存瞻顾也。又谕：本日据阿桂等奏，筹办贼匪情形一节，内月初六日大雨竟夜，势甚滂沛，初七初八连绵不止等语。甘省向年俱奏报雨少被旱，岁需赈恤，今阿桂屡奏称雨势连绵滂沛，且至数日之久，是从前所云常旱之言全系谎捏。【略】庚子，谕军机大臣，据萨载等奏，本月十八九日风暴异常，洪湖浪涌，势若排山，石工多有掣卸，山盱五坝所存仁、礼两坝，业已掣通过水；中河之盐闸亦普漫过水；淮关上下堤顶出水不过一二尺。车逻、昭关二坝亦应开放，即二套及王营减坝并应相机酌放。【略】是月，【略】江苏巡抚闵鹗元奏，臣在睢、宿一带，查察抚恤事宜，途次接崇明县报称，本月十八日飓风狂烈，海潮汹涌，关厢进水三四五尺不等，官民房屋间有坍塌，郊外潮深丈余，田园庐墓亦多漂没。当即饬司先往，加意抚恤。【略】安徽巡抚农起奏：据凤阳、寿州、凤台、怀远、灵璧五州县先后报称，近因雨水稍多，兼之邳睢厅魏家庄堤工漫溢，上游诸河分注境内，以致沿河低洼田亩村庄驿路俱有被淹，一时不能迅速疏消，被淹贫民亟待查明安顿。【略】湖北布政使梁敦书奏：闰五月中旬襄水涨发，沿河堤垸漫溃，臣前往各属周历查看，除沔阳、天门、嘉祥三州县被水较轻，无需抚恤外，惟潜江、荆门、江陵、监利四州县堤垸溃口甚大，田庐多被淹没，目下正交秋令，补种恐已失时。 《高宗实录》卷一一三五

七月【略】壬寅，谕：据闵鹗元奏，南河魏家庄漫口，距睢宁县城三十余里，大溜从城北下注，致该县之陶河等二十七社均被淹没，民房多有倒坍，现在设法安顿，民情宁帖。其邳州、宿迁境内亦被黄流旁及，一体先行抚恤等语。【略】谕军机大臣等，【略】今日召见刚塔，据奏，古北口内怀柔、密云、顺义、昌平一带沿途所见高粱已间有收割者。【略】又谕：前月二十九日，热河密雨半日，本日又复阴雨，现未停止。【略】又谕：据兴兆等奏，六月十九日江水盛涨漫溢，灌入荆州府之护城，所有东西北三门，俱被淹浸，沙市一带至观音寺、泰山庙等处堤垸均有冲塌，现在督同地方官设法防护。【略】甲辰，谕：前日据闵鹗元奏，六月十八、十九日崇明县猝被风潮，民田庐舍间有漂塌，已谕令详悉查勘，加意抚恤。今据萨载奏，太仓州、宝山、镇洋、华亭、上海、金山、昭文、丹徒等县暨海门厅同日俱被风潮，塘工多被冲损，近海滨江之沙洲滩地及房屋户口，亦有塌损淹毙者，现饬逐一确勘。【略】庚戌，【略】山东巡抚国泰奏：六月二十三四等日，连降大雨，兼东北暴风，各河归海之水为潮水顶阻，以致泛溢。菏泽、汶上、邹县、峄县、济宁卫、章丘、邹平、长山、齐东、济阳、德平、临邑、新城、临清卫、惠民、滨州、乐陵、商河、利津、阳信、青城、海丰、沾化、寿光、乐安、高苑、博兴、昌邑、潍县、平度等州县卫俱报被淹。【略】辛亥，【略】谕军机大臣等，热河自初九日以后连遇阴雨，势颇绵密，京师一带想亦相同。【略】寻奏：前月十六至二十八日，天气晴朗，是夜至本月初二日得雨二次，俱

不甚大。现在天已大晴，田禾丰茂，其低田前经大雨者，尚可赶种莜麦，不致失收。报闻。【略】癸丑，【略】谕军机大臣等，据陈辉祖奏，六月十八九日风势狂猛，沿海一带被浪冲损堤工一折，已于折内详悉批示矣。【略】又谕：昨李侍尧奏，据（甘肃）各属禀报夏秋被旱、被雹及黄疸诸处，仍系相沿该省捏报积习，此等劣员将来归于冒赈案内参奏办理一折。所奏甚是。【略】甲寅，谕：本日据伊龄阿奏，长芦所属盐场滨海灶地猝被风潮，【略】折内所称六月二十七日据丰财、芦台两场大使禀报，六月二十日戌刻，该场风雨大作，海潮横涨，滩副全行淹没，沟埂池埝冲打几平，存坨盐斤亦多被冲刷。【略】谕军机大臣等，据梁敦书奏地方雨水情形一节，内称湖北省六月望后，武昌、黄州二府属望泽较殷，现随同督抚设坛祈祷等语。【略】寻奏：江夏已得透雨，并近省之汉阳、武昌、蒲圻、咸宁、汉川、黄陂、黄冈、黄安、蕲水、蕲州、广济、钟祥、天门、荆门、京山、安陆、应城、应山、云梦、江陵、公安、襄阳、宜城等州县俱报得雨，已饬道府确查。【略】乙卯，【略】山东巡抚国泰奏：臣在济宁途次，据禀河南仪封县河堤漫溢，查该处毗连东省，水势下注，直入曹县一带，民田庐舍恐有淹浸，臣即前往确勘。

《高宗实录》卷一一三六

七月丙辰，【略】又谕：据韩鑅奏，仪封北岸曲家楼分溜情形一节，内称据河北道朱岐禀报，初五日夜间仪封汛十堡以东大堤漫溢二十余丈，是夜风大，水乘风势，自五堡至九堡又间段漫溢三处，当即亲赴该工查勘，其过水口门共计四处，宽三四十丈及七十余丈，深一丈余尺。十堡口门溜势较紧，分溜约有四分等语。【略】山西巡抚雅德奏：本月初三日子时，永济县黄水漫衍，淹及城身，辰刻方退。城北沿河五十余村房屋倒塌，人口淹损。【略】戊午，【略】又谕：据图明阿奏，六月十八九日秋潮涨发，所属场灶有被灾略重处所，滨海灶丁房舍亦有倾圮之处。【略】丁卯，江西巡抚郝硕奏：南昌迤北一带雨少，直至七月十四五等日，始获甘霖，农民中专藉晚田者，已插之禾俱已受伤，趁此补种杂粮，重施力作，工本维艰，现饬酌借仓谷，以资耕种。【略】戊辰，谕军机大臣等，据韩鑅等奏，黄河北岸水势全注青龙冈，滩面又塌宽七十余丈，水深一丈四五尺，现在盘头里护，而孔家庄等三处沟槽俱已挂口断流一折，是孔家庄漫口，已移改于青龙冈。【略】己巳，【略】谕军机大臣等，据国泰奏，于曹县查勘黄河，正身已无溜势，黄水已入南阳湖，与昭阳、微山等湖连为一片，以致湖内清水壅涨，湖高于河。【略】庚午，谕：据毕沅奏，同州府属朝邑县地方黄河骤涨，冲入县城，濒河村庄多被淹浸，现将各户灾民先行抚恤一月口粮等语。此次朝邑遇河水夜涨，被灾较重，贫民生计未免拮据。

《高宗实录》卷一一三七

八月辛未朔，【略】豁免浙江仁和、钱塘二县乾隆四十五年被潮冲塌民田并捐置义冢地一百二十七顷二十二亩有奇额赋。【略】戊寅，【略】江宁布政使刘墉奏，六月十八九日潮灾，淹及海门、通州二属，臣亲往确勘，禾稻伤损，房屋坍塌，虽水涸甚速，业已成灾。【略】乙酉，【略】赈恤湖北潜江、江陵、监利、荆门等四州县本年水灾饥民，并予缓征。

《高宗实录》卷一一三八

九月【略】戊午，【略】又谕曰：萨载奏，江苏沛县地方于九月初四日风暴大作，冲激护城堤，漫水进城。知县陈麟入城查收印信及钱粮卷籍等项，被水淹毙等语。【略】丁卯，谕：据国泰奏，山东金乡县地方于九月初五六等日，大风荡激，漫水入堤，浸至城根，居民移入城内，现将各城门外圈筑小月堤，以资防护等语。【略】又谕：【略】此次国泰所奏，九月初五、初六及初八九连日大风，水因风势鼓荡，以致溢入金乡城堤。【略】己巳，谕曰：李侍尧奏甘省雨水禾苗情形一折，据称夏秋以来连得雨泽，各府州县屡次禀报入土深透，田禾成熟，秋收可期丰稔等语。甘省历年以来，地方官以冒赈之故，每以旱祲入告，朕未知其弊，实为忧之。今据李侍尧奏报，夏秋以来，澍泽频沾，并无被旱之区，可见该省虽称地瘠民贫，并非雨露所不到。从前屡以旱灾为言者，总以监粮可以冒赈，该地方官竟视报灾为常例，藉词虚捏，以便侵渔。即有实在被灾年分，亦因劣员等从中取利，朘民肥橐，百姓鲜受实惠，以致积成戾气，雨泽愆期。今经彻底查办之后，夙弊风清，民情预顺，其感召天和，雨旸时若，未必不由于此。然此不可视为恒利，以后若果有遇旱岁歉，该督即当据实奏报，朕仍加恩赈恤。【略】是月，【略】贵州巡抚李本奏：黔省常平仓米共额贮一百万石，【略】今岁秋收较往年倍丰，臣饬藩司等将复额谷二十四万余石卖补，以实仓储。得旨：嘉奖。《高宗实录》卷一一四一

十月【略】丙子，【略】豁除甘肃平罗县乾隆四十五年分被水冲坍民田九十八顷七十亩有奇额赋。丁丑，谕军机大臣等，本年各直省被有偏灾地方，如直隶夏秋雨水稍多，天津、静海等州县地势低洼，田亩被淹；江苏之邳州、睢宁等州县因魏家庄河漫溢，田禾被灾；苏、松、太仓属之崇明等县，及镇江、通州等属猝遇风潮，田庐禾稼致受损伤；徐州丰、沛等县湖水涨发，风暴冲激，城堤亦俱被水，安徽之凤阳、泗州等属亦被淹没；豫省因焦桥、曲家楼、南北两岸漫口，仪封、考城等处及漫水经由之祥符等县，均有被水之处，其下游之山东曹县、金乡等州县，黄水漫注，亦被水灾；又湖北之潜江等县，田垸被水浸溃；陕西之朝邑县河水夜涨，村庄多被淹浸；甘肃之陇西、宁夏等县黄水涨溢，并金县、靖远等县旱雹黄疸，收成亦皆歉薄。俱屡经降旨，令该督抚等统率所属，切实查勘，分别赈恤。【略】赈恤山东邹平、新城、齐东、惠民、青城、阳信、海丰、商河、滨州、利津、沾化、蒲台、汶上、滕县、峄县、菏泽、单县、城武、曹县、定陶、濮州、范县、高苑、博兴、乐安、寿光、济宁、金乡、鱼台等二十九州县，并济宁、东昌、临清三卫，永阜、官台、王家冈三场本年被水灾民灶户。

《高宗实录》卷一一四二

十月【略】丙戌，【略】谕军机大臣等，据鄂宝奏，仪工漫口下注东境，以致南阳夏镇一带纤道淹漫，韩庄八闸虽间有纤路，而金门溜急，粮船倒放，须由月河行走，台庄以南至邳州一带亦无纤路等语。粮艘如此，即往来船只羁阻可知。【略】抚恤直隶沧州、盐山、庆云、青县四州县，严镇、兴国、富国、丰财四场本年被水灾民灶户。【略】丁亥，【略】加赈直隶天津、静海二县本年被水灾民。戊子，【略】赈恤河南祥符、陈留、杞县、仪封、荥泽、考城、淮宁、西华、商水、项城、沈丘、太康、扶沟等十三县本年被水灾民，并予缓征。【略】庚寅，【略】赈恤湖北江夏、武昌、汉川、黄陂、孝感、云梦、应城、应山、钟祥、潜江、天门、荆门、江陵、监利、沔阳，并荆州、荆左等十七州县卫本年水旱灾民，并予缓征。【略】癸巳，【略】赈恤安徽灵璧、宿州、泗州、凤阳、五河、寿州、凤台、怀远、盱眙、怀宁、太湖、宿松、望江、东流、定远、天长、滁州、全椒、来安，并泗州、凤阳、长淮、安庆、滁州等卫二十四州县卫本年水旱灾民，并分别蠲缓额赋有差。《高宗实录》卷一一四三

十一月【略】乙巳，【略】谕：本年江苏徐州府属沛县、睢宁、丰县、铜山、邳州、宿迁等州县被灾较重，已屡经降旨，准拨藩库、粮道库银五十万两；现又据萨载奏，准其于两淮盐库应解部银内，再行动拨银五十万两，以资赈恤；第念该处米谷恐尚不敷赈粜，著再加恩于淮徐各属本年应行起运漕粮内截留五万石，以备赈济平粜之用。该督等务须督饬所属，查明灾地情形，分别赈粜，实力妥办，俾小民口食有资，毋使一夫失所，以副朕轸念灾黎至意，该部遵谕速行。【略】丙午，【略】豁除甘肃靖远县乾隆四十五年分被水冲坍民田八十五顷十亩有奇额赋。【略】壬子，【略】谕：本年山东章丘、长山、济阳、临邑、德平、乐陵、昌邑、潍县、嘉祥、德州十县卫有曾经被水旋即消退之处；又邹县、寿张、巨野、郓城、濮州、范县、东昌七州县卫秋禾已收，续被黄水淹浸麦地，虽均勘不成灾，但被水贫民生计未免拮据，著加恩将本年应征粮银缓至明岁收后输纳。《高宗实录》卷一一四四

十一月【略】丁巳，【略】赈恤两淮庙湾、余西、余东三场本年被潮灶户，并予缓征。

《高宗实录》卷一一四五

十二月【略】庚午，【略】谕军机大臣等，据阿桂等奏，二十七日（青龙冈）合龙后，至亥刻东坝头及金门一带陡蛰，塌宽五十余丈，大溜全掣，仍从漫口下注等语。阅之深为骇异，然此亦无可如何之事。【略】近年诸臣中，经理河务较有把握者，舍阿桂岂复有人。即如嵇璜早有令河流仍归山东故道之奏，此语岂复可行。无论黄河南徙，自北宋以来，至今已数百年，即以现在情形而论，其向北

泛溢之水，由赵王河归大清河入海者，只有二分，其余由昭阳、南阳等湖南下者仍有八分，甚至江南沛县城垣被冲，则南下之水势较北更大。此时岂能力挽全河之势，使之尽由北流，且于山东、直隶运道往来，甚有关碍，岂容妄议更张。为今之计，惟有就事论事，救弊补偏，此外别无办法。【略】丁丑，【略】豁除湖北江夏县乾隆四十五年分被水冲坍民田五十七顷十九亩有奇额赋。

《高宗实录》卷一一四六

十二月【略】戊子，大学士等议覆，嵇璜奏请使黄河仍复山东故道，其事难行。惟青龙冈此次漫口合而复开，实因引河形势窄狭，宣泄不畅所致。《高宗实录》卷一一四七

## 1782年 壬寅 清高宗乾隆四十七年

正月【略】己亥，谕：上年安徽凤阳、泗州等属因淮、睢各河同时泛涨，低田被淹，【略】著再加恩将凤阳、五河、宿州、灵璧、泗州等州县，被灾七八九分极、次贫民概行加赈一个月，其凤阳、长淮、泗州三卫【略】一体加赈。【略】又谕：上年豫省因焦桥、曲家楼、南北两岸漫口，仪封、考城等处及漫水经由之祥符等县，均有被灾之处，【略】著再加恩将陈留、仪封、考城三县十分灾之极贫加赈两个月。【略】至祥符、杞县、荥泽三县及陈州府属之淮宁、西华等县并著该抚察看情形，酌量借粜。【略】又谕：上年山东曹县、金乡等县因豫省漫口，黄水泛注，俱被水灾，【略】著再加恩将菏泽、曹县、单县、定陶、城武、金乡、鱼台等县，暨坐落金乡、鱼台境内之临清卫，成灾八分以上贫民概行加赈一个月。【略】又谕：上年江苏邳州、睢宁等州县，因魏家庄河水漫溢，田禾被灾，苏松太仓属之崇明，及镇江通州等属猝遇风潮，禾稼受伤；徐州丰、沛等县潮水涨发，风暴冲激城堤，亦俱被水。【略】并因崇明县被灾较重，特降谕旨，截留漕粮十万石，复加恩蠲免该县额征地丁钱粮。又，徐州府属被灾较重，【略】著再加恩将睢宁、沛县、崇明三县十分灾之极、次贫民概行加赈两个月；其该三县九分灾贫民，同邳州、宿迁、铜山、丰县、桃源、清河、海门、通州、海州、沭阳各九分十分灾贫民，俱无分极、次加赈一个月。【略】庚子，【略】又谕：上年直隶各属雨水调匀，秋收尚属中稔，惟天津、静海等县低洼田亩，间有积水，【略】著再加恩将天津、静海二县被灾七八分极、次贫民并六分灾之极贫加赈一个月，其天津、静海二县被灾六分次贫与五分灾之极贫，以及东明、长垣、青县、沧州、盐山、庆云等六州县五分灾之极贫概行给赈一个月。【略】癸卯，【略】又谕：上年湖北潜江等县卫，因襄水泛涨，沿河田垸被水浸溃，【略】著再加恩将被灾八分以上之潜江、江陵、监利、荆门等州县，及屯坐该州县之荆州、荆右二卫极、次贫军民加赈一个月，以资接济。其续被秋水之钟祥、京山二县，被旱之云梦、应城二县，及屯田坐落之各卫所军田，并成灾五分江夏、武昌、汉川、黄陂、孝感等县，及勘不成灾之天门、沔阳、安陆、应山、广济、黄冈、石道等州县，并京山县之东西北三乡民屯田地，该督抚等酌看情形，再请分别赏借籽种。【略】又谕：上年甘肃宁朔、平罗等县因河水泛溢，秋禾被灾，【略】著再加恩将被灾较重之宁朔、平罗二县贫民展赈一个月，其陇西、宁夏二县被灾较轻，仍著该督饬令地方官留心体察。

《高宗实录》卷一一四八

正月【略】乙丑，【略】赈恤盛京官庄、凤凰城驿、雪里站、通远堡、巨流河、白旗堡、二道境、小黑山等驿乾隆四十六年分被水庄丁、驿丁，并蠲缓额征地租。《高宗实录》卷一一四九

三月【略】甲辰，豁浙江仁和场坍没上则税课荡地七百九十四亩有奇额赋。【略】己酉，谕军机大臣等，据郑大进奏，直隶大名、广平、顺德、天津、河间等属均于本月初五六日各得雨四五寸等语。看来前日雨势自南而北。【略】辛亥，【略】又谕：据盛住奏，【略】上年六月偶被风潮，将（钱塘江）鱼鳞石工之外及老盐仓一带柴塘三千一百余丈盘头间段泼卸，当即赶备柴薪，逐段修筑等语。海塘



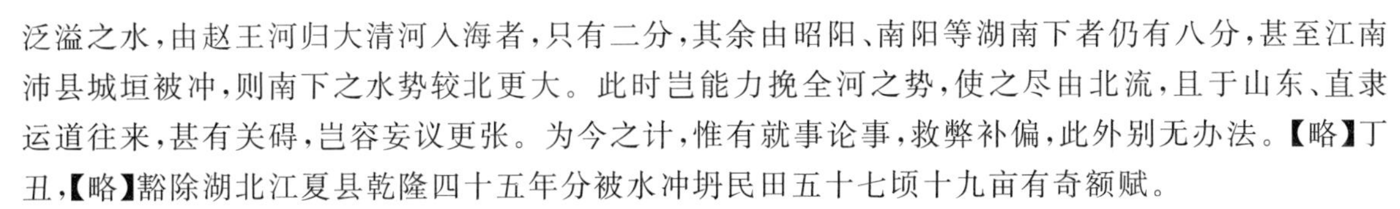

一律改建石工，朕于前岁南巡时亲临周阅指示，以期为一劳永逸之计。

《高宗实录》卷一一五二

三月癸丑，【略】豁陕西长安县原垦提标后营马厂地水冲坍地二顷二十六亩有奇额租。【略】戊午，【略】蠲江苏常熟、昭文、江阴、靖江、太仓、镇洋、宝山、崇明、清河、桃源、安东、铜山、丰县、沛县、邳州、宿迁、睢宁、海州、沭阳、通州、如皋、泰兴、海门、苏州、太仓、镇海、大河、徐州等三十八州县卫厅乾四十六年被水灾民额赋，并缓华亭、上海、南汇、武进、丹徒、丹阳、六合、阜宁、盐城、高邮、萧县、砀山等十二州县应征额赋。己未，【略】山东巡抚国泰奏，东省于三月十八九日得雨二寸。【略】寻奏：二十、二十一及二十七八等日续得雨一二寸至三四寸不等，各属均沾，可期深透。【略】癸亥，谕军机大臣等，前据农起奏报太原等九府、平定等十州等处于三月初五六等日得雨三四寸至六七寸不止，土膏含润，麦苗长发等语。兹召见德成，询问沿途雨水情形，据称三月十六日行至山西寿阳、平定等处，略觉望雨。计德成经过山西时，距农起奏报后已隔十日，或系彼时该处又觉缺雨，朕心深为廑念。【略】寻奏：寿阳、平定等处三月初旬虽经得雨，尚未深透。嗣于十八九并二十六七等日先后得雨三四寸至七八寸不等。足资耕种。【略】蠲直隶天津、青县、静海、沧州、盐山、庆云、津军厅、东明、长垣等九州县厅乾隆四十六年被水灾民额赋。【略】甲子，【略】豁直隶万全、蔚州、保安、怀来四州县坍没地一百九十六项有奇额赋。乙丑，【略】河南巡抚富勒浑奏：河南省入春后连得雨泽，惟开封、归德、陈州、许州四处稍稀。嗣于二十七日，仪封、祥符、兰阳、考城同时得雨二寸、三四寸不等，足资耕种。【略】蠲缓长芦沧州、盐山、庆云、青县四州县，严镇、兴国、富国、丰财、芦台五场乾隆四十六年分水灾灶地额赋。

《高宗实录》卷一一五三

四月【略】戊辰，【略】谕军机大臣等，前据郑大进奏报直省雨水情形，据称保定于三月十八九等日得雨三寸。【略】本日，据郑大进奏到，正定地方于三月二十七日自寅至酉得雨四寸等语。【略】寻奏：查广平、大名、顺德、河间、冀州等属均于三月二十七日得雨二三寸至四五寸不等，麦苗畅茂，大田现在播种。会城自三月十七至二十日得雨二次，共有五寸，麦苗亦多青秀。得旨：京畿一带即二三寸亦未沾，殊增惭焦耳。【略】乙亥，【略】谕：京师春膏未布，农田待泽正殷，朕心深为廑念。宜虔申祈祷。【略】戊寅，豁免山东寿光、乐安、利津、沾化、滨州等五州县水淹灶地一千一百十五顷六十三亩有奇额赋。【略】辛巳，【略】蠲免奉天凤凰城、岫岩、辽阳、盖州、复州、广宁、牛庄等七城乾隆四十六年水灾额赋，分别赈恤有差。

《高宗实录》卷一一五四

四月【略】甲申，【略】蠲免山西永济县铁牛等五十六村庄乾隆四十六年水灾额赋，其男妇淹毙者给殓费银，无力补种者借给籽种银。【略】戊子，谕军机大臣，曰：李侍尧奏，甘省各属于三月下旬及四月上旬连次得雨，自省城以致远近各属无不均沾等语。览奏甚为欣慰。【略】上年该省即得雨沾足，秋成丰稔，今岁正当禾苗长发之时，仍复普沾甘澍，农民得及时播种，可卜丰收。【略】是月，直隶总督郑大进奏：臣阅兵至通州一路，询知十一、十二等日迭次得雨，连日阴云四合，雨意甚浓，远近自必普沾。得旨：京师亦得三四寸雨泽，虽非十分沾透，却已接潮，朕忧略慰，然尚盼优渥天恩。

《高宗实录》卷一一五五

五月【略】己亥，【略】谕：豫省青龙冈堵筑漫口，合龙尚须时日，其下游一带居民经黄水淹浸，力食维艰。【略】著再加恩将山东曹州、兖州、济宁等府州及江南徐州丰、沛等县被灾各属，无论极、次贫民俱著展赈三个月。【略】辛丑，蠲免河南祥符、陈留、杞县、仪封、荥泽、考城等六县乾隆四十六年水灾额赋。【略】丙午，直隶总督郑大进奏：热河口外崇山峻岭，地多猛兽，不得不藉鸟枪防御，自未便照内地之例，概行查禁。【略】己酉，【略】谕军机大臣等，据明兴【略】奏，臣现在遵旨开赈，一面将涸出处所酌借籽种，俾灾民得资赶插。再，东昌、兖州等属已于本月十一日得有透雨，可望秋成。【略】庚戌，蠲免安徽怀宁、太湖、宿松、望江、东流、寿州、宿州、凤阳、凤台、泗州、怀远、灵璧、盱眙、天长、五河、滁州、全椒、来安等十八州县，并安庆、凤阳、泗州、滁州、长淮等五卫乾隆四十六年水灾额赋。

《高宗实录》卷一一五六

五月【略】丁巳，谕：本年直隶承德府各属雨泽未溥，粮价稍昂，现在平粜存仓余米二千石，以资接济。【略】癸亥，谕：本年(热河)雨泽稀少，粮价稍昂，所有河屯协属兵一千一百九十九名，著加恩每名赏借米一石。于明岁照例分作四季坐扣。【略】是月，直隶总督郑大进奏，保定省城五月二十五日甘霖大沛，得雨八寸。又，据霸州、保定、东安，及永平、正定、河间、大名、易州、深州各属禀报，自十八、十九等日至二十四日止，连次得雨自二三寸至四五寸不等，大田均已沾遍。得旨：览奏略慰，此间虽有雨，尚未深透也。

《高宗实录》卷一一五七

六月丙寅朔，缓征山东官台、王家冈、永阜三场乾隆四十六年水灾额赋。豁除浙江仁和场、仁和仓、三围坍没上则税荡二百五亩有奇额赋。【略】己巳，豁除陕西咸宁县水冲碾房额库银。【略】辛未，谕：据常青等奏，今年春季以来亢旱，青草歉生，察哈尔之八旗官兵牲畜伤损甚多等语。【略】戊寅，谕曰：陈辉祖等奏，福建台湾地方于四月二十二日猝被飓风，海潮骤涨，致衙署、仓廒、营房、民居多有倒塌，田禾人口亦有淹浸各等语。【略】又谕：据韩鑅、富勒浑奏，豫工筑堤挑河，(从青龙冈挑挖引河一百二十余里)需用人夫甚多。【略】去年直隶省南各属，尚属丰收，小民似不藉力作糊口，若官为雇备，驱令赴工，恐愚民非所乐从。

《高宗实录》卷一一五八

六月【略】戊子，【略】豁除直隶密云县水冲沙压民地十五顷七十五亩有奇额赋。【略】庚寅，谕：据富纲等奏探明缅酋更换情形一折。【略】我天朝兴师致讨，【略】彼时因缅地瘴疠，我兵疾疫频仍，不能久驻。又值该酋等畏罪哀恳，朕体上天好生之德，许其罢兵。

《高宗实录》卷一一五九

七月【略】癸卯，【略】又谕曰：农起奏查阅盐池情形一折，内称本年入夏以来晴雨调匀，新盐丰旺，现在堆贮新盐已敷一年之用，此后尚有数月之期，可冀加倍丰收。

《高宗实录》卷一一六〇

七月【略】戊午，谕曰：明兴奏，兖州、曹州二府及济宁州所属各州县卫于六月中旬以后，连值大雨，黄流未断，湖河涨溢，已涸地亩复被淹浸，秋禾多有损伤。现饬藩司派员前往查勘等语。【略】己未，【略】谕军机大臣等，本日阿桂奏沿途晴雨情形一折，内称直隶正定以南至豫省大河以北，晴霁稍久，若再得雨泽接济，更为有裨等语。【略】又，阿桂折内称，十五、十六两日在河南境内阴雨两昼夜，势极绵密等语。【略】(郑大进)寻奏：直隶五六月间雨泽沾足，惟七月以来晴霁稍久，近据附近豫省之大名府禀报，于七月十五、十六等日得雨，其余各府州县均于七月初一、初四及初九、初十等日各得雨，而十五、十六两日则否。得旨：热河觉望雨，今已大沛矣。畿南今亦被膏泽否。庚申，【略】蠲免山东邹县乾隆四十六年分水灾额赋。【略】壬戌，谕军机大臣等，本日胡季堂等奏到，京城七月份粮价清单，比较上月大略相仿，但近来晴霁日久，京师是否略觉望雨，于农田有无妨碍，朕心深为廑念。【略】寻留京王大臣奏：七月二十七日京城得雨，势甚绵密，城外约入土五寸，秋禾实有裨益。得旨：此间雨更沾足。顺天府府尹奏：京城及通州各属俱经得雨，早禾成熟，晚禾并未伤旱。报闻。【略】癸亥，【略】豁免甘肃陇西、宁夏、宁朔、平罗等四县乾隆四十六年分水灾额赋。

《高宗实录》卷一一六一

八月【略】壬午，谕：据萨载奏，徐州府属之沛县、丰县、铜山、邳州、睢宁、宿迁，并淮安府属之桃源县暨海州，并所属之沭阳等州县，因豫省上年漫水下注被淹，骤难消涸，今岁不免成灾。其中被淹最重之沛县、丰县、铜山、邳州四处，遵旨展赈，现在察看轻重情形，核实办理等语。【略】又谕：据明兴奏，山东滕、峄二县因八月初三、初六等日风雨大作，沿河滨湖地亩猝被漫淹；又，鱼台县亦于八月初三日夜溢水入城，贫民避水不及者，致有漂流淹毙。现在清查，酌量抚恤等语。【略】又谕：据富勒浑奏，汝宁等府属逼近汝河，水势陡涨，一时宣泄不及，间被淹浸等语。【略】癸未，【略】谕军机大臣等，据李侍尧奏，甘省入夏以来雨泽频沾，田禾畅茂，六月中旬以后二麦先后成熟登场，近复屡获甘霖，旋即晴霁，不但夏田得以及时收割晒晾，兼之各色秋禾得雨滋培，益见畅遂。据各属呈报，夏禾收成共有八分有余等语。【略】甘省自清厘积弊之后，年来雨旸时若，收成丰稔，可见从前每岁报灾，悉属虚捏[①]。【略】丙戌，【略】谕：据明兴奏，利津、昌邑等县，王家冈、官台、永阜、永利、富国等各场坨猝被海潮，田禾房屋多有淹损，各场盐包亦被冲消等语。【略】戊子，【略】蠲免安徽东流、凤阳、盱眙、滁州、全椒等五州县学田乾隆四十六年分水、旱灾额赋。【略】癸巳，【略】谕：据明兴奏，查勘兖州、曹州二府及济宁州各所属州县卫续报被水地亩，先行抚恤一月口粮。

《高宗实录》卷一一六三

九月【略】辛丑，【略】又谕：昨据何裕城奏，江西赣州等卫帮船行至新挑河一带，被风沉溺一折内称，八月初四、初六、十一等日，风狂雨大，波浪汹涌，船只被风掣断锚缆，或刮折大桅，打至湖心，撞碎漂没[②]等语。【略】丁未，【略】谕军机大臣等，本日郑大进奏到，【略】今岁直隶秋收分数，前据该督奏报，通省统计八分有余，何至近时粮价较前月递增，是否因入秋以后七八月间雨泽稍觉稀少，直隶各属不无缺雨之处，以致米价昂贵。寻奏：收获甫竣，新谷尚未集市，是以粮价较七月稍增。至大名、广平等府曾于九月初得雨数寸，惟保定、河间等府现在望雨。报闻。

《高宗实录》卷一一六四

九月【略】辛亥，【略】豁除直隶密云县乾隆四十五年分水冲沙压地三十顷三十九亩有奇额赋。【略】甲寅，【略】蠲免盛京开原城旗地本年雹灾额赋，并借给口粮。【略】丙辰，【略】缓征山东邹县、滕县、峄县、菏泽、单县、城武、定陶、济宁、金乡、鱼台、巨野、嘉祥、曹县，并济宁、临清等十五州县卫本年水灾额赋，并赈贷饥民。丁巳，【略】谕军机大臣等，本日据农起奏地方雨水情形一折，内称省城于八月十六七日得雨五寸，曾附折奏明，嗣据太原、平阳、潞安等府州属先后禀报一律得雨，自四五寸至七八寸，甚为优渥等语。自八月中旬至今已及一月，而农起所奏得雨仍系前月之事。闻该省于九月缺少雨泽。【略】寻奏：九月中，通省业已得雨，二麦播种，亦俱齐全长发。【略】戊午，【略】又谕：据陈辉祖奏，七月十三四至八月初二三等日，近山沿海地方风雨骤至，浙省之玉环、宁海、乐清，闽省之连江、罗源、霞浦等处微有被淹等语。【略】辛酉，【略】蠲免奉天承德、海城、盖平、广宁等四县并岫岩通判乾隆四十六年分水灾应征地丁钱粮。【略】是月，【略】陕西巡抚毕沅奏：延、榆、绥三属七月中被旱，八月中被霜，秋成难免歉薄。现饬该道府查勘妥办。【略】广西巡抚朱椿奏：【略】惟粤西各属境内猺獞人等类多山居，时有虎狼出没，必需鸟枪防御，应请勿庸收缴。报闻。

《高宗实录》卷一一六五

十月【略】庚午，【略】谕：据萨载等奏，徐州、海州、淮安所属本年被灾较重，请于江属成熟州县截留漕粮八万石等语。【略】乙亥，【略】豁免浙江仁和、乌程、瑞安等三县水冲沙压田地二百十四顷有奇额赋。【略】丁丑，【略】赈河南汝阳、上蔡、正阳、新蔡、西平、遂平、确山、淮宁、商水、项城、沈丘、西华、扶沟、临颍、襄城、郾城等十六县水灾贫民，并蠲缓新旧钱粮仓谷有差。

《高宗实录》卷一一六六

十月【略】庚辰，谕：据毕沅奏，延安、榆林、绥德州三府州属之肤施等一十九州县，秋禾受旱、被霜，收成歉薄等语。该处地近边隅，秋收歉薄，征输未免竭蹶，著加恩将肤施等十九州县应征银粮草束，并新旧借欠常平社仓粮石俱缓至四十八年秋后征收，以纾民力。【略】甲申，【略】赈安徽寿

① “从前每岁报灾，悉属虚捏”。甘肃历年以旱灾上报，乾隆四十六年（1781年）六月彻查冒赈大案，全省涉案赃银两万两以上者有28名官员，以王亶望为首犯。乾隆念众犯平回守城有功，除处死一二外，余皆送黑龙江充役。

② 此处所述共坏漕船一十六只，其中十二艘夜泊独山湖地方，漂失漕米一万三千三百三十余石，淹毙舵水人等男妇大小二十三名口。

州、凤台、怀远、凤阳、灵璧、宿州、五河、泗州、盱眙、阜阳、颍上、霍邱、太和,并凤阳、长淮、泗州等十六州县卫水、旱灾民,并蠲缓新旧钱粮漕米有差。【略】丙戌,【略】赈江苏铜山、丰县、沛县、邳州、宿迁、睢宁、清河、桃源、安东、海州、沭阳、山阳、阜宁、盐城、高邮、泰州、东台、兴化、宝应,并徐州、淮安、大河等二十二州县卫水、旱灾民,并蠲缓新旧漕粮银米有差。【略】是月,【略】署云南巡抚刘秉恬奏:澂江府有抚仙湖,介在河阳、江州、宁州之间,上年秋雨多水泛,滨河田亩被淹。

《高宗实录》卷一一六七

十一月【略】戊戌,谕曰:明兴来京陛见,面询以该省办灾事宜,据称济宁、曹州等府所属各州县中,其被水淹浸之乡、所有村庄,查明分数,即遵照恩旨,不拘月分,给予常川赈恤。至未经被水各乡,所有庄户收成原属丰稔,是以仍照例征收地丁银粮等语。【略】甲辰,谕军机大臣等,本年雨雪应时,京师及近畿各州县业经得雪二次,即河南、山东、山西诸省俱先后奏报得雪。本日,农起又奏称,本月初四日省城复得雪五寸,其势甚为宽广等语。　《高宗实录》卷一一六八

十一月【略】癸丑,【略】又谕:前因陕省并未奏报得雪,曾经降旨询问毕沅,兹据奏称十一月初三四两日,省城及西安、同州、凤翔等府属均得有瑞雪四五六寸不等;又,初十、十一等日省城及附近各属续降祥霙,积地盈尺有余等语。　《高宗实录》卷一一六九

十二月,【略】是月,【略】陕西巡抚毕沅奏,西安修理城工各项匠人众多,聚集省会,食指浩繁,【略】查陕省西、凤、凤、乾等属岁庆屡丰,时价甚为平减,臣酌拟于应发城工银两内酌量动支,在附近市集购买麦二三万石,运贮省城。　《高宗实录》卷一一七一

## 1783年 癸卯 清高宗乾隆四十八年

正月【略】甲午,谕:上年江苏淮安、徐州等处因漫水未消,田禾淹浸,【略】著再加恩将邳州、铜山、丰县三州县不入常赈之本年猝淹地亩,以及宿迁、海州二州县凡九十分灾不分极、次贫民概行加赈两个月;次重之桃源、睢宁、沭阳九十分灾贫民不分极、次概行加赈一个月。【略】又谕:上年山东兖州、曹州二府属暨济宁州所属因漫水经行,连年淹浸,不能耕作,【略】著再加恩将兖州、曹州二府暨济宁所属各州县卫被灾七八分者无论极、次贫民概行加赈一个月,【略】并上年新淹之巨野、嘉祥,与猝被风潮之利津、寿光、乐安、昌邑、潍县、沾化等各县场,并著该抚察看情形。【略】又谕:上年豫省黄河北岸因漫口未经堵合,被淹地亩不能耕作,【略】著再加恩将仪封、考城、陈留三县北岸无论极、次贫民再行加赈两个月。【略】丙申,【略】谕:上年安徽凤阳、颍州二府,并泗州等属州县因淮水泛涨,田亩被淹,【略】著再加恩将寿州、凤台、凤阳、怀远、灵璧、泗州、盱眙、五河、颍上等九州县被灾八九分贫民无论极、次,于正赈后概行加赈一个月。【略】乙巳,【略】山东巡抚明兴奏:遵旨查禁民间鸟枪,惟登州府属宁海州地处深山,多藏猛兽,该州向分八乡,各择壮男一人,官给编号鸟枪一杆,梭巡驱逐,应请照猎户例,酌留以资捍卫。报闻。　《高宗实录》卷一一七二

正月,【略】是月,江苏巡抚闵鹗元奏:据升任布政使伊星阿、署粮道胡世铨详称,华亭、娄县、奉贤、金山、青浦、上海、南汇七县,及太仓州并所属镇洋县额征漕粮,因上年收成时阴雨过多,米色欠洁,委验属实,应请照乾隆六年例,准其抵通,另仓收贮,先行搭放兵饷。得旨:览。

《高宗实录》卷一一七三

二月【略】甲子,【略】山东巡抚明兴奏:东省上年秋收虽九分有余,但有被水、被潮成灾之处,春月粮价未能甚平,应筹减粜。请将市价每谷一石银九钱至一两者,减五分。【略】庚午,【略】缓征山东邹县、滕县、峄县、菏泽、曹县、定陶、巨野、单县、城武、济宁、鱼台、金乡、嘉祥等十三州县乾隆四十七年分续被水灾漕粮。　《高宗实录》卷一一七四

二月丁丑,【略】江苏巡抚闵鹗元奏:上年歉收各属粮价较昂,应分别减粜,请将每石米价一两七钱者减一钱。【略】庚辰,【略】加赈山东邹县、滕县、峄县、菏泽、单县、城武、曹县、定陶、巨野、济宁、金乡、鱼台、嘉祥十三州县,济宁、临清二卫乾隆四十七年分水灾饥民。赈恤两淮海州属板浦、中正、临兴三场乾隆四十七年分水灾贫民,并缓征灶欠银两。【略】壬午,【略】陕西巡抚毕沅奏:延安、榆林、绥德三府州所属上年歉收,已将应征银粮缓带。【略】赈贷河南汝阳、上蔡、正阳、新蔡、西平、确山、遂平、淮宁、商水、项城、沈丘、西华、扶沟、临颍、襄城、郾城等十六县乾隆四十七年分水灾饥民,并缓征未成灾地亩银谷。　　　　《高宗实录》卷一一七五

三月壬辰朔,【略】江苏巡抚闵鹗元奏:桃源、宿迁等属被水淹漫之区现在涸出,业经种麦十之四五,余俟赶种秋禾。至铜、沛、丰、邳四州县受水最重,间有涸出,将来开放新河,即日就干涸。【略】壬寅,【略】缓征安徽寿州、凤台、怀远、凤阳、灵璧、宿州、盱眙、五河、颍上、霍邱、天长等十一州县,凤阳、长淮、泗州等三卫乾隆四十七年分水旱灾漕项粮米。　　　　《高宗实录》卷一一七六

三月【略】戊申,【略】谕:据大学士公阿桂等奏报,自本月初一日开放新河后,奔腾掣溜,全黄已复故道,直达归海,十三日辰刻挂缆堵合,十四日辰刻金门一带俱已断流,从此黄流顺轨,永庆安澜等语。此曲家楼漫口,【略】经理筹办几阅两载。【略】于兰阳十二堡至商丘七堡,共一百七十余里,另筑新堤,疏挑引渠。【略】又谕曰:江南徐州府属之沛县,连年因豫省黄水下注,被淹最重。【略】己酉,【略】谕军机大臣等,昨据阿桂等奏报漫口合龙,黄流顺轨一折,已明降谕旨,将山东兖、曹二府暨济宁所属被灾最重之各州县卫加恩,再行展赈至六月。并传谕明兴,查明金乡、鱼台被水灾黎,借给籽种,以资耕作矣。济宁以南为漫水下游,频年淹浸,该处民人屡经荡析,自必迁徙以图口食,今漫工合龙,积水畅消,民田自必涸出,可以耕种。【略】甲寅,【略】蠲免江苏铜山、丰县、沛县、邳州、宿迁、睢宁、山阳、阜宁、清河、桃源、安东、盐城、海州、沭阳、高邮、泰州、东台、兴化、宝应等十九州县,并淮安、大河、徐州等三卫乾隆四十七年分水旱灾丁屯租赋有差。【略】丙辰,【略】谕军机大臣等,据袁守侗奏,保定省城于三月二十三日戌时得雨起,至二十四日寅时止,入土四寸,虽田间尚未深透,而得此甘霖,大田俱可播种等语。此次京师得雨不及一寸,正殷望泽。【略】寻奏:(保定)土脉久干,雨泽未能深透,然大田已可及时播种,现据顺天、保定、河间、正定、易州、赵州、深州、定州等各属均报于本月二十三四日得雨,二麦可期丰收。报闻。　　　　《高宗实录》卷一一七七

四月【略】辛巳,蠲免河南汝阳、上蔡、确山、正阳、新蔡、西平、遂平、淮宁、西华、商水、项城、沈丘、扶沟、临颍、襄城、郾城等十六县乾隆四十七年分水灾额赋有差。【略】乙酉,【略】又谕:今岁晋、豫两省雨泽较为沾足,近闻山东泰安、东昌一带雨泽未免缺少,其直隶之河间、景州等处亦觉缺雨。【略】寻袁守侗奏:保定省城望雨甚殷,臣谨设坛虔祷,其河间、景州等处望雨情形大约相等。报闻。明兴奏:济南、东昌、泰安三府四月以前雨水调匀,二麦可望丰收。近因晴久,于大田究不相宜,现督饬三府所属虔祷雨泽。得旨:济南即汝省城,汝惟饬府属求雨,竟似与汝漠不相关,岂有此理,汝丧良心乎!【略】戊子,【略】谕军机大臣等,前因东省泰安、东昌一带雨泽缺少,曾降旨询问,兹据明兴奏报,通省二麦收成约计九分有余,是该省麦收已属丰稔,朕心深为欣慰。【略】己丑,上诣黑龙潭祈雨。【略】是月,署直隶总督袁守侗奏:恭报二麦情形,顺天、永平、保定、承德等处约收八分。得旨:未必能如此也,近甚望雨,实切忧郁。　　　　《高宗实录》卷一一七九

五月辛卯朔,谕:三月二十八日,京师及近畿得雨后,近已弥月,虽屡微雨,总未优沾,现在时交芒种,朕心望泽孔殷。【略】甲午,谕军机大臣等,据何裕城奏东省湖河水势及筹济重运情形一折,内称河南卫辉、彰德一带雨水稀少,以致卫源日弱,亟须筹济等语。【略】乙未,【略】谕军机大臣等,据李世杰奏二麦约收分数一折,内称武安一县自三月十五日得雨后,已届一月有余未得雨泽,收成约止五分。又,阳武等九县约收六分暨六分有余。现在分饬确查,于常例粜借之外,宽为粜借等

语。【略】丙申，【略】谕军机大臣等，本日明兴覆奏山东各属得雨情形，惟济南、泰安、东昌三府所属虽得雨数次，究未能普遍沾足，其泰安、东昌二府所属土性本燥，于大田究不相宜，现在虔诚祈祷等语。【略】豁除福建闽县乾隆四十七年分水冲地三顷七十三亩有奇额赋。【略】庚子，【略】谕军机大臣等，前据明兴覆奏，东省济南、泰安、东昌三府虽得雨数次，究未能普遍等语。本日据孙士毅奏，五月初六日山东省城得雨沾足，京师六七等日雨亦深透，且势甚广阔，近畿各省自必一律普沾。而明兴本日奏到，续报各州县得雨单内，济南及青州各属得雨仅二三四寸。【略】寻明兴奏：东省少雨，臣在省率司道步祷，并饬缺雨各府设坛虔祈，兹于五月初六七日大沛甘霖，通省均沾渥泽。【略】又，毓奇、何裕城奏：初六七日得雨深透，卫、汶等河均涨水三尺余，漕船连樯速进，无须起剥。报闻。【略】甲辰，谕军机大臣等，本日明兴奏到山东省四月分粮价单，惟曹州一府粮价较上月稍减，其余济南等各府属俱较上月稍增。【略】寻奏：自甘雨大降后，麦价已减一钱七八分，其余杂粮亦减五六分。现除济南、泰安、东昌、登州四府收成微减，亦不致成灾，其余俱属丰收。报闻。

《高宗实录》卷一一八〇

五月丙午，【略】蠲免安徽寿州、凤阳、怀远、灵璧、凤台、颍上、霍邱、泗州、盱眙、天长、五河十一州县乾隆四十七年分水灾额赋有差。【略】戊申，【略】豁免甘肃灵州乾隆四十五年水冲地三十六顷十亩有奇额赋。

《高宗实录》卷一一八一

六月【略】乙丑，谕军机大臣等，据留京办事王大臣等奏，初三日亥刻雷雨，体仁阁失火，初四日寅刻始行救熄。【略】此次失火，正值雷电交作，非寻常不戒于火可比。朕不但不敢稍存怨尤，而且深感天神默佑。盖雷火先从西直门北角楼焚起，乃自西而东南，越过太和殿，殿基高于体仁阁，仅止将阁烧毁。【略】体仁阁与西直门角楼、小井碑亭三处同时轰烧，自系雷火所致，尚非捏饰。【略】辛未，豁免陕西朝邑县乾隆四十六年分水冲沙压地二百二十五顷四十七亩有奇额赋。【略】甲戌，谕军机大臣等，今年雷雨颇大，【略】十三日酉刻，（热河）雨势甚大，迅雷轰震，戒得堂后一小亭已被爪痕，竟未焦灼，窗纸如故。

《高宗实录》卷一一八二

六月【略】乙酉，豁免山东永阜、永利、官台、王家冈、富国等五场乾隆四十七年分水灾灶地一千一百六十八顷九十三亩有奇额赋。【略】丁亥，【略】缓征河南祥符、陈留、杞县、仪封、荥泽、考城、淮宁、西华、商水、项城、沈丘、太康、扶沟等十三县乾隆四十六年水灾地丁银二十九万八千两、仓谷六万二千一百六十石有奇。【略】是月，湖北巡抚姚成烈奏：滨临大江之黄梅、广济、黄冈、兴国、江夏、黄陂六州县因上游川江及洞庭湖水势涨发，宣泄不及，灌入内湖，以致低洼田亩被水淹浸。现在查勘妥办。

《高宗实录》卷一一八三

七月庚寅朔，【略】加赈山东利津、沾化、乐安、寿光、昌邑、潍县等六县，永阜、永利、官台、王家冈、富国等五场乾隆四十七年秋禾被水灾民口粮。【略】壬辰，谕军机大臣等，据何裕城覆奏，彰德、卫辉、怀庆三府得雨情形一节，内称，据阳武、内黄、汲、淇、滑、考城等县均报于六月十五至二十二等日，得雨自二寸至四五寸及深透不等。并称询问村农，于六月下旬、七月上旬，如得透雨，秋成仍得丰稔。【略】本日据刘峨奏，顺德、广平、磁州等处又于六月二十六七等日得雨。【略】癸巳，【略】豁除甘肃皋兰、静宁、固原、盐茶厅、张掖、古浪、宁夏、宁朔、灵州、中卫、平罗、碾伯、秦安、礼县、崇信等十五厅州县乾隆四十五年秋禾水灾额赋。【略】己亥，【略】谕军机大臣等，据李承邺等奏，开封省城于七月初三日雷雨交作，入土三寸，附省各邑禀报同日得雨三四五寸等语。【略】辛丑，谕军机大臣等，据何裕城奏报，河北三府属均于六月二十四五、七月初一等日，连次具报得雨三四五寸及深透不等，惟辉县等八县未据报到等语。

《高宗实录》卷一一八四

七月【略】丙午，谕曰：舒常等奏，湖北因上游川江水发，内湖宣泄不及，兼之江西发水，灌入内湖，以致黄梅县属之青江等镇、广济县属之泰东等乡、黄冈县属之还和等乡、滨江沿河地亩多被淹浸，房屋间有倒塌，并江夏、兴国、汉阳、黄陂、蕲水五州县亦因江水泛涨，间有淹及田禾等处，现在亲往确勘等语。【略】辛亥，【略】军机大臣等议覆，察哈尔多统乌尔图纳逊奏称，张家口、赛尔乌苏两处台站共计二十八处又因去年被旱，冬间复遭雨雪，倒毙牲畜甚多，于台站官兵生计差务不无竭蹶。

《高宗实录》卷一一八五

八月【略】甲子，【略】谕军机大臣等，前因豫省河北二属八县未经得雨，曾经降旨询问。嗣据何裕城奏，获嘉、封丘等四县已于七月初间得雨，惟卫辉府属之辉县、浚县、新乡、延津四县尚未据报等语。【略】丙寅，【略】赈贷湖北黄梅、广济、黄冈、蕲水、江夏、兴国、汉阳、黄陂等八州县，武昌、黄州、蕲州三卫本年被水灾民，并予缓征。

《高宗实录》卷一一八六

八月【略】丙子，【略】谕军机大臣等，据明兴奏，曹、兖二府雨泽稍迟，六七月间得有透雨，收成约均八分有余等语。昨日召见刘峨，询伊原籍曹州府地方雨水田禾情形，据称今年雨水稍觉短少，收成仅可望七八分。今明兴复奏该处收成均约八分有余，奏报恐有不实。【略】寻明兴奏：曹州府十一属得雨迟早不一，秋收厚薄亦不一，濮州、单县两处得雨较迟，约收原止七分有余；其余曹县等处约收八分及九分不等，通府牵算八分有余。并无讳饰。报闻。【略】庚辰，【略】蠲免安徽凤阳县临淮乡并盱眙县学田乾隆四十七年水灾额赋有差。【略】丙戌，【略】豁除陕西长安县西席村乾隆四十七年被水冲坍地亩额赋。【略】是月，【略】河南巡抚何裕城奏报：豫省一百八州县内，除辉县、浚县、新乡、延津、修武五县夏秋雨少，收成稍歉，其余一百三州县，合算收成约计八分有余；浚县、修武二处得雨虽迟，晚禾秀发，收成尚有六分。惟辉县、新乡、延津三县秋收仅及五分。

《高宗实录》卷一一八七

十月【略】壬戌，谕曰：毕沅奏，陕省榆林、怀远、葭州、神木、绥德、米脂、吴堡、府谷等八州县，秋禾播种失时，成灾五六七八九不等。【略】又，清涧、靖边二县秋禾俱止五分以上，亦属歉薄。请予缓征等语。【略】谕军机大臣等，昨乾清门侍卫佛尔卿额由山西回京复命，朕问以该省雨水情形。据奏，经由山西保德州一带，稍觉缺雨等语。本日农起折内，据称各属先后禀报得雨优渥，现在土膏滋润，足资长发，与佛尔卿额所奏，似属两歧。【略】寻奏：保德州一带地居省北，向俱不种冬麦，秋成后可无需雨泽，是以折内未经奏入，至省南各属，应种二麦之地，俱得雨自二三寸至深透不等，系实在情形。

《高宗实录》卷一一九〇

十月【略】戊寅，【略】谕军机大臣等，据毕沅奏，陕西各属秋收丰稔，惟榆林府属榆林、怀远等八州县，四五月间雨水缺少，至六月得雨，赶种晚禾，又因阴雨连绵，地气寒冷，致秋禾受伤成灾等语。【略】癸未，【略】谕军机大臣等，本年湖北之黄梅、广济、黄冈、江夏四县，及江苏之上元、句容、丹徒三县因六月间江水盛涨，滨江地亩均被淹浸，致成偏灾。【略】丁亥，【略】谕曰：李侍尧奏，本年甘省收成通计约有八分，惟宁夏府属之宁夏、宁朔、灵州暨花马池四处，八九月间秋霖过多，收成未免减薄。

《高宗实录》卷一一九一

十一月【略】己丑，【略】豁除浙江台州卫乾隆四十七年水冲沙压地八十九亩有奇额赋。庚寅，【略】又谕：据毕沅奏，延安府属之定边、肤施、延川、安塞、保安、安定等六县本年秋禾被霜较早，收成实止五分，与清涧、靖边二县情形相同，请将应征各项银粮缓至来年征收等语。【略】壬辰，谕军机大臣等，据恒秀等奏，本年黑龙江田禾被旱，请将应交粮石豁免，水师兵丁亦需接济口粮等语。【略】辛丑，谕军机大臣等，前于盛京回銮途次，召见刘峨，据奏夏秋之间，玉田一带略见有蝻蝗光景，并未损伤禾稼，且蝗生较早，将来一遇冬寒雪压，则遗孽尽行冻毙等语。昨恭阅《实录》，内载皇祖圣谕，经冬蝗虫未经生子，而天气寒冻，则皆冻毙，来岁可复无患，若既经生子，虽蝗已冻毙，而遗种在地，来岁势必更生。煌煌圣训，实为明切。本年节气将届冬至，而现在天气尚暖，则蝗蝻遗孽必不能净尽，恐明岁春生之始仍复蠕动，不可不预为之虑。著传谕刘峨，速饬玉田附近州县，设法

刨挖，务期尽绝根株，毋令稍留余孽，致贻禾稼之患。　　《高宗实录》卷一一九二

十一月【略】辛亥，豁除直隶怀柔县水冲河淤地二十顷九十一亩有奇额赋。【略】是月，直隶总督刘峨奏：本月二十六日保定、河间正定、顺德、广平等处佥报得有瑞雪二三寸、四五寸不等，虽未普渥，于麦田甚有裨益。【略】陕西巡抚毕沅奏：西安、同州、凤翔、兴安等府均得雨泽。查关中宿麦播种以后，九十月间雨泽优渥，土膏滋润，今复得有瑞雪，麦根深稳，农民忭慰。得旨：非甚沾沛，至京畿则甚望雪也。　　《高宗实录》卷一一九三

十二月【略】己未，【略】陕西巡抚毕沅奏：榆林、绥德二属田多沙卤，今年秋稼不登，民食匮乏。臣前与藩司酌商，分拨延安常平仓粮四万七千五百石，运送绥榆，以备赈粜，但明春借给籽种、支放兵粮等事，需粮甚多，恐不敷用。　　《高宗实录》卷一一九四

十二月【略】丙子，【略】赈恤陕西榆林、怀远、葭州、神木、府谷、绥德、米脂、吴堡等八州县被灾贫民，并予蠲缓。【略】是月，河南巡抚何裕城奏：自十一月初四日开封等府得雪之后，土膏极润，体察民情，皆以明春节候较迟，于立春前再得瑞雪普沾，田功更有裨益。得旨：知道了，京师连得甘雪。　　《高宗实录》卷一一九五

## 1784年 甲辰 清高宗乾隆四十九年

正月【略】戊子，【略】又谕：上年陕西榆林、绥德二属秋禾歉收，【略】著再加恩将榆林府属之榆林、葭州、怀远、府谷、神木，绥德州并所属之米脂、吴堡，所有被灾极贫户口，著展赈四个月。【略】又谕：上年湖北黄梅、广济、黄冈、江夏四县因六月间江水盛涨，滨江地亩均被淹浸，致成偏灾，【略】著再加恩将黄梅、广济成灾八九分之极、次贫军民展赈一个月。【略】己丑，谕：前因江苏上元、句容、丹徒三县因六月间江水盛涨，滨江地亩被淹，致成偏灾，【略】所有江苏上元、句容、丹徒三县毋论极、次贫民，俱著加恩加赈两个月。【略】甲午，【略】谕军机大臣等，京师于上年十二月下旬连得瑞雪，甚为优渥，直隶省各属亦据该督奏到，得雪自二三寸至四五寸不等。【略】寻明兴奏：济南、武定、沂州、青州、莱州、登州六府于十二月十一、二十二等日，先后得雪三四寸至六七寸不等，其未得雪各属土膏尚润，正在望泽。得旨：览。农起奏：太原府以北于上年十一月初三四、十五六七，十二月初四五、二十一二等日，据大同、朔平、宁武及归绥道属，先后报得雪二三寸至七八寸不等。该处地土较寒，不种冬麦。汾州、蒲州、平定等府州报，上年十二月初九、二十二及新正初一等日得雪二三四寸不等，雪泽虽觉微稀，田功无碍。又，现据泽州、大同、朔平等府属报，正月初七初十等日，得雪二三寸不等。得旨：知道了。何裕城奏：开封、归德、怀庆、河南、彰德、南阳、汝宁各府，许、汝、陕、光各州属报，于正月初九、初十、十一等日得雪二三寸及四五寸不等，间有未经得雪者，土膏亦属润泽。得旨：览奏稍慰。　　《高宗实录》卷一一九六

二月【略】戊午，【略】两江总督萨载奏：江宁省城及上下江各府州属均于正月初十、十一日得雪二三寸至八九寸不等，十九日江宁续得雪六寸。并据苏州、松江、扬州、淮安、凤阳各府报称，十八、十九等日得雪二三四五寸不等。惟下江徐州府海州，上江颍州尚未报到。【略】又奏：江西省各府属禀，十二月二十三、二十四，正月初九、初十等日，得雪五六寸至尺余不等。报闻。【略】己未，【略】河南巡抚何裕成奏：省城于正月二十六日复得春雨，入土三寸有余，附近州县大略相同，其余各属俟查明另奏。【略】乙丑，【略】又谕：昨入山东境后，经过德州一带，途次农田不无待泽情形，看来直隶保定以北、附京一带各属得有雨泽，土膏尚属滋润，至河间、景州等处与东省毗连地土，殊觉干燥。【略】寻奏：直属正月以来，天津、永平所属于正月二十六七等日各得雪一二寸不等，河间等处未得雨雪。今岁节气较晚，现在尚无妨碍。　　《高宗实录》卷一一九八

二月【略】甲戌,【略】又谕:【略】豫省上年腊雪较少,望泽颇殷。【略】寻奏:省城得雨之后,开封、归德、卫辉、河南、汝宁、南阳、陈州七府,许、光二州属,均于正月二十六,二月初二初三及初九初十等日,得雨自二三寸至四五寸不等。彰德、怀庆及汝、陕二州雨泽稀少,今年节气较迟,三月得雨,二麦仍可丰收。【略】辛巳,谕军机大臣等,据刘峨奏,保定省城于二十一二等日雨雪兼施,共有三寸,地气润泽,麦苗大有裨益等日。

《高宗实录》卷一一九九

三月【略】戊子,【略】谕军机大臣等,据毕沅奏,陕西腹地各属今春均沾雪泽,惟延、榆、绥三属冬春总未得雪,该处并无冬麦,今年节气较迟,若三月内得有春雨,尽可不误春耕等语。【略】寻奏:据榆林府属报,于二月二十一日得雪三四五寸不等,延安、绥德二属虽止得二寸,而土气尚润。【略】又奏:腹地各属今春普被雨膏,二麦新苗渐见起发。报闻。【略】庚寅,谕军机大臣等,前于渡黄之日,见云势俱往西北,曾降旨询问刘峨、明兴、何裕城,该三省是否续得雨泽。【略】昨刘峨已奏,宣化府各属曾得雨一二寸至三五寸不等,前何裕城奏开封得有雨雪,自二三寸至四五寸不等,山东较直隶河南为近,何以明兴亦未覆奏。【略】寻奏:二十一二等日据德州、平原、禹城、长清各州县报,沾有微雨,不成分寸,现在望雨正殷,臣督率虔祷,务祈速沛甘霖。报闻。【略】甲午,山东巡抚明兴奏:山东上年秋禾收成虽八分有余,此时青黄不接,粮价昂贵,民食拮据,请照例平粜。【略】再,东省惟登、莱、青三府雨水调匀,济南、泰安、武定、沂州四府雨雪虽未深透,尚无碍田功。其兖州、曹州、东昌、济宁、临清等五府州属雨雪稀少,将来一得透雨,即须赶种秋禾。【略】庚子,【略】陕甘总督李侍尧奏:查嘉峪关至哈密一带戈壁重重,水泉稀少,向例运粮脚费,每百里以一两六钱定价,今据乌鲁木齐查明,近年岁丰粮贱,每百里给银一两,已敷雇觅。奏准减给。嘉峪关至哈密亦属相仿,自应一体议减,倘年岁不齐,或有急需不敷,再行核办。下部知之。

《高宗实录》卷一二〇〇

三月【略】癸卯,【略】谕军机大臣等,浙江杭州海宁一带于十五、十六两日连得透雨,见云气皆向东北,江苏各属似应一律均沾。本日据萨载奏报,苏州于十四五两日得有微雨数阵,十五夜间得雨二寸等语。【略】寻萨载奏:苏城得雨后,据常州、镇江、扬州、淮安、徐州各府属报到,得雨自二三寸至五六寸不等。宿迁界连山东,该县得雨六寸,山东、直隶当已普遍。【略】明兴奏:省城于三月十五日得雨二寸,各府州属具报,十五六日各得雨一二三四五寸不等。【略】刘峨奏:省城于三月十四日得雨寸许;复据保定、顺天、河间、正定、永平、顺德、宣化、广平、天津各府,易、冀、赵、深各州属报,三月十一二及十四五等日各得雨自一二寸至四五寸不等。【略】甲辰,【略】谕军机大臣等,据闵鹗元奏,十五日震泽地方得有大雨,入土深透,吴江、苏城一带均各沾足等语。【略】寻闵鹗元奏:臣于十五日晚,行至吴江之梅园地方,去苏州一百十里,风雨甚大,询之农民,咸称得雨三四寸,次日抵苏,据报得雨二寸有余。前此声叙未明。近据常州、镇江、扬州、淮安、徐州各属续报,各得雨自二三寸至五六寸不等。【略】己酉,【略】谕军机大臣等,本日留京王大臣及顺天府尹奏报,京师及昌平等州县于本月十四日得雨二寸等语。现在驻跸杭州,连日得有透雨,云气浓厚,俱自西北一带,甚为广远。直隶省昨虽据刘峨奏报,得雨一二寸至四五寸不等,但尚未普沾。【略】辛亥,【略】谕军机大臣等,本日据(总兵)柯藩奏到,济宁州地方于三月十四五日得雨,入土四五寸不等,查阅兖州一带相同等语。览奏欣慰,昨据明兴奏得雨情形一折,内称兖州府属及临清、济宁两州均于十五日得雨一二寸,与柯藩所奏不符。【略】寻奏:三月十五六日各属报雨,共五十州县,内济宁初报一寸,续报二寸,并无入土四五寸之语。至兖州,惟滋阳、曲阜、宁阳、滕县得雨一寸,峄县得雨三寸,亦不能同。嗣于二十七日,济南等府报到三十六州县得雨二三五寸至七寸不等。

《高宗实录》卷一二〇一

闰三月【略】戊午,谕曰:毓奇奏,江西安福、南昌、九江前后等帮漕船于三月十四日亥时,在新建县鄱阳湖地方，陡遇风暴，雷电交作，烧毁漕船[1]十七只，装运漕米一万七千六百六十四石五斗零，并烧毙淹没男妇大小共三十一名口。【略】己未，【略】又谕：本日明兴奏报东省得雨情形一折，虽非沾渥，略可慰矣。细阅折内，惟济南省城及迤东之泰安、武定各属得雨较为优渥，此外各府州属尚未能一律普沾，现在麦苗长发之际，农民望泽正殷，朕心深为廑念。【略】癸亥，【略】减豁浙江仁和场三围潮坍正税银一百五十八两有奇。【略】甲子，【略】河南巡抚何裕城奏：豫省开封府属仪封等县，并归德、河南、南阳、汝宁、陈州五府，许、光二州各所属，于三月十四五等日得雨，自二三四寸至深透不等，麦苗可望丰收。此外，如开封府属祥符等县，并彰德、卫辉、怀庆三府，汝、陕二州各所属共三十八州县，内有得雨一二寸者，有未得雨者。臣与藩司江兰酌议，除怀庆府属滨临沁河五县，现在修复水利灌溉外，其三十三州县被旱贫民酌借一月口粮，并每亩借给籽种银六分。【略】乙丑，【略】蠲免江苏上元、句容、丹徒、铜山、丰县、沛县、邳州、徐州卫等八州县卫乾隆四十八年分水、旱灾额赋租课有差。减豁浙江仁和场二围潮坍正税银八十九两有奇。【略】己巳，【略】又谕：据图萨布奏，陕西省榆、绥等八州县内，葭州、神木有被灾五分贫民共一万一千八百余口，随禀报督抚，附入次贫展赈两月之内，一体散给等语。【略】又谕：本日据明兴奏，自三月二十七日及闰三月初旬，山东省各府州属陆续具报，均得雨五六七寸以致盈尺不等，麦苗现在长发，大田俱已播种等语。【略】又，刘峨奏直隶省大兴等一百二十州县，各得雨自五六寸至八九寸、尺余不等，沾被优渥，其余州县有得雨止三四寸，尚未沾足者。【略】寻明兴奏：今春兖、曹、东昌三府，济宁、临清二州雨泽愆期，应借籽种前于豫筹借粜案内奏明，【略】其余各府毋庸再借。报闻。刘峨奏：闰三月初四五六等日，直属得雨优渥，大名、宣化二府间未沾足之处，亦于十四五等日得雨二三寸不等，大田均已播种，麦苗亦皆畅发。得旨：览奏稍慰。

《高宗实录》卷一二〇二

闰三月辛未，【略】河南巡抚何裕城奏：省城初六日得雨二寸，各府县属均于初四五六七等日，得雨二三四五寸至深透不等，省城复于初九日得雨深透，各处可一律普沾。得旨：欣慰览之。【略】戊寅，【略】蠲免安徽怀宁、桐城、宿松、望江、贵池、东流、灵璧、泗州、盱眙、天长等十州县，安庆、凤阳、泗州等三卫乾隆四十八年分水旱灾额赋，其不成灾之合肥、寿州、凤阳、怀远、定远、凤台、五河、长淮等八州县卫额赋，分别蠲缓有差。

《高宗实录》卷一二〇三

四月【略】己丑，【略】谕军机大臣等，本年江浙一带雨泽沾足，二麦极为茂盛，自渡黄以北，麦田稀密不一，地土干燥，颇觉望泽。近日早晚气候较凉，自有得雨处所。【略】庚寅，【略】又谕：连日经过山东地方，风埃甚大，地土干燥，颇觉望泽，未知京城日内曾否得雨。【略】寻奏：自闰三月得雨后，大田普种，二麦结穗。至本月初五及初九日微雨不成分寸。遵旨设坛祈祷。【略】乙未，谕军机大臣等，本日召见刘峨，奏称京南一带广平、顺德二府得雨尚属沾足，惟大名府虽经得雨，不成分寸。又毗连大名之河南卫辉府各属，较之大名更觉缺雨等语。【略】两江总督萨载覆奏：淮北尚未得雨，二麦虽结密穗，收成分数尚在未定。【略】丁酉，【略】又谕：前据胡季堂等奏，亲往顺天所属沿途各州县逐加查看，有无蝗孽萌动，督率办理等语。蝗蝻蠕动，最为农田之害，胡季堂等既有此奏，或恐顺天各属渐有萌生。昨召见刘峨，何以未据该督奏及，岂必待长成飞翅，食稼成灾，始行搜捕，于事又复何济耶。况时届夏令，雨泽愆期，正蝻子发生之时，不可不实力查办。著传谕刘峨，即严饬所属，上紧设法搜捕，务期蝻孽尽除，毋令稍有孳生，致贻禾稼之患。又谕：据何裕城奏，河南、怀庆、卫辉府属武陟、修武、新乡等县雨泽未能普遍沾足，现设坛祈祷。至被旱稍深州县，借给籽种口粮，委司道大员监放。【略】昨召见刘峨，据称河南卫辉各属较直隶大名更觉缺雨，朕心甚为廑念。

《高宗实录》卷一二〇四

---

[1] “雷电交作，烧毁漕船”。指水上船只雷灾，事极罕见。

四月庚子，【略】谕军机大臣等，据刘峨奏，新城县于十三日申时得雨三寸，涿州、通州、武清各得雨二寸。胡季堂奏报，武清得雨分寸相同。又同日，据虞鸣球奏，昌平州亦于十三日申时得雨二寸，顺义县于十四日得雨二寸各等语。连日西北一带雷电间作，云气甚浓，早晚气候凉爽。今据胡季堂等具奏，近京各属得雨二三寸不等，何以未据留京王大臣奏及。【略】寻奏：京城十三四两日，得雨未成分寸，十八日复雨，入土寸余，仍虔诚祈祷。报闻。【略】壬寅，【略】谕军机大臣等，本日驻跸直隶任丘县地方，得雨五寸，云势甚广，自必普遍优沾。【略】癸卯，【略】兹据（何裕城）覆奏，该省惟卫辉府属之汲县、新乡、辉县、获嘉、淇县、延津、滑县、浚县、封丘，怀庆府属之修武、原武、阳武，彰德府属之内黄，及开封府属之祥符、陈留、荥泽共十六县被旱较重。【略】谕军机大臣等，向来京师需用麦石，俱藉豫、东二省接济，本年春夏之间，该二省得雨稍迟，麦收较薄，【略】闻永平迤东至奉天各属雨水调匀，麦收自必丰稔，著传谕永玮等酌量情形，或可采办二十万石上下之数，或十万石，陆续运京预备平粜。【略】甲辰，谕：昨因河南卫辉一带缺少雨泽，业经降旨，将被旱转重之汲县、新乡等十六县民欠未完银两缓至秋熟后征收，【略】著竟加恩将卫辉府属之汲县、新乡、辉县、获嘉、淇县、延津、滑县、浚县、封丘，怀庆府属之修武、原武、阳武，彰德府属之内黄，及开封府属之祥符、陈留、荥泽十六县所有乾隆四十八年民欠未完银两全行豁免。【略】乙巳，谕：【略】因思直隶大名一带与卫辉境壤毗连，本年春雨愆期，被旱情形与卫辉大约相似，似应一例加恩，以纾民力，所有大名府属之大名、南乐、清丰、东明、开州、长垣、元城七州县乾隆四十八年分民欠未完银两亦著加恩全行豁免。【略】谕军机大臣等，上年陕西延安、榆林、绥德所属被灾较重，各州县秋禾播种失时，【略】嗣因被灾各属冬春未得雨雪，复降旨询问毕沅，应否于新正加恩展赈之外，尚需接济。经该抚覆奏，各该属时雨优沾，农功大起，无需更筹接济等语。【略】戊申，谕军机大臣等，据农起奏，太原平阳、汾州等府属于闰三月及四月内陆续得有雨泽，二麦正在吐穗灌浆之际得此甘霖，颗粒愈加饱绽，其秋禾杂粮等项，长发甚为畅茂等语。今年北省雨泽较迟，朕心深为廑念。昨德成回京，询以沿途麦苗情形，据称山西雨泽及二麦情形不及西安。【略】（农起）寻奏：前奏雨泽、二麦情形在德成出境以后，现在麦粒饱绽，秋禾茂发。得旨：览奏稍慰。【略】辛亥，【略】蠲免湖北黄梅、广济、黄冈、江夏四县，武昌、黄州、蕲州三卫乾隆四十八年分水灾额征银三万四千二百十两有奇，米五千八百九十石有奇，并予成熟各乡村缓征。《高宗实录》卷一二〇五

五月乙卯朔，谕军机大臣等，本日萨载奏到徐州各属得雨情形一折，内称桃源、安东、海州等处，于四月十六等日得雨二寸，看来仍未沾透，连日直隶、山东俱陆续奏报得有透雨，江南所属河北一带得雨分寸较逊，朕心殊为廑念。【略】寻奏：淮安府属清河、桃源二县，徐州府属宿迁、睢宁二县续得透雨，其余各州县及海州五月以后亦一律优沾，田禾畅发。得旨：欣慰览之。【略】丙辰，【略】江苏巡抚闵鹗元覆奏，徐州府属邳州、铜山、萧县于四月十八、二十两日得雨数寸，惟宿迁、睢宁最为深透，海州于十六日得雨，大田可望有秋。报闻。【略】庚申，【略】谕军机大臣，曰：何裕城奏豫省被旱各县普得甘霖一折。据称开封、卫辉、怀庆、彰德各府属均于二十九、三十日得有澍雨，内惟汲县、新乡、获嘉、封丘、内黄、陈留仅止入土三寸，余皆四五寸至深透不等等语。【略】辛酉，谕：山东兖州、曹州、济宁三府州属前因被水，【略】本年春夏雨水未能深透，麦收稍歉，【略】著再加恩将兖、曹、济三属去岁被灾地亩内缓征带征漕米竟普行蠲免。《高宗实录》卷一二〇六

五月庚午，【略】谕军机大臣等，据刘峨奏，大名府属于五月十一日得雨五寸，已为深透，晚谷、晚豆正可及时赶种等语。【略】甲戌，【略】河南巡抚何裕城覆奏：彰、卫、怀三府自初一至初十日尚未得透雨，农田望泽甚殷。【略】己卯，【略】谕军机大臣等，据兰第锡奏运河水势一折。【略】本年豫省雨泽较稀，自应多为蓄水以济农田。【略】另折奏，彰卫等属被旱之内黄、封丘、汲县、获嘉等县禀报得雨四寸二寸一寸不等，其新乡、陈留二县得雨不成分寸等语。【略】是月，【略】漕运总督毓奇

奏:邳、宿运河浅阻,江南、浙江两省粮艘守候一月,实形拮据。请将例交三升八合余米暂缓交仓,分二年完纳。得旨:允行。

《高宗实录》卷一二〇七

六月甲申朔,【略】谕军机大臣等,【略】本日据奏,彰、卫、怀三府及开封所属今年被旱共十六州县,现在得有透雨,晚秋种齐长发者十一县,惟卫辉府属之汲县、新乡、封丘、获嘉,及开封府属之陈留共五县,得雨仅止一二寸及不成分寸等语。【略】己丑,【略】谕军机大臣等,【略】本日又据江兰奏称,汲县、新乡、封丘已于二十九日得雨三四五寸,获嘉仅得雨一寸,而陈留一县是否得雨未据奏及,朕心深为廑念。【略】辛卯,【略】又谕据何裕城奏,彰、卫等属被旱之封丘、汲县、获嘉、新乡、陈留五县,内汲县、新乡二县于五月二十九日得雨四五寸不等,晚禾杂粮俱可补种齐全,其获嘉、封丘、陈留三县得雨仅止二寸,尚需甘澍续沛甘霖。【略】甲午,谕军机大臣等,据伊星阿奏,湖南茶陵地方于三月二十一日大雨如注,夜半溪河陡涨,漫入州城,城外西北居民房屋大半倒塌,淹毙人口甚多。又攸县在茶陵州下游,亦因溪河猝涨,城内外房屋约坍三百余间,现在水势已退。【略】戊戌,【略】工部议准,云南巡抚刘秉恬疏称,楚雄县被水冲塌兵房一百七十四间、演武厅三间,动项兴修。从之。河南巡抚何裕城覆奏:汲县、新乡、封丘三县已得透雨,无庸抚恤。

《高宗实录》卷一二〇八

六月【略】辛丑,【略】谕军机大臣,曰:富勒浑等奏,接据建宁镇总兵王柄禀报,建宁府于五月十九、二十等日因雨势较大,东西两河一时宣泄不及,城外房屋致被冲损,人口亦有淹毙,漫溢入城,衙署、仓监亦有间被淹浸,现在水势已退。【略】癸丑,【略】蠲免安徽怀宁、桐城、宿松、望江、贵池、东流、灵璧、泗州、盱眙、天长十州县,安庆、凤阳、泗州三卫乾隆四十八年分水旱灾额赋有差。【略】是月,盛京将军宗室永玮【略】奏:承德等七州县新麦价稍平,每石一两六钱八分至二两二钱不等,除留本处一年食用,尚可采买三万石,拉运海口,用船二十五只分载送京。此次船照运豆例,直隶雇办。下部知之。【略】贵州巡抚永保奏:古州、镇远二处骤雨涨漫,冲损民居塘汛,镇远城坍丈余,幸来渐去速,人口无伤。

《高宗实录》卷一二〇九

七月【略】辛酉,【略】谕军机大臣等,前据刘峨奏,永定河水势平稳,起程回保定办事,连日大雨之后,各处山水陡发。【略】寻奏:永定河自立秋后,复涨水三尺余寸,臣仍驻工防守。【略】迨河水渐减,臣于初二回省。至近日,省南省北一带虽时雨时晴,然雨势微细,今已晴霁,道路虽有泥泞,地内并无积水,禾稼尚无妨碍。得旨:欣慰览之。

《高宗实录》卷一二一〇

七月己巳,【略】谕军机大臣等,前因奉天本年雨水调匀,麦收丰稔,传谕永玮等酌量采办,陆续运京,预备平粜。昨据刘峨奏,奉天初次采买麦三万石,分为两起押运。【略】乙亥,【略】(明兴)寻奏:东省布种秋麦,在八月中旬以后,现在晚禾尚未全行收获,未能翻犁布种,各属雨水俱极调匀,土脉滋润,自可全行耕犁。报闻。【略】庚辰,【略】蠲免陕西榆林、怀远、葭州、神木、府谷、绥德、米脂、吴堡八州县乾隆四十八年秋禾被灾额赋有差。

《高宗实录》卷一二一一

八月【略】乙酉,【略】谕军机大臣等,据何裕城奏,开封、卫辉等府七月初旬得雨二三四寸至深透不等,后种之荞麦绿豆及各项杂粮,当秋阳曝晒之后,得滋渥润,更可结实等语。近闻卫辉府属入秋虽得雨泽,未免稍迟,杂粮等项尚有不能补种齐全等处。其陈留一县,情形谅亦相仿。【略】(何裕城)寻奏:查河北卫辉一带雨泽愆期,汲县、新乡、获嘉三处得雨尤迟,补种晚禾难以一律成熟,现在委员履勘,分别办理。至陈留一县,收成稍歉,前于被旱各县借给籽种口粮,【略】陈留亦在其内,民力已可稍纾。【略】赈恤湖南茶陵、攸县二州县本年水灾饥民。【略】壬辰,【略】户部议准,云南巡抚刘秉恬奏,黑盐井内之大新沙三井乾隆四十七年被水冲失盐二十六万八千余斤,应请补给薪本等银五千四百五十三两零,在于盐务积余项下照数动支。从之。

《高宗实录》卷一二一二

八月【略】辛亥，【略】又谕：前据刘峨奏报，本年宣化一带因雨水稍稀，间有旱灾处所，欲亲往该处履勘等语。【略】本日据托宾泰奏，宣化所属收成分数约有七分、八分、九分等语。农民心望有秋，往往贪图少报，并非歉薄，何以刘峨又有前奏。【略】寻奏：宣化府属统计实收七分有余，与托宾泰所奏无异。【略】是月，直隶总督刘峨奏，直属常平未买平粜谷石，值今岁丰收，应乘时采买，因思粟谷与高粱价值相仿，且高粱一项直省种植较多，各属采买若专取粟谷，恐市价昂贵，应请粟谷、高粱酌量兼买。【略】山东巡抚明兴奏，睢工漫口，此时集料鸠工，【略】查曹、单一带与豫省切近，今岁丰收，购办尚易，现饬地方官设法预备。　　　　《高宗实录》卷一二一三

九月癸丑朔，【略】谕军机大臣等，据何裕城奏秋禾约收分数一折，内称卫辉府属之汲县、新乡、获嘉勘明只有四分等语。豫省本年秋收通省合计约及八分，而卫辉所属仅有四分，看来已为歉薄。【略】又谕曰：书麟奏，履勘涡河附近被淹各村庄情形一折。称该处与豫省接壤，黄水下注，低洼地亩俱被淹浸，居民房屋随时保护，并无倒塌，早种秫粟已经收割，杂豆亦割获一半，惟莜麦、晚豆尚未全数成熟。此后上游水不下注，将来消涸自速，仍可播种二麦等语。【略】寻书麟奏，现在被淹低地尚未涸出。【略】至定远县低田被淹之处，情形尚轻；宿州被淹之地现已全行涸出，赶种冬麦；天长县低下圩田漫淹情形亦不甚重，现委员确勘，并将凤阳、泗州、长淮坐落屯田一体分别查明办理。【略】戊午，谕：据何裕城奏请将现被水旱之卫辉府属汲县、新乡、获嘉三县，怀庆府属之修武县，开封府属之陈留县，并归德府属之商丘、宁陵、睢州三州县本年应征粟米豆麦缓至五十、五十一两年分年带征等语。本年豫省卫辉、怀庆、开封等处春夏被旱成灾，屡经降旨抚恤；归德等属亦因漫口被淹，并谕令该抚加意抚恤。【略】甲子，【略】谕军机大臣等，据(浙江巡抚)福崧奏雨旸情形一折，内称晚禾定获丰收。晚禾尚在吐穗结实之时，即使晴雨得宜，亦只当云可卜丰收。

《高宗实录》卷一二一四

九月【略】戊寅，【略】赈恤陕西华州、大荔、华阴三州县本年水灾饥民，并予缓征。【略】庚辰，【略】又谕：据何裕城奏，豫省各属于八月得雨之后已种麦苗，惟卫辉一带待泽甚殷，现在率属虔祷雨雪等语。　　　　《高宗实录》卷一二一五

十月【略】壬辰，军机大臣等：本年河南省被旱之卫辉府属汲县、新乡、封丘、获嘉四县，开封府属陈留一县，俱收成稍薄；并睢州南岸之商丘、宁陵、鹿邑各县，处漫口下游，田禾未免被淹；又江西省萍乡、永宁、安福三县，福建省建安、瓯宁、南平三县，湖南省茶陵、攸县二州县因五月间雨水骤注，溪河盛涨，附近地亩均被淹浸，致成偏灾。又，安徽省之亳州、蒙城等处，虽据该抚奏该处田亩被淹尚不甚重，但究经黄水下注，即豫工指日合龙，低洼地亩恐难立就消涸。俱经降旨，令该督抚实力抚恤，毋致失所。【略】甲午，【略】谕：据富纲等奏，云龙州地方沘江泛涨，致将金泉盐井剥岸冲坍，井眼淤塞，盐仓存贮盐斤俱被淹消，灶户田庐间有漂没，现在查明抚恤等语。【略】又谕：据书麟奏，安省本年各属秋成丰稔，其亳州及泗州等九属低田被淹，未能赶种秋麦等语。【略】丙申，【略】户部议奏，据漕运总督毓奇奏，称本年漕船过津较迟，今河西务至张家湾一带水冻成冰，浙江处前等九帮回空船只于各该处冻阻。而江南邳、宿运河，山东闸河皆须空船过竣，始能兴挑，煞坝未便，因此贻误。请将该九帮空船，即在北河守冻。天气稍煖，敲冰趱行，亦只抵临清口外驻泊。俟闸河开坝后，再令迅速归次。【略】丁酉，【略】谕军机大臣等，据何裕城奏，河南省城相国寺藏有《大云轮经》，现令该寺戒僧设坛宣诵，省城连日得雨五寸，并附近各属得雨分寸大略相同等语。《大云轮经》祈雨最为灵应，该处相国寺虽藏有此种经卷，但其节次究恐未能合式。现在该省设坛祈祷，大河以南已得雨五寸，而河北各属惟考城得雨四寸，其卫辉一带仍未得有透雨。已由内取出《大云轮请雨经》一部发往，著传谕何裕城，即令卫辉道府按照经内图设仪轨，敬谨讽诵，以期感召天和，俾未得透雨之处，一律普沾渥泽。　　　　《高宗实录》卷一二一六

十月戊戌，【略】又谕：据伊星阿奏，江西南昌、新建等六县因上游水发，滨湖田亩被淹，虽涸退后，业经补种杂粮，节候稍迟，收成未免歉薄等语。【略】甲辰，【略】谕军机大臣等，据保泰等奏，浙江漕船于杨村河西务一带冻阻等语。迩日朕驻跸圆明园，见河道稍有冰凌，尚未凝冻坚实，而杨村河西务一带在京城之南，天气自较和暖，何以运河早行冻阻，或系该旗丁等乐于停泊，或竟系该处冻阻难行，著传谕保泰等即行驰赴该处，详悉查明，可否随凿随行。【略】乙巳，【略】豁除直隶延庆州本年水冲沙压地十五顷八十二亩有奇额赋。【略】戊申，【略】又谕：据福康安奏，静宁、隆德一带瘟疫盛行，静宁州病毙犯属五百四十余名口，隆德县病毙犯属二百余名口等语。逆回罪恶贯盈，其妇女幼孩本应概予骈诛，经朕法外施仁，宽其一线，免死发遣，兹复因疫病毙，已伏冥诛，亦其孽由自作，罪所应得。但瘟疫既已盛行，则静宁、隆德一带良民亦必有沾染疾病者，该督曾否设法施药疗治，并如何量予拊循之处，朕心深为廑念。著福康安饬属详查，妥为办理。以副朕轸恤良民至意，此旨速由六百里驰谕福康安知之。又，静宁、隆德以东毗连陕西，该省是否亦有沾染瘟疫之处，并著传谕毕沅查明，据实具奏，勿得讳饰。寻毕沅奏：陕西接递犯属，病故者六十余名，皆系在甘省染疾，中途病毙。至陕西一省，年丰民乐，并无传染。得旨：览奏稍慰。【略】己酉，【略】谕军机大臣等，据何裕城奏，豫省各处乡民见春收有望，多将家藏粮石运往卫辉一带售卖，恐有奸商市侩乘机囤积，随严行禁止等语。【略】是月，总督仓场侍郎保泰等奏：今年运河水浅，漕船冻阻。臣等率员弁昼夜敲凿，并力趱办，因月之十四、十五两日北风势大，下流河身湾浅处逾积愈厚，冻合益坚。嘉兴等九帮共船四百十只，现冻阻在码头河西务杨村一带，势已不能再行。

《高宗实录》卷一二一七

十一月【略】乙卯，【略】谕军机大臣等，据明兴奏，登州府属荣城、宁海二州县得雪五寸，其省城及迤西各府未据奏报得雪。【略】寻明兴奏：东省八月后雨水稍稀，现在省城迤西各府已种秋麦者半已出土，未甚青葱，其未种者俟春天土膏滋润，亦可赶种春麦。得旨：断不可存讳灾之意，慎之。刘峨奏：直隶各属陆续得雪，惟河间、景州一带望泽颇殷，如冬春得雪，尚可赶种春麦。【略】缓征河南商丘、宁陵、睢州三州县本年水淹地亩，及汲县、新乡、获嘉、辉县、淇县五县本年旱灾贫民额赋。

《高宗实录》卷一二一八

十一月，【略】是月，钦差大学士公阿桂等奏，睢州漫工告竣。　　《高宗实录》卷一二一九

## 1785年 乙巳 清高宗乾隆五十年

正月【略】壬子，【略】谕：上年安徽亳州因豫省睢州漫工，黄水下注，沿河低洼田亩间有被淹。【略】著加恩将亳州被灾八九分贫民无论极、次，于正赈后再行加赈一个月。【略】至亳州七分灾极、次贫民，及泗州等八州县成灾五分并勘不成灾之区，有需酌借口粮籽种者，并著该督抚察看情形，分别酌量办理。【略】又谕：上年豫省卫辉一属雨泽愆期，农民未能一律赶种秋麦，又睢州南岸漫口下游被水之商丘、宁陵、睢州等州县晚禾尚未收获，及合龙后，地亩涸出，已不及播种二麦。【略】著加恩将汲县、新乡、获嘉、辉县、淇县、商丘、宁陵、睢州等八州县内十分灾之极贫民，再展赈三个月。【略】戊午，【略】又谕曰：何裕城奏豫省各属得雪情形，虽被膏泽，尚欠沾足。已于折内批示。至河北一带，去年雨水均属短少。现据该抚奏，卫辉府属之淇县、汲县、延津县各得雪三四五寸，此外所属各县及彰德、怀庆二府曾否一律普沾？【略】直隶总督刘峨覆奏：【略】承德府并所属一州五县本年虽属丰收，【略】历年口外买米，运至古北口，脚价每万石总需银二千八百余两。

《高宗实录》卷一二二二

正月丙寅，【略】谕军机大臣等，昨据何裕城奏报通省得雪情形一折，内称河以南各属均已优

渥，惟河北之卫辉所属各县究未沾足等语。前因卫辉上年雨泽稀少，秋麦未能播种，是以新正降旨加恩，分别展赈。今据该抚奏通省俱已得雪，惟卫辉一带仅得雪二三寸，尚未优沾，朕心深为廑念。【略】是月，【略】山东巡抚明兴奏，东省自去年秋冬以来雨泽稀少，春月粮价渐增，请循照历年平粜之例，量为减粜。

《高宗实录》卷一二二三

二月【略】乙酉，【略】赈江西萍乡、永宁、安福三县水灾饥民。丙戌，谕：豫省卫辉府属上年被旱，【略】所有卫辉府属之汲县、辉县、新乡、淇县、获嘉等五县不拘被灾分数，著再加恩普赈两月。【略】至卫辉府属附近灾区之延津、浚县、滑县、封丘、考城，并怀庆府属之武陟、修武、阳武、原武等九县被旱农民，著加恩酌借一月口粮。【略】丁亥，【略】又谕：朕此次释奠礼成，【略】自冬春以来雨雪尚未沾足，朕心焦切，兹当俎豆馨闻，恰值春膏沾沛，深为欣庆。【略】戊子，【略】谕：京畿一带三冬以来雪泽短少，朕心盼望焦切。今自初七、初八两日得雪盈尺，渥泽优沾。河南、山东较京畿尤更望泽，迩日云气宽广，或亦普沾膏泽与否？著该抚各即速奏。因思农民得此透雪，不但已种麦苗长发畅茂，并可赶种春麦，藉卜丰收。【略】谕军机大臣等，京师于二月初七、初八连日得雪盈尺，甚为沾渥，现在密雪未止。【略】辛卯，【略】又谕：【略】据正定总兵全保奏到，正定地方得雪六寸。恐迤南至卫辉一带雪势稍少，仍未得渥被春膏。【略】甲午，谕军机大臣等，据刘峨奏各属得雪情形，自赵州、顺德迤南，仅止三四寸不等等语。看来此次得雪直省迤南雪势稍小，豫省河北与大名、广平毗连，恐卫辉一带亦仍未得渥被春膏。该处连年被旱，朕心甚为廑念。【略】乙未，【略】谕军机大臣等，据何裕城奏，豫省河北一带初七八日得有雨雪，未能沾濡等语。《高宗实录》卷一二二四

二月【略】己亥，谕军机大臣等，据明兴奏，东省上年秋收虽称丰稔，因夏间二麦歉收，民间盖藏未能充裕，请暂停采买一折。自应如此，已于折内批示矣。看来东省惟登、莱、青三府自三冬以来所得雨雪尚为沾足，至省城及迤西兖州一带各府属，其得雪情形尚不能如直隶。【略】丙午，【略】河南巡抚毕沅奏，臣由保定起身，察看直属赵州、顺德以北，初七八等日雪泽优沾，至迤南之邯郸、磁州雪势渐小；一入豫境，自彰德至卫辉，只得过雨雪一二寸不等，随落随化，入土未深，仍然不能耕种。【略】赈福建建安、瓯宁二县乾隆四十九分水灾饥民。丁未，【略】山东巡抚明兴奏，东省去年麦收虽薄，秋成实系丰稔，臣因通省动缺仓谷共有九十余万石，为数甚多，是以酌量采买。嗣缘入冬雨雪稀少，春雨又未能普遍，粮价渐增，贫民糊口维艰，农民亦需酌借口粮，以助耕作。【略】至东省雨雪情形，登、莱、青三府较为沾足，省城及兖、沂、曹、济一带尚未普遍深透。

《高宗实录》卷一二二五

三月庚戌朔，【略】豁除直隶滦平县张百湾等处水冲沙压田地一百三十顷有奇。【略】乙卯，直隶总督刘峨奏，直属入春以来，正定迤北雨雪均已沾透，其广平、顺德二府所得雨雪仅二三四寸不等，而大名府属则并未同沾。现在各该府米价渐增，请将大名、广平、顺德三府不拘常例，准于三月底、四月初间即行平粜。【略】辛酉，【略】谕军机大臣，曰：毕沅奏卫辉一带被有旱灾，请截留漕粮二十万石，以资赈贷。【略】现在畿辅一带连日得雨，云气广阔，豫、东二省或亦当普被甘霖。上年以来，山东曹州各属雨泽稀少，亦不为丰足。今截留山东之米以济河南，恐山东之民不无向隅之叹。【略】癸亥，【略】谕军机大臣等，昨李奉翰奏，淮、扬、徐、海各属于二月二十四日得雨一二寸不等，二十八日又得雨二三寸不等，尚未十分沾足。现在率属虔行祈祷等语。【略】甲子，谕军机大臣等，据萨载奏，江北淮安、徐州、海州各属因天气久晴，粮价稍为昂贵，饬属平粜。淮安府属之山阳、清河、桃源各县于二月下旬得雨一二寸等语。【略】寻奏：江宁府属地方，或连朝雨泽，或数日间得雨一次，土膏滋润，大麦现已结穗，小麦亦经扬花。与淮、徐、海不同。大江以南各属现在农田亦无妨碍，二麦可望丰收；惟淮、徐、海等处望泽甚殷，臣惟有率属虔祷，以期速沛甘霖。得旨：览。

《高宗实录》卷一二二六

三月乙丑,【略】又谕:现因豫省河北一带连年旱暵,已降旨截留米豆三十万石,以资赈贷。京畿麦谷均属充裕,惟黑豆一项恐有短缺,【略】盛京去年丰收,今春雨泽沾渥,著传谕盛京将军永玮等,即在该处采买黑豆三万石,照例派员运京。【略】辛未,【略】又谕:据毕沅奏,彰德一府与卫辉毗连,开封、河南二属,自冬至今未沾雨泽,麦苗微细,夏禾不能长发等语。开封等属冬春未得雨雪,此时即得甘膏,播种大田,西成尚早。【略】所有开封府属之祥符、陈留、杞县、通许、尉氏、洧川、中牟、兰阳、荥泽、汜水、禹州、密县、荥阳、鄢陵、仪封、郑州、新郑等十七州县,河南府属之新安、渑池、偃师等三县,彰德府属之安阳、汤阴、内黄等三县共二十三州县,乾隆五十年并四十九年未完钱粮,及一切带征钱粮仓谷等项,俱著缓至本年秋后征收,以纾民力。【略】又谕:据明兴奏,济南、泰安、武定、兖州、沂州、东昌、曹州七府,济宁、临清二州,均于十七、十八两日得雨二三四五六寸等语。【略】又谕:据毕沅奏,河南省城于十九日得雨,自午刻至亥刻止,入土二寸有余。又据江兰奏,卫辉得雨一寸有余等语。【略】癸酉,【略】赈湖南茶陵州、攸县二州县水灾饥民。【略】乙亥,谕直隶广平、顺德、大名三府属,与豫省河北毗连,上年冬间缺少雪泽,今春亦未得有透雨;河间府属之景州、交河等州县秋冬以来雨泽稍疏,麦秋恐不免歉薄。【略】所有广平、顺德、大名三府属各州县,并河间府属之景州、交河、阜城、献县、河间、肃宁、宁津、故城等州县,著加恩将乾隆五十年应完钱粮并四十九年未完钱粮,及一切带征钱粮仓谷等项,俱缓至本年秋后征收,用纾民力。【略】丙子,蠲免河南商丘、宁陵、永城、鹿邑、睢州、柘城六州县乾隆四十九年水灾额赋。【略】戊寅,【略】谕军机大臣等,豫省卫辉一带连年被有旱灾。【略】京师于二十八日续得雨泽。本日据刘峨奏报,广平府属之磁州、邯郸,顺德府属之邢台等县各于二十四日得雨二寸四寸等语。

《高宗实录》卷一二二七

四月庚辰朔,【略】谕:据萨载等奏,淮、徐、海三属今春雨泽短少,现在二麦歉收等语。【略】辛巳,【略】寻奏:【略】查磁州等处,据报得雨后,迄今尚未续得甘霖。三月二十八日仅京城迤北之昌平、密云、顺义、怀柔等处报得雨一二三寸不等,其良乡迤南不及一寸。保定省城于是日浓云密布,旋即被风吹散。广平、顺德、大名三府及河间之景州等八州县,现均未得雨泽。【略】乙酉,【略】又谕:前据萨载等奏报,徐属铜山县得雨四寸。昨谢墉奏,徐州得雨前后约有七寸,与该督抚等奏报情形稍异。本日毓奇奏到漕船过淮日期,折内称今岁天气久晴,各处湖河存水较少,现在虔诚祈祷。【略】看来淮、徐一带得雨竟未沾足。【略】寻萨载奏,铜山县于三月初十、十一日得雨四寸,复于十七日得雨二寸。【略】两旬以来,淮、徐、海未据续报得雨。【略】壬辰,【略】谕:据书麟奏,亳州等十一州县本年雨水缺少,二麦不能一律栽插;本日又据该抚由驿奏报,安庆省城于初四日大沛甘霖,十分深透等语。【略】所有亳州、凤阳、定远、怀远、灵璧、泗州、天长、五河、盱眙、宿州、蒙城十一州县民卫应征新旧钱粮,俱著加恩缓至本年秋成后征收。【略】甲午,谕:直隶河间府属之景州、交河等八州县,秋冬以来雨泽稍疏,麦收恐未免歉薄。前经降旨,加恩减价平粜,并将新旧钱粮一体概予缓征。兹据刘峨奏称,东光、吴桥、任丘三县民力虽较景州等处稍为宽裕,但现在市集粮价亦未平减等语。所有东光、吴桥、任丘三县著加恩照景州等八州县之例,一体减价出粜,以平市价。

《高宗实录》卷一二二八

四月乙未,谕:东省兖州、曹州、济宁三府州属自去冬雨雪短少,春夏以来虽间得雨泽,未能接续普遍,济南、泰安、东昌所属各州县亦因雨泽稀少,麦收均不免歉薄,【略】所有兖州、曹州、济宁三府州属之带征钱粮、应征钱粮仓谷,济南府属之德州、平原、禹城、陵县、临邑、新城、齐河、长清,东昌府属之茌平、清平、冠县、馆陶、高唐、恩县,泰安府属之泰安、新泰、东平、东阿,临清州属之夏津、武城、邱县等各州县本年应征钱粮及未完带征钱粮仓谷等项,俱著加恩缓至秋后再行征收,以纾民力。【略】丙申,【略】又谕曰:李奉翰奏,四月十二日雷电交作,大雨如注,自卯至未已得甘霖五六寸等语。同日，复据毓奇奏，本月十二日淮安一带卯时得有雷雨，差查四乡，已经入土三寸等语。【略】寻毕沅奏：开封、河南及卫辉、彰德等，于三月十四日得雨一二寸之后，迄今又阅两旬，连日云气旋生旋散；归德、陈州壤接淮、徐，于本月十二三等日得雨三四寸，均可翻犁赶种；南、汝、光三属亦于是日得雨，其许州、陕州不过一二寸。【略】丁酉，【略】谕军机大臣等，本日梁敦书由山西香差回京复命，询以沿途雨水情形。据称，行次良乡，曾遇雨一次，亦不甚大等语。京师于十六日得雨二三寸，颇滋沾润，云气甚广。【略】寻奏：保定于十七日得雨二寸，所报得雨州县一二寸者居多，惟房山四寸，大兴、宛平、良乡、通州、正定等各三寸，麦田足资润泽。天津、河间等处雨未深透。【略】又谕：本日梁敦书由山西香差回京复命，询及该省雨水情形。据奏，经过汾州、平阳、蒲州、霍州、绛州一带地土甚属干燥，途次虽遇雨二三次，俱系不成分寸，二麦多有未种者，民情甚属艰苦，已成偏灾。曾将目击情形札寄农起等语。前据农起奏，平阳、太原、平定、绛州等府州属，于三月初一、初九、十七等日均各得雨二三寸。麦苗当长发之时，必需接济沾濡，农民甚为欢悦等语。【略】己亥，【略】谕军机大臣等，昨据明兴奏，省城地方得雨深透，各府州属得雨二三四五寸不等，现仍率属设坛祈祷等语。阅其所开单内，得雨二三寸之处居多，仍未能普遍优沾。东省各属雨泽稀少，土脉久干，其仅得微雨之处，未获优渥，自应竭诚祈祷。【略】现因河北卫辉等属缺雨，每日虔心祈吁。【略】至京城，本年春雪颇优，复经续得雨泽，于农田尚无妨碍。【略】本日据刘峨奏，顺天各府属五十二州县于四月十六七等日得雨一二寸至三四寸不等，现饬再行虔诚祈祷。【略】（明兴）寻奏：崂山道士亓本善素能求雨，臣于二月间延至，设坛祈祷二十余日，间得小雨。三月十七日，臣自泰山祷雨回省城，始得雨五寸。曹州毗连豫省，缺雨尤甚，即令亓本善往该处虔求，旋据报雨二寸。【略】闻离省三十里禹登山有龙潭，取水祷雨多应，遂设坛于省城，令道士诵经取水，虔祈于本月十四日得雨深透，各府州属并未普遍。【略】庚子，【略】谕军机大臣等，据闵鹗元覆奏近日雨泽情形一折，内称淮、徐一带晴干日久，现在斋虔率属竭诚祈祷等语。【略】又谕：【略】昨又据李奉翰、毓奇奏，淮安一带于四月十二日得雨三四五寸等语。是该处雨水已属沾沛，所有邳宿运中河等处，河水自应较前增长，现在粮艘能否遄行无阻？【略】寻，漕运总督毓奇奏：淮、徐、海三属于四月十二三等日得雨后，未据续报，惟淮安附廓地方间得小雨，虽于农田稍加滋培，而河湖实无增益。【略】得旨：览奏俱悉。又批：二十八九已大沛甘霖，此后不虞乏水矣。【略】又谕：据农起奏，太原省城于四月十六日得雨七寸，甚为优渥等语。【略】壬寅，【略】又谕：据明兴奏，省城于十四日得有透雨，各府州属于十二三四等日得雨二三四五六寸不等一折。所奏仍属不明。【略】寻奏：东省共一百十一州县卫，除登、莱、青三府属二十八州县冬雪本多，春夏雨泽调匀外，其历城等十七州县俱已乘时播种大田，而从前已得雨二十四州县亦渐翻犁播种。此外本属干旱，沾雨未透者四十二州县卫，再得透雨，方可播种。谨将各州县卫得雨分寸分晰开单呈报。【略】癸卯，【略】又谕：【略】本日据农起奏，晋省本年雨泽虽觉稍缺，二麦不过减收，且上年收成丰稔，民间尚有盖藏。现在不致成灾，无庸抚恤等语。所奏不实，已于折内批示。【略】如该抚所奏省城于四月十七日得雨七寸，各属于十六七八等日俱各得雨三四五六及深透不等等语。省城得雨七寸，可云深透，其余各属得雨分寸，农起亦止据地方禀报，未必尽皆确实，且其中有三四寸者，不得谓之沾足，看来汾州一带仍未得有透雨，而该抚遽称不致成灾，含混具奏。【略】乙巳，谕：据全德奏，海州分司所属板浦、中正、临兴三场因去冬今春雨泽愆期，晴干日久，产盐有限。【略】谕军机大臣等，据萨载奏，淮安府属之山阳、清河各县及海州所属之沭阳县，于四月初十、十二等日连次得雨五六寸，其桃源、阜宁、盐城、安东、铜山、萧县、宿迁、海州各州县得雨一二寸及一寸五分等语。【略】又谕：据农起覆奏，晋省缺雨各属借粜仓粮已属不少，目下又已得雨，各属具报二麦尚可有收，秋粮渐次播种，民情妥帖，毋庸先行抚恤一折。【略】丁未，【略】谕军机大臣等，据兰第锡奏，济宁以东雨泽沾足，惟迤西至豫省各属，所得雨泽不敌风沙之消耗等语，豫省各属受旱较重，总未据该抚奏报得有透雨。【略】戊申，谕：据毓奇等奏，本月初十日夜间，淮安一带地方陡起暴风，大河等卫各帮粮船一时救护不及，沉溺军船三十六只、剥船十五只，碰伤军船十七只，刮折桅木、撞损等船一百七十七只，计亏折漕米六千九百余石，淹毙副丁水手男妇人等十三名口等语。【略】又谕：据毓奇奏，清河、海州、沭阳、赣榆等处自初十至十三日，共得雨自五寸七寸至尺余不等；惟阜宁、盐城、铜山、宿迁、萧县、睢宁等属于十二三日仅止得雨一二寸等语。又，据明兴奏，东省除历城等十七州县卫得雨深透外，其仅止得雨二三寸及二三月内未沾雨泽者共四十二州县卫，必需再得透雨，方可播种大田各等语。【略】京师春夏以来屡经得雨，今自二十九日子时起，甘霖大沛，入土已有五六寸，现在雨势未止，云气宽广，向南一带尤为浓厚。【略】是月，直隶总督刘峨奏：保定省城于四月二十八日亥时起止二十九日寅时，得雨七寸，实为优渥。嗣据保定全属、河间、天津、定州、易州、冀州、赵州各府州属，均于是日得雨六七寸至八九寸、盈尺不等，惟大名、广平、顺德等府尚未据报。

《高宗实录》卷一二二九

五月【略】壬子，【略】又谕：豫省被旱地方较广，而卫辉各属情形尤重，业经节次加恩。现在京畿一带已渥被甘膏，而该省得雨仍未透足，二麦无收，大田未种，民情更形拮据。朕心深为轸念。所有开封府属之祥符、兰阳、陈留、仪封、荥泽，彰德府属之内黄六县，本属积歉之区，今岁受旱较重。其本年应征地丁钱粮，著即加恩蠲免十分之五。其情形次重之杞县、通许、尉氏、洧川、中牟、鄢陵、荥阳、禹州、汤阴、安阳十州县所有本年地丁钱粮，著即加恩蠲免十分之三。至缓征旧欠各州县内，开封府属之郑州、新郑、汜水、密县，河南府属之新安、渑池、偃师、洛阳、巩县、孟津、嵩县，归德府属之永城、鹿邑、柘城、虞城、夏邑，陈州府属之太康、扶沟、西华、陕州并所属之灵宝，许州并所属之临颍、襄城、郾城、长葛；又河北怀庆府属之河内、济源、孟县、温县，彰德府属之临漳、林县三十二属虽受旱较轻，现在青黄不接，小民生计亦属艰难，所有历年缓征、带征各项旧欠，著加恩概予蠲免十分之三。其与灾地毗连之商丘、宁陵、睢州、宜阳、登封、永宁、淮宁、商水、汝州、伊阳、宝丰、郏县、武安、涉县等十四州县所有麦后应征旧欠及本年钱粮，俱著加恩缓至秋成后征收，以纾民力。【略】甲寅，【略】谕军机大臣等，据郑源璹奏，查勘过汾州府属平遥、介休等县，其附近河渠者有水灌溉，麦苗长发一望青葱，惟旱地麦田稍觉力薄，颗粒不甚饱绽。该二县均于二十四日续得雨二寸，土膏腴润等语。【略】乙卯，谕军机大臣等，据图萨布奏陕省各属现在望雨、筑坛虔求一折。系于四月十九日拜发，差人赍递。昨据何裕城由驿奏报，西安一带于四月二十三四等日得雨四五寸，入土深透等语。是省城一带业经得有透雨，农民可以及时播种大田。图萨布此折拜发在前，是以尚殷盼望。【略】又谕曰：闵鹗元奏，据淮、徐、海所属各报得雨一二三寸，并称现在农民陆续赶种杂粮等语。淮、徐、海三属各州县，如清河、赣榆前经毓奇等奏报，得雨五六寸至尺余不等，今又得雨二三寸，自属沾润，可以翻犁播种，若安东、阜宁、盐城等处久缺雨泽，现止得雨二三寸，未为沾足，焉能赶种杂粮。闵鹗元所奏情形恐不实。【略】又谕：据书麟奏，亳州、凤阳、定远、怀远、灵璧、泗州、天长、五河、盱眙、宿州、蒙城等州县，雨泽愆期，二麦已经失望，农民赶种秋禾，尚需透雨滋培，方能出土长发，现在确查实在情形。【略】丙辰，谕：河南卫辉府属被旱最重之汲县、辉县、新乡、淇县、获嘉五县，【略】至今未得透雨，二麦无收，大田未种，民生拮据，深堪悯念。著加恩不拘极、次贫民，再赈三月。【略】又谕：【略】近来京师及直隶各属俱已大沛甘霖，即山西、山东等省亦得均沾澍泽，惟豫省开封等属虽得雨数次，总不曾深透，而卫辉一带旱象尤甚，望泽更殷。朕夙夜勤求，推原其故，实不可解。【略】戊午，谕：豫省被旱，【略】本日据毕沅奏称，附近灾区之延津等九属亦系连岁积歉之区，本年二麦无收，大田未能下种等语。【略】深堪悯念，所有延津、浚县、滑县、封丘、考城、武陟、修武、阳武、原武九县无论极、次贫民，著加恩再赈恤两个月。【略】辛酉，【略】谕曰：明兴奏，曹州、东昌、济宁、临清各府州属雨泽稀少，麦收歉薄，现在未得透雨，地方未经播种者尚有三十州县，将来

恐有应需接济之处,【略】请截留南粮二十万石存贮备用等语。　　《高宗实录》卷一二三〇

五月【略】乙丑,【略】谕军机大臣等,前因奎林自京回至乌鲁木齐,经由山西一带,随降旨令将该处情形具奏。兹据奏到,山西平定州至介休一带得雨二次,由介休至汾州、霍州、平阳、绛州、蒲州均未得雨,百姓多有刨挖野菜,采取榆钱充食等语。所奏情形与梁敦书前奏相符。是农起竟系有心讳饰。【略】又谕:据书麟奏,亳州等十一州县雨泽未能沾足,虽经赶种秋禾,不能一律出土长发,间有得雨一二寸,因久晴后,立见消涸。又,霍邱、太和等县仍未续得雨泽,如有必须酌筹接济之处,即当分别妥办奏闻等语。【略】丁卯,谕:据农起奏,查勘太原、汾州、沁州、辽州、隰州、平定州所属各州县从前虽俱缺雨,嗣于四月十六七八、二十八九及五月初一二等日,连得透雨数次,入土六七寸不等,甚为优渥。麦收尚好,秋禾播种俱已出土数寸,并未成灾。【略】庚午,【略】又本日据兰第锡奏,商丘、兰阳等县于十二得雨三寸。毕沅现在柘城,距商丘不远,何以亦未奏及。【略】癸酉,谕:江苏淮、徐、海三属本年雨泽愆期,二麦收成歉薄,【略】所有被旱最重之铜山、丰县、沛县、萧县、砀山、邳州、睢宁、宿迁、安东、阜宁、桃源十一州县实在贫民著借给两月口粮。被旱次重之清河、盐城、海州、沭阳、赣榆五州县贫民著借给一月口粮。【略】又谕:据闵鹗元奏报麦收分数折内称,淮、徐、海三属二麦全境失收,无分数可计外,江都、甘泉、通州、泰兴等通计有四十厅州县收成均有十分,其收成九分者仪征、如皋并海门,计有六县厅等语。【略】甲戌,【略】(特成额)奏:臣赴衡州,先据武昌、汉阳、安陆、荆州、黄州、襄阳等府俱称田间望泽。旋于四月二十四日,武昌、汉阳、襄阳三府据报得雨沾足,臣即行具奏。其安陆、荆州、黄州三府,并郧阳、宜昌于具奏后,始据报五月初二三、十二等日均得雨,未十分透足,随于二十六日具奏。兹于六月初二日省城得大雨,入土五寸。各属曾否普沾,俟查明另奏。报闻。【略】乙亥,【略】又谕:本年山东省曹州、东昌等府属雨泽愆期,麦收歉薄,【略】现在缺雨州县大田尚有未能播种者,民间口食未免拮据,此时急需量为接济。所有济南府属之陵县、平原,泰安府属之东平州、莱芜,东昌府属之堂邑、茌平、清平、莘县、冠县、馆陶、恩县,兖州府属之曲阜、泗水、阳谷、寿张,曹州府属之菏泽、濮州、范县、观城、朝城、郓城、城武、定陶、巨野,济宁州属之嘉祥、鱼台,临清州及所属之武城、夏津、邱县等三十州县,又播种未能齐全之德州、峄县、滕县、曹县、单县、聊城、博平、新泰、平阴、东阿等十州县,俱即加恩赏给两个月口粮。【略】又谕:【略】毕沅另折奏称,归德、陈州、河南、陕、许各处于十二日得雨二三寸等语。二三寸之雨在节次得雨处所尚能积润。今土脉久干,得此微雨飘洒,究竟不能沾溉,于大田仍属无益。看来豫省惟南阳、汝宁、光州三属雨水调匀,其余通省被旱地方甚广。【略】丙子,【略】谕军机大臣等,据全德奏,扬州、通州一带虽经得雨,但田中不能积水,运盐河水浅阻,近水之田现皆车戽插秧,其腹里高田及各场盐河,均望大雨时行。现在虔诚祈祷等语。【略】又谕:豫省被旱地方甚广,现已节过夏至,尚未得有透雨,朕宵旰焦忧,实属无法。【略】(毕沅)寻奏:臣正缮折覆奏间,接河北各属报,六月初三日大获甘霖,卫辉所属得雨五寸,彰德得雨五寸,怀庆得雨四寸,土膏沃润,农民上紧赶种糜莜及一切杂粮。至开封省城及附近州县,自前月廿八至本月初二三等日皆有阵雨沾濡,或三四寸一二寸不等,民间亦皆乘时播种。臣自仲春至今,在在虔诚吁请,几于靡神不举,他如《春秋繁露》及诸史志中载有祈雨各术,择其近理可行者,并仿照举行。今灾重之区得有畅雨,而久干后尚盼续沛恩膏,其余各属待泽者尚多,臣惟有倍矢精诚,敬顺祈祷。【略】丁丑,谕:书麟奏安省被旱地方较广,旬日内得有透雨,虽仍可有收,而凤、颍、泗三属乃积歉之区,必须预筹接济,请于三进帮船内截留漕粮五万石,以备赈贷之用等语。安省亳州、凤阳等各属上年被水歉收,本年又复雨泽愆期。【略】又谕:现在节近暑伏,正农民赶种晚秋之时,数日以来,热河及近畿地方续得透雨沾濡,于大田甚有裨益,而东省之迤西各府州属,江苏之淮、徐、海三属雨泽愆期,农民甚殷盼望。本日又据书麟奏,亳州、蒙城、寿州、凤台等属亦未得有甘澍地方。【略】又谕:豫省被旱地方甚广,节过夏至,

尚未得有透雨。朕心甚为忧切，昨已有旨询问。（毕沅）寻奏：省城于六月初五日大雨倾注数时，卫辉、彰德、怀庆各府属均于是日得雨三四寸，河南、汝州、许州各府州属于初三日各得雨三四寸不等，民情均极欢愉。 《高宗实录》卷一二三一

六月【略】壬午，【略】谕军机大臣等，据毕沅奏，五月二十四五等日河南、怀庆、陕州各府州属得雨三四寸，其余河南北被旱各属虽同日均沾，仍不过二三寸等语。豫省河、陕、怀等府州属得有三四寸渥泽，农民及时翻犁播种，大田即可冀其有秋。而卫辉、开封等属被旱尤剧灾区，仍未得有透雨，览奏益切忧廑。【略】甲申，谕军机大臣等，据明兴奏，五月二十九及六月初二三等日，各府州属得雨二三四五六寸以及深透等语。朕详加披阅，内得雨五寸以上者少，甚属可忧，已于折内批示。又单开登、莱、青三府属内，惟蓬莱、黄县得雨六寸，其余文登等县均止二寸。东省济南及迤西各府州属雨泽愆期，麦收失望。【略】（明兴）寻奏：六月初一二等日得雨者共四十一州县，五寸以上深透之处无几，二三寸者居多，均能勉力补种。登、莱、青三府属亦据报得雨三四五寸不等，合计通省未种之地不过十分之二三。正届大雨时行，数日内再大沛甘霖，晚禾可以赶种。【略】又谕：据毓奇奏，本年重运帮船，缘水势异常浅小，以致节节阻滞，已入台庄闸者仅十五帮，计在后尚有七十六帮，【略】今岁南漕首帮抵津，较之往岁已迟至两月。【略】乙酉，【略】谕军机大臣等，据毕沅奏，河北卫辉、彰德等属初三日得沛甘霖等语，览奏实深欣慰。本年山东及江南之淮、徐、海三属亦因缺雨成灾，情殷望泽，但较之豫省地土尚属润泽。【略】丁亥，谕军机大臣等，据萨载奏，淮、徐、海三属于五月二十七八及六月初一二三等日，睢宁等州县得雨一二寸及五分不等。秋粮得此澍雨可资长发，其余缺雨地方是否沾足，现在行查等语。看来总欠沾足，奈何。 《高宗实录》卷一二三二

六月【略】乙未，【略】谕军机大臣等，本日毕沅奏，开封、河南、陈州各府属于初七、八两日先后得雨三四五寸等语，豫省于六月初间连沛甘霖，但被旱较广，待泽甚殷。【略】又据兰第锡、毕沅奏黄河水势，涨水五六尺，旋复消落，各工平稳等语。【略】又谕：据萨载奏，淮、徐、海三属内，丰、沛、萧、赣榆等县未据禀报得雨，其余各州县陆续得有雨泽，尚未透足。徐州府城及所属之邳州得雨一二寸等语。又，据福海奏，淮安地方于六月初五六等日得雨三寸及一寸等语。【略】淮、徐、海三属雨泽久愆，农民亟盼渥泽，今所得不过二三寸。【略】丙申，谕军机大臣等，据明兴奏，通省得有透雨地方，俱已播种齐全，其得雨止二三寸，勉力补种者，聊城等十七州县因受旱较重未能补种齐全，若遇大暑仍不能普被渥泽，则旱灾已成，秋收无望等语。【略】又谕：豫省于六月初三、初五两日连沛甘霖，农民自可赶种晚秋，但该省卫辉一带久经旱旸，土脉干燥，前此所得之雨，尚恐未能透足。【略】昨据毕沅奏，开封、河南、陈州各府属于初七八日先后得雨三四寸，而卫辉等处未经该抚奏及，朕心深为廑念。【略】丁酉，【略】又谕：前据毕沅奏，卫辉、开封等属缺雨地方俱已陆续得有甘澍，农民现在及时播种。又据明兴奏，迤西之兖、曹、济等府州属，及迤东之登、莱、青、沂各府属亦俱于望雨孔亟之时，先后均沾渥泽。是河南、山东二省旱暵较重之区，此时均已沾润，农田可冀有秋。忧廑为之稍慰。而江苏之淮、徐、海三属，安徽之亳州、蒙城等处，与豫、东二省境壤毗连，尚未据该督抚等奏报得有透雨。【略】庚子，【略】（毕沅）寻奏：大河南北自六月初旬得雨，嗣于二十三日后续沛甘霖，禾苗长发。开封、卫辉、彰德、怀庆等府属俱于二十六七等日一律均沾深透；其归德、陈州、河南、许州、陕州等府州属俱同日得雨三四五寸不等。臣查看黄河水势，亲赴各村，并咨询父老，佥称雨泽普施，实为四五年来未见。惟今春二麦失望之处甚多，间有秋禾不及普种者，将来未免成有偏灾，应一并确实查勘。【略】癸卯，【略】又谕：据书麟奏，通省被旱各州县内，亳州、蒙城、太和、宿州、灵璧五州县民力不免拮据，泗州、五河、天长、盱眙四州县有业之户仅可支持，其凤阳、定远、怀远三县虽已得雨，民力仍属拮据，凤阳、泗州、长淮三卫屯军情形亦属相同等语。【略】甲辰，【略】谕军机大臣等，据蓝元枚奏，淮、徐、海三属连得雨泽，虽尚未充足，而沿河低处俱已栽插秧苗，以冀秋收等

语。【略】本日又据明兴、毕沅奏到，豫、东二省均已续得透雨。【略】又谕：据毕沅奏，开封省城于二十二日得雨三寸，现在云气往来，雨势甚广，远近可冀普沾。又据明兴奏，济南、东昌、武定、莱州、青州各属陆续具报，于十六、十八等日得雨二三四五寸及深透不等；二十三日台庄地方得雨五寸，附近之兖、沂、曹、济等处或可共沾各等语。豫、东二省得此雨泽接润，已种大田藉滋长发。【略】乙巳，谕：据全德奏，泰州分司所属伍佑、新兴、庙湾三场坐落淮安府属之阜宁、盐城二县地方，因天气久晴，粮价昂贵，灶户买食维艰，现拨盐义仓谷石平粜等语。【略】又谕：【略】本日据萨载奏，当涂、巢县、灵璧、亳州、蒙城、盱眙、五河、滁州、来安、和州等州县均于六月初一初四等日，得雨五分至一二寸不等，其余宁国、旌德、庐江、霍邱、太和、天长、广德等州县据报均未得雨等语。看来安省亳州、蒙城等处业已成灾。

《高宗实录》卷一二三三

七月【略】己酉，谕军机大臣等，据刘峨奏，顺德府属之唐山等县于六月二十三四五等日得有透雨一折，览奏稍慰。至夹片称，永定河水势于二十九日涨水二尺四寸，卢沟桥水深九尺八（寸），（中）泓有水。【略】辛亥，谕：据特成额奏，湖北省江夏等四十七州县，因入夏以来未得透雨，早、中二禾鲜有收获，粮价未免昂贵等语。【略】谕军机大臣等，据特成额等奏，湖北省止施南一府暨荆州、宜昌、郧阳三府属，禀报于六月初二三等日，间有得雨深透数处，可卜有秋。其余各属仅报同时得雨一二寸，或微雨数阵不成分寸，并有未经得雨者。请将缺雨之江夏等四十七州县减价平粜等语。【略】本日据毕沅、书麟奏，河南、安徽两省均于六月二十七日得被浓膏，且云气颇广，湖北与河南、安徽接壤，或可一律普沾。【略】又谕：据书麟奏，安庆省城于二十七日大沛甘霖，入土六寸，四野均沾等语。览奏深为欣慰。【略】丁巳，【略】谕军机大臣等，据福海奏，淮安地方于六月二十五日得雨四寸，秋禾杂粮藉资长发等语。【略】辛酉，【略】谕军机大臣等，据闵鹗元奏，淮、徐、海三属自六月下旬以来，连次得雨，自六七寸至一尺有余，极为优渥，已种之秋禾足资长发等语。江苏淮北一带本年雨泽愆期，伏暑前后农田望泽孔亟。今已于立秋前普被甘霖，秋禾藉资长发，可冀转歉为丰，览奏为之稍慰。

《高宗实录》卷一二三四

七月【略】丙寅，【略】又谕：据书麟奏，安省惟徽州一府雨水不缺，其余得雨未透，及未经得雨各州县望雨尤切，已委藩司陈步瀛前赴庐、凤等属查勘被旱情形。【略】又谕：【略】本日据书麟奏，安徽庐、凤、颍、泗各属，盼泽甚殷。湖北与安省境壤毗连，情形自必相同。看来今年旱象自北而南，湖北缺雨处所甚广，况此时尚未得被浓膏，则晚禾又必失望。朕心深为悬注。【略】丁卯，【略】又谕：据萨载等奏，江苏淮、徐、海三属山阳等州县于六月下旬、七月初间得雨以后，洼地秋禾得资长发，高地已未种秋禾，俱可滋长补插。安省之亳州等州县亦于立秋前后，陆续得雨，其滨临江河地方，秋禾均各畅茂。高阜被旱未甚者，尚可转黄为青等语。【略】又谕：据吴垣奏，勘得江夏、武昌、广济、黄梅等州县早、中二禾俱多黄萎，惟棉花杂粮尚属青葱。六月三十日、七月初一日路经武昌、大冶等县，连次遇雨，初五日兴国州途次又遇阵雨。日内又据武、汉、荆、襄等府俱报同沾，均未能十分透足，惟德安府得雨较大。查此番雨泽，虽于已萎禾稻无济，而田土滋润，均可翻犁改种等语。【略】本日据姜晟奏，德安府属于六月三十、七月初一初五连得大雨，汉阳府属得雨情形相同等语。【略】又谕：据丰绅济伦奏经过沿途地方情形，折内称，直隶、陕西雨水俱极调匀，惟山西省经过地方雨水较少，若续得透雨，于田禾有益等语。计丰绅济伦行抵山西时应在七月初间，而农起于七月十一日奏到，折内称晋省一百一十厅州县雨水极为透足，系初三日在省城拜发，与丰绅济伦所奏情形不符。【略】寻奏：丰绅济伦于本月初八过境，初八以后，连日大雨深透，田禾有益。得旨：览奏稍慰。【略】辛未，谕：据刘峨奏，本年直隶、大名等十州县雨泽愆期，冬春赈借需用较多，请截拨漕米十万石，以资赈借等语。【略】又谕：据农起奏，勘明代州、崞县、忻州、定襄、五台、繁峙六州县因滹沱河水暴涨，滨河两岸田庐禾稼间段淹浸，居民抢护家资，冲毙男妇四十三名口，请先行抚恤，以资

安顿。其因沙压而冲及雹伤地亩，俟秋成后查明被灾轻重，再行给赈等语。【略】甲戌，【略】直隶总督刘峨奏：巨鹿一县与被灾较重之广宗接壤，雨水缺少，秋收必减，请添借贫民一月口粮。得旨允行。

《高宗实录》卷一二三五

八月戊寅朔，【略】谕：据萨载等奏，淮安、江宁、常州、镇江、扬州五府属本年被旱，收成不无歉薄，粮价渐昂。请【略】酌拨十万石，分给淮安等五府属平粜，接济民食。【略】癸未，【略】又谕：前因(河南省)河北各属未得透雨兼有应办展赈事务，是以令江兰常驻卫辉，督同妥办。本日据江兰奏，卫辉一带二十八九等日复得澍雨，晚禾可以有收，春麦亦藉以播种。七月分加赈口粮已次等放竣等语。【略】甲申，【略】又谕：据吴垣奏，湖北省被旱各州县仓谷已减价平粜。【略】四川、江西与湖北境壤毗连，且该二省上年秋成丰稔，今年雨泽调匀，丰收在望。自应令湖北商贾前往贩运。【略】乙酉，【略】又谕：本日据特成额奏湖南省粮价雨水情形一折，内称通省雨旸顺叙，早稻现已陆续登场，统计收成分数实有八分有余等语。是本年湖广被旱灾区专在湖北之武、汉、荆、襄等府州属，而湖南一省州县中不过有四五县得雨稍迟，其余七十厅州县则已早庆秋成，米粮渐次入市。【略】本年江苏、安徽二省被旱地方较广，该二省地狭民稠，向来丰收之年米粮仅敷本地口食，若稍遇歉收，即须仰给于四川、湖广、江西之米。

《高宗实录》卷一二三六

八月【略】乙未，谕曰：书麟奏，安省安庆、庐州等三十三州县秋禾被旱成灾，池州、宁国等四府州亦多灾伤之处，请将凤阳关、芜湖关应解正额盈余银两暂缓起解，以备赈济之用等语。【略】己亥，【略】又谕曰：富勒浑奏，浙江杭、嘉、湖三属雨泽稀少，晚禾未能插竣，民间望雨甚殷，客米因河路干浅，艰于运到，粮价渐次增昂等语。江浙民人素皆仰给四川、湖广客米，今湖北被旱成灾，所有贩运川米之欲赴江浙一带者，过楚时或被湖北省拦截，则商贩自不能到浙，朕已经虑及，节次降旨，令该省督抚明切晓谕各该地方，毋许遏籴及截留过境米船。【略】庚子，【略】谕：据何裕城奏，同州府属朝邑县因河水涨发，冲入县城，濒河村庄多被淹没，业经散给乏食贫民一月口粮。【略】又谕曰：福崧奏浙省田禾雨水情形及早禾收成分数二折，内称七月二十四五七等日连得澍雨，入土深透，现值晚禾含胎吐穗，得此膏雨滋培，可期颗粒饱满。又称，通省早禾收成共有九分等语。昨据富勒浑奏，浙省杭、嘉、湖三府属六月以来雨泽稀少，晚禾未能插竣，客米因河路干浅，艰于运到，粮价渐次增昂，随批司确核开粜等语。【略】辛丑，【略】谕：户部议奏，浒墅关短少盈余银十二万三百十七两零，请著落该监督照数赔补等语。固属照例办理，第念上年江浙两省岁收丰稔，江广米船多在上游售卖，又本年雨泽短缺，河道浅阻，南北贷船到关稀少，盈余短绌，尚属有因，所有浒墅关短少银十二万三百十七两零，俱著加恩免其赔补。【略】甲辰，【略】谕：据明兴奏，本年东省春夏以来雨泽短少，兖州、曹州、东昌三属得雨尤迟，兖州府属之峄县，曹州府属之濮州、范县、朝城、观城、定陶、菏泽，东昌府属之聊城、莘县共九州县收成歉薄，止有四分至二分不等。其有卫地坐落各该州县者亦被旱成灾，小民口食维艰。又，济南府属之德州，泰安府属之新泰、莱芜、平阴、东阿、东平，兖州府属之泗水、滕县、阳谷、寿张，曹州府属之郓城、巨野，沂州府属之兰山、郯城、蒙城、费县、沂水，东昌府属之恩县、茌平、堂邑，青州府属之益都、昌乐、寿光，莱州府属之潍县、昌邑共二十五州县并坐落卫地，亦因未得透雨，现在收成虽有五分上下，勘不成灾，而得半收成，民间仅堪糊口等语。【略】乙巳，【略】又谕：据明兴覆奏东省湖河情形一折，称七月二十八九等日连得澍雨，各坡河之水下注微山湖，已涨水四寸有余，现深七尺余。

《高宗实录》卷一二三七

九月【略】壬子，【略】贷安徽宿州、凤阳、灵璧、亳州、蒙城、盱眙、太和、泗州、天长、五河、寿州、怀远、凤台、定远等十四州县，并凤阳、长淮、泗州三卫本年旱灾贫民籽种口粮。【略】甲寅，【略】谕军机大臣等，据全德奏，海州、泰州各场及通州所坐落东台县各场，因本年雨泽稀少，运盐河道日就消耗，剥运艰难。现饬该分司会同东台县，将东岸范堤旧闸开放数处，引潮入河，设法潴蓄，以资浮送。【略】辛酉，【略】又谕：据毓奇奏，截卸江南各州县存贮之江西漕粮十八万余石，【略】江西省本年秋成丰稔，采买米石不至昂贵。《高宗实录》卷一二三八

九月【略】癸亥，浙江巡抚福崧奏，杭、嘉、湖三属本年收成歉薄，请借盐库银十五万两，派员赴川采买，以备明岁二三月平粜。得旨：允行。缓河南汲县、淇县、新乡、获嘉、浚县、辉县、封丘、延津、滑县、考城、武陟、修武、原武、阳武、祥符、陈留、杞县、兰阳、仪封、荥泽、汤阴等二十一厅县本年旱灾应征钱粮，并通许、尉氏、洧川、中牟、鄢陵、荥阳、禹州、郑州、新郑、汜水、密县、林县、安阳、临漳、武安、涉县、河内、济源、孟县、温县、洛阳、偃师、巩县、孟津、登封、许州、长葛等二十七州县本年征余一半漕米，商丘、宁陵、鹿邑、夏邑、睢州、永城、虞城、柘城、西华、扶沟、太康、光州、光山、固始、息县、内黄等十六州县本年漕米，及新安、渑池、嵩县、宜阳、永宁、淮宁、商水、临颍、襄城、郾城等十县旧欠钱粮等项，均予缓征。【略】甲子，【略】谕曰：明兴奏，济南府属之长清，济宁州属之金乡、鱼台、嘉祥四县，于八月下旬天时乍寒，被霜较早，晚禾尚未结实，一经霜打，收成顿减，民情未免失望等语。长清、金乡等县本年春收本属歉薄，今又被霜较早，晚禾收成顿减，殊堪轸念。【略】辛未，谕：据吴垣奏，本年湖北江夏、武昌等州县民田军屯被旱成灾，内应行输漕州县共计有三十余处，自开征月余，完纳无几，体察情形，民力实为拮据。【略】著照所请，将成灾较重有漕之江夏、武昌、咸宁、嘉鱼、蒲圻、汉阳、沔阳、黄陂、孝感、荆门、广济、黄梅、应城、随州、江陵、公安、监利十七州县本年应完漕粮正耗米石银款等项缓作三年带征；成灾较轻有漕之兴国、大冶、崇阳、潜江、天门、黄冈、蕲水、蕲州、罗田、安陆、云梦、应山、石首、松兹十四州县本年应完漕粮正耗米石银款等项缓作两年带征；至被灾稍轻之通城，及毗连灾区之通山、当阳，又成灾之黄安等州县，所有本年应征漕粮并折漕随漕银款俱著一体缓作两年征解。【略】壬申，【略】赈江苏长洲、吴县、常熟、昭文、武进、阳湖、无锡、金匮、江阴、宜兴、荆溪、丹徒、丹阳、金坛、溧阳、山阳、阜宁、清河、桃源、安东、盐城、铜山、丰县、沛县、萧县、砀山、邳州、宿迁、睢宁、海州、沭阳、赣榆、上元、江宁、句容、溧水、高淳、江浦、六合、高邮、泰州、东台、江都、甘泉、仪征、兴化、宝应、如皋等四十八州县，并淮安、大河、徐州、扬州、镇江、苏州、太仓、仪征八卫本年旱灾饥民口粮，并缓征本年漕粮漕项银米及蠲剩银米。【略】癸酉，【略】谕军机大臣等，【略】今浙西秋成既薄，米贩复稀，闽省境壤毗连，本年秋收又属丰稔，自当以闽省之有余，补浙省之不足。【略】是月，钦差大学士公阿桂【略】又奏：自京起程，经过直隶等属，惟大名一府秋收歉薄；东省德州至郯城得雨稍迟，补种未齐，近日普得透雨；惟江北淮、徐等处现届种麦，望雨甚亟。【略】江苏巡抚闵鹗元奏：江宁、苏州等府属频得雨泽。《高宗实录》卷一二三九

十月【略】庚辰，赈恤湖南巴陵、临湘、华容、武陵、桃源、龙阳、安福、岳州等八州县卫，并坐落巴陵、临湘、华容三县之湖北武左、黄州等二卫屯田本年旱灾贫民，蠲缓额赋有差。【略】壬午，【略】谕军机大臣等，本年直隶大名、广平、顺德三府属各州县雨泽愆期，农民布种较迟；又，江苏淮、徐、海等府州属州县并淮安等各卫，因雨泽愆期，秋成歉薄，现虽得有透雨，究属稍迟，恐明年春麦不能一律赶种；又，安徽亳州等州县春夏雨少，二麦歉收：又，浙西杭、嘉、湖三府属高阜远水之区得雨稍迟，禾苗未能畅发；又，山东兖、曹、济宁等府州属旱久成灾，麦收歉薄；又，山西忻、代，陕西朝邑等州县因河水涨发，田亩村庄被淹；又，河南祥符等县及卫辉等府属麦苗被旱；又，湖北江夏等州县并武昌等卫所因今夏晴日较多，夏收无望；湖南巴陵等县卫得雨较迟，中、晚二稻不能一律成熟。【略】癸未，【略】又谕：据福康安奏，甘肃皋兰、金县、伏羌、安定、会宁、平凉、静宁、隆德、盐茶、秦安、平番、庄浪等十二厅州县县丞地方，间被雹、水偏灾，请将银粮、草束蠲免等语。【略】谕军机大臣等，据鄂宝等奏，奉天所属地方本年秋收丰稔，一切市粮价值较前均有减落。【略】寻奏：现查天津航海商船，领照赴奉者八百余只，其运回粮石不下数十万石，俱经运赴直隶之大名、广平，河南之临漳以及山东德州、东昌、临清、济宁一带粜卖。报闻。【略】丙戌，谕曰：福崧奏，仁和等十七州县并

杭严、嘉湖二卫田亩歉收，请将应征漕米钱粮等项分别缓征等语。本年浙西一带雨泽愆期，田禾间有被旱之处，收成不无歉薄，民力未免拮据。所有仁和、钱塘、海宁、余杭、临安、嘉兴、秀水、海盐、于潜、石门、桐乡、乌程、归安、长兴、德清、武康、安吉等十七州县，并杭严、嘉湖二卫歉收田亩应征地漕钱粮，著加恩缓至五十一年麦熟后征收，其漕米及新旧漕截等银亦著缓至次年秋成后征收带运，以纾民力。该部即遵谕行。 《高宗实录》卷一二四〇

十月【略】庚子，【略】赈恤直隶平乡、广宗、藁城、开州、元城、大名、南乐、清丰、东明、长垣、冀州、衡水、新河、赵州、隆平、宁晋等十六州县本年水、旱灾贫民，并予缓征。【略】辛丑，加赈安徽亳州、蒙城、太和、阜阳、霍邱、宿州、颍上、灵璧、定远、怀远、寿州、凤台、凤阳、泗州、盱眙、五河、天长、滁州、全椒、来安、庐江、巢县、合肥、舒城、无为、铜陵、贵池、东流、建德、青阳、宣城、南陵、旌德、宁国、泾县、太平、怀宁、桐城、宿松、太湖、潜山、望江、和州、含山、广德、建平、当涂、芜湖、繁昌、六安、霍山等五十一州县，并凤阳、长淮、泗州、滁州、庐州、安庆、建阳、宣州、新安等九卫本年旱灾贫民，并蠲缓漕项银米有差。【略】癸卯，【略】赈恤河南永城、虞城、夏邑、柘城、商丘、宁陵、鹿邑、睢州、内黄、西华、太康、扶沟等十二州县本年旱灾贫民，并予缓征。【略】乙巳，【略】赈恤两淮板浦、中正、临兴、富安、安丰、梁垛、何垛、东台、庙湾、栟茶、角斜、丁溪、草堰、刘庄、伍佑、新兴等十六场本年旱灾灶民，并予缓征。【略】是月，【略】四川总督李世杰奏：浙省杭、嘉、湖三府歉收，奏请来川采买，查委员到川于民间购买，未免迟滞。请将奏定碾备楚粜仓米十五万石，先拨十万石兑交浙省，俟湖北官商到时，除存米五万外，如不敷用，再筹动碾。得旨：所办好，该部知道。

《高宗实录》卷一二四一

十一月【略】庚戌，谕：向来京师需用麦石，俱藉豫、东二省接济，本年春夏之间该二省雨泽短少，收成歉薄。【略】今岁奉天各属雨水调匀，麦收丰稔，著永玮、鄂宝等查照向例，采买麦二万石，委员运京，以备支放粜粜之用。 《高宗实录》卷一二四二

十一月【略】壬戌，【略】赈恤山东峄县、菏泽、定陶、濮州、范县、观城、朝城、聊城、莘县等九州县本年旱灾贫民。【略】丁卯，【略】赈恤甘肃河州、靖远、宁夏、宁朔、灵州、中卫、平罗等七州县本年水雹灾贫民，并缓征皋兰、金县、狄道、渭源、陇西、伏羌、安定、会宁、肃州、玉门等十州县被旱地亩额赋。戊辰，【略】又谕：据孙永清【略】奏称，本年粤西大获丰收，现当接济邻省之时，若本省各属纷纷采买，市价必致昂贵，请暂停采买，以期两省价平食裕一折。所办俱好。【略】壬申，【略】又谕：据浦霖奏，湖南省各县卫有勘不成灾田亩，收成仅及六分，民间盖藏鲜少，稍形拮据等语。【略】是月，浙江巡抚福崧奏：浙西杭、嘉、湖三府因旱歉收，米粒未纯，请将该三府属应征粳米之十一州县一体红白兼收，籼粳并纳，以速兑运。得旨：著照所请行，该部知道。 《高宗实录》卷一二四三

十二月【略】壬午，两淮盐政全德奏：通州盐河久涸，所有九场盐运，除吕四、余东二场暂收江运外，余七场惟栟茶、角斜、掘港最大，已存盐二十余万引，应先装运。【略】戊子，【略】蠲缓山西代州、五台、崞县、繁峙、忻州、定襄等六州县本年水灾地亩额赋有差。【略】庚寅，【略】赈贷陕西朝邑、华阴、富平等三县本年水灾贫民。 《高宗实录》卷一二四四

十二月【略】壬辰，谕：据毓奇等奏，十二月初三日，回空各帮船只正在渡江，行至金山、蒜山之间忽发异常风暴，江涛汹涌，各船收口不及，人力难施，共碰损沉溺江淮四帮船五只、泗州前帮船十只、淮安头帮船三只、杭严四帮船一只，并有淹毙男女人口等语。【略】甲午，【略】豁除云南赵州、太和二州县水冲沙压田地一顷二十七亩有奇额赋。乙未，据毕沅奏，归德、陈州、彰德三府属因秋禾被旱成灾，现在赈恤，仓粮不敷动拨，请将明春应行运通漕粮三万一千九百余石，停其起运等语。【略】豁除河南祥符、陈留、仪封三县水冲沙压地一千一百六十顷九十五亩有奇额赋。

《高宗实录》卷一二四五

## 1786年 丙午 清高宗乾隆五十一年

正月【略】戊申，谕：上年安徽亳州、蒙城等州县雨泽愆期，被旱成灾，【略】著再加恩将被灾较重之亳州、蒙城、太和、泗州、盱眙、天长、五河、滁州、全椒、来安、和州、含山、建平、铜陵、庐江、巢县、宿州、定远、灵璧等十九州县被灾九十分贫民，无论极、次，于正赈后再行加赈一个月。此内亳州、蒙城、太和、泗州、盱眙、天长、五河、宿州、定远、灵璧等十州县均系积歉之区，著将被灾八分极贫加赈一个月。【略】又谕：上年浙西杭、嘉、湖三府属之仁和等十七州县并杭严、嘉湖二卫，得雨较迟，收成歉薄，【略】著再加恩将杭、嘉、湖三府属之仁和、钱塘、海宁、余杭、临安、于潜、嘉兴、秀水、海盐、石门、桐乡、乌程、归安、长兴、德清、武康、安吉等十七州县，并杭严、嘉湖二卫，再行缓至秋收后按例征收。【略】又谕：上年湖北江夏等州县并武昌等卫因旱暵成灾，夏收无望，【略】所有成灾七八九十分之江夏、武昌、咸宁、蒲圻、嘉鱼、汉阳、沔阳、黄陂、孝感、汉川、广济、黄安、麻城、黄梅、钟祥、荆门、应城、随州、江陵、公安、监利、襄阳、枣阳、谷城、光化、宜城等二十六州县，并坐落各该州县卫所屯田之极、次贫军民，著加恩于正赈散毕后再行展赈一个月。其成灾五六七八分之兴国、大冶、黄冈、蕲水、蕲州、罗田、潜江、京山、天门、当阳、安陆、云梦、应山、石首、通山、松滋、枝江、宜都、均州、郧县、崇阳等二十一州县，并勘不成灾之通城、南漳、东湖三县，以及坐落各该州县卫所军民，俱著加恩分别赏借口粮籽种。【略】己酉，谕：上年江苏淮安、徐州、海州所属雨泽愆期，夏、秋二禾均失收；江宁、扬州、镇江所属府州县秋成亦多歉薄，【略】著再加恩将被灾较重之徐属萧县、砀山二县十分灾极、次贫民展赈两个月。其淮安、徐州、海州、江宁、扬州五属之八九分灾极、次贫民展赈一个月。【略】又谕：上年陕西朝邑等州县因河水涨发，田亩村庄被淹，【略】所有被灾较重之朝邑、富平二县极、次贫民，著加恩于正赈后再行展赈一个月。【略】辛亥，【略】谕：豫省开封、卫辉等属频岁不登，上年入春后雨泽愆期，麦收失望，夏秋虽经得雨，田禾究未免歉薄，【略】著再加恩将被旱较重之汲县、新乡、获嘉、淇县、辉县等五属极贫下户，于今春赏给两月口粮。其被旱稍轻之延津、封丘、考城、浚县、滑县、原武、阳武、武陟、修武等九属极贫下户，赏给一月口粮。至秋灾较重之归德府属永城、虞城、夏邑、柘城四属，无论极、次贫民，俱著展赈两个月。其秋灾稍轻之归德府属商丘、宁陵、鹿邑、睢州，彰德府属之内黄，陈州府属之西华、太康、扶沟八属无论极、次贫民，俱著展赈一月。再，开封、郑州、许州、光州等府州属上年虽勘不成灾，而秋成只有五分，现属青黄不接，如有拮据贫民，亦著酌借口粮接济。【略】又谕：上年山东兖、曹、济宁等府州属雨泽愆期，被旱成灾，【略】著再加恩将峄县、定陶、濮州、范县、观城、朝城、菏泽、聊城、莘县九州县，并坐落卫地被灾七八之极贫、次贫于例赈外，再展赈一月，以济民食。其六分灾之贫民，及勘不成灾之德州、长清、新泰、莱芜、东阿、东平、平阴、泗水、滕县、阳谷、寿张、巨野、郓城、兰山、郯城、费县、蒙阴、沂水、堂邑、茌平、恩县、益都、昌乐、寿光、昌邑、潍县、金乡、鱼台、嘉祥等二十九州县并坐落卫地，著该抚查明实在无力贫民，酌借一月口粮。【略】又谕：上年山西省忻、代、定襄等六州县被水成灾，【略】著再加恩将代州、五台、崞县、繁峙、忻州、定襄等六州县乾隆五十年未完钱粮并春借仓谷缓至本年秋季征收。又，文水县之西庄等三十三村庄，汾阳县之潴城等三十一村庄虽据该抚查明，勘不成灾，但业经被水，恐难照旧输将，所有乾隆五十年未完钱粮均著缓至麦熟后征收。【略】壬子，【略】谕：上年直隶大名、顺德等府属雨泽愆期，被旱成灾。又，正定、冀州等州县因滹沱等河上游盛涨，田禾间有被淹之处，【略】著再加恩将被旱成灾之大名、元城、开州、清丰、南乐、东明、长垣、平乡、广宗，并被水之冀州、藁城、衡水、新河、赵州、隆平、宁晋等十六州县内之有地无力贫民，【略】借给一月口粮。【略】其勘不成灾之正定、晋州、清苑、安州、望都、蠡县、高阳等七州县，以及成灾五分以下各村庄有需酌借籽

种口粮者，一并察看情形，分别办理。《高宗实录》卷一二四六

正月【略】庚午，【略】安徽巡抚书麟奏：安省上年秋灾各属现值青黄不接，米价自二两至三两四五钱不等，照平粜定例，多不过减价三钱，粮价最昂处，民食仍艰。【略】辛未，【略】谕军机大臣等，据四德奏，苏州府城于正月初六日得雪四寸；同日据长麟奏，苏城得雪四寸，附近各州县亦经具报得雪三四寸不等。【略】昨又据萨载由驿具奏元和、长洲、吴县、常熟、昭文、昆山、新阳、阳湖、宜兴、荆溪、东台、宝应、崇明、如皋等县于正月初六日得雪二三四寸不等。《高宗实录》卷一二四七

二月【略】丁丑，【略】谕军机大臣等，据福海奏，淮安地方入春以来，二麦虽出土长发，而晴霁日久，待泽滋培，现在设坛祈祷等语。看来淮、徐一带入春以来未得雨雪，望泽甚殷。该处上年被旱日久，土脉干燥，非如京畿去岁雨水调匀，地土滋润，入冬又连得雪二次，现在虽未得雨雪，尚堪稍待者可比。若淮安等处，此时再不得透雨，麦苗何以滋培长发。朕心深为悬注。【略】至山东各属，虽据明兴奏报于正月初六日得雪，看来亦未深透。而河南、安徽、湖北等省入春以来俱未见各该督抚奏报得有雨雪。【略】癸未，【略】谕军机大臣等，据特成额等奏，武昌省城于正月二十一、二十三等日连得雨五寸，麦苗长发等语，览奏甚为欣慰。【略】乙酉，【略】谕军机大臣等，据雅德奏，浙省乍浦旧有临海炮台一座，上建阅操官厅三间，安设大炮四位，防御海洋，于乾隆四十六年猝遇风潮，炮台官厅尽被冲卸，炮位亦沉入海内。【略】丁亥，谕军机大臣等，京师自十二月巳时起密雪缤纷，直至戌时止。除融化入地，尚有六七寸，甚为优沛，现在天气浓阴，云势广远。本日据刘峨奏报，保定省城得雪三寸，迤南一带或亦一律均沾。《高宗实录》卷一二四八

二月【略】辛卯，【略】谕军机大臣等，据明兴奏，山东济南、泰安、兖州、曹州等府属于本月十二日得有雨雪二三寸不等。又据毕沅奏，河南南阳、汝宁、光州各属于正月二十三四、二月初六七等日得雨二三寸不等等语。览奏甚为欣慰。【略】壬辰，【略】谕军机大臣等，据阿弥达会同萨载等奏，清口一带于二月十一、十二、十三等日陆续得雨，入土共有八寸，云气浓厚，所及甚远，土脉悉皆滋润，二麦可期畅发等语。【略】又，本日据书麟奏，南陵、凤阳、滁州、建平等州县仅得微雨，不成分寸，其余亳州、蒙城十五州县尚未得有雨泽等语。【略】乙未，【略】谕军机大臣等，据书麟奏，安庆省城及桐城、宁国等二十余州县于正月二十三四，二月初六七、十一、十五等日均续得雨，麦田畅茂，丰稔可期等语。【略】辛丑，【略】谕军机大臣等，本日据毕沅奏，豫省二月十一二至十四五等日连得雨雪，大河南北一百八厅州县无一属不均沾透足，麦苗勃然长发。其归德、陈州二属被灾地方现在分别展赈。【略】至日内跸路径行曲阳县一带地方，得雨三寸。又据英善奏，保定省城得雨一寸。

《高宗实录》卷一二四九

三月乙巳朔，【略】蠲缓长芦属衡水县灶地上年水灾额赋有差。【略】壬子，谕军机大臣等，据书麟奏，太湖县唐家山地方，乡民掘挖蕨根，见土内杂有黑米，磨粉掺和好米煮食，颇可充饥，民人闻风踵至刨挖等语。此项刨出黑米，或系从前窖藏之物，但唐家山地方并无民人居住，或竟系天地生出，以济民食，亦未可定。【略】寻奏：太湖县唐家山乡民掘出黑米，自正月十二至二十七日共获一千数百余石，时该县在彼弹压，民无攘竞，嗣因仅存杂土零粒，即已无人挖掘。得旨：览。【略】甲寅，谕军机大臣等，据特成额奏，浙省赴川买米，委员杭州府司狱徐道所押第四号船只，载米一千一百三十余石，于巴东县地方遇风碰破船身，仅抢护湿米一百三十石等语。

《高宗实录》卷一二五〇

三月庚申，【略】谕军机大臣等，本日据刘峨奏，涿州等二十五州县于三月二十二三等日各得雨雪二三四五寸等语。看来近日得雨之处，俱在涿州以南一带地方。至京城，前据留京王大臣奏报，本月初一二日得有雨雪，入土五寸，土脉已为滋润。但十二三日正定一带复得雨雪沾足，入土极为深透。【略】癸亥，【略】谕军机大臣等，本日据刘峨奏，直隶广平、大名二府于二月十二、十五及三月

十二三等日，虽连次得雪，然每次不过一二寸至三四寸，未能透足等语。【略】寻奏：河北卫、怀、彰三属本月十三四等日得雨雪一二三寸不等，虽未普透，三月后天气连阴，土脉尚润，二麦现已盛长。河南开封、归德、陈州一带，与河北情形相同，余属雨足麦茂。至各属大田，虽未全行播种，闰年节气较迟，已饬属督令乘时耕作，并酌借籽种，令将应补种秋田，俱于四月前一律种齐。【略】甲子，【略】加赈陕西朝邑、华阴、富平等三县乾隆五十年水灾饥民。【略】丁卯，【略】蠲缓安徽怀宁、桐城、潜山、太湖、宿松、望江、宣城、南陵、泾县、宁国、旌德、太平、贵池、青阳、铜陵、建德、东流、当涂、芜湖、繁昌、无为、合肥、舒城、庐江、巢县、寿州、宿州、凤阳、怀远、定远、灵璧、凤台、阜阳、霍邱、亳州、蒙城、太和、六安、霍山、泗州、盱眙、天长、五河、滁州、全椒、来安、和州、含山、广德、建平，及新安、宣州、建阳、安庆、庐州、凤阳、长淮、泗州、滁州等五十九州县卫乾隆五十年旱灾额赋有差，并缓征各州县被灾五分以上之附近乡庄成熟田地，及勘不成灾之额上县钱粮。【略】是月，【略】河南巡抚毕沅奏：豫省上年秋灾各属，除已成灾之永城等十二州县及不成灾之祥符等十一州县，业经分别题缓新旧钱粮外，其汲县、新乡、获嘉、辉县、淇县、延津、封丘、浚县、滑县、考城、武陟、修武、原武、阳武、杞县、兰阳、仪封、荥泽、通许、尉氏、洧川、中牟、鄢陵、荥阳、禹州、郑州、新郑、汜水、密县、许州、郾城、商水、项城、沈丘等三十四厅州县虽未成灾，但连岁积歉，请将本年钱粮展至本年五月麦熟后开征。

《高宗实录》卷一二五一

四月【略】壬午，谕军机大臣等，近日京师天气晴霁，几及二旬，地土稍觉干燥。直隶迤西一带春间所得雨泽，俱属优沾，自过保定后，及迤南广平、大名等属，与豫省毗连地方尚未得有透雨，现在曾否普沛甘膏，朕心深为廑念。再，河南本年雨雪沾足，其卫辉等属尚未能一律深透。【略】至东省各府属，入春以后，节次得有雨雪，其临清、东昌及济南省城雨泽尚少。【略】丁亥，【略】谕军机大臣等，据明兴奏，该省济南等属春雨短缺，现在节届立夏，正二麦长发，大田播种之时，尤需膏泽滋培。【略】朕心深为廑念。现据毕沅奏，河南省城得雨四寸，归德、陈州等属得雨一二寸等语。

《高宗实录》卷一二五二

四月【略】壬辰，【略】又谕：昨据阿桂奏，在山东齐河途次，经明兴告称，东昌、济南、临清、泰安等属雨泽短少，民食未免拮据。【略】东省上年秋收歉薄，本年东昌、济南等属又复缺雨。【略】奉天节年丰稔，粮食充足，【略】著传谕永玮等，即行预备粮石，派委妥员，由海道运至东境，明兴仍当派员前赴海口一带照料接运。【略】乙未，【略】缓征山西永济、荣河二县上年水灾额赋。

《高宗实录》卷一二五三

五月【略】丙午，【略】谕军机大臣等，前据明兴奏，山东省城于四月二十日得雨四寸，各属于十四五及十九、二十等日得雨者二十九州县，其从前短雨之历城、齐河等处止得雨一二三寸等语。看来东省雨泽仍未能一律沾足。京师于二十五日得雨优渥。【略】本年春夏以来，直隶及河南、安徽等省俱经普被甘膏，惟东省之济南、临清、东昌等属雨泽短缺，二麦恐致歉收，朕心深为焦切。【略】缓征湖北江夏、武昌、咸宁、嘉鱼、蒲圻、崇阳、兴国、大冶、通山、汉阳、汉川、黄陂、孝感、沔阳、黄冈、蕲水、麻城、黄安、罗田、蕲州、黄梅、广济、钟祥、京山、潜江、天门、荆门、当阳、安陆、云梦、应城、随州、应山、江陵、公安、石首、监利、松滋、枝江、宜都、襄阳、枣阳、宜城、均州、光化、谷城、郧阳等四十七州县，并屯田坐落之武昌、武左、沔阳、黄州、蕲州、荆州、荆左、荆右、襄阳、德安十卫上年旱灾额赋。【略】戊申，谕军机大臣等，据李庆棻奏到三月分粮价，【略】最贵者如黎平府属，上米、中米每仓石自一两七分至一两五钱零不等，而单内则注“价中”；其贵阳及安顺府属上、中米每仓石不过五钱有余，乃单内亦一律注“价中”字样。贵州米粮本贱，其市价一两有零者，在他省已不为昂。【略】庚戌，【略】谕军机大臣等，据阿桂奏山东、江南等处雨水情形折内称，山东之济南九属尚在盼雨，麦收或至歉薄等语。即日续又接阅明兴奏到之折，则东省于五月初五日省城及齐河、长清等地方已得

雨三四寸不等，是该省业经续得雨泽，虽二麦不免歉收，而已种大田得此积润滋培，可期一律长发。【略】又谕：据何裕城奏晴雨农田一折，内称江右往岁不乏春膏，如今春之雨晴相间，不少不多，为近年所罕有。何其言之夸也，江西省节年以来雨水均属调匀，不闻有缺雨之事，乃何裕城到任未久，辄谕今岁春膏为往年所罕有，竟似伊甫经莅任，即能感召天和，则该抚前在河南巡抚任内，卫辉一带旱熯频仍，何以独不能感召天庥，早邀渥注耶。【略】蠲免江苏上元、江宁、句容、溧水、高淳、江浦、六合、山阳、阜宁、清河、桃源、安东、盐城、高邮、泰州、东台、江都、甘泉、仪征、兴化、宝应、铜山、丰县、沛县、萧县、砀山、邳州、宿迁、睢宁、海州、沭阳、赣榆、如皋、长洲、吴县、常熟、昭文、武进、阳湖、无锡、金匮、江阴、宜兴、荆溪、丹徒、丹阳、金坛、溧阳等四十八州县，并淮安、大河、扬州、徐州、苏州、太仓、镇江、仪征八卫上年秋禾旱灾额赋，并缓征山阳县学租屯田津贴银两。【略】丙辰，【略】缓征山东峄县、菏泽、定陶、濮州、范县、观城、朝城、聊城、莘县、东昌十州县卫上年旱灾额赋。丁巳，【略】又谕：据刘峨奏，直隶入夏以后，保定、易州等处得雨透足，正定等府亦时雨频沾，二麦收成自九分至五六分不等，惟广平府属约收仅四分有余等语。本年春夏之间，直隶所属地方俱节次得有甘膏，麦收分数约计五六分至八九分不等。

《高宗实录》卷一二五四

五月【略】癸亥，【略】缓征河南商丘、宁陵、永城、鹿邑、虞城、夏邑、睢州、柘城、内黄、西华、太康、扶沟等十二州县上年旱灾额赋。甲子，谕：据明兴奏，东省济南、东昌、临清所属及毗连地方，春夏以来雨水缺少，麦收不无歉薄等语。【略】著加恩将被旱稍重之历城、德州、齐河、禹城、平原、陵县、长清、聊城、莘县、堂邑、东平、东阿、平阴、阳谷、寿张、观城、范县、朝城、临清州等十九州县及坐落卫地，查明借给两月口粮。被旱稍轻之章丘、邹平、长山、新城、淄川、齐东、冠县、恩县、馆陶、博平、茌平、清平、乐安、博兴、寿光、莱芜、肥城、蒲台、沾化、汶上、邱县、濮州等二十二州县及坐落卫地，查明借给一月口粮，以资接济。【略】丙寅，【略】谕军机大臣等，据梁肯堂奏大名等三府属得雨情形一折内大名、广平二府属元城各州县，或得雨深透及二三四五寸不等，实为应候甘霖，惟顺德府属仅称得雨一二三寸，看来尚未一律优沾。【略】辛未，【略】申邻省富民准折牟利之禁。谕：据毕沅奏，豫省连岁不登，凡有恒产之家，往往变卖糊口，近更有于青黄不接之时将转瞬成熟麦地贱价准卖山西等处富户，闻风赴豫，举放利债，藉此准折地亩，贫民一经失业，虽遇丰稔之年，亦无凭藉，现在饬属晓谕，勒限报明地方官，酌核原卖价值，分别取赎，毋许买主图利占据等语。所奏实属可嘉。【略】又谕：上年江苏、安徽、山东、湖北等省被旱较重，民气未复。《高宗实录》卷一二五五

六月【略】癸未，【略】又谕：本日据书麟奏到各折，止于清查安省民欠折内有雨旸时若、麦收丰稔二语，此外并未奏及安省近来曾否续得雨泽及麦收分数若干。【略】丁亥，谕：据俞金鳌奏，湖南常德府自五月二十六至六月初一二三等日连日大雨，上河水发，汇集朗江，暴涨二丈有余，近地西北庐舍多有浸灌，民舍间有冲塌。初四日，雨时落时止，所漫之水渐已退归大河。

《高宗实录》卷一二五六

六月【略】癸巳，【略】谕军机大臣等，毕沅奏，通省各府州属禀报，俱于初五六两日得雨，自三四寸至深透不等，至初七八日各属亦有间段得雨处所。【略】乙未，【略】谕军机大臣等，前据李奉翰奏，清口一带大雨时行，洪泽湖水逐日加涨，高堰志桩已涨至七尺三寸。【略】己亥，【略】又谕：据明兴奏，本月二十二日，省城地方自午时起，至申时止，大雨如注，四野深透。并附近之齐河等处及东昌、兖州一带，亦俱得雨沾足。河水自必增益，重运不致浅阻等语。览奏甚为欣慰。【略】辛丑，【略】又谕：前据俞金鳌奏，常德府河水暴涨，堤工漫溢，【略】今浦霖奏到勘明被水情形，据称武陵首邑田亩多被水淹，民房人口各有损伤。已查明照例抚恤。【略】缓征陕西朝邑、华阴、富平等县上年秋禾水灾额赋。

《高宗实录》卷一二五七

七月【略】甲辰，【略】谕军机大臣等，据李世杰等奏，二三等日大雨如注，洪泽湖内雨后复涨水

一尺二寸，连前涨至一丈五寸，水势浩瀚。【略】戊申，蠲免河南商丘、宁陵、永城、鹿邑、虞城、夏邑、睢州、柘城、内黄、西华、太康、扶沟等十二州县乾隆五十年分旱灾地亩额赋有差。【略】庚戌，【略】又谕：据明兴奏，六月二十七日戌刻，台庄地方陡遇暴风，兴武四帮漕船沉溺四只，磕损七只，淹毙水手等七名，沿河居民草房被风刮去上盖百余间。现在亲往该处勘办等语。【略】谕军机大臣等，据李世杰等奏，自六月二十八日起，至七月初二日，湖水又接续加涨，连前共涨至一丈三尺余寸，畅出清口之势既大，分注淮扬运河之水亦觉骤涌。【略】壬子，谕：据李世杰等奏，初三四等日大雨滂沱，异常倾注，清水、黄水并中河之水同时并涨，山安黄河北岸李家庄工尾及汤家庄二处，先后漫塌堤工五十余丈及八十余丈不等。清江迤上北岸二井缕堤，淮关迤下南岸之周家庄缕堤均于初四日巳刻漫溢过水，各塌宽十六七丈。又将清江南岸千根旗杆迤下之五孔桥堤工漫缺，水从玉带河旁溢，以致清江一带被淹等语。【略】丙辰，【略】谕：据书麟奏，安庆、凤阳、庐州、滁州、泗州各府州属，于六月内雨泽过多，山水涨发，低洼地亩及临湖滩地俱被水淹，房屋间有坍塌，人口尚无损伤，现在饬属查明，妥为办理等语。上年安徽被旱较重，收成歉薄，今又因雨水过多，以致安庆、凤、庐、滁、泗等府州属民田庐舍俱被淹浸，朕心甚为廑念。【略】谕军机大臣等，本日据陈步瀛等奏报雨水田禾情形一折，内称怀宁、桐城及凤阳、定远等处于六月十一二等日大雨如注，山水涨发，一时宣泄不及，以致滨临江淮低洼地亩间有积水等语。【略】又谕：据李世杰等奏，河湖水势续涨，初八九两日桃源厅属南岸之司家庄，及外河厅属北岸王营减坝迤下烟墩两处，又复漫溢。该处堤内逼近盐河，漫水为盐河顶阻，分溜无多。

《高宗实录》卷一二五八

七月【略】己未，【略】谕军机大臣等，前据李世杰等奏，初三四等日清、黄并涨，又值疾风暴雨，以致黄、运堤工同时漫塌数十余丈，又于初八九日河湖水势续涨，司家庄烟墩两处复经漫溢。【略】黄、运两河同时漫溢，清江一带文武衙署及居民房屋均被淹漫，司家庄复有漫口，河湖连成一片，浩瀚可虞。【略】辛酉，蠲缓安徽全省五十九州县卫乾隆五十年分旱灾地亩额赋有差。【略】是月，直隶总督刘峨奏：直属滹沱、滏河、沙河、唐河、潴龙、九龙等河均发源山西，七月中，上游山水陡发，宣泄不及，民埝间有漫溢，据赵州、宁晋、隆平、曲周、望都、蠡县、安州、高阳、肃宁、清苑等十州县报，近河田亩被淹。又，宣化府属万全县四角屯等十一村雨雹，秋禾被伤。【略】其余各属雨泽调匀，可冀丰稔。【略】两江总督李世杰奏：六月以来，据江苏、安徽、江西各属禀报，雨旸时若，早稻结实，晚禾亦已扬花吐穗。丰稔可期，粮价日就平减。惟江苏之扬州、淮安、海州，安徽之凤阳、泗州、滁州，俱因洪湖泛涨，低洼处疏泄不及，积水在田，但不过一隅中之一隅，其高阜地亩早晚两禾亦俱畅茂。【略】署河东河道总督兰等锡奏：东省六月底大沛甘霖，微山湖存底水五尺一寸，陆续增长二寸，其上游独山湖亦涨水至一尺五寸，现汶、泗等水大发，南北运河均深至五六尺、七八尺不等。

《高宗实录》卷一二五九

闰七月【略】甲戌，【略】谕军机大臣等，据毕沅奏，查明开封、归德、卫辉、怀庆等府属俱临河滨，并多水塘滩地，间段生有蚂蚱，现饬地方官尽力捉捕，渐见稀少等语。看来此时尚未捕灭尽净，已于折内批示矣。蝗孽为害禾稼，民食攸关，今岁豫省雨泽调匀，似不应有。或因去年亢旱日久，郁积而生。现在秋禾正当收割，关系非小，著传谕毕沅，再行查明生蝗各属，现在曾否扑净，于秋禾有无妨碍，其尚未净尽处所，务即严饬员弁，遵照向来捕蝗成法，迅速扑除，务期一律净尽。并将地下蝻子设法刨挖，以免明春复生，方为妥善。【略】己卯，【略】谕军机大臣等，据李世杰等奏，司家庄漫口，已将两头裹护稳固，一面集料，接手进占。只因交秋未久，梼粱[1]尚未成熟，采青未得实用。即民间将次成熟之杂粮，先为采割，亦属可惜。计至初十外，梼粱即可全熟，一俟秫秸刈获，即行采运

① 梼粱，即高粱。

交工等语。【略】癸未，谕：据浦霖奏，六月二十三四等日风雨骤至，洞庭湖水倒漾，常德府属之武陵、龙阳二县，岳州府属之华容县，澧州属之安乡县同时被水，旋即消退，并未伤损人口庐舍，现已修复安居。【略】武陵、龙阳等县先因湖水陡涨，田庐被淹，【略】今湖水倒漾，田禾又被淹损，民力更不无拮据，著该督抚率所属实力确勘。【略】乙酉，谕军机大臣等，据毕沅、江兰奏，此番蝻子发生之所共二十余属，而一属之中，所种晚谷糜子，不过十分之二三，于通省秋成并无妨碍。现仍严督各属，实力搜寻，设法刨挖地下所遗蝻子，务期净尽等语。蝗孽伤损禾稼，最于民食攸关，地方官果能时刻留心，思患预防，于未生之前将蝻子搜剔净尽，何至遗孽能飞跃蔓延为害。此皆开封等所属各州县不能留心民瘼，玩愒因循所致。著传谕毕沅、江兰，将有蝗各州县通行申饬，此次姑免其治罪，仍严饬各属，乘此尚未播种冬麦之先，实力搜寻，设法刨挖，将所遗蝻子剔除净尽，毋得稍留余孽。倘搜挖不尽，致来岁复有萌生，即应严参治罪，不能再为宽贷也。　　《高宗实录》卷一二六〇

闰七月丁亥，谕：据保泰、蒋锡棨奏，今年天气较凉，河冻必早，当以八月十五日为断，如其时三进重运均过津关，即将官造剥船分起全拨，令军船于杨村概行回空。设或其时江广等帮尚未过关，即将在前之帮先行截住全拨，其过津稍后之帮，酌于北仓截留等语。所奏甚为妥协。【略】辛卯，【略】又谕：【略】又据孙士毅等奏，粤东近来雨水略稀，虔申步祷，于闰七月初二三得雨，入土计有四五寸等语。【略】寻奏：自闰七月中旬以后，连得阵雨淋漓，高低田亩晚禾一律长发。得旨：览奏欣慰。【略】戊戌，【略】赈贷湖南武陵、龙阳二县续被水灾贫户。己亥，谕：据陈步瀛奏，查明安省被水各处，如定远等九州县因夏间雨水过多，河湖并涨，民间田禾房舍均被淹漫，秋收失望，其灵璧等四州县亦因山水陡发，田庐多有淹漫，请旨分别赏恤等语。【略】又谕：本日姜晟前来行在复命，召见，询及沿途雨水情形。据称经过直隶任丘、鄚州一带，大路被水淹浸，坐船行走者约有二十余里。闻系淀河开有决口，以致漫水下注淹没官路等语。【略】寻奏：本年立秋后，因滹沱、潴龙等河盛涨，民埝间有漫溢，业经委员勘报，被灾村庄止四五分不等，除酌量借助外，余各丰收，毋庸议赈。至赵北口至鄚州一带，地本低洼，官路被淹，即系潴龙河漫水下注，非淀河另有决口。报闻。【略】是月，河南巡抚仍管布政使江兰奏：开、归各属生有蚂蚱，地方官未能预防，蒙宽既往之愆，策以后效。现饬督率乡保搜挖蝻子，按旬报验，以所获多寡定各员勤惰。另委干员查勘，如搜捕未尽，即先参奏。得旨：是实力为之。山东巡抚明兴奏：东省四月以后晴雨应时，秋禾杂粮十分畅茂。现据各属报，通省秋收合计九分有余。得旨：欣慰览之。【略】又奏：东省上年被旱，今岁春杪夏初雨未沾足，蒙恩令将奉天预备粮石由海道运东备赈，现大田丰稔，即从前短雨各属亦因秋成在即，领借无多，此项粮石请分拨附近州县存贮。　　《高宗实录》卷一二六一

八月【略】己酉，【略】又谕：本日据何裕城奏到七月分粮价单，各府属县分开注价贵者居多，本年江西省收成尚属丰稔，即邻近各省亦俱雨水调匀，并未有前赴该省籴运粮米之事，何以各属米麦豆价转昂？【略】寻奏：江西粮价查自去年至本年七月，因运往湖北、安徽等省米谷共一百余万石，市值因此稍昂。　　《高宗实录》卷一二六二

八月【略】戊辰，【略】蠲免安徽宁国、泾县、铜陵、旌德、建德、当涂、繁昌、无为、舒城、凤阳、临淮、定远、盱眙、滁州、广德等州县乾隆五十年分旱灾学田八十一顷六十六亩有奇额赋。【略】是月，【略】四川总督保宁奏：川省产米较饶，外来商贩常年动计数百万石，间遇他省灾赈，又需协济。而通省一百三十余厅州县，额贮谷共止二百八万余石，应乘今岁年丰谷贱，于附近水次州县，分买谷三十万石，照例每石不得过五钱九分，设遇拨济邻封，即可碾运，而本省额储不减，仍足以备不虞。

《高宗实录》卷一二六三

九月【略】癸巳，谕军机大臣等，据书麟奏，安省各属秋禾约收分数折，内称怀宁等四十二州县，统计约收八分，其定远等十七州县因被水成灾，现在委员确勘，分别办理等语。【略】丁酉，【略】谕军机大

臣等，昨阿桂奏堵筑漫工，据李世杰等告称所有黄河漫口四处，除烟墩一处业经堵合断流，其李家庄一处仅存口门十一丈，即日亦可堵闭。司家庄漫工，已做成一百余丈，筑坝进占，斜带挑溜，现在溜势已渐逼归正河，堵合尚不为难。惟运料船只较少，不能如期趱办，总可于十月初十以内堵筑完竣。汤家庄又须稍迟数日等语。【略】是月，【略】书麟又奏：安省本年雨泽过多，湖河并涨，五河、定远、凤阳、凤台、怀远、泗水、盱眙、寿州、天长、灵璧、来安、全椒、滁州、合肥、庐江、巢县、无为等十七州县蒙恩抚恤外，兹据藩司陈步瀛确勘已成偏灾，应请给赈。再，凤阳、长淮、泗州、滁州、庐州五卫被水屯田，照坐落州县办理，其新旧钱粮请概于缓至来年征收。

《高宗实录》卷一二六五

十月【略】壬子，谕军机大臣等，本年江苏淮扬等处因河水漫溢，下游安东、山阳、清河、桃源等县田禾被淹；又安徽省安庆、凤、庐、滁、泗等府州属夏间雨泽过多，山水涨发，低洼地亩亦被淹浸。

《高宗实录》卷一二六六

十月【略】丁巳，【略】户部议覆，直隶总督刘峨疏称，安州、高阳、肃宁、任丘四州县秋禾成灾五分，应照例蠲额赋十之一，余各州县村庄，应查明被灾之处，照例缓征。

《高宗实录》卷一二六七

十一月【略】癸酉，【略】赈贷安徽合肥、庐江、无为、巢县、凤阳、怀远、定远、寿州、凤台、灵璧、滁州、全椒、来安、泗州、天长、盱眙、五河十七州县卫被水灾民，缓征新旧额赋及旧欠籽种口粮。【略】乙亥，【略】又谕：据伊龄阿奏，【略】上年浙西杭、嘉、湖三府属之仁和等十七州县暨杭严、嘉湖二卫秋禾被旱歉收，节经降旨，将应征漕粮缓至本年秋收后征收。第念该省本年收成虽属丰稔，而民间元气未复，若同时新旧并征，民力不无拮据，所有缓征漕粮，并改征漕米二十四万五百余石，著照所请，本年征收一半，加恩俟次年征足带运，以纾民力。该部即遵谕行。【略】丁丑，谕军机大臣等，据永玮等奏，通计额贮仓粮尚有赢余，运东米石无须买补一折。该处仓贮既有赢余，【略】阅所开九月分粮价单内，米谷豆麦等项俱较上月昂贵，该处上年及本年收成俱属丰稔，况九月正届秋成之候，新粮入市，何以价值转增。前据都尔嘉奏，吉林地方因陨霜略早，收成稍薄，奉天各属境壤毗连，或亦因霜早，致伤禾稼。【略】辛巳，谕军机大臣等本年东省雨雪情形，虽节据该抚明兴奏报，通省得雪自一二寸至三四寸不等，但目下正值新麦出土之际，该省雪泽是否一律优沾？【略】寻奏：各属地高洼不同，种麦参差，核计通省共种至六分，入冬以来屡得雨雪滋润，麦苗盘根，可冀有收。得旨：览奏略慰。【略】癸未，【略】谕军机大臣等，据张若渟奏请申伐蛟之令，以除民患，并请于江浙地方学种甘薯，以济民食等语。江、广一带每于大雨时行，间有起蛟之事，深为民害，自应搜寻挖除，防患未萌。至甘薯一项，广为栽种，以济民食。上年已令豫省栽种，颇著成效，此亦备荒之一法。著传谕各该督抚，将张若渟所奏二事酌量办理，于地方兴利除害，亦属有益，将此遇便各谕令知之。张若渟原折并著抄寄阅看。

《高宗实录》卷一二六八

十一月【略】癸巳，【略】又谕：据闵鄂元奏，苏、松、常、镇、太五属本年雨水调匀，收成丰稔，惟因八月内霜信较早，以致米色未能一律纯洁，而米粒坚实完好，于仓储存贮实属无碍等语。

《高宗实录》卷一二六九

## 1787年 丁未 清高宗乾隆五十二年

正月【略】辛未，【略】谕：上年江苏淮扬等处因河水漫溢，下游安东、山阳、清河、桃源等县田禾被淹，【略】著再加恩将淮安府属之清河、桃源、安东三县，扬州府属之高邮、宝应二州县勘明成灾十分之各村庄，无分极、次贫民，各加赈两个月。又，淮安府属之山阳、清河、桃源、盐城、阜宁五县，扬州府属之江都、甘泉、泰州、东台、高邮、宝应、兴化七州县，直隶海州勘明成灾八分九分之各村庄，无分极、次贫民，各加赈一个月，以资口食。其余淮安府属之山阳、清河、安东、桃源、盐城、阜宁六县，扬州府属之江都、甘泉、高邮、泰州、东台五州县，直隶海州并所属之沭阳一县，又江宁府属之江宁、上元、江浦三县勘明七分五分及勘不成灾之各村庄户口，俱著酌借口粮籽种。【略】又谕：上年安徽省安庆、凤、庐、滁、泗等府州县，夏间雨泽过多，山水涨发，低洼地亩间被淹浸，【略】著再加恩将凤阳、怀远、定远、灵璧、凤台、寿州、泗州、盱眙、天长、五河、滁州、全椒、来安、合肥、庐江等十五州县被灾八九十分贫民，无论极、次概行加赈一个月，以资接济。【略】甲戌，【略】谕：【略】安徽安庆、庐州、凤阳、颍州等府属之十六州县【略】俱系灾歉之后，去年春夏雨水稍多，又灾后疫气交作，民间元气未能遽复，若令新旧并征，小民输将未免拮据，所有安庆府属之怀宁、桐城、潜山、太湖、宿松、望江，庐州府属之舒城，凤阳府属之宿州，颍州府属之阜阳、颍上、亳州、蒙城、太和、霍邱、和州，并所属之含山等十六州县，去年应征旧欠及历年灾缓钱粮、借欠本折、籽种口粮等项俱著缓至今岁秋成后补征，以纾民力。　　　　《高宗实录》卷一二七二

正月，【略】是月，直隶总督刘峨奏：据大兴等七十八州县申报，本月各属陆续得雪，自二三寸至盈尺不等，不特春麦可以及时播种，即大田亦易于耕作。得旨：欣慰览之。河南巡抚毕沅奏：据开封、归德、河南、卫辉、南阳、陈州各属禀报，于初九、十七等日各得雨雪三四寸不等，地脉优滋，田苗旺盛，现在市粮充裕，价值平减。得旨：欣慰览之。　　　　《高宗实录》卷一二七三

二月【略】辛酉，【略】谕军机大臣等，据福海奏，淮安地方于二月初九日子时起，至初十日午时止，复得密雨连绵，入土深透等语。【略】是月，直隶总督刘峨奏：保定省城于初八、初九日得雨一寸，房山等四十五州县各得雨雪，自一二寸至四五寸不等，土脉滋润，于二麦春耕深有俾益。得旨：近京微欠分数，更望再沛益佳。　　　　《高宗实录》卷一二七五

三月【略】己丑，【略】又谕：昨据李世杰奏，江苏、安徽两省本年雨水充盈，二月初八九十等日渥泽优沾，遍及上下江两省，最为普足等语。【略】寻奏：查安庆、徽州等十三府州属三冬雨雪优沾，入春以来复屡被甘膏，十分透足，现在大麦黄熟，小麦吐穗将齐。至十九、二十等日，省城及各属均又连得膏雨，与秧田大有裨益。得旨：欣慰览之。【略】蠲缓江苏上元、江宁、江浦、山阳、清河、桃源、安东、阜宁、盐城、江都、甘泉、高邮、宝应、泰州、兴化、东台、海州、沭阳十九州县，并淮安、大河、镇江、扬州四卫五十一年分水灾应征民屯地丁草场漕项麦折芦课一十万四千七百两有奇。直隶总督李国梁奏：古北口石匣地方白龙潭龙神庙素称灵应。臣因入春以来雨泽稀少，即诣庙虔祷，今于十七日至十八日得雨六寸有余，边口内外均被沾渥。恳赐匾额，以酬神贶。得旨：早有此心，即书送去，御书匾曰“沛甘时若”。【略】辛卯，【略】谕军机大臣，曰：湖北巡抚李封来京陛见，朕面询原籍地方雨水情形，据称，闻得青州一带雨泽短缺，兼有未经种麦之处。【略】寻奏：东省望雨甚殷，臣抵任后，即设坛祈祷，无如久晴之后，地土干燥，大田仍多未种，嗣于十七八、二十等日得雨，不成分寸。【略】又谕：据刘峨奏，本月十九日省城得雨寸余。又据顺天府属之大兴等六十五州县陆续申报，于三月初间各得雨自一二寸至六七寸，已足资沾透等语。近日京师望雨甚殷，于本月十六七日得雨三寸，尚未沾透。【略】又据李封奏，豫省大河以南雨水调匀，河北亦觉望雨，而毕沅亦并未奏及。【略】壬辰，【略】又谕：据长麟奏，济南、兖州府各属上年雨雪短少，麦田未能普种，现届青黄不接之时，应完地粮米谷及籽种银两，数目繁多，小民输将稍形竭蹷等语。东省济南等府属频岁歉收，上年虽秋成丰稔，复因雨雪短少，麦田未能普种，今春雨泽亦尚未一律优沾。【略】所有济南府属之历城、章丘、长清、齐河、禹城、平原、齐东、邹平、长山、新城，兖州府属之峄县、滕县、邹县、阳谷、寿张、泗水，东昌府属之聊城、高堂、莘县、恩县、茌平、清平、堂邑、博平、冠县、馆陶，青州府属之益都、昌乐、高苑、博兴、乐安、寿光、临淄、临朐，泰安府属之东平、东阿、平阴、莱芜，武定府属之滨州、利津、沾化，曹州府属之菏泽、单县、濮州、城武、定陶、巨野、郓城、范县、观城、朝城，并临清州，共五十三

州县及坐落卫所，除本年新粮照例征收外，其五十一年分应征地粮米谷籽种，及前次未经分年带征之项，俱著加恩缓至本年秋后，分作两年带征。【略】是月，【略】予告户部尚书曹文埴奏：二月初三日，臣由京起程归里，所过直隶各州县，因上年雪泽沾足，春麦均属青葱，正需雨膏渥被。自泰安至江苏、浙江、安徽，数千里晴雨应时，二麦繁茂。其浙江之杭、嘉、湖一带桑阴并茂。得旨：迤南实好，直隶、山东正望雨，心甚不宁。《高宗实录》卷一二七七

四月【略】庚子，【略】谕军机大臣等，现在京城缺雨，麦价稍昂，小民口食所需，自宜预筹调剂。向闻豫省大河以南上年麦收丰稔，今春复雨水调匀，该处麦价颇为平减，每斤止须制钱七八文。【略】壬子，【略】谕军机大臣等，据长麟奏，经过济南、武定、青州各府属，望雨甚殷，惟登、莱二府雨水沾足，若旬日内再得膏雨，不惟麦收饱绽，即大田亦可丰收等语。【略】至直隶安肃等二十九州县，均因雨泽稀少，麦收稍减，昨据刘峨奏请缓征。《高宗实录》卷一二七八

四月癸丑，【略】谕：京城自入春以来雨泽稀少，近日虽屡次得雨，不成分寸，现届麦收之际，大田亦须乘时播种，民间情殷望泽，朕心甚切焦劳。【略】乙卯，谕：据刘峨奏，天津府属之庆云、盐山二县得雨濡迟，大田虽已播种，尚未出土，民力未免拮据等语。【略】谕军机大臣，曰：刘峨奏，安肃、望都等七州县先后禀报，于十三四五等日各得雨一二三寸不等，已种之秋禾固可藉资润泽，即待耕之地亦趁此土脉潮润，翻犁播种等语。【略】己未，【略】又谕：长麟奏，济南府属之济阳、陵县、临邑、淄川、德州、德平，武定府属之商河、惠民、乐陵、青城、蒲台、海丰、阳信，青州府属之博山，泰安府属之泰安、肥城、新泰等十七州县，【略】现在雨泽未沾，麦秋无望，请将该州县等旧欠钱粮缓至秋后征收等语。【略】豁除直隶万全县乾隆五十一年被水冲塌地一百三十七亩额赋。【略】癸亥，缓征直隶安肃、望都、肃宁、宣化、万全、怀安、西宁、良乡、涿州、顺义、景州、阜城、交河、献县、故城、宁津、冀州、枣强、永年、广平、磁州、清河、大名、元城、开州、东明、长垣、清丰、南乐等二十九州县连年旱灾新旧额赋。【略】是月，【略】河南巡抚毕沅奏报，通省得雨沾足，并新挖引河畅流情形。【略】又覆奏：豫省连年麦收丰稔，所有酌买运京麦五万石从容易办。《高宗实录》卷一二七九

五月丁卯，【略】谕军机大臣等，据长麟奏，四月二十七八等日，东昌府得雨深透，是日云气弥漫，得雨之处必普，俟查明分寸，另行具奏等语。本年东省雨泽愆期，麦收歉薄，而东昌府属亢旱尤甚。【略】庚午，【略】谕：据穆腾额奏，东省近来雨泽愆期，海水不能上潮，产盐缺少。【略】辛未，谕军机大臣等，据长麟奏各属续报得雨情形一折，内称济南等府州属之历城等八十四州县，陆续具报二十四日及二十七八等日，俱经得有雨泽等语。阅单内所开历城等县，得雨四五寸者，自属有济，即三寸亦可略为接润，而长山、临邑等处得雨仅此一二寸，恐该处望泽甚殷。【略】今岁豫省雨泽普沾，麦收大熟。山东近在邻省，商贾贩运甚便，且彼此可得交易之利。《高宗实录》卷一二八〇

五月【略】庚寅，谕军机大臣等，本日姜晟奏，四月十八九等日，经由直隶顺德府境内，及至豫省河北，麦收虽较胜，而望雨正殷等语。前据毕沅奏称四月十六、十八等日，卫辉、彰德各属得雨，远近普沾。计姜晟行抵豫省境内，约在四月二十以外，何以彼时该处尚有望雨情形。【略】再本日又据毕沅奏，河北怀庆、卫辉、彰德等府州属于五月初二、初九、十一等日续得雨泽三四寸至深透不等。【略】壬辰，谕军机大臣等，据冯光熊奏经过地方情形一折，内称山东济南等处虽屡沾时雨，尚未能一律深透。抚臣现在率属虔祷，迩日云势布濩，十五、十七等日省城一带又得阵雨数次等语。【略】乙未，【略】又谕：前据福康安于本月初九日奏到，兰州等府州属三月中得雨深透者仅止数处，其余各属尚未沾足。四月以后省城微觉暵干，现在率属虔诚祈祷等语。【略】自福康安莅甘以来，该省每岁雨旸咸若，惟今岁稍觉缺雨。【略】丙申，【略】谕军机大臣等，热河自前次得雨之后，晴霁日久，本日午未之间大雨滂沱，入土深透，田禾藉资长发，云势自西南来，京师自必先行普沾渥泽。

《高宗实录》卷一二八一

六月【略】戊戌，谕军机大臣等，据留京办事王大臣奏称，于五月二十五日微雨即晴等语。京师左近尚在望雨，著交留京办事王大臣等，即传集能祈雨之回人呢哑尔布库尔等，照例敬谨祈祷。【略】丙午，谕军机大臣等，前因京师缺少雨泽，【略】遵旨设坛祈求，尚未得沾渥泽等语。本日热河自寅时得雨起，绵密滂沛，点滴入土，至辰刻势尚未已，且云势自云南而来，势甚广远。本日又据讬伦奏报，初六日保定省城复得雨三寸，四野均沾。计保定又在京师西南，则京城一带亦自必同时普被。本年直省各属雨水尚属调匀，惟近畿地方稍觉望泽。【略】丁未，谕军机大臣等，前据保兴奏，宣化府属并附近地方，于五月三十及六月初二日两次得雨二三寸及五寸余不等。昨又据乌尔图纳逊奏称，本年张家口一带未得透雨等语。【略】庚戌，谕军机大臣等，据兰第锡等奏，黄河水势异涨，南岸睢州下汛十三堡，于初九日寅时堤工漫水二十余丈，大溜仍走大河，尚未全掣，口门分溜不过二三分。【略】豁免浙江仁和盐场被潮冲没各则荡地共一万一千五百三十六亩额赋。

《高宗实录》卷一二八二

六月壬子，【略】湖南巡抚浦霖奏：武陵县于本年五月间大雨时行，湖河泛溢，冲塌城外官堤二百九十丈有奇。【略】其被淹田亩二十七村庄共田七千一百九十五顷有奇。内有旋即消退，禾苗并无伤损者三千七十八顷；现已涸出补种者一千四百八顷，尚未涸出者二千七百八顷。该地民人，前岁被旱，去岁被水，俱有应征旧欠及应完借给籽种口粮，请缓至明岁秋后征收。【略】庚申，【略】谕军机大臣等，据乌尔图纳逊奏，张家口等处自春间得雨，未及一寸，高阜之地至今尚未耕种，该处气候早寒，立秋以后虽得微雨，亦不能赶种等语。【略】寻奏：宣化、怀来、保安、西宁、怀安、万全等六州县及万全县之张家口被旱较重，请借给两月口粮。【略】辛酉，【略】又谕：本日李世杰等奏，洪泽湖因十五日西北风暴较大，兼之大雨如注，湖中浪若排山，异常汹涌，信坝已被风浪掣动过水；仁义二坝尚未刷通，风息雨止后赶紧补筑等语。【略】壬戌，【略】本日据兰第锡等奏称，(睢州下汛十三堡黄河)漫口渐次塌宽，已掣溜六七分，十八、十九、二十等日大雨倾注，北风大作，河水复又增长，大溜全注口门，正河存水仅止一分，现在催趱承办之员，竭力上紧堵筑等语。【略】豁除河南郑州乾隆五十一年被水冲没民地一百五十顷十四亩。【略】甲子，谕军机大臣等，据福康安奏，甘省六月初，河东、河西连得雨泽，兰州省城初八、初十日亦获甘霖，附近金县、河州等属，及稍远之陇西等处，并俱得雨沾足。惟节候业已稍迟，前奏皋兰等属被旱较重地方仍不免夏收失望。【略】又谕曰：勒保奏，大同府大同、丰镇、天镇、阳高、山阴、怀仁等六厅县，六月以来未得雨泽，颇形亢旱，现在出谷平粜。【略】乙丑，谕：据长霖、阿那布同日奏，宣州帮漕船于六月十九日在巨野县通济闸地方猝遇风暴，雷电交作，拔起大树，带断锚缆。旗丁王宗城等军船六只被风拔倒大桅，船身板裂，登时沉溺，除已捞获湿米外，计冲淌亏折米九百五十石。【略】是月，【略】山东巡抚觉罗长麟奏：济南府属之历城、章丘、齐河、禹城、齐东、邹平、新城，陵县、临邑，东昌府属之聊城、清平、高唐、莘县、茌平、博平，青州府属之益都、昌乐、高苑、博兴、乐安、寿光、临淄、临朐，泰安府属之泰安、肥城、东阿、平阴、莱芜，武定府属之滨州、利津、沾化、惠民、青城、蒲台、海丰、阳信，曹州府属之濮州、郓城、范县、观城、朝城，兖州府属之阳谷、寿张等四十三州县本年得雨稍迟，请借给两月口粮。得旨：允行，下部知之。

《高宗实录》卷一二八三

七月【略】丙子，谕军机大臣，曰：何裕城奏农田雨水情形一折，内称早禾现界秋成，丰穰有象，中、晚二禾亦俱长发畅茂，粮食中平等语。是该省各属秋收丰稔，米价自当平减，及披阅所开五月份粮价单，则南昌等十四府州属米价俱较上月增贵。【略】丁丑，谕军机大臣等，本日据福康安奏，洮州等二十九厅州县于六月初九至十四五日各得雨深透，兰州省城于十三四两日亦得透雨，所种豆麦早者业已登场，迟者亦次第黄熟，至旱壤山区，内有尚能翻种晚禾者，亦俱出土，可望秋成。其不能翻种，歉象已成。及各属内间有被雹、被水处所，现在查明核办等语。前因兰州及陇西等处夏间雨泽稀少，田禾被旱，农民不无失望，业经降旨，令勒保于抵兰后查勘明确，妥为抚恤。【略】戊寅，【略】又谕：据陈步瀛奏勘明亳州被水情形一折，内称该州涡河上接豫省商丘、鹿邑等境，因豫省漫水下注，涡河不能容纳，以致该州东北、西北各乡田禾俱被淹没，房屋亦多坍塌，现在委员分赴各乡逐一查勘等语。【略】又谕：据舒常、姜晟奏，湖北省早稻丰收，秋成可卜大有，现在动支仓谷二十万，碾米一十万石，遴委妥员分别四起，由江西一路运往闽省。以资备用等语。

《高宗实录》卷一二八四

七月辛巳，谕：【略】前因闵鹗元、琅玕具奏，江浙两省上年秋成之际，霜信早寒，米质间有青腰白脐，未能一律纯净，因谕令毓奇验明，通融收运。【略】免山西代州、五台、崞县、繁峙、定襄等五州县乾隆五十年分被水淤坍地一百七十四顷四十四亩额赋有差。【略】丙戌，谕军机大臣等，据书麟奏，本年安庆、徽州等府州属五六月中雨水调匀，现在早稻已陆续刈获，中、晚禾杂粮亦长发茂盛，实为丰年有象。此外庐州、凤阳等府州所属内，间有一二处因夏间雨水稍多，洼地间有积水。若从此连晴，涸复尚可补种杂粮，以冀有收等语。【略】丁亥，【略】谕军机大臣等，【略】据伊（福康安）面奏，路过大同一带缺雨，间有被旱处所，并著明兴于抵任后，将大同等处被旱地方详加察看。【略】癸巳，谕军机大臣等，据陈步瀛奏，查明被水各州县内，亳州、蒙城为重，怀远、凤阳、灵璧、五河、泗州、盱眙次之，宿州又次之，至定远、凤台、天长、全椒、无为等州县，因夏间雨水过多，间有积水之处，再为分别办理一折。本年睢州堤工漫水，由涡河入淮，泛溢下注，以致亳州、蒙城一带田禾庐舍俱被淹浸。【略】甲午，谕：据郑源璹奏，大同府属丰镇等九厅州县秋禾被旱成灾，农民不无拮据。【略】所有丰镇、大同、天镇、阳高、山阴、怀仁、广灵、应州、浑源九厅州县本年应纳钱粮及应完仓谷等项，俱暂缓催征。

《高宗实录》卷一二八五

八月【略】甲辰，【略】又谕：据李世杰等奏，本月初一二日风雨交加，高邮、邵伯等湖水势涌涨，运河内陡涨水三四尺，东岸周家沟等处大堤有平水漫水处所，抢护不及。【略】庚戌，谕军机大臣等，昨据书麟奏到，安徽省收成分数，其约收十分者系芜湖一县，九分者系歙县、休宁等八县，八分者系婺源、祁门等八州县。而于通省收成共有几成，并未提及。【略】又谕：据李奉翰奏查勘邵伯上下堤工漫水情形一折，内称东岸堤工内，仲家庄漫水一处，四堡营房头漫水一处，周家沟迤下漫水一处，各宽五六十丈；黑鱼塘漫水一处，宽四十余丈，经由甘泉县西北隅及泰州、兴化二州县境内。【略】至甘泉、泰州、兴化等州县境内地方，据奏民人见湖水盛大，早已迁移高阜，并未伤损人口，早稻、中稻俱先经收割登场，惟晚禾尚未全行刈获等语。【略】又谕：本日图萨布奏雨水情形一节，称省城及近省各地方六月初三、初五六等日俱获细雨，十一、十六等日复得中雨，初二及二十六、二十八等日大沛甘霖，低田现已沾足，高田亦觉滋润等语。【略】寻奏：粤东滨海地方沙多土少，雨水难蓄易消，六月间虽节据各属报得透雨，仍有续望雨泽补行栽插之处，至七月后连获大雨数次，高低田亩均已沾足，先后插莳齐全，间有高地不能积水之处，农民亦改种杂粮，即使收成未能一律稔熟，可无虑成灾。得旨：览奏俱悉。

《高宗实录》卷一二八六

八月【略】丁巳，【略】户部议准，协办大学士吏部尚书前任陕甘总督福康安奏，皋兰、金县、河州、狄道、沙泥州判、靖远、安定、会宁等八州县，夏田被旱成灾，应照例查明赈恤蠲缓。其河州、伏羌被水、被雹之处，亦一体赈贷。至渭源、抚彝、山丹、东乐、肃州、高台、红水、宁远、泰州、泾州、巴燕戎格、西宁等十二处虽勘不成灾，而收成未免歉薄，所有应征新旧正借银粮亦分别缓征。

《高宗实录》卷一二八七

九月【略】壬申，【略】免安徽无为、庐江、定远、凤阳等四州县乾隆五十一年分水灾学田额赋有差。【略】丁丑，【略】免江西新建县乾隆五十年分水冲沙压田地一百二十亩额赋有差。

《高宗实录》卷一二八八

九月【略】壬辰，谕：前因京城米粮市价昂贵，特经降旨，于京仓内拨米五万石，分给五城地方，发交殷实铺商，减价平粜。【略】甲午，【略】赈贷河南商丘、宁陵、睢州、鹿邑、永城、柘城等六州县水灾饥民，缓征新旧额赋，并予葺屋银两。【略】是月，钦差大学士公阿桂等奏：睢州十三堡堵筑漫口，本拟九月底即可合龙，因连日北风大作，水力猛悍，西坝下首回溜尤大，以致坝台陡陷，冲失坝簖。

《高宗实录》卷一二八九

十月【略】丁酉，豁除浙江仁和、钱塘二县水坍沙地五十三顷六十二亩有奇额赋。【略】壬寅，【略】谕：据书麟奏，安徽亳州等十八州县连岁被灾，又寿州等四州县亦系积歉之区。【略】所有成灾之亳州、蒙城、怀远、凤阳、灵璧、宿州、泗州、五河、盱眙、天长等十州县，及勘不成灾之定远、凤台、庐江、无为、和州、含山、滁州、全椒等八州县，其节年带征缓征正杂钱粮及漕项漕米，著分别年限递行展缓。寿州、合肥、巢县、来安四州县【略】著缓至五十三年秋后开征。【略】己酉，谕：据阿桂等奏，河南睢州十三堡漫工，昼夜镶筑，于初十挂缆合龙，至十二日金门以上业经渐次停淤等语。【略】又谕：据图萨布奏，福建委员试用知县王履吉，解赴淡水备用银米火药军装等项，于八月二十三日放洋，忽遇狂风，将桅柁折断，随风飘荡，至九月初七日风狂浪涌，于广东新安县外洋，船遇礁石撞破，遇有渔船将该县等救起。

《高宗实录》卷一二九〇

十月【略】辛亥，【略】又谕：本年直隶宣化府属州县因雨泽愆期，田禾被旱，致成偏灾。山西省大同府属各厅州县秋禾亦被旱成灾。又，河南省归德府属及安徽省亳州、蒙城等各州县，俱因黄水漫溢，田亩被淹。又，江苏甘泉、清河二县，秋禾被灾较重。又，陕西华州、华阴、潼关三属，及甘肃皋兰、金县等州县俱被水旱成灾。【略】戊午，【略】蠲免江苏清河、安东、山阳、阜宁、桃源、盐城、甘泉、兴化、高邮、泰州、东台、江都、宝应、铜山、丰县、沛县、萧县、砀山、邳州、宿迁、睢宁、海州、沭阳等二十三州县，并淮安、大河、扬州、镇江、徐州五卫本年水灾漕项漕米有差。【略】庚申，【略】又谕：据孙永清奏，八月分粮价单内称，平乐、浔州、南宁、太平、柳州、庆远等属，粮价与上月稍增等语。粤西地方本年春夏以来雨水调匀，麦收丰稔，目下又届秋禾成熟之后，该处粮价自应日就平减，何以转致昂贵？因思本年广东收成略减，【略】商贩人等或俱就近向广西籴买，以致粮价稍增，亦未可定。【略】是月，两淮盐政征瑞奏：前因甘泉县境内各庄同时漫溢，恐泰州各场灶正系漫水下游，当即星赴查勘，其时淮北三场亦有被淹。

《高宗实录》卷一二九一

十一月【略】丁卯，【略】缓征江苏泰州庙湾场本年水灾折征银粮，并赈恤板浦、中正、临兴三场贫民。

《高宗实录》卷一二九二

十一月，【略】是月，直隶总督刘峨奏保定省城得雪情形。得旨：欣慰览之，京师觉欠些，亦自佳。又奏：初三日得雪四寸；后二十四日又得雪三寸。得旨：京师亦如之。

《高宗实录》卷一二九三

十二月【略】丙申，【略】谕：户部议驳，征瑞奏请将淮南引盐戊申纲额课，分作十年带征。【略】至近年以来，两淮及附近行销之引盐，湖广、江西等省雨泽调匀，收成丰稔，并非灾歉滞销者可比。征瑞何得藉口历年有未销积引，复请提引，展限至十年之久。【略】又谕：据兰第锡等奏，回空漕船俱于十一月中旬陆续催过济宁南下，其在后之台州等九帮，在阳谷、东阿等处地方，因连日北风时作，冰雪冻阻，不能前进。请俟明年正月开坝时尽数催行。【略】壬寅，【略】赈恤甘肃皋兰、金县、河州、狄道、靖远、沙泥州判、安定、会宁八州厅县本年被旱灾民。【略】乙巳，【略】谕：据尚安奏，宜禾、奇台二县内偏被霜灾，请将各户应征本年粮食及借籽种等项缓征等语。

《高宗实录》卷一二九四

# 1788年 戊申 清高宗乾隆五十三年

正月【略】丙寅,【略】谕:上年河南归德府属各州县因黄水漫溢,田亩被淹,【略】著再加恩将商丘、宁陵、睢州、永城、鹿邑、柘城等六州县被灾十分极、次贫民,并九分极贫加赈两个月。【略】又谕:上年安徽省亳州、蒙城等各州县,因黄水漫溢,田亩被淹,【略】著再加恩将亳州、蒙城、怀远、凤阳、灵璧、宿州、五河、泗州、盱眙、天长等十州县被灾九分十分贫民,无论极、次,概行加赈一个月。【略】又谕:上年甘肃皋兰、金县等州县被旱成灾,【略】著再加恩将皋兰、金县、金安等三县被灾贫民,概行加赈一个月。至狄道、河州、靖远、会宁、沙泥州判等五处,酌借口粮籽种,以资接济。【略】丁卯,谕:上年陕西省华州、华阴、潼关三属秋禾被水成灾,【略】著再加恩将华州、华阴、潼关三属被灾七八分之极、次贫民普行加赈一个月。其被灾六分及勘不成灾之咸宁、长安、咸阳、兴平、大荔等五县著该抚察看情形,酌借口粮籽种,以资接济。【略】庚午,【略】谕:上年直隶宣化府属各州县雨泽愆期,田禾被旱成灾,【略】著再加恩将保安、宣化、万全、怀安、西宁、怀来、蔚州等七州县成灾七分以上之极、次贫民,概行加赈一个月。【略】又谕:上年山西省大同府属各厅州县被旱成灾,【略】著再加恩将丰镇厅、浑源州、应州、大同、天镇、怀仁、山阴、阳高、广灵等九厅州县被灾七八九分之极、次贫民再行加赈一个月。其被灾六分及勘不成灾村庄,并被霜较早,收成稍歉之左云、右玉二县贫民,酌借一月口粮,以资接济。【略】辛未,【略】谕军机大臣等,据明兴奏报山西境内河清献瑞一折,内称接据永宁州等十三州县禀报,黄自十二月初七八日渐次澄清,至二十八九日,时届二旬,河水彻底澄清可鉴,共计一千三百余里等语。 《高宗实录》卷一二九六

正月己卯,【略】谕军机大臣等,虔礼宾【略】所奏十一月分粮价单内,称桂林、太平、思恩、泗城、镇安等府属粮价俱与上月稍减等语。是该处米价渐就平减,民食自必稍为宽裕。及阅覆奏,严查奸商囤户折内,又称粤西民间素鲜盖藏,本年晚收,又因得雨稍迟,收成仅止七分,米价未能大减等语。前后自相矛盾,该省既因收成歉薄,粤东商贩又络绎赴粤西籴买,以致米价未能平减,何以粮价单内又有与上月稍减之语。所奏殊未明晰。 《高宗实录》卷一二九七

二月【略】辛丑,【略】豁山西代州乾隆五十年水灾压坍地一百七十四顷四十亩有奇额赋。【略】丙午,【略】又谕:据长麟奏报雨雪情形一折,内称济南等府各属地方,自正月初八九及二月初一等日,各得雨雪二三寸至四五寸等语。 《高宗实录》卷一二九八

二月【略】辛亥,【略】蠲河南商丘、宁陵、睢州、柘城、鹿邑、永城等六州县乾隆五十二年水灾地亩额赋有差,蠲剩银并予缓征。 《高宗实录》卷一二九九

三月【略】壬申,谕:山西大同府属丰镇等九厅州县,上年被旱成灾,朔平府属之左云、右玉二县因被霜较早,收成歉薄,业经加恩赈恤蠲缓。 《高宗实录》卷一三〇〇

三月【略】辛巳,【略】谕军机大臣等,前据毕沅奏,归德、彰德、南阳、汝宁、陈州、陕州、汝州、光州等属,于二月内得雨一二寸至三四寸不等,其余各尚未普沾等语。又,据长麟奏,登州、莱州、沂州、兖州、济宁州等府州属得雨已足;其德州、平原、禹城、历城等处,尚未得透雨,现设坛祈祷等语。【略】本日据舒常奏,经过豫境之信阳、确山、遂平等州县,二麦青葱等语。看来豫省大河以南春雨尚优,惟河北各州县未经得有透雨;东省济宁以南春雨尚属透足,迤北地方未能一律普沾。现在将届立夏,正二麦长发、大田播种之时,未据该抚续奏得雨,朕心甚为廑念。【略】甲申,谕军机大臣等,【略】京城于二十日得叨天佑,已沛甘膏,甚为优渥透足,且浓云密布,云势颇广,想远近自必一律普沾,其直隶、山东、河南各属同时得有澍雨,尚未据该督抚奏到,朕心深为廑注。【略】赈恤两淮板浦、中正、临兴、徐渎、莞渎、兴庄等六场乾隆五十二年水灾灶户,蠲灾地额赋有差,蠲剩银并予缓

征。乙酉,【略】又谕:本日据刘峨奏,保定会城及安肃、涿州等处各得雨一二寸不等,俱未能沾透等语。现在京城虽得澍雨,而近畿一带雨泽较稀。【略】壬辰,【略】谕军机大臣等,据毕沅覆奏各属得雨情形一折,内称大河以南归德、南阳等四府州属得雨已为周渥,开封府及陕、汝二州虽未透足,亦足以资接济。惟河北各属得雨之后不过寸余,若再经旬不获优沾,恐麦收不无减薄等语。【略】又,据另片奏称,豫省通州、天津粮船,因卫河浅阻,尚未前抵临清,已饬令雇备船只多多分运。【略】是月,直隶总督刘峨奏:上年宣化等属被旱成灾,粮价较昂,现在官为减粜。【略】请将宣化等七州县并张家口、独石口,及灾邑毗连之延庆、赤城、龙门等三州县一体查明市价,如在一两六钱以上者,每石减一钱五分,一两八九钱以上者,每石减二钱。【略】乌鲁木齐都统尚安奏,迪化旧城西南门外,陡因雪水融化,冲塌民房五百余间。

《高宗实录》卷一三〇一

四月【略】庚子,谕:直隶顺德、广平、大名三府属近年屡因偏灾,收成歉薄,【略】今春雨泽又缺少,二麦恐致歉收,【略】著再加恩将顺德、广平、大名三府属历年因灾缓征带征地丁及借出各项未完银两,缓至秋成分年带征。【略】又谕:据长麟奏,本年东省历城等五十四州县雨泽愆期,麦收失望,将新旧钱粮缓至本年秋后征收。【略】著照所请,济南府属之历城、新城、淄川、长山、长清、禹城、德州、平原、临邑、德平、齐河、章丘、邹平、齐东、陵县、济阳,泰安府属之东平、东阿、肥城、平阴,武定府属之惠民、青城、利津、滨州、蒲台、阳信、海丰、沾化、乐陵、商河,东昌府属之堂邑、茌平、馆陶、冠县、恩县、聊城、博平、清平、莘县、高唐,曹州府属之范县、观城、朝城,兖州府属之阳谷、寿张,青州府属之乐安、博兴、临淄、临朐、高苑,临清州暨所属之夏津、武城、邱县五十四州县及坐落卫所,新旧钱粮著加恩一并缓至本年秋成后征收。【略】谕军机大臣等,孙永清奏报雨水粮价情形一折,内称桂林省城仲春以来得雨优渥,高下田亩俱已乘时翻犁播种,二麦渐次结实。并据平乐等十一府州属禀报雨水二麦情形,均与省城大抵相同。【略】寻奏:粤西上年收成止有七分,积贮本少,现在东省籴运者多,正值青黄不接,米价稍增。【略】辛丑,谕:京师于三月二十日得雨后,至今半月有余,未经续得透雨,现在大田播种之际,朕心望泽甚殷。【略】谕军机大臣等,上年豫省麦收丰稔,归德、陈州各府属麦价每石止需七八百文不等,东省迤南各府二麦亦属丰收,各该处民户自必尚有盖藏。现在豫省河北及东省泰安以北州县虽盼泽甚殷,而大河迤南暨兖、沂、登、莱各府属,据该抚等奏,业经得有透雨,二麦仍可有收。【略】壬寅,谕:昨因直隶顺德、广平、大名三府属近年以来收成歉薄,【略】著再加恩将本年应征地丁钱粮一并缓至秋成后征收。至河南彰德、怀庆、卫辉三府本年春雨亦未能沾透,现虽据毕沅奏河北彰德等三府属于三月二十八九日又得雨一次,内怀庆府属所得雨泽,较之卫辉、彰德二属沾被稍优,但亦不过二三四寸,尚不如京城前月得雨之沾足,恐仍不足以资播种,所有该三府属应征新旧钱粮,俱著缓至秋收后分别征收。

《高宗实录》卷一三〇二

四月戊申,【略】谕:京城自三月二十日得有透雨后,迄今将及一月,近日虽经陆续得雨,前后计算不过三四寸,未得优沾深透,现届大田播种之时,民间情殷望泽,朕心甚切焦劳。【略】庚戌,【略】谕军机大臣等,【略】近据毕沅奏,大河以南各属节次雨泽优沾,麦秋可望有收。而山东省昨亦据长麟奏,兖州府属之峄县台庄地方麦石充盈,市集云辏。是豫省河北及东省泰安以北州县虽尚在盼泽,而大河迤南暨兖、沂、登、莱各府属俱经得有透雨,二麦自必丰稔,该处价值定属平减。现在京城得雨尚未深透,而春寒日长,麦收无望,将来市价不免昂贵,不可不多方筹备。【略】又谕:据长麟奏,济南、东昌各属十二日各得雨一二寸不等,因晴久土干,未能播种,若日内甘霖大沛,尚可赶种秋禾,现饬属诚求等语。【略】蠲免江苏清河、安东、山阳、阜宁、盐城、甘泉、兴化、泰州、宝应、铜山、丰县、沛县、萧县、邳州、宿迁、睢宁、海州、沭阳十八州县,淮安、大河、扬州、徐州、镇江五卫乾隆五十二年水灾额赋有差。其勘不成灾之桃源、高邮、东台、江都、砀山五州县并予缓征。辛亥,【略】谕军机大臣等，据刘峨奏报得雨情形一折，内称，顺天等府属之蓟州等州县于四月十一二等日，各得雨自一二寸至五六寸不等。查近京各属并永平一带今春雨水尚属频沾，兹又得此滋培，二麦可冀有收等语。本年直省各属雨泽短少，且春间气候寒冷，为日较长，麦田难资长发，现在又未得透雨，二麦恐难忘有收。【略】壬子，【略】谕军机大臣等，本日召见巡查归化城差竣回京之员外郎福泰，据称山西大同一带上年因旱歉收，本年又复缺雨，至四月初间尚未得有雨泽，地土干燥，不能播种，民人口食无资，卖鬻子女者甚多，并有逃往口外觅食者。口外地方，因就食者多，粮价昂贵等语。【略】癸丑，上诣黑龙潭祈雨。【略】谕：据刘峨奏，顺天等府属四十九州县本年春夏以来雨泽短缺，麦收歉薄，大田亦多未播种，小民生计不无竭蹷等语。【略】所有顺天府属之大城、文安、保定、武清、宝坻、蓟州，保定府属之清苑、唐县、博野、望都、完县、祁县、束鹿，河间府属之河间、任丘、献县、交河、阜城、景州、东光、吴桥、宁津、肃宁、故城，天津府属之静海、青县、南皮、沧州、盐山、庆云，正定府属之正定、井陉、新乐、行唐、晋州、无极、藁城，冀州并所属之南宫、新河、枣强，赵州并所属之隆平、宁晋，深州并所属之武强、饶阳，定州并所属之曲阳等四十九州县，并宣化府属之延庆、赤城、龙门三州县，应征节年新旧钱粮，仓谷旗租，及万全等州县上年因灾赏借之口粮，俱著加恩，一体缓至秋成后再行征收。【略】谕军机大臣等，【略】本日朕亲诣黑龙潭虔诚祈祷，见道旁畦麦一律青葱，看来二麦尚可有收。此乃农民汲井灌田，勤加戽溉，随时滋长。【略】丙辰，谕军机大臣等，据毕沅、长麟各奏报，豫省彰德、卫辉、怀庆三府属于四月十一二日得雨一二寸，东省济南等处亦得雨一二寸，尚未沾足，现在率属齐心吁祷各得语。京师自本月二十三日起大沛甘霖，二十四日辰刻尚未停止，连宵达旦，计入土已有尺余，极为深透，现在云气浓厚。【略】丁巳，【略】缓征湖南武陵县乾隆五十二年水灾额赋。【略】辛酉，【略】谕军机大臣等，据长麟奏，从前缺雨各州县均于二十三四五日各得雨三四五寸至深透不等等语。阅其所开单内，如东昌、曹州、青州等府属仅有得雨三寸者。【略】是月，直隶总督刘峨奏报保定省城得雨情形。得旨：此实深沐天恩，益深钦感，四月甘霖，十年不一遇者。又奏现在缺雨之宣化府属七州县，张家口、独石口二厅，及延庆、赤城、龙门三州县粮价渐昂，请格外减价出粜。

《高宗实录》卷一三〇三

五月【略】乙丑，谕军机大臣，曰：长麟奏到东省续得雨泽情形一折，内称从前望雨之历城等五十四州县，于四月二十三四等日甘雨优沾，大田均得播种；二十五六日阴雨复作，竟日大沛，通省雨泽实已周遍渥泽等语。【略】其麦收分数，现据长麟奏，登、莱、兖、沂等处麦收可望十分及九分有余。【略】至直隶顺德、广平、大名、宣化各属，前据刘峨奏，四月二十三四等日所得雨泽，惟宣化一府可称深透，顺德府得雨三寸以上；至大名、广平二属，得雨三四寸至五六寸者仅止六县，其余各州县均止一二寸。是直省顺德、广平、大名各属得雨之处多寡不等，尚未能一律深透。又，豫省河北一带，前据毕沅奏，彰德、卫辉、怀庆各府属于四月二十二三等日得雨一次，有入土三四寸者，有仅止一二寸者，看来河北地方亦未沾足。【略】又谕：山西大同府属，据明兴、沐特恩先后奏报，于四月二十二三等日普得透雨等语。大同为上年被旱之区，本年春间又复缺雨，兹虽普被甘霖，大田可以乘时播种，但麦收恐已歉薄，粮价或不免昂贵。【略】丁卯，【略】蠲免河南商丘、宁陵、睢州、柘城、鹿邑、永城六州县乾隆五十二年水灾额赋有差。【略】辛未，谕军机大臣等，京师自三月得雨后，未经续沛甘霖，农民望泽孔殷，四月二十一日朕亲诣黑龙潭祈祷，二十三四等日仰邀昊贶，渥被浓膏，为十余年来所未有之事。本月初四日，据勒保奏报，甘省亦已普得透雨，朕心深为欣慰。【略】壬申，【略】蠲免直隶保安、宣化、万全、怀安、西宁、怀来、蔚州七州县乾隆五十二年水灾民田旗地额赋有差。【略】丙子，【略】谕军机大臣等，京城于本日寅刻复得澍雨，现在绵密未止，云气皆往西南一带，甚为浓厚。

《高宗实录》卷一三〇四

五月【略】壬午，谕：本日由密云至要亭，途次天雨泥泞。【略】乙酉，谕军机大臣等，连日途次雨

泽频沾，云气皆自西北而来，似应系山西大同一带地方。昨据刘峨、刘允桂先后奏报，宣化等处皆已得雨深透。【略】寻奏：大同于四月下旬得雨，催令赶种，本月十四五等日，续沛甘霖，一律种齐长发。得旨：欣慰览之。【略】戊子，【略】谕军机大臣等，据陈用敷奏，徽州府属祁门县蛟水涨溢，南北东三门城垣俱被冲塌，县监、仓廒亦多塌浸，并间有淹毙居民及冲倒房屋之处。又，休宁、黟县亦因上游蛟水下注，致被淹浸等语。【略】是月，浙江巡抚觉罗琅玕奏：本年三月间，海塘东自尖山汛起，至廿里亭止，新涨阴沙一段，计长三千五百余丈，堤根极资保护。得旨：是好机会，可望南坍北涨矣。又奏：遂安、淳安、西安、开化四县因山水陡发，田庐被淹，现已赈恤口粮房费，又借籽种，督令及时补种。得旨：善为抚恤，俾受实惠，勉之。　　《高宗实录》卷一三〇五

六月【略】戊戌，谕军机大臣等，据浦霖奏，溆浦县因五月十七八两日连得大雨，县治城垣久圮，因非冲途，列入缓修。是以水势直注入城，衙署、仓廒、监狱俱被淹浸，现即起程驰赴该处，督率勘办等语。【略】寻奏：勘得溆浦县治滨临溆江，下达辰河，依山面水，形势迫窄，因连日大雨，山水骤发，田庐多被淹浸。询之乡民等，云此百余年未有之事。【略】蠲免安徽凤阳、颍州、泗州、宿州四府州卫乾隆五十二年水灾额赋有差。【略】壬寅，【略】谕军机大臣等，据姜晟奏，宜昌府属之长阳县于五月二十一二等日，大雨如注，山水陡发，平地水高八九尺至丈余不等，城墙倒塌，县监仓谷亦俱冲汕浸湿，并有坍塌衙署、民房及淹毙人口之处，现饬藩司陈淮前往勘办等语。湖北长阳县因骤雨水发，宣泄不及，以致漫溢城墙，冲汕官民房屋，并损伤人口，情殊可悯。自应亟为抚恤。【略】甲辰，【略】又谕：据毕沅奏，彰德、卫辉等处于六月初七日雷电交作，大沛甘霖，入夜雨势益加绵密，连宵达旦，初八日又复优施，沾俱已盈尺，现在处沟浍皆盈。附近之汤阴、淇县、汲县等属均一律深透，刻下雨尚未止等语。【略】寻奏：本月初八九等日，大名、元城、曲周、肥乡、成安五县各得雨六寸；清丰、广平、鸡泽三县各得雨七寸，开州、南乐、东明三州县各得雨五寸，入土深透，晚谷晚豆黍稷等项尽可赶种。再，顺天迤南之保定、河间、天津、正定、顺德五府，冀州、赵州、深州、易州、定州五州所属地方，暨大名府属之长垣县，广平府属之永年等五州县，先后得雨透足，布种齐全。嗣因晴久，正望接济，此次一体普沾，实于秋禾有益。得旨：以手加额，欣慰览之。又谕曰：郑源璹奏，沿途地方情形折内称，入晋省境后，所过平定州、盂县、乐平以至省城，二麦渐次收获，大田禾稼甚为长茂。询之乡农，自四月下旬雨水沾足。抵省后，知省城暨各州所属地方，均于五月十二三四五及十七等日，续得雨泽，甚为沾渥。二十一日，省城复得雨五寸有余，各属报得雨者复有三十七州县等语。

《高宗实录》卷一三〇六

六月丁未，【略】蠲免陕西华州、华阴、潼关三州厅县乾隆五十二年水灾额赋有差，并缓征蠲剩银粮仓谷籽种。【略】庚戌，【略】蠲免山西大同、丰镇、阳高、天镇、怀仁、山阴、广灵、应州、浑源九州厅县乾隆五十二年旱灾额赋有差，并缓征蠲剩银粮。【略】辛亥，【略】又谕：据毕沅覆奏，河北一带普得透雨，漳、卫各河水势涨发，粮艘足资浮送一折。　　《高宗实录》卷一三〇七

七月【略】壬戌，【略】湖北巡抚姜晟覆奏：长阳县被水，据藩司郑淮勘禀，水已涸退，计共被灾男妇一万五千余名口，塌房八千二百余间，已提荆州道府库银五千两，仓谷三百余石，散给口粮修费，民情安帖。报闻。【略】甲子，【略】又谕：据长麟奏查勘胶州、寿光二处被水情形折内称，胶州被水农民盖藏漂失，迨至禾稼登场尚需时日，【略】请于存仓谷内，再行借给一月口粮。寿光无力农民，亦照胶州办理章程，再行加借一月口粮等语。【略】又谕曰：图桑阿、陈淮奏：六月二十日，荆江夏汛泛涨，随督同地方员弁将护城各堤塍加筑抢修，各城门下闸堵闭，分段照料。讵酉刻堤塍溃决，江水直逼城下，冲开西北两门，满汉两城文武衙署兵民房屋，以及仓库监狱，俱被淹没。兵民多赴城上及屋顶、树上逃生，其奔走不及者多被淹毙。经陈淮令随身家丁扎筏渡赴沙市，招募船只。图桑

阿亦动项雇船，分救满汉两城人口，赴城上搭棚栖止。现酌动府仓南米，散给抚恤。

《高宗实录》卷一三〇八

七月【略】戊寅，【略】又谕：据舒常奏驰抵荆州查明被水情形一折，【略】沿江堤工漫溃至二十余处，各宽十余丈至数十丈不等，是此次荆州被淹较重，竟由堤塍不固所致，该处堤工于四十四、四十六两年被水后，均单借项兴修。【略】至城厢内外，淹毙大小男妇人口，经舒常等查明，共有一千三百六十余名，【略】现在城上搭棚居住者尚有一万余人。【略】己卯，【略】又谕：【略】此次江水竟至淹入城内，被灾甚重。前据图桑阿查奏，满城淹毙者共四百余名。昨又据舒常查奏，府城大小男妇淹毙者一千三百余名。外省官员于灾伤向有讳饰，兹报出者已有一千三百余名之多，则其讳匿不报者必尚不止此数，想来不下万余。此等灾户流离颠沛，伤毙多口，可悯可怜。【略】庚辰，【略】谕军机大臣等，据陈用敷奏雨水早稻情形，折内称怀宁、桐城、宿松、望江、贵池、东流、铜陵、当涂、芜湖、繁昌、无为、和州等州县沿江低处洲田，因江水涨发，间有漫溢。又，潜山、太湖、青阳、建德、庐江、舒城、巢县、凤阳、灵璧、怀远、泗州、盱眙、五河、含山、全椒、建平等州县亦因湖淮水涨，低洼田地稍有漫淹，现在逼近江湖地亩尚有积水等语。该省休宁、祁县、黟县等处本年五月内被水冲压，田亩受淹。【略】辛巳，【略】谕军机大臣等，据浦霖奏，华容县地方于六月十九至二十二等日连日阴雨，又值荆河、襄河二水并发，陡涨二丈二尺有余，各堤垸同时漫溢，田禾皆被浸损，其衙署、仓库、监狱并未淹没，亦无伤损人口，现在设法疏消等语。【略】壬午，【略】又谕：据舒常奏，荆州府所属公安县地方自六月二十日至二十五日阴雨稍多，江湖并涨，城乡堤塍溃决，田禾庐舍多被水淹，衙署、监仓坍塌无几，人口并无损伤，仓贮米谷抢至高阜，现将居民搬移高处，散给钱米，照例抚恤。又据片称，监利县滨临江湖，势更低下，亦被淹浸，现在派员查勘办理等语。【略】是月，暂署湖广总督舒常覆奏：荆州前番水灾溃堤不多，城根水仅三四尺，是以囤土城门，得免冲入。此次藩司陈淮等督率地方文武，多集人夫刨土，并赶买棉袄旧絮堵塞，讵风狂浪疾，各堤联翩溃决，水头高出一丈余尺，瞬将西、北两门冲开，并冲塌城墙三处，一涌而入，实属人力难施。得旨：水固异常，堤亦不堪。【略】署福建水师提督王炳奏报：早稻收成丰稔地方宁谧。

《高宗实录》卷一三〇九

八月【略】辛卯，【略】谕军机大臣等，据何裕城奏，江西省南昌、饶州、南康、九江等府属因雨水过多，沿江傍湖低洼田地间被淹浸。【略】又，德兴县山水陡发，冲失房屋，并淹毙人口。若俟归案汇办，不免流离失所，已飞饬该府赍带银项驰往，照例抚恤，妥为安顿等语。【略】庚子，【略】谕：据毕沅奏，豫省兰阳、仪封、睢州、宁陵、商丘五厅州县，并考城改归睢州等处，临河新滩有地无收，请将应纳粮银一万九千余两，于通省摊征，其节年带征未完钱粮正杂银六万五千余两，仍于各摊户名下，分作六年征还归款等语。此项新摊地亩因被河水淹浸，积成淤泥，难以耕种，自系实在情形。【略】甲辰，原任湖广总督舒常奏：臣秀荆宜施道沈世焘往看监利、石首二县水灾，据禀，监利滨江之孙张王等月堤普漫，除南乡无水，其东北西三乡惟五十七垸未淹，余皆弥漫，房屋人口俱有坍伤，已抚恤一月口粮。至东乡地势最低，水浸堤身，间有酥矬。石首沿江堤工稳固，因上游公安县东壁堤溃口，波及该县，四乡俱被淹浸，房屋冲倒，尚未损伤人口。亦先抚恤一月口粮。

《高宗实录》卷一三一〇

八月乙巳，【略】谕军机大臣等，据毓奇奏，本年东省各处山水迭长，其势甚大，汶、泗诸河之水，挟带泥沙实非往年可比，大泛口、十字河及分水口等处（运河）淤沙较厚。若不认真挑挖，恐明春重运进闸，难免浅涩。【略】丁未，谕军机大臣等，书麟奏两江地方雨水充足、禾苗长发情形一折，所称江苏、安徽各属雨泽处处沾足，稻秫现在刈获，中、晚二禾已有业经收割等语。【略】庚戌，【略】是日，上以木兰内雨水较大，桥梁未成，停止行围。【略】壬子，【略】安徽巡抚陈用敷、布政使陈步瀛奏：安庆、庐州等九属被水，臣等亲往确勘。望江、铜陵、芜湖、繁昌、无为、和州较重，怀宁、桐城、宿松、东流、贵池、当涂、庐江次之，潜山、太湖、青阳、建德、泗州、盱眙、五河又次之，房屋间有坍塌，人口并未损伤，惟秋后积水尚深，已种、未种之地皆成一隅偏灾，除已缓征并给修费外，请俱酌量轻重，照例予赈。其勘不成灾之巢县、凤阳、灵璧、宿州、怀远、凤台、寿州、定远、霍邱、亳州、蒙城、含山十二处虽涸复尚速，民力未免拮据，亦请缓征。又，五月猝被蛟水之祁门、黟县、休宁三县有沙压甚重，不能及时挑复补种者，亦请分别缓征给赈。【略】乙卯，谕：本日由张三营启跸，回至波罗河屯，绕道山梁，适遇阴雨。【略】又谕：哨内雨水较大，桥梁俱被冲塌，热河副都统明山保并不据实陈奏。

《高宗实录》卷一三一一

九月己未朔，谕：据阿桂等奏查勘荆州被水情形一折，内称荆州水患，询之该处官员兵民人等，咸以窖金洲侵占江面，涨沙逼溜为言，且言之不自今日始。经阿桂等亲往履勘属实。并查有本地萧姓民人，于雍正年间至乾隆二十七年陆续契买洲地，种植芦苇，每年纳课，因贪得利息，逐渐培植，每遇洲沙涨出，芦苇即环洲而生，阻遏江流，洲面渐宽，江面即愈就窄狭，是以上流壅高，所在溃决等语。窖金洲涨沙逐年增长，侵占江面，逼溜北趋，以致郡城屡有溃决之事，其受病之源，实由于此。【略】致郡城被水成灾为数十年所未睹。【略】癸亥，【略】谕军机大臣等，据陈用敷覆奏，安徽通省收成分数约共七分有余。折又据称，八月内雨水调匀，未经被水，及灾属涸复补种之处，晚禾杂粮均极畅茂等语。【略】乙丑，【略】谕军机大臣等，据海绍奏，九江郡夏秋以来大雨时行，川、楚水发，附近街衢四围皆有积水，现在渐次消落，沿江傍湖被淹田禾报明抚臣，饬委藩司亲勘妥办等语。【略】戊辰，谕：据恒秀等奏，打牲处索伦田禾被鸦儿河水泛溢淹浸，生计维艰，请借谷接济等语。【略】己巳，【略】又谕曰：惠龄奏，湖北沔阳、黄冈二州县被水地亩涸出无几，节候已迟，不能补种等语。【略】又谕：本日兰第锡【略】奏报沿河地方得雨情形，且阅折内有圣德感召，甘霖应时之语，殊属不诚。本年巡幸木兰，因连值阴雨，以致秋狝[①]大典不能举行，朕方引以为愧。即或豫省沿河一带近日雨泽稍宽，现获优沾，亦止须照常奏报。【略】壬申，【略】又谕：据梁肯堂奏，卫辉、怀庆二府属本年雨泽稍愆，收成未免稍薄等语。【略】著将卫辉府属之淇县、滑县、延津、浚县、封丘、考城六县，并怀庆府属之原武、修武、阳武三县带征旧欠漕粮递展一年，【略】至卫辉府属之汲县、新乡、辉县、获嘉四县，著将本年地丁并缓征带征旧欠钱粮仓谷等项均缓至五十四年麦熟后征收。【略】癸酉，【略】蠲安徽宿州、凤阳、凤阳卫、灵璧、怀远、亳州、蒙城、泗州、泗州卫、盱眙、天长、五河、长淮卫、无为、庐江、定远、凤台、滁州、全椒、和州、含山二十一州县卫乾隆五十二年水灾额赋有差。豁陕西长安县唐家村、中席村、师家道口水冲厂地五顷五十亩有奇额赋。

《高宗实录》卷一三一二

九月【略】戊寅，【略】又谕：闵鹗元奏覆江苏各属收成分数，折内称徐州府属萧县、砀山、丰县、沛县，淮安府属安东、清河、桃源、海州，江宁府属江宁、上元、句容、江浦、六合等十三州县被水田地退涸较迟，请将新旧钱粮漕米缓至明年秋成后征收。其山阳、盐城、阜宁等三县旧欠钱粮亦请缓至明年秋成后征收等语。【略】辛巳，【略】豁浙江仁和县捐置义冢、上虞县水冲地共五顷四十亩有奇额赋。【略】甲申，【略】湖广总督毕沅奏，楚北被水之区共三十六处，江陵为最，其次公安、监利、石首、汉川、黄梅五属，又其次松滋、枝江、汉阳、沔阳、黄冈、长阳、广济、江夏八属，其余二十余处皆不成灾。【略】乙酉，【略】谕曰：何裕城奏，南昌等八县被水地亩秋成失望，本年应征漕粮不能依期完纳等语。【略】所有南昌、新建、进贤、鄱阳、余干、德兴、建昌、都昌八县被灾各户本年应征漕粮，著

---

① “木兰秋狝”是清廷意在“肄武习劳”与抚绥蒙古的重要典礼，承德避暑活动亦连同发展而来。此典礼于小冰期中相对温暖的明清18世纪曾频繁举行，乾嘉之际(1790—1820年)气候突然转冷、变湿后，此典礼逐渐衰落。详情可参见萧凌波(2011)《清代木兰秋狝与承德避暑活动的兴衰及其气候影响》一文。

加恩缓至来年秋熟后一并征收。【略】丙戌，谕：本年江南、豫省河工自夏秋以来，黄、运、湖、河水势涨盛，各工抢护平稳，现在霜降已过，秋汛安澜。【略】戊子，谕曰：海宁奏，山西大同、朔平二府属上年被旱成灾，收成歉薄，今岁虽获有收，【略】民力恐有未逮等语。【略】所有大同、朔平二府属丰镇、左云、右玉等十一厅州县新旧应征并出借籽种共银十九万三千四百七十余两，谷豆二十一万二千二百余石，俱著加恩分作两年征收。

《高宗实录》卷一三一三

十月己丑朔，【略】谕曰：刘峨奏，宣化府属蔚州北门子等九十九村，西宁县石宝庄四十村，怀安县西阳河等十五村，于八月初旬雨中带雹，田禾间有折损，未能一律成熟等语。【略】壬辰，【略】谕：据庆桂等奏，奉天所属等处自六月至七月澍雨屡降，广宁等七城被水，成灾五六(分)不等，应行赈济豁免之处，容另行查明办理等语。【略】谕军机大臣，曰：惠龄奏报襄河一带水势堤塍各情形一折，内称天门、潜江二县夏间被水田地，先经查明，俱已涸出，补种秋粮。现在天门县被冲田地，禾稻已经收割，惟潜江一县带淹之感林、黄景等垸秋后水涸，甫经补种杂粮，今复被水淹冲，当即飞饬臬司李天培驰往，督率地方官填筑溃口，酌量抚恤等语。【略】丙申，【略】谕军机大臣等，本年安徽徽州、安庆、太平等府属各州县田禾被水，致成偏灾。江西省南昌、饶州、九江等府属秋禾被淹成灾。浙江省遂安、淳安、开化、西安等四县因江水陡涨，猝被水灾。又，湖北省荆州堤塍溃决，并武昌、江夏、潜江等三十六州县江河泛涨，田地房屋多被淹浸。湖南省溆浦、华容等州县被水成灾，节经降旨，分别赈济。

《高宗实录》卷一三一四

十月【略】戊申，谕：据勒保奏甘肃各属秋禾分数，通计收成八分有余，内惟平凉等八州县间有被雹、被旱之处。又，平罗一县濒河地亩间被水涨淹浸，委员查勘，俱不成灾，惟收成未免歉薄等语。【略】著加恩将平凉、华亭、武威、平番、古浪、皋兰、金县、狄道、平罗九州县，本年应征正借银粮及旧欠银粮草束，俱缓至来岁征收。【略】乙卯，【略】又谕曰：琅玕奏，本年浙江被水各县，惟遂安一县地亩涸出稍迟，收成未免歉薄等语。前因浙省淳安等县夏间偶被山水，业经加恩抚恤，借给籽种，及修理房屋等费，小民自可不致失所。今淳安、西安、开化三县俱已补种杂粮，一律有收。惟遂安一县被水稍重，收成歉薄，若将应漕粮银米一体征收，民力仍不免拮据，所有遂安县本年应征地丁漕项钱粮银米，著加恩缓至次年麦熟后征收。【略】丁巳，谕曰：毕沅等奏，湖北被水各属内，江陵等县民屯田地被水成灾。嗣因襄河涨发，潜江一县亦被淹浸。【略】所有成灾较重之江陵、公安、石首、监利、汉阳、沔阳、黄冈、广济、黄梅、潜江十州县本年应征漕粮正耗米石，水脚随漕银两均缓作两年带征。成灾较轻之松滋、江夏二县【略】亦缓作一年带征。

《高宗实录》卷一三一五

十一月己未朔，谕：据浦霖奏，湖南华容、岳州卫、武陵、龙阳、澧州等属因六月下旬荆水下注，又值湖水倒漾，被淹田亩水退较迟，收成只五分有余等语。【略】辛酉，蠲缓安徽望江、怀宁、桐城、宿松、铜陵、东流、贵池、芜湖、繁昌、当涂、无为、和州、潜山、太湖、青阳、建德、庐江、巢县、泗州、盱眙、五河、寿州、凤阳、怀远、定远、灵璧、凤台、霍邱、亳州、蒙城、含山，并安庆、建阳、泗州、长淮、凤阳等卫，三十六州县卫本年被水灾民额赋有差。【略】丙寅，【略】缓甘肃武威、古浪、平番、平凉、华亭、皋兰、金县、狄道、平罗等九州县本年被雹灾民应征额赋。【略】壬申，豁除陕西朝邑县乾隆五十年分被水冲坍民田一顷四十七亩有奇额赋。

《高宗实录》卷一三一六

十一月【略】丙子，【略】蠲缓湖北江陵、监利、公安、石首、松滋、枝江、汉川、汉阳、沔阳、黄梅、广济、黄冈、长阳、江夏、武昌、咸宁、嘉鱼、蒲圻、兴国、大冶、黄陂、孝感、蕲水、罗田、蕲州、天门、荆州、当阳、云梦、应城、宜都、潜江、东湖、归州、巴东、鹤峰等三十六州县本年被水灾民额赋有差。【略】壬午，【略】又谕：据长麟奏，东省漕粮现俱收纳齐全，陆续运赴水次，惟临清以北德州、恩县等处河水渐已结冻，遽行受兑，停泊河干。【略】丙戌，【略】贷湖南华容、安乡、澧州、武陵、龙阳等五州县本年被水灾民籽种。

《高宗实录》卷一三一七

十二月【略】庚子,【略】谕军机大臣等:昨据琅玕奏,浙省岁时丰稔,谷价平减,请不拘年限,乘时采买,以补仓储等语。所办甚是。【略】据浦霖奏,湖南中米价自一两一钱四分至一两四钱八分,甚属平贱。

《高宗实录》卷一三一八

## 1789年 己酉 清高宗乾隆五十四年

正月【略】庚申,【略】谕军机大臣,曰:【略】福康安等奏,闽省农田因冬季久晴,二麦尚未栽插齐全,地瓜杂粮亦觉待泽,现在率属祈祷。

《高宗实录》卷一三二〇

二月【略】乙卯,【略】又谕:据鄂辉等奏,收复宗喀地方后,因连降大雪,官兵暂行守候,现在觅路速进。【略】是月,直隶总督刘峨奏报,省城雨雪情形。得旨:实应慰之。

《高宗实录》卷一三二三

三月【略】辛酉,谕:朕此次巡幸盘山,因连日雨雪,恐垫道人夫未免沾湿,初八日且不启銮。【略】戊辰,【略】又谕曰:王普奏报雨雪情形一折,将怀庆府属各县地方得雨得雪分寸日期,详悉奏明。【略】昨据刘峨奏,直隶顺德府属入春雨雪颇少。【略】本日王普折内称,怀庆府属得有雨雪深透,而于卫辉、彰德等府,则止称于二月十五六七八等日得雨,并未将各该府是否雨泽沾足之处,详悉声叙,朕心深为廑念。河北各属近年颇艰雨泽,恐现在尚不无望泽之处。

《高宗实录》卷一三二四

四月【略】戊子,【略】蠲奉天广宁、凤凰二厅属乾隆五十三年水灾额赋,仍分别赈恤有差。【略】庚寅,【略】谕军机大臣,曰:项家达奏,【略】查二三两月,扬、镇一带春雨沾足,河水通顺,帮船无阻。【略】戊戌,【略】又谕:据刘峨奏,保定府属清苑等三县及河间府属,均有节年未完缓征粮银等语。保定等府属州县上年秋收虽尚丰稔,今春雨泽亦属不缺,而应完缓征之项为数较多,【略】著加恩将保定府属之清苑、安肃、蠡县三县,河间府属之河间等十一州县,五十一二两年未完缓征地粮旗租,俱缓至五十四年秋间开征。【略】己亥,【略】赈恤山东、胶州二州县被水灾户,并给修葺房屋银。

《高宗实录》卷一三二六

四月【略】庚戌,【略】又谕:据梁肯堂奏,卫辉、怀庆、归德等府属上年被灾之后,新旧钱粮及民欠等项积累过多,加以应完银谷等项,转每年额征之数多至数倍等语。【略】归德府属之商丘等州县,上年麦秋虽属有收,但因屡年水旱频仍,小民元气未能骤复。【略】所有卫辉府属上年被旱稍重之汲县、新乡、获嘉、辉县四县,本年地丁钱粮著缓至五十五年麦熟后开征。其被旱稍轻之淇县、延津、浚县、滑县、封丘、考城六县,并怀庆府属之原武、修武、阳武三县著缓至本年秋成后开征。【略】壬子,【略】谕军机大臣等,前据梁肯堂奏,彰德、南阳、汝宁、光州等各府属于三月二十日得雨,而开封等府属于三月二十七八等日复经得有雨泽,自一二三寸至五六寸不等一折。【略】丙辰,豁免直隶宣化、万全、怀安、西宁四县乾隆五十三年旱灾额赋。

《高宗实录》卷一三二七

五月【略】己未,【略】谕:本日据梁肯堂奏称,开封、归德、南阳、河南、汝宁、陈州六府,暨许、汝、陕、光四州,于四月初十、十一二三及二十一二三等日续得透雨。河北之彰德、卫辉、怀庆三府,亦于四月十一二三及二十一二三等日得雨深透等语。【略】己巳,【略】谕:据巴延三奏陕西应征钱粮通完一折。【略】陕省近年以来收成丰稔,小民踊跃输将,不但额征正赋全数通完,即分年带征银粮亦俱陆续交纳,殊属急公可嘉。

《高宗实录》卷一三二八

五月,【略】是月,两江总督书麟奏:江西鄱阳湖口一带向无浅阻之事,因上年冬雨较少,本年春水又未涨发,凤凰滩、罐子口等处沙积难行。今四月内连得透雨,河水增长,湖南漕船尾帮即可前进,臣未能先事预筹,咎实难辞。

《高宗实录》卷一三二九

闰五月【略】辛卯，谕：奉天所属广宁等七城，因上年被水成灾，节经降旨，借给口粮。【略】兹据宜兴等奏，本年春夏之间，奉天境内雨水复多，低洼田地又多被水等语。【略】壬辰，【略】又谕：据徐嗣曾奏报通省连得透雨一折，内称省城自四月十四五等日得雨之后，于五月初五、六、七等日连获甘霖，各府州属亦俱先后沾足，即前经缺雨之漳、泉等郡，亦幸得透雨，早禾杂粮尚可布种等语。闽省漳、泉二府属于四月初旬望雨甚殷，朕亦深为廑念。　　《高宗实录》卷一三三〇

闰五月【略】甲辰，【略】又谕曰：常安等奏，迪化州所属地方蝻子萌生，率属扑捕一折。所办甚好，蝻孽孳生，最为田禾之害，今常安等一闻禀报，即督率兵夫分途前往，并力赶捕，乘其甫能跳跃之时，迅速扑灭，俾不致伤损禾苗。自应如此办理，但仍须严饬文武员弁，加意查察，一有蝻孽萌动之处，立即上紧扑捕，不使稍有存留，方为妥善。再，迪化州所属既有蝻子萌生，则镇西府属及吐鲁番、库尔喀喇乌苏等处境地毗连，亦恐或有延及，尚安等务宜一体留心，预为防察，毋使潜萌，将此谕令知之。乙巳，【略】谕军机大臣等，本日阅长麟奏山东省五月分粮价，单内所开各府属高粱、黄豆价值，较上月稍增等语。东省本年雨水调匀，麦收丰稔，粮价自应平减，何以高粱、黄豆价值较觉稍增。【略】蠲缓江西省南昌、新建、进贤、鄱阳、余干、德兴、万年、星子、都昌、建昌、德化、德安、瑞昌、湖口、彭泽十五县乾隆五十三年水灾额赋。　　《高宗实录》卷一三三一

六月【略】丁巳，【略】蠲免安徽安庆、徽州、池州、太平、庐州、泗州、和州等府州属乾隆五十三年水灾额赋。【略】戊辰，【略】谕军机大臣，曰：刘峨奏，保定府属之蠡县地方潴龙河，于初二三日陡涨水九尺余寸，孟尝等处村河于初四五日先后涌溢，其下游肃宁村庄间被淹浸。又，滹沱河盛涨，并涌灵寿县城，以致城外关厢及近城之胡庄等处居民房屋坍塌一千余间，压毙男妇四名口等语。

《高宗实录》卷一三三二

六月庚午，谕曰：伍拉纳等奏，漳、泉二府属现在雨水调匀，晚稻可望有收，但究因早稻得雨较迟，收成未免歉薄等语。【略】癸酉，【略】又谕：据书麟等奏，黄河自六月初旬以后水势迭涨，大溜汹涌异常。初九夜间狂风骤雨，阵水拥溜，高起数尺，睢宁县南岸周家楼无工处水漫过堤，抢护不及，致将堤身刷开，口门已宽一百余丈，水深四丈以外，大河溜势已有一半分趋入口。【略】甲戌，谕军机大臣，曰：长麟奏，沂州府属之蒙阴县地方于六月十一、十二等日，大雨连宵，山水骤发，沂河水涨顶阻，宣泄不及，浸漫民房四百余间，压毙男妇十三名口。现该处查勘。【略】丙子，【略】蠲免湖北江夏、汉阳、汉川、沔阳、黄冈、黄梅、广济、潜江、江陵、公安、石首、监利、松滋、枝江、长阳等十五州县，暨武昌、武左、沔阳、黄州、蕲州、荆州、荆左、荆右、襄阳等九卫乾隆五十三年水灾额赋。【略】是月，【略】安徽巡抚陈用敷奏：泗州界连江苏省睢宁县，因彼处周家楼一带被水，漫溢下注，泗州境之赤山、青阳等堡田庐间被水淹，现在设法宣泄。若及时消退，尚可补种荞麦杂粮。

《高宗实录》卷一三三三

七月乙酉朔，【略】又谕曰：陈用敷奏，安庆府属之怀、桐等县，并宁国、池州等五府州属，及和州、广德州二属，六月以来晴燥日久，农民望泽颇殷，现在率属虔祷等语。【略】寻奏：宁国、池州等府州属于六月下旬得雨，安庆省城于七月初六七及初十日连得透雨，秋收可期中稔，至泗州一带难免偏灾，然并未伤损人口，倒塌房屋，惟秋成失望，自应给赈。【略】己丑，谕曰：闵鹗元奏，周家楼漫水下注，邳州等处田庐致有淹没坍塌，被水灾民现在散给口食，以济贫困。其桃源、清河等处濒临洪泽湖，村庄间被淹浸。又，阜宁县潍水上漾，亦有被淹之处，现在亲往查勘等语。【略】谕军机大臣，曰：毕沅奏，今年江水实比常年为盛，较之去岁仅低五尺，系属汛水极大之年。荆州万城堤工程完固，均臻平稳等语。【略】庚寅，【略】又谕：热河自入秋以后雨水较多，日来阴雨连绵，尚未开霁。现在派回子祈晴。京师近日亦必雨水过多，于农田恐不无妨碍，著传谕留京王大臣一体祈晴。【略】辛卯，谕：本年永定河水势盛涨，刘峨亲驻在工，督率保护，堤埝稳固。【略】壬辰，【略】谕军机

大臣等，据宜兴奏，奉天所属地方六月内每三四日遇雨一次，各项禾苗已陆续秀穗，青葱弥望。即低洼地亩偶有被水之处，一经晴霁，渐就消退等语。奉天上年甫被水灾，虽经赈借兼施，朕心深为廑念。【略】癸巳，谕军机大臣，曰：刘峨奏，直隶今夏雨水稍多，七月初二三等日又复密雨竟日，除前奏清苑等二十三州县低洼田亩间被淹浸外，又据永清、祁州等九州县禀报，河水涨发，漫及低洼道路，田禾亦间被淹浸，现饬该管道府履勘办理，并安设济渡等语。【略】甲午，【略】谕军机大臣等，留京王大臣等奏，京师自入秋以后阴雨连绵，初四五日两夜雨势更大，初六日渐止，初七八日间有云气往来，恐天色尚未能畅晴，是以即于初八日饬令回子祈晴。并据顺天府尹奏，从此畅晴，于农田收获尚无妨碍等语。【略】丁酉，谕：据刘峨奏，原报被水之安州，复于六月二十三四等日大雨如注，上游诸河并涨，以致该州堤埝漫溢，被水较重。请先行抚恤，酌量摘赈。又，河间、保定府属等八州县均有被水较重之处，请一体先行借给口粮，并予摘赈等语。【略】所有安州被水之六十余村庄，及河间府属之河间、任丘、献县、阜城、景州，保定府属之清苑、雄县、新安等八州县，无分极、次贫民，俱著先行借给籽种口粮。【略】其大名、宣化二府属亦有被水地方，并著一体勘明，如有成灾处所，即行分别办理。【略】又谕：本日据留京办事王大臣奏，本月十一日夜间细雨溟濛，约有寸许，十二日辰刻业已放晴等语。现在热河浓阴，云气自西南而来。【略】寻奏：京城于七月十二日放晴后，十四日复雨即霁，现仍祈晴，田禾并无妨碍。报闻。又谕：据何裕城奏报，南昌省城于闰五月、六月连得雨泽，并瑞州等十三府州属亦各得雨五六寸不等一折。前据苏凌阿等奏称，经过九江府、德化、德安、建昌、新建、南昌县地方，因晴霁日久，待泽孔殷，现在抚臣何裕城率同文武员弁设坛祈祷等语。是该省于五、六月间，不免有望泽情形。【略】寻奏：臣前次奏报，系六月初十以前雨水充足情形，自初十日以后，半月不雨，即设坛祈祷，随于六月二十六七八等日连得澍雨。得旨：览。

《高宗实录》卷一三三四

七月【略】甲辰，谕军机大臣等，前因直隶入秋雨水稍多，曾降旨询问刘峨。【略】据该督覆奏，除被水地方，通省秋禾收成约有八分，从此天气晴霁，尚可期有增无减。【略】昨据长麟奏，山东秋收约计共九分有余。【略】寻刘峨奏，直隶通省秋成实有八分。【略】梁肯堂奏，河南秋收八分有余。【略】辛亥，又谕曰：嵩椿等奏，奉天地方本年六月内雨水较多，自二十日以后旋即晴霁，于田禾并无妨碍，虽低洼之地间有积水未消，其高阜及平原地亩，现在禾稼均已结实，籽粒甚为饱满，可卜丰稔等语。【略】是月，【略】直隶总督刘峨奏，肃宁县近河洼地被淹成灾，乏食贫民现于义仓内酌动谷二千石，每户借给三斗。【略】又称清苑等县间被淹浸，现饬属查勘。　《高宗实录》卷一三三五

八月【略】乙丑，【略】谕军机大臣，曰：梁肯堂奏，七月二十四日，黄水陡涨，沟河不能容纳，归德府属之永城、夏邑二县村庄洼地被淹。又，彰德府属之临漳、安阳二县滨临漳河，因漳水涨发，以致临河村庄亦被淹浸，房舍均有倒塌，现委司道亲往查勘筹办等语。【略】丁卯，【略】谕军机大臣等，据毕沅等奏湖北各属得雨情形，折内称惟安陆、宜昌二府属有一二州县得雨未透，【略】楚北各属前于六月中旬后暑雨少缺，兹于七月初旬得雨深透，秋田自可资以接济。但安陆、宜昌二府属据奏仍复缺雨，朕心深为廑念。【略】蠲免安徽怀宁、祁门、当涂、芜湖、繁昌、铜陵、无为、建德、庐江等九州县乾隆五十三年学田水灾额赋。戊辰，谕军机大臣，曰：陈用敷奏，据凤阳府禀报，所属宿州因砀山县漫溢黄水下注州境，民田被淹，水势由灵璧县下注洪泽湖，该县亦有被淹之处。【略】宿州、灵璧前因夏间雨水稍多，兼值毛城铺等处泄黄汇注，间有被淹，甫经涸出补种，今又因上游黄水漫溢被淹，农民不无拮据，难免一隅偏灾。　《高宗实录》卷一三三六

八月【略】庚午，【略】谕军机大臣等，据琅玕奏报雨水粮价情形，折内称，浙省各府属地方于六月内节次得雨普遍，即仁和等十三县于上、中二旬未获优沾，亦已于七月初七、初十等日连得大雨，高下深透，均可一律丰收等语。【略】甲戌，【略】谕曰：冯光熊奏，勘得保定府属之清苑、安州、新安、

雄县，河间府属之任丘、河间、献县、肃宁、阜城、景州，天津府属之天津、静海、沧州、青县、盐山，顺天府属之大城、武清、东安、永清等处地亩，被淹成灾，自五六七分至八九分不等，【略】所有续报东光、新城等十五处统归秋灾案内分晰查办等语。本年直隶各府大田本可望丰收，乃因夏秋雨水过多，河淀并涨，被涝成灾，地方较广。【略】是月，【略】河东河道总督李奉翰奏：东省微山湖因今年雨水旺盛，水势日加增长，近已涨至一丈四尺，临湖堤堰未免著重，现在量筹消减。【略】河南布政使景安奏：江南砀山县黄河漫溢，淹及豫省永城、夏邑二县，臣督饬该府县加意抚恤。间有江南砀山等县灾民避至豫境者，一体给予口粮。　《高宗实录》卷一三三七

九月甲申朔，【略】谕军机大臣，曰：【略】又据惠龄另折奏，七月分阖省普沾渥泽，中晚二稻已届刈获，约秋收均有七八九分不等等语。【略】寻惠龄奏，湖北秋收合计八分有余。报闻。【略】辛卯，【略】又谕：据吉禄奏，本年雨水较多，松花江一带河水涨溢，打牲人等所种地亩多被浸淹等语。【略】谕军机大臣等，本年直隶保定、河间、天津等府属州县，因夏秋雨水过多，河淀并涨，地亩被淹，成灾地方较广。现在朕回跸热河，初七八两日秋雨连宵，势甚绵密。【略】寻奏：九月初七八两日保定一带仅微雨片时，永定河及淀河等处并未涨水，各州县积涝渐消。【略】又谕：据闵鹗元奏，徐州所属之铜山、沛县、萧县、砀山、丰县，并海州、沭阳七州县因夏间大雨时行，上游河湖涨漫，又有毛城铺峰山四闸泄黄之水同时并注，致有淹漫。【略】寻奏：砀山县成灾八九分不等，萧县成灾七分，现分别抚恤给赈。其余铜山、丰县、沛县、海州、沭阳，并睢宁、邳州、宿迁、桃源不过收成稍减，应照成灾五分及勘不成灾分别办理。【略】丙申，谕：据宁陵等奏查明珲春被水地方、请接济口粮一折。珲春连年被水旗民田地被冲，深为轸念。　《高宗实录》卷一三三八

九月【略】庚戌，谕军机大臣等，据伍拉纳奏，澎湖于七月初三四等日飓风大作，击碎该协管哨船一只、折桅断椗损漏三只。又，龙溪县带送各处公文商船一只、彰化县配截兵米商船一只，俱在洋击碎，米石沉失，惟舵水及县役等泅水得生，余俱不知生死。其沿海民房及衙署、仓廒间有被风刮坏等语。【略】是月，直隶总督刘峨奏：清苑等四十余州县水灾，应领赈银。【略】湖广总督毕沅奏：汉江两次暴涨，致滨临汉水之荆门、潜江、江陵、监利四属低洼田垸间段被淹，荆门州地势较高，涸出之区可望薄收，其潜江、江陵、监利三属被水各垸并屯坐军丁生计不无拮据，请先抚恤一月口粮。　《高宗实录》卷一三三九

十月【略】乙卯，【略】谕：前因梁肯堂奏，安阳、临漳二邑偶被水灾，业经降旨，抚恤一月口粮，以资接济。【略】兹据梁肯堂奏，安阳、临漳偶被偏灾，麦秋虽尚有收，但当积歉之后，若将本年漕粮一例征收，小民未免拮据等语。著加恩将安阳、临漳二县本年应征米麦豆三项，缓至乾隆五十五年麦后征收，以纾民力。又谕：据内务府议奏请粜与打牲人等口粮四千余石，以资接济。【略】本年六月雨水较多，松花江、舒兰河水溢，打牲乌拉等所种田地被冲，理宜接济。【略】己未，【略】又谕曰：全德奏庙湾场等处村庄间被黄水淹浸，现在虽经涸出，但场亭池灶正须修理，灶丁等未免拮据等语。【略】辛酉，【略】谕曰：毕沅等奏称，武陵县迭遭水旱，本年虽属丰稔，究系积歉之区。【略】华容、安乡二县上年湖水倒漾，亦有缓征钱粮及借给种麦工本银两，若同时并征，不免稍形竭蹶等语。【略】又谕曰：伍拉纳等奏哨船在洋遭风一折，内称黄岩镇标汛弁赵存高双篷船一只，兵丁三十三人，出洋巡哨，于七月初九日夜在主山洋面猝遇暴风，收驾不住，被风飘刮，不知去向。当经该镇分派弁目，于内外洋面四路寻觅，并无踪影。旋准江苏巡抚闵鹗元咨称，吕泗洋面见有无桅船身一只，板上刻有“黄标左营”字样，乘浪漂淌，船内并无一人等语。【略】壬戌，【略】又谕：本年直隶保定、河间、天津、顺天等府属各州县，因夏秋雨水较多，河流涨发，田禾被淹，致成偏灾。江苏徐州、淮安等府属各州县，安徽凤阳府属宿州、灵璧二州县并泗州，均因黄流漫水下注，致成偏灾。又，河南归德等府属永城、夏邑、安阳、临漳等四县，秋禾被水成灾。湖北荆门、潜江、江陵、监利四州县汉水陡

发，低洼处所均被水灾，节经降旨，分别赈借。【略】癸亥，【略】山东巡抚觉罗长麟奏：本年山东收获丰稔，自六月以来粮价日平。 《高宗实录》卷一三四〇

十月【略】乙亥，【略】谕军机大臣，曰：刘峨奏，豫省漕船于十月十五日入境，现在咨会东省，一体委员接催，遇有薄冰，即多拨人夫，敲击遄行等语。本年各省漕船回空较早，而河南首帮船只比之上年入直隶境，已早至二十余日，明岁抵通，自不虞迟误。现在天气尚和，即遇有薄冰，亦不至即行冻阻，又何必多拨人夫敲击。 《高宗实录》卷一三四一

十一月癸未朔，【略】山东巡抚觉罗长麟等奏：豫省重运漕船现俱赶赴临清，东省各帮船亦趱出临清闸外。连日河冰渐结，中溜犹有畅流。【略】丙戌，【略】谕曰：陈用敷奏，安徽省江北各属连年俱被偏灾。【略】所有本年秋收成熟之怀宁、无为、庐江、巢县、定远、寿州、凤台等七州县积欠地丁、随漕及借给籽种口粮等项应征银米，著加恩自五十四年起，分限四年带征。其被灾歉收之宿州、灵璧、泗州、盱眙、五河、凤阳、怀远、霍邱、亳州、蒙城、太和等十一州县，及凤阳、长淮、泗州三卫积欠各银米，竟予宽免。 《高宗实录》卷一三四二

十一月戊戌，谕：据嵩椿等奏，盛京等五城连年被灾，所有本年借支仓谷，请展限追缴等语。【略】所有盛京、辽阳、广宁、岫岩、复州兵丁借领仓谷一万九千五百五十四石并著加恩宽免。

《高宗实录》卷一三四三

十二月【略】己巳，【略】谕军机大臣等，闵鹗元奏，本年五六月雨水稀疏，禾苗间有受伤，结实之候，复因天气骤寒，颗粒未能十分圆绽，间有白脐红斑，筛扇不能净尽。又，琅玕奏，浙江杭、嘉、湖三府六月内得雨稍迟，且系闰五月，节气较早，晚稻含苞之际，天气骤寒，以致米色间有白脐各等语。 《高宗实录》卷一三四五

## 1790 年 庚戌 清高宗乾隆五十五年

正月【略】癸未，谕：上年湖北荆门、潜江、江陵、监利等州县因秋汛汉水倒漾，低洼各垸先后被淹，【略】著再加恩将潜江、江陵、监利三县成灾八分极贫各军民展赈一个月，以资接济。其成灾八分次贫及成灾七分极、次贫，并荆门州成灾五分各军民仍著该督抚察看情形，或酌借籽种口粮。【略】又谕：上年江苏徐州、淮安等府属各州县因黄流漫水下注，被淹成灾，著再加恩将睢宁、宿迁、桃源、邳州、砀山五州县成灾九分十分村庄，无论极、次贫民，均展赈一个月，以资接济。其成灾八分以下之安东、阜宁、海州等州县，及勘不成灾地方仍著该督抚察看情形，酌借口粮籽种。【略】乙酉，【略】谕：上年直隶保定、河间、天津、顺天等府属各州县因夏秋雨水较多，河流涨发，田禾被淹成灾，【略】著再加恩将顺天府属之霸州、文安、大城、武清、东安、永清，保定府属之清苑、安州、雄县、新安、高阳，河间府属之河间、献县、阜城、肃宁、任丘、景州，天津府属之天津、青县、静海、沧州、盐山等二十二州县成灾七八分之极贫，并九分灾之极、次贫民俱展赈一个月，以资接济。【略】又谕：上年河南归德等府属永城、夏邑、安阳、临漳等县秋禾被淹成灾，【略】著再加恩将成灾较重之永城一县九分极、次贫与八分极贫灾民，加赈一个月，以资接济。其被灾稍轻及勘不成灾之夏邑、安阳、临漳等县，并著该督抚察看情形，酌借口粮籽种。 《高宗实录》卷一三四六

正月【略】庚子，直隶总督刘峨奏：直省长堤、叠道等工，因上年秋雨漫溢冲刷，前经奏请兴修。

《高宗实录》卷一三四七

二月【略】庚申，【略】谕军机大臣等，【略】挑浚通惠河、大通桥护城河，【略】此项工程系上年九月内勘估，迄今已及五月，去年天气暄和，尚少冱寒凝冻之时，一交春令，土脉已融，原非向年可比。

《高宗实录》卷一三四八

二月【略】乙亥，【略】又谕：前据琅玕于正月二十九日奏到上年十二月雨水粮价情形，【略】现在江南、福建等省俱经奏到普得雨泽。【略】豁除江苏昭文县乾隆五十四年水灾坍没地六十九亩有奇额赋。【略】庚辰，【略】谕军机大臣等，【略】兹据（琅玕）奏称，本年正月以来，杭州省城于初五六、十一二三及二十八九等日连次得雨，并据各府属禀报，大约相同。　　《高宗实录》卷一三四九

三月【略】己亥，【略】又谕：本日闫正祥奏查阅营伍地方情形一折，内称正定一带今春雨泽虽少，去秋雨水较多，田禾尚不干旱等语。上年夏秋之间直隶等处雨泽深透，兼有冬雪。是以春雨虽稀，土膏尚属滋润，但晴霁日久，究恐不无望泽。【略】现在东省竟觉望雨，已派乾清门侍卫庆成前往济南府省城虔诚祈祷，以祈速沛甘霖。【略】又谕：本日据康基田奏称，安省二月内均先后得雨，田水充盈，安、池一带复于三月初旬连得澍雨等语。【略】甲辰，谕军机大臣等，昨据梁肯堂奏，沧州地方于本月二十日未时起，戌时止，得雨四寸等语。【略】乙巳，【略】蠲免直隶昌平、宝坻、雄县、沧州、盐山、丰润、玉田等七州县乾隆五十四年分水灾旗地租银。豁免湖南武陵、桃源二县乾隆四十三年分水灾出借社谷七千八百六十七石有奇。【略】丁未，谕军机大臣等，本日据爱星阿奏，马兰镇一带于本月二十日未时得雨起，至酉时止，入土四寸等语。现届二麦结穗之时，农田正资膏澍，蓟州距京不远，业经奏报得雨。近日京城分坛祈祷，是否同时亦得甘霖，尚未据及。【略】又谕：据穆和蔺奏，归德、开封一带二麦畅茂，吐穗扬花，高粱粟谷俱已播种。省城于本月二十日酉时得雨起，至戌时止，入土一寸。【略】朕巡方所至，廑念雨旸，现值二麦结实之时，运河一带久未得有透雨，天气燥热，风沙甚大，见道旁麦苗，已经吐秀，亟须渥沛甘膏，结穗方能饱绽。【略】己酉，【略】蠲免直隶长芦、严镇、兴国、富国、丰财、芦台等五场乾隆五十四年分水灾灶课有奇。

《高宗实录》卷一三五一

四月【略】甲寅，【略】又谕：据穆和蔺奏，开封、归德、卫辉、怀庆、河南、南阳、陈州、许州、陕州等府州属，于三月二十七八九等日得雨自二寸至四寸等语。现在山东、直隶一带望雨甚殷，间有得雨一二寸至三四寸者，而于麦田尚未深透。【略】现在二麦渐次结实，半月内倘得有透雨，麦收尚不致歉薄。【略】丁巳，【略】又谕：据穆和蔺奏雨水情形及粮价平减一折，已批欣慰览之。及阅单内所开开封、归德、彰德、卫辉、怀庆、河南、南阳、汝宁、陈州、许州、光州等属均于三月二十、二十一、二十五等日只得雨一二寸，惟祥符县于二十八九日得雨四寸。【略】癸亥，【略】谕军机大臣等，本日朕驻跸南苑，自子刻至辰刻大雨倾注，兼有雷电，颇为深透。及阅留京王大臣奏雨折称，京师同时得雨，不过寸余。【略】顷据梁肯堂奏报，涿州亦同时得有透雨，与此处相同。【略】又谕：据琅玕奏，西塘一带自自潮神庙迤西，至乌龙庙止，随塘涨出阴沙，长五千七百余丈，宽自二百丈至一千五百九十丈不等，该处石、柴各塘层层保障，实为益加巩固等语。览奏，欣慰之至。范公塘一带为杭州省城之保障，石、柴各工全赖阴沙为外卫，今该处迤西随塘涨出新沙，宽长至数千丈，沙滩坚固，业成高阜。其迤东一带自必逐渐涨长。而对面南岸阴沙，日渐坍卸，塘身巩固，更足以保卫民生，此皆仰赖海神默佑，灵贶聿昭，始得成此北涨南坍之势，实为滨海居民额首感庆，著将内府藏香四十柱，发交琅玕，即著该抚亲赍至海神庙，虔诚告祭，用答神庥。【略】甲子，【略】又谕：【略】本日据长麟奏称，十一日先已得雨，势甚滂沱，泰安属之泰安、肥城二县，暨济南府属之历城、长清、陵县、章丘等处均一律深透等语。【略】乙丑，蠲缓安徽宿州、灵璧、泗州、盱眙、五河等五州县，并凤阳、长淮、泗州三卫乾隆五十四年分水灾田亩额赋有差。　　《高宗实录》卷一三五二

四月丙寅，上诣黑龙潭祈雨。【略】丁卯，【略】又谕：昨梁肯堂奏报，直属地方得雨情形一折，单内所开顺天、保定、天津等府州属俱于十三日得雨三四寸至五六寸不等，正定府属及景州等处止得雨一寸，看来保定迤南等处得雨并未深透。【略】壬申，上诣玉泉山龙王庙祈雨。【略】甲戌，上诣觉生寺祈雨。【略】是月，【略】河南巡抚穆和蔺奏：豫省中牟、尉氏、洧川、阳武、临颍、信阳等六州县，

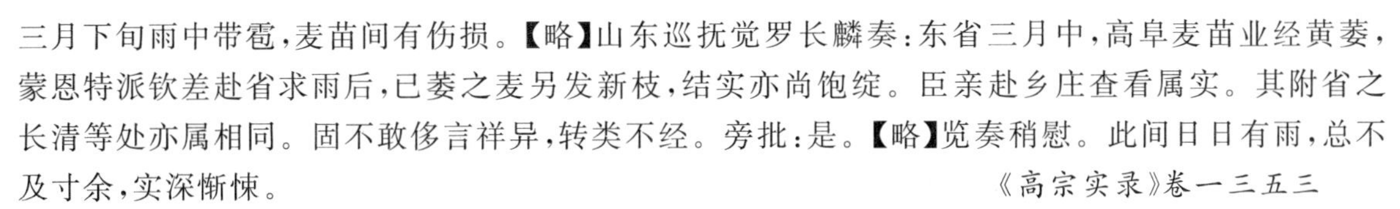

三月下旬雨中带雹,麦苗间有伤损。【略】山东巡抚觉罗长麟奏:东省三月中,高阜麦苗业经黄萎,蒙恩特派钦差赴省求雨后,已萎之麦另发新枝,结实亦尚饱绽。臣亲赴乡庄查看属实。其附省之长清等处亦属相同。固不敢侈言祥异,转类不经。旁批:是。【略】览奏稍慰。此间日日有雨,总不及寸余,实深惭悚。

《高宗实录》卷一三五三

五月【略】癸未,【略】谕:据福崧奏,经过直隶、山东一带,均已甘霖普被,二麦俱已结实饱绽,大田苗禾长发青葱,晚禾现亦出土。又,另片奏称,山东齐河、长清等处已萎麦苗,复得吐穗结实,一律饱绽等语。所奏殊不可信。

《高宗实录》卷一三五四

五月【略】丁酉,【略】又谕:据蒋赐棨等奏顺天府属各州县十四日得雨情形,单内开通州于子时至巳时得雨三寸。及阅刘秉恬奏,该处于十三日夜间阴雨霢霂,雨势不大,至次日申时方止等语。通州地方既据刘秉恬奏得雨不大,何以蒋赐棨等奏又称得雨三寸,且时刻亦不相符。【略】庚子,【略】又谕:本日据留京办事王大臣奏,京师于十七日复得阵雨,势甚滂沛,入土约有二寸。又据金简等奏称,十七日丑刻起,至寅刻止,入土约二寸许。蒋赐棨等折内则称是日得雨计有二寸等语。【略】据宫内总管太监等奏报,京城于十七日实止得雨一寸。可见各该处所奏得雨分寸,未免意存粉饰,以少报多。【略】甲辰,【略】又谕:昨据书麟奏到时雨普沾,折内据称,自苏州起程,经过常、镇一带,沿途察看秧苗,弥望青葱,其甫经刈麦之处,正在翻犁栽种等语。【略】丙午,【略】谕军机大臣等,京城于本月十七日仅得雨一寸,并未深透。【略】己酉,【略】谕军机大臣等,据梁肯堂奏,顺天等各府州属于本月十七、十九、二十四五等日得雨一二寸至五六寸不等。朕逐细披阅,单内如固安、涿州、良乡、卢龙等州县俱已得雨深透,田禾自可日滋长发,其顺天府属之宝坻,保定府属之安州及河间,正定府属之阜城、井陉等各州县,此次仅报一二寸。【略】是月,【略】陕甘总督勒保奏,宁夏农田全赖大清、惠农、汉唐等渠灌溉,【略】现河水充盈,足资引灌,渠旁豆麦可卜丰收,稻田亦俱插莳。并据各属申报,五月初九至十二三等日普被甘霖,粮价中平,民情欢忭。得旨:欣慰览之。陕西巡抚秦承恩奏:陕省各属仓储因节次豁免赈济,皆有缺额,今岁麦收丰稔,现除延、榆、绥三府州地居边徼,产麦无多,另筹采买外,其咸宁等三十三厅州县共缺额谷九万三千余石,请照一麦二谷例,按部价每石一两二钱,动项买补,倘市价稍昂,即饬停止,毋致有妨民食。

《高宗实录》卷一三五五

六月【略】壬子,【略】又谕:昨日此间(热河)自申时起,至戌刻止,雷雨大作,势甚滂沛,入土约有五六寸,极为深透。察看云气自西南而来。京城于五月二十六七两日共得雨五寸后,是否续沛甘膏?【略】乙卯,【略】谕军机大臣等,据留京王大臣覆奏,京城于本月初二三日时有云气往来,未经得雨,现在天气炎热,已觉望泽,而于大田尚无妨碍等语。【略】丁巳,【略】蠲免直隶霸州、保定、文安、大城、永清、东安、武清、香河、宁河、乐亭、清苑、满城、安肃、望都、蠡县、雄县、祁州、安州、高阳、新安、河间、献县、阜城、肃宁、任丘、景州、天津、青县、静海、沧州、南皮、盐山、津军厅、正定、灵寿、藁城、新乐、肥乡、曲周、广平、磁州、元城、大名、丰润、冀州、衡水、赵州、隆平、宁晋、深州、武强、饶阳、安平、定州等五十四厅州县,并各属旗地乾隆五十四年分水灾额赋。

《高宗实录》卷一三五六

六月,【略】是月,漕运总督管幹珍等奏:本年南运河水势充盈,风色顺利。【略】钦差侍郎韩鑅、江南河道总督兰第锡、江苏巡抚福崧奏:江南淮、徐、扬一带六月中旬风雨猛骤,各工埽坝皆有刷蛰,臣等饬员抢护,俱获平稳。【略】该处秋禾亦极畅茂。【略】河东河道总督李奉翰奏:伏汛以来,黄河溜势湍急,下达畅顺,有涨旋消,各工平稳。本月初七八等日,中牟、祥符、兰阳、仪封、商丘、考城、武陟等处,沿河一路甘澍频沾,凡有雨淋埽面,随时填筑坚固。【略】云南布政使费淳奏:滇省本年春收丰稔,入夏旸雨应时,禾稻杂粮俱获畅发。

《高宗实录》卷一三五七

七月【略】乙酉,【略】谕曰:闫正祥奏,据山永协副将黄大谋禀报,六月下旬雨水连绵,永平府城外河水涨发,由南水门漾入城内,低洼地方水深一丈有余至八九尺不等,驻防官署及守备衙署兵民房屋被水淹浸坍塌,城外各乡村水势漫溢,人口亦有被淹之处,现在一面雇觅水手,将淹浸地方及压伤人口分往救护,一面将本身应得养廉备具印领支借仓米五十石赏给灾民等语。【略】又谕:据台斐音奏称,永平府六月二十八日河水涨溢,城内水深数尺至丈余不等,官房坍塌一百九十余间,并未伤及人口等语。该处自六月二十六日大雨,清河、滦河涨溢,城内水深数尺至一丈不等。【略】殊堪悯恻。

《高宗实录》卷一三五八

七月甲午,【略】谕军机大臣,曰:梁肯堂奏委勘永平府城及天津、朝阳两县被水情形一折,内称滦州、乐亭、丰润、玉田等州县并天津四乡及口外朝阳俱因六月下旬阴雨连绵,河水陡发,洼地田禾间被淹浸,民房多有坍塌,现在饬委道员分往查勘等语。【略】丙申,谕:据嵩椿等奏,大凌河河水漫溢,锦州九关台旗民房屋被水等语。本年六月因雨水较大,河水漫溢,锦州九关台旗民房屋被水,殊属可悯。【略】谕军机大臣,曰:长麟奏,平原、禹城等县自六月二十四日起,至七月初七八日,雨水连绵,马颊等河水势盛涨漫溢,田禾房舍间被淹浸,临邑、陵县等处低洼地面田禾亦有浸伤。长麟现在驰赴各处查勘等语。本年东省雨水调匀,田禾畅茂,可望收成丰稔。今因六月二十四日至七月初七八等日阴雨较多,平原、禹城及临邑、陵县等处村庄田禾间被淹损,殊为可惜。【略】癸卯,【略】谕军机大臣等,二十三日夜间(热河)密雨连绵,昨日辰刻方止,夜间又复有雷雨连宵,势甚滂沛,至二十五日丑刻方见开霁。【略】甲辰,【略】谕军机大臣等,本日召见江宁将军永庆,询据奏称经过山东平原等处,因七月初旬雨水稍多,溪河涨发,道路泥泞,房舍田禾亦有被淹等语。旋阅胡季堂等奏片,内亦称济南以西禹城、平原等县闻有被水之处。【略】乙巳,【略】谕军机大臣,曰:周樽奏,据宿州管河州同金成华禀称,该州濉河因开放天然闸,水势随涨,连日雨大风狂,各处漫溢之水下注,以致赵李等庄民埝漫溢,即日起程前往查勘。又于途次接据宿州知州姚继祖禀称,七月十二三等日,上游黄水不循河路,泛溢而来,西北两乡各村集秋禾被淹,濉股等河新旧堤埝悉皆漫溢等语。【略】丙午,【略】又谕:据福崧奏,徐州府属之砀山县东南一带,缘毛城铺土坝刷宽过水,临河民堰漫缺下注,大堤内外民田庐舍间被淹浸。其萧县地方因黄水漫滩,汇注洪河,不能容纳,附近田亩亦有被淹。该抚现在亲往履勘。【略】丁未,【略】又谕曰:长麟奏,济南、东昌等府属因雨水过多,田禾被淹者共计四十一州县,现在率同道府等分投查勘,经理灾赈事宜。又,据运河道沈启震报称,卫河水涨,致临清州属之姜家庄漫堤过水,汕刷堤顶三十余丈,现亦加料抢镶追压,月内即可赶筑完固等语。【略】又谕:据范宜清奏称,六月二十八日小凌等河水冲决淹毙驿丁三十一名等语。

《高宗实录》卷一三五九

八月【略】辛未,【略】谕军机大臣等,据梁肯堂奏查勘东路天津等处被水情形一折,内称宝坻、天津被淹村庄地亩计有八九分,其武清、宁河不过六七分。【略】其盐山、庆云、高阳、保定、阜城、清河等州县或因河流泛溢,或因减水汇归,田禾不无损伤。【略】乙亥,【略】又谕:据周樽奏雨水田禾情形一折,内称凤阳邻近各属,虽间有低洼地亩积水,随涨随消,于收成并无妨碍,其余各属雨水均能调匀,早稻业经刈获,晚禾亦已结实,不特庐州、安庆二府年谷顺成,即凤属高阜处所,亦皆丰稔等语。【略】是月,钦差户部侍郎韩鑅、江南河道总督兰第锡等覆奏,上游黄水泛溢,实系毛城铺滚坝及天然闸等处分泄下注,并非大堤漫溢之水,自七月二十二日补筑工完后,水势归槽,仍循滚坝下注,照常分泄。得旨:虔慎为之可也。

《高宗实录》卷一三六一

九月戊寅朔,谕军机大臣,曰:福崧等奏查勘泗州等处被水情形折内称,分路履勘,成灾轻重不等,高阜地方收成俱好,尚非急需抚恤;惟实在被水村庄,秋禾无获,仰恳一体酌量给赈。【略】癸未,【略】乌鲁木齐都统尚安奏:本年七月初六日夜间山水骤涨,山沟东南所立满营水磨及磨旁房屋

被冲坍塌，存贮麦面沉溺，当饬知州庆衍借支兵丁一月口粮。【略】甲申，【略】又谕：步军统领衙门奏，据江南民人汤乾学呈称，南北两河自四十三年以来漫缺口岸八九次，上费国帑，总由不遵古法所致，而河员疏防性成，反以黄河有事为利，开列江南河工十病，河南河工三病，赴京呈明等语。【略】乙酉，谕军机大臣，曰：额勒春奏报七月分雨水粮价情形一折，内称田间稻谷早者已陆续收割，晚者亦结实齐全，指日新粮入市，粮价自必益加平贱等语。黔省今年旸雨应时，农田早晚稻谷俱一律芃茂丰盛。览奏，甚为欣慰。【略】和阗办事大臣李侍政、锦格等奏，和阗回民安居乐业，今岁谷石较往年尤为丰收。【略】己丑，【略】谕军机大臣等，前据勒保奏，甘省本年旸雨应时，田禾畅茂，通省收成约计八分有余。览奏深为欣慰。

《高宗实录》卷一三六二

九月【略】甲午，谕：据长麟奏，查明被水各州县成灾分数，折内称济南、东昌、曹州、武定等所属二十七州县被淹较重。【略】所有济南府之平原、禹城、齐河、德州、长清、德平、济阳、临邑、陵县，东昌府之聊城、茌平、高唐、堂邑、馆陶、清平、莘县、冠县、恩县、博平，曹州府之范县，临清州及所属之邱县、夏津、武城，武定府之商河、滨州、乐陵等二十七州县，除业经分别给予口粮外，并加恩于十月内各按成灾分数，照例给予赈济。其惠民一县春收歉薄，且与灾地毗连，亦著加恩。

《高宗实录》卷一三六三

十月【略】丙辰，【略】又谕：本日蔡攀龙奏，所辖各营十州县内收成俱八分有余，惟兴化一县，仅止四分有余等语。查孙士毅前次奏报江苏秋禾实收分数，兴化县系六分有余，何以与该总兵所奏不符。【略】赈恤山东平原、禹城、齐河、德州、长清、德平、济阳、临邑、陵县、聊城、茌平、高唐、堂邑、馆陶、清平、莘县、冠县、恩县、博平、范县、临清、邱县、夏津、武城、商河、滨州、乐陵等二十七州县，并德州、临清、济宁、东昌四卫水灾饥民，并予缓征。【略】己未，谕曰：勒保奏，甘肃兰州府属之皋兰、金县、靖远三县高阜地方先因六月内雨水较少，禾苗长发稍迟，嗣于八月间天气骤冷，正当升浆结实之时，猝被严霜，以致黄萎。各该属素称瘠土，现在收成无望。《高宗实录》卷一三六四

十月【略】丁卯，【略】又谕：本年直隶永平、天津、河间等府属各州县夏秋雨水较多，河流涨发，田禾被淹，致成偏灾。山东平原、禹城、齐河、德州等各州县被水成灾。又，江苏徐州府属萧县、砀山二县，安徽凤阳府属之宿州、灵璧二州县，均因毛城铺土坝刷宽，漫水下注，民间庐舍间被淹浸。业经降旨拨给银米，分别赈借。

《高宗实录》卷一三六五

十一月【略】丙申，【略】又谕：本年东省地方因夏秋雨水较多，田禾被淹，【略】其勘不成灾地方虽被水稍轻，究与灾地毗连，秋收未免歉薄，著加恩将巨野、濮州、朝城、海丰、阳信、利津、惠民、沾化、蒲台、青城、博兴、高苑、平阴、寿张、金乡等十五州县应征漕粮，与成灾地亩一体分作两年带征。【略】己亥，【略】又谕：本年齐齐哈尔田苗被旱歉收。著加恩照都尔嘉等所奏，官屯人等欠交仓谷七千五百石，免其补交。

《高宗实录》卷一三六七

十二月【略】甲寅，谕军机大臣等，直隶山东、山西、湖北等省俱经各督抚陆续奏报得雪，豫省【略】何以该抚迄今未见奏到。【略】己未，【略】又谕：据都尔嘉等奏，打牲索伦达呼尔等马匹牲畜频遇瘟灾，兼之田禾歉收，生计拮据。请将现在捕貂之丁役四千六百五十六名，各赏借银十二两，即将打牲地方牧养之滋生马匹变价充用等语。

《高宗实录》卷一三六八

十二月壬戌，【略】缓征盛京、广宁、辽阳、凤凰等四城乾隆五十四年分水灾地亩额赋。赈恤盛京凤凰城、雪里站、通远堡、沙河站、东关、宁远等六驿本年水灾站丁，并奉天锦县、义州、海城等三州县本年水灾贫户。【略】癸亥，【略】蠲缓直隶沧州、南皮、盐山、庆云、青县、衡水六州县，并严镇、兴国、富国、丰财、芦台、济民六场本年水灾灶地额赋有差。

《高宗实录》卷一三六九

## 1791年 辛亥 清高宗乾隆五十六年

正月【略】丁丑，谕：上年江苏徐州府属萧县、砀山等县因毛城铺土坝刷宽，漫水下注，民田庐舍间被淹浸，致成偏灾，【略】著再加恩将萧县、砀山、睢宁三县八九分灾无分极、次贫民，概行展赈一个月。【略】至该三县被灾五分并勘不成灾地方，及铜山、沛县、邳州、宿迁、山阳、清河、阜宁、盐城、安东、桃源、泰州、东台、兴化、海州、沭阳等十五州县，并淮安、大河二卫勘不成灾之区，仍著该督抚察看情形，酌借口粮籽种。【略】又谕：上年安徽省宿州、灵璧等各州县，因毛城铺土坝刷宽，漫水下注，民田庐舍间被淹浸，【略】著再加恩将宿州、灵璧、泗州三州县被灾八九分贫民无分极、次，概行加赈一个月。【略】至宿州、灵璧、泗州、盱眙、五河被灾五六七分贫民及勘不成灾之凤阳、怀远、凤台、寿州、定远、霍邱、天长、滁州、全椒、来安、舒城等十一州县，仍著该督抚察看情形，酌借口粮籽种。【略】己卯，谕：上年直隶永、天津、河间等府属各州县夏秋雨水较多，河流涨发，田禾被淹，致成偏灾。【略】著再加恩将顺天府属之文安、宝坻、大城、武清、宁河、永清、东安、霸州、蓟州、保定，永平府属之乐亭、滦州、卢龙、昌黎，保定府属之清苑、新城、雄县、高阳，河间府属之河间、献县、阜城、交河、东光、景州，天津府属之天津、青县、静海、沧州，遵化州属之玉田、丰润等三十州县，所有八分灾极贫、九分灾极、次贫民俱著加赈一个月。【略】又谕：上年山东省平原、禹城、齐河、德州等各州县，因夏秋雨水较多，河流涨发，田禾被淹，致成偏灾。【略】著再加恩将平原、禹城、齐河、德州、长清、德平、济阳、临邑、陵县、聊城、茌平、高唐、堂邑、馆陶、清平、莘县、冠县、恩县、博平、范县、临清、邱县、夏津、武城、商河、滨州、乐陵等二十七州县并坐落卫地，被灾九分极、次贫民于正赈之外加赈两个月。

《高宗实录》卷一三七〇

二月【略】癸丑，【略】署江苏巡抚觉罗长麟奏：现在办理展赈事宜，亲赴徐州查勘，砀山、萧县、睢宁三处，所种秋麦均已长发，尚有受淤新涸地亩，未经翻种，即借给籽种，俾得赶种春麦。

《高宗实录》卷一三七二

二月【略】癸亥，【略】豁除安徽太湖县乾隆五十三年分水冲沙压地一十三顷七十三亩有奇额赋漕粮。【略】戊辰，【略】谕曰：伍拉纳奏到闽省雨水二麦情形一折，内称各属得有雨雪，二麦获此滋培，乘时畅发，收成定卜丰稔等语。【略】壬申，【略】缓征安徽宿州、灵璧、泗州，并旧虹、盱眙、五河等五州县，凤阳、长淮、泗州等三卫乾隆五十五年分被水成灾额赋及民欠籽种。

《高宗实录》卷一三七三

三月乙亥朔，【略】赈恤奉天锦州、义州、牛庄、熊岳、凤凰、金州等六城，并福陵、昭陵总管衙门，盛京内务府户、工二部，及叆阳边门等处乾隆五十五年分水灾旗地人户，并蠲免租银有差。【略】甲申，【略】蠲缓甘肃皋兰、金县、靖远等三县乾隆五十五年分霜灾额赋有差。

《高宗实录》卷一三七四

四月【略】乙丑，谕：京师自三月初六日得有膏雨以后，近畿一带据奏报普沾渥泽，惟京城一月以来，虽间有微雨，未得深透。现届大田播种之际，望泽甚殷。【略】丁卯，【略】蠲免山东临清、平原、禹城、齐河、德州、长清、德平、济阳、临邑、陵县、聊城、茌平、高唐、堂邑、馆陶、清平、莘县、冠县、恩县、博平、商河、滨州、乐陵、邱县、夏津、武城、范县等二十七州县，德州、东昌、临清等三卫上年水灾耗羡银一万四千九百七十两有奇。【略】庚午，【略】蠲免江苏砀山、萧县、睢宁等三县，徐州卫上年水灾额赋有差，并予勘不成灾各州县卫缓征。【略】癸酉，【略】谕军机大臣等，据梁肯堂奏，热河自广仁岭而下有旱河一道，因前两年阴雨较多，山水涨发，河道渐次淤塞，又河屯协署前河道亦有淤满，均请挑挖。

《高宗实录》卷一三七七

五月【略】丁丑,【略】谕军机大臣等,上年山东省二麦约收分数于五月初二日奏到,本年东省雨泽应时,昨惠龄奏报,省城复得时雨,折内只称二麦颗粒饱满,并未将通省麦收共有几分之处,先行约计具奏。【略】寻奏:通省二麦收成约有九分。【略】又奏:五月初一日得雨优渥,将来刈获可冀有增无减。得旨:欣慰览之。【略】癸未,【略】又谕曰:鄂辉、福崧同日奏到雨水农田情形二折,【略】鄂辉折内只称省城及附近州县各得透雨,二麦情形各府州县所报与省城大概相仿;福崧折亦只称三、四两月各属具报得雨,二麦收成分数多在九分以上各等语。《高宗实录》卷一三七八

五月庚寅,【略】又谕:据理藩院奏,左右两翼苏尼特二旗游牧被旱成灾,该盟长扎萨克等,向归化城等处借米千斗赈济,请派章京一员,会同该盟长扎萨克等查勘情形。【略】戊戌,【略】又谕:本日兰等锡奏,徐城北门志桩原存涨水七尺八寸,五月初七八九等日骤涨水五尺六寸,新旧共一丈三尺四寸,水势浩瀚,督同道将等分投昼夜抢办,现已消退二尺余寸,各工俱稳固无虞等语。【略】是月,【略】四川总督鄂辉覆奏:通省麦秋丰稔,收成实有九分。报闻。《高宗实录》卷一三七九

六月甲辰朔,【略】蠲免直隶霸州、保定、文安、大城、固安、永清、东安、大兴、通州、武清、宝坻、蓟州、香河、宁河、滦州、卢龙、昌黎、乐亭、清苑、新城、蠡县、博野、雄县、祁州、安州、高阳、新安、河间、献县、阜城、肃宁、任丘、交河、景州、故城、东光、宁津、天津、青县、静海、沧州、南皮、盐山、庆云、南和、平乡、广宗、巨鹿、任县、永年、邯郸、成安、肥乡、曲周、广平、鸡泽、威县、清河、磁州、元城、丰润、玉田、冀州、南宫、新河、枣强、武邑、衡水等六十九厅州县上年水灾额赋有差。【略】丙午,谕军机大臣,曰:管幹珍、和琳奏,五月二十八日江西尾船已全数催出临清,惟闸外卫河水势近日微形消落,现将湖河各闸亮板北注,以资浮送等语。卫河水势消落,自系豫省雨水未能沾足之故。直隶、山东、河南三省自四月二十七及五月初旬奏报得雨后,迄今未经续奏,看来各处自五月初旬以后俱未经续获甘霖。虽该三省麦收据报八九分不等,此时想经刈获登场,固资晴日晒晾,而大田正当长发之候,尤赖雨泽滋培。【略】戊申,【略】谕军机大臣等,自驻跸热河以来,连日天气炎熇,未得雨泽,想京城一带晴霁日久,郁蒸殊甚,自必望雨甚殷,朕心深为廑念。【略】辛亥,【略】直隶总督梁肯堂覆奏:五月下旬各属得雨一二寸至四五寸不等,早谷高粱黍稷长发畅遂,近日间得阵雨,禾苗并无妨碍。得旨:览奏稍慰。初六此间得雨三寸,尚欠优渥,炎热太甚,尚亟愁望也。壬子,【略】军机大臣奏,旱河工程应修者三处:广仁岭迤东山沟水发,沙石冲入旱河,现在河底高于大路二尺有余;又,钟鼓楼至大河岸,旱河底与岸平;又,河屯协署前,河身亦经淤塞。共估需银三千九十两零,即日兴修,仍请拨热河道库备赏银五万两,交典生息,为岁修费。从之。【略】甲寅,【略】谕军机大臣等,此间昨日未刻起,至申刻止,大雨滂沛,入土五寸。遂交热河道查看,自王家营迤西较少。本日未刻又复得阵雨,势甚绵密。《高宗实录》卷一三八〇

六月【略】庚申,【略】谕军机大臣等,此间自十二三日得雨以后,农田已极优渥,本日复得大雨,现在尚未开霁,似觉雨水稍多。前据王大臣等奏报,京师得雨亦已深透。【略】壬戌,【略】豁除江西德兴县东南二乡乾隆五十三年分被水沙压田地六顷五十一亩有奇额赋。蠲免陕甘皋兰、金县、靖远等三县上年霜灾额赋有差。【略】庚午,谕:据梁肯堂奏,顺德府属之任县大陆泽,因上年雨水过多,诸河并涨,田禾被淹,收成歉薄,所有应征地亩请减半征收等语。大陆泽召垦地亩,上年被水歉收,既据该督勘明属实,自应照文安大洼之例酌减粮租。【略】壬申,谕军机大臣等,本日据顺天府奏,京城自屡得澍雨以后,连晴数日,正可藉资蒸晒,深为有益等语。【略】但现在热河地方炎熇殊甚,想京中气候亦大概相同或过之。【略】寻奏:京城十七至二十等日续得雨泽,二十九日大雨倾注,旋即晴霁,民间并无时疾,无须祈祷。报闻。【略】是月,【略】河南巡抚穆和蔺覆奏:五月下旬至六月初四日,各属得雨,晚禾滋长,大田可冀有收。半月内再得透雨,田禾益茂。【略】山东巡抚惠龄覆奏:五月中旬省城及附近州县得雨一寸至四寸不等,大田畅发。《高宗实录》卷一三八一

七月【略】乙亥,【略】又谕:苏尼特二旗连年被旱成灾,众蒙古等牲畜多有伤损,本年虽经加恩赏给银米散赈,今值夏令,应当祈雨之时,蒙古等素崇黄教,何不聚集大喇嘛诵经祈祷。【略】己卯,谕军机大臣,曰:梁肯堂奏报【略】先经缺雨之磁州,现已得雨四次,惟顺德府属之邢台、内丘等处未获优澍等语。本日又据吉庆奏,经过直隶沿途各州县,雨泽调匀,其顺德所属之邢台、内丘二县农民稍觉望雨,与梁肯堂所奏相同。惟该侍郎折内又称,于六月二十二日入河南彰德境,甘霖滂沛,得雨三寸有余。【略】本年直隶地方雨泽适中,现在正值田禾长发茂盛之时,尤藉澍雨滋培。【略】辛巳,【略】谕军机大臣等,昨据秦承恩奏,【略】称省城于六月十一日得雨四寸,各府州属得雨三四五寸等语。当此盛夏之时,风日炎燥,必得大沛甘霖,方于农田有裨。【略】壬午,【略】谕军机大臣等,【略】张诚基具奏保定省城于本月初五日得雨三寸有余。是直隶雨泽究未深透,但昨据留京王大臣奏报,京师于初五日未刻起,至初六日丑刻止,得雨七寸。【略】京师于初七日又经得雨,而热河自初八日亥刻起,至本日辰刻雨势连绵未止,云气甚为广宽。《高宗实录》卷一三八二

七月己丑,【略】谕军机大臣,曰:书麟等奏伏汛水势安澜、工程平稳一折,览奏欣慰。惟折内称,洪泽湖水因频得大雨,淮水加涨,汇注洪湖,高宝志桩涨至一丈零四寸等语。声叙总不明白。【略】又谕:据秦承恩奏,【略】称西安府属之咸宁、长安、咸阳,凤翔府属之凤翔、岐山,及邠州、乾州等州县雨泽未能深透,现在设坛祈祷等语。【略】寻奏:陕西西安、凤翔两府属从前得雨较少,兹于七月初五等日,迭沛甘霖,通省普沾,丰收可望。得旨:欣慰览之。【略】丁酉,【略】又谕:据梁肯堂等奏,查勘顺德等府属邢台、内丘等县今夏得雨稍迟,早禾未能畅发等语。邢台、内丘等县本年入伏以来未经得有透雨,收成未免歉薄。【略】己亥,【略】蠲缓安徽宿州、灵璧、泗州、旧虹、盱眙、五河、舒城、定远、寿州、凤台、怀远、霍邱、天长、滁州、全椒、来安等十六州县,并凤阳、长淮、泗州三卫乾隆五十五年分水灾额赋有差。【略】辛丑,【略】蠲免陕朝邑、华阴二县乾隆四十六、五十并五十二等年分水灾贷欠未完籽种口粮谷三千四百石有奇、麦七百八十石有奇。【略】是月,河南巡抚穆和蔺奏:豫省大河以南各府州收成在八分以上,河北三府惟彰德府属之汤阴、临漳、林县三县,卫辉府属之汲县、淇县、辉县、浚县、滑县、获嘉六县收成不无歉薄,似应酌量筹办。

《高宗实录》卷一三八三

八月癸卯朔,【略】谕:据李奉翰奏,七月十一二等日,黄河水势加涨,仪封三堡溜势更为涌急,当饬该道等上紧抢护。因大溜撞击,埽身陡蛰入水,都司杨克荣及头目崔克勤、兵丁崔进朝随埽落水。【略】得以抢护平稳。《高宗实录》卷一三八四

八月【略】庚申,谕:据穆和蔺奏,河南彰德、卫辉、怀庆三府所属各县内有本年得雨稍迟,收成仅止五分、六分不等。【略】所有汤阴、临漳、林县、汲县、淇县、辉县、浚县、滑县、获嘉、新乡、阳武、修武、原武十三县应征未完旧欠钱粮及新旧仓谷,俱著缓至次年麦收后完纳。其成灾五分之汤阴等五县仍著借给籽种,并于冬间或来岁青黄不接之时察看民情,酌借一月口粮。其勘不成灾之林县等八县,亦著借给籽种。【略】是月,两江总督书麟【略】奏称,沭阳县一隅被水,禾秫已经收获,糊口有资,无须官为抚恤,被淹杂粮亦属无多,不致成灾。惟塌倒房屋力难骤办,请将坍房一千四百余间照例给予修费。【略】请将该县被水之刘家集等二十二镇本年应完积欠,展至来年秋后征纳。【略】再,海州境内西南乡与沭阳毗连,其低洼地亩间有积水被淹情形,请将海州被水村庄应征积欠递展一年。得旨:允行。《高宗实录》卷一三八五

九月【略】甲申,【略】又谕曰:台斐音奏,锦州所属于家屯霍家台等处于九月初一日猝被风雹,刮倒旗民房屋,压毙人口,损坏禾稼,所有被灾业经捐资掩埋,并开仓查照人口,散给一月口粮等语。【略】丙戌,【略】谕:据惠龄奏,山东莱州府临清州等属州县,间有被旱、被水歉收之处,虽查明均不成灾,然无力贫民未免稍形拮据等语。【略】所有被水之潍县南台社等处一百零九庄,昌邑县

任流社等处一百四十九庄，平度州傅家回社等处六十七庄，高密县张家大庄等处一百六十九庄本年钱粮仓谷及历年旧欠，均著加恩一体缓征。【略】又，被旱之临清州新庄等一百十二村庄，邱县之南屯等处五十七村庄，馆陶县之孟家庄等一百五十九村庄，平原县之大王庄等四十八村庄，高唐州之于家庄等一百三十村庄，德州之南刘李庄等一百五十五村庄，恩县之腰站等二百三十七村庄，并临清、德州二卫坐落该二州境内被旱村庄，所有历年带征新旧钱粮，均著暂行停缓，俟明年麦收后完纳。【略】又谕曰：梁肯堂奏，顺德、广平等府属十一州县，本年因七月下旬雨泽未能深透，收成稍有歉薄等语。【略】兹据梁肯堂奏，顺德府属之广宗及广平府属之磁州等各州县秋禾实收止五六分，虽勘不成灾，民力未免拮据。著加恩将广宗、磁州、永年、邯郸、成安、肥乡、曲周、广平、鸡泽、威县、清河等十一州县，应征本年未完钱粮概行缓至明年麦熟后征收。《高宗实录》卷一三八六

九月【略】丙申，【略】谕曰：朱珪奏，安徽凤阳、颍州、泗州等府属州县低洼之区，本年夏间雨水稍多，间有淹浸，虽经涸复补种，收成未免歉薄等语。【略】庚子，谕：据长麟奏，江南苏州、常州、江宁等府属，本年因春夏之间雨水较多，低洼地亩间被淹浸，收成未免歉薄等语。【略】所有府属之长洲、元和、昭文、常熟、昆山、新阳，常州府属之无锡、阳湖、江阴，江宁府属之江浦、六合等十一县，本年应完漕屯等米六万六千余石，著加恩缓至来年秋收后分作二年带征。【略】又，太仓州属之宝山县，并海州暨所属之沭阳等三县，所有本年垫漕银两，及应征麦石地漕等款一并缓至来春麦收后分作两年征收。【略】辛丑，【略】谕：据嵩椿等奏称，锦州所属旗民驿丁屯户等，田地间有被灾，自五分至七分不等，请先行借给一月口粮，以资接济。【略】豁免奉天锦州府广宁县乾隆五十三四两年分因灾贷欠未完粮米七千六百四十七石有奇。《高宗实录》卷一三八七

十月【略】戊申，【略】豁除安徽祁门县乾隆五十三年水冲沙压地六顷五亩有奇额赋。【略】辛亥，谕：【略】今岁吉林宁古塔偶遇霜灾，收获歉薄，甚属可悯，著照宁陵所奏，将被灾旗人加恩接济口粮。【略】甲寅，谕军机大臣等，本年直隶顺德、广平等府属州县因夏间雨泽未能深透，收成歉薄；山东莱州府临清等属州县，间有被旱、被水之处；河南彰德、卫辉、怀庆等府属州县，本年得雨稍迟，收成仅止五六分；又，江南苏州、常州等府属及海州之沭阳县，本年春夏之间雨水较多，沭河漫溢，低洼地亩间被淹浸；安徽凤阳、颍州、泗州等府属州县低洼之区，今夏雨水稍多，亦间有被淹处所，收成均未免歉薄。【略】丙辰，【略】豁除甘肃平罗县沙压田地九十九顷十三亩有奇额赋。

《高宗实录》卷一三八八

十月【略】甲子，【略】察哈尔都统乌尔图纳逊奏：苏尼特两旗连岁旱荒，自蒙恩赈济后，雨泽如期，年谷顺成，野外生滋楚拉启勒，甚属丰稔，比户俱收藏御冬。各处就食者俱回家乐业。臣所管戈壁内十余台站，亦广产楚拉启勒，该处人等所收，足支来岁青草发生以前之用。谨囊封进呈。御制《沙蓬米诗》序曰：蒙古东西苏尼特连年被旱，已即优加赈恤，兹据察哈尔都统乌尔图纳逊奏，前岁苏尼特野外所生楚拉启勒，居人藉此糊口，并囊贮呈览。是米内地所无，询之亦无知者。恭阅皇祖御制《几暇格物编》有曰“沙蓬米”者，枝叶丛生如蓬，米似胡麻而小，可为饼饵茶汤之需，凡沙地皆有之，鄂尔多斯所产尤多云云。今询之蒙古人，与《几暇格物》所言形状悉合，且西苏尼特地连鄂尔多斯，则楚拉启勒即为沙蓬米无疑。是米尝之鲜有滋味，而荒年赖以全活者甚众，览奏为之心恻且慰，因成是什诗（诗略）。《高宗实录》卷一三八九

十一月【略】丙子，【略】又谕：直隶、山西、河南三省各府属近日得雨、雪情形，业经该督先后奏报。【略】寻奏：济南等十府所属州县均于十一月初二三，得雪二寸至四五寸不等，实为普遍优渥。得旨：欣慰览之。京师亦屡沛优恩矣。【略】丙戌，【略】又谕曰：长麟覆奏，江南海州属之沭阳县刘家集等二十二镇夏间虽被水患，现已疏消罄尽，播种秋麦，民情不致拮据。

《高宗实录》卷一三九〇

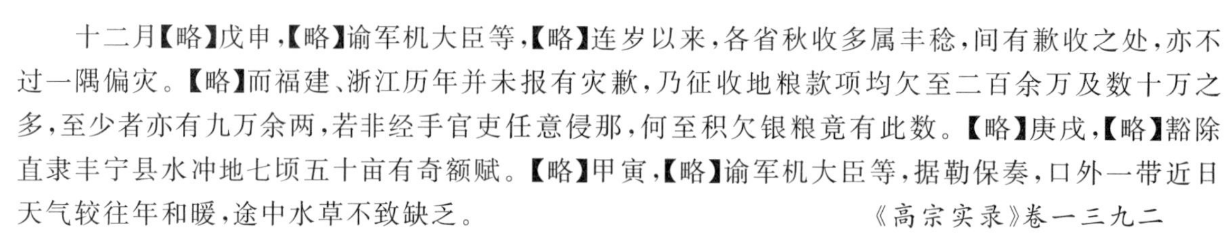

十二月【略】戊申,【略】谕军机大臣等,【略】连岁以来,各省秋收多属丰稔,间有歉收之处,亦不过一隅偏灾。【略】而福建、浙江历年并未报有灾歉,乃征收地粮款项均欠至二百余万及数十万之多,至少者亦有九万余两,若非经手官吏任意侵那,何至积欠银粮竟有此数。【略】庚戌,【略】豁除直隶丰宁县水冲地七顷五十亩有奇额赋。【略】甲寅,【略】谕军机大臣等,据勒保奏,口外一带近日天气较往年和暖,途中水草不致缺乏。

《高宗实录》卷一三九二

十二月【略】戊午,【略】赈贷奉天锦县本年风、雹、旱灾饥民。【略】庚申,【略】谕军机大臣,曰:福康安奏出口以来,天气晴朗等语。青海一路,冬令严寒,今气候和暖,遄行无阻,此实上天嘉佑。

《高宗实录》卷一三九三

## 1792年 壬子 清高宗乾隆五十七年

正月【略】壬申,【略】又谕:上年直隶顺德、广平等府属州县因夏秋雨泽未能深透,收成稍歉;山东莱州府临清等属州县间有被旱、被水之处;河南彰德、卫辉、怀庆等府属州县得雨少迟,收成仅止五六分;江南苏州、常州等府属及海州之沭阳县春夏雨水较多,沭河漫溢,低洼地亩间被淹浸;安徽凤阳、颍州、泗州等府属州县低洼之区因雨水较多,亦间有被淹处所,收成均未免歉薄,【略】所有直隶、山东、河南三省奏请酌借一月口粮,江苏省奏请酌借两月口粮,俱著加恩竟行赏给。安徽省虽据朱珪奏称凤、颍各属被水较轻,无庸赈济,【略】亦加恩赏给籽种口粮。【略】又谕:上年雨旸时若,年谷顺成,朕虑直隶、山东、河南、江苏、安徽等省所属州县村庄内有得雨稍迟及得雨稍多一隅歉收之处,特降旨令各该督抚查明具奏,候朕加恩。

《高宗实录》卷一三九四

正月【略】丁亥,江南总督兰第锡奏:河工冬至以后、立春以前为凌汛之期,去年十二月中旬后天气和暖,凌块渐解,水势安流,今届立春,各处埽坝工程平稳。其邳、宿运河内古浅之处一律挑挖完竣。至沿河一带,地气本属滋润,据清河、山阳、桃源等县报称,正月初四日得雪一寸及一寸五分不等,初九日得雪二寸,初十日得雪一寸,甘泽迭沾,麦田藉润,湖河水势益臻充裕。得旨:欣慰览之。【略】庚寅,【略】谕军机大臣等,本日据福康安奏,于正月初二日行至多伦巴图尔地方,已抵西藏交界,并称口外气候较往岁和暖,实为边地所罕见等语。【略】是月,安徽巡抚朱珪奏:上年凤阳、颍州、泗州等处低洼地亩间被淹浸,俱勘不成灾,旧欠钱粮业已分年缓带,兹复赏给籽种口粮。【略】河东河道总督李奉翰巡视东漕,给事中窝星额奏长河挑工,正月后天气融和,人夫踊跃,已于十二三等日挑竣,一律深通。至微山湖,向俟南粮有渡黄日期,始行宣放。兹十三日已交春令,黄河冰凌融化,计数日内粮船定可渡黄。且正月初九日沿河得雪后,复于十六七等日得雪二三寸至五寸不等,湖水益旺。

《高宗实录》卷一三九五

二月【略】丁未,【略】蠲奉天锦州府属乾隆五十六年旱灾额赋,仍赈恤有差。【略】辛亥,谕:此次进剿廓尔喀,【略】本日据海兰察奏,于正月二十五日行至多伦巴图尔地方,途次遇雪二次,间有瘴气等语。

《高宗实录》卷一三九六

二月,【略】是月,河东河道总督李奉翰奏:【略】现届春融冰化,上游之水仅涨至一尺二三寸不等,各工俱属平稳。【略】护理山东巡抚布政使江兰奏报,东省上年雨水调匀,二麦布种甚广,兹省城于正月二十七日得雨,济南等十府直隶州属亦于是日各得雨雪三四五六寸不等,不惟麦收可望丰稔,转瞬大田亦易耩种。

《高宗实录》卷一三九七

三月【略】癸未,【略】又谕:朕启跸以来,连日(往五台山)途次天气颇觉干燥,望泽甚殷,本日得有雨泽,云气宽广。

《高宗实录》卷一三九八

三月【略】戊戌,谕军机大臣等,昨据留京办事王大臣奏,京师于二十四日微雨漂洒,不成分寸,

现在虔诚祈祷等语。此次驻跸台怀，于二十二、二十四等日渥沾雨雪。直隶阜平一带，据张诚基奏报于二十三日得雨三寸，永瑸等亦报得雨三寸。本日驻跸教场，现在云势浓布，可期即沛甘膏。【略】是月，【略】书麟又奏：江、安两省自二月十六以来先后得雨，下江之江苏常、镇、扬、淮、徐，上江之安、太、庐、泗、和等府州属于三月初三四五等日复得雨三四五寸不等，各处膏雨频沾，二麦畅茂。

《高宗实录》卷一三九九

四月【略】甲辰，【略】谕军机大臣等，直隶正定、保定一带自三月以来虽间得微雨，不成分寸，并未沾足，而顺德、广平、大名三府属地方总未据报得雨。豫省彰德、卫辉、怀庆三府与直隶顺德等处境壤毗连，闻该处连年缺雨，地土干燥，待泽颇殷。虽前据该抚奏称，卫辉府属之汲县、延津，彰德府属之汤阴等县于三月初四日得雨一二寸不等，看来亦未透足。【略】辛亥，【略】两江总督书麟覆奏：【略】大围等汛营房于上年七月猝被飓风刮损请修，嗣后应请将保固六年例，改为十年，沿江、沿海风损者定限六年外兴修。【略】壬子，【略】寻奏：晋省三月雨雪一律沾被，四月初二日太原等属得雨二三寸不等，十七日省城得雨寸许。

《高宗实录》卷一四〇〇

四月【略】乙卯，【略】上诣黑龙潭祈雨。【略】丙辰，谕曰：穆和蔺奏，河北彰德、卫辉、怀庆三府属地方现在未得透雨，麦苗渐形黄萎，正当新旧开征之际，民情不无拮据，请将安阳等二十一县应征新旧钱粮仓谷，恳恩缓征等语。前因该省河北三府自三月以来未得透雨，时届立夏，恐麦收歉薄，应早为设法接济，业经先期降旨。【略】著再加恩将彰德府属之安阳、汤阴、临漳、林县、武安、涉县、内黄，卫辉府属之汲县、新乡、辉县、获嘉、淇县、延津、滑县、浚县、封丘、考城，怀庆府属之修武、武陟、阳武、原武等二十一县应征新旧钱粮仓谷等项一并缓至本年秋后征收。【略】又谕：京师自入春以来雨泽稀少，未能透足，本年虽有闰月，而现在已逾立夏，正当麦苗长发之时，民间望泽甚殷，朕心深为廑切。【略】又谕：京师自本年二月以来虽经节次得雨，总未沾足，现届麦苗长发之际，望泽甚殷。【略】谕军机大臣，曰：穆和蔺奏，连日祈祷雨泽，河北彰德、卫辉、怀庆三府终未得有透雨，麦收已属无望，民情不无拮据。【略】丁巳，谕曰：梁肯堂奏，顺德、广平、大名三府属并顺德毗连之赵州及所属各州县本年入春以后雨泽缺少，二麦难冀有收，【略】著再加恩将顺德府属之邢台、沙河、南和、平乡、广宗、巨鹿、唐山、内丘、任县，广平府属之永年、邯郸、成安、肥乡、曲周、广平、鸡泽、威县、清河、磁州等一十九州县本年应征仓谷同节年未完钱粮仓谷，及大名府属之元城、大名、南乐、清丰、开州、东明、长垣、赵州，并所属之柏乡、隆平、高邑、临城、宁晋等一十三州县，本年节年应征新旧仓谷钱粮等项，一并缓至本年秋后征收。【略】戊午，【略】谕军机大臣，曰：冯光熊奏，【略】内称太原等属禀报，三月二十四五及四月初二等日得雨一二三寸等语。【略】庚申，【略】又谕：据吉庆奏，山东省城三月二十五得雨之后，四月十七日又得雨二寸，滕县、邹县、城武等处亦于十五日均得雨二寸，惟附近直隶大名、馆陶、冠县、邱县，曹州府属之濮州、范县并德州，间有雨未能透足之处等语。本日据苏宁阿奏，直隶景州安陵于本月十七日得雨三寸。【略】又谕：【略】昨据正定镇总兵德克精额奏，正定地方于四月十七得雨三寸有余。本日又据吉庆奏，山东省附近大名之馆陶、冠县等处得雨未能深透。【略】辛酉，【略】谕曰：穆和蔺奏报二麦约收分数一折，据称，河南省彰德、卫辉、怀庆三府所属之二十一县，雨泽愆期，麦收歉薄，其余八十七厅州县通计合算收成约计七分有余等语。【略】又谕曰：御史曹锡龄奏京畿自春入夏以来，得雨未能沾足。【略】本年缺雨之处，惟直隶迤南顺德、广平、大名三府，并保定以北州县望泽维殷，并非各直省在在缺雨。【略】壬戌，上诣觉生寺祈雨。【略】甲子，【略】又谕：穆和蔺奏，河北安阳等二十一县至今未获大沛甘霖，现值青黄不接之时，麦收失望，秋禾杂粮亦尚未能播种齐全，恳概行借给一月口粮。【略】丙寅，【略】谕军机大臣，曰：穆腾额奏，天津地方二十五日辰刻起，澍雨稠沛，至亥刻止，入土共有五寸等语。览奏欣慰。昨据梁肯堂奏，兑收漕米事竣，二十五日起程回省，自天津以至静海刨土验看，入土已及四寸等语。

看来保定一带或不致大旱，惟近京则实旱矣。【略】连日京畿云气甚浓，似釀雨之势，旋为风吹散，不过微点飘洒，竟未得成分寸，实切焦烦。【略】寻奏：查得直隶麦收，永平、正定、承德三府及遵化州所属约七分有余，天津府约七分，保定、河间、宣化三府，及易州、深州、定州所属约六分有余，冀州所属约六分，顺天府约五分有余，大名府属约五分，顺德府及赵州所属约四分有余，广平府约四分，通计十一府六州共约收六分有余。得旨：览奏俱悉。【略】丁卯，上诣玉泉山龙神祠祈雨。【略】戊辰，谕军机大臣等，本年直隶之顺德、广平、大名，及河南之彰德、卫辉、怀庆等府雨泽愆期，麦收歉薄，已截漕六十万石分拨接济。【略】连日据吉庆、李奉翰等奏，山东各属均得透雨。本日穆和蔺奏，河南之开封、归德、河南、陈州、许州、陕州各属亦于二十五六等日，得有澍雨三四五寸，以至深透不等，是东省各属及豫省之大河以南甘霖渥被，可冀稔收。《高宗实录》卷一四〇一

闰四月【略】庚午，【略】谕军机大臣等，前据苏宁阿奏，直隶景州于四月十七日得雨三寸。嗣据吉庆奏，德州、冠县、范县同日得雨二寸，尚未透足，现在率属祈祷。【略】壬申，【略】又谕：据刘秉恬奏，前月二十八日在武城地方见河内水势陡涨四尺有余，必系豫省河北各府及山西地方大沛甘霖，漳、卫二河源水盛发，故南运河水势骤涨，粮艘得以浮送裕如等语。【略】癸酉，谕：现在设坛祈雨，望泽孔殷，时有云阴，因风吹散。【略】乙亥，【略】谕军机大臣等，昨据梁肯堂奏报，大名府属之清丰、南乐、长垣，广平府属之威县各得雨三四寸，是该处近日已间有沾泽，或可稍冀薄收。【略】又谕：据吉庆奏，四月二十五日省城得雨深透，自省城以及各属八十四州县均得普沾，惟德州一处微雨飘洒，不成分寸等语。东省济南以南俱经得雨沾足，其直隶之天津府属亦前据奏报得雨五寸，惟中间德州尚在望泽，而州前此得雨止有三寸，亦未为沾透。昨据梁肯堂奏，直属二麦约收分数合计六分有余。东省上年收成丰稔，此时缺雨处所亦仅属一隅。【略】（吉庆）寻奏：通省二麦收成约有九分，德州尚未得透雨。报闻。【略】庚辰，谕：前因直隶顺德、广平、大名三府属雨泽愆期，业经截留漕粮三十万石并将新旧钱粮概予缓征。其保定以北各州县亦未得透雨，应否缓征平粜之处，降旨询问梁肯堂。兹据覆奏，该处各州县久未得雨，或得雨未透，麦收未能丰稔等语。近畿一带上年秋成虽在八分以上，且现经该督饬属，将仓储谷石分别借粜，民食自不致缺乏。但麦收既属歉薄，若照例将新旧钱粮仓谷同时并征，民力究未免拮据。所有保定府属之清苑、满城、安肃、定兴、新城、容城、安州、束鹿、雄县，顺天府属之宛平、大兴、霸州、东安、大城、保定、文安、涿州、良乡、固安、永清、香河、昌平、顺义、怀柔、密云、平谷、通州、三河、武清、宝坻、蓟州、宁河，河间府属之献县、景州、故城、吴桥、交河、易州，并所属之涞水、广昌等四十州县应征本年节年仓谷钱粮，均著加恩缓至本年秋成后再行启征。《高宗实录》卷一四〇二

闰四月甲申，【略】谕：京师自春徂夏，总未得有透雨，朕斋心虔祷。【略】蠲免河南汤阴、汲县、辉县、淇县、滑县等五县上年旱灾额赋有差。【略】甲午，豁除奉天锦县、义州乾隆五十五年分水冲沙压地一万九千五百六十七亩有奇额赋。《高宗实录》卷一四〇三

五月戊戌朔，【略】又谕：本年春夏以来，京师及直隶近畿一带雨泽稀少，粮价不无昂贵。节经降旨，令顺天府府尹设厂平粜，五城煮赈。【略】兹京师已于闰四月二十九日大沛甘霖，西北一带更为优渥，云势宽广，现仍浓阴未止，想近畿一带自必一律均沾，现在节近夏至，农民正可趁此普植秋禾。【略】辛丑，【略】又谕曰：梁肯堂奏，保定省城五月初一日得雨三寸，安肃、定兴、满城、良乡四县闰四月二十九夜至五月初一日得雨二寸、四寸不等。又，顺天、承德等府属州县俱于闰四月二十、二十一等日得雨一二寸至五寸等语。京师于闰四月二十九及五月初一日连得澍雨，极为深透。本日又逮保成奏，热河一带自闰四月二十九日至五月初一日，甘霖大沛，得雨甚为优渥。【略】乙巳，谕曰：吉庆奏，山东德州一带自四月二十五六等日，得有透雨以后，迄今未获续沛甘霖，地土干燥，晚禾杂粮播种无几，小民口食不无拮据等语。【略】谕军机大臣等，春夏以来，豫省开封府属雨泽稍

稀，而河北三府更属缺少，虽据该抚奏于上月二十五、二十六、二十九等日普得透雨，但现在尚未续得雨泽，朕心深为廑念。【略】壬子，【略】谕军机大臣等：据江兰奏，直隶、河南附近山东处所，商贩至东籴买粮食者，车驮相接于道。【略】又，折内称，德州于初六日得雨一寸，沂州、莱州、青州、登州府属于亦于初七日得雨二三四寸等语。【略】（朕）昨于十四日驻跸常山峪，醲膏续沛，东南一带云气尤为浓厚。

《高宗实录》卷一四〇四

五月【略】丙辰，【略】谕军机大臣等，据穆和蔺奏，豫省河南各属得雨深透，早禾勃发，现已赶种晚禾杂粮，惟河北三府属尚在望雨。据彰德、卫辉等府禀报，五月初一日各得雨一寸等语。【略】丁巳，谕军机大臣等，本月初十日，自圆明园启銮，得有澍雨，十四在常山峪夜雨优渥，十五日喀喇河屯又复得雨，昨十九日戌亥之间热河雷电交作，又获澍雨，西南云气极为浓厚。【略】癸亥，【略】谕军机大臣等，前据留京王大臣覆奏，京城于初十后半月以来未续得雨泽等语。虽据称地土尚属滋润，但现届大田长发之际，亟资甘膏接济。【略】又谕：据管幹珍奏，本年临清一带雨水短少，江广重船经过古浅，非起空不能前进，现在时已溽暑，民间望泽孔殷，惟有虔心祈祝，速沛甘霖等语。看来临清、德州、东昌一带至今总未得透雨，即直隶景州、河间与德州境壤毗连，情形大约相同，目下已过小暑，正当大田长发之时，朕心深为廑念。

《高宗实录》卷一四〇五

六月戊辰朔，【略】谕：据梁肯堂奏，直隶各州县得雨情形一折，并开具清单进呈。详加披阅，内中保定、正定各府属得雨不过一二寸者居多，于农田有何裨益。即保定省城及附近安州等州县得雨三四寸，较之京城现在所获雨泽，未为沾足，当此夏令久晴，地土干燥，得此数寸之雨，何益于事。至景州及顺德、广平、大名等处，迄今尚未得雨。看来畿辅东南一带及山东之德州、东昌、临清，并河南之彰德、卫辉、怀庆各府属，雨泽俱属短缺，即使日内得有澍雨，亦只可补种晚禾，若时逾大暑，仍不得雨，即莜麦、杂粮亦俱不能补种，是缺雨地方旱象已成。【略】辛未，【略】谕军机大臣等，据诺穆亲等奏，目下（天津）北河一带于五月二十八九连日得雨，水势颇为充足，（漕艘）现在过关到通（州）。【略】壬申，谕：前因山东德州一带地方，自四月以后雨泽短少，未能播种，【略】并据吉庆续奏，历城等二十州县至今仍未得雨，晚禾未能赶种，民食不无拮据等语。著加恩将济南府属之历城、齐河、禹城、陵县、临邑、德平、济阳，东昌府属之聊城、茌平、博平、清平、冠县、莘县，泰安府属之东阿，兖州府属之阳谷、寿张，曹州府属之濮州、范县、观城、朝城等州县并坐落卫所，本年应征钱粮仓谷，缓至秋后察看收成再行起征。【略】又，德州、德州卫、平原、恩县、馆陶、高唐、临清、武城、邱县、夏津等十州县卫将来一得雨泽，亦须接济，以资耕作。【略】又谕：据吉庆奏，续查被旱之历城等二十州县恳请加恩一折。【略】总未得雨，自属旱象已成。至济南省城，先据江兰奏，于五月十一二等日得有澍雨，附近齐河、章丘一带俱一律普沾。并据吉庆亦奏称十一二等日济南府属均沾渥泽等语。历城系济南府首县，岂有省城得雨而首县独无沾被之理，何以此次吉庆折内，奏请加恩各属，又将历城、齐河等一并列入，若历城、齐河等县被旱属实，则前此吉庆、江兰所奏得雨情形必系虚饰。【略】癸酉，谕：热河连次得雨后，山水陡发，沙堤一带官兵居民房屋间被冲塌，深堪轸念。【略】甲戌，谕军机大臣，曰：刘秉恬奏，临清地方于五月二十七日得雨二寸，二十九日雷电交作，又得雨四寸，察看情形，田间已种早谷、高粱、棉花，藉滋长发，未种大田并可上紧赶种莜麦、杂粮等语。【略】前据留京王大臣奏，五月二十八九等日得雨深透，现在热河于本月初五六等日又复连得澍雨，云气自北而南，势尤广远。【略】乙亥，【略】谕军机大臣等，本日据纪昀奏，直隶河间等处二麦歉收，业蒙截漕五十万石以备赈济。【略】丁丑，谕：据姚棻奏，江西南丰、广昌二县地居上游，因闰四月下旬雨水过多，溪河泛涨；五月初三四日复大雨如注，山水骤发，以致被淹，业经分别抚恤等语。【略】但该处民居冲塌较多，且有淹毙人口之事，朕心殊为恻然。【略】己卯，【略】又谕：穆和蔺奏，河北彰、卫、怀三府属于二十七八等日至三十日各得雨一二寸至三寸不等，虽未能一律沾足，于秋禾究为有益，此外不成分寸地方，察看情形，分别核办等语。【略】昨据刘秉恬奏称，临清闸外运河于三四日涨水一二尺，必系豫省河北地方得沛甘霖，漳卫二河源水盛发等语。

《高宗实录》卷一四〇六

六月【略】戊子，谕军机大臣等，本日据穆和蔺奏，河北彰德、卫辉、怀庆三府属于六月十一、十二、十三、十四等日，得雨三四五寸以至深透等语。【略】壬辰，谕：据梁肯堂奏，河间、保定、天津等属受旱较重，请分别赏借口粮等语。【略】著加恩将河间府属之景州、河间、献县、阜城、任丘、吴桥，保定府属之雄县、束鹿八州县贫民于七八两月内先行赏借两月口粮。其河间府属之肃宁、交河、东光，保定府属之清苑、满城、安肃、唐县、博野、望都、完县、蠡县、容城、新安，天津府属之青县、南皮、沧州、盐山、庆云等十八州县酌借八月一月口粮，以资接济。【略】癸巳，【略】谕军机大臣，曰：蒋赐棨等奏京城得雨一折，内称大兴、宛平二县得雨三寸等语。前据梁肯堂奏顺天府属宁河县自春徂夏总未沾泽，旱象已成，小民自不免艰食，何以蒋赐棨等并未奏及。【略】乙未，谕军机大臣等，本年直隶、河南、山东三省雨泽均属短少，陕西入伏以后亦觉望泽。山西与直隶、陕西等省境壤毗连，前据长麟奏，平阳、潞安等六府夏间雨水稀少，于六月初七八等日始得透雨，但粮价不免昂贵，恳请平粜。已依议速行。兹河南缺雨州县业据陆续奏报得雨，本日据秦承恩奏，陕西于六月十五日复得透雨。【略】丁酉，【略】谕军机大臣等，京城粥厂，现在远来领赈者竟有二万余人，热河地方贫民出口觅食者亦复不少，此等就食之人俱系京南一带贫民，该省早经截漕办赈，而乏业贫民转纷纷或赴京、或出口，分投觅食，则该督所办何事。【略】是月，【略】山东巡抚觉罗吉庆奏：济南省城前于五月中旬得雨，虽各属同沾，未能一律透足，是以请将历城等县均予缓借。嗣于六月初七日，省城及德州一带同获甘霖，早晚秋禾十分有益，查看情形，秋成时似可分别缓征。【略】山西巡抚觉罗长麟奏：平阳、潞安、泽州、蒲州、绛州、解州等六府州属四十州县夏雨稀少，米价逐日增昂，请将常平仓谷设厂平粜。得旨：应如此速行。

《高宗实录》卷一四〇七

七月【略】辛丑，谕军机大臣等，前因直隶省京南被旱各州县无业贫民，至京就食者日众，并多有出口觅食者，【略】令各地方官遇有贫民，详晰晓谕，今年关东盛京及土默特、喀尔沁、敖汉、八沟、三座塔一带均属丰收，尔等何不各赴丰稔地方佣工觅食，俟本处麦收有望，即可速回乡里。如此遍行晓谕。【略】壬寅，【略】谕军机大臣，曰：梁肯堂奏，【略】据称河间、景州及保定等属久晴不雨，得雨三处，亦未透足，近虽得雨数次，为时已迟等语。【略】热河地方初二、初三连日阴雨，保定、天津、河间等处尚未一律普沾。【略】丙午，直隶总督梁肯堂奏，河间景州等处被旱较重，请将六七八分极、次贫民先急赈一月口粮。鳏寡孤独老幼残疾之人摘赈两月口粮。得旨：依议速行。【略】戊申，【略】又谕曰：梁肯堂奏，赍折差弁回称，经过密云城外见有蝗蝻，已飞札霸昌道同兴，迅速力捕，务期净尽。适丰绅殷德由京回至热河，询之亦称自清河、蔺沟、古槽蝗多，至密云渐少，近古北口则并无。迤南蚀伤禾稼，约有十之二三。该道率同地方官掩扑等语，蝗蝻滋生，最为苗稼之害。本年怀柔、密云一带雨水尚属调匀，何以有此虫孽。该地方官等于其初起时，即应一面禀报上司，据实奏闻，一面率领夫役，实力捕扑，早期净尽。今蚀伤禾稼已有十之二三，则虫孽之起必非一日，此事梁肯堂现在河间，相距较远，且一经差弁告知，即行具奏。而蒋赐棨、莫瞻菉身为府尹，清河、密云皆其所属，密迩京城，岂竟毫无闻见，乃并未奏及，殊属非是。蒋赐棨、莫瞻菉俱著交部严加议处。霸昌道同兴系专派驻扎密云一带照料台站之员，该处既有蝗蝻，即应及早扑打，不使蔓延。伊虽无奏事之责，亦当呈报军机大臣转奏，乃既不迅速扑捕，以致伤及禾稼，又不呈明转奏，其咎亦无可逭。同兴并著交部严加议处。其各该管地方官并著梁肯堂查明，咨部一并严加议处。仍著该府尹就近督同，实力扑捕净尽，并将是否不至延及他境暨禾稼不至过受损伤之处，速行查奏，勿再讳饰干咎。谕军机大臣等，据苍保奏早稻收成分数一折，内称琼州府属十三州县收成八分有余，雷州府属三县

亦在八分以上等语。【略】已酉,【略】谕军机大臣等,昨据梁肯堂奏,密云城外现有蝗蝻,已降旨将蒋赐棨等分别严加议处矣。清河、蔺沟距京不远,现闻安定门外及京南等处亦有蝗蝻。留京王大臣等岂无见闻,应一面奏闻,一面即派人扑捕,何亦讳饬不奏。著即将近京一带有无蝗蝻,并因何不奏之处,据实具奏,毋稍讳饰干咎。又谕:蝗孽之起,多在积水潮湿被旱之地,隔年生有蝻子,次年暑雨之后,复经蒸晒,始行萌生。今密云一带地方,向属高阜,上年雨水不多,并无积潦,何至忽生蝻孽。况蝗蝻多为鱼子所变,此乃众所知者。现闻京师安定门外,以及正定、保定、河间、天津等处俱有蝗蝻,核之丰绅殷德所奏情形,是此次虫孽竟系自南而北。朕意必系天津、河间等府沽淀低下之区,先行萌生,以致蔓延他境。梁肯堂或因朕驻跸热河,密云一带为大臣官员往来必经之路,恐该处蝗蝻有人奏闻,故以一奏,自占地步。京南等处则匿不具陈,今已传谕遍问矣。著传谕梁肯堂,即将保定、正定、天津、河间,以及广、顺、大各属有无虫孽之处,迅速据实覆奏,勿稍讳饰。昨因梁肯堂现在河间,清河、蔺沟密迩京城,是以仅将蒋赐棨等交部严议,若保定、天津、河间等处亦有蝗蝻,梁肯堂竟匿不奏闻,一经派员查出,则是罪上加罪,恐该督不能当其咎也。将此谕令知之,仍即迅速回奏。又谕:京南一带亦有蝗蝻,此必系天津等处卑湿之乡,一经暑热郁蒸,致萌生蝻子,蔓延及于他境。且蝗蝻多由鱼子化生,天津沽淀多鱼,上年鱼子至次年雨后蒸晒,滋生蝗虫,自所不免。此等蝗生害稼之事,在地方官往往讳饰,不肯据实奏报。穆腾额何亦隐饰不奏,著传谕该员即行查明,据实迅速具奏,毋得稍有捏饰,致干咎戾。辛亥,【略】谕军机大臣等,据蒋赐棨等覆奏近京一带生有蝗蝻一折,内称前已派员查看,即亲率地方官一面掩扑,一面具奏等语。清河、怀柔、密云等处蝗蝻伤稼,俱系该府尹所属地方,蒋赐棨等并未奏闻,直至降旨饬谕,交部严议,始据伊等覆奏,乃辄称一面掩扑,一面具奏。试问蒋赐棨等,于未奉谕旨之前,何曾先行奏到,乃腼颜为此支饰之语耶。蒋赐棨、莫瞻菉著再传旨严行申饬。该府尹等现赴清河、蔺沟及怀柔、密云一带沿途扑捕,著即将现在曾否捕净之处据实覆奏,毋再延缓讳饰,致干咎戾。　《高宗实录》卷一四〇八

七月【略】甲寅,【略】又谕:据梁肯堂奏,查勘河间府属受旱轻重情形,内景州、任丘二州县成灾约五六七八分不等等语,【略】谕军机大臣等,据蒋赐棨等奏,查过清河、蔺沟、顺义等处扑捕飞蝗情形一折。内称询之乡农,佥称蝗由东南飞来等语,核其方向,京城东南当地遵化等处,而蓟州至永平一带亦在京之东。现在庆成前往各该处。著传谕庆成,务须详悉查看,如该处果有蝗蝻,即将虫孽是否起自该处,伤损禾稼若干,一面奏闻,一面督同地方官实力扑打,务期净尽。其清河等处蝗蝻,仍著蒋赐棨等董率,实力搜捕,俾永绝根株,不使复延他境。勿再玩误干咎。又谕:据穆腾额覆奏,天津地方并无蝗蝻等语。穆腾额系属盐政,于地方事务无所庸其回护,且经朕降旨询问,伊更不敢捏饰干咎,所奏自系实情。计此旨到时,丰绅殷德已抵天津,著传谕丰绅殷德,到彼查勘。如该处实有蝗蝻,丰绅殷德自应仍往河间一带查扑。若天津并无蝻孽,则河间、景州一带自亦必无。丰绅殷德即可回至热河,毋庸前往。又,据蒋赐棨等奏,询之农民,佥称蝗由东南飞来等语,京城东南约在通州至永平一带,通州地方系丰绅殷德必过之路,自已顺道查勘。该处有无蝗蝻及如何掩捕,并将地此次蝻孽,究从何处长起,留心询访,据实奏闻。【略】丙辰,谕军机大臣,曰:丰绅殷德奏前赴通州查勘蝗蝻情形一折,据称询之村民,云自初十至十二三等夜,明月之下见有蝗虫飞过,由西北飞至东南者居多。除迤南天津等处,丰绅殷德前往查勘外,其迤东三河、宝坻等县地方,请敕下顺天府尹,饬地方官迅速查扑等语。蝗虫既成群飞落,迹必非一处,三河、宝坻一带,丰绅殷德未能绕道前往。著传谕蒋赐棨等,查现在昌平州等处,查扑尚未净尽,即飞饬各该地方官,或分一人前往查扑,务使蝻孽飞止之处,及早捕打净尽,不致蔓延他境,损伤禾稼,勿再玩误干咎。【略】丁巳,谕曰:秦承恩奏西安、同州两府属之咸宁、华州等十六厅州县高原地方,雨水未能沾足,所种秋禾难望一律有收,应酌量借粜,并将未完钱粮暂缓征收等语。所奏殊属迟缓。上年京城雪泽较稀,

朕于今春即斋心祈祷，而直隶顺德、广平、大名以及豫省河北各府属二三月间亦属雨泽短少，【略】今咸宁等州县既因五月中旬晴霁日久，以致秋禾未能长发，何以不早奏闻。前据该抚奏，【略】省城等处已于六月十五日得有透雨等语，并未将秋禾未能长发之处，据实具奏，看此情形，秦承恩竟有讳饰之意。【略】所有该抚奏请暂予缓征之西安府属咸宁、长安、咸阳、兴平、醴泉、泾阳、三原、富平、高陵、临潼、渭南，同州府属华州、华阴、潼关、蒲城、韩城共十六厅州县未完钱粮，竟著加恩缓至明年麦熟后再行征收。【略】谕军机大臣等，本年直隶地方春夏缺少雨泽，被旱甚广。【略】平阳等六府州属入夏以后雨泽稀少，粮价渐昂，已准令减价平粜。嗣又据奏，平阳等六处于六月初七八及二十四五等日续经得雨，秋成不致歉薄成灾，但恐该抚亦不免心存讳饰。【略】又谕曰：庆桂奏，勘过宛平、良乡、房山三县地方，田禾间有被蝗蚀伤之处。询之西路同知及各县等禀称，于十三四等日，一面扑捕，一面具禀，所言未足凭信。已行查顺天府尹、直隶总督，如有隐饰，即行参奏等语。宛平等处蝗蝻，如该县等于六月十三四等日禀报，蒋赐棨、梁肯堂等匿不奏闻，则其咎自在该府尹及总督。今清河、蔺沟、南石槽一带蝗蝻，前丰绅殷德进京及回至热河，即经看见。丰绅殷德往还过彼之时，尚在本月初一二及初六七等日，梁肯堂于十一日奏到，该督之折亦系初九日拜发，是虫孽之起已久，该地方官所称十一二等日始有蝗蝻。十三四日具禀之处，若在七月分，显系闻知梁肯堂具奏，朕经降旨严查，补行禀报，以为卸过地步。著传谕蒋赐棨、梁肯堂等，即查明宛平、良乡、房山三县地方，蝗蝻究竟起于何时，该县等系何月日禀报。如系七月十三四等日始行补禀，即将该县等参奏，仍董饬上紧搜捕净尽，勿再玩延干咎，并谕庆桂知之，仍各查明回奏。戊午，谕军机大臣，曰：庆成奏，查勘遵化州属地方，间有数处田禾被蝗蚀伤，比蓟州较轻。询之乡农，均称本处近山不长蝗蝻，向来夏秋亦见飞蝗往来，多系近河潮湿处所，春间少雨，入地之鱼子化生等语。遵化等处向来亦见飞蝗，庆成所奏，系询之乡农，其言必非虚捏。可见蝗蝻向所时有，但在偏僻处所，该地方官即匿不禀报。今清河、蔺沟等处为大臣官员往来必经之路，梁肯堂恐其奏闻，不过以一奏自占地步。至此次蝗蝻，前蒋赐棨等奏，由东南而来，嗣丰绅殷德奏到，亦称自西北飞往东南。而各该地方官等，又辄称本处并不长蝻，系从他处飞至。蝻孽之生，必有始起之处，断非从空而降。以丰绅殷德、蒋赐棨等所奏地方，互相核对，当起自蓟州、玉田、丰润、三河一带。蒋赐棨等在顺义发折，故称自东南而来，丰绅殷德拜折时，系在通州，故称自西北飞往。况现据庆成查勘，遵化被蝗轻于蓟州，该州暨玉田、丰润等处具为沮洳之区，自系该州县潮湿处所鱼子化生，地方官漫不经心，以致蔓延他境。著传谕梁肯堂，务查明此次蝻孽究竟起于何处，将不及早扑捕之地方官，据实参奏示儆。至本年河间、景州受旱较重，天津、保定次之，幸朕预为绸缪，截漕五十万石，并令分别借粜，赈济兼行，所有救荒蠲缓之策，无不指示周备，该督抚宜往来严查，实心经理，俾灾黎均沾实惠，以副朕恫瘝在抱至意，并谕庆成知之。【略】辛酉，谕军机大臣，曰：庆成奏，查勘玉田县迤西，因知州傅修带领知县于初见飞蝗，立即捕捉，未致停落，所伤无几等语。【略】又谕：据穆和蔺奏，【略】称彰德府属之安阳、内黄得雨二寸，怀庆府属之原武得雨一寸等语。【略】癸亥，谕军机大臣，曰：庆桂奏，查勘涿州至保定、正定一带禾稼情况一折，内称安肃、清苑、满城、望都等四县本年雨泽稀少，迨补种晚谷、杂粮，亦无透雨接济，未能一律长发等语。同日又据阿精阿奏，保定一带于七月二十一日戌时得雨起，至二十二日卯时止，入土沾足等语。与庆桂所奏不符。【略】本年直省被蝗处所，前据丰绅殷德奏，天津一带并无蝗蝻；本日庆成奏，正定、保定等处禾稼，并无被虫蚀伤之处。其永平一带亦据庆成奏，查无蝗蝻。但虫孽之生必有始起之处，断非从空而降。看来此次蝗孽竟系起自蓟州、遵化、三河一带。昨据蒋赐棨等奏，查至三河地方之张各庄、燕口、段家岭等处，晚谷间有被蚀，俱扑打净尽等语。是该县境内，现经查有虫患，如竟起自三河，则该县系获咎之员，安望复邀升擢。是以该督奏请以李培荣升署折，不复批交部议，著传谕梁肯堂、蒋赐棨等，遵前降谕旨，将此次蝗蝻究

系起自何处，不可颟顸混过。终无起处，将从空中所生耶。因何不及早搜捕，以致蔓延他境，必有一地方，即将该地方官严参示儆，并查明李培荣是否在应参各员之内，一并具奏。【略】乙丑，谕曰：吉庆奏，德州等二十四州县卫，得雨较少，补种之晚秋，未能一律饱满，收成虽有五六分，民力不无拮据。又，武定府属海丰、乐陵、沾化三处，因夏秋雨泽未能调匀，秋收止五分有余等语。【略】所有德州、德州卫、平原、恩县、武城、夏津、邱县、临清、高唐、馆陶、历城、齐河、禹城、陵县、临邑、德平、聊城、茌平、博平、清平、莘县、濮州、范县、观城二十四州县卫，本年应征新旧钱粮仓谷，俱著加恩缓至来年麦熟后征收。其海丰、乐陵、沾化三县本年应征新旧钱粮仓谷，亦著缓至来年麦熟后征收。【略】又据奏，德州、平原、恩县、邱县、夏津、武城、濮州、临清、高唐九处连岁未获丰收，本年收成又复较减，【略】旧欠漕粮，亦于缓征。【略】丙寅，【略】吏部议奏：顺天府府尹蒋赐棨等，于所属清河、密云一带生有蝗蝻，并不查明参奏，均应照例降三级调用，不准抵销。霸昌道同兴驻扎密云，既不迅速扑捕，又未呈明转奏，实属溺职，应请革任。得旨：吏部具题，将顺天府属生有蝗蝻，并不先行奏报之府尹暨霸昌道分别降革一本，蝗蝻萌生，最为田禾之害，从前节降谕旨，令该上司等务宜督饬各州县，及早搜挖，勿留余孽。该管地方官遇有飞蝗之时，自当一面奏报，一面实力扑捕，使庄稼不致损伤，方为无忝厥职。其有扑捕不力以致滋蔓者，此等处分，缘系玩视民瘼，非寻常疏懈可比，向来俱从重办理，未尝稍事宽贷。近年以来，因地方久无蝗孽，未经降旨查询，而该地方官等遂不以事为事，以致顺天府属又有飞蝗蚀伤禾稼。直待朕降旨严饬，派员查勘，始行上紧搜捕，即将该管府尹及霸昌道等，照部议降革，俱属咎所应得。但念蒋赐棨、莫瞻菉等究系统辖之员，其蝗蝻伤稼，由于各州县不早详禀扑捕所致，蒋赐棨、莫瞻菉姑著从宽，改为革职留任。同兴虽属本道，因念伊数年以来，夏间驻扎密云，于大雨时行之后，防护河道桥梁，照料文报，尚无贻误，亦著加恩，免其革任，仍注册，俟八年无过，方准开复。此案朕格外施恩，若州县等身任地方，其应得处分，自不能稍从宽宥，蒋赐棨等当自知愧奋，于地方事务倍加实力经理，勿再稍有玩误，致干重咎也。

《高宗实录》卷一四〇九

八月丁卯朔，【略】谕军机大臣等，本日庆桂至行在复命，询以沿途情形。据称经良乡、涿州一带，询之土人云，曾见蝗虫从东北飞至西南等语。此次蝗蝻滋生，保定、正定一带，既据庆桂查明并无虫孽；天津、永平等处，前据丰绅殷德、庆成分路查勘，亦无飞蝗。而良乡一带之蝗蝻，又系由东北而来，至涿州以南则无踪影。以良乡而论，东北地方自系在蓟州、三河、遵化等处。遵化近山不长蝗蝻，沿海等处亦不生长。是蝗孽之生，必在蓟州、三河，该州县不及早扑捕，以致延及他境，方有应得之咎。该督前此何得尚将三河县知县李培荣奏升通州，前已有旨，令梁肯堂等查明具奏。总之，蝗孽萌生，断非止在空际往来，其有飞集之处，自必有始起之处，不可不核实查办。现在顺天府尹及霸昌道俱经分别议处，梁肯堂身任总督，未经一并交部，已属幸免，至其该管州县，断无可邀宽贷。著再传谕该督，务即查明此次蝗虫，实在始起处所，将该地方官据实参奏革职，以示惩儆，毋得稍有颟顸，希冀混过，自干重戾，仍即速回奏。【略】己巳，【略】谕军机大臣等，据蒋赐棨等奏，察看顺天所属田禾被蝗蚀伤情形，三河、蓟州较他处为多，三河又较重于蓟州，是蝗孽蠕生，竟系由三河一带所起等语。此事前据丰绅殷德、庆成分别查勘，先后奏到。朕即以蝗蝻断非从空而降，以丰绅殷德等所奏情形互相核对，当在三河、蓟州一带。今据蒋赐棨所奏，竟与前降谕旨相合，该县知县李培荣于所管地方蝻孽萌生，未能及早扑捕，以致蔓延他境，方有应得之咎。梁肯堂非惟不将该员参奏，转以之请升通州知州，殊属非是。况李培荣调署他处之后，亦应另委候选知县，或明干县丞接署三河，以重地方，何得仅委微末州判，任令玩视民瘼，致滋贻误。看此情形，该督竟系欲将李培荣调往通州，为该员规避处分之计，其咎俱卸与微末州判，以完此局，能逃朕洞鉴乎。是此事皆系梁肯堂一人之咎，著该督将各情节，逐一明白速行回奏，毋得回护干咎。【略】辛未，【略】又谕，据梁肯堂奏，蝗蝻多起自湿下之区，所有蓟州、玉田等州县，业经飞饬通永道索明阿，亲往确查等语。直省蝻孽，前据蒋赐棨等奏称，竟系由三河一带所起，是该知县李培荣实有应得之咎。昨已降旨询问，令该督严查参劾，并令李培荣离任，听候部议，该州知州员缺已另放有人矣。【略】又，梁肯堂另折称，保定、河间[①]、天津等属于七月二十一二等日，各得雨二三寸至深透不等等语。此时节候已迟，不能赶种秋禾，即得透雨，亦岂能于民田有济耶，总应尽心办理灾赈可也。【略】壬申，【略】又谕：据讬伦奏，【略】南昌、新建、进贤、都昌、鄱阳、余干、德化、湖口等县滨河傍湖，因江水涨发，低洼田亩间有被淹，现在积水未退，恐杂粮不及赶种，应查明分别办理等语。【略】又谕曰：蒙古王公等奏，今岁值有闰月，（木兰秋狩）哨内已降霜雪，且过哨鹿之时，请暂停进哨等语。【略】乙亥，【略】又谕：前因三河县为蝗蝻自起之处，梁肯堂折内未经将三河一路提出，含混其词，不但不将该县知县李培荣参奏，转以之请升通州知州，因降旨令其明白回奏。今梁肯堂止将署三河县知县州判陈馨洲奏请革职，而于李培荣一员，则仍称于五月初十日即经接署通州印务，三河有蝗之时，系在李培荣卸事之后等语。是总欲出脱此人，始终回护劣员，实不可解。蝻子之起，向在卑湿之地，多于三四月内即行化生，今年又有闰四月，今李培荣系于五月初十日始行接署通州印务，是蝻孽蠕生至迟亦在该员任内之事，未能及早实力留心搜捕净尽，以至蔓延他境。已属咎无可辞。即谓李培荣已署通州，与三河无涉，通州地方亦有飞蝗间蚀禾稼之处，李培荣既未据实禀报，又不实力扑捕，则通州之蝗，李培荣又将谁诿。此等情节，梁肯堂岂不能见及，乃仍以该员卸事为词，再三执奏代为开脱，直欲卸过于微末州判，而令李培荣得以置身局外，仍获升擢，岂谓朕前可以朦混具奏，遂尔了事耶。著再传旨严行申饬，仍令再行明白回奏，毋再执迷不悟，始终回护，致干重戾也。李培荣著革职，交刑部问罪，看梁肯堂何以救之。【略】谕军机大臣等，藏内气候骤冷，九月以后冰雪封山，今岁节候较早，计九月中旬雪霰已在所不免。【略】丙子，谕军机大臣等，昨因藏内气候骤冷，已有旨谕令福康安等通盘筹画。今又思今年节气较早，以热河而论，现在气候已觉凉于往年，况藏地崇山峻岭，往年九月以后即不免冰雪封山，今年下雪自必更早。【略】丁丑，【略】谕：前因顺天各属间有飞蝗残蚀禾稼之处，即经降旨严饬梁肯堂、蒋赐棨等督率所属，实力扑捕，并特派大臣分路查勘。核对所奏情形，蝗蝻自起之处，当在蓟州、三河一带。复经降旨，令梁肯堂、蒋赐棨等确查实在起蝗处所，将该州县据实严参。嗣据蒋赐棨等查奏，蝻孽蠕生系由三河所起。而梁肯堂覆奏，折内含混其词，并不将三河一路提出，转请将三河县知县李培荣升擢通州。又经降旨询问，并令该督明白回奏。乃该督覆奏之折，仅将署三河县知县州判陈馨洲参奏革职，而于李培荣，则称该员于五月内委署通州印务，三河有蝗之时，在该员卸事之后等语。朕谓蝻孽之生多在二三四月内，即或至迟亦不出闰四月，李培荣系于五月内始署通州，蝻孽生时即在该员三河任内之事。乃梁肯堂欲为该员规避处分，预调署理别州县。今又称满城地处冲衢，事务紧要，是以委令署理。查满城本系简缺，而该员三河本任转属要缺，今以本居要缺之员，调署简缺，而转以地冲事繁为词。且亦并未曾奏闻，显系有心捏饰，欲盖弥彰，为该员开脱而卸罪于微末州判，以完此局。此等伎俩，岂能逃朕之洞鉴。且即以通州而论，该处亦有飞蝗，李培荣并未据实禀报，实力扑捕，其咎又将推诿。昨已降旨，将李培荣革职，交刑部治罪。梁肯堂始终为李培荣开脱，欲其置身局外，仍邀升擢，袒护劣员，冀图朦混了事，以致简要倒置，是诚何心。梁肯堂著再交部严加议处。至蝗蝻残蚀禾稼，最为民害，惟在及早实力搜捕蝻子，不致成蝗飞起，方不致蔓延贻患。如或地方官玩视民瘼，讳匿不报，及捕蝗不力之员，定例甚严。从前乾隆二三十年间，经朕屡降谕旨，节次严加惩创，地方大小各员稍知儆畏留心。近因并无蝗蝻，二十余年从未降旨饬询，是以地方官日久玩生，遂致心存讳饰，岂朕恫瘝在抱、

---

① 此处“河间”，原文作“所间”，属誊抄之误。

拯害恤民之意。嗣后,除云、贵、闽、粤等省向不闻有蝗外,其余各省凡有沮洳卑湿之地,即防蝻子化生。各该督抚务严饬所属,每年于二三月内实力搜查,据实禀报。各该督抚等具奏一次。尚复玩忽从事,有心讳饰,一经发觉,必当重治其罪,断不稍为宽贷。将此通谕知之。【略】庚辰,【略】谕军机大臣等,据秦承恩奏,查勘泾阳等四县秋禾被旱较重,现在各处均得有雨泽,正可及时播种。【略】现届秋分种麦之期,各该处既得有雨泽,自当及时赶种。《高宗实录》卷一四一〇

八月【略】甲申,谕:蝗蝻蚀伤禾稼,最为民害,地方大小各官俱应及早实力搜捕,方不致蔓延贻患。其有讳匿不报,及扑捕不力者,定例处分甚重。从前乾隆二三十年间,节经严示惩创,近因并无蝗蝻,二十余年未复降旨饬训,地方各官遂日久生懈,以致三河等处复有飞蝗伤稼之事。本应将该县及同知等即照部议,分别拿问革职,姑念此次蝗蝻,究因朕久未饬训,地方各官亦遂玩懈所致,且伤谷不过一二分,未致大害禾稼。所有议以革职拿问之署三河县事州判陈馨洲、昌平州知州李棠、顺义县知县陆显曾,及虽经立时扑灭,不即禀报之宛平县知县马光晖、房山县知县任衔惠、署良乡县知县汪应槿,俱著革职,免其拿问;议以革职之同知吴于宣、蒋如燕,知县王作霖、沈振鹏俱著从宽,改为革职留任,八年无过,方准开复。此系朕格外施恩,地方大小各员,嗣后务宜遵照前旨,于二三四月间实力查察,预为搜挖,以期保卫田禾。倘再有玩延贻误,不特不能照此次之从宽办理,并当于定例之外,加倍治罪,以示严惩。【略】己丑,【略】谕:据哈当阿等奏,把总陈国英禀称,奉委管带福宁镇三营弁兵高辉等一百三十名,来台换班。在厦配载哨船,开行后,于六月二十五(日)晚,在洋面突遇飓风,桅舵损失,船身击破,除遇救得生兵弁外,尚有外委郑潮、兵丁林淑茂等七名现无著落。严饬各口岸查寻打捞等语。【略】是月,直隶总督梁肯堂奏:勘明广平、大名、顺德及赵州所属受旱轻重情形。得旨:南三府向即多旱,民亦熟于灾,不致廑念,所念者保定等三府,向无盖藏,应留心。【略】陕西巡抚秦承恩奏:亲赴西路查勘咸宁、长安、咸阳、乾州四州县,惟晚秋受旱,兴平、醴泉二县及武功之东北二乡被旱较重,收成恐致歉薄。《高宗实录》卷一四一一

九月【略】辛丑,【略】又谕:据富纲奏到秋禾畅茂、粮价平减一折,览奏甚为欣慰。本年滇省晴雨调匀,田禾丰稔。【略】壬寅,【略】又谕:据宜兴奏,奉天所属地方,七月至八月气候晴暖,禾稼收获登场,秋收约有七八分,市集米谷充盈,小民购买甚易等语。【略】丁未,谕军机大臣,曰:秦承恩奏秋禾约收分数一折,内称,除被旱成灾之咸宁等十四州县,沿边之延安、榆林、绥德等三府州属,收成分数另行具题,后又称延、榆、绥三府州属收成,询之调委入帘各员,佥称约有八分等语。所奏太不清晰,【略】是该抚竟有讳饰之意。又据奏报七月分俱系注写"价中",朕详加披阅,内延安、凤翔各府粮价二两上下,谓之"价中"尚可,其西安、榆林、同州各府价至三两有余,即属昂贵,该抚亦应据实填写"价贵"具奏,何得仍注"价中"。【略】己酉,谕:据朱珪奏,本年安庆府属之桐城等县,凤阳府属之寿州等州县,高阜地亩夏秋俱获丰收,惟滨江沿淮低洼之区,因夏间雨水稍多,间有漫溢沙壅之处,收成未免歉薄等语。【略】又谕曰:毕沅奏,荆关征收钱粮比较一折。内称,近年因下游之江南、安徽、江西、浙江等处年岁屡丰,粮价平减,与川省相仿,兼之水脚盘费,贩运每多亏本。是以往来船只稀少,以致不能比较最多之年等语。《高宗实录》卷一四一二

九月【略】戊午,豁除浙江台州卫坍没田一顷五十亩有奇额赋。【略】是月,【略】山东巡抚觉罗吉庆奏:德州等处夏间得雨,乡民种豆甚少,请将各粮户应交黑豆,不拘小米、黑豆均收。报闻。陕西布政使和宁奏:咸阳、临潼、渭南灾五分,长安、乾州灾六分,武功、兴平灾七分,均因大路粮多,籴食稍易,无论正赈加赈,银米兼放。其泾阳、三原、高陵、蒲城、韩城灾七分,醴泉灾八分,系偏僻地方,粮食较少,应请正赈全支本色,加赈仍银米兼放。不敷,饬邻邑拨济仓粮。

《高宗实录》卷一四一三

十月【略】己巳,【略】赈恤河南安阳、汤阴、涉县、新乡、辉县、淇县、延津、滑县、浚县、原武、阳

武、林县、武安、汲县、获嘉、修武等十六县，本年旱灾贫民蠲缓新旧钱粮仓谷，及应征漕粮，并借给籽种银两。【略】丙子，【略】又谕：据恒秀等奏请借给宁古塔地方被雹旗民口粮，并缓征应纳钱粮一折。今岁宁古塔城北蒙古峪二十九屯田苗被雹，收成歉薄，旗民生计不无拮据。【略】又谕：济咙地方于八月十六七等日连次降雪，已至尺许，况今年节气较早，月内即恐封山。【略】丁丑，谕军机大臣等，本年直隶顺德、广平、大名三府，并保定、河间、天津等府属州县，因夏秋雨泽缺少，被旱成灾；山东德州、济南一带间有被旱之处，晚禾未能赶种；河南彰德、卫辉、怀庆等府属州县，本年得雨稍迟，成灾五六七分不等；安徽安庆、凤阳府属州县夏间雨水稍多，低洼地亩间被淹浸；又，陕西咸宁、长安等州县夏秋被旱较重，收成均未免歉薄。【略】庚辰，谕：据哈当阿等奏，商哨船只配载台湾换班回厦兵丁，于八月十五日在洋遭风，击破船只，共淹毙兵丁七名，又不知存殁弁兵共一百四十二名。现在饬属查明下落。 《高宗实录》卷一四一四

十月【略】壬午，【略】加赈直隶河间、任丘、景州、青县、庆云等五州县本年旱灾极、次贫民，并蠲免顺天、保定、河间、天津、正定、顺德、广平、大名、冀州、深州、定州、易州、遵化等十三府州属，被灾旗民地亩额赋有差。【略】丁亥，【略】赈恤陕西咸阳、临潼、渭南、咸宁、长安、乾州、泾阳、三原、兴平、高陵、蒲城、韩城、武功、醴泉等十四州县本年旱灾贫民。并缓征乾州、武功、邠州、长武、永寿、鄜州、洛川、中部等八州县被灾地亩摊征盐课，及民欠常社仓谷。 《高宗实录》卷一四一五

十一月【略】己亥，【略】缓征甘肃平凉、泾州、镇原、崇信、皋兰、金县、狄道、河州、靖远、平番等十县，本年旱、雹灾地亩新旧正借钱粮。【略】丙午，谕：本年山东省被旱地方，节经降旨，加恩缓征。【略】著加恩将德州、平原、禹城、高唐、恩县、濮州、临清、邱县、夏津、武城，及历城、齐河、临邑、博平、茌平、清平、馆陶、海丰、乐陵、沾化共二十州县，于本年十二月放赈一月。

《高宗实录》卷一四一六

十一月【略】壬子，谕曰：秦承恩奏，陕西咸宁等州县秋禾被旱成灾，现在督饬所属，现在散放正赈。【略】所有秋收只及六分及六分以上，西安府属之蓝田，同州府属之大荔、澄城、郃阳、白水等五县，俱系附近灾区处所，本年未完钱粮，著加恩缓至来年麦熟后征收。《高宗实录》卷一四一七

十二月【略】甲戌，蠲缓长芦兴国、富国、丰财、芦台、严镇等五场，并沧州、南皮、盐山、庆云、青县、交河、东光等七州县本年旱灾灶地额赋有差。【略】丙子，【略】又谕：据保宁奏，今岁回民地亩田禾被雪压伤，著加恩将本年应征谷四千石，免其交纳。 《高宗实录》卷一四一八

十二月【略】壬午，【略】加赈陕西临潼、咸阳、渭南、咸宁、长安、乾州、泾阳、三原、兴平、蒲城、高陵、韩城、武功、醴泉等十四州县本年旱灾贫民，并蠲缓额赋有差。【略】癸未，【略】加赈河南安阳、汤阴、临漳、林县、武安、涉县、内黄、汲县、新乡、辉县、获嘉、淇县、延津、滑县、浚县、封丘、考城、河内、济源、修武、武陟、孟县、温县、原武、阳武等二十五县本年旱灾贫民，并蠲缓额赋有差。

《高宗实录》卷一四一九

## 1793年 癸丑 清高宗乾隆五十八年

正月【略】丙申，谕：上年河南彰德、卫辉、怀庆等府属各州县因夏间得雨稍迟，秋禾被旱成灾，【略】著再加恩将成灾八分之林县、武安、汲县、获嘉、修武等五县，无分极、次贫民，概予展赈一个月。被灾七分之安阳、汤阴、涉县、新乡、辉县、淇县、延津、滑县、原武、阳武、浚县等十一县，著借给一月口粮，以资接济。【略】又谕：上年陕西咸宁、长安等州县夏秋被旱成灾，收成歉薄，【略】著再加恩将成灾八分之醴泉极、次贫民展赈两个月。其成灾六分之咸宁、长安、乾州三州县极贫，并成灾七分之兴平、泾阳、三原、高陵、韩城、蒲城、武功等七县极、次贫民俱展赈一个月。【略】己亥，【略】

谕：上年直隶顺德、广平、大名三府，并保定、河间、天津等府属因夏秋雨泽缺少，被旱成灾，【略】著再加恩将顺天府属之保定、文安、大城、武清、宝坻、宁河，河间府属之河间、任丘、景州、献县、交河、阜城，天津府属之青县、庆云、盐山，保定府属之清苑、束鹿、满城、望都、容城，赵州属之宁晋共二十一州县，成灾七八分之极贫概行加赈两个月。【略】又谕：上年山东德州、济南一带间有被旱成灾地方，收成未免歉薄，【略】著再加恩将被旱较重之德州、平原、禹城、高唐、恩县、濮州、临清、邱县、夏津、武城十州县，无分极、次贫民概予赏给两个月口粮。其被旱较轻之历城、齐河、临邑、博平、茌平、清平、馆陶、海丰、乐陵、沾化等十州县及各该处坐落卫地，著赏给一月口粮。【略】庚子，【略】又谕：据哈当阿等奏，【略】称澎湖右营"绥"字十八号哨船一只，赴台领驾，于九月十七日在洋突遇狂风，船身击碎，除捞救得生外，尚有百总薛兴及兵丁陈禄生等十八名不知下落。

《高宗实录》卷一四二〇

二月【略】辛未，谕军机大臣等，昨吉庆奏，上年被旱歉收之德州、平原等二十七州县卫，于麦熟后先征旧欠，其应征五十八年地丁钱粮，缓至九月启征。【略】本日据梁肯堂奏，保定省城于二月初五日得雨深透等语。京城初五日得雨三寸，而保定同日渥被春膏。并据永琅奏，易州亦于初五日得雨六寸，看来此次雨势宽广，直隶地方谅可普沾，麦收有望，朕心深为欣慰。【略】癸酉，【略】谕军机大臣等，据长麟奏，正月初二三及十三四等日（浙江）密雨连绵，入土深透等语。【略】寻书麟奏：江南通省地方，自正月中旬至二月望前均渥被春膏，麦豆长发，粮价亦平。得旨：奏迟了。

《高宗实录》卷一四二二

二月己卯，谕军机大臣等，上年秋间，顺天府所属蓟州、三河等处间有被蝗之处，经朕严降谕旨，分派大臣实力搜查，即时捕灭。并经严切示谕，令该督等严饬所属，每年于二三月内实力察看，据实禀报，该督等具奏一次。蝗蝻残蚀禾稼，最为民害，惟在及早认真搜捕，方不致蔓延贻患。现当春气融和，膏泽应候，麦苗正资长发之时。昨秋既有间被飞蝗之事，不能保其不稍留余孽，凡遇沮洳卑湿之区，尤应加倍留意。断不可因上年冬雪深透，以为遗蝗入地必深，稍存大意也。著传谕该督，务遵前旨，督饬所属实力搜查，不得心存玩忽。总当劝百姓深耕为是，其乏籽种者，即借给。除就近谕知蒋赐棨等外，将此传谕梁肯堂知之。【略】辛巳，军机大臣等议覆，浙江巡抚觉罗长麟奏，遵旨查明五十一年因灾借给仁和等州县并嘉湖二卫贫民籽种口粮银，除节年征还并续豁二成外，尚未完银二十六万四千三百两有奇。查系贫民实欠，请如前抚福崧原奏，分别官赔，应如所请。【略】乙酉，谕军机大臣，曰：梁肯堂奏到直隶各州县雨雪清单，朕详加披阅，内河间、顺德等属得雨仅止一寸，即顺天、永平、宣化等属亦不过二三寸，得雨未能沾足。【略】顺德、广平、大名三府，每年常致缺雨，尤不可稍存大意。

《高宗实录》卷一四二三

三月【略】癸卯，谕：本年直隶省大名等八府轮免钱粮，又保定、文安等七十八州县因上年被旱歉收，节经降旨，将应征地丁钱粮分别缓征。

《高宗实录》卷一四二四

三月【略】庚戌，【略】谕军机大臣，曰：吉庆奏，遵旨饬属，晓谕乡民搜挖蝻子。据各属禀报，并无搜获，惟据胶州乡民陆续呈缴蝻子共二十斤等语。所奏不免自露罅隙，上年东省各属并未据该抚奏报蝗患，何以今年挖有蝻子。若非地方官上年匿不禀报，则此项蝻子从何而来。兹既据胶州乡民搜挖呈缴，该抚仍宜饬令实力搜挖净尽，毋许虚词塞责。至顺天所属蓟州、三河等处，昨秋有间被飞蝗之事，【略】不可因上年冬雪深透，稍存大意。如查办不力，今岁夏秋复有虫孽，则惟该督及府尹等是问，决不宽贷。

《高宗实录》卷一四二五

四月【略】庚寅，【略】又谕：【略】本月连得透雨，极为优足，昨又微觉过多。今早方得放晴。向来北方四月内干旱祈雨之时甚多，兹转因雨足祈晴，亦为罕有之事。

《高宗实录》卷一四二七

五月【略】乙卯，谕军机大臣等，热河连日雨水稍多，京师相距不远，近日雨泽情形是否相同，虽口内节令较早，二麦业已收获齐全，但阴雨过多，于大田有无妨碍，朕心深为廑念。【略】丙辰，【略】谕军机大臣，曰：浦霖奏【略】闽省自近年以来，连岁丰收，而本年又复雨水调匀，早禾已经扬花吐穗，丰登可以预期。其三月分米价稍增之故，不过市侩垄断伎俩。　　《高宗实录》卷一四二九

七月【略】乙未，【略】谕军机大臣，曰：书麟等奏黄河水势盛涨，各工抢护平稳一折。【略】本年春夏，江南一带雨水稍多，而豫省沁、黄二河亦同时并涨，水势自必旺盛。【略】辛丑，【略】谕军机大臣等，本日秦承恩奏，陕西咸宁、长安等处雨水未能沾足，现在设坛祈祷等语。前据该抚于六月三十日，由驿奏报陕西通省于六月二十三四等日得雨深透及三四寸不等，本日所奏之折，系六月二十三日差人赍送，转到在后，是以尚称得雨未能沾足。【略】乙巳，谕军机大臣，曰：李奉翰等奏，六月内大雨连绵，沁、丹二水并涨，水势高于民堰，以致河内县南岸冯庄地方民堰漫溢五十八丈，李奉翰等即驰赴该处，会同勘办，已经堵筑等语。　　《高宗实录》卷一四三二

七月丁未，【略】豁除江苏丹徒县坍江田地六十三顷三十五亩有奇，安徽潜山县沙压田地一千三百亩有奇额赋。【略】己酉，谕曰：【略】本年东省雨泽调匀，秋成丰稔，小民自必踊跃输将，第念上年歉收之后，民鲜盖藏，若将各年新旧钱粮漕米同时并征，未免稍形拮据。所有上年被旱之德州、德州卫、平原、恩县、武城、夏津、邱县、临清、高唐、馆陶、历城、齐河、禹城、陵县、临邑、德平、聊城、茌平、博平、清平、莘县、濮州、范县、观城、海丰、乐陵、沾化等二十七处，并与歉地毗连之堂邑、冠县、菏泽、朝城、惠民、阳信、商河、滨州、利津、章丘、齐东、济阳、长清、东阿、阳谷、寿张等十六州县及坐落卫场，【略】应征旧欠钱粮仓谷、籽种口粮、麦本河银等项，著加恩分作【略】两年带征。再，平度、乐安、寿光、昌邑、潍县五处，本年春间低洼地亩间有被淹，其旧欠银谷、民佃灶课及本年借给口粮银米，亦著缓至五十九年麦收后启征。【略】又谕：热河自七月初八日得雨以后，旬余未经续沛浓膏，连日暑气郁蒸，京城想必更甚，虽现在庄稼将次刈获，直隶、山东各省已俱奏报丰收，即雨泽稍缺，于农田固无妨碍，但目下业过处暑，出伏而烦歊未退，恐民间不免有蕴蒸致疾之处，朕心望泽孔殷。【略】谕军机大臣等，此间自入秋以来，天气暑热较夏令更盛，而初八日得雨以后，旬余未经续获浓膏，想京师人烟凑集，自必更热，小民等或因溽暑蕴蒸，间有疫病，亦未可定，朕心深为廑念。【略】至京师，前经顺天府奏报，于十三日得雨后，日来曾否续得甘霖，亦著一并覆奏。【略】辛亥，【略】谕军机大臣，曰：秦承恩覆奏，陕西通省于六月下旬暨七月初一日，连得透雨，渠井充盈，实于秋禾大有裨益等语。【略】丙辰，谕：据穆和蔺覆奏，查明河内、武陟二县被水情形，【略】该二县被水之处地止一隅，高处田亩全无妨碍，即低洼之处，高粱尚可有收，惟秋禾杂粮等项，间有伤损，请量为抚恤等语。【略】丁巳，谕军机大臣，曰：陈淮奏，南康府属之安义县、南昌府属之靖安县于七月初一二日，因遇大雨，山水陡发，灌入县城，仓廒被水浸湿，城垣均有塌卸，当即亲往该二县查勘。【略】又据奏，滨江沿湖之南昌、新建等十县，亦因上游水发，洼地间被漫淹，现饬司道查勘等语。【略】寻奏：【略】南昌、新建等十县及续报之建昌、瑞昌二县，房屋人口并无损伤，不致成灾，但水消迟缓，节逾白露，补种不及，民力未免拮据。　　《高宗实录》卷一四三三

八月【略】己巳，【略】谕军机大臣等，前据勒保奏，甘肃约收分数通省牵算八分有余，内惟兰州、平凉、巩昌等府所属之十二厅州县得雨未能沾足，秋禾不免受伤。嗣又据该督奏，兰州、巩昌、平凉等府于七月内续得透雨，其皋兰等十二厅州县受旱于前，除安定、会宁夏收均有九分外，其余各属夏收俱止六七分，秋收复形歉薄。【略】甲戌，谕曰：长麟奏，本年浙省杭州、绍兴等各府，早禾收成总计实有九分，现在晚禾亦长发青葱，秋收可望丰稔。惟湖州府属之乌程、归安等五县，因五月间雨水较多，湖河铺泛，禾苗不免受伤等语。【略】谕军机大臣，曰：长麟奏，浙江省本年完欠钱粮实数一折，阅其所开单内，五十七年分未完地丁银至五十四万一百余两，未完漕白等银至十一万七千余两；五十六年分亦尚未完地丁银十九万三千余两，未完漕白等银二万九千余两。又，五十五年未完

漕白等银三千余两。而五十七年应征南粮等米，亦尚未完四万五千余石。【略】今浙省连年收成俱属丰稔，小民自应输将恐后，【略】江浙等省为财赋之区，乃似此任意积欠，正赋宕悬，日复一日。

《高宗实录》卷一四三四

八月【略】庚寅，谕曰：长麟奏，浙江海塘于七月初三、十八两次大汛，遇急风骤雨，致东西两塘柴埽各工间有泼损塌卸，业已抢镶堵御稳固等语。本年江浙一带雨水较多，潮汛挟山水而行，势甚汹涌。【略】是月，江西巡抚陈淮奏：南昌府属丰城县滨江两岸，向建石堤捍卫，本年七月初旬连次大雨，风浪冲击，致东岸二黄庙、官湖垱两段石堤坍塌五十四丈五尺，又周公垱、横港口、角公嘴、龙王庙四处石堤俱有损裂，亟须修复。

《高宗实录》卷一四三五

九月【略】乙未，【略】谕军机大臣，曰：朱珪奏秋收分数一折，虽据称统计通省收成约有八分，但阅所开单内，繁昌一县约收止五分有余，铜陵、无为二州县约收止五分。

《高宗实录》卷一四三六

九月丙午，谕曰：朱珪奏，安庆、池州等府属滨江临湖地方，因夏间雨水稍多，江淮盛涨，间有漫溢沙壅之处，收成歉薄等语。本年安徽省各属秋成约计八分，尚属丰稔。【略】所有被水稍重之无为州，著赏借两月口粮，铜陵、繁昌二县著赏借一月口粮。【略】至怀宁、桐城等二十八州县卫，被水后虽已涸复补种，秋收究属歉薄，除贵池、铜陵、东流、无为、庐江等五州县本年地丁新粮现值轮蠲外，【略】怀宁、桐城、潜山、望江、芜湖、繁昌、寿州、宿州、凤阳、怀远、定远、灵璧、凤台、泗州、盱眙、天长、五河、和州等十八州县，并安庆、建阳、凤阳、长淮、河州等五卫村庄低洼田亩，应征本年新赋【略】均著缓至来年秋成后分别递展启征。【略】甲寅，谕：河南省节年平粜仓谷缺额，本年大河南北麦禾均属稔收，若不及时买补，既虑谷贱伤农，且仓廪何由充实，自应照数买补归仓，以足额贮。【略】缓征江西南昌、新建、进贤、鄱阳、余干、都昌、德化等七县五十七年水灾民粮银七千八百一十五两有奇，南昌、九江二卫屯粮银七十八两有奇，德化、湖口二县芦课银五百四两有奇。【略】丁巳，【略】谕曰：奇丰额奏，江苏省自夏秋以来，雨水充盈，高阜田亩实属有收，惟低洼处所间有地势太卑，积水不能补种之处，收成未免稍歉等语。江苏地方连岁丰收，粮价平减，惟本年夏秋之间雨水稍多，低洼处所间有被淹，【略】所有海州、沭阳、清河、安东、桃源、宿迁、山阳、阜宁、盐城、高淳、高邮、宝应、东台、兴化、砀山、萧县、长洲、元和、常熟、昭文、昆山、新阳、娄县、青浦、阳湖、无锡、江阴、太仓、镇洋等二十九州县，并坐落各属之淮安、大河、徐州、苏州、太仓、镇海等六卫地方被水田亩，本年应征带征漕米钱粮，著加恩缓至来秋分作二年带征。　　《高宗实录》卷一四三七

十月【略】癸亥，【略】谕：据明亮等奏，黑龙江所属各处，耕种米谷均属丰收。【略】谕军机大臣等：据蔡攀龙奏报秋禾分数折内，称自山东回任，经由胶州、高密、诸城、日照等州县，秋禾丰稔。现缺雨泽等语。山东今岁雨泽调匀，收成尚属丰稔，但现届二麦播种之后，土脉正宜滋润，胶州等州县既缺雨泽，江兰自应督率该地方官虔诚祈祷。【略】寻奏：胶州、高密、诸城、日照等州县次第得雨二三寸不等，麦现播种五六分，其棉花、晚豆地亩收割较迟，尚需雨泽续沛，方可全种，现在虔诚祈祷。【略】乙巳，谕曰：吉庆奏，杭州府属之仁和县地方，于八月初旬阴雨连绵，山水陡发，田亩晚禾间段受伤等语。本年杭州府属田禾多已收获，惟仁和县地方因秋雨稍多，田亩间被山水冲损，晚禾未免受伤。【略】癸酉，谕军机大臣等，本年豫省河内、武陟二县因沁河骤涨，秋禾猝被水淹；浙江湖州府属乌程、归安等县及杭州府属之仁和县，因夏秋雨水较多，低洼地亩间被淹浸；江苏海州、沭阳等州县，及安徽无为、铜陵、繁昌等州县，亦因夏雨水稍多，江淮盛涨，低田积水，未能全消；江西南昌、新建、丰城、德安等各县滨江沿河洼地被水，收成究未免歉薄。业经降旨，赏给口粮，酌借籽种。

《高宗实录》卷一四三八

十一月【略】戊午，【略】谕军机大臣等，福宁奏东省得雪一折，览奏略慰。但前据江兰奏，省城

及各属得雪不过二三寸。今福宁所奏情形，似济南迤东各府属雪泽较优，其余各府俱尚未能沾足。现在直隶一带亦未普沾优泽。朕心方深廑切。而福宁于东省甫经得雪，遽称瑞雪普沾，农民欢庆，不免过为夸言。【略】是月，【略】暂护河东河道总督山东布政使江兰奏：时届凌汛，已饬道厅于迎溜各埽，密挂柳桩搪护，凡逢湾聚凌处，多备兵夫敲打，不使壅积。得旨：以实为之。

《高宗实录》卷一四四一

十二月庚申朔，【略】谕军机大臣等，京师自入冬以来，未得雪泽，正深盼望，兹于二十九日得雪二寸有余。【略】昨据穆和蔺奏，河南省城已得雪五寸余，河北之林县、内黄，及近省之通许、中牟等县，亦先后得雪。今京城于二十九日亦得沾被，看来雪势甚广。【略】乙丑，【略】谕军机大臣等，昨据兰第锡、李奉翰奏，自浙北旋行至高邮地方，据桃源、宿迁、邳州禀报，于十一月二十六日得雪三寸至五寸等语。览奏欣慰。

《高宗实录》卷一四四二

## 1794 年 甲寅 清高宗乾隆五十九年

正月【略】庚寅，【略】谕：上年雨旸时若，各省年谷顺成，新正应行加恩地方甚少。【略】壬寅，【略】又谕：据保宁奏，领队大臣那彦往查哈萨克边界情形。缘比年雪大严寒，风沙日甚，且遇灾疫，牲畜多致损伤。威逊鄂拓克、奈曼鄂拓克之哈萨克等互相抢夺，哈萨克等声言欲赴伊犁居住等语。

《高宗实录》卷一四四四

正月，【略】是月，【略】江南河道总督兰第锡奏：黄河冰泮，运口守冻漕船，可以遄度。

《高宗实录》卷一四四五

二月【略】庚申，【略】京师自上年冬初得雪，迄今未沛祥霙，朕盼泽焦劳。【略】丁卯，【略】谕军机大臣，曰：福宁奏【略】山东武定所属目下既盼甘膏，直隶大名、河间、天津一带均与武定毗连，自必同殷望泽。虽前据梁肯堂奏，河间、大名二府属于正月初一日得雪一二寸不等。天津府属亦据征瑞奏，于正月二十一日得雪三寸。但究恐未能透沾。目下东作方兴，正需雨泽接济。

《高宗实录》卷一四四六

二月甲戌，上诣玉泉山龙神庙祈雨。【略】戊寅，【略】缓征两淮庙湾、板浦、中正、临兴等四场乾隆五十八年分水灾灶课。己卯，谕军机大臣，曰：福宁奏，接据曹州府属菏泽等州县具报，于二月初九日得雨一二寸，其武定府属之蒲台各县，及与武定毗连济南、东昌一带，现觉望雨等语。【略】昨据梁肯堂奏，保定省城得雨四寸。阅该督折内，该处得雨日期与京城相同，京城是日止得雨二寸有余。本日复据顺天府奏，良乡、涿州一带得雨分寸亦止一二寸不等。【略】看来十八日之雨，东南一带自未遍及。【略】上年直、东收成丰稔，但目下东作方兴，二麦尤需滋润，若得雨稍迟，究恐不无妨碍。【略】庚辰，【略】谕军机大臣等，本日朱珪奏，正月中、下二旬雨雪情形一折，据称安庆、徽州等十三府州属，于正月十二四五及二十五六七等日，得雨一二寸，得雪一二三至六七寸等语。其折系二月初九日拜发。【略】又，书麟前次奏报江宁省城雨雪情形，亦止称正月初二日起，至初四日止，雨雪交作，除融化外，积有三寸。而此后有无雨泽，亦未据奏到。又，奇丰额于本月初二日奏到，江宁、苏州等府属得获雨雪，日期亦系正月初一、初五、初十等日，此后未据续奏。看来上下江各属二月以来尚未得雨，江南向来春雨最多，数日不雨，即以暵干为虑，今日久不雨，恐民间望泽甚殷。【略】壬午，上诣广润寺祈雨。谕军机大臣等，本日据梁肯堂奏，顺天、保定、永平、正定、宣化等府先后具报，同于二月十八日得雨一二三四寸不等，惟河间、天津、大名、广平等属未据报到，似东南一带尚未遍及等语。同日，又据兰第锡奏，淮安一带地方于二月初八、九、十、十一等日得雨寸许，及二三寸不等。而董椿亦具奏，扬州地方于二月初九、初十等日得雨五寸。又，江兰奏，山东省城于

二月十八日得雨二寸有余各等语。以该省所奏情形而论，看来直隶缺雨之处，系天津、河间及大名、广平等府，该处与东省壤地毗连，今既尚未普得雨泽，则东省之武定、德州一带自必尚在望泽。【略】癸未，【略】又谕曰：吉庆奏报(浙江)通省晴雨春花情形一折。据称各属于正月间各得雨雪五六寸不等，二麦油菜蚕豆等项一律长发畅茂等语。览奏欣慰，但闻浙省上年因春间雨水转多，蚕桑不免有损，以致丝斤缺少，价值昂贵。【略】是月，江南河道总督兰第锡奏，据清河、山阳、桃源、高邮各州县报称，于二月初八、九、十、十一等日，每日得雨寸许及二三寸不等，不特二麦春蔬长发茂盛，而春泉旺发，湖水渐增，于漕运尤有裨益。【略】山西巡抚蒋兆奎奏，据太原府属及平阳、汾州、潞安、泽州、蒲州、大同、朔平、宁武等府属州县，及各直隶州属各州县陆续报到，于二月初八九十等日各得雨雪二三寸至五六寸及深透不等。正值需泽之时，宿麦倍加畅发。即播种秋禾亦有裨益。得旨：寸雨即系天心，京畿正在望泽，不知所云。　　　《高宗实录》卷一四四七

三月戊子朔，【略】谕军机大臣等，本日据秦承恩奏，西安省城于二月初八、初十及十七、十八等日得雨六寸。又，延安、凤翔、汉中、榆林等府属，于二月初二三、初八九及十一二等日得雨五六寸等语。陕省二月以来，省城及各属连获甘膏，俱至五六寸，甚为深透。【略】前据蒋兆奎于二月十八日奏到，亦只称该省平定州等处于正月二十九日得雪一二寸，省城于二月初十日得雨寸许。又，太原府属及平阳、汾州等府，辽州、沁州等所属各县于二月初八九等日各得雨雪自二三寸至五六寸及深透不等。【略】寻奏：太原省城于二月十六及十八日两次得雨五寸。嗣据太原府属及平阳、潞安、汾州、大同、朔平、宁武、泽州等府，暨辽州、沁州、平定州、忻州、代州、解州、霍州，并所属各县，陆续报到于二月十六七八等日各得雨雪，自二三寸至五六寸及深透不等。报闻。【略】丙申，【略】又谕：据宜兴等奏报二月盛京得雨一折，折内所奏仅得雨一寸。　　　《高宗实录》卷一四四八

三月【略】癸丑，【略】又谕：京城旬余以来，未据奏报得雨，朕跸路所经，惟十七晚间在赵北口得雨二寸，十八日复在泰堡庄得雨寸许，前后共计三寸。而每日俱有大风，土脉尚不能滋润。天津地方虽亦于十七八两日陆续得雨一二寸，连日以来风势较大，仍形干燥。看来京城及近畿一带俱未免情殷望泽。【略】是月，【略】陕甘总督勒保奏：据兰州、巩昌、平凉、庆阳、甘州、凉州、宁夏、西宁等府属，暨秦州、階州、泾州等直隶州所属禀报，于三月初三四五等日，各得雨自四五寸至深透不等。嗣又据各属具报，于初十、十一、十二等日复连得透雨，现在豆麦长发，民情宁谧。得旨：欣慰览之。

《高宗实录》卷一四四九

四月【略】辛酉，谕军机大臣，曰：梁肯堂奏，初三日行抵新城，途次遇有密雨，计入土一寸。并据涿州、良乡、房山、景州各禀报于初二三日得雨一二寸不等一折，京畿及南苑于初三日得雨三寸有余。本日据庆成奏，怀柔、密云、昌平、顺义各州县亦于初三日得雨三四五寸不等。是迤北之雨旬余以内，已足以资渥润；而迤南之泽，仅有一二寸，尚欠优沾，不免仍殷盼望。昨日午后浓阴密布，云气宽广。此间飘洒数点，不成分寸。【略】再，前据福宁奏，泰安、兖州、沂州、曹州各府及济宁州所属，于三月二十二日得雨优渥，惟武定、东昌、德州、临清一带尚在望泽等语。【略】乙丑，谕军机大臣，曰：梁肯堂覆奏，【略】保定、宣化、河间、天津、正定等府属俱于四月初二三四五等日，得雨一二寸至三四寸不等等语。【略】京师于初三初五等日两次得雨后，本日复得雨二寸，现在雨势未已，且风气广远。【略】戊辰，【略】谕军机大臣，曰：【略】本年春间雨泽短少，现在京城四月初旬三次得雨，前后约计六寸有余，尚足以资接济。其京南一带，虽据梁肯堂节次奏到，涿州、良乡及保定、正定等处于初四五六等日，连得雨泽一二寸不等。本日又据奏，保定省城得雨二寸，良乡亦得雨二寸，但究未沾沛。【略】庚午，谕军机大臣，曰：福宁奏东省雨泽情形一折，朕详加披阅，济南、青州府属仅于初二日得雨一寸，并未优沾。而东昌、临清所属及武城地方止得雨一阵，更属不成分寸。

【略】本日又据江兰奏，济南省城于初八初九等日得雨一二寸，可冀甘霖迭沛，二麦藉以薄收等语。

《高宗实录》卷一四五〇

四月癸酉，【略】谕军机大臣，曰：福宁奏，历城县禀报省城于初九日得雨二寸。又，章丘、临邑、陵县、惠民、商河等县各报得雨一二寸等语。【略】又据穆和蔺奏，开封省城及许州、襄城于四月初三四日得雨一寸等语。该省大河以南各州县春膏迭被，尚为优渥，今又得此寸许之事，自更足以资接济。至河北之彰德、怀庆各府属，阅所开单内，三月内皆止得雨二寸，而初三四之雨，又未据奏报同沾。即直隶保定、正定等处，虽据梁肯堂奏于初四五六等日连得雨泽，保定又于初九日得雨二寸。但去冬今春雨雪稀少，兹虽得雨一二寸，究欠沾足。看来京城迤北之雨尚为沾润，而迤南各属仍不免望泽孔殷。【略】甲戌，谕：前因直隶去冬今春雨雪稀少，【略】除滨临河淀等处地亩，麦收尚属可望，其高阜处所难忘有收，【略】著加恩将保定府属之清苑、满城、安肃、定兴、新城、唐县、博野、望都、容城、完县、蠡县、雄县、祁州、束鹿、安州、高阳、新安，顺天府属之涿州、房山、固安、永清、东安、文安、大城、保定、肃州、通州、武清、蓟州、香河、宁河、宝坻、昌平、顺义，河间府属之河间、献县、阜城、肃宁、任丘、交河、宁津、景州、吴桥、故城、东光，正定府属之正定、获鹿、井陉、阜平、栾城、行唐、灵寿、平山、元城、赞皇、晋州、无极、藁城、新乐，顺德府属之邢台、沙河、南和、平乡、广宗、唐山、巨鹿、内丘、任县，广平府属之永年、曲周、肥乡、鸡泽、广平、邯郸、成安、威县、清河、磁州，大名府属之元城、大名、南乐、清丰、东明、开州、长垣，易州并所属之涞水、广昌，定州并所属之曲阳、深泽，深州并所属之武强、饶阳、安平，赵州并所属之柏乡、隆平、高邑、临城、宁晋，冀州并所属之南宫、新河、枣强、武邑、衡水等一百七州县，应征本年节年仓谷钱粮均著缓至本年秋成后再行征收。【略】丁丑，上诣黑龙潭祈雨。【略】庚辰，上诣觉生寺祈雨。【略】谕军机大臣，曰：梁肯堂奏，保定一带仍未得雨，现在敬率司道虔诚步祷等语。【略】再，据苏宁阿奏，沧州、景州一带于四月初五六等日及十二三四日连次得雨，惟高阜之地尚在望泽，日内如沾渥泽，大田播种尚不为迟。【略】壬午，谕：京师去冬今春雨雪稀少，入夏以来，虽屡经得雨，究未沾足，现当大田播种之时，农民望泽孔殷，朕心盼雨倍切。【略】又谕：据福宁奏，济南、武定等府各属雨泽稀少，麦苗未能长发，粮价渐增，民力稍形拮据等语。【略】所有济南府属之历城、章丘、长山、邹平、新城、长清、齐河、齐东、济阳、禹城、临邑、陵县、德州、德平、平原、淄川，武定府属之惠民、青城、阳信、海丰、乐陵、商河、沾化、蒲台、滨州、利津，东昌府属之聊城、堂邑、博平、茌平、清平、莘县、冠县、馆陶、恩县、高唐，临清州并所属之夏津、武城、邱县，兖州府属之寿张、阳谷，曹州府属之范县、观城、朝城，青州府属之博兴、乐安、高苑、临淄，泰安府属之东阿、平阴等五十一州县并坐落卫所，应征新旧各项银粮，俱著加恩缓至本年秋收后再行启征。【略】甲申，【略】谕军机大臣，曰：【略】又据征瑞奏，天津地方四月初五、初九两日得雨三四寸不等，二十六日又得雨二寸有余等语。【略】乙酉，据穆和蔺奏，彰德、卫辉、怀庆三府属安阳等二十二州县，高阜地方麦苗难望有收，牵算收成不过三四五分等语。【略】著加恩将彰德府属之安阳、汤阴、临漳、林县、武安、涉县、内黄，卫辉府属之汲县、新野、辉县、获嘉、淇县、延津、滑县、浚县、封丘、考城，怀庆府属之河内、修武、武陟、原武、阳武等二十二县应征新旧钱粮，缓至本年秋熟后征收。【略】又谕曰：穆和蔺奏，通省二麦约收分数，其大河以南雨泽涵濡，合计麦收共有八分，较为丰稔，民食自当充裕。【略】上命皇八子永旋诣天神坛【略】祈雨。【略】丙戌，谕军机大臣，曰：蒋兆奎奏报省城得雨一折，阅所奏情形，省北之大同等属，省南之汾州等属均于春间雨雪连绵，土脉滋润，二麦可冀有收。至太原、平阳、蒲州等处得雨未经透足，兹省城于二十五日得雨，亦仅止三寸，未至深透。

《高宗实录》卷一四五一

五月【略】戊子，谕曰：秦承恩奏，同州府属之蒲城、大荔、朝邑，西安府属之临潼、渭南等五县因四月初间阴雨稍多，二麦间生蜮虫，收成不无减薄等语。蒲城等五县二麦正在升浆之际，因雨后积

阴，间被虫伤，以致收成歉薄，殊为可惜。【略】谕军机大臣，曰：穆和蔺奏，河北各属秋禾因缺雨未种，望泽甚殷，连朝云气往来，似有雨意等语。【略】又据福宁奏，山东武城、夏津地方于四月二十六日得雨寸许，东昌、临清等处正在望泽。【略】又据征瑞奏，天津地方麦收约有五六分，大田业经赶种，惟雨后多风，易形干燥，如芒种前后续得透雨，大田可期长发等语。【略】己丑，【略】谕军机大臣，曰：梁肯堂奏二麦收成分数一折，内称计十一府六州通共约收四分有余，【略】此内尚有宣化、承德等府所收六七分不等，通匀牵算始有四分，则其余缺雨处麦收歉薄已可概见。虽上年直隶通省秋收丰稔，现复降旨缓征平粜。【略】庚寅，【略】谕军机大臣等，据阮元奏，于二十六日自武定回省，在济南府属途次，遇雨约有四寸，阴云较远，农民趁雨耕种等语。【略】癸巳，【略】谕军机大臣，曰：福宁奏报查明雨水一折，阅所奏情形，省城及兖州、沂州等属，东南一带得雨较为沾足，而省城迤北各州县尚未全被甘霖。【略】丙申，谕军机大臣，曰：福宁奏二麦约收分数一折，据奏沂州、莱州等府约收六七八九分不等，其济南、东昌等府惟低洼近水处所约收二分有余。是该省迤南、迤东各属麦收较稔，民食尚当充裕。而迤西一带被旱歉收，急需通融协济。【略】丁酉，谕军机大臣，曰：郑制锦奏保定省城于初十日得雨三寸等语。京师初十之雨，据顺天府奏报四寸，计入土不过三寸有余。【略】又谕：京城于初十日得雨三寸余，是日东南云气更为浓厚，看来河间、天津一带可冀优沾。【略】此次京城之雨，虽不及四寸，实有三寸有余，尚非深透，但初九夜间大风，风气几为吹散，不意初十日获此甘膏，气候既通，大田亦得藉资接济。【略】戊戌，上诣玉泉山龙神庙谢雨。谕军机大臣，曰：刘秉恬等奏通州地方得雨一折。内称五月初十日巳刻得雨，至酉刻方止，此次雨势比前数次较大等语。【略】辛丑，谕军机大臣，曰：梁肯堂覆奏得雨情形一折，据称此次得雨虽未能一律透足，而保定迤南沾被较优，刨土查验，实有三四寸等语。　《高宗实录》卷一四五二

五月壬寅，【略】又谕曰：穆和蔺奏，河北彰德、卫辉、怀庆三府属于五月初十、十一等日得雨二寸至四五寸及深透等语。览奏欣慰。本日京师卯刻至辰刻得有雷雨一阵，约及三寸，云势东南一带尤为浓厚。【略】甲辰，【略】又谕户工二部，【略】上年山东、河南与江苏年岁均属丰稔，豆价相等，商贩未能多获余利，豆货船只过(淮安)关稀少。【略】乙巳，谕军机大臣等，本日巡视南漕御史范三纲回京复命，据奏兖州以南雨水沾足，惟山东之东昌、济南，直隶之河间等处土脉尚觉干燥，途次不过雨点飘洒等语。现在缺雨总在河间至东昌一带。【略】又谕曰：李奉翰等奏，卫河于十三日戌时涨水六寸等语。卫河上游系在豫省河北一带，河水增长六寸，自由彰德、卫辉各府属渥被甘霖，看此光景，河北尚可不致成灾。【略】又谕曰：勒保奏甘肃钱粮完欠数目一折。【略】上年甘肃通省收成尚称丰稔，何以五十八年仍有未完银三万四千两零。【略】丙午，谕军机大臣等，本年盛京一带雨水调匀，夏收丰稔，豆麦一切价值自必平减。【略】己酉，【略】谕军机大臣等，据梁肯堂奏，保定、河间等府属得雨一折，又福宁奏兖州、东昌等府属得雨一折，俱称喜得甘雨，及转歉为丰等语。【略】辛亥，【略】谕：朕此次巡幸木兰，驻跸热河，所有经过沿途地方，古北口以外雨泽早沾，收成可期丰稔。【略】又谕：据福宁奏山东各府属得雨情形一折，其兖、沂、曹等府于本月十二三日，各得雨自三寸至四五寸及深透不等，至武城地方及高唐、德州等处，得雨不过二三寸，未为深透，尚属望泽甚殷。【略】看来直隶被旱成灾之处约有十之七八，而东省被旱处所则不过十之三四。【略】壬子，谕军机大臣等，本日经过怀柔县地方，见丰山口内外一带道旁田地颇有积水，禾苗亦属滋长。因令扈从大臣询之，在交界处所跪道之昌平州知州，顺义、怀柔两县知县，会称二十四日下晚此一带得雨二寸。【略】复令询之丰山口村民，据称二十四日傍晚，所得之雨实有五寸，已接前润，可为深透等语。【略】再，本日据丰绅殷德奏，蔺沟行宫一带于昨日未、申间得雨四寸，势甚酣透，云气皆往南行。【略】癸丑，谕军机大臣等，本日寅刻自密云启跸时，即获澍雨，经过石匣一带，途次雨颇绵密。现仍浓阴未散。【略】乙卯，【略】谕军机大臣等，据留京王大臣奏，二十五日京城得有澍雨后，二十

六日卯刻又得雷雨一阵等语。二十六日京城得雨不及一寸，自未为沾沛。昨二十八日驻跸两间房，亥刻雷电交作，复获甘膏大沛，甚为优渥，且云气浓厚，雨势必广。【略】本日又据福宁奏，武城、临清、聊城、平原等处，于二十五六日得雨三四五寸不等。尽可翻犁播种，已种者可资长发，未种者即可赶种晚谷杂粮。　　《高宗实录》卷一四五三

六月丙辰朔，谕：前因直隶保定等府属麦收仅止四分以下，降旨赏借贫民口粮。【略】兹据福宁奏称，济南、东昌、武定、临清等府州县暨毗连各属麦收仅二分有余，现在大田均未播种，即间有偏得雨泽，已经播种，亦尚待雨滋长，民力不无拮据等语。著加恩将历城、章丘、长山、邹平、新城、长清、齐河、齐东、济阳、禹城、临邑、陵县、德平、德州、平原、淄川、惠民、青城、阳信、海丰、乐陵、商河、沾化、蒲台、滨州、利津、聊城、堂邑、博平、茌平、清平、莘县、冠县、馆陶、恩县、高唐、临清、夏津、武城、邱县、寿张、阳谷、范县、观城、朝城、博兴、乐安、高苑、临淄、东阿、平阴等五十一州县暨坐落卫所之鳏寡孤独老幼残疾贫民赏给六月分一月口粮，其余乏食贫民酌借一月口粮。【略】豁除山东临清州被水冲压地一百十五顷九十亩有奇额赋。【略】戊午，【略】又谕：据留京王大臣及顺天府奏，本月初二日子时，大雨倾注，甚为滂沛，入土已有五寸，至寅刻势尚未止。同日，又据李奉翰奏，临清一带前虽得雨数次，不成分寸，今于五月二十五日申时至亥时止，得有雷雨，入土三寸；附近之夏津、武城等县，同日得雨三四五寸各等语。【略】已未，谕军机大臣，曰：梁肯堂奏，顺天、保定、河间、天津等府于二十五六等日得雨二寸至五六寸深透不等，顺德、广平、大名三府亦于二十五六日得雨一二三寸，倘续经得雨，尚不碍秋成。【略】癸亥，谕军机大臣等，【略】东省迤东、迤南各属本年雨水调匀，秋成可望丰稔，即缺雨之东昌、武定、济宁各属现亦陆续得有雨泽，大田自可一律播种齐全，不致成灾。【略】又，据梁肯堂奏，直省天津、河间二府得雨已为深透，顺天府所属亦称优渥，其余各府州属得雨四五寸者居多，惟顺德等府稍欠优沾。兹于五月二十八日大名府属又得雨四寸，连前已有七寸。顺德、广平二府属亦于二十八九等日得雨一二三四寸等语。览奏甚慰。【略】乙丑，谕军机大臣，曰：梁肯堂奏，直隶保定、河间、天津各属连次得雨，普遍透足，顺德、广平、大名三府属虽雨泽稍逊，而旬日之内连次得雨，秋禾亦可乘时滋长。　　《高宗实录》卷一四五四

六月辛未，【略】又谕曰：梁肯堂奏，大名、广平、顺德各府属于本月初十、十一两日各得雨四五寸至七八寸不等，极为深透，已种田禾长发畅茂，未种者悉已布种齐全，可以转歉为丰。【略】乙亥，【略】又谕曰：福宁奏报通省得雨情形，据称兖、沂等属田禾逾加芃茂，济、东、武、临等属晚禾滋长，可期转歉为丰等语。览奏欣慰。但阅所开得雨清单，各该州县得雨四五寸及深透者固多，惟曹州府属朝城、观城、范县仅得雨一寸，青州府属昌乐县得雨一二寸。【略】丙子，【略】又谕：据穆和蔺覆奏，河北各属雨泽分寸一折，内称河北各县普得渥泽，其尚未种齐之汲县、滑县、封丘四县，入土深透。新乡、延津、考城、修武、原武五县入土四五六寸等语。【略】戊寅，【略】谕军机大臣，曰：莫瞻菉奏，十九日行次怀柔、密云，又值雨势绵密，入土深透。差探附近之平谷、昌平等处，雨亦相同，且云气甚浓。【略】又，现据福长安亦报称，二十二日在蓟沟地方，因河水涨发至二丈之高，不能过渡各等语。看来此次雨泽极为普渥，怀柔、昌平、顺义一带尤为十分沾足，京城附近地方自必一律同得澍雨。【略】癸未，谕军机大臣等，本日福长安奏近日雨水情形，据称，京城自十七八至二十五六等日，连日俱有大雨，势甚倾注，道路俱经水漫，京城附近地方所种庄稼，其已经长发，出土甚高者俱无妨碍，而山坡道旁补种田禾，甫经出土者，间被水淹沙压等语。【略】此时水势自已消涸，但农谚有“初伏萝卜二伏菜，三伏种荞麦”之语，是蔬菜荞麦等项，目下犹可赶种。【略】是月，盛京将军宗室琳宁等奏：盛京年谷丰收。　　《高宗实录》卷一四五五

七月【略】丁亥，谕：据毕沅、姜晟等奏，湖南永州府属之零陵、祁阳二县猝被山水，城中低处水涨丈余，官民房屋多有淹浸，经姜晟驰往查勘，水势已经全消。【略】谕军机大臣，曰：梁肯堂奏，保

定、正定等府属地方，因滹沱等河水势骤涨，田禾房屋间有淹浸，现已分饬司道前往查勘。【略】又谕曰：松筠奏，卫辉被水，督同查办，拟留数日。【略】河南卫辉府向年多旱，今又因雨水稍多，卫河泛涨，以致府城各门皆有积水，附近村庄大半被淹。实堪悯恻。【略】又谕：据松筠奏，河南彰德、卫辉所属安阳、汲县一带因雨水稍多，山水陡发，卫河泛涨，于六月二十四日涨至数丈，附近居民房屋多被淹浸等语。【略】戊子，【略】又谕曰：梁肯堂奏永定河伏汛漫口，赶紧堵筑一折。已于折内批示。该处入伏以后，水势增长，更兼风雨骤激，以致漫过堤顶，塌去堤身，自属人力难施。现在北岸二工漫口幸已断流，自应赶紧补筑完竣。其南岸头工漫口较宽，【略】所有漫水经过之良乡、涿州、固安、永清等州县，如田禾庐舍或有淹浸，即应迅速查明。【略】庚寅，谕：热河自六月下旬雨后，晴霁旬日，暑气郁蒸，京城自必更甚。【略】又谕：据穆和蔺奏，丹、沁二河于六月二十三四等日水势盛涨，怀庆、卫辉各属多有被淹，【略】沁水下游入黄，今由上游北岸漫注修武、汲县一带。【略】辛卯，【略】又谕曰：尚安奏，经过固关，目击被水情形，酌量抚恤一折。固关一带水势甚大，关门城墙均被冲塌，并有淹毙人口，坍塌房屋，不可不迅速详查。【略】又谕：据吴璥奏，六月二十二三四等日大雨倾注，晋省山水陡发，沁、丹诸河同时异涨，武陟民堰漫溢过水，下注卫河修武，以至卫辉沿河一带地方多有淹浸等语。【略】壬辰，谕曰：尚安奏经过固关地方，目击被水情形，酌量抚恤一折。内称自六月十九日至二十二三等日，连值大雨，山水陡发，固关城内外水深数丈，淹毙兵民男妇二十五名口，冲去内关门一座，城楼三间，城墙三十余丈，兵民房屋一百九十余间，俱被冲塌。又固关以外平定州，及井陉县所属兵民房舍亦有被水冲塌之处。【略】癸巳，【略】谕军机大臣，曰：梁肯堂奏，大名、元城水涨漫口，井陉县被水较重一折，据称，大名、元城二县因漳卫二河上游涨长，漫口四处，村庄被淹。井陉县地方亦因山水骤至，致固关城垣被冲三十余丈，坍塌房间，淹毙人口。【略】甲午，【略】谕军机大臣等，顷据梁肯堂奏报，直省被水地方，除正定、井陉、大名、元城等州县外，又据博野、卢龙、乐亭、新乐、行唐、平山、磁州、武清、保定、深州、冀州、安平、饶阳等州县，具报同被水灾。【略】丙申，谕军机大臣等，【略】本日热河自子刻起，至卯刻又有大雨，且云气自西南而来，势颇广远。【略】又谕曰：福宁奏，卫河水势骤涨，临清、夏津、冠县地方俱有漫溢被淹处所。【略】戊戌，谕军机大臣等，直隶被水地方共有五十二州县，天津、藁城等处，已据该督派委藩司道府等分往查看，大名、元城漫口，亦责成该道王汝璧妥为经理。【略】梁肯堂现赴固关，该处被水较重，尤应确查妥办。【略】已亥，谕军机大臣等，据庆成奏，固关被水，冲去铁炮，除寻获四位外，尚少三十四件，现饬参将专派弁兵，上紧寻觅刨挖等语。【略】又谕：据福宁驰奏，抵临清筹办漫口，及抚恤情形一折。【略】该省因漳、卫二河同时并涨，临清、夏津等县地居下游，不能容纳，以致堤埝漫溢，该州县于被旱之后甫种晚禾，又因被水不能有收，【略】其被水处所，幸未淹毙人口。

《高宗实录》卷一四五六

七月辛丑，谕军机大臣，曰：征瑞奏，查明天津被水情形。【略】天津系众水汇流入海之地，今因雨水较多，各河涨发，又值秋潮正旺，潮水逆顶，内河之水不能入海，以致高下田亩村庄，多有被淹，虽幸未冲损民房，淹毙人口，但田禾被水漫浸，实为可惜。【略】癸卯，谕：据蒋兆奎奏，山西代州及所属之五台、繁峙等县，自六月二十三四至七月初七八等日大雨连绵，山水陡发，多有冲塌房屋，淹刷地亩，损伤人口，现在驰赴该处，督率履勘等语。【略】谕军机大臣，曰：书麟等奏伏汛水势工程平稳一折。据称六月二十三至二十九日，上游豫省沁、黄并涨，水势有涨无消，丰北厅属曲家庄地方于二十七日过水三十余丈，当即督率抢筑，于七月初六日攒堵断流等语。【略】甲辰，【略】谕军机大臣，曰：梁肯堂奏，查明正定被水情形一折，据称，正定地方于六月二十三四日雨势过大，夜间发水，以致东西南三门关厢同被水淹，房屋间有冲塌，并溺毙人口，幸水即归槽，城内并无伤损。【略】本日热河又复阴雨，绵密竟日。【略】乙巳，【略】谕军机大臣等，本日苏宁阿奏全漕尾帮入境折内称，故城、景州地方因卫河泛涨，临清、夏津一带西岸漫溢之水，北往直境，于七月初一至初五等日流入故城、景州境内，低洼村庄多被水淹。当即督令沿河村民，赶叠长埝，逼水北流入淀，田庐俱保护无虞等语。【略】又谕：据穆和蔺奏，初四以来，晴霁经旬，积水已消涸大半，漫堰水势微弱。【略】丙午，【略】又谕曰：福宁奏，山东省馆陶、冠县、邱县地方漳卫二河水涨，以致村庄多有被淹，现在亲赴查勘。【略】丁未，谕曰：庆成奏，河水涨发，坝工平稳一折。据称，本月十六七等日，阴雨连朝，各处水涨，逼紧大溜，一时不能畅消，【略】竭力抢护，数处险工，皆得幸保平稳等语。【略】谕军机大臣等，据留京王大臣等奏，十九日密雨沾濡，二十日业经大晴，现在天色凉爽，不至再有连阴等语。【略】庚戌，谕：据惠龄奏，【略】本月十六日行至正定府，是夜大雨倾注，滹沱河水增长，已及堤根。当即督同地方官【略】加紧抢护，水未泛溢，庐舍毫无浸损。【略】辛亥，谕曰：蒋兆奎勘明，【略】代州、五台、繁峙三处，因大雨连绵，山水陡发，多有冲塌房屋，损伤人口，已按例捐廉给予赏恤。【略】癸丑，【略】谕军机大臣等，本年直隶、山东、河南等省因雨水稍多，河流涨发，漫水所注，多有淹损地亩，坍塌民居之处。而直隶之河间、天津、正定、顺德、广平、大名，山东之临清、东昌、德州，河南之卫辉、彰德、怀庆等属春间因被旱歉收，今又被水淹浸，受灾较重。　　《高宗实录》卷一四五七

八月乙卯朔，谕曰：梁肯堂奏，勘明藁城、无极等县被水情形，【略】藁城、无极、宁晋、隆平四处被水较重，现经梁肯堂酌动仓谷，碾米赏给，并委员分勘，一体赈济。【略】丁巳，【略】谕：【略】今丰绅济伦奉养前往德州，回至行在复命，据奏，新城至河间一带，所过道路村庄，俱被涨水淹浸，一望汪洋，小民艰苦情形，概可想见。【略】又谕：据兰第锡等奏，高堰、山盱地方于七月初七等日昼夜暴风，临湖石工多有掣卸，湖水泼过堤顶，庙宇兵堡房屋亦多淋塌，幸石工后土堤坚固，未致掣通过水。所有山盱五坝护埽，虽被掀揭，该厅营委员等竭力抢护，得以保护无虞等语。【略】庚申，谕军机大臣等，前据征瑞奏，天津于七月初二、初七、十一等日，连次大雨，河水汇聚，村庄地亩多有被淹，又因海潮顶阻，未能消退等语。本日巡漕御史祝云栋前来热河复命，【略】伊称于二十一日自天津起身时，水尚未消。【略】辛酉，谕：今年雨水较多，朕廑念民依，节经降旨，询问各处积水是否消涸。【略】又谕：据景安奏，七月二十六日北仓一带河水陡涨，随率同运使嵇承志竭力抢护。【略】谕军机大臣，曰：李承翰奏，商虞上下游各厅陆续禀报，自七月二十二至二十五日节次涨水，连前存水共一丈四尺，兰阳南北两岸普律漫滩，商虞堤工被浪撞击，当经督率抢护三昼夜，各工俱保稳固等语。【略】壬戌，【略】谕军机大臣，曰：梁肯堂奏，勘明河间、任丘二县被水情形，【略】河间、任丘二县村庄多被淹浸，高地秋禾尚可薄收，其低洼田禾已属无望。大名府属之南乐县亦被淹四十余村。看此情形，直省被水地方甚重，深堪悯恻。【略】又谕曰：穆和蔺奏秋禾约收分数一折，内称通省合算约计收成共有八分，览奏欣慰。但阅其清单所开，卫辉、怀庆府属之淇县、辉县、河内约收只有三四分，至汲县、新乡、获嘉、浚县、修武、武陟仅约收二分有余。【略】癸亥，【略】谕军机大臣等，据李奉翰奏，武陟县炉里村民堰漫缺，于七月十八日堵合后，复因水势陡涨，蛰塌过水。口门现宽十四丈，有镶埽兵丁七名，随埽落水淹毙。【略】戊辰，谕：据梁肯堂奏，正定、保定、广平、顺德、大名等处积水渐消，且有全已涸出者。【略】又，河间、任丘、故城、景州、故城一带水亦渐就消退。【略】谕军机大臣，曰：【略】直隶省秋收分数，现据梁肯堂奏，被水处虽多，高阜地亩仍可有收，均匀牵算，约在六分以上，若除被水村庄，约收七分有余。而河南省亦先据穆和蔺奏到，通省秋收牵算约有八分。

《高宗实录》卷一四五八

八月庚午，【略】谕军机大臣，曰：梁肯堂奏，京东一带遵化、玉田、丰润、蓟州等处同报被水，须逐细履勘。【略】辛巳，【略】谕军机大臣，曰：奇丰额奏七月分雨水情形一折，内称淮安、扬州、海州所属之高邮、兴化、沭阳等州县逼近河湖低洼处所，零星间段微有积水。又，徐州所属之砀山、丰、沛三县因黄水漫溢，低洼之处亦间有被淹之田，业经督臣先行抚恤。　《高宗实录》卷一四五九

九月【略】己丑,【略】又谕:据惠龄奏,查勘沔阳等处被水情形,委员分路查抚一折。【略】该抚前赴汉川、沔阳、天门三州县督同查办,并委藩司汪新等分往京山、江陵等处办理抚恤,其被淹居民,俱即搭盖席棚,散结饼馍,并放给一月口粮,以资糊口等语。【略】丁酉,谕:据奇丰额奏,查勘徐州府属砀山等县因曲家庄黄水漫溢,低田被淹;又,淮安、扬州、海州各属极低田亩因雨水稍多,豆粟不无损伤,收成稍薄等语。【略】所有徐州府属之砀山、丰县、沛县、宿迁、睢宁,淮安府属之山阳、阜宁、清河、桃源、安东、盐城,扬州府属之高邮、宝应、兴化,海州暨所属之沭阳等十六州县,并坐落各县境内之淮安、大河、扬州、徐州四卫,除高阜成熟地亩仍照旧输纳外,其被水低田著该抚查明。【略】己亥,谕军机大臣等,据伍拉纳等奏漳、泉被水情形一折,内称漳州郡城于八月初十日酉刻起,至十三日午刻,大雨倾盆,加以溪河涨发,城内水深丈余,衙署、仓库、监狱及兵民房屋多有倒塌。

《高宗实录》卷一四六〇

九月庚子,【略】谕曰:江兰奏,山东漕粮内应征麦石,请暂改征米石等语。东省本年济南、武定等府州属因春节期间雨愆期,麦收歉薄,今当秋雨优沾之后,广种二麦,民间需用麦种较多,自应量为调剂。著照所请。【略】癸卯,谕:据长麟等奏高要等县被水查勘抚恤一折。内称高要县端江水势漫溢,该管道府等于甫经涨水之时,即饬居民移避高阜,并未伤损人口,并亲加履勘,先行抚恤等语。【略】乙巳,【略】又谕:据梁肯堂奏,景州积水消去十之七八,现在多方宣泄。【略】又奏称本月十三日水势忽增,复将献县道路漫及,或由初六七等日正定地方阴雨,滹沱河微涨所致等语。京师于二十日复有阴雨,京城雨不甚大,尚属无妨。【略】丙午,谕军机大臣,曰:勒保奏【略】通省秋收分数九分有余,甘省系沿边瘠薄之区,秋收九分有余,即属上稔。【略】戊申,【略】又谕:据明亮等奏称,本年齐齐哈尔、黑龙江、墨尔根城三处,田禾被淹。【略】著加恩将此三处未完粮一万九千三百余石免其补纳。【略】癸丑,【略】谕:据全德奏,泰州、海州各盐场本年六七八等月连遇风雨,湖河并涨,低洼处所多有被淹等语。

《高宗实录》卷一四六一

十月乙卯朔,【略】谕:本年直隶、河南、山东三省因雨水过多,河流涨发,节经降旨。【略】丙辰,【略】谕:本年豫省因河流涨发,卫辉等三府属多有被淹,【略】著将汲县、新乡、获嘉、浚县、辉县、淇县、河内、修武、武陟九县未完地丁银【略】全行豁免。【略】又谕:本年山东省因漫水下注,临清、东昌、德州等处地亩居民多有淹损,【略】兹据户部议覆,该省被水较重之临清、武城、馆陶、夏津、冠县、邱县、德州、恩县八州县,并临清、德州二卫节年缓征带征未完银粮,酌请蠲免一半等语。【略】丁巳,【略】又谕曰:宜兴等奏,奉天地方本年秋成较好,米粮充足,现在直隶、山东各商至奉天省买运米粮,络绎不绝,遵旨实力稽查,毋使抬价居奇等语。【略】赈恤山东临清、德州、冠县、馆陶、恩县、邱县、夏津、武城,并德州、临清十州县卫本年水灾贫民。【略】庚申,【略】谕曰:周樽奏,遵旨查明凤阳、泗州二属因夏秋连得大雨,峰山闸减泄上游河流下注;又,安庆、池州府属八月连雨,上游江水下注,低洼地亩俱未免被淹减收等语。【略】著加恩将怀宁、桐城、潜山、宿松、望江、贵池、铜陵、东流、寿州、宿州、凤阳、怀远、定远、灵璧、凤台、泗州、盱眙、天长、五河等十九州县,并安庆、凤阳、长淮、泗州等四卫被水村庄,应征本年地丁南屯米麦豆折芦课【略】各项均缓至来年秋成后递展启征。【略】甲子,【略】又谕:据秀林奏,本年三姓地方田禾水淹,复经霜灾,已咨该副都统,令将被灾人等接济口粮。【略】丁卯,谕:据苏凌阿等奏,松江府太仓州两属华亭等县,因八月中积雨连绵,低洼处所稻苗生有黑虫,秋收歉薄等语。【略】所有松江府属之华亭、奉贤、娄县、金山、上海、南汇、青浦,太仓州并所属之镇洋、崇明、嘉定、宝山等州县,并太仓、镇海二卫坐落各州县屯地,除高阜成熟地亩仍行照常输纳外,其低洼受伤之田本年应征应带地丁漕粮【略】缓至来年秋后带征。【略】又谕:据惠龄奏,查勘京山等州县被水情形一节,内称京山、潜江、天门、江陵、监利五县成灾较重之处,实有七分,其余成灾五分六分不等。荆门、沔阳、汉川三州县均各成灾五分。其余均勘不成灾

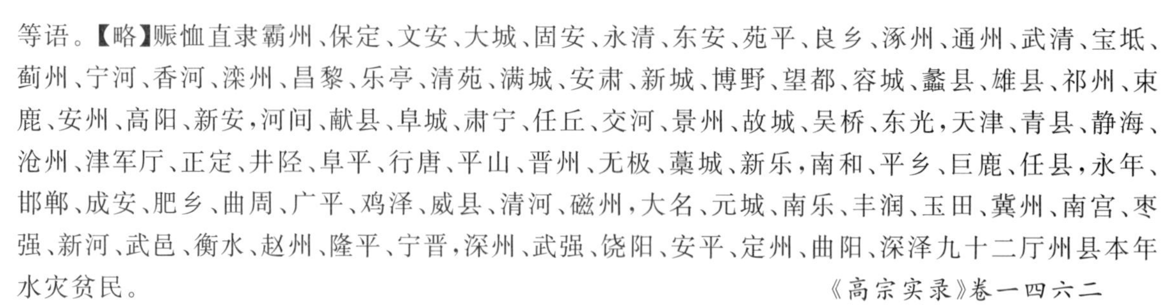

等语。【略】赈恤直隶霸州、保定、文安、大城、固安、永清、东安、苑平、良乡、涿州、通州、武清、宝坻、蓟州、宁河、香河、滦州、昌黎、乐亭、清苑、满城、安肃、新城、博野、望都、容城、蠡县、雄县、祁州、束鹿、安州、高阳、新安，河间、献县、阜城、肃宁、任丘、交河、景州、故城、吴桥、东光，天津、青县、静海、沧州、津军厅、正定、井陉、阜平、行唐、平山、晋州、无极、藁城、新乐，南和、平乡、巨鹿、任县，永年、邯郸、成安、肥乡、曲周、广平、鸡泽、威县、清河、磁州，大名、元城、南乐、丰润、玉田、冀州、南宫、枣强、新河、武邑、衡水、赵州、隆平、宁晋，深州、武强、饶阳、安平、定州、曲阳、深泽九十二厅州县本年水灾贫民。

《高宗实录》卷一四六二

十月【略】癸酉，【略】豁除浙江仁和场潮坍沙地一千六百一十八亩有奇额赋。【略】己卯，【略】谕军机大臣等，本年直隶省春间被旱，夏秋之间正定、河间、天津等府属因雨水较多，河流涨发，地亩被淹；河南之卫辉、彰德、怀庆三府属，山东之东昌、临清等属，俱因卫河发水，秋禾多有淹浸，业经节降谕旨，各加两倍赏恤。【略】又，江苏、安徽、湖北、湖南、福建、广东等省或因河流下注，或因山水骤发，低洼地亩间被淹浸。

《高宗实录》卷一四六三

十一月【略】丙戌，谕：据秀林奏，查看三姓地方被水旗人，接济口粮等语。本年三姓地方被水旗人，田庐多有淹损，情殊可悯。【略】庚寅，赈恤河南武陟、河内、修武、汲县、新乡、辉县、获嘉、淇县、浚县、延津、安阳、汤阴、临漳、内黄十四县本年水灾贫民。【略】癸巳，谕：前因山东临清、馆陶等州县漳卫二河水涨，村庄多有被淹，业经迭降恩旨，加两倍赏恤。【略】本年临清等属夏麦被旱，秋禾又复被淹。

《高宗实录》卷一四六四

十一月【略】戊申，谕曰：伍拉纳奏，泉州府属之晋江、南安二县，四乡低洼之区被水田禾，涸出较迟，虽系勘不成灾，收成实为歉薄。又，南靖县护城堤被水冲开，工段绵长，必须赶紧补筑。【略】是月，长芦盐政征瑞奏：查看天津府属静海等州县，抚恤灾民均已得所，津城粥赈四厂，逐日就食者二万余人。

《高宗实录》卷一四六五

十二月【略】乙卯，【略】赈山西代州、五台、繁峙三州县本年水灾贫民。【略】甲子，谕曰：庆桂等回京复命，奏称，今岁夏秋雨多，淮水盛涨异常，兼之西北风甚大，以致浪拍堰工，山盱一带工段多有塌损，几致漫溢，幸而风势陡转，得以抢护平稳。

《高宗实录》卷一四六六

十二月【略】辛未，【略】缓征河南汲县、新乡、辉县、获嘉、淇县、浚县、河内、修武、武陟、延津、内黄、汤阴、临漳、安阳、温县、原武、阳武、济源、孟县、林县、武安、涉县、滑县、考城、封丘二十五县本年水灾地亩应征新旧漕项银两。【略】是月，长芦盐政征瑞奏：天津本年被水村庄，统计两月赈过贫民灶户七万三千六百八十余户，民情极为宁帖。

《高宗实录》卷一四六七

## 1795 年 乙卯 清高宗乾隆六十年

正月【略】乙酉，【略】又谕：上年直隶春间被旱，夏秋之间，近畿通州、涿州一带及保定、正定、河间、天津、广平、大名、遵化等府州属，因雨水较多，河流涨发，地亩被淹，【略】所有被灾最重之天津、景州、河间、献县、任丘、武清、宝坻、蓟州、正定、藁城、清苑、清河十二州县，八分灾极贫展赈两个月。【略】被灾次重之通州、涿州、良乡、宁河、丰润、玉田、大名、元城八州县八分灾极贫，并霸州、文安、武邑、衡水之八分灾极贫，亦俱展赈一个月。【略】又谕：上年河南之卫辉、彰德、怀庆三府属，因卫河水发，秋禾多有被淹，节经降旨，加倍赏恤。【略】所有汲县、新乡、获嘉、辉县、淇县、浚县、河内、武陟、修武等九县内，成灾十分九分者，无论极、次贫民展赈一个月。其该九县内成灾八分，及成灾仅止八分七分之延津、安阳、汤阴、临漳、内黄等五县，酌为借粜。【略】又谕：上年山东之东昌、临清等属俱因卫河水发，秋禾多有被淹。【略】所有临清、德州、馆陶、恩县、冠县、邱县、夏津、武城

等八州县，及临清、德州二卫，著再加恩将上年被灾十分九分之极、次贫民俱展赈两个月，被灾七八分之极、次贫民俱展赈一个月。【略】戊子，【略】谕军机大臣等，新正以来，风日晴和，【略】腊杪雪泽应时，盈尺呈祥，朝野同深欢忭。《高宗实录》卷一四六八

二月【略】庚午，谕军机大臣，曰：管幹贞奏筹办京口渡江情形一折。据称，西风耗潮顶渡。管幹贞等亲赴江神庙、都天庙祈祷，次日即转东南顺风，重运趁潮出口等语。本年节气较迟，冰融以后，瓜仪等处稍觉水浅，又值西风耗潮顶渡，经管幹贞等斋宿祈祷，即转顺风，重运一百余只，得以趁潮出口，此皆仰赖神灵默佑。【略】是月，浙江巡抚兼署盐政觉罗吉庆奏，江苏松江府属青村等场，上年间被水灾，业蒙恩准缓征，惟查青村、袁浦及下沙头、二、四场现值青黄不接，稍形拮据，当饬运司酌量接济。《高宗实录》卷一四七一

闰二月【略】癸卯，【略】谕军机大臣等，前因蒋兆奎所奏该省雨雪情形，未经另缮清单，降旨申饬，令其查明分晰具奏。兹阅该抚奏到补开各属雨雪清单，仍未明晰，如宁武、泽州、辽州、代州等属，俱开二月十六七至二十五六等日，得雪均有五六寸不等。现届春令，麦苗正当长发之时，如雨泽滋培，自为有益，若得雪过厚，弗能消融，则麦苗转致冻压。京城于本月十二日所得之雪亦有六寸，但旋落旋融，并无积压，是以沾濡入土，即与雨泽无异。现在跸路所经，土膏滋润，麦苗青葱，是其明验。【略】是月，江苏巡抚奇丰额奏：宝山县东门上年陡遇风潮，将石塘处旧有土塘并另筑碎石坝坡各九百六十丈，坍卸入海。《高宗实录》卷一四七三

三月【略】丁巳，【略】又谕：【略】去年秋冬，山东一带雨雪沾渥，运河水势通畅。

《高宗实录》卷一四七四

四月【略】甲辰，谕军机大臣等，本日布彦达赍自泰安进香回京，询据奏称经过山东德州、武定一带，俱觉缺雨，闻地方官正在祈祷等语。现当麦苗结实灌浆之时，且大田正藉膏泽滋培，今东省地方官虽在祈求，总未据玉德奏及。【略】蠲缓湖北汉川、沔阳、京山、潜江、天门、江陵、监利、荆门八州县，武左、沔阳、荆州、荆左、荆右五卫乾隆五十九年水灾额赋有差。【略】戊申，上诣广润寺祷雨。【略】庚戌，【略】免福建龙溪、南靖、长泰、海澄四县乾隆五十九年水灾额赋有差。【略】是月，【略】浙江巡抚觉罗吉庆奏：接准福建抚臣浦霖来咨，该省米价大增，奏明赴浙采米十万石。浙省民众，本地产米不敷民食，全赖外江商贩运济。此时正界青黄不接，粮价颇昂，若再采买十万石，市价必更腾贵。臣前奏拨浙省仓谷，现已赶碾米五万石，容再动碾五万石，俟赶办齐全，即可知会闽省前来运取，似可无庸另行采买。得旨：嘉奖。《高宗实录》卷一四七七

五月辛亥朔，【略】又谕曰：玉德奏，东省三月以来雨泽短少，麦收分数通省牵算约计六分有余等语。东省自三月十七八日得雨之后，一月有余未经续报雨泽，该抚自应早具奏。【略】此折自四月二十七日所发，兹京城于二十九日得有澍雨，甚为深透，且云气自东南而来。现据梁肯堂等奏，近畿一带亦同日得雨，东省与直隶接壤，是否一律普沾。【略】丙辰，【略】谕军机大臣，曰：玉德奏二麦收成分数一折，内称合计通省约收六分有余，东省上年雨雪优渥，播种二麦较广，虽雨泽稍愆，而所种既广，于民食足资接济等语。朕思山东与直隶接壤，本年直隶麦收已及九分，而山东仅六分有余，自因该省春间雨雪本未普沾，入夏以来雨泽又复短少，是以麦收分数较为歉薄。玉德身任巡抚，于地方民事漫不经心。【略】戊午，【略】谕军机大臣等，据李奉翰等奏，东省各属于五月初一具报得雨一二寸至三四寸不等一折。《高宗实录》卷一四七八

五月【略】丙子，【略】又谕曰：梁肯堂奏，各属先后得雨，自二三四五六寸至深透不等，览奏欣慰。前因此间连日天气多阴，日有阵雨，朕以上年夏间亦因雨泽过多，以致畿辅一带被水成灾，是以前次屡见得雨，方切过多之虑，所谓经事多则畏心多也。今热河地方业已快晴数日，兹据该督奏称，各属雨泽适足以资接润，禾苗均受滋培。看来今年雨水并不为多。【略】是月，【略】山东巡抚玉

德奏，五月十六七八等日，各属陆续禀报沾雨优渥，禾苗一律畅茂。若旬日内再沛甘霖，秋成可期丰稔。现又蒙恩借粜兼施，口食有资，粮价平减。得旨：览奏略慰。 《高宗实录》卷一四七九

六月【略】甲申，谕军机大臣，曰：梁肯堂覆奏，直隶各属五月以来时雨时晴，禾苗均受滋培，雨水并无过多之处等语。前因热河天气连阴，日有阵雨，恐其太多，是以降旨询问。目今将届大暑，田禾正需雨泽接润，此间连日晴霁，地土稍觉干燥，又复盼雨。【略】戊子，谕：热河旬余以来，晴霁稍久，暑气郁蒸，已命军机大臣将承德府各属监禁各犯，查明减等发落。【略】谕军机大臣，曰：玉德奏通省甘雨沾足情形一折，览奏欣悦。该省麦收，前据该抚奏牵算约有六分，惟登、莱、青三属雨泽未能沾透，兹既普被浓膏，迤东三府禾苗亦可一律长发。但现在热河有外来无业贫民三四百名，已设厂煮粥给食，询之该道府，称此项贫民多由山东前来口外觅食。【略】癸巳，谕军机大臣等，本日额驸拉旺多尔济差人至行在请安，询之该折差护卫福禄，称察哈尔正红、镶红二旗及绥远城，俱未得透雨，现在望泽等语。察哈尔正红、镶红二旗及绥远城地方，与山西西北各府州接壤，该处既未得透雨，想关外一带自亦未获浓膏，现在时值大暑，稻粱禾黍正资雨泽长发。何以未据蒋兆奎奏及。【略】甲午，谕军机大臣，曰：蒋兆奎奏太原等九府属并辽州各直隶州属及归绥道所属，于五月二十前后并六月初一等日，得雨自二三四寸及深透不等一折，昨因询，据拉旺多尔济折差福禄称，察哈尔正红、镶红二旗地方及绥远城俱未得雨。 《高宗实录》卷一四八〇

六月乙未，谕曰：长麟等奏，广东南海、三水、四会、高要等县沿江基围，因四月中旬阴雨连绵，海潮盛涨，以致间段漫溢，禾苗俱被淹损等语。【略】虽各该县基围被淹不及十之一二，但现在早收将届，正值青黄不接之时，猝被水淹，民力未免拮据。【略】戊戌，谕军机大臣，曰：梁肯堂奏查勘永定河水势工程一折，今年入伏后雨水短少，河流不致增长，工程自属平稳。【略】又阅所奏各州县得雨单内，至多之处不过四寸，此外止一二寸不等，【略】看来畿南一带亦不免情殷望泽。热河于十八日夜间得雷雨一阵，约有三寸，未知畿南是否同沾。【略】己亥，谕军机大臣等，京城自初七日据王大臣等奏报得雨四寸后，迄今又将半月，未据续奏。【略】庚子，谕军机大臣，曰：梁肯堂覆奏各州县自六月以来，尚未得雨，当此溽暑郁蒸，农民盼泽未免殷切，现在敬谨设坛，朝夕虔祷等语。此间自十八日夜间得雨三寸后，连日未获续沛甘霖，同深焦切。想因本年春间雨泽沾足，直隶麦收丰稔，大田复早播种齐全。我君臣未免稍存满假之心，以致现在雨泽稀少。【略】癸卯，谕：承德府及所属滦平县自六月以后雨泽稀少，秋收恐致歉薄。【略】乙巳，【略】又谕：昨因热河雨泽短少，已将承德府及所属滦平县本年应征钱粮降旨缓征。连日以来仍未得沛甘霖，现在已过立秋，收成恐致歉薄。【略】谕军机大臣，曰：苏凌阿等奏伏汛安澜一折，览奏欣慰。据称自五月初旬以后，大雨时行，黄河水势陡涨，汇流下注，至六月初七八以后，渐次消落，各工一律平稳。【略】戊申，【略】又谕曰：梁肯堂奏永定河伏汛安澜。【略】再，昨据梁肯堂奏报，工次于二十七日得雨滂沱，至午未止。适又据郑制锦奏报，保定省城于二十六日夜间至二十七日寅时得雨六寸，四野沾透等语。览奏欣慰。此间昨晚浓阴，自丑至巳得雨绵密，势甚透足，现尚未止。【略】热河、滦平地方收成，询之该道府等，据称高处山田所种高粱已属无及，至低洼处所高粱谷子尚可回润长发，其余杂粮得此甘膏，均可望有收成等语。【略】己酉，【略】谕军机大臣等，留京办事王大臣奏得雨情形一折，览奏欣慰。本年六月下旬以来，雨泽稍稀，田禾正在长发之际，未能接济滋培，收成不无少减。昨询问热河道府，据称承德府本境及所属滦平被旱地方，山坡地亩所种高粱等项干枯已久，难望有收，其平地低田得雨回润，高粱可得三分有余，谷子可得五分有余等语。热河地多山坡，得雨稍稀，庄稼不无干旱，然自二十八日戌刻起，至二十九日午刻止，雨势绵密，入土深透，低田庄稼接济回润，牵算尚有四分有余，合之平泉等州县共有八分。顺天府所属近畿一带，地势平衍，去年大水之后，地土本来潮润，现据留京王大臣奏，二十八日亥刻起，至二十九日辰刻雨尚未止，是田禾已得接济，足资回润。【略】又

谕：据惠龄奏，五月间大雨后，襄江新涨，水势汹涌，以致荆门之郑家港、天门之沅家口堤塍同时漫水，该处居民房屋间有淹浸，并无倒坏，亦无损伤人口等语。《高宗实录》卷一四八一

七月【略】癸丑，【略】谕军机大臣等，据梁肯堂覆奏，现在得雨各州县早禾收成约在七八分上下，一切晚禾旬日后再得微雨，亦可六分以上等语。【略】乙卯，【略】又谕：昨据留京王大臣、顺天府尹等奏，早禾收成约在八分以上，晚禾七分以上，牵算可得八分等语。本日召见赵熯，据奏沿途所见田禾情形，约有五分收成。与王大臣、顺天府尹等所奏不符。热河自上月二十九日得有透雨后，旋即晴霁，已有七日，【略】现命军机大臣询之热河农民，据称此间因连晴数日，地土稍觉干燥等语。【略】戊午，【略】又谕：据方维甸奏，天津地方于六月二十八九等日，连得雨泽，七月初一日以后连日快晴，并无雨水稍多之虑等语。所奏未甚明晰，天津地方六月以后雨水稍稀，虽于二十八九等日获被甘霖，但现在尚未出伏，莜蔬等项正资雨泽接济，只虑其少，未见过多。热河于六月二十九日得有透雨后，又隔多日，地土已觉干燥，初六日得有阵雨，迤西有二三寸，迤北则不成分寸。【略】癸亥，谕军机大臣，曰：玉德奏初五日各属得雨情形一折。内称现在通省尚有陵县、青城、寿光、德平、恩县、德州六州县，此次未经报到得雨等语。【略】又谕曰：吴傲奏六月分雨泽粮价情形一折，内称开封府属之祥符县暨近省各州县申报，约收分数俱在八九分以上等语。豫省于六月以后，各属先后得雨深透，本年逢闰，节气较早，秋禾将届成熟，虽现据奏报开封府属及近省各州县收成已有八九分以上，此时通省各属收成俱可将次报齐，著传谕吴傲，即将通省收成分数共有若干之处，迅即查明折奏。【略】甲子，【略】谕军机大臣，曰：梁肯堂覆奏昌平等州县得雨情形一折，所言尚未明晰，阅单内得雨之处，一二三寸者居多。【略】再，此间于丑、寅两刻得雨，辰刻势渐绵密，至申刻雨尚未止，入土深透，且云气甚为宽广，似由西南而来。《高宗实录》卷一四八二

七月乙丑，蠲免湖北江陵、监利、潜江、天门、京山、荆门、沔阳、汉川等八州县，并沔阳、荆州、荆左、荆右等四卫乾隆五十九年分被水灾民额赋。丙寅，谕曰：【略】楚南连岁丰稔，通省粮价中平，现在早稻登场，粮价更渐减落，农有余粟，民不知兵，该督所办尚是。【略】癸酉，【略】谕军机大臣，曰：【略】再据魁伦奏，漳、泉等处米价自二两七钱至三两二钱等语，因命军机大臣将顺天府奏京城粮价比较，漳、泉米价贵至八钱及一两三钱不等，虽较春夏间粮价已属大减，但每石尚至三两左右，究未免昂贵。《高宗实录》卷一四八三

八月【略】庚辰，【略】谕曰：秦承恩等奏，陕西咸宁等三十三厅州县，因六月间雨水未能沾足，近又晴霁稍久，高阜地亩收成未免减薄等语。陕省本年麦收丰稔，孝义等五十五厅州县雨水又复沾足，可卜丰收。但咸宁等州县以夏秋稍觉缺雨，收成未免减薄，【略】著将咸宁、长安、耀州、咸阳、兴平、临潼、高陵、蓝田、泾阳、三原、渭南、富平、醴泉、同官、凤翔、岐山、扶风、郿县、大荔、潼关、华州、华阴、韩城、蒲城、白水、邠州、长武、乾州、永寿、武功、鄜州、洛川、中部等三十三厅州县，本年未完钱粮及民借常社仓粮，加恩缓至明年麦收后征收。《高宗实录》卷一四八四

八月【略】辛丑，【略】豁除河南兰阳县乾隆五十六年分河水冲坍民田一顷七十五亩额赋。【略】壬寅，谕曰：蒋兆奎奏，山西蒲州府所属永济等六县，因夏间得雨稍迟，秋收不过六分等语。【略】所有蒲州府属之永济、临晋、万泉、荣河、虞乡、猗氏六县本年应纳钱粮及春借仓谷，均著加恩缓至明年麦熟后征收。【略】又谕曰：秦承恩奏甘肃平凉等九州县，因得雨未能沾足，高原地亩秋禾间有受旱；又皋兰等县各乡村因雨雹被伤，或因山水被冲，收成均不免歉薄等语。【略】所有平凉府属之平凉、华亭，凉州府属之武威、镇番、永昌、泾州，暨所属之崇信、镇原、灵台等九州县，并兰州府属之皋兰县西乡、狄道州西乡、河州南乡，平凉府属之静宁州杨家嘴等村本年应征各项银粮草束，均著加恩缓至来年麦熟后征收。【略】癸卯，谕：【略】现据毕沅等奏，（湖南）通省收成九分有余，即附近三厅各县地亩亦多复业有收。【略】戊申，【略】谕军机大臣，曰：秦承恩奏陕西秋禾约收分数一折，览

奏稍慰。但细阅所奏粮价单内，西安等府属之大米价至三两五钱至二两数钱不等，虽该省民食向以麦田为重，其大米只系殷实之家出价籴食，并非小民寻常食用所需，但市价至三两有余，未免昂贵。【略】又谕曰：陈淮奏七月分粮价较之上月又减银二分至五分不等之语。览奏欣慰。本年江省雨水调匀，夏收丰稔，市集粮价日就平减。《高宗实录》卷一四八五

九月【略】辛亥，【略】又谕曰：苏凌阿奏约收分数折内称，海州、沭阳、赣榆、山阳、清河、桃源、安东七州县洼地积水未消，秋禾间有受伤，已饬藩司确勘等语。所奏已迟，实属大误。【略】壬戌，【略】谕军机大臣，曰：孙士毅奏到川省各属七月分粮价清单，朕详加披阅，各府州属所开麦豆等项价银，俱有"较贵"一分及二分字样，四川素称天府，地属膏腴，无水旱之灾，秋成常获丰稔。即如本日据孙士毅折内称，该省雨旸时若，各属无不丰登，何以粮价转有增贵之处。此必系地方官因年岁丰收，预为采买地步，是以先将粮价抬高，以便采买时开报贵价，希图浮销。

《高宗实录》卷一四八六

九月【略】己巳，谕曰：琳宁等奏，盛京所属金州、熊岳、锦州等三城界内，宝石山等四百余屯地亩六月以后未得透雨，高阜处所田禾未能秀穗结实等语。【略】乙亥，【略】谕：御史冠赍言奏请令各省趁此丰年，皆买补仓谷，【略】所奏不晓事体。【略】如本年丰收省分居多，现在山东等省奏请采买，并声明若时价稍昂，即停止买补，免致小民有食贵之虞。【略】丁丑，【略】谕军机大臣等，据陈淮奏请，乘时采买谷石以实仓储一折，本年江西年岁丰稔，市粮充裕，且有运闽米石，应买补还仓。【略】同日又据毕沅等奏，楚省一岁三登，收成丰稔，谷多之家，多欲以日食所余，出易银两，请官为收买，以备军糈之用等语。《高宗实录》卷一四八七

十月【略】己卯，【略】谕：据长麟等奏，漳、泉二府属田禾，自八月中旬以后，缺少雨泽，漳州府属之漳浦、诏安、龙溪、海澄、等四县，于八月间潮水陡涨，田间被咸水淹浸等语。漳、泉二府属上年曾经被水，本年早收虽属丰稔。但自八月以来，田禾缺雨，而漳州府属之漳浦等县沿海田禾，复被潮水淹浸，收成歉薄。【略】著加恩将漳州、泉州二府属本年应征钱粮，缓至来年秋收后征收。【略】癸未，【略】谕：据苏凌阿覆奏，查勘得海州等九州县，淮安、大河二卫，高阜平畴，田禾均属丰收，惟海滋湖滨低洼处所，夏秋雨水稍多，间有被淹之处，随时消涸，并不成灾等语。【略】所有海州、山阳、阜宁、清河、桃源、安东、宿迁、沭阳、赣榆等九州县，淮安、大河二卫被水地亩应征本年新赋及带征乾隆五十九年钱粮并籽种银两，俱著加恩，一并缓至来年秋成后分作二年带征。【略】谕军机大臣等，前据顺天府尹奏，于前月十九日京城得雨一寸，又于本月初一日京师及附近一带得雨二寸有余等语。现在麦秋早经播种，长发之际，急需雨泽滋培，京城内外得雨两次，保定及近畿一带自当一律普沾，何以总未据梁肯堂具奏。【略】乙酉，【略】谕军机大臣，曰：伯麟等奏，盛京所属除锦县、宁海一隅被旱外，其余各州县秋收皆好，新粮云集，直隶、山东等省多有商船往来贩运等语。及阅所开粮价清单，内有较上月稍贵之处。本年直隶秋收通计在八分以上，山东则九分有余。并未闻有歉收之处，盛京粮价既较上月增贵，何以商贩等尚纷纷前往贩运。因查阅梁肯堂、玉德所奏粮价单，逐加比较，如黑豆一项，奉天府属较之上月贵至二分，而比之直隶、山东，尚贱至三钱、八钱不等；粟米一项，较上月贵四分，而较之直隶、山东亦贱至五六钱不等。【略】己丑，谕曰：惠龄奏，湖北荆门、天门二州县因本年五月连降大雨，汉水盛涨，堤塍陡被水浸，并及下游之潜江、沔阳等属低洼处所，均有被淹等语。【略】又谕曰：苏楞额奏，海州分司所属板浦、中正、临兴等三场，本年六七月间因雨水过多，间有被淹之处。现在查明该处被水处所，业经设法疏消，未淹高地秋禾仍属有收，实系勘不成灾等语。《高宗实录》卷一四八八

十月【略】乙未，【略】谕：据魁伦奏，福建漳州、泉州、兴化等府所属漳浦等县，迭被水旱。亲往勘明，漳浦、海澄、诏安、龙溪、惠安、晋江、莆田七县之沿海地亩，猝被海潮淹浸成灾。此内海澄、诏

安、漳浦、龙溪、惠安、晋江之距海较远地亩，并长泰、南靖、平和、安溪、同安、南安等县俱被旱歉收，牵算尚有六分，例不成灾等语。【略】又谕曰：魁伦奏，漳、泉二府属县仓谷多无存贮，来岁青黄不接之时，米价势必加增，台湾雨水偶缺，请于福州、福宁及上游各府，照依市价，先买米十万石，分贮漳、泉，以备来春平粜等语。【略】寻奏：查台湾现在晚禾收成，计阖郡不过七分有余，其粮价虽较漳、泉各属稍贱，但比该府常时已觉过昂，请委员赴该处体察情形，如日内即就减落，即照时价买运。报闻。【略】庚子，谕曰：吉庆奏，浙江通省晚禾收成统计九分有余，棉花收成实有十分等语。览奏深为欣慰。浙省本年晴雨调匀，年岁丰稔。【略】但年岁丰登之后，小民往往因仓箱充裕，户有盈余，不免任意奢靡，致蹈乐岁粒米狼戾之事，正当乘此年谷顺成，多为蓄积，方可有备无患。吉庆务须劝谕小民，共敦节俭，所谓食之以时，用之以礼，使闾阎皆有盖藏，以为耕九余三之计。而该抚以及地方官员，亦不可因时值丰收，遂而意存自满，稍涉侈泰，惟当益深敬惕，撙节爱养，既富加教，承天贶而厚民生，庶为不负司牧之任。【略】是月，护安徽巡抚江苏布政使张诚基奏，安省各属常平仓贮，历年因灾蠲赏口粮籽种，共缺额二十二万五千余石，现秋收丰稔，又奉旨普免天下漕粮，安省轮值今岁，民间盖藏饶裕，粮价逾平，请照原额，各按稻麦杂粮本色买补足数。得旨：嘉奖。湖广总督毕沅奏，湖广早稻、中晚稻二禾收成均八九分余，（湖）北省荆门、潜江、天门、沔阳等四州县因襄水陡涨，偏隅被淹，不致成灾；（湖）南省三厅八属被逆苗滋扰。　　《高宗实录》卷一四八九

十一月【略】癸丑，谕曰：朱珪奏，潮州府属滨临海洋，本年八九两月未得透雨，晚禾收成低田尚有七八分，高田不过二三分，委系勘不成灾等语。广东潮州府属滨海临溪，本年早收丰稔，米谷充裕，惟因八九两月雨泽短少，高田晚禾收成不无歉薄，虽系勘不成灾，但来年青黄不接之时，为期尚久，恐民力不无拮据，著加恩将潮州府属六十年分民欠未完钱粮色米，缓至来岁秋成后带征完缴。【略】乙卯，【略】谕军机大臣等，京城于上月二十八日得雪八寸，极为优渥，且此次之雪沾被较广，直隶、河南、山东等省均已陆续奏到。本日据谢启昆奏，二十七日行抵平定州境，初见微雪，次日连绵密布，一路至省，积厚至四五寸不等等语。【略】丁巳，【略】谕军机大臣等，据孙士毅奏到，九月分四川省各属粮价清单，【略】本年四川省年岁丰收，粮食充裕，价值自当平减，何以顺庆等处麦稞价值转有加增，虽仅贵至一分，究属增长。【略】庚申，【略】赈奉天金州、熊岳、锦州三城，宁海、锦县、宁远三州县旱灾旗民，并蠲缓额赋有差。　　《高宗实录》卷一四九〇

十一月癸亥，【略】又谕曰：朱珪奏地方雨水粮价情形一折，阅所开粮价单内，广州等府米价有较上月贵二分至七八分不等者。广州本年雨水调匀，秋成尚属丰稔，现据该署督奏，各处商贩谷船连樯辐凑，是市集粮石充盈。　　《高宗实录》卷一四九一

十二月【略】癸卯，【略】谕军机大臣，曰：姚棻奏雨水粮价情形一折，据称延平、邵武等府粮价比九月稍减，福州及漳、泉三府递有加增。至台湾府属，秋禾未能一律丰稔，米价尚在二两以上。合计通省各属丰歉不一，而丰收之处较多等语。　　《高宗实录》卷一四九三

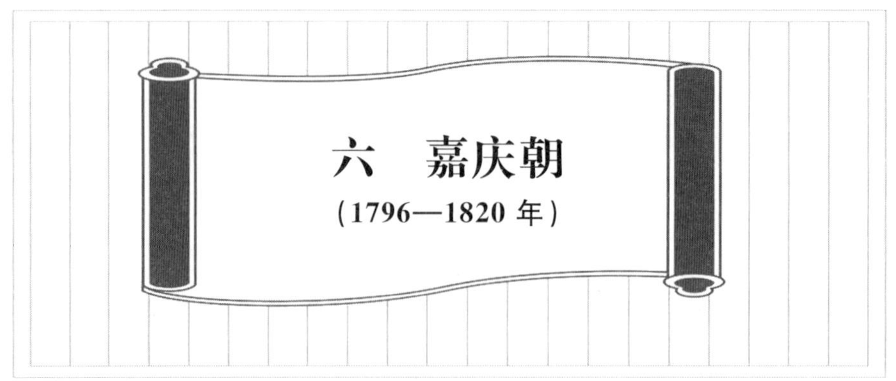

# 六　嘉庆朝
## （1796—1820年）

## 1796年 丙辰 清仁宗嘉庆元年

四月【略】丁酉，上侍太上皇帝诣黑龙潭神祠祈雨。戊戌，上奉太上皇帝诣黑龙潭神祠谢雨。

《仁宗实录》卷四

五月【略】辛亥，谕内阁：宜锦奏，皋兰等州县平原地亩及高阜之处，田禾日见黄萎等语。甘肃土性高燥，本年春夏之间雨泽短少，以致夏田无望，粮价增贵，朕心深为轸念。著将皋兰等州县缺雨地方，或借给口粮，或开仓平粜，再加恩将本年应征钱粮概行缓征，以纾民力。【略】甲子，谕内阁：朕此次巡幸热河，经过地方【略】阅视沿途禾稼情形，如顺义县属之清河及密云县属之石匣、要亭一带，在地禾稼颇为茂盛，惟昨日经过之怀柔迤东至密云附近地方，地土稍干，田禾不能一律芃茂，虽已据该督梁肯堂奏明，将麦收较歉之处办理平粜出借，但现届青黄不接之际，小民口食尚恐不免拮据，所有怀柔、密云两县所属村庄内得雨较少麦收歉薄之处，著加恩交该督查明，蠲免本年地丁钱粮十分之五。【略】庚午，谕军机大臣等，姚棻奏雨水粮价情形一折，阅所开单内，泉州府属米价自二两五钱至三两有余，漳州府属米价自二两八钱至三两三钱不等，是该二府粮价尚属昂贵，应于折内另行声明，何得与福州等府"价中"之处一并列入。【略】癸酉，谕军机大臣等，【略】现据和琳奏，近因雾雨连绵，将弁兵丁染患瘴疫者甚多，和琳擒获首恶，收复乾州后，不妨酌派将弁就近驻扎，和琳即酌在辰溪、辰州一带择留湖南本处之兵驻扎。　　《仁宗实录》卷五

六月【略】丁丑，【略】除山西代、五台、繁峙三州县水冲田七十五顷四十九亩额赋。【略】丙申，【略】抚恤湖北荆门、潜江、沔阳、天门、监利、江陵六州县被水灾民，并免本年额赋。

《仁宗实录》卷六

七月【略】己酉，谕军机大臣等，兰第锡奏丰汛六堡堤工漫溢一折，该工段上两道过水沟漕，业经防堵断流，惟六堡及高家庄口门经该河督等盘头筑坝进占，当率属赶紧堵闭。【略】壬子，谕军机大臣等，【略】现在黄河漫溢，下游俱系山东所属，玉德仍须驻扎东省，同伊江阿筹办一切。【略】又谕：兰第锡奏筹办漫工一折，【略】今据奏，正河溜势仍有四五分，是大溜已掣动五六分，自应于下游开挖引河。【略】丁巳，谕军机大臣等，兰第锡奏查漫水情形一折，黄、沁并涨，冲开遥堤，而里河运口水漫堤顶，佘家庄地方刷宽二十余丈。【略】癸亥，谕军机大臣等，前因江南黄河北岸漫溢，下游系山东所属，【略】今思被水地方丰、沛二县为重，昨据费淳奏，驰赴该处查勘，所有抚恤事宜，专交该抚妥办。其东省金乡、鱼台等处被淹处所，此时伊江阿与玉德会商筹办。【略】壬申，【略】赈江南丰、沛、砀山、铜山四县，山东单县被水灾民，并蠲缓新旧额赋。　　《仁宗实录》卷七

八月【略】丙子，停止本年秋狝。谓内阁：本日蒙古王公等因哨内雨多，泥泞难行，请暂停进哨，

准其所请。但围上蒙古官兵已到齐，今停止行围，恐伊等回程盘费拮据，著加恩照例减半赏给，即令各回游牧，以示体恤。【略】给河南永城县被水灾民一月口粮。【略】己卯，谕军机大臣等，伊江阿奏丰汛漫水淹及鱼台、济宁村庄一折，【略】现在东省因漫水漾入昭阳、微山等湖，复因大雨连日，湖内不能容纳，致穿入运河，两岸间有漫溢，于运道甚有关系。【略】给山东济宁、鱼台二州县被水灾民一月口粮。【略】乙酉，【略】谕军机大臣等，费淳奏查办丰、沛二县抚恤疏消事宜及分勘各属灾地情形一折，丰、沛城内现有积潦，自应赶集车夫车戽，俾漫水消涸，居民早葺旧居，其被淹村庄亦应设法疏消，以期地亩及早涸出。至山阳、清河等十二州县被淹洼地，虽不过一隅偏灾，但秋成业已无望，自应亟为抚恤，俾穷民早沾实惠，现在淮、徐各处积水未消，皆由丰汛漫口尚未堵筑，以致下游著重。【略】己丑，赈山东济宁、鱼台二州县被水灾民，并蠲缓新旧额赋有差，缓征金乡、嘉祥、邹、滕、峄五县水灾新旧额赋，并给一月口粮。【略】甲午，【略】予浙江温州府城风灾压毙兵民三十一名，赏恤如例，并给房屋修费有差。【略】丁酉，【略】给湖北荆门州被水灾民一月口粮。【略】庚子，【略】给湖北江陵、监利、公安、石首、松滋五县被水灾民一月口粮。 《仁宗实录》卷八

九月癸卯朔，皋兰、金、靖远、陇西、宁远、伏羌、安定、会宁、通渭、漳、洮、平凉、盐茶、隆德、静宁、固原、平番十七厅州县并沙泥州判所属被旱灾民，缓征安化、合水、环、泾、灵台、镇原六州县新旧银粮草束。【略】丁未，【略】赈安徽宿、灵璧、凤阳、泗、盱眙五州县被水灾民，缓征本年额赋，又缓征寿、凤台、怀远、定远、亳、太和、天长七州县本年额赋。【略】癸丑，谕内阁：湖南省自剿捕苗匪以来，【略】兹闻该处山深箐密，晴雨寒燠不时，兵丁等染受瘴疠，致有疾疫，而屯土弁兵不耐炎暑，因病身故者颇多，殊为恻然。该兵丁等出力剿贼，染疫身故，与寻常在军营病故者不同，著即交姜晟等查明，除现在患病者抽换回辰州，俾资调养外，其有因瘴身故者，均著奏闻，照阵亡例，交部赏恤。并著先行传知各兵，俾知感奋，以示朕轸恤勤劳，格外施恩至意。【略】乙丑，【略】缓征湖北江夏、嘉鱼二县水灾新旧额赋。 《仁宗实录》卷九

十月【略】壬午，【略】赈两淮海州板浦、中正、临兴三场被水灶户，蠲缓新旧额赋有差。【略】丙戌，【略】免江苏萧、邳、睢宁、宿迁、桃源、沭阳、清河八州县水灾额赋有差。【略】丙申，赈陕西肤施、安塞、靖边、定边、怀远、绥德、米脂七州县被旱灾民。丁酉，抚恤日本国遭风难夷如例。【略】己亥，【略】免青海被雪成灾番户应征银三年。 《仁宗实录》卷一〇

十一月【略】己酉，【略】缓征甘肃狄道、河、环三州县并庄浪县丞所属旱灾新旧额赋。【略】乙卯，【略】缓征山东鱼台、金乡、邹、滕、峄、济宁六州县水灾新旧额赋。丙辰，以丰汛漫工合龙，赏赍署两江总督苏凌阿、江南河道总督兰第锡、山东布政使康基田等有差。【略】辛酉，谕军机大臣等，前据苏凌阿等奏报合龙，朕心方深欣慰，仍本日据伊等奏，合龙后因凌水陡涨，坝身蛰二十余丈，恳请交部从重治罪等语。此次坝工既合复开，自因镶压不坚所致，但适值上游凌水下注，乘风冲击，以致人力难施，事出不期，何忍治伊等之罪。【略】丁卯，【略】免福建莆田、晋江、惠安、同安、马家港、龙溪、漳浦、海澄、诏安九厅县潮灾旧欠额赋。 《仁宗实录》卷一一

十二月【略】癸酉，【略】加赈陕西肤施、定边、靖边、甘泉、安塞、怀远、米脂七县旱灾贫民有差。【略】己丑，【略】谕军机大臣等，据费淳奏查勘丰北下游水势情形一折，内称下游被淹处所渐消，不致有误春耕等语。 《仁宗实录》卷一二

## 1797年 丁巳 清仁宗嘉庆二年

正月【略】癸卯，【略】谕军机大臣等，据李奉翰奏，丰汛坝工，合龙在即，乃西坝后身又忽蛰裂，此亦无可如何之事。【略】免湖北汉川、公安、石首、松滋四县元年水灾额赋。加赈荆州、潜江、天

门、沔阳、江陵、监利六州县被水灾民。加赈江苏丰、沛、铜山、砀山、邳、萧、睢宁、宿迁、桃源、海十州县，板浦、中正、临兴三场；山东单、鱼台、济宁、金乡、滕、峄六州县，临清、济宁二卫；陕西肤施、安塞、靖边、定边、怀远、绥德、米脂七州县元年被水灾民有差。贷安徽凤阳、宿、灵璧、泗、盱眙、五河、寿、凤台、怀远、定远、亳、太和、天长十三州县卫被水灾民口粮有差。 《仁宗实录》卷一三

二月【略】己卯，【略】加赈甘肃狄道、河、环三州县及浪庄县丞所属元年被旱、被雹灾民。【略】壬午，【略】加赈山东济宁、单、鱼台、临清四州县卫元年被水灾民。【略】丙戌，【略】蠲缓江苏上元、江宁、句容、溧水、江浦、山阳、阜宁、清河、桃源、安东、盐城、高邮、宝应、铜山、丰、沛、萧、砀山、邳、宿迁、睢宁、海、沭阳二十三州县，淮安、大河、徐州三卫元年水灾额赋有差。【略】壬辰，上奉太上皇帝命，诣黑龙潭神祠祈雨。癸巳，【略】上奉太上皇帝命，诣黑龙潭神祠谢雨。

《仁宗实录》卷一四

三月【略】辛酉，【略】贷甘肃平番县连城土司所属被旱土民籽种口粮。《仁宗实录》卷一五

四月【略】壬辰，【略】以京师雨泽愆期，命设坛祈祷，刑部清理庶狱。【略】丁酉，谕军机大臣等，平粜粮石之事，不可轻易举行，京师向遇粮价稍增之年，一办平粜，商贩闻风，即有居奇抬价之弊。现据景安奏，豫省雨水沾足，二麦畅茂，早禾亦皆透发，一经招徕复业，粮价即可渐平。此时景安惟当招集流散，妥为抚绥，趁此雨泽优沾之时，赶种大田，庶使流移复业，民气渐纾，市集粮价不求其平而自平矣。将此谕令知之。 《仁宗实录》卷一六

五月【略】甲辰，上奉太上皇帝命，诣黑龙潭神祠祈雨。【略】乙巳，以祈雨三坛，斋戒一日。丙午，上奉太上皇帝命，诣天神坛，仪郡王永璇、成亲王永瑆分诣地祇坛、太岁坛祈雨。【略】丁未，上奉太上皇帝命，诣大高殿时应宫昭显庙祈雨。 《仁宗实录》卷一七

六月【略】丙子，【略】又谕：姜晟奏，四月分粮价多有较上月贵至三四五分不等，或因广西、贵州现赴该省采买粮石，为数略多，以致时价增长，查明据实具奏。【略】乙酉，【略】又谕：陆有仁奏，甘省四月分粮价较上月加增一二分至四五分不等，恐该处民食拮据，著传谕英善迅即赴甘。【略】丙戌，【略】加赈陕西肤施、安塞、靖边、定远、怀远、绥德、米脂七州县元年被旱灾民，并蠲缓额赋有差。缓征甘泉、延长、延川、宜川、安定、保安、榆林、葭、神木、府谷、清涧、吴堡十二州县额赋，并借欠仓谷。【略】辛卯，谕军机大臣等，据惠龄奏，官兵行至安坪地方，山水骤涨，侍卫台费英阿等被水冲去，此皆惠龄等不诚不敬所致，【略】今当大雨时行之际，扎营地方适当山水之冲，岂非置之死地，至官兵等行走劳苦，朕心甚为轸恻。【略】赏四川被水冒雨兵丁一月钱粮。 《仁宗实录》卷一八

七月【略】辛未，【略】赏直隶独石口被水兵丁一月口粮。癸酉，停止本年秋狝。谕内阁：今年雨水过多，又有闰月，时气较早，迨八月尽已届深秋，时令寒凉，哨内业经落霜，已逾哨鹿之时，今年著暂行停止哨鹿。【略】朕俟中秋节后，仍于八月下旬启銮进京。甲戌，【略】谕军机大臣等，梁肯堂奏，永定河北岸二工、三工共塌三百余丈，南岸二工、头工又塌三百余丈，并将金门闸龙骨冲去二十余丈，此次水势高于堤顶二尺有余，加以风狂浪涌，堤工漫塌，实由人力难施。【略】至固安、永清、东安等县猝经漫水下注，田禾不免稍被淹浸。该督派委道府大员详细履勘，实力抚绥。【略】又谕：英善奏，甘肃各属五月分粮价单，朕详加披阅，粮价多系中平，惟巩昌等属较上月稍贵。【略】乙亥，谕内阁：前据留京王大臣等奏，七月初一日浓云密布，自辰刻微雨沾洒，时断时续，至初二日辰刻方止，午后又有密雨一阵，旋即开霁等语。而顺天府尹及总管内务府大臣所奏亦属相同。热河自上月二十九日即有阵雨，至初一初二势更滂沛，直至初三日午刻方止。朕阅留京王大臣之奏，方以为京师雨势小于热河，于田功尚无妨碍，及昨据梁肯堂奏，永定河工次闰六月二十九日亥刻起大雨如注，初一二日雨势更急，平地水深二尺，以致永定河埽工冲刷。永定河头、二工段即在卢沟桥附近，距京不过二三十里，断无与京城雨势大小如此悬殊之理。况本报屡次为泥水耽阻。即询之赍送果

报及由京前来热河之人，皆云是日京城之雨甚大，平地水深二三尺不等，何以留京王大臣折内尚称断续相间，初二日旋即开霁，即或因此时庄稼俱已长成，高阜之处，晴霁后水势全消，尚无妨碍，其低洼地方被淹甚少，不致成灾，亦应将此种情形详晰奏闻。何得意存粉饰。【略】戊寅，谕内阁：前因留京王大臣等奏报京城雨水不实，恐启外省捏饰之渐，是以降旨将留京王大臣等交部议处，并令据实覆奏，称京城雨水虽大，而积水渐已消落，于秋成不致妨碍等语。京城一带既无被水成灾之处，伊等前奏因朕盼捷焦劳，意存宽慰，未经详晰声叙，尚非有意讳灾，所有留京王大臣【略】等交部议处之处，均著加恩宽免。【略】甲申，【略】谕军机大臣等，朱珪奏，庐州、凤阳、滁州所属，得雨未能深透，又披阅闰六月粮价单内，有较上月贵至二三分者。【略】乙酉，谕军机大臣等，梁肯堂奏，本月十五日大雨竟夜，水势顿涨，东坝临水埽工塌去二十余丈，合龙之期未免稍缓数日。

《仁宗实录》卷二〇

八月丁酉朔，【略】河东河道总督李奉翰奏报，砀山境内杨家坝河水漫溢，命两江总督苏凌阿驰往堵筑。戊戌，【略】免甘肃皋兰、金、靖远、陇西、宁远、伏羌、安定、会宁、通渭、漳、洮、平凉、静宁、固原、隆德、盐茶、平番十七厅州县并沙泥州判所属元年旱灾额赋。【略】辛丑，谕军机大臣等，现在山东曹县黄河北岸又有漫溢之事，运道所关不可不先事筹画。【略】乙巳，【略】谕内阁：前因玉德于宣平县知县霉浥仓谷一案，【略】兹据覆奏，此案因该县交代时，值春雨连绵，不能即时盘量，致逾两月，又因宣平距省较远，经两司核明禀揭，始行参奏等语。【略】但此案该县系二月初二日交印卸事，该抚于六月二十九日始行参奏，迟至四月有余。【略】己未，【略】赈安徽宿、灵璧、泗、五河、盱眙五州县被水灾民，并缓征凤阳、怀远、寿、凤台四州县村庄新旧额赋。【略】辛酉，赈山东曹、单、济宁、金乡、鱼台五州县并临清卫被水灾民，缓征曹、单、济宁、金乡、鱼台、嘉祥六州县应征漕项银谷，并临清卫本年漕粮额赋及民欠籽种银谷，并毗连灾区各州县成熟地亩额赋。【略】乙丑，缓征江苏山阳、清河、桃源、安东、邳、宿迁六州县水灾新旧额赋。《仁宗实录》卷二一

九月【略】庚午，赈江苏砀山、萧二县被水灾民，并蠲缓地丁漕粮有差，免淮安、徐州二府属应征米豆芦课。【略】癸酉，【略】抚恤浙江临海、宁海、黄岩、太平、定海、象山、玉环七厅县被水灾民，并缓征新旧额赋。缓征归安、德清、乌程三县水灾本年额赋。【略】乙亥，免直隶良乡、宛平、通、宝坻、武清、霸、文安、固安八州县水灾本年额赋十分之一，并缓征新旧额赋。缓征涿、香河、蓟、三河、东安、永清、保定、清苑、新城、雄、高阳、蠡、安、冀、衡水、武邑、宁晋、隆平、献、肃宁、安平、大城二十二州县本年额赋。【略】癸未，【略】缓征安徽合肥、定远、巢、来安、全椒、寿六州县旱灾新旧额赋。【略】乙酉，【略】缓征甘肃皋兰、武威、永昌、镇番、古浪、平番、宁夏、灵八州县及花马池州同所属旱灾本年额赋。【略】辛卯，【略】缓征山东城武、邹、滕、峄四县水灾本年漕粮。【略】乙未，【略】缓征直隶天津、青、静海、沧四州县水灾本年额赋并旗租仓谷。《仁宗实录》卷二二

十月【略】丙午，【略】缓征湖北天门、松滋、公安、石首四县水灾本年漕粮。丁未，【略】赈湖北江陵、监利、荆门、当阳四州县被旱灾民。【略】壬子，【略】谕军机大臣等，哈当阿等奏，台湾猝被飓风，吹损晚稻民居一折。台湾濒临海洋，飓风本所常有，此次风势猛烈，致吹损禾稻，刮倒房屋，压毙人口，殊堪悯恻。【略】台湾地方全藉晚稻，今猝被飓风，粮价未免增长。【略】又，台湾一岁三收，今北路嘉义、彰化等属虽晚稻多有损坏，而南路台湾、凤山等县受风较轻，地瓜番薯杂粮等项尚可有收，当劝谕居民广为播种，亦足以资民食。【略】庚申，赈安徽合肥、定远二县被旱灾民，并缓征巢、来安、全椒、寿四州县卫新旧额赋。《仁宗实录》卷二三

十一月【略】壬辰，【略】加给广西西隆州被水灾民一月口粮。《仁宗实录》卷二四

十二月【略】癸卯，上侍太上皇帝幸瀛台，阅冰技[①]。【略】戊申，谕军机大臣等，梁肯堂奏，保定省城于初九日得雪二寸有余。又据永瑸等奏，易州亦于是日得雪二寸有余。看来雪势自南而北，京城迤南一带多已得雪，迤北地方如宣化、承德等府曾否得有雪泽，著梁肯堂查明具奏。再阅该督所奏粮价，较上月更为平减，深慰廑怀。直省密云以北种秋麦者较少，开春后得有雨雪，亦足滋培长养。【略】庚戌，谕军机大臣等，书麟奏乌鲁木齐十月分粮价单，所开各属粮价，俱较上月增贵，乌鲁木齐地方向来粮价最为平减，即稍贵之时，尚比内地为贱，况十月正值收获之后，市粮充裕，何以价值转致增昂。【略】丙辰，上侍太上皇帝幸瀛台，阅冰技。回部四品伯克玛、穆特等二人，五品伯克谟们、聂咱尔、阿布都里、体布等四人，朝鲜国正使金文淳、副使申耆等三人，琉球国正使东邦鼎、副使毛廷桂等二人于西苑门外瞻觐。　　《仁宗实录》卷二五

## 1798年 戊午 清仁宗嘉庆三年

正月【略】丁卯，加赈江苏砀山、萧、睢宁、丰、沛、铜山、邳七州县，山东曹、单、济宁、金乡、鱼台、嘉祥、城武、邹、滕、峄十州县，临清、济宁二卫上年被水灾民有差。【略】戊辰，赈安徽宿、灵璧、泗、盱眙、五河、合肥、定远七州县上年被水、被旱灾民。　　《仁宗实录》卷二六

二月【略】乙卯，【略】又谕：李奉翰等奏，曹汛坝工因正月二十七日东南风甚大，水势直注金门，二十八日风势逾狂，西坝后段陡蛰入水，现在赶紧堵筑等语。曹汛漫工甫于上年腊月合龙，今坝身复有蛰失。【略】戊午，【略】缓征山东曹、单、济宁、金乡、鱼台、嘉祥、城武、邹、滕、峄、汶上十一州县，并临清、济宁二卫本年额赋。　　《仁宗实录》卷二七

三月【略】丙子，谕内阁：本年二月以来虽得有雨泽二次，究欠沾足，现在节交立夏，麦苗正当长发，大田播种出土之时，尤须膏泽滋培，业已设坛虔祷。甘膏未沛，因思清理庶狱，足以感召和甘。【略】壬辰，【略】缓征直隶文安县水灾本年额赋。　　《仁宗实录》卷二八

四月【略】壬寅，加赈江苏丰、沛、铜山、邳四州县及徐州卫被水灾民，给宿迁县灾民一月口粮，缓征海、沭阳二州县新旧额赋。【略】己未，【略】除甘肃宁夏县河忠堡沙压地十八顷三十亩有奇额赋。　　《仁宗实录》卷二九

五月【略】己巳，命截留江西漕米四十万石，分贮山东济宁等处，接赈曹、单、济宁、金乡、鱼台、嘉祥、邹、滕、峄、城武十州县，并临清、济宁二卫上年被水灾民。庚午，【略】谕军机大臣等，据刘墉等奏查勘曹汛漫工一折，该处漫口跌成深塘，断难在此施工，其改挑之引河头，现据刘墉等查明，开放引河与堵筑口门相资并进。【略】己卯，【略】除河南辉、河内、修武、武陟四县沙压地三百六十九顷六十四亩额赋。　　《仁宗实录》卷三〇

六月【略】戊午，抚恤琉球遭风难夷如例。　　《仁宗实录》卷三一

七月【略】甲申，上奉太上皇帝敕谕，以雨多霜早，停止进哨。　　《仁宗实录》卷三二

八月【略】丁酉，【略】复加赈山东曹、单、城武、济宁、鱼台、金乡、嘉祥、邹、滕、峄十州县，临清、济宁二卫被水灾民有差。戊戌，【略】谕内阁：据秀林奏，七月间松花江水势泛涨，虽两岸低洼田亩被浸，并未滋漫，现在无庸接济办理等语。　　《仁宗实录》卷三三

九月【略】丙寅，谕军机大臣等，倭什布奏，睢州上汛因连日疾风猛雨，黄河盛涨，水势高于堤顶，平漫过水一百五六十丈，大溜分注，漫工者已有八分，入正河者仅止二分，则下游自必即日断

① 冰技，冰上运动的统称。满族源出东北，喜好此类冬季运动。入关后，该运动有"国俗"之称，多有宫廷画作描绘（见附录1《冰嬉图（局部）》）。富察敦崇所记《燕京岁时记》载，一般"冬至以后，水泽腹坚"，即可滑冰。

流，曹汛漫口可以堵筑，而睢州五堡漫水有洪泽湖为之归宿，较之曹汛工程转易办理。向来北岸漫溢，漫水下注，势如建瓴，施工较为费手；南岸地势较高，且多平衍，分泄湖河去路较宽，易于堵筑。是以从前办理北岸漫工，曾有旨令于南岸或酌行开放缺口，分泄水势。【略】甲戌，【略】加赈江苏丰、沛、铜山、邳、睢宁、安东、桃源、海、沭阳十州县本年被水灾民，并蠲缓额赋有差。缓征上元、句容、六合、上海、华亭、奉贤、丹徒、山阳、清河、阜宁、盐城、泰、东台、兴化、宝应十五州县额赋。【略】乙酉，缓征河南睢宁、陵、商丘、杞、太康、淮宁六州县水灾本年漕粮，截留祥符等县漕粮内米豆十二万七千九十六石备赈。丁亥，【略】谕军机大臣等，勒保本日奏到之折，仍不过派兵攻剿情形，并未能擒渠扫穴，【略】乃屡以阴雨为词，冀掩其迟延之咎，现已将届冬令，岂有阴雨不止之理。

《仁宗实录》卷三四

十月【略】甲午，【略】赈盛京承德、辽阳、海城、铁岭、开原、广宁六州县被水灾民。丙申，【略】缓征江苏青浦、娄二县晚棉歉收地方本年额赋，并拨江苏徐州漕粮四万七千石备赈。【略】庚子，【略】赈盛京户部官庄及开原、辽阳、牛庄、广宁等五城被水旗民驿丁并蠲缓额赋有差。辛丑，赈两淮板浦、中正、临兴三场水灾灶户，并蠲缓新旧额赋有差；缓征富安、安丰、梁垛、东台、河垛、丁溪、草堰、刘庄、伍佑、新兴、庙湾十一场灶地额赋。【略】丙午，【略】谕军机大臣等，前据司马騊等奏，睢汛漫口，业于本月初一日兴工，十一月内可以合龙。【略】丁未，【略】贷吉林松花江被水旗民口粮，并免额赋十分之一。

《仁宗实录》卷三五

十一月【略】甲子，【略】赈安徽亳、蒙城、太和、怀远、凤阳、五河、盱眙七州县，并凤阳、长淮、泗州三卫被水灾民，缓征寿、宿、定远、凤台、灵璧、泗、天长七州县新旧额赋。【略】乙亥，【略】蠲缓盛京旧边巨流河、白旗堡等处灾民额赋有差。

《仁宗实录》卷三六

十二月【略】壬寅，谕军机大臣等，司马騊奏，睢工冰凌未解，暂缓合龙一折。堵合坝工，全仗引河掣溜，藉其冲刷，复归故道，合龙方可稳固。今既为冰凌所阻，且曹工一带河底坚冻，恐致冰凌壅挤，坝工著重，此时自不便遽行开放引河。

《仁宗实录》卷三六

## 1799年 己未 清仁宗嘉庆四年

正月庚申朔，【略】加赈江苏丰、沛、铜山、邳、宿迁、安东、海、沭阳八州县卫被水灾民，及两淮板浦、中正、临兴三场被水灶户。贷安徽亳、蒙城、太和、怀远、凤阳、五河、盱眙七州县卫被水灾民口粮。赈山东曹、单、城武、济宁、金乡、鱼台、嘉祥、邹、滕、峄十州县，及临清、济宁二卫被水灾民，并贷口粮有差。

《仁宗实录》卷三七

正月，【略】是月，【略】浙江巡抚玉德奏报，甘雨普沾，粮价平减。【略】四川布政使林儁奏报得雪，民情安帖。得旨：川省连年兵火，民不堪命，哀哉赤子，待哺嗷嗷。【略】云贵总督富纲奏报，得雨深透。

《仁宗实录》卷三八

二月【略】辛亥，【略】缓征山东曹、单、城武、济宁、金乡、鱼台、嘉祥、邹、滕、峄十州县，及临清、济宁二卫水灾新旧额赋。【略】戊午，【略】又谕：胡季堂奏，查明抄案粮食，请赏借文安、大城二县被水村民一折。文安、大城二县年前被水淹浸，现在低洼处所积水未消，自应量为接济，著照所请，将查抄和珅家人呼什图米麦谷豆杂粮一万一千六十五石零，以八成拨给文安县，以二成拨给大城县，赏给被水村民，作为口粮。

《仁宗实录》卷三九

三月【略】辛酉，【略】谕内阁：【略】去冬十月二十八九日夜间，众星交流如织，人所共睹，朕非不知，而钦天监并未奏闻。

《仁宗实录》卷四〇

五月【略】辛酉，谕内阁：据吉庆奏，粤东西北两江春涨并发，护田围基间被水冲，查勘赶修一折。南海等七县围基，系属保护田庐，关系紧要，既经被水冲损，自应赶紧修葺。

《仁宗实录》卷四四

六月【略】丙午，谕内阁，祖之望奏，汉水上游陡涨，荆门、潜江等处民堤间有漫淹等语。【略】是月，【略】近日京中又得甘雨，顿解炎蒸。

《仁宗实录》卷四七

七月【略】癸酉，【略】抚恤湖南永顺府被水灾民，并赏因公淹毙知县刘毓琼同知衔，照例议恤。【略】丁丑，【略】抚恤江苏萧、砀山、铜山、崇明四县被水灾民。戊寅，【略】抚恤直隶、涿、定兴、安肃、清苑、满城、定、新乐、正定、阜平、雄、安、新城、高阳、蠡、博野、祁、安平、宁晋、隆平十九州县被水灾民。【略】癸未，【略】缓征湖北潜江、京山、荆门、天门、沔阳、汉川、江陵、监利八州县水灾本年额赋。

《仁宗实录》卷四九

八月【略】庚戌，【略】谕内阁：陈大文奏，东省漕粮仍照向例春兑春开一折。向来冬省漕粮，原于十月运赴水次，至次年二月交兑开行，并无贻误。嗣经改为冬兑冬开，虽为期较早，但兑运未免紧迫，米色即不能一律纯净。而收漕州县，受兑旗丁，每因急促从事，藉端滋弊。且兑运虽在十月以内，趱出闸外，仍须在途守冻，至次年二月冰泮，方能前进。以重载停泊水次至三月之久，米豆等项既不免为水气潮蒸。又数十万漕粮排列河干，火烛亦为可虑。而所在复需兵役巡逻，旗丁雇觅舵水人等，闲养在帮，更不免徒增费用。而于冬兑冬开，仍属有名无实。嗣后，东省漕粮著仍照旧例起征运赴水次，立春以后受兑完竣，开帮，俟次北上抵通，于利运恤丁两有裨益。【略】缓征山东济宁、鱼台、金乡、单、嘉祥、峄、滕、城武、长清、东阿、平阴、利津、蒲台、汶上、阳谷、巨野、范、郓城、朝城、博平、茌平、清平、莘、恩、聊城、博兴、高苑、乐安、寿光、临清、夏津、武城三十二州县及各场地，并临清、济宁、德州三卫水灾新旧漕粮额赋，曹、邹二县历年旧欠额赋。【略】癸丑，【略】缓征河南睢州水灾新旧漕粮额赋。【略】是月，直隶总督胡季堂奏报，蓟州一路蝻孽复生，并不伤稼。委员沈锦往遵化州属南营村收捕，有民妇张章氏跪地，声称虫不食禾，是以中止。询问属实。得旨：民妇不令扑捕者，恐胥役滋事，甚于蝗蝻，蝗蝻仅食禾稼，胥役累及身家矣。总宜查明抚恤为正办。

《仁宗实录》卷五〇

九月【略】戊午，谕军机大臣等，费淳奏，洪泽湖陡起风暴，掣坍工段三百五十四丈，现已赶紧抢护，自应如此办理。【略】缓征江苏萧、砀山、阜宁、铜山、邳、丰、沛、睢宁、宿迁、海、沭阳、桃源、山阳、清河、盐城、安东、海门、通、东台、兴化二十州县，淮安、大河、徐州三卫水灾新旧额赋及蠲赈有差。并截留徐州府属萧、砀山等七州县本年漕粮备赈。【略】庚午，【略】谕内阁：本日永远奉安大礼告成，自本月初二日恭送皇考梓宫，奉移裕陵，至今为期半月，连值风日晴明，气候暄霁。

《仁宗实录》卷五一

九月【略】甲戌，【略】赈安徽宿、灵璧、泗、凤阳、怀远、盱眙、五河七州县被水灾民，并缓征定远、寿、凤台三州县本年额赋。【略】丙子，【略】缓征江苏崇明、宝应二县水灾新旧额赋。【略】戊寅，【略】除江苏丹徒县被水坍没田二顷八十五亩额赋。【略】癸未，【略】赈两淮丁溪、草堰、刘庄、伍佑、新兴、庙湾、中正、板浦、临兴九场被水灶户有差。并缓征栟茶、角斜、丰利、掘港、金沙、吕四、余东、余西、石港、富安、安丰、东台、梁垛、何垛十四场新旧额赋，贷富安、安丰、东台、梁垛、何垛五场草本。

《仁宗实录》卷五二

十月【略】戊戌，【略】贷齐齐哈尔被旱八旗驿站屯丁口粮，并免应交谷石。【略】乙巳，【略】加赈江苏崇明县风潮灾民。

《仁宗实录》卷五三

十一月【略】丙辰，贷吉林三姓地方被旱灾民口粮，并蠲缓本年额赋旧借粮石有差。

《仁宗实录》卷五四

十二月【略】庚子，【略】免河南仪封、睢二厅州漕蓟、常平、义、社等仓被水漂失霉烂谷石。【略】

壬寅，谕军机大臣等，近因那彦成搜捕窜匪，带兵深入（川陕交界）老林，【略】密树遮蔽，十丈以外即不能见，又天气苦寒，积雪数尺。【略】甲辰，【略】谕内阁：前据初彭龄参奏，【略】称嘉庆元年六月内，（云南）雨水稍多，山水骤发，以致（抱母、恩耕）二井咸被冲淹，贮仓盐块亦多浸失，民房、衙署俱有坍塌，幸人口未有损伤。当经禀请督抚，于盐库内酌动银三千两，委员前往抚恤。缘山水旋涨旋消，其退甚速。（巡抚）江兰于秋间往勘，未经细体被水情形，遂谓被水不重，不至成灾。委员施廷良散放抚恤银两，疑其捏报，不准照数开销。嗣因猓黑滋事，前任督臣勒保令颜检前往剿办，经过该二井地方，目击井上坝台正在修理，衙署、民房亦尚未一律修葺，且见屋柱水痕高至数尺，因知彼时被水原重。【略】丁未，【略】免湖南永顺府属被水漂失军装器械应扣饷补制银。

《仁宗实录》卷五六

## 1800年 庚申 清仁宗嘉庆五年

正月【略】辛酉，【略】加赈直隶霸、河间、任丘、隆平、宁晋、定六州县水灾虫灾饥民。并贷文安、清苑、蠡、雄、安、新安六州县灾民籽种口粮，免大城、文安二县无地贫民应还官谷有差。加赈江苏萧、砀山二县被水灾民。加赈安徽宿、灵璧、泗三州县卫被水灾民，并贷凤阳、怀远、盱眙、五河四县卫贫民口粮。贷湖北荆门、潜江、天门三州县被水军民籽种口粮。《仁宗实录》卷五七

正月【略】癸未，【略】谕内阁：江兰历任藩司巡抚，声名平常，办事任性，朕早已稔知。【略】兹据书麟查奏，抱母、恩耕二井前被山水冲淹，井灶民房衙署、盐仓皆被冲塌，淹毙男妇三十二名口，被灾民灶三千四百余丁口，冲坍房屋一千四百余间。经地方官禀报，江兰只于办理猓匪回省折内，声明威远一带并无被水村庄，转称收成极其丰稔。书麟办事素称公正，所奏皆系实在情形。是江兰竟系有心讳灾，其咎甚重。《仁宗实录》卷五八

二月【略】戊子，【略】又谕：康基田堵筑邵家坝漫工，于堵合后复因冻土不能坚实，致有渗漏过水。节经降旨，谕令实力妥办，乃督办已久，未能堵合。【略】癸巳，【略】严戒督抚讳灾。【略】上年各省所报收成分数，虽未能一律上稔，而统计尚属丰收。《仁宗实录》卷五九

四月【略】戊子，【略】加赈安徽宿、灵璧、泗三州县卫被水灾民。【略】辛卯，【略】加赈江苏萧、砀山二县被水灾民有差。壬辰，【略】展五城及普济堂粥赈一月，以未得透雨故也。【略】丙申，【略】以京师雨泽愆期，命设坛祈祷，刑部清理庶狱。《仁宗实录》卷六三

四月【略】己亥，【略】谕内阁：【略】本年入春以来雨泽较少，立夏后仍未得甘霖，寸衷愧悚，昼夜靡宁，已谕礼部设坛祈祷。【略】癸卯，【略】以时雨尚稽，再命刑部查办永远监禁枷号各案。寻奏，上释永远监禁六犯，永远枷号二十八犯。【略】上以祈雨社稷坛，自是日始斋戒三日。【略】丙午，上自午门内步诣社稷坛祈雨。【略】己酉，【略】谕军机大臣等，颜检、乔人杰奏，察看隆平、宁晋等处被水情形，先挑淤以消积潦一折。隆平、宁晋等处因滹沱河与滏河会合，涨水淤塞，颜检等察看情形，挑挖淤积，以消积潦而利商艘，所见尚是。《仁宗实录》卷六四

闰四月【略】甲寅，以雨泽愆期，复命刑部查明久禁重案官犯。【略】丁巳，【略】上以诣社稷坛谢雨，自是日始，斋戒三日。【略】辛酉，缓征直隶霸、文安、清苑、蠡、雄、安、新安、河间、任丘、宁晋、隆平、定十二州县旱灾新旧额赋。复缓征满城、新城、祁、高阳、阜平、望都、博野、正定、新乐、易、冀、饶阳、安平、涿、宝坻、唐、献、曲阳、丰润、通、三河、遵化、玉田二十三州县旱灾新旧额赋。免大兴、宛平、良乡、涿、通、三河、冀、遵化八州县本年额赋，并缓征旗租银粮。《仁宗实录》卷六五

闰四月【略】庚午，【略】加赈安徽宿、灵璧、泗三州县被水灾民。《仁宗实录》卷六六

五月【略】癸未，【略】以高宗纯皇帝北郊升配礼成，大典全备，又值澍泽普沾，赏前引后坛上执

事之大臣官员各加一级。【略】辛卯,【略】以谢雨,命通政司参议汪日章恭赍御书“濯灵禹甸”扁额,前往保定府城关帝庙,拈香悬挂。

《仁宗实录》卷六七

五月【略】癸卯,【略】谕军机大臣等,京师自交夏至后,甘澍连绵,极为深透,因思南省正值大雨时行之际,湖河水势自必增长,现在邵坝漫口未经堵合,大溜全注洪湖,高堰石工最为险要。【略】是月,【略】江苏巡抚岳起奏:查徐州赈务及被灾民人情形。得旨:览奏实深悯恻,中泽哀鸿,嗷嗷待哺,皆朕不德,以致子民失所,卿须力为抚恤,以减朕衍,宁滥无遗,以实妥办。

《仁宗实录》卷六八

六月【略】丙辰,【略】谕军机大臣等,费淳等奏,萧、砀二县被水灾民及徐州卫军丁,自四月起至合龙之日止,约需赈银三十余万两。【略】萧、砀等处地方正值邵坝口下游,被水成灾地亩未能涸出,难以播种,小民生计维艰,自须妥为赈恤,免致失所。【略】庚申,谕内阁:前据赓音布奏,江南宿迁县内旧建高宗纯皇帝御制碑刻,【略】于乾隆五十六年七月内被风吹倒倾折,现在赶紧赔修,并查明因循未修各员,分别参奏等语。该县建立御碑,被风吹倒,以致倾折,迟至十年之久,不行修理,外省废弛恶习,即此可见。【略】壬戌,【略】署四川总督勒保奏,【略】川东、川北往来奔窜之贼不下十余股,而剿贼之兵仅臣与德楞泰两路,【略】所幸本年雨水应时,收成丰稔,川省民田宽广,赋比他省较轻,量加津贴,尚属可行。

《仁宗实录》卷六九

六月【略】癸酉,【略】缓征河南睢州水灾旧欠额赋漕粮。【略】甲戌,【略】是日得雨,赏引见遇雨人员葛各二匹。

《仁宗实录》卷七〇

七月【略】壬午,谕内阁:费淳、吴璥奏报伏汛安澜一折,内称清口迤东入海之路甚为迅驰,运河分泄畅行,五坝石脊上仅过水一尺五寸,高堰志桩出水尚有八尺三寸等语。

《仁宗实录》卷七一

八月【略】丁巳,【略】给陕西朝邑县被水灾民口粮有差,仍贷籽种,并缓征本年额赋及新旧未还仓谷。

《仁宗实录》卷七二

八月【略】壬申,【略】给山西永济县被水灾民一月口粮,房屋修费,并贷籽种,缓征本年额赋。【略】丁丑,【略】加赈安徽宿、灵璧、泗三州县被水灾民,并缓征怀宁、桐城、潜山、宣城、南陵、贵池、铜陵、当涂、芜湖、繁昌、庐江、和、含山、滁、全椒、来安、建平、凤阳、怀远、寿、凤台、定远、盱眙、五河二十四州县新旧漕粮额赋。

《仁宗实录》卷七三

九月庚辰朔,【略】缓征陕西咸宁、长安、三原、蓝田、醴泉、临潼、泾阳、兴平、咸阳、蒲城、安康、紫阳、平利、洵阳、乾、武功、孝义、宁、陕、渭南、高陵、耀、同官、大荔、华、白水、郃阳、澄城、凤翔、扶风、郿、褒城、略阳、留坝、凤、汉阴、石泉[①]、镇安、商南三十八厅州县旱灾本年额赋盐课,并新旧常社仓应还籽种。【略】丁亥,【略】赈江西宁都、鄠都、广昌、南丰四州县被水灾民并蠲缓额赋有差,缓征石城、瑞金、南城、永丰、吉水、丰城、南昌、新建八县水灾额赋。缓征河南武陟、孟二县被水村庄新旧额赋及应还仓谷。【略】戊子,【略】贷山西朔州被雹村庄籽种口粮,并缓征本年额赋。【略】癸巳,【略】缓征广东大埔、海阳、饶平、澄海四县水灾本年额赋。【略】甲午,【略】缓征江苏江浦、六合、溧水、上元、江宁、句容、金坛、溧阳、山阳、阜宁、清河、安东、盐城、铜山、丰、沛、邳、宿迁、睢宁、海、丹徒、丹阳二十二州县,及淮安、大河、徐州三卫水灾新旧额赋漕粮,并免萧、砀山二县及徐州卫水灾本年额赋漕粮有差。【略】癸卯,【略】赈甘肃永昌、武威、镇番三县被旱灾民,并蠲缓额赋有差。【略】戊申,【略】谕内阁:向来各省采买谷石,原应按限补足,以实仓储,然各省收成分数丰歉不一,亦须分别办理。即如本年四川、陕西、湖南、广西等省,有得雨较迟州县,浙江、江西、福建等省所属

① 石泉,即今四川北川县,1914年因与陕西省石泉县同名改今名。

间有被水州县，各处收成未免歉薄，若将仓谷一律采买，转于民食有妨。 《仁宗实录》卷七四

十月【略】辛亥，【略】给黑龙江等处霜灾兵丁、官屯人等口粮，并免本年应交粮石。缓征齐齐哈尔、布特哈等处旧欠粮石。【略】壬戌，【略】缓征甘肃皋兰、金、安定、平凉、泾、宁夏、宁朔、平罗、镇原、环、靖远、安化、河、崇信、狄道、渭源十六州县，并庄浪县丞、沙泥州判所属本年被霜、被雹、被旱各灾民额赋。【略】戊辰，【略】赈直隶文安、大城、武清、高阳、新安、河间、静海、隆平、宁晋、霸、雄、安、景、青十四州县被水灾民。【略】甲戌，【略】截留江南铜山、睢宁、砀山、萧、丰、沛、邳七州县本年漕粮四万余石，备赈徐州府属灾民。乙亥，【略】续缓征甘肃平番、古浪、山丹三县雹灾、旱灾本年额赋。赈浙江金华、永康、武义、丽水、缙云、诸暨、遂昌、松阳八县被水灾民有差。丁丑，【略】加给福建浦城、建宁、宁化、清流、长汀五县被水灾民一月口粮，并蠲缓浦城、建宁、宁化、清流、长汀、沙、永安七县沙壅石压田新旧粮米有差。 《仁宗实录》卷七五

十一月【略】甲申，【略】缓征陕西毗连灾区之岐山县本年额赋。乙酉，冬至，【略】谕内阁：本年冬至斋戒期内，气候晴明，今早朕恭诣郊坛行礼，天光和霁，允兆嘉祥。【略】癸卯，【略】再加赈江苏萧、砀山，安徽宿、灵璧、泗五州县被水灾民。 《仁宗实录》卷七六

十二月【略】壬子，【略】谕内阁：给事中萧芝奏敬谨天道以利臣工一折。【略】其所称去年九月闻雷，实有其事，而今岁春间雨泽愆期，麦收稍减，朕于四月间虔诚步祷大社，幸降时霖；夏至恭祀方泽，【略】大沛甘膏，秋收仍获丰稔；迨甫交冬令，即得有渥雪，现阅两月有余，未见祥霙续降，朕心深为焦廑。【略】辛酉，谕军机大臣等，本年十月以来，未经续得雪泽，直隶、山东濒水地方甚多，恐蝻子潜生，不可不先事预防。著传谕该督抚等劝谕居民，于近水低洼处所预为搜掘，俾不致滋生害稼，而无业贫民亦可将掘得蝻子交官，换易银米，藉资糊口。此事只须地方官晓谕民人，自行搜掘，不必差派吏胥，转致纷扰滋事。 《仁宗实录》卷七七

## 1801年 辛酉 清仁宗嘉庆六年

正月【略】己卯，加赈直隶霸、文安、大城、安、新安、河间、景、宁晋、隆平九州县被水、被雹灾民，并贷雄、高阳二县灾民籽种口粮。加赈江苏萧、砀山二县及徐州卫被水灾民。加赈安徽宿、灵璧、泗三州县卫被水灾民。加赈江西宁都、鄠都、广昌、南丰四州县被水灾民。赈河南武陟、孟二县被水灾民。赈陕西咸宁、长安、三原、泾阳、临潼、咸阳、兴平、蓝田、乾、武功十州县被旱灾民，并贷渭南、同官、耀、孝义、高陵、宁、陕、富平、华、大荔、澄城、白水、凤翔、扶风、南郑、沔、留坝、褒城、略阳、汉阴、石泉、镇安、商南二十二厅州县贫民仓谷。加赈甘肃武威、镇番、永昌三县被旱灾民。【略】甲辰，【略】又谕：秋狝大典，所以肄武习劳，从前皇考巡幸木兰，岁以为常。后因春秋已高，适值连年木兰雨水较大，节经蒙古王公大臣等再四恳请，是以数年以来暂停进哨。 《仁宗实录》卷七八

三月【略】辛巳，【略】缓征陕西被贼、被旱之留坝、凤、褒城、南郑、城固、洋、西乡、宁羌、沔、略阳、安康、汉阴、平利、洵阳、紫阳、白河、石泉、宁、陕、孝义、商、山阳、雒南、商南、镇安二十四厅州县新旧额赋。【略】丙戌，【略】又谕：倭什布奏，武汉一带饥难各民分别妥为安抚，地方悉臻宁谧一折。览奏稍慰。 《仁宗实录》卷八〇

三月【略】己亥，【略】谕内阁：本年入春以来，雨旸时若，畿辅地方麦苗出土后，俱极畅发，本日时雨滂沛，倍滋长养，麦秋可冀丰收，实深欣幸。 《仁宗实录》卷八一

四月【略】癸亥，【略】贷山西永济县霜灾贫民籽种口粮，并缓征地粮盐课有差。

《仁宗实录》卷八二

五月【略】戊子，【略】免安徽宿、灵璧、泗三州县卫本年水灾额赋有差。【略】壬辰，上幸静明园，

诣龙神庙祈雨。【略】甲午，缓征甘肃阶、文、武威、镇番、永昌、岷、西和、陇西、宁远、伏羌、洮、通渭、安定、漳、会宁、平凉、静宁、隆德、华亭、庄浪、秦、秦安、清水、礼、徽、两当、成、狄道、河、皋兰、金、渭源、靖远、泾、崇信、镇原、环、安化、宁夏、宁朔、平罗、山丹、平番、古浪厅州县，并西固、三岔二州同，沙泥州判所属旱灾新旧额赋。乙未，上幸静明园，诣龙神庙谢雨。谕内阁：玉泉山惠济慈佑龙王庙，每遇祈祷雨泽，屡著灵应，久经载入祀典，近因夏至以后雨泽较少，本月十七日，朕亲诣虔诚默祷，是日即有微雨飘洒，次日大沛甘霖，连宵达曙，尤征灵验，允宜敬加称号，用答神庥，著称为“惠济慈佑灵濩龙王庙”，以昭崇奉。【略】丙申，谕内阁：前因长麟派令萧福禄搜捕汧阳“悄悄会”一案[1]，办理尚为迅速，是以降旨，【略】除将首逆武振关等家属缘坐外，其余概免缘坐。闻此旨到陕宣读时，该省正在望雨，立时普沛甘霖，民情大悦，可见朕施仁宥罪，实为上合天心。

《仁宗实录》卷八三

六月丙午朔，【略】抚恤广东省城飓风灾民。己酉，谕内阁：京师连日雨势甚大，圆明园宫门内外顿有积水，自因水道下游淤塞所致，因命步军统领派出兵丁，将附近旧有旱河壅滞之处，迅速开挖，积水立时消退。【略】壬子，谕内阁：近日雨势甚大，永定河水骤涨，由南顶至凤河下注，京城附近西南地方自必被潦，其东北一带地方积水不能即时消涸，于民舍田禾恐不无妨碍。朕心深为廑念。【略】癸丑，以畿辅水灾，停止秋狝。【略】自六月朔日大雨五昼夜，宫门水深数尺，屋宇倾圮者不可以数计，此犹小害，桑干河决，漫口四处，京师西南隅几成泽国，村落荡然，转于沟壑，闻者痛心，见者惨目。【略】此次大水所淹，岂止数十州县，秋禾已无望矣。【略】甲寅，【略】免大兴、宛平二县水灾本年额赋。乙卯，以晴，遣官分祭玉泉山黑龙潭、密云县白龙潭各龙神庙。【略】命顺天府饬该管州县收葬淹毙灾民。丙辰，以水灾，命刑部清理庶狱。谕内阁：京师自本月初旬连日大雨，永定河决口四处，中顶、南顶及南苑一带俱经淹浸，犹幸决口处所尚距卢沟桥南五六里，若再向北冲决，则京城及圆明园皆被水患。【略】甲子，谕内阁：京师自六月初旬以来，雨水连绵，已及两旬，现在尚未晴霁，永定河漫溢成灾，积潦未退，朕宵旰焦思。【略】免被灾较重之宛平县来年额赋，涿、良乡、保定、宝坻、固安、三河、房山、顺义、通、武清十州县本年额赋；被灾稍轻之怀柔、昌平、蓟三州县本年额赋十分之五。乙丑，以水灾，改顺天乡试。谕内阁：京师自本月初旬以来，雨水连绵，贡院墙垣号舍多有坍塌渗漏之处，现在考试期近，已饬令赶紧动工修葺，惟气候蒸湿，恐难如期修竣。【略】丙寅，【略】又谕：吉庆等奏，续查粤东各属被风吹损塘汛兵房民房，分别动项捐廉办理一折。览奏俱悉。广州府属之南海等县猝被飓风吹损船只，倒塌兵房、坛庙、衙署、民房、铺屋，并淹毙人口，亟宜妥为抚恤。【略】以水灾，贷守护西陵八旗官员兵丁，并内务府武职及拜唐阿太监树户人等俸银钱粮各三月。拨直隶藩库银十万两抚恤灾民。【略】戊辰，【略】谕内阁：京城一带雨水连绵，永定河漫水泛溢，被灾贫民口食无资，流离失所，节次特派大臣等查灾给赈。【略】近日并有人在朕前奏及近畿灾民纷纷至京，竟有被各门拦截者，更属大谬，现在五城设立饭厂，穷民等自必闻风踵至，岂可转行阻禁。【略】己巳，【略】免直隶被灾较重之香河、霸、文安、清苑、满城、安肃、定兴、新城、博野、望都、容城、完、蠡、雄、祁、安、高阳、新安、河间、献、肃宁、任丘、故城、交河、平山、冀、清河、衡水、武邑、赵、隆平、宁晋、深、饶阳、安平、大城、永清、东安三十八州县本年额赋，被灾稍轻之密云、正定、井陉、阜平、行唐、藁城、晋、无极、新乐、灵寿、任、阜城、南宫、定、曲阳、深泽、易、广昌、涞水十九州县本年额赋十之五。【略】辛未，上步诣社稷坛，行祈晴礼。谕内阁：本月二十二日，朕由圆明园进宫斋戒祈晴，是日雨势微细，旋即霁止，二十三四等日云气渐散，昨日业已放晴。今早朕亲诣社稷坛礼成，天光开霁，日色畅晴。此皆仰赖昊贶神庥。

《仁宗实录》卷八四

[1] 此案中萧福禄诛杀两千数百人，以滥杀人命被降为参将。

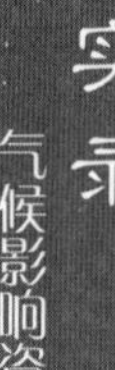

七月乙亥朔，【略】缓征山西代、朔、应、山阴、五台、繁峙六州县水灾本年额赋。丙子，上步诣社稷坛行谢晴礼。【略】己丑，【略】缓征山西长子、长治二县水灾本年额赋。【略】庚寅，【略】贷天津被水各营兵丁一季钱粮。缓征湖南武陵、龙阳二县水灾本年额赋。【略】壬辰，【略】免山西代、应、浑源、山阴、大同、繁峙、五台、忻、朔、定襄、崞、怀仁十二州县水灾本年额赋。缓征陕西咸宁、长安、临潼、渭南、泾阳、三原、高陵、富平、耀、咸阳、兴平、醴泉、华、陇、汧阳、乾十六州县旱灾节年民欠额赋盐课仓粮。癸巳，【略】谕内阁：本年京师自六月初旬大雨连绵，河水涨发，直隶所属各州县民田庐舍多半被淹，灾祲示警，朕心深为兢惕。【略】截留漕米六十万石，动支库项十万两，交熊枚等酌量分拨急赈。【略】乙未，谕内阁：【略】此二年中，从未有如本年之经旬大雨。【略】免直隶宁河、唐、束鹿、景、天津、静海、巨鹿、南和、鸡泽、大名、元城、玉田、丰润、柏乡、武强、沧、平乡、清河、昌平、阜平、藁城、无极、新乐、任、阜城、定、曲阳、蓟二十八州县水灾本年额赋。青、唐山、枣强、获鹿、栾城、南乐、遵化、蔚、东光九州县本年额赋十分之五，蓟州次年额赋十分之三。【略】戊戌，【略】给热河地方被水灾民口粮。拨山西藩库银六十万两，山东、河南藩库银各三十万两，赈恤甘肃被旱灾民，并免皋兰、狄道、渭源、金、靖远、陇西、安定、会宁、宁远、伏羌、西和、岷、通渭、漳、平凉、静宁、隆德、固原、华亭、安化、宁、合水、正宁、环、山丹、平番、古浪、秦、秦安、清水、礼、阶、灵台、镇原、崇信、武威、永昌、镇番、西宁、碾伯、成、文、徽、两当四十四厅州县，并西固、三岔二州同，沙泥州判，红水、东乐二县丞所属节年新旧额赋草束有差。己亥，谕内阁：前因蓟州一带滋生蝗蝻，未据熊枚奏及，自系地方官未经禀报，当即令熊枚查明参奏。兹据奏称，该州城东十五里之三家店起，至桃花寺一带，有初生蝗蝻，间段聚落。知州赵宜霖，会同署都司刘天相等，分段圈捕，现已日就减灭。并据该州禀称，原期克日捕尽，再行通禀等语。地方一有蝗虫发生，即应一面申报各上司，一面亲往扑捕，勿使蔓延害稼，方为留心民瘼。若业已捕尽，又何事通禀为耶。赵宜霖玩误迟延之咎，实无可辞，著革职。该管通永道阿永、署东路同知方其昀，于所属匿蝗不报，未能查出，著交部分别议处。藩司同兴失于查察，并著交部察议。熊枚甫经署任，且驻扎工次，其失察尚属可原，所有自请交部察议之处，著加恩宽免。【略】庚子，【略】缓征陕西蓝田、武功、永寿、邠、长武五州县旱灾旧欠额赋。辛丑，谕军机大臣等，本年直隶各州县地方被灾较广，现在加恩赈恤，将来青黄不接之时，粮价自必昂贵，亟应先为筹拨，以资调剂。山东、河南二省附近京畿，收成尚好，东省惟临清等处，豫省惟内黄地方稍有被水之处，均属一隅中之一隅，其余各属秋成多系丰稔。著传谕惠龄、颜检，于丰收价贱处所，酌量采办小米麦石。

《仁宗实录》卷八五

八月【略】丁未，【略】缓山东临清、馆陶、武城、邱、夏津、聊城、堂邑、清平、博平、茌平、高唐、莘、恩、冠、阳谷、朝城、东阿、平阴、平原、长清、德、范二十二州县水灾新旧额赋有差。缓征山西平定、汾阳二州县水灾本年额赋，并贷籽种口粮有差。【略】癸丑，【略】缓征长芦水冲坨盐正引课银直隶、河南各引地课银十分之五。【略】乙卯，【略】命编辑《辛酉工赈纪事》。谕内阁：本年京师自六月初旬大雨连绵，河水涨决，直隶被水地方至九十余州县之多，实非寻常偏灾可比。朕廑念焦劳，当即卿员分路查勘，开仓赈济。节降谕旨，分别蠲免钱粮，截留漕运，动用银钱米石，交汪承沛、熊枚等分拨急赈。又令那彦宝、巴宁阿赶筑永定河堤岸，兴工代赈，以期安抚穷黎，实不遗余力。现在右安门外等处饭厂，人数日渐减少，十月初开放大赈，灾民各回乡里，就近领赈，似可不致有失所之人。可见地方间遇灾祲，若能及早筹办，实力抚绥，即可为补救之方。【略】丙辰，【略】除浙江萧山县西兴场坍没灶地一百二十八顷七十七亩有奇额赋。【略】庚午，谕军机大臣等，熊枚奏，查勘文安一县被水成灾较重之区，并绘图贴说进呈，朕详加披阅，该处地形洼下，积水已越三年，今年子牙、清河诸水四面漫溢，竟深至二丈有余不等。住居民人共计三百六十余村，俱浮沉水中，嗷嗷待哺，朕心实增怜轸。【略】辛未，免云南易门县水灾本年额赋。壬申，谕内阁：台费荫奏称将文安县民迁移盛京一折，所奏断不可行。据称文安地势极洼，现在积水自数尺至丈余不等，明岁断难全涸，并恐二三年尚不能耕种，请酌给迁徙安集之资，准令赴锦州及吉林、齐齐哈尔等处地方听其耕种，并请官为经理。

《仁宗实录》卷八六

九月【略】己卯，【略】缓征山东濮、观城、汶上三州县水灾本年额赋。【略】乙酉，【略】缓征江西南昌、新建、丰城、进贤四县水灾本年额赋。【略】戊子，【略】赈甘肃宕昌番民。缓征山西宁武、襄垣二县水灾本年额赋。己丑，【略】缓征安徽怀宁、桐城、潜山、寿、凤台、定远、怀远、滁、全椒、宿、灵璧、凤阳、盱眙、五河十四州县，安庆、凤阳、长淮、泗州四卫水灾新旧额赋。【略】庚寅，【略】缓征陕西高陵、耀、咸阳、兴平、醴泉、乾、武功、汧阳、陇、凤、褒城、南郑、城固、洋、西乡、宁羌、沔、略阳、安康、汉阴、平利、洵阳、紫阳、白河、石泉、商、山阳、雒南、商南、镇安、宁陵、孝义、留坝三十三厅州县被旱、被贼本年秋征额赋。【略】辛丑，【略】免直隶沧、冀、衡水、交河、宁河、河间、天津、静海、宝坻、武清、蓟、丰润、青、东光十四州县被水灶地本年额赋有差。【略】壬寅，【略】缓征江苏山阳、阜宁、清河、桃源、安东、盐城、铜山、丰、沛、萧、砀山、邳、宿迁、睢宁、海、沭阳十六州县，淮安、大河、徐州三卫水灾积欠额赋。

《仁宗实录》卷八七

十月甲辰朔，【略】缓征两淮海州属板浦、中正、临兴三场被水灶户新旧额赋。赈恤山东临清、馆陶、武城、邱、夏津、聊城、堂邑七州县及坐落各卫屯被水灾民有差，并缓征漕项银米，贷清平、莘、朝城、东阿四州县卫贫民口粮，给阳谷、博平、高唐、恩四州县贫民一月口粮。【略】壬子，免浙江诸暨、萧山、钱塘、余杭、山阴五县，并钱清场牧地被水灾民本年额赋及牧租灶课，并缓旧欠；又缓征富阳、临海、仙居、桐庐、分水五县，及曹娥场、海宁州沙地新旧额赋灶课公租。【略】甲寅，【略】谕内阁：前经仓场侍郎奏请将今年冬间支放甲米及明春官员俸米，俱搭放黑豆一折。已依议行，但近闻顺天府所报粮价黑豆价值较之各项米价，贱至五钱及二三钱不等。【略】丙辰，【略】缓征江苏江浦、六合、萧、砀山、邳、宿迁、海、沭阳八州县，大河、徐州二卫水灾本年次年漕粮额赋，并旧欠各项银米。【略】戊午，【略】免阿克苏所属阿哈雅尔村被水回民本年应纳官粮。　《仁宗实录》卷八八

十月【略】辛酉，【略】贷湖南武陵、龙阳二县被水灾民种麦工本，并武陵县修理堤垸银。【略】辛未，【略】缓征索伦达呼尔、齐齐哈尔旱灾本年应还粮石。

《仁宗实录》卷八九

十一月【略】壬午，【略】赈陕西高陵、耀、咸阳、兴平、醴泉、乾、武功七州县被旱灾民，并缓征本年额赋。【略】甲申，【略】又谕：朝阳门系通衢大路，此次即因城外放米拥挤，何至挤毙十余命之多，且已毙男妇，止认识马甲常洪一人，此外系属何人，及究竟因何挤毙之处，皆因查讯明确。

《仁宗实录》卷九〇

十一月【略】壬辰，【略】谕军机大臣等，伯麟奏，查明山西被灾州县毋庸展赈一折。山西代州等十九州县本年被灾之后，即经加恩缓征，并借给口粮籽种，既据伯麟查明穷黎口食有资，例赈之外自可勿庸另行展赈。【略】辛丑，【略】蠲缓河南内黄县被水灾民本年额赋有差。缓征河南安阳、汤阴、浚、武陟四县被水灾民本年额赋。壬寅，【略】免云南建水、浪穹二县水灾本年额赋。

《仁宗实录》卷九一

十二月癸卯朔，【略】除浙江仁和等县捐置义冢并水冲沙压及坍塌田额赋。【略】丙午，【略】免直隶青、东光、正定、深泽四县水灾本年额赋。加赈直隶大兴、宛平、通、武清、宝坻、香河、宁河、霸、保定、文安、大城、固安、永清、东安、涿、房山、良乡、顺义、清苑、安肃、新城、博野、雄、蠡、容城、束鹿、安、新安、河间、献、肃宁、任丘、交河、景、东光、天津、青、静海、正定、藁城、无极、阜平、新乐、平山、丰润、玉田、冀、武邑、衡水、新河、赵、柏乡、隆平、宁晋、深、武强、饶阳、安平、定、深泽六十州县被水灾民。【略】己酉，上幸瀛台阅冰技。癸丑，【略】缓征山东临清、馆陶、武城、堂邑、高唐、冠、恩、夏津、邱九州县水灾本年额赋。甲寅，【略】加赈甘肃皋兰、狄道、渭源、金、靖远、陇西、宁远、伏羌、

安定、会宁、通渭、岷、西和、漳、平凉、固原、隆德、静宁、华亭、安化、宁、正宁、合水、环、山丹、东乐、永昌、镇番、古浪、平番、秦、秦安、清水、礼、階、文、泾、崇信、灵台、镇原四十厅州县，并西固州同，沙泥州判，庄浪、红水二县丞所属被水、被旱灾民。【略】乙卯，【略】加赈直隶蓟、三河、定兴、望都、高阳、满城、沧七州县被水灾民。【略】己未，【略】蠲缓四川大宁、高阜二场水灾本年灶课。【略】丙寅，上幸瀛台阅冰技。

《仁宗实录》卷九二

## 1802年 壬戌 清仁宗嘉庆七年

正月【略】丙子，【略】展赈陕西兴平、武功、醴泉、乾四州县，甘肃皋兰、渭源、金、靖远、狄道、陇西、安定、会宁、岷、通渭、漳、西和、伏羌、宁远、平凉、静宁、华亭、隆德、固原、庄浪、安化、宁、正宁、合水、环、秦、礼、清水、秦安、階、文、泾、灵台、崇信、镇原、山丹、东乐、永昌、镇番、古浪、平番四十一州县，及西固州同、沙泥州判、红水县丞所属上年旱灾贫民。

《仁宗实录》卷九三

二月【略】甲寅，【略】缓征山东临清、馆陶、武城、邱、夏津、聊城、堂邑、清平、博平、茌平、高唐、莘、恩、冠、阳谷、朝城、东阿、平阴、长清、德、范、平原、濮、观城、汶上二十五州县卫水灾本年额赋。【略】己未，【略】除直隶宛平县被水冲陷民田五十二亩额赋。庚申，【略】以京外贫民来京就食者多，命再于卢沟桥、黄村、东坝、采育四处添设粥厂。

《仁宗实录》卷九四

三月【略】丙子，【略】缓征甘肃皋兰、渭源、金、靖远、狄道、陇西、安定、会宁、岷、通渭、漳、西和、伏羌、宁远、平凉、静宁、华亭、隆德、固原、庄浪、安化、宁、正宁、合水、环、秦、礼、清水、秦安、階、文、泾、灵台、崇信、镇原、山丹、东乐、永昌、镇番、古浪、平番四十一厅州县，并西固州同，沙泥州判，红水县丞所属上年旱灾，及被旱之河、盐茶、武威、西宁、碾伯、成、徽、两当八厅州县，三岔州判所属本年春征额赋。

《仁宗实录》卷九五

三月【略】丁亥，【略】谕军机大臣等，本日据台费荫、徐绩、长琇等奏饭厂放赈情形各折，所开各饭厂领赈之人自七八千人至四五千人不等。多系附近贫民，其外来者甚少，每日按照人数，均匀散给，俱极安静。【略】至现在各厂散给饭食贫民等，含哺鼓腹，佥称较之伊等丰收年分家中所食饭米更为适口，其欢欣感激，自属实在情形。【略】辛卯，【略】免直隶盐山、庆云二县并严镇场被水灶地额征银十分之一，余分别缓征有差。【略】己亥，【略】缓征直隶昌平、定兴、望都、高阳、满城、故城、武清、宁河、顺义、东安、宝坻、永清、清苑、安肃、雄、容城、新安、安、新城、肃宁、景、献、天津、青、静海、正定、新乐、藁城、赵、柏乡、定、大兴、涿、房山、良乡、霸、保定、大城、河间、任丘、新河、宁晋、隆平四十三州县上年水灾新旧额赋及各项旗租。

《仁宗实录》卷九六

四月【略】庚申，【略】命于黑龙潭觉生寺设坛祈雨。【略】癸亥，【略】谕军机大臣等，昨据熊枚奏称，保定省城于本月二十一日得雨颇为深透，并称被泽之处必广。【略】至近京一带，近日尚未得雨，朕心甚为焦切，业经设坛祈祷，以冀速沛甘霖。因思上年直隶地方被水之后，本年晴霁日久，其未经得雨地方，恐地方蒸郁，蝗蝻易于滋生，深为廑虑。并著熊枚饬属详查，如闻有蝗蝻萌发之处，即一面委派妥员，迅速扑捕，一面据实奏闻。熊枚不可因上年畿辅曾被水灾，目今即有被蝗之处，辄意存隐饰，不行具报，自蹈讳灾不报之咎。【略】寻奏：直隶通省得雨共九十一州县，得雨之后，蝻孽或可不致萌生，先经饬属通查，并无蝗蝻萌动。奏入。报闻。【略】戊辰，谕内阁：【略】据五城御史奏称，本月二十六日得有透雨，四野沾足，赴厂领赈贫民欢欣踊跃，佥称及时播种，力作佣工，均可度日。请于五月初一日停止给赈等语。

《仁宗实录》卷九七

五月【略】丙申，【略】缓征陕西泾阳、三原、兴平、醴泉、凤翔、麟游、汧阳、永寿、岐山、扶风、陇、乾、武功十三州县旱灾本年额赋。并给被灾较重之岐山、扶风、陇、乾、武功五县贫民口粮。【略】是月，编集《辛酉工赈纪事》成，御制序文曰：嘉庆六年辛酉夏六月，京师大雨数日夜，西北诸山水同时并涨，浩瀚奔腾，汪洋汇注，漫过两岸石堤，土堤决开数百丈，下游被淹者九十余州县，数千万黎民荡析离居，飘流昏垫，诚从来未有之大灾患，此工之所由兴，而赈之所由起也。【略】分命卿员多方赈恤，亟命大员督修石土堤工，工成于六年冬，而赈直至七年夏始毕。虽办理尚为迅速，全活者众，然仓猝之间，转于沟壑者已不知凡几矣。古云"救荒无善策"，惟尽予心耳。《仁宗实录》卷九八

六月【略】辛丑，谕军机大臣等，铁保等奏河口淤浅，粮船迟滞情形一折。据称夏令以来，因风燥无雨，清水未增，黄水消落。【略】惟黄河水势大小总以甘省上游雨泽多少为准，上年甘省夏秋被旱，水势转减，下游工埽，普庆安澜。今春甘省春雨优足，收成丰稔，现即据吴璥奏，交夏令后河水略有增长，各工间有埽段蛰矬，并溜势移向堤根之处。【略】壬寅，谕军机大臣等，朕闻新城县地方现有蝗虫，尚未据熊枚具奏，是否系该县讳匿不报，抑系禀知该署督，而熊枚尚未奏及。此时正值禾苗长发之际，直隶通省，春夏雨泽究未十分透足，蝗虫最易萌动，为害地方。大吏应随时留心，一面奏闻，一面扑捕，不得稍存讳饰。著熊枚即查明新城县地方，蝗蝻起自何时，该县是否禀报，现在多寡若何，并此外州县是否尚有滋生之处，据实具奏。至捕蝗之法，若专委地方官扑捕，恐带领多人践踏禾稼，致滋扰累，不如晓谕百姓，令其自捕，或易以官米，小民自更乐于从事，将此谕令知之。寻奏上。得旨：朕前闻直隶新城一带间有蝗虫，降旨询问熊枚，曾据覆奏，该处并无蝗蝻萌动。兹又据熊枚续奏，与新城相近之张家庄、河北村等处，偶有飞蝗停集；而容城、安肃、定兴等县亦先后禀报，俱有飞蝗。并据称景州、任丘等处间亦有之。可见，朕前此所闻，不为无因。而外省地方积习，只顾图免目前处分，隐匿不报，殊不知讳匿更干严议，避轻罪而转获重谴矣。现在颜检不日到任，著熊枚于交代后，即前赴景州、任丘一带，亲行详细查勘，不可任听委员等扶同捏饰。如查有蝗蝻，仍遵前旨，令该处百姓自行扑捕，或易以官米，或买以钱文，务期迅速搜除净尽，勿致损伤禾稼。【略】甲辰，谕内阁：木兰行围，为秋狝大典，【略】乃汪承沛【略】昨又具折奏请停止行围，据称本年麦收分数稍减，民力不无拮据，【略】殊不成话。【略】此次直隶麦收，据熊枚奏称，通省牵算实有七分，不为歉薄。【略】上年偶因雨水盛涨，道路桥梁间多冲塌，降旨停止。此系非常潦灾，万不得已之事，岂可引为常例。【略】己酉，展缓两淮板浦、中正、临兴三场水灾带征灶课。【略】庚申，【略】又谕：上年永定河土石各堤冲决多至三千数百余丈，虽系雨水异涨，究因下游高仰，不能宣泄所致。【略】甲子，谕军机大臣等，全保奏，湖北被水各州县酌筹抚恤一折。据称汉阳府属之汉川、沔阳，安陆府属之潜江、天门、京山、钟祥，荆州府属之公安、松滋、江陵、监利等州县，经各该地方官陆续禀报，或因连日大雨，或因江水骤涨，堤塍俱被淹漫等语。看来各州县被水情形，公安一县较重，该县地处下游，江陵、松滋二水并泻，城内水深至丈许，衙署、民房、城墙、仓廒多有倒塌，尚云人口幸未损伤，殊不可信。外省报灾，总不肯据实，推原其故，皆由徇庇属员，自免处分起见。

《仁宗实录》卷九九

七月【略】丁丑，【略】展缓河南内黄、武陟二县水灾带征额赋。《仁宗实录》卷一〇〇

七月【略】乙酉，缓征江西南昌、瑞州、袁州、临江、吉安、抚州、建昌、广信、饶州、南康、九江十一府属旱灾本年额赋。缓征山西猗氏、闻喜二县被水田地本年秋冬二季额赋。丙戌，【略】除山东曹、单二县沙压田地八百三顷有奇历年额赋。缓征山东临清、馆陶、武城、丘、夏津、聊城、堂邑、清平、博平、茌平、高唐、莘、恩、阳谷、朝城、东阿、平阴、长清、范、濮、冠、观城、汶上、德、平原二十五州县，德州、临清、东昌三卫上年水灾带征额赋。【略】己丑，【略】缓征湖北公安、松滋、江陵、监利、汉川、天门、潜江、钟祥八县水灾新旧额赋，并给公安、潜江、松滋、江陵四县灾民一月口粮。

《仁宗实录》卷一〇一

八月己亥朔，【略】蠲缓直隶上年被水之大城、河间、新河、宁晋、隆平、安、新安、大兴、霸、保定、

涿、房山、良乡、任丘十四州县本年额赋，并历年应还常社义仓谷米有差。【略】辛丑，【略】免直隶定兴、安肃、清苑、满城、景、交河六州县虫灾本年额赋十分之五。【略】丙寅，【略】缓征湖北江夏、咸宁、嘉鱼、崇阳、通山、汉阳、黄陂、孝感、安陆、云梦、应城、武昌、蒲圻、兴国、大冶、黄冈、蕲水、蕲、黄梅、广济、麻城、罗田、黄安、荆门、汉川、潜江、公安、江陵、松滋、监利三十州县旱灾水灾新旧额赋漕粮有差。【略】戊辰，【略】谕内阁，前因直隶景州、河间一带蝗孽滋生，该处与山东境壤毗连，朕即虑及东省不免亦有飞蝗，当经降旨询问和宁。谕令详查具奏，并于和宁折内再三批示，且令熊枚于查勘直隶蝗虫至河间地方时，寄知和宁一体查办。而和宁覆奏折内，只称济宁、金乡等州县间有飞蝗，不伤禾稼。复经降旨严饬确查，和宁仍不行据实奏闻。迨和宁解任后，即令新任巡抚祖之望覆加查勘。兹据祖之望奏，至济南、泰安、沂州、东昌、济宁等府州属五十余州县，均被蝗灾。是山东全省被蝗处所竟有十之六七，如此重灾，殊深恻悯。和宁身任巡抚，即因地方官不行申报，漫无觉察，已属形同木偶。及经朕严询批谕，和宁竟毫不知畏惧，始终回护，则是有心讳匿，封疆大吏于此等民瘼悠关之事，竟敢视同膜外，实属辜恩溺职。和宁前于金乡县皂孙冒考一案，并不遵旨提讯，其咎止于袒庇，至匿蝗不报，其罪更重，仅予罢斥，不足蔽辜。和宁前已降旨革职，著发往乌鲁木齐，自备资斧，效力赎罪。【略】缓征山东德、长清、聊城、堂邑、博平、清平、高唐、恩、茌平、东阿、临清、武城、邱、夏津、禹城、平原、陵、德平、泰安、曲阜、峄、宁阳、泗水、费、兰山、郯城、历城、章丘、邹平、齐河、齐东、济阳、临邑、莱芜、新泰、东平、肥城、平阴、惠民、商河、乐陵、海丰、青城、阳信、滨、滋阳、滕、阳谷、馆陶、沂水、蒙阴、济宁、金乡、鱼台、长山、博兴、乐安五十七州县，东昌、德州二卫蝗灾本年漕粮额赋有差。

《仁宗实录》卷一〇二

九月【略】丙子，【略】免江西新城县被水田地一百二十三顷有奇本年额赋。【略】辛巳，谕内阁：本年夏间，直隶新城县地方偶有飞蝗，知县胡永湛未即禀报，经熊枚参奏革职。兹据颜检奏称，胡永湛上年办理该县赈恤事宜，颇惬舆情；今夏境内飞蝗，立即扑捕净尽，秋收尚有九分，其咎止于未经禀报。且该县百姓于该督过境时，佥称好官难得，环跪吁求，据情转奏等语。【略】壬午，【略】缓征山西托克托城、萨拉齐两厅水灾本年额赋有差。【略】己丑，谕内阁：给事中鲁兰枝奏，谨呈《筹荒一得》一折。本年江西省间被水旱，收成歉薄，业经加恩缓征给赈，并拨两淮盐义仓谷十万石运往平粜，以资接济，但此次被荒之地较广，自须商贩米运流通，更于民食有裨。【略】赈安徽望江、宣城、南陵、泾、贵池、青阳、石埭、建德、东流、铜陵、凤阳、寿、凤台、定远、怀远十五州县被水、被旱灾民，并缓征怀宁、桐城、潜山、宿松、宁国、太平、芜湖、繁昌、合肥、庐江、巢、灵璧、宿、泗、盱眙、天长、五河、滁、全椒、来安、和、广德二十二州县，安庆、宣州等卫本年额赋。【略】壬辰，【略】缓征山东淄川、新城、邹、汶上、朝城、利津、蒲台、沾化、莘、冠、嘉祥十一州县及临清卫旱灾本年漕粮十分之三。癸巳，【略】缓征湖北公安、潜江、松滋、监利、汉川、天门、荆门、京山、通城九州县水灾、旱灾新旧漕粮额赋有差。并给各都垸军民一月口粮。【略】乙未，【略】缓征甘肃宁夏、平罗、宁朔、灵、中卫五州县属水灾本年额赋。【略】丙申，【略】缓征浙江西安、龙游、东阳、浦江、建德、淳安、桐庐、金华、兰溪、义乌、永康、武义、汤溪、江山、常山、开化、遂安、寿昌、缙云、宣平、诸暨、嵊、富阳二十三县，衢州所，杭严卫旱灾新旧额赋。【略】戊戌，【略】缓征江苏清河、桃源、安东、铜山、萧、砀山、邳、宿迁、睢宁、句容、江浦、六合、山阳、盐城、阜宁、东台、兴化、赣榆十八州县，淮安、大河、徐州三卫水灾、旱灾新旧漕粮额赋。赈江苏海、沭阳二州县被水灾民，并免本年漕粮额赋。

《仁宗实录》卷一〇三

十月己亥朔，【略】赈安徽宿迁、灵璧、泗、盱眙、五河五州县被水灾民。【略】乙巳，给江苏砀山、丰、沛、铜山、萧五县被水灾民一月口粮。【略】庚戌，【略】免江西湖口、彭泽二县旱灾本年额赋十分之一，余分两年带征。辛亥，【略】赈两淮板浦、中正、临兴三场被水灶户，并蠲缓新旧盐课，又缓征丁溪、草堰、刘庄、伍佑、新兴、庙湾六场旱灾本年盐课。【略】乙卯，【略】赈盛京广宁、牛庄、白旗堡、小黑山、辽阳、巨流河、承德等处水灾旗民有差，并贷籽种口粮。丙辰，【略】免黑龙江齐齐哈尔水灾本年额赋，并蠲缓旧借粮石有差。丁巳，【略】缓征陕西咸宁、长安、临潼、渭南、泾阳、三原、富平、蓝田、华、永寿、邠、长武、盩厔、鄠、同官、潼关、大荔、朝邑、郃阳、韩城、华阴、澄城、白水、蒲城、扶风、岐山、凤翔、宝鸡、郿、麟游、淳化三十一厅州县水灾旧欠额赋。《仁宗实录》卷一〇四

十一月【略】庚午，【略】免云南邓川州被水灾民本年蠲剩条公等银十分之七及应征秋粮。辛未，【略】免云南新兴州水灾本年额赋。【略】丙申，【略】赈江苏丰、沛、铜山、砀山、萧五县被水灾民，并缓征新旧额赋，借给籽种口粮有差。《仁宗实录》卷一〇五

十二月【略】癸卯，【略】除浙江仁和、永嘉二县捐置义冢及被潮冲坍田地二十九顷三十三亩有奇额赋。甲辰，上幸瀛台阅冰技。乙巳，【略】幸瀛台阅冰技。【略】丁未，上幸北海阅冰技。【略】戊午，上幸瀛台阅冰技。哈密扎萨克郡王额尔德锡尔等十七人，瓦寺安抚司索诺木荣宗等三十二人，霍罕来使呢雅斯迈、莫特西哩布等二人于西苑门外瞻觐。【略】辛酉，上幸瀛台阅冰技。

《仁宗实录》卷一〇六

## 1803年 癸亥 清仁宗嘉庆八年

正月【略】戊辰，以三省邪匪荡平，元旦祥霙溥被，加赏八旗兵丁一月钱粮。【略】庚午，【略】免直隶宛平、文安二县六年水灾应征旗租，文安、大城、新安、安四州县节年应还口粮籽种谷米并折色银。贷江苏海、沭阳、砀山、萧、铜山、丰、沛、清河、桃源、安东、邳、宿迁、睢宁、句容、江浦、六合、山阳、盐城、阜宁、东台、兴化、赣榆二十二州县，并坐落各卫所，上年水灾旱灾民丁籽种口粮。免安徽宿、灵璧、泗、盱眙、五河五州县，凤阳、长淮、泗州三卫连年水灾应还二年口粮银，并给凤阳、宿、灵璧、寿、凤台、怀远、定远、泗、五河、盱眙、宣城、泾、南陵、贵池、青阳、铜陵、石埭、建德、东流、望江二十州县上年被水、被旱灾民一月口粮。展赈江西南昌、瑞州、袁州、临江、吉安、抚州、建昌、广信、饶州、南康、九江十一府属各州县被水、被旱灾民。免湖北潜江、公安、江陵、监利、松滋、汉川、沔阳、钟祥、天门、荆门、江夏、咸宁、嘉鱼、汉阳、黄陂、孝感、安陆、云梦、应城、京山、枝江、武昌、蒲圻、崇阳、通山、通城、兴国、大冶、黄冈、蕲水、麻城、黄安、罗田、蕲、黄梅、广济、随、应山三十八州县并各卫所，上年水灾、旱灾额赋有差。又免荆州、荆左、荆右、沔阳四卫缓带元二三年漕运各款银。加赈陕西渭南、华、华阴、潼关四厅州县被水灾民，并贷朝邑、大荔、留坝、沔、汉阴、安康、石泉、榆林八厅县常社仓粮。贷甘肃宁夏、宁朔、平罗、中卫、灵五州县被水灾民籽种口粮。壬申，【略】免云南河阳县盐井沟等七村被雹灾民条公银，并缓征夏秋租米。【略】乙酉，【略】谕内阁：本年节候较迟，入春以来天气尚寒，无业贫民衣褐不完，殊堪悯念。【略】丙申，【略】免四川大宁县盐场被水灶户课羡银，并缓征节年未完课银有差。《仁宗实录》卷一〇七

闰二月【略】庚午，免陕西渭南、华、华阴、潼关四厅州县水灾未完额赋。【略】丙子，谕内阁：秦承恩奏江西南昌、瑞州等属粮价过昂，请旨大加减粜等语。南昌、瑞州各属地方上年偶值偏灾，收成歉薄，【略】粮价较之常年增长过倍。《仁宗实录》卷一〇九

四月【略】乙亥，【略】赈陕西渭南、华、潼关、华阴、朝邑、大荔六厅州县上年被水灾民，并贷榆林县被雹灾民籽种。【略】丁丑，赈两淮海州属板浦、中正、临兴三场上年被水灶户，并缓征泰州属丁溪、草堰、刘庄、伍佑、新兴、庙湾六场未完折价银有差。戊寅，【略】谕军机大臣等，铁保奏酌议州县收纳钱粮一折。【略】又，另据奏登郡捕蝗民人，请准其酌借仓谷，以资口食一折。登州一带多有蝗蝻萌发，必须多集人夫，赶紧捕扑。现当青黄不接之际，该民人等口食无资，自应酌借仓粮，俾资果腹。铁保所请将常平仓谷出借之处，著照所请办理。现在该处蝗蝻捕扑未净，应即劝令百姓自行

捕扑，或官给银米易蝗，亦属一法。该抚即饬令藩司陈钟琛及印委各员，实心经理，不可令吏胥等藉端滋扰，一俟蝗蝻扑净，即迅速奏闻，以慰廑注。将此谕令知之。　《仁宗实录》卷一一一

四月【略】壬午，遣官分诣天神坛、地祇坛、太岁坛祈雨。【略】癸未，通饬八旗及地方官化导旗民，【略】本年立夏以来雨泽愆期，未必不由此种乖戾上干天和所致。【略】丙戌，上再诣黑龙潭神祠坛祈雨。【略】己丑，遣官分诣天神坛、地祇坛、太岁坛谢雨。【略】是月，直隶总督颜检奏，本月二十二日，皇上躬祷黑龙潭，次日即沛甘霖，现在省城一带得雨沾足，仰见精诚上达，有感皆通。得旨：【略】二十四日亦有雷雨一阵，势极滂沛，旋即畅晴，特谕卿知，亦殷感慰。　《仁宗实录》卷一一二

五月【略】乙未，禁贫民携眷出口。谕内阁：兵部议奏稽查关口出入民人，分别酌定章程一折。山海关外系东三省地方，为满洲根本重地，原不准流寓民人杂处其间，私垦地亩，致碍旗人生计。例禁有年。自乾隆五十七年京南偶被偏灾，仰蒙皇考高宗纯皇帝格外施恩，准令无业贫民出口觅食，系属一时权宜抚绥之计。事后即应停止。乃近年以来，民人多有携眷出关，并不分别查验，概准放行。即因嘉庆六年秋间畿南州县被水成灾，间有穷黎携眷出口之事。迨至上年，直隶收成丰稔，民气已复，何以直至今春，尚有携眷出关者数百余户。【略】嗣后民人出入，除只身前往之贸易佣工就食贫民，【略】其携眷出口之户概行禁止。【略】甲辰，除山东惠民县沙压地七十顷六十七亩有奇额赋。【略】丙午，【略】加赈陕西渭南、华、华阴、潼关四厅州县上年被水灾民。

《仁宗实录》卷一一三

六月【略】乙亥，【略】免江苏海、沭阳、砀山、丰、沛、萧、铜山七州县，大河、徐州二卫上年水灾地丁屯折河租漕项麦折等银米。【略】戊寅，【略】谕军机大臣等，铁保奏沂属地方飞蝗过境一折。据称所属之郯城、兰山两县，于本月初旬，有蝗自东南飞过县境，并未停落等语。蝗蝻自东南飞来，经过该二县地方，岂无零星停落之处。既有停落，即难保无伤及禾稼之事，所奏恐未确实。据云，经过该二县时并未停落，现在究竟飞往何处，必须派委妥员迅速查捕，毋留遗孽。并将有无伤及禾稼之处，据实具奏，不可稍存讳饰。将此谕令知之。又谕：据铁保奏，沂州属之郯城、兰山等县地方，于本月初间先后有蝗自东南飞过县境，并未停落等语。该府地界与江南徐州、海州毗连，此次飞蝗来自东南，自必起于江省境内，何以总未见费淳奏及。著传谕该督，将东省飞蝗系江省何处所出、该地方官作何办理、现在有无存留伤损禾稼之处迅速查明，据实具奏。不得以前此未经奏闻，稍有回护。将此谕令知之。　《仁宗实录》卷一一四

六月【略】辛卯，【略】谕军机大臣等，前因盛京地方间有蝻子发生，曾派德文、成林驰赴该处查办。嗣据德文等覆奏，已将蝗蝻扑灭净尽。近复闻锦州至山海关一带，沿途皆有飞蝗，该副都统富疆阿业已带同知府佛喜保等，分投扑捕，地方文武各员非不赶紧查办。但既有飞蝗，因何并不迅速驰奏。著传谕晋昌，如此旨到时尚未捕净，即仍派德文、成林往彼，会同富疆阿等协力妥办。并当严饬地方官，劝谕居民及早扑灭，或酌量换给钱米。总期孽种早除，可以不至成灾，断不必分派胥役人等纷纷扑打，致多扰累。该将军一面传知德文、成林，亦迅即前往，转饬承办各员上紧扑除。并一面将如何办理情形，有无防害禾稼之处，据实具奏，不可稍有隐饰。又谕：近闻直隶地方自三河至三海关一带，均有蝗蝻滋生，地方官现在分路扑捕，何以旬日以来，总未据该督奏到。本年夏秋之交，雨泽沾足，农田可望有收，若被蝗蝻残食，岂不可惜。若不速行扑打，恐为害甚烈。今自三河至山海关，俱有蝗蝻萌蘖，亟应捕除净尽。该督务严饬各地方官，劝谕居民上紧扑捕，或用钱米换给，以期速就扫除，并严禁胥役藉端滋扰。仍将现在如何办理情形，并禾稼有无伤损之处，迅速奏闻，以慰廑注。将此谕令知之。又谕：前因铁保奏，沂州府属之郯城、兰山等县地方，有蝗自东南飞过县境，当即降旨询问。嗣据铁保覆奏，查明飞蝗起于江南海州苇地。并经降旨询问，费淳至今尚未覆奏。本日又据吉纶奏，江南邳州间有零星飞蝗，询系山东郯城县飞过等语。是东省则以为

起于江境，江南又以为起于东境。外省地方官总因向来飞蝗起处，处分较重，往往互相推诿，希图规避，实为恶习。殊不知地方遇有蝗蝻，无论本境萌生及从外县飞来，总当立时扑净，何必究其所自来。若彼此推卸，转不以扑捕为事，势必日渐蔓延，于禾稼大有妨碍。费淳昨已简用兵部尚书，尚未交替，著传谕费淳、铁保，查明海州、郯城等处，现在飞蝗有无存留伤稼之事。并著铁保将郯城一带飞蝗曾否扑灭净尽，各行据实覆奏，毋得稍存隐饰。【略】壬辰，谕军机大臣等，马慧裕奏，考城东北一带有飞蝗入境，向虞城、商丘、宁陵、睢州、兰阳、陈留、祥符等处地方回翔停歇，现在赶紧扑捕。伊不能先事预防，甚为悚惕等语。蝗蝻最为地方之害，在司土者止能实力搜除，不能保其绝无萌蘖，况由邻境飞入焉。能先事预防，有何可悚惕之处。惟飞蝗一经停歇，为害甚烈。本年豫省雨泽沾足，农田可望丰收，若被蝗蝻残食，岂不可惜。马慧裕务当督饬属员，尽力扑捕，无论系本境所出，及邻境飞入，皆当一律捕除，不可稍留余孽。该抚折内称，考城等八州县具报飞蝗向东南、西南飞去，恐所过地方未必止考城等数处。该抚仍当详细确查，东南、西南一带系何州县，究竟飞蝗停落何处，曾否害稼，现在曾否捕净，有无遗留蝻子之处，迅速具奏，以慰廑注。将此谕令知之。

《仁宗实录》卷一一五

七月【略】甲午，谕军机大臣等，据颜检覆奏，查明三河、昌黎、乐亭三县，并无蝗蝻；其余如遵化、丰润、玉田、滦州、卢龙、迁安、抚宁、临榆等各州县境内，间有飞蝗过境，俱在空际飞扬，并未伤及禾稼等语。飞蝗经过之处，道里绵长，岂有久飞不停之理。既经停歇，断不能忍饥待毙，又焉有不伤禾稼之理。总由地方官规避处分，非以有报无，即以不伤禾稼之语，讳匿具详，视为故套。在颜检自不肯饰词陈奏，而地方官诳报积习，实不可信。本年直隶省雨旸时若，田禾丰茂，此实仰赖上苍恩赐。现届收成已近，偶有蝗孽，尤当认真扑除，勉尽人事，以迓天庥，岂可隐匿不办。朕闻三河一带，蝗蝻不但飞集田畴，即大路旁亦纷纷停落，而丰润竟有填积车辙者，此皆系过往官员目击之语。颜检不可听属员禀报，遽以为实，仍当详细访查，或选派妥实之员，或亲信家人密往确查。如州县等果有讳匿情事，即一面据实严参，一面上紧设法扑除净尽，期于秋收无碍。倘该督不认真查办，经朕查出，恐不能当此重咎也。将此传谕知之。又谕：费淳奏徐州府属间有飞蝗停落，旋即扑灭一折。飞蝗停落，岂有成群来往，尽皆枵腹而过之理。折内所称并未损伤禾稼之语，殊难凭信。且江省海滩一带沮洳之区，有鱼虾遗子，易滋蝻孽，该督等早应督饬地方官刨挖净尽。今已报有飞蝗，无论系本境所生，及从邻境飞来，总当遴委实心任事之员，严密查勘，迅速扑净。费淳即确实查明，如有未净之处，劝谕居民人等上紧自行扑打，或易以钱米，并严禁胥役藉端滋扰，致有践踏禾稼之事。其有讳匿及办理不善者，即行参奏，勿得讳饰。将此传谕知之。【略】丁酉，【略】谕军机大臣等，日前朕闻东省飞蝗起自江省境内，当即谕令费淳查奏。昨据覆奏，徐州府属曾有飞蝗停落，旋即扑净，未损禾稼。朕又恐蝗不食稼之言，未尽确实，仍令严密查勘。朕所以不惮再三询问者，原以地方遇有蝗灾，自应量其轻重，分别加恩，倘稍有讳饰，闾阎即不能均沾实惠，于民生殊有关系。若实无蝗孽，岂有转令地方官捏报成灾之理。兹复据费淳奏到，徐属各州县飞蝗停落之处，俱已扑净，禾稼实未被伤；海州境内，于蝗孽萌动时，业经挖坑深埋，现在庄稼均属完好等语。该处蝗孽如果实无妨害，固所深愿。惟飞蝗经过之处，既经停歇，断不能忍饥待毙，亦应将因何不致伤稼实在缘由，详悉查明，不得仅据属员禀报，竟成外省通套恶习。著传谕陈大文，于接印后，仍当查明徐、海各属境内有无飞蝗，是否业经扑捕净尽，何以未伤禾稼。如实无讳匿则已，倘稍有不实，即将原报之文武各员，据实参奏，以示惩儆。【略】壬寅，【略】谕军机大臣等，德文等奏报，奉天府属九州县，锦州府属四州县，五月分各色谷价清单一折。奉天府属稻米价值自二两至三两八钱，锦州府属稻米价值自三两三钱至三两八钱，其余别色谷价亦多增长。盛京粮价本贱，今昂贵若此，旗民生计不无拮据。【略】具奏于地方之事，竟不存心。锦州府所属地方曾遇蝗蝻，此时粮谷究竟有无被

灾之处，折内亦未提及，甚属非是。除将德文、良贵申饬外，其谷价昂贵之州县，或平价粜卖，或应如何筹办，此间蝗蝻或已除净，或尚未除净，究竟粮谷成灾与否，务必据实奏闻，不可稍有隐饰。癸卯，【略】又谕：据策拔克奏，沿途察看蓟州、玉田、丰润、迁安、滦州、卢龙、抚宁、临榆八州县间有蝻孽，均不甚重，业经地方官分投扑打，并出示以钱米易换。现在田禾微受伤损，而晚谷一种被伤稍重，且各处旧蝗捕灭，新孽复生等语。山海关一带州县，前闻有蝗蝻滋长，业经申谕该督，饬属赶紧扑除。今据策拔克奏，蓟州等处、大路两旁均有蝻孽，虽经地方官分投扑打，尚未能即时净尽。且旧蝗甫灭，新孽复生，尤当及早扑灭。本年雨旸时若，畿辅实属有秋，但经蝗蝻残食之后，恐各处田禾收成不无稍减。著颜检即饬所属地方官，或派委妥实之员，分赴各该州县，督同履勘，劝谕居民速将蝻孽捕尽。其被蝻州县，收成分数如有减少之处，亦著确切查明，据实具奏，不可稍有讳饰，以副朕廑念民依至意。【略】丁未，【略】又谕：费淳覆奏，徐州之邳州、宿迁等处，飞蝗近日旋飞旋落，现经分投扑捕，惟绿豆等项杂粮稍有受伤。其丰、沛、砀三县亦有飞蝗，不致停留。又，据扬、镇、常三府禀报，所属间有飞蝗过境，并据分委扑捕各员禀报，庄稼偶有嚼食，亦不致成片段等语。江省沿海一带既经长有蝗蝻，飞落他处，该地方官即应具禀督抚，该督抚等亦当即时陈奏，乃从前并无一字入告。直待朕访闻后，降旨询问，始据费淳奏称徐州府属间有飞蝗停落，旋即扑灭，未伤禾稼。复经降旨，以该处既有飞蝗停落，岂有成群来往，忍饥待毙，竟于禾稼一无伤损之理。谕令查明，据实具奏。今果据奏称，绿豆等项杂粮稍有受伤，又称庄稼偶有嚼食，并扬、镇、常三府亦有飞蝗停落等语。可见前次所奏，并未确实。若非朕根切询问，则竟以虚词搪塞，外省粉饰朦混，实为恶习。朕视民如子，民间耕种收成，与朕息息相关，倘稍有灾伤，必当随时抚恤，所费者官帑，并非地方大吏各出己资，不知何所瞻顾而必壅于上闻乎。今徐州等属地方，庄稼既被蝗孽，恐费淳所称杂粮受伤，及嚼食不成片段之语，仅据属员禀报之词，尚未详尽。陈大文此时谅已接任，著即派委诚实妥员，前赴被蝗处所，查明各该处田禾，如果受伤无多，大局实系丰稔，自不应率报成灾，致启捏冒，倘实有伤禾稼，或于收成分数稍减，或竟至成灾，有应需赈济缓征之处，即著据实详晰具奏，毋得稍有隐饰。

《仁宗实录》卷一一六

七月【略】辛亥，【略】免安徽望江、宣城、南陵、泾、贵池、青阳、铜陵、石埭、建德、东流、寿、宿、凤阳、怀远、定远、灵璧、凤台、泗、盱眙、五河二十州县，并新安、宣州、建阳、安庆、凤阳、长淮、泗州七卫上年被旱、被水灾民额赋。壬子，【略】除甘肃山丹县被水冲塌地三顷三十八亩有奇额赋。

《仁宗实录》卷一一七

八月【略】甲子，【略】又谕：陈大文覆奏，该省宿迁、桃源、清河等县飞蝗本少，亦未伤及禾稼。惟晴旱日久，两月以来未经得有透雨，以致高阜地方收成歉薄等语。是该三县不伤于蝗，而实伤于旱，何以总未据费淳奏及，朕心深为廑念。该处本属积歉之区，今复有干旱地段，虽据该督询访尚不成灾，民力究不免拮据。著陈大文迅委妥员，前往查看被旱地方，究属起于何时，如有应须抚恤蠲缓之处，即行奏闻，候朕另降恩旨。此外，徐、海所属各州县，及镇江、扬州、常州等府，既据报间有蝗蝻，并高淳、江浦、六合等县被水洼区，兼有飞蝗停落地方，该督均当严饬司道，即派文武员弁分投履勘，将成灾处所据实陈明，不可稍有讳饰。【略】丁卯，【略】免安徽迭被水灾复经贼匪滋扰之宿州并长淮、宿州二卫旧欠漕项额赋。【略】己巳，【略】缓征河南祥符、陈留、睢、杞、安阳、汤阴、临漳、林、武安、涉、内黄、汲、新乡、辉、获嘉、淇、延津、滑、浚、封丘、考城、济源、修武、武陟、孟、温、阳武、洛阳、孟津、巩、中牟、兰阳、郑、荥泽、荥阳、汜水、新郑、河内、原武、偃师、登封、嵩、商丘、宁陵四十四州县蝗灾旱灾本年漕粮额赋，并历年带征各项银谷。【略】丁丑，【略】谕内阁：木兰围场为上塞神皋，水草丰美，孳生蕃富。【略】今岁邪匪全平，诸事合序，又喜雨旸时若，年谷顺成。朕驻跸避暑山庄，藩部络绎来庭。近日气候晴和，正拟诹吉启銮，率领蒙古王公及八旗官兵以时讲武，行庆施惠。讵本月上旬，总管围场副都统韦陀保呈报，今年围内天气较寒，水涸草枯。当即派丹巴多尔济【略】等前往查看，伊等遍历十围，察看各该处水草，虽不甚丰足，尚可驻营，惟鹿只甚觉寥寥。

《仁宗实录》卷一一八

八月【略】丁亥，【略】除甘肃靖远县水冲地一百十三顷九十三亩有奇额赋。

《仁宗实录》卷一一九

九月癸巳朔，谕内阁：惠龄奏，各州县秋雨过多，山水漫溢情形一节。据称皋兰县西乡于七月二十日河水泛涨，淹没秋禾地亩，冲塌房屋。又，沙泥州于六月二十三等日被水冲塌城角城身，及民房一百四十七间。又，秦州及秦安县被水冲刷，土山倾圮，压毙人口。宁夏府属民田，亦被黄河猛涨漫淹。此外，平凉等府属地方，城垣、衙署、民房多有被山水冲塌等语。该省因雨水过多，致各属地方间被山水冲刷，民庐田亩多有淹没，甚至伤毙人口。此系民瘼攸关，为地方紧要事件。【略】丙申，【略】免安徽泾、青阳、铜陵、建德、东流、凤阳、定远七县旱灾学田额赋。【略】戊戌，【略】缓征直隶文安、大城、雄、安、新安、河间、青、静海、宁晋、隆平、新河十一州县被水村庄新旧额赋。己亥，【略】谕军机大臣等，本日据赓音等奏，【略】入河南彰德府渐觉干旱，卫辉府属之汲、淇、新乡等县干旱较甚，间有零星蝻子，现在地方官设厂收买等语。前因考城等各州县延入飞蝗，曾经降旨，令马慧裕饬属捕扑，并将遗蝻挖除，免致来年伤及禾稼。此时是否搜挖净尽，该抚务须督饬所属认真办理，不可稍留遗孽。【略】丁未，以山东东阿、平阴、东平、阳谷、菏泽、郓城、濮、观城、朝城、聊城、博平、茌平、清平、泰安、莱芜、肥城、宁阳、齐河、齐东、济阳、禹城、临邑、陵、德平、惠民、青城、阳信、乐陵、商河二十九州县，豆收歉薄，改征粟米。

《仁宗实录》卷一二〇

九月【略】庚戌，谕内阁：嵇承志奏，豫省于九月初六日大雨昼夜，河水增长，卫粮厅属衡家楼无工处所，南岸忽生滩嘴，挺入河心，将全河大溜圈注北岸淘刷。于十二日夜间，又复风雨交作，溜势更紧，正在抢护之际，十三日未刻堤身忽然蛰陷，登时过水三十余丈，尚在塌卸，赶紧盘头裹护等语。览奏实深惶惧，目下已过霜降，水落归槽，方期各工稳固。【略】辛亥，【略】谕军机大臣等，据马慧裕奏，封丘汛堤工蛰陷，【略】勘得北岸堤工蛰陷过水，势若建瓴，以致掣动大溜，尽由口门奔注，现已塌宽一百余丈等语。计马慧裕发折之期，距嵇承志奏报，仅阅两日，已塌至一百余丈之宽，水势甚属浩瀚，现在水头向东北行走，由封丘、浚、滑一带下注，恐下游州县猝遇水灾，亟须查明抚恤。【略】壬子，【略】又谕：据颜检奏称，长垣县南治垌等村，因黄水自西南而来，流入该县之沙河，一时宣泄不及，以致漫溢出槽，现已飞饬徐逢豫驰赴查办等语。是黄水业已漫入直隶境内。【略】豫省堵筑此项工程，需料繁多，该省今年间被旱蝗，恐一时难于采买，畿辅地方秋收丰稔，购办较易，该督当预饬邻近之正定、顺德、广平、大名等属多为储备。【略】乙卯，【略】复缓征安徽怀宁、桐城、潜山、滁、全椒、宣城、南陵、贵池、铜陵、芜湖、繁昌、庐江、来安、和十四州县，安庆、宣州、建阳三卫历年被灾递缓额赋。【略】丁巳，谕军机大臣等，铁保奏曹属受水情形一节，内称十五日濮州地方忽有黄水自西南而下，由范县直达张秋运河，现在加筑堤埝。又，菏泽县境猝有黄水漫入，滨河之甘露寺等集被水。现漫至曹州府城之南，幸水势倒漾不甚湍急等语。【略】戊午，【略】谕军机大臣等，颜检奏，遵旨饬令藩司瞻柱派妥员赍带银两，驰赴长垣等处查勘被水情形。【略】该省开州东南一带水势未退，平地俱深至二三尺至四五尺不等，沿河村庄多被淹浸。其长垣、东明境内积水曾否疏消，朕心甚为廑念。【略】庚申，【略】又谕：本日早间据铁保奏，【略】黄河大溜在张秋横穿运河，东趋盐河，至利津入海，并不直往运河，尚为不幸中之幸。【略】辛酉，【略】谕军机大臣等，现在封丘汛漫口，大溜全掣，漫及直隶长垣、东明、开州，并东省曹、濮、菏泽等州县，至张秋地方，穿过运河，汇注盐河入海。其江南下游水势自日见消涸。该省清、黄交汇处所，为粮艘必经之路，今黄水断溜，恐运道不无浅阻。

《仁宗实录》卷一二一

十月【略】庚午，【略】免河南封丘、滑、祥符、兰阳、考城、阳武、延津七县水灾新旧额赋。【略】壬申，【略】免直隶长垣、东明、开三州县水灾额赋，已征者作为次年正赋。缓征江苏句容、六合、盐城、砀山、邳、山阳、阜宁、清河、桃源、安东、宝应、铜山、萧、宿迁、睢宁十五州县，淮安、徐州、大河三卫被水、被旱漕粮额赋。【略】甲戌，缓征安徽凤阳、寿、凤台、怀远、定远、泗、盱眙、五河、宿、灵璧、天长十一州县及各卫水灾新旧漕粮额赋。缓征甘肃宁夏、平罗二县被水马厂租赋。【略】丁丑，【略】蠲缓山东濮、菏泽、范、寿张、阳谷、东阿、平阴、东平、郓城、肥城、利津、蒲台、滨、定陶、曹、茌平、聊城、东昌十八州县卫水灾本年额赋，并赈恤有差。《仁宗实录》卷一二二

十一月壬辰朔，赈山东齐东、沾化二县及东平所被水灾民，并蠲缓额赋，给青城、惠民、海丰、济阳四县水灾贫民一月口粮，缓征城武、巨野、单、长清、齐河、历城、邹平、长山、禹城九县额赋有差。【略】己亥，【略】缓征江苏淮安、徐州、海三府州属历年水灾未完额赋。【略】壬寅，【略】缓征湖北兴山、巴东二县旱灾额赋。【略】甲辰，【略】缓征山东濮、菏泽、范、寿张、东阿、平阴、济东、利津、蒲台、滨、沾化十一州县并东昌卫被水村庄本年额赋，并蠲缓漕项银米。【略】丙午，【略】缓征吉林等处新丈地水灾额赋，并免被水村庄额米。《仁宗实录》卷一二三

十二月【略】癸酉，缓征三姓旗丁屯庄地水灾新旧额谷，并给口粮。【略】丙子，【略】谕军机大臣等，吴璥奏，由外河山、海一带沿途查勘水势情形，并即前赴海口一折。据称云梯关外递年淤积，竟成"铁板沙"[1]，以致海口逾移愈远，相距有三百七十余里，现在黄水虽已断溜，而洪泽湖渍水仍由此滔滔外出。【略】乙酉，上幸瀛台阅冰技。《仁宗实录》卷一二四

## 1804年 甲子 清仁宗嘉庆九年

正月【略】甲午，谕内阁：前据颜检奏，直隶省之安州、新安、隆平、宁晋、新河五州县地处洼下，非连接泊地，即逼近河堤，积水村庄一时未能全涸。【略】查明安州三十三村、新安县二十一村、隆平县四十一村、宁晋县八十二村、新河县二十一村积水均未涸出等语。【略】展赈直隶长垣、东明、开三州县被水灾民。贷安徽凤阳、怀远、定远、寿、凤台、泗、盱眙、五河、宿、灵璧、天长十一州县，凤阳、长淮、泗州三卫被水、被旱灾民籽种口粮。展赈山东菏泽、濮、范、寿张、东阿、齐东、滨、利津、沾化九州县并东昌卫被水灾民，贷阳谷、平阴、东平、郓城、肥城、蒲台六州县并东平所籽种口粮。展赈河南封丘、祥符、兰阳、滑四县被水灾民。贷陕西朝邑、华阴二县被水灾民常平仓谷。贷甘肃宁夏、平罗、秦、秦安、皋兰、张掖、永昌、静宁、階九州县并沙泥州判所属被水灾民籽种口粮。展赈云南浪穹县被水灾民，免上年税秋麦米暨条公耗羡银，并贷常平仓谷。【略】壬寅，【略】免黑龙江歉收四十官庄，齐齐哈尔被水官庄新旧额粮。【略】癸丑，【略】缓征山东菏泽、濮、范、寿张、东阿、齐东、滨、利津、沾化、东平、平阴、阳谷、郓城、肥城、蒲台青城、惠民、海丰、济阳十九州县，并东昌卫、东平所水灾额赋。蠲缓四川大宁场被水灶丁上年课羡银。《仁宗实录》卷一二五

二月【略】己卯，【略】给河南杞、陈留、武陟、原武四县被水灾民一月口粮。

《仁宗实录》卷一二六

四月【略】癸酉，【略】谕内阁：本日戴均元回京复命，召见时，询以衡工合龙情形。据奏，工次自二月底间有蛰陷，【略】自初八日陡起西北大风，致停工作，竟夕达旦，不期溜已东趋，口门水减，此后日顺一日，全溜渐归引河。【略】癸未，【略】赈陕西泾阳、大荔、蒲城、郃阳、白水、永寿、淳化、中部、洛州九县虫灾及凤翔县被雹灾民，并贷虫伤较轻之咸宁、长安、耀、咸阳、兴平、临潼、高陵、蓝

---

[1] 铁板沙，系河流出海处相对坚实的浅海沉积带，由流域输沙和潮汐作用沉积而成。

田、三原、富平、渭南、同官、醴泉、鄠、潼关、澄城、华、韩城、朝邑、华阴、岐山、扶风、陇、宝鸡、郿、商、邠、长武、三水、鄜、宜君、宜州三十二厅州县常社仓谷。【略】乙酉,【略】缓征直隶青县严镇场被水灶地盐课。【略】戊子,【略】除浙江仁和、西兴二场坍没地二百四十二顷有奇灶课。

《仁宗实录》卷一二八

五月【略】辛卯,【略】命于黑龙潭设坛祈雨。【略】缓征山西临晋、临汾、洪洞、曲沃、翼城、太平、解、安邑、夏、绛州、河津、霍、赵城、灵石、襄陵、永济、猗氏、虞乡、荣河、万泉、稷山、闻喜、绛县、浮山、岳阳、乡宁二十六州县旱灾、虫灾额赋并应还仓谷。癸巳,谕军机大臣等,钱保奏,运河水势及查捕蝻子各情形,览奏俱悉。临清一带于黄水退后河道淤浅。【略】至长清等处萌生蝻子,亟应搜扑净尽,虽东省于本月初一日已得透雨,河水增旺,蝻孳亦易歼除,但总须上紧挑挖河道,将蝻子认真扑捕,勿令蔓延。倘竟有被蝻成灾州县,应如何酌量抚恤之处,即据实速奏,不可稍有讳饰。将此谕令知之。【略】戊戌,谕内阁:前因本年交夏后,得雨稍稀,农田望泽,朕心深为焦廑,特命礼部于本月初八日为始,敬祷天神、地祇、太岁三坛。【略】兹初九日甘霖渥注,四野滂敷,正当禾苗长发之时,得此滋培,益增畅茂。此实仰蒙神祇眷佑。

《仁宗实录》卷一二九

六月【略】丙戌,谕内阁:近闻畿辅各属地方间有蝗蝻飞集,正当禾苗长盛之时,急宜赶紧扑捕。除谕知直隶总督、顺天府府尹饬属上紧督捕外,著派长琇、杨长桂前赴东路,至山海关一带;广兴、周廷栋前赴西路,至正定府一带;通恩、陈钟琛前赴南路,至德州一带;万宁、梁上国前赴北路,至张家口一带,各督同地方官,迅速实力扑捕净尽,毋任稍有滋蔓,致损田禾,以副朕廑念农功至意。所有派出各员,均著驰驿。谕军机大臣等,朕于本日清晨,在宫内披览奏章,适一飞蝗落于案上,当令捕捉,以示军机大臣,佥称实系蝗虫。续经太监捕获十数个。试思宫禁之中,尚能飞入,则郊外田亩间不知更有几何。若非飞蝗竟至御案,朕何由目睹,此乃上苍垂儆,俾朕早为饬办,用以保护田功至意。前因广渠门外及通州等处,间有飞蝗,一面派范建丰查勘,一面降旨令颜检查明覆奏。昨据奏,现已扑捕净尽,并称飞蝗不伤禾稼,惟食青草,殊不成话。范建丰赴广渠门外时,见田禾被蝗食者已有十分之四,尚得云不伤禾稼乎。颜检不应出此,当于折内批示。该督平日办事尚为认真,惟于折内每敷陈吉语,未免近于虚浮。朕勤求治理,惟日孳孳,总以实不以文,即景星庆云,前史所称,朕皆不以为瑞,必果系时和岁稔,家给人足,方为有象太平,岂可稍有粉饰。如颜检之好语吉祥,则属员等意存迎合,偶有地方灾歉,亦必不肯据实直陈,闾阎疾苦,壅于上闻,吏治民瘼,大有关系。顷召见莫瞻菉、章煦,据称顺天府属每有飞蝗,章煦连日在外扑捕,但顺天府所属印委各员无多,且近畿一带既有飞蝗,则直隶各州县自难保其必无。现已派卿员分赴各路督捕,仍著颜检迅派妥员,分投查勘,务期扑捕净尽。如有伤残禾稼,收成稍减之处,即据实查奏,候朕加恩,毋得仍前讳饰,致干咎戾。本日御制《见蝗叹》一首,并录交颜检阅看,其宫内捕获之蝗虫,一并发往。将此谕令知之。

《仁宗实录》卷一三〇

七月【略】己丑,【略】给安徽无为州被水灾民一月口粮并房屋修费。【略】癸巳,【略】缓征湖北天门、沔阳、汉川、荆门、潜江、江陵、监利七州县及屯坐各卫水灾本年额赋。【略】乙未,谕内阁:前因京城广渠门外及通州等处间有飞蝗,一面派范建丰前往查勘,一面谕令颜检,将直隶地方有无蝗蝻滋长之处,详悉查明具奏。旋据该督奏称,均已扑除净尽,并称飞蝗只食青草,不伤禾稼。本不成话。嗣于前月二十九日,朕斋戒进宫,披览章奏,适一飞蝗集于御案,当令捕扑,续经太监等捕获十数个。因思宫禁即有飞入者,则郊原田野不知更有几何,旋即派卿员四路查勘,并将御制《见蝗叹》及宫中捕得蝗虫,发交颜检阅看,复令赶紧饬查。兹据奏,驰赴宛平县属之水屯、八角二村查看,该处七八十亩之广,谷粟被伤约有三四亩。复据大兴、宛平、通州、武清、新城、遵化、任丘、容城、涞水、固安、保定、满城等州县禀报,所属村庄均有蝻子萌生,现在上紧捕除等语。可见如许州县均有蝗蝻，若非特派卿员驰勘，经朕再四严饬，颜检仍未必据实直陈。前此所奏，实不免于粉饰。朕勤求治理，以家给人足，时和岁丰为上瑞，至于前史所奏景星庆云之祥，犹皆鄙斥不言。惟于地方水旱虫伤等事，刻深萦廑，宵旰不遑，勤加咨访。祖考付朕天下，惟期丰年为瑞，岂好言灾祲，实以民瘼所关至重。朕早得闻知一日，即可立时办理，俾民生早得一日安全。督抚等狃于积习，必不肯据实陈奏，是诚何心。若以隐匿不奏，藉此可纾宵旰焦劳，殊不知酿成大患，宵旰焦劳更甚。彼时朕一人承当，隐匿不奏者转得置身事外，言及此实深畏惧。总之，粉饰之习一开，则督抚等惟事敷陈吉语，而属员意存迎合，日久相蒙，必至一切国计民生之事概不以实上陈。即如今年直隶麦收，颜检早经奏报十分。夫十分乃系上稔，岂可多得。彼时麦田尚未收割，而奏牍已预为铺张，实未免措词过当。此次蝗蝻萌发，又不先行入告。直待朕即次垂询，始一一奏闻，计所开村庄有三十余处之多，其中断非尽系降旨查询后具报者。封疆大吏，若事事务求粉饰，其流弊必至于欺罔而后已。颜检奏请交部严加议处之处，本属咎所应得，姑念该督平素办事尚属认真，著加恩改为交部议处。嗣后惟当痛改前非，实心任事，遇有地方灾歉事务，尤当一面查办，一面据实陈奏，俾闾阎疾苦不致壅于上闻，方为不负委任。若再有讳匿迟延，经朕查出，必当将该督严行惩处，不能曲为宽贷矣。将此旨通谕中外知之。【略】辛丑，【略】缓征湖北黄梅县水灾本年额赋，并给一月口粮。

《仁宗实录》卷一三一

七月【略】甲辰，【略】缓征甘肃皋兰、西宁、碾伯、金、宁朔五县水灾本年额赋。【略】丙午，【略】展缓河南中牟、郑、荥泽、荥阳、汜水、新郑、安阳、汤阴、临漳、林、武安、涉、内黄、汲、新乡、辉、获嘉、淇、浚、济源、修武、武陟、孟、温、洛阳、巩、孟津、河内、原武、偃师、登封、嵩、商丘、宁陵、封丘、滑、考城、延津、阳武、兰阳、祥符、陈留、杞、睢四十四州县上年水、旱、蝗灾带征额赋及应还常社漕仓谷石籽种有差。【略】己酉，以牲兽稀少，停止本年秋狝。【略】庚戌，【略】缓征安徽怀宁、桐城、潜山、太湖、宿松、望江、贵池、青阳、铜陵、东流、宣城、南陵、当涂、芜湖、繁昌、无为、庐江、和、含山、全椒二十州县水灾新旧额赋，给庐江东关等二十二保灾民一月口粮。【略】乙卯，除陕西朝邑县被水坍压田七十三顷四十八亩有奇额赋。

《仁宗实录》卷一三二

八月【略】戊午，【略】谕内阁：昨据铁保奏，审拟高密县民李诒迁具控仲二等捏称伊父尸系旱魃，纠众刨坟，将尸烧毁一案，已批交刑部核拟具奏矣。旱魃之名，见于《大雅》，后世稗乘相传，遂以为僵尸，岁久即成旱魃，其说本属不经。而乡曲小民惑于传播之言，每有刨坟毁尸之事。即如此案仲二等，与李诒迁并无仇隙，只因时界亢旱，见伊父李宪德坟土潮润，疑为尸成旱魃，迨至纠众刨坟，钩出尸身，以其皮肉未腐，辄称实系旱魃，相率击打烧毁情节，殊为惨酷。夫旱暵乃系天行，岂朽胔残骸所能为虐，【略】严设例禁，【略】分别首从科罪，【略】应绞首犯。【略】壬申，【略】赈甘肃西宁、碾伯、大通三县被水贫民，并缓征灵、中卫二州县本年额赋。【略】壬午，【略】缓征山东濮、范、菏泽、东平、寿张、阳谷六州县水灾新旧额赋，齐东、利津、沾化、蒲台、滨、海丰、巨野、济宁、金乡、鱼台十州县及临清卫旧欠各项银。【略】甲申，谕内阁：据达庆奏，叶尔羌所属东路十三军台，本年六月以后河流漫溢，道路被淹，各台官房、回房不无倒塌冲没等语。

《仁宗实录》卷一三三

九月丁亥朔，【略】蠲缓浙江乌程、德清、归安、长兴、仁和、海宁、石门、桐乡、武康、钱塘、秀水、嘉兴、嘉善、平湖、海盐十五州县及嘉湖卫水灾新旧额赋有差。【略】庚寅，【略】赈陕西澄城、韩城二县被旱灾民。【略】辛卯，【略】缓征两淮丁溪、草堰、刘庄、伍祐、新兴、庙湾、板浦、中正、临兴九场被灾灶户新旧额赋。【略】丁酉，【略】缓征湖南澧州被水各垸额赋。【略】乙巳，【略】谕军机大臣等，据汪志伊奏到，江苏省新阳、桃源等四十二厅州县及各屯卫被水情形一节。【略】缓征安徽巢、凤阳、怀远、定远、寿、凤台、宿、灵璧、泗、盱眙、天长、五河十二州县水灾新旧额赋漕粮，给贵池、青阳、铜陵、东流、当涂、芜湖、繁昌、无为、庐江九州县贫民一月口粮。【略】庚戌，【略】缓征山西临汾、襄陵、

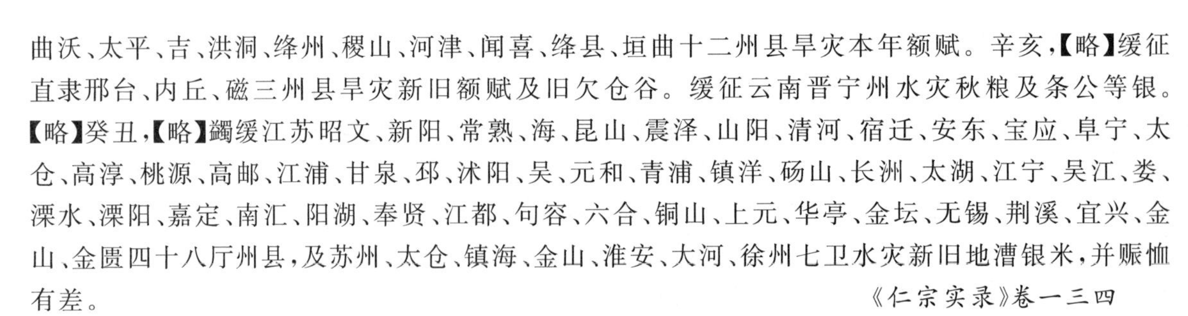

曲沃、太平、吉、洪洞、绛州、稷山、河津、闻喜、绛县、垣曲十二州县旱灾本年额赋。辛亥,【略】缓征直隶邢台、内丘、磁三州县旱灾新旧额赋及旧欠仓谷。缓征云南晋宁州水灾秋粮及条公等银。【略】癸丑,【略】蠲缓江苏昭文、新阳、常熟、海、昆山、震泽、山阳、清河、宿迁、安东、宝应、阜宁、太仓、高淳、桃源、高邮、江浦、甘泉、邳、沭阳、吴、元和、青浦、镇洋、砀山、长洲、太湖、江宁、吴江、娄、溧水、溧阳、嘉定、南汇、阳湖、奉贤、江都、句容、六合、铜山、上元、华亭、金坛、无锡、荆溪、宜兴、金山、金匮四十八厅州县,及苏州、太仓、镇海、金山、淮安、大河、徐州七卫水灾新旧地漕银米,并赈恤有差。　　《仁宗实录》卷一三四

十月【略】丁卯,【略】加赈江西德化县被水灾民,缓征南昌、新建、丰城、进贤、鄱阳、余干、星子、瑞昌、宜黄九县新旧额赋漕粮。【略】癸酉,【略】赈黑龙江墨尔根、打牲乌拉等处被水灾民。

《仁宗实录》卷一三五

十一月【略】戊子,【略】又谕:江省本年被灾州县补种之后,自尚有收,闻现在征收漕粮,交仓米色过于挑拣,【略】倘有实在不能纯净之处,亦不必苛求。　　《仁宗实录》卷一三六

十一月【略】癸丑,【略】谕军机大臣等,【略】江苏、浙江、江西、安徽、湖北虽各该省间有被水州县,嗣据该抚等具奏,晚稻均各丰收,并闻浙江因商贩云集,尚有囤积粮石,著各该抚悉心体察。【略】其山东、河南二省漕船(粮),向系小米麦豆等项,除本年被灾各州县外,丰收之处尚多。【略】贷赈黑龙江墨尔根、齐齐哈尔、打牲乌拉等处被水旗民粮石。　　《仁宗实录》卷一三七

十二月【略】壬戌,【略】缓征甘肃平罗县被水灾民银粮草束。【略】癸酉,【略】给江苏桃源县被水灾民二月口粮。【略】丙子,上幸瀛台。喀尔喀扎萨克头等台吉旺沁扎布等十人,土尔扈特郡王策伯克扎布等十六人,额鲁特总管博本等十二人,暹罗国正使呸雅梭挖理巡段呵排拉车突等四人,于西苑门外观觐。以天暖冰薄,停止冰技[①]。仍给半赏。　　《仁宗实录》卷一三八

## 1805年 乙丑 清仁宗嘉庆十年

正月【略】辛卯,【略】展缓直隶邢台、内丘、磁三州县被旱各村粮谷。贷山西永济、临晋、猗氏、万泉、荣河、虞乡、解、安邑、夏、临汾、襄陵、洪洞、浮山、太平、岳阳、曲沃、翼城、汾西、吉、乡宁、绛州、稷山、河津、闻喜、绛县、垣曲二十六州县被旱灾民籽种口粮,并平粜常平仓谷。展赈江苏高邮、宝应二州县被水灾民。给安徽贵池、青阳、铜陵、东流、当涂、芜湖、繁昌、无为、庐江九州县被水灾民一月口粮。贷浙江乌程、归安、长兴、德清、武康五县及嘉湖卫被水灾民籽种。展赈江西德化县桑落、赤松二乡被水灾民,贷南昌、新建、丰城、进贤、鄱阳、余干、星子、瑞昌、宜黄、都昌、建昌、德安、湖口、彭泽、永丰十五县灾民籽种口粮。给湖北黄梅县被水军民一月口粮,展缓汉川、沔阳、天门、潜江、监利、黄梅、荆门、江陵八州县节年旧欠民屯额赋有差。给甘肃西宁、碾伯、大通、皋兰、金、灵、宁朔、中卫八州县被水灾民口粮有差。【略】壬寅,【略】贷两淮板浦、中正、临兴三场被水灶户一月口粮。

《仁宗实录》卷一三九

四月【略】辛酉,【略】缓征湖南武陵县被水灾民原借麦种及堤工银。《仁宗实录》卷一四二

五月【略】丙申,【略】缓征山西毗连灾区之解、安二州县未完额赋盐课。

《仁宗实录》卷一四三

五月己亥,【略】加赈浙江仁和、钱塘、海宁、余杭、临安、嘉兴、秀水、海盐、石门、桐乡、乌程、归安、长兴、德清、武康十五州县上年被水灾民,并缓征本年额赋及未完耗羡银。《仁宗实录》卷一四四

---

① 此年(1804年)十二月丙子(1月27日)因“天暖冰薄”停止滑冰,可见当年冬季之暖。

六月【略】己巳，命再于黑龙潭设坛祈雨。【略】辛未，【略】以甘霖大沛，仍命仪亲王永璇、成亲王永瑆、庆郡王永璘分诣天神坛、地祇坛、太岁坛谢雨。【略】己卯，谕内阁：熊枚奏遵旨赶办永定河要工，并连日水势涨落情形一折。览奏俱悉。此次永定河水势骤涨，北二工第十三号漫溢三十余丈之外，北下头工第二号地方堤埽又冲刷九十余丈，幸口门过水约三四分，尚不致掣动大溜。

《仁宗实录》卷一四五

闰六月【略】丙戌，【略】给湖北钟祥、天门二县被水灾民一月口粮，并缓征钟祥、荆门、京山、天门、潜江、沔阳、汉川七州县及屯坐各卫所新旧额赋。【略】甲辰，【略】缓征甘肃陇西、宁远、伏羌、通渭、西和、静宁、环、皋兰、古浪、平番、西宁、碾伯、大通、巴燕戎格十四厅州县水灾、旱灾新旧额赋。乙巳，【略】蠲减直隶安、新安、隆平、宁晋、新河、文安、东安七州县积水地亩额赋有差。

《仁宗实录》卷一四六

七月【略】癸丑，【略】缓征甘肃狄道、河、渭源、金、安定、会宁、漳、平凉、隆德、固原、华亭、庄浪、盐茶、宁、安化、正宁、合水、武威、永昌、秦、清水、礼、徽、两当、秦安、泾、崇信、灵台、镇原二十九厅州县，并三岔州同，沙泥州判，红水、东乐二县丞所属旱灾新旧额赋。赈陇西、宁远、伏羌、通渭、西和、静宁、环七州县被旱灾民。给皋兰、古浪、平番、西宁、碾伯、大通、巴燕戎格七厅县被水灾民口粮有差。【略】辛酉，【略】缓征陕西华阴县歉收新旧额赋，并贷南寺堡等一百九十七村庄口粮。【略】癸亥，【略】缓征陕西长安、咸宁、泾阳、蓝田、耀、三原、鄠、兴平、临潼、咸阳、高陵、渭南、同官、富平、醴泉、盩厔、凤翔、郿、麟游、扶风、宝鸡、岐山、大荔、华阴、华、郃阳、韩城、潼关、澄城、白水、朝邑、蒲城、邠、长武、淳化、三水、乾、永寿、武功、鄜、宜君、中部、洛川四十三厅州县旱灾新旧额赋盐课，并赈各属贫民。【略】癸酉，【略】缓征河南新乡、汲、辉、获嘉、河内、武陟、修武、济源、林、淇、原武、陕、灵宝、阌乡十四州县旱灾蠲剩额赋新旧银谷漕粮，及被旱之安阳、汤阴、浚、孟、新乡、渑池、阳武、温、荥泽九县新旧额赋仓谷漕粮，并毗连灾区之临漳、内黄、武安、涉、延津、滑、封丘、考城、洛阳、偃师、巩、孟津、登封十三县旧欠额赋仓谷。【略】甲戌，【略】谕军机大臣等，铁保等奏称，现在河底淤高丈许，自七月初十日以后，黄水复涨，比清水较高四尺，由御黄坝倒漾而入等语。【略】直隶总督吴熊光覆奏：南宫、河间二县积水未涸地九百二十五顷三十三亩有奇额赋，请照安州等大洼减赋例，自十年为始，水大全行豁免，水小量为酌减，其旧欠额赋口粮籽种等仍分年带征。从之。【略】己卯，谕内阁：二十八日夜微雨不成分寸，朕于文殊庵启跸，自出山海关至中前所大营一带，御道泥泞难行，并无民夫修治。【略】庚辰，【略】免山西临汾、襄陵、太平、翼城、永济、临晋、荣河、万泉、解、安邑、绛州、稷山、河津、闻喜、垣曲、洪洞、曲沃、虞乡、猗氏、夏、平陆、芮城、绛县、霍、赵城、灵石二十六州县蠲剩及带征额赋，并毗连灾区之浮山、岳阳、汾西、乡宁、吉、隰、大宁、永和、蒲九州县新旧额赋，分别赈给银谷口粮。

《仁宗实录》卷一四七

八月辛巳朔，【略】谕内阁：本年大凌河马群被灾马一千三百四十五匹，现在悬额。【略】癸巳，【略】除陕西长安县水冲马厂地一顷七十八亩有奇额赋。【略】甲午，【略】予甘肃灵州被水灾民及古浪县开河民夫口粮有差。缓征宁朔、宁夏、平罗、灵四州县被水庄堡新旧银粮草束。

《仁宗实录》卷一四八

八月【略】庚子，【略】缓征山东博兴、高苑、齐东、淄川、沾化、滨、蒲台、临淄八州县旱灾新旧额赋有差，及邹平、章丘、新城、长山、历城、惠民、青城、利津、海丰、阳信、乐安、寿光十二县本年额赋。【略】辛丑，【略】谕内阁：【略】据富俊奏称，前此老边巨流河一带夏秋间因雨水过多，道途均有积潦。【略】甲辰，【略】谕军机大臣等，方维甸奏，陕省西安等属地方普得透雨情形一折，览奏欣慰。陕省地方夏间雨泽较稀，秋成歉薄，朕心刻深萦念。兹虽普得透雨，而被泽稍迟，地方业已成灾。【略】缓征陕西肤施、宜川、延川、延长、安定、吴堡、陇、汧阳八州县旱灾新旧额赋，给一月口粮，并缓征长

安等四十三厅州县，肤施等八州县军屯粮石。【略】丙午，【略】免盛京、兴京、辽阳、牛庄、盖州、熊岳、复州、金州、岫岩、凤凰城、开原、锦州、宁远、广宁、义州十五处旗地应纳本年米豆草束十分之五，并九年以前积欠。【略】给盛京承德、辽阳、广宁、海城、铁岭五州县被水及正红旗界内三家寨等五处村庄被雹灾民一月口粮。《仁宗实录》卷一四九

九月【略】癸丑，【略】缓征安徽怀宁、铜陵、无为、凤阳、怀远、定远、寿、凤台、宿、灵璧、和、泗、盱眙、天长、五河十五州县水灾、旱灾新旧额赋。【略】庚申，【略】缓征湖南澧州属东乡、黄丝等垸水灾新旧额赋。【略】戊辰，【略】蠲缓江苏盐城、兴化、东台、高邮、阜宁、泰、宝应、山阳、甘泉、清河、桃源、江都十二州县，及淮安、大河、扬州三卫水灾旱灾新旧额赋，并减则豁粮田亩户口，缓征给赈有差。又缓六合、铜山、萧、砀山、宿迁、海、邳、华亭、奉贤、娄、上海、南汇、青浦、金山、太仓、镇洋、嘉定、宝山、崇明、昭文二十州县及徐州卫歉收田亩新旧额赋，并阜宁、清河、桃源、海、沭阳五州县旧欠漕粮。【略】丁丑，【略】给安徽凤阳、凤台、五河、怀远、寿、泗、天长七州县水旱灾民一月口粮，并缓征桐城、潜山、蒙城三县本年额赋。展缓安徽全椒、宣城、南陵、贵池、芜湖、繁昌、庐江、望江、青阳、东流、当涂十一县及坐落各卫带征历年额赋有差。【略】戊寅，【略】蠲缓两淮富安、安丰、梁垛、东台、河垛、丁溪、草堰、刘庄、伍佑、新兴、庙湾十一场水灾灶课，并给赈有差；缓征板浦、中正、临兴三场歉收新旧额赋及口粮谷价。赈恤河南上蔡县被水灾民，并蠲缓本年额赋，又缓临漳、内黄、武安、涉、延津、滑、考城、洛阳、偃师、巩、孟津、登封十二县带征旧欠漕粮。《仁宗实录》卷一五〇

十月【略】己丑，【略】展缓浙江杭州、嘉兴、湖州三府属州县上年带征漕粮。【略】庚子，【略】免湖北天门、汉川、潜江、京山、钟祥五县本年额赋十分之一。缓征沔阳、荆门、江陵、监利四州县新旧额赋。贷天门县属两次被水灾民籽种。《仁宗实录》卷一五一

十一月【略】辛酉，【略】贷河南新乡、汲、辉、获嘉、淇、河内、武陟、济源、修武、原武、林、延津、浚、孟、温、安阳、汤阴十七县被水灾民仓谷。《仁宗实录》卷一五二

十一月【略】丙寅，谕内阁：戴均元等奏，凌水骤涨，清江浦土堤过水情形一节。据称，本年冬至前后，江境严寒，冰凌壅积，里河厅清江汛地方，因修建闸座，将五空桥拦坝挑切，适初八日天气骤暖，凌水涌涨，漫过拦坝，由玉带桥下注城隍庙地方，堤根渗水坐蛰，浸及清江浦。南岸官署民房并清河县仓谷，亦不及全行移贮。幸居民距堤不远，立刻搬移高阜，并未损伤人口，房屋亦未倒塌。查明口门仅止八丈，即日堵筑断流。现在多雇水车，将积水赶紧车戽。【略】戊辰，【略】给云南昆明、昆阳、晋宁、呈贡四州县被水灾民一月口粮，并缓征本年额赋。【略】辛未，【略】缓征稻田厂旱灾、虫灾租银。【略】戊寅，【略】上幸瀛台阅冰技。【略】己卯，【略】赈江苏清河县被水灾民。【略】是月，山西巡抚同兴奏报得雪情形。得旨：览奏稍慰。《仁宗实录》卷一五三

十二月庚辰朔，上幸北海阅冰技。【略】辛巳，【略】缓征山西临汾、襄陵、太平、翼城、永济、临晋、荣河、万泉、解、安邑、绛县、稷山、河津、闻喜、垣曲、洪洞、曲沃、虞乡、猗氏、夏、平陆、芮城、绛州、霍、赵城、灵石、浮山、岳阳、汾西、乡宁、吉、隰、大宁、永和、蒲三十五州县旱灾积欠仓谷，并安邑、夏二县本年应征杂项银。【略】乙酉，【略】赈安徽凤阳、凤台、五河三县，加赈宿、南平、蒙城三厅州县被水灾民。丙戌，上幸北海阅冰技。【略】丁亥，上幸瀛台阅冰技。【略】己丑，【略】给吉林三姓地方被灾旗人春、夏两季口粮，并展缓本年应交屯粮。《仁宗实录》卷一五四

## 1806年 丙寅 清仁宗嘉庆十一年

正月【略】壬子，【略】贷直隶宛平、固安、永清、东安、雄、任丘、邢台七县被水、被旱民籽种口粮。缓征山东博兴、高苑、淄川、齐东、滨、沾化、蒲台、临淄、历城、章丘、邹平、长山、新城、惠民、阳信、海

丰、利津、青城、乐安、寿光二十州县被旱灾民新旧额赋，并贷籽种仓谷。展赈河南新乡、汲、辉、获嘉、河内、济源、修武、武陟、上蔡九县被水、被旱灾民有差，并贷籽种口粮仓谷。贷淇、原武、林、陕、灵宝、阌乡六州县被旱灾民籽种口粮仓谷。展赈山西临汾、襄陵、洪洞、浮山、太平、岳阳、曲沃、翼城、汾西、吉、乡宁、永济、临晋、荣河、猗氏、万泉、虞乡、解、安邑、夏、平陆、芮城、绛州、河津、闻喜、稷山、绛县、垣曲、霍、赵城、灵石三十一州县被旱灾民并缓征新旧额赋。贷陕西三水、澄城、蒲城、郃阳、耀、高陵、延长、淳化、乾、武功、三原、白水、邠、泾阳、同官、醴泉、凤翔、岐山、扶风、潼关、华阴、咸阳、永寿、长武、兴平、肤施、宜川、吴堡、安定、延川三十厅州县被旱灾民仓粮。贷甘肃皋兰、平番、西宁、碾伯、大通、巴燕戎格、陇西、宁远、伏羌、通渭、西和、静宁、环十三厅州县及东乐县丞所属被水、被旱灾民籽种口粮。展赈江苏山阳、阜宁、盐城、清河、桃源、高邮、泰、东台、江都、甘泉、兴化、宝应十二州县被水灾民。贷安徽凤阳、怀远、凤台、寿、泗、天长、五河、宿、南平、蒙城十厅州县，及凤阳、长淮、泗州三卫被水、被旱灾民籽种。贷湖南澧州属黄丝等二十一垸被水灾民种麦工银。【略】乙卯，【略】展赈江苏长洲、元和、吴三县歉收贫民。【略】丁巳，【略】展缓江苏江宁、扬州、淮安、徐州、海五府州属，并淮安、徐州、大河三卫节年额赋有差。【略】己巳，【略】展赈两淮丁溪、草堰、刘庄、伍佑、新兴、庙湾六场被水灶户。《仁宗实录》卷一五六

三月【略】辛酉，【略】贷山西浮山、岳阳、汾西、乡宁、吉、隰、大宁、永和、蒲、阳曲、太原、榆次、太谷、祁、徐沟、交城、文城、岢岚、岚、兴、长治、长子、屯留、襄垣、潞城、壶关、黎城、汾阳、孝义、平遥、介休、石楼、临、永宁、宁乡、凤台、高平、阳城、陵川、沁水四十州县上年歉收贫民仓谷。【略】甲子，谕内阁：御史蔡维钰奏，江浙米价腾贵，请严申出洋例禁一折。【略】戊辰，【略】展赈山西临汾、洪洞、浮山、岳阳、曲沃、翼城、太平、襄陵、汾西、乡宁、吉、赵城、灵石、济、临晋、虞乡、荣河、万泉、猗氏、安邑、夏、平陆、芮城、垣曲、闻喜、绛、稷山、河津二十八州县上年被旱灾民。己巳，【略】免直隶文安县大洼地亩水灾本年额赋。【略】乙亥，谕内阁：昨因京城米价较昂，降旨于五城适中处所分设厂座，发给米麦共十万石，平价粜卖，原期嘉惠穷黎，俾得藉资口食。乃闻有牟利奸商，往往于平粜之时，私令人假作贫民，分投赴厂籴买，囤积居奇。《仁宗实录》卷一五八

四月戊寅朔，【略】缓征河南临漳、武安、内黄、涉、延津、滑、封丘、考城八县上年歉收新旧额赋。己卯，【略】除福建晋江县被水冲坍田五十亩有奇额赋。【略】乙酉，【略】展赈奉天承德、辽阳、海城、广宁四州县上年被水灾民。【略】丁亥，【略】命五城再减平粜麦价。【略】戊戌，【略】贷陕西留坝、凤二厅县被水灾民一月口粮，并修理房屋银。己亥，【略】复展赈山西襄陵、太平、临汾、洪洞四县被旱灾民。【略】乙巳，【略】谕军机大臣等，据方维甸奏报陕省雨水、二麦情形。并另开二月分各属粮价清单，俱注明“价贵”字样。因思陕省前此军兴之际，【略】其时大米价值贵不过五两有零，迩来地方靖静，休养生息已及数年，何以该省粮价较用兵之时转觉昂贵，且西安、同州、凤翔各府属素称膏腴之壤，物产丰饶，尤不应粮价腾涌一至于此。《仁宗实录》卷一五九

五月【略】甲寅，【略】缓征河南鄢陵、郾城、西华、西平四县水灾新旧额赋，并贷籽种口粮有差。【略】丙辰，【略】贷两淮富安、安丰、梁垛、东台、河垛五场上年被水灶户草本。

《仁宗实录》卷一六〇

六月【略】乙酉，【略】缓征湖南武陵、龙阳、澧三州县水灾新旧额赋及未完堤工种麦工本银。【略】戊子，【略】缓征陕西留坝、凤二厅县水灾本年额赋。【略】庚寅，【略】谕内阁：本年江境湖河异涨，高堰一带堤工全赖先期加筑子堰，得以保卫无虞。《仁宗实录》卷一六二

六月【略】壬寅，谕内阁：给事中汪镛条奏请各省暂缓采买仓谷，以纾民力一折。所奏不可行。【略】该给事中既称春夏以来，雨泽调和，定登大有，又恐各省大吏奏请采买，粮价腾贵。【略】即如山西、陕西等省系连年积歉之区，本年虽秋收丰稔，究虑民力不纾，自当暂缓采买。若直隶省则自

嘉庆六年水灾之后连岁皆系丰收，并非今年始获丰稔，民间盖藏久裕，市价平减，正当趁此时采买。

《仁宗实录》卷一六三

七月【略】庚戌，缓征安徽寿、凤台、宿、南平、灵璧、定远、天长、泗、盱眙、五河、凤阳、怀远十二厅州县水灾新旧额赋漕粮。【略】癸丑，【略】贷甘肃漳、岷、两当三州县被水灾民籽种口粮。【略】丙辰，【略】减免直隶新安、隆平、宁晋、新河、南宫、河间六县积水地亩额赋。【略】己未，【略】抚恤盛京承德、广宁、辽阳、海城、盖平五州县被水旗民，并给房屋修费。【略】壬戌，【略】赈江苏兴化、东台、盐城、清河、高邮、宝应、海、安东、阜宁、泰、甘泉、沭阳、山阳、桃源、江都十五州县被水灾民。癸亥，【略】谕内阁：前因密云一带雨水较多，桥座多有冲塌，特改期于二十二日启銮。

《仁宗实录》卷一六四

八月【略】甲申，【略】缓征直隶永清、东安、武清三县被水村庄本年额赋，并贷口粮籽种。【略】乙未，【略】缓征四川太平、雷波、綦江、珙四厅县被水村庄本年额赋。【略】庚子，【略】缓征福建龙溪、南靖二县水灾本年额赋。

《仁宗实录》卷一六五

九月【略】甲寅，【略】缓征山西临汾、襄陵、曲沃、太平、洪洞、翼城、永济、临晋、猗氏、荣河、万泉、虞乡、解、安邑、夏、平陆、芮城、绛州、稷山、河津、闻喜、绛县、垣曲、霍、灵石、赵城二十六州县旱灾本年额赋盐课，并永济、临晋、猗氏、虞乡、解、安邑、夏、闻喜、霍、灵石、赵城、临汾、襄陵、曲沃、翼城、荣河、绛州、稷山、垣曲十九州县旧欠仓谷。拨江苏清河、盐城、海、安东四州县仓谷十万石备赈。【略】丙辰，【略】赈两淮板浦、中正、临兴、丁溪、草堰、刘庄、伍佑、新兴、庙湾九场被水灾灶丁。

《仁宗实录》卷一六六

九月【略】壬戌，【略】展缓安徽怀宁、桐城、潜山、铜陵、和、无为、蒙城七州县迭被水灾、旱灾带征节年额赋漕粮及各项银米。缓征湖南澧州东来等四垸水灾本年额赋。抚恤云南浪穹县被水灾民。【略】丁卯，【略】赈江苏淮安、扬州、徐州、海各府州属滨湖荡被水灾民，并缓征减则田地本年额赋。【略】壬申，【略】赈直隶安、新安、雄、博野、任丘五州县被水灾民，并免新旧额赋。贷霸、保定、大城、清苑、蠡、高阳、献、肃宁、天津、青、静海、沧、盐山、龙门、冀、新河、衡水、隆平、宁晋十九州县被水灾民籽种口粮，并缓征新旧额赋。

《仁宗实录》卷一六七

十月【略】丙子，【略】给河南温、孟二县被水灾民口粮蠲缓新旧额赋漕粮。缓征内黄、安阳、汤阴三县新旧额赋，并量给籽种。【略】丙戌，免齐齐哈尔、黑龙江、墨尔根、打牲乌拉被霜灾民应征粮石，仍给七月口粮，并缓征旧欠粮石。丁亥，【略】免盛京被水官庄应交稗石，灾轻及未成灾官庄准以本色折色各半交纳。

《仁宗实录》卷一六八

十月己丑，【略】展缓江西迭被水旱之南昌、新建、丰城、进贤、宜黄、鄱阳、余干、星子、瑞昌九县六年额赋漕粮。

《仁宗实录》卷一六九

十一月【略】丁巳，【略】缓征湖北汉川、沔阳、潜江、天门、荆门五州县并屯坐各卫被水灾民新旧额赋及未完南米籽种堤费。

《仁宗实录》卷一七〇

十二月【略】丙子，上幸瀛台阅冰技。【略】庚辰，上幸北海阅冰技。【略】辛巳，【略】幸瀛台阅冰技。【略】丙戌，上幸北海阅冰技。【略】甲午，上幸北海阅冰技。【略】乙未，上幸北海阅冰技。【略】丁酉，上幸北海阅冰技。

《仁宗实录》卷一七二

## 1807 年 丁卯 清仁宗嘉庆十二年

正月【略】丙午，【略】展赈奉天承德、广宁、辽阳、海城、盖平、复、锦、铁岭八州县上年水灾旗民。展赈江苏山阳、阜宁、清河、桃源、安东、盐城、高邮、泰、东台、江都、甘泉、兴化、宝应、邳、宿迁、睢

宁、海、沭阳十八州县上年被水灾民。展赈两淮板浦、中正、临兴、丁溪、草堰、刘庄、伍佑、新兴、庙湾九场上年水灾灶户。展赈河南温、孟二县上年被水灾民，贷内黄、安阳、汤阴三县贫民籽种口粮，并平粜仓谷有差。展赈云南浪穹县上年被水灾民。贷安徽宿、南平、怀远、定远、灵璧、凤台六厅州县，及凤阳、长淮二卫上年被水灾民籽种。贷陕西宁陕、洋、城固、孝义、鄠、盩厔、郿、留坝、石泉、镇安、宝鸡、岐山、西乡、凤、褒城十五厅县上年被水灾民籽种口粮有差。并贷肤施、安塞、甘泉、保安、安定、宜川、延长、延川、靖边、榆林、葭、神木、府谷、怀远、绥德、米脂、清涧、吴堡、鄜、宜君、洛川、中部、咸宁、长安二十四州县常社仓谷。给甘肃宁夏、宁朔、平罗三县上年水灾贫民一月口粮，并贷被水各堡籽种。

《仁宗实录》卷一七三

三月【略】戊申，【略】展缓奉天承德、广宁、辽阳、海城、盖平、复、锦、铁岭八州县上年水灾旗民并平粜仓谷。【略】庚申，【略】恤赏直隶天津遭风淹毙船户水手三百余名口。【略】壬戌，【略】命仪亲王永璇【略】诣天神坛、地祇坛、太岁坛祈雨。遣官赴密云县白龙潭神祠祈雨。乙丑，命庄亲王绵课诣黑龙潭，定亲王绵恩诣山高水长谢雨。

《仁宗实录》卷一七六

四月【略】丙子，【略】谕内阁：【略】上年冬间雪泽较少，本年春雨又稀，前已设坛祈祷，得雨两次，仍未沾渥，且近畿以及东、豫等省均尚在望泽，虽未至旱暵太甚，究与往岁情形不同。【略】丁亥，【略】以祈雨，命庄亲王绵课先期致祭宣仁庙。

《仁宗实录》卷一七七

四月戊子，【略】命仪亲王永璇【略】诣天神坛、地祇坛、太岁坛祈雨。并于黑龙潭及山高水长设坛祈祷。【略】甲午，【略】又谕：京师入春以来雨泽稀少，近日设坛祈祷，仍未普沛甘膏，宵旰焦思，时深殷盼，朕惟清理庶狱，亦感召和甘之一端。【略】丁酉，谕内阁：给事中严烺奏，现在澍雨未沾，请于斋戒期内，饬令大小臣工凡遇喜庆等事，暂停演戏。【略】戊戌，谕内阁：【略】盛京土膏沃衍，素称产米之区，附近畿辅省分俱资接济，上年秋间该处偶被偏灾，经该将军奏请暂行禁籴。【略】本年盛京雨水调匀，田禾芃茂，现在畿辅一带望泽孔殷，米价昂贵，【略】盛京蓄贮充裕，著富俊体察情形，详悉筹酌，或仍令商贾照常贩运。【略】己亥，【略】又谕：光禄寺卿钱楷奏，京师春夏以来雨泽稍稀，请遵照《汉书》闭阳纵阴之说，将现在正阳门外修筑之石道，暂停工作，以期甘霖速沛一折。五行生克制胜虽见诸传记，大率经生强为傅会，其事多迂窒不可行。【略】庚子，上诣黑龙潭并山高水长祈雨坛拈香。命仪亲王永璇【略】诣天神坛、地祇坛、太岁坛祈雨。缓征顺天府四路厅属及直隶保定、永平、正定、天津、河间、宣化、遵化、易、定、深十府州属旱灾本年额赋。【略】是月，【略】漕运总督吉纶奏，重运帮船行走情形。得旨：今次情形可虑之处，在山东不在江南，山东久未得雨，湖水、泉水俱形消耗，不足济运，已屡次敕催长麟矣。

《仁宗实录》卷一七八

五月【略】丙午，谕内阁：【略】今岁畿辅一带入春以来，总未得有透雨，节经设坛祈祷，【略】连日浓阴密布，间有微雨飘洒，旋即晴霁，尚未渥沛浓膏，朕宵旰焦劳。【略】丁未，上诣山高水长祈雨坛拈香。【略】庚戌，【略】命皇次子诣山高水长，庆郡王永璘诣黑龙潭谢雨。谕内阁：据文宁等奏，本月初八日东城智化寺米厂门口，有领粜民人挤倒压毙计民妇七口、幼男三口、幼女五口。【略】展缓山西临汾、洪洞、太平、曲沃、襄城、翼城、永济、临晋、荣河、万泉、猗氏、虞乡、解、安邑、芮城、平陆、夏、绛州、绛县、稷山、河津、闻喜、垣曲、霍、赵城、灵石二十六州县旱灾带征额赋盐课。【略】乙卯，【略】命成亲王永瑆【略】诣天神坛、地祇坛、太岁坛谢雨。

《仁宗实录》卷一七九

五月【略】辛酉，【略】除江苏宝山县水冲田九顷七十亩有奇额赋。【略】甲子，【略】除福建闽、侯官、诏安三县水冲田一十八顷九百五十亩有奇额赋。

《仁宗实录》卷一八〇

六月【略】戊子，缓征安徽宿、南平、灵璧、凤阳、怀远、定远、亳、蒙城、泗、盱眙、五河十一厅州县歉收地方新旧额赋漕粮。

《仁宗实录》卷一八二

七月【略】壬戌，缓征安徽当涂、芜湖、繁昌、东流、天长、潜山六县水灾本年额赋。【略】己巳，

【略】缓征河南安阳、汤阴、内黄、考城、温、孟六县水灾新旧额赋有差。　《仁宗实录》卷一八三

八月【略】庚辰,【略】免直隶安、新安、隆平、宁晋、新河、南宫六州县积水地亩额赋。【略】戊戌,【略】免库车所属布兰、哈杂克、察半三庄水灾本年额粮。　《仁宗实录》卷一八四

九月【略】癸卯,【略】贷河南安阳、汤阴、内黄三县被水灾民籽种口粮并缓征本年额赋。【略】丙午,缓征山东恩县、德州卫水灾本年额赋,并博兴、高苑、淄川、齐东、滨、沾化、蒲台、临淄八州县旱灾旧欠额赋。缓征广西临桂、灵川、兴安、阳朔、永宁、永福、灌阳、平乐、永安、贺、修仁、荔浦、昭平、雒容、柳城、罗城、融、怀远、来宾、象二十县旱灾本年额赋,并发社义仓谷平粜。【略】己酉,【略】缓征山西河曲县雹灾本年额赋。【略】癸丑,【略】湖北江夏、咸宁、嘉鱼、蒲圻、崇阳、通城、汉阳、黄陂、孝感、安陆、云梦、应城、应山、随、枣阳、武昌、兴国、通山、汉川、黄冈、麻城、广济、黄安、罗田、黄梅、钟祥、京山、潜江、天门、江陵、石首、监利、宜都、襄阳、荆门三十五州县旱灾本年额赋,并节年带征银米。【略】戊辰,【略】赈直隶高阳、任丘二县被水灾民,并免本年额赋。缓征大名、南乐、清丰、冀、衡水、宁晋、安、新安、霸、大城、肃宁、沧、青、盐山十四州县水灾、旱灾新旧额赋,并借给籽种口粮有差。

《仁宗实录》卷一八五

十月【略】庚午,【略】缓征安徽怀宁、桐城、太湖、望江、青阳、铜陵、建德、合肥、全椒、建平、和、寿、凤台、霍邱、六安、盱眙、灵璧、潜山十八州县水灾、旱灾新旧额赋,并给凤台、寿、霍邱、六安、凤阳、怀远、天长、霍山八州县军民一月口粮。【略】庚辰,【略】缓征陕西凤翔、汧阳、洛川、咸宁、长安、鄠、蓝田、盩厔八县被雹、被虫村庄带征节年额赋。辛巳,【略】缓征湖南巴陵、临湘、华容、平江、湘阴、澧、武陵、龙阳八州县水灾、旱灾新旧额赋,并漕、南二米及原借堤工麦种银。【略】甲申,【略】贷黑龙江打牲乌拉、齐齐哈尔旗民口粮,并展缓应还粮石。拨龙江西新关税银十万两解赴江苏备赈。赈江苏阜宁县被水灾民。并蠲缓盐城、东台、武进、阳湖、江阴、宜兴、荆溪、金坛、溧阳、阜宁、清河、桃源、宿迁、海十四州县新旧额赋米麦有差。【略】甲午,【略】缓征甘肃河、金、镇原、宁远、西和、崇信六州县旱灾新旧额赋。　《仁宗实录》卷一八六

十一月戊戌朔,缓征浙江乌程、归安、德清三县歉收田亩漕米额赋。　《仁宗实录》卷一八七

十一月【略】乙丑,上幸瀛台阅冰技。　《仁宗实录》卷一八八

十二月戊辰朔,上幸北海阅冰技。【略】壬申,【略】幸北海阅冰技。【略】甲戌,上幸北海阅冰技。【略】乙亥,上幸瀛台阅冰技。　《仁宗实录》卷一八九

十二月【略】己丑,【略】缓征两淮富安、丁溪、草堰、刘庄、伍佑、新兴、板浦、中正、临兴九场水灾本年灶课。【略】辛卯,上幸北海阅冰技。【略】癸巳,命仪亲王永璇【略】诣天神坛、地祇坛、太岁坛祈雪。　《仁宗实录》卷一九〇

## 1808年 戊辰 清仁宗嘉庆十三年

正月【略】己亥,【略】贷直隶霸、大城、安、新安、肃宁、青、沧、大名、南乐、清丰、冀、衡水、宁晋、盐山、高阳、任丘十六州县被水、被旱灾民仓谷。加赈江苏阜宁县被水灾民,并展苏州府城煮赈。加赈安徽寿、六安、霍邱、凤台、凤阳、怀远、天长七州县被水、被旱灾民。贷宿、南平、定远、灵璧、泗、盱眙、五河、当涂、繁昌、芜湖、全椒十一厅州县,及滁州、凤阳、长淮、泗州、建阳五卫灾民籽种。贷湖北江夏、咸宁、嘉鱼、蒲圻、崇阳、通城、汉阳、黄陂、孝感、安陆、云梦、应城、随、应山、枣阳十五州县暨屯坐各卫所被旱灾民籽种仓谷。贷湖南巴陵、临湘、华容、平江、湘阴五县被旱灾民籽种口粮。贷山西河曲县雹灾贫民籽种。贷陕西凤翔、汧阳、洛川、咸宁、长安、鄠、蓝田、盩厔八县雹灾、虫灾贫民口粮。【略】辛亥,【略】命仪亲王永璇【略】诣天神坛、地祇坛、太岁坛谢雪。【略】甲寅,缓

征湖北汉阳、汉川、沔阳、钟祥、潜江、天门、应城、江陵、监利、荆门十州县，及武左、沔阳、德安、荆州、荆左五卫积水田亩应征各项银米。【略】丙辰，【略】缓征贵州思南府及印江县被水田亩本年额赋。

《仁宗实录》卷一九一

二月【略】辛未，【略】加赈两淮庙湾场被水灾民，并命富安、丁溪、草堰、刘庄、伍佑、新兴六场平粜仓谷。壬申，展缓江苏迭被灾歉之江宁、淮安、扬州、徐州、海五府州属并各卫带征各款银粮。【略】丙戌，【略】展缓陕西咸宁、长安、盩厔、鄠、宝鸡、岐山、郿、洋、城固、镇安十县元年后被贼、被灾积欠额赋。【略】丁亥，【略】命于黑龙潭觉生寺设坛祈雨。【略】戊子，【略】加赈甘肃皋兰、靖远、安定、泾、平番五州县被旱灾民，贷河、金、镇原、宁远、西和、崇信六州县贫民籽种口粮。己丑，上诣觉生寺祈雨坛拈香。

《仁宗实录》卷一九二

三月丁酉朔，贷库车、沙雅尔被水回民籽种口粮。【略】己酉，谕内阁：赛冲阿奏请分别修造台湾哨船，【略】俱著照所请行。至台湾班满换回内渡官兵，在洋遭风淹毙漂没至二百六十余员名之多，情殊可悯，著加恩照例恤赏。

《仁宗实录》卷一九三

四月【略】己卯，【略】予福建出洋遭风淹毙把总黄鼎、外委苏荣宗祭葬恤荫，兵丁陈国宝等五十一名赏恤如例。庚辰，【略】予福建出洋遭风淹毙兵丁郑振光等六名赏恤如例。除直隶张家口外场尚南山窑等处水冲地七顷一百三十亩有奇，窑房十七间租银。【略】癸未，【略】命湖南上年被旱之湘阴、巴陵、平江、华容、临湘五县及歉收各属减价平粜仓谷。【略】甲午，命仪亲王永璇【略】诣天神坛、地祇坛、太岁坛祈雨。

《仁宗实录》卷一九四

五月【略】己亥，命仪亲王永璇【略】诣天神坛、地祇坛、太岁坛谢雨。《仁宗实录》卷一九五

六月【略】己亥，谕军机大臣等，铁保等奏，湖河并涨，分投抢修各工情形一折。洪泽湖本年底水较大，又值皖省雨水过多，潜山发蛟，各山涨水奔注下游，高堰志桩涨水一丈七尺五寸，石堤旧工皆浸水中，仅赖子堰拦御。【略】庚戌，【略】谕军机大臣等，据汪日章奏，海州车轴河等处间有蝗孽，已扑灭净尽；又，沭阳、宿迁二县有飞蝗过境，并未停落。现饬查明，从何处飞来，令地方官实力搜捕等语。山东兰山、郯城二县间有蝻孽，据吉纶屡次奏到，江境州县与之毗连，飞蝗自所不免。但汪日章所称止于过境，并未停落之语不可信，蝗蝻岂能千里飞空，昼夜不止，竟无暂时停落觅食之理。此时秋禾正在长发，一经停落，即恐伤稼，亟应随地扑灭。但扑捕之法，若官为督办，又恐胥吏等从中滋扰，践踏田禾，转致无益有损。惟当劝谕百姓，令其自行扑打，官用钱米收买，庶可早期净尽。该抚即妥为饬属办理，设或田禾间有伤损之处，即行据实奏闻，毋稍讳饰。将此谕令知之。【略】辛酉，【略】以热河雨大，赏兵丁房屋修费。【略】癸亥，谕军机大臣等，直隶近畿一带自交六月以后，雨水较多，南粮重运在后各帮，因杨村迤北河水盛涨，俱在天津以南连樯停泊。

《仁宗实录》卷一九七

七月【略】丙寅，谕内阁：据永鋆等奏，万年吉地工程因连日阴雨，宫门明楼等处均有渗漏。【略】本年六月以来，虽阴雨较多，然如泰陵、泰东陵工程历有年所，均各坚固完整。【略】己巳，谕内阁：昨因天津北河水势旺盛，王家庄一带又有漫口，粮船挽运稍艰。【略】辛未，【略】以久雨，兵房坍塌，赏八旗及内务府三旗兵丁半月钱粮修理。【略】癸酉，【略】以久雨，命仪亲王永璇【略】诣天神坛、地祇坛、太岁坛祈晴。【略】甲戌，【略】以久雨开霁，命仪亲王永璇等仍于十一日分诣三坛行礼，改祈为报。

《仁宗实录》卷一九八

七月【略】丙戌，【略】缓征河南安阳、汤阴、内黄三县被水村庄新旧额赋。【略】庚寅，谕内阁：温承惠奏，康家沟坝工及果渠村被漫情形，请照例赔销一折。康家沟漫工本应著落承办之员照例赔出，但本年六月内雨水较大，河流骤涨，水势高于坝埝一尺有余，系由坝顶漫过，况其坝身并未走动，迨淹浸几及两月，始渐冲刷，【略】著加恩免其著赔。【略】壬辰，【略】给安徽潜山、怀宁、霍山、

和、全椒五州县被水灾民一月口粮，并缓征新旧额赋。《仁宗实录》卷一九九

八月【略】乙未，【略】给奉天锦、义二州县被水旗民一月口粮。【略】丁酉，【略】除甘肃西宁、碾伯二县水冲地三十六顷有奇额赋。【略】庚子，赈甘肃皋兰、金、陇西、平罗、靖远、中卫、宁夏、西宁、巴燕戎格、伏羌、宁朔、灵、大通十三厅州县被水、被雹灾民，并缓征新旧额赋。【略】甲寅，【略】缓征河南淇县雹灾新旧额赋。【略】戊午，【略】赈察哈尔、穆霍尔、噶顺等三驿上年旱灾贫户。【略】辛酉，【略】减免直隶安、河间、新安、南宫、隆平、宁晋、新河七州县积水地亩额赋有差。缓征直隶承德府及良乡、涿、三河、文安、大城、清苑、定兴、蠡、容城、肃宁、无极、新乐、天津、静海、青、卢龙、迁安、大名、南乐、清丰二十州县水灾新旧额赋旗租仓谷。《仁宗实录》卷二〇〇

九月【略】丁丑，【略】缓征山东恩县及德州卫水灾新旧额赋。【略】丙戌，【略】赈江苏盐城、兴化、东台、阜宁、高邮、泰、沭阳、清河、宝应、甘泉、山阳、桃源、安东、江都十四州县，淮河、大河、扬州三卫被水灾民，并蠲缓十四州县三卫及上元、江宁、句容、六合、江浦、海、赣榆、铜山、萧、砀山、邳、宿迁、睢宁十三州县水灾雹灾新旧额赋。《仁宗实录》卷二〇一

十月【略】甲辰，【略】缓征湖南澧、武陵二州县水灾新旧额赋及未完堤工麦种银。【略】戊午，【略】蠲缓浙江仁和、钱塘、乌程、归安、德清、武康、石门、桐乡、长兴、嘉兴、秀水、海盐十二县被水灾民新旧额赋有差，及萧山县牧地租课。并给乌程、归安、长兴、德清、武康五县贫民口粮。

《仁宗实录》卷二〇二

十一月癸亥，【略】缓征江西南昌、新建、丰城、进贤、鄱阳、余干、星子、建昌、德安九县水灾本年额赋。并南昌、新建、进贤、鄱阳、德安五县应还籽种口粮。己巳，【略】缓征黑龙江齐齐哈尔贫民旧借口粮。【略】乙亥，【略】幸北海阅冰技。【略】丁丑，【略】除云南浪穹县水淹田一百二五顷七亩有奇额赋。【略】庚辰，上幸瀛台阅冰技。【略】癸未，除甘肃大通县被水冲坍地一十五顷八十三亩有奇额赋。【略】甲申，上幸瀛台阅冰技。【略】丁亥，给安徽盱眙县被水灾民一月口粮。戊子，上幸瀛台阅冰技。《仁宗实录》卷二〇三

十二月壬辰朔，上幸北海阅冰技。命皇次子诣大高殿，皇三子绵恺诣万善殿祈雪。【略】甲午，上幸瀛台阅冰技。【略】丙申，【略】幸北海阅冰技。【略】己亥，上诣大高殿、万善殿祈雪。幸瀛台阅冰技。【略】癸卯，赈两淮丁溪、草堰、刘庄、伍佑、新兴、庙湾六场被水、被旱灶丁，并缓征富安、安丰、梁垛、河垛、东台、板浦、临兴、中正八场带征折价草本口粮银。【略】乙巳，命皇次子诣大高殿，皇三子绵恺诣万善殿谢雪。《仁宗实录》卷二〇四

十二月【略】壬子，上幸瀛台阅冰技。《仁宗实录》卷二〇五

## 1809年 己巳 清仁宗嘉庆十四年

正月【略】壬戌，【略】展赈直隶雄、安、高阳、新安、任丘五州县上年被水灾民。展赈江苏山阳、阜宁、清河、桃源、安东、盐城、高邮、泰、东台、江都、甘泉、兴化、宝应、沭阳十四州县上年被水、被雹灾民。给安徽潜山、盱眙、天长、五河、全椒、和六州县上年被水灾民一月口粮。贷江西南昌、新建、丰城、进贤、鄱阳、余干、星子、建昌、德安九县上年被水籽种口粮。展赈甘肃皋兰、金、陇西、平罗、靖远、中卫、宁夏、西宁、巴燕戎格九厅州县上年被水、被雹灾民。【略】壬申，【略】展赈两淮丁溪、草堰、刘庄、伍佑、新兴、庙湾六场被水灶户。《仁宗实录》卷二〇六

二月【略】甲午，【略】命于直隶被水地方减价平粜赈余漕米。【略】壬寅，【略】给陕西汉阴、安康、平利、洵阳、白河、紫阳、石泉、商、镇安、雒南、山阳、商南、宁陕、孝义、定远、西乡十六厅州县上年歉收地方并就食留坝、凤、宝鸡三厅县贫民一月口粮。【略】辛亥，清明节，【略】谕内阁：【略】本日

恭诣宝城敷土时，即微雨飘洒，至大飨礼成，甘膏滋漉，自卯至午入土三寸有余，当此农事方殷，获沾渥泽，田畴沃润，预卜降康，仰见昊苍默佑，皇考在天之灵昭鉴。【略】以春膏普被，再免由京至东陵经过地方本年额赋十分之二。【略】甲寅，【略】谕军机大臣等，本日两淮盐政阿克当阿奏，上年夏间洪湖异涨，各坝齐开，场灶被淹，现届加斤期满，恳请展限。已降旨加恩矣。因思上年洪湖异涨，系安徽潜山地方起蛟，上游水势陡涨，湖身骤难容纳，以致启坝宣泄，民舍田庐多被淹浸，为害不浅。伐蛟见于《月令》，昔人有行之者，若地方官仿照成法，先事预防，何至仓促患生。但此事一经胥吏办理，转恐有名无实。著董教增转饬各府厅州县，劝谕居民，务须于深山穷谷随时留心察看刨挖，在百姓等各卫身家，自无不实力奉行，较之官为经理更有裨益也。将此谕令知之。

《仁宗实录》卷二〇七

三月【略】丁卯，【略】以膏雨应时，再免由京至西陵经过地方本年额赋十分之二。【略】乙亥，【略】除江苏六合县被水坍没民卫田地一十九顷二十二亩有奇额赋。【略】丁丑，【略】除浙江钱清场被潮坍卸地三十八顷四十二亩有奇额赋。【略】丁亥，【略】除直隶各属水冲沙压地五百七十三顷二十五亩有奇旗租。

《仁宗实录》卷二〇八

五月乙亥，【略】平粜广东南海、番禺、东莞、顺德、新会、香山、新安七县仓谷。【略】庚辰，【略】缓征陕西泾阳、三原、富平、蓝田、蒲城、邠、乾、咸阳、醴泉、高陵、朝邑、武功、长武、咸宁、长安、渭南、耀、临潼、大荔、澄城、郃阳、白水、韩城、华、华阴二十五州县旱灾新旧额赋并屯粮盐课。贷泾阳、三原、富平、蓝田、蒲城、邠、乾七州县灾民籽种口粮。

《仁宗实录》卷二一二

六月【略】乙未，【略】给福建闽、侯官二县被水灾民一月口粮并房屋修费。【略】己亥，【略】免江苏山阳、阜宁、清河、桃源、安东、盐城、高邮、泰、东台、江都、甘泉、兴化、宝应、沭阳十四州县，淮河、大河、扬州三卫上年水灾、旱灾额赋。缓征上元、江宁、句容、江浦、六合、山阳、阜宁、清河、桃源、安东、盐城、高邮、泰、东台、江都、甘泉、兴化、宝应、铜山、萧、砀山、邳、宿迁、睢宁、海、沭阳、赣榆二十七州县，淮河、大河、徐州三卫各项银粮。

《仁宗实录》卷二一三

六月【略】丙午，谕内阁：玉宁等奏通惠河水涨漫溢情形折。据称通惠河水势骤涨至一丈有余，该仓场等现查勘王相公庄迤上西岸汕刷一段，其普济闸大松桩旧工、平上闸、平下闸等处先后刷开五处，重运难以挽运，漫口堵筑需时。京仓不得不暂停转运。

《仁宗实录》卷二一四

七月【略】乙亥，【略】缓征福建侯官、闽二县风灾本年额赋，并给贫民一月口粮。【略】戊寅，赈湖南茶陵、攸二州县被水灾民。【略】癸未，【略】以哨内春夏雨多，停止秋狝。【略】乙酉，【略】谕内阁：【略】浙江省本年并无水、旱偏灾，所产米谷自足供闾阎粒食，市价亦应平贱。乃据该御史称，自三四五等月以来，每米一石，自制钱三千三四百文起，至三千八九百文不等，甚为昂贵，自系入市者少，出海者多，以致民食不能充裕。【略】丁亥，【略】免直隶安、河间、新安、隆平、宁晋、新河、南宫七州县积水地亩上年额赋。戊子，【略】缓征福建长乐县风灾本年额赋，给灾民一月口粮并房屋修费。缓征河南安阳、汤阴、内黄三县水灾新旧额赋漕粮。

《仁宗实录》卷二一六

八月【略】丁酉，【略】谕军机大臣等，【略】阮元奏雨水农田情形一折，据称杭州省垣于六月内得有透雨，各府亦皆一律优沾，晚禾畅茂，早禾次第刈获，嘉、湖、宁、绍、台、严、温等属粮价每石各减六七八九分不等。而细阅所开清单，俱各注“价贵”字样，试思该省雨旸应时，收成不致歉薄，邻省又无客商贩运，则民食自应充足，市价亦应平减，而何以价贵如前，显系各海口接济未能断绝，食米多出外洋，以致内地米少价昂。该抚屡次奏报各口岸查办严密，竟属虚词，殊不可信。【略】乙巳，【略】谕军机大臣等，穆克登布奏，澍雨频沾，田禾畅茂情形。及阅所开粮价，而淮安、海州竟贵至四两七八钱之多，该省本年雨水沾渥，收成不致歉薄，又未兴办大工，邻省亦无客商贩运，何以米价有增无减，几与从前陕甘用兵时价值相同，显系食米多出外洋，是以内地米少价昂。【略】壬子，【略】

又谕:阮元奏拿获蔡逆遭风夥盗一折。据称通判陈丰禀报,七月十七海上飓风大作,见有盗船吹至龙王堂浅水,随即会营搜拿,先后获犯蔡城、蔡岳等五十五名,讯系蔡牵帮盗。【略】甲寅,【略】又谕:戴均元奏,查验二进尾帮杭严三军船不堪收受之灰暗米三千五百余石,请著落赔补作为挂欠一折。上年浙江杭嘉湖三府曾经奏明夏间雨水过多,所收米质稍次,而沿途起剥,经历长夏霉湿,其颗粒不纯者恐不止此数。【略】丁巳,【略】缓征浙江乌程、归安、德清三县上年水灾未完漕粮。

《仁宗实录》卷二一七

九月【略】己巳,【略】缓征山东德州并德州卫积水地亩新旧额赋漕粮。【略】辛未,【略】赈直隶安、新安、雄、任丘、高阳五州县被水灾民。缓征霸、大城、固安、永清、东安、宝坻、安肃、肃宁、献、天津、青、静海、大名、南乐、清丰、万全、任、宁晋、张家口、香河、文安、保定、涿、良乡、清苑、新城、滦、乐亭、沧、龙门三十厅州县水灾、雹灾新旧额赋。【略】癸未,【略】又谕:据方维甸奏,接奉谕旨赶紧驰赴夏门查办一折,【略】又该处彰化一带,兼被风蝗成灾,何以该镇道不行奏及,殊属怠玩,著查明参奏。

《仁宗实录》卷二一八

十月【略】戊戌,【略】缓征两淮板浦、中正、临兴三场被水灶户新旧折价银。【略】庚子,【略】赈福建台湾、凤山、嘉义、彰化四县被蝗灾民,并给械斗被抢贫民口粮。【略】壬寅,【略】又谕:松筠参奏,虚捏冒请抚恤之县令一折。据称署固原州知州隆德县知县吕荣,同委员试用知县续炳南联衔禀报,该州东北二乡所属五千六百五十七村庄秋禾被水、被霜、被雹成灾七八分不等,经该督确访,该州东北二乡被霜情形较轻,止应奏报缓征,冬春照例接济籽种口粮等语。是该署州以成灾较轻之区,竟敢捏报重灾,希冀冒领多银,实出情理之外。吕荣著革职,试用知县续炳南严讯确情,定拟具奏。所有本年应行勘办之狄道、皋兰等七州县,并固原东北二乡、平番东南五村著照所请,将应征新旧正借银粮草束,加恩缓至来年征收,并于冬春酌借籽种口粮,以资接济。【略】癸卯,谕内阁:吴璥、庆保奏,查明安东县被水成灾并江宁等府州各属水旱歉收情形一节。【略】缓征江苏阜宁、盐城、泰、东台、江都、甘泉、兴化、宝应、铜山、萧、砀山、清河、桃源、高邮、邳、宿迁、海、沭阳、句容、六合、武进、金坛二十二州县水灾新旧安东县减则田地秋季额赋。并赈安东、山阳二县被水贫民。甲辰,【略】缓征江西南昌、新建、丰城三县洼地水灾本年额赋及旧欠籽种。【略】丁未,【略】除湖南茶陵州坍没田六顷三十九亩额赋。缓征湖南茶陵、攸、酃、澧四州县水灾新旧额赋。【略】庚戌,【略】蠲缓安徽盱眙、天长、凤阳、宿、灵璧、泗、五河、桐城、怀宁、潜山、太湖、寿、凤台、定远、怀远、东流十六州县及屯坐各卫水灾、旱灾新旧额赋漕粮有差,并赈盱眙、天长、凤阳、宿、灵璧、泗、五河七州县及屯坐各卫贫民。

《仁宗实录》卷二一九

十一月【略】戊午,【略】免河南温、孟、陕三州县坍没地四百九十八顷八十一亩有奇额赋,并节年未完各项银粮。【略】壬戌,拨黑龙江仓谷,赈被旱灾民。【略】戊辰,谕内阁:昨经降旨,申明西苑等处门禁。【略】朕赴西苑用膳办事,所有内廷外廷王公大臣等,俱在西苑门外下马,步行进门,至码头,著御船处预备船只,照进同乐园之例,结冰后即用冰床。至每年十月间冰薄之时,必须步行。

《仁宗实录》卷二二〇

十一月【略】甲戌,【略】又谕:【略】本年七月雨水较多,河泊并涨,该县(邱县)迤西之七里庄民修堤岸汕刷缺口四十余丈,经该府县围筑月堤,排签进埽,核实估计需用工料银四千七百三两零。【略】丙子,上幸瀛台阅冰技。【略】戊寅,【略】幸北海阅冰技。【略】庚辰,上幸瀛台阅冰技。谕内阁:吴璥等奏,雪后严寒,(漕船)回空阻冻,现在竭力敲冰,设法筹催在后各帮情形一折。【略】现在已入江境帮船,在邳、宿一带境内者,尚有三十八帮,竟至节节冻阻,【略】其需用打凌船只器具以及兵夫饭银、添雇纤夫挽运等费,均著吴璥、徐瑞、马慧裕及该承办道将等按数分赔,不准开销。【略】辛巳,【略】命于大高殿祈雪。【略】甲申,上幸北海阅冰技。

《仁宗实录》卷二二一

十二月丙戌朔，上幸北海阅冰技。【略】己丑，上幸瀛台阅冰技。【略】壬辰，【略】缓征安徽无为、庐江二州县迭被水灾、旱灾带征额赋漕粮。癸巳，【略】幸瀛台阅冰技。【略】乙未，上幸北海阅冰技。

《仁宗实录》卷二二二

## 1810年 庚午 清仁宗嘉庆十五年

正月丙辰朔，【略】谕内阁：【略】昨冬各省普沾雪泽，京师自腊月以后，瑞雪频番，欢腾比户，岁除日复大沛祥霙，连宵达旦，履端肇庆，盈尺告丰。朕升殿受贺后，旋值快雪时晴，天阊诛荡，霁色清明，是日酉刻立春。【略】己未，展赈直隶安、新安、高阳、雄、任丘五州县上年被水旗民。展赈江苏安东县上年被水灾民，并贷山阳县贫民籽种口粮。展赈安徽盱眙、天长、宿、凤台、灵璧、泗、五河七州县上年被水、被旱灾民。贷江西南昌、新建、丰城三县上年被水灾民籽种。贷陕西醴泉、高陵、泾阳、三原、邠、长武六州县上年被旱灾民仓谷。

《仁宗实录》卷二二四

二月【略】己丑，【略】谕军机大臣等，【略】又据（松筠）奏，盱、堰两厅砖石各工，被风掣坍一千余丈至数百丈不等，正月十七日大风，京中亦然。本日适值查淳到京，朕于召对时询及一路情形。据称去冬今春，南数省普得大雪，为近年所稀有。江南、安徽一带春融雪化，流入河渠，均汇归洪泽湖，今年湖水势必充盈。

《仁宗实录》卷二二五

三月【略】丁丑，【略】以广东高州、廉州一带歉收，粮价增昂，命酌量平粜。

《仁宗实录》卷二二七

四月【略】癸丑，【略】缓征直隶清苑、满城、蠡、雄、高阳、新安、安、安肃、定兴、新城、唐、博野、望都、容城、完、祁、束鹿、正定、获鹿、阜平、灵寿、平山、晋、新乐、易、涞水、广昌、冀、枣强、南宫、武邑、衡水、新河、深、武强、饶阳、安平、定、曲阳、深泽四十州县麦收歉薄新旧额赋。

《仁宗实录》卷二二八

五月【略】甲子，命于黑龙潭及山高水长设坛祈雨。上诣山高水长祈雨坛拈香。【略】庚午，上诣山高水长祈雨坛拈香。

《仁宗实录》卷二二九

六月【略】辛丑，【略】以山西雨泽短少，米价昂贵，平粜常平仓谷。　《仁宗实录》卷二三一

七月【略】壬戌，【略】又谕：温承惠奏永定河南北两岸漫溢情形。【略】本年入伏以来，雨水稍大，亦属往年所常有，其山西上游之水并无异涨，何以漫口多至四处。【略】乙丑，【略】谕内阁：弘谦等奏，裕陵东山口井座，因连经大雨，山水暴涨塌陷一折，此项工程甫于本年四月内修砌完竣，兹因山水骤发，东面帮砖又致膨坍。【略】缓征陕西西安、凤翔、同州、邠、乾五府州属旱灾节年带征额赋盐课。并醴泉、高陵、泾阳、三原、邠、长武六州县应还籽种粮石。【略】庚午，【略】缓征甘肃泾、渭源、伏羌、永昌、镇原五州县并东乐县丞所属旱灾新旧额赋。【略】庚辰，谕内阁：吴璥等奏，清江浦玉带河南岸文渠沟宣放积潦，因陡遇风暴，掣通草坝，现已堵闭稳固。【略】本年六月清江浦地方久雨积潦，署清河县知县罗宾远急图疏消，将玉带河南堤铲成沟槽，以期泄干底水，惟时猝遇暴风，署里河同知陈式平所筑云昙口之坝后戗尚未浇足，致风浪撞击，掣通坝身，蛰塌十六丈。

《仁宗实录》卷二三二

八月【略】丁亥，【略】拨奉天运京小米二十万石并饬户部筹拨近省银三十万两赈直隶被水灾民。【略】壬辰，【略】蠲缓吉林本年水灾新旧额赋有差，并赈旗地官庄义仓站丁及永智社旧站等等四十七屯灾民，仍给房屋修费。【略】己亥，【略】给河南孟津县被水灾民一月口粮，并房屋修费有差。

《仁宗实录》卷二三三

九月癸丑朔，【略】蠲减直隶安、隆平、宁晋、新河、南宫、新安、任七州县积水村庄额赋有差。

【略】丁巳,【略】谕内阁:富疆阿等奏请留金州、岫岩二处运津米石,以备旗民赈恤一折。【略】兹据该署将军等奏,金州、岫岩二处被灾均重,有应行抚恤事宜,核计本处仓储恐不敷用。其邻近各属又俱有被动用之处,难于转拨。【略】辛酉,缓征甘肃巴燕戎格、武威、山丹、古浪四厅县被旱、被雹地方新旧额赋。【略】戊辰,缓征河南孟津县被水村庄本年额赋。【略】壬申,【略】缓征陕西榆林、怀远、葭、安塞、定边、绥德、清涧、米脂、吴堡九州县歉收村庄新旧额赋。并赈榆林、怀远、安塞、米脂、吴堡五县被雹灾民,贷咸宁、长安、咸阳、兴平、醴泉、乾、武功七州县籽种。

《仁宗实录》卷二三四

十月【略】庚寅,【略】缓征山东章丘、邹平、新城、东平、聊城、莘、阳谷、汶上、平度、昌邑、潍、胶、高密、济宁、招远十五州县并东昌卫被水村庄新旧额赋。【略】壬辰,缓征河南安阳、汤阴、内黄、孟津四县歉收村庄积欠额赋及加价银。【略】甲午,【略】谕内阁:本日徐端奏,高堰、山盱两厅风暴掣塌石工,兼仁、义、智三坝掣通过水,现在勘明趱办缘由一折。据称本年洪湖存水过旺,因本月初二日陡起西北风暴,初三日尚未止息,巨浪直涌如山,堤上官弁兵夫不能站立,水势鼓荡上堤,该处庙宇二座墙屋先被冲倒,义坝旧埽旋即掣通过水。迨是日酉刻,仁、智两坝封土护埽亦皆打通。其高堰厅属共塌砖石工凑长一千七百余丈,山盱厅属掣塌砖石工共三千余丈等语。【略】乙巳,【略】缓征四川盐源县水灾本年屯米。缓征湖南澧州水灾新旧额赋。【略】戊申,【略】缓征江苏山阳、安东、六合、阜宁、清河、桃源、盐城、高邮、泰、东台、江都、甘泉、兴化、宝应、铜山、萧、砀山、邳、宿迁、睢宁、海、沭阳、常熟、昭文、新阳、太仓二十六州县,淮安、大河、徐州三卫水灾、旱灾新旧额赋。己酉,【略】赈安徽泗、盱眙、天长、五河、灵璧五州县,凤阳、泗州二卫被水、被旱灾民,并蠲缓泗、盱眙、天长、潜山、宣城、南陵、繁昌、宿、凤阳、怀远、定远、灵璧、五河、和、怀宁、桐城、寿、凤台、当涂、太湖、东流二十一州县新旧额赋有差。庚戌,谕内阁:富疆阿奏,永陵东堡一带本年六月被水,将放牧处所刷去草根,所有牛馆恭备之牛羊,无可放牧。

《仁宗实录》卷二三五

十一月【略】己未,缓征两淮板浦、中正、临兴、富安、安丰、伍佑、梁垛、河垛、草堰、丁溪、东台、新兴、庙湾、刘庄十四场积歉贫灶新旧折价银。【略】辛酉,【略】缓征甘肃狄道、河、平凉、华亭、崇信、抚彝、镇番七州县,及肃州州同,庄浪、毛目二县丞所属水灾、旱灾、雹灾新旧额赋。【略】戊辰,【略】缓征江西南昌、新建、丰城三县被水地方带征额赋漕粮。【略】己卯,上幸北海阅冰技。【略】缓征江苏宝应、高邮、甘泉三州县水灾新旧额赋。

《仁宗实录》卷二三六

十二月【略】癸未,上幸瀛台阅冰技。【略】乙酉,幸北海阅冰技。【略】丁亥,上幸瀛台阅冰技,翼日如之。【略】乙未,【略】缓征湖北汉川、黄梅、广济、蕲四州县并屯坐各卫所被水地亩本年额赋。【略】壬寅,上幸瀛台阅冰技。【略】乙巳,【略】展缓江苏江宁、淮安、扬州、徐州、海五府州属节年因灾缓征额赋。

《仁宗实录》卷二三七

## 1811 年 辛未 清仁宗嘉庆十六年

正月【略】甲寅,【略】展赈奉天承德、辽阳、牛庄、熊岳、复州、金州、岫岩、凤凰城、盖平、兴京、抚顺、白旗堡、小黑山十三处上年被水旗民。展赈直隶霸、保定、文安、大城、固安、永清、东安、宛平、涿、良乡、雄、安、新安、任丘十四州县上年被水灾民。贷山东章丘、邹平、新城、东平、聊城、莘、阳谷、汶上、平度、阳邑、潍、胶、高密、济宁、招远十五州县及东昌卫上年被水灾民籽种。展赈安徽泗、盱眙、天长、五河、灵璧五州县及屯坐各卫上年被水、被旱灾民。贷陕西西安、同州、凤翔、邠、乾五府州所属,及榆林、怀远、葭、安塞、定边、绥德、清涧、米脂、吴堡、宁陕、南郑、城固、褒城、宁羌、西乡、留坝、凤、沔、洋、石泉、靖边、神木、府谷二十三厅州县上年被水、被旱、被雹灾民籽种口粮。展

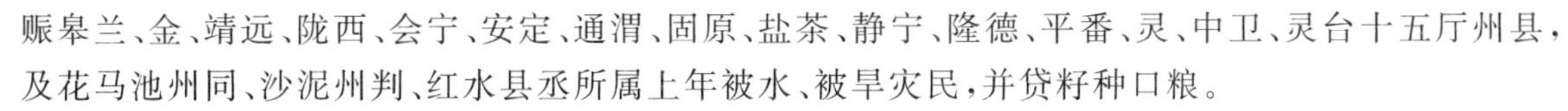

赈皋兰、金、靖远、陇西、会宁、安定、通渭、固原、盐茶、静宁、隆德、平番、灵、中卫、灵台十五厅州县，及花马池州同、沙泥州判、红水县丞所属上年被水、被旱灾民，并贷籽种口粮。

《仁宗实录》卷二三八

二月【略】乙酉，命直隶上年被水各州县以给赈余米减价平粜。【略】甲午，命皇次子、庆郡王永璘、荣郡王绵亿于二十日分诣天神坛、地祇坛、太岁坛祈雨。【略】丁酉，以斋戒之期内雪泽先降，命皇次子、庆郡王永璘、荣郡王绵亿于二十日分诣三坛报谢。【略】乙巳，【略】贷陕西榆林、延安两府属沿边州县歉收贫民牛具银，并安定、清涧、延川、甘泉、延长、安康、洵阳七县籽种有差。

《仁宗实录》卷二三九

闰三月【略】庚寅，【略】以山东登州、莱州、青州三府属粮价渐增，平粜仓谷。【略】壬辰，谕内阁：朕本日驻跸正定府龙兴寺行宫，【略】日内复值甘膏应候，霡霂均沾，是以鼓舞欢欣。

《仁宗实录》卷二四一

四月【略】己酉，【略】谕内阁：【略】据称前月十二日昼夜透雨，（福陵）隆恩殿东间二檩以下方椽坠落，琉璃砖望瓦片一并脱落。【略】辛亥，贷黑龙江墨尔根二十六处台站被灾驿丁银。【略】丙辰，【略】以河南开封、归德、彰德、卫辉、怀庆、河南、陈州、南阳、许、汝、光十一府州属缺雨，命借粜仓谷，并给开封驻防兵一月本色米，贷绿营兵每名谷一石。【略】戊午，命于黑龙潭及山高水长设坛祈雨，上诣山高水长祈雨坛拈香。【略】癸亥，【略】诣山高水长祈雨坛拈香。命皇次子、仪亲王永璇、成亲王永瑆分诣天神坛、地祇坛、太岁坛祈雨。【略】丙寅，上诣山高水长祈雨坛拈香。【略】戊辰，【略】以雨泽愆期，命刑部清理庶狱，并以河南、山东缺雨，一体遵照办理。【略】庚午，【略】以祈雨三坛，斋戒一日。辛未，上诣天神坛，命皇次子、皇三子绵恺分诣地祇坛、太岁坛祈雨。庆郡王永璘祭宣仁庙。【略】癸酉，【略】缓征河南缺雨之开封、归德、彰德、卫辉、怀庆、河南、南阳、陈州、许、汝十府州属新旧额赋及加价银。

《仁宗实录》卷二四二

五月【略】甲申，【略】以甘肃春夏缺雨，粮价昂贵，命于省城减价平粜。【略】丙戌，【略】以祈雨三坛，斋戒一日。丁亥，上再诣天神坛，命皇次子、皇三子绵恺分诣地祇坛、太岁坛祈雨。命再于黑龙潭及山高水长设坛祈雨。【略】戊子，【略】以米价昂贵，命五城设厂平粜。派都察院左都御史润祥等十员监粜。缓征山东历城、章丘、新城、淄川、长山、齐东、齐河、济阳、禹城、陵、德、平原、德平、邹平、聊城、莘、堂邑、博平、茌平、清平、高唐、恩、馆陶、冠、东平、泰安、新泰、莱芜、惠民、青城、阳信、海丰、乐陵、商河、滨、利津、沾化、蒲台、临清、武城、邱、夏津、济宁、金乡、嘉祥、鱼台四十六州县，及德州、东昌、临清三卫，东平所本年旱灾新旧额赋。贷章丘、新城、淄川、长山、新泰、莱芜、东平、济宁、滋阳、宁阳、曲阜、邹、泗水、峄、寿张、滕、汶上、阳谷、濮、朝城、兰山、莒、费、沂水二十四州县及济宁卫仓谷。己丑，上诣山高水长祈雨坛拈香。【略】乙未，上诣山高水长祈雨坛拈香。【略】戊戌，【略】以得雨，报祀三坛，斋戒一日。己亥，上诣天神坛，命皇次子、皇三子绵恺分诣地祇坛、太岁坛谢雨。【略】庚子，【略】谕内阁：前因京畿一带雨泽愆期，特派阿哥亲王等虔祷三坛，朕复亲诣天神坛祈祀二次，嗣于十三、十七日仰蒙神贶，连沛甘霖，是以于二十二日躬申报祀典礼，并因旱久地燥，恐尚未能沾足，仍系以报为祀，昨于礼成回园，途间复蒙浓膏普被，连宵达旦，雨势至今犹复绵密。

《仁宗实录》卷二四三

七月【略】癸未，【略】缓征河南荥泽县水灾新旧额赋。甲申，【略】赈江苏清河、安东、海三州县被水灾民。【略】丙申，【略】免喀什噶尔回庄本年水灾额赋。【略】己亥，【略】缓征河南孟津、孟、汤阴、内黄、安阳五县水灾新旧额赋，并给孟津、孟二县灾民口粮及房屋修费。

《仁宗实录》卷二四六

八月【略】壬戌，【略】缓征吉林打牲乌拉被水兵丁应征应纳仓谷。【略】戊辰，【略】缓征直隶蓟、文安、昌黎、乐亭、天津、青、静海、沧、庆云、玉田、大名、南乐、清丰、武邑、武强、宣化十六州县水灾、旱灾新旧额赋并旗租仓谷。 《仁宗实录》卷二四七

九月丙子朔,【略】谕军机大臣等,【略】洪泽湖因上游李家楼漫口,黄河大溜全行汇注,清水日渐增长,现已涨至一丈五尺二寸,虽御黄坝、顺清湖两处启拆,分泄畅流,而山盱五坝著重,前已将智坝开放,其礼坝已将土埽拆卸,察看机宜亦应及时宣泄,免致意外之虞。【略】丁丑,【略】给江苏砀山县被水灾民一月口粮。【略】乙酉,【略】给河南永城、夏邑、虞城三县被水灾民一月口粮。蠲缓永城、夏邑、虞城、考城新旧额赋及衡工加价银有差。并缓征汲、新乡、淇、封丘、延津五县雹灾、水灾新旧额赋及加价银应还仓谷。缓征浙江诸暨、嵊、新昌、天台、永康、武义、浦江、建德、遂安、寿昌、桐庐、分水、丽水、缙云、青田、松阳、宣平、富阳十八县及杭严卫旱灾本年额赋。【略】乙未,【略】拨长芦盐课银五十万两,分解河南、安徽备赈。免河南被水之永城县额赋三年、夏邑县二年、虞城县一年。【略】丙申,谕军机大臣等,昨据长麟奏河南永城、夏邑、虞城三县被水情形。朕复详加体访,河南三县系被漫水经过,被淹已如此深广,其江南砀山地处顶冲,安徽宿州以下为全流汇归,其被灾情形自必更重,朕轸念灾区,宵旰焦劳,未尝暂释。【略】戊戌,谕军机大臣等,百龄等奏,查明李家楼漫水,安、豫两省被水情形。【略】免被水之江苏砀山县额赋三年、萧县一年,安徽泗州额赋三年,宿、灵璧二州县二年,五河县一年。【略】己亥,缓征河南原武、阳武、正阳、罗山、信阳、光、光山、固始、息九州县旱灾新旧额赋及衡工加价银。【略】壬寅,【略】缓征直隶滦、盐山、新河、宁晋、元城、巨鹿、广平、龙门八州县及天津府同知所属歉收村庄新旧额赋并旗租仓谷。赈两淮板浦、中正二场被水灶户,并蠲缓新旧折价银有差。【略】乙巳,【略】赈安徽宿、泗二州水旱灾民。

《仁宗实录》卷二四八

十月【略】丁未,【略】缓征山东章丘、东平、东阿、汶上、济宁、新城、邹平、平度、昌邑、潍、胶、高密、招远、博兴、东光、堂邑、莘、馆陶、临清、邱、夏津、武城、历城、济阳、平原、临邑、朝城、寿张、阳谷、聊城、博平、茌平、清平、冠、高唐、恩、鱼台三十七州县,并东昌、临清二卫,东平所水灾、虫灾新旧额赋及本年漕粮有差。【略】甲寅,缓征山西保德、岢岚、兴、岚、静乐、河曲、五寨、潞城、代九州县旱灾本年额赋。给陕西神木、府谷、大荔、潼关、华、华阴六厅州县被水、被雹灾民一月口粮。缓征大荔、潼关、华、华阴、汉阴、凤翔、渭南、朝邑、延川、榆林、葭、怀远、宁晋十三厅州县新旧额赋并贷籽种,给房屋修费有差。【略】己未,【略】缓征湖北江夏、咸宁、嘉鱼、蒲圻、崇阳、通城、兴国、通山、钟祥、应山、襄阳、光化、荆门、当阳、武昌、汉阳、汉川、黄陂、孝感、黄冈、蕲水、潜江、安陆、随、江陵、松滋、枝江、宜都、谷城二十九州县及屯坐各卫所旱灾新旧额赋有差。缓征安徽泗、宿、灵璧、五河四州县节年带征额赋,并给房屋修费;蠲缓盱眙、霍邱、全椒、合肥、庐江、寿、凤阳、定远、凤台、天长、舒城、桐城、巢、无为、怀宁、潜山、太湖、望江、东流、泾、芜湖、繁昌、怀远、六安、滁、来安、和、含山、霍山、当涂三十州县暨屯坐各卫水灾、旱灾新旧额赋有差,并给盱眙、霍邱、全椒、合肥、庐江、桐城、寿、凤阳、定远、凤台十州县灾民一月口粮,并贷舒城、巢二县籽种。【略】甲子,【略】赈江苏清河、安东、海、沭阳、砀山、萧六州县被水灾民,蠲缓清河、安东、海、沭阳、睢宁、邳、桃源、铜山、宿迁、上元、江宁、句容、江浦、六合、山阳、盐城、高邮、东台、江都、甘泉、兴化、阜宁、宝应二十三州县,及淮安、大河、徐州三卫水灾、旱灾新旧额赋。缓征江西义宁、奉新、武宁、建昌、安义、瑞昌、德安七州县旱灾本年额赋。【略】癸酉,【略】缓征甘肃皋兰、河、靖远、盐茶、中卫五厅州县及花马池州同所属雹灾新旧额赋。甲戌,【略】给浙江宣平、丽水、缙云、青田四县被霜歉收贫民一月口粮。并蠲缓宣平、丽水、缙云、青田、仁和、归安、乌程、德清、武康、仙居十县及台州卫旱灾、霜灾新旧额赋有差。

《仁宗实录》卷二四九

十一月【略】丁丑,【略】缓征吉林三姓被水旗户牛具额谷壮丁官谷并给口粮。【略】庚辰,【略】

给黑龙江被水灾民口粮。【略】乙酉，贷阿拉善被灾蒙古仓粮。缓征奉天复、宁海二州县歉收贫民本年借欠米石及带征银米。【略】壬辰，上幸瀛台阅冰技。【略】丙申，上幸北海阅冰技。【略】又谕：据和宁奏，【略】本年奉天复州及宁海县被灾歉收，【略】该处村屋荒凉，男妇迁徙，被灾情形较重，灾民环诉，恳请将新旧钱粮一并缓征。并呈诉复州因乡约等报灾，严责锁押各情。又查访该处旗户散处村庄，虽不敢呈报灾荒，除有力之家交粮十分之一，其无力者实难措交等语。【略】戊戌，上幸瀛台阅冰技。【略】庚子，幸瀛台阅冰技。【略】壬寅，上幸北海阅冰技。《仁宗实录》卷二五〇

十二月乙巳朔，上幸北海阅冰技。【略】己酉，上幸瀛台阅冰技。【略】壬子，上幸瀛台阅冰技。贷吉林额木赫索罗被水兵丁口粮。癸丑，谕内阁：赛冲阿奏，沿途目击奉天灾民迁徙情形一折。奉天岫岩、复州、宁海等处被灾歉收，前和宁于经过该处时，据灾奏闻。【略】今赛冲阿途次亲见各灾民挈眷出边，络绎在道，可见该处被灾情形较重。将军府尹等统辖郡邑，察吏绥民，乃讳灾不报，玩视民瘼，其咎甚重。【略】赈奉天岫岩、复州、宁海三州县被风灾民。【略】丙辰，【略】缓征奉天岫岩厅马厂连被偏灾地亩花利银米。丁巳，谕军机大臣等，博庆额、继善覆奏复州、宁海县各村庄荒歉情形一折，据称该二处得雨稍迟，间遭风信。行据复州知州敖时忭、署宁海县知县胡绍祖、委员通判丰盛额先后禀报秋收并不成灾。又据称，和宁所经地方俱系山僻滨海，烟户较少，多属外来流寓，向无恒产，一遇歉收，势必他出谋食，其土著各户委无远去情事等语。

《仁宗实录》卷二五一

十二月【略】甲子，【略】又谕：和宁等奏筹办复州、岫岩、宁海三处被灾旗民大概情形一折，据称该三处被灾情形略有不同，而地方官办理情节亦异，岫岩本年被海水潮淹之后，良田已成卤地，非三二年不能耕种，是以居民纷纷携眷北徙。通判讷泰确勘成灾具报，现经观明等办理赈恤蠲缓事宜；其宁海、复州二属秋禾突被风灾，宁海县知县胡绍祖已据实具报，府尹查办；惟复州知州敖时忭不准乡约呈诉，并押令捏报秋收六分等语。【略】照旧开征，以致小民不胜追呼，流离荡析，身为牧令，罔恤民艰，厥咎甚重，敖时忭著革职拿问，交和宁、富俊严行审讯。【略】谕军机大臣等，松宁奏，近有奉省流徙饥民由威远堡一带边门潜越入境，现在饬员妥为驱逐等语。所奏非是，本年奉省复州等属歉收，饥民流徙，前赛冲阿曾奏明札致松宁，于该处煮赈，妥为安抚，今松宁以流民例禁出边，饬将饥民概行驱逐，各灾黎等已离故土，远出边门，今复遭驱逐，严冬冱寒，冻馁无依，岂竟听其辗转沟壑，莫为轸恤，识见竟与观明相同，所奏错谬矣。【略】又谕：奉天复州、宁海、岫岩一带地方，本年秋收歉薄，饥民迁徙者甚多，该处皆系滨海之区，与山东对岸，或穷黎觅食有搭坐海船前往登莱一带者，著该抚饬知该府县加意安辑，妥为抚恤，勿令失所。【略】丙寅，【略】幸瀛台阅冰技。

《仁宗实录》卷二五二

## 1812 年 壬申 清仁宗嘉庆十七年

正月乙亥朔，【略】谕内阁：上年夏秋间河水盛涨，江南堤工屡有漫溢之处，直省年谷收成合计丰歉各半，因前岁冬雪较稀，未登上稔，朕夙夜只惧。【略】今南河漫口，年内已堵合三处，惟李家楼坝工现在克期筹办，倭计春融当可奏报合龙，全河顺轨。去冬先得腊雪二次，立春次日继沛祥霙，兹于岁除同云密雪，竟日缤纷，优渥沾足，实为丰登预兆。【略】丙子，【略】展赈江苏砀山、萧、清河、安东、海、沭阳六州县上年被水灾民，贷桃源、邳、睢宁三州县灾民籽种口粮。展赈两淮板浦、中正二场上年被水灶户。展赈安徽宿、灵璧、泗三州县上年被水灾民，给五河、盱眙、霍邱、全椒、桐城、合肥、庐江、天长八县被水、被旱灾民一月口粮，贷凤阳、寿、凤台、怀宁、太湖五州县被旱灾民籽种。展赈河南永城、夏邑、虞城三县上年被水灾民，并贷籽种牛具银；借粜孟津、孟、安阳、汤阴、内黄、荥

泽、原武、阳武、正阳、罗山、信阳、光、光山、固始、息、临漳、汲、新乡、淇、封丘、延津、考城二十二州县仓粮。展赈陕西神木、府谷二县上年被水、被雹灾民,并贷籽种口粮;贷朝邑、大荔、潼关、华、华阴、渭南、宁陕、延川、凤翔、汉阴、榆林、葭、怀远十三厅州县灾民口粮,并宁羌、南郑、略阳、凤、沔、定远、留坝、石泉、米脂九厅州县常社仓粮。贷江西义宁、奉新、武宁、建昌、安义、德安、瑞昌七州县上年被旱灾民籽种。贷湖北江夏、咸宁、嘉鱼、蒲圻、崇阳、通城、兴国、通山、钟祥、应山、襄阳、光化、荆门、当阳十四州县及屯坐各卫所上年被旱灾民籽种仓谷。贷山东章丘、东平、东阿、汶上、济宁、新城、邹平、平度、昌邑、潍、胶、高密、招远、博兴、寿光、堂邑、莘、馆陶、临清、邱、夏津、武城、历城、济阳、平原、临邑、朝城、寿张、阳谷、聊城、博平、茌平、清平、冠、高唐、恩、鱼台三十七州县,及东昌、临清二卫,东平所上年被水、被虫灾民籽种,并借粜登州、莱州、青州三府属州县仓谷。贷山西保德、代、苛岚、兴、岚、静乐、河曲、五寨、潞城、万泉十州县上年水、旱、霜、雹灾民籽种。【略】乙酉,谕内阁:昨园内扫雪培树,载锡迟误,当交绵恩等询问。【略】庚子,【略】给直隶滦、乐亭、昌黎三州县上年被水灾民两月口粮。

《仁宗实录》卷二五三

二月【略】乙丑,【略】展缓直隶宣化、龙门二县上年被霜、被雹地亩额赋,缓征张家口、独石口、赤城、万全、怀来、蔚、西宁、怀安、延庆、保安十厅州县新旧额赋并借粜仓谷。【略】庚午,谕内阁:据武隆阿等奏,澎湖地方偶被风灾,捐资购买薯丝,前往接济一折。澎湖地方上年雨泽愆期,小米、高粱收成歉薄,自八月二十一日以后,飓风连作,花生又多被吹毁。该处孤悬海岛,闾阎向鲜盖藏,贫民口食维艰。【略】其武隆阿等先行捐办之薯丝二千七百石,即著作正开销。

《仁宗实录》卷二五四

三月【略】乙亥,【略】缓征山东招远、平度、昌邑、潍、胶、高密、博兴、寿光、蓬莱、黄、宁海、海阳、莱阳、栖霞、文登、荣成、福山、掖、即墨、益都、诸城、安丘、临朐、昌乐、乐安、高苑、临淄、博山二十八州县上年水灾新旧额赋,并历城、章丘、东平、东阿、汶上、济宁、新城、邹平、堂邑、莘、馆陶、临清、邱、夏津、武城、济阳、平原、临邑、朝城、寿张、阳谷、聊城、博平、茌平、清平、冠、高唐、恩、鱼台二十九州县,及东昌、临清、东平三卫所水灾虫灾额赋。【略】甲午,赏伊犁屯田疫灾回民麦石。

《仁宗实录》卷二五五

四月【略】丙午,【略】谕内阁:汪志伊等奏,台湾换回弁兵在洋遭风淹毙一折。据称,此次换回之督标抚标五营四起弁兵伍得喜等,配坐商船,于二月初七夜在澎湖洋面陡遇暴风,漂至外洋小金屿地方,冲礁击碎,淹毙弁兵及水手人等一百余人等语。可悯之极,不忍览视。【略】谕军机大臣等,据和宁等奏称,奉天海口自开冻以来,山东民人携眷乘船来岸者甚多,咸称因本处年成荒歉,赴奉谋生,各贫民已渡至海口人户较多,势难阻回,酌拟于省城饭厂加米煮赈散放,请饬令山东巡抚严饬登、莱各属,毋准再放流民上船渡海等语。【略】上年奉省收成本不丰稔,冬间即有灾民出边,就食吉林。曾将观明等惩办。今山东灾民又赴奉省,是奉省本境米粮尚不能自给,又益以外来就食之户,岂不更形拮据。现在和宁等已设法调剂,著传谕同兴,即督率登、莱各地方官,将该处穷民上紧赈恤,但令糊口有资。【略】丁未,缓征山西上年被旱之保德、代、岢岚、岚、兴、静乐、五寨、河曲、潞城九州县本年额赋。【略】丁卯,【略】缓征山东登州、莱州二府属上年水灾新旧额赋。【略】庚午,【略】谕军机大臣等,本日高杞奏报雨水粮价一折,内称杭、嘉、湖、宁、绍、台、金、衢、严、温、处等府二麦渐次结实,杂蔬茂盛,民情欢悦,粮价尚非昂贵等语。昨据给事中陆言奏,温、台、处三府春花麦豆收成无望,粮价增昂,民食拮据。已有旨令高杞迅速查办,今该抚于奏报粮价情形,将温、台、处荒歉地方与各府一律笼统入奏,词意掩饰,岂非有心讳匿,若竟不知,无能已极。高杞著传旨严行申饬。年丰岁歉为地方第一重大要务,上年奉省歉收,观明讳灾不办,当即将伊罢黜,并革去世职。观明素未获咎,因此一事尚立加重谴,高杞系弃瑕录用之人,若玩视民瘼,致灾黎不能安堵,

自思当得何罪。著即遵照前旨,严饬温、台、处各属地方官将荒歉情形迅速查明,实力筹办,如仍前玩泄,必从重治罪不贷,将此谕令知之。《仁宗实录》卷二五六

五月【略】丙子,【略】谕军机大臣等,百龄等会议,覆奏黄、运、湖、河各工善后章程,开单呈览一折。朕详加披阅,单内所开筑做挑水坝,并切坡抽沟,搜捕獾鼠洞穴,修复减水闸坝,修整磨盘埽,【略】以为补救善后之策,均著照所奏办理。【略】丁亥,【略】展缓山东历城、章丘、邹平、新城、济阳、平原、临邑、东平、东阿、汶上、阳谷、寿张、聊城、堂邑、博平、茌平、清平、莘、冠、馆陶、高唐、恩、朝城、临清、邱、夏津、武城、济宁、鱼台、益都、临朐、博兴、高苑、乐安、寿光、昌乐、临淄、安丘、诸城三十九州县,及东昌、临清、东平三卫所上年水灾、虫灾旧欠额赋漕项并民佃正耗银。【略】壬辰,【略】缓征陕西潼关、华、华阴三厅州县民屯上年水灾新旧额赋。【略】丙申,【略】谕军机大臣等,据同兴奏,登、莱所属州县连年收成歉薄,小民素鲜盖藏,上年奉天省因歉收,奏明将高粱停运,登、莱市集粮价异常昂贵。现闻奉省丰收,牛庄、锦州等处存有商贩高粱数十万石,朽腐堪虞,请敕盛京将军等查明,【略】令商贩照常载运,俾沿海生民得资口食等语。【略】缓征福建澎湖通判所属上年旱灾新旧地种银。《仁宗实录》卷二五七

六月【略】甲辰,【略】免卫藏夥尔等二十族番民雪灾上年贡马银。【略】戊申,命于黑龙潭及山高水长设坛祈雨。《仁宗实录》卷二五八

八月【略】甲辰,【略】缓征福建闽、侯官、连江三县被水灾民本年额赋。【略】壬子,【略】除河南陕、温、孟三州县河占沙压地四百九十八顷八十一亩有奇额赋。【略】戊辰,【略】缓征山东历城、章丘、齐河、齐东、济阳、临邑、长清、禹城、德、平原、肥城、东平、东阿、惠民、青城、阳信、商河、蒲台、滋阳、宁阳、汶上、阳谷、寿张、峄、菏泽、巨野、郓城、濮、范、朝城、聊城、堂邑、博平、茌平、清平、莘、冠、高唐、恩、文登、临清、夏津、武城、济宁、金乡、嘉祥、鱼台、平度、昌邑、潍、高密、寿光、安丘五十三州县,并德州、济宁、东昌三卫水灾、旱灾新旧漕粮额赋。《仁宗实录》卷二六〇

九月【略】戊寅,【略】缓征直隶博野、蠡、祁、河间、献、景、故城、吴桥、元氏、赞皇、邢台、沙河、南和、平乡、巨鹿、唐山、内丘、任、永年、邯郸、成安、肥乡、广平、鸡泽、磁、开、元城、大名、南乐、清丰、东明、冀、枣强、武邑、隆平、临城、宁晋、深、沧、盐山、丰润、新河、龙门、延庆四十四州县水灾、旱灾、雹灾本年额赋并旗租仓谷有差。【略】辛巳,【略】缓征河南汤阴、临漳、安阳、内黄、林、武安、汲、新乡、辉、淇、浚、孟津十二县水灾、旱灾新旧额赋。【略】乙酉,【略】缓征湖南澧州被水灾民新旧额赋。【略】丙戌,【略】缓征广东镇平县白马等五乡水灾本年额赋。【略】己丑,赈云南禄丰县被水灾民,并免沙压田亩本年秋粮及条公银。【略】辛卯,【略】缓征福建武平县水灾本年额赋。壬辰,【略】赈江苏高邮、兴化、甘泉、宝应四州县被水灾民,蠲缓高邮、兴化、甘泉、宝应、泰、东台、清河、山阳、阜宁、桃源、盐城、安东、江都、宿迁、萧、沭阳十六州县并屯坐各卫水灾、旱灾新旧额赋。【略】丁酉,【略】缓征山东平阴、陵、观城、丘四县,并临清卫、东平所旱灾新旧额赋。【略】己亥,【略】缓征两淮板浦、中正、临兴三场被水灶户新旧额赋。《仁宗实录》卷二六一

十月【略】辛丑,【略】免直隶安、隆平、宁晋、新河四州县积水地亩额赋有差。【略】戊午,【略】缓征陕西葭、榆林、怀远、神木、府谷、潼关六厅州县本年雹灾、霜灾新旧额赋,并贷米脂、白水、澄城三县灾民籽种。【略】乙丑,【略】缓征奉天复、宁海、岫岩三厅州县旱灾新旧额赋有差,并复州、金州、熊岳、岫岩、凤凰五城旗户本年租粮兵丁旧借仓粮。缓征黑龙江墨尔根灾民借支粮石。【略】己巳,【略】缓征安徽潜山、盱眙、天长、五河、寿、凤阳、怀远、定远、凤台九州县及屯坐各卫本年水灾、旱灾新旧额赋。怀宁、桐城、太湖、泾、东流、当涂、芜湖、繁昌、无为、合肥、庐江、巢、和十三州县带征额赋,并给宿、泗、盱眙、天长、五河五州县,泗州卫军民口粮有差。《仁宗实录》卷二六二

十一月【略】壬申,【略】缓征山西保德、岢岚、静乐、河曲四州县本年歉收额赋。癸酉,【略】缓征

吉林三姓、宁古塔、打牲乌拉本年霜灾旗民银米仓粮，并贷兵民口粮有差。缓征江西万安、泰和、庐陵、新淦、清江、南昌、新建、丰城八县本年被水地亩额赋。【略】丁丑，【略】展缓江苏省积年灾歉民欠额赋。【略】丙戌，给山东禹城、齐河、濮、郓城、东平、汶上、寿张、菏泽八州县，济宁、东昌、临清、德州、东平五卫所被旱灾民一月口粮。【略】辛卯，上幸瀛台阅冰技。【略】癸巳，上幸北海阅冰技。【略】丙申，上幸瀛台阅冰技。【略】戊戌，上幸北海阅冰技。　　《仁宗实录》卷二六三

十二月庚子朔，上幸北海阅冰技。【略】壬寅，上幸瀛台阅冰技。【略】甲辰，上幸北海阅冰技。【略】乙巳，【略】除福建噶玛兰被水冲陷田园正供各谷石，并缓征被淹田地谷石有差。【略】丁未，上幸瀛台阅冰技。【略】辛酉，【略】幸瀛台阅冰技。【略】壬戌，【略】缓征安徽省积欠未完银，并宿、灵璧、泗、五河四州县上年水灾新旧额赋。　　《仁宗实录》卷二六四

## 1813年 癸酉 清仁宗嘉庆十八年

正月【略】庚午，【略】展赈盛京承德、广宁、牛庄、锦州、辽阳、复州、熊岳、铁岭、盖州、金州十处上年被水旗民。贷直隶博野、蠡、祁、束鹿、河间、献、景、故城、吴桥、元氏、赞皇、邢台、沙河、南和、平乡、巨鹿、唐山、内丘、任、永年、邯郸、成安、肥乡、广平、鸡泽、磁、开、元城、大名、南乐、清丰、东明、冀、枣强、武邑、隆平、临城、宁晋、深、沧、盐山、丰润、新河、龙门、延庆四十五州县上年被旱、被水、被雹灾民口粮。加赈山东禹城、齐河、濮、郓城、东平、汶上、寿张、菏泽、聊城、茌平、博平、莘、范、观城、朝城、平原十六州县上年被旱、被水灾民，并贷历城、章丘、齐东、济阳、临邑、长清、陵、德、平阴、阳谷、堂邑、清平、冠、恩、高唐、文登、寿光、安丘十八州县贫民籽种，及德州、济宁、东昌、临清四卫，东平所灾民口粮。贷河南汤阴、临漳、安阳、内黄、林、武安、淇、浚、汲、辉、新乡十一县上年被旱、被水灾民仓谷。展赈江苏高邮、宝应、甘泉、兴化四州县上年被水灾民。展赈安徽宿、泗、盱眙、天长、五河五州县及泗州卫上年被水、被旱灾民。贷江西万安、泰和、庐陵、新淦、清江、南昌、新建、丰城八县上年被水灾民籽种口粮。　　《仁宗实录》卷二六五

二月【略】甲寅，缓征山东历城、章丘、齐河、齐东、济阳、陵、临邑、长清、禹城、德、平原、平阴、肥城、东平、东阿、惠民、青城、阳信、商河、蒲台、滋阳、宁阳、汶上、阳谷、寿张、峄、菏泽、巨野、郓城、濮、范、朝城、聊城、堂邑、博平、茌平、清平、莘、冠、高唐、恩、文登、临清、夏津、丘、武城、济宁、金乡、嘉祥、鱼台五十一州县，及德州、济宁、东昌、临清四卫，东平所旱灾本年额赋。【略】乙丑，【略】赈山东聊城、堂邑、博平、茌平、清平、莘、冠、东平、东阿、滋阳、宁阳、汶上、阳谷、寿张、菏泽、巨野、郓城、濮、范、观城、朝城、济宁二十二州县被旱灾民。丙寅，【略】缓征直隶博野、蠡、祁、河间、献、景、故城、吴桥、元氏、赞皇、邢台、沙河、南和、平乡、巨鹿、唐山、内丘、任、永年、邯郸、成安、肥乡、广平、鸡泽、磁、开、元城、大名、南乐、清丰、东明、冀、枣强、武邑、隆平、临城、宁晋、深、新河、广宗、曲周、威、清河、长垣、南宫、高邑、沧、盐山、丰润、龙门、延庆五十一州县水灾、旱灾、雹灾节年额赋旗租仓谷。

《仁宗实录》卷二六六

三月【略】戊子，【略】贷陕西潼关、榆林、怀远、神木、府谷、靖边、定边、延川、延长、安塞、安定、绥德、吴堡、米脂、清涧十五厅州县被旱灾民粮银。【略】乙未，谕军机大臣等，本日姚文田到京，经朕召见，询问河南地方情形。据奏，卫辉府所属地方去冬雪泽稀少，二麦多未播种，春间又未得有透雨，虽于本月初七八等日得雨三四寸，因枯旱已久，大田仍未能翻犁耕种，贫民皆以草根、树皮糊口度日。经过官道两旁，柳叶采食殆尽。缘该府地方近三四年来总未大稔，粮价腾昂，是以民情倍形拮据，幸该府民风淳朴，闾阎尚各安静等语。豫省卫辉府地方现在荒旱情形至于如此，长龄总未据实陈奏，岂竟听小民转徙沟壑，不为拯救，该抚系弃瑕录用之人，若玩视民瘼，意存讳饰，自问安

能当此重咎。　　　　　　　　　　　　　　　　　　　　　　　《仁宗实录》卷二六七

四月【略】庚子，【略】缓征河南祥符、陈留、鄢陵、中牟、兰阳、仪封、禹、安阳、武安、内黄、汲、新乡、辉、获嘉、淇、延津、滑、浚、封丘、考城、修武、原武、阳武、扶沟、许、临颍、长葛、汤阴、临漳二十九厅州县旱灾新旧额赋。【略】庚戌，上诣山高水长祈雨坛拈香。命皇次子【略】分诣天神坛、地祇坛、太岁坛祈雨。【略】甲寅，【略】上诣黑龙坛神祠拈香。赈直隶邢台、沙河、南和、平乡、巨鹿、唐山、内丘、任、广宗、永年、邯郸、成安、肥乡、广平、鸡泽、磁、曲周、威、清河、开、元城、大名、南乐、清丰、东明、长垣、冀、枣强、武邑、新河、南宫、隆平、临城、宁晋、高邑三十五州县被旱灾民。【略】戊午，上以祈雨三坛，斋戒一日。己未，上诣天神坛祈雨。【略】庚申，上诣山高水长祈雨坛拈香。【略】命于五城设厂，平粜麦石。【略】乙丑，【略】缓征河南襄城、杞二县旱灾新旧额赋。并贷祥符、陈留、禹、安阳、汤阴、临漳、武安、内黄、汲、新乡、辉、获嘉、淇、延津、滑、浚、封丘、考城、原武、阳武二十州县籽种口粮。　　　　　　　　　　　　　　　　　　　　　　　《仁宗实录》卷二六八

五月【略】己巳，【略】上诣山高水长祈雨坛拈香。【略】谕军机大臣等，本年春夏之交天气熯旱，各处湖河水势俱形缺耗，其邳、宿运河以至韩庄八闸一带，已屡降谕旨，责令李亨特会同江南督河诸臣，悉心筹画。【略】本年直隶、河南二省地方亦多缺雨，恐漳、卫来源不旺，北运河水势不能充裕。【略】庚午，上诣黑龙潭祈雨。【略】丁丑，【略】以祈雨社稷坛，自是日始斋戒三日。【略】庚辰，上诣社稷坛祈雨。【略】赈山东东平、东阿、寿张、菏泽、郓城、濮、范、观城、朝城、茌平、博平、莘、丘十三州县本年被旱灾民，并缓征新旧额赋。及济阳、平原、德、汶上、阳谷、聊城、堂邑、清平、冠、高唐、恩、临清、夏津、武城、馆陶十五州县，德州、济宁、东昌、临清四卫，东平所新旧额赋。【略】庚寅，【略】遣贝勒奕绍赴密云县白龙潭祈雨。辛卯，命截留南漕稜米十万石，分赈直隶、河南、山东被旱灾民。壬辰，【略】给河南祥符、陈留、禹、安阳、汤阴、临漳、武安、内黄、汲、新乡、辉、获嘉、淇、延津、滑、浚、封丘、考城原武、阳武二十州县被旱灾民一月口粮。【略】乙未，以甘霖迭降，命皇次子诣皇祇室行祀谢礼。　　　　　　　　　　　　　　　　　　　　　　　《仁宗实录》卷二六九

六月【略】己酉，【略】谕军机大臣等，【略】本年永定河水势旋涨旋消，尚不甚大。【略】现在直隶省南三府地方仍未得有透雨，且毗连豫省河北开封四府，被旱之区将及千里，朕心日深廑念。【略】癸丑，【略】命拨奉天官仓粟米二十万石，并截留湖广漕船稜米五万石，备赈直隶顺德、广平、大名三府被旱灾民。　　　　　　　　　　　　　　　　　　　　　　　《仁宗实录》卷二七〇

七月乙丑朔，【略】谕内阁：本年京城自春夏以来，虽迭次得有甘雨，仍未十分沾足。兹届孟秋，时享太庙，朕于二十七日入宫斋戒，二十八日夜间澍雨优沾，连宵达旦，二十九日夜及本日致祭之辰，甘霖续沛，势甚广远，大田得资长发，可冀秋成，朕心深为欣慰。【略】戊寅，加赈广东三水、南海、高明、高要、开建、封川、清远、鹤山、番禺、四会、南雄、顺德、新会、花、广宁、德庆、开平十七州县被水灾民，并缓征新旧额赋。己卯，【略】除江苏六合县水冲卫田七顷四亩有奇额赋。除河南祥符、荥泽、安阳、临漳、内黄、封丘、武陟、原武、阳武九县水冲沙压地二千三百九十顷三十八亩有奇额赋。庚辰，【略】赈河南祥符、陈留、禹、中牟、仪封、兰阳、杞、新郑、许、临颍、襄城、长葛、汝、郏、宝丰、伊阳十六厅州县被旱灾民。【略】庚寅，免湖南澧、沅江二州县被水地亩节年缓征银，并缓征龙阳、武陵、澧三州县本年额赋。辛卯，【略】除陕西宁陕厅水冲营地五十八亩有奇额赋。【略】是月，河东河道总督李亨特奏：臣赴豫查工，适七月十二三等日大雨，东省当亦均沾，现饬曹、濮一带工员，如得透雨，赶紧收蓄湖水。　　　　　　　　　　　　　　　　　　　　　　　《仁宗实录》卷二七一

八月【略】癸卯，【略】缓征直隶邢台、沙河、南和、平乡、巨鹿、唐山、内丘、任、广宗、永年、邯郸、成安、肥乡、广平、鸡泽、磁、曲周、威、清河、开、大名、元城、南乐、清丰、东明、长垣、隆平、清苑、定兴、新城、完、博野、蠡、祁、束鹿、河间、献、景、故城、吴桥、元氏、赞皇、冀、枣强、武邑、新河、南宫、临

城、宁晋、高邑、深、武清、宝坻、香河、安、静海、获鹿、饶阳五十八州县旱灾、雹灾地亩新旧额赋。甲辰,【略】蠲减直隶隆平、新河、宁晋三县积水地亩额赋有差。【略】丁未,【略】平粜湖北随、应山二州县仓谷。【略】辛亥,【略】赈河南祥符、陈留、禹、杞、兰阳、仪封、中牟、新郑、许、临颍、襄城、长葛、汝、郏、宝丰、伊阳、郑、尉氏、洧川、通许、鄢陵、密、太康、扶沟、裕、叶二十六厅州县被旱灾民,蠲免额赋有差。并缓征宁陵、睢、鹿邑、虞城、柘城、洛阳、偃师、巩、孟津、登封、鲁山、罗山、信阳、光、荥泽、孟、安阳、汤阴、临漳、武安、内黄、汲、新乡、辉、获嘉、淇、延津、滑、浚、封丘、考城、原武、阳武、修武三十四州县新旧额赋及仓谷漕项加价银。【略】戊午,谕军机大臣等,【略】据(李亨特)称,微山湖自七月得雨后,截止八月初三日,共涨水八寸,现在湖心水止二尺有余。【略】本年东省春夏雨泽虽稀,入秋以来,澍雨优沾,微湖上游各处泉源坡水,尽數挹注。　　《仁宗实录》卷二七二

九月甲子朔,【略】以阴雨(木兰秋狝围场)减围,改由伊玛图出哨。【略】抚恤朝鲜国遭风难夷如例。【略】丁卯,【略】谕军机大臣等,本年直隶南三府一带被旱成灾地方甚多,现据温承惠奏请查明户口分别赈恤。【略】赈直隶平乡、隆平、南和、广宗、巨鹿、肥乡、曲周、广平、鸡泽、威、邯郸、宁晋十二州县被旱灾民,并给清苑、定兴、新城、完四县被雹灾民口粮。【略】己巳,【略】展缓陕西西安、凤翔、同州、邠、乾五府州属歉收地方节年缓征银粮。【略】乙亥,【略】又谕:李亨特奏,沁、黄二河水势异涨,南岸睢州下汛二堡无工处所,大堤坐蛰过水,现在竭力抢办。　　《仁宗实录》卷二七三

九月【略】庚辰,【略】缓征广东镇平县被水村庄新旧额赋。　　《仁宗实录》卷二七四

九月丙戌,【略】又谕:百龄等奏,八月二十九至九月初九等日,江境上游黄、沁等河同时异涨,其睢南薛家楼及桃北丁家庄漫水,俱经掣通刷缺,适因河水陡落,亦已乘势补筑完善等语。【略】己丑,【略】缓征山东德平、平原、清平、馆陶、冠、恩、惠民、青城、商河、乐陵、汶上、峄、阳谷、武城、济宁、嘉祥、巨野、曹、定陶、郓城、城武、范、观城、朝城、单、金乡、鱼台、博平、茌平、堂邑、濮、丘、历城、章丘、齐河、齐东、禹城、临邑、长清三十九州县,并德州、临清、东昌、济宁四卫被旱村庄新旧额赋。【略】壬辰,【略】谕内阁:那彦成奏孳生马匹因灾倒毙,亏额无著,据实参办一折。巴里坤孳生马匹偶被风雪,何至冻毙二千七百七十余匹之多,点查皮张,又复短少,恐有捏词抵饰情弊。

《仁宗实录》卷二七五

十月【略】辛亥,【略】缓征河南商丘县水灾额赋,给宁陵、睢、商丘、柘城、鹿邑五州县灾民一月口粮。【略】乙卯,【略】赈河南鲁山县被旱灾民。给洛阳、巩、登封、偃师、光五州县灾民一月口粮。缓征林、涉、河内、济源、孟、武陟、温、光山、新安、渑池、上蔡、舞阳、西平、郾城、阌乡、淮宁、西华、商水、项城、沈丘二十州县新旧额赋。给安徽亳、蒙城、怀远、宿、凤阳五州县被水灾民一月口粮。【略】丙辰,【略】缓征山东馆陶、冠、清平、峄、阳谷、嘉祥、莘等七县被旱、被贼灾民新旧额赋漕粮,及惠民、青城、商河、济宁四州县旧欠额赋。缓征陕西潼关、华、华阴、大荔、渭南五厅州县水灾新旧额赋有差,并榆林、神木、府谷、葭、怀远、米脂六州县霜灾旧欠额赋及仓粮籽种。以山东历城、章丘、齐河、齐东、济阳、禹城、长清、平原、德、陵、惠民、青城、阳信、乐陵、商河、滨、蒲台、东平、东阿、寿张、汶上、聊城、高唐、临清、夏津二十五州县麦收歉薄,改征粟米。　　《仁宗实录》卷二七七

十一月【略】乙亥,【略】展缓湖北江陵公安、石首、随、应山、天门、汉川、沔阳、潜江、枝江十州县及各卫所水灾、旱灾新旧额赋有差。并缓征江夏、武昌、兴国、黄陂、孝感、黄冈、蕲水、荆门、嘉鱼、崇阳、通城、汉阳、钟祥、安陆、襄阳十五州县,武昌、武左、德安三卫旧欠额赋。【略】丁丑,【略】缓征江苏山阳、阜宁、清河、桃源、安东、盐城、江都、兴化、铜山、丰、沛、萧、邳、宿迁、睢宁十五州县,淮安、大河、徐州三卫被水地亩新旧额赋及砀山县次年额赋。　　《仁宗实录》卷二七八

十一月【略】己卯,【略】蠲缓三姓地方水灾、霜灾旗民新旧未完仓粮及丁地米折银,并贷银两口粮有差。缓征宁古塔、阿勒楚喀迭被霜灾、雹灾新旧未完仓粮及丁地米折银有差。【略】壬午,【略】

免安徽亳、蒙城、怀远、凤阳、宿、盱眙、五河七州县水灾旱灾额赋，并缓征灵璧、定远、寿、凤台、潜山、太湖、宿松、望江、东流、繁昌、桐城、阜阳、怀宁、当涂、芜湖、无为、庐江、巢、天长十九州县新旧漕粮额赋有差。赈亳、蒙城、怀远、凤阳、宿五州县灾民。给泗、盱眙、五河、凤台、灵璧五州县暨屯坐各卫一月口粮。缓征江西庐陵、泰和、新淦、清江、丰城五县水灾新旧额赋有差。

《仁宗实录》卷二七九

十二月甲午朔，缓征陕西咸宁、长安、宁陕、孝义、高陵、兴平、蓝田、鄠、盩厔、醴泉、咸阳、泾阳、三原、渭南、临潼、富平、蒲城、大荔、华、乾、武功、镇安二十二厅州县被旱灾民额赋粟米。【略】丙申，【略】赈河南祥符、陈留、杞、通许、尉氏、洧川、鄢陵、中牟、兰阳、仪封、郑、禹、密、新郑、裕、叶、太康、许、临颍、襄城、长葛、汝、鲁山、郏、宝丰、伊阳、宁陵、睢、商丘、鹿邑、柘城、洛阳、偃师、巩、登封、光、虞城、安阳、汤阴、临漳、武安、内黄、获嘉、辉、封丘、考城、河内、济源、修武、武陟、原武、阳武、孟津、舞阳、罗山、淮宁、沈丘、荥泽、浚、宜阳、南阳、南召、邓、阌乡、西华、项城、郾城六十七厅州县迭被水、旱灾民，给封丘、阳武、新乡、获嘉、辉、林六县被贼难民两月口粮。【略】丁未，【略】给直隶元城、大名、南乐、清丰四县被旱灾民两月口粮。给安徽灵璧、凤台、盱眙、泗、五河五州县被水、被旱灾民一月口粮。

《仁宗实录》卷二八〇

十二月【略】辛亥，【略】谕军机大臣等，本年直隶顺德、广平、大名三府地方年岁歉收，节经加恩抚恤，现在军务已竣，安抚灾民最为紧要。【略】又谕：【略】黄河以南各州县本年荒旱尤甚，饥民载道，该抚务遴派实心任事之员，分赴被贼各州县确实查勘，速加抚恤。【略】又谕：【略】东省连年荒歉，兵燹之余，十室九空，饥寒交迫，聚而掠食，恐所不免。【略】癸丑，【略】给陕西孝义、宁陕、蓝田、盩厔、鄠、郿、岐山、宝鸡、定远、凤、略阳、沔、商、镇安、山阳、商南、雒南、安康、平利、紫阳、白河、汉阴、洵阳、石泉二十四厅州县被水灾民口粮，贷南郑、城固、洋、西乡、宁羌、留坝、褒城七厅州县仓粮有差，并平粜安康、平利、白河、紫阳、洵阳、石泉、汉阴、鄜、洛川、中部、宜君十一厅州县仓谷。【略】乙卯，上幸瀛台阅冰技。【略】壬戌，【略】缓征江苏高邮、宝应、甘泉、东台、兴化五州县水灾本年额赋及次年额赋有差。

《仁宗实录》卷二八一

## 1814年 甲戌 清仁宗嘉庆十九年

正月【略】庚午，【略】展赈直隶平乡、南和、广宗、巨鹿、肥乡、曲周、广平、鸡泽、威、邯郸、隆平、宁晋十二县上年被水、被旱、被雹灾民有差。贷邢台、沙河、唐山、内丘、任、永年、成安、磁、元城、大名、南乐、清丰、开、东明、长垣十五州县口粮有差，并给籽种牛具。缓征山东菏泽、濮、定陶、曹、城武、巨野、金乡、观城、朝城、范、郓城、单、嘉祥、鱼台、博平、茌平、平原、清平、汶上、阳谷、丘、堂邑、馆陶、冠、恩、峄、济宁、武城、德平、惠民、青城、商河、乐陵、滕、东平三十五州县，及德州、临清、东昌、济宁四卫上年被旱、被贼地方新旧额赋，并贷予籽种口粮有差。展赈河南祥符、陈留、杞、通许、中牟、兰阳、仪封、郑、禹、新郑、尉氏、洧川、鄢陵、密、裕、叶、太康、扶沟、许、临颍、襄城、长葛、汝、郏、宝丰、伊阳、鲁山、宁陵、睢、鹿邑、柘城、商丘三十二厅州县上年被水、被旱灾民，给洛阳、偃师、巩、登封、光、阌乡、西华、项城、郾城九州县歉收及被霜贫民一月口粮，并贷虞城、安阳、汤阴、临漳、林、内黄、武安、涉、汲、新乡、获嘉、淇、辉、延津、封丘、考城、河内、济源、原武、修武、武陟、孟、温、阳武、孟津、新安、渑池、舞阳、上蔡、西平、阳信、罗山、淮宁、商水、沈丘、光山、荥泽三十七州县贫民籽种口粮。贷陕西西安、凤翔、同州、邠、乾五府州属，并榆林、葭、怀远、神木、府谷、米脂、潼关、华、华阴、大荔、渭南十一厅州县上年被水、被旱、被霜灾民口粮。展赈安徽亳、蒙城、怀远、凤阳、宿五州县上年被水、被旱灾民，贷泗、盱眙、五河、灵璧四州县及屯坐各卫贫民口粮。贷江西庐陵、泰和、新淦、清江、丰城五县上年被水灾民籽种。贷湖北随、应山、江陵、公安、石首五州县及屯坐各卫所上年被水、被旱灾民籽种。贷湖南澧州上年被水灾民籽种口粮。《仁宗实录》卷二八二

闰二月【略】甲戌,【略】谕军机大臣等,御史卓秉恬奏,河南南阳等州县倒毙饥民,沿途暴露,闻之实堪悯恻。【略】豫省本年连得雨雪,正望感召祥和,转歉为丰,该抚务实心实力,拯救灾黎。

《仁宗实录》卷二八六

四月壬戌朔,【略】缓征直隶开、东明、长垣、邢台、霸、定兴、新城、完、南和、平乡、广宗、巨鹿、任、邯郸、肥乡、曲周、广平、鸡泽、威、隆平、宁晋、文安、东安、清苑、唐、束鹿、安、故城、青、静海、沧、盐山、沙河、唐山、内丘、永年、成安、磁、元城、大名、南乐、清丰、龙门、冀、南宫、新河、枣强、曲阳、获鹿、安平五十州县连年灾歉新旧额赋仓谷。【略】乙丑,【略】谕内阁:据满珠巴咱尔奏,查明木兰各处围场牲兽甚少,本年正二月间大雪数次,至今尚未融化,三月十九日以后又连日大雪,道途异常泥泞等语。【略】甲戌,【略】缓征江苏丰、沛二县上年续被霜灾新旧额赋及应征还麦豆。缓征江西丰城县节年水灾未完籽种谷石。乙亥,【略】缓征湖北沔阳、监利、天门、荆门、应城五州县上年歉收新旧额赋。【略】戊寅,【略】命于黑龙潭觉生寺设坛祈雨。【略】壬午,【略】谕内阁:方受畴奏,豫省麦收统计八分有余,并据西平、河内、郾城等县呈送双穗瑞麦等语。【略】上苍宥罪施仁,腊雪盈尺,春雨依旬,麦收普庆丰登,而豫省且有麦穗双岐者。【略】京畿一带冬雪春膏俱未沾足,自入夏以来雨泽愆期,朕宵旰焦思,虔申祈祷。昨十九日亲诣黑龙潭,升香之际,灵雨沾濡,然迄未沛然优渥,良由乖戾之气未尽消除。《仁宗实录》卷二八九

五月【略】壬辰,【略】缓征河南裕州拐河旱灾民租课银。【略】丙申,【略】缓征陕西潼关、大荔、蒲城三厅县被雹村庄银粮草束,并给大荔、蒲城二县灾民一月口粮。【略】己亥,谕内阁,那彦成奏报二麦约收分数一折。单内首开大兴、宛平二县约收八分,一派虚词,全不足据,即此可见悠忽居心,怠玩从事。大约无福受恩矣。本年畿辅一带雨泽稀少,麦苗黄萎,都城附近田亩,朕出入经过,留心察看,其收成不过在二三(分)之间,今那彦成奏报八分,其不实孰甚。《仁宗实录》卷二九〇

五月【略】丁未,【略】缓征直隶大城、永清、涿、满城、安肃、博野、望都、容城、蠡、雄、祁、高阳、新安、献、阜城、景、南皮、正定、井陉、行唐、灵寿、平山、元氏、无极、赞皇、晋、藁城、新乐、武邑、深、武强、饶阳、定、深泽三十四州县旱灾新旧额赋并旗租仓谷折色口粮银。【略】甲寅,给河南睢、宁陵、鹿邑、柘城、商丘五州县积水地方贫民口粮,并缓征上年额赋。【略】丙辰,【略】谕军机大臣等,那彦成奏大名、清丰、南乐三县疏浚积水情形一折。大名等县七十余庄地亩前因卫水倒漾,频年淹浸,兹据各村民人情愿自行出夫挑挖,并请官为弹压。【略】己未,【略】谕军机大臣等,【略】昨据同兴奏报,本月二十一二等日得有透雨,河流增长;本日复据吴璥奏称,汶、泗等河涨水自二三尺至七八尺有余,运河存水四尺,足资浮送。现在东省得雨后,各处泉源旺发,河水充盈,粮艘连樯北上。

《仁宗实录》卷二九一

六月【略】壬戌,【略】谕军机大臣等,连据同兴奏报,山东通省于正月下旬以后,俱各得雨深透,直隶各属亦据那彦成奏称普被甘霖,闻豫省自入夏以来,雨泽稀少,又闻有旱干之处,朕心深为廑念。【略】丙寅,予河南实心办赈候补同知谢樟等及捐银煮赈候选教谕杨圣修等议叙顶带有差。丁卯,谕内阁,【略】本年畿南一带州县二麦歉收,旬日以来普获甘霖,大田甫经播种。【略】己卯,【略】缓征直隶大兴、宛平、通、固安、易、涞水六州县旱灾新旧额赋租银暨应还仓谷。【略】乙酉,【略】除奉天岫岩厅被淹洼地八十五顷七十四有奇额赋。《仁宗实录》卷二九二

七月【略】丁未,【略】缓征陕西朝邑、大荔二县水灾新旧额赋,给贫民一月口粮并房屋修费。

《仁宗实录》卷二九三

八月己未朔,谕内阁:从来天人感召之理,致为不爽,京畿至省南大、顺、广一带频年歉收,实缘

逆匪林清等潜蓄谋逆。【略】皆以为大兵之后必有凶年，而直隶、河南、山东三省本年禾稼丰登，俱臻上稔，为数年来所未有。【略】甲子，【略】以安徽合肥等四十州县水旱歉收，拨藩库银二十万两采买米谷平粜。

《仁宗实录》卷二九四

八月【略】乙亥，谕内阁：给事中杨怿曾奏请禁奸商囤积米粮以资民食一折。本年安徽省缺少雨泽，粮价增昂。前据巡抚胡克家奏请，动拨藩库银二十万两，委员分赴邻省采买米石，运至该省备用。【略】丙子，【略】谕军机大臣等，御史张鉴奏，浙江省五六月间缺雨，田禾枯槁，米价腾贵。地方官禁铺户增价，各铺户因成本既贵，难于亏折贱卖，是以一石以上皆不肯卖，甚有停止歇业者。又，浙省商贩之米聚于长安镇，为米商四集之所，该省大员饬委严查囤户，未免滋扰，以致富户不敢置买多米，外来之米既少，必更形短缺等语。【略】浙省民稠地狭，即遇丰收之年，亦资外来米谷协济，若因一时米贵，抑勒各铺户减价出粜，又以严查囤户为名，索诈扰累，本地殷户既不敢多存米石，外省米商又裹足不前，将来本境之米食尽，明春青黄不接之时，穷黎必致坐困。著颜检即查明该省歉收情形，市粮价值酙酌盈虚，出示晓谕，务俾商贩米石源源而来，米粮既多，其价自减，方于民食有益，不可胶柱鼓瑟，只取给于目前而不通筹全局也。将此谕令知之。【略】壬午，【略】缓征直隶丰润、宝坻、龙门、定、东安、青、静海、沧、盐山、新河、冀、怀安、肥乡、束鹿、文安十五州县水灾、旱灾、雹灾虫灾各村庄新旧额赋及旗租仓谷。

《仁宗实录》卷二九五

九月【略】壬辰，【略】缓征吉林打牲乌拉、鄂莫和、毕尔罕、法特哈、舒兰、永智社六处水灾应征新旧仓粮，并给房屋修费有差。【略】辛丑，谕军机大臣等，本日据御史孙汶奏州县仓谷积弊一折。【略】该御史所称，山东于嘉庆十六七等年登、莱、青三府偏灾，十八年泰、兖、曹诸属灾歉，未闻以开仓平粜赈贷为请者，可见仓廒并无实贮等语。所言的确之至。【略】又，御史贾声槐奏严禁浮收漕粮一折。据称山东兖州、曹州、东昌等府收成较丰。然上年冬间蹂躏之余，元气未复，莱、青二府间被虫灾，收成尚有六七分；武定府得雨已晚，虫灾更甚，收成不过四分，若再浮收，恐致拮据等语。州县征收漕粮，不准浮收颗粒，例禁甚严，虽在丰熟之区，亦当杜绝蔽端。

《仁宗实录》卷二九六

九月癸卯，【略】谕军机大臣等，据御史陈钟麟奏，本年江苏省被旱歉收，亟需调剂。【略】甲辰，【略】又谕：御史陶澍奏，湖南山田旱歉一折。据称该省澧州、慈利、桃源、安化，及宝、永所属岁旱歉收沅陵、庐溪、麻阳等处尤甚，米价腾踊，谷多之家不肯零粜，沿江无赖游民阻守米船抢夺等语。【略】乙巳，【略】缓征河南光、固始、商丘、光山四州县旱灾新旧额赋及漕项加价仓谷，并粜贷仓谷。【略】丁未，【略】缓征陕西榆林、怀远、葭、神木、府谷、绥德、米脂、潼关、华、华阴十厅州县本年旱灾、霜灾、水灾新旧额赋，赈潼关、华、华阴三厅州县被水贫民，并给房屋修费。【略】己酉，【略】谕军机大臣等，本年江苏、安徽及浙西各府属均因夏秋缺雨，田禾受伤，米价腾贵，已节次有旨，令该督抚等筹办，俾小民无致失所。【略】庚戌，【略】赈奉天辽阳、牛庄、广宁、承德、铁岭、开原、盖平等城被水旗民。【略】壬子，【略】又谕：颜检奏，查明浙省米价并节次办理情形一折。浙省杭、嘉、湖三府农田被旱，米少价昂，民力拮据，昨已降旨，令该抚妥为经理。【略】缓征甘肃皋兰、靖远、盐茶、灵、中卫五厅州县及红水县丞所属本年旱灾新旧额赋。【略】乙卯，【略】赈江苏句容、上元、江宁、江浦、六合、溧水、高淳、泰、江都、甘泉、仪征、武进、阳湖、金匮、无锡、江阴、丹徒、丹阳、金坛、溧阳、宜兴、荆溪二十二州县被水、被旱灾民，并缓征吴、华亭、东台、镇洋、长洲、元和、常熟、昭文、昆山、新阳、娄、奉贤、金山、上海、南汇、川沙、靖江、高邮、兴化、宝应、太仓、嘉定、崇明、山阳、阜宁、清河、桃源、安东、盐城、铜山、萧、砀山、宿迁、海、沭阳三十五厅州县及各卫民屯额赋。【略】丙辰，【略】展缓山东省章丘、邹平、济阳、临邑、齐东、平原、惠民、青城、商河、武城、新城、齐河、禹城、淄州、益都、临淄、寿光、昌乐、临朐、博兴、乐安、高苑、蓬莱、临清、夏津、邱、聊城、堂邑、博平、茌平、清平、冠、馆陶、莘、高唐、恩、汶上、阳谷、寿张、峄、德平、济宁、嘉祥、鱼台、濮、范、观城、朝城、巨野、单、城武、郓城五十二州县虫灾、旱灾旧欠漕粮籽种仓谷，并缓征上年被贼之菏泽、曹、定陶、金乡四县新旧漕粮。

《仁宗实录》卷二九七

十月戊午朔，【略】缓征两淮拼茶、角斜、丰利、富安、安丰、梁垛、东台、河垛、丁溪、草堰、刘庄、伍佑、新兴、板浦、中正、临兴十六场被水灶户折价银。【略】甲子，【略】缓征山西保德、岢岚、兴、岚、静乐、临、河州七州县旱灾、霜灾本年额赋，并保德、五寨、偏关、托克托城四厅州县旧欠银米。【略】丁卯，【略】谕内阁：前据胡克家奏，本年安徽庐、凤等府州属地方被灾歉收，请拨银一百二十万两，以备赈需。【略】戊辰，免黑龙江被灾各城应征额粮，并缓征旧欠口粮籽种。【略】壬申，【略】赈安徽合肥、庐江、无为、巢、桐城、铜陵、凤阳、寿、凤台、怀远、定远、蒙城、霍邱、六安、霍山、盱眙、五河、天长、滁、全椒、来安二十二州县及屯坐各卫被水、被旱灾民，给亳、寿、宿、灵璧、泗、无为、潜山、舒城、宁国、东流、和、繁昌、含山、贵池、建德十五州县灾民一月口粮，并蠲缓额赋漕粮有差。缓征怀宁、太湖、宿松、宣城、南陵、旌德、宁国、泾、太平、贵池、青阳、建德、当涂、芜湖、阜阳、太和十六州县新旧额赋。癸酉，【略】抚恤琉球国遭风难夷如例。【略】乙亥，【略】蠲缓浙江西安、常山、开化、仁和、钱塘、海宁、余杭、临安、于潜、嘉兴、秀水、石门、桐乡、海盐、归安、乌程、长兴、德清、武康、安吉、孝丰二十一州县旱灾本年额赋漕粮有差。丙子，【略】缓征湖南澧州积水地亩新旧额赋及应还籽种口粮银。【略】戊寅，【略】缓征江西星子、都昌、建昌、安义、德化、德安、瑞昌、彭泽、南昌、新建、丰城十一县本年旱灾、水灾额赋。【略】辛巳，【略】缓征直隶景、清苑、满城、安肃、唐、博野、望都、完、祁、南皮、正定、新乐、易、大城、新安十五州县水灾、霜灾、虫灾新旧额赋旗租及旧欠仓谷。【略】丙戌，【略】缓征陕西吴堡县水灾本年额赋。

《仁宗实录》卷二九八

十一月戊子朔，缓征三姓、宁古塔、珲春三处水灾新旧粮银，免三姓旧欠仓粮并贷旗民仓谷。【略】庚子，【略】缓征湖北黄陂、孝感、安陆、应城、随、应山、云梦、江夏、武昌、嘉鱼、兴国、汉阳十二州县，及武昌、武左、德安三卫旱灾本年额赋漕粮并旧欠银米籽种有差。【略】甲辰，上幸瀛台阅冰技。【略】戊申，上幸瀛台阅冰技。【略】壬子，【略】缓征直隶霸、定兴、新城、完、邢台、南和、平乡、广宗、巨鹿、任、邯郸、肥乡、曲周、广平、鸡泽、威、隆平、宁晋、文安、东安、清苑、唐、束鹿、安、故城、青、静海、沧、盐山、沙河、唐山、内丘、永年、成安、磁、元城、大名、南乐、清丰、龙门、冀、南宫、新河、枣强、曲阳四十五州县积欠额赋口粮仓谷。癸丑，上幸瀛台阅冰技。

《仁宗实录》卷二九九

十二月【略】戊寅，上幸瀛台阅冰技。【略】己卯，【略】缓征江苏上元、江宁、句容、江浦、六合、甘泉、仪征七县及扬州卫旱灾本年额赋漕粮，并展缓甘泉县水灾新旧额赋漕粮。

《仁宗实录》卷三〇一

## 1815年 乙亥 清仁宗嘉庆二十年[①]

正月丁亥朔，【略】展赈奉天辽阳、牛庄、广宁、承德、铁岭、开原、盖平七处上年被水旗民。缓征直隶丰润、宝坻、龙门、定、东安、青、静海、沧、盐山、新河、冀、肥乡、束鹿、文安、景、清苑、满城、安肃、唐、博野、望都、完、祁、南皮、正定、新乐、易、大城、新乐二十九州县上年水灾、旱灾本年额赋旗租。展赈江苏句容县上年被旱、被水灾民。贷两浙下沙头场、下沙二三场、青村、袁浦、横浦、浦东

① 1815年4月10日，印尼坦博拉火山喷发，是人类有记录以来最大规模的火山喷发，有研究称，由于火山灰遮蔽阳光，在一年多时间内，地球温度比往常降低1℃以上。1883年8月27日，印尼喀拉喀托火山猛烈喷发，抛出火山灰21立方公里，并引发强烈海啸，对亚洲气候也造成一定影响。

六场上年被旱灶户口粮。贷江西星子、都昌、建昌、安义、德安、瑞昌、彭泽、德化、南昌、新建、丰城十一县上年被水、被旱灾民籽种，并平粜仓谷。贷浙江仁和、钱塘、海宁、余杭、临安、于潜、嘉兴、秀水、海盐、石门、桐乡、归安、乌程、长兴、德清、武康、安吉、孝丰十八州县，及杭严、嘉湖二卫上年被旱灾民籽种。赈安徽蒙城、怀远、凤阳、盱眙、天长、五河、铜陵、合肥、庐江、巢、寿、定远、凤台、霍邱、泗、桐城、全椒、来安、宿、灵璧、亳、宁国、建德、东流、贵池、怀宁、望江、宣城、泾、南陵三十州县上年被水、被旱灾民，并贷籽种。贷两淮富安、安丰、梁垛、东台、河垛、丁溪、草堰七场上年被旱、被水灶户一月口粮，并刘庄、伍佑、新兴三场草本。贷陕西宝鸡、宁陕、孝义、蓝田、雒南、肤施、凤、褒城、大荔、浦城、朝邑、华阴、华、潼关十四厅州县上年被水、被雹灾民口粮，展赈榆林、怀远、葭、神木、府谷、绥德、米脂七州县灾民。贷甘肃皋兰、靖远、盐茶、灵、中卫、平罗、宁朔七厅州县及红水县丞所属上年被旱、被霜、被水灾民籽种口粮。贷山西保德、岢岚、岚、兴、静乐、临、河曲、五寨、偏关、托克托城十厅州县上年被旱、被霜灾民籽种，并缓征托克托城旧欠米石。给河南睢、宁陵、商丘、鹿邑、柘城五州县上年被水灾民一月口粮，贷光、固始、商城、光山四州县上年被旱灾民仓谷。【略】已亥，贷陕西定远、宁羌、略阳、褒城四厅州县上年歉收贫民仓粮，吴堡、清涧、延长、保安、延川、安定、定边、靖边八县贫民口粮。【略】乙卯，【略】缓征江苏溧水县旱灾上年额赋。

《仁宗实录》卷三〇二

二月【略】庚午，【略】谕内阁：先福奏，审明勒休知县廖祚晖挟忿诬禀，参奏治罪一折。上年陕省岐山县三才峡匪徒滋事，系因山内包谷歉收，木厢停工，该处佣工之人乏食，纠抢而起。并非地方官讳灾不办，激生事端。经朕节次询问军营带兵之人，所言皆同，是朱勋原奏并无不实。廖祚晖身系县令，于地方匪徒滋事疏于防范，临时又告病规避，乃转挟巡抚勒休之嫌，具禀挟制，情殊可恶。近来属吏挟嫌诬控上官之案颇多。【略】癸未，【略】缓征山西保德、岢岚、兴、岚、临、静乐、河曲、五寨、偏关九州县上年歉收地方额赋。【略】丙戌，【略】谕内阁：王绍兰奏，酌拨闽属仓谷接济浙西民食一折。浙西杭、嘉、湖等府上年歉收，米价昂贵，福建系属邻省，海运较便，著照王绍兰所请，于福、兴、泉、宁四府近海各厅县存仓谷石内抽拨谷十万石。《仁宗实录》卷三〇三

三月【略】乙巳，【略】又谕：赛尔乌苏章京所属自十六站起，至安达拉哈毕尔罕台站一带地方，上年曾被旱灾，而冬间又遭风雪，该站马、驼伤损者多，现在青草未生，著加恩于本年应得钱粮内，每站买办米三石、茶一匣，分给被灾十一台站贫苦蒙古等，以资接济。《仁宗实录》卷三〇四

四月【略】甲子，【略】谕军机大臣等，祥保奏，察哈尔达哩冈爱牧群马驼被灾情形一折，察哈尔右翼骒驼十六群，倒毙官驼二千六百余匹。【略】壬申，【略】给河南睢、宁陵、商丘、鹿邑、柘城五州县被淹民房修费，并贷籽种。【略】戊寅，命于黑龙潭及觉生寺设坛祈雨。《仁宗实录》卷三〇五

五月【略】庚寅，【略】缓征陕西榆林、府谷、怀远、葭、神木、绥德、米脂七州县上年霜灾新旧额赋并民欠籽种牛具银。【略】己酉，【略】谕军机大臣等，本年春夏以来近京各省甘膏普被，偶值望泽之期，一经默吁，无不立沛时霖，直省所报麦收俱在八分左右。《仁宗实录》卷三〇六

六月【略】丁巳，【略】展缓直隶大名、南乐、清丰三县被水村庄积年额赋。【略】丁卯，【略】缓征陕西乾州被雹村庄本年额赋，并贷籽种。【略】甲戌，谕军机大臣等，本日据玉麟奏，卡伦侍卫抵叶尔羌并回子所种田禾俱已成熟等情二折。【略】贷江苏上元、江宁、桃源、华亭、奉贤、娄、金山、川沙八厅县上年歉收贫民籽种口粮。【略】丙子，谕军机大臣等，百龄等奏，洪湖水势盛涨，现在折展御黄、束清两坝，并启放山盱各坝，亟筹宣泄一折。洪泽湖因淮河上游大雨连旬，湖水增长，高堰志桩存水已至一丈七尺。【略】癸未，谕内阁：那彦成奏永定河工漫水一折。永定河北岸七工二十四号，因六月二十二日以后雨大水涨，漫口塌宽六十余丈。【略】缓征直隶通、武清、文安、大城、永清、东安、良乡、涿、清苑、满城、安肃、定兴、新城、博野、望都、容城、蠡、雄、祁、安、新安、河间、献、阜城、肃

宁、任丘、交河、景、正定、获鹿、元氏、赞皇、晋、无极、藁城、新乐、武邑、衡水、深、武强四十州县二麦歉收新旧额赋旗租，并借欠仓谷口粮。 《仁宗实录》卷三〇七

七月【略】乙酉，【略】除福建台湾县沙压地亩一百七十甲有奇额赋。【略】己丑，【略】蠲缓直隶东安、武清二县被水村庄本年额赋有差。【略】庚子，【略】又谕：御史吴赓枚奏谨盖藏、实仓廪一折。本年直省地方年谷顺成，多登上稔，所有常平社仓谷石自应及时完补。 《仁宗实录》卷三〇八

八月【略】乙卯，【略】谕内阁：【略】本日佛住恩宁前来热河，经朕召见，询问京城晴雨情形。据称京城于七月二十四日傍晚大雨，竟夜滂沱，至二十五日早间始行开霁。伊等经过蔺沟、怀柔、密云等处，积潦在途，桥座多已冲损，乃连次本报。留京办事王大臣均未奏及。【略】丙辰，【略】缓征陕西鄜州被雹村庄本年额赋。【略】癸亥，【略】展缓山东曹、定陶二县带征漕粮。【略】乙丑，【略】免直隶宁晋、新河二县积水地亩上年额赋。 《仁宗实录》卷三〇九

九月【略】庚寅，【略】缓征山东长清、邹平、禹城、平原、汶上、阳谷、寿张、邹、茌平、莘、馆陶、恩、范、朝城、巨野、城武、乐安、博兴、济宁、鱼台二十州县，及临清、济宁二卫被水、被雹村庄新旧额赋。【略】丙申，【略】缓征河南安阳、汤阴、内黄、浚、河内、温六县被水村庄本年额赋漕粮，并河工加价仓谷。【略】己亥，【略】谕内阁：本年八月十五日密雨半日，次早雨止。朕启跸巡幸木兰，于将启行时，庄亲王绵课忽令奏事太监奏称，二道河副桥座已被冲塌，正桥座现已过水一尺有余，蒙古王公等闻有此言，遂吁恳暂停进哨。【略】庚子，【略】贷赛尔乌苏、穆和尔、噶顺三处被灾驿丁，张家口布鲁图官兵一年钱粮，察罕托罗海弁兵半年钱粮。【略】乙巳，【略】赈江苏高邮、宝应二州县卫被水灾民并蠲缓本年额赋漕粮有差，缓征上元、江宁、江浦、六合、阜宁、清河、安东、铜山、萧、砀山、宿迁、睢宁、山阳、桃源、盐城、泰、东台、江都、甘泉、兴化二十州县，并淮安、大河、徐州三卫额赋漕粮。【略】丙午，【略】赈直隶永清、霸、东安、武清、雄、安、高阳七州县被水灾民。 《仁宗实录》卷三一〇

十月壬子朔，【略】缓征山西保德、岢岚、岚、兴、临、河曲、偏关七州县歉收地方本年额赋米豆。【略】癸酉，【略】缓征湖北沔阳、天门、江陵、公安、石首、枝江、荆门、潜江、汉川、黄冈等十州县并屯坐各卫被水村庄新旧额赋。【略】己卯，【略】谕军机大臣等，本日据巡视东漕御史苏绎奏称，本年东省米价较往岁减至过半，民乐输将，并据父老佥称今岁东省普熟情形，为二十年来所未有等语。各省缺额仓谷应趁年丰谷贱及时买补。【略】昨方受畴奏，豫省秋成丰稔，所属各州县约可买补七十四万四千余石。【略】庚辰，【略】给安徽五河、凤阳、怀远、灵璧四县及泗州卫被旱灾民口粮，并蠲缓泗、桐城、潜山、南陵、芜湖、无为、巢、寿、宿、凤阳、怀远、灵璧、凤台、盱眙、五河、天长、滁、全椒、和、含山、怀宁、合肥、蒙城、泾、贵池、当涂、繁昌、太湖、望江、东流、庐江、亳三十二州县及屯坐各卫新旧额赋有差。 《仁宗实录》卷三一一

十一月【略】癸未，【略】除江西清江、新淦二县水冲田二十七顷有奇额赋。【略】丙戌，缓征陕西潼关、华阴、榆林、怀远、葭、神木、府谷、米脂八厅州县被水村庄带征额赋。【略】丁酉，【略】缓征甘肃皋兰、金、靖远、安定、陇西、平罗、西宁、盐茶八厅县雹灾、旱灾、霜灾新旧额赋。【略】庚子，【略】蠲缓甘肃宜禾县旱灾本年额赋有差，并贷口粮。【略】丙午，【略】幸瀛台阅冰技。【略】丁未，【略】缓征湖北京山、汉阳二县及屯坐各卫水灾本年额赋。戊申，【略】免山东积年歉收并被贼滋扰之曹、定陶二县积欠额赋漕粮。【略】庚戌，上幸瀛台阅冰技。 《仁宗实录》卷三一二

十二月【略】丁巳，【略】拨江宁藩库银三万三千五十两，赈高邮、宝应二州县被水灾民。戊午，上幸瀛台阅冰技。 《仁宗实录》卷三一三

十二月【略】己巳，【略】除河南杞县淹废地三百一十二顷有奇额赋。【略】壬申，【略】幸北海阅冰技。 《仁宗实录》卷三一四

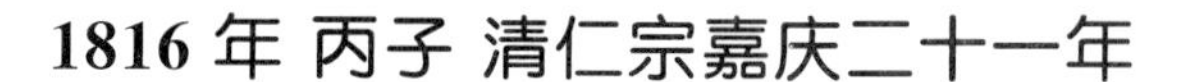

## 1816年 丙子 清仁宗嘉庆二十一年

正月【略】甲申，【略】展赈奉天承德、铁岭、金州、牛庄、岫岩、广宁、巨流河、抚民厅八处上年水灾旗民。缓征直隶武清、宝坻、蓟、霸、保定、文安、永清、东安、清苑、新城、蠡、雄、安、高阳、新安、天津、青、静海、沧、元城、大名、南乐、清丰、丰润、冀、新河、宁晋二十七州县及津军同知所属上年水灾新旧额赋，并给武清、霸、永清、东安、雄、安、高阳、保定、新城九州县贫民口粮有差。展赈江苏高邮、宝应二州县上年被水灾民，并贷上元、江宁、江浦、六合、阜宁、清河、安东、铜山、萧、砀山、宿迁、睢宁、山阳、桃源、盐城、泰、东台、江都、甘泉、兴化二十州县银谷有差。给安徽南陵县上年水灾贫民一月口粮。贷河南安阳、汤阴、内黄、浚、河内、温、陕、灵宝八州县上年水淹地震灾民仓谷，并缓征睢、宁陵、商丘三州县摊征各项银两有差。贷山西保德、岢岚、岚、兴、临、偏关、河曲、虞乡、解、平陆、芮城、安邑、永济、临晋、猗氏、荣河、夏、闻喜十八州县上年地震灾民仓谷。并缓征岢岚、兴、临、保德、托克托城五厅州县旧欠谷石。给陕西乾、鄜、洋、城固、沔、南郑、定远、宁陕、宁羌、留坝、西乡、镇安、潼关、华阴、宝鸡、长武、临潼十七厅州县上年被雹、被水灾民口粮，并贷安塞、肤施、定边、榆林、怀远、神木六县仓谷。贷甘肃皋兰、金、靖远、安定、陇西、平罗、西宁、盐茶、狄道、静宁、会宁、通渭、宁远、漳、灵台、秦安、清水、灵、碾伯、大通、秦、两当、平凉、宁夏、宁朔二十五厅州县及花马池州同所属上年歉收贫民籽种口粮。【略】戊子，【略】缓征福建澎湖厅上年风灾未完额赋。【略】辛丑，谕内阁：【略】本月、十七八日天津得雪四寸，密云得雪三寸，古北口得雪五寸。惟京城内自去冬至今未经得雪，十八日早间雪花飘洒，积地亦未及寸。【略】戊申，【略】缓征湖北沔阳、汉川、天门、江陵四州县上年被水淤田花利银。【略】庚戌，【略】缓征福建平潭厅及南日县丞所属上年旱灾新旧额赋。

《仁宗实录》卷三一五

三月【略】乙未，【略】除陕西城固县水冲地十顷三十二亩有奇额赋。《仁宗实录》卷三一七

四月【略】丙子，【略】贷甘肃皋兰、靖远、陇西、安定、盐茶、平罗、西宁、会宁、宁远、漳、宁夏、静宁、宁朔、大通、碾伯十五厅州县上年旱灾及歉收地方贫民口粮。《仁宗实录》卷三一八

五月【略】己丑，缓征河南兰阳、仪封二厅县雹灾额赋。【略】戊申，【略】缓征直隶正定、藁城、赞皇三县雹灾村庄新旧额赋。《仁宗实录》卷三一八

六月【略】丙子，【略】缓征直隶博野、祁、深、武强、饶阳、安平六州县旱灾历年节次额赋。

《仁宗实录》卷三一九

闰六月【略】庚寅，【略】赏热河被水官兵房屋修费。辛卯，【略】缓征陕西定远厅本年水灾未完籽种。

《仁宗实录》卷三一九

七月戊申朔，【略】缓征山西平陆县水灾、雹灾村庄未完额赋。【略】乙丑，【略】免河南宁陵县水灾历年额赋漕粮，并展缓宁陵、睢二州县旧欠丁耗加价银。【略】己巳，【略】缓征安徽宿、灵璧、怀远、凤阳、凤台五州县，江苏铜山、宿迁、邳、睢宁、丰、沛、萧、砀山八州县水灾本年额赋，并给宿、灵璧、怀远、沛四州县灾民一月口粮。

《仁宗实录》卷三二〇

八月【略】甲辰，上行围。谕内阁：木兰围场自圣祖仁皇帝肇开其地，岁时狝狩，讲武诘戎。【略】乃上年自热河启跸之日，绵课有雨水冲漫桥梁之奏，急图停止进哨，特降旨将绵课革去御前大臣，示以罚惩。本年由京启銮以后，兼旬晴霁，乃又有以闰月节候较早，哨内寒冷为词者。【略】此次进哨以来，风日暄和，毫无雨雪，现已行围过半，气候并未凝寒。【略】嗣后每遇进哨，大小臣工概不准以雨水寒冷为词，妄生浮议。【略】又谕：据徐锟奏，方受畴、姚祖同因本年逢闰，节候较早，恐哨内气候寒冷，公捐棉衣二千件，为分赏办差兵丁之用。此举大属非是。【略】丙午，【略】缓征河南

汲、浚、安阳、汤阴、内黄、永城六县水灾新旧额赋。并赈汲、新乡、淇、辉、获嘉、浚六县灾民，给房屋修费。 《仁宗实录》卷三二一

九月【略】戊申，【略】缓征甘肃皋兰、狄道、渭源、西宁四州县水灾、雹灾新旧额赋草束。【略】壬子，【略】缓征河南偃师、巩二县水灾额赋。【略】癸亥，【略】缓征山西岢岚州霜灾新旧额赋。【略】甲子，【略】缓征两淮板浦、中正、临兴三场水灾新旧折价银。【略】丙寅，【略】谕军机大臣等，富俊等奏双城堡开垦地亩被霜一折，已明降谕旨，照所请施恩矣。双城堡地方本系生荒，经富俊奏请开垦，本年适被霜灾，业已量为调剂。【略】缓征吉林双城堡霜灾额赋。丁卯，【略】缓征陕西绥德、米脂、榆林、永寿四县雹灾额赋。戊辰，【略】缓征山东章丘、邹平、齐河、禹城、邹、汶上、城武、巨野、郓城、馆陶、恩、博兴、临清、夏津、武城、济宁、金乡、嘉祥、鱼台、滋阳、德、滕、峄、定陶、郯城、朝城、茌平、莘、平原、阳谷、范三十一州县，及德州、济宁、临清三卫水灾额赋有差。 《仁宗实录》卷三二二

十月【略】戊寅，【略】缓征江西清江、庐陵二县旱灾额赋。【略】戊子，【略】缓征江苏句容、山阳、阜宁、清河、桃源、安东、高邮、泰、江都、甘泉、兴化、宝应、海、沭阳十四州县，及淮安、大河、徐州三卫水灾本年及次年额赋并带征漕米，给高邮、甘泉二州县灾民一月口粮。【略】甲午，【略】缓征河南浚县水灾带征漕粮，贷睢州被水灾民麦种牛具银。乙未，【略】蠲缓浙江兰溪、东阳、义乌、浦江、汤溪、西安、龙游、江山、常山、青田、丽水、宣平、临海十三县及衢州所旱灾新旧额赋有差，并给丽水、宣平二县贫民一月口粮。【略】己亥，【略】缓征甘肃宁朔县水灾新旧额赋。

《仁宗实录》卷三二三

十一月丙午朔，贷甘肃皋兰、狄道、渭源、西宁、宁朔、陇西、宁远、安定、岷、通渭、两当十一州县被雹、被水灾民口粮。【略】丁未，【略】赈直隶安、新安、雄、高阳四州县被水、被雹灾民，并蠲缓雄、高阳、任丘、蓟、霸、保定、文安、永清、清苑、安肃、新城、蠡、献、天津、青、静海、沧、盐山、南和、任、元城、大名、南乐、清丰、龙门、冀、新河、隆平、宁晋、博野、完、祁、河间、阜城三十四州县及津军同知所属新旧额赋有差。【略】壬子，【略】缓征陕西府谷、神木二县雹灾新旧额赋。【略】丙辰，【略】蠲缓湖南澧、安乡、武陵、沅江四州县水灾本年额赋有差。赈云南邓川、鹤庆二州被水灾民并蠲缓额赋有差。缓征乌鲁木齐宜禾县旱灾额赋并贷口粮。缓征奉天金州、宁海二处风灾带征银米。【略】己未，赈安徽宿、灵璧、怀远、凤阳、泗、五河六州县及屯坐各卫水旱灾民，并缓征宿、灵璧、怀远、凤阳、泗、五河、寿、定远、凤台、盱眙、天长、无为、芜湖、繁昌、潜山、蒙城、怀宁、太湖、庐江、当涂、和、巢、东流、桐城、太和、亳二十六州县，及凤阳、长淮、泗州、建阳四卫新旧额赋有差。【略】癸亥，上幸瀛台阅冰技。【略】甲子，【略】谕内阁：【略】武清、东安二县民地被灾村庄现据户部查明，册报止于五六七分不等，乃该庄头园头等地亩均报逾九分，同在一县，且有毗连之区，何以所报回不相符，恐该县有听受庄头园头等贿嘱捏报情弊。【略】缓征湖北汉川、沔阳、潜江、天门、江陵、公安、监利、江夏、武昌、嘉鱼、汉阳、松滋、咸宁、兴国、黄冈、黄梅、石首、荆门十八州县及屯坐各卫水灾新旧额赋有差。【略】丁卯，上幸瀛台阅冰技。【略】壬申，上幸瀛台阅冰技。 《仁宗实录》卷三二四

十二月【略】己卯，上幸瀛台阅冰技。【略】丙申，【略】幸瀛台阅冰技。【略】己亥，【略】缓征江苏句容、山阳、阜宁、清河、桃源、安东、高邮、泰、江都、甘泉、兴化、宝应、铜山、萧、砀山、宿迁、睢宁、沭阳、上元、江宁、溧水、江浦、六合、盐城、东台二十五州县，及淮安、大河、徐州三卫积欠额赋。

《仁宗实录》卷三二五

## 1817年 丁丑 清仁宗嘉庆二十二年

正月【略】丙午，【略】给直隶安、新安、雄、高阳四州县上年被水、被雹灾民一月口粮，贷任丘县

被水灾民籽种。给江苏沛县上年被水灾民一月口粮。给安徽泗、五河、凤阳三州县上年被水、被旱灾民一月口粮，贷宿、灵璧、怀远、盱眙四州县及各卫所贫民籽种。缓征山东章丘、邹、滕、峄、巨野、济宁、鱼台七州县并各卫所上年水灾额赋。贷江西清江、庐陵二县上年被旱灾民籽种。贷河南兰阳、仪封、汲、新乡、辉、获嘉、淇、浚、安阳、汤阴、临漳、内黄、永城十三厅县上年被雹、被水灾民仓谷。贷山西岢岚、平陆、代、五台四州县被霜、被雹灾民仓谷。贷甘肃皋兰、狄道、岷、陇西、伏羌、安化、宁、抚彝、武威、永昌、镇番、古浪、大通、清水、礼、徽、两当、安西、玉门十九厅州县及王子庄州同所属上年歉收贫民籽种口粮。【略】癸丑，【略】谕军机大臣等，松筠奏，邳州沿途穷民恳请抚恤。【略】查淮安、扬州、徐州、海州四府州属被淹地方俱系勘不成灾，业经奉旨缓征，各属被水田地已渐涸复，补种二麦，冬雪频沾，粮价平减，毋庸再行接济，惟沛县东北一带各乡被水较重，涸复稍迟，麦田未能种齐，请赏加一月口粮。【略】丙辰，谕内阁：内务府奏，据直隶咨报玉田县钱粮庄头宋檀等十一名承种地亩，二十年分收成歉薄，计被灾四分。查据户部覆称，二十年分直隶因灾蠲缓民地之各州县内，并无玉田歉收分数，其庄头等应交二十年分钱粮银一千四百九十余两，已于上年十二月内全数交库，显系申报不实。【略】戊辰，谕内阁：据松筠等奏抚恤邳州贫民并查明铜山等县卫均须一体接济一折。邳州地方滨临河湖，因上冬雨雪交加，低洼处所积雪难消。与铜山、宿迁、丰县、萧县及徐州卫被水农民均须接济。因该州县卫详报迟延，以致该抚陈奏后时。《仁宗实录》卷三二六

二月【略】甲申，【略】谕内阁：陈预奏查勘峄、滕、郯城三县贫民情形，恳恩赏给口粮一折。东省上年被水各州县，前因陈预未将郯城列入，降旨饬查。据陈预查明该府县因郯城上年秋收五分有余，并未成灾，但现在该县及峄、滕二县多有乞食贫民，虽已出借仓谷，散施钱粥，时距麦收尚远，乃需量为接济。著加恩将上年被水之峄县侯孟社刘家村等二百十三庄、滕县黄家桥等六十四庄、郯城县长城堡等二百八十七庄无力贫民俱赏给一月口粮，照例折给。【略】戊子，【略】缓征江苏邳、沛二州县毗连灾区地方额赋及未还仓豆。【略】辛卯，【略】给山东济宁、鱼台二州县上年被水灾民一月口粮，并贷籽种有差。《仁宗实录》卷三二七

四月【略】丁丑，【略】缓征陕西榆林、神木、府谷、葭、怀远、绥德、米脂、清涧、吴堡九州县上年歉收旧欠额赋，并各项银粮。【略】辛巳，【略】命皇次子智亲王旻、皇三子绵恺分诣黑龙潭觉生寺祈雨。【略】乙酉，命皇次子智亲王旻、皇三子绵恺分诣黑龙潭觉生寺谢雨。【略】甲午，命皇次子智亲王旻、皇三子绵恺、皇四子绵忻分诣三坛祈雨。【略】壬寅，谕内阁：御史蒋诗奏请预饬被水地方搜除鱼子一折。各省滨水之区霖潦停集，生长小鱼，遗子陂泽，水涸日晒，往往化为蝗蝻，上年江苏徐州、安徽凤阳、山东章丘、河南汲县等处间被水淹，现当夏令，低洼处所水涸日曝，恐有鱼子化蝻之事，著各督抚饬知所属州县，凡濒河地方上年如有停潦之处，即将鱼子预为搜除，免致滋生蝻孳，有妨禾稼，该督抚务各实力奉行，毋得视为具文。以雨泽愆期，命刑部清理庶狱。

《仁宗实录》卷三二九

五月【略】乙巳，【略】以京畿雨泽愆期，命刑部查奏部中及直隶军流以下人犯减等发落。【略】丁未，【略】缓征直隶安、新安二州县上年水灾额赋。【略】甲寅，【略】上幸静明园，诣觉生寺祈雨。【略】庚申，【略】以祈雨三坛，斋戒一日。辛酉，上诣天神坛，命仪亲王永璇、成亲王永瑆分诣地祇坛、太岁坛祈雨。【略】壬戌，谕内阁：本年入夏以来雨泽稀少，然亦时有阵雨入土，总不及分寸，殷雷间作，亦非亢旱否塞之象。朕于本月十八日亲诣天神坛虔申祈祷，升香之际阴云四合，至午后又复开霁。仰觇昊苍垂象之意，似天气下降，地气不能上承，是以石础不润，未能渥布甘膏，各宜省过思愆，勉修人事。【略】乙丑，以甘霖普被，上诣黑龙潭神祠谢雨。【略】丁卯，【略】展缓山东邹县及坐落邹县之临清卫水灾新旧额赋。戊辰，【略】以谢雨三坛，斋戒一日。己巳，上诣天神坛，命仪亲王永璇、成亲王永瑆分诣地祇坛、太岁坛谢雨。【略】壬申，颁御制《望雨省愆说》，曰：今岁河淮顺

轨，漕运迅速，齐、豫、晋、秦麦收七八分有余，惟直隶通省缺雨，而顺天所属尤甚焉，斋心默祷，省愆思咎，尚未感召和甘，连日密云不雨，旱气昼夜薰蒸，麦已无收，禾恐失望矣。腼颜治事，蒿目焦心。【略】谕军机大臣等，本年直隶阖省雨泽缺少，而顺天所属尤甚。【略】未有邻省皆丰，独于该省旱象示警者，现在麦收既已歉薄，如大田又不能及时播种，则小民口食无资，实堪焦急。【略】再，久旱之后，热气薰蒸，易生蝗孽，而盈虚之理，又恐秋霖为潦，此皆意中必应计及思患预防者。凡刨挖蝻子，慎固堤防等事，皆当饬知所属州县。《仁宗实录》卷三三〇

六月【略】乙亥，谕内阁：本年五月以来，直隶及京畿一带雨泽稀少，连日据各处奏报，热河、天津、马兰镇、密云等处均已大沛甘霖，入土深透，惟近京地方仍形旱燥。朕宵旰焦思，推求其故，部院各衙门，因循疲玩，积习已非一日，【略】前二年直省俱年谷顺成，本年致旱之故，或不尽由于此。默思上苍示警，独在附近数百里之内，或系在逃逆犯五十余名，必有潜藏近畿者，以致沴气所结，阻遏祥和。【略】辛巳，命皇次子智亲王、皇三子绵恺分诣黑龙潭、觉生寺祈雨。【略】壬午，谕内阁，本年入夏以来，畿辅缺雨，近日省东、省南各府及古北口迤北俱陆续得有透雨，惟顺天、保定二府仍形旱燥，连日油云时布，总未能溽润蒸腾，沛为渥澍。仰觐昊苍垂象，似天气下降，地气不能上承，且值浓云弥漫之时，辄为飔风吹散。【略】丙戌，以甘霖大沛，命皇次子智亲王、皇三子绵恺、皇四子绵忻分诣黑龙潭、觉生寺、广润寺谢雨。【略】除福建侯官县水冲田二千一百五十六亩有奇额赋。【略】己丑，【略】缓征直隶大兴、宛平、通、青、静海、元氏、无极、藁城、涞水、正定、易、深、东光、雄、高阳、唐、蓟、保定、文安、永清、清苑、安肃、新城、蠡、完、祁二十六州县歉收新旧额赋有差。【略】壬寅，除江西丰城、清江二县水冲地三十七顷六十二亩有奇额赋。《仁宗实录》卷三三一

七月【略】戊申，缓征陕西华、华阴、潼关、渭南、大荔、朝邑六厅州县水灾新旧额赋。

《仁宗实录》卷三三二

九月【略】己酉，【略】给陕西吴堡县被雹村庄一月口粮，并缓征新旧额赋。【略】壬子，【略】又谕：甘省本年夏秋收成丰稔。【略】缓征河南安阳、汤阴、内黄三县被水村庄新旧额赋。【略】丙辰，【略】赈直隶大兴、宛平、涿、良乡、清苑、满城、安肃、唐、博野、望都、容城、完、雄、祁、束鹿、安、高阳、定兴、获鹿、井陉、行唐、灵寿、元氏、赞皇、新乐、武强、定、曲阳、深泽二十九州县被旱、被霜、被雹灾民，并蠲缓新旧粮租借欠仓谷，及文安、固安、东安、霸、永清、保定、新城、正定、晋、藁城、平山、深、饶阳、安平、通、蓟、三河、蠡、栾城、无极二十州县新旧粮租仓谷有差。给广东南海、高要二县被水灾民房屋修费及葬埋银，并缓征新旧额赋有差。【略】己未，除奉天广宁县沙压地五万六千九百亩有奇额赋。【略】壬戌，【略】缓征山东范、朝城、堂邑、博平、茌平、清平、聊城、莘、冠、馆陶、齐河、平原、东阿、濮、观城、临清、夏津、丘、章丘、长清、恩、高唐、邹平、济宁、蒙阴、莱阳、德平、平阴、博兴、武城、兰山、郯城、邹、郓城、金乡、嘉祥三十六州县，及德州、东昌、临清三卫旱灾、雹灾、水灾新旧额赋漕粮及旧欠籽种仓谷有差。【略】甲子，【略】发京仓粟米三千石，给直隶大兴、宛平二县煮赈。【略】己巳，缓征山西阳曲、太原、榆次、徐沟、静乐、岚、寿阳七县旱灾、霜灾本年额赋，并贷常平仓谷。《仁宗实录》卷三三四

十月【略】甲申，【略】蠲缓江苏高邮、甘泉、宝应、睢宁、句容、山阳、阜宁、清河、桃源、安东、盐城、泰、江都、铜山、丰、沛、萧、砀山、宿迁十九州县，及淮安、大河、徐州三卫水灾新旧额赋有差，并赈高邮、甘泉、宝应三州县灾民，给沛县灾民一月口粮。【略】乙酉，【略】缓征江西德化、星子、德安三县被水地亩额赋。【略】丁亥，【略】免齐齐哈尔、黑龙江、墨尔根被灾兵丁额粮，并贷贫民口粮。【略】壬辰，【略】减免直隶安、隆平、宁晋、新河、南宫、任六州县积水地亩额赋。【略】戊戌，【略】缓征湖南澧州被水田亩新旧额赋。贷陕西靖边县被雹灾民一月口粮。【略】己亥，【略】缓征直隶河间、肃宁、任丘、沧、南皮、冀、武邑、衡水、新河、隆平、献、交河、景、故城、东光、天津、青、静海、盐山、庆

云、邢台、沙河、唐山、广宗、巨鹿、南和、内丘、延庆、保安、蔚、宣化、西宁、怀来、易、涞水、南宫、枣强、赵、高邑、宁晋、柏乡、临城、阜平、阜城、平乡、永年、邯郸、成安、肥乡、曲周、广平、鸡泽、磁、大名、元城、清丰五十六州县旱灾、霜灾、雹灾新旧额赋有差。　　《仁宗实录》卷三三五

十一月【略】乙巳，【略】给安徽五河、凤阳、灵璧、宿、怀远、泗六州县及屯坐各卫被水灾民一月口粮，并蠲缓五河、凤阳、灵璧、宿、怀远、泗、盱眙、天长、寿、凤台、定远、潜山、芜湖、怀宁、东流、当涂、繁昌、无为、巢、庐江二十州县及建阳、泗州、凤阳、长淮四卫新旧额赋借欠籽种口粮有差。【略】乙卯，缓征甘肃皋兰、狄道、平凉、静宁、宁夏、宁朔、灵、中卫、平罗、泾、徽十一州县旱灾、水灾、雹灾新旧额赋并贷灾民口粮。【略】辛酉，上幸瀛台阅冰技。【略】丙寅，上幸瀛台阅冰技。【略】缓征山东邹平、章丘二县续被水灾村庄新旧漕粮有差。丁卯，【略】蠲缓云南鹤庆、维西、马龙三厅州歉收新旧额赋借支仓谷。赈邓川州被水贫民并蠲缓新旧额赋借支仓谷。　　《仁宗实录》卷三三六

十二月庚午朔，上幸北海阅冰技。【略】甲戌，上幸瀛台阅冰技。【略】丁丑，上幸瀛台阅冰技。【略】戊寅，【略】缓征山西阳曲、太原、五台、浮山、汾西、孝义、沁源、夏、岢岚、长子、襄垣、大同、阳城、静乐、垣曲、隰、兴、临、保德、芮城、偏关、平陆、灵石、霍、闻喜、绛县、文水二十七州县，并清水河、和林格尔通判所属旱灾、霜灾应征米豆及借欠仓谷。【略】甲申，【略】除直隶定州沙压地一百四顷八十七亩有奇额赋。贷直隶正定镇左右、龙固、赵州、固关、王家坪、龙泉、倒马、忠顺、涿州、良乡、新雄十二营，并督标五营驻扎灾地兵丁银米有差。【略】辛卯，【略】幸北海阅冰技。

《仁宗实录》卷三三七

## 1818年 戊寅 清仁宗嘉庆二十三年

正月【略】丙午，【略】展赈奉天复州、宁海、宁远、金州四处上年被旱旗户，并贷贫民口粮。给直隶大兴、宛平、清苑、满城、望都、完、安、雄、容城、束鹿、博野、定、曲阳、行唐、武强、唐、新乐十七州县上年被旱灾民一月口粮。缓征章丘、邹平、朝城、兰山、郯城、堂邑、博平、清平、茌平、高唐、恩、济宁、武城十三州县上年水灾本年额赋。展赈江苏高邮、宝应、甘泉、沛、睢宁五州县上年被水灾民。给安徽五河、凤阳、灵璧、盱眙、天长五县，及凤阳、长淮、泗州三卫上年被水灾民一月口粮。贷江西德化县上年被水灾民籽种口粮。贷河南安阳、汤阴、内黄、渑池、陕五州县上年被水、被雹灾民仓谷。贷陕西潼关、华、华阴、大荔、朝邑、渭南、吴堡、靖边、安康、洵阳、紫阳、白河十二厅州县上年被水、被雹灾民籽种仓粮。贷甘肃灵、中卫、泾、灵台、镇原、宁远、武威、秦、秦安、肃、安西十一州县上年被旱灾民籽种口粮。　　《仁宗实录》卷三三八

二月【略】甲申，【略】免西宁所属格尔吉被雪番族应征银三年。　　《仁宗实录》卷三三九

三月【略】丙午，【略】缓征直隶大兴、宛平、良乡、清苑、满城、望都、唐、容城、完、祁、获鹿、井陉、行唐、灵寿、元氏、赞皇、新乐、定、曲阳、武强、深、安平二十一州县旱灾本年额赋。【略】丙辰，缓征湖北汉川、沔阳、潜江、天门、江陵、荆门、汉阳七州县水灾带征额赋。【略】己未，命于黑龙潭、觉生寺设坛祈雨。　　《仁宗实录》卷三四〇

四月【略】丙子，【略】谕内阁：昨日酉初三刻有暴风自东南来，俄顷之间尘霾四塞，室中燃烛始能辨色，其象甚异，朕心中震惧。【略】戊寅，命再于黑龙潭、觉生寺设坛祈雨。【略】庚辰，【略】以雨泽愆期，命刑部清理庶狱。【略】辛巳，谕内阁：本月初八日都城风霾之警，朕心震惕。【略】据庆惠奏，马兰峪地方是日酉初后，风自南方来，尘霾障翳，照窗黄暗，室内犹可辨色，不至燃烛，旋有迅雷，阵雨倾盆，戌初后雨势疾徐相间，彻夜不息。徐锟奏，古北口地方是日酉正初刻风土自西南而来，其色黑黄，室中尚不至燃烛，闻有雷声，风气即散，亥刻降雨，未能及寸。嵩年奏，天津地方是日

并无尘霾，室中明亮，亥刻北风大作，雨势滂沛，自宵达旦，并无雷声各等语。本日并据陈预和舜武奏报，山东于初九日自卯至寅得雨竟日，极为深透，河南各属亦俱得雨深透。合观各处奏报情形，初八日风霾并非起于东南，乃自东方而至，盛京在京师之东，或该处有弊政冤狱，无以上闻，致有此异。【略】又谕：顺天府所属州县上年春间被旱，秋收亦复歉薄，入冬雨泽优沾，冀望今岁麦收丰稔，稍苏民困。乃三春无雨，日来风日暵燥，朕昨诣黑龙潭祈雨，跸路经过之处，所见麦田多未播种，小民口食无资，所纳租税从何而出？【略】丁亥，【略】谕内阁：王鼎等奏覆查文安县风霾情形一折。前据该府尹等奏，据文安县禀报，本月初八日，县属地方西南大风，自巳至申，始而晦黑，继而红黄，共有四时，兹派员前往覆查。是日巳刻起西南风，天气阴黄，午后稍息，酉刻风沙飞扬，黄中带红，半时即止，并未晦黑，亦无四时之久。该县原报声叙含糊，请交部议处。文安县知县胡运隆于风沙情形，将阴黄叙为晦黑，虽属错误，若将该员议处，恐嗣后州县官于禀报地方情形习为粉饰，致启讳匿之弊，胡运隆著勿庸交部议处。蠲缓直隶清苑、满城、安肃、定兴、唐、博野、望都、容城、完、雄、祁、安、高阳、新城、获鹿、井陉、行唐、灵寿、元氏、赞皇、新乐、定、曲阳、武强、束鹿、蠡、深泽、正定、晋、藁城、平山、阜平、栾城、无极、河间、肃宁、任丘、献、阜城、故城、东光、交河、景、吴桥、宁津、沧、南皮、青、静海、盐山、庆云、深、饶阳、安平、冀、新河、武邑、衡水、枣强、南宫、易、涞水六十二州县旱灾风灾新旧地粮旗租。以祈雨三坛，斋戒一日。戊子，上诣天神坛，命仪亲王永璇诣地祇坛，成亲王永瑆诣太岁坛祈雨。【略】己丑，命内阁学士载铨诣密云县白龙潭祈雨。【略】庚寅，谕内阁，本月初八日酉刻都城风霾之警，朕心震惕。降旨于近畿一带遍行查访，总未得悉风所自起。本日据陈预奏，山东海丰滨海地方于四月初八日申刻东北风大作，昼夜无息，初九日海潮骤至，漫淹滩地盐场，沿海居民人口房屋多有损伤等语。海丰在京城之东，是日申刻海风暴起，瞬息千里，至酉刻适至京师，是以沙尘蔽空，竟同昼晦，该处沿海居民猝被风灾，深堪悯恻。【略】以雨泽愆期，免顺天良乡、固安、永清、东安、通、三河、武清、宝坻、宁河、昌平、顺义、密云、怀柔、涿、房山、霸、文安、大城、保定、蓟、平谷、遵化、玉田、丰润二十四州县本年旗租，并缓征节年地粮旗租。【略】壬辰，【略】命皇次子智亲王旻诣黑龙潭，皇四子绵忻诣觉生寺谢雨。【略】癸巳，【略】以得雨，报谢三坛，斋戒一日。

《仁宗实录》卷三四一

五月【略】己亥，【略】给山东海丰、沾化、利津三县被水灾民并灶丁一月口粮。【略】壬寅，【略】谕内阁：本日据富俊奏，奉天所属地方本年二月间雪泽甚优，三月雨水稀少，四月初九、二十一、二十二等日得雨二三寸至四五寸不等，附近省城一律普被甘霖，二麦畅茂，大田俱已出土，粮价平减，地方宁谧等语。【略】至关内田禾情形，虽少次于关外，然永平、遵化府州各属上年秋收俱稔，节据方受畴、富兰、诚安等奏报，四月以后自玉田以至临榆均经得雨，自四五寸至深透不等，是今秋跸路所经之地，俱已甘雨应时，禾苗芃茂，秋成可卜。惟近畿数百里内，虽连次得雨，尚未十分沾足。乃一二胆大包天之狂徒，辄借灾歉为辞，意欲阻止谒陵大典，现在麦收荒歉之区，不过顺天府属及保定各州县，【略】此外直隶丰收之处甚多。【略】给山东乐安县被水灾民一月口粮。【略】甲寅，谕内阁，【略】初夏雨泽愆期，朕心焦廑，因令奕绍、戴均元于盛京查办事件之便，沿途察看地方情形。兹据奏，四月二十一、二十三等日途次连获甘霖，自锦州迤东，经过广宁县新民屯、承德县各境，俱各得有透雨，又于本月初十、十一等日甘澍连绵，尤十分沾足，春麦现已吐秀，大田亦长发畅茂，可卜有收等语。【略】己未，【略】缓征山西麦收歉薄之阳曲、太原、榆次、徐沟、静乐五县本年额赋，并带征额赋米豆。【略】癸亥，谕内阁：富俊等奏盛京及所属州县于四五月间普被甘霖，极为深透沾足，二麦籽粒坚实，田苗畅茂，粮价平减，地方宁谧等语。

《仁宗实录》卷三四二

六月【略】己卯，除湖南澧州水冲田一百四十一顷四十亩有奇额赋。【略】丁亥，【略】减免直隶安、隆平、宁津、新河四州县二十二年积水地亩额赋有差。戊子，【略】谕军机大臣等，据吴邦庆奏，查勘古樊村沁河漫溢之处，初时水面高于堤顶，约计口门宽一百余丈，连日涨水消落丈余，两头堤顶涸出，业已盘头裹护，口门实宽六十二丈，水深一丈四五尺至一丈八九尺不等。现在酌筹堵闭等语。【略】给河南武陟、修武二县被水贫民一月口粮并房屋修费。《仁宗实录》卷三四三

七月【略】庚子，【略】除河南睢宁、陵二州县水冲沙压六百九十顷有奇额赋。【略】辛酉，【略】免山东章丘、邹平二县被水村庄积年额赋。《仁宗实录》卷三四四

九月【略】甲辰，谕内阁：朕再莅盛京，举行谒陵大典，【略】本定于初九日，因值阴雨，昨降旨改于十一日，现在雨势连绵未止，道途益形泥泞。《仁宗实录》卷三四六

九月【略】壬子，谕内阁：明兴阿等奏承德等厅州县沿河洼地偶被偏灾一折。本年承天所属地方雨泽调匀，田禾畅茂，惟承德、辽阳、海城、宁海、新民、岫岩等厅州县沿河低洼地亩间被淹浸。【略】再，本月初旬以来，盛京又连次大雨，恐尚有续行被淹处所，昨朕自盛京启銮，本日驻跸黄旗堡，经过承德、新民两厅县境，见沿途禾稼有业经刈获者，亦有刈获稍迟浸入水中者。缓征山西阳曲、太原、榆次、徐沟、静乐、隰、盂、岢岚八州县旱灾、雹灾本年额赋。缓征陕西吴堡县雹灾本年额赋，并给灾民一月口粮。【略】甲寅，缓征河南武陟、修武、孟、安阳、汤阴、内黄、临漳、汲、新乡、获嘉、浚十一县水灾新旧额赋。展缓广东高要县被水地亩带征额赋。【略】乙卯，【略】缓征甘肃皋兰、武威、西宁、大通四县被旱、被雹、被水地亩本年额赋。《仁宗实录》卷三四七

十月【略】丁卯，【略】给江苏萧县被水灾民一月口粮。【略】庚辰，谕内阁：伯麟等奏，建水等州县时疫流行，监犯病毙多名，请免管狱官处分一折。滇省建水等七州县因时疫传染，病毙监犯五十一名，虽瘴疠薰蒸，由于天时，但军遣人犯同时瘐毙多人，殊为可悯。该督抚务饬该州县官，督率夫役扫除秽恶，散给药饵，上紧清理，人命至重，不可稍有怠忽。至该管狱官，查明并无凌虐情弊，俱著免其开参。【略】辛巳，【略】蠲缓江苏萧县水灾额赋有差。蠲缓上元、江宁、句容、江浦、六合、山阳、阜宁、清河、桃源、安东、盐城、高邮、泰、东台、江都、甘泉、仪征、兴化、宝应、铜山、沛、砀山、邳、宿迁、睢宁、丹徒二十六州县，及淮安、大河、扬州、徐州四卫本年及来年额赋，给高邮、宝应二州县贫民一月口粮。【略】甲申，【略】除浙江瑞安县潮冲坍田十七顷三十六亩有奇额赋。【略】丁亥，【略】除山东海丰、沾化、利津、乐安四县海潮淹废地七百五十三顷二十三亩有奇额赋，并赈被灾贫民。缓征海丰县被潮较轻地亩新旧额赋。缓征山东聊城、莘、馆陶、潍、莱阳、临清、武城七州县，及德州、东昌二卫水灾虫灾新旧额赋，并博兴、寿光二县旧欠额赋，章丘、济宁、朝城、范、茌平、恩、邹七州县旧欠漕粮。戊子，谕内阁：【略】本年四五月间雨泽稀少，自六月后甘霖迭沛，转歉为丰，由畿辅以至兴京千余里间，普登上稔。跸路天气暄和，迨恭谒三陵大礼庆成后，驻跸盛京，澍雨三日，旋即晴霁。《仁宗实录》卷三四八

十一月【略】丙申，【略】蠲缓直隶滦、昌黎、乐亭、清河、宣化五州县水灾、雹灾本年额赋有差，并缓征旧欠额赋仓粮，及蓟、卢龙、景、阜城、故城、青、静海、沧、盐山、元城、大名、南乐、清丰、龙门、新河、赵、隆平、宁晋十八州县新旧额赋仓粮，给宣化、清河二县贫民口粮。【略】己亥，【略】贷奉天辽阳、广宁、承德、海城、宁海、岫岩六处被水灾民一月口粮。庚子，【略】免安徽宿、灵璧、泗三州县，凤阳、长淮、泗州三卫旱灾、水灾本年额赋有差，并缓征来年额赋及旧欠籽种俸工等项。缓征五河、盱眙、天长、凤阳、怀远、寿、凤台、潜山、芜湖、繁昌、定远、和、怀宁、桐城、当涂、无为、巢、庐江十八州县及建阳卫本年额赋并积欠银米籽种口粮有差。赈宿、灵璧、泗三州县灾民，给灵璧、泗、五河、盱眙、天长、凤阳、怀远七州县贫民一月口粮。【略】壬寅，【略】缓征陕西咸宁县水灾本年额赋。【略】乙巳，【略】缓征甘肃渭源、平罗、古浪、金、靖远、陇西、安定、盐茶、灵、灵台十厅州县，及东乐县丞、沙泥州判所属雹灾、水灾、旱灾新旧额赋，贷皋兰、渭源、陇西、秦、两当、抚彝、张掖、山丹、永昌、镇番、安西、玉门、敦煌十三厅州县贫民两月口粮。《仁宗实录》卷三四九

十一月【略】辛酉，【略】缓征湖北天门、沔阳二州县及屯坐各卫水灾节年旧欠额赋。

《仁宗实录》卷三五〇

十二月【略】丁卯，上命皇次子智亲王旻宁诣大高殿祈雪。【略】戊辰，上诣大高殿祈雪。【略】甲戌，【略】丙子，上诣大高殿祈雪。 《仁宗实录》卷三五一

十二月【略】乙酉，【略】幸北海阅冰技。【略】丙戌，【略】缓征江苏高邮、甘泉二州县水灾额赋及次年新赋。 《仁宗实录》卷三五二

## 1819 年 己卯 清仁宗嘉庆二十四年

正月【略】丁酉，【略】以瑞雪普沾，加赏八旗及内务府三旗兵丁半月钱粮。给直隶清河、宣化二县上年被水、被雹灾民一月口粮。缓赈山东章丘、邹平、海丰、聊城、莘、馆陶、潍、临清、武城九州县，及德州、东昌二卫上年水灾额赋。展赈奉天辽阳、广宁、承德、海城、宁海、凤凰、岫岩、牛庄、小黑山、白旗堡、巨流河十一处，及锦州抚民、同知所属上年被水旗民。给江苏萧、高邮、宝应三州县及徐州卫上年被水、被旱灾民一月口粮。展赈安徽宿州上年被水、被旱灾民，给灵璧、泗、五河、凤阳四州县，及长淮、凤阳、泗州三卫灾民一月口粮。贷山西隰、岢岚、平鲁、盂、阳曲、太原、榆次、徐沟、静乐九州县上年被雹灾民仓谷。缓征岢岚、平鲁二州县历年借欠仓谷。贷河南武陟、修武、孟、安阳、汤阴、内黄六县上年被水灾民仓谷。贷甘肃皋兰、西和、徽、灵台、盐茶、武威、肃、高台八厅州县，及肃州州同、东乐县丞所属上年被旱灾民籽种口粮。【略】乙卯，【略】赈云南抱母、黑盐二井被水灶户。 《仁宗实录》卷三五三

四月【略】丙戌，【略】抚恤广东万、乐会二州县被风灾民，并给房船修费。【略】己丑，上诣黑龙潭祈雨。命皇次子智亲王诣天神坛、皇三子惇郡王绵恺诣地祇坛、定亲王绵恩诣太岁坛祈雨。命于觉生寺设坛祈雨。命直隶总督方受畴于省城设坛祈雨。命直隶提督徐锟诣密云白龙潭祈雨。

《仁宗实录》卷三五六

闰四月【略】戊申，【略】以祈雨三坛，斋戒一日。己酉，上诣天神坛，命仪亲王永琁诣地祇坛、成亲王永瑆诣太岁坛祈雨。命皇次子智亲王旻宁诣黑龙潭，皇三子惇郡王绵恺诣觉生寺，皇四子瑞亲王绵忻诣昆明湖及玉泉山龙神庙祈雨。【略】甲寅，上幸圆明园，诣龙神庙谢雨。

《仁宗实录》卷三五七

五月【略】甲子，贷浙江海宁、石门、桐乡三州县被雹灾民籽种。【略】辛未，【略】缓征山西阳曲、长治、汾阳、朔、赵城、隰六州县上年歉收民欠仓谷。 《仁宗实录》卷三五八

六月【略】甲辰，【略】缓征山东莱阳、海阳二县被雹村庄本年及上年带征额赋，并给莱阳县灾民一月口粮。【略】丁巳，【略】赏热河被水兵丁房屋修费。 《仁宗实录》卷三五九

七月【略】庚午，【略】谕内阁：方受畴等奏，蓟沟、白河等处桥座因盛涨未消，难以克期竣工一折。本年秋雨连绵，山水异涨，各处搭造桥工已成复冲者业经数次。【略】辛未，【略】缓征山东海丰县被潮地方本年及上年额赋。【略】戊寅，【略】赈直隶密云、滦平二县被水灾民，并给房屋修费。【略】壬午，谕军机大臣等，那彦宝奏永定河北岸二工、南岸四工漫溢情形一折。前因永定河水势盛涨，特派那彦宝前往查看，兹于二十日午刻北二南四两工同时漫溢，著派吴璥、那彦宝分投筹办。【略】甲申，谕军机大臣等，本日据英和奏，永定河漫水下注，由宛平县属之高立庄芦城村东流，已至南苑西红门黄村门墙外，尚未灌入苑内。【略】乙酉，【略】谕军机大臣等，据那彦宝奏，永定河北上头工水势漫溢，侧注口门约三百余丈，已掣动大溜约七分等语。【略】又谕：据刘钚之等奏，永定河漫水下注，大兴、宛平两县所属求贤、高米店等村同时被淹，村民男妇尽赴南苑土堆避水逃生等语。

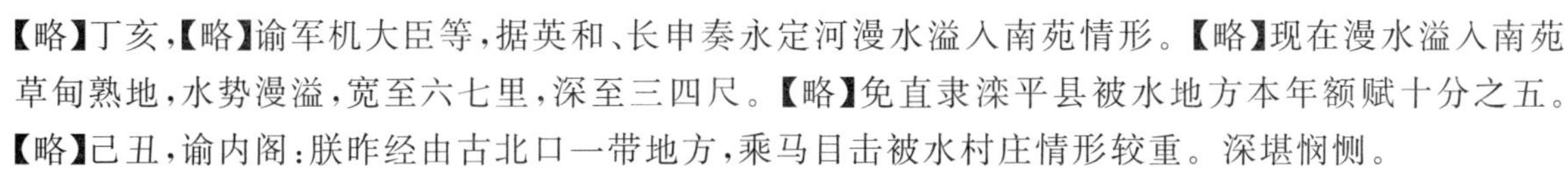

【略】丁亥,【略】谕军机大臣等,据英和、长申奏永定河漫水溢入南苑情形。【略】现在漫水溢入南苑草甸熟地,水势漫溢,宽至六七里,深至三四尺。【略】免直隶滦平县被水地方本年额赋十分之五。【略】己丑,谕内阁:朕昨经由古北口一带地方,乘马目击被水村庄情形较重。深堪悯恻。

《仁宗实录》卷三六〇

八月【略】乙未,【略】命直隶大兴、宛平二县被水地方设厂煮赈,派都察院副都御史龄椿等十二员督同给放。丙申,【略】谕军机大臣等,据琦善奏,兰阳汛十堡水溢埝顶,夹塘灌满,八堡大堤登时过水,堤身坐蛰,于二十四日夺溜成河。又据另片奏,正在拜折间,据报陈留汛七八堡交界处所堤顶过水二处,堤身蛰塌各十余丈。中牟上汛八堡迤下漫水塌堤约三十丈,均未致掣溜等语。【略】丁酉,【略】谕军机大臣等,据叶观潮奏,查明南岸仪封上汛三堡大堤,现有漫口一百一十余丈,中间水深四丈余尺,掣溜约五六分,兰阳汛八堡大堤水由东省小土坝漫入,灌满内塘,大堤刷成缺口七十余丈,掣溜约三四分,中间水深三丈余尺,距仪封上汛三堡仅二十余里。【略】命直隶固安、永清、东安、霸四州县被水地方设厂煮赈。【略】己亥,【略】免直隶固安、永清、东安三县水灾本年额赋,并折给口粮有差。【略】辛丑,【略】又谕:那彦成等奏,役力疲乏,恳恩调剂一折。大通桥车户承运漕粮,【略】本年连次大雨,道路泥泞,该车户等添备车辆,修垫道路,所领运脚不敷办公。【略】谕军机大臣等,孙玉庭等奏,节交白露,河湖各工修防平稳一折。【略】惟仪封漫口下注,全黄灌入洪泽湖,前此湖水已经长逾定志,若再骤添盛涨,堰圩临湖各工在在堪虞。【略】癸丑,【略】谕军机大臣等,吴璥奏,行抵卫辉,因漫水阻隔,现在觅道赶赴工次。【略】甲寅,【略】赈河南滨水各州县被水灾民。乙卯,【略】谕内阁:刘钚子等奏,【略】大兴县属岳家务佃子等村俱因水深阻隔,被灾老幼妇女不能赴厂领赈,该卿员督令地保赶紧搭桥。【略】谕军机大臣等,吴璥奏,本年黄河水势异涨,为从来所未有,入豫境后,访问舆论相同。

《仁宗实录》卷三六一

九月【略】丁卯,【略】缓征山东曹县水灾本年及上年额赋漕粮,并给灾民口粮及房屋修费有差。【略】庚午,【略】减免直隶隆平、宁晋、新河、任四县积水地亩本年额赋。辛未,【略】贷奉天承德、辽阳、开原、铁岭、牛庄、海城、广宁、小黑山、白旗堡、巨流河、金州十一处,及锦州抚民、同知所属被水旗民一月口粮。【略】丙子,【略】缓征河南安阳、汤阴、临漳、内黄四县被水村庄本年及上年额赋漕粮并河工加价银。【略】壬午,【略】展赈直隶固安、永清、东安三县被水灾民。癸未,【略】蠲缓河南兰阳、仪封、杞、祥符、陈留、通许、尉氏、中牟、荥泽、睢、柘城、鹿邑、淮宁、西华、太康、获嘉、新乡、延津、封丘、考城、武陟、原武、阳武、郑、扶沟、宁陵、汲、辉、滑、浚、淇、洛阳、偃师、巩三十四州县水灾本年及上年额赋河工加价银,并赈被水灾民,给房屋修费。【略】丁亥,【略】缓征山西保德州歉收地方本年额赋。【略】戊子,【略】给安徽亳、蒙城、太和、凤台、怀远、凤阳、灵台、五河八州县被水灾民一月口粮。

《仁宗实录》卷三六二

十月【略】壬子,【略】缓征甘肃狄道、静宁、成、宁夏四州县水灾、雹灾本年及上年额赋。癸丑,谕内阁:朱勋奏,渭南县知县徐润因委赴华州查勘被水村庄,乘马踹浅,坠入潭内,经差役捞救出潭,半日始苏,次日仍亲往设法疏导,并将居民妥为安抚。【略】给陕西潼关、华、华阴、朝邑、大荔五厅州县被水、被雹灾民一月口粮,贷给籽种、房屋修费,并缓征本年额赋,及榆林、怀远二县额赋。乙卯,【略】缓征江苏上元、江宁、句容、高淳、六合、盐城、高邮、泰、东台、江都、甘泉、兴化、宝应、长洲、吴、常熟、华亭、奉贤、娄、金山、上海、武进、阳湖、无锡、金匮、江阴、宜兴、荆溪、丹徒、丹阳、金坛、溧阳、山阳、桃源、安东、铜山、丰、沛、萧、砀山、邳、宿迁、睢宁、海、沭阳四十五州县,淮安、大河、徐州三卫水灾、旱灾本年及上年额赋漕粮。丙辰,【略】又谕:御史王家相条陈豫省赈务一折。本年直隶、河南、山东、安徽等省均有赈恤事宜,秋间近畿一带办理粥厂,朕特派卿员分往督放。【略】戊午,【略】蠲缓山东章丘、邹平、长山、临邑、德、汶上、定陶、巨野、兰山、郯城、茌平、莘、馆陶、恩、临清、夏津、武城、济宁、金乡、嘉祥、鱼台、朝城、新城、齐河、禹城、单二十六州县，及德州、济宁、东昌、临清四卫水灾、雹灾本年及上年额赋。　《仁宗实录》卷三六三

十一月己未朔，【略】谕军机大臣等，【略】朕于来往河南大臣官员，时常询问，佥称该省本年未经被水地方，秋成俱十分丰稔。【略】壬戌，【略】蠲缓直隶通、武清、大兴、宛平、霸、保定、大城、雄、安、高阳、新安、长垣、东明、开、安肃、青、静海、滦平、赵、宁晋、蓟、宁河、文安、滦、清苑、容城、博野、蠡、河间、献、交河、天津、沧、盐山、元城、大名、清丰、南乐、巨鹿、冀、新河、衡水、隆平四十三州县，暨津军同知所属水灾本年额赋及旧欠粮租仓谷，并赈通、武清、霸、保定、大城、固安、永清、东安、雄、安、高阳、新安、长垣、东明、开十五州县旗民。【略】庚午，【略】给山东濮、范、利津、寿张、东阿、东平、阳谷、沾化、蒲台、滨、惠民十一州县被水灾民一月口粮及房屋修费，并蠲缓本年额赋，及菏泽、肥城、聊城三县额赋有差。【略】丙子，上幸瀛台阅冰技。缓征安徽太湖、望江、阜阳、盱眙、天长、寿、宿、定远、桐城、潜山十州县及屯坐各卫水灾、旱灾本年及上年额赋，赈亳、蒙城、太和、怀远、凤阳、灵璧、凤台、五河、泗九州县及屯坐各卫灾民，并给泗、亳、蒙城、太和、盱眙、天长六州县勘不成灾地方贫民一月口粮。【略】庚辰，上幸瀛台阅冰技。【略】壬午，【略】免浙江仁和、钱塘、海宁、余杭、临安、嘉兴、秀水、海盐、石门、桐乡、归安、乌程、长兴、德清、武康、安吉、孝丰十七州县及嘉湖卫水灾本年额赋并缓带征银米。【略】乙酉，【略】上幸瀛台阅冰技。丙戌，缓征广东归善、博罗、增城三县水灾本年及上年额赋，并给房屋修费，赏恤淹毙人口银。　《仁宗实录》卷三六四

十二月己丑朔，上幸北海阅冰技。庚寅，【略】给河南延津、滑二县被水灾民一月口粮，蠲缓本年额赋河工加价等银，并缓征汲县被水村庄额赋。【略】丙申，上幸瀛台阅冰技。丁酉，【略】缓征山东齐东、海丰、章丘、邹平、郓城、博兴、东平、茌平、博平、聊城十州县水灾新旧额赋漕粮有差，并给齐东灾民一月口粮。【略】庚子，【略】免直隶固安、永清、东安三县水灾旗租。免湖南凤凰、乾州、永绥、古丈坪、保靖、麻阳、泸溪七厅县旱灾额赋。辛丑，【略】幸北海阅冰技。【略】甲辰，【略】蠲缓甘肃宜禾县霜灾本年额赋有差，并贷灾民口粮。乙巳，【略】缓征江苏山阳、阜宁、清河、高邮、泰、东台、江都、甘泉、兴化九州县水灾本年及上年额赋新旧漕粮。缓征湖北汉川、沔阳、潜江、天门、江陵、公安、松滋、汉阳八州县及屯坐各卫水灾本年及上年额赋漕粮。【略】庚戌，【略】幸瀛台阅冰技。

《仁宗实录》卷三六五

## 1820年 庚辰 清仁宗嘉庆二十五年

正月戊午朔，【略】展赈奉天开原、辽阳、广宁、铁岭、承德、海城、金州、牛庄、小黑山、白旗堡、巨流河十一处，及锦州抚民、同知所属上年被水灾民。展赈直隶大兴、宛平、固安、永清、东安、长垣、安、新安、雄、开、东明、通、武清、霸、保定、大城、高阳十七州县上年被水灾民，并贷籽种口粮，缓征粮租仓谷，及安肃、青、静海、滦平、赵、宁晋、蓟、宁河、文安、滦、清苑、容城、博野、蠡、河间、献、交河、天津、沧、盐山、元城、大名、清丰、南乐、巨鹿、冀、新河、衡水、隆平二十九州县，及津军同知所属灾民粮租仓谷。给江苏沛、睢宁二县上年被水、被旱灾民口粮。展赈安徽亳、蒙城、太和、怀远、凤阳、凤台、灵璧、泗、五河九州县上年被水灾民，给凤阳、怀远、灵璧、泗、盱眙、天长六州县，及凤阳、长淮、泗州三卫军民口粮。缓征山东章丘、邹平、长山、新城、德、茌平、临清、夏津、武城、金乡、曹、临邑、单、定陶、兰山、郯城、馆陶、恩、巨野、济宁、鱼台、朝城二十二州县，及海丰灶地，德州、济宁、东昌、临清四卫上年被水军民新旧额赋。贷山西保德州上年被水灾民仓谷。展赈河南新乡、获嘉、封丘、延津、滑、武陟、原武、阳武、荥泽九县上年被水灾民。贷兰阳、仪封、杞、睢、柘城、鹿邑、考城、祥符、陈留、通许、尉氏、中牟、淮宁、西华、太康、安阳、汤阴、临漳、内黄、扶沟、郑、宁陵、汲、辉、浚、

淇、洛阳、偃师、巩二十九州县灾民籽种口粮仓谷。贷陕西留坝、略阳、潼关、华、华阴、朝邑、大荔、榆林、怀远九厅州县上年被水、被雹灾民籽种口粮。贷甘肃成、镇原、徽、秦、秦安、西宁、平凉、宁夏、伏羌、静宁、泾、灵台、宁朔、平罗、階、狄道十六州县，及庄浪县丞所属上年被水、被雹灾民籽种口粮。【略】己巳，【略】缓征两淮富安、安丰、梁垛、东台、何垛、丁溪、草堰、刘庄、伍佑、新兴、庙湾十一场上年水灾旱灾折价银。

《仁宗实录》卷三六六

三月【略】癸酉，【略】缓征山东濮、范、寿张、东阿、东平、阳谷、利津、沾化、蒲台、滨、惠民、齐东、聊城、肥城、海丰、章丘、邹平、济阳、郓城、博兴、茌平、博平二十二州县，及东昌卫、东平所场灶地亩水灾本年额赋，展赈濮、范、利津、寿张、东阿、东平、阳谷、沾化八州县灾民，并贷齐东、惠民、蒲台、滨四州县灾民口粮。【略】丁丑，【略】免江苏阜宁县淤滩卤废地七百八十一顷有奇地价。【略】甲申，【略】又谕：豫省南岸仪封三堡复刷成漫口，续塌至一百三十余丈。

《仁宗实录》卷三六八

四月丙戌朔，【略】免陕西阳平关水冲营地三十六亩有奇额赋。【略】辛丑，【略】缓征山东菏泽、临清、夏津、武城、恩、济宁、德、清平、堂邑、鱼台、齐东、汶上、海丰、平阴十四州县，德州、临清二卫水灾新旧额赋，并贷给金乡、海丰、临清、夏津、武城、恩、济宁、鱼台、菏泽九州县籽种口粮有差。【略】癸卯，【略】缓征直隶大兴、宛平、固安、永清、东安、新安、开、东明、长垣、武清、霸、保定、大城、安、高阳、雄、青、静海、宁晋、元城、大名、南乐、清丰、南皮、沧、隆平二十六州县水灾本年额赋，并吴桥、东光二县新旧额赋。缓征河南汲、辉、淇、浚四县水灾新旧额赋漕粮并加价银。【略】己酉，【略】赈河南仪封、兰阳、杞、睢、柘城五厅州县被水灾民。

《仁宗实录》卷三六九

六月【略】庚寅，【略】贷江苏阜宁、盐城二县上年被水灾民籽种口粮。【略】辛亥，【略】贷热河被水官兵修理房屋银。

《仁宗实录》卷三七二

七月【略】甲子，【略】给河南仪封、杞、睢、鹿邑兰阳、柘城六厅州县被淹灾民口粮有差。

《仁宗实录》卷三七三

七月【略】甲戌，谕内阁：本日据方受畴奏称，深州地方秋禾多有双穗至十一穗者，摘取二十茎进呈。朕敬忆皇考高宗纯皇帝实录内，载乾隆年间河南省曾经奏进双穗四穗嘉禾，圣谕以为凡土壤肥沃之处，又值雨膏沾足，其发生芃勃，则一本数穗，亦事所恒有。不必侈言嘉祥。惟以未经成熟之禾，遽行摘取，转使数茎嘉谷，置之无用，殊为可惜。仰见我皇考贵粟重农，不尚符瑞之至意。本年雨旸时若，直省年谷顺成，多登上稔，朕心深为忭慰。国家以丰年为瑞，何必以双穗合颖诩为美谈，且此所进二十茎，亦未免虚耗物力。嗣后各直省遇有瑞麦嘉禾，但当据实奏闻，不可稍加粉饰，概无庸摘取进呈，用副朕崇本务实，仰绍前徽之意。

《仁宗实录》卷三七四

八月【略】壬辰，【略】山东巡抚钱臻奏，东省各府州属额贮仓谷前因水旱偏灾，赈粜动缺，今秋稼丰收，亟宜上紧采买，计本年派买谷二十万八千余石。

《宣宗实录》卷二

八月【略】甲辰，【略】安徽巡抚吴邦庆奏报，皖省自六月以后连得透雨，田禾滋润，粮价平减，地方均极安静。惟毗连豫省地方及附近涡、淮等河之亳、太和、蒙城、怀远、凤阳、泗、盱眙、五河、宿、灵璧等州县上年被水乡村低洼田亩不无淹没。【略】戊申，【略】除广东儋州被水坍没沙田，无著盐课。

《宣宗实录》卷三

九月【略】甲子，【略】给河南兰阳、睢、柘城、鹿邑四州县被水灾民一月口粮。乙丑，【略】缓征陕西永寿、鄜二州县被雹村庄本年额赋，并贷永寿县被雹较重灾民籽种。【略】戊辰，【略】谕军机大臣等，据陈若霖奏浙江沿海各厅县田禾被旱、被水情形，分别查办一折。浙江杭州等府属、富阳等三十八厅县，并杭严、台州、衢州各卫所本年夏间缺雨，七月间又因风潮山水，民田庐舍被淹多处，并有淹毙人口，被灾情形较广。览奏实深轸念。现据该抚饬司委员查勘，其被灾最重之诸暨、萧山、临海、丽水四县自应亟加抚恤。著一面查明具奏，一面先行散给口粮，勿令灾黎嗷嗷待哺，坍塌房间照例给予修费。此外被灾稍次各厅县卫并即逐一勘明，分别应蠲、应缓，速行奏请恩施，该抚务饬属认真妥办，毋使一夫失所，以副朕勤恤民隐至意，将此谕令知之。【略】修筑浙江上虞、萧山二县坍卸塘工，从巡抚陈若霖请也。

《宣宗实录》卷四

九月己巳，【略】谕军机大臣等，据庆保等奏，贵州思南属婺川县于五月间山水陡发，冲塌城墙，并淹毙人口，水消后已补种杂粮，勘不成灾等语。婺川县山水陡发，淹毙男妇至五十余名口，虽经地方官捐资抚恤，但附近田禾已有损伤，恐收成不免歉薄，著庆保等再行确查。【略】丁丑，【略】缓征甘肃中卫、宁夏、宁朔、平罗、大通五县被水、被雹庄堡新旧钱粮，并抚恤中卫、宁夏、宁朔、平罗四县冲塌房屋，淹毙牲畜各户。【略】庚辰，【略】加赈河南仪封、兰阳、睢、柘城、鹿邑、杞、祥符七厅州县被水灾民，并蠲缓仪封、兰阳、睢、柘城、鹿邑、杞、宁陵、淮宁、太康九厅州县被水各村庄新旧额赋有差，给坍塌房屋修费。

《宣宗实录》卷五

十月【略】丙戌，【略】给奉天抚民厅并广宁属被灾旗民一月口粮。丁亥，【略】蠲缓山东邹平、惠民、滨、利津、蒲台、邹、滕、峄、兰山、郯城、恩、濮、博兴、乐安、寿光、济宁、金乡、鱼台、寿张、范、聊城、茌平、莘、馆陶、临清、海阳二十六州县场灶卫所被水、被雹新旧钱粮盐漕额赋。【略】壬辰，【略】以吐鲁番屯田丰收，予员弁议叙，赏兵丁一月盐菜银。【略】乙未，【略】免齐齐哈尔、黑龙江、墨尔根、布特哈、茂兴墨尔根等处被水田亩十一万二千八百七十余晌应征额粮，并贷旗民银米。【略】戊戌，谕军机大臣等，御史杨腾达奏，伊籍隶江西新城，该处自夏至秋久遭酷旱，早稻收成不及三分，晚稻收成不及二分，为数十年未经之灾。毗连新城地方大率如是。以江西省所属而言，自南安府以下各属一带多有旱灾情形，其地甚广等语。地方水旱之灾，关乎民瘼甚巨，江西省本年夏间被旱，前据瑺弼奏七月分雨水农田情形折内称，七月中旬通省得雨透足，惟南昌等六府所属，丰城、奉新等二十二县因得雨已迟，中、晚两稻有已发黄萎及未克栽插之处，止可补种杂粮。现饬分委妥员履勘，此外各府州属俱可稔收等语。今该御史所奏旱灾之新城一县，及毗连新城之建昌府属各县，均不在该抚所查二十二县之内，恐前奏尚有不实，著该抚即速查明各州县被旱情形，据实具奏。【略】缓征浙江仁和场被水荡田新旧盐课。

《宣宗实录》卷六

十月【略】庚子，【略】又谕：本日据陈若霖奏，萧山等县被灾地方已明降谕旨，分别加恩抚恤矣。该抚折内奏称，劝谕地方殷富及有谷之家量力出粜，尚不乏好义乐施之人，周恤其一乡一里者，更有循环粜籴，辘轳采运以济民食者，所办甚为得宜。【略】修浙江桐庐县沿江塘汛，从巡抚陈若霖请也。缓征浙江萧山、诸暨、丽水、缙云、青田、宣平、建德、淳安、遂安、遂昌、钱塘、富阳、奉化、嵊、临海、宁海、金华、东阳、义乌、永康、武义、浦江、西安、龙游、江山、常山、开化、寿昌、桐庐、分水、松阳、云和、景宁三十三县，及杭严台衢卫所被旱、被水新旧额赋，给贫民一月口粮，并冲坏房屋修费。缓征两淮泰、海二州，庙湾、板浦、中正、临兴四场被灾灶户新旧盐课。【略】甲辰，【略】赈江南海州被水、被旱灾民，蠲缓安东、沛、萧、邳、沭阳、上元、江宁、句容、江浦、山阳、阜宁、清河、桃源、盐城、高邮、甘泉、兴化、宝应、铜山、丰、砀山、宿迁、睢宁、武进、江阴、丹徒、丹阳、金坛、奉贤二十九州县，淮安、大河、徐州三卫新旧额赋，并给贫民一月口粮。【略】丙午，【略】缓征江西奉新、武宁、靖安、新昌、清江、新淦、新喻、峡江、永丰、都昌、建昌、安义、瑞昌、丰城、上高、庐陵、吉水、泰和、安福、德化、德安、湖口、彭泽二十三县被旱灾民本年漕米。缓征安徽宿、天长、盱眙、亳、蒙城、太和、定远、寿、巢、怀宁、桐城、潜山、太湖、宿松、望江、宣城、南陵、泾、贵池、青阳、铜陵、石埭、建德、东流、繁昌、无为、庐江、和、阜阳二十九州县及泗州卫被水、被旱灾民新旧额赋，赈凤台、怀远、凤阳、灵璧、五河、泗、宿、天长八州县及屯卫军民，并给一月口粮。【略】己酉，【略】蠲缓河南阳武、延津、封丘、武陟、获嘉、原武、安阳、临漳、内黄、浚、汤阴、永城、荥泽十三县水淹沙压田亩新旧额赋。庚戌，【略】缓征湖南澧州被水各垸本年额赋。

《宣宗实录》卷七

十一月【略】辛酉，【略】蠲缓直隶宣化、宁晋、宁河、宝坻、文安、东安、涿、高阳、安、青、静海、沧、盐山、大名、南乐、长垣、保安、万全、怀安、西宁、怀来、新河、丰润二十三州县，并张家口厅被水、被旱、被雹各村庄新旧额赋及出借仓谷。缓征直隶沧、交河二州县被水灶地课银。【略】乙丑，【略】展缓湖北嘉鱼、蒲圻、咸宁、崇阳、通城、通山、松滋、荆门、沔阳、潜江、江陵、公安、汉川、兴国、江夏、汉阳、天门十七州县被水、被旱、被雹村庄本年漕粮额赋，并带征积年未完银米有差。【略】丙寅，【略】贷甘肃渭源、秦、清水、两当、泾、崇信、灵台、镇原、灵、徽十州县灾民两月口粮，并缓征灵、狄道、灵台、河、镇原五州县新旧额赋。

《宣宗实录》卷八

十一月【略】辛未，【略】谕军机大臣等，据吴璥等奏，大坝口门逐渐收窄，河冰漂淌，现仍设法进筑。【略】仪封大工东、西两坝【略】现在金门日渐收窄，水深溜急，又值天气严寒，河冰骤下，吴璥等尤当加倍慎重。【略】以天气严寒，赏观德殿值宿章京侍卫银币，兵丁一月口粮。【略】丁丑，【略】谕军机大臣等，据阮元等奏，粤东滨海地方本年九月间猝被飓风大雨，雷州府属之遂溪县被灾较重；雷州府属之海康、徐闻，高州府属之电白、茂名、吴川，琼州府属之琼山、陵水各县被灾较轻。【略】戊寅，【略】缓征河南原武县被水及沙压村庄新旧额赋。己卯，谕军机大臣等，据吴璥等奏，大河冰凌下注，口门以上冻结，请暂缓放河进占一折。仪封大工口门续经进占，仅存十七丈，各段引河挑工俱已完竣，惟自挑水坝头起至引河头，全行冻结，溜势涌激，积累愈高，现在口门虽未冻合，其口门以上至引河头一带既已凝冻，即使敲冰进占，埽工断难坚实，开放引河，或至冰块壅遏，溜行不畅，更恐前功尽弃。【略】辛巳，【略】缓征湖南凤凰厅被旱屯田新旧额赋，并贷弁兵俸饷及修理碉卡银。

《宣宗实录》卷九

十二月癸未朔，【略】缓征甘肃宜禾县上年被歉带征粮米。【略】己丑，【略】除盛京锦州大凌河被水冲刷地九十八顷二十亩有奇额赋。【略】辛卯，【略】以河南仪封漫口，仪封、杞、兰阳、睢、鹿邑、柘城六厅州县被水较重，命加设粥厂，煮赈两月。【略】癸巳，【略】除陕西华阳营被冲营田一顷六十亩有奇额赋。甲午，【略】除陕西汉中镇属被冲营田九十亩有奇额赋。乙未，【略】缓征山东聊城、茌平、莘、馆陶、峄、临清、武城七州县被灾村庄新旧漕粮。【略】丁酉，谕内阁：吴璥等奏报，仪封大工合龙稳固。【略】谕军机大臣等，富和奏，科布多屯田收获十一分以上之正屯长马魁等十人，请遇有该处把总外委缺出拔补。

《宣宗实录》卷一〇

十二月【略】庚子，以广西各属歉收，缓买动缺仓谷。　　《宣宗实录》卷一一

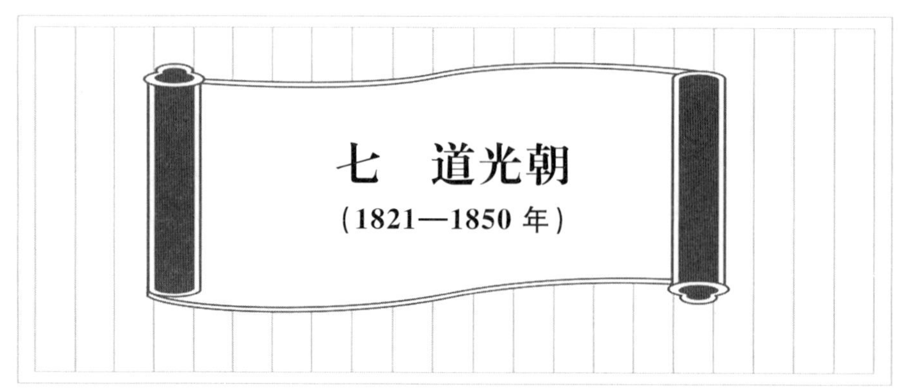

# 七　道光朝
（1821—1850 年）

## 1821 年 辛巳 清宣宗道光元年

正月【略】戊午，【略】展赈奉天彰武台边门等处上年被水、旱、雹灾旗民。缓征直隶宣化、宁晋、宝坻、宁河、文安、东安、涿、高阳、安、青、静海、沧、盐山、大名、南乐、长垣、保安、万全、怀安、西宁、怀来、丰润、新河二十三州县，及张家口厅上年灾歉村庄本年额赋，并展缓节年钱粮旗租改折等项。展赈江苏海州上年被水、被旱灾民，并加赏沛、萧、邳、丰、睢宁五州县及徐州卫灾歉军民一月口粮。给两淮庙湾场上年被淹灶丁一月口粮，并贷板浦、中正、临兴三场一月口粮。展赈安徽凤台、怀远、凤阳、灵璧、五河、泗六州县，及凤阳、长淮、泗州三卫上年被水、被旱军民，并加赏泗、灵璧、五河、怀远、凤阳、宿、天长、贵池、青阳、铜陵、石埭、建德、东流十三州县及屯卫军民一月口粮。贷江西靖安、德化、德安、瑞昌、湖口、彭泽、都昌、泰和、吉水九县上年被旱灾民籽种口粮。贷浙江富阳、临海、宁海、建德、淳安、遂安六县，及杭严、台州二卫上年被水、被旱无力佃农籽种口粮。贷山东峄、濮、兰山、郯城、济宁、范、恩、菏泽、夏津、武城、鱼台十一州县，并德州、临清二卫各屯庄上年被淹军民籽种口粮。展赈河南仪封、兰阳、祥符、杞、鹿邑、柘城七厅州县上年被水灾民。贷陕西永寿、鄜二州县上年被雹灾民口粮。贷甘肃皋兰、宁远、伏羌、西和、安化、宁、秦安、礼、肃、安西、中卫、固原十二州县，及肃州州同所属上年被水、被雹灾民口粮籽种有差。展缓贵州上年被水、被旱之思南、青溪等处应补还仓谷。【略】己未，【略】赏江苏宿迁、阜宁、安东、盐城、桃源、高邮、宝应七州县，及淮安、大河二卫积歉军民一月口粮。

《宣宗实录》卷一二

二月【略】戊戌，【略】赈盛京、巨流河、白旗堡、二道境、小黑山、广宁、高桥七驿水灾站丁。【略】庚戌，【略】除直隶安、隆平、宁晋、新河、南宫五州县被水冲刷地三千一百八十九顷有奇额赋，减征隆平、宁晋二县被水较轻地一千七十顷有奇额赋之半。

《宣宗实录》卷一三

三月【略】甲寅，【略】以山西岢岚、兴、大同、陵川、榆社、和顺、河津、忻、定襄、萨拉齐十厅州县上年歉收，粮价增昂，命粜贷仓谷，并缓阳曲、太原、榆次、徐沟、岢岚、岳阳、孝义、宁武、静乐、夏、平陆、芮城、霍、灵石十四州县应买节年动缺谷石。【略】己未，【略】贷甘肃宁夏、宁朔、平罗、狄道、陇西五州县上年被灾贫民两月口粮。【略】甲子，【略】缓征江苏海、安东、沛、萧、山阳、阜宁、清河、桃源、盐城、铜山、丰、砀山、宿迁、睢宁十四州县，并大河、徐州、淮安三卫毗连灾区乡庄新旧额赋。

《宣宗实录》卷一四

四月【略】己亥，【略】蠲缓奉天新民屯被水灾民新旧额赋，给一月口粮并冲塌房屋修费。【略】己酉，【略】谕内阁：昨因京师入夏以来，雨泽未足，于本月二十七日在大高殿设坛祈祷，朕亲诣拈香，是日阴云广布。二十八日卯刻微雨成阵，至夜雷电交作，澍雨滂沱。【略】贵州巡抚明山奏晴雨

粮价。得旨：既云均获甘霖入土深透，春收可期丰稔，何至粮价加增之处甚多。嗣后务据实奏闻，不可一味铺张，自相矛盾。 《宣宗实录》卷一七

五月【略】癸丑，【略】浙江巡抚帅承瀛奏，上年灾歉各县，现二麦虽可望收，仍在青黄不接之际，酌办平粜仓谷，以济民食。【略】丙辰，【略】陕甘总督长麟奏报皋兰等州县得雨分寸。得旨：尽人事以感天和，毋忘敬畏之心。河南巡抚姚祖同奏报，河北（卫辉、怀庆）各府得雨深透。得旨：春夏之交闻得河北甚旱，深为轸念。四月中旬连遇透雨，麦收有望，实深欣慰。【略】壬申，【略】谕军机大臣等，【略】山东省邹、滕、峄三县界连江省，据王鼎等亲赴该处查勘，二麦登场，秋禾芃茂，粮价日渐平减，民食无虞缺乏，邳、宿流民亦皆散归，自系实在情形。【略】谕军机大臣等，方受畴奏，天津、静海两县交界之种福庄，及天津县之咸水沽、贾家洼等处，又沧州庞家庄、搭子店俱报有蝻孳萌生，现派员前往会同地方官赶紧扑捕等语。【略】抚恤直隶赤城县被水灾民。【略】乙亥，谕内阁，前据方受畴奏，天津、静海、沧州各属村庄俱有蝻孳萌生，当即降旨，令该督严饬该地方官赶紧扑捕。本日复据鲁垂绅奏称，界连天津之宁河、宝坻等县，及山东近河近海所属亦因风日高燥，蝻种渐孳，不可不及早扑治。著直隶总督、顺天府尹、山东巡抚各饬所属，亲行查勘，赶紧扑除，其接壤之区务协力扑捕，不得互相观望，稽延时日，致令贻害田禾。 《宣宗实录》卷一八

六月【略】乙酉，【略】又谕：王引之奏请颁发《康济录》捕蝗十宜，交地方官仿照施行一折。本年顺天府属及直隶、天津，并山东近河近海地方间有蝻孳萌生，现已饬令赶紧扑捕。惟是捕蝗一事，先应禁止扰累，若地方官接亩派夫，胥吏复藉端索费，践踏禾苗，则蝗孳未除，而小民已先受其害。《康济录》内所载捕蝗十宜，设厂收买，以钱米易蝗，立法最为简易。著将《康济录》各发去一部，交该府尹及该督抚分饬所属，迅速筹办。务使闾阎不扰，将蝗蝻扑除净尽，以保禾稼而康田功。【略】丙戌，【略】赈河南叶县被水灾民，并给冲塌房屋修费。丁亥，【略】顺天府府尹申启贤奏，查勘武清县被蝗村庄，及辰、午二时挖捕，夜间用火烧扑情形。得旨：办理甚属得宜，仍当勉力而行，勿留遗孽，第闾阎禾稼不可有所骚扰，其慎之。【略】辛卯，谕军机大臣行等，申启贤奏请通饬各州县扑捕蝗蝻不得互相推诿，并录呈从前户部通行章程及酌拟增添各条款，请一并颁示等语。地方官捕蝗不力，现有飞蝗之处，即予处分，毋庸查究来迹，致生推诿，本有定例。此次顺天府所属有蝗地方，业经申启贤严督州县官扑捕将尽；其直隶、山东有蝗之处，著方受畴、钱臻各申明例禁，严饬地方官协力扑捕，不得此疆彼界，互相推诿。如有扑捕不力者，该督抚即行指名严参，以示惩儆。申启贤所录乾隆年间户部议准《捕蝗章程》六条，并伊现拟酌增四条，著一并抄寄，交该督抚即行仿照办理，将此谕令知之。 《宣宗实录》卷一九

六月甲午，【略】免安徽凤阳、怀远、灵璧、凤台、泗、五河六州县，并凤阳、长淮、泗州三卫被水灾民额赋有差。【略】庚子，【略】除河南新乡县沙压地四百五十一顷八十九亩有奇额赋。【略】癸卯，【略】谕军机大臣等，朕闻保定以南及毗连豫省地方，现有蝗蝻为患，未见该省奏及，著方受畴迅即遴委妥员前往，分途确查被蝗之处，系何州县。饬令地方官立即扑灭净尽。前发去捕蝗各事宜，择其良法，迅速仿照办理，毋令日久蔓延。一面先将查勘情形据实覆奏，毋稍讳饰。将此谕令知之。【略】甲辰，【略】减免直隶文安县嘉庆二十四年分被水洼地粮银。乙巳，【略】以科布多屯田丰收，予员弁议叙，赏兵丁一月盐菜银。【略】除江苏泰兴县坍没民田四十九顷九十九亩有奇，山西和林格尔厅五旗牧厂万安等庄砂碛地四百九十六顷额赋。【略】戊申，【略】谕军机大臣等，据方受畴奏，邯郸、永年二县所属村庄间有蝻孳萌动，形状均系灰色，乡民名为土蚂蚱。该二县所种高粱、豆子、棉花均无伤损，惟晚种谷苗间有咬伤。得透雨后，均可补种荞豆，尚于收成无碍，现饬上紧扑捕等语。所奏殊未明晰，灰色土蚂蚱处处皆有，从未闻能伤禾稼，邯郸、永年二县境内所种谷苗既被咬伤，仍系蝗虫为患。且谷苗若未全行伤损，又奚用补种荞豆。种种情形，均属可疑。恐该地方官因境内

报有蝗蝻，即干处分，遂捏名土蚂蚱，希图影射卸过。其报称连得透雨之处，亦恐有不实。著方受畴遴派妥实委员再行确查，毋任稍有讳饰，务将蝻孽萌生之处，迅速扑治净尽，勿令鼓翅飞扬，致滋延蔓。仍将查明办理情形先行覆奏，将此谕令知之。【略】赈直隶赤城、宣化两县被水灾民。

《宣宗实录》卷二〇

七月己酉朔，【略】谕军机大臣等，据姚祖同奏，原武、浚县、安阳各县境内村庄因河水漫溢被淹，委员查勘；及睢州、商丘、宁陵、柘城、陈留等处，近日有瘟疫传染，施药疗治等语。原武等三县境内被淹村庄，虽据报人口房屋均无损伤，惟该处田亩均尚有积水未消，亟应设法疏导，俾免失业。著姚祖同迅即遴派妥员前往详细查勘。【略】其睢州等州县传染瘟疫之处，该抚现已合药发往，务饬知该地方官分投施散，尽心疗治，期于民命多所全活，以纾轸念。将此谕令知之。又谕：据明山奏，威宁州后所地方，溪水陡发，淹毙男妇客民，冲塌民房，现经地方官捐资抚恤，给予修费，涸出田亩所种杂粮，俱无损伤，勘不成灾等语。威宁州所属地方被水淹毙男妇客民至一百三十余名之多，冲塌民房六十余间，其被灾情形，甚为可悯。【略】展缓河南原武、阳武、封丘、延津、武陟五县积歉村庄新旧额赋有差。【略】壬子，【略】直隶总督方受畴奏报，遵旨查看邯郸、永年二县境蝗蝻，业已收捕净尽。得旨：实力稽查，据实覆奏。【略】癸丑，【略】谕军机大臣等，据钱臻奏，前因河湖山水并发，东平、莘县境内堤堰被冲，淹及村庄，委员抢堵。兹又据濮州、朝城、观城、范县禀报，因上游开州等处坡水下注，河道不能容纳，四处旁溢，该州县低洼之处被淹，大道亦有积水。郓城县葛北庄等处洼地停涝，汶上县草桥等处水势漫堤，恩县四女寺支河南岸刷开民埝七丈有余，均已委员勘办等语。【略】乙卯，谕内阁：孙玉庭奏，江南省城一带得雨稍迟，米价渐昂，现在乡试士子云集，人数增多，必须预为筹度。【略】丁巳，【略】谕内阁：朱勋奏，鄜州被水情形较重，饬委藩司亲往查办一折。陕西鄜州洛河水涨，冲入城垣，衙署、民房多有倾塌。【略】甲子，【略】又谕：方受畴奏，新城、保安、怀来、宣化等四州县村庄，于七月初一、初四等日田禾被雹，现在委员会同查勘等语。【略】直隶总督方受畴奏报，天津等二十八州县蝗蝻均已扑捕净尽，现令收买遗子，期绝根株，并饬查各州县田禾有无伤损，再行檄办。得旨：所奏俱是，务须实力行之，不可徒为一片空言也。乙丑，【略】湖广总督陈若霖奏湖北保康县被水捐资抚恤一折。批：妥为查办。【略】戊辰，【略】谕内阁：【略】恭诣昌陵行礼，乃自十八日亥刻大雨如注，两夜一昼，滂沱未已。本日朕已行至西安门，先据方受畴奏报，前途桥梁多已冲损。复据英和奏，亲至广宁门外查看，大道水深四五尺，人马断难行走。不得已暂行还宫。著改于本月二十二日启銮。【略】免甘肃宁夏、宁朔、中卫、平罗四县上年被水、被雹灾民额赋钱粮草束，并加赈口粮及房屋修费有差。己巳，【略】谕：【略】二十日巳刻，仰荷天恩，云消雨止，日色清明，沿途桥道务须设法赶紧办理。【略】庚午，【略】谕军机大臣等，据姚祖同奏，本年六月十三日，汶水陡涨一丈五寸，将戴村石坝迤北堤埝漫缺六十余丈，草工刷塌三十余丈，正在购料抢护间。七月初三日汶水又涨七尺五寸，致将裹头刷塌，并塌去迤北民埝数十丈，计汶水旁泄共有三处。【略】甲戌，谕内阁：朕闻京城内外时疫传染[①]，贫民不能自备药剂，多有仓猝病毙者，其或无力买棺敛埋，情殊可悯。著步军统领衙门、顺天府、五城慎选良方，修和药饵，分局施散，广为救治。再，掩骼埋胔，王政所存，并著设局散给棺槥，勿使暴露。俟疫气全消之日停止，分别报销，用示朕救灾恤民至意。【略】乙亥，【略】缓征陕西鄜、大荔、朝邑三州县被水村庄本年额赋。【略】丁丑，蠲

① "京城内外时疫传染"。此为真性霍乱传入北京，疫势凶猛，造成重大生命损失。爱新觉罗昭梿《啸亭杂录》称："七月望后，京中大疫，死者日以千百计。其疾始觉胫痛，继而遍体麻木，不逾时即死。"王清任《医林改错》称此病为"瘟毒流行，病吐泻转筋者数省，京都尤甚。伤人过多，贫不能葬埋者，国家发帑施棺，月余之间，费数十万金。"真性霍乱自然疫源地在印度恒河三角洲，清嘉庆二十五年（1820年）由海路传入我国东南沿海，道光元年自南而北暴发流行，民间称麻脚瘟、乌鸦翻、绞肠痧、子午病、吊脚痧、蜘蛛瘟、翻病等，传染范围波及18个省市。

缓奉天新民、宁远二厅州水、旱歉收地方上年额赋豆石，并节年带征银米。《宣宗实录》卷二一

八月【略】己卯，【略】以时疫流行，命发广储司银二千五百两，分给五城，为制备药料棺槽之用。给安徽南陵县被水灾民银三千两，为抚恤口粮并房屋修费。庚辰，【略】谕内阁：本年八月天气尚觉暑热，京城内外兼有时疫流行，因念贡院中号舍湫隘，士子等萃处郁蒸，恐致传染疾病，非所以示体恤，今科顺天乡试，著展期一月，于九月举行，该衙门即行晓谕，俾众咸知。【略】以时疫流行，命发户部银一千两，分给大兴、宛平二县，为制备药料棺槽之用。辛巳，【略】缓征河南原武县被水灾民本年额赋，并给一月口粮。【略】癸未，【略】谕军机大臣等，据申启贤等奏，抽查南昌前等帮及湖南三等帮漕粮，因七月十八日以后连日大雨，每船均有被水淋湿、受潮霉变之米，共计七十九船等语。【略】甲申，【略】拨山东司库银五千两，筑东平州汶水冲坍堤坝，从巡抚琦善请也。乙酉，【略】抚恤江苏铜山、萧、睢宁三县被水灾民，并拨银抢护刷塌民埝。从协办大学士总督孙玉庭等请也。贷江苏邳、宿、桃源三州县被灾汛兵两月钱粮。【略】戊子，【略】蠲缓山东章丘、临邑、惠民、利津、阳谷、汶上、范、朝城、聊城、博平、茌平、莘、齐河、阳信十四县，并东昌卫被水民屯额赋及旧欠银谷。【略】壬辰，【略】给甘肃中卫县被水灾民一月口粮，并坍塌房屋修费。【略】甲午，【略】湖北总督陈若霖奏，【略】现在全楚旸雨应时，年岁丰稔，地方安静。【略】赈安徽凤阳、宿、灵璧三州县被水灾民。乙未，【略】缓征陕西长安、蓝田、榆林、白河四县被水灾民本年额赋。【略】戊戌，【略】又谕：颜检奏，台湾淡水厅地方于本年六月初五日猝被风雨，所辖艋舺、大加腊等处未割田稻被风吹损，民间庐舍及兵房、衙署、仓廒各有倒坏，八里坌口哨船及雇募缉匪商船均被风浪漂击无踪。噶玛兰地方亦同时风雨，田庐有无冲损，现在饬查等语。【略】己亥，【略】修广东遭风损坏兵船，从总督阮元请也。【略】壬寅，【略】谕军机大臣等，据御史李德立奏，东省瘟疫流行，比户传染。德州等处有匪徒乘间倡言，七月初一二日有"鬼打门"，应者必死，遂致居民互相传惑，终夜仓皇。【略】甲辰，谕军机大臣等，朱勋奏西安一带瘟疫盛行，捐备药饵散放，应试士子有因病身故者，捐给衣棺，给予盘费，送回原籍等语。

《宣宗实录》卷二二

九月戊申朔，谕军机大臣等，严烺奏，戴村坝汶河漫缺三处，业将子埝及圈坝抽沟等工先后完竣，惟白公祠后夹土坝于合龙时，因汶水涨发，风雨交作，所进埽占，复被冲塌。【略】又谕：明山奏六月分雨水粮价情形一折，内称黔省因六月间未得透雨，通省粮价较增，思南、丹江两处现请开仓平粜。【略】己酉，【略】免河南兰阳、仪封二厅应赔被水漂没仓谷。【略】庚戌，【略】缓征长芦所属沧州、盐山县并严镇、海丰二场灶地被水钱粮。【略】乙卯，【略】又谕：魏元煜奏七月分雨水田禾情形一折，据称江、镇、扬三府属夏间高阜被旱之区，因秋雨又稀，补种杂粮，未能一律长发。淮、徐、海三府州属低洼地亩旧有积水，复于七月间大雨频仍，河湖涨溢，未能疏消涸复，秋禾不免歉薄等语。【略】戊午，【略】江西学政王宗诚奏，江西省本年旸雨应时，和甘肇瑞，三四月间二麦已属丰收，兹届西成，早稻登场，更极丰稔，且阖省皆然。据本地士民云，臼出米粒，饱绽结实，较曩来大熟之年更为过之。【略】癸亥，【略】安徽巡抚张师诚奏，皖省间有时疫，饬属施药救济。得旨：地方时疫流行，随时即应奏闻，何迟至两月之久。盖阅上谕，京师有施棺散药之举，又知朕已闻南方有此时气，故为此奏以塞责耳。嗣后务当尽心民瘼，据实办理。【略】赏安徽宿、灵璧、泗三州县被水灾民口粮。甲子，【略】缓征甘肃河、狄道、金、靖远、灵、宁夏、宁朔、平罗、平番九州县被旱、被雹、被水九村庄新旧钱粮、草束、厂租，贷皋兰、渭源、安定、会宁、岷五州县及红水县丞所属灾民一月口粮，并缓征新旧钱粮草束。【略】庚午，【略】协办大学士陕甘总督长麟奏报得雨分寸。得旨：河州等八州县秋雨甚少，禾稼曾否收获，应行查勘。【略】壬申，【略】蠲减直隶安、隆平、宁晋、新河、南宫五州县积水地亩额赋有差。【略】甲戌，【略】盛京将军松箖等奏凤凰城等四处被淹情形。得旨：明白查勘，据实覆奏。

《宣宗实录》卷二三

十月戊寅朔,【略】缓征山东邹平、郯城、兰山、新城、济阳、齐东、德平、长山、东阿、东平、蒲台、利津、滨、海丰、商河、青城、惠民、阳信、沾化、滕、峄、邹、汶上、滋阳、寿张、阳谷、观城、濮、巨野、郓城、单、费、堂邑、恩、博兴、乐安、高苑、潍、济宁、金乡、鱼台、历城、齐河、禹城、寿光、莘、嘉祥、宁海、文登、荣成、朝城五十一州县,德州、东昌、临清、济宁四卫被水、被虫村庄新旧额赋。给郯城、兰山二县灾民一月口粮,并冲塌房屋修费,加赈极贫户口一月,免额赋十分之一。以山东兰山等县卫秋禾歉收,暂缓买补动缺常平仓谷。【略】乙酉,【略】蠲缓直隶安肃、新城、东安、涿、静海、宁晋、定、永清、容城、雄、安、高阳、天津、青、沧、南皮、盐山、庆云、大名、南乐、宣化、保安、怀来、赤城、龙门、新河二十六州县被水、被雹村庄新旧额赋。赈安肃、新城、东安、涿、静海、宁晋、定七州县灾民。蠲缓江苏句容、沭阳、上元、江宁、铜山、沛、萧、砀山、邳、溧水、江浦、六合、山阳、阜宁、清河、桃源、安东、盐城、高邮、泰、东台、仪征、兴化、宝应、丰、宿迁、睢宁、海、赣榆、武进、丹徒、丹阳、金坛、甘泉三十四州县,及淮安、大河、徐州三卫被水、被旱地亩新旧银米,并次年新赋。赈句容、沭阳二县灾民。给上元、江宁、铜山、沛、萧、砀山、邳、宿迁、睢宁九州县暨徐州卫军民一月口粮,截留备拨未解银三十三万五千二百两有奇及淮、徐两属漕粮备赈。 《宣宗实录》卷二四

十月【略】乙未,【略】免两淮板浦、中正、临兴三场被水灶课有差,仍予赈恤,并缓庙湾场应征新旧课银。【略】戊戌,【略】伊犁将军庆祥奏,回户粟谷歉收,请抵交小麦。从之。【略】己亥,【略】缓征河南安阳、汤阴、临漳、内黄、浚、永城、荥泽、睢、获嘉、杞、仪封、舞阳、济源、延津、太康十五厅州县水淹沙压地亩新旧额赋。贷黑龙江所属被水、被雹灾民仓谷,并赏旗丁口粮。【略】癸卯,【略】贷福建台湾淡水、噶玛兰二厅风雨折损籽种银,并给房屋修费。给盛京凤凰城、岫岩、牛庄、巨流河、白旗堡等处被水旗民一月口粮。【略】乙巳,【略】蠲缓浙江天台、松阳、淳安三县被水歉收田亩新旧额赋有差。给天台、松阳二县灾民一月口粮。【略】丁未,【略】缓征安徽宿、灵璧、泗、凤阳、五河、凤台、寿、怀远、定远、盱眙、天长、潜山、南陵、当涂、无为、合肥、庐江、巢、和、含山、亳、泾、蒙城、繁昌、太湖、望江、宿松、贵池、铜陵、青阳、东流、石埭三十二州县被水、被旱田亩新旧额赋。赈宿、灵璧、泗、凤阳四州县及屯坐各卫军民,给房屋修费,并给五河、凤台、怀远三县灾民一月口粮。

《宣宗实录》卷二五

十一月【略】丙辰,【略】贷甘肃靖远、秦、清水、礼、泾、灵台、静宁、宁、平番、中卫十州县被灾贫民两月口粮,并沙泥州判所属灾民一月口粮。【略】甲子,【略】缓征甘肃宁、陇西、武威、古浪、镇原、中卫、洮、静宁、西宁、灵台十厅州县被灾歉收新旧钱粮草束,并给灵、泾二州灾民口粮、房屋修费。【略】己巳,【略】缓征江苏上元、江宁、高邮、东台、桃源五州县被水、被旱钱粮银米有差。并给句容、阜宁、丰三县灾民,及淮安、大河、徐州三卫屯军一月口粮。庚午,【略】以江南粮价较昂,缓买各帮旗丁行月等米。【略】壬申,【略】以乌什屯田丰收,予员弁议叙,赏兵丁一月盐菜银。【略】癸酉,【略】又谕:向来苏州织造每月具奏晴雨录及粮价单[①]一次,各处盐关织造均无此奏,且江苏巡抚驻扎苏州,业将各属雨水粮价情形按月具奏,该织造复行陈奏,实属重复,嗣后著即停止,以省繁文,将此传谕嘉禄知之。 《宣宗实录》卷二六

十二月【略】癸未,【略】缓征山东茌平、济宁、鱼台、夏津、菏泽、武城六州县积歉村庄旧欠额赋。命设厂煮赈河南兰阳、仪封、睢三厅州县被水灾民两月。【略】己丑,【略】免云南邓川、鹤庆二州被雨歉收本年条公税秋银米。【略】庚子,【略】展缓安徽庐州卫头二三帮屯田被旱各丁应缴借款银。

《宣宗实录》卷二七

---

① “苏州织造每月具奏晴雨录及粮价单”。该例自康熙年间起,至此停止。

## 1822年 壬午 清宣宗道光二年

正月【略】辛亥,【略】展赈奉天凤凰城等处上年被灾旗民一月。加赏江苏句容、上元、江宁、阜宁、铜山、丰、沛、萧、砀山、邳、宿迁、睢宁十二州县,并淮安、大河、徐州三卫上年被水、被旱军民一月口粮。给沭阳、山阳、清河、桃源、安东、盐城六县灾民一月口粮。加赏安徽宿、凤阳、灵璧、泗、怀远、凤台、五河七州县,并凤阳、长淮、泗州三卫上年被水、被旱军民一月口粮。展缓山东郯城、兰山、章丘、邹平、长山、滕、郓城、恩、聊城、茌平、禹城、齐河、新城、峄、阳谷、观城、濮、巨野、单、博兴、高苑、济宁、鱼台、莘、蒲台、海丰、沾化、滋阳、潍、金乡、寿光、济阳、齐东、德平、东阿、东平、利津、滨、商河、青城、阳信、邹、汶上、寿张、费、堂邑、乐安、临邑、惠民、范、博平、历城、嘉祥、朝城、宁海、文登、荣成五十七州县,德州、济宁、东昌、临清四卫上年被水、被虫上忙钱粮漕项,并节年旧欠额赋及各项银米有差,仍命粜贷仓谷,赏郯城、兰山二县灾民一月口粮。以河南安阳、汤阴、临漳、内黄、荥泽、原武、永城、武陟、济原、阳武、杞、上蔡、西平十三县上年被水、被雹,命粜贷仓谷,并续赈兰阳、仪封、睢三厅州县贫民一月。【略】甲寅,【略】展赈两淮板浦、中正、临兴三场上年被水灶丁一月。贷浙江天台、松阳、淳安三县上年被水、被旱灾民籽种,并天台、松阳二县灾民一月口粮。贷陕西鄜、大荔、朝邑、长安、蓝田、榆林六州县上年被水、被雹灾民口粮。贷甘肃中卫、灵、宁夏、宁朔、平罗、靖远、皋兰、渭源、安定、会宁、岷、平番、西宁、宁、陇西、武威、古浪、镇原、洮、静宁、泾、灵台、通渭、西和、华亭、安西、敦煌二十七州县并王子庄州同所属上年被水、被旱、被雹灾民籽种口粮。贷湖北武昌、武左二卫灾缓军帮银。

《宣宗实录》卷二八

二月【略】丙申,【略】又谕:富兰等奏,张家口军台官产驼马,去冬今春因遇大雪风沙,被灾损伤甚多,富兰前往查看等语。【略】癸卯,展缓山东惠民、阳信、商河、德平、临邑、恩六县上年被水村庄应征耗豆。

《宣宗实录》卷三〇

三月丙午朔,【略】谕内阁:魏元煜奏请动拨口粮银两一折,江苏省上年被灾之上元等二十一州县卫前经降旨,赏给一月口粮并加赏口粮,兹据该抚查明,约共需银五十四万余两。【略】丙寅,【略】又谕:据御史孙贯一奏,山东连年歉收,登州、青州、武定三府产粟无多,皆赖奉天粟米以资接济,本年停止海运,山东荒歉乏食,籴买无自,请照嘉庆十七年之例,将奉天存积粮石分半出运,接济东省等语。【略】今如该御史所奏,山东望奉天之粟甚殷,逃荒乏食络绎满路,如果属实,何以未据琦善奏报。【略】辛未,【略】缓征直隶新城、安肃、东安、涿、宁晋、定、静海七州县上年歉收带征春粮。【略】癸酉,【略】缓征直隶永清、东安两县被水村庄今年上忙额赋。

《宣宗实录》卷三一

闰三月【略】己卯,【略】缓征江苏山阳、阜宁、清河、桃源、安东、盐城、铜山、丰、沛、宿迁、睢宁、海十二州县,并淮安、徐州、大河三卫被水积歉及毗连灾区新旧额赋,加给阜宁县灾民一月口粮。【略】丙戌,【略】赈奉天岫岩厅被水灾民,并蠲缓岫岩、新民二厅,宁远州地丁银米有差。【略】己亥,【略】山东巡抚琦善奏雨水粮价。得旨:由东而来者,朕每询及山东雨水,均称正在望泽,兹览奏报雨水情形,甚为欣慰,京中得雨三次,现已深透。【略】庚子,【略】直隶总督颜检奏报,保定省城得雨。得旨:京城三获甘霖,均已深透。

《宣宗实录》卷三二

四月【略】戊申,【略】直隶大名镇总兵官德克金布奏,续沛甘霖,四乡一律均沾,不独麦苗收成可望,且可预卜秋丰。

《宣宗实录》卷三三

五月【略】丙子,【略】江苏巡抚魏元煜奏:山阳、桃源、邳、宿迁四州县于闰三月二十日,二麦早禾被冰雹伤损情形。【略】己卯,【略】又谕:琦善奏请借项修筑堤堰各工一折。山东东平州境内堤堰为民生运道攸关,据该抚查明上年夏秋之间该州山水涨发,大小清河南北两岸马家庙等处草堰,



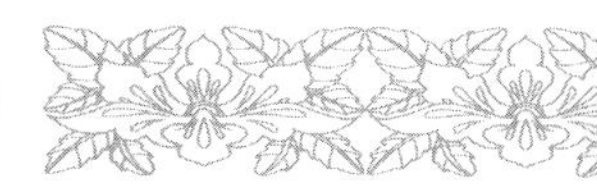

及汶、运两河西岸罗家漫等处民堰被水冲决，并有单薄险工及改建月堤工段，其运河西岸吴家漫一带民堰亦多残缺，俱应及时修筑。【略】丙戌，【略】直隶总督颜检奏，武清、天津、东安等县各村庄蝻孽滋生，亟应扑除净尽。得旨：认真督饬办理，断不可致令飞扬。　　《宣宗实录》卷三五

五月【略】庚寅，【略】展缓河南原武、兰阳、仪封、杞、延津、封丘、武陟、荥泽、安阳、汤阴、临漳、内黄、浚、永城十四厅县各灾村及被灾较重之睢州节年旧欠额赋有差。并缓祥符、陈留、杞、中牟、兰阳、仪封、荥泽、睢、汲、获嘉、延津、封丘、武陟、原武、阳武、洛阳十六厅州县沙压、堤占、水占地亩新旧钱漕并滩租等项。【略】壬辰，【略】缓征陕西岐山县被雹村庄本年额赋并借给籽种。癸巳，【略】蠲缓直隶沧、南皮、盐山、庆云、青五州县，并严镇、海丰二场上年被水灶地额赋有差。【略】丙申，【略】护江西巡抚邓廷桢奏报丰城、清江二县被水情形。【略】甘肃布政使卢坤奏报粮价及四月得雨情形，并陇西、伏羌、静宁、宁州、安化等州县有被水、被雹、被霜村庄。【略】已亥，【略】山东巡抚琦善奏，胶州即墨、平度、峄县、兰山、高密等州县境内间有蝻孽萌生。得旨：设厂收买，其法最善，迅委贤员上紧办理，务要克期尽净，不可致令飞扬为害。【略】缓征山东郯城、兰山、菏泽、曹、邹五县被雹、被水村庄及临清卫屯地新旧钱粮仓谷有差。【略】辛丑，【略】直隶总督颜检奏报省城及清苑、安肃、定兴、高阳、完县被雹情形。【略】壬寅，【略】谕军机大臣等，李鸿宾奏，滕县境内十字河山水涨发，河心受淤，三进在后帮船行走未能迅速，现在赶紧捞拨等语。山东滕县境内之十字河，因山水陡涨，兼之连次大雨，冲开沙坝，河心受淤甚厚，自应加紧筹办。　　《宣宗实录》卷三六

六月【略】甲辰，【略】谕军机大臣等，颜检奏，永清县南人营等处有飞蝗自东南而来，至各村庄停落，残食禾叶，尚未扑净；文安县桃源村等处有飞蝗自东北往西南，业已扑捕净绝等语。前据颜检奏称，武清、天津、东安三县均有蝻孽潜生，当经批示，认真督饬办理，断不可致令飞扬。此时永清、文安二县，飞蝗从东南、东北一带而来，究竟起于何县地方，是否即由武清等三县飞至该处村庄，其蝻子由何处发生，俱应探查明确。著该督饬委妥员分路确查，该处禾稼有无伤损，务须上紧扑灭，无令飞扬蔓延，并将查办情形据实具奏，不得稍有讳饰，将此谕令知之。【略】丙午，【略】河南巡抚姚祖同奏报新乡、获嘉、辉、虞城四县被雹损伤田禾。【略】壬子，【略】山东巡抚琦善奏报胶、即墨、兰山、峄四州县捕蝗情形，得旨：认真查勘，不可任听属员隐饰，更不可因此扰害闾阎也。【略】丁巳，【略】缓征江苏海、宿迁二州县被雹村庄新旧额赋有差。【略】己巳，【略】除湖北汉川县水冲沙压田七百三十六顷五十八亩有奇额赋，并免节年未完银米。　　《宣宗实录》卷三七

七月【略】丙子，【略】谕军机大臣等，本日姚祖同奏称，彰德府安阳县境内五月二十八日漳河暴涨，合河口民埝冲决二十余丈；六月初十日冯宿村民埝冲决一百余丈，大溜全掣，分为二股，一股由正东高利、太保等村转向东北入卫，一股向正北分流，直达直隶，大名境内一带村庄现被水围，虽人口尚无损伤，情形孔迫等语。【略】又谕：琦善奏，武城县卫河东岸民堰漫口，现在堵办情形。据称，六月十七日风雨交加，河水陡涨，大堤口卫东岸民堰漫缺十七丈。【略】又谕：据姚祖同奏原武县堤南被水办理抚恤一折，河南原武县滩居民人，值黄水漫滩下注，四面皆水，该处新筑原阳越堤复塌去一百余丈，不惟越堤以外之村庄均被水围，即越堤以内之村庄亦遭淹浸，该处民人觅船济渡，仓猝无所栖止，情形实为可悯。该抚前已派员前往，会同该县，扎筏雇船，分投济渡，并先散馍饼，按给口粮，俾得栖托糊口。共用银一千三百两，著即准其报销。惟此时水渐消退，滩地晚秋杂豆等项不无损伤。【略】其另片奏，漳河水势暴涨，冲决民埝两处，其冯宿村一处多至一百余丈，溜势北趋，竟至正河淤塞绵亘四十余里，田禾被淹，尤恐于运道有碍。【略】甲午，赈直隶霸、文安、大城、保定、清苑、安、新安、博野、雄、献、冀、衡水、新河、赵、大名、元城、任、南乐、高邑、任丘、阜平二十一州县被水灾民。　　《宣宗实录》卷三八

八月【略】壬子，【略】给河南安阳、内黄、汤阴三县被水灾民口粮，并坍塌房屋修费。【略】丙辰，

【略】贷土默特被灾蒙古一月口粮。《宣宗实录》卷三九

八月丁巳，【略】给直隶霸、保定、文安、大城、永清、安肃、新城、博野、望都、祁、安、高阳、新安、无极、藁城、赵、隆平、宁晋、深、武强、饶阳、安平二十二州县被水灾民一月口粮，并坍塌房屋修费。【略】壬戌，谕军机大臣等，本日据那彦成奏，查西安省城自七月二十八日以后阴雨连绵，十余日未见开霁，南山各州县所种包谷，一经久雨，子粒青空，收成歉薄。木厢等处工作游民恐因粮贵，失业滋事。【略】陕省木厢纸厂、铁厂各工作向系无业游民，聚集谋生，全藉所种包谷以资口食，【略】粮价昂贵，客头无力收聚，势必停工，计此三项游民，不止八九万人，若一时尽皆失业，难保其不别滋事端。【略】甲子，【略】给山西归化城、萨拉齐二厅被水灾民一月口粮并坍塌房屋修费。【略】丙寅，【略】谕总管内务府大臣等，本年顺天府属二十四州县内，据报被灾者十八州县。【略】丁卯，【略】又谕：程祖洛奏，沁河水势陡涨，南岸韩村地方民堤漫溢，塌宽三十余丈，掣溜南趋，居民多避高阜，人口尚无损伤，城垣亦无妨碍等语。豫省自六七月以来，积雨连旬，现在沁河漫水，韩村民堤刷塌，亟应勘明堵筑。【略】戊辰，谕内阁：颜检奏，永定河水势骤涨，南六工东西两坝共走失十三丈，未克如期合龙。【略】又谕：御史郭泰成奏请疏通河渠，以工代赈一折。据称直隶入夏以来大雨时行，田禾被淹，由河渠淤浅，水无所归，如果河渠通畅，田庐未必受伤，年岁仍可丰稔等语。【略】但今岁直隶一百四十三州县，被水者有八十州县之多。【略】庚午，【略】蠲缓山东恩、夏津、武城、范、章丘、邹平、历城、长山、新城、齐河、齐东、济阳、禹城、长清、陵、平原、滕、峄、汶上、朝城、兰山、郯城、费、聊城、堂邑、博平、茌平、清平、莘、馆陶、冠、高唐、博兴、高苑、乐安、寿光、临清、商河、东阿三十九州县，及德州、东昌二卫被水村庄本年应征钱漕盐课有差，给恩、夏津、武城、范四县灾民一月口粮。

《宣宗实录》卷四〇

九月【略】辛巳，【略】以吐鲁番屯田丰收，予员弁议叙，赏兵丁一月盐菜银。【略】蠲缓云南丽江县被水、被雹村庄本年额赋，并给口粮苫费有差，除沙压地十三顷八十一亩有奇额赋。【略】乙酉，【略】缓征江西瑞昌县水灾本年额赋，给灾民一月口粮，冲塌房屋修费，并垦复沙压田亩资本。赏河南武陟县被淹灾民一月口粮及房屋修费，停征新旧额赋。并赏原武县续淹贫民一月口粮。【略】乙未，【略】缓征河南新乡、辉、虞城、获嘉四县被雹村庄新旧额赋。《宣宗实录》卷四一

十月壬寅朔，【略】缓征甘肃静宁、灵、渭源、靖远、西宁、碾伯六州县被水、被雹、被霜村庄新旧额赋，并赈河州被水灾民。给盛京广宁属小黑山、白旗堡被水灾民一月口粮。【略】丙午，【略】长芦盐政阿尔邦阿奏，本年雨水较多，商运盐引滞销，请缓征残票残引。从之。【略】赈安徽宿州被水灾民。缓征河南仪封、陈留、荥泽、虞城、夏邑、安阳、汤阴、临漳、内黄、汲、新乡、延津、滑、浚、封丘、考城、原武、杞、淇水、永城、兰阳、鹿邑、阳武二十三厅县被水村庄新旧额赋。缓征山东濮、博平、德、临邑、德平、东平、平阴、惠民、海丰、滨、沾化、乐陵、阳谷、滋阳、寿张、菏泽、城武、巨野、定陶、郓城、单、曹、观城、潍、济宁、金乡、嘉祥、鱼台、邱、历城、邹平、齐河、齐东、济阳、禹城、长清、陵、平原、汶上、朝城、茌平、馆陶、高苑、商河、利津、蒲台四十六州县，德州、东昌、临清、济宁四卫被水、被虫村庄新旧额赋及各项银谷。并给濮、博平、恩、利津、蒲台五州县灾民一月口粮，坍塌房屋修费，免本年额赋十分之一。【略】丁未，【略】赈直隶霸、保定、文安、大城、永清、望都、雄、安、新安、献、任丘、清苑、安肃、新城、博野、祁、高阳、河间、肃宁、无极、藁城、新乐、开、大名、元城、南乐、清丰、东明、长垣、冀、南宫、新河、武邑、衡水、赵、隆平、宁晋、深、武强、饶阳、安平、定、深泽四十三州县被水灾民，并蠲缓通、三河、宝坻、香河、大兴、宛平、房山、顺义、满城、定兴、容城、束鹿、蠡、景、东光、吴桥、宁津、沧、南皮、盐山、栾城、南和、平乡、广宗、永年、邯郸、曲周、广平、丰润、玉田、枣强、柏乡、高邑、武清、蓟、固安、宁河、东安、交河、天津、青、静海、正定、阜平、巨鹿、任、鸡泽、曲阳四十八州县新旧额赋。【略】壬子，【略】赈江苏海州被水灾民，并蠲缓海、沛、萧、邳、睢宁、吴、六合、山阳、阜宁、清河、

桃源、安东、盐城、江都、甘泉、宝应、铜山、丰、砀山、宿迁、沭阳、赣榆、华亭、奉贤、金山、川沙、宜兴、荆溪、金坛、溧阳三十一厅州县，及淮安、徐州、大河三卫新旧额赋有差。【略】甲寅，【略】贷黑龙江城库木尔等三站被水灾民口粮，并展缓黑龙江、墨尔根、布哈特旧欠粮石。《宣宗实录》卷四二

十月【略】乙丑，【略】缓征两浙坐落江苏松江府属被旱盐场灶课。【略】丁卯，【略】谕军机大臣等，阮元奏，广东省新城西门外于九月十八日亥刻，店铺失火，因风大火猛，至十九日亥刻始息，延烧千余家。【略】筑山西盐池被水各堰，从巡抚丘树棠请也。赈湖北天门、钟祥二县被水灾民，蠲免新旧额赋。缓征沔阳、荆州、京山、汉阳、汉川、潜江、江陵、监利八州县额赋有差。

《宣宗实录》卷四三

十一月【略】甲戌，【略】以乌什屯田丰收，予员弁议叙，赏兵丁一月盐菜银。【略】乙亥，【略】赈安徽宿、凤阳、灵璧、凤台、五河、怀远、泗七州县及屯坐各卫被水、被旱军民，并缓新旧额赋。给泗、怀远、宿、凤阳、灵璧、盱眙、天长、潜山、寿、定远、繁昌、庐江、无为、桐城十州县并建阳卫额赋有差。【略】丁丑，【略】堵筑河南武陟县韩村漫口沁堤，从巡抚程祖洛请也。【略】展缓河南阳武县被水灾民节年带征漕粮。加赈河南武陟县被水灾民，并蠲缓新旧额赋有差。【略】戊寅，【略】除浙江临海县水冲沙压田地七顷额赋。蠲缓临海、海盐、长兴、海宁四州县被水、被旱新旧额赋。

《宣宗实录》卷四四

十一月【略】丁亥，【略】缓征甘肃皋兰、狄道、宁、金、安定五州县及沙泥州判所属歉收贫民新旧钱粮。给甘肃河、狄道、渭源、靖远、洮、静宁、安化、秦、清水、灵十州县及沙泥州判所属灾民口粮。【略】己丑，【略】缓征两淮板浦、中正、临兴、庙湾、新兴、丁溪、草堰、刘庄、伍佑九场被水灶户新旧钱粮。庚寅，上奉皇太后幸瀛台阅冰技。缓征湖南澧州被水各垸下忙钱粮。【略】壬辰，命于大高殿设坛祈雪。上亲诣行礼。【略】癸巳，上幸北海阅冰技。【略】乙未，【略】缓征长芦被水引地本年正课十分之五，并展缓旧欠加价及加价息银。丙申，【略】免江西南昌、新建、丰城、泰和、德化五县，并南昌、九江二卫被水冲坍地亩银米。《宣宗实录》卷四五

十二月辛丑朔，【略】幸北海阅冰技。【略】戊申，上幸瀛台阅冰技。【略】癸丑，以大高殿祈雪未应，命不必撤坛，再行虔祷七日。《宣宗实录》卷四六

十二月【略】丁巳，【略】免直隶隆平、宁晋、新河三县被水村庄上年额赋之半。给直隶大城县被水灾民口粮，并拨通仓司库银米备赈。戊午，【略】以科布多屯田丰收，予员弁议叙，赏兵丁一月盐菜银。【略】缓征江苏山阳、桃源、盐城、金坛四县被水、被旱村庄旧欠额赋。【略】壬戌，【略】奉皇太后幸北海阅冰技。《宣宗实录》卷四七

## 1823年 癸未 清宣宗道光三年[①]

正月【略】乙亥，【略】展缓江苏阜宁、安东二县被水积歉民欠地价，及应征升科银。丙子，【略】展赈直隶霸、保安、文安、大城、永清、雄、安、新安、任丘、清苑、安肃、新城、博野、祁、高阳、河间、肃宁、无极、藁城、新乐、冀、南宫、新河、武邑、衡水、赵、隆平、宁晋、深、武强、饶阳、安平、定、深泽、望都、献三十六州县上年被水灾民。并缓征开、元城、大名、南乐、清丰、东明、长垣、武清、蓟、固安、宁河、东安、交河、天津、青、静海、正定、阜平、巨鹿、任、鸡泽、曲阳、通、三河、宝坻、香河、大兴、宛平、

① 本年大水为全国性，覆盖华北、江淮及华南地区，其偏涝程度在近500年内接近百年一遇。灾情分析详见张家诚（1993）《1823年（清道光三年）我国特大水灾及影响》、李伯重（2007）《道光萧条与癸未大水——经济衰退、气候剧变及19世纪的危机在松江》、倪玉平和高晓燕（2014）《清朝道光"癸未大水"的财政损失》三文。

房山、顺义、满城、定兴、容城、束鹿、蠡、景、东光、吴桥、宁津、沧、南皮、盐山、栾城、南和、平乡、广宗、永年、邯郸、曲周、广平、丰润、玉田、枣强、柏乡、高邑五十五州县歉收村庄本年额赋。展赈奉天小黑山、白旗堡二处上年被水旗户。展赈江苏海州上年被水灾民，给铜山、沛、萧、邳、睢宁、丰、宿迁七州县并徐州卫民屯一月口粮。给安徽宿、凤阳、怀远、灵璧、凤台、泗、五河、盱眙、天长九州县，并凤阳、长淮、泗州三卫上年被水、被旱民屯一月口粮。缓征山东恩、夏津、武城、范、濮、博平、章丘、邹平、长山、新城、齐河、齐东、济阳、禹城、临邑、长清、陵、德、德平、平原、东阿、东平、惠民、海丰、乐陵、商河、滨、沾化、滋阳、滕、峄、汶上、阳谷、寿张、单、城武、定陶、巨野、郓城、观城、朝城、费、聊城、堂邑、茌平、清平、莘、馆陶、冠、高唐、博兴、高苑、乐安、寿光、潍、邱、济宁、金乡、嘉祥、鱼台、郯城、兰山、菏泽、曹、利津、蒲台六十六州县，并德州、东昌、临清、济宁、东平五卫上年被水、被雹、被虫灾民新旧额赋，给恩、夏津、武城、范、濮、博平六州县灾民一月口粮。以山西保德州萨拉齐厅上年被水，命发常平仓谷出借平粜。贷黑龙江齐齐哈尔城、墨尔根城二处上年被水旗丁籽种粮石。【略】戊寅，【略】贷长芦丰财、芦台、严镇、海丰四场上年被水灶户修整盐滩银，并展赈丰财场灶户借欠工本银一年。贷两淮板浦、中正、临兴、庙湾、新兴、丁溪、草堰、刘庄、伍佑九场上年被水灶户一月口粮。给河南武陟县上年被水灾民一月口粮。贷武陟、安阳、内黄三县灾民籽种口粮。并借粜陈留、杞、深泽、永城、鹿邑、虞城、夏邑、汤阴、淇、考城、封丘、原武、阳武十三县灾民仓粮。贷浙江海盐、长兴二县上年被旱灾民一月口粮。贷江西瑞昌县上年被水灾民籽种。贷陕西岐山、盩厔、蓝田、南郑、城固、洋、西乡、安康、石泉、留坝、洵阳十一厅县上年被雹、被水灾民口粮。

《宣宗实录》卷四八

二月【略】癸丑，【略】加赏直隶大城县上年被水灾民一月口粮。甲寅，【略】谕内阁：上年近京一带雨水过多，顺天府属被淹地方迭经降旨，分别缓征抚恤。惟现在淹浸之处尚未全经涸复。【略】丁巳，【略】谕军机大臣等，据卢荫溥等奏，【略】顺天府属州县上年被水，文安县村庄涸出不及十分之二，其余水深三四尺至八九尺不等。大城县南有九里横堤一道，系捍御上游河间等县诸水，现在决口四处，除已断流外，尚有小广安口一处仍未全消。【略】除甘肃陇西、岷、灵、宁夏、宁朔、中卫、平罗、西宁、高台、玉门十州县及西固州同所属水冲沙压民屯地九百四十三顷有奇正耗银粮草束。

《宣宗实录》卷四九

三月【略】癸酉，【略】谕军机大臣等，文孚等奏，遵旨察看文安、大城一带地方情形，据称大城县涸出村庄过半，可资耕作。【略】惟文安被淹尚属十分之八，情形最重等语。【略】以直隶保定、东安、武清、香河、固安、宝坻六县被水，命平粜仓谷；并截留豫东漕米一万石，拨给文安、大城、永清、霸、蓟、三河六州县平粜，加赏文安县贫民一月口粮。甲戌，【略】谕军机大臣等，前据颜检奏灾民待哺情形，经朕降旨，准其将豫、东二省现运麦五万五千余石照数截留北仓，抵米散放。乙亥，上耕耤，诣先农坛行礼。戊寅，【略】山东巡抚程含章【略】又奏，东省水患，年甚一年，总因大小河道无不淤塞之故，查上年被水者七十四州县卫，以通省计之，三分涝二。总计五年之内，国家赈恤及蠲缓银两已有二百余万，民间被淹粮石更不知几千万石，必须早为疏通，以救灾民。

《宣宗实录》卷五〇

四月【略】癸亥，命于黑龙潭、觉生寺设坛祈雨。【略】丙寅，命惇亲王绵恺诣黑龙潭、睿亲王端恩诣觉生寺谢雨。

《宣宗实录》卷五一

五月【略】壬申，【略】山东巡抚琦善奏报，东省甫经得雨，尚未深透，仍虔诚祈祷。【略】丙子，【略】命搜捕陵寝树枝松虫，从守护东陵贝子绵岫等请也。【略】壬午，【略】以方泽大祀，渥沛甘霖，予在坛执事及随从官员等纪录赏赍有差。【略】甲申，【略】直隶总督蒋攸铦奏报，保定各属得雨。得旨：览奏欣慰，京中亦于十四五两日连获甘霖，入土深透，朕曷胜感悦。【略】乙未，【略】直隶总督蒋攸铦奏报麦收分数。得旨：今岁直隶麦收不丰，惟有仰吁天慈。【略】又奏：顺天各属雨泽已透，惟省南及河间、天津、正定尚未一律沾足。批：畿南一带望泽甚殷，一俟甘霖渥沛，即行奏报。

《宣宗实录》卷五二

六月【略】辛丑，【略】缓征浙江建德、淳安二县被水村庄新旧额赋。【略】壬寅，【略】缓征直隶赵、开、冀、大名、清丰、邯郸、正定、获鹿、栾城、青、静海十一州县被雹、被旱村庄新旧额赋有差。【略】甲辰，【略】谕军机大臣等，本日据卢坤奏，陕西平原各属二麦业经收获，秋禾亦已播种，南山一带包谷杂粮长发畅茂等语。【略】乙巳，【略】直隶总督蒋攸铦奏报保定一带优沾雨泽。【略】署山东巡抚琦善奏报，泰安、兖州一带渐次得雨，尚未深透。【略】缓征山东郯城、兰山、费、寿张、长山、新城、邹平、高苑八县被雹村庄本年额赋，并贷贫民籽种。【略】丁未，【略】缓征河南内黄县被雹村庄新旧额赋，贷汝阳、正阳二县常平仓谷。【略】壬子，【略】谕军机大臣等，京师自六月初九日起，雨势连绵，迄今尚未晴霁，永定河为众流汇注，现当大雨时行，水势恐致盛涨，民田庐舍所关非细，必须时常加意保护。【略】甲寅，命于大高殿设坛祈晴。【略】又谕：蒋攸铦奏，永定河水势异涨，北三工、南二工漫溢情形。【略】北三工十二三号溜势汹涌，水高堤顶，漫口约宽四五十丈；又，南二工二十号复漫口约宽五六十丈。现在各工均甚危险。【略】缓征直隶宁晋县被雹村庄新旧额赋。【略】丙辰，以久雨开霁，命皇长子奕纬诣大高殿【略】报谢。丁巳，谕内阁：据卢荫溥等奏，顺天府属固安等各州县因河水漫溢，多有田禾被淹之处。【略】安徽巡抚陶澍奏，潜山、望江、南陵、繁昌等县田地被水淹浸，亲往查勘。【略】戊午，谕内阁，陶澍奏勘办被水州县情形一折。安徽铜陵、无为、繁昌、芜湖、当涂五州县因本年雨水过多，加以上游江水涨发，以致圩埠漫溢，民田庐舍被淹，经该抚亲往履勘，损伤人口无多。【略】缓征直隶青、静海二县被旱、被水村庄新旧额赋，并给灾民两月口粮。【略】甲子，【略】除湖北汉川县水冲沙压垸田七百三十六顷五十八亩有奇额赋。

《宣宗实录》卷五三

七月丁卯朔，【略】谕内阁：蒋攸铦奏，永定河北上汛四五号平工因水势异涨，河形顶冲，致堤溃二百三十丈，情形甚属危险。【略】直隶总督蒋攸铦奏，遵查北运河王家庄等漫口共二百余丈，应照历办成案，均责令各厅汛自行赔修。【略】甲戌，谕内阁：御史蔡学川奏水灾情形较重，请即开赈一折。前因伏雨过多，河水冲决，直隶顺天、保定等府属各州县附近漫口村庄、农田庐舍均被淹浸，小民荡析情形实为可悯。【略】谕军机大臣等，御史杨希铨奏，江苏省四五月间大雨经旬，米价骤涨，常熟、昭文两县低区水潦，小民艰食堪虞。【略】乙亥，【略】又谕：孙玉庭等奏江苏各府州属低田被水情形一折。江苏省因五月间大雨，江河水涨，以致江宁、苏州、松江、常州、镇江、扬州、太仓各府州属低洼之区积水，驿路间段被淹，圩堤冲破，及瓜洲城外江岸亦有漫塌处所。【略】再，淮、徐二府属高阜田亩间有缺雨之处，并著饬令该管道府确查办理。【略】署山东巡抚琦善奏，扑捕费、兰山、郯城三县境内蝻孽。得旨：认真督办，毋令飞扬为害方好。【略】庚辰，谕内阁：蒋攸铦奏，【略】本年夏雨过多，山水陡发，各河同时盛涨，附近村庄低洼处所均被淹浸。【略】兹据该督查明，通州等八十一州县农田庐舍被水冲淹，内惟固安、永清、东安、宛平、霸、文安、大城、保定、安、新安十州县情形最重，亟须分别抚恤。

《宣宗实录》卷五四

七月壬午，谕内阁：京畿自入夏以来，雨水过多，现在市集粮价增昂，贫民口食维艰，朕心深为廑念。著于五城分设厂座，发给仓贮米五万石，平价粜卖，以济民食。【略】癸未，【略】又谕：那彦成奏，【略】甘肃宁夏镇各营派往乌什阿克苏换防官兵，行至中卫县属地方，猝遇暴雨，山水陡发，淹毙兵丁【略】五名。【略】给江西德化县被水贫民一月口粮。【略】己丑，谕军机大臣等，程祖洛奏，漳河漫溢，请派员查勘等语。豫省漳河水性猛悍，挟沙而行，停缓即生淤垫，现因洹水异涨，于上游合流处所，将漳水顶阻，折而东漫，形势渐复北趋，几与黄河水势相等，南北两岸民埝高宽不逾五尺，逼近河身，实不能捍御浊流，自应熟筹宣泄之方，以期河道修防两有裨益。【略】庚寅，【略】给湖北黄梅县被水灾民口粮。【略】癸巳，【略】又谕：嘉禄等奏热河园庭外庙各处被雨情形一折。本年六月内雨水较多，热河园庭行宫内外围墙均有坍塌渗漏之处，除殿宇房间石堤桥闸并内园院墙等项分别应修、应缓另行办理外，所有围内狮子园外庙并各处行宫坍倒外围墙垣，自应及时修理，著照所请，估需工料银一万七千一百八十九两零，即交总理工程大臣派员勘估具奏。【略】甲午，谕内阁：蒋攸铦奏，被灾最重各州县酌量煮赈，并请将大赈提早一月一折。直隶省被灾各州县，据该督原报续报，统计被水之区已有一百零八府厅州县，内通、武清、宝坻、香河、保定、文安、大城、固安、永清、东安、宛平、雄、高阳、安、新安、河间、任丘、天津、青、静海二十一州县情形最重，均系上年灾歉之区，亟应筹议抚恤。前经降旨，准截留漕米四十万石。【略】除盛京铁岭县镶黄旗界水冲沙压地二顷四十亩额赋。乙未，【略】谕内阁：韩文琦奏，被水地方急宜预筹民食一折。本年江苏省江宁、苏州、松江、太仓各府州属被水较重，米价渐昂。【略】给江苏上元、江宁、句容、高淳、长洲、元和、吴、吴江、震泽、常熟、昭文、昆山、新阳、太湖、青浦、太仓、镇洋十七厅州县被水灾民一月口粮，并动碾仓谷，以资接济。《宣宗实录》卷五五

八月【略】戊戌，【略】谕内阁：严烺等奏，会勘武陟县沁河漫口情形，亟筹兴堵一折。本年暑雨较多，山水骤发，沁河南岸原马棚及北岸小刘村均有漫口，现经盘护裹头，并赶筑拦河坝。【略】挑工土方，每方给例加价银三钱。【略】给河南武陟、修武二县被水灾民一月口粮，并坍塌房屋修费。【略】庚子，【略】谕内阁：孙玉庭等奏筹议安徽省各属被水事宜一折。本年安徽省滨江各州县被水较重，米价渐昂。【略】又谕：孙玉庭等奏，飞蝗过境，请将禀报迟延之知州革职一折。江苏江北各属报有飞蝗过境，并未停落损伤田禾，惟蝗蝻先由海州萌生，该知州未能即时扑灭，又复禀报迟延，意存饰卸。海州直隶州知州刘铨著革职提究，该督等即饬淮海道亲往督捕，务期搜灭净尽，毋使稍留余孽。并著淮扬等属一体严查，有无伤禾匿报之处，据实参办。其徐州府属地方，既据山东咨称，郯城与邳州接界之处亦有蝗蝻，该督等已饬令该府亲往确查，如有蝗蝻匿不禀报，著即严参，毋稍讳饰。【略】庚戌，展缓河南兰阳、杞、原武三县歉收村庄新旧额赋，并仪封厅丁地滩租。辛亥，安徽巡抚陶澍【略】又奏：庐江、无为、含山、和、巢、当涂、繁昌、铜陵、芜湖、太湖、宿松、南陵、潜山、桐城、宣城、全椒十六州县续报水灾，其尤重之无为州庐舍坟墓冲坏甚多，人口亦多淹毙。全椒、庐江两县监狱城垣民房均遭损坏，和、含山、巢三州县情形亦均堪悯恻。《宣宗实录》卷五六

八月壬子，【略】谕军机大臣等，【略】本年直隶被水，朕恫瘝在抱，不惜帑金，发给至一百八十万两之多，截留漕粮前后共五十五万石，又拨奉天粟米十五万石，轸念民依，不为不厚。【略】癸丑，【略】又谕：【略】山东省临清、馆陶、武城等州县民埝漫缺共十七处，【略】所有土埽各工共估需银三万九千三百余两，准由该司动项给发，赶紧兴工。【略】又谕：【略】永定河堵筑漫口，共估需工料土方银十五万两，业已解贮工次，现届秋分，亟宜趱办料物。【略】协办大学士两江总督孙玉庭等奏，采办邻省米石，尚需时日，查江苏两岸沿江州县于七月又续被水淹，灾民嗷嗷待哺，情形实堪悯恻。【略】甲寅，【略】云贵总督明山等奏，昆明县金汁等河，被水刷坍堤埂，建水县泸江决口，冲淹田地民房，所有被灾各户业经酌加抚恤。又，黑盐井地方，冲塌护井剥岸，淹倒民房多间，当饬确勘数目，筹议修葺。报闻。【略】给江苏江浦、六合、泰兴、华亭、娄、丹徒六县被水灾民一月口粮。乙卯，【略】谕内阁：帅承瀛奏，海盐等四县二卫低田续被水淹，并筹办灾地银米事宜一折。本年浙江省海盐、平湖、安吉等县低洼田亩，暨萧山县之牧地及南沙公租地亩，又坐落仁和、钱塘、富阳、余杭之杭严卫，坐落乌程、归安、长兴、安吉之嘉湖卫各屯田，均经续被水淹，该省产米本属无多，向赖安徽等省客米接济，今因河流盛涨，水逆难行，到浙米船多系零星小贩，市价加昂。据该抚查明，金华、衢州、温州、台州各府早稻丰熟，新谷俱已登场，可以就近贩运，暂资接济。【略】甲子，【略】缓征河南

武陟、修武、浚、汲、安阳、汤阴、临漳、内黄、新乡、获嘉、淇、荥泽、林、河内、辉十五县被水、被雹村庄新旧额赋。给浚、安阳、汤阴、临漳、内黄、汲、新乡、获嘉、淇、武陟、修武十一县灾民一月口粮，并房屋修费。《宣宗实录》卷五七

九月丙寅朔，【略】加赈江西德化县被水灾民，并缓征德化、德安、星子、都昌、建昌、鄱阳、南昌、新建、进贤、瑞昌、余干、彭泽、湖口十三县钱漕余租芦课。【略】丁卯，【略】谕军机大臣等，【略】直隶文安频年积潦，民舍田庐均被淹浸，【略】目前水势消落无几，骤难宣泄。【略】协办大学士两江总督孙玉庭等奏，仪征、丹阳、奉贤、金山四县续报被水各乡村，请抚恤一月口粮。镇江避水灾民尤多，现由官绅捐济口粮。【略】以浙江杭州、嘉兴、湖州三府被水，准借支盐库银三十万两，买米平粜。【略】己巳，【略】又谕：赵慎畛等奏，浙江被水，请招商赴台贩米一折。本年浙江雨水过多，又猝遇山水，低田被淹，各属米价增长，惟闽省早收丰稔，台湾余米可以出粜。著照所请，准其暂停海禁。【略】谕军机大臣等，据御史蔡学川奏，风闻涿州陆路一带有灾民拦截车辆，卸取行李，又卫河水路亦有灾民拦阻小船，索取钱文等语。【略】壬申，【略】浙江巡抚帅承瀛奏，浙江被水各县贫民乏食，现即动碾仓谷，减价平粜，以平市价而济民食。报闻。【略】乙亥，【略】安徽巡抚陶澍奏，查勘被灾各州县情形，乏食贫民亟须接济。现酌筹捐粥事宜。【略】己卯，【略】湖广总督李鸿宾等【略】又奏，续查江陵、监利、广济三县被淹各县垸灾民，请抚恤一月口粮，并给房屋修费。又荆门、天门二州县或因地处低洼，江湖涨漫，或被邻邑堤塍溃决带淹，应俟确勘明晰，分别轻重蠲缓。【略】赈山东临清、馆陶、武城、冠、恩五州县被水灾民一月。并蠲缓临清、馆陶、武城、冠、恩、聊城、清平、莘、濮、范、朝城、丘、夏津十三州县，暨东昌、德州、临清三卫新旧额赋有差，给坍塌房屋修费。加赈湖北黄梅县被水灾民，并蠲缓本年额赋，及屯坐各卫应征新旧银米，给坍塌房屋修费。以芦纲坨盐被水冲荡，引地阻运滞销，缓各商应征节年正余引课银。《宣宗实录》卷五八

九月辛巳，【略】又谕：孙玉庭等奏请协拨苏松等属灾赈银两一折，本年江苏省苏州、松江等属被灾较重，业经该督等奏请抚恤口粮，兹据查明各属成灾分数户口，分别给赈，概以折色散放，约需银一百万两。【略】云贵总督明山奏，阿迷、嵩明、昆阳、宣威、呈贡、蒙自六州县低洼田禾被水淹浸，民房间有冲塌，俟分别查勘，奏明办理。【略】除盛京广宁正白旗界被水冲压余地六顷八十一亩额赋。以齐齐哈尔、黑龙江、墨尔根、布特哈四城歉收，展缓应还赏借口粮。【略】丙戌，【略】广东巡抚陈中孚奏报，连、阳山二州县雨水过大，均多倒塌房屋，淹毙人口，业经该州县各照例捐廉抚恤，酌给修理埋资。【略】丁亥，【略】赈直隶通、武清、宝坻、香河、宁河、霸、保定、文安、大城、固安、永清、东安、宛平、涿、清苑、雄、安、高阳、新安、河间、献、任丘、交河、天津、青、静海、无极、藁城、新乐、冀、南宫、新河、武邑、衡水、隆平、武强、饶阳、安平、清河、威四十州县被水灾民，并免通、武清、宝坻、香河、霸、保定、文安、大城、固安、永清、东安、宛平、雄、高阳、安、新安、河间、任丘、天津、青、静海、大兴、宁河、清苑、新城、望都、献二十七州县应征本年额赋，缓征良乡、房山、昌平、顺义、怀柔、卢龙、满城、唐、完、束鹿、吴桥、盐山、获鹿、栾城、灵寿、平山、晋、邢台、沙河、唐山、广宗、永年、邯郸、曲周、开、遵化、枣强、柏乡、高邑、深三十州县新旧粮租，蠲缓三河、蓟、涿、昌黎、乐亭、安肃、定兴、博野、容城、蠡、祁、阜城、肃宁、交河、景、故城、东光、沧、阜平、行唐、无极、藁城、新乐、南和、平乡、巨鹿、任、鸡泽、威、清河、大名、元城、南乐、清丰、丰润、玉田、冀、南宫、新河、武邑、衡水、赵、隆平、宁晋、武强、饶阳、安平、定、曲阳、深泽、滦、南皮、正定五十三州县本年及节年应征粮租银谷有差。【略】壬辰，【略】谕内阁：程含章奏知县查勘水灾延迟一折。江西万年县隔塘等村田亩于七月间因雨被淹，不能补种，该署县张家栻并不立时查勘禀报，直至被水民人赴府具报，经该府焦景新札饬，始与委员会勘，其被水田亩若干，仍无实在数目，实属玩视民瘼，前署万年县试用知县张家栻著交

部严加议处。【略】甲午,【略】加赈河南武陟、修武、浚、汲、阳武五县被水灾民,并蠲缓额赋有差。

《宣宗实录》卷五九

十月【略】戊戌,【略】缓征山西五台县被水灾民春借常平仓谷。【略】甲辰,【略】缓征两淮安丰、梁垛、东台、河垛、丁溪、草堰、刘庄、伍佑、新兴九场歉收灶户应还口粮暨新旧额赋。【略】丁未,【略】热河都统庆保奏,天寒积雪,请缓围场营房苫盖等工。报闻。【略】己酉,【略】赈安徽无为、铜陵、当涂、宣城、南陵、芜湖、繁昌、望江、桐城、和、怀宁、宿松、贵池、青阳、东流、庐江、巢、含山、全椒十九州县及屯坐各卫被水、被旱军民,给庐江、桐城、全椒、和、含山、宿松、青阳、巢、来安、怀宁、凤阳、盱眙、天长、潜山十四州县及屯坐各卫军民一月口粮并冲塌房屋修费。蠲缓无为、铜陵、当涂、宣城、南陵、芜湖、繁昌、望江、桐城、和、怀宁、宿松、贵池、青阳、东流、庐江、巢、含山、全椒、潜山、来安、凤阳、盱眙、天长、寿、灵璧、泗、凤台、五河、滁、合肥、舒城、建平、太湖、泾、宁国、旌德、太平、怀远、宿、定远、亳四十二州县新旧额赋有差。庚戌,【略】贷奉天金州被灾旗民一月口粮,蠲缓宁海县歉收贫民本年额赋。辛亥,【略】赈江苏上元、江宁、句容、溧水、高淳、江浦、六合、江都、仪征、泰兴、长洲、元和、吴、吴江、震泽、常熟、昭文、昆山、新阳、太湖、华亭、奉贤、娄、金山、南汇、青浦、川沙、武进、阳湖、无锡、金匮、江阴、宜兴、荆溪、靖江、丹阳、金坛、太仓、镇洋、嘉定、宝山、崇明四十二州厅县,暨苏州、太仓、镇海、金山、扬州五卫被水、被旱军民,蠲缓铜山、沛、上海、溧阳、丹徒、山阳、阜宁、清河、桃源、安东、盐城、高邮、泰、东台、甘泉、兴化、宝应、丰、萧、砀山、邳、宿迁、睢宁、海、赣榆、通、如皋、海门二十八州厅县并徐州卫新旧额赋,给铜山、沛、丰三县并徐州卫军民一月口粮。【略】甲寅,【略】谕内阁:帅承瀛奏盐商公捐银两接济灾民一折。浙江杭州等府属及仁和横浦等场本年被水歉收,经该抚勘明情形,已另降谕旨,分别蠲缓抚恤。兹该抚复奏称,商人情愿公捐银两,备赈灾民口食。【略】所有该商人等捐银三十万两之处,著不准行。此次应需各州县卫场灶贫民口粮,著即在运库报存盐课项下,先行动拨银三十万两,预备支放,俾民食益臻充裕。至因商等因雨水过多,各场产盐不旺,行销绌额,商力未免竭蹷,著将从前【略】未完银七十九万余两,【略】未输银一百一十八万余两,又清查盐库案内未报余价银五十八万四千余两,俱准其一律加展五纲,俾得从容输补。【略】赈浙江仁和、钱塘、余杭、嘉兴、秀水、嘉善、石门、桐乡、归安、乌程、长兴、德清、武康十三县及屯坐各卫被水军民,给海宁、海盐、平湖、安吉、诸暨五州县灾民冬春各一月口粮,并建德、淳安二县冲塌房屋修费,贷富阳县贫民常平仓谷,均蠲缓新旧地丁盐课银米。除建德、淳安、分水三县沙石积压田地额赋。蠲缓浙江仁和、芦沥二场及江苏横浦等六场被风、被水田地新旧额赋有差,并给灶户口粮。赈湖北广济县被水军民,给江陵、监利、广济三县及屯坐各卫军民口粮并房屋修费。蠲缓江陵、监利、广济、公安、汉阳、汉川、沔阳、黄冈、潜江、天门、荆门、江夏、武昌、松滋十四州县及屯坐各卫新旧额赋有差。乙卯,【略】蠲缓山东武城、德、济宁、鱼台、汶上、邹平六州县,及临清、德州二卫上年被水灾民新旧额赋,给武城县灾民一月口粮。【略】己未,【略】贷直隶天津镇标左、右,城守三营,暨紫荆关各汛被水兵丁银米。

《宣宗实录》卷六〇

十一月【略】丙寅,【略】缓征浙江建德县被虫歉收村庄新旧额赋。丁卯,【略】缓征热河被雨歉收庄头差米十分之三。【略】己巳,【略】蠲缓湖南武陵、龙阳、沅江、澧、安乡五州县被水村庄新旧额赋有差。【略】辛未,【略】免云南昆明、呈贡、晋宁、昆阳、嵩明、建水、蒙自七州县被水村庄额征银米有差。【略】癸酉,【略】蠲缓甘肃宜禾县被旱村庄新旧额赋,并贷次年春夏口粮。甲戌,【略】协办大学士两江总督孙玉庭等奏,苏松等属被水较重,请将成灾五分以上之熟田钱漕照例缓征。【略】戊寅,【略】缓征江苏高淳、吴江、常熟、昭文、昆山、奉贤、上海、南汇、青浦、川沙、宜兴、荆溪、太仓、镇

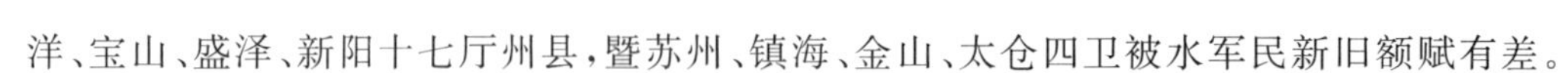

洋、宝山、盛泽、新阳十七厅州县，暨苏州、镇海、金山、太仓四卫被水军民新旧额赋有差。

《宣宗实录》卷六一①

十二月【略】戊戌，上幸瀛台阅冰技。【略】庚子，【略】除直隶丰宁县水冲沙压田地一顷十亩有奇额赋。免直隶隆平、宁晋、新河、南宫、任丘、河间六县被水灾民上年额赋。【略】壬寅，上幸瀛台阅冰技。【略】甲辰，【略】截留浙江杭州、嘉兴二府新漕四万二千石，协济来年应放满州绿营官俸兵糈。缓秀水、嘉善、归安、乌程、长兴、德清、武康七县灾民应征白粮。【略】乙巳，【略】缓征湖南安乡县被淹湖田额赋有差。【略】丙午，上幸北海阅冰技。《宣宗实录》卷六二

十二月【略】辛亥，【略】修云南大、新、沙、复四盐井，展缓被水灶户应征新旧盐课有差。【略】癸丑，【略】以直隶连年灾歉，暂免海运奉天米税。《宣宗实录》卷六三

## 1824年 甲申 清宣宗道光四年

正月【略】丙寅，【略】展赈直隶通、三河、武清、宝坻、蓟、香河、宁河、霸、保定、文安、大城、固安、永清、东安、大兴、宛平、清苑、安肃、定兴、新城、望都、雄、高阳、安、新安、河间、献、任丘、天津、青、静海、无极、藁城、新乐、赵、隆平、宁晋、定三十八州县上年被雹灾民一月，缓征本年额赋。并缓涿、昌黎、乐亭、博野、容城、蠡、祁、阜城、肃宁、交河、景、故城、东光、沧、阜平、行唐、南和、平乡、巨鹿、任、鸡泽、威、清河、大名、元城、南乐、清丰、丰润、玉田、冀、南宫、新河、武邑、衡水、武强、饶阳、安平、曲阳、深泽、滦、南皮、正定、良乡、房山、昌平、顺义、怀柔、卢龙、满城、唐、完、束鹿、吴桥、盐山、获鹿、栾城、灵寿、平山、晋、邢台、沙河、唐山、广宗、永年、邯郸、曲周、开、遵化、枣强、柏乡、高邑、深七十二州县暨清军厅应征本年额赋有差。给江苏上元、江宁、句容、高淳、六合、江浦、江都、仪征、吴江、震泽、常熟、昭文、昆山、新阳、青浦、太仓、镇洋、长洲、元和、吴、华亭、娄、金山、江阴、铜山、丰、沛、睢宁二十八州县，并扬州、徐州二卫上年被水军民一月口粮。给安徽怀宁、桐城、宿松、望江、南陵、贵池、铜陵、东流、当涂、芜湖、繁昌、无为、庐江、巢、和、含山、全椒十七州县及各屯卫上年被水军民一月口粮。贷河南武陟、浚、安阳、临漳、内黄、修武、荥泽、汤阴、汲、淇、阳武、汝阳、正阳十三县上年被水灾民籽种口粮仓谷有差，展赈武陟、浚两县灾民一月。给山东馆陶、冠、思、临清、武城五州县上年被雹、被水灾民一月口粮，缓征本年额赋。并缓德、聊城、清平、莘、濮、范、朝城、丘、夏津、长山、兰山、郯城、费、邹平、汶上、济宁、鱼台十七州县，及德州、东昌、临清三卫本年额赋及漕项河银有差。贷齐齐哈尔、黑龙江、墨尔根三处上年被灾旗丁籽种粮石。【略】己巳，【略】给浙江仁和、钱塘、海宁、秀水、嘉善、海盐、归安、乌积、长兴、德清、武康、诸暨十二州县上年被水灾民，及横浦、浦东、袁浦、青村、下沙头、二三等场灶丁一月口粮。贷江西德化、德安、瑞昌、湖口、彭泽、星子、都昌、建昌、南昌、新建、进贤、鄱阳、余干、万年十四县上年被水灾民籽种口粮。贷湖北黄梅、广济、监利三县及屯坐各卫上年被水军民籽种口粮。贷湖南澧、安乡、武陵、龙阳四州县上年被水灾民籽种。贷甘肃皋兰、陇西、安定、会宁、通渭、秦、武威、中卫、安西、敦煌十州县上年灾民口粮籽种有差。展缓长芦丰财、芦台、严镇、海丰四场上年被水灶丁应缴借领工本银。给两淮安丰、梁垛、东台、何垛、丁溪、草堰、刘庄、伍祐、新兴九场上年被淹灶丁一月口粮。【略】丁丑，【略】协办大学士两江总督孙玉庭奏，江浙各郡水患，实由太湖分泄水道不畅所致。《宣宗实录》卷六四

二月乙未朔，【略】展缓河南安阳、汤阴、临漳、林、内黄、汲、新乡、辉、获嘉、淇、延津、滑、浚、封丘、考城、武陟、修武、原武、阳武、荥泽、永城、杞、陈留、兰阳、仪封、虞城、睢、宁陵二十八厅州县接

① 《宣宗实录》自此脱15页，所缺页次为1069～1084。

征河工加价银。【略】己酉,【略】缓征江苏上元、江宁、句容、江浦、六合、山阳、阜宁、清河、桃源、安东、盐城、高邮、泰、东台、江都、甘泉、兴化、宝应、海、沭阳、赣榆、铜山、丰、沛、萧、砀山、邳、宿迁、睢宁、常熟、武进、丹徒、丹阳、金坛、吴江、昭文、昆山、奉贤、上海、南汇、青浦、宜兴、荆溪、太仓、镇洋、宝山、川沙四十七厅州县,及淮安、大河、徐州、苏州、太仓、镇海、金山七卫上年被水灾民额赋有差。给江苏铜山县上年灾民一月口粮。 《宣宗实录》卷六五

三月【略】乙亥,上耕耤,诣先农坛行礼。己卯,【略】又谕:给事中朱为弼奏,海口下游壅塞,请择要修浚一折。上年江浙两省夏秋雨水较多,浙江之杭、嘉、湖,江苏之苏、松、太仓均被水患,据该给事中奏称,江苏省海口壅塞,以致浙江上游均受其困,现在刘河三泖俱已淤垫,苏松之水横趋泖淀,浙西下流之水口先为江苏省各水所占,遂致溃决四出,田庐被淹,嘉、湖二府受患尤甚。请【略】大加疏浚,为一劳永逸之计。【略】又谕:御史郎葆辰奏请修太湖溇港一折。浙江湖州七十二溇港,引苕溪、霅溪诸水入湖下游以达于海,浙西三郡民舍田庐藉以常无水患。据该御史奏称,溇港在乌程县者三十八,在长兴县者三十四,近年以来流通者止十有二三,淤塞者已十有七八。如果港脉悉皆壅塞,自应相度兴修,为一劳永逸之计。【略】壬午,【略】以山西交城、汾西、长子、壶关、浑源、大同、灵邱、丰镇、凤台、荣河、万泉、榆社、河曲、解、安邑、芮城、垣曲、隰、大宁、左云、和顺二十一厅州县上年歉收,命借粜仓谷。并缓买阳曲、太原、榆次、徐沟、岢岚、宁武、静乐、平陆、芮城、闻喜、霍、灵石十二州县节年借粜仓谷。 《宣宗实录》卷六六

四月【略】戊戌,【略】缓征山东长清、齐河、齐东、海丰、沾化、邹平、历城、利津、滨、潍、济宁、章丘、淄川、济阳、临邑、陵、德平、长山、朝城、馆陶二十州县及屯坐各卫积歉村庄新旧额赋并漕河灶课。【略】庚申,【略】谕军机大臣等,朕因顺天府五城饭厂饥民就食者众,令各厂分别土著流民人数报明军机处,兹据各厂报到本月二十三日厂内人数除土著外,共计流民七千三百八十余名。

《宣宗实录》卷六七

五月【略】乙丑,【略】谕内阁:蒋攸铦奏筹议遣散在京流民一折。【略】直隶各属均已得雨,麦田将熟,在京流民可期各回乡里。【略】己巳,命再于黑龙潭、觉生寺设坛祈雨。【略】甲戌,以甘霖渥沛,上诣黑龙潭报谢。【略】乙亥,【略】给湖北黄梅、广济、江陵、监利四县及蕲州卫被水倒塌民房修费。【略】戊寅,【略】谕军机大臣等,本日御史郎葆辰奏请饬查棚民保甲,以重地方。据称《会典》内载乾隆四年,户部议准江南、福建、浙江各府州县内棚民,照保甲例编排户口。近闻浙江、江苏、安徽等省州县凡深山穷谷之区,棚民蔓衍殆遍,租典山地,垦种山薯,大半皆温、台一带沿海之人,其声气相通,倘有奸宄藏匿,不可不预为防范等语。【略】壬辰,【略】除直隶丰宣水冲田二十顷七十八亩有奇额赋。以湖南澧、安乡、龙阳、华容四州县被水,命减价平粜仓谷。 《宣宗实录》卷六八

六月癸巳朔,【略】除山东西由场被淹灶地一十五顷九十五亩有奇额赋。展缓直隶所属州县节年旧欠粮租,并缓征顺天府属通、三河、武清、良乡、房山、涿、昌平、顺义、怀柔九州县被水歉收额赋。【略】乙未,【略】除直隶丰宁县水冲田七顷三十九亩有奇额赋。【略】己亥,【略】除山东单县沙压地五百五十二顷八十九亩有奇额赋。庚子,【略】除【略】浙江天台县水冲沙压田一百六顷一十五亩有奇额赋。缓征浙江天台县水冲垦复田亩新旧额赋。辛丑,【略】河南巡抚程祖洛奏,祥符等县呈验双岐瑞麦,兼有一茎三穗至九穗者。得旨:只祈一律丰收,天恩广被,不必计穗之多寡也。【略】除陕西扶风县被水冲刷田四顷七十六亩有奇额赋。【略】戊申,【略】谕内阁,蒋攸铦奏参禀报飞蝗迟延之知县一折,直隶安州等州县间有蝻孽萌生,据该督将已未收捕净尽情形分别具奏,著将未经扑净各处委员查勘,赶紧收捕,勿令伤及田禾。其容城县知县何志清,于飞蝗入境迟至数日,始行含混禀报,又不照例设厂收买,实属玩延。何志清著先行摘去顶带,勒限赶紧收买扑捕,毋再

迟延干咎。【略】庚申,【略】除山西清河厅水冲田四百十三顷八十八亩有奇额赋。

《宣宗实录》卷六九

七月【略】丁卯,【略】以长芦引地连年灾歉,准各商应缴参商各课,再展限一年。【略】壬申,【略】除陕西盩厔县被水冲坍八旗马厂余地七顷四亩有奇正租杂费。【略】乙亥,【略】除直隶丰宁县水冲地十五顷四十二亩有奇额赋。【略】壬午,【略】谕军机大臣等,【略】于本月二十五日敬谨致祭(昌陵),本日夜雨滂沱,刻尚未止,沿途河桥道路,恐多阻滞,朕心深为轸念。【略】癸未,谕内阁:【略】本年夏间,曲阜县猝被大风,各庙坍塌更甚。【略】以捕蝗迟延,革山东署滋阳县知县张志彦、临清卫守备陈庄等顶带。缓征山东日照县被雹村庄新旧额赋并临、德等仓民佃盐课。【略】戊子,【略】浙江巡抚帅承瀛奏建德县村庄被水情形。得旨:妥为查勘,据实奏闻。寻奏:山水消退甚速,所有冲刷田亩无碍秋收,经该县查明贫户,捐资酌给,无庸再行抚恤。报闻。

《宣宗实录》卷七〇

闰七月【略】丙申,谕内阁,陆以庄等奏,捕蝗迟延之知县请先行摘去顶带等语。顺天府大兴、宛平二县所属村庄,间有蝗蝻,该二县并不上紧扑捕,实属怠玩。署大兴县知县霍登龙、宛平县知县万鼎洋,俱著先行摘去顶带,责令十日内扑捕净尽,毋致蔓延,如再迟逾,即著严参治罪。【略】辛丑,【略】除直隶丰宁县水冲民田四十九顷九十一亩有奇额赋。【略】戊申,谕军机大臣等,文安县【略】知县何熙绩因赴乡捕蝗,并非无故迟延,应免置议。下部议。从之。【略】己酉,【略】以甘肃皋兰县粮价增昂,命平粜仓谷。【略】丙辰,谕内阁:陶澍奏扑捕蝗蝻情形,据称在省城率属虔祷于"敕建刘猛驱蝗神庙",并飞饬委员督捕,时宿州等处蝻子最多,该道率同州县,分带民夫驰往,一日全尽,神贶昭然。览奏实深钦感,朕亲书扁额,发交该抚,敬谨摹泐制扁,在省城神庙悬挂,以答灵佑。寻颁御书扁额,曰:"神参秉畀"。【略】免安徽怀宁、桐城、潜山、宿松、望江、宣城、南陵、贵池、青阳、铜陵、东流、当涂、芜湖、繁昌、无为、庐江、巢、凤阳、盱眙、天长、全椒、来安、和、含山二十四州县,并宣州、建阳、安庆、庐州、凤阳、长淮、泗州七卫上年被水、被旱灾区额赋有差。

《宣宗实录》卷七一

八月【略】甲子,【略】谕内阁:【略】本年直隶秋收,一律丰稔,粮价已平。【略】乙丑,【略】展缓河南杞、仪封、汲、安阳、汤阴、内黄、淇、原武、滑、考城、阳武十一厅县节年被水村庄带征额赋,缓征兰阳、临漳二县新旧额赋。【略】庚辰,【略】蠲缓长芦盐政所属兴国、富国、丰财、芦台、严镇、海丰、石牌七场,沧、盐山、南皮、青、交河、衡水、宁河七州县上年被水灶地钱粮有差。【略】己丑,【略】蠲缓甘肃宜禾县被旱歉收额赋有差,并贷口粮。

《宣宗实录》卷七二

九月【略】戊戌,【略】除陕西兴平、武功二县水冲八旗马厂地二十九顷五十八亩有奇额赋。【略】辛丑,【略】除直隶滦平县水冲佃种民典旗地并另案入官地二十七顷五十八亩有奇,房九十三间租银。壬寅,【略】河南巡抚程祖洛奏,本年收成异常丰稔,应将历年动缺仓谷,乘时速筹买补。得旨:依议妥办。【略】缓征山东恩县被水歉收村庄新旧额赋,并展缓馆陶、冠、武城、夏津、邹平、汶上、济宁、鱼台八州县上年灾歉村庄钱漕银米。癸卯,【略】予安徽捕蝗出力县丞王澄等尽先补用。予安徽南陵、铜陵、东流、当涂、芜湖、无为、巢、凤阳、盱眙、天长、和十一州县上年被水、被旱学田租银有差。甲辰,【略】除直隶滦平县水冲坍没民粮旗地五十二顷八十五亩额赋。免安徽滁州常平仓被水淹损变价不敷谷二千八百四十九石有奇。【略】甲寅,【略】缓征直隶隆平、宁晋、宝坻、盐山、青、静海、巨鹿、文安、大城九县被水、被旱村庄新旧粮租仓谷。【略】己未,【略】以江苏上年被灾较重,准苏、松等属原缓白粮正耗米石分年搭运。给陕西沔、略阳、宁羌、西乡四州县被水灾民两月口粮,贷定安、雒南、镇安三县被水、被雹村庄常平仓谷,并缓征沔、雒南二县未完本年钱粮仓麦。

《宣宗实录》卷七三

十月庚申朔,【略】除直隶承德府被水冲刷旗地三顷三十亩有奇粮租,并减冲淤旗地粮租。除陕西咸宁、长安、武功、盩厔、韩城五县被冲民屯更地、黄河滩地七十九顷四十二亩有奇额赋。【略】戊辰,【略】以塔尔巴哈台屯田丰收,予员弁议叙,赏兵丁一月盐菜银。【略】乙亥,【略】展缓湖北京山、钟祥、潜江、天门、沔阳、汉川、汉阳、荆门、江陵、黄冈、监利、江夏、孝感、应城、云梦十五州县及屯坐各卫被水、被旱新旧额赋有差。丙子,【略】缓征黑龙江、齐齐哈尔、墨尔根、打牲乌拉等处旗人上年续借口粮银。展缓湖南澧州被水各垸新旧下忙钱粮并本年借给籽种银。【略】丁丑,【略】蠲缓江苏安东、沛、江浦、山阳、阜宁、清河、桃源、盐城、高邮、泰、甘泉、兴化、宝应、铜山、丰、萧、砀山、邳、宿迁、睢宁、海、沭阳二十二州县,及大河、淮安、徐州三卫被水、被旱新旧额赋有差。【略】庚辰,除青海玉舒番上下隆坝属被雪压毙番人七十八户马贡银。　　《宣宗实录》卷七四

十一月【略】乙未,【略】缓征安徽宿、灵璧、凤阳、怀远、泗、盱眙、凤台、五河、天长、寿、定远、巢、无为、繁昌、和、当涂、含山、潜山、桐城、亳、宁国、旌德、太平、泾二十四州县,并凤阳、长淮、泗州三卫被水、被旱新旧额赋有差,给宿、灵璧二州县及屯坐各卫灾民一月口粮。【略】己亥,以阿克苏屯田丰收,予员弁议叙,赏兵丁一月盐菜银。展缓浙江仁和、钱塘、海宁、富阳、余杭、嘉兴、秀水、嘉善、海盐、平湖、石门、桐乡、归安、乌程、长兴、德清、武康、安吉十八州县节年带征额赋。庚子,命于大高殿设坛祈雪。【略】壬子,命再于大高殿设坛祈雪,上亲诣行礼。【略】壬子,【略】缓征甘肃皋兰、河、狄道、靖远、金、渭源、陇西、西和、安定、会宁、通渭、宁远、静宁、隆德、武威、古浪、平番、西宁、碾伯、大通、灵二十一州县,及沙泥州判,庄浪、东乐二县丞所属所属灾区新旧额赋。癸丑,【略】展缓直隶武清、宝坻、香河、宁河、房山、昌平、顺义、密云、平谷、安肃、定兴、新城、博野、容城、新安、蠡、高阳、祁、束鹿、天津、庆云、静海、青、南皮、献、无极、新乐、灵寿、藁城、阜平、巨鹿、广宗、唐山、平乡、任、永年、邯郸、清河、鸡泽、广平、曲周、开、东明、长垣、卢龙、乐亭、宣化、龙门、遵化、丰润、涞水、南宫、赵、宁晋、隆平、高邑、临城、深、深泽、武强六十州县上年被灾应征节年出借籽种口粮。【略】乙卯,上诣大高殿祈雪坛行礼,时应宫拈香。【略】贷甘肃皋兰、渭源、靖远、陇西、会宁、西河、安定、通渭、隆德、静宁、宁、清水、山丹十三州县及东乐县丞所属灾民口粮。

《宣宗实录》卷七五

十二月己未朔,上诣大高殿祈雪坛行礼。【略】辛酉,【略】以江苏山阳、清河二县猝遭水患,截留淮安各县漕粮一万五千石,以备赈需。【略】戊辰,【略】谕军机大臣等,程祖洛奏,江南高堰湖堤因风漫口,豫省量筹协济,附近大河各州县计可拨米十万石。【略】除浙江仁和场冲坍灶地三十九顷九十四亩有奇课银。己巳,【略】除云南太和、浪穹、丽江三县水冲田亩额赋,免挑复田亩本年额赋。给三县灾民、景东厅属磨外盐井灶户一月口粮及房屋修费埋葬等银有差。给江苏山阳、宝应、高邮、甘泉、江都五州县被水村庄及清河县收养难民一月口粮。【略】癸酉,【略】以乌鲁木齐屯田丰收,予员弁议叙,赏兵丁一月盐菜银。　　《宣宗实录》卷七六

十二月【略】丁丑,【略】又谕:陶澍奏,委员查勘被淹地方,帮办抚恤一折。安徽省盱眙、天长等县境接近高堰,因堤工塌卸,猝被水淹,灾民多有失所,自应设法安置。【略】协办大学士直隶总督蒋攸铦奏报省城得雪。报闻。又批:京师至今并未得雪,晨夕叩祷,有求无应,朕深愧德薄,徒增忧闷耳。【略】己卯,【略】以科布多屯田丰收,予员弁议叙,赏赍兵丁有差。【略】辛巳,【略】以喀喇沙尔屯田丰收,予员弁议叙,赏兵丁一月盐菜银。　　《宣宗实录》卷七七

## 1825年 乙酉 清宣宗道光五年

正月【略】壬辰,【略】贷直隶文安、大城二县上年被旱、被水灾民籽种口粮。给江苏沛县上年被

旱、被水灾民一月口粮。贷河南汝阳、淮宁二县上年被水灾民仓谷，并缓征杞县旧借仓谷。缓征山东恩县、德州卫上年被灾军民上忙钱粮漕项河银。贷陕西沔、略阳、宁羌、西乡、安定、雒南、镇安七州县上年被水、被雹灾民一月口粮。【略】癸巳，【略】缓征山西隰州上年歉收贫民旧借仓谷。并缓平鲁、五台二县旧借仓谷十分之五。【略】甲午，【略】贷两淮中正场上年被水灶户一月口粮。贷甘肃狄道、静宁、固原、安西、河、秦、泾、肃、抚彝、皋兰、渭源、靖远、金、伏羌、安定、会宁、通渭、宁远、漳、隆德、安化、张掖、山丹、武威、永昌、古浪、平番、中卫、平罗、西宁、碾伯、大通、秦安、礼、徽、灵台、镇原、崇信、高台三十九厅州县，并肃州州同、庄浪、毛目、东乐各县丞所属灾民口粮籽种有差。贷甘肃宜禾县上年被旱灾民口粮。乙未，【略】给安徽天长县、泗州卫上年被水军民一月口粮，并缓征天长县新旧额赋。【略】丙申，谕内阁，御史杨煊奏请扑挖蝗蝻一折。上年直隶省偶被蝗灾，即经扑灭，惟入冬以来雪泽较少，天气晴暖，据该御史奏称，直隶霸、安肃、定兴等州县蝗蝻业经蠕动，出土者约长二三分不等，其未经出土之蝻子正复不少，并恐此外尚有萌生之处，自应防患未然，即行刨挖净尽。著陆以庄、申启贤、蒋攸铦迅即查明有蝻孽地方，严饬各该州县趁此农隙之时，实心设法扑捕，限十日内将蝻子全行刨挖，毋任滋蔓为害。如该州县并不上紧赶办，致令蔓延，即著严参治罪，决不宽贷。【略】壬子，【略】给江苏山阳、清河、宝应、高邮四州县上年被水灾民口粮，并山阳县坍塌民房修费。缓征江苏泰、兴化、东台、盐城、阜宁、山阳、宝应、高邮、甘泉、江都十州县新旧额赋，并泗州卫灾军银米。【略】乙卯，【略】贷云南景东厅被水盐井修费，并免上年应征课银。

《宣宗实录》卷七八

二月【略】癸亥，【略】除江苏靖江县被水冲没民田五顷九十九亩有奇额赋。甲子，【略】展缓江苏吴、华亭、金山、溧阳四县旧欠灾缓银米。【略】癸酉，予福建台湾在洋遭风漂没受伤兵丁李成志等一百五名赏恤如例。【略】壬午，谕内阁，朕昨因祗谒东陵，见昭西陵、景陵及朱华山后身一带地方，松林树枝多有被虫蚀伤之处，风水重地，所种仪树海树均关紧要，若不实力搜除，任令滋生延蔓，殊于树株有碍，且朕所见数处如此，恐此外虫伤之树尚复不少。著继昌随时查看，设法捕捉，并严饬夫役人等，遇有松虫处所，立即剔取，务期净尽无遗，以昭整肃。【略】给安徽天长县被水灾民一月口粮。【略】癸未，【略】除陕西咸阳县被水冲坍民田九顷五十一亩有奇额赋。【略】丁亥，【略】除直隶东安县被水冲没民田一顷四十五亩额赋。 《宣宗实录》卷七九

三月【略】戊戌，【略】谕内阁：本年春雨较少，农田盼泽甚殷，朕斋心默祷，本日渥沛甘霖，自丑至午，势尚未已，极为深透。【略】庚子，【略】贷直隶宝坻、静海二县上年歉收贫民籽种口粮。【略】壬寅，【略】缓征两淮丁溪、草堰、刘庄、伍佑、新兴、庙湾六场上年被水灶地新旧折价口粮银。【略】庚戌，【略】贷甘肃洮州、循化、静宁、宁、靖远、陇西、西和、漳、隆德、环、永昌、古浪、平番、清水、两当、灵台、礼十七厅州县，及庄浪县丞所属上年灾歉贫民口粮有差。【略】癸丑，【略】贷齐齐哈尔被灾旗人另置耕牛银。 《宣宗实录》卷八〇

四月【略】癸酉，【略】以祷雨灵应，赐封湖南长沙县李真人"育万广济"神号，从巡抚嵩孚请也。甲戌，【略】以山西粮价增昂，平粜浮山、吉、浑源、广灵、山阴、应、宁远、右玉、高平、阳城、陵川、沁水、辽、和顺、榆社、河曲、安邑、夏、芮城、河津等二十州县仓谷，并缓征阳曲、太原、榆次、徐沟、岢岚、宁武、静乐、平陆、芮城、闻喜、霍、灵石、五台十三州县应还仓谷。【略】戊寅，以广西上年歉收，暂缓买补拨运东省谷石。【略】乙酉，【略】缓征河南永城县被虫村庄上忙一半地丁银。

《宣宗实录》卷八一

五月【略】壬辰，【略】缓征直隶宝坻、文安、大城、青、静海、盐山、巨鹿、隆平、宁晋九县被水、被旱村庄新旧额赋，并出贷仓谷。【略】辛丑，谕军机大臣等，前据蒋攸铦奏称，香河等十四州县近日渐有蝻子出土，或报有土蚂蚱，俱系零星散漫，不成片段，现严饬该州县上紧扑捕收买等语。上年

被蝗各州县，遗子入土之处甚多，现当禾稼长发之时，香河等州县已有蝻孽出土处所，必须趁其甫经蠕动，作速扑捕，方不致蔓延滋害。即已经具报收买净尽各州县，亦恐未能尽绝根株，著蒋攸铦严饬所属，上紧搜捕，设厂收买。并著陆以庄等督饬所属，一体妥办。但只须晓谕乡民，设法搜拿，赴厂交售，断不可因扑捕蝗蝻，转致滋扰闾阎。总期防患未然，务使遗孽净尽，免致长翅飞腾，残伤禾稼，方为尽善。将此谕知蒋攸铦，并谕陆以庄、朱为弼知之。【略】戊申，【略】除安徽舒城县被水冲坍田七十三亩有奇额赋。【略】乙卯，【略】缓征山东菏泽、巨野、曹、定陶、费、武城、济宁七州县被雹村庄上忙额赋并旧欠钱粮。丙辰，【略】贷湖北荆州城守、宜都、卫昌、竹山四营驻扎灾区兵丁仓谷。赈恤贵州镇远等州县被水灾民，并免本年额赋，贷兵丁饷银，给官署民房及城垣石桥演武厅修费。

《宣宗实录》卷八二

六月【略】乙丑，【略】直隶总督蒋攸铦奏谢授大学士恩。得旨：京师自五月下旬以来连朝阴雨，现已晴霁，看此光景，并无伤于禾稼，惟近京一带颇有飞蝗，卿须严饬各属，上紧设法扑捕，毋令蔓延，是为至要。

《宣宗实录》卷八三

七月【略】甲午，【略】减免直隶新安、河间、冀、南宫、新河隆平、宁晋七州县积水地亩应征上年粮赋有差。【略】己亥，【略】免山西右玉、平鲁二县节年灾歉缺额丁银。

《宣宗实录》卷八五

七月【略】壬寅，【略】缓征河南安阳、汤阴、内黄、临漳四县被水村庄新旧额赋。【略】壬子，【略】以福建龙岩、德化二州县粮价增昂，命平粜仓谷。

《宣宗实录》卷八六

八月【略】乙丑，【略】缓征长芦盐政所属盐山、青二县，并严镇、海丰二场被旱、被水灶地额赋。

《宣宗实录》卷八七

九月【略】丙戌，【略】谕内阁：御史杨煊奏，堂子正墙外之短护墙，近因雨水较多，向北间有坍卸残缺之处，向南已坍卸至二十余丈等语。【略】辛卯，【略】给陕西绥德、清涧、榆林、怀远四州县被雹灾民一月口粮，缓征本年下忙额赋，仍贷绥德、清涧、长武三州县贫民籽种。【略】壬辰，【略】又谕：那彦成奏，筹办各属义仓，以资储借一折。甘省山多地旷，旸雨稍不应时，即致收成歉薄。而边民又拙于生计，夙鲜盖藏。本年二麦普收，秋禾亦称大有，自应乘时亟筹储备。【略】甲午，【略】缓征山东濮、观城、朝城、茌平、莘、齐河、禹城、长清、邹平、平原、海丰、商河、利津、菏泽、城武、曹、定陶、巨野、聊城、堂邑、博平、清平、冠、恩、临清、平阴、范、历城、济阳、临邑、滕、邹、汶上、寿张、夏津、德、滋阳、宁阳、武城、济宁、金乡、嘉祥、鱼台、高苑四十四州县，及德州、济宁、临清、东昌四卫被旱、被虫庄屯新旧正杂额赋。

《宣宗实录》卷八八

九月【略】癸卯，【略】又谕：晋昌等奏，敬谨会勘永陵启运殿工程，因伏雨连绵，头停渗漏，椽望间有糟朽，琉璃望砖亦有酥碱。【略】四川总督戴三锡奏，通江等县被水，勘不成灾，无庸蠲恤。【略】癸丑，【略】谕内阁：定祥等奏请修理热河园内等处工程一折。热河园内各等处墙垣及外围堆拨房节经雨水淋塌，又钱粮处东边五孔闸一座，亦多酥碱沉陷。【略】蠲缓直隶宁河、宝坻、东安、丰润、玉田、宁晋、南皮、广平、开、元城、大名、南乐、清丰、东明、长垣十五州县被水、被旱、被雹村庄新旧额赋有差。

《宣宗实录》卷八九

十月【略】丙辰，【略】缓征陕西榆林、米脂、吴堡、神木四县被雹村庄下忙钱粮草束，并给榆林、米脂、吴堡三县灾民一月口粮。丁巳，【略】除山西丰镇厅沙碱地五十一顷二十七亩有奇额赋。【略】己未，【略】缓征河南新乡、延津、封丘、考城、内黄、兰阳、仪封、原武、淮宁、项城、阳武、汲、淇、滑、浚、安阳、临漳、汤阴十八厅县歉收村庄新旧额赋，及籽种口粮租谷。缓征山东高唐、阳谷、单、郓城、齐河、恩、馆陶、利津八州县被旱、被虫村庄新旧额赋，及各项银米。以山东州县间被旱蝗，缓买三限截漕米麦豆石。【略】癸亥，【略】免齐齐哈尔等处歉收军田谷石，展缓前借口粮银。【略】戊辰，谕军机大臣等，蒋攸铦奏，察看催趱滞漕情形，请酌定限期，分别趱运截卸一折。本年接运滞漕，截至本月十二日止，未入直隶境者尚有十六帮之多，现在节逾小雪，天气日寒，若北风骤起，连樯冻阻，进退无策。【略】其南运河河水日耗，古浅之处极多，向于大雪前后河冰凝结，现距大雪仅有半月，若帮船未能衔尾而来，即不能全数抵津。【略】庚午，【略】蠲缓江苏沛、六合、山阳、清河、桃源、安东、盐城、高邮、泰、甘泉、宝应、铜山、丰、萧、砀山、邳、宿迁、睢宁十八州县，并淮安、大河、徐州三卫被水、被旱灾民新旧额赋。缓征湖南澧、安乡二州县被水垸田新旧额赋并籽种仓谷。展缓广东潮桥歉收各埠盐课银。【略】壬申，【略】缓征湖北江陵、监利、潜江、天门、沔阳、汉川、钟祥、京山、应城、孝感、荆门、黄冈、云梦十三州县被水、被旱灾民新旧额赋及杂项银米有差。【略】癸酉，【略】以宁古塔被旱歉收，缓征额粮银米十分之五。【略】乙亥，【略】贷江南接运守冻帮船银。丙子，【略】缓征浙江临海县被旱、被风村庄新旧额赋。丁丑，【略】缓征安徽凤阳、潜山、怀远、定远、灵璧、寿、怀宁、宿、凤台、盱眙、天长、泗、六安十三州县被水、被旱田亩新旧额赋，并展缓巢、无为、桐城、亳、五河、繁昌、当涂七州县节年积欠银米。【略】癸未，【略】展缓甘肃宜禾县节年歉收贫民旧欠粮石。

《宣宗实录》卷九〇

十一月【略】己丑，【略】缓征甘肃皋兰、金、陇西、安定、岷、平罗、灵台、宁夏八州县被水、被雹村庄新旧额赋，并给皋兰、金、陇西、岷、平罗、灵台六州县灾民口粮。【略】庚子，【略】直隶天津镇总兵官克什德奏，津关迤南赵家场等处分泊守冻军船二百三十一只，现派营弁分段弹压。【略】辛丑，【略】缓征江西南昌、新建二县被水村庄新旧额赋。壬寅，【略】展缓江苏长洲、元和、吴、吴江、震泽、常熟、昭文、昆山、新阳、华亭、奉贤、娄、金山、上海、南汇、青浦、川沙、宜兴、荆溪、丹徒、金坛、溧阳、太仓、镇洋、嘉定、宝山二十六厅州县，并苏州、太仓、镇海、金山四卫积欠额赋。【略】乙巳，命于大高殿设坛祈雪，上亲诣行礼。【略】丁未，上诣大高殿祈雪坛谢雪。【略】辛亥，上幸瀛台阅冰技。

《宣宗实录》卷九一

十二月【略】甲寅，【略】以浙江禾苗被风，准向征粳米之海宁、嘉兴、秀水、嘉善、海盐、平湖、石门、桐乡、乌程、归安、长兴十一县籼粳并纳。乙卯，【略】幸北海阅冰技。【略】丙辰，【略】缓征奉天宁远州被旱地亩额赋，给锦州府属被旱、被虫灾民口粮。【略】庚申，上幸瀛台阅冰技。【略】癸亥，【略】除直隶迁安县水冲地四十亩，甘肃皋兰县水冲地十顷十一亩有奇额赋。甲子，【略】幸瀛台阅冰技。

《宣宗实录》卷九二

十二月【略】己巳，【略】免山东章丘、邹平二县被水村庄带征旧赋。【略】甲戌，【略】幸北海阅冰技。【略】以喀喇沙尔屯田丰收，予员弁议叙，赏兵丁一月盐菜银。

《宣宗实录》卷九三

## 1826 年 丙戌 清宣宗道光六年

正月【略】丙戌，【略】贷直隶宝坻、丰润、宁河三县上年被水歉收灾民口粮有差。展缓奉天锦州府中前卫所、中后所、宁远等处上年被灾旗户，并贷宁远歉收旗户民户口粮有差。贷江苏沛县上年灾民一月口粮。戊子，贷山西襄垣县上年被雹灾民仓谷。贷河南鄢陵、汤阴、汲、封丘、淇、阳武、内黄七县上年被旱、被水灾民仓粮籽种。贷陕西略阳、榆林、中部三县上年被水、被雹灾民一月口粮，并米脂、吴堡二县籽种。贷甘肃皋兰、金、陇西、岷、安定、会宁、华亭、平罗、泰安、清水、宁夏、崇信十二州县上年被水、被雹灾民两月口粮并籽种。【略】己丑，【略】谕内阁：陶澍奏，句容县本年漕粮请照旧籼粳并纳一折。江苏省漕粮例收粳米，据该抚查明江宁府属之句容一县山多圩少，上年夏间得雨稍迟，该县农民种籼者居多。【略】辛卯，【略】谕内阁：上年京城入冬以来仅得雪寸余，并未渥沛祥霙，兹值祈谷大祀，适于朕诣坛斋宿之日，六花飘洒，自初八日申刻，至本日卯刻方止，积厚三寸有余，于农田大有裨益，此皆仰赖昊天垂佑。【略】己亥，【略】直隶总督那彦成奏，所属先后得

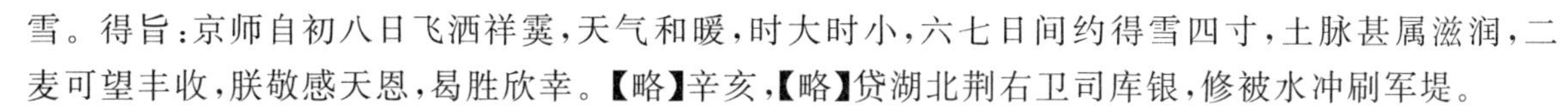

雪。得旨：京师自初八日飞洒祥霙，天气和暖，时大时小，六七日间约得雪四寸，土脉甚属滋润，二麦可望丰收，朕敬感天恩，曷胜欣幸。【略】辛亥，【略】贷湖北荆右卫司库银，修被水冲刷军堤。

《宣宗实录》卷九四

二月【略】辛未，【略】以伊犁屯田丰收，予员弁议叙，赏兵丁一月盐菜银。

《宣宗实录》卷九五

三月【略】丁亥，上耕耤，诣先农坛行礼。《宣宗实录》卷九六

四月【略】甲寅，【略】给江苏沛县被灾贫民一月口粮。【略】丁巳，贷江苏徐州镇标中营、城守营、萧营坐落灾区兵丁饷银有差。展缓江苏节年旧欠漕尾。【略】己未，【略】以福建永春州米价增昂，命平粜仓谷。【略】壬戌，命于十三日黑龙潭、觉生寺设坛祈雨。【略】乙丑，【略】以山东聊城、堂邑、博平、茌平、莘、冠、馆陶、高唐八州县并东昌卫粮价增昂，命平粜仓谷。【略】庚午，命皇长子奕纬诣黑龙潭，惠郡王绵愉诣觉生寺谢雨。【略】辛未，【略】贷湖北德安、宜都二营上年被水、被旱兵丁仓谷。以山西祁、临汾、太平、洪洞、浮山、翼城、汾西、乡宁、孝义、临、大同、凤台、陵川、猗氏、荣河、万泉、虞乡、寿阳、定乡、解、夏、河津、闻喜、赵城、灵石、隰、蒲二十七州县，并丰镇、和林格尔、托克托城三厅上年歉收，命平粜仓谷。缓买阳曲、太原、榆次、徐沟、岢岚、临汾、天镇、右玉、宁武、静乐、五台、平陆、芮城、霍、灵石十五州县节年动缺米石，并展缓隰州应征旧欠仓谷。【略】乙亥，【略】谕内阁：那彦成奏，州县麦田被旱，请预拨米石，直隶大名府属开州等七州县上年秋禾歉收，业经降旨，停缓春征，现因被旱，麦收歉薄，倘得速沛甘霖，补种晚禾，尚可以资接济，但此时不可不早为储备。著照所请，准其将道光三年天津北仓赈剩余米一万三千余石，由水次拨运大名府属各州县分别存贮。【略】除江苏清河县水冲田地一千九十六顷五十四亩有奇额赋。【略】己卯，【略】缓征山东历城、淄川、新城、齐河、禹城、长清、德、济阳、平原、齐东、平阴、聊城、堂邑、博平、清平、茌平、莘、冠、馆陶、高唐、恩、朝城、濮、范、寿张、临清、武城、夏津、丘二十九州县，及德州、东昌、临清三卫歉收民屯新旧额赋，并漕项杂款银。《宣宗实录》卷九七

五月【略】癸未，【略】贷山西隰州营驻扎地方上年歉收兵丁仓谷。【略】甲午，【略】缓征河南祥符、陈留、兰仪、汲、新乡、辉、获嘉、淇、延津、滑、浚、封丘、考城、修武、武陟、内黄、临漳、汤阴、阳武、原武、安阳、河内、济源、孟、温、杞、荥泽、睢二十八州县被旱村庄新旧额赋并漕项杂款银。贷临漳、内黄、延津、滑、浚、原武、阳武、汤阴、汲、淇、新乡、修武十二州县贫民籽种口粮有差。【略】己亥，【略】又谕：那彦成奏筹办被旱州县抚恤事宜。直隶开州等州县上年秋禾被旱歉收，今春雨泽愆期，二麦失收，早秋亦难播种，前据该督具奏，降旨停缓春征，并恐夏灾已成，复饬该督体察舆情，如有亟须接济之处，迅速议筹。【略】著加恩将开州、元城、大名、南乐、清丰、广平等六州县有地无力之户先行赏借籽种，俾得赶种晚禾。【略】缓征直隶广平、平乡、广宗、巨鹿、故城五县被旱歉收新旧额赋，并旧借银谷。给山东堂邑、博平、冠、馆陶、聊城、茌平、清平、莘、齐河、禹城、长清、平原十二县被旱灾民口粮有差，并贷仓谷籽种。缓征东阿、邹平、观城、阳谷四县新旧额赋，及漕项杂款银。平粜寿张、东阿、阳谷、清平、濮、平阴六州县仓谷。暂免利津、丰二县海口商贩粮税。【略】壬寅，【略】减免直隶河间、南宫、新河、隆平、宁晋五县积水未涸地亩旧赋有差。癸卯，广西巡抚苏成额奏粮价未能平减，请缓买拨运东省谷石。从之。《宣宗实录》卷九八

六月【略】乙卯，【略】贷直隶大名镇标左右城守、开州协、东明、长垣、杜胜七营被旱兵丁饷银有差。丙辰，河南巡抚程祖洛奏，河北地方被旱歉收，请将应修各工兴办以代赈恤。从之。给河南临漳、内黄、滑、浚、延津、原武、阳武七县被旱灾民一月口粮。【略】乙丑，谕内阁：观喜等奏，荆州大堤被水冲决，现饬地方官赶紧堵筑一折。荆州万城迤西上逍遥湖堤身被水冲决二处，山水与江水连接，势如建瓴，直向堤内灌注，居民田庐被淹，现经该地方官设法抢堵。【略】戊辰，谕军机大臣等，

京师自六月初七日起雨势未已，永定河为众流汇注，现当大雨时行，并闻桑乾河涨水五尺有余。【略】壬申，湖广总督李鸿宾等奏，荆州府城上游堤塍决口，动拨库款，抚恤江陵、当阳二县被水灾民。【略】丙子，【略】谕内阁：张升等奏，湖河异涨消减，工程平稳，览奏不胜嘉悦。本年甫交初伏，湖河并涨，经该河督等督饬防守，并启放拦湖等坝，幸得化险为平。【略】己卯，谕军机大臣等，山东被旱成灾各州县，前据该抚查明轻重情形，量加调剂，请将被旱较重之堂邑等四县、被灾次重之聊城等八县分别赏给口粮，酌借籽种。【略】近闻山东道上市镇萧然，贫民觅食维艰，往往贩男鬻女，且夏雨连绵之后，积水甚多，田禾不无淹浸，是灾歉之区，水旱相继，小民何以堪此。【略】庚辰，【略】直隶总督那彦成奏，大名府属迭次得雨，请酌撤各州县粥厂，办理平粜。从之。

《宣宗实录》卷九九

七月【略】癸未，【略】又谕：前据张井等奏，河湖同时并涨，请启放各坝，分减水势，当经降旨，交琦善等会筹妥办。兹据琦善奏称，河湖来源旺盛，一时未能宣泄，【略】运河两岸堤工甚为吃重，下游田亩受淹，勘明分别查办等语。【略】另片所奏，海州、安东二州县之新安等镇，积水未消，田庐受害，分别委员勘办。【略】丁亥，【略】贷陕西西乡、盩厔二县被水灾民籽种。己丑，谕内阁：陶澍奏，江北各属被水，分别委员及亲诣查勘一折。江苏江、淮、扬、徐、海等属前因夏雨过多，低田被淹，现在扬州所属高邮等州县又因洪泽湖开放坝河，减泄盛涨，田亩复淹，秋成失望，该抚接据禀报，已饬该司道，督饬该府迅速查明办理。【略】乙未，【略】谕内阁：伊里布奏，查明被淹盐井一折。云南黑盐井上年被水冲淹，据该抚查明，除大、东、新三井业经修补起煎外，至沙井虽有淡水，尚可车提修复，著准其照估兴修，所需工料银六千九百两，在道库积余项下借动发给。

《宣宗实录》卷一〇〇

七月【略】庚子，【略】给湖南醴陵、攸、茶陵三州县被水灾民一月口粮并房屋修费。缓征浙江嘉善、平湖二县兴办水利借动司库银。以浙江乐清、庆元二县粮价渐增，命平粜仓谷。【略】乙巳，【略】给山西归化城厅被水灾民一月口粮及房屋修费。丙午，【略】抚恤江苏高邮、宝应、甘泉、江都、兴化、泰六州县被水灾民。丁未，【略】贷奉天锦州府属被灾各驿半年马乾银。

《宣宗实录》卷一〇一

八月【略】甲寅，贷山西绥远城浑津黑河被水庄头一月口粮，并给房屋修费。【略】戊午，【略】抚恤江苏海、沭阳、安东、清河、东台五州县被水灾民。

《宣宗实录》卷一〇二

八月庚午，谕内阁：那彦成奏，被水淹浸仓谷，分别出借售变豁免著赔一折。直隶成安县地方夏间猝被漳河漫水下注，仓谷间被淹浸，【略】其受潮晒干谷二千八百五十二石，被浸难以久贮。【略】社义二仓干谷二千七百三十六石五斗，并义仓受潮晒干谷一千四百五十六石，共谷四千一百九十二石五斗，内以一千二百石作为籽种，二千九百九十二石五斗作为口粮，均匀出借。【略】至常、社、义三仓霉变谷九百一十四石五斗，系因晒晾不善所致，著落该县照数赔交。【略】其折耗谷一千四百八十七石三斗零猝被水冲，致有损失，加恩准其豁免。【略】丙子，【略】缓征甘肃宁夏、宁朔、灵、平罗、镇原五州县被水、被旱、被雹灾民新旧额赋草束。【略】戊寅，【略】缓征浙江义乌县歉收新旧额赋。

《宣宗实录》卷一〇四

九月己卯朔，给贵州松桃厅被水屯军谷石。【略】癸未，【略】给山西归化厅属被水灾民一月口粮，并房屋修费。【略】甲申，谕军机大臣等，琦善等奏，河湖并涨，赶紧启放减坝掣黄，接启御坝，并抢护平稳，及现在办理情形一折。览奏均悉，河湖连年受病已深，本年复同时异涨，【略】淮、扬先成巨浸，而海州仍不免被淹，总由该督等筑室道谋，办理延迟所致。现于八月二十日开放减坝，建瓴下注，大溜掣动，截至二十五日顺黄坝志桩落低六尺五寸。【略】所奏洪湖于二十三日西北风暴浪涌，十三堡、息浪庵两处堤工均有蛰塌，固由清水过大，亦有该工员等所办石工本不坚固。【略】乙

西,【略】以山东历城、齐河、齐东、济阳、禹城、长清、德、平原、东阿、平阴、阳谷、寿张、濮、范、观城、朝城、聊城、堂邑、博平、茌平、清平、莘、冠、高唐、临清、夏津、丘二十七州县麦收歉薄,改征粟米。癸巳,【略】给江苏山阳、盐城二县被水灾民银米。

《宣宗实录》卷一〇五

九月【略】甲午,【略】缓征山东历城、章丘、邹平、长清、齐河、平原、禹城、济阳、临邑、德、高唐、茌平、清平、聊城、堂邑、博平、莘、冠、馆陶、利津、海丰、临清、夏津、武城、兰山、郯城、菏泽、曹、单、定陶、巨野、城武、郓城、濮、范、朝城、济宁、金乡、鱼台三十九州县,及屯坐各卫被旱、被水、被虫、被雹军民旧欠漕粮。并展缓东阿、平阴、滋阳、宁阳、邹、滕、汶上、阳谷、寿张、兰山、郯城、临清、夏津、武城、丘十五州县积欠额赋。【略】丁酉,【略】给江西莲花、萍乡、永新、宜春、安福、庐陵、分宜七厅县被水灾民一月口粮。【略】壬寅,【略】免湖南醴陵、攸、茶陵三州县应补被水漂失仓谷,并给贫民垦复地亩工本银。【略】丙午,【略】缓征直隶宁河、大城、永清、东安、宝坻、武清、雄、新城、沧、广宗、龙门、丰润、玉田、隆平、宁晋十五州县被雹、被旱村庄新旧额赋旗租,并展缓开、大名、元城、南乐、清丰、平乡、巨鹿、广平、鸡泽、冀、南宫、枣强、新河、衡水、广宗十五州县积欠额赋。【略】丁未,【略】谕内阁:琦善奏被水地方粮价渐增,筹米平粜,并招徕客贩一折。江苏省江北各府州夏秋间雨水过多,收成歉薄,淮、扬、海三属又兼坝水下注,淹浸成灾,米价昂贵,小民买食维艰,经该督等奏请,勘定灾区,恳恩给赈,并将苏属粜剩米二万九千余石拨运江北平粜。【略】以山东省上年歉收,展缓应补嘉庆二十四年截留漕粮。

《宣宗实录》卷一〇六

十月【略】壬戌,【略】又谕:程祖洛奏,漕粮项下应征改麦,请暂征收粟米一折。本年豫省惟南、汝、光等属麦收丰稔,其余有漕之五十三州县因夏间被旱,二麦颗粒未能饱绽,民间存贮无多,若将粟米赴远道易麦,倍费周章,著照所请。【略】蠲缓两淮富安、安丰、梁垛、东台、何垛、丁溪、草堰、刘庄、伍佑、新兴、庙湾、中正、板浦、临兴十四场被水灶户额课,仍分别给赈。缓征河南陈留、杞、睢、安阳、汤阴、临漳、内黄、新乡、辉、获嘉、淇、延津、滑、浚、封丘、考城、武陟、原武、阳武、淮宁、兰仪、汲二十二州县被旱村庄新旧额赋。【略】蠲缓安徽五河、凤阳、灵璧、凤台、怀远、宿、盱眙、天长、全椒、来安、泗、寿、定远、无为、和、含山、怀宁、潜山、庐江、巢、桐城、当涂、繁昌、亳二十四州县及屯坐各卫水灾新旧额赋,给五河、凤阳、灵璧、凤台、怀远、宿、盱眙、天长八州县暨屯坐各卫军民一月口粮。

《宣宗实录》卷一〇七

十月甲子,【略】蠲缓江苏上元、江宁、句容、江浦、山阳、阜宁、清河、安东、盐城、高邮、泰、东台、江都、甘泉、兴化、宝应、海、沭阳、沛、邳、溧水、六合、桃源、仪征、铜山、丰、萧、砀山、宿迁、睢宁、赣榆、华亭、奉贤、上海、南汇、青浦、川沙、丹徒、丹阳、金坛、溧阳、太仓、镇洋、嘉定四十四厅州县,并淮安、大河、徐州三卫被水军民新旧额赋,及各项银米有差。赈上元、江宁、句容、江浦、山阳、阜宁、清河、安东、盐城、高邮、泰、东台、江都、甘泉、兴化、宝应、海、沭阳十八州县,并淮安、大河二卫被灾军民,赏沛、邳、宿迁三州县贫民一月口粮,并拨藩关道库银一百四十五万两备赈。【略】丙寅,【略】以吐鲁番屯田丰收,予员弁议叙,赏兵丁一月盐菜银。缓征湖北江陵、沔阳、云梦、汉川、天门、京山、钟祥、潜江、应城、枝江、江夏、黄冈、荆门、当阳、汉阳、孝感十六州县暨屯坐各卫水灾新旧正杂额赋。【略】庚午,【略】除直隶广昌县水冲沙压地二十六顷二十二亩有奇额赋。

《宣宗实录》卷一〇八

十一月【略】乙酉,【略】除直隶承德府南二道河等处水冲民地四十一亩有奇额赋。【略】丁亥,【略】蠲缓盛京牛庄、白旗堡、小黑山、辽阳等处被水地亩本年粮租。【略】庚寅,【略】蠲缓湖南醴陵、攸、茶陵、衡山、澧五州县被水村庄新旧额赋,加赏醴陵、攸、茶陵三州县灾民一月口粮,给房屋修费,并修被水冲塌衙署、仓库,准应赔银谷分限完交。缓征江西南昌、吉水、新喻三县被水、被旱村庄新旧额赋。【略】壬辰,【略】以江南粮价较昂,缓买江安苏松各帮丁行月等米。

《宣宗实录》卷一〇九

十一月【略】丙申,【略】以乌什屯田丰收,予员弁议叙,赏兵丁一月盐菜银。【略】辛丑,【略】缓征甘肃皋兰、河、金、安定、漳、平凉、武威、灵台、渭源、陇西、中卫、靖远十二州县歉收地方新旧粮银草束,贷皋兰、渭源、伏羌、安定、西河、隆德、宁夏、宁朔、平罗、秦、礼、崇信、镇原十三州县暨东乐县丞所属灾民口粮。【略】乙巳,上幸瀛台阅冰技。

《宣宗实录》卷一一〇

十二月【略】庚戌,【略】谕军机大臣等,据嵩孚奏,本年十月下旬有江苏省淮安、扬州等属被水灾民八千余名口,坐船八十余只,自下游江西一带赴黄州、汉阳一带求食,当即委员驰往前途截阻,劝谕早归就赈,各安农业。【略】又有由陆路至黄梅县境灾民二百余名,至汉阳县境数十名,均经各州县借给口粮,饬令回籍等语。【略】辛亥,【略】幸北海阅冰技。【略】癸丑,【略】又谕:陶澍奏灾务积弊及现在查办情形一折。江苏省淮、扬、徐、海等府州被灾较广,现值分查户口,领银散放之时,尤须力除积弊。【略】又谕:陶澍奏筹办留养灾民并酌留缓带漕米一折。本年江苏淮、扬等属被淹较久,灾民甚众。【略】乙卯,上幸瀛台阅冰技。【略】戊午,【略】幸瀛台阅冰技。【略】辛酉,【略】以阿克苏屯田丰收,予员弁议叙,给兵丁一月盐菜银。【略】壬戌,【略】缓征江苏山阳、安东、高邮、泰、甘泉、宝应六州县歉收村庄新旧银米麦豆。

《宣宗实录》卷一一一

十二月【略】甲子,【略】以伊犁屯田丰收,予员弁议叙,给兵丁一月盐菜银。乙丑,【略】以乌鲁木齐屯田丰收,予员弁议叙,给兵丁一月盐菜银。【略】己巳,【略】幸北海阅冰技。

《宣宗实录》卷一一二

## 1827年 丁亥 清宣宗道光七年

正月【略】戊寅,【略】给奉天白旗堡、小黑山二处上年歉收各旗户并站丁等一月口粮。贷直隶宁河、宝坻、丰润、玉田、开、元城、大名、南乐、清丰、广平十州县上年歉收农民口粮有差。展赈江苏高邮、兴化、东台、宝应、江都、甘泉、山阳、阜宁、清河、安东、盐城、上元、江宁、江浦、海、沭阳、泰十七州县,及淮安、大河二卫上年被水军民,并加赏邳、宿迁、沛、萧、沭阳五州县灾民一月口粮。给安徽五河、泗二州县并屯坐各卫上年被水军民一月口粮。缓征山东濮、范、兰山、郯城、高唐、鱼台六州县,并东昌、德州、临清三卫上年被灾村庄上忙额赋及各项银米。【略】辛巳,【略】展赈两淮丁溪、草堰、刘庄、伍佑、新兴、庙湾、中正、板浦、临兴九场上年被淹灶户,并贷富安、安丰、梁垛、东台、河垛五场灶户一月口粮。贷江西莲花、萍乡、宜春、庐陵、永新五厅县上年被水、被旱灾民籽种。以湖南醴陵、茶陵、莜三州县上年被水,拨附近州县仓谷三万八千石,分给减价平粜。贷山西萨拉齐厅上年被水村庄常平仓谷。贷河南原武、阳武、浚、武陟四县被旱、被水灾民一月口粮,并贷修武、封丘二县被灾村庄仓谷。贷甘肃洮州、皋兰、渭源、会宁、西和、伏羌、张掖、武威、古浪、平番、宁朔、西宁、秦、秦安、礼、两当、镇原十七厅州县上年被水、被雹灾民口粮籽种有差。

《宣宗实录》卷一一三

二月【略】甲寅,【略】缓征江苏上元、江宁、句容、江都、铜山、丰、沛、砀山、睢宁、海、沭阳、桃源十二州县,并徐州卫频年积歉带征旧欠钱粮漕价。乙卯,【略】除直隶丰宁县被水房屋租银。【略】戊午,【略】除甘肃平罗县被水冲坍地一十九顷三十四亩有奇额赋。【略】癸亥,【略】贷江苏狼山、泰兴、掘港各营毗连灾区兵丁饷银有差。【略】辛未,命于二十八日在黑龙潭、觉生寺设坛祈雨。

《宣宗实录》卷一一四

三月【略】庚辰,又奏:现在黄水落低,已饬厅营将御黄坝启放,催挽重运军船迅速渡黄。得旨:

御坝已启，漕行顺利，朕心深为嘉慰。丁亥，上耕耤，诣先农坛行礼。己丑，【略】又谕：有人陈奏，山东青州一郡类皆荒歉，寿光县为尤甚，该县连遭水旱，去年更干亢非常，无禾无麦，埽剥树皮，典质蔽衣，甚至卖田拆屋，砍伐桑柘，货耕牛，鬻妻子，虽士子宦族亦有在乞讨之列者。现复干亢如前，久无雨雪，春麦全枯，秋禾难种，闻饥民夺食，壅塞道路，担儿肩女，络绎乞食，由直隶出山海关者，月余无虚日等语。地方偶有偏灾，该州县即应据实禀报，封疆大吏飞章入告，岂得意存粉饰。今如该御史所奏，流离失所情形至于此极，殊堪骇异，地方官岂竟同聋瞶。【略】庚寅，【略】以江西省粮价较昂，展缓定南、泰和、龙泉、永新、彭泽、庐陵、新喻、万安、兴国、会昌、赣、余干、乐平十三厅县应补动缺仓谷。【略】壬辰，直隶总督那彦成奏，所属续得雨泽，麦秋可望。得旨：京城至今未沾雨泽，春麦已无可望，若再不雨，大田如何播种。朕盼望之余，更深忧惧，奈何奈何。【略】乙未，谕军机大臣等，京师及畿辅地方自入春以来，雨未沾足，殊切殷盼。本日据那彦成奏，通州等九十州县自三月初九等日，各得雨一二三四寸不等，只系笼统开报，此内惟天津地方于三月十二日得雨四寸，已据阿扬阿等奏报。其通州等州县，何处得雨若干，并未据该督分晰具奏。现闻大名一带风日干燥，麦苗就萎，若再得雨不能沾足，大田播种失时，农民其何以堪。【略】丙申，【略】贷甘肃平番、宁夏二县并东乐县丞所属上年歉收贫民两月口粮。丁酉，命再于黑龙潭、觉生寺设坛祈雨。【略】庚子，【略】直隶总督那彦成奏报，各属得雨。得旨：所奏俱悉。京师迄今未雨，朕日夕盼望，实深忧虑也。贷直隶开、元城、大名、南乐、清丰、广平六州县上年歉收贫民口粮有差。【略】乙巳，【略】命皇长子奕纬诣黑龙潭【略】谢雨。

《宣宗实录》卷一一五

四月【略】己酉，直隶总督那彦成续报得雨情形。得旨：京师于二月二十八九日得雨两昼夜，远近一律深透，实深庆幸。【略】甲寅，【略】贷哈密上年歉收回子籽种小麦。【略】乙卯，缓征两淮泰州分司所属富安等十一场、海州分司所属板浦等三场歉收积欠银。【略】丁巳，【略】缓征山东寿光、博兴、乐安、益都、临淄、昌乐、齐河七县被旱灾民旧欠钱粮，并贷一月口粮。【略】癸亥，以山西襄陵、吉、介休、浑源、灵丘、宁远、高平、阳城、陵川、榆社、和顺、沁源、武乡、寿阳、忻、代、五台、保德、安邑、芮城、绛、垣曲、隰、大宁、和林格尔二十五厅州县粮价较昂，命平粜常平仓谷，并缓买临汾、浮山、大同、天镇、右玉、夏、霍、灵石八州县节年粜贷谷石。【略】戊辰，【略】贷湖北荆州城守等营被水兵丁仓谷。【略】庚午，除直隶易州水冲官地一顷九十七亩有奇租银。【略】癸酉，【略】除直隶承德府水冲官地三十三亩有奇额赋。

《宣宗实录》卷一一六

五月【略】壬午，【略】谕军机大臣等，寄谕署山东巡抚程含章，前因有人条奏，青州一郡类皆荒歉，寿光县为尤甚，当经降旨，交该署抚委员确实查勘。兹据奏，委员周历青州属，挨庄查访，惟寿光、博兴二县种麦本少，冬春雨雪较稀，民力不无拮据。寿光之秦城、南皮二乡地尤咸碱，贫民向多出口谋生，本年雨泽愆期，倍为竭蹷，出口者未免稍多，或将子女分别寄存典雇，并非鬻卖；其所居均系草屋，恐为他人占住，即拆去上顶，堵塞户牖，以俟归家修盖，亦非拆屋卖料，十空六七；至典鬻衣物，及搀食草子等情，乐岁亦所不免，非本年仅有之事。均不至如传言之甚，前已奏准分别缓征，出借口粮，并经官捐煮粥。谷雨前后均沾透雨，种秋未晚，不至成灾。所奏自系实在情形。【略】壬辰，【略】缓征直隶开、元城、大名、南乐、清丰、平乡、广宗、巨鹿、广平、鸡泽十州县积歉村庄节年民欠钱粮。

《宣宗实录》卷一一七

闰五月【略】甲子，【略】缓征山东济宁、鱼台二州县被雹村庄新旧额赋。

《宣宗实录》卷一一九

六月【略】癸未，【略】大学士两江总督蒋攸铦奏报到任谢恩。【略】朕无可示谕，京师自闰五月下旬以来，酷热非常，又形暵旱，若辰下得有透雨，秋稼尚可占丰。设再经旬不雨，如何是好。朕本月初八日亲诣黑龙潭叩祷，未知能获甘霖否，曷胜焦灼之至。本日申酉之间小雨纤纤，入夜方止，

虽沾濡寸许，所喜暑气全消，顿然飒爽，仍望沛然续降甘霖也。【略】庚寅，【略】直隶总督那彦成奏报得雨情形。得旨：览奏稍慰，京师于初八日酉刻小雨纤纤，计可寸许。十一日得雨深透，炎暑顿消，秋稼可期收获。十三日戌亥之间又得阵雨四五寸，凡此皆赖上苍赐惠。

《宣宗实录》卷一二〇

七月丁未，【略】免直隶天津县积水地亩上年额赋，并文安县洼地上年额赋十分之五。【略】癸丑，【略】闽浙总督孙尔准等奏，闽省早稻丰收，请停止商船赴浙买米，以重海防。报闻。

《宣宗实录》卷一二一

七月【略】辛酉，【略】护山东巡抚贺长龄奏，东省二禾稔熟，额征黑豆请以二成改征粟米。下部议行。【略】壬戌，【略】免山西归化厅属被水村庄上年应征地租银十分之七，并缓征旧欠。【略】丙寅，【略】给奉天锦州、广宁、义三府州县被水旗民一月口粮，及房屋修理埋葬银。【略】壬申，【略】缓山西萨拉齐厅属被水村庄上年应征粮米，并节年积欠。

《宣宗实录》卷一二二

八月【略】丁丑，【略】谕内阁：徐炘奏，查明略阳县被水情形，现办抚恤一折。陕西略阳县因雨后江河水涨，淹及城垣、衙署并居民庐舍，【略】查明城内关厢并沿江一带之白水江等十二村，实在乏食贫民一千五百五十五户，照例给予抚恤一月折色口粮，及淹损人口、冲坍房间例给修掩等费，共需银三千七百三十余两。【略】甲申，【略】缓长芦所属沧州宁河县并严镇场上年被水灶地额征银。

《宣宗实录》卷一二三

八月己丑，【略】蠲缓江苏上元、江宁、句容、江浦、山阳、阜宁、清河、安东、盐城、高邮、泰、东台、江都、甘泉、兴化、宝应、沛、邳、海、沭阳、溧水、六合、桃源、仪征、铜山、丰、萧、砀山、宿迁、睢宁、赣榆、华亭、奉贤、上海、南汇、青浦、川沙、丹徒、丹阳、金坛、溧阳四十一厅州县，并淮安、大河、徐州、镇海、太仓、金山六卫上年被水灾民新旧漕粮银米有差。【略】辛卯，【略】又谕：嵩孚奏，湖北江陵等县被水情形较重，查办抚恤事宜。本年荆江伏汛盛涨，致江陵县下漳子湖民堤被水漫溃，并监利县地方因水由江陵溃口灌入，致被漫淹。【略】另片奏，松滋、枝江、天门、潜江、荆门、沔阳、汉川、汉阳等州县均有江水带淹处所。【略】护山东巡抚贺长龄奏：东省秋收丰稔，所有因公动缺及豁免官亏仓谷十万一千余石并三限应买截漕三万三千余石，现饬分别买补搭运。【略】戊戌，【略】安徽巡抚邓廷桢奏：和、无为二州因上年被水，缓征江宁省仓屯米六千六百余石，现动借常平仓谷碾米二千八百石，先行运解接济兵食。报闻。展缓湖南醴陵、攸、茶陵三州县带征上年灾缓南漕银米。

《宣宗实录》卷一二四

九月【略】甲辰，【略】缓征甘肃宁夏、宁朔、灵三州县被水村庄新旧额赋。【略】癸丑，【略】缓河南临漳、延津、封丘、考城、原武、阳武、兰仪、内黄、武陟九县上年灾歉及放淤地亩应征节年旧欠籽种口粮钱漕租谷，并安阳、汤阴、内黄三县水占沙压地亩应征新旧额赋。【略】丁巳，【略】缓征山东恩、朝城、观城、陵四县节年歉收积欠钱漕，并武城县被旱村庄新旧额赋有差。

《宣宗实录》卷一二五

九月【略】庚申，【略】以齐齐哈尔等四处秋收歉薄，缓种地兵丁应缴前借银粮。【略】甲子，【略】以吐鲁番屯田丰收，予员弁议叙，赏兵丁一月盐菜银。【略】乙丑，谕内阁：【略】盛京宫内衍庆宫，因大雨渗漏，间有脱落损坏之处，应行修理。

《宣宗实录》卷一二六

十月【略】乙亥，【略】贷山西定襄、潞城二县被旱、被雹村庄仓谷。【略】丁丑，【略】又谕：鄂山等奏请移建略阳县城垣一折。陕西略阳县城垣三面临水，累年迭遭水患，本年七月间江河异涨，冲塌城外石堤，以致水涌入城，坍塌处所十居七八，未坍之处亦经汕刷，据该署督等委员勘明，【略】勘得城东三里之交家坪，地居高阜，向未受淹，就该处移建新城，可免水患。【略】戊寅，【略】给奉天广宁县被水站丁两月口粮。赈恤湖北江陵、监利二县及屯坐各卫被水军民有差。【略】壬午，【略】缓征

直隶唐山、冀、南宫、新河、枣强、衡水六州县积歉地方节年民欠钱粮，并大名、元城、南乐、清丰、广平五县前贷籽种口粮。 《宣宗实录》卷一二七

十月戊子，【略】以阿克苏屯田丰收，予员弁议叙，赏兵丁一月盐菜银。【略】己丑，【略】以湖北粮价平减，命买补常社仓谷十三万一千五百余石，米一万三千八百余石。缓征安徽怀宁、潜山、凤阳、寿、宿、怀远、定远、灵璧、凤台、泗、盱眙、天长、五河、桐城、当涂、芜湖、繁昌、无为、庐江、巢、亳、和二十二州县及屯坐各卫水灾新旧额赋。展缓湖南澧、安乡二州县被水垸田新旧额赋。【略】壬辰，【略】贷黑龙江墨尔根城歉收贫民口粮。【略】丙申，【略】以乌什屯田丰收，予员弁议叙，赏兵丁一月盐菜银。【略】戊戌，【略】缓征江苏上元、江宁、句容、江浦、六合、山阳、阜宁、清河、桃源、安东、盐城、高邮、泰、甘泉、兴化、宝应、铜山、沛、萧、砀山、宿迁、睢宁二十二州县，及淮安、大河、徐州三卫被水歉收地漕各项银米。展缓华亭、奉贤、娄、上海、南汇、青浦、川沙、太仓、镇洋九厅州县，及镇海卫节年灾缓银米。【略】己亥，【略】蠲缓湖北江陵、监利、钟祥、京山、潜江、天门、汉川、沔阳、公安、枝江、荆门、应城、汉阳、松滋、黄冈十五州县被水垸区新旧额赋有差。

《宣宗实录》卷一二八

十一月【略】癸卯，【略】以江南粮价较昂，缓买江宁、扬州、淮安、徐州、安庆、太平、庐州、凤阳各帮丁行月等米。【略】甲寅，【略】除直隶易州水冲沙压地九顷四十四亩有奇额赋。

《宣宗实录》卷一二九

十一月【略】庚申，【略】免江苏宿迁县骆马湖滩地被水租银。【略】癸亥，上幸瀛台阅冰技。【略】己巳，【略】幸北海阅冰技。【略】辛未，【略】以江南米价较昂，缓买苏州、松江、常州、镇江、太仓各帮丁行月等米。 《宣宗实录》卷一三〇

十二月【略】丙子，【略】以科布多屯田丰收，予员弁议叙，赏兵丁一月盐菜银。【略】丁丑，【略】修福建龙溪、南靖二县被水冲塌河堤，从总督孙尔准请也。【略】己卯，上幸瀛台阅冰技。【略】壬午，【略】缓征江苏上元、江宁、江浦、六合、萧、句容、山阳、安东、海、阜宁、清河、桃源、盐城、高邮、泰、东台、江都、甘泉、仪征、兴化、宝应、铜山、邳、宿迁、沛、睢宁、沭阳二十七州县，及淮安、大河、扬州、徐州四卫水灾节年旧欠额赋。【略】丁亥，【略】以乌鲁木齐屯田丰收，予员弁议叙，赏兵丁一月盐菜银。【略】甲午，上御瀛台【略】阅冰技。【略】丙申，【略】再，京师于本月二十三日竟日大雪，五寸有余，实近来所罕遇。【略】以伊犁屯田丰收，予员弁议叙，赏兵丁一月盐菜银。

《宣宗实录》卷一三一

## 1828 年 戊子 清宣宗道光八年

正月【略】壬寅，【略】御制新正二日重华殿茶宴对雪诗韵。【略】癸卯，【略】缓征山东寿光、济宁、武城、鱼台四州县并屯坐各卫上年被旱、被雹新旧额赋。给江苏沛县上年歉收贫民一月口粮。贷直隶青、静海、沧、玉田、大名、元城、南乐、清丰、广平九州县上年歉收贫民口粮有差。丙午，【略】贷湖北江陵、监利二县并屯坐各卫上年被水军民籽种。贷山西定襄、长治、潞城三县上年被旱、被雹村庄常平社义仓谷，展缓和顺县应征原借谷石有差。 《宣宗实录》卷一三二

二月【略】壬申，【略】除山西归化城被淹地三顷七十六亩额赋。 《宣宗实录》卷一三三

三月【略】辛亥，上耕耤，诣先农坛行礼。丙辰，【略】展缓长芦严镇、海丰二场上年被水应完工本银。丁巳，【略】缓征直隶高阳、青、静海、沧、盐山、正定、灵寿、邢台、玉田、隆平、宁晋十一州县被水、被旱新旧额赋。【略】丙寅，【略】贷直隶开、元城、大名、南乐、清丰、广平六州县上年歉收贫民口粮。 《宣宗实录》卷一三四

四月【略】己卯，【略】修陕西宝鸡县被水冲坍栈道，从护巡抚徐炘请也。【略】乙酉，【略】贷湖北坐落灾区荆州水师等营兵丁仓谷。【略】丁亥，【略】缓征山东阳谷县被雹村庄本年额赋。贷山西吉、代、隰、忻、丰镇、和林格尔、翼城、左云、阳城、万泉、榆社、夏、绛、永宁、大同、陵川、曲沃、屯留、灵丘、河津、盂、凤台、沁源、武乡等二十四州厅县歉收贫民仓谷，并缓天镇、右玉、灵石、临汾、大同五县买补动缺仓谷。

《宣宗实录》卷一三五

五月【略】辛亥，【略】谕内阁：京师自入夏以来虽时得雨泽，尚未透足，本月初十日方泽大祀，朕虔申祈祷，于礼成后阴云密布，自十一日戌刻起，至十二日丑刻止，时雨沾濡，疏密相间，巳刻以后更复大沛甘霖，入土极为深透，畿辅地方皆得普律均沾，秋稼可期丰稔，此皆仰荷洪慈垂佑。【略】甲寅，【略】减免直隶安、南宫、新河、隆平、宁晋五州县积涝地亩新旧额赋有差。【略】丙寅，【略】除福建侯官县水冲田二十二亩有奇额赋。丁卯，【略】贷湖北黄州协营上年被水歉收兵丁仓谷。

《宣宗实录》卷一三六

六月【略】甲申，【略】除直隶武清县被水冲坍民田七十一顷三十四亩有奇额赋。【略】丁亥，谕内阁：讷尔经额等奏，本年卫河水浅异常，五月间经琦善专差道员虔祷漳神庙，旋即来源旺发。停积在后各帮船全数督催出闸。【略】丙申，【略】展缓山东夏津县被雹灾民应征新旧额赋。

《宣宗实录》卷一三七

七月【略】丁卯，免甘肃宜禾县因灾缓征未完额赋。 《宣宗实录》卷一三九

八月【略】壬申，【略】蠲缓浙江淳安、建德、桐庐、寿昌四县水灾村庄新旧额赋有差，给贫民一月口粮。【略】丁丑，【略】谕军机大臣等，据陶澍奏，本年湖水盛涨，启放三河及智、信两坝后，扬河临湖西堤节节掣通，东堤仅出水一尺余寸，至二尺余寸不等，现将车逻坝、南关坝、中坝次第启放，以资宣泄。开坝后，高邮及下游各属田禾不免淹浸，恐民居亦多被水。 《宣宗实录》卷一四〇

八月【略】乙酉，【略】缓征直隶沧、盐山、青三州县被水灶户额课。 《宣宗实录》卷一四一

九月【略】甲辰，【略】缓征山东德、德平、长山、新城、临邑、陵、商河、乐陵、阳信、邹、濮、济宁、海丰、沾化、临清、夏津、武城、菏泽、范、平度、诸城二十一州县并屯坐各卫被水村庄额赋。展缓菏泽、范、观城、朝城四县歉收村庄带征漕粮。【略】庚戌，【略】赈两淮中正、板浦、临兴三场被水灶户，并蠲缓钱粮有差。

《宣宗实录》卷一四二

九月【略】己未，【略】展缓河南兰仪、临漳、内黄、封丘、考城、武陟、原武七县积歉沙压各村庄应征额赋有差。

《宣宗实录》卷一四三

十月丁卯朔，【略】缓征湖南醴陵、澧、攸、茶陵四州县水灾节年带征额赋。戊辰，【略】谕内阁：邓廷桢奏，【略】安省各州县历年动缺常平仓谷，自应随时买补，以备缓急。但该省系积歉之区，本年各属秋禾又因被水、被旱，收成不能丰足，诚恐同时采买，必致粮价增昂，有妨民食。【略】辛未，【略】贷奉天正黄、镶白、镶蓝三旗界内，及广宁、小黑山、白旗堡、巨流河等处水灾旗民一月口粮，缓征新民屯等处被淹民地额赋。并贷锦州府被灾各属半年马乾银。缓征山东恩、金乡、鱼台、郯城、博兴、乐安、昌邑、兰山、日照、高密、胶、即墨十二州县被水村庄新旧额赋有差，并德、恩二州县境内屯庄旧贷口粮仓谷籽种。【略】甲戌，【略】缓征直隶大城、沧、盐山、宁晋、东安五州县被水、被雹各村庄新旧额赋，及旧贷银谷。【略】辛巳，【略】蠲缓浙江富阳、建德、淳安、遂安、桐庐、分水、仁和、钱塘、海宁、临安、乌程、德清、诸暨十三州县被淹田地新旧额赋有差，并贷富阳县贫民谷石，赈建德、淳安、遂安、桐庐、分水五县灾民。

《宣宗实录》卷一四四

十月壬午，【略】缓征山东邹平县被水村庄新旧额赋有差。【略】癸未，【略】以吐鲁番屯田丰收，予员弁议叙，赏兵丁一月盐菜银。【略】甲申，【略】又谕：据申启贤奏，沿途经过地方民间大半丰收，惟直隶阜城、景州积潦七十余里，水深自三四尺至丈余不等，询之该区民人，据称秋雨在收割之后，

所以尚报八分年岁。惟沥水太深，恐来春不能涸复，于翻犁播种有碍等语。【略】乙酉，【略】蠲缓江苏海、沭阳、山阳、桃源、高邮、宝应、沛、六合、阜宁、清河、安东、盐城、泰、东台、江都、甘泉、兴化、铜山、丰、萧、砀山、邳、宿迁、睢宁、赣榆、华亭、奉贤、上海、南汇、川沙、太仓、镇洋三十二厅州县，并淮安、大河、徐州、镇海四卫被水、被旱田地新旧额赋及各项银米有差。赈海、沭阳二州县并大河卫军民。给山阳、高邮、宝应、沛、桃源、清河、安东七州县，并淮安、大河二卫军民一月口粮。【略】丁亥，【略】谕内阁：屠之申奏，【略】衡水县近闸一带尚属通顺，其东海子迤北三十余里，淤塞沟身，未经一律议挑，本年夏秋雨大，南宫、枣强等处沥水下注，洼地均有积水，一时不能涸复，有碍春耕。亟宜疏浚以资利导。【略】戊子，蠲缓安徽泗、五河、宿、灵璧、天长、怀远、寿、凤阳、盱眙、定远、凤台、无为、繁昌、怀宁、桐城、潜山、东流、歙、休宁、婺源、庐江、含山、巢、亳、芜湖、当涂二十六州县，并屯坐各卫被水、被旱村庄新旧额赋及各项银米有差。赏泗、五河、宿、灵璧、天长五州县及屯坐各卫军民一月口粮。己丑，【略】缓征湖北荆门、汉川、沔阳、潜江、钟祥、京山、天门、江陵、监利、汉阳、江夏、孝感十二州县，及屯坐各卫被水、被旱田地新旧额赋有差。庚寅，【略】谕内阁：齐慎奏请撤回厂马过冬，以重马政等语。所奏是。直隶古北口中、左、右三营骑操马匹，【略】据齐慎查明，马匹在厂过冬，从前未见起膘，近年以来冬寒雪大，多致瘦毙，【略】著即停止在厂过冬，全数归槽。【略】辛卯，【略】以阿克苏屯田丰收，予员弁议叙，赏兵丁一月盐菜银。【略】壬辰，【略】缓征湖南凤凰、乾州、永绥、古丈坪、保靖、泸溪、麻阳七厅县被旱屯田租谷，贷弁丁口粮及兵勇等经费。癸巳，【略】贷齐齐哈尔、黑龙江、额裕尔、墨尔根、博尔多、打牲乌拉等处歉收旗营官庄人等银粮有差。【略】甲午，【略】除甘肃河州水冲沙压民屯地八顷七十九亩有奇额赋。　　《宣宗实录》卷一四五

十一月【略】戊戌，【略】赈浙江富阳县被水灾民。【略】辛丑，【略】缓征山东临邑、陵、德平、恩、阳信、商河、乐陵七县被水村庄杂粮。【略】甲辰，【略】缓征盛京宁古塔等处被水灾民新旧额赋并给口粮有差。　　《宣宗实录》卷一四六

十一月【略】乙卯，【略】护直隶总督屠之申奏报得雪。得旨：京师前于十四日得雪三寸有余，十五六七连日云阴，时飘雪霰，朕敬感天恩。　　《宣宗实录》卷一四七

十二月【略】庚午，【略】以塔尔巴哈台屯田丰收，予员弁议叙，赏兵丁一月盐菜银。【略】甲戌，谕内阁：【略】兹据该漕督称，本年江淮徐、扬、海州等属，安庆、池、太、庐、凤、颍、泗等州属均有成灾之区，又苏松等五府州虽无偏灾，未能一律丰收，粮价昂贵，例价不敷另购，自系实在情形，著照所请，俱准缓其收买，以恤丁力。【略】缓征江苏上元、江宁、江浦、六合、山阳、安东、句容、阜宁、盐城、高邮、泰、东台、江都、甘泉、兴化、仪征、宝应、铜山、丰、沛、萧、砀山、睢宁、邳二十四州县，暨淮安、大河、扬州、徐州四卫水灾积欠钱粮。乙亥，【略】以伊犁屯田丰收，予员弁议叙，赏兵丁一月盐菜银。【略】戊寅，【略】以山东恩县被水歉收，准应摊展挑支河土方银分限启征。

《宣宗实录》卷一四八

十二月辛巳，【略】以盛京上年因灾蠲缓，仓米不敷支放，命采买粟米一万五千石，从将军奕颢请也。【略】甲申，谕内阁：松廷等奏，山东省【略】因本年秋雨较多，豆杆抽未满足，以致颗粒不能如往年一律圆湛，查系实在情形。【略】以乌鲁木齐屯田丰收，予员弁议叙，赏兵丁一月盐菜银。【略】乙酉，【略】展缓长芦严镇、海丰二场被水灶滩应交三限工本银。丙戌，【略】展缓两淮丁溪等场被水灶户旧欠钱粮。【略】己丑，【略】以科布多屯田丰收，予员弁议叙，赏兵丁一月盐菜银。【略】癸巳，【略】以乌什屯田丰收，予员弁议叙，赏兵丁一月盐菜银。　　《宣宗实录》卷一四九

## 1829年 己丑 清宣宗道光九年

正月【略】丁酉,【略】给安徽泗、五河、宿、灵璧、天长五州县并屯坐各卫上年被水、被旱军民一月口粮。缓征山东临邑、陵、德、德平、濮、郯城、平度、昌邑、胶、高密、即墨、临清、武城、济宁、鱼台、阳信、商河、乐陵、博兴、夏津二十州县,并德州、济宁、临清三卫上年被水、被雹屯庄本年额赋。展缓江苏海、沭阳二州县上年被水、被旱灾民,给山阳、高邮、宝应、沛、桃源、清河、安东、阜宁、盐城、宿迁、沭阳十一州县并淮安、大河二卫军民一月口粮。【略】庚子,【略】展赈两淮板浦、中正、临兴三场上年被水、被雹灶户一月。贷山西代、解二州上年被水、被雹村庄籽种。贷河南上蔡县上年被水村庄常平仓谷。

《宣宗实录》卷一五〇

三月【略】己亥,上耕耤,诣先农坛行礼。甲辰,【略】又谕:理藩院奏,【略】喀尔喀车臣汗部落扎萨克[①]那木济勒多尔济等旗,将被灾人等移于邻近接壤之扎萨克头等台吉济克默特多尔济旗分游牧处所,通融接济。乃济克默特多尔济等,胆敢于被灾人等擅用行粮,并攫取马驼等物入己,所行殊属卑鄙,若不加惩办,遂失蒙古醇朴旧俗。著照所请,扎萨克头等台吉济克默特多尔济,著罚扎萨克俸三年。

《宣宗实录》卷一五三

四月【略】庚午,【略】贷湖南乾州、凤凰、永绥、古丈坪、保靖五厅县上年被旱屯丁苗佃口粮籽种。【略】乙亥,【略】贷山西太谷、交城、襄陵、乡宁、潞城、大同、山阴、广灵、阳高、朔、猗氏、和顺、沁、沁源、定襄、静乐、五台、河曲、夏、稷山、霍、蒲、萨拉齐二十三厅州县上年歉收常平仓谷。并缓右玉、临汾、灵石、大同、霍五州县应买节年动缺谷石。【略】辛卯,【略】缓征江苏阜宁、山阳、安东三县,及淮安、大河二卫上年被水额赋。【略】癸巳,【略】以陕西各属歉收,缓道仓应征麦豆并旧欠粮石。

《宣宗实录》卷一五五

五月【略】丁酉,【略】除直隶广昌县水冲地五顷二十七亩有奇额赋。【略】庚子,谕内阁:本年春夏以来雨水调匀,土脉滋润,于农田播种大有裨益。【略】贷湖北荆州城守水师二营及宜都营被水歉收兵丁仓谷。辛丑,【略】除甘肃皋兰县水冲地八顷十一亩有奇额赋。【略】癸丑,【略】缓征河南济源县被雹村庄本年额赋,并展缓杞县被水、被旱村庄旧欠额赋。

《宣宗实录》卷一五六

六月【略】己巳,【略】免西藏喀拉乌苏等处被雪成灾番族贡马银,并抚恤被灾官兵户口。【略】辛未,【略】展缓两淮板浦、中正、临兴三场连年灾歉积欠银。【略】壬午,【略】以三姓地方粮价增昂,命平粜仓谷。【略】戊子,【略】免直隶南宫、新河、隆平、宁晋四县积水地亩上年额赋有差。

《宣宗实录》卷一五七

七月【略】甲辰,【略】除甘肃安西州水冲地二百一十九顷八十一亩有奇额赋。【略】丁未,【略】除陕西武功县水冲地三顷八十八亩有奇额赋。【略】己酉,【略】免安徽泗、五河二州县,并凤阳、泗州二卫上年被水钱粮十分之一。【略】癸丑,【略】抚恤广西雒容、永福二县被水灾民。【略】戊午,【略】除直隶丰宁县水冲地四顷二十六亩有奇额赋。

《宣宗实录》卷一五八

八月【略】戊辰,【略】除陕西扶风县水冲滩地五顷十九亩有奇额赋。己巳,【略】缓征长芦被水灶地上年额赋。【略】乙酉,【略】缓征广东南海、三水二县被水村庄本年额赋,并贷司库银修冲决围基。【略】庚寅,【略】谕内阁:本日自姜女庙至西店子一带,泥淖难行,昨日早间微雨即止,傍晚天气晴霁,该地方官承办道路,尽可赶紧修治。【略】辛卯,【略】谕内阁:连日天已畅晴,该地方官承办道路,自宜预备整肃。

《宣宗实录》卷一五九

---

① 清代将蒙古民聚居区分设为若干旗,每旗旗长称扎萨克。

九月【略】乙未，【略】展缓陕西西安、乾二府州属被旱歉收新旧额赋。【略】己未，【略】缓征河南延津、封丘、考城、原武、兰仪、仪封、祥符、武陟、临漳、安阳、内黄十一县积岁歉收新旧额赋，并出借牛具籽种仓谷口粮。【略】辛酉，【略】谕内阁：苏成额奏，仓谷被水漂折，筹款买补一折。广西雒容县城垣及所辖之平乐镇地方，本年夏间被水冲漫，漂折仓谷。除抢护外，共漂失及浸烂谷一万四千三十六石零，亟应买补。

《宣宗实录》卷一六〇

十月【略】癸亥，【略】缓征山东长清、阳信、乐陵、茌平、恩、济宁、鱼台、章丘、邹平、历城、齐河、滨、利津、夏津、海丰、沾化、菏泽、濮、范、观城、朝城二十一州县，及屯坐各卫被水、被旱、被虫、被雹村庄新旧正杂额赋有差。【略】戊辰，【略】缓征直隶宁河、沧、南皮、盐山、丰润、玉田、隆平、宁晋、安、静海、大名、长垣十二州县被水村庄新旧额赋。【略】丁丑，【略】除安徽无为州水冲沙塌田六十二顷五十七亩有奇额赋。【略】己卯，【略】以吐鲁番屯田丰收，予员弁议叙，赏兵丁一月盐菜银。【略】庚辰，【略】蠲缓浙江仁和、海宁、归安、乌程、长兴五州县被旱田地正杂额赋有差。【略】癸未，【略】蠲缓安徽盱眙、五河、凤阳、灵璧、泗、天长、广德、怀远、寿、凤台、宿、定远、怀宁、桐城、潜山、太湖、和、当涂、芜湖、繁昌、无为、庐江、巢、亳二十四州县，及屯坐各卫被水、被旱村庄新旧额赋有差。给盱眙、五河、凤阳、灵璧、泗五州县及屯坐各卫贫民一月口粮。【略】戊子，【略】缓征江苏上元、江宁、句容、六合、山阳、阜宁、清河、桃源、安东、盐城、高邮、泰、江都、甘泉、仪征、宝应、铜山、沛、萧、砀山、宿迁、吴、阳湖、宜兴、荆溪、丹徒、丹阳、金坛、溧阳、武进、太仓、镇洋、华亭三十三州县，并淮安、大河、徐州、镇海四卫被水、被旱灾区新旧正杂额赋有差。缓征湖北潜江、荆门、江陵、监利、沔阳、公安、京山、天门、汉阳、江夏、汉川、黄冈、钟祥十三州县并屯坐各卫被水村庄新旧额赋有差。贷黑龙江灾区补买牛只银。贷齐齐哈尔等城被水、被旱灾民口粮，并展应缴积欠粮饷年限。

《宣宗实录》卷一六一

十一月【略】壬辰，【略】以阿克苏屯田丰收，予员弁议叙，赏兵丁一月盐菜银。【略】辛丑，【略】给奉天辽阳、凤凰城、新民厅、承德、广宁五处被灾旗民一月口粮，缓征锦县歉收民地额赋。以福建福安县粮价增昂，命平粜仓谷。【略】甲寅，【略】缓征甘肃陇西、狄道、张掖、武威、宁、碾伯、宁夏、宁朔、中卫、平罗、灵、皋兰、泾、灵台、崇信十五州县被水、被旱村庄新旧额赋。

《宣宗实录》卷一六二

十二月【略】甲子，【略】缓征两淮丁溪、草堰、刘庄、伍祐、新兴、庙湾六场被旱新旧灶课。【略】丙寅，【略】缓征宁古塔、三姓歉收新旧旗租。丁卯，命于大高殿设坛祈雪。以伊犁屯田丰收，予员弁议叙，赏兵丁一月盐菜银。除陕西武功县水冲马厂地十四顷九十七亩有奇额租。戊辰，上诣大高殿祈雪坛行礼。【略】己巳，【略】以乌什屯田丰收，予员弁议叙，赏兵丁一月盐菜银。【略】辛未，【略】以科布多屯田丰收，赏赍兵丁有差。【略】癸酉，【略】除浙江钱塘县潮冲地九顷二十亩有奇额赋。【略】乙亥，【略】抚恤西藏三十九族被雪成灾番民。丙子，【略】以天暖冰薄，停止冰技，仍给半赏。【略】己丑，【略】缓征江苏上元、江宁、江浦、山阳、句容、六合、阜宁、清河、桃源、安东、盐城、甘泉、兴化、江都、仪征、高邮、泰、东台、宝应、铜山、丰、沛、萧、砀山、邳、宿迁、睢宁、海、沭阳、赣榆三十州县，淮安、大河、扬州、徐州四卫积歉田亩旧欠正杂银米有差。贷江苏驻扎灾区京口等营兵丁一季粮饷。【略】庚寅，【略】以喀喇沙尔屯田丰收，予员弁议叙，赏兵丁一月盐菜银。

《宣宗实录》卷一六三

## 1830年 庚寅 清宣宗道光十年

正月【略】甲午，【略】贷直隶沧、盐山二州县上年被水、被旱村庄仓谷。给江苏沛县上年被水灾

民一月口粮。给安徽盱眙、凤阳、灵璧、泗、天长、五河六州县并屯坐各卫上年被水、被旱军民一月口粮。【略】丙申,【略】展缓山东阳信、濮、菏泽、范、朝城、观城、乐陵、滨、利津、海丰、沾化、济宁、鱼台、茌平、恩、夏津、齐河、长清、章丘十九州县,并德州、临清二卫上年被水、被旱、被雹、被虫村庄本年额赋及漕河盐课银。贷甘肃皋兰、狄道、西和、宁、永昌、秦、秦安、清水、礼、两当、泾、崇信、灵台、镇原十四州县上年被水、被旱灾民银谷。【略】乙巳,【略】以乌鲁木齐屯田丰收,予员弁议叙,赏兵丁一月盐菜银。【略】己酉,【略】直隶总督那彦成奏:文安、永清、东安、武清、天津各县减赋洼地,秋禾有收,请照额征收。允之。

《宣宗实录》卷一六四

三月【略】己亥,【略】上耕耤,诣先农坛行礼。

《宣宗实录》卷一六五

四月【略】丁卯,缓征直隶宁河、安、静海、沧、南皮、盐山、大名、长垣、丰润、玉田、隆平、宁晋十二州县被水、被旱灾民新旧粮租。【略】己卯,【略】贷山西岚、兴、壶关、浑源、灵丘、丰镇、宁远、高平、永济、万泉、榆社、沁、代、赵城、永和、和林格尔十六厅州县上年歉收贫民常平仓谷,并缓征右玉、临汾、灵石、大同四县买补动缺谷石。

《宣宗实录》卷一六七

闰四月戊子朔,【略】谕军机大臣等,【略】据御史徐广缙奏,河南兰仪县城垣久被黄水冲没,城内低洼之处夏秋雨潦,疏消积水。

《宣宗实录》卷一六八

五月【略】戊寅,【略】缓征江苏海、沭阳二州县被淹灾民本年上忙钱粮并节年漕价银。

《宣宗实录》卷一六九

六月【略】戊子,【略】缓征河南汲、新乡、辉、获嘉、浚五县被水村庄新旧额赋。【略】壬寅,【略】谕军机大臣等,据杨怿曾等奏,六月初一日行抵荆州府城,据江陵县知县林士瑛禀称,五月初八日起,连日大雨至十五日酉刻,江水增长,南岸松滋县之朱家埠、公安县之许家洲,下游监利县堤头等工段,为江水涨漫溃口,驿路漫溢,须改由水路前行。次日甫经渡江,即有生员唐际盛等呈递公呈,并两岸随从居民百余人,喊禀乞恩。饬县勘验,或称公邑堤溃,江邑被淹,或云势当顶冲,被灾较重,或云粮田溢涨,并有淹毙人口情形。随于经过地方察看两岸水淹之处业已半月,并未消涸。居民支棚架席,炎蒸露处,殊堪悯恤等语。【略】丙午,【略】缓征河南安阳、临漳、武安、林、涉、汤阴六县地震、被雹村庄额赋有差。

《宣宗实录》卷一七〇

七月【略】壬戌,【略】缓征直隶霸、永清、沧、冀、肃宁、南宫、新河、衡水、大名、大城十州县被水、被雹村庄新旧额赋并贷仓谷。癸亥,【略】谕内阁:嵩孚等奏查明荆州等属被淹轻重情形一折。湖北荆州府属监利等县江水涨溢,居民田庐被淹,该督等已酌拨银二万两【略】分投散放。【略】辛巳,【略】除山东冠县沙压地一百七十二顷十一亩额赋。

《宣宗实录》卷一七一

八月丙戌朔,加赈湖北监利、公安、江陵、石首四县被水灾民。【略】乙卯,【略】缓征山东济宁、邹平、鱼台、邹、临清、长清、阳信、乐陵、茌平、恩、章丘、菏泽、濮、范、观城、朝城、历城、齐河、滨、利津、海丰、沾化、夏津二十三州县及屯坐各卫被水、被旱村庄新旧正杂额赋有差。

《宣宗实录》卷一七二

九月【略】己未,【略】赈四川彭水、秀山二县被水灾民。【略】癸亥,【略】展缓陕西咸宁、长安、临潼、渭南、泾阳、三原、咸阳、醴泉、兴平、高陵、华、大荔、蒲城、乾、武功十五州县节年歉收旧欠仓粮。【略】甲子,【略】蠲缓湖北监利、公安、江陵、石首、沔阳、松滋、枝江七州县及屯坐各卫被水村庄新旧额赋有差。

《宣宗实录》卷一七三

九月丙寅,【略】以福建屏南县水灾,命平粜仓谷。【略】庚午,【略】缓征长芦严镇场上年被水灶课。【略】乙亥,【略】以吐鲁番屯田丰收,予员弁议叙,赏兵丁一月盐菜银。

《宣宗实录》卷一七四

九月【略】辛巳,【略】免奉天承德、辽阳、新民、广宁、锦五厅州县上年被旱地丁银有差,并缓征

新旧额赋。　　《宣宗实录》卷一七五

十月【略】戊子，【略】缓征齐齐哈尔、黑龙江、墨尔根城、打牲乌拉四处水、旱歉收旗民新旧借欠银谷，贷黑龙江、墨尔根城、打牲乌拉旗民仓谷。　　《宣宗实录》卷一七六

十月【略】丁酉，【略】缓征湖北汉川、潜江、天门、钟祥、嘉鱼、汉阳、孝感、黄冈、江夏、通山、荆门十一州县并屯坐各卫被水、被旱军民新旧额赋。【略】庚子，【略】展缓河南杞、兰仪、封丘、考城四县积歉灾区，并汤阴县被雹村庄应征新旧额赋有差。【略】辛丑，【略】蠲缓直隶文安、大城、高阳、任丘、蓟、宁河、保定、安肃、容城、雄、安、河间、无极、巨鹿、任、隆平、宁晋、深泽、阜城、东光、景、南皮、盐山、冀、武邑、深、武强、青、静海、新河、衡水三十一州县被水、被旱、被雹村庄新旧额赋有差，并赈文安、大城二县贫民。缓征安徽芜湖、灵璧、泗、五河、怀宁、桐城、当涂、繁昌、无为、寿、宿、凤阳、怀远、定远、凤台、盱眙、天长、潜山、太湖、望江、宣城、铜陵、和、贵池、东流、庐江、巢、亳二十八州县并屯坐各卫被水、被旱田亩新旧额赋，给芜湖、灵璧、泗、天长、五河五州县及屯坐各卫军民一月口粮。【略】癸卯，【略】缓征浙江仁和、钱塘、富阳、武康、归安、德清、临海、新城、乌程九县歉收田地新旧额赋。　　《宣宗实录》卷一七七

十月【略】丙午，【略】缓征湖南武陵、龙阳、华容、澧、安乡五州县被水田亩本年额赋有差。丁未，【略】缓征江苏上元、江宁、句容、六合、江浦、山阳、阜宁、清河、桃源、安东、盐城、高邮、泰、甘泉、仪征、兴化、宝应、铜山、沛、萧、砀山、宿迁、常熟、昭文、昆山、新阳、华亭、奉贤、上海、南汇、青浦、丹徒、镇洋、娄、川沙、江阴、靖江、金坛、太仓三十九厅州县，及淮安、大河、徐州、金山、镇海五卫被水、被旱民屯新旧额赋。【略】甲寅，【略】缓征甘肃皋兰、安定、会宁、贵德、碾伯、中卫、金、固原、宁夏、宁朔、灵、清水、泾、崇信十四厅州县被雹、被水、被霜灾民本年额赋。　　《宣宗实录》卷一七八

十一月【略】丁巳，【略】缓征宁古塔旗民歉收田亩积欠额赋。缓征浙江坐落江苏之青村、袁浦、下沙头及下沙二三等场歉收灶户新旧额课。戊午，【略】缓征安徽贵池、青阳二县并安庆卫被水军民新旧额赋。　　《宣宗实录》卷一七九

十一月【略】壬申，命于大高殿设坛祈雪，上亲诣行礼。【略】甲戌，上幸瀛台阅冰技。【略】丙子，【略】以广东粤秀、白云二山龙神庙祷雨灵应，颁发御书扁额曰“泽覃岭海”。【略】缓征江西南昌、新建、丰城、进贤、清江、峡江、庐陵、泰和、万安、龙泉、安福、余干、建昌、德化、湖口、彭泽十六县被水村庄本年额赋及原借籽种谷石，给庐陵、泰和、万安、龙泉、安福五县贫民修理房屋银。【略】癸未，上幸北海阅冰技。　　《宣宗实录》卷一八〇

十二月【略】丙戌，【略】以喀喇沙尔、伊犁二处屯田丰收，予员弁议叙，赏兵丁一月盐菜银。【略】壬辰，【略】幸瀛台阅冰技。【略】乙未，【略】免直隶文安县被水村庄本年额赋。【略】己亥，【略】免浙江钱塘县被潮田荡漕项银米。　　《宣宗实录》卷一八一

十二月【略】辛丑，命于大高殿设坛祈雪。【略】赈云南嶍峨县被水灾民，免补漂没仓谷，缓征恩安县冲淹田地额赋。壬寅，【略】减免直隶安、新河、隆平、宁晋、南宫、河间、任七州县积涝地亩本年额赋有差。癸卯，上诣大高殿谢雪。【略】幸北海阅冰技。【略】丙午，【略】贷江苏苏州、松江、镇江、太仓四府州属驻扎毗连灾区各营兵丁银米。【略】丁未，【略】阅冰技。【略】辛亥，【略】缓征江苏上元、江宁、句容、江浦、六合、山阳、阜宁、清河、桃源、盐城、高邮、泰、东台、江都、甘泉、仪征、兴化、宝应、铜山、丰、沛、萧、邳、宿迁、睢宁、海、沭阳、赣榆二十八州县，并淮安、大河、徐州三卫积歉庄屯旧欠额赋，及出借仓谷。【略】壬子，【略】以阿克苏屯田丰收，予员弁议叙，赏兵丁一月盐菜银。

《宣宗实录》卷一八二

## 1831 年 辛卯 清宣宗道光十一年

正月【略】戊午,【略】贷给直隶磁、邯郸、成安、雄、安、高阳、沧、无极、延庆九州县上年地震、被水灾民籽种口粮,并平粜仓谷,缓征磁、邯郸、文安、大城、成安五州县本年额赋。缓征吉林三姓、拉林、双城堡上年被水兵丁应征谷石,及民欠新旧额赋有差。贷三姓、双城堡兵民口粮。给安徽芜湖、灵璧、泗、天长、五河、盱眙、凤阳、凤台八州县并屯坐各卫兵民一月口粮。【略】己未,【略】给浙江富阳县上年被旱、被水灾民一月口粮,以仁和、钱塘、武康、归安、德清、临海、新城、乌程八县粮价昂贵,命平粜仓谷。贷湖南安乡县上年被水灾民籽种,并华容县灾民一月口粮。缓征山东邹平、济宁、鱼台、邹、阳信五州县,并屯坐各卫上年被水、被旱村庄本年额赋,及漕仓河银。贷甘肃会宁、西和、隆德三县上年被雹、被水灾民籽种,并两当、崇信二县灾民两月口粮。

《宣宗实录》卷一八三

二月【略】辛亥,【略】贷湖北荆门营上年被水兵丁仓谷。 《宣宗实录》卷一八四

三月【略】癸亥,【略】上耕耤,诣先农坛行礼。己巳,【略】展缓河南内黄、延津、武陟、浚、祥符、兰仪六县带征额赋,并积欠杂款。【略】辛巳,【略】贷山东海丰场灶户被水冲刷灶滩修费。壬午,【略】谕军机大臣等,有麟等奏,树株复生小虫,已派拨员弁兵役上紧搜拿一折。上年陵寝树株生有松虫,捉捕渐已净尽,兹据奏本年二月以来查得树株内复生有小虫,著饬令员弁兵役,务须认真上紧搜捕,勿令蔓延,有麟等当随时亲往查察,总期迅速搜除净尽,勿得视为具文,将此谕令知之。

《宣宗实录》卷一八六

四月【略】丙戌,【略】以江西南昌、新建、丰城、进贤、清江、峡江、庐陵、安福、万安、泰和、龙泉、余干、德化、湖口、彭泽、建昌十六县粮价增昂,命平粜仓谷。【略】丙申,除直隶宛平县水冲沙压地七顷四十四亩有奇额赋。【略】癸卯,命于黑龙潭、觉生寺设坛祈雨。 《宣宗实录》卷一八七

五月【略】癸丑,【略】遣睿亲王仁寿【略】诣宣仁庙祈雨。【略】乙卯,【略】遣成郡王载锐诣密云县白龙潭神祠祈雨。【略】己未,【略】展缓江苏富安、安丰、梁垛、东台、何垛、丁溪、草堰、刘庄、伍祐、新兴、庙湾十一场水灾带征灶课。【略】甲子,【略】直隶总督琦善奏麦收分数。得旨:今春雨雪调匀,二麦可望丰收,孰知入夏后反成亢旱,深为可惜,已交夏至,敬叩天慈,速沛甘霖,以成秋稔之庆。 《宣宗实录》卷一八八

五月【略】戊辰,【略】展缓湖南永绥、泸溪、麻阳三厅县歉收屯田带征额赋。庚午,谕内阁:京师入夏以来,未得透雨。【略】辛未,谕内阁:昨因京畿望泽甚殷,朕定期亲诣天神坛,虔申叩祷。【略】昨日未刻澍雨滂沱,连宵达旦,本日据顺天府奏入土深透,仰荷昊慈垂佑。【略】癸酉,【略】展缓海、沭阳二州县积水村庄新旧正杂额赋。【略】乙亥,【略】缓征山东济宁、曲阜二州县及临清卫被雹村庄额赋。

《宣宗实录》卷一八九

六月【略】癸未,【略】缓征直隶大兴、宛平、阜城、东光、南皮、冀、南宫、新河、衡水、武邑、深、武强、交河、枣强十四州县被旱、被雹村庄新旧额赋。【略】丙戌,【略】贷江苏淮安卫被灾屯丁籽种。

《宣宗实录》卷一九〇

六月【略】己亥,谕军机大臣等,据邓廷桢奏,安徽省舒城、贵池、东流、桐城四县居民猝遭水患。旋据舒城县续报,该县均被淹漫,圩内水深六七尺及八九尺不等。桐城县山水陡发,被水较重。又,安庆府之怀宁县低洼处所圩堤庐舍亦多淹浸倒塌。又,祁门县蛟水陡发丈余,以致沿河店铺民房俱有冲塌。无为州江潮异涨,上游来源汹涌,旧堤圩坝漫溢。望江县江水山洪涨漫,圩内民田室庐均被冲淹。池州府之铜陵县江潮并涨,又遇风雨大作,巨浪汹涌,以致老坝冲溃二十余丈,田亩

淹没，庐舍冲坍。巢县连朝骤雨，沿湖圩田被淹，后因山水江潮倒漾，风狂浪涌，稍高圩田冲决，驿路桥梁亦被冲损。【略】此外青阳、当涂、芜湖、繁昌、合肥、庐江、含山、潜山等八县亦据报被水，间有冲损圩堤。又，怀远、来安、全椒、凤阳、灵璧、泗、天长、宁国、建德等九州县低洼田禾亦有被水，业经饬查另办。惟祁门县系蛟水陡发，猝不及防，商贩未通，米粮漂没，即饬该县动碾常平仓谷，照例减价平粜等语。此次安徽被水二十余州县之多，地方甚广，情形甚重，自宜加意抚恤。【略】壬寅，谕军机大臣等，张井奏湖水异涨，堤工危险。【略】本年春间洪泽湖水势积涨，四月以后陆续递消，现据张井奏，连旬大雨，湖水涨存二丈七寸，来源方旺，其势似尚未已，临湖石工高者出水尺余，矮者不过数寸，其平水入水之段，则两厅合计不下六千余丈，仅恃石工上数尺高之土堰以为捍御情形，极为危险，必须开放林家西滚坝并接放高邮四坝，方可减湖涨而保运堤，惟下河七州县田亩，一经放坝，则全被淹没。该河督现已函致陶澍来清江浦会办。【略】乙巳，遣御前侍卫载铨诣密云县白龙潭神祠祈雨。【略】丙午，【略】给江苏上元、江宁、句容、江浦、六合、高淳、仪征、江都八县被水灾民一月口粮，并采买奉天、河南、四川、湖广等省米麦免各关津米税。丁未，遣定亲王奕绍诣天神坛【略】祈雨。【略】戊申，【略】遣定亲王奕绍【略】分诣【略】天神坛【略】谢雨。【略】又谕：张井奏，湖水异涨，堰盱堤工保护平稳及扬河马厂湾等处过水各缘由一折，【略】突有农民数千人阻挠开放（四坝）。【略】直隶总督琦善奏粮价情形。得旨：京师不雨已近二旬，酷暑难当，秋禾难望。朕日夜焦急，于本月二十七日先行简派王等叩祷三坛。是日午刻得雨二阵，虽未优沾，云阴广厚，或可续获甘霖，以苏万姓，曷胜企望之至。【略】己酉，【略】展缓河南延津、滑、浚、中牟、封丘、睢、祥符、陈留、杞、兰仪、商丘、鹿邑、内黄、武陟、阳武、原武十六州县被风、被雹村庄新旧额赋。【略】庚戌，安徽巡抚邓廷桢奏，当涂、巢、庐江、五河、凤阳、繁昌、青阳、凤台、含山、怀远、合肥、寿、滁、休宁、黟十五州县续报被水情形，并拨附近各州县常平仓谷解往无为、芜湖二州县平粜。得旨：急速妥办，勿致流离失所，查明后据实具奏。以湖北嘉鱼、汉阳、黄冈、沔阳、监利、江夏、蒲圻、武昌、蕲水、黄梅、黄陂、孝感、汉川、安陆、云梦、石首、潜江、荆门、咸宁、兴国二十州县被水，命平粜仓谷，免各关津米税。

《宣宗实录》卷一九一

七月【略】癸丑，【略】谕军机大臣等，张井奏，查勘扬河厅永安汛两处漫口实在情形一折。洪泽湖水势盛涨，扬河厅马棚湾迤南及十四堡下口漫口二处，据张井查明共宽二百余丈，去路较畅，又因启放车逻一坝，扬河高邮汛志桩已报落水二尺余寸，现在情形似可无庸再启南、中、新三坝。惟洪湖堤工仍属万分紧要。【略】又谕：陶澍等奏，续报沿江涨势添长暨湖河危急情形，现在分路查勘抚恤一折。据称江省前报被水各地方续又多有淹没，堤圩尽溃，江宁城中水深数尺，衙署亦多在水中，民居徙避城西，灾口嗷嗷。陶澍因急切不能赶赴清江，程祖洛由苏州赴江宁，一路查勘水势，正在商办灾务。连接淮扬运河等处厅县飞报，洪泽湖水异涨，扬河厅一带东堤在在危险。续据扬河厅禀，马棚湾十四堡等处已漫溢掣塌，且四坝应放，下河被淹，湖水早已漫过砌石，万顷汪洋，仅恃长堤一线。而运河迤西各境，寸土俱淹，老幼男妇猬集堤身，极为危苦。【略】两江总督陶澍奏，江南贡院积水，请展文闱乡试至九月举行，武闱乡试至来年三月举行。下部知之。【略】戊午，【略】谕军机大臣等，陶澍等奏，查勘灾地水势暨续报被淹，应行抚恤情形一折。该督行抵高邮，沿途所勘江水形势，圩田均已被淹，江水仍未消落，且有增长。所有上元、江宁、句容、高淳、江浦、六合、江都、仪征等县沿江被水各处，一片汪洋，仅存屋脊。镇江府属之丹徒、丹阳两县滨江田庐被淹亦多。淮安府属之桃源县，扬州府属之高邮州、甘泉县、宝应县情形尤为著紧，并下游之兴化、盐城等县，因高邮之马棚湾、十四堡等处，东堤漫溢掣塌，水溜奔腾下注，庐舍田亩定皆淹浸，因水势阻隔，文报有稽，尚须确探。各处灾民迁依埝阜，四面水围，栖食全无，凄惨景况，不堪设想。【略】至下河盐场各所，前被雨水，现复饬启拦潮各闸，分泄盛涨，场灶受淹愈甚，并著该督等妥为拯济。此时扬州一府最为吃重，现署知府恩龄猝遇大灾，茫无头绪，署高邮州知州光谦办理灾务，亦竭蹶未遑，将该二员撤任另委。所办亦是。【略】其另片奏称，马棚湾迤南及十四堡下首无工处所已漫掣过水，现在漫缺处所约计已有二百数十丈，车逻一坝亦经启除，水势稍减。【略】辛酉，【略】展缓直隶冀、新河、衡水、深、武强五州县歉收村庄节年旧欠额赋仓谷。《宣宗实录》卷一九二

七月【略】己巳，谕内阁：本年六月内高邮湖河漫溢，下游被水甚重，江苏沿江一带因大雨时行，涨势添长，民田庐舍多被淹浸，迭经降旨，谕令陶澍等将被灾地方妥为抚恤，毋令一夫流离失所。【略】癸酉，【略】给湖南武陵、龙阳、沅江、安乡、华容五县被水灾民一月口粮。贷湖北被灾各县司库银，购米减价平粜。【略】乙亥，【略】谕内阁：御史李昭美奏酌筹荒政一折。本年江苏、安徽、江西、湖广等省被灾地方较广，迭经谕令各该督抚妥为抚恤，毋使一夫失所。【略】丁丑，【略】江西巡抚吴光悦奏，南昌等县大雨河涨，田庐漫淹，发银抚恤情形。【略】缓征贵州贵筑县水冲沙压田亩额赋，给石岘卫被水屯军谷石，桐梓县被水灾民口粮，并房屋修费殓埋银。《宣宗实录》卷一九三

八月庚辰朔，【略】给江苏甘泉、高邮、宝应、兴化、盐城、桃源、丹徒、丹阳、泰、东台、阜宁十一州县被水灾民口粮。《宣宗实录》卷一九四

八月乙未，谕军机大臣等，据步军统领衙门奏称，江苏沛县民人唐儒恂呈控户书刘步洲、任维城等冒报灾民数目，侵用赈银折钱入己折。已明降谕旨，交穆彰阿等审讯矣。据唐儒恂所控，沛县自嘉庆十九年起，历年被灾，户书刘步洲、夏发祥、张蕴灵雇伊缮写八年冬间并九年春间被灾赈册，刘步洲曾向其说知，与夏发祥同办口粮，每一里冒报一千余户至二千余户不等，共查灾民二万六千五百五十二户外，冒报一万六千一百五十户，所有冒赈银两，侵吞入己。伊曾向刘步洲等劝说，以后不可冒报，不料十年三月仍任意冒报。伊复向阻，刘步洲转说泄他密弊，将其殴辱。至本年四月，有本县生员朱道轩在户书任维城家拣得道光三年、四年冒销赈济清单一纸，任维城侵使制钱四千七百八十一串。六月内，朱道轩赴本道呈告，未为究办。现在本省被灾，伊恐刘步洲等又复冒赈，特来京控告等语。【略】丁酉，【略】给湖北江夏、武昌、咸宁、嘉鱼、汉阳、汉川、沔阳、黄陂、孝感、黄冈、黄梅、广济、江陵、石首、公安、监利十六州县被水灾民一月口粮。戊戌，【略】以雨泽愆期，命于黑龙潭、觉生寺设坛祈雨。【略】壬寅，【略】给江西德化、南昌、新建、进贤、星子、建昌、德安、湖口、彭泽、鄱阳、余干、上高、新昌、宜春、万载、瑞昌十六县被水、被沙灾民口粮籽种及房屋修费。缓征德化、新昌、南昌、新建、丰城、进贤、高安、宜春、萍乡、万载、鄱阳、余干、万年、星子、都昌、建昌、安义、德安、瑞昌、湖口、彭泽二十一县新旧额赋。【略】乙巳，遣定亲王奕绍诣密云县白龙潭神祠祈雨。【略】丁未，【略】以安徽怀远县粮价增昂，命平粜仓谷。戊申，以渥沛甘霖，遣惠郡王绵愉诣黑龙潭【略】谢雨。【略】以浙江米价昂贵，命暂停海禁，招贩台米，从总督孙尔准请也。

《宣宗实录》卷一九五

九月【略】壬子，谕军机大臣等，【略】毛式郇奏沿途目睹灾民情形，请预谋抚绥一折。本年江苏等省被灾较重，迭经降旨，【略】经过江南徐州府被水之区，以灵璧、凤阳为重，自凤阳县之王庄驿至濠梁驿，村庄民田均在水中；临淮以南又有积水。至湖北黄梅县界，水势更大，旱路水深二丈余，与大江相连百余里。入江西地界，德化、德安、建昌等县水灾俱重，沿途灾民络绎不绝，携持幼弱，愁苦难堪，驿路未经概可想见。严冬将届，转徙无依，势必至良善者无以全生，刁悍者横行滋事，尤当预为筹画。【略】癸丑，【略】除安徽贵池县坍没田四十二亩有奇额赋。缓征陕西葭、绥德二州被雹村庄下忙额赋及前贷籽种银。【略】丁巳，谕军机大臣等，程祖洛奏，【略】本年江苏省被灾情形较重，无家无室之人四出谋生，势不能全行截回。【略】据该抚奏，该灾民甫离乡土，先过扬州，经该府县督劝绅商，捐资赈济，旋即渡江而南，沿途俱已议备资送。计一月以来，灾民过苏州境者已二万余人，现在陆续来者，日数百人或一二千人不等。伊等见江南亦属歉收，皆不愿留养，均已计口资

送，听其于江南各州县暨浙江省境内到处谋生，情形均甚安谧。至江北下河等处，向遇被灾之时，必有劣生土棍以领赈为资生，以逃荒为长策，名为"灾头"，引领合村男妇，冒开人口，到处需索。泰州城外近有匪徒王玉林等自称"灾头"，率领民船数十只，号称灾民数万，并私设正、副总管名目，又有伙食等船，直入州署，倚众滋闹，勒索路牌路费。经该州王锡蒲处以镇静，密查为首姓名，设法查拿，当时拘获二人，始各纷纷逃散。【略】辛酉，【略】除江西清江县沙淤田八顷二十六亩有奇额赋。【略】壬戌，【略】赈江苏续报崇明、靖江二县灾民。以江苏高淳、盐城、高邮、东台、靖江五州县米价昂贵，命平粜仓谷。癸亥，【略】又谕：朱士彦奏，据灾民诉称，十四堡、马棚湾两处决口，伤人不少等语。【略】缓征山东长山、邹平、新城、济阳、德平、阳信、乐陵、商河、汶上、阳谷、曹、定陶、聊城、莘、济宁、鱼台、齐河、惠民、海丰、滨、利津、沾化、单、城武、巨野、乐安、寿光、金乡、嘉祥、博兴、高苑、夏津三十二州县水、旱、虫灾地亩新旧额赋。

《宣宗实录》卷一九六

九月【略】丙寅，【略】展缓河南洛阳、辉、延津、永城、浚、安阳、临漳、兰仪、考城九县被水、被雹、地震灾区新旧额赋。丁卯，【略】缓征甘肃碾伯、皋兰、狄道、金四州县被雹村庄新旧额赋。戊辰，谕军机大臣等，据富呢扬阿奏，各官捐廉资送灾民，并设法留抚等语。所办甚好。江南省被水灾民由常、苏一带陆续来浙，计共二万余人。【略】择于杭州、嘉兴、湖州、宁波、绍兴五府内，各于城外宽大庙宇或空旷地方搭盖棚厂，按大小名口，分别发给钱文，其已往金华、严州、衢州、台州、处州各府者，仍令折回，归杭、嘉等五府一体安抚。所过地方，分饬官员妥为经理。【略】乙亥，【略】缓征直隶大城、沧、大名、元城、宁晋、三河、永清、保安、玉田、龙门十州县被水、被旱、被雹村庄新旧额赋，暨磁州地震灾区借欠常平仓谷。缓征陕西清涧、米脂二县被雹村庄下忙额赋。

《宣宗实录》卷一九七

十月己卯朔，【略】蠲缓湖北江夏、嘉鱼、汉阳、孝感、黄冈、黄梅、广济、汉川、武昌、咸宁、黄陂、沔阳、江陵、公安、石首、监利、蒲圻、大冶、钟祥、京山、潜江、天门、荆门、云梦、应城、松滋、枝江、兴国、蕲水二十九州县暨屯坐各卫被水村庄新旧额赋有差，给房屋修费。【略】丁亥，【略】展缓黑龙江、齐齐哈尔、墨尔根城、额玉尔、库穆尔被旱、被雹旗营官屯驿站应征积欠银，并贷银米有差。

《宣宗实录》卷一九八

十月甲午，【略】蠲缓安徽无为、巢、庐江、和、含山、五河、当涂、芜湖、繁昌、贵池、铜陵、东流、桐城、望江、怀宁、宿松、怀远、凤阳、凤台、灵璧、泗、潜山、盱眙、全椒、天长、太湖、舒城、寿、宿、定远、建德、青阳、建平、南陵、宣城、来安、合肥、滁、祁门、颍上、霍邱、亳四十二州县，暨屯坐各卫被水、被旱村庄新旧额赋有差。赈无为、巢、庐江、和、含山、五河、当涂、芜湖、繁昌、贵池、铜陵、东流、桐城、望江、怀宁、宿松、怀远、凤阳、凤台、灵璧、潜山、盱眙二十三州县及屯坐各卫被灾军民。给桐城、宿松、怀宁、凤阳、泗、潜山、盱眙、怀远、灵璧、全椒、宿、天长、建德、青阳、太湖十五州县灾民一月口粮并房屋修费。乙未，【略】蠲缓江苏上元、江宁、句容、溧水、高淳、江浦、六合、靖江、丹阳、山阳、盐城、高邮、泰、东台、江都、甘泉、仪征、兴化、宝应、崇明、泰兴、丹徒、海门、无锡、江阴、海、沭阳、长洲、元和、吴、吴江、震泽、常熟、昭文、昆山、新阳、华亭、奉贤、娄、上海、南汇、青浦、川沙、武进、阳湖、金匮、宜兴、荆溪、金坛、溧阳、清河、安东、铜山、沛、萧、砀山、邳、宿迁、睢宁、太仓、镇洋、嘉定、如皋、阜宁、桃源、金山六十六厅州县，及淮安、大河、扬州、苏州、镇海、徐州、太仓、金山八卫被水、被风村庄新旧正杂额赋有差。赈上元、江宁、句容、溧水、高淳、江浦、六合、靖江、丹阳、山阳、阜宁、桃源、盐城、高邮、泰、东台、江都、甘泉、仪征、兴化、宝应、崇明、泰兴二十三州县，及淮安、大河、扬州三卫军民。命截留江西漕米八万石，于南昌、九江设厂煮赈，缓征建昌、安义二县被水村庄新旧额赋，给德化县灾民房屋修费。丙申，【略】缓征陕西葭州被霜村庄正杂额赋。丁酉，【略】以吐鲁番屯田丰收，予员弁议叙，赏兵丁一月盐菜银。【略】癸卯，【略】蠲缓湖南武陵、龙阳、沅江、安乡、华容、益阳、桃源、澧八州县，及岳州卫被水庄屯新旧额赋有差，给武陵、龙阳、沅江、安乡、华容五县灾民一月口粮，贷武陵、龙阳二县民堤修费。甲辰，【略】蠲缓两淮丁溪、草堰、刘庄、伍祐、新兴、庙湾、富安、安丰、梁垛、东台、何垛、余西、板浦、中正、临兴十五场被水场地新旧正杂额赋有差。赈丁溪、草堰、刘庄、伍祐、新兴、庙湾六场灶户。乙巳，【略】贷甘肃皋兰、金、靖远、狄道、陇西、安定、会宁、通渭、岷、隆德、清水、秦安、礼、徽、崇信、灵台、镇原十七州县，暨盐茶同知、沙泥州判所属歉收贫民口粮。丙午，【略】蠲缓浙江仁和、钱塘、乌程、归安、德清、武康、长兴、安吉、海宁、富阳、嘉善、石门、桐乡十三州县暨嘉湖卫被水村庄新旧额赋有差。赈仁和、钱塘、乌程、归安、德清、武康六县暨嘉湖卫军民。缓征浙江坐落江苏下沙头、下沙二三、青村三场歉收荡田新旧额课。【略】戊申，【略】蠲缓贵州桐梓县被水村庄额赋有差。《宣宗实录》卷一九九

十一月【略】庚戌，【略】贷奉天铁岭、开原、广宁、辽阳、宁海、新民六厅州县，暨牛庄、巨流河、白旗堡、小黑山等处被灾旗民一月口粮。缓征铁岭、辽阳、宁海、新民四厅州县歉收民地额赋。【略】癸丑，【略】缓征甘肃河、靖远、陇西、宁远、安定、会宁、洮、安化、武威、平番、古浪、灵、秦、礼、灵台、镇原、通渭、固原十八州县，暨盐茶同知、沙泥州判所属被雹、被水、被旱村庄新旧正借银粮草束。【略】丁巳，【略】蠲缓宁古塔、双城堡被雹、被霜庄屯新旧额交银粮有差，并贷旗民口粮。

《宣宗实录》卷二〇〇

十一月【略】戊寅，【略】以伊犁屯田丰收，予员弁议叙，赏兵丁一月盐菜银。除浙江钱塘、青田二县水冲沙压及捐置义冢田地四十五顷三十九亩有奇额赋。《宣宗实录》卷二〇一

十二月【略】丙戌，【略】展缓湖北咸宁、沔阳、钟祥三州县暨蕲州卫被水庄屯新旧额赋。展缓湖北江夏、嘉鱼、汉阳、汉川、孝感、黄冈、黄梅、广济、咸宁、武昌、黄陂、沔阳、江陵、监利、公安、石首十六州县被水灾民。【略】丁亥，【略】以乌鲁木齐屯田丰收，予员弁议叙，赏兵丁一月盐菜银。【略】庚寅，【略】除直隶滦州水冲沙压田地十八顷八十一亩有奇额赋。辛卯，【略】以福建歉收，暂缓买补仓谷。壬辰，【略】以甘肃渭源、岷、西和、镇番、平罗、碾伯、秦、秦安、安西、敦煌、玉门十一州县粮价增昂，命平粜仓谷。《宣宗实录》卷二〇二

十二月甲午，【略】缓征江苏上元、江宁、高淳、高邮、泰、兴化、宝应七州县被水村庄新旧额赋，给清河县灾民一月口粮。【略】丁酉，给江苏上元、江宁、句容、溧水、高淳、江浦、六合、丹阳、山阳、阜宁、桃源、盐城、高邮、泰、东台、江都、甘泉、仪征、兴化、宝应、泰兴二十一州县，及淮安、大河、扬州三卫被水军民一月口粮。【略】戊戌，【略】以阿克苏、乌什屯田丰收，予员弁议叙，赏兵丁一月盐菜银。【略】以江西浮梁县粮价增昂，命平粜仓谷。【略】庚子，【略】又谕：杨国桢奏，堤工验收，请免报销等语。豫省沁河南北两岸民堤，因夏间沁水异涨，冲刷残缺，该抚饬委道员勘估，计南北两岸共增高培厚土工七十三段，牵长七千四百三十五丈，共需土方银一万三千二百九十余两。【略】给两淮丁溪、草堰、刘庄、伍祐、新兴、庙湾、富安、安丰、梁垛、东台、何垛、板浦、中正、临兴、余西十五场被水灶丁一月口粮。【略】乙巳，【略】缓征安徽青阳县被水村庄新旧额赋，给灾民一月口粮。丙午，【略】以喀喇沙尔屯田丰收，予员弁议叙，赏兵丁一月盐菜银。《宣宗实录》卷二〇三

## 1832年 壬辰 清宣宗道光十二年

正月【略】壬子，【略】贷直隶大名、元城二县上年被水、被旱、被雹灾民口粮，命平粜沧、玉田二州县仓谷。展赈安徽怀宁、桐城、宿松、望江、贵池、铜陵、东流、当涂、芜湖、繁昌、无为、庐江、巢、凤阳、怀远、灵璧、凤台、泗、五河、和、含山二十一州县及屯坐各卫上年被水、被旱军民一月，并加赏怀宁、凤阳、盱眙、泗、桐城、宿松、芜湖、和、含山、青阳、建德、怀远、灵璧、凤台、天长、全椒、寿十七州

县及屯坐各卫军民一月口粮。贷河南商丘、鹿邑、永城三上年被雹、被风、被水灾民仓谷。缓征山东邹平、长山、德平、阳信、汶上、阳谷、曹、聊城、莘、济宁、鱼台、齐河、惠民、海丰、滨、利津、沾化、嘉祥、高苑十九州县,并临清、东昌二卫上年被水村庄本年上忙正杂额赋。贷陕西葭、绥德、清涧、米脂四州县上年被霜、被雹灾民籽种。【略】甲寅,【略】贷江西南昌、新建、丰城、进贤、新昌、鄱阳、万年、星子、都昌、建昌、安义、德化、德安、瑞昌、湖口、彭泽十六县上年被水灾民籽种。贷湖北江夏、武昌、咸宁、嘉鱼、汉阳、黄陂、汉川、孝感、沔阳、黄冈、黄梅、广济、江陵、公安、石首、监利、蒲圻、兴国、大冶、云梦二十州县并屯坐各卫上年被水军民籽种。贷湖南武陵、龙阳、沅江、安乡、华容、桃源、澧、乾州、凤凰九厅州县及岳州卫上年被水军民籽种,并贷华容县及岳州卫军民一月口粮。贷甘肃渭源、宁远、静宁、隆德、安化、碾伯、两当七州县上年歉收贫民籽种口粮。贷贵州桐梓县上年歉收贫民籽种。【略】辛酉,【略】以浙江杭州、嘉兴、湖州三府属上年被灾,命免各商船米税。

《宣宗实录》卷二〇四

二月【略】甲申,【略】又谕:本日据梁中靖奏,沴气为寒,恐刑狱冤抑,请施宽恤以舒阳和一折。殊属非是,上年京师得雪二三尺,外省亦俱得雪二三尺、三四尺不等,为数十年来所未有,洵属丰年之兆。【略】至入春以来一月有余,甫交惊蛰,节候尚早,天气本寒,较之前数年不甚悬殊,梁中靖乃谓阴寒不解,恐麦收歉薄,已属自相矛盾,至谓现在恒寒为《洪范》之咎征,妄指查拿邪教株连冤抑所致,不知政体,无故妄言天道不和,是诚何心。

《宣宗实录》卷二〇五

二月【略】甲午,【略】贷湖南华容县被水官民各垸修费。缓征湖南凤凰、乾州、永绥、古丈坪、保靖、泸溪、麻阳七厅县上年被水、被虫屯田租谷。【略】庚子,【略】缓征江苏句容、江浦、六合、甘泉、仪征、萧、铜山、丰、沛、砀山、邳、宿迁、睢宁、赣榆十四州县,并淮安、大河、扬州、徐州四卫上年被水灾区旧欠额赋。【略】丙午,【略】除安徽无为州沙压卫地七顷二十三亩额赋。丁未,【略】以江苏苏松常镇道属上年被水减缓,库款短绌,贷司库银五万两,协济各帮运费。

《宣宗实录》卷二〇六

三月【略】己酉,【略】除陕西宁羌州属平关营被水地九十六亩有奇额赋。辛亥,上耕耤,诣先农坛行礼。【略】戊午,【略】除直隶怀来县被水官地十五亩租银。【略】己未,【略】给安徽青阳县被水灾民一月口粮。

《宣宗实录》卷二〇七

三月【略】甲子,【略】贷甘肃皋兰、金、靖远、洮、陇西、伏羌、泾七厅州县灾民口粮。【略】己巳,【略】贷黑龙江、茂兴、墨尔根等二十六处被灾驿丁置办牛具银。【略】壬申,【略】展缓湖北江夏、汉川两县灾民一月。【略】乙亥,【略】贷湖南乾州、凤凰、永绥、古丈坪、保靖五厅县上年被水屯丁口粮籽种。

《宣宗实录》卷二〇八

四月丁丑朔,【略】以甘肃省城粮价增昂,命拨狄道州仓粮平粜。【略】己卯,【略】以江西各属米价增昂,命再平粜仓谷,并贷进贤、万年、星子、都昌、建昌、安义、湖口七县上年被水灾民籽种口粮。【略】癸未,【略】除直隶宁河县水冲碱地熟地九顷二十五亩有奇额赋。

《宣宗实录》卷二〇九

四月【略】癸巳,【略】以雨泽愆期,命二十二日于黑龙潭、觉生寺设坛祈祷。【略】丙申,【略】命碾运山东仓谷,接济江南上年被水各属灾民。【略】戊戌,以甘霖渥沛,上诣黑龙潭神祠拈香。改祈为报。【略】丙午,【略】以江苏扬州府属上年被水较重,命再出仓谷接济灾民。

《宣宗实录》卷二一〇

五月【略】庚戌,【略】贷山西大同、灵丘、广灵三县上年歉收兵民仓谷,并缓临汾、右玉、霍、灵石四州县买补节年平粜仓谷及借碾兵米。【略】甲寅,【略】以江安、苏松、江西各帮上年屯田歉收,准缓应交本年余米。以江西大庾县上年被水歉收,拨吉安、赣州两府属仓谷平粜。乙卯,【略】以四川罗江县汉庞统祠水、旱祈祷灵应,列入祀典。从总督鄂山请也。【略】庚申,命于黑龙潭、觉生寺设坛祈祷。【略】谕军机大臣等,据陶澍奏,江西省上年被水歉收,今岁青黄不接,粮价稍昂,南安、赣

州两府地瘠民贫，风气尤悍，【略】偶值粮价稍昂，即有棍徒聚众，拥入府堂喧闹之事，该处民气强悍，棍徒藉荒挟制，目无法纪，此风断不可长。

《宣宗实录》卷二一一

五月【略】丙寅，【略】以福建粮价增昂，命拨各府属仓谷平粜。【略】丁卯，【略】以祈雨三坛，斋戒一日。【略】己巳，【略】谕内阁：京师入夏以来雨泽稀少，近设坛祈祷，并亲祀天神坛，虔申叩祷，尚未速沛甘霖。【略】展缓江苏上元、江宁、句容、高淳、山阳、清河六县毗连灾区上忙额赋，并展缓山阳、清河二县旧欠额赋及河滩学租。【略】壬申，【略】谕内阁：前因京师雨泽稀少，清理庶狱，以期感召和甘，降旨令刑部办理减等。【略】乙亥，谕内阁：京师入夏以来雨泽稀少，节过夏至，大田望泽尤殷，前经两次设坛虔祈，复于本月二十二日亲祷三坛，甘霖未沛，朕心甚为焦灼。【略】除甘肃平罗县沙压地七顷八十一亩有奇额赋。

《宣宗实录》卷二一二

六月【略】丁丑，【略】贷江苏淮安卫被水屯丁籽种。以祈雨社稷坛，自是日始，斋戒三日。【略】辛巳，【略】谕军机大臣等，京师入夏以来甚形亢旱，现在节过夏至，望泽弥殷，月前两次设坛，并亲祷三坛，小雨廉纤，未慰农望，昨经躬祀社稷坛，虔敬步祷，风威虽敛，尚未渥沛甘霖，朕甚惧焉。【略】甲申，【略】又谕：本年近京麦收歉薄，粮价增昂，现在节交小暑，尚未得沛甘霖，朕廑念农田，焦劳宵旰。【略】丙戌，谕内阁，申启贤等奏预筹捕蝗一折，本年京师亢旱，畿辅一带近水地方苇植丛生，易滋蝗蝻，必应预为扑除，以净萌孽。兹据申启贤等奏，饬查宁河县、文安县等处间有蝻孽蠕动，虽为数无多，立时扑捕净尽。该二县既有蝻孽萌动，顺天府属各州县及直隶天津、河间等府近水地方，恐亦在所不免。著顺天府尹暨直隶总督，严饬所属地方官履勘搜查，并设厂收买蝻种，其未经出土者，尤当搜捕净绝，消患未萌，倘有扑捕不力之员，责成该管道厅揭报严参，不准稍存回护。【略】丁亥，上诣黑龙潭祈雨。【略】庚寅，【略】以祈雨告祭方泽，自是日始，斋戒三日。

《宣宗实录》卷二一三

六月【略】癸巳，上至地坛门外步诣方泽祈雨，御制祝文曰：【略】今岁入夏以来经月不雨，非常亢旱。【略】谕内阁，本年京师亢旱，畿辅一带近水地方易滋蝗蝻，必应预为扑除。前经降旨，著顺天府府尹暨直隶总督严饬所属地方官，实力搜捕，现在甘澍尚未优沾，恐蝻孽潜滋，在所不免，著再严饬各该地方官亲自履勘，若有蝗蝻，即设厂收买，其未经出土者，尤当搜除净绝，消患未萌，倘有扑捕不力之员，即行严参惩处。至直隶顺天府所属各州县，是否近有得雨地方不碍耕作，其未经得雨之区被旱轻重，著该督等体察情形，据实具奏。【略】甲午，遣定亲王奕绍诣泰山祈雨。【略】直隶总督琦善奏报，省城得雨。得旨：朕三次步祷叩求，奈精诚不能上达，甘霖未获，虽焦忧万状，亦不能补救万一。【略】乙未，谕内阁：富俊奏年力就衰，并因天时亢旱，自陈奉职无状，恳请休致。秦汉以来往往有因灾异策免三公之事，诗书不载，唐虞三代固未之闻，我朝设立大学士，即古之三公，居是职者，亦未尝因水旱衍眚陈情乞罢。【略】以湖南安乡、平江二县粮价增昂，命拨湘阴、浏阳、湘潭三县仓谷平粜。【略】己亥，【略】谕内阁：前因京师亢旱，朕躬祀天神坛、社稷坛，本月十八日复步祷方泽祈雨，竭诚吁恳，均蒙浓云四布，微雨漂洒，尚未渥沛甘霖，现在节届大暑，迫不可待，朕心弥形焦灼。【略】又谕：本年入夏以来，京畿一带甚形亢旱，麦收歉薄，粮价增昂，朕廑念农田，焦劳宵旰。【略】又谕：【略】今岁豫、东二省麦收尚好，商贩自运粮石北来销售，于畿辅民食不无裨益。著直隶总督通饬各地方官，出示晓谕，遇有北上商船，所过闸座关隘，不准留难，如值水浅之处，并饬地方官量为疏通，俾得遄行，以资接济。【略】庚子，【略】又谕：有人奏，广东潮州府属荒旱过甚，米价昂贵异常，几至人相食。【略】寻奏：潮州各属本年雨水较多，杂粮歉收，已饬令各该州县开仓平粜。查歉收各属，系一隅中之一隅，为时亦属无几。早稻丰稔，并未成灾，业于五月内附奏在案。现查得贫民均各相安，地方官亦无讳匿不报。【略】辛丑，【略】又谕：现在天时亢旱，二麦歉收，直隶附近京师一带乏食贫民，往往四出就食。朕思山海关以外，岁屡丰收，比时小民扶老携幼纷纷出关就食。【略】缓征直隶三河、蓟、玉田、通、武清、宁河、大兴、宛平、昌平、顺义、遵化、固安、永清十三州县被旱村庄新旧额赋。【略】癸卯，上自斋宫步诣圜丘，行大雩礼，御制祝文曰：呜呼皇天，世不有非常之变，不敢举非常之典，今岁亢旱异常，经夏不雨，岂但稼穑人民攸罹灾患，即昆虫草木亦不遂其生。臣忝居人上，有治世安民之责，虽寝食难安，焦忧悚惕，终未获沛甘霖。日前社稷坛、方泽致斋期内，均蒙浓云四布，微雨飘洒，而不能畅施。【略】谕内阁：朕于本月二十七日恭诣天坛斋宿，摅诚吁祷，是日戌刻浓云四布，雷电交作，澍雨立沾。本日据顺天府奏报得雨二寸。礼成后，策骑还园，欣看积水载途，此皆仰上天垂佑。　　《宣宗实录》卷二一四

七月【略】丙午，谕内阁：前因京师亢旱，朕躬祀天神坛、社稷坛、方泽，斋宿期内均蒙浓云四布，微雨飘洒。上月二十八日敬举大雩典礼，先期一日，恭诣天坛斋宿，摅诚吁祷，是日戌刻雷电交作，甘澍立沾。次日顺天府奏报得雨二寸，连日膏泽迭降，续据奏报近畿一带已有深透及五寸、四寸之处，昨复云阴遍幕，夜雨沾濡，此皆仰赖昊慈垂佑。【略】丁未，以畿辅得雨深透，遣山东巡抚讷尔经额诣泰山祀谢。【略】又谕：本年畿辅久旱，京城内外河道淤浅，间有全涸处所，若不及早挑挖，一律深通，无以资潴蓄而利宣泄。【略】以直隶被旱，命免奉天、河南、山东商船米税。【略】庚戌，【略】展缓河南陈留、杞、兰仪、商丘、鹿邑、安阳、临漳、内黄、辉、延津、封丘、武陟、原武、阳武、睢、浚十六州县歉收村庄带征节年灾缓额赋。【略】癸丑，谕内阁：京畿自入夏以来，雨泽稀少，现在市集粮价增昂，贫民口食维艰，朕心甚为廑念，著于顺天府分设厂座七处，平粜米豆，以济民食。【略】丁巳，【略】直隶总督琦善奏，酌筹顺天府属放赈银米并得雨情形。得旨：览奏稍释忧虑之怀，京师自上月二十七日至本月十二日共得雨七八次，然尚未深透，田苗土地较前润泽多矣。刻下已交秋令，惟有仰叩天恩，大沛甘霖一次，晚稼即可有望矣。【略】展缓直隶大城、阜城、东光、沧、南皮、成安、保安、龙门、冀、南宫、新河、武邑、衡水、宁晋、武强、邯郸、磁、文安、高阳、任丘、枣强、交河、宝坻、香河、霸、东安、良乡、房山、涿、怀柔、密云、滦、迁安、抚宁、昌黎、乐亭、临榆、清苑、安肃、定兴、新城、博野、望都、容城、蠡、雄、祁安、新安、河间、献、肃宁、景、故城、宁津、天津、青、静海、盐山、庆云、正定、获鹿、晋、无极、藁城、邢台、任、鸡泽、延庆、蔚、宣化、怀安、西宁、怀来、丰润、易、涞水、隆平、定、曲阳、深泽、独石口八十二厅州县被旱村庄旧欠额赋。　　《宣宗实录》卷二一五

七月【略】癸亥，【略】直隶总督琦善【略】又奏：省城得雨深透。批：京师亦于十五日戌刻雷电交作，大沛甘霖，至十六日寅正方止，洵属深透，十八日自卯刻浓云四布，澍雨连绵，至午刻势犹未止，此皆仰赖天恩优渥。【略】甲子，【略】谕军机大臣等，前因琦善奏直隶麦收歉薄，仓储不敷动拨，当于邻省筹办。降旨令奕颢等查明奉天现存粮石情形、是否可以协济。兹据奏，奉天粟米实形短少，二麦收成亦只五分有余。【略】丙寅，【略】直隶总督琦善奏：永定河伏汛平稳。得旨：现当雨水连绵，一切防守、随时加意，不可稍有疏虞。又奏：南运河水势畅旺，又恐致涝。批：京师亦于十五日得有透雨之后，阴雨绵绵，至今并未开晴，“调顺”二字，实难矣哉。【略】己巳，【略】谕军机大臣等，张井奏，洪泽湖水势迭涨，驻工督防一折。淮源旺盛，洪泽上年异涨之后，本年夏令虽间有消长，而豫皖上游雨势过大，山泉河港并皆涨溢，汇注于湖。【略】又另片奏，黄河水势较伏汛最大之日已小二尺六寸。【略】壬申，【略】谕军机大臣等，本日据申启贤等奏，自七月十五日以后，各处连得透雨，不特萎黄禾稼勃发改观，即补种之荞麦、黑豆、蔬菜、杂粮亦皆应时长发。察看民情，均皆盼望秋成，不致十分拮据。惟是透雨之后，高阜之地向忧干燥，此时转成膏腴低洼之乡；向尚青葱，此时颇虞淹浸情形。甲戌，【略】谕内阁：杨怿曾奏，江河并涨，各属堤段续被漫溢，并被水较重之天门县，现委藩司驰往勘办一折。湖北公安、石首等县因江河水涨，堤塍漫溃，间被淹浸，天门县被水较重，业经该抚饬令藩司衍庆带银前往抚恤。【略】赈福建澎湖厅被风灾民，缓征新旧额赋。

《宣宗实录》卷二一六

八月【略】己丑,【略】给山西朔州被水灾民一月口粮并房屋修费。　《宣宗实录》卷二一七

八月【略】丁酉,【略】谕内阁:申启贤等奏,通州等州县续粜米豆,请暂缓运粜一折。前因近畿缺雨,粮食昂贵,民食维艰,当降旨赏给京仓粟米三千石、麦三千石、豆二万石,于顺天府所属通州等州县设厂减价平粜。【略】兹据该府尹等查明各州县惟蓟州尚须续领平粜,其通州等七州县自连得透雨后,早禾晚稼可望丰收,民力不致十分拮据。无须续领平粜。【略】己亥,【略】又谕:本日据吴邦庆、杨国桢由驿驰奏,【略】秋汛黄水迭涨,八月初九至十七日,大雨九昼夜,北风涌浪,拍岸平堤,十八日辰刻祥符下汛三十二堡风浪涌过堤顶,人力难施,顿时塌陷,经该抚驰往查看,漫水由堤顶下注,计宽六十丈,惟大溜尚未掣动,幸天气骤晴,河水日落,缺口业已挂淤。

《宣宗实录》卷二一八

九月【略】乙巳,【略】贷山西山阴县歉收贫民常平仓谷。【略】己酉,【略】谕内阁:琦善奏,勘估永定河南六工漫口处所,并挑挖引河,约需银数一折。【略】谕军机大臣等,本日据张井由驿驰奏,黄河非常异涨,各工奇险迭出,分饬道将抢护,险工渐定一折。本年黄河秋汛盛涨,为近年所未有,自桃南笼窝汛十三堡于家湾大堤被决,掣溜入湖,黄水骤落;而桃南北以上各厅水势接续增长,铜沛厅徐城北门工志桩积存至二丈九尺,两岸漫滩,势已不能容纳,又值阴雨不息,临黄各工塌埽溃堤,处处危险。【略】辛亥,【略】除直隶通州水冲官地一顷八十亩有奇租银。【略】癸丑,【略】除直隶通州水冲入官旗地一顷二十亩租银。【略】丙辰,【略】给江苏桃源县被水灾民一月口粮。

《宣宗实录》卷二一九

九月【略】丙寅,【略】给湖北天门、公安、石首、江陵、松滋五县,并荆左、荆右二卫被水军民一月口粮。【略】己巳,【略】免齐齐哈尔驻扎歉区兵丁应交粮石,并缓征旧借口粮银。庚午,【略】除直隶承德府水冲地四十三亩有奇额赋。　《宣宗实录》卷二二〇

闰九月甲戌朔,【略】除陕西盩厔县水冲八旗马厂余地十一顷九十八亩有奇额赋。【略】丙子,【略】又谕:据吴邦庆奏,东省微山湖水异涨,减水各路久经全启,仍属有涨无消。请启放蔺家山坝,以资分泄等语。【略】庚辰,【略】缓征河南祥符、陈留、杞、睢、太康五州县被水村庄新旧额赋,给祥符、陈留、杞、睢四州县灾民一月口粮。【略】辛巳,【略】除直隶迁安县水冲官地一顷十亩有奇额赋。【略】乙酉,【略】缓征山东博兴、高苑、海丰、滕、菏泽、单、曹、朝城、郯城、聊城、昌邑、济宁、金乡、鱼台、范、莘、寿张、齐河、禹城、蒲台、青城、邹、乐安、新城、齐东、济阳、临邑、惠民、阳信、乐陵、商河、利津、沾化、滨三十四州县,并临清、德州二卫被水、被旱村庄新旧额赋。【略】丙戌,【略】谕军机大臣等,前因直隶雨泽愆期,恐收成不免歉薄,降旨令奕颢等俟秋后察看,【略】据琦善奏报,直隶通省秋禾约收六分有余,虽间有灾歉,只系偏隅,自可无须协济。缓征直隶三河、蓟、宁河、东安、盐山、灵寿、蔚、宣化、龙门、怀来、涞水、遵化、玉田、定、大兴、宛平、武清、昌平、顺义、良乡、房山、宝坻、香河、定兴、丰润、卢龙、唐、容城、完、南皮、庆云、延庆、赤城、易、南宫、新河、安、河间、献、任丘、大名、赵、隆平、宁晋、高阳、沧、巨鹿四十七州县被水、被旱、被霜村庄新旧额赋,赈阜平、行唐、保安、霸、大城、永清、雄、天津、青、静海十州县灾民。丁亥,【略】蠲缓山西朔州被水村庄下忙额赋有差。

《宣宗实录》卷二二一

闰九月【略】庚寅,【略】展缓陕西葭州被雹村庄应征上年出粜仓谷及籽种银,再给兴安府被水灾民两月口粮。【略】癸巳,【略】缓征河南上蔡、阳武、原武、汝阳、泌阳、内乡、新蔡、商水、息、通许、宁陵、鹿邑、夏邑、永城、柘城、安阳、临漳、内黄、考城、武陟、淮宁、西华、项城、沈丘、扶沟、商丘、辉、虞城、淇、延津、封丘、浚、兰仪、中牟、河内三十五县被水村庄新旧额赋,给上蔡、阳武、原武三县灾民一月口粮。【略】丁酉,【略】给湖北汉川、京山二县被水灾民一月口粮。【略】辛丑,【略】谕军机大臣等,本日朱士彦奏南河情形,据称接到九月初旬家信,云黄河大溜全注洪湖,不独将来淤垫,现在

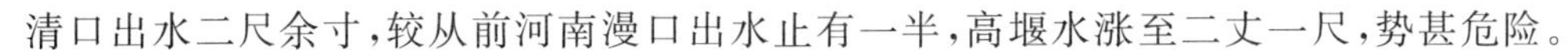
清口出水二尺余寸，较从前河南漫口出水止有一半，高堰水涨至二丈一尺，势甚危险。

《宣宗实录》卷二二二

十月【略】甲辰，【略】缓征山东东阿、东平、阳谷、菏泽、城武、定陶、巨野、郓城、濮、观城、嘉祥、曹、滕、聊城、邹平、章丘、朝城、夏津十八州县，暨东昌、临清、济宁三卫被水、被旱村庄新旧正杂额赋。乙巳，【略】蠲缓两淮富安、安丰、梁垛、东台、何垛、丁溪、草堰、刘庄、伍祐、新兴、庙湾、板浦、中正、临兴十四场被水、被旱村庄新旧额赋有差，赈板浦、中正、临兴三场灶户，并给一月口粮。蠲缓安徽五河、宿、灵璧、凤台、凤阳、怀远、泗、寿、建德、东流、望江、太湖、青阳、泾、宁国、太平、怀宁、桐城、潜山、贵池、铜陵、当涂、繁昌、定远、盱眙、天长、和、巢、亳、南陵、合肥、阜阳、颍上、霍邱、太和、宿松、芜湖、无为、庐江三十九州县，并屯坐各卫被水、被旱村庄新旧额赋有差。赈五河县军民，给五河、宿、灵璧、凤台、凤阳、怀远、泗、寿、建德、东流、望江十一州县并屯坐各卫军民一月口粮。【略】丙午，【略】给奉天锦州府被旱、被虫旗民一月口粮。【略】戊申，【略】蠲缓直隶吴桥、东光、通、固安、怀柔、密云、平谷、安肃、新城、大名、保安、蔚、宣化、龙门、怀来、延庆、赤城十七州县被水、被雹村庄新旧正杂额赋有差，赈吴桥、东光二县灾民。【略】丁巳，【略】蠲缓江苏桃源、海、山阳、清河、铜山、萧、沭阳、句容、江浦、六合、武进、丹徒、丹阳、金坛、溧阳、阜宁、安东、盐城、高邮、泰、东台、江都、甘泉、仪征、兴化、宝应、丰、沛、砀山、邳、宿迁、睢宁、镇洋、赣榆、长洲、元和、吴、吴江、震泽、常熟、昭文、昆山、新阳、华亭、奉贤、娄、金山、上海、南汇、青浦、川沙、宜兴、荆溪、靖江、太仓五十厅州县，暨大河、徐州、淮安、扬州、苏州、太仓、镇海、金山八卫被水、被旱村庄新旧额赋有差。赈桃源、海二州县及大河卫军民一月口粮。缓征福建长乐、福清二县被水村庄额赋。

《宣宗实录》卷二二三

十月戊午，【略】谕军机大臣等，本年京师夏间亢旱，至七月十五日以后始得透雨，入冬雨泽亦少，麦苗出土尚稀，畿辅贫民糊口维艰，往来觅食在所不免，此时天气渐寒，诚恐外来游民纷纷入城，致有匪类潜藏，不可不随时查察。【略】庚申，【略】蠲缓湖南安乡、华容、龙阳、沅江、澧、武陵六州县并岳州卫被水村庄新旧额赋有差，给安乡、华容二县灾民一月口粮及房屋修费。辛酉，【略】蠲缓湖北汉川、公安、天门、石首、京山、江陵、松滋、武昌、嘉鱼、黄陂、孝感、沔阳、钟祥、潜江、云梦、应城、监利、枝江、襄阳、宜城、荆门、汉阳、江夏、咸宁、蒲圻、黄冈二十六州县，并屯坐各卫被水、被旱村庄新旧额赋有差。赈汉川、天门、公安、石首四县并屯坐各卫军民。【略】甲子，【略】缓征江西南昌、新建、进贤、星子、都昌、建昌、安义、丰城、鄱阳、万年、湖口、彭泽十二县被水、被旱村庄新旧正杂额赋。【略】丙寅，【略】蠲缓浙江海宁、缙云、宣平、余杭、新城、建德、淳安、遂安、寿昌、桐庐、富阳、海盐、武康、新昌、临海、天台、仙居、东阳、开化、分水、松阳二十一州县，并杭严卫被水、被旱、被风村庄新旧正杂额赋有差，除临海县沙淤石压田地额赋，给海宁、缙云、宣平三州县灾民一月口粮。蠲缓浙江仁和场被水灶田荡地新旧额课有差。【略】庚午，【略】蠲缓山西隰、山阴、岢岚、定襄、五台、崞、萨拉齐七厅州县被水、被霜、被雹村庄额赋有差，贷大同镇驻扎灾区兵丁仓谷。缓征甘肃皋兰、渭源、金、陇西、平番、宁夏、宁朔、灵、平罗、泾、镇原、固原、张掖、秦、礼十五州县歉收村庄新旧额赋。

《宣宗实录》卷二二四

十一月【略】己卯，【略】以伊犁屯田丰收，予员弁议叙，赏兵丁一月盐菜银。【略】癸未，【略】免直隶文安、天津二县被淹洼地额赋。缓征吉林、宁古塔、伯都讷、三姓、阿勒楚、喀拉林、双城堡七处歉收旗民应交银谷有差，并贷口粮籽种。【略】乙酉，【略】除奉天义州水冲沙压地四十五顷七十九亩有奇租粮。

《宣宗实录》卷二二五

十一月【略】己丑，【略】缓征江苏宿迁县被水滩地租钱。庚寅，命二十二日在大高殿设坛祈雪。【略】蠲缓甘肃宜禾县被霜村庄额赋有差，贷灾民六个月口粮。【略】甲午，以京畿得雪，上诣大高殿

行礼，改祈为报。【略】乙未，【略】以热河捐设粥厂，予民人葛延福等议叙。丙申，【略】拨京仓粟米一万一千八百石，加赈顺天武清、三河、良乡、房山、昌平、顺义、怀柔、平谷八州县灾民。【略】戊戌，【略】以江南粮价较昂，命缓买江安苏松各帮丁行月等米。己亥，【略】贷陕西汉中、兴安、商三府州属，并宁陕、孝义二厅歉收贫民口粮。以安康县粮价较昂，拨南郑、城固、西乡三县仓谷平粜。

《宣宗实录》卷二二六

十二月【略】甲辰，【略】停阅本年八旗、内务府三旗冰技，仍给半赏。【略】乙巳，【略】免浙江定海县飓风冲失盐斤帑本。【略】丁未，命初八日于大高殿设坛祈雪。【略】庚戌，以雪泽优沾，上诣大高殿行礼，改祈为报。【略】贷山西丰镇、朔、右玉、代、五台、繁峙六厅州县被旱、被水、被霜灾民仓谷。【略】癸丑，【略】赏伊犁察哈尔、额鲁特两部落被灾蒙古贫户牛马。【略】丙辰，【略】以阿克苏屯田丰收，予员弁议叙，赏兵丁一月盐菜银。减免直隶河间、新河、隆平、宁晋、安五州县积水地亩本年额赋租银有差。

《宣宗实录》卷二二七

十二月【略】己未，【略】又谕：本日据程祖洛奏，台湾兵粮及福建省城、漳泉二府民食兵糈均虞缺乏，前经奏明，委员赴浙江、江西各采买米十万石，或借拨仓谷碾运。而浙省因去年被水，今夏缺雨，八月间又风雨为灾，各州县多请碾谷平粜，诚恐存贮无多，难以如数拨运，不得不预为筹备等语。著富呢扬阿在浙江沿海州县本年漕米内截留十万石，派员迅速解运，其采买碾拨，究竟可得若干，并著竭力筹办，尽数解往以资接济，将此附报便谕令知之。【略】以科布多屯田丰收，予员弁议叙，兵丁赏赍有差。【略】壬戌，【略】展缓浙江仁和、钱塘、石门、桐乡、归安、乌程、德清七县带征额赋。【略】乙丑，【略】以喀喇沙尔屯田丰收，予员弁议叙，赏兵丁一月盐菜银。【略】庚午，【略】以乌鲁木齐所属库尔喀喇乌苏、精河屯田丰收，予员弁议叙，兵丁遣犯赏赍有差。

《宣宗实录》卷二二八

## 1833年 癸巳 清宣宗道光十三年

正月【略】甲戌，【略】缓征直隶霸、保安、吴桥、行唐、大城、永清、东光、天津、静海、阜平、青、雄、三河、冀、宁海、东安、盐山、灵寿、宣化、蔚、龙门、怀来、遵化、玉田、涞水、定、通、安、沧、易、赵、隆平、宁晋、武清、宝坻、香河、固安、大兴、宛平、房山、良乡、昌平、顺义、怀柔、密云、平谷、卢龙、定兴、安肃、新城、唐、完、容城、高阳、河间、献、任丘、南皮、庆云、大名、延庆、赤城、丰润、南宫、新河六十五州县上年被旱、被水、被霜、被雹村庄额赋。展赈霸、大城、永清、雄、青、吴桥、东光、天津、静海、阜平、行唐、保安十二州县灾民一月。缓征山东单、范、菏泽、曹、定陶、郓城、城武、巨野、濮、观城、昌邑、东阿、东平、邹、滕、阳谷、寿张、郯城、聊城、莘、济宁、金乡、嘉祥、鱼台、博兴、高苑、乐安、邹平、齐河、禹城、海丰、青城、蒲台、夏津、朝城、章丘、新城、齐东、济阳、临邑四十州县，并德州、东昌、临清、济宁四卫上年灾歉村庄正杂额赋。加赏江苏海、沭阳、桃源、山阳、阜宁、盐城、清河、安东、高邮、泰、东台、兴化、宝应、铜山、萧、砀山、邳、宿迁、睢宁十九州县，及大河、淮安、徐州三卫上年被水军民一月口粮。并展赈桃源县、大河卫军民一月。加赏安徽宿、灵璧、凤台、凤阳、怀远、寿、泗七州县及屯坐各卫上年被水、被旱军民一月口粮，并展缓五河县灾民一月。【略】丙子，【略】给浙江余杭、新城、富阳、缙云四县上年被旱、被水、被风灾民一月口粮。给甘肃秦、泾、皋兰、隆德、华亭五州县上年被雹、被水、被旱灾民口粮，并贷籽种。贷山西朔、隰、萨拉齐、山阴、岢岚、定襄、五台、崞、交城、岚、平鲁十一厅州县上年歉收贫民仓谷。贷河南睢、祥符、陈留、杞、商丘、宁陵、永城、鹿邑、虞城、夏邑、柘城、延津、封丘、考城、河内、泌阳、内乡、汝阳、上蔡、新蔡、淮宁、西华、商水、项城、沈丘、太康、扶沟、息二十八州县上年被水仓谷，加赏阳武、原武、武陟三县灾民一月口粮。给陕西兴安府

上年被水灾民一月口粮，并贷葭州上年被雹灾民籽种。【略】戊寅，【略】贷湖北汉川、京山、天门、江陵、公安、石首、松滋七县暨屯坐各卫上年被水军民籽种。贷江西南昌、新建、进贤、丰城、鄱阳、万年、星子、都昌、建昌、安义、湖口、彭泽十二州县上年被水、被旱灾民籽种。贷湖南澧、安乡、华容三州县及岳州卫上年被水军民籽种。给两淮富安、安丰、梁垛、东台、何垛、丁溪、草堰、刘庄、伍祐、新兴、庙湾十一场上年被水灶户谷石，板浦、中正、临兴三场灶户一月口粮。

《宣宗实录》卷二二九

正月【略】丙申，【略】以上年畿辅歉收，命发京仓粟米三千石，于大兴县属定福庄、采育、黄村，宛平县属卢沟桥、庞各庄、清河六处设厂煮赈。《宣宗实录》卷二三〇

二月【略】丁未，【略】江苏学政廖鸿荃奏：淮安府、徐州府、海州上年被灾，请缓至道光十四年岁科并试。从之。戊申，【略】贷陕西汉中、兴安二府，暨商、宁陕、孝义三厅州上年歉收贫民仓谷。【略】庚戌，【略】加赈直隶昌平、三河、良乡、房山、密云、怀柔六州县上年灾民，贷蓟州灾民籽种。【略】壬子，【略】缓征叶尔羌、喀什噶尔、英吉沙尔三城上年被灾回户粮石。【略】乙卯，【略】谕军机大臣等，朕闻京城米价日渐增昂，每石竟须制钱四千数百文，小民日用倍形拮据。

《宣宗实录》卷二三一

二月【略】乙丑，【略】加赏顺天府定福庄、采育、黄村、卢沟桥、庞各庄、清河六处煮赈粟米五千石，添设青白口饭厂，并赏涿州煮赈粟米二千石。《宣宗实录》卷二三二

三月【略】甲戌，【略】直隶总督琦善奏顺天府属粮价。得旨：已届谷雨，未获甘霖，春麦秋田何能播种。览各属粮价增多减少，今岁若再荒歉。可忧处不堪设想也。【略】乙亥，上耕耤，诣先农坛行礼。辛巳，【略】除直隶滦州被水冲陷田四顷三十三亩有奇额赋。【略】甲申，【略】缓征山西山阴、定襄二县上年歉收村庄新旧额赋。《宣宗实录》卷二三三

三月【略】己丑，【略】谕军机大臣等，本日据户部奏请采买邻省米粮，以资协济等语。直隶及京畿各地方，本年入春以来雨泽未经沾足，米麦价昂，民虞食贵，自应广筹接济。【略】又谕：本日据户部奏请兴修直隶水利城工，以工代赈等语。直隶连年亢旱，所有附近民田之沟渠陂塘，应即择要兴修。【略】庚寅，谕内阁：京师及畿辅一带自二月初七日得雪数寸后，虽有小雨，总未渥沛甘霖，今节逾立夏，农田望泽甚殷，朕心甚为忧惕。【略】遣惠郡王绵愉诣密云县白龙潭祈雨。【略】贷奉天锦州府驻扎歉区兵丁仓米。【略】辛卯，【略】贷湖南乾州、古丈坪、保靖、永绥、凤凰五厅县歉收屯丁苗佃仓谷。【略】庚子，【略】以雨泽优沾，遣怡亲王载垣诣关帝庙、顺承郡王春山诣城隍庙祈谢。

《宣宗实录》卷二三四

四月辛丑朔，【略】遣密云副都统布勒亨诣白龙潭谢雨。【略】辛亥，展缓直隶通、三河、武清、宁河、固安、东安、大兴、宛平、昌平、顺义、天津、遵化、涞水、香河、良乡、房山、怀柔、密云、平谷、定兴、蓟、霸、永清、怀来、唐、容城、完、安、沧、安肃、新城、延庆、赤城、涿、保定、文安、广昌、易、新河、蔚、清苑、交河、雄、津军四十四厅州县被旱村庄新旧额赋。壬子，【略】缓征山西朔、岢岚、五台、崞、定襄五州县歉收村庄新旧额赋。《宣宗实录》卷二三五

四月【略】乙丑，【略】以安徽桐城、望江等县被灾缓征，拨建德县漕米二千九百石有奇，协济本年应解江宁驻防八旗兵糈。【略】丁卯，谕军机大臣等，御史帅方蔚奏，直隶各州县每当夏秋之间大雨时行，田亩多淹浸，道路亦且淤阻，或遇雨泽偶愆，又复难资灌溉，皆由沟渠不立所致。今南方民田陂塘渠堰多系民修，直隶水利事宜亦可令民间自行修建，势不能尽仰官办。【略】寻奏：直隶连值灾歉，民困未苏，未便遽事兴作，将来如果秋成丰稔，俟农隙时察看情形，劝谕疏浚，听民自便。【略】又谕：有人陈奏，福建全赖台湾米石，【略】内地每米一石，制钱不过二千上下，近来【略】片帆不至，民间米价每石制钱六七千文不等。该抚不能查察海口，遇有歉收，向浙江、江西等省采买，舟船

运载，费用浩繁。况浙连年大水，米价昂贵，一经采买，其昂愈甚。【略】寻奏：【略】近年进口米少，实因台湾生齿日繁，粮价较昂，【略】至闽省数十年来米价贱至二千余文，贵至四千余文，亦无贵至六七千之事。【略】己巳，【略】除江苏铜山、邳、睢宁三州县水冲沙压田五百四十一顷三十亩有奇额赋。庚午，【略】以盛京义州粮价增昂，贷兵丁仓谷。 《宣宗实录》卷二三六

五月【略】丙子，【略】展缓江苏清河、盐城、铜山、丰、沛、睢宁、常熟、新阳、华亭、娄、南汇十一县及徐州卫积歉庄村新旧额赋。【略】辛巳，【略】展缓直隶宝坻、卢龙、献、东光、宁津、南皮、庆云、宣化、定、大城十州县被旱村庄新旧额赋。【略】己亥，【略】谕军机大臣等，杨芳奏廓清峨边河北二十六地滋事夷匪，及移兵渡河办理十二姓地方情形一折。【略】又据奏，连日大雨，铜河异涨，雨盛暑热，官兵染患时疫。杨芳现撤患病兵丁二百五十余名，添修船只，进剿河南十二姓，著即迅速办理。

《宣宗实录》卷二三七

六月庚子朔，【略】谕内阁：何凌汉等奏，赈余米石请留贮县仓一折。顺天府所属大兴等六县所领赈米，据何凌汉等查明京畿一带雨泽优沾，农民得所，现已毋需散放。【略】辛丑，【略】展缓河南河内、夏邑、祥符、陈留、延津、息、永城、虞城八县被水、被雹村庄新旧额赋。

《宣宗实录》卷二三八

六月乙卯，【略】又谕：【略】上年畿辅荒旱，收成歉薄，节经赈粜频施，而春雨未透，百姓嗷嗷待哺，该地方官倡议劝捐，适有直省绅士捐输。【略】戊辰，【略】缓征直隶献县被雹村庄新旧额赋，贷博野、蠡、献三县灾民籽种。 《宣宗实录》卷二三九

七月【略】癸酉，【略】抚恤贵州古州、兴义、都江、下江四厅县被水灾民。

《宣宗实录》卷二四〇

八月己亥朔，【略】免甘肃平番县被水冲塌地应征额赋。【略】甲辰，【略】直隶总督琦善奏各属秋收分数。得旨：回思去岁景象，览今年秋收之分数，朕兢惕之余，惟有叩感天恩于无既矣。【略】丁卯，【略】给贵州都江、下江、古州、独山四厅州被水衙署兵民房屋修费，加赈都江、古州两厅灾民一月。 《宣宗实录》卷二四二

九月【略】辛未，【略】缓征甘肃西宁县被雹村庄新旧额赋。【略】丁丑，【略】给江苏上元、江宁、句容、江浦、仪征、丹徒六县被水灾民一月口粮。【略】癸未，【略】缓征山东邹平、邹、滕、汶上、菏泽、曹、濮、范、堂邑、清平、鱼台、济宁、金乡、东平、东阿、阳谷、寿张、单、聊城、茌平、冠、高密、夏津、武城、兰山、沂水、寿光、临朐、潍、昌邑三十州县，暨德州、东昌、临清三卫被水、被雹庄屯新旧额赋。缓征河南荥泽、安阳、汤阴、临漳、内黄、延津、浚、滑、封丘、考城、陈留、杞、太康、扶沟、通许、中牟、原武、阳武、武陟、新蔡、息二十一县被水村庄新旧额赋。【略】乙酉，【略】蠲缓江西南昌、新建、进贤、湖口、德化、清江、鄱阳、余干、星子、建昌、德安、瑞昌、彭泽、庐陵、泰和、万安、丰城、新淦、峡江、吉水、万年、都昌二十二县被水村庄新旧额赋有差。给南昌、新建、进贤、湖口、德化、鄱阳、余干、星子、建昌、德安、瑞昌、彭泽十二县灾民一月口粮。加赈南昌、新建、进贤、湖口、德化五县灾民。【略】庚寅，【略】谕军机大臣等，给事中章沅奏，【略】据称江苏上元县等处本年八月间江湖异涨，城乡均被淹浸，该处山乡尚多成熟，惟向来有收各处，私禁米谷出乡，即业户之田坐落他境及滁、和等州界内者，所收谷石辄被本境阻遏，不准运回歉区，匪徒因而肆抢，滋生事端，省城市价由此腾踊，民食愈形支绌。邻境遇灾遏粜，向干例禁。【略】寻奏：上年滁、和一带曾有阻米出境之事，本年高田早稻尚多成熟，乡间无须遏粜，遍查各衙门亦无呈控被抢、被阻之案。《宣宗实录》卷二四三

十月戊戌朔，【略】以吐鲁番屯田丰收，予员弁议叙，赏兵丁一月盐菜银。【略】庚子，【略】蠲缓直隶曲阳、三河、唐、景、故城、沧、盐山、永年、大名、隆平、宁晋十一县被水、被雹村庄新旧额赋有差。赈曲阳县灾民。缓征陕西葭、神木、府谷、榆林、绥德、清涧、米脂、吴堡、汉阴、安康、平利、洵

阳、白河、石泉、紫阳、宁陕、孝义十七厅州县灾歉村庄新旧额赋。【略】壬寅，蠲缓山西代、应、阳曲、怀仁、岢岚五州县被水、被雹、被霜村庄新旧额赋有差，给代州灾民一月口粮。【略】甲辰，【略】以广东省城被水，粮价增昂，拨司库银采买广西米石，并购洋米平粜，免各关津米税。展缓墨尔根、齐齐哈尔、黑龙江、呼兰、布特、哈特木得墨、博尔多七处歉收兵丁旧欠银粮，给黑龙江、额玉尔、墨尔根三处兵丁银粮。【略】庚戌，【略】以河南麦收歉薄，暂行改征粟米。蠲缓安徽怀宁、灵璧、凤台、泗、和、含山、无为、寿、宿、定远、天长、潜山、太湖、宿松、宣城、南陵、青阳、建德、巢、庐江、合肥、建平、霍邱、颍上、阜阳、亳、舒城、宁国、太平、铜陵、当涂、芜湖、繁昌、贵池、怀远、桐城、东流、望江、五河、凤阳、盱眙四十一州县暨屯坐各卫被水、被旱村庄新旧额赋有差。赈铜陵、当涂、芜湖、繁昌、贵池、怀宁、桐城、东流、望江、五河、凤阳、盱眙十二州县暨屯坐各卫军民。给铜陵、当涂、芜湖、繁昌、贵池、怀宁、桐城、东流、望江、五河、凤阳、盱眙、怀远、灵璧、凤台、泗、和、含山十八州县暨屯坐各卫军民一月口粮。【略】甲寅，【略】缓征两淮富安、安丰、梁垛、东台、何垛、丁溪、草堰、刘庄、伍祐、板浦、中正、临兴十二场被旱田地新旧额赋，及灶户积欠口粮。【略】戊午，【略】蠲缓湖北武昌、黄梅、江陵、公安、石首、嘉鱼、汉川、黄冈、咸宁、蒲圻、大冶、汉阳、黄陂、孝感、沔阳、蕲水、广济、钟祥、京山、潜江、天门、云梦、应城、监利、松滋、枝江、荆门、江夏、兴国二十九州县及屯坐各卫被水村庄新旧正杂额赋有差。加赈汉川、黄梅二县及屯坐各卫军民。给武昌、嘉鱼、黄冈、江陵、公安、石首六县及屯坐各卫军民一月口粮。【略】甲子，【略】蠲缓湖南安乡、华容、武陵、龙阳、沅江、澧、巴陵七州县及岳阳卫被水庄屯新旧额赋有差。赈安乡、华容二县灾民，并给一月口粮。给安乡县灾民房屋修费。乙丑，【略】蠲缓江苏上元、江宁、句容、溧水、高淳、江浦、六合、丹徒、江都、仪征、桃源、长洲、元和、吴、吴江、震泽、常熟、昭文、昆山、新阳、华亭、奉贤、娄、金山、上海、南汇、青浦、川沙、武进、靖江、丹阳、山阳、阜宁、清河、安东、盐城、高邮、泰、东台、甘泉、兴化、宝应、铜山、丰、沛、萧、砀山、宿迁、睢宁、海、沭阳、赣榆、无锡、江阴、宜兴、荆溪、金坛、太仓、镇洋、嘉定、崇明六十一厅州县，及扬州、大河、苏州、淮安、徐州、镇海、太仓、金山八卫被水庄屯新旧正杂额赋有差。赈上元、江宁、句容、溧水、高淳、江浦、六合、江都、仪征九县及扬州卫军民。给桃源县及大河卫军民一月口粮。

《宣宗实录》卷二四四

十一月【略】辛未，【略】除江苏常熟县坍没芦地一百七顷九十一亩有奇额赋。【略】乙亥，【略】谕军机大臣等，有人奏陕西南山地方紧要，连岁歉收，请饬预为防范一折。据奏，陕西省汉中、兴安二府界连川楚，其山田半系外来游民开垦。又有木厢、纸厢各商贩，聚众尤多。即官兵素称劲旅，其沾染乡勇新兵习气，不安本分者，恒十数人结为兄弟，倚势欺虐居民，遇有兵民交涉事件，地方官动形掣肘。嘉庆十一年有新兵滋事之案，十八年又有饥民滋事之案，皆因年岁荒歉所致。上年南山一带包谷歉收，本年秋雨过多，收成歉薄。南山五方杂处最易藏奸，请饬预为防范等语。【略】辛巳，【略】缓征吉林三姓歉收兵民新旧银谷。壬午，【略】缓征甘肃皋兰、金、靖远、陇西、宁远、安定、会宁、平凉、张掖、东乐、武威、平番、宁夏、宁朔、灵、中卫、平罗、秦、两当、成、泾、崇信、灵台、镇原、固原、宁、安化二十七州县，暨盐茶同知、沙泥州判所属被雹、被水、被虫灾区新旧额赋。蠲缓浙江海宁、仁和、钱塘、德清、武康、开化、富阳、临安、于潜、乌程、归安、长兴、余杭、新城十四州县被水村庄新旧额赋有差。除开化县水冲沙压田地额赋，并给灾民房屋修费。免海宁州被潮冲淹田本年额赋。【略】甲申，【略】贷江西南昌、新建、进贤、清江、德安五县水冲圩堤修费，并缓节年借修未还银。给德化、湖口、瑞昌三县水冲房屋修费。【略】乙酉，【略】谕内阁：琦善等奏请缓期采买一折。【略】河道现当冻阻，陆运又糜脚价，恳请暂缓举行采买。【略】丙戌，大高殿设坛祈雪，上亲诣行礼。

《宣宗实录》卷二四五

十二月【略】戊戌，【略】停阅本年八旗内务府三旗冰技，仍给半赏。【略】己亥，【略】缓征浙江坐落江苏下砂头、下砂二三、青村三场歉收灶田新旧额课。展缓浙江德清县歉收村庄旧赋。庚子，【略】缓征江苏太仓、镇洋、嘉定、宝山四州县，及太仓、镇海、金山三卫歉收庄村新旧额赋。【略】辛丑，【略】以阿克苏屯田丰收，予员弁议叙，赏兵丁一月盐菜银。【略】癸卯，【略】以江南江安、苏松道属粮价增昂，缓买各帮丁行月等米。【略】戊申，【略】除直隶乐亭县水冲地一顷二十亩有奇额赋。【略】辛亥，【略】缓征广东南海、番禺、三水、顺德、香山、新会、花、高要、高明、四会、鹤山十一县被水村庄新旧额赋。

《宣宗实录》卷二四六

十二月壬子，【略】拨安徽泾、青阳、建德、宁国、太平五县漕米二万石，济放灾缺兵匠等米。【略】乙卯，【略】以科布多屯田丰收，予员弁议叙，兵丁赏赉有差。【略】丙辰，【略】展赈安徽铜陵、当涂、芜湖、繁昌、贵池、怀宁、桐城、东流、望江、五河十县及屯坐各卫被水、被旱军民，并加给铜陵、当涂、芜湖、繁昌、贵池、怀宁、桐城、东流、望江、五河、凤阳、盱眙、怀远、灵璧、凤台、泗、含山十七州县及屯坐各卫军民一月口粮。贷江宁八旗及江南泰兴、青山二营驻扎灾区兵丁饷银。丁巳，【略】减免直隶河间、新河、隆平、宁晋、任五县积涝地亩本年额赋有差，并缓征节年旧欠杂款。戊午，【略】缓扣湖广荆州、荆左、荆右、沔阳、岳州五卫被水屯丁应还借款。【略】辛酉，【略】以喀喇沙尔屯田丰收，予员弁议叙，赏兵丁一月盐菜银。

《宣宗实录》卷二四七

## 1834年 甲午 清宣宗道光十四年

正月【略】庚午，【略】展缓直隶曲阳、博野、蠡、安肃、献、怀安、三河、唐、景、故城、沧、盐山、永年、大名、隆平、宁晋十六州县上年被雹、被水村庄旧欠额赋。展赈阳曲县灾民一月。缓征山东滕、邹、汶上、阳谷、寿张、菏泽、曹、濮、范、济宁、鱼台十一州县并东昌卫上年被水、被雹庄屯上忙额赋及各项银米。加给江苏上元、江宁、句容、溧水、高淳、江浦、六合、桃源八县上年灾民一月口粮。贷山西朔、代、阳曲、应、怀仁、岢岚、宁武、寿阳、交城、神池十州县上年被旱、被雹、被霜灾民仓谷。贷陕西葭、神木、府谷、榆林、绥德、清涧、米脂、吴堡、宁陕、孝义、定远、佛坪、砖坪、平利十四厅州县上年被旱、被雹灾民口粮。辛未，【略】给浙江海宁、德清、武康、开化四州县上年被水、被霜灾民一月口粮。给江西南昌、新建、丰城、进贤、清江、新淦、峡江、庐陵、吉水、泰和、万安、鄱阳、余干、万年、星子、都昌、建昌、德化、德安、瑞昌、湖口、彭泽二十二县上年被水灾民籽种。贷南昌、新建、进贤、建昌、德化、湖口六县灾民一月口粮。贷湖北武昌、嘉鱼、汉川、黄冈、黄梅、江陵、石首、黄陂、孝感、沔阳、广济、钟祥、潜江、天门、云梦、监利、松滋、枝江十八州县及屯坐各卫上年被水军民籽种。贷湖南澧、安乡、沅江、华容四州县上年被水灾民籽种。贷甘肃皋兰、伏羌、平凉、隆德、盐茶、宁、秦、两当、成九厅州县上年灾民口粮籽种。【略】甲戌，【略】又谕：富呢扬阿奏两浙场盐缺产，请借买芦盐以资接济一折。两浙杭、嘉、绍、松四所各场灶，上年夏秋晴少雨多，本无存卤，复因冬雪连绵，以致土卤不起，无以供煎，民食堪虞。自应量为接济。【略】缓征江苏武进、阳湖、无锡、金匮、江阴、宜兴、荆溪七县上年被雨歉区额赋。【略】甲申，【略】以浙江杭州、嘉兴、湖州三府上年灾歉，免浒墅关赴浙商船米税。乙酉，【略】浙江巡抚富呢扬阿奏，杭州、湖州两府属有漕各州县因本年秋收时连遭霜雨，多成灾歉，米色未能一律纯洁，请照例红白兼收，籼粳并纳，俾小民便于输将，得以随收随兑，依限开行。从之。

《宣宗实录》卷二四八

二月丙申朔，谕内阁：长清等奏，屯田试种有效，请定则升科一折。巴尔楚克之毛拉巴什赛克三一带荒地，前经奏准开垦，兹据长清等奏，查明该处统计开田二万四千余亩，共招种地民人三百六十余名，水畅土肥，夏秋二禾收成均在九分以上，请自十四年起，按亩升科，所办甚好。【略】丙午，【略】谕内阁：上年节经降旨，令有漕各省督抚早兑早开，务于四月初十日以前抵坝渡黄，不准稍

有迟误。兹据林则徐奏，江苏漕粮除江北各帮已经兑竣开行。其苏松等属，因冬间雨雪连绵，收米寥寥。【略】以江苏苏州、松江等府粮价增昂，免浒墅关商贩米税。【略】己酉，【略】以湖北武昌、汉阳二县粮价增昂，贷司库银，招商赴四川、湖南买米平粜，免各关津米税。【略】辛亥，【略】以贵州都江厅上年被水，命平粜仓谷，贷古州厅灾民籽种。以江西南昌、新建二县上年被水，命拨各属仓谷平粜。癸亥，上耕耤，诣先农坛行礼。　《宣宗实录》卷二四九

三月【略】己巳，【略】以山东济宁、金乡、鱼台、单四州县粮价增昂，命平粜仓谷。【略】丙戌，【略】又谕：凯音布奏喀尔喀游牧被灾，请缓期查勘互争地界一折。蒙古地方以牲畜为业，喀尔喀游牧等处上年雨泽愆期，又兼冬令严寒，风雪较大，牲畜倒毙，业已成灾。所有喀尔喀王拉苏咙巴咱尔等互争地界一案，著照所请，准其缓至秋季水草蕃畅，再行前往查勘，以示体恤。【略】庚寅，直隶总督琦善奏，三月十五日赴宣化镇阅兵，二十日行抵宣化府城，是夜密雨沾濡，农事大有裨益。得旨：京师于二十一日辰刻下雨，二十二日子时方止，入土极为深透，朕同卿共深庆幸也。辛卯，【略】贷湖南乾州、凤凰、永绥、古丈坪、保靖五厅县歉收丁佃口粮籽种。　《宣宗实录》卷二五〇

四月【略】戊戌，【略】江苏巡抚林则徐奏，上年灾区较广，经官绅捐钱施粥，收养童孩病丐，并捐修各工代赈，民情渐有起色。【略】贷江苏苏州、松江、常州、镇江、太仓五府州属灾缺漕项银。【略】己亥，【略】缓征江苏上元、江宁、句容、溧水、高淳、江浦、六合、山阳、盐城、阜宁、清河、安东、高邮、泰、东台、江都、甘泉、仪征、兴化、宝应、铜山、萧、宿迁、沛、丰、砀山、邳、睢宁、海、沭阳、赣榆、泰兴三十二州县，暨淮安、大河、扬州、徐州四卫积歉庄屯正杂旧赋。【略】甲辰，【略】除直隶固安县水冲沙压地十六顷四十二亩有奇额赋。【略】丙午，【略】以江西南昌、新建等县粮价增昂，命平粜仓谷。【略】壬子，【略】贷山西岳阳、浑源、广灵、左云、阳城、辽、榆社、沁、武乡、保德、隰、和林格尔十二厅州县歉收贫民仓谷，暂缓买补右玉、灵丘、天镇、山阴、宁武、定襄、应、浑源、大同、朔、平鲁、代、五台、繁峙、保德、临汾、闻喜、垣曲、霍、灵石、和林格尔、清水河二十二厅州县节年动缺仓谷。【略】庚申，【略】免塔尔巴哈台被雪冻伤额鲁特应赔倒毙官畜，并抚恤伤毙人等有差。【略】甲子，【略】缓征山西山阴县被旱歉区本年额赋。　《宣宗实录》卷二五一

五月【略】甲午，【略】缓征江苏高淳、阜宁、江都、沛、赣榆、海、沭阳、金坛、溧阳九州县被水、被雹灾区新旧额赋，贷淮安、大河二卫歉收屯丁籽种。　《宣宗实录》卷二五二

六月【略】丁酉，【略】以福建省城米价昂贵，命平粜仓谷。【略】壬寅，【略】谕军机大臣等，有人奏，广东首府办灾勒捐，虚饰赈粜，有名无实，民怨沸腾一折。【略】据称上年广东省六七月间被水冲决基围，漂没田庐，伤毙人口，倒塌房屋。被灾之初，巡抚朱桂桢亲往巡视，民情安帖。迨该抚去任，一切皆广州府知府金兰原身任其事，【略】分股摊捐，并勒令在省铺户概捐一月租银，有不从者，即时禁押，以致物议纷腾，怨声载道。且七月被灾，迟至十二月始行议赈，又须极贫之民，方准散给。除殷户自为赈恤，及穷民转散四乡外，计待赈者不满万人，此次民捐之银不下四十万两，而赈恤所需不过万金。至奏报倒塌官民房舍，约计四千余间，每间议给银五钱，亦不过需银二千余两，又何须勒捐至数十万两之多。该知府巧为掩饰，将银委员发商，买米平粜，徒令市侩假手，贪民辗转渔利，【略】民间怨讟，至称该知府为“剥皮金”。【略】乙巳，【略】展缓两淮板浦、中正、临兴三场节年灾歉灶户积欠折价银。【略】戊申，谕军机大臣等，程祖洛等奏，省城上游溪水骤涨，查办大概情形一折。据称福建省城地方本年五月初十、十一、十二等日，阴雨连朝，上游溪水涨溢，又值海潮顶阻，宣泄不及，以致沿河低洼处所暨省城西、南二门，东南之水部门，城厢内外积水丈余及四五尺不等，各处庙宇营房塘汛火药库，闽县、侯官二县衙署、监狱、仓廒，沿河各乡民居田园道路桥梁俱被淹浸等语。此次水由骤至，猝不及防，现经该督等率同司道亲赴查看，淹毙人口尚幸无多，且天气旋即放晴，积水渐退。【略】至上游侯官所辖之竹崎、五县寨二巡检所管地方，及闽清县溪水经由之

区，衙署、县监均有冲塌，田禾俱被淹浸。【略】其古田县沿溪一带及延平府属之南平县等处，亦有被淹处所，自应一律查办。【略】又另片奏称，省城米价昂贵。【略】又谕：乐善等奏福州驻防旗营官兵房屋被水情形一折。据称福州省城河水涨溢，城厢内外较低处所俱被水淹浸，【略】五月十七日以后，天气晴霁，水势消退，被浸户口渐次仍回旗营。【略】庚戌，【略】又谕：周之琦奏各属被水情形一折。江西省自五月以来，大雨时行，滨临江湖一带低洼田地民居多被水淹。据该抚奏称，南昌府属之南昌、新建、丰城、进贤，瑞州府属之高安，临江府属之清江、新淦、峡江，吉安府属之庐陵，建昌府属之广昌，南康府属之建昌等县各报被水冲坍田庐圩堤，淹毙人口，间有城垣、监狱、仓库、驿马被淹之处。【略】谕军机大臣等，据周之琦奏称，风闻赣州府属之龙南县，因粮价偶增，设厂平粜，将多事之县役枷号，有奸民纠众肆闹，抢夺枷犯，并将官役殴伤。【略】癸亥，【略】以贵州威宁州粮价昂贵，命平粜仓谷。　《宣宗实录》卷二五三

七月【略】壬申，【略】抚恤江西南昌、新建、丰城、进贤、清江、峡江、庐陵、万安、吉水、建昌、德化、德安、上犹十三县被水灾民。【略】丙子，谕军机大臣等，据宝兴等奏，山水陡发，冲失鹿角木植等语。永陵周围原设鹿角一千七百九十二架，因六月间大雨，山水陡发，冲去鹿角五百六十八架，明堂前土堤泊岸上树株，冲倒数百棵，安设鹿角地基以及火路，均有冲成坑坎之处，其备修清宁宫木植二百六十四件内，冲失二百零九件，民房间有坍塌。陵寝重地，紧要攸关，现尚阴雨连绵，殿宇等处不无渗漏。【略】乙酉，谕内阁：宝兴等奏，恭谒永陵，敬谨确查鹿角被冲情形一折。本年盛京地方山水陡发，永陵鹿角木植间被冲失，经宝兴等敬谨查得启运门西配殿俱有渗漏，椽头亦有糟朽。方城西北角城身膨闪一段，其前下马牌以南，自东至西冲出水沟一道，长一百八十丈，鹿角冲失五百六十八架，护堤河柳间段冲倒六百余株，并陵西泊岸共冲刷一百六十丈，鹿角以外地面亦有冲刷沟坎之处。【略】此外东堡旗民住房被冲，及附近田禾被淹之处，著地方官查明照例办理。又，另片奏，西堡以西一里余，曹家屯地方山水骤发，靠南河身淤塞，水势北冲，将泊岸并御路经过之处冲刷成河。【略】戊子，【略】谕军机大臣等，本日据钟祥奏，卫水异涨，临清坝口扪阻，惟有蓄汶敌卫，以利漕行，因河汛朱家湾官堤矬蛰过水，难资蓄汶，现在派员勒限赶紧堵合，俟漫口合龙，即责成运河道敬丈，督同河闸各员设法蓄汶。【略】庚寅，【略】给湖南武陵、龙阳、沅江、益阳、安乡、华容六县及岳州卫被水军民一月口粮，并房屋田亩修费。　《宣宗实录》卷二五四

八月【略】乙未，【略】贷甘肃皋兰、狄道、靖远、盐茶、西宁、碾伯六厅州县被旱灾民仓粮。丙申，【略】给盛京盖州、海城、兴京三处被水旗民一月口粮，并房屋修费。给浙江建德、淳安二县被水灾民一月口粮，并房屋修费。丁酉，【略】又谕：保昌奏吉林地方被水情形并漂失官船一折。本年六月间，吉林地方江水陡发，沿江房地均被淹浸，并水手营额设粮船二只、桨船四只亦被漂失。【略】戊戌，【略】直隶总督琦善奏报，永定河水势情形并抢护险工均臻平稳。得旨：辰下连朝晴霁，河工自可无虞矣。【略】己酉，【略】直隶总督琦善奏报秋收分数。得旨：虽秋雨频仍，间有淹浸处所，通省收成尚获七分有余，深慰朕怀。【略】辛酉，【略】给江西南昌、新建、进贤、湖口、星子、清江、德化、峡江、丰城、庐陵、吉水、泰和、万安、鄱阳、余干、都昌、建昌、德安、瑞昌、彭泽、新淦、上犹、崇义、新喻、万年二十五县被水灾民一月口粮、房屋修费，并蠲缓新旧额赋有差。　《宣宗实录》卷二五五

九月【略】丁卯，【略】蠲缓直隶宛平、大兴、固安、东安、永清、武清六县被水村庄新旧额赋有差，并加赈灾民，给房屋修费。己巳，【略】蠲缓山西太原县被水村庄额赋有差。庚午，【略】贷广东广州、肇庆二府被水灾民籽种。【略】癸酉，【略】缓征奉天承德、辽阳二州县被水民地额赋。给海城、辽阳、新民、承德四厅州县，及牛庄、凤凰城二处旗民一月口粮，并牛庄、辽阳州旗民房屋修费。

《宣宗实录》卷二五六

九月【略】己卯，【略】缓征山西五台县被水灾民借欠仓谷。【略】乙酉，【略】加赈直隶霸州被水

灾民。蠲缓霸、大城、涿、新城、雄、献、天津、宁晋、保定、良乡、房山、清苑、安肃、唐、博野、容城、蠡、祁、安、高阳、河间、肃宁、任丘、景、故城、青、沧、静海、南皮、盐山、正定、藁城、南和、平乡、巨鹿、任、永年、鸡泽、大名、赤城、冀、南宫、新河、武邑、衡水、赵、隆平、深、饶阳、安平、定、深泽五十二州县被水村庄新旧额赋，给赤城县灾民房屋修费。【略】戊子，【略】以吐鲁番屯田丰收，予员弁议叙，赏兵丁一月盐菜银。【略】缓征山东历城、章丘、齐东、邹平、济阳、齐河、平原、禹城、德、临邑、博平、馆陶、冠、惠民、商河、临清、夏津、武城、鱼台、益都、东安、临朐、寿光、平度、高苑、博兴二十六州县，及德州、东昌二卫被旱、被水、被虫、被雹庄屯新旧额赋。【略】辛卯，【略】贷打牲乌拉被水旗民仓谷。

《宣宗实录》卷二五七

十月【略】丙申，【略】展缓黑龙江等处歉收旗人上年借支口粮银。丁酉，【略】蠲缓吉林十旗、打牲乌拉八旗被水地亩新旧额赋有差，给旗民口粮及房屋修费，除水冲地一顷十三亩额赋。戊戌，【略】缓征河南荥泽、中牟、安阳、汤阴、临漳、内黄、浚、祥符、陈留、商丘、永城、鹿邑、虞城、夏邑、考城、武陟、原武、息十八县被水、被雹村庄新旧额赋。【略】丙午，【略】蠲缓湖北黄梅、公安、松滋、嘉鱼、汉川、黄陂、沔阳、广济、钟祥、京山、潜江、天门、应城、江陵、石首、监利、枝江、汉阳、孝感、荆门、武昌、咸宁、蒲圻、兴国、黄冈、江夏二十六州县暨屯坐各卫被水、被旱村庄新旧额赋有差，给黄梅、公安、松滋三县暨屯坐各卫军民一月口粮。

《宣宗实录》卷二五八

十月丁未，【略】直隶总督琦善奏，堵筑北中汛漫口，现在挑河进占。得旨：天气渐寒，及早蒇事方好。【略】庚戌，【略】贷甘肃皋兰、金、安定、会宁、固原、安化、泾、灵台八州县被旱、被雹、被水灾民口粮。【略】甲寅，【略】缓征安徽怀宁、桐城、潜山、太湖、宿松、望江、青阳、铜陵、东流、当涂、芜湖、繁昌、无为、寿、宿、凤阳、怀远、定远、灵璧、凤台、泗、盱眙、天长、五河、和、南陵、贵池、建德、舒城、巢、颍上、霍邱、亳、含山三十四州县暨屯坐各卫被水、被旱村庄新旧额赋。【略】丙辰，【略】蠲缓湖南安乡、华容、武陵、龙阳、沅江、益阳、澧、巴陵八州县及岳州卫被水庄屯新旧额赋有差。给安乡、华容、益阳三县及岳州卫军民一月口粮。并缓永绥厅被虫屯田租谷。丁巳，【略】谕军机大臣等，据何凌汉等奏，现在顺天府属之密云、三河二县地方，有湖北沔阳州民人入境觅食，请饬沿途截留，就近资送回籍等语。湖北沔阳地方连年被水，该处民人什百成群，觅食异乡，几成习惯。

《宣宗实录》卷二五九

十一月【略】丁卯，【略】缓征江苏上元、江宁、句容、高淳、江浦、常熟、昭文、昆山、新阳、上海、南汇、青浦、川沙、溧阳、山阳、阜宁、清河、桃源、安东、盐城、高邮、泰、甘泉、宝应、铜山、丰、沛、萧、砀山、邳、宿迁、睢宁、太仓、镇洋、崇明、海、沭阳、海门、长洲、元和、吴、吴江、震泽、华亭、奉贤、娄、金山、武进、阳湖、无锡、江阴、宜兴、荆溪、靖江、丹徒、丹阳、金坛、嘉定、宝山五十九厅州县，暨淮安、大河、徐州、太仓、镇海、金山、苏州七卫歉收庄村新旧额赋。戊辰，【略】缓征甘肃皋兰、河、狄道、渭源、金、靖远、安定、会宁、平凉、静宁、隆德、张掖、武威、平番、宁夏、宁朔、灵、固原、中卫、平罗、碾伯、大通、秦、泾、灵台、镇原、礼二十七州县，暨沙泥州判、盐茶同知所属被雹、被水、被旱歉区新旧额赋。【略】癸酉，【略】展缓两淮丁溪、草堰、刘庄、伍佑、新兴、庙湾六场歉收田地旧赋及灶户前借口粮。【略】丙子，【略】缓征湖北黄冈县及蕲州、州二卫被水民屯新旧额赋。【略】壬午，【略】蠲缓浙江建德、淳安、桐庐、分水、丽水、新城、遂安、缙云、仁和、海宁、富阳、德清、武康、乌程、归安十五州县暨杭严卫被水庄屯新旧额赋有差。除建德、淳安、桐庐、分水、丽水五县及杭严卫冲决田地额赋，给丽水县灾民一月口粮。缓征浙江坐落江苏下砂头二三场歉收荡田新旧额赋。【略】戊子，准山东被水、被旱各属缓买常平社仓谷石。

《宣宗实录》卷二六〇

十二月【略】戊戌，【略】以乌鲁木齐、阿克苏屯田丰收，予员弁议叙，赏兵丁一月盐菜银。【略】己亥，【略】减免直隶河间、新河、隆平、宁晋、冀、南宫、安、任八州县积水地亩额赋有差。庚子，【略】

展缓陕西榆林、葭、神木、府谷、绥德、清涧、米脂、吴堡八州县上年被旱、被雹村庄额赋。辛丑,【略】以伊犁屯田丰收,予总兵官锡霖等议叙,赏兵丁一月盐菜银。【略】乙巳,【略】缓征山西山阴县积歉贫民旧借仓谷。【略】庚戌,【略】展缓广东南海、番禺、花、三水、高明、四会、鹤山、高要、清远九县被水村庄新旧额赋并贷基围修费、买秧资本银。辛亥,【略】蠲缓直隶天津、文安二县被水洼地额赋有差。【略】癸丑,大高殿设坛祈雪,上亲诣行礼。御瀛台【略】阅冰技。【略】丁巳,【略】以喀喇沙尔屯田丰收,予员弁议叙,赏兵丁一月盐菜银。

《宣宗实录》卷二六一

## 1835 年 乙未 清宣宗道光十五年

正月【略】癸亥,【略】以江南江安、苏松两道属粮价未平,暂缓收买帮丁行月等米。【略】丙寅,【略】缓征直隶大兴、宛平、固安、东安、永清、武清、霸、大城、涿、新城、雄、献、天津、宁晋、保定、良乡、房山、清苑、安肃、唐、博野、容城、蠡、祁、安、高阳、河间、肃宁、任丘、景、故城、青、沧、静海、南皮、盐山、正定、藁城、南和、平乡、巨鹿、任、永年、鸡泽、大名、赤城、冀、南宫、新河、武邑、衡水、赵、隆平、深、饶阳、安平、定、深泽五十八州县上年被水村庄新旧额赋。缓征山东历城、章丘、邹平、齐东、齐河、济阳、禹城、临邑、德、平原、惠民、商河、馆陶、博兴、高苑、乐安、临清、鱼台十八州县并德州卫上年被灾庄屯新旧额赋。展赈奉天牛庄、辽阳、凤凰城三处上年被灾旗户一月。贷山西太原、五台、保德三州县上年被水灾民仓谷。丁卯,【略】展缓江苏上元、江宁、句容、高淳、江浦、六合、山阳、阜宁、清河、桃源、盐城、高邮、泰、东台、江都、甘泉、仪征、兴化、宝应、铜山、丰、沛、萧、砀山、邳、宿迁、睢宁、海、沭阳、赣榆、泰兴三十一州县,并扬州、淮安、大河、徐州四卫节年旧欠额赋。贷江西南昌、新建、丰城、进贤、清江、新喻、新淦、峡江、庐陵、吉水、泰和、万安、鄱阳、余干、万年、星子、都昌、建昌、安义、德化、德安、瑞昌、湖口、彭泽、上犹、崇义二十六县上年被水灾民籽种。给南昌、新建、进贤、清江、峡江、星子、德化、湖口、建昌九县灾民一月口粮。贷湖南安乡、华容、武陵、澧四州县上年被水灾民籽种。贷甘肃靖远、秦二州县上年灾民籽种,靖远、平凉、隆德、盐茶、秦、镇原六厅州县灾民两月口粮。【略】乙酉,【略】蠲缓乌鲁木齐宜禾县上年被旱村庄新旧额赋有差,贷灾民半年口粮。

《宣宗实录》卷二六二

三月【略】辛酉,【略】以山东济南、东昌、武定等府歉收、粮价增昂,免奉天商贩进口粮税。甲戌,【略】展缓湖北黄陂、应城、蕲、云梦、黄梅、广济、嘉鱼、汉阳、汉川、孝感、沔阳、钟祥、京山、潜江、天门、江陵、公安、石首、监利、松滋、枝江、荆门、江夏、黄冈二十四州县并屯坐各卫带征旧赋。乙亥,上耕耤,诣先农坛行礼。乙酉,【略】贷甘肃皋兰、陇西、伏羌、静宁、礼五州县暨沙泥州判所属上年灾歉贫民两月口粮。

《宣宗实录》卷二六四

五月【略】壬戌,【略】缓征陕西西安、同州、乾三府州歉收村庄额赋十分之五。癸亥,【略】贷山西太平、曲沃、汾西、浑源、大同、广灵、阳城、陵川、解、垣曲十州县上年歉收贫民仓谷,缓右玉、灵丘、山阴、宁武、定襄、浑源、大同、朔、平鲁、代、五台、繁峙、保德、和林格尔、清水河、偏关、隰、临汾、垣曲、霍、灵石二十一厅州县买补仓谷。【略】戊辰,以京畿得雨,遣惠郡王绵愉诣黑龙潭、定亲王奕绍诣觉生寺报谢。【略】甲戌,谕内阁:孳生马匹倒毙过多,请将管厂游击及牧长各员弁解任讯究一折。巴里坤东厂孳生马匹,考成攸关,据该都统查明倒毙之由,实因上年入夏以来天气亢旱所致,惟一年之内倒毙至一千四百七十余匹之多。虽据委员等查报染癞情形,尚无捏饰。是否偏灾,抑系该厂员等经牧不善所致,不可不严行查办。【略】寻奏,讯明前项马匹,实系因灾染癞,人力难施,并无情弊。【略】丁丑,以京畿得雨尚未深透,上诣黑龙潭神祠祈雨。【略】谕军机大臣等,据孟魁奏,山海关外八里铺地方临榆县属农民,于本月初十日午后聚集二千余人,执旗鸣锣击鼓祷雨,直入该副都统署内大堂，坚请拈香，否则就讨钱文，当经开导抚慰而散，请旨查禁等语。农民因旱祷雨，例所不禁，但何以聚集至二千余人之多，于雨后擅入衙署，讨钱拈香，殊非情理。【略】庚辰，以甘霖渥沛，遣定亲王奕绍诣黑龙潭【略】报谢。辛巳，【略】直隶总督琦善奏报，保定府得有阵雨一寸。得旨：京师于本月十八日得雨寸余，十九日申刻雷电交作，大雨滂沱，入土三寸有余；廿日申刻，又得倾盆阵雨二次，已觉深透，朕曷胜欣感，惟念畿南尚未沾足，实深盼切，一得透雨，即行奏来。【略】戊子，【略】展缓山东历城、章丘、新城、齐东、齐河、陵、平原、禹城、济阳、临邑、长清、德、德平、长山、聊城、堂邑、博平、茌平、莘、冠、馆陶、高唐、恩、平阴、东阿、阳信、乐陵、商河、滨、临清、夏津、武城、丘、阳谷、寿张、郓城三十六州县，及德州、东昌、临清三卫被旱庄屯旧欠额赋。贷山西凤台、沁水二县被旱灾民籽种口粮。

《宣宗实录》卷二六六

六月【略】辛卯，展缓江苏丰、沛、萧、砀山四县及徐州卫积歉庄屯新旧额赋。【略】丙午，【略】谕军机大臣等，本日据陶澍等驰奏，黄河盛涨，中运河水发汹涌，设法抢护，并请将江广各帮船稍缓放渡一折。据称黄河尚未入伏，盛涨异常，中运河奇险迭生。【略】减江苏丹徒县滨江被水芦田十五顷二十一亩有奇科则银。【略】甲寅，谕内阁：前据孟魁奏，临榆县属农民鸣锣击鼓，聚众祷雨，请旨查禁，当降旨交琦善查明具奏。兹据奏称，本年五月初十日临榆县东关外村民数百人循照旧俗，肩抬神牌，并邀天齐庙住持通顺护送进城祈雨。是日得雨仅止三寸，并未深透，亦非得雨之后，乡民方始进城。又查明八里堡户口清册，该处三十四村庄，男丁大小口共一千一百余名，即埽数同行，尚不敷二千余人之众等语。乡民迎神祷雨，系田家望岁之恒情，本属例所不禁。

《宣宗实录》卷二六七

七月【略】乙未，【略】加给陕西沔、略阳二县被水灾民一月口粮。【略】壬子，【略】给湖南华容、安乡二县并岳州卫被旱军民一月口粮。癸丑，【略】除直隶涿州水冲沙压田二十四亩额赋。

《宣宗实录》卷二六九

八月【略】甲戌，缓征陕西府谷县被雹村庄下忙额赋，给灾民一月口粮。【略】己卯，【略】又谕：邓廷桢奏请将捕蝗尽力病故之知县饬部议恤一折。安徽署怀宁县事候补知县杨晓春捕蝗出力，染病身故，经该抚查明属实。扑捕蝗蝻系地方官分内应办之事，惟该署县以初任人员，即能竭力办理，不辞劳瘁，以致染病身故，殊堪矜悯，杨晓春著交部议恤，以为公事认真者劝。【略】癸未，【略】以山东历城、章丘、齐河、齐东、济阳、禹城、长清、陵、德、平原、聊城、堂邑、博平、茌平、清平、莘、冠、高唐、夏津、阳信、乐陵、商河、滨二十三州县麦收歉薄，改征粟米。展缓江西上高、星子、都昌、建昌、东乡、进贤、清江、新淦、新喻、峡江、莲花、庐陵、吉水、永丰、泰和、万安、安福、永新、鄱阳、乐平、浮梁、安仁、德兴、万年、安义、德化、德安、瑞昌、湖口、彭泽、南昌、新建、丰城、高安、宜春、分宜、萍乡、万载、永宁、余干四十厅县被旱灾区新旧额赋及借欠银谷。　《宣宗实录》卷二七〇

九月【略】乙未，【略】两江总督陶澍等奏报秋汛安澜。【略】缓征陕西榆林县被雹村庄下忙额赋。【略】丙申，谕内阁：据鸿胪寺卿黄爵滋条陈各事，朕详加披阅，内谨天戒一条，请饬钦天监嗣后将《天象簿》与《晴雨录》一同进呈，并请饬各省地方官，凡地面所有灾异，无论大小，据实奏报等语。【略】辛丑，【略】给两淮板浦、中正两场被淹灶丁一月口粮。【略】戊申，【略】缓征陕西葭州被雹村庄下忙额赋。【略】乙卯，【略】缓征江西金溪、崇仁、乐安、武宁、临川、宜黄、南城、弋阳、贵溪九县被旱歉区额赋。

《宣宗实录》卷二七一

十月【略】戊午，【略】缓征山西阳曲、太原、保德、兴、临、解、汾阳七州县被水、被雹村庄额赋有差，给灾民一月口粮。并给阳曲、太原二县民房修费，缓征文水县灾民前贷仓谷。【略】壬戌，【略】缓征山东邹平、长清、长山、新城、齐河、济阳、临邑、海丰、商河、滨、利津、沾化、蒲台、寿张、濮、范、平度、昌邑、潍、胶、高密、即墨、济宁、金乡、鱼台、博兴、高苑、乐安、阳信、汶上、菏泽、巨野、聊城、茌

平、邱、嘉祥、寿光三十七州县，及济宁、东昌、临清、德州四卫被水、被虫庄屯新旧额赋。【略】乙丑，【略】贷齐齐哈尔、黑龙江、呼兰、打牲乌拉、墨尔根城灾户口粮，并展缓应缴前借银谷。丙寅，【略】以吐鲁番屯田丰收，予员弁议叙，赏兵丁一月盐菜银。丁卯，【略】缓征河南郑、荥泽、中牟、安阳、汤阴、内黄、延津、浚、封丘、辉、原武、阳武、武陟十三州县被水村庄新旧额赋。

《宣宗实录》卷二七二

十月【略】壬申，【略】谕军机大臣等，奕经等奏，山东登、莱、青三府民人因本处年岁歉收，携眷赴奉天依亲就食，前后约有八九千人，其各海口停泊处所，查有下船流民五百六十二名口，现经设法抚恤，俟春融再令回籍等语。【略】贷盛京金州水师营驻扎歉区兵丁粟米。癸酉，【略】蠲缓湖南华容、安乡、湘乡、茶陵、临湘、湘阴、平江、衡阳、清泉、耒阳、常宁、巴陵、澧十三州县及岳州卫被水、被旱庄屯新旧额赋有差。给华容、安乡、湘乡三县及岳州卫军民一月口粮，缓征乾州、保靖、麻阳、泸溪、永绥五厅县歉收屯田租谷。甲戌，【略】以阿克苏屯田丰收，予员弁议叙，赏兵丁一月盐菜银。【略】丁丑，【略】展缓湖北江夏、武昌、嘉鱼、兴国、汉阳、黄陂、孝感、黄冈、广济、钟祥、京山、天门、云梦、应城、江陵、公安、石首、监利、松滋、汉川、沔阳、潜江、枝江、荆门、黄梅、蒲圻、咸宁、蕲、崇阳、安陆、大冶、蕲水三十二州县及屯坐各卫被水、被旱村庄新旧额赋。戊寅，【略】缓征安徽怀宁、桐城、潜山、宣城、南陵、贵池、青阳、铜陵、建德、当涂、芜湖、繁昌、无为、巢、寿、宿、凤阳、怀远、定远、灵璧、凤台、泗、盱眙、天长、五河、和、含山、太湖、东流、宿松、望江、合肥、舒城、颍上、霍邱、亳三十六州县，并屯坐各卫被水、被旱村庄新旧额赋及杂项银米。己卯，【略】蠲缓浙江海宁、金华、兰溪、东阳、义乌、永康、汤溪、龙游、丽水、缙云、青田、云和、龙泉、长兴、德清、武康、建德、淳安、寿昌、桐庐、遂昌、钱塘、富阳、新城、武义、浦江、西安、江山、常山、宣平、仁和、乌程、归安三十三州县，并杭严卫、衢州所被水、被旱庄屯新旧额赋有差。给海宁、金华、兰溪、东阳、义乌、永康、汤溪、龙游、丽水、缙云、青田、云和、龙泉十三州县灾民一月口粮。【略】辛巳，【略】缓征乌鲁木齐宜禾县歉收乡户粮石。【略】癸未，【略】缓征两淮富安、安丰、梁垛、东台、何垛、丁溪、草堰、刘庄、伍祐、新兴、庙湾、板浦、中正、临兴十四场被水歉区新旧额赋。

《宣宗实录》卷二七三

十一月丙戌朔，【略】缓征直隶霸、保定、大城、清苑、安肃、博野、容城、蠡、雄、祁、安、高阳、河间、献、肃宁、任丘、景、吴桥、东光、静海、青、沧、南皮、盐山、南和、大名、巨鹿、任、冀、南宫、新河、武邑、衡水、隆平、宁晋、深、武强、饶阳、安平、定、深泽四十一州县被水、被雹村庄新旧额赋及前贷银谷。【略】庚寅，【略】缓征江苏上元、江宁、句容、江浦、六合、长洲、吴、常熟、昭文、昆山、新阳、阳湖、江阴、宜兴、荆溪、丹阳、金坛、溧阳、山阳、阜宁、清河、桃源、安东、盐城、高邮、泰、东台、江都、甘泉、仪征、兴化、宝应、铜山、丰、沛、萧、砀山、宿迁、睢宁、镇洋、宝山、元和、吴江、震泽、华亭、奉贤、娄、金山、上海、南汇、青浦、川沙、武进、无锡、金匮、靖江、丹徒、太仓五十八厅州县，并淮安、大河、扬州、徐州、苏州、太仓、镇海、金山八卫被旱、被水庄屯新旧正杂额赋。【略】丙申，大高殿设坛祈雪，上亲诣行礼。【略】缓征浙江仁和、长亭二场歉收荡田新旧额课。【略】戊戌，以京师得雪，遣惇亲王绵恺诣大高殿报谢。【略】壬寅，【略】谕军机大臣等，钟祥覆奏，山东省沿海各处毗连奉天，居民依亲就族，视同乡里，今秋登、莱、青三府秋成较歉，纷纷前往谋食，现已委员会同地方官平粜出借，并酌发口粮接济，明春回籍后妥为安置等语。【略】癸卯，【略】蠲缓吉林宁古塔、三姓被水歉区新旧银谷有差，并给兵丁口粮。甲辰，【略】谕内阁：陶澍等奏购设义仓一折。江南省连年被水，抚赈兼施，兹据该督等奏，于江宁省会筹设丰备义仓，积贮谷石，以防荒歉，共计捐谷三万六千三百余石。【略】以阿克苏屯田丰收，予员弁议叙，赏兵丁一月盐菜银。【略】乙巳，【略】缓征江西玉山、余干二县被旱、被水歉区额赋。展缓陕西西安、同州、乾三府州被雨歉区应征道仓夏粮。【略】丁未，【略】以伊犁屯田丰收，予总兵官锡霖等议叙，赏兵丁一月盐菜银。【略】庚戌，【略】缓征甘肃皋兰、河、狄

道、渭源、金、陇西、宁远、安定、会宁、平凉、静宁、固原、永昌、平番、宁夏、宁朔、灵、中卫、平罗、碾伯、秦、泾、崇信、灵台、镇原二十五州县，并盐茶同知、沙泥州判、东乐县丞所属歉区新旧钱粮草束。

《宣宗实录》卷二七四

十二月【略】癸亥，【略】除玉舒格尔吉等十一族被灾番户应征银两。《宣宗实录》卷二七五

十二月【略】辛未，【略】以广西省城刘猛将军庙驱蝗灵应，颁给御书扁额，曰"方社效灵"。【略】乙亥，【略】以乌鲁木齐屯田丰收，予员弁议叙，赏兵丁一月盐菜银。丙子，【略】谕内阁，冯赞勋奏，本年南省多被蝗灾，请及时搜捕一折。蝗蝻萌生，最为田禾之害，近年南省间有蝗害，小民未知捕治之方，及至遍野飞扬，束手无策，以致收成歉薄，民鲜盖藏。如果地方官思患预防，何至贻害若此。据冯赞勋奏，方今即交春令，南方地暖，蝗蝻易于萌孽，若趁此极力搜捕，为费无多，而销患甚巨等语。蝗蝻之患，原可以人力驱除，总当乘其未萌，设法捕治，若稍迟缓，便难扑灭。著各省督抚等严饬所属，于所辖境内设法搜捕，实力奉行，毋使稍遗余孽，如查有虚文塞责、漫不经心者，立即从严参处，以为玩视民瘼者戒，将此通谕知之。【略】丁丑，【略】阅冰技。【略】庚辰，【略】以喀喇沙尔屯田丰收，予员弁议叙，赏兵丁一月盐菜银。【略】壬午，【略】展缓陕西绥德、米脂、清涧、吴堡四州县被旱歉区带征额赋。

《宣宗实录》卷二七六

## 1836年 丙申 清宣宗道光十六年

正月【略】丙戌，【略】缓征山东邹平、长清、长山、新城、齐河、济阳、海丰、商河、滨、利津、沾化、蒲台、濮、范、平度、昌邑、潍、胶、高密、即墨、济宁、高苑、博兴、乐安、汶上、菏泽、巨野、聊城、茌平、邱、寿光三十一州县，并济宁、东昌、临清、德州四卫上年被水、被虫庄屯本年上忙额赋及各项银米。展缓直隶霸、保定、大城、清苑、安肃、博野、容城、蠡、雄、祁、安、高阳、河间、献、肃宁、任丘、景、吴桥、东光、静海、青、沧、南皮、盐山、南和、大名、巨鹿、任、冀、南宫、新河、武邑、衡水、隆平、宁晋、深、武强、饶阳、安平、定、深泽四十一州县上年被水、被雹村庄旧欠额赋。展赈奉天广宁等处上年被水旗民一月。丁亥，【略】贷甘肃皋兰、金、陇西、宁远、安定、通渭、西和、平凉、安化、清水、泾、崇信、灵台、镇原十四州县上年被雹、被水、被旱灾民口粮籽种。贷陕西沔、略阳、洋、南郑、府谷、榆林、葭、神木、孝义九厅县上年被水、被雹灾民口粮。贷山西阳曲、太原、保德、兴、临、汾阳、文水、交城、宁武、武乡、河曲、定襄、阳城、陵川、沁水十五州县上年被水、被雹灾民仓谷。戊子，给浙江义乌、丽水、缙云三县上年被水、被旱灾民一月口粮。贷江西南昌、新建、丰城、进贤、上高、清江、新喻、新淦、峡江、庐陵、吉水、泰和、万安、东乡、鄱阳、余干、万年、星子、都昌、建昌、安义、德化、德安、瑞昌、湖口、彭泽、武宁、高安、宜春、分宜、萍乡、万载、莲花、永丰、安福、永新、永宁、临川、金溪、崇仁、宜黄、乐安、南城、玉山、贵溪、弋阳、乐平、浮梁、安仁、德兴、新城五十一厅县上年被旱、被雹灾民籽种口粮。贷湖南华容、安乡、澧、临湘四州县上年被水、被旱灾民籽种。【略】乙未，【略】展缓江苏上元、江宁、句容、高淳、江浦、六合、山阳、阜宁、清河、安东、盐城、高邮、泰、江都、甘泉、仪征、兴化、宝应、铜山、丰、沛、萧、砀山、邳、宿迁、睢宁、海、沭阳、上海、川沙、阳湖、江阴、靖江、金坛、金山、溧阳、太仓三十六厅州县，并淮安、大河、徐州三卫积歉庄屯旧欠额赋。【略】戊申，【略】缓征山西太原县上年被水村庄新旧额赋。

《宣宗实录》卷二七七

二月【略】壬午，【略】以山西汾西、乡宁、左云、永济、荣河、辽、榆社、和顺、平定、寿阳、忻、芮城、灵石、永和、宁乡十五州县上年歉收，命借粜常平仓谷，并缓右玉、灵丘、山阴、宁武、定襄、浑源、大同、朔、平鲁、代、五台、繁峙、保德、偏关、隰、阳城、临汾、霍、灵石、和林格尔、清水河二十一厅州县买补仓谷。癸未，【略】又谕：有人奏，上年山东被灾，登、莱、青三府情形最重，该抚奏请缓征，惟登

州一属不在其内。查访登州被灾,系上年七月间海风陡作一日一夜,秋禾全行偃折,竟系颗粒无收,与莱、青不分轻重,该州县讳匿不报,上年下忙钱粮照旧开征,灾民竭蹶完纳,现在青黄不接,本年上忙钱粮又复开征,该府英文亲赴各州县劝捐。【略】寻奏:登州所属上年七月被风,蚕禾受伤,杂粮尚俱成熟,上忙钱粮已完,至七八九分,下忙所剩尾欠,输将较易,故未请缓,尚非地方官敢于讳匿,其公捐之举,原以补在官借粜之不足,其所济助者率皆无地无业贫民。

《宣宗实录》卷二七九

三月【略】丁亥,上耕耤,诣先农坛行礼。甲午,【略】谕军机大臣等,据钟祥奏,山东登、莱等府粮食不敷,向赖奉天接济。现准奉天省咨称,因商贩出口较多,粮价增昂,奏明止准贩运粳稗等项杂粮;至高粱、粟米、包米三项,均暂停运。惟查山东上秋歉收,麦熟尚远。若将粟米三项停运,民间实虞乏食。请查照道光二年成案,于所停三项内,将高粱一项免其停运,以资接济等语。丙申,【略】谕军机大臣等,光禄寺少卿梁萼涵奏,山东登州府地居海滨,山多田少,上年秋收歉薄。现当青黄不接之时,无业贫民率皆乞食于外,兼有莱州府属逃荒流民搀杂其中。【略】请饬下该抚,转饬登州府属各州县,酌量饥民多少,或每县发仓谷一千石或数百石,速开饭厂,妥施赈济。并饬设法谆劝绅衿富户等,竭力捐输钱粟以助官赈,务期惠及穷黎等语。【略】寻奕经奏:现已筹拨高粱十二万石,并各海口杂粮,共约计一百万石,准令商人运赴山东接济。庚子,【略】缓征山西山阴、朔、定襄、河曲、凤台、高平、阳城、沁水、解、夏十州县旧贷仓谷。《宣宗实录》卷二八〇

四月【略】乙卯,【略】贷甘肃渭源、伏羌、会宁、静宁、隆德、宁、泰、两当八州县上年灾歉贫民口粮。【略】辛酉,【略】除江苏丹徒县潮水冲坍地二十九顷九十七亩有奇额赋。壬戌,命于十四日在黑龙潭、觉生寺设坛祈雨。【略】丙寅,以京畿得雨,上诣黑龙潭神祠,改祈为报。【略】缓征山东益都、临淄、诸城、安丘、临朐、昌乐、高苑、博兴、乐安、寿光、博山、掖、平度、昌邑、潍、胶、高密、即墨、蓬莱、黄、福山、栖霞、招远、莱阳、宁海、文登、荣成、海阳二十八州县歉收村庄新旧正杂额赋,及旧贷仓谷籽种。《宣宗实录》卷二八一

四月【略】庚辰,【略】以京畿得雨未透,遣惇亲王绵恺【略】天神坛【略】祈雨。【略】缓征山东长清、禹城、齐东、济阳、德、新城、恩、泰安、新泰、商河、滨、利津、沾化、乐陵、青城、蒲台、蒙阴、沂水、平原、临邑、章丘、惠民二十二州县并德州卫被旱庄屯新旧额赋。《宣宗实录》卷二八二

五月【略】丙戌,【略】除甘肃平罗县水冲地三顷三十八亩有奇额赋。【略】乙未,【略】贷直隶宝坻县歉收贫民口粮。丙申,上诣黑龙潭神祠祈雨。【略】谕军机大臣等,寄谕直隶总督琦善,京师上年冬雪稀少,本年自春徂夏虽经迭次得雨,入土均未深透,现在节逾夏至,农田望泽尤殷,朕宵旰焦思,虔诚默祷,屡经降旨,设坛祈雨,并亲诣黑龙潭拈香,以冀速沛甘霖。该督于直隶通省得雨分寸,总未奏到,朕心实深廑念。【略】寻奏,本月十四日自未至酉,省城及附近州县得雨二三四寸不等,各属尚未报到,民情极为安静,尚无灾歉之形,亦无呈恳抚恤之事。报闻。【略】丁酉,【略】以京师雨泽愆期,命刑部清理庶狱。【略】辛丑,【略】以京师雨泽愆期,命步军统领五城顺天府直隶清理庶狱。【略】丁未,上幸静明园,诣龙神庙祈雨。【略】庚戌,【略】以祈雨三坛,斋戒一日。辛亥,上诣天神坛祈雨。【略】壬子,【略】展缓江苏萧、海、沭阳、赣榆四州县歉收村庄新旧额赋。

《宣宗实录》卷二八三

六月癸丑朔,【略】除直隶宁河县被水冲塌地一十七顷七十五亩有奇额赋。【略】甲子,以甘霖普被,上诣天神坛报谢。《宣宗实录》卷二八四

七月【略】丁亥,【略】谕军机大臣等,本日据琦善奏,接据宣化镇、宣化府及蔚州、西宁、怀安等州县禀报,飞蝗自山西界内漫天蔽日而来,伤食田禾数十余顷等语。本年山西省蝻孳萌生,前已有旨,将扑捕不力之大同县知县王联堂、怀仁县知县蔡汝懋、山阴县知县李恩纶摘去顶带,勒令收捕。

兹据琦善奏，毗连直隶各州县飞蝗越境，去来无定，可见山西有蝗处所不止大同等三县，若不认真早为扑灭，尽力搜除，不特该省成灾，即邻境亦多受害。著申启贤速委大员前往严督，扑除收买，务当克期净尽，以卫民田，倘该地方官玩忽从事，再有蔓延，著即严行参处，以为玩视民瘼者戒，毋稍姑息。将此谕令知之。 《宣宗实录》卷二八五

七月【略】戊戌，【略】又谕：前据琦善奏，宣化镇、宣化府及蔚州、西宁、怀安等州县禀报，飞蝗自山西界来，当经降旨，著山西巡抚申启贤派委大员前往严督，扑除收买，务当克期净尽。兹据该抚奏称，前据各州县禀报，飞蝗从外藩草地而来，向东南飞去，直隶之蝗，或即系此，该抚已委道员督饬各属，扑捕收买，将次净尽等语。蝻蝗为民田之害，地方官但当上紧集夫扑灭，不得以起自邻封，互相推诿。乾隆三十五年奉有谕旨，通饬各督抚，煌煌圣训，洞鉴各州县藉词推诿之弊。著琦善、申启贤各饬所属，实力捕除，如查有捕蝗不力之地方官，但就现有飞蝗之处，指名参奏，不必更问起自何方，致生推诿而无实迹。【略】辛丑，【略】展缓河南原武县积水村庄新旧额赋。【略】癸卯，【略】除江苏丹徒县水冲沙塌地五顷三十九亩有奇额赋。【略】戊申，除江苏丹徒县水冲沙压地八顷六十四亩有奇额赋。 《宣宗实录》卷二八六

九月【略】庚寅，【略】缓征陕西葭、神木、榆林、府谷四州县被雹村庄新旧额赋，加赈神木县灾民一月。 《宣宗实录》卷二八八

九月【略】丁酉，谕军机大臣等，有人奏，边省仓贮请核实稽查一折。甘肃为边陲重地，仓贮最关紧要。【略】兹复有人奏称，武威县地方上年荒歉，向镇番采买，而镇番偏处一隅，无处买补，任其缺额。【略】河东河道总督栗毓美奏报秋汛安澜。【略】戊申，【略】贷盛京大白旗堡等处被水旗民站丁一月口粮。【略】己酉，【略】蠲缓山西河曲、山阴、怀仁、朔、定襄、大同、应、五台、岢岚、清水河、浑源十一厅州县被灾村庄额赋有差，并赈灾民。抚恤贵州松桃厅被水灾民。【略】庚戌，又谕：据善英奏，伊于八月间接据监生耆民顾菊廷、王天奇等呈称，上年六月间风潮陡作，冲坏平湖县海塘约计一百余丈，本年六月间，潮又冲进内地，花禾俱被泼损，恳请赶修。 《宣宗实录》卷二八九

十月【略】丙辰，【略】缓征河南安阳、内黄、临漳、夏邑、杞、兰仪、汤阴、浚、封丘、武陟十县被水村庄新旧额赋。【略】丙寅，【略】蠲缓直隶西宁、景、蔚、阜城、宣化、怀安、天津、沧、南皮、盐山、大名、宁河十二州县被旱、被水村庄新旧额赋有差。展缓两淮板浦、中正、临兴三场被水歉区新旧额赋。缓征陕西榆林、怀远、神木、府谷、葭五州县被霜、被雹村庄新旧额赋。丁卯，【略】以吐鲁番屯田丰收，予员弁议叙，赏兵丁一月盐菜银。缓征湖北汉阳、汉川、沔阳、钟祥、潜江、天门、应城、监利、枝江、江夏、武昌、兴国、孝感十三州县及屯坐各卫被水村庄新旧额赋。【略】庚午，【略】展缓黑龙江、齐齐哈尔、墨尔根城三处积歉旗丁旧欠粮银。【略】壬申，【略】以山西山阴县旱灾，命拨大同县仓谷平粜，并备来春贷给籽种。癸酉，【略】缓征安徽五河、潜山、寿、宿、凤阳、怀远、定远、灵璧、凤台、泗、盱眙、天长、怀宁、桐城、太湖、宿松、望江、南陵、贵池、青阳、铜陵、建德、东流、当涂、芜湖、繁昌、无为、巢、颍上、霍邱、亳、和三十二州县及屯坐各卫被水、被旱歉区新旧正杂额赋。展缓湖南华容、安乡、湘乡、茶陵、常宁、衡阳、清泉、耒阳、巴陵九州县及岳州卫上年被水、被旱灾区带征额赋。甲戌，【略】除湖南澧州淹废田亩额赋，并免旧欠额赋及籽种银。【略】丙子，【略】贷甘肃皋兰、安定、平凉、宁、秦、礼、泾、崇信八州县歉收贫民口粮。【略】己卯，【略】缓征皋兰、河、靖远、安定、平凉、静宁、固原、宁、武威、古浪、平番、中卫、泾、崇信十四州县，暨沙泥州判所属歉区新旧正借钱粮草束。缓征陕西绥德、清涧、米脂、吴堡四州县被旱歉区额赋之半。缓征三姓被旱、被涝歉区银谷。

《宣宗实录》卷二九〇

十一月庚辰朔，【略】缓征山东齐河、德、济阳、濮、济宁、鱼台、聊城、清平、商河、长清、冠、馆陶、堂邑、茌平、莘、邱、东阿、巨野、泰安、高唐、夏津、临邑、历城、阳信、海丰、范、临清、莱阳、荣成、宁

海、文登、掖、平度、昌邑、潍、胶、高密、即墨、益都、临淄、诸城、安丘、临朐、昌乐、高苑、博兴、乐安、寿光、博山、齐东、新城、恩、滨、沾化、乐陵、章丘、惠民五十七州县，并德州、临清、东昌、济宁四卫被水、被旱村庄新旧额赋。【略】庚寅，【略】除甘肃狄道州水冲地四十二顷有奇额赋。辛卯，【略】缓征江苏江宁、句容、山阳、阜宁、清河、桃源、安东、盐城、高邮、泰、江都、甘泉、宝应、铜山、丰、沛、萧、砀山、邳、宿迁、睢宁、海、沭阳、赣榆、长洲、元和、吴、吴江、震泽、常熟、昭文、昆山、新阳、华亭、奉贤、娄、青浦、江阴、宜兴、荆溪、丹徒、丹阳、太仓、镇洋、无锡四十五州县，并淮安、大河、扬州、徐州、苏州、太仓、镇海七卫被水歉区新旧额赋。缓征江西丰城、进贤、奉新、建昌、安义、南昌、新建、武宁、高安、上高、万载、清江、新淦、新喻、峡江、莲花、庐陵、吉水、永丰、泰和、万安、安福、永新、临川、金溪、崇仁、乐安、东乡、南城、鄱阳、余干、乐平、浮梁、安仁、德兴、万年、星子、都昌、德化、德安、瑞昌、湖口、彭泽四十三厅县被旱歉区新旧额赋及旧贷银谷。【略】丙申，【略】展缓湖北京山、江陵、公安、石首、松滋、荆门、黄陂七州县暨屯坐各卫被水村庄新旧额赋。贷陕西府谷、榆林、神木、怀远四县被霜灾民口粮，加赈府谷县被雹灾民一月。【略】丙午，【略】减免直隶隆平、宁晋、安三州县积水地亩额赋有差。丁未，【略】命内务府三旗冰技照例预备，停阅八旗冰技，仍给半赏。

《宣宗实录》卷二九一

十二月【略】丁巳，再于大高殿设坛祈雪，上亲诣行礼。【略】壬戌，【略】以喀喇沙尔三屯丰收，予员弁议叙，赏兵丁一月盐菜银。癸亥，以雪泽优沾，遣惠郡王绵愉诣大高殿报谢。【略】甲子，上诣大高殿谢雪。【略】壬申，上幸瀛台阅冰技。【略】甲戌，以伊犁屯田丰收，予员弁议叙，赏兵丁一月盐菜银。【略】缓征福建台湾县被旱村庄额赋。

《宣宗实录》卷二九二

## 1837年 丁酉 清宣宗道光十七年

正月【略】壬午，【略】缓征直隶西宁、景、蔚、阜城、宣化、怀安、天津、沧、南皮、盐山、大名、宁河十二州县上年被水、被旱村庄新旧额赋。缓征山东齐河、德、济阳、濮、济宁、鱼台、聊城、清平、商河、长清、冠、馆陶、堂邑、茌平、莘、邱、东阿、高唐、夏津、临清三十州县，并德州、东昌、临清三卫上年被水、被旱村庄额赋。癸未，贷山西河曲、山阴、怀仁、朔、定襄、大同、应、浑源、五台、岢岚、清水河十一厅州县上年被旱、被蝗、被雹、被霜灾民仓谷。贷陕西葭、榆林、神木、府谷、怀远、绥德、米脂、清涧、吴堡九州县上年被雹、被霜灾民籽种口粮。贷甘肃皋兰、渭源、金、靖远、伏羌、通渭、西和、固原、安化、永昌、古浪、碾伯、秦安十三州县并庄浪县丞所属上年被水、被旱、被雹灾民籽种口粮。【略】戊子，【略】缓征江苏上元、江宁、句容、高淳、江浦、六合、山阳、阜宁、清河、盐城、江都、甘泉、仪征、高邮、兴化、宝应、泰、东台、铜山、沛、丰、萧、砀山、邳、宿迁、海、沭阳、赣榆二十八州县，及淮安、大河、扬州、徐州四卫旧欠额赋。【略】辛丑，【略】以乌鲁木齐屯田丰收，予员弁议叙，赏兵丁一月盐菜银。

《宣宗实录》卷二九三

二月【略】辛未，【略】贷山西吉、宁乡、阳高、左云、五寨、保德、和顺七州县上年歉收贫民仓谷，并缓买右玉、灵丘、山阴、宁武、定襄、浑源、大同、朔、平鲁、代、五台、繁峙、保德、和林格尔、清水河、偏关、隰、文水、介休、宁乡、怀仁、宁远、沁水、武乡、河曲、临汾、霍、灵石、垣曲二十九厅州县还仓谷石。

《宣宗实录》卷二九四

三月【略】丁亥，上耕耤，诣先农坛行礼。【略】以耕耤礼成，春膏渥沛，予御前大臣、从耕王大臣暨执事人员加级纪录有差，赏校尉银课。

《宣宗实录》卷二九五

四月戊申朔，【略】缓征山西阳曲、太原、榆次、交城、文水、大同、山阴、灵丘、朔、左云、平鲁、陵川、定襄、五台、河曲、隰、托克托城十七厅州县上年灾歉贫民节欠常平仓谷。贷宁武县贫民仓谷。

【略】庚戌，【略】以陕西葭、榆林、怀远、肤施、甘泉、宜川、延川、延长、安定、安塞、保安、定边十二州县粮价增昂，命平粜仓谷。【略】戊辰，【略】缓征山东长山、齐河、禹城、长清、平原、泰安、惠民、阳信、海丰、邹、泗水、阳谷、寿张、濮、朝城、观城、菏泽、清平、莘、聊城、莱阳二十一州县及德州、东昌、临清三卫歉区旧欠额赋，并出借仓谷籽种。【略】己巳，缓征山西定襄、应、怀仁三州县歉收村庄新旧额赋。

《宣宗实录》卷二九六

六月【略】乙丑，谕军机大臣等，前据铁麟等奏，山东湖水微弱，北河水势亦不充足，以致军船节节浅阻。【略】昨据经额布奏称，五月中下两旬连得透雨，汶、卫并涨，浮送裕如。

《宣宗实录》卷二九八

七月【略】甲辰，【略】除陕西兴平、武功二县水冲八旗马厂地六十五顷九十八亩有奇额赋。

《宣宗实录》卷二九九

八月【略】戊午，【略】谕军机大臣等，前据琦善、经额布等奏，运河水涸，军船浅滞，【略】临清闸截止八月初六日，未出闸者尚有八帮，未出山东境者统计二十一帮，各处运河仅存底水二尺二三寸不等，难资浮送。【略】本年卫河水势较弱，军船浅阻，若不及早筹办，倘卫源仍然消落，【略】必致有误新漕，所关更巨。【略】己巳，【略】谕军机大臣等，【略】本日据琦善奏，接据青县知县罗珍禀称，近日有外来穷黎，扶老携幼，男女成群，肩挑背负，每起三五人至十余人不等，由南而北，询其原籍，多系山东临清、乐陵、德平等州县人，因本境被旱，欲赴京东一带投靠亲友各等语。【略】甲戌，【略】缓征甘肃皋兰、金、陇西、古浪四县暨东乐县丞所属被旱歉区新旧额赋。乙亥，谕内阁：前因南运河浅涸，军船阻滞，有旨令琦善催雇剥船，迅速办理。兹据该督奏称，本年漳、卫来源水势甚微，自临清至南皮等处节节浅露，袤延千里，挑浚捞泥难期深达，其浅处仅存二尺一二寸，加以挑挖束水，所增无多，现届秋汛水落，倘再消耗，即空船亦难挽行。

《宣宗实录》卷三〇〇

九月【略】丁丑，【略】除江苏泰兴县被水坍没田三十顷五十五亩有奇额赋。【略】庚辰，【略】又谕：前据琦善奏本年南运河水势浅涸，军船阻滞，【略】兹据王楚堂奏称，查明北运河水势现涨尺余，江西各帮船跟接起剥，约计九月十五日以前可期完竣。湖南各帮已由故城长剥北来，杨村接剥，军船埽帮南下，不致违逾回空例限。【略】庚子，【略】以吐鲁番屯田丰收，予员弁议叙，赏兵丁一月盐菜银。【略】甲辰，【略】蠲缓直隶阜城、邢台、交河、景、故城、吴桥、东光、宁津、青、静海、沧、盐山、南皮、庆云、平乡、巨鹿、内丘、任、永年、邯郸、曲周、广平、磁、大名、清丰、南宫、新河、枣强、武邑、柏乡、隆平、宁晋、武强、安平、宝坻、蓟、宁河、蔚、宣化、怀安、西宁四十一州县被旱、被水、被雹村庄正旧正杂额赋有差。以山东泰安、肥城、东平、东阿、平阴五州县麦收歉薄，命改征粟米。缓征济宁、历城、章丘、齐河、济阳、临邑、长清、德、德平、平原、泰安、肥城、东平、东阿、惠民、阳信、乐陵、濮、邱、鱼台、莱阳、邹平、禹城、平阴、海丰、商河、沾化、邹、泗水、滕、汶上、阳谷、寿张、巨野、观城、聊城、堂邑、茌平、莘、冠、馆陶、恩、夏津、陵、临清、齐东、滨、利津、蒲台、郓城、朝城、范、博平、清平、益都、临淄、掖、平度、高密、即墨、武城六十一州县暨屯坐各卫被旱、被水、被雹村庄新旧额赋。

《宣宗实录》卷三〇一

十月【略】丁未，【略】缓征江西建昌、新建二县被水村庄新旧额赋。【略】辛亥，【略】缓征河南林、武安、涉、新乡、辉、获嘉、原武、中牟、兰仪、商丘、虞城、睢、安阳、汤阴、临漳、内黄、延津、浚、封丘、考城、武陟二十一州县歉收村庄新旧额赋。【略】癸亥，【略】缓征湖北汉川、沔阳、钟祥、京山、潜江、天门、应城、江陵、公安、石首、监利、松滋、枝江、荆门、江夏、嘉鱼、汉阳、黄陂、孝感、蕲水、黄冈二十一州县并屯坐各卫被水村庄新旧额赋。甲子，【略】蠲缓湖南华容、安乡、沅江、湘阴、巴陵五县并岳州卫被水、被旱庄屯新旧额赋有差。除江苏江宁县水冲沙压地一十四顷七十三亩有奇额赋。【略】丙寅，【略】蠲缓齐齐哈尔、黑龙江、墨尔根三城被灾屯田新旧额赋有差，并贷旗丁口粮。【略】

丁卯,【略】缓征安徽歙、宁国、绩溪、望江、泗、五河、怀宁、潜山、无为、寿、宿、凤阳、怀远、定远、灵璧、凤台、盱眙、天长、桐城、太湖、宿松、南陵、贵池、青阳、铜陵、石埭、建德、东流、当涂、芜湖、繁昌、巢、合肥、颍上、霍邱、亳、和三十七州县及屯坐各卫被水、被旱村庄新旧正杂额赋。【略】庚午,【略】颁江苏驱蝗神刘猛庙御书扁额,曰"福佑康年"。【略】辛未,【略】展缓陕西绥德、米脂、清涧、吴堡、神木五州县被旱、被雹村庄新旧额赋,贷保安县被霜灾民籽种口粮。壬申,【略】蠲缓山西应、太原、洪洞、河曲、保德、崞、隰、吉、襄陵、平定十州县被雹、被水、被旱村庄新旧正杂额赋,并给贫民口粮有差。给应、太原、洪洞、河曲四州县灾民一月口粮,加赈河曲县灾民一月。

《宣宗实录》卷三〇二

十一月【略】戊寅,【略】展缓山西定襄、岢岚二州县歉收村庄带征额赋。【略】辛巳,【略】展缓江西南昌、新建、丰城、进贤、德化、彭泽、德安、瑞昌、崇仁、东乡、上高、建昌、安义十三县灾歉村庄带征额赋及旧贷口粮籽种。壬午,【略】缓征甘肃河、狄道、渭源、靖远、安定、会宁、洮、固原、盐茶、宁、平番、宁夏、宁朔、灵、中卫、平罗、碾伯十七厅州县被雹、被水、被旱、被霜灾区新旧额赋,贷皋兰、金、靖远、会宁、固原、安化、宁、平番、秦九州县灾民冬月口粮。缓征三姓歉收屯地新旧银谷。乙酉,【略】缓征陕西榆林、葭、怀远、神木、府谷五州县被旱、被雹、被霜歉区旧欠额赋及口粮籽种。丙戌,【略】缓征两淮富安、安丰、梁垛、东台、何垛、丁溪、草堰、刘庄、伍佑、新兴、庙湾十一场歉收灶地旧欠额赋。【略】己丑,【略】缓征江苏上元、江宁、句容、长洲、元和、吴江、震泽、常熟、昭文、昆山、新阳、青浦、山阳、阜宁、清河、桃源、安东、盐城、高邮、泰、甘泉、宝应、铜山、沛、萧、砀山、宿迁、睢宁、海、沭阳、吴、华亭、奉贤、娄、江阴、宜兴、荆溪、丹徒、丹阳、太仓、镇洋、金山、南汇、川沙、上海、金坛、溧阳、赣榆四十八厅州县,并淮安、大河、扬州、徐州、苏州、太仓、镇海七卫被水、被旱歉区新旧额赋。【略】癸巳,【略】除陕西蓝田县水冲地十顷四十二亩有奇额赋。 《宣宗实录》卷三〇三

十二月甲辰朔,【略】展缓广东南海、四会二县被水田围借修堤基及买秧资本银。【略】戊申,停阅八旗冰技,仍给半赏,命内务府三旗照例预备。【略】庚戌,【略】缓征陕西定边、安定二县积歉田亩额赋,贷贫民籽种口粮。【略】丙辰,【略】以阿克苏、喀拉沙尔屯田丰收,予员弁议叙,赏兵丁一月盐菜银。【略】丁巳,【略】除浙江萧山县沿江坍没地二百一十八顷五十七亩有奇额赋。【略】甲子,【略】以乌鲁木齐屯田丰收,予员弁议叙,赏兵丁一月盐菜银。【略】丙寅,上幸瀛台阅冰技。【略】谕内阁:【略】直隶【略】近年收成丰稔,民食有资,惟地当五方杂处,生齿日繁,良莠不一,即偶而偷窃,亦应随时拿究。

《宣宗实录》卷三〇四

## 1838年 戊戌 清宣宗道光十八年

正月【略】乙亥,【略】缓征山东历城、章丘、齐河、禹城、长清、德、德平、平原、泰安、肥城、东平、惠民、阳信、海丰、乐陵、商河、沾化、观城、东阿、邹、泗水、滕、阳谷、濮、聊城、茌平、莘、馆陶、临清、邱、夏津、济宁、鱼台三十三州县,并德州、东昌、临清三卫上年被旱、被水庄屯本年上忙额赋暨杂项钱粮。贷甘肃皋兰、陇西、安定、岷、洮州、平凉、固原、隆德、华亭、宁、正宁、灵台、中卫十三厅州县及东乐县丞所属灾歉贫民口粮籽种。【略】戊寅,缓征直隶阜城、邢台、交河、景、故城、吴桥、东光、宁津、青、静海、沧、南皮、盐山、庆云、平乡、巨鹿、内丘、任、永年、邯郸、广平、曲周、磁、大名、清丰、南宫、新河、枣强、武邑、柏乡、隆平、宁晋、武强、安平、宝坻、蓟、宁河、蔚、宣化、怀安、西宁四十一州县上年灾歉村庄新旧额赋。贷山西平定、吉、荣河、洪洞、河曲五州县上年被旱、被雹、被水灾民仓谷。【略】甲申,【略】缓征江苏上元、江宁、句容、江浦、六合、山阳、阜宁、清河、桃源、盐城、高邮、泰、东台、江都、甘泉、仪征、兴化、铜山、丰、沛、砀山、邳、宿迁、睢宁、海、沭阳、赣榆、金坛二十八州县,

并淮安、大河、扬州、徐州四卫积歉庄屯旧欠额赋。【略】乙未，谕内阁：御史袁玉麟奏请买补仓谷一折。据称，东南各省前因频年荒歉，仓谷缺额颇多，比年以来虽庆丰登，而谷价尚昂，即有买补，未能足额。上年东南各省俱登大有，江西省米价每石银一两一二钱不等，谷价每石银五六钱不等。此外江南、浙江、湖广、四川、广东等省价值微有不同，均各平减，粮价之贱为十余年来所未有，若不及时办理，恐将来价值一昂，仓庾必致久缺等语。【略】近年江西各属短缺仓谷已采买十分之八，未买之谷尚不甚多，应俟本年秋收后勒限买补足额。浙江巡抚乌尔恭额奏，浙省短绌仓谷共五十七万余石，俟年谷顺成，赶紧陆续买补。均报闻。

《宣宗实录》卷三〇五

二月【略】庚戌，【略】贷陕西怀远、府谷二县上年歉收贫民籽种。【略】乙卯，【略】以伊犁屯田丰收，予员弁议叙，赏兵丁一月盐菜银。

《宣宗实录》卷三〇六

三月【略】丙戌，【略】以京师天气尚寒，命五城展赈一月。贷山西太平、汾西、乡宁、襄垣、丰镇、永济、猗氏、万泉、辽、夏、稷山、垣曲、永宁、十三厅州县上年歉收贫民仓谷。缓右玉、灵邱、山阴、宁武、定襄、浑源、大同、朔、平鲁、代、五台、繁峙、保德、和林格尔、清水河、偏关、隰、文水、介休、宁乡、怀仁、宁远、沁水、武乡、河曲、汾阳、广灵、阳高、天镇、左云、五寨、虞乡、静乐、托克托城、临汾、霍、灵石三十七厅州县买补仓谷。丁亥，上耕耤，诣先农坛行礼。

《宣宗实录》卷三〇七

四月【略】丙午，【略】展缓山西阳曲、太原、榆次、兴、临汾、翼城、介休、应、大同、怀仁、山阴、朔、左云、平鲁、阳城、定襄、河曲、芮城、河津、隰、清水河、托克托城二十二厅州县灾歉贫民旧借仓谷。【略】丁巳，【略】展缓两淮板浦、中正、临兴三场灾歉灶地积欠额赋。戊午，【略】缓征山西怀仁、山阴二县积歉村庄新旧额赋。

《宣宗实录》卷三〇八

闰四月【略】戊寅，【略】命于初十日在黑龙潭、觉生寺设坛祈雨。【略】辛巳，以甘霖渥沛，上诣黑龙潭神祠，改祈为报。【略】除甘肃狄道州水冲田四十二顷二亩有奇额赋。【略】甲申，【略】缓征山东惠民、信阳、海丰、乐陵、商河、沾化、蒲台、德、益都、博山、临淄、临朐、博兴、寿光、昌乐、乐安、高苑、安丘、掖、平度、昌邑、潍、胶、高密、莱阳二十五州县被旱村庄旧欠额赋。【略】丙申，以京畿得雨未透，遣惇亲王绵恺诣黑龙潭【略】祈祷。

《宣宗实录》卷三〇九

五月【略】癸卯，【略】又谕：琦善奏请将知州摘去顶带等语。本年南运河水势浅涸，沿河州县自应设法挑浚，多备剥船供用，以期无误漕行。据查直隶景州知州常谦，派雇剥船短少，率将山东省剥船截用，并未禀明，实属蒙混取巧。【略】甲辰，以京师得雨未透，遣惇亲王绵恺诣黑龙潭【略】祈祷。【略】己酉，遣肃亲王敬敏【略】诣天神坛【略】祈雨。谕内阁，京师入夏以来雨泽稀少，迭经降旨，设坛祈祷，复亲诣黑龙潭拈香，得雨数次，未能沾足。【略】辛亥，以甘霖渥沛，遣郑亲王乌尔恭阿诣黑龙潭【略】报谢。谕军机大臣等，寄谕大学士署直隶总督琦善，京师及畿辅一带入夏以来雨泽稀少，迭经祈祷，荷蒙昊贶，于初九日夜间得有雷雨，至昨日申刻渥沛甘霖，直至子刻方止，甚为酣畅，据顺天府奏报五寸有余。实深寅感，惟近畿亢旱，朕心时深廑注，现在畿南一带果否得雨，是否一律透润，即著迅速据实具奏。【略】壬子，【略】缓征山东历城、章丘、长清、德平、齐河、齐东、临邑、陵、邱、德、商河、益都、临淄、临朐、昌乐、乐安、平度、昌邑、高密、潍、莱阳、惠民、阳信、海丰、乐陵、沾化、邹平、长山、济阳、恩三十州县及屯坐各卫被旱歉区新旧额赋。癸丑，以甘霖渥沛，遣肃亲王敬敏【略】诣天神坛，【略】改祈为报。【略】乙卯，【略】大学士署直隶总督琦善奏畿南得雨情形。得旨：京师自初十日以后，连日云阴浓厚，间有雷雨，颇觉滋润，惟有仰祈天贶，通省速沛甘霖，秋成可卜，以补麦收之歉薄，朕斋心默祷，以侍恩命，未沾之区一经得雨，即行奏报。【略】丁卯，给热河被水官兵房屋修费。

《宣宗实录》卷三一〇

六月【略】甲戌，【略】谕军机大臣等，前据栗毓美奏称，运河水势短绌，筹办严闭闸板，蓄水养船，【略】现在大雨时行，节据琦善、经额布奏报，河水骤涨，故城一带至浅之处已有四尺余寸，汶、卫水势并旺，帮船行走顺利各等语。【略】辛巳，【略】缓征直隶阜城县被旱村庄本年额赋。【略】己丑，【略】给贵州镇远、施秉、青溪三县被水兵民口粮并房屋修费。【略】甲午，【略】谕军机大臣等，据凯音布等奏，雷波、马边厅等处穷夷，近因播种失时，潜至沿边一带抢掠居民粮食牲畜，该文武督率兵勇击毙多夷，并擒获汉奸凶夷就地正法，附近老林处所，尚复时出窥伺等语。

《宣宗实录》卷三一一

七月【略】戊午，【略】除湖南澧州被水淹废田二百九顷二十九亩有奇额赋。【略】辛酉，谕内阁：奕山等奏伊犁察哈尔部落官私牲畜被雪、被瘟，请旨调剂一折。上年该部落游牧之库库托默、雅玛图、鄂托克、赛哩库苏木什等处因冬雪过大，马匹牲畜不能饱食，而本年青黄不接之际复因猝遇大雪，以致所牧官私牲畜共倒毙二万有余。该蒙古等生计未免竭蹷。【略】戊辰，【略】减免江苏江都县水冲地四十九顷七十八亩、丹徒县三十六顷八十五亩、上元县一百一十七顷五十三亩有奇额赋有差。

《宣宗实录》卷三一二

八月【略】辛卯，【略】缓征陕西府谷县被雹歉区新旧额赋，给安定、府谷两县贫民一月口粮。【略】癸巳，【略】又谕：前因四川雷波、马边厅等处穷夷复有出扰情事，当降旨饬令苏廷玉等查明实在情形，据实具奏。兹据奏称，该处阿合底狄等家支夷，因上年歉收，纠众出掠，经凯音布等设法防捕，歼毙汉奸凶夷多名。

《宣宗实录》卷三一三

九月【略】癸卯，【略】缓征山西隰州歉收村庄额赋，贷武乡县贫民仓谷。【略】乙丑，【略】缓征山东潍、邹平、新城、济宁、章丘、平原、聊城、馆陶、临清、邱、夏津、高密、武城、鱼台、长山、阳信、恩十七州县，及德州、东昌二卫歉收庄屯新旧额赋，给潍县贫民两月口粮。

《宣宗实录》卷三一四

十月【略】甲戌，【略】蠲缓直隶武强、束鹿、盐山、庆云、巨鹿、曲周、磁、大名、新河、武邑、宁晋、深、饶阳、安平、天津、静海、沧、南皮、宣化、青、永年、邯郸、阜城二十三州县被旱、被水、被雹、被霜村庄新旧额赋有差。【略】乙酉，【略】缓征奉天宁远州歉收地亩额赋。【略】丁亥，【略】缓征江西南昌、新建、进贤、鄱阳、星子、建昌、德化、德安、湖口、彭泽、丰城、余干、新淦、峡江、庐陵、吉水、泰和、万安、清江、新喻、都昌、安义二十二县被水村庄新旧额赋。【略】己丑，【略】蠲缓湖南武陵、沅江、澧、华容、安乡、巴陵、益阳七州县并岳州卫被水庄屯新旧额赋有差。庚寅，【略】谕内阁：朱成烈奏河臣筹议蓄水济运事宜，未能确有把握一折。【略】本年夏初偶因雨泽稀少，船行辄多阻滞，此皆上年不能预为潴蓄所致，若非大雨时行，河流充裕，则重运、回空几至两误。【略】辛卯，【略】缓征安徽怀宁、潜山、宿松、望江、寿、宿、凤阳、怀远、定远、灵璧、凤台、泗、盱眙、天长、五河、和、桐城、太湖、南陵、贵池、青阳、铜陵、石埭、建德、东流、当涂、芜湖、繁昌、无为、合肥、巢、颍上、霍邱、亳三十四州县及屯坐各卫被水、被旱歉区新旧额赋。缓征河南内黄、临漳、武安、涉、浚、安阳、延津、阳武、永城、夏邑、武陟十一县被水、被旱村庄新旧额赋。【略】癸巳，【略】展缓湖北汉川、沔阳、钟祥、京山、潜江、天门、应城、江陵、公安、石首、监利、松滋、枝江、荆门、汉阳、江夏、武昌、咸宁、嘉鱼、黄陂、孝感、黄梅二十二州县及屯坐各卫被水、被旱村庄新旧额赋。

《宣宗实录》卷三一五

十一月【略】辛丑，【略】缓征两淮丁溪、草堰、刘庄、伍佑四场被水歉区新旧额赋。【略】壬寅，【略】给墨尔根城、博尔多、布特哈被灾旗兵银粮，展缓齐齐哈尔、黑龙江、宁年、墨尔根城、布特哈、博尔多旗兵旧贷银粮。【略】乙巳，【略】缓征江苏上元、江宁、句容、江浦、长洲、元和、吴、吴江、震泽、常熟、昭文、昆山、新阳、华亭、奉贤、娄、金山、上海、南汇、青浦、川沙、山阳、阜宁、清河、桃源、安东、盐城、高邮、泰、东台、江都、甘泉、宝应、铜山、沛、萧、砀山、宿迁、太仓、镇洋、江阴、宜兴、丹徒、丹阳、武进、阳湖、无锡、靖江、金坛、溧阳五十厅州县，并淮安、大河、扬州、徐州、苏州、太仓、镇海、金山八卫歉收庄屯新旧额赋。【略】戊申，【略】缓征宁古塔、三姓被旱、被霜歉区各项银谷有差，给旗兵半年口粮。己酉，【略】缓征陕西怀远、榆林、安定、葭四州县被雹村庄新旧额赋。给怀远、安定二县灾民一月口粮。庚戌，大高殿设坛祈雪，上亲诣行礼。辛亥，【略】以阿克苏屯田丰收，予员弁议叙，赏兵丁一月盐菜银。准湖北荆右卫被灾屯丁暂停造运漕船。【略】丁巳，再于大高殿设坛祈雪，上亲诣行礼。【略】壬戌，【略】缓征浙江下砂头二三、浦东三场歉收荡田新旧额赋。【略】乙丑，【略】停阅八旗冰技，仍给半赏。命内务府三旗照例预备。丙寅，【略】缓征甘肃皋兰、河、狄道、渭源、金、靖远、固原、盐茶、安化、张掖、宁夏、宁朔、灵、平罗、泾、灵台、镇原十七厅州县，及花马池州同、沙泥州判所属歉区新旧额赋。《宣宗实录》卷三一六

十二月【略】己巳，【略】贷盛京锦州歉收各驿半年马乾银。【略】辛未，以京畿雪泽未沾，再于大高殿设坛祈祷，上亲诣行礼。【略】戊寅，【略】缓征陕西榆林、葭、怀远、神木、府谷、绥德、清涧、米脂、吴堡、安塞、保安十一州县积歉村庄新旧额赋。【略】乙酉，【略】以喀喇沙尔屯田丰收，予员弁议叙，赏兵丁一月盐菜银。丙戌，以京畿雪泽尚未优渥，再于大高殿设坛祈祷，上亲诣行礼。【略】，丁亥，以吐鲁番屯田丰收，予员弁议叙，赏兵丁一月盐菜银。【略】庚寅，上幸瀛台阅冰技。【略】壬辰，【略】以乌鲁木齐屯田丰收，予员弁议叙，赏兵丁一月盐菜银。《宣宗实录》卷三一七

## 1839年 己亥 清宣宗道光十九年

正月【略】癸卯，【略】缓征直隶武强、束鹿、盐山、庆云、巨鹿、曲周、磁、大名、新河、武邑、宁晋、深、饶阳、安平、天津、静海、沧、南皮、宣化、青、永年、邯郸、阜城二十三州县上年灾歉村庄新旧额赋。缓征山东章丘、邹平、长山、平原、聊城、馆陶、潍、高密、临清、夏津、武城、邱、济宁、鱼台十四州县，及德州、东昌二卫上年被水、被旱、被雹、被虫庄屯新旧额赋。贷陕西凤、安定、定边、靖边、榆林、葭、怀远、府谷、神木九州县上年被雹、被旱灾民口粮籽种。【略】乙巳，【略】贷湖南武陵县上年被水灾民籽种。贷甘肃皋兰、固原、宁、环、秦五州县上年灾民口粮籽种。

《宣宗实录》卷三一八

二月【略】庚辰，【略】展缓山西太原县积歉村庄带征米豆。《宣宗实录》卷三一九

三月丁酉朔，【略】山东巡抚经额布奏得雨情形。得旨：东省雨雪均调，感叨天贶，但直隶干旱异常，朕心焦切之至。【略】己亥，上耕耤，诣先农坛行礼。【略】庚子，上启銮，恭谒东陵，黑龙潭、觉生寺设坛祈雨。【略】壬寅，谕内阁：本年入春以来，京畿雨泽稀少，前经降旨，开坛祈祷。【略】本日由白涧驻跸隆福寺，途中澍雨优沾，自丑达未，阴云密布，雨势未已，距开坛甫经二日。【略】己酉，以京师得雨，遣礼亲王全龄诣黑龙潭【略】报谢。《宣宗实录》卷三二〇

四月【略】己巳，以常雩大祀，甘雨优沾，遣惠亲王绵愉诣皇穹宇报谢。【略】戊寅，【略】大学士署直隶总督琦善奏，雨泽愆期，率属祈祷。得旨：京师虽得雨二三次，总未透足，麦收已无望，奈秋禾未能全行播种，朕忧惧日增。【略】己卯，黑龙潭、觉生寺设坛祈雨。【略】戊子，【略】遣惠亲王绵愉【略】诣天神坛【略】祈雨。《宣宗实录》卷三二一

五月乙未朔，遣肃亲王敬敏诣关帝庙、郑亲王乌尔恭阿诣城隍庙祈雨。【略】缓征山东历城、邹平、长山、商河、朝城、章丘、平原、聊城、临清、邱、夏津、武城、齐河、济阳、长清、临邑、陵、禹城、德平、德、观城、莘、冠、恩二十四州县，及东昌、德州二卫被旱、被霜、被风、被雹庄屯新旧额赋。【略】辛丑，遣惠亲王绵愉诣天神坛【略】谢雨。【略】乙巳，【略】大学士署直隶总督琦善奏麦收分数。得旨：览奏殊深忧惧，惟叩祈天贶，通省速沛渥泽，庶秋成可卜，民生可卫，曷胜焦灼渴望之至。【略】辛亥，谕内阁：京师入夏以来雨泽稀少，迭经降旨，设坛祈祷，朕亲诣黑龙潭拈香，复于宫内斋心默吁，旋于本月初一日甘澍优沾，入土三寸有余，现在节过夏至，未得续沛甘霖，农田实深殷盼，朕惟

清理庶狱，亦足感召和甘。【略】丙辰，【略】缓征山东齐东县被旱、被霜歉区新旧额赋。

《宣宗实录》卷三二二

六月【略】丙子，【略】展缓直隶武强、束鹿、武邑、深、曲周、邯郸、磁七州县上年歉收村庄旧欠额赋。

《宣宗实录》卷三二三

七月甲午朔，【略】谕内阁：前据御史扎克丹奏请修理贡院池沟，当交顺天府尹查明具奏。兹据奏称，本年六月考试翻译教习，场内外积水，系由连宵大雨宣泄不及，街水复行倒灌所致，不及半日，一律消退，并非由地沟淤塞等语。【略】丙午，【略】谕军机大臣等，御史陈岱霖奏两湖被水地方请妥为抚绥一折。据称，湖北之天门、汉川、沔阳、监利等州县，湖南之华容、安乡、沅江等县地势洼下，每遇水涨，民田庐舍多被淹没，老幼转徙。道光十一二年间人民逃亡，匪徒混杂，往往易滋事端。本年入夏后，两湖迭次被水，现在尚未全消，若不及早抚恤，势必逃亡四出，或致流为盗贼等语。【略】丁巳，谕军机大臣等，御史高枚奏京城粮价昂贵，民食维艰，近日河南商人运麦子十数万石到天津，可冀价渐平复，闻有奸商运至白沟河，囤积居奇，请饬查禁等语。

《宣宗实录》卷三二四

八月【略】壬申，【略】缓征陕西华、葭、朝邑、大荔、华阴、渭南、临潼、潼关八厅州县被水、被雹村庄额赋，给葭、朝邑、大荔三州县灾民一月口粮。【略】丙子，【略】以山东历城、章丘、齐河、齐东、济阳、禹城、长清、平原、德、聊城、临清、邱、夏津、濮、朝城、观城十六州县麦收歉薄，命改征粟米。丁丑，【略】抚恤湖北汉川、沔阳、天门三州县被水灾民。

《宣宗实录》卷三二五

九月【略】辛酉，【略】缓征奉天广宁、复二州县被水、被旱地亩额赋。《宣宗实录》卷三二六

十月癸亥朔，【略】缓征直隶博野、容城、蠡、雄、安、高阳、献、任丘、青、静海、沧、南皮、盐山、庆云、槀城、鸡泽、大名、南乐、平乡、宣化、怀来、西宁、保安、新城、武强、饶阳、武邑、阜城、宁晋二十九州县被水、被旱村庄新旧额赋。缓征山东齐河、禹城、新城、章丘、邹平、长山、临邑、海丰、沾化、邹、蒙阴、济宁、鱼台、高密、博兴、乐安、邱、招远、潍、齐东、东平、惠民、乐陵、阳信、单、巨野、聊城、冠、馆陶、滕、寿光、平度、胶、金乡、嘉祥三十五州县，暨东昌、临清、济宁三卫被水、被旱、被雹、被丹庄屯新旧额赋，给蒙阴县灾民房屋修费。减免江苏丹徒县淹废沙地十五顷八十五亩有奇额赋。【略】己巳，谕内阁：周天爵奏查勘各属被淹情形一折。湖北滨江滨汉各州县垸堤，本年因汛水迭涨，多有漫溃，据该督查勘，议请于险工处所多贮芦苇，仿照黄河办法。【略】癸酉，【略】缓征陕西府谷、神木、榆林、怀远、葭五州县被旱村庄新旧额赋。给府谷、神木二县灾民一月口粮，贷榆林县灾民口粮。【略】庚辰，【略】缓征湖北汉阳、沔阳、广济、天门、江陵、石首、公安、黄梅、监利、武昌、嘉鱼、黄陂、孝感、黄冈、钟祥、京山、潜江、应城、松滋、枝江、荆门、江夏、咸宁、汉阳、云梦二十五州县暨屯坐各卫被水灾区新旧额赋有差。给汉阳、沔阳、广济、天门、江陵、石首、公安、黄梅、监利九州县暨屯坐各卫军民一月口粮。赈黄梅、监利、公安三县暨屯坐各卫军民。辛巳，【略】缓征河南祥符、商丘、永城、虞城、夏邑、内黄、延津、浚、封丘、考城、武陟、原武、阳武、汝阳、项城、沈丘、陈留、中牟、鹿邑、睢、安阳、杞二十二州县被水村庄新旧额赋。癸未，【略】缓征宁古塔、三姓歉收旗民旧欠银谷。【略】丁亥，【略】蠲缓湖南华容、武陵、龙阳、沅江、澧、安乡、巴陵、益阳八州县及岳州卫被水庄屯新旧额赋有差。给华容县及岳州卫军民一月口粮。【略】庚寅，【略】蠲缓安徽望江、东流、铜陵、五河、桐城、无为、泗、贵池、怀宁、宿松、当涂、繁昌、和、含山、寿、凤阳、怀远、凤台、青阳、巢、定远、盱眙、天长、建德、霍邱、潜山、太湖、建平、阜阳、合肥、太和、颍上三十二州县被水灾区新旧正杂额赋有差。赈望江、东流、铜陵、五河、桐城、无为、泗、贵池、宿松、当涂、繁昌十一州县及屯坐各卫军民，并给一月口粮。

《宣宗实录》卷三二七

十一月癸巳朔，【略】减免直隶隆平、宁晋、安、新安、文安五州县积水地亩额赋有差。【略】乙未，【略】蠲缓江西南昌、新建、丰城、进贤、清江、新淦、庐陵、泰和、万安、鄱阳、余干、星子、都昌、建

昌、德安、瑞昌、湖口、彭泽、德化、新喻、峡江、吉水、安义二十三县被水村庄新旧额赋有差。给德化、德安、瑞昌、湖口、彭泽、星子、建昌七县灾民一月口粮。丙申,【略】蠲缓山西保德、兴、河曲、应四州县灾民一月口粮,加赈保德州灾民一月。【略】己亥,【略】缓征两淮富安、安丰、梁垛、东台、何垛、丁溪、草堰、刘庄、伍祐、新兴、庙湾、板浦、中正、临兴十四场被水歉区新旧额赋。庚子,【略】免齐齐哈尔、黑龙江、墨尔根三城被旱、被水公田额赋。贷齐齐哈尔、布特哈、卜魁等站灾户口粮。展缓黑龙江、齐齐哈尔、墨尔根、布特哈、卜魁等站灾户旧欠银粮。【略】癸卯,【略】缓征陕西绥德、清涧、米脂、吴堡四州县被旱歉区新旧额赋。【略】乙巳,【略】缓征江苏上元、江宁、句容、溧水、高淳、江浦、六合、长洲、元和、吴、吴江、震泽、常熟、昭文、昆山、新阳、华亭、奉贤、娄、金山、上海、南汇、川沙、青浦、武进、阳湖、无锡、江阴、宜兴、荆溪、靖江、丹徒、丹阳、金坛、溧阳、山阳、阜宁、清河、桃源、安东、盐城、高邮、泰、东台、江都、甘泉、仪征、兴化、宝应、铜山、沛、萧、砀山、邳、宿迁、睢宁、太仓、镇洋、海、沭阳六十一厅州县,并淮安、大河、扬州、徐州、苏州、太仓、镇海、金山八卫被水、被旱庄屯新旧额赋。【略】戊申,【略】缓征浙江乌程、归安、德清、武康四县被雨歉区新旧额赋。【略】壬子,遣惠亲王绵愉诣大高殿【略】谢雪。【略】庚申,【略】缓征甘肃皋兰、河、狄道、靖远、陇西、华亭、静宁、安化、武威、平番、宁夏、宁朔、灵、中卫、平罗、崇信、灵台、镇原十八州县暨沙泥州判所属被旱、被雹、被霜歉区新旧正杂额赋。辛酉,【略】停阅八旗冰技,仍给半赏。命内务府三旗照例预备。

《宣宗实录》卷三二八

十二月【略】甲子,【略】大学士直隶总督琦善奏报得雪分寸。得旨:今冬雪泽数年未遇,腊月朔日京师又获大雪,连宵竟昼,势犹未已,朕与卿同深庆幸,感天恩于无既。【略】丁卯,【略】以江南江安、苏松道属歉收,暂缓收买帮丁行月等米。【略】庚午,【略】以喀喇沙尔屯田丰收,予员弁议叙,赏兵丁一月盐菜银。【略】乙亥,【略】缓征浙江横浦场歉收荡田新旧额赋。缓征山东海丰、沾化二县被潮村庄暨盐场灶地新旧额赋。丙子,【略】拨江苏上元、江宁、句容、盐城四县漕粮一万二千石,济放江淮、兴武、凤阳、长淮各帮灾缺行月等米。【略】癸未,【略】以塔尔巴哈台屯田丰收,予员弁议叙,赏兵丁一月盐菜银。【略】乙酉,上幸瀛台阅冰技。【略】丁亥,【略】以阿克苏屯田丰收,予员弁议叙,赏兵丁一月盐菜银。

《宣宗实录》卷三二九

## 1840年 庚子 清宣宗道光二十年

正月【略】癸巳,【略】展缓直隶沧、安、西宁、保安、博野、容城、蠡、雄、高阳、献、任丘、青、静海、南皮、盐山、庆云、藁城、鸡泽、大名、南乐、平乡、宣化、怀来、新河、武邑、武强、饶阳、阜城、宁晋二十九州县上年歉收村庄旧欠额赋。给江苏邳、睢宁、宿迁、萧四州县及徐州卫上年歉收军民一月口粮。展缓安徽泗、无为、望江、东流、铜陵、五河、贵池七州县及屯坐各卫上年被灾军民。给望江、东流、泗、宿、无为、贵池、铜陵、灵璧、怀宁、当涂、芜湖、繁昌、凤阳、怀远、凤台十五州县及泗州卫军民一月口粮。【略】乙未,【略】缓征山东济宁、章丘、邹平、长山、新城、禹城、海丰、邹、单、聊城、冠、馆陶、潍、高密、丘、鱼台十六州县,并德州、东昌、临清、济宁四卫上年被水、被旱、被丹庄屯本年上忙额赋及漕项盐课。贷山西忻、应、保德、兴、河曲、偏关、神池、五寨、繁峙、夏十州县上年被旱灾民仓谷。【略】丁酉,【略】贷江西德化、德安、瑞昌、湖口、彭泽、鄱阳、余干、万年、星子、都昌十县上年被水灾民籽种。贷湖南华容、武陵二县上年被水灾民籽种。贷陕西榆林、葭、神木、府谷、吴堡五州县上年被雹、被旱灾民籽种口粮。贷甘肃宁、秦、皋兰、华亭、环、清水六州县上年灾民籽种口粮。戊戌,【略】谕内阁:前年五月,据林则徐奏,江汉安澜,恳请鼓励各员,当经降旨加恩。兹据周天爵查明江汉堤塍漫溃情形,京山、天门二县系安陆府所属,沔阳州系汉阳府所属,江夏等县公堤系武昌

府所属，此次漫溃堤段，虽因水势过大，猝不及防，究系筹办验收未能尽善。所有安陆府知府周鸣銮、前加道衔汉阳府知府杨炳堃交部议叙之处，著即注销。【略】庚子，【略】又谕：乌尔恭额奏，有漕州县征收漕粮未能一律纯洁一折。本年浙江省各属禾稻因秋雨过多，致米色未能一律纯洁，据该抚查明属实。著照历年例案，准令红白兼收，籼粳并纳。【略】甲辰，【略】缓征江苏上元、江宁、句容、江浦、六合、山阳、阜宁、清河、安东、盐城、高邮、泰、东台、江都、甘泉、仪征、兴化、铜山、丰、萧、砀山、邳、宿迁、睢宁、海、沭阳、赣榆二十七州县，并扬州、淮安、大河、徐州四卫积歉庄屯旧欠额赋。

《宣宗实录》卷三三〇

二月【略】辛未，【略】贷安徽桐城县修堤银，以工代赈，并给灾民一月口粮。【略】丙戌，【略】除江苏江都县水冲地七顷九十亩有奇额赋。《宣宗实录》卷三三一

三月【略】戊戌，【略】贷山西绛、吉、孝义、陵川、万泉、榆社、曲沃、大同、丰镇九厅州县上年歉收贫民仓谷。并缓代、隰、霍、右玉、霍邱、山阴、宁武、定襄、浑源、大同、平鲁、五台、繁峙、保德、和林格尔、偏关、文水、宁乡、怀仁、宁远、武乡、河曲、阳曲、汾阳、左云、五寨、虞乡、静乐、临汾、灵石、垣曲、闻喜三十二厅州县应买节年动用仓谷。【略】庚子，【略】缓征陕西神木、府谷二县上年被旱灾民本年上忙额赋。辛丑，【略】除江苏江都县被水冲坍田五顷八十八亩额赋。【略】丁巳，【略】缓征山西隰、萨拉齐、定襄、五台、崞、平鲁、阳曲、太原、大同、怀仁、灵丘、左云十二厅州县上年歉收贫民旧欠仓谷。《宣宗实录》卷三三二

四月【略】乙丑，【略】缓征山东汶上、鱼台二县被水村庄新旧额赋。丙寅，【略】谕军机大臣等，瑚松额奏查明甘肃银粮一折，【略】实因连年收成歉薄，买粮还仓者虽不及十分之一，惟粜获价银，多已解交司库。【略】戊子，【略】遣惠亲王绵愉诣天神坛【略】祈雨。《宣宗实录》卷三三三

五月【略】丁酉，以京师得雨未透，于十二日遣惠亲王绵愉诣天神坛【略】祈祷。【略】戊戌，以甘霖渥沛，仍于十二日遣惠亲王绵愉诣天神坛【略】改祈为报。【略】癸丑，【略】缓征山东朝城、聊城、冠、馆陶、丘、德、平原、齐河、临邑、陵、德平、堂邑、恩、高唐、清平、莘、临清、夏津、武城十九州县，并德州、东昌、临清三卫被风、被旱庄屯新旧额赋。【略】丙辰，【略】缓征江苏阜宁、沛、萧、砀山、邳五州县，暨大河、徐州二卫歉收庄屯新旧额赋。《宣宗实录》卷三三四

七月【略】庚寅，【略】缓征甘肃河、狄道、洮州、西宁、碾伯五厅州县被震、被霜灾区新旧额赋。辛卯，【略】以江苏歉收，免各关商贩米税。《宣宗实录》卷三三六

七月【略】乙巳，马兰镇总兵官德兴奏：查明库贮器皿数目相符。报闻。又批：今岁雨水甚多，想各处松树自无虫患，然亦当留心查看。丙午，【略】又谕：伊里布等奏，江南贡院积水，请展限办理乡试一折。江南省于五六月间连次大雨，山水骤发，江潮涌灌入城。据该督等奏称，现在贡院内积水日增，无从宣泄，本年八月乡试势难依期办理，著照所请，所有江南文闱乡试准其展限至九月初八日举行，其武闱乡试著展至来年三月举行。该部知道。【略】己酉，【略】抚恤湖北公安、江陵、沔阳三州县被水灾民。《宣宗实录》卷三三七

八月【略】庚申，以祈雨灵应，颁发广西广福王祠御书扁额，曰“神功普济”。【略】甲戌，【略】署两江总督裕谦等奏，【略】夷人不服中国水土，探闻窃居定海后，或出天花，或染时疫，死亡相继，殆无虚日。犯此八忌，其败可立而待。批：所论不为无理。【略】癸未，【略】给江苏上元、江宁、句容、溧水、江浦、六合、常熟、昭文、昆山、新阳、阳湖、无锡、江阴、金坛十四县被水灾民一月口粮及江阴县民房修费。《宣宗实录》卷三三八

九月【略】甲午，谕军机大臣等，本年湖北省各州县被水民人纷纷逃往他省，虽经该督等奏请抚恤，并委员查勘，朕心实深轸念。【略】寻奏：查本年夏汛盛涨，江陵等县间有被淹田地，当经奏明拨帑抚恤。嗣于九月初一日起，至初十日止，大雨匝旬，山水陡发，汉江涨水一丈七尺余寸，以致钟

祥、潜江、天门、沔阳、汉川等州县晚禾亦被淹浸。刻下水势尚未全消，节候已迟，难再补种，容即委员覆勘，奏恳恩施。【略】又奏：查得江夏等州县逃户，已回者共九千八百三十五户，未回者共五千八百五十八户。已回者逐户安抚，未回者分关邻境设法招徕。报闻。【略】丙申，【略】给江苏泰兴县被水灾民一月口粮。

《宣宗实录》卷三三九

十月【略】己未，【略】缓征盛京十里岗子等五屯被水灾区仓粮，贷白旗堡、小黑山灾户一月口粮。庚申，【略】缓征山东历城、章丘、邹平、长山、新城、齐河、齐东、济阳、德、德平、禹城、临邑、平原、长清、东平、东阿、惠民、阳信、乐陵、滨、蒲台、商河、邹、滕、阳谷、寿张、济宁、金乡、鱼台、范、朝城、郓城、聊城、博平、茌平、莘、高唐、夏津、邱、陵、利津、滋阳、汶上、嘉祥、濮、观城、单、巨野、堂邑、清平、恩、海丰、沾化、招远、菏泽五十五州县，及德州、东昌、临清、济宁四卫，东平所、永阜场被水、被虫庄屯新旧正杂额赋。【略】癸亥，【略】蠲缓直隶青、静海、沧、蓟、宁河、大城、盐山、三河、宝坻、霸、永清、东安、滦、乐亭、博野、容、安、高阳、河间、献、任丘、东光、南皮、庆云、巨鹿、鸡泽、大名、南乐、丰润、玉田、新河、隆平、阜城三十三州县被水、被雹村庄新旧正杂额赋有差，赈青、静海、沧三州县灾民。【略】壬申，【略】缓征河南中牟、杞、陈留、新蔡、商丘、睢、柘城、安阳、汤阴、内黄、临漳、浚、延津、封丘、考城、武陟、阳武十七州县被水村庄新旧正杂额赋。【略】癸酉，【略】蠲缓湖北汉川、沔阳、江陵、石首、监利、公安、江夏、武昌、咸宁、嘉鱼、蒲圻、汉阳、黄陂、孝感、黄冈、黄梅、广济、钟祥、京山、潜江、天门、云梦、应城、松滋、枝江、荆门、蕲水二十七州县并屯坐各卫被水村庄新旧正杂额赋有差，赈公安、监利二县及屯坐各卫军民，给汉川、沔阳、江陵、石首、监利五州县及屯坐各卫军民一月口粮。乙亥，【略】缓征江西南昌、新喻、新建、进贤、鄱阳、余干、建昌、安义、德化、瑞昌、湖口、彭泽、清江、新淦、万年、都昌、德安、丰城、峡江十九县及九江府同知所属灾歉村庄新旧正杂额赋。【略】癸未，【略】缓征山东平阴县被水村庄正杂额赋。甲申，【略】蠲缓湖南安乡、华容、澧、武陵、龙阳、沅江、巴陵七州县及岳州卫被水庄屯新旧正杂额赋有差。乙酉，【略】缓征安徽东流、含山、五河、宁国、怀宁、桐城、潜山、太湖、宿松、望江、宣城、南陵、贵池、青阳、铜陵、建德、当涂、芜湖、繁昌、无为、合肥、庐江、巢、寿、宿、凤阳、怀远、定远、灵璧、凤台、阜阳、颍上、霍邱、泗、盱眙、天长、滁、全椒、来安、和、建平、亳四十二州县，及宣州、安庆、建阳、庐州、凤阳、长淮、泗州七卫被水、被旱庄屯新旧正杂额赋，给东流、含山二县灾民一月口粮。

《宣宗实录》卷三四〇

十一月丁亥朔，【略】又谕：前因本年湖北省各州县被水民人纷纷逃往他省，降旨交吴其浚等察访情形具奏。兹据奏称，到楚后细访致水之由，委因夏雨过多，江汉同时并涨，以致堤工溃漫成灾。查阅该省奏报原稿，监利一县被淹情形轻重不符，途次复接有武昌等处军民呈词，恳请抚恤。现在低洼处所积水弥望，逃往各省灾民递回者仅二百七十余名等语。【略】免黑龙江、墨尔根城两处被水屯丁应交粮石，并贷口粮，给房屋修费。展缓黑龙江、墨尔根城、打牲乌拉、齐齐哈尔等处站丁旧欠银粮。【略】己丑，【略】蠲缓直隶天津县被水村庄新旧额赋有差，并赈灾民。缓征陕西榆林、葭、怀远、神木、府谷、绥德、清涧、米脂、吴堡、定边十州县被雹、被旱村庄新旧额赋。缓征甘肃皋兰、渭源、金、靖远、宁远、安定、会宁、隆德、固原、环、宁夏、宁朔、灵、平罗、崇信、灵台、镇远十七州县，及花马池州同、沙泥州判所属灾区新旧额赋。【略】辛卯，【略】蠲缓山西河曲县被雹村庄村庄额赋有差，并缓征岢岚州歉收村庄米豆。【略】丙申，【略】蠲缓江苏上元、江宁、句容、溧水、高淳、江浦、六合、泰兴、武进、阳湖、无锡、金匮、江阴、靖江、丹阳、金坛、长洲、元和、吴、吴江、震泽、常熟、昭文、昆山、新阳、华亭、奉贤、娄、金山、上海、南汇、青浦、宜兴、荆溪、丹徒、溧阳、山阳、阜宁、清河、桃源、安东、盐城、高邮、泰、东台、江都、甘泉、仪征、兴化、宝应、铜山、丰、沛、萧、砀山、宿迁、睢宁、太仓、镇洋、海、通、如皋、川沙、海门六十四厅州县，并苏州、太仓、镇海、淮安、大河、扬州、徐州、金山八卫被水、被旱灾区新旧额赋有差。赈上元、江宁、句容、溧水、高淳、江浦、六合、泰兴、武进、阳湖、无锡、金匮、江阴、靖江、丹阳、金坛十六县灾民。【略】辛丑，【略】展缓宁古塔、三姓被旱歉区旧欠银谷。【略】癸卯，【略】缓征两淮丁溪、草堰、伍祐、庙湾、板浦、中正、临兴七场被淹亭荡盐池新旧额赋。【略】戊申，【略】以阿克苏屯田丰收，予员弁议叙，赏兵丁一月盐菜银。【略】丙辰，【略】停阅八旗、内务府三旗冰技，仍给半赏。　　《宣宗实录》卷三四一

十二月【略】辛酉，【略】除浙江【略】开化县水冲田地二顷六十亩有奇额赋。壬戌，【略】蠲缓长兴、乌程、归安、武康四县被水、被旱灾区新旧正杂额赋有差。　　《宣宗实录》卷三四二

十二月【略】丙子，【略】给福建龙溪、南靖二县被水灾民一月口粮及房屋修费。【略】甲申，【略】以喀喇沙尔屯田丰收，予员弁议叙，赏兵丁一月盐菜银。　　《宣宗实录》卷三四三

## 1841年 辛丑 清宣宗道光二十一年

正月【略】庚寅，【略】贷湖北汉川、沔阳、江陵、公安、石首、监利、嘉鱼、广济八州县并屯坐各卫上年被水军民籽种。贷湖南武陵县上年被水灾民籽种。贷甘肃皋兰县上年灾民两月口粮，并金、安定、会宁、秦四州县及沙泥州判所属灾民籽种。给安徽东流、繁昌二县上年被水灾民一月口粮。辛卯，【略】展赈奉天白旗堡上年被水旗户站丁，给小黑山歉收站丁一月口粮。展赈江苏上元、江宁、句容、溧水、高淳、江浦、六合、江阴、靖江、金坛、泰兴十一县上年被水灾民。贷山西河曲县上年被雹灾民仓谷。给两淮庙湾场上年被水灶丁一月口粮。【略】癸巳，【略】缓征直隶天津、青、静海、沧、蓟、宁河、大城、盐山、三河、宝坻、霸、永清、东安、滦、乐亭、博野、雄、安、高阳、河间、献、任丘、东光、南皮、庆云、巨鹿、鸡泽、大名、南乐、丰润、玉田、新河、隆平、阜城三十四州县上年被水村庄新旧额赋。加给天津、青、静海、沧四州县灾民一月口粮。缓征山东历城、邹平、长山、齐河、禹城、陵、滨、邹、滕、汶上、阳谷、寿张、单、郓城、范、聊城、堂邑、博平、茌平、莘、高唐、恩、邱、济宁、金乡、鱼台、章丘、齐东、济阳、临邑、长清、德平、平原、德、东平、惠民、阳信、海丰、乐陵、利津、沾化、商河、濮、朝城四十四州县，暨德州、东昌、临清、济宁四卫并东平所上年被水庄屯本年上忙正杂额赋。甲午，【略】拨两淮盐义仓谷，接济江都、丹徒二县上年被水灾民。缓征江苏上元、江浦、六合、山阳、阜宁、清河、桃源、安东、盐城、高邮、泰、东台、江都、甘泉、仪征、兴化、铜山、丰、沛、萧、砀山、宿迁、睢宁、海、沭阳、赣榆二十六州县，暨扬州、淮安、大河、徐州四卫上年灾歉庄屯旧欠额赋。【略】己亥，谕军机大臣等，前据吴其浚等奏湖北省被淹州县情形，与该省奏报原稿轻重不符，并军民呈恳抚恤，灾民逃往各省，降旨交该督抚覆勘筹备。兹据伍长华奏，夏秋两次汛涨，监利被淹转重，致与原禀不符，覆勘并无疏漏。其外续归之户，随到随抚，不致失所等语。所奏是否属实，著裕泰再行委员覆勘。【略】寻奏：查监利县之王姓八工溃口，因上游石首县属垸堤冲决，以致汛水下注，渐积渐深，被淹较重。【略】至沔阳等州县逃出灾民，已回籍者共二千一百四十二名口，其未回者设法招徕，务使各归故土。得旨：妥行办理。　　《宣宗实录》卷三四四

正月【略】癸丑，【略】以乌鲁木齐屯田丰收，予员弁议叙，赏兵丁一月盐菜银。

《宣宗实录》卷三四五

二月【略】戊辰，【略】以伊犁屯田丰收，予员弁议叙，赏兵丁一月盐菜银。

《宣宗实录》卷三四六

三月【略】辛亥，上耕耤，诣先农坛行礼。　　《宣宗实录》卷三四九

闰三月【略】丁巳，【略】蠲缓江苏宿迁县被水滩地租银有差。【略】庚辰，【略】贷山西太平、乡宁、吉、陵川、猗氏、辽、和顺、赵城、大宁、永和、和林格尔十一厅州县上年歉收贫民仓谷。

《宣宗实录》卷三五〇

四月【略】甲午，【略】缓征山西阳曲、应、怀仁、山阴、朔、清水河六厅州县积歉贫民旧借仓谷。

《宣宗实录》卷三五一

五月【略】庚申，谕内阁：讷尔经额奏，赈借动用谷石，请分别开销征还一折。上年直隶青县、静海、沧州三州县大赈，动过豫谷四万三百八十九石零，著准其照案开销，其沧州出借豫谷八千石，著于秋后照数催征还仓。【略】甲戌，谕内阁：奕绸等奏，马兰峪地方于本月初九日风雨交作，查得陵寝各处明楼后坡等工，均有被风掀落瓦片情形，必须赶紧修整。《宣宗实录》卷三五二

六月【略】癸卯，谕内阁：文冲奏，黄河水势异涨，迭出险工，设法筹堵一折。据称，入夏以来，黄河来源甚旺，各厅纷纷报险，所有下南厅祥符上汛三十一堡滩水已过堤顶，漫塌二十余丈等语。【略】乙巳，【略】又谕：据牛鉴奏黄河盛涨，现在堵筑情形一折。【略】兹据该抚奏称，下南厅滩内居民村庄尽被水淹，滩水漫顶，正驰往督办抢筑间，(河南)省城猝于十七日辰刻被水所围，势甚危险，酉刻始消，复绕道进省，设法防护等语。【略】庚戌，【略】缓征江苏上元、江宁、江都、溧阳、泰兴、江浦、靖江、丹徒、丹阳九县积歉村庄新旧额赋。辛亥，谕内阁，奕山等奏海洋陡发飓风，击碎英夷房寮码头，并漂没船只一折。据称，六月初四日寅刻，海面飓风陡发，海涛山立，大雨倾盆，尖沙咀所泊大小夷船漂泊击碎，汉奸大小华艇漂出大洋，所存大小四十余船，桅舵俱坏，淹毙夷匪、汉奸不计其数，帐房寮篷吹卷无存，所筑码头坍为平地，扫除一空，浮尸满海等语。

《宣宗实录》卷三五三

七月【略】丙辰，谕军机大臣等，牛鉴奏，河南省城自上游水势大溜掣动以后，由城北护城堤冲入，斜向南行，刷成深槽，直冲而下，黄水经过之处，已成河形，去路已畅，不致再有他虞，并飞咨安徽、江苏等处，先事预防。【略】丁巳，【略】谕军机大臣等，本年雨水较多，畿辅一带恐有蝻子萌生，急须预防，著该兼尹等通饬顺天府所属并直隶地方官，查明境内如有蝗蝻萌动情形，务即搜挖净尽，如羽翼已成，即督饬人夫赶紧扑捕，勿令稍留余孽，倘该地方官迟延玩误，致令损伤禾稼，即著指名严参，从重惩处，将此各谕令知之。【略】癸亥，【略】谕军机大臣等，据裕谦奏，本年五月中旬江潮盛涨，江宁、扬州二府所属沿江滨河之区多有被淹田亩，冲坍庐舍。又，安徽省沿江之安庆、池州、庐州、太平、和州等府州，及江西省之德化、湖口等县亦因江水陡涨，堤破田淹，现在分别筹办抚恤等语。【略】壬申，谕内阁，刘韵珂奏沿江石塘坍陷，现饬查勘一折。浙江萧山县四字等号塘身外连坦水内及田庐猝然陷没，该处为山阴、会稽、萧山三邑保障，现值秋潮旺盛，亟应赶紧修复，俾资保护。惟塘身坍缺甚宽，深几十丈，【略】所有被陷田庐，被淹人口，并著查明酌量抚恤。寻奏：该塘坍陷过深，原处不能筑复，须择坚实地段，一律改建，所有淹毙人口二十三名，沉陷民房二十四间，已查明分别抚恤。报闻。谕军机大臣等，牛鉴奏，省城水围匝月，来源盛涨，现在吃重情形一折。据称，省城自黄水全掣以后，西城稍见安定，北城又添分溜注射，势渐里卧，情形更为危迫，其余四面城身久泡酥损等语。《宣宗实录》卷三五四

八月【略】壬辰，【略】又谕：程楙采奏，查探黄水直注皖境，汇入洪泽湖情形一折。祥符漫口，掣动大溜，亳州系属顶冲，据称涡河先后涨水七尺，尚未出槽，赵旺河黄水奔趋，溢出堤岸二三尺不等，下游太和、怀远、灵璧等属洼地均被漫淹，现在皖境情形患在秋霖泛溢，【略】且自六月至今，黄水下注。【略】甲午，【略】谕内阁：程楙采奏，续查凤、颍两府属淮黄并涨，低壤被淹一折。据查，豫省黄河漫水，灌入亳州涡河，复由鹿邑归并入淮，以致各属被灾较广，小民荡析离居，殊堪悯恻。

《宣宗实录》卷三五五

八月丁酉，【略】缓征陕西华、大荔、临潼、渭南、高陵、华阴、朝邑、潼关八厅州县被水村庄额赋。给华、大荔二州县灾民一月口粮，并房屋修费。【略】戊戌，【略】以江苏粮价昂贵，免进关商船米税。己亥，【略】又谕：据奕山等奏，六月初四日海面飓风陡发，所有尖沙咀裙带路帐房寮篷悉被吹卷无

存，所造之屋亦并折毁，扫荡一空等语。【略】戊申，【略】给河南祥符、陈留、通许、杞、淮宁、太康、睢、柘城、鹿邑九州县被水灾民一月口粮。 《宣宗实录》卷三五六

九月【略】甲子，【略】缓征陕西葭州被雹村庄下忙额赋。 《宣宗实录》卷三五七

九月庚午，【略】给江西德化、建昌、新建、进贤、湖口、都昌、星子、彭泽、德安、瑞昌十县被水灾民一月口粮。【略】壬申，【略】，又谕：前因天气渐届冱寒，降旨著讷尔经额酌议体恤防兵。兹据该督奏称，弁兵内查有衣裤单薄者，酌给棉衣一领。其余量与炭薪以资御寒等语。已著照所议办理矣，其在防黑龙江兵。事同一例。【略】给江苏上元、江宁、句容、溧水、高淳、江浦、六合、常熟、昭文、新阳十县被水灾民一月口粮。【略】戊寅，【略】给奉天辽阳、牛庄、广宁、盖州、岫岩、凤凰城等处被水旗人站丁，及承德、盖平、新民、广宁、辽阳、海城、岫岩七厅州县民户一月口粮，缓征承德县歉收民地额赋。 《宣宗实录》卷三五八

十月【略】壬午，【略】江南河道总督麟庆覆奏，遵查黄河大溜直奔河南省垣西北城角，分流为二，汇向东南下注，至距省十余里之苏村口，又分南北两股，其北股溜止三分，南股溜有七分，计经行之处，河南、安徽两省共五府二十三州县，被灾轻重不等。【略】己丑，【略】缓征直隶武清、宝坻、大城、雄、安、河间、天津、青、静海、沧、南皮、鸡泽、大名、南乐、阜城、井陉、新河十七州县被水、被雹村庄新旧正杂额赋。【略】甲午，【略】缓征山东章丘、临邑、邹平、平原、济宁、鱼台、齐河、历城、长山、禹城、邹、聊城、金乡、冠、济阳、长清、德、沾化、滋阳、滕、茌平、朝城、武城、齐东、惠民、阳信、定陶、单、商河、乐陵、嘉祥、邱、夏津三十三州县，并德州、东昌、临清三卫被水、被旱、被雹、被虫庄屯新旧额赋。 《宣宗实录》卷三五九

十月【略】戊戌，【略】蠲缓湖北沔阳、黄梅、广济、江陵、公安、石首、汉川、潜江、嘉鱼、江夏、孝感、武昌、咸宁、蒲圻、黄陂、黄冈、蕲水、钟祥、京山、天门、云梦、应城、监利、松滋、枝江、荆门、兴国、大冶、汉阳、蕲三十州县并蕲州卫被水庄屯新旧额赋有差。给沔阳、黄梅、广济、江陵、公安、石首、汉川、潜江、嘉鱼九州县暨屯坐各卫军民一月口粮。加赈潜江、公安、嘉鱼三县暨屯坐各卫军民。【略】庚子，【略】蠲缓湖南华容、安乡、武陵、龙阳、沅江、澧、巴陵、临湘八州县并岳州卫被水庄屯新旧正杂额赋有差。给华容县、岳州卫军民一月口粮。贷安乡县灾民籽种。【略】辛丑，【略】缓征齐齐哈尔、墨尔根城歉区旧欠银。【略】壬寅，【略】蠲缓江西南昌、新建、进贤、鄱阳、余干、万年、星子、都昌、建昌、德化、德安、瑞昌、湖口、彭泽、安义、丰城、清江、新淦、新喻、峡江、庐陵、吉水、泰和二十三县被水、被旱村庄新旧额赋有差。给德化、德安、湖口、都昌、建昌、新建、进贤、星子、彭泽、瑞昌十县灾民一月口粮。蠲缓山西萨拉齐、岢岚二厅州被灾村庄新旧额赋有差。赈萨拉齐厅灾民，给房屋修费。【略】戊申，【略】蠲缓安徽和、怀宁、凤阳、怀远、含山、贵池、宿松、巢、庐江、宿、寿、建平、亳、蒙城、霍邱、阜阳、颍上、滁、定远、潜山、太湖、舒城、宣城、天长、盱眙、全椒、合肥、南陵、青阳、建德、望江、无为、铜陵、当涂、芜湖、繁昌、东流、凤台、太和、五河、灵璧、桐城、泗四十三州县及屯坐各卫被水灾区新旧额赋有差。赈望江、无为、铜陵、当涂、芜湖、繁昌、东流、凤台、太和、五河、灵璧、泗十二州县及屯坐各卫军民，给房屋修费。并给无为、铜陵、灵璧、泗、太和、凤台、东流、和、怀宁、凤阳、怀远、含山、贵池、宿松十四州县及屯坐各卫军民一月口粮。减免直隶新河、宁晋、隆平、安、天津五州县积涝地亩本年额赋有差。【略】庚戌，【略】蠲缓江苏长洲、元和、吴、吴江、震泽、常熟、昆山、新阳、华亭、奉贤、娄、金山、上海、南汇、青浦、川沙、武进、阳湖、无锡、金匮、江阴、靖江、丹徒、山阳、阜宁、清河、桃源、安东、盐城、高邮、泰、东台、甘泉、兴化、宝应、铜山、丰、沛、萧、砀山、宿迁、睢宁、太仓、镇洋、海、沭阳、江都、上元、江宁、句容、溧水、高淳、江浦、六合、仪征、泰兴、宜兴、荆溪、丹阳、金坛、溧阳六十一厅州县，及苏州、太仓、镇海、淮安、大河、徐州、金山、扬州八卫被水灾区新旧额赋有差。赈上元、江宁、句容、溧水、高淳、江浦、六合、仪征、泰兴、宜兴、荆溪、丹阳、金坛、溧阳十

四县及扬州卫军民。缓征河南尉氏、中牟、兰仪、商水、西华、项城、扶沟、夏邑、永城、虞城、安阳、汤阴、临漳、内黄、延津、考城、原武、武陟、孟、温、阳武、孟津、汝阳、上蔡、新蔡、遂平二十六县被水村庄新旧额赋。

《宣宗实录》卷三六〇

十一月【略】癸丑,【略】缓征吉林伯都纳、新城局、珠尔山歉收各屯额租。【略】丁巳,【略】缓征河南祥符、陈留、杞、太康、通许、淮宁、西华、孟、沈丘、项城、商水、舞阳、郾城、中牟、鄢陵、扶沟、禹、许、长葛、洧川、临颍、尉氏、兰仪、荥泽、荥阳、汜水、密、新郑、郑、武陟、温、济源、河内、新乡、汲、汤阴、原武、延津、辉、安阳、林、修武四十二州县被水引地新旧额课。【略】辛酉,【略】缓征陕西榆林、怀远、神木、府谷、绥德、清涧、米脂、吴堡、葭九州县歉区额赋及旧贷银谷。

《宣宗实录》卷三六一

十一月【略】戊辰,【略】缓征两淮富安、安丰、梁垛、东台、何垛、丁溪、草堰、刘佑、新兴、庙湾、板浦、中正、临兴十四场被水歉区新旧额赋。己巳,【略】蠲缓河南祥符、陈留、杞、通许、淮宁、太康、睢、柘城、鹿邑九州县被水村庄新旧正杂额赋有差,并赈灾民。庚午,【略】免玉舒番族被雪压毙人户应征银。【略】癸酉,缓征甘肃皋兰、河、狄道、靖远、安定、固原、安化、宁、环、武威、宁夏、宁朔、灵、中卫、平罗、西宁、碾伯、灵台十八州县,及花马池州同、沙泥州判、东乐县丞所属被雹、被霜、被水歉区旧欠额赋。【略】乙亥,【略】蠲缓浙江建德、淳安、仁和、乌程、归安、长兴、德清、武康、富阳九县及嘉湖卫被水庄屯新旧正杂额赋有差。

《宣宗实录》卷三六二

十二月庚辰朔,【略】停阅本年八旗及内务府三旗冰技,仍给半赏。【略】乙酉,【略】减免江苏六合县被水洼地一十四顷有奇额赋。丙戌,【略】展缓江西南昌、新建、德化、鄱阳、余干、建昌、瑞昌、湖口、彭泽、清江、新淦、万年、都昌、德安、新喻、峡江、庐陵、泰和、吉水、进贤、丰城、星子二十二县及九江府同知所属被水歉区带征额赋。丁亥,大高殿设坛祈雪,上亲诣行礼。【略】甲午,谕内阁:刘韵珂奏杭、嘉、湖等府被雪较重,续成灾歉,委员查勘一折。本年浙江杭、嘉、湖三府属田禾先因雨水过多,播种稍迟,兹复被雪成灾,收成歉薄,必应量加轸恤,著该抚迅即委员勘明被灾轻重情形,分别应蠲应缓及应否赈济,据实奏明办理。【略】以科布多屯田丰收,予员弁议叙,赏兵丁一月盐菜银。【略】以江南江安、苏松道属粮价增昂,暂缓收买帮丁行月等米。

《宣宗实录》卷三六三

十二月乙未,【略】缓征浙江横浦、浦东二场歉收灶地新旧额赋。【略】丁酉,【略】以阿克苏、喀喇沙尔屯田丰收,予员弁议叙,赏兵丁一月盐菜银。【略】庚子,【略】谕军机大臣等,王鼎等奏,(修筑黄河漫口工段)长河冰凌骤下,埽工抢护平稳,并续得丈尺一折。据奏本月初四日以后,东南风作,上游冰凌渐解,随溜冲淌,撞坏船只,触断缆绳。【略】缓扣湖广荆州、荆左、荆右、沔阳、岳州五卫被水帮丁借造剥船银。辛丑,【略】展缓河南祥符、陈留、杞、通许、太康、唐邑六县被水灾民一月。贷睢、柘城二州县灾民籽种口粮,平粜淮宁县仓谷。【略】甲辰,【略】展赈江苏上元、江宁、句容、溧水、高淳、江浦、六合、泰兴、金坛、溧阳十县被水灾民一月,给新阳县灾民一月口粮。

《宣宗实录》卷三六四

## 1842年 壬寅 清宣宗道光二十二年

正月【略】辛亥,【略】蠲缓浙江仁和、钱塘、嘉善、石门、乌程、归安、德清、武康、海宁九州县并嘉湖卫上年被雪灾区额赋有差。给仁和、钱塘、乌程、归安、德清、武康、海宁七州县并嘉湖卫军民口粮。【略】乙卯,【略】贷江西德化、德安、瑞昌、湖口、彭泽、星子、都昌七县上年被水灾民籽种。贷湖南武陵县上年被水灾民籽种。贷湖北嘉鱼、汉川、黄梅、广济、潜江、公安、石首、蒲圻、监利九县并屯坐各卫上年被水军民籽种。贷陕西榆林、怀远、葭、神木、府谷五州县上年被雹灾民籽种口粮。丙辰,【略】展缓安徽望江、铜陵、东流、当涂、芜湖、繁昌、无为、灵璧、凤台、太和、五河、桐城十二州县





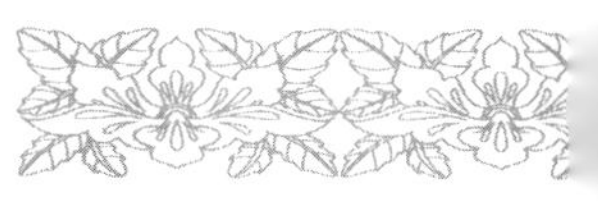

及屯坐各卫上年被灾军民，并给铜陵、桐城、当涂、芜湖、繁昌、无为、灵璧、东流、凤台、怀宁、和、凤阳、怀远、含山、贵池、宿松、庐江、巢、阜阳、亳、全椒、泗二十二州县及屯坐各卫军民一月口粮。缓征山东章丘、邹平、长山、临邑、平原、邹、济宁、鱼台八州县，及德州、临清二卫上年被水、被雹庄屯本年上忙额赋。【略】戊午，【略】展缓直隶武清、宝坻、大城、雄、安、河间、天津、青、静海、沧、南皮、鸡泽、大名、南乐、阜城、井陉、新河十七州县上年被水、被雹村庄旧欠额赋。展赈奉天辽阳、牛庄、盖州、岫岩、凤凰城、广宁六处，及承德、海城、新民、锦四厅县上年被水灾民一月。贷山西萨拉齐厅上年歉收贫民仓谷。【略】庚申，【略】谕军机大臣等，王鼎等奏，大工因风蛰失，赶紧补筑，并展缓合龙日期一折。据称，祥符大工正在加压门占，忽于上年十二月二十七日陡起东北暴风，东坝各埽蛰至三四十丈，西坝蛰动亦自七八丈至十余丈不等，幸料物应手，均经一律补镶完足。讵本年正月初三日又复大起北风，至初五日夜子刻，上游溜被风掣，其甫经补镶之二十三四两占，水入埽眼，复走失正坝十二丈有零，幸后占不致带动，西坝各埽亦皆屹立不摇等语。　　《宣宗实录》卷三六五

正月【略】甲戌，【略】以乌鲁木齐屯田丰收，予员弁议叙，赏兵丁一月盐菜银。展缓浙江仁和、钱塘、海宁、嘉善、石门、乌程、归安、德清、武康九州县并嘉湖卫上年灾歉庄屯积欠额赋。

《宣宗实录》卷三六六

二月【略】辛巳，【略】护盛京将军道庆奏，辽阳等处上年被水成灾，遵旨散赈，查该处旗民惯食杂粮，照例每米一石，折银六钱，又附近灾区粮价昂贵，随时察看情形，酌借口粮。从之。壬午，【略】以湖北武昌、汉阳、黄州、荆州等府粮价增昂，命平粜仓谷。【略】壬辰，【略】又谕：据程楙采奏请饬筹堵涡河决口一折，上年河南祥符汛漫口，大溜直趋鹿邑涡河，致将南岸观武集、郑桥口、刘洼庄、古家桥，及睢宁县管辖之闫家口、吴家桥、徐家滩、娄家林、季家楼等处堤顶漫塌九段，安徽太和县民田悉成巨浸，阜阳以次州县亦被漫淹，现在豫省大工口门挂缆，业经定有成局，涡河决口若不及时兴修，恐下游受害益深。　　《宣宗实录》卷三六七

二月【略】癸卯，【略】以伊犁屯田丰收，予员弁议叙，赏兵丁一月盐菜银。

《宣宗实录》卷三六八

三月【略】甲寅，上行园，以南苑牲畜众多，草木繁茂，予管奉宸苑事定郡王载铨等议叙。【略】戊午，【略】又谕：卓秉恬等奏，查明粮价情形，请缓采买一折。【略】兹据奏，查明现在高粱、粟谷（顺天府）每仓石价银自一两一二三钱至六钱余不等，不特价银一两时值不敷，且现当青黄不接之时，市集粮价有增无减，若采买数十万石，断难克期立办，势必粮价日增，转于民食有妨。【略】癸酉，【略】谕军机大臣等，上年河南祥符漫口，下游各处间被淹浸，又兼江水盛涨，江宁、安徽、江西、湖北等省均有被灾地方，现在大工合龙，在工佣趁穷民，自已陆续遣散，其各该处饥民，流离载道，均应分别安辑，量为抚恤。　　《宣宗实录》卷三六九

四月【略】癸未，【略】除江苏江都县水冲洲地八顷二十一亩有奇额赋。贷山西岚、襄陵、太平、吉、临、灵、丘、凤台、荣河、沁、芮城、绛、大宁、平定、忻十四州县上年歉收贫民仓谷，暂缓采买右玉、宁武、平鲁、代、繁峙、保德、隰、宁乡、河曲、阳曲、五寨、灵石、宁远十三厅州县节年动缺仓谷。【略】己丑，【略】以直隶粮价增昂，免奉天、河南、山东商贩米税三月。　　《宣宗实录》卷三七〇

四月甲午，黑龙潭、觉生寺设坛祈雨。上诣黑龙潭神祠拈香。【略】戊戌，【略】以湖南临湘县粮价增昂，命平粜仓谷。【略】辛丑，【略】直隶总督纳尔经额奏，各属续得雨泽，尚未沾足，现仍设坛祈祷。得旨：京师于二十一日酉时后，雷电交作，甘霖彻夜未止，约有六寸。朕欣感之至。各属一得透雨，即行奏报。【略】壬寅，上诣黑龙潭神祠谢雨。缓征山西阳曲、萨拉齐二厅县歉收贫民节积欠仓谷。

《宣宗实录》卷三七一

五月【略】乙卯，谕军机大臣等，有人奏，风闻湖北武昌、汉阳、荆州、黄州、安陆等府自去年九月

以来，有悍猾之徒连结饥民，少则百余人，多则数百人，甚至千余人不等，均因岁荒之故，以乞食为名，沿途强索，闾阎大受其害，以致劫案时闻，而地方官为规避处分起见，姑为隐饰，置之不问等语。湖北省频年被水，饥民载道，地方官不加意抚绥，致为民累。《宣宗实录》卷三七二

五月【略】乙丑，【略】以经征银米五载全完，赏浙江知县倪玢知州衔，尽先升用。【略】戊辰，【略】缓征山东朝城、章丘、邹平、长山、临邑、平原、德、历城、齐河、德平、禹城、陵、滋阳、菏泽、濮、郓城、巨野、聊城、莘平、冠、馆陶、恩、临清、武城、夏津、邱、单二十七州县，并德州、东昌二卫被风、被旱庄屯新旧正杂额赋。免江苏长淮卫帮船遭风漂没米石。【略】甲戌，【略】贷江苏山阳县及淮安、大河二卫歉收军民籽种口粮，平粜宜兴、高淳二县仓谷。乙亥，【略】谕军机大臣等，德春等奏，南粮帮船脱空浅阻，请旨饬催一折。据称，凤中常、江淮九等帮过关脱空十日至四日一日不等，查因卫河水势微弱，各闸启放需时，以致临清、夏津、武城一带处处浅阻，及行至郑家口，又因故城、恩县、景州等处拨船不敷轮转，耽延时日。《宣宗实录》卷三七三

六月【略】辛卯，谕军机大臣等，禄普等奏，荆州大堤冲决，郡城被淹一折。据称万城以上之吴家桥地方水闸冲开，并万城下十余里上渔埠头，大堤被水冲决，直冲郡城西门，致江水灌进，城内多被淹浸等语。荆江大堤为阖府田庐保障，现因江水陡发，兵民人等猝被淹浸，亟应分别抚恤。【略】壬辰，【略】谕内阁：【略】兹据该督等奏，荆江水势盛涨，连日大雨，将上渔埠头工段漫缺一口，刷宽数十丈，水由西门绕过，以致城垣、仓库、监狱均被淹浸等语。《宣宗实录》卷三七五

六月【略】丙午，【略】免浙江商贩米税。《宣宗实录》卷三七六

七月【略】壬子，【略】缓征山东邹、定陶、唐邑、莘、清平、济宁、汶上、阳谷、曹、德、平原、禹城、陵、德平、恩、武城、夏津、临清、滋阳、郓城、巨野二十一州县并东昌卫被旱、被雹庄屯新旧额赋。

《宣宗实录》卷三七七

七月【略】癸亥，【略】除河南永宁县冲塌地四十八顷二十亩有奇额赋。【略】戊辰，【略】展缓浙江嘉善、石门、桐乡三县及嘉湖卫被雪、被水歉区旧欠额赋。【略】庚午，【略】又谕：麟庆【略】又另片奏，黄水盛涨，桃北崔镇汛杨工上下漫水二处，直穿运河，冲破遥堤，由六塘河下注等语。【略】被刷口门已宽一百余丈，溜走东崖，尚未塌定，具为驿路所关，诸形紧要。《宣宗实录》卷三七八

八月【略】庚辰，谕内阁：麟庆奏桃北厅漫口一折。据称，桃北厅崔镇汛杨工上下漫水情形，上首十五堡口门业已挂淤，其下首萧家庄口门刷宽一百九十余丈，临近旧埽，间被带塌，掣动大溜，下游正河断流等语。本年涨水，较上年尚大四尺有余，桃北水高堤顶，仅恃新筑子堰拦御，虽属人力难施，该河督究未能先事预防。【略】戊戌，谕军机大臣等，刘韵珂奏，匪犯日久未获，派员带兵查办一折。上年湖州府属各县被雨、被雪成灾，业经该抚奏请蠲缓抚恤，乃归安县匪徒嵇祖堂与其党姚瀛洲、叶桂青、王沨伦、汤益藩等胆敢藉灾纠众，抗官拒捕，并将兵役戕害，地保殴毙，阻止各村完粮，叛迹显然，必应严行惩究。【略】辛丑，【略】展缓江苏高淳、吴江、震泽、江阴、奉贤、金山、青浦、川沙、常熟、昭文、南汇、昆山、新阳、华亭、娄、靖江、丹阳、金坛、溧阳十九厅县歉收村庄新旧额赋。

《宣宗实录》卷三七九

九月丙午朔，【略】湖广总督裕泰等覆奏，据御史徐嘉瑞奏湖北水灾请饬预筹良策一折。查上年被水灾区，当经奏请赈缓，并设厂收养贫民，间有无赖刁民藉灾抢夺，已饬按律惩办，民情安帖。【略】惟七月初旬，秋汛盛涨，荆州新工复被漫溢，又天门等县湖垸民堤亦有漫缺处所，现均查勘，设法赶办，不敢稍有贻误。《宣宗实录》卷三八〇

九月【略】丙寅，【略】又谕：怡良等奏，州县同时被水，请委员前往查勘抚恤一折。福建汀州府属之长汀、上杭、永定、连城，漳州府属之龙溪并龙岩州、漳平县，因本年七月初旬同时被雨，山水陡发，以致冲塌民房，淹毙人口，亟应查明抚恤。【略】丁卯，【略】又谕：祁𡎴等奏委员勘办被水情形一

折，广东潮州府属之海阳、大埔、丰顺三县及嘉应州，因七月间大雨连宵，河水暴涨，以致倒塌民房，淹毙男妇，亟应查明抚恤。【略】展缓浙江海宁、嘉兴、秀水、嘉善、石门、桐乡、海盐、平湖八州县灾歉地亩旧欠正杂额赋。【略】乙亥，【略】缓征直隶武清、大城、东安、雄、安、河间、青、静海、沧、南皮、盐山、大名、南乐、清丰、广平、磁、元城、井陉、新河十九州县被水、被旱、被雹村庄新旧额赋。

《宣宗实录》卷三八一

十月【略】庚辰，【略】缓征奉天金州、宁海二厅县被水、被风歉区额赋，给牛庄等处灾民一月口粮。【略】壬午，【略】缓征山东邹平、临邑、鱼台、滕、馆陶、邱、济宁、章丘、朝城、茌平、平原、汶上、单、恩、历城、东阿、聊城、堂邑、莘、冠、高唐、临清、济阳、曹、定陶、范、益都、昌乐、临朐、长清、曲阜、邹、泗水、菏泽、观城三十五州县，并德州、东昌、临清、济宁四卫被水、被旱、被虫庄屯额赋。【略】乙酉，【略】缓征陕西府谷县被水村庄新旧额赋。《宣宗实录》卷三八二

十月辛卯，【略】蠲缓湖北江陵、公安、石首、监利、江夏、咸宁、嘉鱼、蒲圻、汉阳、汉川、黄陂、孝感、黄冈、黄梅、钟祥、京山、潜江、天门、应城、松滋、枝江、荆门、武昌、沔阳、兴国、大冶、蕲水、广济二十八州县暨蕲州卫被水庄屯新旧额赋有差，给江陵、公安、石首、监利四县灾民一月口粮。【略】壬辰，【略】蠲缓山西萨拉齐、保德、兴三厅州县被水、被雹村庄新旧额赋有差，给灾民一月口粮，并蠲萨拉齐厅民房修费。【略】甲午，【略】缓征安徽怀宁、桐城、潜山、太湖、宿松、望江、宣城、南陵、铜陵、当涂、芜湖、无为、寿、宿、凤阳、怀远、定远、灵璧、凤台、颍上、亳、泗、盱眙、天长、五河、和、含山、建平、贵池、青阳、建德、东流、繁昌、合肥、巢、阜阳、霍邱、太和三十八州县，暨安庆、建阳、庐州三卫被水、被旱庄屯新旧额赋。【略】丁酉，【略】蠲缓江苏桃源、沭阳、海、清河、安东五州县被水村庄新旧额赋有差。赈桃源县灾民，贷沭阳县灾民来春口粮。戊戌，【略】蠲缓湖南华容、安乡、武陵、沅江、澧、巴陵、临湘、龙阳八州县暨岳州卫被水庄屯新旧额赋有差。【略】壬寅，【略】展缓河南祥符、陈留、杞、通许、中牟、商丘、鹿邑、夏邑、永城、睢、安阳、汤阴、临漳、内黄、涉、汲、新乡、获嘉、淇、辉、延津、浚、滑、封丘、考城、原武、武陟、孟、阳武、孟津、太康、扶沟、柘城三十三州县被水、被旱村庄新旧额赋。《宣宗实录》卷三八三

十一月【略】戊申，【略】缓征两淮富安、安丰、梁垛、东台、何垛、丁溪、草堰、刘庄、伍祐、新兴、庙湾、板浦、中正、临兴十四场被水、被旱歉区新旧额赋。己酉，【略】缓征江西南昌、新建、进贤、建昌、安义、德化、瑞昌、湖口、彭泽、雩都、鄱阳、万年、星子、都昌、德安、余干、清江、新淦、丰城、新喻、峡江、庐陵、吉水、泰和二十四县被水村庄新旧额赋。庚戌，【略】又谕：本年七月南河桃北崔镇汛地方黄河漫决，该河督麟庆未能先事预防，咎有应得。【略】乙卯，【略】缓征江苏桃源、萧、沭阳、上元、江宁、句容、溧水、高淳、江浦、六合、长洲、元和、吴、吴江、震泽、常熟、昭文、昆山、新阳、华亭、奉贤、娄、山阳、阜宁、清河、安东、盐城、高邮、泰、海、东台、甘泉、宝应、铜山、沛、砀山、宿迁、睢宁、金山、南汇、青浦、川沙、武进、阳湖、无锡、金匮、江阴、宜兴、荆溪、靖江、丹阳、金坛、溧阳、太仓、镇洋五十五厅州县，及大河、徐州、苏州、镇海、淮安、扬州六卫被水、被旱庄屯新旧额赋。给萧县、徐州卫军民一月口粮。缓征陕西神木、榆林、怀远、府谷、绥德、清涧、米脂、吴堡、葭九州县歉收村庄新旧额赋。丙辰，【略】以阿克苏屯田丰收，予员弁议叙，赏兵丁一月盐菜银。【略】戊午，【略】蠲缓浙江淳安、桐乡、富阳三县被水村庄额赋有差。《宣宗实录》卷三八四

十一月庚申，【略】以喀喇沙尔屯田丰收，予员弁议叙，赏兵丁一月盐菜银。辛酉，【略】减免直隶新河、隆平、安、宁晋四州县积涝地亩本年额赋有差。壬戌，【略】以江南江安、苏松道属粮价增昂，暂缓收买各帮丁行月等米。【略】癸亥，【略】缓征甘肃武威、碾伯、皋兰、河、狄道、金、靖远、宁远、会宁、平凉、静宁、隆德、固原、安化、宁、环、宁夏、宁朔、灵、中卫、平罗、西宁、泾、崇信、灵台、镇原二十六州县暨沙泥州判所属歉收村庄新旧额赋。《宣宗实录》卷三八五

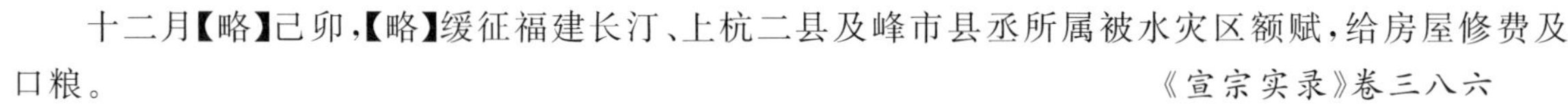

十二月【略】己卯，【略】缓征福建长汀、上杭二县及峰市县丞所属被水灾区额赋，给房屋修费及口粮。

《宣宗实录》卷三八六

十二月【略】壬寅，【略】展缓浙江乌程、归安、德清、武康四县积歉村庄带征额赋。

《宣宗实录》卷三八七

## 1843年 癸卯 清宣宗道光二十三年

正月【略】乙巳，【略】展赈江苏桃源县上年灾民，给桃源、萧、沭阳、清河、安东五县暨徐州卫军民一月口粮。贷湖北江陵、监利、石首三县暨屯坐各卫上年被水军民籽种。【略】戊申，【略】展缓直隶武清、大城、东安、雄、安、河间、青、静海、沧、南皮、盐山、井陉、广平、磁、元城、大名、南乐、清丰、新河十九州县上年被水、被旱、被雹村庄旧欠额赋。展缓山东朝城、邱、邹平、临邑、平原、滕、馆陶、章丘、临清、莘、单、济宁、鱼台十三州县，并德州、济宁、临清三卫上年被风、被旱、被水、被虫庄屯本年正杂额赋。【略】丙辰，【略】缓征江苏上元、江宁、句容、溧水、高淳、江浦、六合、阜宁、安东、盐城、高邮、泰、东台、江都、甘泉、仪征、兴化、铜山、丰、沛、宿迁、睢宁、赣榆、泰兴二十四州县，及扬州、淮安、大河、徐州、镇江五卫上年灾歉庄屯旧欠额赋，并崇明县盐课。　《宣宗实录》卷三八八

二月【略】甲午，【略】贷荆州驻防被水兵丁仓谷。　《宣宗实录》卷三八九

三月【略】甲子，【略】贷山西夏、乡宁、吉、浑源、左云、榆社六州县上年灾歉贫民仓谷，缓买右玉、宁武、平鲁、保德、隰、宁乡、宁远、河曲、阳曲、霍、灵石、垣曲十二厅州县动缺谷石。

《宣宗实录》卷三九〇

四月【略】乙未，【略】以得雨未透，命于二十五日在黑龙潭、觉生寺设坛祈祷。【略】辛丑，以甘霖渥沛，改祈为报，上诣黑龙潭神祠拈香。　《宣宗实录》卷三九一

五月【略】戊辰，【略】缓征山东邹平、临邑、平原、馆陶、长山、德平、恩、陵、德、聊城、堂邑、茌平、清平、冠、高唐、齐东、朝城十七州县，暨德州、东昌二卫被水、被旱、被风、被霜庄屯新旧额赋。

《宣宗实录》卷三九二

六月【略】庚辰，【略】展缓浙江海宁、嘉兴、秀水、嘉善、海盐、平湖、石门、桐乡、慈溪、奉化、象山十一州县及嘉湖卫被灾、被兵庄屯旧欠额赋。【略】庚寅，【略】展缓山东阳信县歉收村庄旧欠额赋。

《宣宗实录》卷三九三

七月【略】乙巳，谕内阁：慧成奏中河厅九堡堤顶过水，夺溜南趋一折。据称本年六月沁、黄盛涨，大溜涌注，将中牟下汛八堡新埽先后全行蛰塌，赶即集料抢补，甫镶出水，溜忽下卸至九堡无工之处，正值风雨大作，鼓溜南击，浪高堤顶数尺，人力难施，堤身顿时过水，全溜南趋，口门塌宽一百余丈等语。【略】戊申，【略】缓征江苏武进、阳湖、无锡、金匮、靖江、丹阳、金坛七县歉收村庄新旧额赋。【略】乙丑，谕军机大臣等，敬征等奏查勘豫省中河厅九堡漫口大概情形一折。据查口门刷宽三百六十余丈，现查东坝裹头，已约齐五分，西坝裹头亦经运料，察看水势，似不致再有塌蛰等语。【略】戊辰，【略】谕军机大臣等，讷尔经额奏，运河水涨，堤埝被冲，东光县赵家堤汛工漫溢，冲决三十余丈，故城县郑家口北民埝漫溢，冲决四十余丈，并未掣动大溜等语。【略】又谕，鄂顺安奏，查明黄水经过地方，【略】比二十一年被水较宽，灾亦较重，各该州县自上年被灾后，元气未复，现在黄流经过，情形复宽且重，尤堪悯恻。　《宣宗实录》卷三九四

闰七月【略】癸酉，【略】以河南省城积水未消，命于十月举行乡试。【略】丙子，谕内阁：前年河南祥符三十一堡漫口，淹及安徽州县，迭经降旨蠲缓抚恤，并钦派大臣颁发帑项，迅速堵筑合龙，两省灾民不至流离失所，方期休养生息，元气可复。讵意本年六月，中河厅九堡又复漫口，以甫经奠

定之民，连遭水患，所过州县被水较重之处，田园庐舍荡然无存，老幼扶携忍饥露处，朕心良用恻然。【略】谕军机大臣等，有人奏，东河自本年六月二十日以后险工迭报，人心惶恐，扶老携幼，奔走道路等语。因思东河漫口在六月二十七日，数日之前情形已危险若此，该处地方官及在工员弁果能竭力抢险，未必即至失事。【略】又谕：程楙采奏下游州县被淹情形一折，览奏已悉。皖省自上次河决祥符，所有被灾州县元气至今未复，本年漫水建瓴直下，太和、阜阳、颍上以及滨淮各州县地方，或房屋塌卸，或田亩淹没，情形较前更重，朕心尤深悯恻。【略】戊寅，谕内阁，讷尔经额奏，永定河水漫溢，驰往勘办一折。永定河北六工汛北遥堤十一号，因大清河水势过大，顶托浑水，有涨无消，初三、初四两日堤身蛰塌二十余丈，漫淹二十余里，民房人口尚无冲坏伤损。

《宣宗实录》卷三九五

八月【略】癸卯，【略】抚恤陕西沔、褒城、洋三县被水灾民。甲辰，【略】给河南中牟、祥符、通许、尉氏、陈留、杞、鄢陵、淮宁、西华、沈丘、太康、扶沟、项城、鹿邑、睢、阳武十六州县被水灾民一月口粮。【略】庚申，【略】修复浙江山阴、上虞二县冲塌柴塘，从巡抚管遹群请也。

《宣宗实录》卷三九六

九月庚午朔，【略】赈山东福山县被水灾民，并蠲缓额赋有差，给房屋修费。【略】丁丑，【略】缓征陕西葭、府谷、神木三州县被雹村庄下忙额赋。戊寅，【略】以山东陵、德、齐东、禹城、郓城、聊城、堂邑、茌平、清平、冠、高唐、夏津十二州县麦收歉薄，暂行改征粟米。【略】戊戌，【略】蠲缓直隶景、安、三河、武清、蓟、大城、永清、东安、高阳、河间、阜城、任丘、故城、天津、青、静海、沧、南皮、盐山、藁城、元城、大名、南乐、清丰、新河、宁晋、东光二十七州县被水、被雹村庄正杂额赋有差。己亥，安徽巡抚程楙采奏，勘明黄水汇注洪湖，渐次消退，及高处民田望雨情形。得旨：既忧泛溢，又望时雨，吾民之怨咨，何时能释。朕之愧惧，更何日能释也。　《宣宗实录》卷三九七

十月庚子朔，【略】缓征山东临清、济宁、临邑、德、茌平、馆陶、鱼台、邹平、海丰、利津、菏泽、单、曹、聊城、博平、宁海、武城、金乡、丘、寿张、定陶、朝城、长山、莘二十四州县，并德州、东昌、临清三卫被水、被雹、被风庄屯额赋。【略】乙巳，【略】缓征奉天岫岩、铁岭、新民、海城、辽阳五厅州县，并沈阳、牛庄、凤凰城、岫岩、铁岭、广宁等旗被水、被风歉区新旧额赋。【略】癸丑，【略】又谕：讷尔经额奏请饬禁流民出境一折。据奏，直隶所属各州县禀报，本年截回江苏、湖北二省流民，共有四十二起之多，地方偶遇歉收，无业贫民外出谋生，固所不免，但至数十为群，到处需索，其中良莠不齐，难保不扰民滋事。【略】甲寅，【略】展缓湖北汉川、沔阳、钟祥、京山、潜江、天门、江陵、公安、石首、监利、枝江、荆门、黄陂、汉阳、孝感、松滋、蕲水、武昌、咸宁、嘉鱼、云梦、应城、江夏、蒲圻二十四州县并黄州卫被水、被旱村庄新旧额赋。乙卯，【略】赈安徽太和、五河二县及凤阳卫被水军民，给房屋修费。贷太和、五河、阜阳、颍上四县灾民一月口粮。蠲缓太和、五河、凤台、阜阳、颍上、泗、凤阳、怀远、灵璧、霍邱、亳、寿、宿、定远、盱眙、天长、当涂、合肥、怀宁、潜山、宿松、桐城、太湖、望江、宣城、南陵、贵池、青阳、铜陵、东流、芜湖、繁昌、无为、巢、和、含山、建平三十七州县及屯坐各卫被水、被旱村庄新旧额赋有差。丙辰，【略】蠲缓湖南华容、安乡、澧、武陵、沅江五州县及岳州卫被水庄屯新旧额赋有差。丁巳，【略】蠲缓山西岢岚、应、大同、太原、文水、汾阳、阳曲、萨拉齐八厅州县被雹、被水村庄正杂额赋有差。赈岢岚州灾民。戊午，展缓河南荥泽、商丘、夏邑、永城、虞城、柘城、安阳、汤阴、灵漳、内黄、汲、新乡、获嘉、淇、辉、延津、浚、封丘、考城、济源、原武、武陟、阳武、息、兰仪、孟津、孟二十七县被水、被雹村庄新旧额赋。【略】丁卯，【略】缓征两淮富安、安丰、梁垛、东台、何垛、丁溪、草堰、刘庄、伍祐、庙湾、板浦、中正、临兴十三场被旱、被水歉区新旧额赋。【略】戊辰，【略】蠲缓齐齐哈尔、黑龙江、墨尔根、布特哈四处歉收田亩应交粮石有差，并贷口粮。

《宣宗实录》卷三九八

十一月【略】丁丑,【略】蠲缓江苏沭阳、上元、江宁、句容、江浦、六合、长洲、元和、吴、吴江、震泽、常熟、昭文、昆山、新阳、华亭、奉贤、娄、金山、上海、南汇、青浦、川沙、阳湖、江阴、宜兴、荆溪、靖江、丹徒、丹阳、金坛、溧阳、山阳、阜宁、清河、安东、盐城、高邮、泰、东台、江都、甘泉、仪征、兴化、宝应、铜山、沛、萧、砀山、宿迁、睢宁、太仓、镇洋、海、桃源、武进、无锡、金匮、崇明五十九厅州县,并大河、苏州、太仓、镇海、金山、淮安、扬州、徐州、镇江九卫被水、被旱灾区新旧正杂额赋有差。赈沭阳县、大河卫军民。戊寅,【略】缓征陕西榆林、怀远、神木、府谷、绥德、清涧、米脂、吴堡、葭九州县歉收村庄旧欠额赋,及应还籽种口粮。【略】庚辰,大高殿设坛祈雪。【略】壬午,【略】展缓江西南昌、新建、庐陵、吉水、泰和、鄱阳、建昌、安义、星子、德化、德安、瑞昌、湖口、彭泽十四县并九江同知所属歉收村庄旧欠额赋及应还籽种口粮。【略】乙酉,【略】缓征甘肃靖远、陇西、宁远、安定、会宁、环、武威、平番、宁夏、宁朔、碾伯、皋兰、狄道、渭源、金、隆德、固原、华亭、灵、中卫、平罗、泾、灵台、镇原二十四州县,并花马池州同、沙泥州判所属歉收村庄新旧额赋。丙戌,【略】减免直隶新河、隆平、宁晋、安、永清五州县积涝地亩额赋有差。

《宣宗实录》卷三九九

十二月【略】丙午,以京畿得雪,上诣大高殿报谢。【略】丁未,【略】缓征伊犁被旱回屯租谷及应还籽种。【略】丙辰,【略】展赈河南中牟、祥符、通许、阳武、陈留、杞、淮宁、西华、沈丘、太康、扶沟、尉氏、项城、鹿邑、睢十五州县被水灾民,并贷口粮,蠲缓新旧正杂额赋有差。并缓征鄢陵县本年额赋。丁巳,【略】展赈安徽太和、五河、凤台三县并屯坐卫所被水军民。【略】己未,【略】以江南江安、苏松道属歉收,暂缓收买帮丁行月等米。【略】庚申,【略】以福建各属粮价未平,暂缓买补本年动缺仓谷。

《宣宗实录》卷四〇〇

## 1844年 甲辰 清宣宗道光二十四年

正月【略】庚午,【略】以阿克苏屯田丰收,予员弁议叙,赏兵丁一月盐菜银。辛未,【略】给江苏海、桃源二州县暨大河卫上年被水灾民一月口粮。给浙江富阳、新城、余姚三县上年被水、被旱、被风灾民一月口粮。贷陕西定边、洋、怀远、葭四州县上年被水、被雹灾民籽种。给河南中牟、祥符、通许、阳武、陈留、杞、淮宁、西华、沈丘、太康、扶沟十一县上年被水灾民一月口粮。并贷尉氏、项城、鹿邑、睢四州县灾民仓谷。【略】甲戌,【略】缓征直隶景、东光二州县上年被水村庄额赋。展缓三河、武清、蓟、大城、永清、东安、安、高阳、河间、阜城、任丘、故城、天津、青、静海、沧、南皮、盐山、藁城、元城、大名、南乐、清丰、新河、宁晋二十五州县应征节年积欠漕粮。给东光县灾民一月口粮。缓征山东福山、临清、济宁、临邑、德、馆陶、海丰、利津、菏泽、单、曹、武城、鱼台、丘十四州县,及德州、临清二卫上年被水、被风村庄额赋。贷山西大同、文水、汾阳三县上年被水、被雹灾民籽种。【略】庚辰,【略】缓征浙江富阳、新城、秀水、嘉善、平湖、桐乡、乌程、归安、德清、武康、余姚、宁海、萧山、海宁、嘉兴、海盐、石门十七州县,暨横浦、浦东、鸣鹤、海沙四场上年被水、被虫、被风灾区额赋盐课,给富阳、新城、余姚三县灾民一月口粮。

《宣宗实录》卷四〇一

二月【略】丁未,【略】给江苏桃源、海二州县并大河卫军民一月口粮。缓征上元、江宁、句容、溧水、高淳、江浦、六合、山阳、阜宁、清河、安东、盐城、江都、甘泉、仪征、高邮、兴化、泰、东台、铜山、丰、萧、砀山、宿迁、睢宁、海、赣榆、泰兴二十八州县,及扬州、淮安、大河、徐州四卫灾民旧欠额赋。【略】庚戌,【略】漕运总督李湘棻奏,江北淮、扬一带民风强悍,自水灾后,多流为匪,已通饬漕标实力缉捕。

《宣宗实录》卷四〇二

三月【略】辛巳,【略】谕军机大臣等,梁宝常奏,杭州省城火药局忽被雷轰,火药房屋轰失无存,防兵陈世忠等三人被压受伤,此外并无延烧等语。该局存贮火药二万余斤之多,猝被雷轰,其火焰必然猛烈，何以并未延烧？已难凭信。且既称旁有兵丁守宿房三间，均被轰去无存，何以被压受伤之兵转在毗连之硝磺局内？可见守备房内并无兵丁看守，其被轰火药难保非所贮本不足数，恐被查出，因而捏报雷轰，冀无凭据。其中情节种种可疑，该抚所勘显有不实不尽，著再行确切查明，据实具奏，毋得稍有讳饰。将此谕令知之。展缓浙江定海厅甫经复业歉收民户新旧额赋。【略】丙申，【略】贷山西广灵、陵川、平定、静乐、霍、孝义、浑源、阳高、辽、大宁、和林格尔十一厅州县歉收贫民仓谷，缓右玉、平鲁、保德、隰、宁乡、宁远、阳曲、霍、灵石、垣曲、临汾十一厅州县买补动缺仓谷。

《宣宗实录》卷四〇三

四月【略】甲寅，【略】给河南中牟、祥符、通许、陈留、杞、尉氏、淮宁、西华、沈丘、太康、扶沟、项城、阳武、鹿邑、睢十五州县上年被水灾民三月口粮。【略】癸亥，谕内阁，前据梁宝常奏，杭州省城火药局被雷轰击，并未延烧，当因情节可疑，降旨饬令确查具奏。兹据奏称，是日雷从地奋，势猛上烘，是以未至延烧等语。火药因雷而燃，药多势猛，以致片瓦无存，其理甚明，尚无捏饰，所有该抚自请察议之处，著加恩宽免。　　《宣宗实录》卷四〇四

六月【略】丁酉，谕内阁，讷尔经额奏永定河水漫溢，驰往勘办一折。永定河南七工五号堤身因连日大雨，水势侧注，以致蛰塌十余丈，该道厅各员未能加意抢护，实属疏于防范。【略】甲辰，缓征山东馆陶、临清、德、丘、济阳、聊城、茌平、齐东、陵、德平、平原、冠、高唐、曹、朝城、阳谷、邹平、临邑、益都、夏津、昌乐、寿张二十二州县，并德州、东昌二卫被灾村庄新旧额赋。【略】戊申，谕内阁，敬穆等奏驻防官兵房屋被淹一折。福州省城本年夏雨较多，复因上游溪流灌注，以致河水涨溢，所有省城驻防及三江口水师旗营被水兵丁，业经该将军等随时抚恤，其被淹官兵房屋并著确切查明，分别办理。又谕：前据户部奏，【略】因甘肃水冲沙压之地未经垦复者七千五百余顷之多，复令富呢扬阿委员确勘，将应复地亩随时咨报办理。【略】以福建闽、侯官、闽清三县被水，命平粜仓谷。

《宣宗实录》卷四〇六

七月丙寅朔，【略】贷陕西葭州被雹灾民籽种。【略】庚辰，【略】缓征江苏阳湖、无锡、金匮、江阴、宜兴、荆溪、丹徒、丹阳、金坛、溧阳十县歉收地亩旧欠额赋。【略】戊子，【略】谕军机大臣等，裕泰等奏，荆江水涨，堤段漫缺被淹一折。据称，本年水势异常泛涨，将李家埠五号内老堤漫溢成口，刷宽十余丈，郡城间有渗漏，并西门闸板被水冲翻，灌入汉城。又，江陵县所管南岸虎渡汛江支各堤亦有漫溢之处，该督即前赴荆州督办抢堵等语。荆州万城大堤为阖郡保障，现因水涨漫溢被淹，亟应妥为安抚。【略】辛卯，谕军机大臣等，恒通等奏，荆江泛涨，郡城被淹，并水势渐退情形一折。【略】壬辰，【略】给河南中牟、祥符、尉氏、杞、扶沟、鹿邑、鄢陵、陈留、通许九县灾民三月口粮。

《宣宗实录》卷四〇七

八月【略】丁巳，【略】又谕：裕泰奏，请将疏防民堤漫溃之知县摘去顶带一折。湖北石首、松滋两县本年六七月间因江水涨溢，致将民修各堤工均被漫缺，该县等疏于防范，咎无可辞。【略】谕军机大臣等，裕泰奏，荆州万城堤根现未涸露，尚难勘估一折。览奏具悉。【略】甲子，【略】蠲缓山西汾阳、徐沟、文水三县被水、被雹额赋有差。赈汾阳县灾民。　　《宣宗实录》卷四〇八

九月【略】壬申，缓征陕西府谷县被雹村庄下忙额赋及旧欠籽种。缓征浙江德清、武康二县被水村庄新旧额赋。　　《宣宗实录》卷四〇九

十月【略】乙未，蠲缓直隶霸、永清、武清、宝坻、蓟、宁河、文安、大城、东安、高阳、安、献、阜城、任丘、景、天津、青、静海、沧、南皮、盐山、南和、平乡、巨鹿、大名、南乐、鸡泽、清丰、玉田、宁晋、隆平、南宫、磁三十三州县被水、被雹村庄新旧额赋有差，并赈霸、永清二州县旗民。【略】戊申，蠲缓奉天金州、复、岫岩、辽阳、海城、盖平、新民、锦八厅州县被水灾区新旧额赋，并给口粮有差。缓征山东临清、济宁、章丘、邹平、济阳、禹城、临邑、阳信、范、朝城、丘、夏津、鱼台、茌平、历城、长山、新

城、齐河、海丰、滨、沾化、阳谷、寿张、濮、聊城、德平、清平、莘、馆陶、乐安、寿光、安丘、平度、昌邑、潍、高密、武城、商河、恩、利津、单、曹、惠民、蒲台四十五州县，及德州、东昌、临清三卫并官台场灶被水、被雹、被雾灾区新旧赋课。己酉，【略】缓征江西南昌、新建、丰城、进贤、清江、新淦、新喻、峡江、庐陵、吉水、泰和、万安、鄱阳、余干、万年、星子、建昌、安义、德化、德安、瑞昌、湖口、彭泽、都昌二十四县被水村庄新旧额赋。癸丑，【略】蠲缓湖北江陵、石首、公安、武昌、咸宁、嘉鱼、蒲圻、汉阳、汉川、黄陂、孝感、沔阳、黄冈、蕲水、广济、黄梅、钟祥、京山、潜江、天门、应城、监利、松滋、枝江、荆门、兴国、江夏、云梦、蕲二十九州县，及屯坐各卫被水、被旱灾区新旧额赋有差。并给江陵、石首、公安三县灾民一月口粮。缓征湖南华容、安乡、澧、武陵、龙阳、沅江、巴陵、临湘、益阳、长沙十州县被水灾区新旧额赋。甲寅，【略】缓征河南鄢陵、柘城、永城、安阳、临漳、内黄、延津、商丘、夏邑、辉、封丘、考城、汤阴、孟十四县被水、被雹村庄新旧额赋。【略】丙辰，缓征安徽怀宁、五河、东流、桐城、潜山、太湖、宿松、望江、贵池、青阳、铜陵、当涂、芜湖、繁昌、无为、和、含山、寿、宿、凤阳、怀远、定远、凤台、阜阳、颍上、霍邱、亳、太和、泗、盱眙、天长、宣城、南陵、建德、合肥、巢、建平三十八州县，暨屯坐各卫被水、被旱灾区新旧额赋。除浙江钱塘县水冲田地二十七顷有奇额赋。【略】戊午，【略】减免直隶隆平、宁晋、安、任丘四州县被水灾区额赋有差。　　《宣宗实录》卷四一〇

十一月甲子朔，【略】又谕：棍楚克策楞等奏，齐齐哈尔等处收获分数不同，请将上年借支接济粮银分别归还，其余粮银恳请展限等语。本年齐齐哈尔、黑龙江、墨尔根、布特哈等处田禾，因入秋以后淫雨连绵，加以嫩江、井奇里、赣河河水漫溢，是以收割分数不同，著照所请。所有呼兰城收割六分、齐齐哈尔城收割四五分之养育兵屯丁等应交粮石，及呼兰城新增屯丁十九名，除应交满数粮石内一半全行入仓收贮外，其余一半著照例变价售卖，以归原支钱文及采买等款。其齐齐哈尔、墨尔根二城收获三分有零，黑龙江城收获三二分之养育兵屯丁等应交额粮，著照例蠲免。黑龙江城库木尔等驿因被水灾收获三二分，所有口粮不足人等，著接济口粮。【略】乙丑，缓征陕西榆林、怀远、神木、府谷、绥德、清涧、米脂、吴堡、葭九州县歉收地亩旧欠额赋并应还银谷。【略】丁卯，【略】缓征两淮板浦、中正、临兴、富安、安丰、梁垛、东台、何垛、丁溪、草堰、刘庄、伍祐、新兴、庙湾十四场被水灾区新旧额赋。展缓广东南海、番禺、三水、高要、高明、四会六县被水灾区应还借领基费银。【略】庚午，【略】缓征江苏上元、江宁、句容、高淳、江浦、六合、长洲、元和、吴、吴江、震泽、常熟、昭文、昆山、新阳、华亭、奉贤、娄、金山、青浦、丹徒、丹阳、金坛、溧阳、山阳、阜宁、清河、桃源、安东、盐城、高邮、泰、东台、江都、甘泉、仪征、宝应、铜山、沛、萧、砀山、宿迁、睢宁、太仓、镇洋、海、沭阳、泰兴、南汇、川沙、武进、阳湖、无锡、金匮、宜兴、荆溪、靖江、上海五十八厅州县，并淮安、大河、扬州、徐州、苏州、太仓、镇海、金山、镇江九卫被水、被旱歉区新旧正杂额赋。【略】丁丑，缓征甘肃张掖、武威、平番、西宁、碾伯、皋兰、河、狄道、靖远、宁远、安定、平凉、华亭、宁夏、灵、平罗、泾、崇信、灵台、镇原二十州县，及花马池州同、沙泥州判所属歉收地亩新旧正杂额赋。缓征山东朝城县被水村庄额赋。【略】甲申，命于大高殿设坛祈雪。上亲诣行礼。【略】壬辰，【略】以伊犁屯田丰收，予员弁议叙，赏兵丁一月盐菜银。【略】缓征河南中牟、祥符、通许、陈留、杞、尉氏、淮宁、西华、太康、扶沟、鹿邑、项城、沈丘、睢、阳武十五州县被淹村庄额赋。　　《宣宗实录》卷四一一

十二月癸巳朔，命再于大高殿设坛祈雪。上亲诣行礼。【略】辛丑，上诣大高殿祈雪。【略】甲辰，以祥霙渥沛，上诣大高殿报谢。【略】丁未，【略】直隶总督纳尔经额奏保定得雪。得旨：得雪时日与京师相同。【略】以阿克苏屯田丰收，予员弁议叙，赏兵丁一月盐菜银。【略】己酉，遣礼亲王全龄【略】诣天神坛【略】谢雪。【略】庚戌，【略】给河南中牟、祥符、陈留、杞、通许、尉氏、淮宁、太康、扶沟、沈丘、鹿邑、阳武、西华、项城、睢十五州县被淹、被雹灾民一月口粮，并贷籽种仓谷有差。【略】壬子，【略】直隶总督纳尔经额奏保定得雪。得旨：我君臣共相庆幸，立春前后必能续叩天贶也。

【略】甲寅,【略】贷江宁歉收八旗兵丁两月米银。【略】丁巳,【略】又谕:崇德奏,东商正杂课银奏销未能全完,请勒限严追一折。本年近海各属阴雨较多,场盐兴晒未旺,价值昂贵,以致课银未能依限全完。

《宣宗实录》卷四一二

## 1845年 乙巳 清宣宗道光二十五年

正月【略】丙寅,【略】贷江西德化、德安、瑞昌、湖口、彭泽五县上年被水灾民籽种。贷湖北江陵、公安、石首、监利、松滋五县及荆州各卫上年被水军民籽种。贷湖南沅江、安乡二县上年被水各垸灾民籽种。丁卯,缓征山东章丘、禹城、阳信、范、朝城、潍、商河、邹平、长山、新城、齐河、济阳、临邑、海丰、阳谷、寿张、莘、冠、高密、临清、邱、夏津、济宁、鱼台、单、曹、利津二十七州县,及德州、东昌、临清三卫上年被雹、被雾、被虫、被水、被旱村庄正杂额赋。戊辰,【略】给直隶霸、永清二州县上年被水灾民一月口粮,并缓征本年新赋,展缓武清、宝坻、蓟、宁河、文安、大城、东安、高阳、安、献、阜城、任丘、景、天津、青、静海、沧、南皮、盐山、南和、平乡、巨鹿、磁、鸡泽、大名、南乐、清丰、玉田、宁晋、隆平、南宫三十一州县及津军厅旧赋。【略】丙子,【略】缓征浙江富阳、嘉兴、秀水、嘉善、海盐、平湖、石门、桐乡、归安、乌程、德清、武康、东阳、义乌、淳安十五县上年被风、被虫、被霜、被水、被旱村庄正杂额赋。除天台、东阳、义乌、淳安四县水冲沙压田额赋。【略】辛巳,【略】缓征江苏上元、江宁、句容、溧水、高淳、江浦、六合、山阳、阜宁、清河、桃源、安东、盐城、高邮、泰、东台、江都、甘泉、仪征、兴化、铜山、丰、萧、砀山、宿迁、睢宁、海、沭阳、赣榆、泰兴、江阴三十一州县,及淮安、大河、徐州三卫积欠额赋。壬午,【略】直隶总督纳尔经额奏得雪分寸。得旨:京师亦于十五日戌刻后复得瑞雪纷敷,至十六日未刻方止,约计三寸余。

《宣宗实录》卷四一三

三月【略】庚寅,【略】贷山西交城、临汾、洪洞、翼城、乡宁、长治、永宁、灵丘、陵川、猗氏、荣河、忻、定襄、五台、河曲、永和、宁远十七厅州县歉收贫民仓谷,展缓右玉、平鲁、保德、隰、宁乡、宁远、阳曲、霍、灵石、临汾十厅州县买补仓谷。

《宣宗实录》卷四一五

四月【略】丙午,【略】命于黑龙潭、觉生寺设坛祈雨,上诣黑龙潭神祠拈香。【略】乙卯,【略】命皇四子诣天神坛【略】祈雨。

《宣宗实录》卷四一六

五月辛酉朔,以京畿得雨,遣惠亲王绵愉诣天神坛【略】报谢。【略】乙丑,【略】直隶总督纳尔经额奏报得雨。得旨:览奏俱悉。京师于前月二十六日虽沾雨泽,未逾二寸,且时届芒种,麦难望收,朕心忧惕之至,幸初三日巳刻云阴密布,雷雨交加,时小时大,直至夜之子刻方停,十分透足,朕敬谢天恩,倍深懔感庆幸之至。【略】戊寅,直隶总督纳尔经额奏报麦收分数。得旨:览奏曷胜忧惕,麦收减色自不待言矣。自月之初三日得雨后,又逾旬不雨,朕焦切之至。【略】己卯,【略】又谕:京师入夏以来雨泽稀少,迭经降旨,设坛祈祷,亲诣黑龙潭拈香,连旬得雨数次,未能沾足,现在节逾夏至,农田待泽孔殷,朕心倍深焦切。【略】丙戌,缓征山东寿光、海丰、利津、沾化、乐安、潍、昌邑七县被水村庄新旧额赋,给乐安、寿光、潍、海丰、利津、沾化六县灾民口粮。丁亥,上诣黑龙潭神祠祈雨。【略】戊子,【略】谕内阁:京师本年入夏以来雨泽未能沾足,节次虔申祈祷,荷蒙昊贶,于本月二十六自卯至戌渥沛甘霖,云势宽广,据顺天府奏报,入土深透,四乡一律均沾,实深寅感,惟近畿亢旱已久,朕心时深廑注。

《宣宗实录》卷四一七

六月【略】丙申,【略】直隶总督纳尔经额覆奏:顺天、保定、永平、天津、宣化、遵化、易州各属七十州县全行得雨三四五寸,河间、正定、定州、深州、赵州各属得雨一二三寸者共三十州县,大名、顺德、广平、冀州四府州属报得雨者仅四州县,现饬委员分往详查。【略】戊戌,缓征山东临邑、冠、临清、邱、海丰、历城、齐河、陵、平原、惠民、乐陵、滨、蒲台、莒、沂水、聊城、堂邑、博平、清平、莘、馆陶、济阳、德平、阳信、茌平、高唐、恩、禹城、安丘、章丘、齐东、商河、巨野、益都、临淄、博兴、昌乐、临朐三十八州县，并东昌、德州、临清、济宁四卫被旱、被风、被雹村庄旧欠额赋。【略】甲辰，【略】缓征山东永阜、永利、官台、王家冈等场被淹滩地引票正杂额课。【略】己未，【略】谕军机大臣等，据潘锡恩奏，中河厅桃源汛北岸纤堤因山泉涨发下注，平漫过水情形，已明降谕旨，将该河督等交部议处矣。本年运河水势因连日大雨，山泉涨发，以致西岸萧家坝地方纤堤平漫过水，宿迁堤工塌陷十余丈，已据该河督饬令该厅营分别补还。至中河桃汛盛家河头口门，塌宽四十余丈，漫水穿过遥堤，当此漕船衔尾而来，亟应设法挽进中河。　《宣宗实录》卷四一八

九月【略】戊辰，【略】又谕：叶长春等奏，台湾属县猝被风雨，动款急赈一折。台湾府境于六月初旬大雨连宵，飓风间作，台湾等县海口淹毙居民三千余人，殊堪悯恻。【略】乙酉，【略】谕军机大臣等，惠吉奏石灰关等处两次追捕番贼情形。【略】寻奏：现饬站柱及沿边营汛逐处排搜，不遗余力，查宁一带黄河已经冻结，应饬该镇酌撤弁兵，分守本境，一俟春融，即与达洪阿妥为筹备。胡超因染瘴疠，尚须调治。【略】丙戌，【略】缓征盛京广宁、岫岩、锦、新民、凤凰五厅县被水灾区新旧额赋。【略】戊子，【略】蠲缓山西徐沟、和顺两县被水、被雹村庄额赋有差。缓征山东济宁、章丘、临邑、乐陵、商河、阳信、鱼台、邹平、济阳、朝城、长山、茌平、潍、寿光、海丰、滨、沾化、滕、峄、汶上、单、郯城、惠民、临清、观城、聊城、莘、冠、丘、堂邑、馆陶、禹城、乐安、齐东、平原、利津、曹、范、夏津、武城四十一州县，暨德州、东昌、临清三卫歉收村庄新旧正杂额赋。　《宣宗实录》卷四二一

十月己丑朔，【略】缓征直隶宝坻、宁河、保定、天津、蓟、霸、安肃、静海、丰润、玉田、三河、静宁、武清、东安、滦、乐亭、定兴、新城、容城、雄、安、青、沧、南皮、盐山、庆云、宁晋、邢台、宁晋、永年、邯郸、肥乡、鸡泽、磁、元城、南乐、清丰、新河、大名、成安、广平四十州县歉收村庄新旧额赋。赈宝坻、宁河、保定、天津四县灾民。【略】辛亥，【略】缓征安徽怀宁、潜山、宿松、望江、铜陵、无为、和、含山、寿、宿、凤阳、怀远、灵璧、凤台、颍上、泗、盱眙、天长、五河、合肥、贵池、青阳、建德、东流、当涂、芜湖、繁昌、巢、阜阳、霍邱、亳、太和、建平、太湖、桐城三十五州县并屯坐各卫被水、被旱灾区新旧额赋。【略】乙卯，【略】缓征两淮泰、海二州所属十四场被旱、被水灶户额课。丙辰，【略】免直隶安、隆平、天津、宁晋、文安五州县被水灾区额赋。展缓湖北嘉鱼、蒲圻、汉阳、汉川、沔阳、钟祥、京山、潜江、天门、应城、江陵、公安、石首、监利、松滋、枝江、荆门、黄陂、孝感、黄冈、江夏、武昌、蕲水、广济、黄梅二十五州县并屯坐各卫被水、被旱灾区新旧额赋。　《宣宗实录》卷四二二

十一月【略】庚申，【略】缓征河南永城、息、安阳、汤阴、临漳、林、涉、内黄、延津、获嘉、武陟、祥符、陈留、杞、通许、尉氏、中牟、鹿邑、睢、太康、阳武、商丘、柘城、夏邑、孟、原武二十六州县被水、被旱村庄新旧额赋。【略】壬戌，【略】又谕：书元奏，勘明户民新垦田禾被淹，恳恩量予缓征一折。新疆各城应征粮石有关兵糈，历系按年征收，向无因灾缓征之事。兹既据该大臣查明该处户民甫经安插，田地被淹，实形疲困，姑著加恩。【略】乙丑，贷热河围场歉收兵丁银。【略】丁卯，缓征山东观城、朝城、单三县歉收村庄新旧额赋。并官台场被水灶户额课。【略】壬申，【略】缓征江苏上元、江宁、句容、长洲、元和、吴、吴江、震泽、常熟、昭文、昆山、新阳、华亭、奉贤、娄、金山、上海、南汇、青浦、川沙、武进、无锡、金匮、江阴、宜兴、荆溪、丹徒、丹阳、金坛、溧阳、山阳、阜宁、清河、桃源、安东、盐城、高邮、泰、东台、江都、甘泉、宝应、铜山、沛、萧、砀山、邳、宿迁、睢宁、太仓、镇洋、海、沭阳、阳湖、靖江五十五厅州县，并淮安、大河、扬州、徐州、苏州、太仓、镇海、金山八卫被水、被旱、被风村庄新旧额赋。【略】甲戌，【略】展缓江西新建、新喻、峡江、鄱阳、建昌、安义、丰城、清江、德化、彭泽、瑞昌、湖口、德安十三县歉收村庄带征额赋。【略】己卯，【略】缓征甘肃张掖、碾伯、皋兰、狄道、渭源、金、安定、会宁、平凉、隆德、固原、宁夏、宁朔、灵、平罗、灵台、镇原、河、洮州十九厅州县，及花马池州同、沙泥州判、陇西县丞所属歉收村庄新旧额赋。【略】庚辰，【略】以阿克苏屯田丰收，予员弁议

叙，赏兵丁一月盐菜银。【略】丁亥，免三姓地方歉收官庄未完仓谷。　《宣宗实录》卷四二三

十二月【略】庚戌，【略】庚戌，【略】以江南江安、苏松粮道所属粮价未平，命缓买各帮丁行月等米。缓征陕西榆林、府谷二县歉收贫民折色籽种银。【略】癸丑，以京畿雪泽尚未深透，上诣大高殿祈雪。

《宣宗实录》卷四二四

## 1846年 丙午 清宣宗道光二十六年

正月【略】戊午，【略】缓征山东乐安、章丘、阳信、乐陵、滨、沾化、观城、朝城、聊城、海丰、利津、寿光、潍、长山、临邑、商河、单、济宁、鱼台、邹平、濮、临清、莘、丘、济阳二十五州县，及德州、东昌、临清三卫上年被灾村庄新旧正杂额赋。贷甘肃皋兰、渭源、陇西、安定、会宁、平凉、静宁、隆德、清水、礼、徽、泾、崇信十三州县灾民籽种。【略】辛酉，【略】缓征直隶宝坻、宁河、保定、天津、蓟、霸、安肃、静海、丰润、玉田、三河、武清、东安、滦、乐亭、定兴、新城、容城、雄、安、青、沧、南皮、盐山、庆云、宁晋、邢台、南和、永年、邯郸、肥乡、鸡泽、磁、元城、南乐、清丰、新河、大名、成安、广平、平乡四十一州县及津军厅上年被水、被旱、被雹、被虫村庄额赋。给宝坻、宁河、保定、天津四县灾民一月口粮。给奉天凤凰城岫岩厅上年歉收旗民一月口粮。【略】戊辰，【略】缓征江苏上元、江宁、句容、溧水、高淳、江浦、六合、山阳、阜宁、清河、桃源、安东、盐城、高邮、泰、东台、江都、甘泉、仪征、兴化、铜山、丰、萧、砀山、宿迁、睢宁、海、沭阳、泰兴二十九州县，并扬州、淮安、大河、徐州四卫上年歉收村庄额赋。【略】甲戌，【略】展缓浙江富阳、嘉兴、秀水、嘉善、海盐、平湖、石门、桐乡、乌程、归安、德清、武康十二县上年被水、被风村庄积欠额赋。　《宣宗实录》卷四二五

三月【略】庚午，【略】贷山西太平、汾西、左云、榆社、平定、盂、垣曲、赵城、岚九州县歉收贫民仓谷。缓右玉、保德、隰、宁乡、宁远、阳曲、霍、灵石、临汾九厅州县买补仓谷。

《宣宗实录》卷四二七

四月【略】乙未，【略】直隶总督讷尔经额奏省城并各属续得雨泽情形。得旨：览奏俱悉。京师于初六日自卯刻下雨，至午末未初方止，所惜者雨不甚大，未能透足。【略】丙午，命于黑龙潭、觉生寺设坛祈雨，上诣黑龙潭神祠拈香。【略】己酉，【略】谕内阁：前因京畿未得透雨，农田望泽孔殷，特降旨设坛祈祷，朕亲诣黑龙潭拈香。【略】昨日自卯至午，密云沾濡，本日据顺天府具奏，入土二寸，四乡一律均沾。　《宣宗实录》卷四二八

五月【略】丙辰，【略】缓征山西临汾、洪洞、凤台三县歉收贫民积欠仓谷。【略】壬戌，上诣黑龙潭神祠祈雨。【略】己巳，直隶总督讷尔经额奏报保定省城获沾透雨。得旨：览奏欣慰。京中于本月十一日落雨数点，十三日戌刻雷电甚属宣畅，但雨势骤而不久，朕焦切，企望之至。【略】壬申，【略】遣惠亲王绵愉、睿亲王仁寿于本月二十一日分诣关帝庙、城隍庙【略】祈雨。【略】乙亥，以甘霖渥沛，遣惠亲王绵愉诣关帝庙、睿亲王仁寿诣城隍庙【略】改祈为报。谕内阁：崇恩奏请循案添雇剥船一折。山东卫河水势微弱，现在南粮抵境，剥船恐有不敷，著照所请，准其循照成例，添雇民船三百只，分拨临清等五州县。【略】戊寅，命皇四子诣天神坛【略】谢雨。【略】己卯，【略】直隶总督讷尔经额奏报二麦约收分数。得旨：京师幸于本月十八日亥刻至十九日丑刻得雨二寸余，十九日申刻大雨滂沱，约计三寸余；二十二日亥刻雷雨又作，直至二十三日卯末方止，实属深透，朕感敬天恩，曷胜庆幸之至。【略】缓征直隶平乡、巨鹿、永年、邯郸、成安、肥乡、曲周、鸡泽、磁九州县歉收村庄上忙额赋。【略】癸未，【略】缓征江苏宿迁县被淹滩地额赋。　《宣宗实录》卷四二九

闰五月【略】丙戌，【略】山东巡抚崇恩奏报各属得雨深透。得旨：览奏欣慰。【略】丙午，广西巡

抚周之琦奏：临桂县东乡地方山水暴发，田庐骤被淹浸，人口亦有损伤，现饬查勘抚恤。

《宣宗实录》卷四三〇

六月【略】丙辰，缓征山西徐沟县被雹村庄新旧额赋。【略】己未，【略】缓征山东临清、丘、长山、济阳、临邑、莘、商河、惠民、阳信、滨、博平、恩、夏津、历城、章丘、齐东、禹城、陵、德、德平、平原、东阿、乐陵、郓城、聊城、堂邑、茌平、清平、馆陶、高唐、武城、冠、淄川、东平、齐河、长清、肥城、朝城三十八州县被旱、被风、被沙村庄新旧额赋。【略】癸亥，谕内阁：载容等奏，马兰峪地方闰五月间风雨交作，昭西陵宝城垛口等处均有被风吹落零星物件及风损树木情形。又另片奏，风吹树株出土，挑起砖块等情，均应赶紧修整。【略】丁丑，缓征河南安阳、临漳、武安、涉、汲、新乡、辉、获嘉、延津、修武、武陟、温、原武、阳武十四县被旱歉区新旧额赋。

《宣宗实录》卷四三一

七月【略】己丑，【略】缓征江苏省宿迁县被水滩地租钱。【略】壬辰，准浙江台州前帮军船遭风沉溺米一千四百五十二石分限买补。【略】壬子，【略】又谕：经额布等奏，查勘三姓被水情形，并运米接济一折。三姓地方被水，淹及城署田庐，该民乏食，仓贮周围水浸，现经该将军等筹款购买商米赈给。

《宣宗实录》卷四三二

九月【略】乙酉，【略】展缓河南尉氏县被水地亩正杂额赋。【略】癸巳，【略】以山东历城等三十州县麦收歉薄，改征粟米。【略】癸卯，【略】蠲缓山东莱芜、汶上、东平、东阿四州县被水村庄新旧正杂额赋有差，给灾民一月口粮。加赈莱芜、东平二州县灾民，并给房屋修费。甲辰，【略】赈三姓、珲春被水旗民，给房屋修费，并免应征仓谷，展缓扣还饷银。【略】庚戌，【略】蠲缓奉天新民、承德、辽阳、海城、盖平、复、金、开原、铁岭、锦、宁远、广宁、岫岩十三厅州县被水灾区新旧额赋有差。【略】辛亥，【略】蠲缓直隶霸、天津、静海、沧、庆云、玉田、武清、蓟、宁河、保定、文安、大城、安、献、阜城、景、吴桥、东光、南皮、盐山、南和、平乡、永年、鸡泽、元城、南乐、清丰、宁晋、邯郸、成安、肥乡、广平、磁、涞水、大名三十五州县歉收村庄新旧正杂额赋有差。

《宣宗实录》卷四三四

十月【略】己未，【略】缓征山东济宁、章丘、邹平、长山、新城、齐东、济阳、临邑、长清、德、德平、泰安、阳信、乐陵、商河、利津、宁阳、邹、滕、阳谷、寿张、菏泽、城武、巨野、郓城、濮、朝城、恩、夏津、鱼台、陵、惠民、邱、海丰、滨、沾化、滋阳、峄、单、曹、观城、聊城、博平、茌平、莘、冠、博兴、乐安、寿光、昌邑、潍、高密、金乡、嘉祥、平原、堂邑、武城、平度、临清、高苑、禹城、蒲台、益都、临淄、郯城、馆陶六十六州县，暨德州、东昌、临清、济宁四卫被水、被雹、被风、被旱、被虫村庄新旧额赋。【略】乙丑，除江苏丹徒县被水淹废沙地十五顷四十九亩有奇额赋。【略】丁卯，【略】蠲缓湖南华容、澧、安乡、沅江、武陵五州县暨岳州卫被水灾区新旧额赋有差。戊辰，【略】以塔尔巴哈台屯田丰收，予员弁议叙，赏兵丁一月盐菜银。缓征江西奉新、上高、新昌、建昌、安义、南昌、新建、丰城、进贤、靖安、清江、新淦、新喻、峡江、鄱阳、余干、星子、德化、德安、庐陵、吉水、万安、瑞昌、湖口、彭泽二十五县被旱、被水灾区新旧额赋。【略】辛未，除奉天府复州水冲沙压地四十五顷八十亩有奇额赋。壬申，【略】浙江巡抚梁宝常片奏：蚕稻丰稔，民情安帖。【略】甲戌，【略】缓征安徽怀宁、五河、凤阳、灵璧、寿、宿、怀远、定远、凤台、泗、盱眙、天长、颍上、潜山、太湖、宿松、望江、铜陵、东流、芜湖、和、含山、建平、桐城、贵池、青阳、建德、当涂、繁昌、无为、合肥、庐江、巢、阜阳、霍邱、亳、太和三十七州县，暨安庆、建阳、庐州三卫被水、被旱村庄新旧额赋。乙亥，【略】缓征河南汲、新乡、辉、获嘉、淇、浚、河内、修武、商丘、宁陵、永城、鹿邑、虞城、夏邑、睢、柘城、延津、太康、杞、汤阴、内黄、安阳、涉、临漳、祥符、林、封丘、济源、武陟、孟、温、原武、阳武、密、陈留、通许、尉氏、中牟、兰仪、考城、淮宁、西华、扶沟四十三州县被水、被旱村庄新旧额赋。给汲、新乡、辉、获嘉、淇、浚、河内、修武八县灾民一月口粮。【略】丙子，【略】缓征两淮泰、海二州所属十四场被水灶丁新旧额赋。【略】己卯，【略】除江苏丹徒县被水淹废沙地四顷二十亩有奇额赋。庚辰，【略】缓征陕西富平、泾阳、潼关、韩城、咸宁、长

安、咸阳、兴平、临潼、高陵、三原、渭源、醴泉、大荔、蒲城、华、乾、武功、朝邑、郃阳、白水、凤翔、郿、麟游、扶风、宝鸡二十六厅州县被旱村庄额赋，给府谷、神木二县灾民一月口粮。辛巳，【略】除江苏丹徒县被水淹废沙地十六顷九十亩有奇额赋。

《宣宗实录》卷四三五

十一月壬午朔，【略】展缓湖北咸宁、嘉鱼、蒲圻、汉阳、汉川、黄陂、孝感、沔阳、蕲水、广济、黄梅、钟祥、京山、潜江、天门、云梦、应城、江陵、公安、石首、监利、松滋、枝江、荆门、江夏、黄冈、武昌二十七州县暨屯坐各卫被水、被旱村庄新旧额赋。癸未，【略】蠲缓山西垣曲、保德、河曲、和顺、屯留、岚六州县，暨归化城、托克托城、萨拉齐厅被雹、被旱村庄新旧额赋有差，赈垣曲县灾民。【略】丙戌，【略】以阿克苏屯田丰收，予员弁议叙，赏兵丁一月盐菜银。【略】甲午，【略】蠲减直隶安、隆平、宁晋、河间、天津、文安六州县被水地亩额赋有差。乙未，命于大高殿设坛祈雪，上亲诣行礼。【略】丁酉，【略】以塔尔巴哈台屯田丰收，予员弁议叙，赏兵丁一月盐菜银。【略】戊戌，【略】缓征山东范县暨屯卫被水灾区新旧额赋。己亥，【略】缓征甘肃河、狄道、渭源、西和、固原、合水、灵、碾伯、崇信、皋兰、陇西、伏羌、安定、会宁、平凉、灵台十六州县暨陇西县丞所属被雹、被水、被旱、被霜灾区新旧额赋。【略】壬寅，【略】缓征江苏桃源、上元、江宁、句容、江浦、六合、长洲、元和、吴、震泽、吴江、常熟、昭文、昆山、新阳、华亭、奉贤、娄、金山、上海、南汇、青浦、宜兴、荆溪、靖江、丹徒、丹阳、金坛、溧阳、山阳、阜宁、清河、安东、盐城、高邮、泰、东台、江都、甘泉、仪征、兴化、宝应、铜山、丰、沛、萧、砀山、邳、宿迁、睢宁、太仓、镇洋、嘉定、宝山、海、沭阳、溧水、高淳、武进、阳湖、无锡、金匮、江阴、川沙、海门六十五厅州县暨屯坐各卫被水、被旱、被风灾区新旧额赋。【略】甲辰，【略】蠲缓浙江余杭、归安、乌程、长兴、德清、武康、安吉、新昌、东阳、建德、淳安、寿昌、桐庐、缙云、宣平、仁和、钱塘、富阳、新城、嘉兴、秀水、嘉善、海盐、平湖、石门、桐乡、奉化、象山、余姚、嵊、金华、兰溪、义乌、永康、武义、浦江、汤溪、西安、龙游、分水、丽水、青田、松阳、遂昌四十四县暨屯坐各卫被旱、被水灾区新旧额赋有差，除青田县水淹民地额赋。乙巳，【略】命皇四子诣天神坛【略】祈雪。

《宣宗实录》卷四三六

十二月壬子朔，【略】贷云南白盐井被水灾民桥房修费。【略】乙卯，【略】命皇四子诣天神坛【略】祈雪。【略】戊午，【略】除江西新淦县水冲沙压田九顷四十三亩有奇额赋。【略】丙寅，【略】缓征浙江宁海、新昌、东阳、桐庐、缙云、宣平、青田七县暨屯坐各卫被旱、被水灾区新旧额赋，除青田县水冲田地额赋，给缙云、宣平二县灾民一月口粮。【略】庚午，谕内阁：御史德奎奏请清厘庶狱一折。京师入冬以来雪泽稀少，迭经降旨祈祷，迄今未得优沾。现在节届立春，农田望泽弥殷，朕心尤深焦切。兹据该御史奏请，清查直隶一省庶狱，冀得感召和甘。因思直隶各州县得雪未能深透，山东、山西、河南、陕西、甘肃各省均属苦于干旱之区，自应一律推广。【略】丁丑，谕内阁：刘韵珂等奏，招商贩运米石以裕民食一折。福建沿海各属现在米价增昂，台米转运无多，沿海各郡购籴维艰，自应预为筹备。【略】缓征浙江青村、横浦、浦东、下砂、长亭五场被旱荡田新旧灶课。

《宣宗实录》卷四三七

## 1847年 丁未 清宣宗道光二十七年

正月【略】壬午，【略】给浙江富阳、余杭、新城、宁海、桐庐五县并杭严卫上年灾歉军民一月口粮。给安徽五河、灵璧、凤阳三县上年被水、被旱灾民一月口粮。贷陕西神木、府谷、葭三州县上年被旱灾民籽种口粮。【略】乙酉，【略】给江苏桃源、铜山、萧三县，并大河、徐州二卫上年被水、被旱军民一月口粮。缓征山东章丘、济阳、德平、惠民、乐陵、阳信、沾化、邹、汶上、城武、巨野、郓城、范、朝城、聊城、恩、邹平、长山、新城、齐东、临邑、泰安、莱芜、东平、东阿、海丰、商河、滨、利津、滕、阳

谷、寿张、菏泽、单、濮、莘、高苑、寿光、高密、临清、邱、济宁、金乡、嘉祥、鱼台四十六州县,并德州、东昌、临清、济宁四卫上年被水、被旱、被风村庄本年上忙额赋。丙戌,【略】缓征直隶霸、天津、青、静海、沧、庆云、玉田、武清、蓟、宁河、保定、文安、大城、安、献、阜城、景、故城、吴桥、东光、南皮、盐山、南和、平乡、永年、鸡泽、元城、南乐、清丰、宁晋、邯郸、成安、肥乡、广平、磁、涞水、大名、巨鹿、曲周三十九州县上年灾歉村庄新旧额赋,并贷仓谷。给河南河内、修武、辉、武陟、汲、新乡、获嘉、安阳、延津、原武、永城、孟、济源十三县上年被水、被旱灾民口粮籽种,并贷辉、汲、新乡、获嘉、汤阴、商丘、淇、温八县灾民仓谷。【略】戊子,【略】又谕:【略】本年浙西各属成熟田亩因先后被旱、被水、被风,禾稻受伤,以致米色未能一律纯洁,若复辗转挑换,恐致开兑需时,著准其援照成案,红白兼收,籼粳并纳,以便输将而速兑运。【略】己丑,【略】直隶总督讷尔经额奏各属得雪情形。得旨:览奏稍慰。京师于正月初四日亥末、子初瑞雪缤纷,至次日巳刻方止,足敷五寸,朕欣感之余,仍望直省春膏普遍也。【略】戊戌,【略】展缓浙江富阳、嘉兴、秀水、嘉善、海盐、平湖、石门、桐乡、归安、乌程、德清、武康十二县上年被水、被旱村庄积欠额赋。

《宣宗实录》卷四三八

二月【略】丙子,【略】缓征河南汲、新乡、辉、获嘉、淇州县上年被灾村庄新旧额赋,并给灾民两月口粮。

《宣宗实录》卷四三九

三月【略】甲午,【略】缓湖北荆州、荆左、荆右、沔阳,湖南岳州五卫被灾帮丁应扣借造剥船银。以山西辽、代、绛[1]、解、临汾、襄陵、洪洞、浮山、太平、曲沃、翼城、乡宁、长治、襄垣、灵、丘、广灵、阳高、阳城、永济、猗氏、荣河、万泉、武乡、安邑、夏、芮城、河津、闻喜、灵石三十州县粮价增昂,命平粜常平仓谷。并缓征宁远、保德、霍、隰、右玉、宁乡、阳曲、灵石、临汾九厅州县积欠谷石。【略】辛丑,【略】缓征陕西蒲城、高陵、醴泉、扶风、乾、武功、富平、三原、泾阳、兴平、澄城、郃阳、韩城、大荔、朝邑、咸阳、长安、白水、临潼、渭南、华阴、咸宁、华二十三州县上年被旱村庄上忙额赋。

《宣宗实录》卷四四〇

四月【略】庚戌,缓征山西临汾、洪洞、凤台、襄陵、翼城、乡宁、吉、垣曲、隰九州县歉收民欠仓谷。【略】癸丑,谕内阁:本年入春以来雨泽频沾,未能优渥,朕心时深廑念。兹当首夏初旬,恭举常雩盛典,【略】甘雨应时,据顺天府奏报,昨日自午刻至亥刻,入土已及三寸,统计连宵达旦,约至四寸有余,农田足资畅发,朕心实深寅感。【略】丙辰,【略】缓征陕西神木、府谷二县被旱村庄额赋。【略】丁卯,【略】直隶总督讷尔经额奏:阖省普得雨泽。得旨:览奏似可心慰,但京中虽得雨数次,尚欠深透,朕仍斋心叩祷也。【略】己巳,【略】贷江西上高、新昌二县被旱灾民籽种口粮。

《宣宗实录》卷四四一

五月【略】辛巳,【略】直隶总督讷尔经额奏:省城及各属续得雨泽。得旨:京师于四月二十四日、二十九日连获甘霖,雷电宣畅,十分透足,而通省均属沾足,朕钦感天恩于无既矣。【略】戊戌,直隶总督讷尔经额奏:通省得雨深透。得旨:京师连得透雨,无不沾足。【略】庚子,【略】缓征山西临汾、洪洞、襄陵、曲沃、太平、翼城、浮山、乡宁、永济、临晋、猗氏、荣河、万泉、虞乡、解、安邑、夏、平陆、芮城、绛、闻喜、稷山、垣曲、河津、赵城二十五州县被旱本年额赋,并展缓垣曲县上年被雹村庄带征旧赋。

《宣宗实录》卷四四二

六月【略】壬申,【略】缓征山东临清、邱、邹平、濮、莘、淄川、曹、郓城、范、观城、朝城、冠、夏津、定陶、馆陶、武城、济阳、临邑、陵、平原、德平、邹、齐河、菏泽、巨野、高唐、章丘、恩二十八州县,暨德州、东昌、临清、济宁四卫被旱、被沙村庄新旧正杂额赋。【略】乙亥,缓征河南修武、武陟、济源、原

[1] 原文蠲缓湖北三十州县,内有“绛”两处,计三十一州县,与所蠲缓州县数不合,故删去一处。

武、温、阳武、延津、滑、封丘、祥符、郑、荥阳、汜水、洛阳、偃师、巩十七州县被旱村庄新旧正杂额赋。

《宣宗实录》卷四四三

七月【略】癸未，【略】缓征陕西咸宁、长安、咸阳、临潼、高陵、泾阳、三原、兴平、醴泉、渭南、乾、武功、富平、大荔、蒲城十五州县歉收村庄额赋。

《宣宗实录》卷四四四

八月丁未朔，【略】谕内阁：本年河南省开封等府属雨泽稀少，二麦歉收，迭经加恩抚恤。昨又据鄂顺安奏到，该省亢旱异常，报灾几及通省，当即降旨，饬户部发给银十万两，并于邻近省分筹拨银二十万两，星速解往备赈。【略】戊申，【略】谕内阁：布彦泰奏，西宁县属猝被水灾，并黄河水势骤涨，委员查勘抚恤一折。甘肃西宁县属地方山水陡发，冲没田庐人口，业经该督派委一员先行履勘抚恤，惟事关民瘼，必宜迅速办理，不可稍缓须臾。【略】壬子，【略】除山东乐安、寿光、潍、海丰、利津、沾化六县碱废地亩额赋，并缓征被淹村庄新旧正杂额赋及永利、永阜、官台、王家冈四场灶课。【略】庚申，【略】谕军机大臣等：给事中江鸿升奏，河南灾民买食维艰，江苏年谷顺成，请饬该督抚迅即筹买粮石，由河船运豫一折。据称访查本年江苏淮扬一带秋收甚稔，新米一石仅值制钱一千八九百文。

《宣宗实录》卷四四五

八月【略】甲子，【略】又谕：鄂顺安奏查办赈务大概情形一折。本年豫省雨泽愆期，被旱甚广，迭经谕令该抚将赈抚事宜悉心筹议。【略】河南巡抚鄂顺安奏省城现得透雨。得旨：稍苏我中州万姓，实深寅感。【略】丙寅，谕内阁：【略】向来粮船挽入直隶境内，间用例设拨船接拨，本年水涸异常，拨船不敷，若在安陵一带觅雇民船，又属不易，现在权宜之计，饬令山东各拨船接拨前进，以期无误。

《宣宗实录》卷四四六

九月【略】乙酉，【略】又谕：萨迎阿奏，伊犁派出遣勇等语。【略】寻奏：巴尔楚克附近地方有浑河一道，现因雨水过多，恐误军行，是以择派识水性者数名，以备伐木搭桥之用。报闻。【略】丙戌，谕军机大臣等：前有旨令李星沅等于江苏、安徽两省购买粮石，运往河南接济灾区。兹据王植奏称，本年安徽省亢旱日久，江北尤甚，收成歉薄，粮价增昂，势难接济邻省等语。自系实在情形，惟豫省正在办赈之时，需用孔亟，江苏淮安、扬州各属今年秋收丰稔，采买不难，著李星沅、陆建瀛仍遵前旨，迅即妥筹购买。【略】乙未，【略】以麦收歉薄，命山东省各属改征粟米。【略】乙巳，【略】给河南祥符、洛阳、偃师、巩、孟津、登封、陈留、尉氏、洧川、中牟、兰仪、荥阳、汜水、禹、密、新郑、长葛、汲、新乡、获嘉、淇、延津、封丘、考城、滑、修武、原武、阳武、临漳、郑、河内、济源、武陟、孟、温、汝、辉、浚、安阳、汤阴四十一州县被旱灾民口粮有差。蠲缓直隶盐山、邯郸、广平、大名、清丰、武清、安肃、容城、安、静海、沧、南皮、元氏、邢台、南和、唐山、平乡、广宗、巨鹿、任、永年、成安、肥乡、曲周、鸡泽、磁、元城、南乐、东明、长垣、隆平、新河、宣化、龙门、宁晋三十六州县被水、被旱、被雹村庄新旧额赋有差。

《宣宗实录》卷四四七

十月【略】庚戌，【略】缓征陕西府谷、神木、葭、怀远四州县被雹歉区新旧额赋。【略】辛亥，【略】缓征山东济宁、禹城、阳谷、濮、邹、汶上、寿张、郓城、邱、鱼台、临清、平原、聊城、堂邑、博平、茌平、清平、冠、馆陶、高唐、恩、历城、章丘、淄川、长山、齐东、齐河、济阳、长清、莱芜、东平、惠民、商河、肥城、峄、金乡、嘉祥、阳信、海丰、沾化、城武、曹、巨野、范、朝城、莘、滋阳、乐安、滕、昌乐、临邑、德、东阿、乐陵、滨、利津、郯城、夏津、武城五十九州县及屯坐各卫被旱、被虫村庄新旧额赋。【略】庚申，【略】缓征吉林三姓被淹村庄额赋并旧贷仓谷。辛酉，【略】蠲缓湖南华容、澧、武陵、沅江、巴陵五州县及屯坐各卫被水村屯新旧额赋有差。【略】乙丑，【略】缓征江西进贤、新喻、安义、南昌、新建、丰城、上高、新昌、清江、新淦、峡江、德安、建昌、彭泽、德化、鄱阳、湖口、星子、庐陵、吉水、万安二十一县被水、被旱灾区新旧额赋。【略】辛未，【略】缓征湖北汉阳、咸宁、嘉鱼、蒲圻、汉川、沔阳、黄梅、钟祥、京山、潜山、天门、应城、江陵、公安、石首、监利、松滋、枝江、黄陂、孝感、潜江、荆门、江夏、黄冈、云梦、广济、蕲水二十七州县及屯坐各卫被水、被旱村庄新旧额赋。壬申,【略】直隶总督讷尔经额奏省城得雪情形。得旨:京师亦于是日微飘雪霰,不成分寸,朕甚殷望也。【略】丙子,【略】蠲缓安徽凤阳、灵璧、五河、怀远、定远、盱眙、怀宁、潜山、宿松、望江、铜陵、泗、天长、无为、合肥、寿、宿、凤台、颍上、滁、来安、和、桐城、太湖、贵池、青阳、建德、东流、当涂、芜湖、繁昌、庐江、巢、阜阳、霍邱、亳、太和、含山、建平三十九州县及屯坐各卫被水、被旱灾区新旧额赋有差。

《宣宗实录》卷四四八

十一月【略】戊寅,【略】缓征两淮富安、安丰、梁垛、东台、何垛、丁溪、草堰、刘庄、伍祐、新兴、庙湾十一场被旱、被水灶户旧欠额课。蠲缓河南祥符、陈留、尉氏、洧川、中牟、兰仪、荥阳、荥泽、汜水、禹、密、新郑、郑、汲、新乡、获嘉、淇、延津、封丘、考城、滑、辉、浚、修武、原武、阳武、济源、武陟、温、洛阳、偃师、巩、孟津、登封、临漳、安阳、汤阴、汝、长葛、武安、内黄、孟、河内、杞、许、鄢陵、商丘、宁陵、永城、鹿邑、虞城、夏邑、睢、柘城、林、涉、宜阳、嵩、淮宁、西华、太康、扶沟、郾城、息六十四州县被旱村庄新旧正杂额赋有差。己卯,【略】展缓陕西咸宁、长安、咸阳、兴平、临潼、高陵、泾阳、三原、渭南、醴泉、大荔、蒲城、华、乾、武功十五州县积歉村庄新旧额赋。【略】甲申,【略】直隶总督讷尔经额奏顺天各府得雪情形。得旨:览奏稍慰,但京师甚形干燥,朕心亟切望雪之至。【略】戊子,【略】缓征江苏上元、江宁、句容、六合、长洲、元和、吴、吴江、震泽、常熟、昭文、昆山、新阳、华亭、奉贤、娄、金山、青浦、丹徒、丹阳、阜宁、清河、桃源、安东、盐城、高邮、泰、甘泉、宝应、铜山、沛、萧、砀山、宿迁、睢宁、太仓、镇洋、南汇、武进、阳湖、无锡、金匮、江阴、宜兴、荆溪、靖江、金坛、溧阳、上海、川沙五十一厅州县并屯坐各卫被水、被旱村庄新旧正杂额赋。【略】己丑,【略】缓征山东菏泽、定陶、观城、单四县,及东昌、临清、济宁三卫被旱屯庄新旧额赋。【略】癸巳,直隶总督讷尔经额奏省城等处得雪。得旨:京中于十二日戌、亥得雪,实有三寸,次日天气晴和,融化大半,朕感谢天恩浩荡,实深庆幸之至。【略】减免直隶安、隆平、文安三州县被涝村庄额赋。【略】壬寅,【略】蠲缓山西徐沟、垣曲、榆次、临汾、襄陵、永清、绛、闻喜、芮城、宁远、萨拉齐十二厅州县被雹、被水、被旱村庄新旧额赋,并给口粮有差。【略】甲辰,【略】缓征甘肃河、宁远、伏羌、安定、会宁、洮、隆德、固原、安化、宁、张掖、古浪、宁夏、宁朔、平罗、崇信、皋兰、平番、西宁、碾伯、大通二十一州县,及盐茶同知、陇西县丞所属被雹、被水、被旱、被霜村庄新旧正杂额赋。

《宣宗实录》卷四四九

十二月丙午朔,【略】缓征浙江仁和、富阳、嘉兴、秀水、嘉善、海盐、平湖、石门、桐乡、归安、乌程、德清、武康、武义、汤溪十五县被旱、被水村庄新旧额赋,并海沙、鲍郎、青村三场歉收灶户新旧额课。丁未,【略】又谕:昨据梁宝常奏,浙江仁和等县田禾被歉,请缓带漕粮一折。业已降旨准行。【略】辛亥,【略】缓征湖南凤凰、乾州、永绥、保靖四厅歉收屯田谷石。【略】癸丑,【略】缓征陕西榆林、葭、怀远、神木、府谷五州县歉区旧欠银谷。【略】己未,【略】除奉天复州水冲地三百二顷二十亩有奇额赋。【略】辛酉,【略】以山东各属歉收,命暂缓买补常平社仓谷石。【略】甲子,直隶总督讷尔经额奏省城得雪。得旨:欣悦览之,京中亦于十六日夜间得雪二寸余,雪虽不大,洵为腊雪占丰之兆,更喜无风。【略】乙丑,【略】给河南祥符、阳武、汲、封丘、延津、洛阳、偃师、巩、孟津、登封、安阳、汤阴、获嘉、淇、新乡、浚、考城十七县灾民一月口粮,贷郑、荥泽、汜水、陈留、新郑、宜阳六州县灾民仓谷。丙寅,【略】以江南江安、苏松道属粮价未平,命缓买各帮丁行月等米。展缓陕西泾阳、富平二县歉收村庄旧欠额赋。【略】庚午,【略】谕内阁:裕瑞等奏,江宁旗营牧场田亩连被水淹,渐形硗薄,其公租应否议减,请饬地方官勘明办理一折。江宁旗营旧有牧场公田三千四百亩,交佃领种,岁收公租,为添设炮兵月饷。【略】壬申,【略】直隶总督讷尔经额奏顺天、保定各府属得雪日期。得旨:今冬雪泽优沾,为近年所无,朕感谢天恩于无既也。

《宣宗实录》卷四五〇

## 1848年 戊申 清宣宗道光二十八年

正月【略】己卯,【略】贷湖南安乡县灾民籽种。贷甘肃皋兰、平番、西宁、碾伯、大通、金、安化七县灾民籽种口粮。壬午,【略】展缓直隶盐山、邯郸、广平、大名、清丰、武清、安肃、容城、安、青、静海、沧、南皮、元氏、邢台、南和、唐山、平乡、广宗、巨鹿、任、永年、成安、肥乡、曲周、鸡泽、磁、元城、南乐、东明、长垣、隆平、新河、宣化、龙门、宁晋三十六州县上年被水、被旱、被雹村庄新旧正杂额赋。展赈盐山、邯郸、广平、大名、清丰五县灾民。贷山西洪洞、芮城、垣曲、宁远四厅县灾民籽种口粮。缓征陕西蒲城县歉收贫民积欠仓谷。癸未,【略】给安徽凤阳、灵璧、五河三县灾民一月口粮。展缓山东临清、长山、齐河、济阳、临邑、东平、海丰、阳谷、寿张、单、馆陶、乐安、邱、鱼台、济宁、历城、章丘、长清、惠民、阳信、沾化、邹、菏泽、曹、定陶、巨野、濮、范、观城、朝城、聊城、清平、莘、冠、金乡、嘉祥三十六州县,暨德州、东昌、临清、济宁、东平五卫所被水、被旱、被风、被丹、被沙村庄正杂额赋有差。【略】丁亥,【略】展缓浙江仁和、富阳、嘉兴、秀水、嘉善、海盐、平湖、石门、桐乡、归安、乌程、德清、武康十三县歉收贫民积欠漕项银。

《宣宗实录》卷四五一

二月乙巳朔,【略】展缓江苏上元、江宁、句容、溧水、高淳、江浦、六合、山阳、阜宁、清河、桃源、安东、盐城、高邮、泰、东台、江都、甘泉、仪征、兴化、宝应、铜山、丰、沛、萧、砀山、邳、宿迁、睢宁、海、沭阳、泰兴三十二州县,及淮安、大河、徐州、扬州四卫旧欠额赋。

《宣宗实录》卷四五二

三月【略】癸卯,【略】缓征山西临汾、襄陵、洪洞、太平、翼城、凤台、垣曲、浮山、乡宁、高平、猗氏、解、安邑、夏、闻喜十五州县歉收贫民旧欠仓谷。贷吉、汾阳、陵川、辽、榆社、平定、霍七州县贫民仓谷。缓右玉、保德、隰、阳曲、临汾、太平、曲沃、虞乡、霍、灵石、宁远十一厅州县买补动缺仓谷。

《宣宗实录》卷四五三

五月【略】甲午,谕内阁:张澧中奏请循例添雇民拨船只一折。本年山东卫河水势微弱,现在南粮抵境,拨船恐有不敷,著照所请,准其循照成案,添雇民船三百六十只,责成临清州知州一手雇觅。

《宣宗实录》卷四五五

六月【略】癸丑,上诣黑龙潭神祠祈雨。【略】己未,【略】缓征山东临清、丘、夏津、阳信、观城、临邑、德、德平、陵、平原、朝城十一州县并德州卫被旱、被风村庄新旧额赋。庚申,以雨泽优沾,命皇四子诣天神坛【略】报谢。【略】戊辰,【略】免察哈尔、额鲁特二营游牧蒙古应赔被雪倒毙牲畜。

《宣宗实录》卷四五六

七月【略】丙戌,【略】缓征山东临朐县被雹村庄旧欠额赋。

《宣宗实录》卷四五七

九月【略】癸酉,【略】又谕:刘喜海奏资送江北灾民情形一折。江浙境壤毗连,本年江苏省淮扬一带被淹较广,灾民入浙者男妇一万余名口,业经该抚酌给口食,分起资送,自应如此办理。【略】壬午,【略】给湖南武陵、龙阳、沅江、安乡四县被水灾民一月口粮并房屋修费。【略】丙戌,【略】除山东海丰县被水灶地三十二顷五十七亩有奇额课。【略】己丑,【略】以山东章丘等属麦收歉薄,改征粟米。除江苏丹徒县水冲沙压田四顷十八亩有奇额赋。【略】癸巳,【略】谕内阁:御史王本梧奏,各省仓谷有名无实,请饬采买足额,并严禁亏缺一折。各省仓储原为备荒而设,本年江南、湖北等省均被水成灾,【略】若如该御史所奏,各州县每乘出借名色,任意侵那,甚至捏造册籍,非以无为有,即折银代谷,种种弊端,殊堪痛恨。至直隶、山东、河南、山西、陕西、甘肃等省本年秋收丰稔,所有常平仓谷正可及时采买,并著各该督抚及时督饬地方各官买补足额。【略】乙未,谕军机大臣等,给事中陈坛奏,河南谷贱,【略】据称河南各府两季丰收,现在开封等处粮价甚贱,今年江楚被灾,明岁南粮必减,应早为筹画。【略】丙申,【略】给江苏句容、溧水、高淳、江浦、六合、盐城、高邮、泰、东台、

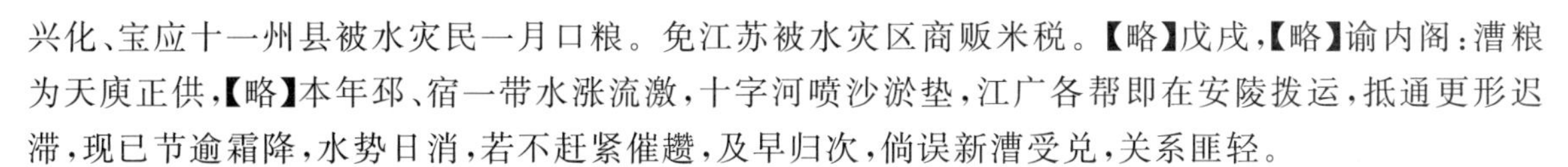

兴化、宝应十一州县被水灾民一月口粮。免江苏被水灾区商贩米税。【略】戊戌,【略】谕内阁:漕粮为天庾正供,【略】本年邳、宿一带水涨流激,十字河喷沙淤垫,江广各帮即在安陵拨运,抵通更形迟滞,现已节逾霜降,水势日消,若不赶紧催趱,及早归次,倘误新漕受兑,关系匪轻。

《宣宗实录》卷四五九

十月辛丑朔,【略】赈直隶通、武清、宝坻、香河、宁河、天津、静海七州县灾民。蠲缓通、武清、宝坻、香河、宁河、天津、静海、博野、固安、临榆、定兴、故城、曲周、景、滦、阜城、元城、吴桥、宁晋、永年、三河、蓟、青、丰润、庆云、玉田、盐山、霸、文安、大城、东安、顺义、怀柔、密云、乐亭、安、雄、河间、献、任丘、沧、南皮、鸡泽、大名、南乐、清丰、新河、邯郸、成安、肥乡、广平、磁五十二州县被水、被雹村庄新旧额赋有差。壬寅,【略】缓征山东惠民、范、邱、临清、邹平、长山、济阳、德、临邑、禹城、平原、东平、东阿、海丰、聊城、堂邑、博平、茌平、清平、冠、高唐、恩、郓城、单、濮、潍、夏津、武城、历城、菏泽、滨、利津、莘、馆陶三十四州县,暨德州、东昌、临清三卫被水、被虫村庄新旧额赋。【略】戊申,【略】以祷雨灵应,封陕西柘坡峪龙神为"灵昭广济"之神,并颁御书扁额,曰:"泽敷秦雍"。【略】己未,【略】蠲缓湖南武陵、龙阳、沅江、桃源、华容、安乡、澧、益阳、湘阴九州县及屯坐各卫被水民屯新旧额赋有差。并给华容、岳州二县卫灾民一月口粮。贷澧、安乡二州县灾民籽种。【略】壬戌,【略】展缓齐齐哈尔、黑龙江、墨尔根城、呼兰城歉收屯田积欠银粮。【略】丙寅,【略】缓征山西萨拉齐、洪洞、定襄三厅县被水、被旱、被雹村庄新旧额赋。丁卯,谕内阁:【略】本年湖北省灾区宽广,虽迭经降旨,拨帑赈济,令该督妥为抚恤,第恐奉行不善。【略】赈湖北汉阳、黄陂、孝感、黄冈、潜江、江陵、松滋、武昌、咸宁、大冶、天门、公安、江夏、汉川、沔阳、广济、监利、嘉鱼、黄梅、石首二十州县及屯坐各卫被水灾民。并蠲缓汉阳、黄陂、孝感、黄冈、潜江、江陵、松滋、武昌、咸宁、大冶、天门、公安、江夏、汉川、沔阳、广济、监利、嘉鱼、黄梅、石首、蒲圻、兴国、蕲水、钟祥、京山、云梦、应城、枝江、荆门、蕲三十州县,暨武昌、武左、沔阳、黄州、蕲州、德安、荆州、荆左、荆右九卫庄屯新旧额赋有差。戊辰,【略】赈安徽无为、当涂、和、宿松、望江、铜陵、芜湖、繁昌、五河、怀宁、贵池、东流、桐城、灵璧、凤阳、宿十六州县及屯坐各卫被水灾民。给和、当涂、怀宁、五河、贵池、东流、桐城、灵璧、凤阳、宿、芜湖、巢、怀远、含山十四州县灾民一月口粮。蠲缓巢、怀远、含山、青阳、凤台、蒙城、合肥、庐江、建德、定远、泗、建平、潜山、太湖、宣城、南陵、阜阳、颍上、霍邱、盱眙、天长、寿、亳、太和、无为、当涂、和、宿松、望江、铜陵、芜湖、繁昌、五河、怀宁、贵池、东流、桐城、灵璧、凤阳、宿四十州县及屯坐各卫新旧额赋有差。

《宣宗实录》卷四六〇

十一月辛未朔,【略】缓征山东济宁、阳信、乐陵、朝城、金乡、鱼台、陵、德平、商河、滋阳、宁阳、邹、滕、汶上、寿张、曹、高密、嘉祥、定陶、平度、阳谷、巨野、观城二十三州县,暨德州、东昌、临清、济宁四卫被水、被雹庄屯新旧额赋。【略】癸酉,【略】缓征江苏上元、江宁、句容、江浦、六合、山阳、阜宁、桃源、盐城、高邮、泰、东台、江都、甘泉、仪征、兴化、宝应、泰兴、长洲、吴、元和、吴江、震泽、常熟、昭文、昆山、新阳、华亭、奉贤、娄、金山、上海、南汇、青浦、宜兴、荆溪、丹徒、丹阳、金坛、溧阳、清河、安东、铜山、丰、沛、萧、砀山、宿迁、睢宁、太仓、镇洋、嘉定、崇明、通、如皋、武进、阳湖、无锡、金匮、江阴、海门、川沙六十二厅州县,及淮安、大河、扬州、苏州、徐州、太仓、镇海、金山、镇江九卫被水庄屯新旧额赋有差。赈上元、江宁、句容、溧水、高淳、江浦、六合、靖江、山阳、阜宁、桃源、盐城、高邮、泰、东台、江都、甘泉、仪征、兴化、宝应、泰兴二十一州县,暨淮安、大河、扬州三卫被灾军民。甲戌,【略】缓征河南永城、虞城、夏邑、息、祥符、宁陵、新蔡、项城、睢、商丘、鹿邑、柘城、考城、杞、通许、密、武陟、阳武、汝阳、汤阴、洧川、陈留、尉氏、中牟、兰仪、郑、荥泽、汜水、安阳、临漳、林、武安、汲、内黄、淇、新乡、辉、获嘉、延津、滑、封丘、河内、济源、修武、孟、温、原武、淮宁、扶沟、许五十州县被水村庄新旧额赋。乙亥,【略】缓征两淮吕四、掘港、富安、安丰、梁垛、东台、何垛、丁溪、草堰、刘庄、伍祐、新兴、庙湾、石港、丰利、拼茶、角斜、板浦、中正、临兴二十场被淹灶地新旧额赋有差。并赈吕四、掘港、富安、安丰、梁垛、东台、何垛、丁溪、草堰、刘庄、伍祐、新兴、庙湾十三场灶户。【略】丙子，【略】展缓陕西榆林、怀远、神木、府谷、葭五州县积歉节年带征额赋。【略】己卯，【略】缓征甘肃渭源、伏羌、陇西、西和、华亭、宁、宁夏、宁朔、灵、中卫、平罗、西宁、崇信、灵台、金、安定、会宁、平凉、静宁、固原、隆德、泾二十二州县歉收村庄新旧额赋。蠲缓江西德化、瑞昌、湖口、进贤、余干、建昌、南昌、新建、丰城、鄱阳、万年、星子、都昌、安义、德安、彭泽、新喻、新淦、上高、新昌二十县被水村庄新旧额赋有差。赈德化、瑞昌、湖口、进贤四县灾民，给德化、德安、瑞昌、湖口、彭泽、南昌、新建、进贤、鄱阳、余干、星子、都昌、建昌十三县灾民一月口粮及房屋修费。庚辰，缓征江苏江宁、高淳、高邮、泰、兴化、宝应六州县歉收村庄额赋。【略】甲申，【略】贷湖南提标常德、洞庭、澧州、岳州各协营驻扎灾区兵丁一月饷银。【略】丁亥，【略】蠲减直隶安、隆平、天津、宁晋、文安、东安六州县被水村庄新旧额赋有差。

《宣宗实录》卷四六一

十二月【略】丙午，【略】命于大高殿祈雪，上亲诣行礼。【略】加赈直隶通、武清、宝坻、香河、宁河、天津、静海、三河、蓟、青、盐山、庆云、丰润、玉田十四州县灾民，并缓征道光二十九年额赋。展缓霸、文安、大城、东安、顺义、怀柔、密云、乐亭、安、雄、河间、献、任丘、沧、南皮、鸡泽、大名、南乐、清丰、新河、永年、邯郸、成安、肥乡、广平、磁二十六州县历年带征正杂额赋。【略】甲寅，以京畿雪泽未沾，上诣大高殿。【略】缓征浙江仁和、富阳、新城、嘉兴、秀水、嘉善、海盐、石门、平湖、桐乡、乌程、归安、德清、武康、金华、兰溪、义乌、永康、武义、浦江、西安、龙游、建德、遂安、分水、桐庐、丽水、缙云、青田、景宁三十县暨杭严卫被水、被风庄屯新旧正杂额赋。丙辰，【略】缓征浙江青村、横浦、浦东、下砂头、二三五场歉收灶田新旧额课。丁巳，【略】又谕：王植奏请酌量变通工赈事宜等语。本年安徽省江淮异涨，圩堤漫缺成灾，前经该抚奏明寓工于赈，兹据奏称，积水消退甚迟，工赈势难兼顾。【略】又谕：王植奏请将被控之代理知县革审一折。安徽代理灵璧县知县阜阳县县丞沈鸿，于该地方被灾地亩例应分别蠲缓钱粮，辄敢不俟奏报，先行违例征收，殊出情理之外。【略】寻奏：研讯人证，佥供该县钱粮，向系麦熟后上下忙同时并征，上年二麦登场后，该参员于七月初二日开征，其时尚未被灾，后因秋雨过多，淮、濉并涨，即于八月底停征，委非违例征收。【略】辛酉，以京畿雪泽尚未优沾，上诣天神坛。【略】壬戌，【略】以江南江安、松苏道所属粮价增昂，命缓买各帮丁行月等米。

《宣宗实录》卷四六二

## 1849年 己酉 清宣宗道光二十九年[①]

正月【略】癸酉，贷江西南昌、新建、进贤、鄱阳、万年、星子、都昌、建昌、德化、德安、瑞昌、彭泽十二县上年被水灾民籽种。贷给湖南武陵、龙阳、沅江、湘阴、澧、安乡六州县上年被水灾民籽种口粮。甲戌，给江苏高淳、山阳、盐城、高邮、东台、江都、兴化、宝应、泰兴、桃源、江阴十一州县，及淮安、大河、扬州三卫上年被水军民一月口粮。加赈安徽怀宁、桐城、宿松、望江、贵池、铜陵、东流、当涂、芜湖、繁昌、无为、凤阳、灵璧、五河、和十五州县及泗州卫上年被水军民。给和、当涂、五河、桐城、灵璧、凤阳、怀宁、东流、宿、巢、怀远、含山、庐江十三州县灾民一月口粮。乙亥，【略】缓征山东临清、长山、济阳、禹城、临邑、海丰、商河、滋阳、宁阳、滕、汶上、寿张、冠、潍、高密、夏津、邱、鱼台、济宁、德、东平、东阿、惠民、阳信、乐陵、郓城、单、濮、范、聊城、清平、恩、金乡三十三州县，并德州、

① 江浙地区此年梅雨期雨量甚大，详情可参见晏朝强等(2011)《基于〈己酉被水纪闻〉重建1849年上海梅雨期及其降水量》一文。

东昌、临清、济宁四卫本年上忙额赋。给两淮吕四、掘港、富安、安丰、梁垛、东台、何垛、丁溪、草堰、刘庄、伍祐、新兴、庙湾十三场上年被灾灶户谷石。【略】己卯,【略】缓征浙江仁和、富阳、嘉兴、秀水、嘉善、海盐、石门、平湖、桐乡、乌程、归安、德清、武康十三县节年旧欠额赋。【略】甲午,【略】直隶总督讷尔经额奏,各属得雪。得旨:京师于本月二十四日自寅至辰末,得雪将及二寸,嗣后或可雨泽应候,朕惟叩吁天恩,无误东作。 《宣宗实录》卷四六三

二月【略】辛丑,谕内阁:【略】台湾彰化、嘉义两县并鹿港厅地方于上年十一月初八日同时地震,城垣、衙署均有坍塌,并倒坏民房,伤毙人口。据该督等奏称,该厅县陡遭地震,计及二百余里,小民困苦流离,实堪悯恻。至淡水、噶玛兰两厅先经被水,田园庐舍多被冲坏,人口亦多淹毙,被水之后复遭地震,小民尤为可悯,亟应查勘抚恤。【略】丙午,【略】直隶总督讷尔经额奏,省城得雪。得旨:览奏欣慰之至。京师亦于初四日自申至亥雪不甚大,连融化外,约可二寸,不无小补;初六日自丑刻大雪弥漫,无间无断,直至午刻,越五时之久,午正后犹密霰纷纷,至申未止,足敷四寸有余。朕欣感天贶,代万姓庆幸也。 《宣宗实录》卷四六四

三月【略】壬午,【略】缓征江苏上元、句容、溧水、江浦、六合、山阳、清河、安东、江都、甘泉、仪征、铜山、丰、萧、砀山、邳、宿迁、睢宁、海、沭阳、通、泰兴二十二州县,并扬州、淮安、大河、徐州四卫毗连灾区积欠额赋。【略】甲申,直隶总督讷尔经额奏:本年二月十二日冰泮后,永定河水势迭次增长,自八九尺至一丈一二尺不等,南北两岸纷纷蛰陷,其并无埽工之处,亦多坍塌滩坎,当即动用存工料物,督率文武员弁随时抢护,现俱一律平衡。报闻。【略】己丑,【略】直隶总督讷尔经额奏报得雨情形。得旨:京师自本月初八日以来,雨虽不大,迭次沾濡,合而计之亦属润足,可喜可庆。江苏巡抚陆建瀛覆奏:南漕改征折色诸多未便,敬谨沥陈。一、原议改收折色,即以其银分于河南、陕西、奉天丰收地方购买米麦,或招商由海运津等语。【略】除湖南凤凰、永绥、乾州、泸溪、麻阳、保靖、古丈坪七厅县水冲沙压田六顷九十三亩有奇额赋,并减硗薄屯田租额有差。【略】丁酉,【略】直隶总督讷尔经额奏报各属粮价。得旨:御园于廿七日亥刻雷雨交作,又得雨三寸有余,不独田苗有益,而上下之气通畅矣。 《宣宗实录》卷四六五

五月【略】丙寅,【略】缓征山东邹、滕二县被雹村庄新旧正杂额赋,贷滕县灾民仓谷。

《宣宗实录》卷四六八

六月【略】辛未,【略】贷江苏山阳、阜宁二县,暨淮安、大河二卫被水灾民籽种口粮。【略】丙子,【略】又谕:傅绳勋奏,江苏各属被水较重,现在查办情形一折。本年江苏省入夏以来阴雨连绵,积水无从宣泄,以致苏、松、常、太等属民田庐舍多被漫淹,其江、淮、扬等属堤圩亦多冲破,灾民荡析离居,览奏实深悯恻。【略】现在该省米价增昂,乏食堪虞。【略】庚辰,谕内阁:陆建瀛奏,各属被水,现办抚恤情形等语。本年雨水过多,江宁各属被灾较广,省城居民房屋淹没,无从栖止,览奏恻然。【略】又谕:陆建瀛、傅绳勋奏江南贡院积水,请展限办理乡试一折。江南省本年春夏之间雨多晴少,闰四月内连日大雨,山水下注,江潮涌灌入城。据该督等奏称,现在贡院内积水甚深,无从宣泄,本年八月乡试势难依限办理,著照所请,江南文闱乡试,准其展限至九月初八日举行;其武闱乡试,展至来年三月举行。【略】辛巳,【略】以安徽水灾,米价增昂,免各商船米税。【略】癸未,谕内阁:本年入夏以来,江、浙、安徽、湖北等省皆因雨多水涨,各属漫淹较广,灾民荡析离居,嗷嗷待哺,每一览奏,焦虑殊深。【略】甲申,谕内阁:吴文镕奏筹运米粮以济民食一折,本年浙江灾区宽广,粮价昂贵,小民乏食堪虞,除外江内河商运米粮赴浙售卖者,经过各关,昨已降旨均免纳税外,其福建省如何招商贩运台米,山东省如何招商贩运小米杂粮等项,并粤东洋米如何买运赴浙,均著各该督抚等体察情形,妥速办理。【略】又谕:吴文镕奏,遇灾恐惧,恳予罢免一折。所奏冒昧糊涂,胆大之至,【略】著革去顶带,暂留浙江巡抚之任,责令认真筹办灾赈,如能不辞劳怨,办理妥速,尚可稍赎

愆尤，倘复不知振作，查办竟无成效，致灾民转徙沟壑，必当重治其罪，朕言出法随，断不能稍从宽贷也。懔之慎之。又谕：吴文镕奏请将乡试展期一折。浙江本年雨水过多，贡院内号舍墙屋倾圮过甚，急难修理，所有本年浙江文闱乡试，著准其展至九月举行。【略】戊子，【略】又谕：裕泰、唐树义奏请将乡试展期一折。湖北本年阴雨过多，贡院内号舍积水，急难宣泄，所有本年湖北文闱乡试，著准其展至九月初八日举行。【略】谕军机大臣等，裕泰、唐树义奏，地方被水较重，筹办安抚情形一折。湖北省自上年被水，民鲜盖藏，本年自春徂夏阴雨过多，以致江湖并涨，低洼田地均被漫淹，贫民荡析离居，情形殊堪悯恻。【略】甲午，谕内阁：本年江苏、浙江、安徽、湖北等省被水灾区较历届尤为宽广，前经特降谕旨，令各该省督抚将藩关各库银两酌留备赈，并准商贩米船一体免税。

《宣宗实录》卷四六九

七月丙申朔，【略】给江西德化、德安、瑞昌、湖口、彭泽五县被水灾民一月口粮。【略】丙午，【略】又谕：杨以增奏抢办险工，泄黄减涨，并绘图呈览一折。本年黄水积涨，南河吴城七堡堤段坍塌，危险异常，经该河督将上游大黄庙旁泄清旧址，挑通宣放，旋即消水四五尺，各工俱报平稳。七堡溃堤，抢筑亦能得手。【略】丁未，【略】缓征江苏吴江、震泽、常熟、新阳、川沙、华亭、奉贤、娄、金山、上海、南汇、青浦、无锡、金匮、江阴、宜兴、荆溪、靖江、丹徒、丹阳、金坛、溧阳二十二厅县歉收村庄新旧额赋。戊申，除江苏江都县坍没田四顷九十二亩额赋。【略】庚戌，【略】给湖南武陵、龙阳、沅江、益阳、湘阴、澧、安乡、华容八州县暨岳州卫被水军民口粮，并房屋修费。辛亥，谕内阁：裕泰、唐树义奏请将漂失米谷较多之知县撤任追查等语。湖北咸宁县知县施均于存贮仓谷并拨运征存米石，值雨多水涨，溢灌入城，未能赶即搬贮，致将未及抢出各项米谷漂失二千余石之多。又，该县距省不及二百里，所报连被暴雨情形与省城大不相同，显系禀报不实，难保非先已亏那，藉口掩饰，施均著先行撤任。【略】又谕：裕泰、唐树义奏，堤塍被水漫淹，请将办理不善之知县分别革职议处一折。湖北黄梅、广济二县上年溃口，拨银修筑，乃该县等承修溃堤，并不审度水势，尽心筹画，以致本年堤塍弥漫过顶，田庐被淹。且黄梅县于被水后，该县不即安抚，辄任灾民结伴外出，更属玩视民瘼。【略】乙丑，谕军机大臣等，【略】据称本年五月间，苏州府饥民聚集阊门，维时有土匪数百人假冒灾民，将城内俞姓及城外枫桥地方周姓、高姓家俱白昼抢掠一空。又，常州府有饥民数百人赴府报灾，府县不理，诿之绅士，以致无赖匪徒纠约千余人，拥至城内绅士余姓家，藉词求赈，抢劫财物，地方文武各官畏葸避匿，致匪徒益无忌惮，抢夺余姓数家银钱辄以万计，并有拒伤通判之事。又，浙江山阴、会稽等县亦有土匪纠众肆抢，城内居民急难迁避，各雇乡勇，自为防卫等语。【略】又谕：有人奏，湖北撤任知县施均，以办灾为由，向本县富室派捐银数千两，并不发赈，致饥民将首事各家房屋全行拆毁，该县竟不敢办等语。

《宣宗实录》卷四七〇

八月丙寅朔，【略】展赈江苏太湖、金山、靖江、溧阳、上元、江宁六厅县被水灾民。【略】乙亥，【略】给湖南武陵、龙阳、益阳、湘阴、沅江、临湘、华容、安乡、澧九州县及岳州卫被水军民一月口粮，并房屋修费。贷湖南武陵、龙阳、益阳、湘阴四县修民堤银。【略】壬午，【略】给奉天锦州被水旗民一月口粮，并房屋修费。癸未，【略】谕军机大臣等，本日据吴文镕奏，浙省新漕势难一律征收起运，请饬于河北遣散游帮水手一折。据称，浙帮各船增雇纤夫及游帮水手通计不下数万人，本届新漕停运必多，一经归次，不特滋事堪虞，且食指浩繁，米愈少而价愈贵，请于河北全行截留，令其自谋生计等语。【略】辛卯，【略】给江西鄱阳、星子、建昌、都昌、余干、万年、南昌、新建、进贤九县被水灾民一月口粮。

《宣宗实录》卷四七一

九月【略】丁酉，谕内阁：吴文镕奏，奏销题报迟延，请与藩司一并交部议处等语。本年浙省被水成灾，一切查勘安抚，均须筹办，以致奏销册籍未能依限办理，迟逾一月有余。【略】乙巳，【略】谕军机大臣等：有人奏，江苏苏州、常州等府均有饥民吁请平粜，禀府不理，致酿抢夺之事。现闻苏城

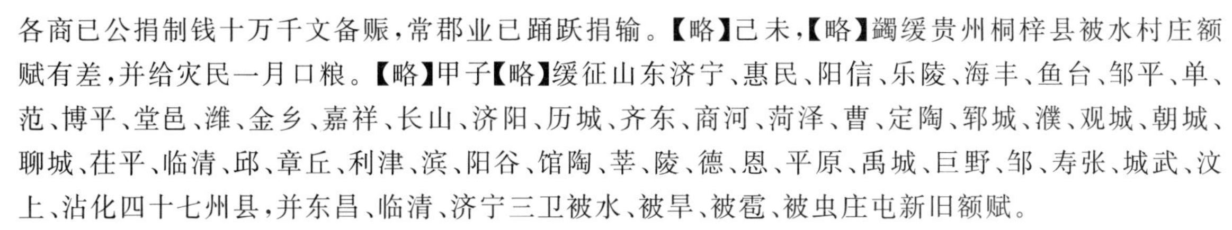

各商已公捐制钱十万千文备赈，常郡业已踊跃捐输。【略】己未，【略】蠲缓贵州桐梓县被水村庄额赋有差，并给灾民一月口粮。【略】甲子【略】缓征山东济宁、惠民、阳信、乐陵、海丰、鱼台、邹平、单、范、博平、堂邑、潍、金乡、嘉祥、长山、济阳、历城、齐东、商河、菏泽、曹、定陶、郓城、濮、观城、朝城、聊城、茌平、临清、邱、章丘、利津、滨、阳谷、馆陶、莘、陵、德、恩、平原、禹城、巨野、邹、寿张、城武、汶上、沾化四十七州县，并东昌、临清、济宁三卫被水、被旱、被雹、被虫庄屯新旧额赋。

《宣宗实录》卷四七二

十月【略】丁卯，【略】蠲缓直隶武清、青、静海、蓟、文安、大城、滦、卢龙、迁安、乐亭、蠡、雄、安、河间、任丘、沧、南皮、盐山、庆云、藁城、邯郸、成安、肥乡、广平、鸡泽、磁、大名、元城、曲周、清丰、宣化、怀来、玉田、永年、平乡、南和、巨鹿三十八州县被水、被旱、被雹村庄新旧额赋有差。【略】己巳，【略】缓征陕西府谷、神木二县被雹村庄新旧额赋。【略】辛未，【略】缓征奉天辽阳、广宁、铁岭、沈阳、新民、海城、开原七厅县被水地亩额赋。【略】乙酉，【略】蠲缓湖南武陵、龙阳、沅江、桃源、华容、安乡、益阳、湘阴、巴陵、临湘十县暨岳州卫被水庄屯额赋有差。贷龙阳、沅江、澧、安乡、湘阴、华容六州县暨岳州卫军民口粮麦种及兴修堤垸银。【略】壬辰，【略】谕军机大臣等，本年浙江、安徽、湖北等省被灾之区均极宽广，江西、湖南各地方亦多偏灾，现经各督抚纷纷奏请蠲缓钱漕，分别赈赏。朕无不悉照所请。【略】赈安徽怀宁、铜陵、和、望江、贵池、宿松、无为、芜湖、东流、当涂、桐城、繁昌、五河、宣城、含山、南陵、庐江、凤阳十八州县及屯坐各卫被水、被旱军民，缓征太湖、巢、泾、合肥、舒城、宿、定远、凤台、滁、青阳、建德、潜山、寿、怀远、灵璧、阜阳、建平、颍上、盱眙、天长、霍邱、泗、全椒、来安二十四州县及屯坐各卫被水、被旱村庄新旧额赋。赈浙江仁和、钱塘、海宁、嘉兴、秀水、嘉善、海盐、石门、桐乡、乌程、归安、长兴、德清、武康、余杭、新城、平湖、安吉、山阴、会稽、萧山、余姚、建德、桐庐二十四州县，及杭严、嘉湖二卫被水灾民。蠲缓富阳、上虞、淳安、遂安、临安、于潜、昌化、孝丰、分水、慈溪、金华、兰溪、东阳、义乌、永康、武义、浦江、汤溪、西安、龙游、寿昌二十一县被水村庄额课有差。给山西徐沟县被水灾民口粮。蠲缓太原、徐沟、萨拉齐三厅县被水村庄新旧额赋有差。癸巳，赈湖北蒲圻、黄陂、孝感、蕲水、蕲、潜江、江陵、石首、武昌、咸宁、大冶、黄冈、天门、松滋、公安、江夏、兴国、汉阳、广济、嘉鱼、汉川、沔阳、黄梅、监利二十四州县及屯坐各卫被水灾民，缓征天门、钟祥、京山、云梦、应城、枝江、荆门、当阳、通山九州县被水村庄新旧额赋。

《宣宗实录》卷四七三

十一月【略】庚子，展缓齐齐哈尔、黑龙江、墨尔根、布特哈、呼兰、特木德贺依等城被水田地积欠粮银，并给兵丁口粮。辛丑，缓征河南祥符、商丘、宁陵、鹿邑、夏邑、永城、柘城、汤阴、汲、新乡、获嘉、辉、延津、浚、封丘、考城、河内、济源、原武、修武、孟、温、阳武、陈留、汜水、睢、安阳、淇、滑、武陟、息、临漳、郑、杞、中牟、兰仪、荥阳、荥泽、密、武安、涉、内黄、洛阳、偃师、嵩、淮宁、项城、扶沟四十八州县被旱、被水、被雹村庄新旧额赋。壬寅，【略】展缓甘肃河、狄道、靖远、陇西、阶、崇信、皋兰、渭源、金、静宁、隆德、宁、武威、宁夏、宁朔、灵、中卫、平罗、泾、灵台二十州县及沙泥州判所属歉区新旧正杂额赋。癸卯，【略】蠲缓江苏上元、江宁、句容、溧水、高淳、江浦、六合、长洲、元和、吴、吴江、震泽、常熟、昭文、昆山、新阳、太湖、华亭、奉贤、娄、金山、上海、南汇、青浦、川沙、武进、阳湖、无锡、金匮、江阴、宜兴、荆溪、靖江、丹徒、丹阳、金坛、溧阳、江都、仪征、太仓、镇洋、嘉定、宝山、崇明、泰兴、山阳、阜宁、清河、桃源、安东、盐城、高邮、泰、东台、甘泉、兴化、宝应、铜山、沛、萧、砀山、宿迁、睢宁、通、海门六十五厅州县，并苏州、扬州、太仓、镇海、金山、淮安、大河、徐州八卫被水庄屯正杂额赋有差。赈上元、江宁、句容、溧水、高淳、江浦、六合、长洲、元和、吴、吴江、震泽、常熟、昭文、昆山、新阳、太湖、华亭、奉贤、娄、金山、上海、南汇、青浦、川沙、武进、阳湖、无锡、金匮、江阴、宜兴、荆溪、靖江、丹徒、丹阳、金坛、溧阳、江都、仪征、太仓、镇洋、嘉定、宝山、崇明、泰兴四十五厅州县，并苏州、扬州、太仓、镇海、金山五卫军民。【略】庚戌,【略】蠲缓江西德化、德安、瑞昌、湖口、彭泽、南昌、新建、进贤、鄱阳、余干、万年、星子、都昌、建昌、丰城、安义、新喻、新淦、清江、峡江、新昌二十一县被水、被旱村庄正杂额赋有差,及应还籽种谷石修堤银。赈德化、德安、瑞昌、湖口、彭泽、南昌、新建、进贤、鄱阳、余干、万年、星子、都昌、建昌十四县灾民。【略】乙卯,蠲缓浙江海沙、鲍郎、鸣鹤、钱清、东江、曹娥、仁和、石堰、青村、袁浦、横浦、浦东、下沙头、下沙二三十四场被水田地新旧额赋有差。给仁和、石堰、青村、袁浦、横浦、浦东、下沙头、下沙二三八场灶丁口粮。

《宣宗实录》卷四七四

十二月【略】戊寅,【略】给安徽怀宁、桐城、宿松、望江、宣城、南陵、贵池、东流、当涂、芜湖、繁昌、无为、凤阳、五河、和、含山、铜陵、庐江、巢十九州县及屯坐各卫被水灾民一月口粮。【略】庚辰,【略】减免直隶安、隆平、宁晋、河间、文安、永清、天津、东安八州县积水歉收地亩旗租粮赋。【略】壬午,【略】以湖北省城被水,抢护出力,予同知劳光泰等议叙。　《宣宗实录》卷四七五

## 1850 年 庚戌 清宣宗道光三十年

正月【略】乙未,【略】贷江西南昌、新建、进贤、鄱阳、余干、万年、星子、都昌、建昌、德化、德安、瑞昌、湖口、彭泽十四县上年被水灾民籽种。赈浙江仁和、海宁、嘉兴、秀水、嘉善、石门、桐乡、乌程、归安、德清、武康十一州县,并杭州、嘉兴、湖州三卫,青村、袁浦、浦东、下沙头、下沙二三等六场上年被水灾民屯丁灶户。【略】丁酉,【略】贷陕西神木、府谷二县上年被雹灾民籽种,并给口粮。贷湖北武昌、咸宁、嘉鱼、蒲圻、兴国、大冶、汉川、黄陂、孝感、沔阳、黄冈、黄梅、蕲、天门、江陵、公安、石首、监利、荆门十九州县暨屯坐各卫上年被水灾民籽种。贷湖南武陵、龙阳、沅江、澧、华容、益阳、湘阴七州县上年被水灾民籽种,并给武陵、沅江、澧、安乡四州县灾民一月口粮。戊戌,【略】缓征直隶青、静海、武清、蓟、文安、大城、滦、卢龙、迁安、乐亭、蠡、雄、安、高阳、河间、任丘、沧、南皮、盐山、庆云、藁城、永年、邯郸、成安、肥乡、广平、鸡泽、磁、元城、大名、清丰、宣化、怀来、玉田、曲周三十五州县上年被水村庄新旧额赋。缓征山东济宁、惠民、阳信、乐陵、单、范、聊城、金乡、嘉祥、鱼台、邹平、海丰十二州县,暨东昌、临清、济宁三卫上年被水、被雹、被虫村庄正杂额赋。甲辰,【略】缓征江苏上元、江宁、句容、溧水、高淳、江浦、六合、山阳、阜宁、清河、桃源、安东、盐城、高邮、泰、东台、江都、甘泉、仪征、兴化、宝应、铜山、丰、沛、萧、砀山、邳、宿迁、睢宁、沭阳、通、如皋、泰兴、海门、长洲、元和、吴、吴江、震泽、常熟、昭文、昆山、新阳、华亭、奉贤、娄、金山、南汇、青浦、川沙、武进、阳湖、无锡、金匮、江阴、宜兴、荆溪、靖江、丹阳、金坛、溧阳、太仓、镇洋、嘉定、宝山、崇明、上海、丹徒六十九厅州县,并淮安、大河、扬州、徐州、苏州、太仓、镇海、金山、镇江九卫被灾庄屯旧欠正杂额赋。

《宣宗实录》卷四七六

六月【略】癸亥,【略】谕内阁:讷尔经额奏,永定河北七工堤埝漫口,请将防护不力之道员厅汛分别惩处一折。【略】两江总督陆建瀛等奏,雷击上海口天主堂十字架。得旨:敬感之余,更深惭愧。

《文宗实录》卷一一

六月丙子,【略】又谕:吴文镕奏海塘石工被水冲决一折。本年夏间浙省雨水较多,潮势汹涌,致将海塘石工冲决六十余丈,口门现已过水。【略】辛巳,【略】缓征山东济宁、济阳、禹城、陵、德、德平、平原、东平、宁阳、汶上、阳谷、寿张、临淄、金乡、嘉祥、临清、东阿、濮、范、观城、朝城、聊城、堂邑、博平、茌平、清平、莘、冠、馆陶、高唐、恩、邱、鱼台、定陶、泰安、滋阳、菏泽、曹、巨野、益都四十州县,及临清、德州、东昌三卫被风、被旱村庄新旧额赋。

《文宗实录》卷一二

七月辛卯朔,【略】抚恤安徽霍山、望江二县被水灾民。【略】乙未,【略】又谕:吴文镕奏,海塘缺

口陆续刷宽，赶紧抢筑等语。据称，西防厅属海塘决口，续又刷宽十余丈，现在广集人夫，昼夜抢筑，【略】至附近之仁和、海宁二州县低洼村庄田庐被淹，著即确切勘明，妥为安抚，无令失所。【略】己亥，【略】谕内阁：吴文镕奏，海塘缺口现已堵合，并下游州县尚无被淹一折。此次浙江海塘石工冲决六十余丈，续又抢做土塘，冲决过半。【略】湖北巡抚龚裕奏，江夏、嘉鱼等县多被漫淹，江陵、公安二县民堤漫缺，业民迁居高阜，当饬该管道府查勘安辑。【略】癸卯，【略】又谕：吴文镕奏，塘工复被冲塌，现在设法抢护一折。据称，西防厅属"吕"字号土塘缺口，经堵合后，并无蛰损，复于六月三十日夜间潮汛猛烈，将"调"字号已成埽工塌开十丈有奇，水势下注等语。

《文宗实录》卷一三

七月【略】壬子，【略】陕甘总督琦善奏报，甘肃省河州、渭源、西河、安化、庄浪、崇信等处间有被旱、被雹、被霜地方，平乐县渠水猛涨冲淹；皋兰县黄河上游暴涨，漫淹沿河一带。俱饬查办。

《文宗实录》卷一四

九月【略】癸巳，【略】谕内阁：陆建瀛、杨以增奏，洪泽湖猝遭风暴，抢办各工平稳等语。洪泽湖信坝等处经风雨暴作，掣塌石工多段，现已将信坝赔堵稳固，智、林两坝护埽亦均修补完整。【略】丁酉，【略】又谕：吴文镕奏，大雨水涨，田庐被淹，塘工亦续有冲坍，现饬查勘，并抢堵一折。浙省上年甫被灾歉，民鲜盖藏，兹复于八月中旬大雨两昼夜，低乡田庐悉被淹浸，灾黎难免流离，殊堪悯恻。【略】其云、腾二号石塘续有冲塌十余丈，并著吴文镕严饬工员多备料物，赶紧将土塘口门堵筑，勿致潮水内灌。

《文宗实录》卷一七

九月【略】癸丑，浙江巡抚吴文镕奏报风潮涨溢，州县被淹。得旨：速行勘办，断不可稍有讳饰。

《文宗实录》卷一八

十月己未朔，【略】以山东历城等属本年麦收歉薄，改征粟米。庚申，【略】谕内阁：兆那苏图奏被水地方情形等语。山西萨拉齐厅属二道河等滨河三十五村七八月间河水涨发，堤坝田庐间有冲决被淹处所。著该抚委员速往查勘。【略】甲子，【略】缓征山东济宁、平原、新城、临邑、邹平、阳信、乐陵、商河、海丰、沾化、鱼台、历城、章丘、济阳、长山、齐河、禹城、齐东、惠民、滋阳、邹、单、金乡、嘉祥、朝城、滨、蒲台、利津、阳谷、寿张、范、莘、聊城、冠、茌平、恩、馆陶、清平、邱、临朐、陵、德、汶上、巨野、郓城、濮、观城、定陶四十八州县，并德州、东昌、临清、济宁四卫被水、被旱地亩新旧额赋有差。【略】己巳，【略】缓征吉林三姓地方被水歉收旗民额赋。

《文宗实录》卷一九

十月【略】戊寅，【略】直隶总督讷尔经额奏报得雪情形。得旨：获此祥霙，实堪欣庆，【略】京师亦于十六日戌时雪霰缤纷，至十七日卯时止，亦有三寸余，特谕汝知。【略】己卯，谕内阁：户部议覆，朱嶟奏南粮到迟，预筹暂囤一折。【略】现在河冰未至坚结，仍著该侍郎相机督催。【略】庚辰，又谕：现在天气严寒，实录馆人员朝夕恭纂书籍，著加恩于例支柴炭外，十一月、十二月、正月每月赏银五十两。【略】辛巳，谕内阁：御史汪元方奏，浙江水灾多由棚民开山、水道淤阻所致，请饬查禁等语。浙江杭州、湖州等府属近山各县多有外来游民搭棚，群聚山中，开种苞谷，翻挖山土，以致每逢大雨，沙砾尽随流下，良田化为硗瘠，下游溪河受淤，水无去路。近年雨水稍多，漫溢成灾，实为地方之害。该御史所称，棚民于卖山时不肯税契过户，巧立名目，谕之召租。乡民贪受小利，日后赔纳钱粮，而该棚民等去留无定，往往潜行窃盗。盗案之多，亦由于此。著该抚吴文镕饬属严查未开各山，永不准容留棚民私买私开。其现有棚民垦山各处，亦宜察看情形，设法清理，事关民田水利，务须认真查办，始终无懈，不得视为具文。朕思穷民谋食，原所不禁，惟以开山致碍水道，且恐日久藏奸，转难稽查。浙省如此，其江苏、安徽、江西、湖广等省傍山沿江各州县难保无私垦山田，使下流填注淤塞，民田受害之处。著各该督抚通饬所属，一体实力稽查，各就本地情形设法妥办。不得谓积重难返，将就目前，致酿后患。另片奏：每年取造棚民户册，如余杭一县，府房需索规费，为数甚多，并用空白印册，捏填姓名户口。似此虚应故事，且任听蠹胥婪索，成何事体。著吴文镕严确访查，提究惩办。以后务令该地方官亲自履勘，造册详报，不准假手书吏，以昭核实而杜流弊。【略】丁亥，【略】缓征湖北嘉鱼、蒲圻、汉阳、黄陂、孝感、沔阳、黄梅、应城、江陵、公安、石首、监利、松滋、汉川、枝江、咸宁、广济、钟祥、京山、潜江、天门、江夏、黄冈、蕲水、云梦、武昌、兴国、蕲、荆门、通山三十州县，并武昌、武左、沔阳、蕲州、黄州、德安、荆州、荆左、荆右九卫被水、被旱庄屯新旧额赋有差。缓征安徽怀宁、桐城、潜山、太湖、宿松、望江、贵池、青阳、铜陵、建德、东流、当涂、芜湖、繁昌、无为、合肥、舒城、庐江、巢、宿、凤阳、怀远、定远、灵璧、寿、凤台、颍上、霍邱、霍山、泗、盱眙、天长、五河、全椒、和、含山、建平、宣城、南陵、阜阳、亳、太和、滁、来安、泾、蒙城四十六州县，并安庆、建阳、庐州、凤阳、长淮、泗州、宣州、滁州八卫被水、被旱民田新旧额赋有差。

《文宗实录》卷二〇

十一月己丑朔，【略】谕内阁：朱嶟奏请饬筹办冻阻粮艘等语。【略】永建、赣州两帮在香河县地面，吉安帮在武清县地面，均因前数日风雪冻阻，幸此时天气晴暖，若能赶紧打冰，开通河路，尚可催趱前进。【略】乙未，【略】蠲缓湖南武陵、龙阳、沅江、华容、巴陵、临湘、安乡、澧、益阳、湘阴十州县及岳州卫被水村庄本年额赋有差，并贷澧、安乡二州县贫民籽种银。【略】己亥，【略】蠲缓山西太原、萨拉齐二厅县被雹、被水村庄新旧额赋，赈萨拉齐、托克托城二厅灾民一月口粮，并给冲坍房屋修费。【略】壬寅，【略】缓征江苏上元、江宁、句容、溧水、高淳、江浦、六合、长洲、元和、吴、吴江、震泽、常熟、昭文、昆山、新阳、华亭、奉贤、娄、金山、南汇、青浦、阳湖、无锡、江阴、宜兴、荆溪、靖江、丹徒、丹阳、金坛、溧阳、山阳、阜宁、清河、桃源、安东、高邮、泰、东台、江都、甘泉、仪征、宝应、铜山、沛、萧、砀山、宿迁、睢宁、太仓、镇洋、通、泰兴、海门、川沙、武进、金匮、嘉定、宝山、崇明六十一厅州县，暨淮安、大河、扬州、徐州、苏州、太仓、镇海、金山、镇江九卫被水村庄本年漕粮及新旧额赋有差。癸卯，【略】缓征两淮富安、安丰、梁垛、东台、何垛、丁溪、草堰、刘庄、伍右、新兴、庙湾、板浦、中正、临兴十四场被水灶户旧欠折价银。

《文宗实录》卷二一

十一月【略】乙巳，【略】蠲免直隶安、隆平、宁晋、河间、文安、永清、东安七州县积涝洼地本年额赋有差，并缓征本年及节年应完旗民粮租。【略】戊申，【略】蠲缓浙江富阳、德清、武康、山阴、会稽、萧山、仁和、钱塘、海宁、余杭、临安、新城、嘉兴、秀水、嘉善、海盐、平湖、石门、桐乡、乌程、归安、长兴、安吉、孝丰、慈溪、奉化、诸暨、余姚、上虞、嵊、金华、兰溪、东阳、义乌、永康、武义、汤溪、西安、龙游、建德、淳安、遂安、寿昌、桐庐、分水、临海、天台、缙云四十八州县暨杭严卫被水村庄新旧额赋有差。并赈山阴、会稽、萧山、诸暨、安吉五县灾民两月口粮，仁和、钱塘、余杭、余姚、上虞五县灾民一月口粮。【略】乙卯，【略】展缓河南祥符、荥泽、商丘、夏邑、宁陵、鹿邑、永城、柘城、阳武、原武、鄢陵、睢、临漳、内黄、巩、汜水、陈留、通许、洧川、中牟、兰仪、郑、荥阳、密、新郑、汤阴、安阳、林、武安、汲、新乡、获嘉、淇、延津、滑、浚、考城、济源、修武、孟、洛阳、偃师、淮宁、项城、河内、扶沟、武陟、温四十八州县被水、被雹村庄并河占沙压地亩，节年缓征银米及民借籽种口粮仓谷。

《文宗实录》卷二二

十二月戊午朔，【略】缓征甘肃河、陇西、灵、西宁、灵台五州县及陇西县丞所属被水、被旱、被雹、被霜灾区旧欠额赋，并皋兰、靖远、宁夏、宁朔、中卫、平罗六县新旧额赋。【略】壬戌，【略】缓征江西南昌、新建、进贤、清江、峡江、鄱阳、余干、建昌、安义、德化、湖口、彭泽十二县被水灾区本年额赋，并展缓南昌、新建、万年、星子、建昌、安义、德安、瑞昌、彭泽、丰城、鄱阳、都昌、湖口、新喻、新淦、德化、进贤、余干、峡江、新昌、清江二十一县及九江同知所属积歉村庄银米芦课。【略】甲子，【略】蠲缓浙江仁和、钱塘、富阳、海宁、余杭、临安、新城、嘉善、石门、桐乡、归安、乌程、长兴、德清、武康、安吉、嘉兴、秀水、海盐、平湖二十州县被水、被旱积歉灾区新旧漕粮。缓征浙江东江、曹娥、

芦沥、仁和四场被水、被风灶地新旧额赋。　　《文宗实录》卷二三

十二月【略】己卯，【略】浙江巡抚吴文镕奏，杭州、嘉兴、湖州三府属有漕州县本年秋禾被水、被旱、被风，米质未能一律纯洁，请照例红白籼粳兼纳。从之。【略】展缓浙江新城、长兴、仁和、钱塘、海宁、余杭、临安、嘉兴、秀水、嘉善、海盐、石门、平湖、桐乡、乌程、归安、德清、武康十八州县因灾缓征旧欠额赋。【略】癸未，【略】展缓河南原武、永城、临漳三县因灾缓征旧欠额赋。【略】乙酉，【略】缓征直隶永清、东安、安肃、安、高阳、庆云六州县被灾村庄次年新赋，并展缓三河、武清、蓟、霸、保定、大城、蠡、雄、河间、献、任丘、天津、静海、沧、南皮、盐山、鸡泽、大名、龙门、玉田、涞水、隆平、成安、广平、永年、邯郸二十六州县旧欠额赋。　　《文宗实录》卷二四

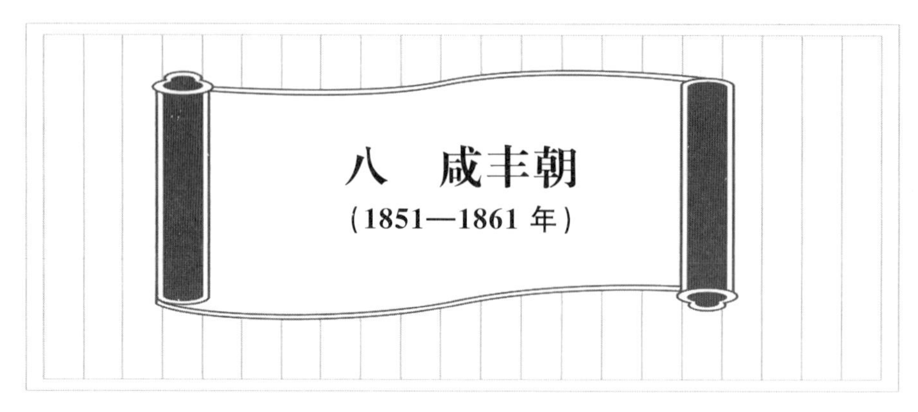

# 八　咸丰朝

(1851—1861年)

## 1851年 辛亥 清文宗咸丰元年①

正月【略】己丑,【略】给安徽凤阳、五河二县灾民一月口粮。【略】辛卯,【略】缓征山东济宁、惠民、阳信、乐陵、沾化、邹、单、朝城、聊城、清平、金乡、邹平、齐河、临邑、海丰、商河、滋阳、嘉祥、鱼台十九州县,并德州、东昌、临清、济宁四卫被水、被旱、被雹灾区本年额赋。【略】壬辰,【略】贷江西德化、湖口二县被水灾民籽种。给湖南澧、安乡二州县被水灾民一月口粮,并贷武陵县农民籽种。

《文宗实录》卷二五

正月【略】丁未,谕军机大臣等,王懿德奏,由京启程,行至河南,见祥符至中牟一带,地宽六十余里,长逾数倍,地皆不毛,居民无养生之路等语。河南自道光二十一年及二十三年两次黄河漫溢,膏腴之地均被沙压,村庄庐舍荡然无存,迄今已及十年,何以被灾穷民仍在沙窝搭棚栖止,形容枯槁,凋敝如前,览奏深堪悯恻。【略】辛亥,【略】以福建上年晚稻歉收,暂缓各属买补动缺谷石。

《文宗实录》卷二六

三月【略】甲寅,【略】以祈祷灵应,颁发浙江天竺山观音大士庙御书扁额,曰"垂慈应感"。

《文宗实录》卷二九

三月【略】丙辰,【略】免黑龙江、齐齐哈尔、墨尔根、布特哈四处因灾借给未完粮银。

《文宗实录》卷三〇

四月丁巳朔,【略】修建浙江钱塘县被水冲塌营汛房基,从巡抚吴文镕请也。以山西代、文水、孝义、大同、灵丘、猗氏六州县粮价增昂,命发常平仓谷,出借平粜。并缓右玉、保德、隰、宁远、阳曲、临汾、太平、曲沃、虞乡、霍十厅州县买补动缺谷石。　《文宗实录》卷三一

四月【略】辛巳,【略】又谕:寄谕安徽巡抚王植,据蒋文庆奏,徽州府属歙县、婺源县于三月十二日大雨狂风,兼下冰雹,菜麦间有打坏,房屋不无坍损,虽无伤毙人口,而二麦收成究竟有无妨碍,据称已由该地方官捐廉抚恤,并委员驰赴确查。【略】合肥、凤阳等县春雨过多,驿路间有被淹,务饬该地方官赶紧疏消。【略】寻奏:该二县被雹甚轻,二麦约有六分收成,坍损民房均已修复。【略】免热河平泉、丰宁二州县民欠地粮旗租银。蠲免吉林三姓地方因灾缓征银米。

《文宗实录》卷三二

五月【略】己丑,蠲免浙江省各厅州县卫积年民欠银米,暨道光二十九年分漕项银。

《文宗实录》卷三三

① 本年太平天国运动爆发。据葛全胜(1995)《人口压力、气候变化与太平天国运动》一文,当时人地矛盾激化,以及在此基础上1800—1850年气候异常造成全国农业大范围连年歉收,对该运动起着特别的激发作用。

五月壬寅,【略】江西巡抚陆应谷奏:星子、都昌、瑞昌、湖口等县三月间雨雹交作,乡田无不损伤,现饬分别确勘。【略】癸卯,【略】河南巡抚潘铎奏报:豫省二麦约收分数,并称内黄、临漳、考城等县被雹,委员查勘。【略】丙午,【略】蠲免贵州桐梓县因灾缓征银米。【略】壬子,【略】河南巡抚潘铎奏:遵查祥符县被水灾民,现饬勘明沙压地亩,请蠲除钱粮,并设法抚恤情形。

《文宗实录》卷三四

六月【略】癸亥,谕内阁:前据蒋文庆奏三月分雨水情形折,内称歙县、婺源县被雹,及合肥、凤阳等县雨多水涨,【略】据称,被雹之处仅一隅中之一隅,麦收尚无妨碍,坍损房屋均已修复,惟所称无力之家,虽经官绅资助,是否各安生业。及合肥一带滨临淮水,被淹处所恐一时尚未涸复,著蒋文庆仍饬各该地方官详细查勘,随时妥为办理,毋稍玩忽。【略】戊辰,【略】谕内阁:吕恒安、徐宗幹奏,台湾澎湖地方偶遇风灾,委员查勘办理一折。据称澎湖上年晚收歉薄,本年三月复猝被风霾,以致杂粮枯萎,民情倍形拮据。

《文宗实录》卷三五

六月【略】丙子,谕内阁:奕山、布彦泰奏,山水暴发,农田渠道间被冲淹一折,伊犁城东有东西大渠一道,灌溉农田,本年四月间因大雨并积雪消化,山水暴发,致将大渠冲决,田亩亦有淹浸,业经该将军等派员前往查勘抚恤。

《文宗实录》卷三六

七月【略】己丑,【略】赈福建澎湖厅被风灾民。【略】丙申,【略】缓征山东曹、嘉祥二县,并济宁、临清二卫被雹灾区新旧额赋。【略】戊戌,谕内阁:龚裕奏,湖北黄陂等州县地方被淹,现饬查勘,分别核办等语。据称湖北黄陂、孝感、应城、沔阳、公安、江夏、汉阳、天门、江陵、蕲水、监利、武昌、枝江、京山、嘉鱼、石首、荆门、当阳、大冶、蒲圻二十州县因入夏后五六月间大雨连旬,江汉湖河并涨,以致军民田地被淹。又,公安、江陵、监利、石首四县民堤亦多漫缺,业经该督抚等委员往勘。

《文宗实录》卷三七

八月【略】丙辰,【略】河南巡抚潘铎奏:永城等县雨水过多,委员履勘办理。【略】缓征河南临漳、内黄、考城三县被雹村庄新旧额赋。丁巳,【略】浙江巡抚常大淳奏:杭州各属得雨深透。得旨:朕欣慰览焉,皆由汝等大吏诚心办事,感召天和,嗣后尤应加慎加勉,实力为之。【略】丙寅,【略】给山西长治、长子二县被水村庄修屋埋葬银。【略】戊辰,【略】加赏江南、江淮等帮因灾减歇各帮丁月粮银米。

《文宗实录》卷三九

闰八月甲申朔,谕内阁:【略】据奏八月初一二等日,西北风暴大作,江运厅属甘泉县境闸河内之撑堤,抢御不及,致漫溢溃塌二十余丈,民埝十余丈。【略】丙戌,【略】署陕甘总督萨迎阿奏:甘肃皋兰等九州县被旱、被雹、被水情形。得旨:被灾较重之区,勘明迅速具奏,不准耽延。【略】丁亥,【略】又谕:杨以增奏,丰北厅属堤身坐蛰,现在赶办情形一折。据称本年黄河水势自白露节后,逐日加涨,八月二十日寅时,风雨交作,河水高过堤顶,丰下汛三堡迤上无工处所先已漫水,旋致堤身坐蛰,刷宽至四五十丈,现经该河督驰抵该处,先饬查明被水村庄妥为抚恤。【略】甲午,谕内阁:杨以增奏,驰抵丰北三堡,勘得口门续经塌宽至一百八十五丈,水深三四丈不等,现在大溜全行掣动,迤下正河业已断流,被淹地方居民罹此凶灾,流离失所,朕心实深悯恻。【略】又谕:颜以燠奏,黄河盛涨,两岸险工抢镶平稳一折。本年黄河水势自白露节后逐日加涨,上南兰仪、睢宁、商、虞,下北曹河等六厅尤为险要。经该督督饬各道分投抢镶,得免贻误。现在南河丰北漫口水势横溢,该督尤当严饬道厅营汛妥慎修守,毋稍疏懈。【略】戊戌,【略】谕内阁:陆建瀛奏,盐场猝被风潮,委员查勘大概情形一折。淮南丰利、栟茶、掘港、草堰等场本年八月内猝遭风雨,潮势汹涌,将范堤、稽堤冲决数处,灶田庐舍多被淹浸,亭场坍塌,卤灰漂淌,人口亦有损伤,殊堪悯恻。

《文宗实录》卷四一

闰八月【略】庚子,【略】又谕:讷尔经额奏,永定河秋汛安澜一折。直隶永定河本年伏汛内节经盛涨，在工员弁防护数月之久，慎勉从事，现已节逾秋分，查勘通工悉臻稳固。【略】又谕：常大淳奏，海塘埽石各工冲决，请将承修员弁革职留任，勒令赔修一折。浙江海塘因八月内连日风潮猛烈，先后坍卸石塘计“驹”字号二丈零，“食”字号二十丈，“场”字号四丈，其柴埽各工亦俱坍塌，现在口门业经堵合。【略】丙午，【略】谕军机大臣等，陆建瀛奏丰北漫口情形一折。并片陈徐属民情等语。此次全河北趋，由沛县之华山、戚山分注微山湖、昭阳等湖，挟清水外泛，运河闸坝纤堤均已漫淹，现在回空军船衔尾南下，不能片刻停留，如何急筹宣泄，俾运道纤堤涸出，回空可以无误。其丰、沛、铜山、砀山各县及毗连山东境内灾黎，荡析离居，不堪设想。《文宗实录》卷四二

九月【略】辛巳，【略】蠲缓直隶高阳、安、武清、大城、永清、天津、沧、南皮、盐山、庆云、晋、平乡、永年、邯郸、鸡泽、清丰、怀来、霸、雄、河间、静海、藁城、开、元城、保安、定、清河二十七州县被水、被雹村庄新旧额赋。《文宗实录》卷四四

十月【略】己丑，【略】缓征山东临清、章丘、邹平、长山、新城、齐东、济阳、禹城、临邑、陵、德、德平、平原、东阿、阳信、乐陵、商河、邹、汶上、寿张、郓城、濮、范、观城、朝城、恩、邱、历城、齐河、东平、惠民、滨、利津、滋阳、宁阳、阳谷、菏泽、单、曹、定陶、巨野、聊城、堂邑、博平、茌平、清平、莘、冠、馆陶、夏津、武城、博兴、城武、海丰、沾化、乐安、高密五十七州县，暨德州、东昌、临清、济宁四卫被水、被风、被雹村庄新旧额赋。【略】壬辰，【略】缓征福建台湾、澎湖被风霾、咸雨灾民地种船网沪缯银。【略】丁酉，【略】蠲免云南石屏、建水二州县被旱民田本年额赋。《文宗实录》卷四五

十月戊戌，【略】缓征吉林三姓地方被水本年额赋。己亥，【略】缓征湖北武昌、咸宁、嘉鱼、蒲圻、大冶、汉阳、黄陂、孝感、沔阳、黄冈、蕲水、黄梅、广济、潜江、天门、云梦、应城、江陵、公安、石首、监利、松滋、荆门、汉川、江夏、钟祥、京山、枝江二十八州县，暨武昌、武左、沔阳、蕲州、黄州、德安、荆州、荆左、荆右九卫被水村庄本年漕粮及新旧正杂额赋有差。【略】戊申，【略】免伊犁被水田亩本年额赋。《文宗实录》卷四六

十一月壬子朔，【略】蠲缓江苏丰利、栟茶、角斜、掘港、东台、何垛、丁溪、伍祐、板浦、中正、临兴、富安、安丰、梁垛、刘庄、新兴、庙湾十七场被淹灶地新旧额赋，并给丰利、栟茶、角斜、掘港四场灶户口粮有差。蠲缓安徽凤阳、灵璧、五河、宿、当涂、无为、合肥、定远、凤台、泗、铜陵、贵池、青阳、东流、庐江、含山、宿松、望江、芜湖、怀远、繁昌、舒城、巢、寿、阜阳、盱眙、天长、和、怀宁、潜山、桐城、颍上、霍邱、建平三十四州县被水、被旱村庄及屯坐各卫新旧额赋，并给凤阳、灵璧、五河、宿、怀远、当涂六州县灾民一月口粮。【略】乙卯，【略】蠲缓山东济宁、金乡、嘉祥、鱼台、滕、峄六州县，及济宁、临清二卫被水村庄新旧额赋，给灾民口粮并坍塌房屋修费。【略】庚申，【略】展缓河南永城、鄢陵、夏邑、睢、安阳、临漳、内黄、汲、新乡、淇、延津、封丘、原武、阳武十四州县被水、被雹村庄新旧额赋有差。【略】甲子，【略】蠲缓湖南武陵、龙阳、澧、安乡、巴陵、临湘、华容、湘阴、沅江九州县暨岳州卫被水村庄新旧额赋有差，并贷安乡县农民麦种银。《文宗实录》卷四七

十一月【略】癸酉，【略】缓征甘肃皋兰、宁夏、宁朔、西宁、大通、河、狄道、固原、灵、泾、崇信、灵台、镇原、碾伯十四州县暨陇西县丞所属被水、被雪、被风、被旱灾区未完新旧银粮草束。乙亥，【略】免直隶安、隆平、宁晋、河间、东安、天津六州县被水村庄本年额赋有差，并展缓节年应征粮租。

《文宗实录》卷四八

十二月【略】癸未，【略】展缓江西南昌、新建、丰城、进贤、余干、星子、建昌、安义、德化、德安、瑞昌、湖口、彭泽十三县被水庄屯新旧正杂额赋。甲申，【略】缓征浙江仁和、海宁、富阳、临安、新城、于潜、嘉兴、秀水、嘉善、海盐、平湖、石门、桐乡、归安、乌程、德清、武康、兰溪、东阳、义乌、武义、浦江、西安、龙游、常山、丽水、缙云、青田二十八州县暨仁和场被潮、被风、被旱歉收田地新旧额赋。【略】丙戌，【略】蠲缓江苏上元、江宁、句容、六合、江浦、长洲、元和、吴、吴江、震泽、常熟、昭文、昆

山、新阳、华亭、奉贤、娄、金山、青浦、宜兴、荆溪、丹阳、丹徒、金坛、溧阳、山阳、阜宁、清河、桃源、盐城、高邮、泰、东台、江都、甘泉、仪征、兴化、宝应、铜山、丰、沛、萧、砀山、邳、宿迁、睢宁、太仓、镇洋、海、沭阳、溧水、高淳、安东、海门、通五十五厅州县，暨苏州、太仓、镇海、淮安、大河、扬州六卫被水歉区新旧额赋，赈铜山、丰、沛、邳四州县暨徐州卫灾民。丁亥，【略】命于大高殿设坛祈雪，上亲诣行礼，诣时应宫拈香。【略】壬辰，【略】除湖南沅江县被淹草地一千二百七十顷有奇额赋。癸巳，【略】蠲缓安徽宿、灵璧、五河、怀宁、桐城、潜山、望江、当涂、芜湖、繁昌、舒城、巢、寿、阜阳、颍上、盱眙、天长、建平、宿松、霍邱二十州县被水、被旱村庄本年额赋。　　《文宗实录》卷四九

十二月【略】辛丑，【略】缓征山东济宁、金乡、嘉祥、鱼台、滕、峄、临清、邹平、长山、齐河、济阳、禹城、临邑、陵、平原、东平、海丰、商河、滋阳、宁阳、邹、观城、朝城、高密、章丘、德、齐东、德平、东阿、惠民、阳信、乐陵、滨、沾化、汶上、阳谷、寿张、单、曹、巨野、濮、范、聊城、堂邑、馆陶、恩、邱四十七州县，暨德州、东昌、临清、济宁四卫被水屯庄次年正杂额赋。以山东秋禾歉收，缓买各属动缺仓谷。【略】己酉，【略】贷湖北公安、江陵、监利、石首汉川五县修堤银，并赈汉川县被水灾民。

《文宗实录》卷五〇

## 1852 年 壬子 清文宗咸丰二年

正月【略】癸丑，【略】缓征直隶任丘、固安、高阳、武清、蓟、大城、永清、天津、沧、南皮、盐山、庆云、晋、平乡、永年、邯郸、鸡泽、大名、清丰、怀来、霸、雄、河间、静海、藁城、开、元城、保安、定二十九州县上年被水、被雹村庄新旧额赋，并给任丘、固安、高阳三县被水灾民口粮有差。给安徽凤阳、灵璧、怀远、五河、宿、当涂、太平七州县及屯坐各卫上年被水灾民一月口粮。【略】乙卯，【略】贷江西德化县上年被水农民籽种。贷湖北汉川、公安、监利三县暨屯坐卫所上年被水军民籽种。给湖南安乡县上年被水农民一月口粮。【略】乙丑，【略】展缓浙江仁和、海宁、富阳、临安、新城、于潜、嘉兴、秀水、嘉善、海盐、平湖、石门、桐乡、归安、乌程、德清、武康十七州县上年歉收地亩应征额赋。丙寅，【略】又谕：常大淳奏，征收漕米未能一律圆润，援案请旨一折。浙江仁和等州县未经被歉田亩，应完漕粮据该抚查明，田禾虽获有收，米质率多柔嫩，不能一律圆洁，著照所请，准其红白兼收，俾小民便于输纳。　　《文宗实录》卷五一

二月【略】甲辰，【略】展赈山东济宁、嘉祥、金乡、鱼台、滕、峄六州县，并临清、济宁两卫被水灾民一月口粮。【略】庚戌，两江总督陆建瀛等奏，丰工引河放后，猝遇风暴，大坝门占蛰动，现仍竭力赶办合龙。　　《文宗实录》卷五四

三月辛未，【略】谕内阁：京师自二月以来，雨泽稀少，朕于宫内斋心默吁，尚未渥沛甘霖，现在已交立夏，农田望泽孔殷。【略】乙亥，命于大高殿祈雨，上亲诣行礼。【略】贷山西太原、太谷、翼城、丰镇、河曲、安邑、夏、闻喜、永和、辽、万泉十一厅州县上年歉收贫民仓谷，并缓右玉、保德、宁远、阳曲、太平、曲沃、虞乡、临汾、灵石九厅州县买补节年动缺仓谷。丙子，【略】蠲缓安徽凤阳、灵璧、五河、宿、当涂、怀远、望江、芜湖、无为、巢、寿、盱眙、天长、合肥、舒城、定远、凤台、泗、和、怀宁、桐城、潜山、铜陵、庐江、阜阳、颍上、霍邱、含山、建平、贵池、青阳、宿松、东流、繁昌三十四州县被水村庄及屯坐各卫上年额赋。【略】戊寅，【略】直隶总督纳尔经额奏报各属先后得雨情形。得旨：京师于二十四日得雨一寸余，惟冀续沛时霖，于农田尚有裨益，事天以诚不以文，尤在心常敬畏。

《文宗实录》卷五七

四月【略】丙午，【略】缓征安徽无为州积歉灾区本年额赋暨压征芦课银。《文宗实录》卷六〇

六月【略】癸未，【略】谕内阁：陆建瀛等奏遵筹漕运事宜一折。据称现在东省水势骤涨，八闸已

无岸可循，重运恐难逆挽，请分别变价海运。【略】展缓江苏清河、宿迁、海、海、沭阳四州县被水地方新旧额赋。【略】甲申，【略】谕内阁：【略】据称上年丰北漫口，山东滨河州县被淹成灾，鱼台最重，济宁次之，金乡、嘉祥、滕、峄又次之，曾分别轻重三次放赈。《文宗实录》卷六三

六月【略】辛丑，【略】展缓山东濮、范、丘、莒、滕、峄、兰山、东平、滋阳、曲阜、宁、邹、汶上、郯城、齐东十五州县并东昌卫被旱、被雹庄屯新旧额赋。【略】乙巳，【略】免浙江仁和、钱塘、海宁、富阳、余杭、临安、新城、嘉兴、秀水、嘉善、海盐、平湖、石门、桐乡、安吉、归安、乌程、长兴、德清、武康、孝丰、慈溪、奉化、山阴、会稽、萧山、诸暨、余姚、上虞、嵊、临海、天台、金华、兰溪、东阳、义乌、永康、武义、汤溪、西安、龙游、建德、淳安、遂安、寿昌、桐庐、分水、缙云四十八州县，并杭州、严州、台州三卫被灾缓征银米。《文宗实录》卷六四

七月【略】丁巳，谕内阁：龚裕奏公安县地方被水较重，现饬勘办一折。另片奏大冶等州县被水情形，本年湖北省荆江泛涨，公安县地方迭被淹浸，又因上游支堤漫溃，水势骤涨，高过县城所筑子埝，抢护不及，将县城西南角漫缺，衙署、监仓均被淹没，览奏实深轸念。《文宗实录》卷六五

七月【略】乙丑，谕内阁：椿寿奏省城及各属田禾受旱情形等语。浙江杭州省城及附近各州县地方自五月以后雨泽稀少，田禾受旱，间得阵雨，未能普遍深透。《文宗实录》卷六六

七月己巳，谕内阁：前因李僡奏称，山东湖河盛涨，漕船难行，请将各帮分别截留散囤雇船剥运一折。《文宗实录》卷六七

八月【略】丁亥，【略】谕内阁：张祥河奏兴安府被水情形，现饬查办一折。据称，陕西兴安府因本年七月间连日大雨，汉江泛溢，更兼山水陡涨，致将旧城冲决多处，房屋坍塌，淹毙人口情形较重，殊堪悯恻。《文宗实录》卷六八

八月【略】癸卯，【略】谕内阁：王懿德奏，福州等府属于五六月间迭被狂风大雨，溪湖涨发，以致漫溢城乡各处，其漳州府属之平和县被水最重，淹毙男妇一百余名，民房亦多坍损，云霄、长泰等各厅县亦有淹毙人口，均经地方官捐廉抚恤。《文宗实录》卷七〇

九月【略】己巳，【略】谕内阁：御史孙鸣琦奏丰北大工宜妥筹堵筑一折。自丰工决口已经年余，江苏、山东被水各州县灾民困苦流离，不堪言状，兼以运河淤垫，漕船挽运维艰，若复再延时日，贻患何所底止。去年陆建瀛等办工草率，以致合而复决。【略】调任山西巡抚湖北巡抚常大淳奏，湖北被淹各属已成灾象，先行动项接济穷黎，俾免失所。【略】庚午，【略】山东巡抚李僡奏报八月分雨水粮价情形。得旨：山东省粮价甚昂，【略】历城等十九州县麦收歉薄，本年应征漕麦，请援案暂行改征粟米。从之。【略】丙子，【略】蠲缓直隶保定、景、蓟、高阳、安、阜城、东光、天津、青、静海、盐山、庆云、武清、宁河、大城、霸、滦、献、任丘、吴桥、沧、南皮、晋、唐山、任、永年、邯郸、鸡泽、磁、元城、大名、南乐、清丰、衡水、雄、束鹿、隆平、武邑、深、武强、平乡、长垣四十二州县被水、被风、被雹村庄额赋，并给口粮有差。《文宗实录》卷七二

十月【略】庚辰，【略】蠲缓山西托克托城被旱村庄本年额赋，灾民口粮有差。【略】丙戌，【略】蠲缓奉天金、复、辽阳、岫岩、熊岳、牛庄、海城、承德、新民九厅州县被水旗地本年租赋，贷辽阳、牛庄旗户一月口粮。丁亥，【略】缓征山东历城、章丘、邹平、齐河、禹城、德平、长山、新城、齐东、济阳、东平、临邑、德、平原、东阿、惠民、阳信、乐陵、商河、滨、利津、蒲台、滋阳、宁阳、邹、汶上、阳谷、寿张、菏泽、单、城武、曹、定陶、巨野、郓城、濮、观城、聊城、朝城、堂邑、茌平、莘、冠、馆陶、邱、海丰四十六州县，及德州、东昌、临清、济宁四卫被水、被风、被雹、被虫民屯新旧额赋。《文宗实录》卷七三

十月【略】己亥，【略】谕内阁：黄宗汉奏参不协舆情之署知州，请旨革职一折。浙江署海宁州知州江山县知县吴春棠于该州田禾被旱，并不及早勘办，以致乡民赴署滋闹，平时既不协舆情，又不能将滋事人犯上紧拿获，实属不职，吴春棠著即革职。【略】庚子，【略】又谕：庆祺、朱嶟奏，河水冻

合，亟筹截卸事宜一折。本年南漕行走迟滞，现在北运河业已冻合，所有在后之江安重运剥船，势难径抵通坝。著准其照道光三十年办过成案，暂行截卸天津北仓，俟明春冰泮，即行运通。【略】蠲缓湖北公安、天门、江夏、嘉鱼、汉阳、广济、石首、监利、咸宁、黄陂、孝感、沔阳、黄梅、潜江、云梦、应城、江陵、松滋、荆门、蒲圻、钟祥、汉川、京山、武昌、大冶、蕲水、黄冈、枝江二十八州县，暨武昌、武左、沔阳、黄州、蕲州、德安、荆州、荆左、荆右九卫被旱、被水民屯新旧额赋，赈钟祥、公安、汉川、天门灾民口粮有差。【略】壬寅，免江西抚州帮漕船遭风漂失米一千一十三石有奇，淹毙旗丁赏恤如例。癸卯，【略】又谕：李僡奏，援案请展减引年限，【略】山东盐纲减引十万道，【略】兹据该抚查明，商累未能复原，本年场灶又被潮灾。【略】丙午，【略】缓征山东范县被水村庄新旧额赋。

《文宗实录》卷七四

十一月【略】壬子，【略】赈陕西兴安府被水灾民一月口粮，给坍塌房屋修费。癸丑，【略】展缓河南永城、夏邑、商丘、睢、封丘、杞、陈留、延津、汲、武陟、扶沟、内黄、浚、原武、阳武、新乡、温、淇、考城、临漳、虞城、获嘉、安阳、汤阴、宁陵、洛阳、项城二十七州县被水、被雹村庄新旧额赋。【略】乙卯，【略】修筑湖北襄阳老龙官堤及公安、钟祥、天门、江陵、石首、潜江六县被水冲决民堤，从巡抚常大淳请也。赈湖北公安、钟祥、汉川、天门四县被水灾民。丙辰，【略】蠲缓安徽灵璧、凤阳、五河、宿、当涂、怀远、怀宁、桐城、潜山、宿松、望江、南陵、铜陵、东流、芜湖、繁昌、寿、定远、凤台、颍上、霍邱、亳、泗、盱眙、天长、和、宣城、贵池、青阳、建德、无为、合肥、舒城、庐江、巢、阜阳、含山、建平三十八州县，及宣州、安庆、庐州三卫被水、被旱地亩新旧额赋。赈凤阳、灵璧、五河、宿四州县被水灾民一月口粮。

《文宗实录》卷七五

十一月【略】己未，【略】蠲缓山东滕、峄、济宁、金乡、嘉祥、鱼台六州县，及济宁、临清二卫被水庄屯新旧额赋。【略】壬戌，【略】展缓两淮富安、安丰、梁垛、东台、何垛、丁溪、草堰、刘庄、伍祐、新兴、庙湾、板浦、中正、临兴十四场被水灶地新旧额赋。【略】丙寅，【略】蠲缓浙江仁和、钱塘、海宁、新城、嘉兴、秀水、嘉善、海盐、平湖、石门、桐乡、金华、兰溪、东阳、义乌、永康、武义、浦江、汤溪、西安、龙游、常山、建德、淳安、遂安、寿昌、桐庐、富阳、临安、于潜、乌程、归安、德清、武康、慈溪、诸暨、余姚、上虞、新昌、嵊、宁海、江山、开化、分水、丽水、缙云、青田、松阳、云和四十九州县，并杭严、嘉湖、衢州三卫被旱、被水、被风歉收地亩新旧额赋，并给金华、东阳、义乌、永康、浦江五县灾民一月口粮。

《文宗实录》卷七六

十一月丁卯，【略】又谕：黄宗汉奏藩司自尽出缺一折。据称，浙江布政使椿寿于本月初九日夜间在署自缢。另片奏，浙江钱漕诸务支绌，本年久旱岁歉，征解尤难，该司恐误公事，日夜焦急，以致迫切轻生。而椿寿遗嘱内有"因情节所逼，势不能生"之语。并未指明因何情节，该司以二品大员，即令公事难办，何至遽行自尽，是否另有别情？【略】寻奏：该司因库款不敷漕务棘手，致肝疾举发，因而自尽，并无别情。报闻。【略】己巳，【略】蠲缓湖南武陵、龙阳、沅江、澧、安乡、巴陵、临湘、华容、湘阴九州县及岳州卫被水歉收地亩新旧额赋，并贷安乡县无力贫民麦种。【略】辛未，【略】蠲缓安徽灵璧、宿、怀宁、桐城、潜山、宿松、望江、南陵、铜陵、东流、当涂、芜湖、繁昌、寿、怀远、定远、凤台、颍上、霍邱、亳、泗、盱眙、天长二十三州县被水、被旱歉收地亩本年额赋。【略】甲戌，【略】又谕：慧成奏，帮船进闸，有碍挑工，【略】浙江十三帮能于十一月内赶至临清，尚可进闸催行，倘迟至十二月，即拟令在闸外守冻，自系实在情形。惟现在天气和暖，该河督仍当随时察看。会同李僡熟筹妥办，俾帮船不致全行阻冻，挑工亦无贻误，方为妥善。【略】缓征吉林三姓被水地亩应完上年银谷。缓征江西南昌、新建、进贤、玉山、余干五县被水、被旱地亩本年额赋，并展缓南昌、新建、丰城、建昌、安义、德化、德安、瑞昌、湖口、彭泽、进贤十一县节年缓征正杂额赋。《文宗实录》卷七七

十二月【略】丁亥，【略】蠲缓直隶安、隆平、宁晋、河间、任丘、东安、天津七州县被水村庄本年额

赋有差。缓征甘肃河、靖远、安定、静宁、泾、崇信、镇原、灵台、皋兰、狄道、渭源、固原、宁夏、宁朔、灵、中卫、平罗、西宁、大同十九州县及陇西县丞所属被旱、被水、被雹、被霜地方新旧额赋。蠲缓浙江仁和、钱塘、海宁、富阳、临安、新城、于潜、嘉兴、秀水、嘉善、海盐、平湖、石门、海盐、平湖、石门、乌程、归安、德清、武康十八州县被水、被旱地方本年漕米。【略】辛卯,【略】蠲缓江苏上元、江宁、句容、江浦、六合、长洲、元和、吴、吴江、震泽、常熟、昭文、昆山、新阳、华亭、奉贤、娄、金山、南汇、青浦、宜兴、荆溪、丹徒、丹阳、金坛、溧阳、山阳、阜宁、清河、桃源、盐城、高邮、泰、东台、江都、甘泉、仪征、兴化、宝应、铜山、丰、沛、萧、砀山、邳、宿迁、睢宁、太仓、镇洋、海、沭阳、高淳、溧水、通、海门五十五州县,苏州、太仓、镇海、淮安、扬州五卫被水、被旱庄屯新旧正杂额赋,并截留漕米三万二千石,赈丰、沛、铜山、邳、海、沭阳、清河、桃源、安东、宿迁十州县,暨徐州、大河二卫灾民口粮有差。【略】癸巳,【略】赏湖南安乡县被水贫民一月口粮。截留漕粮十万五千石,赈浙江金华、东阳、义乌、永康、浦江、武义、汤溪、建德八县被灾贫民。蠲缓浙江海沙、鲍郎、芦沥、长亭、横浦、浦东、袁浦、青村、下沙头九场歉收灶丁新旧额赋。【略】乙未,【略】大学士直隶总督讷尔经额奏报各属雪泽情形。报闻。

《文宗实录》卷七九

十二月【略】丁酉,【略】浙江巡抚黄宗汉奏报雨雪应时情形。得旨:获沾渥泽,庆幸实深。【略】己亥,谕内阁:前据奕兴奏,奉天灾歉地方,旗丁外出谋生,请变通章程一节。【略】癸卯,【略】以浙江杭、嘉、湖等府田禾缺雨,米色不纯,准红白籼粳各色兼收。【略】乙巳,【略】又谕:青麟、杨以增奏,黄河雪后复冻,请俟天融冰泮,加紧进占一折。前据该河督奏称,十二月十四日卯刻,南河工次骤转东风,冰凌解泮,两坝各进一两占,即可相机放河,朕心稍慰。兹据奏称,十六日夜间大雪连宵,黄河复又冻阻,旋凿旋合,人力难施,似俟河冰融泮,加紧赶办等语。金门现存二十余丈,进占挂缆,最关紧要,即谓大河偶冻,亦应设法办理,断无工届垂成,忽然停断之理。刻下节逾立春,转瞬桃汛将至,若不加紧筹办,万一再有疏失,自问当得何罪。

《文宗实录》卷八〇

## 1853年 癸丑 清文宗咸丰三年

正月【略】丁未,【略】赈直隶保定、景二州县被水灾民一月口粮。展缓蓟、安、保定、景、高阳、阜城、东光、天津、青、静海、盐山、庆云、武清、宁河、霸、大城、滦、献、任丘、吴桥、沧、南皮、晋、唐山、任、永年、邯郸、鸡泽、磁、元城、大名、南乐、清丰、衡水、雄、束鹿、隆平、武邑、深、武强、平乡四十一州县被水村庄新旧额赋,并津军厅苇渔等课。赈安徽凤阳、灵璧、宿、五河四州县及屯坐各卫被水、被旱灾民一月口粮。【略】己酉,【略】缓征山东章丘、齐东、济阳、德、东阿、惠民、阳信、乐陵、滨、沾化、邹、汶上、阳谷、单、城武、曹、巨野、濮、范、朝城、兰山、聊城、堂邑、莘、馆陶、邱、金乡、邹平、长山、齐河、临邑、平原、海丰、商河、利津、滋阳、宁阳、寿张、郓城、寿光、昌邑、高密、济宁、嘉祥、鱼台、滕、峄四十七州县,及德州、东昌、临清、济宁四卫被水、被旱、被风、被雹庄屯本年正杂额赋,并永利、永阜二场灶地钱粮。贷山西托克托城被旱农民籽种。

《文宗实录》卷八一

正月【略】丁巳,谕内阁:怡良、王懿德奏请将各处未补仓谷暂缓采买一折。福建省城及漳州府属上年夏间猝遭风雨,民间盖藏杂粮间有损失,兼之台湾米船进口稀少,晚收后粮价未见平减。

《文宗实录》卷八二

正月【略】壬申,【略】又谕:杨以增奏,设法凿冰进占,并启放引河一折。据称连日风雪,黄河复冻,东西两坝屡出险工,经该河督等亲督兵夫,凿冰进占,现在金门仅存七丈,大溜从积凌下斜注口门,形势尚顺,随于二十日启放引河,大溜挟凌下注,掣归正河六分有余,一俟西坝门占盘压坚固,即可相机合龙等语。现在节逾惊蛰,凿冰进占,人力易施,著即督同查文经严饬在工各员,认真催

办，刻期合龙。　　　　　　　　　　　　　　　　　　　　　《文宗实录》卷八三

二月【略】丁丑，【略】谕内阁：本日据杨以增驰奏，丰北大工合龙稳固，全黄归正一折。【略】于二十六日挂缆合龙，竭一昼夜之力，追压到底，正溜悉归故道。　　　　　　　　《文宗实录》卷八四

二月【略】甲辰，【略】蠲免奉天金、复、承德、岫岩四厅州县被水灾区上年额赋有差。

《文宗实录》卷八六

四月【略】辛巳，【略】贷山西乡宁、永宁、大同、灵丘、榆社五州县歉收贫民仓谷，并缓右玉保德、宁远、阳曲、太平、曲沃、虞乡、临汾、霍、灵石十厅州县应买节年平粜仓谷。《文宗实录》卷九〇

四月【略】丙戌，谕内阁：侍郎罗惇衍奏，风闻江苏之清河、宿迁、邳州，山东之滕、峄、鱼台、嘉祥等处民多饿殍，尸骸遍野，请置义冢埋葬等语。上年丰工未经合龙，山东、江苏交界处所民多流离。

《文宗实录》卷九一

五月【略】庚戌，【略】以湖南零陵上年秋禾歉收，命平粜仓谷。　　　　《文宗实录》卷九三

六月【略】壬午，【略】又谕：周天爵、奕经奏，丰工决口，急宜严防土匪一折。据称丰工大坝，近因水涨溜急，于二十八、二十九两日雷雨大作，黄水漫溢过堤，刷开口门三十余丈等语，览奏不胜焦急。　　　　　　　　　　　　　　　　　　　　　　　　　《文宗实录》卷九六

六月【略】辛卯，【略】谕内阁：讷尔经额奏，永定河水势陡涨，蛰堤漫溢，请将防护不力之道员厅汛分别惩处，并自请议处一折。据称，本月初八日，永定河水势骤涨，南三工十三号堤身坐蛰，时当昏夜，人力难施，致塌宽三十七丈，掣动大溜，民房田禾间有淹浸，尚无伤损人口等语。

《文宗实录》卷九七

七月【略】庚申，【略】又谕：黄宗汉奏，府城猝被水灾，现在委员查办一折。浙江台州府地方于六月十九等日风雨大作，山水下注，江潮泛溢，四乡民舍田禾均遭淹没，至二十一日雨势愈大，西门城墙被水冲塌，城内水深丈余，衙署、仓狱几成巨浸，被水之民死伤枕藉，览奏实深悯恻。该抚既已饬司委员赍银前往煮粥散赈，谅可稍资糊口，著再专派道府大员，亲往妥为抚绥，并将积水疏消，以奠民居。其被淹田亩应如何分别蠲缓之处，即著迅速查明，据实具奏。至钱塘等县塘工，因风潮拨损，亟须抢护情形，亦著详查迅办，务使灾黎得所，阖境乂安，以慰朕轸念民依至意。

《文宗实录》卷一〇〇

八月癸酉朔，【略】免伊犁额鲁特被雪伤损应赔牲畜。【略】乙亥，【略】又谕：载鈖等奏，桥道复被冲陷，请仍交地方官平垫一折。本年七月下旬连日大雨，山水涨发，致将东口子门外迤北石桥、二十里铺石桥前次平垫处所，复行冲陷，著仍交易州知州迅即确勘修垫，毋稍迟误。

《文宗实录》卷一〇二

八月【略】丙戌，谕内阁：京师自七月以来，雨水过多，虽连日天气晴明，而秋收未免歉薄，粮价稍昂，贫民度日维艰，向例京师每年十月初一日开设饭厂，著加恩先期于九月初一日各该城照旧设厂，煮饭散放，俾资接济。【略】辛卯，【略】又谕：黄宗汉奏温州府属被水情形，现饬抚恤查办一折。前以浙江台州府城猝被水灾，降旨令该抚专派道府大员前往抚恤，并查明被淹田亩，分别蠲缓具奏。兹复据该抚奏称，温州府地方于六月十八日起，狂风大雨历八昼夜之久，山水涨发，江潮泛溢入城，低洼田庐及城厢内外铺户均遭淹浸，小民谋食维艰，现经该道府饬县劝捐钱米，设局散放，并请于温处二府属借拨常平仓谷，以资接济。著该抚即饬查明迅速核办，其应如何分别蠲缓之处，著与被水之德清等二十三厅县一并详查，据实具奏。　　　　　　　　　《文宗实录》卷一〇三

八月【略】丙申，【略】又谕：叶名琛、柏贵奏，广州等府各属被水，现在委员勘办一折。本年广东省六七月间雨水较多，东西北三江先后并涨，据奏韶州府属之曲江、乐昌、英德，广州府属之南海、东莞、三水、清远，肇庆府属之高要、高明、四会，潮州府属之海阳、大埔、饶平，惠州府属之归善、博

罗，各县水涨一丈有余，至二丈余不等，田亩淹浸，房屋倾圮者甚多，览奏实堪悯恻。【略】己亥，谕内阁：易棠奏查勘秋禾被灾情形一折。本年甘肃省宁朔、宁夏、灵州、平罗、中卫等州县，因夏秋暴雨，山水陡发，渠流泛溢，淹没田禾民房并乡仓分储粮石，人畜均有淹毙。复有被雹之处，情形较重，殊堪悯恻。现经该署督委员驰往会同该府县查勘，著即饬令宣泄积水，妥为抚恤。其应如何蠲缓之处，著即查明，据实具奏。其被旱、被雹之皋兰等州县、被雹之洮州等厅州县、被旱之陇西等州县，及被雹、被水、被旱之安定县，或续得雨泽，或被灾较轻，并著该署督一并迅速查明，分别核办，用副朕轸念民依至意。【略】壬寅，【略】贷察哈尔、布鲁图等被灾驿站买补驼马银。

《文宗实录》卷一〇四

九月【略】乙巳，【略】抚恤福建连江、罗源、屏南、福清、莆田、仙游、晋江、同安、南安、惠安、上杭、永定、霞浦、福鼎、福安、寿宁十六州县，平潭、蚶江、马家巷三厅，及金门、罗溪县丞所属地方被水灾民。【略】戊申，【略】又谕：据崇恩奏，亟筹安辑灾黎，请截留漕粮备赈一折。山东济宁等州县因今春丰工漫口，旋堵旋塌，秋汛来源甚旺，该处复被淹浸，数万饥民，著准其于东省本年应征漕粮内截留十五万石，以备赈济之用。深堪悯恻。　　《文宗实录》卷一〇五

九月【略】丁巳，【略】给贵州镇远、思州、松桃府厅各属被水灾民口粮籽种并坍塌房屋修费。

《文宗实录》卷一〇六

十月【略】丁丑，【略】缓征奉天牛庄各旗界被水灾区新旧额赋。　　《文宗实录》卷一〇八

十月【略】甲申，【略】蠲缓直隶保定、文安、固安、天津、宁河、永清、新城、雄、安、高阳、献、交河、吴桥、东光、青、静海、藁城、丰润、玉田、大城、霸、蓟、新城[1]、武清、宝坻、滦、清苑、蠡、束鹿、河间、阜城、沧、南皮、盐山、庆云、正定、无极、南和、鸡泽、元城、大名、南乐、清丰、武邑、深、深泽、博野、景、南宫、新河、宁晋、武强、容城五十三州县被水、被风村庄新旧额赋，并赈保定、文安、固安、天津四县被水灾民。　　《文宗实录》卷一〇九

十一月【略】甲辰，【略】赈山西太谷县被水灾民一月口粮并蠲缓额赋有差。

《文宗实录》卷一一一

十一月【略】癸丑，【略】直隶总督桂良奏报得雪情形。【略】甲寅，【略】赈山东济宁、金乡、嘉祥、鱼台、滕、峄、邹七州县被水灾民三月口粮并蠲新旧额赋有差。缓征山东章丘、邹平、长山、新城、齐东、济阳、临邑、德、德平、平原、阳信、商河、汶上、阳谷、曹、郓城、朝城、城武、恩、邱、夏津、临清、历城、齐河、禹城、泰安、东平、利津、滋阳、寿张、菏泽、单、巨野、濮、堂邑、茌平、清平、莘、馆陶、冠、武城、范、观城、沾化、郯城、沂水、临淄、博兴、乐安、寿光、潍、聊城、东阿、滨、费、高苑、高密、惠民、定陶、高唐六十州县被水、被旱、被风、被雹、被扰村庄新旧额赋及各项租课，并原借籽种口粮有差。展缓两淮富安、安丰、梁垛、东台、何垛、丁溪、草堰、刘庄、伍祐、新兴、庙湾、板浦、中正、临兴十四场被旱、被淹灶地压征新赋有差。赈广东南海、三水、曲江、海阳、丰顺、大埔、澄海、高要、高明、东莞、香山、乐昌、英德、清远、四会、饶平、归善、博罗、封川、连、镇平、阳山二十二州县被水灾民，并给房屋修费有差。【略】丁巳，【略】蠲减云南巧家、会泽、寻甸、建水四厅州县被贼、被水地方本年额赋有差。戊午，【略】赈福建永定、上杭、武平三县被水灾民。己未，【略】又谕：有人奏，广东米价昂贵，请饬妥为筹办一折。粤省岁收歉薄，粮价骤增，粤西谷米亦未能运东接济，现在外洋米船到粤者，均囤聚香山澳下。　　《文宗实录》卷一一二

十一月壬戌，【略】蠲缓浙江钱塘、富阳、余杭、临安、新城、桐乡、安吉、上虞、临海、黄岩、太平、天台、仙居、淳安、遂安、寿昌、桐庐、仁和、海宁、嘉兴、秀水、嘉善、海盐、平湖、石门、归安、乌程、长

① 此处蠲缓直隶五十三州县中，见有“新城”两处，疑有一误。

兴、德清、武康、慈溪、奉化、会稽、萧山、诸暨、嵊、宁海、兰溪、东阳、义乌、永康、武义、西安、龙游、江山、常山、开化、建德、分水、丽水、缙云、青田、松阳、遂昌、云和、景宁五十六州县，并杭严、嘉湖、台州三卫被水、被风、被虫、被雹庄屯新旧正杂额赋有差，并赈临海县灾民一月口粮。【略】戊辰，【略】展缓直隶安肃、祁、任丘、晋、唐山、平乡、广宗、任、邯郸、磁、衡水、隆平、完、平山、巨鹿十五州县被水村庄新旧额赋，并减免差徭。己巳，【略】缓征甘肃皋兰、渭源、靖远、陇西、安定、会宁、平凉、静宁、隆德、固原、碾伯十一州县，及陇西县丞所属被水、被旱、被霜、被雹地方旧欠额赋。河、狄道、安化、宁、宁夏、灵、中卫、平罗、崇信、镇原十州县新旧额赋。庚午，【略】又谕：巡视五城给事中凤宝等奏，请饬严拿匪徒等语。本年畿辅地方水灾过重，兼为贼匪蹂躏，穷民乏食，深恐流而为匪。

《文宗实录》卷一一三

十二月辛未朔，【略】缓征山东陵、乐陵、邹平三县及德州卫被水庄屯新旧额赋。【略】甲戌，【略】缓征吉林三姓歉收地方新旧额赋。【略】己卯，【略】山东学政徐树铭奏：济宁州民被水灾，请饬河督乘水涸时，兴工办理。《文宗实录》卷一一四

十二月辛巳，【略】缓征直隶天津、静海、青、沧、南皮、盐山、庆云、衡水、清丰九州县，及丰财、芦台、严镇、海丰四场上年被灾灶地额赋有差。壬午，【略】缓征河南兰仪、息、太康、扶沟、怀宁、安阳、临漳、内黄、考城、封丘、新乡、获嘉、延津、阳武、汤阴、汲十六县被水村庄新旧额赋有差。【略】丙戌，【略】蠲缓浙江仁和、钱清、曹娥、金山、黄岩、杜渎、青村、横浦、下沙头九场被水、被风灶地新旧额赋有差。《文宗实录》卷一一五

十二月【略】乙未，【略】缓征直隶安、隆平、宁晋、新河、河间、任、文安、天津八州县被水村庄本年额赋有差。《文宗实录》卷一一六

## 1854 年 甲寅 清文宗咸丰四年

正月【略】壬寅，【略】缓征直隶保定、文安、固安、天津、蓟、宁河、霸、大城、永清、新城、雄、安、高阳、吴桥、东光、青、丰润、玉田、武清、宝坻、东安、滦、清苑、安肃、博野、蠡、祁、束鹿、河间、阜城、任丘、南皮、盐山、庆云、正定、无极、南和、唐山、平乡、广宗、永年、邯郸、鸡泽、磁、元城、大名、南乐、清丰、武邑、衡水、深泽、完、景、平山、巨鹿、南宫、新河、宁晋、武强五十九州县被水村庄新旧额赋，及津军厅苇渔课，加赈保定、文安、固安、天津四县贫民一月口粮。【略】甲辰，【略】缓征山东章丘、齐东、济阳、德平、阳信、乐陵、利津、沾化、邹、单、范、濮、朝城、聊城、堂邑、清平、馆陶、冠、恩、临清、邱、邹平、长山、齐河、临邑、陵、德、新城、平原、商河、滋阳、滕、峄、阳谷、寿张、巨野、乐安、寿光、潍、夏津、济宁、金乡、鱼台、嘉祥四十四州县被水、被旱、被风、被雹村庄额赋及各项银租有差。【略】己酉，【略】直隶总督桂良奏报得雪尺寸。得旨：祥霙普被，寅感实深。【略】蠲缓浙江钱塘、富阳、余杭、临安、新城、桐乡、安吉、仁和、海宁、嘉兴、秀水、嘉善、海盐、平湖、石门、归安、乌程、长兴、德清、武康二十州县上年被水、被雹地亩漕粮，杭、嘉、湖三府及于潜县灾区未完带征额赋。

《文宗实录》卷一一七

二月【略】辛未，【略】赈江苏沛、丰、邳、铜山、砀山五州县被水灾民。《文宗实录》卷一二〇

二月【略】壬午，【略】缓征福建福安、福鼎、寿宁、霞浦、永定、上杭六县被水田亩额赋，并赈上杭县灾民口粮。《文宗实录》卷一二一

三月【略】乙丑，【略】谕内阁：前因全庆等奏，北运河上游北寺庄地方河堤被水冲决，当令桂良委员估勘办理。《文宗实录》卷一二五

四月【略】戊子，命于大高殿设坛祈雨，上亲诣行礼。《文宗实录》卷一二七

四月【略】乙未，命再于大高殿设坛祈雨，上亲诣行礼。诣时应宫拈香。

《文宗实录》卷一二八

五月【略】戊申，上诣大高殿祈雨坛行礼，时应宫拈香。【略】直隶总督桂良奏，永定河堤工合龙。报闻。《文宗实录》卷一二九

五月【略】辛亥，【略】谕内阁：京师入夏以来，雨泽稀少，节经降旨，【略】虽得雨数次，尚未深透，近畿一带望泽尤殷。【略】癸丑，谕内阁：京师入夏以来雨泽稀少，节经降旨，设坛祈祷，未获渥沛甘霖。【略】丁巳，上诣天神坛祈雨行礼，关帝庙拈香。【略】戊午，谕内阁：前因京师入夏以来尚未得雨，节经降旨，设坛祈祷，犹未渥沛甘霖。本月十九日朕复亲诣天神坛虔祷。【略】是日酉刻，浓云密布，雷电交作，甘澍滂沱，仰蒙昊慈垂佑。《文宗实录》卷一三〇

五月【略】癸亥，以甘霖渥沛，上诣大高殿行礼报谢，时应宫拈香。【略】丁卯，【略】缓征江西南昌、新建、丰城、进贤、清江、新淦、新喻、峡江、莲花、庐陵、吉水、永丰、泰和、安福、鄱阳、余干、万年、建昌、安义、玉山、德化、瑞昌、湖口、彭泽、九江、星子、都昌、永新、浮梁、乐平、德安、武宁、兴国、高安、上高、义宁、崇仁、东乡、德兴、龙泉四十厅州县被灾、被扰地亩额赋，并分别蠲免屯濠湖课等款钱粮。《文宗实录》卷一三一

六月【略】癸酉，【略】停征河南巩县水占沙压地亩五百三十顷有奇额赋。

《文宗实录》卷一三二

七月【略】辛丑，【略】蠲缓广西永福、永宁、荔浦、修仁、象、融、柳城、来宾、宜山、武缘、迁江、桂平、平南、贵、武宣、宣化、横、崇善、养利、左、永康、宁明二十二州县，暨万承、龙英、都结、结安、吉伦、全茗、茗盈、镇远、下石、上龙、凭祥、江、罗白、罗阳十四土州县被贼、被蝗灾区新旧额赋。

《文宗实录》卷一三五

闰七月【略】壬辰，【略】展缓山东历城、长山、齐河、禹城、平原、东阿、东平、寿张、单、吕、博平、茌平、清平、乐安、丘、长清十六州县，暨德州、临清、东昌、济宁四卫被旱、被风、被丹、被贼庄屯新旧额赋。《文宗实录》卷一四〇

八月【略】癸丑【略】广西巡抚劳崇光奏，义宁、武缘、融、北流、博白等县均有蝗蝻，已飞饬严行搜捕。得旨：此事虽有成法可循，总应严饬督催办理。《文宗实录》卷一四二

九月【略】癸酉，【略】缓征河南光、息、淮宁三州县被水、被雹村庄新旧额赋有差。

《文宗实录》卷一四四

九月丁亥，【略】广西巡抚劳崇光奏浔州等府属捕蝗情形。得旨：应认真办理，不准稍有讳饰。

《文宗实录》卷一四六

十月【略】丁巳，【略】蠲缓湖南武陵、桃源、龙阳、沅江、澧、安乡湘阴七州县被水村庄新旧额赋。【略】辛酉，【略】缓征山东历城、齐河、邹平、长山、新城、禹城、临邑、长清、陵、德平、临淄、博兴、高苑、乐安、平原、东阿、惠民、青城、阳信、乐陵、商河、滨、利津、蒲台、汶上、单、城武、观城、茌平、馆陶、武城、东平、莱芜、滋阳、宁阳、阳谷、濮、菏泽、范、朝城、聊城、堂邑、博平、清平、恩、邱、海丰、沾化、益都、寿光、昌乐、平度、昌邑、潍、高密、德、寿张、定陶、曹、夏津六十州县，及德州、东昌、临清、济宁四卫被雹、被虫、被风庄屯新旧额赋有差。【略】乙丑，【略】蠲缓直隶保定、东光、宝坻、安、景、天津、磁、武清、蓟、宁河、霸、大城、东安、蠡、雄、束鹿、高阳、故城、青、南皮、盐山、庆云、永年、鸡泽、大名、元城、南乐、清丰、涞水、蔚、玉田、武邑、衡水、武强、平乡、邯郸、南宫、任丘、献、阜城、静海、沧、晋、任、隆平、深、文安四十七州县被水、被旱、被雹村庄新旧额赋，并赈保定、东光二县被水灾民。《文宗实录》卷一四九

十一月【略】丁丑，命于大高殿祈雪，上亲诣行礼。【略】乙酉，命于大高殿设坛祈雪，上亲诣行

礼。【略】缓征两淮富安、安丰、梁垛、东台、何垛、丁溪、草堰、刘庄、伍祐、新兴、庙湾、板浦、中正、临兴十四场被旱、被水灶地新旧额赋有差。缓征甘肃皋兰、河、渭源、静宁、隆德、宁夏、灵、平罗八州县被水、被旱、被雹、被霜节年旧欠银粮，及靖远、陇西、会宁、西和、安化、宁、泾、崇信、灵台九州县新旧银粮草束。

《文宗实录》卷一五一

十一月【略】癸巳，上诣大高殿祈雪坛行礼。【略】甲午，谕内阁：京师入冬以来未沾雪泽，迭经降旨，设坛祈祷，并亲诣大高殿拈香，迄今已逾旬日，尚未渥沛祥霙，朕宵旰焦劳。

《文宗实录》卷一五二

十二月【略】丙申，【略】蠲缓山西归化城、清水河、平鲁三厅县被雹村庄新旧额赋。【略】癸卯，【略】又谕：黄宗汉奏浙省各属成灾大概情形一节。本年六七月间嘉兴等十一厅县先后被风、被雨，金华等十一县被风、被旱。至闰七月间，仁和等五十余州县复迭被风雨，以致田禾受伤，秋收歉薄，并因山水暴涨，洪潮漫溢①，致有冲坍房屋、淹毙人口之处，虽经黄宗汉率属劝捐，量为抚恤，惟低洼地亩能否即时涸复，被灾黎庶恐致流离失所，朕轸念民依，实深悯恻，著何桂清迅速派员遍行履勘，即将成灾地亩应行分别蠲缓之处，奏明请旨，候朕施恩。【略】蠲缓山东滕、峄、鱼台、邹、嘉祥、金乡、章丘、齐东、济阳、陵十县，暨济宁、临清、德州三卫被水、被风、被兵灾区新旧额赋。蠲缓浙江仁和、钱塘、富阳、余杭、新城、归安、乌程、长兴、德清、武康、安吉、海宁、嘉兴、秀水、嘉善、海盐、平湖、石门、临安、于潜、诸暨、临海、黄岩、太平、兰溪、汤溪、龙游、建德、淳安、遂安、桐庐、分水、孝丰、慈溪、萧山、余姚、上虞、宁海、天台、仙居、金华、东阳、义乌、永康、武义、浦江、西安、江山、常山、开化、寿昌、丽水、缙云、青田、松阳、遂昌、云和、景宁、会稽、新昌、嵊六十二州县，并杭严、嘉湖、台州三卫被水灾区新旧额赋。蠲缓浙江仁和、黄岩、杜渎、芦沥四场被水灶地新旧额赋。

《文宗实录》卷一五三

十二月【略】戊申，以京畿雪泽未沾，上诣天神坛行礼。【略】己酉，【略】蠲缓直隶安、隆平、宁晋、河间、任、文安、天津七州县被水村庄本年额赋。【略】辛亥，【略】给江苏铜山、丰、沛、砀山、邳五州县，并徐州、大河二卫被水灾民口粮有差。蠲缓江苏上元、江宁、丹徒、上海、高淳、江浦、仪征、太湖、武进、靖江、崇明、铜山、丰、砀山、邳、沭阳、句容、溧水、长洲、元和、吴、吴江、震泽、常熟、昭文、昆山、新阳、华亭、奉贤、娄、金山、南汇、青浦、川沙、阳湖、无锡、金匮、江阴、宜兴、荆溪、丹阳、金坛、溧阳、山阳、阜宁、清河、桃源、安东、盐城、高邮、泰、东台、江都、甘泉、兴化、宝应、萧、宿迁、睢宁、海、通、海门、太仓、镇洋、嘉定、宝山六十六厅州县，暨苏州、太仓、镇海、金山、淮安、扬州、徐州、镇江八卫被水、被旱、被扰庄屯新旧正杂额赋。

《文宗实录》卷一五四

十二月【略】己未，【略】缓征河南汲、浚、淇、新乡、项城、延津、辉、陈留、滑、安阳、内黄、兰仪、汤阴、许、沈丘、考城、扶沟、获嘉、禹、淮宁、长葛、临颍、商水、偃师、临漳、宁陵、阌乡、祥符、杞、中牟、郑、荥阳、睢、河内、济源、武陟、温、涉、洛阳、巩、商丘、鹿邑、固始、封丘、修武、汜水四十六州县被水、被雹、被旱、被贼村庄新旧额赋。辛酉，【略】蠲缓江苏句容、长洲、元和、吴、吴江、震泽、常熟、昭文、昆山、新阳、华亭、奉贤、娄、金山、南汇、青浦、川沙、阳湖、无锡、金匮、江阴、宜兴、荆溪、丹阳、金坛、溧阳、山阳、阜宁、清河、桃源、盐城、高邮、泰、东台、江都、甘泉、兴化、宝应、铜山、沛、萧、砀山、邳、宿迁、睢宁、太仓、镇洋、嘉定、宝山、海、沭阳等五十一厅州县被水、被旱灾区本年漕粮。

《文宗实录》卷一五五

---

① “闰七月间……洪潮漫溢”。洪潮，即风暴潮，是年浙东沿海温黄平原于闰七月初五日遭洪潮大灾，死亡民众五六万人。

## 1855年 乙卯 清文宗咸丰五年

正月【略】丙寅，【略】缓征直隶保定、东光、宝坻、安、景、天津、磁、武清、蓟、宁河、霸、大城、东安、蠡、雄、束鹿、高阳、故城、青、南皮、盐山、庆云、永年、鸡泽、元城、大名、南乐、清丰、蔚、玉田、涞水、武邑、衡水、武强、平乡、邯郸、南宫、任丘、献、阜城、静海、沧、晋、任、隆平、深、文安、吴桥、河间四十九州县灾歉村庄新旧额赋有差，加赏保定、东光民旗一月口粮。【略】戊辰，【略】缓征山东临清、冠、历城、章丘、齐东、济阳、长清、德平、惠民、阳信、乐陵、滨、沾化、邹、汶上、单、濮、聊城、堂邑、茌平、清平、莘、馆陶、博兴、邱、邹平、长山、新城、齐河、禹城、临邑、莱芜、海丰、商河、利津、滋阳、阳谷、寿张、巨野、郓城、朝城、高苑、乐安、寿光、平度、昌邑、潍、高密、济宁、滕、峄、嘉祥、鱼台、金乡五十四州县被灾、被扰村庄本年上忙额赋及河漕摊征各项，并德州、东昌、临清、济宁四卫，东平所屯庄，永阜、永利、官台三场灶地钱粮。【略】庚午，【略】以江西武宁、星子、都昌、建昌、德化、德安、瑞昌、湖口、彭泽、广昌十县被水、被扰，酌量平粜谷谷。【略】丙子，【略】蠲缓湖南长沙、善化、清泉、宁乡、湘阴、巴陵、临湘、华容、武陵、龙阳十县，暨岳州卫被扰、被水灾区新旧额赋屯饷有差。

《文宗实录》卷一五六

二月【略】己酉，【略】蠲缓安徽凤阳、五河、怀远、定远、蒙城、亳、凤台、泗、霍邱、宿、太和、灵璧、阜阳、颍上、天长、盱眙、寿、全椒、来安十九州县被灾、被贼地方新旧额赋，并屯坐各卫丁漕银米有差。

《文宗实录》卷一五九

五月【略】癸亥，命于大高殿设坛祈雨，上亲诣行礼。

《文宗实录》卷一六七

六月【略】丁酉，【略】蠲缓湖南茶陵、醴陵二州县被水、被兵灾区节年额赋有差。

《文宗实录》卷一六九

六月【略】甲寅，【略】蠲免山西绛、曲沃二县歉收地方节年带征钱粮并缓征潞城县被雹村庄本年上忙钱粮。丙辰，【略】又谕：蒋启敭奏，下北兰阳汛三堡漫溢，请将疏防各员分别惩处一折。本年黄河水势异涨，下北厅兰阳汛铜瓦厢三堡堤工危险，六月十八日以后水势复涨，南风暴发，巨浪掀腾，以致十九日漫溢过水，二十日全行夺溜[①]，刷宽口门至七八十丈，迤下正河业已断流，下游居民罹此凶灾，流离失所，朕心实深悯恻。【略】丁巳，【略】又谕：南河丰北决口堵后复蛰，至今未议堵合，现当东河漫口，上游夺溜，下游业已断流，丰北口门亦成陆地，若乘此机会及时堵筑，必能事半功倍，于经费大可节省，著杨以增详细履勘。【略】辛酉，【略】缓征江西进贤、广昌、余干、兴国、南昌、丰城、清江、新淦、新喻、峡江、庐陵、吉水、永丰、泰和、万安、安福、鄱阳、万年、新建十九县及莲花厅被水灾区新旧额赋有差，并免广昌县应赔漂失仓谷。

《文宗实录》卷一七〇

七月【略】甲子，【略】河东河道总督李钧奏：兰阳漫口，请开捐输。丙寅，【略】山东巡抚崇恩奏：河南兰阳汛北岸河溢，由东明直注菏泽，设法抚恤灾民。报闻。【略】缓征山东馆陶、丘二县被旱、被风田亩新旧额赋有差。

《文宗实录》卷一七一

七月【略】丙戌，【略】又谕：李钧奏，查明漫水经由处所一折。据称黄流先向西北斜注，淹及封丘、祥符二县村庄，复折转东北，漫注兰仪、考城及直隶长垣等县村落。复分三股，一股由赵王河走山东曹州府，迤南下注；两股由直隶东明县南北二门分注，经山东濮州、范县，至张秋镇汇流穿运，

---

① “本年黄河水势异涨……全行夺溜”。咸丰五年(1855年)六月二十日黄河大决铜瓦厢，全溜北注，漫为三股，统归大清河入海。自此，黄河下游改道，不由苏北淮河入海，经由山东，从渤海湾入海。因时值太平天国、捻军之乱，清廷无力封堵漫口，惟任其北流。铜瓦厢，地在今河南省兰考县西北黄河东岸，当年随黄河决口，坍陷入河中。

总归大清河入海等语。黄流泛溢，经行三省地方，小民荡析离居，朕心实深轸念。惟历届大工堵合，必需帑项数百万两之多，现值军务未平，饷糈不继，一时断难兴筑，若能因势利导，设法疏消，使横流有所归宿，通畅入海，不至旁趋无定，则附近民田庐舍尚可保卫，所有兰阳漫口，即可暂行缓堵。著李钧即派张亮基带同熟悉河工形势之员，周历查勘，绘图贴说，详细具奏。

《文宗实录》卷一七三

八月【略】壬辰，【略】又谕：崇恩奏山东各州县被水情形等语。本年豫省兰阳汛黄水漫溢，直注东省，穿过运河，漫入大清河归海，菏泽、濮州以下，寿张、东阿以上尽被淹没，他如东平等十数州县亦均被波及，遍野哀鸿，实堪悯恻。【略】甲午，【略】展缓浙江定海厅被水、被旱地方节年减征额赋。

《文宗实录》卷一七四

九月【略】丁卯，【略】赈河南兰仪、祥符、陈留、杞、封丘、考城六县被水灾民一月口粮。

《文宗实录》卷一七六

十月【略】丙午，【略】缓征陕西洋县被雹地方本年出易仓谷。　《文宗实录》卷一八〇

十月辛亥，【略】蠲缓山东临清、历城、章丘、邹平、长山、新城、长清、陵、德、平原、青城、乐陵、阳信、蒲台、汶上、朝城、聊城、茌平、堂邑、馆陶、恩、夏津、邱、滋阳、宁阳、博平、清平、莘、冠、武城、兰山、郯城、费、蒙阴、沂水、益都、临淄、博兴、高苑、乐安、寿光、平度、潍、昌邑、高密、德平、观城、莒、昌乐、临朐、滕、峄、济宁、鱼台、邹五十五州县，并德州、东昌、临清、济宁、东平五卫，及永阜、王家冈、官台等场被水灾区新旧额赋有差。展缓两淮丁溪、富安、安丰、梁垛、东台、何垛、草堰、刘庄、新兴、庙湾、伍祐、板浦、临兴、中正十四场被水灶地新旧额赋有差。　《文宗实录》卷一八一

十一月庚申朔，【略】展缓吉林三姓歉收地方上年额赋。辛酉，谕军机大臣等：邵灿奏，州县报歉分数过多，拟亲往各属抽查进折。【略】毋庸亲赴各属，以免纷更。至该漕督奏称苏、松、常、太各属本年秋收丰稔，所有海运米数，自应比较上年大有增加。【略】乙丑，【略】蠲缓山东菏泽、濮、范、阳谷、寿张、单、城武、定陶、巨野、郓城、金乡、肥城、东阿、东平、平阴、齐东、临邑、利津、沾化、嘉祥、禹城、滨、曹、高唐、惠民、商河、济阳、齐河、海丰二十九州县，暨东昌、临清、济宁三卫，东平所，永阜场被水灾区新旧额赋有差，加赈贫民一月口粮。　《文宗实录》卷一八二

十一月【略】乙亥，【略】缓征甘肃皋兰、河、陇西、固原、宁夏、宁朔、灵、中卫、镇原、洮、静宁、平罗、渭源、安定、盐茶、宁、灵台十七厅州县被水、被旱、被雹、被霜地方新旧额赋。【略】丁丑，【略】赈山东济宁、鱼台二州县及临清卫被水贫民一月口粮。　《文宗实录》卷一八三

十一月【略】辛巳，【略】缓征新疆惠远城歉收地亩本年额赋。【略】甲申，【略】蠲缓乌鲁木齐奇台县被旱歉收地亩本年额赋有差，并贷贫民六月口粮。乙酉，【略】蠲缓湖南武陵、龙阳、沅江、澧、安乡、华容、湘阴、桃源八州县被水、被旱、被扰村庄新旧额赋，并原借籽种及堤工银。【略】丁亥，谕内阁：前因杨以增奏请赔堵丰工旧口门一折，当交军机大臣会同该部议奏。兹据文庆等奏称，南河丰工漫口以下被水灾区，四年以来尽成泽国，现在上游东河兰阳漫口，河流旁溢，丰工以下田畴可期涸复，灾民次第归来，群思及时播种，若不即为堵筑，来年大雨时行，两岸滩水仍由口门下注，必致淹浸民田，自应早筹堵合，以顺舆情，著照所议。　《文宗实录》卷一八四

十二月【略】丙申，【略】蠲缓直隶开、东明、长垣、保定、吴桥、东光、宝坻、宁河、新城、雄、安、高阳、天津、静海、丰润、玉田、武清、蓟、霸、文安、大城、永清、东安、安肃、蠡、束鹿、河间、献、任丘、景、青、沧、南皮、盐山、庆云、晋、南和、平乡、广宗、巨鹿、任、永年、邯郸、曲周、广平、鸡泽、磁、元城、大名、南乐、清丰、南宫、武邑、衡水、隆平、宁晋、深、武强五十八州县被水、被雹村庄新旧额赋，并各项旗租有差。丁酉，以祥霙渥沛，上诣大高殿行礼。【略】蠲缓浙江海宁、富阳、新城、长兴、安吉、临海、黄岩、太平、龙游、建德、淳安、遂安、桐庐、分水、仁和、钱塘、临安、于潜、嘉兴、秀水、嘉善、海盐、

平湖、石门、桐乡、乌程、归安、德清、武康、慈溪、奉化、萧山、上虞、新昌、宁海、天台、仙居、金华、兰溪、东阳、义乌、永康、武义、汤溪、西安、江山、常山、开化、寿昌、丽水、缙云、青田、松阳、遂昌、云和、景宁、余杭、会稽、诸暨、余姚、嵊、浦江六十二州县，暨杭严、嘉湖、台州三卫，鲍郎、海沙、杜渎三场被水、被旱、被潮新旧漕粮额赋有差，并除太平、龙游二县冲压地亩额赋。戊戌，谕军机大臣等，邵灿奏，苏省今年秋成较前丰稔，稽核各属报歉分数过多。【略】蠲缓江苏句容、长洲、元和、吴、吴江、震泽、常熟、昭文、昆山、新阳、华亭、奉贤、娄、金山、青浦、江阴、宜兴、荆溪、靖江、丹阳、金坛、溧阳、山阳、阜宁、清河、桃源、安东、盐城、高邮、泰、东台、江都、甘泉、兴化、宝应、萧、睢宁、通、泰兴、太仓、镇洋、上元、江宁、高淳、江浦、六合、仪征、溧水、南汇、川沙、武进、阳湖、无锡、金匮、铜山、砀山、邳、宿迁、嘉定、宝山、海门、丰、沛六十三厅州县，暨苏州、镇江、淮安、扬州、徐州、太仓、镇海、金山八卫被水、被旱庄屯新旧额赋有差，赈丰、沛、邳三州县并徐州卫被灾贫民一月口粮。

《文宗实录》卷一八五

十二月【略】甲辰，拨淮安关税银一万六千两赈给江苏丰、沛、邳三州县并徐州卫被水灾民口粮。蠲缓直隶安、隆平、宁晋、河间、任、文安、天津、东安八州县积涝地亩新旧额赋有差。【略】丙午，【略】准浙江杭、嘉、湖等府属被灾州县漕粮红白籼粳各色兼收。蠲缓山西永和县被水、被雹本年额赋有差。【略】丁未，【略】蠲缓河南河内、洛阳、内黄、中牟、郑、荥泽、荥阳、汜水、汤阴、临漳、延津、偃师、淮宁、沈丘、扶沟、项城、西华、鄢陵、尉氏、柘城、睢、宁陵、安阳、淇、滑、巩、汲、浚、原武、密、武陟、许、长葛、温、兰仪、祥符、陈留、杞、封丘、考城四十州县被水、被旱、被雹、被兵村庄新旧额赋，并赈兰仪、祥符、陈留、杞、封丘、考城六县贫民口粮有差。 《文宗实录》卷一八六

## 1856年 丙辰 清文宗咸丰六年

正月【略】庚申，【略】缓征直隶开、东明、长垣、保定、吴桥、东光、宝坻、宁河、新城、雄、安、高阳、天津、静海、丰润、玉田、武清、蓟、霸、文安、大城、永清、东安、安肃、蠡、束鹿、河间、献、任丘、景、青、沧、南皮、盐山、庆云、晋、南和、平乡、广宗、巨鹿、任、永年、邯郸、曲周、广平、鸡泽、磁、元城、大名、南乐、清丰、南宫、武邑、衡水、隆平、宁晋、深、武强五十八州县被水村庄新旧额赋，展赈东明、长垣、吴桥、东光、保定、开六州县被水灾民一月口粮。展赈河南兰仪、祥符、陈留、杞、封丘、考城六县被水灾民一月口粮。【略】壬戌，【略】缓征山东历城、章丘、长清、德、平原、青城、阳信、乐陵、汶上、朝城、堂邑、清平、馆陶、恩、博兴、邱、齐东、禹城、临邑、肥城、东平、东阿、惠民、商河、沾化、邹、菏泽、单、曹、金乡、邹平、长山、新城、齐河、济阳、陵、海丰、兰山、莒、沂水、聊城、茌平、高苑、乐安、寿光、平度、昌邑、潍、高密、夏津、平阴、滨、利津、滕、峄、阳谷、寿张、城武、定陶、巨野、郓城、濮、高唐、济宁、嘉祥、鱼台、范六十七州县，及德州、东昌、临清、济宁四卫被贼、被水庄屯本年额赋。【略】甲子，【略】蠲缓安徽五河、定远、蒙城、寿、宿、凤阳、怀远、灵璧、凤台、阜阳、颍上、霍邱、太和、泗、盱眙、天长、滁、全椒、来安、含山二十州县被水、被旱、被贼地方及屯坐各卫新旧额赋有差。

《文宗实录》卷一八八

正月【略】丁丑，【略】蠲缓江苏句容、长洲、元和、吴、吴江、震泽、常熟、昭文、昆山、新阳、华亭、奉贤、娄、金山、青浦、江阴、宜兴、荆溪、丹阳、金坛、溧阳、山阳、阜宁、清河[①]、桃源、盐城、高邮、泰、东台、江都、甘泉、兴化、宝应、铜山、丰、沛、萧、砀山、邳、宿迁、睢宁、太仓、镇洋、海、沭阳、泰兴四十六州县被水、被旱灾区上年额赋有差。 《文宗实录》卷一八九

---

① 清河，原作"清和"，疑誊抄之误。

三月【略】庚申，谕内阁：永康等奏，【略】东陵风水围墙等工被水冲塌，情形较重，钱粮过额，著工部于今冬查收各工时，一并敬谨查勘具奏。【略】给山东聊城、茌平、济阳、长清、齐河五县被水灾民一月口粮。《文宗实录》卷一九二

三月【略】甲戌，【略】加赈山东菏泽、濮、范、阳谷、寿张、城武、定陶、巨野、郓城、肥城、东阿、东平、平阴、齐东、临邑、禹城十六州县及屯坐各卫被水灾民一月口粮。《文宗实录》卷一九三

四月【略】甲寅，谕内阁：入夏以来，京畿得雨尚未深透，降旨于本月二十九日在黑龙潭、觉生寺设坛祈祷，朕亲诣黑龙潭拈香。昨日午刻浓云密布，澍雨优渥，仰荷昊慈垂佑，从此续沛甘霖，农田益滋沾润。【略】乙卯，【略】上诣黑龙潭拈香谢雨。《文宗实录》卷一九六

六月【略】辛卯，【略】赈山东巨野县灾民一月口粮。《文宗实录》卷二〇〇

六月【略】辛亥，【略】又谕：桂良奏，永定河正堤漫溢，现在亲往勘办一折。据称本年伏汛大雨连朝，南七工正堤河水迭涨，堤身蛰陷，堤面漫溢过水，约四十余丈，深约尺余等语。

《文宗实录》卷二〇二

七月【略】戊午，谕内阁：桂良奏，永定河北岸漫溢，驰往勘办一折。直隶永定河南岸漫口后，大雨不止，河水迭次增长，各汛堤埽纷纷被冲，大溜直漫堤顶，北四上汛、北三工堤工冲决二十余丈，该厅汛员弁，当河水盛涨并不加意防范，以致北岸复有漫溢。【略】癸亥，【略】又谕：穆隆阿等奏，张家口石坝被水冲塌，请饬派员勘办一折。本年六月以来，该处河水涨发，致将护城石坝冲塌百十余丈，水势逼近城垣，自应赶紧修筑。【略】乙丑，【略】缓征山东陵、东阿、兰山、高唐、曹五州县，暨德州卫被旱、被淹、被风、被丹庄屯新旧额赋有差。《文宗实录》卷二〇三

七月【略】乙亥，【略】谕军机大臣等，何桂清奏，亢旱灾象已成，现在查办等语。据称浙省现在节过立秋，甘霖未沛，禾苗黄萎，灾象已成，且河流干涸，苏、杭舟楫不通，各属并有闹灾滋事之案。览奏廑念实深，该省旱象已成，禾苗未能插莳，应行分别蠲缓事宜，自应酌筹办理。惟刁民藉灾纷纷滋事，其风亦断不可长，所有嘉兴各属及龙游、桐庐等县闹灾滋事之案，业据该抚饬委杨裕深、缪梓等分别查办，著将为首滋事之人严拿惩治，以儆刁风。其被灾较重之区，并著委员会同地方官迅速诣勘具奏。江苏界连浙省，前据赵德辙于六月内陈奏望雨甚殷，现在被旱情形当与浙江无异，著怡良、赵德辙派委妥员分诣各属查勘，据实具奏，以副朕轸念灾黎至意。将此由五百里各谕令知之。【略】壬午，苏州织造文熊奏：亢旱不雨，关税更形短绌。《文宗实录》卷二〇四

八月【略】戊子，【略】山东巡抚崇恩奏：泰安、兖州、沂州、济宁，及济南、东昌等所属各州县报有蝗孽，现严檄扑捕。得旨：成灾较轻处所，务须尽力扑捕，其已经成灾之处，尤须预筹抚恤，地方官但能诚心劝道，绅商断无不乐于输将。【略】辛卯，【略】谕内阁：本年江苏、浙江夏间亢旱，节经该督抚等具奏，昨又据何桂清奏，浙江省城于七月中旬得有透雨，此外各属尚未优沾。江苏各属亦未据该督抚详细奏报，曾否续沛甘霖，农田得以补种，朕心实深轸念。【略】又谕：福济奏，江北各属亢旱，请暂免抽税等语。【略】壬辰，谕内阁：御史宗稷辰奏被水灾黎请亟筹赈济一折。直隶永定河南北岸先后漫口，迭经降旨，令桂良督饬员弁，赶紧堵筑，【略】因思直隶境内，有被旱、被蝗各灾区，并著该督饬属迅速查勘，奏请分别蠲缓抚恤，以副朕谨念民瘼至意。【略】乙未，【略】以两淮各场被旱，命留淮北折价银一万两，抚恤灶丁。《文宗实录》卷二〇五

八月【略】壬寅，谕内阁：前据桂良奏，省南州县得雨稀少，间有蝗蝻，尚未捕除净尽。朕心方深轸念，昨日亲见飞蝗成阵，蔽空往来，现虽节逾白露，禾稼渐次登场，尚有未经收获之处，京畿一带农田被灾，谅必不少。著顺天府府尹、直隶总督派委妥员，分投履勘，并饬该地方官迅即扑捕，以除民害。倘有怠玩不力者，即著严参惩办，并将成灾轻重查明速奏，以副朕廑念民依至意。【略】乙巳，【略】谕内阁：张祥河、曾望颜奏饬查各州县飞蝗情形一折。顺天府所属州县，禀报飞蝗情形不

一。有报飞蝗过境，并未停落者；有报捕除净尽，晚禾被伤，情形甚轻者。恐尚有不实不尽，必应查明该州县有无捏饰，毋任含混。其飞蝗停落地方，尤恐滋生蝻孽，即著严饬各属，认真刨挖，务使一律净尽，以除民害。其未经禀报之昌平、武清、香河等州县，著即饬令赶紧详报，如查有扑除不力，禀报不实，玩视民瘼之员，即著张祥河等从严参处。其成灾较重，应行抚恤蠲缓之处，著会同直隶总督查明核办。【略】丁未，【略】又谕：福济【略】另折奏皖北荒旱情形，恳发内帑给赈等语。该省连年被兵，今复亢旱成灾，黎民疾苦异常，发帑赈济原所不惜，惟本年直隶、山东、江苏、浙江等省均被水、旱，势难专顾一省。【略】辛亥，【略】谕军机大臣等，怡良、赵德辙、何桂清奏，江浙旱灾已成，请招徕台米，以资接济一折。本年江苏、浙江两省入夏以来雨泽稀少，苏、常、杭、嘉、湖等属被旱尤重，早禾既皆黄萎，晚稻未能插莳，以致米价腾贵，民食兵糈均虞缺乏，自应暂缓海禁，招徕台米，以资接济。即著懿德、吕佺孙饬知台湾镇道，速即出示招商，贩运米石，由海道运至江苏之上海，浙江之乍浦、宁波等海口售卖，即由台湾道发给执照，准其免税，以期商情踊跃，源源转运，毋稍迟误。将此由六百里谕令知之。【略】癸丑，谕内阁：前因直隶各州县飞蝗为灾，并河南、山东各省次第奏报，迭次谕令该府尹督抚严饬各属，认真扑捕，刨挖遗孽以除民害，并查明成灾轻重，核办蠲缓抚恤事宜。兹据给事中伍辅祥条奏治蝗诸法，或先时搜掘蝻子，或临时给价收买，并该管上司亲往督捕，务须轻骑减从，不得因查灾转至扰民，所奏不为无见。著各直省大吏，饬令被蝗州县实力奉行。其请行祭蜡之礼以消蝗灾，亦属古制，著该地方官劝率乡民，于岁暮举行。【略】又谕：御史方浚颐奏，旱蝗成灾省分请查明抚恤一折。前据英桂奏，该省雨水未能一律深透，商丘等县各有飞蝗停落，田禾间有损伤，河内等县低洼处所田禾被淹。湖北省亦经官文奏报，入夏以来雨泽稀少，旱象已成各等语。迄今两旬有余，各该地方是否成灾，并该御史奏黄州、襄阳一带间生蝗蝻，均未据该督抚续行奏到，朕心实深廑念。著官文、胡林翼、英桂派委干员，轻骑减从，会同地方官迅速诣勘被灾轻重情形，如有应行抚恤蠲缓之处，即著据实具奏，候旨遵行，用副朕轸念灾黎至意，将此由四百里各谕令知之。【略】甲寅，谕内阁：桂良奏查勘各州县被蝗、被旱、被水一折。据称，直隶永平、保定等府属二十八州县，飞蝗停落，搜捕净尽，早禾多已成熟收割，惟晚禾谷豆间有残食，于收成大局并无妨碍。其被旱之大名等府州所属十七县，被旱兼被水之大名等三县，被水之通州等四十一州县内，惟开州、东明、长垣、固安、永清、东安六州县情形较重，业已筹款抚恤。仍著桂良速饬该地方官，勘明灾歉分数，分别蠲缓赈恤，奏到时再降谕旨，如查有勘报不实之员，即著从严参处，以副朕轸念民瘼至意。

《文宗实录》卷二〇六

九月【略】戊午，谕内阁：本年近畿各属因永定河漫溢，间被水灾，农田晚稼亦有被蝗之处，京师粮价昂贵，贫民度日维艰，所有五城设厂煮饭散放，著先期半月，于本月十六日开放，并著展赈一个月至来春三月十五日止，以资接济。【略】庚申，【略】命五城煮赈，展至明年夏四月。【略】癸亥，【略】又谕：英桂奏，查勘各州县飞蝗过境情形，并秋禾被旱等语。河南宁陵、通许等十六州县，飞蝗过境，虽据称随时扑灭，兼发价收买，田禾不致成灾，但恐扑捕不力，致飞蝗停落地方遗留蝻孽，贻害农田。著英桂严饬各属，认真刨挖，尽力搜除，毋留余患。倘有玩视民瘼之员，或禀报不实，或扑除不力，即著从严参办。其田禾被旱地方及被水处所是否成灾，著一并确切查奏，分别蠲缓赈恤，候朕施恩。【略】丙寅，【略】谕内阁：顺天府奏请将禀报蝗蝻不实各员分别议处一折。顺天府属文安县洼地急流口等十余村，蝗蝻甚多，伤害禾稼，该署知县樊作栋辄敢以蝻子萌生，扑买净尽，及飞蝗过境并未停落等词，含混具禀，仍复催征钱粮，实属玩视民瘼。委员黄村巡检朱澄、候补知县潘鉴、候补知府张健封先后禀报，均照该署县原禀申覆，亦属扶同蒙混。樊作栋著先行交部严加议处，撤任听候部议，朱澄、潘鉴、张健封均著交部议处。【略】戊辰，【略】蠲缓江西兴国、鄱阳、上饶、德兴、新建、丰城、进贤、余干、乐平、浮梁、南昌、万年、清江、新淦、新喻、峡江、莲花、庐陵、吉水、永

丰、泰和、安福二十二厅县被兵、被水、被旱地方旧欠额赋。《文宗实录》卷二〇七

九月庚午，【略】拨直隶仓谷三万六千四十石、银三万两、制钱九万串，分别赈给固安、永清、东安、开、东明、长垣六州县饥民，命按察使吴廷栋、清河道董醇分路稽查，核实散放。【略】癸酉，【略】又谕：【略】山东省自黄水成灾，办理赈务，已形支绌，今岁又有被旱、被蝗之处，势不能更解皖饷。至淮北盐课，本系分解扬、皖两营，本年江北地方蝗旱成灾，各属地丁厘捐，均形短绌，扬营兵饷亦甚艰难。【略】乙亥，【略】又谕：承志、善焘奏查勘盛京宫殿情形，应行修理一折。据称，盛京宫殿因连日阴雨，有坍塌渗漏处所，宜即勘估兴修。【略】谕军机大臣等，官文、胡林翼奏，襄阳匪徒滋事，【略】该处贫民因被旱荒，致为匪徒煽惑。【略】己卯，谕军机大臣等，前因御史钱以同奏，江苏省官吏卖荒舞弊，【略】著怡良、赵德辙将该省州县所报荒数查勘确切。【略】该御史另片奏，苏省现因亢旱，河水尽涸，请于现在收养之上江流民内，择其丁壮，开浚河道，为以工代赈之举。【略】赈山东、河南、江苏、安徽、浙江被水、被旱、被蝗灾民银米有差。庚辰，【略】又谕：官文奏请饬湖南省招商贩运米谷，接济民食兵糈等语。据称，湖北各属夏秋亢旱，客米来源稀少，价值过昂，兵民籴食维艰。该省向赖四川、湖南两省客米接济，川省近岁收成亦歉，无米到楚，惟湖南年谷丰登，足资运济，著骆秉章出示晓谕，饬属广招商贩，起运米粮，前赴湖北售卖。【略】壬午，【略】缓奉天开原、牛庄、白旗堡三处被淹旗地本年额赋。《文宗实录》卷二〇八

十月【略】癸巳，谕内阁：御史毛旭熙奏请饬妥筹安插流民一折。本年直隶省被水、被旱、被蝗地方，迭经谕令桂良派员履勘，其成灾较重之开州等州县，业准该督所请，筹拨米谷银两，分别赈济。【略】兹据该御史奏称，近闻保定以南流民载道，若不妥为安辑，必致转徙流离。【略】己亥，【略】谕军机大臣等，胡林翼奏，军饷日绌，请饬拨解等语。据称楚省南北两营，每月水陆兵勇口粮及制造军火，约需银二十余万两，该省盐课厘金等款，仅敷十分之二，又因夏秋亢旱荒象已成，额赋钱漕均少起色，以致兵勇饷银积欠日久，为数愈多。《文宗实录》卷二〇九

十月庚子，【略】又谕：【略】本年近畿一带间被旱荒，现届冬令，恐奸宄勾结贫民，潜踪行窃，如该御史所奏，入秋以来京城内外窃案甚多。【略】给福建龙溪、南靖、平和三县被水灾民一月口粮。【略】甲辰，【略】山东巡抚崇恩奏：山东省麦收歉薄，不堪兑运，所有章丘、齐河、禹城、平原、泰安、肥城、阳信、聊城、堂邑、茌平、夏津等十一县应征漕麦，请援照成案，改征粟米。允之。【略】乙巳，谕军机大臣等，【略】本年直隶、山东所属地方多被旱蝗，无业游民最易流而为匪，畿辅重地与山东接壤，必有重兵弹压，方足以镇定民心。【略】己酉，【略】蠲免直隶保定、固安、永清、东安、宛平、开、东明、长垣八州县襟水村庄本年额赋有差，并赏贫民口粮暨冲塌房屋修费。【略】蠲缓直隶通、武清、宝坻、宁河、顺义、雄、安、高阳、东光、天津、广平、磁、玉田、三河、蓟、香河、霸、文安、大城、滦、安肃、定兴、蠡、束鹿、献、肃宁、任丘、景、吴桥、青、静海、沧、南皮、盐山、庆云、正定、晋、南和、平乡、广宗、永年、邯郸、成安、肥乡、曲周、鸡泽、元城、大名、南乐、清丰、丰润、南宫、武邑、衡水、深、武强、定五十七州县被水、被旱、被蝗村庄本年额赋，暨河淤海防经费摊征有差并减免差徭。

《文宗实录》卷二一〇

十一月【略】戊午，【略】蠲缓两淮丰利、掘港、金沙、吕四、余西、角斜、栟茶、富安、安丰、梁垛、东台、何垛、草堰、刘庄、伍祐、新兴、庙湾、丁溪、板浦、中正、临兴二十一场被旱歉区额赋有差。准动用抚恤银一万两，赈通、泰二州被灾灶户。展缓吉林打牲乌拉被淹旗地积欠额赋并赈给饥民口粮。【略】己未，展缓山东临清、历城、章丘、邹平、长山、齐河、济阳、临邑、长清、陵、平原、惠民、阳信、乐陵、利津、蒲台、滋阳、曲阜、宁阳、邹、汶上、单、城武、曹、观城、聊城、博平、茌平、馆陶、恩、夏津、邱、新城、德平、泰安、泗水、滕、峄、堂邑、清平、莘、冠、高唐、武城、朝城、海丰、沾化、兰山、费、蒙阴、沂水、博兴、乐安、高苑、莒、益都、临淄、寿光、昌乐、临朐、平度、昌邑、潍、高密、日照、济宁、郓城、鱼

台、金乡、嘉祥、商河七十一州县，并东昌、临清、济宁、德州四卫被水、被旱、被虫、被风灾区新旧额赋有差。【略】辛酉，【略】准山东临邑、齐河、德、平原、德平、济阳、肥城、青城、聊城、堂邑、博平、茌平、清平、莘、冠、高唐、恩、馆陶、武城十九州县被灾地亩本年应征豆石改征粟米。

《文宗实录》卷二一一

十一月【略】乙丑，【略】以安徽庐、凤、颖被灾、被扰较重，各州县民食维艰，准拨赈济银二万两，采买米石，减价平粜。【略】戊辰，【略】蠲缓归化城、萨拉齐二厅被水灾区额赋有差。【略】庚午，【略】蠲缓山西托克托城厅被水灾区新旧额赋，赈灾民一月口粮。【略】甲戌，【略】蠲缓山东菏泽、定陶、巨野、濮、范、阳谷、寿张、肥城、东阿、平阴、齐东、禹城、青城、滨、济宁、鱼台、嘉祥、金乡、郓城、东平二十州县，暨东昌、临清、济宁、德州四卫被水、被旱、被虫灾区额赋有差，赈贫民一月口粮。

《文宗实录》卷二一二

十一月乙亥，【略】蠲缓湖南武陵、桃源、龙阳、沅江、巴陵、临湘、华容、湘阴、益阳、澧、安乡十一州县，及岳州卫被水、被旱灾区新旧额赋并各杂课有差。【略】丙子，【略】展缓甘肃、皋兰、靖远、静宁、宁夏、宁朔、平罗、碾伯、泾、崇信、镇原、西宁、河、狄道、隆德、宁、武威、灵、灵台十八州县，并沙泥州判所属被水、被雹、被旱灾区新旧额赋。【略】壬午，【略】谕内阁：京师自入冬以来，仅得微雪一次，农田待泽孔殷，朕心实深寅盼，允宜虔申祈祷，以迓祥霙，著遴选光明殿道众，在大高殿设坛虔祷，于十二月初三日开坛。

《文宗实录》卷二一三

十二月【略】丙戌，上诣大高殿祈雪坛行礼。【略】缓征直隶文安县被旱、被蝗村庄额赋。【略】庚寅，【略】山西巡抚王庆云奏报雪泽。【略】蠲缓江苏长洲、元和、吴、吴江、震泽、昆山、新阳、武进、阳湖、无锡、金匮、江阴、宜兴、荆溪、靖江、山阳、阜宁、盐城、泰、东台、甘泉、兴化、铜山、丰、沛、萧、砀山、邳、宿迁、太仓、镇洋、崇明、沭阳、泰兴、常熟、昭文、华亭、奉贤、娄、金山、上海、南汇、青浦、川沙、清河、桃源、安东、高邮、江都、宝应、睢宁、嘉定、宝山、海、赣榆、通、如皋、海门、上元、江宁、句容、溧水、高淳、江浦、六合、丹徒、丹阳、金坛、溧阳、仪征七十厅州县，暨淮安、大河、扬州、徐州、太仓、苏州、镇海、金山、镇江九卫被旱、被兵新旧额赋有差。蠲缓山西归化城、萨拉齐二厅被水村庄额赋，加赏灾民银米。辛卯，【略】蠲缓吉林、三姓被水、被雹地方额赋，赏八旗兵丁口粮有差，除吉林冲压地八百五十三亩额赋。【略】壬辰，【略】缓征江苏武进、阳湖、无锡、金匮、江阴、宜兴、荆溪七县被旱白粮。缓征河南河内、祥符、陈留、杞、通许、尉氏、洧川、鄢陵、中牟、兰仪、郑、荥泽、荥阳、汜水、禹、商丘、宁陵、鹿邑、虞城、永城、柘城、夏邑、睢、安阳、汤阴、临漳、林、涉、内黄、汲、新乡、辉、获嘉、淇、延津、滑、浚、封丘、考城、济源、修武、武陟、孟、温、原武、阳武、洛阳、偃师、巩、孟津、淮宁、商水、项城、沈丘、太康、扶沟、许、临颍、偃城、长葛、光、光山、固始、息、商城六十五州县被旱、被水村庄新旧额赋有差。

《文宗实录》卷二一四

十二月甲午，【略】蠲缓直隶安、隆平、宁晋、河间、东安、文安、天津七州县积涝地亩本年额赋。蠲缓湖北黄安、黄陂、孝感、沔阳、麻城、罗田、汉川、钟祥、京山、潜江、天门、江陵、公安、石首、监利、松滋、枝江、荆门、安陆、云梦、应城、随、应山、襄阳、宜城、枣阳、南漳、光化、谷城、均三十州县被水、被旱、被扰本年额赋有差。【略】丁酉，以祈雪三坛，上诣天神坛行礼。【略】己亥，【略】蠲缓伊犁、阿奇乌苏等处被水、被雹地亩额赋有差。【略】辛丑，【略】谕内阁：京师入冬以来，仅得微雪一次，农田尚未沾足，迭经降旨，设坛祈祷，亲诣大高殿拈香，并举行三坛祈雪祀典，亲诣天神坛虔祷，尚未渥沛祥霙。【略】癸卯，【略】蠲缓安徽定远、五河、天长、合肥、舒城、庐江、颍上、怀远、凤阳、凤台、阜阳、霍邱、寿、六安、霍山、泗、盱眙、滁、全椒、来安、太和、灵璧、含山二十三州县被灾、被扰庄屯本年额赋有差。

《文宗实录》卷二一五

十二月【略】甲辰，【略】又谕：英桂奏，漕粮征兑稍迟，请俟来春冰泮启行一折。本年河南省被

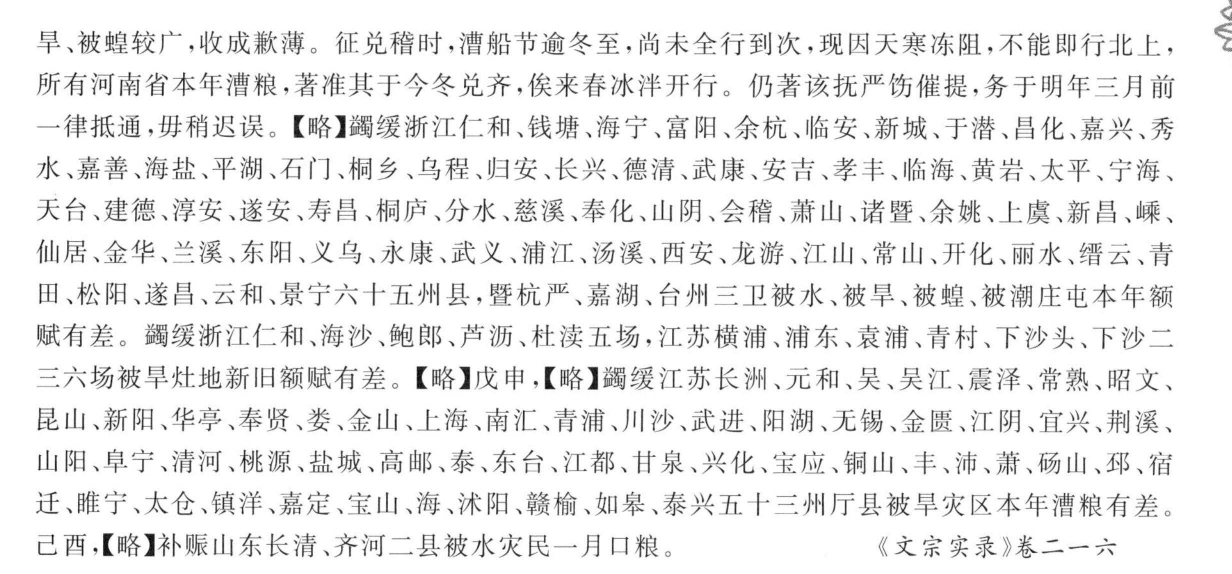

旱、被蝗较广，收成歉薄。征兑稽时，漕船节逾冬至，尚未全行到次，现因天寒冻阻，不能即行北上，所有河南省本年漕粮，著准其于今冬兑齐，俟来春冰泮开行。仍著该抚严饬催提，务于明年三月前一律抵通，毋稍迟误。【略】蠲缓浙江仁和、钱塘、海宁、富阳、余杭、临安、新城、于潜、昌化、嘉兴、秀水、嘉善、海盐、平湖、石门、桐乡、乌程、归安、长兴、德清、武康、安吉、孝丰、临海、黄岩、太平、宁海、天台、建德、淳安、遂安、寿昌、桐庐、分水、慈溪、奉化、山阴、会稽、萧山、诸暨、余姚、上虞、新昌、嵊、仙居、金华、兰溪、东阳、义乌、永康、武义、浦江、汤溪、西安、龙游、江山、常山、开化、丽水、缙云、青田、松阳、遂昌、云和、景宁六十五州县，暨杭严、嘉湖、台州三卫被水、被旱、被蝗、被潮庄屯本年额赋有差。蠲缓浙江仁和、海沙、鲍郎、芦沥、杜渎五场，江苏横浦、浦东、袁浦、青村、下沙头、下沙二三六场被旱灶地新旧额赋有差。【略】戊申，【略】蠲缓江苏长洲、元和、吴、吴江、震泽、常熟、昭文、昆山、新阳、华亭、奉贤、娄、金山、上海、南汇、青浦、川沙、武进、阳湖、无锡、金匮、江阴、宜兴、荆溪、山阳、阜宁、清河、桃源、盐城、高邮、泰、东台、江都、甘泉、兴化、宝应、铜山、丰、沛、萧、砀山、邳、宿迁、睢宁、太仓、镇洋、嘉定、宝山、海、沭阳、赣榆、如皋、泰兴五十三州厅县被旱灾区本年漕粮有差。己酉，【略】补赈山东长清、齐河二县被水灾民一月口粮。　　《文宗实录》卷二一六

## 1857年 丁巳 清文宗咸丰七年

正月【略】乙卯，【略】缓征山东历城、章丘、齐东、禹城、临邑、平原、肥城、东平、平阴、惠民、阳信、乐陵、商河、沾化、滋阳、曲阜、邹、汶上、阳谷、单、城武、曹、定陶、高苑、乐安、邱、夏津、东阿、青城、观城、朝城、费、聊城、茌平、清平、莘、馆陶、高唐、恩、武城、邹平、长山、齐河、济阳、长清、泰安、海丰、利津、宁阳、滕、峄、兰山、日照、博兴、滨、寿张、菏泽、巨野、郓城、濮、范、济宁、金乡、嘉祥、鱼台六十五州县被水、被旱歉收村庄并屯坐各卫本年额赋。丙辰，【略】缓征直隶宛平、保定、固安、永清、东安、开、东明、长垣、通、武清、宝坻、宁河、顺义、新城、雄、安、高阳、东光、天津、广平、磁、玉田、三河、蓟、香河、霸、文安、大城、滦、安肃、定兴、蠡、束鹿、献、肃宁、任丘、景、吴桥、青、静海、沧、南皮、盐山、庆云、正定、晋、南和、平乡、广宗、永年、邯郸、成安、肥乡、曲周、鸡泽、元城、大名、南乐、清丰、丰润、南宫、武邑、衡水、深、武强、定六十六州县被水、被旱歉收村庄新旧额赋，给宛平、固安、永清、东明、长垣、保定、东安、开八州县旗民口粮有差。贷山西托克托城、归化城、萨拉齐三厅，及洪洞、曲沃、长子、潞城、黎城、绛六县被水灾民籽种口粮。【略】乙丑，【略】又谕：安徽无为州城复经失守，现在该省剿办吃紧，饷糈不支，又值年荒米贵，自应亟筹接济。【略】丁卯，【略】又谕：据福济奏，皖省上年荒旱，仅恃无为州一隅采买米石，现在该州被贼窜陷，贩卖无从。兼之隆冬无雪，麦苗难冀滋生，未免兵民交困，闻湖南秋收颇稔，武汉既复，水路可达蕲州，请饬赶紧筹办米粮四万石等语。

《文宗实录》卷二一七

正月【略】庚辰，谕内阁：怡良、赵德辙奏请仍照前议截漕济饷一折。江苏海运漕粮前经部议，碍难截留，业已降旨依议，兹据该督等奏称，上年江苏省旱蝗成灾，征收有限，米缺价昂，饷需无出，自系实在情形，所有江苏省起运交仓漕粮，著准其截留二十五万石，以充军饷。

《文宗实录》卷二一八

二月【略】癸巳，【略】谕内阁：【略】上年近畿一带蝗旱成灾，至今民困未苏。

《文宗实录》卷二一九

二月【略】乙巳，【略】以山东连年灾歉，免海口商贩米税。　　《文宗实录》卷二二〇

三月【略】甲寅，谕内阁：上年秋间，直隶等省飞蝗为灾，迭经谕令各该督抚等，饬属实力扑除，谅各遵照奉行。惟思冬间雪泽稀少，现当春令发生，恐尚有蝻孽萌动，致损田禾，著顺天府府尹、直

隶总督、山东河南各巡抚严饬各州县，如有遗蝻蠕动地方，乘此生长未成，认真捕灭，以除民害。【略】乙卯，谕军机大臣等，王庆云奏南阳等处被旱灾民请筹赈恤一折。河南省上年被蝗，春雨复未优渥，粮价昂贵，据闻南阳一带饥民至以树皮充食，该处本多捻匪，恐其乘饥裹胁，且襄樊匪徒现窜内乡、淅川，尤虞勾结滋事。上年该省办赈，碾动仓谷四万石，据英桂奏，散放以后尚须留为今春青黄不接之时酌量借粜。即著英桂等体察情形，所有南阳一带灾荒较重之区，速将此项余剩仓谷散放接济。惟灾区较广，深恐不敷，并著督饬该地方官等，劝谕绅富，协办捐资，源源赈济，以期弭患未萌，将此由四百里谕知英桂，并传谕布政使瑛棨知之。【略】丁巳，【略】减安徽合肥、舒城、凤阳、定远、怀远、凤台、颍上、蒙城、亳九州县上年被灾地方额赋十分之一。【略】癸亥，【略】谕军机大臣等，前据福济奏，请由湖南拨解米石，当经谕令骆秉章酌量筹办，兹据奏称，湖南省自上年旱歉，米价日昂，买米四万石，需银八万两，合之水陆运脚，共需银十六七万两，且自蕲州至六安，需用人夫八万名，亦断难于招雇各等语。 《文宗实录》卷二二一

四月【略】乙酉，【略】展赈山东濮、菏泽、巨野、寿张、东阿、郓城、定陶、平阴、肥城、齐东、禹城、范、阳谷、东平十四州县被灾贫民一月口粮。【略】己丑，【略】蠲免福建顺昌、建阳、瓯宁、邵武、光泽、建安六县，及仁寿、岚下、迪口县丞所属被扰地方上年额赋有差。展缓将乐、崇安、建宁、泰宁、尤溪、永安、沙、南平、平和、龙溪、南靖十一县，及麻沙、峡阳县丞所属被水、被扰地方应征新旧额赋。 《文宗实录》卷二二三

五月【略】甲戌，【略】谕军机大臣等，叶名琛奏，粮价骤涨，请在邻省招商免税，以资接济折。广东省民食向藉粤西贩运及洋米入口接济，近因粤西路梗，兼之上年各属歉收，英夷滋扰，洋米亦复不至，以致粮价翔贵。 《文宗实录》卷二二六

闰五月【略】丁酉，谕军机大臣等，本日据谭廷襄奏，直隶各属蝗孽萌生，现经饬属认真扑捕，尚未能一律净尽。磁州所属各村庄，及成安、元城、邯郸等县均有飞蝗入境等语。河南各属蝗孽蠢动，业已飞入直隶境内，其本地伤害田禾，当已不少，著英桂即行饬属赶紧扑捕，务期净绝根株。并将办理不力之员，严参惩办。【略】甲辰，谕内阁，谭廷襄奏请将捕蝗不力之知县摘去顶带等语。直隶雄县知县凌松林、任丘县知县祥瑞扑捕蝗蝻未能迅速，著即摘去顶带，勒限将各该境内蝗蝻扑捕净尽，倘再不知愧奋，即著严行参办。至此外各府属地方，遇有飞蝗入境，该地方官如敢怠玩从事，扑捕不力，致伤禾稼，著该署督查明参奏。【略】己酉，【略】河南巡抚英桂奏，扑捕蝻孽，请酌给经费，分别劝惩，以收实效。得旨：务期扑捕净尽，勿致有名无实。 《文宗实录》卷二二八

六月庚戌朔，【略】减江苏横浦、浦东、袁浦、青村、下沙头、下沙二三六场被灾灶课十分之二。辛亥，【略】又谕：英桂奏，特参捕蝻不力之州县，请摘顶勒捕一折。河南署郑州知州袁诜、延津县知县徐保兴于境内蝻孽未能及早扑除，著摘去顶带，勒限十日，将各该境内蝗蝻扑捕净尽，倘敢仍前玩泄，即著严参惩办。 《文宗实录》卷二二九

六月【略】丁卯，【略】陕西巡抚曾望颜奏，飞蝗入境，潼关等处业已扑净，现仍委员查勘。得旨：仍著饬属实力扑捕，俟委员查明，即刻覆奏。 《文宗实录》卷二三〇

七月庚辰朔，【略】谕内阁：载容等奏请拨库款浇灌树株一折。西陵近日雨泽稀少，所有仪行各树，自宜随时浇灌，以期一律青葱。【略】盛京将军承志奏报飞蝗入境，赶紧扑捕情形。得旨：仍应实力扑除，勿得视为具文。【略】癸未，谕内阁：上年入秋以后，近畿一带时见飞蝗，旋据直隶等省奏报，亦各有飞蝗停落之处，迭经降旨，严饬地方官吏认真扑捕。原虑蝻孽滋生，致伤禾稼，是以古来捕蝗之法，或付之烈炬，或填之深沟，总以不留余孽为要务。近闻各省被灾之处，民间讹称蝗为“神虫”，不肯扑捕，乡愚无知，殊为可怜。著通谕各省督抚，饬令地方官一体出示晓谕，如遇飞蝗入境，无论是否伤稼，务须尽力扑捕，勿得惑于俗说，任令蔓延。至《会典》所载刘猛将军为驱蝗正神，于

雍正年间曾奉谕旨，饬令各省建庙致祭。上年飞蝗四起，秋稼未伤，今年春夏各省奏到蝻孽滋生处所，或并未停落，或收捕潜消，并有经雷雨扫荡无踪者。此皆灵爽驱除，默为呵护，应如何酌量加增致敬之处，著礼部核议具奏。《文宗实录》卷二三一

七月乙未，谕内阁：礼部奏遵议刘猛将军可否请加封号一折。刘猛将军为驱蝗正神，庙祀有年，尚无封号，著该衙门谨拟具奏。寻奏上，加“保康”封号。【略】己亥，【略】缓征山东阳信、乐陵、寿光、临清、益都、临淄、聊城、博平、清平、莘、历城、馆陶、临朐十三州县，及德州、东昌二卫被旱、被风、被雹屯庄新旧正杂额赋。庚子，【略】展缓直隶文安、吴桥、成安、邢台、唐山、内邱、任、永年、邯郸、静海、磁、宁河、东光十三州县并各旗地被旱、被雹、被虫灾区新旧额赋有差。

《文宗实录》卷二三二

八月【略】甲寅，【略】谕军机大臣等，前据谭廷襄奏，直隶顺德、广平各属与豫东交界地方，有游匪勾结土匪滋扰，【略】该处本年被旱成灾，贫民因觅食维艰，以致藉端滋事。【略】癸亥，谕内阁：本年直隶省二麦歉收，并积水未消之区，业经降旨加恩，停缓钱粮。惟念入夏以来蝗蝻间作，顺德、广平府属被旱较重，大名府属复多被水之处，小民生计维艰，自应酌筹抚恤。

《文宗实录》卷二三三

八月【略】己巳，【略】陕西巡抚曾望颜奏：陕省续有飞蝗至境，现经派员督捕，幸蝗虫被雨沾濡，搜捕更易。得旨：虽被雨泽，勿信为已绝，仍著督饬扑捕，不致扰累为要。【略】庚午，【略】又谕：晏端奏，海塘埽石各工猝被风潮冲坍一折。本年七月间浙省风雨交作，金、衢、严等各属同时起蛟，致将西塘埽工冲坍数处，均已过水。浙省海塘为本省杭、嘉、湖及苏省之苏、松、常、镇七郡田庐保障，攸关紧要。著该抚严饬道厅各员，将已坍者赶紧抢筑，未坍者设法保护，毋得再有疏虞。至全塘各工此次泼损甚多，并饬承办各员分别赔修。该抚仍随时亲往巡勘，以期及早蒇工。其被水处所，并上游被蛟最重之区，淹没人口田庐，著即饬属查勘具奏。所有防护不力之署西防同知邢吉甫、海防营守备周金标，均著革职留任；署杭嘉湖道叶堃著交部议处，晏端书著一并议处。【略】丁丑，【略】减征安徽合肥、舒城、凤阳、定远、怀远、凤台、颍上、蒙城、亳九州县及屯坐各卫灾区漕米一成。并缓征建平、歙、广德、旌德四州县节年新旧额赋有差。《文宗实录》卷二三四

九月【略】庚辰，谕内阁：谭廷襄奏请藉团助赈一折。直隶大、顺、广等属被水、被旱，前经谕令该署督妥为安抚。《文宗实录》卷二三五

十月【略】癸丑，【略】蠲缓直隶开、磁、安、深、晋、蓟、景、沧、固安、东安、东明、长垣、永清、宁河、高阳、永年、成安、广平、新河、武清、博野、蠡、雄、束鹿、河间、献、东光、天津、青、静海、南皮、盐山、赞皇、无极、邢台、唐山、平乡、广宗、巨鹿、内丘、任、邯郸、肥乡、曲周、鸡泽、元城、大名、南乐、清丰、丰润、玉田、南宫、枣强、武邑、衡水、柏乡、隆平、高邑、临城、宁晋、武强、饶阳、深泽六十三州县被水、被雹歉收地亩额赋，并给赈有差。【略】戊午，准河南省被旱地方漕米改征小麦。己未，【略】又谕：胜保、袁甲三奏，马匹不敷应用，请饬直隶、山西两省挑选营马解往等语。胜保等军营所用马匹，因本年颍、亳一带时疫甚厉，倒毙过多，现在该处剿匪吃紧，不敷乘骑。【略】缓陕西神木、府谷二县被旱灾区额征兵粮。【略】壬戌，【略】准山东历城、章丘、齐河、禹城、陵、德、平原、邹、曹、茌平、高唐、夏津十二州县歉收漕麦改征粟米。《文宗实录》卷二三七

十月【略】甲子，【略】以捕蝗不力，摘陕西渭南县知县李祝龄顶带。【略】蠲缓湖南武陵、龙阳、沅江、安乡、湘阴、巴陵、临湘、澧、华容九州县并岳州卫被水灾区额赋有差。【略】丙寅，缓征山西清水河厅被雹村庄新旧额赋。【略】庚午，【略】缓陕西绥德、吴堡二县被旱灾区应征兵粮。【略】壬申，【略】蠲缓河南考城、固始、息、淮宁、邓、新野、淅川、内乡、舞阳、虞城、祥符、陈留十二厅州县被灾、被扰庄屯新旧额赋，并给难民一月口粮。缓两淮富安、安丰、梁垛、东台、何垛、丁溪、草堰、刘庄、伍

祐、新兴、庙湾、板浦、中正、临兴十四场灶被水灾区赋课有差。《文宗实录》卷二三八

十一月【略】乙酉，【略】蠲缓山东济宁、历城、邹平、长山、新城、齐河、济阳、临邑、长清、莱芜、惠民、阳信、滨、利津、蒲台、单、城武、曹、朝城、聊城、堂邑、博平、茌平、清平、莘、馆陶、冠、恩、邱、夏津、武城、商丘、平原、泰安、曲阜、宁阳、泗水、滕、汶上、高唐、临清、观城、新泰、海丰、沾化、兰山、费、日照、益都、乐安、潍、陵、德、德平、乐陵、滋阳、峄、鱼台、莒、郯城、蒙阴、沂水、平度、昌邑、高密、临朐、濮、范、阳谷、寿张、菏泽、郓城、齐东、肥城、东平、东阿、平阴、青城、定陶、金乡、嘉祥、巨野、禹城、博兴、高苑、章丘八十六州县，及德州、东昌、临清、济宁四卫被灾地亩新旧额赋有差。

《文宗实录》卷二三九

十一月【略】甲午，【略】缓征陕西米脂县被旱地方出借仓谷。【略】己亥，以祥霙渥沛，遣惠亲王绵愉诣大高殿【略】拈香报谢。《文宗实录》卷二四〇

十二月戊申朔，缓征甘肃皋兰、靖远、陇西、西和、安化、平罗、徽、崇信、灵台、镇原、河、狄道、安定、固原、宁夏、宁朔、灵、中卫、碾伯、泾二十州县，及盐茶厅、沙泥州判、陇西县丞所属被雹、被水、被旱灾区新旧银粮草束。己酉，【略】谕军机大臣等，【略】又有人奏，灵丘县知县王心田借寿科派，官价勒买，滥索捐生钱文，捕蝗工价草束银两并因诈赃不遂，故入人罪。【略】庚戌，【略】蠲缓江苏丰、沛、邳、长洲、元和、吴、吴江、震泽、常熟、昭文、昆山、新阳、华亭、奉贤、娄、金山、上海、南汇、青浦、川沙、武进、阳湖、江阴、宜兴、荆溪、丹阳、金坛、溧阳、山阳、阜宁、清河、桃源、安东、盐城、高邮、泰、东台、江都、甘泉、兴化、宝应、铜山、萧、砀山、宿迁、睢宁、太仓、镇洋、嘉定、宝山、海、沭阳、赣榆、通、泰兴、海门、上元、江宁、句容、溧水、高淳、江浦、六合、仪征、太湖、无锡、金匮、靖江、崇明、如皋七十厅州县，苏州、太仓、镇海、金山、镇江、淮安、大河、扬州、徐州九卫被旱、被水、被兵地方新旧额赋漕项银米及租课摊征出借籽种口粮。【略】壬戌，给山东菏泽、濮、定陶、巨野、郓城、范、寿张、阳谷、东阿、肥城、东平、平阴、章丘、齐东、禹城、齐河、长清、青城、金乡十九州县，临清、济宁、东昌三卫被水灾民一月口粮。《文宗实录》卷二四一

十二月【略】丙寅，【略】蠲缓浙江仁和、钱塘、海宁、富阳、余杭、临安、于潜、新城、昌化、嘉兴、秀水、嘉善、海盐、石门、平湖、桐乡、乌程、归安、长兴、德清、武康、安吉、孝丰、慈溪、奉化、山阴、会稽、萧山、诸暨、余姚、上虞、嵊、新昌、临海、黄岩、天台、仙居、宁海、太平、金华、兰溪、东阳、义乌、永康、武义、浦江、汤溪、西安、龙游、江山、常山、开化、建德、淳安、桐庐、遂安、寿昌、分水、丽水、青田、缙云、松阳、遂昌、云和、景宁六十五州县，杭严、嘉湖、台州三卫灾歉地方正耗银米及额征漕粮，并仁和、海沙、芦沥、钱清、长亭、杜渎、横浦、浦东、青村、下沙头十场新旧灶课。丁卯，【略】展缓河南中牟、睢、汤阴、临漳、滑、封丘、项城、太康、扶沟九州县被水、被旱地方节年未完漕项。戊辰，【略】蠲缓江苏长洲、元和、吴、吴江、震泽、常熟、昭文、昆山、新阳、华亭、奉贤、娄、金山、上海、南汇、青浦、川沙、武进、阳湖、江阴、宜兴、荆溪、丹阳、金坛、溧阳、山阳、阜宁、清河、桃源、盐城、高邮、泰、东台、江都、甘泉、兴化、宝应、铜山、丰、沛、萧、砀山、邳、宿迁、睢宁、太仓、镇洋、嘉定、宝山、海、沭阳、赣榆、泰兴五十三州厅县被水、被旱村庄漕粮折色银米。蠲缓河南兰仪、新蔡、祥符、陈留、杞、尉氏、中牟、郑、荥阳、禹、商丘、宁陵、鹿邑、虞城、夏邑、永城、睢、柘城、安阳、汤阴、临漳、林、涉、内黄、汲、新乡、辉、获嘉、淇、延津、滑、浚、封丘、河内、济源、修武、武陟、温、原武、阳武、洛阳、偃师、巩、孟津、淮宁、西华、商水、项城、沈丘、太康、扶沟、商城、长葛、光、光山五十五州县被水、被旱村庄新旧额赋，给兰仪县灾民一月口粮。【略】己巳，【略】缓征湖北汉川、黄陂、天门、云梦、应城、江陵、公安、石首、监利、松滋、嘉鱼、汉阳、沔阳、孝感、钟祥、京山、潜江、枝江、荆门十九州县暨屯坐军卫被水村庄新旧额赋，免江夏、汉阳二县地课银。【略】辛未，【略】免直隶安、隆平、天津三州县被水村庄本年额赋，展缓节年粮租及应补还仓谷。《文宗实录》卷二四二

# 1858 年 戊午 清文宗咸丰八年

正月【略】己卯,【略】缓征直隶固安、永清、东安、开、东明、长垣、宁河、安、高阳、永年、成安、广平、磁、新河、武清、蓟、博野、蠡、雄、束鹿、河间、献、景、东光、天津、青、静海、沧、南皮、盐山、赞皇、晋、无极、邢台、沙河、南和、唐山、平乡、广宗、巨鹿、内丘、任、邯郸、肥乡、曲周、鸡泽、元城、大名、南乐、清丰、丰润、玉田、南宫、枣强、武邑、衡水、柏乡、隆平、高邑、临城、宁晋、深、武强、饶阳、定、深泽六十六州县被水、被旱、被雹村庄新旧额赋,给固安、永清、东明、长垣、东安、开六州县被灾旗民口粮有差。以江西南昌、新建、丰城、进贤、鄱阳、余干、乐平、浮梁、安仁、万年、星子、都昌、建昌、安义十四县被灾较重,命平粜仓谷。庚辰,【略】赈安徽颍州、亳、寿、六安、霍邱,河南固始六府州县被旱、被蝗、被扰灾民。辛巳,缓征山东章丘、齐东、济阳、禹城、临邑、长清、肥城、莱芜、东平、平阴、惠民、阳信、商河、沾化、汶上、阳谷、寿张、单、曹、定陶、观城、朝城、聊城、茌平、清平、莘、冠、馆陶、高唐、恩、益都、博兴、邱、临清、济宁、历城、邹平、长山、齐河、泰安、海丰、滨、利津、滕、峄、城武、兰山、沂水、乐安、潍、夏津、鱼台、东阿、青城、菏泽、巨野、郓城、濮、范、高苑、金乡、嘉祥六十二州县,暨德州、东昌、临清、济宁四卫被水、被旱、被风、被雹、被虫村庄屯场本年额赋及漕项银米盐芦租课。壬午,【略】贷山西虞乡、榆社、静乐、平定、长治、潞城、黎城、壶关、永济、临晋、荣河、辽、和顺、平陆、垣曲、太原、文水、凤台十八州县,及清水河、萨拉齐二厅被蝗被雹灾民籽种口粮。贷陕西镇安、神木、府谷、米脂、吴堡五县被蝗、被旱灾民籽种口粮。【略】丙戌,【略】蠲缓江西义宁、靖安、铅山、丰城、进贤、余干、奉新、武宁、上高、安义、建昌、新昌、宜春、分宜、万载、弋阳、兴安、鄱阳、乐平、浮梁、德兴、万年、南昌、新建二十四州县被兵、被水、被旱田地新旧额赋有差。 《文宗实录》卷二四三

正月【略】丙申,谕内阁:上年因米价昂贵,八旗生计维艰,降旨散放赈米,以示体恤。

《文宗实录》卷二四四

二月【略】戊申,【略】谕内阁:晏端书奏,恳恩将截留漕米暂缓筹补等语。浙江杭、嘉、湖三府属各州县因灾蠲缓、截留六年分漕米六万石,其拨抵缓带正耗米三万六千九百九十七石零,应俟本年秋后征还,归于下届搭运,所有咸丰六年因灾蠲免正耗米二万三千二石零,一时筹补维艰,著准其援照江苏上届成案,暂缓筹补。【略】癸丑,【略】展缓(福建)龙溪、南靖、长泰、平和四县节年旧赋,并给冲坍房屋修费,赈灾民一月口粮。 《文宗实录》卷二四五

二月【略】壬申,【略】蠲缓安徽宿、阜阳、五河、合肥、寿、怀远、定远、凤台、含山、泗、灵璧、凤阳、太和、盱眙、天长、滁、来安、全椒、建平、广德、霍邱、亳、蒙城、南陵、泾二十五州县,并屯坐各卫被水、被旱、被风、被蝗、被兵地方新旧额赋。 《文宗实录》卷二四六

四月【略】庚午,【略】缓征河南陈留、杞、鄢陵、郑、荥泽、禹、临漳、新乡、延津、河内、修武、武陟、温、原武、偃师、巩、沈丘、太康、扶沟、许、长葛、浚、固始、商丘、永城、鹿邑、虞城、夏邑、柘城、宁陵、睢、济源、安阳、汤阴、内黄、滑、淇、项城、中牟、荥阳、汜水、涉、汲、洛阳、密、尉氏、祥符、兰仪、封丘、考城、孟津、阳武、通许五十三州县被水村庄新旧额赋有差。 《文宗实录》卷二五二

五月【略】戊子,【略】又谕:曾望颜奏请将捕蝗不力之印委各员分别惩处一折。陕西蓝田县知县李梦荷、署华阴县知县毕赓言,于各该地方蝻子萌生,并不亲往认真督捕,以致长翅蔓延,实属玩泄;委员张守峤等分赴各处,并不实力督催扑除,亦属玩忽。李梦荷、毕赓言均著革职,暂行留任;委员候补知县张守峤、陈崇善,候补未入流单沄,候补典史方邦基均著摘去顶带,勒令将有蝻处所速即扑灭净尽。署褒城县知县刘钦弼,于该县属高台寺等处小蝻蠕动,待委员查到时,始行会禀扑捕,实属办理迟延,刘钦弼著一并摘去顶带。责令上紧捕挖收买。倘仍不知奋勉,再行严参,以惩

怠玩。　　　　　　　　　　　　　　　　　　　　　　　　　　　　《文宗实录》卷二五四

五月【略】甲辰，【略】豁免湖北武昌、咸宁、嘉鱼、蒲圻、崇阳、通城、兴国、大冶、通山、黄冈、蕲水、蕲、黄梅、广济十四州县被旱、被扰地方旧欠额赋及杂项钱粮。　　《文宗实录》卷二五五

六月【略】丙午，谕内阁：前因曾望颜奏，请将捕蝗不力之知县等惩处，当经降旨，将陕西蓝田县知县李梦荷、署华阴县知县毕赓言革职，暂行留任，兹据吏部奏称，核与定例不符，请旨遵行等语。李梦荷、毕赓言均著照例革职拿问，以为玩视民瘼者戒。嗣后各省督抚务须悉依定例，不准稍涉于宽。【略】戊申，【略】又谕：曾望颜奏，知县被参后，仍复不知振作，请革任拿问一折。陕西蓝田县知县李梦荷，昨因吏部奏原参处分与定例不符，业经降旨革职拿问。兹据曾望颜奏称，该革员于被参后并不将境内蝗蝻认真扑捕，且将邻境卖蝗民人遽行枷责，并扣留委员查核禀件，代为捏词禀报，种种荒谬，殊出情理之外，李梦荷著交曾望颜亲提严讯，将该革员应得罪名加等定拟具奏。【略】戊午，【略】又谕：曾望颜奏参捕蝗不力之知州，请先行摘去顶带等语。陕西华州知州陈煦于所属地方，蝻子萌生一月之久，扑挖尚未净尽，以致长翅飞腾，仅予摘顶不足蔽辜，陈煦著即革职拿问，以为玩视民瘼者戒。　　　　　　　　　　　　　　　　　　　　　　《文宗实录》卷二五六

六月【略】丁卯，【略】谕内阁：耆龄奏参挖捕蝗蝻不力之知县一折。江西代理都昌县事候补府经历胡承湖于挖捕蝗蝻重务，仅委佐杂等官办理，并不亲历各乡督办，以致该县地方蝻孽尚多，实属玩视民瘼，仅予革职不足蔽辜。胡承湖著革职拿问，交耆龄审明定拟具奏。署进贤县事委用知县巴光诰，挖掘蝻子不能得法，虽经该抚等严饬，即亲历各乡捕挖收买，尚知愧奋，而遗孽仍未尽除，仅请摘去顶带，亦未足以示惩，巴光诰著即革职，仍留于该地方勒限搜捕，倘敢仍前怠玩，再行严参惩办。【略】辛未，【略】又谕：曾望颜奏参扑捕蝗蝻不力之知县，请摘顶示惩等语。陕西卸署石泉县知县王棨，现任石泉县知县韩钧，经该抚饬令会同扑捕蝗蝻，乃月余之后，委员往查，仍未净尽，且有飞入邻境之处，扑捕实属不力。仅予摘顶不足蔽辜，王棨、韩钧均著革职拿问，交该抚严行审讯，定拟具奏，以为玩视民瘼者戒。　　　　　　　　　　　　　　《文宗实录》卷二五七

七月【略】戊寅，谕内阁：朕闻近京各州县地方均有蝗蝻蠕动，若不亟筹扑捕，必致为害农田。著顺天府府尹、直隶总督各饬所属，查有蝗蝻滋长之处，即行设法扑捕，勿令长翅飞腾，致伤禾稼。倘该地方官不能认真办理或任意玩视，即著从严参办，各大吏若不严饬属员，置之不问，甚至故为徇隐，朕必将各大员加等惩处不贷。【略】庚辰，缓征山东德平、蒲台、堂邑、博平、沂水、曹六县并东昌卫被风、被雹、被旱、被丹屯庄新旧额赋有差。　　　　　《文宗实录》卷二五八

七月【略】甲午，【略】谕军机大臣等：载华等奏，松树虫生，捕拿渐就减少一折。陵寝重地，培植树株倍宜慎重，本年五月以来雨泽稀少，以致围墙以内松树生虫，虽经载华等捡派员弁，督饬兵役实力捕捉，日来渐见减少。但恐遗孽未净，仍复滋生，著严饬兵役认真捕拿，务令扫除净尽，不得稍有疏懈，其被啮树株，虽雨后萌芽，青葱如旧，究竟损伤若干，并著查明具奏，将此谕令知之。

《文宗实录》卷二五九

八月【略】丙寅，【略】谕军机大臣等：载华等奏，松虫尚未净尽，拟加添兵役搜拿一折。据称自七月二十日起，一月未见雨泽，风水围墙内松虫渐炽，甫拿复生，人力难胜，拟于虫王庙叩祷等语。该处既有虫王庙三楹，素昭灵爽，自应一面虔祈，一面竭尽人力，添派差役，择虫啮较重树株，上紧搜拿，务将松虫捕捉净尽，毋留余孽。至虫王庙何时起建，并无案卷可据，未知崇祀何人，现供神像，如何服饰，著载华等查明具奏，将此谕令知之。　　　　　　《文宗实录》卷二六二

九月【略】己丑，【略】缓征陕西吴堡县被雹村庄本年额赋，赈贫民一月口粮。【略】庚寅，以蝗不为灾，颁湖南刘猛将军庙御书扁额，曰“嘉谷蒙庥”。【略】以湖南捕蝗出力，予知县周玉衡等升叙有差。　　　　　　　　　　　　　　　　　　　　　　　　　　《文宗实录》卷二六四

十月【略】丁未，【略】缓征陕西清涧、府谷、神木三县被雹、被旱村庄旧欠额赋，赈给清涧县贫民一月口粮。

《文宗实录》卷二六六

十月【略】乙丑，【略】又谕：前据骆秉章奏，请奖励捕蝗各员，当经降旨，将署邵阳县知县周玉衡等五员，给予升途升衔及尽先补用；其署祁阳县知县刘达善等，并前任长沙府知府补用道仓景恬等，均交部从优议叙。兹据吏部奏称，扑捕蝗蝻系地方应为之事，定例议叙，只准加级。今刘达善及仓景恬等十四员，均议给予加一级，再从优给予纪录二次，至所保周玉衡等五员，未免过优等语。周玉衡、赖史直、耿维中、颜培翥、李逢春五员，均著从优给予加二级，纪录二次，所有前得捕蝗奖叙，著即撤销。【略】戊辰，【略】蠲缓山东济宁、章丘、邹平、禹城、长清、肥城、平阴、惠民、青城、阳信、蒲台、定陶、巨野、郓城、朝城、堂邑、博平、茌平、邱、夏津、金乡、嘉祥、鱼台、临清、历城、长山、齐河、济阳、德平、平原、滨、利津、汶上、聊城、清平、莘、冠、馆陶、高唐、恩、武城、海丰、临淄、博兴、高苑、潍、新城、临邑、陵、德、乐陵、商河、曲阜、宁阳、邹、泗水、滕、峄、观城、滋阳、沾化、莒、益都、乐安、临朐、菏泽、濮、范、阳谷、寿张、齐东、东阿、东平七十三州县，并德州、东昌、临清、济宁、东平五卫被水、被旱、被虫、被雹、被风、被丹村庄新旧额赋有差。

《文宗实录》卷二六八

十一月【略】乙亥，【略】蠲缓直隶开、东明、长垣、武清、宁河、蠡、束鹿、安、天津、青、静海、沧、南皮、盐山、无极、大名、南乐、清丰、永年、邯郸、肥乡、广平、鸡泽、丰润、新河、武邑、衡水、隆平、宁晋、饶阳、高阳、成安、曲周、南宫、深泽三十五州县被水、被旱、被风、被雹灾区新旧额赋有差，并分别赈给贫民口粮。【略】壬午，【略】又谕：【略】曾国藩所部各军多染疾疫，前奏尚须休息，且景德镇尚有大股逆匪，随剿随进，亦非计日可到，著曾国藩预为筹度。【略】乙酉，【略】蠲缓湖南武陵、龙阳、沅江、澧、安乡、湘阴、巴陵、临湘、华容九州县并岳州卫被水灾区新旧额赋。

《文宗实录》卷二六九

十一月【略】已亥，【略】蠲缓伊犁惠远城被水、被旱灾区额赋有差。庚子，【略】又谕：曾望颜奏，遵旨审明捕蝗办理乖谬之知县加等定拟一折。陕西已革职蓝田县知县李梦荷，于境内蝗蝻督捕迟延，并枷责卖蝗乡民，已属任性滥刑，且将委员禀件私行扣留，又捏词妄讦，种种荒谬，殊出情理之外。兹据该抚奏称，遵旨严讯，定拟具奏，亟应严加惩办，以昭炯戒，李梦荷著从重，发往军台效力赎罪。

《文宗实录》卷二七〇

十二月【略】辛亥，【略】蠲减江苏上元、江宁、溧水、高淳、江浦、六合、仪征、丰、句容、江都、甘泉、沛、铜山、萧、睢宁、砀山、丹阳、金坛、溧阳、长洲、元和、吴、吴江、震泽、常熟、昭文、昆山、新阳、太湖、华亭、奉贤、娄、金山、上海、南汇、青浦、川沙、武进、阳湖、无锡、金匮、江阴、宜兴、荆溪、靖江、太仓、镇洋、嘉定、宝山、崇明五十厅州县，及苏州、太仓、镇海、金山、镇江、扬州、徐州七卫被兵、被风地方本年新赋有差。【略】乙卯，【略】缓江苏山阳、阜宁、清河、桃源、盐城、高邮、泰、东台、江都、兴化、宝应、铜山、沛、砀山、邳、宿迁、睢宁、海、沭阳、赣榆、泰兴、长洲、元和、吴、吴江、震泽、常熟、昭文、昆山、新阳、华亭、奉贤、娄、金山、青浦、江阴、宜兴、荆溪、丹阳、金坛、溧阳、太仓、镇洋四十三州县被旱、被水歉收地亩漕粮并折色银两有差。

《文宗实录》卷二七一

十二月【略】戊午，【略】缓征直隶元城、深、武强三州县被水、被旱、被雹村庄新旧粮租仓谷。己未，【略】蠲缓浙江杜渎、海沙、钱清、黄岩、横浦、浦东六场被风、被潮灶地新旧额赋有差。庚申，上诣大高殿祈雪坛行礼。【略】缓征江苏长洲、元和、吴、吴江、震泽、常熟、昭文、昆山、新阳、华亭、奉贤、娄、金山、青浦、江阴、宜兴、荆溪、丹阳、金坛、溧阳、山阳、阜宁、清河、桃源、安东、盐城、高邮、泰、东台、江都、兴化、宝应、铜山、沛、砀山、邳、宿迁、睢宁、太仓、镇洋、海、沭阳、赣榆、通、泰兴、如皋、海门、甘泉、萧、上海、南汇、川沙、武进、阳湖、嘉定、宝山五十六厅州县，暨苏州、太仓、镇海、淮安、大河、扬州、徐州八卫被水、被旱地亩新旧额赋有差。蠲缓江苏富安、安丰、伍祐、梁垛、东台、何

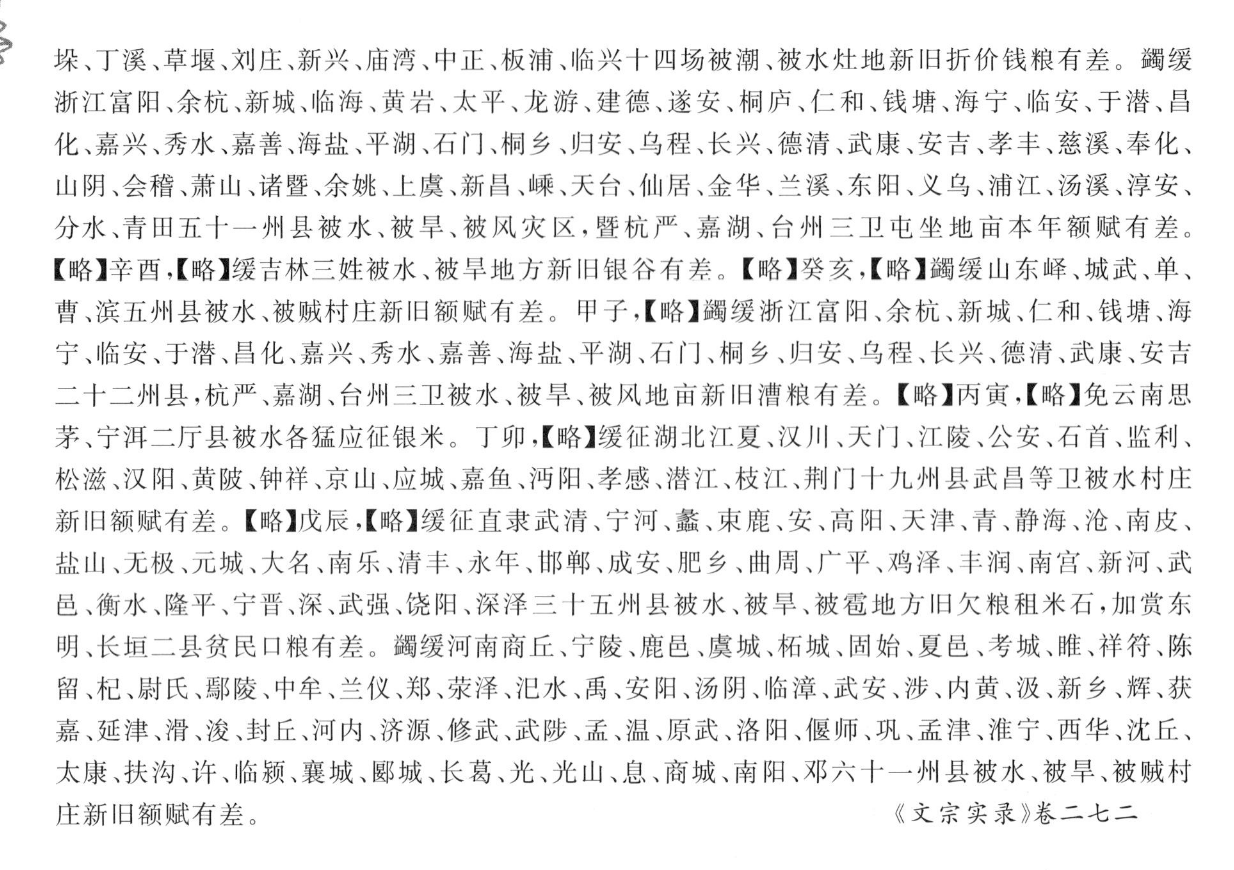

垛、丁溪、草堰、刘庄、新兴、庙湾、中正、板浦、临兴十四场被潮、被水灶地新旧折价钱粮有差。蠲缓浙江富阳、余杭、新城、临海、黄岩、太平、龙游、建德、遂安、桐庐、仁和、钱塘、海宁、临安、于潜、昌化、嘉兴、秀水、嘉善、海盐、平湖、石门、桐乡、归安、乌程、长兴、德清、武康、安吉、孝丰、慈溪、奉化、山阴、会稽、萧山、诸暨、余姚、上虞、新昌、嵊、天台、仙居、金华、兰溪、东阳、义乌、浦江、汤溪、淳安、分水、青田五十一州县被水、被旱、被风灾区，暨杭严、嘉湖、台州三卫屯坐地亩本年额赋有差。【略】辛酉，【略】缓吉林三姓被水、被旱地方新旧银谷有差。【略】癸亥，【略】蠲缓山东峄、城武、单、曹、滨五州县被水、被贼村庄新旧额赋有差。甲子，【略】蠲缓浙江富阳、余杭、新城、仁和、钱塘、海宁、临安、于潜、昌化、嘉兴、秀水、嘉善、海盐、平湖、石门、桐乡、归安、乌程、长兴、德清、武康、安吉二十二州县，杭严、嘉湖、台州三卫被水、被旱、被风地亩新旧漕粮有差。【略】丙寅，【略】免云南思茅、宁洱二厅县被水各猛应征银米。丁卯，【略】缓征湖北江夏、汉川、天门、江陵、公安、石首、监利、松滋、汉阳、黄陂、钟祥、京山、应城、嘉鱼、沔阳、孝感、潜江、枝江、荆门十九州县武昌等卫被水村庄新旧额赋有差。【略】戊辰，【略】缓征直隶武清、宁河、蠡、束鹿、安、高阳、天津、青、静海、沧、南皮、盐山、无极、元城、大名、南乐、清丰、永年、邯郸、成安、肥乡、曲周、广平、鸡泽、丰润、南宫、新河、武邑、衡水、隆平、宁晋、深、武强、饶阳、深泽三十五州县被水、被旱、被雹地方旧欠粮租米石，加赏东明、长垣二县贫民口粮有差。蠲缓河南商丘、宁陵、鹿邑、虞城、柘城、固始、夏邑、考城、睢、祥符、陈留、杞、尉氏、鄢陵、中牟、兰仪、郑、荥泽、汜水、禹、安阳、汤阴、临漳、武安、涉、内黄、汲、新乡、辉、获嘉、延津、滑、浚、封丘、河内、济源、修武、武陟、孟、温、原武、洛阳、偃师、巩、孟津、淮宁、西华、沈丘、太康、扶沟、许、临颍、襄城、郾城、长葛、光、光山、息、商城、南阳、邓六十一州县被水、被旱、被贼村庄新旧额赋有差。

《文宗实录》卷二七二

## 1859年 己未 清文宗咸丰九年

正月【略】癸酉，【略】缓征山东临清、章丘、邹平、齐东、齐河、禹城、长清、德平、东阿、平阴、惠民、阳信、滋阳、峄、汶上、阳谷、单、濮、朝城、堂邑、茌平、馆陶、高唐、益都、博兴、邱、金乡、嘉祥、鱼台、济宁、历城、济阳、青城、海丰、利津、定陶、巨野、郓城、莒、高苑、潍、东平、寿张、菏泽、范、城武四十六州县，并德州、东昌、临清、济宁、东平五卫被水、被旱灾区额赋有差。赈安徽滁、霍邱二州县被灾、被扰贫民一月口粮。【略】癸未，【略】展缓浙江海盐县被风歉收地亩带征白粮。

《文宗实录》卷二七三

正月【略】壬辰，【略】缓征江西南昌、新建、丰城、进贤、建昌、安义、鄱阳七县被水地方新旧额赋有差。【略】甲午，【略】赈山东菏泽、濮、范、阳谷、寿张、东阿、东平、齐东八州县并东昌卫被水贫民一月口粮。【略】戊戌，【略】蠲缓福建邵武、汀州、建宁、延平四府，浦城、松溪、政和、邵武、光泽、长汀、宁化、连城、顺昌、建阳、崇安、泰宁、将乐、归化、清流、建宁、南平、沙、永安、建安、瓯宁、上杭、武平、永定、宁洋二十五县，暨邵武、汀州、兴化三厅，永和里、泉上、仁寿、麻沙、峡阳、迪口、岚下、峰市县丞所属被扰、被水地方额赋有差。

《文宗实录》卷二七四

二月【略】辛亥，【略】蠲缓安徽宿、颍上、霍邱、亳、蒙城、宿松、寿、定远、凤台、阜阳、太和、泗、盱眙、灵璧、宣城、广德、泾、婺源、祁门、南陵二十州县并屯坐各卫被旱、被淹、被扰地方额赋有差。

《文宗实录》卷二七五

三月【略】壬辰，以京畿雨泽未沾，命于黑龙潭、觉生寺设坛祈祷，上诣黑龙潭拈香。【略】谕内阁：前因直隶各州县欠交广恩库租银，饬催未解，【略】上年直隶各属大半丰稔，何至概未征收。【略】戊戌，谕内阁：御史鄂堃奏请慎刑狱以召和甘等语。本年入春以来雨泽稀少，迭经降旨，虔申

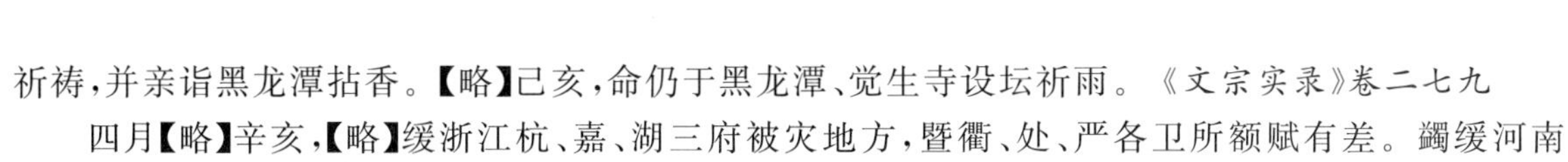

祈祷，并亲诣黑龙潭拈香。【略】己亥，命仍于黑龙潭、觉生寺设坛祈雨。《文宗实录》卷二七九

四月【略】辛亥，【略】缓浙江杭、嘉、湖三府被灾地方，暨衢、处、严各卫所额赋有差。蠲缓河南鹿邑、考城、获嘉、祥符、陈留、浚、安阳、临漳、内黄、杞、汲、延津、沈丘、新乡、淇、滑、光、鄢陵、西华、扶沟、封丘、襄城、淮宁二十三州县被水、被旱地方额赋有差。《文宗实录》卷二八〇

四月丙辰，以京畿雨泽愆期，上诣天神坛拈香祈祷。【略】己未，【略】赈山东单、城武、巨野、金乡、鱼台、嘉祥六县及济宁卫被扰、被水地方贫民一月口粮。【略】壬戌，谕内阁：本年入春以来雨泽稀少，米粮腾贵，加以银价日增，钱法壅滞，兵丁生计维艰，朕心实深轸念。【略】癸亥，以甘澍优沾，遣郑亲王端华诣大高殿【略】拈香报谢。【略】乙丑，以甘澍优沾，遣恭亲王奕䜣诣天神坛【略】拈香报谢。【略】戊辰，谕军机大臣等，载华等奏，本月二十一等日，陵寝内外暨马兰峪一带地方得雨二寸有余等语。上年围墙以内松树生虫，经载华等奏称实力扑捕，入冬后虫归树下，复经添派幼丁，帮同搜捕。惟今春雨泽较稀，闻树株复被虫啮，枯干不少，现当雨后萌芽，著载华等督饬兵役认真搜捕净尽。《文宗实录》卷二八一

五月【略】癸巳，谕内阁：恒福奏，查明赈恤灾民口粮，请停补放一折。咸丰七年直隶固安等州县灾歉，于八年正月降旨，加恩赏给口粮，兹据该督查明被灾各属，是年二麦秋禾均属中稔，且大赈之后，小民糊口有资，是以加赈口粮未曾散放，体察民情，请毋庸补放等语。所有固安、永清、东明、长垣、东安、开州等州县咸丰八年加赏口粮银两，著准其停止补放。《文宗实录》卷二八四

六月【略】乙丑，【略】展缓湖北广济县被水地亩上年银米。《文宗实录》卷二八六

七月【略】甲戌，【略】蠲缓山东禹城、陵、惠民、阳信、乐陵、沾化、滋阳、曲阜、聊城、博平、莘、高唐、恩、益都、临淄、博兴、乐安、昌乐、安丘、平度、历城、邹平、长清、东平、海丰、利津、朝城、潍、邱、齐河、德平、莱芜、郓城、费、沂水、堂邑、清平、冠、昌邑、茌平、蒲台、莒、寿光、峄四十四州县，暨德州、东昌、临清、济宁四卫，东平所，永阜、官台、富国三场被扰、被旱、被雹、被风庄屯新旧正杂额赋有差。《文宗实录》卷二八七

七月【略】辛卯，【略】缓征山东青城县歉收村庄新旧额赋。《文宗实录》卷二八九

八月【略】丙辰，【略】减免江苏横浦、浦东、袁浦、青村、下沙头、下沙二三六场被灾灶地八年额赋十分之一。《文宗实录》卷二九一

十月【略】庚子，【略】以山东二麦歉收，准改征粟米。《文宗实录》卷二九六

十月【略】庚戌，【略】缓征奉天牛庄防守卫镶黄、正白、镶红、正蓝、镶蓝五旗被淹册地本年额赋。【略】辛亥，【略】又谕：本日据何桂清奏，英佛二酋【略】同来寻衅，有不在天津而在盛京、山海关等处，计期总在明春之说等语。现在天津海口、河流结冻，将近撤防，僧格林沁倘能于撤防时亲赴山海关履勘情形，严密设防，更为妥善。【略】缓征陕西麟游县被雹村庄本年原贷社仓麦谷。

《文宗实录》卷二九七

十月丁巳，【略】蠲缓直隶武清、固安、永清、东安、卢龙、束鹿、安、天津、青、静海、沧、南皮、盐山、庆云、晋、藁城、邢台、唐山、平乡、广宗、巨鹿、内丘、任、永年、邯郸、肥乡、曲周、广平、鸡泽、磁、大名、南乐、清丰、丰润、玉田、南宫、新河、武邑、衡水、柏乡、隆平、临城、宁晋、深、武强、宁河、无极、沙河、南和[①]、成安、赵、饶阳五十二州县及津军厅被水、被旱村庄新旧额赋有差，赈固安、永清、东安三县灾民口粮，并给房屋修费。《文宗实录》卷二九八

十一月【略】丁卯，【略】蠲缓山东济宁、济阳、禹城、长清、平原、肥城、平阴、惠民、青城、阳信、滕、单、曹、巨野、郓城、观城、朝城、茌平、邱、夏津、金乡、嘉祥、鱼台、临清、历城、邹平、新城、齐河、

① 南和，原作“南河”，疑誊抄之误。

德平、平原①、莱芜、乐陵、滨、利津、蒲台、滋阳、邹、汶上、聊城、堂邑、博平、莘、高唐、夏津、城武、定陶、新泰、海丰、沾化、益都、临淄、博兴、高苑、乐安、寿光、昌乐、昌邑、潍、长山、临邑、陵、商河、曲阜、泗水、冠、恩、武城、莒、沂水、临朐、平度、菏泽、濮、范、阳谷、寿张、齐东、东阿、章丘、东平八十州县，暨德州、东昌、临清、济宁、东平五卫所，永阜、永利二场被灾地亩新旧额赋有差。准山东茌平、冠、高唐、恩、馆陶、长清、德、德平、肥城、惠民、阳信、乐陵、丘十三州县歉收豆石，改征粟米。【略】庚午，蠲缓湖南武陵、龙阳、沅江、澧、安乡、湘阴、巴陵、临湘、华容九州县并岳州卫被水地亩新旧额赋暨杂项银。辛未，【略】又谕：前因节候严寒，海河冰冻，谕令僧格林沁于布置防兵事宜，料理完竣，即带领京营官兵回京，以资休息。【略】甲戌，【略】缓征奉天海城县被淹旗民地亩本年额赋。

《文宗实录》卷二九九

十一月【略】丁丑，谕内阁：都察院奏，浙江民人章启丰等，遣抱告张启山，以官吏通同舞弊等词，赴该衙门具控。据称会稽县蠹书朱克振、鄘光奎、樊希成等，于该县钱粮加收浮勒，每年可收十余万两，官吏朋吞；捏报灾歉，拖延不解，并重征米石，每年可得一万八千余石，复将大户分作零户，累年不解，希图豁免；又藉修塘为名，按亩勒派，侵吞塘捐；挟该民人上控之嫌，私押班馆，陵虐殴打。莫县主、刘县主均得受陋规，不肯究办，并府尊袒护各等情。【略】著罗遵殿按照所控各情，亲提人证卷宗，秉公严讯确情，按律定拟具奏。【略】癸未，【略】缓征吉林三姓被水、被雹歉收地方八旗兵丁新旧额赋。

《文宗实录》卷三〇〇

十一月【略】壬辰，【略】蠲缓山西萨拉齐、清水河二厅被水、被雹地亩新旧额赋有差。癸巳，【略】缓征两淮富安、安丰、梁垛、东台、何垛、丁溪、草堰、刘庄、新兴、庙湾、伍祐、板浦、临兴、中正十四场被水灶地新旧额赋有差。

《文宗实录》卷三〇一

十二月【略】戊戌，命于大高殿设坛祈雪。上亲诣行礼。【略】辛丑，【略】蠲缓江苏邳、砀山、句容、长洲、元和、吴、吴江、震泽、常熟、昭文、昆山、新阳、华亭、奉贤、娄、金山、南汇、青浦、江阴、宜兴、荆溪、丹阳、金坛、溧阳、山阳、阜宁、清河、桃源、安东、盐城、高邮、泰、东台、江都、甘泉、兴化、宝应、铜山、丰、沛、宿迁、睢宁、海、沭阳、赣榆、通、泰兴、太仓、镇洋、上海、川沙、武进、阳湖、萧、如皋、海门、嘉定、宝山五十八厅州县，暨苏、扬、徐、太仓、镇海、淮安、大河、金山八卫被水、被旱地方新旧额赋有差。壬寅，【略】展缓陕西府谷县被旱歉区旧欠兵粮。癸卯，【略】又谕：官文、胡林翼奏沔阳州地方猝被江水漫淹情形一折。湖北沔阳州属一百四十一垸，于本年十月猝被江水刷溃堤塍，民房多有淹没，粮食漂失无存，且系收获之期，补种无望，亟应妥筹办理。【略】甲辰，【略】展缓甘肃皋兰、河、狄道、靖远、陇西、静宁、安化、宁、宁夏、宁朔、灵、中卫、泾、崇信、灵台、镇原十六州县暨沙泥州判所属被雹、被水、被霜地方旧欠额赋。

《文宗实录》卷三〇二

十二月【略】丁未，【略】展缓伊犁新沟、白阳沟、南渠被旱地亩额赋有差。【略】庚戌，【略】蠲缓直隶开、东明、长垣三州县被水村庄新旧额赋，给贫民一月口粮。【略】甲寅，【略】蠲缓浙江仁和、钱塘、海宁、富阳、余杭、临安、新城、于潜、昌化、嘉兴、秀水、嘉善、海盐、平湖、石门、桐乡、乌程、归安、长兴、德清、武康、安吉、孝丰、慈溪、奉化、山阴、会稽、萧山、诸暨、余姚、上虞、新昌、嵊、临海、黄岩、太平、宁海、天台、仙居、金华、兰溪、东阳、义乌、永康、武义、浦江、汤溪、西安、龙游、江山、常山、开化、建德、淳安、遂安、寿昌、桐庐、分水、丽水、缙云、青田、遂昌、庆元、云和、景宁六十五州县，并杭严、嘉湖、台州三卫，暨杜渎、海沙、黄岩、下沙头四场被风、被雹地亩新旧钱漕额赋有差。

《文宗实录》卷三〇三

十二月丙辰，上诣大高殿祈雪坛行礼，时应宫拈香。【略】丁巳，【略】蠲缓河南祥符、陈留、中



① 原作所列蠲缓山东八十州县中，内有“平原”两处，疑有一误。

牟、郑、荥泽、荥阳、汜水、安阳、汤阴、临漳、林、武安、内黄、汲、新乡、辉、获嘉、淇、延津、滑、浚、封丘、河内、济源、修武、武陟、孟、温、原武、阳武、洛阳、偃师、孟津、固始、息、杞、尉氏、洧川、兰仪、鄢陵、通许、宁陵、鹿邑、虞城、柘城、考城、许、长葛、临颍、商丘、夏邑、永城、睢五十三州县被水、被旱、被扰村庄新旧额赋有差。蠲缓湖北沔阳、汉阳、黄陂、黄梅、广济、天门、江陵、公安、石首、监利、松滋十一州县被水、被旱灾区新旧额赋并本年漕粮有差。蠲缓湖北汉川、荆门、京山、钟祥、嘉鱼、孝感、枝江、罗田、江夏九州县被水、被旱灾区新旧额赋有差。【略】己未,【略】蠲缓江苏句容、长洲、元和、吴、吴江、震泽、常熟、昭文、昆山、新阳、华亭、奉贤、娄、金山、南汇、青浦、江阴、宜兴、荆溪、丹阳、金坛、溧阳、山阳、阜宁、清河、桃源、盐城、高邮、泰、东台、甘泉、兴化、宝应、铜山、丰、沛、萧、砀山、邳、宿迁、睢宁、太仓、镇洋、海、沭阳、赣榆、泰兴四十七州县被灾、被扰地方本年额赋。【略】辛酉,颁硃批,谕:今岁入冬以来,未沾雪泽,朕心殷盼实深,著差内务府司官一员,赍大藏香十支,驰驿往山东省城,交巡抚文煜传旨,令布政使清盛虔诣泰山,竭诚叩祷,代朕祈请神只,以迓祥和。

《文宗实录》卷三〇四

## 1860年 庚申 清文宗咸丰十年

正月【略】丁卯,【略】以江西南昌、新建、丰城、进贤、金溪、鄱阳、余干、万年、建昌、德化、德安、湖口十二县被灾较重,命平粜仓谷。展缓直隶固安、永清、东安、武清、宁河、卢龙、束鹿、安、天津、青、静海、沧、南皮、盐山、庆云、晋、无极、藁城、邢台、沙河、南和、唐山、平乡、广宗、巨鹿、内丘、任、永年、邯郸、成安、肥乡、曲周、广平、鸡泽、磁、大名、南乐、清丰、丰润、玉田、南宫、新河、武邑、衡水、赵、柏乡、隆平、临城、宁晋、深、武强、饶阳五十二州县被灾地方新旧额赋,给固安县贫民口粮有差。【略】己巳,【略】蠲缓山东临清、齐东、齐河、禹城、长清、平原、东平、东阿、平阴、惠民、阳信、乐陵、沾化、蒲台、滋阳、峄、汶上、阳谷、菏泽、单、曹、巨野、濮、观城、朝城、茌平、莘、高唐、益都、博兴、乐安、昌乐、临朐、昌邑、邱、金乡、嘉祥、济宁、历城、新城、济阳、肥城、青城、清丰、郓城、莒、恩、临淄、高苑、寿光、潍、夏津、鱼台、章丘、滕、寿张、范五十七州县被水、被旱、被虫、被雹村庄额赋有差。

《文宗实录》卷三〇五

二月【略】丁酉,【略】展缓直隶开、东明、长垣三州县被淹村庄本年额赋。

《文宗实录》卷三〇七

二月【略】癸丑,【略】谕内阁:上年冬令雪泽稀少,降旨派山东布政使清盛恭赍大藏香虔诣泰山,代朕叩祷。兹自二月初七日起,祥霙迭沛,渥泽深沾,农田可卜丰登。朕心实深寅感,著仍差内务府司官一员,赍大藏香十枚,驰驿前往山东省城,交巡抚文煜,传旨令布政使清盛恭诣泰山,虔申报谢,以答神庥。

《文宗实录》卷三〇八

三月【略】甲午,【略】蠲缓直隶安、东安、天津三州县积涝地方新旧额赋。

《文宗实录》卷三一一

闰三月【略】丙辰,【略】蠲缓安徽宿、颍上、蒙城、霍邱、亳、寿、凤台、英山、宿松、阜阳、泗、太和、灵璧、泾、宣城、太平、广德、歙、休宁、黟、绩溪、旌德、建平二十三州县并屯坐各卫被灾、被扰地方新旧额赋及杂课银。

《文宗实录》卷三一四

四月【略】辛卯,【略】蠲缓江西奉新、宜黄、星子、建昌、德化、新喻、永宁、乐安、鄱阳、安仁、德兴、都昌、德安、彭泽、赣、雩都、信丰、兴国、会昌、石城、万载、南昌、新建、万年、丰城、进贤、分宜、安义、宜春、余干、高安、瑞昌三十二县被灾、被兵地方新旧额赋有差。

《文宗实录》卷三一七

七月癸卯,【略】赈湖北东湖、江陵、松滋、公安、石首、枝江、宜都、监利、沔阳、云梦、汉川十一州

县，并抚恤湖南华容、安乡、湘阴、澧、沅江、龙阳、益阳、巴陵八州县被水灾民。【略】乙巳，【略】蠲缓山东邹平、阳信、滨、利津、沾化、莘、冠、馆陶、高唐、益都、惠民、海丰、朝城、邱、齐河、泗水、城武、定陶、巨野、费、沂水、金乡、乐陵、菏泽、郓城、临朐、临清、昌乐、高苑、峄、单、曹三十二州县，及济宁、临清各卫被旱、被风、被虫、被雹、被扰庄屯新旧额赋。【略】戊申，【略】抚恤福建澎湖厅遭风灾民。

《文宗实录》卷三二五

九月辛卯朔，【略】谕内阁：恒福奏，永定河秋汛安澜，并防护出力各员可否择优保奏一折。据称本年永定河自立秋以后，河水时有涨落，虽较伏汛溜势稍减，而秋水搜堤[①]，势甚汹涌，以致各工埽段纷纷禀报蛰陷，并有汕刷过急，直溃堤根，极形危险，当经该护道王茂埙督率各厅营汛，无分昼夜[②]，并力抢护，一律保护稳固。【略】缓征直隶唐山、曲周、鸡泽、巨鹿、成安、肥乡、广平、磁、大名、完、永年、邯郸十二州县被旱、被雹民旗地亩新旧额赋并酌减差徭。《文宗实录》卷三三〇

十月【略】戊辰，缓征山西萨拉齐、太平二厅县被水村庄额赋有差，并碾常平仓谷抚恤贫民。

《文宗实录》卷三三二

十月【略】甲申，【略】蠲缓湖南武陵、龙阳、沅江、澧、安乡、湘阴、巴陵、临湘、华容九州县暨岳州卫被水庄屯新旧额赋有差。《文宗实录》卷三三四

十一月庚寅朔，【略】缓征直隶武清、博野、完、蠡、祁、束鹿、献、青、盐山、静海、沧、南皮、藁城、肥乡、曲周、广平、鸡泽、大名、南乐、新河、武邑、衡水、柏乡、隆平、临城、宁晋、深、饶阳、安平、邯郸、永年、成安、怀来、南宫、武强、深泽三十六州县被水村庄新旧额赋。【略】壬寅，【略】蠲缓山东济宁、章丘、齐东、济阳、禹城、长清、平原、东平、平阴、惠民、青城、阳信、滕、峄、单、城武、曹、定陶、巨野、朝城、馆陶、夏津、金乡、嘉祥、鱼台、临清、历城、邹平、长山、陵、乐陵、利津、蒲台、滋阳、宁阳、邹、聊城、堂邑、茌平、莘、冠、高唐、邱、海丰、蒙阴、沂水、益都、临淄、高苑、乐安、昌邑、临邑、德、德平、滨、曲阜、汶上、恩、武城、博兴、寿光、平度、安丘、潍、观城、沾化、濮、范、阳谷、寿张、菏泽、临朐、东阿七十三州县被水、被扰庄屯暨永利场灶地新旧额赋有差。癸卯，【略】缓征山西徐沟县被旱地方本年额赋，暨榆次、汾阳二县原借仓谷。《文宗实录》卷三三五

十二月【略】丁卯，【略】蠲缓直隶开、东明、长垣、巨鹿、磁五州县被水灾区新旧额赋有差，赈开、东明、长垣三州县灾民口粮。《文宗实录》卷三三七

十二月【略】甲戌，【略】蠲缓湖北公安、沔阳、汉阳、汉川、黄陂、钟祥、京山、天门、云梦、石首、监利、松滋、枝江、荆门、江陵、嘉鱼、孝感、黄梅、潜江、江夏、罗田、广济二十二州县，暨武昌、蕲州二卫被水灾区新旧额赋，并公安、沔阳、汉阳、黄陂、天门、云梦、江陵、石首、监利、松滋十州县本年漕粮。【略】丙子，【略】蠲缓河南祥符、杞、荥阳、荥泽、汜水、商丘、宁陵、鹿邑、夏邑、永城、虞城、睢、柘城、淮宁、西华、沈丘、郾城、安阳、汤阴、临漳、林、内黄、武安、涉、汲、新乡、获嘉、淇、辉、延津、浚、滑、封丘、考城、河内、济源、原武、修武、武陟、孟、温、洛阳、偃师、巩、永宁、固始、息四十七州县被水、被旱、被扰灾区新旧漕粮有差。【略】戊寅，【略】缓征山东乐安县被虫、被水灾区新旧灶赋。

《文宗实录》卷三三八

十二月【略】乙酉，【略】又谕：黄赞汤奏，【略】河南封丘县板堂等四社地亩，于咸丰五年间黄水漫溢，均被浸淹，业经停缓钱漕，现据勘明，惟黄陂一社尚被水占，其余三社业已涸复，所有原有钱漕，自应照常启征。【略】缓征甘肃皋兰、河、狄道、渭源、金、靖远、陇西、安定、固原、安化、宁、宁夏、平罗、灵、灵台、镇原十六州县被雹、被旱、被水灾区新旧额赋有差。《文宗实录》卷三三九

---

① “秋水搜堤”，原作“秋禾搜根”，据文意改。搜，古同“搜”字。

② “无分昼夜”，原作“无分雨夜”，亦据文意改。

## 1861年 辛酉 清文宗咸丰十一年

正月【略】辛卯，【略】缓征直隶武清、博野、完、蠡、祁、束鹿、献、青、静海、沧、南皮、盐山、藁城、永年、邯郸、成安、肥乡、曲周、广平、鸡泽、大名、南乐、怀来、南宫、新河、武邑、衡水、柏乡、隆平、临城、宁晋、深、武强、饶阳、安平、深泽、开、东明、长垣三十九州县被水、被旱、被雹村庄新旧额赋。贷山西萨拉齐、太平、临汾、洪洞、徐沟、榆次、汾阳、太原、太谷九厅县被水、被旱、被雹灾民仓谷。【略】癸巳，【略】缓征山东临清、长清、齐河、平原、泰安、新秦、东平、东阿、平阴、惠民、乐陵、利津、蒲台、滋阳、阳谷、寿张、单、濮、馆陶、高唐、莘、堂邑、兰山、高苑、昌邑、郯、嘉祥、济宁、章丘、历城、邹平、长山、齐东、济阳、禹城、青城、阳信、海丰、曲阜、宁阳、峄、菏泽、朝城、莒、益都、临淄、临朐、夏津四十八州县，并德州、东昌、临清、济宁四卫，永利、永阜、官台三场被水、被旱、被雹、被虫、被扰庄屯本年额赋。【略】庚子，【略】展缓山西临汾、洪洞二县歉收村庄新旧额赋。辛丑，【略】蠲缓江苏桃源、安东、甘泉、邳、沭阳、宿迁、清河、睢宁、山阳、阜宁、盐城、高邮、泰、东台、江都、兴化、宝应、铜山、丰、沛、萧、砀山、海、赣榆、通、泰兴、奉贤、金山、南汇、川沙、海门、如皋、靖江三十三厅州县，并淮安、大河、扬州、徐州、金山五卫歉收被兵地方新旧额赋。壬寅，【略】蠲缓吉林三姓歉收地方带征银谷。

《文宗实录》卷三四〇

二月【略】辛酉，【略】减免直隶隆平、安、东安、天津四州县积涝地亩额赋有差。

《文宗实录》卷三四二

二月【略】甲申，【略】贷黑龙江歉收地方旗丁籽种口粮。　《文宗实录》卷三四四

三月【略】乙巳，【略】蠲缓山东滋阳、泗水、峄、阳谷、菏泽、定陶、嘉祥、济宁、曲阜、寿张、巨野、金乡、鱼台、泰安、宁阳、郓城、蒙阴、沂水、新泰、东平、濮、曹、兰山、莒、莱芜、城武、范、乐安二十八州县，东昌、临清、济宁、东平四卫所被扰、被旱、被风、被水、被虫新旧额赋并杂项银。

《文宗实录》卷三四六

四月【略】癸未，【略】蠲缓浙江临海、黄岩、慈溪、奉化、山阴、会稽、萧山、诸暨、余姚、上虞、新昌、嵊、天台、仙居、宁海、太平、金华、兰溪、东阳、义乌、武义、浦江、汤溪、西安、龙游、开化、丽水、青田、缙云、遂昌、庆元、云和、景宁三十三县并台州卫，海沙、杜渎、钱清、黄岩、下沙头五场被水、被旱地方新旧赋课有差。　《文宗实录》卷三五〇

五月己酉，谕内阁：京师入夏以来，迭经留京王大臣及顺天府府尹等奏报得雨，惟夏至以后尚未渥沛甘霖，农田望泽甚殷，朕心实深廑念，允宜虔申祈祷，以迓和甘。【略】甲寅，上以祈雨，遣恭亲王奕䜣诣大高殿【略】拈香。　《文宗实录》卷三五三

七月【略】戊申，【略】缓征山西解、霍二州歉收地方上年民借仓谷。己酉，【略】缓征直隶永平、肥乡、鸡泽、邯郸、成安五县被旱、被雹村庄新旧额赋暨未完旗租。【略】乙卯，【略】缓征山东陵、海丰、沾化、茌平、章丘、齐东、济阳、平原、惠民、青城、高唐、高苑、乐安、利津、齐河、禹城、滨、蒲台、阳信、德平二十州县并德州卫，永阜场被旱、被风、被雹村庄灶地新旧额赋暨仓漕课租有差。

《穆宗实录》卷一

十月【略】乙亥，【略】缓征山西萨拉齐厅被水村庄新旧米石有差。　《穆宗实录》卷七

十月丙子，【略】蠲缓山东东平、邹、泗水、滕、汶上、泰安、莱芜、东阿、安丘、昌邑、金乡、城武、沂水、益都、临淄、昌乐、维、清平、菏泽、邹平、淄川、长山、新城、长清、肥城、平阴、曲阜、宁阳、峄、兰山、莒、博山、寿光、临朐、诸城、高密、临清、日照、滋阳、嘉祥四十州县，暨德州、临清、东昌、济宁、东平五卫被扰、被灾地方新旧额赋租课有差。　《穆宗实录》卷八

十一月【略】辛卯，【略】缓征直隶武清、宁河、东安、完、束鹿、天津、青、静海、沧、南皮、盐山、晋、永年、肥乡、广平、鸡泽、怀来、衡水、深、博野、庆云、巨鹿、邯郸、新河、饶阳、磁二十六州县被旱、被雹、被虫村庄新旧额赋，并减免差徭。

《穆宗实录》卷九

十二月甲子，【略】蠲缓山东齐东、泗水、冠、莘、临清、嘉祥、莱芜、阳谷、寿张、即墨、鱼台、宁阳、汶上、邱、历城、章丘、蒲台、济宁、邹平、长山、新城、长清、泰安、东平、肥城、平阴、曲阜、邹、滕、菏泽、定陶、巨野、郓城、单、城武、范、濮、朝城、观城、曹、博平、清平、馆陶、金乡、齐河、济阳、禹城、陵、平原、东阿、阳信、惠民、滨、峄、茌平、堂邑、夏津、海丰、沾化、兰山、莒、郯城、新泰、昌乐、临邑、德平、高唐、乐陵、商河、利津、滋阳、恩、武城七十三州县，暨齐河卫被水、被旱、被虫、被扰村庄新旧额赋并杂课有差。【略】乙丑，【略】蠲缓湖南武陵、龙阳、澧、安乡、湘阴、巴陵、临湘、华容、益阳九州县暨岳州卫被水地方新旧额赋并杂课有差。【略】戊辰，【略】以京畿雪泽未沾，上亲诣天穹宝殿祈祷行礼。【略】己巳，【略】蠲缓安徽宿、望江、颍上、寿、凤台、泗、阜阳、太和、灵璧、宿松、英山十一州县被扰、被灾地方新旧额赋有差。【略】壬申，【略】蠲缓宁古塔旗民被淹、被霜地方本年额赋暨应交仓谷，并赈灾民口粮有差。

《穆宗实录》卷一三

十二月【略】癸未，【略】蠲缓河南祥符、陈留、杞、尉氏、鄢陵、中牟、郑、荥泽、荥阳、汜水、禹、新郑、虞城、夏邑、安阳、汤阴、临漳、林、涉、内黄、汲、新乡、辉、获嘉、淇、延津、滑、浚、封丘、河内、济源、修武、武陟、孟、温、原武、阳武、洛阳、偃师、孟津、宜阳、永宁、新野、确山、正阳、信阳、西华、固始四十八州县被旱、被水、被扰村庄新旧额赋有差。

《穆宗实录》卷一四

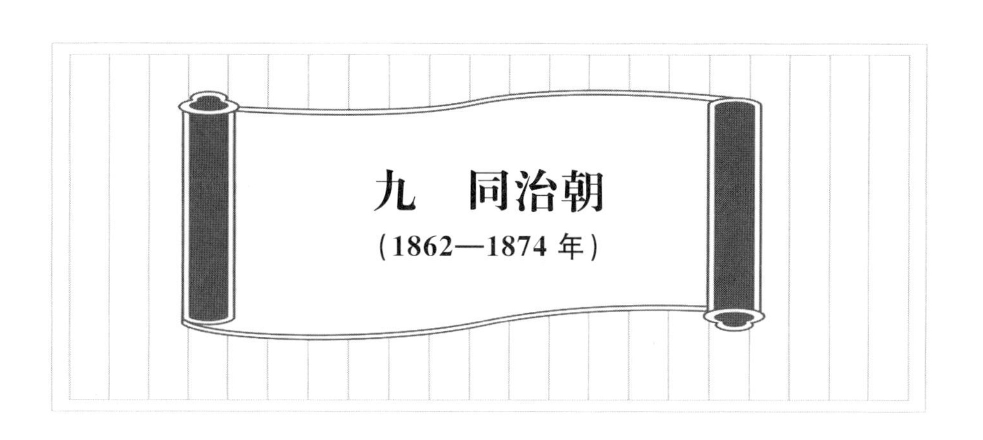

# 九　同治朝

（1862—1874年）



## 1862年 壬戌 清穆宗同治元年

正月【略】乙酉，【略】缓征直隶武清、宁河、东安、博野、完、束鹿、天津、青、静海、沧、南皮、盐山、庆云、晋、巨鹿、永年、邯郸、成安、肥乡、广平、鸡泽、怀来、新河、衡水、饶阳、深二十六州县歉收村庄粮赋地租，并展缓原贷仓谷。【略】丁亥，【略】贷吉林三姓被水地方旗丁银暨官庄民丁谷价。贷黑龙江城歉收丁户米石。缓征湖北沔阳、黄梅、武昌、嘉鱼、汉阳、汉川、黄陂、广济、钟祥、京山、潜江、天门、江陵、公安、石首、监利、松滋、枝江、荆门、蒲圻、孝感、江夏二十二州县暨武昌卫被扰、被水地方新旧额赋有差。【略】辛卯，【略】展缓直隶开、东明、长垣、大名、元城五州县被灾、被扰村庄春征新赋。

《穆宗实录》卷一五

正月【略】甲午，【略】蠲缓江苏山阳、阜宁、清河、桃源、安东、盐城、高邮、泰、东台、江都、甘泉、兴化、宝应、铜山、沛、萧、砀山、宿迁、睢宁、沭阳、赣榆、通、泰兴、海门、邳、仪征、海、如皋、靖江、华亭、娄、丹徒、宝山、奉贤、金山、上海、长洲、元和、吴、吴江、震泽、常熟、昭文、昆山、新阳、太湖、青浦、武进、阳湖、无锡、金匮、江阴、宜兴、荆溪、丹阳、金坛、溧阳、太仓、镇洋、嘉定、南汇、川沙、崇明六十三厅县，暨淮安、大河、扬州、徐州、苏州、太仓、镇海、金山、镇江九卫被兵、被水、被旱地方新旧额赋并杂课有差。

《穆宗实录》卷一六

二月【略】丙子，【略】展缓山西徐沟、临汾、洪洞三县歉收地方咸丰十年民欠额赋。

《穆宗实录》卷二〇

三月【略】丙戌，以京畿雨泽愆期，上诣大高殿祈祷行礼。【略】庚寅，谕内阁：【略】自正月以来，日星垂象，雨泽愆期，昨虽得有时雨，农田仍未沾足，此皆由修省未至，弗克感召和甘。

《穆宗实录》卷二一

四月【略】戊午，以甘霖迭沛，上诣大高殿行礼报谢。【略】己未，【略】谕议政王军机大臣等：石赞清奏，河患堪虞，亟宜预为筹画一折。据称，本年惊蛰后永定河水涨，雄县所属之毛儿湾与保定县交界之处开口数丈；又雄县所属之西桥、新城县属之青岭等处先后开口三道，现经委员会勘，赶紧修筑，设法疏消。惟凌汛、桃花汛水源尚非大旺，转瞬伏汛、秋汛盛涨之时，其患有不可胜言者。

《穆宗实录》卷二四

四月【略】辛未，以雨泽未沾，上于大高殿设坛祈祷，亲诣行礼。　《穆宗实录》卷二五

五月【略】甲申，以甘澍优沾，遣恭亲王奕䜣诣大高殿代行礼报谢。　《穆宗实录》卷二七

六月【略】乙丑，【略】谕议政王军机大臣等，文煜奏，直属蝗蝻萌动，加紧扑灭等语。蝗蝻滋生，最为民害，畿辅地方现当农田播获，均关紧要之时，若令蝗蝻滋长，不行赶紧捕除，一经蔓延，其害

不可收拾。据该督奏称，平山、灵寿、肥乡等县均有蝻孽萌生，藁城等县有飞蝗过境。务即乘此发动之始，严饬官吏加紧扑除，并令逐处搜查，遇有蝻子处所，赶即刨挖；或趁其蝮掏之际，扑买兼施，务期净尽；或有飞蝗停落之处，尤应认真扑逐，毋使遗孽为害。地方官倘扑除不力，该督即查明严参。其认真捕捉者，准其量予奖励，以示劝惩。该督务须认真办理，毋得视为具文，以副朝廷轸念民生之意，将此谕令知之。《穆宗实录》卷三一

六月【略】甲戌，【略】守护西陵镇国公奕棶等奏，陵寝松树生虫，督饬司员带役逐日搜拿，恭查泰陵、泰东陵，宫门内现在一律净尽。昌陵宫门内亦较前减少。得旨：仍著实力捕拿，不准疏懈。

《穆宗实录》卷三二

七月【略】丙申，有众星西南流，如织。【略】庚子，【略】又谕：甘肃布政使恩麟奏，署陕甘总督沈兆霖于七月初二日自碾伯县起程回省，初四日行至平番县属之三道岭沟地方，猝遇雨雹，山水涨发，致将该署督行轿关防并随从兵役人等概行冲没，随员陈象沛等在后闻信与该处文武各员先后驰救无及，旋即寻获该督署遗躯，妥为料理等语。《穆宗实录》卷三四

七月【略】丁未，谕内阁：御史庆保奏，请清厘庶狱，以祛时疫一折。据称，入秋以来疫气未除，问刑各衙门监押人犯屡被传染，不能及时拯救，日有监毙等语。【略】戊申，谕内阁：【略】七月十五日夜间，忽见众星流向西南甚多，二十五六日夜，复有彗星见于西北。上苍垂象，变不虚生。且自上月以来，京师疫气盛行，至今未已，朕虽年在冲龄，实深恐惧。【略】已酉，【略】蠲免江西南城、吉水、义宁、奉新、靖安、武宁、高安、铅山、上高、永丰、金溪、东乡、南丰、新城、泸溪、玉山、弋阳、清江、新淦、峡江、临川、新昌、建昌、安义、德化、德安、瑞昌、湖口二十八州县被扰、被水地方节年额赋暨芦课有差。《穆宗实录》卷三五

八月【略】乙卯，【略】谕议政王军机大臣等：前因文煜奏，平山等县蝻孽萌生，藁城等县飞蝗过境，当经谕令该督饬属赶紧扑灭。兹复有人奏，良乡、涿州、安肃一带间有蝻孽萌生等语。本年雨泽沾足，近畿一带可望有秋，现在蝻孽蠕动，若不赶紧扑灭，深恐蔓延贻患。著文煜、万青藜、石赞清各饬所属，实力扑除，并令逐处搜查，或设法收买，总期一律净尽，毋留余孽。倘地方官扑捕不力，即著查明严参，以肃功令而重民食，将此各谕令知之。【略】戊午，【略】蠲缓山东泗水、巨野、齐东、滨、泰安、新泰、曲阜、峄、蒙阴、沂水、乐安、寿光、昌乐、丘、菏泽、城武、定陶、郓城、金乡、嘉祥、莒、汶上、宁海、福山、胶二十五州县暨卫所屯庄被扰、被灾地方新旧额赋暨杂课银两有差。

《穆宗实录》卷三六

八月【略】甲戌，【略】又谕：前因曾国藩奏，查明江西咸丰十一年被害、被水之南城等州县，恳请蠲免钱粮，当经降旨，分别蠲免。兹据御史刘庆奏称，查该督原奏，系上年九月江西各州县详请查办灾区，曾经批准，何以迟至今年七月始行入奏；又闻当司道详请查办时，该督并未批准，迨奉饬令查勘谕旨，始于十二月札行司道查覆。江西九月至十二月正当征收钱粮吃紧之际，各州县既未奉文勘办，自必照常征收，且查原单内惟南城一县全行蠲免，其余被灾各区，均系含混开载，小民仍未实惠均沾等语。著曾国藩、沈葆桢严饬各州县，将被灾、被扰较重、次重之区，分晰都图村社详细奏报，以昭核实。如有溢征钱漕，即留抵次年正赋，并将因何勘办迟延之故，查明具奏。【略】丙子，【略】谕内阁：劳崇光奏，广东省城及近省各属骤遇风灾，酌量抚恤一折。览奏实深悯恻，滨海居民猝遇风灾，漂没田庐，伤毙人口，纵横几及千里，实属非常灾异。虽据声称早稻登场，秋成尚不歉薄，而地方经此灾沴，蔀屋穷黎深恐流离失业，亟应加意轸恤。《穆宗实录》卷三八

闰八月辛丑，【略】又谕：曾国藩奏，遵筹暂署皖抚，仍应驻扎临淮，及查明李元度一军，出力请奖之员应无庸议，大江南岸各军疾疫盛行，战守均难为力，请简亲信大臣，前往会办各折片。李元度一军既在新昌、奉新等处，并未打仗，单开请奖各员，著毋庸议。并著曾国藩饬令李桓遵照办理。

大江南岸各军疾疫盛行，前据该大臣奏到时，即深轸念。曾经寄谕进攻金陵不必亟求速效，惟求有以自立，伤亡战士并须加意拊循。兹据奏称，近日秋气已深，而疫病未息，各军死亡相继，猛将如黄庆、伍华瀚等先后物故，鲍超与张运兰、杨岳斌等均各抱病，军中甚至炊爨寥寥。览奏情形，尤深廑念。【略】戊申，【略】谕内阁：上年捻匪窜扰直隶之大名、顺德、广平，山东之东昌、曹州各府所属，该两省交界地方均遭焚掠，小民荡析离居，情殊可悯。近闻该五府所属春间二麦薄收，夏秋复形亢旱，民间既被兵灾，复遭歉岁，民力拮据，何堪再困输将。　　《穆宗实录》卷四一

九月【略】丁巳，【略】又谕：曾国藩奏，【略】金陵将士多病，现在天气渐寒，疫气当已销尽，鲍超、杨岳斌等病皆就痊。览奏为之稍慰。【略】戊午，【略】谕议政王军机大臣等，李鸿章奏，缕陈松沪近日军情，并金陵各营疾疫未痊，请饬多隆阿回援各一折。　　《穆宗实录》卷四二

九月【略】甲子，【略】谕议政王军机大臣等，【略】曾国荃以孤军深入，南望时深廑念。【略】现闻江北各营疫气渐消，江南亦可渐减，仍恐诸军新病之余，尚嫌单弱，即著曾国藩仍遵前旨，檄催蒋益澧之军分拨前来，以厚兵力。　　《穆宗实录》卷四三

十月【略】癸巳，【略】又谕：前据僧格林沁奏称，通判潘国荣在广东捐铸大小炮位一百十八尊，拟由海道运至山东，【略】运至山东海口时，饬令径赴天津。并谕【略】试验后再行解京，交内火器营验收。【略】寻奏：河冻冰结，海运炮位船只碍难进口，请俟明春再行演试。报闻。【略】甲午，【略】缓征山西萨拉齐厅被水村庄新旧额赋。乙未，【略】山东巡抚谭廷襄奏：茌平等县豆收歉薄，援案改征粟米。下部知之。【略】蠲缓山东泗水、嘉祥、菏泽、濮、寿张、范、东阿、临清、济宁、章丘、邹平、齐东、济阳、临邑、长清、陵、平原、泰安、东平、平阴、惠民、青城、阳信、蒲台、曲阜、邹、滕、汶上、阳谷、单、城武、曹、定陶、巨野、郓城、观城、朝城、聊城、堂邑、茌平、博平、馆陶、莘、冠、夏津、邱、金乡、鱼台、海丰、长山、宁海、历城、齐河、禹城、莱芜、乐陵、商河、清平、博兴、新城、昌邑、高唐、峄、兰山、费、郯城、莒、日照、沂水、临朐、临淄、诸城、寿光、潍、乐安、昌乐、新泰、恩、肥城、沾化、宁阳、武城、益都、高苑、胶、高密、即墨、滨、利津、滋阳、安丘、掖、黄、蓬莱、福山、莱阳、德平、招远九十八州县，暨德州、东昌、临清、济宁四卫，东平所，永阜等场被旱、被水、被虫、被风、被扰地方新旧额赋并租课有差。【略】丁酉，【略】蠲缓顺天大兴、宛平、宁河、武清暨直隶天津五县被灾村庄新旧额赋有差。【略】己亥，谕议政王军机大臣等：曾国藩等奏，水陆击退金柱关援贼，并金陵大营渐臻稳固各折片。此次逆目李秀成等乘我军疾疫之时，纠众来犯，情形危险，该大臣调度合宜，曾国荃等水陆各军均能裹创血战，转危为安，深堪嘉尚。　　《穆宗实录》卷四六

十一月【略】戊午，【略】缓征直隶武清、蓟、东安、束鹿、安、青、静海、沧、南皮、盐山、晋、永年、邯郸、肥乡、广平、鸡泽、磁、元城、大名、南乐、清丰、丰润、玉田、衡水、深、武强、饶阳、任丘、巨鹿、成安、柏乡、宁晋三十二州县歉收村庄新旧额赋租课暨民借仓谷有差。　　《穆宗实录》卷四八

十一月【略】甲戌，【略】蠲缓直隶开、东明、长垣三州县被水地方新旧额赋暨各项租银，出借仓谷，并赈灾民口粮。　　《穆宗实录》卷五〇

十二月【略】辛巳，【略】免塔尔巴哈台厄鲁特地方赔补冻毙牲畜，并给蒙古贫民银。【略】癸未，【略】展缓宁古塔、三姓歉收地方代征银谷有差。【略】丁亥，【略】又谕：劳崇光奏，高州等处剿办贼匪情形各折片。【略】惟自本年八月以后，营中疫病盛行，贼匪乘虚攻袭，致卓兴一军溃于车田，其分股窜扰化州、罗定一带之匪，虽经官军击退，而贼势并未少衰。　　《穆宗实录》卷五一

十二月【略】乙未，【略】缓征山东聊城、冠、清平、莘、堂邑、博平六县被扰、被旱村庄新旧额赋。【略】丁酉，【略】蠲缓湖南武陵、桃源、龙阳、沅江、湘阴、澧、安乡、巴陵、临湘、华容十州县暨岳州卫被水地方新旧额赋暨芦课有差。　　《穆宗实录》卷五二

十二月【略】辛丑，【略】蠲缓河南祥符、陈留、杞、通许、尉氏、洧川、鄢陵、中牟、兰仪、郑、荥泽、

荥阳、汜水、新郑、商丘、宁陵、鹿邑、夏邑、永城、睢、柘城、虞城、淮宁、西华、项城、沈丘、太康、扶沟、许、临颍、襄城、郾城、安阳、汤阴、临漳、林、内黄、汲、新乡、获嘉、淇、辉、延津、浚、滑、考城、河内、济源、原武、修武、武陟、孟、温、阳武、洛阳、偃师、巩、孟津、宜阳、封丘、永宁、新安、陕、灵宝、阌乡、南阳、淅川、镇平、唐、泌阳、桐柏、邓、内乡、新野、裕、汝阳、正阳、上蔡、新蔡、西平、确山、信阳、罗山、光、固始、息八十六厅州县被旱、被水、被扰地方新旧额赋有差。壬寅,【略】缓征山东安丘县被水地方新旧额赋。【略】乙巳,【略】展缓湖北汉阳、汉川、黄陂、沔阳、钟祥、京山、潜江、天门、江陵、公安、石首、监利、松滋、枝江、荆门、武昌、嘉鱼、黄梅、孝感、江夏二十州县暨武昌卫被水地方新旧额赋有差。

《穆宗实录》卷五三

## 1863年 癸亥 清穆宗同治二年

正月【略】壬子,【略】蠲缓山东临清、济宁、历城、邹平、长山、长清、德平、平原、东平、东阿、平阴、惠民、青城、阳信、乐陵、沾化、邹、滕、汶上、阳谷、单、定陶、巨野、濮、观城、朝城、费、聊城、堂邑、茌平、莘、馆陶、高唐、乐安、寿光、昌乐、临朐、嘉祥、章丘、齐河、齐东、济阳、临邑、泰安、海丰、蒲台、曲阜、泗水、寿张、菏泽、城武、曹、郓城、兰山、郯城、莒、沂水、博平、清平、冠、恩、益都、临淄、博兴、邱、鱼台六十六州县,暨德州、东昌、临清、济宁四卫,东平所被水、被旱、被风、被虫、被扰地方本年额赋并租课有差。蠲缓两淮富安、安丰、梁垛、东台、何垛、丁溪、草堰、刘庄、伍祐、新兴、庙湾、板浦、中正、临兴十四场被水灶地上年额赋有差。

《穆宗实录》卷五四

正月【略】庚午,【略】谕议政王军机大臣等,谭廷襄奏,黄河修防紧要,请饬河南巡抚采办岁料一折。【略】本年节气较早,现已解冻,各厅尚未设厂购办,转瞬桃汛涨发,必至仓卒不能应手。

《穆宗实录》卷五六

二月【略】壬午,【略】蠲缓山东峄、沂水、益都、临朐、长山、蒙阴、博山、莱芜、金乡、日照十县被灾、被扰地方新旧额赋暨仓漕银两有差。

《穆宗实录》卷五七

二月【略】庚寅,【略】展缓山西临汾县歉收地方未完咸丰十年上忙额赋。

《穆宗实录》卷五八

二月【略】乙巳,【略】蠲缓江苏山阳、阜宁、清河、桃源、安东、盐城、高邮、泰、东台、江都、甘泉、兴化、宝应、铜山、丰、沛、萧、砀山、邳、宿迁、睢宁、海、沭阳、赣榆、通、泰兴、靖江、海门二十八厅州县,暨淮安、大河扬州、徐州四卫节年被灾、被扰地方新旧额赋有差。丙午,【略】蠲缓直隶安、隆平、天津三州县歉收村庄额赋有差。

《穆宗实录》卷五九

三月【略】壬戌,【略】蠲缓福建崇安县被水村庄新旧额赋。癸亥,以京畿雨泽愆期,上诣大高殿祈祷行礼。【略】缓征甘肃皋兰、固原、灵、平罗、河、狄道、渭源、靖远、陇西、安定、盐茶、安化、宁、宁夏、宁朔、碾伯、泾、崇信、灵台、镇原二十厅州县,暨沙泥州判所属被水、被霜、被风、被冻地方新旧钱粮草束。

《穆宗实录》卷六一

三月【略】戊辰,【略】又谕:多隆阿奏,遵旨覆奏近日军情一折。仓头贼巢中隔孝义、乔干等镇,【略】俟各营疾疫稍平,然后出奇制胜,自不难一鼓攻克。【略】军士前因村镇井水不洁,饮之多生疾病,现更多疯癫软脚之证。回性凶狡,恐其于河水上流置毒,可多凿新井以汲水,或多置解毒之药于水中,并可将疾疫之人另为一营,派弁照料,毋令仍居大营,以免传染。【略】癸酉,上复诣大高殿祈雨行礼。【略】谕内阁:本年入春以来雨泽稀少,迭经虔申祈祷,尚未渥沛甘霖,因思天心与民心默相感召,近来各该问刑衙门,疲玩之习牢不可破,于现审案件往往积压不办,甚至株连无辜,羁禁囹圄累月经年,以致愁苦之气上干天和,亟应破除积习,以消沴戾。

《穆宗实录》卷六二

四月【略】戊子，以雨泽未沾，上于大高殿设坛祈祷，亲诣行礼。【略】丙申，上复诣大高殿祈雨坛行礼。

《穆宗实录》卷六四

四月丁酉，【略】又谕：多隆阿奏，【略】昨已谕知骆秉章，催令星速赴汉南一带，【略】该将军病未全愈，将士疫气仍重，务须妥为调摄。【略】甲辰，上复诣大高殿祈雨坛行礼。

《穆宗实录》卷六五

五月【略】戊午，上复诣大高殿祈雨坛行礼。【略】壬戌，以甘澍优沾，上诣大高殿行礼报谢。【略】乙丑，遣恭亲王奕䜣诣天神坛【略】谢雨行礼。

《穆宗实录》卷六七

五月【略】己巳，谕内阁：节据曾国藩、李鸿章等奏报，克复松江府及太仓州地方，陈及该处百姓被贼残虐，为数百年来所未有。各厅州县田亩抛荒，著名市镇悉成焦土，虽穷乡僻壤，亦复人烟寥落，连阡累陌一片荆榛，居民间有孑遗，颠连穷困之状有不能殚述者，览奏情形，曷胜悯恻。因思苏、松、太三属地方为东南财富之区，繁庶甲于天下，而赋额亦为天下最重，比诸他省，有多至一二十倍者，良由沿袭前代官田租额。且自宋明两代，藉没诸田皆据租籍收粮所致，嘉靖中，又令各州县尽括境内官田、民田，分摊定额，苏、松等属田赋至比官田通额，亦皆大有增加。我朝顺治年间，即经明奉圣谕，以故明仇怨地方加粮甚重。我朝何可踵行，饬由地方详察具奏，嗣于雍正、乾隆年间迭奉恩旨，以苏、松浮粮，施恩议减，将苏州府额征银蠲免三十万两，松江府十五万两，又江省粮额浮多之处，加恩免征银二十万。仰见我祖宗轸念民艰，至深至厚。国家承平百余年来，海内殷富，江苏自乾隆年间办理全漕者数十年，固由民力之充，亦属民心之厚。及道光年间，两次大水以后，各州县每岁荒歉，加恩蠲减，遂成年例，嗣是每年征收之数，内除官垫民欠，率得正额之七八成或四五六成不等，民力殆已难堪。及至粤逆窜陷该省，焚烧杀掠，民尽倒悬。幸自上年官军克复松江，本年克复太仓，现方饬令统兵大臣等进取苏州，救吾民于水火。而各地方经贼荼毒，凋瘵至极，若不将各该府州属数百年来浮粮积弊，仰体列圣深仁厚泽，大为核减，无论民力断有不堪，即使勉强减成输纳，何以慰如伤之隐，而施浩荡之仁。【略】癸酉，【略】又谕：多隆阿奏，【略】由渭河南北进发，渭南各军节次击贼，痛加剿洗，已将零口等处之贼驱过戏河，官军移营前进，现距临潼仅十余里。【略】多隆阿自陈病未轻减，务须加意调理，并将各营患疫士卒妥为拊循，将此由六百里谕令知之。

《穆宗实录》卷六八

六月【略】癸未，【略】蠲免江西南城、义宁、奉新、靖安、武宁、高安、新昌、安义、铅山、上高、永丰、吉水、金溪、东乡、南丰、新城、泸溪、玉山、弋阳、清江、新淦、峡江、临川、建昌、德化、德安、瑞昌、湖口二十八州县暨九江府同知所属被扰、被水地方旧欠额赋杂课有差。【略】乙酉，谕议政王军机大臣等，多隆阿奏，军情吃紧，各路之兵势难抽拨赴甘一折。据奏，所统各军仅万余人，分为两路进兵，且顾后路，兵力已形单薄，兼以屡次伤亡病伤甚多，现在各营疫气更甚。逆回时来搦战，每次迎剿，派三成出队，竟不能齐，幸各将士久经战阵，不至失机。

《穆宗实录》卷六九

六月【略】庚寅，【略】又谕：英桂【略】另片奏，蒲州府一带黄河陡涨，致滨河营盘半被冲失等语。【略】壬辰，【略】又谕：谭廷襄奏，上南各厅险工迭出，严饬抢办平稳，并兰阳以下，直东境内被水处所，请饬妥为捍御各折片。黄水由兰阳下注直东境内，值此盛涨，地方被淹，河南考城县数年涸出之村庄，复行被水。山东菏泽县黄水已至护城堤下。至直隶之开、东、长等邑，山东之濮、范、寿等邑，每遇黄水出槽，必多漫溢。而东明、濮州、范县、齐河、利津等处，水皆靠城行走，尤为可虑。据谭廷襄奏称，此时河已北行，不能再筹别策，拦水惟恃民埝，从未议及疏导，恐数年后渐次淤垫，或海口稍有阻滞，事更为难。

《穆宗实录》卷七〇

六月【略】甲辰，【略】又谕：左宗棠奏，浙师援江获胜，并陈军营疫气盛行，暨勒令杨坊捐输浙米各折片。【略】军营疫气盛行，蒋益澧、刘典、魏喻义暨水师各营染患甚多，每营勉能出队者不过三

四成，览奏殊深廑系，现在已交秋令，时疫谅可稍减。左宗棠惟当加意拊循，以消沴戾，一俟疫气稍除，即行相机进取。已革道员杨坊以市侩依附洋商，拥资百万，此时浙省奇荒，经左宗棠派令捐赈米五万石，竟敢抗违不遵，仅认捐银一万两，并请将筹备京米银一万两归并浙捐，实属嗜利昧良，居心狡诈，著李鸿章将该革员派捐京米十万石，勒限如数追缴。　　《穆宗实录》卷七一

七月【略】壬戌，【略】蠲缓江西南昌、新建、丰城、进贤、清江、新淦、新喻、永丰、万安、临川、南丰、新城、建昌、德化、德安、湖口、安福、余干、莲花十九厅县暨九江府同知所辖被水、被旱地方新旧额赋有差。【略】甲子，【略】又谕：【略】多隆阿自上年督军入陕，所向克捷，复以偶婴疮疾，各营将士亦久劳多疫，以致省城及西路军情多有未能兼顾。　　《穆宗实录》卷七三

七月乙丑，【略】谕议政王军机大臣等，景纶等奏，赴豫官兵被雨水阻滞，及三姓地方被水情形各折片。吉林所派赴豫官兵，因该处雨水连绵，松花、牡丹等江河水汹涌，未能依限到省。【略】庚午，谕议政王军机大臣等，玉明奏，接据永陵总管海亮等禀称，自七月初一日起，阴雨连绵十有余日，地气滋润深透，十三日风雨复作，以致神树倒歪，垂压殿檐。【略】甲戌，谕内阁：【略】曹州府连年黄水漫溢处所，沿河两岸各州县被灾穷民无业可归者人数不少，殊堪悯恻。

《穆宗实录》卷七四

八月【略】辛巳，【略】蠲缓山东堂邑、莘、冠、泗水、朝城、沂水、兰山、聊城、恩、馆陶、临清、长清、德、平原、泰安、新泰、莱芜、滋阳、宁阳、滕、峄、郯城、费、蒙阴、莒、日照、博山、丘、武城、茌平、禹城、郓城、临邑、阳信、寿光、夏津、巨野、嘉祥、济宁三十九州县被旱、被风、被雹、被扰地方暨卫所屯田灶地新旧额赋杂课有差。　　《穆宗实录》卷七五

八月【略】己丑，【略】缓征直隶东安县被水地方新旧额赋旗租，并减差徭。

《穆宗实录》卷七六

八月乙未，【略】又谕：多隆阿等奏，回逆大股渡河扑营，击剿获胜，及阴雨未霁，陶茂林一军不能拔队遄行各等语。　　《穆宗实录》卷七七

十月【略】癸卯，【略】缓征山西萨拉齐厅被水村庄新旧额赋。　　《穆宗实录》卷八三

十一月【略】壬子，【略】蠲缓山东泗水、菏泽、淄川、郓城、濮、济阳、寿张、城武、巨野、东阿、曹、定陶、范、金乡、单、济宁、历城、章丘、齐河、齐东、禹城、临邑、长清、陵、平原、肥城、东平、平阴、惠民、青城、阳信、利津、蒲台、曲阜、邹、滕、峄、阳谷、聊城、博平、茌平、清平、莘、冠、堂邑、鱼台、夏津、邹平、长山、新城、泰安、莱芜、乐陵、滨、恩、高唐、武城、观城、嘉祥、商河、兰山、郯城、海丰、费、莒、沂水、日照、益都、临淄、昌乐、诸城、乐安、安丘、宁阳、滋阳、汶上、新泰、沾化、高苑、临朐、掖、昌邑八十二州县被水、被旱、被风、被雹、被虫、被扰地方新旧钱漕有差。　　《穆宗实录》卷八四

十一月【略】丁卯，以京畿雪泽愆期，上诣大高殿祈祷行礼。【略】谕内阁：祁寯藻奏，弭盗安民，必资循吏，请分别表彰录用一折。原任同知刘大绅于乾隆年间历任山东新城等县，捕蝗办赈，深得民心。【略】己巳，赈吉林打牲乌拉被灾旗丁，并缓额征谷石。庚午，【略】蠲缓直隶丰润、武清、蓟、东安、完、束鹿、天津、青、静海、沧、南皮、盐山、大名、怀来、玉田、衡水、深、宁河、安肃、巨鹿、宁晋二十一州县被灾地方额赋并旗租仓谷有差。　　《穆宗实录》卷八六

十二月【略】戊寅，【略】以雪泽未沾，上于大高殿设坛祈祷，亲诣行礼。【略】壬午，【略】蠲缓湖南澧、武陵、龙阳、安乡、沅江、华容、湘阴、益阳、芷江、麻阳、黔阳、会同、绥宁、临湘、巴陵十五州县暨岳州卫被水、被旱、被扰地方新旧额赋有差。　　《穆宗实录》卷八七

十二月【略】乙酉，上复诣大高殿祈雪坛行礼。【略】戊子，【略】蠲缓河南郑、禹、睢、许、邓、裕、祥符、陈留、杞、通许、尉氏、洧川、鄢陵、中牟、荥泽、荥阳、汜水、商丘、宁陵、鹿邑、夏邑、永城、虞城、柘城、淮宁、西华、项城、沈丘、太康、扶沟、临颍、襄城、郾城、安阳、汤阴、临漳、林、内黄、武安、涉、

汲、新乡、获嘉、淇、辉、延津、浚、滑、封丘、考城、河内、济源、原武、修武、武陟、孟、温、阳武、洛阳、偃师、巩、登封、新安、灵宝、南阳、镇平、泌阳、新野、叶、正阳、上蔡、西平、遂平、确山、固始七十五州县被旱、被水、被扰地方新旧额赋有差。【略】己丑，【略】赈吉林宁古塔等处被水旗民，并给房屋修费银，豁免被灾较重地方新旧银却，缓征各项额赋有差。【略】辛卯，【略】缓征山东临清、陵、馆陶、邱、朝城、曹、沾化、德平八州县，暨屯坐各卫被水、被虫、被扰地方节年额赋并学租盐课有差。壬辰，【略】展缓两淮富安、安丰、梁垛、东台、何垛、丁溪、草堰、刘庄、伍祐、新兴、庙湾、板浦、中正、临兴十四场被水、被风、被潮灶地节年折价钱粮有差。《穆宗实录》卷八八

十二月【略】甲午，上复诣大高殿祈雪坛行礼。【略】三口通商大臣崇厚奏：天津府地方于本月十九日得雪盈寸。得旨：京师是日得雪尚未及寸，惟有斋心默祷，仰祈昊天垂佑，渥沛祥霙也。【略】丙申，【略】缓征浙江余姚、上虞、新昌、嵊四县被扰、被旱地方下忙钱粮暨石堰场应征灶课。【略】己亥，【略】蠲缓直隶开、东明、长垣三州县被水地方新旧钱粮地租暨出借仓谷，并减免差徭。展缓湖北沔阳、荆门、汉阳、汉川、黄陂、钟祥、京山、潜江、天门、江陵、公安、石首、监利、松滋、枝江、武昌、嘉鱼、孝感、黄梅、广济二十州县暨屯坐各卫被水、被旱地方新旧正杂额赋有差。展缓湖北沔阳、汉阳、黄陂、天门、江陵、公安、石首、监利、松滋九州县被水地方新旧漕粮。

《穆宗实录》卷八九

## 1864年 甲子 清穆宗同治三年

正月【略】甲辰，【略】缓征直隶开、东明、长垣、丰润、武清、冀、宁河、东安、安肃、完、束鹿、天津、青、静海、沧、南皮、盐山、巨鹿、大名、怀来、玉田、衡水、宁晋、深二十四州县被水、被旱、被雹、被虫地方新旧额赋暨杂课有差。缓征江苏山阳、阜宁、清河、桃源、盐城、高邮、泰、东台、甘泉、兴化、宝应、铜山、丰、沛、萧、砀山、邳、宿迁、睢宁、海、沭阳、赣榆、泰兴二十三州县被水、被旱地方漕粮暨折色银两。缓征江苏山阳、阜宁、清河、桃源、安东、盐城、高邮、泰、东台、江都、甘泉、兴化、宝应、铜山、丰、沛、萧、砀山、邳、宿迁、睢宁、海、沭阳、赣榆、通、泰兴、海门、靖江二十八州厅县，暨淮安、大河、扬州、徐州四卫被水、被旱、被兵新旧额赋租课有差。【略】丙午，【略】缓征山东临清、历城、长山、齐河、禹城、长清、平原、泰安、东平、东阿、平阴、惠民、阳信、乐陵、滨、沾化、邹、滕、阳谷、菏泽、定陶、巨野、濮、朝城、费、聊城、堂邑、茌平、莘、冠、馆陶、高唐、昌乐、安丘、夏津、金乡、嘉祥、济宁、章丘、淄川、齐东、济阳、临邑、陵、肥城、海丰、利津、蒲台、曲阜、泗水、峄、寿张、单、城武、曹、郓城、范、兰山、郯城、沂水、日照、博平、清平、恩、益都、临淄、诸城、丘、鱼台、乐安七十州县，暨德州、东昌、临清、济宁四卫，东平所屯庄被灾、被扰地方本年上忙额赋，暨漕河仓课有差。

《穆宗实录》卷九〇

六月【略】丁丑，以甘霖渥沛，上诣大高殿行礼报谢。《穆宗实录》卷一〇五

六月【略】丁亥，以雨泽未沾，上于大高殿设坛祈祷，亲诣行礼。《穆宗实录》卷一〇六

六月【略】辛卯，以甘雨优沾，上诣大高殿行礼报谢。《穆宗实录》卷一〇七

七月【略】壬寅，【略】缓征直隶东安、元城、大名三县被水村庄新旧额赋旗租。【略】丙午，【略】缓征甘肃皋兰、河、靖远、陇西、安定、岷、西河、隆德、秦安、清水、成、灵台、崇信十三州县被灾、被扰地方地方新旧额赋。《穆宗实录》卷一〇八

七月己未，【略】缓征山东博兴县被雹村庄新旧额赋。【略】甲子，【略】闽浙总督左宗棠奏：浙省绍兴、金华、衢州、严州、处州等处水灾甚重，现筹抚恤。得旨：兵燹之后复遇水灾，哀此遗黎，殊堪矜悯。《穆宗实录》卷一一〇

八月【略】辛未，【略】蠲缓江西湖口、彭泽、鄱阳、南昌、新建、丰城、进贤、新淦、清江、新喻、莲花、万安、安福、永新、余干、乐平、建昌、德化、德安十九厅县被水、被旱、被扰地方新旧额赋暨杂课有差。《穆宗实录》卷一一一

九月【略】庚子，谕内阁：谭廷襄奏，抢办中河厅十三堡险工，绘图呈览一折。据称中河厅十三堡溃堤圈刷之处，抢办后戗，因滩系纯沙，随筑随塌，拟于后退数十丈现筑圈埝之处，加高培厚。

《穆宗实录》卷一一四

九月【略】甲子，谕内阁：恩合奏，厂地被水淹没，佃户并力开渠，请缓为征租一折。锦州新开牧厂地荒地，【略】本年六七月间，该处淫雨连绵，上游羊肠河水泛溢到厂，兼之医巫闾山南麓大小河渠之水全行下注，以致禾稼被淹，秋成无望。《穆宗实录》卷一一六

十月【略】丙戌，【略】蠲缓直隶开、东明、长垣、东安、唐、丰润、武清、宝坻、冀、大城、望都、完、束鹿、景、吴桥、东光、天津、青、静海、沧、南皮、盐山、庆云、晋、永年、元城、大名、玉田、衡水、深、宁河、肥乡、鸡泽、广平、武强、安平三十六州县被水、被雹、被旱地方新旧额赋有差。

《穆宗实录》卷一一八

十月【略】癸巳，【略】缓征山西萨拉齐厅被水地方新旧额赋。《穆宗实录》卷一一九

十一月【略】癸卯，【略】山东巡抚阎敬铭奏：黄水漫溢，请修筑濮州等处金堤。【略】蠲缓山东历城、章丘、邹平、长山、新城、齐河、齐东、禹城、临邑、平原、陵、长清、泰安、肥城、东平、东阿、平阴、惠民、青城、阳信、沾化、蒲台、商河、海丰、乐陵、利津、滨、滋阳、曲阜、宁阳、邹、滕、峄、泗水、阳谷、寿张、汶上、菏泽、曹、定陶、巨野、郓城、濮、范、单、城武、观城、朝城、聊城、堂邑、博平、茌平、清平、莘、冠、馆陶、恩、高唐、济宁、金乡、鱼台、嘉祥、兰山、沂水、郯城、费、日照、临淄、乐安、昌邑、潍、临朐、武城、夏津、邱七十五州县，暨东昌、临清、德州、济宁、东平五卫本年被水、被旱、被虫地方新旧额赋暨各项租课，并原借籽种口粮有差。《穆宗实录》卷一二〇

十一月【略】乙丑，【略】缓征陕西府谷县被雹村庄本年下忙额赋。《穆宗实录》卷一二二

十二月【略】丙子，【略】蠲缓浙江山阴、会稽、萧山、诸暨、金华、兰溪、东阳、义乌、永康、武义、浦江、汤溪、西安、龙游、开化、建德、淳安、遂安、寿昌、桐庐、分水、丽水、缙云、青田、松阳、云和、常山、宣平二十八县，暨衢州、严州二卫所被水、被旱地方新旧额赋有差。《穆宗实录》卷一二三

十二月【略】丁亥，【略】展缓两淮富安、安丰、梁垛、东台、何垛、丁溪、草堰、刘庄、新兴、庙湾、伍祐、板浦、中正、临兴十四场被水、被旱地方应征折价钱粮。《穆宗实录》卷一二四

十二月【略】辛卯，【略】缓征湖北江夏、嘉鱼、汉阳、汉川、黄陂、黄梅、钟祥、京山、潜江、天门、江陵、公安、石首、监利、松滋、枝江、荆门、沔阳十八州县暨武昌等卫被水、被旱地方新旧额赋杂课有差。壬辰，【略】缓征湖南武陵、龙阳、益阳、安乡、沅江、华容、湘阴、澧、临湘、巴陵十州县暨岳州卫被水地方新旧额赋杂课有差。【略】癸巳，【略】蠲缓江苏无锡、金匮、江阴、宜兴、荆溪、丹徒、丹阳、金坛、溧阳、太仓、镇洋、太湖、长洲、元和、吴、吴江、震泽、常熟、昭文、昆山、新阳、华亭、娄、奉贤、金山、青浦、嘉定、宝山、上海、南汇、川沙、靖江、山阳、阜宁、清河、桃源、安东、盐城、高邮、泰、江都、甘泉、东台、兴化、宝应、铜山、丰、沛、萧、砀山、邳、宿迁、睢宁、海、沭阳、赣榆、通、泰兴、海门、上元、江宁、句容、溧水、高淳、江浦、六合、仪征六十七厅州县，暨淮安、大河、扬州、徐州、苏州、太仓、金山、镇海、镇江等卫被水、被旱、被扰地方新旧额赋杂课有差。蠲缓河南祥符、陈留、杞、尉氏、洧川、鄢陵、中牟、郑、荥泽、荥阳、汜水、商丘、宁陵、鹿邑、虞城、夏邑、睢、柘城、永城、汤阴、临漳、内黄、汲、新乡、辉、获嘉、淇、滑、浚、考城、济源、修武、武陟、孟、温、原武、阳武、洛阳、巩、宜阳、新安、舞阳、叶、上蔡、西华、商水、项城、沈丘、太康、扶沟、扶沟、郾城、南召、唐、镇平、新野、桐柏、邓、内乡、淅

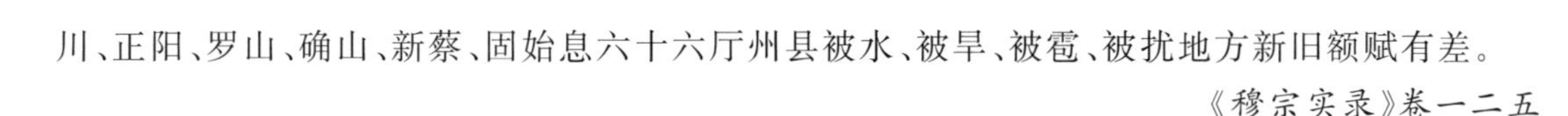
川、正阳、罗山、确山、新蔡、固始息六十六厅州县被水、被旱、被雹、被扰地方新旧额赋有差。

《穆宗实录》卷一二五

## 1865年 乙丑 清穆宗同治四年

正月【略】戊戌，【略】贷盛京凤凰城被淹地方旗民籽种口粮。【略】庚子，【略】缓征直隶开、东明、长垣、东安、唐、丰润、武清、宝坻、冀、大城、望都、完、束鹿、景、东光、天津、青、静海、南皮、盐山、晋、永年、元城、大名、玉田、深、宁河、鸡泽、肥乡、武强、安平、沧、庆云、广平、衡水、吴桥三十六州县被水、被旱、被雹地方新旧额赋暨杂课有差。辛丑，【略】蠲缓山东济宁、历城、邹平、长山、齐河、长清、东平、东阿、平阴、惠民、阳信、滨、海丰、利津、邹、阳谷、菏泽、巨野、濮、范、观城、费、堂邑、茌平、昌邑、潍、金乡、齐东、章丘、禹城、临邑、肥城、青城、沾化、曲阜、泗水、滕、峄、寿张、曹、郓城、朝城、兰山、郯城、聊城、鱼台四十六州县，暨东昌、临清、济宁三卫被水、被旱、被雹、被虫地方本年上忙额赋并杂课有差。壬寅，【略】又谕：上年陕西【略】盩厔等县被灾，业经降旨，分别加恩豁免、蠲免，小民谅可不致失所。

《穆宗实录》卷一二六

正月【略】甲寅，【略】豁免直隶隆平、安、天津三州县积涝地方上年额赋并缓征新旧粮租暨民借仓谷。乙卯，【略】谕议政王军机大臣等，御史丁浩奏敬陈管见一折。据称上年七八月间，东河南岸中河厅中牟上汛十三堡地方溃塌大堤一百数十丈，幸堤内滩高，未曾过溜，乃大堤溃后，河臣另筑圈堰，而不修复旧堤，现在圈堰之中溜已刷深二丈有余，新筑埽段均未坚实，不惟伏秋大汛可危，即春水发生，其势已觉岌岌。

《穆宗实录》卷一二七

正月【略】壬戌，【略】缓征浙江余姚、上虞、新昌、嵊、宣平五县暨石堰场被旱、被扰地方额赋灶课有差。

《穆宗实录》卷一二八

二月【略】戊子，【略】蠲缓安徽英山、霍山、定远、望江、怀宁、桐城、潜山、太湖、宿松、铜陵、当涂、芜湖、繁昌、合肥、无为、舒城、庐江、巢、和、含山、泗、灵璧、宿、五河、阜阳、六安、太和二十七州县被水、被旱、被扰地方新旧额赋。

《穆宗实录》卷一三一

三月【略】甲寅，【略】缓征湖北黄冈、蕲水、麻城、蕲、广济、罗田、孝感、钟祥、京山九州县暨各卫军田被旱、被扰地方新旧额赋有差。

《穆宗实录》卷一三三

五月【略】庚子，以雨泽未沾，上于大高殿设坛祈祷，亲诣行礼。

《穆宗实录》卷一三八

闰五月【略】乙丑，【略】缓征山西解州歉收地方节年民借仓谷。【略】辛未，以望雨仍殷，上复于大高殿设坛祈祷，亲诣行礼。

《穆宗实录》卷一四一

闰五月甲戌，谕内阁：前因浙江迭遭兵燹，小民流离失所，谕令左宗棠将杭、嘉、湖三属应征漕粮税则查明，各按重轻分成奏请减免。【略】乙亥，【略】谕军机大臣等，【略】昨据给事中赵树吉奏，川省因地方官闭粜，商民受困，幸各处发仓平粜，权济一时。今春又值天旱，米价复腾，自成都至夔、巫数千里间，斗米卖至五六千、一二千不等，若不早为之所，深恐激成变故，请饬四川总督酌发仓谷，严禁闭籴，以济民食各等语。【略】壬午，上复诣大高殿祈雨坛祷行礼。

《穆宗实录》卷一四二

闰五月【略】庚寅，谕内阁：本年入夏以来雨泽愆期，颇形亢旱，迭经降旨设坛祈祷，虽阊泽频沾，农田仍未深透，现在节近大暑，待泽尤殷，睹兹风燥日炎，实深忧惧。

《穆宗实录》卷一四三

六月【略】乙未，上复诣大高殿祈雨坛祷行礼。【略】丙申，【略】又谕：前因雨泽愆期，谕令京外问刑各衙门，清厘庶狱，以消祲戾。

《穆宗实录》卷一四四

六月【略】丙午，以甘澍优沾，上诣大高殿行礼报谢。

《穆宗实录》卷一四五

七月癸酉，漕运总督吴棠奏，湖河水涨，拟启车逻等坝泄水。　　《穆宗实录》卷一四八

八月【略】丁酉，【略】又谕：张之迈奏，祥河厅祥符汛大河溜势由十四堡对岸，湾折北趋，直射十五堡，奔腾浩瀚，势甚湍激，致顺堤七八两埽陡蛰入水，其八埽后起至十六埽后止，大堤裂缝七十余丈，现在竭力抢镶，工程万分吃紧。需费浩繁。【略】己亥，【略】缓征甘肃皋兰、靖远、陇西、会宁、安定、泾、崇信七州县被灾、被扰地方上年额赋。　　《穆宗实录》卷一五〇

八月【略】庚申，【略】谕内阁：御史汪朝棨奏，江浙水灾，请旨饬查赈济，以恤灾黎一折。本年五月二十四五等日，浙江之杭、嘉、湖、宁、绍五府所属各县，大雨阅七昼夜不绝，绍兴府山水陡发，海塘冲坍；萧山县沿江地方水与屋齐，居民淹毙者万余；严州府城外江水时亦骤发。其苏、松、杭、嘉、湖五府及太仓州淫雨不止，低田尽被淹没，禾稼大伤。览奏实堪悯恻，江浙军务甫平，民气未复，现值水灾猝至，亟应迅筹抚恤，用拯穷黎。　　《穆宗实录》卷一五二

九月癸酉，【略】蠲缓山东嘉祥、博兴、济宁、利津、滋阳、曲阜、宁阳、邹、滕、峄、汶上、菏泽、城武、曹、定陶、巨野、郓城、郯城、金乡、鱼台、历城二十一州县，暨东昌、临清、济宁三卫被灾、被扰地方新旧额赋并仓漕灶地银两。　　《穆宗实录》卷一五四

十一月壬戌朔，【略】蠲缓直隶丰润、安、青、静海、沧、南皮、盐山、庆云、鸡泽、元城、大名、衡水、深、永年、束鹿、沙河、肥乡、广平十八州县被水、被旱、被雹地方新旧额赋并各项地租暨民借仓谷。【略】甲子，【略】谕军机大臣等，阎敬铭奏，据探豫省贼势，并筹办河防情形一折。逆匪窜至尉氏一带，【略】濮、范一带河防因天寒冰结，贼骑恐乘间偷越，阎敬铭现饬沿河各州县营汛，分段敲冰，以杜窜越。【略】己巳，【略】蠲缓山东历城、寿张、范、东阿、济宁、邹平、长山、齐河、齐东、济阳、禹城、临邑、长清、肥城、东平、平阴、惠民、阳信、滨、邹、泗水、滕、峄、汶上、阳谷、曹、郓城、观城、朝城、茌平、金乡、鱼台、聊城、商河、利津、宁阳、城武、章丘、清平、海丰、沾化、兰山、郯城、费、平度、昌邑、莱阳、临清、陵、泰安、乐陵、平原、蒲台、滋阳、曲阜、堂邑、博平、莘、冠、馆陶、高唐、恩、夏津、邱、日照、益都、临淄、诸城、掖、潍、昌乐七十一州县，暨德州、东昌、临清、济宁、东平五卫被水、被旱、被虫、被扰地方新旧额赋有差。　　《穆宗实录》卷一五九

十一月【略】乙亥，【略】缓征顺天宛平县被旱村庄本年额赋。　　《穆宗实录》卷一六〇

十一月【略】乙酉，【略】蠲缓直隶开、东明、长垣三州县被水地方本年额赋有差。丙戌，以京畿雪泽愆期，遣惇亲王奕誴诣大高殿恭代祈祷行礼。【略】浙江巡抚马新贻奏，嘉、湖二属兵燹之后，复被水灾、虫灾，请将应征白粮按照漕粮成熟分数收运。下部知之。【略】戊子，【略】缓征山西平遥县被水地方本年额赋。　　《穆宗实录》卷一六一

十二月【略】丁酉，【略】以雪泽未沾，命于大高殿设坛祈祷，遣惇亲王奕誴恭代行礼。【略】蠲缓湖南武陵、安乡、龙阳、巴陵、沅江、益阳、临湘、华容、湘阴、澧十州县暨岳州卫被水地方新旧额赋有差。【略】辛丑，【略】缓征两淮富安、安丰、梁垛、东台、何垛、丁溪、草堰、刘庄、伍祐、新兴、庙湾、板浦、中正、临兴十四场被水灶地新旧额赋。　　《穆宗实录》卷一六二

十二月【略】乙巳，上诣大高殿祈雪坛行礼。【略】蠲缓浙江仁和、钱塘、海宁、富阳、余杭、嘉兴、秀水、嘉善、海盐、平湖、石门、桐乡、乌程、归安、德清、诸暨、金华、兰溪、东阳、义乌、永康、武义、浦江、汤溪、西安、龙游、开化、遂安、桐庐、山阴、会稽、萧山、临海、宁海、天台、常山、丽水、缙云、青田、松阳、宣平、余姚、上虞、新昌、嵊四十五州县，暨杭严、嘉湖、衢三卫被水、被旱地方新旧额赋有差。缓征山西萨拉齐厅被水村庄新旧米石暨民借仓谷。丙午，【略】蠲缓山西宁远厅被旱、被雹地方新旧额赋有差。【略】庚戌，【略】蠲缓河南祥符、陈留、杞、通许、兰仪、郑、荥阳、荥泽、汜水、商丘、宁陵、永城、鹿邑、虞城、夏邑、睢、柘城、安阳、汤阴、临漳、林、武安、涉、内黄、汲、新乡、辉、获嘉、淇、延津、滑、浚、封丘、考城、河内、济源、修武、武陟、孟、温、原武、阳武、洛阳、偃师、巩、孟津、永宁、新安、

南阳、唐、泌阳、镇平、桐柏、内乡、裕、舞阳、叶、上蔡、新蔡、遂平、淮宁、西华、项城、沈丘、太康、固始、息六十六州县被旱、被水地方新旧额赋有差。 《穆宗实录》卷一六三

十二月【略】甲寅，上复诣大高殿祈雪坛行礼。【略】乙卯，【略】蠲缓山东濮、定陶、青城、菏泽、城武、曹、单、巨野、金乡、嘉祥、鱼台十一州县，暨临清、济宁二卫被水、被旱、被扰地方新旧额赋租课并民借仓谷籽种口粮有差。【略】丁巳，【略】蠲缓江苏丹徒、长洲、元和、吴、吴江、震泽、常熟、昭文、昆山、新阳、太湖、华亭、奉贤、娄、金山、青浦、无锡、金匮、江阴、靖江、太仓、镇洋、嘉定、上海、南汇、川沙、宝山二十七厅州县，暨苏州、太仓、镇海、金山、镇江五卫被水地方新旧额赋有差。戊午，【略】蠲缓江苏山阳、江都、仪征、阜宁、清河、桃源、安东、盐城、高邮、泰、甘泉、东台、兴化、宝应、铜山、丰、沛、萧、砀山、邳、宿迁、睢宁、海、沭阳、赣榆、通、泰兴、海门二十八厅州县，暨淮安、大河、扬州、徐州四卫被水、被旱地方新旧额赋漕粮有差。【略】己未，【略】谕内阁：【略】本月二十六日酉刻，北风大作之时，（火药局中）火药性发，轰塌房屋多间，将演放火药渣末一千余斤全行轰毁。虽濯灵库存储火药并无疏失，查讯药性轰发之由，亦无别情，而该监督等未能先事预防，实难辞咎。【略】庚申，【略】蠲缓两浙仁和、海沙、鲍郎、芦沥、钱清、东江、曹娥、长亭、金山、袁浦、青村、横浦、浦东、下沙头、下沙二三十五场本年被水灶地新旧额赋有差。 《穆宗实录》卷一六四

## 1866 年 丙寅 清穆宗同治五年

正月【略】壬戌，【略】缓征直隶开、东明、长垣、丰润、宛平、束鹿、安、青、静海、沧、南皮、盐山、沙河、庆云、永年、肥乡、广平、鸡泽、元城、大名、衡水、深二十二州县被水、被旱、被雹地方新旧额赋暨杂课有差。【略】甲子，【略】展缓山东济宁、历城、邹平、长山、齐河、临邑、长清、肥城、东阿、东平、平阴、惠民、滨、泗水、峄、汶上、城武、定陶、巨野、濮、范、兰山、茌平、平度、昌邑、嘉祥、齐东、济阳、禹城、青城、阳信、海丰、沾化、宁阳、滕、阳谷、寿张、菏泽、曹、郓城、观城、朝城、郯城、聊城、鱼台四十五州县，暨德州、东昌、临清、济宁四卫，东平所屯庄被水、被旱、被虫、被风、被雹、被扰地方本年应征额赋并盐芦各项杂课。豁免湖南酃县被水地方失额田亩咸丰三年后未完额赋。【略】己巳，【略】蠲缓广西岑溪、容、宣化、横、永淳、新宁、崇善、左、柳城、来宾、象、宾、上林、天保、归顺、贵、武宣、永康、永明、马平、雒容、武缘、迁江、凌云、西隆、临桂、灵川、阳朔、义宁、平乐、荔浦、贺、苍梧、藤、桂平、平南、融、宜山、思恩三十九州县，暨太平、安平二土州被旱、被扰地方新旧额赋有差。庚午，【略】缓征安徽寿、凤阳、宿、怀远、凤台、阜阳、颍上、亳、蒙城、盱眙、五河、滁、全椒、来安、怀宁、桐城、潜山、太湖、宿松、望江、贵池、铜陵、建德、东流、当涂、芜湖、繁昌、合肥、无为、舒城、庐江、巢、定远、灵璧、霍邱、太和、泗、天长、和、含山四十州县，暨屯坐各卫被水、被旱、被扰地方新旧额赋漕粮有差。缓征奉天三姓、双城堡歉收地方本年银谷。 《穆宗实录》卷一六五

正月【略】戊寅，【略】缓征湖北嘉鱼、汉阳、黄陂、沔阳、天门、江陵、公安、石首、监利、松滋十州县被水地方应征漕粮。并展缓嘉鱼、汉阳、汉川、黄陂、孝感、沔阳、钟祥、京山、潜江、天门、江陵、公安、石首、监利、松滋、枝江、荆门、江夏、黄冈、广济二十州县，暨武昌等卫被水、被旱地方新旧额赋杂课有差。

《穆宗实录》卷一六六

正月【略】乙酉，【略】蠲免直隶安、隆平、天津三州县被水地方上年额赋。

《穆宗实录》卷一六七

四月【略】己亥，以京畿雨泽愆期，上诣大高殿祈祷行礼。【略】蠲缓江西莲花、金溪、崇仁、宜黄、东乡、南城、南丰、新城、广昌、泸溪、临川、南昌、新建、进贤、清江、新淦、安福、鄱阳、余干、建昌、德化、湖口、峡江、乐平、永新、彭泽、丰城、新喻、德安二十九厅县被扰、被水、被旱地方新旧额赋有

差。《穆宗实录》卷一七四

五月【略】己巳，上复诣大高殿祈雨坛行礼。《穆宗实录》卷一七六

五月【略】丁丑，谕内阁：京师自春及夏雨泽稀少，节经设坛祈祷，虽得雨数次，尚未深透。【略】缓征山西解、绛、汾阳、临汾、四州县上年歉收地方民借仓谷。【略】壬午，上复诣大高殿祈雨坛行礼。【略】谕内阁：本年京师自春及夏雨泽愆期，节经设坛祈祷，并谕令刑部、顺天府清理庶狱，数日以来，阴云密布，仍未得沾闿泽。《穆宗实录》卷一七七

六月【略】庚寅，以甘澍优沾，上诣大高殿行礼报谢。【略】甲午，【略】蠲缓陕西咸宁、长安、高陵、咸阳、临潼、泾阳、三原、渭南、醴泉、兴平、鄠、华、蒲城、华阴、盩厔、蓝田、凤翔、宝鸡、大荔、邠、三水、长武、南郑、褒城、沔、城固、略阳、西乡、宁羌、留坝、永寿、武功三十二厅州县被扰、被旱地方额赋有差。《穆宗实录》卷一七八

七月【略】庚午，谕内阁：吴棠奏，湖河盛涨，扬河东岸民闸倒卸，带塌正堤过水一折。本年江北各属因阴雨连旬，湖河并涨，经在事人员启放车南两坝，旁泄水势，而正河溜势如常，此筑彼漫，致将高邮汛清水潭迤南二闸南墙，于六月二十九日辰刻漫掣倒卸，带塌正堤过水。虽因来源旺极，积长不消所致，该管河汛各员究属疏于防范。《穆宗实录》卷一八〇

八月丁亥朔，【略】蠲缓江西南昌、新建、进贤、新淦、安福、永新、东乡、余干、建昌、安义、德化、德安、瑞昌、湖口、彭泽、丰城、清江、新喻、鄱阳、莲花二十厅县，暨九江府同知所属被水、被旱地方新旧额赋有差。【略】己丑，谕内阁：阎敬铭奏，濮州城圩被水，现筹赈济一折。山东濮州地方自黄河漫口后，州城久被水浸，居民于南岸筑圩迁避。本年阴雨兼旬，黄流盛涨，致新旧城圩均被淹没。该处被水灾黎荡析离居，情殊可悯。【略】壬辰，【略】缓征山东寿张、菏泽、单、曹、巨野、定陶、冠、郓城、武城九县，暨临清卫被扰、被旱、被风、被雹地方新旧额赋有差。《穆宗实录》卷一八二

九月【略】庚午，【略】又谕：前因李鸿章、吴棠奏报，本年夏间江北湖河盛涨，清水潭二闸决口，迭经降旨，谕令李鸿章等派员查勘赈恤。兹据李鸿章奏称，高邮、兴化、宝应、泰州、盐城、山阳、阜宁各属悉被淹没，计今岁冬赈并来春接济约需银十余万两，其堵筑漫口堤工约需银二十余万两。

《穆宗实录》卷一八四

九月【略】乙酉，【略】蠲免浙江新昌、嵊、江山、常山、开化、遂安、丽水、缙云、青田、松阳、遂昌、云和、景宁、余姚、上虞、宣平十六县同治二年未完额赋。《穆宗实录》卷一八五

十月【略】壬子，【略】蠲缓直隶开、东明、长垣三州县被水地方新旧额赋有差。蠲缓直隶宝坻、大城、良乡、安肃、安、阜城、景、青、静海、沧、南皮、盐山、永年、邯郸、肥乡、鸡泽、磁、元城、大名、深、衡水、蠡二十二州县被水、被旱、被雹地方新旧额赋暨海防河淤地租仓谷有差。癸丑，【略】豁免安徽寿、凤阳、怀远、凤台、亳、蒙城、盱眙、滁、全椒、来安、旌德、太平、怀宁、桐城、潜山、太湖、宿松、望江、休宁、祁门、铜陵、当涂、芜湖、繁昌、无为、合肥、舒城、庐江、巢、定远、六安、和、含山、宿、五河、婺源、灵璧、阜阳、太和、泗、歙、黟、贵池、建德、东流、颍上、霍邱、英山、霍山、天长、绩溪、宣城、南陵、泾、青阳、石埭五十六州县被水地方新旧额赋。《穆宗实录》卷一八七



十一月【略】丁巳，【略】缓征山西萨拉齐厅被水村庄新旧额赋暨民借仓谷。【略】乙丑，【略】缓征两淮丁溪、草堰、刘庄、伍祐、新兴、庙湾、富安、安丰、梁垛、东台、何垛、板浦、中正、临兴十四场被水地方折价钱粮。《穆宗实录》卷一八八

十一月【略】辛未，【略】蠲缓山东寿张、范、东阿、济宁、邹平、长山、齐河、齐东、禹城、长清、平原、肥城、东平、平阴、惠民、青城、阳信、利津、曲阜、邹、滕、峄、汶上、阳谷、曹、单、观城、朝城、聊城、茌平、冠、金乡、嘉祥、鱼台、历城、滋阳、宁阳、新城、济阳、泗水、馆陶、兰山、沂水、平度、潍、郯城、临清、章丘、乐陵、滨、蒲台、堂邑、博平、清平、莘、高唐、夏津、武城、邱、海丰、费、日照、益都、博兴、临

淄、乐安、掖、昌邑、泰安七十州县，暨德州、东昌、临清、济宁四卫，东平所屯庄，永阜、永利二场被水、被旱、被雹、被风、被虫、被扰地方新旧额赋并杂课有差。《穆宗实录》卷一八九

十一月【略】戊寅，以京畿雪泽未沾，上诣大高殿祈祷行礼。【略】乙酉，【略】蠲缓河南陈留、杞、通许、尉氏、洧川、鄢陵、中牟、兰仪、郑、荥泽、汜水、禹、商丘、宁陵、永城、鹿邑、虞城、夏邑、睢、柘城、考城、唐、镇平、内乡、新野、舞阳、叶、汝阳、确山、正阳、新蔡、西平、遂平、阳信、罗山、淮宁、西华、商水、项城、沈丘、太康、扶沟、许、临颍、襄城、郾城、光、光山、固始、息五十州县被水、被雹、被扰地方新旧额赋有差。并赈杞、永城、夏邑、商丘、虞城、息、荥泽七县灾民。

《穆宗实录》卷一九〇

十二月【略】丁亥，遣惇亲王奕誴诣大高殿祈雪，恭代行礼。【略】壬辰，【略】蠲缓浙江仁和、钱塘、海宁、富阳、余杭、嘉兴、秀水、嘉善、海盐、平湖、石门、桐乡、乌程、归安、长兴、德清、诸暨、金华、兰溪、东阳、义乌、永康、武义、浦江、汤溪、西安、龙游、开化、建德、淳安、遂安、寿昌、桐庐、分水、山阴、会稽、萧山、宁海、天台、仙居、常山、丽水、缙云、青田、松阳、遂昌、云和、宣平、新昌五十州县，暨杭严、嘉湖、衢州三卫被水、被旱、被风、被霜未垦地亩新旧额赋并杂课有差。【略】乙未，【略】展缓吉林三姓歉收地方民欠银谷。《穆宗实录》卷一九一

十二月【略】丁酉，【略】缓征安徽怀宁、桐城、潜山、太湖、宿松、望江、贵池、铜陵、建德、东流、当涂、芜湖、繁昌、无为、合肥、舒城、庐江、巢、灵璧、定远、阜阳、颍上、太和、霍邱、泗、天长二十六州县被水、被旱地方本年额赋有差。【略】己亥，以雪泽未沾，上于大高殿设坛祈祷，亲诣行礼。【略】蠲缓江苏山阳、阜宁、桃源、盐城、高邮、泰、东台、兴化、宝应、沭阳、清河、安东、江都、甘泉、仪征、铜山、丰、沛、萧、砀山、邳、宿迁、睢宁、海、赣榆、通、泰兴、海门二十八厅州县，暨淮安、大河、扬州、镇江、徐州五卫被水地方新旧漕粮并漕折银有差。【略】辛丑，【略】蠲缓直隶隆平、安、天津三州县积涝地亩本年额赋暨民借仓谷有差。蠲缓江苏长洲、元和、吴、吴江、震泽、常熟、昭文、昆山、新阳、太湖、华亭、娄、金山、青浦、无锡、金匮、江阴、丹徒、太仓、镇洋、嘉定、奉贤、宝山、靖江二十四州县，暨苏州、太仓、镇海、金山、镇江五卫被水、被旱未垦田亩新旧额赋并杂课有差。【略】甲辰，【略】蠲缓湖北沔阳、监利、武昌、嘉鱼、汉阳、汉川、黄陂、孝感、广济、黄梅、钟祥、京山、潜江、天门、云梦、江陵、公安、石首、松滋、枝江、荆门、江夏、黄冈、蕲水二十四州县被水、被旱地方新旧额赋暨杂课有差。《穆宗实录》卷一九二

十二月【略】己酉，上复诣大高殿祈雪行礼。【略】庚戌，【略】蠲缓山东菏泽、濮、巨野、郓城、嘉祥、东平、汶上、寿张、城武、定陶、金乡、鱼台、济宁、长清十四州县，暨临清、济宁二卫，东平所屯庄被水、被扰地方新旧额赋并杂课有差。辛亥，【略】蠲缓河南祥符、荥阳、南阳、桐柏、泌阳、上蔡、长葛、安阳、汤阴、临漳、武安、内黄、汲、新乡、辉、获嘉、淇、延津、滑、浚、封丘、济源、武陟、温、原武、阳武、洛阳、偃师、巩、孟津、登封、新安、灵宝、宜阳、永宁三十五县被水、被旱、被扰地方新旧额赋并杂课有差。【略】乙卯，【略】蠲缓湖南武陵、安乡、巴陵、龙阳、澧、沅江、华容、临湘、益阳、湘阴十州县暨岳州卫被水地方新旧额赋并杂课有差。《穆宗实录》卷一九三

## 1867年 丁卯 清穆宗同治六年

正月【略】丁巳，【略】展缓直隶开、东明、长垣、宝坻、大城、良乡、安肃、蠡、安、阜城、景、青、静海、沧、南皮、盐山、永年、邯郸、肥乡、鸡泽、磁、元城、大名、深、衡水二十五州县被水、被旱、被雹地方新旧额赋暨杂课有差。【略】己未，【略】展缓山东济宁、历城、邹平、长山、齐河、齐东、长清、平原、肥城、东平、东阿、平阴、惠民、利津、滋阳、邹、泗水、峄、汶上、菏泽、城武、定陶、巨野、郓城、青城、阳

信、曲阜、宁阳、滕、阳谷、寿张、曹、观城、朝城、兰山、郯城、聊城、潍、德、东昌、临清五十一州县，暨德州、东昌、临清、济宁四卫，东平所屯庄被水、被旱、被虫、被雹、被丹、被扰地方本年上忙额赋并杂课有差。《穆宗实录》卷一九四

二月【略】丙戌，【略】蠲缓广西凌云、武宣、宣化、永淳、新宁、崇善、左、永康、宁明、横、象、雒容、柳城、来宾、天保、归顺、奉义、迁江、上林、思恩、养利、临桂、灵川、永安、隆安、贵、武缘、宾、贺、桂平、平南、西隆、西林三十三州县，暨太平、安平二土州被旱、被扰地方上年额赋有差。【略】壬辰，【略】谕内阁：御史李德源奏，京城时疫流行，请饬太医院拟方散药一折。著太医院即行拟方刊刻，并将药饵发给五城，随时散放，以育众生而消沴疠。【略】丁酉，【略】展缓江西义宁、南昌、新建、进贤、奉新、清江、新淦、新喻、峡江、莲花、安福、永新、鄱阳、余干、建昌、安义、德化、德安、建昌、湖口、彭泽、金溪、广昌、丰城、崇仁、东乡、南丰二十七厅州县，暨九江卫被水、被旱地方新旧额赋杂课有差。《穆宗实录》卷一九六

二月【略】壬寅，【略】工部右侍郎魁龄等奏：遵旨查勘城垣被雨冲刷处所，请饬各该衙门及时修补。【略】壬子，【略】展缓山西临汾县歉收地亩旧欠额赋。《穆宗实录》卷一九七

三月【略】辛酉，【略】缓征陕西榆林县被雹村庄上年下忙钱粮。《穆宗实录》卷一九八

三月【略】辛巳，以雨泽愆期，上诣大高殿祈祷行礼。《穆宗实录》卷一九九

四月甲申朔，【略】谕内阁：苏廷魁奏查勘黄水经过地方情形一折。黄河自兰工决口后久未修筑，今若一律兴复旧规，筹款维艰，蒇事非易，自是实情。第黄河泛滥无归，实为沿河地方之患，亟应督饬各州县疏通宣泄，并将现有堤埝随时修筑，暂资防守。【略】己丑，以甘澍应时，遣惇亲王奕誴诣大高殿，恭代行礼报谢。【略】丁酉，以雨泽未沾，上诣大高殿祈祷行礼。

《穆宗实录》卷二〇〇

四月【略】丙午，以雨泽未沾，上于大高殿设坛祈祷，亲诣行礼。《穆宗实录》卷二〇一

五月【略】甲寅，谕内阁：御史刘秉厚奏请修仁政以迓和甘一折。本年雨泽愆期，屡经虔诚祈祷，尚未渥沛甘霖，亟宜修明仁政，以冀感格穹苍。【略】己未，上复大高殿祈雨坛行礼。【略】壬戌，【略】缓征安徽怀宁、桐城、潜山、太湖、宿松、望江、歙、贵池、铜陵、建德、东流、当涂、芜湖、繁昌、无为、合肥、舒城、庐江、巢、灵璧、定远、阜阳、太和、颍上、霍邱、和、含山、泗、天长二十九州县被水、被旱地方上年额赋。《穆宗实录》卷二〇二

五月【略】丙寅，谕内阁：本年春夏以来，雨泽愆期，久形亢旱，迭经降旨祈祷，虽经得雨，尚未深透，现在节近夏至，农田望泽弥殷，睹诸风燥日炎，殊深忧惧。【略】谕军机大臣等，庞钟璐奏预筹荒政，并陈管见一条一折。直隶为畿辅重地，正定以南虽形亢旱，而春间曾得雪泽，农田尚可播种，自保定以北，冬雪既少，近日来日炎风燥，朕屡虔诚祈祷，尚未渥沛甘霖，焦灼之怀，形诸寤寐。庞钟璐所陈救荒之策，自宜及早绸缪。【略】戊辰，谕内阁：候补内阁侍读学士钟佩贤奏，亢旱日久，请饬廷臣直言直谏，以资修省一折。本年自春徂夏，雨泽愆期，屡经设坛祈祷，昨又降旨清理庶狱，连日阴云密布，尚未渥沛甘霖。【略】己巳，上复诣大高殿祈雨坛行礼。【略】谕内阁：前因京师入春以来粮价昂贵，贫民觅食维艰，迭经降旨，将普济堂、功德林二处粥厂从清明后展限两个月，五城十五饭厂于三月十二日后展限两个月，现值青黄不接，雨泽愆期，小民苦累情形，尤为可悯。自应加恩调济，以恤穷黎，所有五城十五厂及普济堂、功德林等处，均著加恩按照前限，再行展赈两个月。

《穆宗实录》卷二〇三

五月癸酉，夏至，地震。【略】丁丑，谕内阁：本年天时亢旱，节候已过夏至，农田待泽孔殷，屡经开坛祈祷，亲诣大高殿拈香，并派惇亲王奕誴等分诣三坛虔祈雨泽，虽蒙昊贶，得有甘霖，仍未深透，朕心兢惕，宵旰难安。【略】戊寅，谕内阁：前因顺天、直隶各地方久旱不雨，农业失时，【略】现在

节逾夏至，尚未渥沛甘霖，民间播种无期，灾歉之形已见，【略】著直隶总督、顺天府府尹即饬所属各地方官，清查户口，安插流民，简派公正绅耆，妥议赈恤章程。【略】辛巳，祈雨，祭大社、大稷，遣恭亲王奕訢恭代行礼，上诣大高殿祈雨坛行礼。

《穆宗实录》卷二〇四

六月【略】庚寅，谕内阁：本年春夏以来天时甚形亢旱，节经祈祷三坛，亲诣大高殿拈香，并派恭亲王奕訢恭代致祭社稷坛，虔祈雨泽，旬日以来，小雨廉纤，未蒙优渥，现在节逾小暑，农田望泽愈形迫切，深宫轸念民依，宵旰焦思，弥深恐惧。【略】壬辰，谕军机大臣等，近闻直隶地方夏间海啸，遍地皆盐，青、沧盐匪屡有爬盐洒卖之事，现因缉枭马勇外调，该匪窜出任丘、雄县、容城一带。【略】上以祈雨，祭地于方泽，自是日始斋戒三日。【略】甲午，谕内阁：现在天时亢旱，京师兵丁籴食维艰，所有八旗及绿步各营官兵，均著加恩，照现放章程，赏给半月钱粮，以示体恤。

《穆宗实录》卷二〇五

六月【略】甲辰，以望雨仍殷，迎请直隶邯郸县龙神庙铁牌来京，供奉都城隍庙，设坛祈祷。【略】蠲免陕西泾阳、咸阳、高陵、鄠、大荔、华、乾、咸宁、长安、临潼、蓝田、同官、凤翔、陇、邠、长武、洛川、中部、宜君、三原、兴平、武功、蒲城、华阴、郿、朝邑、三水、盩厔、孝义、宁陕、渭南、醴泉、宝鸡、南郑、褒城、沔、城固、略阳、宁羌、留坝、永寿、澄城、耀、佛坪、岐山四十五厅州县被灾、被扰地方新旧额赋有差。并展缓邠州民欠折征银。【略】丁未，【略】谕军机大臣等，本年天气亢旱，粮价腾贵，守护东西陵寝八旗、绿营、礼工二部、内务府官兵差役，觅食维艰，本日已明降谕旨，各赏给银二万两。【略】己酉，以祈雨灵应，颁金牌于直隶邯郸县龙神庙，文曰“闿泽宏敷”。谕内阁：前因京师亢旱，迭经降旨祷祈，旬日以来阴云密布，霡霂频施，昨日甘澍旁敷，土膏滋润，此皆仰赖昊慈默佑，寅感实深。朕于二十八日亲诣大高殿拈香，以答神庥。惟时当溽暑，农田望泽尤殷，仍冀甘霖迭沛，优渥均沾，以迓和甘而慰民望。

《穆宗实录》卷二〇六

七月壬子朔，【略】谕内阁：【略】畿辅亢旱，曾经截拨漕粮等项，以备赈济。【略】江苏、浙江等省既属丰稔，即著该省督抚迅各筹款，采买米粮数十万石，由海船运赴天津，一切经费准其作正开销。【略】丙辰，谕内阁：前因京师亢旱，屡经开坛祈祷，朕亲诣大高殿拈香，派近支王等恭祀三坛、社稷坛，并告祭方泽，均蒙阴云四布，微雨飘洒，浃旬以来，频叨渥泽，二十五六等日雷电交作，甘澍优沾。昨复昕宵霡霂，积润郊原，并据各处奏报，近畿均获深透，此皆仰赖昊慈垂佑，朕心实深寅感。【略】丁巳，【略】命五城饭厂暨普济堂、功德林煮赈展限两月。【略】己未，以甘澍优沾，上诣大高殿行礼报谢。【略】谕内阁：本日方泽各坛庙升香报谢，正值大雨滂沱，四郊沾足，曷胜欣幸，所有本日太常寺执事各员均著赏加一级。

《穆宗实录》卷二〇七

七月【略】庚午，【略】又谕：刘长佑奏永定河水漫溢一折。永定河自入伏以后，山水涨发，七月初旬连次陡涨数丈，兼之风雨猛骤，水面抬高，以致北三工五号堤身于初九日漫塌三十余丈，即著该督严饬派出委员驰往查勘。【略】庚辰，【略】展缓广东新兴、高明、灵山、河源、平远、长乐、镇平七县被水、被扰地方节年未完额赋。

《穆宗实录》卷二〇八

八月【略】甲申，以祷雨灵应，颁山西阳曲县窦侯庙扁额，曰“功溥为霖”。太原县晋祠圣母庙扁额，曰“惠洽桐封”。【略】展缓山西萨拉齐厅被水地方上年民借仓谷。乙酉，以祷雨灵应，封直隶邯郸县龙神庙为“圣井龙神”，列入祀典，并颁扁额曰“嘉澍应时”。

《穆宗实录》卷二〇九

九月【略】壬子，【略】谕军机大臣等，左宗棠等奏，官军剿捻获胜。【略】捻逆由渭南属境于七月二十三日至八月初六等日窜扰临潼等处，旋窜咸阳，乘夜冒雨疾驰，分由临、泾一带渡泾而东，该省大雨连旬，未能克期进剿。

《穆宗实录》卷二一一

九月【略】己卯，【略】又谕：李瀚章等奏，襄水陡涨，襄阳等府属被淹，现筹赈抚一折。本年八月间湖北襄水泛溢，襄阳、安陆等府，及均州、光化、襄阳、谷城、宜城、钟祥等处均被水淹，天门、汉川

被灾尤重。【略】另片奏：郧阳府城阴雨连绵，河水并涨，衙署、民房被淹，现在设法安抚难民等语。著一并妥为抚恤。 《穆宗实录》卷二一二

十月【略】癸巳，【略】署湖广总督李瀚章等奏：本年湖北有漕各州县被扰后复遭水旱，碍难改征本色，请仍照向章征收折价。下部议。从之。 《穆宗实录》卷二一三

十一月【略】戊辰，【略】蠲缓山东菏泽、海丰、临邑、郓城、濮、寿张、济阳、齐东、范、东平、滨、济宁、历城、章丘、邹平、长山、新城、齐河、长清、肥城、东阿、平阴、利津、邹、泗水、滕、汶上、阳谷、曹、陶、观城、聊城、茌平、鱼台、青城、莘、金乡、嘉祥、巨野、沂水、临淄、安丘、掖、兰山、郯城、日照、昌乐、昌邑、沾化、平原、滋阳、宁阳、峄、临清、泰安、蒲台、曲阜、清平、冠、馆陶、高唐、夏津、陵、费、诸城、益都、乐安、高密、城武、堂邑、博平七十一州县，并德州、东昌、临清、济宁四卫，东平所，永利、永阜、涛雒等场被水、被旱、被风、被虫、被扰地方新旧额赋暨仓漕租课有差。

《穆宗实录》卷二一六

十一月庚午，谕内阁：万青藜等奏请将顺属赈务变通办理一折。著照所请。所有南路厅属之霸州、保定、固安、永清、东安，西路厅属之宛平、房山，东路厅属之武清、香河、三河等十州县即著广设粥厂，妥为散放；其通州、宝坻、宁河等处著即查清户口，分别散放银米，责成该州县督同绅士，认真经理。【略】壬申，【略】蠲缓山西宁远厅属歉收村庄新旧额赋有差。 《穆宗实录》卷二一七

十二月【略】癸未，【略】蠲缓浙江仁和、钱塘、海宁、富阳、余杭、临安、新城、于潜、昌化、嘉兴、秀水、嘉善、海盐、平湖、石门、桐乡、归安、乌程、长兴、德清、武康、安吉、孝丰、诸暨、金华、兰溪、东阳、义乌、永康、武义、浦江、汤溪、西安、龙游、开化、建德、淳安、遂安、寿昌、桐庐、分水、象山、萧山、山阴、会稽、上虞、临海、黄岩、天台、仙居、常山、缙云、青田、宣平、新昌、嵊、丽水、松阳、遂昌、云和六十州县，杭严、嘉湖、衢州三卫被水、被旱、被风、被雹、被潮、被虫地方暨未垦田亩本年额赋有差。甲申，【略】展缓吉林三姓、五常堡被水地方新旧额赋仓谷。乙酉，【略】蠲缓直隶通、三河、武清、宝坻、香河、宁河、霸、保定、固安、永清、宛平、房山、天津、青、静海、沧、丰润、蓟、顺义、清苑、新城、玉田、东安、雄、文安、大城、隆平、良乡、涿、滦、卢龙、昌黎、安肃、完、定兴、容城、束鹿、安、南皮、盐山、庆云、广宗、永年、鸡泽、元城、大名、怀来、涞水、深、定、衡水、昌平、蠡、高阳、阜城、南乐、清丰、宣化、深泽、磁、晋六十一州县被旱地方新旧额赋杂课并民借仓谷有差。丙戌，【略】缓征山西萨拉齐厅被水地方新旧额赋暨民借仓谷。 《穆宗实录》卷二一八

十二月【略】癸巳，【略】蠲缓两浙西兴、杜渎、横浦、浦东四场被水灶地本年灶课有差。【略】丙申，【略】蠲缓江苏长洲、元和、吴、吴江、震泽、常熟、昭文、昆山、新阳、太湖、华亭、娄、金山、青浦、武进、阳湖、无锡、金匮、江阴、丹徒、太仓、镇洋、嘉定、宜兴、荆溪、丹阳、金坛、溧阳、奉贤、靖江、宝山、泰兴、泰、江都、甘泉、崇明、上海、南汇、川沙三十九厅州县，暨苏州、太仓、镇海、金山、镇江五卫未垦歉收田地新旧额赋杂课有差。【略】戊戌，【略】缓征江西南昌、新建、进贤、清江、新淦、新喻、峡江、莲花、安福、永新、余干、建昌、安义、瑞昌、湖口、德化、彭泽、丰城、德安、鄱阳、崇仁、金溪、乐平二十三厅县被水、被旱地方新旧额赋有差。蠲缓湖北钟祥、天门、嘉鱼、汉阳、汉川、黄陂、孝感、沔阳、黄冈、蕲水、京山、潜江、云梦、江陵、公安、石首、监利、松滋、枝江、江夏、武昌、黄梅二十二州县，暨武昌卫被水、被旱、被扰地方新旧额赋杂课有差。 《穆宗实录》卷二一九

十二月庚子，【略】两江总督曾国藩奏，淮、扬、通三属应征漕米，现因夏秋灾歉，饬属酌减米价以恤民艰。仍由官买米办运，由来春苏属海运回空沙船运津。下部知之。【略】癸卯，【略】蠲缓江苏山阳、阜宁、清河、桃源、盐城、高邮、泰、东台、江都、甘泉、仪征、兴化、宝应、铜山、丰、沛、萧、砀山、邳、宿迁、睢宁、海、沭阳、赣榆、通、泰兴、海门二十八厅州县，暨淮安、大河、扬州、徐州、镇江五卫被水、被旱地方新旧额赋杂课有差。甲辰，【略】赈直隶开、东明、长垣三州县被水灾民，并蠲缓节

年钱粮暨杂课仓谷有差。乙巳,【略】蠲缓河南祥符、陈留、杞、通许、尉氏、洧川、鄢陵、中牟、兰仪、郑、荥泽、汜水、商丘、宁陵、永城、鹿邑、虞城、夏邑、睢、柘城、安阳、汤阴、临漳、林、武安、涉、内黄、汲、新乡、辉、获嘉、淇、延津、滑、浚、封丘、河内、济源、修武、武陟、孟、温、原武、阳武、洛阳、偃师、巩、孟津、宜阳、登封、永宁、新安、汝阳、淮宁、西华、商水、项城、沈丘、太康、扶沟、临颍、灵宝、光、光山、息、考城、南阳、唐、泌阳、镇平、桐柏、邓、内乡、新野、淅川、裕、叶、信阳、罗山七十九厅州县被旱、被水、被扰地方新旧额赋有差。缓征山西平遥县被水村庄新旧额赋。【略】戊申,【略】蠲缓湖南武陵、龙阳、沅江、巴陵、华容、临湘、湘阴、澧、安乡九州县暨岳州卫被水地方本年额赋杂课有差。蠲免云南昆明、会泽、安宁、昆阳、嵩明、富民、恩安、呈贡、宜良、罗次、晋宁、定远、巧家十三厅州县荒歉田地上年额赋有差。己酉,【略】缓征安徽望江、盱眙、泗、怀宁、桐城、潜山、太湖、宿松、宣城、南陵、贵池、青阳、铜陵、东流、当涂、芜湖、繁昌、合肥、无为、舒城、庐江、巢、定远、怀远、寿、凤台、宿、灵璧、阜阳、霍邱、亳、蒙城、颍上、天长、五河、建德、六安、太和三十八州县被旱、被水、被风、被虫地方新旧额赋有差。

《穆宗实录》卷二二〇

## 1868年 戊辰 清穆宗同治七年

正月【略】辛亥,【略】缓征直隶宛平、通、三河、武清、宝坻、蓟、香河、宁河、霸、保定、固安、永清、东安、房山、顺义、清苑、新城、雄、天津、青、静海、沧、开、东明、长垣、丰润、玉田、文安、大城、良乡、涿、昌平、滦、卢龙、昌黎、安肃、完、定兴、容城、蠡、束鹿、安、高阳、阜城、南皮、盐山、庆云、广宗、永年、鸡泽、元城、大名、南乐、清丰、宣化、怀来、涞水、衡水、深、定、深泽、晋六十二州县被水、被旱、被雹、被风、被扰地方新旧额赋租课暨民借仓谷有差。【略】癸丑,【略】缓征山东济宁、齐河、齐东、临邑、长清、平原、肥城、东平、东阿、平阴、惠民、阳信、商河、滨、滋阳、邹、滕、峄、汶上、定陶、寿张、郓城、濮、范、日照、茌平、昌乐、诸城、昌邑、潍、即墨、嘉祥、历城、邹平、长山、新城、济阳、禹城、泰安、青城、乐陵、利津、沾化、曲阜、宁阳、阳谷、菏泽、曹、观城、朝城、兰山、郯城、聊城、临淄、安丘、掖、鱼台五十七州县,德州、东昌、临清、济宁四卫,东平所屯庄,永阜、永利、涛雒三场被水、被旱、被潮、被风、被虫、被扰地方本年上忙额赋暨杂课灶课有差。

《穆宗实录》卷二二一

三月【略】甲寅,【略】蠲缓山东高密、即墨、邹平、鱼台、日照、历城、章丘、长山、新城、禹城、泰安、惠民、阳信、商河、曲阜、汶上、朝城、邹、滕、峄、济宁、滋阳、宁阳、乐陵、齐东、海丰、蒙阴、沂水、临淄、乐安、安丘、诸城、莱阳、兰山、寿光、昌乐、平度、潍、胶、淄川、单、沾化、临朐四十三州县,暨德州、济宁、临清三卫,涛雒、永利二场被扰、被水、被旱、被风、被虫地方新旧额赋有差。【略】壬戌,【略】缓征黑龙江巴彦苏苏等处被雹、被虫地方上年租赋。贷黑龙江齐齐哈尔、墨尔根两城被旱地方旗丁籽种口粮。

《穆宗实录》卷二二六

三月【略】乙丑,【略】免直隶隆平、安、天津三州县积涝大洼地亩上年粮赋有差。【略】丁卯,【略】蠲缓陕西留坝、潼关、宁羌、宝鸡、汧阳、朝邑、西乡、城固、洋九厅州县被水、被旱、被扰地方积欠额赋有差。

《穆宗实录》卷二二七

六月【略】丙寅,【略】又谕:【略】昨据李鸿章奏,称贼由商河遁入济阳之鄢家渡龙王庙一带,连日大雨,平地水深二三尺,徒骇河与黄河水势增涨,贼营以外一片水洼,官军分路进剿,已获大胜。【略】庚午,【略】又谕:本日据苏廷魁驰奏,黄河伏涨异常。【略】豫省黄河两岸工程,因历年经费未充,办理久经竭蹶,本年伏汛盛涨异常,七厅两岸险工到处迭出,中河、祥符两厅尤甚。

《穆宗实录》卷二三六

七月【略】辛巳,【略】谕军机大臣等,苏廷魁奏黄河险要各工现筹抢护一折。据称,上南厅胡家屯溜势于六月二十四日以后，忽提至荥泽汛十堡，该处旧工久经淤闭，堤身本矮，此次水势非常旺盛，更兼彻夜风雨，水由堤漫过，刷宽口门三十余丈等语。【略】壬午，谕军机大臣等，崇厚奏请拨北仓余米抚恤难民等语。直隶沧州等处地方既被兵灾，又遭水患，闾阎疾苦甚为可悯，崇厚拟将天津北仓余存备赈粳米拨放沧州、南皮、盐山、庆云、吴桥、东光、宁津各处难民，系为抚恤难民起见，自应照所请办理。 《穆宗实录》卷二三七

七月【略】丁亥，【略】谕军机大臣等，【略】黄河南岸荥泽汛十堡漫口，【略】该处漫口已刷宽九十余丈，虽经盘做裹头，正河未至夺溜，而口门丈尺甚宽，实属修防不力。【略】癸巳，【略】谕军机大臣等，李鹤年奏，沁河陡涨，民堤漫溢，现饬勘办大概情形一折。据称，武陟县西北岸赵樊村连日河水陡涨，水高堤面，溜势顶冲，该处堤身漫溢，掣溜北趋，口门约宽五十余丈，由下游修武一带行走，现已设法堵筑。 《穆宗实录》卷二三八

七月【略】癸卯，【略】谕军机大臣等，李鹤年奏，荥工口门刷宽，估计筹堵一折。【略】现在荥工口门已刷宽二百余丈，若任其溃溢，将来逐渐塌卸，势将何所底止，著苏廷魁、李鹤年严饬道厅及在工各员弁，赶紧盘筑两坝裹头，毋令再行冲刷。 《穆宗实录》卷二三九

八月【略】辛亥，【略】谕军机大臣等，奕榕等奏，草仓河被水冲刷，【略】永陵明堂前新修草仓河，因山水陡发，冲刷淤垫，并归苏子河，向南顺流而下，泊岸西头冲刷宽深，护堤树株冲倒，并原设鹿角及桥板栏杆均被冲失甚多，石堤倒落二处，御路冲断成坑等情。【略】丙辰，【略】缓征直隶霸、固安、永清三州县被水地方新旧额赋暨旗租有差，并减免差徭。蠲缓山东东阿、临清、济宁、德、冠、鱼台、巨野、博兴八州县，暨德州、济宁、临清三卫被水、被雹、被扰地方新旧额赋杂课有差。

《穆宗实录》卷二四〇

八月【略】甲戌，谕军机大臣等，吴坤修奏，豫省黄水漫口下注，淹及皖境情形一折。豫省荥工漫水，现已下注皖省之颍、寿一带，颍郡所属地方一片汪洋，已成泽国，势必由洪泽湖下注高、宝，维扬一带亦虑被灾。 《穆宗实录》卷二四一

九月【略】己丑，【略】又谕：郑敦谨奏，通筹河防，【略】惟本年节气较早，西河中路之乡吉，北路之河保，冰桥早结，尤为各防中最要之区，即著照该署抚所请，由李鹤年檄饬张曜一军，于汾州府境择要驻扎。【略】晋省黄河每于大雪前后冰桥凝结，著李鹤年催令张曜、宋庆，均乘河冰未冱之先，督队入晋，以便详勘地势，筹备设防。 《穆宗实录》卷二四二

九月【略】丙申，【略】又谕：曾国藩等奏，荥工漫水，渐入洪湖，会筹堵筑一折。洪湖水势自九月初二日后逐日加涨，淮河入湖一段，每多淤沙腾起，漫水业已南趋，运河东西堤情形极属吃紧。【略】庚子，又谕：苏廷魁等奏，河工积习难除，除严为立法，以儆效尤等语。【略】有人奏，豫省漫口，自上南河以下，漫塌口门几三百丈，大溜已掣十之六七，在工人员，糜费侵渔。【略】辛丑，【略】减免两浙横浦、浦东、袁浦、青村四场歉收地方灶课有差。 《穆宗实录》卷二四三

十月【略】丁未，【略】贷河南荥泽、中牟、尉氏、郑、鄢陵、淮宁、西华、扶沟、沈丘、项城、武陟、修武、河内十三州县被水灾民一月口粮。【略】丙辰，【略】准山东省截留漕粮八万石，赈济南、武定二府属灾民。丁巳，【略】蠲缓山东齐河、济阳、禹城、临邑、陵、德、德平、平原、惠民、阳信、商河、海丰、沾化、东阿、滨、乐陵、历城、长清、聊城、博平、茌平、清平、高唐、夏津、莘二十五州县，暨德州、东昌、临清各卫被灾、被扰地方新旧额赋并永阜场灶地钱粮有差。 《穆宗实录》卷二四四

十月【略】庚申，【略】蠲缓河南祥符、安阳、汤阴、临漳、内黄、林、武安、涉、汲、新乡、辉、获嘉、淇、延津、滑、浚、封丘、考城、河内、济源、修武、武陟、孟、温、原武、阳武二十六县被灾、被扰地方新旧额赋有差。【略】辛未，【略】蠲缓直隶文安、永清、清丰、安平、霸、保定、宛平、固安、高阳、安、元城、丰润、宝坻、大城、良乡、新城、蠡、雄、河间、献、阜城、任丘、青、静海、晋、无极、平乡、永年、鸡泽、

清河、磁、大名、南乐、怀安、玉田、宁晋、隆平、深、饶阳、深泽、蓟、容城、肃宁、任、邯郸四十五州县被水、被雹地方新旧额赋。 《穆宗实录》卷二四五

十一月【略】丙子,【略】蠲免吉林双城堡被雹、被水屯田本年租赋并折给仓谷暨修理房间银。【略】己卯,蠲缓直隶开、东明、长垣三州县被水地方新旧额赋地租暨民借仓谷有差。【略】辛巳,【略】蠲缓山东郓城、齐河、济宁、濮、范、东平、寿张、临清、齐东、肥城、平阴、青城、滨、利津、滋阳、曲阜、邹、泗水、滕、峄、汶上、阳谷、菏泽、定陶、巨野、观城、朝城、曹、堂邑、金乡、嘉祥、鱼台、章丘、单、城武、冠、武城、邹平、长山、馆陶、莘、兰山、郯城、济阳、临淄、历城、新城、泰安、蒲台、宁阳、费、日照、益都、乐安、寿光、昌乐、诸城、掖、潍、高密、即墨六十一州县,暨德州、东昌、临清、济宁、安东五卫,东平所屯庄,永阜、涛雒、永利三场被水、被旱、被虫、被雹地方新旧额赋并杂课仓谷有差。【略】甲申,以京畿雪泽愆期,上诣大高殿祈祷行礼。【略】丙戌,【略】缓征两淮富安、安丰、梁垛、东台、何垛、丁溪、草堰、刘庄、伍祐、新兴、庙湾、板浦、中正、临兴十四场歉收地方新旧折价钱粮有差。

《穆宗实录》卷二四六

十一月【略】癸卯,上复诣大高殿祈雪行礼。 《穆宗实录》卷二四七

十二月【略】丁未,【略】缓征直隶永清、献、衡水三县被水地方新旧额赋并减免差徭。戊申,【略】缓征安徽怀宁、黟、宣城、南陵、贵池、青阳、铜陵、建德、东流、芜湖、繁昌、无为、庐江、巢、寿、宿、怀远、定远、灵璧、阜阳、亳、蒙城、太和、泗、盱眙、天长、五河、和、潜山、宿松、绩溪、泾、当涂、合肥、凤阳、霍邱、来安、建平、歙、祁门、凤台、颍上、望江、舒城、含山、桐城、太湖、旌德四十八州县被水、被旱、被虫地方新旧额赋暨各项租课。【略】辛亥,署河东河道总督苏廷魁奏:现办荥工合龙,请将本年大计展缓举行。从之。【略】壬子,【略】两江总督马新贻奏:上年各属被灾减征,本省各标兵米不敷给发,请截留江北新漕八千六百六十石,均匀搭放。从之。【略】缓征湖北江夏、嘉鱼、汉阳、汉川、黄陂、孝感、沔阳、黄梅、钟祥、京山、潜江、天门、江陵、公安、石首、监利、松滋、枝江、荆门、武昌、蕲水、应城二十二州县,暨沔阳、武昌二卫被水、被旱地方新旧额赋。【略】癸丑,【略】蠲缓浙江仁和、钱塘、海宁、富阳、余杭、临安、新城、于潜、昌化、嘉兴、秀水、嘉善、海盐、平湖、石门、桐乡、归安、乌程、长兴、德清、武康、安吉、孝丰、诸暨、金华、兰溪、东阳、义乌、浦江、汤溪、西安、龙游、建德、淳安、遂昌、桐庐、分水、山阴、会稽、萧山、余姚、临海、黄岩、宁海、天台、仙居、永康、武义、常山、开化、遂安、寿昌、丽水、缙云、青田、松阳、宣平、象山、上虞、新昌、嵊、云和六十二州县,暨杭严、嘉湖、衢州三卫被水、被旱、被风、被雹地方新旧漕粮额赋。甲申,以雪泽未沾,上于大高殿设坛祈祷,亲诣行礼。 《穆宗实录》卷二四八

十二月己未,【略】蠲缓江苏上元、江宁、句容、江浦、六合、江都、仪征、山阳、阜宁、清河、桃源、盐城、高邮、泰、东台、甘泉、兴化、宝应、铜山、丰、沛、萧、砀山、邳、宿迁、睢宁、海、沭阳、赣榆、泰兴、溧水、高淳、安东、通、海门三十五厅州县,暨淮安、大河、扬州、徐州、镇江五卫被水、被旱新旧漕粮额赋。庚申,【略】蠲缓江苏长洲、元和、吴、吴江、震泽、常熟、昭文、昆山、新阳、太湖、华亭、娄、金山、青浦、武进、阳湖、无锡、金匮、江阴、宜兴、荆溪、丹徒、太仓、镇洋、嘉定、靖江、奉贤二十七州县,暨苏州、太仓、镇海、金山、镇江五卫被水地方新旧额赋并杂课有差。【略】壬戌,上复诣大高殿祈雪坛行礼。【略】甲子,【略】蠲缓山西阳曲、太原、徐沟、平遥、萨拉齐、清水河、河津、临汾八厅县被水、被扰地方新旧额赋。【略】己巳,【略】缓征江西义宁、南昌、新建、进贤、清江、新淦、新喻、峡江、莲花、安福、永新、鄱阳、余干、乐平、建昌、安义、德化、德安、湖口、彭泽、丰城、东乡、瑞昌、金谿、广昌二十五厅州县,暨九江同知所属被水、被旱、被虫地方新旧额赋。 《穆宗实录》卷二四九

## 1869年 己巳 清穆宗同治八年

正月【略】辛卯,【略】蠲缓湖南澧、武陵、安乡、龙阳、沅江、华容、巴陵、湘阴、益阳、临湘十州县暨岳州卫被水地方新旧额赋有差。壬辰,【略】豁免浙江萧山、会稽二县被水牧地节年租钱。

《穆宗实录》卷二五一[1]

二月【略】戊申,【略】以京畿雨泽愆期,上诣大高殿祈祷行礼。　　《穆宗实录》卷二五二

二月戊午,日重轮,抱珥五色。【略】庚申,上复诣大高殿祈雨行礼。【略】戊辰,【略】蠲免直隶安、任、隆平、天津四州县被水村庄额赋有差。　　《穆宗实录》卷二五三

三月【略】丙子,上复诣大高殿祈雨行礼。【略】乙酉,上复诣大高殿祈雨行礼。

《穆宗实录》卷二五四

三月【略】辛丑,谕内阁:御史宋邦德奏,天时亢旱,敬陈管见一折。　《穆宗实录》卷二五五

四月【略】甲辰,以雨泽未沾,上于大高殿设坛祈祷,亲诣行礼。【略】辛亥,【略】谕内阁:本年自春入夏雨泽愆期,迭经降旨祈祷,尚未渥沛甘霖,现在节届小满,农田望泽弥殷。【略】癸丑,上复诣大高殿祈雨坛行礼。　　《穆宗实录》卷二五六

四月【略】甲子,上复诣大高殿祈雨坛行礼。　　《穆宗实录》卷二五七

五月【略】甲戌,【略】上复诣大高殿祈雨坛行礼。【略】癸未,【略】上以祈雨,祭社稷坛,自是日始,斋戒三日。【略】丙戌,以祈雨,祭大社、大稷,遣恭亲王奕䜣恭代行礼。上诣大高殿祈雨坛行礼。　　《穆宗实录》卷二五八

五月【略】丁酉,以甘澍优沾,上诣大高殿行礼报谢。　　《穆宗实录》卷二五九

七月【略】癸酉,【略】又谕:吴坤修奏,各属被水灾黎,先行筹款抚恤等语。安徽怀宁等十六州县,本年夏间雨水过多,江潮泛涨,漂没田庐,小民困苦颠连,殊堪矜悯。现经该署抚筹银三万两,分交安庐、徽宁两道,督属分别抚恤。【略】甲戌,谕军机大臣等,曾国藩奏永定河漫口未能合龙等语。永定河北四下汛漫口,经道员徐继塘堵筑,本已定期合龙,因雨大溜急,不能抢办,固系实在情形。惟口门本不甚宽,引河大坝均尚如故。　　《穆宗实录》卷二六二

七月【略】甲午,【略】缓征陕西蒲城县被旱地方本年上忙钱粮。　　《穆宗实录》卷二六三

八月【略】壬寅,【略】缓征山东临邑、聊城、安丘、长山、济阳、乐陵、商河、阳谷、朝城、清平十县被旱、被雹地方新旧额赋暨杂课有差。癸卯,谕内阁:马新贻奏,江宁各属被水灾黎,先行设法安插抚恤等语。本年夏间雨水过多,江潮漫溢,江宁府所属各县被水成灾,间有附近居民来省就食,马新贻业已督饬所属择地安插,酌给米粮。【略】署安徽巡抚吴坤修奏,亲勘沿江被水灾区,妥筹抚恤。【略】壬子,谕内阁:李瀚章奏查明杭、嘉、湖等府被灾大概情形一折。本年浙江杭、嘉、湖三府属地方夏秋多雨,江流甚涨,塘堰漫溢,该处田亩被淹居多,补种不及,秋收难免减色。览奏实深悯恻。因思该省历年以来农田虽逐渐垦荒,而元气犹未全复,此次复遭水患,小民困苦流离,亟应加意抚恤。著李瀚章督饬藩司,派员分赴各属详细履勘,分别被灾轻重,酌量调剂,毋令一夫失所,用副轸念民艰至意。　　《穆宗实录》卷二六四

八月【略】庚申,谕内阁:刘崐奏,查明安乡等县被灾情形,分别拨款抚恤一折。本年湖南省春夏多雨,各属被水轻重不一,安乡、华容、沅江等县地势本洼,江湖并涨,被淹甚宽,浏阳、醴陵等县山水陡冲,灾区甚广,该抚已饬司筹款赈抚。　　《穆宗实录》卷二六五

---

[1] 该卷前卷二五〇卷原件缺失,记载同治八年正月上半月之事。

九月【略】壬申，谕军机大臣等，李鸿章等奏，湖北被水成灾较重，请饬部拨款以济工赈要需一折。本年湖北武汉等属地方夏秋多雨，又值湘水下注，川水、襄水并涨，堤垸漫溃，田庐被淹，业据该督抚奏拨军需善后项下钱二万五千串，并于省仓提拨谷石，以资赈恤。【略】庚辰，谕内阁：本年江浙、两湖、安徽、江西等省雨水过多，江湖盛涨，田庐被淹不少，业经李鸿章等先后奏请筹款抚恤，以资赈济，谕令妥为区画，毋使一人失所。【略】辛巳，【略】谕军机大臣等，英翰奏回省日期及现在筹办各情形一折。安徽沿江南北十余州县，上自怀宁，下迄当涂，江堤被冲，悉成泽国。览奏实深悯恻，该抚以无为州等处堤工紧要，已与马新贻商酌拨款。

《穆宗实录》卷二六六

十月【略】丙辰，【略】以查报水灾不实，吉林双城堡总管那斯洪阿等下部议处。【略】丙寅，谕军机大臣等，给事中陈鸿翊奏，直隶西南各属本年雨泽稀少，灾歉已成，闻有报灾未遂，人怀乱萌之说。

《穆宗实录》卷二六九

十一月【略】辛未，【略】豁免直隶东明县被淹、被扰地方积欠额赋。蠲缓直隶开、东明、长垣、安平、武清、广平、元城、丰润、霸、文安、大城、固安、永清、东安、昌平、清苑、满城、完、雄、束鹿、安、河间、献、阜城、任丘、天津、青、静海、沧、南皮、盐山、庆云、赞皇、邢台、平乡、广宗、巨鹿、永年、邯郸、成安、肥乡、曲周、鸡泽、磁、大名、延庆、蔚、柏乡、隆平、高邑、临城、临晋、深、饶阳、博野、肃宁、无极、赵五十八州县被水地方新旧额赋暨各项租课民借仓谷有差。【略】丙子，【略】蠲缓山东郓城、濮、寿张、济宁、齐河、临邑、东平、东阿、惠民、青城、阳信、滨、滕、峄、阳谷、菏泽、曹、定陶、巨野、范、观城、朝城、聊城、馆陶、金乡、鱼台、平原、乐陵、商河、单、茌平、武城、宁阳、长清、陵、德、平阴、邹、城武、堂邑、博平、莘、嘉祥、海丰、沾化、兰山、汶上、临清、历城、章丘、邹平、长山、齐河、济阳、肥城、利津、滋阳、曲阜、泗水、清平、冠、高唐、邱、潍、夏津、恩、禹城六十七州县，暨德州、东昌、临清、济宁四卫，东平所屯庄，永阜、官台二场歉收地方新旧额赋并杂税灶课有差。【略】戊寅，【略】缓征两淮富安、安丰、梁垛、东台、何垛、丁溪、草堰、刘庄、伍祐、新兴、庙湾、板浦、中正、临兴十四场被水灶地新旧折价钱粮。己卯，【略】蠲免安徽无为、当涂、铜陵、望江、东流、芜湖、繁昌、和、含山、怀宁、桐城、宿松、南陵、贵池、青阳、合肥、巢十七州县，暨屯坐各卫被水地方节年原缓额赋并各项租课。缓征安徽亳、石埭、泾、宁国、旌德、太平、蒙城、滁、全椒、广德、泗、怀宁、桐城、潜山、太湖、宿松、宣城、南陵、贵池、青阳、建德、合肥、庐江、舒城、巢、凤阳、寿、宿、怀远、定远、灵璧、凤台、颍上、霍邱、盱眙、天长、五河三十七州县，暨屯坐各卫被水、被旱、被风、被虫地方新旧额赋并各项租课有差。庚辰，【略】两江总督马新贻奏：江宁府属圩田被淹，请将抵征钱文暂停买米北运，留为采买仓谷及一切修圩之费。下部知之。

《穆宗实录》卷二七〇

十一月【略】癸巳，以京畿雨泽愆期，上诣大高殿祈祷行礼。【略】乙未，【略】蠲缓湖南武陵、安乡、溆浦、益阳、龙阳、巴陵、临湘、华容、澧、沅江、湘阴、桃源十二州县暨岳州卫被水地方新旧额赋租课有差。

《穆宗实录》卷二七一

十二月【略】辛丑，上复诣大高殿祈雪行礼。【略】癸卯，【略】蠲缓广西归顺、宣化、隆安、永淳、新宁、武宣、思恩、河池、崇善、左、养利、永康、天保、奉义、凌云、横、来宾、象、雒容、柳城、桂平、平南、贵、临桂、灵川、贺、永安、宾、武缘、上林、迁江三十一州县被旱、被扰地方新旧额赋有差。【略】戊申，【略】蠲缓浙江仁和、钱塘、海宁、富阳、余杭、临安、新城、于潜、昌化、嘉兴、秀水、嘉善、海盐、平湖、石门、桐乡、归安、乌程、长兴、德清、武康、安吉、孝丰、诸暨、金华、兰溪、东阳、义乌、浦江、汤溪、西安、龙游、建德、淳安、遂安、寿昌、桐庐、分水、宣平、山阴、会稽、萧山、余姚、临海、黄岩、宁海、天台、仙居、永康、武义、常山、开化、丽水、缙云、青田、松阳、象山、上虞、新昌、嵊、云和六十一州县，暨杭严、嘉湖、衢州三卫被水、被旱、被风、被虫地方新旧额赋有差。己酉，【略】以雪泽未沾，上于大高殿设坛祈祷，亲诣行礼。【略】辛亥，【略】蠲缓江苏上元、江宁、句容、溧水、高淳、江浦、六合、山阳、阜宁、清河、桃源、安东、盐城、高邮、泰、东台、江都、甘泉、仪征、兴化、宝应、铜山、丰、沛、萧、砀山、邳、宿迁、睢宁、海、沭阳、赣榆、通、如皋、泰兴、海门三十六厅州县,暨淮安、大河、扬州、徐州四卫被水、被旱地方新旧额赋有差。壬子,【略】蠲缓湖北武昌、黄梅、沔阳、嘉鱼、监利、广济、汉阳、汉川、咸宁、蒲圻、黄陂、孝感、黄冈、蕲水、钟祥、京山、潜江、天门、云梦、应城、江陵、公安、石首、松滋、枝江、荆门、江夏、兴国、大冶、蓟三十州县被水地方新旧额赋租课有差。《穆宗实录》卷二七二

十二月【略】乙卯,谕内阁:御史游百川奏请修德以召祥和一折。今岁雪泽愆期,月食再见,直隶、山东、湖广等省水旱歉收,凡此沴浸之兴,皆系上苍示儆,寅畏殊深。【略】缓征吉林三姓、宁古塔旗民歉收地方仓谷银两有差。丙辰,上复诣大高殿祈雪坛祷行礼。【略】戊午,【略】蠲缓山西阳曲、太原、洪洞、萨拉齐、潞城、长治、清水河七厅县被水、被雹地方新旧额赋有差。【略】庚申,【略】缓征河南祥符、陈留、杞、通许、尉氏、鄢陵、中牟、兰仪、郑、荥泽、商丘、宁陵、永城、鹿邑、虞城、夏邑、睢、柘城、安阳、汤阴、临漳、内黄、汲、新野、辉、获嘉、淇、延津、滑、浚、封丘、考城、河内、济源、修武、武陟、孟、温、原武、阳武、洛阳、偃师、巩、孟津、宜阳、登封、永宁、南阳、唐、泌阳、镇平、桐柏、邓、内乡、裕、叶、淮宁、西华、项城、沈丘、太康、扶沟六十二州县被水、被旱地方新旧额赋租课有差。【略】壬戌,【略】缓征江苏长洲、元和、吴、吴江、震泽、常熟、昭文、昆山、新阳、太湖、华亭、娄、金山、青浦、丹徒、太仓、镇洋、奉贤、阳湖、无锡、金匮、江阴、宜兴、荆溪、武进、靖江、嘉定、上海、南汇、宝山、泰、泰兴、江都、甘泉三十四厅州县,暨苏州、太仓、镇海、金山、镇江五卫被水新垦荒田本年额赋并杂课有差。【略】甲子,【略】又谕:曾国藩奏,遵查畿南所属灾歉较重,应行赈恤一折。直隶南路之大、顺、广三府地方本年雨泽稀少,灾情较重,经曾国藩属令臬司钱鼎铭亲历周查,以肥乡、广平、成安、邯郸及永年毗连肥乡之数十村庄,及大名所属之大名、元城为最苦,该督现拟寓赈于贷,就各属著名灾重处所,编定户口,酌借钱文。【略】蠲缓安徽无为、当涂、铜陵、芜湖、繁昌、望江、东流、泗、怀宁、桐城、潜山、太湖、宿松、宣城、南陵、贵池、青阳、建德、合肥、庐江、舒城、巢、寿、宿、怀远、定远、灵璧、凤台、颍上、霍邱、盱眙、天长、五河、亳、蒙城三十五州县被水、被旱、被风、被虫地方新旧额赋有差。

《穆宗实录》卷二七三

## 1870年 庚午 清穆宗同治九年[①]

正月【略】戊辰,【略】展缓直隶开、东明、长垣、安平、武清、广平、元城、丰润、霸、文安、大城、固安、永清、东安、昌平、清苑、满城、完、雄、束鹿、安、河间、献、阜城、肃宁、任丘、天津、青、静海、沧、南皮、盐山、庆云、赞皇、无极、邢台、平乡、广宗、巨鹿、永年、邯郸、成安、肥乡、曲周、鸡泽、磁、大名、延庆、蔚、赵、柏乡、隆平、高邑、临城、临晋、深、饶阳、博野五十八州县被水、被旱、被雹、被风地方新旧额赋租课有差。【略】庚午,【略】缓征山东济宁、临邑、长清、德、东平、东阿、平阴、惠民、阳信、乐陵、滨、沾化、宁阳、峄、寿张、菏泽、曹、定陶、巨野、郓城、濮、范、聊城、堂邑、博平、茌平、齐东、青城、海丰、滕、阳谷、城武、观城、朝城、兰山、馆陶、武城、鱼台三十八州县,暨德州、东平、临清、济宁四卫,东平所、永阜场被水、被旱、被虫、被风、被雹地方本年上忙额赋并盐芦各项杂课。

《穆宗实录》卷二七四

正月壬午,【略】蠲缓江西义宁、南昌、新建、进贤、上高、新昌、清江、新淦、新喻、莲花、安福、永新、临川、东乡、新城、广昌、鄱阳、余干、乐平、万年、星子、都昌、建昌、德安、瑞昌、湖口、德化、彭泽、雩都、万载、南丰、丰城、峡江、安义、金溪三十五厅州县,暨九江府同知所属被水、被旱地方新旧额

① 此年长江上游突发特大洪水,超百年一遇。据光绪《合川志》载,时称"二百余年未有之奇灾也"。

赋杂课有差。【略】壬辰,【略】蠲缓两浙钱清、西兴、青村、横浦、浦东五场被灾地方新旧灶课钱粮。

《穆宗实录》卷二七五

二月【略】己亥,【略】展缓山西太原、曲沃、定襄三县歉收地方带征钱粮暨民借仓谷。

《穆宗实录》卷二七六

二月壬子,【略】谕军机大臣等,直隶、山东地方上年冬间得雪甚少,开春后虽连次得雪,亦无甚裨于耕种,朝廷轸念民依,瘝瘵萦怀,现在节近春分,如有干旱之区未能播种者,即著曾国藩、丁宝桢察看情形。

《穆宗实录》卷二七七

四月【略】壬寅,以京畿雨泽愆期,上诣大高殿祈祷行礼。【略】庚戌,以甘澍应时,上诣大高殿行礼报谢。

《穆宗实录》卷二八〇

四月【略】壬戌,以雨泽未沾,上于大高殿设坛祈祷,亲诣行礼。　《穆宗实录》卷二八一

五月【略】辛未,上复诣大高殿祈雨坛行礼。【略】蠲缓福建惠安、南安、马巷、晋江、同安、漳浦、龙溪、兴粮、云霄、莆田、仙游十一厅县,暨罗溪、佛昙桥、金门县丞所属被旱地方上年额赋有差。【略】丙子,【略】庚辰,以望雨仍殷,迎请直隶邯郸县圣井龙神庙铁牌来京,供奉都城隍庙,设坛祈祷。

《穆宗实录》卷二八二

五月辛巳,上复诣大高殿祈雨坛行礼。【略】谕内阁:本年春夏以来雨泽愆期,天时亢旱,迭经降旨祈祷,虽经得雨数次,尚未深透,现在节近夏至,农田望泽弥殷,睹兹风燥日炎,殊深兢惕。因思在京问刑各衙门,往往【略】致无辜被累之人羁系囹圄,淹滞莫申,疾病颠连,情殊可悯。著刑部【略】审结,不准稍有积压拖累,以消沴疠而迓和甘。谕军机大臣等,【略】各省欠解黑龙江官兵俸饷积有一百六十余万之多,现在该处低田被水,牲畜损伤,官兵困苦万分,需饷孔亟。拟在长芦盐课积欠内提银五万两,山东地丁积欠内提银十万两。【略】壬午,【略】谕内阁:鸿胪寺少卿张绪楷奏,天时亢旱,请饬各省大吏力除积弊,以迓和甘一折。本年近畿雨泽愆期,天气亢旱,深宫循省,焦虑时深,各省大吏亦当仰体朝廷兢惕之心,勤修民事,以消沴疠而迓祥和。【略】癸未,【略】缓征山东汶上、阳谷、寿张、观城、朝城、聊城、博平、茌平、清平、莘、冠、德、东平、平阴、堂邑、武城十六州县,暨德州、济宁、东昌三卫被旱地方本年上忙额赋并杂课有差。【略】丁亥,谕内阁:前因京师入春以来粮价昂贵,贫民觅食维艰,业将普济堂、功德林粥厂及五城十五处饭厂展限两个月。现在天气亢旱,雨泽愆期,小民益增苦累,所有五城十五厂及普济堂、功德林等处均著加恩,按照前限,再行展赈两个月。【略】庚寅,【略】豁免直隶安、隆平、文安三州县积涝地亩上年额赋并缓征节年粮租暨民借仓谷。辛卯,上复诣大高殿祈雨坛行礼。【略】壬辰,谕内阁:前因京师亢旱,迭经降旨祈祷,连日阴云密布,霡霂时施,昨日甘澍旁敷,土膏滋润,此皆仰赖昊慈默佑。　《穆宗实录》卷二八三

六月丙申朔,【略】以祈雨灵验,加直隶邯郸县圣井龙神庙封号,曰"灵应",并颁扁额,曰"甘霖慰望"。【略】癸卯,以甘澍优沾,上诣大高殿行礼报谢。【略】赏节次设坛祈雨僧道银。甲辰,【略】以山东郓城堵筑民埝决口不力,巡抚丁宝桢下部议处,革知县徐大容职,仍留任。

《穆宗实录》卷二八四

七月【略】甲戌,【略】以直隶永定河南岸续行漫溢,总督曾国藩、道员李朝仪、通判朱津复下部议处,革署县丞主簿蔡鸿庆职,仍留任。

《穆宗实录》卷二八六

七月【略】辛卯,【略】蠲缓两浙浦东、横浦、袁浦、青村四场歉收地方上年灶课有差。壬辰,【略】又谕:吴棠奏,川东沿江各厅州县被水,并请将玩视民瘼之知县革职查办等语。本年六月间,川东连日大雨,江水陡涨数十丈,南充、合州、江北厅、巴县、长寿、涪州、忠州、酆都、万县、奉节、云阳、巫山等州县城垣、衙署、营汛、民田、庐舍多被冲淹,居民迁徙不及,亦有溺毙者,览奏实深轸念。【略】甲午,谕军机大臣等,都兴阿等奏草仓河泊岸被水冲刷情形一折。据称,本月初间山水骤涨,将新

修草仓河东头南岸冲开水口，分流归入苏子河，两岸桩笆间有冲臌，新修泊岸全行冲刷，止存桩囤数丈，增修月堤一道，仅剩桩迹，漂失鹿角多架，石堤三空桥板栏杆间有冲失，地面石条移动等语。

《穆宗实录》卷二八七

八月【略】丁酉，【略】又谕：李瀚章、郭柏荫奏，川江水势异涨，荆、宜等属猝遭水患，并汉水时发，沿河民田垸堤漫淹一折。本年夏间，湖北大雨时行，江水陡涨，五月间汉水又发，以致宜昌郡城内外概被淹没，荆州南岸公安地方被淹最重，此外，松滋、石首、监利、嘉鱼、咸宁、蒲圻、江夏、汉阳、黄梅，及钟祥、荆门、京山、潜江、天门、沔阳、汉川、黄陂、孝感、云梦、应城各州县，均因各堤漫溃，田亩淹没，人民迁徙，殊深轸念。所有被灾较重之宜昌、公安二郡邑，著李瀚章等督饬司道，筹款发给，量予赈抚，其余各处并著督饬各该地方官随时设法，妥为安抚，毋令一夫失所。【略】辛丑，谕内阁：库克吉泰奏，郡街两次被水，现筹办理情形一折。本年六七月间，热河郡街连次大雨，被冲民房六百余间，淹毙大小男妇四十六名口，其狮子沟等处兵民房屋亦多被冲，该民人等迭被水灾，荡析离居，情殊可悯。【略】甲辰，【略】缓征直隶定、广平、鸡泽、邯郸、蠡、东光、永年、成安、大名、南乐十州县被旱地方新旧额赋有差。【略】丙午，【略】缓征山东濮州被旱村庄本年上忙钱粮。

《穆宗实录》卷二八八

九月【略】丙寅，【略】缓征直隶大城、雄、任丘、成安、河间、献、清苑、安、邯郸、定兴十州县被水、被旱地方新旧额赋并酌减差徭。

《穆宗实录》卷二九〇

十月【略】己卯，【略】蠲缓直隶霸、高阳、天津、沧、青、静海、元城、大名、通、武清、宝坻、蓟、香河、保定、文安、大城、新城、蠡、雄、安、河间、献、东光、景、任丘、平乡、巨鹿、永年、曲周、鸡泽、威、隆平、宁晋、深、□阳、安平、三河、博野、任、肥乡四十州县被水、被旱、被雹、被虫地方新旧额赋租课暨民借仓谷有差。

《穆宗实录》卷二九三

闰十月【略】甲子，蠲缓直隶开、东明、长垣、永清、柏乡、高邑、南皮、清丰八州县被水地方新旧额赋杂课暨民借仓谷，并减免差徭，赈开、长垣、南皮、柏乡四州县灾民。乙丑，谕内阁：英元等奏，里河渐已结冻，筹办到坝米石情形一折。【略】现在天尚晴暖，所有已到各米，即著英元等督饬在事各员赶紧查验，尽力运仓。【略】辛未，【略】蠲缓直隶丰润、吴桥、故城、清河、南乐、庆云、盐山七县被水、被旱地方新旧额赋暨民借仓谷，并减免差徭。蠲缓山东济阳、郓城、濮、临邑、寿张、范、临清、济宁、历城、齐东、齐河、禹城、长清、肥城、东阿、东平、平阴、惠民、青城、阳信、商河、滨、利津、邹、滕、峄、汶上、阳谷、菏泽、曹、巨野、观城、朝城、聊城、茌平、馆陶、武城、鱼台、平原、乐陵、宁阳、莘、冠、嘉祥、海丰、沾化、兰山、章丘、邹平、长山、陵、德、蒲台、滋阳、曲阜、泗水、单、定陶、堂邑、博平、清平、高唐、夏津、邱、金乡六十五州县，暨济宁、德州、东昌、临清四卫被水、被旱、被虫地方新旧额赋并杂课有差。蠲缓山西萨拉齐、黎城、长治、长子、阳曲五厅县被水、被旱、被雹地方新旧额赋暨民借仓谷。【略】丙子，【略】蠲缓陕西吴堡县被旱地方旧欠钱粮。

《穆宗实录》卷二九四

闰十月【略】丙戌，【略】缓征吉林宁古塔、三姓、珲春被旱地方新旧额赋。【略】戊子，【略】缓征安徽舒城、芜湖、怀宁、宿松、当涂、青阳、宣城、桐城、望江、铜陵、繁昌、无为、和、含山、五河、泗十六州县被水、被旱、被风、被虫地方新旧额赋。

《穆宗实录》卷二九五

十一月【略】癸巳，【略】缓征两淮富安、安丰、梁垛、东台、何垛、丁溪、草堰、刘庄、伍祐、新兴、庙湾、板浦、中正、临兴十四场被水地方未完折价钱粮。

《穆宗实录》卷二九六

十一月【略】甲辰，【略】蠲缓浙江仁和、钱塘、海宁、富阳、余杭、临安、新城、于潜、昌化、嘉兴、秀水、嘉善、海盐、平湖、石门、桐乡、归安、乌程、长兴、德清、武康、安吉、孝丰、诸暨、金华、兰溪、东阳、义乌、浦江、汤溪、西安、龙游、建德、淳安、遂安、寿昌、桐庐、分水、山阴、会稽、萧山、临海、黄岩、宁海、天台、仙居、永康、武义、常山、开化、丽水、缙云、青田、松阳、宣平、象山、余姚、上虞、新昌、嵊、遂

昌、云和六十二州县，暨杭严、嘉湖、衢州、台州四卫被灾歉收地方新旧额赋有差。

《穆宗实录》卷二九七

十一月【略】丙辰，【略】蠲缓湖南武陵、安乡、龙阳、益阳、巴陵、临湘、华容、澧、沅江、湘阴十州县暨岳州卫被水地方本年额赋有差。　　《穆宗实录》卷二九八

十二月【略】丙寅，蠲缓湖北公安、沔阳、黄梅、监利、广济、江夏、咸宁、嘉鱼、蒲圻、汉阳、黄陂、孝感、黄冈、蕲水、钟祥、京山、潜江、天门、云梦、应城、江陵、石首、松滋、枝江、荆门、蕲、武昌、兴国、大冶、汉川三十州县，暨武昌、沔阳二卫被水地方新旧额赋有差。　　《穆宗实录》卷二九九

十二月【略】丁丑，【略】蠲免两浙仁和、海沙、鲍郎、芦沥、横浦、浦东六场坍废灶地本年额征赋课。【略】戊寅，【略】缓征安徽五河、泗、宣城、无为、东流、铜陵、怀远、定远、寿、宿、灵璧、凤台、巢、蒙城、颍上、桐城、望江、宿松、合肥、亳、霍邱、涡阳、怀宁、盱眙、天长、太和、潜山、南陵、贵池、繁昌、建德、芜湖、舒城、庐江、太湖、阜阳、当涂、青阳三十八州县被水、被风、被虫地方新旧额赋。己卯，【略】缓征河南祥符、陈留、杞、通许、尉氏、洧川、鄢陵、中牟、兰仪、郑、荥阳、汜水、荥泽、商丘、宁陵、永城、鹿邑、虞城、夏邑、睢、柘城、安阳、汤阴、临漳、武安、内黄、汲、新野、辉、获嘉、淇、延津、滑、浚、封丘、考城、河内、济源、修武、武陟、孟、温、原武、阳武、洛阳、偃师、巩、孟津、宜阳、登封、永宁、南阳、泌阳、镇平、桐柏、邓、内乡、淅川、裕、舞阳、叶、上蔡、淮宁、西华、商水、项城、沈丘、扶沟、临颍、襄城、息七十一厅州县被水、被旱地方新旧额赋。辛巳，【略】展缓山西太原、平遥二县被水村庄新额赋。

《穆宗实录》卷三〇〇

十二月癸未，豁免陕西肤施、延长、保安、安塞、延川、宜川、甘泉、安定、靖边、定边、榆林、怀远、葭、神木、府谷、绥德、米脂、清涧、吴堡十九州县被雹、被旱、被扰地方旧欠钱粮，并缓征来年上下忙额赋。蠲缓陕西临潼、渭南、三原、泾阳、高陵、富平、咸阳、大荔、蒲城、华、凤翔、宝鸡、陇、邠、长武、三水、鄜、洛川、中部、宜君、咸宁、长安、兴平、醴泉、鄠、南郑、城固、褒城、沔、乾、蓝田、洋、汧阳、澄城、岐山三十五州县被灾、被扰地方旧欠额赋有差。【略】丙戌，【略】豁除湖南溆浦县被水冲没民屯田地额赋。

《穆宗实录》卷三〇一

## 1871 年 辛未 清穆宗同治十年

正月辛卯朔，【略】缓征直隶霸、永清、高阳、天津、青、静海、沧、吴桥、南皮、开、元城、大名、清丰、东明、长垣、丰润、高邑十八州县被水、被旱、被雹、被虫地方本年上忙额赋。并展缓通、三河、武清、宝坻、蓟、香河、保定、文安、大城、新城、博野、蠡、雄、安、河间、献、景、故城、东光、任丘、盐山、庆云、平乡、巨鹿、任、永年、肥乡、鸡泽、威、曲周、清河、南乐、隆平、宁晋、深、饶阳、安平三十七州县歉收地方节年粮租暨民借仓谷。【略】甲午，【略】缓征山东临清、济宁、齐东、齐河、济阳、禹城、临邑、长清、肥城、东阿、平阴、惠民、阳信、乐陵、商河、滨、沾化、宁阳、峄、寿张、菏泽、曹、巨野、濮、范、观城、朝城、茌平、历城、青城、海丰、滕、阳谷、郓城、兰山、聊城、馆陶、武城、鱼台、德、东平四十一州县，暨德州、济宁、东昌、临清四卫被水、被旱、被虫地方本年上忙额赋并盐芦各项杂课。【略】辛丑，【略】蠲缓江西新建、进贤、清江、新淦、新喻、峡江、莲花、安福、永新、东乡、乐平、都昌、建昌、安义、德安、瑞昌、湖口、德化、彭泽、万安、南昌、丰城、上高、新昌、广昌、鄱阳、余干二十七厅州县暨九江府同知所属被水、被旱地方新旧额赋并杂课有差。　　《穆宗实录》卷三〇二

正月【略】丁巳，【略】蠲免直隶安、任、隆平、文安、天津五州县被水地方额赋有差，并缓征新旧粮租暨民借仓谷。【略】庚申，【略】缓征两浙钱清、西兴、横浦、浦东四场歉收地方新旧灶课钱粮。

《穆宗实录》卷三〇三

二月【略】壬戌，【略】蠲缓江苏上元、江宁、句容、溧水、高淳、江浦、六合、山阳、阜宁、清河、桃源、盐城、安东、高邮、泰、东台、江都、甘泉、仪征、兴化、宝应、铜山、丰、沛、萧、砀山、邳、宿迁、睢宁、海、沭阳、赣榆、通、泰兴、海门三十五厅州县，暨淮安、大河、扬州、徐州四卫被水、被旱地方上年漕粮额赋。蠲缓江苏长洲、元和、吴、吴江、震泽、常熟、昭文、昆山、新阳、太湖、华亭、娄、金山、青浦、武进、阳湖、无锡、金匮、江阴、宜兴、荆溪、丹徒、溧阳、太仓、镇洋、嘉定、靖江、奉贤、宝山二十九厅州县，暨苏州、太仓、镇海、金山、镇江五卫被水、被旱地方节年民欠租赋。【略】丁卯，以京畿雨泽愆期，上诣大高殿祈祷行礼。

《穆宗实录》卷三〇四

二月【略】丁丑，上复诣大高殿祈雨行礼。 《穆宗实录》卷三〇五

二月【略】己丑，以雨泽未沾，上于大高殿设坛祈祷，亲诣行礼。 《穆宗实录》卷三〇六

三月【略】己亥，上复诣大高殿祈雨坛行礼。【略】丁未，上复诣大高殿祈雨坛行礼。【略】庚戌，以甘澍优沾，上诣大高殿行礼报谢。 《穆宗实录》卷三〇七

四月【略】辛未，以望雨仍殷，上诣大高殿祈祷行礼。 《穆宗实录》卷三〇八

四月乙亥，谕内阁：杨昌浚奏，省城及各府属迭遭风雹，坍损房屋，并压毙人民，春花受伤等语。本年二三月间，浙江省城猝遭暴风雨雹，倒塌民房，压毙人口，余杭县风雹尤甚，衙署、仓廒、民房均有坍塌，春花间有受伤。严州、金华、绍兴、湖州各府亦各被风雹，山阴、会稽二县并坍塌庙宇民房，伤毙人口。此次风雹猛烈，地方民人猝受灾伤，殊深轸念。著杨昌浚饬令各该地方官查明被灾轻重情形，妥为办理，坍损庙宇、官房分别委勘估修，如有倒坍民房无力修复及压毙人口，著量予抚恤，其春花受伤较重之处，并著查明暂缓征收，以纾民力。【略】辛巳，上复诣大高殿祈雨行礼。

《穆宗实录》卷三〇九

五月庚寅朔，以甘澍优沾，上诣大高殿行礼报谢。【略】辛卯，【略】缓征山西临汾、曲沃、洪洞、定襄、绛五县歉收地方节年民借仓谷。 《穆宗实录》卷三一〇

六月【略】庚午，【略】以直隶永定河南岸漫溢，总督李鸿章下部议处，革县丞萧承湛职，道员李朝仪、同知朱津均革职留任。 《穆宗实录》卷三一三

六月【略】癸未，谕军机大臣等，溥楙等奏搜捕松虫情形一节。据称，本年入夏以来天时微旱，围墙内松树生虫，派员搜捕，并设厂收埋，嗣经风雨淋濯，击落无数，现在情形较轻，仍饬搜拿等语。【略】戊子，【略】谕内阁：李鸿章奏，天津等处被水地方筹款抚恤，并请援案截留漕粮米接济一折。本年五六月间天津雨水过多，致城东海河及南北运河冲溢数口，滨海地面田庐禾稼多被淹没，小民荡析离居，殊堪悯恻。虽经该督等督同官绅筹捐，酌拨银款，量为抚恤，惟天津、河间、顺天、保定各属地势低洼，滨河地方被灾较广，亟应筹款接济。 《穆宗实录》卷三一四

七月【略】壬辰，【略】谕军机大臣等，恩承等奏草仓等河水势漫溢一折。据称，上月十一日大雨，山水暴发，草仓河与苏子旧河并新挖河身，漫成一片，南岸山麓冲刷十余丈，新挖河身被淤沙大半填平，所挖河身沙土被水漂没，新培月堤冲淘成坑等语。河岸工程未及告竣，即值水势盛涨，致有冲刷淤垫之处。 《穆宗实录》卷三一五

七月甲辰，谕内阁：御史文明奏，被水灾民四出求食，请预筹赈济一折。本年直隶天津等处被水，曾准李鸿章奏请截留江浙等省漕米，以资赈济，并谕该督妥为抚恤。【略】丁未，【略】又谕：李鹤年奏，沁河漫口，及漫水趋近拦黄埝各折片。豫省河内县所属之徐保村本年沁水盛涨，复因大雨涨至九尺有余，该县小王庄无主处所，漫溢过堤，冲刷二十余丈，现在水势趋至拦黄埝身后，情形甚为吃紧，亟应设法保护。【略】戊申，谕内阁：李鹤年奏，汜水县城被水，现委员勘办等语。河南汜水县于本年六月间雨水过多，汜河水涨灌城，旋即消退，查勘田庐、衙署多被冲刷，人口亦有损伤。

《穆宗实录》卷三一六

八月【略】辛酉，谕内阁：夏同善奏，久雨为灾，请虔诚祈晴，并敦节俭、广赈济、开言路、清庶狱一折。本年入秋以来雨泽过多，恐成灾歉，业经降旨于本月初六日拈香祈祷，以迓时暘。因思顺天、保定、天津、河间等属地势低洼，其被灾处所，业准李鸿章所请，截留漕米，妥办赈济。【略】甲子，以京畿久雨未晴，上诣大高殿祈祷行礼。【略】戊辰，【略】谕军机大臣等，【略】据称，甘肃回匪侵扰二年，皆由土尔扈特旗突出，往来抢夺，现被官兵在乌喇特境全行剿灭，【略】该处阴雨连绵，兵丁等衣服不齐，多染寒疾，杜嘎尔已派员分赴张家口、归化城等处买补衣服，即著定安、庆春督饬各属妥为照料。【略】辛未，【略】豁免山东濮州被水地方节年课税。壬申，谕军机大臣等，苏廷魁奏，节交白露，河工平稳，及经过地方被水情形。【略】至武陟地方被水村庄及其余被水州县，并著李鹤年切实查勘，分别赈恤。

《穆宗实录》卷三一七

八月【略】丙子，【略】又谕：李鹤年奏，【略】本年六七月间，河南河内县徐保村暨武陟县方陵等处沁河漫溢，被灾村庄较多。【略】庚辰，谕军机大臣等，庆春奏，兵房因雨坍塌，请给款补砌一折。本年秋雨过多，张家口官署、民房半皆坍塌渗漏，该官兵栖身无所，亟宜赶紧兴修。惟查勘办理尚需时日，即著照所请，先行筹款，每户赏给银五两，令该兵丁等自为补砌遮盖。【略】癸未，【略】谕军机大臣等，本日据翰林院代奏编修吴鸿恩陈奏，四川按粮津贴几成永远定律，而劝捐抽厘又同时并举，去年大水，本年大旱，后又大水，米价之昂甚于往岁，农民两遇荒年，若再责令照前津贴，民力实有不支，请饬停止等语。

《穆宗实录》卷三一八

九月【略】丙申，【略】谕内阁：万青藜、梁肇煌奏援案请拨银米筹办赈济一折。顺天各属本年被灾较重，现经万青藜等派员查勘，筹议赈济，加恩著照所请。【略】又谕：苏廷魁奏，黄水入湖窜运，情形吃重等语。黄水由王家桥地方窜入牛头河，将芒生闸月坝冲开，南旺湖西北两岸旱石桥、赵家口等处均漫水入湖，土地庙、元帝庙二闸冲开，倒流入运，西岸天仙庙等处亦均漫水入运，东岸情形吃紧。赵王河水又灌入牛头河，北岸村庄悉被淹没。现在南旺湖水已深至七尺余，倒漾入运，清浊迸流，已成大患，亟应力筹堵筑。【略】己亥，【略】蠲免山东濮州、范县被水地方民借牛具籽种银。【略】辛丑，谕军机大臣等，都兴阿等奏，福陵石堤被水冲淘，请旨办理一折。福陵前圆唇泊岸石堤，被浑河水流入引河，冲淘倒落十二丈余尺。

《穆宗实录》卷三一九

九月【略】甲辰，【略】赈山东菏泽、曹、单、定陶、城武、巨野、郓城、济宁、金乡、嘉祥、鱼台、汶上、东平十三州县被水灾民。【略】丁未，【略】又谕：苏廷魁奏，赶堵侯家林缺口，并改筑官堤一折。据称自兰工决口后，黄水穿运而行，本年八月初间，黄水异涨，复由侯家林将民埝冲成缺口，灌运入湖。

《穆宗实录》卷三二〇

十月【略】丙戌，【略】蠲缓山西徐沟、平遥、太原、临汾、萨拉齐五厅县被水地方新旧额赋，并徐沟、平遥二县贫民一月口粮。

《穆宗实录》卷三二二

十一月丁亥朔，【略】谕军机大臣等，【略】据称，喀尔喀连岁灾荒，兼之各台转运供应维艰，金顺所需驼只，东两盟实系无力筹备。【略】蠲缓直隶开、东明、长垣、通、武清、香河、清苑、安肃、蠡、元城、大名、滦、玉田、完、景、成安、曲阳、三河、乐亭、定兴、博野、容城、祁、束鹿、阜城、肃宁、正定、晋、无极、藁城、沙河、南和、平乡、广宗、巨鹿、任、永年、邯郸、广平、鸡泽、清河、磁、赵、隆平、宁晋、深、武强、饶阳、深泽、武邑、新乐、宝坻、宁河、霸、保定、文安、大城、固安、永清、东安、大兴、宛平、良乡、房山、涿、新城、雄、安、高阳、河间、献、任丘、交河、吴桥、东光、天津、青、静海、沧、南皮、盐山、唐山、丰润、安平八十四州县被水地方新旧额赋有差，并减免差徭。【略】癸巳，【略】缓征安徽泗、五河、怀远、灵璧、盱眙、建德、凤阳、定远、凤台、寿、天长、怀宁、桐城、霍邱、潜山、宿松、南陵、东流、芜湖、繁昌、庐江、巢、宿、合肥、当涂、贵池、青阳、无为、阜阳、大湖、望江、宣城、铜陵、舒城、太和、含山、颍上、亳、蒙城、涡阳四十一州县被旱、被水、被风、被虫地方新旧额赋并杂课有差。【略】己亥，【略】蠲缓山东汶上、郓城、濮、济宁、寿张、历城、齐东、齐河、济阳、禹城、临邑、德、东平、东阿、惠民、青城、阳信、邹、滕、峄、阳谷、菏泽、曹、巨野、范、观城、朝城、聊城、堂邑、茌平、清平、莘、冠、馆陶、恩、夏津、武城、金乡、嘉祥、鱼台、临清、章丘、邹平、乐陵、商河、宁阳、博平、邱、长清、定陶、海丰、沾化、兰山、长山、陵、平原、肥城、平阴、滨、利津、蒲台、曲阜、宁阳、泗水、单、城武、高唐、昌邑、潍、滋阳七十州县，暨德州、东昌、临清、济宁四卫，东平所被水、被旱、被虫地方旧欠额赋并杂课有差。庚子，【略】缓征直隶庆云、肥乡、定三州县被水地方新旧粮租并减免差徭。　　《穆宗实录》卷三二三

十一月【略】丁未，【略】谕军机大臣等，【略】川省连年灾歉，其援黔各军本有该省应解协饷，再将另拨协饷一律责令报解，诚恐力有未逮。【略】己酉，【略】又谕：李鸿章奏，请饬闽省采购米石解津，接济春赈一折。直隶被水灾区较广，迭经筹款抚恤，刻下天津、河间低洼之处积水未涸，二麦已补种不及，来春青黄不接，穷民生计维艰，且前次截留采办米石，所余无多，自应先事预筹。【略】展缓吉林珲春等处歉收地方应征仓谷。【略】甲寅，【略】缓征浙江仁和、钱塘、海宁、富阳、余杭、临安、新城、于潜、昌化、嘉兴、秀水、嘉善、海盐、平湖、石门、桐乡、归安、乌程、长兴、德清、武康、安吉、孝丰、诸暨、金华、兰溪、东阳、义乌、浦江、汤溪、西安、龙游、建德、淳安、遂安、寿昌、桐庐、分水、鄞、山阴、会稽、萧山、余姚、上虞、临海、黄岩、宁海、天台、仙居、永康、武义、江山、常山、开化、丽水、缙云、青田、松阳、宣平、象山、新昌、嵊、乐清、遂昌、云和六十五州县，暨杭严、嘉湖、衢州三卫被水、被旱、被风、被雹地方并未垦田亩本年额赋杂课有差。　　《穆宗实录》卷三二四

十二月【略】丁巳，【略】蠲缓湖南武陵、安乡、龙阳、华容、沅江、醴、湘阴、巴陵、临湘九州县暨岳州卫被水地方新旧额赋并杂课有差。【略】己未，【略】缓征湖北江夏、武昌、蒲圻、黄冈、蕲水、广济、嘉鱼、汉阳、汉川、黄陂、孝感、沔阳、黄梅、钟祥、京山、潜江、天门、应城、江陵、公安、石首、监利、松滋、枝江、荆门二十五州县，暨武昌、沔阳二卫被水地方新旧钱粮漕米并杂课有差。【略】辛酉，【略】蠲缓江苏上元、江宁、句容、溧水、高淳、江浦、六合、山阳、阜宁、清河、桃源、安东、盐城、高邮、泰、东台、江都、甘泉、仪征、兴化、宝应、铜山、丰、沛、萧、砀山、邳、宿迁、睢宁、海、沭阳、赣榆、通、泰兴、海门三十五厅州县被水、被旱地方暨未垦田亩新旧额赋并杂课有差。癸亥，【略】缓征两淮富安、安丰、梁垛、东台、何垛、丁溪、草堰、刘庄、伍祐、新兴、庙湾、板浦、中正、临兴十四场歉收旧欠钱粮。

《穆宗实录》卷三二五

十二月【略】乙亥，【略】缓征山西平遥、交城二县被水地方旧欠额赋暨民借仓谷。【略】庚辰，【略】蠲缓河南汜水、河内、武陟、温、祥符、陈留、杞、通许、尉氏、洧川、鄢陵、中牟、兰仪、郑、荥阳、荥泽、禹、商丘、宁陵、永城、鹿邑、虞城、夏邑、睢、柘城、安阳、汤阴、临漳、武安、内黄、汲、新野、辉、获嘉、淇、延津、滑、浚、封丘、考城、济源、修武、孟、原武、阳武、洛阳、偃师、巩、孟津、宜阳、登封、永宁、南阳、泌阳、镇平、桐柏、邓、内乡、淅川、裕、舞阳、上蔡、西平、确山、淮宁、西华、商水、项城、沈丘、太康、扶沟、临颍、襄城、光山、息七十五厅州县被水地方新旧额赋，并赈汜水、河内、武陟、温四县灾民一月口粮。辛巳，【略】蠲缓陕西咸宁、长安、渭南、三原、高陵、临潼、兴平、醴泉、泾阳、咸阳、富平、凤翔、宝鸡、陇、汧阳、扶风、褒城、沔、城固、大荔、澄城、朝邑、华、华阴、邠、长武、三水、鄜、洛川、中部、宜君、鄠、蒲城、南郑、乾、榆林、岐山三十七州县被灾、被扰地方积欠额赋有差。【略】癸未，【略】缓征山东济宁州被水地方本年额赋暨同治十一年上忙钱粮。　　《穆宗实录》卷三二六

## 1872 年 壬申 清穆宗同治十一年

正月【略】丁亥，【略】缓征直隶通、武清、宝坻、香河、霸、宁河、保定、文安、大城、固安、永清、东安、大兴、宛平、良乡、房山、涿、滦、清苑、安肃、新城、蠡、雄、安、高阳、河间、献、任丘、交河、吴桥、东

光、天津、青、静海、沧、南皮、盐山、唐山、开、元城、大名、东明、长垣、丰润、玉田、安平、三河、乐亭、定兴、博野、容城、完、祁、束鹿、庆云、阜城、肃宁、景、正定、晋、无极、藁城、新乐、沙河、南和、平乡、广宗、巨鹿、任、永年、邯郸、成安、肥乡、曲周、广平、鸡泽、清河、磁、武邑、赵、隆平、宁晋、深、武强、饶阳、定、深泽八十七州县被水地方新旧额赋租课暨民借仓谷有差。【略】己丑，【略】蠲缓山东济宁、历城、齐东、齐河、济阳、禹城、长清、德、东阿、惠民、阳信、沾化、宁阳、邹、峄、寿张、菏泽、曹、巨野、郓城、濮、观城、朝城、堂邑、博平、茌平、清平、莘、冠、夏津、武城、金乡、嘉祥、临清、临邑、青城、东平、海丰、滕、汶上、阳谷、范、兰山、馆陶、恩、鱼台四十六州县，暨青州、德州、东昌、临清、济宁五卫被水、被旱、被虫地方本年上忙额赋并杂课有差。【略】戊申，【略】蠲缓两浙鲍郎、钱清、西兴、长亭、横浦、浦东六场被灾地方新旧灶课。【略】甲寅，【略】缓征江西南昌、新建、进贤、清江、新淦、新喻、峡江、莲花、安福、永新、余干、乐平、建昌、安义、德化、德安、瑞昌、湖口、彭泽、丰城、上高、新昌、东乡、鄱阳、都昌、广昌二十六厅县，暨九江、南昌两卫被旱、被水地方新旧额赋有差。

《穆宗实录》卷三二七

二月【略】壬戌，【略】又谕：吴棠奏，川省歉收粮贵，恳请拨银赈济一折。四川上年夏旱秋潦，收成歉薄，入春以来粮价骤昂，饥民待哺嗷嗷，自应迅筹调剂。　　《穆宗实录》卷三二八

二月【略】丙子，【略】蠲免直隶安、河间、任、隆平、宁晋、文安、东平、天津八州县积涝地亩上年额赋有差，并缓节年民欠粮租。【略】辛巳，【略】减免云南东川、晋宁、嵩明、富民、河西、嶍峨、安宁、呈贡、宜良、昆阳、罗次、武定、禄劝、元谋、河阳、路南、新兴、江川、南宁、宣威、罗平、陆良、沾益、寻甸、弥勒、鲁甸、通海、宁、宁洱、思茅、新平、楚雄、姚、大姚、镇南、广通、丽江、鹤庆、剑川、浪穹、邓川、中甸、维西、宾川四十四府厅州县被水地方上年额赋。　　《穆宗实录》卷三二九

三月【略】丁亥，【略】谕军机大臣等，有人奏，金州地方上年被水成灾，协领书明额、署同知徐仲三匿灾不报，灾民赴副都统衙门控诉，反被锁拿多名，拷讯禁锢。该衙门司员奎山扶同捏咨，徐仲三等复带勇催征，激成众怒，捏称土匪聚众抗粮，开炮击毙灾民数名。徐仲三所带勇丁率皆亡命匪徒，官民相仇，恐酿巨患。又，牛庄城防守尉果勒明阿不恤民灾，横征苛敛，私设厘局，抽收肥己，苛派兵车，借端诈索，收敛赌局钱，名为官局，以致赌风日炽，马贼肆起，劫案迭出各等语。【略】乙未，【略】缓征陕西府谷县被雹地方本年额赋。　　《穆宗实录》卷三三〇

七月【略】丁酉，【略】缓征山东东平、濮、金乡、滋阳四州县，暨东平所被水、被雹地方新旧额赋。

《穆宗实录》卷三三六

七月【略】己亥，【略】谕内阁：御史边宝泉奏，督臣呈进瑞麦，恐滋流弊，并请将永定河合龙保案撤销各折片。国家爱养黎元，惟期年谷顺成，从不侈言符瑞。李鸿章前以直隶清苑县暨广平府等属呈报麦秀两歧，据以入奏。并将麦样进呈。在该督虽不至意存粉饰，第恐各该地方官藉此导谀贡媚，殊于吏治民风大有关系，嗣后各该督抚务当勤恤民隐，于地方水旱情形随时察看，力求补救，不得悉以瑞应、嘉祥铺张入告，用副朝廷恫瘝在抱之意。近闻永定河北岸堤工溃决，顺天南路及保定、天津所属州县均有水患，兼有被蝗之处，著李鸿章迅速查明。　　《穆宗实录》卷三三七

八月戊辰，【略】又谕：前据总司稽查定陵工程恭亲王宝鋆奏称，本年夏间雨水过多，【略】定陵瓮券门等处间有渗漏，并井亭有被水冲刷沉陷情形。【略】庚午，谕内阁：李鸿章奏，畿境各属被水地方请截留漕米接济等语。本年夏秋之交，顺天等处雨水暴发，致上游各河漫溢出口，附近永定、滹沱两河地面田庐禾稼多被淹没，小民荡析离居，殊堪悯恻，亟应妥筹接济。

《穆宗实录》卷三三九

九月【略】丁亥，谕军机大臣等，乔松年奏，遵议黄、运两河情形，并筹堵运河缺口各折片。据称，山东境内黄水日益泛滥，运河日益淤塞，权衡治河之法，以就东境筑堤束黄为优。拟先堵霍家

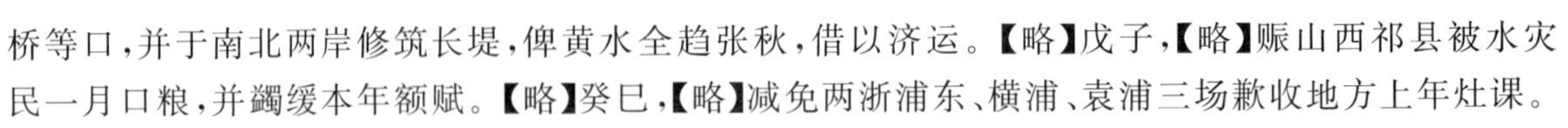

桥等口，并于南北两岸修筑长堤，俾黄水全趋张秋，借以济运。【略】戊子，【略】赈山西祁县被水灾民一月口粮，并蠲缓本年额赋。【略】癸巳，【略】减免两浙浦东、横浦、袁浦三场歉收地方上年灶课。

《穆宗实录》卷三四〇

十月【略】丙辰，【略】抚恤奉天锦州被水灾民，并给房屋修费。《穆宗实录》卷三四二

十月【略】戊寅，【略】蠲缓直隶宝坻、蓟、霸、保定、文安、大城、固安、永清、武清、东安、宛平、良乡、房山、涿、新城、雄、安、高阳、河间、献、任丘、天津、盐山、安平、深泽、滦、清苑、安肃、博野、祁、元城、丰润、玉田、饶阳、通、三河、香河、定兴、望都、蠡、束鹿、肃宁、南皮、正定、晋、无极、藁城、新乐、南和、永年、成安、广平、鸡泽、磁、赵、宁晋、深、定、容城、沙河、巨鹿、任、邯郸、武邑六十四州县被水、被旱、被雹地方新旧额赋暨民借仓谷有差。《穆宗实录》卷三四三

十一月【略】甲申，【略】蠲缓江苏上元、江宁、句容、高淳、江浦、溧水、六合、山阳、阜宁、清河、桃源、安东、盐城、高邮、泰、东台、江都、甘泉、仪征、兴化、宝应、铜山、丰、沛、萧、砀山、邳、宿迁、睢宁、海、沭阳、赣榆、通、泰兴、海门、如皋三十六厅州县，暨淮安、大河、扬州、徐州四卫被水、被旱地方新旧额赋有差。【略】丁亥，【略】以塔尔巴哈台屯田丰收，予防御多仁泰等升叙有差。戊子，【略】蠲缓直隶开、东明、长垣、大名、青、静海、沧、庆云、肥乡九州县被水地方新旧额赋有差。【略】甲午，【略】蠲缓山东郓城、濮、寿张、济宁、齐东、东平、东阿、惠民、青城、阳信、滨、利津、邹、滕、峄、汶上、阳谷、菏泽、曹、巨野、观城、朝城、聊城、茌平、金乡、鱼台、章丘、邹平、齐河、临邑、蒲台、滋阳、宁城、单城武、莘、长山、新城、长清、嘉祥、海丰、沾化、兰山、郯城、博兴、高苑、乐安、商河、临清、济阳、禹城、陵、德、肥城、平阴、乐陵、曲阜、定陶、堂邑、博平、冠、清平、高唐、恩、夏津、武城、邱、潍、平原、历城七十一州县，暨济宁、青州、东昌、德州、临清五卫被水、被旱、被风、被虫地方新旧额赋有差。【略】丙申，【略】缓征安徽泗、宿松、定远、灵璧、盱眙、望江、五河、太湖、东流、凤台、天长、贵池、凤阳、桐城、建德、寿、和、铜陵、巢、颍上、霍邱、含山、无为、潜山、青阳、当涂、繁昌、宿、芜湖、庐江、合肥、怀宁、宣城、旌德、南陵、舒城、怀远、阜阳、太和、亳、蒙城、涡阳四十二州县被水、被旱、被风、被虫地方新旧额赋暨杂课有差。《穆宗实录》卷三四四

十一月【略】庚子，【略】蠲缓浙江仁和、钱塘、海宁、富阳、余杭、临安、新城、于潜、昌化、嘉兴、秀水、嘉善、海盐、平湖、石门、桐乡、归安、乌程、长兴、德清、武康、安吉、孝丰、诸暨、金华、兰溪、东阳、义乌、浦江、汤溪、西安、龙游、建德、淳安、遂安、寿昌、桐庐、分水、宣平、山阴、会稽、萧山、余姚、临海、黄岩、宁海、天台、仙居、永康、武义、常山、开化、丽水、缙云、青田、松阳、鄞、象山、上虞、新昌、嵊、永嘉、乐清、瑞安、泰顺、遂昌、云和六十七州县，杭严、嘉湖、衢州、台州四卫被水、被旱、被风、被雹地方暨未垦田亩新旧额赋有差。【略】丙午，【略】蠲缓江苏长洲、元和、吴、吴江、震泽、常熟、昭文、昆山、新阳、太湖、华亭、娄、金山、青浦、武进、阳湖、无锡、金匮、江阴、宜兴、荆溪、丹徒、溧阳、太仓、镇洋、嘉定、靖江、奉贤、宝山二十九厅州县，苏州、太仓、镇海、金山、镇江五卫被旱地方暨未垦田亩本年额赋有差。《穆宗实录》卷三四五

十二月辛亥朔，【略】蠲缓湖南武陵、龙阳、益阳、安乡、临湘、华容、沅江、巴陵、澧、湘阴、桃源十一州县暨岳州卫被水地方新旧额赋并杂课有差。壬子，【略】缓征湖北江夏、武昌、咸阳、嘉鱼、蒲圻、汉阳、汉川、黄陂、孝感、沔阳、黄冈、蕲水、黄梅、广济、钟祥、京山、潜江、云梦、天门、应城、江陵、公安、石首、监利、松滋、枝江、荆门二十七州县，暨沔阳、武昌等卫被水地方新旧额赋并杂课有差。【略】庚申，【略】展缓吉林三姓歉收地方未完仓谷暨折色银两。【略】癸亥，以京畿雪泽愆期，上诣大高殿祈祷行礼。《穆宗实录》卷三四六

十二月丙寅，【略】缓征两淮富安、安丰、梁垛、东台、何垛、丁溪、草堰、刘庄、伍祐、新兴、庙湾、板浦、中正、临兴十四场被水地方灶课有差。【略】辛未，上复大高殿祈雪行礼。【略】壬申，【略】蠲

缓直隶文安、天津两县大洼地亩额赋暨民借仓谷。癸酉,【略】蠲缓山西隰、太原、临汾、萨拉齐四厅州县被旱、被水地方额赋暨民借仓谷,并赈隰州灾民一月口粮。甲戌,【略】展缓河南祥符、陈留、杞、通许、尉氏、洧川、鄢陵、中牟、兰仪、郑、荥阳、荥泽、汜水、禹、商丘、宁陵、永城、鹿邑、虞城、夏邑、睢、柘城、安阳、汤阴、临漳、武安、内黄、汲、新野、辉、获嘉、淇、延津、滑、浚、封丘、考城、河内、济源、修武、武陟、孟、温、原武、阳武、洛阳、偃师、巩、孟津、登封、永宁、淅川、南阳、唐、泌阳、镇平、桐柏、邓、内乡、裕、舞阳、叶、上蔡、确山、西平、淮宁、西华、项城、沈丘、襄城、光山、固始、息七十三厅州县被水、被旱地方新旧额赋有差。乙亥,【略】谕内阁:御史奇臣奏,风闻宝坻县属陈山庄等数十村被灾租赋已邀蠲免,佃户尚受抽粮之累,请饬查禁等语。著顺天府府尹查照向章,妥为办理,用副轸念灾黎至意。

《穆宗实录》卷三四七

## 1873 年 癸酉 清穆宗同治十二年

正月【略】壬午,【略】缓征直隶宝坻、蓟、保定、霸、文安、大城、固安、永清、东安、武清、宛平、良乡、房山、涿、滦、清苑、安肃、新城、博野、雄、祁、安、高阳、河间、献、任丘、天津、盐山、开、元城、大名、东明、长垣、丰润、玉田、饶阳、安平、深泽三十八州县被水地方本年额赋,并展缓通、三河、香河、定兴、望都、容城、蠡、束鹿、肃宁、青、静海、沧、南皮、庆云、正定、晋、无极、藁城、新乐、沙河、南和、巨鹿、任、永年、邯郸、成安、肥乡、广平、鸡泽、磁、武邑、赵、宁晋、深、定三十五州县积欠粮租暨民借仓谷。【略】甲申,【略】缓征山东济宁、邹平、长山、齐东、长清、东阿、惠民、滨、利津、沾化、蒲台、宁阳、峄、汶上、寿张、菏泽、单、曹、巨野、郓城、濮、范、观城、朝城、兰山、茌平、博兴、乐安、金乡、东平、青城、海丰、滋阳、滕、阳谷、城武、聊城、高苑、鱼台三十九州县,暨东昌、临清、济宁、德州四卫被水、被旱、被虫、被风地方本年上忙额赋并各项租课。【略】己亥,【略】蠲缓江西莲花、南昌、新建、进贤、清江、新淦、新喻、安福、永新、东乡、鄱阳、余干、乐平、万年、星子、都昌、建昌、安义、德化、德安、瑞昌、湖口、彭泽、丰城、上高、新昌、峡江、广昌二十八厅县暨九江府同知所属歉收地方新旧额赋并杂课有差。缓征两浙钱清、西兴、长亭、横浦、浦东、鲍郎六场被灾地方灶课。【略】壬寅,谕内阁:李鸿章奏请豁免积欠旗租一折。各直省民欠钱粮,【略】近年灾患频仍,佃种旗地之民亦甚困苦,著加恩将直隶各州县同治六年以前实在民欠各项旗租并各案补征银两一体豁免,以纾民力。蠲缓直隶安、河间、任、隆平、宁晋五州县被水村庄上年额赋。蠲缓广西武宣、宣化、横、崇善、左、养利、永康、凌云、雒容、来宾、柳城、迁江、归顺、天保、奉议、新宁、永淳、隆安、思恩、河池、临桂、灵川、永安、修仁、武缘、宾、上林、贵二十八州县被扰、被旱地方上年额赋暨兵米有差。【略】乙巳,【略】缓征广东海阳、饶平、镇平、兴宁四县被水地方同治十年未完额赋。

《穆宗实录》卷三四八

五月【略】壬午,以甘澍优沾,上诣大高殿行礼报谢。

《穆宗实录》卷三五二

闰六月【略】甲午,以京畿久雨未晴,上诣大高殿祈祷行礼。【略】辛丑,【略】又谕:李鸿章奏,永定河南四工漫口,在工各员分别参办并自议处一折。据称,本年伏汛大雨连旬,山水暴发,河湖异涨,经该河道昼夜抢险,开放闸坝,险工已就平稳。自六月十一二日以后,大雨倾盆,各处山水汇注闸坝,宣泄不及,河不能容,南四工九号对岸又淤生沙嘴,回风逼溜,水势抬高数尺,人力难施,遂至漫口各等语。永定河工经李鸿章于上年奏报合龙,为时未久,仍复决口,虽由连旬大雨所致,在工各员究未能小心防护,咎无可辞。

《穆宗实录》卷三五四

七月【略】丁巳,【略】豁免山东青城县被水地方新旧钱漕。【略】甲子,谕内阁:顺天府奏被水各州县请截留漕粮备赈一折。本年顺天府所属之顺义等州县被水成灾,小民情形困苦,殊堪矜悯。【略】丙寅,谕内阁:本年夏间雨水过多,永定河南岸决口被水地方,田庐多被冲没,小民荡析离居,殊堪矜悯。【略】癸酉，谕内阁：御史张沄奏畿辅赈务请饬清查户口一折。本年夏间雨水过多，直隶各州县被水成灾，已准顺天府所请，截留漕粮八万石，并降旨于东南各省厘金关税盐课项下拨银三四十万两，以资赈济。　《穆宗实录》卷三五五

八月丁丑朔，【略】谕内阁：王文韶奏府城被水拨款赈济一折。湖南永顺府地方因本年夏雨过多，六月间蛟水陡发，冲塌郡地数十丈，城内衙署、仓廒、监狱、民房均多倒塌，附近各乡民房田庐亦多被淹，间有淹毙人口，小民荡析离居。览奏情形，殊堪矜悯。【略】戊子，谕内阁：李瀚章、郭柏荫奏，县属被水成灾，派员查勘一折。本年夏秋间，湖北公安县属地方因松滋、石首二县溃堤之水冲入，全境成灾，小民荡析离居，殊堪矜悯。【略】戊戌，谕军机大臣等，内阁学士宋晋奏，近畿连年被水，请饬以工代赈一折。据称直隶河道漫溢，连岁水灾，与其并力筹赈，不如择要修工，请饬该督以现拨帑金，酌提一半拯恤灾区，以一半赶择河道紧要者，速为修治，工赈兼施，两收其效。

《穆宗实录》卷三五六

九月【略】乙亥，【略】减免两浙浦东、横浦、袁浦三场歉收地方上年灶课。

《穆宗实录》卷三五七

十月【略】己卯，谕内阁：常顺等奏，更定蒙古差使章程，并请将藉词抗玩之盟长等分别惩处一折。乌里雅苏台属四部落连年被灾较重，差使难支，经该督将军等以科布多属杜尔伯特所管各部尚称繁庶，议将科属屯田兵役及向道差使并北八台台站，令杜尔伯特接充办理，该盟长仅认充北八台之差，其余坚不承允。【略】庚寅，蠲缓直隶宛平、良乡、涿、滦、清苑、安肃、新城、蠡、吴桥、盐山、元城、大名、丰润、玉田、安平、房山、乐亭、博野、祁、阜城、肃宁、故城、南皮、无极、藁城、鸡泽、清河、南乐、清丰、武强、饶阳、深泽、容城、通、三河、武清、蓟、香河、宁河、霸、保定、文安、大城、固安、永清、东安、顺义、怀柔、雄、高阳、安、河间、献、任丘、交河、景、东光、天津、青、静海、沧、定、开、长垣、东明六十五州县被水、被雹地方新旧额赋暨仓谷杂课有差。　《穆宗实录》卷三五八

十一月【略】庚戌，【略】蠲缓江苏安东、上元、江宁、句容、溧水、高淳、江浦、六合、江都、山阳、阜宁、清河、桃源、盐城、高邮、泰、东台、甘泉、仪征、兴化、宝应、铜山、丰、沛、萧、砀山、邳、宿迁、睢宁、海、沭阳、赣榆、通、如皋、泰兴、海门三十六厅州县，暨淮安、大河、扬州、徐州四卫被水、被旱地方新旧额赋并杂课有差。【略】乙卯，【略】蠲缓直隶宝坻、任、宣化三县歉收地方本年额赋有差，并减免差徭。丙辰，以京畿雪泽愆期，上诣大高殿祈祷行礼，并诣时应宫、昭显庙、福佑寺拈香。丁巳，上以祈雪，诣宣仁庙、凝和庙、普度寺拈香。【略】蠲缓山东汶上、郓城、濮、菏泽、巨野、嘉祥、寿张、范、济宁、齐河、齐东、济阳、禹城、临邑、长清、肥城、乐平、东阿、平阴、惠民、邹、滕、峄、阳谷、曹、观城、朝城、聊城、茌平、宁阳、莘、长山、新城、海丰、沾化、兰山、博兴、高苑、乐安、陵、德、青城、德平、阳信、平原、乐陵、商河、滨、利津、蒲台、滋阳、曲阜、泗水、单、城武、定陶、堂邑、博平、清平、高唐、恩、邱、潍七十二州县，暨德州、东昌、临清、济宁四卫，东平所被水、被旱、被碱、被虫地方新旧额赋杂课有差。【略】庚申，【略】蠲缓江苏长洲、元和、吴、震泽、吴江、常熟、昭文、昆山、新阳、太湖、华亭、娄、金山、宝山、青浦、武进、阳湖、无锡、金匮、江阴、宜兴、荆溪、丹徒、溧阳、太仓、镇洋、嘉定、奉贤、南汇、靖江三十州县，暨苏州、太仓、镇海、金山、镇江五卫被旱地方未垦田亩新旧额赋并杂课有差。辛酉，【略】缓征安徽天长、泗、定远、霍邱、盱眙、来安、五河、凤阳、寿、怀远、灵璧、凤台、广德、巢、无为、合肥、庐江、阜阳、含山、颍上、潜山、太湖、桐城、贵池、建德、和、宿松、铜陵、东流、繁昌、怀宁、当涂、青阳、宁国、望江、芜湖、亳、太和、涡阳、建平、宣武、南陵、舒城四十五州县，暨各卫被水、被旱、被风、被虫地方新旧额赋并杂课有差。【略】甲子，上复诣大高殿祈雪行礼。【略】癸酉，【略】上复诣大高殿祈雪行礼。【略】蠲缓浙江仁和、钱塘、海宁、富阳、余杭、临安、新城、于潜、昌化、嘉兴、秀水、嘉善、海盐、平湖、石门、桐乡、归安、乌程、长兴、德清、武康、安吉、孝丰、诸暨、金华、兰溪、东阳、义

乌、浦江、汤溪、西安、龙游、建德、淳安、遂安、寿昌、桐庐、分水、宣平、鄞、象山、山阴、会稽、萧山、余姚、上虞、嵊、临海、黄岩、宁海、天台、仙居、永康、武义、常山、开化、丽水、缙云、青田、松阳、新昌、永嘉、乐清、瑞安、平阳、泰顺六十六州县，暨杭严、嘉湖、衢州、台州四卫被旱、被风、被雹、被虫地方新旧额赋并杂课有差。

《穆宗实录》卷三五九

十二月【略】己卯，【略】蠲缓湖北江夏、公安、咸宁、嘉鱼、汉阳、汉川、黄陂、孝感、沔阳、黄梅、钟祥、京山、潜江、天门、应城、江陵、石首、监利、松滋、枝江、荆门、黄冈、蕲水、广济二十四州县暨武昌等卫被水、被旱地方新旧额赋有差。【略】丙戌，以雪泽未沾，上于大高殿设坛祈祷，亲诣行礼。【略】丁亥，【略】缓征两淮富安、安丰、梁垛、东台、何垛、丁溪、草堰、刘庄、伍祐、新兴、庙湾、板浦、中正、临兴十四场被水地方新旧灶课有差。戊子，【略】又谕：给事中陈鸿翊奏，【略】据称顺天宝坻等县各项旗租因本年秋禾被灾，奉旨蠲免分数，风闻内务府庄头等仍向各县民佃催索，令照十分交纳，以致被赈灾民将所领银米折变交租，甚至迁徙灾民不敢归里领赈，请饬查办等语。

《穆宗实录》卷三六〇

十二月庚寅，【略】蠲缓湖南武陵、安乡、龙阳、华容、澧、沅江、益阳、巴陵、临湘、湘阴十州县暨岳州卫被水地方额赋并杂课有差。【略】甲午，上复诣大高殿祈雪坛行礼。【略】丙申，【略】蠲缓山西阳曲、岢岚、徐沟、萨拉齐、太原、临汾六厅州县被水、被雹地方新旧额赋暨民借仓谷有差。【略】己亥，【略】蠲缓河南孟津、祥符、陈留、杞、通许、尉氏、洧川、鄢陵、中牟、兰仪、郑、荥阳、荥泽、汜水、禹、商丘、宁陵、永城、鹿邑、虞城、夏邑、睢、柘城、安阳、汤阴、临漳、武安、内黄、汲、新野、辉、获嘉、淇、延津、滑、浚、封丘、考城、河内、济源、修武、武陟、孟、温、原武、阳武、洛阳、偃师、巩、宜阳、登封、永宁、新安、南阳、唐、泌阳、镇平、桐柏、邓、内乡、淅川、裕、舞阳、叶、上蔡、淮宁、西华、商水、项城、沈丘、太康、扶沟、襄城、长葛、光山、固始、息七十七厅州县被旱、被水地方新旧额赋有差，并赈孟津县灾民一月口粮。

《穆宗实录》卷三六一

## 1874年 甲戌 清穆宗同治十三年

正月【略】丙午，【略】展缓直隶通、三河、武清、宝坻、蓟、香河、宁河、霸、保定、文安、大城、固安、永清、东安、宛平、良乡、涿、顺义、怀柔、滦、清苑、安肃、新城、蠡、雄、高阳、安、河间、献、任丘、交河、景、吴桥、东光、天津、青、静海、沧、盐山、开、元城、大名、东明、长垣、丰润、玉田、安平、定四十八州县被水地方春征额赋，并展房山、乐亭、博野、容城、祁、阜城、肃宁、故城、南皮、无极、藁城、任、鸡泽、清河、南乐、清丰、宣化、武强、饶阳、深泽二十州县节年民欠粮租。【略】戊申，【略】缓征山东济宁、邹平、长山、齐河、济阳、禹城、长清、东阿、平阴、沾化、宁阳、邹、峄、寿张、菏泽、曹、巨野、郓城、濮、范、观城、朝城、茌平、冠、博兴、乐安、武城、金乡、嘉祥、齐东、临邑、肥城、东平、海丰、滕、汶上、阳谷、聊城、馆陶、夏津、鱼台四十一州县，暨德州、东昌、临清、济宁四卫，东平所被水、被旱、被虫、被碱地方上忙额赋并杂课有差。【略】庚戌，【略】展缓江西南昌、新建、进贤、清江、新淦、新喻、峡江、莲花、安福、永新、金溪、东乡、余干、乐平、建昌、德化、瑞昌、湖口、德安、彭泽、丰城、上高、新昌、鄱阳、万年、星子、都昌二十七厅县，暨南昌、九江两卫被水地方新旧额赋杂课。【略】乙丑，【略】蠲缓两浙仁和、钱清、西兴、长亭、海沙、鲍郎、芦沥、横浦、浦东、青村十场荒田暨被灾地方上年灶课。【略】丁卯，【略】蠲缓直隶天津、文安两县大洼地亩上年额赋暨民借仓谷。

《穆宗实录》卷三六二

五月【略】庚戌，豁减直隶安、河间、任、隆平、宁晋五州县被水地方上年额赋并缓征节年粮租。【略】乙丑，谕军机大臣等，都兴阿等奏，核明奉省灾户确数，请饬续拨赈款，并灾民聚众乞食，设法

弹压安抚各一折。奉省上年被灾各城，即经都兴阿等派员覆勘明确，实需赈款等项共银二十九万余两，除前经户部奏明，由直隶、河南两省共拨给银十万两外，所亏甚巨，灾黎嗷嗷待哺，情形迫不可待，且各处已有聚众乞食分粮抢粮情事，虽经都兴阿等捐资助赈，并派员各处劝捐，惟为数无多，而灾民户口至三十余万，深恐乘机生变。【略】戊辰，【略】缓征安徽天长县被旱地方本年上忙额赋，并展上年原缓钱粮。《穆宗实录》卷三六六

六月壬申朔，【略】蠲缓河南虞城被风、被雹地方本年额赋。《穆宗实录》卷三六七

七月【略】辛酉，谕内阁：兵部奏遵议奉天金州匿灾不报案内武职各员处分一折。奉天金州佐领阎士芳、防御那明阿、富森泰于属界地方被水成灾，业经勘验属实，辄敢观望推诿，不行详报，实属任意玩延，阎士芳、那明阿、富森泰均著照部议革职，永不叙用。《穆宗实录》卷三六九

九月【略】壬寅，【略】浙江巡抚杨昌浚奏：温州乐清等处被水，现已派员查勘。得旨：杨昌浚即派妥员确切查勘，分别抚恤，毋令一夫失所。【略】丙寅，【略】减免两浙横浦、浦东、袁浦、青村、下砂、下砂二三六场被水地方上年灶课有差。【略】己巳，以祷雨灵应，颁山西阳曲县窦侯庙御书扁额，曰"仁甫三晋"；太原县圣母庙御书扁额，曰"惠普桐封"；水母庙御书扁额，曰"功资乐利"。【略】谕军机大臣等，李宗羲、恩锡奏，沥陈近日黄水情形，请派廷臣会议一折。江南杨庄以下旧黄河，业经李宗羲派员挑浚，并酌做裹头，以备溜至堵闭，惟近来黄水愈益南趋，李宗羲以东省决口不堵，不特江省无从措手，即东省曹、济各属，齐河、利津一带亦岌岌不可终日，万一兰仪等处再有失事，直隶、安徽均恐受害，是目前情形较前数年更形吃紧，亟宜预行筹策，以期一劳永逸。

《穆宗实录》卷三七一

十月【略】庚辰，【略】又谕：张兆栋、文铦奏沿海地面遭风情形一折。本年八月间，广东香山、新安二县属沿海地面猝遭飓风，汲水门等处厘税房屋多被吹坍，巡缉轮船亦有损伤，并淹毙营委各员及兵役多人。览奏实深廑系。【略】戊子，【略】蠲缓直隶雄、高阳、任丘、定、宝坻、蓟、霸、安、河间、元城、大名、丰润、安平、通、三河、武清、香河、保定、文安、大城、永清、滦、乐亭、清苑、安肃、新城、蠡、献、肃宁、天津、静海、沧、南皮、盐山、庆云、无极、藁城、清河、玉田、饶阳、深泽、固安、青、沙河、鸡泽四十五州县被水、被旱、被雹地方本年额赋租课暨民借仓谷有差。蠲缓直隶开、东明、长垣三州县被水地方本年额赋有差，并减免差徭。《穆宗实录》卷三七二

十一月【略】癸丑，【略】谕军机大臣等，前因丁宝桢奏，石庄户决口，夺溜南趋，亟应堵筑，请饬拨款一折。当经谕令该部速议具奏。兹据户部、工部会议奏称，石庄户决口，关系东南两省大局，自应赶筹修筑，所需工款，除上年存银二十八万两外，拟拨各省地丁等银七十万两以资应用等语。【略】缓征安徽泗、灵璧、涡阳、凤阳、霍邱、盱眙、凤台、天长、定远、寿、怀远、滁、无为、合肥、五河、全椒、来安、颍上、庐江、亳、和、宿、潜山、当涂、含山、巢、芜湖、繁昌、铜陵、贵池、宿松、东流、阜阳、怀宁、泾、建德、六安、广德、宣城、南陵、石埭、望江、太湖、舒城、青阳、太和、蒙城、桐城、太平、旌德、宁国、歙、绩溪、建平五十四州县被水、被旱、被风、被虫地方新旧额赋暨各项租课有差。【略】丙辰，【略】蠲缓山东菏泽、郓城、濮、嘉祥、济宁、巨野、范、寿张、齐东、长清、东平、惠民、滨、邹、滕、峄、汶上、阳谷、曹、观城、朝城、聊城、金乡、鱼台、邹平、齐河、临邑、东阿、蒲台、滋阳、宁阳、定陶、茌平、莘、馆陶、夏津、博兴、乐安、海丰、临清、历城、章丘、长山、新城、济阳、禹城、陵、德、德平、平原、肥城、平阴、阳信、乐陵、商河、利津、泗水、城武、曲阜、单、堂邑、博平、清平、冠、高唐、邱、武城、沾化、兰山、昌邑七十州县，暨德州、东昌、临清、济宁四卫，东平所，永阜场被水、被旱、被风、被雹地方新旧额赋并各项租课有差。蠲缓湖南武陵、安乡、龙阳、华容、沅江、益阳、湘阴、澧、巴陵九州县，暨岳州卫被水、被旱地方新旧额赋。【略】己未，【略】蠲缓江苏沭阳、句容、上元、江宁、溧水、高淳、江浦、六合、江都、山阳、阜宁、清河、桃源、安东、盐城、高邮、泰、东台、甘泉、仪征、兴化、宝应、铜山、丰、

沛、萧、砀山、邳、宿迁、睢宁、海、赣榆、通、如皋、泰兴、海门三十六厅州县，暨淮安、大河、扬州、徐州四卫被旱、被水地方新旧额赋有差。【略】乙丑，【略】谕军机大臣等，给事中郭从矩奏，本年黄河溜势南趋，由东境下注江境，运河为黄水所侵，于漕运恐多窒碍，请饬将江北徐、淮、扬等属运道堤工履勘核实兴修等语。【略】丙寅，以京畿雪泽愆期，命恭亲王奕訢诣大高殿恭代祈祷行礼。【略】闽浙总督李鹤年等奏报，宁德县风灾，击沉巡船；连江县水灾，冲塌城垣。 《穆宗实录》卷三七三

十二月【略】辛未，谕内阁：岑毓英奏，遵查通省荒熟田地，酌拟应征应减钱粮成数一折。据称，上年钱粮仍系尽收尽解，开支军饷，本年委员分投丈量，按亩估计成数。已种田亩自九成至五六成不等，荒芜田亩自一成至四五成不等，请分别征收、减免等语。云南甫就肃清，流亡未集，田亩半属荒芜，若将应征钱粮照常征收，民力实有未逮。 《穆宗实录》卷三七四

十二月【略】丁丑，【略】缓征湖北嘉鱼、汉阳、黄陂、孝感、沔阳、潜江、天门、应城、江陵、公安、石首、监利、松滋、荆门十四州县被水、被旱地方本年暨历年带征漕粮(现月)。蠲征湖北江夏、嘉鱼、汉阳、黄陂、孝感、沔阳、钟祥、京山、潜江、天门、应城、江陵、公安、石首、监利、松滋、枝江、咸宁、汉川、黄冈、蕲水、荆门、黄梅、广济、武昌二十五州县，暨荆州、武昌二卫被水、被旱地方新旧额赋并各项租课有差(现月)。【略】己卯，【略】蠲缓江苏长洲、元和、吴、吴江、震泽、常熟、昭文、昆山、新阳、娄、金山、青浦、武进、阳湖、无锡、金匮、江阴、宜兴、荆溪、丹徒、溧阳、太仓、镇洋、嘉定、太湖、华亭、靖江二十七厅州县，暨苏州、太仓、镇江、金山四卫荒废歉收地方新旧额赋并各项租课有差(现月)。【略】庚辰，【略】蠲缓浙江仁和、钱塘、海宁、富阳、余杭、临安、新城、于潜、昌化、嘉兴、秀水、嘉善、海盐、平湖、石门、桐乡、归安、乌程、长兴、德清、武康、安吉、孝丰、诸暨、金华、兰溪、东阳、义乌、浦江、汤溪、西安、龙游、建德、淳安、遂安、寿昌、桐庐、分水、丽水、宣平、武义、乐清、鄞、山阴、会稽、萧山、余姚、临海、黄岩、宁海、天台、仙居、永康、常山、开化、缙云、青田、松阳、象山、上虞、新昌、嵊、平阳、泰顺六十四州县，暨杭严、嘉湖、衢州三卫所荒废被水、被风、被虫地方新旧额赋并各项银米租课有差(随手)。【略】壬午，【略】又谕：御史陈彝奏淮扬等处被水情形一折。本年黄水挤清，下注江境，湖河相连，一望无际。被水地方小民荡析离居，殊深轸念。该御史所陈从前束清御黄等坝，宜急加垛筑(现月)。 《德宗实录》卷一

十二月乙酉，【略】蠲缓山东嘉祥、金乡、鱼台、峄、滕五县，暨济宁、临清二卫续被黄水漫淹地方新旧额赋，并漕仓河银租课有差(现月)。丙戌，【略】河南巡抚钱鼎铭奏：豫省各属水旱蝗灾，秋收未能丰稔，请将历年动缺常漕仓谷仍缓俟来年买补。报闻(月折)。【略】己丑，【略】蠲缓山西太原、汾阳、临汾、兴、萨拉齐五厅县被水、被雹地方新旧额赋，暨民借仓谷有差(现月)。【略】辛卯，【略】缓征河南祥符、陈留、杞、通许、尉氏、洧川、鄢陵、中牟、兰仪、郑、荥泽、荥阳、汜水、禹、商丘、宁陵、永城、鹿邑、虞城、夏邑、睢、柘城、安阳、汤阴、临漳、武安、内黄、汲、新乡、辉、获嘉、淇、延津、滑、浚、封丘、考城、河内、济源、修武、武陟、孟、温、原武、阳武、洛阳、偃师、巩、孟津、宜阳、登封、永宁、新安、南阳、唐、泌阳、镇平、桐柏、邓、内乡、淅川、裕、舞阳、叶、上蔡、西平、淮宁、西华、商水、项城、沈丘、太康、扶沟、临颍、襄城、长葛、光山、固始、息七十九厅州县被水、被旱、被蝗地方新旧额赋，并河夫兵米裁扣等项有差(现月)。【略】戊戌，【略】蠲免浙江仁和、海沙、芦沥、鲍郎、横浦、浦东六场被灾荒废灶地本年灶课钱粮(现月)。 《德宗实录》卷二

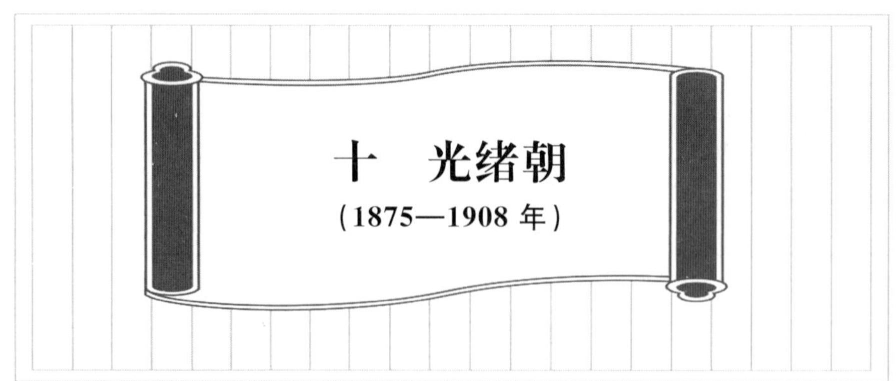

# 十　光绪朝

（1875—1908 年）

## 1875 年 乙亥 清德宗光绪元年

正月【略】庚子，【略】缓征直隶雄、高阳、任丘、定、宝坻、蓟、霸、安、河间、开、东明、长垣、大名、元城、丰润、安平、通、三河、武清、香河、保定、文安、大城、固安、永清、滦、乐亭、清苑、安肃、新城、蠡、献、肃宁、天津、青、静海、沧、南皮、盐山、庆云、无极、藁城、沙河、鸡泽、清河、玉田、饶阳、深泽四十八州县歉收村庄粮赋地租并原贷仓谷（现月档）。【略】壬寅，【略】缓征山东邹平、长清、滨、蒲台、宁阳、邹、峄、寿张、菏泽、曹、范、观城、朝城、博兴、乐安、金乡、嘉祥、济宁、齐东、东平、海丰、滕、汶上、阳谷、巨野、郓城、濮、聊城、鱼台二十九州县被灾村庄本年新赋暨漕仓盐芦学地屯卫课租有差（现月档）。【略】乙巳，【略】闽浙总督李鹤年奏，天气严寒，省标官兵请缓至来年合操。报闻（折包）。【略】辛亥，【略】署理漕运总督恩锡奏：徐、海被水饥民南下，与督臣李宗羲在清江运河南北两岸及清江以上之杨庄地方分厂收养。【略】（折包）【略】庚申，【略】蠲缓直隶安、河间、文安三州县被水各村庄粮租暨原贷仓谷有差（现月档）。【略】甲子，【略】缓征浙江钱清、西兴、长亭、青村、横浦、浦东六场被灾歉收新旧灶课，暨海沙、鲍郎、芦沥三场原缓带征（现月档）。　　　　《德宗实录》卷三

二月【略】壬午，【略】蠲缓海州续被海啸之板浦、新坝及大伊，河东之大南、大北、大牛等庄应征新旧钱漕有差（现月）。　　　　《德宗实录》卷四

四月【略】癸酉，以京师入春以来雨泽稀少，节逾立夏，农田待泽孔殷，宜虔申祈祷，遣惇亲王奕誴诣大高殿恭代行礼。【略】庚辰，湖广总督李瀚章、湖北巡抚翁同爵【略】又奏：上年各属被水，请准拨补绎站夫马工料银两。下部议（随手档）。【略】辛巳，以京师节近小满，未沛甘霖，再申虔祷，遣惇亲王奕誴诣大高殿恭代行礼（起居注）。　　　　《德宗实录》卷七

四月【略】辛卯，以节逾小满，未沛甘霖，遴选僧道开坛讽经祈祷，遣惇亲王奕誴诣大高殿恭代行礼（现月档）。　　　　《德宗实录》卷八

五月【略】壬寅，以京畿雨泽尚未沾足，仍遣惇亲王奕誴诣大高殿恭代祈祷行礼（现月）。

《德宗实录》卷九

五月【略】甲寅，以雨泽仍未深透，复遣惇亲王奕誴诣大高殿恭代祈祷行礼（现月档）。【略】甲子，以甘霖优沾，遣惇亲王奕誴诣大高殿恭代报谢行礼（现月）。　　　　《德宗实录》卷一〇

七月【略】庚子，谕内阁：李鸿章奏，永定河南二工漫口，在工各员分别参办，并自请议处一折。据称，本年伏汛，阴雨连旬，河水屡涨，经该河道等昼夜督抢，险工已就平稳。不期水又续涨，埽复蛰陷多段，对岸忽淤沙嘴，河流愈狭愈激，水势抬高数尺，人力难施，遂致漫口等语（记注）。

《德宗实录》卷一三

八月【略】丙子，谕军机大臣等：曾国荃奏，黄河南北两岸各汛本年夏令以后水势过大，工程危险。原请钱粮实属不敷应用(现月)。

《德宗实录》卷一五

十月【略】丙寅，【略】又谕：本年直隶、安徽等处积涝大洼各州县灾歉频仍，浙江钱清等场被灾，广西太平等府民气未复，江西进贤等县厅被淹、被旱，江苏海门被淹，陕西咸宁等州县被灾，贵州兴义等处被扰，湖北省被兵最久，元气未复，节经各该督抚奏到，已加恩将民欠钱粮等项分别蠲减、豁免、缓征，并谕令户部将各省民欠钱粮酌核，奏请蠲免。山东济宁等州县上年被水，该督业经筹款散放。山西太原及右玉等处粮价昂贵，已准该抚出借仓谷，并暂缓补还米石。广东顺德、番禺、广宁等处被风、被水，安徽池州府属被水，均经各该抚随时抚恤，小民谅可不至失所。【略】再，直隶文安等州县间有积水村庄，湖南澧州及浏阳等处被淹，浙江杭州等府属被淹，各属田禾被水、受旱，甘肃皋兰等州县被雹，河南各属间有积水，江西南昌等处被淹、被旱，山东各属间有被淹，江苏各属被淹、被旱，该督抚等业经奏明，分别查勘，即著迅速办理，并将来春应否接济之处一并查明，于封印前奏到(现月)。【略】丁丑，【略】蠲缓直隶良乡、新城、雄、高阳、安、静海、霸、丰润、安平、通、武清、保定、清苑、肃宁、青、涿、南皮、盐山、无极、沙河、鸡泽、武邑、南和、饶阳、深泽、安肃、蠡、东光、香河、任、武强、任丘、平乡三十三州县被水、被旱村庄新旧粮租有差(现月)。

《德宗实录》卷一九

十一月【略】己亥，【略】蠲缓江苏上元、江宁、句容、溧水、高淳、江浦、六合、山阳、阜宁、清河、桃源、安东、盐城、高邮、泰、东台、江都、甘泉、仪征、兴化、宝应、铜山、丰、沛、萧、砀山、邳、宿迁、睢宁、海、沭阳、赣榆、通、如皋、泰兴、海门三十六厅州县，及淮安、大河、扬州、徐州四卫被水、被旱地方粮赋地租漕银漕粮有差(现月)。蠲缓安徽泗、怀远、桐城、宿松、无为、寿、凤阳、灵璧、凤台、霍邱、涡阳、盱眙、天长、南陵、贵池、建德、东流、庐江、来安、和、太湖、芜湖、颍上、望江、合肥、宿、定远、五河、全椒、潜山、青阳、铜陵、繁昌、滁、当涂、巢、阜阳、含山、宣城、舒城、亳、怀宁四十二州县被灾地方额赋漕银漕粮有差(现月)。【略】壬寅，【略】缓征奉天金州被灾旗民屯庄钱粮并抚恤口米(折包)。蠲缓山东郓城、濮、范、寿张、济宁、齐东、齐河、禹城、东平、惠民、滨、蒲台、邹、滕、峄、汶上、阳谷、菏泽、曹、巨野、观城、朝城、聊城、博平、金乡、嘉祥、鱼台、历城、章丘、邹平、临邑、长清、东阿、平阴、滋阳、宁阳、定陶、茌平、海丰、乐安、长山、新城、济阳、德、德平、平原、肥城、阳信、乐陵、利津、曲阜、泗水、单、武城、堂邑、清平、莘、冠、馆陶、高唐、恩、夏津、邱、沾化、博兴、昌乐、兰山六十七州县，暨济宁、东昌、临清、德州、东平、长清六卫被灾屯庄场所新旧钱漕租课杂项有差(现月)。

《德宗实录》卷二一

十一月【略】乙卯，以京畿得雪稀少，遣恭亲王奕䜣诣大高殿恭代祈祷行礼(现月)。【略】辛酉，【略】蠲缓湖南武陵、安乡、龙阳、益阳、华容、沅江、巴陵、澧、临湘、湘阴、桃源十一州县及岳州卫被灾地方钱漕芦课有差(现月)。【略】癸亥，以京畿祥霙未沛，再申祈祷，仍遣恭亲王奕䜣诣大高殿恭代祈祷行礼(现月)。

《德宗实录》卷二二

十二月【略】丁卯，署盛京将军崇实等奏：养息牧厂续垦地亩内被水冲、沙压起碱，请销除租额。报闻(随手)。署吉林将军穆图善等奏：拉林被灾，请赈蠲恤。又奏：三姓歉收，各项银谷请分别展缓。均允之(随手)。【略】癸酉，【略】缓征湖北江夏、武昌、咸宁、嘉鱼、汉川、汉阳、黄陂、孝感、沔阳、黄冈、蕲水、黄梅、广济、钟祥、京山、潜江、天门、应城、江陵、公安、石首、监利、松滋、枝江、荆门二十五州县被淹、被旱地方及武昌等卫钱粮银米等项，并递缓节年漕粮有差(现月)。【略】乙亥，【略】以京师雨泽稀少，在大高殿设坛虔祷，遣恭亲王奕䜣恭代行礼(现月)。【略】戊寅，【略】蠲缓浙江仁和、钱塘、海宁、富阳、余杭、临安、新城、于潜、昌化、嘉兴、秀水、嘉善、海盐、平湖、石门、桐乡、归安、乌程、长兴、德清、武康、安吉、孝丰、山阴、会稽、萧山、诸暨、余姚、上虞、临海、黄岩、宁海、天台、仙居、金华、兰溪、东阳、义乌、永康、武义、浦江、汤溪、西安、龙游、常山、开化、建德、淳安、遂安、寿昌、桐

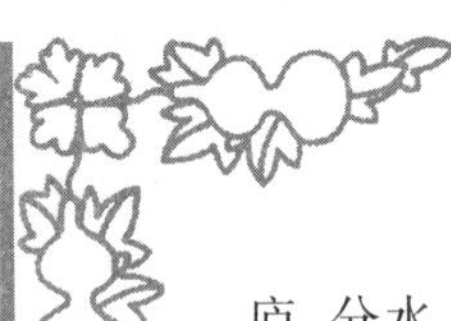

庐、分水、乐清、丽水、缙云、青田、松阳、宣平、鄞、象山、嵊、永嘉、泰顺六十三州县，及杭严、嘉湖、衢州各卫所被灾地方新旧地漕等项银米钱文(现月)。　　《德宗实录》卷二三

十二月己卯，【略】两江总督沈葆桢等奏：江南财力凋敝，淮关、浒墅关请暂缓开设。允之(折包)。【略】缓征江苏泰州所属富安、安丰、梁垛、东台、何垛、丁溪、草堰、刘庄、伍祐、新兴、庙湾，海州所属板浦、中正、临兴歉收各场新旧折价钱粮(现月)。【略】辛巳，【略】蠲缓江苏长洲、元和、吴、吴江、震泽、常熟、昭文、昆山、新阳、娄、金山、青浦、武进、阳湖、无锡、金匮、江阴、宜兴、荆溪、丹徒、溧阳、太仓、镇洋、嘉定、太湖、华亭、上海、南汇、川沙、奉贤、宝山、靖江三十二厅州县，暨苏州、太仓、镇江、金山、镇江、泰州、泰兴、江都、甘泉、丹阳十卫歉收地方田亩钱漕有差(现月)。【略】癸未，【略】蠲缓广西崇善、左、养利、永康、迁江、来宾、柳城、雒容、永淳、凌云、奉议、武宣、临桂、临川、永安、修仁、贵、上林十八州县被灾地方本年地丁兵米(现月)。蠲缓山西徐沟、阳曲、清水河、永宁、萨拉齐、朔、太原、临汾、临九厅州县被雹、被水地方新旧钱粮有差(现月)。甲申，以京师得雪仍少，举行三坛祈雪祀典，仍遣恭亲王奕䜣诣大高殿恭代祈祷行礼(现月)。　　《德宗实录》卷二四

## 1876年 丙子 清德宗光绪二年

正月【略】甲午，【略】蠲缓直隶霸、文安、大城、良乡、新城、雄、安、高阳、任丘、天津、静海、开、元城、大名、东明、长垣、丰润、安平、通、武清、香河、保定、清苑、安肃、蠡、河间、献、肃宁、东光、青、沧、南皮、盐山、无极、沙河、南和、任、鸡泽、遵化、武邑、武强、饶阳、深泽四十三州县被灾歉收村庄本年春征新赋正杂粮租，并展缓原贷仓谷有差(现月档)。【略】丙申，缓征山东邹平、齐河、禹城、长清、东阿、滨、邹、峄、汶上、寿张、菏泽、曹、濮、范、朝城[①]、博平、乐安、金乡、鱼台、济宁、齐东、东平、海丰、蒲台、滕、阳谷、寿光、巨野、郓城、观城、朝城、聊城、嘉祥三十三州县，暨东昌、济宁、临清三卫被水、被旱、被风、被雹沙压并续被黄水漫淹各屯村本年上忙额赋并地租杂课(现月)。【略】癸卯，【略】以京师去冬得雪稀少，已交春令，农田待泽甚殷，遣恭亲王奕䜣诣大高殿恭代祈祷行礼(现月档)。【略】蠲免浙江杭嘉松属仁和、海沙、芦沥、鲍郎、横浦、浦东等场荒芜沙淤坍废尚未垦复各灶地荡涂应征光绪元年灶课钱粮(现月档)。【略】丁未，【略】缓征江西南昌、新建、进贤、新喻、莲花、安福、永新、东乡、鄱阳、余干、乐平、万年、星子、都昌、建昌、安义、德化、德安、瑞昌、湖口、彭泽、丰城、清江、新淦二十四厅县，暨南、九二卫被水、被旱、被虫各地方应征新旧钱漕有差(现月档)。【略】丙辰，以节届雨水，农田待泽尤殷，上亲诣大高殿祈祷行礼(外记注)。【略】辛酉，【略】蠲缓直隶安、任、宁晋、文安、天津五州县被水各村额征粮赋旗租并展缓原贷仓谷有差(现月档)。　　《德宗实录》卷二五

二月【略】乙丑，以雨泽稀少，上复诣大高殿祈祷行礼。【略】乙亥，以节届惊蛰，雨未沾足，上复诣大高殿祈祷行礼。【略】己卯，【略】以场灶荡田灾歉，蠲免浙江海沙、芦沥二场田亩应征光绪元年灶课钱粮，其钱清、西兴、长亭、青村、浦东、横浦等场田地新课旧欠，暨下沙头场、鲍郎场旧欠均缓至光绪二年秋后启征。【略】乙酉，以节近春分，雨泽未降，上复诣大高殿祈祷行礼。

《德宗实录》卷二六

三月【略】丙申，以节近清明，尚未渥沛甘霖，上复诣大高殿祈祷行礼(记注)。【略】谕内阁：京师雨泽愆期，属经设坛祈祷，迄未渥沛甘霖，农田待泽孔殷，实深焦虑，亟应及时修省，以迓和甘(现月)。【略】戊戌，【略】谕军机大臣等，御史余上华奏，畿辅内外粮价渐增，请预筹采买一折。本年近畿一带雨泽稀少，粮价逐渐加增，自应先时采买，以裕民食(现月)。【略】丙午，以节逾清明，农田待

---

① 此处缓征山东三十三州县中，"朝城"出现两处，疑有一误。

泽尤殷，上复诣大高殿祈祷行礼（现月）。　　《德宗实录》卷二七

三月戊申，谕内阁：御史袁承业奏，雨泽愆期，请修明政体一折。【略】癸丑，漕运总督文彬奏，浙江荒歉，所有漕项钱粮请展缓三月造报。允行（折包）。【略】己未，谕军机大臣等，本年京师雨泽稀少，迭经设坛祈祷，尚未渥沛甘霖，农田待泽孔殷，朕心实深焦盼。直隶邯郸县龙神庙铁牌，向来祈雨灵验，著发去大藏香十枝，派万青藜赍往邯郸县敬谨拈香行礼，迎请到京，在大光明殿供奉，并著李鸿章照成案办理（现月）。　　《德宗实录》卷二八

四月【略】丙寅，以久未渥沛甘霖，上复诣大高殿祈祷行礼，诣宣仁庙拈香（记注）。

《德宗实录》卷二九

四月丁丑，以连日阴云密布，仍未渥沛甘霖，上复诣大高殿祈祷行礼，诣昭显庙拈香（记注）。

《德宗实录》卷三〇

五月【略】壬辰，以雨泽尚未深透，上复诣大高殿祈祷行礼，诣凝和庙拈香。【略】癸卯，以节近芒种，农田待泽孔殷，举行三坛祈雨典礼，上诣大高殿祈祷行礼，并诣时应宫拈香。【略】甲辰，谕军机大臣等，丁宝桢奏，现拟招商贩运，以济民食一折。据称，东省天时亢旱，粮价日增，拟招邻省贩买米麦杂粮，商贩来东售卖，以济民食。奉天、江南等省丰稔，粮价平减，即令该商等赴彼购运，经过关卡请免抽厘税等语。著照所请。【略】乙巳，谕内阁：近畿一带天时亢食，直隶、山东两省，暨豫省、河北等府亦复雨泽愆期，被旱地方较广，粮价日增，民食艰难，闾阎不免苦累。著顺天府府尹、直隶总督，山东、河南巡抚体察各该地方情形，加意抚恤，毋令流离失所，并讲求荒政之策，督饬所属，实力举行，用副朝廷轸念民依至意。至本年天气过旱，尤恐蝻孽萌生，贻害农田，损伤秋稼，于民生大有关系，著该府尹督抚严饬各属，先期查勘，认真刨挖搜捕，务须一律净尽，毋留余孽（现月）。

《德宗实录》卷三一

五月【略】癸丑，【略】谕军机大臣等，前因丁宝桢奏东省亢旱情形，拟招商前赴奉天等省贩运米粮，当经谕令李鸿章等查照办理，并因直省亦经久旱。谕令该督抚等随时抚恤，一面饬属刨挖蝻孽，以免贻害农田。兹据沈葆桢奏，阅兵抵扬，即见流亡遍野，大半籍隶徐、海。并闻淮、徐一带牛疫流行，山东界内已有蝻孽，盗案迭出，饥民日众。现经文彬饬令提督唐宏成等，会同地方官前往弹压等语。览奏实深廑系。江北、山东被旱，流民失所，亟应设法抚绥，近畿一带亢旱日久，灾黎荡析离居，亦可概见，若不认真绥辑，尤恐滋生事端。著李鸿章、沈葆桢、文彬、丁宝桢各就所属地方情形，加意附循，力求救荒之策，并严缉盗贼，以安行旅。一面刨挖蝻孽，毋任萌生，致伤禾稼，该督抚等务当严饬各属，实力奉行，用副廑念民艰至意。将此各谕令知之（现月）。【略】甲寅，以节近夏至，农田望泽尤殷，上复诣大高殿祈祷行礼，诣昭显庙拈香。【略】谕内阁：御史张盛藻、李廷箫奏，近畿省分被旱甚广，亟宜速筹赈济请饬先拨帑项一折。著户部速议具奏（现月）。

《德宗实录》卷三二

闰五月【略】甲子，【略】以天时亢旱，初七日恭祀社稷坛，自是日始，斋戒三日（现月）。【略】丁卯，以京畿雨泽愆期，上复诣大高殿祈祷行礼，诣宣仁庙拈香。【略】戊辰，谕内阁：直隶地方近年灾歉频仍，本年又复被旱，闾阎困苦（现月）。【略】庚午，谕内阁：文煜、丁日昌奏，福建省城骤遭水患，现办拯恤情形一折。本年福建福州等府属雨水过多，五月中旬省城连日大雨，又值海潮骤涌，溪河漫溢，城内外水深丈余至一二尺不等，田庐均被淹没，间有伤毙人口。览奏殊深矜悯。【略】至被淹田禾有无伤损，并上游建宁、延平府属及福州古田等处被灾情形，并著查明具奏。另片奏，闽清县被水淹浸，居民尚无伤毙等语。著该督抚等一体确查，妥筹赈抚（现月）。辛未，谕内阁：广寿奏，天时亢旱，时事艰难，请饬中外臣工实力修省一折。【略】本年京师及直隶、山东等省天时亢旱，闾阎困苦，深宫宵旰（现月）。又谕：广寿奏，天时亢旱，诸物昂贵，八旗兵饷不足养赡，应每月加成放给饷

银兵米等语。【略】乙亥，谕内阁：毓棣等奏，请派大臣察看大碑楼情形，并自请议处一折。本月十二日夜间，暴风急雨，孝陵大碑楼致被雷火延烧，著派魁龄、桂清前往敬谨察看情形，奏明办理（现月）。【略】戊寅，以甘澍滂沱，农田深透，上诣大高殿行礼报谢（现月）。【略】以京师得雨，加封直隶邯郸县龙神为灵应昭佑圣井龙神（现月）。

《德宗实录》卷三三

六月庚寅朔，【略】谕军机大臣等，文煜等奏请饬催各省积欠协饷一折。闽省库藏支绌，现在骤遭水患，拯救抚恤，需用甚繁，亟应力筹接济（现月）。【略】己亥，谕内阁：李文敏奏被水地方分别抚恤一折。本年五月间，江西南丰县猝被水灾，冲坍城墙二十余丈，官署民房倒塌甚多，人口损伤不少，小民荡析离居，情殊可悯。著该抚迅速筹拨钱米，妥为抚恤，毋令失所。南昌、新建二县城厢同时被水，田庐亦多淹没，所有各属被灾户口，并著酌量赈抚，其坍卸圩堤即行筹款兴修，以工代赈。此外丰城、临川等县被水情形，即著查明具奏（现月档）。【略】庚子，【略】又谕：文煜等奏，闽省被水较重，亟需商贩运米接济请饬经过各关，免税放行等语（现月档）。【略】安徽巡抚裕禄奏，五河、蒙城、凤阳等县飞蝗入境，随时搜捕。得旨：著督饬地方各官实力搜捕，勿留余孽（折包）。【略】辛丑，谕内阁：本年春夏之交，雨泽愆期，粮价昂贵，京师兵丁粂食维艰，所有八旗及绿步各营官兵均著加恩照现放章程，赏给一月钱粮，以示体恤（现月档）。【略】壬寅，谕内阁：庆寿等奏，请将五城粥厂先期开放，并恳恩赏粟米散给各粥厂一折。本年自春徂夏天时亢旱，现虽得雨深透，而二麦歉收，粮价昂贵，贫民觅食维艰，殊堪矜悯。加恩著照所请，将五城粥厂提前三月，于七月初一日开放（现月档）。

《德宗实录》卷三四

七月己未朔，【略】谕军机大臣等，庆春、奎昌奏，兵丁官房并护营石工二坝被水冲塌，援案请饬修理一折。本年六月间，张家口一带山水涨发，护营石土二坝均被冲决，驻防兵丁官房坍塌甚多，著李鸿章即行派员查勘，饬令地方官于秋间赶紧修理（现月）。【略】两江总督沈葆桢【略】又奏收捕海州等处蝗蝻情形。得旨：仍著督饬各属认真搜捕，毋稍疏懈（随手、折包）。《德宗实录》卷三六

七月【略】丙子，【略】谕军机大臣等，御史林拱枢奏，本年夏间福建省城既遭水患，又被火灾，兼以六月间飓风大作，田禾受伤，灾祲迭见，捐赈俱穷，请饬该督抚挪款济用，并饬浙江等省迅解协饷等语（折包）。

《德宗实录》卷三七

八月【略】丁未，【略】谕内阁：杨昌浚奏杭州等属被水、被风情形一折。本年入夏以后，浙江杭州等所属之余杭等县雨水过多，田庐多被淹没，并有淹毙人口，台州府属之临海等县猝被飓风，海潮陡涨，平地数尺，居民淹毙者不少。览奏殊深矜悯，著杨昌浚督饬委员及该地方官确切查勘，妥为抚恤，毋任失所，用副轸念灾黎至意（现月）。谕军机大臣等：给事中夏献馨奏，江西被水灾区，民食不敷，宜通商贩一折。本年夏间，江西省江水盛涨，各属田庐被淹，粮价昂贵，必须有外来商贩，藉资接济（现月）。【略】辛亥，【略】又谕：刘秉璋奏宁都州等处被水情形等语。江西宁都、兴国二州县本年六月间雨水过多，溪河泛溢，田庐均被淹没，居民多有淹毙。又，南丰等县因六月间晴少雨多，河水又复泛涨，小民荡析离居，深堪矜悯（现月）。

《德宗实录》卷三九

九月丙子，【略】闽浙总督文煜奏，台湾各属自四月至六月风雨为灾，报闻（折包）。【略】山东巡抚丁宝桢奏，青州、益都各属虫旱成灾，设法抚恤，各绅富捐助银米，请仿直隶赈捐成案，核计给奖。从之（折包）。

《德宗实录》卷四〇

十月【略】庚寅，【略】谕军机大臣等，本年陕西咸宁等处被灾，山东长山等处被旱，业经各该省奏到，加恩将新旧钱粮分别蠲缓。直隶各属被旱，谕令将积欠粮租等项全行豁免，于附近芦沟桥、礼贤镇等处添设粥厂，并由户部拨银十万两，由该督筹款，采买江苏等处米石，复截留山东等省粟米，采办奉天杂粮，以资赈济；山东各属被旱，谕令采买奉天、江南米麦接济，复经该抚劝捐银米，办理赈抚。并修理濮州城堤，以工代赈；福建福州等处被水，谕令动放仓谷，采办米石，妥为赈恤；江

西南丰等处被水，谕令招商运米，查勘抚恤，并兴修圩堤，以工代赈；浙江杭州等处被风、被水，江苏海州等处，河南、河北各属被旱，谕令该督抚等加意抚绥；福建、台湾各属被风、被水，业经该督抚等酌量赈抚，小民谅可不至失所。【略】再，浙江海宁等处被风、被水，湖南澧州等处被水，广东南海等处围基冲决，田禾被淹，均经该督等委员查勘，即著迅速办理，并将来春应否接济之处一并查明，于封印前奏到（现月）。【略】癸卯，【略】以匿灾不报，革奉天义州知州荣昌职（折包）。缓征奉天凤凰城所属镶黄、镶白、正蓝三旗被灾地方本年应征粮租（折包）。【略】丙午，安徽巡抚裕禄奏：皖北庐、凤、颍、滁、泗等属被旱成灾，请拨地丁银二万五千两，酌量抚恤。从之（折包）。【略】庚戌，【略】蠲缓直隶博野、蠡、雄、祁、安、高阳、河间、任丘、东光、南皮、庆云、定、深泽、通、宝坻、蓟、吴桥、景、天津、青、静海、沧、盐山、元城、大名、遵化、丰润、安平、武清、宁河、霸、文安、大城、滦、清苑、安肃、阜城、肃宁、交河、无极、藁城、南河、平乡、任、永年、邯郸、曲周、广平、鸡泽、清河、磁、南乐、怀安、玉田、武邑、武强、饶阳、香河五十八州县被旱、被水、被雹、被潮、被霜、被风地方新旧粮租，并减免差徭有差（现月）。蠲缓直隶开州、东明、长垣三州县被水村庄新旧额赋并减免差徭（现月）。【略】丁巳，【略】谕军机大臣等，文彬奏，江北饥民甚多，现筹赈济一折。本年江北地方被旱，山东、安徽等省被灾尤广，流民甚众，亟宜妥筹赈济，以拯灾黎。

《德宗实录》卷四一

十一月【略】己卯，【略】蠲缓河南祥符、陈留、杞、通许、尉氏、洧川、鄢陵、中牟、兰仪、郑、荥泽、荥阳、汜水、禹、商丘、宁陵、永城、鹿邑、虞城、夏邑、考城、柘城、汤阴、临漳、内黄、汲、新乡、辉、获嘉、延津、滑、浚、封丘、河内、济源、武陟、孟、温、原武、阳武、洛阳、偃师、巩、孟津、宜阳、登封、永宁、新安、南阳、唐、镇平、桐柏、邓、内乡、淅川、裕、舞阳、叶、上蔡、正阳、西平、淮宁、西华、项城、沈丘、太康、扶沟、临颍、襄城、长葛、光山、固始、息七十三厅州县被灾地方新旧粮赋有差（现月）。【略】甲申，谕内阁：前任顺天府府尹彭祖贤奏，苏、常等府留养灾民，请截留海运漕粮，并酌提丰备仓谷抚恤各折片。本年江北旱灾较重，饥民四出，兼以山东、安徽灾黎纷纷渡江，前赴苏、常就食，业经沈葆桢等筹款抚恤并准截留海运，筹备余米，妥筹抚恤。惟饥民为数较多，江南岁仅中稔，户鲜盖藏，诚恐赈费不敷，亟应预为筹画，著沈葆桢、吴元炳即于本届起运漕粮，截留一万石，俾资接济（记注）。【略】乙酉，【略】蠲缓浙江仁和、钱塘、海宁、富阳、余杭、临安、新城、于潜、昌化、嘉兴、秀水、嘉善、海盐、平湖、石门、桐乡、归安、乌程、长兴、德清、武康、安吉、孝丰、诸暨、金华、兰溪、东阳、义乌、浦江、汤溪、西安、龙游、建德、淳安、遂安、寿昌、桐庐、分水、宣平、山阴、会稽、萧山、临海、黄岩、宁海、天台、仙居、永康、武义、常山、开化、乐清、丽水、缙云、青田、松阳、象山、余姚、上虞、新昌、嵊、瑞安、泰顺等六十三州县，及杭、严、嘉、湖、台、衢六卫所被灾地方钱银漕米有差（现月）。

《德宗实录》卷四三

十二月戊子，【略】蠲缓江苏长洲、元和、吴县、吴江、震泽、常熟、昭文、昆山、新阳、娄县、金山、青浦、武进、阳湖、无锡、金匮、江阴、宜兴、荆溪、丹徒、溧阳、太仓、镇洋、嘉定等二十四州县，并泰州、泰兴、江都、甘泉各屯卫荒旱歉收地方额赋有差（现月）。蠲缓江苏泰州、海州所属被旱、被潮各场漕盐折价（现月）。【略】乙未，谕内阁：御史张观准奏，灾民困苦，亟宜拯济一折。据称，山西太原等府本年夏间亢旱，秋禾收成歉薄，而汾州府属之介休县、平遥县为尤甚，该地方官并不详报，贫民糊口维艰，亟应妥筹抚恤（现月）。【略】缓征湖北江夏、咸宁、嘉鱼、汉阳、黄陂、孝感、沔阳、蕲水、黄梅、广济、京山、天门、应城、江陵、公安、石首、监利、枝江、汉川、钟祥、潜江、松滋二十二州县并武昌等卫军田被淹受旱地方地租杂课（现月）。【略】戊戌，【略】蠲缓阿勒楚喀属界甬子沟一带并省东舒兰荒界开原屯等处被灾佃民租赋（折包）。庚子，【略】蠲缓湖南武陵、安乡、龙阳、益阳、巴陵、华容、澧、鄘、沅江、湘阴、临湘十一州县并岳州卫各屯被淹地方额赋杂粮有差（现月）。

《德宗实录》卷四四

十二月【略】甲辰，谕内阁：【略】本年直隶、山东、河南、江苏、安徽等省亢旱为灾，江西、福建、浙江等省复遭水患，饥民颠沛流离，尤堪矜悯(现月)。【略】蠲缓广西崇善、左、养利、永康、迁江、新安、雒容、柳城、来宾、凌云、武宣、奉议、永淳、临桂、临川、永安、修仁[①]、贵、平南、上林等二十州县歉收地方地丁兵米有差(现月)。【略】壬子，蠲缓山西阳曲、永和、介休、蒲、太原、隰、临汾、萨拉齐等八厅州县被灾歉收地方额赋钱粮米豆有差(现月)。【略】乙卯，蠲缓浙江芦沥等场被灾地方灶课钱粮有差(现月)。蠲缓浙江杭、嘉、松各场荒坍未垦地方灶课钱粮(现月)。　　《德宗实录》卷四五

## 1877年 丁丑 清德宗光绪三年[②]

正月【略】戊午，【略】蠲缓直隶通、宝坻、蓟、博野、蠡、雄、祁、安、高阳、河间、任丘、景、吴桥、东光、天津、青、静海、沧、南皮、盐山、庆云、开、元城、大名、东明、长垣、遵化、丰润、安平、定、深泽三十一州县被灾地方春征新赋正杂粮租。武清、香河、宁河、霸、文安、大城、滦、迁安、清苑、安肃、献、阜城、肃宁、交河、无极、藁城、南和、平乡、任、永年、邯郸、曲周、广平、鸡泽、清河、磁、南乐、怀安、玉田、武邑、武强、饶阳三十二州县歉收村庄上年粮赋租课并民借仓谷暨津军厅苇渔课有差(现月档)。【略】庚申，【略】缓征山东历城、章丘、邹平、济阳、禹城、德、乐陵、滨、滋阳、曲阜、宁阳、邹、峄、寿张、菏泽、单、曹、定陶、范、朝城、观城、堂邑、乐安、寿光、昌乐、临淄、武城、金乡、嘉祥、鱼台、长山、齐东、海丰、利津、沾化、蒲台、泗水、滕、汶上、阳谷、巨野、郓城、濮、聊城、清平、馆陶、益都、临朐、博兴、济宁等五十二州县，暨德、济宁、临清、东昌等四卫各屯庄，永阜、永利、王家冈、官台等场被水、被风、被虫、被旱、被雹、被碱、沙压地方上忙新赋及租课各项有差(现月档)。【略】丙子，【略】展缓江西南昌、新建、丰城、进贤、新淦、新喻、峡江、莲花、庐陵、吉水、永丰、泰和、万安、安福、永新、临川、金溪、南丰、鄱阳、乐平、万年、星子、都昌、建昌、安义、德化、德安、瑞昌、湖口、彭泽、宁都、兴国、东乡、清江、余干等三十五厅州县被水、被旱地方新旧钱漕暨屯粮芦课(现月)。

《德宗实录》卷四六

二月【略】庚寅，【略】谕军机大臣等：夏同善奏请筹恤流民一折。据称，去年直隶、山东、山西、河南、安徽、江西、福建各省水旱为灾，饥民逃亡甚多，各邻省官绅筹款赈济，次第资送还籍，惟此项饥民虽获生还，苦无生计，请饬筹恤等语(现月)。【略】乙未，【略】山西巡抚鲍源深奏，阳曲县村庄被灾较重，常平仓存谷无多，不敷办赈，请在榆次县仓内借拨谷三千石，忻州仓内借拨谷二千石，俾资接济，俟秋后征收运还，以重仓储。下部知之(折包)。　　《德宗实录》卷四七

二月【略】乙巳，【略】署盛京将军崇厚奏，办理义州赈恤事竣，被灾地亩仍请照例蠲缓租银。如所请行(折包)。【略】癸丑，【略】蠲缓直隶安、任、隆平、宁晋、文安、天津六州县村庄被淹地亩应征粮租(现月)。　　《德宗实录》卷四八

三月【略】己未，安徽巡抚裕禄奏：遵旨筹恤饥民情形。报闻(折包)。【略】辛未，蠲免陕西华阴县被黄水冲没村庄粮银三年(现月)。分拨江藩司库收存牙帖捐款银九千两，赈济江苏海州沭阳县

---

① “修仁”，原作“修江”，系原文誊抄之误。

② 光绪三、四年华北大旱，为19世纪中国最严重的旱灾之一，灾情以山西尤甚。据河南焦作博物馆所藏《荒年碑》(附录1)，这次大灾“东至长垣，西至长安，南至汝州，北至太原”。灾因除自然因素外，亦与人祸相交织，使晋民灾难雪上加霜。例如，当时平阳府有很多百姓饿死，府城仓廪却堆积各地支援的赈米，官吏延不发放，而太平、曲沃两县于此异常荒旱年头，竟上报有七分收成。更甚者，有些地方官竟照常催征钱粮，或隐匿朝廷蠲缓之命，于完额搜刮钱粮之后始行张贴，并公然侵吞富户捐款、克扣赈粮等。关于此次大灾之史实、影响及气候背景，可参见何汉威(1980)《光绪初年(1876—1879)华北的大旱灾》、满志敏(2000)《光绪三年北方大旱的气候背景》、郝志新等(2010)《1876—1878年华北大旱：史实、影响及气候背景》等相关著述。

被灾贫民(折包)。　《德宗实录》卷四九

四月【略】乙未,【略】豁免湖南鄙县东西南三乡被水田亩钱粮有差(折包)。【略】庚子,【略】署盛京将军崇厚等奏:义州被灾旗户借给籽种银两。如所请行(折包)。【略】辛丑,贵州巡抚黎培敬奏:省城军火局被雷轰毁,震塌附近民房八十余户。得旨:被灾各户著该抚饬属妥为赈恤,毋使一夫失所。【略】丁未,谕军机大臣等,沈葆桢奏现筹捕蝗情形等语。江苏江浦、句容等县,安徽、庐州、太平等处均有蝻子萌生,其势蔓延,逐渐出土,麦田深恐受伤。上年江、皖地方被灾,收成歉薄,民力未纾,何堪再遭荒歉。著沈葆桢、文彬、吴元炳、裕禄分别严饬地方官及各防营,实力搜捕,务期尽除遗孽,以卫农田,倘有督捕不力之员,即著照例奏参惩办。将此各谕令知之。

《德宗实录》卷五〇

五月【略】乙丑,【略】又谕:给事中郭从矩奏,晋省灾歉情形,请严饬认真办理等语。前据鲍源深奏,晋省饥民盈路,业经该前抚饬属开仓赈恤,现在情形若何?三月二十日后各属是否一律得有透雨,地方灾歉全赖筹办得法(现月档)。【略】庚午,【略】两江总督沈葆桢、江苏巡抚吴元炳奏搜捕各属蝗蝻情形。得旨:仍著严饬地方文武,随时搜挖,毋稍疏懈。(随手折)【略】癸酉,谕内阁:前因山西灾歉情形,经前任巡抚鲍源深奏闻,当经准照所请,开仓赈济。曾国荃到任后,复谕令妥筹抚恤。兹据奏称,该省上年秋稼未登,春夏又复亢旱,秋苗未能播种,各属自开仓放赈,饥民就食者多,仓谷不敷,亟须筹款赈济等语。【略】戊寅,【略】谕内阁:何璟、丁日昌奏,福建省城骤遭大水,现筹抚恤等语。本年五月间福建省城雨水过多,山水骤发,兼之海潮上泛,城内外水深五六尺至丈余不等。业经何璟等督率员弁,将被难居民救出安插。该省连年猝被水灾,民情困苦,殊堪矜悯。

《德宗实录》卷五一

六月【略】丙戌,【略】闽浙总督何璟等奏,福州各属及延、漳两府同时被水。得旨:著妥筹抚恤,以纾民困(折包)。【略】戊子,谕军机大臣等,都察院奏,山东民人于双喜等以匿灾不报等词,赴该衙门呈诉一折。据称山东文登县上年被灾成灾,该县匿不禀报,各富户捐银助赈,该县复使土豪把持,并传谕赈款许借不许赈,奸商重利盘剥,显违府谕,任听杂粮出省,该民等赴县恳求,反行请兵捕办,并使土豪雇勇,假冒兵丁拿人,将该民等房产查抄等语。事关地方官匿灾阻赈,纵勇殃民,如果属实,亟应严行惩办,以恤民隐(现月)。【略】辛卯,谕内阁:御史邓华熙奏广东省北被水大概情形,请旨饬查,妥筹赈抚各折片。据称,广东省北江长堤绵亘,为清远等县屏障,闻本年四五月间雨水过多,江河泛滥,石角围堤决口百数十丈,此外河堤复溃塌十余处。又闻连州于五月间山水陡发,居民淹毙万余人,训导康赞修漂流不知下落,四野田庐均被淹没等语(现月)。【略】缓征陕西蒲城被旱地方钱粮(现月)。壬辰,以京师雨泽未沾,上诣大高殿祈祷行礼(现月)。【略】丁酉,谕内阁:何璟、丁日昌奏,运米赈饥,恳准免税等语。本年福建复遇水灾,饥民嗷嗷待哺,全赖运米赈济。现在何璟等已经招商贩运,所有闽省米船经过江苏、浙江关卡,著该督抚等饬令各属一概免税,以广招来而资接济(现月)。【略】辛丑,以甘霖迭沛,上诣大高殿行礼报谢(内记)。【略】丙午,【略】又谕:御史沈鋐奏,各省灾歉迭见,请饬内外臣工勤求治理一折。本年江苏、安徽蝗蝻为患,迭经谕令沈葆桢等督饬搜捕;福建、广东均被水灾,山西亢旱尤甚,亦经谕令该督抚妥筹抚恤。兹据该御史奏称,湖南、广西亦遭水患,陕、甘亦复苦旱,东、豫、畿辅并有飞蝗,苏、浙地方猝遇大风,有塌倒房屋、损坏船只之事。览奏实深廑系,朝廷轸念民依,每遇四方水旱偏灾,宵旰焦劳,时深修省,际此灾祲迭见,内外臣工自应共矢公忠,力图补救。各直省督抚身膺疆寄,于吏治民生尤应力戒因循,认真整顿,闾阎疾苦务当曲为体恤,属吏欺蒙必须随时惩办,庶几上理,日臻自足,以迓和甘而消沴戾。其现在被灾各省轻重情形若何,并如何筹办之处,著该督抚据实具奏,以慰廑念(现月)。

《德宗实录》卷五二

七月【略】丙辰，谕内阁：前因御史邓华熙奏广东省被水情形，当经谕令该督抚查勘抚恤。兹据张兆栋奏，称本年三四月间广东清远各县因雨水过多，围基冲决，田禾村落间被淹浸，现已饬属周历查勘，设法赈济等语(现月)。【略】丁巳，谕军机大臣等，洗马温忠翰奏，山西各府州县连年亢旱，赈恤饥民，需款甚巨。前经曾国荃奏准，截留京饷二十万两，诚恐不敷分拨，除本省劝捐助赈外，不得不预筹协济。查江浙厘金现拨南北洋海防经费，请将此项借拨银一二十万两，以应急需，俟晋省捐款集有成数，再行拨还等语。晋省被灾较重，迭据该抚奏报情形，赈务势难稍缓(现月)。【略】又谕：何璟等奏，闽省水患频仍，请劝谕淮、沪各商捐赈等语。闽省复被水患，筹办赈济，需款甚巨(现月)。【略】司经局洗马温忠翰奏：山西省荒歉太甚，请开捐助赈。下部议(现月)。【略】又谕：曾国荃奏，晋省灾区太广，请仿照天津成案，劝办捐赈一折。著户部归入温忠翰折，一并议奏(现月)。【略】庚申，谕内阁：瑞联、奎昌奏，张家口被水兵房土坝被冲，筹款赈恤一折。前因张家口驻防旗营官房暨护营土坝被水冲塌，【略】正在勘估筹修间，本年六月二十七日大雨如注，山水涨发，堤坝复行冲决，坍塌营房二百余间，间有淹毙人口，并称左翼营房地势低洼，若仅修补旧坝，仍难捍御(现月)。【略】戊辰，【略】减免江宁府属上元、江宁、句容、六合、江浦五县被虫、被旱地方额征漕粮等米十分之三(现月)。

《德宗实录》卷五三

七月己巳，谕内阁：御史刘恩溥奏请饬将捕蝗不力之牧令参处等语。今年天气亢旱，直隶等省间有飞蝗为害，该地方官倘能于蝻孽初萌之时立即扑捕，何至蔓延为患，著各该督抚府尹严饬各属，实力掩捕，如有扑拿不力之员，即行照例参处，毋稍疏纵(现月)。又谕：李庆翱奏本年亢旱情形，请截留京饷漕折银两，以备赈需一折。据称，本年春夏河南省雨少晴多，开封等处被旱尤甚，失业穷黎亟须赈济，备荒积谷及义社各仓业经放罄，拟委员分赴邻境采买粮石，而款项支绌，请截留未解京饷银十万两及光绪元年漕折尾欠银四万七千九百余两以资应用等语。【略】乙亥，【略】缓征山东阳信、滨、蒲台、博兴、乐安、寿光、濮七州县，及坐落县境之卫地屯庄被雹、被旱、被风地方新旧钱粮租课及仓漕等项有差(现月)。丙子，【略】御史张观准奏：各省灾荒太甚，请筹拨巨款，以济时艰。下该衙门议(现月)。【略】己卯，【略】又谕：给事中王道源奏请严禁侵吞赈款一折。本年晋省亢旱成灾，情形甚重，现在筹办赈济事宜，全在地方官吏尽心经画，实惠及民，灾黎庶可不至失所，惟恐不肖之员，乘便营私，或将灾黎户口以少报多，或将采买粮米浮开价值，此等情弊，殊堪痛恨(现月)。【略】两广总督刘坤一等奏，连州等处被水，分别委勘抚恤。报闻(以上随手档、折包)。

《德宗实录》卷五四

八月【略】丁亥，【略】谕内阁：谭钟麟奏，买米赈饥，恳免抽厘一折。本年陕西亢旱歉收，民生困苦，全赖采运米粮，藉资赈济。现谭钟麟委员分赴湖南等省购运，所有陕西采买米粮，经过湖南、湖北、河南关卡，著该督抚等饬令各属，一概免其抽收厘金，以裕民食(现月)。【略】戊子，【略】谕军机大臣等，御史刘锡金奏，历陈陕西荒旱情形，请饬妥办一折。据称近闻陕西同州府属之大荔、朝邑、郃阳、澄城、韩城、白水各县因旱歉收，麦田不过十之一二，华阴、华州、潼关等属秋苗尽为田鼠、蝗虫所害，粮价聚增。大荔、蒲城等处抢粮伤人之案递出。韩城之白马川聚人数千，游勇土匪互相煽乱，并有军械旗帜，请饬办理等语。所奏荒旱情形，自应速筹赈济(现月)。【略】壬辰，【略】谕内阁：李鸿章奏，购粮备赈，请免抽厘等语。本年直隶歉收，民食维艰，全赖采运粮石，藉资平粜，并备赈需。现在李鸿章已经委员赴奉天采购，并招来商贩，一体购运。所有直隶采买米粮，经过沿途关卡，著该省将军府尹饬属概行免征厘税，以广招来而裕民食(现月)。【略】甲午，【略】闽浙总督何璟等奏台北遭风抚恤情形。得旨：据奏台北遭风情形甚重，著即分饬营厅各员妥筹抚恤，毋令一人失所(随手)。

《德宗实录》卷五五

八月【略】癸卯，【略】又谕：夏同善奏，晋、豫二省被灾甚重，请旨加拨赈帑，并饬李鸿章采买米



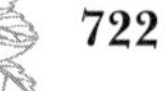

粮接济晋省各折片。本年山西、河南亢旱成灾，而山西为尤甚，饥民嗷嗷待哺，道殣相望，披览所奏情形，实深矜悯(现月)。【略】戊申，谕内阁：本年山西亢旱，被灾甚重，曾准曾国荃所请，截留应解京饷银二十万两，并令李鸿章筹拨银十万两助赈。河南亦被旱灾，复准李庆翱所请，暂留未解京饷及漕折银共十四万七千余两，以资应用。惟念灾区较广，饥民嗷嗷待哺，实堪矜悯，朝廷轸念穷黎，深恐未能遍及，致令失所。著户部即行筹拨银二十万两，李鸿章再行筹拨银二十万两，作为该两省赈款。山西情形最重，河南情形稍轻，所有此次备赈银四十万两，著以七成拨归山西，以三成拨归河南(现月)。【略】庚戌，【略】谕军机大臣等，谭钟麟奏，陕省被灾甚广，请饬催各省欠饷，以资赈济。韩城匪徒剿捕已尽，现办赈务情形各一折。【略】辛亥，【略】又谕：本年各直省旱潦为灾，山西、河南被灾尤重，业经拨款购粮，藉资赈济。【略】壬子，谕内阁：本年山西、河南亢旱，迭经拨款，分别筹办赈恤。近闻河南被旱成灾，与山西亦复相等，民间乏食，颠沛流离，几至转徙沟壑。本届起运江南漕粮八万石，除拨给山西四万石外，下余四万数千石，著尽数拨给河南。　《德宗实录》卷五六

九月【略】乙卯，【略】谕军机大臣等，溥丰等奏，兵役困苦，请赏发银两一折。本年亢旱歉收，粮价腾贵，商贩稀少，所有守护陵寝官兵等应领漕米尚未支领，刻下谋食维艰，异常困苦。自系实在情形，加恩著照所请，赏给银二万两。【略】丙辰，以京师雨泽尚未沾足，山西、河南、陕西等省亢旱成灾，上诣大高殿祈祷行礼。【略】壬戌，谕内阁：沈葆桢奏，续陈捕蝗情形，预筹冬令收买蝻子一折。本年江苏、安徽两省飞蝗害稼，其麇聚地方，竟至堆积盈尺，经该督抚严饬所属，实力扑除。兹据沈葆桢奏，称除蝗之法，捕蝗不如除蝻，除蝻不如收子，现与吴元炳、裕禄预商筹备，分饬各州县购挖蝻子，定价招来，以绝根株。所筹尚妥，因思本年直隶等省飞蝗甚广，亟须一体搜除遗孽，庶来岁不至蔓延。著该督抚筹画经费，饬令各州县收买蝻子，俾民间踊跃争先，以期搜捕净尽。其被灾处兼可以工代赈。各该督抚务当实力考查，如有地方官奉行不力，懈忽从事，即行严参惩办(现月)。【略】乙丑，以甘霖尚未渥沛，上复诣大高殿祈祷行礼。【略】谕内阁：翰林院侍讲张佩纶奏，请广开言路，以拯时艰一折。【略】本年灾沴迭见，水旱蝗蝻之灾偏于数省，业经截漕发帑，蠲赈兼施，惟念吏治有无因循，民生有无怨恫，用人行政有无阙失，允宜上下交修，以图至计。【略】丁卯，【略】又谕：有人奏，陕西旱灾情形，请饬妥筹捐赈，以纾民困，并州县不恤民命各折片。据称，陕西各属亢旱异常，至八月杪尚未得雨，谷价腾踊，民食维艰，现办赈捐，恐不肖官吏乘便营私，其弊不可胜言，宜责成各州县慎选绅耆。　《德宗实录》卷五七

九月戊辰，【略】又谕：左宗棠奏筹办陕甘赈务一折。陕西今岁亢旱异常，迭经降旨，令谭钟麟将应办事宜实心筹画。兹据左宗棠奏陕西荒歉情形，并甘肃庆阳府各属亦被旱灾，殊深廑念。【略】己巳，谕军机大臣等，翰林院编修何金寿奏请早筹巨款，购粮平粜一折。本年山西各省被灾甚重，直隶属境亦大半灾荒不，饥民来京者不少，粒食维艰，大为可虑。【略】庚午，【略】又谕：都察院奏，内阁侍读王宪曾等遣抱以陕西荒灾甚迫，恳请业拯救等词，赴该衙门呈诉，据情代奏一折。据称陕省旱荒日久，西、同各属及南北二山饿莩枕藉；韩、蒲等县游勇土匪勾结饥民，肆行抢掠。藩司卧病半年，僚属罕见，信任门丁余姓，营私废公，刚愎好谀。有以蠲赈请者为张惶，并声言军务将起，委员四出，催科派捐，怨声载道。该抚因在籍藩司张瀛致书，始将蒲城钱粮奏请蠲缓，其余概置不问。嗣因该县戕官，调兵二百，严自守卫，且厌闻灾歉，属吏不敢直言等语。【略】辛未，【略】又谕，给事中崔穆之奏，直隶、山东接壤地方秋收歉薄，民情不靖，南北驿路时有劫夺之案。瞬届隆冬，更恐贫民无赖之徒，啸聚为患，亟应安辑巡防等语。【略】甲戌，以节逾霜降，尚未渥沛甘霖，上复诣大高殿祈祷行礼。【略】又谕：刘坤一等奏，运米平粜，请免税厘一折。本年广东江水涨发，广州府等属被水成灾，现经该督抚派员前赴江苏、上海、镇江等处采买米厚，运回平粜，以济灾黎。著照所请，将经过沿途关卡，应完税项厘金概行宽免。【略】庚辰，【略】谕内阁：李庆翱奏，勘明成灾州

县，请分别抚恤加赈，开单呈览一折。豫省本年亢旱成灾，民情困苦，亟应筹办赈恤，以苏民困。加恩著照所请，所有勘明成灾之祥符、荥泽、获嘉、济源、原武、修武、孟、洛阳、孟津、郑、禹、偃师、巩、新安、淇、延津、封丘、陕、灵宝、阌乡、汝、伊阳、武陟等二十三州县著先行抚恤一月口粮，其被灾九分者，极贫加赈三个月。【略】汤阴、林等二县著不论成灾分数，极贫、次贫均赏给两个月口粮。汲、新乡、辉等三县著毋庸抚恤，仍各按成灾分数照例加赈。【略】山东巡抚文格奏泰山碧霞祠宇被雷火轰烧情形。【略】辛巳，【略】谕军机大臣等，何璟等奏，闽省设局浚河，请留在籍道员襄办，并兴化府属等处被风，现在查勘各等语。福建地方连年被水，亟宜浚治河道，杜患未萌。【略】兴化府属等处猝被风灾，小民荡析离居，深堪悯恻。【略】缓征陕西蒲城、大荔、朝邑、韩城、郃阳、白水、澄城、泾、三原、高陵、富平、同官、耀、肤施、甘泉、定边、保安、延长、安定、靖边、延川、宜川、安塞、葭、怀远、府谷、榆林、神木、乾、永寿、武功、鄜、洛川、中部、宜君、绥德、米脂、清涧、吴堡、沔、汾、三水、长武、淳化四十四州县，留坝、褒城、潼关三厅县，暨渭南、临潼二县被旱地方本年未完钱粮米石及旧欠银粮有差（现月）。

《德宗实录》卷五八

十月【略】癸未，谕军机大臣等，曾国荃奏，山西全省被灾，本岁秋禾未收，来年春麦未种，停赈无期，急须广筹款项。【略】甲辰，【略】谕军机大臣等，本年陕西蒲城等处被旱，福建闽县等处被水，江苏上元等处被虫、被旱，兼因兵燹之后，田亩抛荒；山东阳信等处被旱、被风、被雹，业经各该省奏到，已加恩将新旧钱粮漕米分别减免缓征。山西全省被旱，特由户部拨银二十万两，谕令李鸿章于海防经费项下拨银八万两，将天津练饷制钱发商生息一款易银十万两拨给，提办来年江西、湖北漕粮五万石运赴该省，预拨山东本年冬漕八万石，并准截留京饷二十万两以资赈济。河南被旱，特令李鸿章于海防经费项下拨银十二万两，截留本界江、安漕粮四万石，预拨山东本年冬漕八万石，并准截留京饷银十万两，漕折银四万七千余两办赈，暨准该抚所请，分别加赈抚恤。并谕令河南、山西各该抚查明被旱灾区，奏请蠲缓钱粮。安徽六安等处被蝗，该抚已筹银米平粜。云南东川等府属被旱，经该督抚酌拨银两赈恤。直隶保定等处被旱，经该督赈粮赈济。江苏被蝗各属，经该督抚筹款收买蝻子，藉资工赈，小民谅可不至失所，惟念来春青黄不接之时，民力未免拮据，著传谕该督抚等，体察情形。【略】江西靖安被水，丰城等处低田被淹，鄱阳被旱，广东清远等处被水，甘肃皋兰等处被雹，迪化等处被旱、被虫，浙江余杭等处田禾被淹，富阳等处田禾被风、被水，湖南浏阳等处低田被淹，福建台湾北路被风，江苏沿江沿河低田被淹，山东各属田禾间因被旱受伤，安徽各属间被水、旱、虫灾，均经该督抚等委员查勘，即著迅速办理，并将来春应否接济之处，一并查明，于封印前奏到。【略】丁亥，【略】以京畿雨泽尚未深透，上复诣大高殿祈祷行礼。【略】壬辰，谕内阁：铭安等奏，三姓地方被安情形，恳请量予抚恤一折。本年九月间三姓地方猝遭风雹，田庐被淹，旗民荡析离居，殊堪悯恻。【略】乙未，以京师甘澍优沾，上诣大高殿报谢行礼。

《德宗实录》卷五九

十月丁酉，【略】又谕：本年京师夏间亢旱，顺天各属收成歉薄，现在粮价昂贵，贫民糊口维艰，且河南、山西被灾甚重，饥民转徙流离，至近畿一带觅食者谅亦不少，著顺天府体察情形。【略】戊戌，【略】又谕：御史林拱枢奏，福建上杭县建有仙师庙，咸丰七年间，发逆窜扰县城，仰赖神灵助顺，转危为安，并驱疫祷雨，迭昭灵应，请饬查明赏加封号等语。著该督抚查明具奏（现月）。【略】己亥，【略】蠲缓山东郓城、濮、范、寿张、临清、济宁、历城、邹平、齐东、济阳、禹城、德州、德平、平原、惠民、青城、乐陵、滨、利津、蒲台、滋阳、邹、汶上、阳谷、菏泽、曹、巨野、观城、朝城、聊城、堂邑、莘、馆陶、冠、恩、临淄、邱、金乡、鱼台、章丘、长山、齐河、临邑、陵、宁阳、定陶、茌平、夏津、海丰、乐安、淄川、新城、长清、泰安、肥城、东平、东阿、平阴、阳信、曲阜、泗水、滕、峄、单、城武、武城、兰山、博平、清平、高唐、嘉祥、沾化、莒、益都、临朐、博兴、寿光、昌乐、潍七十九州县，德州、东昌、临清、济宁、东平五卫，暨永阜、永利、王家冈、官台等场灶被水、被虫、被旱、被碱及被沙压地方各村庄新旧额赋并地

租杂课有差(现月)。庚子,谕内阁:给事中郭从矩奏,灾民流离失所,请饬地方官设法抚辑一折。本年山西、陕西、河南等省亢旱,灾区甚广,散赈难周,饥民转徙求食,深堪悯恻,亟应速为抚辑,以拯穷黎。【略】乙巳,【略】又谕:阎敬铭、曾国荃奏,查明成灾各厅州县照例抚恤,并分别加赈口粮一折。本年山西春麦歉收,自夏徂秋未得透雨,禾苗枯槁,杂粮仍复萎黄,小民罹此奇灾,实堪悯恻。所有阳曲、太原、榆次、太谷、祁县、徐沟、交城、文水、临汾、襄陵、洪洞、浮山、太平、岳阳、曲沃、翼城、汾西、乡宁、吉、长治、长子、屯留、襄垣、潞城、黎城、壶关、汾阳、平遥、介休、孝义、临、石楼、永宁、宁乡、怀仁、山阴、应、朔、右玉、平鲁、凤台、阳城、陵川、沁水、永济、临晋、猗氏、荣河、万泉、虞乡、辽、榆社、沁、平定、盂、忻、武乡、沁源、代、解、崞、安邑、夏、平陆、芮城、绛、稷山、河津、闻喜、绛县、垣曲、霍、赵城、灵石、隰、大宁、蒲、永和、和林格尔、清水河、萨拉齐、托克托城八十二厅州县乏食贫民著不分成灾分数,先行正赈一个月口粮。其被灾十分者,极贫加赈四个月,次贫加赈三个月;被灾九分者,极贫加赈三个月,次贫加赈两个月;被灾八分七分者,极贫加赈两个月,次贫加赈一个月;被灾六分者,极贫加赈一个月,以赡穷黎。该督即严饬各属查明户口,核实给发,务使实惠及民,毋任胥役等克扣舞弊(现月)。【略】庚戌,【略】谕军机大臣等,御史李嘉乐奏,河南仓谷久缺,请饬清查买补一折。据称,本年河南旱灾极广,仓谷存剩无多,该督仅令有谷州县搭放粥赈,而于无谷州县尚未参一亏空之员,办一买补之案,请饬清查亏欠确数。并于湖北、安徽之成熟地方买补还仓等语。

《德宗实录》卷六〇

十一月壬子朔,【略】谕内阁:前因御史李嘉乐奏,河南布政使刘齐衔讳灾暴敛,贻误地方;并道员尹耕云把持招摇,道员刘成忠患病,废弛公事等情。当派崇绮、邵亨豫前往查办。旋据御史余上华奏,巡抚李庆翱玩愒颓唐,罔顾大体各节,亦经谕令崇绮等确查具奏。兹据奏称,查明原参所称卫辉府知府李德均因报灾撤任一节,虽因臬司有应行札调审办案件,实由该藩司因其报灾禀请撤任所致,其解粮均限八分之数。则因上年各属钱粮征解已及八分八厘,本年被灾地方上忙钱粮多有完解五分以上至九分不等,并有地丁耗羡埽数全完之处。现开清单呈览,是原参成灾地方严为催比各节不为无因。所称道府州县相戒不敢言灾,实无其事。【略】乙卯,【略】蠲缓河南祥符、郑、荥泽、禹、汤阴、林、汲、新乡、辉、获嘉、淇、延津、封丘、济源、修武、武陟、孟、原武、洛阳、偃师、巩、孟津、新安、汝、灵宝、阌乡、陕、伊阳、陈留、杞、通许、尉氏、洧川、鄢陵、中牟、兰仪、荥阳、汜水、商邱、宁陵、永城、鹿邑、虞城、夏邑、睢、柘城、考城、安阳、武安、涉、临漳、内黄、滑、浚、河内、阳武、永宁、南阳、唐、泌阳、桐柏、邓、内乡、淅川、裕、舞阳、叶、正阳、淮宁、西华、项城、沈丘、太康、扶沟、许、临颍、襄城、长葛、光山、固始、息八十一厅州县被旱村庄新旧额赋有差(现月)。丙辰,【略】蠲缓直隶清苑、完、雄、交河、阜城、肃宁、景、东光、献、唐、元城、大名、枣强、武邑、定、曲阳、满城、望都、吴桥、青、静海、沧、南皮、盐山、庆云、新乐、武强、安平、武清、蓟、大城、文安、滦、安肃、安、高阳、河间、任丘、故城、宁津、天津、藁城、邢台、沙河、南和、唐山、平乡、广宗、巨鹿、任、永年、邯郸、广平、鸡泽、磁、南乐、清丰、遵化、丰润、衡水、宁晋、饶阳、蠡、成安、曲周、新河、开、东明、长垣六十九州县歉收村庄粮赋,并减免差徭(现月)。丁巳,谕内阁:御史邓庆麟奏请饬讲求吏治一折。本年各省被灾地方甚多,小民困苦颠连,实堪悯恻。全在地方官勤求民瘼,除暴安良。【略】缓征安徽灵璧、亳、凤台、泗、天长、盱眙、合肥、五河、定远、寿、涡阳、铜陵、宿、霍邱、庐江、怀远、巢、潜山、建德、颍上、太湖、无为、当涂、阜阳、贵池、宿松、繁昌、芜湖、东流、怀宁、桐城、望江、宣城、南陵、青阳、蒙城、舒城、太和、广德、建平、凤阳、滁、来安、全椒、和、含山四十六州县歉收地方新旧漕粮并杂课有差(现月)。己未,【略】又谕:丰绅奏,查明各城秋成分数,恳恩展缓前借口粮,请饬拨接济银两一折。本年黑龙江城暨黑龙江站收成歉薄,若将前借接济口粮依限缴还,未免益形拮据,加恩著照所请。【略】辛酉,谕内阁:吏部奏遵旨分别议处一折。河南布政使刘齐衔于属员禀报灾荒,率以捏报,详请撤任,并于亟应蠲缓地方照常征收批解，实属办理失当，著照部议革职。巡抚李庆翱于府县因报灾撤任，无不如详办理，连年荒歉未能预筹布置，亦属疏忽，著照部议，降三级调用，不准抵销。【略】谕军机大臣等，御史唐树楠奏，山西旱灾，请饬开井灌田，并赶种春麦各折片。据称开井灌田为救荒良策，请饬责成州县及时举办，并查种麦地方，于明年春初多购籽种，赶种春麦，以补捐赈之不逮等语。著曾国荃体察情形，妥筹办理。【略】壬戌，【略】稽查山西赈务前工部右侍郎阎敬铭、山西巡抚曾国荃奏：晋省饥民倒毙日多，请准续拨江、鄂漕米六万石，以资赈济，如所请行(折包)。

《德宗实录》卷六一

十一月丁卯，【略】谕军机大臣等，李鸿章奏，奉拨山西赈粮，运费不敷，请饬宽筹借济一折。据称，东漕八万石运至山西需费二十余万两，东省为筹借运费银十万两，不敷甚巨，别无款项可筹。请仍饬山东宽筹拨借等语。【略】甲戌，【略】蠲缓湖南武陵、安乡、益阳、澧、沅江、华容、湘阴、龙阳、巴陵、临湘十州县暨岳州卫被水、被旱各屯庄新旧漕粮并杂课有差(现月)。乙亥，以京师得雪稀少，上诣大高殿祈祷行礼。【略】戊寅，【略】蠲缓河南宜阳、登封、渑池、郑、温五县被旱村庄新旧额赋并给赈口粮(现月)。

《德宗实录》卷六二

十二月辛巳，【略】蠲缓江苏长洲、元和、吴、吴江、震泽、常熟、昭文、昆山、新阳、娄、金山、青浦、武进、阳湖、无锡、金匮、江阴、宜兴、荆溪、丹徒、溧阳、太仓、镇洋、嘉定、太湖、靖江、华亭、宝山二十八厅州县，暨苏州、太仓、镇海、金山四卫，并镇江卫之泰州、泰兴、江都、甘泉各屯卫荒歉地方正赋杂课有差(现月档)。【略】甲申，以雪泽未沾，上复诣大高殿祈祷行礼。【略】丁亥，【略】缓征陕西咸宁、长安、孝义、宁陕、咸阳、醴泉、盩厔、兴平、蓝田、华阴、华、凤翔、宝鸡、扶风、岐山、汧阳、陇、南郑、城固、西乡、略阳、宁羌、佛坪、凤、安康、平利、紫阳、白河、洵阳、石泉、砖坪、汉阴、商、商南、雒南、镇安、山阳、渭南、临潼三十九厅州县被灾地方新旧额赋有差(现月档)。缓征两淮泰州属富安、安丰、梁垛、东台、何垛、丁溪、草堰、刘庄、伍祐、新兴、庙湾十一场，海州属板浦、中正、临兴三场被旱、被潮灶地折价钱粮(现月档)。【略】己丑，谕内阁：前据崇绮等奏，河南饥民遮道呈诉豪户蒙蔽勒捐，并恳求蠲缓等节。【略】又谕：左宗棠奏请将玩视民瘼之知府革职等语。甘肃庆阳府地方本年亢旱成灾，经左宗棠饬令筹办赈务，该知府庭中瑜延宕数月之久，并无禀报，实属玩视民瘼，庭中瑜著即行革职，以昭儆戒(现月档)。【略】庚寅，【略】蠲缓浙江仁和、钱塘、海宁、富阳、余杭、临安、新城、于潜、昌化、嘉兴、秀水、嘉善、海盐、平湖、石门、桐乡、归安、乌程、长兴、德清、武康、安吉、孝丰、象山、山阴、会稽、萧山、诸暨、余姚、上虞、新昌、嵊、临海、黄岩、天台、仙居、宁海、金华、兰溪、东阳、义乌、永康、武义、浦江、汤溪、西安、龙游、常山、开化、建德、淳安、遂安、寿昌、桐庐、分水、永嘉、乐清、瑞安、泰顺、丽水、缙云、青田、松阳、宣平六十五州县，暨杭严卫杭、严二所，嘉湖卫嘉、湖二所，台州、衢州二卫所被水、被旱、被风、被虫地方新旧正赋杂课有差(现月档)。【略】癸巳，【略】安徽巡抚裕禄奏：各属收买蝻子经费，数在三百千以上者，请提拨芜关常税济用。从之(折包)。【略】缓征湖北咸宁、嘉鱼、汉阳、汉川、黄陂、孝感、蕲水、黄梅、钟祥、天门、应山、江陵、公安、监利、松滋、荆门、沔阳、京山、潜江、应城、石首、枝江、江夏、武昌、黄冈、广济二十六州县暨武昌等卫受旱、被水地方新旧钱米漕粮有差(现月档)。甲午，以雪泽未沾，选光明殿道众，在大高殿设坛虔祷，上亲诣行礼。

《德宗实录》卷六三

十二月丙申，谕内阁：李鸿章奏，粥厂不戒于火，请将该管委员分别参办，并自请议处一折。本月初四日天津东门外粥厂不戒于火，伤毙人口甚多，该委员等平时漫不经心，临事又不力筹救护，致饥困余生，罹此惨祸，实堪痛恨，候补盐大使吕伟章、候补典吏丁廷煌均著革职，永不叙用。【略】蠲缓山西阳曲、太原、榆次、太谷、祁、徐沟、交城、文水、平定、盂、寿阳、忻、代、临汾、洪洞、浮山、乡宁、岳阳、曲沃、翼城、太平、襄陵、汾西、吉、霍、赵城、灵石、永济、临晋、虞乡、荣河、猗氏、解、夏、芮

城、绛、垣曲、绛、稷山、河津、隰、大宁、蒲、永和、长治、长子、屯留、襄垣、潞城、壶关、黎城、汾阳、孝义、平遥、介休、石楼、临、永宁、宁乡、沁源、武乡、凤台、高平、阳城、陵川、辽、和顺、榆社、怀仁、应、山阴、右玉、朔、平鲁、平陆七十五州县，暨托克托城、和林格尔、萨拉齐三厅被旱、被雹、被霜地方钱粮米豆有差(现月档)。丁酉，谕军机大臣等，给事中郭从矩奏，请借用轮船，招商买米一折。据称晋、豫两省灾黎甚众，待赈孔殷，拟请由盛京、江、浙、湖广、山东各省素产粮米之区出示招商，采买米石，俟集有成数，报知各该地方官，借用官办轮船，由江苏、上海为之济运，直达天津。更以回空之船，分赴烟台、牛庄装运杂粮，亦达天津，听凭商人自行装载，分赴晋、豫售卖，以资接济，京师粮价藉此稍平，并请饬直隶拨兵护送，以免饥民沿途截抢等语。采买粮石，自是目前要务，给事中所陈各节，是否可行，有无窒碍，著李鸿章酌度情形，通盘筹画。并咨行盛京、江苏、浙江、湖南、湖北、山东各将军督抚筹商一切，酌量办理。所称由两江总督及福建船政大臣各拨轮船一二号，专听商贩运米赴津，经费仍由该局给发，或令商人酌估若干之处，著沈葆桢、吴赞诚妥为筹议，仍著咨商李鸿章斟酌办理，原折著抄给李鸿章阅看，将此各谕令知之。寻李鸿章奏：郭从矩所奏并无窒碍之处，臣已咨各省将军督抚招商贩运，以济灾区。报闻(现月、折包)。【略】庚子，【略】又谕：本年山西、河南两省被灾极重，朝廷迭经截漕发帑，赈恤穷黎，而宵旰焦思，无时或释。现届冬深，京畿尚少雪泽，该两省疆臣奏得雪分寸不等，亦未一律深透。以后祥霙普被，春麦即有补种之处，而转瞬即届上忙，以饥馑余生，再事催科，深虞民力有所不逮，所有山西、河南两省成灾州县，应征光绪四年上忙正杂钱粮，著普行蠲免，以纾民力。【略】甲辰，上复诣大高殿祈雪坛行礼。【略】丙午，【略】黑龙江将军丰绅等奏：查明呼兰厅属巴彦苏苏等贴段田禾被灾，请分别展缓租额，以纾民力。从之(折包)。

《德宗实录》卷六四

## 1878 年 戊寅 清德宗光绪四年

正月【略】壬子，缓征直隶满城、唐、望都、完、雄、献、阜城、肃宁、交河、景、吴桥、东光、青、静海、沧、南皮、盐山、庆云、行唐、新乐、元城、大名、枣强、武邑、武强、安平、定、曲阳、开、东明、长垣三十一州县被灾歉收村庄本年新赋正杂粮租，暨武清、蓟、大城、文安、滦、清苑、安肃、蠡、安、高阳、河间、任丘、故城、宁津、天津、藁城、邢台、沙河、南和、唐山、平乡、广宗、巨鹿、任、永年、邯郸、成安、曲周、广平、鸡泽、磁、南乐、清丰、遵化、丰润、新河、衡水、宁晋、饶阳三十九州县被灾歉收村庄旧欠粮赋杂课原贷仓谷等项有差(现月)。【略】甲寅，谕军机大臣等，李鹤年等奏，会筹豫省赈需，请截留漕粮，拨借米谷捐款一折。豫省被灾甚广，【略】此次如再截留，恐京仓亦经缺乏，晋灾之惨与豫相等，直境亦遍地哀鸿。平粜余米，该二省能否借备豫省赈需，亦难遽定。江南上年始则被蝗，秋收又形歉薄，各该州县义仓积谷，均应自备灾荒。台湾捐款，系为海防要需，提拨亦未必应手。朝廷于各省情形，不能不通盘筹画，是以特交户部议奏。【略】缓征山东临清、历城、章丘、邹平、长山、济阳、禹城、德、德平、平原、乐陵、滨、滋阳、邹、寿张、菏泽、曹、范、朝城、堂邑、莘、冠、恩、临淄、丘、武城、金乡、鱼台、济宁、齐东、青城、海丰、利津、蒲台、汶上、阳谷、定陶、巨野、郓城、濮、观城、聊城、馆陶、乐安四十四州县，暨鱼台坐落滕县寄庄，滕县坐落鱼台寄庄，济宁卫坐落郓城屯庄，德州、临清、济宁、东昌四卫，东平所，永阜等场被灾地方本年额赋并租课等项有差(现月)。【略】丁巳，【略】安徽巡抚裕禄奏：遵议安集山西等省灾民，请令灾民之来皖南者，或垦有主之田，照章认租；或查无主归官之田，授亩耕种；江北田多有主，应由地方官劝谕绅富公平定价，招佃承垦，至升科仍照旧章，免两年钱粮，三年征半，四年全征。报闻(折包)。【略】戊午，【略】蠲缓浙江海沙、浦东、钱清、西兴、长亭、芦沥、横浦等场被灾歉收场灶荡田光绪三年灶课钱粮，并展缓灾歉各场节年原缓带征，暨下砂场旧欠灶课(现月)。【略】辛酉,【略】闽浙总督何璟等奏:福建福州、延平、建宁、邵武各盐帮被水,请将课厘减缓带征。下户部议(折包)。

《德宗实录》卷六五

正月丙寅,【略】山东巡抚文格奏:遵旨提前起运冬漕,分拨山西、河南十六万石备赈。报闻(折包)。【略】戊辰,【略】缓征江西南昌、新建、进贤、丰城、南丰、峡江、清江、新淦、新喻、吉水、庐陵、莲花、安福、永新、东乡、鄱阳、余干、乐平、万年、都昌、建昌、德化、彭泽、德安、湖口、宁都二十六厅州县,暨建昌之安义寄庄,九江府同知所辖九、南二卫被水、被旱地方额赋粮租杂课,并递缓历年灾歉原缓额赋粮租杂课,原贷修堤银两有差(现月)。【略】辛未,以京师雪泽稀少,上诣大高殿祈祷行礼(内记)。壬申,【略】豁缓直隶文安、天津二县积涝地亩粮银旗租暨原贷仓谷等项有差(现月)。【略】庚辰,【略】以京师雪泽稀少,上诣大高殿祈祷行礼(内记)。【略】谕内阁:谭钟麟奏,陕西上忙钱粮请缓开征一折。陕西上年秋间亢旱,渭河以北至邠、凤一带种麦失时。北山地寒,种麦无多。汉中、兴安、商州及渭河以南各属,民情均属拮据,若将应征钱粮照常征收,民力实有未逮。加恩著照所请,所有陕西本年上忙钱粮一律缓征。

《德宗实录》卷六六

二月辛巳朔,【略】谕内阁:翰林院侍讲张佩纶奏请敬遵成宪,遇灾修省各折片。所陈诚祈、集议、恤民、省刑四条,不为无见。上年山西、河南、陕西等省亢旱成灾,冬雪亦未深透,国家轸念民艰,实深焦灼,虽迭次设坛虔祷,尚未渥沛甘霖。【略】甲申,【略】谕内阁:京师及近畿等省入春以来雨泽稀少,业经设坛祈祷,两次亲诣大高殿拈香,并派惇亲王奕誴等分诣时应宫等处拈香,迄今未渥沛甘霖,农田待泽孔殷,朕心更深焦盼。【略】谕军机大臣等,本年京师雨泽稀少,迭经设坛祈祷,尚未渥沛甘霖,农田待泽孔殷,朕心实深焦盼。著李鸿章克日派员前赴邯郸县龙神庙,敬谨迎请铁牌到京,在大光明殿供奉,以迓和甘,将此谕令知之(现月)。【略】乙酉,谕内阁:曾国荃奏请缓征麦后应征钱粮一折。山西被灾极重,本年成灾州县上忙钱粮业经降旨,普行蠲免,惟自冬徂春雪泽稀少,春麦尚未补种,若将带征各项钱粮届时照例开征,民力仍有未逮,加恩著照所请,所有麦熟后应征成灾州县分年带征及各州县未被灾并歉收各村庄原缓钱粮,著一律缓至光绪五年秋后再行起征,以纾民力。【略】钦差大臣左宗棠奏,提款赈恤蒙古灾民。报闻(折包)。【略】蠲缓吉林甬子沟、三清宫、二道河、东山一带被灾、被扰地方租赋(现月)。【略】丁亥,【略】谕军机大臣等,邯郸县龙神庙铁牌祈雨灵验,已谕令李鸿章派员迎请,俟铁牌到京时,著万青藜、彭祖贤敬谨迎至大光明殿供奉,并著内务府遴选僧众、道众两坛,在大光明殿虔诚祈祷,派怡亲王载敦,常川上香行礼(现月)。【略】戊子,【略】谕内阁:前因京师及近畿各省入春以来雨泽稀少,迭经开坛祈祷,迄未渥沛甘霖,著文格即日前往泰山虔诚祈祷,以迓和甘(现月)。【略】己丑,【略】署吉林将军铭安等奏,三姓被灾旗丁,请拨库款接济。从之(折包)。【略】癸巳,以京师及近畿等省甘霖未沛,再遣惇亲王奕誴前赴黑龙潭拈香(现月)。【略】甲午,【略】又谕:荣禄奏,雨泽稀少,请清理疑狱一折。

《德宗实录》卷六七

二月【略】丁酉,【略】又谕:御史田翰墀奏各省饥民请饬资遣归耕一折。直隶、河南、山西、陕西各省被灾饥民四出就食,现在春耕伊迩,若令有业之民久羁在外,深恐荒芜田地,无以谋生。著各省督抚仿照上年江南救荒成案,饬属于赈务告竣后,将各处饥民妥为资遣回籍,庶不致有误耕期。其无力耕田者,并著将各州县所存仓谷酌给籽种,俾资耕作。【略】黑龙江将军丰绅奏:齐齐哈尔旗营屯站田禾歉收,请借仓粮二万石,以作籽种口粮之需。又奏,呼兰厅属之巴彦苏苏去岁被灾,请加赈以恤灾黎。均从之(折包)。【略】己亥,谕内阁:上年被灾省分冬雪稀少,春雨愆期,迭经设坛虔祷,为民请命,而杲杲出日,继之以风,节逾春分,尚未一沾渥泽,千里赤地,东作难施,饥馑余生,何以堪此。【略】壬寅,【略】蠲缓河南陈留、杞、兰仪、通许、中牟、荥阳、汜水、密、新郑、武安、涉、阳武、嵩、卢氏、宝丰、鲁山、郾陵、尉氏、洧川、裕、叶、西华、太康、扶沟、南召、长葛、郑、荥泽、禹、汤阴、林、汲、新乡、获嘉、辉、淇、延津、封丘、济源、修武、武陟、原武、偃师、巩、孟津、新安、陕、灵宝、阌乡、汝、伊阳五十一厅州县被灾地方新旧钱漕，内黄、永宁、西平、遂平、确山、滑、浚、舞阳、泌阳、内乡、考城、临颍、许、睢、淮宁、商水、郾城、襄城、安阳、临漳、河内二十一州县分别缓征（现月）。【略】甲辰，上以雨泽未沾，再诣大高殿祈祷行礼，诣宣仁庙拈香。【略】丙午，【略】又谕：翰林院编修何金寿奏，遇灾修省，请训责枢臣一折。前因近畿等省被灾甚广，雨泽愆期，业经降旨悔过省愆，以冀感格天心，速沛甘霖。兹据何金寿奏称，【略】此次饥馑荐臻，疮痍满目，天降奇灾，皆由政令阙失所致。【略】又谕：给事中夏献馨奏请修掩骼之政一折。上年山西、河南亢旱成灾，饥民流亡，委填沟壑者不少，深堪悯恻。著各该抚酌拨银两，分遣委员，于散赈时随地查察，凡有遗骸未经掩埋者，官为督理瘗之，无任暴露。至新疆各城地方兵民残骸，并著统兵大臣督饬营员及该地方官概行收瘗。至京师五城地面，近来道殣颇多，亦著该管官随时迅速收埋，以示矜恤而平疠气（现月）。【略】山东巡抚文格奏：恭诣泰山祷雨礼成。报闻（折包）。【略】戊申，谕内阁：詹事府左庶子黄体芳奏，灾区太广，宜筹拯救之方。【略】又称，上年天津粥厂失火，烧毙二千余人，委员平日不知防火，火发后不知去向，以致门者禁不许出，同归于烬。仅予免职，不足蔽辜。天津粥厂失火一案，前据李鸿章奏伤毙多命，并未确计人数，著再详细查察，如所参属实，即将该委员等严参治罪，以为贻害民生者戒。【略】又称，天津、保定粥厂裁撤，以致京师流民日多，请近京分设粥厂一节，所见甚是。现在京师七门外已添设粥厂五处，赡济外来穷民。即著李鸿章仍于天津、保定等处酌设粥厂，以拯灾黎。【略】又称，直隶旱灾甚重，大荒者约有二十州县，不止河间一府，眉睫之患，宜为预防。【略】庚戌，【略】又谕：翰林院代递检讨王邦玺奏，京师自去冬以来，城市卖食物者，每被贫民抢夺，现在外来饥民日多，恐转相效尤，易致生事，请饬巡查弹压等语。【略】谕军机大臣等，翰林院侍讲廖寿恒奏，【略】据称去年河间等属被旱较重，地方州县捏报六七分收成，藩司孙观并未查驳，迨编修何金寿疏陈直荒旱，李鸿章责问该藩司，始行改详，据以覆奏。该督未能觉察于先，难辞其责。近日直境流民纷入都城，亦见该督办理赈务之未善。至招商之弊，物议滋多，开矿之举亦无把握。【略】蠲缓直隶阜城、景、交河、东光、河间、献、宁津、任丘、肃宁、吴桥、故城、唐、完、行唐、武强、枣强、武宁等十七州县灾歉各村庄地租粮赋。蠲免福建侯县被水各乡丁银粮米。　　《德宗实录》卷六八

三月辛亥朔，【略】又谕：御史余上华奏，觉生寺祈雨设坛之所，俗称九龙冈，祷雨辄应，上年总管内务府大臣茂林与其兄庆林占此官地营葬，传闻握断龙脉，本年易地设坛，以致祈祷无灵，请旨饬查等语。著全庆、徐桐前往觉生寺，确切查明，据实具奏（现月）。【略】丙辰，上以京师及近畿等省雨泽未沾，诣大高殿祈祷行礼。诣昭应庙拈香。【略】乙丑，【略】又谕：御史曹秉哲奏，南省雨水过多，请思患预防等语。水旱偏灾何时蔑有，全在封疆大吏平日悉心筹画，先事预防，方可有备无患。据曹秉哲所称，江苏、浙江、江西、福建、广东等省或冻雪之后继以淫霖，或苦雨兼旬，几无晴日，耕播既致愆期，籽种复多朽腐等情。深恐岁或不登，民虞艰食，著各该督抚体察地方情形，预为区画，应如何稽查仓储，筹款补足之处，务当督饬属员，妥为办理。　　《德宗实录》卷六九

三月丙寅，上以京师及近畿等省雨泽未沾，诣大高殿祈祷行礼。诣凝和庙拈香。【略】庚午，以京师得雨优渥，遣科尔泌亲王伯彦讷谟祜诣大汤山拈香撤坛（折包）。【略】谕军机大臣等，前因京师及近畿等省入春以来雨泽稀少，迭经降旨开坛虔祷，本月十五、十八等日连次得有甘雨，惟念山西、河南亢旱已久，朕心盼泽尤殷。本日已有旨，择于二十四日仍行祈祷，各该省现在曾否渥泽均沾，殊深廑系。一俟得有甘澍，即著由驿驰奏，将此各谕令知之（现月）。【略】又谕：御史孔宪瑴奏，直隶烧锅各店，约有屯粮四五百万石，请由直隶总督饬属晓谕该商，令将屯粮粜卖，以平市价并设法运晋，俾作赈粮等语。【略】辛未，谕军机大臣等，【略】沿江各属蝗蝻尚多，著沈葆桢、吴元炳督饬营县各官实力搜捕，毋令余孽萌生。豫省饥民流寓江、皖境内，并著饬令江北各属妥为抚恤，勿任失所。

【略】壬申，谕内阁：直隶灾黎甚众，现在据报本月初五、十五、十八等日各属得雨四五寸不等，尚未深透，春麦谅难补种，秋获需时，若非宽给赈粮，仍恐饥民失所。加恩著拨给江苏漕米十二万石，江北漕米四万石，即由李鸿章就近截留，酌量分发灾区。【略】谕军机大臣等，李鸿章奏，直隶旱荒甚重，民间牛马无存，农作难兴，请拨察哈尔牧群马匹，俾资耕作等语。【略】癸酉，【略】以祷雨灵应，颁给河南修武县青龙洞龙神祠扁额，曰"惠普中州"(折包)。河东河道总督兼署河南巡抚李鹤年等奏：豫省得雨。得旨：仍著随时认真经理赈务(折包)。【略】甲戌，上以京师及近畿等省得雨优渥，遣惇亲王奕誴诣社稷坛恭代行礼。【略】复以山西等省雨泽未沾，亲诣大高殿祈祷行礼。【略】戊寅，【略】直隶顺天各属及山西、河南、陕西等省被灾各州县倘有不据实报灾并不认真办赈者，即著各该督抚、府尹从严参办。至所奏山西平阳府百姓死者甚多，府城赈米堆积，延不散放；太平、曲沃二县，上年竟报七分收成，迨查勘成灾，又不请赈，仅于本地捐银购米，官不督办，不准富户各保乡间等情。

《德宗实录》卷七〇

四月庚辰朔，【略】谕内阁：前因京师连次得有甘霖，而山西、河南盼泽犹殷，仍于三月二十四日虔敬祈祷，现在河南已据李鹤年等奏报一律普沾，山西曾否得有透雨，尚未驰报。【略】甲申，【略】稽查山西赈务前工部右侍郎阎敬铭、山西巡抚曾国荃奏报省南幸得微雨。得旨：据奏得雨尚未深透，实系廑系。【略】乙酉，【略】以甘澍未沾，上诣大高殿祈祷行礼。【略】谕军机大臣等，丁日昌奏，劝办潮州并香港各埠捐务集有成数，及捐款分解晋、豫，南洋捐户一律给奖，英国总督捐赈应否致谢各折片。丁日昌督饬道员张铣等，劝捐赈银，绅民人等急公好义，踊跃乐输，潮州一府已捐者业有二十余万之多；其香港及南洋各埠经绅董梁云汉等实力劝办，起解三万余两；新加坡、小吕宋等处华裔亦经该绅士等切劝，已捐定者共三万余圆。将来尚可扩充，所办甚属认真。丁日昌以豫省灾荒与晋省相等，拟将潮州捐款专解山西，将香港及南洋各埠捐款专解河南，均汇至天津，由李鸿章转购米粮，分别起运，即著照所请行。【略】至巫来由国王捐银千圆，以为华商之倡，该国向无与中国交涉事件，应如何办理之处，著李鸿章与丁日昌斟酌妥办。香港驻埠之英国总督燕轩尼士约翰捐赈银五千圆，亦属好义，已谕令总理各国事务衙门知悉，应否酬答，并著该督等酌度具奏。将此各谕令知之。寻直隶总督李鸿章奏：各国商民捐助银米，请缮给"乐善好施"扁额，并饬总理各国事务衙门，函致该国驻京伙臣传旨嘉奖，以慰远人。从之(现月)。【略】壬辰，【略】谕军机大臣等，刘坤一等奏，省城西门陡遇风灾，现在查办等语。前月初九日，广东省城外雷雨大作，暴风随之，倒塌房屋一千余间，覆溺船只数百号，伤毙人口约计不下数千人。览奏实深轸念。

《德宗实录》卷七一

四月【略】丙申，【略】以山西待泽孔殷，上诣大高殿祈祷行礼。【略】赈恤河南安阳、临漳、内黄、浚、滑、河内、永宁、舞阳、唐九县附近灾区乏食贫民，给予一月口粮(现月)。【略】戊戌，【略】又谕：御史顺龄奏，饥民雨后归耕，请饬妥筹安插一折。现在近畿一带得沾澍雨，流民陆续归耕，惟恐饥馑余生，糊口维艰，无资播种，或致既归之后仍转沟壑，自应认真筹画，以恤穷黎。【略】庚子，谕内阁：曾国荃驰奏各属得雨情形一折。山西被旱日久，自前次得有微雨后，本月初八、初九、初十、十四、十五等日，省城暨东南各州县渥被甘霖，农田皆可及时播种。览奏良深欣慰，所有太原县属晋祠、龙神庙、省城关帝庙经曾国荃虔敬祈祷，灵应丕昭，实深寅感。著南书房翰林恭书扁额各一方，交曾国荃祗领，敬谨悬挂，以答神庥。现在甫经得雨，秋成尚需时日，小民生计仍艰，曾国荃务当会同阎敬铭将各属赈务认真经理，设法接济，并赶紧多备籽种，散给灾黎，俾资耕作。【略】癸卯，【略】又谕：给事中郭从矩奏，上天感应甚神，请益加祗敬一折。【略】近日风多扬沙，日有赤色，上苍示警，惕厉尤深，尔中外臣工务当【略】矢慎矢勤，以期共济时艰。【略】河南巡抚涂宗瀛奏，省城续得雨水。报闻(月折)。【略】乙巳，以甘霖普被，上诣大高殿报谢行礼。

《德宗实录》卷七二

五月【略】庚申，【略】翰林院侍讲张佩伦奏，请修德持静以靖浮言；国子监司业宝廷奏，讹言日起，请示镇定各一折。京师连次得雨深透，人心大定，外来饥民现已陆续资遣，本元庸作意外之防。【略】前据钦天监奏，自四月初五日至二十八日，每见日月出入时，间有赤色。按《天文正义》内载日月占验，三日内有雨则解，逐日观候存记，俱系三四日内或有雨，或微雨，或云阴，应不入占等语。该衙门照例具奏之事，亦无所用其张惶。若如张佩伦、宝廷所奏，则民间因此传闻，讹言日兴，是朝廷整饬纪纲之举，转为群情骇惑之端，不可不明白晓谕，以安人心而释群疑。【略】甲子，【略】谕军机大臣等，本年春间直隶各属亢旱，农田播种失时，现在虽经得雨，而秋成能否收获，尚难预定。近闻河间、献县等处竟有蝻孽萌生，民间当饥馑之余，若禾稼复被虫伤，何以堪此。著李鸿章速即查明，如有蝻孽，即行饬属实力搜捕，勿任孳生为害。其余各属仍当随时派员查勘，毋稍疏忽。将此谕令知之(现月)。

《德宗实录》卷七三

五月【略】丁卯，【略】稽查山西赈务前工部右侍郎阎敬铭等【略】又奏：晋省得雨较迟，春收无望，请将赈抚展至八月停止。从之(折包)。【略】甲戌，【略】谕军机大臣等，曾国荃奏，晋省续得雨泽，请颁扁额，并现在筹办情形一折。已明降谕旨，颁给扁额矣。山西被灾较重，现虽迭沾雨泽，而粮价仍未来发展减，南路播种无多，民生困苦，轸念殊深。【略】前据该抚奏报，三月分粮价与此次所奏河东粮价大小米每石四十五六两不等，省城大小米每石钱三十五六吊文，何以大相悬殊，著即查明具奏。【略】丁丑，【略】又谕：沈葆桢奏，洪泽湖水、江水同时并涨，运堤吃重。吴元炳奏近日捕蝗情形，暨派兵协同扑捕各折。江南各属蝗孽萌生，上年冬间及本年迭次搜捕，已有一百数十万斤之多。现在上元等州县及何垛等场，又有蝻子萌生，其余各处尚未据报，亟宜速行扑灭，弭患未萌。吴元炳现派新兵等营，协同各处农丁合力搜捕。即著沈葆桢、吴元炳严饬各该地方官，督率农佃多雇人夫，会同所在防营饬派勇丁，趁此甫经萌动之时，尽力搜挖，务期一律歼除，毋留遗患。洪泽湖水陡涨，江水同时并涨，运堤迭出险工，著沈葆桢、文彬，饬令淮扬海道实力保护，随时认真防范，毋稍疏虞。并饬令各营竭力捕扑蝗蝻，以期彼此兼顾。将此各谕令知之(现月)。

《德宗实录》卷七四

六月【略】甲午，谕内阁：何璟等奏，本年四月间台湾府城突被风灾，巡抚行署及北城垛口暨内外民房等处，多有坍塌倾折情形，并伤毙兵民等语。【略】丁酉，以京师雨泽未沾，上诣大高殿祈祷行礼。【略】庚子，谕内阁：【略】河间献县等处闻有蝻孽萌生，于五月十五日复寄谕李鸿章速即查明，饬属搜捕，其余各属随时认真查勘。【略】癸卯，以甘霖普沛，上诣大高殿报谢行礼。

《德宗实录》卷七五

七月己酉朔，【略】直隶总督李鸿章奏捕蝗及麦收情形。报闻(随手)。庚戌，【略】河东河道总督李鹤年【略】又奏防汛捕蝗情形。报闻(随手)。【略】壬子，【略】蠲缓直隶阜城、景、交城、河间、献、东光、宁津、任丘、肃宁、吴桥、故城、唐、完、行唐、武强、枣强、武邑、定、曲阳、清苑、博野、天津、静海、南皮、盐山、沧、青、庆云、平山、灵寿、新乐、巨野、成安、磁、肥乡、清河、大名、元城、南乐、清丰、东明、长垣、冀、衡水、南宫、新河、临城、宁晋、东安、宝坻、武清、蓟、宁河、文安、大城、满城、望都、安肃、安、高阳、藁城、栾城、晋、邢台、沙河、南和、唐山、平乡、广宗、任、永年、邯郸、曲周、鸡泽、广平、安平、内丘、井陉七十八州县被旱地方上忙钱粮，暨顺天、保定、正定、河间、天津、顺德、广平、大名、易、赵、深、冀、定十三府州旧赋有差(随手)。蠲缓山西永宁州属吴城镇等六百五村被灾地方钱粮。癸丑，【略】闽浙总督何璟等奏查明台湾被风情形。报闻(随手)。【略】辛酉，【略】云南巡抚杜瑞联奏丽江县被雹赈济情形。报闻(随手)。【略】丙寅，谕内阁：梅启照奏，本年五月间，浙江金华、衢州、严州三府属因深山发蛟，同时被水有淹毙人口、冲失庐舍之处，当经饬属设法拯救，并开仓平粜，拨给钱米。现在天晴水退，民心尚为安定等语。【略】己巳，【略】江西巡抚刘秉璋奏，被水各县现筹分别赈恤。【略】又奏：浮梁县属之景德镇、铅山县属之河口镇、建昌县城均水涨被淹。五月下旬连朝大雨，山水陡发；弋阳、贵溪、余干、武宁、星子、安义、德安、上饶、玉山、兴安、都昌、鄱阳、乐平、湖口、瑞昌、进贤、东湖、万安、永新二十州县被水成灾情形，须查明伤人极窘灾户，妥为赈恤。【略】乙亥，【略】缓征山东德、博平、冠、临清四州县被灾地方钱粮及杂征银两有差。【略】丁丑，谕内阁：【略】山西自上年被灾，南路平阳等府州田多荒芜，本年春夏间复少雨泽，收成歉薄，若将应征钱粮照常征收，民力实有未逮。加恩著照所请，所有平阳、蒲州、解州、绛州四府州并所属各州县，应征光绪四年下忙及从前奏准缓至光绪五年秋后带征上年蠲缓钱粮，著一律蠲免，以纾民力。

《德宗实录》卷七六

八月【略】己卯，谕内阁：李鸿章奏，永定河北六工漫口，在工各员分别参办，并自请议处一折。据称本年夏雨时行，河水迭涨，经该河道等实力防抢，伏汛尚称平稳。自七月二十、二十一、二十二等日，昼夜大雨，上游诸水汇涨，汹涌异常；二十二日戌刻，雨势如注，水又陡涨，北六工十四号漫过堤顶二尺，大溜迅猛，人力难施，遂至漫口等语。【略】丙戌，【略】又谕：涂宗瀛奏，武陟县南方陵等处，沁河漫口情形各折片。据称河南武陟县南方陵朱原村地方，本年七月间沁河水势陡涨一丈九尺余寸，来源既旺，宣泄不及，以致冲刷成口，约宽数丈及二十余丈，民田庐舍均已被淹。又，该县郭村地方因大雨倾盆，致该处河堤漫口，约宽十数丈，秋禾房屋亦被淹浸，现已派员携带银两，前往抚恤，并筹备船只济渡，散给馍饼席片等语。河南甫被旱灾，现复猝遭水患，览奏殊深廑系。【略】戊子，【略】又谕：何璟、吴赞诚奏，崇安等县被水甚重，现筹抚恤等语。福建崇安、浦城两县因今年五月间大雨连朝，山水暴涨，民房冲坍甚多，附近各县亦有被淹地方，惟该两县被灾最重，何璟等现经筹款、筹粮，前往抚恤。【略】己丑，【略】又谕：前据丁宝桢奏，都江堰频年泛溢，冲毁民田，现设法筹款修理，旋闻该处江流盛涨，民间已被水灾，【略】都江堰泛涨异常，与朝廷所闻无异，惟水势高过堤身，浊流汹涌，历时将及一月。沿江田庐必多淹没，且从前盛涨，下游已成泽国，此次水大于前，所称沿江民田均无冲损，殊难凭信。【略】寻奏：都江堰水异常盛涨，工程稳固，民田无伤，并绘图详陈。报闻(现月)。【略】辛卯，【略】河南巡抚涂宗瀛奏飞蝗过境扑捕情形。得旨：仍著严饬各员加意搜捕，以期净绝根株(随手)。缓征河南祥符、陈留、杞、通许、尉氏、洧川、鄢陵、中牟、兰仪、郑、荥阳、荥泽、汜水、禹、密、新郑、考城、睢、安阳、汤阴、临漳、林、内黄、武安、涉、汲、新乡、辉、获嘉、淇、延津、封丘、滑、浚、河内、济源、原武、修武、武陟、孟、温、阳武、偃师、巩、宜阳、登封、新安、渑池、永宁、泌阳、内乡、裕、舞阳、叶、西华、确山、淮宁、商水、西华、太康、扶沟、许、临颍、襄城、长葛、郾城、汝、郏六十八州县被灾地方新旧额赋有差(现月)。【略】癸巳，【略】谕军机大臣等，李鹤年奏，本年黄、沁两河溜势冲射，险工迭生，前拨之款，所短尚巨，请南岸添拨银六万五千两，北岸添拨银二万两等语。【略】壬寅，谕内阁：顺天府奏请赏普济堂米石一折。顺天各属本年春间亢旱，麦收歉薄，穷黎生计维艰，普济堂、功德林两处粥厂自应先期开放。

《德宗实录》卷七七

九月【略】甲寅，谕军机大臣等，国子监司业汪鸣銮【略】另片奏，畿辅雨泽沾足，极宜种麦，惟麦价腾贵，播种甚少，请饬李鸿章一面劝谕富户借给贫民麦种，减价粜卖，严禁居奇。【略】丙辰，【略】缓征直隶交河、阜城、景、献、河间、东光、吴桥、故城、唐、完、武强、枣强、武邑、任丘、宁津、肃宁十六州县被灾村庄额赋有差(折包)。丁已，谕内阁：御史周开铭奏，东南数省被水，请饬预筹赈济一折。本年江西、福建、广东、湖北、湖南等省雨水过多，被淹地方甚众，江西饶州，湖北安陆、荆州，湖南常德等处被灾尤重，荒歉已形，明岁青黄不接之时，甚属可虑。【略】癸亥，谕内阁：山西上年被旱极重，迭经拨给银米，以资赈济。本年五月间，接据山西巡抚奏报，得有雨泽，稍慰廑怀。方冀转歉为丰，登五民于衽席，乃六月间又遭大旱，被灾之区仍复不少，残喘余生，何填重困，今冬明青黄不接之时，深恐饥寒交迫，无以为生，朝廷时廑焦虑，著加恩拨给山东本届漕米十二万石，以济赈需。

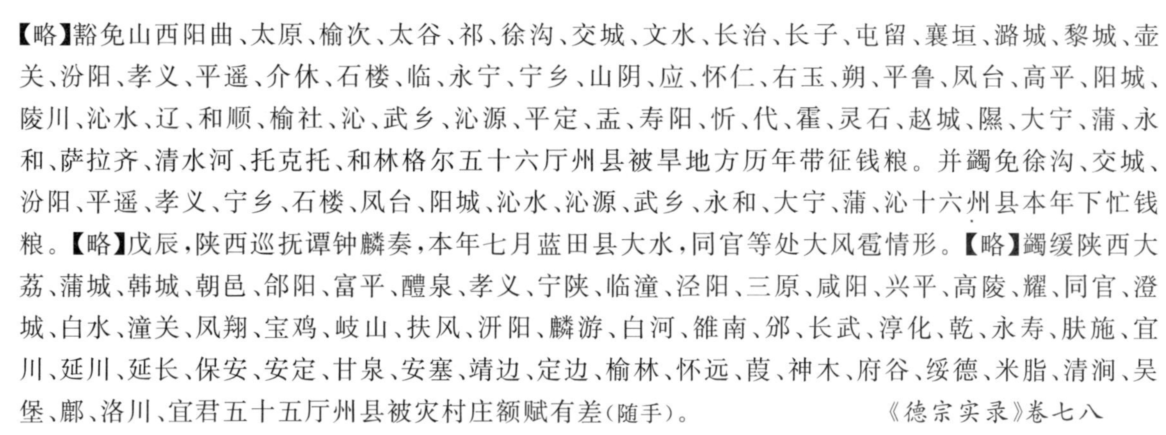

【略】豁免山西阳曲、太原、榆次、太谷、祁、徐沟、交城、文水、长治、长子、屯留、襄垣、潞城、黎城、壶关、汾阳、孝义、平遥、介休、石楼、临、永宁、宁乡、山阴、应、怀仁、右玉、朔、平鲁、凤台、高平、阳城、陵川、沁水、辽、和顺、榆社、沁、武乡、沁源、平定、盂、寿阳、忻、代、霍、灵石、赵城、隰、大宁、蒲、永和、萨拉齐、清水河、托克托、和林格尔五十六厅州县被旱地方历年带征钱粮。并蠲免徐沟、交城、汾阳、平遥、孝义、宁乡、石楼、凤台、阳城、沁水、沁源、武乡、永和、大宁、蒲、沁十六州县本年下忙钱粮。【略】戊辰，陕西巡抚谭钟麟奏，本年七月蓝田县大水，同官等处大风雹情形。【略】蠲缓陕西大荔、蒲城、韩城、朝邑、郃阳、富平、醴泉、孝义、宁陕、临潼、泾阳、三原、咸阳、兴平、高陵、耀、同官、澄城、白水、潼关、凤翔、宝鸡、岐山、扶风、汧阳、麟游、白河、雒南、邠、长武、淳化、乾、永寿、肤施、宜川、延川、延长、保安、安定、甘泉、安塞、靖边、定边、榆林、怀远、葭、神木、府谷、绥德、米脂、清涧、吴堡、鄜、洛川、宜君五十五厅州县被灾村庄额赋有差(随手)。　　　《德宗实录》卷七八

十月【略】己卯，谕军机大臣等，本年直隶、山西、河南、陕西被灾，福建侯官县被水，山东德州等处被旱、被风、被雹，节经各该省奏到，将新旧钱粮分别蠲免缓征。【略】陕西蓝田等处被水、被雹，该抚分别调剂。安徽婺源被水，该抚拨银抚绥。河南武陟县沁河漫口，田庐被淹，该抚设法疏消，力筹拯恤，小民谅可不至失所。【略】浙江湖州等处缺雨，安徽安庆等府被水，广西永福等处被水，山东、甘肃间有被水、被旱、被雹之处，江苏低田被淹，间有蝗子，均经该督抚等委员查勘，即著迅速办理，并将来春应否接济之处一并查明，于封印前奏到。【略】又谕：文格奏，黄河北岸因上游民埝决口，被水漫溢情形一折。据称，山东省黄河北岸王河渠等处本年夏间因雨水过多，奇险迭出，均经各防营随时镶筑堵御。九月间因直隶开州境内之安儿头一带民埝决口，黄水自上游漫溢，由濮、范直抵下游之八里庙，现在设法疏消，各工当可无虞等语。【略】丁亥，谕内阁：文格奏，开州民埝，漫水下注东境，现已宣泄消退一折。黄河北岸因上游直隶开州民埝决口，被水漫溢，经文格饬属防护宣泄，水已消退。濮、范、寿阳各州县猝遭水患，情殊可悯。　　　《德宗实录》卷七九

十月【略】癸巳，【略】又谕：【略】热河承德府郡街龙神庙祷雨辄应，实属有功于民，著照所请，列表入祀典。【略】黑龙江将军丰绅等奏：黑龙江各属收成分数，请分别征免。并黑龙江、墨尔根各城被灾，接济银粮。齐齐哈尔城青黄不接，借欠未缴籽粮，均请缓至来年秋后缴还。从之(折包)。署盛京将军岐元等奏：奉天田禾秋间被水，并冲倒民房六千余间，淹毙人口七十余名，恳恩准蠲缓租赋并给抚恤。从之(折包)。河南巡抚涂宗瀛奏：沁河漫口，被淹村庄一百六十余处，请分别抚恤，并委估兴工，以卫黎元。从之(折包)。【略】庚子，【略】谕军机大臣等，给事中王昕奏，山西省所拨赈粮，委积获鹿什贴等处，大半霉变，该处办运官吏于起解之时，刁难脚夫，克扣需索，无人应雇。兵勇肩挑背负，节节相承，且放赈参差不齐，并有运米到官，始终未放情弊。请饬确查等语。山西省荒旱连年，属经发帑截漕以资赈济。本年省南一带复被旱灾，省北各属又以雨雪伤稼，灾祲迭告，民困难苏，朝廷时深廑念。若如该给事中所奏，转运赈粮竟至中途委积，滋生弊端，饥民未沾实惠，尚复成何事体。　　　《德宗实录》卷八〇

十一月丙午朔，【略】蠲缓山东郓城、濮、范、寿张、济宁、历城、齐东、惠民、滨、利津、蒲台、邹、阳谷、菏泽、曹、巨野、朝城、聊城、金乡、鱼台、宁阳、峄、观城、冠、馆陶、海丰、临清、章丘、邹平、淄川、长山、新城、齐河、济阳、禹城、临邑、长清、陵、德、德平、平原、肥城、东平、东阿、平阴、青城、阳信、乐陵、滋阳、曲阜、宁海、泗水、滕、汶上、单、城武、定陶、堂邑、博平、茌平、清平、莘、高唐、恩、夏津、邱、嘉祥、沾化、兰山、莒、益都、临淄、乐安、博兴、寿光、昌乐、临朐、潍七十八州县，暨济宁、东昌、德州、临清四卫，东平所，永阜、永利、王家冈、官台四场本年被水、被虫、被旱、被歉、被风、沙压地方新旧漕粮额赋有差(现月)。戊申，【略】缓征安徽灵璧、铜陵、宿松、怀远、凤台、泗、盱眙、无为、寿、蒙城、东流、颍上、五河、望江、定远、贵池、天长、宿、建德、亳、太和、繁昌、青阳、庐江、涡阳、桐城、巢、当

涂、潜山、霍邱、阜阳、怀宁、太湖、芜湖、合肥、宣城、南陵、舒城、广德、建平四十州县被水、被旱、被风、被虫地方漕粮额赋,暨凤阳、含山、婺源、滁、全椒、来安、宁国七州县被灾地方额赋有差(现月)。缓征陕西大荔、蒲城、朝邑、富平四县被灾地方额赋。【略】癸丑,以祷雨灵佑,颁直隶昌平州凤凰山都龙王庙扁额,曰"祥征时若"(现月)。【略】蠲缓直隶开、东明、长垣三州县灾歉地方额赋有差(现月)。【略】丙辰,【略】蠲缓江苏高淳、上元、江宁、句容、江浦、六合、山阳、阜宁、清河、桃源、安东、盐城、高邮、泰、东台、江都、甘泉、仪征、兴化、宝应、铜山、丰、沛、萧、砀山、邳、宿迁、睢宁、海、沭阳、赣榆、如皋、泰兴三十三州县,暨淮安、大河、扬州、徐州、镇江五卫被旱、被水荒废地方新旧额赋漕粮,并通、海门、溧水三厅州县被灾地方额赋有差(现月)。 《德宗实录》卷八一

十一月辛酉,【略】缓征广东连、清远、曲江、乐昌、英德五州县被水地方额赋有差(现月)。【略】癸亥,【略】又谕:给事中王昕奏,山西地方官办理赈务,不免欺饰,请饬认真查核一折。据称,山西上年异常荒旱,地方官仍前征比钱粮,及至奏明蠲缓,催科已将竣事。并有压阁誊黄[①]于额征埽数后始行张贴者。该省富户捐款,各州县托词解省,勒限交官。甚至纵容书差苛派中饱。至放赈之弊,官吏侵吞克扣,实惠不能遍及等语。【略】壬申,【略】蠲缓湖南武陵、平江、安乡、龙阳、益阳、临湘、华容、澧、沅江、巴陵、桃源、湘阴十二州县暨岳州卫被水地方新旧漕粮额赋有差(现月)。【略】甲戌,【略】缓征吉林三姓被灾地方银谷(折包)。 《德宗实录》卷八二

十二月【略】壬午,【略】缓征两淮泰州分司所属富安、安丰、梁垛、东台、何垛、丁溪、草堰、刘庄、伍祐、新兴、庙湾十一场,海州分司所属板浦、中正、临兴三场被淹、被旱、被风、被潮地方折价钱粮。【略】癸未,【略】蠲免吉林伯都讷所属北下坎、隆科城二处佃民被灾地租(现月)。【略】丁亥,【略】蠲缓浙江仁和、钱塘、海宁、富阳、余杭、临安、新城、于潜、昌化、嘉兴、秀水、嘉善、海盐、平湖、石门、桐乡、鄞、象山、嵊、归安、乌程、长兴、德清、武康、安吉、孝丰、山阴、诸暨、金华、宣平、兰溪、东阳、义乌、武义、浦江、汤溪、开化、西安、龙游、建德、淳安、遂安、寿昌、桐庐、分水、新昌、乐清、瑞安、泰顺四十九州县,暨杭严、嘉湖、衢州三卫所灾歉地方钱漕杂粮有差(现月)。戊子,【略】蠲缓江苏长洲、元和、吴、吴江、震泽、常熟、昭文、昆山、新阳、太湖、娄、华亭、金山、青浦、武进、阳湖、无锡、金匮、江阴、宜兴、荆溪、靖江、丹徒、丹阳、溧阳、太仓、镇洋、嘉定二十八厅州县荒歉地方钱漕有差(现月)。【略】庚寅,以祷雨灵应,颁甘肃庆阳府文殊庙匾额,曰"流香飞越"(现月)。 《德宗实录》卷八三

十二月【略】癸巳,【略】蠲缓山东惠民、阳谷、寿张、范、郓城五州县暨济南卫被水地方钱漕有差(现月)。蠲缓河南修武、武陟、获嘉、汜水、商丘、宁陵、永城、鹿邑、虞城、夏邑、柘城、汲、新乡、辉、封丘、洛阳、偃师、巩、孟、永宁、新安、南阳、唐、镇平、桐柏、邓、淅川、上蔡、正阳、西平、项城、沈丘、陕、灵宝、阌乡、固始、息三十七厅州县被水地方新旧额赋有差(现月)。【略】丁酉,蠲缓湖北武昌、咸宁、嘉鱼、蒲圻、汉阳、汉川、黄陂、孝感、沔阳、黄冈、蕲水、黄梅、广济、钟祥、京山、潜江、天门、应城、江陵、公安、石首、监利、松滋、枝江、荆门二十五州县被淹、被旱地方新旧额赋暨漕粮杂课有差(现月)。戊戌,【略】又谕:曾国荃奏,勘明秋禾被灾地方并成熟村庄,恳恩分别蠲减钱粮一折。据称将阳曲等厅州县下忙钱粮蠲缓,太原等厅州县成熟村庄下忙钱粮减成征收。【略】辛丑,以祷雨灵应,颁陕西华阴县华岳庙扁额,曰"金天昭瑞",岐山县太白庙扁额,曰"坤维普润"(现月)。【略】蠲缓广西崇善、左利、养利、永康、临桂、来宾、凌云、武宣、奉义、永淳、迁江、灵川、永福、永安、恭城、贵、平南、上林十八州县收成歉薄地方钱粮兵米有差(现月)。壬寅,【略】谕内阁:沈保侦奏特参庸劣不职各员一折。江苏高邮州知州姚德彰、安徽定远县知县吴洵捕蝗不力。【略】均著即行革职,以示惩儆。

《德宗实录》卷八四

---

① "誊黄",旧时礼部用黄纸誊写的皇帝诏书。

## 1879年 己卯 清德宗光绪五年

正月【略】丙午，缓征直隶永清、东安、武清、蠡、雄、安、高阳、河间、献、天津、南皮、沧、开、元城、大名、东明、长垣、丰润、安平、宁河、宝坻、文安、大城、滦、清苑、任丘、肃宁、静海、青、盐山、沙河、南和、唐山、任、永年、邯郸、鸡泽、南乐、饶阳、定、深泽、望都四十二州县灾歉村庄本年春征新赋正杂粮租有差(现月)。【略】壬子，【略】缓征浙江钱清、西兴、长亭、芦沥、横浦、浦东等场灾歉田地应征上年灶课及历年应带原缓旧欠，并海沙、鲍郎二场各年原缓旧欠(现月)。　　《德宗实录》卷八五

正月【略】乙丑，【略】两江总督沈葆桢等奏，江宁府属高淳县永丰墟堤被水，借款修筑。报闻(随手)。【略】丁卯，【略】蠲缓江西南昌、新建、进贤、新鉴、新喻、安福、永新、东乡、鄱阳、余干、乐平、安仁、万年、星子、都昌、建昌、安义、德化、德安、瑞昌、湖口、彭泽、丰城、庐陵、南丰、清江、莲花、峡江二十八厅县，及南、九二卫被水、被旱地方新旧钱粮有差(现月)。【略】辛未，谕内阁：阎敬铭、曾国荃奏，赈粮不敷，请将东漕尾数拨充赈需，并请拨山东豆石各折片。前因山西复被旱灾，拨给山东漕米十二万石，以济赈需，此项漕米计至本年二月间即已放竣。该省饥民甚多，麦收又晚，青黄不接之时，仍恐无以为生，自应妥筹接济。加恩著照所请，所有光绪四年山东应征漕米，应交通仓之八万余石，即行尽数拨给山西，俾资赈济。【略】至山西因旱歉收，豆种尤缺，并著将山东上年所收豆子二千七百余石，随同此次漕米，全数拨解山西，毋稍延缓(现月)。【略】山西巡抚曾国荃奏，阳曲等县被灾，请借拨邻封常平仓谷接济。报闻(随手)。【略】蠲减山西祁、介休、右玉、应、榆社、阳曲、太原、文水、高平、榆次、太谷、临、长治、保德、隰、萨拉齐、屯留、襄垣、辽、和顺、霍、灵石、赵城、清水河、和林格尔、黎城、山阴、宁武、平鲁二十九厅州县秋禾被灾并成熟各村庄钱粮有差(现月)。

《德宗实录》卷八六

二月乙亥朔，【略】谕内阁：御史王炳奏，晋省麦苗稀少，请速筹杂粮籽种一折。山西上年又复被灾，麦苗稀少，亟应采买杂粮以为种籽之用。据称，直隶杂粮甚贱，请饬将山西所收各省赈捐银两，派员赴直采运。【略】另片奏，风闻山西候补知府赵怀芳于光绪三年冬间，奉委赴周家口买粮，该员携银六万两，回原籍安徽正阳关一带采买，迟至四年夏季尚未运粮到晋，并有贱买贵卖、浮冒支销等情，请饬确查等语。【略】壬午，谕内阁：前据阎敬铭、曾国荃奏，山西吉州知州段鼎燿扣留赈银不发，降旨将该员革职审讯。兹据阎敬铭等审明具奏，此案已革知州段鼎燿于奉发赈银四千两，并不散放，将前任知州李征枋买补还仓谷石私自粜卖，所禀捐银买谷、垫发籽种及垫买赈粮仓谷各情均系虚捏，并无其事。散放义社仓谷，以少报多，希图冒销影射，抵扣赈银，殊属贪婪不法。【略】段鼎燿著即行正法，以昭炯戒。【略】甲申，缓征河南济源、修武、武陟、原武、阳武、新乡、获嘉、辉、延津、淇、汲、封丘、汤阴、林、武安、涉、洛阳、偃师、巩、孟津、登封、宜阳、新安、渑池、嵩、陕、灵宝、阌乡、汝、伊阳、郏、郑、荥阳、荥泽、汜水三十五州县被灾地方本年新赋(现月)。【略】己丑，【略】缓征直隶安、任、宁晋三州县积涝地亩积年租赋(现月)。　　《德宗实录》卷八七

二月【略】己亥，【略】又谕：李鸿章奏，文安等州县积水灾区，恳恩截拨漕粮赈济一折。直隶文安等州县上年秋雨过多，河水漫溢，田亩被淹，现在积水未消，难以耕作，灾黎困苦情形殊堪矜念。

《德宗实录》卷八八

三月【略】戊申，以京师尚未得雨，上诣大高殿祈祷行礼。【略】辛亥，【略】乌里雅苏台将军春福【略】又奏，蒙古灾区宜恤，军务未定，请展限查边。均报闻。　　《德宗实录》卷八九

三月【略】庚申，以京师尚未得雨，上再诣大高殿祈祷行礼。【略】甲子，以京师得雨，上诣大高殿报谢行礼。　　《德宗实录》卷九〇

闰三月【略】丙戌，以京师未沛甘霖，山西亦未遍沾雨泽，上诣大高殿祈祷行礼。

《德宗实录》卷九一

闰三月己丑，【略】湖广总督李瀚章等奏，湖北襄阳老龙堤冲塌，拨款兴修。又奏，沔阳、天门等州县被水，灾民借款修堤，以工代赈。均报闻(折包)。【略】乙未，以京师及山西雨泽稀少，上复诣大高殿祈祷行礼。

《德宗实录》卷九二

四月【略】癸丑，【略】谕内阁：涂宗瀛奏请将灾年漕项随同钱粮一律蠲免一折。河南上年被灾之祥符、滑、浚等州县光绪四年上忙正杂钱粮，业经降旨普行蠲免，其地丁钱粮额内统征分解漕项一款，著照历办灾蠲成案，于成熟地亩内征收分解，现在元气未复，势难开征，加恩著照所请。【略】甲寅，河南巡抚涂宗瀛奏：豫省灾荒奇重，请将本省外省办赈出力各员绅，照晋省章程，给予奖叙。【略】丁巳，以京师仍未得雨，上诣大高殿祈祷行礼。【略】壬戌，【略】以京师及山西雨泽稀少，命直隶总督李鸿章派员赴直隶邯郸县迎请龙神庙铁牌来省。【略】癸亥，命顺天府派员赴保定，迎请邯郸县龙神庙铁牌来京，在大光明殿供奉。【略】丙寅，谕内阁：前因京师暨山西雨泽稀少，迭设坛祈祷，迄今未沛甘霖，朕心弥深焦盼。兹据曾国荃奏，山西亢旱日甚，现在省城设坛，并迎请盂县等处素著灵应神像虔祷雨泽。著发去大藏香二十枝，交曾国荃祗领，分诣各坛，敬谨祈祷，以邀神贶而迓和甘(现月)。【略】山西巡抚曾国荃奏：节届芒种，晋省未得透雨，二麦多已受伤，秋禾尚难播种。【略】又奏：晋省西征月饷实难筹解。得旨：据奏晋省雨泽愆期，灾象复见，上忙钱粮尚未征收，自系实情所有。西征月饷准其暂缓筹解。【略】丁卯，以京师及山西得雨未足，上诣大高殿祈祷行礼。

《德宗实录》卷九三

五月【略】己卯，以雨未优渥，上复诣大高殿祈祷行礼。【略】辛巳，【略】助办山东青州荒赈出力，予江西候补道员胡光墉、候选郎中江振声优叙。【略】壬午，【略】河南巡抚涂宗赢奏原武、新乡等州县蝻孽情形。得旨：著严饬各属实力扑捕，毋任稍留余孽。又奏：豫省荒后牲畜无存，派员赴张家口等处采买骡马三千匹，分给灾区垦种之用。请照战马例免税。允行。【略】分别蠲免蠲缓河南济源、原武、武陟、修武、陕、灵宝、阌乡、林、汤阴、汲、延津、新乡、辉、获嘉、封丘、武安、涉十七州县被灾地方钱粮。【略】戊子，【略】山西巡抚曾国荃奏，五月初九日得雨四五寸，可望补种晚秋。

《德宗实录》卷九四

五月【略】庚寅，以京师得雨，山西未沾渥泽，上复诣大高殿祈祷行礼(现月)。【略】丙申，【略】署两江总督江苏巡抚吴元炳【略】又奏：安东县属徐家圩等处暴风，倒塌草房八百余间，压毙民人七口，受伤七人，由地方官分别抚恤。均报闻(折包)。【略】己亥，谕内阁：京师雨泽沾足，山西得雨尚未深透，大光明殿供奉铁牌已昭灵应。著顺天府派员恭送山西省城，并发去大藏香十枝，交曾国荃祗领，敬谨祈祷。

《德宗实录》卷九五

六月癸卯朔，以京师及山西得雨，上诣大高殿报谢行礼。【略】甲辰，【略】山西巡抚曾国荃奏：晋省灾祲过久，赈抚事宜无款可筹，请将佐贰、实官及翎枝等项展捐半年，外官道、府、州、县，京官郎中、员外、主事遵旨停止。下部速议(折包)。

《德宗实录》卷九六

六月己未，【略】山西巡抚曾国荃奏：乌拉特西公暨达拉特、阿拉善等旗之大舍太古城及大蛇台等处，蝗蝻滋生，因令所属不分畛域扑捕。得旨：著饬各厅认真扑捕，以期净绝根株(折包)。【略】戊辰，【略】以祷雨灵应，颁河南封丘县关帝庙扁额，曰“彩燧云回”；城隍庙扁额，曰“百谷斯登”；百里嵩庙扁额，曰“千里秋成”(现月)。

《德宗实录》卷九七

七月【略】庚辰，谕内阁：李鸿章奏，直境被水各属秋成失望，请赏拨漕粮赈抚一折。本年夏秋之交雨水过多，直隶之安州、雄县等处田禾淹没，小民荡析离居，实堪悯恻。【略】庚寅，【略】蠲缓山西绛、阳城、蒲、介休、曲沃、翼城、汾西、芮城、浮山、吉、乡宁、襄陵、榆社、临汾、洪洞、太平、河津、垣

曲、长治、屯留、壶关、万泉、猗氏、赵城、沁二十五州县被灾后未垦荒地本年额赋有差。蠲免山西成灾各厅州县本年土厘税银并学籍田租谷有差。辛卯,【略】又谕:御史邬纯嘏奏请饬积谷备荒一折。近年山西、河南等省迭被旱灾,今岁入夏以来普沾透雨,各直省虽晴雨尚调,秋成可卜,惟丰歉无常,自应一体及时筹办积谷,以备不虞。【略】己丑,【略】谕军机大臣等,李鹤年奏,本年立秋后沁、黄水势续涨,下南厅复出险工,并两岸各厅镶修吃紧,经费不敷,请南岸续拨银十五万两,北岸添拨银三万两等语。

《德宗实录》卷九八

八月壬寅朔,【略】以飞蝗扑灭,颁浙江嘉兴府南皋峰庙扁额,曰"蠓鱼昭瑞"。【略】癸丑,【略】山东巡抚周恒祺奏省城等处被淹情形。得旨:被淹尤重之博山等州县,著饬派出各员详细查明,妥筹安辑,毋任失所(折包)。【略】乙卯,【略】两江总督沈葆桢奏:江、皖各属搜捕蝻孽,并目下望雨情形。得旨:仍著饬令各属随时搜剔遗蝻,务期净尽,一俟得雨深透,即行驰奏。【略】壬戌,以祈雨灵应,颁甘肃西宁府海神庙扁额,曰"德至泽洽"(现月)。【略】戊辰,【略】以春间亢旱,麦收歉薄,予普济堂、功德林两处粥厂,恩赏小米三百石,加赏小米五百石。

《德宗实录》卷九九

九月【略】甲戌,谕内阁:李鸿章奏,直隶水灾较重,前截漕粮不敷分拨,恳赏湖北来岁新漕一折。直隶顺天各属本年夏秋之间雨水过多,洼区被淹,秋禾无收,春麦难种,民间被灾甚深。

《德宗实录》卷一〇〇

十月辛丑朔,【略】蠲免山西曲沃、翼城、汾西、芮城、浮山、吉、乡宁、襄陵、临汾、洪洞、太平、河津、垣曲、万泉、猗氏十五州县歉收村庄本年额赋有差(现月)。【略】癸卯,谕军机大臣等,本年直隶、山西、河南被灾,山东平度州等处被水,节经各该省奏到,将新旧钱粮分别蠲免缓征。并因直隶文安等州县积水无麦,拨给江苏、浙江本届漕米各四万石。安州等处被水,拨给江北漕粮六万石。【略】江苏清江等处被风,陕西、甘肃、潼关、阶州等处地震,山东济南石圩被冲,广东三水等县被水,四川南坪等处地震,云南邓州等处盐井被冲,均经该督抚等查勘抚恤。【略】直隶、山西春夏缺雨,江苏阳湖县被雹,浙江杭州等府各属被旱、被虫、被雹、被风,江西安福等县、安徽安庆等属、湖南湘阴等处、湖北各属、浙江绍兴等处低田被淹。江苏、安徽、河南、山西、陕西、甘肃等省间有蝗蝻萌生,均经该督抚等委员查勘,即著迅速办理,并将来春应否接济之处一并查明,于封印前奏到。此外,各省有无被灾地方,应行调剂抚恤之处,著该将军督抚一并查奏,候旨施恩,将此各谕令知之(现月)。【略】丙午,【略】蠲缓齐齐哈尔、黑龙江、墨尔根歉收屯丁额粮并原贷籽种(折包)。【略】己酉,【略】以屯田秋收丰稔,予护军参领德古津以副都统记名简放,余升叙加衔有差。【略】乙卯,【略】蠲免奉天广宁、凤凰城、岫岩、牛庄、盖、开原、新民、复、海城、安东十厅州县旗民站丁承种被灾歉收地亩赋课,抵给例赈口米(折包)。

《德宗实录》卷一〇一

十月丙辰,谕内阁:御史方学伊奏,顺天东路厅所辖各州县地势低洼,本年雨水过多,山水下注,运河以东各州县境内官堤民埝冲决甚多,以致三河、蓟州等处民田多被淹没,现在灾歉之余,民力自难兴筑,请饬履勘筹款办理等语。【略】己未,【略】蠲缓山东范、寿张、济宁、历城、章丘、齐东、齐河、济阳、临邑、长清、德、东阿、平阴、惠民、青城、阳信、乐陵、商河、滨、利津、蒲台、邹、滕、阳谷、菏泽、巨野、朝城、聊城、堂邑、高唐、恩、金乡、鱼台、淄川、长山、新城、平原、宁阳、曹、定陶、莘、嘉祥、海丰、沾化、博山、乐安、寿光、昌乐、潍、禹城、东平、滋阳、峄、汶上、单、博平、茌平、清平、馆陶、夏津、武城、邱、兰山、莒、益都、博兴、临朐、昌邑六十八州县卫所盐场被灾各村庄,暨沿河坍塌地亩新旧额赋租课有差(现月)。蠲缓直隶宝坻、蓟、香河、霸、保定、文安、大城、涿、雄、高阳、任丘、天津、安平、深泽、通、三河、青、武清、宁河、永清、东安、滦、清苑、新城、河间、献、肃宁、静海、盐山、庆云、新乐、丰润、玉田、饶阳、定、固安、乐亭、满城、安肃、博野、望都、容城、蠡、祁、阜城、交河、景、故城、沧、无极、藁城、平乡、巨鹿、任、广平、磁、大名、元城、冀、新河、武邑、衡水、隆平、深六十五州县被灾

村庄粮租，暨开、东明、长垣三州县被水歉收村庄本年额赋杂课有差(现月)。庚申，【略】又谕：文镭奏，上年直隶各州县压阁蠲缓钱粮誊黄，照常征比，又将下忙缩入上忙，并称各省亦所不免等语。小民偶逢荒旱，朝廷加意抚绥，惟恐失所，如各该牧令似此舞弊，实堪痛恨。即著各该督抚查明，严行参办。【略】癸亥，【略】四川总督丁宝桢奏，秀山、彭山、茂、会理四州县被水灾区，现已委员会同地方官查明灾情轻重，分别抚恤，并先碾仓谷散放。【略】戊辰，谕内阁：御史叶荫昉奏，直隶安平、饶阳一带，滹沱河南北两岸屡遭水患，兼之深泽以上水道淤垫，致获鹿一带山水全注滹沱，一遇涨溢，河间、任丘等处均被淹没。请饬将河道量为开拓，两岸堤身加高培厚等语。

《德宗实录》卷一〇二

十一月庚午朔，【略】缓征安徽泗、凤阳、寿、灵璧、凤台、盱眙、望江、天长、定远、五河、合肥、怀远、来安、和、全椒、庐江、建德、滁、铜陵、无为、亳、巢、颍上、含山、繁昌、霍邱、涡阳、潜山、宿松、贵池、东流、芜湖、宿、怀宁、当涂、阜阳、桐城、太湖、宣城、南陵、青阳、舒城、太和、广德、建平、宁国四十六州县暨各卫屯田被水、被旱、被风、被虫歉收地方新旧钱粮漕粮租课有差(现月)。【略】癸未，【略】蠲缓江苏上元、江宁、句容、江浦、六合、溧水、高淳、山阳、阜宁、清河、桃源、安东、盐城、高邮、泰、东台、江都、甘泉、仪征、兴化、宝应、铜山、丰、沛、萧、砀山、邳、宿迁、睢宁、海、沭阳、赣榆、通、如皋、泰兴、海门三十六厅州县，暨淮安、大河、扬州、徐州、江都五卫被水、被旱、已垦、未垦及营垒压废民屯田地新旧钱粮漕粮地租杂课有差(现月)。甲申，以祈雨灵应，颁江苏长洲县白龙神庙扁额，曰"时行云集"；吴县古铜佛像前扁额，曰"香雪慈云"(现月)。　　《德宗实录》卷一〇三

十一月【略】丁亥，以京师雨雪愆期，上诣大高殿祈祷行礼。【略】丁酉，以雪泽未沾，上复诣大高殿祈祷行礼。【略】戊戌，【略】蠲缓湖南安乡、武陵、龙阳、沅江、华容、澧、湘阴、益阳、巴陵、临湘十州县被水各垸，暨岳州卫新旧钱漕有差(现月)。　　《德宗实录》卷一〇四

十二月【略】甲辰，【略】蠲缓直隶文安、天津二县被水地方新旧额赋(现月)。【略】戊申，以雪泽稀微，上于大高殿设坛虔祷，亲诣行礼。【略】蠲缓山东郓城、濮、历城、章丘、齐东、德平、肥城、惠民、邹、平陵、观城、城武、高密、冠十四州县，暨德州、临清、济宁、东昌四卫，永阜、永利、官台三场被水、被虫及续被黄水各地方新旧额赋。【略】庚戌，【略】缓征湖北咸宁、嘉鱼、汉阳、汉川、黄陂、孝感、沔阳、黄梅、钟祥、京山[①]、潜江、天门、应城、江陵、公安、石首、监利、松滋、枝江、荆门、京山、江夏、武昌、蒲圻、黄冈、蕲水、广济二十七州县暨武昌卫被淹、被旱地方新旧额赋。暨咸宁、嘉鱼、汉阳、黄陂、孝感、沔阳、黄梅、潜江、天门、应城、江陵、公安、石首、监利、松滋、荆门十六州县漕粮。【略】壬子，以雪泽普沾，上诣大高殿报谢行礼。【略】蠲缓江苏长洲、元和、吴、吴江、震泽、常熟、昭文、昆山、新阳、娄、金山、青浦、武进、阳湖、无锡、金匮、江阴、宜兴、荆溪、丹徒、丹阳、溧阳、太仓、镇洋、嘉定二十五州县，暨苏州、太仓、镇海、金山、镇江五卫屯田被旱歉收地方新旧钱漕有差(现月)。

《德宗实录》卷一〇五

十二月乙卯，【略】蠲缓浙江仁和、钱塘、海宁、富阳、余杭、临安、于潜、新城、昌化、嘉兴、秀水、嘉善、海盐、石门、平湖、桐乡、乌程、归安、长兴、德清、武康、安吉、孝丰、诸暨、金华、兰溪、东阳、义乌、浦江、汤溪、西安、龙游、建德、淳安、桐庐、遂安、寿昌、分水、永康、武义四十州县被水、被风地方本年额赋有差(现月)。【略】丁巳，【略】展缓宁古塔、三姓及五常堡被旱地方本年应征及带征各项银谷租钱(现月)。戊午，以求雨灵应，颁四川南川县龙神庙扁额，曰"岁年大茂"(现月)。【略】蠲缓河南祥符、陈留、通许、尉氏、洧川、鄢陵、中牟、兰仪、荥阳、荥泽、汜水、禹、新郑、商丘、宁陵、永城、夏邑、睢、柘城、考城、安阳、汤阴、临漳、林、武安、涉、内黄、汲、新乡、辉、获嘉、淇、延津、滑、浚、封丘、河

---

① 此处缓征湖北二十七州县中，见有"京山"两处，疑有一误。

内、济源、修武、武陟、孟、温、原武、阳武、洛阳、偃师、巩、孟津、宜阳、登封、新安、渑池、嵩、唐、泌阳、镇平、桐柏、邓、内乡、裕、舞阳、叶、上蔡、正阳、淮宁、西华、商水、项城、沈丘、太康、扶沟、许、临颍、襄城、郾城、长葛、陕、灵宝、阌乡、郏、伊阳、光山、固始、息八十四州县被灾地方新旧额赋(现月)。蠲缓山西芮城、虞乡、沁水、石楼、永济、临晋、孝义、介休、榆社九县频年被灾地方额赋有差。其永济、虞乡、解、芮城、平陆、吉、汾西、垣曲、阳城、沁水、石楼十一州县被灾尤重地方并蠲免下忙钱粮(现月)。【略】辛酉,【略】蠲减直隶安、任、隆平、宁晋四州县积涝地亩本年额赋有差。缓征望都县被水各村本年新赋。

《德宗实录》卷一〇六

## 1880 年 庚辰 清德宗光绪六年

正月【略】庚午,以山西上年遇旱,祈祷灵应,颁交城县龙王圣母庙扁额,曰:"沾洽时澍";利应侯庙扁额,曰"岁熟民富";浑源州恒岳庙扁额,曰"朔野标奇";潞城县李靖庙扁额,曰"溢宇腾声"(现月、折包)。缓征直隶通、三河、武清、宝坻、蓟、香河、宁河、霸、保定、大城、文安、永清、东安、涿、滦、清苑、新城、雄、安、高阳、河间、献、肃宁、任丘、天津、青、静海、盐山、庆云、新乐、开、东明、长垣、丰润、玉田、饶阳、安平、定、深泽、固安、乐亭、满城、安肃、博野、望都、容城、蠡、祁、阜城、交河、景、故城、沧、无极、藁城、平乡、巨鹿、任、广平、磁、大名、元城、冀、新河、武邑、衡水、隆平、深六十八州县被灾地方新旧钱粮租课有差(记注)。【略】壬申,缓征山东济宁、历城、邹平、长山、德、德平、惠民、乐陵、滨、邹、菏泽、城武、曹、定陶、范、朝城、堂邑、高唐、恩、博山、乐安、寿光、昌乐、高密、平度、金乡、鱼台、滕、邱、齐东、齐河、济阳、长清、肥城、东平、东阿、平阴、青城、海丰、商河、利津、蒲台、阳谷、寿张、巨野、郓城、观城、聊城、沾化四十九州县,及德州、济宁、东昌、临清四卫,东平所暨各场灶被灾地方应征新赋粮课有差(现月)。缓征两淮富安、安丰、梁垛、东台、何垛、丁溪、草堰、刘庄、伍祐、新兴、庙湾、板浦、中正、临兴十四场被灾灶地折价钱粮有差。【略】乙亥,【略】蠲缓江西进贤、新鉴、新喻、峡江、莲花、永丰、安福、永新、余干、乐平、建昌、安义、德化、德安、湖口、彭泽、南昌、新建、丰城、清江、庐陵、吉水、南丰、安仁、万年、星子、都昌、瑞昌、鄱阳等二十九厅县,暨南、九二卫被水、被旱地方歉收田亩钱漕有差。

《德宗实录》卷一〇七

正月【略】庚寅,【略】蠲缓浙江芦沥、钱清、西兴、长亭、杜渎、横浦、浦东、海沙、鲍郎等九场被灾地方新旧灶课,并蠲免仁和、海沙、鲍郎、芦沥、横浦、浦东等场未垦荡地上年应征钱粮(记注)。

《德宗实录》卷一〇八

二月【略】乙巳,【略】蠲缓山西太原、徐沟、祁、交城、文水、汾阳、平遥、介休、孝义、归化城、萨拉齐、屯留、大同、神池、高平、沁、代、赵城、托克托城、稷山二十厅州县被灾村庄应征新旧钱粮暨杂课有差。并赈大同县灾民一月口粮(现月)。【略】丁未,【略】山东巡抚周恒祺奏请拨款修复永阜场淹没盐池。从之(折包)。

《德宗实录》卷一〇九

二月【略】壬戌,以神灵显应,颁甘肃宁夏县刘猛将军神庙扁额,曰"昆虫毋作"(现月)。【略】甲子,【略】谕内阁:给事中郭从矩奏,苏、杭善局救灾恤邻,请饬纂入志书,以彰风化一折。光绪三四年间,山西、河南等省旱灾甚广,经苏州、上海、扬州、杭州各绅士设局接济,两年之间解交直、豫、秦、晋被灾之区将及百万,该绅士等虽不求奖叙,而急公好善之心,未可听其淹没,著江苏、浙江各督抚将各该局首事姓名事迹,纂入各本籍志书,以资观感(现月)。

《德宗实录》卷一一〇

三月【略】甲戌,【略】又谕:上年顺天、直隶秋禾被水各州县,迭经降旨赏给漕粮,抚恤灾黎,现闻洼区仍多积水,麦未播种,即使迅速疏消,只能布种秋稼,收获尚远,饥民待哺嗷嗷,殊堪矜念。【略】丁丑,【略】谕军机大臣等,给事中张观准奏,广东去年四五月间,南海、三水、清远、四会等县各

团被水冲决，淹没田禾。龙门等县遇灾未报，米价翔贵。查光绪二三年间，有发给免厘护照九百余张，招商采运平粜，仅用去五百张，即已停止。请将此项免厘已发未用之护照四百余张，给商运米接济等语。【略】己卯，【略】蠲免山西洪洞、浮山、曲沃、翼城、太平、襄陵、汾西、乡宁、吉、霍、赵城、永济、荣河、虞乡、临晋、猗氏、安邑、夏、平陆、芮城、绛[①]、垣曲、闻喜、绛、稷山、河津、隰、大宁、蒲、永和、长治、屯留、襄垣、沁、壶关、介休、沁源、凤台、高平、辽、榆社、阳城、陵川、沁水、右玉、临汾、平鲁、阳曲、石楼、灵石等五十州县逃亡绝户荒地米谷粮银四年；忻、榆次、洪洞、浮山、曲沃、翼城、太平、襄陵、汾西、乡宁、吉、霍、赵城、永济、荣河、虞乡、临晋、万泉、芮城、绛、猗氏、闻喜、安邑、夏、垣曲、绛、稷山、屯留、永和、大宁、蒲、介休、沁、沁源、凤台、高平、阳城、陵山、沁水、右玉、临汾、平鲁、岳阳、阳曲、石楼等四十五州县业主无力播种荒地米谷粮银三年(现月)。【略】丙戌，【略】缓征直隶通州等歉收村庄米谷钱粮旗租杂课。【略】癸巳，【略】缓征陕西华阴县三阳等里被冲地亩钱粮三年(现月)。

《德宗实录》卷一一一

四月【略】辛亥，以京师雨泽稀少，上诣大高殿祈祷行礼。【略】壬子，谕内阁：谭钟麟奏遵旨查荒地情形等语。据称，浙江杭、嘉、湖、金、衢、严等属续经查出荒产，为数甚多，殊难凭信。其故一由民间相率欺隐，一由地方官含糊挪移。其中，庄书、里保、书办等勾串劣矜，挟制官长，侵渔小民，弊端百出。近日嘉兴委员提讯庄书，辄敢邀集多人，殴辱官长；长兴劣生挟嫌聚众，入城抄毁衙署等情。此等刁风断不可长，著谭钟麟即饬分委各员密拿首要各犯，解省讯办，如敢抗违，即行从严惩办，以儆效尤，务将各属荒熟分数彻底清查，力图垦复，杜欺隐之端，祛中饱之弊，期于国课民生两有裨益(现月)。【略】壬戌，以甘霖应时，上诣大高殿报谢行礼。

《德宗实录》卷一一二

五月【略】己巳，以甘霖未沛，上诣大高殿祈祷行礼。【略】丁丑，以甘澍优沾，上诣大高殿报谢行礼。

《德宗实录》卷一一三

六月丁酉朔，【略】闽浙总督何璟等奏福州省城被水办理情况。【略】壬寅，以京师雨水过多，上诣大高殿祈晴行礼。【略】己酉，【略】缓征河南洛阳、偃师、孟津、孟、济源五县所属被雹各村庄本年额赋(现月)。【略】丙辰，【略】广东巡抚裕宽奏，广州等处被水，现分别赈济。

《德宗实录》卷一一四

七月【略】癸未，【略】江苏巡抚吴元炳奏扬州风灾情形。

《德宗实录》卷一一六

八月壬子，江苏巡抚吴元炳奏，飞蝗遍境，并饬搜捕蝻子情形。得旨：著即督饬地方各官严行搜捕，毋留余孽(折包)。

《德宗实录》卷一一八

九月【略】庚午，护理山西巡抚布政使葆亨奏，永济县例贡柿，霜灾后难办，请援案豁免。允之(折包)。【略】壬申，【略】陕西巡抚冯誉骥奏蒲城等州县被灾情形。得旨：著即督饬各地方官妥为抚绥，毋令一夫失所(折包)。

《德宗实录》卷一一九

十月【略】戊戌，又谕：本年河南洛阳等县被风、被雹各村庄麦禾受伤，经该抚奏到，业已降旨加恩，将本年应完钱粮缓至秋后察看办理。并因直隶安州等州县洼区积水，春麦难种，特赏给江苏、浙江漕米十万石，藉资散赈。陕西临潼等州县被雹、被水，浙江宣平等处被雹，广东南海等县、安徽宿松等县被水，江苏江都、甘泉二县被风，湖南石门县被水，四川资阳等县被雹、被水，均经该督抚等查勘抚恤。江西安福等县被旱、被水，浙江金华各属田禾间有被淹，湖北武昌各属被水；江苏盐城等县蝻子萌生，淮安各属间有飞蝗，并高阜田地被旱；山东新城等县被旱，安徽、河南各属间被水旱，均经该督抚等委员查勘。即著迅速办理，并将来春应否接济之处一并查明，于封印前奏到。

---

① 此处蠲免山西五十州县逃亡绝户荒地米谷粮银四年、四十五州县业主无力播种荒地米谷粮银三年，内各有二“绛”，当分别指绛州、绛县。

【略】己酉，又谕：【略】直隶所属东明县境黄河堤岸，本年伏秋大汛，险工迭出，节经抢护平稳。九月间因霜降撤防后，水势复涨，大溜侧注，刷塌堤身，风狂浪涌，遂致高村漫刷成口，水势东趋，著即赶紧设法抢堵。 《德宗实录》卷一二一

十月癸丑，【略】以神灵显应，颁直隶静海县城隍庙扁额，曰"神功普庇"，龙王庙扁额，曰"兴云敷泽"。【略】蠲缓直隶开、东明、长垣三州县被水地方新旧额赋并地租杂课有差(现月)。蠲缓直隶宝坻、霸、保定、文安、东安、新城、雄、任丘、安平、通、武清、大城、高阳、河间、献、肃定、天津、盐山、无极、饶阳、宁河、涿、清苑、满城、蠡、安、阜城、交河、景、东光、青、南皮、沧、邢台、沙河、南和、唐山、平乡、广宗、巨鹿、内丘、任、永年、邯郸、成安、肥乡、广平、鸡泽、磁、元城、大名、南乐、遵化、丰润、冀、衡水、隆平、深、深泽、静海六十州县暨津军厅被水、被旱、被风雹各村庄额赋，并地租杂课有差(现月)。甲寅，【略】盛京将军岐元等奏围场海龙城等处被水情形。得旨：所有被灾穷民，著即督饬该地方官妥筹抚恤，毋稍膜视(折包)。【略】山东巡抚周恒祺奏黄河南岸直隶境内堤身被水漫溢情形。得旨：高村堤工被水漫刷，已据李鸿章奏报，现在漫水已入菏泽县境，著该抚即行派员，设法防护堤岸，疏消水势，并查明被淹村庄，妥筹抚恤，毋使失所(折包)。【略】庚申，【略】谕军机大臣等，御史邬纯嘏奏，本年江苏徐州、淮安，安徽颍州，山东曹州，河南归德、陈州、怀庆、卫辉等府，夏间雨泽稀少，收成减色，入秋后尤形亢旱，二麦多未播种，请饬查明各州县被灾轻重，预筹赈济等语。

《德宗实录》卷一二二

十一月【略】丙寅，【略】又谕：御史叶荫昉奏，豫、东交界宜筹镇抚，请调王正起管带所部，仍回曹州镇本任一折。据称，山东曹州、河南归德与江南之颍、亳、徐州一带秋收歉薄，劫案迭出，本年秋间曹州枭匪滋事，经总兵王正起就近剿办，首逆在逃未获，旋即调办海防。目前年岁不登，人心不靖，似宜责成王正起管带所部，仍回曹州等语。【略】缓征安徽泗、凤阳、灵璧、盱眙、五河、凤台、天长、滁、望江、亳、全椒、定远、来安、怀远、南陵、贵池、宿、霍邱、建德、无为、寿、涡阳、怀宁、潜山、宿松、宣城、铜陵、庐江、阜阳、颍上、东流、当涂、芜湖、繁昌、巢、和、含山、合肥、桐城、太湖、青阳、舒城、太和、广德、建平四十五州县歉收地方本年粮赋杂课暨原缓节年灾歉赋额有差。【略】庚午，【略】蠲缓山东郓城、濮、范、寿张、临清、济宁、历城、章丘、齐东、齐河、济阳、长清、肥城、东平、东阿、平阴、惠民、青城、乐陵、滨、利津、蒲台、阳谷、菏泽、曹、巨野、朝城、聊城、堂邑、清平、馆陶、恩、武城、鱼台、临邑、宁阳、定陶、观城、莘、冠、夏津、邱、嘉祥、海丰、禹城、陵、德平、阳信、商河、滋阳、曲阜、邹、泗水、滕、峄、汶上、单、城武、博平、茌平、高唐、金乡、沾化、兰山、郯城、莒、益都、博兴、临淄、乐安、寿光、昌乐、临朐、昌邑、潍、平原、邹平、长山七十八州县，暨济宁、东昌、德州、临清四卫，东平所，永阜等场被旱、被风、被虫、被歉、被雹各村庄新旧额赋并租课有差(现月)。辛未，以京畿雪泽愆期，上诣大高殿祈祷行礼。 《德宗实录》卷一二三

十一月庚辰，以雪泽未沾，上复诣大高殿祈祷行礼。【略】甲申，【略】蠲缓江苏上元、江宁、句容、江浦、六合、山阳、阜宁、清河、桃源、安东、盐城、高邮、泰、东台、江都、甘泉、仪征、兴化、宝应、铜山、丰、沛、萧、砀山、邳、宿迁、睢宁、海、沭阳、赣榆、通、如皋、泰兴、海门、溧水、高淳三十六厅州县，暨淮安、大河、扬、徐、镇江五卫歉收及抛荒地方粮赋，并原缓、递缓灾歉赋额有差(现月)。【略】戊子，以雨雪未沾，上复诣大高殿祈祷行礼。 《德宗实录》卷一二四

十二月【略】丁酉，以雪泽未沾，选光明殿道众，在大高殿设坛虔祷，派克勤郡王晋祺、贝子毓棣等分班直宿上香，上亲诣行礼。【略】戊戌，【略】以祈雨灵应，颁陕西定远厅城隍庙扁额，曰"泽洽雕阴"；汉中府城隍庙扁额，曰"仁周天汉"；南郑县神山龙王庙扁额，曰"播润天地"(现月、随手)。【略】辛丑，【略】蠲缓湖南安乡、武陵、龙阳、沅江、华容、澧、湘阴、益阳、巴陵、临湘十州县暨岳州卫被水地方新旧正赋杂课有差(现月)。缓征两淮泰州属富安、安丰、梁垛、东台、何垛、丁溪、草堰、刘庄、伍

祐、新兴、庙湾十一场，海州属板浦、中正、临兴三场被旱、被淹、被风、被潮灶地新旧折价钱粮（现月）。【略】癸卯，【略】缓征湖北咸宁、嘉鱼、汉阳、汉川、黄陂、孝感、沔阳、蕲水、黄梅、钟祥、京山、潜江、天门、应城、江陵、公安、石首、监利、松滋、枝江、荆门、江夏、武昌、蕲州、黄冈、广济二十六州县，暨武昌等卫被淹、受旱地方新旧正赋杂课有差（现月）。缓征湖北咸宁、嘉鱼、汉阳、黄陂、孝感、沔阳、蕲水、黄梅、潜江、天门、应城、江陵、公安、石首、监利、松滋、荆门十七州县被淹、受旱地方本年漕粮（现月）。【略】乙巳，【略】以雪泽未沾，上复诣大高殿祈雪坛行礼。【略】庚戌，【略】蠲缓江苏长洲、元和、吴、吴江、震泽、常熟、昭文、昆山、新阳、娄、金山、青浦、武进、阳湖、无锡、金匮、江阴、宜兴、荆溪、丹徒、溧阳、太仓、镇洋、嘉定、太湖、华亭、靖江二十七厅州县，暨苏州、太仓、镇海、金山四卫，镇江卫之泰州、泰兴、江都、甘泉各屯田被旱、被虫并荒废田地新旧额赋有差。壬子，【略】缓征河南祥符、陈留、杞、通许、尉氏、洧川、鄢陵、中牟、兰仪、郑、荥阳、荥泽、汜水、新郑、商丘、宁陵、永城、鹿邑、虞城、夏邑、睢、柘城、考城、安阳、汤阴、临漳、林、武安、内黄、汲、新乡、辉、获嘉、淇、延津、滑、浚、封丘、河内、济源、修武、武陟、孟、温、原武、阳武、洛阳、偃师、巩、孟津、宜阳、登封、永宁、新安、渑池、南阳、唐、泌阳、镇平、桐柏、邓、内乡、淅川、裕、舞阳、叶、上蔡、正阳、西平、淮宁、西华、项城、沈丘、太康、扶沟、许、临颍、郾城、长葛、陕、灵宝、阌乡、伊阳、光山、固始、息八十六厅州县被水、被旱、被雹地方新旧钱漕有差。【略】乙卯，以雪泽未沾，举行三坛祈雪祀典，上诣大高剧祈祷行礼。【略】丙辰，【略】蠲免直隶文安县被水村庄本年钱粮，并缓征应完节年旗租及出借仓谷。缓征江西南昌、新建、进贤、新淦、新喻、莲花、泰和、万安、安福、永新、余干、乐平、建昌、安义、德化、德安、湖口、彭泽、清江、庐陵、丰城、吉水、南丰、永丰、安仁、万年、星子、都昌、瑞昌二十九厅县被水、被旱、被虫地方新旧钱漕租课，暨九江府同知所辖南、九二卫，庐州等处课银有差。【略】己未，【略】蠲缓浙江仁和、钱塘、海宁、富阳、余杭、临安、新城、于潜、昌化、嘉兴、秀水、嘉善、海盐、平湖、石门、桐乡、乌程、归安、长兴、德清、武康、安吉、孝丰、鄞、象山、山阴、会稽、萧山、诸暨、余姚、上虞、新昌、嵊、临海、黄岩、宁海、天台、仙居、金华、兰溪、东阳、义乌、永康、武义、浦江、汤溪、西安、龙游、常山、开化、建德、淳安、遂安、寿昌、桐庐、分水、永嘉、乐清、瑞安、平阳、泰顺、丽水、缙云、青田、松阳、宣平六十六州县，暨杭严、嘉湖、衢、台各卫所被水、被虫地方新旧钱漕有差。【略】辛酉，【略】蠲缓山西太原、徐沟、文水、汾阳、平遥、萨拉齐、阳曲、介休、孝义、沁源、和林格尔、赵城十二厅县被水、被雹地方新旧钱粮有差（现月）。

《德宗实录》卷一二五

## 1881年 辛巳 清德宗光绪七年

正月【略】乙丑，【略】缓征直隶通、武清、宝坻、霸、保定、文安、大城、东安、新城、雄、高阳、河间、献、肃宁、任丘、天津、盐山、无极、开、东明、长垣、安平、饶阳、宁河、涿、清苑、满城、蠡、安、阜城、交河、景、东光、青、南皮、沧、邢台、沙河、南和、唐山、平乡、广宗、巨鹿、内丘、任、永年、邯郸、成安、肥乡、广平、鸡泽、磁、元城、大名、南乐、遵化、丰润、冀、衡水、隆平、深、深泽、静海六十三州县被灾歉收村庄本年暨节年应征钱粮旗租杂课等项有差（现月）。【略】丁卯，【略】缓征山东济宁、临清、齐东、惠民、乐陵、菏泽、曹、定陶、范、朝城、堂邑、恩、武城、历城、章丘、齐河、济阳、长清、肥城、东平、东阿、平阴、青城、海丰、利津、蒲台、泗水、阳谷、寿张、巨野、郓城、濮、聊城、清平、馆陶、鱼台三十六州县，暨德州、济宁、东昌、临清四卫，东平所坐落各州县屯庄被水、被旱、被虫、被风、被碱及被沙压沿河坍塌地亩本年新赋、漕仓、河银、盐课、芦课、学租、地租等项有差。【略】戊寅，【略】缓征浙江钱清、西兴、横浦、浦东等场被歉灶场光绪六年及历年缓带旧欠灶课，暨长亭、杜渎、海沙、鲍郎、芦沥等场旧欠灶课（现月）。蠲免浙江仁和、海沙、鲍郎、芦沥、横浦、浦东等场荒坍未垦各灶地荡涂光绪六年灶课钱粮(现月)。蠲免浙江杭州等府属三十八州县,杭严、嘉湖、衢州三卫所荒废田地,暨临安、新城、于潜、昌化、安吉、孝丰、仁和、钱塘、富阳、余杭、西安、龙游各县新种、新垦田地光绪六年并本年钱粮等项有差(现月)。【略】甲申,以京师雨泽稀少,上诣大高殿祈祷行礼(内记)。【略】乙酉,【略】豁免直隶安州积涝地亩光绪六年租银并缓征节年应征粮租、旗租等项(现月)。【略】辛卯,【略】蠲免广东海阳县上年被水地方光绪六年钱粮。《德宗实录》卷一二六

二月【略】乙未,以京畿雨泽尚未沾渥,上复诣大高殿祈祷行礼。【略】丁酉,【略】蠲缓山东菏泽、巨野两县村庄暨各卫屯庄被水地方,并秋灾原缓村庄未完钱粮漕米杂课有差(现月)。【略】豁免山西绛、长治、凤台、高平、永济五州县被灾年分应征商畜牙契各税银有差(折包)。

《德宗实录》卷一二七

三月【略】壬午,【略】谕内阁:上年顺天、直隶各属被水、被旱灾区甚广,本年春麦歉收,饥民待泽孔殷,朝廷实深轸念。著拨给湖北本届采运漕米三万石,由李鸿章等详查灾区轻重,分别散放。

《德宗实录》卷一二八

五月【略】甲申,【略】蠲免贵州威宁州属被淹荒田地丁钱粮(折包)。【略】己丑,谕内阁:丁宝桢奏,盐源县属地方被水成灾,现饬查勘,筹款赈济等语。本年三月间,四川盐源县属河西地方雷雨冰雹,水势陡涨,冲坏民房约七八百间,伤毙男女约千余口,殊堪矜恻。《德宗实录》卷一三〇

七月【略】丙戌,【略】四川总督丁宝桢奏,庆宁营山水陡发,冲毁衙署,并淹毙人口情形。得旨:所有被水灾黎,即著饬属确查,妥筹抚恤,毋令失所。《德宗实录》卷一三二

闰七月【略】癸巳,两江总督刘坤一奏,泰州分司各场同遭风潮,灶丁荡析离居,现拟筹款赈济。【略】甲午,【略】蠲缓山西榆社、阳曲二县被旱地方带征民欠粮税有差(现月)。【略】己亥,【略】江苏巡抚黎培敬奏,盐城、阜宁一带六月间飓风大作,海潮上涌,民灶田庐多被漂没。【略】辛丑,【略】陕西巡抚冯誉骥奏,查明乾州、澧泉等八州县夏禾被雹、被水,并三原、临潼等七州县忽有土蚂蚱滋生,饬令捕治情形。得旨:所有被雹、被水各州县即著督饬地方官分别抚恤,以惠穷黎;其被虫各属并著通饬认真捕治,勿留余孽。【略】辛亥,【略】闽浙总督何璟等奏:闽省光泽、邵武、南平、顺昌同被水灾,派员查勘。【略】又奏:省城猝被飓风,街巷积水甚深,民房间有坍塌。【略】乙卯,【略】又谕:顺天府府尹游百川奏敬陈管见一折。据称,晋、豫两省大祲之后荒田甚多,河南之卫辉等处,山西之平、蒲等处,现闻一县之中不耕之田犹有数千顷、万余顷不等,请仿古屯田之法,令各省应行裁撤之勇丁移扎该处,举办开垦等语。【略】丁巳,【略】四川总督丁宝桢奏,茂州、蒲江二州县被水成灾。

《德宗实录》卷一三三

八月【略】辛酉,【略】三品卿衔督办船政黎兆棠奏,船厂猝被风灾,房屋塌坏甚多,亟筹修备情形。【略】甲子,以神灵显应,颁直隶井陉县城隍庙扁额,曰"岁年大茂",龙神庙扁额,曰"时行云集";庆云县刘猛将军庙扁额,曰"南亩治理",城隍庙扁额,曰"年丰岁熟",龙神庙扁额,曰"膏润优渥"。【略】戊辰,【略】又谕:给事中楼誉普奏:近年台州土匪四起,抢夺迭见,【略】七月间,临海、黄岩、太平三县近海地方洪潮为灾,晚稻无收等语。《德宗实录》卷一三四

八月【略】丙戌,吉林将军铭安等奏:伯都讷厅属纳粮民地水冲风掏,不堪耕种,吁恳蠲除赋额。从之(折包)。《德宗实录》卷一三五

九月【略】辛卯,【略】黑龙江将军安定等奏:江流泛涨,陡遇风雨,击坏水师营船,请照例免赔。【略】壬辰,两江总督刘坤一等【略】又奏:淮南泰州分司所属各场,六月间猝遭风潮,受灾颇重,奏奉谕旨,饬属妥为抚恤,当经筹款,派员按场散给,现在亭场均已涸复,锅鐅大半修整,陆续起煎,照常安业。【略】己亥,【略】新授江苏巡抚漕运总督黎培敬奏:盐、阜一带海潮为灾,派员筹款散放,并估筑冲塌圩堰,即令灾民力作,以工代赈。【略】辛丑,【略】浙江巡抚谭钟麟奏:宁海东乡沿海风潮暴

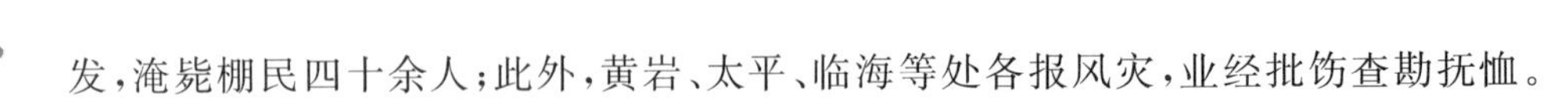

发，淹毙棚民四十余人；此外，黄岩、太平、临海等处各报风灾，业经批饬查勘抚恤。

《德宗实录》卷一三六

九月【略】丙辰，【略】闽浙总督何璟等奏：台湾台北等处飓风、地震成灾。

《德宗实录》卷一三七

十月【略】壬戌，谕军机大臣等，本年直隶、浙江、河南、山西、陕西、广东、贵州被水、被雹、被旱、被风等处，节经各该省奏到，将新旧钱粮分别蠲免缓征，并因顺直各属灾区穷黎较多，拨给湖北漕米三万石，藉资散赈。江苏泰州、盐城各属被风、被潮，江西泰和等县被水，浙江沿海各县被风、被潮，福建台湾、台北两府属被风、被水，湖南零陵县、澧州被水，山东昌邑等处被水，陕西乾州等州县被雹、被水、被虫，甘肃阶州等处地震，固原州等处被雹，四川盐源等县被水、被雹，省城及犍为各属暨雅安县被火，茂州等处被水，广东南海县等处被水，均经该督抚等查勘抚恤，小民谅可不至失所。【略】江苏苏、松等属被风，安徽安庆等属被水、被风、被雹，福建光泽等县被水、被风，湖南安乡等县被水，河南郑州等州县被水，甘肃西宁等处被雹，云南镇沅等处被水、被雹，宣威等州县被水，均经该督抚等委员查勘，即著迅速办理，并将来春应否接济之处一并查明，于封印前奏到。【略】丁丑，【略】缓征安徽泗、凤阳、寿、灵璧、凤台、定远、盱眙、霍邱、庐江、五河、天长、来安、铜陵、合肥、怀远、亳、颍上、当涂、无为、巢、涡阳、怀宁、潜山、阜阳、贵池、繁昌、宿、和、含山、东流、太湖、宿松、芜湖、桐城、宣城、南陵、青阳、滁、广德、建平、宁国、望江四十二州县被水、被旱、被风、被虫地方钱粮漕粮暨新旧租课有差。【略】甲申，【略】又谕：国子监司业王邦玺奏水灾情形甚重，请饬查勘办理一折。前据李文敏奏江西泰和、庐陵、吉水等县本年七月间被水情形，业经饬属妥为抚恤，兹据该司业奏称，庐陵、吉水、庐陵、吉水、永丰四县七月十八、十九连日大雨，山水暴发，冲没田庐，淹毙人口无算，灾区甚广，民间荡析离居，栖身无所，病毙者又复不少等语。览奏殊堪悯念。【略】戊子，【略】蠲缓直隶定兴、雄、容城、宁河、文安、天津、遵化、丰润、安平、武清、宝坻、滦、清苑、蠡、安、献、任丘、青、静海、沧、南皮、盐山、行唐、灵寿、邢台、南和、唐山、内邱、任、广平、鸡泽、大名、南乐、怀安、枣强、隆平、深、饶阳、深泽三十九州县水、旱及被雹、被虫地方，开、东明、长垣三州县滨临黄河被水村庄钱粮租课额赋有差。

《德宗实录》卷一三八

十一月己丑朔，【略】蠲缓江苏上元、江宁、句容、江浦、六合、山阳、阜宁、清河、桃源、安东、盐城、高邮、泰、东台、江都、甘泉、仪征、兴化、宝应、铜山、丰、沛、萧、砀山、邳、宿迁、睢宁、海、沭阳、赣榆、通、如皋、泰兴、海门、溧水、高淳三十六厅州县，及淮安、大河、扬州、徐州四卫被旱、被水村庄本年应征地丁钱粮，暨旧欠未完地租、芦课、学租、杂税各项有差。其上元、江宁、句容、江浦、六合、山阳、阜宁、桃源、清河、盐城、高邮、泰、东台、江都、甘泉、仪征、兴化、宝应、铜山、丰、沛、萧、砀山、邳、宿迁、睢宁、海、沭阳、赣榆、如皋、泰兴三十一州县应征漕粮并分别蠲缓（现月）。【略】甲午，【略】缓征陕西吴堡县、葭州被雹村庄地丁钱粮兵粮有差（折包）。【略】乙未，【略】蠲缓山东郓城、濮、齐东、寿张、济宁、历城、章丘、邹平、齐河、济阳、长山、东阿、惠民、滨、邹、滕、阳谷、菏泽、曹、巨野、范、朝城、聊城、金乡、鱼台、昌邑、潍、宁阳、泗水、汶上、观城、馆陶、恩、嘉祥、海丰、郯城、寿光、安丘、平度、长清、新城、禹城、陵、德、德平、平原、肥城、东平、平阴、青城、阳信、乐陵、商河、利津、蒲台、滋阳、曲阜、峄[1]、单、定陶、堂邑、博平、茌平、清平、莘、冠、高唐、夏津、武城、邱、沾化、兰山、莒、益都、临淄、博兴、乐安、昌乐七十八州县，暨德州、临清、济宁、东昌四卫并东平所，永阜、永利二场被水、被旱、被虫、被碱、被沙压各灾歉地方新旧钱漕杂课有差。丙申，【略】山东巡抚任道镕奏，本年豆收、麦收浅薄，请将各属应征漕豆、漕麦援案改征粟米兑运。允之（折包）。丁酉，以雪泽稀少，上诣

---

① 峄，原作“泽”字。

大高殿祈祷行礼。【略】戊戌，【略】广西巡抚庆裕奏，贵县、横州等处河水陡涨，田庐被淹，现饬妥筹抚恤。【略】癸卯，【略】缓征两淮泰海二属草堰、伍祐、新兴、庙湾四场被风、被潮荡地，及受灾较轻之富安等七场，板浦等三场新旧折价钱粮有差（现月）。【略】甲辰，【略】福建巡抚岑毓英奏，台湾府属澎湖地方前遭飓风，业经附奏，现查饥民多至八万余人，由省城增广仓义谷项下提谷二万石运往散给。【略】丙午，以雪泽未沾，上复诣大高殿祈祷行礼。【略】乙卯，【略】蠲缓湖南安乡、武陵、华容、龙阳、沅江、澧、湘阴、益阳、巴陵九州县，并岳州卫被水、被旱地方应征钱漕有差（现月）。丁巳，以雪泽迭祈未应，遴选道众设坛虔祷，未沾，上再诣大高殿祈祷行礼。　《德宗实录》卷一三九

十二月【略】辛酉，【略】又谕：定安等奏，查明各城收成分数，分别征免接济，并请展缓前借银粮一折。本年黑龙江墨尔根城等处秋成歉薄，缺乏口粮，自应分别接济。加恩著照所请，所有墨尔根城暨墨尔根站、依拉喀站被灾各户应需接济粮三千九百三十五石零。【略】甲子，【略】展缓宁古塔、三姓、珲春被灾旗民地方银谷。【略】丁卯，以京师雪泽稀少，上复诣大高殿祈祷行礼。【略】缓征湖北咸宁、嘉鱼、汉阳、汉川、黄陂、孝感、沔阳、黄梅、钟祥、京山、潜江、天门、应城、江陵、公安、石首、监利、松滋、枝江、荆门、江夏、武昌、黄冈、蕲水、广济二十五州县暨武昌等卫被水、被旱地方新旧钱粮漕粮杂课有差（现月）。己巳，【略】缓征江西南昌、新建、进贤、新淦、新喻、峡江、莲花、庐陵、吉水、泰和、安福、永新、乐平、星子、建昌、安义、德化、德安、湖口、兴国、丰城、清江、永丰、南丰、鄱阳、安仁、万年、都昌、瑞昌、余干三十厅县，暨南、九二卫被灾地方钱漕有差（现月）。辛未，【略】蠲缓广西贵、宣化、崇善、左、隆安、横、永淳、新宁、上思、来宾、养利、永康、凌云、武宣、迁江、临桂、灵川、义宁、桂平、平南、奉义二十一州县，暨宁明、思、罗阳三土州县被水、被扰地方钱粮兵米有差（现月）。

《德宗实录》卷一四〇

十二月【略】乙亥，【略】蠲缓浙江仁和、富阳、嘉兴、秀水、嘉善、石门、归安、乌程、德清、山阴、临海、宁海、天台、仙居、遂安、萧山、淳安十七县暨钱塘等五十二州县，及杭严、嘉湖、台州、衢州四卫所灾歉地方钱漕有差（现月）。【略】丙子，【略】蠲缓江苏长洲、元和、吴、吴江、震泽、常熟、昭文、昆山、新阳、娄、金山、青浦、武进、阳湖、无锡、金匮、江阴、宜兴、荆溪、丹徒、丹阳、溧阳、太仓、镇洋、嘉定、太湖、华亭、靖江、奉贤、南汇、宝山三十一厅州县，暨苏州、太仓、镇海、金山、镇江五卫荒废灾歉田地钱漕租课有差（现月）。【略】戊寅，以京师仍未渥沛祥霙，上复诣大高殿祈祷行礼。【略】辛巳，以神灵显应，颁直隶大城县龙神庙扁额，曰“苞育群生”。【略】豁免直隶安、任、文安三州县积涝地亩钱粮租银，并缓征出借仓谷。【略】癸未，【略】展缓河南祥符、陈留、杞、通许、尉氏、洧川、鄢陵、中牟、兰仪、郑、荥阳、荥泽、汜水、禹、新郑、商丘、宁陵、永城、鹿邑、虞城、夏邑、睢、柘城、考城、安阳、汤阴、临漳、林、武安、内黄、汲、新乡、辉、获嘉、淇、延津、滑、浚、封丘、河内、济源、修武、武陟、孟、温、原武、阳武、洛阳、偃师、巩、孟津、宜阳、登封、永宁、新安、渑池、南阳、唐、泌阳、镇平、桐柏、邓、内乡、淅川、裕、舞阳、叶、上蔡、正阳、西平、淮宁、西华、商水、项城、沈丘、太康、扶沟、临颍、郾城、长葛、伊阳、灵宝、阌乡、光山、固始、息八十七厅州县被水、被旱地方新旧钱漕有差（现月）。蠲除吉林伯都讷属隆科多城西甸子被水荒地赋租（折包）。　《德宗实录》卷一四一

## 1882年 壬午 清德宗光绪八年

正月【略】己丑，蠲缓直隶通、宁河、文安、定兴、雄、天津、开、东明、长垣、遵化、丰润、安平、武清、宝坻、滦、清苑、蠡、安、献、任丘、青、静海、沧、南皮、盐山、行唐、灵寿、邢台、南和、唐山、内丘、任、永年、广平、鸡泽、大名、南乐、怀安、枣强、隆平、深、饶阳、深泽、肃宁四十四州县被灾歉收地方租课（现月）。庚寅，以京师雪泽稀少，上再诣大高殿祈祷行礼。【略】辛卯，【略】蠲缓山东济宁、邹

平、长山、齐东、惠民、邹、菏泽、曹、博兴、昌邑、潍、鱼台、滕、历城、章丘、济阳、海丰、滨、阳谷、寿张、巨野、郓城、濮、范、朝城、聊城、馆陶、金乡二十八州县，德州、东昌、临清、济宁四卫被灾地方租课(现月)。蠲缓山西太原、文水、吉、萨拉齐、乡宁、屯留、归化、沁、赵城、阳曲十厅州县被灾地方钱粮(现月)。【略】蠲缓两浙芦沥、杜渎、青村、钱清、西兴、长亭、横浦、浦东、下砂、海沙、鲍郎十一场歉收各灶荡灶课(现月)。【略】甲辰，以京师得雪，上诣大高殿报谢行礼。【略】戊申，【略】福建巡抚岑毓英奏，赈济台湾饥民。报闻(折包)。【略】乙卯，谕军机大臣等，给事中彭世昌奏，上年七月间，闻江西庐陵县猝被水灾，迟至岁暮，尚未抚恤。查有同治八年应发阵亡绅勇恤银七千三百九十余两，前经冒领，后追缴司库，【略】余银四五千两请移作庐陵赈恤之用，其余泰和、吉水被灾地方亦请筹办抚恤。

《德宗实录》卷一四二

二月【略】丁卯，【略】豁免陕西兴平县河冲沙压地亩钱粮(折包)。　《德宗实录》卷一四三

三月【略】乙未，【略】豁免直隶大城县被水灾区光绪四五六年民欠粮租(现月)。

《德宗实录》卷一四四

四月【略】庚申，【略】守护东陵大臣溥廉等奏，恭查东陵松树生虫情形轻重不等，现经设法搜捕。

《德宗实录》卷一四五

五月【略】戊子，【略】谕内阁：闽浙总督何璟等奏，四月初二日，长汀县大风，县城西门至东门，城内外倒塌民房九十余间，压毙大小男女二十一丁口。【略】辛亥，以雨泽稀少，上诣大高殿祈祷行礼。

《德宗实录》卷一四六

六月【略】乙卯朔，以祈雨即应，上诣大高殿报谢行礼。【略】壬戌，【略】又谕：御史光熙奏皖省州县猝被水灾一折。据称，本年五月初旬安徽英山、潜山、太湖等县蛟水骤发，田庐人民漂没淹毙不可数计，怀宁、望江等县圩堤冲决数十处等语。【略】丙寅，【略】又谕：裕禄奏，安徽潜山等州县猝发蛟水，赶筹赈抚；陈士杰奏，浙江金、衢、严等府属猝遭水患，筹款抚恤各一折。该两省突遇水灾，小民荡析离居，览奏殊深悯恻。【略】安徽、浙江两省同时猝遇水灾，情形甚重，为近来罕有之事，上天示警，恐惧实深，我君臣急宜交加儆惕，遇灾修省，以消沴戾而重民生(现月)。

《德宗实录》卷一四七

六月【略】辛未，以神灵显应，颁直隶肃宁县关帝庙扁额，曰"祈年大有"，城隍庙扁额，曰"旬液应序"，龙神庙扁额，曰"膏泽多丰"；成安县关帝庙扁额，曰"时和年丰"；延庆州居庸关青龙潭龙神庙扁额，曰"厘福日新"。【略】谕军机大臣等，有人奏，湖北地方官决堤殃民，【略】据称，湖北监利县子贝垸滨临江汉，向赖洪心河宣泄水势，该垸百姓请修河道，署江陵县吴耀斗不允所请。本年夏间江汉涨溢，吴耀斗前往查勘，将子贝堤开挖，南岸七百余垸田庐尽没。决堤殃民，请饬查办。【略】丙子，谕内阁：李文敏奏，江西玉山等县被水，分别抚恤一折。本年五月间，江西玉山、上饶、广丰、德兴、都昌、鄱阳、湖口、浮梁、德安、建昌等县山水暴发，冲决田庐，淹毙人口甚多。并德化、彭泽、余干、乐平、进贤、铅山、弋阳、贵溪等县亦同时被水，览奏殊深悯恻。　《德宗实录》卷一四八

七月【略】己丑，谕内阁：丁宝桢奏，查明叙永厅等处被灾情形，分别酌量抚恤等语。本年夏间，四川叙永、涪、彭水、奉节、巫山、綦江等处大雨冰雹，河水陡涨，冲没田庐，淹毙人口。【略】庚寅，谕内阁：给事中楼誉普奏，浙江杭州等府同被水灾，请饬速筹抚恤一折。前据陈士杰奏，杭、嘉、湖各府属雨水过多，田禾被淹，饬令该地方官确切履勘，妥为安抚。兹据该给事中奏称，本年五月下旬，余杭县之苕溪水势骤涨，冲塌塘堤，田庐被淹，临安、于潜等县均发蛟水，仁和、钱塘二县农田亦被浸灌，湖州府属之霅溪同时漫溢，嘉兴府属之海塘决口多处，以致各州县同被水患等语。览奏，被灾情形甚重，殊堪轸恻。【略】山东巡抚任道镕奏：黄水盛涨，历城、章丘、齐东等处民堤漫决，利津民灶各坝亦被冲刷，现饬筹办工赈。【略】缓征山东济阳、巨野二县，临清一卫，暨巨野县境之济宁、

临清二卫被灾村庄新旧粮赋租课(现月)。【略】戊戌,【略】陕西巡抚冯誉骥奏,商州、雒南被水,筹备赈恤。【略】辛丑,【略】闽浙总督何璟奏:漳州、厦门被水,提款分别赈恤。【略】乙巳,谕内阁:朕奉慈禧【略】皇太后懿旨,两月以来,迭据各省奏报水灾,详加披阅,时切廑怀,因思安徽、浙江、江西被灾最重,漂没田庐,淹毙人口之处甚多,小民困苦情形尤为可悯,【略】所有安徽、浙江、江西三省著户部各拨银六万两,以资赈济。【略】其余江苏、山东、湖北、四川、福建、陕西等省均有被灾之处,即著各该省宽筹款项,妥为抚恤。【略】辛亥,【略】谕军机大臣等,御史谭承祖奏,江西河道淤塞,急宜乘便疏通一折。据称,江西近年以来水患频仍,由于鄱阳湖不能消泄,支河间有壅阻。他如吉安、抚州各处亦因河身淤浅,不能容水,以致常被水灾。【略】江西频年水患,皆因河道淤塞,不能畅消所致,亟宜设法开通,以苏民困。【略】另片奏,景德镇现被水灾,请饬一体抚恤等语。

《德宗实录》卷一四九

八月【略】丙辰,【略】浙江巡抚陈士杰奏:浙属下游水灾甚重,请将赈款作正开销。【略】壬戌,【略】以祷雨灵应,颁山东郓城县龙神庙扁额,曰"年岁熟荣",关帝庙扁额,曰"德至泽洽",城隍庙扁额,曰"稼穑熟成";昌邑县龙神庙扁额,曰"润洽为德",城隍庙扁额,曰"仁德感应"(现月)。【略】庚辰,【略】闽浙总督兼署福建巡抚何璟奏,台湾被风水各灾。

《德宗实录》卷一五〇

九月【略】丙戌,【略】山东巡抚任道镕奏:武定府属之惠民、商河、滨州等处黄水漫溢。得旨:本年黄水盛涨,漫溢之处情形甚重,著即督饬文武各员将决口赶紧堵筑,竭力保护其被淹地方。【略】戊戌,【略】蠲缓陕西商州、雒南被水田地,及保安、吴堡二县被雹地方钱粮(现月)。

《德宗实录》卷一五一

九月己亥,【略】江苏巡抚卫荣光奏:皖省水灾地广,待赈人稠,拟于关局正项内续拨工赈银二万两。报闻(折包)。【略】庚子,【略】陕甘总督谭钟麟奏:西宁等县被水。【略】甲辰,谕内阁:给事中郑溥元,御史孙纪云、汪仲洵奏,山东水灾甚广,请饬速筹疏浚,广备赈济一折。据称,本年夏秋间河水盛涨,泺口上游屈律店等处连开四口,历城、章丘、济阳、齐东、临邑、乐陵、惠民、阳信、商河、滨州、海丰、蒲台等州县多陷巨浸,淹毙人口不可胜计,现在仍未消落。请饬迅筹疏消赈恤等语。览奏,实深悯恻,前据任道镕迭次陈奏,历城等处被水情形甚重。【略】其决口处所亦经估定工需银七十余万两。现正筹款堵筑。【略】癸丑,【略】贵州巡抚林肇元奏,铜仁府属水灾,酌量抚恤。报闻(折包)。

《德宗实录》卷一五二

十月【略】丙辰,谕军机大臣等,本年直隶、浙江、山东、山西、陕西被水、被雹、被旱、被风等处,节经各该省奏到,将新旧钱粮分别蠲免缓征。并因安徽、江西、浙江三省夏间猝发蛟水,被灾尤重,各拨给银六万两。山东历城等县被水,截留漕米三万石,藉资赈济。江苏常州等属被风、被潮,安徽潜山、婺源等县被水,江西玉山、德安等县被水,浙江金、衢、严暨杭、嘉、湖各属被水,福建台湾、台北两府属被风、被水,湖北罗田、沔阳等州县被水,湖南城步、澧州等处被水,山东历城、惠民等处被水,陕西绥德等州县被雹,甘肃皋兰等处被雹,四川叙永等州县被水,资州被火,云南路南州等处被风、被雹、被水,均经该督抚等查勘抚恤。【略】江西瑞昌等处被水、被旱,福建漳州等处被风、被水,湖北黄州府属被水,湖南安乡等州县被水,河南陕州等州县被水,甘肃西宁县属被水,广东丰顺等处被水、被风,贵州铜仁府属被水,均经该督抚等委员查勘,即著迅速办理,并将来春应否接济之处一并查明,于封印前奏到。【略】辛未,【略】蠲缓顺直文安、雄、献、任丘、高阳、安平、深泽、大城、通、蓟、宁河、滦、新城、安、青、静海、盐山、无极、元城、大名、丰润、深、饶阳、曲阳、张家口、独石口、武清、保定、霸、固安、永清、清苑、安肃、唐、望都、蠡、河间、沧、南皮、庆云、栾城、任、永年、广平、遵化、枣强、定四十七厅州县歉收地方粮租有差(现月)。蠲缓开、东明、长垣三州县被水地方粮赋有差(现月)。

《德宗实录》卷一五三

十一月【略】甲申,【略】山东巡抚任道镕奏:堵筑桃园决口,择日进占。【略】蠲缓山东历城、齐东、惠民、济阳、商河、郓城、濮、齐河、滨、寿张、济宁、章丘、邹平、临邑、长清、青城、阳信、利津、阳谷、菏泽、曹、范、观城、朝城、聊城、茌平、恩、鱼台、沾化、东平、东阿、泗水、馆陶、高唐、金乡、海丰、高苑、潍、临清、长山、新城、禹城、陵、德、德平、平原、肥城、平阴、乐陵、蒲台、滋阳、曲阜、宁阳、邹、滕、峄、汶上、单、城武、定陶、巨野、堂邑、博平、清平、莘、冠、夏津、武城、邱、嘉祥、兰山、郯城、费、莒、益都、临淄、博兴、乐安、寿光、昌乐、临朐八十一州县,暨德州、济宁、东昌、临清四卫,永阜、永利二场被水、被旱、被虫、被风、被雹、被碱庄屯新旧额赋,并杂课有差。【略】戊子,【略】蠲缓江苏上元、江宁、句容、溧水、高淳、江浦、六合、山阳、阜宁、清河、桃源、安东、盐城、高邮、泰、东台、江都、甘泉、仪征、兴化、宝应、铜山、丰、沛、萧、砀山、邳、宿迁、睢宁、海、沭阳、赣榆、通、如皋、泰兴、海门三十六厅州县,暨淮安、大河、扬州、徐州、镇江五卫被水、被风歉收民屯田地新旧额赋杂课有差(现月)。蠲缓江苏上元、江宁、句容、江浦、六合、山阳、阜宁、清河、桃源、盐城、高邮、泰、东台、江都、甘泉、仪征、兴化、宝应、铜山、丰、沛、萧、砀山、邳、宿迁、睢宁、海、沭阳、赣榆、通、如皋、泰兴三十一州县被淹、被风歉收田地应征漕粮(现月)。【略】庚寅,【略】蠲缓安徽潜山、英山、宿松、太湖、望江、芜湖、繁昌、无为、和、泗、怀宁、桐城、歙、婺源、祁门、绩溪、宣城、宁国、南陵、旌德、贵池、青阳、铜陵、建德、东流、当涂、合肥、巢、庐江、凤阳、宿、寿、凤台、怀远、灵璧、阜阳、颍上、涡阳、亳、霍邱、霍山、五河、盱眙、天长、滁、全椒、来安、含山四十九州县被水、被旱、被风、被虫歉收庄屯新旧额赋暨杂课有差(现月)。蠲缓安徽潜山、英山、宿松、太湖、望江、芜湖、繁昌、无为、泗、怀宁、桐城、宣城、宁国、南陵、旌德、贵池、青阳、铜陵、建德、东流、当涂、合肥、巢、庐江、宿、寿、凤台、怀远、定远、灵璧、阜阳、颍上、涡阳、亳、霍邱、霍山、盱眙、天长、五河三十九州县歉收田地应征新旧漕粮。

《德宗实录》卷一五四

十一月【略】壬寅,【略】免征黑龙江、齐齐哈尔、墨尔根各城歉收地亩本年额赋暨展缓原借口粮(折包)。【略】乙巳,【略】蠲免浙江钱塘、海宁、富阳、余杭、临安、新城、于潜、昌化、海盐、长兴、安吉、孝丰、诸暨、金华、兰溪、东阳、义乌、浦江、汤溪、建德、淳安、遂昌、寿昌、桐庐、分水二十五州县暨杭严、嘉湖二卫未垦及新垦民屯田地本年额赋有差(现月)。【略】戊申,以京师雪泽稀少,上诣大高殿祈祷行礼。【略】蠲缓湖南安乡、武陵、龙阳、益阳、华容、沅江、澧、巴陵、临湘、桃源、湘阴十一州县暨岳州卫被水屯地新旧额赋(现月)。己酉,【略】缓征直隶盐山县被淹歉收地亩本年额赋,并减免差徭(折包)。庚戌,【略】缓征陕西兴平、鄜、米脂、保安四州县被雹地亩粮赋,并赈灾民仓谷(折包)。

《德宗实录》卷一五五

十二月【略】乙卯,浙江巡抚陈士杰【略】又奏:德清等处匪徒抗粮滋事,获犯讯办。得旨:匪徒藉灾滋事,此风断不可长,著该抚督饬所属严拿要犯,务获究办,其被灾田地,并著饬属详细查明,分别蠲缓,核实办理(折包)。【略】乙丑,【略】蠲缓湖北沔阳、武昌、咸宁、嘉鱼、汉阳、汉川、黄陂、孝感、黄冈、蕲水、黄梅、广济、钟祥、潜江、天门、应城、公安、石首、监利、松滋、枝江、江夏、江陵、荆门二十四州县被灾村庄钱漕杂课有差(现月)。

《德宗实录》卷一五六

十二月【略】己巳,上再诣大高殿祈祷行礼。庚午,【略】蠲缓直隶文安、天津二县被水村庄钱粮旗租仓谷有差(现月)。辛未,【略】蠲缓浙江杭州等府属被灾歉收田地,及卫所新旧钱漕银米有差(现月)。癸酉,以祥霙沛沾,上诣大高殿报谢行礼。【略】丙子,蠲免浙江仁和、海沙、鲍郎、芦沥、横浦、浦东等场各灶地荡涂灶课钱粮有差(现月)。【略】戊寅,【略】展缓河南祥符、陈留、杞、通许、尉氏、洧川、鄢陵、中牟、兰仪、郑、荥阳、荥泽、汜水、新郑、商丘、宁陵、永城、鹿邑、虞城、夏邑、睢、柘城、考城、安阳、汤阴、临漳、林、武安、内黄、汲、新乡、辉、获嘉、淇、延津、滑、浚、封丘、河内、济源、修武、武陟、孟、温、原武、阳武、洛阳、偃师、巩、孟津、宜阳、登封、永宁、新安、渑池、南阳、唐、泌阳、镇平、桐

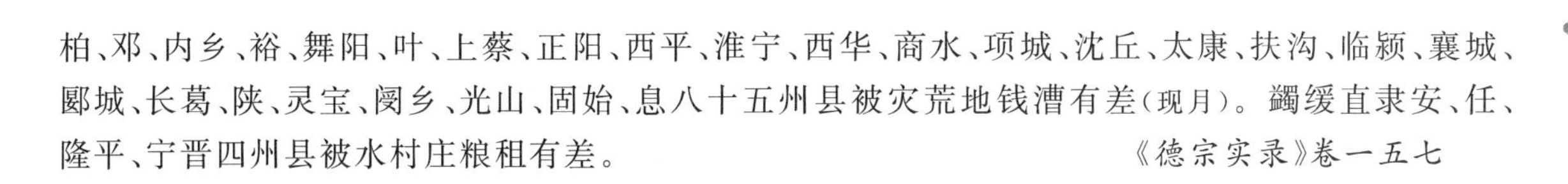
柏、邓、内乡、裕、舞阳、叶、上蔡、正阳、西平、淮宁、西华、商水、项城、沈丘、太康、扶沟、临颍、襄城、郾城、长葛、陕、灵宝、阌乡、光山、固始、息八十五州县被灾荒地钱漕有差(现月)。蠲缓直隶安、任、隆平、宁晋四州县被水村庄粮租有差。　　《德宗实录》卷一五七

## 1883年 癸未 清德宗光绪九年

正月【略】甲申,蠲缓直隶通、蓟、宁河、文安、大城、滦、新城、雄、安、高阳、献、任丘、青、静海、盐山、无极、开、元城、大名、东明、长垣、丰润、深、饶阳、安平、曲阳、深泽、张家口、独石口、武清、霸、保定、固安、永清、清苑、安肃、行唐、望都、蠡、河间、沧、南皮、庆云、栾城、任、永年①、广平、遵化、枣强、定等五十厅州县成灾村庄应纳本年春赋正杂钱粮有差(现月)。乙酉,【略】蠲缓两浙海沙、芦沥、杜渎、钱清、西兴、长亭、袁浦、青村、横浦、浦东,并鲍良,下砂头、二、三场成灾各灶荡上年灶课有差(现月)。【略】丁亥,【略】缓征山东章丘、济宁、邹平、齐东、惠民、阳信、沾化、菏泽、曹、濮、范、恩、鱼台、滕、历城、齐河、济阳、临邑、长清、青城、海丰、商河、滨、利津、阳谷、寿张、郓城、聊城、朝城、馆陶等三十州县,暨德州、临清、东昌、济宁,东平卫所被灾各村庄屯庄灶地应完上忙额赋杂课有差(现月)。【略】戊戌,【略】江西巡抚潘霨奏,江西灾后粮贵,无力买米,请暂缓办海运。从之(折包)。【略】蠲缓江西南昌、新建、进贤、新淦、新喻、峡江、莲花、安福、永新、东乡、上饶、鄱阳、余干、乐平、浮梁、德兴、万年、星子、都昌、建昌、安义、德化、瑞昌、湖口、彭泽、玉山、丰城、庐陵、清江、吉水、永丰、泰和、南丰、安仁三十四厅县,暨南、九二卫被灾地方新旧额赋杂课有差(现月)。【略】乙巳,【略】截拨湖北漕米三万石,赈恤顺天直隶文安、大城、任丘、献、雄、高阳、安平、安、新城、静海、蠡、博野、深、束鹿十四州县积水、地震各村庄(现月)。　　《德宗实录》卷一五八

二月【略】甲寅,【略】又谕:给事中郑溥元奏,直隶、山东流民纷至京都,或数百人,或数十人,齐至官宅乞食,弗能遍给。且闻该省水灾未退,春麦尚难播种。陆续而来者不知凡几。从前山西等省灾民北上,曾经官绅择地收养,俟灾区平静,续行遣还,请饬妥筹办理等语。【略】戊午,【略】谕军机大臣等,任道镕奏,本年正月间黄河凌水陡涨丈余,历城、齐河、长清、济阳、齐东等县境内民埝决口,各庄亦均被淹,并冲塌济阳县城垣二十余丈。现经分投抢办,已将北滦口一带堤岸堵筑,其余各工设法筹办等语。本年黄河凌汛异常盛涨,致将各属民堤冲决,览奏殊深廑系。【略】丙寅,蠲缓山西屯留、保德、洪洞、盂、偏关、繁峙、河曲、黎城、神池、大同、丰镇、宁远、崞、左云、岢岚十五厅州县被灾地方新旧额赋有差(现月)。　　《德宗实录》卷一五九

二月【略】戊辰,【略】谕军机大臣等,御史庄子桢奏,东省被水灾区骤难涸复,请饬续筹赈款一折。据称,山东济南、武定等处地居黄河下游,桃园等处决口虽已堵筑,民田积水未消,正月间凌汛大至,被淹五六州县,请饬筹款赈抚等语。【略】己巳,谕内阁:潘霨奏请裁免米谷厘金一折。米谷为民生日用之需,江西自兵燹以后,元气未复,上年被水成灾,阎闾生计维艰,该抚请将江西米谷厘金一项裁免,所奏甚是。【略】辛未,【略】谕军机大臣等,游百川、陈士杰奏,本年山东黄河凌汛涨发,漫溢民埝,惠民县属之清河镇冲塌民房八百余间,牛家庄等处民房亦多被冲,现经派员前往抢办,并提银赈恤等语。　　《德宗实录》卷一六〇

三月【略】辛卯,【略】又谕:翰林院侍讲陈学棻奏请饬预筹赈抚一折。据称,上年楚省汉、沔等处秋收已荒,近闻河南确山、息山县一带麦荒已见,抢劫之案迭出,该处民风素非安静,抚驭失宜,恐游勇教匪煽惑扰乱,请饬筹款赈济,消患未萌等语。【略】癸卯,【略】蠲缓直隶深、束鹿、安平三州

① “永年”,原文作“永平”,据光绪八年十月蠲赈直隶州县改。

县地震、水患各村庄额赋并地租杂课(现月)。豁免陕西咸宁、长安、渭南、临潼、富平、三原、兴平、咸阳、泾阳、醴泉、高陵、耀、同官、肤施、宜川、保安、延川、延长、安塞、安定、甘泉、靖边、定边、凤翔、汧阳、陇、宝鸡、城固、沔、葭、神木、府谷、大荔、潼关、蒲城、澄城、朝邑、郃阳、华、华阴、白水、邠、三水、长武、淳化、乾、鄜、中部、宜君、洛川、绥德、米脂、清涧、吴堡五十四厅州县被灾地方丁粮米折并由民输官各款(现月)。　《德宗实录》卷一六一

五月【略】戊戌,【略】谕军机大臣等,清安奏,科属迭经报灾,请饬催各省欠解新陈台费一折。据称,科属连遭旱灾,上年尤甚,水涸草枯,瘟疸流行,牲畜倒毙无存,差务极为繁重,请饬河南、山东、山西将欠解科城新陈台费,埽数解清,以备采买驼马,供应差徭等语。科布多本系瘠苦之区,近年连遭亢旱,驼马倒毙,差徭难以供应,自系实在情形。【略】己亥,【略】蠲免贵州铜仁府属被水地方全数丁粮(折包)。【略】丙午,【略】谕军机大臣等,吉和等奏,军台亢旱成灾,驼马毙尽,请饬部速拨银两,以资抚恤一折。据称,默霍尔嘎顺布鲁图所属各台,自上年夏秋至今,久遭亢旱,赤地千里,驼马倒毙殆尽,情形困苦不堪,帮台官兵因灾溃散,南北往来差徭停辍半途,亟应设法改道行走,催集帮台驼马,并筹款办理抚恤等事。【略】所有此次前赴塔城换防大同官兵,著张之洞饬令改由嘉峪关行走,应解伊犁塔尔巴哈台军饷等项,亦暂行取道嘉峪关,以纾台力。【略】戊申,【略】谕军机大臣等,昨据吉和等奏,军台亢旱成灾,请拨银两抚恤,当有旨令户部速议具奏。兹据署都察院左副都御史张佩纶奏,内外蒙古地方亢旱太甚,被灾颇广,请饬妥筹办理等语。口外蒙古各旗向以畜牧为生,默霍尔嘎顺布鲁图等处自上年夏秋以来旱灾甚重,赤地千里,蒙古人等困苦情形,殊堪轸念。　《德宗实录》卷一六三

六月【略】庚戌,谕内阁:游百川、陈士杰奏,黄汛盛涨,漫溢历城等处堤工,现筹抚恤一折。据称,五月十八至二十三等日黄水骤涨,湍激异常,齐东、利津、历城等处民埝漫溢,决口二三百丈至数十丈不等。齐河、济阳、惠民等县堤工亦均岌岌可危,现在赶紧查勘,设法赈抚等语。山东历城等处上年水灾甚重,民间困苦情形,朝廷时深轸念。兹复猝遭黄水,灾黎遍野,荡析离居,览奏,时深悯恻。【略】壬子,谕军机大臣等,有人奏,安徽宿松县知县雷恩棠性情贪劣,【略】上年蛟水报灾,该县犹开征冬漕,追呼甚急,请饬查参等语。【略】御史刘恩溥奏,山东灾民待赈孔急,请饬议补救之方。下部议(现月)。【略】乙卯,以获沛甘霖,上诣大高殿报谢行礼。【略】丙辰,【略】蠲缓山东历城、章丘、邹平、长山、齐东、济阳、临邑、长清、惠民、青城、滨、利津、博兴、高苑、乐安等十五州县被水村庄民欠未完钱粮,暨漕仓、学租、灶课、马厂、荒田等银两有差(现月)。【略】戊午,【略】又谕:玉山、乌拉布奏,台路梗塞,亟宜设法疏通一折。据称,此次致祭三音诺彦,取道台路,自默霍尔噶顺至赛尔乌苏各台旱灾甚重,驼马倒毙殆尽,亟宜疏通要塞,并详查被灾轻重,及严禁私载货物等语。【略】湖北巡抚彭祖贤奏,民情困苦,拟办理赈粜,采买米石,接济民食。报闻(折包)。【略】己未,理藩院代奏,喀喇沁札萨克镇国公乌凌阿呈称,该旗连年遭灾,未能收获,蒙古益形艰窘,请将每年塔子沟关税项下赏给二成五分银两,借支开二三十年,以备赈济。得旨:该旗蒙古连年遭灾,以致饥寒,实堪悯恻。加恩准【略】借支十年,以资赈济。【略】辛酉,【略】谕内阁:此次山东历城等处黄河漫溢,被灾甚重,【略】著于山东应解京饷项下截留银十六万两,以资赈济。

《德宗实录》卷一六四

六月【略】戊辰,【略】又谕:丰绅奏,乌兰察布盟属六旗连年荒旱,无力帮差,请稍为变通,将该盟所属六旗应帮布鲁图十一台差务暂行展缓数年。【略】丁丑,以久雨祈晹,上诣大高殿拈香。【略】戊寅,【略】豁免四川懋功厅属庆宁营被水地方科粮(折包)。　《德宗实录》卷一六五

七月【略】丙戌,谕内阁:顺天、直隶所属洼区向苦积潦,近来雨水过多,加以山水暴发,低田更难涸复,小民失于耕种,困苦实深。【略】丁亥,【略】谕内阁:热河地方被水,拯救灾黎情形一折。据

称，六月下旬连日大雨，山水暴注，迎水坝等处冲塌房屋甚多，灾黎无所栖止，现经设法拯救等语。【略】癸巳，【略】谕内阁：毕道远、周家楣奏顺天府属被水情形，亟筹赈济一折。据称，本年雨水过多，河水漫溢，通州等州县所属村庄田庐被淹，并有伤毙人口，现在分别查勘等语。京畿一带地方被灾甚重，小民荡析离居，情形困苦，朝廷实深廑念。 《德宗实录》卷一六六

七月【略】丙申，【略】又谕：御史黄兆柽奏，现在湖北江堤溃决，蕲州等处江水漫溢等语。该处堤工溃溢情形未据奏报。著【略】迅速查明具奏。【略】壬寅，【略】又谕：京师自前月以来雨水过多，物价昂贵，兵民人等生计维艰，殊深轸念。【略】甲辰，以京畿雨旸失时，上诣大高殿祈祷行礼。【略】丙午，【略】谕军机大臣等，谦德奏，永平府、喜峰口二处同被水患，查勘抚恤一折。据称，永平府于六月二十六日大雨滂沱，冲塌营房十五间，未伤人口，情形较轻。喜峰口于六月二十五六等日山水暴发，冲塌营房一百八十余间，淹毙男妇十五名口，情形甚重。现在措款，暂为抚恤等语。

《德宗实录》卷一六七

八月【略】己酉，谕内阁：恩福等奏，热河山水涨发，武列河石坝冲决，园庭墙垣泊岸及各处堆拨，多有倾圮。请饬直隶总督派员一并勘估等语。【略】辛亥，【略】谕内阁：李鸿章等奏，顺直灾区颇广，赈需所短甚巨，恳准添拨银米一折。本年顺天、直隶所属之武清等州县被水成灾，小民困苦情形，殊堪矜悯。【略】又谕：卞宝第、彭祖贤奏，查明湖北各属被水，民情困苦，请旨截留漕米赈抚一折。据称，本年六月间长阳、兴山、宜都等县蛟水陡发，沿河民田、庐舍、庙宇均被淹灌，冲塌甚多。又，云梦、潜江、江陵等县亦同时被淹，现已委员查勘，分投赈抚等语。【略】壬子，谕内阁：李鸿章奏，永定河南五工漫口，在工各员分别参办，并自请议处一折。据称，本年六月间大雨连旬，河水盛涨，经该河道实力防抢，伏汛尚称平稳。自七月二十三、二十四、二十五等日连次大雨如注，水势陡涨，南五工十七号大溜冲刷，漫堤而过，人力难施。二十五日卯刻夺溜成口等语。【略】乙卯，【略】浙江巡抚刘秉璋【略】又奏，勘办沿海各属风灾。得旨：此次浙省沿海州县猝遇风潮，漫决塘堤、田庐，受伤情形甚重，殊深廑念。所有冲塌塘工，著即迅速筹款修筑，以资保卫。其被灾地方应行抚恤之处，并著查明办理。【略】辛酉，【略】又谕：御史张人骏奏，条陈时政所宜，请旨施行一折。据称，近京地方灾民众多，于京外四隅添设粥厂数处，京城内外粮价腾贵，请饬采运平粜，沟洫淤塞，请饬拨款修理，五城捕务请添拨经费，以资整顿等语。本年京畿一带雨水过多，被灾甚重，该御史所陈各条，不无可采。 《德宗实录》卷一六八

八月【略】己巳，【略】陕西巡抚冯誉骥奏砖坪、平利等厅县被水情形。【略】癸酉，山西巡抚张之洞奏崞县被水情形。【略】丙子，【略】又谕：喜昌奏，蒙古亲王权势太重，有碍边局一折。据称，乌里雅苏台参赞大臣图什业图汗盟长车林多尔济把持该部落公事，并串通各盟长虚报灾苦，意欲撤减差例。 《德宗实录》卷一六九

九月【略】庚辰，谕军机大臣等，有人奏，京东水患甚大，请饬急筹赈抚一折。承德、永平两府被水成灾，前据恩福、谦德先后具奏，当谕令李鸿章妥筹抚恤。即著该署督将办理情形，详细具奏。另片奏，深泽县六七月间村庄被淹，该县知县至八月初旬尚未下乡勘验。又，献县地方堤上伏尸甚多，闻系清河道恐人民挖堤泄水，派来护堤炮船所致。邯郸县知县陆清泰勒索规费，任意科派，各乡被水成灾，概不勘验。【略】寻奏，遵查献县村民盗决堤岸，并敢放枪拒敌，以致格斗伤毙者十一人，并无伏尸甚多之事。【略】深泽县知县王桐吉防汛勘灾尚无玩视，【略】邯郸县知县陆清泰尚无任性妄为之事，惟精力稍疲，应撤任察看。报闻。【略】辛巳，【略】两江总督左宗棠奏，江南被灾各属，先行拨款抚恤。【略】壬辰，【略】又谕：御史文海奏，粮价日昂，请设局平粜一折。据称，近畿一带雨水过多，收成歉薄，刻下粮价已涨至三分之一，闻奉天收获甚丰，请饬李鸿章委员前赴奉省采买杂粮，运至通州，由顺天府派员接运来京平粜等语。【略】又谕：御史赵增荣奏，江西南昌、吉安、

临江、瑞州、广信、饶州等府属，自六月至八月未得甘霖，稻苗尽槁，秋成绝望，灾民赴州县具呈，地方官置之不理，日事催科，民不聊生，请饬派员履勘赈济等语。【略】又谕：御史郑训承奏，浙江杭、嘉、湖三府本年春夏阴雨连绵，蚕种受伤，丝收歉薄。六七月间雨多晴少，圩田尽被漂没。归安县属埽溪山内蛟水涨发，山田被淹，积水过多，消退不易，田禾久浸霉变。时交八月，补种不及，贫民谋食无资，逃荒四散，沿途饥毙等语。览奏，被灾情形，殊堪悯恻，著刘秉璋派员确实查勘，妥筹赈济。毋任一夫失所，并将应行蠲缓钱粮之处奏明办理。将此谕令知之。【略】乙未，【略】浙江巡抚刘秉璋奏，海宁等处被灾，现筹抚恤。得旨：览奏，各处被灾情形，殊深廑系，著即饬属妥筹抚恤，毋任小民失所。乌程等县乡民滋事，即著妥为弹压，并将为首之人查明惩办。【略】乙巳，热河都统恩福奏，围场田禾被灾，收成歉薄，恳请蠲缓。允之(折包)。【略】丙午，【略】谕内阁：陈士杰奏，筹办冬赈，请截留本年新漕一折。山东历城等处黄水为灾，【略】准其截留本年新漕五万石，并随漕轻赍等项银两，俾作赈需。【略】又谕：陈士杰奏，官绅筹赈出力等语。本年山东利津等处猝遭水患，灾区甚广，饥民待赈孔殷。经顺天府府尹周家楣代筹赈银三千两，并各官绅先后由上海筹解银七万六千两，棉衣一万件，东省灾黎藉资接济。

《德宗实录》卷一七〇

十月【略】己酉，【略】谕军机大臣等，据御史赵增荣奏江西被旱情形，【略】御史刘恩溥奏该省旱灾，秋收无望，该抚饬属征收积欠，勒令富绅代完委员差役骚扰，逼毙民命甚多，请饬缓征等语。【略】庚戌，【略】又谕：本年山东历城等处被灾甚重，热河围场被灾，收成歉薄，业经该抚等奏到，加恩将新旧钱粮分别蠲缓。并因顺天、直隶各属灾区小民困苦，截留江北漕米六万余石，添拨京仓米四万石，奉天粟米一万余石，先后拨部库银共十万两，近京定福庄等处添设粥厂。湖北蛟水陡发，各属被灾，截留漕米三万石。山东历城等处水灾，截留京镶银十六万两，江北漕粮五万石，山东本年新漕五万石，藉资赈济。直隶承德等处被水，江苏常、镇等属被水、被风、被潮，安徽凤阳等处被水，浙江嘉兴等属被水、被风、被雹，湖北监利等处被水，河南浚县等处被水，山西崞县被水，陕西砖坪等处被水，甘肃皋兰等处被雹，四川新津等处被水、被雹、被火，均经该督抚等查勘抚恤，小民谅可不致失所。【略】直隶文安等处被水，江西进贤等处被水、被旱，浙江海宁等处被水、被风、被潮，湖北孝感等处被水，湖南临湘等处被水，河南汤阴等处被水，山西平定等处被水，陕西大荔等处被水、被雹，广东高要等处被风、被水，云南石屏等处被水，均经该督抚等委员查勘，即著迅速办理，并将来春应否接济之处一并查明，于封印前奏到。【略】辛亥，【略】谕军机大臣等，前因默霍尔嘎顺布鲁图所属各台亢旱成灾，当经谕令户部拨款抚恤。兹有人奏，吉和永德等奏请拨款，由户部拨银五万两，并由山西筹解银三万两，直隶筹解银三万五千两，共计十余万两。该都统等于抚恤一切实用，不及十之二三。且闻沿途竟有十余站毫无驼马等语。该处被灾，经朝廷拨款抚恤，该都统等自应实力筹解，何得稍有虚糜，所奏各情，著吉和永德据实覆奏，不准稍涉含混，将此各谕令知之(现月)。【略】壬戌，【略】豁免顺天、直隶通、三河、武清、宝坻、蓟、香河、宁河、霸、保定、文安、大城、永清、大兴、宛平、涿、顺义、怀柔、迁安、卢龙、新城、博野、容城、蠡、雄、安、高阳、河间、献、阜城、肃宁、任丘、吴桥、东光、天津、青、静海、南皮、盐山、新乐、清河、玉田、高邑、深、武强、饶阳、安平、定、深泽四十八州县被水、被风、被雹、被虫灾重各村庄，本年下忙额赋并地租杂课有差，其灾歉较轻之固安、东安、良乡、房山、滦、乐亭、清苑、定兴、交河、沧、无极、沙河、广宗、元城、大名、南乐、清丰、丰润、冀、武邑、密云、昌黎、安肃、望都、完、祁、景、故城、庆云、正定、井陉、栾城、赞皇、晋、藁城、元氏、邢台、南和、唐山、平乡、巨鹿、内邱、任、永年、邯郸、肥乡、曲周、广平、鸡泽、威、磁、新河、衡水、赵、柏乡、隆平、枣强、临城、曲阳、满城、宁晋六十一州县，暨开、东明、长垣三州县滨河村庄钱粮均分别蠲缓有差(现月)。

《德宗实录》卷一七一

十月【略】辛未，谕内阁：陈士杰奏，黄水复涨，漫淹齐东、蒲台、利津等处，现筹赈抚一折。据称九月二十八至十月初一等日风雨大作，河东复涨，霜清以后无异伏秋大汛，济阳、齐东、蒲台等处堤埝均有冲没漫溢情事。利津县近海村庄淹毙人口甚众，业经委员分投拯救，现饬赶紧赈抚等语。东省屡遭水患，灾区甚广，此次节逾霜降，又复漫溢为灾，小民荡析离居，览奏，实深悯恻。【略】癸酉，【略】闽浙总督何璟等奏，漳属被水，拨款修复南靖堤岸。下部知之。《德宗实录》卷一七二

十一月【略】甲申，蠲缓直隶安、河间、任、隆平、巨鹿、南宫、新河、宁晋、文安、东安、天津十一州县村庄积涝地亩租粮有差(现月)。【略】辛卯，【略】蠲缓黑龙江属呼兰、齐齐哈尔、墨尔根、布特哈各城额粮并贷被灾丁户银粮(折包)。壬辰，谕军机大臣等，毓楙奏，【略】据称本年雨水过多，道路难行，挽运兵米脚价加增，现在无款筹拨，援案请将本年运米脚价每石暂加银一钱，由直隶藩库支给等语。

《德宗实录》卷一七三

十一月【略】甲午，【略】蠲缓山东禹城、鱼台、嘉祥、临清四州县被水村庄钱漕粮赋有差(现月)。【略】庚子，【略】谕内阁：朕奉慈禧【略】皇太后懿旨，本日据左宗棠、杨昌浚奏清江设厂收养各路灾民一折。据称，清江为南北水路通衢，灾民纷纷南下，每日扶老携幼不绝于途。览奏，实深悯恻，现经左宗棠等督饬属员，分设赈厂，妥筹收养。加恩著拨给银一万两，俾资接济。因思本年顺天、直隶、山东、湖北、安徽等省被灾较重，小民荡析离居。情形困苦，深宫廑念，寝馈难安，前经降旨截漕发帑，并据该督抚府尹陈奏，筹办赈济，第灾区甚广，人数众多，仍恐难以周遍，自应特沛恩施。顺天、直隶著拨给银四万两，山东著拨给银四万两，湖北著拨给银四万两，安徽著拨给银二万两。

《德宗实录》卷一七四

十二月【略】戊申，以雪泽未降，上诣大高殿祈祷行礼。【略】癸丑，【略】蠲缓通、三河、武清、香河、青、静海、沧、南皮、蓟、文安、大城、迁安、博野、蠡、河间、献、阜城、肃宁、任丘、无极、新乐、武邑、深、饶阳、安平、定、深泽、望都、祁、景、故城、正定、晋、藁城、唐山、任、隆平三十七州县被灾歉收地方钱粮，并分别免征、带征有差(折包)。【略】戊午，以雪泽未沾，上复诣大高殿祈祷行礼。【略】己未，【略】谕军机大臣等，前据左宗棠、杨昌浚奏，清江地方因灾民聚集，业经饬属设厂妥筹收养，现闻东省灾民陆续至窑湾、清江、扬州，加以淮徐灾民，愈聚愈多，除设厂留养外，犹有二三十万人沿江而南等情。【略】庚申，【略】缓征吉林宁古塔、三姓被旱地方本年应征及带征各项银谷租钱(现月)。蠲免浙江仁和、钱塘、海宁、富阳、余杭、新城、海盐、石门、嘉兴、秀水、嘉善、平湖、桐乡、归安、乌程、长兴、德清、武康、安吉、孝丰、镇海、象山、山阴、萧山、诸暨、余姚、上虞二十七州县，暨杭、嘉、湖三所被水、被风地方本年钱粮。其秋收歉薄之临安、于潜、昌化、鄞、新昌、嵊、临海、黄岩、宁海、天台、仙居、金华、兰溪、东阳、义乌、永康、武义、浦江、汤溪、西安、龙游、江山、常山、开化、建德、淳安、遂安、寿昌、桐庐、分水、永嘉、乐清、瑞安、平阳、泰顺、丽水、缙云、青田、松阳、龙泉、景宁、宣平四十二县，暨台州卫，衢州、严州二所未完旧赋均缓征。其杭州府属仁和等三十五州县，杭严、嘉湖二卫所，暨临安、新城、于潜、昌化、武康、安吉、孝丰、仁和、钱塘、富阳、余杭、龙游十二县，并杭严卫杭所新种荒废田地分别征蠲有差(现月)。蠲缓湖北江陵、永丰、天门、监利、沔阳、汉川、潜江、武昌、咸宁、嘉鱼、汉阳、黄陂、孝感、黄冈、蕲水、黄梅、广济、钟祥、京山、云梦、应城、公安、石首、松滋、枝江、江夏、荆门二十七本年州县被水尤重地方钱粮、芦课等项有差，并展缓江陵、天门、监利、沔阳、潜江、武昌、咸宁、嘉鱼、汉阳、黄陂、孝感、黄冈、蕲水、黄梅、广济、云梦、公安、石首、松滋十九县漕粮。

《德宗实录》卷一七五

十二月癸亥，【略】又谕：【略】本年畿辅水灾极重，小民困苦异常。【略】蠲缓江苏长洲、元和、吴、吴江、震泽、常熟、昭文、昆山、新阳、娄、华亭、金山、青浦、武进、阳湖、无锡、金匮、江阴、宜兴、荆溪、丹徒、丹阳、金坛、溧阳、太仓、镇洋、嘉定、靖江、太湖二十九厅州县被水、被风地方钱粮、芦课有差(现月)。【略】乙丑，【略】又谕：翰林院侍读王邦玺奏，江西旱灾甚广，请饬抚恤蠲缓等语。【略】丁

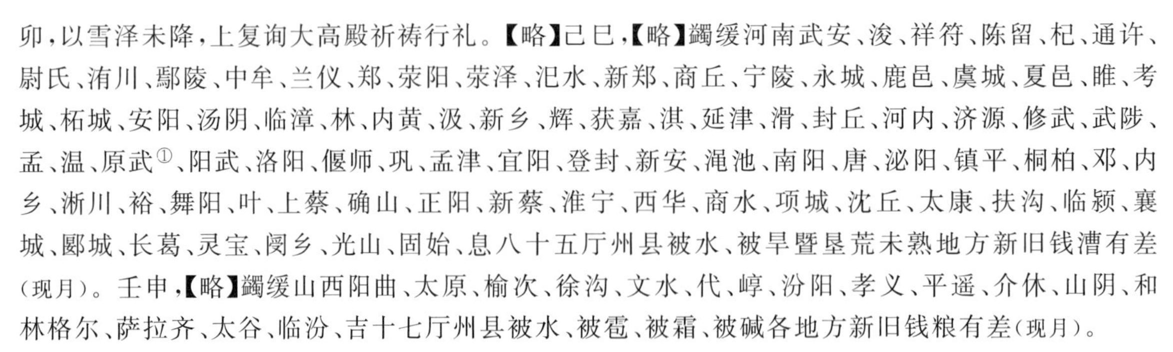
卯，以雪泽未降，上复诣大高殿祈祷行礼。【略】己巳，【略】蠲缓河南武安、浚、祥符、陈留、杞、通许、尉氏、洧川、鄢陵、中牟、兰仪、郑、荥阳、荥泽、汜水、新郑、商丘、宁陵、永城、鹿邑、虞城、夏邑、睢、考城、柘城、安阳、汤阴、临漳、林、内黄、汲、新乡、辉、获嘉、淇、延津、滑、封丘、河内、济源、修武、武陟、孟、温、原武[1]、阳武、洛阳、偃师、巩、孟津、宜阳、登封、新安、渑池、南阳、唐、泌阳、镇平、桐柏、邓、内乡、淅川、裕、舞阳、叶、上蔡、确山、正阳、新蔡、淮宁、西华、商水、项城、沈丘、太康、扶沟、临颍、襄城、郾城、长葛、灵宝、阌乡、光山、固始、息八十五厅州县被水、被旱暨垦荒未熟地方新旧钱漕有差(现月)。壬申，【略】蠲缓山西阳曲、太原、榆次、徐沟、文水、代、崞、汾阳、孝义、平遥、介休、山阴、和林格尔、萨拉齐、太谷、临汾、吉十七厅州县被水、被雹、被霜、被碱各地方新旧钱粮有差(现月)。

《德宗实录》卷一七六

## 1884年 甲申 清德宗光绪十年

正月【略】戊寅，展缓直隶通、三河、武清、宝坻、蓟、香河、宁河、霸、保定、文安、大城、固安、永清、东安、大兴、宛平、良乡、房山、涿、顺义、怀柔、滦、卢龙、迁安、乐平、清苑、定兴、新城、亭、博野、容城、蠡、雄、安、高阳、河间、献、阜城、肃宁、任丘、交河、吴桥、东光、天津、青、静海、沧、南皮、盐山、无极、新乐、沙河、广宗、清河、开、元城、大名、南乐、清丰、东明、长垣、丰润、玉田、冀、武邑、高邑、宁晋、深、武强、饶阳、安平、定、深泽七十二州县成灾地方本年租赋，及密云、昌黎、满城、安肃、望都、完、祁、景、故城、庆云、正定、井陉、栾城、元氏、赞皇、晋、藁城、邢台、南和、唐山、平乡、巨鹿、内邱、任、永年、邯郸、肥乡、曲周、广平、鸡泽、威、磁、新河、枣强、衡水、赵、柏乡、隆平、临城、曲阳四十州县歉收地方民欠粮租杂课有差。己卯，【略】蠲免浙江仁和、海沙、鲍郎、芦沥、横浦、浦东等场荒芜未垦各灶地荡涂钱粮(现月)。缓征浙江海沙、大嵩、鸣鹤、龙头、清泉、穿长、玉泉、杜渎、钱清、西兴、石堰、长亭、鲍郎、芦沥、横浦、浦东、袁浦、青村、下砂头下砂等场新旧灶课(现月)。庚辰，【略】缓征山东历城、临清、邹平、齐河、德、肥城、东平、惠民、阳信、邹、峄、汶上、菏泽、城武、曹、定陶、范、堂邑、博平、馆陶、冠、高唐、恩、博兴、高苑、乐安、安丘、鱼台、章丘、长山、齐东、济阳、临邑、长清、青城、海丰、商河、滨、利津、沾化、滋阳、滕、阳谷、寿张、巨野、郓城、濮、朝城、聊城、清平、夏津、武城、金乡五十三州县，暨东昌、济宁各卫所，永阜、永利各场灶被灾地方本年租课钱粮(现月)。【略】庚子，【略】缓征直隶蓟、文安、大城、迁安、博野、蠡、河间、献、阜城、肃宁、任丘、青、静海、无极、新乐、武邑、深、饶阳、安平、定、深泽、望都、祁、景、故城、正定、晋、藁城、唐山、任、隆平三十一州县灾歉地方应征新旧粮银有差。(发明)辛丑，【略】缓征江西南昌、新建、清江、新淦、新喻、峡江、莲花、永丰、永新、安福、东乡、鄱阳、乐平、建昌、德化、湖口、丰城、庐陵、吉水、泰和、南丰、余干、浮梁、安仁、德兴、万年、星子、都昌、瑞昌、彭泽、进贤、德安、兴国、宁都、安义三十五厅州县，暨九江府同知所辖被灾地方新旧钱漕租课有差(现月)。

《德宗实录》卷一七七

二月丁未朔，【略】谕内阁：上年顺天直隶各水灾区，【略】惟念顺天所属之通州等十余州县，直隶所属之天津等二十余州县被灾较重，积水未消，闾阎困苦异常，朝廷实深廑系。【略】丁卯，【略】库伦办事大臣桂祥等奏，被灾土谢图汗四旗请减缓差徭。

《德宗实录》卷一七八

三月【略】壬寅，【略】蠲免陕西咸宁、长安、渭南、三原、富平、泾阳、澧泉、临潼、咸阳、耀、高陵、同官、鄠、富施、安塞、延长、宜川、延川、安定、甘泉、靖边、定边、保安、凤翔、宝鸡、陇、汧阳、城固、沔、榆林、神木、府谷、葭、大荔、蒲城、澄城、郃阳、朝邑、潼关、华、白水、汾、三水、长武、淳化、鄜、洛

---

① “原武”，原文写作“源武”。

川、中部、宜君、绥德、米脂、清涧、吴堡五十三厅州县被灾地方民欠银两仓草，暨咸宁、长安、咸阳、临潼、高陵、鄠、泾阳、三原、蓝田、兴平、澧泉、渭南、盩厔、富平、乾、武功、华、大荔、蒲城十九州县民欠通仓本色粮石折征银两(现月)。　　《德宗实录》卷一八〇

四月【略】戊申，【略】豁免贵州古州左卫兴隆、义二堡被水冲塌田亩粮米(折包)。己酉，【略】又谕：理藩院奏，喀喇沁札萨克头等塔布囊阿育尔札那属旗连年荒旱，田苗歉收，蒙古益形艰窘，请将每年八沟关税项下赏给一成银两支借，以资赈济一折。　　《德宗实录》卷一八一

四月【略】癸亥，【略】蠲免陕西褒城县水冲地亩钱粮。【略】乙丑，以雨泽稀少，上诣大高殿祈祷行礼。【略】丙寅，【略】又谕：前据太常寺卿徐树铭奏，永定河沿河被水村民，请暂停河工，酌用民力章程一折。　　《德宗实录》卷一八二

五月【略】丙子，以节逾小满，雨泽未渥，上复大高殿祈祷行礼。【略】丙戌，以节届芒种，甘霖尚未渥沛，上复诣大高殿、宣仁庙祈祷行礼。　　《德宗实录》卷一八三

五月【略】戊戌，以节近夏至，尚未渥沛甘霖，上诣大高殿、时应宫祈祷行礼。

《德宗实录》卷一八四

闰五月【略】己酉，以京师雨泽稀少，上诣大高殿、昭显庙祈祷行礼。【略】庚戌，【略】又谕：太常寺卿徐树铭奏，直隶献县城西陈家庄等四十八村，自光绪八年新开横河，及堵塞古洋河后，各村均因河流倒灌，淹渍成灾，上年被水尤重，请饬妥筹保卫等语。【略】戊午，以甘霖渥沛，上诣大高殿、时应宫报谢行礼。　　《德宗实录》卷一八五

六月癸酉朔，【略】又谕：倪文蔚奏，顺德县属被风，查勘抚恤一折。广东顺德县属本年四月初间，陡起飓风，兼以暴雨，伤毙居民九十余名口，房宇倒塌多间，并有覆溺船只情事，览奏殊深悯恻，即著该督抚督饬地方官确切查明，妥筹抚恤，毋任失所(现月)。【略】甲戌，【略】陈士杰奏：黄水盛涨，各州县险工迭出，设法抢筑一折。据称，前月初九等日黄水陡涨，风雨交作，民埝大堤节节生险，迭饬各州县抢护，东阿等十一州县均已抢护平稳。惟齐东县萧家庄、严家庄，历城县下游霍家溜河套圈，利津南岸下游等处民埝被水漫决成口，大堤内外均被冲刷，照例赔修，请旨交部严议。【略】癸未，【略】谕军机大臣等，御史吴寿龄奏，山东齐河县黄水陡涨丈余，民埝漫决成口四五处，宽者三百余丈，小者亦不下百余丈，大堤亦被冲决四五百丈不等，被淹约有六七十余村，直至青城县境，伤毙人口千余。利津亦有决口，延及武定城外，近雒口镇之桃园亦有冲决。现浚小清河至乐安县境，该县附近居民因不便己，有与夫役械斗，并私决黄水，倒灌小清河上游等语。

《德宗实录》卷一八七

六月【略】庚寅，谕内阁：都察院奏，直隶生员李先春等以遣抱匿灾滥刑浮收重征等词，赴该衙门呈诉。据称，直隶武邑县去岁被灾甚重，书役勘灾得贿，该县知县滥责灾民，浮收丁粮，并延阁蠲缓誊黄，设立印板契纸，苛派额钱等语。　　《德宗实录》卷一八八

七月【略】乙巳，抚恤四川簡、石泉、雅安、合、犍为、定远、新津、酆都、广安九州县被水、被火灾民(折包)。丙午，【略】展缓热河围场被灾余地旧欠课银(折包)。拨热河仓余米四百石，赈济热河被水饥民(折包)。【略】戊申，【略】谕内阁：潘霨奏，江西浮梁等县被水，分别抚恤查办一折。本年六月间，江西浮梁县因连日大雨，河水陡涨，冲毁城垣、衙署、民房，淹毙人口，景德镇被水，漂流人口数千，民房铺屋被冲者不下数千家。余干、鄱阳、乐平等县田亩亦多被淹，览奏实深悯恻。【略】庚戌，【略】抚恤山东齐河、临邑、商河三县被水灾民(折包)。【略】丁巳，【略】抚恤陕西长安、咸阳、盩厔、渭南、华阴、岐山、南郑、城固、洋、佛坪、沔、武功、商、雒南十四厅州县被水灾民(折包)。

《德宗实录》卷一八九

七月【略】己未，【略】抚恤山东烟台被水灾民(折包)。【略】戊辰，【略】又谕：给事中万培因奏，福

建长泰县属之港内山蛟水陡发，七月初一等日大雨倾盆，溪流泛涨，岩溪集上蔡、下店等乡冲没田庐，淹毙人口甚多等语。【略】庚午，谕内阁：陈士杰奏各属被水灾黎，现筹办理赈抚一折。山东黄河南北两岸本年伏汛漫决，历城、齐河等处被水灾民业经陈士杰督同司道倡捐银两，筹办急赈。【略】抚恤山东齐东县被水灾民(折包)。　　　　　　　　　　　　　《德宗实录》卷一九〇

八月【略】甲戌，【略】又谕：李鸿章奏，东明黄河漫刷成口，分别参办一折。直隶东明县境黄河堤岸本年伏秋大汛，黄水节次盛涨，险工迭出，致中汛十一二铺堤身漫刷成口，水入越堤以内，将越堤南头冲破，土塘抽刷成沟。【略】广东巡抚倪文蔚奏南海等县被水情形。【略】庚辰，【略】闽浙总督何璟等奏台湾府风灾情形。【略】辛巳，【略】谕内阁：鹿传霖奏，特参报灾不实之知县，请旨开缺议处一折。据称，本年闰五月间河南鲁山县地方暴雨倾盆，沙河水溢，该县知县张其昆禀报，田禾间被浸淹，人口幸未受伤，续报有伤毙人口，倒塌房屋情事。经该抚委员勘明，房屋倒塌甚多，与该县所报不符等语。　　　　　　　　　　　　　《德宗实录》卷一九一

八月【略】癸巳，【略】江西巡抚潘霨奏星子、万年等县被水情形。　　《德宗实录》卷一九二

九月【略】戊申，【略】闽浙总督何璟等奏：台北等处遭风，请筹款抚恤。

《德宗实录》卷一九三

九月【略】戊午，谕内阁：山东历城等处连年被水，本年复遭水患，【略】现在节交冬令，更恐啼饥号寒，仍形困苦，加恩著将山东本年新漕截留十万石，以备冬赈。【略】丙寅，【略】盛京将军庆裕奏：凤凰城旗户承种田禾被淹，歉收较重，恳请抚恤。如所请行。　　《德宗实录》卷一九四

十月【略】甲戌，谕军机大臣等，本年直隶、浙江、湖北、陕西、甘肃、云南、贵州等处灾荒地亩，节经该省奏到，加恩将新旧钱粮分别蠲免缓征。并因顺直各属灾区民情困苦，拨给江苏、浙江漕米各五万石。山东沿河州县迭被水灾，截留本年新漕十万石，藉资赈济。奉天凤凰城被水，江苏青浦县被风，安徽祁门县被水，江西浮梁等县被水，福建台北、泉州两府属被风、被水，河南叶县等处被水，山东齐东等县被水、被风，四川简州等处被火，石泉等县被风、被雹，广东顺德县被风，均经该将军督抚等查勘抚恤。【略】安徽婺源等县被水、被旱，江西余干等县被水，福建台湾府属被风，湖南澧州等处被水，陕西长安等县被水，甘肃皋兰等县被水、被雹，广东南海等县被水，云南石屏等处被水、被雹，均经该督抚等委员查勘，即著迅速办理。【略】丙子，【略】抚恤四川江北、巫山、射洪、广元、蓬、雅安、天全、彭、邻水、达、广安、资阳、南溪、万、酆都、涪、彭水十七厅州县被水、被雹、被火灾民。　　　　　　　　　　　　　《德宗实录》卷一九五

十一月【略】戊申，【略】蠲缓顺天直隶通、武清、宝坻、蓟、保定、宁河、文安、大城、东安、雄、安、高阳、河间、献、天津、青、静海、盐山、新乐、怀来、丰润、饶阳、安平、深泽、任丘、南皮、安肃、玉田、元城、大名、沧、保安、宣化、深三十四州县暨津军厅坐落地亩被水、被雹、被虫、被旱地方应征钱粮租课(现月)。蠲缓直隶开、东明、长垣三州县秋禾被水灾歉村庄应征粮赋有差(现月)。缓征安徽祁门、泗、五河、凤阳、定远、凤台、怀远、盱眙、灵璧、天长、滁、全椒、来安、建德、颍上、霍邱、寿、巢、含山、合肥、铜陵、南陵、无为、庐江、亳、宿、潜山、当涂、怀宁、涡阳、繁昌、贵池、宿松、东流、阜阳、芜湖、和三十七州县被风、被虫、被水秋禾歉收地方新旧钱粮漕米有差(现月)。豁免甘肃关外镇迪道属暨镇西厅歉收地方历年民欠各项钱粮(现月)。庚戌，【略】蠲缓山东历城、章丘、齐东、齐河、长清、惠民、青城、商河、濮、济阳、高苑、沾化、博兴、乐安、临邑、滨、邹平、长山、蒲台、东阿、利津、寿张、海丰、济宁、禹城、肥城、平阴、阳信、阳谷、菏泽、曹、巨野、郓城、范、观城、朝城、聊城、茌平、武城、鱼台、东平、博平、泗水、高唐、陵、德、平原、乐陵、滋阳、曲阜、宁阳、滕、峄、汶上、单、城武、定陶、堂邑、清平、莘、冠、馆陶、恩、夏津、邱、金乡、嘉祥、郯城、费、益都、临淄、寿光、昌乐、临朐、潍七十五州县，暨德州、东昌、临清、济宁四卫，东平所，永阜、永利、王家冈三场灾歉地方新旧钱漕盐芦等课有差(现月)。

【略】癸丑，【略】蠲缓江苏上元、江宁、句容、江浦、六合、山阳、阜宁、清河、桃源、安东、盐城、高邮、泰、东台、江都、甘泉、仪征、兴化、宝应、铜山、丰、沛、萧、砀山、邳、宿迁、睢宁、海、沭阳、赣榆、通、如皋、泰兴、海门、溧水、高淳三十六厅州县，暨淮安、大河、扬、徐四卫被旱、被水及抛荒田地钱粮漕米有差（现月）。

《德宗实录》卷一九七

十一月丙辰，谕内阁：御史张延燎奏，豫省州县捏灾，侵蚀钱粮，亟宜认真纠察一折。据称，豫省各州县于每年下忙前后必捏报灾区，禀请缓征，将所报灾区已完钱粮归入私囊。甚至句通书差，改换征册，结交藩署书吏，舞弊分肥等语。【略】己未，以入冬得雪稀少，上诣大高殿祈祷行礼。【略】辛酉，【略】蠲缓湖南安乡、益阳、龙阳、华容、澧、沅江、武陵、湘阴、巴陵、临湘十州县暨岳州卫被水地方芦课钱漕有差（现月）。

《德宗实录》卷一九八

十二月【略】壬申，以雪泽仍未优渥，上复诣大高殿祈祷行礼。【略】甲戌，【略】蠲缓湖北咸宁、嘉鱼、汉阳、汉川、黄陂、沔阳、黄梅、广济、钟祥、京山、潜江、天门、应城、江陵、公安、石首、监利、松滋、枝江、荆门、孝感、蕲水、江夏、黄冈二十四州县被淹、被旱地方新旧钱粮芦课等有差（现月）。缓征湖北咸宁、嘉鱼、汉阳、黄陂、沔阳、黄梅、广济、潜江、天门、应城、江陵、公安、石首、监利、松滋、荆门、孝感、蕲水十八州县被淹、受旱地方应征漕粮有差（现月）。【略】庚辰，【略】展缓吉林宁古塔被水歉收地方旗民丁壮银谷（现月）。【略】癸未，【略】豁减直隶文安、安、河间、天津四州县大洼积涝地亩粮赋有差（现月）。甲申，以节逾大寒，雪泽未渥，上复诣大高殿祈祷行礼。

《德宗实录》卷一九九

十二月【略】丁亥，【略】蠲缓浙江仁和、钱塘、海宁、海盐、平湖、石门、桐乡、嘉兴、秀水、嘉善、归安、乌程、德清、武康、安吉、孝丰、山阴、会稽、萧山、诸暨、余姚、东阳、宣平、富阳、余杭、临安、于潜、长兴、鄞、象山、上虞、新昌、嵊、临海、黄岩、天台、仙居、金华、兰溪、义乌、永康、武义、浦江、汤溪、西安、龙游、江山、常山、开化、建德、淳安、遂安、寿昌、桐庐、分水、永嘉、乐清、瑞安、平阳、泰顺、丽水、缙云、青田、松阳、龙泉、景宁六十六州县，暨嘉湖、杭严、台、嘉、杭、衢、湖等七卫所被水、被风、被潮地方钱粮漕米有差（现月）。【略】己丑，【略】蠲缓江苏长洲、元和、吴、吴江、震泽、常熟、昭文、昆山、新阳、娄、金山、青浦、武进、阳湖、无锡、金匮、江阴、宜兴、荆溪、丹徒、丹阳、金坛、溧阳、太仓、镇洋、嘉定、太湖、华亭、奉贤、南汇三十厅州县，暨苏州、太仓、镇海、金山四卫屯田及镇江卫屯坐落被灾歉收各地方芦课钱漕并分别减免有差。【略】辛卯，【略】蠲缓广西崇善、左、养利、永康、马平、来宾、灵川、武宣、永淳、迁江、凌云、临桂、义宁、苍梧、平南、贵十六州县被旱地方钱粮兵米有差（现月）。【略】乙未，【略】蠲缓山西阳曲、太原、文水、徐沟、汾阳、平遥、介休、孝义、大同、怀仁、山阴、宁武、永济、赵城、繁峙、翼城、兴、太谷、临汾十九州县暨萨拉齐厅被灾地方新旧钱粮有差（现月）。丙申，以得沛祥霙，麦苗滋润，上诣大高殿报谢行礼。【略】己亥，【略】分别展缓河南叶、祥符、陈留、杞、通许、尉氏、洧川、鄢陵、中牟、兰仪、郑、荥阳、荥泽、汜水、新郑、商丘、宁陵、永城、鹿邑、虞城、夏邑、睢、考城、柘城、安阳、汤阴、临漳、林、武安、内黄、汲、新乡、辉、获嘉、淇、延津、滑、浚、封丘、河内、济源、修武、武陟、孟、温、原武、阳武、洛阳、偃师、巩、孟津、宜阳、登封、永宁、新安、渑池、南阳、唐、泌阳、镇平、桐柏、邓、内乡、淅川、裕、舞阳、确山、正阳、西平、淮宁、西华、商水、项城、沈丘、太康、扶沟、临颍、襄城、郾城、长葛、灵宝、阌乡、光山、固始、息八十五厅州县被灾并垦荒尚未成熟地方新旧钱漕（现月）。

《德宗实录》卷二〇〇

## 1885 年 乙酉 清德宗光绪十一年

正月【略】壬寅，【略】蠲缓直隶通、武清、宝坻、蓟、宁河、霸、保定、文安、大城、东安、雄、安、高阳、河间、献、天津、青、静海、盐山、新乐、开、东明、长垣、怀来、丰润、饶阳、安平、深泽、安肃、任丘、沧、南皮、元城、大名、保安、宣化、玉田、深三十八州县上年被灾地方新旧租课暨民借仓谷有差(现月档)。【略】甲辰,【略】蠲缓山东济宁、历城、邹平、禹城、肥城、东平、东阿、惠民、阳信、沾化、蒲台、菏泽、曹、茌平、博兴、高苑、乐安、鱼台、德、东昌、临清、章丘、长山、新城、齐东、齐河、济阳、临邑、长清、青城、海丰、商河、滨、利津、阳谷、寿张、巨野、郓城、濮、范、朝城、聊城、武城四十三州县卫场上年被灾地方上忙新赋正杂租课有差(现月档)。【略】戊申,【略】蠲缓陕西长安、咸阳、盩厔、渭南、南郑、洋、武功、商、雒南九厅州县被灾及水冲沙压地方田亩租赋(现月档)。蠲缓甘肃皋兰、河、狄道、金、靖远、宁远、洮、平凉、崇信、山丹、武威、古浪、平番、宁夏、中卫十五厅州县本年被灾及水冲沙压地方额征银粮草束(折包)。

《德宗实录》卷二〇一

正月【略】甲子,【略】蠲缓两浙海沙、杜渎、钱清、西兴、长亭、横浦、浦东、鲍郎、芦沥、仁和十场被灾地方灶课(现月)。

《德宗实录》卷二〇二

二月【略】癸未,【略】缓征江西南昌、新建、进贤、新喻、峡江、莲花、安福、永新、上饶、鄱阳、余干、乐平、浮梁、万年、星子、建昌、安义、德化、清江、新淦、庐陵、吉水、永丰、泰和、东乡、德兴、都昌、瑞昌、湖口、彭泽、兴国三十一厅县暨九江府同知所辖被旱、被水村屯芦洲新旧赋课有差(现月)。

《德宗实录》卷二〇三

二月丙戌,【略】缓征吉林呼兰所属被灾田亩额租(折包)。

《德宗实录》卷二〇四

四月【略】己卯,以雨泽稀少,上诣大高殿祈祷行礼。【略】丁亥,以京师得雨尚未优渥,上再诣大高殿祈祷行礼。【略】丙申,以京师得雨仍未沾渥,上再诣大高殿祈祷行礼,诣时应宫拈香。

《德宗实录》卷二〇六

五月【略】戊申,署安徽巡抚卢士杰奏:桐城等县被水成灾。分别抚恤。【略】己酉,以京师雨泽愆期,上诣大高殿设坛祈祷行礼,并诣时应宫拈香。

《德宗实录》卷二〇七

五月【略】辛酉,【略】上诣大高殿祈雨坛行礼,并诣时应宫拈香。【略】癸亥,以甘澍优沾,上诣大高殿报谢行礼,并诣时应宫拈香。【略】乙丑,湖南巡抚卞宝第奏,镇筸地方水灾,分别给赈抚恤。

《德宗实录》卷二〇八

六月【略】癸酉,【略】署安徽巡抚卢士杰奏:六安州被水,酌量抚恤。【略】乙亥,【略】谕军机大臣等,陈士杰奏,伏汛盛涨,堤埝漫决,分别筹办情形,暨毛家店大堤决口合龙日期各折片。本年伏汛,山东黄河盛涨,毛家店上下游各民埝先后被水冲决,堰头镇杨家庄民埝现均堵合,惟郭家寨口门刷宽已近百丈,一时暂难施工,赵家庄民埝亦刷开七十余丈,该抚现拟将郭家寨口门盘住坝头,不使再行冲刷。【略】丁丑,【略】护理河南巡抚孙凤翔奏裕州被水情形。【略】庚辰,谕内阁:翰林院侍讲学士梁耀枢奏,广东水灾甚重,请饬筹抚恤一折。据称,本年五月间西北两江同时陡涨,沿江之英德、清远、从化、花县等处,并自广西之贺县、怀集,及肇庆府属之广宁、四会、高要、高明,暨南海、顺德、新会、三水等县或城垣倒塌,或堤埝漫决,冲没民居,淹毙人口甚多等语。

《德宗实录》卷二〇九

六月【略】丁亥,谕内阁:曾国荃奏江南、安徽、江西三省被水筹办情形一折。据称,本年南中雨水过多,遂致江河漫溢,江南之上元等州县、安徽之六安等州县、江西之清江等州县低区圩田堤埂俱有被淹冲决情事,业经分流疏消抚恤等语。

《德宗实录》卷二一〇

七月【略】庚子,【略】谕军机大臣等,前据卞宝第奏,湖南镇筸地方本年四月间猝被大雨,蛟水并涨,田庐被淹,灾民失所。当谕令该抚妥为赈抚。近闻湖南省城及湖北地方均有被水成灾之处。【略】壬寅,【略】陕西巡抚边宝泉【略】又奏肤施等处被雹赈抚情形。报闻。【略】甲辰,【略】湖南巡抚卞宝第奏黔阳县属被水地方筹恤情形。

《德宗实录》卷二一一

七月【略】乙卯,【略】湖南巡抚卞宝第【略】又奏,湘潭、长沙等处被水,捐资赈恤。【略】江西巡抚德馨奏,四五月大雨,江湖并涨,清江等县低田被水情形。【略】丁巳,【略】署安徽巡抚卢士杰奏安徽当涂、芜湖、繁昌等处被水抚恤情形。【略】己未,【略】署山西巡抚奎斌奏汾阳等县被水情形。【略】癸亥,谕内阁:陈士杰奏,秋汛大涨,上游埝堤漫决,现筹赈抚情形一折。本年六七月间,山东黄河因雨盛涨,长清县之赵王河大堤大码头民埝,刷开口门约宽十余丈数十丈不等。其玉符河民埝亦因山水冲决,并有淹毙人口情事。　　《德宗实录》卷二一二

八月【略】己巳,【略】陕甘总督谭钟麟奏:甘肃皋兰等处被雹、被水,派员赈济情形。【略】庚午,【略】谕内阁:本年六月以后,节次大雨,又兼山水盛涨,漫溢民堤,直隶地方洼田被淹,天津、河间两属被灾最多,寖及顺天所属之文安等处同遭灾歉,闾阎困苦情形。【略】四川总督丁宝桢【略】又奏越嶲厅等处被灾情形。【略】丙子,【略】山东巡抚陈士杰奏:查明伏汛期内被灾各属,分别赈恤情形。【略】又奏:德州白草洼等处决口,业已堵合。【略】丁丑,【略】谕内阁:本年广东、广西被水成灾,当经钦奉慈禧【略】皇太后懿旨,发给赈银各三万两,嗣因直隶天津、河间两属及顺天所属之文安等处同遭灾歉,降旨令截留江苏漕粮十万石,俾作赈济之用。前据国子监祭酒王先谦奏,湖南被灾甚重,当谕卞宝第查奏,兹据奏称,长沙省城及湘潭县城厢被水,业经该抚督同官绅集捐筹款,分别赈恤,现已各安生理,不致流离失所,其镇筸、黔阳、叙浦、辰溪等处被灾,亦经妥为赈抚,稍慰廑系。【略】兹复据陈士杰奏称,伏汛盛涨,山东历城、章丘等处灾区甚广,查明被灾人口有三十余万之多,览奏深堪悯恻。【略】御史赵时熙奏,两粤被灾甚广,请宽筹赈抚。下户部议(现月)。【略】辛巳,【略】御史赵时熙奏:山东水灾甚重,请推展捐输,减成办理。　　《德宗实录》卷二一三

八月【略】甲申,【略】又谕:都察院奏,热河朝阳县文生倪作霖等,以亢旱成灾,吁恳抚恤等词,赴该衙门呈报。据称,朝阳县本年自春徂夏未经得雨,六月得雨一次,仍复亢旱,秋收无望。该县五方杂处,良莠不齐,饥民麇集,深恐别滋事端,请饬查明抚恤等语。　　《德宗实录》卷二一四

九月【略】甲寅,【略】云南巡抚张凯嵩奏:宾川、思安等州县雨雹为灾,冲压田地禾稼。

《德宗实录》卷二一六

十月【略】戊辰,【略】又谕:本年山西、陕西、山东、浙江等处灾荒地亩,节经该省奏到,加恩将新旧钱粮分别蠲免缓征。并因广东、广西各属被水成灾,民情困苦,钦奉懿旨,拨给银各三万两。山东沿河各州县伏汛盛涨,灾区甚广,复奉懿旨,给银五万两。其顺直各属,洼区被灾,拨给江苏漕米十万石,藉资赈济。奉天安东等县被水,江苏上元等县被水,安徽桐城等县被水,江西清江等县被水,福建省城及福清等县被风,湖北咸宁等县被水,谷城等县被风,湖南镇筸等处被水,河南裕州等处被水,山东历城等县被水,山西汾阳等县被水,陕西长武等县被雹,长安等县被水,四川越嶲等处被火、被水,云南宾川等处被水,均经该将军督抚等查勘抚恤。【略】直隶热河朝阳县被旱,安徽安庆等处被水、被旱,浙江杭、嘉、湖等属被水、被旱、被风、被虫,湖南益阳等县被水,山西阳曲等县被雹,甘肃皋兰等县被雹,均经该督抚等委员查勘,即著迅速办理。　　《德宗实录》卷二一七

十月【略】壬午,谕内阁:成孚奏,黄河两岸工程一律修守平隐一折。本年黄河南北两岸,暨祥河厅险工迭出。【略】癸未,【略】赏通州王恕园等处粥厂粟米八百石。蠲缓奉天岫岩正白、正蓝、正红、镶白、镶红、镶蓝等旗界,海龙城之朝阳镇暨辽阳镶白等旗界;广宁正白、正黄、正蓝三旗,暨所属之闾阳驿、巨流河、白旗堡,并辽阳正黄、正红、镶白等旗界;凤凰城镶黄、镶白、正蓝岫岩旗民,牛庄镶黄、正白、镶红、正蓝、镶蓝等旗;又,海城县之温黄湖等六屯,郭家台等六屯,新台子等十七屯等处被水地方应征钱粮地丁有差(现月)。蠲缓奉天安东、怀仁、通化、宽甸四县被水地方应征钱粮有差(现月)。甲申,【略】谕内阁:太常寺少卿徐致祥奏,山东河患日深,请亟筹兴修一折。【略】戊子,【略】蠲缓顺直武清、宝坻、蓟、宁河、保定、文安、大城、雄、高阳、安、河间、献、阜城、肃宁、任丘、

交河、景、吴桥、东光、天津、青、静海、沧、南皮、盐山、庆云、沙河、南和、唐山、平乡、任、永年、肥乡、清河、丰润、玉田、冀、新河、安平、衡水、深、武强、饶阳、深泽、三河、安肃、蠡、故城、宁津、邢台、巨鹿、成安、曲周、鸡泽、威、磁、元城、大名、南乐、清丰、怀安、枣强、武邑、柏乡、隆平、宁晋、津军六十七厅州县被灾地方钱粮米谷租项杂课出借仓谷籽种等项有差。并分别减免差徭(现月)。【略】庚寅,【略】蠲缓直隶开、东明、长垣三州县被水地方应征钱粮,暨出借仓谷籽种口粮等项有差,并分别减免差徭(现月)。【略】甲午,【略】谕内阁:本年山东沿河堤埝屡次漫决,小民颠沛流离,情极可悯。

《德宗实录》卷二一八

十一月【略】丁酉,【略】又谕:现在直、东一带水潦为灾,流民甚众,弹压巡防,正关紧要。【略】缓征安征当涂、五河、泗、芜湖、繁昌、铜陵、无为、和、宿松、凤阳、定远、凤台、颍上、盱眙、怀宁、桐城、庐江、巢、怀远、灵璧、滁、来安、含山、建德、霍邱、天长、建平、太湖、宣城、南陵、东流、寿、贵池、青阳、合肥、潜山、亳、全椒、望江、宿、阜阳、舒城、涡阳四十三州县被水、被旱、被虫地方新旧丁漕租课有差(现月)。【略】壬寅,以祥霙未沛,上诣大高殿祈祷行礼。【略】癸卯,【略】蠲缓山东历城、章丘、齐东、齐河、禹城、长清、惠民、青城、商河、濮、临邑、沾化、博兴、高苑、乐安、东阿、平阴、滨、邹平、长山、肥城、寿张、海丰、蒙阴、济阳、东平、阳谷、临清、济宁、新城、德、阳信、乐陵、利津、蒲台、菏泽、曹、郓城、范、观城、朝城、聊城、堂邑、博平、茌平、馆陶、高唐、恩、武城、邱、鱼台、陵、德平、平原、邹、清平、莘、冠、夏津、滋阳、曲阜、宁阳、泗水、滕、峄、汶上、单、城武、定陶、巨野、金乡、嘉祥、郯城、费、莒、临淄、寿光、昌乐、潍七十九州县,暨德州、东昌、临清、济宁四卫并东平所,及永阜、永利、王家冈三场被灾各地方新旧钱漕租课有差。【略】丙午,【略】蠲缓陕西临潼、肤施、长武、商、绥德、吴堡、榆林七州县被水、被雹村庄丁银米石有差(现月)。丁未,【略】蠲缓江苏上元、江宁、句容、溧水、高淳、江浦、六合、山阳、阜宁、清河、桃源、安东、盐城、高邮、泰、东台、江都、甘泉、仪征、兴化、宝应、铜山、丰、沛、萧、砀山、邳、宿迁、睢宁、海、沭阳、赣榆、通、如皋、泰兴、海门三十六州县,暨镇江卫屯田被水、被旱及抛荒田地新旧钱漕有差(现月)。

《德宗实录》卷二一九

十一月【略】戊午,以祥霙未降,上复诣大高殿祈祷行礼。

《德宗实录》卷二二〇

十二月【略】丁卯,【略】蠲缓吉林伯都讷、宁古塔歉收地方新旧租赋有差(现月)。【略】庚午,【略】缓征湖北武昌、嘉鱼、汉阳、汉川、黄陂、孝感、沔阳、黄冈、蕲水、黄梅、广济、钟祥、京山、潜江、天门、云梦、江陵、公安、石首、监利、松滋、枝江、荆门、江夏、咸宁、永丰二十六州县被水、被旱村庄新旧钱粮暨杂课有差。其武昌、咸宁、嘉鱼、汉阳、黄陂、沔阳、黄冈、蕲水、黄梅、广济、潜江、天门、云梦、应城、江陵、公安、石首、监利、荆门、松滋二十州县新旧漕粮并缓征(现月)。【略】壬申,以京师得雪稀少,上复诣大高殿祈祷行礼。【略】甲戌,【略】蠲缓湖南安乡、武陵、沅江、溆浦、龙阳、益阳、湘潭、华容、巴陵、临湘、长沙、澧、湘阴十三州县暨岳州卫被水田亩芦洲钱粮有差(现月)。蠲免贵州永宁州被水地方条丁正耗银两(现月)。乙亥,【略】山东巡抚陈士杰奏,本年豆收、麦收歉薄,请将各属应征漕豆、漕麦改征粟米兑运。允之(折包)。丙子,【略】缓征两淮富安、安丰、梁垛、何垛、刘庄、伍祐、新兴、庙湾、东台、丁溪、草堰、板浦、中正、临兴十四场被灾地方新旧折价钱粮有差(现月)。

《德宗实录》卷二二一

十二月庚辰,【略】豁减直隶文安、天津二县大洼地亩粮赋有差(现月)。蠲缓江苏长洲、元和、吴、吴江、震泽、常熟、昭文、昆山、新阳、娄、金山、青浦、武进、阳湖、无锡、金匮、江阴、宜兴、荆溪、丹徒、丹阳、金坛、溧阳、太仓、镇洋、嘉定、靖江、华亭、泰兴、江都、泰、甘泉三十二州县,暨苏州、太仓、镇海、金山、镇江五卫被水、被旱地方钱漕有差。【略】壬午,以祈雪有应,上诣大高殿报谢行礼。【略】甲申,【略】蠲免浙江仁和等二十八州县暨杭、严二卫荒废并新种地亩丁漕租课(现月)。蠲缓浙江仁和、钱塘、海宁、余杭、嘉兴、秀水、海盐、石门、桐乡、归安、乌程、长兴、德清、武康、安吉、山阴、义乌、嘉善、平湖、孝丰、会稽、萧山、诸暨、余姚、金华、富阳、临安、于潜、象山、上虞、新昌、嵊、临海、黄岩、宁海、天台、仙居、兰溪、东阳、永康、武义、浦江、汤溪、西安、龙游、江山、常山、开化、建德、淳安、遂安、寿昌、桐庐、分水、永嘉、乐清、瑞安、平阳、泰顺、丽水、缙云、青田、松阳、龙泉、景宁、宣平六十六州县，暨杭、严、衢、台四卫被灾田亩漕粮有差(现月)。【略】丁亥，【略】陕西巡抚鹿传霖奏，查明长安等属续被秋灾，分别轻重赈抚，并恳恩缓征钱粮。允之(折包)。【略】展缓河南祥符、陈留、通许、洧川、兰仪、郑、荥阳、荥泽、汜水、新郑、永城、鹿邑、虞城、夏邑、柘城、考城、安阳、汤阴、临漳、武安、汲、获嘉、延津、滑、浚、封丘、河内、济源、武陟、孟、温、修武、原武、阳武、偃师、巩、孟津、登封、新安、渑池、南阳、唐、内乡、淅川、舞阳、叶、确山、正阳、西平、淮宁、西华、商水、项城、商丘、太康、扶沟、临颍、襄城、郾城、长葛、灵宝、阌乡、光山、息六十四厅州县被灾歉收村庄新旧钱漕有差(现月)。【略】庚寅，【略】蠲缓山西阳曲、太原、徐沟、文水、汾阳、平遥、孝义、垣曲、永宁、临汾、洪洞、乡宁、赵城、和林格尔、代、山阴、萨拉齐十七厅州县被灾村庄新旧钱粮有差，并永远豁免徐沟、汾阳两县被水村庄银税(现月)。【略】辛卯，【略】护理河南巡抚孙凤翔奏辉县等处被灾赈抚情形。报闻(折包)。

《德宗实录》卷二二二

## 1886年 丙戌 清德宗光绪十二年

正月【略】丙申，【略】缓征直隶武清、宝坻、蓟、宁河、霸、保定、文安、大城、雄、高阳、安、河间、献、阜城、肃宁、任丘、交河、吴桥、东光、景、天津、青、静海、沧、南皮、盐山、庆云、沙河、南和、唐山、平乡、广宗、任、永年、肥乡、清河、开、东明、长垣、丰润、玉田、冀、新河、衡水、深、武强、饶阳、安平、定、深泽、三河、安肃、蠡、故城、宁津、邢台、巨鹿、邯郸、成安、曲周、广平、鸡泽、威、磁、元城、大名、南乐、清丰、怀安、枣强、武邑、柏乡、隆平、宁晋等七十四州县及津军厅上年被灾地方新旧额赋并地租杂课有差(现月)。【略】戊戌，缓征山东济宁、临清、历城、邹平、新城、齐河、禹城、德、肥城、东平、东阿、平阴、惠民、阳信、蒲台、曹、濮、范、堂邑、博平、茌平、馆陶、高唐、恩、博兴、高苑、乐安、邱、章丘、长山、齐东、济阳、临邑、长清、青城、海丰、商河、利津、沾化、阳谷、寿张、菏泽、郓城、朝城、聊城、武城、鱼台等四十七州县，德州、东昌、临清、济宁、东平等五卫所，及永阜、永利、王家冈等场灶被灾各村庄应征本年上忙额赋并地租杂课有差(现月)。【略】癸卯，【略】豁免新疆奇台县属被旱成灾地亩本年应额粮(折包)。缓征新疆迪化、昌吉、阜康、绥来等州县暨呼图璧地方上年被灾地亩应征额粮(折包)。【略】丙午，【略】蠲缓甘肃皋兰、狄道、金、隆德、宁夏、西宁、大通等七州县上年被灾地方银粮草束有差(折包)。【略】辛酉，【略】缓征江西南昌、新建、进贤、清江、新淦、新喻、峡江、庐陵、永新、万安、安福、鄱阳、余干、万年、星子、都昌、建昌、安义、德化、德安、瑞昌、湖口、彭泽、吉水、永丰、泰和、东乡、乐平、浮梁、德兴、兴国三十一州县，并莲花厅，南、九二卫被水、被旱各图甲屯庄新旧钱粮漕米地租杂课有差(现月)。壬戌，【略】蠲缓浙江海沙、杜渎、钱清、西兴、芦沥、长亭、横浦、浦东八场被灾歉收灶荡新旧灶课有差(现月)。

《德宗实录》卷二二三

二月【略】甲戌，【略】又谕：前据陈士杰奏，何王庄民埝漫溢等语。当经谕令该抚饬查抚恤，兹复据御史刘纶襄奏称，何王庄民埝决口九十余丈，灾民颠沛情形惨不忍言，请饬急筹抚恤修防等语。【略】己卯，【略】豁除湖南溆浦县历年被水失额田亩粮赋(折包)。【略】辛卯，【略】谕内阁：【略】近畿各处入春以来尚未得有透雨。

《德宗实录》卷二二四

三月【略】甲辰，【略】蠲缓广西临桂、阳朔、义宁、融、象、贺、怀集、灵川、全、昭平、苍梧、来宾、平乐、富川、藤、桂平、平南、兴安、永淳、永宁、恭城、贵、马平、雒容、柳城、崇善、养利、永康、迁江、凌云、武宣三十一州县被灾地方新旧粮赋有差(现月)。【略】辛酉，谕内阁：陈士杰奏，桃汛盛涨，民埝

大堤漫决，分别筹办情形一折。本年三月初间，山东黄河水势盛涨，章丘、济阳、惠民等县民埝大堤先后漫溢，决口多处，虽将吴家寨、安家庙两处抢堵，而王家圈、姚家口等处口门甚宽，被淹甚广，该省频年迭遭水患，朝廷轸念灾区，时深廑系。《德宗实录》卷二二五

四月【略】丁卯，【略】缓征直隶安州被水歉收村庄光绪十年暨以前旧欠粮租等项(折包)。己巳，黑龙江将军文绪等奏，齐齐哈尔旗营屯站人丁，因上年秋收歉薄，现届青黄不接，无力耕种，请动借仓粮一万五千仓石，以为籽种口粮，俟秋收后照数还仓。如所请行(折包)。

《德宗实录》卷二二六

四月【略】壬午，【略】又谕：有人奏，广东从化县境去年五月水灾，该县匿灾不报，复恐讳灾事败，主使诬陷报灾绅耆，且于赈款任意侵蚀等语。【略】寻奏，查明广东从化县知县董敬安讳灾侵赈，实无其事，已革廪生李崇阶因该村被灾，冀得多领赈款，以致讦官殴绅，该县通禀拘系，属照例办理，并非诬陷，请勿庸议。报闻(折包)。《德宗实录》卷二二七

六月【略】己巳，山西巡抚刚毅奏请豁免荣河县被淹地亩漏豁耗羡银两。

《德宗实录》卷二二九

七月【略】丁酉，谕军机大臣等，张曜等奏，山东黄河伏汛漫口，并陈民埝此堵彼开情形各折片。本年六月间，伏汛盛涨，赵庄河套圈两处堤埝同时漫决，冲刷口门甚宽，该省黄河频年漫溢，此次复被水灾，各村庄困苦情形，殊深轸系。【略】己亥，热河都统谦禧等奏，郡街猝遭水患，查明赈恤，并陈宫墙倒塌情形。【略】又奏，滦平县被水，由县给赈。【略】辛丑，【略】截留江苏河运漕米及余米五万二千余石，备顺天、保定、河间、天津等属被水地方秋赈。【略】甲寅，河南巡抚边宝泉奏，南召县山水为灾，由县给赈。【略】山西巡抚刚毅奏，省城被水，分别赈恤防堵。【略】又奏，太原、榆次、徐沟、祁、太谷、平遥、介休、文水、汾阳等县同时被水。【略】庚申，谕军机大臣等，有人奏，本年热河水患甚巨，亟宜认真挑挖旱河，修筑石坝一折。《清德宗实录》卷二三〇

八月【略】壬戌，【略】山西巡抚刚毅奏，汾河溃溢，设法堵救赈抚情形。【略】热河都统谦禧奏旱河、武烈河漫溢，灾民失所情形。【略】丙寅，【略】缓征陕西临潼、蓝田二县被雹地方本年应完钱漕(折包)。丁卯，【略】谕内阁：毕道远、薛福辰奏陈明顺属被水情形，请赏拨江北漕米一折。据称，本年六七月间雨水过多，河流盛涨，堤岸漫决，顺天通州等属被淹尤重等语。【略】戊辰，【略】谕内阁：前因顺直所属被水成灾，【略】兹据李鸿章奏，本年七月间连日大雨，河流陡涨，宣泄不及，北运河等处先后漫口，香河、武清、通州、三河、宝坻、宁河、蠡县、高阳、安州暨天津各地方被淹甚广，并永平府属河水猝发，卢龙等县亦被淹灌。览奏，殊堪悯恻，著照所请，由藩库先行提银十万两，【略】散放急赈。【略】丙子，【略】闽浙总督杨昌浚奏，省城猝遭水患，办理赈抚情形。【略】庚辰，谕军机大臣等，有人奏，顺天怀柔县属白河漫口，沿河地亩坍塌甚多，应及早堵筑，俾归故道。【略】云南巡抚张凯嵩奏腾越等厅县被灾赈恤情形。《德宗实录》卷二三一

九月辛卯朔，【略】谕内阁：庆裕等奏沿河被水灾黎请发仓抚恤一折。本年秋间奉天辽河、巨流、大凌等河因连日大雨，山水暴发，同时盛涨，平地水深数尺，田禾淹没，人口伤毙，田庄台一带被灾尤重，小民荡析离居，深堪悯恻。【略】抚恤浙江金、衢、严三府被水贫民(折包)。【略】癸巳，【略】抚恤甘肃皋兰、金、陇西、通渭、宁远、洮、华亭、庄浪、宁、秦安、武威、巴燕戎格、西宁、大通、河、碾伯、玉门十七厅州县被雹、被水灾民(折包)。抚恤陕西留坝、南郑二厅县被水灾民(折包)。【略】乙巳，抚恤河南光山县被雹灾民(折包)。【略】乙卯，【略】以被水成灾，赏给顺天府通州王恕园等处赈米二千石(现月)。抚恤江西上饶、铅山、弋阳、贵溪、兴安、玉山、广丰、安仁、余干九县被水灾民(折包)。《德宗实录》卷二三二

十月【略】壬戌，谕军机大臣等，本年直隶、山西、陕西、湖南等处灾荒地亩，节经各该省奏到，已

加恩将新旧钱粮分别蠲免缓征，并因顺天、直隶各属水灾，先后钦奉懿旨，拨给顺天银二万两，直隶银二万两。迭经谕令李鸿章等，截留江苏漕米五万二千八百余石，奉天粟米一万三千二百余石，截拨江北漕米五万石，提直隶藩库银十万两，分拨顺天、直隶。复因奉天海城县等处水灾，钦奉懿旨，拨给银一万两。山东何王庄决口，章丘等县民埝大堤漫溢，拨给漕米十万石，藉资赈济。直隶热河被水，江南广信等府被水，浙江衢州等府被风、被雹、被水，福建省城及延平等府被水，河南淅川厅等处被水、被雹，山东寿张等处被水，山西太原等处被水、被雹；陕西临潼等县被雹，留坝等处被水；甘肃皋兰等处被雹，广东省城被火；云南丘北县地震，剥隘等处被水，腾越被水，均经该督抚等查勘抚恤。【略】再，江苏萧被风，安徽安庆等府被水，浙江嘉兴等属被风、被雹，湖南安乡等县、华容等县被水，河南南召县被水，陕西商州等处被水、被雹，武功县被水，甘肃兰州各属被水、被雹，广东广州等属被水，均经该督抚等委员查勘，即著迅速办理。【略】丁丑，【略】蠲缓顺直通、三河、武清、宝坻、蓟、香河、宁河、霸、保定、文安、大城、东安、顺义、怀柔、密云、滦、卢龙、迁安、昌黎、乐亭、蠡、雄、安、高阳、河间、献、任丘、吴桥、天津、静海、丰润、玉田、安平、深泽、大兴、宛平、平谷、清苑、新城、容城、肃宁、青、沧、盐山、无极、饶阳、固安、永清、涿、安肃、博野、望都、南皮、晋、永年、大名、元城、深、定、开、东明、长垣六十二州县被水灾歉村庄本年地丁钱粮新旧额赋各项租课有差(现月)。

《德宗实录》卷二三三

十一月【略】辛丑，【略】蠲缓安徽泗、定远、凤台、凤阳、灵璧、来安、五河、全椒、滁、怀远、铜陵、庐江、盱眙、寿、天长、无为、潜山、霍邱、建德、芜湖、当涂、怀宁、宿松、东流、巢、合肥、颍上、亳、宿、贵池、繁昌、和、含山、舒城、涡阳三十五州县，暨建阳、安庆、庐州、凤阳、长淮、泗州六卫被灾地方新旧钱粮租课有差。

《德宗实录》卷二三四

十一月【略】己酉，【略】两广总督张之洞【略】又奏，本年秋旱，晚禾歉收，兼值广西米缺，拟援案招商买米，运回粜卖，接济东、西两省，恳请免征厘税。从之。【略】豁缓直隶文安、天津二县大洼地亩粮银有差(现月)。【略】戊午，【略】蠲缓山东历城、齐河、齐东、禹城、长清、惠民、商河、濮、章丘、临邑、博兴、沾化、济阳、东阿、滨、寿张、乐安、肥城、高苑、海丰、青城、济宁、邹平、长山、东平、平阴、阳信、乐陵、利津、蒲台、阳谷、菏泽、曹、郓城、范、观城、朝城、聊城、博平、茌平、恩、鱼台、临清、堂邑、昌邑、新城、陵、平原、德平、滋阳、曲阜、宁阳、邹、泗水、滕、峄、汶上、城武、单、定陶、巨野、清平、莘、冠、馆陶、高唐、夏津、武城、金乡、嘉祥、郯城、费、莒、益都、临淄、寿光、昌乐、潍七十八州县，暨历城、齐河、济阳、长清、东昌、德州、济宁、临清八卫并东平所，永利、永阜二场被水、被雹、被风、被旱、被虫庄屯新旧钱漕杂课有差(现月)。

《德宗实录》卷二三五

十二月己未朔，【略】蠲缓江苏上元、江宁、句容、江浦、六合、山阳、阜宁、清河、桃源、安东、盐城、高邮、泰、东台、江都、甘泉、仪征、兴化、宝应、铜山、丰、沛、萧、砀山、邳、宿迁、睢宁、海、沭阳、赣榆、通、如皋、泰兴、海门、溧水、高淳三十六厅州县，暨淮安、大河、扬州、徐州四卫被水、被旱及抛荒田地新旧钱漕粮赋正杂租课有差(现月)。蠲缓广西永安、贺、岑溪、怀集、桂平、郁林、陆川、昭平、藤、平南、宣化、博白、北流、兴业、临桂、永福、贵、武宣、横、永淳、新宁、崇善、左、养利、永康、迁江、陵云、灵川、义宁、马平、来宾三十一州县灾歉田亩钱粮兵米有差(现月)。【略】癸亥，【略】缓征湖北咸宁、嘉鱼、汉阳、汉川、黄陂、孝感、沔阳、黄冈、蕲水、黄梅、钟祥、京山、潜江、天门、应城、江陵、公安、石首、监利、松滋、枝江、荆门、江夏、武昌、广济二十五州县暨武昌等卫被淹、被旱新旧钱漕粮赋课税有差(现月)。甲子，【略】蠲减直隶安、河间、隆平三州县积涝地亩粮赋(现月)。【略】丁卯，以京师雪泽未渥，上诣大高殿祈祷行礼。【略】己巳，【略】云贵总督岑毓英奏查勘禄劝县被水情形。【略】蠲缓奉天安东、锦、海城、广宁、新民、岫岩、金、凤凰、开原、复十厅州县，暨牛庄、白旗堡、巨流

河各旗界被水地亩钱粮租赋有差(现月)。蠲缓吉林宾州厅、宁古塔等处灾歉地方租赋银谷(现月)。

《德宗实录》卷二三六

十二月【略】丙子,【略】蠲缓湖南安乡、武陵、益阳、龙阳、华容、澧、巴陵、沅江、湘阴、临湘十州县被水田亩新旧钱漕粮赋租课有差(现月)。丁丑,以京师得沛祥霙,上诣大高殿报谢行礼。【略】己卯,蠲缓甘肃皋兰、河、金、洮、华亭、武威、巴燕戎格、西宁、碾伯、玉门十厅州县被灾地方钱粮草束(现月)。庚辰,【略】蠲缓浙江钱塘、海宁、富阳、诸暨、金华、兰溪、东阳、义乌、武义、浦江、汤溪、西安、龙游、常山、开化、桐庐、仁和、秀水、嘉善、海盐、平湖、石门、桐乡、归安、乌程、德清、武康、安吉、孝丰、山阴、会稽、萧山、江山、余杭、临安、于潜、长兴、余姚、上虞、新昌、嵊、临海、黄岩、昌化、宁海、天台、仙居、永康、建德、淳安、遂安、寿昌、分水、永嘉、瑞安、平阳、泰顺、丽水、缙云、青田、松阳、龙泉、景宁、宣平六十四州县,暨杭州、湖州、台州三卫灾歉田地新旧钱漕粮赋有差(现月)。【略】辛巳,【略】蠲缓江苏长洲、元和、吴、吴江、震泽、常熟、昭文、昆山、新阳、娄、金山、青浦、武进、阳湖、无锡、金匮、江阴、宜兴、荆溪、丹徒、丹阳、金坛、溧阳、太仓、镇洋、嘉定、靖江二十七州县被灾地方钱漕粮赋租课有差(现月)。【略】丙戌,【略】蠲缓河南祥符、陈留、封丘、考城、阳武、孟、滑、汲、鄢陵九县新旧钱漕粮赋(现月)。蠲缓陕西咸宁、长安、汧、武功、商五州县被灾地亩粮赋有差(现月)。

《德宗实录》卷二三七

## 1887 年 丁亥 清德宗光绪十三年

正月【略】庚寅,【略】蠲缓直隶通、三河、武清、宝坻、蓟、香河、宁河、霸、保定、文安、大城、东安、大兴、宛平、顺义、怀柔、密云、平谷、滦、卢龙、迁安、昌黎、乐亭、清苑、新城、容城、蠡、雄、安、高阳、河间、献、肃宁、任丘、吴桥、天津、青、静海、沧、盐山、无极、开、东明、长垣、丰润、玉田、饶阳、安平、深泽、固安、永清、涿、安肃、博野、望都、南皮、晋、永年、元城、大名、深、定六十二州县被灾地方钱粮并春赋旗租有差(现月)。【略】壬辰,【略】蠲缓山东济宁、历城、邹平、齐河、禹城、肥城、东阿、东平、平阴、阳信、沾化、蒲台、曹、濮、范、博平、茌平、恩、博兴、高苑、乐安、德、东昌、临清、章丘、长山、齐东、济阳、临邑、惠民、青城、滨、利津、阳谷、寿张、菏泽、郓城、朝城、聊城、鱼台、海丰四十一州县被灾地方钱漕有差(现月)。【略】戊申,【略】蠲缓浙江仁和、海沙、杜渎、钱清、西兴、长亭、横浦、浦东、鲍郎、芦沥被灾各盐场灶课钱粮有差(现月)。【略】辛亥,【略】蠲缓新疆吐鲁番属托克逊、伊拉湖、鸦儿湖、黑山头、雅尔巴什、西宁工、凉州工、沙渠子二工、洋沙尔、东坎尔、底湖、胜金、木头沟、二堡、三堡、洋海、苏巴什、汉墩十九庄被灾地方新旧额赋租课有差(现月)。　《德宗实录》卷二三八

二月己未朔,【略】缓征江西南昌、新建、进贤、莲花、安福、永新、余干、安仁、新昌、德化、德安、湖口、清江、新淦、新喻、峡江、庐陵、吉水、东乡、鄱阳、乐平、浮梁、万年、星子、都昌、瑞昌、彭泽、建昌、安义、永宁三十厅州县被水、旱地方地丁漕赋有差(现月)。【略】丙子,【略】云贵总督岑毓英【略】又奏,昭通府属恩安县冬初大雨,山水暴涨,急筹抚恤。丁丑,【略】山东巡抚张曜奏,长清、济阳两县积水为灾,特购吸水水龙两架①,将积水吸出地方,始能工作。拟俟海口疏浚,再将王家圈口门堵筑。报闻(折包)。

《德宗实录》卷二三九

四月【略】己巳,以节近立夏,尚未渥沛甘霖,上诣大高殿祈祷行礼。【略】癸酉,以甘霖沾足,上诣大高殿报谢行礼。

《德宗实录》卷二四一

五月【略】庚辰,以甘霖未沛,上诣大高殿祈祷行礼。

《德宗实录》卷二四三

清实录 气候影响资料摘编

① “特购吸水水龙两架”。此即农田排涝使用水泵的早期记载。

六月丁亥朔，上以甘霖渥沛，诣大高殿报谢行礼。戊子，【略】山东巡抚张曜奏，齐河县埽坝被水冲塌，请将疏防员弁惩儆。【略】乙巳，安徽巡抚陈彝奏，怀宁等县被水，筹款抚恤。【略】丁未，谕内阁，张曜奏，直隶开州大辛庄黄河漫溢，淹及山东地方，并现在筹放赈款情形各折片。比岁以来，山东地方频遭水患，朝廷轸念灾黎，迭加赈抚。现在复因上游漫溢，灌入东境，致濮州、范县、寿张、阳谷、东阿、平阴、禹城等处均被水患。览奏，殊深悯恻。【略】己酉，【略】谕军机大臣等，御史胡泰福奏，湖北本年自春徂夏雨多晴少，江汉同时并涨，漂没田庐。现闻省城内外水深数尺，请饬查明抚恤蠲缓钱漕等语。【略】庚戌，护理江西巡抚李嘉乐奏闰四月分雨水粮价暨各县被水情形。【略】抚恤湖北罗田、石首各县被水灾民(折包)。【略】壬子，【略】抚恤新疆温宿州乌什厅被水灾民(折包)。癸丑，抚恤广西凌云县被风、被雹灾民(折包)。　　　　《德宗实录》卷二四四

七月【略】庚申，谕内阁：李鸿章奏，永定河堤工漫口，分别参办，并自请议处一折。本年入伏以后，永定河水势盛涨，险工迭出，六月二十二日南七工西小堤四号被水漫溢，刷宽口门四十余丈，该管各员疏于防范。【略】又谕：李鸿章奏潮白河漫口情形，据实参办等语。本年入夏以来，北运河上游因雨水过多，河流增涨，边外诸山之水同时大发，六月十九日通州平家疃新工以下之北寺庄东小堤并老堤刷塌百数十丈，夺溜东趋，通永道许钤身疏于防范，咎无可辞。【略】壬戌，浙江巡抚卫荣光奏浙省各地方被水情形。得旨：即著饬属确切查勘，其应修塘堤及拨款抚恤之处，并著分别妥筹办理(折包)。陕西巡抚叶伯英奏陕省各地方被水、被雹情形。【略】丁卯，【略】陕甘总督谭钟麟奏洮州等属被灾情形。　　　　《德宗实录》卷二四五

八月【略】甲辰，【略】云南巡抚谭均培奏，平彝县被水，委员查勘抚恤。【略】丙午，谕内阁：奎斌奏，查明湖北各属被水，民情困苦，请旨截留漕米并办赈捐一折。据称，本年夏间大雨滂沱，江汉并涨，各属田庐多被淹没，除罗田、石首二县前已奏报筹款急抚外，现在沔阳、监利、汉川、嘉鱼四州县受灾尤重。又，江夏、武昌、咸宁、蒲圻、兴国、汉阳、黄陂、孝感、黄冈、蕲水、广济、钟祥、京山、应城、江陵、公安、松滋、天门、潜江等二十州县亦同时被淹，遵筹抚恤等语。【略】又谕：成孚奏，南岸郑州下汛十堡河水漫溢，请将文武员弁惩处，并自请惩治一折。本年八月间，上、中两厅河工猝生巨险，河势自荥泽坝圈湾下卸，郑州下汛十堡迤下无工之处，堤身走漏，水势抬高数尺，由堤顶漫过，刷宽口门三四十丈，在工员弁疏于防护，实属咎无可辞。【略】戊申，谕军机大臣等，河南郑州十堡漫口，前据李鸿章电信，必由沙河经郑州淮、亳入洪泽湖，并有里下河亦可危等语。本日成孚奏，口门塌宽三百余丈，下游业已断流，是全溜入淮，已无疑义。【略】己酉，谕内阁：毕道远、高万鹏奏查明顺属被水情形，请赏拨漕米一折。本年六七月间，雨水过多，河流盛涨，堤岸漫决，顺天通州等州县同时被水，小民困苦情形，朝廷弥深廑系。　　　　《德宗实录》卷二四六

九月【略】丙辰，【略】又谕：上南厅郑下汛决口，大溜南趋，贻害甚大，朝廷日深焦念。成孚于八月十九日奏报后，迄今尚未续奏，现闻决口刷宽至七八百丈，成孚迁延未奏，岂尚思弥缝掩饰耶。【略】河南巡抚倪文蔚奏武陟县境沁河漫口情形。【略】辛酉，【略】抚恤甘肃洮州被水、被雹灾民(折包)。【略】戊辰，四川总督刘秉璋奏安县、云阳、大足、大宁、雅安、石泉、汶川水灾情形。

《德宗实录》卷二四七

十月【略】丙戌，谕军机大臣等，本年顺天直隶洼区积水未消，春麦未能播种，赏拨江苏海运漕米十万石，并由李鸿章在直隶藩库添提银八万两，办理春赈。开州黄河漫溢，灌入山东濮州等处，准令张曜截留新漕五万石。湖北罗田、石首及沔阳等州县先后被水，准令奎斌截留冬漕三万石。顺天通州等处被水，赏拨京仓漕米五万石。河南新郑漫口，黄流夺溜南趋，被灾地方甚广，钦奉懿旨，发给内帑银十万两，并准倪文蔚截留银三十万两，复特谕曾国荃等将十四年分江北及江苏应行河运京仓米石全数截留，俾资赈济。直隶永清等县，安徽怀宁、太和等县，江西进贤、新城等县各被

水；江西彭泽等县被水、被旱；浙江富阳等县，山东齐河县各被水；湖北汉口镇被火；湖南龙阳等县被水；河南南阳等县被风、被水，内乡等县被水，武陟县小阳庄被淹；四川安县等县，陕西省城各被水；陕西长武、榆林等州县各被水、被雹，山阳县及洋县各被水；甘肃洮州等处被雹，平番等县被雹、被水，又，洮州被水、被雪；甘肃新疆温宿等处被水；广西凌云县被风、被雹，龙州融县等处被火；云南开化府等属被火，平彝县被水，建水县被雹，均经该督抚等查勘抚恤。【略】再，直隶开州，安徽安庆等府，浙江仁和等州县，临安等县各被水；浙江长兴等州县被风、被旱；湖南澧州、临湘、益阳等州县，河南滑县各被水；甘肃新疆拜城县被水、被雹。均经该督抚等委员查勘，即著迅速办理。【略】己丑，【略】两广总督张之洞奏：广东惠、高、廉、雷、琼、赤溪、阳江各府厅属沿海地方，自七月起迭遭飓风，倒塌城垣、衙署、民房，沉没船只，伤毙人命，派员查恤等情。【略】已亥，【略】河南巡抚倪文蔚奏，豫省灾区较广，请将郑州等七十州县无论极、次贫民先行抚恤一月口粮。【略】壬寅，【略】蠲豁顺直秋禾被水灾重之通、三河、武清、宝坻、蓟、香河、宁河、霸、保定、文安、大城、永清、东安、顺义、滦、卢龙、迁安、抚宁、昌黎、乐亭、蠡、雄、高阳、河间、献、任丘、天津、青、静海、丰润、玉田、安平、深泽三十三州县各地方粮租，其被灾较轻之新城、景、盐山、元城、大名、饶阳、固安、涿、怀柔、密云、清苑、安肃、完、吴桥、沧、南皮、无极、邢台、深、武强二十州县，暨滨临黄河之开、东明、长垣三州县粮租并分别蠲缓(现月)。【略】乙巳，甘肃新疆巡抚刘锦棠奏，甘肃镇西厅入秋以来田鼠为害，又降大雪，灾伤可悯。【略】戊申，【略】山西巡抚刚毅奏晋省曲沃等二十一厅州县被水、被雹情形。报闻。【略】庚戌，【略】陕西巡抚叶伯英奏，陕西长安等属被水，盩厔等属城垣坍塌，现经督饬查勘赈抚修理。【略】癸丑，【略】甘肃新疆巡抚刘锦棠奏北路镇西厅属绥来等县禾稼被霜情形。

《德宗实录》卷二四八

十一月【略】戊辰，【略】蠲缓安徽泗、寿、亳、凤阳、凤台、怀远、霍邱、定远、灵璧、盱眙、五河、怀宁、宿松、望江、桐城、太湖、铜陵、东流、宣城、合肥、来安、和、全椒、当涂、建平、庐江、芜湖、贵池、滁、潜山、无为、巢、建德、繁昌、含山、青阳、天长、宿三十八州县，暨凤阳、长淮、泗州、宣州、建阳、安庆、庐州、滁州八卫被水、被旱、被风、被虫地方新旧钱粮租赋有差。其泗、寿、亳、凤阳、凤台、怀远、霍邱、定远、灵璧、盱眙、五河、怀宁、宿松、望江、桐城、太湖、铜陵、东流、宣城、合肥、当涂、建平、庐江、芜湖、贵池、潜山、无为、巢、建德、繁昌、青阳、天长、宿、宁国、英山、霍山三十六州县漕粮并缓征(现月)。【略】壬申，以京师未得雪泽，上诣大高殿祈祷行礼。【略】甲戌，【略】缓征两淮富安、安丰、梁垛、东台、何垛、丁溪、草堰、刘庄、伍祐、新兴、庙湾、板浦、中正、临兴十四场被水地方盐课(现月)。【略】丁丑，【略】蠲缓江苏上元、江宁、句容、溧水、高淳、江浦、六合、山阳、阜宁、清河、桃源、安东、盐城、高邮、泰、东台、江都、甘泉、仪征、兴化、宝应、铜山、丰、沛、萧、砀山、邳、宿迁、睢宁、海、沭阳、赣榆、通、如皋、海门三十五厅州县，暨淮安、大河、扬州、徐州四卫被水、被旱并抛荒田地新旧钱粮。其上元、江宁、句容、江浦、六合、山阳、阜宁、清河、桃源、盐城、高邮、泰、东台、江都、甘泉、仪征、兴化、宝应、铜山、丰、沛、萧、砀山、邳、宿迁、睢宁、海、沭阳、赣榆、如皋三十州县漕粮并缓征(现月)。【略】己卯，【略】蠲缓山东历城、齐河、齐东、禹城、长清、商河、濮、临邑、惠民、沾化、济阳、东阿、滨、寿张、肥城、平阴、阳谷、海丰、济宁、章丘、东平、青城、阳信、蒲台、菏泽、曹、郓城、范、观城、朝城、聊城、堂邑、博平、茌平、清平、鱼台、博兴、乐安、东昌、高苑、利津、邹平、乐陵、滋阳、莘、长山、新城、德、德平、平原、曲阜、邹、宁阳、泗水、滕、峄、汶上、单、城武、定陶、巨野、冠、馆陶、高唐、恩、邱、夏津、武城、金乡、嘉祥、郯城、费、莒、临淄、寿光、昌乐、潍七十六州县被水、被旱、被虫及堤占沙压地方钱粮漕米(现月)。【略】壬午，【略】蠲缓直隶安、河间、隆平三州县积涝地亩粮赋(现月)。

《德宗实录》卷二四九

十二月【略】乙酉，以雪泽未降，上复诣大高殿祈祷行礼。【略】戊子，蠲缓湖北监利、沔阳、石

首、汉川、武昌、咸宁、嘉鱼、汉阳、黄陂、孝感、黄冈、蕲水、黄梅、广济、钟祥、京山、天门、应城、江陵、公安、松滋、枝江、荆门、兴国、云梦二十五州县被水、被旱村庄新旧钱漕芦课有差(现月)。【略】庚寅,【略】缓征安徽太和、颍上、阜阳、涡阳四县,暨长淮卫被水、被旱民屯粮赋(现月)。【略】壬辰,豁免山西阳城、介休、闻喜、绛四县因灾未完税粮(折包)。【略】癸巳,【略】蠲缓湖南安乡、武陵、桃源、沅江、龙阳、益阳、临湘、华容、澧、巴陵、湘阴十一州县暨岳州卫被灾民屯漕粮芦课有差(现月)。【略】乙未,【略】蠲缓直隶大城、霸、静海、文安、东安、天津六州县灾歉地亩额租粮银(现月)。缓征吉林宾州厅暨宁古塔等处被灾村庄租赋银谷(折包)。【略】丁酉,以祥霙渥沛,上诣大高殿报谢行礼。【略】癸卯,【略】蠲缓浙江仁和、钱塘、海宁、富阳、余杭、嘉兴、秀水、嘉善、海盐、平湖、石门、桐乡、归安、乌程、长兴、德清、武康、安吉、孝丰、山阴、会稽、萧山、诸暨、临海、黄岩、天台、建德、淳安、遂安、桐庐、分水、丽水、松阳、临安、于潜、余姚、上虞、新昌、嵊、宁海、仙居、金华、兰溪、东阳、义乌、永康、武义、浦江、汤溪、西安、龙游、江山、常山、开化、寿昌、永嘉、瑞安、平阳、泰顺、缙云、青田、龙泉、景宁、宣平六十四州县,暨杭、台、衢三卫所,嘉、湖、严三所被水、被旱并未垦复田地粮赋(现月)。蠲缓广西陵云、上思、贺、马平、象、兴业、永福、崇善、左、养利、永康、迁江、临桂、灵川、义宁、桂平、平南、武宁、永淳、来宾二十州县被灾村庄额赋米石有差(现月)。【略】戊申,蠲缓山西太原、平遥、祁、徐沟、阳曲、襄陵、曲沃、汾阳、介休、猗氏、忻、崞、霍、赵城、灵石、萨拉齐、清水河、临汾、乡宁、归化城、太谷、孝义、沁源、永济、隰、大宁、文水二十七厅州县淤塞河占暨被灾民屯田地额赋杂课有差(现月)。【略】己酉,【略】蠲缓河南郑、中牟、祥符、通许、尉氏、杞、鄢陵、扶沟、太康、西华、淮宁、沈丘、项城、鹿邑、武陟、滑、陈留、洧川、兰仪、荥泽、汜水、新郑、商丘、宁陵、永城、虞城、夏邑、睢、柘城、考城、安阳、汤阴、临漳、林、武安、内黄、汲、新乡、辉、获嘉、淇、延津、浚、封丘、河内、济源、修武、孟、温、原武、阳武、洛阳、偃师、巩、孟津、宜阳、登封、永宁、新安、南阳、唐、泌阳、镇平、桐柏、邓、内乡、淅川、裕、舞阳、叶、确山、临颍、襄城、长葛、灵宝、光山、固始、息、商水七十九厅州县被水、被旱、被潦村庄新旧粮赋有差(现月)。蠲缓江苏长洲、元和、吴、吴江、震泽、常熟、昭文、昆山、新阳、娄、金山、青浦、武进、阳湖、无锡、金匮、江阴、宜兴、荆溪、丹徒、丹阳、金坛、溧阳、太仓、镇洋、太湖、华亭、靖江、江都、甘泉、泰、泰兴三十二厅州县,暨苏州、太仓、镇江、金山四卫被灾歉收民屯田亩新旧粮赋杂课有差。庚戌,【略】蠲缓陕西咸宁、长安、长武、永寿、华、临潼、兴平、鄠、高陵九州县被水、被雹地亩钱粮(现月)。

《德宗实录》卷二五〇

## 1888年 戊子 清德宗光绪十四年

正月【略】丙辰,【略】蠲免安徽太和、阜阳、颍上、涡阳、寿、凤台、怀远、凤阳、灵璧、泗、盱眙、五河十二州县黄流淹没田亩本年上忙钱粮(现月)。蠲缓新疆温宿、绥来、济木萨被水、被冻地亩额征粮草(现月)。【略】庚申,陕西巡抚叶伯英【略】又奏,陕西各属连日大雨,河流泛滥,田地房屋各有淹没。【略】壬申,【略】蠲免两浙海沙、杜渎盐场被灾灶荡新旧额课,并缓征钱清、西兴、长亭、海沙、杜渎、横浦、浦东七场歉收灶荡田地上年灶课,暨芦沥场原缓带征灶课(现月)。蠲免杭州、嘉兴、松江所属仁和、海沙、鲍郎、芦沥、横浦、浦东六场荒芜未垦灶荡上年额课钱粮(现月)。

《德宗实录》卷二五一

四月【略】乙酉,【略】两广总督张之洞奏惠州府属等属被水情形。【略】甲辰,以祷雨前期渥沛甘霖,改祈为报,上诣大高殿报谢行礼。

《德宗实录》卷二五四

五月【略】丁卯,以京师雨泽尚未沾足,上诣大高殿祈祷行礼。【略】丁丑,以节近小暑,京师雨泽仍未沾渥,上诣大高殿祈祷行礼(现月)。

《德宗实录》卷二五五

六月【略】丙戌，以京师雨泽愆期，上诣大高殿祈祷行礼。【略】癸巳，以京师得雨，上诣大高殿报谢行礼。

《德宗实录》卷二五六

七月【略】壬戌，【略】两广总督张之洞等奏：西北两江同时盛涨，围基多有漫决，督饬救护并会商抚恤补筑。【略】甲子，【略】又谕：李鸿章奏，永定河堤工漫口，分别参办，并自请议处一折。本年入秋以后，大雨连绵，永定河水势盛涨，迭出险工。七月初六日，卢沟汛南岸三号石堤及南二工十七号、北上汛十二号等处大堤均被漫溢，刷宽口门四五十丈不等，该管各员疏于防范，实属咎无可辞。

《德宗实录》卷二五七

八月【略】辛巳，【略】盛京将军庆裕等奏永陵明堂前草仓河泊岸被水冲刷情形。【略】又奏，奉天省城东南关于七月初陡涨大水，冲倒火药局库，火药、烘药全行漂没。下部知之(折包)。【略】丁亥，【略】盛京将军庆裕等奏，奉省各属猝遭水患，现办大概情形。【略】陕西巡抚叶伯英【略】又奏，咸宁等属被水查勘赈抚。【略】己丑，【略】安徽巡抚陈彝奏，皖北续被水灾，筹办夏赈情形。【略】山东巡抚张曜奏，临朐县窦家洼等处被水，赈抚情形。【略】壬辰，【略】巡抚沈秉成奏，苍梧等州县被水，现筹抚恤情形。【略】乙未，盛京将军庆裕等奏，永陵明堂泊岸，被水冲刷，查系山水陡涨，人力难施保护。【略】庚子，谕内阁：本年安徽凤阳、颍州、泗州，暨滨临淮河各属被水；江苏扬州、镇江、徐州、江宁，及安徽庐州、滁州并安庆以下各处山田被旱。各该地方荒歉情形，殊堪悯恻。【略】丙午，【略】以近畿灾歉，赏普济堂、功德林、广仁堂、资善堂各处粟米有差(现月)。

《德宗实录》卷二五八

九月【略】乙丑，【略】江西巡抚德馨奏瑞昌等县被水情形。

《德宗实录》卷二五九

十月【略】辛巳，【略】谕军机大臣等，本年顺天直隶各属洼区积水未消，民情困苦，顺天赏拨京仓米三万石，直隶赏拨江苏海运漕米十万石，并由李鸿章在直隶藩库添提银五万两，办理春赈。顺天房山等处被水，加赏卢沟桥粥厂米石。江苏、安徽水旱为灾，特谕曾国荃等将本年江北河运米石及水脚运费等款一并截留，俾资赈济。顺天固安等县被水，奉天凤凰等厅州县被水；安徽颍州等府被水，安庆等府被旱、被水；江西瑞昌等厅县被水、被旱，福建连江等县被风，河南祥符等州县被水，山东临朐等县被水；陕西咸宁等县被水、被雹，盩厔等县被水；甘肃皋兰等厅州县被雹；广东惠州等府被水，四会等州县被水，肇庆等府被水；广西融县被火，武宣县被水，苍梧等州县被水；均经该将军督抚等查勘抚恤。【略】再，江西丰城等县被水；浙江富阳等县被水，余杭等县被水、被旱，归安等县被风、被虫、被旱；湖南华容等县被水，安乡等州县被水、被旱，武陵县被旱；陕西醴泉等县被雹，甘肃新疆镇西厅属被旱、被鼠。均经该督抚等委员查勘，即著迅速办理。【略】癸巳，谕内阁：潘祖荫、高万鹏奏顺属被水情形，恳恩赏拨京仓漕米以资冬赈一折。本年七月间连次大雨，河堤漫溢，山水暴涨，房山县及苑平西北境内被灾最重，业经潘祖荫等筹款，先行抚恤，仍应筹办冬赈，以资接济。其通州等各州县同时被水，民情困苦，并应一律赈抚。【略】江苏巡抚崧骏奏，丹徒县被旱成灾，先行筹款抚恤情形。【略】江西巡抚德馨奏南昌等县被水情形。【略】甲午，【略】蠲缓顺直宛平、房山、武清、霸、保定、文安、大城、固安、良乡、涿、天津、盐山、庆云、深泽、通、宁河、永清、东安、安肃、新城、蠡、雄、高阳、河间、献、青、静海、沧、南皮、邢台、隆化、成安、广平、隆平、安平三十五州县被淹、被雹、被虫各村庄粮租有差，其开、东明、长垣滨河三州县被灾地方粮赋并蠲缓(现月)。蠲免贵州水城、平远二厅州被水村庄上年丁粮。

《德宗实录》卷二六〇

十一月【略】戊午，【略】安徽巡抚陈彝【略】又奏，皖省被灾各属拟借拨防军饷项，为收当耕牛，分给籽种之费，以济田功。如所请行(折包)。【略】丙寅，【略】盛京将军庆裕等奏，奉省灾歉，民间乏食，高粱粟米请暂停商运出口。如所请行(折包)。丁卯，【略】蠲缓安徽太和、颍上、全椒、泗、寿、凤台、怀远、凤阳、灵璧、定远、巢、桐城、宿、庐江、霍邱、东流、铜陵、当涂、和、含山、无为、芜湖、亳、舒

城、宣城、怀宁、宿松、建德、贵池、繁昌三十六州县，并滁州、凤阳、长淮、泗州、宣州、建阳、安庆、庐州八卫被水、被旱、被风、被虫田地暨勘不成灾歉收地亩钱粮银米杂课有差。其太和、颍上、寿、凤台、怀远、盱眙、五河、合肥、天长、泗、阜阳、涡阳、灵璧、巢、定远、桐城、宿、庐江、霍邱、东流、铜陵、亳、芜湖、舒城、宣城、当涂、无为、怀宁、宿松、建德、贵池、繁昌三十二州县应征新旧漕粮并分别蠲缓。【略】庚午，【略】蠲缓甘肃皋兰、华亭、化平、泾、镇原五厅州县被灾地方正耗银粮(折包)。【略】乙亥，【略】蠲缓山东齐东、濮、临邑、惠民、滨、高苑、东平、蒲台、乐安、济宁、历城、章丘、邹平、长山、新城、齐河、济阳、禹城、长清、肥城、东阿、平阴、青城、乐陵、商河、利津、滋阳、曲阜、邹、阳谷、寿张、菏泽、曹、朝城、聊城、堂邑、金乡、鱼台、沾化、沂水、日照、博兴、城武、泗水、滕、汶上、定陶、巨野、范、观城、茌平、莘、邱、嘉祥、海丰、益都、寿光、昌邑、潍、临清、德、德平、阳信、峄、单、郓城、博平、清平、馆陶、高唐、恩、夏津、郯城、费、昌乐、临淄七十六州县，及德州、临清、东昌、济宁四卫，东平所，官台、永阜、永和、王家冈四场被水、被旱、被风、被雹、被虫、被沙村庄灶地新旧钱漕杂赋灶课钱粮有差(现月)。丙子，【略】安徽巡抚陈彝奏合肥等处被旱灾区办赈情形。【略】蠲缓江苏上元、江宁、句容、溧水、高淳、江浦、六合、山阳、阜宁、清河、桃源、安东、盐城、高邮、泰、东台、江都、甘泉、仪征、兴化、宝应、铜山、丰、沛、萧、砀山、邳、宿迁、睢宁、海、沭阳、赣榆、通、如皋、海门三十五厅州县，并淮安、大河、扬州、徐州、镇江五卫被水、被旱屯田及抛荒田地新旧钱粮暨杂课有差。其上元、江宁、句容、江浦、六合、山阳、阜宁、清河、桃源、盐城、高邮、泰、东台、江都、甘泉、仪征、兴化、宝应、铜山、丰、沛、萧、砀山、邳、宿迁、睢宁、海、沭阳、赣榆、如皋三十州县应征本年漕粮及折色银两并分别蠲缓(现月)。丁丑，盛京将军庆裕等奏，秋初大水为灾，移居宗室营房内，原建庙宇、衙署、住房被冲情形较重，拟请择要顺理。【略】蠲缓直隶文安、天津二县大洼积涝地亩新旧粮银有差，并豁免静海县积水淀地租银(现月)。

《德宗实录》卷二六一

十二月【略】庚辰，【略】缓征湖北嘉鱼、汉阳、汉川、黄陂、沔阳、黄梅、钟祥、京山、潜江、天门、应城、江陵、公安、石首、监利、松滋、枝江、孝感、黄冈、蕲水、荆门、江夏、兴国、武昌、咸宁、广济二十六州县，暨武昌等卫被水、被旱地方新旧钱粮芦课。嘉鱼、汉阳、黄陂、沔阳、黄梅、潜江、天门、应城、江陵、公安、石首、监利、松滋、孝感、黄冈、蕲水、荆门十七州县本年应征漕粮(折包)。【略】癸未，【略】蠲缓奉天安东、通化、宽甸、怀仁、海城、承德、辽阳、新民、岫岩、凤凰、广宁、兴京、金、复十四厅州县，暨牛庄、熊岳、海龙、抚顺等处被灾各民旗地方钱粮地租有差(现月)。【略】庚寅，以京畿雪泽稀少，上诣大高殿祈祷行礼。【略】壬辰，【略】蠲缓湖南安乡、武陵、沅江、益阳、龙阳、华容、澧、湘阴、巴陵、临湘十州县，暨岳州卫被水、被旱地方钱粮杂课有差(折包)。蠲缓广西崇善、养利、迁江、永淳、来宾、临桂、灵川、义宁、平南、兴业十州县新旧钱粮，暨象、武宣、苍梧、藤、怀集、桂平、永康、武缘八州县被灾各村庄本年应征地丁兵米有差(现月)。

《德宗实录》卷二六二

十二月癸巳，以祥霙普被，上诣大高殿报谢行礼。【略】直隶总督李鸿章奏：上年郑州河决，芦属豫岸引地受伤特重，请将尉氏、扶沟额引酌减五成，并将各县盐课分别缓征，以恤商艰。如所请行(折包)。【略】蠲缓直隶安、河间、隆平三州县被水地亩粮租(现月)。【略】丁酉，【略】蠲缓甘肃新疆镇西、绥来二厅县被旱、被鼠、被雹各地亩应征额粮。【略】庚子，【略】云南巡抚谭钧培奏，威远厅属被水成灾，筹办赈抚情形。【略】缓征两淮泰海两属富安、安丰、梁垛、草堰、刘庄、伍祐、新兴、东台、何垛、丁溪、庙湾、板浦、中正、临兴十四场被旱、被潮各场灶新旧折价钱粮有差(现月)。辛丑，【略】盛京将军庆裕等奏，覆勘夏园行宫被冲情形较重，拟请缓修。【略】蠲缓吉林三姓、伯都讷、宾州等处被水、被雹各地方银谷租赋有差(现月)。【略】壬寅，【略】蠲缓江苏长洲、元和、吴、吴江、震泽、常熟、昭文、昆山、新阳、娄、金山、青浦、武进、阳湖、无锡、金匮、江阴、宜兴、荆溪、丹徒、丹阳、金坛、溧阳、太仓、镇洋、太湖、华亭、靖江、泰州、泰兴、江都、甘泉三十二厅州县，暨苏州、太仓、镇海、金山、镇江五卫被旱、被虫地方钱漕杂课有差(现月)。【略】癸卯,【略】蠲缓山西阳曲、文水、代、大同、应、怀仁、山阴、朔、右玉、宁武、五台、榆次、太谷、临汾、介休十五州县,暨清水河、和林格尔、萨拉齐三厅被水、被旱、被雹、被碱地方新旧钱粮正杂税课有差(现月)。【略】乙巳,【略】缓征河南郑、中牟、祥符、杞、通许、尉氏、鄢陵、淮宁、西华、项城、沈丘、太康、扶沟、鹿邑、荥泽、汜水、商丘、宁陵、永城、虞城、夏邑、睢、柘城、汤阴、临漳、内黄、延津、滑、封丘、武陟、孟、阳武、洛阳、巩、孟津、宜阳、南阳、内乡、淅川、裕、叶、光山、固始、考城、安阳、汲、新乡、辉、获嘉、淇、浚、河内、济源、修武、温、偃师、永宁、兰仪、林、武安、原武、登封、新安、唐、泌阳、镇平、桐柏、邓、舞阳、汝阳、确山、息、陈留、洧川、荥阳、新郑、商水、临颍、襄城、长葛、灵宝八十一厅州县被水、被旱各村庄新旧钱漕有差(现月)。蠲缓陕西咸宁、富平、盩厔、临潼、沔、褒城六县被水、被雹地方钱粮有差(现月)。【略】丙午,【略】黑龙江将军恭镗等奏,呼兰所属民田被灾甚重,请缓征租钱,并将尤重地方先行拨款加赈。从之(现月)。

《德宗实录》卷二六三

## 1889年 己丑 清德宗光绪十五年

正月【略】戊申,蠲缓直隶宛平、房山、武清、霸、保定、文安、大城、固安、良乡、涿、安、天津、盐山、庆云、开、东明、长垣、深泽、通、宁河、永清、东安、安肃、新城、蠡、雄、高阳、河间、献、青、静海、沧、南皮、邢台、成安、广平、隆平、安平、玉田、丰润四十州县被灾歉收村庄新旧粮赋暨杂课有差(现月)。【略】庚戌,【略】蠲缓山东济宁、历城、邹平、新城、东阿、乐陵、蒲台、滋阳、曲阜、邹、菏泽、城武、曹、定陶、堂邑、茌平、博兴、高苑、乐安、寿光、潍、丘、金乡、章丘、长山、齐东、齐河、济阳、临邑、长清、肥城、东平、平阴、惠民、青城、海丰、商河、滨、利津、沾化、阳谷、寿张、巨野、濮、朝城、聊城、益都、鱼台、禹城四十九州县,暨临清、东昌、德州、济宁四卫,东平所,永阜等场上来年被水、被沙、被碱地方本年上忙额赋并盐芦杂课有差(现月)。【略】乙卯,【略】蠲免浙江仁和、钱塘、临安、新城、于潜、昌化、安吉、孝丰、龙游、富阳、余杭十一县,暨杭、严、嘉、湖卫所新垦田亩额赋。其新城、归安、乌程、长兴、德清、武康、安吉、建德、淳安、遂安、桐庐、仁和、钱塘、海宁、富阳、余杭、嘉兴、秀水、嘉善、海盐、平湖、石门、桐乡、萧山、诸暨、分水、山阴、会稽、余姚、上虞、新昌、嵊、临海、黄岩、宁海、天台、仙居、金华、兰溪、东阳、义乌、永康、武义、浦江、汤溪、西安、龙游、江山、常山、开化、寿昌、永嘉、乐清、瑞安、平阳、泰顺、丽水、缙云、青田、松阳、龙泉、宣平六十二州县,暨杭、嘉、湖、衢、严、台各卫所歉收地方粮赋杂课并缓征(现月)。【略】戊午,蠲免奉天各城旗民被水村庄地租差粮(现月)。【略】庚申,【略】缓征江西南昌、新建、丰城、进贤、莲花、安福、永新、建昌、安义、德化、瑞昌、湖口、新淦、新喻、清江、峡江、庐陵、吉水、永丰、泰和、鄱阳、余干、浮梁、德兴、万年、星子、都昌、彭泽、德安、兴国三十厅县暨九江府同知所辖南卫被灾歉收地方新旧额赋有差(现月)。《德宗实录》卷二六四

正月【略】癸亥,【略】蠲缓浙江海沙、杜渎、钱清、西兴、长亭、横浦、浦东七场被灾灶荡上年应征钱粮并原缓灶课。其仁和、海沙、鲍郎、芦沥、横浦、浦东六场荒坍未垦各灶地荡涂应征上年灶课并蠲免。

《德宗实录》卷二六五

二月【略】己丑,【略】山东巡抚张曜奏,山东上年收成歉薄,应办平粜,请饬下盛京将军暂弛粮食出境之禁,以便采运。【略】又奏,齐东、青城、滨、蒲台、利津五州县沿河民居被水,请由藩司正杂各款内筹银五万两,以资赈济。如所请行(折包)。

《德宗实录》卷二六六

三月【略】辛亥,【略】直隶总督李鸿章奏:直境缺粮,请饬奉天无灾之处,准就近贩运。得旨:上年直隶收成中稔,奉省被灾甚重,刻下锦州一带粮石是否可以弛禁出境,著李鸿章咨行安定等商酌办理。寻安定等奏:直省采运奉粮,拟以五六万石为限。下所司知之(折包)。【略】癸丑,驻藏帮办

大臣升泰奏，大雪封山，会议需时，密陈筹办情形。【略】甲寅，黑龙江将军恭镗等奏，加赈呼兰厅属之大小木兰达等处灾民旧款不敷，拟将库存银二万两及征存大租项下，凑拨足数，以完赈事。下所司知之(折包)。【略】癸亥，【略】谕军机大臣等，神灵御灾捍患，有功德于民，理宜崇报。惟近来各省奏请颁发扁额，敕加封号者甚多，未免烦渎。且有据称转歉为丰而地方仍系报灾者，语多不符，尤不足以昭事神之诚。【略】山东巡抚张曜奏：地方迭被灾祲，民情困苦，请饬部迅拨银十万两，以资赈务。下户部速议(折包)。【略】乙丑，【略】安徽巡抚陈彝奏：皖北被水灾区接办赈务工程情形。报闻(折包)。【略】丁卯，【略】拨江苏库存协赈陕甘未用银三万两，赈山东青州、利津县等处灾民(折包)。【略】己巳，署盛京将军定安等奏，奉天岁歉，驿站苦累，援案请支借马乾，以资接济。从之(折包)。

《德宗实录》卷二六八

四月丙子朔，【略】署盛京将军定安等奏：赈抚被灾旗民，动用仓米六万四千五百余石，银六千三百余两，又借拨民仓米一万三百余石。下部知之(折包)。【略】己卯，【略】吉林将军长顺等奏，筹办赈灾，分别平粜赈贷，并出借公义仓谷，以济兵食。【略】辛卯，以节近小满，雨泽尚稀，上诣大高殿祈祷行礼。【略】谕内阁：前因山东连年灾歉，迭次筹拨银两。复以该省灾区甚广，截拨南漕赈济，【略】恭奉慈禧【略】皇太后懿旨，东省灾民甚众，恐前拨银米尚有不敷，著发去宫中节省内帑银十万两作为赈款。【略】壬辰，【略】谕内阁：刚毅奏，兵丁借支常平仓谷，恳恩豁免，开单呈览一折。山西省前于光绪三四年间被旱成灾，兵民生计维艰，准予借给仓谷，各州县民借谷石业经豁免，兵丁等所借仓谷除历经扣还外，尚有未完谷石，无力归还，加恩著照所请，所有各兵丁未完前借仓谷一万七千石零，著一律豁免。以示体恤(现月)。【略】辛丑，以祈雨未应，上复诣大高殿祈祷行礼，诣宣仁庙拈香。【略】壬寅，谕军机大臣等，翰林院侍讲学士良弼奏，奉天灾歉太重，待拯孔急，流民逾数十万众。现值青黄不接，粮价日昂，小民生计维艰，请饬停止米粮出境等语。

《德宗实录》卷二六九

五月【略】辛亥，以待泽仍殷，上诣大高殿祈祷行礼，诣时应宫拈香(记注)。【略】癸丑，以京师雨泽稀少，命直隶总督李鸿章派员前赴邯郸县龙神庙迎请铁牌到京，在大光明殿供奉，以迓和甘(现月)。【略】谕军机大臣等，有人奏，山东曹、沂等处民情强悍，向多伏莽，近闻被灾各属渐形蠢动。【略】寻奏：曹州安堵，沂州一带已添兵巡缉，唯歉收以武定、青州为甚，被水以沿河各州县为甚，迭经赈恤，均已静谧如恒。报闻(现月)。【略】缓征山东齐东等州县被灾地方上忙钱粮(折包)。【略】丁巳，【略】蠲除贵州丹江卫改建城署被水冲没无征屯田额粮。【略】癸亥，以待泽仍殷，上复诣大高殿祈祷行礼，诣宣仁庙拈香(外记)。【略】庚午，以甘澍优沾，遣肃亲王隆勤诣大光明殿铁牌前拈香报谢(现月)。【略】壬申，以甘霖迭沛，上亲诣大高殿报谢行礼，诣时应宫拈香(外记)。

《德宗实录》卷二七〇

七月【略】丁未，【略】又谕：张曜奏，章丘县境大寨、金王等庄堤埝漫溢，现筹堵筑。【略】本年伏汛盛涨，六月二十五日山东章丘县境大寨、金王等庄护庄圈埝被冲，将南面大堤漫溢，并塌陷堤身三十余丈，览奏殊深轸系。【略】己酉，【略】抚恤山东莒州沂水县被雹灾民。【略】庚戌，【略】抚恤琉球国遭风难民如例(折包)。乙卯，抚恤河南周家口被水灾民(折包)。【略】戊午，【略】山东巡抚张曜奏：临黄堤内外受水，漫溢坍陷，请将即墨营参将张仕忠暂摘顶戴。【略】甲子，【略】抚恤云南昆阳、太和二州县被水灾民(折包)。【略】己巳，【略】抚恤陕西长安、西乡、鄜三州县被水、被雹灾民(折包)。庚午，谕内阁：张曜奏，齐河堤埝漫溢，请将在工文武各员从严惩办一折。本月十三、十四等日，山东齐河水势盛涨，张村等处堤埝先后漫溢，过水十分之二，由徒骇河入海，在事各员未能实力抢护。辛未，【略】河南巡抚倪文蔚奏，河内县沁河北岸民埝漫溢，业已派员查勘。【略】抚恤安徽霍邱、颍上、寿、凤台、怀远、凤阳、五河七州县被水灾民(折包)。壬申，【略】抚恤广东嘉应、镇平、平远、从化、

广宁、陆丰六州县被水灾民(折包)。　　《德宗实录》卷二七二

八月【略】庚辰,【略】湖广总督裕禄等奏:钟祥等处被水,分别轻重查勘抚恤。报闻。【略】丁亥,谕内阁:山东黄河本年伏汛盛涨,章丘、齐河等堤埝先后漫溢,滨河各州县村庄多被淹浸,灾区甚广。【略】戊子,【略】吉林将军长顺奏,吉林上年水灾,短征黄烟木植税课,恳恩宽免。下部议(折包、随手)。【略】壬辰,谕内阁:本年夏秋间四川涪、雅两江涨溢,近水州县民间田庐被淹,灾区甚广,朝廷殊深轸念。【略】四川总督刘秉璋奏,石泉县等处被水成灾,设法筹赈。【略】乙未,【略】以报灾不实,云南迤南道许继衡等下部议处(折包)。【略】戊戌,【略】以近畿连年灾歉,赏普济堂、功德林、广仁堂及卢沟桥粥厂,资善堂暖厂粟米有差(折包)。己亥,【略】又谕:本月二十四日,雷电交作,天坛祈年殿被雷火延烧,经官兵等救护扑灭。　　《德宗实录》卷二七三

九月甲辰朔,【略】以江南水旱为灾,英国君主捐银助赈,命总理各国事务衙门致谢,赏律师担文三品顶戴(折包)。【略】辛亥,【略】山东巡抚张曜奏堵筑齐河县境张村漫口合龙情形,并陈西纸坊、大寨两处工程已将及半。【略】豁免直隶通、三河等州县灾歉地方民欠广恩库地租。其滦州等处地租并豁免。壬子,浙江巡抚崧骏奏,温州等属被风、被水,查勘抚恤情形。【略】癸丑,陕西巡抚张煦奏,陕省咸宁等属被水、被雹,查勘抚恤情形。【略】乙卯,【略】陕甘总督杨昌浚奏皋兰等县被灾赈抚情形。【略】壬戌,河南巡抚倪文蔚奏,直隶长垣县民埝冲决,黄水漫入滑县,派员查勘抚恤。【略】乙丑,护理漕运总督徐文达奏湖河水势及抢护邵伯镇险工各情形。报闻(折包)。【略】戊辰,【略】陕西巡抚张煦奏,陕省咸宁等属被灾歉收,查办赈抚情形。　　《德宗实录》卷二七四

十月癸酉朔,【略】湖南巡抚王文韶奏,武陵、龙阳二县被水,冲溃围堤,动拨厘金钱文,筹办赈济情形。【略】甲戌,【略】陕西巡抚张煦奏,查明砖坪、山阳、鄠等厅县被水乡村,分别蠲缓钱粮,动用仓谷赈济,给资修补房屋情形。【略】乙亥,谕军机大臣等,本年山东各属被灾,先经加恩赏拨南漕十万石,复钦奉懿旨,发给内帑银十万两,广为赈恤。并因滨河各州县堤埝漫溢,令张曜截留该省新漕十万石,预筹冬赈。嗣经该抚奏到章丘等处被灾情形,又将本年上忙钱粮分别缓征。四川涪、雅两江涨溢,居民被淹,特谕刘秉璋于捐输项下拨银五万两,藉资赈济。安徽霍邱等州县被淹;浙江温州等处被风、被水,严州等处被水;湖南武陵等州县被淹;河南周家口被火,河内等县被淹;山东莒州、沂水县各被雹;四川石泉等州县被水,泸州被火;陕西咸宁等县被水、被雹,长安等县被水,鄜州被雹;甘肃階州被水;广东嘉应州等处被水,新安县被风。均经该督抚等查勘抚恤。【略】再,安徽宿松等县被水;江西进贤等县被淹,新喻等县被旱;浙江杭州等府被水,湖南澧州等州县被淹,河南滑县被水,甘肃皋兰等州县被雹;云南昆阳等州县被水,石屏州被旱。均经该督抚等委员查勘,即著迅速办理。【略】护理山西巡抚豫山奏,阳曲等二十一厅州县被水、被雹、被碱成灾,委员查勘,动放常平等仓谷石,分别赈济,并给资修补冲决坝堰情形。【略】己卯,谕内阁:崧骏奏,查明各属续被水灾,筹办赈抚一折。本年秋间,浙江杭州、嘉兴、湖州等府属雨水过多,田禾被淹,灾情甚重,饥民困苦流离,深堪悯恻。现经崧骏酌拨银谷,动放仓米,并派员运粮平粜,分别赈抚。即著饬属认真筹办,妥速散放,所用银米准其作正开销,务期实惠及民,毋任稍有弊混,所有冲塌堤圩各工,并著赶紧筹修,以卫农田(现月)。【略】丙戌,浙江巡抚崧骏奏,勘明本年各厅州县被风、被水灾歉情形。得旨:著即饬属确切查勘,速筹赈抚,以恤灾黎。丁亥,谕内阁:本年江苏久雨为灾,自八月以来连旬不止,苏州、松江、常州、镇江、太仓各府州属俱遭水患,兼以浙西、皖南蛟水下注,江湖并涨,禾稼淹没,粮价陡涨,该省猝被奇灾,朕心实深悯恻。【略】又谕:本年秋间浙江大雨连旬,水势涨发,杭州、嘉兴、湖州、宁波、绍兴、台州、金华、严州、温州、处州俱被水灾。前经崧骏奏报,谕令妥为抚恤,嗣据续报,杭、嘉、湖三府情形最重。复降旨令该抚酌拨银米,速筹赈抚,准其作正开销,惟该省被水之区多至十府,且系秋后成灾,民情益形困苦,朝廷念切恫瘝,无时或释,加恩著于浙江

藩库提银五万两，作为赈抚之需。并钦奉慈禧【略】皇太后懿旨，浙省遭此奇灾，深堪悯恻，著于宫中节省内帑项下，发去银五万两，交崧骏妥速赈济，以全民命。【略】谕军机大臣等，江苏苏州等府猝被水灾，本日已明降谕旨，拨发帑银，令刚毅速筹赈济，【略】并闻近有抢夺粮食情事。【略】己丑，【略】又谕：裕禄、奎斌奏，各属被水成灾，恳请拨款赈抚一折。本年湖北夏、秋两汛，江河并涨，八月以后又复大雨兼旬，水势日甚，武昌、汉阳、黄州、安陆、德安、荆州各府低洼田地多被淹浸，襄阳、郧阳、宜昌、施南地处上游，亦因雨水过多，同时被灾，小民荡析离居，实堪悯恻，加恩著于司库拨银十万两，以作赈需。【略】庚寅，谕内阁：各直省雨水情形及粮价数目为年谷丰歉赋课赢绌所关，是以向来按月奏闻，以资稽核，朕躬览过万，无日不以国计民生为念。【略】近来各该督抚均系分月陈奏，间有奏到稍迟者，大抵皆距京较远省分，乃直隶五月分粮价，直至九月始行奏报，竟与新疆相同；六月分粮价，本日始行奏报，实属迟延。并查该督上年十月间将五、六两月粮价并案陈报，亦属非是。嗣后务当循照向章。【略】蠲缓直隶开、武清、蓟、保定、文安、大城、献、景、吴桥、东光、天津、青、静海、盐山、任、玉田、宁河、霸、安肃、河间、任丘、沧、南皮、庆云、沙河、南和、唐山、平乡、巨鹿、永年、邯郸、鸡泽、元城、大名、南乐、丰润、隆平三十七州县灾歉村庄，暨开、东明、长垣三州县低洼地方钱粮租税有差(现月)。【略】甲午，谕内阁：崧骏奏，查明下游各属被灾情形，提款备赈一折。浙江杭州、嘉兴、湖州等府属田禾被水淹浸，灾情甚重，饥民待哺嗷嗷，为日方长，亟宜宽筹赈款，该抚请于藩库提银十二万两，运库提银三万两，作为冬春办赈之需，即著照所请行。【略】戊戌，【略】两江总督曾国荃等奏：苏省秋雨伤稼，米价翔贵，筹款赴湘、皖等省采买米厚，运回赈粜，请饬经过关卡，宽免税厘。允之(折包)。

《德宗实录》卷二七五

十一月【略】戊申，【略】两江总督曾国荃等奏：江苏久雨为灾，遵陈办赈情形。得旨：所筹尚属周妥。【略】浙江巡抚崧骏奏：秋汛风潮旺大，杭州府属三防塘工冲损甚多，请添拨银两筹修。下部知之。【略】乙卯，【略】减缓直隶文安县大洼积涝地亩应征粮银(折包)。丙辰，谕内阁：为政以安民为先，自军务大定以后，闾阎困敝，至今元气未复，迩年各省水旱频仍，小民生计日蹙。

《德宗实录》卷二七六

十一月戊午，谕内阁：前因安徽宿松、霍邱等州县被水成灾，经陈彝奏请，拨款赈抚，当即照所请行。本日据沈秉成奏，各属秋禾歉收，复经降旨，将各灾区应征钱漕分别缓征，藉纾民力。惟念该省沿江之安庆、太平、池州，沿淮之泗州、凤阳、颍州，暨宁国、广德等府州属俱遭水患，小民困苦情形，朝廷弥深轸念。【略】缓征安徽五河、泗、盱眙、合肥、凤台、怀远、定远、灵璧、颍上、望江、宿、铜陵、东流、阜阳、寿、霍邱、天长、芜湖、无为、庐江、怀宁、宿松、当涂、潜山、巢、涡阳、太湖、贵池、繁昌、全椒、来安、滁、含山、和三十四州县被水、被旱、被风、被虫各地方钱漕有差(折包)。【略】辛酉，【略】山东巡抚张曜奏，本年豆麦歉收，各属应征漕豆、漕麦请改征粟米。如所请行(折包)。【略】癸亥，谕内阁：御史余联沅奏，湖北水灾，请饬开仓发赈一折。【略】丙寅，【略】又谕：御史杨晨奏，本年浙江天台、仙居、临海、黄岩、太平近山沿海各乡均被水灾，台州府城有常平仓谷万石，请饬及早散放。又，同治年间设立"培元局"，存钱约十万有奇，发商生息，请饬酌提放赈等语。【略】另折奏，被灾地方饥民夺食，奸徒乘机肆抢，宁、绍、温、台各府多有滋事之案，亟宜禁防等语。【略】丁卯，【略】豁免直隶静海县境内歉收淀地租银。【略】辛未，【略】蠲缓山东历城、齐河、齐东、禹城、长清、惠民、青城、阳信、商河、滨、蒲台、濮、范、沾化、潍、章丘、济阳、临邑、平阴、博兴、高苑、利津、寿张、乐安、东河、阳谷、邹平、肥城、东平、海丰、济宁、长山、新城、德、乐陵、菏泽、曹、巨野、郓城、观城、朝城、聊城、堂邑、金乡、鱼台、兰山、沂水、益都、寿光、昌邑、东阿、泗水、滕、汶上、堂邑、茌平、莘、邱、临清、平原、德平、平度、惠民、曲阜、宁阳、单、城武、定陶、博平、清平、馆陶、恩、夏津、武城、嘉祥、郯城、费、莒、日照、临淄、昌乐、滋阳八十二州县被灾地方新旧钱漕暨杂课有差。

《德宗实录》卷二七七

十二月壬申朔,【略】谕内阁:本年浙江各府属被水成灾,民情异常困苦,迭经颁帑拨款,广为赈抚。【略】兹据崧骏奏称,该省有漕各州县受灾过重,本年漕白粮米实难征运,现拟剔熟酌征地丁钱粮等语。加恩著照所请,所有杭州、嘉兴、湖州三府应征本届漕白粮米,即著全行蠲免,以纾民困。其应征地丁一项,浙东额属被灾较轻,仍著照例剔熟征收。杭、嘉、湖三属被灾极重之区,应征地丁并著一律蠲免,其余田亩各按成熟分数分别酌量征收。【略】丁丑,【略】蠲缓湖北汉川、武昌、咸宁、嘉鱼、汉阳、黄陂、孝感、沔阳、黄冈、蕲水、黄梅、广济、钟祥、京山、潜江、天门、云梦、应城、江陵、公安、石首、监利、松滋、枝江、荆门、江夏二十六州县,暨崇、通等屯,武昌等卫被淹地方新旧钱漕杂课(现月)。戊寅,【略】蠲缓江苏上元、江宁、句容、江浦、六合、山阳、阜宁、清河、桃源、安东、盐城、高邮、泰、东台、江都、甘泉、仪征、兴化、宝应、铜山、丰、沛、萧、砀山、邳、宿迁、睢宁、海、沭阳、赣榆、通、如皋、海门、溧水、高淳、泰兴三十六州厅县,暨淮安、大河、扬州、徐州、镇江等卫被旱、被风、被水及荒废地方新旧钱粮租课并本年漕粮(现月)。蠲缓湖南武陵、安乡、沅江、龙阳、益阳、澧、巴陵、华容、桃源、湘阴、临湘十一州县暨岳州卫被水地方钱漕芦课及屯饷各项有差,其安乡、龙阳、沅江等县原借堤工银并展缓(现月)。【略】乙酉,以京畿雪泽稀少,上诣大高殿祈祷行礼。【略】蠲缓山西阳曲、太原、文水、临汾、襄陵、洪洞、长治、永宁、朔、虞乡、静乐、绛、清水河、萨拉齐、徐沟、应、大同、怀仁、介休十九厅州县被水、被旱、被雹、被碱地方新旧钱粮及米豆土盐各税有差(现月)。

《德宗实录》卷二七八

十二月【略】庚寅,【略】蠲缓浙江仁和、钱塘、海宁、富阳、余杭、临安、新城、于潜、嘉兴、秀水、嘉善、海盐、平湖、石门、桐乡、归安、乌程、长兴、德清、武康、安吉、孝丰二十二州县,暨杭、嘉、湖三所灾歉坍没沙淤石积各田地地漕银米有差(现月)。蠲缓浙江鄞、慈溪、镇海、象山、山阴、会稽、萧山、诸暨、余姚、新昌、嵊、临海、黄岩、天台、仙居、东阳、浦江、遂安、桐庐、分水、温、玉环、奉化、上虞、宁海、金华、义乌、乐清、兰溪、永康、武义、西安、龙游、江山、常山、开化、建德、淳安、寿昌、永嘉、瑞安、平阳、泰顺、丽水、缙云、青田、龙泉、庆元、景宁、宣平五十厅州县暨台州卫被水、被旱、被风、被潮暨沙淤坍没各地方本年额赋及旧欠银米有差(现月)。壬辰,【略】展缓江西南昌、新建、进贤、峡江、莲花、永丰、安福、永新、建昌、安义、德化、德安、湖口、彭泽、瑞昌、余干十六厅县暨九江府同知所辖庐州被水、被旱地方新旧钱漕芦课各项有差(现月)。癸巳,以雪泽未沾,上复诣大高殿祈祷行礼。【略】又谕:御史余联沅奏,各省办赈,请饬妥筹良法一折。本年江苏、浙江、湖北等省被灾甚重,迭经发帑赈恤,惟灾区太广,饥民众多,全在各督抚实心经理,力除积弊。【略】减缓直隶安、任、隆平三州县被涝地亩粮银租课有差(现月)。甲午,【略】又谕:有人奏,吉林上年水灾,绅董于岱霖等领钱三万串,并不购粮散放,勒令当商捐粮粜卖,致有抢粮上控之案。【略】乙未,【略】缓征吉林宁古塔、三姓暨敦化县被旱、被虫地方银谷租赋(现月)。【略】丁酉,【略】减免江苏吴江、震泽、新阳、太湖、长洲、元和、吴、昆山、常熟、昭文十厅县被水地方条银漕米及芦课有差(现月)。缓征两淮泰、海二属东台、何垛、丁溪、庙湾、富安、安丰、梁垛、草堰、刘庄、伍祐、新兴、板浦、临兴、中正十四场被风、被潮灶地新旧折价钱粮。(现月)蠲缓河南河内等六县及新蔡等四十四州县灾歉村庄新旧钱漕(现月)。停免河南郑州等六州县、淮宁等九县暨尉氏县现被沙压、水占及甫经涸复地亩应征钱漕(现月)。缓免陕西咸宁、长安、临潼、盩厔、鄠、咸阳、高陵、郿、三水、华、山阳、绥德十二州县被水、被雹地方本年钱粮(现月)。【略】己亥,【略】蠲免两浙鸣鹤、钱清、西兴、石堰、杜渎、海沙、鲍郎、芦沥八场,暨镇海县之龙头,慈溪之沙荡田地被灾灶课,其余歉收场地缓征、减征、递缓有差(现月)。【略】展缓河南

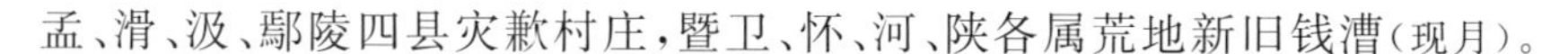

孟、滑、汲、鄢陵四县灾歉村庄，暨卫、怀、河、陕各属荒地新旧钱漕(现月)。

《德宗实录》卷二七九

## 1890年 庚寅 清德宗光绪十六年

正月【略】癸卯，蠲缓直隶武清、蓟、保定、文安、大城、安、献、景、吴桥、东光、天津、青、静海、盐山、任、玉田、开、东明、长垣、宁河、霸、安肃、河间、任丘、沧、南皮、庆云、沙河、南和、唐山、平乡、巨鹿、永年、邯郸、鸡泽、元城、大名、南乐、丰润、隆平四十州县被灾地方钱粮有差(现月)。【略】乙巳，【略】蠲缓山东济宁、历城、邹平、长山、新城、齐河、济阳、禹城、德、东平、东阿、阳信、沾化、蒲台、邹、菏泽、曹、郓城、范、沂水、堂邑、博兴、高苑、乐安、寿光、潍、邱、金乡、章丘、齐东、临邑、长清、肥城、平阴、惠民、青城、海丰、乐陵、商河、利津、寿张、巨野、朝城、聊城、鱼台、观城、滨、濮、东昌、临清五十州县被灾地方钱粮有差(现月)。丙午，【略】蠲缓江苏长洲、元和、吴、吴江、常熟、昭文、昆山、新阳、太湖、娄、金山、青浦、无锡、宜兴、荆溪、靖江、丹徒、丹阳、太仓、镇洋、震泽、武进、阳湖、金匮、江阴、金坛、溧阳、华亭、奉贤、上海、南汇、嘉定、宝山、川沙、泰、泰兴、江都、甘泉三十八厅州县，暨镇海、镇江等卫被灾地方钱粮有差(现月)。

《德宗实录》卷二八〇

二月【略】辛巳，【略】山东巡抚张曜奏，沿河被水州县民情困苦，东海关所辖之青光、利津、沾化、海丰四口，外来粮贩请免收税厘，以恤民艰。从之。【略】甲午，【略】豁除云南东川被冲官田应征租米。【略】庚子，【略】蠲免广东镇平县被灾地方钱粮银米(现月档)。　《德宗实录》卷二八一

三月【略】癸酉，以农田布种亟盼渥泽，上诣大高殿祈祷行礼。【略】己卯，【略】浙江巡抚崧骏奏：办理春赈情形，细访民情，均称安谧。报闻(折包)。【略】辛巳，以得有微雨，尚未渥沛甘霖，上诣大高殿祈祷行礼，宣仁庙拈香(现月)。【略】庚寅，以节届立夏，尚未渥沛甘霖，上诣大高殿祈祷行礼，时应宫拈香(现月)。【略】癸巳，【略】缓征直隶沧州被水村庄春赋(折包)。甲午，【略】安徽巡抚沈秉成奏被水灾区办理赈抚工程情形。【略】乙未，以渥沛甘霖，上诣大高殿报谢行礼。

《德宗实录》卷二八三

四月【略】辛亥，以京师雨泽愆期，上诣大高殿祈祷行礼。【略】以京师得雨尚未深透，上诣大高殿祈祷行礼，时应宫拈香。【略】丁卯，以雨泽稀少，上再诣大高殿祈祷行礼，时应宫拈香。

《德宗实录》卷二八四

五月【略】己卯，以京师节逾夏至，仍未渥沛甘霖，于大高殿设坛祈祷，上亲诣行礼。【略】丁亥，以京师得雨尚未优渥，上复诣大高殿祈祷行礼，时应宫拈香(现月)。【略】己丑，以渥沛甘霖，郊原沾润，上诣大高殿报谢行礼(现月)。【略】抚恤河南淮宁、商水、洛阳三县被风、被雹灾民(折包)。【略】甲午，豁免云南元谋县被旱地方钱粮(折包)。　《德宗实录》卷二八五

六月【略】辛丑，山东巡抚张曜奏，发放连年被水村庄春赈。下部知之。又奏，齐东各州县濒河村庄三百余处，终年被水，劝令迁移大堤以外，酌给迁费，先后搬移二千余户，现更购买高阜地亩，以资安插。报闻。【略】壬寅，谕内阁：京师自上月二十九日以后大雨滂沱，连宵彻旦，河流骤涨，诚恐近畿一带禾稼受伤，朕心实深焦虑。【略】癸卯，谕内阁：京师自上月下旬以来大雨不止，民居禾稼受伤，昨日虽经开霁，今复阴云密布，雨势滂沱，朕心廑民瘼，寝馈难安，允宜虔申祈祷，冀迓时旸，谨择于本月初七日亲诣大高殿拈香。【略】甲辰，【略】顺天府奏近畿大雨情形。得旨：良乡等处河道、堤工、桥梁、衙署被水情形，览奏均悉。【略】丙午，谕内阁：步军统领衙门奏，遵查京城内外因雨后倒塌房屋，伤毙人口大概情形一折。所有现经查报之左右翼及中营等处伤毙十六名口，著该衙门酌给赏恤。【略】浙江巡抚崧骏奏：嘉、湖二属上年被水，应办白丝、丝绵二项，请暂照历届减半

之数办解，以恤商艰。从之。【略】戊申，谕军机大臣等，近日阴雨连旬，京畿一带河流盛涨，闻右安门、永定门外数十村庄皆被淹没，伤毙人口牲畜无数。房山县山水涨发，冲入浑河，东安、武清、良乡、涿州等处水深数尺，路断行人，小民荡析离居，深堪悯恻，亟应赶筹抚恤，以拯灾黎。【略】山东巡抚张曜奏四月以后抢护黄河险工情形。得旨：本年雨水较大，所有应行防护工段，著该抚督饬在工员弁，赶紧加筑。【略】己酉，以大雨不止，上亲诣大高殿祈祷行礼，宣仁庙拈香。【略】辛亥，谕内阁：前因京师雨水过多，民居禾稼受伤，迭经谕令顺天府府尹等查明各属被水情形，迅速具奏。兹据潘祖荫等奏称，近畿一带东西南三隅被灾最巨，现据宛平、固安、良乡、房山、通州、顺义等州县，暨南路厅同知查报所属地方，或田庐漂没，或全村被淹，伤毙人口甚多。业经分派委员，广延绅士，设法赈济。【略】又谕：近来京师雨水过多，八旗兵丁生计维艰，著加赏给一月钱粮，以示体恤(现月)。【略】又谕：御史何福堃奏，彰仪门、右安门外水深丈许，室庐淹没，请饬查明户口人数，酌给钱文。【略】直隶总督李鸿章奏：天津等处灾象已成，筹款办理急抚。【略】闽浙总督卞宝第奏：苏省遏粜，闽中粮价日昂。请嗣后沪米运闽，岁以二十万石为限，免税放行，毋再遏粜，于闽省民食大有裨益。【略】壬子，谕内阁：李鸿章奏永定河堤工漫口，分别参办，并自请议处一折。本年五月下旬以来，大雨连绵，永定河水势盛涨，险工迭出。六月初五日，北上汛二号被水漫溢，刷宽口门七八十丈，该管各员疏于防范。癸丑，【略】豁免云南建水县上年被灾田粮。【略】乙卯，【略】又谕：张曜奏，黄水盛涨，高家套民埝刷塌，【略】山东齐河县高家套埝工正在兴修，未及竣事，猝于五月二十一二等日昼夜大雨，风狂浪急，致埝身刷塌三十余丈，在事员弁未能立时抢护。【略】山东巡抚张曜奏：护运格堤骤被倒灌，黄水冲溢，请将东昌府知府李清和等摘顶。【略】护理热河都统热河道惠良奏查勘武列河石坝被水情形。【略】丁巳，谕内阁：前因天津等处被水成灾，业准李鸿章所请，拨银六万两，先就被水极重之区办理急抚。惟念此次雨水过多，灾区甚广，饥民嗷嗷待哺，为日方长，尚恐不敷散放，加恩著将奉天运京粟米一万二千七百余石，并于本年江北河运漕米内截留三万六千石，拨给备赈。【略】又谕：御史周天霖奏，京城积水难消，请开沟渠以资宣泄一折。【略】戊午，【略】陕西巡抚鹿传霖奏：华州罗汶河淤决为患，现拟开渠疏导，俾直注入渭，以卫粮田。下部知之。【略】己未，云南巡抚谭钧培奏南宁县、宣威州属被水筹赈情形。【略】缓征云南楚雄府属旱灾田粮。庚申，【略】安徽巡抚沈秉成奏四月分雨水粮价并安庆等属被水情形。【略】辛酉，【略】谕军机大臣等，前据李鸿章奏，永定河北上汛漫口，当经谕令督饬员弁迅筹堵筑。现被淹各处饥民遍野，大溜所经，逼近京师，若不迅速堵合，嗣后情形何堪设想。壬戌，【略】谕军机大臣等，翰林院侍讲学士朱琛奏，畿辅水灾甚重，请各按村庄多设粥厂等语。

《德宗实录》卷二八六

七月【略】甲戌，【略】密云副都统国俊奏：五月杪大雨五昼夜，山水暴注，潮河陡涨，古北口迤西边墙被冲，仅剩里劈一面，关前水坝冲刷四十余丈，兵房坍塌，人无栖止，咨须直隶总督查明办理。报闻(折包)。【略】乙亥，【略】直隶总督李鸿章奏：顺直水灾极重，赈款难筹，请推广赈捐。下部议行。湖广总督张之洞奏施南、宜昌两府所属被水赈抚情形。【略】江西巡抚德馨奏，四月间各属雨水稍多，低田被淹情形。【略】壬午，【略】湖南巡抚张煦奏地方雨水灾情。【略】癸未，【略】蠲免云南镇南州属旱灾田粮(折包)。【略】乙酉，【略】广西巡抚马丕瑶奏梧、浔两属被水查勘抚恤情形。报闻(折包)。丙戌，【略】陕西巡抚鹿传霖奏，商、华、渭南、平利四州县被水，筹办赈恤情形。【略】豁免陕西朝邑县黄河冲塌地亩本年应征钱粮(折包)。【略】戊子，【略】以雨水过多，粮价昂贵，命五城饭厂提前两个月开放。其朝阳阁、卧佛寺、育婴堂、打磨厂、长椿寺、砖塔胡同、圆通观、梁家园各粥厂除每月例赏粟米三百三十石外，加赏两个月(现月)。己丑，云南巡抚谭钧培奏寻甸州属水灾筹赈情形。【略】庚寅，【略】顺天府奏：顺属被水，迭据续报，二十四县几无完区，实为百年来未有之奇灾，散放急抚。

《德宗实录》卷二八七

八月【略】辛丑，谕军机大臣等，有人奏，畿东一带饥民到处抢夺，三河县尤甚，燕郊、夏店等处，回民蜂起，聚众劫掠，扰害商旅，请饬拨勇巡逻等语。【略】丁巳，【略】又谕：张曜奏被水地方请拨银米赈济一折。本年山东黄河南北两岸及滨临运河各州县黄流漫溢，兼值山东湖水同时泛滥，濮州等处三十七州县低洼村庄被淹甚广，灾民困苦情形，深堪悯念。【略】蠲免陕西咸宁、长安、渭南、三原、高陵、盩厔、临潼、泾阳、兴平、咸阳、富平、蓝田、醴泉、鄠、耀、同官、肤施、延长、安塞、延川、宜川、甘泉、靖边、定边、保安、凤翔、陇、汧阳、岐山、城固、沔、佛坪、榆林、府谷、神木、大荔、蒲城、澄城、郃阳、朝邑、华、白水、汉阴、邠、长武、三水、淳化、乾、武功、鄜、洛川、中部、宜君、绥德、米脂、清涧五十六府厅州县光绪十四年民欠未完钱粮租课草束(折包)。【略】甲子，【略】云南巡抚谭钧培奏：安平、昆阳、呈贡、保山等州县民田并天耳盐井被水，委勘筹赈大概情形。【略】丙寅，福建台湾巡抚刘铭传奏台湾各属遭风、被水情形。

《德宗实录》卷二八八

九月【略】辛未，【略】闽浙总督卞宝第奏，福州等属初被水灾，续又被风，请拨银两量加赈抚，以免失所。从之(折包)。【略】丙子，吉林将军长顺奏，珲春、宁古塔久雨被灾，现筹赈恤情形。

《德宗实录》卷二八九

十月【略】己亥，【略】谕军机大臣等，本年顺天直隶各属被水成灾，钦奉懿旨，发给内帑银五万两，以拯灾黎，并降旨拨给京仓米二十万石，部库银五万两，大钱五十万串，近京各乡镇添增粥厂。复准李鸿章所请，提拨直隶藩库等银六万两，截拨奉天粟米一万二千七百余石，江北漕米三万六千石，广为散放。并因山东濮州等处被水，谕令张曜截留新漕五万石，提拨粮道库银十万两，藉资赈济。吉林珲春、宁古塔被水，省城被火；安徽安庆等处被水，盱眙县被火；江西星子等县被风，台湾台北等府属被风、被水，湖北施南等府被水，湖南巴陵等县被水；河南洛阳县被雹，淮宁等县被风；陕西商南等县被雹，商州等处被水；甘肃阶州等处被水；广西灵川等县被火，郁林州等属被水；云南安平、蒙化等处被水。均经该将军督抚等查勘抚恤。【略】再，安徽安庆等处被旱，江西瑞昌等处被水、被旱，浙江杭州等府属被风、被雹、被水、被旱，河南彰德等府属被水；甘肃西宁县地震，金县等处被雹，河州等处被雹、被水；广东南海等县被水，广西苍梧等处被水。均经该督抚等委员查勘，即著迅速办理。【略】壬子，【略】蠲缓直隶通、三河、武清、宝坻、蓟、香河、宁河、霸、保定、文安、大城、固安、永清、东安、大兴、宛平、良乡、房山、涿、顺义、怀柔、密云、滦、卢龙、迁安、昌黎、乐亭、清苑、安肃、新城、唐、博野、容城、蠡、雄、安、高阳、河间、献、任丘、交河、吴桥、东光、天津、青、静海、沧、南皮、盐山、庆云、清河、丰润、玉田、武强、定、开、东明、长垣、平谷、定兴、望都、景、故城、无极、南乐、宁晋、深、饶阳、安平、曲阳、深泽、满城、完、祁、肃宁、藁城、新乐、邢台、沙河、南和、唐山、平乡、巨鹿、任、永年、邯郸、广平、鸡泽、威、元城、大名、清丰、易、涞水、枣强、武邑、衡水、隆平九十八州县被水村庄丁粮租课有差(现月)。【略】庚申，【略】四川总督刘秉璋【略】又奏，南川等处被灾，业经筹款分别赈恤。【略】甲子，【略】蠲缓广西崇善、养利、迁江、永淳、临桂、灵川、桂平、北流、陆川九县被灾村庄额赋(现月)。

《德宗实录》卷二九〇

十一月【略】戊辰，【略】山东巡抚张曜奏：山东秋收歉薄，前往奉天采买红粮，运回平粜，请暂免各海口应征粮税。允之(折包)。【略】乙亥，【略】拨厘金二万八千串，赈湖南滨湖被水各州县灾民(折包)。【略】甲申，【略】缓征奉天广宁、开源两属滨河旗界被淹地方钱粮有差。【略】缓征安徽灵璧、凤台、盱眙、五河、望江、南陵、凤阳、定远、东流、怀远、涡阳、青阳、合肥、宿、天长、全椒、庐江、寿、阜阳、霍邱、铜陵、建德、芜湖、来安、怀宁、宿松、当涂、无为、巢、亳、潜山、贵池、繁昌、和、含山、三十六州县，暨建阳、安庆、庐州、凤阳、长淮、泗州六卫歉收地亩钱漕杂课有差(现月)。蠲缓山东齐东、齐河、禹城、长清、惠民、青城、阳信、乐陵、商河、滨、利津、蒲台、濮、海丰十四州县被灾地亩新旧钱漕有差。【略】壬辰，【略】蠲缓江苏上元、江宁、句容、江浦、六合等五县已经垦熟被歉民屯田地，并山阳、阜宁、清河、桃源、安东、盐城、高邮、泰、东台、江都、甘泉、仪征、兴化、宝应、铜山、丰、沛、萧、砀山、邳、宿迁、睢宁、海、沭阳、赣榆、通、如皋、海门二十八厅州县，暨淮安、大河、扬州、徐州、镇江等卫被旱、被水、被风地亩新旧钱漕租课有差(现月)。

《德宗实录》卷二九一

十二月【略】己亥，以京师节逾小寒，未沾雪泽，上诣大高殿祈祷行礼。庚子，【略】豁减直隶安、河间、任、南宫、隆平、宁晋六州县积涝地亩粮租，其文安、永清、武清、东安、天津五县被水地亩粮银并蠲缓。【略】壬寅，【略】缓征两淮东台、何垛、丁溪、庙湾、富安、安丰、梁垛、草堰、刘庄、伍祐、新兴、板浦、中正、临兴十四场遭旱、被风场灶折价钱粮有差(现月)。【略】丁未，【略】缓征湖北武昌、咸宁、嘉鱼、光化、蒲圻、汉阳、汉川、黄陂、孝感、沔阳、黄冈、蕲水、黄梅、广济、钟祥、京山、潜江、天门、应城、江陵、公安、石首、监利、松滋、枝江、荆门、江夏、蕲二十八州县暨武昌卫被灾地方新旧钱粮，其武昌、咸宁、嘉鱼、光化[①]、蒲圻、汉阳、黄陂、孝感、沔阳、黄冈、蕲水、广济、黄梅、潜江、天门、应城、江陵、公安、石首、监利、松滋、荆门二十二州县被淹、受旱地方漕粮并缓征(现月)。蠲缓浙江仁和、钱塘、海宁、富阳、嘉兴、秀水、嘉善、海盐、平湖、石门、桐乡、归安、乌程、长兴、德清、武康、安吉、孝丰、山阴、会稽、萧山、临安、东阳、桐庐、余杭、新城、于潜、昌化、鄞、慈溪、奉化、镇海、象山、余姚、上虞、新昌、嵊、临海、黄岩、太平、宁海、天台、仙居、金华、兰溪、义乌、永康、武义、浦江、汤溪、西安、龙游、江山、常山、开化、建德、淳安、遂安、寿昌、分水、永嘉、乐清、瑞安、泰顺、玉环、丽水、缙云、青田、龙泉、庆元、景宁、宣平七十二厅州县，暨杭严、台州二卫，杭、衢二所灾区地漕银米有差(现月)。己酉，以节逾大寒，尚未渥沛祥霙，上诣大高殿祈祷行礼。【略】乙卯，【略】蠲缓直隶文安、大城、霸、静海四州县被灾地方钱粮有差(现月)。戊申，蠲缓浙江仁和、钱塘、富阳、余杭、临安、新城、于潜、昌化、安吉、孝丰、诸暨、金华、兰溪、东阳、义乌、浦江、汤溪、龙游、建德、遂安、寿昌、分水二十二县，杭严，衢、杭二卫所荒废及新垦地亩丁漕有差(现月)。【略】丁巳，【略】缓征江西南昌、新建、进贤、莲花、庐陵、万安、安福、永新、建昌、安义、德化、德安、瑞昌、湖口、彭泽、峡江、永丰、余干十八厅县暨九江府同知所辖被灾地方钱漕有差(现月)。戊午，【略】蠲缓江苏长洲、元和、吴、吴江、震泽、常熟、昭文、昆山、新阳、娄、金山、青浦、武进、阳湖、无锡、金匮、江阴、宜兴、荆溪、丹徒、丹阳、金坛、溧阳、太仓、镇洋、靖江、泰、太湖、江都、甘泉、泰兴、华亭三十二厅州县，暨苏州、镇江、太仓、镇海、金山五卫被灾地方钱粮有差(现月)。【略】庚申，【略】蠲缓山西阳曲、徐沟、太原、文水、岚、临汾、曲沃、汾阳、平遥、宁乡、阳城、绛、垣曲、解、霍、萨拉齐十六厅州县被灾地方丁粮有差(现月)。展缓河南陈留、杞、封丘、河内、武陟、孟、温、祥符、尉氏、郑、荥泽、汜水、商丘、宁陵、永城、鹿邑、虞城、夏邑、睢、柘城、考城、安阳、汤阴、临漳、内黄、汲、新乡、辉、获嘉、淇、延津、滑、浚、济源、原武、阳武、洛阳、偃师、孟津、宜阳、永宁、南阳、内乡、裕、叶、淮宁、项城、太康、扶沟、光山、固始五十一州县被灾地方新旧钱漕有差(现月)。辛酉，【略】蠲缓浙江仁和、海沙、鲍郎、芦沥、横浦、浦东六场荒芜未垦各地灶课钱粮(现月)。【略】壬戌，以雪泽稀少，农田待泽，上诣大高殿祈祷行礼。【略】蠲缓陕西渭南、华阴、商、商南、葭、米脂六州县被灾地方钱粮盐课有差(现月)。【略】甲子，【略】蠲缓两浙芦沥、杜渎、钱清、西兴、海沙、南监、长亭、横浦、浦东等场，暨慈溪、镇海二县，清泉、龙头、穿长三场被灾场灶荡田灶课钱粮(现月)。蠲缓湖南武陵、安乡、澧、湘阴、益阳、龙阳、沅江、巴陵、临湘、华容十州县被水地方钱漕有差(现月)。豁免两浙各厅州县场光绪五年以前民欠正耗钱粮七万余两(折包)。

《德宗实录》卷二九二

---

① “光化”，原作“宣化”。

## 1891年 辛卯 清德宗光绪十七年

正月【略】丁卯，【略】缓征直隶通、三河、武清、宝坻、蓟、香河、宁河、霸、保定、文安、大城、固安、永清、东安、大兴、宛平、良乡、房山、涿、顺义、怀柔、密云、平谷、滦、卢龙、迁安、昌黎、乐亭、清苑、安肃、定兴、新城、唐、博野、望都、容城、蠡、雄、安、高阳、河间、献、任丘、交河、景、故城、吴桥、东光、天津、青、静海、沧、南皮、盐山、庆云、无极、清河、开、南乐、长垣、丰润、玉田、宁晋、深、武强、饶阳、安平、定、曲阳、深泽、满城、完、祁、肃宁、藁城、新乐、邢台、沙河、南和、唐山、平乡、巨鹿、任、永年、邯郸、广平、鸡泽、威、元城、大名、清丰、东明、易、涞水、枣强、武邑、衡水、隆平九十八州县被灾村庄新旧额赋杂课有差，并展缓原贷仓谷籽种(现月)。【略】己巳，【略】缓征山东济宁、邹平、长山、新城、齐河、禹城、德、东平、东阿、阳信、乐陵、沾化、蒲台、滋阳、曲阜、邹、汶上、堂邑、博平、茌平、清平、莘、馆陶、高唐、恩、菏泽、曹、巨野、郓城、濮、范、朝城、益都、博兴、高苑、乐安、寿光、昌邑、潍、武城、邱、金乡、历城、章丘、齐东、济阳、临邑、长清、德平、肥城、平阴、惠民、青城、海丰、商河、滨、利津、滕、阳谷、寿张、聊城、夏津、鱼台六十三州县被灾村庄本年上忙额赋暨河漕摊征各项。并德州、济宁、东昌、临清四卫，东平所屯庄，永阜、永利、王家冈三场灶地钱粮(现月)。【略】丁丑，蠲缓新疆莎车、叶城两州县被灾地亩应征粮草(现月)。【略】甲申，【略】云南巡抚谭钧培奏，云龙州属天耳井被水成灾，不能煎盐，请准豁免课厘经费，并拨给修费银两，以纾灶困。如所请行(折包)。

《德宗实录》卷二九三

二月【略】乙未朔，【略】蠲免云南安平、呈贡两县被灾田粮(随手)。【略】丁巳，【略】豁免新疆叶城县被水地亩粮草(折包)。 《德宗实录》卷二九四

四月【略】辛丑，【略】豁免云南蒙化、宁晋、保山三厅州县被水地方田粮(折包)。豁免云南楚雄县被灾地方田粮。【略】丙午，以立夏后尚未续沾渥泽，上诣大高殿祈祷行礼，宣仁庙拈香(外记注)。【略】甲寅，以节逾小满，农田待泽，上诣大高殿祈祷行礼。 《德宗实录》卷二九六

五月【略】乙丑，以甘霖未沛，上诣大高殿祈祷行礼(外记注)。【略】壬申，以甘澍优沾，上诣大高殿报谢行礼。【略】壬午，【略】江西巡抚德馨奏清江县等处风灾情形。得旨：此次风灾较重，被难户口，深堪悯恻。 《德宗实录》卷二九七

六月【略】壬寅，两江总督刘坤一奏，江宁省城设厂赈粥，饥民众多，易滋事端，请饬安徽等省妥为截留抚恤，以靖地方。【略】乙巳，【略】广西巡抚马丕瑶【略】又奏百色厅水灾勘抚情形。报闻。【略】辛酉，蠲免云南剑川州被灾田亩上年应征粮赋(折包)。 《德宗实录》卷二九八

七月【略】甲申，【略】云南巡抚谭钧培奏云南宣威等州县被灾查勘情形。【略】豁免云南邓川、太和、永平三州县被水地方光绪十六年分应征钱粮(折包)。【略】戊子，【略】护理甘肃新疆巡抚魏光焘奏新疆温宿州镇西厅被灾查勘抚恤情形。报闻(随手)。 《德宗实录》卷二九九

八月【略】辛亥，【略】豁免云南嵩明、南宁二州县光绪十六年分被灾田粮(折包)。【略】己未，【略】豁免云南昆阳、新兴二州光绪十六年分被灾田粮(折包)。 《德宗实录》卷三〇〇

九月【略】甲子，【略】云南巡抚谭钧培奏查勘寻甸州属及会泽县、石屏州等处被水成灾情形。报闻(折包)。【略】蠲免云南宣威州被灾地方田粮(折包)。【略】丙寅，陕甘总督杨昌浚【略】又奏泾州各属被水情形。报闻(折包)。【略】戊辰，【略】陕西巡抚鹿传霖奏安康县等处被水、被雹筹办情形。

《德宗实录》卷三〇一

十月壬辰朔，【略】陕西巡抚鹿传霖奏绥德州等属被灾赈抚情形。【略】甲午，谕军机大臣等，本年顺天直隶各属洼区积水未消，民情困苦，谕令李鸿章截留本年江苏海运漕米十六万石，分拨顺

天、直隶办理春赈。并因甘肃阶、文二州县民情拮据，动用厘金仓谷，筹办赈抚。云南顺宁府属被火，鲁甸厅属被旱，将新旧钱粮分别豁免缓征。安徽寿州被火，江西丰城、新淦二县被风，清江县被风、被雹，均经该督抚等查勘抚恤。再，安徽安庆等府被水、被旱，凤阳等府州被虫；江西永新、永丰二县被旱；浙江杭州等府被风、被水，台州府被旱；河南永城县被虫，山西介休、孝义二县地震；陕西兴安等府州被水、被雹，吴堡县被雹，榆林、绥德等府州被雹、被霜；甘肃泾州等州县被雹，甘肃新疆温宿州被水、被雹，广东高要、高明二县被水；广西百色厅被风，临桂、苍梧二县被火；云南平彝县被水，石屏被旱，寻甸等州县被水，宣威等州县被水、被雹。均经该督抚等委员查勘，即著迅速办理。【略】乙未，【略】盛京将军裕禄等奏永陵明堂前草仓河泊岸河水涨发被冲情形。报闻(折包)。【略】丁未，闽浙总督卞宝第奏，闽省福泉等属猝被风雨，水涨即退，分别抚恤情形。【略】蠲缓直隶文安、大城、安、武清、宝坻、宁河、乐亭、青、静海、沧、南皮、盐山、庆云、永年、曲阳、献十六州县被水地方粮赋杂课，其开、东明、长垣三县低洼地方应征钱粮及出借仓谷并蠲缓。【略】已未，【略】豁免云南建水县被灾田粮(折包)。

《德宗实录》卷三〇二

十一月【略】壬戌，【略】陕西巡抚鹿传霖奏北山等属霜、雹成灾。【略】乙丑，【略】蠲缓奉天广宁被水地方旗民地租粮赋(现月)。【略】已巳，【略】蠲缓山东青城、滨、利津、蒲台、濮、平阴、长清、东阿、博兴、东平、乐安、济宁、历城、章丘、邹平、长山、新城、齐东、齐河、济阳、禹城、临邑、肥城、惠民、阳信、乐陵、商河、邹、阳谷、寿张、菏泽、曹、巨野、范、朝城、聊城、博平、茌平、鱼台、沾化、高苑、潍、金乡、平原、泗水、汶上、郓城、蒲、观城、堂邑、莘、高唐、海丰、寿光、德、陵、德平、滋阳、曲阜、宁阳、滕、清平、馆陶、单、城武、定陶、夏津、邱、嘉祥、兰山、郯城、费、沂水、日照、益都、临淄、昌乐、昌邑、武城、恩、利津八十州县，暨济宁、东昌、临清三卫，东平所，永阜等场被灾各屯庄新旧粮赋并盐芦杂课有差。

《德宗实录》卷三〇三

十一月丙子，【略】又谕：前据给事中张廷燎奏参河南巡抚裕宽，人地不宜，于地方公事未能整顿，【略】兹据查明，【略】已革临漳县知县连英亦非匿报蝗灾。【略】已卯，【略】缓征安徽泗、凤阳、定远、灵璧、凤台、霍邱、盱眙、铜陵、合肥、滁、全椒、来安、寿、六安、天长、五河、含山、怀宁、桐城、当涂、芜湖、无为、庐江、巢、舒城、怀远、和、潜山、繁昌、亳、宿、阜阳、太湖、宿松、贵池、东流、涡阳三十七州县，暨建阳、安庆、庐州、凤阳、长淮、泗州、滁州七卫被灾歉收地方新旧粮赋杂课(现月)。

《德宗实录》卷三〇四

十二月【略】丙申，【略】蠲缓浙江归安、乌程、长兴、德清、武康、安吉、孝丰、山阴、会稽、萧山、诸暨、建德、仁和、钱塘、海宁、富阳、余杭、嘉兴、秀水、嘉善、海盐、平湖、石门、桐乡、临安、新城、于潜、昌化、鄞、慈溪、奉化、镇海、象山、余姚、上虞、新昌、嵊、临海、黄岩、宁海、仙居、金华、兰溪、东阳、义乌、永康、武义、浦江、西安、常山、开化、淳安、寿昌、桐庐、分水、永嘉、乐清、瑞安、平阳、泰顺、玉环、丽水、青田、龙泉六十四厅州县，暨杭、衢二所，杭严、台州等卫灾歉坍淤田地丁漕租银，暨各年旧欠原缓带征丁漕等项有差(现月)。【略】已亥，以京师雪泽愆期，上复诣大高殿祈祷行礼。【略】蠲缓江苏上元、江宁、句容、溧水、江浦、六合、山阳、阜宁、清河、桃源、安东、盐城、高邮、泰、东台、江都、甘泉、仪征、兴化、宝应、铜山、丰、沛、萧、砀山、邳、宿迁、睢宁、海、沭阳、赣榆、通、如皋、海门、高淳、泰兴三十六厅州县，淮安、大河、扬州、徐州四卫，暨镇江卫坐落江浦、甘泉、泰州、泰兴四州县被旱、被水并荒废田地新旧钱粮租税。其上元、江宁、句容、江浦、六合、山阳、阜宁、清河、桃源、盐城、高邮、泰、东台、江都、甘泉、仪征、兴化、宝应、铜山、丰、沛、萧、砀山、邳、宿迁、睢宁、海、沭阳、赣榆、如皋三十州县本年漕粮并蠲缓(现月)。【略】辛丑，【略】缓征湖北咸宁、嘉鱼、汉阳、汉川、黄陂、沔阳、黄冈、蕲水、黄梅、钟祥、京山、潜江、天门、应城、江陵、公安、石首、监利、松滋、枝江、荆门、孝感、江夏、武昌、广济二十五州县暨武昌等卫被灾地方新旧钱粮租课。其咸宁、嘉鱼、汉阳、黄陂、沔阳、黄冈、蕲水、黄梅、潜江、天门、应城、江陵、公安、石首、监利、松滋、荆门、孝感、武昌十九州县本年暨原缓节年漕粮并缓征(现月)。【略】甲辰，以祥霙渥沛，上诣大高殿报谢行礼。《德宗实录》卷三〇五

十二月【略】戊申，【略】蠲免浙江钱塘、富阳、余杭、临安、新城、于潜、昌化、归安、乌程、武康、安吉、孝丰、诸暨、金华、兰溪、东阳、义乌、浦江、汤溪、龙游、建德、遂安、寿昌、桐庐、分水二十五县，杭严卫所荒废未种暨新垦田地本年丁漕等项有差(现月)。【略】庚戌，【略】缓征陕西榆林、怀远、神木、府谷四县歉收地亩本年未完钱粮有差(现月)。辛亥，【略】蠲缓甘肃新疆温宿州、镇西厅被灾地亩应征粮草(现月)。壬子，【略】蠲缓直隶静海歉收淀地泊地应征本年暨节年民欠租银(现月)。蠲缓江苏长洲、元和、吴、吴江、震泽、常熟、昭文、昆山、新阳、娄、金山、青浦、武进、阳湖、无锡、金匮、江阴、宜兴、荆溪、丹徒、丹阳、金坛、溧阳、太仓、镇洋、太湖、华亭、奉贤、靖江、川沙、上海、南匯、泰、泰兴、江都、甘泉三十六厅州县，暨苏州、太仓、镇海、金山、镇江等卫坐落各州县被旱、被风、被水、被虫田地应征钱漕租课等项有差(现月)。蠲缓陕西长武、榆林、葭、神木、府谷、绥德、吴堡、米脂八州县被水、被雹、被旱地亩地丁盐课仓粮等项有差(现月)。癸丑，【略】缓征江西南昌、新建、进贤、莲花、庐陵、永丰、安福、永新、建昌、安义、德化、德安、湖口、万安、彭泽、瑞昌、峡江、余干十八厅县暨九江府同知所辖被灾地方应征新旧钱漕等项有差(现月)。【略】丙辰，【略】蠲缓山西阳曲、太原、榆次、文水、兴、临汾、壶关、石楼、宁乡、沁源、静乐、隰、大宁、永和、蒲、归化城、清水河、托克托城、萨拉齐、偏关二十厅州县被灾歉收地方新旧钱粮各税有差(现月)。【略】戊午，【略】蠲缓吉林三姓、伯都讷厅所属被灾歉收地方应征银粮租赋。蠲免浙江仁和、海沙、鲍郎、芦沥、横浦、浦东六场荒坍未垦灶荡本年灶课钱粮。其海沙、芦沥、杜渎、钱清、西兴、长亭、横浦、浦东、袁浦、青村、清泉、龙头、穿山、下砂头十四场被灾灶荡本年灶课钱粮并蠲缓。

《德宗实录》卷三〇六

## 1892年 壬辰 清德宗光绪十八年

正月【略】壬戌，【略】缓征顺天直隶文安、大城、安、开、长垣、献六州县被灾各村庄粮赋地租。其歉收之武清、宝坻、宁河、乐亭、青、静海、沧、南皮、盐山、庆云、永年、东明、定、曲阳十四州县旧欠粮赋地租暨各项杂课税并展缓。甲子，【略】缓征山东济宁、邹平、长山、新城、齐河、禹城、东阿、东平、蒲台、菏泽、曹、博平、茌平、高唐、博兴、高苑、乐安、寿光、潍、金乡、历城、章丘、齐东、济阳、临邑、长清、肥城、平阴、惠民、青城、海丰、商河、滨、利津、沾化、阳谷、寿张、巨野、濮、范、朝城、聊城、鱼台四十三州县被灾村庄，暨济宁、东昌、临清等卫，东平所，并永阜、永利、王家冈等场各屯灶本年上忙额赋租课(现月)。分别蠲缓、递缓湖南安乡、武陵、沅江、龙阳、益阳、巴陵、华容、湘阴、临湘、澧十州县被水田亩芦洲新旧钱漕杂课。【略】乙亥，两江总督刘坤一【略】又奏：安徽各属上年歉收，酌拨谷石抚恤。下部知之(折包)。

《德宗实录》卷三〇七

三月【略】癸酉，缓征甘肃安化、环、文、巴燕戎格四厅县被旱、被雹、被水各地方额粮屯粮有差(折包)。【略】戊子，【略】蠲缓陕西肤施、延长、安塞、定边、靖边、清涧、米脂七县被雹、被旱地亩未完上年丁粮杂课有差。

《德宗实录》卷三〇九

四月【略】甲午，【略】蠲缓吉林敦化县被灾各乡应征、带征租银(折包)。【略】丙辰，【略】豁免云南宣威、师宗二州县被灾田亩应征钱粮(折包)。

《德宗实录》卷三一〇

五月【略】辛酉，谕军机大臣等，都察院奏，【略】藕池口据称，湖北藕池口等处湖堤溃决，灌入湖南常德府属，被害最重，惟有规复旧堤，堵塞溃口，或于藕池口东南筑长堤一道，兼浚深洪，俾引入大江，由江入海，以消上下游水患等语。【略】庚午，以近畿各属雨水稀少，上诣大高殿祈祷行礼。【略】乙亥，【略】抚恤安徽合肥、滁、来安、庐江、霍邱、定远、寿、和、含山、芜湖、天长、六安、全椒、巢、

怀远、凤台、盱眙、当涂、舒城、霍山、桐城、怀宁二十二州县被旱、被蝗灾民。【略】戊寅，以京师雨泽稀少，再申虔祷，上诣大高殿祈祷行礼，时应宫拈香。【略】乙酉，【略】抚恤贵州永从、丹江两厅县被水灾民(折包)。

《德宗实录》卷三一一

六月【略】庚寅，以甘霖未沛，上复诣大高殿祈祷行礼，时应宫、宣仁庙拈香。【略】丙申，以甘霖迭沛，上诣大高殿报谢行礼，时应宫拈香。【略】丁未，以雨势滂沱，恐损田禾，上诣大高殿祈祷行礼。

《德宗实录》卷三一二

闰六月【略】庚申，谕内阁：李鸿章奏，永定河堤工漫口，分别参办，并自请议处一折。本年六月以后永定河水势骤涨，险工迭出，北三工、北二工上汛先后漫溢，现成旱口；六月二十四日，南上汛灰坝漫口四十余丈，该管各员疏于防范，实属咎无可辞。【略】护理山西巡抚胡聘之奏：省北归绥七厅被旱成灾，筹款赈抚，省南汾州等府雨泽愆期，借谷缓征，以纾民困。【略】山东巡抚福润奏章丘等县滨河被灾村庄分别迁出情形。报闻(随手)。【略】壬戌，谕内阁：前因京师见有飞蝗，当于本月初三日召见顺天府府尹孙楫，谕令赶紧扑灭，并查明经过地方禾稼有无受伤，详晰具奏。兹据御史余联元奏，蝗飞遍野，请饬捕治等语。即著李鸿章、祁世长、孙楫各饬所属认真办理，一面将田禾是否受伤及现办情形即行奏闻，以慰廑系(现月)。【略】甲子，谕内阁：本年六月间顺直各属雨水过多，各河均报漫溢，顺天、保定、天津、河间等处被灾甚广，闾阎困苦情形殊堪悯恻。【略】戊辰，河南巡抚裕宽奏，卫河暴涨漫溢，卫辉府属被淹，现拟筹款抚恤。【略】河东河道总督许振祎奏，节交初伏，黄、沁两河暴涨，奇险迭出，竭力防御。报闻(折包)。【略】己巳，盛京将军裕禄奏，奉天辽河两岸地方猝遭水患，现拟筹款抚恤。【略】丁丑，顺天府奏，顺属州县猝被水灾，拟在部存顺属赈款项下拨银十万两备赈。从之(随手)。己卯，守护西陵大臣载迁等奏，连朝大雨，殿座等处渗漏情形。

《德宗实录》卷三一三

七月【略】辛丑，谕内阁：王文韶等奏，各属水灾较宽，赈需甚巨，恳恩拨款接济一折。本年春间，云南昭通、东川各属苦旱，收成歉薄，六月以后又复阴雨连绵，山水暴发，河海同时猛涨，以致昆明等十六州县田禾被淹，庐舍亦多坍塌，小民荡析离居，实堪悯恻。【略】又谕：福润奏，【略】本年闰六月二十九日，山东惠民县白茅坟民埝水势盛涨，漫过埝顶，口门宽刷至一百余丈，利津县张家屋亦于是日被水冲塌埝身三十余丈，济阳县桑家渡民埝暨南关灰坝于七月初三等日均被冲塌三四十丈，章丘县胡家岸民埝塌陷成口，水势冲及大堤。在工各员未能立时抢护，实属咎无可辞。【略】谕军机大臣等，巡视南城御史达椿等奏，蝻孽萌生，请饬迅速扑除一折。著顺天府速提赈款，派员收买，毋留余孽(现月)。山东巡抚福润奏，本届伏汛，卫河漫溢，饬筹堵筑。【略】湖广总督张之洞等奏，公安县被水成灾，筹款抚恤情形。【略】壬寅，【略】河南巡抚裕宽奏，卫辉府属汲、新二县被水，并据辉、获、浚、淇等县暨怀庆府属之孟县续报，山水暴发，卫、溴诸河涨溢，田庐被淹，现已分别妥筹抚辑。又奏：临颍等县蝻孽萌生，委员如法扑捕，次第搜除，未伤禾稼。并报闻。【略】庚戌，【略】甘肃新疆巡抚陶模奏：吐鲁番等厅州县被水、被雹、被冻、被旱，量力赈抚情形。报闻。【略】癸丑，【略】云南巡抚谭钧培奏云南呈贡、富民、建水、会泽、晋宁、南宁、宣威、昆明等州县被水成灾赈抚情形。报闻(折包)。

《德宗实录》卷三一四

八月【略】乙亥，陕甘总督杨昌浚奏，查明甘省各属被灾情形。【略】河南巡抚裕宽奏，卫辉府属被灾，又武陟等县堤埝险工迭出，请截留帮工银两，以资赈济修守。如所请行(折包)。【略】甲申，谕内阁：福润奏，灾区需赈孔殷，请截留新漕，以资散放一折。本年山东黄河秋汛期内水势盛涨，加以雨水、山泉同时汇至，河身不能容纳，卫、运两河同时漫溢，所有惠民等州县沿河村庄被淹甚宽，灾民困苦情形深堪悯念。

《德宗实录》卷三一五

九月【略】庚寅，谕内阁：本年江苏镇江府属因旱晴日久，田禾未能及时栽插，丹徒、丹阳二县被

旱尤重，荒歉情形殊堪悯恻。【略】陕西巡抚鹿传霖奏：榆林等处暨延安等府州属被水、被旱成灾，均经筹办赈抚。报闻。【略】丙申，【略】蠲免贵州兴义府属水灾地方应完秋粮。【略】壬寅，蠲免陕西全省光绪十六年分民欠钱粮等项，其禾被旱歉收之北山各属上忙未完钱粮并展缓。

《德宗实录》卷三一六

十月己卯朔，【略】以河工安澜、秋成丰稔，发大藏香十枝，交漕运总督松椿祗领，虔诣河神庙祀谢。【略】谕内阁：本年江苏江宁、扬州府属入夏以后雨泽愆期，田禾未能及时栽插，甘泉一县被灾最重，句容、仪征、六合、江浦等县收成亦极歉薄，小民困苦情形深堪轸恻。【略】丁巳，【略】谕军机大臣等，本年顺天直隶各属雨水过多，闾阎困苦，谕令李鸿章截留河运漕米十万石，分拨散放。并因江苏丹徒、甘泉等县被旱两次，特谕刘坤一等截留漕米八万石，藉资赈济。山东黄河盛涨，惠民等州县被淹，谕令福润将该省应行运通米石悉数截留备赈。云南昆明等州县被水，特饬户部拨银十万两，发交王文韶等赈抚。河南汲县等处被淹，准如该抚所请，截留帮丁月粮银四万两办理工赈。山西汾州等府属被旱，陕西延安等府属被淹，甘肃泾州等州县被旱，迭准该督抚所请，将上忙钱粮分别缓征。湖北东湖县被火，河南卫辉府属被淹，山西归化等厅被旱；甘肃兰州等府属被水、被雹，庆阳府属被旱；新疆疏勒等州县被水、被旱，广东恩平等县被水，福建漳州府属被水。均经该督抚等查勘抚恤。【略】再，直隶承德府属被霜，安徽安庆等府属被水、被旱；江西建昌等县被旱；吉水等县被淹，浙江杭州等府属被旱、被风、被雹、被虫，福建顺宁县被水，台湾台南等府属被风、被水，湖南龙阳等县被淹；陕西富平等县被雹，榆林等县被水；甘肃巴燕戎格厅、隆德县被雹，古浪县被水；云南武定等州县被淹。均经该督抚等委员查勘，即著迅速办理。【略】己巳，【略】甘肃新疆巡抚陶模【略】又奏：莎车州河水陡涨，淹倒民房一百四十间，冲坏地三千九百余亩，当饬委员前往会勘，现筹抚恤情形。【略】庚午，【略】蠲免直隶通、三河、武清、宝坻、蓟、香河、宁河、霸、保定、文安、大城、固安、永清、东安、大兴、宛平、涿、顺义、滦、清苑、安肃、新城、博野、蠡、雄、安、高阳、献、任丘、交河、故城、天津、青、静海、清河、清丰、张家口、丰润、玉田、武强、饶阳四十一厅州县被水村庄本年粮租杂课有差，并缓征民备仓谷籽种(现月)。蠲缓直隶河间、肃宁、景、东光、沧、平乡、深、安平、良乡、房山、满城、定兴、唐、容城、完、祁、南皮、盐山、无极、南和、任、鸡泽、元城、大名、南乐、枣强、隆平、宁晋、定、开、东明、长垣三十二州县歉收村庄新旧粮赋租课，并减免差徭(现月)。辛未，【略】蠲缓奉天新民、海城、承德、广宁、辽阳、开原、铁岭七厅州县暨白旗堡、巨流河、盘蛇驿、牛村、牛庄等各村屯被灾旗民地亩粮赋有差(现月)。【略】丁丑，云南巡抚谭钧培奏，丽江县被雹成灾，查勘抚恤。

《德宗实录》卷三一七

十一月【略】辛卯，【略】蠲缓山东历城、齐东、长清、惠民、青城、商河、利津、滨、濮、济阳、博兴、高苑、平阴、乐安、临清、章丘、邹平、东河、阳谷、肥城、寿张、沾化、济宁、长山、新城、齐河、禹城、临邑、德、东平、东阿、阳信、蒲台、邹、汶上、菏泽、曹、巨野、范、朝城、聊城、馆陶、高唐、恩、夏津、武城、金乡、鱼台、潍、滋阳、郓城、平原、乐陵、观城、堂邑、冠、海丰、寿光、陵、德平、曲阜、宁阳、泗水、滕、峄、汶水、单、城武、定陶、博平、茌平、清平、莘、邱、兰山、郯城、费、莒、沂水、日照、益都、临淄、昌乐、嘉祥八十四州县灾歉村庄，及德州、东昌、临清、济宁四卫，东平所，永阜、永利、官台、王家冈四场新旧钱漕杂课有差(现月)。壬辰，【略】福建台湾巡抚邵友濂奏，六月间台湾各属暴雨，七八月复遭风雨，房屋坍塌，人口压溺。【略】蠲缓直隶文安、天津大洼积涝地亩粮赋有差(现月)。【略】乙未，以雪泽未渥，上诣大高殿祈祷行礼。【略】戊戌，【略】缓征两江泰州、海州所属富安、安丰、梁垛、东台、何垛、刘庄、伍祐、新兴、庙湾九场，暨板浦、中正、临兴三场被灾灶地折价钱粮有差(现月)。【略】壬寅，【略】缓征安徽泗、天长、盱眙、来安、灵璧、凤阳、定远、合肥、寿、滁、霍邱、全椒、亳、五河、东流、怀远、庐江、无为、当涂、旌德、建德、铜陵、含山、桐城、巢、宿、和、阜阳、芜湖、潜山、宿松、怀宁、贵池、涡阳、繁昌三十五州县，及建阳、安庆、庐州、凤阳、长淮、泗州、滁州七卫被灾地方应征钱粮。其泗、天长、盱眙、灵璧、凤台、定远、合肥、寿、霍邱、亳、五河、东流、怀远、庐江、无为、当涂、旌德、建德、铜陵、桐城、巢、宿、阜阳、芜湖、潜山、宿松、怀宁、贵池、涡阳、繁昌三十州县应征漕粮并从缓(现月)。【略】乙巳，以祈雪有应，上诣大高殿报谢行礼。【略】蠲免云南平彝县被灾地方十七年分应征钱粮。【略】庚戌，【略】署山西巡抚胡聘之奏太原等属五十余厅州县水、旱、霜、雹，秋禾被灾，筹银十万两赴宁夏购米，先尽常平、社、义等仓谷石，急办冬赈。又奏，杀虎口粮价腾贵，请在右玉县积存裁兵节省米石内借给一千石，以济兵食。

《德宗实录》卷三一八

十二月【略】辛酉，【略】蠲缓直隶安、任、隆平、宁晋四州县积涝地方本年粮租(现月)。蠲缓浙江仁和、钱塘、海宁、富阳、余杭、临安、新城、于潜、昌化、嘉兴、秀水、嘉善、海盐、平湖、石门、桐乡、归安、乌程、长兴、德清、武康、安吉、孝丰、山阴、会稽、萧山、诸暨、余姚、临海、黄岩、宁海、天台、仙居、金华、东阳、义乌、汤溪、常山、开化、建德、淳安、桐庐、分水、鄞、慈溪、奉化、镇海、象山、上虞、新昌、嵊、太平、兰溪、永康、武义、西安、龙游、寿昌、永嘉、乐清、瑞安、平阳、泰顺、玉环、丽水、缙云、青田、龙泉、宣平七十厅州县，暨杭、严、嘉、湖、台、衢六卫所被旱、被风、被潮、被虫及沙淤石积各地方新旧地漕杂课有差(现月)。壬戌，山东巡抚福润【略】又奏，沿海地方被潮，筹款赈恤。【略】丙寅，【略】蠲缓甘肃新疆吐鲁番、镇西、迪化、奇台、阜康、莎车、叶城七厅州县本年被冻、被雹、被水、被旱地亩应征课银粮草有差(现月)。丁卯，【略】蠲缓湖北公安、武昌、咸宁、嘉鱼、汉阳、汉川、黄陂、孝感、沔阳、黄冈、蕲水、黄梅、广济、郧西、钟祥、京山、潜江、天门、应城、江陵、石首、监利、松滋、枝江、江夏、蒲圻二十六州县被淹、被旱地方新旧钱粮杂课。其公安、武昌、咸宁、嘉鱼、汉阳、黄陂、孝感、沔阳、黄冈、蕲水、黄梅、广济、天门、应城、江陵、石首、监利、松滋、荆门、蒲圻二十州县漕粮并缓征(现月)。【略】庚午，【略】蠲免浙江钱塘、富阳、余杭、新城、于潜、昌化、乌程、长兴、安吉、孝丰、诸暨、金华、兰溪、东阳、义乌、浦江、汤溪、龙游、建德、淳安、遂安、寿昌、分水二十三县暨杭严卫所荒废未种地方本年地漕。其新城、于潜、昌化、安吉、孝丰新垦田本年全蠲，来年半蠲。钱塘、富阳、余杭、于潜、昌化、龙游、杭严卫所新垦屯地塘荡蠲征各半。壬申，【略】蠲缓广西养利、崇善、武宣、临桂、灵川、富川、贺、苍梧八州县歉收地方应征地丁兵米(现月)。甲戌，【略】蠲缓湖南安乡、武陵、沅江、龙阳、益阳、巴陵、华容、澧、临湘、湘阴十州县暨岳州卫被水田亩芦洲新旧钱漕(现月)。缓征陕西富平、临潼、汾、榆林、府谷、怀远、绥德七州县被水、被雹地方地丁仓粮草束(现月)。缓征陕西肤施、延长、安塞、甘泉、靖边、定边、安定、延川、保安、榆林、葭、怀远、神木、府谷、绥德、清涧、米脂、吴堡、泾阳、长武、鄜二十一州县歉收地方钱粮杂课(折包)。乙亥，【略】蠲缓内务府三旗滨临辽河被灾伍田应交租课(现月)。丙子，【略】豁减直隶文安、大城、霸、静海四州县被灾淀地应征租银(现月)。丁丑，【略】两江总督刘坤一奏，江宁、扬州各属天气亢旱，灾歉较重，并筹办赈抚情形。报闻。【略】戊寅，【略】蠲缓山西阳曲、太原、榆次、祁、徐沟、文水、兴、临汾、襄陵、洪洞、曲沃、汾西、汾阳、平遥、介休、石楼、宁乡、大同、大通、山阴、怀仁、宁武、代、左云、右玉、宁武、神池、偏关、五寨、盂、忻、定襄、静乐、五台、繁峙、保德、稷山、霍、赵城、丰镇、宁远、归化、和林格尔、清水河、托克托城、萨拉齐四十六厅州县被旱、被水、被雹、被霜、被碱地方新旧钱粮杂课(现月)。【略】壬午，【略】缓征江西南昌、新建、进贤、清江、新淦、峡江、莲花、庐陵、永丰、安福、永新、建昌、安义、德化、德安、万安、余干、瑞昌、湖口、彭泽二十厅县歉收地方新旧钱漕杂课(现月)。蠲缓两浙盐场灶荡被灾地方应征灶课。其杭、嘉、松各场荒芜未垦灶地荡涂本年灶课钱粮并豁免(现月)。蠲缓吉林三姓、五常厅等处灾歉地方应征银谷租赋(现月)。蠲缓河南汲、新乡、辉、获嘉、淇、浚、修武、温、林、内黄、武陟、孟、祥符、杞、尉氏、郑、荥泽、汜水、商丘、宁陵、永城、鹿邑、虞城、夏邑、睢、柘城、考城、安阳、汤阴、临漳、延津、滑、封丘、河内、济源、原武、阳武、洛阳、偃师、孟津、宜阳、永宁、南阳、内乡、裕、叶、淮宁、项城、沈丘、太康、扶沟、光山、固始、中牟、陈留、淅川五十六厅州县歉收地方新旧钱漕(现月)。

《德宗实录》卷三一九

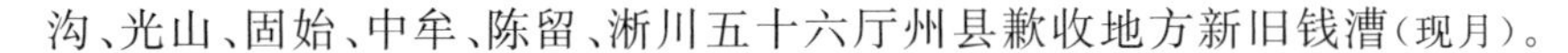

## 1893年 癸巳 清德宗光绪十九年

正月【略】丙戌,【略】蠲缓顺天直隶通、三河、武清、宝坻、蓟、香河、宁河、霸、保定、文安、大城、固安、永清、东安、大兴、宛平、涿、顺义、滦、清苑、安肃、新城、博野、蠡、雄、安、高阳、河间、献、肃宁、任丘、交河、景、故城、东光、天津、青、静海、沧、平乡、清河、开、清丰、东明、长垣、丰润、玉田、深、武强、饶阳、安平、张家口五十二厅州县水灾地方地丁钱粮及各项租课有差。蠲缓江苏上元、江宁、句容、溧水、高淳、江浦、山阳、阜宁、清河、桃源、安东、盐城、高邮、泰、东台、江都、甘泉、仪征、兴化、宝应、铜山、丰、沛、萧、砀山、邳、宿迁、睢宁、海、沭阳、赣榆、通、如皋、海门三十四厅州县,暨淮安、大河、扬州、徐州四卫水旱灾地荒歉压废民屯田亩地丁钱粮,及累年原缓、递缓各款银米。其上元、江宁、句容、江浦、六合、山阳、阜宁、清河、桃源、盐城、高邮、泰、东台、江都、仪征、兴化、宝应、铜山、丰、沛、萧、砀山、邳、宿迁、睢宁、海、沭阳、赣榆、如皋二十九州县应征十八年漕粮及改征折色银两并蠲缓。蠲免江苏长洲、元和、吴、吴江、震泽、常熟、昭文、昆山、新阳、娄、金山、青浦、武进、阳湖、无锡、金匮、江阴、宜兴、荆溪、丹徒、丹阳、金坛、溧阳、太仓、镇洋二十五州县旱灾荒歉地方冬漕米石。【略】己亥,【略】蠲免云南昆阳、宣威、路南、昆明、呈贡、富民、禄劝七州县被灾地方粮银(折包)。蠲免湖南所属荆州五卫暨长沙、湘阴、攸、益阳、茶陵、巴陵、临湘、华容、城步、安仁十州县光绪十三年以前军欠、民欠因灾缓征漕项银米(折包)。【略】癸丑,【略】谕内阁:上年山西阳曲等州县收成歉薄,北路口外一带被灾尤重,闾阎困难情形殊堪悯恻。【略】加恩著先由户部拨银十万两,解往备赈。【略】谕军机大臣等,本日据内阁学士恽彦彬、御史王效奏,山西灾情甚重,请饬筹抚运粮协赈核捐各折片。上年山西边外七厅及大同等府被灾较广,业由该省筹款赈抚,现在青黄不接,为日正长,小民困苦情形实堪轸念。

《德宗实录》卷三二〇

二月【略】乙丑,【略】又谕:有人奏,访闻直隶顺天所属之文安、大城,以及任、雄、霸、保六州县历被水患,农田尽成泽国,上年六七月间,文安绅民黄元善等呈请照旧制修筑旧千里堤。【略】乙亥,【略】蠲缓甘肃安化、宁、合水、环、固原、狄道、董志原县丞等七属被旱、被水、被雹、被霜地方钱粮草束(折包)。丙子,【略】山西巡抚张煦奏,遵查上年阳曲等厅州县报勘成灾者四十七处,现办冬春赈抚及筹款赈粮各情形。报闻(现月)。【略】丁丑,谕军机大臣等,有人奏登、莱府属荒歉成灾一折。据称,山东登、莱府属上年春夏亢旱,秋雨连旬,宁海、莱阳、海阳、文登、荣成、即墨各州县被灾较重,地方官并不报灾,征收如故,贫民无力自给,迤逦北来,及投往奉天各海口,千百成群,致成饿殍,请饬派员购买米石平粜等语。【略】寻奏:登、莱两府山多田少,民食不敷,向赖奉天粮贩接济,上年麦秋尚称中稔,惟杂粮较形歉薄,民间并未报灾,适值奉省歉收,商贩不继,民食维艰,往北谋生者益众,然与逃荒不同,现值青黄不接之时,业经饬属筹办平粜,并饬地方官查明无告穷民,先将积谷散放,如非出外工作者,即行截留资送回籍,妥为安抚。报闻。【略】己卯,【略】蠲免云南永北、寻甸、罗次、弥勒四厅州县被灾田粮(折包)。

《德宗实录》卷三二一

三月【略】乙酉,【略】河南巡抚裕宽奏,上年冬间,有山东沂州府及江苏海州等处流民六千余人,行抵豫省,派员抚辑。报闻。【略】癸卯,【略】缓征云南文山县被水田地额赋(折包)。【略】丁未,【略】以隐灾亏马,予锦州驻防翼领倭绅牧长乌森泰等降休革讯有差(折包)。豁免云南嵩明、宜良、建水、顺宁四州县被水田地额赋(折包)。

《德宗实录》卷三二二

四月【略】丁卯,谕军机大臣等,王廷相奏,山西朔州一带灾情甚重,京津义赈,由大同丰镇前往七厅散放，迤南口内各属恐难兼济，恳恩拨帑赈抚等语。【略】己巳，【略】吉林将军长顺奏，伯都讷旗丁房地被沙水冲压，另拨荒地安置，俾免流离失所。允之。【略】癸酉，陕西巡抚鹿传霖奏：泾阳、同官二县被雹，饬属清查被灾户口，借散义仓粮石，妥为赈抚。【略】己卯，谕内阁：理藩院代奏，阿拉善札萨克和硕亲王多罗特色楞呈称，所属游牧地方连年荒旱，被灾甚重，蒙藩兼形贫困，恳请赏银赈济一折。该游牧连年被灾，殊堪悯恻，著加恩赏银三万两，由户部给发。　　《德宗实录》卷三二三

五月【略】乙未，理藩院代奏，伊克昭盟长札萨克固山贝子札那吉尔第呈称，伊所属七旗地方连年亢旱，大风成灾，蒙藩益形贫困，恳请赏银赈济。得旨：览奏，殊堪悯恻，著加恩赏银一万两，由户部给发。【略】丁酉，以大雨不止，恐伤禾稼，上诣大高殿祈晴行礼。　　《德宗实录》卷三二四

六月【略】癸丑，【略】蠲缓山西大同、怀仁、山阴、代、保德、右玉、左云、萨拉齐、和林格尔九厅县暨正蓝等旗上年被灾各村应征钱粮米豆租赋有差(现月)。【略】戊午，谕内阁：吴大澂奏，灾区待赈，请发帑银一折。湖南醴陵县等处上年秋成歉薄，本年春间又复亢旱，饥民待哺孔殷，亟应妥筹赈抚。【略】癸亥，以雨势连绵，恐成积涝，上诣大高殿祈晴行礼(起居注)。乙丑，谕内阁：京师近日以来雨势连绵不止，十二日复大雨滂沱，连宵达旦，诚恐河流骤涨，近畿一带禾稼受伤，著直隶总督、顺天府府尹查明各属被水之处，妥筹赈抚。【略】丁卯，以苦雨不止，上再诣大高殿祈晴行礼，并诣宣仁庙拈香。【略】壬申，谕内阁：步军统领衙门奏遵查京城内外雨后倒塌房屋伤毙人口大概情形一折。所有现经查报之左右翼及中营等处伤毙之十三名口，著该衙门酌给赏恤。癸酉，【略】谕内阁：【略】兹据孙家鼐等奏称，近畿东南一带被灾较重，迭据顺义、宝坻、武清、涿州、霸州、香河、房山等州县查报，所属地方山水陡发，各河同时并涨，田庐淹没，伤毙人口，业经分派委员赈抚。【略】湖广总督张之洞奏：湖北麻城县知县张集庆征收钱漕，年内埽数全完，请予加一级奖叙。允之(折包)。【略】乙亥，【略】谕内阁：本年入夏以来，雨水过多，顺直各属灾区甚广，小民荡析离居，深堪悯恻，加恩著将奉天粟米一万四千四百余石，并江苏河运漕米五万石、江北河运漕米五万石，拨给备赈。【略】又谕：李鸿章奏，永定河堤工漫口，分别参办并自请议处一折。本年入伏后大雨连绵，永定河水势盛涨，险工迭出。六月十三日雨疾风狂，山水暴发，所有南上汛之三四号、十四五号，北上汛之五七号，北中汛之九十号，北下汛之头号至五号，并接连迤上之北中汛末号，同时漫溢，该管各员疏于防范，实属咎无可辞。　　《德宗实录》卷三二五

七月【略】甲申，【略】广西巡抚黄槐森奏，宾州永淳县被水，现经筹款赈恤。【略】庚寅，【略】缓征山东寿光、乐安、昌邑、潍、利津、平度、掖七州县被潮村庄粮赋灶课(折包)。【略】辛丑，陕西巡抚鹿传霖奏，陕省连年以来时有偏灾，今夏所种秋禾复遭冰雹灾伤，当饬覆勘确查。

《德宗实录》卷三二六

八月【略】甲寅，【略】巡抚衔督办云南矿务唐炯奏，贵州咸宁连年灾荒，厂民困苦，黑白铅课未能照例抽收，恳予展限四年。下部议行(折包)。乙卯，广西巡抚张联桂奏，龙胜厅猺峒二千余户，杂粮歉收，酌筹抚恤。报闻。【略】甲子，陕甘总督杨昌浚奏甘省各属夏秋禾苗被灾情形。【略】丁卯，谕内阁：给事中张元普奏，请援照成案，广设粥厂、米厂，以免流亡一折。本年顺直灾区较广，前设孙河等处粥厂六处，犹恐未能遍及。【略】谕军机大臣等，给事中张元普奏，灾民待赈，为日方长。【略】本年山东秋收甚丰，奉天、河南亦称中稔，请饬筹款采购运津，分拨顺直备赈等语。【略】陕西巡抚鹿传霖奏，咸宁、扶风、府谷三县被水、被雹成灾。　　《德宗实录》卷三二七

九月庚辰朔，【略】云贵总督王文韶等奏云南各属续报水灾暨筹办赈抚情形。【略】豁免云南东川、广西、会泽、丽江等四府州县被灾地方银米(折包)。【略】癸未，谕内阁：山东沿河各属连年被水，居民虽经陆续迁徙，而田产所在，小民衣食之源，本年黄河伏汛盛涨，章丘县姜庄格堤冲塌，上游南岸及小清河北岸亦因水大出槽，禾稼被淹，民情均极困苦。【略】戊申，【略】蠲免陕西泾阳、同官、醴

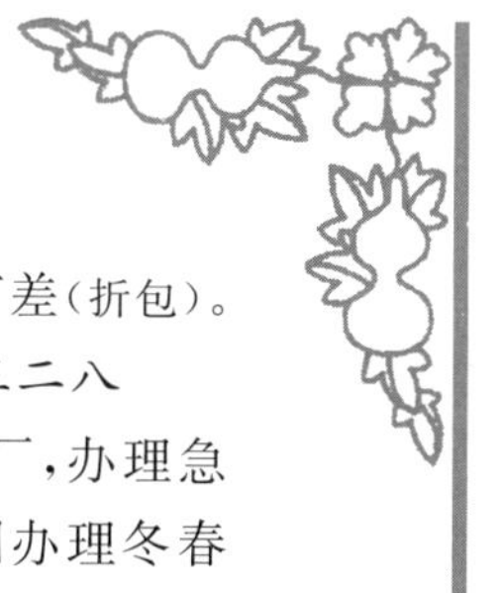

泉、耀、淳化、高陵、兴平、安定、府谷、绥德、凤翔、扶风、商、咸宁十四州县被灾地方钱粮有差(折包)。蠲缓广西永淳县被水田亩丁米有差(折包)。　　《德宗实录》卷三二八

十月【略】辛亥,谕军机大臣等,本年顺天直隶各属骤被水灾,迭经赏拨银米,分设粥厂,办理急赈,嗣因灾区较广,拨给奉天粟米一万四千四百余石,江苏、江北漕米各五万石备赈,并因办理冬春赈抚,续拨河运漕米折价十万石,截留海运漕米八万石,分解顺天直隶应用。复准李鸿章所请,动拨直隶藩库银十万两,广为散放,采育镇等处添设粥厂。准如孙家鼐等所请,加拨银米。又,因湖南醴陵县等处被旱,由户部垫拨银三万两,发交吴大澄分别散给。山东沿河各属被水,谕令福润截留新漕六万石,以备冬赈。陕西延安等府属被旱,将上忙钱粮分别缓征。湖北公安县,陕西绥德、泾阳等州县被雹,咸宁等县被水,南郑、府谷等州县被水、被雹;甘肃渭源等县被雹、被水;新疆奇台县被旱,库车等厅州县被水;广东廉州府属被水,广西宾州等州县被水,云南定远、交山、姚州、建水、安平等厅州县被水。均经该督抚等查勘抚恤。【略】再,安徽安庆等府属被水、被旱;江西德化、建昌等县被水,莲花、安福、永新等厅县被旱;甘肃靖远等县被雹,均经该督抚等委员查勘,即著迅速办理。【略】乙丑,【略】蠲免直隶通、三河、武清、宝坻、蓟、香河、宁河、霸、保定、大城、固安、永清、东安、大兴、宛平、良乡、房山、涿、顺义、怀柔、密云、滦、卢龙、安肃、定兴、新城、博野、蠡、雄、高阳、献、任丘、天津、青、静海、盐山、丰润、玉田、饶阳三十九州县灾重地方粮赋。其乐亭、清苑、容城、河间、肃宁、吴桥、隆平、武强、安平、昌平、望都、完、沧、南皮、无极、邯郸、鸡泽、开、东明、长垣二十州县被水村庄丁粮租课并缓征(现月)。【略】戊辰,【略】谕军机大臣等,有人奏,京南黄村地方,日来新城县等处饥民,扶老携幼,菜色可怜,风雪天寒,无所栖止,该处被水较重,放赈一次,充食数日而罄。黄村粥厂人多款绌,外来饥民无所得食,纷纷到京,京城粥厂骤增多口,亦虑不敷。请于各该处地方筹设粥厂、暖厂一折。另片奏:直省举办积谷孳息,原以备荒,乃被灾各州县仍未将积谷救荒,请酌筹散放等语。【略】热河都统庆裕奏,喀拉沁多罗郡王旺都特那木济勒呈称,蒙古地方近年水、旱频仍,连遭荒歉,所垫兵饷勇粮,恳请代奏偿还。【略】丙子,【略】豁免云南鲁甸、恩安两厅县被灾地方钱粮(折包)。　　《德宗实录》卷三二九

十一月己卯朔,【略】山西巡抚张煦奏,查明阳曲等厅州县夏麦秋禾被灾歉收,先行设法抚恤情形。报闻(折包)。【略】壬午,【略】蠲缓山东齐东、青城、蒲台、濮、历城、章丘、济阳、长清、博兴、邹平、长山、平阴、利津、高苑、乐安、肥城、东平、滨、寿张、济宁、新城、齐河、禹城、临邑、德、东阿、惠民、商河、邹、汶上、阳谷、菏泽、曹、范、朝城、聊城、鱼台、沾化、掖、平度、昌邑、潍、滋阳、乐陵、观城、堂邑、冠、恩、海丰、寿光、临清、曲阜、泗水、滕、峄、单、城武、定陶、巨野、郓城、茌平、莘、馆陶、高唐、夏津、邱、金乡、嘉祥、兰山、费、莒、沂水、日照、益都、临淄七十五州县被灾村庄民田,及德州、东昌、临清、济宁、齐河五卫,东平、永利、永阜、官台、富国、王家冈六场屯灶寄庄新旧正杂额赋有差(折包)。【略】甲午,【略】豁免顺天大兴等四十一县被灾各村庄本年下忙各项旗租(折包)。蠲缓直隶文安、天津二县积涝地亩本年粮赋(折包)。【略】庚子,【略】缓征安徽泗、灵璧、凤阳、凤台、定远、五河、铜陵、亳、霍邱、全椒、盱眙、合肥、寿、庐江、怀远、天长、芜湖、无为、宿、东流、含山、潜山、当涂、巢、怀宁、阜阳、繁昌、涡阳、贵池、宿松、和三十一州县,暨建阳、安庆、庐、凤阳、长淮、泗六卫被灾歉收地方新旧额赋漕粮有差(现月)。辛丑,【略】山东巡抚福润奏,本年麦收歉薄,请将各属应征漕麦改征粟米兑收。允之(折包)。【略】癸卯,【略】云南巡抚谭钧培奏云南罗平、建水两州县被灾情形。报闻(折包)。【略】乙巳,以京师雪泽未渥,上诣大高殿祈祷行礼(折包)。　　《德宗实录》卷三三〇

十二月【略】丙辰,【略】蠲缓直隶安、河间、隆平三州县积涝地亩应征银粮(现月)。蠲缓江苏上元、江宁、句容、江浦、六合、山阳、阜宁、清河、桃源、安东、盐城、高邮、泰、东台、江都、甘泉、仪征、兴化、宝应、铜山、丰、沛、萧、砀山、邳、宿迁、睢宁、海、沭阳、赣榆、通、如皋、海门、溧水、高淳三十五厅

州县，暨淮安、大河、扬、徐四卫被旱、被水地方并抛荒田地应征新旧钱漕有差(现月)。丁巳，以京师得雪稀少，上亲诣大高殿祈祷行礼。【略】庚申，【略】蠲缓湖北公安、咸宁、嘉鱼、汉阳、汉川、黄陂、孝感、沔阳、黄冈、蕲水、黄梅、钟祥、京山、潜江、天门、应城、江陵、石首、监利、松滋、枝江、荆门、江夏、武昌、广济二十五州县暨武昌等卫被灾地方应征新旧钱粮有差。辛酉，【略】谕内阁：吴大澄奏，安仁县疾疫流行，请拨款赈济一折。湖南安仁县属本年疠疫盛行，淫霖伤稼，民情困苦，殊堪矜悯，业经吴大澄筹款，分别抚恤。著加恩由户部拨给银一万两，交吴大澄归还垫款(起居注)。蠲缓甘肃新疆库车、莎车、奇台三厅州县被水地方粮草租银，并借给籽种(现月)。蠲缓湖南安乡、武陵、沅江、龙阳、益阳、澧州、巴陵、华容、岳州等县卫被水地方钱漕(现月)。壬戌，【略】以祲后民力未复，减免山西归化城、萨拉齐、丰镇、宁远、和林格尔、托克托城、清水河七厅租耗银米仓谷。癸亥，【略】豁免直隶文安、大城、霸三州县被水淀地租银(现月)。蠲缓广西养利、崇善、武宣、临桂、灵川、宾六州县被水地方地丁银米(现月)。【略】以节逾大寒，尚未渥沛祥霙，上复诣大高殿祈祷行礼。【略】蠲缓浙江仁和、钱塘、海宁、富阳、余杭、嘉兴、秀水、嘉善、海盐、平湖、石门、归安、乌程、长兴、德清、武康、安吉、孝丰、山阴、会稽、萧山、诸暨、余姚、上虞、建德、遂安、分水、临安、新城、于潜、昌化、鄞、慈溪、奉化、镇海、象山、新昌、嵊、宁海、黄岩、太平、临海、天台、仙居、金华、兰溪、东阳、义乌、永康、武义、浦江、汤溪、西安、龙游、常山、开化、淳安、寿昌、桐庐、永嘉、乐清、瑞安、平阳、泰顺、玉环、丽水、缙云、龙泉、宣平六十九厅州县，暨杭、严、嘉、湖、台五卫所被水、被旱地方漕粮银米有差(现月)。蠲缓浙江杜渎、芦沥、海沙、钱清、西奥、长亭、横浦、浦东、清泉、龙头、穿长十一场被灾灶荡钱粮有差(现月)。丁卯，【略】豁免陕西肤施等县迭被霜、雹歉收地方未完地丁钱粮。蠲缓吉林伯都讷厅所属暨三姓等处被水地方银谷有差(现月)。戊辰，【略】蠲缓陕西泾阳、三原、富平、咸宁、长安、临潼、醴泉、咸阳、兴平、耀、高陵、乾、武功、蒲城、延川、延长、靖边十七州县被旱地方钱粮有差(现月)。【略】辛未，【略】蠲缓山西阳曲、太原、徐沟、文水、兴、临汾、浮山、朔、右玉、左云、沁源、代、保德、垣曲、霍、归化城、清水河、萨拉齐十八厅州县被水、被旱地方钱粮有差(现月)。壬申，以祥霙渥沛，上诣大高殿报谢行礼。【略】甲戌，【略】蠲缓江苏长洲、元和、吴、吴江、震泽、常熟、昭文、昆山、新阳、娄、金山、青浦、武进、阳湖、无锡、金匮、江阴、宜兴、荆溪、丹徒、丹阳、金坛、溧阳、太仓、镇洋、沭阳、太湖、华亭、宝山、嘉定、靖江、泰、泰兴、江都三十四厅州县，暨苏州、太仓、镇海、金山、镇江五卫被灾地方应征钱粮。蠲缓河南祥符、孟、杞、尉氏、郑、荥泽、汜水、商丘、宁陵、永城、鹿邑、虞城、夏邑、睢、柘城、考城、安阳、汤阴、临漳、内黄、汲、新乡、辉、获嘉、淇、延津、滑、浚、封丘、河内、济源、修武、武陟、温、原武、阳武、洛阳、偃师、孟津、宜阳、永宁、南阳、内乡、裕、叶、淮宁、项城、沈丘、太康、扶沟、光山、固始、陈留、中牟五十四厅州县被水、被旱地方钱漕。

《德宗实录》卷三三一

## 1894年 甲午 清德宗光绪二十年

正月【略】庚辰，【略】缓征直隶通、三河、武清、宝坻、蓟、香河、宁河、霸、保定、文安、大城、固安、永清、东安、大兴、宛平、良乡、房山、涿、顺义、怀柔、密云、滦、卢龙、乐亭、清苑、安肃、定兴、新城、博野、容城、蠡、雄、安、高阳、河间、献、肃宁、任丘、吴桥、天津、青、静海、盐山、开、东明、长垣、丰润、玉田、隆平、深、武强、饶阳、安平五十四州县被水成灾村庄，暨昌平、满城、望都、完、祁、沧、南皮、无极、邯郸、鸡泽十州县歉收村庄本年春赋钱粮杂课有差(现月)。【略】壬午，【略】缓征山东济宁、历城、长山、新城、齐河、齐东、东阿、东平、蒲台、邹、菏泽、曹、恩、博兴、高苑、乐安、寿光、昌邑、潍、章丘、邹平、济阳、禹城、临邑、长清、肥城、平阴、惠民、青城、海丰、商河、滨、利津、沾化、滋阳、汶上、阳谷、寿张、濮、范、朝城、聊城、掖、平度、鱼台四十五州县，暨德州、临清等卫，东平所，官台、永阜等场被灾村庄本年上忙新赋钱粮杂课有差(现月)。【略】乙酉,【略】谕军机大臣等,有人奏,宝坻被灾最重,恳恩春赈,并设法宣泄蓄水各折片。据称,上年宝坻被水,现在县境之大口屯、黄庄、八门城各市集尚在水中,被灾极重者实有四五百村,请饬妥筹春赈,该处旧设涵筒,禀官启闸,书房多方讹索,并请设法宣泄等语。【略】缓征江西南昌、新建、进贤、莲花、庐陵、永丰、泰和、安福、永新、建昌、安义、德化、德安、清江、新淦、峡江、万安、余干、瑞昌、湖口、彭泽二十一厅州县被灾地方新旧钱漕杂课。蠲免浙江钱塘、富阳、余杭、临安、新城、于潜、昌化、乌程、归安、长兴、安吉、孝丰、诸暨、金华、兰溪、东阳、义乌、浦江、汤溪、龙游、建德、淳安、遂安、寿昌、桐庐、分水二十六县,暨杭严卫所荒废未种田地、山塘、荡漾应征地漕,其临安等县新垦田十九年全蠲,二十年半蠲;钱塘等县新垦屯地塘荡征五成,蠲五成。丙戌,【略】蠲免浙江仁和、海沙、鲍郎、芦沥、横浦、浦东六场荒芜、坍没、未垦各灶地荡涂应征光绪十九年分灶课钱粮(现月)。丁亥,【略】河南巡抚裕宽奏,卫辉府属被灾,筹款抚恤,请免造报。

《德宗实录》卷三三二

正月【略】己亥,【略】云贵总督王文韶等奏,滇省上年被灾,多至四十余州县,请展办赈捐一年,以资抚恤。如所请行。陕甘总督杨昌浚奏上年西宁各属被灾情形暨应蠲缓银粮草束数目。下户部知之(随手)。

《德宗实录》卷三三三

二月【略】壬子,【略】山东巡抚福润奏,齐东县城临黄河,时虞冲决,拟迁城于九扈镇,并改齐河县丞为齐东县分防县丞,以资弹压。下部议。

《德宗实录》卷三三四

二月【略】辛未,【略】豁免云南新兴、河阳、南宁三州县被灾地方钱粮(现月)。

《德宗实录》卷三三五

三月【略】己亥,【略】蠲免云南永北、安平、安宁、昆阳、嵩明、石屏、姚、呈贡、建水、元谋十厅州县被水村庄秋征粮赋杂课有差(现月)。【略】甲辰,谕内阁:本日据顺天府、五城御史奏,酌拟停止裁撤粥厂日期各一折。京师入春以来连得透雨,正可播种大田,值此农忙之时,自宜遣散归耕。转瞬天气炎热,麇集薰蒸,尤恐易致疾疫。所有顺天府、五城所设各粥厂,均著一律裁撤停止,其就食贫民并著分别酌给口粮,妥为遣散,毋令失所。

《德宗实录》卷三三七

四月【略】己酉,【略】抚恤台湾澎湖厅属被雨灾民(折包)。

《德宗实录》卷三三八

五月【略】己卯,以京师雨泽愆期,上诣大高殿祈祷行礼。【略】甲申,以甘霖渥沛,上诣大高殿报谢行礼。

《德宗实录》卷三四〇

五月【略】癸卯,【略】豁免云南晋宁、宣威、沾益、宁、昆明、云南六州县上年被灾田亩银米(现月)。甲辰,以京师雨泽过多,尚未畅晴,上诣大高殿祈祷行礼。

《德宗实录》卷三四一

六月【略】癸丑,以京师雨泽已足,尚未畅晴,上诣大高殿祈祷行礼,诣宣仁庙拈香。

《德宗实录》卷三四二

六月【略】壬戌,【略】陕西巡抚鹿传霖奏鄜州等州县被雹情形。【略】癸亥,以京师雨泽沾足,尚未畅晴,上诣大高殿祈祷行礼,诣宣仁庙拈香。

《德宗实录》卷三四三

七月【略】己卯,【略】泰宁镇总兵志元奏:雨大水溢,泰东陵迤西及东口子门各处桥道均被冲刷,拟请照案修垫。【略】庚辰,以京师雨泽已足,久未畅晴,上诣大高殿祈祷行礼,诣时应宫拈香。【略】乙酉,【略】豁免云南宾州、宜良、通海、蒙自四州县被灾各地方应征银米(现月)。

《德宗实录》卷三四四

七月【略】丁酉,【略】广东巡抚刚毅奏:查明四月二十七日琼州府属之会同、乐会二县猝遭飓风暴雨,倒塌衙署、庙宇、民居,并有压毙人口。潮州府属之海阳县,大雨冲塌社甲堤岸,淹浸房屋田地,并淹毙妇孩数名口。【略】庚子,以京师多雨,尚未畅晴,上诣大高殿祈祷行礼。

《德宗实录》卷三四五

八月【略】乙丑，谕军机大臣等，御史陈其璋奏，本年六七月间雨水过多，顺天府属之香河、宝坻、文安、霸州、武清、宁河等州县尽成泽国，灾民荡析离居，已有来京乞食者，拟请仿照成案，分设粥厂。又片称，闻顺属被灾不止十数州县，府尹陈彝各处求赈，因军需孔殷，未敢请帑。拟请一并饬查等语。【略】又谕：御史陈其璋奏，永平府属夏水成灾，请旨饬查一折。据称，本年五月二十日至六月十八日山洪陡涨，承德府之热河、滦河一带狂溜下趋，永平府属迁安、昌黎、滦州、乐亭、卢龙等州县田多漂没，并有淹毙人口情事。该府县意存隐讳，置若罔闻。又，天津所属各州县因德州运河决口，成灾甚重，请分别赈抚等语。【略】戊辰，【略】陕甘总督杨昌浚奏，兰州府等属地方雨、雹成灾，禾苗被损情形。【略】庚午，【略】又谕：电寄王文韶等，据都察院代奏，云南京官中书张士鑣等呈称，滇省荒歉连年，小民槁饿转徙者不可胜计，缘放赈之处无多，平粜之米有限，五六月间米价每百斤竟至五两，恳发巨款赈粜兼筹等语。前年因该省被水成灾，特颁巨帑以资赈抚，兹据该中书等所称各节是否确实，著王文韶、谭钧培体察情形。【略】江西巡抚德馨奏，万年等县被水成灾，妥筹办理情形。【略】辛未，【略】庆裕奏，查明蒙古各旗被扰情形，并陈口外地面两年来岁皆丰稔，蒙古生计尚能自给，似毋庸再行赈抚。【略】蠲免云南邓川、平彝、弥勒、建水四州县被灾田亩应征粮赋(现月)。

《德宗实录》卷三四七

九月【略】戊寅，【略】直隶总督李鸿章奏，顺直各属雨水过多，被灾州县甚广，分别办理赈抚。【略】辛巳，【略】蠲免陕西咸宁、长安、盩厔、渭南、三原、高陵、临潼、泾阳、兴平、鄠、蓝田、咸阳、富平、醴泉、耀、同官、肤施、保安、安塞、延长、靖边、定边、安定、凤翔、陇、汧阳、岐山、城固、褒城、沔、佛坪、榆林、怀远、府谷、葭、神木、大荔、蒲城、朝邑、澄城、华、郃阳、白水、汉阴、邠、长武、三水、淳化、乾、武功、鄜、洛川、中部、宜君、绥德、米脂、清涧、吴堡六十厅州县被旱歉收地亩民欠钱粮草束(现月)。

《德宗实录》卷三四八

九月【略】丁亥，【略】江西巡抚德馨奏，瑞昌等县雨水泛溢，田禾房屋冲淹漂没，饬委妥员查明各堡被灾轻重，核实赈抚。【略】谕军机大臣等，翰林院编修贵铎奏，备陈奉天被水情形，拟请以团代赈一折。据称，奉天自五六月以来阴雨连绵，二麦既灾，晚未种，大兵在境，米价翔贵，惟有以团代赈等语。

《德宗实录》卷三四九

九月【略】辛丑，【略】护理河南巡抚刘树堂奏，内黄等县被水成灾，现饬各该地方官筹款抚恤。

《德宗实录》卷三五〇

十月【略】丙午，【略】谕军机大臣等，本年顺天直隶雨水过多，田禾被淹，拨给仓米三万石，交孙家鼐妥为散放，并谕令户部将顺天府解存捐款银十五万两即行发交，复准孙家鼐等所请，将拨归顺属之湖南漕折银两及各省应解备荒经费饬令赶紧筹解，用备赈抚。河南浚县等处被水，令刘树堂发给各该县被灾村庄一月口粮，以资抚恤。江西瑞昌等县被水，湖南新化等州县被水、被兵，陕西鄜州等州县被雹，甘肃河州等州县被雹、被水，广东会同等县被风、被水，云南石屏等州县被水，石膏井被火，均经该督抚查勘抚恤。【略】再，安徽安庆等府属被水、被旱，江西峡江县被水，福建漳州等府属被水，均经该督抚等委员查勘，即著迅速办理。【略】戊午，【略】谕军机大臣等，翰林院侍读学士徐致靖奏，顺天等处被灾，请饬广筹赈捐一折。

《德宗实录》卷三五一

十月【略】庚午，【略】山西巡抚张煦【略】又奏，查明山西阳曲等厅州县夏麦、秋禾被灾歉收情形。

《德宗实录》卷三五二

十一月【略】甲戌，【略】又谕：电寄吴大澄，滦州、乐亭海口，闻封冻不过数日，又有经冬不冻之说，吴大澄曾驻乐亭，情形必悉，著将该两处海口及各别口向年封冻处所日期，详查覆奏(电寄)。【略】辛巳，【略】蠲豁顺天直隶通、三河、武清、宝坻、蓟、香河、宁河、霸、保定、文安、大城、永清、东安、大兴、宛平、良乡、怀柔、密云、平谷、滦、卢龙、迁安、乐亭、昌黎、安肃、博野、蠡、雄、安、高阳、河间、献、阜城、景、故城、吴桥、天津、静海、沧、盐山、清河、清丰、丰润、玉田、冀、新河、衡水、深、武强、饶阳五十州县被水灾重村庄丁粮租赋。其灾歉较轻之涿、抚宁、清苑、新城、唐、任丘、东光、青、南和、平乡、永年、肥乡、武邑、宁晋、安平、固安、房山、顺义、满城、定兴、望都、容城、完、祁、肃宁、交河、南皮、庆云、无极、邢台、沙河、唐山、巨鹿、任、邯郸、曲周、广平、鸡泽、威、磁、元城、大名、南乐、遵化、柏乡、枣强、隆平、高邑、深泽四十九州县正杂各赋，及滨临黄河之开、东明、长垣三州县本年钱粮暨出借仓谷并分别蠲缓(现月)。

《德宗实录》卷三五三

十一月戊子，【略】蠲缓山东齐东、青城、利津、蒲台、濮、临清、章丘、东阿、滨、寿张、济宁、历城、邹平、长山、新城、齐河、济阳、临邑、长清、德、肥城、东平、平阴、惠民、阳信、乐陵、商河、邹、阳谷、菏泽、曹、巨野、范、朝城、聊城、堂邑、博平、清平、馆陶、冠、高唐、恩、夏津、武城、邱、鱼台、沾化、博兴、高苑、乐安、掖、平度、昌邑、潍、陵、德平、平原、单、城武、定陶、郓城、观城、莘、金乡、海丰、寿光、禹城、滋阳、宁阳、泗水、峄、汶上、茌平、嘉祥、兰山、费、莒、沂水、益都、临淄、日照八十一州县被水、被旱、被沙、被虫、被碱地方，及德州、东昌、临清、济宁等四卫，东平所，永利、永阜、官台、富国、王家冈等场屯庄灶地新旧钱漕杂课有差(现月)。【略】癸巳，【略】山东巡抚李秉衡奏，本年豆麦收成歉薄，各属应征漕豆、漕麦，请援案改征粟米。从之(折包)。甲午，【略】缓征安徽盱眙、天长、凤阳、定远、灵璧、凤台、霍邱、铜陵、来安、寿、东流、怀宁、桐城、合肥、滁、五河、怀远、庐江、建德、贵池、亳、无为、当涂、芜湖、繁昌、潜山、全椒、阜阳、巢、含山、宿松、和、涡阳、宿三十四州县，暨建阳、安庆、庐州、凤阳、长淮、泗州、滁州七卫被水、被旱、被风田亩新旧钱粮杂课。其盱眙、泗、天长、定远、灵璧、凤台、霍邱、铜陵、寿、东流、怀宁、桐城、合肥、五河、怀远、庐江、建德、贵池、亳、无为、当涂、芜湖、繁昌、潜山、阜阳、巢、宿松、涡阳、宿、太湖、望江、宣城、南陵、泾、宁国、旌德、太平、青阳、舒城、颍上、蒙城、太和、六安、英山、霍山、广德、建平四十七州县应征新旧漕粮并展缓(现月)。【略】戊戌，【略】河南巡抚刘树堂【略】又奏：本年河南各厅旱潦不均，秋收告歉，仍请展缓买补仓谷。下部知之。【略】庚子，谕军机大臣等，电寄李鸿章等，电奏均悉。刘光才五营，申道发三营，著同扎乐亭，以厚兵力。今年天气较暖，海口多未封冻，著李鸿章、吴大澄分饬守口将领，加意严防。【略】壬寅，【略】护理云南总督谭钧培奏威远等厅州县被水成灾勘赈情形。【略】蠲缓云南鲁甸、邱北、嶍峨、保山、大姚、文山六厅县被灾地方田粮(现月)。

《德宗实录》卷三五四

十二月【略】乙卯，【略】蠲缓湖北咸宁、嘉鱼、汉阳、汉川、黄陂、沔阳、黄冈、蕲水、黄梅、广济、京山、潜江、天门、应城、江陵、公安、石首、监利、松滋、枝江、荆门、孝感、钟祥、江夏、蒲圻二十五州县，暨武昌卫被旱、被淹地方新旧钱粮漕粮并芦课有差(现月)。丙辰，谕内阁：本年顺直各属夏秋雨水过多，灾区甚广，业经赏发仓米。【略】壬戌，【略】蠲缓山西阳曲、太原、榆次、文水、临汾、襄陵、洪洞、浮山、吉、应、代、河津、赵城十三州县，暨归化城、和林格尔、清水河、萨拉齐等属被水、被旱、被雹、被碱地方新旧赋额并旗厂地租土盐杂课有差(现月)。

《德宗实录》卷三五六

十二月癸亥，【略】蠲缓陕西鄜州、临潼被灾地方上年应征钱粮(折包)。蠲缓浙江仁和、钱塘、海宁、余杭、临安、新城、于潜、昌化、安吉、孝丰、龙游、富阳、嘉兴、秀水、嘉善、海盐、平湖、石门、桐乡、归安、乌程、长兴、德清、武康、建德、遂安、淳安、山阴、会稽、萧山、诸暨、余姚、上虞、鄞、慈溪、奉化、象山、新昌、嵊、临海、黄岩、太平、宁海、天台、仙居、金华、兰溪、东阳、义乌、永康、武义、浦江、汤溪、西安、常山、开化、寿昌、桐庐、分水、永嘉、乐清、瑞安、平阳、泰顺、玉环、丽水、缙云、青田、龙泉、宣平七十厅州县，暨杭严、嘉湖、台州等卫所荒坍及新垦田亩粮赋，并灾歉地方本年应征及历年原缓带征丁漕等项有差(现月)。蠲免两浙仁和、杜渎、海沙、鲍郎、芦沥、钱清、西兴、长亭、横浦、浦东十场灾歉及荒坍、未垦各灶地荡涂钱粮灶课(现月)。【略】丙寅，【略】蠲缓吉林伯都讷等属被灾地亩银谷租赋(现月)。丁卯，【略】蠲缓河南内黄、浚、汲三县被灾地方粮赋杂课。其勘不成灾之安阳等五十二州县新旧钱粮分别展缓(现月)。【略】己巳,【略】蠲缓江苏上元、江宁、句容、溧水、江浦、六合、山阳、阜宁、清河、桃源、安东、盐城、高邮、泰、东台、江都、甘泉、仪征、兴化、宝应、铜山、丰、沛、萧、砀山、邳、宿迁、睢宁、海、沭阳、赣榆、通、如皋、海门三十四州县,暨淮安、大河、扬、徐、镇江五卫灾歉及荒坍田亩新旧粮赋及杂课有差(现月)。蠲缓江苏长洲、元和、吴、吴江、震泽、常熟、昭文、昆山、新阳、娄、金山、青浦、武进、阳湖、无锡、金匮、江阴、宜兴、荆溪、丹徒、丹阳、金坛、溧阳、太仓、镇洋、太湖、靖江二十八州县,暨苏州、太仓、镇海、金山四卫被灾及新垦田亩钱粮芦课等项有差(现月)。庚午,【略】蠲缓湖南安乡、武陵、沅江、新化、龙阳、益阳、巴陵、华容、澧、临湘、湘阴十一州县暨岳州卫上年被水地方钱粮芦课并原贷修堤银两有差(现月)。

《德宗实录》卷三五七

## 1895年 乙未 清德宗光绪二十一年

正月癸酉朔,【略】缓征江西南昌、新建、进贤、莲花、庐陵、永丰、安福、永新、建昌、安义、德化、德安、瑞昌、清江、新淦、峡江、泰和、万安、彭泽、湖口二十厅县,暨南、九二卫被水、被旱歉收地方新旧钱漕芦课(现月)。甲戌,【略】蠲缓直隶通、三河、武清、宝坻、蓟、香河、宁河、霸、保定、文安、大城、永清、东安、大兴、宛平、良乡、涿、怀柔、密云、平谷、滦、卢龙、迁安、抚宁、昌黎、乐亭、清苑、安肃、新城、唐、博野、蠡、雄、安、高阳、河间、献、阜城、任丘、景、故城、吴桥、东光、天津、青、静海、沧、盐山、南和、平乡、永年、肥乡、清河、开、清丰、东明、长垣、丰润、玉田、冀、新河、武邑、衡水、宁晋、深、武强、饶阳、安平、固安、房山、顺义、满城、定兴、望都、容城、完、祁、肃宁、交河、南皮、庆云、无极、邢台、沙河、唐山、巨鹿、任、邯郸、曲周、广平、鸡泽、威、磁、元城、大名、南乐、遵化、枣强、柏乡、隆平、高邑、深泽一百二厅州县上年被水地方应征粮赋旗租杂课(现月)。【略】丙子,【略】缓征山东临清、济宁、历城、邹平、长山、新城、齐东、禹城、东阿、阳信、乐陵、蒲台、菏泽、曹、定陶、堂邑、博平、馆陶、清平、高唐、恩、博兴、高苑、寿光、昌乐、潍、武城、邹、章丘、齐河、济阳、临邑、肥城、东平、平阴、惠民、青城、海丰、商河、滨、利津、沾化、阳谷、寿张、巨野、濮、范、朝城、聊城、乐安、平度、昌邑、夏津、鱼台、掖、长清五十六州县,暨德州、临清、济宁、东昌四卫,东平所,王家冈、官台、永利、永阜等场上年被灾地方应征钱漕杂课(现月)。【略】庚辰,【略】又谕:电寄裕禄,吴大澄电奏,前闻锦州被水,已筹银三万两,派员散赈,现抵宁远,访闻去秋收成无多,穷民至掘高粱根和糠为食。关外向不种麦,新粮须五六月方可接济,请饬部拨银四万两,并饬天津筹赈局协助银三万两,分给锦县、宁远各处灾区,督同官绅散放,并饬州县一律停征等语。锦县、宁远等处上年被灾较重。

《德宗实录》卷三五八

正月【略】庚寅,【略】豁免云南中甸厅属被雹、被水地方上年应征银米。

《德宗实录》卷三五九

二月【略】乙巳,【略】盛京将军裕禄奏,奉天锦、宁远各州县被水,现筹赈抚情形。下部知之(折包)。

《德宗实录》卷三六一

二月【略】戊午,署直隶总督王文韶奏:直属水灾甚广,在藩库地粮项下,先后动支银十三万两,筹办冬春赈抚,并修理河堤以工代抚。下户部知之。【略】豁免江苏上元、江宁、句容、溧水、高淳、江浦、六合、山阳、阜宁、清河、桃源、安东、盐城、高邮、泰、东台、江都、甘泉、仪征、兴化、宝应、铜山、丰沛、萧、砀山、邳、宿迁、睢宁、海、沭阳、赣榆、通、如皋、泰兴、海门三十六厅州县,暨淮安、大河、扬州、徐州四卫,光绪十三年以前民欠钱粮。戊辰,【略】谕军机大臣等,御史陈其璋奏,直隶玉田县灾情最重,赈恤未及,请饬速筹勘抚一折。据称,玉田灾情奇重,又□当孔道兵差络绎,民不聊生,官赈、义赈皆未推及,若不急筹勘抚,恐籽种尽绝、耕获无期等语。【略】寻奏:玉田县上年被水,冬春

两抚，经发过银四万两。该御史所称官赈、义赈皆未推及，自系传闻未确。现饬各官实力查办，均匀散给，总期无误春耕报闻（折包）。【略】己巳，谕内阁：上年畿东地方迭被水灾，玉田、滦州、乐亭等州县灾情尤重，闾阎困苦异常，朝廷轸念灾黎。【略】谕军机大臣等，御史曹志清奏，京城内外各粥厂例于清明节前停止散放，今春天气苦寒，虽节近清明，而农田仍未动作，灾黎谋食维艰，各粥厂每日就食者尚不止二三千人，请饬展放一月等语。【略】庚午，【略】谕军机大臣等，御史李念兹奏，永平、遵化两处十属州县去年被水甚重，访查该处近来情形，一村之中举火者不过数家，有并一家而无之者，转徙流离，懦弱者闯入人家就食，凶悍者结伙成群，专抢囤积，名曰"分粮"。

《德宗实录》卷三六二

三月【略】戊寅，【略】缓征两淮泰州、海州二属被风、被潮各场灶折价钱粮有差（折包）。

《德宗实录》卷三六三

三月【略】壬辰，谕军机大臣等，御史李念兹奏，请加赏银米，增设平粜一折。据称，京城粮价近来又复踊贵，人心颇形惶惑。【略】另片奏，顺直地方饥民萃处，时有均粮抢夺等案。【略】癸巳，【略】署直隶总督王文韶奏，直隶永平、遵化两属水灾甚重，筹款办理加抚及招商运粮平粜情形。

《德宗实录》卷三六四

四月【略】己酉，【略】又谕：王文韶奏，本月初三日天津一带风雨交作，连宵达旦，初五日海水坌涌，防营淹毙兵丁不少，铁路、电杆均有损坏。又据电称，新河上下六十余营同被水灾，军装子药多被淹失，收集重整，非一两月不能成军等语。【略】辛亥，谕军机大臣等，王文锦等奏海潮冲决营垒情形一折。据称双井一带各营墙垒均被冲塌，帐房亦均破坏，淹没人口、马匹甚多，米粮火药等项亦多冲没，上古林岐口等处营墙兼有倾塌等语。【略】寻奏：查明津胜军军火枪械毫无损失，计淹毙勇丁四十七名，长夫等一百三十四名，马二十三匹。其被冲墙垒已赶紧修筑，整顿操防。【略】又谕：电寄刘坤一，电奏已悉，倭聚海、盖，自为和议不成。【略】日前津、沽一带防营忽被海水冲没，情形甚重，山海关一带防军是否不致成灾，并著电覆（电寄）。【略】马兰镇总兵文瑞奏，畿东州县连年灾歉，现筹赈抚情形。报闻（折包）。

《德宗实录》卷三六五

四月丁巳，谕军机大臣等，孙家鼐等奏，各属雨水成灾，现办情形一节。据称，本月初三日以后阴雨连绵，山水涨发，迭据武清等州县禀报，堤埝漫决，民房倒塌，田亩被淹。天津、宁河海啸，被灾尤重，现已筹集捐款。【略】本日又据鸿胪寺刘恩溥奏，大雨之后清河两岸决口，东路宁河等处、南路新城等处均成泽国，请旨饬查。【略】戊午，【略】硃谕：【略】天心示警，海啸成灾，沿海防营多被冲没，战守更难措手，用是宵旰彷徨，临朝痛哭，将一和一战两害孰权，而后幡然定计。【略】谕内阁：直隶永平、遵化两属，上年被灾田亩积水未消，本年四月初三等日暴雨狂风，昼夜不息，海水腾啸，沿海村庄猝被淹没，宁河、宝坻、盐山、沧州、静海、天津各境内围地民居亦遭淹灌，闾阎困苦情形，殊堪悯恻。加恩著将本年山东起运交仓粟米截留十万石，以备顺直赈抚之需。

《德宗实录》卷三六六

五月辛未朔，【略】河南巡抚刘树堂奏，临漳等县猝被水灾。【略】壬申，【略】谕军机大臣等，御史陈其璋奏，近畿连年被水，请饬购给籽粮一折。据称，今年春麦虽已受伤，初种小米、荞麦等杂粮，时犹未晚，惟贫家盖藏早罄，旧日籽种既已充饥，虽欲力耕，徒手无策。请饬直隶总督电咨江浙督抚暨漕运总督，采买杂粮籽种，发交洋轮运津，派员散给各属，劝令补种等语。【略】丙子，【略】谕军机大臣等，御史李念兹奏，顺属被灾，仍宜遍勘赈抚，并请发银办理平粜一折。据称，本年四月初旬，顺天东南西三路被水，禾麦被淹，房屋倾圮，小民既未陈报，州县亦不敢勘详，请饬顺天府认真查勘抚恤。

《德宗实录》卷三六七

五月【略】丙申，【略】护理陕西巡抚张汝梅奏长武、山阳、咸宁、华阴、盩厔、郃阳六县被雹、被水情形。【略】豁免湖南新化县上年被水田亩钱粮(折包)。豁免云南阿迷、保山、昆明三州县上年被灾田粮(折包)。

《德宗实录》卷三六八

闰五月【略】丁巳,【略】蠲缓奉天锦、广宁、承德、新民、金、海城、辽阳、岫岩、盖、熊岳、盖平、复、宁远十三厅州县被水旗屯民村新旧钱粮(现月)。

《德宗实录》卷三六九

六月【略】乙亥,【略】署陕西巡抚张汝梅奏,五月分雨泽,禾苗并被雹、被蛟情形。

《德宗实录》卷三七〇

六月【略】壬辰,【略】蠲缓云南广西、通海、河西三州县被灾田粮。

《德宗实录》卷三七一

七月【略】壬寅,【略】谕军机大臣等,李秉衡奏,黄流伏汛盛涨,利津吕家洼地方漫口,请将文武各员议处,并自请议处一折。山东利津吕家洼地方六月初九日至十二等日风雨交加作,溜力愈猛,以致漫溢成口,刷宽五六十丈,在事员弁实属疏于防范。【略】癸卯,【略】谕军机大臣等,刘树堂奏,沁河漫口,请将该管府县惩处一折。六月十九日,武陟县沁河曲下之西无工处所,水势迅猛,刷成口门十余丈;河内县沁河柳园无工处所,漫口宽至二十余丈,该管各地方官均属疏于防范。【略】戊申,【略】护理陕西巡抚张汝梅【略】又奏,闰五月分雨水禾苗情形,并商州、清涧等州县水、雹为灾。【略】己酉,【略】又谕:李秉衡奏,黄流秋汛盛涨,寿张、齐东两县大堤漫溢成口,请将在事各员议处,并自请议处一折。本年山东黄河伏汛未消,水势骤涨,六月二十日下游齐东县北赵家大堤因值风雨交加,抢护不及,致堤身刷塌数十丈,水由青城南趋,在事员弁实属疏于防范。【略】其上游寿张县高家大庙堤身亦于二十二日坍塌数丈,水由安山一带仍入黄河中游。

《德宗实录》卷三七二

七月【略】己未,【略】又谕:御史胡蕙馨奏,近畿水患频仍,宜筹补救之策一折。据称,近畿宝坻、武清、良乡各州县地势洼下,屡被水灾,请于各该处酌拨防营,办理水利。

《德宗实录》卷三七三

八月【略】辛未,【略】谕军机大臣等,翰林院奏,修撰黄永呈称,畿辅地方属遭水患,本年雨旸时若,而文安、大城、宝坻、玉田等处积潦之区仍复不少,推原其故,实由于水害不除。【略】缓征顺直武清、文安、大城、大兴、宛平、雄、安、河间、天津、青、静海、沧、巨鹿十三州县被雹地方应征本年上忙暨节年旧欠粮租有差。壬申,【略】广西巡抚张联桂奏,富川县、容县被水,现筹抚恤。【略】丙子,【略】陕甘总督杨昌浚奏,甘肃阶、文、西宁、张掖、中卫、宁、灵等处被灾,现筹抚恤。得旨:所有被水、被雹之六厅州县著饬属分别抚恤。

《德宗实录》卷三七四

八月【略】癸巳,【略】云南总督兼署云南巡抚崧蕃【略】又奏,会泽县被水冲田地仍属荒芜,请再予限三年。

《德宗实录》卷三七五

九月【略】己亥,【略】赏直隶雄县被水驻防兵丁一月口粮。缓征直隶盐山县被淹地亩粮银。【略】壬寅,谕内阁:李秉衡奏,灾区需赈孔殷,援案请截留新漕,以资散放一折。本年山东黄河秋汛期内水势盛涨,泉流汇注,以致利津、齐东、寿张等县堤埝漫决,运、卫两河亦以洪流涨溢,沿河州县村庄多被淹没,民情均极困苦。【略】谕军机大臣等,御史李念兹奏,畿东连年被水,请修理河道。【略】据称京东河道北运河为患最巨,上年平家疃等处决口,波及通州、香河、武清及下游之宝坻等处二三百村庄不能耕种,请饬查勘筹办等语。【略】乙巳,【略】谕内阁:谭继洵奏,查明湖北被水成灾,请旨截留漕米赈抚一折。据称,本年五月间,钟祥、荆门、京山、潜江、天门、汉川等州县暴雨连朝,汉水陡涨,以致各该州县堤塍漫溃,田庐多被淹没,人口间有损伤,现已委员查勘,以工代赈,酌发钱米赈济等语。【略】己酉,【略】豁免陕西被旱歉收地方光绪十九年分民欠钱粮草束(折包)。【略】戊午,【略】山东巡抚李秉衡奏,吕家洼漫口,大溜旁夺,已成海口,形势碍难堵合。下部知之(折包)。开缺湖南巡抚吴大澂奏:临湘县属蛟水陡发,田亩多被冲压,饬属勘明情形,妥筹办理。【略】又奏,常德、衡州二府被旱较广,请拨款银三万两购备仓谷,以资调剂。【略】丙寅,【略】河南巡抚刘树堂奏，沁河漫决，河内、武陟、修武、济源、温县、获嘉、辉县、汲县、新乡、浚县等处被淹成灾，亟筹抚恤。

《德宗实录》卷三七六

十月【略】己巳，【略】直隶总督王文韶奏：山东黄河下游漫决，灾区甚广，续拨赈银八万两，以资接济，下部知之。【略】庚午，【略】谕军机大臣等，本年顺天直隶所属被水、被潮地方，田禾受伤，业经将山东应行运仓粟米，截留十万石，并饬户部垫发银十万两，复拨给仓米五千石，先后谕令王文韶、孙家鼐等分别妥为赈抚，并将被灾较重之永平、遵化两属，武清等州县新赋等项钱粮一律缓征。又，奉天、锦州等处春荒，截留湖北漕米三万石，折价解清赈济。热河被水，准令崇礼等拨给仓存等项粟米一千石。湖北钟祥等州县被淹，准令谭继洵截留冬漕三万石，并随漕耗米等项，俾作工赈之需。【略】湖南长沙、衡州二府所属州县被旱，准令吴大澄截留漕折银三万两，预备平粜。河南河内等县被淹，准令刘树堂发给被灾村庄一月口粮，以示体恤。其奉天锦州、宁远各州县被水、被兵，直隶玉田县、山东济阳等州县，湖北荆门等州县被水；陕西长武、澄城、镇安、汧阳、府谷等州县被水、被雹，广西梧州府被火，均经该将军督抚等查勘抚恤。【略】再，安徽安庆等府属被旱、被水；江西莲花、永新等厅县被旱，德安、庐陵等县被水；浙江杭州等府属被旱，湖南茶陵、浏阳、澧州等州县被水、被旱，河南祥符、浚县、临漳、永城等州被水，甘肃渭源、伏羌、宁、灵等厅州县被雹，广西恭城等州县被水、被旱，陕西华阴等县被水、被雹，贵州贵阳、遵义等府属被旱。均经该督抚等委员查勘，即著迅速办理。【略】辛未，【略】又谕：都察院奏，浙江武举陈殿扬等，遣抱以台属灾歉甚重，吁请抚恤缓征等词，赴该衙门呈递。各省水旱偏灾，例应由督抚奏请恩施，该武举等在都察院率行呈请，殊属不合，已将原呈发还矣。惟地方灾伤关系民生，览该武举等所呈情形，殊深轸念。著廖寿丰确切查明台州所属临海等县究竟有无被灾，及应否抚恤缓征之处，即行奏明办理。原折著抄给阅看，将此谕令知之(现月)。【略】开缺湖南巡抚吴大澄奏，长沙、宝庆各属被旱，请劝办赈捐接济。下部议(电寄)。

《德宗实录》卷三七七

十月【略】庚寅，【略】减缓直隶武清、宝坻、宁河、霸、保定、文安、大城、东安八州县被水地方本年应征粮租，其灾歉较重之雄、安、高阳、迁安、河间、献、阜城、任丘、景、吴桥、天津、青、静海、清河、丰润、玉田、宁晋、饶阳十八州县，灾歉较轻之清苑、故城、沧、盐山、永年、南乐、清丰、房山、满城、安平、博野、东光、南皮、无极、南和、唐山、平乡、巨鹿、任、曲周、广平、鸡泽、元城、大名、隆平二十五州县，暨滨临黄河之开、东明、长垣三州县应征粮租并分别蠲缓(现月)。【略】甲午，【略】蠲缓盛京内务府镶黄、正黄、正白三旗伍田本年被水地亩应征租课(现月)。【略】乙未，【略】广西巡抚张联桂【略】又奏宾州被旱情形。报闻。【略】丙申，【略】云贵总督崧蕃奏，云南鹤庆、昆明、河西、丘北等州县被水、被旱成灾，委勘筹赈情形。下部知之。【略】豁免云南江川县属被灾田粮两年(折包)。

《德宗实录》卷三七八

十一月【略】甲辰，【略】以山东豆麦歉收，准改征粟米(折包)。乙巳，【略】兼署湖广总督湖北巡抚谭继洵奏，鄂省被水各属地广灾重，请开赈捐。下户部速议(折包)。丙午，【略】谕军机大臣等，钟泰奏，募勇成军，分札要隘，【略】即著于黄河两岸择要布置，现在河水已冻，务须严饬在事员弁。【略】丁未，【略】蠲免盛京户部官庄被淹地亩本年额粮有差(折包)。戊申，【略】截留漕折银八万两，备河南内黄等县工赈(折包)。

《德宗实录》卷三七九

十一月【略】甲寅，【略】蠲缓山东济南、齐东、东平、惠民、滨、利津、蒲台、郓城、濮、青城、高苑、博兴、章丘、邹平、东阿、平阴、阳谷、寿张、乐安、长山、长清、汶上、临清、济宁、历城、新城、齐河、济阳、禹城、临邑、德、平原、肥城、阳信、乐陵、商河、邹、滕、菏泽、曹、巨野、范、观城、朝城、聊城、堂邑、博平、清平、馆陶、恩、夏津、武城、金乡、鱼台、沾化、益都、掖、平度、昌邑、潍、陵、德平、单、定陶、苑[1]、莘、冠、高唐、邱、嘉祥、海丰、寿光、滋阳、曲阜、宁阳、泗水、峄、郯城、茌平、兰山、费、莒、沂水、日照、临淄、昌乐、乐陵八十七州县，暨德州、东昌、济宁、临清四卫，永阜、永利二场被水、被旱、被风、被碱及坍占地亩新旧钱漕芦课杂课，并原缓额征有差（现月）。乙卯，以京畿雪泽稀少，上诣大高殿祈祷行礼。【略】湖南巡抚陈宝箴奏，长沙等府被旱，待抚孔亟，请开办赈捐。下部议行（折包、早事）。又奏：各属荒歉，请将谷米杂粮厘金一概免收。从之（折包）。【略】缓征安徽泗、凤阳、灵璧、凤台、铜陵、怀宁、寿、定远、五河、霍邱、盱眙、亳、宿、合肥、庐江、和、怀远、全椒、阜阳、桐城、当涂、无为、繁昌、含山、天长、芜湖、巢、涡阳、潜山、宿松、东流、贵池三十二州县，并建阳、安庆、庐州、凤阳、长淮、泗州各屯庄歉收地亩新旧漕粮银米有差（现月）。缓征安徽泗、灵璧、凤台、铜陵、怀宁、寿、定远、五河、霍邱、盱眙、亳、宿、合肥、庐江、怀远、阜阳、桐城、当涂、无为、繁昌、天长、芜湖、巢、涡阳、潜山、宿松、东流、贵池二十八州县被旱、被水、被风地亩新旧原缓漕粮有差（现月）。丙辰，【略】谕军机大臣等，有人奏，浙江台州府属临海、黄岩、太平三县本年夏秋迭遭水旱，遣勇乘机肆抢，民不聊生，地方官犹复派捐巨款，修志浚河，请饬派员查勘，移捐买米，设局平粜等语。著廖寿丰体察地方情形，酌量办理，至所请拨款赈济，并蠲免某县乡已完留抵正赋之处，著该抚一并妥筹具奏。候旨遵行。【略】寻奏：遵查台州府属上年秋收勘未成灾，已将旧欠缓征，毋庸议蠲新赋，查办留抵。惟民情瘠苦，业已拨款开办平粜，以济民食。至遣勇，查无勾结滋事情事。修志浚河，出自绅民捐办，并非勒派，应请毋庸置议。【略】癸亥，【略】蠲缓直隶文安、天津二县积涝地亩新旧粮赋有差（现月）。【略】乙丑，以雪泽仍稀，上复诣大高殿祈祷行礼。【略】云贵总督崧蕃奏，保山县蛟水为灾，陈明勘赈情形。

《德宗实录》卷三八〇

十二月【略】癸酉，【略】蠲缓江苏江宁、上元、句容、江浦、六合、山阳、阜宁、清河、桃源、盐城、高邮、泰、东台、江都、甘泉、仪征、兴化、宝应、铜山、丰、沛、萧、砀山、邳、宿迁、睢宁、海、沭阳、赣榆、如皋三十州县，暨扬州卫被旱、被淹、被荒地亩漕粮并折色银两有差（现月）。蠲缓江苏江宁、上元、句容、江浦、六合、山阳、阜宁、清河、桃源、安东、盐城、高邮、泰、东台、江都、甘泉、仪征、兴化、宝应、铜山、丰、沛、萧、砀山、邳、宿迁、睢宁、海、沭阳、赣榆、通、如皋、海门、溧水、高淳三十五厅州县，暨淮安、大河、扬州、镇江四卫被旱、被淹、被荒地亩新旧钱粮杂课并原缓银米有差（现月）。乙亥，【略】缓征两淮泰、海等场被风、被潮灶荡折价钱粮有差（折包）。【略】戊寅，【略】蠲缓江苏长洲、元和、吴、吴江、震泽、常熟、昭文、昆山、新阳、娄、金山、青浦、武进、阳湖、无锡、金匮、江阴、宜兴、荆溪、丹徒、丹阳、金坛、溧阳、太仓、镇洋、太湖、华亭、泰、泰兴、江都、甘泉三十一厅州县，暨苏州、太仓、镇海、金山、镇江五卫歉收地亩新旧钱漕杂课并原缓银米有差（现月）。己卯，【略】蠲缓直隶安、任、南宫、隆平、宁晋五州县积涝地亩粮租并民欠银两有差（现月）。庚辰，以得雪稀少，上复诣大高殿祈祷行礼。【略】蠲缓湖北汉川、咸宁、汉阳、黄陂、孝感、沔阳、黄冈、蕲水、黄梅、钟祥、京山、潜江、天门、应城、江陵、公安、石首、监利、松滋、枝江、荆门、武昌、嘉鱼、蒲圻、广济、江夏、汉川二十七州县，暨武昌、黄州二卫被淹、被旱地亩新旧钱粮杂课并原缓银米有差。其咸宁、汉阳、黄陂、孝感、沔阳、黄冈、蕲水、黄梅、潜江、天门、应城、江陵、公安、石首、监利、松滋、荆门、武昌、嘉鱼、蒲圻、广济二十一州县漕粮及民欠米石并缓征（现月）。

《德宗实录》卷三八一

十二月壬午，【略】减缓直隶文安、大城、霸、静海四州县被涝地亩新旧民欠租银有差（现月）。蠲免两浙仁和、海沙、鲍郎、芦沥、横浦、浦东六场坍废灶地本年额征赋课（现月）。蠲缓浙江仁和、钱塘、富阳、余杭、临安、新城、于潜、昌化、嘉兴、秀水、嘉善、海盐、平湖、石门、桐乡、归安、乌程、长兴、

① 此处蠲缓山东八十七州县中，内开列州县“苑”，疑为高苑县。

德清、武康、安吉、孝丰、诸暨、金华、兰溪、东阳、义乌、浦江、汤溪、西安、龙游、建德、淳安、遂安、寿昌、桐庐、分水三十七县，暨杭、嘉、衢、严四卫所民屯荒废及新垦田地漕粮杂课有差(现月)。【略】甲申，【略】蠲缓浙江海宁、海盐、归安、乌程、长兴、德清、仁和、钱塘、富阳、余杭、昌化、嘉兴、秀水、嘉善、平湖、石门、桐乡、武康、安吉、孝丰、山阴、会稽、萧山、诸暨、建德、临安、新城、于潜、鄞、慈溪、奉化、镇海、象山、余姚、上虞、新昌、嵊、临海、黄岩、太平、宁海、天台、仙居、金华、兰溪、东阳、义乌、永康、武义、浦江、汤溪、西安、龙游、常山、开化、淳安、遂安、寿昌、桐庐、分水、永嘉、乐清、瑞安、平阳、泰顺、玉环、丽水、缙云、青田、龙泉、宣平七十一厅州县，暨严、杭、嘉兴、湖、台各卫被旱、被风地亩新旧钱漕杂课并原缓银米有差(现月)。蠲缓两浙杜渎、海沙、鲍郎、芦沥、钱清、西兴、长亭、横浦、浦东九场，暨清、龙、穿三场被灾灶荡新旧原缓粮课有差(现月)。【略】戊子，【略】湖南巡抚陈宝箴【略】又奏，浏阳等处灾民逃荒，派员助赈，并拨勇弹压。报闻(折包)。【略】免湖南赈荒谷米厘金(折包)。己丑，【略】蠲缓河南河内、武陟、济阳、修武、温、汲、新乡、辉、获嘉、浚、临漳、内黄、永城、祥符、陈留、杞、安阳、太康、兰仪、郑、荥泽、汜水、商丘、宁陵、鹿邑、郾城、夏邑、睢、柘城、考城、汤阴、淇、延津、滑、封丘、孟、原武、阳武、洛阳、孟津、宜阳、永宁、南阳、内乡、裕、叶、淮宁、项城、沈丘、扶沟、光山、固始、尉氏、中牟五十四州县被灾地亩新旧钱漕有差(现月)。蠲缓山西阳曲、太原、榆次、祁、徐沟、文水、襄陵、临汾、洪洞、浮山、曲沃、翼城、吉、汾阳、大同、应、山阴、临晋、猗氏、万泉、沁源、安邑、绛、稷山、河津、大宁、清水河、萨拉齐二十八厅州县被灾村庄新旧钱漕杂课并原缓银米有差(现月)。庚寅，【略】赈抚云南恩安、南宁二县灾民(折包)。【略】癸巳，【略】抚恤江西萍乡县灾民，并拨银十万两以备工赈(折包)。【略】乙未，【略】蠲缓吉林宁古塔、三姓、伯都讷等城厅被灾地亩粮银并旗民原欠仓谷(现月)。赈抚陕西长武、凤翔、汧阳、郃阳、凤、砖坪、府谷、安定、洵阳、山阳、澄城、安康、汉阴、紫阳、平利十五厅州县灾民银米，并蠲缓鄜、咸宁、长安、华阳、商、临潼、洛川、咸阳、盩厔、华、清涧、延川十二州县被雹、被水地亩新旧钱粮租税有差(折包)。　《德宗实录》卷三八二

## 1896年 丙申 清德宗光绪二十二年

正月【略】丁酉，【略】蠲缓顺直武清、宝坻、宁河、霸、保定、文安、大城、迁安、清苑、雄、安、高阳、河间、献、阜城、任丘、景、故城、吴桥、天津、青、静海、沧、盐山、永年、清河、开、南乐、清丰、东明、长垣、丰润、玉田、宁晋、深、饶阳、房山、满城、安肃、博野、东光、南皮、无极、南和、唐山、平乡、巨鹿、任、曲周、广平、鸡泽、元城、大名、隆平五十四州县被水、被潮地方粮租旗租杂课(现月)。己亥，【略】谕内阁：上年湖南长沙、衡州二府所属州县被旱，业准截留漕折银三万两预备平粜。续据陈宝箴奏称，长沙府属之醴陵、攸县、茶陵，衡州府属之衡山、衡阳、清泉、安仁，宝庆府属之邵阳等州县均经被旱，成灾在五六分以上，轻重不等，甚有颗粒无收之处，其浏阳、湘潭、湘乡、新化各县被旱较轻，收成亦属歉薄。所种诸豆杂粮，又因霜霰太早，损失过半。至澧州及安乡县，并岳州、常德二府所属之巴陵、华容、龙阳、沅江等县被水浸淹，现已饬属分别查勘。并将被旱之醴陵等州县恳恩接济等语。【略】蠲缓山东济宁、历城、邹平、长山、新城、齐东、禹城、德、平原、东平、东阿、阳信、乐陵、蒲台、邹、寿张、菏泽、曹、定陶、郓城、观城、堂邑、博平、清平、馆陶、恩、益都、博兴、高苑、寿光、昌邑、潍、武城、邱、金乡、章丘、齐河、济阳、临邑、长清、肥城、平阴、惠民、青城、海丰、商河、滨、利津、沾化、滕、汶上、阳谷、巨野、濮、范、朝城、聊城、高密、乐安、掖、平度、夏津、鱼台六十三州县，暨德州、临清、济宁、东昌等卫，东平所，永阜、永利、王家冈、官台各场被灾歉收地方上忙新赋钱漕租课(现月)。缓征江西南昌、新建、进贤、萍乡、清江、新淦、峡江、莲花、庐陵、永丰、安福、永新、金溪、馀干、建昌、安义、德化、德安、瑞昌、丰城、宜春、泰和、万安、彭泽、兴安、湖口二十六厅县被水、被旱、被虫

地方新旧钱漕芦课。庚子,【略】蠲缓广西崇善、养利、来宾、左、永康、柳城、雒容、象、贺、桂平、平南、贵、武宣、宣化、横、马平、容、富川、凌云、临桂、灵川二十一州县歉收地方地丁兵米。

《德宗实录》卷三八三

正月【略】乙卯,【略】蠲缓甘肃泾宁、合水、皋兰、宁、灵、固原六州县暨西固州同所属被灾地亩钱粮草束。丙辰,【略】蠲缓湖南安乡、益阳、武陵、龙阳、临湘、沅江、华容、澧、南洲、湘阴、零陵、衡山、醴陵、清泉、攸、茶陵十六厅州县暨岳州卫被灾地方钱漕芦课(折包)。豁免云南河西县属被灾田粮。

《德宗实录》卷三八四

二月【略】庚辰,谕军机大臣等,给事中高燮曾等奏,湖北米价翔贵,请饬平粜一折。据称,湖北近省数府产米不敷民食,向仰给于湖南,上年湖南被灾,颗粒不能入境,以致米价翔贵。【略】蠲缓吉林敦化县被灾乡村租银。

《德宗实录》卷三八五

三月【略】辛丑,【略】蠲缓广西宾州被旱田亩上年应征钱粮(折包)。【略】己未,【略】湖南巡抚陈宝箴【略】又奏:湘省上年被旱歉收,民情困苦,至于茹草饿殍,赖各省拨款协济,前后三十余万,灾黎始有生机。【略】广西巡抚史念祖奏:上年柳、庆、南、太思、浔等府属被旱歉收,招商采运接济。报闻(折包)。【略】癸亥,【略】河南巡抚刘树堂奏,太原、扶沟、西华、淮宁、杞、通许、鄢陵等县麦苗被虫伤,考成法及早捕除并筹接济。报闻(折包)。

《德宗实录》卷三八七

四月【略】辛未,谕军机大臣等,张之洞等奏,知县遏籴激众,致酿重案,据实参奏一折。上年湖北省沿汉一带灾荒,商贩前往随州、应山购米,由安陆县出境。知县张源深轻听绅士之言,辄行出示禁阻,迨该商人禀府放行,又不妥为弹压保护,激成众忿,以致匪徒藉端滋扰。误将路过之知府汪元庆揪扭,并殴伤家丁,抢劫衣物多件。该县办理此事,始终乖谬,著即行革职。该米商船户等胆敢随同痞匪,挟忿逞凶,实属目无法纪。

《德宗实录》卷三八八

五月【略】丙申,蠲免云南恩安县属被灾地方额赋(折包)。【略】庚子,【略】河南巡抚刘树堂奏,太康等县麦苗因旱受伤,拨款抚恤。报闻(折包)。

《德宗实录》卷三九〇

五月【略】癸丑,【略】豁免云南鹤庆州被灾田亩应征粮米(折包)。【略】癸亥,【略】守护东陵大臣溥龄等奏,松树生虫,饬属搜拿。得旨:即著派员实力搜拿,务期净尽。

《德宗实录》卷三九一

六月【略】丁卯,【略】又谕:李秉衡奏,【略】本年山东黄河伏汛骤涨,五月十八日下游利津县北岸赵家菜园因值风狂浪急,抢护不及,致将堤身刷塌七八十丈,水由东北土塘顺流而下,与吕家洼倒漾之水相接,在事员弁实属疏于防范。【略】庚午,【略】浙江巡抚廖寿丰奏报,德清县属风灾。得旨:该县猝遭风灾,情形甚重,著该抚饬属妥为抚恤,毋任灾民失所(折包)。【略】辛未,【略】缓征甘肃宁、灵、固原等厅州被灾各地方银米(折包)。【略】癸未,谕军机大臣等,电寄依克唐阿等,大东沟东北一带海潮漫溢,被灾甚重,著该将军等妥为抚恤,毋令失所。至被灾地方究系何厅县,著查明具奏(电寄)。【略】乙酉,谕内阁:福润奏,安徽潜山、英山二县五月间阴雨过多,蛟洪陡发,以致县境被淹,情形较重,现办筹抚等语。【略】丙戌,谕内阁:张之洞等奏湖北应山等县被水情形,分别办理一折。五月间,湖北应山、孝感、罗田三县蛟水猝发,田庐被淹。应山县并查有伤毙人口情事。现经该督等拨款派员,前往赈抚。

《德宗实录》卷三九二

七月【略】丁酉,谕内阁:王文韶奏,永定河堤工漫口,分别参办,并自请议处一折。本年六月后大雨时行,永定河水势涨发,险工迭出。二十三日北六工之八号堤顶漫溢,二十四日北中汛七号又复漫水,掣夺全河大溜,口门宽至百余丈,该管各员疏于防范。【略】又谕:顺天府奏,东南两路各州县被水,现办大概情形一折。本年六月二十三日,永定河漫口,大兴、宛平、东安、武清、永清等县地方被水灾民亟须抚恤。业经孙家鼐等派员前往查勘,办理急赈。【略】壬寅,【略】河南巡抚刘树堂奏,信阳等州县被水,筹办赈抚。【略】乙巳,【略】谕内阁:本年六月以来大雨时行,永定河水势漫

溢，顺直各属被灾小民荡析离居，深堪悯恻。加恩著将江苏河运漕米五万石、江北河运漕米五万石，即在天津就近截留放赈。【略】癸丑，谕内阁：依克唐阿等奏，安东县大东沟地方海潮漫溢成灾，请旨赈抚一折。本年六月十三四等日大雨滂沱，海水暴涨，以致安东县大东沟等处居民房屋冲塌，压毙人口。当经依克唐阿等委员办理急赈，惟念海滨民情本多瘠苦，现又罹此奇灾，荡析离居，实堪悯恻。【略】另片奏，海城县等处，东、西没沟营地方，河水漫溢成灾，均有坍塌民房情事，以及盖平等处亦均被水灾，著一并妥筹抚恤，以慰灾黎(现月)。【略】乙卯，【略】湖南巡抚陈宝箴奏，湘乡县蛟水陡发，受灾甚重，已筹款妥实赈给。【略】丙辰，湖广总督张之洞等奏，罗田等六县山水、蛟水并发，房屋多被冲倒，田地多被沙压，小民荡析离居，分别拨款工赈兼施，俾资拯救。【略】己未，【略】署陕甘总督陶模奏，甘肃各属间有被水、被雹之区，覆勘赈济。【略】陕西巡抚魏光焘奏，榆林等州县被雹、被水，妥筹抚恤。

《德宗实录》卷三九三

八月【略】乙丑，【略】直隶总督王文韶奏，顺直各属水灾，请接办推广赈捐，以资接济。下部议(早事)。【略】丁丑，【略】山东巡抚李秉衡奏，章丘县境水灾，并陈赈抚情形。报闻(折包)。【略】己巳，【略】署河东河道总督任道镕奏，黄、沁两河水势盛涨，两岸要工均经修守平稳。报闻(折包)。【略】乙亥，【略】盛京将军依克唐阿等奏，省南各属被灾，请拨余存仓米以资赈济。允之(折包)。【略】丙子，【略】山西巡抚胡聘之奏，晋省阳曲等厅州县被水地方，现饬查勘抚恤。【略】又奏，杀虎口税厅被雨冲没，委员查勘。下部知之(折包)。【略】丁亥，【略】署吉林将军延茂等奏，三姓等处地方猝被水灾，拨给仓谷，以备急赈。

《德宗实录》卷三九四

九月【略】己亥，【略】谕军机大臣等，溥龄奏，松树生虫，现经饬属设法搜捕情形一折。据称，各陵仪行松树暨海地树株，本年入夏间有生虫，已严饬该管员弁竭力搜捕，八月间忽又生虫，较前愈盛，查勘情形轻重不同等语。陵寝海地仪行松株遇有虫蚀，即应随时捕拿，著溥龄、麟嘉、文瑞严饬所属员弁，设法上紧搜拿，毋令稍留余孽，将此各谕令知之。【略】癸卯，【略】黑龙江将军恩泽等奏：江省呼兰等处官屯民田连被水灾，生计艰难，派员查勘，分别轻重办理。【略】丙午，【略】广西巡抚史念祖奏：平乐府属永安州地方收成歉薄，粮价稍昂，该署知州江鉴谕令各里出粜义仓，并暂禁米谷出境，讵有素不安分之贡生姚泽新等，藉端阻拦，聚众哄闹，事后逃匿，饬属严拿惩办。【略】丁未，【略】署吉林将军延茂奏：官庄等处连被水灾，分别委勘筹赈。【略】又奏：珲春三岔口各地方大雨水涨，致将垦民房屋田禾冲压，被灾甚重，派员履亩确勘情形。【略】己酉，【略】陕西巡抚魏光焘奏：安定县等处被雹、被水，饬该管道府查勘是否成灾，并将冲开堤口赶紧修筑，宣泄积水以便播种春麦，藉资接济。【略】辛亥，署甘肃新疆巡抚饶应祺奏：迪化等属被蝗、被雹成灾，现筹赈抚情形。得旨：著派员覆勘被灾轻重，分别抚恤。【略】乙卯，【略】署吉林将军延茂奏：珲春等处水灾较重，拟请截留应解部库洋药捐输银两作为赈抚，以拯灾黎。允之。

《德宗实录》卷三九五

十月壬戌朔，【略】湖广总督张之洞奏江汉被淹地方现筹赈抚情形。【略】甲子，【略】谕军机大臣等，本年顺天直隶雨水过多，田禾被淹，降旨饬催湖南漕折银两，各省应解备荒经费银两，接济赈需，并截留江苏河运漕米五万石、江北河运漕米五万石，谕令王文韶会同孙家鼐、胡燏棻，饬属核实散放。奉天安东、盖平等处被水，先后准如依克唐阿所请，截留运通小米，又提拨湘军未领小米并各城存留省仓小米，共一千二百八十石，东边木税项下拨银二三万两，赈恤灾区。吉林三姓、珲春等处被水，先后准令延茂等动拨伯都讷额存仓谷三千石，截留洋药捐输税银二万三百余两，酌拨赈济。【略】湖北各属被水，先后准令张之洞等筹拨应山县银一千两，罗田县银二千两、米五千石，麻城县银五千两，黄冈县银二千两，蕲水县银一千两，江陵、监利二县共银二千两，分别赈恤。另拨麻城、江陵二县米各三千石，黄冈县米二千石，蕲水县米一千石，减价平粜。湖南湘阴县被水，准令陈宝箴筹拨制钱五千串赈济。浙江德清县被风，准令廖寿丰动拨洋银三千元酌量抚恤。广东高州府属被风，准令谭钟麟筹拨银九千两办理急赈。河南太康县麦苗因旱生虫，准令刘树堂筹拨银三千两核实散放，以示体恤。其安徽潜山等县、湖南醴陵县、山东章丘县、山西阳曲等厅州县、河南信阳等州县均被水，陕西榆林等州县被水、被雹，甘肃秦州等属被雹，新疆迪化、疏勒二属被蝗、被雹，广东广州、肇庆各属州县被风，经该督抚等查勘抚恤，小民谅可不至失所。【略】再，黑龙江呼兰等处，及湖南巴陵、湖北荆门等州县，江西进贤县均被水；陕西安定县被雹，长安县被水，经该将军督抚等委员查勘，即著迅速办理。【略】癸未，【略】蠲豁直隶武清、宝坻、宁河、霸、保定、文安、大城、永清、东安、大兴、宛平、雄、安、高阳、献、阜城、天津、青、静海、深、饶阳二十一州县被水、被潮、被雹地方应征本年下忙钱粮并一切杂课。其通、清苑、河间、东光、沧、南皮、玉田、武强、香河、安肃、任丘、交河、景、吴桥、盐山、庆云、无极、唐山、内丘、任、大名、丰润、武邑、安平二十四州县，暨开、东明、长垣三州县被灾较轻地方应征钱粮杂课并缓征(现月)。乙酉，【略】陕西巡抚魏光焘奏华州等处被水情形。

《德宗实录》卷三九六

十一月【略】辛丑，【略】缓征安徽泗、灵璧、凤台、宿、颍上、亳、五河、建平、东流、定远、和、芜湖、无为、寿、潜山、宣城、怀远、英山、霍邱、天长 、怀宁、当涂、繁昌、庐江、巢、阜阳、涡阳、宿松、贵池、铜陵、合肥、盱眙三十三州县，暨宣州、建阳、安庆、庐州、凤阳、长淮、泗州七卫被水、被旱、被风、被虫地方额赋漕粮，节年原缓银米并杂课有差(现月)。【略】己酉，谕内阁：鹿传霖奏绥定等处被灾情形筹办赈济一折。四川绥定、夔州、酉阳三府州属本年自春徂秋阴雨过久，山多塌裂，倾压民房，各处河水陡涨漫溢，被灾情形甚重。览奏，殊深悯恻。辛亥，【略】蠲免甘肃河、狄道、沙泥、西宁、大通、碾伯、巴燕戎格、循化、洮九厅州县被雹地方新旧额赋并杂课有差。【略】甲寅，谕内阁：前据溥龄等奏，东陵仪行松树暨海地树株夏秋之交，虫蚀情形甚重，现值冬令仍未净尽。著派长萃、英年前往东陵，会同溥龄等，敬谨查看，多派弁兵赶紧搜捕，据实具奏(现月)。谕军机大臣等，九月间，据溥龄等奏，陵寝仪行松树暨海地树株，夏令间有生虫，入秋愈甚，当谕令饬属上紧搜拿，乃时经两月，搜捕情形未据覆奏。本月奏，报回乾树株折内，亦无一字提及。是溥龄等之办事，颟已可概见，昨日载漪等回京，于召见时面奏，树株被蚀情形甚重，并有飞蛾作茧悬挂树间，尚未剔除等语。深堪诧异。本日已明降谕旨，派长萃、英年前往东陵，会同溥龄等，周历各陵仪行松树、海地树株及后山一带树株，详细查看，多派弁兵，赶紧搜拿，务期一律净尽，毋留余孽。并著户部拨银三千两，以为弁兵搜捕松虫工食之用。长萃、英年著俟捕拿完竣后，再行回京，毋得草率从事。将此各谕令知之(现月)。

《德宗实录》卷三九七

十二月【略】乙丑，【略】四川总督鹿传霖奏，川省东乡等州县被灾各属，饬该管道府预筹接济，以免灾民乏食。【略】丙寅，【略】蠲缓奉天锦、广宁、辽阳、承德、新民五州厅县被水旗民各村屯新旧赋额有差(现月)。蠲缓盛京内务府伍田被灾各村屯新旧额赋有差(现月)。【略】戊辰，【略】陕甘总督陶模奏：甘肃被兵、被水各属，难民众多，筹拨赈款接济。下部知之。【略】己巳，【略】蠲缓江苏上元、江宁、句容、江浦、溧水、六合、山阳、阜宁、清河、桃源、盐城、高邮、泰、东台、江都、甘泉、泰兴、仪征、兴化、宝应、铜山、丰、沛、萧、砀山、邳、宿迁、睢宁、海、沭阳、赣榆、通、如皋、海门三十四州厅县被旱、被淹并卫地、屯地、未垦荒地新旧赋额有差(现月)。蠲缓山东齐东、青城、利津、蒲台、濮、章丘、东平、博兴、乐安、惠民、滨、寿张、阳谷、济宁、历城、邹平、长山、新城、齐河、济阳、临邑、禹城、临清、长清、德、肥城、东阿、平阴、阳信、乐陵、商河、邹、菏泽、曹、范、朝城、聊城、堂邑、馆陶、鱼台、郓城、沾化、平度、昌邑、汶上、巨野、观城、莘、冠、恩、海丰、日照、临淄、高苑、寿光、掖、潍、德平、平原、滋阳、曲阜、宁阳、泗水、滕、峄、单、武城、清平、夏津、邱、金乡、嘉祥、兰山、郯城、费、莒、沂水、益都、昌乐、文登、荣成、陵八十二州县被灾各地新旧赋额有差(现月)。庚午，谕军机大臣等，长萃等奏查勘各陵松虫情形，开单呈览，并现筹办法一折。各陵树株虫蚀情形颇重，而西北一带尤甚，该侍郎

等现已派摊兵丁二千余名，分投搜捕，即著会同溥龄等，督饬实力搜拿，切勿迁延时日为要。另片奏，风水围墙以处及后大山一带，拟援照捕蝗之法，令民间搜交，设局收买等语。【略】甲戌，【略】又谕：长萃等奏，连日大雪，暂停搜捕松虫一折。据称，本月初九日，降雪八寸有余，该处将弁暨土人传说，雪后松虫可期消灭，现在人力难施，已令兵丁等暂行停捕，可否先行回京等语。大雪杀虫，虽向有此说，未知将来情形究竟若何，著俟雪融后，将实在情形详细履勘。应否回京，再行请旨。将此谕令知之(现月)。【略】乙亥，【略】蠲缓湖北监利、江陵、咸宁、嘉鱼、汉阳、汉川、黄陂、孝感、沔阳、黄冈、蕲水、麻城、黄梅、钟祥、京山、潜江、天门、应城、公安、石首、松滋、枝江、荆门、罗田、江夏、武昌、蒲圻、广济二十八州县被淹、被旱地方新旧赋额有差(现月)。　《德宗实录》卷三九八

十二月丙子，【略】谕军机大臣等，有人奏，陕西商州一带被灾，州县官隐匿不报，请饬查办等语。【略】丁丑，【略】蠲缓浙江仁和、钱塘、海宁、富阳、嘉兴、秀水、嘉善、海盐、平湖、石门、桐乡、归安、乌程、长兴、德清、武康、安吉、孝丰、山阴、会稽、萧山、诸暨、上虞、建德、遂安、余杭、临安、新城、于潜、昌化、鄞、慈溪、奉化、镇海、象山、余姚、新昌、嵊、临海、黄岩、太平、天台、宁海、仙居、金华、兰溪、东阳、义乌、永康、武义、浦江、汤溪、西安、龙游、常山、开化、淳安、寿昌、桐庐、分水、永嘉、乐清、瑞安、平阳、泰顺、玉环、丽水、缙云、青田、龙泉、宣平七十一厅州县，暨杭严、嘉湖、台、衢四卫二所被旱、被水、被风、被虫及山塘荡漤未垦、新垦各地新旧赋额有差(现月)。蠲缓江苏长洲、元和、吴、吴江、震泽、常熟、昭文、昆山、新阳、娄、金山、青浦、武进、阳湖、无锡、金匮、江阴、宜兴、荆溪、丹徒、丹阳、金坛、溧阳、太仓、镇洋、太湖、靖江二十七厅州县，暨苏州、太仓、镇海、金山、镇江五卫被灾地方银课粮赋有差。【略】己卯，蠲缓浙江仁和、海沙、鲍郎、芦沥、横浦、浦东、杜渎、钱清、西兴、长亭十场未垦荡田暨被灾灶地新旧课额有差(现月)。【略】庚辰，【略】蠲缓直隶文安、霸、静海、大城、安、河间六州县被水地方粮赋有差。【略】壬午，【略】蠲缓河南太康、武陟、商城、祥符、陈留、杞、郑、荥泽、汜水、商丘、宁陵、永城、鹿邑、虞城、夏邑、睢、柘城、考城、南阳、汤阴、临漳、内黄、汲、新乡、辉、获嘉、淇、延津、滑、浚、封丘、河内、济源、修武、孟、温、原武、阳武、洛阳、偃师、孟津、宜阳、永宁、安阳、内乡、裕、叶、淮宁、项城、沈丘、扶沟、固始、尉氏、光山、中牟五十五州县被灾各地新旧赋额有差(折包)。【略】甲申，【略】署吉林将军延茂奏，吉林所属三姓等处旗民被灾较重，分别给赈，不敷银两请饬部照数指拨。允之。蠲缓吉林马厂、三道喀萨哩、陈屯、玛延、宁古塔、珲春、阿勒楚喀、伯都讷、双城厅、双城堡、五常厅、三姓、永凝社、鄂勒国穆索、拉林马拉各属被灾官庄旗地新旧钱粮仓谷有差(折包)。【略】丁亥，【略】谕军机大臣等，长萃等奏履勘松虫实在情形一折。各陵树株松虫，雪后冻毙者不过十之一二，其伏在树皮内者，虽冻仍能蠢动，该侍郎等拟自正月初六日起，仍用兵丁捕拿。际此天气严寒，虫尚蛰伏，搜捕较易，务当督饬兵丁实力捕拿，一面广为收买，以期早日净尽。所请添拨经费银五千两，本日已谕令户部如数拨给，即著派员赴部领取。另片奏，请饬直隶总督采买百部草等语，已谕知王文韶，饬属采办解用。惟百部草虽能杀虫，恐浇灌有碍树株，著该侍郎等尤当详加体察，总以保护树株为主，切勿轻率从事。将此谕令知之。【略】蠲缓山西阳曲、太原、榆次、文水、浮山、吉、大同、怀仁、山阴、朔、代、河曲、河津、武乡、丰镇、宁远、归化、和林格尔、清水、萨拉齐二十厅州县被水、被雹、被冻各地新旧正赋暨杂赋有差(现月)。　《德宗实录》卷三九九

## 1897年 丁酉 清德宗光绪二十三年

正月【略】壬辰，缓征直隶通、武清、宝坻、宁河、霸、保定、文安、大城、永清、东安、大兴、宛平、清苑、雄、安、高阳、河间、献、阜城、东光、天津、青、静海、沧、南皮、开、东明、长垣、玉田、深、武强、饶阳、香河、安肃、任丘、交河、景、吴桥、盐山、庆云、无极、唐山、内丘、任、大名、丰润、武邑、安平四十

八州县被水地方地丁钱粮暨各项杂课有差(现月)。【略】癸巳,【略】缓征江西新建、进贤、新淦、莲花、庐陵、永丰、安福、永新、建昌、安义、德化、德安、丰城、瑞昌、万安、彭泽、余干、湖口十八厅县被灾村庄地丁钱粮有差(现月)。甲午,【略】缓征山东济宁、历城、邹平、长山、新城、齐东、东平、东阿、青城、阳信、乐陵、蒲台、邹、阳谷、寿张、菏泽、曹、郓城、濮、堂邑、恩、博兴、高苑、寿光、昌邑、潍、临清、临邑、济阳、禹城、长清、德、感化、平阴、惠民、海丰、商河、利津、沾化、范、朝城、聊城、馆陶、临淄、乐安、掖、滨、肥城、齐河、平度、鱼台五十一州县,暨德州、临清二卫被灾地方钱粮杂课有差(现月)。【略】癸卯,【略】安徽巡抚邓华熙奏:安徽省光绪二十一年荒灾歉收,缓征光绪二十二年各营兵米,请动款拨补支放。允之(折包)。【略】戊申,缓征湖南安乡、醴陵、武陵、沅江、龙阳、澧、华容、巴陵、临湘、湘阴十州县被水地方钱粮有差(现月)。【略】辛亥,【略】谕军机大臣等,张之洞等电奏,湖北上年被灾甚广,请截留漕米及运费,以充工赈等语。癸丑,【略】谕内阁:前据御史彭述等奏参,贵州巡抚嵩崑需索供应各节,当经谕令崧番、黄槐森确查具奏。兹据查明奏称,嵩崑虽无需索供应、讳灾不报等情,惟二十一年间,贵州地方秋收歉薄,前藩司唐树森并不据禀委勘,嵩崑亦未严行催司赶办详奏。遵义被灾最重,不将直隶拨赈银两全数给发赈济,又纵令门丁和龄与县丞梁秉钧往来交结,致滋物议。殊属疏于觉察,嵩崑著交部议处。【略】戊午,【略】又谕:国子监司业黄思永奏,翻垦沙压地亩,以免久荒一折。据称,上年永定河决,大兴、宛平、永清三县当冲之地积沙甚厚,欲将浩瀚之沙全数挑去,无地可容,惟有翻垦之法,尚可播种。所需垦费,现届春融,可以工代赈,其义绅所筹春抚款项,亦可协助等语。【略】又谕:有人奏,【略】川省去秋荒歉,百物腾贵,官民交困,请饬抚恤补救等语。

《德宗实录》卷四〇〇

二月【略】壬戌,【略】谕军机大臣等,电寄鹿传霖,电悉。夔、绥、忠三属被灾,青黄不接,著匀拨仓谷,集捐购粮,妥为赈抚,并准其开办赈捐,以资接济。至夔州系长江上游,饥民出掠,虽经解散,尤宜严切镇抚,毋任流离失所,激生事端(电寄)。【略】蠲缓甘肃环、礼二县被灾地方银粮有差(折包)。【略】乙丑,谕军机大臣等,理藩院奏,青海年班来京之王贝子等呈称,回匪虏掠,复被旱灾,请赏给赈银。戊辰,【略】贵州巡抚嵩崑奏,黔省地尽荒芜,以故各属钱粮未能征收,现设法垦种荒地,冀复原额。下部知之(折包)。【略】庚午,【略】谕内阁:李秉衡奏,凌汛异涨,历城等处民埝冲塌成口,现筹堵合情形,请将在事各员暂缓参处,并自请议处一折。本年正月二十二日,山东历城、章丘地方因冰凌壅塞,水势陡涨,以致民埝被决,小沙滩口门宽至二十余丈,胡家岸口门宽至四十余丈,水由郭宗寨经齐东等县入海。此次民埝冲刷,既据该抚声明,实因冰厚水猛,去路塞积,人力难施。【略】壬申,谕内阁:长萃等奏搜捕松虫一律净尽一折。所有各陵仪行、海地及后山一带各树松虫,既据该侍郎等奏称,一律搜捕净尽,长萃、英年著即行回京供职。嗣后应如何随时搜捕之处,著责成溥龄等督率兵役认真办理(现月)。【略】癸酉,黑龙江将军恩泽【略】又奏,江省被灾粮贵,拟由广储夫价银内垫购各营勇粮以备军食,下部知之(折包)。【略】庚辰,谕内阁:本日召见长萃、英年,据该侍郎等面奏,刻下东陵各树株,虽经竭力搜拿,惟虫灾情形甚重,去年夏令已有萌芽,迨至秋间,蔓延愈广,该守护大臣不将实在情形早为奏明,以致搜捕诸多棘手等语。

《德宗实录》卷四〇一

三月庚寅朔,【略】蠲缓直隶文安、天津二县积水地亩粮银(折包)。【略】乙未,湖广总督张之洞等奏湖北被灾情形,以宜昌各州县,施南之建始、恩施、咸丰、来凤,郧阳之保康、房县、竹溪等县为最重。该三府穹远,距省一千数百里,最远或二千里,灾区甚广,拨银截漕,工赈兼筹,地方尚属安静。下部知之(折包)。【略】丙申,【略】御史张仲炘奏,湖北灾区甚广,请宽拨银米,饬地方官切实办理一折。据称,湖北郧阳、宜昌、施南各属,上年因旱潦迭乘,颗粒无收,被灾情形极为惨苦,地方官相率讳匿。截漕之旨已下,而办赈尚无明文。附近荆门所属之当阳县饥民已藉故滋事,宜昌、川东

一带亦均蠢动，现在三府被灾丁口约在百万以外，仅恃官筹绅助，既难周遍，亦患迟延等语。【略】己亥，【略】山东巡抚李秉衡【略】又奏，东省连年水灾，赈繁款巨，三成赈捐仍难停止，请再展限一年。下部议(折包)。

《德宗实录》卷四〇二

三月【略】戊申，【略】谕内阁：朕钦奉慈禧【略】皇太后懿旨，四川川东一带，湖北郧、宜、施等属均因上年秋雨为灾，冬间又复亢旱，民情均形困苦，深堪悯恻。著于宫中节省内帑项下赏给四川银十万两、湖北银五万两，交鹿传霖、张之洞妥速赈济，以全民命。【略】谕军机大臣等，朕闻四川川东一带去年秋霖为灾，饥民众多，时深廑念。【略】镇国公溥龄等奏，二月二十三日奉谕搜捕松虫，自十四日起，拣派役夫四百名，并马兰镇各段兵丁九百名，在于海地按段详查，设法搜拿，务使尽绝，以弭后患。得旨：仍著上紧搜捕，毋致萌生(折包)。【略】辛亥，【略】豁免贵州铜仁、青溪两县被水田亩应征粮赋(折包)。

《德宗实录》卷四〇三

四月【略】辛未，【略】守护东陵大臣溥龄等奏，搜捕松虫经费不敷，请续拨银三千两。下部知(折包)。【略】乙酉，【略】河南巡抚刘树堂奏，上年秋禾不丰，酌拨常平仓谷出粜，接济南阳等处民食。报闻(折包)。

《德宗实录》卷四〇四

五月【略】壬辰，【略】谕军机大臣等，载信奏，松树生虫，督饬搜捕一折。据称，慕陵、慕东陵各地面松树现生小虫，恐致滋漫，赶紧搜捕等语。陵寝树株关系紧要，现当萌孽初生，搜捕自易为力，著载信等严饬各员弁迅速捕拿，务期一律净尽。将此谕令知之(现月)。《德宗实录》卷四〇五

六月【略】辛未，谕军机大臣等，毓岷等奏，松虫搜捕未尽，所需款项，前领八千两，约计仍恐不敷，现在直隶藩库拨给运米脚费等项银三万两，业已解到，拟即于此项内暂行挪用，将来再行统核数目，请领归还等语。搜捕松虫，迭次所拨银两实已不少，现届大雨时行，松虫情形当较轻减，搜捕自亦易于净尽。所需经费著于运米脚费项下拨用三千两，此款将来不得由部请领归还，嗣后亦不准再行续请拨款，以昭核实。将此谕令知之(现月)。【略】己卯，【略】湖广总督张之洞等奏，崇阳等县被灾，现办赈抚情形。得旨：崇阳猝被山水，情形最重，其余被灾处所，均著一面疏消，一面上紧赈抚(折包)。【略】辛巳，【略】又谕：御史徐道焜奏，江西水灾，赈济宜速一折。本年春夏之交，江西地方雨水过多，江湖并涨，以致各州县田庐被淹，灾区甚广，饥民众多。览奏，殊深悯恻。【略】癸未，【略】四川总督鹿传霖奏，夔、绥灾广赈繁，酉阳又被雹伤，需款尤巨。请照案截广赈捐，以资拯救。允之(现月)。【略】江西巡抚德寿奏，进贤等县雨水过多，低区洲地多被淹浸，经分别饬令，设法疏消积水，及时补种。

《德宗实录》卷四〇六

七月【略】乙未，河南巡抚刘树堂奏：据裕州禀报，山水暴发，村庄田庐间被冲淹。又，洧川县阜民堡地方，雨中带雹，秋禾间有摧损，分别委员查勘，察酌办理。【略】己亥，【略】陕西巡抚魏光焘奏，各属被灾，分别赈抚。得旨：镇坪地方被灾甚重，著妥为抚恤，其余被水、被雹处所并著一并查勘，分别办理(折包)。【略】辛丑，【略】湖南巡抚陈宝箴奏：澧州南洲厅及湘阴、华容等县水势涨发，湖田被淹，赶饬设法疏消。又永定县西乡陡被蛟水冲毁田屋，淹毙人命，业饬迅筹抚恤。【略】癸卯，【略】缓征顺天东安县褚河港水灾地方钱粮。【略】庚戌，【略】安徽巡抚邓华熙奏：安庆等十三府州属晴雨欠调，江淮并涨，低洼悉被淹浸，沿江圩堤防护情形。【略】江西巡抚德寿奏：义宁州等属山水暴涨，田庐被淹，分别查勘，量予抚恤。【略】甲寅，山西巡抚胡聘之奏：平遥县属普洞村因山势低陷，连房屋全行陷没。得旨：山陷地中，事所罕有，该处被灾户口，著妥为抚恤。

《德宗实录》卷四〇七

八月【略】甲子，【略】陕西巡抚魏光焘奏：安定、米脂被雹，咸阳被水，遵章核勘，妥筹抚恤。【略】丙寅，【略】陕甘总督陶模奏夏秋禾苗被雹、被水大概情形。《德宗实录》卷四〇八

八月【略】癸酉，【略】又谕：松椿奏，湖河伏汛续涨，照章启坝一折。前据刘坤一电奏，本年水势





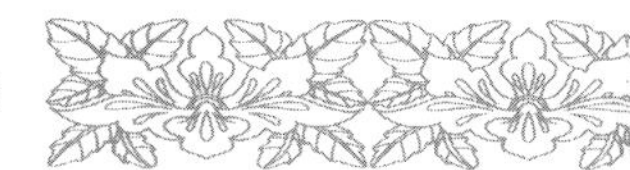

盛涨，早愈启坝定制，八月初四、初五等日先后启放车逻、南关两坝，业经谕令严守东、西两堤，毋致溃溢。兹据该漕督奏称，两坝启放以后，东南风紧，宣泄不畅。【略】湖广总督张之洞等奏，恩施、郧、东湖等县被水，急筹赈抚。得旨：恩施等县连年被水，灾情甚重，著该督等饬属认真抚恤，毋任失所（折包）。【略】庚辰，【略】江西巡抚德寿奏，夏间多雨，义宁等二十五厅州县被水，已据查覆，分别抚恤。【略】辛巳，【略】云南巡抚黄槐森奏，石屏等四州县被旱、被蛟、被水，委勘赈抚。【略】乙酉，【略】甘肃新疆巡抚饶应祺奏：呼图璧地方被蝗成灾，酌量赈抚。报闻（折包）。【略】蠲缓新疆迪化、疏勒二属上年被蝗、被雹地方应征粮草（现月）。丙戌，【略】乌里雅苏台将军崇欢等奏，戍守官兵日需米面，向由古城采买，现因该地蝗灾，请暂改由归化城购办。报闻（折包）。

《德宗实录》卷四〇九

九月【略】丙申，【略】陕西巡抚魏光焘奏：大荔县属渭水陡涨，损伤田禾，业已成灾，饬行该管道府，覆勘筹抚。【略】辛丑，【略】又奏：顺直水灾，工赈需款，请展办赈捐一年。允之（折包）。【略】癸卯，【略】安徽巡抚邓华熙奏，五河县被水成灾，筹拨银款，妥为抚恤。【略】己酉，谕内阁：本年入夏以来，据邓华熙先后奏称，安徽各属晴少雨多，迭经谕令查明被水处所，随时抚恤。兹据御史潘庆澜奏，安徽凤、颍、泗各属水灾过重，亟宜速赈一折。本年春初，凤、颍、泗地方亢旱之后，继以淫雨，二麦被灾。六月中，大雨十余昼夜，六安一带山水下注，沙、涡、淮河同时泛溢，陇亩庐舍一片汪洋，小民荡析离居，深堪悯恻。【略】壬子，【略】贵州巡抚王毓藻奏，仁、怀、婺川等县被灾赈抚。【略】丙辰，谕军机大臣等，四川川东一带上年灾情甚重，本年三月间，钦奉懿旨，特颁内帑银十万两，复由户部筹拨银十万两，交鹿传霖办理赈抚，并准其开办赈捐。嗣据该前督奏报，酉阳州属本年又复被水、被雹，当照所请，推广赈捐，俾资接济。湖北郧阳、宜昌、施南等府属亦因上年灾区过广，准张之洞等电请截留漕米三万石，办理春抚。嗣蒙懿旨，赏给内帑银五万两，并准张之洞等奏请，推广捐输，俾作赈抚之需。王文韶奏，顺天武清等县，直隶天津等县洼地被淹，请将现办推广赈捐，接展一年，当经允准。广东嘉应州属五六月间迭遭大雨，山水涨发，准许振祎奏请拨银五千两抚恤灾区。其安徽五河县，湖北天门、崇阳、恩施等县，江西宁义等厅州县，湖南桑植等县，贵州仁怀等处被水；云南石屏等州县被旱、被水，陕西绥德州及平利县所属地方被水、被雹，山东福山、栖霞二县所属地方被火，甘肃新疆呼图壁等处被蝗，均经该督抚等查勘抚恤，小民谅可不至失所。【略】再，湖南南州厅等处被水，甘肃金县等处、陕西安定等县被水、被雹，大荔等县被水，云南宾川州被旱，广西灌阳等州县收成歉薄，经该督抚等委员查勘，即著迅速办理。

《德宗实录》卷四一〇

十月【略】甲戌，【略】两广总督谭钟麟等奏，雷、琼、高三属风灾，派员察看抚恤。【略】辛巳，【略】陕西巡抚魏光焘奏，安定等县冰雹成灾，饬属分别赈抚。得旨：安定、肤施二县被雹村庄，著饬属勘明，分别办理。湖南巡抚陈宝箴奏，邵阳、新化二县交界处所被水成灾。饬属妥筹抚恤。【略】壬午，【略】蠲缓直隶武清、宝坻、蓟、霸、文安、大城、东安、大兴、宛平、昌黎、安、高阳、献、天津、静海、饶阳、乐亭、清苑、永平、深、通、三河、香河、宁河、保定、顺义、滦、安肃、雄、任丘、青、沧、南皮、盐山、鸡泽、大名、蔚、龙门、玉田、武强四十州县被水灾歉地方粮租杂赋，其开、东明、长垣滨河三州县被水村庄粮赋并蠲缓（现月）。【略】甲申，【略】两江总督刘坤一等奏，徐、海等属低区被淹，民情困苦，拟先筹办抚恤。

《德宗实录》卷四一一

十一月【略】戊戌，【略】广东巡抚许振祎奏，合浦被水，海康、琼山被风，现经拨款，委员量加抚恤。【略】辛丑，【略】谕军机大臣等，御史张兆兰奏，江北饥民甚众，亟宜设法赈恤一折。前据刘坤一等电奏，江苏宿迁等处被灾，业经准留本年江北漕米三万石，尽数改折以备赈抚。兹据该御史奏称，阜宁、安东、沭阳、邳州、宿迁等处水灾甚重，其余各州县收成亦歉，饥民在瓜洲口一带意欲渡江求食，扬州府县截留饥民，不准渡江，恐滋事端等语。【略】壬寅，【略】缓征安徽五河、泗、宿、凤阳、怀远、灵璧、凤台、颍上、无为、建平、望江、亳、铜陵、建德、东流、寿、含山、舒城、定远、阜阳、和、桐城、芜湖、霍邱、宿松、贵池、繁昌、庐江、巢、涡阳、盱眙、当涂、天长 、全椒、怀宁、潜山、太湖、合肥三十八州县，暨建阳、安庆、庐州、凤阳、长淮、泗州六卫被灾村庄钱粮杂课。除凤阳、含山、全椒外，并缓额赋各有差(现月)。【略】庚戌，【略】两江总督刘坤一等奏，江苏徐、海等属水灾较重，需赈浩繁，请开办赈捐一年，以资接济。允之。【略】缓征两淮泰、海二属被风、被潮场灶折价券钱粮(折包)。

《德宗实录》卷四一二

十二月【略】丁巳，【略】山东巡抚张汝梅奏：麦收歉薄，应征漕麦请改征粟米。从之(随手)。【略】癸亥，【略】成都将军兼署四川总督恭寿【略】又奏江北厅等处被灾情形。【略】甲子，谕内阁：张汝梅奏，凌汛暴涨，利津县扈家滩堤埝漫溢成口，现拟赶筹堵合，请将在事各员暂参处一折。本年十一月二十四日，山东利津县地方因连日北风凛冽，上游之水挟冰以行，水势陡涨，致将利津迤下之姜庄民埝冲刷，并将姜庄迤上扈家滩大堤漫决成口，刷宽十三四丈，水由沾化县之洚河入海。此次凌汛失事，据该抚奏称，实因下游水弱，冻结冰集，人力难施。督办河营各员，著照所请，暂缓参处。【略】蠲缓山东齐东、东平、青城、利津、蒲台、濮、乐安、章丘、东阿、平阴、博兴、长清、滨、寿张、历城、邹平、长山、新城、济阳、禹城、临邑、肥城、惠民、阳信、商河、邹、阳谷、菏泽、曹、范、朝城、聊城、馆陶、鱼台、滋阳、昌邑、潍、乐陵、汶上、定陶[1]、巨野、观城、海丰、临淄、高苑、曲阜、宁阳、泗水、滕、峄、单、城武、定陶、堂邑、茌平、博平、冠、高唐、恩、夏津、邱、金乡、嘉祥、兰山、郯城、费、莒、沂水、日照、益都、寿光、昌乐、掖、宁海、文登、荣成七十六州县，暨临清、东昌、德州、济宁四卫被灾村庄新旧赋额租课有差(现月)。乙丑，以雪泽未渥，上诣大高殿祈祷行礼。【略】丁卯，【略】蠲缓湖北汉川、孝感、武昌、咸宁、嘉鱼、崇阳、汉阳、沔阳、黄冈、蕲水、黄梅、广济、钟祥、潜江、天门、应城、江陵、公安、石首、监利、松滋、枝江、荆门、罗田、京山、江夏、大冶、黄陂、蒲圻、麻城三十州县被水村庄新旧赋额租课有差(现月)。缓征湖北孝感、武昌、嘉鱼、蒲圻、崇阳、汉阳、黄冈、蕲水、黄梅、广济、潜江、天门、应城、公安、石首、监利、松滋、荆门、罗田、沔阳二十州县歉收村庄漕粮(现月)。【略】己巳，【略】蠲缓直隶霸、静海二州县被水村庄淀泊租银，其安州积涝地亩租银并豁免(现月)。【略】癸酉，【略】蠲缓吉林双城、三姓被水各厅堡银谷租赋(现月)。蠲缓浙江嘉善、归安、乌程、长兴、德清、武康[2]、仁和、钱塘、海宁、富阳、余杭、嘉兴、秀水、海盐、平湖、石门、桐乡、安吉、孝丰、武康、山阴、会稽、萧山、金华、汤溪、遂昌、临安、新城、于潜、昌化、鄞、慈溪、奉化、镇海、象山、余姚、上虞、新昌、嵊、临海、黄岩、太平、宁海、天台、仙居、兰溪、东阳、义乌、永康、武义、浦江、西安、龙游、常山、开化、建德、淳安、遂安、寿昌、桐庐、分水、永嘉、乐清、瑞安、平阳、泰顺、玉环、丽水、缙云、青田、龙泉、宣平七十二厅州县，暨杭严、嘉湖、台、衢等卫钱漕银米有差(现月)。蠲缓浙江荒废未种田地四万七千一百六顷，新垦民屯田地七十二顷三十亩钱粮米租有差。甲戌，以雪泽未沾，上复诣大高殿祈祷行礼。【略】蠲缓奉天安康县被水村庄钱粮(现月)。缓征浙江仁和、海沙、鲍郎、芦沥、横浦、浦东、钱清、西兴、永嘉、双穗、长亭、杜渎十二场荒芜未垦暨被灾灶荡钱课有差(现月)。【略】丁丑，蠲缓直隶文安、天津二县被水村庄钱粮有差(现月)。缓征河南祥符等五十四州县歉收地亩民欠新旧钱漕(现月)。戊寅，【略】蠲缓山西文水、榆次、襄陵、吉、浮山、应、大同、清水河、萨拉齐、武乡十厅州县被碱、被旱、被蝗、被冻歉收村庄钱粮租课有差(现月)。【略】辛巳，【略】蠲缓江苏长洲、元和、吴、吴江、震泽、常熟、昭文、昆山、新阳、娄、金山、青浦、武进、阳湖、无锡、金匮、江阴、宜兴、荆溪、丹徒、丹阳、金坛、溧阳、太仓、镇洋、太湖、华亭二十七厅州县，暨镇海一卫被灾村庄钱粮漕课有差(现月)。蠲缓江

---

[1] 此处蠲缓山东七十六州县中，见有“定陶”两处，疑有一误。

[2] 此处蠲缓浙江七十二厅州县中，见有“武康”两处，疑有一误。

苏上元、江宁、句容、溧水、江浦、六合、山阳、阜宁、清河、桃源、安东、盐城、高邮、泰、东台、江都、甘泉、仪征、兴化、宝应、铜山、丰、沛、萧、砀山、睢宁、海、沭阳、赣榆、通、如皋、海门、邳、宿迁、高淳三十五厅州县，暨淮安、大河、扬州、徐州、镇江五卫被灾田地钱粮漕银有差(现月)。蠲缓广西养利、崇善、武宣、临桂、灵川、苍梧、雒容、来宾、宜山九州县歉收村庄钱粮有差(现月)。

《德宗实录》卷四一三

## 1898年 戊戌 清德宗光绪二十四年

正月【略】丙戌，缓征直隶顺天武清、宝坻、蓟、霸、文安、大城、东安、大兴、宛平、昌黎、乐亭、清苑、安、高阳、献、天津、静海、永年、开、东明、长垣、深、饶阳、通、三河、香河、宁河、保定、顺义、滦、安肃、雄、任丘、青、沧、南皮、盐山、鸡泽、大名、蔚、龙门、玉田、武强四十三州县被水地方新旧粮租杂赋有差(现月档)。【略】戊子，【略】缓征山东济宁、历城、邹平、长山、新城、齐东、禹城、东平、东阿、阳信、乐陵、蒲台、邹、寿张、菏泽、曹、定陶、博兴、高苑、潍、临清、章丘、齐河、济阳、临邑、长清、肥城、平阴、惠民、青城、海丰、商河、滨、利津、沾化、滋阳、阳谷、郓城、濮、范、朝城、聊城、馆陶、临淄、乐安、昌邑、鱼台、平度四十八州县，暨临清、济宁、东昌三卫，永阜、永利、王家园、东平各场所被灾地方本年上忙赋额租课有差(现月)。缓征江西南昌、新建、进贤、清江、新淦、峡江、莲花、庐陵、吉水、永丰、泰和、万安、安福、永新、鄱阳、余干、万年、星子、都昌、建昌、安义、德化、德安、湖口、彭泽、丰城、金溪、瑞昌二十八厅县，暨南昌、九江二卫被灾地方新旧钱漕租课有差(现月)。【略】乙未，【略】豁免云南建水县被旱村庄上年应完银米。丙申，以节近立春，尚少雨泽，上诣大高殿祈祷行礼。【略】丙午，【略】蠲缓湖南安乡、武陵、沅江、龙阳、益阳、巴陵、澧、南洲、华容、临湘、湘阴十一厅州县及岳州卫被水地方钱漕租课有差(现月)。【略】壬子，【略】蠲免云南石屏、昆明二州县被灾地方上年应征银米。

《德宗实录》卷四一四

三月【略】壬寅，【略】安徽巡抚邓华熙奏：灵璧、宿、泗等处灾重户多，春抚需款添拨济用。下部知之。【略】乙巳，【略】豁除湖南新化县属永清、永固等围被水冲刷田亩原额钱粮(折包)。

《德宗实录》卷四一六

闰三月甲寅朔，【略】山东巡抚张汝梅奏，沂州府属流民假托逃荒，沿途乞食，稍不遂意，恃众逞凶，已经饬属示禁，给资递回。【略】壬午，谕军机大臣等，电寄刘坤一等，孙家鼐、胡燏棻奏，安徽凤、颍、泗等属灾重日长，宜亟拯济，【略】安辑灾黎，毋使流而为匪，是为至要(电寄)。

《德宗实录》卷四一七

四月【略】癸巳，以雨泽稀少，上诣大高殿祈祷行礼。【略】辛丑，以雨泽稀少，上复诣大高殿祈祷行礼。

《德宗实录》卷四一八

五月【略】甲寅，以雨泽仍未沾足，上亲诣大高殿祈祷行礼。【略】甲子，以甘霖渥沛，上诣大高殿报谢行礼。

《德宗实录》卷四一九

五月【略】辛未，【略】豁免云南禄劝县属被水地方钱粮(折包)。【略】戊寅，【略】陕西巡抚魏光焘奏：长安等各州县被水、被雹，先后批饬该管道府州分别履勘，赶紧疏消积水，补种秋粮，俾资接济。【略】蠲免广东海康、遂溪二县被灾村乡光绪二十三年分钱粮银米(折包)。【略】壬午，【略】谕军机大臣等，电寄刘坤一等，江南米缺粮贵，亟宜速筹补救。著刘坤一、奎俊饬属设法平粜，一面咨邻省即弛米禁，毋使灾民滋生事端(电寄)。

《德宗实录》卷四二〇

六月【略】丙戌，【略】谕军机大臣等，御史陈思赞奏，徐、海灾象又成，请饬筹办抚恤一折。据称，上年徐、海被灾甚重，而各属州县竟以中稔上报，直至秋闱乡试，士子陈诉灾状，始行查勘，以致

灾黎转徙道殣。目下该处水患迭见，灾象又成，若再宽纵效尤，恐致酿成事变等语。【略】丁亥，【略】缓征贵州仁怀、婺川、独山、桐梓四县被水田亩光绪二十三年分丁银米石有差(折包)。【略】己丑，【略】安徽巡抚邓华熙奏，遵旨查明安徽办理灾务，及开办赈捐、先筹垫款解放各情。如所请行(折包)。

《德宗实录》卷四二一

六月【略】己亥，【略】谕军机大臣等，给事中郑思贺奏，米价翔贵，请饬妥筹办理一折。据称，比岁以来，米价渐次加增，都城尤甚，论者谓出洋之米过多所致，请嗣后外洋各国订购中国米粮，须令照会总理衙门，电达各海关查照放行，购运之数亦宜稍示限制。【略】辛丑，【略】陕西巡抚魏光焘【略】又奏：宁羌州被火，洵阳、三水、镇安、临潼、山阳、华阴等县被水、被雹各情形。【略】癸卯，【略】又谕：电寄伍廷芳，古巴华氓饥困可悯，著伍廷芳酌量由使费项下拨款赈抚，毋得冒销，总期实惠侨氓(电寄)。直隶总督荣禄等【略】又奏：查明福靖兵轮船在旅顺口外遭风失事情形。报闻(折包)。盛京将军依克唐阿等奏，围场大半成田，鹿羔捕买均难，恳照额减半，送交南苑。下该衙门核办(折包)。

《德宗实录》卷四二二

七月【略】丁巳，【略】又谕：张汝梅奏，黄河伏汛盛涨，上、中两游漫溢，并济阳县属之桑家渡等处先后漫溢，自请议处各折片。本年六月二十一日，山东黄河上游南岸黑虎庙漫溢，溜由寿张、郓城两县地界穿过运河东泄。寿张县杨家井临黄堤漫溢，平地水深盈丈，被淹四百余庄。中游历城南岸杨史道口民埝漫溢。济阳县属之桑家渡大堤漫溢成口，刷宽十五六丈，深二丈余。东阿境内王家庙漫溢十余丈，其余东平、肥城、长清各境内亦漫溢多处。此次山东黄河上、中两游迭报失事，总办河工道员丁达意等未能先事预防，著该抚查明确实情形，另行参奏。

《德宗实录》卷四二三

七月【略】癸亥，【略】河南巡抚刘树堂奏：南阳府属州县被水成灾，委员查勘，妥筹抚恤。【略】庚午，【略】云南巡抚裕祥奏：建水县被水成灾，饬属筹款，委勘赈抚。【略】展缓云南会泽县被水官庄民田应征钱粮。

《德宗实录》卷四二四

七月【略】丙子，【略】江西巡抚德寿奏：据泰和、新淦、峡口、安福、湖口各县先后禀报，河水泛涨，田禾芦洲间被水淹，当饬赶紧设法疏销，及时补种晚稻，仍俟秋收后察看查核。【略】戊寅，【略】又谕：岑春煊奏，徐、海等处被灾，严饬州县不准讳匿苛敛等语。各省小民，孰非朝廷赤子，遇有灾祲，饥馑流离，朕一人耳目难周，全赖地方官抚绥赈济，以苏民困。若如所奏，江南徐、海等处上年水灾，各州县并未据实详报，仍将漕米苛收各节。如果属实，不知该牧令是何肺肠？惟不肖官吏，玩视民瘼，恐不止江苏一省，著两江总督确切查明，如有讳匿苛敛情事，即行严参惩办。【略】密云副都统信恪奏：密云官兵居住房间连被雨水冲塌，请借该官兵等一年俸饷，俾资修理。允之。

《德宗实录》卷四二五

八月【略】癸未，【略】谕军机大臣等，有人奏，沥陈江浙米昂贵，民间困苦情形一折。据称，去年以来，米价日昂，近竟至十元以外，府县筹办平粜，敷衍塞责，民间米价迄未能平，嗷嗷待哺等语。【略】丙戌，【略】成都将军兼署四川总督恭寿奏：川省射洪等县被水成灾，委员分别查勘，妥为抚恤。【略】陕西巡抚魏光焘奏：略阳等县被水、被雹成灾，委员查勘，妥筹抚恤。【略】庚寅，【略】又谕：有人奏，上年江南徐、宿受灾，邳、宿两县尤重，地方官办理工赈各节，措施失宜。现在徐、海灾祲又告，官赈义赈，请归严作霖总办等语。【略】又谕：有人奏，安徽颍州七州县奇荒，请急筹赈抚等语。【略】辛卯，【略】又谕：电寄文光，近闻四川资、简一带，蛟水为灾，朕心殊深廑念。

《德宗实录》卷四二六

八月壬辰，【略】吉林将军延茂奏：宁古塔所属村屯被雹成灾，查勘明确，再请分别蠲缓。【略】癸巳，谕内阁：刘坤一等奏，江苏淮、徐、海等属复被水灾，急宜预筹赈抚各折片。本年夏间徐、海各

属淫雨为灾，农田淹漫，曾经谕令刘坤一等迅饬地方官妥速抚恤。兹据奏称，灾区较广，若不急筹赈抚，则数百万灾黎必致流离失所。【略】两广总督谭钟麟奏高州府属被灾情形。【略】戊戌，【略】又谕：张汝梅奏，灾区需赈孔殷，援案请截留新漕以资散放一折。本年山东黄河伏汛，期内水势盛涨，泉流汇注，以致寿张、东阿、历城、济阳等县大堤及濮州、平阴、肥城等处民埝先后漫决，南北运河亦以洪流涨溢，村庄多有淹没，民情均极困苦。 《德宗实录》卷四二七

八月【略】丁未，【略】又谕：御史攀桂奏，玉田县属水灾甚重，请饬筹赈恤一折。本年七月间，直隶玉田县属淫雨为灾，黑龙、双城二河同时涨发，小民流离冻馁，情殊可悯。

《德宗实录》卷四二八

九月【略】癸丑，谕内阁：【略】本年山东黄河漫溢被灾地方甚广，业经先后拨款截漕，饬令该抚妥筹赈济。惟灾区既非一处，赈抚为日方长。【略】又谕，有人奏，宝坻、丰润等属均被水灾，著裕禄、胡燏棻查明灾情轻重，归入玉田县灾赈案内，妥筹赈抚。【略】甘肃新疆巡抚饶应祺奏，疏附等县地震、水、雹成灾，分别抚恤。【略】甲寅，【略】又谕：廖寿丰奏，刁民恃众抗官，获犯讯办一折。据称，浙江宁波、绍兴、温州等府本年春夏之交，米价日昂，正议令各属筹办平粜，迭据该镇道等禀称，永嘉、鄞县各处奸民，藉口米贵，并因铺捐、土药捐聚众哄闹，鸣锣罢市，毁坏县府道署及土药局，复因抢米，经营兵弹压，有持械拒捕情事。【略】护理四川总督文光奏，资州等属水灾，派员赈抚。得旨：资州等处被灾甚重，该护督务当严饬派出各员，实力赈抚，毋任失所(折包)。【略】广西巡抚黄槐森奏，全州蛟水成灾，委员抚恤。【略】丙辰，【略】谕军机大臣等，电寄文光，近闻川省水灾甚重，朝廷实深廑念。【略】壬戌，【略】陕西巡抚魏光焘奏定远等厅州县被灾情形。得旨：所有商州等属被水、被雹，实已成灾地方，即著饬属妥为抚恤，毋任失所(随手)。 《德宗实录》卷四二九

九月丙寅，山西巡抚胡聘之【略】又奏：霍州等处被雹、被水，饬属抚恤。【略】己巳，谕军机大臣等，御史攀桂奏，深州等处被灾，请饬查明速筹急赈一折。云贵总督崧蕃奏永善等县被灾赈抚情形。得旨：永善等州县被水、被雹，情殊可悯。【略】丙子，【略】又谕：电寄刘坤一等，据刘坤一电称，东民逃荒南下，徐、海灾区可虑，请饬截留等语。徐、海等属被灾日久，待赈方殷，若东省灾黎纷纷入境，饥民聚集，恐酿事端。著张汝梅饬属亟办赈抚，认真截留，毋任越境，致难遣散，并著刘坤一妥为防范。 《德宗实录》卷四三〇

十月【略】癸未，【略】谕军机大臣等，本年山东黄河漫溢，沿河各州县被灾甚重，钦奉懿旨，特颁内帑二十万两，前由户部奏准划拨昭信股票银二十万两，复将该省运通漕米悉数截留，交张汝梅办理赈务，并准开办赈捐，俾资接济。江苏淮安、徐州、海州等属被水成灾，准刘坤一等奏请，拨给本年漕米八万石，尽数改折，并令先行借拨司库银二三十万两，嗣由户部奏准，拨解广东等省昭信股票银三十万两，并准其接办赈捐，宽筹赈济，复令办理冬赈。安徽凤阳、颍州、泗州等属被灾，准邓华熙垫拨司库银十一万两，并准开办赈捐，俾作赈抚之需。其江西德兴、清江等县被旱，泰和、新淦等县被水；湖北汉口镇被火；陕西宁羌州属被火，长安、洵阳等县被水，三水县属被雹，商州、略阳等州县被水、被雹；河南南阳等州县被水；山西霍州等属被水、被雹，代州地震；甘肃碾伯、宁州、大通各州县被旱、被水、被雹，新疆疏附等县地震，广东高州府属被风，广西全州被水；云南永善等州县被水、被雹，建水县被水。均经该督抚等查勘抚恤。【略】再，直隶深州、玉田、宝坻、丰润等州县被水成灾，四川简州、资州等属水灾甚重，业经谕令该督等派员认真查勘，妥筹抚恤，即著迅速办理。【略】丙戌，【略】顺天府奏，顺属各州县被灾，分别抚恤。 《德宗实录》卷四三一

十月【略】丁酉，【略】陕西巡抚魏光焘奏，韩城等县被灾，分别抚恤。【略】戊戌，【略】又谕：近闻各省米价日昂，京城市面亦异常翔贵。及细察各处收成，固有歉薄之区，丰收省分亦属不少，何以米贵若此？【略】己亥，【略】又谕：邓华熙奏，安徽省凤、颍、泗等属重遭荒歉，请酌拨漕粮赈济一折。

近因京城米价翔贵，特谕令各督抚将漕务积弊认真整顿，按年全漕起运，不得率行请蠲、请缓，以重仓储。安徽凤、颍、泗三属上年被水成灾，迭经拨款赈抚，兹据复奏，本年重遭荒歉情形，皖省连年告灾，总由该地方官等平时毫无筹备，以致饥馑迭见，盖藏多虚，至赈抚所需，徒恃有截漕成案，空言呼吁，以为民请命为词。【略】辛丑，【略】蠲缓直隶武清、蓟、霸、保定、大城、东安、宛平、安、高阳、献、天津、静海、丰润、玉田、饶阳、宁河、文安、永清、清苑、雄、永年、青、武强、宝坻、滦、乐亭、安肃、定兴、新城、蠡、河间、任丘、沧、南皮、盐山、无极、南和、唐山、任、邯郸、肥乡、曲周、广平、鸡泽、元城、大名、南乐、深四十九州县被水村庄钱粮旗租粮赋。其开、东明、长垣滨河三州县粮赋并蠲缓(现月)。【略】己酉，【略】吉林将军延茂奏，吉林官庄等处猝被霜雪，派员履勘。【略】云贵总督崧蕃奏，云南罗平州属冰雹成灾，委勘赈抚。 《德宗实录》卷四三二

十一月【略】辛亥，谕军机大臣等，御史徐士佳奏，江苏淮、徐两属连被水灾，疮痍满目，该州县剔荒征熟，饥民领赈，至为差役夺去，以抵钱粮。以致邳州一带匪徒乘机滋事，请饬设法扑灭，并将邳、宿、海、沭四州县钱粮一律缓征等语。【略】癸丑，【略】又谕：电寄张汝梅，有人奏，山东放赈迟延，请饬催速办急赈一折。据称，东省已拨官款约计一百余万，又东练捐募数万金，全额款项不为不足，延至十月二十日以前分文未放。其被灾最重之齐东、章丘、历城各处，于十五六等日始有委员查灾，银米仍未放给。请饬普放急赈等语。【略】丁巳，河南巡抚刘树堂奏，滑县水灾较重，应筹赈济，吁恳截留漕折银两，以应急需。从之(折包)。【略】己未，【略】谕军机大臣等，中允黄思永奏，江苏徐、海两属灾重赈微，请指拨的款一折。著户部速议具奏(现月)。 《德宗实录》卷四三三

十一月乙丑，【略】蠲缓安徽泗、宿、怀远、灵璧、凤台、颍上、五河、东流、太和、望江、建德、亳、桐城、贵池、无为、寿、定远、宿松、铜陵、阜阳、霍邱、涡阳、潜山、太湖、巢、盱眙、庐江、蒙城、天长、怀宁、当涂、芜湖、繁昌、合肥三十四州县被灾地方新旧漕粮有差(现月)。缓征安徽泗、宿、凤阳、怀远、灵璧、凤台、颍上、五河、东流、太和、来安、望江、建德、亳、桐城、贵池、无为、寿、定远、宿松、铜陵、阜阳、霍邱、涡阳、和、潜山、太湖、巢、盱眙、庐江、蒙城、天长、全椒、怀宁、当涂、芜湖、繁昌、合肥三十八州县，暨临清、旧虹两乡，建阳、安庆、庐州、凤阳、长淮、泗州六卫被灾地方钱漕杂课有差(现月)。丙寅，【略】又谕：都察院奏，编修王廷相等呈称，口外州县旱冻成灾，恳恩抚恤，据情代奏一折。据称，直隶承德府赤峰等县春雨过晚，田苗枯槁，七月间又遭霜冻，民间颗粒未收，嗷嗷待哺，兼之该处地方马贼盘踞，金丹教匪余孽未净，饥民恐被煽诱等语。【略】己巳，命户部右侍郎溥良查看山东赈务。庚午，河南巡抚刘树堂奏，近有山东流民络绎而来，颠连可悯，仍请碾动仓谷，以资抚恤。得旨：即著饬属妥为抚恤，毋任失所(折包)。察哈尔都统祥麟奏，为军台各站冬雪夏旱，灾荒较重，人畜饿毙甚多，拟亟恤赈户口，补购驼马，免误要差。从之(折包)。【略】壬申，甘肃新疆巡抚饶应祺奏，新疆吐鲁番、迪化等厅县水蝗偏灾甚重，筹款抚恤情形。得旨：览奏，实深悯恻，即著督饬该管道府覆勘被灾情形，妥筹赈抚，毋任失所(折包)。癸酉，【略】又谕：有人奏，山东武定府被灾尤重，请饬侍郎溥良出京后顺道首查武定府属。 《德宗实录》卷四三四

十二月【略】辛巳，谕内阁：近来京城钱铺倒闭之案层见迭出，银价日落，粮价日涨，按之街市情形并今岁秋收分数，不应至此，推原其故，必有奸商市侩暗中把持，以致军民生计日艰，竭寻常数日之需，不足糊一日之口，倘不严申禁令，势将无所底止。壬午，【略】又谕：有人奏，豫省连年歉收，今年遽遭阴雨，秋禾尽淹，灾重地方与光绪三年相同，请饬筹赈等语。【略】丁亥，【略】又谕：裕长奏，邻省难民流入豫境甚多一折。据称，河南地方流民络绎而来，不特山东兰、郯等处之人，即江北徐、海各属灾民亦复接踵而至，饬司妥为收养，并请饬各该省督抚，派员前往招抚回籍等语。【略】山西巡抚胡聘之奏，本年河东雨水过多，盐池淹浸，运路冲毁，各盐商困苦实甚，现正迅筹修复，并设法开通运路，疏销积引各情形。下户部知之(折包)。戊子，【略】谕军机大臣等，有人奏，安徽颍州等处

地方被灾业已三年，颗粒无收等语。安徽凤、颍、泗等属重遭荒歉，前经孙家鼐、胡燏棻及邓华熙等【略】妥筹赈抚。

《德宗实录》卷四三五

十二月【略】丙申，【略】蠲缓吉林宁古塔、宾州等处被灾地方银谷租赋有差(现月)。缓征浙江临安、新城、于潜、昌化、武康、安吉、孝丰、仁和、钱塘、富阳、余杭、开化、龙游十三县暨杭严卫所被灾地方钱粮米石有差(现月)。蠲缓浙江仁和、钱塘、海宁、余杭、嘉兴、秀水、嘉善、海盐、平湖、石门、桐乡、浦江、富阳、归安、乌程、长兴、德清、武康、安吉、孝丰、山阴、会稽、萧山、诸暨、上虞、临安、新城、于潜、昌化、鄞、慈溪、奉化、镇海、象山、余姚、新昌、嵊、临海、黄岩、太平、宁海、大台、仙居、金华、兰溪、东阳、义乌、永康、武义、汤溪、西安、龙游、常山、开化、建德、淳安、寿昌、桐庐、永嘉、乐清、瑞安、平阳、泰顺、玉环、丽水、缙云、青田、龙泉、宣平六十九厅州县，暨杭严、嘉湖、台州等卫被灾地方漕米钱粮有差(现月)。丁酉，【略】黑龙江将军恩泽等奏，续查墨尔根、布特哈两处暨墨尔根等十站本年灾重待哺，其余各城无地闲丁恳将例应接济之户改为赈抚，以惠穷丁。下户部速议(折包)。【略】展缓湖北汉阳、汉川、黄陂、沔阳、钟祥、京山、潜江、天门、应城、江陵、石首、监利、松滋、枝江、荆门、咸宁、嘉鱼、蒲圻、孝感、黄冈、蕲水、罗田、黄梅、江夏、武昌、麻城、广济、公安二十八州县，暨武昌、蕲州等卫被灾地方新旧钱粮有差(现月)。蠲免湖北汉阳、黄陂、沔阳、潜江、天门、应城、江陵、公安、石首、监利、松滋、荆门、咸宁、嘉鱼、蒲圻、孝感、黄冈、蕲水、罗田、黄梅、武昌、广济二十二州县被淹、受旱地方钱粮有差(现月)。蠲缓两浙杜渎等场被风、被潮地方灶课，并杭州等府所属仁和、海沙、鲍郎、芦沥、横浦、浦东等场荒芜未垦田地灶课钱粮有差(现月)。【略】己亥，【略】直隶总督裕禄奏，覆陈安州等处灾况，并赈抚情形。【略】蠲缓直隶安、任丘、隆平、文安四州县本年应征租银有差(折包)。【略】辛丑，【略】谕军机大臣等，有人奏，山东灾赈奏报情形与闻见不符，据实陈明一折。据称，该省散放急赈仅止近省官绅捐放馍饼席片，距省较远州县并未放赈。该抚张汝梅奏称，冬赈自九月十七日起，先尽灾重之历城、禹城等州县，认真查放而散赈。义绅叶扬俊等回京，佥称未闻有官赈之说。东省近日所派委员，与首事人等勾通，从中分肥，领赈者不过一二，造具赈册，倒填日月，百弊丛生等语。【略】河南巡抚裕长奏：查明豫省灾重地方，督员认真办理赈务情形。【略】闽浙总督许应骙奏：闽省沿海一带风潮为患，冲坏埕坎，漂没船盐各情形。【略】蠲缓河南滑、永城、温三县被灾地方新旧钱粮有差(现月)。壬寅，【略】蠲缓山西阳曲等十六厅州县被水、被旱、被霜、被碱及地震成灾地方本年应征及历年原缓钱粮米豆折屯丁土盐税。癸卯，【略】湖广总督张之洞【略】又奏：湖北灾民仰赖官款赈恤，请将现办赈捐接展一年，以济工赈而苏民困。从之(折包)。【略】蠲缓江苏上元、山阳、邳、沭阳、江浦、高淳、长洲、元和、吴、吴江、震泽、常熟、昭文、昆山、新阳、娄、金山、青浦、武进、阳湖、无锡、金匮、江阴、宜兴、荆溪、丹徒、丹阳、金坛、溧阳、太仓、镇洋、华亭、靖江、太湖三十五厅州县，暨苏州、太仓、镇海、金山、淮安、大河、扬州等卫被灾地方上下忙新旧钱粮有差。其邳、宿迁、睢宁、海、沭阳、赣榆、上元、江宁、句容、江浦、六合、山阳、阜宁、清河、桃源、盐城、高邮、泰、东台、江都、甘泉、仪征、兴化、宝应、铜山、丰、沛、萧、砀山、如皋三十州县应征漕粮并蠲缓(现月)。甲辰，【略】福州将军增祺奏闽海关各口大小商船连被风击毁情形。【略】乙巳，【略】又谕：有人奏，京城粮价日贵，请招商采运一折。据称，今年近畿岁称中稔，粮价不应翔贵，只因上海白米不准出境，以致商民不能北运等语。【略】戊申，谕内阁：钦奉慈禧【略】皇太后懿旨，松椿奏，清、淮一带灾民甚众，吁恳拨漕以资赈抚一折。本年江北一带迭被水灾，饥民不下二三十万，虽经刘坤一等分派委员，携资前往工赈兼施，而灾区甚广，为日方长，恐难周及，著加恩赏给内帑银五万两。

《德宗实录》卷四三六

# 1899年 己亥 清德宗光绪二十五年

正月【略】庚戌，【略】展缓顺天直隶武清、蓟、宁河、霸、保定、文安、大城、永清、东安、宛平、清苑、雄、安、高阳、献、天津、青、静海、永年、开、东明、长垣、丰润、玉田、武强、饶阳二十六州县被灾各村庄本年春赋并节年民欠钱粮（现月）。【略】壬子，【略】缓征山东济宁、历城、邹平、长山、新城、齐河、禹城、东平、东阿、阳信、乐陵、蒲台、邹、寿张、菏泽、曹、定陶、郓城、范、茌平、恩、博兴、高苑、寿光、昌邑、潍、安丘、金乡、章丘、齐东、济阳、临邑、长清、惠民、青城、海丰、商河、滨、利津、沾化、滋阳、滕、汶上、阳谷、濮、馆陶、临淄、乐安、夏津、鱼台五十州县，暨临清、济宁、东昌三卫，东平所，永阜、官台、王家冈三场被灾村庄民屯灶地本年春赋正杂钱粮（现月）。蠲缓陕西咸宁、长安、咸阳、高陵、兴平、同官、韩城、肤施、延川、神木、府谷、邠、商、临潼、渭南、盩厔、岐山、华、华阴、大荔、武功、长武二十二州县被灾地亩本年春赋，并准灾前已完钱粮流抵次年正赋（现月）。【略】丙辰，【略】缓征江西新建、进贤、清江、新淦、峡江、莲花、庐陵、吉水、永丰、泰和、万安、安福、永新、德兴、星子、建昌、安义、德化、德安、瑞昌、湖口、彭泽、南昌、丰城、金溪、鄱阳、余干、万年、都昌二十九厅县被水、被旱各村庄新旧钱粮，并九江同知所辖南、九二卫芦课银两有差（现月）。【略】庚申，【略】又谕：溥良奏，续查山东各州县灾赈，并妥筹春抚事宜一折。上年山东被灾各州县情形甚重，大河以南并春麦亦未能播种，民间尤为困苦。冬赈虽已次第举办，而今春赈抚为日方长，必须遴派妥员，切实经理，方足以收实效。【略】壬戌，【略】蠲缓两淮泰、海二州被风、被潮成灾各场灶地折价钱粮（折包）。

《德宗实录》卷四三七

正月【略】癸酉，【略】缓征安徽凤台、灵璧二县，暨凤阳、长淮二卫被灾各地方应完上年民卫钱粮（折包）。【略】戊寅，【略】又谕：给事中郑思贺奏，河南灾广人众，赈款太少，请迅筹赈济一折。据称，河南上年春间雨旸不时，入秋淫雨为灾，各河漫溢，低洼地亩全被淹浸，灾民转徙流离，情极可悯。归德一属，毗连涡阳，尤恐匪徒煽惑滋事。目下被灾各县虽已办赈，大半虚应故事，请饬仿开赈捐，先由藩库提发银两，并咨行各省量力接济，募集义赈，借动无灾县分仓谷平粜，兴修河道，以工代赈等语。【略】蠲缓广西全州被灾田亩兵米钱粮（折包）。　《德宗实录》卷四三八

二月【略】辛巳，【略】热河都统色楞额奏：蒙民被灾，请再拨款赈抚。得旨：著照所请。【略】丁亥，【略】谕军机大臣等，都察院奏，河南民困日亟，吁恳施恩，据呈代奏一折。河南京官内阁中书陈嘉铭等呈称，河南被灾州县粮价甚贵，小民转徙流离，情形殊堪悯恻。上年裕长奏请缓征钱漕，系指二十四年而言，其时钱漕已输在官，民欠无几，恳恩将二十五年新赋缓征，以息民困等语。【略】河南巡抚裕长奏：永、长等县被灾，业经拨款赈济。【略】己亥，【略】谕军机大臣等，给事中冯锡仁奏，沅陵灾情甚重，匪徒滋扰，设法维持一折。据称湖南沅陵县上年久旱成灾，收成失望，现值青黄不接，饥民流亡可虑。该地方官于筹赈平粜等事，均未能切实办理，沅陵近日命案、抢案层见迭出，灾情日紧，匪势日张，恐良民迫于饥寒，亦流为匪等语。【略】寻奏，沅陵、泸溪、辰溪、溆浦四县上年雨泽愆期，收成减色，现由官绅集资，购米平粜，由省拨给钱谷，以济民食。

《德宗实录》卷四三九

三月【略】甲寅，【略】缓征河南滑、永、温、杞、鹿邑、柘城、夏邑、怀宁、太康、西华、商水、项城、沈丘、新蔡、西平、遂安十六县水灾地方本年分上忙钱粮。　《德宗实录》卷四四〇

四月【略】壬辰，【略】又谕：电寄增祺，奉省雨泽稀少，农望正殷，一俟得雨，即速电奏，以慰廑系（电寄）。【略】缓征陕西咸宁、长安、咸阳、高陵、盩厔、鄠、府谷七县上年被灾地方粮赋（均折包）。

《德宗实录》卷四四二

四月【略】丙午,【略】以潮州侨民捐助东赈,颁新加坡天后庙扁额,曰"曙海祥云。"【略】陕西巡抚魏光焘【略】又奏,泾阳等处被雹成灾,饬属抚恤。

《德宗实录》卷四四三

五月【略】辛亥,谕军机大臣等,电寄裕长,闻河南省雨泽稀少,是否不致成灾?现在曾否得雨?民间是否安静?著裕长迅即查明电奏(电寄)。壬子,【略】又谕:电寄邓华熙,闻安徽省雨泽稀少,是否安静?著邓华熙迅即查明电奏(电寄)。【略】癸丑,【略】户部奏:遵议御史熙麟奏,今之大费有三,曰军饷、曰洋务、曰息债,除息债岁需二千余万外,洋务、军饷两项共约需五千余万。【略】庚申,【略】山东巡抚毓贤奏,灾区散放春赈,酌给籽种钱文,计惠民等三十三州县、一场,一律告竣。其沂州所属兰山、郯城、费等县近较旱荒,并饬查勘拨款平粜。

《德宗实录》卷四四四

五月【略】甲子,【略】山东巡抚毓贤【略】又奏:东平州、高苑县城垣被水坍塌,请拨赈款兴修,并以工代赈,藉活饥民。允之(折包)。【略】乙丑,【略】豁除湖南安化、武冈、新宁三州县被水不能修浚田亩额征钱粮(折包)。丙寅,谕内阁:前据毓崐等奏,孝陵由五孔桥南至一孔桥一带地方,并景陵大碑亭附近,及裕陵一孔桥迤南仪行松树,间有生虫之处,当经谕令毓崐等,督饬上紧搜捕。现在情形究竟若何?实深廑系。【略】又谕:翰林院侍读朱益藩奏,江西水灾极重,请饬迅筹赈恤一折。据称,近接电报,江西自赣州至九江千余里,江水暴涨,庐舍、人民多被漂没,现值青黄不接之际,困苦情形实堪悯恻等语。【略】甲戌,【略】辅国公载澜奏,覆陈查看松虫情形。得旨:即著转饬毓崐等督率属员,迅速认真搜捕,务期一律净尽为要(折包)。【略】广东巡抚鹿传霖奏河源县被水赈抚情形。

《德宗实录》卷四四五

六月丁丑朔,【略】江西巡抚松寿【略】又奏:吉安府属猝被水灾,查明抚恤。【略】己卯,【略】辅国公载澜奏续查各陵搜捕松虫情形。报闻。【略】辛巳,【略】谕内阁:载澜奏敬陈管见一折。陵寝树株风水攸关,理应加意慎重,乃近来树株迭被虫灾,该管各员平日漫不经心,概可想见。著自此次搜捕净尽后,如再有树株生虫之处,该管官弁能于三个月内捕拿净尽,免其置议,仍不得率行请奖。若并不即时搜捕,致令成灾,即将各该管官弁分别议处。倘意存规避,匿灾不报,除将各该员弁从严惩办外,并将该管大臣予以应得处分(现月)。【略】癸未,谕军机大臣等,有人奏,兵丁夫役等搜捕松虫,其有高枝不及捕拿之处,往往用石块、木桩等件敲击树本,使松虫坠落,易于捕拿等语。陵寝树株理应慎重保护,若如所奏,竟有敲击树本情事,根株未免受伤。且兵役人等不无希冀树株回干,从新补种,藉为渔利之地。此等弊端,亟宜严禁。著毓崐等即行严查示禁,随时加派员弁巡查保护,以昭谨慎,将此各谕令知之(现月)。【略】丙戌,【略】谕军机大臣等,本日召见直隶候补道缪彝,据称直隶省因连年灾歉,办理赈抚,饥民聚集,嗷嗷待哺,赈务迄无了期。该省尚有闲旷之地,似可将此项饥民酌给工本,分拨各处开垦等语。【略】守护东陵大臣毓崐等奏:搜捕各陵松虫,并设局收买,提用兵米运脚银两以应急需。得旨:著照所请,仍饬属上紧搜捕收买,务期早日净尽,倘茧坼化蛾,更难收拾,恐该大臣等不能当此重咎也(折包)。【略】己丑,【略】湖南巡抚俞廉三【略】又奏长沙、衡州、宝庆三府所属被水情形。

《德宗实录》卷四四六

六月【略】庚子,【略】江西巡抚松寿奏:各属入夏苦雨,庐陵、清江、新淦、峡江、吉水等县被水,受伤尤重、筹恤情形。【略】浙江巡抚刘树堂奏开化县被水酌恤情形。得旨:著即饬属妥为抚恤,毋任失所,仍查明是否不致成灾,分别办理(折包)。陕西巡抚魏光焘奏鄜州被雹成灾。

《德宗实录》卷四四七

七月【略】乙卯,【略】两广总督谭钟麟等奏广东河源、兴宁二县被水情形。【略】己未,谕军机大臣等,电寄刘树堂,给事中张嘉禄等奏,浙江上虞县属曹江各塘冲决,会稽等县同时被灾。著刘树堂迅饬地方官,会同绅耆妥速拨款筹堵,并将各灾区迅即查明,分别赈抚。【略】壬戌,【略】守护东陵大臣毓崐奏搜捕松虫情形。得旨:茧蛾既所剩无多,即著上紧搜捕,务期净尽,毋留余患。癸亥,

【略】湖南巡抚俞廉三奏各属被水情形。【略】辛未，【略】浙江巡抚刘树堂奏上虞等县被灾情形。得旨：所有被灾较重之上虞等县，著即督饬官绅认真赈抚，毋令一夫失所（折包）。又奏雨旸粮价。得旨：著即懔遵迭次谕旨，查明各属被水较重情形，分别妥为抚恤（折包）。【略】壬申，【略】山东巡抚毓贤奏章丘等县被水、被雹。甲戌，【略】陕西巡抚魏光焘【略】又奏神木等县旱灾。

《德宗实录》卷四四八

八月【略】丁亥，【略】陕甘总督陶模【略】又奏：兰州府等属被雹、被水，饬令该管道府确切查勘，酌发社粮，借给籽种，以资补救。【略】戊子，【略】以雨泽稀少，遣庆亲（王诣）大高殿恭代祈祷行礼。【略】己丑，【略】守护东陵大臣毓岷等奏，搜捕虫苗虫蛾，现已净尽，仍督饬该管员弁，于应管地方随时查看，遵章办理。【略】辛卯，【略】闽浙总督许应骙奏，闽米不敷民食，督同司道派员设局平粜，并严饬各属筹建义仓，买谷存储，以资接济。【略】癸巳，【略】湖南巡抚俞廉三奏：据临湘、南洲等厅先后禀报，江水泛涨，低洼田地被淹。又，古坪厅地方大雨滂沱，沿河一带居民田庐多被冲没，均经批饬，设法疏消，乘时补种，以资接济。【略】己亥，以节逾秋分，尚未渥沛甘霖，遣恭亲王溥伟诣大高殿恭代祈祷行礼。【略】庚子，谕军机大臣等，本年京师雨泽稀少，迭经祈祷，尚未渥沛甘霖，农田待泽孔殷，实深焦盼，著何乃莹克日前赴直隶邯郸县龙神庙，敬谨迎请铁牌到京，在大光明殿供奉，以迓和甘，将此谕令知之（现月）。【略】甲辰，【略】蠲缓新疆吐鲁番等属上年被灾钱粮（折包）。

《德宗实录》卷四四九

九月丙午朔，【略】又谕：有人奏，山东登、莱两府地方，入夏以来苦旱，且有飞蝗害稼，请饬速查等语。登、莱灾情是否属实？著毓贤督饬地方官迅速查明办理，将此谕令知之。【略】丁未，【略】谕内阁：本年夏秋以来雨泽愆期，近畿一带旱象将成，迭经设坛祈祷，以冀渥沛甘霖，惟是应天之道以实不以文，朕抚躬循省，深惧未能感召天和，辅弼匡襄，实百尔臣工是赖，在廷诸臣其各抒忠忱，共摅谠论，庶几上下交儆，修人事以迓天庥（现月）。【略】己酉，以雨泽未沛，再申祈祷，遣端郡王载漪诣大高殿恭代拈香。【略】庚戌，【略】又谕：近日设坛祈雨，未沛甘霖，畿疆旱象将成，实深寅畏。【略】丁巳，【略】谕军机大臣等，有人奏，东省旱、虫两灾，秋收歉薄，请饬查勘抚恤一折。据称，本年山东登、莱、沂、青四府春间亢旱，二麦歉收。七月间，虫食禾稼净尽，粮价昂贵，较光绪二年加倍。其被灾情形，登州以海阳、莱阳、招远为最，莱州以平度、即墨为最，沂州以莒州、沂水、日照为最，青州以诸城、安丘为最，饿殍枕藉，倒毙在途。目前如此，经冬徂春何堪设想，请饬查勘等语。著毓贤迅即派员驰赴各属，确切查勘，分别灾情轻重，妥筹抚恤。地方官如有匿灾不报，并著查明参办。另片奏，东省粮价翔贵，本年淮、徐、海一带秋成大稔，沂、青各路前往贩粮，被海州、赣榆等州县官出示查禁，有扣留该民贩等钱物情事，并著刘坤一、鹿传霖严饬各属州县，与山东毗连之处不准遏籴。

《德宗实录》卷四五〇

九月辛酉，以节近霜降，雨泽愆期，遴选僧道开坛，讽经祈祷，派恭亲王溥伟诣大高殿、时应宫恭代拈香。【略】丁卯，陕甘总督陶模奏，甘省金县等属被灾赈抚。【略】戊辰，【略】谕军机大臣等，电寄刘坤一等，近来山东、山西、河南各省曾否得有透雨？有无被旱成灾地方？江浙夏秋间苦雨，现在有无旱象？著各该督抚确切查明，即行电奏，以慰廑系（电寄）。己巳，【略】云贵总督崧蕃奏，新兴等县被水成灾，委勘情形。【略】辛未，谕内阁：本年夏秋以来，雨泽稀少，直隶、山西、山东、河南等省被旱之区甚广，明岁青黄不接之时，必须早为筹备。【略】癸酉，【略】护理陕西巡抚端方【略】又奏：绥德等属被灾，分别勘抚。【略】甲戌，【略】甘肃新疆巡抚饶应祺奏拜城县被灾抚恤情形。

《德宗实录》卷四五一

十月【略】丁丑，【略】谕军机大臣等，上年江南、安徽、河南、山东各省被灾，值本年青黄不接之际，办理春赈，准刘坤一奏，陆续筹拨银十六万两，并添放银十万两。德寿奏请由藩库筹拨银二万两。邓华熙奏请由征存藩库漕折项内借拨银十五万两，提解丁漕钱价平余银三万余两，并准展办赈捐。裕长等奏请由盐斤加价存储款内续拨银六万两，并缓征上忙钱粮。张汝梅奏，准由户部奏拨东海关六成洋税，并动用各省协助之款共银二十余万两，俾资接济。江西庐陵等县被水成灾，准松寿奏，筹拨银二万两，并准开办赈捐，宽筹赈济。浙江上虞、开化等县被灾，准刘树堂奏，筹拨洋银二万余圆，用资赈抚之需。近因直隶各属秋收歉薄，谕令缓捐积谷以纾民力。其广东河源、兴宁等县被水，陕西鄜州、榆林等属被雹，神木、略阳等县被旱，新疆吐鲁番、迪化镇、西拜城等处被水、被蝗、被雹，云南新兴、昆阳、邱北等州县被水，均经该督抚等查勘抚恤，小民谅可不至失所。【略】再，湖南衡山、耒阳、邵阳、沅陵等县被水，陕西绥德等州县被旱、被雹、被霜，甘肃兰州、固原各府州属被雹，甘州府属被水灾情较重，业经谕令各该督抚等派员认真查勘，妥筹抚恤，即著迅速办理。【略】己卯，【略】吉林将军长顺奏，宁古塔及省城官庄被水，派员查勘。【略】庚辰，【略】护理山西巡抚何枢【略】又奏，临县等处被灾，饬属查勘抚恤。【略】壬午，【略】蠲缓陕西泾阳、同官、富平、三原、耀、鄜、澄城、府谷、神木九州县被灾地方本年上忙钱粮（折包）。戊子，【略】云贵总督崧蕃奏，永北等厅州县被水，委员履勘抚恤。【略】又奏，宾川州前次被水田亩实难垦复，请将应征银米再行展缓。允之（折包）。

《德宗实录》卷四五二

十月【略】戊戌，【略】蠲缓直隶唐、武强、昌平、顺义、昌黎、乐亭、清苑、交河、东光、青、静海、沧、南皮、灵寿、平乡、邯郸、肥乡、广平、鸡泽、易、涞水、深、曲阳、武清、霸、东安、高阳、安、献、天津、宣化、怀来、饶阳三十三州县灾歉地方粮租杂赋有差，其开、东明、长垣滨河三州县被水村庄粮赋并蠲缓（现月）。辛丑，【略】赏河南源县被旱灾民一月口粮（折包）。

《德宗实录》卷四五三

十一月【略】丁未，【略】谕军机大臣等，翰林院侍读学士黄思永奏，近畿一带秋旱，宜设法补种春麦，并筹备荒之策，如凿井制器、开渠筑堤诸法，暨开仓平粜、筹款兴工二事。【略】直隶总督裕禄奏：顺直各属夏秋亢旱，灾象已见，仍请展办推广赈捐一年，以资接济。如所请行。【略】癸丑，以节届大雪，未沛祥霙，遴选僧道设坛讽经祈祷。派恭亲王溥伟诣大高殿、时应宫恭代拈香。【略】甲寅，【略】广西巡抚黄槐森奏，贺县被旱成灾，委员履勘情形。【略】丙辰，【略】护理陕西巡抚端方奏：武功、宁羌、府谷、葭、咸宁、长安、米脂、神木、定边、安定各州县被旱、被虫、被雹、被霜，分别抚恤情形。得旨：著即饬司筹备赈抚，俾资接济，以拯灾黎（折包）。又奏：办理灾赈，请援案酌提二成厘金六七万两，以应急需。允之（折包）。【略】戊午，【略】三品顶戴督办云南矿务唐炯奏：本年雨水过多，礌硐被淹，柴炭缺乏，厂铜不旺。【略】己未，【略】缓征安徽涡阳、泗、灵璧、凤阳、定远、凤台、来安、望江、亳、五河、铜陵、滁、全椒、无为、寿、太和、建德、和、宿松、东流、怀远、颍上、霍邱、蒙城、潜山、合肥、巢、盱眙、含山、太湖、庐江、宿、阜阳、天长、怀宁、当涂、芜湖、繁昌三十八州县，建阳、安庆、庐州、凤阳、长淮、泗州、滁州七卫被旱、被风、被水地方，暨桐城、贵池二县歉收田亩新旧钱粮。其泗、涡阳、灵璧、定远、凤台、望江、亳、五河、铜陵、无为、寿、太和、建德、宿松、东流、怀远、颍上、霍邱、蒙城、潜山、合肥、巢、盱眙、太湖、庐江、宿、阜阳、天长、怀宁、当涂、芜湖、繁昌三十二州县新旧漕粮并分别展缓（现月）。

《德宗实录》卷四五四

十一月庚申，【略】又谕：御史许祐身奏，京师米价渐昂，请开仓平粜一折。【略】甲子，【略】蠲缓顺天宛平、文安、房山三县灾歉村庄本年应征粮租（现月）。乙丑，谕军机大臣等，有人奏，河南河北三府本年秋禾歉收，经冬无雪，二麦不能播种，灾情甚重，请饬查勘等语。【略】丙寅，以祥霙普被，敬谨报谢，派恭亲王溥伟诣大高殿、时应宫恭代拈香。【略】丁卯，以祈雪灵应，派庄亲王载勋诣大光明殿铁牌前拈香报谢。戊辰，【略】甘肃新疆巡抚饶应祺奏：新疆疏附县属阿斯图等庄猝遭水患，饬属履勘。【略】己巳，【略】云南巡抚丁振铎奏云南鲁甸、永善二厅县田禾杂粮被灾勘抚情形。【略】庚午，【略】护理山西巡抚何枢奏：晋省亢旱，灾象渐形，请饬湖广督臣张之洞，将前借晋省善后余银二十万两迅速汇还，以为续购赈粮之用。【略】壬申，【略】陕甘总督陶模奏：甘肃合水、階、平凉、安化、文五州县暨西固州同所属秋禾迭被霜、雹，筹抚情形。【略】蠲缓直隶文安县歉收洼地本年应征粮赋(现月)。

《德宗实录》卷四五五

十二月甲戌朔，【略】护理陕西巡抚端方奏：续勘醴泉县、乾州被旱地方预筹来春接济。报闻(折包)。乙亥，【略】蠲缓山东齐东、青城、蒲台、东平、历城、章丘、东阿、滨、乐安、济宁、邹平、长山、新城、齐河、济阳、禹城、临邑、长清、肥城、平阴、惠民、阳信、商河、利津、滋阳、邹、泗水、阳谷、寿张、菏泽、曹、濮、范、观城、朝城、聊城、馆陶、鱼台、沾化、博兴、海阳、汶上、巨野、冠城、邱、海丰、临淄、高苑、临清、陵、德、德平、平原、乐陵、曲阜、宁阳、滕、峄、单、城武、定陶、郓城、堂邑、博平、茌平、清平、莘、冠、高唐、恩、夏津、武城、金乡、嘉祥、兰山、郯城、费、莒、沂水、日照、益都、寿光、昌乐、掖、平度、昌邑、潍、黄、宁海、文登、荣成九十一厅州县，暨德州、东昌、临清、济宁四卫，东平所，永阜、永利、官台、富国、王家冈六场被水、被风、被沙、被碱、被虫各村庄地亩新旧钱漕杂课(现月)。丙子，【略】山东巡抚毓贤奏，遵查登、莱、青、沂四府被灾地方分别缓急，酌量抚恤。【略】丁丑，【略】贵州巡抚王毓藻奏：黔省上游各属秋霖伤稼，灾歉情形俟勘履后，再请将应征钱粮分别蠲缓。【略】癸未，【略】蠲减缓征江苏长洲、元和、吴、吴江、震泽、常熟、昭文、昆山、新阳、太湖、华亭、娄、金山、青浦、武进、阳湖、无锡、金匮、江阴、宜兴、荆溪、丹徒、丹阳、金坛、溧阳、太仓、镇洋、靖江、宝山、奉贤、上海、南汇、嘉定三十三厅州县，暨苏州、太仓、镇海、金山、镇江五卫被风、被淹灾歉村庄钱漕租课(现月)。蠲缓江南上元、江宁、句容、江浦、六合、山阳、阜宁、清河、桃源、安东、盐城、高邮、泰、东台、江都、甘泉、仪征、兴化、宝应、铜山、丰、沛、萧、砀山、邳、宿迁、睢宁、海、沭阳、赣榆、通、如皋、海门三十三厅州县，暨淮安、大河、扬州、徐州四卫被旱、被淹田地新旧钱粮，其漕粮除安东、通、海门三处向无起运漕粮外，余并蠲缓(现月)。【略】乙酉，【略】护理陕西巡抚端方奏：被灾歉收各属，筹议来春接济。【略】蠲免陕西榆林、绥德、米脂、清涧、吴堡五州县被灾地亩民欠广有仓本色粮草(折包)。【略】丁亥，【略】豁免直隶安州东北两淀积涝地亩租赋(现月)。蠲缓广西崇善、养利、武宣、临桂、灵川、苍梧、横、雒容、来宾、宜山十州县歉收地方新旧钱粮(现月)。戊子，【略】缓征两淮泰州、海门二属被风、被潮灶地折价钱粮(折包)。

《德宗实录》卷四五六

十二月【略】辛卯，【略】蠲缓浙江归安、乌程、德清、武康、孝丰、会稽、诸暨、余姚、上虞、新昌、嵊、开化、仁和、钱塘、海宁、富阳、余杭、嘉兴、秀水、嘉善、海盐、平湖、石门、桐乡、长兴、安吉、萧山、建德、淳安、临安、新城、于潜、昌化、鄞、慈溪、奉化、镇海、象山、临海、黄岩、太平、宁海、天台、仙居、金华、兰溪、东阳、义乌、永康、武义、浦江、汤溪、西安、龙游、常山、遂安、寿昌、桐庐、分水、永嘉、乐清、瑞安、平阳、泰顺、玉环、丽水、缙云、青田、龙泉、宣平七十厅州县，暨杭严、嘉湖、台州三卫所被水、被风、被虫并沙淤石积田亩新旧地漕，其荒废未种田亩本年地漕分别全蠲或蠲征各半(现月)。壬辰，【略】闽浙总督许应骙奏：闽民待食孔殷，请在上海及长江一带采买米食，并免厘税。【略】缓征湖北汉阳、汉川、黄陂、沔阳、黄冈、黄梅、钟祥、京山、潜江、天门、应城、江陵、公安、石首、松滋、枝江、荆门、武昌、嘉鱼、蒲圻、大冶、孝感、蕲水、罗田、监利①、江夏、兴国、汉阳、咸宁、麻城、广济、潜江、监利三十三州县暨武昌等卫被淹、被旱地方新旧钱粮，其汉阳、黄陂、沔阳、黄冈、黄梅、潜江、天门、应城、江陵、公安、石首、监利、松滋、荆门、武昌、咸宁、嘉鱼、蒲圻、孝感、蕲水、罗田、广济二十二州县漕粮并展缓(现月)。蠲缓河南济源、祥符、杞、密、永城、鹿邑、柘城、洛阳、淮宁、太康、陈留、郑、荥泽、汜水、商丘、宁陵、虞城、夏邑、睢、考城、安阳、汤阴、临漳、内黄、汲、新乡、辉、获嘉、淇、延津、滑、浚、封丘、河内、修武、武陟、孟、温、原武、阳武、偃师、孟津、宜阳、永宁、南阳、内乡、裕、叶、西华、

① 此处缓征湖北三十三州县钱粮，内有"监利"两处，疑有一误。

商水、项城、沈丘、扶沟、固始、商城、尉氏、光山、中牟五十八州县被雹、被旱地方新旧钱漕(现月)。【略】甲午,【略】蠲缓山西阳曲、太原、榆次、文水、岢岚、浮山、吉、临、永宁、应、大同、神池、忻、保德、安邑、垣曲、归化城、萨拉齐、清水河十八厅州县被水、被旱、被雹、被霜、被冻、被碱暨沙积石压地亩新旧钱粮杂税(现月)。【略】丁酉,【略】减缓直隶霸、静海二州县被灾淀泊地亩租银(现月)。戊戌,【略】署山东巡抚袁世凯奏,登、莱、青、沂四府属本年秋禾被旱、被虫,筹款抚恤,共发银三万两。下部知之。【略】庚子,【略】蠲缓浙江嘉兴、宁波、台州暨江苏松江等府属节被风雨江潮,盐场灶荡应征粮课,其杭州、嘉兴、松江所属荒芜未垦灶地额课并豁免(现月)。缓征吉林官庄暨宁古塔、三姓等处被灾地亩应征银谷租赋(现月)。

《德宗实录》卷四五七

## 1900年 庚子 清德宗光绪二十六年

正月【略】乙巳,【略】缓征直隶武清、霸、东安、宛平、唐、安、高阳、献、天津、宣化、怀来、开、东明、长垣、武强、饶阳十六州县被水地方额赋旗租。暨文安、昌平、顺义、昌黎、乐亭、清苑、交河、东光、青、静海、沧、南皮、灵寿、平乡、邯郸、肥乡、广平、鸡泽、易、涞水、深、曲阳、大城、房山二十四州县连年歉收地方原缓额赋旗租并各项杂征有差(现月)。丙午,【略】缓征山东济宁、历城、章丘、邹平、长山、新城、齐东、禹城、东平、蒲台、邹、曹、观城、沂水、馆陶、高苑、安丘、即墨、海阳、齐河、济阳、临邑、长清、肥城、东阿、平阴、惠民、青城、阳信、海丰、滨、利津、沾化、滋阳、阳谷、寿张、菏泽、范、朝城、临淄、博兴、邱、鱼台四十三州县暨境内卫地被灾地方额赋杂征(现月)。【略】己酉,【略】缓征陕西肤施、延川、靖边、甘泉、安塞、延长、保安、榆林、怀远、葭、神木、府谷、绥德、米脂、清涧、吴堡、咸宁、长安、乾、武功、醴泉二十一州县被灾地亩额赋杂征有差(现月)。【略】癸丑,【略】蠲缓湖南安乡、武陵、沅江、武冈、沅陵、安仁、酃、龙阳、益阳、茶陵、华容、澧、巴陵、湘阴、清泉、南洲十六厅州县暨岳州卫被水、被旱地方新旧额赋杂征有差(现月)。【略】乙卯,【略】蠲缓甘肃固原、华亭、洮、巴燕戎格、西宁、大通、皋兰、河、贵德、碾伯、中卫、安西十二厅州县被灾地方额赋余粮草束(现月)。缓征江西南昌、新建、进贤、清江、新淦、峡江、莲花、庐陵、吉水、永丰、泰和、万安、安福、永新、星子、建昌、安义、德安、湖口十九厅县,暨九江同知所辖南、九二卫被灾地方额赋杂征有差(现月)。【略】甲子,【略】又谕:裕长奏河北三府灾歉情形一折。上年河南省河北三府得雪已迟,即使补种春麦,收成已在四月以后,民间拮据情形深堪轸念。【略】乙丑,署山东巡抚袁世凯奏:青州满营兵米因灾缓征,不敷支放,请援案折银给发。如所请行(现月)。【略】己巳,【略】蠲免云南永北厅被灾地方额赋杂征(现月)。

《德宗实录》卷四五八

二月【略】丙子,谕内阁:袁世凯奏,凌汛暴涨,滨州境内张肖堂家堤埝冲漫成口,现经勒限堵合,请将在事各员暂缓参办一折。本年正月二十一二等日,滨州张肖堂家地方因上年冰冻结阻,本年河水陡涨,以致溜势湍急,漫口五十余丈,夺溜直趋东北,历滨州、惠民、阳信、沾化、利津等境,由洚河入海。此次凌汛失事,据该抚奏称,系因下游冰结,上游凌块已层递而来,实属人力难施。【略】丁丑,【略】蠲缓广西贺县被灾地方额赋有差(折包)。【略】乙酉,【略】蠲免云南昆明、呈贡、宜良、新兴、昆阳五州县被灾地方额赋(现月)。

《德宗实录》卷四五九

三月【略】癸丑,【略】谕内阁:钦奉慈禧【略】皇太后懿旨,京师入春以来雨泽稀少,予心实深焦盼,因念感召天和,当以钦恤庶狱为先。【略】乙卯,以时届布种,雨泽尚稀,遣恭亲王溥伟诣大高殿恭代祈祷行礼。【略】丁巳,谕内阁:邵积诚奏,黔省水灾,恳恩拨发赈款一折。威宁、贵阳、贵筑、普安、水城、平远、黔西、清镇等处上年秋成歉收,经该护抚筹款平粜,今年入春以来仍少晴霁,收成尚无把握,灾区既广,为日亦长,轸念民依,实深廑系。著户部迅速筹拨银十万两,发交邵积诚饬属分

别灾情轻重，切实筹办赈济。【略】山东巡抚袁世凯奏，张肖堂家漫溢成灾，遴委多员，驰赴滨、惠民、阳信、利津、沾化五州县分投放赈。下部知之。【略】丙寅，护理山西巡抚何枢奏，晋省亢旱，民食维艰，司库无款可筹，请开办赈捐以资接济。下户部议。【略】戊辰，以农田待泽，雨泽仍稀，派恭亲王溥伟诣大高殿恭代祈祷行礼。

《德宗实录》卷四六一

四月【略】丁丑，以京师雨泽稀少，再申祈祷。派恭亲王溥伟诣大高殿恭代行礼。【略】甲申，以渥沛甘霖，派恭亲王溥伟诣大高殿恭代报谢行礼。庚寅，【略】展缓江西湖口、彭泽二县迭遭水、旱地方贫民原贷籽种银两(折包)。【略】壬辰，豁免云南宣威、嵩明二州被水村庄秋征粮赋杂课有差(现月)。【略】丙申，【略】抚恤四川重庆、夔州、奉节、云阳、万、涪、綦江、酉阳、忠、酆都、南川、东乡、阆中、苍溪、广元、昭化、仪陇、茂、汶川、理番、叙永、永宁、宁远、西昌、冕宁、越巂二十六府厅州县被水、被旱灾民。【略】庚子，【略】豁免湖南新化、清泉、安仁、鄢、武冈五州县被水村庄粮赋(折包)。

《德宗实录》卷四六二

五月辛丑朔，【略】署陕甘总督魏光焘奏：蠲缓上年甘肃被灾各州县银粮数目。下部知之(折包)。【略】乙卯，【略】守护东陵大臣寿全奏查看陵寝仪树松虫情形。得旨：著仍饬属随时认真搜捕，毋稍懈弛(折包)。

《德宗实录》卷四六三

五月丙辰，以节逾芒种，得雨未透，派大阿哥溥俊诣大高殿恭代祈祷行礼(现月)。谕军机大臣等，本年京师雨泽稀少，尚未渥沛甘霖，农田待泽孔殷，实深焦盼，著派王培佑克日前赴直隶邯郸县龙神庙敬谨迎请铁牌到京，在大光明殿供奉，以迓和甘。将此谕令知之。【略】癸亥，【略】谕内阁：现在京师粮价昂贵，钱店纷纷关闭，商民交困，亟应设法维持。【略】乙丑，谕内阁：现在京城戒严，米价日昂，民间购食维艰，著顺天府、五城御史迅速遴委妥员于城内外添设平粜局，以济民食所需米石，随时咨照户部，札仓拨给，均勿迟延(现月)。

《德宗实录》卷四六四

六月【略】丁丑，【略】山东巡抚袁世凯奏：东省麦秋方稔，良民力田者众，惟盐枭盗匪时复结党横行，现酌定团练办法。【略】丙申，【略】豁免甘肃新疆疏附、拜城两县上年被灾地方应征钱粮(折包)。

《德宗实录》卷四六五

七月庚子朔，【略】谕军机大臣等，毓贤奏，新疆、甘肃仓存粮石甚多，请饬运京。端方奏，拨款派员前往宁夏购米，并请先由宁夏仓廒提借备用各折片。【略】己酉，【略】河南巡抚裕长奏：(河南省所处)河北三府暨开、归、河、陕、汝等属旱灾已成，拟请酌留上年漕折银两，以资抚辑，并将本年钱漕分别征缓，藉纾民力。下部速议(折包)。【略】壬子，谕军机大臣等，御史陈璧奏，福建水灾，宜筹善后，请复上游梯田，及去中房洲之壅蔽，开城南之新旧泷，并请派臬司办理等语。福建省城本年水灾甚重，自应疏浚水道，以弭灾患。【略】护理陕西巡抚端方奏：陕省旱象已成，预筹赈抚情形。

《德宗实录》卷四六六

七月【略】乙丑，【略】又谕：【略】朕恭奉慈舆暂行巡幸太原，该省本年被旱，随扈官兵食指众多，更恐有妨民食，所有宁夏购办之粮，著径行运至山西省城，俾资接济。

《德宗实录》卷四六七

八月【略】丁亥，【略】护理陕西巡抚端方奏：陕西西安等府属亢旱成灾，恳开办赈捐，以资接济。如所请行(折包)。又奏：商州所属被雹，分别抚恤情形。下部知之(折包)。

《德宗实录》卷四六九

闰八月【略】辛丑，【略】缓征山西岚、汾阳、平遥、宁乡、永宁、石楼、太平、翼城、乡宁、吉、大同、怀仁、保德、闻喜、垣曲、灵石、赵城、阳曲、太谷、祁、徐沟、兴、介休、孝义、临、临汾、襄陵、洪洞、曲沃、沁源、绛、稷山、河津、霍、蒲三十五州县被旱地方上忙钱粮。【略】壬寅，【略】又谕：电寄刘坤一等，电悉。苏省截存海运漕粮，既据陕西以大旱成灾，电请接济，著即取道汉口、襄阳，陆续运解。【略】庚戌，【略】又谕：岑春煊奏，陕省岁旱，请购粮接济一折。现在驻跸长安，需粮浩繁，陕西适值荒歉，米价奇昂，闻河南与皖省交界地方均属丰收，即著裕长无论何款，速提银十万两，购买米麦，由陆路迅即运陕。

《德宗实录》卷四七〇

闰八月乙卯，【略】豁免陕西咸宁、长安二县开渠占用民田钱粮，并缓征长安县水淹民地钱粮(折包)。【略】丙辰，【略】谕军机大臣等，【略】湖北襄阳等处界连豫省，年来旱荒，饥民众多，亦有会匪开堂放飘之事。【略】戊午，【略】谕内阁：此次銮辂西巡，经过各州县地方已成旱象，小民困苦情形，殊深轸念。著锡良饬属查明被灾处所，酌量抚恤。所有本年钱粮，分别应征、应缓，奏明办理(现月)。署陕甘总督魏光焘奏：甘肃东南各属水、旱、冰雹迭报偏灾，分别赈抚。【略】甘肃新疆巡抚饶应祺奏：奇台县、镇西厅被旱，现筹抚恤。【略】壬戌，署福州将军善联奏：北事日亟，商货罕通，兼被水灾，税收益形短绌，除京饷暨应运洋款勉力凑解，其协拨各款实难兼顾。下户部知之(随手)。癸亥，【略】谕内阁：朕恭奉慈銮，暂行巡幸西安，自太原以至蒲州，所过地方颇形旱象，农民困苦，朕心轸念实深。著将阳曲、太原、徐沟、祁县、平遥、介休、霍州、灵石、赵城、临汾、洪洞、襄陵、太平、曲沃、闻喜、夏县、安邑、猗氏、临晋、永济等州县属，凡跸路所经地方，应征本年钱粮加恩豁免。【略】又谕：何乃莹奏，晋省久旱成灾，恳恩赈抚，并请推行水利一折。

《德宗实录》卷四七一

九月【略】癸未，【略】兼署云贵总督云南巡抚丁振铎奏，永平县云龙井被灾，现筹抚恤。【略】豁免云南恩安、鲁甸、永善三厅县被灾地方条粮(现月)。

《德宗实录》卷四七二

九月【略】乙酉，谕军机大臣等，现在陕省天时亢旱，节届立冬，二麦未能遍种，农田盼泽孔殷，著岑春煊迅即派员前往太白山，虔诚祈祷，以冀渥沛甘霖，藉慰民望(现月)。【略】丙申，【略】豁免陕西咸宁、长安、渭南、泾阳、三原、高陵、盩厔、临潼、鄠、富平、醴泉、蓝田、兴平、同官、耀、咸阳、肤施、延长、延川、宜川、安塞、甘泉、保安、靖边、定边、凤翔、岐山、陇、宝鸡、汧阳、城固、褒城、佛坪、沔、榆林、神木、府谷、大荔、蒲城、澄城、郃阳、韩城、华、朝邑、白水、华阴、汉阴、邠、长武、淳化、三水、镇安、乾、武功、鄜、洛川、中部、宜君、绥德、米脂、清涧六十一厅州县旧欠灾缓钱粮租课草束(折包)。戊戌，【略】豁免云南赵、寻甸、嵩明、云南、宾川、镇南、永北、昆明、呈贡、陆凉、宁、新兴、恩安、腾越、禄劝、建水、石屏、通海十八厅州县，暨顺宁府、孟连土司被灾地方旧欠钱粮有差(折包)。

《德宗实录》卷四七三

十月【略】壬寅，谕内阁：御史管廷献奏，陕西省年饥粮贵，小民生计维艰，请肃营规以通商贾而裕民用一折。【略】癸卯，【略】闽浙总督许应骙【略】又奏：闽省大水为灾，民食不给，请饬两江总督于每年额定免税沪米外加运十万石，俾资接济。【略】壬子，谕内阁：钦奉慈禧【略】皇太后懿旨，本年陕西天时亢旱，秋成大半无收，灾区甚广，现虽得有雪泽，二麦已不及播种，粮价昂贵异常，小民流离转徙，困苦情形殊堪悯恻。前经降旨，于本月初一日提前开办粥厂，惟被灾各属饥民众多，待赈孔亟，加恩著发银四十万两，由行在户部拨给。【略】丁巳，谕军机大臣等，奎俊奏，本年山、陕荒旱，驿站应付为难，援案请免边使朝贡一折。【略】护理贵州巡抚邵积诚【略】又奏：查明所属毕节各县风雹成灾，设法发给籽种，补种秧苗，以期补救。【略】甲子，谕军机大臣等，御史管廷献奏，疏通商运以济民食一折。据称，河南开封以东接连山东兖、曹、泰安沿河一带秋收最丰，若采买小米，由黄河上驶，运至孟津，车运至陕州会兴镇，雇用回空盐车，转运较为便捷。

《德宗实录》卷四七四

十一月【略】辛未，以陕西雪泽稀少，命巡抚岑春煊派员前往太白山拈香祈祷(现月)。【略】辛巳，【略】湖南巡抚俞廉三奏：长沙等府属因旱成灾，请开办赈捐，以济民食。报闻。

《德宗实录》卷四七五

十二月【略】己亥，【略】蠲缓绥远城浑津黑河被灾地亩米石。【略】庚戌，【略】缓征安徽泗、铜陵、定远、灵璧、五河、建平、望江、无为、凤台、亳、合肥、寿、巢、宿、涡阳、潜山、宿松、贵池、东流、怀

远、颍上、霍邱、太和、蒙城、天长、当涂、芜湖、庐江、阜阳、怀宁、繁昌、英山、盱眙三十三州县被灾田亩漕粮有差。【略】壬子,【略】河南巡抚于荫霖【略】又奏:雪大路艰,粮运迟滞,拟请将存储拨给甘军米石添筹运费,先行运陕。允之(折包)。

《德宗实录》卷四七六

十二月【略】丁巳,以神灵显赫,加陕西郿县太白山神扁额,曰"润洽为德"(随手)。【略】缓征湖北夏口、汉阳、汉川、黄陂、沔阳、黄冈、蕲水、罗田、黄梅、京山、潜江、天门、应城、江陵、公安、石首、松滋、枝江、嘉鱼、孝感、钟祥、监利、荆门、江夏、武昌、蒲圻、兴国、麻城、广济二十九厅州县被灾地方钱粮芦课杂税暨新旧杂粮有差。戊午,【略】缓征河南祥符、荥阳、安阳、汤阴、临漳、武安、内黄、汲、新乡、辉、获嘉、淇、延津、滑、浚、封丘、河内、济源、武陟、孟、温、原武、阳武、洛阳、偃师、襄城、灵宝、阌乡、长葛、陈留、杞、郑、荥泽、汜水、密、商丘、宁陵、永城、鹿邑、虞城、夏邑、睢、柘城、考城、孟津、宜阳、永宁、南阳、内乡、裕、叶、淮宁、西华、商水、项城、沈丘、太康、扶沟、固始、商城、修武、尉氏、光山、中牟六十四州县歉收田亩新旧粮赋有差。己未,【略】山西巡抚锡良奏:晋省各厅州县本年夏麦、秋禾被灾甚重,恳恩缓征新旧正耗钱粮等项,并筹款赈济,以纾民困。允之(折包)。庚申,【略】蠲缓山东齐东、青城、东平、馆陶、临清、东阿、滨、邱、济宁、历城、章丘、邹平、长山、新城、齐河、济阳、临邑、长清、肥城、平阴、惠民、青城、商河、利津、堂邑、鱼台、沾化、博兴、乐安、濮、范、聊城、蒲台、邹、寿张、菏泽、曹、巨野、观城、博平、茌平、冠、夏津、海丰、高苑、临淄、潍、德、陵、德平、肥城、滋阳、曲阜、宁阳、泗水、滕、峄、汶上、阳谷、单、定陶、郓城、朝城、清平、莘、高唐、恩、嘉祥、兰山、郯城、莒、沂水、日照、益都、寿光、昌乐、掖、文登、荣成七十七州县,暨临清、济宁、德州、东昌四卫被灾地方新旧粮赋有差。【略】壬戌,【略】蠲缓江苏长洲、元和、吴、吴江、震泽、常熟、昭文、昆山、新阳、太湖、华亭、娄、金山、青浦、武进、阳湖、无锡、金匮、江阴、宜兴、荆溪、丹徒、丹阳、金坛、溧阳、太仓、镇洋二十七厅州县歉收地亩钱粮有差。蠲缓江苏上元、江宁、句容、溧水、高淳、江浦、六合、山阳、阜宁、清河、桃源、安东、盐城、高邮、泰、东台、江都、甘泉、仪征、兴化、宝应、铜山、丰、沛、萧、砀山、邳、宿迁、睢宁、海、沭阳、赣榆、通、如皋、海门三十五厅州县,暨淮安、大河、扬州、徐州四卫被灾田地民屯新旧钱粮有差。癸亥,【略】蠲缓新疆镇西、奇台、塔城三厅县被灾地亩本年应征额粮有差。甲子,【略】山东巡抚袁世凯奏:查明本年被灾各属,来春青黄不接之时,恳恩缓征上忙新赋,以恤民艰。允之(折包)。【略】丁卯,【略】闽浙总督许应骙奏,闽省洪水为灾,仓监淹没,请将旧课照案缓征,以恤商艰。允之(折包)。又奏:闽省延、建、邵三府本年猝遭水患,拟请暂改岁科并试,以恤寒畯。允之(折包)。

《德宗实录》卷四七七

## 1901 年 辛丑 清德宗光绪二十七年

正月【略】庚辰,【略】蠲缓浙江仁和、钱塘、海宁、富阳、余杭、临安、嘉兴、秀水、嘉善、海盐、平湖、石门、桐乡、归安、乌程、长兴、德清、武康、安吉、孝丰、山阴、会稽、萧山、诸暨、上虞、天台、西安、江山、常山、开化、建德、遂安三十二州县,杭、衢二所被灾未垦田亩,暨新城、于潜、昌化、鄞、慈溪、奉化、镇海、象山、余姚、新昌、嵊、临海、黄岩、太平、宁海、仙居、金华、兰溪、东阳、义乌、永康、武义、浦江、汤溪、龙游、淳安、寿昌、桐庐、分水、永嘉、乐清、瑞安、平阳、泰顺、丽水、缙云、青田、龙泉、宣平三十九县,嘉湖、台州二卫所并各县卫所歉收沙淤田亩新旧田粮漕米有差(折包)。蠲免浙江仁和、钱塘、富阳、余杭、临安、新城、于潜、昌化、归安、乌程、长兴、德清、武康、安吉、孝丰、诸暨、金华、兰溪、东阳、义乌、汤溪、龙游、建德①、淳安、遂安、寿昌、桐庐、分水二十八县荒废田地,暨杭严卫杭

① "建德",原作"建安"。

所荒废新垦田地、山塘、荡溇田粮漕米有差(折包)。 《德宗实录》卷四七八

正月【略】丙戌,【略】蠲缓湖南安乡、醴、湘阴、益阳、武陵、龙阳、沅江、华容、南洲九厅州县暨岳州卫被灾地方钱漕芦课有差(折包)。丁亥,【略】谕军机大臣等,陕省入春以来尚未得雨,农田待泽孔殷,著岑春煊派员前往太白山取水,设坛虔诚祈祷,以期渥沛甘霖,用慰农望(现月)。【略】己丑,【略】蠲免两浙杭州、嘉兴、松江各盐场荒废灶荡田地钱粮。其两浙场灶被灾,灶课钱粮并蠲缓(折包)。 《德宗实录》卷四七九

二月【略】癸卯,【略】缓征江西南昌、新建、丰城、进贤、奉新、靖安、萍乡、清江、新淦、峡江、莲花、庐陵、吉水、永丰、泰和、万安、安福、永新、余干、建昌、安义、德化、德安、湖口、金溪、鄱阳、德兴、万年、星子、都昌、瑞昌、彭泽三十二厅县被灾地方钱漕有差(折包)。蠲缓贵州毕节、威宁、水城、贵阳、贵筑、大定、黔西、平远、安顺、清镇、普安十一府厅州县被灾地方钱漕有差(折包)。【略】己酉,【略】庚戌,谕军机大臣等,现因陕省天气亢旱,农田盼泽甚殷,著派桂春轻车简从前往太白山虔敬祈祷,毋庸驰驿(现月)。【略】乙丑,【略】缓征山西阳曲、太原、徐沟、岳阳、翼城、解、丰镇、宁远八厅州县歉收逃荒地方未完钱粮租税有差(折包)。 《德宗实录》卷四八〇

三月丁卯朔,【略】蠲缓陕西三原、富平、高陵、泾阳、蓝田、醴泉、兴平、耀、同官、咸阳、盩厔、鄠、乾、永寿、武功、鄜、洛川、中部、宜君、凤翔、扶风、宝鸡、岐山、邠、三水、长武、淳化、大荔、蒲城、韩城、郃阳、澄城、朝邑、白水、白河、肤施、延川、宜川、安定、安塞、延长、保安、甘泉、靖边、定边、榆林、怀远、葭、神木、府谷、绥德、米脂、清涧、吴堡五十四州县歉收村庄钱粮(折包)。戊辰,【略】蠲免陕西咸宁、长安、临潼、渭南、华、华阴、潼关七厅州县跸路经过暨被灾地方钱粮(折包)。

《德宗实录》卷四八一

四月【略】辛丑,【略】蠲缓直隶开、东明、长垣、献、曲周、高阳、沙河、平乡、广宗、永年、肥乡、广平、磁、元城、大名、隆平、宁晋、饶阳、安、青、静海、沧、南皮、邢台、南和、巨鹿、任、邯郸、成安、鸡泽、威、新河、深三十三州县被水、被雹、被虫村庄粮租(折包)。【略】辛亥,豁免江西清江修堤毁压民田钱粮,湖口、彭泽因旱借给籽种(折包)。【略】甲子,【略】蠲免直隶东安县被水村庄钱粮(折包)。

《德宗实录》卷四八二

五月【略】壬申,【略】缓征直隶东安、献、曲周、高阳、沙河、平乡、广宗、永年、肥乡、广平、磁、开、元城、大名、长垣、隆平、宁晋、饶阳十八州县,并原缓之安、青、静海、沧、南皮、邢台、南和、巨鹿、邯郸、成安、鸡泽、威、东明、新河、深十五州县被灾地方钱粮杂课有差(折包)。

《德宗实录》卷四八三

六月【略】丙申,谕内阁:钦奉慈禧【略】皇太后懿旨,本年陕省亢旱,派员前往太白山虔诚祈祷,屡昭显应,实深寅感。业经拨款崇修庙貌,用答神庥。【略】癸卯,【略】江西巡抚李兴锐奏:江西南昌等县水灾,查办拯济情形。得旨:南昌各属猝被水灾,览奏,殊堪悯恻。著即督饬所属,认真筹办赈抚,毋任流离失所(折包)。【略】壬子,谕内阁:钦奉慈禧【略】皇太后懿旨,翰林院侍讲学士朱益藩等奏,沥陈江西赣州、吉安、抚州、饶州等府,自本年五月初间,大雨旬余,江流暴涨,堤圩坍塌甚多,省河水涨至二丈有余,义宁等州县城内水深丈余,庐舍人民禾稼牲畜漂流不计其数,请饬迅速赈济等语。江西此次猝遭水患,民间盖藏本少,早稻又未收获,悉被淹没,灾区较广。【略】乙卯,【略】护理山东巡抚布政使胡廷幹奏,栖霞县属后徐村火灾,拨款抚恤,东昌府属灾歉,拨放籽种。下部知之。 《德宗实录》卷四八四

七月甲子朔,【略】谕内阁:钦奉皇太后懿旨,自上年驻跸西安,倏将阅岁,该省民风质朴,荒旱以后,灾困未苏,迭经颁发巨帑,源源赈济,现虽普得透雨,可庆有秋,惟目前生计尚属艰难,深宫实殷廑念。【略】又谕:【略】昨据升允奏,关中秋热较伏暑尤甚,大雨之后泥泞弥旬,恳请展期回銮。

【略】复据松寿奏称，本年夏令积雨连旬，河水骤发，跸路多被冲毁，灵宝、阌乡等处深沟，一线之路，山水暴注，尤属危险，泥深数尺，节节阻滞。巩县行宫现因洛河漫溢，工程亦有损失。【略】准改于八月二十四日【略】回京。【略】己巳，谕内阁：胡廷幹两次电奏，山东黄河漫决，请将在事各员分别惩处，并自请议处等语。山东黄河因本年豫、陕一带入夏水涨，该省亦连经大雨，山水暴发，势若建瓴，六月二十四日南岸章丘县境陈家窑大堤漫溢决口数十丈，北岸惠民县境五杨家大堤又复漫决成口。在事各员未能先事防护，实属异常疏忽。【略】湖广总督张之洞等奏：湖北武昌、黄州等府所属州县被水成灾，已委员查勘，分别筹款赈抚。【略】庚午，【略】安徽巡抚王之春奏：皖省滨江怀宁、桐城各属同遭水患，圩堤溃决，分饬文武各员协力抢护，赈恤穷民。【略】湖南巡抚俞廉三奏：长沙等府所属各县骤遭水患，委员查勘抚恤。【略】辛未，云南巡抚李经义奏：黑盐井被水冲决，受灾极重，已委员查勘抚恤。【略】戊寅，【略】两江总督刘坤一【略】又奏：江宁水灾甚重，小民荡析离居，露宿乏食，请将江苏应行解部之捐款截留济用。【略】甲申，【略】河南巡抚松寿奏：兰仪、考城两县被水成灾，且陈办赈情形。【略】戊子，【略】缓征山西临汾、襄阳、洪洞、浮山、太平、曲沃、吉、永济、临晋、猗氏、荣河、万泉、虞乡、绛、河津、霍、赵城、灵石、大宁、山阴、怀仁、闻喜、夏、安邑、长子、平陆、汾西、宁乡、阳曲二十九州县被灾地亩新旧钱粮有差(折包)。庚寅，【略】江西巡抚李兴锐奏：赣省本年复被水灾，工赈兼施，需款甚巨，请将现办赈捐再行展办一年。从之(折包)。【略】壬辰，【略】甘肃新疆巡抚饶应祺奏：库车、玛喇巴什两厅被灾甚重，委员查勘抚恤。　　《德宗实录》卷四八五

八月甲午朔，【略】谕内阁：钦奉皇太后懿旨，兵部左侍郎李昭炜等奏，安徽大水，请饬勘赈一折。据称，安徽自五月起大雨连旬，山洪江涨，同时溢涌，圩堤冲塌甚多，大江南北各府州县田庐人口牲畜漂没不知凡几，请迅速筹济等语。【略】戊戌，【略】云南巡抚李经羲奏，昆明、宣威等州县水灾赈抚情形。己亥，【略】江苏巡抚聂缉规奏，苏属沿江沿海各县猝遭风潮，筹办赈抚情形。庚子，【略】安徽巡抚王之春奏：皖省灾重，请于本年各漕项下拨银十万两赈抚。如所请行(随手)。壬寅，【略】浙江巡抚任道镕奏，杭州等五府属淫雨成灾，筹办赈抚大概情形。【略】乙巳，谕内阁：刘坤一等奏，苏属沿江、沿海各县风潮成灾，吁恳截留新旧漕米藉资赈济各折片。据称，苏省五六月间淫雨之后继以风潮，水势甚大，各县圩埂冲决至一千数百处，小民荡析流离，情形困苦，吁恳截留漕米，藉资赈抚等语。此次苏省水灾实为数十年所未有。【略】辛亥，【略】山西巡抚岑春煊奏，晋省荒旱频仍，拟饬各属劝民开井，以资灌溉。如所请行(折包)。【略】甲寅，【略】护理山东巡抚胡廷幹奏长清县属曹家、坡里、长城三村庄被水赈抚情形。【略】戊午，【略】云南巡抚李经羲奏，南宁、嵩明等州县被雹、被水成灾，委员勘抚大概情形。　　《德宗实录》卷四八六

九月【略】己巳，【略】热河都统色楞额奏：滦平县属被水成灾，现经筹款并酌提仓谷赈抚。【略】甲申，【略】闽浙总督许应骙奏：建宁府等处被灾，酌筹抚恤。　　《德宗实录》卷四八七

十月癸巳朔，【略】豁免云南永平县属被水地方条粮(折包)。【略】壬寅，【略】顺天府奏：京畿商民归业，渐复旧观，甫届冬令，即得大雪。报闻(随手)。【略】乙巳，云南巡抚李经羲奏滇省宾川、宣威、鹤庆等州属被旱、被水、被雹委勘情形。【略】丁未，【略】安徽巡抚王之春奏：皖省上年荒灾，缓缺各营兵米，请动支地丁拨补。下部知之(折包)。又奏：皖省水灾，奉颁内帑，并准拨漕银接济办理情形。报闻(折包)。【略】己酉，总统川军湖北提督夏毓秀奏：秦晋荒旱，粮价高昂，军粮运费实难摊扣兵饷，请饬部立案，事竣作正报销。如所请行(折包)。庚戌，【略】河南巡抚松寿奏：豫省兰仪、考城两县被水成灾，各村庄恳予抚恤一个月口粮，免致失所。如所请行(折包)。【略】辛亥，【略】陕甘总督崧蕃奏，甘肃各属夏秋被雹、被水成灾，现筹抚恤情形。【略】甲寅，【略】豁免江西新淦县属水冲沙淤及修堤占毁田亩应征银米。【略】乙卯，【略】蠲缓顺直通、三河、武清、宝坻、蓟、宁河、霸、保定、文安、固安、永清、东安、大兴、宛平、良乡、涿、顺义、滦、卢龙、迁安、乐亭、清苑、安肃、新城、博

野、蠡、雄、束鹿、安、高阳、献、阜城、肃宁、任丘、景、青、静海、沧、南皮、盐山、晋、无极、藁城、沙河、开、东明、长垣、遵化、玉田、武强、饶阳、安平、易五十三州县被水、被雹、被虫灾歉村庄粮赋(折包)。

《德宗实录》卷四八八

十一月【略】甲申，谕内阁:【略】畿辅黎庶屡遭蹂躏，仅有孑遗，秦晋一带时苦旱荒，东南则滨江数省皆被水患，悯念吾民疮痍满目，值此国用空虚，筹款迫切，何一非万姓脂膏，断不忍厚敛繁征，剥削元气，深宫薄于自奉，一切减省，常愿以节俭为天下先。《德宗实录》卷四九〇

十二月【略】甲午，【略】蠲缓新疆玛喇巴什、库车二厅被雹、被水地亩粮赋(折包)。【略】丁酉，【略】署直隶总督袁世凯奏:直省上年兵灾，本年岁歉，保定、真定、天津一带被灾甚重，现拨款派员分投放赈。【略】豁缓直隶通、三河、武清、宝坻、蓟、香河、宁河、霸、保定、文安、大城、固安、永清、东安、大兴、宛平、良乡、房山、涿、昌平、顺义、怀柔、密云、卢龙、临榆、清苑、满城、安肃、定兴、新城、唐、容城、蠡、雄、祁、安、河间、肃宁、任丘、交河、景、东光、青、静海、南皮、盐山、井陉、灵寿、平山、晋、藁城、新乐、邢台、沙河、南和、平乡、广宗、巨鹿、成安、肥乡、曲周、广平、延庆、蔚、宣化、怀来、西宁、遵化、丰润、涞水、枣强、衡水、隆平、深、宁晋、武强、饶阳、安平、定、曲阳、深泽、张家口八十二厅州县被灾歉收村庄粮赋地租(现月、折包)。【略】己亥，【略】陕甘总督崧蕃【略】又奏:西宁府大通县属毛家寨山水涨发，近河地亩概被淹没，工力难施。【略】蠲缓山东齐东、惠民、青城、滨、平阴、博兴、高苑、邹平、东平、章丘、东阿、蒲台、范、长山、济阳、长清、东安、禹城、寿张、阳谷、济宁、历城、新城、齐河、临邑、平原、肥城、阳信、商河、利津、滋阳、邹、汶上、菏泽、曹、巨野、郓城、濮、朝城、聊城、博平、茌平、馆陶、高唐、鱼台、沾化、昌邑、潍、德、恩、嘉祥、定陶、观城、堂邑、清平、莘、海丰、临淄、寿光、乐陵、曲阜、宁阳、泗水、滕、峄、单、夏津、武城、邱、金乡、兰山、郯城、费、莒、沂水、日照、益都、乐安、昌乐、宁海、文登、荣成、陵、冠八十四州县，暨德州、东昌、临清、济宁四卫，东平所，永阜、永利二场被灾村庄新旧额赋(现月、折包)。【略】辛丑，江西巡抚李兴锐【略】又奏:江西近年水患频仍，拟将鄱阳湖淤垫设法疏浚，以防水患。《德宗实录》卷四九一

十二月【略】壬子，【略】蠲缓湖北黄梅、江夏、武昌、咸宁、嘉鱼、蒲圻、大冶、夏口、汉阳、汉川、黄陂、孝感、沔阳、黄冈、蕲水、罗田、广济、钟祥、京山、潜江、天门、应城、江陵、公安、石首、监利、松滋、枝江、荆门二十九厅州县，暨武昌、武左、沔阳、黄州、蕲州、荆州、荆左、荆右八卫被淹、受旱村庄粮赋。其黄梅、武昌、咸宁、嘉鱼、蒲圻、夏口、汉阳、黄陂、孝感、沔阳、黄冈、蕲水、罗田、广济、潜江、天门、应城、江陵、公安、石首、监利、松滋、荆门二十三厅州县应征新旧漕粮并缓征(现月、折包)。蠲缓河南兰仪、考城、河内、修武、原武、洛阳、永宁、祥符、陈留、杞、尉氏、中牟、郑、荥泽、荥阳、汜水、商丘、宁陵、永城、鹿邑、虞城、夏邑、睢、柘城、安阳、汤阴、临漳、武安、内黄、汲、新乡、辉、获嘉、淇、延津、滑、浚、封丘、济源、武陟、孟、温、阳武、偃师、孟津、宜阳、南阳、内乡、裕、叶、淮宁、西华、项城、沈丘、太康、扶沟、固始、灵宝、阌乡、长葛、商城、光山六十二州县被灾地亩新旧额赋(现月、折包)。癸丑，【略】蠲缓直隶香河、昌黎、河间、东光、庆云、正定、南和、唐山、丰润、武邑、深十一州县灾歉村庄额赋租课有差。蠲缓直隶文安、大城、霸、静海四州县淀泊灾歉地亩本年应征暨节年被欠租银(折包)。甲寅，【略】缓征安徽泗、当涂、无为、怀宁、桐城、望江、铜陵、东流、灵璧、建平、宿松、宣城、宁国、繁昌、凤台、亳、五河、南陵、贵池、芜湖、合肥、巢、寿、定远、颍上、建德、太湖、青阳、怀远、潜山、庐江、宿、阜阳、霍邱、蒙城、盱眙、天长三十九州县被灾地亩新旧额赋(现月、折包)。乙卯，【略】蠲缓湖南安乡、武陵、龙阳、沅江、巴陵、平江、常宁、华容、南洲、醴、临湘、湘阴、益阳、长沙、桃源十五厅州县暨岳州卫被水田亩粮赋租课有差(现月、折包)。丙辰，【略】蠲缓山西阳曲、太原、大谷、祁、太平、翼城、屯留、陵川、汾阳、介休、临汾、襄陵、洪洞、浮山、曲沃、吉、壶关、平遥、解、平陆、河津、霍、赵城、灵石、萨拉齐、榆次、汾西、乡宁、孝义、应、辽、安邑、绛、闻喜、清水河、归化城、虞乡、文水、大宁、

代、宁远、和林格尔四十二厅州县被灾田亩新旧额赋(现月、折包)。丁巳,【略】蠲缓山西永济、阳曲、平陆、太原四县续报被灾村庄新旧额赋(现月、折包)。【略】戊午,【略】蠲缓江宁江都、上元、江宁、句容、溧水、高淳、江浦、六合、山阳、阜宁、清河、桃源、安东、盐城、高邮、泰、东台、甘泉、仪征、兴化、宝应、铜山、丰、沛、萧、砀山、邳、宿迁、睢宁、海、沭阳、赣榆、通、如皋、泰兴、海门三十六厅州县,暨淮安、大河、扬州、徐州四卫被淹歉收地亩新旧粮赋(现月、折包)。蠲减江苏长洲、元和、吴、吴江、震泽、常熟、昭文、昆山、新阳、太湖、华亭、娄、金山、青浦、武进、阳湖、无锡、金匮、江阴、宜兴、荆溪、丹徒、丹阳、金坛、溧阳、太仓、镇洋二十七厅州县歉收地亩粮赋(现月、折包)。缓征安徽泗、当涂、无为、怀宁、桐城、望江、铜陵、东流、凤阳、灵璧、含山、建平、宿松、宣城、宁国、繁昌、凤台、亳、五河、来安、和、南陵、贵池、芜湖、合肥、巢、寿、定远、颍上、滁、全椒、建德、太湖、青阳、怀远、潜山、庐江、宿、阜阳、霍邱、蒙城、太和、涡阳、盱眙、天长四十五州县,暨宣州、建阳、安庆、庐州、凤阳、长淮、泗州、滁州八卫被灾歉收民屯地亩粮赋(现月、折包)。豁免直隶安州积涝地亩本年粮租(折包)。【略】辛酉,【略】蠲缓浙江仁和、钱塘、海宁、富阳、余杭、临安、归安、乌程、长兴、德清、武康、孝丰、山阴、会稽、诸暨、临海、黄岩、开化、建德、桐庐、分水、玉环二十二厅州县,暨台州卫,杭、湖、严三所被灾地亩新旧额赋(现月、折包)。蠲免浙江仁和、钱塘、海宁、富阳、余杭、临安、新城、于潜、昌化、嘉兴、秀水、嘉善、海盐、平湖、石门、桐乡、归安、乌程、长兴、德清、武康、安吉、孝丰、诸暨、金华、兰溪、东阳、义乌、汤溪、西安、龙游、建德、淳安、遂安、寿昌、桐庐、分水三十七州县,暨杭严、嘉湖二卫未垦地亩本年粮赋(现月、折包)。蠲缓两浙盐场灶荡被灾歉收暨新升复荒地亩新旧粮课(现月)。蠲缓两浙仁和、横浦、浦东、海沙、鲍郎、芦沥六场未垦灶荡本年粮课。

《德宗实录》卷四九二

## 1902年 壬寅 清德宗光绪二十八年

正月【略】癸亥,谕内阁:上年顺直各属灾荒处所,业经降旨,分别豁缓。其文安、香河等州县被灾各属,经袁世凯奏请,分别蠲免粮租。【略】寻奏:请缓征通、三河、武清、宝坻、蓟、香河、霸、保定、东安、大兴、涿、卢龙、乐亭、清苑、安肃、安、高阳、河间、献、肃宁、静海、无极、沙河、南和、开、东明、长垣、遵化、玉田、深、武强、饶阳三十二州县钱粮。允之(折包)。【略】乙丑,谕内阁:朕钦奉慈禧【略】皇太后懿旨,乘舆驻跸陕西几及一载,前因地方灾歉,迭经颁发内帑。【略】惟闻去冬雪泽稀少,该省又属瘠苦之区,【略】再将应完钱粮量予蠲缓。【略】缓征山东济宁、历城、邹平、长山、新城、禹城、德、平原、东平、东阿、乐陵、蒲台、邹、寿张、菏泽、曹、定陶、博平、茌平、高唐、恩、博兴、高苑、寿光、潍、嘉祥、临清、章丘、齐河、齐东、济阳、临邑、长清、肥城、平阴、惠民、青城、阳信、海丰、滨、利津、沾化、滋阳、汶上、阳谷、巨野、濮、范、朝城、聊城、馆陶、临淄、乐安、昌邑、鱼台、东昌五十七州县被灾地方本年上忙钱粮灶课杂项有差。【略】壬申,【略】蠲缓江西义宁、丰城等厅州县,并九江府同知所辖南、九二卫被灾地方新旧钱漕有差(现月)。

《德宗实录》卷四九三

正月【略】己卯,【略】蠲缓甘肃宁、华亭、河、金、狄道、皋兰、岷、陇西、西宁、大通、灵、洮十二厅州县被灾地方粮赋有差。

《德宗实录》卷四九四

二月【略】戊戌,【略】豁免云南宣威、昆明二州县被灾田亩钱粮(折包)。

《德宗实录》卷四九五

三月辛酉朔,【略】蠲免陕西西安等处上年被灾六十七厅州县本年上下忙钱粮二分,按八分催征。抚恤浙海遭风漂流朝鲜难民。

《德宗实录》卷四九七

四月【略】丁酉,【略】浙江巡抚任道镕奏:兰溪县属三月朔日,雷雨风雹交作成灾。得旨:著即妥为抚恤,毋任失所。【略】戊戌,【略】又谕:有人奏,现在江苏等处米价昂贵,皆由商贩私运出洋所

致，请饬严禁等语。贩米出洋，本有明禁，近来沿江一带水灾甚重，尤宜禁止私贩。【略】乙卯，【略】豁免直隶滦平县被冲地亩粮租(折包)。 《德宗实录》卷四九八

五月【略】戊辰，以节逾芒种，待雨孔殷，上诣大高殿祈祷行礼。【略】癸酉，【略】缓征直隶广宗、巨鹿二县被旱、被扰地方本年上忙应征钱粮、差徭。【略】甲戌，以甘霖迭沛，上诣大高殿报谢行礼。

《德宗实录》卷四九九

六月【略】壬辰，【略】山西巡抚岑春煊【略】又奏，太原等府州所属，亢旱日久，灾象已成。【略】又奏：永济县南北乡产蝻子，现饬搜捕。得旨：著即饬属认真搜捕，免害田禾(随手)。【略】甲午，以京师雨泽愆期，上诣大高殿祈祷行礼。 《德宗实录》卷五〇〇

六月【略】甲寅，【略】四川总督奎俊奏：南充等处二十四州县及简州等三十七厅州县春粮受伤，雨泽愆期，以致米价腾贵，现经开仓赈济，以顾目前之急。【略】乙卯，谕军机大臣等，电寄丁振铎，柳州府河水因大雨不止，陡涨数丈，被灾甚重，上下游各属同遭水患。览奏，实深轸念，著该抚迅即妥为赈恤，毋任流离失所(现月)。 《德宗实录》卷五〇一

七月【略】癸亥，以甘霖迭沛，上诣大高殿报谢行礼。【略】丙寅，【略】山东巡抚张人骏奏：胶州猝遭水患，委员散放急赈。 《德宗实录》卷五〇二

八月【略】癸卯，谕内阁：周馥奏，黄河秋汛盛涨，堤岸漫决，请将在事各员分别惩处一折。本年七月间，山东利津县冯家庄地方因河水暴涨，大雨不息，该处当下游之冲，八月初旬堤岸漫决成口，刷宽至三十余丈，在工各员弁未能设法抢护，自应分别惩处。【略】另片奏，上游寿张县魏庄等处民埝，均因泛涨过猛，漫溢成灾等语。【略】广西巡抚丁振铎奏：柳州府属水灾，请拨款抚恤。【略】乙巳，【略】云贵总督魏光焘奏：云南宜良县属北左卫营等村骤被水灾，田禾淹没情形。【略】庚戌，【略】谕内阁：前因山东利津县冯家庄黄河漫决成口，当将在工文武员弁降旨惩处。兹复据周馥奏称，北岸惠民县境刘旺庄地方为大溜坐湾顶冲，连日西南风劲，浪过堤顶，十三日夜间河水漫决，刷宽口门约七十丈等语。【略】丁巳，【略】甘肃新疆巡抚饶应祺奏：镇西厅属冰雹成灾。【略】蠲缓云南南宁县被雹成灾地方粮赋(折包)。 《德宗实录》卷五〇四

九月【略】甲子，【略】陕甘总督崧蕃奏：甘肃巩昌等处夏禾被雹、被水，已由地方官履勘，并借给口粮籽种，以冀晚收。【略】甲戌，【略】闽浙总督许应骙【略】又奏：汀州府属水灾，业经先碾仓谷赈济，并饬员查勘灾情，分别抚恤。【略】辛巳，【略】贵州巡抚邓华熙奏：镇远等属水灾，业经筹款赈抚。【略】得旨：该处四月被灾，何以至今始行奏报，殊属延误。 《德宗实录》卷五〇五

十月【略】己丑，【略】谕军机大臣等，本年四川南充等州县灾区甚广，钦奉慈禧【略】皇太后懿旨，拨银三十万两，交该督核实赈济，【略】又谕令将赈余款十二万两尽数拨解该省，开办冬赈，以惠穷黎。【略】广宗、巨鹿两县被旱、被扰，准将本年上忙应征钱粮、差徭一律缓至来年麦后启征，以纾民力。江苏、安徽、江西等省沿江一带上年水灾甚重，先后谕令江苏减运本届漕米十万石，复准借拨漕米十五万石，减价平粜。又准聂缉规奏，于陕西义赈款内宽筹酌拨，协济安徽春赈。又于义赈款内谕令均拨江西，以济工赈，并准暂办赈捐一年。浙江省上年灾歉，亦准留拨本年起运漕米十万石，办理平粜。广西柳州府属水灾，已谕令户部于广东应解京饷内拨银二万两，迅解该省，作为赈济之用，并准开办赈捐。其广东广、肇两府，福建福州等属均被水灾，已分别谕令开办展办赈捐。陕西西安等属灾后情形，钦奉懿旨垂念，准将被灾处所应征本年上下忙钱粮统免二分。【略】再，浙江兰溪县被雹，山西太原等属被旱；云南南宁县被雹，腾越厅被水；贵州镇远等县被水；甘肃巩昌、凉州等府，新疆镇西厅属亦均被雹，业经谕令该府等妥筹抚恤，即著迅速办理。【略】壬辰，【略】护理山西巡抚赵尔巽【略】又奏：徐沟等州县被雹、被霜成灾，秋收歉薄，已委员驰往查勘赈恤。【略】己亥，【略】甘肃新疆巡抚饶应祺奏：新疆疏勒、疏附等厅州县地震，北路阜康县被蝗，受灾轻重不

一，已先后饬司道委员确勘，筹办赈抚。【略】乙巳，盛京将军增祺奏：札萨克图王旗蒙荒，现已派员勘办，并设立蒙荒总局一所，办理一切事宜。【略】辛亥，【略】陕西巡抚升允【略】又奏：榆、延各属被灾，已饬各地方官查勘抚恤。【略】壬子，【略】蠲缓直隶开、东明、长垣三州县被灾村庄新旧钱粮。【略】乙卯，【略】蠲缓直隶通、武清、宝坻、霸、东安、清苑、安肃、雄、安、高阳、献、青、静海、沧、南皮、盐山、平乡、大名、蔚、深、武强、饶阳、安平、张家口二十四厅州县被灾地方粮租杂课。

《德宗实录》卷五〇六

十一月【略】辛酉，谕内阁：朕钦奉慈禧【略】皇太后懿旨，本年秋间山东黄河漫溢，惠民、利津等县被灾甚重，自冬徂春为日方长，深宫实深廑念，加恩颁给内帑银五万两，并由部库拨银五万两，著周馥【略】分别轻重核实散给，以惠穷黎（现月）。【略】己巳，【略】署两广总督德寿奏，粤东夏潦秋旱，米价昂贵，现筹款采运平粜。 《德宗实录》卷五〇七

十一月【略】戊寅，【略】豁免陕西临潼县属汪家村河水冲决地亩光绪二十七年以后五年钱粮（折包）。【略】癸未，【略】蠲缓直隶天津县赵家等村灾歉地亩下忙钱粮并各项旗租（现月）。

《德宗实录》卷五〇八

十二月【略】戊子，【略】蠲缓山东济南等十府，临清、济宁二直隶州所属各州县盐场、卫所、被灾村庄地亩新旧钱漕（现月）。【略】辛卯，【略】漕运总督陈夔龙奏：豫省被灾，请将漕项银米奏销，展限办理。下户部知之（折包）。【略】甲午，缓征安徽泗、合肥等州县歉收田亩新旧漕粮，其泗、合肥等州县并建阳等卫屯田，贵池县芦洲积年旧欠灾缓银米并分别缓征（现月）。【略】丁酉，【略】护理江西巡抚柯逢时奏：江省被灾甚重，分别酌办接济情形。报闻（折包）。【略】己亥，【略】署四川总督岑春煊奏，川省各属被灾，来春亟须巨款接济。下户部速议（折包）。 《德宗实录》卷五〇九

十二月【略】癸卯，【略】缓征湖北咸宁等各厅州县被灾村庄新赋钱粮并原缓节年银米有差（现月）。【略】乙巳，【略】蠲缓江宁、上元等各厅州县，暨淮安、扬州等卫所被灾田地新旧钱粮银米芦课有差（现月）。蠲缓甘肃金县等县灾歉地亩银粮杂课有差（现月）。蠲缓浙江仁和等州县歉收田地，富阳等县并杭、衢二所荒废田荡本年地漕租课，暨余杭等县及各卫所未完旧欠原缓带征银米有差（现月）。蠲免浙江仁和等州县暨杭严卫所荒废未种田地、山塘、荡溇暨临安等县新垦各田本年地漕银课有差（现月）。【略】丁未，【略】蠲缓直隶文安、大城、霸、静海四州县淀泊灾地租银（折包）。蠲缓陕西临潼、富平等县灾地银粮有差（现月）。【略】己酉，【略】蠲缓山西太原等四十五厅州县被灾地亩新旧正杂钱粮（现月）。缓征河南河内等州县歉收村庄新旧钱漕（现月）。【略】壬子，【略】缓征直隶东安县大洼地亩节年钱粮（折包）。蠲缓湖南安乡等厅州县卫被灾田亩钱漕芦课（现月）。【略】甲寅，【略】豁免云南宜良县被水地方应征条粮（折包）。 《德宗实录》卷五一〇

## 1903年 癸卯 清德宗光绪二十九年

正月【略】戊午，蠲缓顺天直隶武清等州县被灾地方地丁钱粮（现月）。己未，【略】蠲缓浙江仁和、海沙、鲍郎、芦沥、杜渎、横浦、浦东、鸣鹤、钱清、西兴、石堰、长亭、清泉、龙头、穿长十五场被灾暨荒芜未垦灶荡钱粮（折包）。庚申，【略】缓征山东济宁等州县被灾地方本年上忙钱漕租课（现月）。【略】丙子，【略】缓征直隶安州积涝地亩租课（折包）。【略】辛巳，【略】缓征江西南昌、新建、进贤、清江、新淦、新喻、峡江、莲花、庐陵、吉水、永丰、泰和、安福、永新、建昌、安义、德化、德安、瑞昌、武宁、丰城、万安、金溪、湖口、彭泽、星子、鄱阳、余干、都昌、万年三十厅州县暨卫所寄庄灾困地方钱漕杂课（折包）。【略】壬午，【略】蠲缓广西雒容、贵、平南、柳城、苍梧、滕、桂平、象、来宾、武宣、岑溪、容、宾、上思、崇善、新宁、宣化、永淳、宁明、永康、西林、贺、荔浦、迁江二十四厅州县被水、被旱、被虫、

被匪地方应征钱粮(现月)。《德宗实录》卷五一一

二月【略】丁亥,【略】豁免新疆镇西、疏附两厅县被灾地方粮草。【略】辛卯,以京师雨泽愆期,上诣大高殿祈祷行礼。【略】闽浙总督许应骙奏:闽省频年风水为灾,请将闽盐三十七届带征旧课再缓征一届,以纾商力。下部知之。【略】乙巳,【略】缓征两淮泰州、海州二属各场被风、被潮灶地折价钱粮。丙午,以京师雨未沾足,上再诣大高殿祈祷行礼。《德宗实录》卷五一二

三月【略】辛酉,以甘霖迭沛,上诣大高殿报谢行礼。【略】戊寅,【略】缓征吉林三姓、珲春被灾地方旗民银谷(折包)。《德宗实录》卷五一三

四月【略】乙丑,【略】守护东陵大臣载泽奏,仪树一律茂密,松虫稀少。得旨:著认真搜捕,毋留余孽(折包)。【略】辛亥,以京师雨泽稀少,上亲诣觉生寺祈祷行礼。《德宗实录》卷五一四

五月【略】癸亥,以祈雨未应,上复诣觉生寺祈祷行礼。【略】谕内阁:本年京师雨泽稀少,迭经虔诚祈祷,尚未渥沛甘霖,实深寅盼,著派陈璧克日前赴邯郸县龙神庙敬谨迎请铁牌到京供奉,以迓和甘(现月)。【略】丁卯,【略】广西巡抚王之春奏,广西饥馑日甚,亟筹赈粜。报闻(折包)。

《德宗实录》卷五一五

五月庚午,以京师雨泽愆期,上复诣觉生寺设坛祈祷,并诣大高殿设坛祈祷行礼。【略】蠲缓广西平南、雒容、桂平、藤、苍梧、武宣、贺、宾、融九州县被水、被旱地方钱粮,其未成灾而歉收之崇善、养利、来宾、怀集、象、岑溪、宣化、新宁、永康、容、贵、横、永淳、临桂、灵川、宜山、上思十七州县并蠲缓地丁兵米(现月)。【略】丁丑,【略】以祈雨未应,上复诣大高殿吁祷行礼。

《德宗实录》卷五一六

闰五月【略】甲午,【略】蠲免甘肃凉州府镇番县东中渠被水地亩额赋(折包)。乙未,以甘霖迭沛,上诣大高殿报谢行礼。【略】己亥,【略】护理四川总督陈璚【略】又奏,去年川省旱荒办捐办赈人员请奖。【略】丁未,【略】守护东陵大臣载泽等奏:夏令雨泽稀少,陵寝仪行、海地树株渐有生虫,饬属上紧搜拿。得旨:著即迅速捕拿,毋留余孽(折包)。【略】庚戌,以近畿雨泽尚未深透,上诣觉生寺祈祷行礼。《德宗实录》卷五一七

六月【略】丙寅,以甘霖渥沛,上诣大高殿报谢行礼。【略】丙子,【略】豁免新疆吐鲁番厅被风、被冻园地应征课银。丁丑,【略】谕内阁:周馥奏,黄河伏汛盛涨,堤岸漫决情形,请将在事各员分别惩处一折。本年六月间,山东利津县宁海庄地方河水暴涨,风雨交作,大溜奔腾,直过堤顶,漫溢成口,宽约三十丈。在工各员未能设法抢护,自应分别惩处。《德宗实录》卷五一八

七月【略】戊子,【略】又谕:有人奏,山东福山县知县李舒馨于该县水灾匿不禀报,仍行勒捐,并胪列各款。【略】己丑,谕内阁:周馥奏,山东自闰五月二十日以后连日大雨,各河同时盛涨,东平州、费县、平阴、东阿、阳谷等县猝被水灾,冲塌房屋,并有淹毙人口情事。又,福山县烟台一带于六月初三日大雨,山水下注,河水陡涨,冲塌民房三千余间,淹毙人口一百五十余名,灾情尤重,小民荡析离居,深堪悯恻。【略】甲午,【略】调署广东巡抚李兴锐奏:南雄州被水成灾,拨款赈抚情形。【略】壬寅,【略】蠲缓热河围场被灾地亩应征钱粮(折包)。癸卯,【略】署湖广总督端方奏:潜江等县民堤被水,现经拨款修筑。【略】丙午,【略】陕甘总督崧蕃等奏:平利等属猝被水灾,现经拨款抚恤。【略】护理浙江巡抚翁增桂奏:海宁州猝被水灾,就近拨款赈抚。《德宗实录》卷五一九

八月【略】癸丑,【略】豁免甘肃灵州属旱元堡滨河冲塌地亩应征粮银(折包)。【略】庚申,【略】陕西巡抚升允奏:□□等十八厅县被水,怀柔县属被雹,委员勘抚情形。【略】壬申,【略】护理四川总督陈璚奏:各属被水,需款抚恤,请将常赈各捐再展限一种。允之(折包)。【略】戊寅,【略】云南巡抚林绍年奏:寻甸、新兴、昆明等州县水旱成灾,委员勘抚。《德宗实录》卷五二〇

九月【略】丙申,【略】甘肃新疆巡抚潘效苏奏:绥来、镇西两属被蝗、被冻,委员赴该厅县会勘确

查，并将被灾极贫各户妥为抚恤。【略】丙午，【略】盛京将军增祺奏：广宁盘蛇驿地亩连年被水淹浸，现经一律涸复，请分别清丈招垦，以裨饷需。从之(折包)。【略】己酉，【略】云南巡抚林绍年奏，镇边等厅州县被匪、被雹成灾，分别勘赈。《德宗实录》卷五二一

十月【略】壬子，【略】抚恤甘肃皋兰、金、渭源、洮、平番、宁夏、宁朔、中卫、平罗、西宁、碾伯、河、狄道、武威、敦煌、泰十六厅州县暨沙泥州判所属被雹、被水灾民(折包)。【略】丙辰，【略】又谕：都察院代奏，合州蛟水为患，恳请抚恤等语。四川合州本年六月间蛟水陡发，居民田土房屋均被冲塌，并淹毙人口，灾情甚重，轸念殊殷。【略】甲子，【略】山东巡抚周馥奏：永阜场连年被灾，产盐不敷，请委员前往长芦就坨筑运。下部知之。【略】庚午，【略】缓征新疆阜康县被霜歉收村庄粮赋(折包)。【略】癸酉，【略】蠲缓奉天新民府西丰县所属被水、被雹地方钱粮(现月)。【略】己卯，【略】蠲缓直隶通、三河、武清、蓟、宁河、霸、保定、文安、大城、东安、清苑、安肃、安、高阳、河间、献、阜城、任丘、东光、天津、青、静海、沧、南皮、庆云、邯郸、元城、大名、丰润、深、武强、饶阳、安平三十三州县被水、被旱、被虫、被霜歉收村庄粮租，其滨临黄河被水之开、东明、长垣三州县粮赋并蠲缓(折包)。庚辰，【略】以祈雪立应，上诣大高殿报谢行礼。【略】抚恤云南蒙化、邓川、太和三厅州县被水灾民(折包)。

《德宗实录》卷五二二

十一月【略】庚寅，【略】陕甘总督崧蕃奏：镇安县属灾疫过重，请将前借银粮豁免。允之(折包)。【略】甲午，【略】云南巡抚林绍年奏：赵州、宾川等属被水成灾，分别赈抚，并请蠲缓钱粮。【略】壬寅，【略】湖南巡抚赵尔巽【略】又奏：新化县属蛟水成灾，委员覆勘。【略】癸卯，【略】蠲缓山东齐东、青城、利津、平阴、长清、东平、章丘、肥城、东阿、寿张、范、阳谷、濮、乐安、济宁、历城、邹平、长山、齐河、济阳、禹城、临邑、惠民、商河、滨、蒲台、邹、汶上、菏泽、曹、巨野、郓城、朝城、聊城、馆陶、金乡、鱼台、新城、沾化、滋阳、博兴、昌邑、阳信、滕、单、城武、定陶、观城、高唐、海丰、临淄、高苑、临清、德平、陵、德、平原、乐陵、曲阜、宁阳、泗水、峄、堂邑、博平、茌平、清平、莘、冠、恩、夏津、邱、嘉祥、兰山、郯城、费、莒、沂水、日照、益都、寿光、昌乐、掖、潍、宁海、文登、荣成八十六州县，暨永阜、永利、官台、富国、王家冈五场，并收并卫所被灾各地亩新旧钱漕杂课有差。《德宗实录》卷五二三

十二月【略】癸丑，【略】缓征两淮泰、海二属被风、被潮各场灶折价钱粮。【略】壬戌，以京师得雪稀少，上诣大高殿祈祷行礼。【略】署湖广总督湖北巡抚端方奏：勘明湖北各属本年被淹、受旱轻重情形，请分别展缓新旧钱漕。【略】癸亥，【略】河南巡抚陈夔龙奏：勘明祥符等州县先旱后潦，兼被积淹，秋收歉薄，恳酌缓钱漕以纾民力。【略】甲子，【略】两江总督魏光焘等奏，苏州各属秋收歉薄，请分别蠲缓钱漕。《德宗实录》卷五二四

十二月【略】丁卯，【略】豁免直隶安州积涝地亩租银(折包)。【略】庚午，【略】蠲缓直隶文安、大城、霸、静海四州县淀泊歉收地亩租银(折包)。【略】甲戌，【略】缓征直隶文安县大洼歉收地亩粮赋。【略】乙亥，【略】两江总督魏光焘等奏请蠲缓江宁被灾各属钱漕。《德宗实录》卷五二五

## 1904年 甲辰 清德宗光绪三十年

正月【略】辛巳，缓征直隶被灾歉收之武清等州县各村庄应征本年春赋地丁钱粮，并原缓光绪二十九年及节年地丁钱粮，其坐落武清、天津二县地方津军厅苇渔课纳粮地亩一律展缓(现月)。【略】癸未，【略】缓征山东被灾之济宁等州县应征本年上忙钱漕租课，其坐落各州县之寄庄灶课及裁并卫所并永利等场均随同民田一律展缓。【略】丙戌，【略】浙江巡抚聂缉规奏：查明两浙场灶荡田，节被风雨潮虫，致成灾歉，本年仍难垦复，应灶课钱粮请分别蠲缓。又奏：查明浙省各属荒废未种田地、山塘、荡溇应征本年地漕等项，恳恩蠲免，并新垦之产分别征蠲。得旨：均著遵前旨确查具

奏。【略】己亥，【略】又谕：周馥奏，山东利津县境北岸王庄等处凌汛暴涨，大堤冲漫一折。本年正月初间天气骤暖，上游冰块挟流而下，利津县迤下冰块拥积河中，水势抬高，漫过王庄等处，大堤冲决成口，被淹五十余庄。【略】癸卯，【略】署江西巡抚夏旹奏：请将南昌等府被灾地方钱漕分别缓征。

《德宗实录》卷五二六

二月【略】甲戌，两江总督魏光焘等奏：查明江苏各属灾情，并无捏饰，仍请分别蠲缓。下部议（折包）。

《德宗实录》卷五二七

三月【略】辛巳，【略】展缓吉林三姓所属被雨、被雹、被虫地方应征、带征各项银谷租赋有差（折包）。【略】辛卯，【略】蠲缓江苏江宁等六府州属被旱、被水地方新旧钱粮漕米有差（折包）。【略】乙未，蠲减浙江仁和、钱塘、海宁、富阳、余杭、临安、新城、于潜、昌化、嘉兴、秀水、嘉善、海盐、平湖、石门、桐乡、归安、乌程、长兴、德清、武康、安吉、孝丰、诸暨、金华、兰溪、东阳、义乌、汤溪、西安、龙游、建德、淳安、遂安、寿昌、桐庐、分水三十七州县，暨杭严、嘉湖二卫所灾歉沙淤地方正耗粮漕租银（折包）。蠲缓新疆镇西、阜康、绥来三厅县被灾额粮（折包）。【略】辛丑，【略】免甘肃中卫县属被水地方银粮草束（折包）。

《德宗实录》卷五二八

四月【略】己酉朔，【略】豁免云南邓川州属上年被水村庄应征条粮。【略】丙辰，谕内阁：今春雨水调匀，粮价迄未稍减，各项货物价亦昂贵，推原其故，总由东方有事，谣传太多，以至商贾观望，货物不能流通。【略】甲戌，【略】河南巡抚陈夔龙奏：商丘、商水、临漳、武安等县冰雹为灾，查勘量加调剂。报闻。【略】丁丑，【略】科布多帮办大臣英秀奏造报屯田收获粮石分数及被灾歉收情形。请将兼管、专管各员从宽免议。下所司议（折包）。

《德宗实录》卷五二九

五月【略】庚寅，【略】湖南巡抚赵尔巽奏：覆查南州、澧州、安乡等厅州县上年被水，蠲缓钱漕芦课等项，委无捏报情弊，仍请照原奏分别蠲缓、递缓，以纾民力。下部议（折包）。

《德宗实录》卷五三〇

六月【略】癸酉，【略】谕内阁：袁世凯电称，永定河水势陡涨，险工环生，当经竭力抢护，连日风雨大作，人力难施，二十日南四工漫口，二十二日南二工漫口，已饬赶筹堵筑等语。

《德宗实录》卷五三二

七月丁丑朔，【略】谕内阁：袁世凯奏，永定河堤工漫口，分别参办，并自请议处一折。【略】漫溢之处，冲刷口门一百余丈，虽因山水暴发，人力难施，在工各员究属疏于防范。【略】戊寅，【略】云南巡抚林绍年奏，师宗、建水二县被灾，业经委勘赈抚。【略】甲申，谕内阁，袁世凯奏，永定河伏汛期内盛涨，北下汛续漫一口，分别参办一折。【略】此次北下汛又复失事，虽据称风狂雨暴，人力难施，厅汛各员究属疏于防范。【略】戊子，谕内阁：锡良奏，川省连月大旱，猝成巨灾，恳恩赈恤一折。本年四月以后，夔州、绥定、重庆、顺庆、保宁、潼川六府，资、泸二州所属愆阳连月，田畴荒涸。前据锡良电奏，业经谕令速筹赈济。兹据奏报，亢旱情形甚重，小民困苦颠连，实深悯恻。所有被灾地方，著拨给帑银十万两，以资赈抚。【略】又谕：周馥奏，山东黄河伏汛盛涨，下游北岸利津县境薄庄堤岸漫溢情形一折。本年五月下旬雨多晴少，河水逐日增涨，六月以来利津县南岸十六户废埝冲毁，溜势自盐窝下移，薄庄堤岸溃溢，口门刷宽一百余丈，被淹二十余村庄，盐滩二十一副，虽因堤曲浪涌，人力难施，究属疏于防范。【略】甲午，【略】谕内阁：崧蕃奏，黄河泛涨，被灾情形一折。甘肃皋兰县属自六月初间连日阴雨，黄河上游逐日泛涨，至二丈有零，河滩村庄二十余处概被冲没，省城东南隅地势极低，适值泉水暴发，横遏黄流，关厢内外悉成泽国，统计救出灾民二万余丁口，业经崧蕃委员散放急赈。惟甘省向受黄河水利，该处河滩地亩已成村落，一旦遭此巨浸，小民荡析离居，深堪悯恻，仍著该督赶紧妥筹赈抚，所有库存正杂各款，准其移缓就急，以资拯济。【略】壬寅，谕军机大臣等，光禄寺少卿陈钟信奏，川省连年荒歉，请整顿积谷，并请饬委员分往两湖、贵州等省采运米石，兼办赈粜各折片。【略】甲辰，谕内阁：李兴锐电奏，福建龙溪、南靖两县自七月中旬连日大雨，溪河暴涨，水势漫溢，堤岸冲塌十余里，田庐淹没，溺毙多命，被灾甚重。览奏，深堪悯恻。【略】丙午，署闽浙总督李兴锐奏：德化、诏安被水成灾，先后派员赈抚。　　《德宗实录》卷五三三

八月【略】辛亥，【略】陕甘总督崧蕃奏，黄河下游被灾各属现已酌筹赈抚。【略】丙寅，【略】豁免甘肃武威县被水地亩银粮(折包)。【略】戊辰，【略】署江西巡抚夏旹奏：广、饶两府各属被水成灾，已委员赈抚。　　《德宗实录》卷五三四

九月【略】戊寅，【略】豁免云南宾、新兴、建水三州县被水、被旱、被匪各地方应征二十九年银粮(折包)。【略】庚辰，广东巡抚张人骏奏永安、嘉应、丰顺、大埔等州县被灾情形。【略】辛巳，【略】署两广总督岑春煊等奏高、廉、惠、潮、嘉、钦等府州属被灾情形。【略】乙酉，【略】山西巡抚张曾扬奏：托克托城各处被灾。【略】丙申，云南巡抚林绍年奏鹤庆州被灾情形。【略】戊戌，【略】豁免直隶宛平县水冲沙压地亩租粮(折包)。【略】庚子，署闽浙总督崇善奏，漳州府属水灾。【略】陕甘总督崧蕃奏甘肃各属灾情。【略】甲辰，【略】豁免云南中甸厅属被灾地方银米(折包)。

《德宗实录》卷五三五

十月乙巳朔，【略】蠲缓陕西城固、华阴二县上年被灾地亩应征钱粮(折包)。【略】辛亥，【略】山东巡抚周馥奏：东省薄庄漫口，水由徒骇入海，河直流畅，不能堵筑，现拟量宜补救，以奠灾区。允之(折包)。【略】壬戌，【略】蠲缓顺直通、武清、霸、保定、文安、大城、固安、永清、东安、宛平、良乡、房山、涿、怀柔、清苑、满城、安肃、定兴、新城、容城、完、蠡、雄、安、高阳、河间、献、任丘、天津、青、静海、沧、南皮、盐山、平山、无极、邢台、南和、隆平、深、枣强、饶阳、安平、独石口四十四厅州县被水、被雹、被虫、被旱、被雾、被风地方本年应征粮租，其开、东明、长垣三州县滨临黄河被水地方应征粮赋，并分别蠲缓。【略】甲戌，【略】蠲免云南石屏、赵二州被灾、被匪田亩条粮(折包)。

《德宗实录》卷五三六

十一月【略】甲申，蠲缓陕西华州属通渭等三里被水冲塌地亩三年钱粮(折包)。【略】丙戌，【略】蠲缓绥远城浑津被霜地亩应征米石(折包)。　　《德宗实录》卷五三七

十一月【略】丁酉，河南巡抚陈夔龙【略】又奏：本年收成歉薄，民食维艰，请将应买补常漕等仓谷石，援案展至来年察看办理。下部知之(折包)。　　《德宗实录》卷五三八

十二月【略】丙午，【略】蠲缓直隶安、隆平、宁晋三州县积涝地亩粮租。豁免陕西兴平县水冲地亩额征钱粮。【略】己酉，【略】蠲缓山东青城、利津、东平、东阿、济宁、历城、章丘、邹平、长山、齐河、齐东、济阳、禹城、临邑、长清、肥城、平阴、惠民、商河、滨、蒲台、邹、汶上、阳谷、寿张、菏泽、曹、郓城、濮、范、朝城、聊城、馆陶、鱼台、新城、沾化、滋阳、博兴、乐安、平原、定陶、巨野、观城、茌平、清平、高唐、金乡、临淄、高苑、临清、陵、德、阳信、乐陵、德平、曲阜、宁阳、泗水、滕、峄、单、城武、堂邑、博平、莘、冠、恩、夏津、武城、邱、嘉祥、海丰、兰山、郯城、费、莒、沂水、日照、益都、寿光、昌乐、掖、昌邑、潍、宁海、文登、荣成八十六州县，暨收并卫所盐场被灾地方新旧钱漕。【略】丙辰，署两江总督兼管两淮盐政周馥奏：两淮泰州、海州二属各场灶地被风、被潮，收成减色，请缓征折价钱粮。下部议。湖广总督张之洞奏：请缓征湖北本年被淹、受旱江夏等三十三厅州县卫钱粮，咸宁等二十厅州县粮漕。下部议。蠲免云南建水县水灾地方钱粮。【略】戊午，河南巡抚陈夔龙奏：查明祥符县荒地，恳分别减租，并请豁免陈留等十五州县积欠暨被蛟地亩钱漕，缓征河内等四十二州县旱潦地方新旧钱漕。下部议。　　《德宗实录》卷五三九

十二月【略】辛酉，以京师雨雪愆期，上诣大高殿祈祷行礼。【略】甲子，山西巡抚张曾扬奏：晋省阳曲十二厅县本年夏秋灾歉，并前积沙生碱之地，仍未垦复，恳将应征新旧钱粮米豆土盐税分别蠲缓停展，以苏民困。下部议。【略】豁免陕西朝邑县河水冲刷地亩钱粮。乙丑，【略】蠲免达拉特

旗抵归公司四成地水灾应征租赋。【略】丁卯，以祈雪有应，上诣大高殿报谢行礼。【略】庚午，【略】署湖南巡抚陆元鼎【略】又奏：南洲、澧、安乡等厅州县水旱田亩，请分别蠲缓钱漕芦课。下部议。【略】蠲缓直隶文安县大洼地亩粮赋。缓征吉林三姓所属旗丁佃种被灾地方银谷租赋。辛未，【略】署两江总督周馥奏：苏州等属本年秋歉，已、未垦熟田地应征钱漕请分别蠲减、缓征。下部议。【略】癸酉，【略】两江总督周馥等奏：江宁等属本年秋禾被水、被旱，勘不成灾并抛荒田地应征钱漕，请分别蠲缓。下部议。

《德宗实录》卷五四〇

## 1905年 乙巳 清德宗光绪三十一年

正月【略】乙亥，缓征顺天直隶被灾歉收之武清等州县厅各村庄应征本年春赋地丁钱粮，并原缓光绪三十年及节年地丁钱粮，其坐落武清等县之津军厅苇渔课纳粮地亩一律展缓。【略】丁丑，【略】缓征山东被灾之济宁等州县本年上忙钱漕租课，其坐落境内之寄庄灶课，与裁并卫所并永阜等场一律展缓。

《德宗实录》卷五四一

二月【略】壬申，【略】拨甘肃藩库银二万两，赈济阿拉善旗游牧被灾地方(现月)。癸酉，【略】豁免陕西全省光绪二十八年分民欠钱粮草束。并分别蠲缓富平、临潼、咸阳、耀、扶风、肤施、延长、安定、安塞、榆林、怀远、清涧十二州县被灾地方未完粮赋(折包)。

《德宗实录》卷五四二

三月【略】乙亥，【略】谕军机大臣等，增祺等电奏，奉省灾黎待食孔殷，亟须开办平粜，购运粮畜，请饬各关卡一概免税等语。【略】戊寅，【略】蠲缓土默特蒙旗被灾官地额赋(折包)。

《德宗实录》卷五四三

六月癸卯朔，【略】缓征山西清水河厅被冻歉收地方应带征历年灾案原缓米折厂租(折包)。【略】丁未，【略】守护东陵大臣载泽等奏：陵寝各处松树生虫，饬属上紧搜拿。得旨：著督饬赶紧认真搜捕，毋稍懈弛(折包)。戊申，【略】蠲缓甘肃靖远、平罗两县暨西固州同上年被水灾地应征钱粮(折包)。【略】庚戌，【略】察哈尔都统溥颋等奏：台灾迫切，先行借款，驰往放赈，一面遵办驼马捐输，以解倒悬。下所司知之(折包)。

《德宗实录》卷五四六

八月辛丑朔，【略】署贵州巡抚林绍年奏：镇远、兴义、郎岱三厅县均被水灾，已饬司委员驰往履勘，分别被灾轻重，核实赈抚。【略】四川总督锡良奏，川省富厂火井，自经大水后井火顿衰，出盐日绌，各厂商灶佥请开锉深井。【略】云贵总督丁振铎奏：滇省寻甸、永平、浪穹三州县先后被水成灾，当饬司委员勘履，分别赈抚。【略】辛亥，【略】谕内阁：朕钦奉皇太后懿旨，周馥、陆元鼎电奏，称本月初三四两日风潮猛涌，川沙、宝山、南汇、崇明等属沙洲居多，被灾淹毙人口至数千之多，情形甚惨。【略】庚午，河南巡抚陈夔龙奏：太康县猝被烈风，揭毁民房数百间，压毙男女老幼十余名口。已饬县委员分别妥为抚恤。报闻(折包)。

《德宗实录》卷五四八

九月【略】壬申，【略】云贵总督丁振铎奏：省城被灾筹赈，并邓川州属被水情形。【略】丁亥，【略】陕甘总督升允奏：甘肃镇番县暨巴燕戎格厅各属猝被风、雹，禾苗受伤，分别查勘抚恤。【略】戊子，【略】云贵总督丁振铎【略】又奏：云南蒙化、石屏、新兴等厅州被水成灾，委勘赈抚大概情形。【略】辛卯，【略】江苏巡抚陆元鼎奏：沿海各属风潮为灾。请截拨新漕，并办工赈捐输，以资赈济。下部速议(折包)。

《德宗实录》卷五四九

十月【略】壬寅，谕军机大臣等，本年江苏、河南、四川、甘肃、云南、贵州曾报偏灾，朝廷轸恤为怀，议赈、议蠲，已饬各该督抚等妥筹抚恤，小民谅可不至失所。【略】乙巳，【略】蠲缓奉天熊岳、锦二县被灾地方钱粮有差。【略】庚戌，【略】云贵总督丁振铎奏：太和县被水成灾，业经委勘赈抚。

《德宗实录》卷五五〇

十一月【略】癸酉，蠲缓直隶武清、文安、大城、东安、满城、安肃、定兴、容城、高阳、河间、献、交河、天津、青、静海、沧、盐山、元氏、永年、邯郸、鸡泽、元城、西宁、易、武强二十五州县被灾地方粮租，其开、东明、长垣滨河三州县歉收村庄钱粮，暨原贷仓谷并展缓(现月)。【略】蠲缓山东青城、利津、肥城、东平、东阿、平阴、济宁、历城、章丘、邹平、淄川、长山、新城、齐河、齐东、济阳、禹城、临邑、长清、泰安、惠民、商河、滨、蒲台、邹、汶上、阳谷、寿张、菏泽、曹、巨野、郓城、濮、范、朝城、聊城、馆陶、金乡、鱼台、胶、沾化、滋阳、益都、博山、临淄、博兴、乐安、昌乐、安丘、昌邑、潍、高密、即墨、平原、单、城武、定陶、观城、高苑、临清、陵、德、德平、阳信、曲阜、宁阳、泗水、滕、峄、堂邑、博平、茌平、清平、莘、冠、高唐、恩、夏津、武城、邱、嘉祥、海丰、兰山、郯城、费、莒、沂水、日照、寿光、掖、文登、荣成九十二州县及卫所盐场被灾地方额赋漕课有差(现月)。【略】癸巳，【略】云贵总督丁振铎奏：会泽县淫雨为灾，已饬员履勘，分别赈恤。【略】乙未，【略】署甘肃新疆巡抚吴引孙奏：英吉沙尔厅被雹、被水成灾，已饬员查勘抚恤。

《德宗实录》卷五五一

十二月己亥朔，【略】湖广总督张之洞【略】又奏：湖北荆州府属各县水灾较重，拟筹拨银两，以工代赈，俾修复漫溃各堤。下部知之。【略】辛丑，以京师雪泽稀少，上诣大高殿祈祷行礼(内记)。【略】戊申，【略】蠲缓浑津、黑河被旱圈地米石(折包)。【略】壬子，【略】蠲缓直隶西宁县被雹地方钱粮(折包)。

《德宗实录》卷五五二

十二月甲寅，以京师雨雪稀少，上再诣大高殿吁祷行礼。【略】蠲缓湖北公安、枝江、江陵、松滋、嘉鱼、夏口、汉阳、汉川、黄陂、孝感、黄冈、蕲水、罗田、黄梅、钟祥、京山、潜江、天门、应城、石首、监利、咸宁、荆门、江夏、沔阳二十五厅州县被水、被旱地方新旧田赋漕粮(现月)。蠲缓安徽凤台、凤阳、灵璧、颍上、泗、定远、亳、五河、和、寿、怀宁、东流、无为、铜陵、当涂、霍邱、含山、潜山、宿松、怀远、盱眙、天长、繁昌、合肥、庐江、巢、宿、阜阳二十八州县被水、被旱、被风、被虫地方田赋漕粮(现月)。【略】戊午，【略】缓征直隶沧、盐山二州县被潮灾歉地方钱粮(折包)。【略】庚申，【略】蠲缓奉天广宁、盖、盖平、安东、靖安各城州县被灾地方粮租(现月)。【略】壬戌，【略】蠲免陕西各府州属被兵、被灾二十九年以前民欠钱粮杂课(折包)。癸亥，【略】豁免直隶安州积涝，陕西韩城县水冲地亩粮租(折包)。缓征河南祥符等四十州县秋收歉薄地方民欠旧赋(现月)。甲子，以祥霙渥沛，上诣大高殿报谢行礼。【略】蠲缓山西阳曲、太原、榆次、祁、文水、徐沟、临汾、太平、汾西、吉、长子、夏、赵城、大同、丰镇、兴和、宁远、归化、和林格尔、清水河、托克托、萨拉齐二十二城厅州县被灾地亩钱粮杂课(折包)。【略】丙寅，【略】展缓吉林三姓灾歉地方旗民丁佃银谷(折包)。缓征两淮通、泰、海三州属各场被风、被潮歉收灶地折价钱粮(折包)。

《德宗实录》卷五五三

## 1906年 丙午 清德宗光绪三十二年

正月【略】庚午，缓征顺天直隶被灾歉收之武清等州县各村庄应征本年春赋地丁钱粮，并原缓光绪二十一年及节年地丁钱粮，其坐落武清、天津二县之津军厅苇渔课纳粮地亩一律缓征(现月)。【略】壬申，缓征山东被灾之济宁等州县应征本年上忙钱漕租课，其寄庄灶课与裁并卫所并永阜等场随同民田一律展缓(现月)。【略】乙亥，【略】蠲缓江苏上元、江宁、句容、江浦、六合、山阳、阜宁、清河、桃源、安东、盐城、高邮、泰、东台、江都、甘泉、仪征、兴化、宝应、铜山、丰、沛、萧、砀山、邳、宿迁、睢宁、海、沭阳、赣榆、通、如皋、海门三十三厅州县，暨淮安、大河、扬州、徐州四卫被旱、被淹田地新旧钱粮，其漕粮除通、海门向无起运外，上元等三十一州县新漕并分别蠲缓(折包)。蠲减、缓征江苏长洲、元和、吴、吴江、震泽、常熟、昭文、昆山、新阳、太湖、华亭、娄、金山、青浦、武进、阳湖、无锡、金匮、江阴、宜兴、荆溪、丹徒、丹阳、金坛、溧阳、太仓、镇洋、靖江、川沙、宝山三十厅州县，暨苏州、太仓、镇海、金山、镇江五卫秋收歉薄地方钱粮杂课(折包)。蠲免江浙杭州、嘉兴、松江三属,仁和、海沙、鲍郎、芦沥、横浦、浦东六场荒芜未垦灶荡灶课钱粮(折包)。丙子,【略】蠲缓、递缓湖南安乡、澧、湘阴、益阳、武陵、龙阳、沅江、巴陵、临湘、华容、南洲、武冈、衡阳、清泉十四厅州县被水田亩芦洲应征钱漕芦课(折包)。戊寅,【略】蠲免浙江仁和、钱塘、海宁、富阳、余杭、临安、新城、于潜、昌化、嘉兴、秀水、嘉善、海盐、平湖、石门、桐乡、归安、乌程、长兴、德清、武康、安吉、孝丰、诸暨、金华、兰溪、义乌、汤溪、西安、龙游、建德、淳安、遂安、寿昌、桐庐、分水三十六州县,暨杭、严、衢三所荒废未种田地、山塘、荡溇应征钱漕杂课,其新垦之产分别蠲征(现月)。蠲减、缓征两浙海沙、芦沥、钱清、西兴、长亭、杜渎、横浦、浦东、下沙九场被灾歉收灶荡田地灶课钱粮。【略】壬午,【略】豁免云南昆明县被水成灾地亩条粮(折包)。【略】丁亥,【略】缓征、递缓江西新建、进贤、新淦、峡江、莲花、永丰、泰和、安福、永新、德化、德安、南昌、丰城、武宁、清江、新喻、庐陵、吉水、万安、鄱阳、余干、德兴、万年、建昌、彭泽、安义二十六厅州县,暨九江府同知所辖南、九二卫水、旱歉收地方新旧钱漕杂课(折包)。【略】己丑,【略】蠲缓甘肃平罗、巴燕戎格、镇番、平远四厅州县被水、被雹成灾地方钱粮(折包)。

《德宗实录》卷五五四

二月戊戌朔,【略】豁免云南寻甸州被灾地亩条粮(折包)。【略】庚戌,【略】蠲缓浙江仁和、钱塘、海宁、富阳、嘉兴、秀水、嘉善、海盐、平湖、石门、桐乡、归安、乌程、长兴、德清、武康、安吉、孝丰、山阴、诸暨、余杭、临安、新城、于潜、昌化、鄞、慈溪、奉化、镇海、象山、会稽、萧山、余姚、上虞、新昌、嵊、临海、黄岩、太平、宁海、天台、仙居、金华、兰溪、东阳、义乌、永康、武义、浦江、汤溪、西安、龙游、江山、常山、开化、建德、淳安、遂安、寿昌、桐庐、分水、永嘉、乐清、瑞安、平阳、泰顺、玉环、丽水、缙云、青田、龙泉、宣平七十二厅州县,暨杭、严、嘉、湖、台、衢卫所水、旱、风、雨、虫、潮地方地漕银米(折包)。

《德宗实录》卷五五五

二月【略】辛酉,守护西陵大臣载润奏泰陵、昌西陵、慕东陵地面被风情形。请饬查勘。下工部知之(折包)。

《德宗实录》卷五五六

三月【略】癸酉,【略】缓征陕西同官、府谷、榆林、淳化四县被雹地方银粮草束。其榆林、绥德、米脂、清涧、吴堡五州县旧欠广有仓二十九年粮草豁免有差。甲戌,【略】豁免云南石屏、新兴二州县上年被水地方银米(折包)。【略】乙未,【略】豁免云南邓川州属上年被水地方银米(折包)。

《德宗实录》卷五五七

四月【略】丁巳,【略】以湖南水灾甚重,颁帑银十万两,由湖南藩库给发赈济(电寄)。【略】壬戌,【略】湖南巡抚庞鸿书奏,长沙、衡州两府属被淹,已设法赈抚,俾免流离失所。【略】甲子,【略】豁免云南浪穹县属东门清昌等被水地方应征上年银米,其被灾较重之神灵塝山关等地方暂行豁免三年,仍依限垦复(折包)。

《德宗实录》卷五五八

闰四月【略】甲戌,谕军机大臣等,电寄周馥等,据奏,浙江米价逐日增涨,民情惶急,请将镇江及仙濠两口运米出口之处先期禁止等语。著照所请办理(电寄)。【略】除免新疆莎车府潮碱水冲已垦复荒地亩额粮(折包)。【略】壬午,以京师雨泽愆期,派恭亲王溥伟诣大高殿恭代祈祷行礼。【略】丙戌,谕内阁:钦奉慈禧【略】皇太后懿旨,近来时局艰难,民生困苦,深宫宵旰忧劳,无时不以敬天勤民为念,比因赔款浩繁,加以举办要政,各省筹捐集款重累吾民,实为万不得已之举,惓怀民瘼,早切疚心。本年湖南、江西等省被水成灾,饥民嗷嗷待哺;近畿一带又复缺雨,麦收多歉,粮价骤贵,民食维艰。每念旸雨愆时,偏灾屡告,政事阙失,或有未知,循省之余,益深恐惧。【略】壬辰,以祈雨未应,上亲诣大高殿吁祷行礼。

《德宗实录》卷五五九

五月【略】戊戌,谕内阁:钦奉慈禧【略】皇太后懿旨,岑春煊奏广东广、肇、高、钦等府州属被灾情形一折。本年入春以后,广州等属大雨如注,西北两江同时暴涨,以致围基冲决,桑禾俱损,房屋

倒塌，多伤人口，小民荡析离居。览奏，殊深悯恻，著颁发帑银五万两，由广东藩库给发。【略】庚子，【略】湖南巡抚庞鸿书奏：长沙、衡州各府属水灾，饬属妥筹赈抚，并办平粜。【略】癸卯，河南巡抚张人骏奏：武陟县沁河民堤漫口，派员克期堵合，并散放急赈。【略】乙巳，以甘霖迭沛，上诣大高殿报谢行礼。【略】庚戌，【略】又谕：有人奏：湘省被灾，会匪出没无常，抢案迭出，造谣生事，请饬查拿等语。【略】甲寅，湖南巡抚庞鸿书奏：湖南灾区甚广，赈款亟宜预筹，恳请开办实官花样各捐。下部议(折包)。以捏名报荒，从中渔利，革黑龙江领户候选知府王鸿猷职。并讯办(折包)。蠲免甘肃海城、武威二县被灾村庄民欠钱粮(折包)。【略】甲子，【略】豁免云南蒙化厅属被水村庄条粮米。

《德宗实录》卷五六〇

六月【略】丁卯，【略】河南巡抚张人骏奏：开封、郑、许等属被水，怀庆属之武陟灾情较重，由司(库)发银五千两，委员先办急赈。【略】甲戌，【略】河南巡抚张人骏奏：豫省各属被灾，沁河漫决，请将本省赈捐再行展办一年。下户部议(折包)。【略】丙子，谕军机大臣等，丁振铎电奏，滇省亢旱成灾，粮贵乏食，请拨款解济等语。著户部速议具奏(电寄)。【略】甲申，【略】湖广总督张之洞奏，湘、鄂皆罹水灾，民情困苦，请援案开办赈捐，并七项常捐，以资拯救。下户部议(现月)。【略】丁亥，【略】蠲免云南中甸厅属被水灾区条粮(折包)。

《德宗实录》卷五六一

七月【略】丙午，【略】谕军机大臣等，电寄周馥，据电奏，徐、海水灾，现赴奉天、山东、安徽买运杂粮，请免厘税，并免本省转粜该处厘税等语。著照所请。户部知道(电寄)。【略】戊申，【略】安徽巡抚诚勋奏：万水湖屯田圩堤被水冲决，赶饬抢护，兼筹赈恤。【略】己酉，【略】绥远城将军贻谷奏：后套东偏地方蝗蝻为灾，设法扑灭，暨筹维善后情形。得旨：著赶紧妥为安抚，以恤灾黎(折包)。【略】癸丑，蠲缓直隶沧、盐山、青、天津、海丰、乐陵六州县，并严镇、海丰、丰财三场上年灾歉灶地赋课。【略】甲子，【略】谕军机大臣等，电寄周馥等，据电奏，该省徐、海、淮西等属水灾情形，深堪悯恻，著赏帑银十万两，由藩库给发，妥为赈抚。

《德宗实录》卷五六二

八月【略】丁丑，【略】安徽巡抚恩铭奏：皖属沿江州县水灾甚重，拨款先办急赈。【略】戊寅，【略】缓征淮南泰州所属富安等场三十年被灾未完额赋(折包)。己卯，谕军机大臣等，电寄岑春煊，据电奏，香港及潮、廉沿海一带风灾情形。览奏，深为悯恻，著即妥为抚恤，毋任失所。署吉林将军达桂奏，例进鲟鳇，未能足额，天旱采办不易，仍饬竭力采捕。【略】甲申，缓征云南会泽县属丰乐里被灾地方条粮银米(折包)。【略】丁亥，【略】豁除江西临川县属被水冲刷民田原编钱粮(折包)。戊子，谕军机大臣等，电寄张曾扬，据电奏，湖州府属田禾被潦，灾民乏食，深堪轸念。著赏帑银二万两，由藩库给发，该抚即妥为抚恤，毋任失所(电寄)。【略】癸巳，【略】又谕：电寄恩铭，据奏，皖省各属灾情甚重，积水未消，小民迫于饥寒，深堪悯恻，所请拨藩库银十万两，以资赈抚各节，著照所请。

《德宗实录》卷五六三

九月【略】壬子，【略】谕军机大臣等，有人奏，江苏被水州县田亩歉收，请饬查勘灾情，分别办理一折。【略】甲寅，【略】云贵总督丁振铎【略】又奏：云南陆良州、马龙州、南宁县各属地方亢旱成灾，业经购米接济，并拟分别蠲缓。报闻。【略】乙卯，谕内阁：朕钦奉慈禧【略】皇太后懿旨，岑春煊奏，查明粤省风灾，分别赈抚情形一折。本年八月间，广东香港一带及潮、高、雷、廉、钦等府州属，飓风猛烈，溺毙人口，损失船货，灾情甚巨，为数十年来所未有。览奏，殊深悯恻。本年该省广、潮、高、钦等属被水成灾，业经发帑赈恤，此次风灾情形尤重，加恩著赏给帑银十万两，由广东藩库给发。

《德宗实录》卷五六四

十月【略】丙寅，谕军机大臣等，本年江苏、安徽、浙江、湖南迭遭水患，广东屡被风灾，当经分别颁发帑银，并由各该督抚等议赈议捐，妥筹抚恤。其余如直隶、河南、四川、广西、甘肃、江西、云南等省曾报偏灾，亦先后饬各该督抚等量为赈济，小民谅可不至失所。【略】丁卯，【略】蠲免热河承德府滦平县被灾粮租、差徭。【略】己卯，【略】蠲缓直隶武清、文安、东安、清苑、定兴、容城、安、献、阜城、交河、天津、青、静海、沧、南皮、盐山、获鹿、栾城、元氏、平乡、广宗、巨鹿、肥乡、广平、鸡泽、易、冀、南宫、赵、深、饶阳、安平、张家口三十三厅州县被雹、被虫、被水、被旱地方，暨开、东明、长垣三州县被淹地方粮赋有差。【略】己丑，【略】两江总督端方等奏，查明苏省各州县水灾极重，恳准截拨新漕，并展办江南赈捐一年。【略】以淮北灾重歉产，宽免本年场员考核处分。

《德宗实录》卷五六五

十一月【略】戊戌，【略】谕军机大臣等，电寄吕海寰等，电悉，据陈江北饥民情形。览奏，深为悯念。昨据度支部议复该省截留漕米一折。已准动拨漕折三十万两，仍著该部再行妥筹接济。【略】己亥，【略】署两江总督岑春煊奏：粤东猝被风灾，民情困苦，请截留京饷十万两，拨充抚恤。下部知之(折包)。【略】辛丑，【略】谕内阁：朕钦奉皇太后懿旨，端方、陈夔龙、荫昌等电奏，本年苏省水灾，以徐、海、淮安三属为最重，现在江宁、扬州、镇江、清江浦等处留养饥民人数甚众等语。【略】癸卯，【略】云贵总督丁振铎奏：赵州、罗平被旱成灾，现经派员履勘，先筹赈抚。报闻(折包)。【略】丁未，【略】河南巡抚张人骏奏：永城县猝被水灾，恳准动支库款，先行抚恤。允行(现月)。【略】戊申，【略】蠲缓山东青城、利津、郓城、东平、东阿、肥城、阳谷、寿张、范、济宁、历城、章丘、邹平、淄川、长山、新城、齐河、齐东、济阳、禹城、临邑、长清、平阴、惠民、商河、滨、蒲台、汶上、邹、菏泽、单、曹、朝城、聊城、馆陶、金乡、鱼台、胶、沾化、滋阳、益都、博山、临淄、博兴、高苑、乐安、昌乐、安丘、昌邑、潍、高密、即墨、濮、观城、茌平、清平、高唐、临清、陵、德、德平、阳信、乐陵、曲阜、宁阳、泗水、滕、峄、城武、定陶、巨野、堂邑、博平、莘、冠、恩、夏津、武城、邱、嘉祥、海丰、兰山、郯城、费、莒、沂水、日照、寿光、掖、宁海、文登、荣成九十三州县被水、被旱地方暨卫所盐场新旧额赋有差(现月)。

《德宗实录》卷五六六

十一月【略】癸丑，【略】以云南永平县属上年被灾，豁免积欠银米(随手)。甲寅，以京师雪泽稀少，上诣大高殿祈祷行礼。【略】庚申，【略】又谕：端方奏，查明江北水灾办赈不力各员，据实纠参一折。本年徐、海、淮安各属被灾极重，该地方官吏竟于救灾要政漠不关心，实堪痛恨。【略】又谕：有人奏，江北水灾实由骆马湖一带水失其道等语。著端方、陈夔龙查明实在情形，妥筹办理，原片著抄给阅看。寻奏：查明骆马湖水势甚小，与灾情无关。此次下游受患，一则由海、赣各口多被淤塞；二则六塘河淤浅，水不归槽；三则阴雨连绵三四月之久，各处消水迟缓。【略】壬戌，【略】云贵总督丁振铎奏，滇省师宗县秋禾被灾，派员履勘明确，先筹赈抚。报闻(折包)。

《德宗实录》卷五六七

十二月【略】乙丑，以京师雪泽尚未深透，上复诣大高殿祈祷行礼。【略】癸酉，【略】缓征两淮泰、海二属被灾各盐场钱粮(折包)。甲戌，【略】陕西巡抚曹鸿勋奏：华州通渭各里被水冲塌，前经奉旨，蠲缓钱粮三年，现经履勘该处河势，奔流成渠，骤难涸复，请再蠲缓三年。下部知之(折包)。【略】乙亥，【略】蠲免云南太和县弓鱼洞等处被灾地亩条粮(折包)。【略】戊寅，【略】蠲缓湖北江夏、咸宁、嘉鱼、夏口、汉阳、汉川、黄陂、孝感、沔阳、黄冈、蕲水、麻城、罗田、蕲、黄梅、广济、钟祥、京山、潜江、天门、应城、江陵、公安、石首、监利、松滋、枝江、荆门二十八厅州县被水、被旱新旧粮赋有差(现月)。己卯，以京师得雪深透，上诣大高殿报谢行礼。【略】减缓直隶静海、文安二县积涝地亩粮赋有差。【略】辛巳，【略】蠲缓甘肃河、狄道、永昌等州县被雹成灾地方钱粮。壬午，【略】蠲缓山西阳曲、太原、榆次、祁、徐沟、文水、临汾、太平、长治、屯留、襄垣、潞城、山阴、朔、榆社、代、保德、寿阳、繁峙、霍、赵城、汾西、宁远、和林格尔、清水河、托克托城、萨拉齐二十七厅州县被水、被雹地方新旧粮赋有差(现月)。蠲缓河南永城、夏邑、武陟、济源、封丘、祥符、杞、商丘、宁陵、鹿邑、虞城、睢、柘城、安阳、汤阴、临漳、内黄、汲、新乡、辉、获嘉、淇、延津、滑、浚、河内、孟、温、洛阳、偃师、孟津、宜阳、永宁、内乡、淮宁、项城、沈丘、太康、荥泽、固始、兰仪、南阳、阳武、原武四十四州县被淹各地方新旧粮赋有差。癸未,【略】蠲缓奉天洮南、海城、康平、彰武、宁远、柳河、镇安、广宁、靖安九府州县,暨牛庄、开原两旗被水屯堡粮赋有差(现月)。缓江苏长洲、元和、吴、吴江、震泽、常熟、昭文、昆山、新阳、太湖、靖江、华亭、娄、金山、青浦、武进、阳湖、无锡、金匮、江阴、宜兴、荆溪、丹徒、丹阳、金坛、溧阳、太仓、镇洋二十八厅州县被水地亩新旧田赋、漕粮、芦课、条粮有差(现月)。【略】戊子,【略】蠲免陕西咸宁、长安、渭南、三原、泾阳、兴平、高陵、盩厔、临潼、鄠、醴泉、耀、富平、咸阳、蓝田、同官、肤施、延川、延长、宜川、安塞、甘泉、靖边、定边、安定、保安、凤翔、扶风、汧阳、宝鸡、岐山、陇、城固、洋、褒城、沔、佛坪、榆林、神木、府谷、大荔、朝邑、郃阳、蒲城、华、华阴、白水、潼关、汉阴、三水、长武、淳化、乾、永寿、武功、鄜、洛川、中部、宜君、绥德、米脂、清涧六十三厅州县被灾地亩光绪三十年分民欠钱粮草束,其咸阳、渭南、高陵、临潼、富平、宁陕、延川、榆林、葭、府谷、怀远、华、大荔、朝邑、华阴、邠、三水、淳化、商、鄜、中部、宜君、米脂、鄠二十四厅州县被雹、被水地亩光绪三十二年分银粮草束并蠲缓。【略】己丑,【略】蠲缓安徽宿、灵璧、泗、五河、凤阳、临淮、凤台、颍上、当涂、和、建平、无为、怀远、亳、涡阳、全椒、宣城、寿、定远、含山、芜湖、太和、盱眙、怀宁、铜陵、建德、东流、巢、霍邱、蒙城、滁、阜阳、贵池、合肥、潜山、宿松、繁昌、庐江、桐城、来安四十厅州县新旧漕粮田赋有差(现月)。蠲缓江苏山阳、阜宁、清河、桃源、安东、铜山、萧、邳、宿迁、睢宁、沭阳、赣榆、上元、江宁、句容、溧水、高淳、江浦、六合、盐城、高邮、泰、东台、江都、甘泉、仪征、兴化、宝应、沛、砀山、通、海、如皋、海门三十三厅州县,暨淮安、大河、扬州、徐州四卫新旧漕粮田赋有差(现月)。庚寅,【略】云贵总督丁振铎奏:遵查滇省灾区元气未复,入冬无雨,来春仍须接济,请饬部宽拨的款。下部议(折包)。【略】蠲免云南昆明县被旱地亩应征条粮。《德宗实录》卷五六八

## 1907 年 丁未 清德宗光绪三十三年

正月【略】甲午,【略】缓征直隶被灾歉收之武清等州县厅各村庄应征本年春赋地丁钱粮,并原缓光绪三十二年及节年地丁钱粮,其坐落武清、天津二县之津军厅芦课纳粮地亩一律展缓(现月)。【略】丙申,【略】缓征山东被灾之济宁等三州县各村庄应征本年上忙钱漕租课,其坐落各州县之寄庄灶课与裁并卫所,并永利等场随同民田一律展缓(折包)。丁酉,缓征云南河阳、禄丰等属被灾地方钱粮。【略】己亥,【略】蠲缓两浙仁和、海沙、鲍郎、芦沥、横浦、浦东各场未垦灶荡应征上年灶课钱粮(现月)。【略】壬寅,【略】蠲缓江西新建、进贤、新淦、峡江、莲花、永丰、泰和、安福、永新、德化、德安、彭泽、南昌、武宁、清江、庐陵、吉水、万安、鄱阳、余干、德兴、万年、建昌、安义、瑞昌、湖口二十六厅州县,暨南、九二卫被水、被旱应征新旧额赋杂课有差(现月)。【略】己酉,【略】蠲缓浙江仁和、钱塘、海宁、富阳、余杭、临安、新城、于潜、昌化、嘉兴、秀水、嘉善、海盐、平湖、石门、桐乡、归安、乌程、长兴、德清、武康、安吉、孝丰、诸暨、兰溪、西安、龙游、建德、淳安、遂安、寿昌、桐庐、分水三十三州县,暨杭严卫、衢所荒废田地应征正耗钱粮有差(现月)。蠲缓两浙被灾场灶荡田应征灶课钱粮有差(现月)。【略】乙卯,【略】缓征广西崇善、养利、武宣、来宾、迁江、永淳、天保、上林、怀集、百色、宜山、宁明、新宁、西宁、马平、雒容、融、桂平、贵、苍梧、临桂、灵川、全、宾二十四厅州县暨那马通判所管被灾地方地丁兵米有差(折包)。《德宗实录》卷五六九

二月【略】癸亥,【略】内阁学士吴郁生奏:江浙米贵食艰,宜预筹接济。谨酌拟五条:一、截留漕米;一、筹款购运;一、清查仓谷;一、严禁囤户及私运出洋;一、饬地方官筹办平粜。下部议(折包)。【略】癸酉,御史赵启霖奏,各省荒歉,民情惶惧,请将外官改制事宜暂缓议行。【略】辛卯,【略】豁免云南嵩明、宜良两州县被旱地方光绪三十二年应征条粮(折包)。《德宗实录》卷五七〇

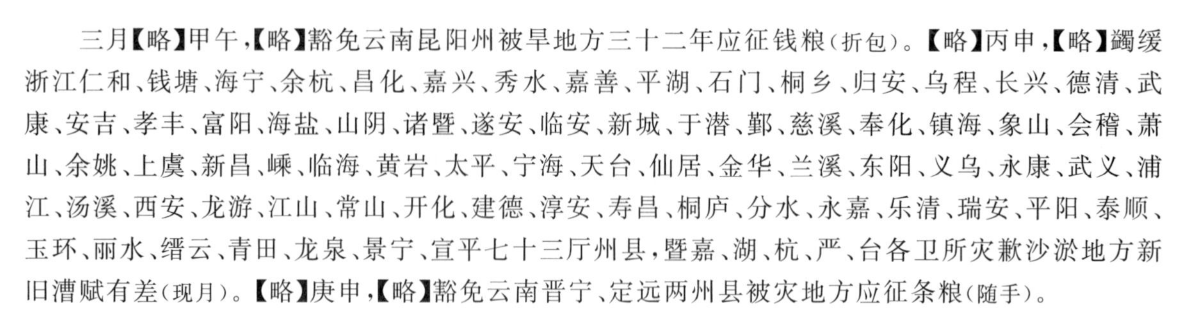

三月【略】甲午，【略】豁免云南昆阳州被旱地方三十二年应征钱粮(折包)。【略】丙申，【略】蠲缓浙江仁和、钱塘、海宁、余杭、昌化、嘉兴、秀水、嘉善、平湖、石门、桐乡、归安、乌程、长兴、德清、武康、安吉、孝丰、富阳、海盐、山阴、诸暨、遂安、临安、新城、于潜、鄞、慈溪、奉化、镇海、象山、会稽、萧山、余姚、上虞、新昌、嵊、临海、黄岩、太平、宁海、天台、仙居、金华、兰溪、东阳、义乌、永康、武义、浦江、汤溪、西安、龙游、江山、常山、开化、建德、淳安、寿昌、桐庐、分水、永嘉、乐清、瑞安、平阳、泰顺、玉环、丽水、缙云、青田、龙泉、景宁、宣平七十三厅州县，暨嘉、湖、杭、严、台各卫所灾歉沙淤地方新旧漕赋有差(现月)。【略】庚申，【略】豁免云南晋宁、定远两州县被灾地方应征条粮(随手)。

《德宗实录》卷五七一

四月【略】甲戌，【略】豁除湖南新化县属被水冲毁田亩原额钱粮(折包)。乙亥，【略】豁免云南新兴、建水二州县上年旱灾地亩应征银米(折包)。丙子，【略】两江总督端方奏：江北灾重粮缺，接壤省分米价同时腾踊，纷纷遏粜，拟派员采办黔米，以资接济，经过之地，恳免税厘。下部知之(折包)。【略】戊寅，【略】展缓吉林宁古塔、三姓等属灾歉地亩官庄旗丁民户应征、带征暨借支口粮谷石(折包)。己卯，以京师雨泽稀少，上诣觉生寺祈祷行礼。【略】戊子，【略】缓征陕西葭、兴平二州县上年被雹、被水灾地应征钱粮，其临潼县侵崩入河，势难涸竣地亩，应征钱粮蠲缓三年(折包)。己丑，【略】以祈雨未应，再申虔祷。【略】云贵总督丁振铎奏，滇省灾情过重，请将各属征存谷石碾米运济。下部知之(折包)。

《德宗实录》卷五七二

五月【略】甲午，【略】守护东陵大臣载瀛等奏查明陵道树虫轻重情形，饬属搜拿。得旨：著即认真捕拿，毋留余孽。【略】缓征黑龙江海伦厅属被灾地亩租赋(折包)。乙未，【略】豁免云南马龙州属被旱地亩上年应征银米(折包)。【略】丁酉，【略】豁免云南弥勒县属被灾地亩上年应完银米(折包)。【略】癸卯，以望雨仍殷，遣恭亲王溥伟诣觉生寺、礼亲王世铎诣大高殿祈祷行礼。

《德宗实录》卷五七三

五月【略】甲寅，谕军机大臣等，本日都察院代奏，云南京官吴炯等呈称，滇中饥馑，请颁巨帑，拯济灾黎等语。【略】丙辰，以节逾夏至，望雨仍殷，复遣礼亲王诣大高殿，恭亲王溥伟诣觉生寺恭代祈祷行礼。【略】己未，【略】以匿灾苛罚，革云南署丘北县知县张联恩、补用知县郭金汤职(折包)。【略】豁免云南石屏州属被灾田亩上年应征银米(折包)。

《德宗实录》卷五七四

六月【略】丁卯，以未沛甘霖，复遣礼亲王世铎诣大高殿、恭亲王溥伟诣觉生寺恭代祈祷行礼。【略】丙子，以甘霖迭沛，遣礼亲王世铎诣大高殿、恭亲王溥伟诣觉生寺恭代报谢行礼。

《德宗实录》卷五七五

七月【略】辛卯，【略】顺天府【略】又奏通州、蓟州等州县被水成灾大概情形。报闻(早事)。【略】癸巳，谕内阁：袁世凯奏，永定河漫口夺溜，分别参办并自请议处一折。【略】兹据奏报详细情形，上月中旬大雨时行，山水暴涨，永定河南五工、北四上汛先后漫口夺溜，口门各宽至二三十丈，虽因河流奇涨，人力难施，在工各员究属疏于防范。【略】庚子，【略】豁免云南赵州被灾各村应征钱粮(折包)。【略】壬寅，谕内阁：朕钦奉慈禧【略】皇太后懿旨，大理院少卿刘若曾等奏，近畿水灾甚重，吁恳恩赏银两赈济一折。本年春间天气亢旱，近畿一带二麦歉收，夏秋之际又复山水暴涨，河流决口，通州、香河等十数州县卑下之区皆成巨浸，小民荡析离居，朝廷实深轸念，著赏给帑银四万两，由度支部给发。【略】湖南巡抚岑春蓂奏，浏阳、邵阳二县蛟水骤发，田庐被冲。【略】丙辰，【略】豁免云南禄丰县上年旱灾田亩应征钱粮。

《德宗实录》卷五七六

八月【略】癸未，【略】蠲缓云南昆明、石屏、恩安三州县水、旱被灾各地方田粮(折包)。甲申，【略】以办灾弊混，革浙江归安县知县朱鉴章等四员职(折包)。

《德宗实录》卷五七八

九月【略】癸巳，【略】安徽巡抚冯煦奏，怀宁、桐城、潜山、贵池、青阳等县前因山洪冲毁堤坝，田

庐猝被淹沙压，当饬抚恤筹办工赈。报闻(折包)。【略】丁酉，【略】豁免云南江川县被旱田亩条粮(折包)。【略】庚子，【略】豁免云南南安、沾益、南宁三州县被旱田亩条粮(折包)。【略】癸卯，【略】两江总督端方【略】又奏，江北水灾，臣与苏抚共认捐十四万两，不敢邀奖，其司道摊捐赈款，请予奖叙。

《德宗实录》卷五七九

九月【略】丁巳，【略】缓征吉林延吉厅属被霜灾歉田亩上年租赋(折包)。戊午，谕军机大臣等，电寄赵尔巽等，电悉。鄂米来源既向以湘为外府，本年湘省年尚丰稔，著该督会商岑春蓂合力通筹，在上游米价较廉地方准其采买，不必拘定在汉口购运，统以三十万石为限。当不至损妨民食。

《德宗实录》卷五八〇

十月己未朔，【略】两广总督张人骏奏：广东赤溪、新宁、高要、恩平等厅县被风，衙署、民居均有坍塌，沉没船只，伤毙人口，田禾间有损伤，委员查勘抚恤。【略】辛酉，【略】谕军机大臣等，本年顺直各属猝遭水患，云南久旱成灾，当经分别颁发帑银，并由各该督等议赈、议捐，妥筹抚恤。其余如湖南、甘肃、新疆、广东、陕西等省，曾报偏灾，亦经先后饬各该督抚等量为赈济，小民谅可不至失所。【略】丙寅，云贵总督锡良奏，沾益州属地方蛟水骤发，民房田亩概被淹没，嵩明、南宁、平彝三州县同被蛟水成灾。又，江川县属被旱成灾，当饬履勘赈抚。报闻。【略】癸酉，【略】护理四川总督赵尔丰奏，川省被雹、被水地方量为赈恤。下部知之(随手)。 《德宗实录》卷五八一

十一月戊子朔，【略】云贵总督锡良奏：陆良州等处暨阿迷州属被灾，派员查勘赈抚。报闻(折包)。【略】蠲免云南河阳县属被旱地方光绪三十二年分银米(折包)。【略】庚寅，【略】蠲缓直隶通、三河、武清、宝坻、蓟、香河、宁河、霸、保定、固安、永清、东安、涿、顺义、怀柔、密云、滦、昌黎、乐亭、清苑、满城、唐、雄、安、天津、青、静海、沧、盐山、行唐、平乡、广宗、巨鹿、丰润、玉田三十五州县被水、被雹、被旱地方钱粮、租米、谷豆、草束、杂课及出借仓谷等项。其开、东明、长垣滨河灾地一律蠲缓，并减免差徭有差(现月、折包)。 《德宗实录》卷五八二

十一月【略】己酉，【略】蠲免直隶安州积涝地亩粮租(随手)。【略】癸丑，蠲缓山东青城、东平、东阿、济宁、历城、章丘、邹平、淄川、长山、新城、齐河、齐东、济阳、禹城、临邑、长清、肥城、平阴、惠民、商河、滨、利津、蒲台、邹、汶上、阳谷、寿张、菏泽、曹、郓城、濮、范、朝城、聊城、馆陶、鱼台、胶、沾化、滋阳、益都、博山、临淄、博兴、高苑、乐安、昌乐、安丘、昌邑、潍、高密、即墨、观城、海丰、临清、陵、德、德平、平原、阳信、乐陵、曲阜、宁阳、泗水、滕、峄、单、城武、定陶、巨野、堂邑、博平、茌平、清平、莘、冠、高唐、恩、夏津、武城、邱、金乡、嘉祥、兰山、郯城、费、莒、沂水、日照、寿光、掖、宁海九十一州县暨收并卫所盐场被灾地方新旧钱漕银租杂课有差(折包)。【略】丁巳，【略】缓征安徽灵璧、凤阳、凤台、泗、定远、五河、怀宁、寿、和、亳、颍上、东流、巢、宣城、霍邱、含山、潜山、天长、繁昌、全椒、来安、盱眙、铜陵、贵池、当涂、无为、怀远、芜湖、合肥、庐江、阜阳、桐城三十二州县被灾地方额赋暨新旧漕粮(现月)。 《德宗实录》卷五八三

十二月【略】丁卯，【略】谕军机大臣等，【略】又据冯汝骙电奏，桐乡县民藉灾聚众，勾引匪类，蔓延海宁州、石门县各村庄，在屠甸、峡石两镇肆扰，劫毁民居店铺，并毁厘卡学堂教堂，拥入桐乡县城，窜扰斜桥镇一带各等语。查苏浙为财富要区，中外民商辐辏，教民到处林立，该匪党同时起事至六七处之多。【略】己巳，【略】两广总督张人骏奏，广东崖州、东安各属居民被水、被风，业饬地方官勘明抚恤。报闻(折包)。【略】壬申，【略】蠲缓湖北松滋、咸宁、汉阳、黄陂、孝感、沔阳、黄冈、蕲水、罗田、黄梅、钟祥、京山、潜江、天门、应城、江陵、石首、监利、枝江、荆门、嘉鱼、夏口、江夏、广济、公安、兴国二十六厅州县被淹地亩新旧粮赋有差。 《德宗实录》卷五八四

十二月癸酉，【略】御史涂国盛奏：顺直饥民待哺，请饬招商购粮，并援案拨米平粜。如所请行(折包)。【略】丙子，【略】蠲缓奉天海龙、东平、安广、彰武四府县被灾地方本年应征银租(现月)。蠲

缓山西阳曲、太原、榆次、文水、徐沟、保德、赵城、汾西、宁远、和林格尔、清水河、萨拉齐十二厅州县被灾地亩本年应征新旧钱粮(现月)。【略】甲申，蠲缓甘肃皋兰、平罗、河、靖远、高台、碾伯六州县被灾地亩钱粮(折包)。

《德宗实录》卷五八五

## 1908年 戊申 清德宗光绪三十四年

正月【略】戊子，缓征直隶三河、武清、宝坻、蓟、香河、宁河、霸、固安、永清、东安、顺义、怀柔、密云、昌黎、天津、盐山、开、东明、长垣、丰润二十州县被灾地方本年额赋，并展缓保定、涿、滦、乐亭、清苑、满城、唐、雄、安、献、青、静海、沧、行唐、平乡、广宗、巨鹿、玉田十八州县积欠粮租杂课有差(外纪)。【略】庚寅，【略】蠲缓山东济宁、邹平、东平、东阿、蒲台、邹、菏泽、曹、胶、历城、章丘、淄川、长山、新城、齐河、齐东、济阳、禹城、临邑、长清、肥城、平阴、惠民、青城、海丰、商河、滨、利津、沾化、滋阳、汶上、阳谷、寿张、郓城、濮、范、朝城、聊城、馆陶、益都、博山、临淄、博兴、高苑、乐安、昌乐、安丘、昌邑、潍、鱼台、高密、即墨五十二州县及裁并卫所，永利、永阜、王家冈三场被灾地方本年上忙额赋并各项租课(折包)。豁免云南师宗、丘北两县光绪三十二年分被灾地方额赋(折包)。【略】壬辰，【略】蠲缓湖南安乡、武陵、龙阳、沅江、益阳、沅陵、临湘、华容、澧、湘阴、南洲、新田十二厅州县暨岳州卫被灾地方应征钱漕、芦课(现月)。【略】甲午，【略】蠲缓江苏上元、江宁、句容、江浦、六合、山阳、阜宁、清河、桃源、盐城、高邮、泰、东台、江都、甘泉、仪征、兴化、宝应、铜山、丰、沛、萧、砀山、邳、宿迁、睢宁、海、沭阳、赣榆、如皋三十州县被旱、被淹田地钱漕(折包)。蠲缓江苏长洲、元和、吴、吴江、震泽、常熟、昭文、昆山、新阳、太湖、靖湖[①]、华亭、娄、金山、青浦、武进、阳湖、无锡、金匮、江阴、宜兴、荆溪、丹徒、丹阳、金坛、溧阳、太仓、镇洋二十八厅州县歉收未垦田亩本年应征钱漕(折包)。乙未，【略】蠲免两浙仁和、海沙、鲍郎、芦沥、横浦、浦东六场灶课钱粮(折包)。【略】丁酉，【略】缓征江西新建、进贤、新淦、峡江、吉水、永丰、泰和、安福、永新、德化、德安、南昌、武宁、清江、遵化、万安、鄱阳、余干、德兴、建昌、湖口、彭泽二十二厅州县，暨九江府同知所属南、九二卫被灾地方新旧额赋杂课有差(折包)。戊戌，【略】蠲免湖南邵阳县被灾田亩本年应征钱粮(折包)。【略】甲寅，【略】蠲缓浙江仁和、钱塘、海宁、富阳、余杭、临安、新城、于潜、昌化、嘉兴、秀水、嘉善、海盐、平湖、石门、桐乡、归安、乌程、长兴、德清、武康、安吉、孝丰、诸暨、兰溪、西安、龙游、建德、淳安、遂安、寿昌、桐庐、分水等三十三州县，暨杭严卫、衢所、严所荒地上年应征钱粮(现月)。蠲缓两浙海沙、芦沥、长亭、杜渎、浦东五场灶课钱粮(现月)。

《德宗实录》卷五八六

二月【略】癸未，【略】缓征广西武宣、迁江、崇善、养利、来宾、雒容、桂平、贵、苍梧、岑溪、融、临桂、灵川、平乐、贺、平南、藤、宣化、郁林、兴业二十州县歉收地方上年应征额赋(折包)。

《德宗实录》卷五八七

三月【略】丁亥，【略】缓征浙江富阳、临安、嘉兴、秀水、平湖、临海、宁海、仙居、仁和、钱塘、海宁、余杭、新城、于潜、昌化、嘉善、海盐、石门、桐乡、归安、乌程、长兴、德清、武康、安吉、孝丰、山阴、会稽、萧山、诸暨、天台、遂安、鄞、慈溪、奉化、镇海、象山、余姚、上虞、新昌、嵊、黄岩、太平、金华、兰溪、东阳、义乌、永康、武义、浦江、汤溪、西安、龙游、江山、常山、开化、建德、淳安、寿昌、桐庐、分水、永嘉、乐清、瑞安、平阳、泰顺、玉环、丽水、缙云、青田、龙泉、庆元、景宁、宣平七十四厅州县，暨台州、杭严、嘉湖等卫所被灾地方上年地漕有差(折包)。【略】癸巳，【略】缓征吉林宁古塔、三姓等处歉收田亩上年谷石(折包)。【略】壬寅，谕军机大臣等，宝棻奏，归化等处游民麇集，拟分别防范截留一

① “靖湖”，即清光绪三十二年(1906年)洞庭西山所置靖湖厅，隶属苏州府。

折。移民实边，论殖民者屡有陈奏，今因直隶大、顺一带荒歉，游民多赴口外谋作垦工，正不妨因势利导，但须设法稽查约束。【略】乙巳，【略】蠲免云南河阳、罗平、南宁、弥勒四州县被灾田亩新旧条粮银米(折包)。 《德宗实录》卷五八八

四月【略】丙辰，【略】豁免云南文山、新兴、石屏、呈贡四州县被水、被旱田亩银米条粮，并缓征石屏州属上年分带征，及呈贡县属被灾较轻钱粮银米有差(折包)。【略】戊辰，【略】豁免云南通海、江川二县被旱田亩条粮有差(折包)。 《德宗实录》卷五八九

四月【略】乙亥，以京师雨泽稀少，遣醇亲王载沣诣觉生寺、礼亲王世铎诣大高殿恭代祈祷行礼。【略】丙子，【略】豁除奉天锦西厅被水及逃户地亩钱粮(折包)。 《德宗实录》卷五九〇

五月乙酉朔，【略】豁免云南宣威、平彝两州县被水田亩条粮(折包)。丙戌，以祈雨未应，再申吁祷。【略】丙申，以祈雨仍未应，更申吁祷。 《德宗实录》卷五九一

五月【略】壬寅，【略】蠲免云南鲁甸、禄劝两厅县被水田亩条粮(折包)。【略】癸卯，【略】湖广总督陈夔龙奏：襄河水涨，飓风两次为灾，沉失货物，淹毙人口甚夥，船只房屋损失不可胜计。派员会同商董查勘抚恤。【略】豁免云南沾益、镇南、师宗三州县被旱、被水、被雹田亩条粮(折包)。【略】丁未，【略】以京师得雨尚未沾足，遴选僧道设坛祈祷。【略】戊申，【略】两江总督端方等奏：徐州丰县风、雹为灾，以致城楼城墙民房同时倒塌，压毙多命，现饬查明抚恤，勘估筹修。【略】庚戌，谕内阁：朕钦奉慈禧【略】皇太后懿旨，诚勋额勒浑奏，蒙古各旗群被雪成灾，恳恩抚恤一折。本年蒙古地方春雪过大，又复狂风时作，察哈尔镶白等旗及陆军部左右两翼商都牧群等处人畜被灾甚重，颇多损伤，蒙民当此困苦，轸念实深，著赏给帑银五万两，由度支部给发。 《德宗实录》卷五九二

六月【略】丁巳，【略】豁免云南安宁州属被旱田亩条粮(折包)。戊午，以甘霖迭沛，遣礼亲王世铎诣大高殿、醇亲王载沣诣觉生寺恭代报谢行礼。【略】己未，谕内阁：朕钦奉慈禧【略】皇太后懿旨，前据张人骏电奏，广东五月中旬连日大雨，东、西、北三江潦水同时涨发，冲决围基，损伤民业，当经谕令将被灾户口妥为抚恤。兹复据电奏称，南海、三水、清远、高要、高明、鹤山、四会等县共决围基八十余处，田庐尽成泽国，其余新会、东莞、顺德、香山等县围基亦有冲决坍卸，曲江、英德、花县等属亦遭淹浸，乡民财物悉付东流，被水之区甚广，实为数十年来未有之巨灾。览奏，殊深悯恻，加恩著赏给帑银十万两，由度支部给发。【略】丙子，【略】又谕：电寄陈夔龙，电悉湖北淫潦为灾，居民荡析，朝廷殊深轸念。著该督督饬印委各员，赶放急赈，实力抚恤，勿任失所。【略】辛巳，【略】谕军机大臣等，电寄冯煦，电悉。安徽休宁等属山水暴发，灾情甚重，著冯煦督饬所派官绅速放急赈。

《德宗实录》卷五九三

七月【略】乙酉，谕军机大臣等，电寄陈夔龙等，电悉。澧州、永顺、辰州等属山水暴发，河流骤涨，致有漂没田庐、损伤人口情事，殊堪悯恻。【略】丁亥，谕内阁：朕钦奉慈禧【略】皇太后懿旨，前据陈夔龙电奏，湖北淫潦为灾，当经谕令赶办急赈，并将续查情形具报。兹据查明电奏，黄冈、麻城、黄安三处灾情最重，居民荡析流离，惨不忍睹，余如汉阳府属之夏口、黄陂、汉川，荆州府属之江陵、监利、石首，安陆府属之潜江，宜昌府属之兴山等处均多被淹等语。览奏，殊堪悯恻，加恩著赏给帑银六万两，由度支部给发。【略】己丑，【略】直隶总督杨士骧【略】又奏，顺直水、旱交乘，原办赈捐请展限一年。下度支部议。【略】癸巳，【略】蠲免云南会泽县上年被水地方租粮。甲午，谕军机大臣等，电寄张人骏，电悉广东飓风为灾，覆没船只，吹坍民居，并伤毙人口多名，该省大水之后继以风灾，深堪悯恻。著该督分饬官绅协力拯救，妥为赈抚，毋得稍存漠视。【略】丁酉，【略】两江总督端方【略】又奏山东、安徽两省饬属捕蝗情形。得旨：著即会同实力扑捕，毋留余孽。【略】辛丑，谕军机大臣等，有人奏，浙江海塘坍损，溃决堪虞，请饬亲勘，派员督修一折。所陈各节关系民命，著增韫详细查勘，力除积弊，妥筹办理，原折著抄给阅看。【略】丙午，谕内阁：朕钦奉慈禧【略】皇太

后懿旨，前据陈夔龙、岑春蓂电奏，湖南澧州等处被水成灾，当经谕令切实抚恤，并将续查情形随时奏报。兹据查明电奏，此次水灾以澧州为最重，石门次之，田庐淹没，畜产漂流，小民荡析离居，嗷嗷待哺，余如安福、慈利、安乡、南洲、龙阳、沅江、古丈坪、沅陵等厅县均多被淹等语。览奏，殊堪悯恻，加恩著赏给帑银四万两，由度支部给发。【略】广西巡抚张鸣岐奏，临桂、阳朔、平乐、昭平、贺、富川、恭城、苍梧等县陡被水灾，查勘抚恤情形。《德宗实录》卷五九四

八月【略】壬戌，【略】蠲缓云南寻甸、马龙二州被灾地方银米(折包)。【略】癸酉，【略】浙江巡抚增韫奏，衢、严二府属被水成灾，现经拨款赈恤，其开化、寿昌二县加赈银洋，恳准于本年地丁项下作正开销。【略】丙子，【略】蠲免云南楚雄、丘北、建水三县被灾地方条粮(折包)。

《德宗实录》卷五九五

九月【略】丙戌，【略】蠲免湖南叙浦县属被水冲刷田亩钱粮(折包)。【略】庚寅，【略】又谕：电寄徐世昌等，电悉嫩江暴涨，沿江居民被灾，实堪悯恻。【略】丙申，【略】陕甘总督升允奏：甘肃夏禾被灾，皋兰灾情较重，已饬赶办急赈。【略】庚戌，谕军机大臣等，有人奏，皖南、皖北灾情并重，请饬查明办理一折。【略】又谕：电寄松寿，据电奏，漳州、龙溪、南靖、厦门等属洪水涨发，冲塌城垒民房，漂没粮食，淹毙多命等情。闽省素称贫瘠，居民罹此奇灾，殊深悯恻。《德宗实录》卷五九六

十月【略】甲寅，【略】谕军机大臣等，电寄张人骏，据电奏，粤省九月中旬飓风大作，潮水暴涨，广州、肇庆等府各属致倒塌房屋，伤毙人口，并有沉船决围坍城淹田等事。本年广东境内三次被灾，小民荡析，实堪悯恻，著张人骏督饬在事官绅分投查勘，赶放急赈。乙卯，【略】谕军机大臣等，本年广东、湖北、湖南猝遭水患，当经分别颁发帑银，并由该督抚等妥筹赈抚。其余福建、安徽、直隶、黑龙江、甘肃等省曾报偏灾，亦经先后谕令该督抚等筹办急赈，妥为抚恤，小民谅可不至失所。【略】己巳，【略】谕军机大臣等，有人奏，福建漳州等属灾重地广，待赈孔殷一折。著松寿迅速查明具奏。《德宗实录》卷五九七

十一月【略】丙戌，【略】湖南巡抚岑春蓂奏：澧州等属水灾，筹办赈抚，暨工赈平粜，并恳开赈捐。下度支部议。戊子，【略】蠲缓云南宾川、文山二州县被灾地方钱粮有差(折包)。

《宣统政纪》卷二

十一月【略】癸卯，【略】谕内阁：前据松寿电奏，福建漳州、龙溪、南靖、厦门等属被灾，当经谕令设法拯济，认真抚辑，并将续查情形具奏。兹据查明电奏，除厦门被水即退，无碍秋收外，其漳州府属之龙溪、南靖等县均被水冲决堤岸，坍塌房屋，淹毙人口众多，哀鸿遍野，惨不忍闻等语。览奏，殊堪悯恻，加恩著赏给帑银四万两，由度支部发给。【略】丁未，【略】江西巡抚冯汝骙【略】又奏：确查南昌府属被水、被旱情形。下部知之(折包)。【略】蠲缓直隶开、东明、长垣滨河被水歉收地方钱粮差徭有差(现月)。蠲缓直隶武清、蓟、霸、东安、保定、乐亭、献、阜城、交河、吴桥、东光、宁津、天津、南皮、盐山、丰润、饶阳、围场、宁河、通、三河、香河、滦、清苑、蠡、雄、安、景、故城、青、静海、肥乡、冀、枣强、大兴、宝坻、大名、玉田三十八厅州县被灾地方本年钱粮、旗租、屯米、谷豆、草束、灶课、学租、旗产钱粮、河淤海防经费、储备军饷、广恩库租、通津二帮屯租，其陆军部马馆租、銮仪卫租、永济库租、代征租及出借仓谷、籽种、口粮牛具等项一体缓征，并分别减免差徭有差。

《宣统政纪》卷三

十二月【略】乙卯，【略】赈抚黑龙江墨尔根，东、西布特哈，黑水、大赉两厅被水灾民(折包)。豁免直隶安、河间、任、冀、南宫、新河、隆平、宁晋八州县被淹地亩应征粮租(折包)。蠲缓山东青城、东平、东阿、乐安、济宁、历城、章丘、邹平、淄川、长山、新城、齐河、齐东、济阳、禹城、临邑、长清、肥城、平阴、惠民、商河、滨、利津、蒲台、邹、汶上、阳谷、寿张、菏泽、曹、郓城、濮、范、朝城、聊城、馆陶、鱼台、胶、海丰、沾化、滋阳、沂水、益都、博山、临淄、博兴、高苑、寿光、昌乐、安丘、昌邑、潍、高密、即

墨、德、乐陵、巨野、观城、陵、德平、平原、阳信、曲阜、宁阳、泗水、滕、峄、单、城武、定陶、堂邑、博平、茌平、清平、莘、冠、高唐、恩、夏津、武城、邱、金乡、嘉祥、兰山、郯、费、莒、日照、掖、文登、荣成九十一州县暨收并卫所，永利、永阜、王家冈三场被灾村庄新旧钱粮(现月)。丙辰，【略】蠲缓湖北江夏、咸宁、嘉鱼、夏口、汉阳、汉川、黄陂、孝感、沔阳、黄冈、蕲水、麻城、罗田、黄梅、钟祥、京山、潜江、天门、应城、江陵、公安、石首、监利、松滋、枝江、荆门、兴国、大冶、蕲二十九厅州县被灾地亩新旧钱漕(现月)。丁巳，【略】以京师雪泽未沾，遣恭亲王溥伟诣大高殿恭代祈祷行礼。【略】乙丑，【略】蠲缓山西阳曲、太原、榆次、文水、太平、凤台、崞、夏、河津、宁远、兴和、和林格尔、清水河、萨拉齐十四厅县被灾歉收村庄新旧钱粮(现月)。丙寅，【略】蠲缓奉天新民、锦、广宁、绥中四府县并巨流河等界被灾旗民地亩应征粮租(折包)。

《宣统政纪》卷四

十二月丁卯，以雪泽未沾，仍遣恭亲王溥伟诣大高殿恭代祈祷行礼。【略】己巳，【略】蠲缓直隶沧州被灾歉收村庄应征粮租(折包)。【略】壬申，【略】蠲缓江西新建、进贤、新淦、峡江、莲花、吉水、永丰、泰和、安福、永新、德化、德安、南昌、丰城、清江、庐陵、万安、鄱阳、余干、德兴、万年、星子、建昌、安义、瑞昌、湖口、彭泽二十七厅县，暨南、九二卫被灾村庄新旧钱粮(现月)。蠲缓甘肃皋兰、狄道、靖远、洮州、碾伯、平番、平罗七厅县被灾地亩粮租(折包)。【略】丙子，【略】赈抚广东广、肇、罗等属被水、被风灾民(折包)。丁丑，以雪泽尚未渥沛，仍遣恭亲王溥伟诣大高殿恭代祈祷行礼。【略】蠲缓河南祥符、杞、商丘、宁陵、永城、鹿邑、虞城、夏邑、睢、柘城、考城、安阳、汤阴、临漳、内黄、汲、新乡、辉、获嘉、淇、延津、滑、浚、封丘、河内、济源、武陟、孟、温、洛阳、偃师、孟津、宜阳、永宁、内乡、淮宁、项城、沈丘、太康、荥泽、固始、兰仪、南阳、阳武、原武四十五州县被灾歉收村庄旧欠钱漕(现月)。蠲缓直隶霸、静海二州县被水淀地租银(折包)。【略】戊寅，【略】蠲缓陕西延川、韩城、澄城、白水、朝邑、鄜、洛川、绥德、米脂、长武十州县被灾地亩未完银粮草束(折包)。己卯，以祥霙迭沛，遣恭亲王溥伟诣大高殿恭代报谢行礼。【略】缓征安徽五河、泗、盱眙、凤阳、定远、灵璧、凤台、来安、颍上、建平、休宁、怀远、和、太湖、全椒、怀宁、宣城、东流、寿、建德、霍邱、亳、蒙城、天长、滁、含山、潜山、铜陵、芜湖、繁昌、阜阳、贵池、无为、巢、宿松、当涂、合肥、宿、桐城、庐江四十州县被灾歉收村庄应征漕粮(现月)。【略】辛巳，【略】缓征两淮泰、海二州被灾各场灶地钱粮(折包)。

《宣统政纪》卷五

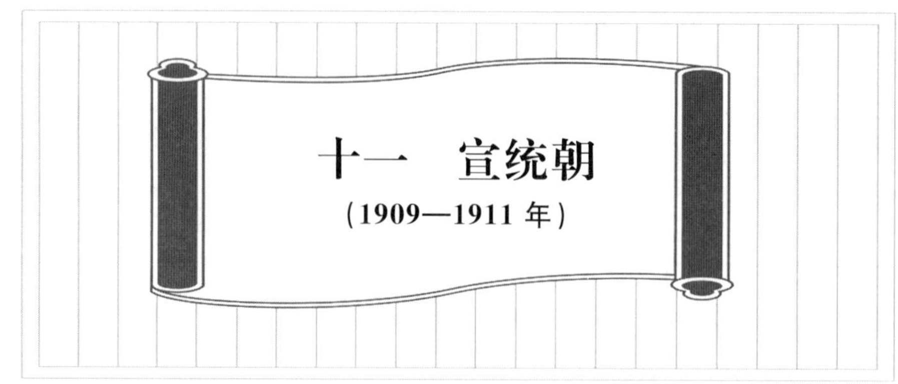

# 十一　宣统朝

**（1909—1911 年）**

## 1909 年 己酉 清宣统元年

正月【略】癸未，【略】缓征顺天、直隶各属武清、天津等州县本年春赋丁粮，并原缓光绪三十四年分及节年所欠丁粮。【略】蠲缓江宁等属上元、江宁、句容、高淳、六合、江浦、山阳、阜宁、清河、桃源、安东、盐城、高邮、泰、东台、江都、甘泉、仪征、兴化、宝应、铜山、丰、沛、萧、砀山、邳、宿迁、睢宁、海、沭阳、赣榆、通、如皋、海门三十四厅州县，淮安、大河、扬、徐四卫被灾地方，及上元等厅州县卫营垒压废民屯田地光绪三十四年分应征丁粮有差。蠲免苏州等属长洲、元和、吴、吴江、震泽、常熟、昭文、昆山、新阳、太湖、靖湖、华亭、娄、金山、青浦、武进、阳湖、无锡、金匮、江阴、宜兴、荆溪、丹徒、丹阳、金坛、溧阳、太仓、镇洋二十八厅州县抛荒坍废等田，暨昭文、金坛、丹徒、昆山、新阳、靖江、溧阳七县被灾漕屯各田银米有差(现月)。缓征江宁等属上元、江宁、句容、江浦、六合、山阳、阜宁、清河、桃源、盐城、高邮、泰、东台、江都、甘泉、仪征、兴化、宝应、铜山、丰、沛、萧、砀山、邳、宿迁、睢宁、海、沭阳、赣榆、如皋三十州县歉收地方光绪三十四年分应征漕粮及折色银两(折包)。【略】乙酉，【略】缓征山东济宁等州县被灾地方上忙应征钱漕租课(现月)。【略】甲午，【略】豁免云贵阿迷州被灾地方光绪三十三年分应征条粮(折包)。

《宣统政纪》卷六

正月【略】癸卯，【略】豁免甘肃大通县被水地方光绪三十四年分应征钱粮(折包)。

《宣统政纪》卷七

二月【略】丁巳，【略】蠲缓广西临桂、阳朔、平乐、昭平、贺、富川、恭城、苍梧、来宾、崇善、养利、岑溪、横、桂平、武宣、雒容、迁江、灵川、藤、平南、宣化、宜山二十二州县被灾地方新旧地丁兵米有差。【略】辛酉，【略】蠲免浙江仁和、海沙、鲍郎、芦沥、横浦、浦东等场灶课钱粮(折包)。壬戌，【略】蠲缓浙江杜渎、芦沥、海沙、浦东、钱清、西兴、长亭、镇海、鲍郎灾歉各场灶课钱粮(折包)。【略】丙子，【略】蠲免云南宣威州被水村庄银米(折包)。戊寅，【略】展缓吉林三姓歉收地方带征仓谷(折包)。

《宣统政纪》卷八

闰二月【略】乙酉，【略】蠲缓云南恩安县属被灾地方三十三年分银米有差(折包)。蠲免浙江仁和、钱塘、海宁、富阳、余杭、临安、新城、昌化、嘉兴、秀水、嘉善、海盐、平湖、石门、桐乡、归安、乌程、长兴、德清、武康、安吉、孝丰、诸暨、兰溪、西安、龙游、建德、淳安、遂安、寿昌、桐庐、分水三十二州县，并杭、严二卫，杭、衢、严三所荒废田地山塘荡溇地漕银米(折包)。

《宣统政纪》卷九

闰二月【略】庚子，【略】蠲缓浙江仁和、钱塘、富阳、归安、乌程、长兴、德清、武康、安吉、开化、建德、寿昌、海宁、余杭、于潜、昌化、嘉兴、秀水、嘉善、海盐、平湖、石门、桐乡、孝丰、山阴、会稽、诸暨、遂安二十八州县，暨嘉、衢二所被灾及沙淤石积地方应征光绪三十四年额赋漕米租银，并递缓各州

县卫所带征地漕屯饷各银一年(折包)。 《宣统政纪》卷一〇

三月【略】乙亥,【略】分别蠲缓新疆镇西、宁远、莎车、阜康、孚远等府厅县被蝗、被雹、被水地方粮草(折包)。 《宣统政纪》卷一一

四月【略】乙未,【略】以雨泽稀少,遣恭亲王溥伟诣大高殿恭代祈祷行礼。【略】丙申,谕内阁:升允电奏,甘肃连年旱歉,兰州、凉州、巩昌各属前岁被灾,去秋尤甚,入春雪雨愆期,迄今尚未得有透雨。碾伯、会宁及各土司先后报灾,现在粮少价昂,饥民哀号乞命,牲畜多致饿仆等语。览奏,殊堪悯恻,加恩著赏给帑银六万两,由度支部给发。【略】甲辰,以得雨未渥,再申虔祷。遣恭亲王溥伟诣大高殿恭代行礼。 《宣统政纪》卷一二

五月【略】甲寅,以京师雨未沾足,派贝勒载洵诣大高殿恭代祈祷行礼。

《宣统政纪》卷一三

五月【略】乙丑,以京师雨未沾足,再遣贝勒载洵诣大高殿恭代祈祷行礼。【略】戊辰,以甘霖迭沛,遣贝勒载洵诣大高殿恭代报谢行礼。【略】壬申,【略】陕甘总督升允奏:甘省上年被灾,业经随时赈济,今春雨泽愆期,二麦未种,加以连年旱歉,饥民牲畜已多饿踣,现于司署设筹赈局。经电奏,蒙恩赏拨帑银六万两,催各省筹赈,亦已陆续汇甘。【略】乙亥,【略】蠲缓福建龙溪、南靖两县被水地方银米有差。丙子,【略】谕军机大臣等,电寄陈夔龙等,陈夔龙、岑春蓂电奏悉。湖南澧州河水暴涨,垸堤冲溃,淹毙人口甚多,殊堪矜悯,著该督抚等督饬委员,分赴各灾区,分别情形轻重妥为抚恤。 《宣统政纪》卷一四

六月【略】甲申,【略】谕军机大臣等,电寄陈夔龙,电奏悉。湖北入夏以来大雨连旬,蛟水骤发,汉阳等府属田庐半沦泽国,人民淹毙亦多,殊堪矜悯,著该督督饬印委各员分赴灾区,分别情形轻重妥为抚恤,无任失所(电寄)。【略】蠲缓广东南海、三水、花、清远、曲江、归善、高要、高明、开平、英德、新兴等十一县上年被灾田亩钱粮银米(折包)。丙戌,【略】蠲缓云南罗平、宾川二州县上年被灾田亩条粮(折包)。【略】丁亥,【略】陕甘总督升允奏,甘肃皋兰一带旱灾奇重,拟设法引水开渠,以培地利,并藉此以工代赈。【略】己丑,【略】蠲免云南太和县属上年被灾田亩条粮(折包)。

《宣统政纪》卷一五

六月癸巳,谕军机大臣等,电寄王士珍,电奏悉。江北入夏多雨,河水涨溢,江潮上冲,情形甚为吃紧,著该提督督饬在工各员,小心防护,毋得稍有疏虞(电寄)。【略】甲午,【略】谕军机大臣等,电寄锡良等,电奏悉。奉天安埠连日阴雨,江水陡涨,房屋倒坍甚多,贫民失业,深堪悯恻。著该督抚督饬印委各员迅赴灾区,分别情形轻重妥为抚恤,毋任失所(电寄)。【略】乙未,谕内阁:锡良、陈绍常电奏,吉林省城本月初旬雨势过猛,江水陡涨,沿江房屋、垸堤以及官商木植、公家建筑多被损坏。省东蟒牛河、新开河、额赫穆等处受灾尤重,淹毙人口千余名,田庐、牲畜冲没殆尽。余如双岔河、尤家屯等处亦有全屯被淹,溺毙人口等语。览奏,殊堪悯恻,加恩著赏给帑银六万两,由度支部发给。【略】谕军机大臣等,电寄陈夔龙等,前据陈夔龙、岑春蓂电奏,湖南澧州等处被水成灾,当经谕令将被灾户口妥为抚恤。兹复据电奏,澧州、安乡等州县灾情较上年为重,常德、岳州所属各厅县同时被灾,秋收无望,必须筹放赈济等语。所请款项准其照拨,以资赈抚(电寄)。【略】丁酉,谕内阁:前据陈夔龙电奏,湖北淫潦为灾,当经谕令陈夔龙督饬分别情形妥为抚恤。兹据查明电奏,荆州属之公安、石首、江陵,汉阳属之沔阳灾情最重,饥民荡析离居,惨不忍睹。余如汉阳属之夏口厅、汉川、孝感,安陆属之天门、潜江,荆州属之监利,德安属之应城,黄州属之黄冈等处,及枝江、松滋、黄梅、蕲水、蕲州、嘉鱼、汉阳、黄陂等处亦多被淹等语。览奏,殊堪悯恻,加恩著发内帑银六万两,由度支部迅速拨给。并照所请,除有关京饷等项毋庸动拨外,其余无论何款,先其所急,设法筹拨银二十万两,著该督派委妥员前往灾区,切实散放,务令实惠均沾,毋任失所。【略】壬寅,【略】浙

江巡抚增韫奏，浙江钱塘、余杭、嘉善、平湖、安吉、孝丰、武康、山阴、会稽、余姚、淳安等县水灾甚巨，秧苗多遭霉烂，迭经委员会县分投查勘，或设法补救，或摊款赈抚，以免小民失所。得旨：该抚即委妥员切实赈抚(折包)。

《宣统政纪》卷一六

七月【略】丙辰，【略】江西巡抚冯汝骙奏：萍乡等县被水成灾，分别赈抚。【略】丁巳，【略】谕军机大臣等，湖广总督陈夔龙电奏，本年鄂省水灾甚巨，拟请援照各省办赈成案，如有报效万金以上者，准其奏奖实官，并俟收足五十万两之数即行停止等语。著度支部速议具奏(电寄)。【略】戊午，【略】豁免云南鲁甸、镇雄二厅州被灾田亩应征上年银米。庚申，【略】谕军机大臣等，电寄张人骏等，据电奏，扬州等属被灾，请将赴奉、赴芜所购平粜杂粮米谷概免厘税等语。著照所请(电寄)。

《宣统政纪》卷一七

七月【略】丙子，谕军机大臣等，电寄陈夔龙，据电奏，鄂省灾重粮贵，拟派员驰往直隶保定、天津采购杂粮数万石等语。本年直隶收获未尽丰稔，若鄂省采购多数杂粮，恐于民食有碍，著陈夔龙于奉天一带酌量采买，沿途免征税厘，以资平粜(电寄)。

《宣统政纪》卷一八

八月【略】甲申，理藩部奏：察哈尔都统以锡林郭勒盟长呈报本盟阿巴噶等八旗遭灾请抚，据情咨部。【略】又，库伦办事大臣据图什叶图汗部落盟长呈报，因灾请匀差户。查车臣汗等三部落前次亦纷纷呈报年景荒歉，差务不匀，请以邻盟替当。惟邻盟亦遭灾歉，必致互相推诿，殊非郑重差务之道。【略】乙酉，【略】谕军机大臣等，电寄松寿，电奏悉。福州飓风大作，长门、马江、城台一带覆舟甚多，并淹毙人口，倒塌民房等语。览奏，殊深悯恻。【略】热河都统廷杰奏：查明开鲁、平泉两州县猝被水灾，冲没田庐，淹毙人口，业经拨款六百六十两，以资抚恤。

《宣统政纪》卷一九

八月【略】乙未，【略】缓免贵州都匀被灾银米(折包)。【略】甲辰，谕军机大臣等，电寄陈夔龙，电奏悉。鄂省灾后民食维艰，非借资邻省不敷接济，著湖南、四川、江西各督抚通饬产粮各属，劝谕绅民，毋得阻粮出境，以救邻灾(电寄)。吉林巡抚陈昭常奏，吉省水灾极重，设立筹赈处办理赈抚，约分三法，一移民，二工赈，三再放续赈。

《宣统政纪》卷二〇

九月【略】甲子，【略】又谕：电寄袁树勋，电奏，广东省城风雨大作，河水骤涨，省城及南海各县属均有覆艇坏屋、淹没田禾、溺毙人口情形等语。览奏，深堪悯恻。【略】乙丑，谕内阁：诚勋额勒浑奏，查明盟旗被灾情形，恳恩抚恤一折。西林果勒盟旗阿巴嘎、阿巴哈那尔、浩齐特、乌珠穆沁等八旗游牧地方连遭亢旱，上年冬季又复大雪成灾，牲畜倒毙实多，蒙民困苦情形殊堪悯恻。加恩著赏给帑银三万两，由度支部给发。【略】护理云贵总督沈秉堃奏，云南镇雄等州县水灾，业经派员会勘赈抚。

《宣统政纪》卷二二

十月【略】己卯，【略】谕军机大臣等，本年因甘肃连遭亢旱，吉林、湖北猝被水灾，当经分别颁发帑银，并由该督抚等妥筹赈抚。其余奉天、湖南、广东、福建等省据报偏灾，亦经先后谕令该督抚等筹办急赈，小民谅可不至失所。【略】庚辰，【略】豁免云南赵州被水田亩上年应征粮银。辛巳，【略】湖南巡抚岑春蓂奏，前因常、澧水灾，城砖开裂，城堤亦多冲刷，迭经饬属查勘，分别筹修。【略】然常德之大患有二，一则对岸善卷村沙洲持峙，一则以洞庭湖日形淤塞，随处兴修堤垸，已占全湖之半。若为一劳永逸之策，则必尽废堤垸，疏浚全湖，此其力万不逮，而于势必不行，惟有暂救目前之急。【略】又奏：澧州等属灾重赈繁，统计筹办工赈冬赈及补买备荒谷石，共需银一百五十余万两。【略】又奏：鄂省饥民到湘，由官酌给钱粮，妥为资遣。报闻。【略】丁亥，【略】蠲免湖北沔阳、江陵、公安、石首、监利五州县被水田亩本年应征钱粮杂课，并将上年原缓银米递缓一年。戊子，【略】两江总督张人骏【略】又奏：江北各属被水成灾，扬州府一带湖河并涨，至一丈七尺有奇，业先后开放车逻等坝，得免溃决。海州等处则冲塌房屋至数万间，淹毙人口至三四百名，其毁坏堤圩，淹没田禾牲畜不可胜计。淮属亦同时被浸，当经派员分别赈抚。现据各牧令禀报，扬州两属收成尚有六分，此后举办平粜，足资接济。惟海州、溧阳、赣榆三属被淹较广，灾民较众，其极贫者既有救死不瞻之忧，即次贫者亦将为极贫之续，断非专恃粜粮所能拯济。江北民情强悍，抢劫时闻，深恐迫于饥寒，流为盗贼，不得不妥筹安抚，而江南财政困难已非一日，况值前岁巨灾之后，罗掘更穷，惟有仰恳准将江南应解镇边军饷筹备饷需，除已解外，尚未解银二十余万两，照数截留，拨充赈灾之用，并准将动支各项作正开销。下部议。【略】辛卯，【略】又谕：张人骏等电奏，苏属溧阳等处各赈需款，吁恳恩施等语。本年溧阳、金坛、荆溪、宜兴四县被灾奇重，且频年灾祲，仓谷空虚，元气未复。余如丹徒、丹阳、震泽等处同受偏灾。现在节届隆冬，饥民待哺，朝廷殊深悯恻，加恩著赏给帑银三万两，由度支部给发。

《宣统政纪》卷二三

十月【略】癸巳，【略】护理云贵总督沈秉堃【略】又奏：大姚、文山等县被水，委员勘抚。报闻。【略】丁酉，【略】豁免云南元江州属上年被水田亩银米。【略】丙午，【略】科布多参赞大臣溥铜奏：科城赈济米石，请展限三个月，接续散放，以示体恤。允之。【略】湖广总督陈夔龙奏：鄂省灾民就抚人多，非以工代赈，不足以资安集，拟将江襄溃口各处一律修复，俾丁壮归工，老弱归赈，以裨赈务而救灾黎。

《宣统政纪》卷二四

十一月【略】戊申，【略】蠲缓顺直三河、武清、宝坻、香河、宁河、永清、东安、抚宁、清苑、蠡、安、献、天津、青、静海、沧、盐山、庆云、南和、平乡、广宗、任、永年、邯郸、成安、肥乡、曲周、广平、鸡泽、清河、开、大名、安乐、东明、长垣、西宁、丰润、冀、隆平、饶阳、围场等四十一厅州县被水、被雹、被虫、被旱村庄钱粮租赋及杂课有差(现月、折包)。【略】癸丑，【略】蠲缓云南宾川州属被灾田粮。【略】乙卯，【略】缓征江西新建、进贤、武宁、萍乡、新淦、峡江、吉水、安福、莲花、庐陵、永丰、泰和、永新、鄱阳、星子、建昌、德化、彭泽、湖口、德安、瑞昌二十一厅县暨九江府同知被水、被旱田粮(折包)。蠲免云南威远厅属被水田亩条粮(折包)。

《宣统政纪》卷二五

十一月【略】戊辰，【略】安徽巡抚朱家宝奏：安徽省被水各属来春青黄不接，预筹款项专备赈抚，并灾情较重，赈款拮据情形。【略】癸酉，【略】陕甘总督长庚【略】又奏：甘省灾区办赈抚恤，来春青黄不接之际，如有无力购买籽种者，仍须体察情形，或借或放，以期无误春耕。【略】兼护陕甘总督甘肃布政使毛庆蕃奏：甘省自六月得雨，秋苗赖以补种，九秋气候温暖较久，农田已一律收获。并将被水、被雹地方分别赈抚，察看情形，酌办冬赈。【略】乙亥，【略】闽浙总督松寿【略】又奏：福州府属并长门、马江飓风为灾，灾情之重，灾区之广，实为数十年所未见，所幸随时抚恤，元气不致大伤。惟是闽地贫瘠，库藏空虚，赈捐收款久挪用无存，值此灾重费繁，来日方长，后难为继，惟有再请展办赈捐及七项常捐一年，并援案兼收捐免保举及留省两项，以济要需。下部议(折包)。

《宣统政纪》卷二六

十二月【略】癸未，【略】蠲缓山东青城、东平、东阿、济宁、历城、章丘、邹平、淄川、长山、新城、齐河、齐东、济阳、禹城、临邑、长清、平原、肥城、平阴、惠民、商河、滨、利津、蒲台、邹、阳谷、寿张、菏泽、曹、郓城、濮、范、朝城、聊城、馆陶、鱼台、胶、沾化、滋阳、益都、博山、临淄、博兴、高苑、乐安、昌乐、安丘、昌邑、潍、高密、即墨、乐陵、曲阜、宁阳、泗水、巨野、观城、海丰、陵、德、德平、阳信、滕、峄、汶上、单、城武、定陶、堂邑、博平、茌平、清平、莘、冠、高唐、夏津、武城、邱、金乡、嘉祥、兰山、郯城、费、莒、沂水、日照、寿光八十七州县及收并卫所各盐场被灾地方本年钱粮漕米有差(折包)。【略】乙酉，【略】赈抚广东佛山、新宁、香山、清远、从化、永安、翁源、广宁、高明、高要、开平、恩平、长乐等厅县被风、被水地方有差(折包)。

《宣统政纪》卷二七

十二月【略】甲午，【略】缓征江西新建、进贤、新淦、峡江、莲花、吉水、永丰、泰和、安福、永新、德化、德安、瑞昌、彭泽十四厅县，并九江府同知所辖之南、九二卫被灾地方新旧钱粮芦课屯余有差(现月)。蠲缓湖北江夏、咸宁、嘉鱼、蒲圻、夏口、汉阳、汉川、黄陂、孝感、沔阳、黄冈、蕲水、罗田、黄梅、

广济、钟祥、京山、潜江、天门、应城、江陵、公安、石首、监利、松滋、枝江、荆门、兴国、大冶、蕲三十厅州县，并湖南临湘、巴陵，江西德化，安徽宿松屯卫被灾地方新旧钱粮漕米有差(现月)。蠲免云南昆阳州属被灾地方本年钱粮(折包)。乙未，【略】蠲缓陕西咸阳、长安、鄠、耀、孝义、宜川、延川、陇、岐山、宝鸡、榆林、神木、朝邑、华阴、华、安康、郃、三水、武功、商、绥德二十一州县被水、被雹地方钱粮草束有差(折包)。【略】丁酉，【略】蠲缓直隶安、任、宁晋、永清四州县积涝洼地歉收粮租各有差(折包)。戊戌，【略】蠲缓吉林敦化、延吉、宁古塔、新城、和龙等府厅县被灾地方暨省城十旗水师营官庄处所各旗地本年民地钱粮旗地租赋有差(现月)。蠲缓山西阳曲、太原、文水、汾阳、永宁、大同、朔、萨拉齐八厅州县被灾地方新旧粮赋有差(现月)。己亥，【略】缓征河南祥符、杞、商丘、宁陵、永城、鹿邑、虞城、夏邑、睢、柘城、考城、安阳、汤阴、临漳、内黄、汲、新乡、辉、获嘉、淇、延津、滑、浚、封丘、河内、济源、武陟、孟、温、洛阳、偃师、孟津、宜阳、永宁、内乡、淮宁、项城、沈丘、太康、荥泽、固始四十一州县被灾地方旧欠钱粮有差(现月)。【略】辛丑，【略】两广总督袁树勋奏：查明九月间广州等府遭风、被水二十三厅县，给赈抚恤情形。【略】蠲缓奉天新民、海城、盘山、锦、辽阳、广宁、辽中、法库、安东、营口、安广、庄河、凤凰、靖安、盖平、宽甸、宁远十七府厅州县并各城旗界地亩被灾地方钱粮租税有差(现月)。壬寅，【略】缓征安徽五河、凤阳、临淮、灵璧、凤台、建平、泗、当涂、望江、颍上、宿松、宣城、南陵、东流、无为、怀远、全椒、芜湖、巢、寿、宿、定远、和、含山、怀宁、贵池、建德、亳、铜陵、繁昌、庐江、滁、霍邱、太湖、阜阳、天长、潜山、合肥、来安、桐城、盱眙四十一州县并各卫所被灾地方钱粮漕米租税有差(现月)。

《宣统政纪》卷二八

## 1910年 庚戌 清宣统二年

正月【略】丁未，【略】蠲缓直隶武清等各州县被灾村庄粮赋杂课有差。【略】己酉，【略】蠲缓山东济宁等各州县，暨裁并卫所并永利等场被灾村庄额赋租课。【略】壬子，【略】蠲缓湖南澧、南洲、华容、安乡、武陵、沅江、龙阳、益阳、临湘、巴陵十厅州县被水田亩钱漕杂课。【略】甲寅，【略】蠲缓江苏上元、江宁、句容、溧水[①]、高淳、江浦、六合、山阳、阜宁、清河、桃源、安东、盐城、高邮、泰、东台、江都、甘泉、扬子、兴化、宝应、铜山、丰、沛、萧、砀山、邳、宿迁、睢宁、沭阳、通、如皋、海门、海、赣榆三十五厅州县，暨淮安、大河、扬州、徐州四卫被灾民屯地亩新旧钱粮。蠲缓江苏长洲、元和、吴、吴江、震泽、常熟、昭文、昆山、新阳、太湖、靖江、华亭、娄、金山、青浦、武进、阳湖、无锡、金匮、江阴、宜兴、荆溪、丹徒、丹阳、金坛、溧阳、太仓、镇洋二十八厅州县被灾歉收地亩应征钱漕。

《宣统政纪》卷二九

二月【略】丙子，谕军机大臣等，电寄岑春蓂，电奏。湘省各属被灾，米价日贵，所有洋商在湘购运津、沪各处米石，请即照约禁运，鄂省采运湘米查照军米办法，限定数目采购等语。著照所请，该部知道(电寄)。【略】辛巳，【略】蠲缓浙江杭州等属仁和、钱塘、海宁、富阳、余杭、临安、新城、昌化、嘉兴、秀水、嘉善、海盐、平湖、归安、乌程、长兴、德清、武康、安吉、孝丰、诸暨、西安、龙游、建德、淳安、遂安、寿昌、桐庐、分水二十九州县，暨杭严卫并衢、严二所新垦田地宣统元年分应征丁漕粮米有差(折包)。蠲缓浙江绍兴等属钱清、西兴、长亭、杜渎、海沙、芦沥六场，暨江苏松江府属横浦、浦东二场被灾地方宣统元年分应征灶课钱粮(折包)。蠲免浙江杭州等属仁和、海沙、鲍郎、芦沥四场，暨江苏松江府属横浦、浦东二场荒芜未垦灶荡宣统元年分应征灶课钱粮(折包)。【略】丙戌，护理湖广总督杨文鼎电奏：湖北米谷歉收，向资外省接济，请将鄂境统捐各局卡向收米谷捐税，一律暂免

---

① 溧水，原文作“溧阳”，疑误。

征收三个月。【略】己丑,【略】谕内阁:朱家宝奏,查明皖省上年被灾各属,民情困苦,恳恩量予接济一折。安徽各属历岁荒歉,上年又遭水患,【略】著加恩赏给帑银三万两,由度支部给发。【略】两江总督张人骏奏,江北水灾,奉准拨帑抚恤,现拟办理冬赈,并酌发各属工款。报闻(折包)。

《宣统政纪》卷三一

二月【略】壬辰,谕军机大臣等,浙江巡抚增韫电奏,浙省米粮缺乏,请将本届新漕缓运四万石,留办平粜,仍俟下届照常补运等语。著度支部议奏(电寄)。【略】蠲免吉林五常厅、桦甸县被灾地方宣统元年分应征钱粮(随手)。

《宣统政纪》卷三二

三月【略】己酉,【略】浙江巡抚增韫等奏:前请截留新漕四万石,经部议,令如数赶运,查上年浙省灾歉甚重,请仍截留以济平粜,俟下届如数补运。下度支部议(电寄)。【略】庚戌,【略】又谕:电寄岑春蓂,据电奏,湖南省城米价陡涨,有痞徒煽惑贫民,聚众滋扰,殴伤官长,打毁衙署,并烧毁教堂,实属藐法已极,著岑春蓂认真弹压,切实保护。【略】又谕:电寄瑞澂,电奏。鄂省灾重,筹款维艰,原赖报效接济,请将前请优奖之河南修武县知县张序等,仍照原请给奖等语。既据该署督声称灾重款绌,赈务迫急,著照所请(电寄)。【略】甲寅,【略】蠲缓浙江杭州等属厅州县卫所被灾及未垦复田塘地亩银钱米石有差(现月)。【略】丙辰,以雨泽愆期,遣肃亲王善耆诣大高殿恭代祈祷行礼。【略】丁巳,【略】蠲缓吉林旗地被灾村庄租赋钱粮(折包)。戊午,【略】豁免贵州铜仁县被灾田亩钱粮(折包)。【略】辛酉,以甘霖迭沛,遣肃亲王善耆诣大高殿恭代报谢行礼。【略】谕军机大臣等,电寄张人骏等,近来沿江各省年岁歉收,米价腾贵,饥民艰于得食,以致人心浮动,伏莽潜滋。朝廷宵旰忧劳,总以先平米价为思患预防之计,而邻近产米各处,率多禁止出境,自保乡闾,恐无救济之余力。目前办法,亟应联合绅商协筹款项,采办米粮,或迅购大宗洋米,设局平粜,以定人心而弭隐患。应如何通盘筹画,分别缓急,妥定办法之处,著张人骏、瑞澂、宝棻、增韫、朱家宝、杨文鼎迅即会同商榷,详晰电奏,以慰廑念(电寄)。【略】壬戌,【略】蠲缓广西桂平、平南、崇善、养利、灵川、藤、武宣、雒容、来宾、临桂、平乐、恭城、荔浦、昭平、苍梧、怀集、贺、横、宣山二十州县被灾村庄地丁兵米有差(折包)。【略】丙寅,【略】又谕:电寄张人骏等,电奏。宁、苏等属米价腾贵,妥筹平粜办法,请将亏耗之数作正开销,并将官商所运平粜米粮为数无多者,免完厘税各等语。著照所请,妥速筹办(电寄)。【略】壬申,【略】又谕:电寄冯汝骙,据电奏,江西米价腾贵,请暂免米谷内地统税,以平市价等语。著准其暂免一个月(电寄)。【略】癸酉,谕军机大臣等,电寄增韫,据电奏,浙省米价奇昂,请再截留漕米二万石,接济平粜等语。著照所请(电寄)。

《宣统政纪》卷三三

四月【略】戊寅,蠲缓两淮泰、海二州属被风、被潮各场灶折价钱粮(宫报)。【略】甲申,【略】又谕,电寄张人骏,现在长江一带春雨过多,米价腾贵,又值江宁省城开办劝业会,中外商民陆续麇集。【略】丁亥,【略】蠲缓云南鲁甸、安宁等厅州属上年被灾地方应征条粮银米。【略】戊子,【略】东三省总督锡良奏,密陈筹办葫芦岛不冻口岸,请饬拨款自筑。下部议(折包)。

《宣统政纪》卷三四

五月【略】戊午,【略】又谕:瑞澂、杨文鼎电奏,湖南常德府滨河筑城,地势低洼,本月初间黔省久雨,山水下灌,又因上游发蛟,河水陡涨,初五日以后大雨如注,昼夜不息,城根水深八九尺,下闸坍塌,堤障溃决,沿河田庐悉遭漂没,小民荡析离居。览奏,深堪悯恻,加恩著赏给帑银二万两,由度支部给发。【略】蠲免云南陆凉州被旱地方条粮银米(折包)。【略】辛酉,【略】两江总督张人骏等【略】又奏,江北海州等处水灾极重,现办理春抚工赈,筹办各属平粜,并重申米禁。【略】蠲缓萨拉齐厅被灾地方租粮。

《宣统政纪》卷三六

六月【略】壬午,谕内阁:周树模电奏,江省本年入夏以来,阴雨过多,至五月下旬连日大雨,各处江河暴涨,泛滥为灾。瑷珲坤河水发,屯居被淹,雨雹寸余,禾苗伤损。嫩江、龙江地亩亦多淹漫，秋收失望。大赍厅属塔子城地方积雨生虫，食禾殆尽等语。江省连年歉收，兹复被水、被虫，田庐浸没，荡析堪虞。览奏，殊堪悯恻，加恩著赏给帑银二万两，由度支部发给。该抚派委妥员前往灾区切实散放，毋任失所，用副朝廷轸念灾黎之至意。【略】丙戌，【略】谕军机大臣等，电寄孙宝琦，据电奏，登、莱各属向赖奉天杂粮接济，本年麦收不丰，奉省又禁粮出口，以致粮价飞涨，请饬东三省总督，仍准杂粮出口等语。著孙宝琦电商锡良，体察情形，妥筹办理(电寄)。

《宣统政纪》卷三七

七月【略】乙巳，【略】湖广总督瑞澂等【略】又奏：湖南常德府属于五月初旬大雨如注，上游山洪暴发，兼黔水建瓴而下，灾情甚重。武陵县冲毁村障，倒塌屋宇，淹毙人口三百余名。此外桃源、龙阳、沅江等县被冲被淹不少。其上游辰州府属之辰溪县亦因蛟水冲毁房屋，淹毙人口，幸该处涸复非难，赈济尚易为力。经该府县劝募义捐，委员绅下乡勘赈，目下地方尚安。特念民遭昏垫，疠疫大兴，放赈施药必须接济。常赈需款浩繁，经电各省督抚协助，并由湖南绅士熊希龄设义赈公所劝募，可否恳准按照赈捐新章，核给奖叙，以广招来。下部议。【略】丙午，翰林院侍读学士恽毓鼎奏：窃维淮水导源桐柏，历河南、安徽、江南以入海，长逾千里。自魏晋以来，类皆引水开渠，以施灌溉，频淮田亩悉成膏腴。乃近来沿淮州县无年不报水灾，浸灌城邑，漂没田庐，自正阳关至高宝一带尽为泽国。实缘近百年间河身淤塞，下游不通，水无所归，浸成泛滥，既不能征收赋税，而发帑赈济更足以耗度支。【略】壬子，【略】湖广总督瑞澂奏：鄂省本年五月连日大雨，襄河涨至一丈，由老河口建瓴直下，兼之江水抵塞下游，致将潜江县之马家拐民堤漫溃一口；监利县之双湖口、丁家月堤、严小垸、铁老垸、胡家沟等处民堤漫溃五口；沔阳州新筑之九合垸堤带溃，并淹没州河两岸排湖一带及朱麻官洲龚垸等四十余垸；又，沔邑滨襄南岸之高严泗垸新挽月堤同时漫溃一口，带淹汉川县莲子、打雁、临江、白鱼等垸。当即筹拨款项，派员抢筑散赈。九合垸为向来积淹处，去冬候补知府冯敩彭请款修堤，辄于已溃之后先报完工，次日始报溃决，并闻所用司员，侵剋工费，已提省讯办。又，江陵县丁家滩官堤、汤长垸、刘家滩洋长上下等垸被水冲洗，坍塌成口，业经抢修。松滋县新修之杨家脑月堤小有坍缺，责令原修之员赔修。他如宜都县安福铺之马脑河，及东湖、当阳两县连界之玉泉河，蛟水陡发，附近多淹，并带淹枝江县之合兴垸、苍茫溪、太平、保宁等垸，以及六合、下百里洲等十余垸，所幸消退尚速。此外，潜江之龙头拐、京山之渡船口各堤或先期撑帮，或临时抢险；荆州之万城大堤，潜江新修之袁家月堤，以及各新旧等堤均尚完固。【略】癸丑，【略】缓征吉林乌拉官庄被灾仓谷。【略】丙辰，【略】谕内阁：张人骏、朱家宝电奏，皖南五月下旬连日大雨，南陵县圩堤溃决，淹田二十余万亩，六月下旬又猛雨三昼夜，宿州、灵璧等属田产粮食均遭漂没，饥莩载道，灾情甚重，请赏发帑项以济灾黎等语。览奏，殊深悯恻，著赏给帑银四万两，由度支部发给。

《宣统政纪》卷三八

七月【略】丁卯，【略】御史叶芾棠【略】又奏，每年漕运共计一百万石，闻自江浙起运至京仓交纳，每石连运费及杂耗须银十五六两，而在京购米石，不过六七两，若包与招商局或殷实商人转运，刻期可到，年可省数百万金。【略】辛未，【略】蠲缓新疆库车州鄯善县被水地方额征粮草。

《宣统政纪》卷三九

八月【略】丁丑，【略】蠲缓陕西城固县被灾田亩三年钱粮(折包)。【略】辛巳，【略】浙江巡抚增韫奏：绍兴、金华、严州等府属今夏猝被水灾，当经分别情形轻重，拨给款项办理赈抚。得旨：即妥为赈抚，并查明具奏(折包)。

《宣统政纪》卷四〇

八月【略】己丑，【略】东三省总督锡良奏：奉天新民府属柳河涨发，灾情甚重，沥陈赶筹急赈情形。惟灾区虽不甚广，田庐受害特甚。【略】丙申，【略】湖南巡抚杨文鼎奏：湖南常德府属五月间霖雨为灾，弥月不止，堤垸冲决，民物流离，遵旨筹办急赈，嗣经陆续筹办赈粜，修筑城堤，工赈兼施，流亡渐称安集。并将常德府属城乡市镇暨各堤障被灾情形摄影图片[①],恭呈御览。得旨:披览,殊深悯恻,所有善后事宜,该抚即妥速办理(折包)。【略】庚子,【略】陕西巡抚恩寿【略】又奏,华州、渭南二州县本属毗邻,其迤南各乡万山重叠,风雨不时,一旦雨势倾盆,遂无消路,田房冲毁,且有人口损失之事,被灾情形实为较重,现已委员会勘,并先筹拨库款,分别抚恤。

《宣统政纪》卷四一

九月辛丑朔,【略】谕军机大臣等,电寄张人骏等,据袁励准奏称,皖北灾乱相寻,凤、颍一带饥民为会匪煽惑,聚众抢掠,其势渐及燎原,欲戢乱源,不在兵而在赈等语。皖北灾区甚广,饥民众多,亟宜妥筹赈济。癸卯,【略】蠲免甘肃河、金、渭源、伏羌、安定、会宁、宁灵、循化、秦九厅州县上年被灾地亩钱粮草束(折包)。【略】丙午,【略】又谕:张人骏等电奏,徐州等属夏秋大雨,秋粮淹坏,拟筹款平粜,请饬部迅速指拨的款十万两,并采办粜粮,准免税厘等语。徐州等属灾情甚重,著度支部酌核筹拨,交张人骏等妥为经理,以惠灾黎(电寄)。【略】癸丑,【略】赈抚四川绵州等厅州县被水灾民(折包)。【略】甲子,谕军机大臣等,袁大化奏,皖北灾情奇重,民困已深,筹款赈济,并历陈被灾各处情形各折片。著该部议奏(现月)。【略】丙寅,【略】赈抚黑龙江各属被水灾民(折包)。丁卯,【略】蠲缓云南晋宁、江川、陆凉、宾州各属被灾地亩钱粮(折包)。戊辰,【略】蠲免贵州龙里县被灾田亩粮租(折包)。

《宣统政纪》卷四二

十月【略】癸酉,【略】谕军机大臣等,本年因安徽连遭灾歉,湖南、黑龙江猝被水患,当经分别颁发帑银,由该督抚等妥筹赈抚,其余浙江等省据报偏灾,亦经谕令该督抚等截留漕粮,并筹办急赈,妥为抚恤,小民谅可不至失所。【略】己卯,【略】豁免甘肃灵州被水地方银米(折包)。【略】庚寅,【略】蠲缓顺直武清、宝坻、香河、保定、东安、密云、定兴、蠡、献、天津、青、静海、沧、南皮、盐山、沙河、南和、唐山、任、永年、鸡泽、开、元城、大名、南乐、东明、长垣、遵化、隆平、饶阳、张家口三十一厅州县被灾村庄粮租有差(现月)。蠲缓直隶开、东明、长垣三州县被水村庄粮赋有差(现月)。

《宣统政纪》卷四三

十一月【略】己酉,【略】大学士陆润庠等奏,江皖大灾,请派前安徽巡抚冯煦为筹赈大臣。如所请行,并下所司知之。

《宣统政纪》卷四四

十二月【略】甲戌,【略】筹办江、皖两省赈务大臣侍郎盛宣怀奏,江、皖灾重,拟请设立筹赈公所,一面借垫巨款,赶放急赈;又奏,请由度支部预垫核收世职、开复两项捐款,邮传部预拨开徐海铁路工款银各三十万两,以助赈务;又奏,变通捐款为目前救急之计,一、请将顺直各省新旧赈捐暂行停止;一、部收各捐准归筹赈公所,专办六个月;一、凡报效实银一万或五千以上者,专案奏奖,给予实官。从之。【略】丁丑,赏帑银一万两,抚恤察哈尔右翼四旗被灾民户。戊寅,【略】蠲缓山东青城、利津、东平、东阿、阳谷、寿张、范、济宁、历城、章丘、邹平、淄川、长山、新城、齐东、齐河、济阳、禹城、临邑、长清、德、平原、泰安、肥城、平阴、惠民、商河、滨、蒲台、邹、菏泽、曹、郓城、濮、观城、朝城、聊城、馆陶、金乡、鱼台、临清、胶、沾化、滋阳、益都、博山、临淄、博兴、高苑、乐安、昌乐、安丘、昌邑、潍、高密、即墨、峄、汶上、巨野、嘉祥、海丰、莒、陵、德平、阳信、乐陵、曲阜、宁阳、泗水、滕、单、城武、定陶、堂邑、博平、茌平、清平、莘、冠、高唐、恩、夏津、武城、邱、兰山、郯城、费、沂水、日照、临淄、寿光九十一州县,暨裁并德州、东昌、临清、济宁、东平五卫所,永利、永阜、王家冈、官台四盐场被灾及冲塌村庄地亩新旧钱粮租课有差。【略】辛巳,【略】蠲缓湖北枝江、沔阳、松滋、咸宁、汉阳、汉川、孝感、黄冈、蕲水、罗田、黄梅、钟祥、京山、潜江、天门、应城、江陵、公安、监利、荆门、嘉鱼、江夏、黄陂、邵陵、夏口、广济、石首、大冶二十八厅州县被灾村庄新旧钱漕杂课并原缓银米有差。蠲缓绥远城、

① “常德府属城乡市镇暨各堤障被灾情形摄影图片”。此为《清实录》中所见以摄影资料上报地方灾情的首例记载。

浑津、黑河被灾地方官庄米石。【略】癸未，【略】谕军机大臣等，现在东三省鼠疫流行①，著预于山海关一带设局严防，认真经理，毋任传染内地，以卫民生。又谕：电寄锡良，电奏。添设医院检疫所，经费浩繁，请饬度支部在大连税关拨银十五万两，解应急需等语。著照所请，并著迅速认真筹办，俾得早日消除，毋任传染。

《宣统政纪》卷四六

十二月丙戌，谕军机大臣等，电寄陈夔龙。据电奏，鼠疫蔓延，为患甚厉，现议由奉天至山海关只开头等客车，其余暂停开行，并分段节节察验。所需经费，拟由津海关税项下拨十万两应用等语。著照所请。【略】丁亥，谕军机大臣等，电寄锡良，据电奏，现因慎防鼠疫，阻运货物，奉省有例进各项贡品，应否暂行免进，抑或饬邮传部验明运送等语。本年著暂缓呈进，该衙门知道。【略】戊子，【略】蠲缓河南滑、永城、夏邑、太康、西华、祥符、杞、商丘、宁陵、鹿邑、虞城、睢、柘城、考城、安阳、汤阴、临漳、内黄、汲、新乡、辉、获嘉、淇、延津、浚、封丘、河内、济源、武陟、孟、温、洛阳、偃师、孟津、宜阳、永宁、内乡、淮宁、项城、沈丘、荥泽、固始四十二州县被灾地亩新旧钱漕及原缓银米有差。蠲缓陕西渭南、长安、咸阳、兴平、三原、蓝田、肤施、安定、宝鸡、大荔、华阴、朝邑、扶风、葭州、神木、武功、绥德、米脂、同官、华、鄠二十一州县被灾地亩本年未完钱粮杂课有差。【略】庚寅，谕军机大臣等，陈夔龙电奏，据登莱青胶道徐世光电称，烟埠检疫经费较巨，请由该关八分经费余款开支等语。著照所请。【略】东三省总督锡良奏，疫气蔓延，人心危惧，请将出力人员照军营异常功绩保奖，其病故者依阵亡例优恤，先行立案，以资鼓励。得旨：该省疫气蔓延，朝廷深为系念，已屡申电谕矣，此奏固属可行，著允如所请，惟一切防疫销疫事宜，该督抚等务当仰体朕意，认真妥速办理，以卫人民。【略】辛卯，谕军机大臣等，东三省鼠疫盛行，现在各处严防，毋令传染关内，著外务部、民政部、邮传部随时会商，认真筹办，切实稽查。天津一带如有传染情形，即将京津火车一律停止，免致蔓延。又谕：电寄锡良等，据电奏，试署吉林西北路道于驷兴，防疫因循，请暂行革职留哈，并派试署吉林交涉使郭宗熙总办哈埠防疫事宜，暂行兼署西北路道，俾专责成等语。著照所请。又谕：电寄陈昭常，据电奏，巡查哈埠防疫情形，现在旋省等语。防疫事宜关系紧要，著仍督饬各员认真分别妥速筹办，以卫民生，毋得稍涉疏懈。【略】蠲缓直隶安、任、隆平、宁晋四州县积涝地亩本年粮租有差。壬辰，【略】又谕：电寄宝棻，据电奏，恳将滑县、永城、夏邑三县灾赈汇入江皖筹赈案内，一并协济等语。此次河南被灾之区，有与皖境毗连者，著照所拟，由盛宣怀等察看情形，拨款赈济。【略】癸巳，【略】又谕：电寄张人骏等，据电奏，徐属灾区甚广，粮食尤缺，请展免完米谷杂粮税厘三个月等语。著照所请。【略】甲午，【略】谕军机大臣等，电寄锡良，现在东三省因疫势未消，所有东三省一切奏折，暂著改为电奏，俟一个月后再行电奏请旨，改归折奏。【略】蠲缓山西阳曲、太原、榆次、徐沟、文水、岢岚、兴、临汾、屯留、汾阳、介休、孝义、临、应、大同、怀仁、山阴、朔、右玉、平鲁、虞乡、代、保德、河曲、解、安邑、夏、霍、汾西、丰镇、兴和、宁远、陶林、归化城、和林格尔、清水河、托克托城、萨拉齐三十八厅州县被灾地亩新旧钱粮杂课及原缓银米有差。乙未，【略】缓征江西新建、进贤、新淦、峡江、莲花、永丰、泰和、安福、永新、德化、德安、彭泽十二厅州县，暨九江府同知所辖南、九二卫被灾田亩新旧钱漕杂课有差。丙申，【略】谕军机大臣等，电寄锡良，据电奏，防疫吃紧，需款甚巨，请饬部再由大连关迅拨银十五万两，以济急需等语。东三省鼠疫盛行，病毙至数千人之多。览奏，深为悯恻，所请续拨款项，著度支部迅速拨解，该督务须督饬所属，严加防范，毋稍疏懈。

① “东三省鼠疫流行”。此为肺型鼠疫，于黑龙江、吉林、辽宁、河北、山东等地传播，共死亡60468人。事起宣统二年（1910年）九月，山东一王姓猎人在满洲里剥食病旱獭后，染归鼠疫，死于客栈。因天气寒冷，人群聚集密度大，鼠疫很快在城乡蔓延，并随带菌的逃疫者沿路南扩。清廷设局防疫，以伍海德为总医官，美、英等国亦有医员参与。采取设卡、隔离、消毒等措施，阻断传染源扩散。疫情于次年三月终息，此为人类疫病史上成功扑灭鼠疫流行之首例。

【略】丁酉，谕军机大臣等，电寄孙宝琦，据电奏，所请防疫经费银二万两，著由胶关六成税项下照数拨给，仍著该抚督属认真防范，毋任蔓延。【略】己亥，【略】又谕：电寄孙宝琦，据电奏，烟埠疫势甚盛，潍县一带为东三府通内地大道，防有传染，宜阻截往来等语。著陆军部饬令驻扎山东之第五镇军队，就近分拨，阻截往来。余照所议办理。

《宣统政纪》卷四七

## 1911年 辛亥 清宣统三年

正月【略】辛丑，谕军机大臣等，电寄锡良等，据电奏，请将防疫不力之试署吉林西南路道李澍恩撤销试署，并派孟宪彝暂行调署等语。孟宪彝著准其暂行署理，李澍恩著暂行撤销试署，仍留长春帮办防疫事宜，以观后效，不得置身事外(电寄)。又谕：电寄陈夔龙，据电奏，关外一带防疫紧要，各省前往工作人等回籍度岁，未能入关，宜筹安置等语。现在天气严寒，各处工作人等留滞关外，饥惫实堪悯恻。其行近榆关者，著陈夔龙设法安置留养；其在奉天境内者，著锡良饬属一律妥筹办理，毋任流离(电寄)。【略】缓征顺直武清等州县厅被灾村庄钱粮杂课有差(现月)。【略】癸卯，【略】缓征山东济宁等州县与裁并卫所并永阜等场被灾各村庄钱漕租课有差(现月)。甲辰，谕军机大臣等，电寄锡良，据电奏，准日本南满铁路会社总裁中村是公函称，东三省疫疠流行，特呈日金十五万圆，为辅助防疫药饵之资等语。此次南满会社，于始疫以来，沿铁道各处广设医院，疗治中日商民，兹复投赠巨资，殊堪嘉尚，著准予收受，并著锡良传旨致谢(电寄)。乙巳，【略】蠲缓湖南武陵、龙阳、沅江、益阳、沅陵、澧、桃源、巴陵、临湘、湘阴、华容、茶陵、酃十三州县被水、被旱田亩，及已归并之岳州卫屯田钱漕芦课有差(折包)。【略】丁未，【略】谕军机大臣等，电寄锡良，电奏。东三省疫重地广，用款浩大，请援照江皖仿办赈捐，展期推广。及先向大清、交通两银行息借银两等语。著该部议奏(电寄)。【略】己酉，【略】又谕：电寄孙宝琦，电奏。防疫需款甚巨，请将前接待德储费银五万两截留，暂资防御等语。著照所请(电寄)。又谕：山东省时疫已有传染，所有折奏，著暂行停止，紧要事件改为电奏，俟一个月后，再行请旨(电寄)。【略】庚戌，【略】两江总督张人骏【略】又奏：本年六七月迭遭大雨，扬州府属之高邮、宝应滨湖一带，淮安府属之清河、安东、山阳、阜宁等县被水地方，民情困难。饬由江宁藩司分别拨给银两，交该管知府分给各地方官，督同绅董酌办工赈平粜，以恤穷黎。其海州之西南各乡，并据查复秋收熟歉相间，并电请查赈大臣酌办。下部知之(折包)。蠲缓江苏长洲、元和、吴、吴江、震泽、常熟、昭文、昆山、新阳、太湖、靖湖、华亭、娄、金山、青浦、武进、阳湖、无锡、金匮、江阴、宜兴、荆溪、丹徒、丹阳、金坛、溧阳、太仓、镇洋二十八厅州县被水原熟各田，及苏州、太仓、镇海、金山、镇江五卫屯田钱漕芦课有差(折包、现月)。【略】丙辰，【略】蠲缓江苏邳、睢宁、上元、江宁、句容、高淳、江浦、六合、山阳、阜宁、清河、桃源、安东、盐城、高邮、泰、东台、江都、甘泉、扬子、兴化、宝应、铜山、丰、沛、萧、砀山、宿迁、海、沭阳、赣榆、如皋、海门、溧水三十五厅州县被水田地，及淮安、大河、扬州、徐州、镇江五卫屯田应征新旧钱粮折色银两有差(折包、现月)。【略】庚申，【略】谕军机大臣等，电寄锡良，东三省时疫流行，前经外务部照会各国，选派医生前往奉天，定于三月初五日开会研究，所有会中筹备接待事宜，甚关紧要，著东三省总督会同外务部妥速布置，并派施肇基届期赴奉莅会(电寄)。【略】辛酉，谕军机大臣等，电寄锡良等，东三省时疫流行，地方官防范不密，以致蔓延关内，直隶、山东两省先后传染，日毙多人。朝廷殊深悯恻，迭经严饬民政部暨各该省督抚设法消弭，以重民命。现在哈尔滨等处成效渐著，日见轻减，著民政局、东三省、直隶、山东各督抚，督令各属赶速清理，务期早日扑灭，勿稍玩延(电寄)。【略】乙丑，【略】又谕：陈夔龙电奏，直省防疫需用浩繁，援案请饬部由大清、交通两银行息借银三十万两，并请归入江、皖赈捐案内，展期推广，劝捐归还等语。著该部议奏(电寄)。【略】丙寅，谕军机大臣等，锡良电奏，疫势未能遽期消灭，糜费甚巨，请径向各国银行先借银二百万两，并恳援照江皖赈捐章程，由东三省自办赈捐，藉资弭补等语。著该部议奏(电寄)。又谕：陈昭常电奏，吉省疫症猝发，灾情异常，宜如何渥沛恩膏，并饬部筹议等语。著度支部妥议具奏(电寄)。又谕：陈昭常电奏，详陈吉省办理防疫情形，用款数目等语。著该部知道(电寄)。【略】戊辰，【略】谕军机大臣等，陈夔龙、孙宝琦电奏，东海关因办防疫，交通尽隔，烟埠贫民聚集，无可谋生，请饬部拨银数万两，以工代赈，冀免流离等语。著度支部议奏。

《宣统政纪》卷四八

二月庚午朔，【略】直隶总督陈夔龙奏，时疫流行，由关外传及内地，直省近依京甸，防范尤应加严，所幸一月之间布置周遍，各属虽有传染，随时饬医分驰，尚不至多所蔓延。得旨：据奏，疫势渐平，朕深嘉悦，惟仍须迅速清理，切莫松懈，以卫民生(折包)。【略】辛未，【略】江皖查赈大臣冯煦奏，查江皖两省极贫灾民约有二百数十万，加以凤、颍、徐、海素为盗薮，若不早图，必致饥民积匪联合为一，后患何堪设想，计惟赶办春赈，以治其标；广兴实业，勤修水利，以治其本，庶或补救于万一。【略】又奏：江皖灾区连年被水，固由天灾之流行，实亦水利之失治，查皖北睢河，前议修浚，现拟赓续办理，请饬筹款大臣盛宣怀等会筹巨款，以备工赈之用。【略】壬申，【略】谕军机大臣等，京城办理防疫，现在天气融和，逐渐轻减，仍须认真防范，切实清理，以期早日净绝，著民政部、步军统领衙门、顺天府出示明白晓谕，俾知朝廷保卫民生，力杜疫患蔓延，并严饬派出防疫人等，务各审慎从事，毋得藉端骚扰，其商民人等亦不得轻听谣言，致滋摇惑，用副朝廷拯灾爱民之至意(现月)。【略】癸酉，湖广总督瑞征奏，奉省鼠疫盛行，渐及关内，当以汉口为通商巨埠，轮轨交通，深虑辗转传达，当饬于汉口大智门及广水两车站附近各设防疫办事处一所，选派医员随时查验，所需经费格外撙节，务期款不虚糜，功归实际。得旨：该督预防疫办法甚是。【略】丙子，【略】豁免云南宁、昆明、晋宁三州县被灾地方条粮银米(折包)。丁丑，【略】谕军机大臣等，电寄张人骏等，据电奏，上年运河水涨，启放车逻一坝，冲损情形甚重，此坝为里下河七州县农田场灶之保障，关系重要，请拨款兴修等语。【略】蠲免浙江仁和、钱塘、海宁、富阳、余杭、临安、新城、昌化、嘉兴、秀水、嘉善、海盐、平湖、石门、桐乡、归安、乌程、长兴、德清、武康、安吉、孝丰、西安、龙游、建德、淳安、遂安、寿昌、桐庐、分水三十州县，暨杭严卫，衢、严二所荒废田地钱粮漕米(折包)。【略】辛巳，【略】又谕：电寄孙宝琦，据电奏，东省疫气渐消，应否照常具折奏事等语。著照常具折奏事(电寄)。以防疫具报不实，革署龙江府知府黄维翰职(电寄)。壬午，【略】又谕：张人骏等电奏，上海防疫关系重要，请饬拨银十五万两等语。著度支部议奏(电寄)。又谕：电寄张人骏等，据电奏，皖北上年被灾较重，宿州等属应征本年上忙钱粮银米，恳准缓征启征等语。著照所请，度支部知道。【略】丙戌，【略】直隶总督陈夔龙电奏，直境疫势渐次平静，筹办开车事宜。报闻(电寄)。【略】戊子，谕军机大臣等，锡良电奏，请饬直隶、山东两省迅建留验所，以期防疫与交通两无阻碍等语。著该部知道(电寄)。【略】蠲缓安徽宿、灵璧、蒙城、亳、五河、泗、怀远、涡阳、凤阳、凤台、颍上、宣城、南陵、建平、宿松、阜阳、盱眙、芜湖、寿、定远、怀宁、霍邱、和、含山、东流、天长、潜山、繁昌、当涂、无为、贵池、铜陵、合肥、庐江、巢、来安、桐城三十七州县暨嵌坐屯田被灾地方新旧钱粮漕米租课有差(折包)。【略】己丑，东三省总督锡良等电奏，东三省疫气大减，拟将寻常事件改归折奏，其紧要事件仍行电陈。报闻(电寄)。【略】壬辰，【略】山东巡抚孙宝琦电奏，东省疫势约可不日扑灭，省城及在泰、沂、曹、济各属如常平静。报闻(电寄)。

《宣统政纪》卷四九

三月己亥朔，【略】豁免云南嵩明州属被灾田亩粮银(折包)。【略】辛丑，【略】又谕：电寄锡良等，据电奏，东三省疫气消减，指日可期肃清，并开会招待事宜大致周妥等语。知道了(电寄)。【略】壬子，谕军机大臣等，陈夔龙电奏，现在疫势一律敉平，请取消前定规章，并定期停办留验，以节糜费而便交通等语。著该部知道(电寄)。

《宣统政纪》卷五〇

三月【略】丙辰,【略】蠲缓浙江富阳、嘉兴、秀水、嘉善、山阴、诸暨、嵊、桐庐、仁和、钱塘、海宁、临安、昌化、海盐、平湖、石门、桐乡、归安、乌程、长兴、德清、武康、安吉、孝丰、会稽、上虞、东阳、建德、遂安二十九州县暨嘉湖卫歉收民屯地亩新旧额赋(现月)。【略】戊午,谕军机大臣等,电寄江皖筹赈大臣冯煦,据电奏,查办江皖豫春赈,灾象视去年尤惨,入春雨多,春荒将成,请饬度支部、三省巡抚及筹赈大臣协力预筹等语。览奏,殊深悯恻。【略】己未,【略】科布多参赞大臣溥铜奏,札哈沁蒙部遭灾,台站窘困,亟宜妥筹赈济,拟恳恩赐帑银,以恤台艰。得旨:著赏银五千两,由度支部拨给。【略】庚申,【略】蠲缓广西信都、藤二厅县被旱田亩应征钱粮(折包)。蠲缓广西崇善、养利、武宣、灵川、苍梧、马平、雒容、来宾、临桂、平乐、恭城、怀集、桂平、平南、贵、宜山十六州县歉收地亩应征地丁兵米(折包)。【略】癸亥,【略】又谕:电寄孙宝琦,据电奏,东省疫气肃清,请即开放,概免留验。善后事宜,遵照部咨改订防疫章程办理,并饬沿海、沿江各督抚公布实行等语。著照所请(电寄)。【略】豁免湖南沅陵县被水田亩钱粮(折包)。甲子,【略】东三省总督锡良等电奏,陈明三省疫已肃清,并拟宣布中外周知等语。报闻(电寄)。【略】丙寅,【略】蠲缓甘肃皋兰、狄道、金、秦安、阶、碾伯、平番、高台八州县被灾地亩钱粮(折包)。【略】戊辰,【略】又谕:电寄张人骏等,据电奏,遵查被灾较重徐州府属之邳、睢宁、宿迁、铜山、萧,淮安府属之安东、清河、桃源,及海、沭阳、赣榆等州县应完本年上忙丁漕,请一律缓至麦秋后察看情形,再行分别启征等语。著照所请,该部知道(电寄)。东三省总督锡良电奏,现在疫势消灭,派出委员与日员会议情形,并声明撤会等语。报闻。

《宣统政纪》卷五一

四月【略】庚午,【略】以办理东三省防疫出力,试署吉林交涉使兼署西北道郭宗熙、总医官伍连德传旨嘉奖,予分省试用道张俊生交军机处存记,余升叙有差(折包)。【略】丙子,【略】又谕:增韫电奏,杭、嘉、湖各属民食不敷,请将上年新漕截留五万石以济平粜,乃缓至本年冬漕补运等语。著度支部议奏(电寄)。【略】辛巳,【略】又谕:电寄增韫,据电奏,浙省居民因购米起衅,聚众捣毁米铺,并殴官毁署,拒伤兵警,当即调派兵队,拿获滋事人犯,详讯核办等语。【略】壬午,【略】又谕:东三省为国家发祥重地,比年以来,地方之凋敝,民生之困苦,几至于闻不忍闻,朝廷深以为忧。【略】蠲缓吉林新城、双城、依兰、宾州四府,舒兰、穆额二县被灾地方宣统二年应征钱粮(折包)。

《宣统政纪》卷五二

四月【略】丙申,【略】缓征云南宜良县属歉收田亩宣统二年应征钱粮(折包)。蠲免云南恩安县属被灾地方宣统二年应征条粮(折包)。【略】丁酉,【略】又谕:电寄查赈大臣冯煦,据电奏,山东滕峄灾区由盛宣怀续拨银二万两,饬员查放,并江皖新灾酌加急赈等语。知道了(电寄)。

《宣统政纪》卷五三

五月【略】壬寅,【略】吉林巡抚陈昭常奏:遵查吉林省城火灾,除署局外焚毁二千四百余户,现经设立善后局,筹办赈抚事宜。以该处水灾疫患之后,元气久亏,是以再请加拨的款,以资抚恤。得旨:均照所请。【略】癸卯,谕内阁:张英麟等奏,山东南境州县被灾甚剧,重以江皖饥民纷扰,恳恩颁发帑项,举办速赈一折。山东连岁收歉,物力困敝,今春雨雪弥月,农田被淹,尤以兖、沂、曹三府,济宁各属为最重,小民流离困苦,殊深悯恻。除前经孙宝琦筹银五万两,并电饬江皖筹赈大臣盛宣怀等拨银二万两,分投赈济外,著再赏银三万两由度支部给发。【略】绥远将军堃岫奏,萨拉齐厅六成官地被旱成灾,所有租银应请分别蠲缓。得旨:著如所奏,以恤民艰(折包)。【略】己酉,谕内阁:孙宝琦电奏,山东被灾各属办理赈抚情形,麦收不日登场,饥民日渐安辑等语。知道了(电寄)。【略】丁巳,【略】以防疫出力,赏英国使馆医员德来格如意一柄,海关副税务司法人罗尔瑜三品衔,美国医员杨怀德、英国医员孙继昌等宝星(折包)。

《宣统政纪》卷五四

六月丁卯朔,【略】又谕:电寄杨文鼎,据电奏,五月十七八等日狂风暴雨,山水猝发,常德府属之武陵、龙阳等县田庐多被淹没，并溺毙人口；长沙府属之益阳县城堡一带亦被浸灌，居民皆在水中，筹工筹赈，力尽筋疲。本年应解桂、滇、甘肃等省协饷，只可暂行缓解等语。湘省连年灾祲，今复遭此巨灾，荡析情形殊堪悯恻。【略】戊辰，【略】江皖查赈大臣冯煦奏，此次江皖灾区，四月以后疫气蔓延颇广，当经电饬各属于城乡适中之地分设局所，广施方药，以期挽救。报闻。【略】癸酉，谕内阁：电寄瑞澂，据电奏，抢筑沙洋堤工，仍被漫溃，请将承办各员分别参处，并自请议处等语。沙洋李公堤为下游数州县之保障，关系至为重要，自上年拨款开工，至今数月，迄未堵合。近因连日大雨，襄水陡涨，已成之工多被冲刷。【略】丁丑，【略】又谕：电寄江皖查赈大臣冯煦，据电奏，赈务告竣，请将在事出力员绅择优保奖等语。此次江皖奇灾，该大臣督饬员绅遍历灾区，分投查办，粮钞并施，多所全活，办理尚为妥协。

《宣统政纪》卷五五

六月【略】乙酉，谕内阁：堃岫奏，查明准噶尔旗被灾较重，请饬部速筹赈一折。准噶尔旗屡年灾歉，去年又复亢旱，兼以去年今春连遭大雪，蒙民产业牲畜倒毙殆尽，困苦情形殊堪悯念。加恩著赏给帑银一万两，由度支部给发。【略】戊子，【略】筹办江皖赈务大臣盛宣怀奏，江皖新捐收数甚薄，供垫各款尚难归偿，请查照两次部议，展期劝办，以清款目，并将灾区善后事宜妥速筹办。从之。【略】豁免甘肃宁夏县任春、王洪两堡被水地方银粮草束。己丑，【略】谕内阁：电寄杨文鼎，据电奏，湘阴等县续报水灾，亟求赈抚。又，常德府县自十五日大雨如注，河水陡涨，人畜器具漂流无算，请饬盛宣怀酌量协助等语。上月据该抚奏报常德等府属灾情，当经谕令妥为赈抚，兹据续报各属被灾情形，殊堪悯恻，亟应速筹拯救，著即咨商盛宣怀酌量拨款，以资协济，毋任失所。【略】甲午，【略】谕内阁：前据杨文鼎两次电奏湘省灾情，当经谕令妥为抚恤，并饬盛宣怀拨款协济。兹复据该抚电奏称，常德府城自六月十五日以后雨大风狂，河流汹涌，水势几与城平，所属各县同被淹灌，淹毙人口甚多，牲畜器物荡尽无余等语。览奏，殊堪悯恻，著赏给帑银六万两，由度支部给发。【略】丙申，【略】又谕：电寄江皖查赈大臣冯煦，据电奏，本月十四日，皖省无为州五里碑地方圩破五十余丈，又上下九连等处百七十七圩全行淹没，委员驰放急赈等语。圩民遭此奇灾，深堪悯恻。

《宣统政纪》卷五六

闰六月【略】癸卯，谕内阁：昨据盛宣怀奏，皖省无为州等处水灾，赶放急赈各节，当经谕令该大臣等宽筹款项，源源接济，妥为抚恤，并著两江总督、安徽巡抚派员分别查勘。兹据张人骏等电奏，本年五六月间，大雨时行，江潮暴发，皖省滨江沿河各属灾情奇重等语。览奏，实深悯恻，加恩著赏给帑银五万两，由度支部给发。【略】辛亥，侍读吴士鉴奏，【略】前年江北大灾，上年皖北水患，今年河南东境、山东西境水灾，皖省被灾尤重，公私筹赈，物力已穷，若长此坐困，小民流而为匪，恐乱机所发，酿成心腹之患。臣愚以为今日急务，莫若于数省之中，扼要设立重镇。【略】己未，谕内阁：电寄督办赈务大臣冯煦等，据电奏，扬、镇、常三属沿江各圩被水冲决，秋禾多被淹没，小民困苦达于极点等语。【略】癸亥，谕内阁：电寄张人骏等，据电奏，皖南各属复于本月十七八等日狂风大作，挟以暴雨，江水陡涨，巨浪迭冲，滨江沿河各圩多被冲破，灾情实所罕见。日后筹修堤坝，约计至少非五六十万金不办等语。

《宣统政纪》卷五七

七月【略】丁卯，【略】又谕：电寄张人骏等，据电奏，江水陡涨，滨江沙洲圩堤半遭冲决，据各属禀报，灾情甚重，并有淹毙人口情事，业经咨商盛宣怀、冯煦，拨款协助等语。览奏，殊深悯恻。【略】壬申，【略】又谕：电寄长庚，据电奏，伊新饷源奇绌，电请设法接济。甘肃库空如洗，罗掘俱穷，难于应付，请饬催各省关，将应解协饷迅速提解等语。【略】丙子，谕内阁：电寄陈夔龙，据电奏，初七八日风狂雨大，水势奇涨，南三工尾既报漫溢，必刷成口门等语。著陈夔龙迅饬该河道等竭力抢护。【略】戊寅，【略】又谕：江皖查赈大臣冯煦电奏，皖南、江南统核新灾需款现在已拨之五十万两，实属不敷，恳饬将部款暂缓归垫，一面宽筹巨款，俾济灾黎等语。【略】己卯，谕内阁：程德全电奏，

本月初四五六等日大雨如注，昼夜不息，圩堤溃决，田亩被淹，灾情较前尤重，现在库储奇绌，勉筹急赈，深恐不敷等语。江苏各属屡被灾祲，情殊可悯，加恩著赏给帑银四万两，由度支部给发。【略】又谕：陈夔龙奏，永定河漫口夺溜，【略】兹据奏报详细情形，七月初六至初七日倾盆大雨，历两日夜之久，山洪奔注，永定河南三工尾第二十号漫溢成口，口门连上十九号，约宽一百四五十丈，虽因河势奇涨，人力难施，在工各员究属疏于防范。【略】又谕：电寄朱家宝，电奏悉。本年夏秋久雨，江潮盛涨，各圩堤大半出险，经该督抚饬印委竭力抢护，露立指挥，以致感受风湿，著赏假十日，安心调理。

《宣统政纪》卷五八

七月辛巳，【略】又谕：陈夔龙电奏，永定河漫溢成口，灾黎待拯孔殷，直隶赈款无著，请饬江皖筹赈大臣迅拨银十五万两，以资急赈等语。著盛宣怀酌量筹拨(电寄)。又谕：张人骏、程德全电奏，江苏各属本月初四五六等日大雨如注，圩堤溃决，田亩被淹，灾情较前尤重，当经拨给帑银四万两，以拯灾黎。兹据张人骏等奏称，宁、苏各属灾重地广，非大宗巨款莫能挽此沉灾，请颁发恩帑二十万两等语。著度支部速议具奏(电寄)。【略】壬午，【略】又谕：电寄增韫，据电奏，闰六月十六日起，烈风暴雨连日不止，水势猛涨，杭、嘉、湖、绍四府早禾既受摧残，晚苗又被淹没。七月初旬又复风雨交作，彻夜不休，塘堤圩埂一片汪洋，家屋人畜漂失无算。钱塘等县灾民聚集，要索米粮，请借拨运库银三十万两，查明被灾轻重，平粜赈济等语。著照所请，该衙门知道。并著该抚遴派妥员，分别灾情轻重，核实散放，加意抚恤，毋任失所(电寄)。【略】癸未，【略】又谕：电寄瑞澂，据电奏，湖北各州县堤垸被水浸溃，分别筹办工赈等语。【略】甲申，谕内阁：张鸣岐电奏，潮州府属地方本月十一日大雨，山水暴发，江流陡涨，东津堤骤决，淹没田亩无算。次日，海阳、澄海等县属各堤又相继冲决，淹毙人口不可胜数，受灾均属甚重，已先开义仓赈济，派员办米，赶放急赈等语。【略】加恩著赏给帑银四万两，由度支部给发。【略】丁亥，【略】又谕：电寄松寿，据电奏，闽省本月初三日飓风大作，连日大雨如注，河水陡涨，城内外积水四五尺不等，衙署、营房、民房倒塌无数，并有压毙人口情事等语。【略】又谕：孙宝琦电奏，本月初五六七等日大雨如注，山河暴涨，济南及东南路各州县陆续报灾，东路尤重。又，黄河上游民埝漫决，被灾州县亦应分投拯济。东省库款奇绌，恳恩饬部迅拨的款等语。著度支部拨给银五万两，并著盛宣怀派员迅赴胶、高、即一带加放急赈，以拯灾黎(电寄)。【略】辛卯，【略】又谕：电寄张人骏，据电奏，宁属被灾，米粮缺乏，分赴邻省及南洋各岛购运米粮，恳恩展免沿途厘税六个月等语。著照所请(电寄)。

《宣统政纪》卷五九

八月【略】辛丑，【略】又谕：电寄江皖查赈大臣冯煦，据电奏，查勘上江之当涂等五州县，周围六七百里皆成巨河，巨镇倾圮，庐舍漂荡；下江灾情以扬、镇、常所属为重，苏、通次之，虽较轻于皖，而产米之地尽付波臣。至徐之邳、睢、宿，海之海、沭、赣，淮之安、清、桃，皖之泗、宿、灵，凡十二州县续有新灾各等语。江皖灾区日广，灾情愈重，情形极为惨苦，殊深悯念。【略】又谕：孙宝琦电奏，东省灾区太广，需款甚巨，拟就东省官绅劝募捐款，分别请奖，专归本省赈抚之用等语。著度支部议奏。【略】乙巳，【略】豁免云南宝宁被旱地方应征秋粮。蠲缓宁、嵩明、蒙自、建水四州县被水地方钱粮。

《宣统政纪》卷六〇

八月【略】癸亥，【略】又谕：松寿电奏，据漳州道府等电禀，本月初八日大雨，连宵达旦，至十二日，龙溪、南靖两县河水陡涨，冲决堤岸，淤塞河道，坍塌房屋，淹毙人口，灾情奇重，民食维艰等语。览奏，殊深悯恻，加恩著赏给帑银二万两，由度支部给发。

《宣统政纪》卷六一

九月【略】丙寅，【略】又谕：电寄陈夔龙，据电奏，顺直各属夏秋之交连遭大雨，继以飓风，秋禾晚谷全行折倒，灾情甚重，民食维艰，拟招商自备资本，分赴豫、奉、鲁三省及直隶大名府一带采办杂粮，减价出粜，并援案将出产销场税捐一律全免，其火车运费已商邮传部减收半价等语。著照所请，该衙门知道。【略】丁卯，谕内阁：监国摄政王面奉隆裕皇太后懿旨，今年各省水灾甚多，其被灾尤重之直隶、吉林、江苏、安徽、山东、浙江、湖南、广东各省，垂念殊深，著每省拨出宫中内帑银三万两，由内务府发交该督抚，派委妥员核实散放，以赈饥民。【略】甲戌，【略】又谕：电寄查赈大臣冯煦，据电奏，查明十二属新灾情形，且鄂乱以来人心惶惶，非急筹赈抚，并赶办民团商团，不但遽绝生机，且恐别滋变故，并请仿红十字会办法，派员携款赴武汉拯救难民等语。宿、徐各属灾情甚重，亟须妥筹赈抚，仍著冯煦设法迅速办理急赈。其民团商团事宜，著就近妥商张人骏、程德全、朱家宝，体察情形，酌核办理。至请至请派员携款赴武汉拯救难民一节，前已有旨，设立慈善救济会，派吕海寰妥速筹办矣。 《宣统政纪》卷六二

九月【略】丁丑，【略】东三省总督赵尔巽奏，永陵明堂前草仓河泊岸巳、午两方南岸等处被水冲刷，应请选择吉期开工兴修，以昭慎重。【略】辛巳，【略】绥远城将军堃岫奏，查明鄂尔多斯郡王暨札萨克台吉两旗连年歉收，民少积蓄，去年复遭亢旱，冬春大雪频加，人民糊口无资，牲畜倒毙殆尽，实属异常荒歉，无计为生，拟请饬部速筹赈救，以济蒙难。得旨：著赏银五千两，由度支部拨给，核实散放。 《宣统政纪》卷六三

十月【略】己亥，【略】缓征吉林珲春厅属被灾田亩钱粮。 《宣统政纪》卷六五

十一月【略】癸酉，【略】蠲免伯都纳旗署义仓公田上年被灾租赋。 《宣统政纪》卷六七

十一月【略】己丑，【略】蠲缓新疆奇台、绥来二县被灾地方上年钱粮。 《宣统政纪》卷六八

十二月【略】丁巳，又谕：电寄张勋，据内阁代递电奏，徐州连年荒歉，今秋复罹水灾，地方凋敝等语。览奏，殊深悯恻，著将徐州府全属本年下半年未完丁漕一律蠲免，以示体恤。所请饬部拨发银二十万两一节，著度支部查核办理。 《宣统政纪》卷七〇

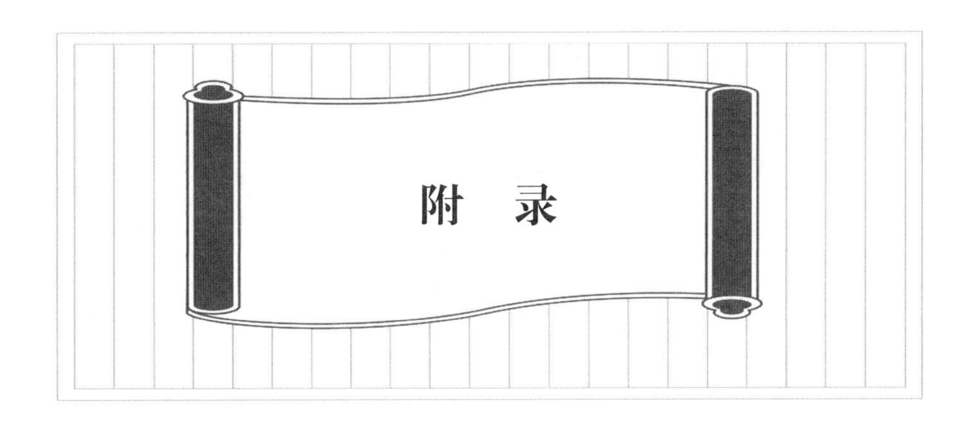


## 1. 史料原件及相关画作/碑刻

(1)嘉庆九年(1804年)冬十二月丙子“停阅冰技”影印原文及清宫廷画家金昆等人所绘《冰嬉图》局部。

銀兩送交。而松山恐外聞聲張。旋即自行柬
辦。與順安之收受賍銀者。實屬有閒。順安著
依擬絞監候。秋後處決。松山着革職。改爲發
往伊犂効力贖罪。餘依議。○雲南廣南土同
知儂世昌因病告替。以其弟世熙襲職。○丙
子。
上幸瀛臺。喀爾喀扎薩克頭等台吉旺沁扎布
等十人。土爾扈特郡王策伯克扎布等六人。
杜爾伯特汗瑪克蘇爾扎布等十六人。額魯
特總管博本等十二人。暹羅國正使丕雅梭
挖理巡段呵排拉車突等四人。於西苑門外
瞻覲。○以天暖冰薄。停止冰技。仍給半賞。○
丁丑。諭内閣。太常寺奏
大祀閱視祝版及恭請祝版執事官員應否加
等穿用朝服恭請訓示一摺。所奏是。向來恭
値
祈穀
常雩

图　嘉庆九年十二月丙子“停阅冰技”《清实录》影印原文

图　冰嬉图(局部)

(2)光绪三年(1877 年)大旱影印原文及河南焦作博物馆藏《荒年碑》之记述。

皇太后宵旰焦勞兩次欽奉
懿旨每日早晚膳減用一半並傳用素膳
軫念民艱至誠惻怛該衙門自應欽遵
懿旨將一切應用之需力求覈實茲覽所奏僅稱
用項繁碎其中但有可裁可減之項隨時隨事
酌覈辦理設能節有成數再行具奏並未將款
項分晰陳明著總管內務府大臣即將各項用
款詳細查覈逐款開單呈覽毋稍含混覌又諭
翰林院編修何金壽奏遇災修省請訓責樞臣
一摺前因近畿等省被災甚廣雨澤愆期業經
降旨悔過省愆以冀感格
天心速沛甘澍茲據何金壽奏稱現在朕躬幼沖
兩宮
皇太后聽政權衡雖出自上翊贊則在樞臣請責
以忘私忘家認真改過等語此次饑饉薦臻瘡
痍滿目天降奇災皆由政令闕失所致軍機大

臣贊畫樞要實有獻替之責若謂災諉諸天過
諉諸上諒必有所不敢惟當此災廣且久朝廷
宵旰焦勞無時或釋而該王大臣等目擊時艱
毫無補救咎實難辭恭親王著交宗人府嚴加
議處寶鋆沈桂芬景廉王文韶均著交該衙門
嚴加議處尋宗人府吏部都察院奏恭親王寶
鋆沈桂芬景廉王文韶應得革職處分得旨均
著加恩改為革職留任覌又諭給事中夏獻馨
奏請修掩骼之政一摺上年山西河南亢旱成
災飢民流亡委填溝壑者不少深堪憫惻著各
該撫酌撥銀兩分遣委員於散賑時隨地查察
凡有遺骸未經掩埋者官為督理瘞之無任暴
露至新疆各城地方兵民殘骸並著統兵大臣
督飭營員及該地方官概行收瘞至京師五城
地面近來道斃頗多亦著該管官隨時迅速收
埋以示矜恤而平厲氣覌又諭前據豐紳等奏

图　光绪三年大旱《清实录》影印原文

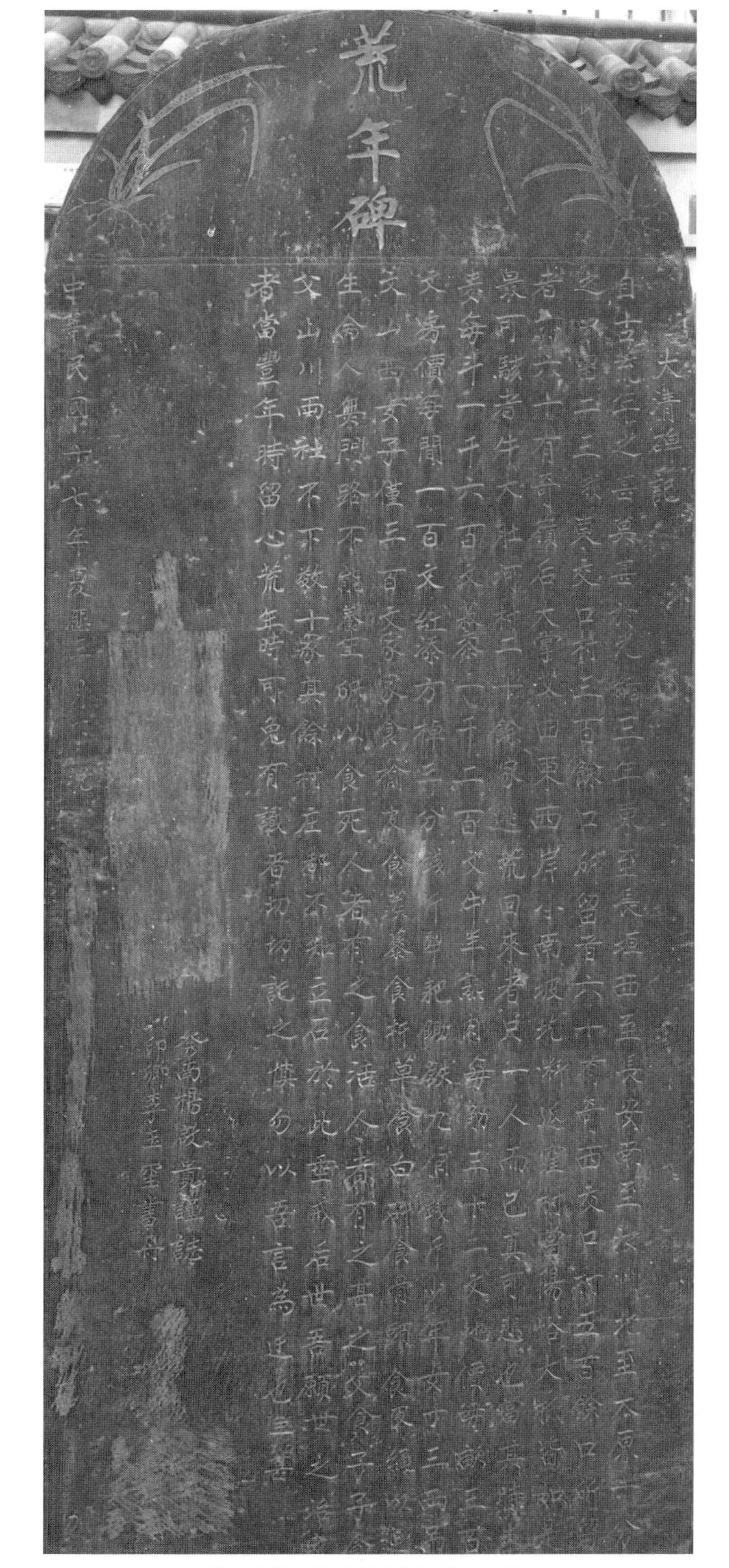


图　光绪三年大旱《荒年碑》之记述

## 2. 天干地支对照表

天　干

| 1 | 2 | 3 | 4 | 5 | 6 | 7 | 8 | 9 | 10 |
|---|---|---|---|---|---|---|---|---|---|
| 甲 | 乙 | 丙 | 丁 | 戊 | 己 | 庚 | 辛 | 壬 | 癸 |

地　支

| 1 | 2 | 3 | 4 | 5 | 6 | 7 | 8 | 9 | 10 | 11 | 12 |
|---|---|---|---|---|---|---|---|---|---|---|---|
| 子 | 丑 | 寅 | 卯 | 辰 | 巳 | 午 | 未 | 申 | 酉 | 戌 | 亥 |

六十年甲子(干支表)

| 1 | 2 | 3 | 4 | 5 | 6 | 7 | 8 | 9 | 10 |
|---|---|---|---|---|---|---|---|---|---|
| 甲子 | 乙丑 | 丙寅 | 丁卯 | 戊辰 | 己巳 | 庚午 | 辛未 | 壬申 | 癸酉 |
| 11 | 12 | 13 | 14 | 15 | 16 | 17 | 18 | 19 | 20 |
| 甲戌 | 乙亥 | 丙子 | 丁丑 | 戊寅 | 己卯 | 庚辰 | 辛巳 | 壬午 | 癸未 |
| 21 | 22 | 23 | 24 | 25 | 26 | 27 | 28 | 29 | 30 |
| 甲申 | 乙酉 | 丙戌 | 丁亥 | 戊子 | 己丑 | 庚寅 | 辛卯 | 壬辰 | 癸巳 |
| 31 | 32 | 33 | 34 | 35 | 36 | 37 | 38 | 39 | 40 |
| 甲午 | 乙未 | 丙申 | 丁酉 | 戊戌 | 己亥 | 庚子 | 辛丑 | 壬寅 | 癸卯 |
| 41 | 42 | 43 | 44 | 45 | 46 | 47 | 48 | 49 | 50 |
| 甲辰 | 乙巳 | 丙午 | 丁未 | 戊申 | 己酉 | 庚戌 | 辛亥 | 壬子 | 癸丑 |
| 51 | 52 | 53 | 54 | 55 | 56 | 57 | 58 | 59 | 60 |
| 甲寅 | 乙卯 | 丙辰 | 丁巳 | 戊午 | 己未 | 庚申 | 辛酉 | 壬戌 | 癸亥 |

## 3.《清实录》常见府县地名表

简要说明：

(1)本表所列为《清实录》中常见县级以上政区地名，行政区划以嘉庆二十五年(1820年)为准，有关地名沿革及未编列的省级政区地名，请查阅相关工具书。其中，青海、西藏因涉奏内容极少，故本表未列出。

(2)各省内府(厅、州)、县的次序按下列原则排列：①府(厅、州)：省级驻所的府放在第一，其余按半个纬度自北向南排列，同半个纬度内自西向东排列；以府治所在地为府之位置；②县：按首字笔画多少为序(表中前20个省)；地名加[ ]者，为府(厅、州)治所在地。

(3)( )内为今名，[ ]内为清代曾用名或别名。

(4)地名右上角加*者，为在府的境外而属于该府的县。地名右上角加**者，为县级以下地名，因奏折中常有出现，故加列在内。

### 直隶省

顺天府：三河　大城　文安　平谷　永清　东安　宁河　怀柔　良乡　[京师、宛平、大兴(北京市)]　昌平州(昌平)　顺义　房山　武清　宝坻　固安　霸州(霸县)　通州(通县)　香河　保定　密云　涿州(涿县)　蓟州(蓟县)

保定府：安州　安肃(徐水)　祁州(安国)　完县　束鹿*　定兴　容城　唐县　高阳　[清苑(保定市)]　望都　雄县　博野　新城　新安　满城　蠡县

口北三厅：太仆等左翼牧厂　正蓝旗察哈尔　正白旗察哈尔　礼部牧厂　正黄等四旗牧厂　多伦诺尔厅(多伦)　独石口厅　张家口厅(张家口市)　御马厂[博洛和屯]　镶白旗察哈尔　镶黄旗察哈尔　镶黄等四旗牧厂

承德府：巴林右翼旗(巴林右旗)　巴林左翼旗　丰宁[四旗]　平泉州[八沟](平泉)　[承德府[热河](承德市)]　赤峰[乌兰哈达](赤峰市)　建昌[塔子沟](凌源)　朝阳[三座塔]　滦平[喀喇河屯]

宣化府：万全　龙门　西宁(阳原)　赤城　怀安　怀来　延庆州(延庆)　[宣化]　保安州(涿鹿)　蔚州(蔚县)

遵化州：丰润　玉田　遵化州(遵化)

永平府：[卢龙]　迁安　乐亭　抚宁　昌黎　临榆　滦州(滦县)

易　州：广昌(涞源)　[易州(易县)]　涞水

天津府：[天津(天津市)]　庆云　沧州(沧州市)　青县　南皮　盐山　静海

定　州：曲阳　[定州(定县)]　深泽

正定府：井陉　无极　元氏　[正定]　平山　行唐　灵寿　阜平　获鹿　晋州(晋县)　栾城　新乐　赞皇　藁城

深　州：安平　武强　[深州(深县)]　饶阳

河间府：东光　宁津　任丘　交河　吴桥　[河间]　肃宁　阜城　故城　景州(景县)　献县

赵　州：宁晋　[赵州(赵县)]　临城　柏乡　高邑　隆平(隆尧)

冀　州：枣强　武邑　南宫　新河　[冀州(冀县)]　衡水

顺德府：广宗　内丘　巨鹿　平乡　[邢台(邢台市)]　任县　沙河　南和　唐山

广平府：广平　[永年]　曲周　成安　邯郸(邯郸市)　鸡泽　肥乡　威县　清河
磁州(磁县)

大名府：[大名、元城(大名)]　开州(濮阳)　东明　长垣　南乐　清丰

## 盛　京

奉天府：辽阳州(辽阳市)　开原　牛庄城　凤凰城(凤城)　宁海(金县)　兴京厅
[承德(沈阳市)]　昌图厅　岫岩厅(岫岩)　铁岭　海城　复州　盖平(盖县)
新民厅(新民)　熊岳城

养息牧场

锦州府：义州(义县)　广宁(北镇)　宁远州(兴城)　锦县(锦州市)

大凌河牧场

## 山西省

太原府：文水　太原　太谷　兴县　交城　[阳曲(太原市)]　祁县　岚县　岢岚州(岢岚)
徐沟　榆次

归绥六厅：归化城厅、绥远城厅(呼和浩特市)　托克托城厅(托克托)
和林格尔厅(和林格尔)　萨拉齐厅(土默特右旗)　清水河厅(清水河)

朔平府：[右玉]　宁远厅　左云　平鲁　朔州(朔县)　镶蓝旗察哈尔　镶红旗察哈尔

大同府：[大同(大同市)]　广灵　山阴　太仆寺石翼牧厂　丰镇厅(丰镇)　天镇
正红旗察哈尔　正黄旗察哈尔　阳高　怀仁　应州(应县)　灵丘　浑源州(浑源)

保德州：河曲　[保德州(保德)]

宁武府：五寨　[宁武]　神池　偏关

代　州：五台　[代州(代县)]　崞县　繁峙

忻　州：定襄　[忻州(忻县)]　静乐

平定州：[平定州(平定)]　寿阳　盂县

汾州府：介休　永宁州(离石)　石楼　宁乡(中阳)　平遥　孝义　[汾阳]　临县

辽　州：[辽州(左权)]　和顺　榆社

隰　州：大宁　永和　蒲县　[隰州(隰县)]

霍　州：灵石　赵城　[霍州(霍县)]

沁　州：[沁州(沁县)]　沁源　武乡

平阳府：乡宁　太平　吉州(吉县)　曲沃　汾西　岳阳　[临汾(临汾市)]　洪洞　浮山　襄陵　翼城

潞安府：屯留　[长治(长治市)]　长子　壶关　黎城　潞城　襄垣

绛　州：河津　闻喜　垣曲　[绛州(新绛)]　绛县　稷山

泽州府：[凤台(晋城)]　阳城　沁水　高平　陵川

蒲州府：万泉　[永济]　荣河　临晋　猗氏(临猗)　虞乡

解　州：平陆　安邑　运城**　芮城　夏县　[解州]

## 陕西省

西安府：三原　宁陕厅　[长安、咸宁(西安市)]　同官　兴平　孝义厅(柞水)　泾阳　咸阳(咸阳市)　临潼　耀州(耀县)　高陵　富平　渭南　鄠县(户县)　蓝田　盩厔(周至)　醴泉(礼泉)

榆林府：怀远(横山)　府谷　神木　葭州(佳县)　[榆林]

绥德州：米脂　吴堡　[绥德州(绥德)]　清涧

延安府：甘泉　安定　安塞　延长　延川　肤施(延安)　定边　宜川　保安(志丹)　靖边

鄜　州：中部(黄陵)　宜君　洛川　[鄜州(富县)]

邠　州：三水(旬邑)　[邠州(彬县)]　长武　淳化

凤翔府：[凤翔]　陇州(陇县)　岐山　扶风　宝鸡(宝鸡市)　汧阳(千阳)　郿县(眉县)　麟游

乾　州：永寿　武功　[乾州(乾县)]

同州府：[大荔]　白水　华州(华县)　华阳　郃阳(合阳)　韩城　朝邑　蒲城　澄城　潼关厅

商　州：山阳　[商州(商县)]　商南　雒南(洛南)　镇安

汉中府：凤县　宁羌州(宁强)　西乡　沔县(勉县)　定远厅(镇巴)　[南郑(汉中)]　褒城　城固　洋县　留坝厅(留坝)　略阳

兴安府：石泉　汉阴厅(汉阴)　白河　平利　[安康]　洵阳(旬阳)　紫阳

## 甘肃省

兰州府：狄道州[临洮卫司](临洮)　河州(临夏)　金县(榆中)　渭源　[皋兰(兰州市)]　循化厅(循化撒拉族自治县)　靖远

安西州：玉门[东达里图]　[安西州(安西)]　[敦煌]

肃　州：肃州(酒泉)　高台

甘州府:山丹、抚彝厅　张掖

宁夏府:中卫　宁朔、宁夏(银川市)　平罗　灵州(灵武)　花马池(盐池)**

凉州府:永昌　古浪　庄浪厅、平番(永登)　武威　镇番(民勤)

西宁府:大通[白塔城]　巴燕戎格厅(化隆回族自治县)　西宁(西宁市)　贵德厅(贵德)　碾伯(乐都)

庆阳府:宁州(宁县)　正宁　安化(庆阳)　合水　环县

平凉府:平凉　华亭　固原州(固原)　盐茶厅[海刺都堡](海原)　隆德　静宁州(静宁)

巩昌府:宁远(武山)　安定(定西)　会宁　伏羌(甘谷)　西和*　陇西　卓尼司(卓尼)　岷州(岷县)　通渭　洮州厅　漳县

泾　州:灵台　泾州(泾州)　崇信　镇原

秦　州:三岔厅　礼县　两当　秦州(天水市)　秦安　清水　徽县

阶　州:文县　阶州(武都)　成县

## 四川省

成都府:什邡　双流　汉州(广汉)　崇宁　成都、华阳(成都市)　新繁　金堂　崇庆州(崇庆)　温江　郫县　彭县　新都　新津　简州(简阳)　灌县

松潘厅:松潘厅(松潘)

龙安府:平武　石泉(北川)　江油　彰明

太平厅:太平厅(万源)

杂谷厅:杂谷厅

茂　州:汶川　茂州(茂汶羌族自治县)

保宁府:广元　巴州(巴中)　苍溪　剑州(剑阁)　昭化　南江　通江　南部　阆中

绵　州:安县　罗江　绵州(绵阳)　绵竹　梓潼　德阳

潼川府:三台　中江　乐至　安岳　盐亭　射洪　遂宁　蓬溪

绥定府:大竹　达县　东乡(宣汉)　渠县　新宁(开江)

夔州府:大宁(巫溪)　万县(万县市)　开县　云阳　巫山　奉节

懋功厅:懋功厅(小金)

顺庆府:广安州(广安)　仪陇　西充　邻水　岳池　南充(南充市)　营山　蓬州

邛　州:大邑　邛州(邛崃)　蒲江

眉　州:丹棱(丹棱)　青神　眉州(眉山)　澎山

忠　州:忠州(忠县)　垫江　梁山(梁平)　酆都(丰都)

雅州府:天全州(天全)　打箭炉厅(康定)　名山　芦山　荥经(荥经)　清溪　雅安

嘉定府:乐山　夹江　洪雅　威远　荣县　峨眉　峨边厅　犍为

资　州:井研　仁寿　内江(内江市)　资州(资中)　资阳

重庆府:大足　巴县(重庆市)　永川　合州(合川)　江北厅　江津　长寿　定远　荣昌　南川　铜梁　涪州(涪陵)　綦江　璧山(璧山)

石砫厅:石砫厅(石柱)

叙州府:马边厅(马边)　庆符　长宁　兴文　宜宾(宜宾市)　屏山　南溪　高县　珙县　隆昌　富顺　筠连　雷波厅(雷波)

泸　州:江安　合江　纳溪　泸州(泸州市)

酉阳州:酉阳州(酉阳)　秀山　彭山　黔江

叙永厅:永宁　叙永厅(叙永)

宁远府:西昌　会理州(会理)　盐源　越嶲厅(越西)　冕宁

## 云南省

云南府:安宁州(安宁)　呈贡　昆明(昆明市)　罗次　易门　昆阳州(晋宁)　宜良　晋宁州　禄丰　富民　嵩明州(嵩明)

昭通府:大关厅(大关)　永善　恩安(昭通)　鲁甸厅(鲁甸)　镇雄州(镇雄)

丽江府:中甸厅[节达大](中甸)　丽江(丽江纳西族自治县)　剑川州(剑川)　维西厅(维西)　鹤庆州(鹤庆)

永北厅:永北厅(永胜)　永宁府

东川府:巧家厅(巧家)　会泽

大理府:太和(大理)　云龙州　邓川州　云南(祥云)　赵州　宾川州　浪穹(洱源)

武定州:元谋　武定州(武定)　禄劝

曲靖府:马龙州(马龙)　平彝(富源)　寻甸州(寻甸回族彝族自治县)　沾益州(沾益)　罗平州(罗平)　南宁(曲靖)　宣威州(宣威)　陆凉州(陆良)

腾越厅:干崖司　户撒司　陇川司(陇川)　南甸司(梁河)　勐卯司(瑞丽)　盏达司　腊撒司　腾越厅(腾冲)

永昌府:永平　龙陵厅(龙陵)　孟定府　保山　湾甸州　镇康州

蒙化厅:蒙化厅(巍山彝族回族自治县)

楚雄府:大姚　广通　定远(牟定)　姚州(姚安)　南安州　楚雄　镇南州(南华)

顺宁府:云州(云县)　孟连司(孟连傣族拉祜族佤族自治县)　顺宁(凤庆)

耿马司(耿马傣族佤族自治县)　缅宁厅(临沧)

澂江府:江川　河阳(澄江)　路南州(路南彝族自治县)　新兴州(玉溪)

广西州:广西州(泸西)　师宗　弥勒

景东厅:景东厅(景东)

广南府:宝宁(广南)　富州(皈朝)

镇沅州:恩乐　镇沅州(镇源)

元江州:元江州(元江哈尼族彝族傣族自治县)　新平(新平彝族傣族自治县)

临安府:宁州(华宁)　石屏州(石屏)　阿迷州(开远)　河西　建水　通海　蒙自　嶍峨(峨山彝族自治县)

开化府:文山、安平厅(文山)

普洱府:车里司[小孟养]　宁洱(普洱)　他郎厅(墨江)　威远厅(景谷)　思茅厅

## 贵州省

贵阳府:广顺州　开州(开阳)　龙里　长寨厅(长顺)　定番州(惠水)　贵筑(贵阳市)　贵定　修文

仁怀厅:仁怀厅(赤水)

松桃厅:松桃厅(松桃苗族自治县)

遵义府:仁怀　正安州(正安)　桐梓　绥阳　遵义(遵义市)

思南府:印江　安化(思南)　婺川(务川)

石阡府:石阡府(石阡)　龙泉(凤冈)

铜仁府:铜仁

大定府:大定府(大方)　水城厅(水城)　平远州(织金)　毕节　威宁州(威宁彝族回族苗族自治县)　黔西州(黔西)

镇远府:天柱　台拱厅(台江)　施秉　黄平州(黄平)　清江厅(剑河)　镇远

思州府:玉屏　青溪　思州府(岑巩)

平越州:平越州(福泉)　余庆　瓮安　湄潭

安顺府:永宁州　归化厅(紫云苗族布依族自治县)　安平(平坝)　郎岱厅　清镇　普定(安顺市)　镇宁州(镇宁布依族苗族自治县)

都匀府:八寨厅(丹寨)　丹江厅　独山州(独山)　荔波　都匀(都匀市)　都江厅　清平　麻哈州(麻江)

黎平府:下江厅　开泰(黎平)　永从　古州厅(榕江)　锦屏

普安厅:普安厅(盘县)

兴义府：兴义府（安龙布依族苗族自治县） 安南（晴隆） 兴义［黄草坝］
贞丰州（贞丰布依族苗族自治县） 普安

## 广西省

桂林府：义宁 龙胜厅（龙胜各族自治县） 永宁州 永福 兴安 全州 阳朔 灵川
临桂（桂林市） 灌阳

平乐府：平乐 永安州（蒙山） 荔浦 修仁 昭平 贺县 恭城 富川

泗城府：西隆川（隆林各族自治县） 西林 凌云

庆远府：天河 东兰州同［凤山］（凤山） 东兰州（东兰） 永顺副司 永顺正司 永定司
那地州 忻城 宜山 河池州 南丹州（南丹） 思恩（环江）

柳州府：马平（柳州市） 怀远 来宾 罗城 柳城 象州 雒容 融县（融水苗族自治县）

镇安府：小镇安厅（那坡） 上映州 下雷州 天保（德保） 归顺州（靖西） 向武州
奉议州 都康州

思恩府：下旺司 上林 田州（田阳） 旧城司 白山司（马山） 古零司 百色厅（百色）
阳万州 那马司 安定司（都安瑶族自治县） 兴隆司 迁江 定罗司
武缘（武鸣） 思恩府 都阳司 宾州

浔州府：平南 武宣 贵县 桂平

梧州府：苍梧（梧州市） 岑溪 怀集* 容县 藤县

南宁府：上思州（上思） 归德州 永淳 果化州 忠州 宣化（南宁市） 隆安
新宁州（扶绥） 横州（横县）

郁林州：北流 兴业 郁林州（玉林） 陆川 博白

太平府：万承州 上下冻州 上龙司 下石西川 太平州 龙英州 龙州厅（龙州） 左州
永康州 宁明州（宁明） 安平州 全茗州 江州 罗阳 罗白 凭祥州（凭祥市）
明江厅 结安州 结伦州 茗盈州 思州 思陵州 都结州 养利州（大新）
崇善 镇远州

## 广东省

广州府：三水 从化 龙门 东莞 花县 南海、番禺（广州市） 顺德 香山（中山）
清远 新会 新安 新宁（台山） 增城

南雄山：始兴 南雄州（南雄）

连山厅：连山厅（连南瑶族自治县）

连州厅：连州（连县） 阳山

韶州府：仁化 乐昌 曲江（韶关市） 乳源（乳源瑶族自治县） 英德 翁源

嘉应州：长乐 平远 兴宁 镇平（蕉岭） 嘉应州（梅县）

佛冈厅：佛冈厅（佛冈）

潮州府：大埔　丰顺　海阳（潮安）　饶平　普宁　惠来　揭阳　潮阳　澄海

肇庆府：广宁　开平　开建　四会　阳春　阳江　封州　高要（肇庆市）　高明　恩平　新兴　鹤山　德庆州（德庆）

惠州府：长宁（新丰）　龙川　永安（紫金）　归善　连平州（连平）　陆丰　和平　河源　海丰　惠州府（惠州市）　博罗

罗定州：东安（云浮）　西宁　罗定州（罗定）

廉州府：合浦　灵山　钦州

高州府：化州　电白　石城（廉江）　吴川　茂名（高州）　信宜

雷州府：海康　徐闻　遂溪

琼州府：万州（万宁）　文昌　乐会　会同　昌化　定安　临高　陵水　崖州　琼山　感恩　儋州　澄迈

## 湖南省

长沙府：长沙、善化（长沙市）　宁乡　安化　攸县　浏阳　茶陵州（茶陵）　益阳（益阳市）　湘乡　湘阴　湘潭（湘潭市）　醴陵

澧　州：石门　永定（大庸）　安乡　安福（临澧）　慈利　澧州（澧县）

永顺府：永顺　龙山　保靖　桑植

常德府：龙阳（汉寿）　沅江　武陵（常德市）　桃源

岳州府：巴陵（岳阳）　平江　华容　临湘

永绥厅：永绥厅（花垣）

乾州厅：乾州厅

辰州府：沅陵　辰溪　泸溪　溆浦

凤凰厅：凤凰厅（凤凰）

晃州厅：晃州厅

沅州府：芷江　麻阳　黔阳

宝庆府：邵阳（邵阳市）　武冈州（武冈）　城步（城步苗族自治县）　新化　新宁

靖　州：会同　绥宁　通道　靖州（靖县）

衡州府：安仁　耒阳　常宁　衡阳、清泉（衡阳市）　衡山　酃县

永州府：东安　宁远　永明（江永）　江华　祁阳　零陵　道州（道县）　新田

桂阳府：临武　桂阳州（桂阳）　蓝山　嘉禾

郴　州：永兴　兴宁（资兴）　宜章　桂东　桂阳（汝城）　郴州（郴州市）

## 湖北省

武昌府：大冶　江夏（武汉市）　兴国州（阳新）　武昌（鄂城）　咸宁　通山　通城　崇阳　蒲圻　嘉鱼

郧阳府：竹溪　竹山　房县　郧县　郧西　保康

襄阳府：光化　均州　谷城　枣阳　宜城　南漳　襄阳（襄樊市）

荆门州：远安　当阳　荆门州（荆门）

安陆府：天门　京山　钟祥　潜江

德安府：云梦　安陆　应山　应城　随州（随县）

宜昌府：巴东　东湖（宜昌市）　归州（秭归）　兴山　长乐（五峰）　长阳　鹤峰州（鹤峰）

汉阳府：汉阳　汉川　孝感　沔阳州　黄陂

施南府：利川　来凤　建始　宣恩　咸丰　恩施

荆州府：公安　石首　江陵　宜都　枝江　松滋　监利

黄州府：广济　罗田　黄冈　黄安（红安）　黄梅　麻城　蕲水（浠水）　蕲州

## 河南省

开封府：中牟　汜水　兰阳（兰考）　仪封厅　杞县　陈留　荥阳　荥泽　郑州　禹州（禹县）　洧川　鄢陵　通许　祥符（开封市）　密县（新密市）　尉氏　新郑

彰德府：内黄　安阳（安阳市）　汤阴　武安　林县　涉县　临漳

怀庆府：阳武（原阳）*　孟县　河内（沁阳）　武陟　济源　修武　原武*　温县

卫辉府：汲县　延津　考城*　封丘　浚县　获嘉　淇县　滑县　辉县　新乡（新乡市）

陕　州：卢氏　灵宝　陕川　阌乡

河南府：永宁（洛宁）　巩县　孟津　宜阳　洛阳（洛阳市）　渑池　偃师　登封　新安　嵩县

汝　州：汝州（临汝）　伊阳（汝阳）　宝丰　郏县　鲁山

许　州：许州（许昌市）　长葛　临颍　郾城　襄城

归德府：宁陵　永城　柘城　夏邑　商丘　鹿邑　虞城　睢州（睢县）

陈州府：太康　西华　扶沟　沈丘　项城　淮宁（淮阳）　商水

南阳府：内乡　邓州（邓县）　叶县　泌阳　南阳（南阳市）　南召　唐县（唐河）　桐柏　淅川　裕州（方城）　舞阳　新野　镇平

汝宁府：上蔡　正阳　汝阳（汝南）　西平　罗山　信阳州（信阳市）　遂平　确山　新蔡

光　州：光州(潢川)　光山　固始　息县　商城

## 安徽省

安庆府：太湖　怀宁(怀庆市)　桐城　宿松　望江　潜山

泗　州：五河　天长　泗州(泗县)　盱眙

颍州府：太和　阜阳　亳州(亳县)　颍上　蒙城　霍丘

凤阳府：凤阳　寿州、凤台(寿县)　怀远　灵璧(灵璧)　定远　宿州(宿州市)

滁　州：全椒　来安　滁州(滁县)

六安州：六安州(六安)　英台　霍山

庐州府：无为州(无为)　合肥(合肥市)　庐江　巢县　舒城

和　州：含山　和州(和县)

太平府：当涂　芜湖(芜湖市)　繁昌

池州府：东流　石埭　青阳　建德　贵池　铜陵

宁国府：太平　宁国　泾县　宣城　南陵　旌德

广德州：广德州(广德)　建平(郎溪)

徽州府：祁门　休宁　绩溪　婺源　歙县　黟县

## 江西省

南昌府：义宁州(修水)　丰城　进贤　武宁　奉新　南昌、新建(南昌市)　靖安

九江府：湖口　彭泽　瑞昌　德化(九江市)　德安

南康府：安义　建昌　星子　都昌

饶州府：万年　乐平　安仁　余干　浮梁　鄱阳(波阳)　德兴

瑞州府：上高　高安　新昌(宜丰)

临江府：峡江　清江　新喻(新余)　新淦(新干)

抚州府：东乡　乐安　宜黄　金溪　临川(抚州市)　崇仁

广信府：上饶(上饶市)　弋阳　广丰　玉山　兴安(横峰)　贵溪　铅山

袁州府：万载　分宜　宜春　萍乡(萍乡市)

建昌府：广昌　泸溪(资溪)　南城　南丰　新城(黎川)

吉安府：万安　永丰　永宁　永新　龙泉(遂川)　安福　吉水　庐陵(吉安市)
莲花厅(莲花)　泰和

宁都州：宁都州(宁都)　石城　瑞金

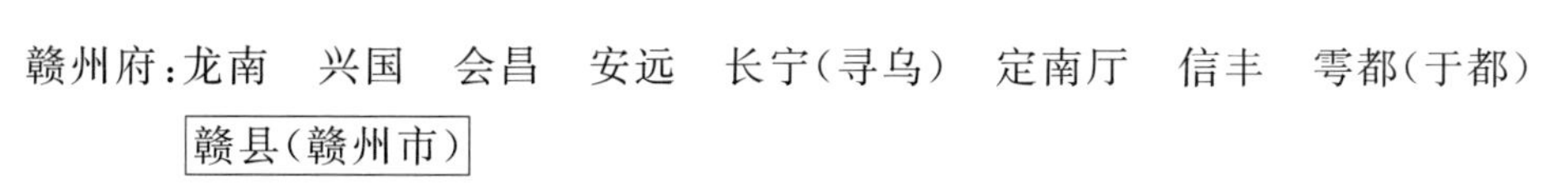

赣州府：龙南　兴国　会昌　安远　长宁（寻乌）　定南厅　信丰　雩都（于都）　赣县（赣州市）

南安府：大庾（大余）　上犹　南康　崇义

## 福建省

福州府：古田　永福（永泰）　长乐　连江　罗源　侯官、闽县（福州市）　闽清　屏南　福清

邵武府：光泽　邵武　建宁　泰宁

建宁府：松溪　建阳　瓯宁、建安（建瓯）　政和　浦城　崇安

延平府：尤溪　永安　沙县　南平（南平市）　将乐　顺昌

福宁府：宁德　寿宁　福安　福鼎　霞浦

汀州府：上杭　宁化　归化[明溪镇]（明溪）　永定　长汀　连城　武平　清流

龙岩州：龙岩州（龙岩）　宁洋　漳平

永春州：大田　永春州（永春）　德化

兴化府：仙游　莆田

漳州府：云霄厅（云霄）　龙溪（漳州市）　平和　长泰　诏安　南靖　海澄　漳浦

泉州府：马巷厅　安溪　同安　南安　晋江（泉州市）　惠安

台湾府：凤山（高雄）　台湾（台南市）　淡水厅[竹堑]（新竹）　彰化　嘉义　噶玛兰厅（宜兰）　澎湖厅（澎湖）

## 浙江省

杭州府：于潜　仁和、钱塘（杭州市）　余杭　昌化　临安　海宁州　富阳　新城

湖州府：乌程、归安（湖州市）　长兴　安吉　孝丰　武康　德清

嘉兴府：石门　平湖　秀水、嘉兴（嘉兴市）　桐乡　海盐　嘉善

绍兴府：山阴、会稽（绍兴市）　上虞　余姚　诸暨　萧山　嵊县　新昌

严州府：分水　寿昌　建德　淳安　桐庐　遂安

宁波府：定海　奉化　象山　鄞县（宁波市）　慈溪　镇海

金华府：义乌　兰溪　东阳　永康　汤溪　金华　武义　浦江

衢州府：开化　龙游　西安（衢县）　江山　常山

台州府：天台　太平（温岭）　宁海　仙居　临海　黄岩

处州府：云和　龙泉　庆元　丽水　松阳　青田　宣平　遂昌　景宁　缙云

温州府：永嘉（温州市）　乐清　玉环厅（玉环）　平阳　泰顺　瑞安

## 江苏省

江宁府：六合　句容　江宁、上元(南京市)　江浦　高淳　溧水

海　州：沭阳　海州(连云港市)　赣榆

徐州府：丰县　邳州　沛县[栖山]　砀山　铜山(徐州市)　萧县　宿迁　睢宁

淮安府：山阳(淮安)　安东(涟水)　阜宁　桃源　盐城　清河(清江市)

扬州府：甘泉、江都(扬州市)　东台　仪征　兴化　宝应　高邮州(高邮)　泰州(泰州市)

镇江府：丹徒(镇江市)　丹阳　金坛　溧阳

通　州：如皋　通州(南通市)　泰兴

常州府：无锡、金匮(无锡市)　江阴　武进、阳湖(常州市)　宜兴、荆溪(宜兴)　靖江

海门厅：海门厅(海门)

苏州府：太湖厅[东山]　吴县、长洲、元和(苏州市)　常熟、昭文(常熟)　新阳
昆山(昆山)　震泽、吴江(吴江)

太仓州：宝山　崇明　嘉定　镇洋(太仓)

松江府：上海(上海市)　川沙厅(川沙)　金山　青浦　奉贤　娄县、华亭(松江)　南汇

## 山东省

济南府：历城(济南市)　平原　齐东　齐河　长清　长山　邹平　禹城　济阳　陵县
临邑　章丘　淄川　新城　德州(德州市)　德平

登州府：文登　宁海州(牟平)　招远　荣成　栖霞　莱阳　黄县　海阳　蓬莱　福山

武定府：乐陵　阳信　利津　沾化　青城　海丰(无棣)　商河　惠民　滨州　蒲台

莱州府：平度州(平度)　即墨　昌邑　高密　胶州(胶州市)　掖县　潍县(潍坊市)

临清州：丘县　武城　夏津　临清州(临清)

青州府：乐安(广饶)　安丘　寿光　昌乐　益都　高苑　诸城　临淄　临朐　博兴　博山

东昌府：茌平　冠县　恩县　高唐州(高唐)　莘县　聊城　馆陶　堂邑　清平　博平

泰安府：东阿　平阴　东平川(东平)　肥城　泰安　莱芜　新泰

兖州府：宁阳　阳谷　曲阜　寿张　汶上　邹县　泗水　峄县　滋阳(兖州)　滕县

曹州府：巨野　观城　范县　郓城　定陶　单县　城武(成武)　菏泽　曹县　朝城　濮州

济宁州：济宁州(济宁市)　金乡　鱼台[董家店]　嘉祥

沂州府：日照　兰山(临沂)　沂水　莒州(莒县)　费县　郯城　蒙阴

## 新　疆

伊　犁：广仁城　宁远城(伊宁市)　伊犁[惠远城]　和尔衮　拱宸城　惠宁城

塔尔巴哈台：塔尔巴哈台[绥靖城](塔城)

库尔哈喇乌苏：库尔喀喇乌苏[庆绥城](乌苏)　晶河

古　城：木垒(木垒哈萨克自治县)　古城(奇台)　奇台

乌噜木齐：乌噜木齐、迪化州(乌鲁木齐市)　玛纳斯、绥来(玛纳斯)　呼图璧　昌吉
阜康　迪化城　济木萨[恺安城]　喀喇巴尔噶逊[嘉德城]

巴里坤：巴里坤、镇西府、宜禾(巴里坤哈萨克自治县)

吐鲁番：吐鲁番　鲁克察克　辟展(鄯善)

哈　密：哈密　塔勒纳沁

喀喇沙尔：玉古尔(轮台)　库陇勒(库尔勒)　喀喇沙尔(焉耆回族自治县)

库　什：库什　沙雅尔(沙雅)

乌　什：乌什

阿克苏：阿克苏　拜城　赛喇木

喀什噶尔：英吉沙尔(英吉沙)　喀什噶尔[徕宁城](喀什市)　塔什巴里克
牌租阿巴特(伽师)

叶尔羌：叶尔羌(莎车)　色勒库尔(塔什库尔干塔吉克自治县)　齐盘　和什喇普
哈尔哈里克(叶城)　桑珠

和　阗：齐尔拉(策勒)　克勒底雅(于田)　和阗[额里齐城](和田)　哈拉哈什(墨玉)

## 吉　林

吉林副都统辖区：吉林(吉林市)　打牲乌拉　长春厅(长春市)

三姓副都统辖区：三姓(依兰)　普录　台伦

阿勒楚喀副都统辖区：阿勒楚喀(阿城)　双城堡　拉林

白都讷副都统辖区：白都讷(扶余)

宁古塔副都统辖区：宁古塔(宁安)　珲春

## 黑龙江

齐齐哈尔副都统辖区：齐齐哈尔[卜奎](齐齐哈尔市)　呼兰

黑龙江副都统辖区：黑龙江城[爱珲]

呼伦贝尔总管辖区：呼伦布雨尔(海拉尔市)

墨尔根副都统辖区：墨尔根(嫩江)

布特哈[伊倭齐](莫力达瓦达斡尔族自治旗)

## 乌里雅苏台

三音诺颜部：乌里雅苏台(札布哈朗特)(乌里雅苏台)　中末旗　右翼后旗　左翼中旗
右末旗　右翼前旗　中左旗　中后末旗　左翼左末旗　中左末旗
扎牙班弟达呼图克图　额鲁特前旗　中后旗　左翼左旗　右翼中右旗
额鲁特旗　右翼右后旗　青苏珠克图诺门罕　中右翼末旗　右翼左末旗
右翼末旗　额尔德尼班第达呼图克图　中前旗　右翼中末旗　中右旗
三音诺颜旗(海尔汗杜兰)　右翼中左旗

唐努乌深海：唐努乌梁海旗　托锦乌梁海旗　克穆齐克乌梁海旗　萨拉吉克乌梁海旗
库苏古尔乌梁海旗

科布多：科布多(科布多)　杜尔伯特左翼[十一旗及辉特下前旗]
杜尔伯特右翼[三旗及辉特下后旗](乌兰固木)　额鲁特旗　明阿特旗(缅嘎图)
新和硕特旗　扎哈沁旗　新土尔扈特二旗

土谢图汗部：库伦、中旗(乌兰巴托)　恰克图　右翼右末次旗　中左翼末旗　右翼左旗(布尔根)
右翼左末旗　左翼前旗　右翼左后旗　右翼右末旗　中左旗　土谢图汗旗
中右旗(额尔德尼桑图)　中右末旗　左翼左中末旗　右翼右旗　左翼右末旗
左翼后旗　左翼末旗　左翼中左旗　左翼中旗　中次旗

车臣汗部：车臣汗旗(温都尔汗)　左翼左旗　中右后旗　中后旗　中末次旗　中左前旗
中前旗(乔巴山)　右翼中左旗　右翼前旗　右翼左旗　左翼右旗　左翼中旗
右翼中前旗　中左旗(巴彦特勒木)　左翼后末旗　中右旗(塔木察格布拉克)
左翼前旗　中末旗　中末右旗　左翼后旗(海拉斯廷音索木)　右翼中旗
右翼中右旗　右翼后旗

扎萨克图汗部：札萨克图汗兼管右翼左旗　中左翼左旗(车车尔勒格)　中左翼末旗(木轮)
左翼前旗及左翼后末旗　中左翼右旗　右翼右末旗　左翼左旗(桑图马尔嘎次)
中右翼末次旗(努木罗格)　伊勒固克散呼图克图　左翼右旗
左翼中旗及右翼后旗　那鲁班禅呼图克图　中右翼左旗　中右翼末旗
辉特旗　那蓝呼图克图(纳仁)　右翼前旗(额尔德尼)
左翼后旗(巴彦查干苏木)　右翼后末旗　右翼右旗

## 内蒙古六盟 套西二旗 察哈尔

归化城土默特：绥远、归化城(呼和浩特市)　萨拉齐(土默特右旗)　托克托　和林格尔
清水河

哲里木盟：科尔沁右翼后旗　札赉特旗　杜尔伯特旗　科尔沁右翼前旗　郭尔罗斯后旗
科尔沁右翼中旗　郭尔罗斯前旗　科尔沁左翼中旗　科尔沁左翼后旗
科尔沁左翼前旗

锡林郭勒盟：乌珠穆沁左翼旗　乌珠穆沁右翼旗　浩齐特右翼旗　浩齐特左翼旗
苏尼特右翼旗　阿巴噶右翼旗　阿巴噶左翼旗
阿巴哈纳尔左翼旗(阿巴哈纳尔旗)　阿巴哈纳尔右翼旗　苏尼特左翼旗

昭乌达盟：扎鲁特右翼旗　扎鲁特左翼旗　阿鲁特科尔沁旗　巴林右翼旗(巴林右旗)

巴林左翼旗　翁牛特左翼旗　克什克腾旗　敖汉旗　奈曼旗　喀尔喀左翼旗
翁牛特右翼旗　赤峰[乌兰哈达](赤峰市)

额济纳旧土尔扈特特别旗:额济纳旧土尔扈特特别旗

乌兰察布盟:四子部落旗　喀尔喀右翼旗　茂明安旗　乌喇特旗

察哈尔:镶白旗察哈尔　正蓝旗察哈尔　镶黄旗察哈尔　正白旗察哈尔
正红旗察哈尔　正黄旗察哈尔　镶蓝旗察哈尔　镶红旗察哈尔

卓索图盟:土默特左翼旗　喀喇沁右翼旗　朝阳[三座塔](朝阳市)　土默特右翼旗(北票市)
平泉州[八沟厅](平泉)　喀喇沁中旗　建昌[塔子沟](凌源)　喀喇沁左翼旗

阿拉善厄鲁特旗:阿拉善厄鲁特旗(阿拉善左旗)

伊克昭盟:鄂尔多斯右翼后旗　鄂尔多斯左翼后旗　鄂尔多斯左翼中旗(伊金霍洛旗)
鄂尔多斯左翼前旗　鄂尔多斯右翼中旗　鄂尔多斯右翼前旗

## 4. 相关汇编史料及研究论文、著作


**(1)气候变化史料汇编集册**

陈高傭,杜佐周,郑振铎,等,1939.中国历代天灾人祸表[M].上海:上海书店.

甘肃省气象局,1980.甘肃省近五百年气候历史资料[G].

呼和浩特市气象台,1975.呼和浩特市及土默州地区清代旱涝史记及雨雪分寸[G].

湖北省气象局,1978.湖北省近五百年气候历史资料[G].

李文海,1990.近代中国灾荒纪年[M].长沙:湖南教育出版社.

宁夏回族自治区气象局,1979.宁夏近五百年气候历史资料[G].

青海省气象局,1980.青海省东部近五百年历史资料[G].

上海、江苏、安徽、浙江、江西、福建省(市)气象局和中央气象局研究所,1978.华北地区近五百年气候历史资料[G].

水利电力部水管司,水利水电科学研究院,1988.清代淮河流域洪涝档案史料[M].北京:中华书局.

水利电力部水管司,水利水电科学研究院,1988.清代珠江韩江洪涝档案史料[M].北京:中华书局.

水利电力部水管司,水利水电科学研究院,1991.清代长江流域西南国际河流洪涝档案史料[M].北京:中华书局.

水利电力部水管司,水利水电科学研究院,1993.清代黄河流域洪涝档案史料[M].北京:中华书局.

水利电力部水管司,水利水电科学研究院,1998.清代辽河、松花江、黑龙江流域洪涝档案史料,清代浙闽台地区诸流域洪涝档案史料[M].北京:中华书局.

水利水电科学研究院,1981.清代海河滦河洪涝档案史料[M].北京:中华书局.

四川省气象局,1980.四川省近五百年气候历史资料[G].

宋正海,1992.中国古代重大自然灾害和异常年表总集[M].广州:广东教育出版社.

陶存焕,周潮生,2001.明清钱塘江海塘[M].北京:中国水利水电出版社.

新疆维吾尔自治区气象局,1979.新疆近五百年气候历史资料[G].

徐泓,2007.清代台湾自然灾害史料新编[M].福州:福建人民出版社.

云南省气象局,1980.云南省近五百年气候历史资料[G].

张德二,牟重行,等,2013.中国三千年气象记录总集(增订本)[M].南京:江苏教育出版社.

张文彩,1990.中国海塘工程简史[M].北京:科学出版社.

中国气象局研究所,华北东北十省(市、区)气象局,北京大学地球物理系,1975.华北、东北近五百年旱涝史料[G].

中央气象局研究所,1975.北京250年降水(内部资料)[G].

朱凤祥,2009.中国灾害通史:清代卷[M].郑州:郑州大学出版社.

**(2)气候变化及影响、适应研究论文与专著**

丁玲玲,葛全胜,郑景云,等,2013.1736—2009年华南地区冬季年平均气温序列重建[J].第四纪研究,**33**(6):1191-1198.

丁玲玲,葛全胜,郑景云,郝志新,2014.1736—2010年华南前汛期始日变化[J].地理学报,**69**

(3):303-311.

董安祥,冯松,张存杰,2002. 500 年来中国东部雨带的南北摆动[J]. 气象学报,**60**(3):378-383.

方修琦,萧凌波,葛全胜,等,2005. 湖南长沙、衡阳地区 1888—1916 年的春季植物物候与气候变化[J]. 第四纪研究,**25**(1):74-79.

冯丽文,1980. 北京近 255 年雨季及其多年变化[J]. 气象学报,**38**(4):341-350.

冯丽文,1982. 北京 1724—1979 年生长季干旱特征及其多年变化[J]. 地理学报,**37**(2):194-205.

高秀山,1989. 1761 年 8 月(清乾隆二十六年七月)黄河三门峡至花园口区间洪水. 见:胡明思,骆承政. 中国历史大洪水(上卷)[M]. 北京:中国书店.

葛全胜,等,2011. 中国历朝气候变化[M]. 北京:科学出版社.

葛全胜,丁玲玲,郑景云,等,2011. 利用雨雪分寸重建福州前汛期雨季起始日期的方法研究[J]. 地球科学进展,**26**(11):1200-1207.

葛全胜,郭熙凤,郑景云,等,2007. 1736 年以来长江中下游梅雨变化[J]. 科学通报,**52**(23):2792-2797.

龚高法,张丕远,张瑾瑢,1983. 十八世纪我国长江下游等地区的气候[J]. 地理研究,**2**(2):20-33.

龚高法,张丕远,张瑾瑢,1986. 1892—1893 年的寒冬及其影响[J]. 地理集刊,**18**:129-138.

郭熙凤,2008. 1736 年以来长江中下游地区梅雨特征变化分析[D]. 中国科学院研究生院博士学位论文.

韩昭庆,2003. 明清时期(1440—1899 年)长江中下游地区冬季异常冷暖气候研究[J]. 中国历史地理论丛,**18**(2):41-49.

郝志新,2003. 黄河中下游地区近 300 年降水序列重建及分析[D]. 中国科学院研究生院博士学位论文.

郝志新,郑景云,葛全胜,2007. 黄河中下游地区降水变化的周期分析[J]. 地理学报,**62**(5):537-544.

郝志新,郑景云,伍国凤,等,2010. 1876—1878 年华北大旱:史实、影响及气候背景[J]. 科学通报,**55**:2321-2328.

郝志新,郑景云,葛全胜,等,2011. 中国南方过去 400 年的极端冷冬变化[J]. 地理学报,**66**(11):1479-1485.

黄增明,梁建茵,刘宗锦,1990. 华南近五百年气候变化特征[J]. 热带气象,**6**(4):332-339.

李平日,曾昭璇,1998. 珠江三角洲五百年来的气候与环境变化[J]. 第四纪研究,**18**(1):65-70.

满志敏,李卓仑,杨煜达,2007.《王文韶日记》记载的 1867—1872 年武汉和长沙地区梅雨特征[J]. 古地理学报,**9**(4):431-438.

满志敏,2000. 光绪三年北方大旱的气候背景[J]. 复旦学报(社会科学版),(6):28-35.

满志敏,2009. 中国历史时期气候变化研究[M]. 济南:山东教育出版社.

孙宝兵,2007. 明清时期江苏沿海地区的风暴潮灾与社会反应[D]. 广西师范大学硕士学位论文.

王美苏,2010. 清代入境中国东部沿海台风事件初步重建[D]. 复旦大学硕士学位论文.

王日昇,王绍武,1990. 近 500 年我国东部冬季气温的重建[J]. 气象学报,**18**(2):180-189.

王绍武，王日昇，1990. 1470年以来我国华东四季与年平均气温变化的研究[J]. 气象学报，**48**(1)：26-35.

王绍武，叶瑾琳，龚道溢，1998. 中国小冰期的气候[J]. 第四纪研究，**18**(1)：54-64.

王绍武，赵宗慈，1979. 近五百年我国旱涝史料的分析[J]. 地理学报，**34**(4)：329-340.

王涌泉，1981. 1662年黄河大水的气候变迁背景. 见：中央气象局气象科学研究院天气气候研究所编. 全国气候变化学术讨论会文集(1978)[M]. 北京：科学出版社，95-106.

王涌泉，1981. 1662年中国大水的研究及估算[J]. 南京师院学报(自然科学版)，(2)：9-22.

魏凤英，张京江，2004. 1885—2000年长江中下游梅雨特征量的统计分析[J]. 应用气象学报，**15**(3)：313-321.

伍国凤，郝志新，郑景云，2011. 南昌1736年以来的降雪与冬季气温变化[J]. 第四纪研究，**31**(6)：1022-1028.

夏越炯，1981. 浙江省宋至清时期旱涝灾害的研究[J]. 历史地理，(1)：140-147.

萧凌波，方修琦，张学珍，2006.《湘绮楼日记》记录的湖南长沙1877—1878年寒冬[J]. 古地理学报，**8**(2)：277-284.

萧凌波，方修琦，张学珍，2008. 19世纪后半叶至20世纪初叶梅雨带位置的初步推断[J]. 地理科学，**18**(3)：385-389.

谢义炳，1943. 清代水旱灾之周期研究[J]. 气象学报，(Z1)：67-74.

闫军辉，2014. 1500AD以来黄河和长江中下游地区冷暖变化特征研究[D]. 中国科学院大学博士学位论文.

晏朝强，方修琦，叶瑜，等，2011. 基于《己酉被水纪闻》重建1849年上海梅雨期及其降水量[J]. 古地理学报，**13**(1)：96-102.

杨煜达，满志敏，郑景云，2006. 1711—1911年昆明雨季降水的分级重建与初步研究[J]. 地理研究，**25**(6)：1041-1049.

杨煜达，满志敏，郑景云，2006. 清朝云南雨季早晚序列的重建与夏季风变迁[J]. 地理学报，**61**：705-712.

张德二，1980. 近500年来我国南部冬温状况的初步探讨[J]. 科学通报，**25**(6)：270-272.

张德二，2004. 1743年华北夏季极端高温：相对温暖气候背景下的历史炎夏事件研究[J]. 科学通报，**49**(21)：2204-2210.

张德二，梁有叶，2014. 历史极端寒冬事件研究—1892/1893年中国的寒冬[J]. 第四纪研究，**34**(6)：1176-1185.

张德二，刘传志，1986. 北京1724—1903年夏季月温度序列的重建[J]. 科学通报，**31**(6)：597-599.

张德二，刘月巍，2002. 北京清代"晴雨录"降水记录的再研究——应用多因子回归方法重建北京(1724—1904年)降水量序列[J]. 第四纪研究，**22**(3)：199-208.

张德二，刘月巍，梁有叶，等，2005. 18世纪南京、苏州和杭州年、季降水量序列的复原研究[J]. 第四纪研究，**25**(2)：121-128.

张德二，王宝贯，1990. 18世纪长江下游梅雨活动的复原研究[J]. 中国科学(B辑)，**20**(12)：1333-1339.

张德二，王宝贯，1990. 用清代《晴雨录》资料复原18世纪南京、苏州、杭州三地夏季月降水量序列的研究[J]. 应用气象学报，**1**(3)：260-270.

张德二，朱淑兰，1981. 近五百年来我国南部冬季温度状况的初步分析. 见：中央气象局气象科学研究院天气气候研究所. 全国气候变化学术讨论会文集[M]. 北京：科学出版社，64-70.

张福春，龚高法，张丕远，等，1977. 近 500 年来柑橘冻死南界及河流封冻南界. 见：中央气象局研究所编. 气候变迁和超长期预报文集[M]. 北京：科学出版社，33-35.

张丕远，1996. 中国历史气候变化[M]. 济南：山东科学技术出版社.

张时煌，张丕远，1993. 北京 250 年来降水量的重新恢复. 见：张翼主编. 气候变化及其影响[M]. 北京：气象出版社，35-42.

张时煌，张丕远，1993. 降水日数、降水等级与北京 260 年降水量序列的重建. 见：张翼主编. 气候变化及其影响[M]. 北京：气象出版社，28-34.

张学霞，葛全胜，郑景云，等，2005. 近 150 年北京春季物候对气候变化的响应[J]. 中国农业气象，**26**(3)：263-267.

张学珍，方修琦，齐晓波，等，2007.《翁同龢日记》中的冷暖感知记录及其对气候冷暖变化的指示意义[J]. 古地理学报，**9**(4)：439-446.

张学珍，方修琦，郑景云，等，2011. 基于《翁同龢日记》天气记录重建的 1860—1897 年的降水量[J]. 气候与环境研究，**16**(3)：322-328.

郑景云，葛全胜，郝志新，等，2003. 1736—1999 年西安与汉中地区年冬季平均气温序列重建[J]. 地理研究，**22**(3)：343-348.

郑景云，郝志新，葛全胜，2004. 山东 1736 年来逐季降水重建及其初步分析[J]. 气候与环境研究，**9**(4)：551-556.

郑景云，郝志新，葛全胜，2005. 黄河中下游地区过去 300 年降水变化[J]. 中国科学(D 辑)，**35**(8)：765-774.

郑景云，赵会霞，2005. 清代中后期江苏四季降水变化与极端降水异常事件[J]. 地理研究，**24**(5)：673-680.

中央气象局气象科学研究院，1981. 中国近五百年旱涝分布图集[M]. 北京：地图出版社.

衷海燕，1999. 明清时期江西水旱灾害与疫病流行[J]. 抚州师专学报，**63**(4)：92-96.

仲舒颖，2008. 过去 400 多年中国东部物候与气温变化研究[D]. 中国科学院研究生院硕士学位论文.

周清波，张丕远，王铮，1994. 合肥地区 1736—1991 年冬季平均气温序列的重建[J]. 地理学报，**49**(4)：332-337.

朱晓禧，2004. 清代《畏斋日记》中天气气候信息的初步分析[J]. 古地理学报，**6**(1)：95-100.

Ding Lingling, Ge Quansheng, Zheng Jingyun, Hao Zhixin, 2015. Variations in annual winter mean temperature in South China since 1736[J]. BOREAS.

Ge Quansheng, Hao Zhixin, Zheng Jingyun, and Shao Xuemei, 2013. Temperature changes over the past 2000 yr in China and comparison with the northern hemisphere[J]. *Climate of the Past*, **9**: 1153-1160.

Ge Quansheng, Wang Huanjong, Zheng Jingyun, Rutishauser T, Dai Junhu, 2014. A 170 year spring phenology index of plants in Eastern China[J]. *Journal of Geophysical Research: Biogeosciences*, **119**(3): 301-310.

Hao Zhixin, Sun Di, Zheng Jingyun, 2015. East Asian monsoon signals reflected in temperature and precipitation changes over the past 300 years in the middle and lower reaches of the

Yangtze River[J]. *PLOS ONE*, **10**(6): doi:10.1371/journal.pone.0131159.

Hao Zhixin, Wang Huan, Zheng Jingyun, 2014. Spatial and temporal distribution of large volcanic eruptions from 1750 to 2010[J]. *Journal of Geographical Sciences*, **24**(6): 60-68.

Hao Zhixin, Zheng Jingyun, Ge Quansheng, 2012. Winter temperature variations over middle and lower reaches of the Yangtze River since 1736 AD[J]. *Climate of the Past*, **8**: 1023-1030.

Wang Weichyung, Ge Quansheng, Hao Zhixin, *et al.*, 2008. Rainy season at Beijing and Shanghai since 1736[J]. *Journal of the Meteorological Society of Japan*, **86**(5): 827-834.

Wang Weichyung, Portman D, Gong G, *et al.*, 1992. Beijing summer temperatures since 1724. In: Bradley R, Jones P, eds. Climate since A. D. 1500[M]. London: Routledge, 210-223.

Yan Junhui,Li Mingqi, Liu Haolong, Zheng Jingyun, and Fu Hui, 2014. Study on the extremely cold winter of 1670 over the middle and lower reaches of the Yangtze River[J]. *Sciences in Cold and Arid Regions*, **6**: 540-545.

Zhang Xuezhen, Ge Quansheng, Fang Xiuqi, Zheng Jingyun, Fei Jie, 2013. Precipitation variations in Beijing during 1860－1897 AD revealed by daily weather records from the Weng Tong-He Diary[J]. *International Journal of Climatology*, **33**: 568-576.

Zheng Jingyun, Hao Zhixin, Ge Quansheng, 2005. Reconstruction of annual precipitation in the middle and lower researches of the Yellow River for the last 300 years[J]. *Science in China*, **35**: 765-774.

Zheng Jingyun, Wang Weichyung, Ge Quansheng, *et al.*, 2006. Precipitation variability and extreme events in Eastern China during the past 1500 years[J]. *Terr. Atmopheric and Oceanic Science*, **17**(3): 579-592.

**(3)气候变化影响研究论文与专著**

卜正民,1986.明清两代河北地区推广种稻和种稻技术的情况.见:李国豪主编.中国科技史探索[M].上海:上海古籍出版社.

陈家其,1991.明清时期气候变化对太湖流域农业经济的影响[J].中国农史,(3):30-36.

陈玉琼,1991.近500年华北地区最严重的干旱及其影响[J].气象,**17**(3):17-21.

程厚思,1990.清朝江浙地区米粮不足原因探析[J].中国农史,(3):40-47.

方修琦,叶瑜,曾早早,2006.极端气候事件－移民开垦－政策管理的互动——1661—1680年东北移民开垦对华北水旱灾的异地响应[J].中国科学(D辑),**36**(7):680-688.

冯贤亮,2005.清代江南沿海的潮灾与乡村社会[J].史林,(1):30-39,123.

葛全胜,王维强,1995.人口压力、气候变化与太平天国[J].地理研究,**14**(4):32-41.

郝平,2012.丁戊奇荒:光绪初年山西灾荒与救济研究[M].北京:北京大学出版社.

郝志新,郑景云,葛全胜,2003.1736年以来西安气候变化与农业收成的相关分析[J].地理学报,**58**(5):735-742.

河汉威,1980.清代初年(1876—1879)华北的大旱灾[M].香港:香港中文大学出版社.

康沛竹,2002.灾荒与晚清政治[M].北京:北京大学出版社.

李伯重,1994."天"、"地"、"人"的变化与明清江南的水稻生产[J].中国经济史研究,(4):103-121.

李伯重，2007.“道光萧条”与“癸未大水”——经济衰退、气候剧变及19世纪的危机在松江[J].社会科学，(6)：173-178.

李辅斌，1994.清代直隶地区的水患和治理[J].中国农史，(4)：94-99.

李文海，林敦奎，周源，等，1989.晚清的永定河患与顺、直水灾[J].北京社会科学，(3)：99-108.

李文海，1991.清末灾荒与辛亥革命[J].历史研究，(5)：3-18.

李文海，周源，1991.灾荒与饥馑：1840—1919[M].北京：高等教育出版社.

李文海，1994.甲午战争与灾荒[J].历史研究，(6)：7-16.

李文海，1994.中国近代十大灾荒[M].上海：上海人民出版社.

李向东，1995.清代荒政研究[M].北京：中国农业出版社.

刘仁团，2001.“丁戊奇荒”对山西人口的影响.见：复旦大学历史地理研究中心.自然灾害与中国社会历史结构[M].上海：复旦大学出版社.

刘伟，钟巍，薛积彬，等，2006.明清时期广东地区气候变冷对社会经济发展的影响[J].华南师范大学学报(自然科学版)，(3)：134-141.

罗鹏，2009.明清时期山东沿海地区的风暴潮灾害与社会应对[D].中国海洋大学硕士学位论文.

马立博，1995.南方“向来无雪”：帝制后期中国南方的气候与收成(1650—1850年).见：刘翠溶，伊懋可.积渐所至：中国环境史论文集[G].北京：中央研究院经济研究所，579-631.

满志敏，2001.自然灾害与中国社会历史结构[M].上海：复旦大学出版社.

闵宗殿，1984.宋明清时期太湖地区水稻亩产量的探讨[J].中国农史，(3)：34-52.

闵宗殿，王达，1985.晚清时期我国农业的新变化[J].中国社会经济史研究，**4**：64-72.

闵宗殿，1999.从方志记载看明清时期我国水稻的分布[J].古今农业，(1)：35-58.

闵宗殿，2001.关于清代农业自然灾害的一些统计——以《清实录》记载为根据[J].古今农业，(1)：9-16，38.

倪玉平，高晓燕，2014.清朝道光“癸未大水”的财政损失[J].清华大学学报(哲学社会科学版)，**29**(4)：99-109；171-172.

唐锡仁，薄树人，1962.河北省明清时期干旱情况的分析[J].地理学报，**17**(1)：73-83.

王金香，1988.山西“丁戊奇荒”略探[J].中国农史，(3)：33-43.

王金香，1996.乾隆年间灾荒述略[J].清史研究，(4)：93-99，128.

王林，2004.山东近代灾荒史[M].济南：齐鲁书社.

王社教，2006.明清时期西北地区环境变化与农业结构调整[J].陕西师范大学学报，**35**(1)：73-81.

夏明方，1993.清季“丁戊奇荒”的赈济及善后问题初探[J].近代史研究，(2)：21-36.

夏明方，1998.从清末灾害群发期看中国早期现代化的历史条件——灾荒与洋务运动研究之一[J].清史研究，(1)：70-82.

夏明方，1999.中国早期工业化阶段原始积累过程的灾害史分析——灾荒与洋务运动研究之二[J].清史研究，(1)：62-81.

萧凌波，方修琦，王欢，等，2011.1780—1819年华北平原水旱灾害社会响应方式的转变[J].灾害学，**26**(3)：83-87，102.

杨剑利，2000.晚清社会灾荒救治功能的演变——以“丁戊奇荒”的两种赈济方式为例[J].清史研究，(4)：59-64.

叶依能,1998.清代荒政述论[J].中国农史,(4):59-68.
余新忠,杭黎方,1999.道光前期江苏的荒政积弊及其整治[J].中国农史,(4):67-70.
翟乾祥,1989.清代气候波动对农业生产的影响[J].古今农业,(1):112-118.
张国雄,1990.清代江汉平原水旱灾害的变化与垸田生产的关系[J].中国农史,(3):91-102.
张家诚,1993.1823年(清道光三年)我国特大水灾及影响[J].应用气象学报,**4**(3):379-384.
张九洲,1990.光绪初年的河南大旱及影响[J].史学月刊,(5):97-103.
张俊峰,2006.明清时期介休水案与"泉域社会"分析[J].中国社会经济史研究,(1):9-18.
张伟强,黄镇国,2000.中国热带的小冰期及其环境效应[J].地理学报,**55**(6):744-750.
赵冈,刘永成,吴慧,等,1995.清朝粮食生产量研究[M].北京:中国农业出版社.
郑斯中,1982.广东小冰期的气候及其影响[J].科学通报,**27**(5):302-304.
郑斯中,1983.1400—1949年广东省的气候振动及其对粮食丰歉的影响[J].地理学报,**38**(1):25-32.
朱浒,2003.二十世纪清代灾荒史研究述评[J].清史研究,(2):104-119.
邹逸麟,1995.明清时期北部农牧过渡带的推移和气候寒暖变化[J].复旦学报(社会科学版),(1):25-33.

## 5. 清代气候变化相关研究结果

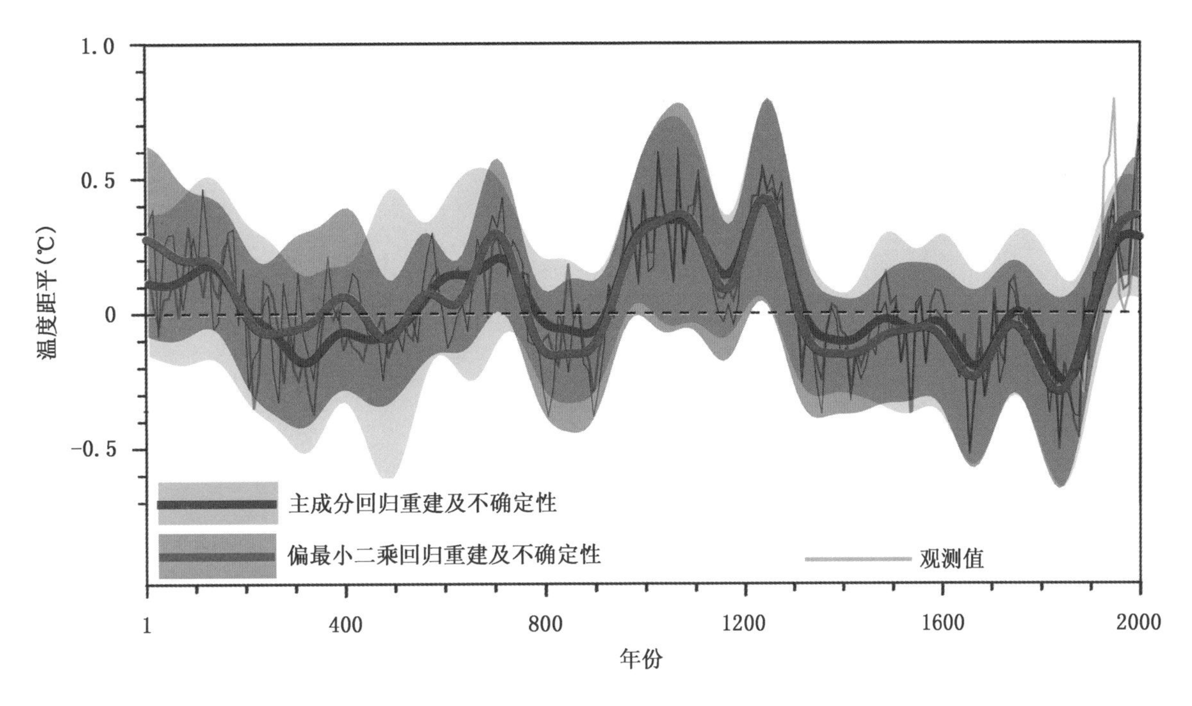


图 a　中国过去 2000 年的温度变化曲线(Ge et al., 2013)

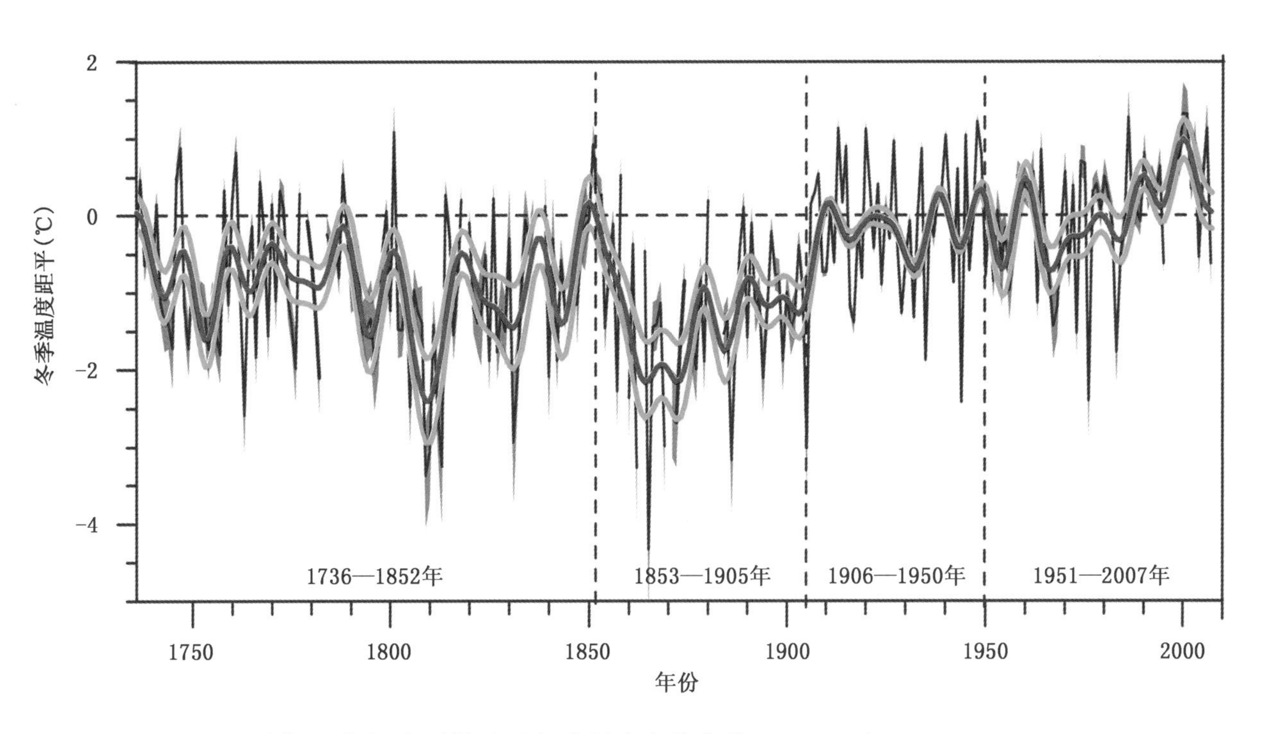


图 b　长江中下游地区冬季温度变化曲线(Hao et al., 2012)

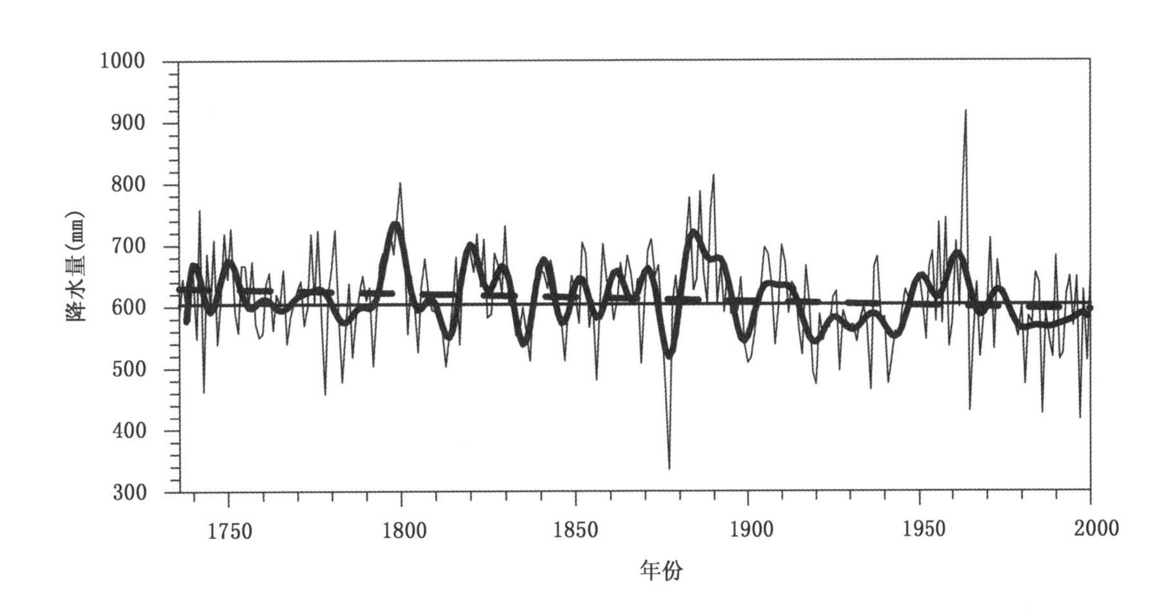


图 c　黄河中下游地区逐年降水量变化曲线(Zheng et al., 2012)

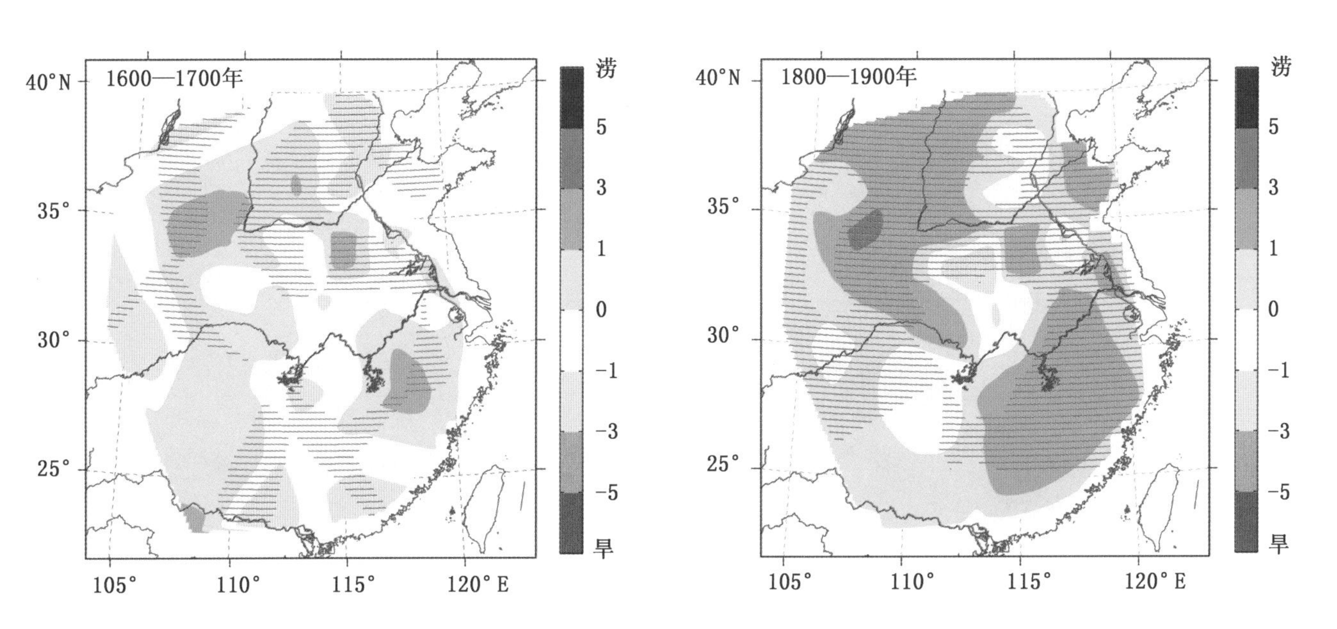


图 d　清代中国东部降水空间格局分布图(Hao et al., 2015)